Beilsteins Handbuch der Organischen Chemie

Beilsteins Handbuch der Organischen Chemie

Vierte Auflage

Viertes Ergänzungswerk

Die Literatur von 1950 bis 1959 umfassend

Herausgegeben vom
Beilstein-Institut für Literatur der Organischen Chemie
Frankfurt am Main

Bearbeitet von

Reiner Luckenbach

Unter Mitwirkung von

Oskar Weissbach

Erich Bayer · Reinhard Ecker · Adolf Fahrmeir · Friedo Giese · Volker Guth
Irmgard Hagel · Franz-Josef Heinen · Günter Imsieke · Ursula Jacobshagen
Rotraud Kayser · Klaus Koulen · Bruno Langhammer · Lothar Mähler
Annerose Naumann · Wilma Nickel · Burkhard Polenski · Peter Raig
Helmut Rockelmann · Thilo Schmitt · Jürgen Schunck · Eberhard Schwarz
Josef Sunkel · Achim Trede · Paul Vincke

Achter Band

Fünfter Teil

Springer-Verlag Berlin Heidelberg New York 1982

ISBN 3-540-11851-9 Springer-Verlag Berlin Heidelberg New York
ISBN 0-387-11851-9 Springer-Verlag New York Heidelberg Berlin

© by Springer-Verlag Berlin Heidelberg 1982
Library of Congress Catalog Card Number: 22 – 79
Printed in Germany

Satz, Druck und Bindearbeiten: Universitätsdruckerei H. Stürtz AG, 8700 Würzburg
2151/3120-543210

Mitarbeiter der Redaktion

Helmut Appelt
Gerhard Bambach
Klaus Baumberger
Elise Blazek
Kurt Bohg
Reinhard Bollwan
Jörg Bräutigam
Ruth Brandt
Eberhard Breither
Werner Brich
Stephanie Corsepius
Edelgard Dauster
Edgar Deuring
Ingeborg Deuring
Irene Eigen
Hellmut Fiedler
Franz Heinz Flock
Manfred Frodl
Ingeborg Geibler
Libuse Goebels
Gertraud Griepke
Gerhard Grimm
Karl Grimm
Friedhelm Gundlach
Hans Härter
Alfred Haltmeier
Erika Henseleit

Karl-Heinz Herbst
Ruth Hintz-Kowalski
Guido Höffer
Eva Hoffmann
Horst Hoffmann
Gerhard Hofmann
Gerhard Jooss
Klaus Kinsky
Heinz Klute
Ernst Heinrich Koetter
Irene Kowol
Olav Lahnstein
Alfred Lang
Gisela Lange
Dieter Liebegott
Sok Hun Lim
Gerhard Maleck
Edith Meyer
Kurt Michels
Ingeborg Mischon
Klaus-Diether Möhle
Gerhard Mühle
Heinz-Harald Müller
Ulrich Müller
Gertraude Neidhardt
Peter Otto
Rainer Pietschmann
Helga Pradella

Hella Rabien
Walter Reinhard
Gerhard Richter
Lutz Rogge
Günter Roth
Siegfried Schenk
Max Schick
Joachim Schmidt
Gerhard Schmitt
Peter Schomann
Cornelia Schreier
Wolfgang Schütt
Wolfgang Schurek
Bernd-Peter Schwendt
Wolfgang Staehle
Wolfgang Stender
Karl-Heinz Störr
Gundula Tarrach
Hans Tarrach
Elisabeth Tauchert
Mathilde Urban
Rüdiger Walentowski
Hartmut Wehrt
Hedi Weissmann
Frank Wente
Ulrich Winckler
Renate Wittrock

Hinweis für Benutzer

Falls Sie Probleme beim Arbeiten mit dem Beilstein-Handbuch haben, ziehen Sie bitte den vom Beilstein-Institut entwickelten „Leitfaden" zu Rate. Er steht Ihnen — ebenso wie weiteres Informationsmaterial über das Beilstein-Handbuch — auf Anforderung kostenlos zur Verfügung.

<table>
<tr><td>Beilstein-Institut</td><td>Springer-Verlag</td></tr>
<tr><td>für Literatur der Organischen Chemie</td><td>Abt. 4005</td></tr>
<tr><td>Varrentrappstrasse 40–42</td><td>Heidelberger Platz 3</td></tr>
<tr><td>D-6000 Frankfurt/M. 90</td><td>D-1000 Berlin 33</td></tr>
</table>

Note for Users

Should you encounter difficulties in using the Beilstein Handbook please refer to the guide "How to Use Beilstein", developed for users by the Beilstein Institute. This guide (also available in Japanese), together with other informative material about the Beilstein Handbook, can be obtained free of charge by writing to

<table>
<tr><td>Beilstein-Institut</td><td>Springer-Verlag</td></tr>
<tr><td>für Literatur der Organischen Chemie</td><td>Abt. 4005</td></tr>
<tr><td>Varrentrappstrasse 40–42</td><td>Heidelberger Platz 3</td></tr>
<tr><td>D-6000 Frankfurt/M. 90</td><td>D-1000 Berlin 33</td></tr>
</table>

For those users of the Beilstein Handbook who are unfamiliar with the German language, a pocket-format "Beilstein Dictionary" (German/English) has been compiled by the Beilstein editorial staff and is also available free of charge. The contents of this dictionary are also to be found in volume 6/4 on pages LXV to LXXXIX.

Inhalt – Contents

Zweite Abteilung
Isocyclische Verbindungen

III. Oxo-Verbindungen

H. Hydroxy-oxo-Verbindungen

3. Hydroxy-oxo-Verbindungen mit 4 Sauerstoff-Atomen
(Fortsetzung)

4. Hydroxy-oxo-Verbindungen mit 5 Sauerstoff-Atomen

5. Hydroxy-oxo-Verbindungen mit 6 Sauerstoff-Atomen

Abkürzungen und Symbole[1]

Abbreviations and Symbols[2]

A.	Äthanol	ethanol
Acn.	Aceton	acetone
Ae.	Diäthyläther	diethyl ether
äthanol.	äthanolisch	solution in ethanol
alkal.	alkalisch	alkaline
Anm.	Anmerkung	footnote
at	technische Atmosphäre ($98\,066,5$ N·m^{-2} $=0,980665$ bar$=735,559$ Torr)	technical atmosphere
atm	physikalische Atmosphäre	physical (standard) atmosphere
Aufl.	Auflage	edition
B.	Bildungsweise(n), Bildung	formation
Bd.	Band	volume
Bzl.	Benzol	benzene
bzw.	beziehungsweise	or, respectively
c	Konzentration einer optisch aktiven Verbindung in g/100 ml Lösung	concentration of an optically active compound in g/100 ml solution
D	1) Debye (Dimension des Dipol-moments)	1) Debye (dimension of dipole moment)
	2) Dichte (z.B. D_4^{20}: Dichte bei 20° bezogen auf Wasser von 4°)	2) density (e.g. D_4^{20}: density at 20° related to water at 4°)
d	Tag	day
$D(R-X)$	Dissoziationsenergie der Verbindung RX in die freien Radikale R˙ und X˙	dissociation energy of the compound RX to form the free radicals R˙ and X˙
Diss.	Dissertation	dissertation, thesis
DMF	Dimethylformamid	dimethylformamide
DMSO	Dimethylsulfoxid	dimethylsulfoxide
E	1) Erstarrungspunkt	1) freezing (solidification) point
	2) Ergänzungswerk des Beilstein-Handbuchs	2) Beilstein supplementary series
E.	Äthylacetat	ethyl acetate
Eg.	Essigsäure (Eisessig)	acetic acid
engl. Ausg.	englische Ausgabe	english edition
EPR	Elektronen-paramagnetische Resonanz ($=$ESR)	electron paramagnetic resonance ($=$ESR)
F	Schmelzpunkt (-bereich)	melting point (range)
Gew.-%	Gewichtsprozent	percent by weight
grad	Grad	degree
H	Hauptwerk des Beilstein-Handbuchs	Beilstein basic series
h	Stunde	hour
Hz	Hertz ($=$s^{-1})	cycles per second ($=$s^{-1})
K	Grad Kelvin	degree Kelvin
konz.	konzentriert	concentrated
korr.	korrigiert	corrected

---

[1] Bezüglich weiterer, hier nicht aufgeführter Symbole und Abkürzungen für physikalisch-chemische Grössen und Einheiten siehe

[2] For other symbols and abbreviations for physicochemical quantities and units not listed here see

International Union of Pure and Applied Chemistry Manual of Symbols and Terminology for Physicochemical Quantities and Units (1969) [London 1970].

Kp	Siedepunkt (-bereich)	boiling point (range)
l	1) Liter	1) litre
	2) Rohrlänge in dm	2) length of cell in dm
$[M]_\lambda^t$	molares optisches Drehungsvermögen für Licht der Wellenlänge λ bei der Temperatur t	molecular rotation for the wavelength λ and the temperature t
m	1) Meter	1) metre
	2) Molarität einer Lösung	2) molarity of solution
Me.	Methanol	methanol
n	1) Normalität einer Lösung	1) normality of solution
	2) nano ($=10^{-9}$)	2) nano ($=10^{-9}$)
	3) Brechungsindex (z.B. $n_{656,1}^{15}$: Brechungsindex für Licht der Wellenlänge 656,1 nm bei 15°)	3) refractive index (e.g. $n_{656,1}^{15}$: refractive index for the wavelength 656.1 nm and 15°)
opt.-inakt.	optisch inaktiv	optically inactive
p	Konzentration einer optisch aktiven Verbindung in g/100 g Lösung	concentration of an optically active compound in g/100 g solution
PAe.	Petroläther, Benzin, Ligroin	petroleum ether, ligroin
Py.	Pyridin	pyridine
S.	Seite	page
s	Sekunde	second
s.	siehe	see
s. a.	siehe auch	see also
s. o.	siehe oben	see above
sog.	sogenannt	so called
Spl.	Supplement	supplement
… stdg.	… stündig (z.B. 3-stündig)	for … hours (e.g. for 3 hours)
s. u.	siehe unten	see below
Syst.-Nr.	System-Nummer	system number
THF	Tetrahydrofuran	tetrahydrofuran
Tl.	Teil	part
Torr	Torr ($=$mm Quecksilber)	torr ($=$millimetre of mercury)
unkorr.	unkorrigiert	uncorrected
unverd.	unverdünnt	undiluted
verd.	verdünnt	diluted
vgl.	vergleiche	compare (cf.)
wss.	wässrig	aqueous
z. B.	zum Beispiel	for example (e.g.)
Zers.	Zersetzung	decomposition
zit. bei	zitiert bei	cited in
α_λ^t	optisches Drehungsvermögen (Erläuterung s. bei $[M]_\lambda^t$)	angle of rotation (for explanation see $[M]_\lambda^t$)
$[\alpha]_\lambda^t$	spezifisches optisches Drehungsvermögen (Erläuterung s. bei $[M]_\lambda^t$)	specific rotation (for explanation see $[M]_\lambda^t$)
ε	1) Dielektrizitätskonstante	1) dielectric constant, relative permittivity
	2) Molarer dekadischer Extinktionskoeffizient	2) molar extinction coefficient
$\lambda_{(max)}$	Wellenlänge (eines Absorptionsmaximums)	wavelength (of an absorption maximum)
μ	Mikron ($=10^{-6}$ m)	micron ($=10^{-6}$ m)
°	Grad Celsius oder Grad (Drehungswinkel)	degree Celsius or degree (angle of rotation)

Transliteration von russischen Autorennamen
Key to the Russian Alphabet for Authors' Names

Russisches Schrift-zeichen		Deutsches Äquivalent (BEILSTEIN)	Englisches Äquivalent (Chemical Abstracts)	Russisches Schrift-zeichen		Deutsches Äquivalent (BEILSTEIN)	Englisches Äquivalent (Chemical Abstracts)
А	а	a	a	Р	р	r	r
Б	б	b	b	С	с	s̄	s
В	в	w	v	Т	т	t	t
Г	г	g	g	У	у	u	u
Д	д	d	d	Ф	ф	f	f
Е	е	e	e	Х	х	ch	kh
Ж	ж	sh	zh	Ц	ц	z	ts
З	з	s	z	Ч	ч	tsch	ch
И	и	i	i	Ш	ш	sch	sh
Й	й	ĭ	ĭ	Щ	щ	schtsch	shch
К	к	k	k	Ы	ы	y	y
Л	л	l	l		ь	'	'
М	м	m	m				
Н	н	n	n	Э	э	e	e
О	о	o	o	Ю	ю	ju	yu
П	п	p	p	Я	я	ja	ya

Zweite Abteilung

Isocyclische Verbindungen

(Fortsetzung)

Zweite Abteilung

Isocyclische Verbindungen

(Fortsetzung)

H. Hydroxy-oxo-Verbindungen

(Fortsetzung)

Hydroxy-oxo-Verbindungen $C_nH_{2n-16}O_4$

Hydroxy-oxo-Verbindungen $C_{12}H_8O_4$

[3,4-Dimethoxy-phenyl]-[1,4]benzochinon $C_{14}H_{12}O_4$, Formel I.

B. Beim Behandeln von [1,4]Benzochinon mit diazotiertem 3,4-Dimethoxy-anilin und Na$^=$triumacetat (*Brassard, L'Écuyer,* Canad. J. Chem. **36** [1958] 700, 704, 706).

Rote Kristalle (aus A. + Acn.); F: 134—135°.

I   II   III

5-Acetyl-3-äthoxy-2-chlor-[1,4]naphthochinon $C_{14}H_{11}ClO_4$, Formel II.

B. Beim Erwärmen von 5-Acetyl-2,3-dichlor-[1,4]naphthochinon mit Natriumacetat enthal$^=$tendem Äthanol (*Meliotis, Papasarantos,* Chimika Chronika **21** [1956] 234; C. A. **1958** 10037).

F: 88—90°.

2-Acetyl-3-hydroxy-[1,4]naphthochinon $C_{12}H_8O_4$, Formel III und Taut. (E I 700; E III 3634).

B. Beim Erwärmen von 2-Acetyl-3-methylamino-[1,4]naphthochinon in Essigsäure mit wss. H_2SO_4 (*Hase, Nishimura,* J. pharm. Soc. Japan **75** [1955] 203, 205, 206; C. A. **1956** 1712).

Gelbe Kristalle (aus Acn.); F: 134—135°.

2,3-Dihydroxy-naphthalin-1,4-dicarbaldehyd $C_{12}H_8O_4$, Formel IV.

B. Beim Erwärmen von Naphthalin-2,3-diol mit Hexamethylentetramin, Paraformaldehyd, Essigsäure und konz. wss. HCl (*Farbenfabr. Bayer,* D.B.P. 952629 [1955]).

F: 160° [Zers.].

IV   V   VI

2,6-Dihydroxy-naphthalin-1,5-dicarbaldehyd $C_{12}H_8O_4$, Formel V (R = H).

B. Analog der vorangehenden Verbindung (*Farbenfabr. Bayer,* D.B.P. 952629 [1955]).

F: 270° [Zers.].

2,6-Dimethoxy-naphthalin-1,5-dicarbaldehyd $C_{14}H_{12}O_4$, Formel V (R = CH_3).

B. Neben grösseren Mengen von 2,6-Dimethoxy-[1]naphthaldehyd beim Erwärmen von 2,6-

Dimethoxy-naphthalin mit DMF und POCl$_3$ in Toluol und anschliessend mit wss. Natrium=
acetat (*Buu-Hoi, Lavit*, Soc. **1955** 2776, 2778).

Hellgelbe Kristalle (aus Eg.); F: 273°. Sublimierbar.

4,8-Dimethoxy-naphthalin-1,5-dicarbaldehyd $C_{14}H_{12}O_4$, Formel VI.

B. Neben grösseren Mengen von 4,8-Dimethoxy-[1]naphthaldehyd beim Erwärmen von 1,5-
Dimethoxy-naphthalin mit *N*-Methyl-formanilid und POCl$_3$ in Toluol und Behandeln des Reak=
tionsgemisches mit wss. Natriumacetat (*Buu-Hoi, Lavit*, J. org. Chem. **20** [1955] 1191, 1194).

Gelbe Kristalle (aus Eg.); F: 282°. Sublimierbar.

Hydroxy-oxo-Verbindungen $C_{13}H_{10}O_4$

2-[5-Brom-2,3,4-trimethoxy-phenyl]-cycloheptatrienon $C_{16}H_{15}BrO_4$, Formel VII.

B. Beim Erwärmen von 2-[2,3,4-Trimethoxy-phenyl]-cyclohept-2-enon mit *N*-Brom-succin=
imid und wenig Dibenzoylperoxid in CCl$_4$ und Erhitzen des Reaktionsprodukts mit 2,4,6-Tri=
methyl-pyridin (*Cais, Ginsburg*, J. org. Chem. **23** [1958] 18).

Öl; Kp$_{0,05}$: 190° [Badtemperatur]. IR-Banden (1700−1065 cm^{-1}): *Cais, Gi.*

2,4-Dinitro-phenylhydrazon (F: 132−134°): *Cais, Gi.*

VII   VIII   IX

2,3,4-Trihydroxy-benzophenon $C_{13}H_{10}O_4$, Formel VIII (R = R' = R'' = H) (H 417; E I 701; E II 466; E III 3635).

B. Aus Pyrogallol beim Behandeln mit Benzoesäure und BF$_3$ in Äther (*Campbell, Coppinger*,
Am. Soc. **73** [1951] 2708) oder beim Erwärmen mit *N*-Phenyl-benzimidoylchlorid und AlCl$_3$
in Äther und Behandeln des Reaktionsprodukts mit äthanol. HCl (*Phadke, Shah*, J. Indian
chem. Soc. **27** [1950] 349, 354).

Kristalle (aus Bzl.+Hexan); F: 146° (*Ca., Co.*). λ_{max}: 227 nm [Me.] und 227,5 nm [methanol.
NaOH] (*Ca., Co.*, l. c. S. 2709).

2,4-Dinitro-phenylhydrazon (F: 237° [Zers.]): *Ph., Shah.*

3-Hydroxy-2,4-dimethoxy-benzophenon $C_{15}H_{14}O_4$, Formel VIII (R = R'' = CH$_3$, R' = H).

B. Neben kleineren Mengen von Benzoesäure-[2,6-dimethoxy-phenylester] beim Behandeln
von 2,6-Dimethoxy-phenol mit Benzoylchlorid und SnCl$_4$ in Nitrobenzol (*Klemm et al.*, J. org.
Chem. **24** [1959] 952).

Kristalle (aus Me.); F: 113−114°.

2-Hydroxy-3,4-dimethoxy-benzophenon $C_{15}H_{14}O_4$, Formel VIII (R = H, R' = R'' = CH$_3$) (H 418; E I 701; E III 3636).

B. Beim Erhitzen von 2,3,4-Trihydroxy-benzophenon mit Dimethylsulfat und wss. NaOH
(*Klemm et al.*, J. org. Chem. **24** [1959] 952; vgl. H 418).

Gelbe Kristalle (aus A.); F: 130−131°.

2,3,4-Trimethoxy-benzophenon $C_{16}H_{16}O_4$, Formel VIII (R = R' = R'' = CH$_3$) (H 418).

B. Beim Erwärmen von 1,2,3-Trimethoxy-benzol mit Benzoesäure und Polyphosphorsäure
auf 80° (*Gardner*, Am. Soc. **76** [1954] 4550). Beim Behandeln von 3-Hydroxy-2,4-dimethoxy-
benzophenon mit Dimethylsulfat und wss. NaOH (*Klemm et al.*, J. org. Chem. **24** [1959] 952).

Kristalle (aus Me.); F: 53−54° (*Kl. et al.*). Kp$_1$: 161−162° (*Ga.*).

Semicarbazon $C_{17}H_{19}N_3O_4$. Kristalle (aus A.); F: 195−196° [korr.] (*Ga.*).

5-Chlor-2,3,4-trihydroxy-benzophenon $C_{13}H_9ClO_4$, Formel IX.

B. Beim Behandeln von 2,3,4-Trihydroxy-benzophenon mit Chlor in Essigsäure (*Buu-Hoi,* J. org. Chem. **18** [1953] 1723, 1724, 1728).

Kristalle (aus wss. Me. oder Eg.); F: 147—148°.

Bis-[3-benzoyl-2,6-dihydroxy-phenyl]-sulfid, 2,4,2″,4″-Tetrahydroxy-3,3″-sulfandiyl-di-benzophenon $C_{26}H_{18}O_6S$, Formel X (X = H).

B. Neben grösseren Mengen von 4,6,4″,6″-Tetrahydroxy-3,3″-sulfandiyl-di-benzophenon (S. 3162) beim Behandeln von 2,4-Dihydroxy-benzophenon mit $SOCl_2$ und Kupfer-Pulver in $CHCl_3$ (*Dalvi, Jadhav,* J. Indian chem. Soc. **33** [1956] 807, 808). Bildung aus 2,4-Dihydroxy-benzophenon und S_2Cl_2 in Äther: *Da., Ja.*

Hellgelbe Kristalle (aus Eg.); F: 246—247°.

Bis-[2,4-dinitro-phenylhydrazon] (F: 210—211° [Zers.]): *Da., Ja.,* l. c. S. 809.

Dimethyl-Derivat $C_{28}H_{22}O_6S$; Bis-[3-benzoyl-2-hydroxy-6-methoxy-phenyl]-sulfid, 2,2″-Dihydroxy-4,4″-dimethoxy-3,3″-sulfandiyl-di-benzophenon. Kristalle (aus A.); F: 181—182° (*Da., Ja.,* l. c. S. 809).

Tetramethyl-Derivat $C_{30}H_{26}O_6S$; Bis-[3-benzoyl-2,6-dimethoxy-phenyl]-sulfid, 2,4,2″,4″-Tetramethoxy-3,3″-sulfandiyl-di-benzophenon. Kristalle (aus A.); F: 159—160°.

Tetraacetyl-Derivat $C_{34}H_{26}O_{10}S$; Bis-[2,4-diacetoxy-3-benzoyl-phenyl]-sulfid, 2,4,2″,4″-Tetraacetoxy-3,3″-sulfandiyl-di-benzophenon. Kristalle (aus wss. A.); F: 121—122°.

Bis-[3-benzoyl-5-brom-2,6-dihydroxy-phenyl]-sulfid, 5,5″-Dibrom-2,4,2″,4″-tetrahydroxy-3,3″-sulfandiyl-di-benzophenon $C_{26}H_{16}Br_2O_6S$, Formel X (X = Br).

B. Aus 2,4,2″,4″-Tetrahydroxy-3,3″-sulfandiyl-di-benzophenon (s. o.) und Brom in Essig=säure (*Dalvi, Jadhav,* J. Indian chem. Soc. **33** [1956] 807, 809). Aus 5-Brom-2,4-dihydroxy-benzophenon und SCl_2 in Äther (*Da., Ja.*).

Kristalle (aus Eg.); F: 220—221°.

2,4,5-Trihydroxy-benzophenon $C_{13}H_{10}O_4$, Formel XI (R = R′ = H) (vgl. E III 3637).

B. Beim Erwärmen von Benzen-1,2,4-triol mit Benzoylchlorid und $AlCl_3$ in Nitrobenzol und Erhitzen des Reaktionsprodukts (F: 139—141°; vermutlich Benzoesäure-[3,4-dihydroxy-phenyl=ester]; vgl. *Bredereck, Heck,* B. **91** [1958] 1314, 1318) mit $AlCl_3$ auf 190° (*Eastman Kodak Co.,* U.S.P. 2759828 [1952]). Beim Behandeln von Benzen-1,2,4-triol mit Benzonitril und $ZnCl_2$ in Äther unter Einleiten von HCl und Erhitzen des Reaktionsprodukts mit wss. HCl (*Fukui et al.,* J. chem. Soc. Japan Pure Chem. Sect. **87** [1966] 1359; C. A. **67** [1967] 32546; s. a. *Eastman Kodak Co.*).

Gelbe Kristalle (*Fu. et al.*). F: 220—223° [aus wss. A.] (*Eastman Kodak Co.*), 214—215° [aus Me.] (*Fu. et al.*). λ_{max} (A.): 253 nm, 297 nm und 370 nm (*Fu. et al.*).

2,5-Dihydroxy-4-methoxy-benzophenon $C_{14}H_{12}O_4$, Formel XI (R = CH_3, R′ = H).

Diese Konstitution kommt wahrscheinlich auch der früher (E I **8** 701) als 2,4-Dihydroxy-5-methoxy-benzophenon $C_{14}H_{12}O_4$ (Formel XI [R = H, R′ = CH_3]) beschriebenen Verbin=

dung zu (*Laumas et al.*, Pr. Indian Acad. [A] **46** [1957] 343, 344).

B. Beim Behandeln von 2-Hydroxy-4-methoxy-benzophenon in wss. KOH mit wss. $K_2S_2O_8$ (*La. et al.*, l. c. S. 347).

Dunkelgelbe Kristalle (aus A.); F: 188°.

2-Hydroxy-4,5-dimethoxy-benzophenon $C_{15}H_{14}O_4$, Formel XI (R = R' = CH_3) (E I 701).

B. Aus 2,5-Dihydroxy-4-methoxy-benzophenon, Dimethylsulfat und K_2CO_3 in Aceton (*Lau= mas et al.*, Pr. Indian Acad. [A] **46** [1957] 343, 348).

F: 109−110°.

Bis-[5-benzoyl-2,4-dihydroxy-phenyl]-sulfid, 4,6,4'',6''-Tetrahydroxy-3,3''-sulfandiyl-di-benzophenon $C_{26}H_{18}O_6S$, Formel XII (R = R' = X = H).

B. Als Hauptprodukt beim Behandeln von 2,4-Dihydroxy-benzophenon mit $SOCl_2$ und Kup= fer-Pulver in $CHCl_3$ oder mit SCl_2 in Äther (*Dalvi, Jadhav*, J. Indian chem. Soc. **33** [1956] 807, 808).

Gelbe Kristalle (aus Eg.); F: 236−237°.

Bis-[2,4-dinitro-phenylhydrazon] (F: 284−285° [Zers.]): *Da., Ja.*, l. c. S. 810.

Tetraacetyl-Derivat $C_{34}H_{26}O_{10}S$; Bis-[2,4-diacetoxy-5-benzoyl-phenyl]-sulfid, 4,6,4'',6''-Tetraacetoxy-3,3''-sulfandiyl-di-benzophenon. Kristalle (aus wss. A.); F: 146−147° (*Da., Ja.*, l. c. S. 810).

XII

Bis-[5-benzoyl-4-hydroxy-2-methoxy-phenyl]-sulfid, 6,6''-Dihydroxy-4,4''-dimethoxy-3,3''-sulfandiyl-di-benzophenon $C_{28}H_{22}O_6S$, Formel XII (R = CH_3, R' = X = H).

B. Beim Behandeln von 2-Hydroxy-4-methoxy-benzophenon mit $SOCl_2$ und Kupfer-Pulver in $CHCl_3$ bzw. mit SCl_2 oder S_2Cl_2 in Äther sowie beim Erwärmen der vorangehenden Verbin= dung mit Dimethylsulfat und K_2CO_3 in Aceton (*Dalvi, Jadhav*, J. Indian chem. Soc. **33** [1956] 807, 810).

Gelbe Kristalle (aus A.); F: 182−183°.

Bis-[5-benzoyl-2,4-dimethoxy-phenyl]-sulfid, 4,6,4'',6''-Tetramethoxy-3,3''-sulfandiyl-di-benzophenon $C_{30}H_{26}O_6S$, Formel XII (R = R' = CH_3, X = H).

B. Beim Erwärmen von 4,6,4'',6''-Tetrahydroxy-3,3''-sulfandiyl-di-benzophenon (s. o.) mit Dimethylsulfat und K_2CO_3 in Aceton (*Dalvi, Jadhav*, J. Indian chem. Soc. **33** [1956] 807, 810).

Kristalle (aus Eg.); F: 148−149°.

Bis-[5-benzoyl-3-brom-2,4-dihydroxy-phenyl]-sulfid, 5,5''-Dibrom-4,6,4'',6''-tetrahydroxy-3,3''-sulfandiyl-di-benzophenon $C_{26}H_{16}Br_2O_6S$, Formel XII (R = R' = H, X = Br).

B. Aus 4,6,4'',6''-Tetrahydroxy-3,3''-sulfandiyl-di-benzophenon und Brom in Essigsäure (*Dalvi, Jadhav*, J. Indian chem. Soc. **33** [1956] 807, 811).

Kristalle (aus Eg.); F: 198−199°.

2,4,6-Trihydroxy-benzophenon $C_{13}H_{10}O_4$, Formel XIII (R = R' = R'' = H) (E I 701; E II 466; E III 3637).

B. Beim Erwärmen von 2,4,6-Trihydroxy-benzophenon-phenylimin mit äthanol. HCl (*Phadke*,

Shah, J. Indian chem. Soc. **27** [1950] 349, 354).
Gelbe Kristalle (aus H_2O); F: 165°.

2,6-Dihydroxy-4-methoxy-benzophenon, Cotoin $C_{14}H_{12}O_4$, Formel XIII (R = R″ = H,
R′ = CH_3) (H 419; E I 702; E II 467; E III 3638).
Isolierung aus dem Holz von Aniba duckei (*Gottlieb, Mors*, Am. Soc. **80** [1958] 2263).
Gelbe Kristalle (aus Bzl.); F: 131 – 132°.

2-Hydroxy-4,6-dimethoxy-benzophenon $C_{15}H_{14}O_4$, Formel XIII (R = H, R′ = R″ = CH_3)
(H 419; E I 702; E II 467).
B. Aus 5,7-Dimethoxy-4-phenyl-cumarin bei der Oxidation mit $KMnO_4$ in Aceton oder bei
der Ozonolyse in CCl_4 und $CHCl_3$ (*Polonsky*, Bl. **1955** 541, 548).
Gelbliche Kristalle (aus Me.); F: 95 – 96°. UV-Spektrum (A.; 210 – 370 nm): *Po.*, l. c. S. 542.

XIII   XIV   XV   XVI

2,4,6-Trimethoxy-benzophenon $C_{16}H_{16}O_4$, Formel XIII (R = R′ = R″ = CH_3) (H 420;
E II 467; E III 3638).
B. Beim Erhitzen der vorangehenden Verbindung mit Dimethylsulfat und wss. KOH (*Polon=
sky*, Bl. **1955** 541, 549).
Kristalle (aus wss. Me.); F: 108 – 111° [korr.].

2,4,6-Trihydroxy-benzophenon-imin $C_{13}H_{11}NO_3$, Formel XIV.
Hydrochlorid. *B.* Beim Behandeln von Phloroglucin mit Benzonitril und $ZnCl_2$ in Äther
unter Einleiten von HCl (*Culbertson*, Am. Soc. **73** [1951] 4818, 4819, 4822). – Scheinbare
Dissoziationskonstante K_b' (H_2O; potentiometrisch ermittelt): $1,6 \cdot 10^{-9}$. Geschwindigkeitskon=
stante der Hydrolyse in H_2O bei 25°: *Cu.*

2,4,2′-Trihydroxy-benzophenon $C_{13}H_{10}O_4$, Formel XV (R = R′ = R″ = H) (E III 3639).
B. Beim Erwärmen von Salicylsäure mit Resorcin, $POCl_3$ und $ZnCl_2$ (*Davies et al.*, J. org.
Chem. **23** [1958] 307) auch unter Zusatz von wss. H_3PO_4 (*Gen. Aniline & Film Corp.*,
U.S.P. 2854485 [1957]) bzw. von 2,4-Dihydroxy-benzoesäure mit Phenol, $POCl_3$, $ZnCl_2$ und
wss. H_3PO_4 (*Gen. Aniline*). Beim Erwärmen von 2,4,2′-Trimethoxy-benzophenon mit $AlCl_3$
in 1,2-Dichlor-äthan (*VanAllan*, J. org. Chem. **23** [1958] 1679, 1681).
Kristalle; F: 133° [unkorr.; aus PAe.] (*Da. et al.*), 128° [aus Bzl.] (*Va.*). λ_{max} (Me.?): 288 nm
und 329 nm (*Va.*).
Triacetyl-Derivat $C_{19}H_{16}O_7$; 2,4,2′-Triacetoxy-benzophenon. Kristalle (aus E. +
PAe.); F: 69 – 70° (*Da. et al.*).

2,2′-Dihydroxy-4-methoxy-benzophenon, Dioxybenzon $C_{14}H_{12}O_4$, Formel XV
(R = R″ = H, R′ = CH_3).
B. Beim Erwärmen von 1,3-Dimethoxy-benzol mit 2-Methoxy-benzoylchlorid und $AlCl_3$ in
Chlorbenzol (*Am. Cyanamid Co.*, U.S.P. 2853521 [1956]). Neben grösseren Mengen von

3-Hydroxy-xanthen-9-on beim Erhitzen von 2,4,2'-Trimethoxy-benzophenon mit Pyridin-hydrochlorid (*VanAllan*, J. org. Chem. **23** [1958] 1679, 1680, 1682).

Gelbes Öl; $Kp_{ca.\ 1}$: 170–175°, das beim Aufbewahren wachsartig erstarrt (*Am. Cyanamid Co.*). Absorptionsspektrum (Me.; 230–385 nm): *Va.*, l. c. S. 1680. Löslichkeit in organischen Lösungsmitteln bei 25°: *Am. Cyanamid Co.*

2,4,2'-Trimethoxy-benzophenon $C_{16}H_{16}O_4$, Formel XV (R = R' = R'' = CH_3).

B. Beim Erhitzen von 2-Methoxy-benzoylchlorid mit 1,3-Dimethoxy-benzol (*VanAllan*, J. org. Chem. **23** [1958] 1679, 1681).

Kp_{15}: 180–200°; n_D^{25}: 1,608 [Rohprodukt]. λ_{max} (Me.?): 279 nm und 312 nm.

2,4-Dihydroxy-3'-methoxy-benzophenon $C_{14}H_{12}O_4$, Formel XVI (R = R' = H, R'' = CH_3).

B. Beim Behandeln von Resorcin mit 3-Methoxy-benzoylchlorid und $AlCl_3$ in Nitrobenzol (*Johnson, Robertson*, Soc. **1950** 2381, 2386).

Gelbliche Kristalle (aus wss. A.); F: 176°.

2,4-Dinitro-phenylhydrazon (F: 285–287°): *Jo., Ro.*

3'-Hydroxy-2,4-dimethoxy-benzophenon $C_{15}H_{14}O_4$, Formel XVI (R = R' = CH_3, R'' = H).

B. Aus dem Acetyl-Derivat (s. u.) und wss.-äthanol. NaOH (*Royer, Demerseman*, Bl. **1959** 1682, 1685).

Hellgelbe Kristalle (aus wss. A.); F: 163°.

Acetyl-Derivat $C_{17}H_{16}O_5$; 3'-Acetoxy-2,4-dimethoxy-benzophenon. *B.* Neben anderen Verbindungen beim Behandeln von 1,3-Dimethoxy-benzol mit 3-Acetoxy-benzoylchlorid und $AlCl_3$ in CS_2 (*Ro., De.*). – Kp_{18}: 272–276°.

2-Hydroxy-4,3'-dimethoxy-benzophenon $C_{15}H_{14}O_4$, Formel XVI (R = H, R' = R'' = CH_3).

B. Beim Erwärmen von 2,4-Dihydroxy-3'-methoxy-benzophenon mit CH_3I und K_2CO_3 in Aceton (*Johnson, Robertson*, Soc. **1950** 2381, 2386).

Gelbliche Kristalle (aus Me.); F: 66°.

2,4-Dinitro-phenylhydrazon (F: 204°): *Jo., Ro.*

[5-Methoxy-2-(3-methoxy-benzoyl)-phenoxy]-essigsäure $C_{17}H_{16}O_6$, Formel XVI
(R = CH_2-CO-OH, R' = R'' = CH_3).

B. Aus dem Äthylester (s. u.) und wss.-methanol. KOH (*Johnson, Robertson*, Soc. **1950** 2381, 2386).

Kristalle (aus E. + PAe.); F: 80–81°.

Äthylester $C_{19}H_{20}O_6$. *B.* Beim Erwärmen von 2-Hydroxy-4,3'-dimethoxy-benzophenon mit Bromessigsäure-äthylester und K_2CO_3 in Aceton (*Jo., Ro.*). – Kristalle (aus wss. Me.); F: 76°.

2,4-Dihydroxy-4'-methoxy-benzophenon $C_{14}H_{12}O_4$, Formel I (R = R' = H) (H 422; E I 702; E II 468).

B. Aus Resorcin und 4-Methoxy-benzoesäure beim Erhitzen mit HF unter Druck auf 100° (*VanAllan, Tinker*, J. org. Chem. **19** [1954] 1243, 1244), beim Erhitzen auf 160° unter Einleiten von BF_3 (*Oelschläger*, Ar. **288** [1955] 102, 108) sowie beim Erwärmen mit BF_3 in 1,1,2,2-Tetrachlor-äthan (*Va., Ti.*, l. c. S. 1250). Beim Behandeln von Resorcin mit 4-Methoxy-benzoylchlorid und $AlCl_3$ in Nitrobenzol (*Johnson, Robertson*, Soc. **1950** 2381, 2384).

Kristalle; F: 165° (*Va., Ti.*, l. c. S. 1244, 1250), 164° [aus Toluol + A.] (*Oe.*), 160° [aus wss. A.] (*Jo., Ro.*). UV-Spektrum (Me.; 270–380 nm): *Va., Ti.*, l. c. S. 1248. λ_{max} (Me.): 256 nm, 285 nm und 325 nm (*Va., Ti.*, l. c. S. 1245).

2,4-Dinitro-phenylhydrazon (F: 264–265°): *Jo., Ro.*

2-Hydroxy-4,4'-dimethoxy-benzophenon $C_{15}H_{14}O_4$, Formel I (R = H, R' = CH_3) (E II 468).

B. Beim Erwärmen der vorangehenden Verbindung mit CH_3I und K_2CO_3 in Aceton (*Johnson, Robertson*, Soc. **1950** 2381, 2385).

Kristalle; F: 130° (*VanAllan, Tinker*, J. org. Chem. **19** [1954] 1243, 1244), 118° [aus PAe. oder wss. Acn.] (*Jo., Ro.*). UV-Spektrum (Me.; 210—360 nm): *Va., Ti.*, l. c. S. 1249. Löslichkeit in organischen Lösungsmitteln bei 25°: *Am. Cyanamid Co.*, U.S.P. 2853521 [1956].

2,4-Dinitro-phenylhydrazon (F: 238°): *Jo., Ro.*

I   II   III   IV

[5-Methoxy-2-(4-methoxy-benzoyl)-phenoxy]-essigsäure $C_{17}H_{16}O_6$, Formel I (R = CH_2-CO-OH, R' = CH_3).

B. Aus dem Äthylester (s. u.) und wss.-methanol. KOH (*Johnson, Robertson*, Soc. **1950** 2381, 2385).

Kristalle (aus wss. A. oder Bzl. + PAe.); F: 139°.

Äthylester $C_{19}H_{20}O_6$. *B.* Beim Erwärmen von 2-Hydroxy-4,4'-dimethoxy-benzophenon mit Bromessigsäure-äthylester und K_2CO_3 in Aceton (*Jo., Ro.*). — Kristalle (aus PAe. oder wss. A.); F: 80°.

*2,4,4'-Trimethoxy-benzophenon-oxim $C_{16}H_{17}NO_4$, Formel II.

F: 125—126° (*Bhatkhande, Bhide*, J. Univ. Bombay **24**, Tl. 5A [1956] 11, 13).

2,5,4'-Trimethoxy-benzophenon $C_{16}H_{16}O_4$, Formel III.

B. Aus 1,4-Dimethoxy-benzol und 4-Methoxy-benzoylchlorid mit Hilfe von $AlCl_3$ (*Bhat=khande, Bhide*, J. Univ. Bombay **24**, Tl. 5A [1956] 11, 12).

Kristalle (aus A.); F: 58—59°. Kp_{10}: 246—250°.

Oxim $C_{16}H_{17}NO_4$. F: 136—137° (*Bh., Bh.*, l. c. S. 13).

2,6,2'-Trihydroxy-benzophenon $C_{13}H_{10}O_4$, Formel IV (H 422; vgl. E II 468).

Bestätigung der H 422 getroffenen Konstitutionszuordnung: *Davies et al.*, J. org. Chem. **23** [1958] 307.

B. Beim Erhitzen von Salicylsäure mit Resorcin auf 200° (*Da. et al.*; vgl. H 422).

Kristalle (aus PAe.); F: 134—135° [unkorr.].

Triacetyl-Derivat $C_{19}H_{16}O_7$; 2,6,2'-Triacetoxy-benzophenon. Kristalle (aus E. + PAe.); F: 80—81°.

2,3',4'-Trimethoxy-benzophenon $C_{16}H_{16}O_4$, Formel V.

B. Beim Behandeln von 1,2-Dimethoxy-benzol mit 2-Methoxy-benzoylchlorid und $AlCl_3$ in CS_2 (*Buu-Hoi et al.*, J. org. Chem. **23** [1958] 1261).

Hellgelbes viscoses Öl; Kp_{18}: 243°.

4-Hydroxy-3,5-dimethoxy-benzophenon $C_{15}H_{14}O_4$, Formel VI (R = H).

Bestätigung der von *Koelsch, Flesch* (J. org. Chem. **20** [1955] 1270, 1276) und von *Klemm et al.* (J. org. Chem. **24** [1959] 952) getroffenen Konstitutionszuordnung: *Moffett et al.*, J. med. Chem. **7** [1964] 178, 184.

B. Neben grösseren Mengen von 3,4,5-Trimethoxy-benzophenon beim Behandeln von 3,4,5-

Trimethoxy-benzoylchlorid mit Diphenylcadmium in Äther und Benzol (*Ko., Fl.; Mo. et al.*).
Beim Erwärmen von 3,4,5-Trimethoxy-benzophenon mit H_2SO_4 auf 40° (*Kl. et al.*).

Kristalle; F: 124,5−126° [aus wss. A.] (*Kl. et al.*), 124−126° [aus Ae.+PAe.] (*Ko., Fl.*),
122−123,5° (*Mo. et al.*). ^{1}H-NMR-Absorption ($CDCl_3$): *Mo. et al.*

A c e t y l - D e r i v a t $C_{17}H_{16}O_5$; 4-A c e t o x y - 3,5 - d i m e t h o x y - b e n z o p h e n o n. Kristalle (aus
A.); F: 188−189° (*Ko., Fl.*).

3,4,5-Trimethoxy-benzophenon $C_{16}H_{16}O_4$, Formel VI (R = CH_3).
B. Beim Erwärmen von 3,4,5-Trimethoxy-benzonitril in Toluol mit Phenylmagnesiumbromid
in Äther und Behandeln des Reaktionsprodukts mit Eis und konz. wss. HCl (*Klemm et al.*,
J. org. Chem. **24** [1959] 952). Bildung aus 3,4,5-Trimethoxy-benzoylchlorid und Diphenylcad⸗
mium s. im vorangehenden Artikel.

Kristalle; F: 78−79° [aus Ae.] (*Koelsch, Flesch*, J. org. Chem. **20** [1955] 1270, 1275), 77−78°
[aus Me.] (*Kl. et al.*).

2,4-Dinitro-phenylhydrazon (F: 237−238° bzw. F: 200−202°): *Kl. et al.; Ko., Fl.*

4-Hydroxy-3,4′-dimethoxy-benzophenon $C_{15}H_{14}O_4$, Formel VII (R = X = H).
B. Aus 4-Äthoxycarbonyloxy-3-methoxy-benzoesäure über mehrere Stufen (*Traverso*, G. **87**
[1957] 67, 71).

Wasserhaltige(?) Kristalle; F: 64−68° [Rohprodukt].

A c e t y l - D e r i v a t $C_{17}H_{16}O_5$; 4-A c e t o x y - 3,4′ - d i m e t h o x y - b e n z o p h e n o n. Kristalle (aus
Me.); F: 86−87°.

3,4,4′-Trimethoxy-benzophenon $C_{16}H_{16}O_4$, Formel VII (R = CH_3, X = H) (H 422; E II 469).
B. Beim Erwärmen von 4-Hydroxy-3,4′-dimethoxy-benzophenon (Rohprodukt; s. o.) in
Methanol mit Dimethylsulfat und wss. NaOH (*Traverso*, G. **87** [1957] 67, 72).

Kristalle (aus A.); F: 99° (*Tr.*). IR-Spektrum (Nujol; 1250−1100 cm^{-1}): *Lozac'h, Guillouzo*,
Bl. **1957** 1221, 1223.

O x i m $C_{16}H_{17}NO_4$. F: 139−140° (*Bhatkhande, Bhide*, J. Univ. Bombay **24**, Tl. 5A [1956]
11, 13).

4,5,4′-Trimethoxy-2-nitro-benzophenon $C_{16}H_{15}NO_6$, Formel VII (R = CH_3, X = NO_2).
B. Beim Behandeln von 3,4,4′-Trimethoxy-benzophenon mit wss. HNO_3 (*Korte, Behner*, A.
621 [1959] 51, 54).

Gelbe Kristalle (aus Me.); F: 158−160°. λ_{max} ($CHCl_3$): 243 nm und 285 nm.

3,4,4′-Trimethoxy-thiobenzophenon $C_{16}H_{16}O_3S$, Formel VIII.
B. Beim Erhitzen von 3,4,4′-Trimethoxy-benzophenon und P_2S_5 in Xylol unter Einleiten
von CO_2 (*Lozac'h, Guillouzo*, Bl. **1957** 1221, 1224).

Dunkelviolette Kristalle; F: 94°. IR-Spektrum (Nujol; 1250−1100 cm^{-1}): *Lo., Gu.*, l. c.
S. 1223.

4,5,6-Trimethoxy-biphenyl-2-carbaldehyd $C_{16}H_{16}O_4$, Formel IX.

B. Beim Erhitzen von 4,5,6-Trimethoxy-biphenyl-2-carbonsäure-[N'-benzolsulfonyl-hydrazid] in Äthylenglykol mit Na_2CO_3 auf 160° (*Cook et al.*, Soc. **1950** 139, 144).

Kristalle (aus Me.); F: 92 – 93°.

2-Acetonyl-3-hydroxy-[1,4]naphthochinon $C_{13}H_{10}O_4$, Formel XI und Taut. (E III 3640).

B. Beim Aufbewahren [40 d] von 2-Hydroxy-3-propyl-[1,4]naphthochinon in wasserhaltigem Äther bei pH 6,6 unter Luftzutritt (*Ettlinger*, Am. Soc. **72** [1950] 3666, 3670). Beim Erhitzen von 3-Acetyl-2-methyl-naphtho[2,3-*b*]furan-4,9-chinon oder von 3-Benzoyl-2-methyl-naphtho[2,3-*b*]furan-4,9-chinon mit wss. NaOH (*Pratt, Rice*, Am. Soc. **79** [1957] 5489, 5491).

Gelbe Kristalle (*Et.*). F: 178 – 179° [korr.; aus E. + PAe.] (*Pr., Rice*), 173 – 175° [aus A.] (*Et.*). Absorptionsspektrum (wss. HCl; 400 – 460 nm): *Ettlinger*, Am. Soc. **72** [1950] 3085, 3087. λ_{max} (wss. NaOH): 470 nm (*Et.*, l. c. S. 3086). Scheinbarer Dissoziationsexponent pK_a' (H_2O; potentiometrisch ermittelt) bei 26 – 33°: 4,12 (*Et.*, l. c. S. 3086).

5-Acetoxy-7,8-dimethoxy-1,2-dihydro-cyclopenta[*a*]naphthalin-3-on $C_{17}H_{16}O_5$, Formel XI.

B. Beim Erhitzen von [2-(3,4-Dimethoxy-phenyl)-5-oxo-cyclopent-1-enyl]-essigsäure mit Acetanhydrid (*Marchant*, Soc. **1957** 3325, 3326).

Kristalle (aus A.); F: 196°.

2,4-Dinitro-phenylhydrazon (F: 258°): *Ma.*

(±)-5,8-Dihydroxy-1-methyl-1,4-dihydro-1,4-ätheno-naphthalin-2,3-dion $C_{13}H_{10}O_4$ und Taut.

(±)-1-Methyl-(4a*r*,8a*c*)-1,4,4a,8a-tetrahydro-1ξ,4ξ-ätheno-naphthalin-2,3,5,8-tetraon $C_{13}H_{10}O_4$, Formel XII + Spiegelbild.

B. Beim Erhitzen von (±)-2,3-Bis-benzoylimino-1-methyl-(4a*r*,8a*c*)-1,2,3,4,4a,8a-hexahydro-1ξ,4ξ-ätheno-naphthalin-5,8-dion (F: 237 – 238° [Zers.]) mit wss. HCl (*Lora-Tamayo, Soto Cámara*, An. Soc. españ. [B] **53** [1957] 27, 43; *Lora Tamayo*, Tetrahedron **4** [1958] 17, 25).

Rotbraun; F: 145 – 147° [aus A.].

Hydroxy-oxo-Verbindungen $C_{14}H_{12}O_4$

2-Hydroxy-3,4-dimethoxy-desoxybenzoin $C_{16}H_{16}O_4$, Formel XIII (R = CH_3, X = X' = H) (E III 3641).

B. Beim Behandeln von 1,2,3-Trimethoxy-benzol mit Phenylacetylchlorid und $AlCl_3$ in Äther (*Ishwar-Dass et al.*, Pr. Indian Acad. [A] **37** [1953] 599, 607; vgl. E III 3641).

Kristalle (aus A.); F: 106 – 107°.

5-Brom-2,3,4-trihydroxy-desoxybenzoin $C_{14}H_{11}BrO_4$, Formel XIII (R = X' = H, X = Br) (E III 3642).

Kristalle (aus Eg. oder wss. Me.); F: 164° (*Buu-Hoi*, J. org. Chem. **18** [1953] 1723, 1725).

4'-Brom-2-hydroxy-3,4-dimethoxy-desoxybenzoin $C_{16}H_{15}BrO_4$, Formel XIII (R = CH_3, X = H, X' = Br) (E III 3642).

Kristalle (aus Me.); F: 134−135° [unkorr.] (*Inubushi, Fujitani*, J. pharm. Soc. Japan **78** [1958] 486, 488; C. A. **1958** 17273).

Oxim $C_{16}H_{16}BrNO_4$ (E III 3642). Kristalle (aus Me.); F: 178° [unkorr.].

2,4,5-Trihydroxy-desoxybenzoin $C_{14}H_{12}O_4$, Formel XIV (R = H).

B. Beim Behandeln von Benzen-1,2,4-triol mit Phenylacetylchlorid und $AlCl_3$ in Nitrobenzol (*Eastman Kodak Co.*, U.S.P. 2848345 [1954]). Beim Behandeln von 2,4-Dihydroxy-desoxybenz= oin mit $K_2S_2O_8$ in wss. KOH unter Zusatz von Pyridin (*Aghoramurthy et al.*, J. scient. ind. Res. India **15** B [1956] 11).

Kristalle; F: 210−213° [aus wss. Eg.] (*Eastman Kodak Co.*), 211−212° [aus H_2O] (*Ag. et al.*).

XIV   XV

2-Hydroxy-4,5-dimethoxy-desoxybenzoin $C_{16}H_{16}O_4$, Formel XIV (R = CH_3) (E I 703).

B. Beim Behandeln von 2,5-Dihydroxy-4-methoxy-desoxybenzoin mit Dimethylsulfat und K_2CO_3 in Aceton (*Gowan et al.*, Soc. **1958** 2495, 2496).

Kristalle (aus A.); F: 93°.

2,4,6-Trihydroxy-desoxybenzoin $C_{14}H_{12}O_4$, Formel XV (R = R' = R'' = H) (E II 469; E III 3643).

B. Beim Erwärmen von Phloroglucin mit Phenylacetylchlorid und $AlCl_3$ in CS_2 und Nitroben= zol (*Riedl*, A. **585** [1954] 38, 40; vgl. E II 469).

F: 163°.

2,4-Dihydroxy-6-methoxy-desoxybenzoin $C_{15}H_{14}O_4$, Formel XV (R = R' = H, R'' = CH_3).

B. Bei der Hydrolyse des aus Phenylacetonitril, 5-Methoxy-resorcin und $ZnCl_2$ in Äther unter Einleiten von HCl erhaltenen Reaktionsprodukts (*Gilbert et al.*, Soc. **1957** 3740, 3743).

Kristalle (aus wss. Me.); F: 145−146°.

2,6-Dihydroxy-4-methoxy-desoxybenzoin $C_{15}H_{14}O_4$, Formel XV (R = R'' = H, R' = CH_3).

B. Beim Erwärmen von 5-Hydroxy-7-methoxy-3-phenyl-chromen-4-on mit äthanol. KOH (*Mahesh et al.*, Pr. Indian Acad. [A] **39** [1954] 165, 171).

Hellbraune Kristalle (aus wss. Me.); F: 142−143°.

2-Hydroxy-4,6-dimethoxy-desoxybenzoin $C_{16}H_{16}O_4$, Formel XV (R = H, R' = R'' = CH_3) (E III 3643).

B. Beim Behandeln von 1,3,5-Trimethoxy-benzol mit Phenylacetylchlorid und $AlCl_3$ in Äther (*Aghoramurthy et al.*, Pr. Indian Acad. [A] **33** [1951] 257, 261). Beim Erwärmen von 2,4,6-Tri= hydroxy-desoxybenzoin mit Dimethylsulfat und K_2CO_3 in Aceton (*Badcock et al.*, Soc. **1950** 2961, 2964; *Iyer et al.*, Pr. Indian Acad. [A] **51** [1951] 116, 122).

Kristalle (aus A.); F: 118° (*Zemplén et al.*, Acta chim. hung. **19** [1959] 277, 279), 117−118° (*Ag. et al.*).

4-Hydroxy-2,6-dimethoxy-desoxybenzoin $C_{16}H_{16}O_4$, Formel XV (R = R″ = CH_3, R′ = H).

B. Neben grösseren Mengen der vorangehenden Verbindung (vgl. E III 3643) beim Behandeln von 3,5-Dimethoxy-phenol mit Phenylacetonitril und $ZnCl_2$ in Äther unter Einleiten von HCl und Erhitzen des Reaktionsprodukts mit H_2O (*Zemplén et al.*, Acta chim. hung. **19** [1959] 277, 279).

Kristalle (aus wss. A.); F: 76°.

Acetyl-Derivat $C_{18}H_{18}O_5$; 4-Acetoxy-2,6-dimethoxy-desoxybenzoin. Kristalle (aus wss. Me.); F: 108 – 110°.

2,4,6-Trimethoxy-desoxybenzoin $C_{17}H_{18}O_4$, Formel XV (R = R′ = R″ = CH_3).

B. Beim Erwärmen von 2-Hydroxy-4,6-dimethoxy-desoxybenzoin mit Dimethylsulfat und K_2CO_3 in Aceton (*Badcock et al.*, Soc. **1950** 2961, 2964).

Kristalle (aus A.); F: 72°.

2,4,6-Triacetoxy-desoxybenzoin $C_{20}H_{18}O_7$, Formel XV (R = R′ = R″ = CO-CH_3).

Diese Konstitution kommt auch der von *Mehta, Seshadri* (Soc. **1954** 3823, 3824) als 2-Phenyl-1-[2,4,6-triacetoxy-phenyl]-butan-1,3-dion $C_{22}H_{20}O_8$ formulierten Verbin= dung zu (*Gupta, Seshadri*, J. scient. ind. Res. India **16** B [1957] 116, 117).

B. Beim Behandeln von 2,4,6-Trihydroxy-desoxybenzoin mit Acetanhydrid und wenig wss. $HClO_4$ (*Gu., Se.*, l. c. S. 118; *Gowan et al.*, Soc. **1958** 2495, 2497) oder mit Acetylchlorid und Pyridin (*Me., Se.*; *Gu., Se.*).

Kristalle; F: 125 – 126° [aus wss. Eg.] (*Go. et al.*), 118 – 120° [aus A.] (*Me., Se.*; *Gu., Se.*).

2-Hydroxy-4,6-dimethoxy-4′-nitro-desoxybenzoin $C_{16}H_{15}NO_6$, Formel XVI (R = H, R′ = CH_3) (E III 3644).

B. Aus 2,4,6-Trihydroxy-4′-nitro-desoxybenzoin, Dimethylsulfat und K_2CO_3 in Aceton (*Go= wan et al.*, Soc. **1958** 2495, 2496).

Kristalle (aus A.); F: 148° (*Iyer et al.*, Pr. Indian Acad. [A] **33** [1951] 116, 120).

XVI   I

2,4,6-Triacetoxy-4′-nitro-desoxybenzoin $C_{20}H_{17}NO_9$, Formel XVI (R = R′ = CO-CH_3).

B. Beim Behandeln von 2,4,6-Trihydroxy-4′-nitro-desoxybenzoin mit Acetanhydrid und wenig wss. $HClO_4$ (*Gowan et al.*, Soc. **1958** 2495, 2497).

Kristalle (aus wss. Eg.); F: 133 – 134°.

2,2′-Dihydroxy-4-methoxy-desoxybenzoin $C_{15}H_{14}O_4$, Formel I (R = R″ = H, R′ = CH_3).

B. Beim Erhitzen von 3-[2-Hydroxy-phenyl]-7-methoxy-chromen-4-on mit wss. KOH (*Whal= ley, Lloyd*, Soc. **1956** 3213, 3217).

Kristalle (aus wss. Me.); F: 119°.

2,4-Dihydroxy-2′-methoxy-desoxybenzoin $C_{15}H_{14}O_4$, Formel I (R = R′ = H, R″ = CH_3).

B. Beim Behandeln von Resorcin mit [2-Methoxy-phenyl]-acetonitril und $ZnCl_2$ in Äther unter Einleiten von HCl und Erhitzen des Reaktionsprodukts mit H_2O (*Seshadri, Varadarajan*, Pr. Indian Acad. [A] **37** [1953] 784, 791; *Whalley*, Soc. **1953** 3366, 3370).

Kristalle; F: 164° [aus Bzl. oder wss. Me.] (*Wh.*), 159 – 160° [aus A.] (*Se., Va.*).

2-Hydroxy-4,2′-dimethoxy-desoxybenzoin $C_{16}H_{16}O_4$, Formel I (R = H, R′ = R″ = CH_3).

B. Beim Erwärmen von 2,4-Dihydroxy-2′-methoxy-desoxybenzoin mit CH_3I und K_2CO_3 in

Aceton (*Whalley*, Soc. **1953** 3366, 3370) oder mit Dimethylsulfat und K_2CO_3 in Aceton (*Grover, Seshadri*, Pr. Indian Acad. [A] **38** [1953] 122, 124). Beim Erhitzen von 3-[2,4-Dimethoxy-phenyl]-2-[2-methoxy-phenyl]-3-oxo-propionsäure-äthylester oder von 3-[2,4-Dimethoxy-phenyl]-2-[2-methoxy-phenyl]-3-oxo-propionitril mit konz. wss. HCl und Essigsäure (*Kawase*, Bl. chem. Soc. Japan **31** [1958] 390, 393).

Kristalle; F: 94° [aus Me.] (*Wh.*), 93 − 94° [aus A.] (*Gr., Se.*), 90 − 91° [aus A.] (*Ka.*). $Kp_{0,001}$: 180° [unkorr.] (*Ka.*).

2,4,2′-Trimethoxy-desoxybenzoin $C_{17}H_{18}O_4$, Formel I (R = R′ = R″ = CH_3).
B. Beim Erwärmen von 2,2′-Dihydroxy-4-methoxy-desoxybenzoin mit Dimethylsulfat und K_2CO_3 in Aceton (*Whalley, Lloyd*, Soc. **1956** 3213, 3217).
Kristalle (aus wss. A.); F: 81°.

2′-Äthoxy-2,4-dihydroxy-desoxybenzoin $C_{16}H_{16}O_4$, Formel I (R = R′ = H, R″ = C_2H_5).
B. Bei der Hydrolyse des aus Resorcin, [2-Äthoxy-phenyl]-acetonitril und $ZnCl_2$ in Äther unter Einleiten von HCl erhaltenen Reaktionsprodukts (*Whalley, Lloyd*, Soc. **1956** 3213, 3217).
Kristalle (aus Bzl.); F: 148°.

2′-Äthoxy-2-hydroxy-4-methoxy-desoxybenzoin $C_{17}H_{18}O_4$, Formel I (R = H, R′ = CH_3, R″ = C_2H_5).
B. Aus der vorangehenden Verbindung, Dimethylsulfat und K_2CO_3 in Aceton (*Whalley, Lloyd*, Soc. **1956** 3213, 3217). Beim Erwärmen von 3-[2-Äthoxy-phenyl]-7-methoxy-chromen-4-on mit wss.-äthanol. KOH (*Wh., Ll.*).
Kristalle (aus Me.); F: 94°.

2-Äthoxy-4,2′-dimethoxy-desoxybenzoin $C_{18}H_{20}O_4$, Formel I (R = C_2H_5, R′ = R″ = CH_3).
B. Bei der Äthylierung von 2-Hydroxy-4,2′-dimethoxy-desoxybenzoin (*Whalley, Lloyd*, Soc. **1956** 3213, 3217).
Kristalle (aus wss. Me.); F: 103°.

2′-Äthoxy-2,4-dimethoxy-desoxybenzoin $C_{18}H_{20}O_4$, Formel I (R = R′ = CH_3, R″ = C_2H_5).
B. Aus 2′-Äthoxy-2-hydroxy-4-methoxy-desoxybenzoin, Dimethylsulfat und K_2CO_3 in Aceton (*Whalley, Lloyd*, Soc. **1956** 3213, 3217).
Kristalle (aus Me.); F: 89°.

2′-Benzyloxy-2-hydroxy-4-methoxy-desoxybenzoin $C_{22}H_{20}O_4$, Formel I (R = H, R′ = CH_3, R″ = CH_2-C_6H_5).
B. Beim Erwärmen von 3-[2-Benzyloxy-phenyl]-7-methoxy-chromen-4-on mit wss.-methanol. KOH (*Whalley, Lloyd*, Soc. **1956** 3213, 3217, 3218).
Kristalle (aus Me.); F: 114°.

2′-Benzyloxy-2,4-dimethoxy-desoxybenzoin $C_{23}H_{22}O_4$, Formel I (R = R′ = CH_3, R″ = CH_2-C_6H_5).
B. Beim Erwärmen der vorangehenden Verbindung mit Dimethylsulfat und K_2CO_3 in Aceton (*Whalley, Lloyd*, Soc. **1956** 3213, 3218).
Kristalle (aus Me.); F: 106°.
Bei der Hydrogenolyse an Palladium/Kohle in Essigsäure ist 2-[2,4-Dimethoxy-phenyl]-benzofuran erhalten worden.

2,4,4′-Trihydroxy-desoxybenzoin $C_{14}H_{12}O_4$, Formel II (R = R′ = R″ = H) (E III 3645).
B. Beim Erhitzen von Resorcin mit [4-Hydroxy-phenyl]-essigsäure und $ZnCl_2$ auf 130° (*Lespagnol et al.*, Bl. **1951** 82). Beim Erhitzen von 3-[2,4-Dimethoxy-phenyl]-2-[4-methoxy-phenyl]-3-oxo-propionsäure-äthylester mit Pyridin-hydrochlorid auf ca. 220° und Erwärmen des Reaktionsgemisches mit wss. HCl (*Kawase*, Bl. chem. Soc. Japan **32** [1959] 11).

Kristalle (aus wss. A.); F: 192° (*Le. et al.*), 183–184° [unkorr.] (*Ka.*). Kp_1: 250° [Badtempe=
ratur] (*Le. et al.*).

Triacetyl-Derivat $C_{20}H_{18}O_7$; 2,4,4'-Triacetoxy-desoxybenzoin. Kristalle (aus Me.);
F: 135–136° (*Gupta, Seshadri*, J. scient. ind. Res. India **16** B [1957] 116, 118).

2,4-Dihydroxy-4'-methoxy-desoxybenzoin $C_{15}H_{14}O_4$, Formel II (R = R' = H, R'' = CH_3)
(E II 469; E III 3645).

B. Beim Behandeln von Resorcin mit [4-Methoxy-phenyl]-acetylchlorid und $AlCl_3$ in Nitro=
benzol (*Badcock et al.*, Soc. **1950** 2961, 2964). Beim kurzen Erhitzen [5 min] von 2,4-Dihydroxy-
5-[(4-methoxy-phenyl)-acetyl]-benzoesäure mit Kupfer-Pulver und Chinolin (*Whalley*, Soc. **1957**
1833, 1836). Beim Erhitzen von 7-Hydroxy-3-[4-methoxy-phenyl]-chromen-4-on mit wss. NaOH
(*Bradbury, White*, Soc. **1951** 3447; *Bose, Siddiqui*, J. scient. ind. Res. India **10** B [1951] 291,
292; *Virtanen, Hietala*, Acta chem. scand. **12** [1958] 579).

Kristalle; F: 164° (*Vi., Hi.*), 159° [aus wss. A. oder wss. Me.] (*Bose, Si.*, l. c. S. 293), 158°
[korr.; aus wss. A.] (*Br., Wh.*).

Diacetyl-Derivat $C_{19}H_{18}O_6$; 2,4-Diacetoxy-4'-methoxy-desoxybenzoin. Kri=
stalle; F: 123–124° [korr.; aus A.] (*Br., Wh.*), 109–110° [aus Me.] (*Gupta, Seshadri*, J. scient.
ind. Res. India **16** B [1957] 116, 118).

Dipropionyl-Derivat $C_{21}H_{22}O_6$; 4'-Methoxy-2,4-bis-propionyloxy-desoxy=
benzoin. Kristalle (aus wss. A.); F: 79–80° (*Br., Wh.*).

II   III

2-Hydroxy-4,4'-dimethoxy-desoxybenzoin $C_{16}H_{16}O_4$, Formel II (R = H, R' = R'' = CH_3)
(E III 3646).

B. Aus der vorangehenden Verbindung beim Erwärmen mit CH_3I und K_2CO_3 in Aceton
(*Badcock et al.*, Soc. **1950** 2961, 2964) oder beim Behandeln mit Diazomethan in Äther (*Brad=
bury, White*, Soc. **1951** 3447). Beim Erhitzen von 3-[2,4-Dimethoxy-phenyl]-2-[4-methoxy-
phenyl]-3-oxo-propionsäure-äthylester oder von 3-[2,4-Dimethoxy-phenyl]-2-[4-methoxy-
phenyl]-3-oxo-propionitril mit konz. wss. HCl in Essigsäure (*Kawase*, Bl. chem. Soc. Japan
31 [1958] 390, 393). Beim Erhitzen von 7-Methoxy-3-[4-methoxy-phenyl]-chromen-4-on mit
wss. NaOH (*Br., Wh.*).

Kristalle; F: 104° [aus A.] (*Ba. et al.*), 102° [korr.; aus A.] (*Br., Wh.*), 100–100,5° [unkorr.;
aus Bzl.] (*Ka.*). $Kp_{0,001}$: 190° [unkorr.] (*Ka.*).

2,4,4'-Trimethoxy-desoxybenzoin $C_{17}H_{18}O_4$, Formel II (R = R' = R'' = CH_3) (E III 3646).

B. Beim Behandeln von 1,3-Dimethoxy-benzol mit 1-[4-Methoxy-phenyl]-acetylchlorid und
$AlCl_3$ in Nitrobenzol (*Badcock et al.*, Soc. **1950** 2961, 2964). Beim Erwärmen von 2-Hydroxy-
4,4'-dimethoxy-desoxybenzoin mit CH_3I und K_2CO_3 bzw. mit Dimethylsulfat und K_2CO_3 in
Aceton (*Ba. et al.*).

F: 84°.

Oxim $C_{17}H_{19}NO_4$. Kristalle (aus A.); F: 104°.

(±)-2,2'-Dihydroxy-benzoin $C_{14}H_{12}O_4$, Formel III (X = H) (E III 3647).

B. Aus Salicylaldehyd und KCN in Äthanol (*Phadke*, Curr. Sci. **25** [1956] 56).

Rotbraune Kristalle (aus Eg.); F: 148–150°.

Beim Erhitzen auf 186–188° erfolgt Zersetzung.

Berichtigung zu E III 3649, Zeile 3−1 v. u.: Im Artikel (±)-2,2′-Dimethoxy-benzoin-oxim $C_{16}H_{17}NO_4$ ist anstelle von „sind ... (D-Hydrogentartrat, F: 160°)" zu setzen „und Behan= deln des Reaktionsprodukts mit L_g-Weinsäure sind (±)-2.2′-Dimethoxy-bibenzylyl-(α)-amin (Hauptprodukt) und (−)-*erythro*-α′-Amino-2.2′-dimethoxy-bibenzylol-(α)-L_g-hydrogentartrat (F: 160° [E III **13** 2423])".

*(±)-2,2′-Dimethoxy-benzoin-thiosemicarbazon $C_{17}H_{19}N_3O_3S$, Formel IV.

B. Aus (±)-2,2′-Dimethoxy-benzoin in Pyridin und wss. Thiosemicarbazid-hydrochlorid (*Gianturco, Romeo,* G. **82** [1952] 429, 433).

Kristalle (aus wss. A.); F: 154°.

IV

V

(±)-4,4′-Dichlor-2,2′-dimethoxy-benzoin $C_{16}H_{14}Cl_2O_4$, Formel V (R = X′ = H, X = Cl).

B. Beim Erwärmen von 4-Chlor-2-methoxy-benzaldehyd mit KCN in wss. Äthanol (*Kuhn, Hensel,* B. **84** [1951] 557, 562).

Kristalle (aus A.); F: 113−114°.

(±)-5,5′-Dichlor-2,2′-dimethoxy-benzoin $C_{16}H_{14}Cl_2O_4$, Formel V (R = X = H, X′ = Cl).

B. Beim Erwärmen von 5-Chlor-2-methoxy-benzaldehyd mit NaCN (*Deliwala, Rajagopalan,* Pr. Indian Acad. [A] **31** [1950] 107, 112) oder mit KCN (*Kuhn, Hensel,* B. **85** [1952] 72, 76; *Pfleger, Waldmann,* B. **90** [1957] 2395, 2399) in wss. Äthanol.

Kristalle; F: 104° [aus Me.] (*Pf., Wa.*), 101−102° [aus A.] (*De., Ra.*), 99,5−100° [aus Me.] (*Kuhn, He.*).

(±)-5,5′-Dichlor-2,α,2′-trimethoxy-desoxybenzoin $C_{17}H_{16}Cl_2O_4$, Formel V (R = CH_3, X = H, X′ = Cl).

B. Beim Behandeln von (±)-5,5′-Dichlor-2,2′-dimethoxy-benzoin mit methanol. HCl (*Kuhn, Hensel,* B. **85** [1952] 72, 76).

Kristalle (aus Bzl.+PAe.); F: 70,5−71°.

(±)-3,5,3′,5′-Tetrachlor-2,2′-dihydroxy-benzoin $C_{14}H_8Cl_4O_4$, Formel III (X = Cl).

B. Aus 3,5,3′,5′-Tetrachlor-2,2′-dihydroxy-benzil beim Hydrieren an Palladium in Essigsäure und Dioxan bzw. an Platin in Essigsäure bei 65−75° sowie beim Erwärmen mit Zink-Pulver in Essigsäure (*Lautsch, Schröder,* M. **88** [1957] 452, 453).

Kristalle (aus Bzl.+PAe.); F: 156−158°.

Bis-phenylosazon (F: 264−266°): *La., Sch.*

Triacetyl-Derivat $C_{20}H_{14}Cl_4O_7$; 2,α,2′-Triacetoxy-3,5,3′,5′-tetrachlor-desoxy= benzoin. Kristalle (aus A.); F: 176−178°.

(±)-2-Hydroxy-4′-methoxy-benzoin $C_{15}H_{14}O_4$, Formel VI.

B. Beim Erwärmen von Salicylaldehyd mit 4-Methoxy-benzaldehyd und KCN in wss. Äthanol (*Phadke,* J. scient. ind. Res. India **15** B [1956] 208).

Kristalle (aus A.+Eg.); F: 105−107°.

*Opt.-inakt. [α,α′-Dihydroxy-3,3′-dimethoxy-bibenzyl-α-yl]-phosphinsäure $C_{16}H_{19}O_6P$, Formel VII.

B. Beim Erwärmen von 3,3′-Dimethoxy-benzil mit H_3PO_2 in Äthanol (*Polonovski et al.*,

C. r. **239** [1954] 1506).

Kristalle; F: ca. 175° [Zers.].

VI   VII

(±)-4,4′-Dimethoxy-benzoin $C_{16}H_{16}O_4$, Formel VIII (R = CH₃) (H 423; E II 470; E III 3656).

B. Beim Erhitzen von 4-Methoxy-benzaldehyd mit wenig NaCN in 1,2-Dimethoxy-äthan (*Sumrell et al.*, J. org. Chem. **22** [1957] 39).

F: 110° [korr.] (*Wiles, Baughan*, Soc. **1953** 933, 940). λ_{max} (A.): 220 nm und 277 nm (*Cymer= man-Craig et al.*, Austral. J. Chem. **9** [1956] 391, 395).

Zeitlicher Verlauf der Reaktion mit Mangan(III)-acetat (Bildung von 4,4′-Dimethoxy-benzil) in Essigsäure [80%ig], in 1,1,2,2-Tetrachlor-äthan sowie in Trichloräthen, jeweils bei 80°: *Soniš, Kornilowa*, Ž. obšč. Chim. **20** [1950] 1252, 1256, 1258, 1259; engl. Ausg. S. 1301, 1305, 1307, 1308.

Thiosemicarbazon $C_{17}H_{19}N_3O_3S$. Kristalle (aus A. + H₂O); F: 157° (*Gianturco, Romeo*, G. **82** [1952] 429, 432).

VIII   IX

(±)-4,4′-Diäthoxy-benzoin $C_{18}H_{20}O_4$, Formel VIII (R = C₂H₅) (E III 3657).

B. Beim Behandeln von (±)-4,4′-Diäthoxy-α-brom-desoxybenzoin mit Natriumäthylat in Äth= anol und anschliessend mit H₂O (*Nagano*, J. org. Chem. **22** [1957] 817).

Opt.-inakt. Bis-[4,4′-dimethoxy-α′-oxo-bibenzyl-α-yl]-äther, 4,4′,4″,4‴-Tetramethoxy-α,α′-oxy-bis-desoxybenzoin $C_{32}H_{30}O_7$, Formel IX.

B. In kleiner Menge neben anderen Verbindungen beim Behandeln von (±)-α-Brom-4,4′-dimethoxy-desoxybenzoin in Benzol mit Natriumacetylenid in flüssigem NH₃ (*Cymerman-Craig et al.*, Austral. J. Chem. **9** [1956] 391, 395).

Kristalle (aus Me.); F: 156°. λ_{max} (A.): 220 nm und 281 nm.

2,4,6-Trihydroxy-3-methyl-benzophenon $C_{14}H_{12}O_4$, Formel X (R = R′ = H).

B. Beim Behandeln von 2-Methyl-phloroglucin mit Benzonitril und ZnCl₂ in Äther unter Einleiten von HCl und Erhitzen des Reaktionsprodukts mit H₂O (*McGookin et al.*, Soc. **1951** 2021, 2027).

Gelbe Kristalle; F: 146 − 147° [nach Sublimation unter vermindertem Druck] (*Powell, Suther= land*, Austral. J. Chem. **16** [1963] 282, 283), 139 − 140° [aus H₂O] (*McG. et al.*).

Triacetyl-Derivat $C_{20}H_{18}O_7$; 2,4,6-Triacetoxy-3-methyl-benzophenon. Kristalle (aus wss. A.); F: 112−113° (*McG. et al.*).

X   XI   XII   XIII

2,6-Dihydroxy-4-methoxy-3-methyl-benzophenon $C_{15}H_{14}O_4$, Formel X (R = CH_3, R′ = H).

B. Aus 5-Methoxy-4-methyl-resorcin analog der vorangehenden Verbindung (*McGookin et al.*, Soc. **1951** 2021, 2028).

Hellgelbe Kristalle (aus wss. A.); F: 143−144°.

2,4-Dinitro-phenylhydrazon (F: 215−216°): *McG. et al.*

Diacetyl-Derivat $C_{19}H_{18}O_6$; 2,6-Diacetoxy-4-methoxy-3-methyl-benzophenon. Kristalle (aus wss. A.); F: 134−135°.

2-Hydroxy-4,6-dimethoxy-3-methyl-benzophenon $C_{16}H_{16}O_4$, Formel X (R = R′ = CH_3).

Diese Konstitution kommt auch der H 424 als 6-Hydroxy-2,4-dimethoxy-3-methyl-benzo≠ phenon oder 2-Hydroxy-4,6-dimethoxy-3-methyl-benzophenon formulierten Verbindung (F: 138°) zu (vgl. *Powell, Sutherland*, Austral. J. Chem. **16** [1963] 282). Entsprechend ist das H 424 beschriebene Acetyl-Derivat (F: 150°) als 2-Acetoxy-4,6-dimethoxy-3-methyl-benzo≠ phenon $C_{18}H_{18}O_5$ zu formulieren.

B. Beim Erwärmen von 2,4,6-Trihydroxy-3-methyl-benzophenon oder von 2,6-Dihydroxy-4-methoxy-3-methyl-benzophenon mit CH_3I und K_2CO_3 in Aceton (*McGookin et al.*, Soc. **1951** 2021, 2027, 2028).

Kristalle (aus wss. A.); F: 136−137° (*McG. et al.*).

2,2′,4′-Trihydroxy-3-methyl-benzophenon $C_{14}H_{12}O_4$, Formel XI.

B. Aus 2-Hydroxy-3-methyl-benzoesäure und Resorcin mit Hilfe von $ZnCl_2$ und $POCl_3$ (*Kane et al.*, J. scient. ind. Res. India **18** B [1959] 28, 31).

Gelbe Kristalle (aus wss. A.); F: 116−117°.

2-Acetoxy-2′,5′-dimethoxy-3-methyl-benzophenon $C_{18}H_{18}O_5$, Formel XII.

B. Beim Behandeln von 1,4-Dimethoxy-benzol mit 2-Acetoxy-3-methyl-benzoylchlorid und $AlCl_3$ in CS_2 (*Moshfegh et al.*, Helv. **40** [1957] 1157, 1164).

Kristalle (aus A.); F: 139°.

3′-Hydroxymethyl-2,4′-dimethoxy-benzophenon $C_{16}H_{16}O_4$, Formel XIII.

B. Beim Erwärmen von 3-Acetoxymethyl-4-methoxy-benzoylchlorid in Benzol mit Bis-[2-methoxy-phenyl]-cadmium in Äther (*van der Zanden, de Vries*, R. **74** [1955] 876, 885).

2,4-Dinitro-phenylhydrazon (F: 236,5−237,5°): *v.d.Z., de Vr.*

2,4,2′-Trihydroxy-4′-methyl-benzophenon $C_{14}H_{12}O_4$, Formel XIV.

B. Aus 2-Hydroxy-4-methyl-benzoesäure und Resorcin mit Hilfe von $ZnCl_2$ und $POCl_3$ (*Kane et al.*, J. scient. ind. Res. India **18** B [1959] 28, 32).

Gelbe Kristalle (aus wss. A.); F: 153−154°.

XIV   XV

2-Acetoxy-1-[2,4'-dimethoxy-biphenyl-4-yl]-äthanon $C_{18}H_{18}O_5$, Formel XV (R = CH_3).

B. Beim Erwärmen von 2-Brom-1-[2,4'-dimethoxy-biphenyl-4-yl]-äthanon mit Kaliumacetat in Äthanol (*Logemann,* Z. physiol. Chem. **290** [1952] 61, 64).

Kristalle (aus A.); F: 126–128° [unkorr.].

2-Acetoxy-1-[2,4'-diacetoxy-biphenyl-4-yl]-äthanon $C_{20}H_{18}O_7$, Formel XV (R = CO-CH_3).

B. Beim Erwärmen von 1-[2,4'-Diacetoxy-biphenyl-4-yl]-äthanon mit Brom in Essigsäure, Erwärmen des Reaktionsprodukts mit Kaliumacetat in Äthanol und Behandeln des danach isolierten Reaktionsprodukts mit Acetanhydrid und Pyridin (*Logemann, Giraldi,* Z. physiol. Chem. **292** [1953] 58, 63).

Kristalle (aus A.); F: 130–132°. $Kp_{0,1}$: 240–245°.

---

*1,1'-Dimethoxy-5,5'-dimethyl-[3,3']bicyclohexa-1,4-dienyliden-6,6'-dion $C_{16}H_{16}O_4$, Formel I oder Stereoisomeres (E II 470).

B. Beim Behandeln von 2-Methoxy-6-methyl-phenol mit konz. wss. HNO_3 und Essigsäure oder mit wss. KOH und anschliessend mit $NaNO_2$ und wss. H_2SO_4 (*McOmie, White,* Soc. **1955** 2619, 2622, 2623).

Dunkelviolette Kristalle (aus Acn.); F: 203° [Zers.].

I   II

*1,1'-Bis-acetoxymethyl-[3,3']bicyclohexa-1,4-dienyliden-6,6'-dion $C_{18}H_{16}O_6$, Formel II oder Stereoisomeres.

B. Beim Behandeln von Salicylalkohol mit Luft und kolloidalem MnO_2 (oder wenig $KMnO_4$) in wss. KOH und Acetylieren des Reaktionsprodukts (Zers. > 190°) in Gegenwart von Natrium=acetat (*Nakamura,* J. chem. Soc. Japan Ind. Chem. Sect. **54** [1951] 167; C. A. **1953** 8034).

Gelbbraune Kristalle (aus Bzl.), die bei 142–145° sintern.

3,3'-Dihydroxy-2,2'-dimethyl-[5,5']bicyclohexa-1,3-dienyliden-6,6'-dion $C_{14}H_{12}O_4$, Formel III, oder **2-[2,5-Dihydroxy-4-methyl-phenyl]-5-methyl-[1,4]benzochinon** $C_{14}H_{12}O_4$, Formel IV.

Diese beiden Formeln werden für die nachstehend beschriebene Verbindung in Betracht gezo=gen (*Posternak et al.,* Helv. **39** [1956] 1556, 1557).

B. Beim kurzen Erhitzen [1–2 min] von 4,4'-Dimethyl-[1,1']bicyclohexa-1,4-dienyl-3,6,3',6'-tetraon mit Hydrochinon in H_2O (*Po. et al.,* l. c. S. 1560). Aus 2-Methyl-[1,4]benzochinon und $AlCl_3$ in CS_2 (*Po. et al.*).

Violette Kristalle mit metallischem Oberflächenglanz (aus Eg.); F: 256–258° [korr.].

1-[1-Hydroxy-4-methoxy-[2]naphthyl]-butan-1,3-dion $C_{15}H_{14}O_4$, Formel V und Taut.

B. Beim Behandeln von 1-[1-Hydroxy-4-methoxy-[2]naphthyl]-äthanon mit NaH und Äthyl=

acetat (*Schmid, Seiler*, Helv. **35** [1952] 1990, 1994).
Gelbe Kristalle (aus A.); F: 114−115°.

III   IV

1-[3,4-Dimethoxy-[2]naphthyl]-butan-1,3-dion $C_{16}H_{16}O_4$, Formel VI und Taut.
B. Beim Behandeln von 3,4-Dimethoxy-[2]naphthoesäure-methylester mit Natrium und Aceton in Toluol und Äther (*Wawzonek, Ready*, J. org. Chem. **17** [1952] 1419, 1421).
F: 75−76°. $Kp_{0,5}$: 145 ° [unkorr.].

V   VI

6-Butyryl-5-hydroxy-[1,4]naphthochinon $C_{14}H_{12}O_4$, Formel VII.
B. Beim Erhitzen von 1-[1,5,8-Trihydroxy-[2]naphthyl]-butan-1-on mit $FeCl_3$ in Essigsäure (*Momose, Goya*, Chem. pharm. Bl. **7** [1959] 864, 866).
Orangefarbene Kristalle (aus PAe.); F: 88−89°.

VII   VIII   IX

2-Butyryl-3-hydroxy-[1,4]naphthochinon $C_{14}H_{12}O_4$, Formel VIII und Taut.
B. Beim Erwärmen von 2-Butyryl-3-methylamino-[1,4]naphthochinon mit wss. H_2SO_4 und Essigsäure (*Hase, Nishimura*, J. pharm. Soc. Japan **75** [1955] 203, 206; C. A. **1956** 1712).
Gelbe Kristalle (aus Acn.); F: 118−119°.

2-Hydroxy-3-[2-oxo-butyl]-[1,4]naphthochinon $C_{14}H_{12}O_4$, Formel IX und Taut. (E III 3660).
B. Beim Aufbewahren [18 d] von 2-Butyl-3-hydroxy-[1,4]naphthochinon in wasserhaltigem Äther unter Luftzutritt bei pH 7,4 (*Ettlinger*, Am. Soc. **72** [1950] 3666, 3671).
Gelbe Kristalle (aus wss. Me.); F: 162−164,5°.

1,5-Diacetyl-4,8-dimethoxy-naphthalin $C_{16}H_{16}O_4$, Formel X.
B. In kleiner Menge neben 1-[4,8-Dimethoxy-[1]naphthyl]-äthanon beim Behandeln von 1,5-Dimethoxy-naphthalin mit Acetylchlorid und $AlCl_3$ in Nitrobenzol (*Buu-Hoï, Lavit*, J. org. Chem. **20** [1955] 1191, 1195).

Kristalle (aus A.); F: 197°.

8-Acetyl-5-hydroxy-2,7-dimethyl-[1,4]naphthochinon $C_{14}H_{12}O_4$, Formel XI (R = X = H).

B. Neben grösseren Mengen einer von *Overeem, van der Kerk* (R. **83** [1964] 1005, 1013) als 6-Hydroxy-2,3,8-trimethyl-naphtho[1,8-*bc*]furan-5-on (E III/IV **18** 579) formulierten Ver≠ bindung (F: 205°) beim Erwärmen von Mollisin (s. u.) mit wss. HI (*van der Kerk, Overeem,* R. **76** [1957] 425, 435). Aus 6-Hydroxy-2,3,8-trimethyl-naphtho[1,8-*bc*]furan-5-on (E III/IV **18** 579) beim Behandeln von $Na_2Cr_2O_7$ in Essigsäure oder beim Erwärmen mit H_2O_2 in Essigsäure (*v. d. Kerk, Ov.,* l. c. S. 435, 436).

Gelbe Kristalle (aus PAe.); F: 160 – 161°; λ_{max} (A.): 214 nm, 256 nm und 424 nm (*v. d. Kerk, Ov.*).

8-Dichloracetyl-5-hydroxy-2,7-dimethyl-[1,4]naphthochinon, Mollisin $C_{14}H_{10}Cl_2O_4$, Formel XI (R = H, X = Cl).

Konstitution: *Overeem, van der Kerk,* R. **83** [1964] 995, 1002.

Isolierung aus Kulturen von Mollisia caesia: *van der Kerk, Overeem,* R. **76** [1957] 425, 433; *Ov., v. d. Kerk.*

Orangegelbe Kristalle (aus PAe.); F: 202 – 203° [Zers.]; λ_{max} (A.): 259 nm und 420 nm (*v. d. Kerk, Ov.*).

Mono-[2,4-dinitro-phenylhydrazon] $C_{20}H_{14}Cl_2N_4O_7$. Rote Kristalle; Zers. > 200° (*v. d. Kerk, Ov.,* l. c. S. 435).

8-Dichloracetyl-5-methoxy-2,7-dimethyl-[1,4]naphthochinon $C_{15}H_{12}Cl_2O_4$, Formel XI (R = CH_3, X = Cl).

Konstitution: *Overeem, van der Kerk,* R. **83** [1964] 995, 1002.

B. Beim Behandeln der vorangehenden Verbindung in $CHCl_3$ mit Diazomethan in Äther (*van der Kerk, Overeem,* R. **76** [1957] 425, 434) oder mit Ag_2O und CH_3I (*Ov., v. d. Kerk*).

Gelbe Kristalle (aus Me.); F: 190 – 194° (*v. d. Kerk, Ov.*), ca. 175° und (nach Wiedererstarren) F: 190° (*Ov., v. d. Kerk*). λ_{max} (A.): 207 nm, 261 nm und 394 nm (*Ov., v. d. Kerk*), 260 nm, 280 nm und 420 nm (*v. d. Kerk, Ov.*).

8,9,10-Trihydroxy-3,4-dihydro-2*H*-anthracen-1-on $C_{14}H_{12}O_4$, Formel XII.

B. Beim Hydrieren von 1,8-Dihydroxy-anthrachinon an Raney-Nickel in wss. NaOH (*Pfizer & Co.,* U.S.P. 2841596 [1953]), an Palladium in wss. NaOH (*Shibata et al.,* Pharm. Bl. **4** [1956] 303, 308) oder an Palladium/Kohle in wss. NaOH (*Hochstein et al.,* Am. Soc. **75** [1953] 5455, 5470).

Kristalle; F: 187 – 189° [aus Ae. oder Me.] (*Pfizer & Co.*), 186 – 188° [korr.; nach Sublimation bei 170°/0,02 Torr] (*Ho. et al.*), 180° [aus Bzl.] (*Sh. et al.*). Absorptionsspektrum (äthanol. HCl;

225 – 450 nm): *Ho. et al.,* l. c. S. 5460. Scheinbarer Dissoziationsexponent pK'_a (wss. DMF [50%ig]; potentiometrisch ermittelt): 8,3 (*Ho. et al.*).

6,7-Dimethoxy-1,2,3,4-tetrahydro-phenanthren-9,10-dion $C_{16}H_{16}O_4$, Formel XIII.

B. Bei der Ozonolyse von 2,3-Dimethoxy-5,6,7,8-tetrahydro-[9]phenanthrol in Äthylacetat (*Walker,* Am. Soc. **79** [1957] 3508, 3512, 3513).

Tiefrote Kristalle (aus E.); Zers. >150°.

o-Phenylendiamin-Kondensationsprodukt (F: 228 – 229°): *Wa.*   [*Geibler*]

Hydroxy-oxo-Verbindungen $C_{15}H_{14}O_4$

1-[2,4-Dihydroxy-6-methoxy-phenyl]-3-phenyl-propan-1-on $C_{16}H_{16}O_4$, Formel I (E III 3664).

B. Bei der Hydrierung von 7-Hydroxy-5-methoxy-2-phenyl-chroman-4-on an Palladium/ Kohle in Essigsäure bei 100° (*Robertson et al.,* Soc. **1950** 3117, 3121). Beim Erhitzen von 7-Hydr= oxy-5-methoxy-2-phenyl-chromen-4-on mit Tetralin in Gegenwart von Palladium/Kohle (*Pillon,* Bl. **1955** 39, 43).

F: 192° [aus Me.] (*Ro. et al.*), 189 – 190° [aus wss. Me.] (*Pi.*). λ_{max}: 290 nm (*Pi.*).

1-[2,4-Dihydroxy-phenyl]-3-[2-hydroxy-phenyl]-propan-1-on $C_{15}H_{14}O_4$, Formel II.

B. Aus 2,2',4'-Trihydroxy-chalkon bei der Hydrierung an Palladium/Kohle in Äthanol (*For= manek et al.,* Pharm. Acta Helv. **34** [1959] 241, 242).

Kristalle (aus A.+H_2O); F: 157 – 158° [korr.; evakuierte Kapillare].

     I   II   III   IV

(2*RS*,3*SR*)-2,3-Dibrom-1-[2,4-diacetoxy-3-nitro-phenyl]-3-[2-methoxy-phenyl]-propan-1-on $C_{20}H_{17}Br_2NO_8$, Formel III (X = O-CH_3, X' = H) + Spiegelbild.

B. Aus 2',4'-Diacetoxy-2-methoxy-3'-nitro-*trans*-chalkon und Brom in $CHCl_3$ (*Seshadri, Tri= vedi,* J. org. Chem. **23** [1958] 1735, 1737).

Kristalle (aus Bzl.+PAe.); F: 147 – 148°.

(2*RS*,3*SR*)-2,3-Dibrom-1-[2-hydroxy-4-methoxy-5-nitro-phenyl]-3-[2-hydroxy-phenyl]-propan-1-on $C_{16}H_{13}Br_2NO_6$, Formel IV (R = CH_3, R' = X = H) + Spiegelbild.

B. Aus 2,2'-Dihydroxy-4'-methoxy-5'-nitro-*trans*-chalkon und Brom in Essigsäure (*Kulkarni, Jadhav,* J. Indian chem. Soc. **32** [1955] 97, 99).

Kristalle (aus Eg.); F: 130°.

(2*RS*,3*SR*)-2,3-Dibrom-1-[2-hydroxy-4-methoxy-5-nitro-phenyl]-3-[2-methoxy-phenyl]-propan-1-on $C_{17}H_{15}Br_2NO_6$, Formel IV (R = R' = CH_3, X = H) + Spiegelbild.

B. Aus 2'-Hydroxy-2,4'-dimethoxy-5'-nitro-*trans*-chalkon und Brom in Essigsäure (*Kulkarni, Jadhav,* J. Indian chem. Soc. **32** [1955] 97, 99).

Kristalle (aus A.); F: 110–111°.

(2RS,3SR)-1-[4-Benzyloxy-2-hydroxy-5-nitro-phenyl]-2,3-dibrom-3-[2-methoxy-phenyl]-propan-1-on $C_{23}H_{19}Br_2NO_6$, Formel IV (R = CH_2-C_6H_5, R' = CH_3, X = H) + Spiegelbild.

B. Beim Erwärmen von 4'-Benzyloxy-2'-hydroxy-2-methoxy-5'-nitro-*trans*-chalkon mit Brom in $CHCl_3$ (*Atchabba et al.*, J. Univ. Bombay **25**, Tl. 5A [1957] 1, 3).

Kristalle (aus Eg.); F: 198–200°.

(2RS,3SR)-2,3-Dibrom-1-[3-brom-2,4-dihydroxy-5-nitro-phenyl]-3-[2-hydroxy-phenyl]-propan-1-on $C_{15}H_{10}Br_3NO_6$, Formel IV (R = R' = H, X = Br) + Spiegelbild.

B. Aus 2,2',4'-Trihydroxy-5'-nitro-*trans*-chalkon oder aus 3'-Brom-2,2',4'-trihydroxy-5'-nitro-*trans*-chalkon beim Behandeln mit Brom in Essigsäure (*Kulkarni, Jadhav*, J. Indian chem. Soc. **31** [1954] 746, 752).

Kristalle (aus Eg.); F: 190–191°.

(2RS,3SR)-2,3-Dibrom-1-[3-brom-2,4-dihydroxy-5-nitro-phenyl]-3-[2-methoxy-phenyl]-propan-1-on $C_{16}H_{12}Br_3NO_6$, Formel IV (R = H, R' = CH_3, X = Br) + Spiegelbild.

B. Aus 2',4'-Dihydroxy-2-methoxy-5'-nitro-*trans*-chalkon oder aus 3'-Brom-2',4'-dihydroxy-2-methoxy-5'-nitro-*trans*-chalkon beim Behandeln mit Brom in Essigsäure (*Kulkarni, Jadhav*, J. Indian chem. Soc. **31** [1954] 746, 753).

Kristalle (aus Eg.); F: 120°.

(2RS,3SR)-2,3-Dibrom-3-[5-brom-2-methoxy-phenyl]-1-[2-hydroxy-4-methoxy-5-nitro-phenyl]-propan-1-on $C_{17}H_{14}Br_3NO_6$, Formel V (R = CH_3, X = H) + Spiegelbild.

B. Aus 5-Brom-2'-hydroxy-2,4'-dimethoxy-5'-nitro-*trans*-chalkon und Brom (*Kulkarni, Jadᵈ hav*, J. Indian chem. Soc. **32** [1955] 97, 99).

Kristalle (aus A.); F: 116–117°.

V   VI   VII   VIII

(2RS,3SR)-2,3-Dibrom-1-[3-brom-2,4-dihydroxy-5-nitro-phenyl]-3-[5-brom-2-methoxy-phenyl]-propan-1-on $C_{16}H_{11}Br_4NO_6$, Formel V (R = H, X = Br) + Spiegelbild.

B. Aus 3'-Brom-2',4'-dihydroxy-2-methoxy-5'-nitro-*trans*-chalkon und Brom oder aus 5-Brom-2',4'-dihydroxy-2-methoxy-5'-nitro-*trans*-chalkon und Brom in Essigsäure (*Kulkarni, Jadhav*, J. Indian chem. Soc. **31** [1954] 746, 753). Aus 4'-Benzyloxy-2'-hydroxy-2-methoxy-5'-nitro-*trans*-chalkon und Brom (*Atchabba et al.*, J. Univ. Bombay **25**, Tl. 5A [1957] 1, 4).

Kristalle (aus Eg.); F: 216–217° (*At. et al.*), 210° (*Ku., Ja.*).

(2RS,3SR)-2,3-Dibrom-3-[3,5-dibrom-2-hydroxy-phenyl]-1-[2-hydroxy-4-methoxy-5-nitro-phenyl]-propan-1-on $C_{16}H_{11}Br_4NO_6$, Formel VI + Spiegelbild.

B. Aus 3,5-Dibrom-2,2'-dihydroxy-4'-methoxy-5'-nitro-*trans*-chalkon und Brom in Essigsäure

(*Kulkarni, Jadhav*, J. Indian chem. Soc. **32** [1955] 97, 99).
Kristalle (aus Eg.); F: 150°.

(2RS,3SR)-2,3-Dibrom-1-[3-brom-2,4-dihydroxy-5-nitro-phenyl]-3-[3,5-dibrom-2-hydroxy-phenyl]-propan-1-on $C_{15}H_8Br_5NO_6$, Formel VII + Spiegelbild.
B. Aus (2*RS*,3*SR*)-2,3-Dibrom-1-[3-brom-2,4-dihydroxy-5-nitro-phenyl]-3-[2-hydroxy-phenyl]-propan-1-on, 2,2′,4′-Trihydroxy-5′-nitro-*trans*-chalkon, 3′-Brom-2,2′,4′-trihydroxy-5′-nitro-*trans*-chalkon, 3,5-Dibrom-2,2′,4′-trihydroxy-5′-nitro-*trans*-chalkon oder 3,5,3′-Tribrom-2,2′,4′-trihydroxy-5′-nitro-*trans*-chalkon und Brom in Essigsäure oder ohne Lösungsmittel (*Kulkarni, Jadhav*, J. Indian chem. Soc. **31** [1954] 746, 752).
Kristalle (aus Nitrobenzol+Eg.); F: 250°.

(2RS,3SR)-2,3-Dibrom-1-[2,4-diacetoxy-3-nitro-phenyl]-3-[3-methoxy-phenyl]-propan-1-on $C_{20}H_{17}Br_2NO_8$, Formel III (X = H, X′ = O-CH₃) + Spiegelbild.
B. Aus 2′,4′-Diacetoxy-3-methoxy-3′-nitro-*trans*-chalkon und Brom in CHCl₃ (*Seshadri, Trivedi*, J. org. Chem. **23** [1958] 1735, 1737).
Kristalle (aus Bzl.+PAe.); F: 118°.

1-[2,4-Dihydroxy-phenyl]-3-[4-hydroxy-phenyl]-propan-1-on $C_{15}H_{14}O_4$, Formel VIII.
B. Aus 4,2′,4′-Trihydroxy-chalkon bei der Hydrierung an Palladium/Kohle in Äthanol (*Formanek et al.*, Pharm. Acta Helv. **34** [1959] 241, 242).
F: 157—158° [korr.; evakuierte Kapillare]. Kristalle (aus A.+H₂O) mit 1 Mol H₂O; F: 135—136° [korr.; evakuierte Kapillare].

(2RS,3SR)-2,3-Dibrom-1-[2,4-diacetoxy-3-nitro-phenyl]-3-[4-methoxy-phenyl]-propan-1-on $C_{20}H_{17}Br_2NO_8$, Formel IX + Spiegelbild.
B. Aus 2′,4′-Diacetoxy-4-methoxy-3′-nitro-*trans*-chalkon und Brom in CHCl₃ (*Seshadri, Trivedi*, J. org. Chem. **23** [1958] 1735, 1737).
Kristalle (aus Bzl.+PAe.); F: 141—142°.

IX   X   XI   XII

***Opt.-inakt. 2,3-Dibrom-1-[2-hydroxy-4-methoxy-5-nitro-phenyl]-3-[4-methoxy-phenyl]-propan-1-on** $C_{17}H_{15}Br_2NO_6$, Formel X.
B. Aus 2′-Hydroxy-4,4′-dimethoxy-5′-nitro-chalkon (F: 160—161°) und Brom in Essigsäure (*Kulkarni, Jadhav*, J. Indian chem. Soc. **32** [1955] 97, 99).
Kristalle (aus A.); F: 84—85°.

(2RS,3SR)-1-[4-Benzyloxy-2-hydroxy-5-nitro-phenyl]-2,3-dibrom-3-[4-methoxy-phenyl]-propan-1-on $C_{23}H_{19}Br_2NO_6$, Formel XI (R = CH₂-C₆H₅, X = X′ = H) + Spiegelbild.
B. Beim Erwärmen von 4′-Benzyloxy-2′-hydroxy-4-methoxy-5′-nitro-*trans*-chalkon mit Brom

in CHCl$_3$ (*Atchabba et al.*, J. Univ. Bombay **25**, Tl. 5A [1957] 1, 5).
Kristalle (aus Eg.); F: 168−169°.

(2*RS*,3*SR*)-2,3-Dibrom-1-[3-brom-2,4-dihydroxy-5-nitro-phenyl]-3-[4-methoxy-phenyl]-propan-1-on C$_{16}$H$_{12}$Br$_3$NO$_6$, Formel XI (R = X′ = H, X = Br) + Spiegelbild.
B. Aus 2′,4′-Dihydroxy-4-methoxy-5′-nitro-*trans*-chalkon oder aus 3′-Brom-2′,4′-dihydroxy-4-methoxy-5′-nitro-*trans*-chalkon beim Behandeln mit Brom in Essigsäure (*Kulkarni, Jadhav,* J. Indian chem. Soc. **31** [1954] 746, 753).
Kristalle (aus Eg.); F: 184−186°.

(2*RS*,3*SR*)-2,3-Dibrom-3-[3-brom-4-methoxy-phenyl]-1-[2-hydroxy-4-methoxy-5-nitro-phenyl]-propan-1-on C$_{17}$H$_{14}$Br$_3$NO$_6$, Formel XI (R = CH$_3$, X = H, X′ = Br) + Spiegelbild.
B. Aus 3-Brom-2′-hydroxy-4,4′-dimethoxy-5′-nitro-*trans*-chalkon und Brom (*Kulkarni, Jad= hav,* J. Indian chem. Soc. **32** [1955] 97, 99).
Kristalle (aus Eg.); F: 178−179°.

(2*RS*,3*SR*)-2,3-Dibrom-1-[3-brom-2,4-dihydroxy-5-nitro-phenyl]-3-[3-brom-4-methoxy-phenyl]-propan-1-on C$_{16}$H$_{11}$Br$_4$NO$_6$, Formel XI (R = H, X = X′ = Br) + Spiegelbild.
B. Aus 2′,4′-Dihydroxy-4-methoxy-5′-nitro-*trans*-chalkon oder aus 4′-Benzyloxy-2′-hydroxy-4-methoxy-5′-nitro-*trans*-chalkon beim Behandeln mit Brom (*Kulkarni, Jadhav,* J. Indian chem. Soc. **31** [1954] 746, 753; *Atchabba et al.*, J. Univ. Bombay **25**, Tl. 5A [1957] 1, 5). Aus 3-Brom-2′,4′-dihydroxy-4-methoxy-5′-nitro-*trans*-chalkon und Brom in Essigsäure (*Ku., Ja.*).
Kristalle (aus Nitrobenzol bzw. Xylol); F: 230−231° (*Ku., Ja.; At. et al.*).

(±)-3-Brom-1-[3-brom-2-hydroxy-6-methoxy-phenyl]-3-[4-methoxy-phenyl]-propan-1-on C$_{17}$H$_{16}$Br$_2$O$_4$, Formel XII + Spiegelbild.
Diese Konstitution ist der nachstehend beschriebenen, ursprünglich (*Pendse*, Rasayanam **2** [1956] 131, 132) als 2,3-Dibrom-1-[2-hydroxy-6-methoxy-phenyl]-3-[4-methoxy-phenyl]-propan-1-on (C$_{17}$H$_{16}$Br$_2$O$_4$) angesehenen Verbindung zuzuordnen (*Donnelly,* Tetrahedron **29** [1973] 2585).
B. Beim Behandeln von 3′-Brom-2′-hydroxy-4,6′-dimethoxy-*trans*-chalkon (F: 132°) mit HBr und Essigsäure (*Pe.*).
F: 125° [Zers.].

(2*RS*,3*SR*)-2,3-Dibrom-1-[2-hydroxy-6-methoxy-phenyl]-3-[4-methoxy-phenyl]-propan-1-on C$_{17}$H$_{16}$Br$_2$O$_4$, Formel XIII (R = X = H, R′ = CH$_3$) + Spiegelbild.
B. Aus 2′-Hydroxy-4,6′-dimethoxy-*trans*-chalkon und Brom in Essigsäure (*Marathey,* J. Univ. Poona Nr. 2 [1952] 7, 9).
Kristalle (aus Eg.); F: 160°.

XIII   XIV   XV

(2RS,3SR)-1-[2-Acetoxy-6-methoxy-phenyl]-2,3-dibrom-3-[4-methoxy-phenyl]-propan-1-on
$C_{19}H_{18}Br_2O_5$, Formel XIV + Spiegelbild.

B. Aus 2'-Acetoxy-4,6'-dimethoxy-*trans*-chalkon und Brom in Essigsäure (*Marathey*, J. Univ.
Poona Nr. 2 [1952] 7, 9).

F: 135°.

(2RS,3SR)-2,3-Dibrom-1-[2,6-diacetoxy-3-nitro-phenyl]-3-[4-methoxy-phenyl]-propan-1-on
$C_{20}H_{17}Br_2NO_8$, Formel XIII (R = R' = CO-CH$_3$, X = NO$_2$) + Spiegelbild.

B. Aus 2',6'-Diacetoxy-4-methoxy-3'-nitro-*trans*-chalkon und Brom in CHCl$_3$ (*Seshadri, Tri=
vedi*, J. org. Chem. **23** [1958] 1735, 1737).

Kristalle (aus Bzl.+PAe.); F: 146—148°.

(2RS,3SR)-1-[2-Acetoxy-phenyl]-2,3-dibrom-3-[5-brom-2,4-dimethoxy-phenyl]-propan-1-on
$C_{19}H_{17}Br_3O_5$, Formel XV + Spiegelbild.

B. Aus 2'-Acetoxy-2,4-dimethoxy-*trans*-chalkon und Brom in Essigsäure (*Gallagher et al.*,
Soc. **1953** 3770, 3774).

Gelbes Pulver (aus PAe.); F: 181—182°.

(2RS,3SR)-3-[4-Acetoxy-3-methoxy-phenyl]-1-[2-acetoxy-phenyl]-2,3-dibrom-propan-1-on
$C_{20}H_{18}Br_2O_6$, Formel I + Spiegelbild.

B. Aus 4,2'-Diacetoxy-3-methoxy-*trans*-chalkon und Brom in CHCl$_3$ (*Sen*, Am. Soc. **74** [1952]
3445).

Kristalle (aus wss. Acn.); F: 170—171°.

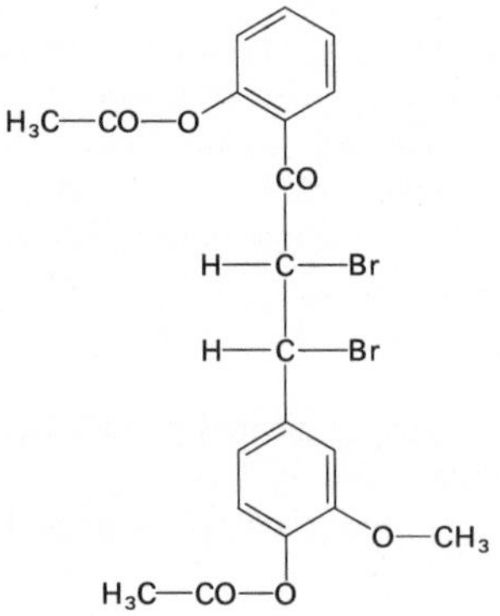

I 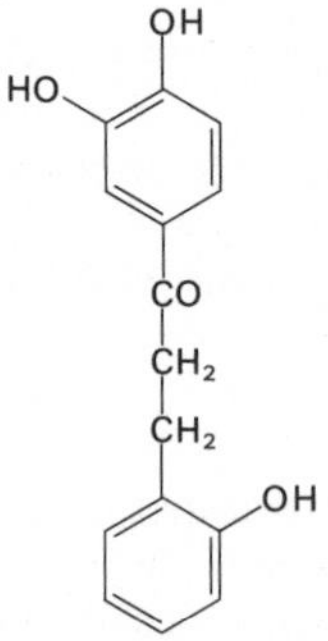   II 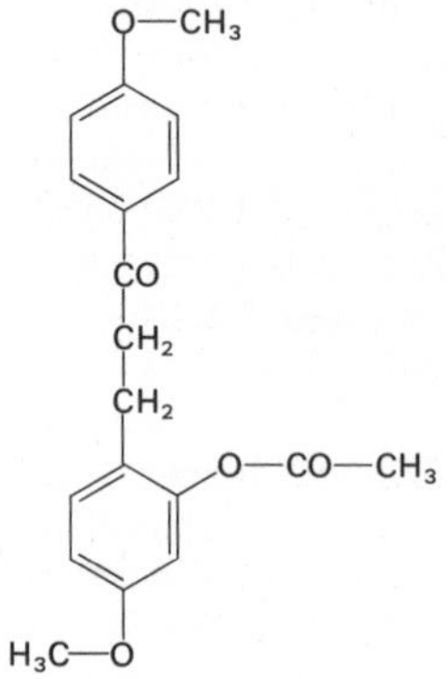   III

1-[3,4-Dihydroxy-phenyl]-3-[2-hydroxy-phenyl]-propan-1-on $C_{15}H_{14}O_4$, Formel II.

B. Bei der Hydrierung von 2,3',4'-Trihydroxy-chalkon an Platin in Äthanol (*Hathway, Sea=
kins*, Soc. **1957** 1562, 1566).

Tribenzoyl-Derivat (F: 113°): *Ha., Se.*

3-[2-Acetoxy-4-methoxy-phenyl]-1-[4-methoxy-phenyl]-propan-1-on $C_{19}H_{20}O_5$, Formel III.

B. Bei der Hydrierung von 2-Acetoxy-4,4'-dimethoxy-chalkon an Platin in Methanol (*Freu=
denberg, Weinges*, A. **613** [1958] 61, 73, 74).

F: 101—104°.

***Opt.-inakt. 2-Brom-1-[2-hydroxy-phenyl]-3-methoxy-3-[4-methoxy-phenyl]-propan-1-on**
$C_{17}H_{17}BrO_4$, Formel IV (R = CH$_3$).

B. Aus 2,3-Dibrom-1-[2-hydroxy-phenyl]-3-[4-methoxy-phenyl]-propan-1-on (F: 145—146°;
E III 2700) oder aus 1-[2-Acetoxy-phenyl]-2,3-dibrom-3-[4-methoxy-phenyl]-propan-1-on (F:

105°) beim Erwärmen mit Methanol (*Bhide et al.*, Rasayanam **2** [1956] 135, 140).
Kristalle (aus Me.); F: 116°.

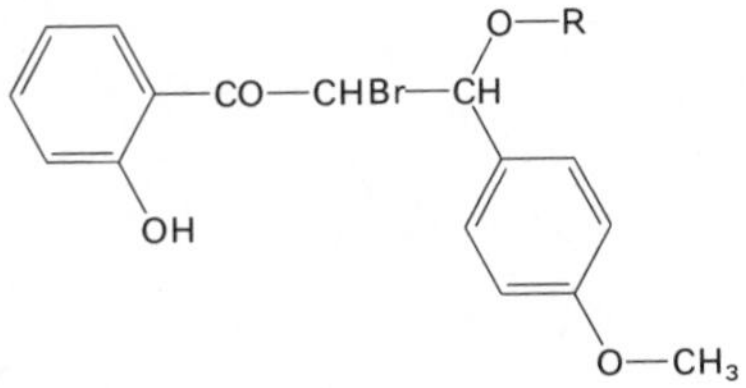

IV 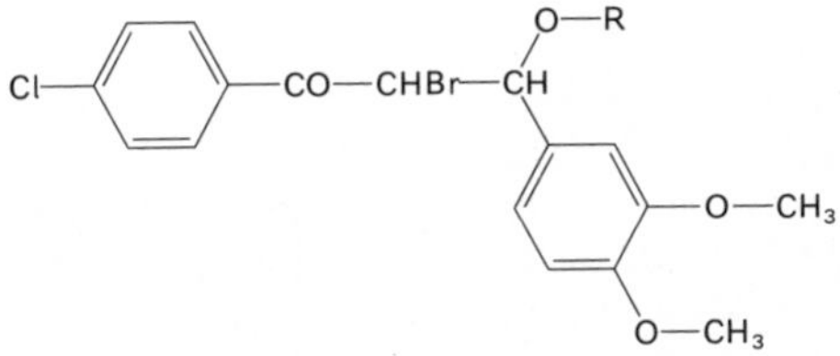   V

*Opt.-inakt. 3-Äthoxy-2-brom-1-[2-hydroxy-phenyl]-3-[4-methoxy-phenyl]-propan-1-on
$C_{18}H_{19}BrO_4$, Formel IV (R = C_2H_5).
B. Analog der vorangehenden Verbindung (*Bhide et al.*, Rasayanam **2** [1956] 135, 140).
Hellgelbe Kristalle (aus A.); F: 85°.

---

*Opt.-inakt. 2-Brom-1-[4-chlor-phenyl]-3-[3,4-dimethoxy-phenyl]-3-methoxy-propan-1-on
$C_{18}H_{18}BrClO_4$, Formel V (R = CH_3).
B. Beim Erwärmen von 2,3-Dibrom-1-[4-chlor-phenyl]-3-[3,4-dimethoxy-phenyl]-propan-1-on (F: 165°) mit Methanol (*Kanthi, Nargund*, J. Karnatak Univ. **2** [1957] 8, 12).
F: 133°.

---

*Opt.-inakt. 3-Äthoxy-2-brom-1-[4-chlor-phenyl]-3-[3,4-dimethoxy-phenyl]-propan-1-on
$C_{19}H_{20}BrClO_4$, Formel V (R = C_2H_5).
B. Analog der vorangehenden Verbindung (*Kanthi, Nargund*, J. Karnatak Univ. **2** [1957] 8, 12).
F: 118°.

---

*Opt.-inakt. 2,3-Dihydroxy-3-[2-hydroxy-phenyl]-1-phenyl-propan-1-on $C_{15}H_{14}O_4$, Formel VI
(R = R' = H).
B. Aus Salicylaldehyd und 2-Hydroxy-1-phenyl-äthanon bei 37° und pH 7,5 (*Reichel, Döring*, A. **606** [1957] 137, 142).
Kristalle (aus A.); F: 167 – 168° [unkorr.].
Triacetyl-Derivat $C_{21}H_{20}O_7$; 2,3-Diacetoxy-3-[2-acetoxy-phenyl]-1-phenyl-propan-1-on. Kristalle (aus Me.); F: 108° [unkorr.].
Tribenzoyl-Derivat (F: 169°): *Re., Dö.*, l. c. S. 143.

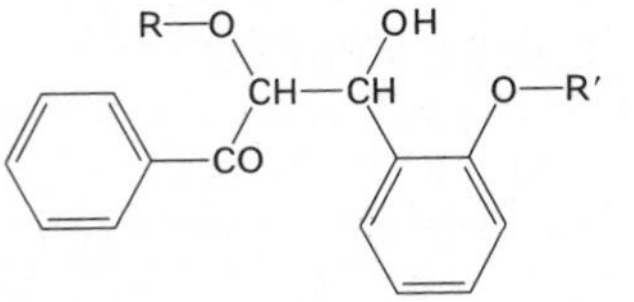

VI 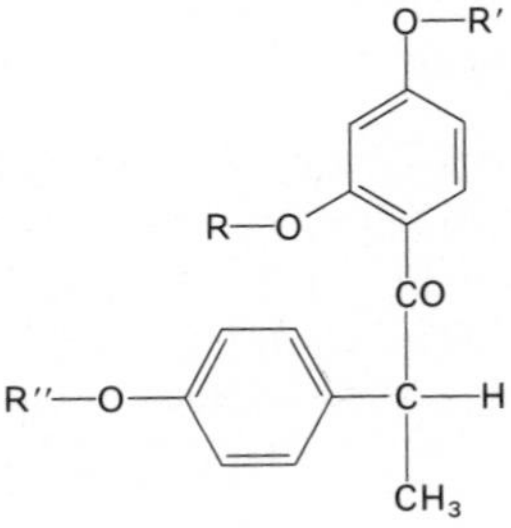   VII

*Opt.-inakt. 2,3-Dihydroxy-3-[2-methoxy-phenyl]-1-phenyl-propan-1-on $C_{16}H_{16}O_4$, Formel VI
(R = H, R' = CH_3).
B. Aus 2-Methoxy-benzaldehyd und 2-Hydroxy-1-phenyl-äthanon bei 37° und pH 8 (*Reichel, Döring*, A. **606** [1957] 137, 143).
Kristalle (aus A.); F: 143 – 145° [unkorr.].

Diacetyl-Derivat $C_{20}H_{20}O_6$; 2,3-Diacetoxy-3-[2-methoxy-phenyl]-1-phenyl-propan-1-on. Kristalle (aus A.); F: 114—115° [unkorr.].
Dibenzoyl-Derivat (F: 137,5°): *Re., Dö.*

*Opt.-inakt. 3-Hydroxy-3-[2-hydroxy-phenyl]-2-methoxy-1-phenyl-propan-1-on** $C_{16}H_{16}O_4$,
Formel VI (R = CH$_3$, R' = H).
B. In geringer Menge aus Salicylaldehyd und 2-Methoxy-1-phenyl-äthanon bei 37° und pH 9,5 (*Reichel, Döring*, A. **606** [1957] 137, 144).
Kristalle (aus Bzl.); F: 121° [unkorr.].
Dibenzoyl-Derivat (F: 115°): *Re., Dö.*

*Opt.-inakt. 3-Hydroxy-2-methoxy-3-[2-methoxy-phenyl]-1-phenyl-propan-1-on** $C_{17}H_{18}O_4$,
Formel VI (R = R' = CH$_3$).
B. Aus 2-Methoxy-benzaldehyd und 2-Methoxy-1-phenyl-äthanon bei 37° und pH 10 (*Reichel, Döring*, A. **606** [1957] 137, 144).
Kristalle (aus wss. A.); F: 93—94°.
Acetyl-Derivat $C_{19}H_{20}O_5$; 3-Acetoxy-2-methoxy-3-[2-methoxy-phenyl]-1-phenyl-propan-1-on. Kristalle (aus PAe.); F: 97°.
Benzoyl-Derivat (F: 132—133°): *Re., Dö.*

———

(±)-1-[2,4-Dihydroxy-phenyl]-2-[4-hydroxy-phenyl]-propan-1-on $C_{15}H_{14}O_4$, Formel VII
(R = R' = R'' = H) + Spiegelbild.
Die Identität eines von *King et al.* (Soc. **1952** 1920, 1924) unter dieser Konstitution beschriebe≠nen Präparats (Kristalle [aus H$_2$O]; F: 139—140°; aus (−)-Angolensin mit Hilfe von wss. HI und Essigsäure hergestellt) ist ungewiss.
B. Beim Erwärmen von (−)-Angolensin [s. u.] (*King* zit. bei *Micheli et al.*, J. med. pharm. Chem. **5** [1962] 321, 333 Tab. XI Anm. d) mit wss. HBr und Essigsäure (*Mi. et al.*).
Kristalle (aus Ae. + Hexan); F: 103° [nach Sintern bei 75°] (*Mi. et al.*).

1-[2,4-Dihydroxy-phenyl]-2-[4-methoxy-phenyl]-propan-1-on $C_{16}H_{16}O_4$.

a) **(R)-1-[2,4-Dihydroxy-phenyl]-2-[4-methoxy-phenyl]-propan-1-on,** (−)-Angolensin,
Formel VII (R = R' = H, R'' = CH$_3$).
Konstitution: *King et al.*, Soc. **1952** 1920, 1921. Absolute Konfiguration: *Ollis et al.*, Austral. J. Chem. **18** [1965] 1787, 1788.
Isolierung aus dem Kernholz von Pterocarpus angolensis: *King et al.*, l. c. S. 1923; von Ptero≠carpus indicus: *Gupta, Seshadri*, J. scient. ind. Res. India **15** B [1956] 146, 147; von Pterocarpus erinaceous: *Akisanya et al.*, Soc. **1959** 2679; von Afrormosia elata: *Foxall, Morgan*, Soc. **1963** 5573.
Kristalle; F: 121,5—122° [aus Bzl. + PAe.] (*Ak. et al.*), 120—122° [aus PAe.] (*Ol. et al.*), 120,5—121° [aus PAe.] (*Fo., Mo.*), 119—120° [aus Bzl. + PAe.] (*Gu., Se.*, l. c. S. 148), 117° [aus PAe.] (*King et al.*, l. c. S. 1923). $[\alpha]_D^{19}$: −115° [A.] (*Ol. et al.*, l. c. S. 1789); $[\alpha]_D^{20}$: −115° [CHCl$_3$; c = 2,5] (*Fo., Mo.*); $[\alpha]_D^{32}$: −118,7° [A.] (*Gu., Se.*, l. c. S. 148).
Beim Behandeln oder Erwärmen mit wss. NaOH erfolgt Racemisierung (*Fo., Mo.*; s. dagegen *Gu., Se.*).

b) **(±)-1-[2,4-Dihydroxy-phenyl]-2-[4-methoxy-phenyl]-propan-1-on,** Formel VII
(R = R' = H, R'' = CH$_3$) + Spiegelbild.
B. Aus (±)-2-[4-Methoxy-phenyl]-propionylchlorid bei der Behandlung mit 1,3-Bis-benzyl≠oxy-benzol und AlCl$_3$ in Äther und Hydrierung des Reaktionsprodukts an Palladium/Kohle in Essigsäure (*Aggarwal et al.*, Indian J. Chem. **9** [1971] 299). Beim Erwärmen des unter a) beschriebenen Stereoisomeren mit wss. NaOH (*Foxall, Morgan*, Soc. **1963** 5573).
Kristalle (aus Bzl. + PAe.); F: 87—88° (*Ag. et al.*), 86,5—88° (*Fo., Mo.*).

1-[2-Hydroxy-4-methoxy-phenyl]-2-[4-methoxy-phenyl]-propan-1-on $C_{17}H_{18}O_4$.

a) **(R)-1-[2-Hydroxy-4-methoxy-phenyl]-2-[4-methoxy-phenyl]-propan-1-on,** Formel VII
(R = H, R′ = R″ = CH_3).

B. Aus (R)-1-[2,4-Dihydroxy-phenyl]-2-[4-methoxy-phenyl]-propan-1-on und Diazomethan in Äther (*Foxall, Morgan,* Soc. **1963** 5573).

Kristalle (aus Me.); F: 62,5—63,5° (*Fo., Mo.*), 61,5° (*Clark-Lewis, Jemison,* Austral. J. Chem. **18** [1965] 1791, 1795). $[\alpha]_D^{20}$: $-142°$ [CHCl$_3$; c = 2] (*Fo., Mo.*); $[\alpha]_D^{21}$: $-141°$ [CHCl$_3$; c = 4] (*Cl.-Le., Je.*).

Über Präparate (F: 71° bzw. F: 69°) von unbekanntem optischen Drehungsvermögen, die auf die gleiche Weise hergestellt worden sind, s. *King et al.,* Soc. **1952** 1920, 1923; *Akisanya et al.,* Soc. **1959** 2679.

b) **(±)-1-[2-Hydroxy-4-methoxy-phenyl]-2-[4-methoxy-phenyl]-propan-1-on,** Formel VII
(R = H, R′ = R″ = CH_3) + Spiegelbild.

B. Aus (±)-1-[2,4-Dihydroxy-phenyl]-2-[4-methoxy-phenyl]-propan-1-on und Diazomethan in Äther (*Foxall, Morgan,* Soc. **1963** 5573).

F: 70,5—71,5°.

1-[2,4-Dimethoxy-phenyl]-2-[4-methoxy-phenyl]-propan-1-on $C_{18}H_{20}O_4$.

a) **(R)-1-[2,4-Dimethoxy-phenyl]-2-[4-methoxy-phenyl]-propan-1-on,** Formel VII
(R = R′ = R″ = CH_3).

B. Beim Erwärmen von (R)-1-[2,4-Dihydroxy-phenyl]-2-[4-methoxy-phenyl]-propan-1-on mit Dimethylsulfat und K_2CO_3 in Aceton (*Foxall, Morgan,* Soc. **1963** 5573).

Kristalle; F: 50—51° [aus PAe.] (*Fo., Mo.*), 49—50° [aus Bzl. + PAe.] (*Clark-Lewis, Jemison,* Austral. J. Chem. **18** [1965] 1791, 1795). $[\alpha]_D^{19}$: $+21°$ [CHCl$_3$; c = 4] (*Cl.-Le., Je.*); $[\alpha]_D^{22}$: $+26°$ [CHCl$_3$; c = 2] (*Fo., Mo.*).

b) **(±)-1-[2,4-Dimethoxy-phenyl]-2-[4-methoxy-phenyl]-propan-1-on,** Formel VII
(R = R′ = R″ = CH_3) + Spiegelbild (E III 3675).

B. Analog dem unter a) beschriebenen Stereoisomeren (*Foxall, Morgan,* Soc. **1963** 5573; s. a. *King et al.,* Soc. **1952** 1920, 1922).

Kristalle (aus Bzl. + PAe.); F: 29—30° (*Clark-Lewis, Jemison,* Austral. J. Chem. **18** [1965] 1791, 1796). Kp$_{0,3}$: 190—195° (*King et al.*).

(R?)-1-[2-Acetoxy-4-methoxy-phenyl]-2-[4-methoxy-phenyl]-propan-1-on $C_{19}H_{20}O_5$, vermutlich Formel VII (R = CO-CH_3, R′ = R″ = CH_3).

B. Beim Erhitzen von (R?)-1-[2-Hydroxy-4-methoxy-phenyl]-2-[4-methoxy-phenyl]-propan-1-on (F: 71°) mit Acetanhydrid und Natriumacetat (*King et al.,* Soc. **1952** 1920, 1922).

Kp$_{0,3}$: 190—195°.

1-[2,4-Diacetoxy-phenyl]-2-[4-methoxy-phenyl]-propan-1-on $C_{20}H_{20}O_6$.

a) **(R)-1-[2,4-Diacetoxy-phenyl]-2-[4-methoxy-phenyl]-propan-1-on,** Formel VII
(R = R′ = CO-CH_3, R″ = CH_3).

Bezüglich der Konfiguration vgl. *Ollis et al.,* Austral. J. Chem. **18** [1965] 1787.

B. Aus (R)-1-[2,4-Dihydroxy-phenyl]-2-[4-methoxy-phenyl]-propan-1-on und Acetanhydrid in Pyridin (*Foxall, Morgan,* Soc. **1963** 5573).

Kp$_{0,1}$: 210°; $[\alpha]_D^{15}$: $-82°$ [CHCl$_3$; c = 2] (*Fo., Mo.*).

b) **(±)-1-[2,4-Diacetoxy-phenyl]-2-[4-methoxy-phenyl]-propan-1-on,** Formel VII
(R = R′ = CO-CH_3, R″ = CH_3) + Spiegelbild.

B. Analog dem unter a) beschriebenen Stereoisomeren (*Foxall, Morgan,* Soc. **1963** 5573).

Kristalle (aus PAe.); F: 88,5—89,5°.

(±)-2-Phenyl-1-[2,4,6-trimethoxy-phenyl]-propan-1-on $C_{18}H_{20}O_4$, Formel VIII.

B. Beim Erwärmen von 2-Hydroxy-4,6-dimethoxy-desoxybenzoin mit CH_3I und K_2CO_3 in

Aceton (*Badcock et al.*, Soc. **1950** 2961, 2964).
Kristalle (aus A.); F: 101°.

VIII   IX

(±)-3-Benzylmercapto-1,2-bis-[4-methoxy-phenyl]-propan-1-on $C_{24}H_{24}O_3S$, Formel IX.
B. Beim Erwärmen von (±)-[2,3-Bis-(4-methoxy-phenyl)-3-oxo-propyl]-trimethyl-ammonium-jodid mit Natrium-phenylmethanthiolat in Methanol (*Poppelsdorf, Holt*, Soc. **1954** 1124, 1130).
Kristalle (aus A.); F: 87°.

2,4,6-Trihydroxy-3-methyl-desoxybenzoin $C_{15}H_{14}O_4$, Formel X (R = R′ = R″ = H).
B. Beim Leiten von HCl in ein Gemisch von 2-Methyl-phloroglucin, Phenylacetonitril und ZnCl$_2$ und Erwärmen des Reaktionsprodukts mit H$_2$O (*Iengar et al.*, J. scient. ind. Res. India **13** B [1954] 166, 171).
Kristalle (aus wss. A.); F: 200°.
Beim Erhitzen mit Acetanhydrid und Natriumacetat auf 180° sind 5,7-Diacetoxy-2,6-di=methyl-3-phenyl-chromen-4-on (*Rahman, Nasim*, J. org. Chem. **27** [1962] 4215, 4217) und 5,7-Diacetoxy-2,8-dimethyl-3-phenyl-chromen-4-on erhalten worden (*Ie. et al.*, l. c. S. 172).

2,4-Dihydroxy-6-methoxy-3-methyl-desoxybenzoin $C_{16}H_{16}O_4$, Formel X (R = R′ = H, R″ = CH$_3$).
B. Aus 5-Methoxy-2-methyl-resorcin und Phenylacetonitril analog der vorangehenden Ver=bindung (*Iengar et al.*, J. scient. ind. Res. India **13** B [1954] 166, 171).
Kristalle (aus A.); F: 141−143°.

X   XI

2-Hydroxy-4,6-dimethoxy-3-methyl-desoxybenzoin $C_{17}H_{18}O_4$, Formel X (R = H, R′ = R″ = CH$_3$).
B. Aus der vorangehenden Verbindung beim Erwärmen mit CH$_3$I und K$_2$CO$_3$ in Aceton (*Iengar et al.*, J. scient. ind. Res. India **13** B [1954] 166, 171). Beim Erwärmen von 2,4,6-Trihydr=oxy-3-methyl-desoxybenzoin mit Dimethylsulfat oder CH$_3$I unter Zusatz von K$_2$CO$_3$ (*Ie. et al.*).
Kristalle (aus A.); F: 153−155°.

2,4,6-Triacetoxy-3-methyl-desoxybenzoin $C_{21}H_{20}O_7$, Formel X (R = R′ = R″ = CO-CH$_3$).
Konstitution: *Gupta, Seshadri*, J. scient. ind. Res. India **16** B [1957] 116, 117; *Rahman, Nasim*, J. org. Chem. **27** [1962] 4215, 4217.
B. Aus 2,4,6-Trihydroxy-3-methyl-desoxybenzoin und Acetylchlorid in Pyridin (*Mehta, Ses=hadri*, Soc. **1954** 3823).
Kristalle (aus A.); F: 110−112° (*Me., Se.*).

2,4-Dihydroxy-4'-methoxy-3-methyl-desoxybenzoin $C_{16}H_{16}O_4$, Formel XI (R = H).

B. Beim Leiten von HCl in ein Gemisch von 2-Methyl-resorcin, [4-Methoxy-phenyl]-aceto= nitril und $ZnCl_2$ und Erwärmen des Reaktionsprodukts mit H_2O (*Krishnamurti, Seshadri,* J. scient. ind. Res. India **14** B [1955] 258).

Kristalle (aus A.); F: 175°.

2-Hydroxy-4,4'-dimethoxy-3-methyl-desoxybenzoin $C_{17}H_{18}O_4$, Formel XI (R = CH_3).

B. Aus der vorangehenden Verbindung beim Erwärmen mit Dimethylsulfat und K_2CO_3 in Aceton (*Krishnamurti, Seshadri,* J. scient. ind. Res. India **14** B [1955] 258).

Kristalle (aus Me.); F: 121–122°.

2,6-Dihydroxy-4'-methoxy-3-methyl-desoxybenzoin $C_{16}H_{16}O_4$, Formel XII.

B. Beim Erwärmen von 2,6-Dihydroxy-4'-methoxy-5-methyl-α-oxo-bibenzyl-3-carbonsäure- methylester mit wss.-äthanol. KOH (*Whalley,* Soc. **1957** 1833, 1835).

Gelbe Kristalle (aus Me.); F: 164°.

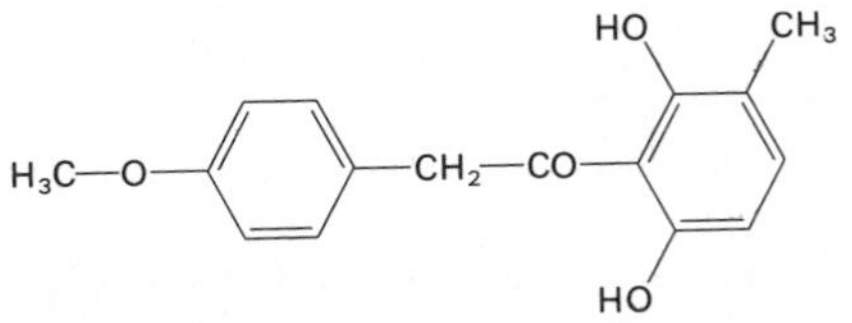

XII

1-[3-Benzyl-2,4,6-trihydroxy-phenyl]-äthanon $C_{15}H_{14}O_4$, Formel XIII (R = H).

B. Neben 4-Acetyl-2,2,6-tribenzyl-cyclohexan-1,3,5-trion beim Behandeln von 1-[2,4,6-Tri= hydroxy-phenyl]-äthanon mit Benzyljodid und Natriummethylat in Methanol (*Riedl et al.,* B. **89** [1956] 1849, 1854).

F: 208°.

1-[3-Benzyl-4-benzyloxy-2,6-dihydroxy-phenyl]-äthanon $C_{22}H_{20}O_4$, Formel XIII (R = CH_2-C_6H_5).

B. Beim Erwärmen von 1-[2,4,6-Trihydroxy-phenyl]-äthanon mit Benzylchlorid und K_2CO_3 in Aceton (*Gulati et al.,* Soc. **1934** 1765).

Kristalle (aus A.); F: 121°.

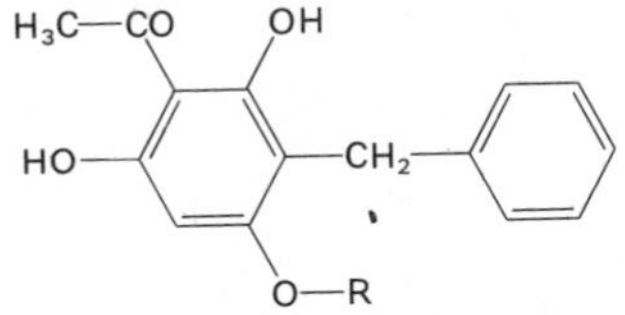

XIII 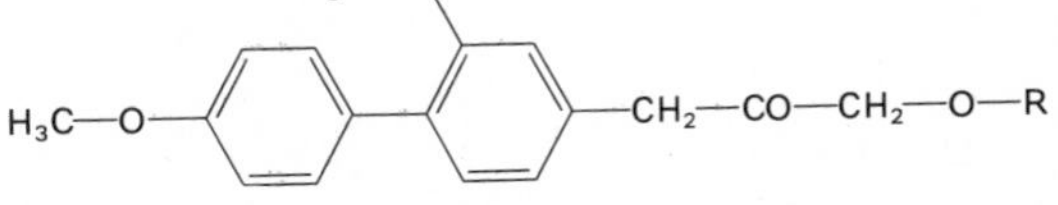   XIV

1-[2,4'-Dimethoxy-biphenyl-4-yl]-3-hydroxy-aceton $C_{17}H_{18}O_4$, Formel XIV (R = H).

B. Aus [2,4'-Dimethoxy-biphenyl-4-yl]-acetylchlorid beim Behandeln mit Diazomethan in Äther und Behandeln des Reaktionsprodukts mit wss. H_2SO_4 in Dioxan (*Logemann,* Z. physiol. Chem. **290** [1952] 61, 66).

Kristalle.

1-Acetoxy-3-[2,4'-dimethoxy-biphenyl-4-yl]-aceton $C_{19}H_{20}O_5$, Formel XIV (R = CO-CH_3).

B. Aus [2,4'-Dimethoxy-biphenyl-4-yl]-acetylchlorid beim Behandeln mit Diazomethan in Äther und Erwärmen des Reaktionsprodukts mit Kaliumacetat in Essigsäure (*Logemann,* Z. physiol. Chem. **290** [1952] 61, 65).

Kristalle (aus A.); F: 100 − 102°.

5-Hydroxy-6-valeryl-[1,4]naphthochinon $C_{15}H_{14}O_4$, Formel I.

B. Beim Erwärmen von 1-[1,5,8-Trihydroxy-[2]naphthyl]-pentan-1-on mit $FeCl_3$ in Essigsäure (*Momose, Goya,* Chem. pharm. Bl. **7** [1959] 864).

Orangefarbene Kristalle (aus PAe.); F: 83 − 84°.

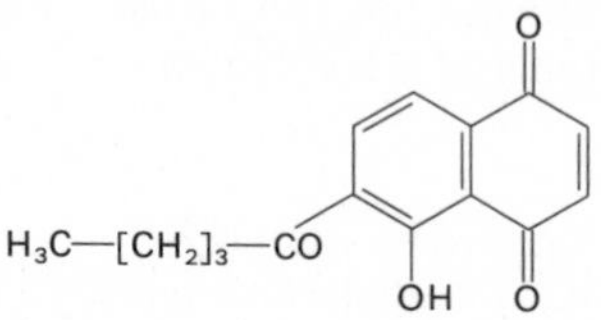

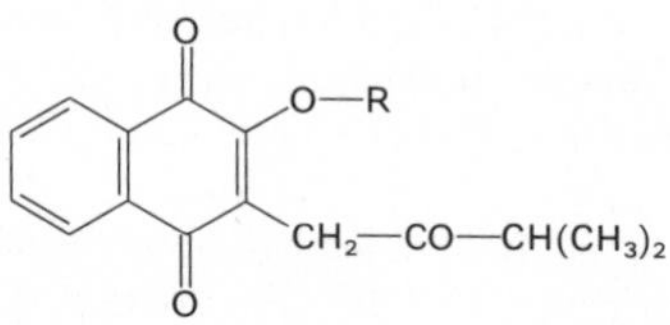

2-Hydroxy-3-[3-methyl-2-oxo-butyl]-[1,4]naphthochinon $C_{15}H_{14}O_4$, Formel II (R = H) und Taut. (H 426; E II 472; E III 3677).

B. Aus 2-Hydroxy-3-isopentyl-[1,4]naphthochinon bei mehrtägigem Stehen im Licht bei pH 8 (*Ettlinger,* Am. Soc. **72** [1950] 3666, 3670, 3671).

F: 130 − 132°. IR-Spektrum ($CHCl_3$; 2 − 12 μ): *Et.,* l. c. S. 3668.

2-Methoxy-3-[3-methyl-2-oxo-butyl]-[1,4]naphthochinon $C_{16}H_{16}O_4$, Formel II (R = CH_3).

B. Aus der vorangehenden Verbindung und Diazomethan (*Ettlinger,* Am. Soc. **72** [1950] 3666, 3671).

Gelbe Kristalle (aus Ae. + PAe.); F: 77 − 78°. IR-Spektrum (CCl_4; 2 − 12 μ): *Et.,* l. c. S. 3668.

(±)-3-[3-Methyl-but-2-enyl]-3-[2-(3-methyl-but-2-enyl)-3,4-dioxo-3,4-dihydro-[1]naphthyloxy]-naphthalin-1,2,4-trion $C_{30}H_{26}O_6$, Formel III.

Diese Konstitution kommt der früher (E III 2721) als Bis-[3-(3-methyl-but-2-enyl)-1,4-dioxo-1,4-dihydro-[2]naphthyl]-peroxid beschriebenen Verbindung zu (*Ettlinger,* Am. Soc. **72** [1950] 3472).

Absorptionsspektrum ($CHCl_3$; 240 − 480 nm): *Et.*

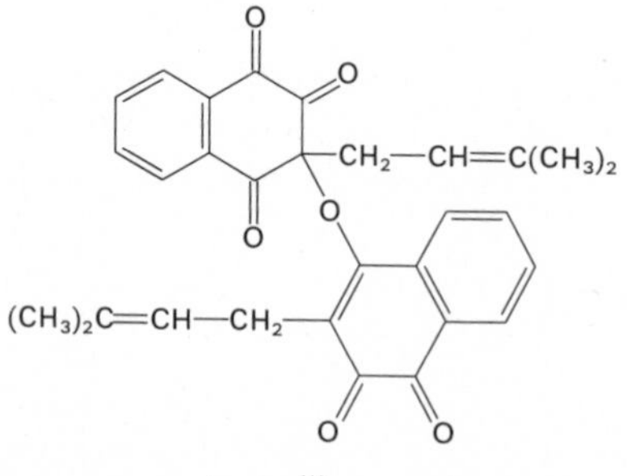

2-Acetonyl-3-äthyl-5-methoxy-[1,4]naphthochinon $C_{16}H_{16}O_4$, Formel IV.

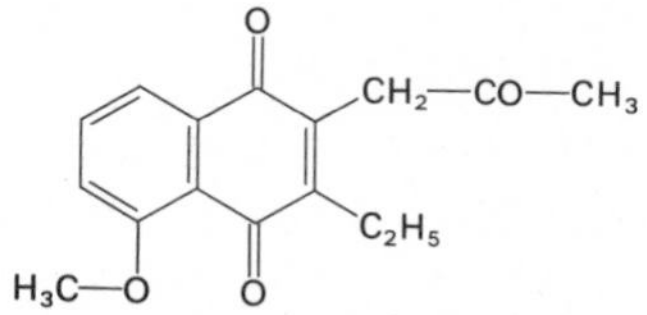

·*B.* Beim Erwärmen von 3-Äthyl-2-[2-hydroxy-propyl]-5-methoxy-[1,4]naphthochinon mit CrO_3 in Essigsäure (*Schmid et al.,* Helv. **33** [1950] 1751, 1768; *Schmid, Ebnöther,* Helv. **34** [1951] 561, 571).

Gelbe Kristalle (aus Ae.); F: 128 − 129° (*Sch., Eb.*). Absorptionsspektrum (A.; 220 − 450 nm): *Sch. et al.,* l. c. S. 1755.

2,3-Dimethoxy-8,9,10,11-tetrahydro-7H-cyclohepta[a]naphthalin-5,6-dion $C_{17}H_{18}O_4$, Formel V (X = O).

B. Aus 2,3-Dimethoxy-8,9,10,11-tetrahydro-7H-cyclohepta[a]naphthalin-6-ol und Ozon in

Äthylacetat (*Walker*, Am. Soc. **79** [1957] 3508, 3513).
  Dunkelrote Kristalle (aus E.); F: 146−148° [korr.].

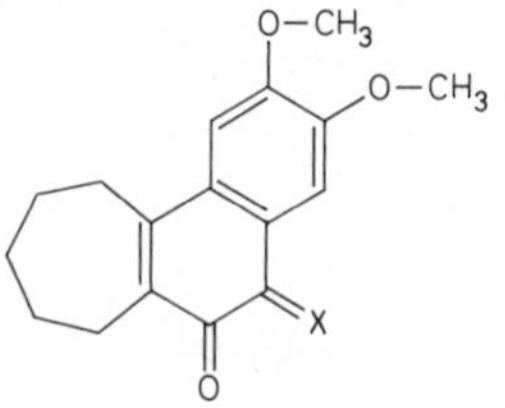

V 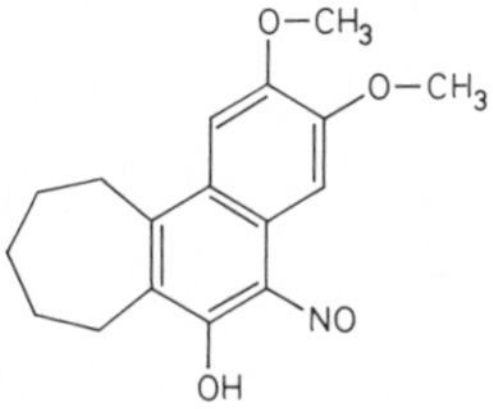   VI

2,3-Dimethoxy-8,9,10,11-tetrahydro-7H-cyclohepta[a]naphthalin-5,6-dion-5-oxim $C_{17}H_{19}NO_4$,
Formel V (X = N-OH), und **2,3-Dimethoxy-5-nitroso-8,9,10,11-tetrahydro-7H-cyclohepta=
[a]naphthalin-6-ol** $C_{17}H_{19}NO_4$, Formel VI.
  B. Aus 2,3-Dimethoxy-8,9,10,11-tetrahydro-7H-cyclohepta[a]naphthalin-6-ol, $NaNO_2$ und
wss. H_2SO_4 in Methanol (*Walker*, Am. Soc. **79** [1957] 3508, 3513).
  Rote Kristalle (aus E.); F: 176−178° [korr.].   [*G. Schmitt*]

Hydroxy-oxo-Verbindungen $C_{16}H_{16}O_4$

1-[3,5-Dimethoxy-phenyl]-4-[4-methoxy-phenyl]-butan-2-on $C_{19}H_{22}O_4$, Formel VII.
  B. Beim Behandeln von Agrimonol (E IV **6** 7764) mit Diazomethan in Äther und Behandeln
des Reaktionsprodukts mit CrO_3 in Pyridin (*Yamato*, J. pharm. Soc. Japan **79** [1959] 1069,
1072; C. A. **1960** 4561). Beim Erwärmen von 2-[3,5-Dimethoxy-phenyl]-5-[4-methoxy-phenyl]-3-
oxo-valeronitril mit wss. H_2SO_4 (*Ya.*, l. c. S. 1073).
  Viscoses Öl. Kp_1: 208°.
  2,4-Dinitro-phenylhydrazon (F: 104°): *Ya*.

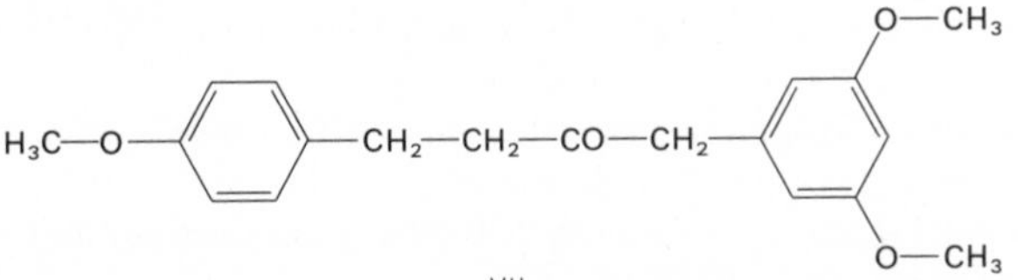

VII

(±)-3-Hydroxy-1,4-bis-[4-methoxy-phenyl]-butan-2-on $C_{18}H_{20}O_4$, Formel VIII.
  B. Beim Erhitzen von 1,4-Bis-[4-methoxy-phenyl]-butan-2,3-dion mit Zink-Pulver und wss.
Essigsäure (*Hagedorn, Tönjes*, Pharmazie **12** [1957] 567, 575).
  Kristalle (aus Heptan); F: 77−77,5°.

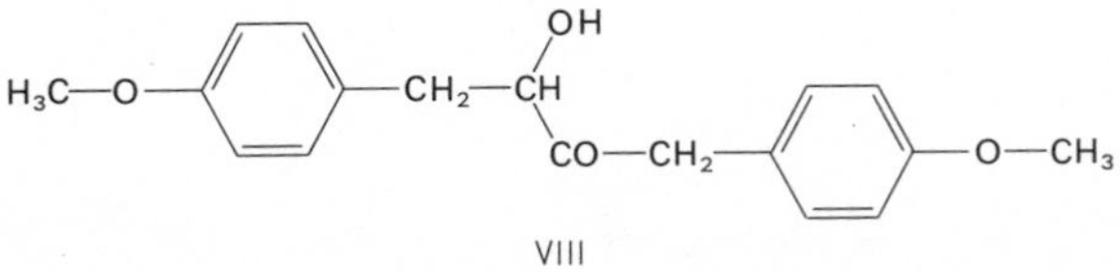

VIII

(±)-3-Hydroxy-1,3-bis-[4-methoxy-phenyl]-butan-1-on $C_{18}H_{20}O_4$, Formel IX.
  B. Beim Behandeln von 1-[4-Methoxy-phenyl]-äthanon mit Magnesium-bromid-[N-methyl-
anilid] in Äther (*Jaeger* zit. bei *Dodds et al.*, Pr. roy. Soc. [B] **140** [1953] 470, 495).
  Kristalle (aus Me.); F: 98−99°.

3-Phenyl-1-[2,4,6-trihydroxy-3-methyl-phenyl]-propan-1-on $C_{16}H_{16}O_4$, Formel X
(R = R′ = R″ = H).
  B. Beim Behandeln von 2-Methyl-phloroglucin und 3-Phenyl-propionitril in Äther mit $ZnCl_2$

und HCl und Erwärmen des Reaktionsprodukts mit wss. NaHCO$_3$ (*McGookin et al.*, Soc. **1951** 2021, 2025).

Kristalle (aus H$_2$O) mit 1 Mol H$_2$O; F: 138°. Die wasserfreie Verbindung schmilzt bei 173–174°.

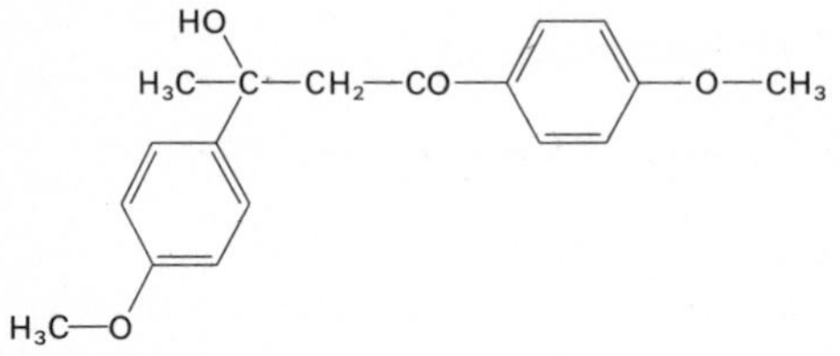

IX 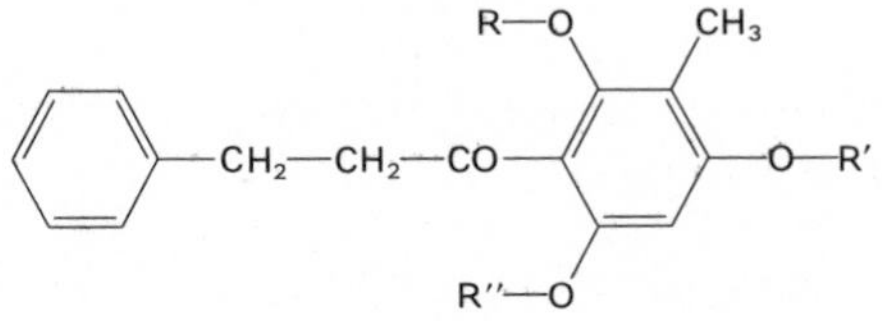   X

1-[2,6-Dihydroxy-4-methoxy-3-methyl-phenyl]-3-phenyl-propan-1-on $C_{17}H_{18}O_4$, Formel X
(R = R″ = H, R′ = CH$_3$).

B. Aus 5-Methoxy-4-methyl-resorcin und 3-Phenyl-propionitril analog der vorangehenden Verbindung (*McGookin et al.*, Soc. **1951** 2021, 2027).

Gelbe Kristalle (aus A.); F: 172–173°.

2,4-Dinitro-phenylhydrazon (F: 212–214°): *McG. et al.*

Diacetyl-Derivat $C_{21}H_{22}O_6$; 1-[2,6-Diacetoxy-4-methoxy-3-methyl-phenyl]-3-phenyl-propan-1-on. Kristalle (aus wss. A.); F: 75–76°.

1-[2-Hydroxy-4,6-dimethoxy-3-methyl-phenyl]-3-phenyl-propan-1-on $C_{18}H_{20}O_4$, Formel X
(R = H, R′ = R″ = CH$_3$).

B. Beim Erwärmen von 3-Phenyl-1-[2,4,6-trihydroxy-3-methyl-phenyl]-propan-1-on (*McGoo≠ kin et al.*, Soc. **1951** 2021, 2025), von 1-[2,6-Dihydroxy-4-methoxy-3-methyl-phenyl]-3-phenyl-propan-1-on (*McG. et al.*, l. c. S. 2028) sowie von 3-Phenyl-1-[2,4,6-trihydroxy-phenyl]-propan-1-on (*Misirlioglu et al.*, Phytochemistry **17** [1978] 2015, 2018) mit CH$_3$I und K$_2$CO$_3$ in Aceton.

Kristalle [aus A.] (*McG. et al.*). F: 148° (*Mi. et al.*), 144–145,5° (*McG. et al.*, l. c. S. 2028).

(2RS,3SR)-3-[4-Benzyloxy-3-methoxy-phenyl]-2,3-dibrom-1-[2-hydroxy-5-methyl-phenyl]-propan-1-on $C_{24}H_{22}Br_2O_4$, Formel XI + Spiegelbild.

B. Aus 4-Benzyloxy-2′-hydroxy-3-methoxy-5′-methyl-*trans*-chalkon und Brom in Essigsäure (*Marathey*, J. Univ. Poona Nr. 2 [1952] 19, 22).

Gelbliche Kristalle; F: 136°.

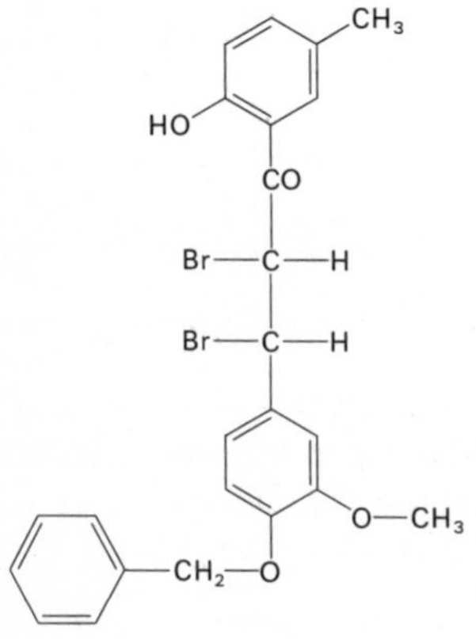

XI 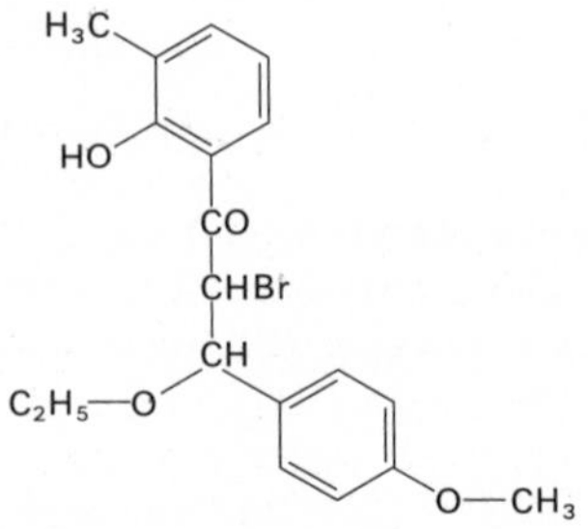   XII 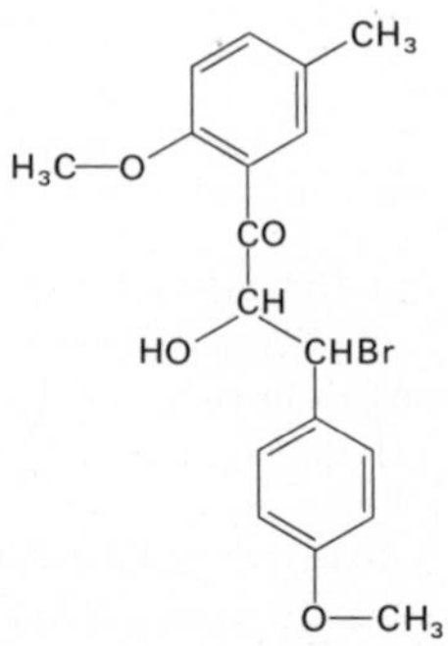   XIII

*Opt.-inakt. 3-Äthoxy-2-brom-1-[2-hydroxy-3-methyl-phenyl]-3-[4-methoxy-phenyl]-propan-1-on
$C_{19}H_{21}BrO_4$, Formel XII.

B. Beim Erwärmen von (2RS,3SR)-2,3-Dibrom-1-[2-hydroxy-3-methyl-phenyl]-3-[4-methoxy-phenyl]-propan-1-on oder von (2RS,3SR)-1-[2-Acetoxy-3-methyl-phenyl]-2,3-dibrom-3-[4-methoxy-phenyl]-propan-1-on mit Äthanol (*Marathey*, J. Univ. Poona Nr. 2 [1952] 11, 15).

Kristalle (aus A.); F: 99°.

---

*Opt.-inakt. 3-Brom-2-hydroxy-1-[2-methoxy-5-methyl-phenyl]-3-[4-methoxy-phenyl]-propan-1-on $C_{18}H_{19}BrO_4$, Formel XIII.

Diese Konstitution kommt vermutlich der nachstehend beschriebenen Verbindung zu (vgl. diesbezüglich *House*, J. org. Chem. **21** [1956] 1306; *Bognár, Stefanovsky*, Tetrahedron **18** [1962] 143, 146).

B. Beim Behandeln von (2RS,3SR?)-2,3-Epoxy-1-[2-methoxy-5-methyl-phenyl]-3-[4-methoxy-phenyl]-propan-1-on (E III/IV **18** 1731) mit HBr in Essigsäure (*Pendse, Limaye*, Rasayanam **2** [1955] 74, 79, 80, 82).

Kristalle (aus Eg.); F: 107 – 108° [Zers.] (*Pe., Li.*).

(2RS,3RS?)-2-Chlor-3-hydroxy-1-[2-methoxy-5-methyl-phenyl]-3-[4-methoxy-phenyl]-propan-1-on $C_{18}H_{19}ClO_4$, vermutlich Formel I (R = CH_3, R' = H, X = Cl) + Spiegelbild.

Bezüglich der Konfiguration vgl. das analog hergestellte (2RS,3RS)-1-[2-Acetoxy-5-methyl-phenyl-]-2-brom-3-hydroxy-3-[4-methoxy-phenyl]-propan-1-on (S. 3192).

B. Beim Erwärmen von (2RS,3SR?)-2,3-Dichlor-1-[2-methoxy-5-methyl-phenyl]-3-[4-methoxy-phenyl]-propan-1-on (F: 136° [Zers.]) oder von (2RS,3SR?)-3-Brom-2-chlor-1-[2-methoxy-5-methyl-phenyl]-3-[4-methoxy-phenyl]-propan-1-on (F: 135 – 136° [Zers.]) mit H_2O (*Pendse, Limaye*, Rasayanam **2** [1955] 80, 84, 85).

Kristalle (aus A.); F: 119 – 120°.

I   II   III

(2RS,3RS)-2-Brom-3-hydroxy-1-[2-hydroxy-5-methyl-phenyl]-3-[4-methoxy-phenyl]-propan-1-on $C_{17}H_{17}BrO_4$, Formel I (R = R' = H, X = Br) + Spiegelbild.

B. Beim Behandeln [24 d] von (2RS,3RS)-1-[2-Acetoxy-5-methyl-phenyl]-2-brom-3-hydroxy-3-[4-methoxy-phenyl]-propan-1-on (S. 3192) mit Äthanol (*Bhide, Limaye*, Rasayanam **2** [1955] 55, 61). Beim Erwärmen von (2RS,3SR?)-2,3-Dibrom-1-[2-hydroxy-5-methyl-phenyl]-3-[4-methoxy-phenyl]-propan-1-on (E II 366; bezüglich der Konfiguration dieser Verbindung vgl. *Fischer, Arlt*, B. **97** [1964] 1910, 1911) mit wss. Aceton (*Marathey*, J. org. Chem. **20** [1955] 563, 567).

Grünlichgelbe Kristalle (*Bh., Li.*). F: 145° [aus Eg. + A.] (*Ma.*), 144 – 145° [aus A.] (*Bh., Li.*).

(2RS,3RS?)-2-Brom-3-hydroxy-1-[2-methoxy-5-methyl-phenyl]-3-[4-methoxy-phenyl]-propan-1-on $C_{18}H_{19}BrO_4$, vermutlich Formel I (R = CH_3, R′ = H, X = Br) + Spiegelbild.
Bezüglich der Konfiguration vgl. das analog hergestellte (2RS,3RS)-1-[2-Acetoxy-5-methyl-phenyl]-2-brom-3-hydroxy-3-[4-methoxy-phenyl]-propan-1-on (s. u.).
B. Beim Erwärmen von (2RS,3SR)-2,3-Dibrom-1-[2-methoxy-5-methyl-phenyl]-3-[4-meth‐oxy-phenyl]-propan-1-on mit H_2O (*Pendse, Limaye,* Rasayanam **2** [1955] 80, 84).
Kristalle (aus A.); F: 104°.
Beim Behandeln mit siedendem H_2O ist ein Stereoisomeres? (Kristalle [aus Eg.]; F: 165° [Zers.]) erhalten worden.

*Opt.-inakt. 2-Brom-1-[2-hydroxy-5-methyl-phenyl]-3-methoxy-3-[4-methoxy-phenyl]-propan-1-on $C_{18}H_{19}BrO_4$, Formel II (R = X = H, R′ = CH_3).
B. Aus (2RS,3SR?)-2,3-Dibrom-1-[2-hydroxy-5-methyl-phenyl]-3-[4-methoxy-phenyl]-pro‐pan-1-on und Methanol (*Bhide et al.,* Rasayanam **2** [1956] 135, 139).
Gelbe Kristalle; F: 121 – 123°.

*Opt.-inakt. 3-Äthoxy-2-brom-1-[2-hydroxy-5-methyl-phenyl]-3-[4-methoxy-phenyl]-propan-1-on $C_{19}H_{21}BrO_4$, Formel II (R = X = H, R′ = C_2H_5).
B. Aus (2RS,3SR?)-2,3-Dibrom-1-[2-hydroxy-5-methyl-phenyl]-3-[4-methoxy-phenyl]-pro‐pan-1-on und Äthanol (*Bhide et al.,* Rasayanam **2** [1956] 135, 138).
F: 105°.

(2RS,3RS)-1-[2-Acetoxy-5-methyl-phenyl]-2-brom-3-hydroxy-3-[4-methoxy-phenyl]-propan-1-on $C_{19}H_{19}BrO_5$, Formel I (R = $CO-CH_3$, R′ = H, X = Br).
Konfiguration: *Fischer, Arlt,* B. **97** [1964] 1910, 1912.
B. Beim Erwärmen von (2RS,3SR)-1-[2-Acetoxy-5-methyl-phenyl]-2,3-dibrom-3-[4-methoxy-phenyl]-propan-1-on mit H_2O (*Bhide, Limaye,* Rasayanam **2** [1955] 55, 59; *Pendse,* Rasayanam **2** [1955] 86, 88; *Fi., Arlt*).
Dimorphe Kristalle; F: 86 – 89° [aus Dioxan + H_2O] bzw. F: 126° [aus A.] (*Fi., Arlt*), 85 – 88° (*Bh., Li.*), 128° [aus A.] (*Pe.*).

*Opt.-inakt. 1-[2-Acetoxy-5-methyl-phenyl]-2-brom-3-methoxy-3-[4-methoxy-phenyl]-propan-1-on $C_{20}H_{21}BrO_5$, Formel II (R = $CO-CH_3$, R′ = CH_3, X = H).
B. Aus (2RS,3SR)-1-[2-Acetoxy-5-methyl-phenyl]-2,3-dibrom-3-[4-methoxy-phenyl]-propan-1-on (S. 2492) und Methanol (*Bhide et al.,* Rasayanam **2** [1956] 135, 139).
Kristalle (aus Me.); F: 85°.

*Opt.-inakt. 1-[2-Acetoxy-5-methyl-phenyl]-3-äthoxy-2-brom-3-[4-methoxy-phenyl]-propan-1-on $C_{21}H_{23}BrO_5$, Formel II (R = $CO-CH_3$, R′ = C_2H_5, X = H).
B. Analog der vorangehenden Verbindung (*Bhide et al.,* Rasayanam **2** [1956] 135, 138).
Kristalle (aus A.); F: 97°.

(2RS,3RS)-3-Acetoxy-1-[2-acetoxy-5-methyl-phenyl]-2-brom-3-[4-methoxy-phenyl]-propan-1-on $C_{21}H_{21}BrO_6$, Formel I (R = R′ = $CO-CH_3$, X = Br).
B. Beim Behandeln von (2RS,3SR)-1-[2-Acetoxy-5-methyl-phenyl]-2,3-dibrom-3-[4-methoxy-phenyl]-propan-1-on (S. 2492) mit Essigsäure (*Bhide, Limaye,* Rasayanam **2** [1955] 55, 59; *Pendse,* Rasayanam **2** [1955] 86, 89). Beim Behandeln von (2RS,3RS)-1-[2-Acetoxy-5-methyl-phenyl]-2-brom-3-hydroxy-3-[4-methoxy-phenyl]-propan-1-on (s. o.) mit Acetanhydrid und Natriumacetat (*Bh., Li.; Pe.,* l. c. S. 88).
Kristalle (aus A.); F: 130° (*Bh., Li.*), 126° (*Pe.*).

(2RS,3RS?)-2-Brom-1-[3-brom-2-hydroxy-5-methyl-phenyl]-3-hydroxy-3-[4-methoxy-phenyl]-propan-1-on $C_{17}H_{16}Br_2O_4$, vermutlich Formel III + Spiegelbild.
Bezüglich der Konfiguration vgl. das analog hergestellte (2RS,3RS)-1-[2-Acetoxy-5-methyl-phenyl]-2-brom-3-hydroxy-3-[4-methoxy-phenyl]-propan-1-on (s. o.).

B. Beim Erwärmen von (2*RS*,3*SR*)-2,3-Dibrom-1-[3-brom-2-hydroxy-5-methyl-phenyl]-3-[4-methoxy-phenyl]-propan-1-on mit wss. Aceton (*Marathey, Gore,* J. Univ. Poona Nr. 6 [1954] 77, 81). Beim Behandeln von 2′-Hydroxy-4-methoxy-5′-methyl-*trans*-chalkon (S. 2563) mit Brom in wss. Essigsäure (*Ma., Gore,* l. c. S. 79).

Kristalle (aus A.); F: 167°.

*Opt.-inakt. 3-Äthoxy-2-brom-1-[3-brom-2-hydroxy-5-methyl-phenyl]-3-[4-methoxy-phenyl]-propan-1-on $C_{19}H_{20}Br_2O_4$, Formel II (R = H, R′ = C_2H_5, X = Br).

B. Beim Erwärmen von (2*RS*,3*SR*?)-2,3-Dibrom-1-[3-brom-2-hydroxy-5-methyl-phenyl]-3-[4-methoxy-phenyl]-propan-1-on (F: 145° [Zers.]) mit Äthanol (*Marathey, Gore,* J. Univ. Poona Nr. 6 [1954] 77, 81).

Kristalle (aus A.); F: 130°.

(2*RS*,3*SR*)-1-[2-Acetoxy-4-methyl-phenyl]-3-[4-benzyloxy-3-methoxy-phenyl]-2,3-dibrom-propan-1-on $C_{26}H_{24}Br_2O_5$, Formel IV + Spiegelbild.

B. Aus 2′-Acetoxy-4-benzyloxy-3-methoxy-4′-methyl-*trans*-chalkon und Brom in Essigsäure (*Marathey,* J. Univ. Poona Nr. 2 [1952] 19, 23).

Kristalle; F: 119°.

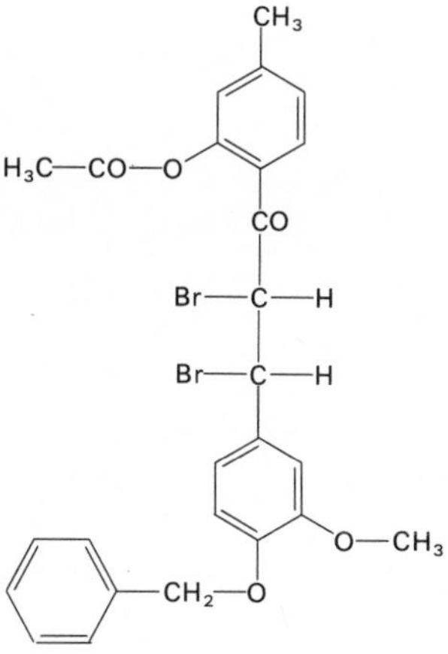

IV 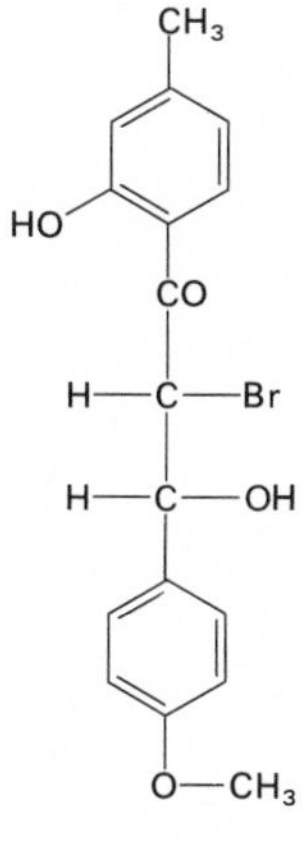   V 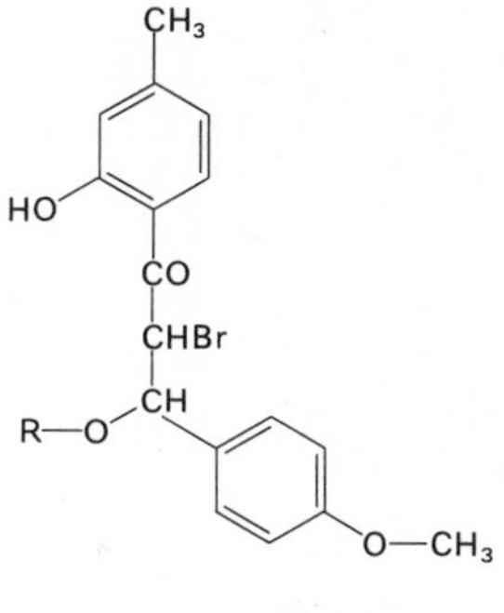   VI

(2*RS*,3*RS*?)-2-Brom-3-hydroxy-1-[2-hydroxy-4-methyl-phenyl]-3-[4-methoxy-phenyl]-propan-1-on $C_{17}H_{17}BrO_4$, vermutlich Formel V + Spiegelbild.

Bezüglich der Konfiguration vgl. das analog hergestellte (2*RS*,3*RS*)-2-Brom-3-hydroxy-1-[2-hydroxy-5-methyl-phenyl]-3-[4-methoxy-phenyl]-propan-1-on (S. 3191).

B. Beim Erwärmen von (2*RS*,3*SR*)-2,3-Dibrom-1-[2-hydroxy-4-methyl-phenyl]-3-[4-methoxy-phenyl]-propan-1-on mit wss. Aceton (*Marathey,* J. org. Chem. **20** [1955] 563, 567).

Kristalle (aus A.); F: 120°.

*Opt.-inakt. 3-Äthoxy-2-brom-1-[2-hydroxy-4-methyl-phenyl]-3-[4-methoxy-phenyl]-propan-1-on $C_{19}H_{21}BrO_4$, Formel VI (R = C_2H_5).

B. Beim Erwärmen von (2*RS*,3*SR*?)-2,3-Dibrom-1-[2-hydroxy-4-methyl-phenyl]-3-[4-meth‑oxy-phenyl]-propan-1-on (F: 152°) oder von (2*RS*,3*SR*?)-1-[2-Acetoxy-4-methyl-phenyl]-2,3-dibrom-3-[4-methoxy-phenyl]-propan-1-on (F: 125°) mit Äthanol (*Marathey,* J. Univ. Poona Nr. 2 [1952] 11, 17).

Kristalle (aus A.); F: 112°.

(±)-1-Hydroxy-3,4-bis-[4-methoxy-phenyl]-butan-2-on $C_{18}H_{20}O_4$, Formel VII.

B. Beim Behandeln von (±)-1-Diazo-3,4-bis-[4-methoxy-phenyl]-butan-2-on mit wss.-meth‑

anol. H_2SO_4 (*Schenley Labor. Inc.*, U.S.P. 2691044 [1951]).

Kristalle (aus Me.); F: 50−52°.

VII   VIII

(±)-4,4′-Bis-äthoxymethyl-benzoin $C_{20}H_{24}O_4$, Formel VIII.

B. Aus 4-Chlormethyl-benzaldehyd und Äthanol mit Hilfe von KCN (*Baker et al.*, Soc. **1956** 404, 413).

$Kp_{1,5}$: 82°.

1,2′-Dihydroxy-2,4,1′,5′-tetramethyl-[3,3′]bicyclohexa-1,4-dienyliden-6,6′-dion $C_{16}H_{16}O_4$, Formel IX oder Stereoisomeres und Taut. (3-Hydroxy-6-[3-hydroxy-2,6-dimethyl-4-oxo-cyclohexa-2,5-dienyliden]-2,4-dimethyl-cyclohexa-2,4-dienon, Formel X sowie 4-[2,4-Dihydroxy-3,5-dimethyl-phenyl]-3,5-dimethyl-[1,2]benzochinon, Formel XI).

Konstitution: *Baker, Miles*, Soc. **1955** 2089, 2091, 2092.

B. Aus 2,4-Dimethyl-resorcin und 3,5-Dimethyl-brenzcatechin (*Ba., Mi.*, l. c. S. 2093). Aus 2,4,3′,4′-Tetramethoxy-3,5,2′,6′-tetramethyl-biphenyl über 3,5,2′,6′-Tetramethyl-biphenyl-2,4,3′,4′-tetraol [Rohprodukt] (*Ba., Mi.*, l. c. S. 2094).

Orangefarbene Kristalle (aus Me.); F: 227−228° [Zers.]. λ_{max} (A.): 258,6 nm, 303,5 nm und 434,0 nm (*Ba., Mi.*, l. c. S. 2096).

Diacetyl-Derivat $C_{20}H_{20}O_6$; 1,2′-Diacetoxy-2,4,1′,5′-tetramethyl-[3,3′]bicyclohexa-1,4-dienyliden-6,6′-dion oder 3-Acetoxy-6-[3-acetoxy-2,6-dimethyl-4-oxo-cyclohexa-2,5-dienyliden]-2,4-dimethyl-cyclohexa-2,4-dienon. Gelbe Kristalle (aus Me.); F: 143−144,5° (*Ba., Mi.*, l. c. S. 2093).

IX   X

2,2′-Dihydroxy-1,4,1′,4′-tetramethyl-[3,3′]bicyclohexa-1,4-dienyliden-6,6′-dion $C_{16}H_{16}O_4$, Formel XII und Taut.

B. Bei der Oxidation von 2,5-Dimethyl-resorcin in wss. KOH an der Luft [14 d] (*Pavolini et al.*, G. **88** [1958] 1215, 1220).

Orangefarbene Kristalle (aus A.) mit 1 Mol H_2O; F: 183−184° [Zers.]. UV-Spektrum (A.; 200−350 nm): *Pa. et al.*, l. c. S. 1224.

Diacetyl-Derivat $C_{20}H_{20}O_6$; 2,2′-Diacetoxy-1,4,1′,4′-tetramethyl-[3,3′]bicyclohexa-1,4-dienyliden-6,6′-dion. Hellgelbe Kristalle (aus Bzl.+PAe.); F: 112° (*Pa. et al.*, l. c. S. 1222).

6-Hexanoyl-5-hydroxy-[1,4]naphthochinon $C_{16}H_{16}O_4$, Formel XIII.

B. Beim Erwärmen von 1-[1,5,8-Trihydroxy-[2]naphthyl]-hexan-1-on in Essigsäure mit wss.

FeCl$_3$ (*Momose, Goya,* Chem. pharm. Bl. **7** [1959] 864, 866).
Orangefarbene Kristalle (aus PAe.); F: 91 – 92°.

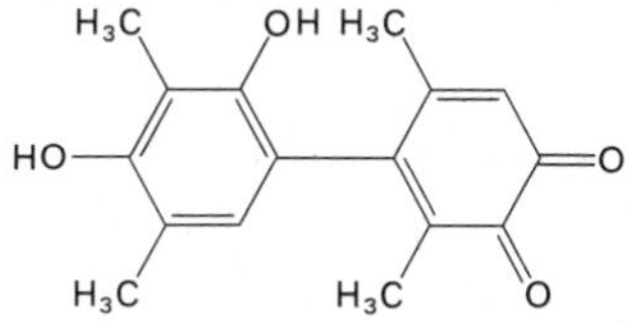

XI 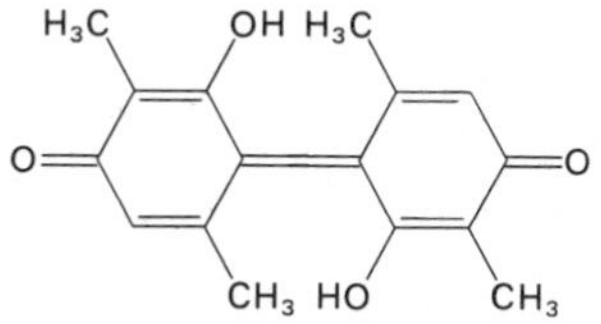   XII

2-Hexanoyl-3-hydroxy-[1,4]naphthochinon C$_{16}$H$_{16}$O$_4$, Formel XIV und Taut.
B. Beim Erwärmen von 2-Hydroxy-3-methylamino-[1,4]naphthochinon in Essigsäure mit wss.
H$_2$SO$_4$ (*Hase, Nishimura,* J. pharm. Soc. Japan **75** [1955] 203, 206; C. A. **1956** 1712).
Gelbe Kristalle (aus Acn.); F: 117 – 118°.

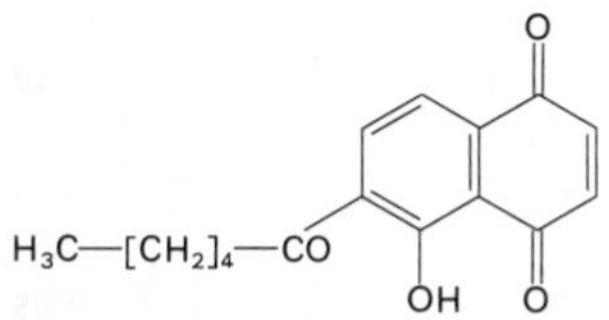

XIII 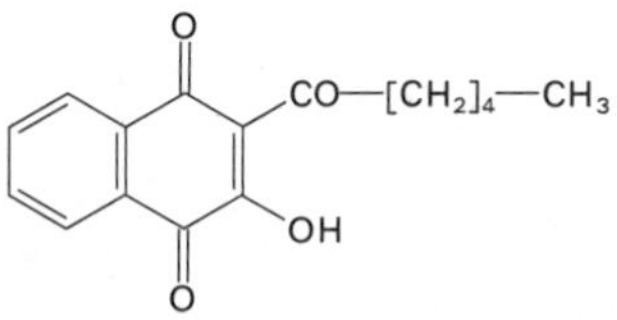   XIV 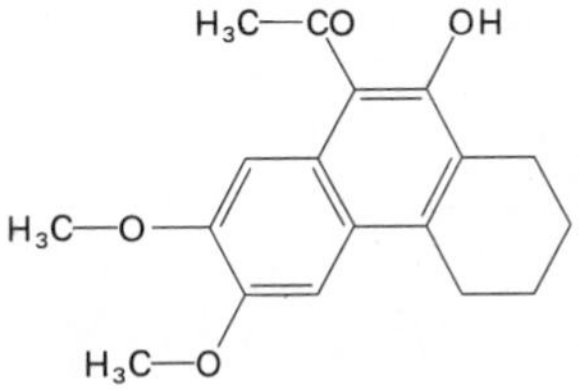   XV

1-[10-Hydroxy-6,7-dimethoxy-1,2,3,4-tetrahydro-[9]phenanthryl]-äthanon C$_{18}$H$_{20}$O$_4$,
Formel XV.
B. Aus [3,4-Dimethoxy-phenyl]-essigsäure-anhydrid, Cyclohexanon und Essigsäure mit Hilfe
von BF$_3$ (*Walker,* Am. Soc. **79** [1957] 3508, 3513).
Gelbe Kristalle (aus Me.); F: 167 – 168° [korr.]. λ_{max} (A.): 234 nm, 294 nm und 340 nm.
Verbindung mit BF$_3$. Kristalle (aus Bzl.); F: 239 – 241° [korr.; Zers.].

*Opt.-inakt. 5-Acetoxy-8,8a,9,10-tetramethyl-1,8a-dihydro-4H-1,4-ätheno-naphthalin-2,3,6-trion
C$_{18}$H$_{18}$O$_5$, Formel I.
B. Beim Erhitzen von opt.-inakt. 5-Hydroxy-8,8a,9,10-tetramethyl-1,8a-dihydro-4H-1,4-
ätheno-naphthalin-2,3,6-trion (E IV **7** 2868) mit Acetanhydrid (*Horner, Sturm,* A. **597** [1955]
1, 14).
Hellgelbe Kristalle (aus Bzl.); F: 192°. UV-Spektrum (Me.; 230 – 380 nm): *Ho., St.,* l. c.
S. 7.

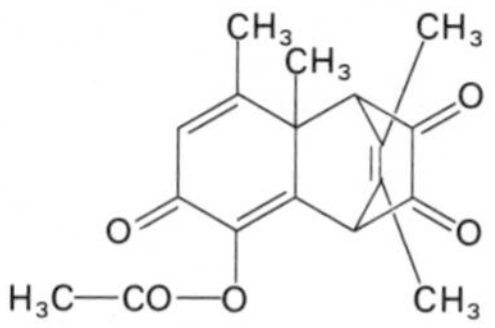

I 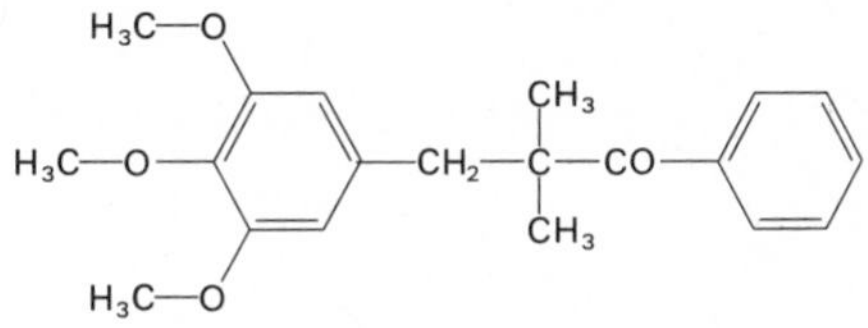   II

Hydroxy-oxo-Verbindungen C$_{17}$H$_{18}$O$_4$

2,2-Dimethyl-1-phenyl-3-[3,4,5-trimethoxy-phenyl]-propan-1-on C$_{20}$H$_{24}$O$_4$, Formel II.
B. Beim Erwärmen von 3,4,5-Trimethoxy-benzylchlorid und Isobutyrophenon mit NaNH$_2$
in Benzol (*Schwachhofer et al.,* C. r. **247** [1958] 2006).

Kristalle (aus wss. A.); F: 87°. $Kp_{0,5}$: 185°.
2,4-Dinitro-phenylhydrazon (F: 163°): *Sch. et al.*

(2RS,3SR)-1-[5-Äthyl-3-brom-2,4-dihydroxy-phenyl]-2,3-dibrom-3-[4-methoxy-phenyl]-propan-1-on $C_{18}H_{17}Br_3O_4$, Formel III + Spiegelbild.

B. Beim Behandeln von 5'-Äthyl-3'-brom-2',4'-dihydroxy-4-methoxy-*trans*-chalkon mit Brom in Essigsäure (*Marathey, Athavale*, J. Indian chem. Soc. **31** [1954] 695, 698).
Kristalle (aus Eg.); F: 178° [Zers.].

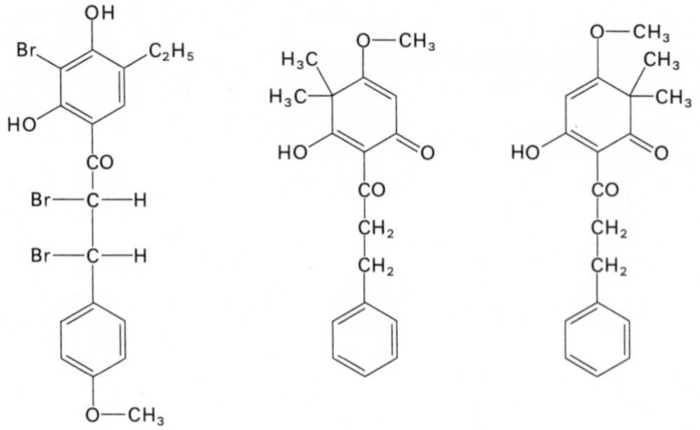

III   IV   V

3-Hydroxy-5-methoxy-4,4-dimethyl-2-[3-phenyl-propionyl]-cyclohexa-2,5-dienon $C_{18}H_{20}O_4$, Formel IV, und **3-Hydroxy-5-methoxy-6,6-dimethyl-2-[3-phenyl-propionyl]-cyclohexa-2,4-dienon** $C_{18}H_{20}O_4$, Formel V; **Dihydroceropten.**

Zur Tautomerie s. *Forsén, Nilsson*, Acta chem. scand. **13** [1959] 1383, 1391.

B. Beim Hydrieren von Ceropten (E III 3755) an Palladium/Kohle in Äthanol (*Nilsson*, Acta chem. scand. **13** [1959] 750, 755).

Kristalle (aus Me.); F: 98−100° [nach Sublimation] (*Ni.*). ^{1}H-NMR-Spektrum (CCl_4): *Fo., Ni.* IR-Spektrum (CCl_4 und KBr; 3050−650 cm^{-1}): *Ni.* UV-Spektrum (A.; 220−360 nm): *Ni.*, l. c. S. 751.

Massenspektrum: *Ni.*

Kupfer-Salz. Grünlichblau; F: ca. 200° [unreines Präparat] (*Ni.*).

2-[4-Methoxy-*trans*-cinnamoyl]-5,5-dimethyl-cyclohexan-1,3-dion $C_{18}H_{20}O_4$ und Taut.

3-Hydroxy-2-[4-methoxy-*trans*-cinnamoyl]-5,5-dimethyl-cyclohex-2-enon Formel VI.

B. Aus 2-Acetyl-5,5-dimethyl-cyclohexan-1,3-dion und Anisaldehyd mit Hilfe von Piperidin (*Forsén, Nilsson*, Acta chem. scand. **13** [1959] 1383, 1386).

Kristalle (aus Me.); F: 136−138° [nach Sublimation]. IR-Banden (CCl_4; 1700−1500 cm^{-1}): *Fo., Ni.*, l. c. S. 1392.

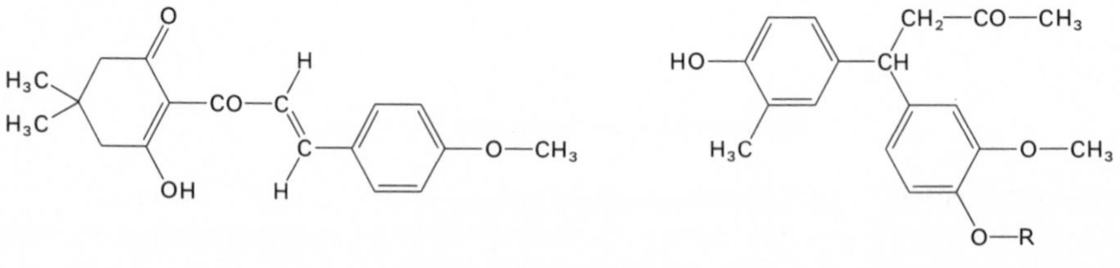

VI   VII

(±)-4-[4-Hydroxy-3-methoxy-phenyl]-4-[4-hydroxy-3-methyl-phenyl]-butan-2-on $C_{18}H_{20}O_4$,
Formel VII (R = H).

B. Aus 4-[4-Hydroxy-3-methoxy-phenyl]-but-3-en-2-on und *o*-Kresol (*Soc. Labor. Laboz,*
U.S.P. 2812351 [1954]).

Kp_{13}: 270 – 280°.

(±)-4-[3,4-Dimethoxy-phenyl]-4-[4-hydroxy-3-methyl-phenyl]-butan-2-on $C_{19}H_{22}O_4$,
Formel VII (R = CH₃).

B. Analog der vorangehenden Verbindung (*Soc. Labor. Laboz,* U.S.P. 2812351 [1954]).

Kristalle (aus Bzl.+Cyclohexan?); F: 144°.

4,2′,4′-Trihydroxy-5-isopropyl-2-methyl-benzophenon $C_{17}H_{18}O_4$, Formel VIII.

B. Aus dem Trimethyl-Derivat (s. u.) mit Hilfe von Pyridin-hydrochlorid (*Royer, Bisagni,*
Bl. **1954** 486, 491).

Viscoses Harz. $Kp_{0,9}$: 220 – 230°. $n^{23,5}$: 1,5905.

Trimethyl-Derivat $C_{20}H_{24}O_4$; 5-Isopropyl-4,2′,4′-trimethoxy-2-methyl-benzo=
phenon. *B.* Aus 5-Isopropyl-4-methoxy-2-methyl-benzoylchlorid und 1,3-Dimethoxy-benzol mit
Hilfe von AlCl₃ (*Ro., Bi.*). – Hochviscose Flüssigkeit. Kp_{17}: 255 – 256°. n^{25}: 1,5965.

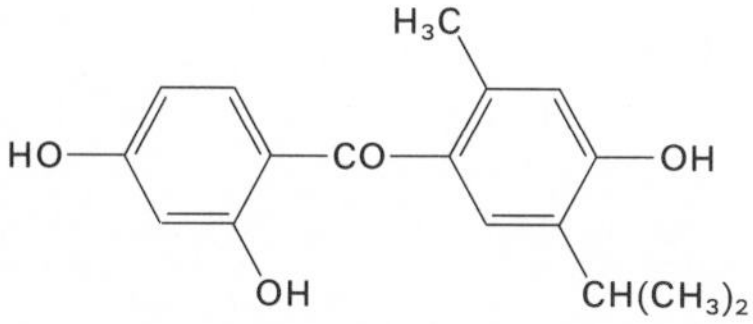

VIII 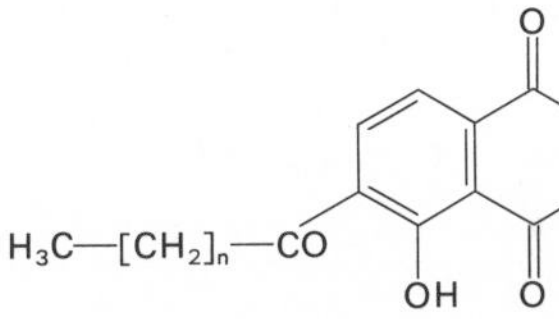   IX

6-Heptanoyl-5-hydroxy-[1,4]naphthochinon $C_{17}H_{18}O_4$, Formel IX (n = 5).

B. Beim Erwärmen von 1-[1,5,8-Trihydroxy-[2]naphthyl]-heptan-1-on in Essigsäure mit wss.
FeCl₃ (*Momose, Goya,* Chem. pharm. Bl. 7 [1959] 864, 866).

Orangefarbene Kristalle (aus PAe.); F: 72 – 72,5°.

1-[6-Hydroxy-2,3-dimethoxy-8,9,10,11-tetrahydro-7*H*-cyclohepta[*a*]naphthalin-5-yl]-äthanon
$C_{19}H_{22}O_4$, Formel X.

B. Aus [3,4-Dimethoxy-phenyl]-essigsäure-anhydrid, Cycloheptanon und Essigsäure mit Hilfe
von BF₃ (*Walker,* Am. Soc. **79** [1957] 3508, 3514).

Gelbe Kristalle (aus Me.); F: 157 – 158° [korr.] (*Wa.,* Am. Soc. **79** 3514). λ_{max} (A.): 235 nm,
291 nm und 345 nm (*Wa.,* Am. Soc. **79** 3514; s. a. *Walker,* Am. Soc. **78** [1956] 2340).

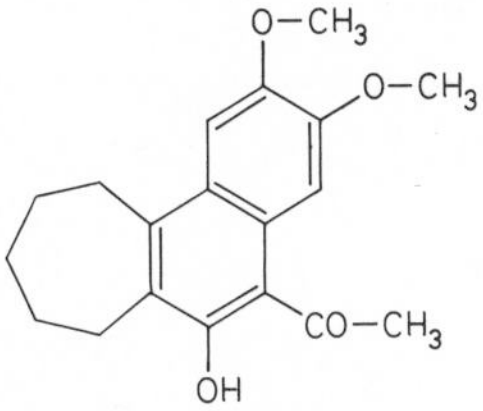

X 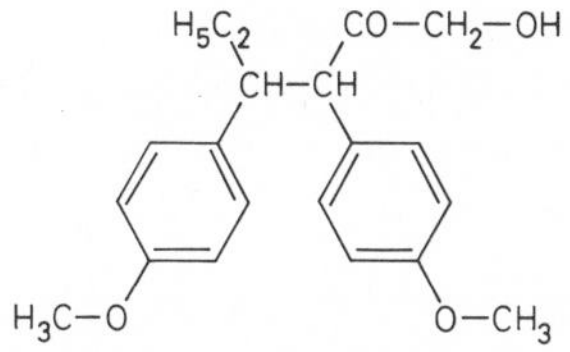   XI 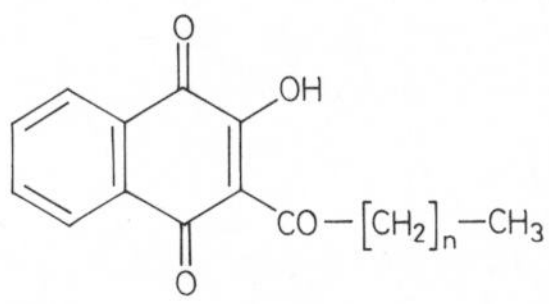   XII

Hydroxy-oxo-Verbindungen $C_{18}H_{20}O_4$

*Opt.-inakt. 1-Hydroxy-3,4-bis-[4-methoxy-phenyl]-hexan-2-on $C_{20}H_{24}O_4$, Formel XI.

B. Beim Erwärmen von opt.-inakt. 1-Diazo-3,4-bis-[4-methoxy-phenyl]-hexan-2-on (F:
125 – 127°) mit wss. H₂SO₄ und Dioxan (*Burckhalter, Sam,* Am. Soc. **74** [1952] 187, 190).

Kristalle (aus wss. A.); F: 143—144° [unreines Präparat].
Acetyl-Derivat $C_{22}H_{26}O_5$; opt.-inakt. 1-Acetoxy-3,4-bis-[4-methoxy-phenyl]-hexan-2-on. Kristalle (aus wss. A.); F: 79—80°.

5-Hydroxy-6-octanoyl-[1,4]naphthochinon $C_{18}H_{20}O_4$, Formel IX (n = 6).
B. Beim Erwärmen von 1-[1,5,8-Trihydroxy-[2]naphthyl]-octan-1-on mit wss. $FeCl_3$ (*Momose, Goya,* Chem. pharm. Bl. **7** [1959] 864, 866).
Orangefarbene Kristalle (aus PAe.); F: 96—97°.

2-Hydroxy-3-octanoyl-[1,4]naphthochinon $C_{18}H_{20}O_4$, Formel XII (n = 6) und Taut.
B. Beim Erwärmen von 2-Methylamino-3-octanoyl-[1,4]naphthochinon in Essigsäure mit wss. H_2SO_4 (*Hase, Nishimura,* J. pharm. Soc. Japan **75** [1955] 203, 206; C. A. **1956** 1712).
Gelbe Kristalle (aus Acn.); F: 116—117°.

XIII   XIV   XV

---

*Opt.-inakt. 3-[1-Acetyl-6-methoxy-1,2,3,4-tetrahydro-[2]naphthyl]-cyclohexan-1,2-dion
$C_{19}H_{22}O_4$, Formel XIII (R = CH_3).
B. Aus 1-[6-Methoxy-3,4-dihydro-[1]naphthyl]-äthanon und Cyclohexan-1,2-dion (*Birch, Quartey,* Chem. and Ind. **1953** 489).
F: 147° [aus A.].

3-Hydroxy-östra-2,5(10)-dien-1,4,17-trion $C_{18}H_{20}O_4$, Formel XIV und Taut.
B. Bei der Oxidation von 1,3-Dihydroxy-östra-1,3,5(10)-trien-17-on oder von 1-Acetoxy-3-hydroxy-östra-1,3,5(10)-trien-17-on mit $NO(SO_3K)_2$ (*Gold, Schwenk,* Am. Soc. **80** [1958] 5683, 5686).
Gelbe Kristalle (aus Bzl.+E.); F: 207—208° [Zers.]. $[\alpha]_D^{23}$: +439° [$CHCl_3$; c = 1]. IR-Banden (KBr; 3,1—6,4 μ): *Gold, Sch.* λ_{max}: 277 nm [Me.], 275 nm [Me.+wss. HCl], 284 nm [Me.+wss. NaOH].

Hydroxy-oxo-Verbindungen $C_{19}H_{22}O_4$

*Opt.-inakt. 3-[3,4-Dimethoxy-phenyl]-4-[4-methoxy-phenyl]-3-methyl-hexan-2-on $C_{22}H_{28}O_4$,
Formel XV (R = CH_3).
B. Beim Erwärmen von opt.-inakt. 2-[3,4-Dimethoxy-phenyl]-3-[4-methoxy-phenyl]-2-methyl-valeronitril (F: ca. 95—97°) in Xylol mit Methylmagnesiumbromid in Äther (*Searle & Co.,* U.S.P. 2745870 [1952], 2768210 [1952]).
$Kp_{0,2}$: ca. 180—183°.

5-Hydroxy-6-nonanoyl-[1,4]naphthochinon $C_{19}H_{22}O_4$, Formel IX (n = 7).
B. Beim Erwärmen von 1-[1,5,8-Trihydroxy-[2]naphthyl]-nonan-1-on mit wss. $FeCl_3$ (*Momose, Goya,* Chem. pharm. Bl. **7** [1959] 864, 866).
Orangefarbene Kristalle (aus PAe.); F: 64—65°.

2-Hydroxy-3-[8-oxo-nonyl]-[1,4]naphthochinon $C_{19}H_{22}O_4$, Formel I (R = H, n = 7) und Taut.
B. Neben anderen Verbindungen beim Behandeln von 10-[3-Hydroxy-1,4-dioxo-1,4-dihydro-

[2]naphthyl]-decansäure mit CrO_3 in Essigsäure (*Nakanishi, Fieser*, Am. Soc. **74** [1952] 3910, 3915).

Kristalle (aus wss. Me.); F: 73—78°.

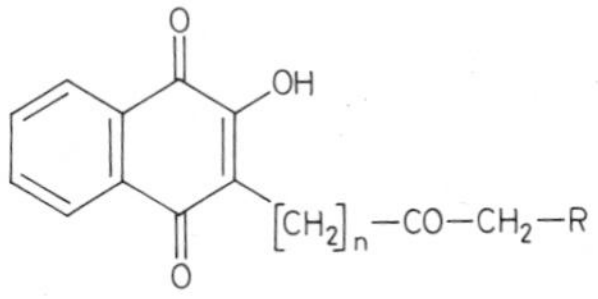

I 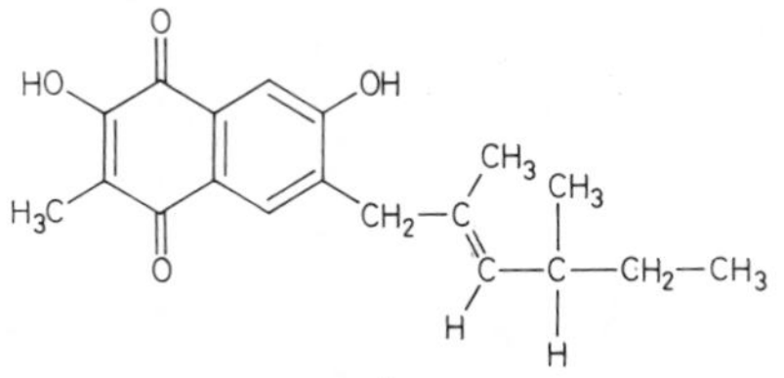   II

6-[(S)-2,4-Dimethyl-hex-2t-enyl]-2,7-dihydroxy-3-methyl-[1,4]naphthochinon,

Dihydrosclerotochinon $C_{19}H_{22}O_4$, Formel II.

B. Beim Erwärmen von (+)-Dihydrosclerotiorin (E III/IV **18** 1590) mit Zink und wss. KOH (*Graham et al.*, Soc. **1957** 4924, 4929).

Orangefarbene Kristalle (aus A.); F: 219—220° [Zers.]. Bei 195°/0,005 Torr sublimierbar. λ_{max}: 271 nm und 304 nm.

Dimethyl-Derivat $C_{21}H_{26}O_4$; 6-[(S)-2,4-Dimethyl-hex-2t-enyl]-2,7-dimethoxy-3-methyl-[1,4]naphthochinon. Gelbe Kristalle (aus Me.); F: 98°.

Diacetyl-Derivat $C_{23}H_{26}O_6$; 2,7-Diacetoxy-6-[(S)-2,4-dimethyl-hex-2t-enyl]-3-methyl-[1,4]naphthochinon. Gelbe Kristalle; F: 116°.

Hydroxy-oxo-Verbindungen $C_{20}H_{24}O_4$

*Opt.-inakt. 3-Hydroxy-2-[2-hydroxy-phenäthyl]-6-[2-hydroxy-phenyl]-hexanal $C_{20}H_{24}O_4$,

Formel III.

B. Beim Behandeln von (±)-1,2,3,4-Tetrahydro-[1]naphthylhydroperoxid mit wss. $HClO_4$ in Essigsäure (*Kharasch, Burt*, J. org. Chem. **16** [1951] 150, 157).

Kristalle (aus wss. Me.); F: 105°.

2,4-Dinitro-phenylhydrazon (F: 184—185° [Zers.]): *Kh., Burt.*

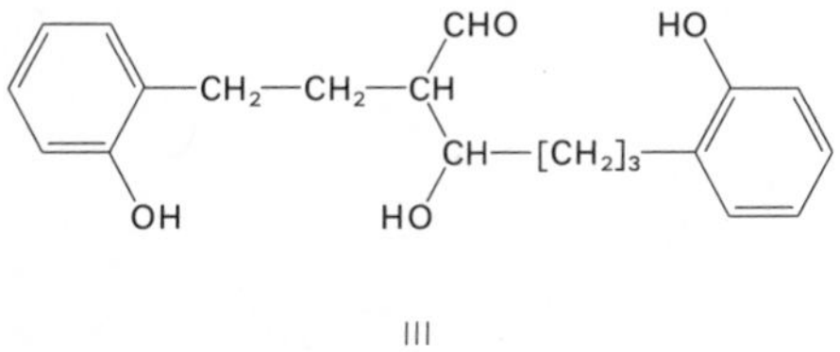

III 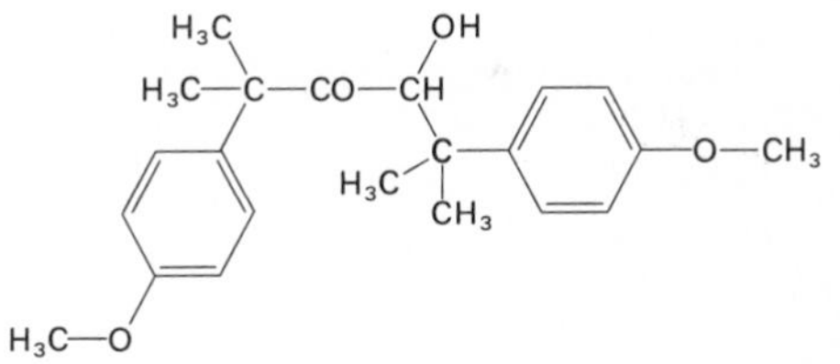   IV

(±)-4-Hydroxy-2,5-bis-[4-methoxy-phenyl]-2,5-dimethyl-hexan-3-on $C_{22}H_{28}O_4$, Formel IV.

B. Neben anderen Verbindungen beim Erhitzen von 2-[4-Methoxy-phenyl]-2-methyl-propion≠säure-äthylester mit Natrium in Toluol (*VanHeyningen*, Am. Soc. **74** [1952] 4861, 4863).

Kristalle (aus wss. A.); F: 83—85°.

6-Decanoyl-5-hydroxy-[1,4]naphthochinon $C_{20}H_{24}O_4$, Formel IX (n = 8) auf S. 3197.

B. Beim Erwärmen von 1-[1,5,8-Trihydroxy-[2]naphthyl]-decan-1-on in Essigsäure mit wss. $FeCl_3$ (*Momose, Goya*, Chem. pharm. Bl. **7** [1959] 864, 866).

Orangefarbene Kristalle (aus PAe.); F: 73—74°.

2-Decanoyl-3-hydroxy-[1,4]naphthochinon $C_{20}H_{24}O_4$, Formel XII (n = 8) auf S. 3197.

B. Beim Erwärmen von 2-Decanoyl-3-methylamino-[1,4]naphthochinon in Essigsäure mit

wss. H_2SO_4 (*Hase, Nishimura*, J. pharm. Soc. Japan **75** [1955] 203, 206; C. A. **1956** 1712).
Gelbe Kristalle (aus Acn.); F: 115–116°.

17-Acetoxy-D-homo-androsta-4,16-dien-3,11,17a-trion $C_{22}H_{26}O_5$, Formel V.

B. Neben 17β-Acetoxymethyl-17α-hydroxy-D-homo-androst-4-en-3,11,17a-trion beim Erhit≠
zen von 21-Acetoxy-17-hydroxy-pregn-4-en-3,11,20-trion mit Aluminiumisopropylat und Cyclo≠
hexanon in Toluol und anschliessender Acetylierung (*Wendler, Taub*, Am. Soc. **80** [1958] 3402,
3404).
Kristalle (aus Acn. + Ae.); F: 246–251° [korr.]. λ_{max} (Me.): 236 nm.

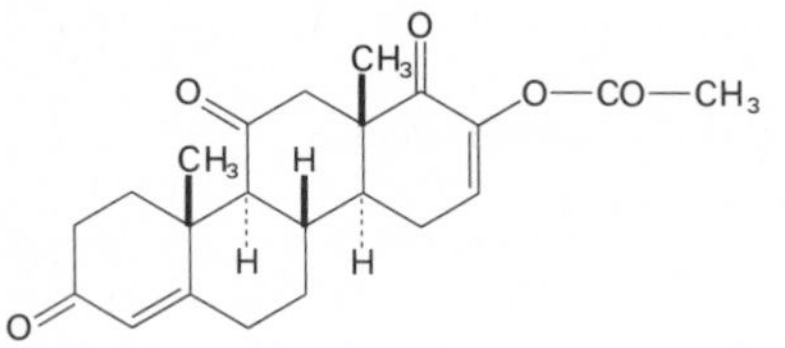

V 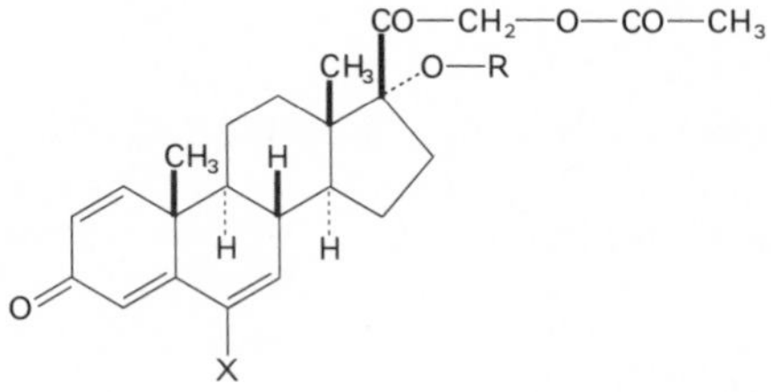   VI

Hydroxy-oxo-Verbindungen $C_{21}H_{26}O_4$

2-Hydroxy-3-[9-oxo-undecyl]-[1,4]naphthochinon $C_{21}H_{26}O_4$, Formel I (R = CH_3, n = 8) und
Taut.

B. Als Hauptprodukt neben anderen Verbindungen beim Behandeln von 2-Acetoxy-3-unde≠
cyl-[1,4]naphthochinon mit CrO_3 in Essigsäure (*Nakanishi, Fieser*, Am. Soc. **74** [1952] 3910,
3915).
Kristalle (aus wss. Me.); F: 66–68°.

21-Acetoxy-17-hydroxy-pregna-1,4,6-trien-3,20-dion $C_{23}H_{28}O_5$, Formel VI (R = X = H).
B. Beim Erhitzen von 21-Acetoxy-17-hydroxy-5α-pregnan-3,20-dion mit Tetrachlor-
[1,4]benzochinon in Isobutylalkohol (*Pfizer & Co.*, U.S.P. 2882282 [1957]).
F: 212–214° [unkorr.] (*W. Neudert, H. Röpke*, Steroid-Spektrenatlas [Berlin 1965] Nr. 653).
IR-Spektrum (KBr; 2–15 μ): *Ne., Rö.* λ_{max} (Me.): 221 nm, 255 nm und 299 nm (*Ne., Rö.*).

17,21-Diacetoxy-6-chlor-pregna-1,4,6-trien-3,20-dion $C_{25}H_{29}ClO_6$, Formel VI (R = CO-CH_3,
X = Cl).
B. Aus 17,21-Diacetoxy-6-chlor-pregna-4,6-dien-3,20-dion mit Hilfe von SeO_2 (*Ringold et al.*,
Am. Soc. **81** [1959] 3485).
F: 201–203°. $[\alpha]_D$: −36° [CHCl$_3$]. λ_{max} (A.): 228 nm, 260 nm und 295 nm.

16β-Acetoxy-17-hydroxy-pregna-1,4,9(11)-trien-3,20-dion $C_{23}H_{28}O_5$, Formel VII.
B. Aus 16β-Acetoxy-17-hydroxy-pregna-4,9(11)-dien-3,20-dion mit Hilfe von SeO_2 (*Searle
& Co.*, U.S.P. 2889344 [1957]).
Kristalle (aus wss. Acn.); F: 177–179°.

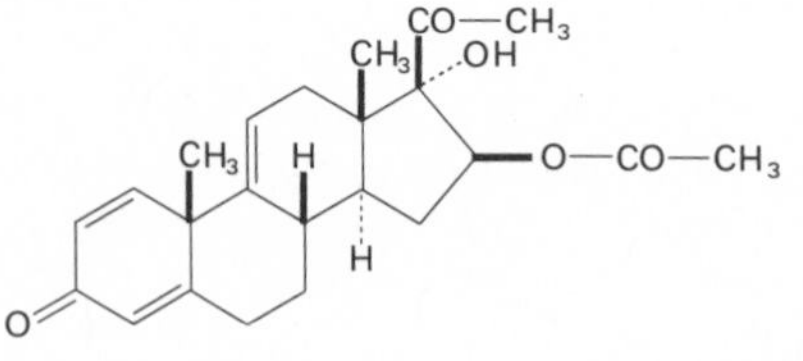

VII 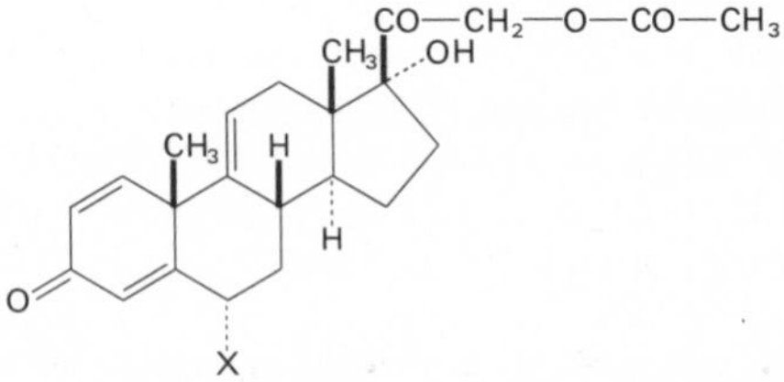   VIII

21-Acetoxy-17-hydroxy-pregna-1,4,9(11)-trien-3,20-dion $C_{23}H_{28}O_5$, Formel VIII (X = H).

B. Aus 21-Acetoxy-11β,17-dihydroxy-pregna-1,4-dien-3,20-dion mit Hilfe von Methansulf=onylchlorid und Pyridin (*Fried et al.*, Am. Soc. **77** [1955] 4181) oder mit Hilfe von $SOCl_2$ und Pyridin (*Hogg et al.*, Am. Soc. **77** [1955] 4438).

Kristalle; F: 223−226° (*Hogg et al.*), 221−225° [aus Acn.+Hexan] (*Robinson et al.*, Am. Soc. **81** [1959] 2191, 2193), 222−223° (*Fr. et al.*). $[\alpha]_D^{23}$: +52° [$CHCl_3$] (*Fr. et al.*); $[\alpha]_D^{24}$: +75° [$CHCl_3$] (*Hogg et al.*); $[\alpha]_D^{25}$: +54° [Dioxan; c = 1] (*Ro. et al.*). λ_{max} (Me. bzw. A.): 238 nm (*Ro. et al.; Fr. et al.*).

21-Acetoxy-6α-fluor-17-hydroxy-pregna-1,4,9(11)-trien-3,20-dion $C_{23}H_{27}FO_5$, Formel VIII (X = F). –

B. Beim Behandeln von 21-Acetoxy-6α-fluor-11β,17-dihydroxy-pregna-1,4-dien-3,20-dion mit *N*-Brom-acetamid und Pyridin (*Upjohn Co.*, U.S.P. 2838499, 2838537, 2838538 [1957], 2838545, 2838546, 2838547 [1958]).

F: 213−216° [Zers.]. $[\alpha]_D$: +34° [Acn.].

21-Acetoxy-17-hydroxy-pregna-4,6,8-trien-3,20-dion $C_{23}H_{28}O_5$, Formel IX.

B. Beim Behandeln von 21-Acetoxy-9-brom-11β,17-dihydroxy-pregn-4-en-3,20-dion mit NaI in Aceton (*Fried, Sabo*, Am. Soc. **79** [1957] 1130, 1137).

Kristalle (aus Acn.); F: 188−190° [korr.]. $[\alpha]_D^{23}$: +547° [$CHCl_3$; c = 1]. IR-Banden (Nujol; 3−6,4 μ): *Fr., Sabo.* λ_{max} (A.): 244 nm, 285−300 nm und 385 nm.

IX   X

17,21-Dihydroxy-pregna-4,7,9(11)-trien-3,20-dion $C_{21}H_{26}O_4$, Formel X (R = H).

B. Neben 21-Acetoxy-9-brom-11β,17-dihydroxy-pregn-4-en-3,20-dion beim Behandeln von 21-Acetoxy-17-hydroxy-pregna-4,9(11)-dien-3,20-dion mit *N*-Brom-acetamid und wss. H_2SO_4 in Dioxan (*Fried, Sabo*, Am. Soc. **79** [1957] 1130, 1136).

Kristalle (aus Acn.); F: 219−221° [korr.]. $[\alpha]_D^{23}$: +240° [$CHCl_3$; c = 1]. IR-Banden (Nujol; 3−6 μ): *Fr., Sabo.* λ_{max} (A.): 243 nm.

21-Acetoxy-17-hydroxy-pregna-4,7,9(11)-trien-3,20-dion $C_{23}H_{28}O_5$, Formel X (R = CO-CH₃).

B. Beim Behandeln der vorangehenden Verbindung mit Acetanhydrid und Pyridin (*Fried, Sabo*, Am. Soc. **79** [1957] 1130, 1136). Beim Behandeln von 21-Acetoxy-11β,17-dihydroxy-pregna-4,8-dien-3,20-dion mit Methansulfonylchlorid und Pyridin (*Wendler et al.*, Am. Soc. **79** [1957] 4476, 4487).

Kristalle (aus Acn.); F: 207−209° [korr.]; $[\alpha]_D^{23}$: +206° [$CHCl_3$; c = 0,8] (*Fr., Sabo*, l. c. S. 1137). Hellgelbe Kristalle (aus Acn.+Hexan); F: 199−203° [unkorr.]; $[\alpha]_D^{27}$: +236° [$CHCl_3$; c = 1] (*We. et al.*). IR-Banden in Nujol (3−6,1 μ): *Fr., Sabo*; in $CHCl_3$ (2,9−6,2 μ): *We. et al.* λ_{max}: 243 nm [A.] (*Fr., Sabo*), 242,5 nm [Me.] (*We. et al.*).

21-Acetoxy-17-hydroxy-pregna-4,8,14-trien-3,20-dion $C_{23}H_{28}O_5$, Formel XI.

B. Beim Behandeln der folgenden Verbindung in $CHCl_3$ mit HCl (*Wendler et al.*, Am. Soc. **79** [1957] 4476, 4485). Beim Behandeln von 21-Acetoxy-11β,17-dihydroxy-pregna-4,8-dien-3,20-dion in $CHCl_3$ mit wss. $HClO_4$ (*We. et al.*). Beim Erwärmen von 21-Acetoxy-14,15α-epoxy-17-hydroxy-pregn-4-en-3,20-dion mit Toluol-4-sulfonsäure in Benzol (*Bloom et al.*, Experientia **12** [1956] 27, 29).

F: 188−192° [unkorr.] (*We. et al.*), 184,6−188° (*Bl. et al.*). $[\alpha]_D^{24}$: +143° [$CHCl_3$] (*We. et al.*). IR-Banden in KBr (2,9−8,2 μ): *Bl. et al.*; in $CHCl_3$ (2,9−6,1 μ): *We. et al.* λ_{max}: 241 nm

[A.] (*Bl. et al.*), 242 nm [Me.] (*We. et al.*).

XI

XII

21-Acetoxy-17-hydroxy-pregna-4,8(14),9(11)-trien-3,20-dion $C_{23}H_{28}O_5$, Formel XII.

B. Beim Erhitzen von 21-Acetoxy-17-hydroxy-11β-methansulfonyloxy-pregna-4,8(14)-dien-3,20-dion mit Pyridin (*Fried, Sabo,* Am. Soc. **79** [1957] 1130, 1140; *Wendler et al.,* Am. Soc. **79** [1957] 4476, 4485).

Kristalle (aus Acn.); F: 182—186° [unkorr.] (*We. et al.*). Kristalle (aus Acn.) mit 1 Mol Aceton; F: 183—185° [korr.; Zers.] (*Fr., Sabo*). $[\alpha]_D^{23}$: +129° [CHCl$_3$; c = 0,4] (*Fr. Sabo*); $[\alpha]_D^{24}$: +120° [CHCl$_3$; c = 1] (*We. et al.*). IR-Banden in Nujol (2,8—6,2 μ): *Fr., Sabo;* in CHCl$_3$ (2,8—6,2 μ): *We. et al.* λ_{max}: 240 nm [A.] (*Fr., Sabo*), 241 nm [Me.] (*We. et al.*).

17-Hydroxy-pregna-1,4-dien-3,11,20-trion $C_{21}H_{26}O_4$, Formel XIII (X = H).

B. Beim Erwärmen von 2α,4β-Dibrom-17-hydroxy-5β-pregnan-3,11,20-trion mit LiBr und Li$_2$CO$_3$ in DMF (*Joly et al.,* Bl. **1958** 366). Beim Erhitzen von 2,4-Dibrom-17-hydroxy-5β-pregnan-3,11,20-trion (F: 269—270°) mit 2,4,6-Trimethyl-pyridin (*Labor. franç. de Chimiothé= rapie,* U.S.P. 2805978 [1956]).

F: 245° und (nach Wiedererstarren) F: ca. 280° (*Labor. franç. de Chimiothérapie*), 242° (*Joly et al.*), 232—233° [unkorr.] (*W. Neudert, H. Röpke,* Steroid-Spektrenatlas [Berlin 1965] Nr. 593). $[\alpha]_D^{20}$: +149° [CHCl$_3$; c = 1] (*Labor. franç. de Chimiothérapie*); $[\alpha]_D$: +150° [CHCl$_3$; c = 1] (*Joly et al.*). IR-Spektrum in CHCl$_3$ (5,6—11,6 μ): *G. Roberts, B.S. Gallagher, R.N. Jones,* Infrared Absorption Spectra of Steroids, Bd. 2 [New York 1958] Nr. 627; in KBr (2—15 μ): *Ne., Rö.* λ_{max}: 239,5 nm [A.] (*Joly et al.*), 238 nm [Me.] (*Ne., Rö.*).

XIII

XIV

21-Azido-17-hydroxy-pregna-1,4-dien-3,11,20-trion $C_{21}H_{25}N_3O_4$, Formel XIII (X = N$_3$).

B. Beim Erwärmen von 17-Hydroxy-21-methansulfonyloxy-pregna-1,4-dien-3,11,20-trion mit NaN$_3$ in Aceton (*Brown et al.,* J. org. Chem. **26** [1961] 5052; s. a. *Merck & Co. Inc.,* U.S.P. 2853486 [1956]).

Kristalle (aus Me.+Py.); Zers. bei 285—300° (*Br. et al.; Merck & Co. Inc.*). λ_{max} (H$_2$SO$_4$): 260 nm und 299 nm (*Merck & Co. Inc.*).

21-Hydroxy-pregna-1,4-dien-3,11,20-trion $C_{21}H_{26}O_4$, Formel XIV.

B. Aus 21-Hydroxy-pregn-4-en-3,11,20-trion mit Hilfe von Corynebacterium simplex (*Schering Corp.,* U.S.P. 2837464 [1955]).

Kristalle (*Schering Corp.*).

Acetyl-Derivat $C_{23}H_{28}O_5$; 21-Acetoxy-pregna-1,4-dien-3,11,20-trion. *B.* Aus 21-Hydroxy-pregn-4-en-3,11,20-trion bei der Inkubation mit Bacillus sphaericus und anschlies= senden Acetylierung (*Stoudt et al.,* Arch. Biochem. **59** [1955] 304). — F: 190—193°; IR-Banden (Nujol; 5,2—11,3 μ): *St. et al.* λ_{max} (Me.): 238 nm (*St. et al.*).

11β-Hydroxy-21,21-dimethoxy-pregna-1,4-dien-3,20-dion, 11β-Hydroxy-3,20-dioxo-pregna-1,4-dien-21-al-dimethylacetal $C_{23}H_{32}O_5$, Formel I.

B. Beim Erwärmen von 11β,17-Dihydroxy-21-phosphonooxy-pregna-1,4-dien-3,20-dion mit Ag_3PO_4 und H_3PO_4 in Acetonitril und anschliessenden Behandeln mit Methanol (*Hirschmann et al.*, Chem. and Ind. **1958** 682). Aus 11β,17,21-Trihydroxy-pregna-1,4-dien-3,20-dion (*Hi. et al.*).

F: 193—194,5°.

3,21,21-Triacetoxy-pregna-3,5-dien-11,20-dion $C_{27}H_{34}O_8$, Formel II.

B. Beim Erhitzen von 21,21-Dimethoxy-pregn-4-en-3,11,20-trion mit Acetanhydrid und Toluol-4-sulfonsäure (*Gould, Hershberg*, Am. Soc. **75** [1953] 3593).

Kristalle (aus Isopropylalkohol); F: 176,5—179° [korr.]. $[\alpha]_D$: +3,4° [Dioxan]. IR-Banden (Nujol; 5,6—8,3 μ): *Go., He.* λ_{max} (A.): 231 nm.

17-Hydroxy-pregna-4,6-dien-3,12,20-trion $C_{21}H_{26}O_4$, Formel III.

B. Aus 17-Hydroxy-pregn-4-en-3,12,20-trion über mehrere Stufen (*Rothman, Wall*, Am. Soc. **78** [1956] 1744, 1746).

Kristalle (aus A.); F: 200—205° [unkorr.]. $[\alpha]_D^{25}$: +59,5° [CHCl$_3$; c = 1,6]. IR-Banden (CHCl$_3$; 3500—1650 cm^{-1}): *Ro., Wall.* λ_{max} (Me.): 281,5 nm.

21-Acetoxy-pregna-4,8-dien-3,11,20-trion $C_{23}H_{28}O_5$, Formel IV.

B. Beim Erhitzen von 21-Acetoxy-9-brom-pregn-4-en-3,11,20-trion mit 2,4,6-Trimethyl-pyridin (*Olin Mathieson Chem. Corp.*, U.S.P. 2835680 [1954]).

Kristalle (aus Acn.+Hexan); F: 149—150°. $[\alpha]_D^{23}$: +408° [CHCl$_3$; c = 0,55]. λ_{max} (A.): 235 nm.

21-Hydroxy-pregna-4,16-dien-3,11,20-trion $C_{21}H_{26}O_4$, Formel V (R = X = H).

B. Beim Erwärmen von 3,3;20,20-Bis-äthandiyldioxy-21-hydroxy-pregna-5,16-dien-11-on mit wss.-methanol. H_2SO_4 (*Allen, Bernstein*, Am. Soc. **77** [1955] 1028, 1032).

Kristalle (aus Acn.+Ae.); F: 223—228° [unkorr.]. $[\alpha]_D^{24}$: +236° [CHCl$_3$; = 1]. IR-Banden (Nujol; 3400—1050 cm^{-1}): *Al., Be.* λ_{max} (Me.): 238 nm.

21-Acetoxy-pregna-4,16-dien-3,11,20-trion $C_{23}H_{28}O_5$, Formel V (R = CO-CH$_3$, X = H).

B. Beim Behandeln der vorangehenden Verbindung mit Acetanhydrid und Pyridin (*Allen, Bernstein*, Am. Soc. **77** [1955] 1028, 1032). Aus der folgenden Verbindung mit Hilfe von CrCl$_2$

(*McGuckin, Mason,* Am. Soc. **77** [1955] 1822). Beim Erhitzen von 21-Acetoxy-17-hydroxy-pregn-4-en-3,11,20-trion-3,20-disemicarbazon mit Acetanhydrid in Essigsäure und anschliessenden Behandeln mit wss. Brenztraubensäure (*Slates, Wendler,* J. org. Chem. **22** [1957] 498).

Kristalle; F: 189–190° [unkorr.; aus Acn.+Me.] (*Al., Be.*), 186–187° [aus Acn.+Ae.] (*Sl., We.*), 183–184° [aus Acn.+Ae.] (*McG., Ma.*). $[\alpha]_D$: +220° [A.; c = 1] (*McG., Ma.*); $[\alpha]_D^{24}$: +213° [CHCl$_3$; c = 0,8] (*Al., Be.*). IR-Banden (Nujol; 1700–1250 cm^{-1}): *Al., Be.* λ_{max}: 238 nm [Me.] (*Al., Be.*), 237–238 nm [Me.] (*Sl., We.*), 237–238 nm [A.] (*McG., Ma.*). UV-Absorption in H$_2$SO$_4$: *Smith, Muller,* J. org. Chem. **23** [1958] 960, 961.

Beim Behandeln mit methanol. HCl in CHCl$_3$ ist 21,21-Dimethoxy-pregn-4-en-3,11,20-trion erhalten worden (*Mattox,* Am. Soc. **74** [1952] 4340, 4343).

V   VI   VII

21-Acetoxy-12α-brom-pregna-4,16-dien-3,11,20-trion $C_{23}H_{27}BrO_5$, Formel V (R = CO-CH$_3$, X = Br).

B. Aus dem 3-Semicarbazon (s. u.) oder dem 3-[2,4-Dinitro-phenylhydrazon] mit Hilfe von Brenztraubensäure (*McGuckin, Mason,* Am. Soc. **77** [1955] 1822).

Kristalle (aus Acn.+Ae.); F: 172–173°. $[\alpha]_D$: +94° [Acn.; c = 1]. λ_{max} (A.): 237–238 nm.

3-Semicarbazon $C_{24}H_{30}BrN_3O_5$. *B.* Beim Behandeln von 21-Acetoxy-4β,12α-dibrom-5β-pregn-16-en-3,11,20-trion mit Semicarbazid in *tert*-Butylalkohol und CHCl$_3$ (*McGuckin, Mason,* Am. Soc. **77** [1955] 1822). – Kristalle; F: 228–229° [Zers.]. $[\alpha]_D$: +147° [*tert*-Butylalkohol; c = 0,3], +119° [Dioxan; c = 1]. λ_{max} (A.): 270 nm.

(17Ξ)-20-Acetoxy-3,11-dioxo-pregna-4,17(20)-dien-21-al $C_{23}H_{28}O_5$, Formel VI.

B. Beim Erwärmen von 3,11,20-Trioxo-pregn-4-en-21-al (Hydrat) mit Acetanhydrid, Essigsäure und Pyridin (*Beyler, Hoffman,* Am. Soc. **79** [1957] 5297, 5300).

Der Schmelzpunkt variiert bei verschiedenen Präparaten von 205–220° bis 245–249°; $[\alpha]_D$: +163° [CHCl$_3$; c = 1]; λ_{max}: 241 nm [Me.], 238 nm [Ae.] (*Be., Ho.,* l. c. S. 5298).

3β-Hydroxy-14β-pregna-5,16-dien-11,15,20-trion, β-Digiprogenin $C_{21}H_{26}O_4$, Formel VII.

B. Neben α-Digiprogenin (S. 3494) und γ-Digiprogenin (S. 3494) bei der Hydrolyse von Digipronin (E III/IV **17** 2535) mit wss. HCl (*Satoh,* J. pharm. Soc. Japan **79** [1959] 1474; C. A. **1960** 6809; *Satoh et al.,* Chem. pharm. Bl. **10** [1962] 37, 41; *Satoh,* Chem. pharm. Bl. **10** [1962] 43, 48). Beim Behandeln von α-Digiprogenin oder γ-Digiprogenin mit wss.-äthanol. HCl (*Sa.,* J. pharm. Soc. Japan **79** 1474; Chem. pharm. Bl. **10** 48).

Gelblichbraune Kristalle [aus E.+Bzl.] (*Sa.,* Chem. pharm. Bl. **10** 48). F: 192–194° (*Sa.,* J. pharm. Soc. Japan **79** 1474; Chem. pharm. Bl. **10** 48). $[\alpha]_D^{31}$: +2,7° [CHCl$_3$+Me. (1:1); c = 0,8] (*Sa.,* J. pharm. Soc. Japan **79** 1474; Chem. pharm. Bl. **10** 48). IR-Banden (KBr; 5,8–7,4 μ): *Sa.,* J. pharm. Soc. Japan **79** 1474. λ_{max} (A.): 239 nm (*Sa.,* J. pharm. Soc. Japan **79** 1474; Chem. pharm. Bl. **10** 48).

Acetyl-Derivat $C_{23}H_{28}O_5$; 3β-Acetoxy-14β-pregna-5,16-dien-11,15,20-trion. Kristalle (aus Me.); F: 168–170° (*Sa.,* J. pharm. Soc. Japan **79** 1474; Chem. pharm. Bl. **10** 49).

21-Acetoxy-17-methyl-18-nor-9ξ,14ξ,17βH-pregna-4,12-dien-3,11,20-trion $C_{23}H_{28}O_5$, Formel VIII.

B. Beim Erhitzen von 13,21-Epoxy-17-methyl-18-nor-13α,17βH-pregn-4-en-3,11,20-trion mit

Acetanhydrid und Pyridin (*Hirschmann et al.*, Am. Soc. **78** [1956] 4814).

F: 185−186°. IR-Banden (Nujol; 5,7−8,1 μ): *Hi. et al.* λ_{max} (Me.): 238 nm.

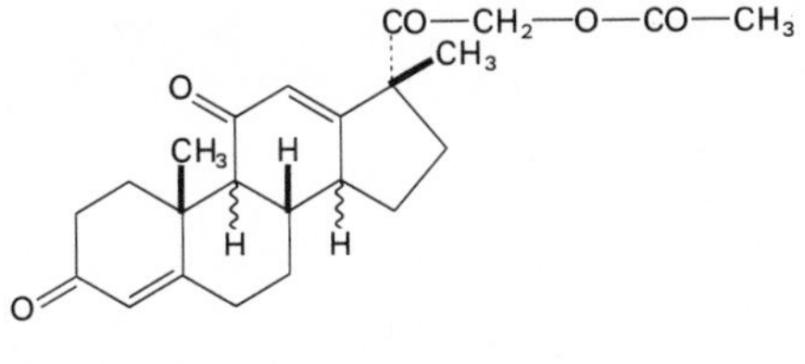

VIII 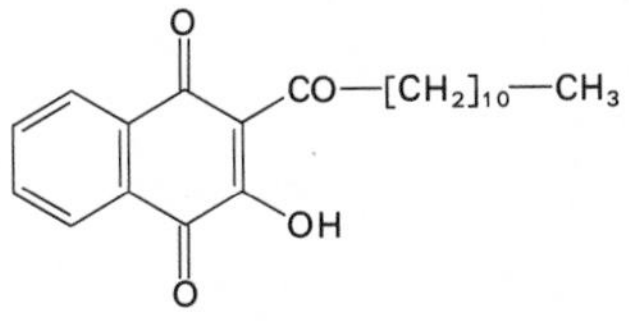   IX

Hydroxy-oxo-Verbindungen $C_{22}H_{28}O_4$

2-Hydroxy-3-lauroyl-[1,4]naphthochinon $C_{22}H_{28}O_4$, Formel IX und Taut.

B. Beim Erwärmen von 2-Lauroyl-3-methylamino-[1,4]naphthochinon in Essigsäure mit wss. H_2SO_4 (*Hase, Nishimura*, J. pharm. Soc. Japan **75** [1955] 203, 206; C. A. **1956** 1712).

Gelbe Kristalle (aus Acn.); F: 114−115,5°.

**(±)-4ξ-Hydroxy-8a,8′a-dimethyl-(4ar,8at,4′ar′,8′at′)-1,4,4a,5,8,8a,1′,2′,4′a,5′,8′,8′a-dodeca‑
hydro-2H-[1ξ,2′ξ]binaphthyl-3,3′,4′-trion** $C_{22}H_{28}O_4$, Formel X + Spiegelbild und Taut.

Diese Konstitution und Konfiguration wird für die nachstehend beschriebene Verbindung in Betracht gezogen (*Woodward et al.*, Am. Soc. **74** [1952] 4223, 4225, 4237).

B. In kleiner Menge neben (±)-4a-Methyl-*trans*-3,4,4a,5,8,8a-hexahydro-[1,2]naphthochinon beim Behandeln von (±)-1ξ-Acetoxy-4a-methyl-(4ar,8at)-4a,5,8,8a-tetrahydro-1H-naphthalin-2-on mit methanol. KOH (*Wo. et al.*, l. c. S. 4236).

Kristalle (aus Bzl.); F: 237−238° [korr.; Zers.].

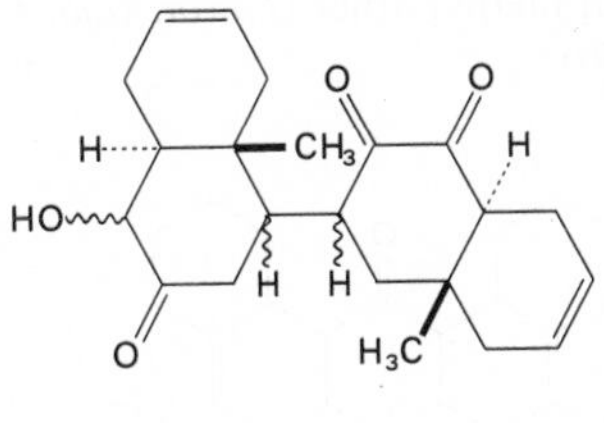

X 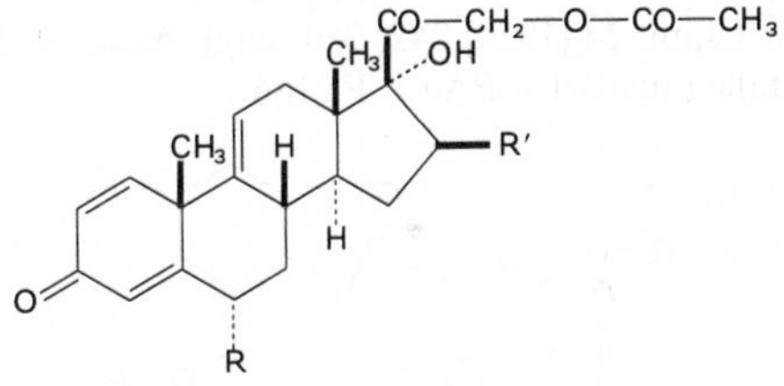   XI

21-Acetoxy-17-hydroxy-6α-methyl-pregna-1,4,9(11)-trien-3,20-dion $C_{24}H_{30}O_5$, Formel XI (R = CH_3, R′ = H).

B. Aus 21-Acetoxy-11β,17-dihydroxy-6α-methyl-pregna-1,4-dien-3,20-dion mit Hilfe von $SOCl_2$ und Pyridin (*Spero et al.*, Am. Soc. **79** [1957] 1515) oder mit Hilfe von *N*-Brom-acetamid und Pyridin (*Upjohn Co.*, U.S.P. 2867636 [1957]).

Kristalle; F: 192−194° (*Sp. et al.*), 188−191,5° [aus Acn.+PAe.] (*Upjohn Co.*). $[\alpha]_D$: +18° [Acn.]; λ_{max} (A.): 239 nm (*Sp. et al.*).

21-Acetoxy-17-hydroxy-16-methyl-pregna-1,4,9(11)-trien-3,20-dione $C_{24}H_{30}O_5$.

   a) **21-Acetoxy-17-hydroxy-16β-methyl-pregna-1,4,9(11)-trien-3,20-dion**, Formel XI (R = H, R′ = CH_3).

B. Aus 21-Acetoxy-11α,17-dihydroxy-16β-methyl-pregna-1,4-dien-3,20-dion über 21-Acetoxy-17-hydroxy-16β-methyl-11α-[toluol-4-sulfonyloxy]-pregna-1,4-dien-3,20-dion (*Oliveto et al.*, Am. Soc. **80** [1958] 6687).

F: 205—207°. $[\alpha]_D$: +140,3° [Dioxan]. λ_{max} (Me.): 239 nm.

b) **21-Acetoxy-17-hydroxy-16α-methyl-pregna-1,4,9(11)-trien-3,20-dion,** Formel XII.

B. Aus 21-Acetoxy-17-hydroxy-16α-methyl-11α-[toluol-4-sulfonyloxy]-pregna-1,4-dien-3,20-dion mit Hilfe von Natriumacetat in Essigsäure (*Oliveto et al.,* Am. Soc. **80** [1958] 4431). Aus 21-Acetoxy-17-hydroxy-16α-methyl-5α-pregn-9(11)-en-3,20-dion mit Hilfe von SeO$_2$ (*Ehmann et al.,* Helv. **42** [1959] 2548, 2556).

Kristalle; F: 210—213° (*Ol. et al.*), 210—211° [aus Me.] (*Eh. et al.*). λ_{max}: 238 nm [Me.] (*Ol. et al.*), 240 nm [A.] (*Eh. et al.*).

XII   XIII

21-Hydroxy-17-methyl-pregna-1,4-dien-3,11,20-trion $C_{22}H_{28}O_4$, Formel XIII.

B. Aus 21-Hydroxy-17-methyl-pregn-4-en-3,11,20-trion bei der Einwirkung von Didymella lycopersici (*Vischer et al.,* Helv. **38** [1955] 1502, 1506).

Kristalle; F: 183—186° [korr.; Zers.]. $[\alpha]_D^{24}$: +120° [A.; c = 1]. IR-Banden (CH$_2$Cl$_2$; 2,8—12,3 μ): *Vi. et al.* λ_{max} (A.): 240 nm.

Acetyl-Derivat $C_{24}H_{30}O_5$; 21-Acetoxy-17-methyl-pregna-1,4-dien-3,11,20-trion. Kristalle (aus wss. Me.); F: 198—201° [korr.]. $[\alpha]_D^{24}$: +135° [CHCl$_3$; c = 1]. IR-Banden (CH$_2$Cl$_2$; 5,7—12,3 μ): *Vi. et al.* λ_{max} (A.): 240 nm.

*Opt.-inakt. 5,12-Dimethoxy-$\Delta^{4a,11a}$-hexadecahydro-dibenz[a,h]anthracen-7,14-dion $C_{24}H_{32}O_4$, Formel XIV (R = CH$_3$), oder **opt.-inakt. 5,9-Dimethoxy-$\Delta^{4a,9}$-hexadecahydro-dibenz[a,j]anthracen-7,14-dion** $C_{24}H_{32}O_4$, Formel XV (R = CH$_3$).

B. Aus [1,4]Benzochinon und [1-Cyclohex-1-enyl-vinyl]-methyl-äther (*Faworskaja, Fedorowa,* Ž. obšč. Chim. **24** [1954] 242, 250; engl. Ausg. S. 243, 250).

Kristalle (aus Bzl.+PAe.); F: 186°.

XIV   XV

*Opt.-inakt. 5,12-Diacetoxy-$\Delta^{4a,11a}$-hexadecahydro-dibenz[a,h]anthracen-7,14-dion $C_{26}H_{32}O_6$, Formel XIV (R = CO-CH$_3$), oder **opt.-inakt. 5,9-Diacetoxy-$\Delta^{4a,9}$-hexadecahydro-dibenz[a,j]anthracen-7,14-dion** $C_{26}H_{32}O_6$, Formel XV (R = CO-CH$_3$).

B. Aus [1,4]Benzochinon und Essigsäure-[1-cyclohex-1-enyl-vinylester] (*Winternitz, Balmossière,* Tetrahedron **2** [1958] 100, 107).

Kristalle (aus Me.+PAe.); F: 238—240° [Zers.].

Hydroxy-oxo-Verbindungen $C_{24}H_{32}O_4$

2β-Acetoxy-4,4,9,14-tetramethyl-19-nor-9β,10α-pregna-5,16-dien-3,11,20-trion, 2β-Acetoxy-22,23,24,25,26,27-hexanor-10α-cucurbita-5,16-dien-3,11,20-trion $C_{26}H_{34}O_5$, Formel I.

B. Beim Erwärmen von 2β,16α-Diacetoxy-4,4,9,14-tetramethyl-19-nor-9β,10α-pregn-5-en-

3,11,20-trion (S. 3503) mit wss.-methanol. HCl und anschliessender Acetylierung (*Lavie, Shvo*, Chem. and Ind. **1959** 429; Am. Soc. **82** [1960] 966, 969).

Kristalle (aus Ae.); F: 237–245° [korr.; Zers.] (*La., Shvo*, Am. Soc. **82** 969). $[\alpha]_D$: +131° [CHCl$_3$; c = 1,4] (*La., Shvo*, Chem. and Ind. **1959** 429; Am. Soc. **82** 969). IR-Banden (CHCl$_3$; 1700–1200 cm^{-1}): *La., Shvo*, Am. Soc. **82** 969. λ_{max} (A.): 240 nm (*La., Shvo*, Am. Soc. **82** 969; Chem. and Ind. **1959** 429).

Hydroxy-oxo-Verbindungen C$_{25}$H$_{34}$O$_4$

*2-Hydroxy-3-[9-(4-hydroxy-cyclohexyl)-nonyl]-[1,4]naphthochinon** C$_{25}$H$_{34}$O$_4$, Formel II und Taut.

B. Beim Behandeln des Acetyl-Derivats (s. u.) mit Natriummethylat in Methanol (*Paulshock, Moser*, Am. Soc. **72** [1950] 5073, 5076).

Gelbes Pulver (aus PAe.); F: 100–101° [korr.; nach Erweichen ab 90°].

Acetyl-Derivat C$_{27}$H$_{36}$O$_5$; 2-[9-(4-Acetoxy-cyclohexyl)-nonyl]-3-hydroxy-[1,4]naphthochinon. *B.* Aus 2-Hydroxy-[1,4]naphthochinon und Bis-[10-(4-acetoxy-cyclohexyl)-decanoyl]-peroxid [aus 10-[4-Acetoxy-cyclohexyl]-decansäure (F: 88–89°) erhalten] (*Pa., Mo.*). – Gelbes Pulver (aus PAe.); F: 114–117° [korr.].

Hydroxy-oxo-Verbindungen C$_{29}$H$_{42}$O$_4$

2-Hydroxy-3-[11-oxo-nonadecyl]-[1,4]naphthochinon C$_{29}$H$_{42}$O$_4$, Formel III und Taut. (E III 3688).

Zeitlicher Verlauf der Bildung von Carbonsäuren mit der Seitenkette -[CH$_2$]$_n$-COOH (n = 1–9) bei der Oxidation des Acetyl-Derivats mit CrO$_3$: *Nakanishi, Fieser*, Am. Soc. **74** [1952] 3910, 3912, 3915.

Hydroxy-oxo-Verbindungen C$_{30}$H$_{44}$O$_4$

3-Acetoxy-lanosta-5,8-dien-7,11,12-trione C$_{32}$H$_{46}$O$_5$.

a) **3β-Acetoxy-lanosta-5,8-dien-7,11,12-trion,** Formel IV (E III 3690).

B. Beim Erwärmen von 3β-Acetoxy-lanosta-5,8,11-trien-7-on (S. 1237) mit CrO$_3$ in Essigsäure (*Cavalla, McGhie*, Soc. **1951** 744, 746).

IR-Spektrum (Nujol; $2-16\,\mu$): *Voser et al.*, Helv. **33** [1950] 1893, 1899. UV-Spektrum (A.; $220-340$ nm): *Vo. et al.*, l. c. S. 1898.

b) *ent*-3α-Acetoxy-10α,20β$_F$H-lanosta-5,8-dien-7,11,12-trion, 3β-Acetoxy-eupha-5,8-dien-7,11,12-trion, Formel V.

B. Aus 3β-Acetoxy-euph-8-en-7,11-dion (E III 2531) mit Hilfe von SeO_2 (*Barbour et al.*, Soc. **1951** 2540, 2543; *Christen et al.*, Helv. **35** [1952] 1756, 1770). Beim Erhitzen von 3β-Acetoxy-eupha-5,8-dien-7,11-dion (S. 2435) mit SeO_2 in Dioxan (*Ch. et al.*). Beim Behandeln von 3β-Acetoxy-eupha-5,8,11-trien-7-on mit CrO_3 in Essigsäure (*Barton et al.*, Soc. **1955** 876, 882).

Gelbe Kristalle; F: 186° [korr.; evakuierte Kapillare; aus PAe.+Bzl.] (*Ch. et al.*), 186° [unᵃ korr.; aus Me.] (*Barb. et al.*), 184—185° [aus Me.] (*Barton et al.*). $[\alpha]_D^{20}$: $-16,4°$ [$CHCl_3$; c = 1] (*Barb. et al.*); $[\alpha]_D$: $-18°$ [$CHCl_3$; c = 0,1] (*Barton et al.*), $-14°$ [$CHCl_3$; c = 1] (*Ch. et al.*). λ_{max} (A.): 283 nm (*Barton et al.*).

V   VI

3β,24-Diacetoxy-oleana-9(11),21-dien-12,19-dion(?) $C_{34}H_{48}O_6$, vermutlich Formel VI.

B. Beim Erwärmen von 3β,24-Diacetoxy-oleana-9(11),13(18),21-trien-12,19-dion(?) (S. 3256) mit Zink-Pulver in Äthanol (*Smith et al.*, Tetrahedron **4** [1958] 111, 120, 131).

Kristalle (aus $CHCl_3$+Me.); F: 266—268° [unkorr.]. $[\alpha]_D$: $+106°$ [$CHCl_3$; c = 0,8]. λ_{max} (A.): 245 nm.

3β,24-Diacetoxy-oleana-9(11),13(18)-dien-12,19-dion $C_{34}H_{48}O_6$, Formel VII.

B. Aus 3β,24-Diacetoxy-olean-12-en mit Hilfe von SeO_2 (*Smith et al.*, Tetrahedron **4** [1958] 111, 131).

Kristalle (aus $CHCl_3$+Me.); F: 247—248° [unkorr.]. $[\alpha]_D$: $-76,7°$ [$CHCl_3$; c = 1,8]. λ_{max} (A.): 276 nm.

VII   VIII

28-Trityloxy-olean-12-en-3,16,22-trion $C_{49}H_{58}O_4$, Formel VIII.

B. Beim Behandeln von O^{28}-Trityl-chichipegenin (28-Trityloxy-olean-12-en-3β,16β,22α-triol) mit CrO_3 in Pyridin (*Sandoval et al.*, Am. Soc. **79** [1957] 4468, 4471).

Kristalle (aus Bzl.+Hexan); F: 292—295°. $[\alpha]_D$: $-53°$ [$CHCl_3$].

Hydroxy-oxo-Verbindungen C$_{31}$H$_{46}$O$_4$

ent-(24Ξ)-3α-Acetoxy-24-methyl-10α-lanosta-5,8-dien-7,11,12-trion, 3β-Acetoxy-24ξH-euphorba-5,8-dien-7,11,12-trion C$_{33}$H$_{48}$O$_5$, Formel IX.

B. Aus 3β-Acetoxy-24ξH-euphorb-8-en-7,11-dion (S. 2238) mit Hilfe von SeO$_2$ (*Barbour et al.*, Soc. **1951** 2540, 2542; *Vogel et al.*, Helv. **35** [1952] 510, 519).

Gelbe Kristalle; F: 230—231° [korr.; evakuierte Kapillare] (*Vo. et al.*), 228—229° [unkorr.] bzw. F: 199—200° [nach Trocknen im Hochvakuum bei 100°] (*Ba. et al.*). [α]$_D$: −46° [CHCl$_3$; c = 0,7] (*Vo. et al.*). IR-Spektrum (Nujol; 2—16 μ): *Vo. et al.*, l. c. S. 515. UV-Spektrum (A.; 220—320 nm): *Vo. et al.*, l. c. S. 514.

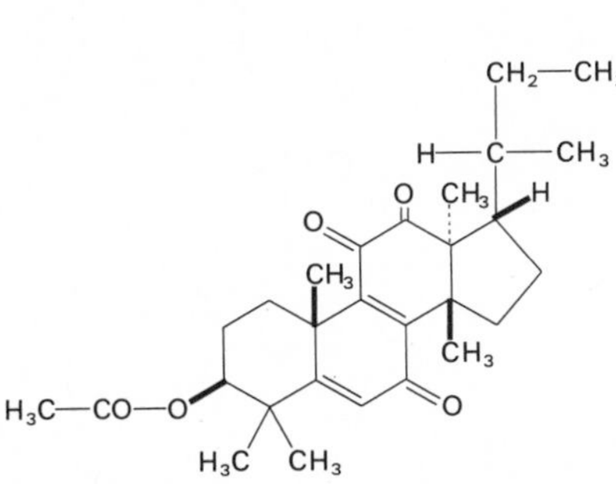

IX 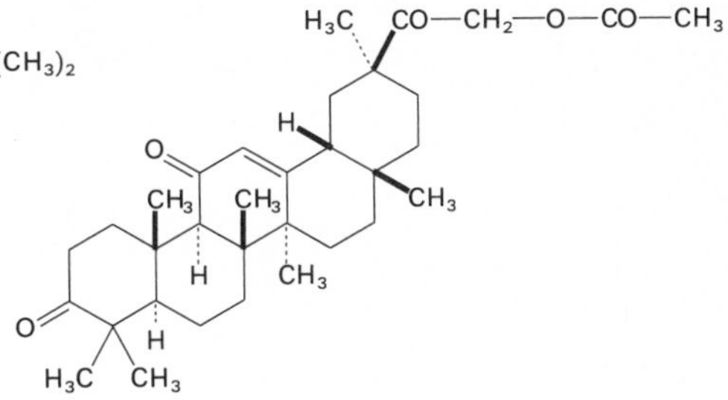   X

30-Acetoxymethyl-olean-12-en-3,11,30-trione C$_{33}$H$_{48}$O$_5$.

a) **30-Acetoxymethyl-olean-12-en-3,11,30-trion**, Formel X.

B. Beim Erwärmen von 30-Diazomethyl-olean-12-en-3,11,30-trion mit Kaliumacetat und Essigsäure (*Logemann et al.*, B. **90** [1957] 601, 604).
Kristalle (aus Me.); F: 210°. [α]$_D^{20}$: +167° [CHCl$_3$; c = 1,1].

b) **30-Acetoxymethyl-18αH-olean-12-en-3,11,30-trion**, Formel XI.

B. Beim Erwärmen von 30-Diazomethyl-18αH-olean-12-en-3,11,30-trion mit Kaliumacetat und Essigsäure (*Logemann et al.*, B. **90** [1957] 601, 604).
Kristalle (aus Me.); F: 198°. [α]$_D^{20}$: +116° [CHCl$_3$; c = 0,9].

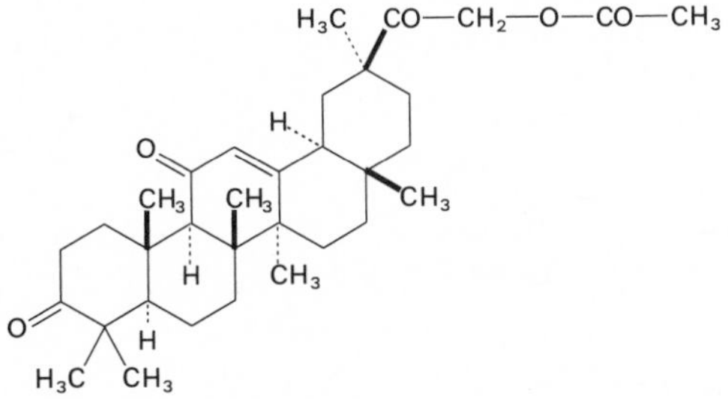

XI 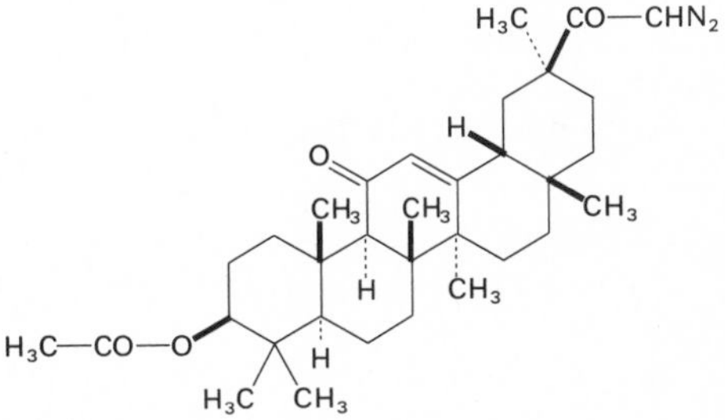   XII

3β-Acetoxy-30-diazomethyl-olean-12-en-11,30-dion C$_{33}$H$_{48}$N$_2$O$_4$, Formel XII.

B. Aus 3β-Acetoxy-11-oxo-olean-12-en-30-oylchlorid und Diazomethan (*Logemann et al.*, B. **90** [1957] 601, 603).
Kristalle (aus Me.); Zers. bei 202°.   [E. Deuring]

Hydroxy-oxo-Verbindungen $C_nH_{2n-18}O_4$

Hydroxy-oxo-Verbindungen $C_{13}H_8O_4$

7-Methoxy-1,2-dihydro-cyclopenta[*a*]naphthalin-3,4,5-trion $C_{14}H_{10}O_4$, Formel I.

B. Beim Behandeln von 5-Hydroxy-7-methoxy-1,2-dihydro-cyclopenta[*a*]naphthalin-3-on mit $NO(SO_3K)_2$ und Natriumacetat in Aceton (*Teuber, Götz,* B. **89** [1956] 2654, 2663).

Braunrote Kristalle (aus Acn.) mit 0,5 Mol H_2O; Zers. >225° [nach Dunkelfärbung ab 165°]. IR-Spektrum (Paraffin; 2−15 μ) bzw. Absorptionsspektrum (Me.; 250−600 nm): *Te., Götz,* l. c. S. 2656, 2657.

1,2(?),4-Trihydroxy-fluoren-9-on $C_{13}H_8O_4$, vermutlich Formel II (R = R' = H).

B. Beim Erwärmen von 1,2(?),4-Triacetoxy-fluoren-9-on (s. u.) mit methanol. H_2SO_4 (*Koelsch, Flesch,* J. org. Chem. **20** [1955] 1270, 1273).

Braune Kristalle (aus Eg.); F: 302−304°.

I   II   III

1-Hydroxy-2(?),4-dimethoxy-fluoren-9-on $C_{15}H_{12}O_4$, vermutlich Formel II (R = H, R' = CH_3).

B. Aus 1,2(?),4-Trihydroxy-fluoren-9-on und Diazomethan in Äther (*Koelsch, Flesch,* J. org. Chem. **20** [1955] 1270, 1273).

Rote Kristalle (aus Bzl.); F: 238−241°.

1,2(?),4-Trimethoxy-fluoren-9-on $C_{16}H_{14}O_4$, vermutlich Formel II (R = R' = CH_3).

B. Beim Behandeln der vorangehenden Verbindung mit Dimethylsulfat und wss. Alkalilauge (*Koelsch, Flesch,* J. org. Chem. **20** [1955] 1270, 1274).

Orangefarbene Kristalle (aus Bzl.); F: 144−146°.

1,2(?),4-Triacetoxy-fluoren-9-on $C_{19}H_{14}O_7$, vermutlich Formel II (R = R' = CO-CH_3).

Konstitution: *Koelsch, Flesch,* J. org. Chem. **20** [1955] 1270, 1271.

B. Beim Behandeln von Fluoren-1,4,9-trion mit Acetanhydrid und wenig H_2SO_4 (*Ko., Fl.,* l. c. S. 1273).

Gelbe Kristalle (aus Bzl.); F: 211,5−213°.

2,3,4-Trimethoxy-fluoren-9-on $C_{16}H_{14}O_4$, Formel III (X = O-CH_3, X' = H).

B. Beim Erwärmen von 4,5,6-Trimethoxy-biphenyl-2-carbonsäure mit $SOCl_2$ (*Cook et al.,* Soc. **1950** 139, 143).

Orangefarbene Kristalle (aus Me.); F: 113°.

2,4-Dinitro-phenylhydrazon (F: 211°): *Cook et al.*

2,3,6-Trimethoxy-fluoren-9-on $C_{16}H_{14}O_4$, Formel III (X = H, X' = O-CH_3).

B. Beim Erwärmen von diazotiertem 2-Amino-4,5,4'-trimethoxy-benzophenon mit H_2O (*Korte, Behner,* A. **621** [1959] 51, 54).

Orangerote Kristalle (aus Acn.); F: 160−162° (*Ko., Be.*). UV-Spektrum (Me.; 200−350 nm): *Korte, Weitkamp,* Ang. Ch. **70** [1958] 434, 435.

Hydroxy-oxo-Verbindungen $C_{14}H_{10}O_4$

6,6'-Dihydroxy-[1,3']bicyclohepta-1,3,5-trienyl-7,7'-dion $C_{14}H_{10}O_4$, Formel IV und Taut.
([3,5']Bitropolonyl).

B. Beim Behandeln von diazotiertem 5-Amino-tropolon mit Tropolon und Natriumacetat in wss. Dioxan (*Nozoe et al.*, Pr. Japan Acad. **32** [1956] 476).

Dipolmoment (ε; Dioxan) bei 25°: 4,8 – 4,9 D (*No. et al.*, l. c. S. 478).

Gelbe Kristalle (aus Acn.); F: 225° [Zers.]. IR-Spektrum (KBr; 4000 – 600 cm^{-1}) und Ab=
sorptionsspektrum (Me.; 200 – 450 nm): *No. et al.*, l. c. S. 477.

Kupfer(II)-Salz. Braun (*No. et al.*, l. c. S. 477).

Dimethyl-Derivat $C_{16}H_{14}O_4$; 6,6'-Dimethoxy-[1,3']bicyclohepta-1,3,5-trienyl-
7,7'-dion oder 1,6'-Dimethoxy-[2,3']bicyclohepta-1,3,5-trienyl-7,7'-dion. Gelbe
Kristalle; F: 167 – 168° (*No. et al.*, l. c. S. 477).

Dibenzoyl-Derivat $C_{28}H_{18}O_6$; 6,6'-Bis-benzoyloxy-[1,3']bicyclohepta-1,3,5-tri=
enyl-7,7'-dion oder 1,6'-Bis-benzoyloxy-[2,3']bicyclohepta-1,3,5-trienyl-7,7'-dion.
Gelbe Kristalle; F: 183° (*No. et al.*, l. c. S. 476).

2-Hydroxy-4-methoxy-benzil $C_{15}H_{12}O_4$, Formel V (R = H, R' = CH$_3$) und Taut.
B. Beim Erwärmen von 2-Hydroxy-4-methoxy-desoxybenzoin in Aceton mit wss. KMnO$_4$
(*Mee et al.*, Soc. **1957** 3093, 3098).

Gelbe Kristalle (aus A.); F: 86°.

2,4-Dimethoxy-benzil $C_{16}H_{14}O_4$, Formel V (R = R' = CH$_3$).

Diese Konstitution kommt auch der von *Badcock et al.* (Soc. **1950** 2961, 2963) als ($\pm$)-2,4-Di=
methoxy-benzoin $C_{16}H_{16}O_4$ formulierten Verbindung zu (*Mee et al.*, Soc. **1957** 3093, 3094).

B. Aus 2,4-Dimethoxy-desoxybenzoin beim Behandeln mit wss. KMnO$_4$ in Aceton (*Mee
et al.*, l. c. S. 3098) oder beim Erhitzen mit Blei(IV)-acetat in Essigsäure auf 100° (*Ba. et al.*).
Beim Erwärmen von 2-Hydroxy-4-methoxy-benzil mit Dimethylsulfat und K$_2$CO$_3$ in Aceton
(*Mee et al.*, l. c. S. 3098).

Hellgelbe Kristalle (aus A.); F: 104° (*Ba. et al.*; *Mee et al.*).

o-Phenylendiamin-Kondensationsprodukt (F: 124 – 125°): *Mee et al.*

4-Äthoxy-2-hydroxy-benzil $C_{16}H_{14}O_4$, Formel V (R = H, R' = C$_2$H$_5$) und Taut.

Diese Konstitution kommt der nachstehend beschriebenen, ursprünglich von *Badcock et al.*
(Soc. **1950** 2961, 2963) als ($\pm$)-4-Äthoxy-2-hydroxy-benzoin $C_{16}H_{16}O_4$ formulierten Ver=
bindung zu (*Mee et al.*, Soc. **1957** 3093, 3094).

B. Beim Behandeln von 4-Äthoxy-2-hydroxy-desoxybenzoin in Aceton mit wss. KMnO$_4$ (*Ba.
et al.*).

Kristalle (aus A.); F: 82° (*Ba. et al.*).

4-Äthoxy-2-methoxy-benzil $C_{17}H_{16}O_4$, Formel V (R = CH$_3$, R' = C$_2$H$_5$).

Diese Konstitution kommt der nachstehend beschriebenen, ursprünglich von *Badcock et al.*
(Soc. **1950** 2961, 2963) als ($\pm$)-4-Äthoxy-2-methoxy-benzoin $C_{17}H_{18}O_4$ formulierten Ver=
bindung zu (*Mee et al.*, Soc. **1957** 3093, 3094).

B. Beim Erhitzen von 4-Äthoxy-2-methoxy-desoxybenzoin mit Blei(IV)-acetat in Essigsäure
auf 100° (*Ba. et al.*). Beim Erwärmen der vorangehenden Verbindung mit K$_2$CO$_3$ und Dimethyl=
sulfat in Aceton (*Ba. et al.*).

Kristalle (aus A.); F: 91,5; $Kp_{0,003}$: 140° (*Ba. et al.*).

5-Hydroxy-2-methoxy-benzil $C_{15}H_{12}O_4$, Formel VI (R = H).

B. Beim Erhitzen der folgenden Verbindung mit wss. HBr und Essigsäure (*Šomin, Kusnezow*, Chim. Nauka Promyšl. **4** [1959] 801; C. A. **1960** 10950).

Kristalle (aus Bzl. + Hexan); F: 103−104°.

VI   VII

2,5-Dimethoxy-benzil $C_{16}H_{14}O_4$, Formel VI (R = CH_3).

B. Aus 2,5-Dimethoxy-desoxybenzoin und SeO_2 (*Šomin, Kusnezow*, Chim. Nauka Promyšl. **4** [1959] 801 Anm.*; C. A. **1960** 10950).

Kristalle (aus A.); F: 97−98°.

2,2'-Dihydroxy-benzil $C_{14}H_{10}O_4$, Formel VII (R = R' = X = H) und Taut. (E III 3692).

B. Beim Erwärmen von 2,2'-Bis-methoxymethyl-benzil in Essigsäure mit wss. H_2SO_4 (*Far= benfabr. Bayer*, D.B.P. 875195 [1944]).

F: 154° (*Farbenfabr. Bayer*).

Bildung von α-Disalicylid (Dibenzo[b,f][1,5]dioxocin-6,12-dion; E III/IV **19** 2059) beim Er= wärmen mit Blei(IV)-acetat in Essigsäure: *Erdtman, Spetz*, Acta chem. scand. **10** [1956] 1427, 1429.

2,2'-Dimethoxy-benzil $C_{16}H_{14}O_4$, Formel VII (R = R' = CH_3, X = H) (H 428; E II 474; E III 3693).

B. Beim Erhitzen von (±)-2,2'-Dimethoxy-benzoin mit NH_4NO_3 und wenig Kupfer(II)-acetat in wss. Essigsäure (*Moureu et al.*, Bl. **1955** 1155).

Kristalle; F: 130° (*Mo. et al.*).

Protonierung in H_2SO_4 bei 8,5° (kryoskopisch ermittelt): *Wiles, Baughan*, Soc. **1953** 933, 936.

Disemicarbazon $C_{18}H_{20}N_6O_4$. Gelbe Kristalle (aus Eg. + H_2O); F: 281° (*Kuhn, Birkofer*, B. **84** [1951] 659, 663).

2,2'-Bis-allyloxy-benzil $C_{20}H_{18}O_4$, Formel VII (R = R' = CH_2-CH=CH_2, X = H).

B. Beim Erwärmen von (±)-2,2'-Bis-allyloxy-benzoin mit $CuSO_4$ in Pyridin (*Cassella*, D.B.P. 892288 [1950]).

F: 108−109°.

2,2'-Bis-methoxymethyl-benzil $C_{18}H_{18}O_6$, Formel VII (R = R' = CH_2-O-CH_3, X = H).

B. Beim Erwärmen von 2-Methoxymethyl-benzaldehyd mit KCN in wss. Äthanol und Erwärmen des Reaktionsprodukts in Äthanol mit Fehling'scher Lösung (*Farbenfabr. Bayer*, D.B.P. 875195 [1944]).

Kristalle (aus A.); F: 102°.

[2'-Methoxy-α,α'-dioxo-bibenzyl-2-yloxy]-essigsäure $C_{17}H_{14}O_6$, Formel VII (R = CH_2-CO-OH, R' = CH_3, X = H).

B. Aus dem Äthylester (s. u.) und wss.-äthanol. NaOH (*Whalley, Lloyd*, Soc. **1956** 3213, 3223).

Kristalle (aus Bzl.); F: 149°.

Äthylester $C_{19}H_{18}O_6$. *B.* Beim Erwärmen von 2-Hydroxy-2'-methoxy-benzil mit Brom=

essigsäure-äthylester und K_2CO_3 in Aceton (*Whalley, Lloyd*, Soc. **1956** 3213, 3223). − Kristalle (aus wss. A.); F: 79°.

3,3'-Dichlor-2,2'-dihydroxy-benzil $C_{14}H_8Cl_2O_4$, Formel VII (R = R' = H, X = Cl) und Taut.

B. Beim Erwärmen von 3,3'-Dichlor-2,2'-dimethoxy-benzil mit $AlCl_3$ in Nitrobenzol (*Kuhn, Hensel*, B. **85** [1952] 72, 76).

Grüngelbe Kristalle (aus Eg.); F: 188−188,5°. UV-Spektrum (Cyclohexan; 250−375 nm): *Kuhn, He.*, l. c. S. 74. λ_{max} (Butan-1-ol): 337 nm (*Kuhn, He.*, l. c. S. 73).

3,3'-Dichlor-2,2'-dimethoxy-benzil $C_{16}H_{12}Cl_2O_4$, Formel VII (R = R' = CH_3, X = Cl).

B. Beim Erwärmen von 3-Chlor-2-methoxy-benzaldehyd mit KCN in wss. Äthanol und an≠ schliessend mit Fehling'scher Lösung (*Kuhn, Hensel*, B. **85** [1952] 72, 76).

Kristalle (aus $CHCl_3$); F: 135−135,5°.

4,4'-Dichlor-2,2'-dihydroxy-benzil $C_{14}H_8Cl_2O_4$, Formel VIII (R = X = H) und Taut.

B. Beim Erwärmen der folgenden Verbindung mit $AlCl_3$ in Nitrobenzol (*Kuhn, Hensel*, B. **84** [1951] 557, 562).

Tiefgelbe Kristalle (aus Eg.); F: 196° (*Kuhn, He.*, B. **84** 562). UV-Spektrum (Cyclohexan; 260−380 nm bzw. Butan-1-ol; 220−360 nm): *Kuhn, Hensel*, B. **85** [1952] 72, 74, 75.

4,4'-Dichlor-2,2'-dimethoxy-benzil $C_{16}H_{12}Cl_2O_4$, Formel VIII (R = CH_3, X = H).

B. Beim Erwärmen von (±)-4,4'-Dichlor-2,2'-dimethoxy-benzoin in wss. Äthanol mit Feh≠ ling'scher Lösung (*Kuhn, Hensel*, B. **84** [1951] 557, 562).

Kristalle (aus Eg.); F: 210−211°.

5,5'-Dichlor-2,2'-dihydroxy-benzil $C_{14}H_8Cl_2O_4$, Formel IX (R = X = H, X' = Cl) und Taut. (E III 3694).

B. Aus 2,2'-Dihydroxy-benzil und Chlor in Essigsäure (*Kuhn, Birkofer*, B. **84** [1951] 659, 662). Beim Erwärmen von 2,2'-Dihydroxy-benzil mit N,N-Dichlor-toluol-4-sulfonamid und we≠ nig wss. HCl in Essigsäure (*Kuhn, Hensel*, B. **85** [1952] 72, 77).

Gelbe Kristalle (aus Eg.); F: 195−196° (*Kuhn, Bi.*; *Kuhn, He.*). UV-Spektrum (Butan-1-ol; 210−360 nm): *Kuhn, He.*, l. c. S. 75. λ_{max} (Cyclohexan): 266 nm und 366 nm (*Kuhn, He.*, l. c. S. 73).

VIII   IX

5,5'-Dichlor-2,2'-dimethoxy-benzil $C_{16}H_{12}Cl_2O_4$, Formel IX (R = CH_3, X = H, X' = Cl) (E III 3694).

B. Beim Erwärmen von (±)-5,5'-Dichlor-2,2'-dimethoxy-benzoin mit $CuSO_4$ in wss. Pyridin unter Einleiten von Luft (*Deliwala, Rajagopalan*, Pr. Indian Acad. [A] **31** [1950] 107, 112).

Kristalle (aus A.); F: 208−209° (*De., Ra.*), 207−208° (*Kuhn, Hensel*, B. **85** [1952] 72, 76).

3,5,3',5'-Tetrachlor-2,2'-dihydroxy-benzil $C_{14}H_6Cl_4O_4$, Formel IX (R = H, X = X' = Cl) und Taut.

B. Aus 2,2'-Dihydroxy-benzil beim Behandeln mit Chlor in Essigsäure (*Kuhn, Birkofer*, B. **84** [1951] 659, 662) oder beim Erwärmen mit N,N-Dichlor-toluol-4-sulfonamid und wenig wss. HCl in Essigsäure (*Kuhn, Hensel*, B. **85** [1952] 72, 77).

Orangegelbe Kristalle (aus Eg.); F: 207° (*Kuhn, Bi.*). UV-Spektrum (Cyclohexan; 260−380 nm bzw. Butan-1-ol; 210−360 nm): *Kuhn, He.*, l. c. S. 74, 75. Absorptionsspektrum

(360 – 500 nm) in gepufferter wss. Lösung bei pH 9; auch in Gegenwart von α-Cyclodextrin (E III/IV **19** 6285): *Lautsch et al., Z. Naturf.* **11b** [1956] 282, 283.

Verbindung mit Diäthylamin $C_{14}H_6Cl_4O_4 \cdot 2C_4H_{11}N$. Kristalle (aus A.); F: 162° [Zers.] (*Kuhn, He.,* l. c. S. 77).

Bis-phenylosazon (F: 263 – 266°): *Lautsch, Schröder,* M. **88** [1957] 432, 453.

Diacetyl-Derivat $C_{18}H_{10}Cl_4O_6$; 2,2′-Diacetoxy-3,5,3′,5′-tetrachlor-benzil. Kristalle (aus A.); F: 152 – 154° (*La., Sch.*), 152 – 153° (*Kuhn, Bi.*).

Dipropionyl-Derivat $C_{20}H_{14}Cl_4O_6$; 3,5,3′,5′-Tetrachlor-2,2′-bis-propionyloxy-benzil. Kristalle (aus A.); F: 162 – 162,5° (*Kuhn, Bi.*).

Dibutyryl-Derivat $C_{22}H_{18}Cl_4O_6$; 2,2′-Bis-butyryloxy-3,5,3′,5′-tetrachlor-benzil. Kristalle (aus A.); F: 141 – 142° (*Kuhn, Bi.*).

3,4,5,3′,4′,5′-Hexachlor-2,2′-dihydroxy-benzil $C_{14}H_4Cl_6O_4$, Formel VIII (R = H, X = Cl) und Taut.

B. Beim Erwärmen von 4,4′-Dichlor-2,2′-dihydroxy-benzil mit *N,N*-Dichlor-toluol-4-sulfonamid und wenig wss. HCl in Essigsäure (*Kuhn, Hensel,* B. **85** [1952] 72, 77).

Gelbe Kristalle (aus Nitrobenzol); F: 228 – 229°. UV-Spektrum (Cyclohexan; 280 – 400 nm): *Kuhn, He.,* l. c. S. 74. λ_{max} (Butan-1-ol): 345 nm (*Kuhn, He.,* l. c. S. 73).

5,5′-Dibrom-2,2′-dihydroxy-benzil $C_{14}H_8Br_2O_4$, Formel IX (R = X = H, X′ = Br) und Taut. (E III 3694).

B. Beim Erhitzen von 5,5′-Dibrom-2,2′-dimethoxy-benzil mit Pyridin-hydrochlorid auf 180° (*Moureu et al.,* Bl. **1955** 1258, 1262).

Kristalle (aus Eg.); F: 213° (*Mo. et al.*), 212 – 213° (*Kuhn, Hensel,* B. **85** [1952] 72, 73). λ_{max}: 369 nm [Cyclohexan]; 345 nm [Butan-1-ol] (*Kuhn, He.,* l. c. S. 73).

Beim Erwärmen mit 2-Amino-äthanol in Äthanol ist eine vermutlich als 5,5′-Dibrom-2,2′-dihydroxy-benzil-bis-[2-hydroxy-äthylimin] zu formulierende Verbindung $C_{18}H_{18}Br_2N_2O_4$ (F: 182 – 183°) erhalten worden (*Kuhn, Birkofer,* B. **84** [1951] 659, 663).

o-Phenylendiamin-Kondensationsprodukt (F: 225°): *Kuhn, Bi.,* l. c. S. 664.

Diacetyl-Derivat $C_{18}H_{12}Br_2O_6$; 2,2′-Diacetoxy-5,5′-dibrom-benzil. Kristalle (aus A.); F: 152 – 153° (*Kuhn, Bi.,* l. c. S. 662).

Dipropionyl-Derivat $C_{20}H_{16}Br_2O_6$; 5,5′-Dibrom-2,2′-bis-propionyloxy-benzil. Kristalle (aus A.); F: 104 – 105° (*Kuhn, Bi.,* l. c. S. 662).

Dibutyryl-Derivat $C_{22}H_{20}Br_2O_6$; 5,5′-Dibrom-2,2′-bis-butyryloxy-benzil. Kristalle (aus A.); F: 121 – 122° (*Kuhn, Bi.*).

5,5′-Dibrom-2,2′-bis-sulfooxy-benzil $C_{14}H_8Br_2O_{10}S_2$, Formel IX (R = SO$_2$-OH, X = H, X′ = Br).

B. Beim Behandeln der vorangehenden Verbindung mit ClSO$_3$H und Pyridin in CHCl$_3$ (*Kuhn, Birkofer,* B. **84** [1951] 659, 662).

Dikalium-Salz $K_2C_{14}H_6Br_2O_{10}S_2$. Gelbe Kristalle (aus A.).

3,3′-Dibrom-5,5′-dichlor-2,2′-dihydroxy-benzil $C_{14}H_6Br_2Cl_2O_4$, Formel IX (R = H, X = Br, X′ = Cl) und Taut.

B. Beim Erwärmen von 5,5′-Dichlor-2,2′-dihydroxy-benzil mit Brom in Essigsäure (*Kuhn, Hensel,* B. **85** [1952] 72, 77).

Goldgelbe Kristalle; F: 207,5 – 208°. λ_{max}: 278 nm und 376 nm [Cyclohexan]; 350 nm [Butan-1-ol] (*Kuhn, He.,* l. c. S. 73).

5,5′-Dibrom-3,3′-dichlor-2,2′-dihydroxy-benzil $C_{14}H_6Br_2Cl_2O_4$, Formel IX (R = H, X = Cl, X′ = Br) und Taut.

B. Aus 5,5′-Dibrom-2,2′-dihydroxy-benzil und Chlor in warmer Essigsäure (*Kuhn, Hensel,* B. **85** [1952] 72, 77).

Goldgelbe Kristalle (aus Eg.); F: 206 – 207°. λ_{max}: 281 nm und 377 nm [Cyclohexan]; 347 nm [Butan-1-ol] (*Kuhn, He.,* l. c. S. 73).

3,5,3′,5′-Tetrabrom-2,2′-dihydroxy-benzil $C_{14}H_6Br_4O_4$, Formel IX (R = H, X = X′ = Br)
und Taut.

B. Beim Erhitzen von 2,2′-Dihydroxy-benzil mit Brom in Essigsäure (*Kuhn, Hensel*, B. **85**
[1952] 72, 77).

Goldgelbe Kristalle (aus Nitrobenzol); F: 218°. λ_{max}: 282 nm und 378 nm [Cyclohexan];
350 nm [Butan-1-ol] (*Kuhn, He.*, l. c. S. 73).

3,5,3′,5′-Tetrabrom-4,4′-dichlor-2,2′-dihydroxy-benzil $C_{14}H_4Br_4Cl_2O_4$, Formel X und Taut.

B. Aus 4,4′-Dichlor-2,2′-dihydroxy-benzil beim Erhitzen mit Brom in Essigsäure (*Kuhn, Hen=
sel*, B. **85** [1952] 72, 77) oder beim Erwärmen mit *N*-Brom-succinimid in CCl_4 (*Kuhn, Hensel*,
B. **84** [1951] 557, 562).

Goldgelbe Kristalle (aus Nitrobenzol); F: 247−248° (*Kuhn, He.*, B. **84** 562), 247° (*Kuhn,
He.*, B. **85** 77). λ_{max}: 292 nm und 374 nm [Cyclohexan]; 347 nm [Butan-1-ol] (*Kuhn, He.*, B.
85 73).

2,2′-Dihydroxy-3,5′-dinitro-benzil $C_{14}H_8N_2O_8$, Formel XI (R = X′ = H, X = NO_2) und
Taut.

B. Beim Erhitzen der folgenden Verbindung mit Pyridin-hydrochlorid auf 175° (*Moureu et al.*,
Bl. **1955** 1263).

Kristalle (aus Eg.); F: 183−184°.

2,2′-Dimethoxy-3,5′-dinitro-benzil $C_{16}H_{12}N_2O_8$, Formel XI (R = CH_3, X = NO_2, X′ = H).

Konstitution: *Moureu et al.*, Bl. **1955** 1263.

B. In kleiner Menge neben 2,2′-Dimethoxy-5,5′-dinitro-benzil beim Behandeln von 2,2′-Di=
methoxy-benzil in Acetanhydrid mit wss. HNO_3 und H_2SO_4 (*Moureu et al.*, Bl. **1955** 1155).

Kristalle (aus Acn.); F: 178° (*Mo. et al.*, l. c. S. 1264), 176° (*Mo. et al.*, l. c. S. 1156).

2,2′-Dihydroxy-4,4′-dinitro-benzil $C_{14}H_8N_2O_8$, Formel XI (R = X = H, X′ = NO_2) und
Taut.

B. Beim Erhitzen der folgenden Verbindung ohne Lösungsmittel mit Pyridin-hydrochlorid
(*Moureu et al.*, Bl. **1959** 952, 956) oder in „Amylalkohol" (*Berends et al.*, R. **74** [1955] 1323,
1336).

Gelbe Kristalle; F: 207° [aus Eg.] (*Mo. et al.*), 203−204° [aus 1,2-Dichlor-äthan] (*Be. et al.*).

o-Phenylendiamin-Kondensationsprodukt (F: 285°): *Mo. et al.*

Diacetyl-Derivat $C_{18}H_{12}N_2O_{10}$; 2,2′-Diacetoxy-4,4′-dinitro-benzil. Kristalle (aus
A.); F: 156−157° (*Mo. et al.*, l. c. S. 957).

2,2′-Dimethoxy-4,4′-dinitro-benzil $C_{16}H_{12}N_2O_8$, Formel XI (R = CH_3, X = H, X′ = NO_2).

B. Beim Erhitzen von opt.-inakt. 2,2′-Dimethoxy-4,4′-dinitro-bibenzyl-α,α′-diol (F: 236°) mit
wss. HNO_3 (*Berends et al.*, R. **74** [1935] 1323, 1336) oder von opt.-inakt. 2,2′-Dimethoxy-4,4′-
dinitro-bibenzyl-α,α′-diol (F: 188°) mit konz. wss. HNO_3 auf 100° (*Moureu et al.*, Bl. **1959**
952, 956; *Schieffelin & Co.*, U.S.P. 2596108 [1948]).

Kristalle; F: 185−187° [aus Eg.] (*Be. et al.*), 179−180° [aus A.+E.] (*Schieffelin & Co.*),
179° [aus A.+E.] (*Mo. et al.*).

2,2′-Dihydroxy-5,5′-dinitro-benzil $C_{14}H_8N_2O_8$, Formel XII (R = X = H) und Taut.

B. Beim Erhitzen der folgenden Verbindung mit Pyridin-hydrochlorid auf 170° (*Moureu et al.*,

Bl. **1951** 741).

Hellgelbe Kristalle (aus Acn.); F: 304° [Zers.] (*Mo. et al.*, Bl. **1951** 743).

Dihydrazon $C_{14}H_{12}N_6O_6$. Gelbe Kristalle (aus Py.); F: 313° [korr.] (*Moureu et al.*, Bl. **1955** 1258, 1262).

o-Phenylendiamin-Kondensationsprodukt (F: 255−256°): *Moureu et al.*, Bl. **1955** 1155.

Diacetyl-Derivat $C_{18}H_{12}N_2O_{10}$; 2,2'-Diacetoxy-5,5'-dinitro-benzil. Gelbe Kristalle (aus Eg.); F: 198° (*Moureu et al.*, Bl. **1959** 952, 954).

XII   XIII

2,2'-Dimethoxy-5,5'-dinitro-benzil $C_{16}H_{12}N_2O_8$, Formel XII (R = CH$_3$, X = H).

B. Neben wenig 2,2'-Dimethoxy-3,5'-dinitro-benzil (s. o.) beim Behandeln von 2,2'-Dimethoxy-benzil in Acetanhydrid mit wss. HNO$_3$ und H$_2$SO$_4$ (*Moureu et al.*, Bl. **1955** 1155). Beim Behandeln von 4,5-Bis-[2-methoxy-phenyl]-1,3-dihydro-imidazol-2-on mit HNO$_3$ und H$_2$SO$_4$ in Acetanhydrid bei −5° (*Moureu et al.*, Bl. **1951** 741).

Kristalle (aus Acn.); F: 224° [aus Acn.] (*Mo. et al.*, Bl. **1951** 743), 223−224° [aus Eg.] (*Mo. et al.*, Bl. **1955** 1156).

Monohydrazon $C_{16}H_{14}N_4O_7$. Kristalle (aus Dioxan); F: 252° [korr.] (*Moureu et al.*, Bl. **1956** 301, 303).

o-Phenylendiamin-Kondensationsprodukt (F: 240°): *Mo. et al.*, Bl. **1955** 1157.

3,3'-Dibrom-2,2'-dihydroxy-5,5'-dinitro-benzil $C_{14}H_6Br_2N_2O_8$, Formel XII (R = H, X = Br) und Taut.

B. Beim Erhitzen von 2,2'-Dihydroxy-5,5'-dinitro-benzil mit Brom in Essigsäure (*Moureu et al.*, Bl. **1955** 1258, 1261).

Gelbe Kristalle (aus Eg.); F: 198−200°.

3,3'-Dihydroxy-benzil $C_{14}H_{10}O_4$, Formel XIII (R = R' = X = H).

B. Beim Erhitzen von 3,3'-Dimethoxy-benzil mit Pyridin-hydrochlorid auf 200° (*Šomin, Kusnezow*, Chim. Nauka Promyšl. **4** [1959] 801; C. A. **1960** 10950).

Kristalle (aus H$_2$O oder 1,2-Dichlor-äthan); F: 149−149,5°.

3-Hydroxy-3'-methoxy-benzil $C_{15}H_{12}O_4$, Formel XIII (R = X = H, R' = CH$_3$).

B. Beim Erhitzen von 3,3'-Dimethoxy-benzil mit wss. HBr und Essigsäure (*Šomin, Kusnezow*, Chim. Nauka Promyšl. **4** [1959] 801; C. A. **1960** 10950).

Kristalle (aus Bzl.); F: 68,5−69,5°.

4,4'-Dichlor-3,3'-dimethoxy-benzil $C_{16}H_{12}Cl_2O_4$, Formel XIII (R = R' = CH$_3$, X = Cl).

B. Beim Erwärmen von 4-Chlor-3-methoxy-benzaldehyd mit KCN in wss. Äthanol und Erwärmen des Reaktionsprodukts mit CuSO$_4$ in wss. Pyridin (*Faith et al.*, Am. Soc. **77** [1955] 543, 546).

Gelbe Kristalle (aus Bzl. + Hexan); F: 206° [unkorr.].

4,4'-Dihydroxy-benzil $C_{14}H_{10}O_4$, Formel XIV (R = R' = H) (E II 474; E III 3698).

B. Beim Erhitzen von 4,4'-Dimethoxy-benzil mit Pyridin-hydrochlorid auf 200° (*Šomin, Kusnezow*, Chim. Nauka Promyšl. **4** [1959] 801; C. A. **1960** 10950).

Gelbe Kristalle; F: 252° [unkorr.; aus H$_2$O] (*Vanderlinde et al.*, Am. Soc. **77** [1955] 4176), 250,2−251,4° [korr.; aus wss. A.] (*Hubacher*, J. org. Chem. **24** [1959] 1949), 244−246° [aus wss. A.] (*Šo., Ku.*). Bei 220°/0,01 Torr sublimierbar (*Hu.*). λ_{max} (A.): 300 nm (*Va. et al.*, l. c.

S. 4178).

Bis-thiosemicarbazon $C_{16}H_{16}N_6O_2S_2$. Kristalle mit 1 Mol H_2O; F: ca. 300° [Zers.] (*Po=lonovski, Pesson*, C. r. **232** [1951] 1260).

o-Phenylendiamin-Kondensationsprodukt (F: 330,4 – 331,0°): *Hu*.

Diacetyl-Derivat $C_{18}H_{14}O_6$; 4,4′-Diacetoxy-benzil. Gelbe Kristalle (aus wss. A.); F: 88 – 89,2° (*Hu.*, l. c. S. 1950), 87° (*Va. et al.*, l. c. S. 4178). λ_{max} (A.): 267,5 nm (*Va. et al.*, l. c. S. 4178).

Dipropionyl-Derivat $C_{20}H_{18}O_6$; 4,4′-Bis-propionyloxy-benzil. Gelbe Kristalle (aus A.); F: 77,1 – 77,5° (*Hu.*).

XIV   XV

4-Hydroxy-4′-methoxy-benzil $C_{15}H_{12}O_4$, Formel XIV (R = H, R′ = CH_3).

B. Beim Erhitzen der folgenden Verbindung mit wss. HBr und Essigsäure (*Šomin, Kusnezow*, Chim. Nauka Promyšl. **4** [1959] 801; C. A. **1960** 10950).

Kristalle (aus Bzl. oder wss. A.); F: 162 – 163°.

4,4′-Dimethoxy-benzil $C_{16}H_{14}O_4$, Formel XIV (R = R′ = CH_3) (H 428; E I 705; E II 474; E III 3698).

B. Aus (±)-4,4′-Dimethoxy-benzoin beim Erhitzen mit Bi_2O_3 in Essigsäure und 2-Äthoxy-äthanol (*Rigby*, Soc. **1951** 793) oder mit $(BiO)_2CO_3$, Essigsäure und wenig 2-Äthoxy-äthanol unter Einleiten von Luft (*Holden, Rigby*, Soc. **1951** 1924), beim Behandeln mit Thallium(I)-äthylat in Benzol (*McHatton, Soulal*, Soc. **1952** 2771) oder mit Nitrobenzol (vgl. E II 474) und wenig Thallium(I)-äthylat in Äthanol (*McHatton, Soulal*, Soc. **1953** 4095) sowie beim Er=wärmen mit *N*-Brom-succinimid in CCl_4 (*Barakat et al.*, Am. Soc. **77** [1955] 1670).

Kristalle; F: 134° (*Ho., Ri.*), 133° (*Kwart, Baevsky*, Am. Soc. **80** [1958] 580; *Ri.*, l. c. S. 794). λ_{max} (Me.?): 375 nm (*Kw., Ba.*).

Protonierung in H_2SO_4 bei 8,5° (kryoskopisch ermittelt): *Wiles, Baughan*, Soc. **1953** 933, 936. Geschwindigkeitskonstante der Reaktion mit KCN in Methanol (Bildung von 4-Methoxy-benzoesäure-methylester und 4-Methoxy-benzaldehyd) bei 30°: *Kw., Ba.*, l. c. S. 586. Beim Er=hitzen mit Paraformaldehyd und Formamid ist 4,5-Bis-[4-methoxy-phenyl]-1*H*-imidazol erhal=ten worden (*Bredereck et al.*, B. **92** [1959] 338, 342).

(*Z,Z*)-Dioxim $C_{16}H_{16}N_2O_4$ (H 429; E III 3700). Berichtigung zu E III 3700 Zeile 13 v. u.: Anstelle von „F: 95°" ist zu setzen „F: 195°" (vgl. H 429).

Hydrazon-oxim $C_{16}H_{17}N_3O_3$. F: 123,5 – 124,5° [lösungsmittelfreies Präparat] bzw. Kristalle (aus Bzl.) mit 0,5 Mol Benzol (*Takahashi*, J. chem. Soc. Japan Pure Chem. Sect. **73** [1952] 805; C. A. **1954** 2015).

Mono-thiosemicarbazon $C_{17}H_{17}N_3O_3S$. Kristalle (aus A.); F: 176° [Zers.; unter Um=wandlung in 5,6-Bis-[4-methoxy-phenyl]-2*H*-[1,2,4]triazin-3-thion; E III/IV **26** 713] (*Gianturco, Romeo*, G. **82** [1952] 429, 430). – In einer von *Gardner et al.* (Am. Soc. **74** [1952] 2106) ebenfalls unter dieser Konstitution beschriebene Verbindung (orangefarbene Kristalle [aus Acn.]; F: 227 – 228°) hat wahrscheinlich 5,6-Bis-[4-methoxy-phenyl]-2*H*-[1,2,4]triazin-3-thion vorgelegen (vgl. *Gi., Ro.*, l. c. S. 431).

Bis-thiosemicarbazon $C_{18}H_{20}N_6O_2S_2$. Kristalle; F: ca. 260° [Zers.] (*Polonovski, Pesson*, C. r. **232** [1951] 1260).

4,4′-Diäthoxy-benzil $C_{18}H_{18}O_4$, Formel XIV (R = R′ = C_2H_5) (E I 705; E II 475; E III 3699).

B. Aus 4,4′-Diäthoxy-desoxybenzoin beim Erwärmen mit Brom in CCl_4 oder beim Erhitzen

mit SeO_2 in Essigsäure (*Nagano*, J. org. Chem. **22** [1957] 817).
Kristalle (aus A.); F: 151−153°.

4,4′-Bis-allyloxy-benzil $C_{20}H_{18}O_4$, Formel XIV (R = R′ = CH_2-CH=CH_2).
B. Beim Erwärmen von (±)-4,4′-Bis-allyloxy-benzoin mit $CuSO_4$ in Pyridin (*Cassella*, D.B.P.
892288 [1950]).
F: 115−116°.

4,4′-Dimethoxy-3-nitro-benzil $C_{16}H_{13}NO_6$, Formel XV (R = CH_3, X = X′ = H).
B. In kleiner Menge neben 4,4′-Dimethoxy-3,3′-dinitro-benzil beim Behandeln von 4,4′-Di⸗
methoxy-benzil mit HNO_3 und H_2SO_4 in Acetanhydrid unterhalb −5° (*Moureu et al.*, Bl.
1957 1152, 1153).
Kristalle (aus Eg.); F: 178°.

4,4′-Dihydroxy-3,3′-dinitro-benzil $C_{14}H_8N_2O_8$, Formel XV (R = X′ = H, X = NO_2).
B. Beim Erhitzen der folgenden Verbindung mit Pyridin-hydrochlorid auf 175° (*Moureu et al.*,
Bl. **1957** 1152, 1154).
Gelbe Kristalle (aus Eg.); F: 183° (*Mo. et al.*, Bl. **1957** 1154).
Diacetyl-Derivat $C_{18}H_{12}N_2O_{10}$; 4,4′-Diacetoxy-3,3′-dinitro-benzil. Gelbe Kristalle
(aus Eg.); F: 198° (*Moureu et al.*, Bl. **1959** 952, 955).

4,4′-Dimethoxy-3,3′-dinitro-benzil $C_{16}H_{12}N_2O_8$, Formel XV (R = CH_3, X = NO_2, X′ = H)
(E II 476).
B. Neben wenig 4,4′-Dimethoxy-3-nitro-benzil beim Behandeln von 4,4′-Dimethoxy-benzil
mit HNO_3 und H_2SO_4 in Acetanhydrid unterhalb −5° (*Moureu et al.*, Bl. **1957** 1152, 1153;
vgl. E II 476).
Kristalle (aus Eg.); F: 213°.
o-Phenylendiamin-Kondensationsprodukt (F: 248°): *Mo. et al.*

4,4′-Dimethoxy-3,5,3′,5′-tetranitro-benzil $C_{16}H_{10}N_4O_{12}$, Formel XV (R = CH_3,
X = X′ = NO_2) (E II 476).
B. Beim Behandeln von 4,4′-Dimethoxy-benzil mit wss. HNO_3 und H_2SO_4 unterhalb 50°
(*Moureu et al.*, Bl. **1957** 1152, 1153; vgl. E II 476).
Gelbe Kristalle (aus Eg. oder Acn.); F: 234°.

2,8-Dimethoxy-1,4-dihydro-anthrachinon $C_{16}H_{14}O_4$, Formel XVI.
B. Neben anderen Verbindungen beim Behandeln von (±)-2,8-Dimethoxy-(4ar,9ac)-1,4,4a,9a-
tetrahydro-anthrachinon in Benzol mit Methylmagnesiumjodid in Äther unter Luftzutritt
(*Schemjakin et al.*, Ž. obšč. Chim. **29** [1959] 1831, 1839; engl. Ausg. S. 1802, 1808).
Kristalle (aus A.); F: 172−173°.

XVI   XVII   XVIII

8-Hydroxy-3,9a-dihydro-2*H*-anthracen-1,9,10-trion $C_{14}H_{10}O_4$ und Taut.

1,8-Dihydroxy-2,3-dihydro-anthrachinon, Formel XVII.
Die von *Shibata et al.* (Pharm. Bl. **4** [1956] 303, 306) und *Shibata, Kitagawa* (Chem. pharm.

Bl. **8** [1960] 884) unter dieser Konstitution beschriebene, aus 8-Hydroxy-3,4-dihydro-2*H*-anthra‍cen-1,9,10-trion erhaltene Verbindung (gelbe Kristalle [aus Dioxan]; F: 258° (Zers.; nach Dun‍kelfärbung ab 176°) [*Shi. et al.*]) ist als 1,7,8,17-Tetrahydroxy-2,3,3a,3b,4,5-hexahydro-dibenzo[*c,mn*]naphtho[2,3-*g*]xanthen-6,13,18-trion $C_{28}H_{20}O_8$ zu formulieren (*Seo et al.*, Tetrahedron **29** [1973] 3721, 3722).

8-Hydroxy-3,4-dihydro-2*H*-anthracen-1,9,10-trion $C_{14}H_{10}O_4$, Formel XVIII.

B. Aus 8,9,10-Trihydroxy-3,4-dihydro-2*H*-anthracen-1-on und Blei(IV)-acetat in Essigsäure (*Shibata et al.*, Pharm. Bl. **4** [1956] 303, 308).

F: 156° [Zers.].   [*Mühle*]

Hydroxy-oxo-Verbindungen $C_{15}H_{12}O_4$

Bis-[3,6-dibrom-4-hydroxy-5-oxo-cyclohepta-1,3,6-trienyl]-methan $C_{15}H_8Br_4O_4$, Formel I und Taut.; 3,7,3′,7′-Tetrabrom-5,5′-methandiyl-di-tropolon.

B. Beim Erwärmen von 3,7-Dibrom-tropolon mit Formaldehyd und Dimethylamin in wss. Essigsäure (*Seto, Ogura*, Bl. chem. Soc. Japan **32** [1959] 493, 494).

Gelbe Kristalle; F: 225° [unkorr.; Zers.]. λ_{max} (Me.): 272 nm, 345 nm und 430 nm.

4-[3,4-Dimethoxy-*trans*(?)-styryl]-tropolon $C_{17}H_{16}O_4$, vermutlich Formel II und Taut.

B. Aus 2-[3,4-Dimethoxy-*trans*(?)-styryl]-6-hydroxy-7-oxo-cyclohepta-1,3,5-triencarbonsäure (F: 208 – 210°) beim Erhitzen mit Chinolin in Gegenwart von Kupferoxid-Chromoxid bzw. Kupfer-Pulver oder durch Sublimation bei 210°/0,5 Torr (*Tarbell et al.*, Am. Soc. **81** [1959] 3443, 3445).

Gelbe Kristalle (aus wss. Me.); F: 108 – 109° [unkorr.].

Benzoyl-Derivat $C_{24}H_{20}O_5$. Kristalle (aus A.); F: 157,5 – 158° [unkorr.].

2′-Hydroxy-2,3-dimethoxy-*trans*-chalkon $C_{17}H_{16}O_4$, Formel III.

B. Aus 1-[2-Hydroxy-phenyl]-äthanon, 2,3-Dimethoxy-benzaldehyd und wss. NaOH in Äth‍anol (*Arcoleo et al.*, Ann. Chimica **47** [1957] 75, 78).

Orangegelbe Kristalle (aus A.); F: 103°.

*2-Hydroxy-3,4′-dimethoxy-*trans*-chalkon-oxim $C_{17}H_{17}NO_4$, Formel IV.

B. Beim Erwärmen von (±)-5-[2-Hydroxy-3-methoxy-phenyl]-3-[4-methoxy-phenyl]-2,5-di‍hydro-isoxazol (F: 174°) mit wss. HCl in Äthanol (*Jurd*, Tetrahedron **31** [1975] 2884, 2886).

Gelbe Kristalle; F: 160°; λ_{max} (A.): 226 nm und 330 nm (*Jurd*).

In äthanol. Lösung unter Lichtausschluss stabil (*Jurd*).

Die von *Collins et al.* (Soc. **1950** 1876, 1880) unter dieser Konstitution beschriebene Verbin‍dung ist als (±)-5-[2-Hydroxy-3-methoxy-phenyl]-3-[4-methoxy-phenyl]-4,5-dihydro-isoxazol zu formulieren (*Jurd*).

2′-Acetoxy-2,4-dimethoxy-*trans*-chalkon $C_{19}H_{18}O_5$, Formel V.

B. Aus 2′-Hydroxy-2,4-dimethoxy-*trans*-chalkon, Acetanhydrid und Natriumacetat (*Gallagher et al.*, Soc. **1953** 3770, 3774).

Gelbe Kristalle (aus A.); F: 78–80°.

V   VI

2-Acetoxy-4,4′-dimethoxy-*trans*(?)-chalkon $C_{19}H_{18}O_5$, vermutlich Formel VI.

B. Beim Behandeln von 7-Methoxy-2-[4-methoxy-phenyl]-chromenylium-chlorid mit Acet‍anhydrid und Pyridin (*Freudenberg, Weinges*, A. **613** [1958] 61, 73, 74).

Kristalle (aus Me. oder CHCl$_3$ + Cyclohexan); F: 133–134°.

2,2′-Dihydroxy-4′-methoxy-*trans*-chalkon $C_{16}H_{14}O_4$, Formel VII (R = H).

B. Aus 1-[2-Hydroxy-4-methoxy-phenyl]-äthanon und Salicylaldehyd mit Hilfe von wss.-äth‍anol. NaOH (*Simpson, Whalley*, Soc. **1955** 166, 168) oder äthanol. KOH (*Venturella, Bellino*, Ann. Chimica **49** [1959] 2023, 2044).

Orangefarbene bzw. gelbe Kristalle (aus wss. A.); F: 179–180° [Zers.] (*Ve., Be.*), 176–178° [Zers.] (*Si., Wh.*).

2′-Hydroxy-2,4-dimethoxy-*trans*-chalkon $C_{17}H_{16}O_4$, Formel VII (R = CH$_3$) (H 432).

B. Aus der vorangehenden Verbindung und Dimethylsulfat in wss. NaOH (*Simpson, Whalley*, Soc. **1955** 166, 168).

F: 92°.

VII   VIII

2-Benzyloxy-2′-hydroxy-4′-methoxy-*trans*-chalkon $C_{23}H_{20}O_4$, Formel VII (R = CH$_2$-C$_6$H$_5$).

B. Aus 1-[2-Hydroxy-4-methoxy-phenyl]-äthanon und 2-Benzyloxy-benzaldehyd mit Hilfe von wss.-äthanol. NaOH (*Simpson, Whalley*, Soc. **1955** 166, 168). Beim Erwärmen von 2,2′-Di‍hydroxy-4′-methoxy-*trans*-chalkon mit Benzylbromid und K$_2$CO$_3$ in Aceton (*Si., Wh.*).

Gelbe Kristalle (aus A.); F: 117°.

2′-Hydroxy-4′-methoxy-2-methoxymethoxy-*trans*-chalkon $C_{18}H_{18}O_5$, Formel VII (R = CH$_2$-O-CH$_3$).

B. Aus 1-[2-Hydroxy-4-methoxy-phenyl]-äthanon und 2-Methoxymethoxy-benzaldehyd mit

Hilfe von äthanol. KOH (*Venturella, Bellino,* Ann. Chimica **49** [1959] 2023, 2044).
Gelbe Kristalle (aus A.); F: 89—90°.

2′,4′-Dihydroxy-2-methoxy-3′-nitro-*trans*-chalkon $C_{16}H_{13}NO_6$, Formel VIII (R = H).
B. Aus 1-[2,4-Dihydroxy-3-nitro-phenyl]-äthanon, 2-Methoxy-benzaldehyd und wss.-äthanol.
KOH (*Seshadri, Trivedi,* J. org. Chem. **22** [1957] 1633, 1634).
Kristalle (aus Eg.); F: 192°.

2′,4′-Diacetoxy-2-methoxy-3′-nitro-*trans*-chalkon $C_{20}H_{17}NO_8$, Formel VIII (R = CO-CH₃).
B. Aus der vorangehenden Verbindung beim Erwärmen mit Acetanhydrid und Pyridin (*Sesha=
dri, Trivedi,* J. org. Chem. **23** [1958] 1735, 1737).
Kristalle (aus A.); F: 103—105°.

2,2′,4′-Trihydroxy-5′-nitro-*trans*-chalkon $C_{15}H_{11}NO_6$, Formel IX (R = R′ = H).
B. Aus 1-[2,4-Dihydroxy-5-nitro-phenyl]-äthanon, Salicylaldehyd und wss.-äthanol. KOH
(*Kulkarni, Jadhav,* J. Indian chem. Soc. **31** [1954] 746, 748, 750).
Kristalle (aus Eg.); F: 210°.

2′,4′-Dihydroxy-2-methoxy-5′-nitro-*trans*-chalkon $C_{16}H_{13}NO_6$, Formel IX (R = CH₃,
R′ = H).
B. Analog der vorangehenden Verbindung (*Kulkarni, Jadhav,* J. Indian chem. Soc. **31** [1954]
746, 751).
Kristalle (aus Eg.); F: 160°.

2,2′-Dihydroxy-4′-methoxy-5′-nitro-*trans*-chalkon $C_{16}H_{13}NO_6$, Formel IX (R = H,
R′ = CH₃).
B. Analog den vorangehenden Verbindungen (*Kulkarni, Jadhav,* J. Indian chem. Soc. **32**
[1955] 97, 98).
Kristalle (aus Eg.); F: 230°.

2′-Hydroxy-2,4′-dimethoxy-5′-nitro-*trans*-chalkon $C_{17}H_{15}NO_6$, Formel IX (R = R′ = CH₃).
B. Analog den vorangehenden Verbindungen (*Kulkarni, Jadhav,* J. Indian chem. Soc. **32**
[1955] 97, 98).
Kristalle (aus Eg.); F: 164—165°.

4′-Benzyloxy-2′-hydroxy-2-methoxy-5′-nitro-*trans*-chalkon $C_{23}H_{19}NO_6$, Formel IX
(R = CH₃, R′ = CH₂-C₆H₅).
B. Aus 1-[4-Benzyloxy-2-hydroxy-5-nitro-phenyl]-äthanon, 2-Methoxy-benzaldehyd und wss.-
äthanol. KOH (*Atchabba et al.,* J. Univ. Bombay **25**, Tl. 5A [1957] 1, 3).
Kristalle (aus Eg.); F: 190,1°.

5-Brom-2′,4′-dihydroxy-2-methoxy-5′-nitro-*trans*-chalkon $C_{16}H_{12}BrNO_6$, Formel X (R = H).
B. Aus 1-[2,4-Dihydroxy-5-nitro-phenyl]-äthanon, 5-Brom-2-methoxy-benzaldehyd und wss.-
äthanol. KOH (*Kulkarni, Jadhav,* J. Indian chem. Soc. **31** [1954] 746, 751).
Kristalle (aus Eg.); F: 178—180°.

5-Brom-2′-hydroxy-2,4′-dimethoxy-5′-nitro-*trans*-chalkon $C_{17}H_{14}BrNO_6$, Formel X (R = CH$_3$).

B. Analog der vorangehenden Verbindung (*Kulkarni, Jadhav,* J. Indian chem. Soc. **32** [1955] 97, 98).

Kristalle (aus Eg.); F: 187–188°.

3′-Brom-2,2′,4′-trihydroxy-5′-nitro-*trans*-chalkon $C_{15}H_{10}BrNO_6$, Formel XI (R = X = H).

B. Analog den vorangehenden Verbindungen (*Kulkarni, Jadhav,* J. Indian chem. Soc. **31** [1954] 746, 748, 750) oder beim Behandeln von 2,2′,4′-Trihydroxy-5′-nitro-*trans*-chalkon mit Brom in Essigsäure (*Ku., Ja.,* l. c. S. 752).

Kristalle (aus Eg.); F: 216–218°.

XI   XII

3′-Brom-2′,4′-dihydroxy-2-methoxy-5′-nitro-*trans*-chalkon $C_{16}H_{12}BrNO_6$, Formel XI (R = CH$_3$, X = H).

B. Aus 1-[3-Brom-2,4-dihydroxy-5-nitro-phenyl]-äthanon, 2-Methoxy-benzaldehyd und wss.-äthanol. KOH (*Kulkarni, Jadhav,* J. Indian chem. Soc. **31** [1954] 746, 748, 751). Beim Behandeln von 2′,4′-Dihydroxy-2-methoxy-5′-nitro-*trans*-chalkon mit Brom in Essigsäure (*Ku., Ja.,* l. c. S. 753).

Kristalle (aus Eg.); F: 180°.

α-Brom-2,2′-dihydroxy-4′-methoxy-5′-nitro-*trans*(?)-chalkon $C_{16}H_{12}BrNO_6$, vermutlich Formel XII (R = X = H).

B. Beim Erhitzen von (2RS,3SR)-2,3-Dibrom-1-[2-hydroxy-4-methoxy-5-nitro-phenyl]-3-[2-hydroxy-phenyl]-propan-1-on mit Pyridin (*Kulkarni, Jadhav,* J. Indian chem. Soc. **32** [1955] 97, 100, 101).

Kristalle (aus Eg.); F: 219–220°.

α-Brom-2′-hydroxy-2,4′-dimethoxy-5′-nitro-*trans*(?)-chalkon $C_{17}H_{14}BrNO_6$, vermutlich Formel XII (R = CH$_3$, X = H).

B. Beim Erhitzen von (2RS,3SR)-2,3-Dibrom-1-[2-hydroxy-4-methoxy-5-nitro-phenyl]-3-[2-methoxy-phenyl]-propan-1-on mit Pyridin (*Kulkarni, Jadhav,* J. Indian chem. Soc. **32** [1955] 97, 100, 101).

Kristalle (aus Eg.); F: 215–216°.

3,5-Dibrom-2,2′,4′-trihydroxy-5′-nitro-*trans*-chalkon $C_{15}H_9Br_2NO_6$, Formel XIII (R = X = H).

B. Aus 1-[2,4-Dihydroxy-5-nitro-phenyl]-äthanon, 3,5-Dibrom-2-hydroxy-benzaldehyd und wss.-äthanol. KOH (*Kulkarni, Jadhav,* J. Indian chem. Soc. **31** [1954] 746, 748, 751).

Kristalle (aus Eg. + Nitrobenzol); F: 240–242°.

3,5-Dibrom-2,2′-dihydroxy-4′-methoxy-5′-nitro-*trans*-chalkon $C_{16}H_{11}Br_2NO_6$, Formel XIII (R = CH$_3$, X = H).

B. Analog der vorangehenden Verbindung (*Kulkarni, Jadhav,* J. Indian chem. Soc. **32** [1955] 97, 98).

Kristalle (aus Nitrobenzol + Eg.); F: 250°.

XIII   XIV

5,3′-Dibrom-2′,4′-dihydroxy-2-methoxy-5′-nitro-*trans*-chalkon $C_{16}H_{11}Br_2NO_6$, Formel XI (R = CH_3, X = Br).

B. 1-[3-Brom-2,4-dihydroxy-5-nitro-phenyl]-äthanon, 5-Brom-2-methoxy-benzaldehyd und wss.-äthanol. KOH (*Kulkarni, Jadhav*, J. Indian chem. Soc. **31** [1954] 746, 748, 751). Aus 5-Brom-2′,4′-dihydroxy-2-methoxy-5′-nitro-*trans*-chalkon und Brom in Essigsäure (*Ku., Ja.*, l. c. S. 753). Beim Erwärmen von (2*RS*,3*SR*)-2,3-Dibrom-1-[3-brom-2,4-dihydroxy-5-nitro-phenyl]-3-[5-brom-2-methoxy-phenyl]-propan-1-on mit KI in Aceton (*Ku., Ja.*, l. c. S. 748).

Kristalle (aus Eg.); F: 226—228°.

5,α-Dibrom-2′-hydroxy-2,4′-dimethoxy-5′-nitro-*trans*(?)-chalkon $C_{17}H_{13}Br_2NO_6$, vermutlich Formel XII (R = CH_3, X = Br).

B. Beim Erhitzen von (2*RS*,3*SR*)-2,3-Dibrom-3-[5-brom-2-methoxy-phenyl]-1-[2-hydroxy-4-methoxy-5-nitro-phenyl]-propan-1-on mit Pyridin (*Kulkarni, Jadhav*, J. Indian chem. Soc. **32** [1955] 97, 100, 101).

Kristalle (aus Eg.); F: 182—183°.

3,5,3′-Tribrom-2,2′,4′-trihydroxy-5′-nitro-*trans*-chalkon $C_{15}H_8Br_3NO_6$, Formel XIII (R = H, X = Br).

B. Aus 1-[3-Brom-2,4-dihydroxy-5-nitro-phenyl]-äthanon, 3,5-Dibrom-2-hydroxy-benzaldehyd und wss.-äthanol. KOH (*Kulkarni, Jadhav*, J. Indian chem. Soc. **31** [1954] 746, 748, 750). Aus 3,5-Dibrom-2,2′,4′-trihydroxy-5′-nitro-*trans*-chalkon und Brom in Essigsäure (*Ku., Ja.*, l. c. S. 753).

Kristalle (aus Nitrobenzol + Eg.); F: 190°.

3,5,α-Tribrom-2,2′-dihydroxy-4′-methoxy-5′-nitro-*trans*(?)-chalkon $C_{16}H_{10}Br_3NO_6$, vermutlich Formel XIV.

B. Beim Erhitzen von (2*RS*,3*SR*)-2,3-Dibrom-3-[3,5-dibrom-2-hydroxy-phenyl]-1-[2-hydroxy-4-methoxy-5-nitro-phenyl]-propan-1-on mit Pyridin (*Kulkarni, Jadhav*, J. Indian chem. Soc. **32** [1955] 97, 100, 101).

Kristalle (aus Eg.); F: 209—210°.

2′,5′-Dihydroxy-2-methoxy-*trans*-chalkon $C_{16}H_{14}O_4$, Formel I (R = CH_3, R′ = H).

B. Aus 1-[2,5-Dihydroxy-phenyl]-äthanon, 2-Methoxy-benzaldehyd und wss.-äthanol. NaOH oder KOH (*Sasaki, Matsuoka*, J. chem. Soc. Japan Pure Chem. Sect. **78** [1957] 647, 654; C. A. **1959** 5257).

Rote Kristalle (aus A.); F: 152,5—153,5°.

I   II

2′-Hydroxy-2,5′-dimethoxy-*trans*-chalkon $C_{17}H_{16}O_4$, Formel I (R = R′ = CH₃).
B. Neben (±)-6-Methoxy-2-[2-methoxy-phenyl]-chroman-4-on beim Behandeln von 1-[2-Hydroxy-5-methoxy-phenyl]-äthanon mit 2-Methoxy-benzaldehyd und wss.-äthanol. KOH (*Vyas, Shah,* J. Indian chem. Soc. **28** [1951] 75, 78).
Hellrote Kristalle (aus A.); F: 100°.
Benzoyl-Derivat (F: 124°): *Vyas, Shah.*

5′-Äthoxy-2,2′-dihydroxy-*trans*-chalkon $C_{17}H_{16}O_4$, Formel I (R = H, R′ = C₂H₅).
B. Aus 1-[5-Äthoxy-2-hydroxy-phenyl]-äthanon, Salicylaldehyd und wss.-äthanol. KOH (*Patel, Shah,* J. Indian chem. Soc. **31** [1954] 867).
Orangefarbene Kristalle (aus A.); F: 178°.

2,5′-Diäthoxy-2′-hydroxy-*trans*-chalkon $C_{19}H_{20}O_4$, Formel I (R = R′ = C₂H₅).
B. Analog der vorangehenden Verbindung (*Patel, Shah,* J. Indian chem. Soc. **31** [1954] 867).
Rote Kristalle (aus A.); F: 98°.

2′-Hydroxy-5′-methoxy-2-methoxymethoxy-*trans*-chalkon $C_{18}H_{18}O_5$, Formel I (R = CH₂-O-CH₃, R′ = CH₃).
B. Aus 1-[2-Hydroxy-5-methoxy-phenyl]-äthanon und 2-Methoxymethoxy-benzaldehyd mit Hilfe von äthanol. KOH (*Venturella, Bellino,* Ann. Chimica **49** [1959] 2023, 2044).
Rote Kristalle (aus A.); F: 85°.

2,2′-Dihydroxy-6′-methoxy-*trans*-chalkon $C_{16}H_{14}O_4$, Formel II (R = X = H, R′ = CH₃).
B. Aus 1-[2-Hydroxy-6-methoxy-phenyl]-äthanon und Salicylaldehyd beim Behandeln mit äthanol. KOH (*Venturella, Bellino,* Ann. Chimica **49** [1959] 2023, 2046) oder beim Erwärmen mit wss.-äthanol. NaOH (*Simpson, Whalley,* Soc. **1955** 166, 168).
Orangefarbene Kristalle; F: 141° [aus wss. A.] (*Si., Wh.*), 140–141° [aus A.] (*Ve., Be.*).

2′-Hydroxy-2,6′-dimethoxy-*trans*-chalkon $C_{17}H_{16}O_4$, Formel II (R = R′ = CH₃, X = H).
B. Aus 1-[2-Hydroxy-6-methoxy-phenyl]-äthanon und 2-Methoxy-benzaldehyd mit Hilfe von äthanol. Natriumäthylat (*Narasimhachari et al.,* Pr. Indian Acad. [A] **36** [1952] 231, 241).
Orangerote Kristalle (aus A.); F: 96–97°.

2′-Hydroxy-6′-methoxy-2-methoxymethoxy-*trans*-chalkon $C_{18}H_{18}O_5$, Formel II (R = CH₂-O-CH₃, R′ = CH₃, X = H).
B. Aus 1-[2-Hydroxy-6-methoxy-phenyl]-äthanon und 2-Methoxymethoxy-benzaldehyd mit Hilfe von äthanol. KOH (*Venturella, Bellino,* Ann. Chimica **49** [1959] 2023, 2046).
Orangefarbene Kristalle (aus A.); F: 97–98°.

2′,6′-Dihydroxy-2-methoxy-3′-nitro-*trans*-chalkon $C_{16}H_{13}NO_6$, Formel II (R = CH₃, R′ = H, X = NO₂).
B. Aus 1-[2,6-Dihydroxy-3-nitro-phenyl]-äthanon und 2-Methoxy-benzaldehyd mit Hilfe von wss.-äthanol. KOH (*Seshadri, Trivedi,* J. org. Chem. **22** [1957] 1633, 1634, 1635).
Kristalle (aus Bzl.); F: 175–176°.

2,3′,4′-Trihydroxy-*trans*-chalkon $C_{15}H_{12}O_4$, Formel III (R = H).
B. Aus 1-[3,4-Dihydroxy-phenyl]-äthanon und Salicylaldehyd mit Hilfe von wss.-äthanol. KOH (*Hathway, Seakins,* Soc. **1957** 1566).
Braune Kristalle (aus wss. A.); F: 189°.

2,4′-Dihydroxy-3′-methoxy-*trans*(?)-chalkon $C_{16}H_{14}O_4$, vermutlich Formel III (R = CH₃) (E III 3717).
Dibenzoyl-Derivat (F: 146,5–147,5°): *Sen,* Am. Soc. **74** [1952] 3445.

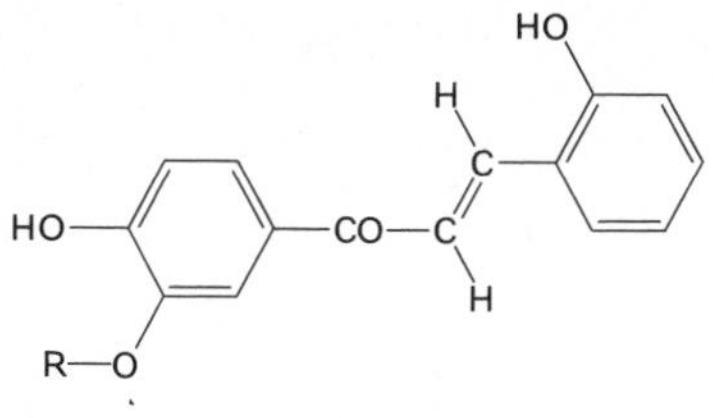

III 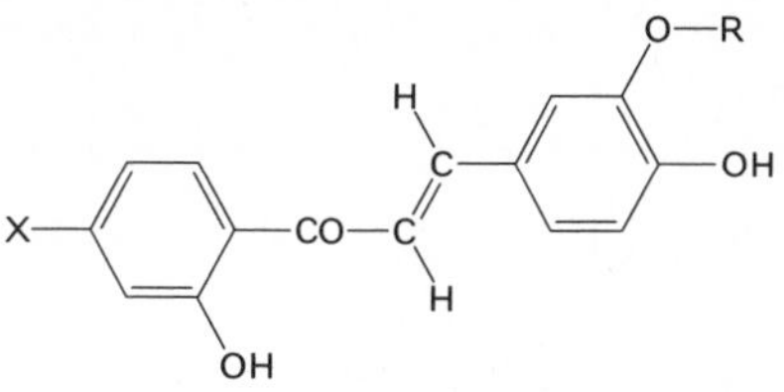   IV

3,4,2′-Trihydroxy-*trans*-chalkon $C_{15}H_{12}O_4$, Formel IV (R = X = H) (E III 3718).

Absorptionsspektrum (A.; 240–430 nm): *Jurd, Geissman*, J. org. Chem. **21** [1956] 1395, 1397. λ_{max} (A.): 269 nm und 388 nm (*Jurd*, Arch. Biochem. **63** [1956] 376, 378). Absorptions= spektrum (230–450 nm) in Äthanol nach Zusatz von Natriumacetat, von $AlCl_3$ sowie von $AlCl_3$ und Natriumacetat: *Jurd, Ge.* Verschiebung der λ_{max} in Äthanol durch Zusatz von H_3BO_3 und Natriumacetat sowie von Natriummäthylat: *Jurd*, l. c. S. 378, 379.

4,2′-Dihydroxy-3-methoxy-*trans*-chalkon $C_{16}H_{14}O_4$, Formel IV (R = CH_3, X = H) (E III 3718).

B. Aus 1-[2-Hydroxy-phenyl]-äthanon und Vanillin mit Hilfe von wss.-äthanol. KOH (*Sen*, Am. Soc. **74** [1952] 3445).

F: 129° (*Sen*). Absorptionsspektrum (A.; 220–450 nm): *Jurd*, Arch. Biochem. **63** [1956] 376, 377. Absorptionsspektrum in Äthanol nach Zusatz von Natriumacetat und H_3BO_3: *Jurd*. Verschiebung der λ_{max} in Äthanol durch Zusatz von Natriummäthylat: *Jurd*, l. c. S. 379; von $AlCl_3$ sowie von $AlCl_3$ und Natriumacetat: *Jurd, Geissman*, J. org. Chem. **21** [1956] 1395, 1399.

4-Benzyloxy-2′-hydroxy-3-methoxy-*trans*-chalkon $C_{23}H_{20}O_4$, Formel V (R = CH_2-C_6H_5, R′ = X = H).

B. Beim Erwärmen von 1-[2-Hydroxy-phenyl]-äthanon mit 4-Benzyloxy-3-methoxy-benzalde= hyd und wss.-äthanol. NaOH (*Yamaguchi*, J. chem. Soc. Japan Pure Chem. Sect. **80** [1959] 204; C. A. **1960** 24687).

Orangegelbe Kristalle (aus wss. Eg.); F: 116–116,5°.

4,2′-Diacetoxy-3-methoxy-*trans*-chalkon $C_{20}H_{18}O_6$, Formel V (R = R′ = CO-CH_3, X = H).

B. Aus 4,2′-Dihydroxy-3-methoxy-*trans*-chalkon und Acetanhydrid in Pyridin (*Sen*, Am. Soc. **74** [1952] 3445).

Hellgelbe Kristalle (aus A.); F: 133°.

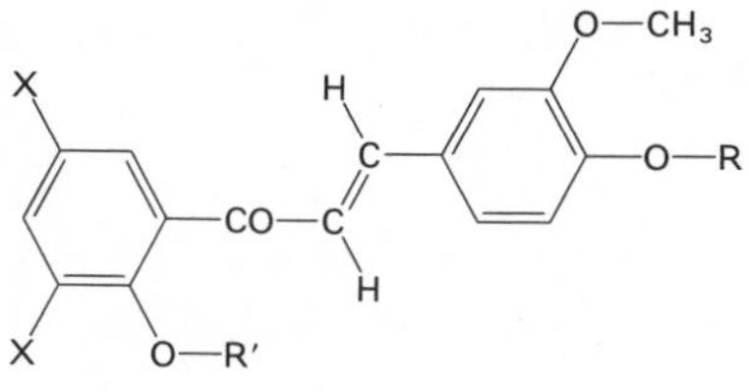

V 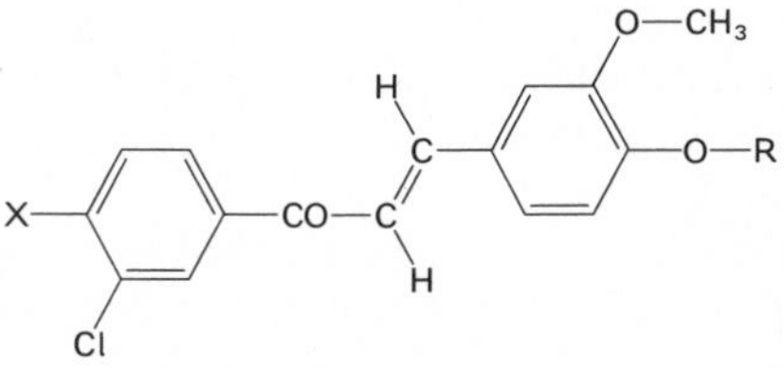   VI

3′,5′-Dichlor-4,2′-dihydroxy-3-methoxy-*trans*-chalkon $C_{16}H_{12}Cl_2O_4$, Formel V (R = R′ = H, X = Cl).

B. Aus 1-[3,5-Dichlor-2-hydroxy-phenyl]-äthanon und Vanillin mit Hilfe von wss.-äthanol. KOH (*Jha, Amin*, Tetrahedron **2** [1958] 241, 243).

Orangefarbene Kristalle (aus A.); F: 195° [unkorr.].

Dibenzoyl-Derivat (F: 95°): *Jha, Amin*.

3′,5′-Dichlor-2′-hydroxy-3,4-dimethoxy-*trans*-chalkon $C_{17}H_{14}Cl_2O_4$, Formel V (R = CH_3, R′ = H, X = Cl).

B. Beim Erwärmen von 1-[3,5-Dichlor-2-hydroxy-phenyl]-äthanon mit Veratrumaldehyd und wss.-äthanol. KOH (*Jha, Amin,* Tetrahedron **2** [1958] 241, 243).

Orangefarbene Kristalle (aus E.); F: 144° [unkorr.].

3′,5′-Dichlor-3,4,2′-trimethoxy-*trans*-chalkon $C_{18}H_{16}Cl_2O_4$, Formel V (R = R′ = CH_3, X = Cl).

B. Aus 1-[3,5-Dichlor-2-methoxy-phenyl]-äthanon und Veratrumaldehyd mit Hilfe von wss.-äthanol. KOH (*Jha, Amin,* Tetrahedron **2** [1958] 241, 243). Beim Erwärmen von 3′,5′-Dichlor-4,2′-dihydroxy-3-methoxy-*trans*-chalkon mit Dimethylsulfat und K_2CO_3 in Aceton (*Jha, Amin*).

Gelbliche Kristalle (aus PAe.); F: 100°.

2′-Acetoxy-3′,5′-dichlor-3,4-dimethoxy-*trans*-chalkon $C_{19}H_{16}Cl_2O_5$, Formel V (R = CH_3, R′ = CO-CH_3, X = Cl).

B. Beim Erhitzen von 3′,5′-Dichlor-2′-hydroxy-3,4-dimethoxy-*trans*-chalkon mit Acet‍anhydrid und Pyridin (*Jha, Amin,* Tetrahedron **2** [1958] 241, 243).

Gelbe Kristalle (aus A.); F: 110° [unkorr.].

4,2′-Diacetoxy-3′,5′-dichlor-3-methoxy-*trans*-chalkon $C_{20}H_{16}Cl_2O_6$, Formel V (R = R′ = CO-CH_3, X = Cl).

B. Beim Erhitzen von 3′,5′-Dichlor-4,2′-dihydroxy-3-methoxy-*trans*-chalkon mit Acet‍anhydrid und Pyridin (*Jha, Amin,* Tetrahedron **2** [1958] 241, 243).

Kristalle (aus PAe.); F: 120° [unkorr.].

3′,5′-Dibrom-4,2′-dihydroxy-3-methoxy-*trans*-chalkon $C_{16}H_{12}Br_2O_4$, Formel V (R = R′ = H, X = Br).

B. Aus 1-[3,5-Dibrom-2-hydroxy-phenyl]-äthanon und Vanillin mit Hilfe von wss.-äthanol. KOH (*Christian, Amin,* Vidya **2** [1958] Nr. 2, S. 70).

F: 175°.

3′,5′-Dibrom-2′-hydroxy-3,4-dimethoxy-*trans*-chalkon $C_{17}H_{14}Br_2O_4$, Formel V (R = CH_3, R′ = H, X = Br).

B. Analog der vorangehenden Verbindung (*Christian, Amin,* Acta chim. hung. **21** [1959] 391, 392, 394).

Rote Kristalle (aus Eg.); F: 162° [unkorr.].

2′-Acetoxy-3′,5′-dibrom-3,4-dimethoxy-*trans*-chalkon $C_{19}H_{16}Br_2O_5$, Formel V (R = CH_3, R′ = CO-CH_3, X = Br).

B. Aus der vorangehenden Verbindung beim Erhitzen mit Acetanhydrid und wenig Pyridin (*Christian, Amin,* Acta chim. hung. **21** [1959] 391, 392, 394).

Gelbe Kristalle (aus A.); F: 185° [unkorr.].

3,4,2′-Trihydroxy-4′-nitro-*trans*-chalkon $C_{15}H_{11}NO_6$, Formel IV (R = H, X = NO_2).

B. Aus 1-[2-Hydroxy-4-nitro-phenyl]-äthanon und 3,4-Dihydroxy-benzaldehyd mit Hilfe von äthanol. HCl (*Széll,* B. **91** [1958] 2609, 2613).

Rot; F: 232,5−234° [unkorr.; nach Sintern bei 228°].

3′-Chlor-4,4′-dihydroxy-3-methoxy-*trans*-chalkon $C_{16}H_{13}ClO_4$, Formel VI (R = H, X = OH).

B. Aus 1-[3-Chlor-4-hydroxy-phenyl]-äthanon und Vanillin mit Hilfe von wss.-äthanol. KOH (*Shah, Parikh,* J. Indian chem. Soc. **36** [1959] 726).

Gelbe Kristalle (aus A.); F: 94°.

Beim Erwärmen mit Dimethylsulfat und K_2CO_3 in Aceton ist 3′-Chlor-4(oder 4′)-hydr‍oxy-3,4′(oder 3,4)-dimethoxy-chalkon $C_{17}H_{15}ClO_4$ (F: 64°) erhalten worden (*Shah, Pa.*).

3′-Chlor-3,4-dimethoxy-4′-methylmercapto-*trans*-chalkon $C_{18}H_{17}ClO_3S$, Formel VI
(R = CH_3, X = S-CH_3).

B. Aus 1-[3-Chlor-4-methylmercapto-phenyl]-äthanon und Veratrumaldehyd (*Tri-Tuc, Nguyên-Hoan*, C. r. **237** [1953] 1016).

F: 133°.

———————

3-Benzyloxy-2′-hydroxy-4′-methoxy-*trans*-chalkon $C_{23}H_{20}O_4$, Formel VII (R = CH_2-C_6H_5, R′ = CH_3).

B. Aus 1-[2-Hydroxy-4-methoxy-phenyl]-äthanon und 3-Benzyloxy-benzaldehyd mit Hilfe von wss.-äthanol. NaOH (*Shaw, Simpson*, Soc. **1952** 5027, 5029).

Hellgelbe Kristalle (aus A.); F: 128°.

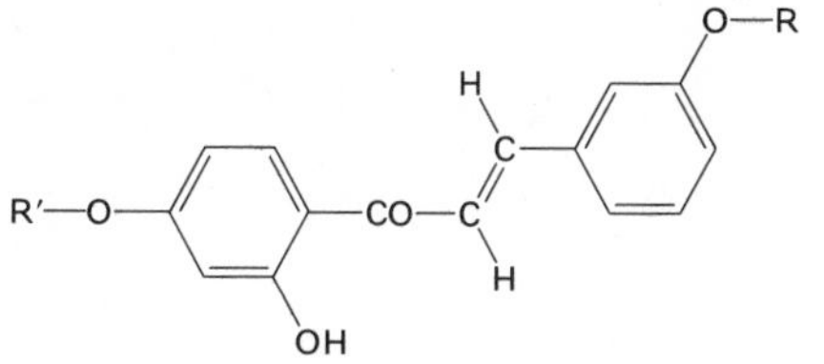

4′-Benzyloxy-2′-hydroxy-3-methoxy-*trans*-chalkon $C_{23}H_{20}O_4$, Formel VII (R = CH_3, R′ = CH_2-C_6H_5).

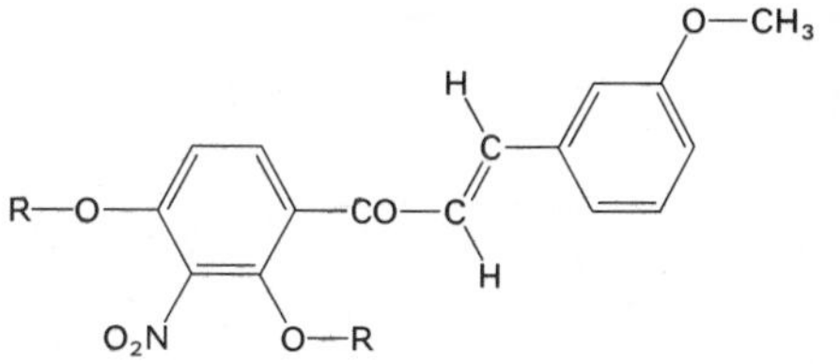

B. Analog der vorangehenden Verbindung (*Simpson, Beton*, Soc. **1954** 4065, 4068).

Gelbe Kristalle (aus A.); F: 141−142°.

2′,4′-Dihydroxy-3-methoxy-3′-nitro-*trans*-chalkon $C_{16}H_{13}NO_6$, Formel VIII (R = H).

B. Aus 1-[2,4-Dihydroxy-3-nitro-phenyl]-äthanon und 3-Methoxy-benzaldehyd mit Hilfe von wss.-äthanol. KOH (*Seshadri, Trivedi*, J. org. Chem. **22** [1957] 1633, 1634, 1635).

Kristalle (aus Bzl.); F: 172°.

2′,4′-Diacetoxy-3-methoxy-3′-nitro-*trans*-chalkon $C_{20}H_{17}NO_8$, Formel VIII (R = CO-CH_3).

B. Aus der vorangehenden Verbindung beim Erwärmen mit Acetanhydrid und Pyridin (*Seshadri, Trivedi*, J. org. Chem. **23** [1958] 1735, 1737).

Kristalle (aus A.); F: 105−107°.

———————

3-Benzyloxy-2′-hydroxy-6′-methoxy-*trans*-chalkon $C_{23}H_{20}O_4$, Formel IX (R = CH_2-C_6H_5, R′ = CH_3, X = H).

B. Aus 1-[2-Hydroxy-6-methoxy-phenyl]-äthanon und 3-Benzyloxy-benzaldehyd mit Hilfe von wss.-äthanol. NaOH (*Shaw, Simpson*, Soc. **1952** 5027, 5031).

Orangefarbene Kristalle (aus Me.); F: 67°.

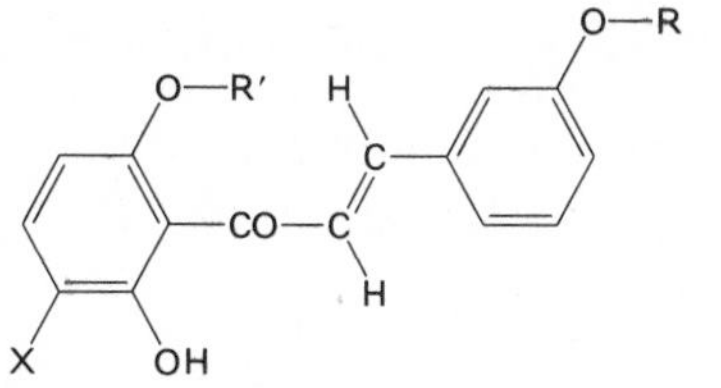

2′,6′-Dihydroxy-3-methoxy-3′-nitro-*trans*-chalkon $C_{16}H_{13}NO_6$, Formel IX (R = CH_3, R′ = H, X = NO_2).

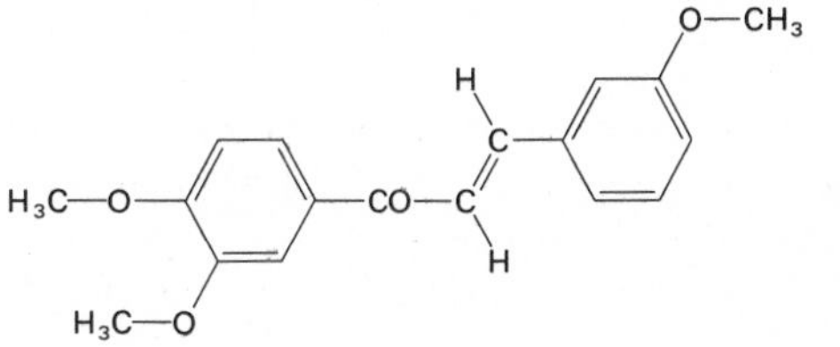

B. Aus 1-[2,6-Dihydroxy-3-nitro-phenyl]-äthanon und 3-Methoxy-benzaldehyd mi Hilfe von wss.-äthanol. KOH (*Seshadri, Trivedi*, J. org. Chem. **22** [1957] 1633, 1634, 1635).

Kristalle (aus Bzl.); F: 140−141°.

3,3′,4′-Trimethoxy-*trans*-chalkon $C_{18}H_{18}O_4$, Formel X.

B. Aus 1-[3,4-Dimethoxy-phenyl]-äthanon und 3-Methoxy-benzaldehyd mit Hilfe von wss.-äthanol. NaOH (*Gopinath et al.*, Soc. **1957** 4760, 4762).

$Kp_{0,08}$: 218−220°.

4,2′,4′-Trihydroxy-*trans*-chalkon $C_{15}H_{12}O_4$, Formel XI (R = R′ = R″ = H) (E I 707; E III 3723).

F: 204−205° [aus Bzl.] (*Goel et al.*, Pr. Indian Acad. [A] **48** [1958] 180, 184). λ_{max}: 242 nm und 370 nm [A.], 252 nm und 440 nm [äthanol. Natriumäthylat], 236 nm und 422 nm [$AlCl_3$ enthaltender A.] (*Bate-Smith, Swain*, Soc. **1953** 2185).

XI

2′,4′-Dihydroxy-4-methoxy-*trans*-chalkon $C_{16}H_{14}O_4$, Formel XI (R = CH_3, R′ = R″ = H) (E II 481; E III 3723).

B. Beim Erhitzen von 1-[2,4-Dihydroxy-phenyl]-äthanon mit 4-Methoxy-benzaldehyd und Natrium in Toluol (*Lespagnol et al.*, Bl. **1951** 82). Aus 2′-Hydroxy-4-methoxy-4′-methoxymethⁱ oxy-*trans*-chalkon beim Erwärmen mit Essigsäure und wenig wss. H_2SO_4 (*Bellino, Venturella*, Ann. Chimica **48** [1958] 111, 118).

F: 189° (*Le. et al.*).

4,2′-Dihydroxy-4′-methoxy-*trans*-chalkon $C_{16}H_{14}O_4$, Formel XI (R = R′ = H, R″ = CH_3) (E III 3724).

λ_{max}: 240 nm und 371 nm [A.], 253 nm und 290 nm [äthanol. Natriumäthylat] (*Duewell*, Soc. **1954** 2562).

4′-Hydroxy-4,2′-dimethoxy-*trans*(?)-chalkon $C_{17}H_{16}O_4$, vermutlich Formel XI (R = R′ = CH_3, R″ = H).

B. Aus 1-[4-Hydroxy-2-methoxy-phenyl]-äthanon und 4-Methoxy-benzaldehyd mit Hilfe von äthanol. Alkali (*Nordström, Swain*, Arch. Biochem. **60** [1956] 329, 333, 337). Aus 1-[4-Benzoylⁱ oxy-2-methoxy-phenyl]-äthanon und 4-Methoxy-benzaldehyd mit Hilfe von wss.-äthanol. KOH (*Puri, Seshadri*, J. scient. ind. Res. India **13** B [1954] 475, 479).

Orangefarbige Kristalle; F: 136−137° [korr.] (*No., Sw.*). Kristalle (aus A.) mit 2 Mol H_2O; F: 183−185° (*Puri, Se.*). λ_{max} (A.): 350 nm (*No., Sw.*, l. c. S. 336).

Acetyl-Derivat $C_{19}H_{18}O_5$; 4′-Acetoxy-4,2′-dimethoxy-*trans*(?)-chalkon. Kristalle; F: 111−112° [korr.] (*No., Sw.*, l. c. S. 337).

2′-Hydroxy-4,4′-dimethoxy-*trans*-chalkon $C_{17}H_{16}O_4$, Formel XI (R = R″ = CH_3, R′ = H) (H 433; E I 707; E III 3724).

λ_{max} (A.): 365 nm (*Nordström, Swain*, Arch. Biochem. **60** [1956] 329, 336).

4-Hydroxy-2′,4′-dimethoxy-*trans*-chalkon $C_{17}H_{16}O_4$, Formel XI (R = H, R′ = R″ = CH_3).

B. Aus 1-[2,4-Dimethoxy-phenyl]-äthanon und 4-Hydroxy-benzaldehyd mit Hilfe von wss.-äthanol. KOH (*Puri, Seshadri*, J. scient. ind. Res. India **13** B [1954] 475, 479).

Gelbe Kristalle; F: 143−144° [korr.] (*Nordström, Swain*, Arch. Biochem. **60** [1956] 329, 337), 143−144° [aus A.] (*Puri, Se.*). λ_{max} (A.): 350 nm (*No., Sw.*, l. c. S. 336).

4,2',4'-Trimethoxy-*trans*(?)-chalkon $C_{18}H_{18}O_4$, vermutlich Formel XI (R = R' = R'' = CH$_3$) (E I 708; E III 3725).

λ_{max} (A.): 345 nm (*Nordström, Swain*, Arch. Biochem. **60** [1956] 329, 336).

4-Benzyloxy-2'-hydroxy-4'-methoxy-*trans*-chalkon $C_{23}H_{20}O_4$, Formel XI (R = CH$_2$-C$_6$H$_5$, R' = H, R'' = CH$_3$) (E III 3725).

F: 126 – 128° (*Simpson, Garden*, Soc. **1952** 4638, 4642).

2'-Hydroxy-4-methoxy-4'-methoxymethoxy-*trans*-chalkon $C_{18}H_{18}O_5$, Formel XI (R = CH$_3$, R' = H, R'' = CH$_2$-O-CH$_3$).

B. Aus 1-[2-Hydroxy-4-methoxymethoxy-phenyl]-äthanon und 4-Methoxy-benzaldehyd mit Hilfe von wss.-äthanol. KOH (*Bellino, Venturella*, Ann. Chimica **48** [1958] 111, 117, 119).

Gelbe Kristalle (aus A.); F: 85 – 86°.

Die folgenden Verbindungen sind in analoger Weise hergestellt worden:

4-Methoxy-2',4'-bis-methoxymethoxy-*trans*-chalkon $C_{20}H_{22}O_6$, Formel XI (R = CH$_3$, R' = R'' = CH$_2$-O-CH$_3$). Gelbe Kristalle (aus Ae.); F: 69 – 70° (*Be., Ve.*).

5'-Brom-2'-hydroxy-4,4'-dimethoxy-*trans*-chalkon $C_{17}H_{15}BrO_4$, Formel XII. Hell= gelbe Kristalle (aus E.+A.); F: 178,5° (*Matsuura*, J. pharm. Soc. Japan **77** [1957] 298, 300; C. A. **1957** 11338).

2',4'-Dihydroxy-4-methoxy-3'-nitro-*trans*-chalkon $C_{16}H_{13}NO_6$, Formel XIII (R = R' = H). Kristalle (aus Eg.); F: 215 – 216° (*Seshadri, Trivedi*, J. org. Chem. **22** [1957] 1633, 1634, 1635).

2'-Hydroxy-4,4'-dimethoxy-3'-nitro-*trans*-chalkon $C_{17}H_{15}NO_6$, Formel XIII (R = H, R' = CH$_3$). Kristalle (aus Eg.); F: 223 – 225° (*Se., Tr.*).

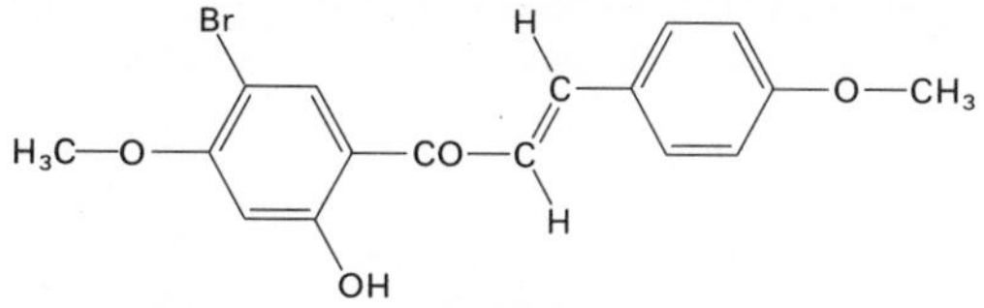

XII

4,2',4'-Triacetoxy-*trans*(?)-chalkon $C_{21}H_{18}O_7$, vermutlich Formel XI (R = R' = R'' = CO-CH$_3$) (E I 708; E III 3728).

λ_{max} (A.): 312 nm (*Bate-Smith, Swain*, Soc. **1953** 2185).

2',4'-Diacetoxy-4-methoxy-3'-nitro-*trans*-chalkon $C_{20}H_{17}NO_8$, Formel XIII (R = R' = CO-CH$_3$).

B. Beim Erwärmen von 2',4'-Dihydroxy-4-methoxy-3'-nitro-*trans*-chalkon mit Acetanhydrid und Pyridin (*Seshadri, Trivedi*, J. org. Chem. **23** [1958] 1735, 1737).

Kristalle (aus A.); F: 84 – 85°.

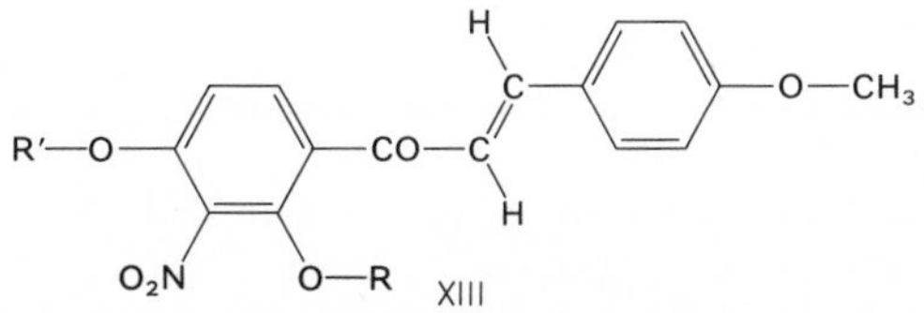

XIII

2',4'-Dihydroxy-4-methoxy-5'-nitro-*trans*-chalkon $C_{16}H_{13}NO_6$, Formel XIV (R = X = X' = H).

B. Aus 1-[2,4-Dihydroxy-5-nitro-phenyl]-äthanon und 4-Methoxy-benzaldehyd mit Hilfe von wss.-äthanol. KOH (*Kulkarni, Jadhav*, J. Indian chem. Soc. **31** [1954] 746, 751).

Kristalle (aus Eg. oder Bzl.); F: 160−162° (*Ku., Ja.*; *Seshadri, Trivedi*, J. org. Chem. **22** [1957] 1633, 1634).

Die folgenden Verbindungen sind in analoger Weise hergestellt worden:

4′-Benzyloxy-2′-hydroxy-4-methoxy-5′-nitro-*trans*-chalkon $C_{23}H_{19}NO_6$, Formel XIV (R = CH_2-C_6H_5, X = X′ = H). Orangefarbene Kristalle (aus Eg.); F: 175−176° (*At=chabba et al.*, J. Univ. Bombay **25**, Tl. 5A [1957] 1, 4).

3-Brom-2′,4′-dihydroxy-4-methoxy-5′-nitro-*trans*-chalkon $C_{16}H_{12}BrNO_6$, For=mel XIV (R = X′ = H, X = Br). Kristalle (aus Eg.); F: 150−152° (*Kulkarni, Jadhav*, J. Indian chem. Soc. **31** [1954] 746, 750).

3-Brom-2′-hydroxy-4,4′-dimethoxy-5′-nitro-*trans*-chalkon $C_{17}H_{14}BrNO_6$, For=mel XIV (R = CH_3, X = Br, X′ = H). Kristalle (aus Eg.); F: 184−185° (*Kulkarni, Jadhav*, J. Indian chem. Soc. **32** [1955] 97, 98).

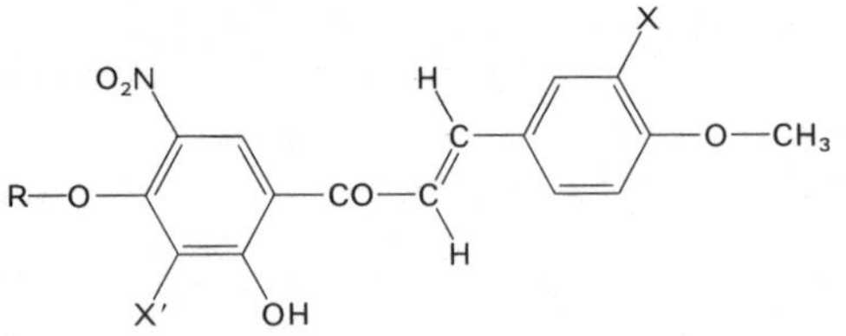

XIV

3′-Brom-2′,4′-dihydroxy-4-methoxy-5′-nitro-*trans*-chalkon $C_{16}H_{12}BrNO_6$, Formel XIV (R = X = H, X′ = Br).

B. Analog den vorangehenden Verbindungen (*Kulkarni, Jadhav*, J. Indian chem. Soc. **31** [1954] 746, 751). Aus 2′,4′-Dihydroxy-4-methoxy-5′-nitro-*trans*-chalkon und Brom in Essigsäure (*Ku., Ja.*, l. c. S. 753).

Kristalle (aus Eg.); F: 224−225°.

α-Brom-2′-hydroxy-4,4′-dimethoxy-5′-nitro-ξ-chalkon $C_{17}H_{14}BrNO_6$, Formel I (X = H).

B. Beim Erhitzen von 2,3-Dibrom-1-[2-hydroxy-4-methoxy-5-nitro-phenyl]-3-[4-methoxy-phenyl]-propan-1-on (F: 84−85°) mit Pyridin (*Kulkarni, Jadhav*, J. Indian chem. Soc. **32** [1955] 97, 100, 101).

Kristalle (aus Eg.); F: 256−257°.

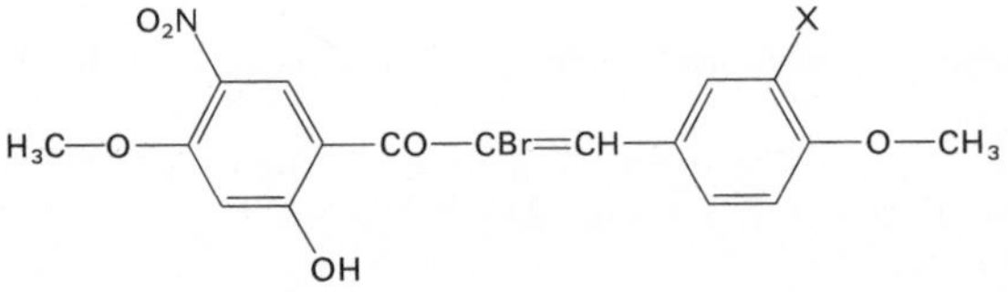

I

3,3′-Dibrom-2′,4′-dihydroxy-4-methoxy-5′-nitro-*trans*-chalkon $C_{16}H_{11}Br_2NO_6$, Formel XIV (R = H, X = X′ = Br).

B. Aus 1-[3-Brom-2,4-dihydroxy-5-nitro-phenyl]-äthanon und 3-Brom-4-methoxy-benzalde=hyd mit Hilfe von wss.-äthanol. KOH (*Kulkarni, Jadhav*, J. Indian chem. Soc. **31** [1954] 746, 748, 750). Beim Behandeln von 3-Brom-2′,4′-dihydroxy-4-methoxy-5′-nitro-*trans*-chalkon mit Brom in Essigsäure (*Ku., Ja.*, l. c. S. 754). Beim Erwärmen von (2RS,3SR)-2,3-Dibrom-1-[3-brom-2,4-dihydroxy-5-nitro-phenyl]-3-[3-brom-4-methoxy-phenyl]-propan-1-on mit KI in Ace=ton (*Ku., Ja.*, l. c. S. 748).

Kristalle (aus Nitrobenzol+Eg.); F: 278−280°.

3,α-Dibrom-2'-hydroxy-4,4'-dimethoxy-5'-nitro-ξ-chalkon $C_{17}H_{13}Br_2NO_6$, Formel I (X = Br).

B. Beim Erhitzen von (2*RS*,3*SR*)-2,3-Dibrom-3-[3-brom-4-methoxy-phenyl]-1-[2-hydroxy-4-methoxy-5-nitro-phenyl]-propan-1-on mit Pyridin (*Kulkarni, Jadhav*, J. Indian chem. Soc. **32** [1955] 97, 100, 101).

Kristalle (aus Eg.); F: 116 – 117°.

2'-Hydroxy-4,5'-dimethoxy-*trans*-chalkon $C_{17}H_{16}O_4$, Formel II (vgl. H 434).

B. Neben (±)-6-Methoxy-2-[4-methoxy-phenyl]-chroman-4-on aus 1-[2-Hydroxy-5-methoxy-phenyl]-äthanon und 4-Methoxy-benzaldehyd mit Hilfe von wss.-äthanol. KOH (*Vyas, Shah*, J. Indian chem. Soc. **28** [1951] 75, 77).

F: 90 – 91° [aus E.].

II   III

2'-Hydroxy-4,6'-dimethoxy-*trans*-chalkon $C_{17}H_{16}O_4$, Formel III (R = CH_3, R' = H) (E III 3730).

F: 118° [aus A.] (*Marathey*, J. Univ. Poona Nr. 2 [1952] 7, 9), 116 – 117° [aus A.] (*Oliverio, Schiavello*, G. **80** [1950] 788, 793).

Die beim Behandeln mit Brom in Äther erhaltene, als α-Brom-2'-hydroxy-4,6'-dimethoxy-chalkon angesehene Verbindung vom F: 132° ist als 3'-Brom-2'-hydroxy-4,6'-dimethoxy-*trans*-chalkon zu formulieren (*Donnelly*, Tetrahedron **29** [1973] 2585, 2588).

4-Benzyloxy-2'-hydroxy-6'-methoxy-*trans*-chalkon $C_{23}H_{20}O_4$, Formel III (R = CH_2-C_6H_5, R' = H).

B. Aus 1-[2-Hydroxy-6-methoxy-phenyl]-äthanon und 4-Benzyloxy-benzaldehyd mit Hilfe von wss.-äthanol. NaOH (*Simpson, Garden*, Soc. **1952** 4638, 4643).

Gelbe Kristalle (aus A.); F: 127 – 128°.

2'-Acetoxy-4,6'-dimethoxy-*trans*-chalkon $C_{19}H_{18}O_5$, Formel III (R = CH_3, R' = CO-CH_3).

B. Aus 2'-Hydroxy-4,6'-dimethoxy-*trans*-chalkon (*Marathey*, J. Univ. Poona Nr. 2 [1952] 7, 9).

F: 80°.

3'-Brom-2'-hydroxy-4,6'-dimethoxy-*trans*-chalkon $C_{17}H_{15}BrO_4$, Formel IV (R = H, R' = CH_3, X = Br).

Diese Konstitution ist der nachstehend beschriebenen, ursprünglich (*Pendse*, Rasayanam **2** [1956] 131, 133) als α-Brom-2'-hydroxy-4,6'-dimethoxy-chalkon $C_{17}H_{15}BrO_4$ angesehe= nen Verbindung zuzuordnen (*Donnelly*, Tetrahedron **29** [1973] 2585, 2588). Entsprechend ist das von *Pendse* als 2-Acetoxy-α-brom-4,6'-dimethoxy-chalkon beschriebene Acetyl-Derivat $C_{19}H_{17}BrO_5$ (F: 120°) als 2'-Acetoxy-3'-brom-4,6'-dimethoxy-*trans*-chalkon zu formulieren.

B. Aus 1-[3-Brom-2-hydroxy-6-methoxy-phenyl]-äthanon und 4-Methoxy-benzaldehyd mit Hilfe von wss.-äthanol. NaOH (*Do.*; *Pe.*). Aus 2'-Hydroxy-4,6'-dimethoxy-*trans*-chalkon und Brom in Äther (*Pe.*). Aus 3-Brom-1-[3-brom-2-hydroxy-6-methoxy-phenyl]-3-[4-methoxy-phenyl]-propan-1-on beim Behandeln mit wss.-äthanol. NaOH (*Pe.*). Beim Erhitzen von 1-[2-Acetoxy-6-methoxy-phenyl]-2,3-dibrom-3-[4-methoxy-phenyl]-propan-1-on (F: 142°) mit Essigsäure (*Pe.*).

Rote Kristalle (aus Eg.); F: 132° (*Pe.*), 129° (*Do.*). ^{1}H-NMR-Absorption (CDCl$_3$): *Do.*

Die beim Behandeln mit HBr und Essigsäure erhaltene, als 2,3-Dibrom-1-[2-hydroxy-6-meth=

oxy-phenyl]-3-[4-methoxy-phenyl]-propan-1-on angesehene Verbindung vom F: 125° ist als 3-Brom-1-[3-brom-2-hydroxy-6-methoxy-phenyl]-3-[4-methoxy-phenyl]-propan-1-on zu formu=lieren (*Do.*, l. c. S. 2578).

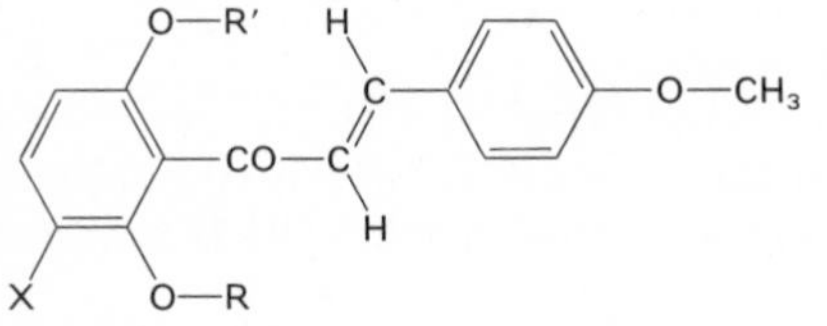

IV 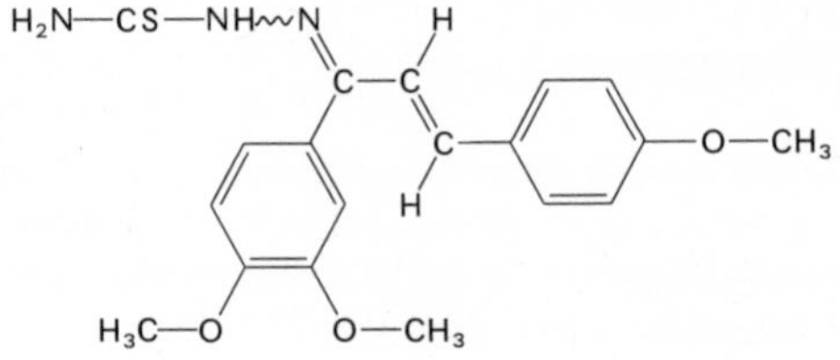   V

2′,6′-Dihydroxy-4-methoxy-3′-nitro-*trans*-chalkon $C_{16}H_{13}NO_6$, Formel IV (R = R′ = H, X = NO₂).

B. Aus 1-[2,6-Dihydroxy-3-nitro-phenyl]-äthanon und 4-Methoxy-benzaldehyd mit Hilfe von wss.-äthanol. KOH (*Seshadri, Trivedi*, J. org. Chem. **22** [1957] 1633, 1634, 1635).

Kristalle (aus Bzl.); F: 165°.

2′,6′-Diacetoxy-4-methoxy-3′-nitro-*trans*-chalkon $C_{20}H_{17}NO_8$, Formel IV (R = R′ = CO-CH₃, X = NO₂).

B. Aus der vorangehenden Verbindung beim Erwärmen mit Acetanhydrid und Pyridin (*Sesha=dri, Trivedi*, J. org. Chem. **23** [1958] 1735, 1737).

Kristalle (aus A.); F: 109−110°.

---

*4,3′,4′-Trimethoxy-*trans*-chalkon-thiosemicarbazon $C_{19}H_{21}N_3O_3S$, Formel V.

B. Aus 4,3′,4′-Trimethoxy-*trans*-chalkon beim Erwärmen mit Thiosemicarbazid in Äthanol (*Buu-Hoi et al.*, J. org. Chem. **18** [1953] 121, 124).

Kristalle (aus A.); F: 167°.

2′-Hydroxy-3′,5′-dimethoxy-*trans*-chalkon $C_{17}H_{16}O_4$, Formel VI.

B. Aus 1-[2-Hydroxy-3,5-dimethoxy-phenyl]-äthanon und Benzaldehyd (*Simpson*, Chem. and Ind. **1955** 1672).

F: 81−83°.

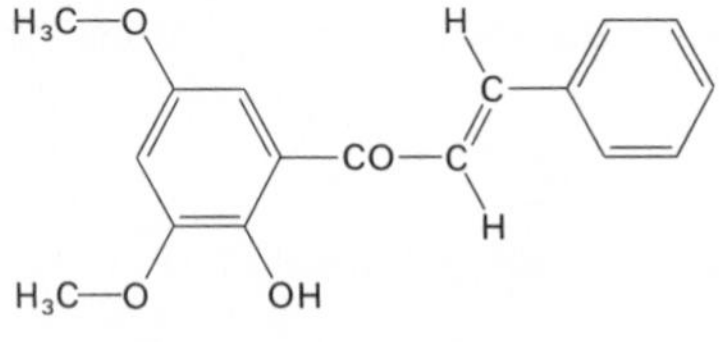

VI 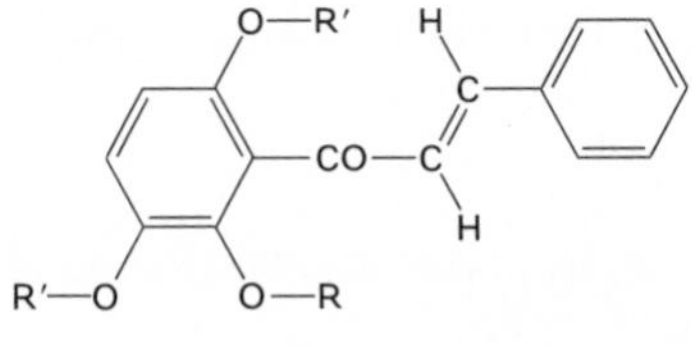   VII

2′-Hydroxy-3′,6′-dimethoxy-*trans*-chalkon $C_{17}H_{16}O_4$, Formel VII (R = H, R′ = CH₃).

B. Aus 1-[2-Hydroxy-3,6-dimethoxy-phenyl]-äthanon und Benzaldehyd (*Ballio, Pocchiari*, Ric. scient. **20** [1950] 1301).

F: 80,5°.

2′,3′,6′-Trimethoxy-*trans*-chalkon $C_{18}H_{18}O_4$, Formel VII (R = R′ = CH₃).

B. Aus der vorangehenden Verbindung und Dimethylsulfat mit Hilfe von K_2CO_3 in Aceton (*Chadenson, Chopin*, Bl. **1962** 1457, 1463; *Chopin, Chadenson*, C. r. **244** [1957] 2727).

Kristalle (aus A.); F: 98°. λ_{max} (A.): 295 nm.

2′,3′,6′-Tris-benzyloxy-*trans*-chalkon $C_{36}H_{30}O_4$, Formel VII (R = R′ = CH₂-C₆H₅).

B. Aus 1-[2,3,6-Tris-benzyloxy-phenyl]-äthanon und Benzaldehyd mit Hilfe von wss.-äthanol.

NaOH (*Chadenson, Chopin*, Bl. **1962** 1457, 1463; *Chopin, Chadenson*, C. r. **244** [1957] 2727).

Kristalle (aus A.); F: 88−89°; λ_{max} (A.): 295 nm (*Cha., Cho.*).

Beim Behandeln mit Essigsäure und konz. wss. HCl bei 60° sind 5,6-Dihydroxy-2-phenyl-chroman-4-on, 5,8-Dihydroxy-2-phenyl-chroman-4-on und kleine Mengen 6′-Benzyloxy-2′,3′-dihydroxy-*trans*-chalkon ($C_{22}H_{18}O_4$; rote Kristalle [aus A.]; F: 160−161°; λ_{max} [A.]: 331 nm) erhalten worden (*Cha., Cho.*, l. c. S. 1460, 1465; s. a. *Cho., Cha.*).

2′,5′-Dihydroxy-4′-methoxy-*trans*-chalkon $C_{16}H_{14}O_4$, Formel VIII (E III 3734).

B. Neben (±)-6-Hydroxy-7-methoxy-2-phenyl-chroman-4-on beim Behandeln von 1-[2,5-Di≠hydroxy-4-methoxy-phenyl]-äthanon mit Benzaldehyd und Alkalilauge (*Robertson et al.*, Soc. **1954** 3137, 3141).

Orangefarbene Kristalle (aus A.); F: 177°.

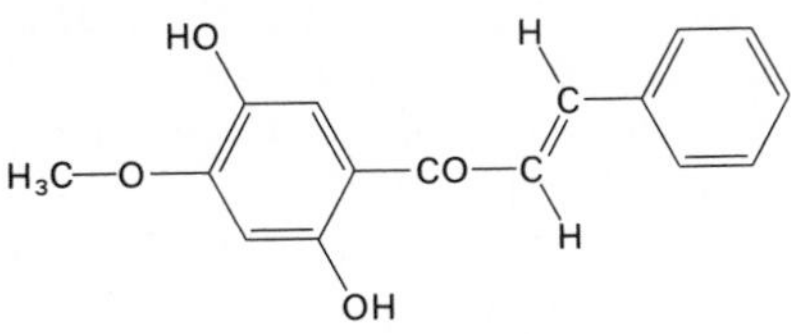

VIII 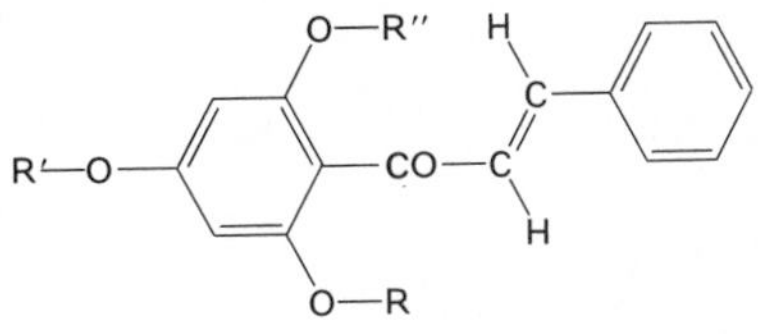   IX

2′,6′-Dihydroxy-4′-methoxy-*trans*-chalkon $C_{16}H_{14}O_4$, Formel IX (R = R″ = H, R′ = CH_3).

Isolierung aus dem Kernholz von Pinus clausa: *Linstedt*, Acta chem. scand. **4** [1950] 1042, 1045.

Orangerote Kristalle (aus wss. Me.); F: 152−154° [unkorr.].

2′,4′-Dihydroxy-6′-methoxy-*trans*-chalkon $C_{16}H_{14}O_4$, Formel IX (R = R′ = H, R″ = CH_3) (E III 3735).

B. Beim Erwärmen von (±)-7-Acetoxy-5-hydroxy-2-phenyl-chroman-4-on mit Dimethylsulfat, K_2CO_3 und Aceton und Erwärmen des Reaktionsprodukts mit wss.-äthanol. HCl (*Mahesh et al.*, J. scient. ind. Res. India **15** B [1956] 287, 290).

F: 178−179° [aus A.].

2′,4′,6′-Trimethoxy-*trans*-chalkon $C_{18}H_{18}O_4$, Formel IX (R = R′ = R″ = CH_3).

B. Aus 2′-Hydroxy-4′,6′-dimethoxy-*trans*-chalkon und Dimethylsulfat mit Hilfe von K_2CO_3 in Aceton (*Enebäck, Gripenberg*, Acta chem. scand. **11** [1957] 866, 873).

Gelbe Kristalle (aus Me.); F: 84°.

3-Chlor-2′-hydroxy-4′,6′-dimethoxy-*trans*-chalkon $C_{17}H_{15}ClO_4$, Formel X (X = Cl, X′ = X″ = H).

B. Aus 1-[2-Hydroxy-4,6-dimethoxy-phenyl]-äthanon und 3-Chlor-benzaldehyd mit Hilfe von wss.-äthanol. KOH (*Hsü et al.*, Formosan Sci. **13** [1959] 91, 92; C. A. **1960** 4553).

F: 107−108,5°.

Die folgenden Verbindungen sind in analoger Weise hergestellt worden:

4-Chlor-2′-hydroxy-4′,6′-dimethoxy-*trans*-chalkon $C_{17}H_{15}ClO_4$, Formel X (X = X″ = H, X′ = Cl). Gelbe Kristalle (aus A.); F: 165−167° (*Hsü et al.*, l. c. S. 93).

3-Brom-2′-hydroxy-4′,6′-dimethoxy-*trans*-chalkon $C_{17}H_{15}BrO_4$, Formel X (X = Br, X′ = X″ = H). F: 110−112°.

4-Brom-2′-hydroxy-4′,6′-dimethoxy-*trans*-chalkon $C_{17}H_{15}BrO_4$, Formel X (X = X″ = H, X′ = Br). Gelbe Kristalle (aus A.); F: 162−164° (*Hsü et al.*, l. c. S. 93).

2′-Hydroxy-3-jod-4′,6′-dimethoxy-*trans*-chalkon $C_{17}H_{15}IO_4$, Formel X (X = I, X′ = X″ = H). F: 138−139°.

2′-Hydroxy-4-jod-4′,6′-dimethoxy-*trans*-chalkon $C_{17}H_{15}IO_4$,   Formel X
(X = X″ = H, X′ = I). Gelbe Kristalle (aus A.); F: 141−142,5° (*Hsü et al.*, l. c. S. 93).

X

XI

3′-Brom-2′-hydroxy-4′,6′-dimethoxy-*trans*-chalkon $C_{17}H_{15}BrO_4$, Formel X (X = X′ = H,
X″ = Br).

Konstitution: *Donnelly*, Tetrahedron Letters **1959** Nr. 19, S. 1.

B. Aus 1-[3-Brom-2-hydroxy-4,6-dimethoxy-phenyl]-äthanon und Benzaldehyd (*Do.*). Aus
2,3-Dibrom-1-[3-brom-2-hydroxy-4,6-dimethoxy-phenyl]-3-phenyl-propan-1-on beim Behan≠
deln mit KI in Aceton (*Do.*). Beim Behandeln von 8-Brom-5,7-dimethoxy-2-phenyl-chroman-
4-on mit äthanol. NaOH (*Bannerjee, Seshadri*, Pr. Indian Acad. [A] **36** [1952] 134, 138).

Kristalle; F: 185−187° (*Do.*), 182−184° [aus Bzl.] (*Ba., Se.*).

1-[2-Hydroxy-4-methoxy-phenyl]-3-phenyl-propan-1,3-dion $C_{16}H_{14}O_4$, Formel XI (R = CH$_3$,
X = H) und Taut. (E III 3737).

B. Beim Erwärmen von 1-[2-Benzoyloxy-4-methoxy-phenyl]-äthanon mit KOH in Pyridin
(*Schmid, Banholzer*, Helv. **37** [1954] 1706, 1712).

F: 101−102° [aus CH$_2$Cl$_2$ + PAe.].

[3-Hydroxy-4-(3-oxo-3-phenyl-propionyl)-phenoxy]-essigsäure-äthylester $C_{19}H_{18}O_6$, Formel XI
(R = CH$_2$-CO-O-C$_2$H$_5$, X = H).

B. Beim Erwärmen von 1-[4-Äthoxycarbonylmethoxy-2-benzoyloxy-phenyl]-äthanon mit
KOH und Pyridin in Benzol (*Da Re, Colleoni*, Ann. Chimica **49** [1959] 1632, 1636).

Gelbe Kristalle (aus Eg.); F: 155−156°.

1-[2-Hydroxy-4-methoxy-phenyl]-3-[3-nitro-phenyl]-propan-1,3-dion $C_{16}H_{13}NO_6$, Formel XI
(R = CH$_3$, X = NO$_2$) und Taut.

B. Beim Erwärmen von 1-[4-Methoxy-2-(3-nitro-benzoyloxy)-phenyl]-äthanon mit NaNH$_2$
in Benzol (*Cavill et al.*, Soc. **1954** 4573, 4579).

Gelbe Kristalle (aus E. + PAe.); F: 160°.

1-[4-Chlor-phenyl]-3-[2-hydroxy-5-methoxy-phenyl]-propan-1,3-dion $C_{16}H_{13}ClO_4$, Formel XII
(X = Cl, X′ = H).

B. Beim Erwärmen von 1-[2-(4-Chlor-benzoyloxy)-5-methoxy-phenyl]-äthanon mit der Na≠
trium-Verbindung des Acetessigsäure-äthylesters in Pyridin (*Dunne et al.*, Soc. **1950** 1252, 1256).

Kristalle (aus A.); F: 100−101°.

XII

XIII

1-[2-Hydroxy-5-methoxy-3-nitro-phenyl]-3-phenyl-propan-1,3-dion $C_{16}H_{13}NO_6$, Formel XII
(X = H, X′ = NO$_2$).

B. Beim Behandeln von 1-[2-Benzoyloxy-5-methoxy-3-nitro-phenyl]-äthanon mit KOH in

Pyridin (*Gowan et al.,* Tetrahedron **2** [1958] 116, 118).
    Rote Kristalle (aus A.); F: 124°.

1-[2-Hydroxy-6-methoxy-phenyl]-3-phenyl-propan-1,3-dion C$_{16}$H$_{14}$O$_4$, Formel XIII.

B. Aus 1-[2-Hydroxy-6-methoxy-phenyl]-äthanon und Benzoesäure-anhydrid mit Hilfe von Triäthylamin (*Jerzmanowska, Michalska,* Chem. and Ind. **1958** 132).
    Gelbe Kristalle (aus PAe.); F: 96—98°.

1,3-Bis-[2-methoxy-phenyl]-propan-1,3-dion C$_{17}$H$_{16}$O$_4$, Formel I.

Absorptionsspektrum des Komplexes mit Uranyl(2+) (wss. A.; 340—440 nm): *Yamane,* J. pharm. Soc. Japan **77** [1957] 400, 401; C. A. **1957** 12746.

1-[2-Hydroxy-phenyl]-3-[4-methoxy-phenyl]-propan-1,3-dion C$_{16}$H$_{14}$O$_4$, Formel II (X = OH, X' = H).

B. Aus 1-[2-(4-Methoxy-benzoyloxy)-phenyl]-äthanon beim Behandeln mit KOH in Pyridin (*Baker, Glockling,* Soc. **1950** 2759, 2761) oder mit Kaliumbutylat in Dioxan (*Reichel, Henning,* A. **621** [1959] 72, 75).
    Gelbe Kristalle; F: 113° [unkorr.; aus Me.] (*Re., He.*), 111° [unkorr.; aus A.] (*Ba., Gl.*).

1,3-Bis-[3-methoxy-phenyl]-propan-1,3-dion C$_{17}$H$_{16}$O$_4$, Formel III.

B. Aus 3-Methoxy-benzoesäure-äthylester und 1-[3-Methoxy-phenyl]-äthanon mit Hilfe von NaNH$_2$ (*Hammond et al.,* Am. Soc. **81** [1959] 4682, 4683).
    Kristalle; F: 70—71° (*Ha. et al.*). Absorptionsspektrum des Komplexes mit Uranyl(2+) (wss. A.; 340—440 nm): *Yamane,* J. pharm. Soc. Japan **77** [1957] 400, 401; C. A. **1957** 12746.

1,3-Bis-[4-methoxy-phenyl]-propan-1,3-dion C$_{17}$H$_{16}$O$_4$, Formel II (X = H, X' = O-CH$_3$) (E II 483; E III 3739).

B. Aus 4-Methoxy-benzoylchlorid und Vinylacetat mit Hilfe von AlCl$_3$ in 1,1,2,2-Tetrachlor-äthan (*Sieglitz, Horn,* B. **84** [1951] 607, 618).
    F: 120—121° (*Hammond et al.,* Am. Soc. **81** [1959] 4682, 4683), 116° (*Si., Horn*). Absorptionsspektrum des Komplexes mit Uranyl(2+) (wss. A.; 340—440 nm): *Yamane,* J. pharm. Soc. Japan **77** [1957] 400, 401; C. A. **1957** 12746. λ_{max}: 292 nm und 361 nm [A.] bzw. 356 nm [äthanol. NaOH] (*Ha. et al.*).

*α-Äthoxy-2'-hydroxy-4-methoxy-5'-nitro-chalkon C$_{18}$H$_{17}$NO$_6$, Formel IV.

B. Aus (2RS,3SR)-2,3-Dibrom-1-[2-hydroxy-5-nitro-phenyl]-3-[4-methoxy-phenyl]-propan-1-on und äthanol. Natriumäthylat (*Chhaya et al.,* J. Univ. Bombay **25**, Tl. 5A [1957] 8, 13).

Gelbe Kristalle (aus E.); F: 225-226°.

---

*1-[3,4-Dimethoxy-phenyl]-3-phenyl-propan-1,2-dion-2-oxim $C_{17}H_{17}NO_4$, Formel V
(X = O-CH₃, X′ = H).

B. Aus 1-[3,4-Dimethoxy-phenyl]-3-phenyl-propan-1-on, Methylnitrit und HCl (*Bar, Erb-Debruyne,* Ann. pharm. franç. **16** [1958] 235, 244).
Kristalle (aus Bzl.+Cyclohexan); F: 128-130°.

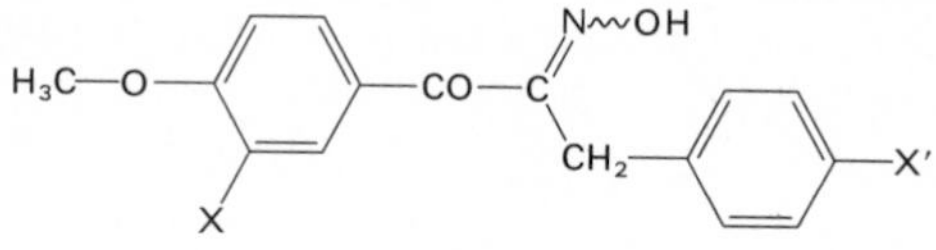

V

---

*1,3-Bis-[4-methoxy-phenyl]-propan-1,2-dion-2-oxim $C_{17}H_{17}NO_4$, Formel V (X = H,
X′ = O-CH₃).

B. Aus 1,3-Bis-[4-methoxy-phenyl]-propan-1-on, Methylnitrit und HCl (*Bar, Erb-Debruyne,*
Ann. pharm. franç. **16** [1958] 235, 242).
Kristalle (aus Bzl.); F: 87°.

---

*3-[3,4-Dimethoxy-phenyl]-1-phenyl-propan-1,2-dion-2-oxim $C_{17}H_{17}NO_4$, Formel VI.

B. Beim Behandeln von 3-[3,4-Dimethoxy-phenyl]-1-phenyl-propan-1-on mit Pentylnitrit und
äthanol. Natriumäthylat in Benzol (*Kametani, Iida,* J. pharm. Soc. Japan **73** [1953] 677, 680;
C. A. **1954** 8788).
Kristalle (aus PAe.+Bzl.); F: 87-89°.

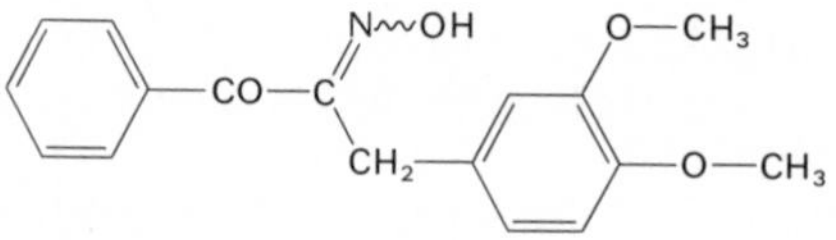

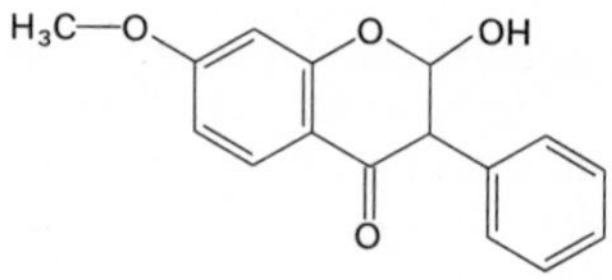

VI   VII

3-[2-Hydroxy-4-methoxy-phenyl]-3-oxo-2-phenyl-propionaldehyd $C_{16}H_{14}O_4$ und Taut.

*Opt.-inakt. 2-Hydroxy-7-methoxy-3-phenyl-chroman-4-on $C_{16}H_{14}O_4$, Formel VII.

B. Aus 2-Hydroxy-4-methoxy-desoxybenzoin, Methylformiat und Natrium (*Narasimhachari
et al.,* J. scient. ind. Res. India **12** B [1953] 287, 290).
Kristalle (aus Methylacetat+PAe.); F: 140-141°.

3-Acetyl-2,6-dihydroxy-benzophenon $C_{15}H_{12}O_4$, Formel VIII (X = H) (E III 3744).

B. Beim Erwärmen von 1-[2,4-Dihydroxy-phenyl]-äthanon mit *N*-Phenyl-benzimidoylchlorid
und AlCl₃ in Nitrobenzol und anschliessenden Behandeln mit wss. HCl (*Phadke, Shah,* J.
Indian chem. Soc. **27** [1950] 349, 353).
F: 167-168°.

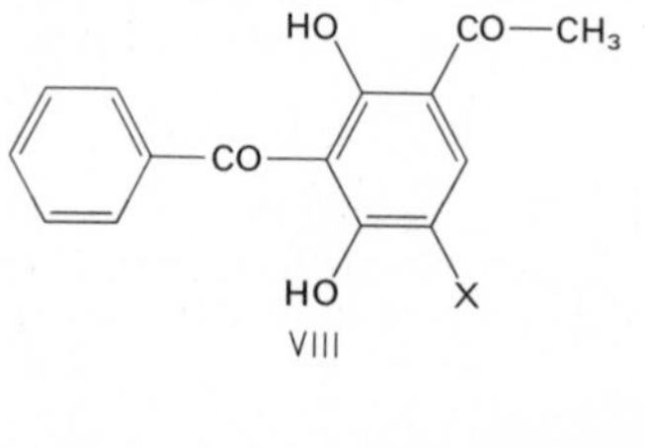

VIII 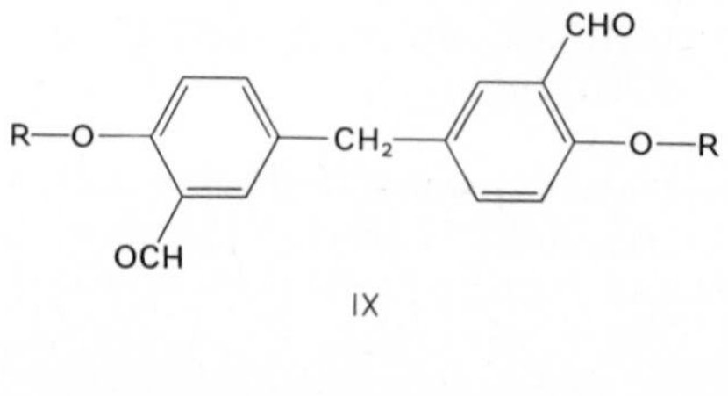   IX

3-Acetyl-2,6-dihydroxy-5-nitro-benzophenon $C_{15}H_{11}NO_6$, Formel VIII (X = NO_2).

B. Aus 3-Acetyl-6-β-D-glucopyranosyloxy-2-hydroxy-benzophenon (E III/IV **17** 3031) beim Erwärmen mit wss. HNO_3 (*Reichel, Proksch,* Naturwiss. **45** [1958] 491).

F: 114−118°.

Bis-[3-formyl-4-hydroxy-phenyl]-methan, 6,6′-Dihydroxy-3,3′-methandiyl-di-benzaldehyd $C_{15}H_{12}O_4$, Formel IX (R = H) (H 436).

B. Beim Erwärmen von Salicylaldehyd mit [1,3,5]Trioxan und konz. H_2SO_4 in Essigsäure (*Marvel, Tarköy,* Am. Soc. **79** [1957] 6000). Aus Bis-[4-hydroxy-phenyl]-methan beim Erwärmen mit $CHCl_3$ und wss. NaOH (*Seto et al.,* J. chem. Soc. Japan Ind. Chem. Sect. **58** [1955] 382; C. A. **1955** 14581).

Kristalle; F: 143−144° [aus wss. Eg.] (*Seto et al.*), 142−143° [unkorr.; aus Acn.] (*Ma., Ta.*).

Dioxim $C_{15}H_{14}N_2O_4$; Bis-[4-hydroxy-3-(hydroxyimino-methyl)-phenyl]-methan. Kristalle (aus wss. A.); F: 221,5−222° [unkorr.] (*Ma., Ta.*).

Bis-[3-formyl-4-methoxy-phenyl]-methan, 6,6′-Dimethoxy-3,3′-methandiyl-di-benzaldehyd $C_{17}H_{16}O_4$, Formel IX (R = CH_3).

B. Beim Einleiten von HCl in ein Gemisch von 2-Methoxy-benzaldehyd, wss. Formaldehyd und $ZnCl_2$ bei 90° (*Ishiwata, Takada,* J. pharm. Soc. Japan **71** [1951] 1254; C. A. **1952** 6101).

Kristalle (aus wss. A.); F: 131−132°.

Dioxim $C_{17}H_{18}N_2O_4$; Bis-[3-(hydroxyimino-methyl)-4-methoxy-phenyl]-methan. Kristalle (aus wss. A.); F: 189−190°.

Bis-[5-(3-hydrazonomethyl-4-hydroxy-benzyl)-2-hydroxy-benzyliden]-hydrazin, 5-[3-Hydrazono-methyl-4-hydroxy-benzyl]-2-hydroxy-benzaldehyd-azin $C_{30}H_{28}N_6O_4$, Formel X.

B. Beim Erhitzen von 6,6′-Dihydroxy-3,3′-methandiyl-di-benzaldehyd mit $N_2H_4 \cdot H_2O$ und Essigsäure in Pyridin (*Marvel, Bonsignore,* Am. Soc. **81** [1959] 2668).

Gelbes Pulver.

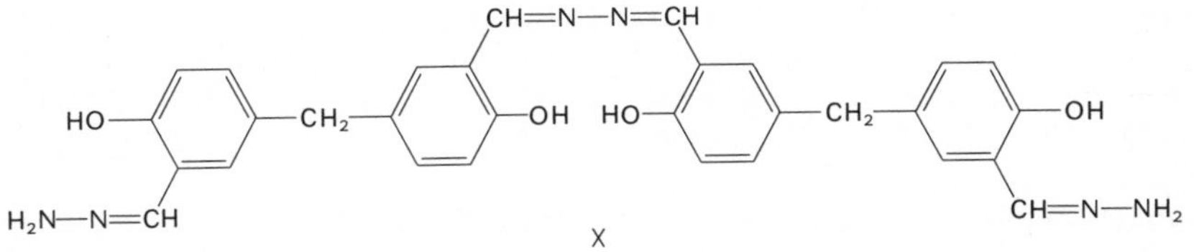

X

2′-Acetyl-4,5-dimethoxy-biphenyl-2-carbaldehyd $C_{17}H_{16}O_4$, Formel XI.

B. Beim Erwärmen von 2,3-Dimethoxy-9-methyl-9,10-dihydro-phenanthren-9r,10c-diol mit Blei(IV)-acetat in Benzol (*Cook et al.,* Soc. **1954** 4234, 4236).

Kristalle (aus wss. Me.); F: 88−89°.

Dioxim $C_{17}H_{18}N_2O_4$; 2′-[1-Hydroxyimino-äthyl]-4,5-dimethoxy-biphenyl-2-carbaldehyd-oxim. Kristalle (aus wss. Me.); F: 182−183°.

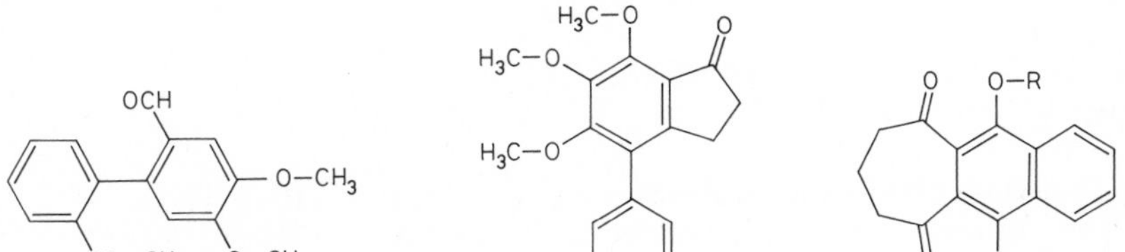

XI

XII

XIII

5,6,7-Trimethoxy-4-phenyl-indan-1-on $C_{18}H_{18}O_4$, Formel XII.

B. Aus 3-[3,4,5-Trimethoxy-biphenyl-2-yl]-propionsäure und HF (*Cook et al.*, Soc. **1950** 139, 144).

Kristalle (aus PAe.); F: 74°.

Oxim $C_{18}H_{19}NO_4$. F: 200° [aus A.].

5,11-Dihydroxy-8,9-dihydro-7H-cyclohepta[b]naphthalin-6,10-dion $C_{15}H_{12}O_4$, Formel XIII (R = H) und Taut.

B. In geringer Menge beim Erhitzen von Naphthalin-1,4-diol mit Glutarsäure, $AlCl_3$ und NaCl auf 180—200° (*Bruce et al.*, Soc. **1953** 2403, 2405).

Gelbe Kristalle (aus PAe.); F: 121° (*Br. et al.*).

Mono-[4-nitro-phenylhydrazon] (F: 228°): *Sorrie, Thomson*, Soc. **1955** 2238, 2241.

5,11-Dimethoxy-8,9-dihydro-7H-cyclohepta[b]naphthalin-6,10-dion $C_{17}H_{16}O_4$, Formel XIII (R = CH_3).

Kristalle (aus wss. Me.); F: 124° (*Bruce et al.*, Soc. **1953** 2403, 2406).   [*G. Schmitt*]

Hydroxy-oxo-Verbindungen $C_{16}H_{14}O_4$

1,4-Bis-[4-methoxy-phenyl]-butan-1,4-dion $C_{18}H_{18}O_4$, Formel I (R = CH_3, X = H) (H 437; E III 3747).

B. Beim Erwärmen von 1,4-Bis-[4-methoxy-phenyl]-but-2t-en-1,4-dion oder 2,3-Dibrom-1,4-bis-[4-methoxy-phenyl]-butan-1,4-dion (s. u.) mit $Na_2S_2O_4$ in wss. Äthanol (*Campaigne, Foye*, J. org. Chem. **17** [1952] 1405, 1407, 1409).

Bräunlichgelbe Kristalle; F: 150—151° [korr.].

$$R-O-\langle\bigcirc\rangle-CO-CHX-CHX-CO-\langle\bigcirc\rangle-O-R$$

I

1,4-Bis-[4-äthoxy-phenyl]-butan-1,4-dion $C_{20}H_{22}O_4$, Formel I (R = C_2H_5, X = H) (H 437).

B. Beim Erwärmen von 6,6'-Diäthoxy-[2,2']bi[benzo[b]thiophenyliden]-3,3'-dion (E III/IV **19** 3051) mit Raney-Nickel in wss. NaOH (*Kao et al.*, Pr. Indian Acad. [A] **32** [1950] 162, 168).

Rötliche Kristalle (aus Acn.); F: 131,5—132°.

*Opt.-inakt. 2,3-Dibrom-1,4-bis-[4-methoxy-phenyl]-butan-1,4-dion $C_{18}H_{16}Br_2O_4$, Formel I (R = CH_3, X = Br).

B. Beim Behandeln von 1,4-Bis-[4-methoxy-phenyl]-but-2t-en-1,4-dion mit Brom in Essigsäure (*Campaigne, Foye*, J. org. Chem. **17** [1952] 1405, 1409; *Buchta, Schaeffer*, A. **597** [1955] 129, 140).

Kristalle (aus E.); F: 181° [unkorr.; Zers.] (*Bu., Sch.*). Rötliche Kristalle; F: 175—176° [korr.] (*Ca., Foye*).

1,4-Bis-[4-hydroxy-phenyl]-butan-2,3-dion $C_{16}H_{14}O_4$, Formel II (R = H).

B. Beim Behandeln von Xanthocillin-X (1,4-Bis-[4-hydroxy-phenyl]-2,3-diisocyan-buta-1,3-dien) mit wss. HCl und Essigsäure oder mit H_2SO_4 in Äthanol (*Hagedorn, Tönjes*, Pharmazie **12** [1957] 567, 574).

Hellgelbe Kristalle (aus wss. Eg.); F: 181—182°.

Phenylosazon (F: 228—229°): *Ha., Tö.*

1,4-Bis-[4-methoxy-phenyl]-butan-2,3-dion $C_{18}H_{18}O_4$, Formel II (R = CH_3).

B. Beim Erhitzen von O,O'-Dimethyl-xanthocillin-X (2,3-Diisocyan-1,4-bis-[4-methoxy-phenyl]-buta-1,3-dien) mit wss. H_2SO_4 in Essigsäure (*Hagedorn, Tönjes*, Pharmazie **12** [1957] 567, 575).

Hellgelbe Kristalle (aus wss. Eg. oder CS$_2$); F: 135—136°. IR-Spektrum (4000—600 cm^{-1}): *Ha., Tö.*

Dioxim C$_{18}$H$_{20}$N$_2$O$_4$. Kristalle (aus Nitrobenzol oder Butan-1-ol); F: 201—203°.

Phenylosazon (F: 185°): *Hä., Tö.*

1-[2-Hydroxy-4,6-dimethoxy-phenyl]-3-phenyl-but-2c(?)-en-1-on C$_{18}$H$_{18}$O$_4$, vermutlich Formel III (R = H).

B. Beim Erwärmen der folgenden Verbindung mit AlBr$_3$ in Benzol (*Gripenberg et al.*, Acta chem. scand. **10** [1956] 393, 396).

Gelbe Kristalle (aus Me.); F: 75—77°.

Acetyl-Derivat C$_{20}$H$_{20}$O$_5$; 1-[2-Acetoxy-4,6-dimethoxy-phenyl]-3-phenyl-but-2c(?)-en-1-on. Kristalle; F: 87—88°.

3-Phenyl-1-[2,4,6-trimethoxy-phenyl]-but-2c(?)-en-1-on C$_{19}$H$_{20}$O$_4$, vermutlich Formel III (R = CH$_3$).

B. Beim Behandeln von 1,3,5-Trimethoxy-benzol mit 3-Phenyl-*cis*-crotonoylchlorid und AlCl$_3$ in Nitrobenzol (*Gripenberg et al.*, Acta chem. scand. **10** [1956] 393, 396).

Hellgelbe Kristalle (aus Me.); F: 127—128°.

*2-Methyl-3-phenyl-1-[2,4,6-triacetoxy-phenyl]-propenon C$_{22}$H$_{20}$O$_7$, Formel IV.

B. Beim Erhitzen von 5,7-Dihydroxy-3c(?)-methyl-2r-phenyl-chroman-4-on (E III/IV **18** 1733) oder 5,7-Dihydroxy-3t(?)-methyl-2r-phenyl-chroman-4-on (E III/IV **18** 1733) mit Acetanhydrid und Natriumacetat (*Suzuki*, J. chem. Soc. Japan Pure Chem. Sect. **76** [1955] 1391; Sci. Rep. Tohoku Univ. [I] **39** [1956] 182, 185).

Kristalle; F: 104—106°.

(±)-1-[2-Hydroxy-4-methoxy-phenyl]-2-methyl-3-phenyl-propan-1,3-dion C$_{17}$H$_{16}$O$_4$, Formel V und Taut.

B. Bei aufeinanderfolgendem Behandeln von 1-[2-Benzoyloxy-4-methoxy-phenyl]-propan-1-on mit KOH in Pyridin und wss. Essigsäure (*Ollis, Weight*, Soc. **1952** 3826, 3828).

Kristalle (aus A.); F: 134° [unkorr.]; vor dem Umkristallisieren wurde ein Schmelzpunkt von 166° erhalten.

4,2′-Dihydroxy-4′-methoxy-6′-methyl-*trans*-chalkon $C_{17}H_{16}O_4$, Formel VI (R = H).

B. Aus 1-[2-Hydroxy-4-methoxy-6-methyl-phenyl]-äthanon und 4-Hydroxy-benzaldehyd (*Mahajani et al.*, J. Maharaja Sayajirao Univ. Baroda **3** [1954] 41, 45).

Kristalle (aus wss. A.); F: 168°.

2′-Hydroxy-4,4′-dimethoxy-6′-methyl-*trans*-chalkon $C_{18}H_{18}O_4$, Formel VI (R = CH$_3$).

B. Neben 7-Methoxy-2-[4-methoxy-phenyl]-5-methyl-chroman-4-on beim Behandeln von 1-[2-Hydroxy-4-methoxy-6-methyl-phenyl]-äthanon und 4-Methoxy-benzaldehyd in Äthanol mit wss. NaOH (*Mahajani et al.*, J. Maharaja Sayajirao Univ. Baroda **3** [1954] 41, 43).

Kristalle (aus wss. A.); F: 101°.

6′-Hydroxy-2′,4′-dimethoxy-3′-methyl-*trans*-chalkon $C_{18}H_{18}O_4$, Formel VII (R = R′ = CH$_3$, R″ = H).

B. Aus 1-[6-Hydroxy-2,4-dimethoxy-3-methyl-phenyl]-äthanon und Benzaldehyd (*Lindstedt, Misiorny*, Acta chem. scand. **6** [1952] 1212, 1214).

Gelbe Kristalle (aus A.); F: 94−95°.

VII   VIII

4′,6′-Bis-benzyloxy-2′-hydroxy-3′-methyl-*trans*-chalkon $C_{30}H_{26}O_4$, Formel VII (R = H, R′ = R″ = CH$_2$-C$_6$H$_5$).

B. Aus 1-[4,6-Bis-benzyloxy-2-hydroxy-3-methyl]-äthanon und Benzaldehyd (*Matsuura*, Pharm. Bl. **5** [1957] 195, 197).

Orangefarbene Kristalle (aus Eg.); F: 153,5°.

2′-Hydroxy-4,4′-dimethoxy-3′-methyl-*trans*-chalkon $C_{18}H_{18}O_4$, Formel VIII (X = O-CH$_3$, X′ = H).

B. Aus 1-[2-Hydroxy-4-methoxy-3-methyl-phenyl]-äthanon und 4-Methoxy-benzaldehyd (*Matsuura*, J. pharm. Soc. Japan **77** [1957] 298, 300, 301; C. A. **1957** 11338; *Goel et al.*, Pr. Indian Acad. [A] **48** [1958] 180, 184). Neben 2′-Hydroxy-4,4′-dimethoxy-*trans*-chalkon beim Behandeln von 4,2′,4′-Trihydroxy-*trans*-chalkon mit CH$_3$I in methanol. KOH (*Goel et al.*).

Gelbe Kristalle; F: 145−146° [aus Me.] (*Goel et al.*), 144° [aus A.] (*Ma.*).

Methyl-Derivat $C_{19}H_{20}O_4$; 4,2′,4′-Trimethoxy-3′-methyl-*trans*-chalkon. Kristalle (aus E.+PAe.); F: 103−104° (*Goel et al.*, l. c. S. 185).

2′-Hydroxy-4,6′-dimethoxy-3′-methyl-*trans*-chalkon $C_{18}H_{18}O_4$, Formel VIII (X = H, X′ = O-CH$_3$).

B. Aus 1-[2-Hydroxy-6-methoxy-3-methyl-phenyl]-äthanon und 4-Methoxy-benzaldehyd (*Matsuura*, J. pharm. Soc. Japan **77** [1957] 298, 300, 301; C. A. **1957** 11338).

Orangefarbene Kristalle (aus A.); F: 112°.

2′,4′-Dihydroxy-4-methoxy-5′-methyl-*trans*-chalkon $C_{17}H_{16}O_4$, Formel IX (R = H).

B. Aus 1-[2,4-Dihydroxy-5-methyl-phenyl]-äthanon und 4-Methoxy-benzaldehyd (*Matsuura*, J. pharm. Soc. Japan **77** [1957] 298, 300, 301; C. A. **1957** 11338).

Orangefarbene Kristalle (aus Eg.) mit 1 Mol H$_2$O; F: 208°.

2′-Hydroxy-4,4′-dimethoxy-5′-methyl-*trans*-chalkon $C_{18}H_{18}O_4$, Formel IX (R = CH$_3$).

B. Aus 1-[2-Hydroxy-4-methoxy-5-methyl-phenyl]-äthanon und 4-Methoxy-benzaldehyd

(*Matsuura*, J. pharm. Soc. Japan **77** [1957] 298, 300, 301; C. A. **1957** 11 338).
Gelbe Kristalle (aus A.); F: 139°.

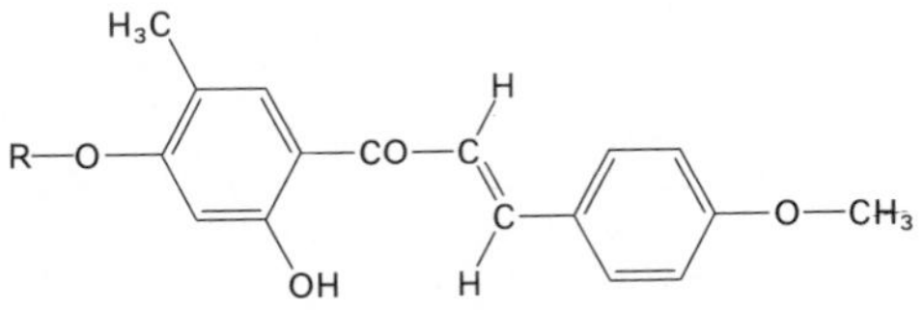

IX

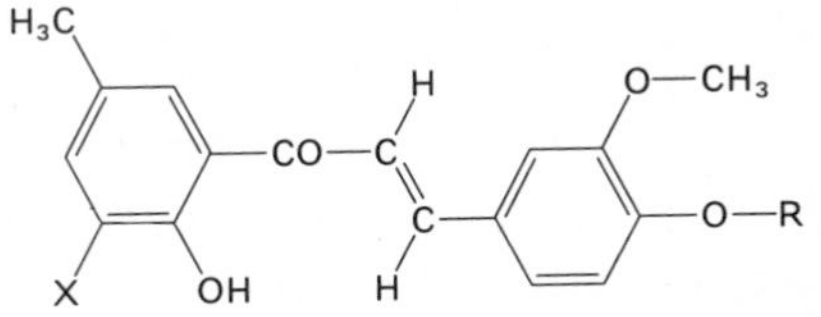

X

2′-Hydroxy-3,4-dimethoxy-5′-methyl-*trans*-chalkon $C_{18}H_{18}O_4$, Formel X (R = CH_3, X = H).
B. Aus 1-[2-Hydroxy-5-methyl-phenyl]-äthanon und 3,4-Dimethoxy-benzaldehyd (*Marathe*,
J. Univ. Poona Nr. 14 [1958] 63, 66).
Rote Kristalle (aus Eg.); F: 141°.

4-Benzyloxy-2′-hydroxy-3-methoxy-5′-methyl-*trans*-chalkon $C_{24}H_{22}O_4$, Formel X
(R = CH_2-C_6H_5, X = H).
B. Aus 1-[2-Hydroxy-5-methyl-phenyl]-äthanon und 4-Benzyloxy-3-methoxy-benzaldehyd
(*Marathey*, J. Univ. Poona Nr. 2 [1952] 19, 21).
Orangefarbene Kristalle (aus Eg.); F: 140°.
Acetyl-Derivat $C_{26}H_{24}O_5$; 2′-Acetoxy-4-benzyloxy-3-methoxy-5′-methyl-
trans-chalkon. F: 89°. − Beim Behandeln mit Brom in Essigsäure ist 2-[4-Benzyloxy-3-meth=
oxy-phenyl]-3-brom-6-methyl-chroman-4-on (E III/IV **18** 1737) erhalten worden.

2′-Hydroxy-3,4-dimethoxy-5′-methyl-3′-nitro-*trans*-chalkon $C_{18}H_{17}NO_6$, Formel X (R = CH_3,
X = NO_2) (E III 3750).
B. Aus 1-[2-Hydroxy-5-methyl-3-nitro-phenyl]-äthanon und 3,4-Dimethoxy-benzaldehyd (*At=
chabba et al.*, J. Univ. Bombay **27**, Tl. 3A [1958] 8, 11, 12).
Orangefarbene Kristalle (aus Eg.); F: 204° (vgl. E III 3750).

β-Äthoxy-3-brom-2′-hydroxy-4-methoxy-5′-methyl-3′-nitro-ξ-chalkon $C_{19}H_{18}BrNO_6$,
Formel XI.
B. Beim Behandeln von (2*RS*,3*SR*)-2,3-Dibrom-3-[3-brom-4-methoxy-phenyl]-1-[2-hydroxy-
5-methyl-3-nitro-phenyl]-propan-1-on mit Natriumäthylat in Äthanol (*Atchabba et al.*, J. Univ.
Bombay **27**, Tl. 3A [1958] 8, 14).
Gelbe Kristalle (aus Eg.); F: 269°.

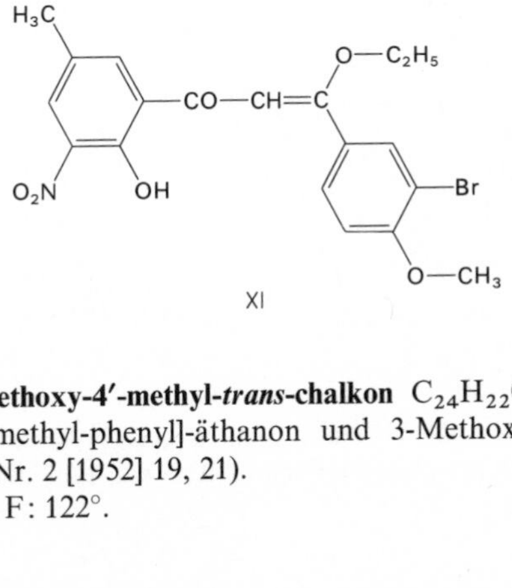

XI

4-Benzyloxy-2′-hydroxy-3-methoxy-4′-methyl-*trans*-chalkon $C_{24}H_{22}O_4$, Formel XII.
B. Aus 1-[2-Hydroxy-4-methyl-phenyl]-äthanon und 3-Methoxy-4-benzyloxy-benzaldehyd
(*Marathey*, J. Univ. Poona Nr. 2 [1952] 19, 21).
Gelbe Kristalle (aus Eg.); F: 122°.

Acetyl-Derivat $C_{26}H_{24}O_5$;   2′-Acetoxy-4-benzyloxy-3-methoxy-4′-methyl-*trans*-chalkon. F: 108°.

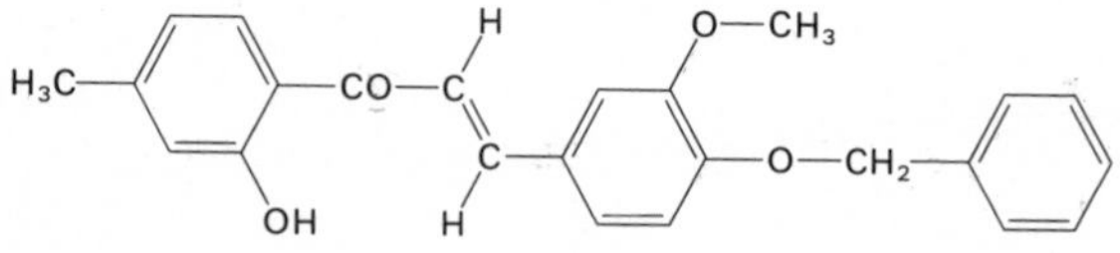

XII

1-Acetoxy-3,4t(?)-bis-[4-methoxy-phenyl]-but-3-en-2-on $C_{20}H_{20}O_5$, vermutlich Formel XIII.

B. Beim Erwärmen von 1-Diazo-3,4t(?)-bis-[4-methoxy-phenyl]-but-3-en-2-on (S. 3280) mit Essigsäure (*Farbenfabr. Bayer*, D.B.P. 840091 [1950]; D.R.B.P. Org. Chem. 1950–1951 **3** 621; *Schenley Labor. Inc.*, U.S.P. 2691039 [1951]).

Hellgelbe Kristalle; F: 108°.

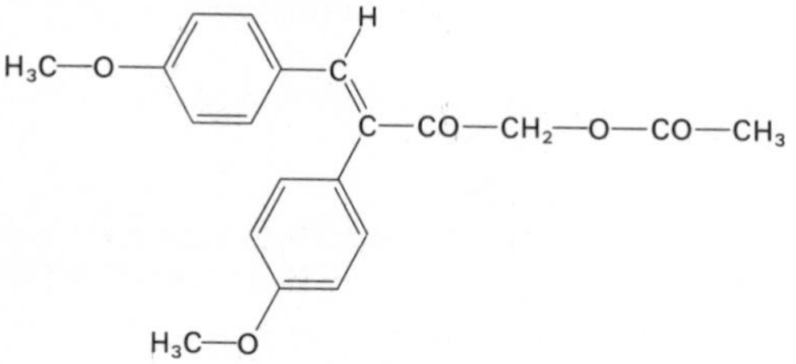

XIII

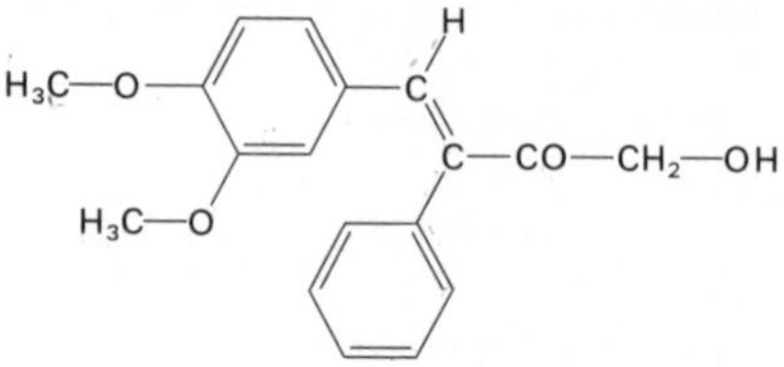

XIV

4t-[3,4-Dimethoxy-phenyl]-1-hydroxy-3-phenyl-but-3-en-2-on $C_{18}H_{18}O_4$, Formel XIV.

B. Beim Behandeln von 1-Diazo-4t-[3,4-dimethoxy-phenyl]-3-phenyl-but-3-en-2-on mit wss.-methanol. H_2SO_4 (*Farbenfabr. Bayer*, D.B.P. 840091 [1950]; D.R.B.P. Org. Chem. 1950–1951 **3** 621; *Schenley Labor. Inc.*, U.S.P. 2691039 [1951]).

Kristalle (aus Me.); F: 91°.

(±)-1,2-Bis-[4-methoxy-phenyl]-butan-1,3-dion $C_{18}H_{18}O_4$, Formel I.

B. Neben anderen Verbindungen beim Behandeln von (±)-α-Brom-4,4′-dimethoxy-desoxy-benzoin in Benzol mit Natriumacetylenid in flüssigem NH_3 (*Cymerman-Craig et al.*, Austral. J. Chem. **9** [1956] 391, 394).

Gelbliche Kristalle (aus Me.); F: 96–97°. λ_{max} (A.): 220 nm und 282 nm.

Bildung von 4,4′-Dimethoxy-desoxybenzoin-oxim bei der Umsetzung mit NH_2OH: *Cy.-Cr. et al.*

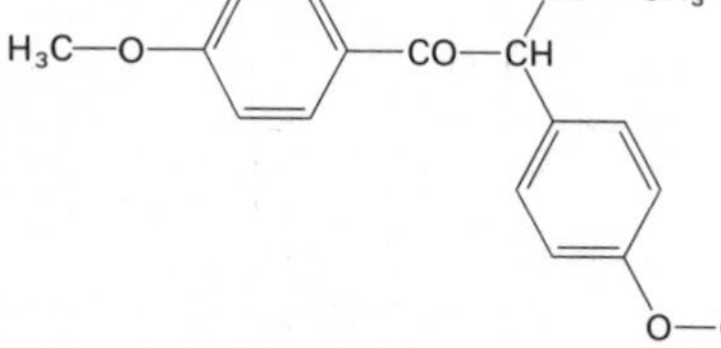

I

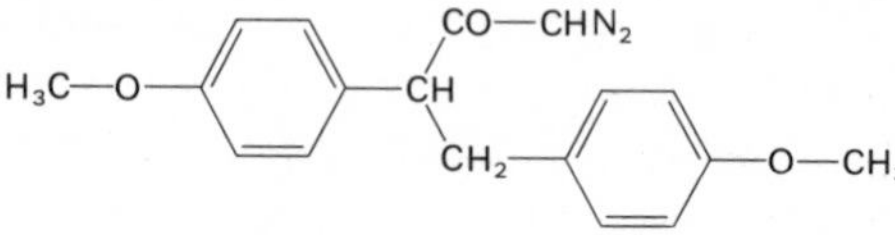

II

(±)-1-Diazo-3,4-bis-[4-methoxy-phenyl]-butan-2-on $C_{18}H_{18}N_2O_3$, Formel II.

B. Aus (±)-1,2-Bis-[4-methoxy-phenyl]-propionylchlorid und Diazomethan (*Schenley Labor. Inc.*, U.S.P. 2691044 [1951]).

F: 86–87°.

3'-Acetonyl-2,4'-dimethoxy-benzophenon $C_{18}H_{18}O_4$, Formel III.

B. Aus 3'-Hydroxymethyl-2,4'-dimethoxy-benzophenon über mehrere Stufen (*van der Zanden, de Vries*, R. **74** [1955] 876, 887). Beim Behandeln von opt.-inakt. 1-{2-Methoxy-5-[1-(2-methoxy-phenyl)-propyl]-phenyl}-propan-2-ol (E IV **6** 7586) mit CrO_3 in Essigsäure (*v. d. Za., de Vr.*, l. c. S. 882).

Kristalle (aus A.); F: 125,5–126,5°.

Monosemicarbazon $C_{19}H_{21}N_3O_4$. Kristalle (aus A.); F: 156–156,5° bzw. F: 127° [nach Trocknen im Vakuum über H_2SO_4] und F: ca. 150° [nach partiellem Wiedererstarren].

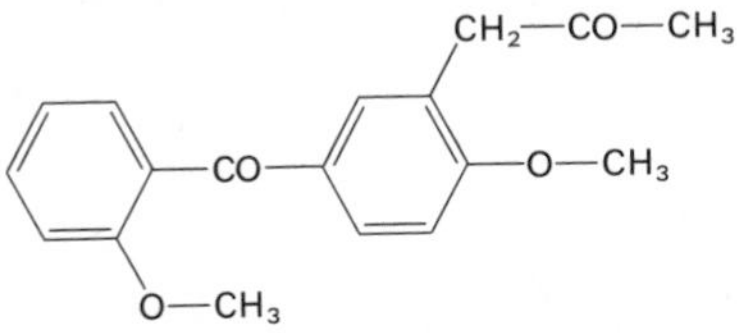

III 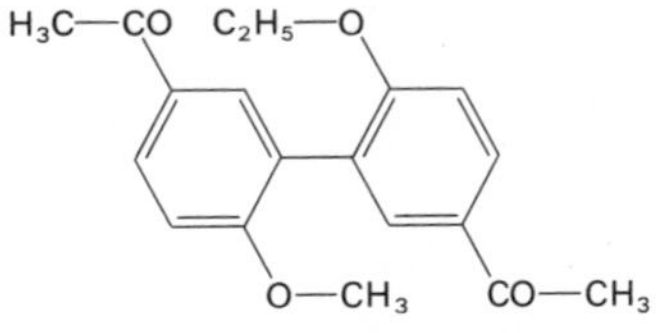   IV

5,5'-Diacetyl-2-äthoxy-2'-methoxy-biphenyl $C_{19}H_{20}O_4$, Formel IV.

B. Beim Erwärmen von 2-Äthoxy-2'-methoxy-biphenyl mit Acetylchlorid und $AlCl_3$ in CS_2 (*Anjaneyulu et al.*, Chem. and Ind. **1959** 1119; Tetrahedron **25** [1969] 3091, 3103).

Kristalle (aus A.); F: 104–105°.

(±)-6,7-Dimethoxy-2-[3-methoxy-phenyl]-3,4-dihydro-2H-naphthalin-1-on $C_{19}H_{20}O_4$, Formel V (X = O-CH₃, X' = H).

B. Beim Erhitzen von (±)-4-[3,4-Dimethoxy-phenyl]-2-[3-methoxy-phenyl]-4-oxo-buttersäure mit Zink-Amalgam, wss. HCl, wss. Essigsäure und Toluol und Erhitzen des Reaktionsprodukts mit $POCl_3$ (*Gopinath et al.*, Soc. **1957** 4760, 4763).

Kristalle (aus Me.); F: 143–145°.

Oxim $C_{19}H_{21}NO_4$. Kristalle (aus Bzl.+PAe.); F: 173–175°.

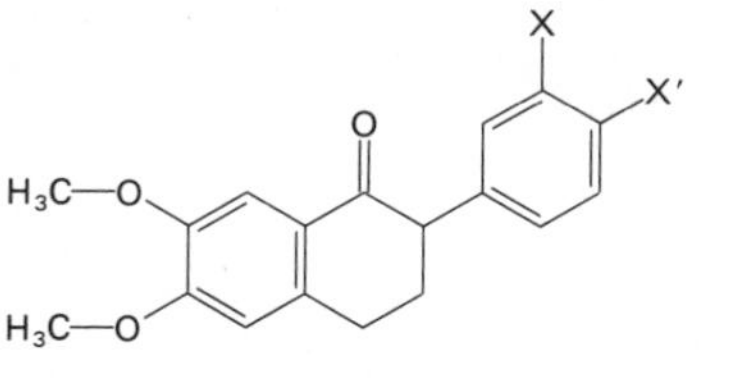

V 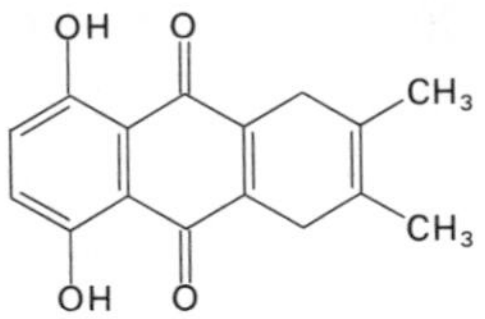   VI

(±)-6,7-Dimethoxy-2-[4-methoxy-phenyl]-3,4-dihydro-2H-naphthalin-1-on $C_{19}H_{20}O_4$, Formel V (X = H, X' = O-CH₃) (E III 3752).

Oxim $C_{19}H_{21}NO_4$. Kristalle (aus PAe.); F: 215–216° (*Gopinath et al.*, Soc. **1957** 4760, 4762).

5,8-Dihydroxy-2,3-dimethyl-1,4-dihydro-anthrachinon $C_{16}H_{14}O_4$, Formel VI.

Diese Konstitution kommt wahrscheinlich dem früher (s. E III **6** 6762) als 6,7-Dimethyl-5,8-dihydro-anthracen-1,4,9,10-tetraol (bzw. 5,8-Dihydroxy-2,3-dimethyl-1,4,4a,9a-tetrahydro-anthrachinon $C_{16}H_{16}O_4$) beschriebenen Präparat vom F: 195° zu (*Tandon et al.*, Indian J. Chem. **15** B [1977] 839).

Hydroxy-oxo-Verbindungen $C_{17}H_{16}O_4$

1,5-Bis-[2-hydroxy-phenyl]-pentan-1,5-dion $C_{17}H_{16}O_4$, Formel VII (X = H) (E III 3753).

B. Neben anderen Verbindungen aus Glutarsäure-diphenylester beim Erwärmen mit $AlCl_3$ in Tetrachloräthan oder beim Erhitzen mit $AlCl_3$ ohne Lösungsmittel auf 120° (*Dorn, Treibs,* B. **88** [1955] 834, 840, 841; vgl. E III 3753).

Kristalle (aus A.); F: 102°.

VII   VIII

1,5-Bis-[5-chlor-2-hydroxy-phenyl]-pentan-1,5-dion $C_{17}H_{14}Cl_2O_4$, Formel VII (X = Cl).

B. Beim Erhitzen von Glutarsäure-anhydrid und 4-Chlor-phenol mit $AlCl_3$-NaCl (*Hayes, Thomson,* Soc. **1956** 1585, 1589).

Hellgelbe Kristalle (aus wss. A.); F: 156°.

Diacetyl-Derivat $C_{21}H_{18}Cl_2O_6$; 1,5-Bis-[2-acetoxy-5-chlor-phenyl]-pentan-1,5-dion. Kristalle (aus PAe.); F: 92°.

Bis-[2,4-dinitro-phenylhydrazon] (F: 258°): *Ha., Th.*

1-[2-Hydroxy-phenyl]-5-[4-hydroxy-phenyl]-pentan-1,5-dion $C_{17}H_{16}O_4$, Formel VIII.

B. Neben anderen Verbindungen aus Glutarsäure-diphenylester beim Erwärmen mit $AlCl_3$ in Tetrachloräthan oder beim Erhitzen mit $AlCl_3$ ohne Lösungsmittel auf 120° (*Dorn, Treibs,* B. **88** [1955] 834, 840, 841).

Kristalle (aus A.); F: 141°.

1,5-Bis-[4-hydroxy-phenyl]-pentan-1,5-dion $C_{17}H_{16}O_4$, Formel IX (R = H).

B. Beim Erwärmen von Glutarsäure-diphenylester mit $AlCl_3$ in Nitrobenzol (*Dorn, Treibs,* B. **88** [1955] 834, 839).

Kristalle (aus wss. A.); F: 220−221°.

Dioxim $C_{17}H_{18}N_2O_4$. Kristalle (aus wss. A.); F: 179−180° (*Dorn, Tr.,* l. c. S. 842).

Diacetyl-Derivat $C_{21}H_{20}O_6$; 1,5-Bis-[4-acetoxy-phenyl]-pentan-1,5-dion. Kristalle (aus A.); F: 122° (*Dorn, Tr.,* l. c. S. 842).

IX

1,5-Bis-[4-methoxy-phenyl]-pentan-1,5-dion $C_{19}H_{20}O_4$, Formel IX (R = CH_3) (E III 3754).

B. Beim Behandeln der vorangehenden Verbindung mit Dimethylsulfat und wss. NaOH (*Dorn, Treibs,* B. **88** [1955] 834, 842).

F: 99,8−100,2° [korr.; aus Me.] (*Mueller et al.,* Am. Soc. **73** [1951] 2651, 2653), 99° [aus A.] (*Dorn, Tr.*).

Bis-[2,4-dinitro-phenylhydrazon] (F: 245−246° [Zers.]): *Mu. et al.*

1,5-Bis-[4-äthoxy-phenyl]-pentan-1,5-dion $C_{21}H_{24}O_4$, Formel IX (R = C_2H_5) (E III 3754).

B. Beim Erwärmen von Glutarylchlorid mit Phenetol und $AlCl_3$ in CS_2 (*Lipp et al.,* A. **618** [1958] 110, 112, 116).

Kristalle (aus Isopropylalkohol); F: 112,5° [unkorr.] (vgl. E III 3754).

1,5-Bis-[4-propoxy-phenyl]-pentan-1,5-dion $C_{23}H_{28}O_4$, Formel IX (R = CH_2-C_2H_5).
B. Beim Erwärmen von Glutarylchlorid mit Phenyl-propyl-äther und $AlCl_3$ in CS_2 (*Lipp et al.*, A. **618** [1958] 110, 112, 116).
Kristalle (aus Butan-1-ol); F: 88°.

1,5-Bis-[4-butoxy-phenyl]-pentan-1,5-dion $C_{25}H_{32}O_4$, Formel IX (R = $[CH_2]_3$-CH_3).
B. Beim Behandeln von Glutarylchlorid mit Butyl-phenyl-äther und $AlCl_3$ in CS_2 (*Lipp et al.*, A. **618** [1958] 110, 112, 116).
Kristalle (aus Butan-1-ol); F: 85°.

1,5-Bis-[4-pentyloxy-phenyl]-pentan-1,5-dion $C_{27}H_{36}O_4$, Formel IX (R = $[CH_2]_4$-CH_3).
B. Beim Behandeln von Glutarylchlorid mit Pentyl-phenyl-äther und $AlCl_3$ in CS_2 (*Lipp et al.*, A. **618** [1958] 110, 112, 116).
Kristalle (aus Isopropylalkohol); F: 75°.

1,5-Bis-[4-hexyloxy-phenyl]-pentan-1,5-dion $C_{29}H_{40}O_4$, Formel IX (R = $[CH_2]_5$-CH_3).
B. Beim Behandeln von Glutarylchlorid mit Hexyl-phenyl-äther und $AlCl_3$ in CS_2 (*Lipp et al.*, A. **618** [1958] 110, 112, 116).
Kristalle (aus Isopropylalkohol); F: 85°.

1-[2,4-Dimethoxy-6-methyl-phenyl]-4-phenyl-butan-1,3-dion $C_{19}H_{20}O_4$, Formel X.
B. Beim Erhitzen von 1-[2,4-Dimethoxy-6-methyl-phenyl]-äthanon und Phenylessigsäure-äthylester mit Natrium in Xylol (*Thanawalla, Trivedi*, J. Indian chem. Soc. **36** [1959] 49, 52).
Kristalle (aus Me.); F: 69 — 70°. $Kp_{0,5}$: 225 — 230°.
Kupfer(II)-Salz $Cu(C_{19}H_{19}O_4)_2$. Kristalle (aus PAe. + Bzl.); F: 145 — 146°.

X

5'-Äthyl-2',4'-dihydroxy-4-methoxy-*trans*-chalkon $C_{18}H_{18}O_4$, Formel XI (X = H).
B. Aus 1-[5-Äthyl-2,4-dihydroxy-phenyl]-äthanon und 4-Methoxy-benzaldehyd (*Marathey, Athavale*, J. Indian chem. Soc. **31** [1954] 654).
Rötlichgelbe Kristalle (aus wss. Eg.); F: 176° (*Ma., At.*, l. c. S. 654).
Diacetyl-Derivat $C_{22}H_{22}O_6$; 2',4'-Diacetoxy-5'-äthyl-4-methoxy-*trans*-chalkon. Kristalle (aus wss. Eg.); F: 87° (*Marathey, Athavale*, J. Indian chem. Soc. **31** [1954] 695, 700).

XI   XII

5'-Äthyl-3'-brom-2',4'-dihydroxy-4-methoxy-*trans*-chalkon $C_{18}H_{17}BrO_4$, Formel XI (X = Br).
B. Beim Behandeln von 1-[5-Äthyl-3-brom-2,4-dihydroxy-phenyl]-äthanon in Äthanol mit 4-Methoxy-benzaldehyd und wss. NaOH (*Marathey, Athavale*, J. Indian chem. Soc. **31** [1954] 654). Beim Behandeln der vorangehenden Verbindung mit Brom in Essigsäure (*Marathey, Athavale*, J. Indian chem. Soc. **31** [1954] 695, 698).

Orangefarbene Kristalle (aus Eg.); F: 176° (*Ma., At.*, l. c. S. 698).

4,2'-Dihydroxy-3-methoxy-4',6'-dimethyl-*trans*-chalkon $C_{18}H_{18}O_4$, Formel XII.

B. Beim Erwärmen von 1-[2-Hydroxy-4,6-dimethyl-phenyl]-äthanon mit 4-Hydroxy-3-methoxy-benzaldehyd und wss.-äthanol. NaOH (*Takatori, Fujise,* J. chem. Soc. Japan Pure Chem. Sect. **78** [1957] 309; C. A. **1960** 515).

Orangefarbene Kristalle (aus Bzl.); F: 142−143°.

2-*trans*-Cinnamoyl-3-hydroxy-5-methoxy-4,4-dimethyl-cyclohexa-2,5-dienon $C_{18}H_{18}O_4$, Formel XIII, und **2-*trans*-Cinnamoyl-3-hydroxy-5-methoxy-6,6-dimethyl-cyclohexa-2,4-dienon** $C_{18}H_{18}O_4$, Formel XIV; **Ceropten** (E III 3755).

B. Beim Erhitzen von 2-Acetyl-5-methoxy-6,6-dimethyl-cyclohex-4-en-1,3-dion mit Benzaldehyd und Piperidin (*Nilsson,* Acta chem. scand. **13** [1959] 750, 756).

Bei 130°/0,05 Torr sublimierbar (*Ni.,* l. c. S. 755). ^{1}H-NMR-Spektrum (CCl$_4$): *Forsén, Nilsson,* Acta chem. scand. **13** [1959] 1383, 1390. IR-Banden (CCl$_4$ bzw. KBr; 3100−700 cm^{-1}): *Ni.,* l. c. S. 755. IR-Banden (CCl$_4$; 1700−1500 cm^{-1}): *Fo., Ni.,* l. c. S. 1392. Absorptionsspektrum (A.; 220−420 nm): *Ni.,* l. c. S. 751.

Massenspektrum: *Ni.,* l. c. S. 755.

Kupfer(II)-Salz Cu(C$_{18}$H$_{17}$O$_4$)$_2$. Bronzefarbene Kristalle (aus CHCl$_3$ + Cyclohexan); F: 235−237° (*Ni.,* l. c. S. 755).

XIII   .   XIV

---

*2-[3,4-Dimethoxy-phenyl]-1-[4-methoxy-phenyl]-pent-1-en-3-on $C_{20}H_{22}O_4$, Formel I (X = O).

B. Beim Erwärmen der folgenden Verbindung mit Äthanol (*Searle & Co.,* U.S.P. 2836623 [1956]).

Kristalle (aus A.); F: 99−100°.

---

*2-[3,4-Dimethoxy-phenyl]-1-[4-methoxy-phenyl]-pent-1-en-3-on-imin $C_{20}H_{23}NO_3$, Formel I (X = NH).

Hydrobromid. *B.* Beim Erwärmen von 3c(?)-[4-Methoxy-phenyl]-2-[3,4-dimethoxy-phenyl]-acrylonitril (E III **10** 2344) in Benzol mit Äthylmagnesiumbromid in Äther (*Searle & Co.,* U.S.P. 2836623 [1956]). − Orangegelbe Kristalle (aus A.); F: 143−145° [Zers.].

I   II

Bis-[3-acetyl-5-chlor-2-hydroxy-phenyl]-methan $C_{17}H_{14}Cl_2O_4$, Formel II.

Bestätigung der Konstitution: *Nowshad, Mazhar-Ul-Haque,* J.C.S. Perkin II **1976** 623.

B. Aus 1-[5-Chlor-2-hydroxy-phenyl]-äthanon und Formaldehyd (*Moshfegh et al.,* Helv. **40** [1957] 1157, 1164). Beim Erhitzen von Bis-[2-acetoxy-5-chlor-phenyl]-methan mit AlCl$_3$ (*Mo.*

et al., l. c. S. 1163).

Hellgelbe Kristalle (nach Sublimation bei 155−160°/1 Torr bzw. 175−185°/1 Torr); F: 202−203° (*Mo. et al.*).

Bis-[3-acetoxyacetyl-phenyl]-methan $C_{21}H_{20}O_6$, Formel III (R = CO-CH$_3$).

B. Beim Erwärmen von Bis-[3-diazoacetyl-phenyl]-methan mit Kaliumacetat in Essigsäure (*Logemann et al.*, Z. physiol. Chem. **302** [1955] 29, 34).

Kristalle (aus Isopropylalkohol); F: 76−77°.

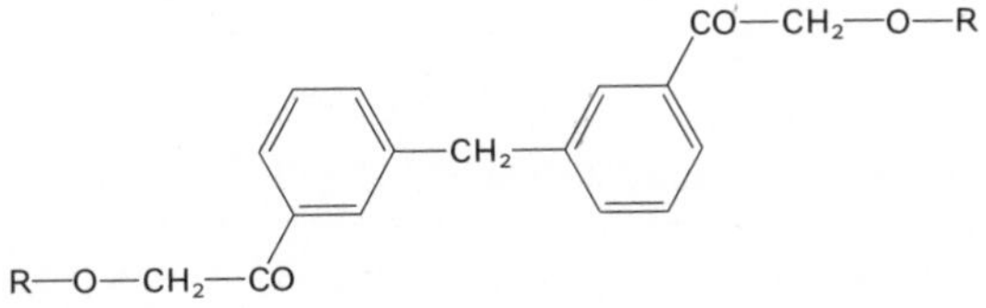

III

Bis-[4-acetyl-5-chlor-2-hydroxy-phenyl]-methan $C_{17}H_{14}Cl_2O_4$, Formel IV.

B. In kleiner Menge neben Bis-[3-acetyl-5-chlor-2-hydroxy-phenyl]-methan beim Erhitzen von Bis-[2-acetoxy-5-chlor-phenyl]-methan mit AlCl$_3$ (*Moshfegh et al.*, Helv. **40** [1957] 1157, 1164).

Kristalle (aus Acn.); F: 220−223°.

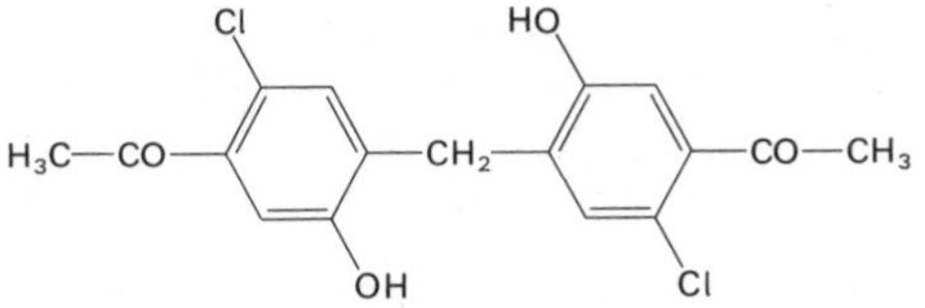

IV

Bis-[4-acetoxyacetyl-phenyl]-methan $C_{21}H_{20}O_6$, Formel V (R = CO-CH$_3$).

B. Beim Erhitzen von Bis-[4-chloracetyl-phenyl]-methan mit Acetanhydrid, Essigsäure und Kaliumacetat (*Campbell, Hunt*, Soc. **1951** 960).

Kristalle (aus A.); F: 114°.

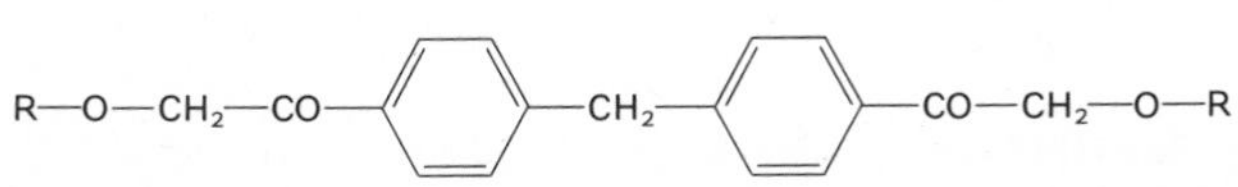

V

Bis-[3-chlormethyl-5-formyl-4-hydroxy-phenyl]-methan, 5,5′-Bis-chlormethyl-6,6′-dihydroxy-3,3′-methandiyl-di-benzaldehyd $C_{17}H_{14}Cl_2O_4$, Formel VI.

Diese Konstitution kommt wahrscheinlich der nachstehend beschriebenen Verbindung zu (*Carpenter, Hunter*, Soc. **1954** 2731, 2733).

B. In kleiner Menge beim Erhitzen von 3,5-Bis-chlormethyl-2-hydroxy-benzaldehyd mit H$_2$O (*Ca., Hu.*).

Kristalle (aus Eg.); F: 220−222°.

Hydroxy-oxo-Verbindungen $C_{18}H_{18}O_4$

1,6-Bis-[2-hydroxy-phenyl]-hexan-1,6-dion $C_{18}H_{18}O_4$, Formel VII (X = H).

B. Neben anderen Verbindungen aus Adipinsäure-diphenylester mit Hilfe von AlCl$_3$ (*Dorn,*

Treibs, B. **88** [1955] 834, 838, 840).

Kristalle (aus Propan-1-ol); F: 160−161°.

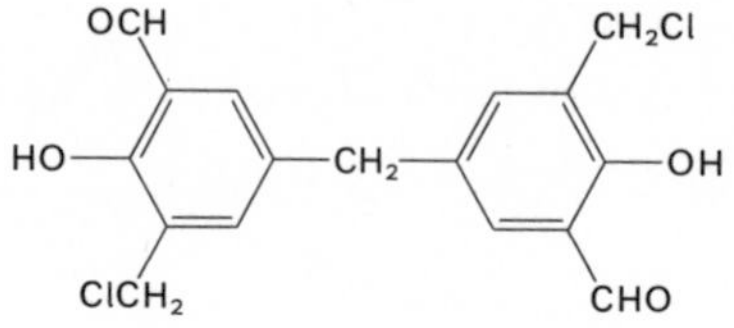

VI

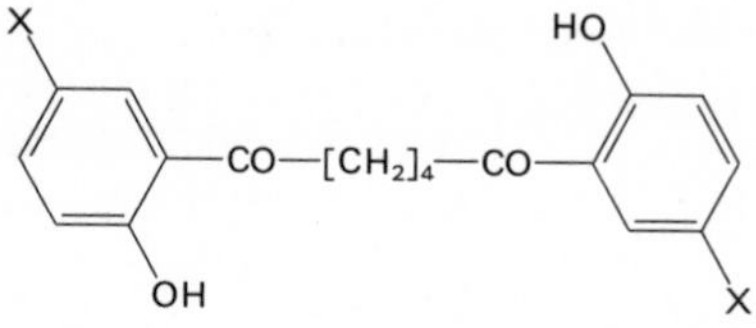

VII

1,6-Bis-[5-chlor-2-hydroxy-phenyl]-hexan-1,6-dion $C_{18}H_{16}Cl_2O_4$, Formel VII (X = Cl).

B. Neben 6-[5-Chlor-2-hydroxy-phenyl]-6-oxo-hexansäure aus Adipinsäure-bis-[4-chlor-phenylester] mit Hilfe von AlCl$_3$ (*Vogelsang, Wagner-Jauregg,* A. **568** [1950] 116, 126).

Hellgrüngelbliche Kristalle (aus Toluol); F: 196,5° [unkorr.].

1-[2-Hydroxy-phenyl]-6-[4-hydroxy-phenyl]-hexan-1,6-dion $C_{18}H_{18}O_4$, Formel VIII (R = X′ = H, X = OH).

B. Neben anderen Verbindungen aus Adipinsäure-diphenylester mit Hilfe von AlCl$_3$ (*Dorn, Treibs,* B. **88** [1955] 834, 840).

Kristalle (aus Propan-1-ol); F: 190−192°.

Dioxim $C_{18}H_{20}N_2O_4$. Kristalle (aus A.+ Bzl.); F: 200−201° (*Dorn, Tr.,* l. c. S. 841).

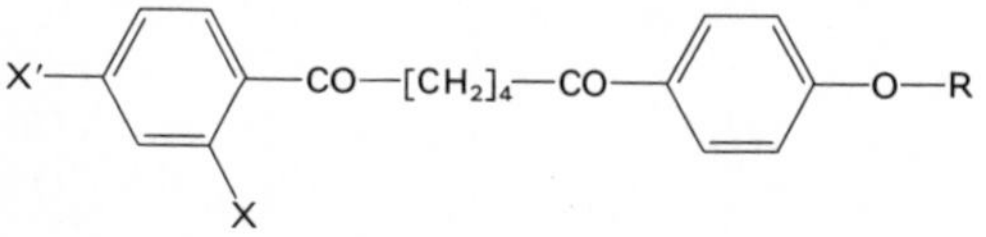

VIII

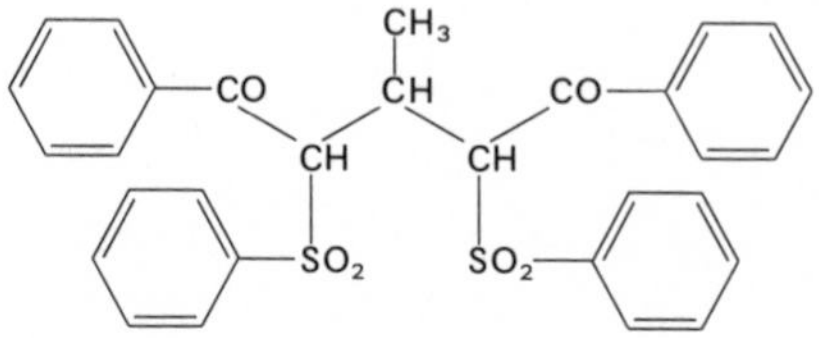

IX

1-[2-Hydroxy-phenyl]-6-[4-methoxy-phenyl]-hexan-1,6-dion $C_{19}H_{20}O_4$, Formel VIII (R = CH$_3$, X = OH, X′ = H).

B. Aus der vorangehenden Verbindung und Dimethylsulfat (*Dorn, Treibs,* B. **88** [1955] 834, 841).

Kristalle (aus A.); F: 118°.

1,6-Bis-[4-hydroxy-phenyl]-hexan-1,6-dion $C_{18}H_{18}O_4$, Formel VIII (R = X = H, X′ = OH).

B. Aus Adipinsäure-diphenylester mit Hilfe von AlCl$_3$ (*Dorn, Treibs,* B. **88** [1955] 834, 839, 840).

Kristalle; F: 240−242° [aus Propiophenon] bzw. F: 235−238° [aus Propan-1-ol].

Dioxim $C_{18}H_{20}N_2O_4$. F: 228° [Zers.] (*Dorn, Tr.,* l. c. S. 841).

Dimethyl-Derivat $C_{20}H_{22}O_4$; 1,6-Bis-[4-methoxy-phenyl]-hexan-1,6-dion (E III 3756). Kristalle (aus Propan-1-ol); F: 147° (*Dorn, Tr.,* l. c. S. 841).

Diacetyl-Derivat $C_{22}H_{22}O_6$; 1,6-Bis-[4-acetoxy-phenyl]-hexan-1,6-dion. Kristalle (aus A.); F: 142° (*Dorn, Tr.,* l. c. S. 841).

---

*Opt.-inakt. 2,4-Bis-benzolsulfonyl-3-methyl-1,5-diphenyl-pentan-1,5-dion $C_{30}H_{26}O_6S_2$, Formel IX.

B. Beim Erwärmen von Acetaldehydammoniak (E III/IV **26** 25) mit 2-Benzolsulfonyl-1-phenyl-äthanon in Äthanol (*Balasubramanian, Baliah,* J. Indian chem. Soc. **32** [1955] 493, 496).

Kristalle (aus Dioxan); F: 202−203° [nach Erweichen bei 192°].

1,4-Bis-[2-hydroxy-5-methyl-phenyl]-butan-1,4-dion $C_{18}H_{18}O_4$, Formel X (E II 486).

B. Aus Bernsteinsäure-di-*p*-tolylester beim Erhitzen mit $AlCl_3$ ohne Lösungsmittel oder in Chlorbenzol (*Thomas et al.,* Am. Soc. **80** [1958] 5864, 5866).

Kristalle (aus A.); F: 189° [unkorr.].

X

1-[2-Hydroxy-4-methoxy-phenyl]-3-mesityl-propan-1,3-dion $C_{19}H_{20}O_4$, Formel XI.

B. Beim Erwärmen von 2,4,6-Trimethyl-benzoesäure-[2-acetyl-5-methoxy-phenylester] mit KOH und Pyridin (*Schmid, Banholzer,* Helv. **37** [1954] 1706, 1716).

Hellgelbe Kristalle (aus Ae. + A.); F: 118—119°.

XI   XII

*Opt.-inakt. 1-Diazo-3,4-bis-[4-methoxy-phenyl]-hexan-2-on $C_{20}H_{22}N_2O_3$, Formel XII.

B. Beim Behandeln von opt.-inakt. 2,3-Bis-[4-methoxy-phenyl]-valerylchlorid (F: 136—137°) mit Diazomethan in Äther (*Burckhalter, Sam,* Am. Soc. **74** [1952] 187, 190).

F: 125—127° [Rohprodukt].

3,4-Bis-[4-methoxy-phenyl]-hexan-2,5-dion $C_{20}H_{22}O_4$.

a) *meso*-**3,4-Bis-[4-methoxy-phenyl]-hexan-2,5-dion,** Formel XIII.

B. Neben dem unter b) beschriebenen Stereoisomeren beim Erhitzen von [4-Methoxy-phenyl]-aceton mit Di-*tert*-butylperoxid (*Huang, Lee Kum-Tatt,* Soc. **1955** 4229, 4231).

Kristalle (aus Dioxan); F: 201—202°.

XIII   XIV

b) *racem.-***3,4-Bis-[4-methoxy-phenyl]-hexan-2,5-dion,** Formel XIV + Spiegelbild.

B. s. unter a).

Hellgelbe Kristalle (aus Me.); F: 153—154° (*Huang, Lee Kum-Tatt,* Soc. **1955** 4229, 4232).

1,4-Dihydroxy-4-methyl-1,1-diphenyl-pentan-2,3-dion $C_{18}H_{18}O_4$, Formel XV.

B. Beim Erwärmen von 3-Äthoxy-2,2-dimethyl-5,5-diphenyl-2,5-dihydro-furan mit $KMnO_4$

in wss. KOH (*Wenuš-Danilowa, Rjabzewa, Ž.* obšč. Chim. **20** [1950] 2230, 2233; engl. Ausg. S. 2317, 2320).

Kristalle (aus PAe.); F: 83−84°.

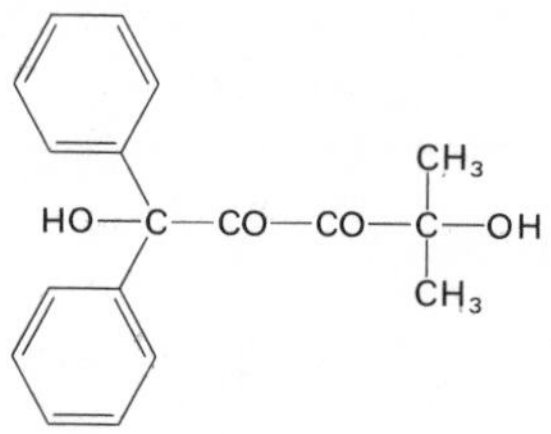

XV 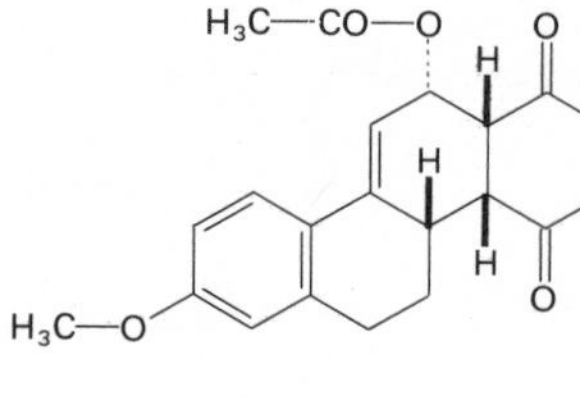   XVI

(±)-12t-Acetoxy-8-methoxy-(4ar,4bc,12ac)-2,3,4a,4b,5,6,12,12a-octahydro-chrysen-1,4-dion,
rac-12α-Acetoxy-3-methoxy-*D*-homo-14β-gona-1,3,5(10),9(11)-tetraen-15,17a-dion $C_{21}H_{22}O_5$, Formel XVI + Spiegelbild.

B. Beim Hydrieren von (±)-12t-Acetoxy-8-methoxy-(4ar,4bc,12ac)-4a,4b,5,6,12,12a-hexa≠ hydro-chrysen-1,4-dion (E IV **6** 7823) an Palladium/PbCO$_3$ in Äthylacetat (*Šorkina et al.*, Doklady Akad. S.S.S.R. **129** [1959] 345, 348; Pr. Acad. Sci. U.S.S.R. Chem. Sect. **124−129** [1959] 991, 994).

Kristalle (aus Bzl.); F: 101−102°. λ_{max} (A.): 268,5 nm.

Hydroxy-oxo-Verbindungen $C_{19}H_{20}O_4$

4-Nitro-1,7-bis-[4-propoxy-phenyl]-heptan-1,7-dion $C_{25}H_{31}NO_6$, Formel I.

B. Aus 3-Chlor-1-[4-propoxy-phenyl]-propan-1-on und Nitromethan (*Profft et al.*, J. pr. [4] **1** [1954] 57, 85).

Kristalle (aus Me.); F: 99−100°.

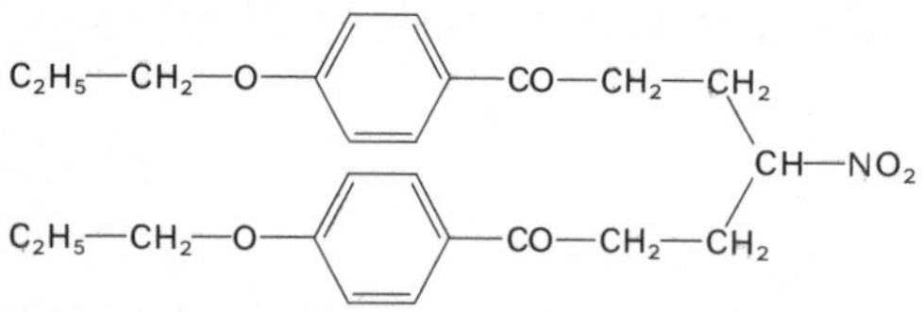

I 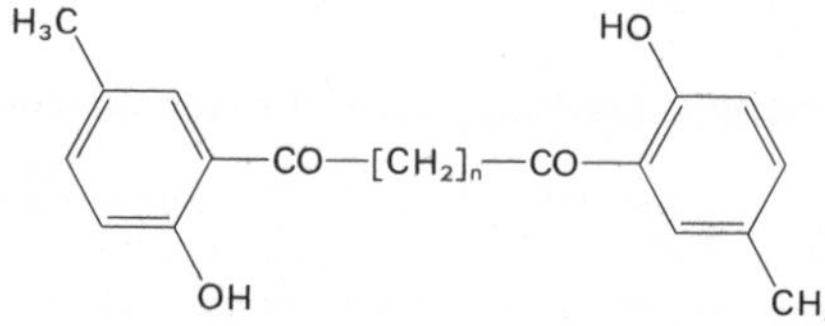   II

1,5-Bis-[2-hydroxy-5-methyl-phenyl]-pentan-1,5-dion $C_{19}H_{20}O_4$, Formel II (n = 3).

B. Beim Erhitzen von Glutarsäure-di-*p*-tolylester mit AlCl$_3$ in Chlorbenzol (*Thomas et al.*, Am. Soc. **80** [1958] 5864, 5866).

Kristalle (aus A.); F: 140−141°.

2,4,6-Trihydroxy-3-[3-methyl-but-2-enyl]-desoxybenzoin $C_{19}H_{20}O_4$, Formel III (X = H).

Diese Konstitution kommt vermutlich der nachstehend beschriebenen Verbindung zu (*Riedl*, A. **585** [1954] 38, 42).

B. Neben 2,4,4-Tris-[3-methyl-but-2-enyl]-6-phenylacetyl-cyclohexan-1,3,5-trion (,,Phen≠ aceto-lupuphenon``) aus 2,4,6-Trihydroxy-desoxybenzoin und 1-Brom-3-methyl-but-2-en (*Ri.*, l. c. S. 41).

Gelbliche Kristalle (aus wss. Me.) mit 1 Mol Methanol; F: 163°.

4′-Chlor-2,4,6-trihydroxy-3-[3-methyl-but-2-enyl]-desoxybenzoin $C_{19}H_{19}ClO_4$, Formel III (X = Cl).

B. In mässiger Ausbeute aus 4′-Chlor-2,4,6-trihydroxy-desoxybenzoin und 1-Jod-3-methyl-but-2-en (*Riedl et al.*, B. **89** [1956] 1849, 1854).

Kristalle (aus wss. Me.); F: 197°.

III   IV

2-[3-Methoxy-2,4,5-trimethyl-6-oxo-cyclohexa-2,4-dienylidenmethyl]-3,5,6-trimethyl-[1,4]benzochinon $C_{20}H_{22}O_4$, Formel IV (R = CH_3).

Die von *Smith et al.* (Am. Soc. **72** [1950] 3651, 3654) unter dieser Konstitution beschriebene Verbindung (Kristalle [aus A.]; F: 189—190°) ist als (±)-7-Methoxy-2,3,4a,5,6,8-hexa≈methyl-4aH-xanthen-1,4-dion $C_{20}H_{22}O_4$ zu formulieren (*Dean, Houghton*, Tetrahedron Letters **1969** 3579). Entsprechend ist die als 2-[3-Acetoxy-2,4,5-trimethyl-6-oxo-cyclo≈hexa-2,4-dienylidenmethyl]-3,5,6-trimethyl-[1,4]benzochinon $C_{21}H_{22}O_5$ (Formel IV, R = CO-CH_3) angesehene Verbindung (Kristalle [aus Bzl.+PAe.]; F: 194—195°) als (±)-7-Acetoxy-2,3,4a,5,6,8-hexamethyl-4aH-xanthen-1,4-dion $C_{21}H_{22}O_5$ zu formulie≈ren.

2-[3-Cyclohexyl-2-oxo-propyl]-3-hydroxy-[1,4]naphthochinon $C_{19}H_{20}O_4$, Formel V und Taut.

B. Bei der Autoxidation [17 d] von 2-[3-Cyclohexyl-propyl]-3-hydroxy-[1,4]naphthochinon in feuchtem Äther unter Einwirkung von diffusem Tageslicht (*Ettlinger*, Am. Soc. **72** [1950] 3666, 3671).

Gelbe Kristalle (aus wss. Me.); F: 178,5—179,5°.

V   VI

Hydroxy-oxo-Verbindungen $C_{20}H_{22}O_4$

6,6′-Dihydroxy-4,4′-diisopropyl-[1,1′]bicyclohepta-1,3,5-trienyl-7,7′-dion $C_{20}H_{22}O_4$, Formel VI und Taut; 6,6′-Diisopropyl-[3,3′]bitropolonyl.

B. Neben 3,9-Diisopropyl-dicyclohepta[b,d]furan-5,7-dion beim Erhitzen des Kupfer(II)-Salzes des 6-Isopropyl-3-jod-tropolons mit aktiviertem Kupfer-Pulver in Pyridin (*Nozoe et al.*, Pr. Japan Acad. **32** [1956] 480).

Kristalle; F: 132° [Zers.]. Absorptionsspektrum (Me.; 210—440 nm): *No. et al.*

1,8-Bis-[4-methoxy-phenyl]-octan-1,8-dion $C_{22}H_{26}O_4$, Formel VII (R = CH_3, n = 6).

B. Aus 1,6-Bis-diazo-hexan und 4-Methoxy-benzaldehyd (*Samour, Mason*, Am. Soc. **76** [1954] 441, 443).

F: 128,8—129,2°.

Bis-[2,4-dinitro-phenylhydrazon] (F: 223,7—224,7°): *Sa., Ma.*

1,6-Bis-[2-hydroxy-5-methyl-phenyl]-hexan-1,6-dion $C_{20}H_{22}O_4$, Formel II (n = 4).

B. Aus Adipinsäure-di-p-tolylester mit Hilfe von $AlCl_3$ (*Thomas et al.*, Am. Soc. **80** [1958] 5864, 5866).

Kristalle (aus Dioxan + H_2O [1:3]); F: 163–164°.

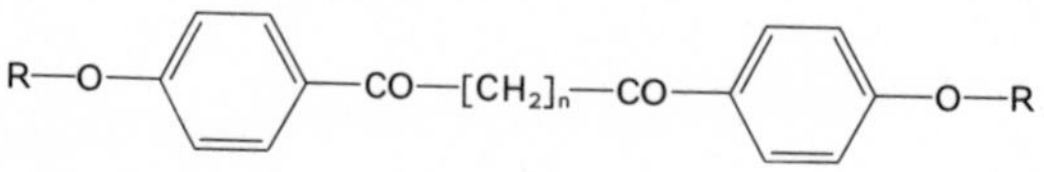

VII

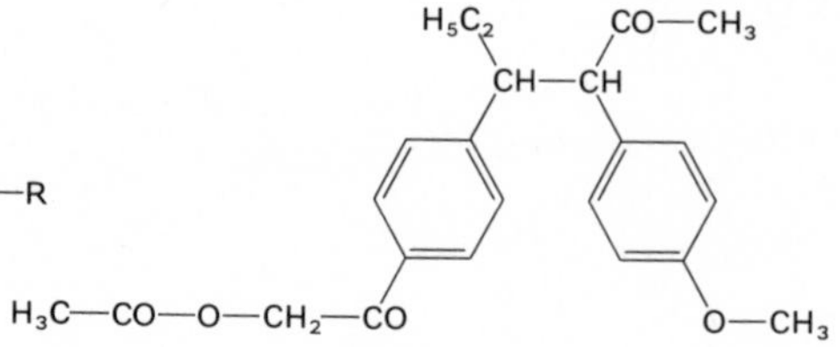

VIII

*Opt.-inakt. 4-[3-Acetoxyacetyl-phenyl]-3-[4-methoxy-phenyl]-hexan-2-on $C_{23}H_{26}O_5$, Formel VIII.

B. Aus opt.-inakt. 3-[1-Äthyl-2-(4-methoxy-phenyl)-3-oxo-butyl]-benzoesäure (F: 185–185,5°) über mehrere Stufen (*Burckhalter et al.,* Am. Soc. **76** [1954] 4112, 4115).

Kristalle (aus A.); F: 98–100°. $Kp_{0,01}$: 162–165°.

*Opt.-inakt. 2-Acetoxy-2,6-bis-[α-acetoxy-benzyl]-6-brom-cyclohexanon $C_{26}H_{27}BrO_7$, Formel IX (R = CO-CH_3).

Konstitution: *Yeh et al.,* Chemistry Taipei **1955** 27, 28; C. A. **1956** 1658.

B. In geringer Menge neben opt.-inakt. 2,6-Bis-[α-acetoxy-benzyl]-2,6-dibrom-cyclohexanon (F: 210–211°) beim Erwärmen von opt.-inakt. 2,6-Dibrom-2,6-bis-[α-brom-benzyl]-cyclohex≠ anon (E III 7 2503) mit Silberacetat und Essigsäure (*Yeh,* Bl. chem. Soc. Japan **27** [1954] 60; *Yeh et al.,* l. c. S. 29).

Kristalle (aus A.); F: 200–201° (*Yeh*), 196–197° (*Yeh et al.,* l. c. S. 29).

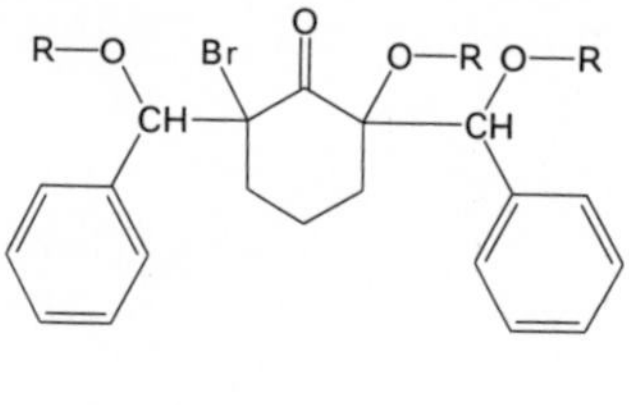

IX

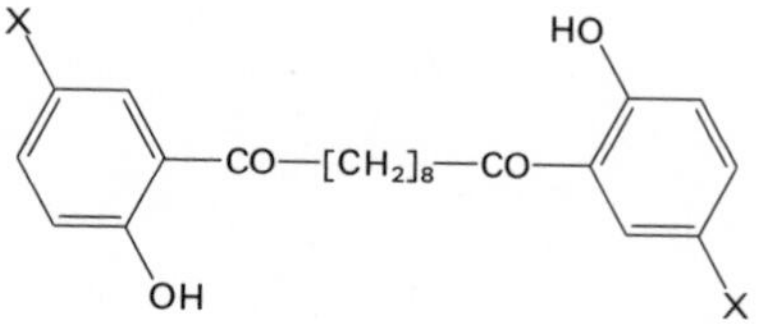

X

Hydroxy-oxo-Verbindungen $C_{21}H_{24}O_4$

1,7-Bis-[2-hydroxy-5-methyl-phenyl]-heptan-1,7-dion $C_{21}H_{24}O_4$, Formel II (n = 5).

B. Beim Erhitzen von Heptandisäure-di-*p*-tolylester mit $AlCl_3$ in Chlorbenzol (*Thomas et al.,* Am. Soc. **80** [1958] 5864, 5866).

Kristalle (aus A.); F: 100–101°.

Hydroxy-oxo-Verbindungen $C_{22}H_{26}O_4$

1,10-Bis-[2-hydroxy-phenyl]-decan-1,10-dion $C_{22}H_{26}O_4$, Formel X (X = H).

B. Neben 1,10-Bis-[4-hydroxy-phenyl]-decan-1,10-dion beim Erwärmen von Decandisäure-diphenylester mit $AlCl_3$ in Tetrachloräthan (*Varma, Aggarwal,* J. Indian chem. Soc. **36** [1959] 41, 44).

Kristalle (aus Bzl.?); F: 101–102°. λ_{max}: 276 nm [Lösungsmittel nicht angegeben].

Dioxim $C_{22}H_{28}N_2O_4$. Kristalle (aus Me.); F: 145°.

1,10-Bis-[5-chlor-2-hydroxy-phenyl]-decan-1,10-dion $C_{22}H_{24}Cl_2O_4$, Formel X (X = Cl).

B. Aus Decandisäure-bis-[4-chlor-phenylester] mit Hilfe von $AlCl_3$ (*Vogelsang, Wagner-Jau≠ regg,* A. **568** [1950] 116, 126).

Kristalle (aus Toluol); F: 176° [unkorr.].

1,10-Bis-[4-hydroxy-phenyl]-decan-1,10-dion $C_{22}H_{26}O_4$, Formel VII (R = H, n = 8)
(E III 3763).

B. Neben weniger 1,10-Bis-[2-hydroxy-phenyl]-decan-1,10-dion beim Erwärmen von Decan≠
disäure-diphenylester mit AlCl$_3$ in Tetrachloräthan (*Varma, Aggarwal,* J. Indian chem. Soc.
36 [1959] 41, 44).
Kristalle (aus Bzl.); F: 136°? (vgl. E III 3763).

1,8-Bis-[2-hydroxy-5-methyl-phenyl]-octan-1,8-dion $C_{22}H_{26}O_4$, Formel II (n = 6).
B. Aus Octandisäure-di-*p*-tolylester mit Hilfe von AlCl$_3$ (*Thomas et al.,* Am. Soc. **80** [1958]
5864, 5866).
Kristalle (aus H$_2$O + Dioxan [1:3]); F: 136−137°.

1,4-Bis-[2-hydroxy-3,4,6-trimethyl-phenyl]-butan-1,4-dion $C_{22}H_{26}O_4$, Formel XI (R = H,
R′ = CH$_3$).

B. Beim Erhitzen von Bernsteinsäure-bis-[2,3,5-trimethyl-phenylester] mit AlCl$_3$ in Tetra≠
chloräthan (*Smith, Holmes,* Am. Soc. **73** [1951] 3847, 3849).
Hellgelbe Kristalle (aus Py.); F: 207−209° [unkorr.] (*Sm., Ho.,* l. c. S. 3849).
Beim Erwärmen mit Jod und Pyridin und Erwärmen des Reaktionsprodukts mit wss.-äthanol.
KOH ist 4,6,7-Trimethyl-benzofuran-2,3-dion erhalten worden (*Smith, Holmes,* Am. Soc. **73**
[1951] 4294, 4296).
Dioxim $C_{22}H_{28}N_2O_4$. Kristalle (aus A.); F: 239−240° [unkorr.; Zers.] (*Sm., Ho.,* l. c.
S. 3849).
Dimethyl-Derivat $C_{24}H_{30}O_4$; 1,4-Bis-[2-methoxy-3,4,6-trimethyl-phenyl]-
butan-1,4-dion. Kristalle (aus Me.); F: 124−125° [unkorr.] (*Sm., Ho.,* l. c. S. 3849).
Diacetyl-Derivat $C_{26}H_{30}O_6$; 1,4-Bis-[2-acetoxy-3,4,6-trimethyl-phenyl]-butan-
1,4-dion. Kristalle (aus E. + PAe.); F: 154−156° [unkorr.] (*Sm., Ho.,* l. c. S. 3849).

XI

1,4-Bis-[2-hydroxy-3,4,5-trimethyl-phenyl]-butan-1,4-dion(?) $C_{22}H_{26}O_4$, vermutlich Formel XI
(R = CH$_3$, R′ = H).

Konstitution: *Smith, Holmes,* Am. Soc. **73** [1951] 3847; s. a. *Smith, Holmes,* Am. Soc. **73**
[1951] 4294.

B. Neben der vorangehenden Verbindung beim Erhitzen von Bernsteinsäure-bis-[2,3,5-tri≠
methyl-phenylester] mit AlCl$_3$ in Tetrachloräthan (*Sm., Ho.,* l. c. S. 3850).
Kristalle (aus E.); F: 246−248° [unkorr.] (*Sm., Ho.,* l. c. S. 3850).
Beim Erhitzen mit Jod und Pyridin ist 5,6,7,5′,6′,7′-Hexamethyl-[2,2′]bibenzofuranyliden-3,3′-
dion (E III/IV **19** 2116) erhalten worden (*Sm., Ho.,* l. c. S. 4297).
Diacetyl-Derivat $C_{26}H_{30}O_6$; 1,4-Bis-[2-acetoxy-3,4,5-trimethyl-phenyl]-butan-
1,4-dion(?). Kristalle (aus E.); F: 213−214° [unkorr.] (*Sm., Ho.,* l. c. S. 3850).

Hydroxy-oxo-Verbindungen $C_{23}H_{28}O_4$

1,9-Bis-[2-hydroxy-5-methyl-phenyl]-nonan-1,9-dion $C_{23}H_{28}O_4$, Formel II (n = 7).
B. Beim Erhitzen von Nonandisäure-di-*p*-tolylester mit AlCl$_3$ in Chlorbenzol (*Thomas et al.,*
Am. Soc. **80** [1958] 5864, 5866).

Kristalle (aus A.); F: 79—80°.

Hydroxy-oxo-Verbindungen $C_{24}H_{30}O_4$

1,10-Bis-[2-hydroxy-3-methyl-phenyl]-decan-1,10-dion $C_{24}H_{30}O_4$, Formel XII (R = CH_3, R' = R'' = H).

B. Neben der folgenden Verbindung beim Erwärmen von Decandisäure-di-o-tolylester mit $AlCl_3$ in Tetrachloräthan (*Varma, Aggarwal*, J. Indian chem. Soc. **36** [1959] 41, 44).

Kristalle (aus Bzl.?); F: 106°. λ_{max}: 275 nm.

Dioxim $C_{24}H_{32}N_2O_4$. Kristalle (aus A.); F: 170°.

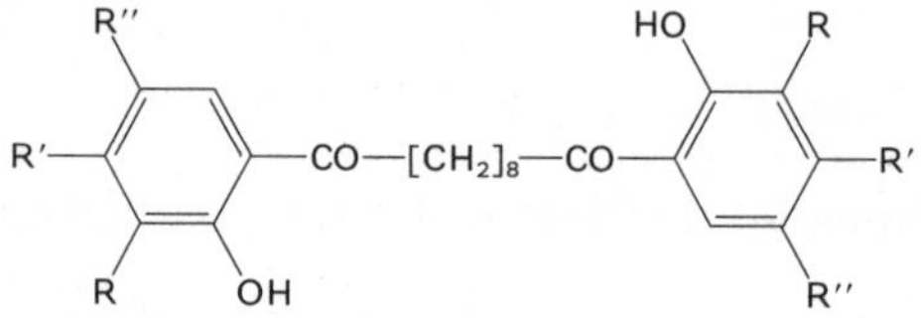

XII

1,10-Bis-[4-hydroxy-3-methyl-phenyl]-decan-1,10-dion $C_{24}H_{30}O_4$, Formel XIII (R = H, R' = CH_3, n = 8).

B. s. bei der vorangehenden Verbindung.

Kristalle (aus Bzl.); F: 196° (*Varma, Aggarwal*, J. Indian chem. Soc. **36** [1959] 41, 44).

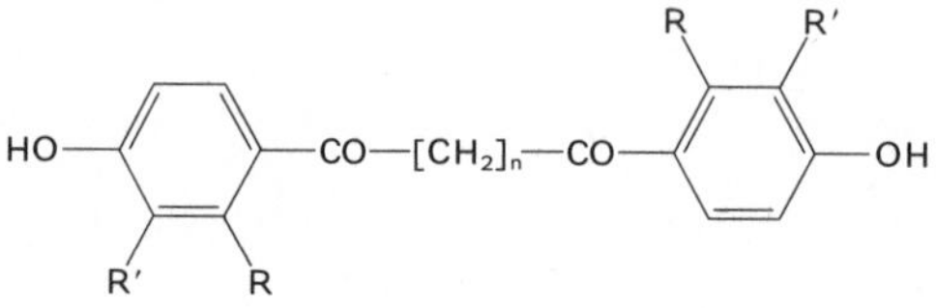

XIII

1,10-Bis-[2-hydroxy-5-methyl-phenyl]-decan-1,10-dion $C_{24}H_{30}O_4$, Formel XII (R = R' = H, R'' = CH_3).

B. Aus Decandisäure-di-p-tolylester beim Erhitzen mit $AlCl_3$ in Chlorbenzol (*Thomas et al.*, Am. Soc. **80** [1958] 5864, 5866) oder beim Erwärmen mit $AlCl_3$ in Tetrachloräthan (*Varma, Aggarwal*, J. Indian chem. Soc. **36** [1959] 41, 44).

Kristalle; F: 126—127° [aus Dioxan+A. (1:2)] (*Th. et al.*), 110,5° [aus Bzl.] (*Va., Ag.*). λ_{max}: 276 nm (*Va., Ag.*).

Dioxim $C_{24}H_{32}N_2O_4$. Kristalle (aus A.); F: 178° (*Va., Ag.*).

1,10-Bis-[2-hydroxy-4-methyl-phenyl]-decan-1,10-dion $C_{24}H_{30}O_4$, Formel XII (R = R'' = H, R' = CH_3).

B. Beim Erwärmen von Decandisäure-di-m-tolylester mit $AlCl_3$ in Tetrachloräthan (*Varma, Aggarwal*, J. Indian chem. Soc. **36** [1959] 41, 44).

Kristalle (aus Me.); F: 120,5°. λ_{max}: 276 nm.

1,4-Bis-[2-hydroxy-3-isopropyl-6-methyl-phenyl]-butan-1,4-dion $C_{24}H_{30}O_4$, Formel XIV.

B. Beim Erhitzen von 2-Isopropyl-5-methyl-phenol mit Bernsteinsäure und $AlCl_3$ (*Strubell, Baumgärtel*, J. pr. [4] **9** [1959] 213, 215).

Kristalle; F: 44°.

meso-3,4-Bis-[3-(3-chlor-propionyl)-4-methoxy-phenyl]-hexan $C_{26}H_{32}Cl_2O_4$, Formel XV.

B. Beim Behandeln von meso-3,4-Bis-[4-methoxy-phenyl]-hexan mit 3-Chlor-propionylchlorid und $AlCl_3$ in Nitrobenzol (*Cheymol et al.*, C. r. **247** [1958] 547).

Kristalle (aus Acn.); F: 146°.

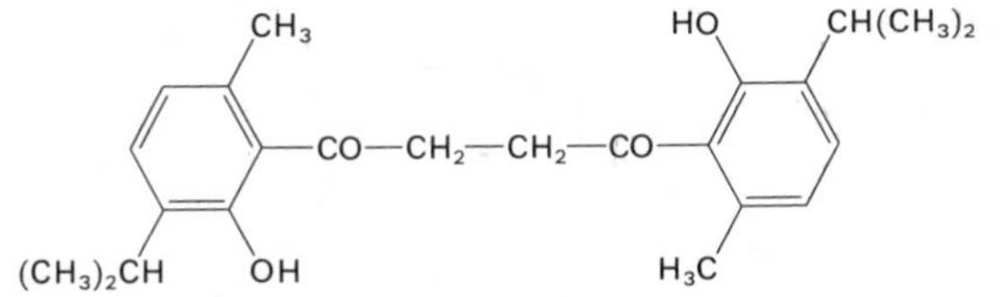

XIV

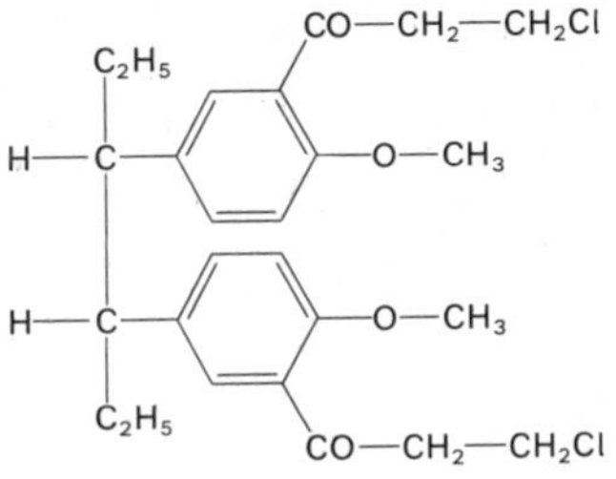

XV

Hydroxy-oxo-Verbindungen $C_{27}H_{36}O_4$

5,17-Dihydroxy-6β-phenyl-5α-pregnan-3,20-dion $C_{27}H_{36}O_4$, Formel XVI.

B. Beim Behandeln von 3,3;20,20-Bis-äthandiyldioxy-6β-phenyl-5α-pregnan-5,17-diol mit wss. $HClO_4$ in THF (*Zderic, Limon*, Am. Soc. **81** [1959] 4570).

Kristalle (aus E. + Me.) mit 0,25 Mol Äthylacetat; F: 261−264° [unkorr.]. $[\alpha]_D$: ±0° [Py.]. IR-Banden (KBr; 2,9−14,3 µ): *Zd., Li.* λ_{max} (A.): 254 nm, 260 nm und 266 nm.

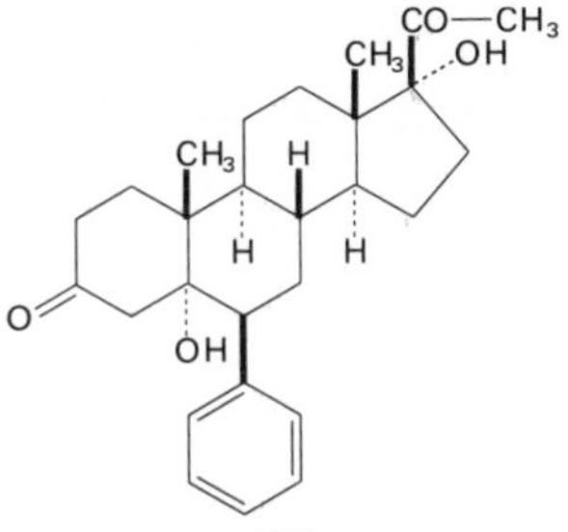

XVI

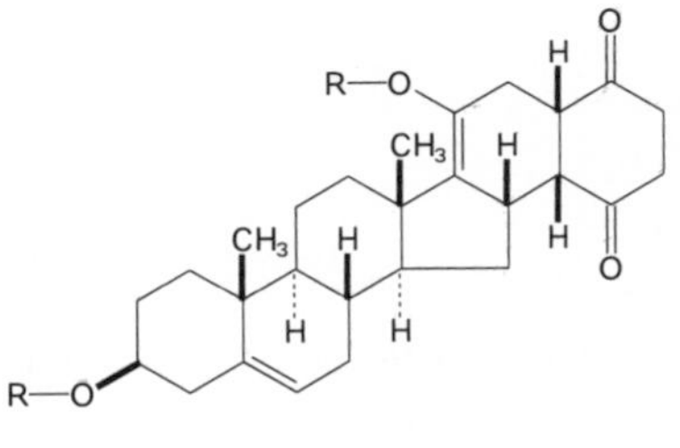

XVII

3β,3'-Diacetoxy-(16β,4'aβ,8'aβ)-16,4',4'a,6',7',8'a-hexahydro-naphth[1',2':16,17]androsta-5,16-dien-5',8'-dion $C_{31}H_{40}O_6$, Formel XVII (R = CO-CH_3).

Diese Konfiguration kommt wahrscheinlich der nachstehend beschriebenen Verbindung zu; s. hierzu *Georgian, Georgian*, J. org. Chem. **29** [1964] 58.

B. Beim Behandeln von 3β,3'-Diacetoxy-(16β,4'aβ,8'aβ)-16,4',4'a,8'a-tetrahydro-naphth[1',2':16,17]androsta-5,16-dien-5',8'-dion (Syst.-Nr. 600) mit Zink-Pulver und Essigsäure bei 100° (*Searle & Co.*, U.S.P. 2812335 [1955]).

Kristalle (aus Bzl. + A.); F: 244−247°; $[\alpha]_D$: −50° [Dioxan] (*Searle & Co.*).

Beim Behandeln in Benzol mit wss.-äthanol. K_2CO_3 ist ein Stereoisomeres (Kristalle [aus $CHCl_3$ + Eg.]; F: 316−319°; $[\alpha]_D$: −103° [Dioxan]) erhalten worden (*Searle & Co.*).

Hydroxy-oxo-Verbindungen $C_{30}H_{42}O_4$

1,18-Bis-[2-hydroxy-phenyl]-octadecan-1,18-dion $C_{30}H_{42}O_4$, Formel XVIII (R = R' = R'' = H).

B. Neben der folgenden Verbindung beim Erwärmen von Octadecandisäure-diphenylester mit $AlCl_3$ in Tetrachloräthan (*Gupta, Aggarwal*, J. scient. ind. Res. India **18** B [1959] 205, 207, 208).

Kristalle (aus Bzl.); F: 112−112,5°.

Bis-[2,4-dinitro-phenylhydrazon] (F: 150°): *Gu., Ag.*

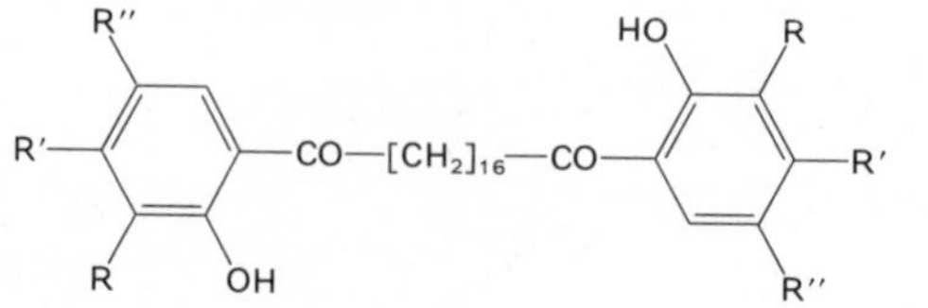

XVIII 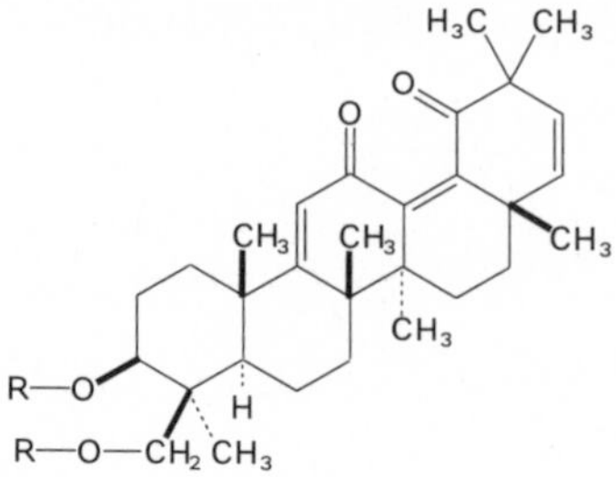   XIX

1,18-Bis-[4-hydroxy-phenyl]-octadecan-1,18-dion $C_{30}H_{42}O_4$, Formel XIII (R = R′ = H, n = 16).

B. s. bei der vorangehenden Verbindung.

Kristalle; F: 103,5° (*Gupta, Aggarwal,* J. scient. ind. Res. India **18** B [1959] 205, 208). Bis-[2,4-dinitro-phenylhydrazon] (F: 170°): *Gu., Ag.*

3β,24-Diacetoxy-oleana-9(11),13(18),21-trien-12,19-dion(?) $C_{34}H_{46}O_6$, vermutlich Formel XIX (R = CO-CH₃).

Bezüglich der Konstitution vgl. das analog hergestellte 3β,24-Diacetoxy-oleana-9(11),13(18)-dien-12,19-dion (S. 3208).

B. Beim Erhitzen von 3β,24-Diacetoxy-oleana-12,21-dien mit SeO₂ in Benzylacetat (*Smith et al.,* Tetrahedron **4** [1958] 111, 130).

Kristalle (aus PAe.+CHCl₃); F: 217–218° [unkorr.]. $[\alpha]_D$: −78,5° [CHCl₃; c = 0,8]. λ_{max} (A.): 274 nm.

Hydroxy-oxo-Verbindungen $C_{32}H_{46}O_4$

1,18-Bis-[4-hydroxy-2-methyl-phenyl]-octadecan-1,18-dion $C_{32}H_{46}O_4$, Formel XIII (R = CH₃, R′ = H, n = 16).

B. Neben 1,18-Bis-[2-hydroxy-4-methyl-phenyl]-octadecan-1,18-dion beim Erwärmen von Octadecandisäure-di-*m*-tolylester mit AlCl₃ in Tetrachloräthan (*Gupta, Aggarwal,* J. scient. ind. Res. India **18** B [1959] 205, 208).

F: 112,5°.

Die folgenden Verbindungen sind in analoger Weise hergestellt worden:

1,18-Bis-[2-hydroxy-3-methyl-phenyl]-octadecan-1,18-dion $C_{32}H_{46}O_4$, Formel XVIII (R = CH₃, R′ = R″ = H). F: 106°.

1,18-Bis-[4-hydroxy-3-methyl-phenyl]-octadecan-1,18-dion $C_{32}H_{46}O_4$, Formel XIII (R = H, R′ = CH₃, n = 16). F: 95°.

1,18-Bis-[2-hydroxy-5-methyl-phenyl]-octadecan-1,18-dion $C_{32}H_{46}O_4$, Formel XVIII (R = R′ = H, R″ = CH₃). F: 127°.

1,18-Bis-[2-hydroxy-4-methyl-phenyl]-octadecan-1,18-dion $C_{32}H_{46}O_4$, Formel XVIII (R = R″ = H, R′ = CH₃). F: 124°.   [*E. Deuring*]

Hydroxy-oxo-Verbindungen $C_nH_{2n-20}O_4$

Hydroxy-oxo-Verbindungen $C_{14}H_8O_4$

1,2-Dihydroxy-anthrachinon, Alizarin $C_{14}H_8O_4$, Formel I (R = R′ = H) (H 439; E I 710; E II 487; E III 3767 [1])).

Herstellung von 1,2-Dihydroxy-[9-¹⁴C]anthrachinon: *Williams, Ronzio,* Org. Synth. Isotopes **1958** 724.

---

[1]) Berichtigung zu E III **8** 3767, Zeile 10 v. o.: Anstelle von „Syst.-Nr. 2431" ist zu setzen „Syst.-Nr. 2451".

Temperaturabhängigkeit des Dampfdrucks bei 95−165° (Gleichung): *Hoyer, Peperle*, Z. El. Ch. **62** [1958] 61, 62. Mittlere Sublimationsenthalpie bei 95−165°: 28,8 kcal·mol^{-1} (*Ho., Pe.*). IR-Spektrum des Dampfes bei 290° (3800−2800 cm^{-1}): *Schigorin*, Izv. Akad. S.S.S.R. Ser. fiz. **18** [1954] 723; engl. Ausg. S. 404; *Schigorin, Dokunichin*, Doklady Akad. S.S.S.R. **100** [1955] 323, 325; C. A. **1955** 14485; in Hexachlorbenzol (4000−2700 cm^{-1}): *Hoyer*, B. **86** [1953] 1016, 1021. CO-Valenzschwingungsbande (frei und chelatisiert; Nujol und Dioxan): *Tanaka*, Chem. pharm. Bl. **6** [1958] 18, 20, 23. λ_{max}: 225 nm, 250 nm, 275 nm, 340 nm und 430 nm [A.] (*Ikeda et al.*, J. pharm. Soc. Japan **76** [1956] 217, 219; C. A. **1956** 7590) und 416 nm [CH$_2$Cl$_2$] (*Labhart*, Helv. **40** [1957] 1410, 1414). Die Kristalle sind piezoelektrisch (*Kopzik et al.*, Vestnik Moskovsk. Univ. **13** [1958] Nr. 6, S. 91, 92; C. A. **1959** 15673). Redoxpotential in wss. Lösung vom pH 7,82−12,87 sowie in wss.-äthanol. NaOH (Bildung eines Semichinons): *Gill, Stonehill*, Soc. **1952** 1846, 1848, 1851, 1854. Polarographisches Halbstufenpotential in wss. Äthanol (pH 1,25): *Wiles*, Soc. **1952** 1358, 1359; in H$_2$SO$_4$ enthaltender Essigsäure: *Stárka et al.*, Collect. **23** [1958] 206, 211.

Komplexbildung mit Indium(3+): *Bévillard*, Bl. **1955** 1509, 1513.

EPR-Absorption des beim Behandeln mit Zink in alkalischer Lösung erhaltenen Radikals: *Adams et al.*, J. chem. Physics **28** [1958] 774.

Dinatrium-Salz. Violettes Pulver (*Koslow, Šidnewa*, Ž. prikl. Chim. **23** [1950] 317, 320; engl. Ausg. S. 333, 336).

Calcium-Salz Ca(C$_{14}$H$_7$O$_4$)$_2$. Das früher (s. H **8** 443) unter dieser Formel beschriebene Salz konnte nicht wieder erhalten werden (*Kiel, Heertjes*, J. Soc. Dyers Col. **79** [1963] 363, 364).

Aluminium-Salz Al(C$_{14}$H$_7$O$_4$)$_3$. Das früher (s. E I **8** 711) unter dieser Formel beschriebene Salz konnte nicht wieder erhalten werden (*Kiel, Heertjes*, J. Soc. Dyers Col. **79** [1963] 61, 62).

Calcium-Aluminium-Salz AlCa(C$_{14}$H$_6$O$_4$)$_2$OH. Diese Zusammensetzung kommt dem früher (s. H **8** 844; E I **8** 771; E III **8** 3769) beschriebenen sog. Türkischrot zu (*Kiel, Heertjes*, J. Soc. Dyers Col. **79** [1963] 21).

Calcium-Chrom(III)-Salz CaCr(C$_{14}$H$_6$O$_4$)$_2$OH. Diese Zusammensetzung kommt dem früher (s. H **8** 444; E I **8** 712) beschriebenen Calcium-Chrom(III)-Salz zu (*Kiel, He.*, l. c. S. 62).

Calcium-Eisen(III)-Salz CaFe(C$_{14}$H$_6$O$_4$)$_2$OH. Diese Zusammensetzung kommt dem früs her (s. H **8** 444; E I **8** 717; E III **8** 3770) beschriebenen Calcium-Eisen(III)-Salz zu (*Kiel, He.*, l. c. S. 62).

2-Hydroxy-1-methoxy-anthrachinon C$_{15}$H$_{10}$O$_4$, Formel I (R = CH$_3$, R′ = H) (H 444; E II 489; E III 3770).

B. Beim Erhitzen von 2-Benzyloxy-1-methoxy-anthrachinon mit wss. HCl und Essigsäure (*Mahesh et al.*, J. scient. ind. Res. India **15** B [1956] 287, 292).

1-Hydroxy-2-methoxy-anthrachinon C$_{15}$H$_{10}$O$_4$, Formel I (R = H, R′ = CH$_3$) (H 444; E I 712; E II 489; E III 3771).

CO-Valenzschwingungsbande (frei und chelatisiert; Nujol und Dioxan): *Tanaka*, Chem. pharm. Bl. **6** [1958] 18, 20, 22. Polarographisches Halbstufenpotential (Eg.+H$_2$SO$_4$): *Stárka et al.*, Collect. **23** [1958] 206, 211.

1,2-Dimethoxy-anthrachinon $C_{16}H_{12}O_4$, Formel I (R = R' = CH_3) (H 444; E I 712; E II 489; E III 3771).

B. Aus 1,2-Dihydroxy-anthrachinon mit Hilfe von Dimethylsulfat und Na_2CO_3 (*Étienne, Weill-Raynal*, Bl. **1953** 1128, 1132).

Polarographisches Halbstufenpotential in wss. Äthanol vom pH 1,25 und vom pH 11,2: *Wiles,* Soc. **1952** 1358, 1359; in H_2SO_4 enthaltender Essigsäure: *Stárka et al.,* Collect. **23** [1958] 206, 211.

2-Benzyloxy-1-hydroxy-anthrachinon $C_{21}H_{14}O_4$, Formel I (R = H, R' = CH_2-C_6H_5).

B. Beim Erwärmen von 1,2-Dihydroxy-anthrachinon mit Benzylchlorid und $NaHCO_3$ in Äthanol (*Mahesh et al.,* J. scient. ind. Res. India **15** B [1956] 287, 292).

Orangegelbe Kristalle (aus Eg.); F: 183—184°.

2-Benzyloxy-1-methoxy-anthrachinon $C_{22}H_{16}O_4$, Formel I (R = CH_3, R' = CH_2-C_6H_5).

B. Aus der vorangehenden Verbindung mit Hilfe von Dimethylsulfat und K_2CO_3 (*Mahesh,* J. scient. ind. Res. India **15** B [1956] 287, 292).

Gelbe Kristalle (aus Eg.); F: 155—156°.

1-Acetoxy-2-benzyloxy-anthrachinon $C_{23}H_{16}O_5$, Formel I (R = CO-CH_3, R' = CH_2-C_6H_5).

B. Aus 2-Benzyloxy-1-hydroxy-anthrachinon (*Mahesh et al.,* J. scient. ind. Res. India **15** B [1956] 287, 292).

Hellgelbe Kristalle (aus E.); F: 176—177°.

1,2-Diacetoxy-anthrachinon $C_{18}H_{12}O_6$, Formel I (R = R' = CO-CH_3) (H 445; E I 713; E II 489; E III 3772).

Polarographisches Halbstufenpotential (Eg.+H_2SO_4): *Stárka et al.,* Collect. **23** [1958] 206, 211.

2-[2-Diäthylamino-äthoxy]-1-hydroxy-anthrachinon $C_{20}H_{21}NO_4$, Formel I (R = H, R' = CH_2-CH_2-$N(C_2H_5)_2$).

B. Aus dem Mononatrium- oder Monokalium-Salz des 1,2-Dihydroxy-anthrachinons und Diäthyl-[2-chlor-äthyl]-amin in Toluol oder Xylol (*Wenner,* A. **607** [1957] 121, 123, 124).

Kristalle (aus Bzl. oder A.); F: 106—108° [unkorr.].

Hydrochlorid $C_{20}H_{21}NO_4 \cdot HCl$. Kristalle (aus A. oder H_2O); F: 227—229° [unkorr.].

Hydrobromid $C_{20}H_{21}NO_4 \cdot HBr$. Kristalle (aus A. oder H_2O); F: 225—226° [unkorr.].

Methojodid [$C_{21}H_{24}NO_4$]I; Diäthyl-[2-(1-hydroxy-9,10-dioxo-9,10-dihydro-[2]anthryloxy)-äthyl]-methyl-ammonium-jodid. F: 228—229° [unkorr.].

1,2-Bis-[2-diäthylamino-äthoxy]-anthrachinon $C_{26}H_{34}N_2O_4$, Formel I (R = R' = CH_2-CH_2-$N(C_2H_5)_2$).

B. Neben der vorangehend beschriebenen Verbindung aus dem Dikalium- oder Dinatrium-Salz, 1,2-Dihydroxy-anthrachinon und Diäthyl-[2-chlor-äthyl]-amin in Xylol (*Wenner,* A. **607** [1957] 121, 123, 124).

Dihydrochlorid $C_{26}H_{34}N_2O_4 \cdot 2HCl$. F: 227° [unkorr.].

Bis-methojodid [$C_{28}H_{40}N_2O_4$]$I_2 \cdot H_2O$; 1,2-Bis-[2-(diäthyl-methyl-ammonio)-äthoxy]-anthrachinon-dijodid. F: 230—231° [unkorr.].

3-Chlor-1,2-dihydroxy-anthrachinon $C_{14}H_7ClO_4$, Formel II (R = X' = H, X = Cl) (H 446; E I 713).

B. Aus 1,2-Dihydroxy-anthrachinon mit Hilfe von ICl in Essigsäure (*Gandbhir et al.,* Curr. Sci. **19** [1950] 380).

4-Chlor-1,2-dihydroxy-anthrachinon $C_{14}H_7ClO_4$, Formel II (R = X = H, X' = Cl).

B. Beim Erwärmen von 4-Chlor-1-hydroxy-2-[toluol-4-sulfonyloxy]-anthrachinon mit H_2SO_4 (*Joshi et al.,* Pr. Indian Acad. [A] **34** [1951] 304, 312).

Orangefarbene Kristalle (aus Eg.); F: 239°.

Diacetyl-Derivat $C_{18}H_{11}ClO_6$; 1,2-Diacetoxy-4-chlor-anthrachinon. Gelbe Kristalle (aus Eg.); F: 168°.

4-Brom-1,2-dihydroxy-anthrachinon $C_{14}H_7BrO_4$, Formel II (R = X = H, X′ = Br).
B. Analog der vorangehenden Verbindung (*Joshi et al.*, Pr. Indian Acad. [A] **34** [1951] 304, 308).
Orangefarbene Kristalle (aus Eg.); F: 230°.
Diacetyl-Derivat $C_{18}H_{11}BrO_6$; 1,2-Diacetoxy-4-brom-anthrachinon. Gelbe Kristalle (aus Eg.); F: 174 – 175° (*Jo. et al.*, l. c. S. 309).

4-Brom-1-hydroxy-2-methoxy-anthrachinon $C_{15}H_9BrO_4$, Formel II (R = CH_3, X = H, X′ = Br) (H 446; E III 3773).
B. Aus 4-Brom-1,2-dihydroxy-anthrachinon mit Hilfe von Dimethylsulfat und wss. NaOH (*Joshi et al.*, Pr. Indian Acad. [A] **34** [1951] 304, 308).
Orangefarbene Kristalle (aus Eg.); F: 236 – 237°.

1,2-Dihydroxy-4-jod-anthrachinon $C_{14}H_7IO_4$, Formel II (R = X = H, X′ = I).
B. Beim Erwärmen von 1,2-Dihydroxy-anthrachinon mit Jod und Silber-trifluoracetat in Nitrobenzol (*Bergmann, Shahak*, Soc. **1959** 1418, 1421). Beim Erhitzen von 1-Hydroxy-4-jod-2-methoxy-anthrachinon mit $AlCl_3$ in Nitrobenzol auf 120° (*Joshi et al.*, Pr. Indian Acad. [A] **34** [1951] 304, 313).
Orangerote Kristalle (aus Eg.); F: 210° (*Jo. et al.*), 209 – 210° (*Be., Sh.*).

1-Hydroxy-4-jod-2-methoxy-anthrachinon $C_{15}H_9IO_4$, Formel II (R = CH_3, X = H, X′ = I).
B. Aus diazotiertem 4-Amino-1-hydroxy-2-methoxy-anthrachinon und KI (*Joshi et al.*, Pr. Indian Acad. [A] **34** [1951] 304, 313).
Orangerote Kristalle (aus Eg.); F: 236 – 237°.

1,2-Dihydroxy-3-nitro-anthrachinon $C_{14}H_7NO_6$, Formel II (R = X′ = H, X = NO_2) (H 447; E I 713; E II 491; E III 3774).
IR-Spektrum (KBr; 5,75 – 6,5 μ): *Hoyer*, Z. El. Ch. **60** [1956] 381, 384. λ_{max} (H_2SO_4, auch nach Zusatz von H_3BO_3): 494 nm (*Rab*, Collect. **24** [1959] 3654, 3656).

2-Acetoxy-1-hydroxy-3-nitro-anthrachinon $C_{16}H_9NO_7$, Formel II (R = CO-CH_3, X = NO_2, X′ = H).
B. Aus der vorangehenden Verbindung und Acetylchlorid in Pyridin (*Gonsalves et al.*, J. Indian chem. Soc. **27** [1950] 527, 528).
Orangefarbene Kristalle (aus Bzl.); F: 231°.

1,2-Dihydroxy-4-nitro-anthrachinon $C_{14}H_7NO_6$, Formel II (R = X = H, X′ = NO_2) (H 447; E II 491).
B. Beim Erhitzen von 1-Hydroxy-2-methoxy-4-nitro-anthrachinon mit $AlCl_3$ in Nitrobenzol mit 150° (*Joshi et al.*, Pr. Indian Acad. [A] **34** [1951] 304, 313).
IR-Spektrum (KBr; 5,75 – 6,75 μ): *Hoyer*, Z. El. Ch. **60** [1956] 381, 384. λ_{max} (H_2SO_4, auch nach Zusatz von H_3BO_3): 494 nm (*Rab*, Collect. **24** [1959] 3654, 3658).

1,2-Dimercapto-anthrachinon $C_{14}H_8O_2S_2$, Formel III.
Dinatrium-Salz (E I 714). B. Aus 1,2-Dichlor-anthrachinon mit Hilfe von Na_2S, Schwefel und Kupfer-Pulver in wss. Äthanol (*Hiyama et al.*, J. chem. Soc. Japan Ind. Chem. Sect. **52** [1949] 252, 254; C. A. **1951** 7092).

1,3-Dihydroxy-anthrachinon, Purpuroxanthin $C_{14}H_8O_4$, Formel IV (R = R′ = H) (H 448; E I 714; E II 492; E III 3774).
IR-Spektrum (Hexachlorbenzol; 2,2 – 3,7 μ): *Hoyer*, B. **86** [1953] 1016, 1021. CO-Valenz-schwingungsbande (frei und chelatisiert; Nujol und Dioxan): *Tanaka*, Chem. pharm. Bl. **6**

[1958] 18, 20, 23. Absorptionsspektrum (wss. Na_2CO_3; 220 – 600 nm): *Hanousek*, Collect. **24** [1959] 1061, 1063. λ_{max} (A.; 225 – 480 nm): *Ikeda et al.*, J. pharm. Soc. Japan **76** [1956] 217, 219; C. A. **1956** 7590. Polarographisches Halbstufenpotential (wss. A. vom pH 1,25): *Wiles*, Soc. **1952** 1358, 1359.

III IV V

1-Hydroxy-3-methoxy-anthrachinon $C_{15}H_{10}O_4$, Formel IV (R = H, R' = CH_3) (H 449; E III 3775).

B. Beim Erwärmen von 1,3-Dimethoxy-anthrachinon mit wss. HBr und Essigsäure (*Joshi et al.*, J. scient. ind. Res. India **14 B** [1955] 87, 89).

CO-Valenzschwingungsbande (frei und chelatisiert; Nujol und Dioxan): *Tanaka*, Chem. pharm. Bl. **6** [1958] 18, 20, 23.

1,3-Dimethoxy-anthrachinon $C_{16}H_{12}O_4$, Formel IV (R = R' = CH_3) (H 449; E II 492; E III 3775).

B. Beim Erwärmen von 1,3-Dibrom-anthrachinon mit Natriummethylat in Methanol (*Joshi et al.*, J. scient. ind. Res. India **14 B** [1955] 87, 89).

Gelbe Kristalle (aus A.); F: 165°. Polarographisches Halbstufenpotential (wss. A. vom pH 1,25 und pH 11,2): *Wiles*, Soc. **1952** 1358, 1359.

1-Brom-4-hydroxy-2-methoxy-anthrachinon $C_{15}H_9BrO_4$, Formel V (R = H).

B. Beim Erwärmen von 2-[5-Brom-2,4-dimethoxy-benzoyl]-benzoesäure mit H_2SO_4 (10% SO_3 enthaltend) unter Zusatz von H_3BO_3 (*Shibata et al.*, Pharm. Bl. **3** [1955] 278, 282).

Orangegelbe Kristalle (aus Eg.); F: 235 – 237°.

1-Brom-2,4-dimethoxy-anthrachinon $C_{16}H_{11}BrO_4$, Formel V (R = CH_3).

B. Aus der vorangehenden Verbindung mit Hilfe von Dimethylsulfat und K_2CO_3 in Aceton (*Shibata et al.*, Pharm. Bl. **3** [1955] 278, 282).

Gelbe Kristalle (aus Bzl.); F: 150 – 152°.

1,4-Dihydroxy-anthrachinon, Chinizarin $C_{14}H_8O_4$, Formel VI (R = R' = H) und Taut. (9,10-Dihydroxy-anthracen-1,4-dion) (H 450; E I 714; E II 492; E III 3775).

B. Aus 1,2,4-Trihydroxy-anthrachinon beim Behandeln mit Zink-Pulver und Essigsäure und anschliessenden Erhitzen mit wss. HCl (*Bruce, Thomson*, Soc. **1952** 2759, 2765). Beim Erwärmen von 1,4-Diamino-anthrachinon mit $Na_2S_2O_4$ in wss.-äthanol. NaOH und anschliessenden Behandeln mit Luft (*Bradley, Maisey*, Soc. **1954** 274, 277).

Monoklin; Dimensionen der Elementarzelle (Röntgen-Diagramm): *Murty*, Z. Kr. **111** [1959] 238. Temperaturabhängigkeit des Dampfdrucks bei 65 – 140° (Gleichung): *Hoyer, Peperle*, Z. El. Ch. **62** [1958] 61, 62. Dichte der Kristalle: 1,477 (*Mu.*). Mittlere Sublimationsenthalpie bei 25°: 25,7 kcal·mol^{-1} (*Beynon, Nicholson*, J. scient. Instruments **33** [1956] 376, 379); bei 65 – 140°: 28,7 kcal·mol^{-1} (*Ho., Pe.*). IR-Spektrum in Nujol sowie Dampf bei 260° (3800 – 2800 cm^{-1}): *Schigorin*, Izv. Akad. S.S.S.R. Ser. fiz. **18** [1954] 723; engl. Ausg. S. 404; *Schigorin, Dokunichin*, Doklady Akad. S.S.S.R. **100** [1955] 323, 325; C. A. **1955** 14485; in Perfluorkerosin (3800 – 1800 cm^{-1}), in Nujol (1700 – 700 cm^{-1}) sowie in CCl_4 (3800 – 2300 cm^{-1}): *Hadži, Sheppard*, Trans. Faraday Soc. **50** [1954] 911, 913, 915; in CCl_4 (3600 – 2500 cm^{-1}): *Liddel*, Ann. N.Y. Acad. Sci. **69** [1957] 70, 81; in Tetrachloräthen (4,5 – 8,5 μ): *Bruice, Sayigh*, Am. Soc. **81** [1959] 3416, 3418. CO-Valenzschwingungsbande der intramolekular chelatisierten Verbindung (Nujol und Dioxan): *Tanaka,* Chem. pharm. Bl. **6** [1958] 18, 23. Absorptionsspektrum in $CHCl_3$ (240−540 nm): *Inhoffen et al.,* B. **90** [1957] 1448, 1451; in Cyclohexan (430−540 nm): *Brockmann, Müller,* B. **92** [1959] 1164, 1167. λ_{max}: 225 nm, 250 nm, 280 nm, 325 nm und 460 nm [A.] (*Ikeda et al.,* J. pharm. Soc. Japan **76** [1956] 217, 219; C. A. **1956** 7590), 483 nm [Me.] (*Peters, Summers,* J. Soc. Dyers Col. **72** [1956] 77, 82) bzw. 476 nm [CH_2Cl_2] (*Labhart,* Helv. **40** [1957] 1410, 1414). Fluorescenzspektrum (Polystyrol; 490−600 nm): *Hinrichs,* Z. Naturf. **9a** [1954] 625, 627. Maximum der Fluorescenz des Dampfes (550 nm) sowie in Äthanol (480 nm): *Karjakin, Ž. fiz. Chim.* **23** [1949] 1332, 1338, 1340; C. A. **1950** 2853; in Hexan bei 77 K (524,8 nm): *Schigorin et al.,* Doklady Akad. S.S.S.R. **120** [1958] 1242; Soviet Physics Doklady **3** [1958] 628, 629. Abklingzeit der Fluorescenz in Polystyrol: *Rohde,* Z. Naturf. **8a** [1953] 156, 160. Redoxpotential in wss. Lösung vom pH 11,27−13,25: *Gill, Stonehill,* Soc. **1952** 1846, 1848, 1854. Polarographisches Halbstufenpotential in wss. Äthanol (pH 1,25): *Wiles,* Soc. **1952** 1358, 1359; in DMF: *Given et al.,* Soc. **1958** 2674, 2676; in H_2SO_4 enthaltender Essigsäure: *Stárka et al.,* Collect. **23** [1958] 206, 211. In 100 ml Cyclohexan lösen sich bei 20° 0,04 g (*Brockmann, Müller,* B. **91** [1958] 1920, 1929).

Zersetzung in Polystyrol bei Beschuss mit Elektronen: *Hinrichs,* Z. Naturf. **9a** [1954] 625, 627. EPR-Absorption des beim Behandeln mit Sauerstoff in alkal. Lösung erhaltenen Radikals: *Adams et al.,* J. chem. Physics **28** [1958] 774. Beim Behandeln mit $NaBH_4$ in Methanol und anschliessend mit wss. Essigsäure ist Anthracen-1,4-dion erhalten worden (*Lepage,* A. ch. [13] **4** [1958] 1137, 1150).

B e r y l l i u m - S a l z. Absorptionsspektrum (290−650 nm) und Fluorescenzspektrum (500−650 nm) in H_2O vom pH 11: *White et al.,* Spectrochim. Acta **9** [1957] 105, 109.

1,4-Bis-deuteriooxy-anthrachinon $C_{14}H_6D_2O_4$, Formel VI (R = R' = D).
IR-Spektrum in Perfluorkerosin (3800−1800 cm^{-1}) sowie in Nujol (1700−700 cm^{-1}): *Hadži, Sheppard,* Trans. Faraday Soc. **50** [1954] 911, 913, 915.

VI   VII   VIII

1-Hydroxy-4-methoxy-anthrachinon $C_{15}H_{10}O_4$, Formel VI (R = H, R' = CH_3) (E I 715; E II 494; E III 3777).
B. Neben 1,4-Dimethoxy-anthrachinon aus 1,4-Dihydroxy-anthrachinon mit Hilfe von Dimethylsulfat und K_2CO_3 in Aceton (*Jain, Seshadri,* J. scient. ind. Res. India **15** B [1956] 61, 63).
Gelbe Kristalle (aus Me.); F: 190° (*Jain, Se.*). CO-Valenzschwingungsbande (frei und chelatisiert; Nujol und Dioxan): *Tanaka,* Chem. pharm. Bl. **6** [1958] 18, 20, 22.

1,4-Dimethoxy-anthrachinon $C_{16}H_{12}O_4$, Formel VI (R = R' = CH_3) (E I 715; E II 494; E III 3777).
F: 172° [korr.] (*Wiles,* Soc. **1952** 1358, 1362). λ_{max} (H_2SO_4; 252−572 nm): *Durie, Shannon,* Austral. J. Chem. **11** [1958] 168, 179. Polarographisches Halbstufenpotential (wss. A.; pH 11,2): *Wi.,* l. c. S. 1359.

1,4-Diäthoxy-anthrachinon $C_{18}H_{16}O_4$, Formel VI (R = R' = C_2H_5) (H 452; E II 494; E III 3778).
B. Aus 1,4-Dihydroxy-anthrachinon mit Hilfe von Diäthylsulfat und K_2CO_3 in Benzol (*Bichet,* A. ch. [12] **7** [1952] 234, 252).
Gelbe Kristalle (aus Bzl. oder A.); F: 177°.

1,4-Bis-benzyloxy-anthrachinon $C_{28}H_{20}O_4$, Formel VI (R = R′ = CH_2-C_6H_5).

B. Aus 1,4-Dihydroxy-anthrachinon mit Hilfe von Benzylchlorid und K_2CO_3 in Benzol (*Bì= chet*, A. ch. [12] 7 [1952] 234, 253).

Orangerote Kristalle (aus Bzl.); F: 186°.

1,4-Diacetoxy-anthrachinon $C_{18}H_{12}O_6$, Formel VI (R = R′ = CO-CH_3) (H 452; E II 494; E III 3778).

B. Aus diazotiertem 1,4-Diamino-anthrachinon und Essigsäure (*Koslow, Below, Ž. obšč. Chim.* 29 [1959] 3450, 3458; engl. Ausg. S. 3412, 3416).

Polarographisches Halbstufenpotential (Eg.+H_2SO_4): *Stárka et al.*, Collect. 23 [1958] 206, 211.

1,4-Bis-[2-diäthylamino-äthoxy]-anthrachinon $C_{26}H_{34}N_2O_4$, Formel VI (R = R′ = CH_2-CH_2-$N(C_2H_5)_2$).

B. Aus dem Dinatrium- oder Dikalium-Salz des 1,4-Dihydroxy-anthrachinons und Diäthyl-[2-chlor-äthyl]-amin in Xylol (*Wenner*, A. 607 [1957] 121, 123, 125).

F: 60–61°.

Dihydrochlorid $C_{26}H_{34}N_2O_4 \cdot 2HCl$. F: 235° [unkorr.].

Bis-methojodid [$C_{28}H_{40}N_2O_4$]I_2; 1,4-Bis-[2-(diäthyl-methyl-ammonio)-äthoxy]-anthrachinon-dijodid. F: 246–247° [unkorr.].

1,4-Bis-[3-dimethylamino-propoxy]-anthrachinon $C_{24}H_{30}N_2O_4$, Formel VI (R = R′ = [CH_2]$_3$-$N(CH_3)_2$).

B. Analog der vorangehenden Verbindung (*Wenner*, A. 607 [1957] 121, 123, 125).

Dihydrobromid $C_{24}H_{30}N_2O_4 \cdot 2HBr$. F: 222–224° [unkorr.].

Bis-methojodid [$C_{26}H_{36}N_2O_4$]I_2; 1,4-Bis-[3-trimethylammonio-propoxy]-anthrachinon-dijodid. F: 220–222° [unkorr.].

(±)-1-[β-Dimethylamino-isopropoxy]-4-hydroxy-anthrachinon $C_{19}H_{19}NO_4$, Formel VI (R = CH(CH_3)-CH_2-$N(CH_3)_2$, R′ = H).

B. Aus dem Mononatrium- oder Monokalium-Salz des 1,4-Dihydroxy-anthrachinons und (±)-[2-Chlor-propyl]-dimethyl-amin in Toluol oder Xylol (*Wenner*, A. 607 [1957] 121, 123, 125).

Hydrochlorid $C_{19}H_{19}NO_4 \cdot HCl$. Kristalle (aus A. oder H_2O); F: 250° [unkorr.].

Hydrobromid $C_{19}H_{19}NO_4 \cdot HBr$. Kristalle (aus A. oder H_2O); F: 232° [unkorr.].

*Opt.-inakt. 1,4-Bis-[β-dimethylamino-isopropoxy]-anthrachinon $C_{24}H_{30}N_2O_4$, Formel VI (R = R′ = CH(CH_3)-CH_2-$N(CH_3)_2$).

B. Aus dem Dikalium- oder Dinatrium-Salz des 1,4-Dihydroxy-anthrachinons und (±)-[2-Chlor-propyl]-dimethyl-amin in Xylol (*Wenner*, A. 607 [1957] 121, 123, 125).

Dihydrochlorid $C_{24}H_{30}N_2O_4 \cdot 2HCl \cdot H_2O$. F: 217–219° [unkorr.].

Dihydrobromid $C_{24}H_{30}N_2O_4 \cdot 2HBr \cdot 2H_2O$. F: 241–242° [unkorr.].

Bis-methojodid [$C_{26}H_{36}N_2O_4$]$I_2 \cdot H_2O$; 1,4-Bis-[β-trimethylammonio-isopropoxy]-anthrachinon-dijodid. F: 263–264° [unkorr.].

1,2-Dichlor-5,8-dihydroxy-anthrachinon $C_{14}H_6Cl_2O_4$, Formel VII (X = Cl, X′ = H) und Taut. (E I 715; E III 3782).

B. Beim Erhitzen von 3,4-Dichlor-2-[5-chlor-2-hydroxy-benzoyl]-benzoesäure mit H_2SO_4 [SO_3 enthaltend] unter Zusatz von H_3BO_3 auf 140–150° (*Naiki*, J. Soc. org. synth. Chem. Japan 14 [1956] 34, 38; C. A. 1957 7017).

Braunrote Kristalle (aus Eg.); F: 238–239°.

1,4-Dichlor-5,8-dihydroxy-anthrachinon $C_{14}H_6Cl_2O_4$, Formel VII (X = H, X′ = Cl) und Taut. (E I 715; E II 495; E III 3782).

B. Beim Erhitzen von 3,6-Dichlor-2-[5-chlor-2-hydroxy-benzoyl]-benzoesäure mit H_2SO_4

[SO₃ enthaltend] unter Zusatz von H_3BO_3 auf 100−105° (*Naiki*, J. Soc. org. synth. Chem. Japan **13** [1955] 72, 75; C. A. **1957** 1610).

Diacetyl-Derivat $C_{18}H_{10}Cl_2O_6$; 1,4-Diacetoxy-5,8-dichlor-anthrachinon (E I 716; E III 3783). Grüngelbe Kristalle (aus A.); F: 192−193°.

2-Brom-1,4-dihydroxy-anthrachinon $C_{14}H_7BrO_4$, Formel VIII (X = Br, X′ = H) und Taut. (H 453; E II 495; E III 3784).

Ein als 2-Brom-4,9-dihydroxy-anthracen-1,10-dion bezeichnetes Präparat (schwarze Kristalle [aus Nitrobenzol], F: 223°; Diacetyl-Derivat $C_{18}H_{11}BrO_6$; 4,9-Diacetoxy-2-brom-anthracen-1,10-dion(?); gelbe Kristalle, F: 149°) ist von *Murata et al.* (Bl. Fac. Eng. Hiroshima Univ. **5** [1956] 319, 332; C. A. **1957** 10910) beim Erhitzen einer als 2,4-Dibrom-9-hydroxy-anthracen-1,10-dion formulierten Verbindung (S. 2589) mit H_2SO_4 und H_3BO_3 auf 150−160° erhalten worden.

2,3-Dibrom-1,4-dihydroxy-anthrachinon $C_{14}H_6Br_2O_4$, Formel VIII (X = X′ = Br) und Taut. (H 453; E II 495; E III 3785).

B. Beim Erhitzen von Naphthalin-1,4-diol mit Dibrommaleinsäure-anhydrid, $AlCl_3$ und NaCl auf 220° (*Waldmann, Ulsperger*, B. **83** [1950] 178, 180).

Rote Kristalle (aus Bzl.); F: 255°.

Diacetyl-Derivat $C_{18}H_{10}Br_2O_6$; 1,4-Diacetoxy-2,3-dibrom-anthrachinon (E II 495). Hellgelbe Kristalle (aus Butan-1-ol); F: 256°.

1-Methoxy-4-methylmercapto-anthrachinon $C_{16}H_{12}O_3S$, Formel IX (E I 717; E III 3786).

B. Beim Erwärmen von 1-Chlor-4-methoxy-anthrachinon mit *S*-Methyl-thiouronium-halogenid und äthanol. KOH (*Panico, Pouchot*, Bl. **1965** 1648, 1650; s. a. *Panico*, C. r. **248** [1959] 697, 698).

Absorptionsspektrum (A.; 220−560 nm): *Panico*, A. ch. [12] **10** [1955] 695, 751.

IX   X   XI

(±)-1-Methansulfinyl-4-methoxy-anthrachinon $C_{16}H_{12}O_4S$, Formel X.

B. Beim Erhitzen der vorangehenden Verbindung mit wss. HNO_3 und Essigsäure (*Panico, Pouchot*, Bl. **1965** 1648, 1651; s. a. *Panico*, C. r. **248** [1959] 697, 699).

Gelbe Kristalle (aus A.); F: 231−232°; λ_{max} (A.): 255 nm, 324−330 nm (*Pa., Po.*).

1-Methansulfonyl-4-methoxy-anthrachinon $C_{16}H_{12}O_5S$, Formel XI.

B. Beim Erhitzen von 1-Methoxy-4-methylmercapto-anthrachinon mit wss. H_2O_2 und Essigsäure (*Panico, Pouchot*, Bl. **1965** 1648, 1651; s. a. *Panico*, C. r. **248** [1959] 697, 699).

Gelbe Kristalle (aus A. oder Eg.); F: 225−226°; λ_{max} (A.): 255 nm und 358 nm (*Pa., Po.*).

Bis-[4-methoxy-9,10-dioxo-9,10-dihydro-[1]anthryl]-disulfid, 4,4′-Dimethoxy-1,1′-disulfandiyl-di-anthrachinon $C_{30}H_{18}O_6S_2$, Formel I (E I 718).

B. Beim Erwärmen von 1-Chlor-4-methoxy-anthrachinon mit Na_2S_2 in wss. Äthanol (*Panico*, A. ch. [12] **10** [1955] 695, 734).

1,4-Bis-methylmercapto-anthrachinon $C_{16}H_{12}O_2S_2$, Formel II (R = CH₃) (E I 718; E III 3786).

B. Beim Erwärmen von 1,4-Dichlor-anthrachinon mit *S*-Methyl-thiouronium-halogenid und äthanol. KOH (*Panico, Pouchot*, Bl. **1965** 1648, 1650; s. a. *Panico*, C. r. **248** [1959] 697, 698).

Absorptionsspektrum (Bzl.; 280 – 570 nm): *Panico*, A. ch. [12] **10** [1955] 695, 751.

I   II   III

(±)-1-Methansulfinyl-4-methylmercapto-anthrachinon $C_{16}H_{12}O_3S_2$, Formel III (R = CH$_3$).
B. Neben der folgenden Verbindung beim Erhitzen von 1,4-Bis-methylmercapto-anthrachinon mit wss. HNO$_3$ und Essigsäure (*Panico, Pouchot*, Bl. **1965** 1648, 1651; s. a. *Panico*, C. r. **248** [1959] 697, 699).
Orangefarbene Kristalle; F: 255 – 257° (*Pa., Po.; Pa.*). λ_{max} (A.): 246 nm, 316 nm und 451 nm (*Pa., Po.*).

*Opt.-inakt. 1,4-Bis-methansulfinyl-anthrachinon $C_{16}H_{12}O_4S_2$, Formel IV (R = CH$_3$).
B. s. im vorangehenden Artikel.
Gelbe Kristalle; F: 288 – 289° [Zers.] (*Panico, Pouchot*, Bl. **1965** 1648, 1651; s. a. *Panico*, C. r. **248** [1959] 697, 700). λ_{max} (A.): 255 nm, 317 – 340 nm und 404 – 413 nm (*Pa., Po.*).

IV   V   VI

1,4-Bis-äthylmercapto-anthrachinon $C_{18}H_{16}O_2S_2$, Formel II (R = C$_2$H$_5$) (E I 718; E III 3786).
B. Beim Erwärmen von 1,4-Dichlor-anthrachinon mit *S*-Äthyl-thiouronium-jodid und äth‹ anol. KOH (*Panico, Pouchot*, Bl. **1965** 1648, 1650; s. a. *Panico*, C. r. **248** [1959] 697, 698).
λ_{max} (A.): 257 nm, 340 nm und 501 – 506 nm (*Pa., Po.*).

*Opt.-inakt. 1,4-Bis-äthansulfinyl-anthrachinon $C_{18}H_{16}O_4S_2$, Formel IV (R = C$_2$H$_5$).
B. Beim Erhitzen der vorangehenden Verbindung mit wss. HNO$_3$ und Essigsäure (*Panico, Pouchot*, Bl. **1965** 1648, 1651; s. a. *Panico*, C. r. **248** [1959] 697, 700).
Gelbe Kristalle; F: 232 – 234° [Zers.]; λ_{max} (A.): 255 nm, 333 – 339 nm und 410 – 417 nm (*Pa., Po.*).

1,4-Bis-phenylmercapto-anthrachinon $C_{26}H_{16}O_2S_2$, Formel II (R = C$_6$H$_5$).
B. Beim Erwärmen von 1,4-Dichlor-anthrachinon mit Thiophenol und äthanol. KOH (*Panico*, A. ch. [12] **10** [1955] 695, 738).
Rote Kristalle (aus Acn.); F: 239 – 240°. Absorptionsspektrum (A.; 220 – 570 nm): *Pa.*, l. c. S. 751.

(±)-1-Benzolsulfinyl-4-phenylmercapto-anthrachinon $C_{26}H_{16}O_3S_2$, Formel III (R = C$_6$H$_5$).
B. Neben der folgenden Verbindung beim Erhitzen von 1,4-Bis-phenylmercapto-anthrachinon mit wss. HNO$_3$ und Essigsäure (*Panico, Pouchot*, Bl. **1965** 1648, 1652; s. a. *Panico*, C. r. **248** [1959] 697, 700).
Orangegelbe Kristalle; F: 224 – 226° [Zers.]; λ_{max} (A.): 247 nm, 317 nm und 445 nm (*Pa., Po.*).

*Opt.-inakt. 1,4-Bis-benzolsulfinyl-anthrachinon $C_{26}H_{16}O_4S_2$, Formel IV ($R = C_6H_5$).

B. s. im vorangehenden Artikel.

Hellgelbe Kristalle; F: 323−324° [Zers.] (*Panico, Pouchot*, Bl. **1965** 1648, 1652; s. a. *Panico*, C. r. **248** [1959] 697, 700). λ_{max} (A.): 258 nm und 390−420 nm (*Pa., Po.*).

1,4-Bis-benzolsulfonyl-anthrachinon $C_{26}H_{16}O_6S_2$, Formel V ($R = C_6H_5$).

B. Beim Erhitzen von 1,4-Bis-phenylmercapto-anthrachinon mit wss. H_2O_2 und Essigsäure (*Panico, Pouchot*, Bl. **1965** 1648, 1651; s. a. *Panico*, C. r. **248** [1959] 697, 699).

Gelbe Kristalle; F: 282−283°; λ_{max} (A.): 255 nm (*Pa., Po.*).

1,4-Bis-benzylmercapto-anthrachinon $C_{28}H_{20}O_2S_2$, Formel II ($R = CH_2\text{-}C_6H_5$) (E I 719; E III 3786).

B. Beim Erwärmen von 1,4-Dichlor-anthrachinon mit *S*-Benzyl-thiouronium-halogenid und äthanol. KOH (*Panico, Pouchot*, Bl. **1965** 1648, 1650; s. a. *Panico*, C. r. **248** [1959] 697, 698).

λ_{max} (Bzl.): 340 nm und 490−504 nm (*Pa., Po.*).

(±)-1-Benzylmercapto-4-phenylmethansulfinyl-anthrachinon $C_{28}H_{20}O_3S_2$, Formel III ($R = CH_2\text{-}C_6H_5$).

B. Neben der folgenden Verbindung beim Erhitzen von 1,4-Bis-phenylmercapto-anthrachinon mit wss. HNO_3 und Essigsäure (*Panico, Pouchot*, Bl. **1965** 1648, 1651; s. a. *Panico*, C. r. **248** [1959] 697, 700).

Orangefarbene Kristalle; F: 258−260° [Zers.]; λ_{max} (Bzl.): 277 nm, 325 nm und 463 nm (*Pa., Po.*).

*Opt.-inakt. 1,4-Bis-phenylmethansulfinyl-anthrachinon $C_{28}H_{20}O_4S_2$, Formel IV ($R = CH_2\text{-}C_6H_5$).

B. s. im vorangehenden Artikel.

Gelbe Kristalle; F: 250−253° [Zers.] (*Panico, Pouchot*, Bl. **1965** 1648, 1651; s. a. *Panico*, C. r. **248** [1959] 697, 700). λ_{max} (Bzl.): 277 nm, 322 nm und 436 nm (*Pa., Po.*).

1,4-Bis-phenylmethansulfonyl-anthrachinon $C_{28}H_{20}O_6S_2$, Formel V ($R = CH_2\text{-}C_6H_5$) (E I 719).

F: 266−267° (*Panico, Pouchot*, Bl. **1965** 1648, 1650; s. a. *Panico*, C. r. **248** [1959] 697, 699). λ_{max} (Bzl.): 277 nm (*Pa., Po.*).

9,10-Dioxo-9,10-dihydro-anthracen-1,4-disulfensäure $C_{14}H_8O_4S_2$, Formel VI ($R = H$).

B. Beim Erwärmen des folgenden Dimethylesters mit wss.-äthanol. NaOH (*Jenny*, Helv. **41** [1958] 317, 323; s. a. *Bruice, Markiw*, Am. Soc. **79** [1957] 3150, 3153).

Violette Kristalle (aus Acn. + H_2O), die sich beim Aufbewahren in ein gelbes Pulver umwan≠ deln (*Je.*). Absorptionsspektrum (äthanol. Alkali; 400−900 nm): *Je.*, l. c. S. 319. λ_{max} (Acn.): 524 nm (*Br., Ma.*, l. c. S. 3152).

9,10-Dioxo-9,10-dihydro-anthracen-1,4-disulfensäure-dimethylester $C_{16}H_{12}O_4S_2$, Formel VI ($R = CH_3$).

B. Beim Erwärmen von 9,10-Dioxo-9,10-dihydro-anthracen-1,4-disulfenylchlorid mit Meth≠ anol und Benzol unter Zusatz von Pyridin (*Bruice, Markiw*, Am. Soc. **79** [1957] 3150, 3152). Beim Erwärmen von 9,10-Dioxo-9,10-dihydro-anthracen-1,4-disulfenylbromid mit Methanol (*Jenny*, Helv. **41** [1958] 317, 323).

Rote Kristalle (aus Bzl. + Me.); F: 189−190° (*Br., Ma.*). IR-Spektrum (Tetrachloräthen; 4,5−8,5 μ): *Bruice, Sayigh*, Am. Soc. **81** [1959] 3416, 3418. λ_{max}: 520 nm und 545 nm [$CHCl_3$] (*Br., Ma.*), 541 nm [A.] (*Je.*, l. c. S. 318).

9,10-Dioxo-9,10-dihydro-anthracen-1,4-disulfensäure-diäthylester $C_{18}H_{16}O_4S_2$, Formel VI ($R = C_2H_5$).

B. Beim Erwärmen von 9,10-Dioxo-9,10-dihydro-anthracen-1,4-disulfenylbromid mit Äthanol

(*Jenny*, Helv. **41** [1958] 317, 323).
Violette Kristalle.

9,10-Dioxo-9,10-dihydro-anthracen-1,4-disulfenylchlorid $C_{14}H_6Cl_2O_2S_2$, Formel VII (X = Cl).
B. Aus 1-Chlor-4-nitro-anthrachinon beim Erhitzen mit $Na_2S \cdot 9H_2O$ in wss. Dioxan und
Behandeln des Reaktionsprodukts mit Chlor in $CHCl_3$ unter Zusatz von Aluminium (*Bruice*,
Markiw, Am. Soc. **79** [1957] 3150, 3152).
Kristalle (aus Bzl.); F: 270°.

VII   VIII

9,10-Dioxo-9,10-dihydro-anthracen-1,4-disulfenylbromid $C_{14}H_6Br_2O_2S_2$, Formel VII (X = Br).
B. Aus 1,4-Bis-thiocyanato-anthrachinon beim Erwärmen mit wss.-äthanol. KOH und Erwär≠
men des Reaktionsprodukts mit Brom in CCl_4 (*Jenny*, Helv. **41** [1958] 317, 322).
Rote Kristalle (aus Tetrachloräthan); F: 234 − 239° [korr.].

9,10-Dioxo-9,10-dihydro-anthracen-1,4-disulfensäure-diamid $C_{14}H_{10}N_2O_2S_2$, Formel VII
(X = NH_2).
B. Aus dem Dibromid (s. o.) und NH_3 in Chlorbenzol (*Jenny*, Helv. **41** [1958] 317, 323).
Violette Kristalle (aus Tetrachloräthan).

***Opt.-inakt. 1-[2-Acetoxy-cyclohexylselanyl]-4-hydroxy-anthrachinon** $C_{22}H_{20}O_5Se$,
Formel VIII (R = H).
B. Beim Erhitzen von Essigsäure-[4-hydroxy-9,10-dioxo-9,10-dihydro-anthracen-1-selenen≠
säure]-anhydrid mit Cyclohexen und Essigsäure (*Hölzle, Jenny*, Helv. **41** [1958] 593, 602).
Rote Kristalle (aus A.); F: 182 − 183° [korr.].

***Opt.-inakt. 1-[2-Acetoxy-cyclohexylselanyl]-4-methoxy-anthrachinon** $C_{23}H_{22}O_5Se$,
Formel VIII (R = CH_3).
B. Analog der vorangehenden Verbindung (*Jenny*, Helv. **36** [1953] 1278, 1281).
Rote Kristalle (aus A.); F: 142 − 143°.

1-[2,2-Diacetoxy-äthylselanyl]-4-hydroxy-anthrachinon $C_{20}H_{16}O_7Se$, Formel IX.
B. Beim Erhitzen von Essigsäure-[4-hydroxy-9,10-dioxo-9,10-dihydro-anthracen-1-selenen≠
säure]-anhydrid mit Vinylacetat und Essigsäure (*Hölzle, Jenny*, Helv. **41** [1958] 593, 601).
Rote Kristalle (aus A.); F: 204° [korr.].

IX   X   XI

1-Hydroxy-4-selenocyanato-anthrachinon $C_{15}H_7NO_3Se$, Formel X (R = H).

B. Aus diazotiertem 1-Amino-4-hydroxy-anthrachinon und Kalium-selenocyanat (*Hölzle, Jenny*, Helv. **41** [1958] 331, 336).

Orangebraune Kristalle (aus 1,2-Dichlor-benzol); F: 238° [korr.].

1-Methoxy-4-selenocyanato-anthrachinon $C_{16}H_9NO_3Se$, Formel X (R = CH_3).

B. Analog der vorangehenden Verbindung (*Jenny*, Helv. **35** [1952] 1429, 1432).

Braungelbe Kristalle (aus Eg.); F: 264°.

4-Methoxy-9,10-dioxo-9,10-dihydro-anthracen-1-selenensäure $C_{15}H_{10}O_4Se$, Formel XI
(R = H, R' = CH_3).

B. Beim Erwärmen von Essigsäure-[4-methoxy-9,10-dioxo-9,10-dihydro-anthracen-1-selenen=
säure]-anhydrid mit H_2O (*Jenny*, Helv. **35** [1952] 1429, 1434).

Violette Kristalle; F: 293—298°.

4-Hydroxy-9,10-dioxo-9,10-dihydro-anthracen-1-selenensäure-methylester $C_{15}H_{10}O_4Se$,
Formel XI (R = CH_3, R' = H).

B. Beim Erwärmen von 1-Hydroxy-4-selenocyanato-anthrachinon mit Methanol, Pyridin und
Silberacetat (*Hölzle, Jenny*, Helv. **41** [1958] 331, 336).

Rote Kristalle; F: 148—150° [unkorr.].

4-Methoxy-9,10-dioxo-9,10-dihydro-anthracen-1-selenensäure-äthylester $C_{17}H_{14}O_4Se$,
Formel XI (R = C_2H_5, R' = CH_3).

B. Beim Erwärmen von 4-Methoxy-9,10-dioxo-9,10-dihydro-anthracen-1-selenenylbromid mit
Äthanol und Silberacetat (*Jenny*, Helv. **35** [1952] 1429, 1433).

Rote Kristalle (aus A.); F: 171°.

4-Methoxy-9,10-dioxo-9,10-dihydro-anthracen-1-selenensäure-isopropylester $C_{18}H_{16}O_4Se$,
Formel XI (R = $CH(CH_3)_2$, R' = CH_3).

B. Beim Erwärmen von Essigsäure-[4-methoxy-9,10-dioxo-9,10-dihydro-anthracen-1-selenen=
säure]-anhydrid mit Isopropylalkohol (*Jenny*, Helv. **35** [1952] 1429, 1433).

Rote Kristalle; F: 161—162°.

Essigsäure-[4-methoxy-9,10-dioxo-9,10-dihydro-anthracen-1-selenensäure]-anhydrid
$C_{17}H_{12}O_5Se$, Formel XI (R = CO-CH_3, R' = CH_3).

B. Beim Erhitzen von 4-Methoxy-9,10-dioxo-9,10-dihydro-anthracen-1-selenenylbromid mit
Essigsäure und Silberacetat (*Jenny*, Helv. **35** [1952] 1429, 1433).

Orangefarbene Kristalle (aus Eg.) mit vermutlich 1 Mol Essigsäure.

**Bis-[4-methoxy-9,10-dioxo-9,10-dihydro-[1]anthryl]-diselenid, 4,4'-Dimethoxy-1,1'-diselandiyl-di-
anthrachinon** $C_{30}H_{18}O_6Se_2$, Formel XII.

B. Beim Erwärmen von 1-Methoxy-4-selenocyanato-anthrachinon mit wss.-äthanol. KOH
(*Jenny*, Helv. **35** [1952] 1429, 1432).

Braunrote Kristalle (aus 1,2-Dichlor-benzol); F: 299—302°.

XII

4-Methoxy-9,10-dioxo-9,10-dihydro-anthracen-1-selenenylbromid $C_{15}H_9BrO_3Se$, Formel XIII.

B. Beim Behandeln des im vorangehenden Artikel beschriebenen Diselenids mit Brom in CHCl₃ (*Jenny*, Helv. **35** [1952] 1429, 1432).

Blaurote Kristalle (aus Eg.); F: 260°.

1,4-Bis-selenocyanato-anthrachinon $C_{16}H_6N_2O_2Se_2$, Formel XIV.

B. Aus diazotiertem 1-Amino-4-chlor-anthrachinon oder 1-Amino-4-nitro-anthrachinon und Kalium-selenocyanat (*Jenny*, Helv. **41** [1958] 317, 324).

Orangegelbe Kristalle (aus Anisol), die oberhalb 310° unscharf schmelzen.

9,10-Dioxo-9,10-dihydro-anthracen-1,4-diselenensäure $C_{14}H_8O_4Se_2$, Formel XV (X = OH).

B. Beim Erhitzen von [9,10-Dioxo-9,10-dihydro-anthracen-1,4-diselenensäure]-essigsäure-anͼhydrid mit H₂O (*Jenny*, Helv. **41** [1958] 317, 325).

Schwarzviolette Kristalle. Absorptionsspektrum (äthanol. Alkali; 400–900 nm): *Je.*, l. c. S. 321.

XIII   XIV   XV

9,10-Dioxo-9,10-dihydro-anthracen-1,4-diselenensäure-diäthylester $C_{18}H_{16}O_4Se_2$, Formel XV (X = O-C₂H₅).

B. Beim Erwärmen von [9,10-Dioxo-9,10-dihydro-anthracen-1,4-diselenensäure]-essigsäure-anhydrid mit Äthanol (*Jenny*, Helv. **41** [1958] 317, 325).

Violette Kristalle; F: 219° [korr.].

[9,10-Dioxo-9,10-dihydro-anthracen-1,4-diselenensäure]-essigsäure-anhydrid $C_{18}H_{12}O_6Se_2$, Formel XV (X = O-CO-CH₃).

B. Beim Erhitzen von 9,10-Dioxo-9,10-dihydro-anthracen-1,4-diselenenylbromid mit Essigͼsäure und Silberacetat (*Jenny*, Helv. **41** [1958] 317, 325).

Rote Kristalle (aus Eg.).

9,10-Dioxo-9,10-dihydro-anthracen-1,4-diselenenylbromid $C_{14}H_6Br_2O_2Se_2$, Formel XV (X = Br).

B. Aus 1,4-Bis-selenocyanato-anthrachinon beim Erwärmen mit wss.-äthanol. KOH und Erͼwärmen des Reaktionsprodukts mit Brom in Tetrachloräthan (*Jenny*, Helv. **41** [1958] 317, 324).

Rotviolette Kristalle (aus Tetrachloräthan), die unterhalb 316° nicht schmelzen.

1,5-Dihydroxy-anthrachinon, Anthrarufin $C_{14}H_8O_4$, Formel I (R = H) (H 453; E I 719; E II 496; E III 3787).

Temperaturabhängigkeit des Dampfdrucks bei 90–160° (Gleichung): *Hoyer, Peperle*, Z. El. Ch. **62** [1958] 61, 62. Mittlere Sublimationsenthalpie bei 25°: 28,2 kcal·mol⁻¹ (*Beynon, Nicholͼson*, J. scient. Instruments **33** [1956] 376, 379), bei 90–160°: 29,5 kcal·mol⁻¹ (*Ho., Pe.*). IR-Spektrum in Nujol sowie des Dampfes bei 300° (3800–2800 cm⁻¹): *Schigorin*, Izv. Akad. S.S.S.R. Ser. fiz. **18** [1954] 723; engl. Ausg. S. 404; *Schigorin, Dokunichin*, Doklady Akad. S.S.S.R. **100** [1955] 323, 325; C. A. **1955** 14485; in Perfluorkerosin (3800–2000 cm⁻¹) sowie in Nujol (1700–700 cm⁻¹): *Hadži, Sheppard*, Trans. Faraday Soc. **50** [1954] 911, 913, 915. CO-Valenzschwingungsbande der intramolekular chelatisierten Verbindung (Nujol und Diͼoxan): *Tanaka*, Chem. pharm. Bl. **6** [1958] 18, 23. Absorptionsspektrum (Dioxan;

250—550 nm): *Hartmann, Lorenz*, Z. Naturf. **7a** [1952] 360, 367. λ_{max} (CH$_2$Cl$_2$): 428 nm (*Lab=
hart*, Helv. **40** [1957] 1410, 1415). Maximum der Fluorescenz in Äthanol (430 nm) sowie des
Dampfes (560 nm): *Karjakin*, Ž. fiz. Chim. **23** [1949] 1332, 1338, 1340; C. A. **1950** 2853; in
Hexan bei 77 K (568 nm): *Schigorin et al.*, Doklady Akad. S.S.S.R. **120** [1958] 1242; Soviet
Physics Doklady **3** [1958] 628, 629.

1,5-Bis-deuteriooxy-anthrachinon C$_{14}$H$_6$D$_2$O$_4$, Formel I (R = D).
    IR-Spektrum in Perfluorkerosin (3800—1900 cm^{-1}) sowie in Nujol (1700—700 cm^{-1}): *Hadži,
Sheppard*, Trans. Faraday Soc. **50** [1954] 911, 913, 915.

I   II   III

1,5-Dimethoxy-anthrachinon C$_{16}$H$_{12}$O$_4$, Formel I (R = CH$_3$) (H 454; E I 720; E III 3788).
    Kristalle (aus Isoamylalkohol); F: 246° [korr.] (*Hayashi*, J. chem. Soc. Japan Ind. Chem.
Sect. **56** [1953] 504; C. A. **1955** 8228). λ_{max} (H$_2$SO$_4$): 265 nm, 332 nm, 538 nm und 580 nm
(*Durie, Shannon*, Austral. J. Chem. **11** [1958] 168, 179). Polarographisches Halbstufenpotential
(wss. A.) bei pH 11,2: *Wiles*, Soc. **1952** 1358, 1359.

1,5-Diacetoxy-anthrachinon C$_{18}$H$_{12}$O$_6$, Formel I (R = CO-CH$_3$) (H 455; E I 720; E II 496).
    B. Aus diazotiertem 1,5-Diamino-anthrachinon und Essigsäure (*Koslow, Below*, Ž. obšč.
Chim. **29** [1959] 3450, 3454; engl. Ausg. S. 3412, 3416).

1,5-Bis-[2-diäthylamino-äthoxy]-anthrachinon C$_{26}$H$_{34}$N$_2$O$_4$, Formel I
(R = CH$_2$-CH$_2$-N(C$_2$H$_5$)$_2$).
    B. Aus dem Dinatrium- oder Dikalium-Salz des 1,5-Dihydroxy-anthrachinons und Diäthyl-[2-
chlor-äthyl]-amin in Xylol (*Wenner*, A. **607** [1957] 121, 123, 125).
    F: 126° [unkorr.].
    Dihydrochlorid C$_{26}$H$_{34}$N$_2$O$_4$·2HCl·0,5 H$_2$O. F: 250° [unkorr.].
    Bis-methojodid [C$_{28}$H$_{40}$N$_2$O$_4$]I$_2$; 1,5-Bis-[2-(diäthyl-methyl-ammonio)-äthoxy]-
anthrachinon-dijodid. F: 287° [unkorr.].

1,5-Bis-[3-diäthylamino-propoxy]-anthrachinon C$_{28}$H$_{38}$N$_2$O$_4$, Formel I
(R = [CH$_2$]$_3$-N(C$_2$H$_5$)$_2$).
    B. Analog der vorangehenden Verbindung (*Wenner*, A. **607** [1957] 121, 123, 125).
    Dihydrochlorid C$_{28}$H$_{38}$N$_2$O$_4$·2HCl. F: 221—222° [unkorr.].

***Opt.-inakt. 1,5-Bis-[β-dimethylamino-isopropoxy]-anthrachinon** C$_{24}$H$_{30}$N$_2$O$_4$, Formel I
(R = CH(CH$_3$)-CH$_2$-N(CH$_3$)$_2$).
    B. Analog den vorangehenden Verbindungen (*Wenner*, A. **607** [1957] 121, 123, 125).
    Dihydrochlorid C$_{24}$H$_{30}$N$_2$O$_4$·2HCl·0,5 H$_2$O. F: 236—238° [unkorr.].

1,5-Dimethoxy-4-nitro-anthrachinon C$_{16}$H$_{11}$NO$_6$, Formel II (X = H).
    B. Aus 1,5-Dimethoxy-anthrachinon mit Hilfe von KNO$_3$, H$_3$BO$_3$ und H$_2$SO$_4$ (*Hayashi*,
J. chem. Soc. Japan Ind. Chem. Sect. **56** [1953] 504; C. A. **1955** 8228).
    Hellbraune Kristalle (aus Nitrobenzol); F: 355° [korr.].

1,5-Dimethoxy-4,8-dinitro-anthrachinon C$_{16}$H$_{10}$N$_2$O$_8$, Formel II (X = NO$_2$) (H 456).
    B. Analog der vorangehenden Verbindung (*Hayashi*, J. chem. Soc. Japan Ind. Chem. Sect.
56 [1953] 504; C. A. **1955** 8228).

Orangegelbe Kristalle (aus Nitrobenzol); F: $376-377°$ [korr.]. IR-Spektrum (KBr; $5,0-7,0\,\mu$): *Hoyer*, Z. El. Ch. **60** [1956] 381, 383.

1,5-Dimercapto-anthrachinon $C_{14}H_8O_2S_2$, Formel III (X = H) (H 457; E I 720).
Kalium-Salz. Violette Kristalle (*Jenny*, Helv. **41** [1958] 326, 330).

9,10-Dioxo-9,10-dihydro-anthracen-1,5-disulfensäure $C_{14}H_8O_4S_2$, Formel III (X = OH).
B. Beim Erwärmen des Dimethylesters (s. u.) mit wss.-äthanol. KOH (*Jenny*, Helv. **41** [1958] 326, 330).
Rote Kristalle, die bis 335° nicht schmelzen. Absorptionsspektrum (äthanol. Alkali; $400-900$ nm): *Je.*, l. c. S. 328.

9,10-Dioxo-9,10-dihydro-anthracen-1,5-disulfensäure-dimethylester $C_{16}H_{12}O_4S_2$, Formel III (X = O-CH$_3$).
B. Beim Erwärmen des Dibromids (s. u.) mit Methanol (*Jenny*, Helv. **41** [1958] 326, 330).
Gelbe Kristalle, die bis 324° nicht schmelzen. Absorptionsspektrum (A.; $400-580$ nm): *Je.*, l. c. S. 328.

9,10-Dioxo-9,10-dihydro-anthracen-1,5-disulfenylbromid $C_{14}H_6Br_2O_2S_2$, Formel III (X = Br).
B. Beim Erwärmen von 1,5-Dimercapto-anthrachinon mit Brom in Tetrachloräthan (*Jenny*, Helv. **41** [1958] 326, 330).
Orangebraune Kristalle (aus Tetrachloräthan), die bis 325° nicht schmelzen.

1,6-Dihydroxy-anthrachinon $C_{14}H_8O_4$, Formel IV (R = H) (H 457; E I 721; E III 3791).
B. Beim Erhitzen von 1,6-Dimethoxy-anthrachinon mit wss. H_2SO_4 (*Schemjakin et al.*, Ž. obšč. Chim. **29** [1959] 1831, 1837; engl. Ausg. S. 1802, 1807).
F: $281-282°$ [geschlossene Kapillare] (*Sch. et al.*). IR-Banden (Paraffin; $3400-700$ cm^{-1}): *Bloom et al.*, Soc. **1959** 178, 179.

1,6-Dimethoxy-anthrachinon $C_{16}H_{12}O_4$, Formel IV (R = CH$_3$) (H 457).
B. Beim Behandeln von (±)-2,5-Dimethoxy-(4ar,9ac)-1,4,4a,9a-tetrahydro-anthrachinon (E IV **6** 7789) in äthanol. KOH mit Luft (*Schemjakin et al.*, Ž. obšč. Chim. **29** [1959] 1831, 1837; engl. Ausg. S. 1802, 1807).
F: $189,5-190°$ [aus A.].

1,7-Dihydroxy-anthrachinon $C_{14}H_8O_4$, Formel V (R = H) (H 457; E I 721; E III 3791).
B. Beim Erhitzen von 1,7-Dimethoxy-anthrachinon mit wss. H_2SO_4 (*Schemjakin et al.*, Ž. obšč. Chim. **29** [1959] 1831, 1837; engl. Ausg. S. 1802, 1807).
F: $293-294°$ [geschlossene Kapillare].

IV   V   VI

1,7-Dimethoxy-anthrachinon $C_{16}H_{12}O_4$, Formel V (R = CH$_3$) (H 458).
B. Beim Behandeln von (±)-2,8-Dimethoxy-(4ar,9ac)-1,4,4a,9a-tetrahydro-anthrachinon (E IV **6** 7789) in äthanol. KOH mit Luft (*Schemjakin et al.*, Ž. obšč. Chim. **29** [1959] 1831, 1837; engl. Ausg. S. 1802, 1807).
F: $192,5°$ [aus A.].

1,8-Dihydroxy-anthrachinon, Chrysazin, Danthron $C_{14}H_8O_4$, Formel VI (R = R' = H)
(H 458; E I 722; E II 500; E III 3792).

Kristalloptik: *Biles,* J. Am. pharm. Assoc. **44** [1955] 74. Temperaturabhängigkeit des Dampf≠
drucks bei 60−130° (Gleichung): *Hoyer, Peperle,* Z. El. Ch. **62** [1958] 61, 62. Mittlere Sublima≠
tionsenthalpie bei 25°: 26,2 kcal·mol^{-1} (*Beynon, Nicholson,* J. scient. Instruments **33** [1956]
376, 379); bei 60−130°: 28,6 kcal·mol^{-1} (*Ho., Pe.*). IR-Spektrum in Nujol und des Dampfes
bei 300° (3800−2800 cm^{-1}): *Schigorin,* Izv. Akad. S.S.S.R. Ser. fiz. **18** [1954] 723; engl. Ausg.
S. 404; *Schigorin, Dokunichin,* Doklady Akad. S.S.S.R. **100** [1955] 323, 325; C. A. **1955** 14485;
in CCl_4 (3600−2500 cm^{-1}): *Liddel,* Ann. N.Y. Acad. Sci. **69** [1957] 70, 80; in Hexachlorbenzol
(4000−2500 cm^{-1}): *Hoyer,* B. **86** [1953] 1016, 1021. CO-Valenzschwingungsbande (frei und
chelatisiert; Nujol und Dioxan): *Tanaka,* Chem. pharm. Bl. **6** [1958] 18, 20, 23. Absorptions≠
spektrum ($CHCl_3$; 220−570 nm): *Shibata et al.,* Pharm. Bl. **4** [1956] 111, 115. λ_{max}: 428 nm
[Me.] (*Peters, Sumner,* J. Soc. Dyers Col. **72** [1956] 77, 82), 430 nm [CH_2Cl_2] (*Labhart,* Helv.
40 [1957] 1410, 1416). Fluorescenzmaximum (Hexan) bei 77 K: 541 nm (*Schigorin et al.,* Dok≠
lady Akad. S.S.S.R. **120** [1958] 1242; Soviet Physics Doklady **3** [1958] 628, 629). Redoxpotential
(H_2O; pH 11,27−13,25): *Gill, Stonehill,* Soc. **1952** 1846, 1848, 1854. Polarographisches Halb≠
stufenpotential in wss. Äthanol bei pH 1,25: *Wiles,* Soc. **1952** 1358, 1359; in H_2SO_4 enthaltender
Essigsäure: *Stárka et al.,* Collect. **23** [1958] 206, 211.

1,8-Dimethoxy-anthrachinon $C_{16}H_{12}O_4$, Formel VI (R = R' = CH_3) (H 459; E I 722;
E III 3793).

λ_{max}: 385 nm [CH_2Cl_2] (*Labhart,* Helv. **40** [1957] 1410, 1416), 304 nm, 339 nm, 528−532 nm
und 615 nm [H_2SO_4] (*Durie, Shannon,* Austral. J. Chem. **11** [1958] 168, 179). Polarographisches
Halbstufenpotential in wss. Äthanol bei pH 1,25 und pH 11,2: *Wiles,* Soc. **1952** 1358, 1359;
in H_2SO_4 enthaltender Essigsäure: *Stárka et al.,* Collect. **23** [1958] 206, 211.

1,8-Diäthoxy-anthrachinon $C_{18}H_{16}O_4$, Formel VI (R = R' = C_2H_5).

B. Aus 1,8-Dihydroxy-anthrachinon mit Hilfe von Diäthylsulfat und K_2CO_3 in Aceton (*Ta≠
kido,* Chem. pharm. Bl. **6** [1958] 397, 400).

Gelbe Kristalle (aus Me.); F: 173−174°.

1-[2-Diäthylamino-äthoxy]-8-hydroxy-anthrachinon $C_{20}H_{21}NO_4$, Formel VI
(R = CH_2-CH_2-$N(C_2H_5)_2$, R' = H).

B. Aus dem Mononatrium- oder Monokalium-Salz des 1,8-Dihydroxy-anthrachinons und
Diäthyl-[2-chlor-äthyl]-amin in Toluol oder Xylol (*Wenner,* A. **607** [1957] 121, 123, 125).

Hydrochlorid $C_{20}H_{21}NO_4\cdot HCl$. Kristalle (aus A. oder H_2O); F: 241−242° [unkorr.].

Methojodid $[C_{21}H_{24}NO_4]I$; Diäthyl-[2-(8-hydroxy-9,10-dioxo-9,10-dihydro-
[1]anthryloxy)-äthyl]-methyl-ammonium-jodid. F: 228° [unkorr.].

1,8-Bis-[2-diäthylamino-äthoxy]-anthrachinon $C_{26}H_{34}N_2O_4$, Formel VI
(R = R' = CH_2-CH_2-$N(C_2H_5)_2$).

B. Aus dem Dinatrium- oder Dikalium-Salz des 1,8-Dihydroxy-anthrachinons und Diäthyl-[2-
chlor-äthyl]-amin in Xylol (*Wenner,* A. **607** [1957] 121, 123, 125).

F: 73−75°.

Dihydrochlorid $C_{26}H_{34}N_2O_4\cdot 2HCl$. F: 230−231° [unkorr.].

Bis-methobromid $[C_{28}H_{40}N_2O_4]Br_2$; 1,8-Bis-[2-(diäthyl-methyl-ammonio)-äth≠
oxy]-anthrachinon-dibromid. F: 248−250° [unkorr.].

Bis-methojodid $[C_{28}H_{40}N_2O_4]I_2$; 1,8-Bis-[2-(diäthyl-methyl-ammonio)-äthoxy]-
anthrachinon-dijodid. Kristalle (aus A.) mit 1 Mol H_2O; F: 234−236° (*Hoffmann-La
Roche,* U.S.P. 2881173 [1957]).

1,8-Bis-[3-dimethylamino-propoxy]-anthrachinon $C_{24}H_{30}N_2O_4$, Formel VI
(R = R' = $[CH_2]_3$-$N(CH_3)_2$).

B. Analog der vorangehenden Verbindung (*Wenner,* A. **607** [1957] 121, 123, 125).

Dihydrochlorid $C_{24}H_{30}N_2O_4\cdot 2HCl\cdot H_2O$. F: 214−216° [unkorr.].

*Opt.-inakt. 1,8-Bis-[β-dimethylamino-isopropoxy]-anthrachinon $C_{24}H_{30}N_2O_4$, Formel VI
(R = R′ = CH(CH₃)-CH₂-N(CH₃)₂).

B. Analog den vorangehenden Verbindungen (*Wenner*, A. **607** [1957] 121, 123, 125).

Dihydrochlorid $C_{24}H_{30}N_2O_4 \cdot 2HCl \cdot 0,5 H_2O$. F: 230−231° [unkorr.].

Bis-methojodid $[C_{26}H_{36}N_2O_4]I_2 \cdot H_2O$; 1,8-Bis-[β-trimethylammonio-isoprop⸗
oxy]-anthrachinon-dijodid. F: 252−253° [unkorr.].

3-Brom-1,8-dihydroxy-anthrachinon $C_{14}H_7BrO_4$, Formel VII (R = X′ = H, X = Br).

B. Beim Erhitzen von 1,3-Dibrom-8-chlor-anthrachinon mit Ca(OH)₂, Kupfer-Pulver und
H₂O auf 230°/27 at (*Ayyangar et al.*, Tetrahedron **6** [1959] 331, 335).

Orangegelbe Kristalle (aus Eg.); F: 210°.

Diacetyl-Derivat $C_{18}H_{11}BrO_6$; 1,8-Diacetoxy-3-brom-anthrachinon. Hellgelbe
Kristalle (aus Eg.); F: 192°.

VII   VIII   IX

1-Jod-4,5-dimethoxy-anthrachinon $C_{16}H_{11}IO_4$, Formel VII (R = CH₃, X = H, X′ = I).

B. Aus diazotiertem 1-Amino-4,5-dimethoxy-anthrachinon und KI (*Brockmann et al.*, B. **83**
[1950] 467, 480).

Gelbe Kristalle (aus Eg.); F: 209° [korr.].

4,5-Dimethoxy-1-nitro-anthrachinon $C_{16}H_{11}NO_6$, Formel VIII (R = CH₃, X = H) (H 460).

B. Beim Behandeln von 1,8-Dimethoxy-anthrachinon mit NaNO₃ und H₂SO₄ (*Brockmann
et al.*, B. **83** [1950] 467, 479) oder mit KNO₃, H₃BO₃ und H₂SO₄ (*Hayashi*, J. chem. Soc.
Japan Ind. Chem. Sect. **56** [1953] 504; C. A. **1955** 8228).

Gelbe Kristalle; F: 241° [korr.] (*Br. et al.*), 320° (?) [korr.; aus Nitrobenzol] (*Ha.*).

1,8-Dimethoxy-4,5-dinitro-anthrachinon $C_{16}H_{10}N_2O_8$, Formel VIII (R = CH₃, X = NO₂).

B. Aus 1,8-Dimethoxy-anthrachinon mit Hilfe von KNO₃, H₃BO₃ und H₂SO₄ (*Hayashi*,
J. chem. Soc. Japan Ind. Chem. Sect. **56** [1953] 504; C. A. **1955** 8228).

Gelbe Kristalle (aus Nitrobenzol); F: 357° [korr.]. IR-Spektrum (KBr; 5,5−6,75 μ): *Hoyer*,
Z. El. Ch. **60** [1956] 381, 383.

2,3-Dihydroxy-anthrachinon, Hystazarin $C_{14}H_8O_4$, Formel IX (R = H) (H 462; E I 723;
E II 504; E III 3794).

Gelbe Kristalle; F: 393−394° [nach Sublimation bei 350°/18 Torr] (*Étienne, Bourdon*, Bl.
1955 380, 384), 318−321° [nach Sublimation] (*Tsukida et al.*, J. pharm. Soc. Japan **74** [1954]
224, 225; C. A. **1954** 7710). IR-Banden (Paraffin; 3500−700 cm⁻¹): *Bloom et al.*, Soc. **1959**
178, 179. Polarographisches Halbstufenpotential (wss. A.; pH 1,25): *Wiles*, Soc. **1952** 1358,
1359.

2,3-Dimethoxy-anthrachinon $C_{16}H_{12}O_4$, Formel IX (R = CH₃) (H 462; E I 723; E III 3794).

Polarographisches Halbstufenpotential (wss. A.; pH 1,25 und pH 11,2): *Wiles*, Soc. **1952**
1358, 1359.

2,6-Dihydroxy-anthrachinon, Anthraflavin $C_{14}H_8O_4$, Formel X (R = X = H) (H 463;
E I 723; E II 504; E III 3796).

B. Aus diazotiertem 2,6-Diamino-anthrachinon und H₂O (*Briggs, Nicholls*, Soc. **1951** 1138).

Temperaturabhängigkeit des Dampfdrucks bei 190−260° (Gleichung): *Hoyer, Peperle*, Z. El. Ch. **62** [1958] 61, 62. Mittlere Sublimationsenthalpie bei 190−260°: 40,6 kcal·mol^{-1} (*Ho., Pe.*). IR-Banden (Paraffin; 3300−700 cm^{-1}): *Bloom et al.*, Soc. **1959** 178, 179. Absorptions≠ spektrum (Dioxan; 250−480 nm): *Hartmann, Lorenz*, Z. Naturf. **7a** [1952] 360, 367. Redoxpo≠ tential in H_2O vom pH 8,25−13,25 sowie in wss.-äthanol. NaOH: *Gill, Stonehill*, Soc. **1952** 1846, 1848, 1851, 1854. Polarographisches Halbstufenpotential (H_2O; pH 9): *Kinney, Love*, Anal. Chem. **29** [1957] 1641, 1644.

X   XI   XII

2,6-Dimethoxy-anthrachinon $C_{16}H_{12}O_4$, Formel X (R = CH_3, X = H) (H 464; E II 505; E III 3797).

B. Beim Erwärmen von 5-Methoxy-2-[3-methoxy-benzoyl]-benzoesäure mit H_2SO_4 (*Melby et al.*, Am. Soc. **78** [1956] 3816). Aus 2,6-Dihydroxy-anthrachinon mit Hilfe von Dimethylsulfat und K_2CO_3 in Aceton (*Briggs, Nicholls*, Soc. **1951** 1138).

Gelbe Kristalle (aus Eg.); F: 257° (*Br., Ni.*).

2,6-Diäthoxy-anthrachinon $C_{18}H_{16}O_4$, Formel X (R = C_2H_5, X = H) (H 464).

B. Aus 2,6-Dihydroxy-anthrachinon, Diäthylsulfat und wss. NaOH (*Clarke, Johnson*, Am. Soc. **81** [1959] 5706, 5710).

Gelbe Kristalle (aus Bzl.); F: 239,6−240,6° [korr.].

2,6-Diacetoxy-anthrachinon $C_{18}H_{12}O_6$, Formel X (R = CO-CH_3, X = H) (H 464).

Kristalle [aus Acetanhydrid] (*Briggs, Nicholls*, Soc. **1951** 1138). F: 233−234° (*Br., Ni.*; *Étienne, Salmon*, Bl. **1954** 1127, 1131).

2,6-Dichlor-3,7-dimethoxy-anthrachinon $C_{16}H_{10}Cl_2O_4$, Formel X (R = CH_3, X = Cl).

B. Beim Erhitzen von 1-Äthyliden-6-chlor-3-[3-chlor-4-methoxy-phenyl]-5-methoxy-2-methyl-inden mit CrO_3 in Essigsäure (*Ziegler et al.*, M. **85** [1954] 1234, 1238).

Hellgelbe Kristalle (aus Toluol); F: 357−358°.

2,7-Dihydroxy-anthrachinon, Isoanthraflavin $C_{14}H_8O_4$, Formel XI (R = H) (H 466; E I 724; E II 505; E III 3798).

IR-Banden (Paraffin; 3200−700 cm^{-1}): *Bloom et al.*, Soc. **1959** 178, 179. λ_{max} (A.; 241,5−380 nm): *Ikeda et al.*, J. pharm. Soc. Japan **76** [1956] 217, 219; C. A. **1956** 7590.

2,7-Dimethoxy-anthrachinon $C_{16}H_{12}O_4$, Formel XI (R = CH_3) (H 466; E III 3798).

B. Beim Behandeln von 4-Methoxy-2-[3-methoxy-benzoyl]-benzoesäure mit H_2SO_4 (*Melby et al.*, Am. Soc. **78** [1956] 3816).

IR-Banden (Paraffin; 1700−700 cm^{-1}): *Bloom et al.*, Soc. **1959** 178, 179.

2,3-Dihydroxy-anthracen-1,4-dion $C_{14}H_8O_4$, Formel XII und Taut.

B. Beim Behandeln von Naphthalin-2,3-dicarbaldehyd mit Dinatrium-[1,2-dihydroxy-äthan-1,2-disulfonat], NaCN und Na_2CO_3 in wss. Dioxan (*Weygand et al.*, B. **83** [1950] 394, 398). Aus Phthalaldehyd und 2,3-Dihydroxy-cyclohex-2-en-1,4-dion [E IV **6** 7683] (*Mayer, Weiss*, Ang. Ch. **68** [1956] 680).

Orangefarbene Kristalle (nach Sublimation bei 240°/5 Torr); F: ca. 332° [geschlossene Kapil≠ lare] (*We. et al.*).

2,3-Dimethoxy-phenanthren-9,10-dion $C_{16}H_{12}O_4$, Formel I (H 467; E III 3799).

B. Beim Erhitzen von 2,3-Dimethoxy-phenanthren-9-carbonsäure mit wss. $Na_2Cr_2O_7$ und Essigsäure (*Cook et al.*, Soc. **1954** 4234, 4236).

o-Phenylendiamin-Kondensationsprodukt (F: 225−226°): *Cook et al.*

3,4-Dimethoxy-phenanthren-9,10-dion $C_{16}H_{12}O_4$, Formel II (X = O-CH$_3$, X′ = H).

B. Beim Erwärmen von 3,4-Dimethoxy-phenanthren-9-carbonsäure mit wss. $Na_2Cr_2O_7$ und Essigsäure (*Pailer, Schleppnik*, M. **88** [1957] 367, 386).

Orangebraune Kristalle; F: 180° [korr.; nach Sublimation im Hochvakuum].

o-Phenylendiamin-Kondensationsprodukt (F: 214°): *Pa., Sch.*

3,6-Dimethoxy-phenanthren-9,10-dion $C_{16}H_{12}O_4$, Formel II (X = H, X′ = O-CH$_3$) (E II 507).

B. Aus 3,6-Dimethoxy-9,10-dihydro-phenanthren bei der Einwirkung von Luft und Sonnen≠ licht in äthanol. Lösung (*Beaven et al.*, Soc. **1954** 131, 136).

3,6-Dimethoxy-phenanthren-1,4-dion $C_{16}H_{12}O_4$, Formel III.

B. Beim Behandeln von 3,4,6-Trimethoxy-phenanthren oder 3,6-Dimethoxy-[4]phenanthrol mit wss. CrO_3 und Essigsäure (*Bentley, Robinson*, Soc. **1952** 947, 956, 957).

Orangefarbene Kristalle (aus Eg.); F: 223° [unkorr.].

Hydroxy-oxo-Verbindungen $C_{15}H_{10}O_4$

[4-Methoxy-phenyl]-phenyl-propantrion $C_{16}H_{12}O_4$, Formel IV (H 468).

Herstellung von 1-[4-Methoxy-phenyl]-3-phenyl-[1-^{14}C]propantrion: *Roberts et al.*, Am. Soc. **73** [1951] 618, 623.

Kristalle (aus Ae.); F: 66−67°.

Beim Erhitzen mit Kupfer(II)-acetat in Essigsäure ist 1-[4-Methoxy-phenyl]-2-phenyl-[1-^{14}C]äthandion erhalten worden (*Ro. et al.*, l. c. S. 624).

6,9-Dihydroxy-11H-dibenzo[a,d]cyclohepten-5,10-dion $C_{15}H_{10}O_4$, Formel V (R = H) und Taut.

B. In kleiner Menge neben [2-(2,5-Dihydroxy-benzoyl)-phenyl]-essigsäure beim Erhitzen von Homophthalsäure mit Hydrochinon, $AlCl_3$ und NaCl auf 180−195° (*Sorrie, Thomson*, Soc. **1955** 2244, 2246). Beim Erhitzen von [2-(2,5-Dihydroxy-benzoyl)-phenyl]-essigsäure oder 2′,5′-Dihydroxy-α′-oxo-bibenzyl-2-carbonsäure mit $AlCl_3$ und NaCl (*So., Th.*).

Orangefarbene Kristalle (aus PAe.); F: 179°. UV-Spektrum (Me.; 210−360 nm): *So., Th.,*

l. c. S. 2245. λ_{max} (Cyclohexan): 220 nm, 242 nm, 270 nm und 432 nm.

6,9-Dimethoxy-11*H*-dibenzo[*a,d*]cyclohepten-5,10-dion $C_{17}H_{14}O_4$, Formel V (R = CH$_3$).
  B. Beim Erhitzen von 1,4,11-Trimethoxy-dibenzo[*a,d*]cyclohepten-5-on mit wss. H$_2$SO$_4$ und Essigsäure (*Sorrie, Thomson*, Soc. **1955** 2244, 2247).
  Gelbe Kristalle (aus PAe.); F: 170°. UV-Spektrum (Me.; 210 – 340 nm): *So., Th.*, l. c. S. 2245.
  3,5-Dinitro-benzoyl-Derivat (F: 253°) und Mono-[2,4-dinitro-phenylhydrazon] (Dihydrat, F: 240°): *So., Th.*, l. c. S. 2247.

1,4,11-Trimethoxy-dibenzo[*a,d*]cyclohepten-5-on $C_{18}H_{16}O_4$, Formel VI.
  B. Beim Erwärmen von 6,9-Dihydroxy-11*H*-dibenzo[*a,d*]cyclohepten-5,10-dion mit Di= methylsulfat und K$_2$CO$_3$ in Aceton (*Sorrie, Thomson*, Soc. **1955** 2244, 2246).
  Gelbe Kristalle (aus PAe.); F: 188°. UV-Spektrum (Me.; 210 – 330 nm): *So., Th.*, l. c. S. 2245.

6,9-Diacetoxy-11*H*-dibenzo[*a,d*]cyclohepten-5,10-dion $C_{19}H_{14}O_6$, Formel V (R = CO-CH$_3$).
  B. Aus 6,9-Dihydroxy-11*H*-dibenzo[*a,d*]cyclohepten-5,10-dion (*Sorrie, Thomson*, Soc. **1955** 2244, 2246).
  Hellgelbe Kristalle (aus Bzl. + PAe.); F: 174°. UV-Spektrum (Me.; 210 – 310 nm): *So., Th.*, l. c. S. 2245.

6,7-Dimethoxy-1-methyl-anthrachinon $C_{17}H_{14}O_4$, Formel VII.
  B. Beim Erwärmen von 4,5-Dimethoxy-2-*o*-toluoyl-benzoesäure mit H$_2$SO$_4$ (*Ikeda, Kanahara*, Ann. Rep. Fac. Pharm. Kanazawa Univ. **9** [1959] 6, 10; C. A. **1960** 4606).
  Gelbe Kristalle (aus Bzl.); F: 221 – 223°.

VII   VIII   IX

1,3-Dihydroxy-2-methyl-anthrachinon, Rubiadin $C_{15}H_{10}O_4$, Formel VIII (R = R' = X = H) (H 469; E II 508; E III 3803; s. a. H 468).
  IR-Banden (Paraffin; 3450 – 700 cm^{-1}): *Bloom et al.*, Soc. **1959** 178, 180. CO-Valenzschwin= gungsbande (frei und chelatisiert; Nujol und Dioxan): *Tanaka*, Chem. pharm. Bl. **6** [1958] 18, 20, 23.

3-Hydroxy-1-methoxy-2-methyl-anthrachinon $C_{16}H_{12}O_4$, Formel VIII (R = CH$_3$, R' = X = H) (E II 509; E III 3803; s. a. H 468).
  Isolierung aus der Wurzelrinde von Coprosma rhamnoides: *Briggs, Taylor*, Soc. **1955** 3298.
  IR-Banden (Paraffin; 3350 – 650 cm^{-1}): *Bloom et al.*, Soc. **1959** 178, 180.

1-Hydroxy-3-methoxy-2-methyl-anthrachinon $C_{16}H_{12}O_4$, Formel VIII (R = X = H, R' = CH$_3$) (E II 509; E III 3804).
  B. Aus 1-Hydroxy-3-methoxy-anthrachinon beim Behandeln mit Na$_2$S$_2$O$_4$ in wss. NaOH, Erwärmen mit wss. Formaldehyd und anschliessenden Behandeln mit Luft (*Joshi et al.*, J. scient. ind. Res. India **14** B [1955] 87, 89).
  Gelbe Kristalle (aus Eg.); F: 189° (*Jo. et al.*). CO-Valenzschwingungsbande (frei und chelati= siert; Nujol und Dioxan): *Tanaka*, Chem. pharm. Bl. **6** [1958] 18, 20, 23.

1,3-Dimethoxy-2-methyl-anthrachinon $C_{17}H_{14}O_4$, Formel VIII (R = R' = CH$_3$, X = H) (E II 509; E III 3804).
  B. Beim Erwärmen von 1,3-Dibrom-2-methyl-anthrachinon mit methanol. Natriummethylat

(Joshi et al., J. scient. ind. Res. India **14** B [1955] 87, 92).

IR-Banden (Paraffin; 1700 – 650 cm^{-1}): *Bloom et al.,* Soc. **1959** 178, 180.

1-Brom-2,4-dihydroxy-3-methyl-anthrachinon $C_{15}H_9BrO_4$, Formel IX.

B. Beim Erwärmen von 1,3-Dihydroxy-2-methyl-anthrachinon mit Brom in Essigsäure unter Zusatz von Natriumacetat *(Tanaka,* Chem. pharm. Bl. **6** [1958] 203, 207).

Orangefarbene Kristalle (aus Eg.); F: 203 – 205°.

Dibenzoyl-Derivat (F: 242 – 244°): *Ta.*

2-Brommethyl-1,3-dimethoxy-anthrachinon $C_{17}H_{13}BrO_4$, Formel VIII (R = R' = CH$_3$, X = Br).

B. Beim Erwärmen von 1,3-Dimethoxy-2-methyl-anthrachinon mit *N*-Brom-succinimid und Dibenzoylperoxid in CCl$_4$ *(Joshi et al.,* J. scient. ind. Res. India **14** B [1955] 87, 91).

Gelbe Kristalle (aus Eg.); F: 162 – 163°.

1-Acetoxy-2-brommethyl-3-methoxy-anthrachinon $C_{18}H_{13}BrO_5$, Formel VIII (R = CO-CH$_3$, R' = CH$_3$, X = Br).

B. Analog der vorangehenden Verbindung *(Joshi et al.,* J. scient. ind. Res. India **14** B [1955] 87, 90).

Gelbe Kristalle (aus Eg.); F: 225 – 226°.

3-Acetoxy-2-brommethyl-1-methoxy-anthrachinon $C_{18}H_{13}BrO_5$, Formel VIII (R = CH$_3$, R' = CO-CH$_3$, X = Br).

B. Analog den vorangehenden Verbindungen *(Hirose,* Chem. pharm. Bl. **8** [1960] 417, 421; s. a. *Hirose,* J. pharm. Soc. Japan **76** [1956] 1448).

Gelbe Kristalle (aus A.); F: 169 – 170°.

1,3-Diacetoxy-2-brommethyl-anthrachinon $C_{19}H_{13}BrO_6$, Formel VIII (R = R' = CO-CH$_3$, X = Br).

B. Analog den vorangehenden Verbindungen *(Joshi et al.,* J. scient. ind. Res. India **14** B [1955] 87, 90).

Hellgelbe Kristalle (aus Eg.); F: 232°.

1,4-Dihydroxy-2-methyl-anthrachinon $C_{15}H_{10}O_4$, Formel X und Taut. (H 469; E I 725; E II 509; E III 3805).

B. Beim Erhitzen von 2-[2,5-Dihydroxy-4-methyl-benzoyl]-benzoesäure mit H$_2$SO$_4$ *(Neela=kantan et al.,* Pr. Indian Acad. [A] **49** [1959] 234, 237).

CO-Valenzschwingungsbande der intramolekular chelatisierten Verbindung (Nujol und Di=oxan): *Tanaka,* Chem. pharm. Bl. **6** [1958] 18, 23.

Diacetyl-Derivat $C_{19}H_{14}O_6$; 1,4-Diacetoxy-2-methyl-anthrachinon (vgl. H 469; E III 3806). Gelbe Kristalle (aus E.); F: 208 – 210° *(Ne. et al.).*

1,2-Dihydroxy-3-methyl-anthrachinon $C_{15}H_{10}O_4$, Formel XI (R = R' = H) (H 469; E II 510; E III 3808).

B. Beim Erhitzen von Phthalsäure-anhydrid mit 3-Methyl-brenzcatechin, AlCl$_3$ und NaCl auf 180 – 200° *(Lovie, Thomson,* Soc. **1959** 4139). Beim Erhitzen von 2-Hydroxy-1-methoxy-3-methyl-anthrachinon oder 1,2-Dimethoxy-3-methyl-anthrachinon mit wss. HBr und Essigsäure *(Janot et al.,* Bl. **1955** 108, 111, 113).

Rote Kristalle (aus A.); F: 246 – 247° [korr.] *(Ja. et al.).* Bei 150°/0,05 Torr *(Lo., Th.)* bzw. 180°/0,01 Torr *(Ja. et al.)* sublimierbar. IR-Spektrum (Nujol; 2 – 16 µ): *Ja. et al.,* l. c. S. 112. UV-Spektrum (A.; 220 – 400 nm): *Ja. et al.,* l. c. S. 110.

2-Hydroxy-1-methoxy-3-methyl-anthrachinon, Digitolutein $C_{16}H_{12}O_4$, Formel XI (R = CH$_3$, R' = H).

Konstitution: *Janot et al.,* Bl. **1955** 108.

Isolierung aus Digitalis lutea: *Adrian, Trillat,* C. r. **129** [1899] 889; aus Blättern von Digitalis purpurea: *Paris,* C. r. **238** [1954] 932.

B. Aus 2-Acetoxy-1-methoxy-3-methyl-anthrachinon mit Hilfe von methanol. KOH (*Lovie, Thomson,* Soc. **1959** 4139).

Gelbe Kristalle; F: 228° [aus Eg., A. oder Acn.] (*Pa.*), 222° [korr.; nach Sublimation bei 130°/0,01 Torr] (*Ja. et al.,* l. c. S. 110), 219° [aus Me.] (*Lo., Th.*). IR-Spektrum (Nujol; 2–16 μ): *Ja. et al.,* l. c. S. 112. UV-Spektrum (A.; 220–390 nm): *Ja. et al.,* l. c. S. 110.

X   XI   XII

1,2-Dimethoxy-3-methyl-anthrachinon $C_{17}H_{14}O_4$, Formel XI (R = R' = CH$_3$) (E III 3808; vgl. E II 510).

B. Beim Erwärmen von 2-Hydroxy-3-methyl-1-nitro-anthrachinon mit methanol. Kalium≠ methylat (*Janot et al.,* Bl. **1955** 108, 112). Aus 2-Hydroxy-1-methoxy-3-methyl-anthrachinon und Diazomethan (*Ja. et al.,* l. c. S. 111).

IR-Spektrum (Nujol; 2–16 μ): *Ja. et al.* UV-Spektrum (A.; 220–390 nm): *Ja. et al.,* l. c. S. 110.

2-Acetoxy-1-hydroxy-3-methyl-anthrachinon $C_{17}H_{12}O_5$, Formel XI (R = H, R' = CO-CH$_3$).

B. Beim Erhitzen von 1,2-Dihydroxy-anthrachinon mit Borsäure-essigsäure-anhydrid und Acetanhydrid (*Lovie, Thomson,* Soc. **1959** 4139).

Gelbe Kristalle (aus A.); F: 196–197°.

2-Acetoxy-1-methoxy-3-methyl-anthrachinon $C_{18}H_{14}O_5$, Formel XI (R = CH$_3$, R' = CO-CH$_3$).

B. Beim Erhitzen von 2-Hydroxy-1-methoxy-3-methyl-anthrachinon mit Acetanhydrid und Natriumacetat (*Janot et al.,* Bl. **1955** 108, 109). Aus 2-Acetoxy-1-hydroxy-3-methyl-anthra≠ chinon mit Hilfe von CH$_3$I und Ag$_2$O (*Lovie, Thomson,* Soc. **1959** 4139).

Gelbe Kristalle (aus A.); F: 207–208° [korr.] (*Ja. et al.*), 204° (*Lo., Th.*). Bei 170°/0,01 Torr sublimierbar (*Ja. et al.*). UV-Spektrum (A.; 220–390 nm): *Ja. et al.*

1,8-Dihydroxy-3-methyl-anthrachinon, Chrysophanol $C_{15}H_{10}O_4$, Formel XII (R = R' = H) (H 470; E I 725; E II 510; E III 3808).

IR-Banden in Paraffin (1700–700 cm^{-1}): *Bloom et al.,* Soc. **1959** 178, 180; in Nujol (1700–750 cm^{-1}): *Arkley et al.,* Croat. chem. Acta **29** [1957] 141, 145. CO-Valenzschwingungs≠ bande (frei und chelatisiert; Nujol und Dioxan): *Tanaka,* Chem. pharm. Bl. **6** [1958] 18, 20, 23. Absorptionsspektrum in Äthanol (415–610 nm): *Takida, Hiruta,* Pharm. Bl. Nihon Univ. **2** [1958] 45; C. A. **1959** 5372; in CHCl$_3$ (250–500 nm): *Shibata et al.,* Pharm. Bl. **4** [1956] 111, 114. λ_{max} in Äthanol (225–430 nm): *Duewell,* Soc. **1954** 2562, 2563; *Birkinshaw,* Biochem. J. **59** [1955] 485; in Methanol (283 nm und 427 nm): *Hillis,* Austral. J. Chem. **8** [1955] 290; in äthanol. Natriumäthylat (285–504 nm): *Du.*

Monoacetyl-Derivat $C_{17}H_{12}O_5$ (vgl. H 473). Gelbe Kristalle (aus Acn.+Me.); F: 188–190° (*King et al.,* Soc. **1952** 4580, 4582).

8-Hydroxy-1-methoxy-3-methyl-anthrachinon $C_{16}H_{12}O_4$, Formel XII (R = CH$_3$, R' = H).

B. Beim Behandeln von 3-Hydroxy-2-[2-methoxy-4-methyl-benzoyl]-benzoesäure mit H$_2$SO$_4$ [25% SO$_3$ enthaltend] und H$_3$BO$_3$ (*Stoll, Becker,* R. **69** [1950] 553, 558).

Orangefarbene Kristalle (aus A.); F: 198–200°.

1,8-Dimethoxy-3-methyl-anthrachinon $C_{17}H_{14}O_4$, Formel XII (R = R′ = CH_3) (H 473; E I 726).

B. Aus 1,8-Dihydroxy-3-methyl-anthrachinon mit Hilfe von CH_3I und Ag_2O (*Tschumbalow, Taraškina,* Izv. Akad. Kazachsk. S.S.R. Ser. chim. **1956** Nr. 9, S. 61, 68; C. A. **1956** 13852).

Hellgelbe Kristalle (aus E.); F: 193−195°.

1,8-Diäthoxy-3-methyl-anthrachinon $C_{19}H_{18}O_4$, Formel XII (R = R′ = C_2H_5).

B. Aus 1,8-Dihydroxy-3-methyl-anthrachinon mit Hilfe von Äthyljodid und Ag_2O (*Tschum= balow, Taraškina,* Izv. Akad. Kazachsk. S.S.R. Ser. chim. **1956** Nr. 9, S. 61, 68; C. A. **1956** 13852).

Kristalle (aus PAe.); F: 143°.

8-Acetoxy-1-methoxy-3-methyl-anthrachinon $C_{18}H_{14}O_5$, Formel XII (R = CH_3, R′ = $CO-CH_3$).

B. Beim Behandeln von 8-Hydroxy-1-methoxy-3-methyl-anthrachinon mit H_2SO_4 enthalten= dem Acetanhydrid (*Stoll, Becker,* R. **69** [1950] 553, 559).

Gelbe Kristalle (aus $CHCl_3$ + Me.); F: 204−205°.

1,8-Diacetoxy-3-methyl-anthrachinon $C_{19}H_{14}O_6$, Formel XII (R = R′ = $CO-CH_3$) (H 473; E I 726; E III 3809).

Kristalle (aus Bzl.); F: 208,5−209° (*Duewell,* Soc. **1954** 2562). Bei 150−160°/0,0001 Torr sublimierbar (*Du.*). Absorptionsspektrum ($CHCl_3$; 250−410 nm): *Shibata et al.,* Pharm. Bl. **4** [1956] 111, 114.

4,5-Dihydroxy-2-methyl-1,3,6,8-tetranitro-anthrachinon $C_{15}H_6N_4O_{12}$, Formel XIII.

B. Aus 1,8-Dihydroxy-3-methyl-anthron mit Hilfe von HNO_3 (*King et al.,* Soc. **1952** 4580, 4582).

Orangefarbene Kristalle (aus Eg.); Zers. bei 300°.

XIII   XIV   XV

1,3-Dihydroxy-6-methyl-anthrachinon $C_{15}H_{10}O_4$, Formel XIV (R = H) (H 473; E III 3811).

CO-Valenzschwingungsbande (frei und chelatisiert; Dioxan): *Suemitsu et al.,* Bl. agric. chem. Soc. Japan **23** [1959] 547, 549.

1-Hydroxy-3-methoxy-6-methyl-anthrachinon $C_{16}H_{12}O_4$, Formel XIV (R = CH_3).

CO-Valenzschwingungsbande (frei und chelatisiert; Dioxan): *Suemitsu et al.,* Bl. agric. chem. Soc. Japan **23** [1959] 547, 549.

1-Hydroxy-2-hydroxymethyl-anthrachinon $C_{15}H_{10}O_4$, Formel XV (R = R′ = H).

B. Beim Erwärmen des Diacetats (s. u.) mit wss.-äthanol. HCl (*Bhavsar et al.,* J. scient. ind. Res. India **16** B [1957] 392, 398).

Gelbe Kristalle (aus A.); F: 210°.

2-Äthoxymethyl-1-hydroxy-anthrachinon $C_{17}H_{14}O_4$, Formel XV (R = H, R′ = C_2H_5).

B. Beim Behandeln von 1-Acetoxy-2-brommethyl-anthrachinon mit wss.-äthanol. NaOH (*Bhavsar et al.,* J. scient. ind. Res. India **16** B [1957] 392, 397).

Gelbe Kristalle (aus A.); F: 130°.

2-Acetoxymethyl-1-hydroxy-anthrachinon $C_{17}H_{12}O_5$, Formel XV (R = H, R′ = CO-CH$_3$).

B. Beim Erhitzen von 2-Brommethyl-1-hydroxy-anthrachinon mit Natriumacetat in Toluol (*Bhavsar et al.,* J. scient. ind. Res. India **16** B [1957] 392, 398).

Gelbe Kristalle (aus A.); F: 145 – 146°.

1-Acetoxy-2-acetoxymethyl-anthrachinon $C_{19}H_{14}O_6$, Formel XV (R = R′ = CO-CH$_3$).

B. Beim Erhitzen von 1-Acetoxy-2-brommethyl-anthrachinon mit Natriumacetat und Acet≠ anhydrid (*Bhavsar et al.,* J. scient. ind. Res. India **16** B [1957] 392, 397).

Hellgelbe Kristalle (aus A.); F: 176 – 177°.

1-Hydroxy-2-propionyloxymethyl-anthrachinon $C_{18}H_{14}O_5$, Formel XV (R = H, R′ = CO-C$_2$H$_5$).

B. Beim Erhitzen von 2-Brommethyl-1-hydroxy-anthrachinon mit Natriumpropionat in Toluol (*Bhavsar et al.,* J. scient. ind. Res. India **16** B [1957] 392, 398).

Gelbe Kristalle (aus A.); F: 141 – 142°.

7-Hydroxy-8-methoxy-6-methyl-anthracen-1,2-dion $C_{16}H_{12}O_4$, Formel I.

Diese Konstitution kommt dem nachstehend beschriebenen, ursprünglich (*Mazza, Stolfi,* Arch. Sci. biol. **16** [1931] 183, 188; *Evans, Raper,* Biochem. J. **31** [1937] 2162) als 5,6-Dioxo-2,3,5,6-tetrahydro-indol-2-carbonsäure formulierten **Hallachrom** zu (*Prota et al.,* J.C.S. Perkin I **1972** 1614).

Isolierung aus dem Wurm Halla parthenopeia: *Pr. et al.,* l. c. S. 1616; s. a. *Ma., St.,* l. c. S. 192; *Ev., Ra.*

Rote Kristalle; F: 224 – 226° [Zers.] (*Pr. et al.*). Redoxpotential (wss. Lösung vom pH 1 – 10) bei 20°: *Friedheim,* Bio. Z. **259** [1933] 257, 259, 263.

I   II   III

1a,9a-Dibrom-3,8-dimethoxy-1a,9a-dihydro-1H-cycloprop[b]anthracen-2,9-dion $C_{17}H_{12}Br_2O_4$, Formel II.

B. Aus 5,11-Dimethoxy-8,9-dihydro-7H-cyclohepta[b]naphthalin-6,10-dion beim Behandeln mit Brom in Essigsäure und Behandeln des Reaktionsprodukts mit Pyridin (*Sorrie, Thomson,* Soc. **1955** 2238, 2241).

Hellgelbe Kristalle (aus wss. Me.); F: 147°.

Hydroxy-oxo-Verbindungen $C_{16}H_{12}O_4$

3t-[3,6-Dibrom-4-hydroxy-5-oxo-cyclohepta-1,3,6-trienyl]-1-[2-hydroxy-phenyl]-propenon, 3,7-Dibrom-5-[3-(2-hydroxy-phenyl)-3-oxo-trans-propenyl]-tropolon $C_{16}H_{10}Br_2O_4$, Formel III.

B. Aus 3,7-Dibrom-5-formyl-tropolon und 1-[2-Hydroxy-phenyl]-äthanon in wss.-äthanol. NaOH (*Seto, Ogura,* Bl. chem. Soc. Japan **32** [1959] 493, 496).

Kristalle (aus Me.); F: 215° [unkorr.; Zers.]. λ_{max} (Me.): 260 nm, 295 nm und 440 nm.

1,4-Bis-[4-chlor-2-methoxy-phenyl]-but-2t(?)-en-1,4-dion $C_{18}H_{14}Cl_2O_4$, vermutlich Formel IV.

B. In kleiner Menge beim Erwärmen von 1-[4-Chlor-2-methoxy-phenyl]-2-diazo-äthanon mit

CuO in Petroläther (*Kuhn, Hensel*, B. **84** [1951] 557, 561).
   Gelbe Kristalle (aus Me.); F: 161,5−162,5°.

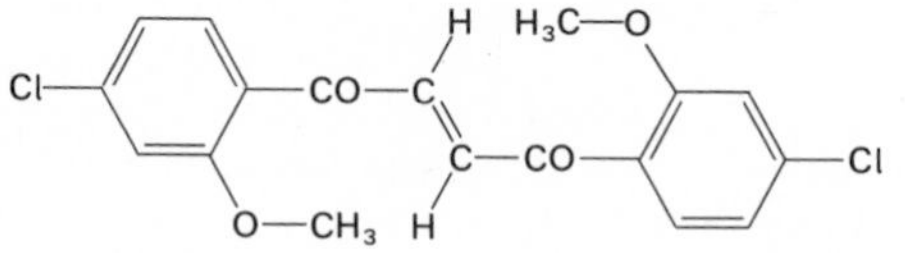

IV

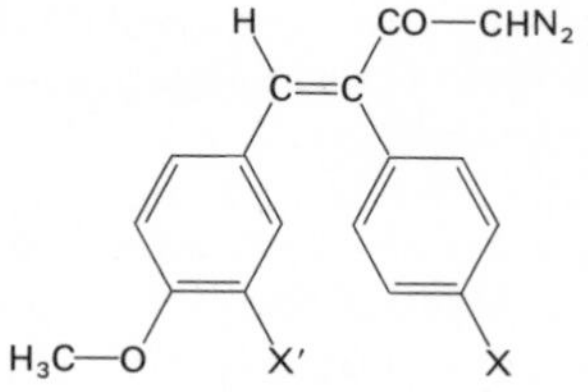

V

1-Diazo-3,4t(?)-bis-[4-methoxy-phenyl]-but-3-en-2-on $C_{18}H_{16}N_2O_3$, vermutlich Formel V
(X = O-CH$_3$, X' = H).
   B. Aus 2,3t(?)-Bis-[4-methoxy-phenyl]-acrylsäure (F: 208°) bei der aufeinanderfolgenden Um=
setzung mit SOCl$_2$ und Diazomethan (*Farbenfabr. Bayer*, D.B.P. 840091 [1950]; D.R.B.P. Org.
Chem. 1950−1951 **3** 621; *Schenley Labor. Inc.*, U.S.P. 2691039 [1951]).
   Gelbe Kristalle; F: 82°.
   Wenig beständig.

1-Diazo-4t-[3,4-dimethoxy-phenyl]-3-phenyl-but-3-en-2-on $C_{18}H_{16}N_2O_3$, Formel V (X = H,
X' = O-CH$_3$).
   B. Aus 3t-[3,4-Dimethoxy-phenyl]-2-phenyl-acrylsäure analog der vorangehenden Verbindung
(*Farbenfabr. Bayer*, D.B.P. 840091 [1950]; D.R.B.P. Org. Chem. 1950−1951 **3** 621; *Schenley
Labor. Inc.*, U.S.P. 2691039 [1951]).
   Hellgelbe Kristalle; F: 80°.

*2-Benzyliden-4,5,6-trimethoxy-indan-1-on $C_{19}H_{18}O_4$, Formel VI.
   B. Aus 4,5,6-Trimethoxy-indan-1-on und Benzaldehyd (*Haworth, McLachlan*, Soc. **1952** 1583,
1588).
   Hellgelbe Kristalle (aus A.); F: 159−160°.

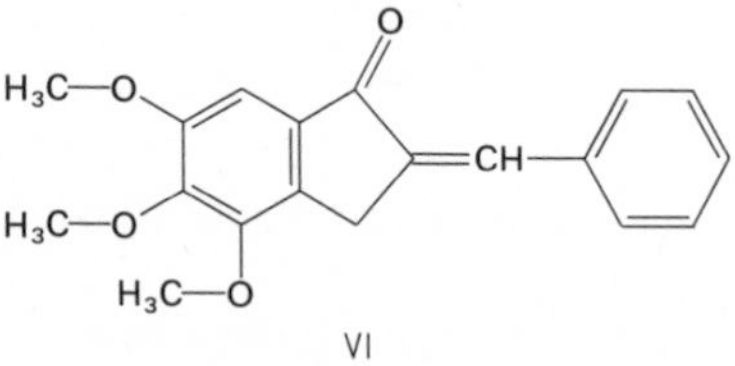

VI

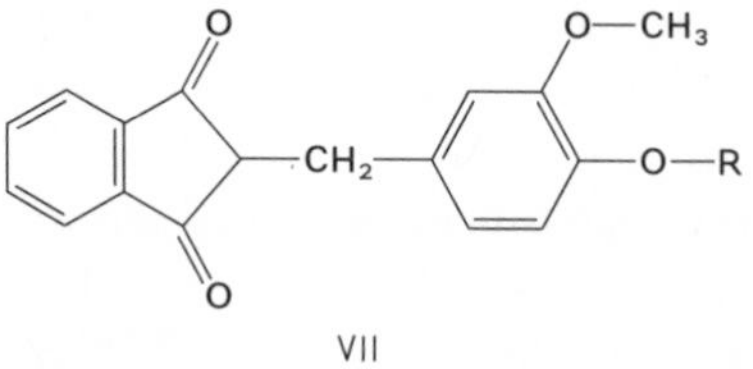

VII

2-Vanillyl-indan-1,3-dion $C_{17}H_{14}O_4$, Formel VII (R = H) und Taut.
   B. Beim Erwärmen von 2-Vanillyliden-indan-1,3-dion mit Na$_2$S$_2$O$_4$ in wss. Äthanol (*Wanag,
Dumpiš*, Latvijas Akad. Vēstis **1959** Nr. 12, S. 65, 68; C. A. **1960** 22522; Doklady Akad. S.S.S.R.
125 [1959] 549, 551; Pr. Acad. Sci. U.S.S.R. Chem. Sect. **124−129** [1959] 226, 228).
   Hellgelbe Kristalle; F: 171−173° [aus Me.] (*Wa., Du.*, Latvijas Akad. Vēstis **1959** Nr. 12,
S. 68), 170−172° (*Wa., Du.*, Doklady Akad. S.S.S.R. **125** 551).
   Dioxim $C_{17}H_{16}N_2O_4$. F: 225−227° [Zers.; aus A.] (*Wa., Du.*, Latvijas Akad. Vēstis **1959**
Nr. 12, S. 68).

2-Veratryl-indan-1,3-dion $C_{18}H_{16}O_4$, Formel VII (R = CH$_3$).
   B. Analog der vorangehenden Verbindung (*Wanag, Dumpiš*, Latvijas Akad. Vēstis **1959**
Nr. 12, S. 65, 68; C. A. **1960** 22522; Doklady Akad. S.S.S.R. **125** [1959] 549; Pr. Acad. Sci.
U.S.S.R. Chem. Sect. **124−129** [1959] 226, 228).
   Hellgelbe Kristalle (aus Me.); F: 113−114°.

Dioxim $C_{18}H_{18}N_2O_4$. Kristalle (aus CHCl$_3$); F: 198−200° (*Wa., Du.*, Latvijas Akad. Vēstis **1959** Nr. 12, S. 69).

1,4-Dihydroxy-2,3-dimethyl-anthrachinon $C_{16}H_{12}O_4$, Formel VIII (R = H) und Taut. (E III 3821).

B. Beim Erhitzen von Phthalsäure-anhydrid und 2,3-Dimethyl-hydrochinon oder von Naph=thalin-1,4-diol und Dimethylmaleinsäure-anhydrid, jeweils mit AlCl$_3$ und NaCl (*Waldmann, Ulsperger*, B. **83** [1950] 178, 180).

1,4-Diacetoxy-2,3-dimethyl-anthrachinon $C_{20}H_{16}O_6$, Formel VIII (R = CO-CH$_3$) (E III 3822).

B. Beim Behandeln von 9-Chlor-10-hydroxy-2,3-dimethyl-anthracen-1,4-dion (S. 2616) mit Acetanhydrid und H$_2$SO$_4$ (*Waldmann, Ulsperger*, B. **83** [1950] 178, 180).

Kristalle; F: 228°.

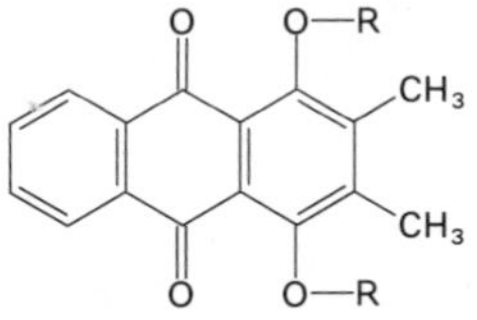

VIII 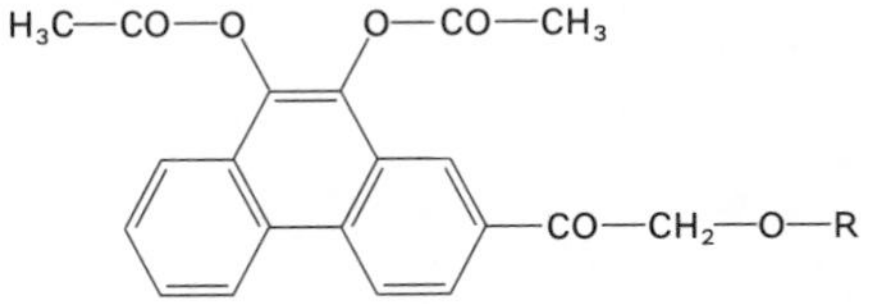   IX

1-[9,10-Diacetoxy-[2]phenanthryl]-2-hydroxy-äthanon $C_{20}H_{16}O_6$, Formel IX (R = H).

B. Beim Erwärmen von 1-[9,10-Diacetoxy-[2]phenanthryl]-2-diazo-äthanon mit wss. H$_2$SO$_4$ und Dioxan (*Kloetzel, Pandit*, Am. Soc. **78** [1956] 1412).

Kristalle (aus A.); F: 165−166° [unkorr.].

2-Acetoxy-1-[9,10-diacetoxy-[2]phenanthryl]-äthanon $C_{22}H_{18}O_7$, Formel IX (R = CO-CH$_3$).

B. Beim Erwärmen von 1-[9,10-Diacetoxy-[2]phenanthryl]-2-diazo-äthanon mit Essigsäure (*Kloetzel, Pandit*, Am. Soc. **78** [1956] 1412).

Kristalle (aus A.); F: 174° [unkorr.].

1-[9,10-Diacetoxy-[3]phenanthryl]-2-hydroxy-äthanon $C_{20}H_{16}O_6$, Formel X (R = H).

B. Beim Behandeln von 1-[9,10-Diacetoxy-[3]phenanthryl]-2-diazo-äthanon mit wss. H$_2$SO$_4$ und Dioxan (*Kloetzel, Pandit*, Am. Soc. **78** [1956] 1412).

Kristalle (aus A.); F: 157−158,5° [unkorr.].

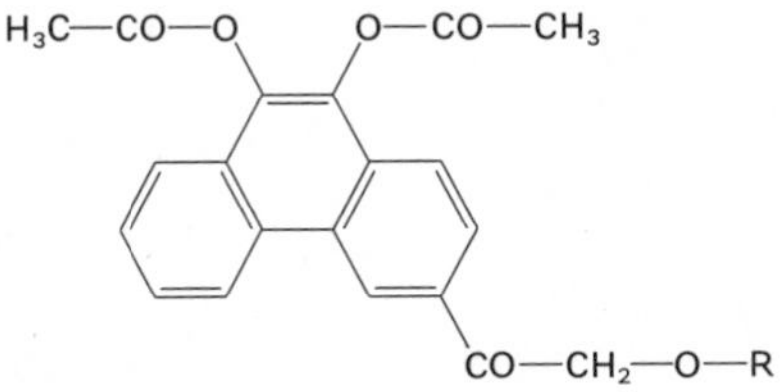

X 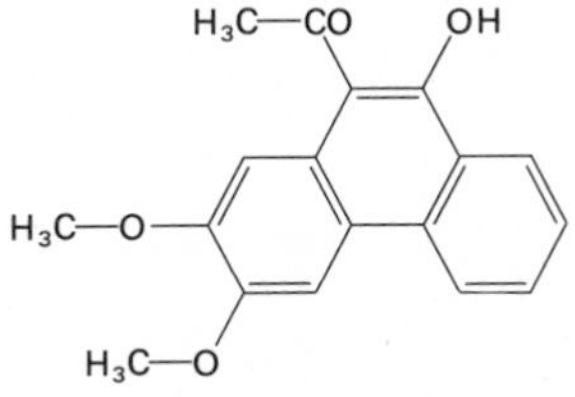   XI

2-Acetoxy-1-[9,10-diacetoxy-[3]phenanthryl]-äthanon $C_{22}H_{18}O_7$, Formel X (R = CO-CH$_3$).

B. Aus 1-[9,10-Diacetoxy-[3]phenanthryl]-2-diazo-äthanon und Essigsäure (*Kloetzel, Pandit*, Am. Soc. **78** [1956] 1412).

F: 196−197,5° [unkorr.].

1-[10-Hydroxy-6,7-dimethoxy-[9]phenanthryl]-äthanon $C_{18}H_{16}O_4$, Formel XI.

B. Beim Erhitzen von 1-[10-Hydroxy-6,7-dimethoxy-1,2,3,4-tetrahydro-[9]phenanthryl]-äth=anon mit Palladium/Kohle in *p*-Cymol (*Walker*, Am. Soc. **79** [1957] 3508, 3513).

F: 161−162° [korr.; aus Me.]. λ_{max} (A.; 235−378 nm): *Wa.*

Hydroxy-oxo-Verbindungen $C_{17}H_{14}O_4$

5ξ-[4-Hydroxy-3-methoxy-phenyl]-1-phenyl-pent-4-en-1,3-dion $C_{18}H_{16}O_4$, Formel XII und Taut.

B. Aus 1-Phenyl-butan-1,3-dion und Vanillin in Gegenwart von B_2O_3 (*Pavolini et al.*, Ann. Chimica **40** [1950] 280, 289).

Gelbe Kristalle (aus Bzl.); F: 152°.

XII   XIII   XIV

9-Äthyl-5,6,8-trihydroxy-cyclohepta[*a*]naphthalin-7-on $C_{17}H_{14}O_4$, Formel XIII (R = C_2H_5, R′ = H) und Taut.

B. Beim Behandeln von [1,2]Naphthochinon mit 4-Äthyl-pyrogallol in wss. Aceton (*Horner et al.*, B. **97** [1964] 312, 317; s. a. *Horner, Dürckheimer*, Z. Naturf. **14b** [1959] 743).

Rote Kristalle (aus Eg.); F: 171−172° (*Ho. et al.*, l. c. S. 321).

5,6,8-Trihydroxy-9,10-dimethyl-cyclohepta[*a*]naphthalin-7-on $C_{17}H_{14}O_4$, Formel XIII (R = R′ = CH_3) und Taut.

B. Beim Behandeln von [1,2]Naphthochinon mit 4,5-Dimethyl-pyrogallol in wss. Aceton (*Horner et al.*, B. **97** [1964] 312, 316; s. a. *Horner, Dürckheimer*, Z. Naturf. **14b** [1959] 743).

Kristalle (aus Eg.); F: 215−218° (*Ho. et al.*, l. c. S. 321).

1-[1-Hydroxy-3,4-dimethoxy-8-methyl-[2]phenanthryl]-äthanon $C_{19}H_{18}O_4$, Formel XIV (R = H).

B. Aus Di-*O*-methyl-leukotanshinon-I (E III/IV **17** 2231) mit Hilfe von Ozon (*v. Wessely, Bauer*, B. **75** [1942] 617, 622).

Gelbe Kristalle (aus Ae.); F: 153°.

1-[1,3,4-Trimethoxy-8-methyl-[2]phenanthryl]-äthanon $C_{20}H_{20}O_4$, Formel XIV (R = CH_3).

B. Aus der vorangehenden Verbindung mit Hilfe von Dimethylsulfat und wss.-methanol. NaOH (*v. Wessely, Bauer*, B. **75** [1942] 617, 624).

$Kp_{0,05}$: 150−160°.

1-[1-Acetoxy-3,4-dimethoxy-8-methyl-[2]phenanthryl]-äthanon $C_{21}H_{20}O_5$, Formel XIV (R = CO-CH_3).

B. Beim Behandeln von 1-[1-Hydroxy-3,4-dimethoxy-8-methyl-[2]phenanthryl]-äthanon mit Acetanhydrid und Pyridin (*v. Wessely, Bauer*, B. **75** [1942] 617, 623).

Kristalle; F: 127° [nach Sintern bei 95−98° teilweisem Wiedererstarren bei 103° und erneutem Sintern bei 125°].

Hydroxy-oxo-Verbindungen $C_{18}H_{16}O_4$

4,4′-Bis-acetoxyacetyl-*trans*-stilben $C_{22}H_{20}O_6$, Formel I (R = CO-CH_3) (E III 3829).

Kristalle (aus Toluol); F: 206° (*Campbell, Hunt*, Soc. **1951** 960).

5-[3,4-Dimethoxy-phenyl]-2-phenyl-cyclohexan-1,3-dion $C_{20}H_{20}O_4$, Formel II und Taut.

B. Beim Erhitzen von opt.-inakt. 6-[3,4-Dimethoxy-phenyl]-2,4-dioxo-3-phenyl-cyclohexan≠

carbonsäure-äthylester (F: 158–159°) mit wss. Na_2CO_3 (*Ames, Davey*, Soc. **1958** 1794, 1797).

Kristalle (aus 2-Methoxy-äthanol); F: 220°. λ_{max} (A.): 228 nm und 272,5 nm (*Ames, Da.*, l. c. S. 1796).

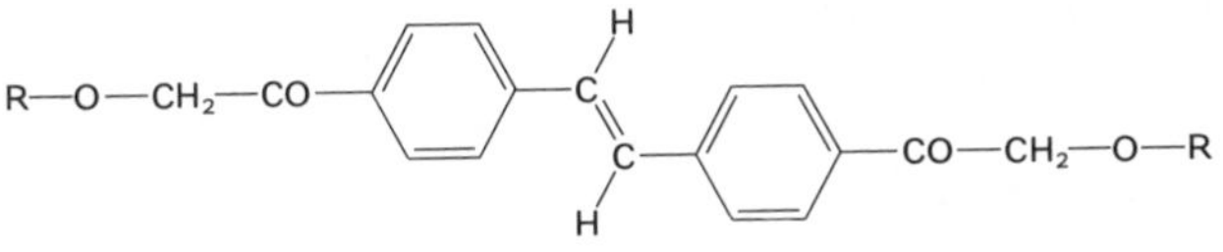

I

(±)-5-[3,4-Dimethoxy-phenyl]-3-methoxy-2-phenyl-cyclohex-2-enon $C_{21}H_{22}O_4$, Formel III.

B. Aus der vorangehenden Verbindung und Diazomethan in Äther (*Ames, Davey*, Soc. **1958** 1794, 1797).

Kristalle (aus Bzl.); F: 189°. λ_{max} (A.): 229 nm und 274,5 nm (*Ames, Da.*, l. c. S. 1796).

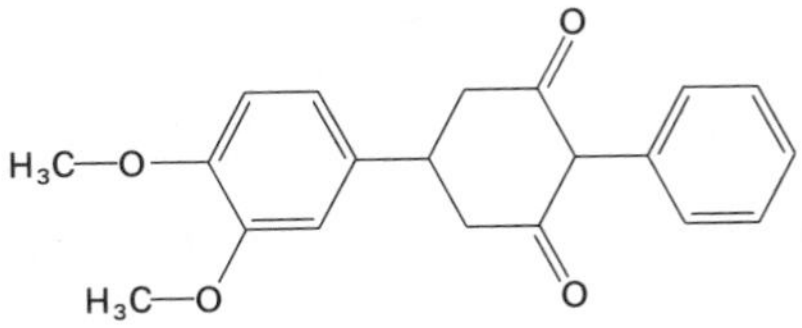

II

(±)-6-Benzyl-6-brom-1,4-dihydroxy-7,8-dihydro-6H-benzocyclohepten-5,9-dion(?) $C_{18}H_{15}BrO_4$, vermutlich Formel IV (X = Br, X′ = H).

B. Neben der folgenden Verbindung beim Erwärmen von 6-Benzyliden-1,4-dimethoxy-7,8-dihydro-6H-benzocyclohepten-5,9-dion (F: 204°) mit HBr in Essigsäure (*Sorrie, Thomson*, Soc. **1955** 2233, 2237).

Gelbe Kristalle (aus PAe.); F: 157°.

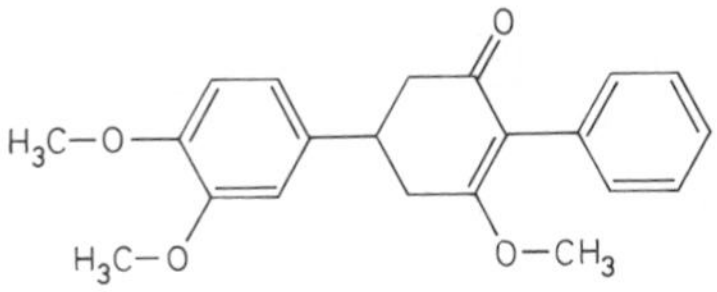

III 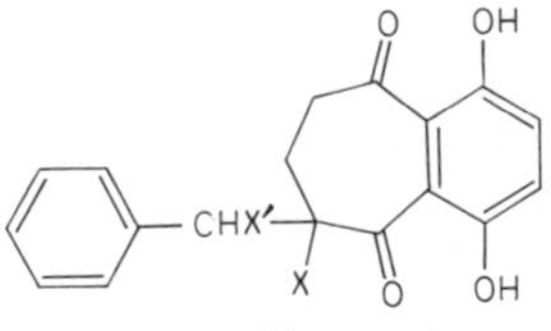   IV

*Opt.-inakt. 6-[α-Brom-benzyl]-1,4-dihydroxy-7,8-dihydro-6H-benzocyclohepten-5,9-dion(?) $C_{18}H_{15}BrO_4$, vermutlich Formel IV (X = H, X′ = Br).

B. s. im vorangehenden Artikel.

Gelbe Kristalle (aus PAe.); F: 157° (*Sorrie, Thomson*, Soc. **1955** 2233, 2237).

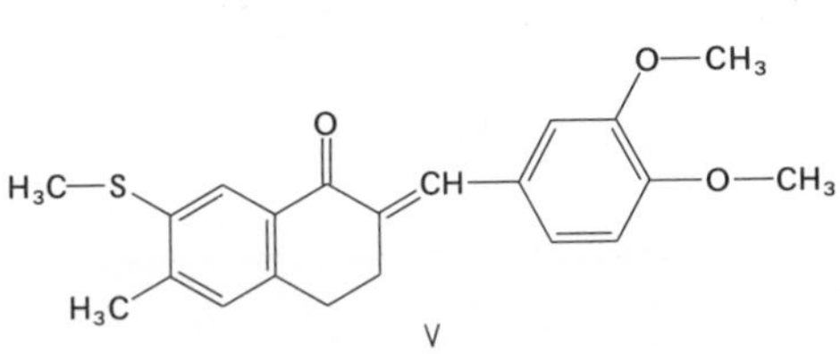

V 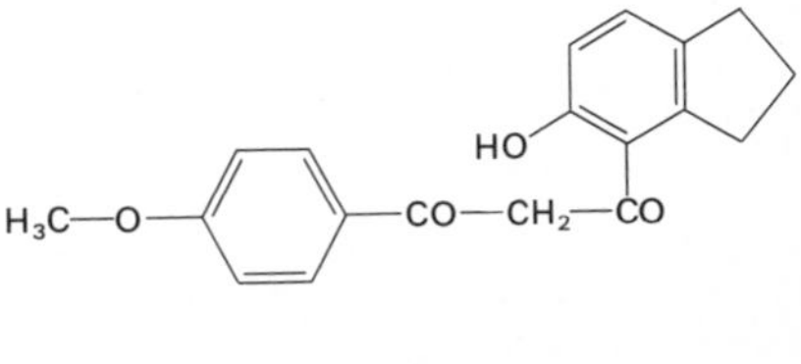   VI

*6-Methyl-7-methylmercapto-2-veratryliden-3,4-dihydro-2H-naphthalin-1-on $C_{21}H_{22}O_3S$, Formel V.

B. Beim Behandeln von 6-Methyl-7-methylmercapto-3,4-dihydro-2H-naphthalin-1-on mit

Veratrumaldehyd und wss.-äthanol. Alkalilauge (*Buu-Hoi, Hoan*, Soc. **1951** 2868).

Gelbe Kristalle (aus A.); F: 148°.

1-[5-Hydroxy-indan-4-yl]-3-[4-methoxy-phenyl]-propan-1,3-dion $C_{19}H_{18}O_4$, Formel VI und Taut.

B. Beim Behandeln von 4-Methoxy-benzoesäure-[4-acetyl-indan-5-ylester] mit KOH in Pyridin (*O'Farrell et al.*, Soc. **1955** 3986, 3989).

Orangefarbene Kristalle (aus A.); F: 114–115°.

1-[6-Hydroxy-indan-5-yl]-3-[4-methoxy-phenyl]-propan-1,3-dion $C_{19}H_{18}O_4$, Formel VII und Taut.

B. Beim Behandeln von 4-Methoxy-benzoesäure-[6-acetyl-indan-5-ylester] mit KOH in Pyridin (*O'Farrell et al.*, Soc. **1955** 3986, 3989).

Gelbe Kristalle (aus A.); F: 142–143°.

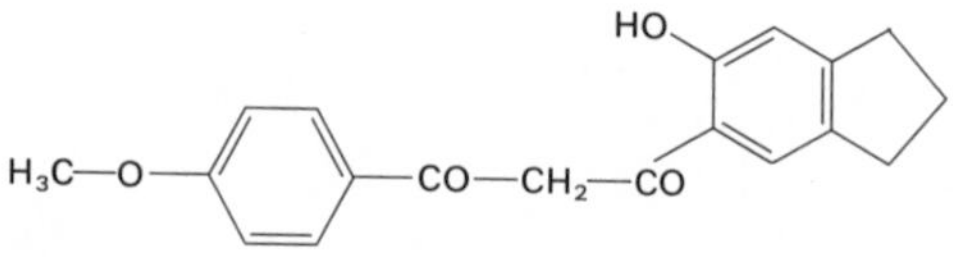

VII

2-Butyl-1,4-dihydroxy-anthrachinon $C_{18}H_{16}O_4$, Formel VIII (R = [CH₂]₃-CH₃, R' = H) und Taut. (E III 3829).

In 100 ml Cyclohexan lösen sich bei 20°: 0,14 g (*Brockmann, Müller*, B. **91** [1958] 1920, 1929).

6-*tert*-Butyl-1,4-dihydroxy-anthrachinon $C_{18}H_{16}O_4$, Formel VIII (R = H, R' = C(CH₃)₃) und Taut.

B. Aus 4-*tert*-Butyl-phthalsäure-anhydrid beim Erhitzen mit Hydrochinon, AlCl₃ und NaCl auf 130° oder mit 4-Chlor-phenol, H₂SO₄ und H₃BO₃ auf 210° (*Larner, Peters*, Soc. **1952** 1368, 1372, 1373).

Rote Kristalle; F: 173° [nach Sublimation unter 2 Torr].

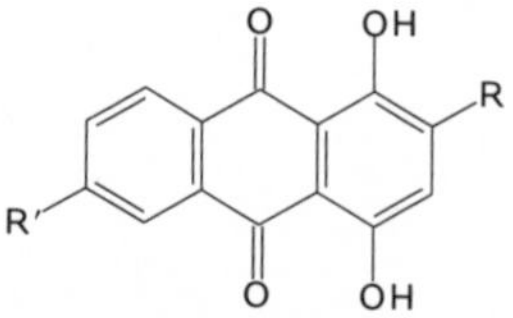

VIII 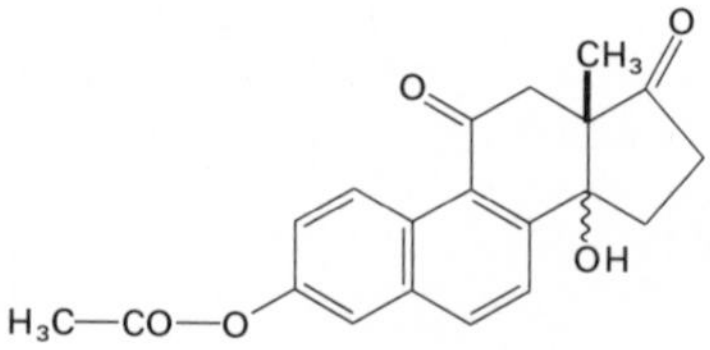   IX

(13*S*,14*Ξ*)-3-Acetoxy-14-hydroxy-13-methyl-13,14,15,16-tetrahydro-12*H*-cyclopenta[a]phenanthren-11,17-dion, 3-Acetoxy-14-hydroxy-14ξ-östra-1,3,5,7,9-pentaen-11,17-dion $C_{20}H_{18}O_5$, Formel IX.

B. Neben 3-Acetoxy-14α(?)-hydroxy-östra-1,3,5,7,9-pentaen-17-on (F: 178–179,5°) beim Behandeln von 3-Acetoxy-östra-1,3,5,7,9-pentaen-17-on mit wss. CrO₃ und Essigsäure (*Searle & Co.*, U.S.P. 2688030 [1953]).

Kristalle (aus Me.); F: 235–237°. $[\alpha]_D^{24}$: +288° [CHCl₃].

Hydroxy-oxo-Verbindungen $C_{19}H_{18}O_4$

3t-[6-Hydroxy-4-isopropyl-7-oxo-cyclohepta-1,3,5-trienyl]-1-[2-hydroxy-phenyl]-propenon $C_{19}H_{18}O_4$, Formel X (X = X′ = H) und Taut.; **3-[3-(2-Hydroxy-phenyl)-3-oxo-*trans*-propenyl]-6-isopropyl-tropolon.**

B. Beim Behandeln von 3-Formyl-6-isopropyl-tropolon mit 1-[2-Hydroxy-phenyl]-äthanon und wss.-methanol. NaOH (*Matsumoto*, Sci. Rep. Tohoku Univ. [I] **42** [1958] 215, 218).

Kristalle (aus E.); F: 145−146°. Absorptionsspektrum (Me.; 210−500 nm): *Ma.*, l. c. S. 217.

3t-[6-Hydroxy-4-isopropyl-7-oxo-cyclohepta-1,3,5-trienyl]-1-[2-hydroxy-3-nitro-phenyl]-propenon $C_{19}H_{17}NO_6$, Formel X (X = NO$_2$, X′ = H) und Taut.; **3-[3-(2-Hydroxy-3-nitro-phenyl)-3-oxo-*trans*-propenyl]-6-isopropyl-tropolon.**

B. Analog der vorangehenden Verbindung (*Matsumoto*, Sci. Rep. Tohoku Univ. [I] **42** [1958] 215, 218).

Orangegelbe Kristalle (aus E.); F: 187,5−188,5°. Absorptionsspektrum (Me.; 210−500 nm): *Ma.*, l. c. S. 217.

3t-[6-Hydroxy-4-isopropyl-7-oxo-cyclohepta-1,3,5-trienyl]-1-[2-hydroxy-5-nitro-phenyl]-propenon $C_{19}H_{17}NO_6$, Formel X (X = H, X′ = NO$_2$) und Taut.; **3-[3-(2-Hydroxy-5-nitro-phenyl)-3-oxo-*trans*-propenyl]-6-isopropyl-tropolon.**

B. Analog den vorangehenden Verbindungen (*Matsumoto*, Sci. Rep. Tokoku Univ. [I] **42** [1958] 215, 219).

Orangegelbe Kristalle (aus E.); F: 155−156°. Absorptionsspektrum (Me.; 210−500 nm): *Ma.*, l. c. S. 217.

3t-[6-Hydroxy-4-isopropyl-7-oxo-cyclohepta-1,3,5-trienyl]-1-[4-hydroxy-phenyl]-propenon $C_{19}H_{18}O_4$, Formel XI und Taut.; **3-[3-(4-Hydroxy-phenyl)-3-oxo-*trans*-propenyl]-6-isopropyl-tropolon.**

B. Analog den vorangehenden Verbindungen (*Matsumoto*, Sci. Rep. Tohoku Univ. [I] **42** [1958] 215, 218).

Orangegelbe Kristalle (aus Me.); F: 177−178°. Absorptionsspektrum (Me.; 210−500 nm): *Ma.*, l. c. S. 217.

Hydroxy-oxo-Verbindungen $C_{20}H_{20}O_4$

4,8-Bis-[2-hydroxy-phenyl]-oct-7-en-2,6-dion $C_{20}H_{20}O_4$ und Taut.

Opt.-inakt. 4-[2-Hydroxy-2H-chromen-2-ylmethyl]-2-methyl-chroman-2-ol $C_{20}H_{20}O_4$, Formel I.

B. Beim Behandeln von opt.-inakt. [2-Dimethylamino-2H-chromen-2-yl]-[2-dimethylamino-2-methyl-chroman-4-yl]-methan (E III/IV **19** 4198) mit wss. Essigsäure (*Kuhn et al.*, A. **611** [1958] 83, 93).

F: 135−137°. IR-Banden (KBr; 3350−750 cm^{-1}): *Kuhn et al.*

Hydroxy-oxo-Verbindungen $C_{22}H_{24}O_4$

3,4-Bis-[4-acetoxyacetyl-phenyl]-hex-3t-en $C_{26}H_{28}O_6$, Formel II (R = CO-CH$_3$).

B. Aus 3,4-Bis-[4-chlorcarbonyl-phenyl]-hex-3t-en beim Behandeln mit Diazomethan in Di⸗

oxan und Äther und Behandeln des Reaktionsprodukts mit Acetanhydrid und Essigsäure (*Ha* *ger, Burgison,* J. Am. pharm. Assoc. **39** [1950] 7, 10).

Hellgelbe Kristalle (aus A.); F: 185−186°.

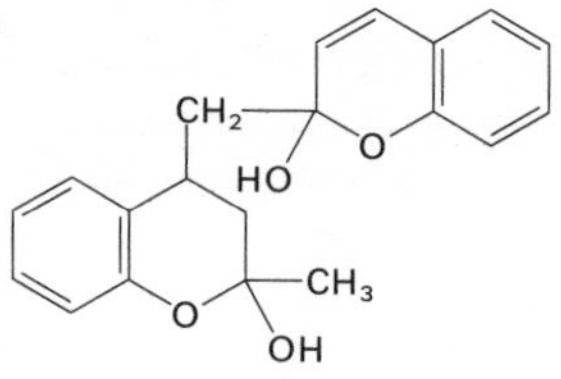

I

1-[3-Cyclohexyl-2,6-dihydroxy-phenyl]-2-phenyl-butan-1,3-dion $C_{22}H_{24}O_4$, Formel III und Taut.

B. Beim Erhitzen von 2,6,α-Triacetoxy-3-cyclohexyl-stilben (E IV **6** 7609) mit wss. NaOH (*Libermann, Moyeux,* Bl. **1956** 166, 169).

F: 142°.

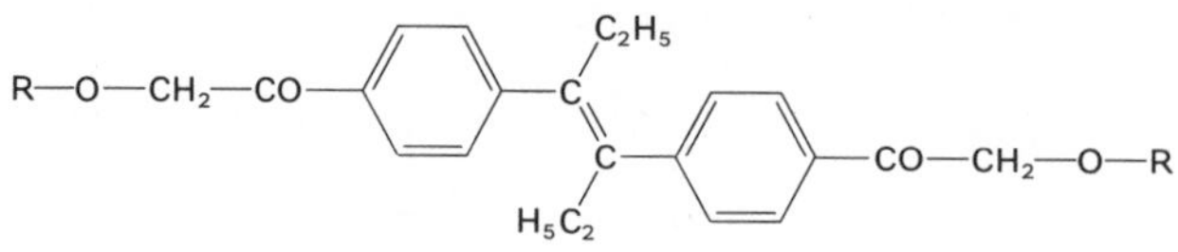

II

*1,4-Bis-phenylacetyl-cyclohexan-1,4-diol $C_{22}H_{24}O_4$, Formel IV.

B. Beim Erwärmen von 1,4-Bis-phenyläthinyl-cyclohexan-1,4-diol (E IV **6** 7011) mit Quecksil= ber(II)-acetat, wss. Essigsäure und H_2SO_4 (*Ried, Urschel,* B. **90** [1957] 2504, 2509).

Bis-[2,4-dinitro-phenylhydrazon] (F: 240° [Zers.]): *Ried, Ur.*

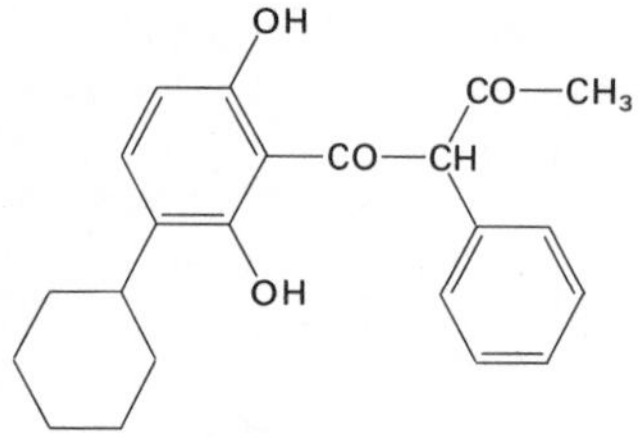

III 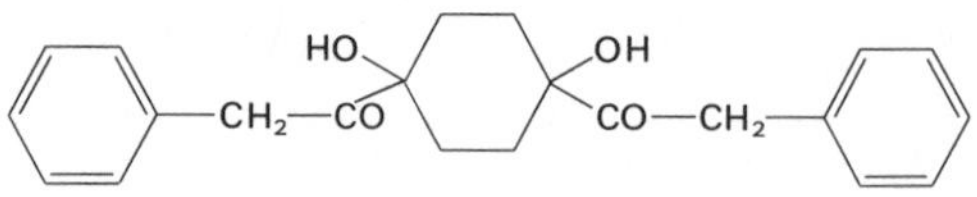   IV

(±)-6-Acetyl-3t-[3-acetyl-4-hydroxy-phenyl]-1ξ-äthyl-2r-methyl-indan-5-ol $C_{22}H_{24}O_4$, Formel V + Spiegelbild.

Zur Konfiguration s. *MacMillan et al.,* Tetrahedron **25** [1969] 905, 910.

B. Beim Erwärmen von (±)-Metanethol (E IV **6** 6867) mit Acetylchlorid und $AlCl_3$ in Äther (*Baker et al.,* Soc. **1952** 4310, 4313).

Kristalle (aus A.); F: 115−116° [unkorr.].

Bis-[2,4-dinitro-phenylhydrazon] (F: 260°): *Ba. et al.*

Hydroxy-oxo-Verbindungen $C_{27}H_{34}O_4$

3,3′-Diacetoxy-(16β,4′aβ,8′aβ)-16,4′,4′a,6′,7′,8′a-hexahydro-naphth[1′,2′:16,17]androsta-3,5,16-trien-5′,8′-dion $C_{31}H_{38}O_6$, Formel VI.

B. Beim Erwärmen von 3,3′-Diacetoxy-(16β,4′aβ,8′aβ)-16,4′,4′a,8′a-tetrahydro-naphth=

[1′,2′:16,17]androsta-3,5,16-trien-5′,8′-dion (Syst.-Nr. 601) mit Zink-Pulver und Essigsäure (*Searle & Co.,* U.S.P. 2812335 [1955]).

Kristalle (aus Bzl. + A.); F: 234−239°. $[\alpha]_D$: −126° [CHCl₃].

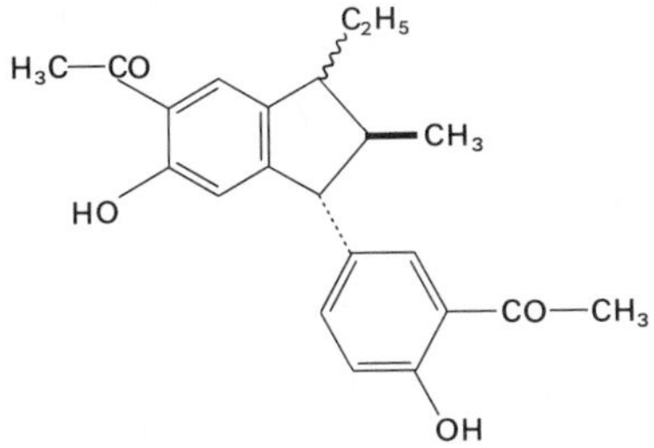

V

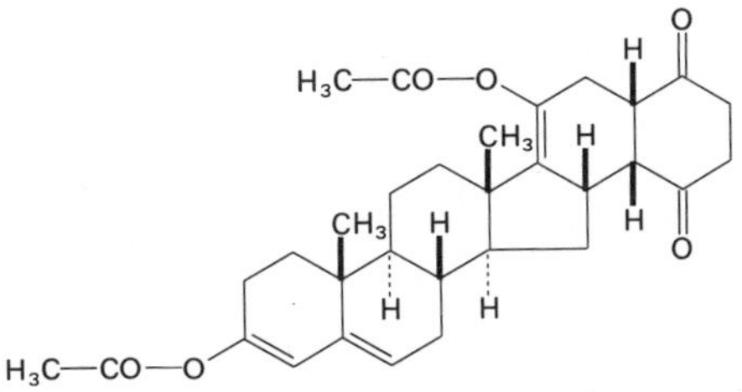

VI

Hydroxy-oxo-Verbindungen C₂₈H₃₆O₄

3-Acetoxy-16-benzyliden-17a-hydroxy-17a-methyl-*D*-homo-androstan-11,17-dione $C_{30}H_{38}O_5$.

a) **3α-Acetoxy-16-[(*Ξ*)-benzyliden]-17aα-hydroxy-17aβ-methyl-*D*-homo-5β-androstan-11,17-dion,** Formel VII.

B. Beim Behandeln von 3α-Acetoxy-17aα-hydroxy-17aβ-methyl-*D*-homo-5β-androstan-11,17-dion mit Benzaldehyd und wss.-äthanol. KOH (*Wendler et al.,* Am. Soc. **78** [1956] 5027, 5030).

Kristalle (aus Acn.); F: 240−246°. λ_{max} (Me.): 233 nm und 288 nm.

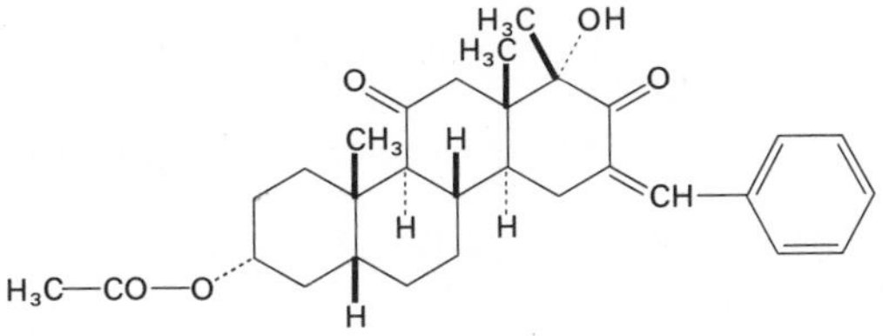

VII

b) **3α-Acetoxy-16-[(*Ξ*)-benzyliden]-17aβ-hydroxy-17aα-methyl-*D*-homo-5β-androstan-11,17-dion,** Formel VIII.

B. Analog der vorangehenden Verbindung (*Wendler et al.,* Am. Soc. **78** [1956] 5027, 5031).

Kristalle (aus Acn. + Hexan); F: 220−222° [korr.]. λ_{max} (Me.): 220 nm und 285 nm.

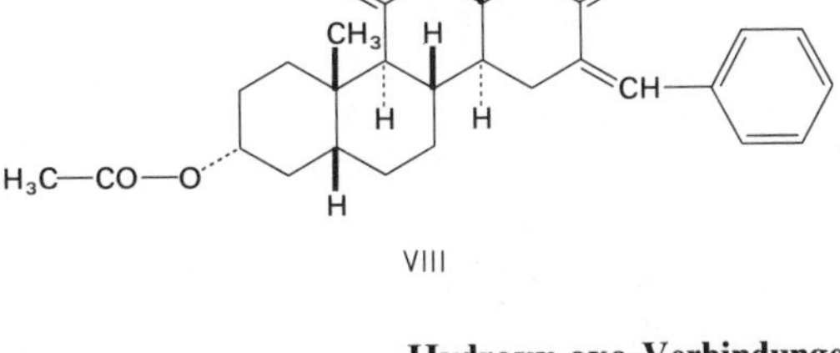

VIII

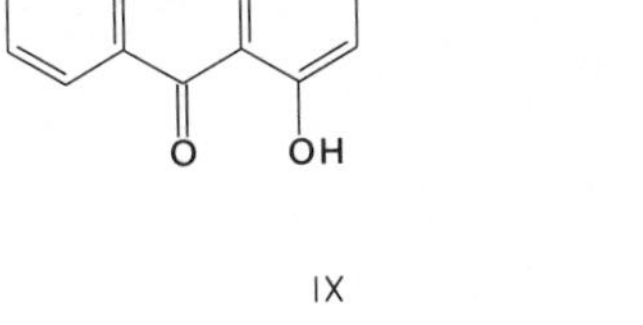

IX

Hydroxy-oxo-Verbindungen C₃₀H₄₀O₄

2-Hexadecyl-1,4-dihydroxy-anthrachinon $C_{30}H_{40}O_4$, Formel IX und Taut.

B. Aus 1,4-Dihydroxy-anthrachinon beim aufeinanderfolgenden Erwärmen mit Na₂S₂O₄ in wss. NaOH und mit Palmitinaldehyd in Methanol und anschliessenden Behandeln mit Luft (*Brockmann, Müller,* B. **91** [1958] 1920, 1929).

Hellrote Kristalle (aus Cyclohexan); F: 92—95°. In 100 ml Cyclohexan lösen sich bei 20° 0,22 g.

Hydroxy-oxo-Verbindungen $C_{37}H_{54}O_4$

2-[3,7,11,15,19,23-Hexamethyl-tetracosa-2t,6t,10t,14t,18t,22-hexaenyl]-5,6-dimethoxy-3-methyl-[1,4]benzochinon, Ubichinon-30, Coenzym-Q$_6$ $C_{39}H_{58}O_4$, Formel X.

Isolierung aus Bäckerhefe: *Gloor et al.,* Helv. **41** [1958] 2357, 2360.

B. Aus 2,3-Dimethoxy-5-methyl-[1,4]benzochinon bei der Hydrierung an Lindlar-Katalysator in Methanol, Erwärmen des Reaktionsprodukts mit (±)-3,7,11,15,19,23-Hexamethyl-tetracosa-1,6t,10t,14t,18t,22-hexaen-3-ol und ZnCl$_2$ in Äther und wenig Essigsäure und Behandeln des hierbei erhaltenen Reaktionsprodukts mit Ag$_2$O in Äther (*Gl. et al.,* l. c. S. 2361).

Orangegelbe Kristalle (aus A. oder Acn.); F: 19—20°. IR-Spektrum (Film; 2—15 μ): *Gl. et al.,* l. c. S. 2359. UV-Spektrum (Cyclohexan; 220—320 nm): *Gl. et al.,* l. c. S. 2358. Verteilung zwischen Methanol und 2,2,4-Trimethyl-pentan: *Gl. et al.,* l. c. S. 2360.

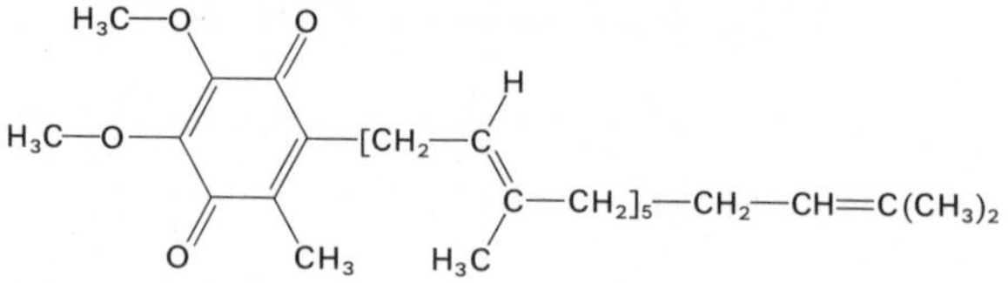

X

Hydroxy-oxo-Verbindungen $C_{38}H_{56}O_4$

17β,17′β-Dihydroxy-4ξH,5ξ,4′ξH,5′ξ-[4,5′;5,4′]biandrostandiyl-3,3′-dion, Lumitestosteron $C_{38}H_{56}O_4$, Formel XI.

B. Beim Erhitzen von 17β,17′β-Bis-propionyloxy-4ξH,5ξ,4′ξH,5′ξ-[4,5′;5,4′]biandrostandiyl-3,3′-dion (E III **8** 3834) mit wss. KOH und Dioxan (*Butenandt et al.,* A. **575** [1952] 123, 136).

Kristalle (aus CHCl$_3$+A.); F: 327—330°. $[\alpha]_D^{21}$: +32° [CHCl$_3$].

Diacetyl-Derivat $C_{42}H_{62}O_6$; 17β,17′β-Diacetoxy-4ξH,5ξ,4′ξH,5′ξ-[4,5′;5,4′]biandrostandiyl-3,3′-dion. Erweicht ab 308°; bei 325° erfolgt Dunkelfärbung. $[\alpha]_D^{21}$: +36° [CHCl$_3$].

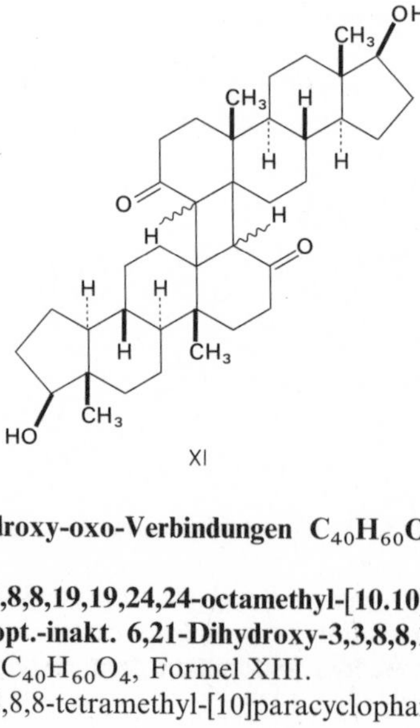

XI

Hydroxy-oxo-Verbindungen $C_{40}H_{60}O_4$

*Opt.-inakt. 6,22-Dihydroxy-3,3,8,8,19,19,24,24-octamethyl-[10.10]paracyclophan-5,21-dion $C_{40}H_{60}O_4$, Formel XII, oder ***opt.-inakt. 6,21-Dihydroxy-3,3,8,8,19,19,24,24-octamethyl-[10.10]paracyclophan-5,22-dion** $C_{40}H_{60}O_4$, Formel XIII.

B. Neben (±)-6-Hydroxy-3,3,8,8-tetramethyl-[10]paracyclophan-5-on beim Behandeln von

3,3,3′,3′-Tetramethyl-5,5′-*p*-phenylen-di-valeriansäure-dimethylester mit Natrium in Toluol (*Blomquist, Jaffe*, Am. Soc. **80** [1958] 3405, 3408).

Kristalle (aus Bzl.); F: 199−205°.   [*G. Tarrach*]

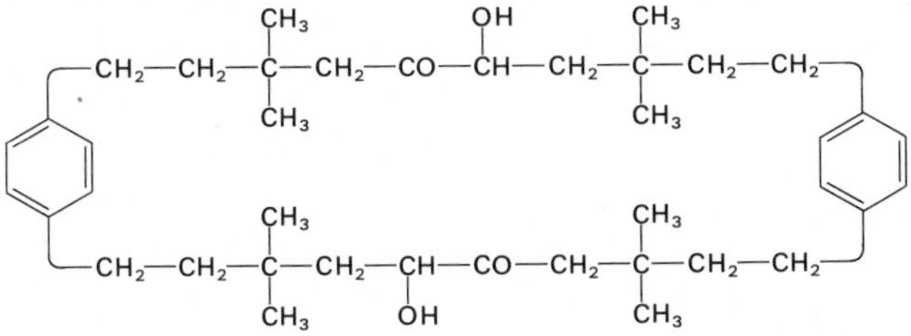

XII

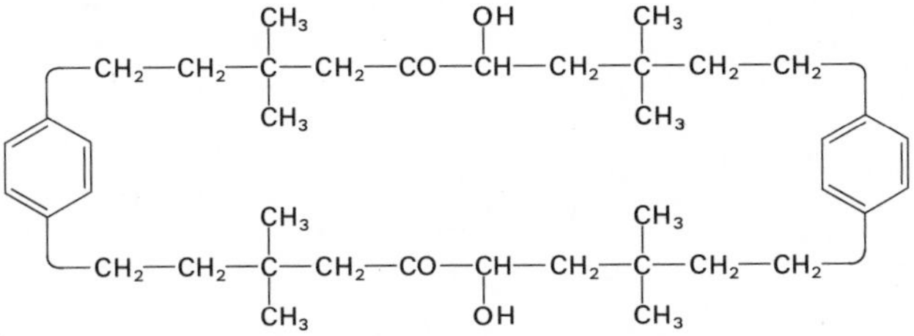

XIII

Hydroxy-oxo-Verbindungen $C_nH_{2n-22}O_4$

Hydroxy-oxo-Verbindungen $C_{16}H_{10}O_4$

7-Methoxy-4-[4-methoxy-phenyl]-[1,2]naphthochinon $C_{18}H_{14}O_4$, Formel I (X = H, X′ = O-CH₃).

B. Aus 7-Methoxy-4-[4-methoxy-phenyl]-[1]naphthol mit Hilfe von NO(SO₃K)₂ (*Cassebaum*, B. **90** [1957] 2876, 2884).

Rote Kristalle (aus wss. Dioxan); F: 197−198° [unkorr.] (*Ca.*, B. **90** 2884). Absorptions=spektrum (CHCl₃; 240−600 nm): *Cassebaum, Hofferek*, B. **92** [1959] 1643, 1646. Redoxpoten=tial in wss. Äthanol: *Cassebaum*, Z. El. Ch. **62** [1958] 426, 428.

6-Methoxy-4-[4-methoxy-phenyl]-[1,2]naphthochinon $C_{18}H_{14}O_4$, Formel I (X = O-CH₃, X′ = H) (E III 3837).

B. Aus 5-Methoxy-3-[4-methoxy-phenyl]-2-methyl-inden-1-on beim Erwärmen mit wss. H₂O₂, wenig OsO₄ und Äther, Erwärmen des Reaktionsprodukts mit NaBiO₃ in Essigsäure und Erwärmen des hierbei erhaltenen Reaktionsprodukts mit wss.-äthanol. HCl (*van der Zanden, de Vries*, R. **71** [1952] 733, 737).

Redoxpotential in wss. Äthanol: *Cassebaum*, Z. El. Ch. **62** [1958] 426, 428.

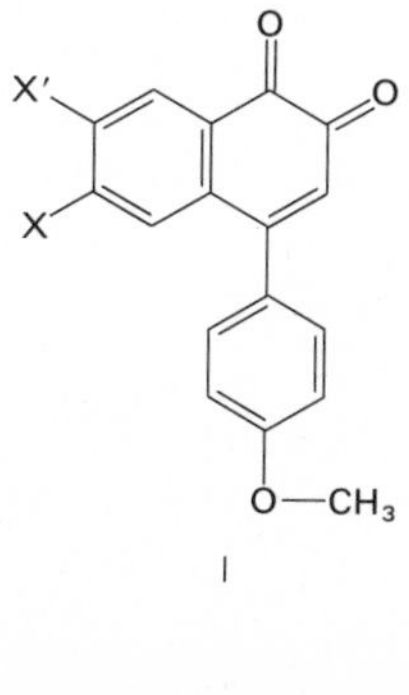

I 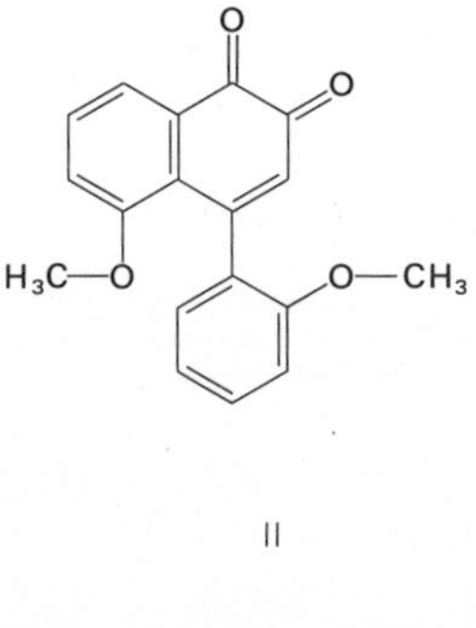   II 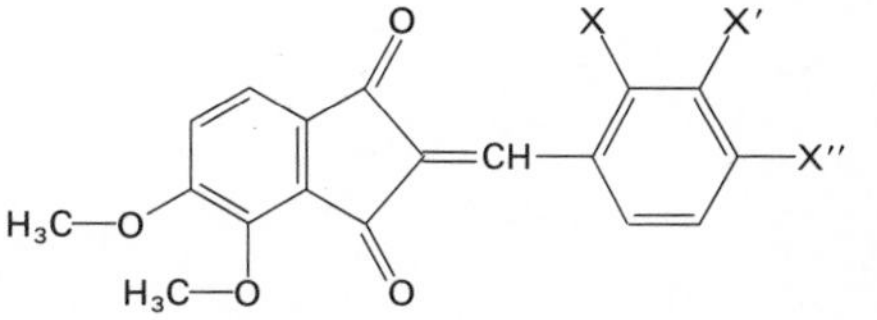   III

5-Methoxy-4-[2-methoxy-phenyl]-[1,2]naphthochinon $C_{18}H_{14}O_4$, Formel II.

B. Aus 5-Methoxy-4-[2-methoxy-phenyl]-[1]naphthol mit Hilfe von $NO(SO_3K)_2$ (*Cassebaum*, B. **90** [1957] 2876, 2885).

Rote Kristalle (aus wss. Dioxan) mit 1 Mol H_2O; F: $163-164°$ [unkorr.] (*Ca*., B. **90** 2885). Absorptionsspektrum ($CHCl_3$; 250–550 nm): *Cassebaum, Hofferek*, B. **92** [1959] 1643, 1645. Redoxpotential in wss. Äthanol: *Cassebaum*, Z. El. Ch. **62** [1958] 426, 428.

o-Phenylendiamin-Kondensationsprodukt (F: $216°$): *Ca*., B. **90** 2885.

---

*2-Benzyliden-4,5-dimethoxy-indan-1,3-dion $C_{18}H_{14}O_4$, Formel III (X = X′ = X″ = H).

B. Aus 4,5-Dimethoxy-indan-1,3-dion und Benzaldehyd (*Geĭta, Wanag*, Latvijas Akad. Vēstis **1958** Nr. 12, S. 129, 131; C. A. **1959** 17069).

Gelbe Kristalle (aus Eg.); F: $159-161°$.

Die folgenden Verbindungen sind in analoger Weise hergestellt worden:

*4,5-Dimethoxy-2-[2-nitro-benzyliden]-indan-1,3-dion $C_{18}H_{13}NO_6$, Formel III (X = NO_2, X′ = X″ = H). Gelbe Kristalle; F: $204-205°$ (*Ge., Wa.*, l. c. S. 132).

*4,5-Dimethoxy-2-[3-nitro-benzyliden]-indan-1,3-dion $C_{18}H_{13}NO_6$, Formel III (X = X″ = H, X′ = NO_2). Gelbe Kristalle; F: $190-192°$ (*Ge., Wa.*).

*4,5-Dimethoxy-2-[4-nitro-benzyliden]-indan-1,3-dion $C_{18}H_{13}NO_6$, Formel III (X = X′ = H, X″ = NO_2). Gelbe Kristalle; F: $227-228°$ (*Ge., Wa.*).

2-Benzyliden-4,7-dimethoxy-indan-1,3-dion $C_{18}H_{14}O_4$, Formel IV. Gelbe Kristalle (aus Me.); F: $218°$ (*Garden, Thomson*, Soc. **1957** 2851, 2853).

2-Veratryliden-indan-1,3-dion $C_{18}H_{14}O_4$, Formel V. Kristalle (aus Xylol); F: $204-205°$ (*Emerson et al.*, Am. Soc. **75** [1953] 1312).

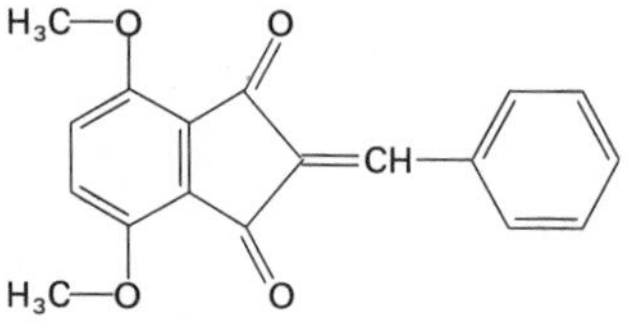

IV

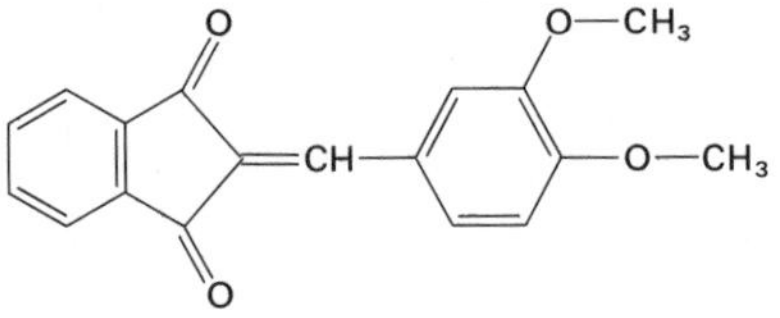

V

2-Acetyl-1-methoxy-anthrachinon $C_{17}H_{12}O_4$, Formel VI.

B. Aus 1-[1-Methoxy-[2]anthryl]-äthanon mit Hilfe von NaClO (*Lele et al.*, J. org. Chem. **21** [1956] 1293).

Orangefarbene Kristalle (aus wss. Eg.); F: $214°$ [unkorr.].

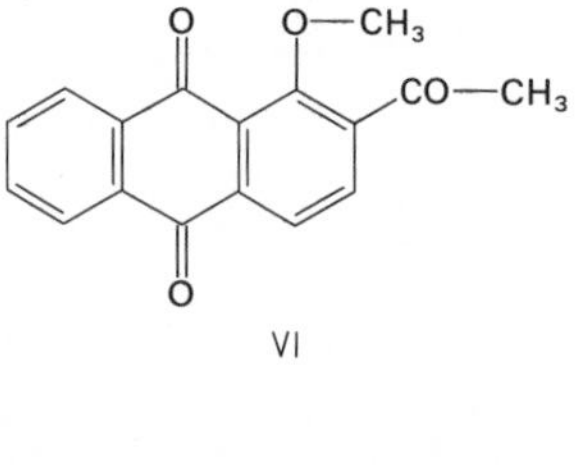

VI

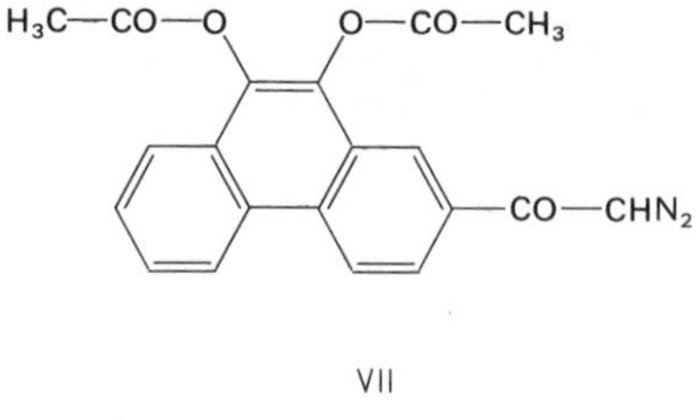

VII

1-[9,10-Diacetoxy-[2]phenanthryl]-2-diazo-äthanon $C_{20}H_{14}N_2O_5$, Formel VII.

B. Aus 9,10-Diacetoxy-phenanthren-2-carbonylchlorid und Diazomethan (*Kloetzel, Pandit*, Am. Soc. **78** [1956] 1412).

Gelbe Kristalle; F: $175-176°$ [unkorr.; Zers.].

1-[9,10-Diacetoxy-[3]phenanthryl]-2-diazo-äthanon $C_{20}H_{14}N_2O_5$, Formel VIII.

B. Analog der vorangehenden Verbindung (*Kloetzel, Pandit*, Am. Soc. **78** [1956] 1412).

F: 164−166° [unkorr.; Zers.].

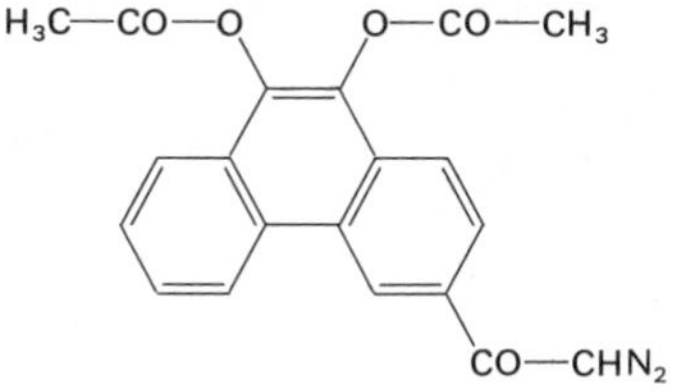

VIII 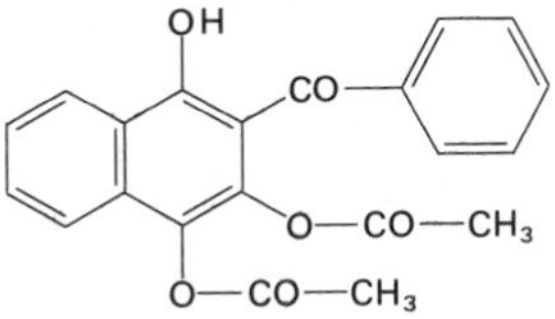   IX

Hydroxy-oxo-Verbindungen $C_{17}H_{12}O_4$

[3,4-Diacetoxy-1-hydroxy-[2]naphthyl]-phenyl-keton $C_{21}H_{16}O_6$, Formel IX.

B. Aus 2-Benzoyl-[1,4]naphthochinon mit Hilfe von Acetanhydrid und BF_3 (*Ettlinger*, Am. Soc. **72** [1950] 3666, 3672).

Gelbe Kristalle (aus Eg.); F: 177,5−178,5°.

Hydroxy-oxo-Verbindungen $C_{18}H_{14}O_4$

1*t*(?),6*t*(?)-Bis-[2-methoxy-phenyl]-hexa-1,5-dien-3,4-dion $C_{20}H_{18}O_4$, vermutlich Formel X (R = CH_3).

B. Aus 2-Methoxy-benzaldehyd und Butandion in Gegenwart von Piperidinacetat (*Schlenk*, B. **85** [1952] 901, 904).

Kristalle (aus Acn. oder Me.); F: 177°.

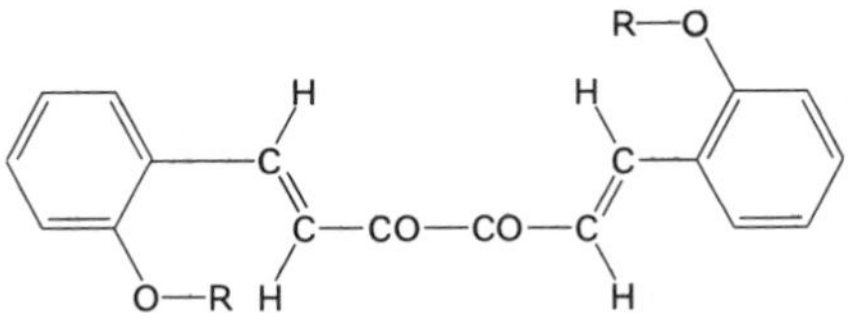

X

1*t*(?),6*t*(?)-Bis-[2-äthoxy-phenyl]-hexa-1,5-dien-3,4-dion $C_{22}H_{22}O_4$, vermutlich Formel X (R = C_2H_5).

B. Analog der vorangehenden Verbindung (*Schlenk*, B. **85** [1952] 901, 904).

Kristalle (aus Bzl. + Me.); F: 120−121°.

1*t*(?),6*t*(?)-Bis-[4-methoxy-phenyl]-hexa-1,5-dien-3,4-dion $C_{20}H_{18}O_4$, vermutlich Formel XI.

B. Analog den vorangehenden Verbindungen (*Schlenk*, B. **85** [1952] 901, 904).

Kristalle (aus Me.); F: 168°.

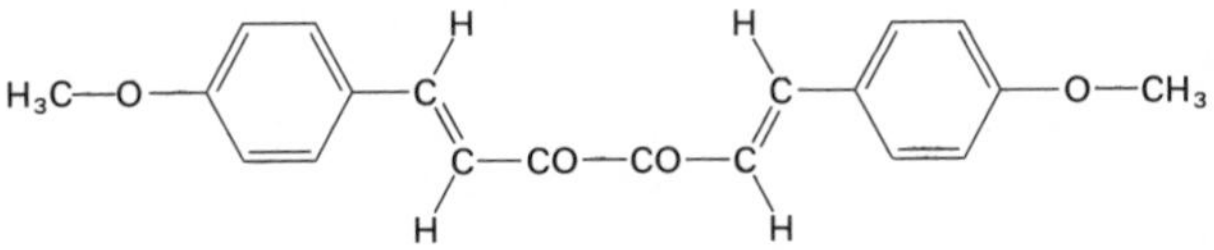

XI

*6-Benzyliden-1,4-dihydroxy-7,8-dihydro-6*H*-benzocyclohepten-5,9-dion $C_{18}H_{14}O_4$, Formel XII (R = H).

B. Beim Erwärmen von 6-Benzyl-6-brom-1,4-dihydroxy-7,8-dihydro-6*H*-benzocyclohepten-

5,9-dion oder von 6-[α-Brom-benzyl]-1,4-dihydroxy-7,8-dihydro-6H-benzocyclohepten-5,9-dion
(S. 3283) mit Pyridin (*Sorrie, Thomson*, Soc. **1955** 2233, 2237).

Kristalle (aus PAe.); F: 99°.

*6-Benzyliden-1,4-dimethoxy-7,8-dihydro-6H-benzocyclohepten-5,9-dion $C_{20}H_{18}O_4$, Formel XII
(R = CH₃).

B. Aus 1,4-Dimethoxy-7,8-dihydro-6H-benzocyclohepten-5,9-dion und Benzaldehyd (*Sorrie,
Thomson*, Soc. **1955** 2233, 2237).

Gelbe Kristalle (aus Eg.); F: 204°.

2-[1]Naphthyl-1-[2,3,4-trihydroxy-phenyl]-äthanon $C_{18}H_{14}O_4$, Formel XIII.

B. Beim Erhitzen von [1]Naphthylessigsäure mit Pyrogallol und ZnCl₂ (*Buu-Hoi*, J. org.
Chem. **18** [1953] 1723, 1728).

Kristalle (aus wss. Me.); F: 191—192°.

Opt.-inakt. 3,9-Dimethoxy-5a,6,11a,12-tetrahydro-naphthacen-5,11-dion $C_{20}H_{18}O_4$,
Formel XIV.

B. Beim Erwärmen von opt.-inakt. 6-Methoxy-3-[4-methoxy-benzyl]-4-oxo-1,2,3,4-tetra=
hydro-[2]naphthoesäure (F: 167—169°) mit P₂O₅ in Benzol (*Seshadri, Kulkarni*, Curr. Sci.
28 [1959] 65; *Pandit et al.*, J. scient. ind. Res. India **19** B [1960] 155, 157).

Kristalle (aus Bzl.); F: 240° (*Pa. et al.*), 238—240° (*Se., Ku.*). λ_{max} (A.): 225 nm, 255 nm
und 324 nm (*Pa. et al.*).

Bis-[2,4-dinitro-phenylhydrazon] (F: 308°): *Se., Ku.; Pa. et al.*

Hydroxy-oxo-Verbindungen $C_{19}H_{16}O_4$

1t-[4-Hydroxy-3-methoxy-phenyl]-7t-phenyl-hepta-1,6-dien-3,5-dion $C_{20}H_{18}O_4$, Formel XV
und Taut.

B. Beim Erhitzen von 6t-Phenyl-hex-5-en-2,4-dion mit Vanillin in Gegenwart von B₂O₃ (*Pavo=
lini et al.*, Ann. Chimica **40** [1950] 280, 290).

Orangegelbe Kristalle (aus Bzl.); F: 137—140°.

*2-[4-Methoxy-benzyliden]-5-veratryliden-cyclopentanon $C_{22}H_{22}O_4$, Formel I.

B. Aus 2-[4-Methoxy-benzyliden]-cyclopentanon (F: 68–69°) und Veratrumaldehyd oder aus 2-Veratryliden-cyclopentanon (F: 113–114°) und 4-Methoxy-benzaldehyd in wss. KOH (*Maccioni, Marongiu,* Ann. Chimica **49** [1959] 1283).

Gelbe Kristalle (aus A.); F: 182–183°.

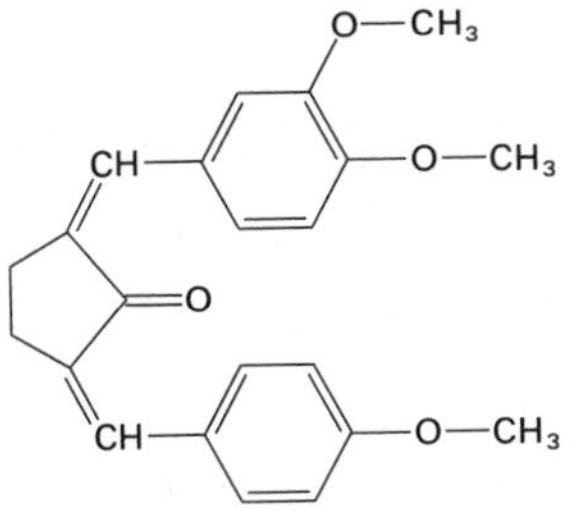

*Opt.-inakt. 1-[2-Acetoxy-[1]naphthyl]-2-brom-3-hydroxy-3-[4-methoxy-phenyl]-propan-1-on $C_{22}H_{19}BrO_5$, Formel II.

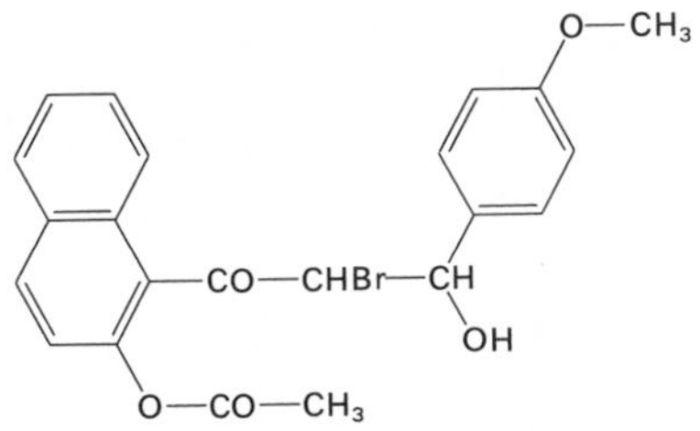

B. Beim Erwärmen von (2RS,3SR)-1-[2-Acetoxy-[1]naphthyl]-2,3-dibrom-3-[4-methoxy-phenyl]-propan-1-on mit wss. Aceton (*Marathey,* J. org. Chem. **20** [1955] 563, 567).

Kristalle (aus A.); F: 164°.

(2RS,3SR)-3-[4-Benzyloxy-3-methoxy-phenyl]-2,3-dibrom-1-[1-hydroxy-[2]naphthyl]-propan-1-on $C_{27}H_{22}Br_2O_4$, Formel III (R = X = H, R' = CH_2-C_6H_5) + Spiegelbild.

B. Aus 3t-[4-Benzyloxy-3-methoxy-phenyl]-1-[1-hydroxy-[2]naphthyl]-propenon und Brom (*Marathey et al.,* J. Univ. Poona Nr. 16 [1959] 51, 52).

F: 151°.

Die folgenden Verbindungen sind in analoger Weise hergestellt worden:

(2RS,3SR)-1-[1-Acetoxy-[2]naphthyl]-3-[4-benzyloxy-3-methoxy-phenyl]-2,3-dibrom-propan-1-on $C_{29}H_{24}Br_2O_5$, Formel III (R = CO-CH_3, R' = CH_2-C_6H_5, X = H) + Spiegelbild. F: 155° (*Ma. et al.*).

(2RS,3SR)-2,3-Dibrom-1-[4-brom-1-hydroxy-[2]naphthyl]-3-[4-hydroxy-3-methoxy-phenyl]-propan-1-on $C_{20}H_{15}Br_3O_4$, Formel III (R = R' = H, X = Br) + Spiegelbild. Kristalle (aus Bzl.); F: 157–158° (*Wagh, Jadhav,* J. Univ. Bombay **26**, Tl. 5A [1958] 4, 8).

(2RS,3SR)-2,3-Dibrom-1-[4-brom-1-hydroxy-[2]naphthyl]-3-[3,4-dimethoxy-phenyl]-propan-1-on $C_{21}H_{17}Br_3O_4$, Formel III (R = H, R' = CH_3, X = Br) + Spiegelbild. Kristalle (aus Bzl.); F: 161–162° (*Wagh, Ja.,* J. Univ. Bombay **26**, Tl. 5A S. 8).

(2RS,3SR)-2,3-Dibrom-3-[3,4-dimethoxy-phenyl]-1-[1-hydroxy-4-nitro-[2]naphthyl]-propan-1-on $C_{21}H_{17}Br_2NO_6$, Formel III (R = H, R' = CH_3, X = NO_2) + Spiegelbild. Kristalle (aus Bzl.); F: 168–169° [Zers.] (*Wagh, Jadhav,* J. Univ. Bombay **27**, Tl. 3A [1958] 1, 4).

*Opt.-inakt. 1-[1-Acetoxy-[2]naphthyl]-2-brom-3-hydroxy-3-[4-methoxy-phenyl]-propan-1-on $C_{22}H_{19}BrO_5$, Formel IV.

B. Beim Erwärmen von opt.-inakt. 1-[1-Acetoxy-[2]naphthyl]-2,3-dibrom-3-[4-methoxy-phenyl]-propan-1-on (F: 137°) mit wss. Aceton (*Marathey,* J. org. Chem. **20** [1955] 563, 567).

Kristalle (aus A.); F: 130°.

5,6,12-Trihydroxy-11-methyl-3,4-dihydro-2H-naphthacen-1-on $C_{19}H_{16}O_4$, Formel V und Taut. (5,12-Dihydroxy-11-methyl-2,3,4,11-tetrahydro-naphthacen-1,6-dion).

B. Beim Erwärmen von 2-[1-(1,4-Dihydroxy-8-oxo-5,6,7,8-tetrahydro-[2]naphthyl)-äthyl]-

benzoesäure mit Polyphosphorsäure (*Gates, Dickinson*, J. org. Chem. **22** [1957] 1398, 1403).
Kristalle (aus E.); F: 148,5−149° [korr.].
Oxim $C_{19}H_{17}NO_4$. Orangefarbene Kristalle (aus Bzl.); F: 196−196,5° [korr.].
Diacetyl-Derivat $C_{23}H_{20}O_6$; 5,12-Diacetoxy-6-hydroxy-11-methyl-3,4-dihydro-2*H*-naphthacen-1-on und Taut. Kristalle (aus A.); F: 194−195° [korr.].

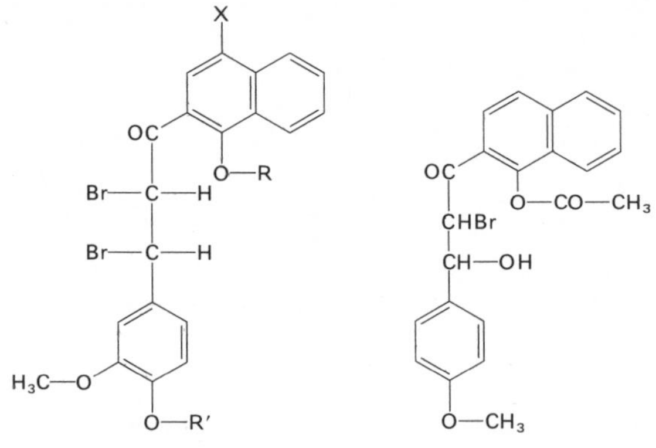

III   IV

Hydroxy-oxo-Verbindungen $C_{21}H_{20}O_4$

***2-[4-Methoxy-benzyliden]-7-veratryliden-cycloheptanon** $C_{24}H_{26}O_4$, Formel VI.
B. Aus 2-[4-Methoxy-benzyliden]-cycloheptanon (F: 78°) und Veratrumaldehyd sowie aus 2-Veratryliden-cycloheptanon (F: 110°) und 4-Methoxy-benzaldehyd in methanol. Natrium=methylat (*Mattu, Manca*, Ann. Chimica **46** [1956] 1173, 1181).
Gelbe doppelbrechende Kristalle (aus A.); F: 125−129°. Absorptionsspektrum (A.; 210−420 nm): *Ma., Ma.,* l. c. S. 1178.

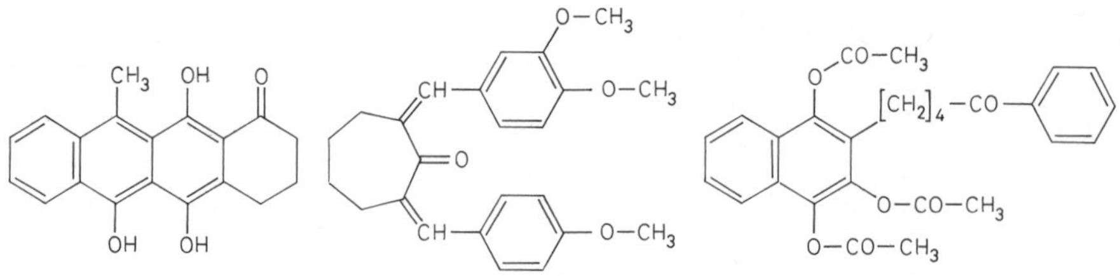

V   VI   VII

1-Phenyl-5-[1,3,4-triacetoxy-[2]naphthyl]-pentan-1-on $C_{27}H_{26}O_7$, Formel VII.
B. Aus 2-Hydroxy-3-[5-oxo-5-phenyl-pentyl]-[1,4]naphthochinon (*Paulshock, Moser*, Am. Soc. **72** [1950] 5073, 5076).
F: 123−125° [korr.].

1-[3-Acetyl-2-hydroxy-5,6,7,8-tetrahydro-[1]naphthyl]-3-phenyl-propan-1,3-dion $C_{21}H_{20}O_4$, Formel VIII und Taut.
B. Neben der folgenden Verbindung beim Behandeln von 5,7-Diacetyl-6-benzoyloxy-1,2,3,4-tetrahydro-naphthalin mit KOH und Pyridin (*O'Farrell et al.,* Soc. **1955** 3986, 3991).
Hellgelbe Kristalle (aus A.); F: 118−119°.

1-[4-Acetyl-3-hydroxy-5,6,7,8-tetrahydro-[2]naphthyl]-3-phenyl-propan-1,3-dion $C_{21}H_{20}O_4$, Formel IX und Taut.
B. s. im vorangehenden Artikel.
Orangefarbene Kristalle (aus Acn.); F: 166−168° (*O'Farrell et al.,* Soc. **1955** 3986, 3991).

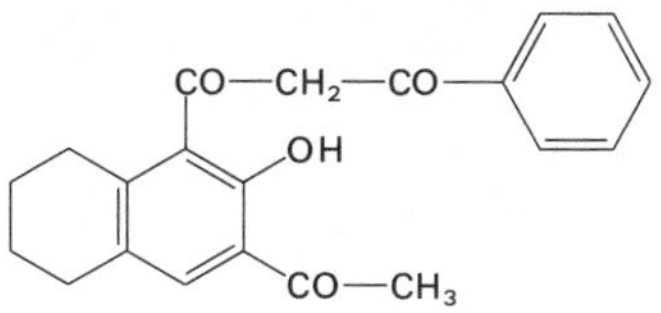

VIII 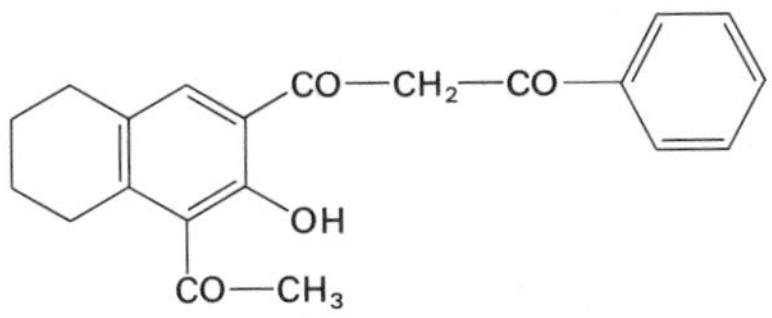   IX

Hydroxy-oxo-Verbindungen $C_{38}H_{54}O_4$

3,3′-Dihydroxy-3ξH,3′ξH-[3,3′]biandrost-4-enyl-17,17′-dion $C_{38}H_{54}O_4$, Formel X.

Zwei Präparate (a) Kristalle [aus A. + H_2O]; Zers. bei 300°; $[\alpha]_D^{23}$: +174° [THF; c = 0,7];
b) Kristalle [aus Toluol]; Zers. bei 305°; $[\alpha]_D^{23}$: +153° [THF; c = 0,5]), denen diese Konstitu‐
tion zukommt, sind bei der elektrochemischen Reduktion von Androst-4-en-3,17-dion erhalten
worden (*Lund,* Acta chem. scand. **11** [1957] 283, 288).

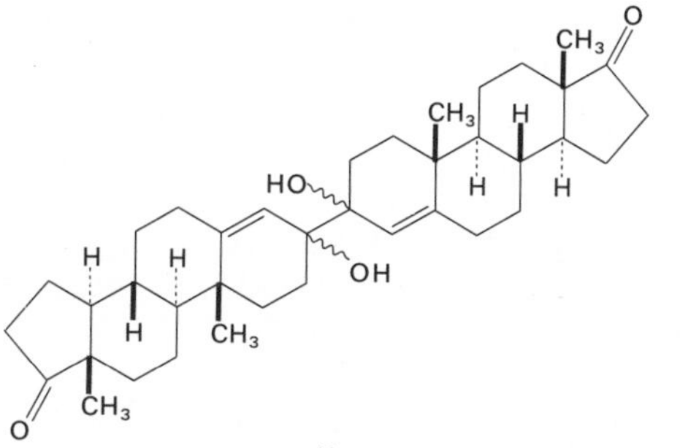

X

Hydroxy-oxo-Verbindungen $C_{42}H_{62}O_4$

2-[3,7,11,15,19,23,27-Heptamethyl-octacosa-2t,6t,10t,14t,18t,22t,26-heptaenyl]-5,6-dimethoxy-3-methyl-[1,4]benzochinon, Ubichinon-35, Coenzym-Q_7 $C_{44}H_{66}O_4$, Formel XI.

Konstitution: *Wolf et al.,* Am. Soc. **80** [1958] 4752.

Isolierung aus Torula utilis: *Lester et al.,* Biochim. biophys. Acta **32** [1959] 492, 494.

Kristalle (aus A. + Me.); F: 30° (*Le. et al.,* Biochim. biophys. Acta **32** 496). IR-Spektrum
(KBr; 2–16 μ): *Lester et al.,* Biochim. biophys. Acta **33** [1959] 169, 173. UV-Spektrum (A.;
220–340 nm): *Le. et al.,* Biochim. biophys. Acta **32** 496.

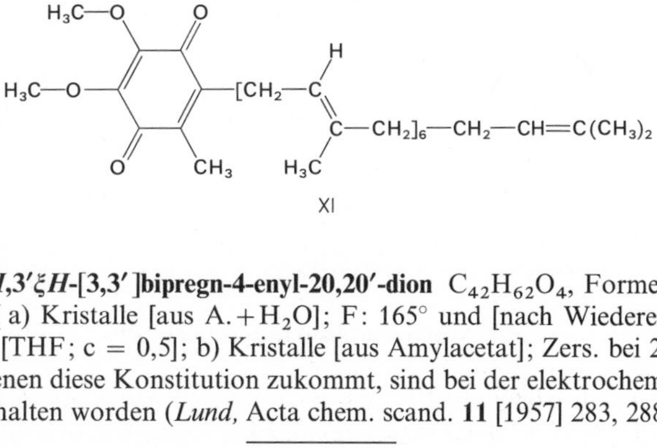

XI

3,3′-Dihydroxy-3ξH,3′ξH-[3,3′]bipregn-4-enyl-20,20′-dion $C_{42}H_{62}O_4$, Formel XII.

Zwei Präparate (a) Kristalle [aus A. + H_2O]; F: 165° und [nach Wiedererstarren] Zers. bei
285°; $[\alpha]_D^{23}$: +186° [THF; c = 0,5]; b) Kristalle [aus Amylacetat]; Zers. bei 290°; $[\alpha]_D^{23}$: +162°
[THF; c = 1,3]), denen diese Konstitution zukommt, sind bei der elektrochemischen Reduktion
von Progesteron erhalten worden (*Lund,* Acta chem. scand. **11** [1957] 283, 288).

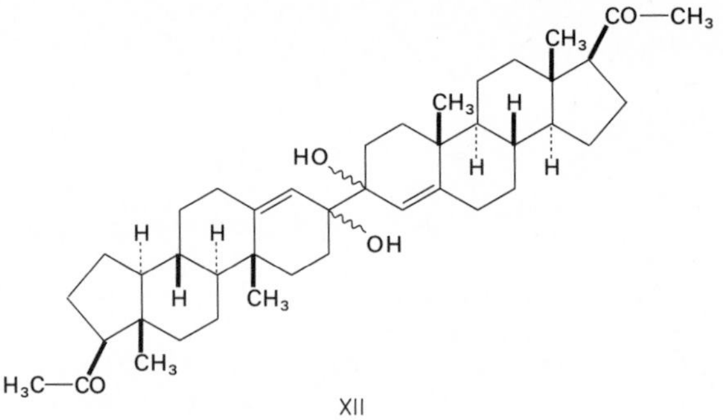

XII

3β,3′β-Dihydroxy-16ξH,16′ξH-[16,16′]bipregn-5-enyl-20,20′-dion $C_{42}H_{62}O_4$, Formel XIII.

a) Stereoisomeres vom F: 329°.

B. Neben dem unter b) beschriebenen Stereoisomeren bei der elektrochemischen Reduktion von 3β-Acetoxy-pregna-5,16-dien-20-on und Erhitzen des Reaktionsprodukts mit KOH in wss. 2-Methoxy-äthanol (*Bladon et al.*, Soc. **1958** 863, 870).

Kristalle (aus 2-Methoxy-äthanol); F: 325−329° [evakuierte Kapillare]. $[\alpha]_D$: −80,8° [CHCl₃; c = 0,9].

Diacetyl-Derivat $C_{46}H_{66}O_6$; 3β,3′β-Diacetoxy-16ξH,16′ξH-[16,16′]bipregn-5-enyl-20,20′-dion. Kristalle (aus CH₂Cl₂ + Acn.); F: 293−296° und F: 302−303° [evakuierte Kapillare]. $[\alpha]_D$: −80° [CHCl₃; c = 1].

Dibenzoyl-Derivat $C_{56}H_{70}O_6$; 3β,3′β-Bis-benzoyloxy-16ξH,16′ξH-[16,16′]bi≠ pregn-5-enyl-20,20′-dion. F: 352−355° [evakuierte Kapillare; Zers.; aus CH₂Cl₂]. $[\alpha]_D$: −30,4° [CHCl₃; c = 0,7].

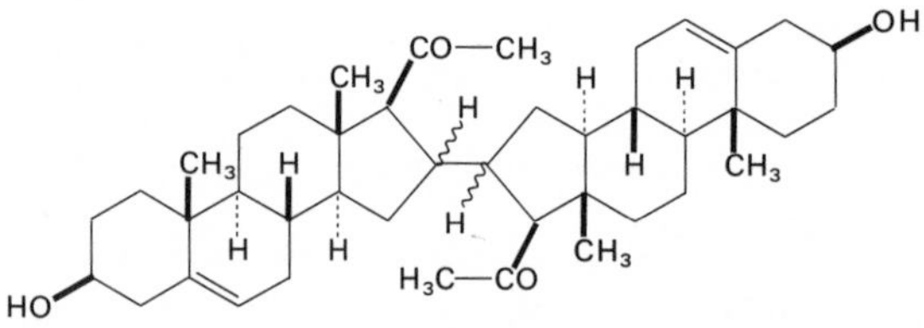

XIII

b) Stereoisomeres vom F: 271°.

B. s. unter a).

Kristalle (aus 2-Methoxy-äthanol) mit 1 Mol H₂O; F: 269−271° [evakuierte Kapillare] (*Bl. et al.*, l. c. S. 871). $[\alpha]_D$: −9° [CHCl₃; c = 0,7].

Diacetyl-Derivat $C_{46}H_{66}O_6$; 3β,3′β-Diacetoxy-16ξH,16′ξH-[16,16′]bipregn-5-enyl-20,20′-dion. Kristalle (aus CH₂Cl₂ + Me.); F: 287−290° [evakuierte Kapillare]. $[\alpha]_D$: −22,4° [CHCl₃; c = 1,2].

Dibenzoyl-Derivat $C_{56}H_{70}O_6$; 3β,3′β-Bis-benzoyloxy-16ξH,16′ξH-[16,16′]bi≠ pregn-5-enyl-20,20′-dion. Kristalle (aus CH₂Cl₂ + Acn.); F: 346−348° [evakuierte Kapil≠ lare; Zers.]. $[\alpha]_D$: +18,6° [CHCl₃; c = 0,7].

Hydroxy-oxo-Verbindungen $C_nH_{2n-24}O_4$

Hydroxy-oxo-Verbindungen $C_{17}H_{10}O_4$

2-Benzoyl-3-hydroxy-[1,4]naphthochinon $C_{17}H_{10}O_4$, Formel I und Taut. (E III 3851).

B. Aus 2-Benzyl-3-hydroxy-[1,4]naphthochinon bei der Einwirkung von Luft und Tageslicht

(*Ettlinger*, Am. Soc. **72** [1950] 3666, 3672). Aus Phenyl-[1,3,4-trihydroxy-[2]naphthyl]-keton (aus [3,4-Diacetoxy-1-hydroxy-[2]naphthyl]-phenyl-keton hergestellt) mit Hilfe von $FeCl_3$ (*Et.,* l. c. S. 3672).

Gelbe Kristalle (aus wss. Eg.); F: 163,5−164° (*Et.,* l. c. S. 3672). λ_{max} (wss. NaOH): 440 nm (*Ettlinger*, Am. Soc. **72** [1950] 3085, 3086). Scheinbarer Dissoziationsexponent pK_a' (H_2O; spek= trophotometrisch ermittelt): 2,17 (*Et.,* l. c. S. 3086).

5-Hydroxy-3,9-dimethoxy-benzo[*c*]fluoren-7-on $C_{19}H_{14}O_4$, Formel II (R = H).

B. Aus 5-Acetoxy-3,9-dimethoxy-benzo[*c*]fluoren-7-on mit Hilfe von wss. NaOH (*Baddar et al.,* Soc. **1955** 1714, 1716).

Rote Kristalle (aus Bzl.); F: >320°.

3,5,9-Trimethoxy-benzo[*c*]fluoren-7-on $C_{20}H_{16}O_4$, Formel II (R = CH_3).

B. Aus der vorangehenden Verbindung mit Hilfe von CH_3I (*Baddar et al.,* Soc. **1955** 1714, 1716). Beim Erwärmen von 4,6-Dimethoxy-1-[4-methoxy-phenyl]-[2]naphthoesäure mit P_2O_5 in Benzol (*Ba. et al.*).

Rote Kristalle (aus Bzl.); F: 183−184°.

5-Acetoxy-3,9-dimethoxy-benzo[*c*]fluoren-7-on $C_{21}H_{16}O_5$, Formel II (R = $CO-CH_3$).

B. Beim Erhitzen von [6-Methoxy-3-(4-methoxy-phenyl)-1-oxo-inden-2-yl]-essigsäure mit Acetanhydrid und Natriumacetat (*Baddar et al.,* Soc. **1955** 1714, 1716).

Rote Kristalle (aus Bzl.); F: 210−211°.

3,8-Diacetoxy-2-brom-7-methyl-pyren-1,6-dion $C_{21}H_{13}BrO_6$, Formel III (R = $CO-CH_3$).

B. Beim Erhitzen von 2-Brom-7-methyl-pyren-1,3,6,8-tetraon mit Acetanhydrid und H_2SO_4 (*Treibs, Möbius,* A. **619** [1958] 122, 132).

Rote Kristalle (aus Acetanhydrid), die bis 360° nicht schmelzen (*Tr., Mö.,* l. c. S. 125).

Hydroxy-oxo-Verbindungen $C_{18}H_{12}O_4$

2,5-Bis-[3-hydroxy-phenyl]-[1,4]benzochinon, Volucrisporin $C_{18}H_{12}O_4$, Formel IV (R = H).

Isolierung aus Kulturen von Volucrispora aurantiaca: *Divekar et al.,* Canad. J. Chem. **37**

[1959] 1970, 1972.

Rote Kristalle (aus Py.), die bis 300° nicht schmelzen. IR-Banden (KBr; $3300-650$ cm^{-1}): *Di. et al.* λ_{max} (Dioxan): 281,5 nm und 329 nm.

Diacetyl-Derivat $C_{22}H_{16}O_6$; 2,5-Bis-[3-acetoxy-phenyl]-[1,4]benzochinon, O,O'-Diacetyl-volucrisporin. Gelbe Kristalle (aus Eg.); F: 223°. λ_{max} (Dioxan): 236 nm und 330 nm.

2,5-Bis-[3-methoxy-phenyl]-[1,4]benzochinon $C_{20}H_{16}O_4$, Formel IV (R = CH_3).

B. Aus 2-[3-Methoxy-phenyl]-[1,4]benzochinon und diazotiertem *m*-Anisidin (*Divekar et al.,* Canad. J. Chem. **37** [1959] 1970, 1975). Aus Volucrisporin mit Hilfe von CH_3I (*Di. et al.,* l. c. S. 1973).

Gelbe Kristalle (aus $CHCl_3 + CCl_4$); F: $175-176°$. Im Hochvakuum sublimierbar. IR-Banden (KBr; $1650-650$ cm^{-1}): *Di. et al.,* l. c. S. 1974. λ_{max} (Ae.): 279 nm und 326 nm.

2,5-Bis-[4-hydroxy-phenyl]-[1,4]benzochinon $C_{18}H_{12}O_4$, Formel V (E II 515).

λ_{max} (Dioxan): 252 nm und 393 nm (*Gripenberg,* Acta chem. scand. **12** [1958] 1762, 1763).

Dimethyl-Derivat $C_{20}H_{16}O_4$; 2,5-Bis-[4-methoxy-phenyl]-[1,4]benzochinon (E II 515; E III 3853). λ_{max} (Dioxan): 251 nm und 390 nm.

Diacetyl-Derivat $C_{22}H_{16}O_6$; 2,5-Bis-[4-acetoxy-phenyl]-[1,4]benzochinon (E II 516). λ_{max} (Dioxan): 246 nm und 346 nm.

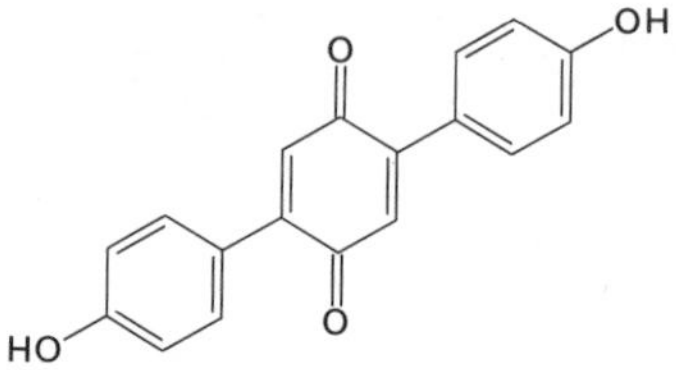

V 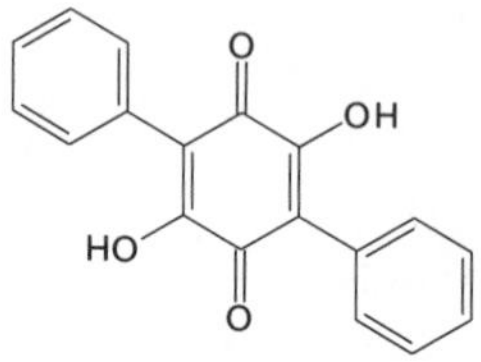   VI

2,5-Dihydroxy-3,6-diphenyl-[1,4]benzochinon $C_{18}H_{12}O_4$, Formel VI und Taut.; **Polyporsäure** (H 480; E II 514; E III 3854).

λ_{max}: 261 nm und 332 nm [Dioxan] (*Gripenberg,* Acta chem. scand. **12** [1958] 1762, 1763), 388 nm und 494 nm [Py.] bzw. 530 nm [wss. Py.] (*Murray,* Soc. **1952** 1345, 1348).

Silber-Salz (vgl. E II 515). Braune Kristalle (*Frank et al.,* Am. Soc. **72** [1950] 1827).

Thorium-Salz. Schwarze Kristalle (*Fr. et al.*).

Eisen(II)-Salz. Schwarze Kristalle (*Fr. et al.*).

Diacetyl-Derivat $C_{22}H_{16}O_6$; 2,5-Diacetoxy-3,6-diphenyl-[1,4]benzochinon (E II 515; E III 3855). λ_{max} (Dioxan): 240 nm und 336 nm (*Gr.*).

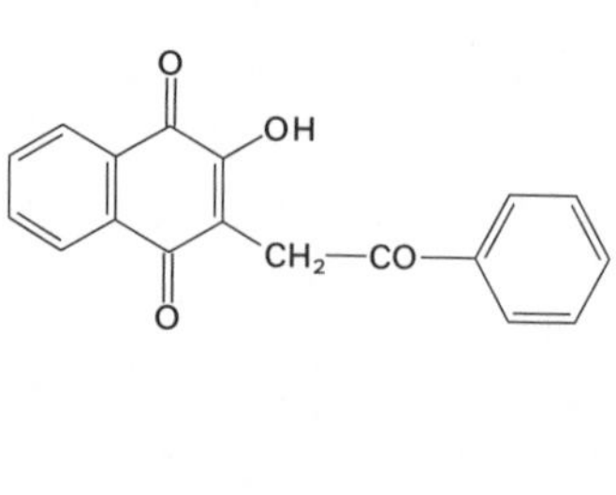

VII 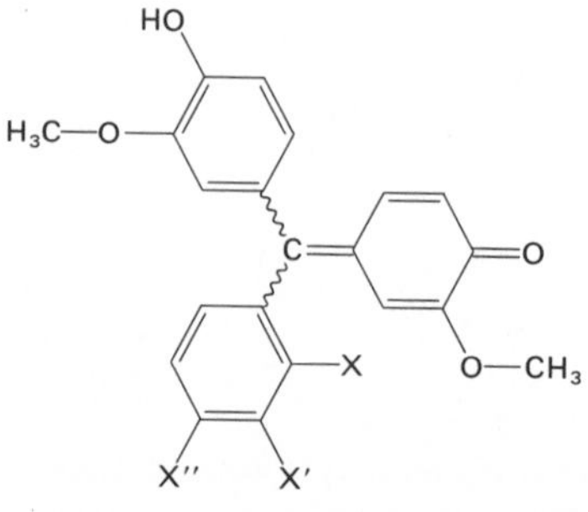   VIII

2-Hydroxy-3-phenacyl-[1,4]naphthochinon $C_{18}H_{12}O_4$, Formel VII und Taut. (E III 3855).

B. Aus 2-Hydroxy-3-phenäthyl-[1,4]naphthochinon bei der Einwirkung von Luft und Tages≈ licht (*Ettlinger*, Am. Soc. **72** [1950] 3666, 3671).

Hydroxy-oxo-Verbindungen $C_{19}H_{14}O_4$

4-[2-Chlor-4′-hydroxy-3′-methoxy-benzhydryliden]-2-methoxy-cyclohexa-2,5-dienon

$C_{21}H_{17}ClO_4$, Formel VIII (X = Cl, X′ = X″ = H).

B. Aus [2-Chlor-phenyl]-bis-[4-hydroxy-3-methoxy-phenyl]-methan mit Hilfe nitroser Gase (*Ioffe, Belen'kiĭ*, Ž. obšč. Chim. **23** [1953] 1936, 1938; engl. Ausg. S. 2051, 2053).

Braungelbe Kristalle (aus Bzl. oder Eg.); F: 164–166° (*Io., Be.,* Ž. obšč. Chim. **23** 1938). Absorptionsspektrum (A.; 400–700 nm): *Ioffe, Belen'kiĭ*, Ž. obšč. Chim. **24** [1954] 353, 355; engl. Ausg. S. 359, 361.

Die folgenden Verbindungen sind in analoger Weise hergestellt worden:

4-[3′-Chlor-4-hydroxy-3-methoxy-benzhydryliden]-2-methoxy-cyclohexa-2,5-dienon $C_{21}H_{17}ClO_4$, Formel VIII (X = X″ = H, X′ = Cl). Orangerote Kristalle (aus Bzl. oder Eg.); F: 147–148° (*Io., Be.,* Ž. obšč. Chim. **23** 1938). Absorptionsspektrum (A.; 400–700 nm): *Io., Be.,* Ž. obšč. Chim. **24** 355.

4-[4′-Chlor-4-hydroxy-3-methoxy-benzhydryliden]-2-methoxy-cyclohexa-2,5-dienon $C_{21}H_{17}ClO_4$, Formel VIII (X = X′ = H, X″ = Cl). Rote Kristalle (aus Bzl. oder Eg.); F: 203° (*Io., Be.,* Ž. obšč. Chim. **23** 1938). Absorptionsspektrum (A.; 400–700 nm): *Io., Be.,* Ž. obšč. Chim. **24** 355.

4-[2-Brom-4′-hydroxy-3′-methoxy-benzhydryliden]-2-methoxy-cyclohexa-2,5-dienon $C_{21}H_{17}BrO_4$, Formel VIII (X = Br, X′ = X″ = H). Orangegelbe Kristalle (aus Bzl. oder Eg.); F: 171–172° (*Io., Be.,* Ž. obšč. Chim. **23** 1938). Absorptionsspektrum (A.; 400–700 nm): *Io., Be.,* Ž. obšč. Chim. **24** 356.

4-[3′-Brom-4-hydroxy-3-methoxy-benzhydryliden]-2-methoxy-cyclohexa-2,5-dienon $C_{21}H_{17}BrO_4$, Formel VIII (X = X″ = H, X′ = Br). Rote Kristalle (aus Bzl. oder Eg.); F: 143–144° (*Io., Be.,* Ž. obšč. Chim. **23** 1938). Absorptionsspektrum (A.; 400–700 nm): *Io., Be.,* Ž. obšč. Chim. **24** 356.

4-[4′-Brom-4-hydroxy-3-methoxy-benzhydryliden]-2-methoxy-cyclohexa-2,5-dienon $C_{21}H_{17}BrO_4$, Formel VIII (X = X′ = H, X″ = Br). Rote Kristalle (aus Bzl. oder Eg.); F: 202–205° (*Io., Be.,* Ž. obšč. Chim. **23** 1938). Absorptionsspektrum (A.; 400–700 nm): *Io., Be.,* Ž. obšč. Chim. **24** 356.

4-[4-Hydroxy-3-methoxy-3′-nitro-benzhydryliden]-2-methoxy-cyclohexa-2,5-dienon $C_{21}H_{17}NO_6$, Formel VIII (X = X″ = H, X′ = NO_2). Orangerote Kristalle (aus Eg.); F: 229–229,5° (*Ioffe, Belen'kiĭ*, Ž. obšč. Chim. **23** [1953] 1525, 1528; engl. Ausg. S. 1597, 1599), 228–229° (*Feldman, Sizer*, Ž. obšč. Chim. **23** [1953] 445, 447; engl. Ausg. S. 457, 459). Absorptionsspektrum (A.; 400–750 nm): *Io., Be.,* Ž. obšč. Chim. **24** 354.

4-[4-Hydroxy-3-methoxy-4′-nitro-benzhydryliden]-2-methoxy-cyclohexa-2,5-dienon $C_{21}H_{17}NO_6$, Formel VIII (X = X′ = H, X″ = NO_2). Rote Kristalle (aus Eg.); F: 235–235,5° (*Io., Be.,* Ž. obšč. Chim. **23** 1528). Absorptionsspektrum (A.; 400–750 nm): *Io., Be.,* Ž. obšč. Chim. **24** 357.

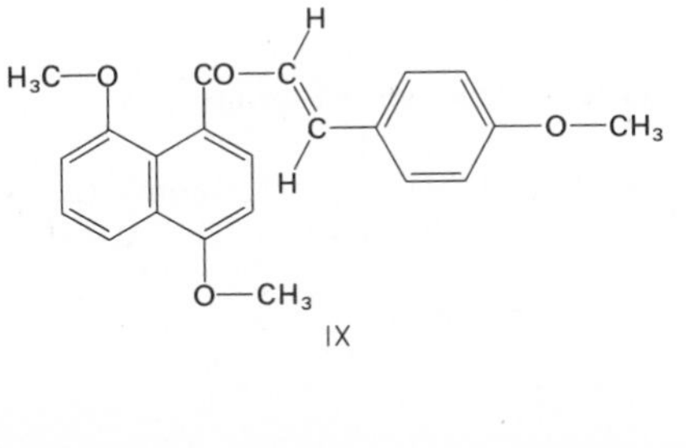

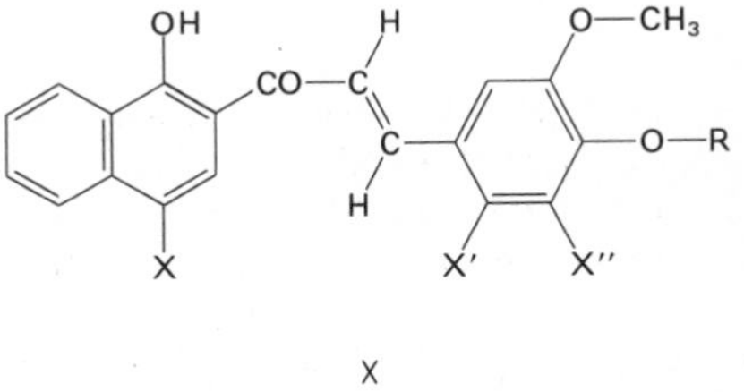

1-[4,8-Dimethoxy-[1]naphthyl]-3t-[4-methoxy-phenyl]-propenon $C_{22}H_{20}O_4$, Formel IX.

B. Beim Erwärmen von 1-[4,8-Dimethoxy-[1]naphthyl]-äthanon mit 4-Methoxy-benzaldehyd und wss.-äthanol. NaOH (*Buu-Hoi, Lavit*, J. org. Chem. **20** [1955] 1191, 1195).

Gelbliche Kristalle (aus A.); F: 112° und (nach Wiedererstarren) F: 124°.

Die folgenden Verbindungen sind in analoger Weise hergestellt worden:

3t-[4-Benzyloxy-3-methoxy-phenyl]-1-[1-hydroxy-[2]naphthyl]-propenon $C_{27}H_{22}O_4$, Formel X (R = CH_2-C_6H_5, X = X' = X'' = H). Kristalle (aus Eg.); F: 142° (*Ma=rathey et al.*, J. Univ. Poona Nr. 16 [1959] 51, 52). — Acetyl-Derivat $C_{29}H_{24}O_5$; 1-[1-Acet=oxy-[2]naphthyl]-3t-[4-benzyloxy-3-methoxy-phenyl]-propenon. F: 105° (*Ma. et al.*). — Benzoyl-Derivat (F: 116°): *Ma. et al.*

1-[4-Brom-1-hydroxy-[2]naphthyl]-3t-[4-hydroxy-3-methoxy-phenyl]-prop=enon $C_{20}H_{15}BrO_4$, Formel X (R = X' = X'' = H, X = Br). Kristalle (aus Eg.); F: 192—193° (*Wagh, Jadhav*, J. Univ. Bombay **26**, Tl. 5A [1958] 4, 7).

1-[4-Brom-1-hydroxy-[2]naphthyl]-3t-[3,4-dimethoxy-phenyl]-propenon $C_{21}H_{17}BrO_4$, Formel X (R = CH_3, X = Br, X' = X'' = H). Kristalle; F: 185—196° [aus Eg.] (*Wagh, Ja.*, J. Univ. Bombay **26**, Tl. 5A S. 7). — Acetyl-Derivat $C_{23}H_{19}BrO_5$; 1-[1-Acet=oxy-4-brom-[2]naphthyl]-3t-[3,4-dimethoxy-phenyl]-propenon. F: 155° (*Ma. et al.*, l. c. S. 57).

3t-[4-Benzyloxy-3-methoxy-phenyl]-1-[4-brom-1-hydroxy-[2]naphthyl]-propenon $C_{27}H_{21}BrO_4$, Formel X (R = CH_2-C_6H_5, X = Br, X' = X'' = H). F: 202° (*Ma. et al.*, l. c. S. 57). — Acetyl-Derivat $C_{29}H_{23}BrO_5$; 1-[1-Acetoxy-4-brom-[2]naphthyl]-3t-[4-benzyloxy-3-methoxy-phenyl]-propenon. F: 155° (*Ma. et al.*, l. c. S. 57).

3t-[3-Brom-4,5-dimethoxy-phenyl]-1-[4-brom-1-hydroxy-[2]naphthyl]-prop=enon $C_{21}H_{16}Br_2O_4$, Formel X (R = CH_3, X = X'' = Br, X' = H). Kristalle (aus A.); F: 151—152° (*Wagh, Ja.*, J. Univ. Bombay **26**, Tl. 5A S. 7).

3t-[2-Brom-4,5-dimethoxy-phenyl]-1-[4-brom-1-hydroxy-[2]naphthyl]-prop=enon $C_{21}H_{16}Br_2O_4$, Formel X (R = CH_3, X = X' = Br, X'' = H). Kristalle (aus Eg.); F: 210—211° (*Wagh, Ja.*, J. Univ. Bombay **26**, Tl. 5A S. 7).

3t-[3,4-Dimethoxy-phenyl]-1-[1-hydroxy-4-nitro-[2]naphthyl]-propenon $C_{21}H_{17}NO_6$, Formel X (R = CH_3, X = NO_2, X' = X'' = H). Kristalle (aus Eg.); F: 213—214° (*Wagh, Jadhav*, J. Univ. Bombay **27**, Tl. 3A [1958] 1, 2).

*2-Brom-3-[3,4-dimethoxy-phenyl]-1-[1-hydroxy-4-nitro-[2]naphthyl]-propenon $C_{21}H_{16}BrNO_6$, Formel XI.

B. Beim Erwärmen von (2RS,3SR)-2,3-Dibrom-3-[3,4-dimethoxy-phenyl]-1-[1-hydroxy-4-ni=tro-[2]naphthyl]-propan-1-on mit wss. KOH (*Wagh, Jadhav*, J. Univ. Bombay **27**, Tl. 3A [1958] 1, 5).

Grünlichgelbe Kristalle (aus Eg.); F: 195—196°.

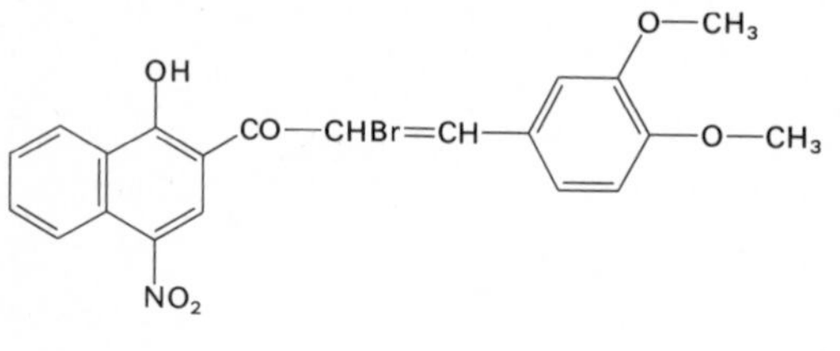

XI

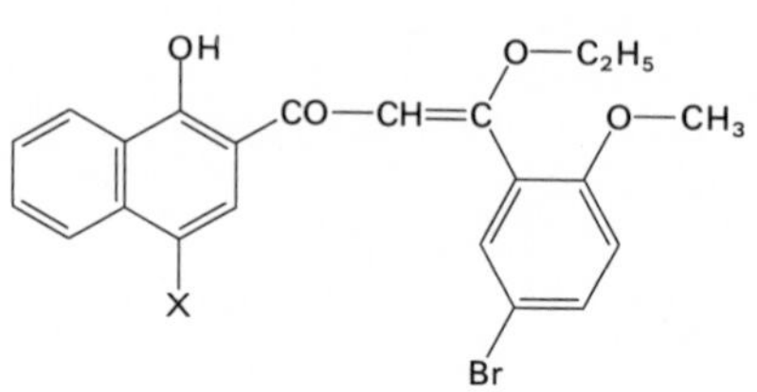

XII

*3-Äthoxy-1-[4-brom-1-hydroxy-[2]naphthyl]-3-[5-brom-2-methoxy-phenyl]-propenon $C_{22}H_{18}Br_2O_4$, Formel XII (X = Br).

B. Aus (2RS,3SR)-2,3-Dibrom-1-[4-brom-1-hydroxy-[2]naphthyl]-3-[5-brom-2-methoxy-phe=nyl]-propan-1-on und Natriumäthylat (*Wagh, Jadhav*, J. Univ. Bombay **25**, Tl. 3A [1956] 23, 29).

Kristalle (aus Eg.); F: 210—211°.

*3-Äthoxy-3-[5-brom-2-methoxy-phenyl]-1-[1-hydroxy-4-nitro-[2]naphthyl]-propenon
$C_{22}H_{18}BrNO_6$, Formel XII (X = NO_2).

B. Analog der vorangehenden Verbindung (*Wagh, Jadhav,* J. Univ. Bombay **26**, Tl. 5A [1958] 28, 34).

Gelbe Kristalle (aus Eg.); F: 198 – 199°.

*3-Äthoxy-3-[2-brom-5-methoxy-phenyl]-1-[1-hydroxy-4-nitro-[2]naphthyl]-propenon
$C_{22}H_{18}BrNO_6$, Formel XIII.

B. Analog den vorangehenden Verbindungen (*Wagh, Jadhav,* J. Univ. Bombay **26**, Tl. 5A [1958] 28, 34).

Gelbe Kristalle (aus Eg.); F: 207 – 208°.

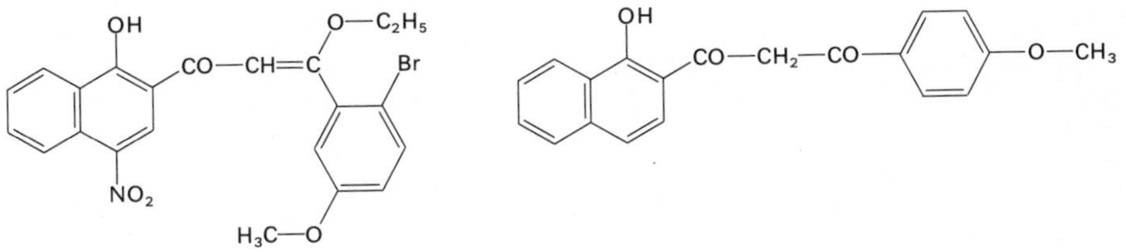

XIII   XIV

1-[1-Hydroxy-[2]naphthyl]-3-[4-methoxy-phenyl]-propan-1,3-dion $C_{20}H_{16}O_4$, Formel XIV und Taut.

B. Beim Erhitzen von 4-Methoxy-benzoesäure-[2-acetyl-[1]naphthylester] mit KOH und Pyri≠ din (*Dunne et al.,* Soc. **1950** 1252, 1255, 1256).

Kristalle (aus A.); F: 135 – 137°.

Hydroxy-oxo-Verbindungen $C_{20}H_{16}O_4$

1,2,2-Tris-[4-methoxy-phenyl]-äthanon $C_{23}H_{22}O_4$, Formel I (E III 3864).

B. Aus α-Brom-4,4'-dimethoxy-desoxybenzoin und Anisol in Gegenwart von $AlCl_3$ (*Nagano,* J. org. Chem. **22** [1957] 817). Aus Bis-[4-methoxy-phenyl]-acetonitril und 4-Methoxy-phenylma≠ gnesium-bromid (*Sumrell, Goheen,* Am. Soc. **77** [1955] 3805). Beim Erhitzen von 1-Brom-1,2,2-tris-[4-methoxy-phenyl]-äthen mit wss. Äthanol auf 100° (*Na.*).

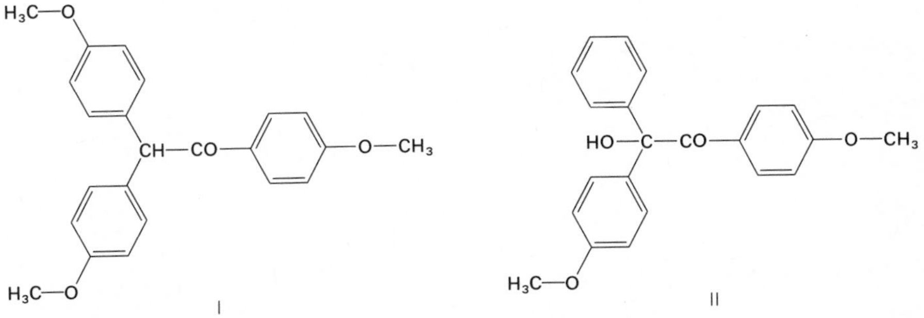

I   II

(±)-2-Hydroxy-1,2-bis-[4-methoxy-phenyl]-2-phenyl-äthanon $C_{22}H_{20}O_4$, Formel II.

B. Aus 4,4'-Dimethoxy-benzil und Phenylmagnesiumbromid (*Soniš,* Ž. obšč. Chim. **24** [1954] 814; engl. Ausg. S. 815).

Kristalle (aus Me.); F: 94 – 94,5°.

2,5-Bis-[4-methoxy-benzyl]-[1,4]benzochinon $C_{22}H_{20}O_4$, Formel III.

B. Aus 2,5-Bis-[4-methoxy-benzyl]-hydrochinon mit Hilfe nitroser Gase (*Buchta, Egger,* B. **90** [1957] 2748, 2754).

Hellgelbe Kristalle (aus A.); F: 138° [unkorr.].

III   IV

2,5-Dihydroxy-3,6-di-*o*-tolyl-[1,4]benzochinon $C_{20}H_{16}O_4$, Formel IV und Taut.

B. Aus 2,5-Dihydroxy-[1,4]benzochinon und diazotiertem *o*-Toluidin (*Brassard, L'Écuyer,* Canad. J. Chem. **36** [1958] 1346, 1348).

Gelbe, Dioxan enthaltende Kristalle (aus Dioxan). Die lösungsmittelfreie Verbindung schmilzt bei 243–244° [nach Sublimation ab 200°].

*Opt.-inakt. 2'-Hydroxymethoxy-1,3'-dimethyl-2',3'-dihydro-1*H*-[1,2']biindenyl-2,3,1'-trion $C_{21}H_{18}O_5$, Formel V und Taut.

Opt.-inakt. 5a-Hydroxy-10b,11-dimethyl-5a,10b-dihydro-11*H*-4b,10c-[1,3]dioxapropano-diindeno[1,2-*b*;1',2'-*d*]furan-6-on $C_{21}H_{18}O_5$, Formel VI.

Diese Konstitution kommt wahrscheinlich den früher (s. E I **7** 377; E III **7** 3601) im Artikel (±)-3-Methyl-indan-1,2-dion-2-oxim beschriebenen, als Verbindung $C_9H_8O_2$ bzw. Verbindung $C_{21}H_{18}O_5$ bezeichneten Präparaten zu (*Yates, Dewey,* Tetrahedron Letters **1962** 847).

V   VI

Hydroxy-oxo-Verbindungen $C_{21}H_{18}O_4$

3,7-Bis-[4-methoxy-benzyl]-tropolon $C_{23}H_{22}O_4$, Formel VII.

B. Beim Erhitzen von 3,7-Bis-[4-methoxy-benzyliden]-cycloheptan-1,2-dion (s. u.) in Triäthylenglykol (*Leonard, Berry,* Am. Soc. **75** [1953] 4989).

Kristalle (aus Cyclohexan); F: 101,5–102,5° [korr.]. λ_{max} (Cyclohexan): 224 nm, 243 nm, 322 nm, 361 nm und 372 nm.

VII   VIII

*3,7-Bis-[4-methoxy-benzyliden]-cycloheptan-1,2-dion $C_{23}H_{22}O_4$, Formel VIII.

B. Beim Erwärmen von Cycloheptan-1,2-dion mit 4-Methoxy-benzaldehyd und Piperidin in Äthanol (*Leonard, Berry,* Am. Soc. **75** [1953] 4989).

Gelbe Kristalle (aus Acn.); F: 176–177° [korr.]. λ_{max} (A.): 229 nm und 352 nm.

(±)-1,2,3-Tris-[4-methoxy-phenyl]-propan-1-on $C_{24}H_{24}O_4$, Formel IX (X = H).

B. Aus 4,4′-Dimethoxy-desoxybenzoin und 4-Methoxy-benzylbromid mit Hilfe von Natrium⁑ äthylat (*Kiprianow, Kuzenko,* Ukr. chim. Ž. **23** [1957] 505, 506; C. A. **1958** 6280).

Kristalle (aus A.); F: 122–124°.

2,4-Dinitro-phenylhydrazon (F: 81–83°): *Ki., Ku.*

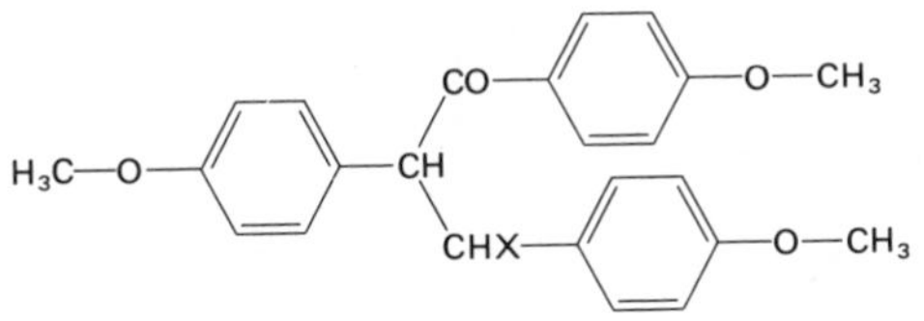

IX

*Opt.-inakt. 3-Chlor-1,2,3-tris-[4-methoxy-phenyl]-propan-1-on $C_{24}H_{23}ClO_4$, Formel IX (X = Cl).

B. Aus 4,4′-Dimethoxy-desoxybenzoin, 4-Methoxy-benzaldehyd und HCl (*Kiprianow, Ku⁑ zenko,* Ukr. chim. Ž. **23** [1957] 655, 656; C. A. **1958** 10024).

Kristalle (aus Bzl.); F: 143–144° [Zers.].

Hydroxy-oxo-Verbindungen $C_{22}H_{20}O_4$

(±)-2-[4,4′-Dimethoxy-biphenyl-2-yl]-1-[4-methoxy-phenyl]-butan-1-on $C_{25}H_{26}O_4$, Formel X.

B. Aus (±)-2-[4,4′-Dimethoxy-biphenyl-2-yl]-butyronitril und 4-Methoxy-phenylmagnesium- bromid (*Bradsher et al.,* Am. Soc. **78** [1956] 3196).

Kp_5: 230–240°. n_D^{25}: 1,5870.

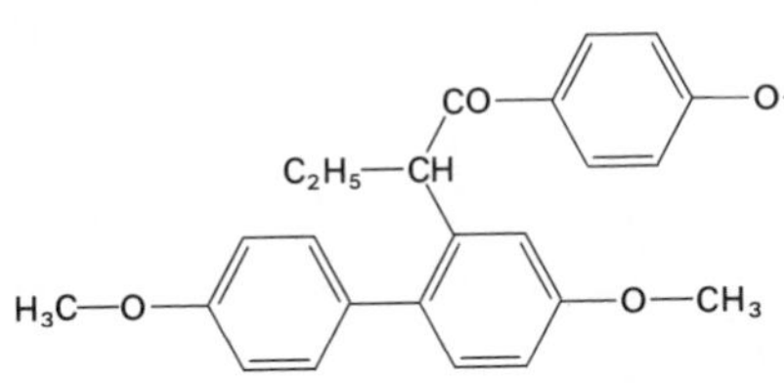

X

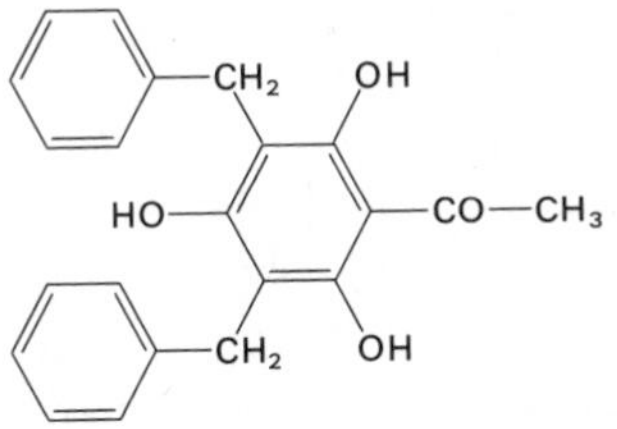

XI

1-[3,5-Dibenzyl-2,4,6-trihydroxy-phenyl]-äthanon $C_{22}H_{20}O_4$, Formel XI.

B. Beim Hydrieren von 4-Acetyl-2,2,6-tribenzyl-cyclohexan-1,3,5-trion an Palladium in Me⁑ thanol (*Riedl, Nickl,* B. **89** [1956] 1838, 1848).

Kristalle (aus wss. Me.); F: 133°.

Hydroxy-oxo-Verbindungen $C_{24}H_{24}O_4$

*3,10-Bis-[4-methoxy-benzyliden]-cyclodecan-1,2-dion $C_{26}H_{28}O_4$, Formel XII.

B. Beim Behandeln von Cyclodecan-1,2-dion mit 4-Methoxy-benzaldehyd, Piperidin und Es⁑ sigsäure (*Leonard et al.,* Am. Soc. **79** [1957] 6436, 6440).

Gelbe Kristalle (aus E.); F: 179–180° [korr.]. IR-Banden (CHCl₃; 1700–1500 cm⁻¹): *Le.*

et al., l. c. S. 6438. λ_{max}: 237 nm und 337 nm [Cyclohexan], 344 nm [CCl_4] (*Le. et al.,* l. c. S. 6439).

XII

XIII

Hydroxy-oxo-Verbindungen $C_{25}H_{26}O_4$

(±)-*erythro*-3-[4-Methoxy-3-(4-methoxy-benzoyl)-phenyl]-4-[4-methoxy-phenyl]-hexan, 5-[(1*RS*,2*SR*)-1-Äthyl-2-(4-methoxy-phenyl)-butyl]-2,4′-dimethoxy-benzophenon $C_{28}H_{32}O_4$, Formel XIII + Spiegelbild.

B. Aus *meso*-3,4-Bis-[4-methoxy-phenyl]-hexan und 4-Methoxy-benzoylchlorid mit Hilfe von $AlCl_3$ (*Buu-Hoi et al.,* Soc. **1954** 1034, 1037).

Kristalle (aus Me.); F: 112°. Kp_{15}: 328 – 330°.

Hydroxy-oxo-Verbindungen $C_{40}H_{56}O_4$

(3*S*,5*R*,3′*S*,5′*R*)-3,3′-Dihydroxy-κ,κ-carotin-6,6′-dion, Capsorubin $C_{40}H_{56}O_4$, Formel XIV (H **30** 105; E III **1** 3327, **8** 3873).

Isolierung aus Früchteschalen von Encephalartos villosus: *Karrer, Ramasvamy,* Helv. **34** [1951] 2159; aus Blüten von Cajophora lateritia sowie aus Integumenten von Encephalartos altensteinii: *Seybold,* Sber. Heidelb. Akad. **1943/54** 31, 62, 107.

IR-Banden ($CHCl_3$; 1700 – 950 cm^{-1}): *Warren, Weedon,* Soc. **1958** 3972, 3976. Absorptions$\approx$ spektrum (CS_2; 400 – 700 nm): *Se.,* l. c. S. 107. λ_{max}: 450 nm [Me.] (*Petracek, Zechmeister,* Anal. Chem. **28** [1956] 1484), 470 nm und 502 nm [PAe.], 486 nm und 524 nm [Bzl.] (*Ka., Ra.*), 489 nm und 523 nm [Bzl.] (*Wa., We.,* l. c. S. 3975).

Verteilung zwischen Hexan und Methanol: *Pe., Ze.*

(3*S*,5*R*,3′*S*,5′*R*)-3,3′-Bis-propionyloxy-κ,κ-carotin-6,6′-dion, *O,O′*-Dipropionyl-capsorubin $C_{46}H_{64}O_6$. Kristalle (aus Bzl.+PAe.); F: 162° (*Cholnoky et al.,* A. **606** [1957] 194, 207).

(3*S*,5*R*,3′*S*,5′*R*)-3,3′-Bis-butyryloxy-κ,κ-carotin-6,6′-dion, *O,O′*-Dibutyryl-cap$\approx$ sorubin $C_{48}H_{68}O_6$. Kristalle (aus Bzl. + Me. oder Bzl.+PAe.); F: 153° (*Ch. et al.,* l. c. S. 207).

(3*S*,5*R*,3′*S*,5′*R*)-3,3′-Bis-valeryloxy-κ,κ-carotin-6,6′-dion, *O,O′*-Divaleryl-cap$\approx$ sorubin $C_{50}H_{72}O_6$. Kristalle (aus Bzl. + PAe. oder Bzl. + Me.); F: 137° (*Ch. et al.,* l. c. S. 208).

(3*S*,5*R*,3′*S*,5′*R*)-3,3′-Bis-hexanoyloxy-κ,κ-carotin-6,6′-dion, *O,O′*-Dihexanoyl-capsorubin $C_{52}H_{76}O_6$. Kristalle (aus Bzl. + Me.); F: 128° (*Ch. et al.,* l. c. S. 208).

(3*S*,5*R*,3′*S*,5′*R*)-3,3′-Bis-decanoyloxy-κ,κ-carotin-6,6′-dion, *O,O′*-Didecanoyl-capsorubin $C_{60}H_{92}O_6$. Kristalle (aus Bzl. + Me.); F: 108° (*Ch. et al.,* l. c. S. 208).

(3*S*,5*R*,3′*S*,5′*R*)-3,3′-Bis-myristoyloxy-κ,κ-carotin-6,6′-dion, *O,O′*-Dimyristoyl-capsorubin $C_{68}H_{108}O_6$. Kristalle (aus Bzl. + Me.); F: 88° (*Ch. et al.,* l. c. S. 208).

(3*S*,5*R*,3′*S*,5′*R*)-3,3′-Bis-palmitoyloxy-κ,κ-carotin-6,6′-dion, *O,O′*-Dipalmitoyl-capsorubin $C_{72}H_{116}O_6$. Kristalle (aus Me.); F: 85° (*Ch. et al.,* l. c. S. 208).

(3*S*,5*R*,3′*S*,5′*R*)-3,3′-Bis-stearoyloxy-κ,κ-carotin-6,6′-dion, *O,O′*-Distearoyl-capsorubin $C_{76}H_{124}O_6$. Kristalle (aus Bzl. + Me.); F: 83° (*Ch. et al.,* l. c. S. 208).

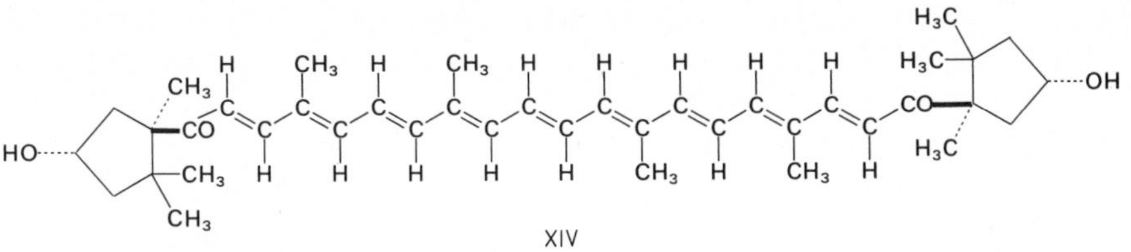

XIV

Hydroxy-oxo-Verbindungen $C_{47}H_{70}O_4$

2,3-Dimethoxy-5-methyl-6-[3,7,11,15,19,23,27,31-octamethyl-dotriaconta-2t,6t,10t,14t,18t,22t,ᵼ 26t,30-octaenyl]-[1,4]benzochinon, Ubichinon-40, Coenzym-Q₈ $C_{49}H_{74}O_4$, Formel XV.
Konstitution: *Wolf et al.,* Am. Soc. **80** [1958] 4752.
Isolierung aus Acetobacter vinelandii: *Lester et al.,* Biochim. biophys. Acta **32** [1959] 492, 493.
Kristalle (aus Me.+A.); F: 36—37° (*Le. et al.,* Biochim. biophys. Acta **32** 494). Triklin; Dimensionen der Elementarzelle (Röntgen-Diagramm): *MacGillavry,* Pr. Akad. Amsterdam [B] **62** [1959] 263. Dichte der Kristalle: 1,083 (*MacG.*). IR-Spektrum (KBr; 2—16 μ): *Lester et al.,* Biochim. biophys. Acta **33** [1959] 169, 173. UV-Spektrum (A.; 220—340 nm): *Le. et al.,* Biochim. biophys. Acta **33** 173.

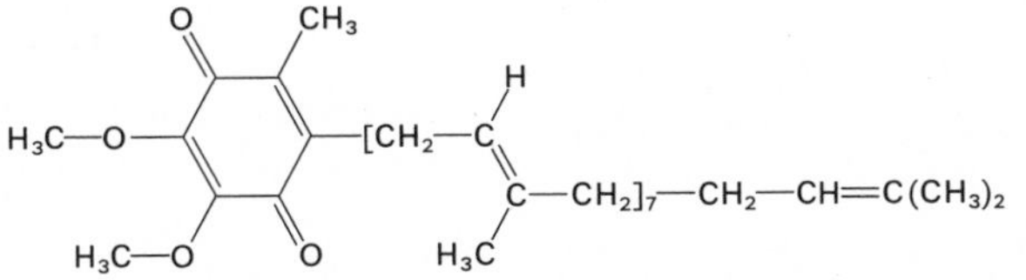

XV

Hydroxy-oxo-Verbindungen $C_nH_{2n-26}O_4$

Hydroxy-oxo-Verbindungen $C_{18}H_{10}O_4$

6,11-Dihydroxy-naphthacen-5,12-dion $C_{18}H_{10}O_4$, Formel I (X = H) und Taut. (H 482; E II 517; E III 3876).
B. Beim Erwärmen von 1,4-Diacetoxy-1,4,4a,12a-tetrahydro-naphthacen-5,6,11,12-tetraon mit wss.-methanol. KOH (*Inhoffen et al.,* B. **90** [1957] 1448, 1454).

1,4-Dichlor-6,11-dihydroxy-naphthacen-5,12-dion $C_{18}H_8Cl_2O_4$, Formel I (X = Cl) und Taut. (H 483).
B. Beim Erhitzen von Naphthalin-1,4-diol mit 3,6-Dichlor-phthalsäure-anhydrid und B_2O_3 (*Hojo, Komiya,* J. Soc. org. synth. Chem. Japan **17** [1959] 550; C. A. **1960** 454).
Braune Kristalle (aus Nitrobenzol); F: 284—285°. IR-Spektrum (4000—650 cm⁻¹): *Hojo, Ko.*
Diacetyl-Derivat $C_{22}H_{12}Cl_2O_6$; 6,11-Diacetoxy-1,4-dichlor-naphthacen-5,12-dion (H 483). Gelbe Kristalle (aus Nitrobenzol); F: 284—285° [Zers.].

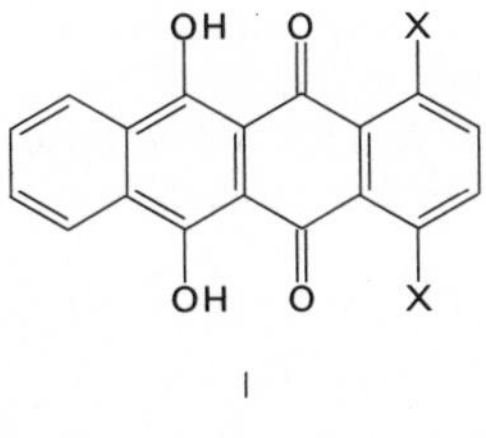

I 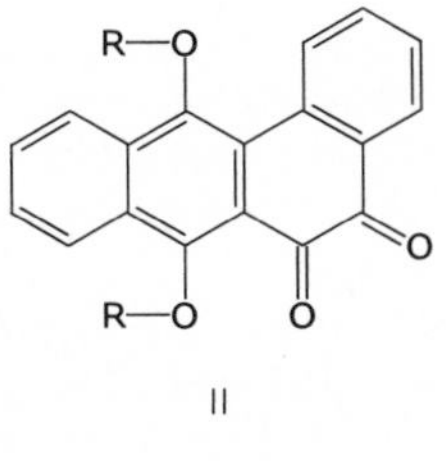   II 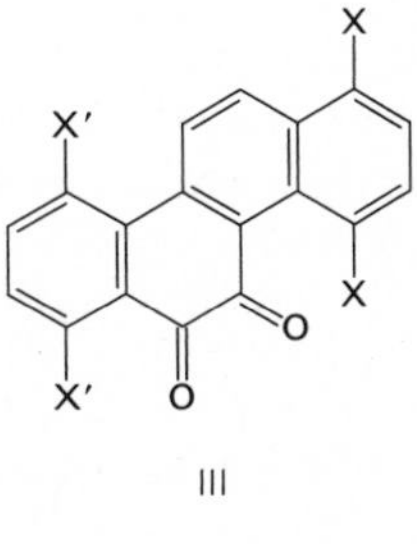   III

7,12-Dihydroxy-benz[a]anthracen-5,6-dion $C_{18}H_{10}O_4$, Formel II (R = H).

B. Beim Behandeln von 7,12-Diacetoxy-benz[a]anthracen-5,6-dion mit wss.-äthanol. KOH (*Romo*, Bol. Inst. Quim. Univ. Mexico **2** [1946] 35, 44).

Kristalle (aus Eg.); F: 220° [Zers.].

7,12-Diacetoxy-benz[a]anthracen-5,6-dion $C_{22}H_{14}O_6$, Formel II (R = CO-CH₃).

B. Aus 7,12-Diacetoxy-5,6-dihydro-benz[a]anthracen mit Hilfe von CrO₃ (*Romo*, Bol. Inst. Quim. Univ. Mexico **2** [1946] 35, 42).

Kristalle (aus Bzl.); F: 236° [Zers.].

o-Phenylendiamin-Kondensationsprodukt (F: 265°): *Romo*, l. c. S. 43.

1,4(oder 7,10)-Dihydroxy-chrysen-5,6-dion $C_{18}H_{10}O_4$, Formel III (X = OH, X′ = H oder X = H, X′ = OH).

B. Aus 1,4-Diacetoxy-chrysen beim Erwärmen mit CrO₃ und Na₂CrO₄ in Essigsäure und Acetanhydrid und Behandeln des Reaktionsprodukts mit wss. NaOH (*Teuber, Lindner*, B. **92** [1959] 921, 925).

Rote Kristalle (aus Bzl.+A.); F: 189−192° [unkorr.; Zers.]. IR-Banden (KBr; 1750−750 cm⁻¹): *Te., Li.*, l. c. S. 922.

Hydroxy-oxo-Verbindungen $C_{19}H_{12}O_4$

2,6-Dihydroxy-5-methoxy-9-phenyl-phenalen-1-on $C_{20}H_{14}O_4$, Formel IV (R = R′ = H).

Konstitution: *Cooke et al.*, Austral. J. Chem. **11** [1958] 230, 231.

B. Beim Erwärmen von Haemocorin (E III/IV **17** 3539) mit wss. HCl (*Cooke, Segal*, Austral. J. Chem. **8** [1955] 107, 111).

Rote oder schwarze Kristalle (aus Acn.); F: 277−278° [korr.; Zers.] (*Co., Se.*, l. c. S. 111). Absorptionsspektrum (Dioxan; 220−560 nm): *Cooke, Segal*, Austral. J. Chem. **8** [1955] 413, 416.

Diacetyl-Derivat $C_{24}H_{18}O_6$; 2,6-Diacetoxy-5-methoxy-9-phenyl-phenalen-1-on. Orangefarbene Kristalle (aus Acn.); F: 248° [korr.] (*Co., Se.*, l. c. S. 112). Absorptions= spektrum (Dioxan; 220−490 nm): *Co., Se.*, l. c. S. 416.

IV   V

2-Hydroxy-5,6-dimethoxy-9-phenyl-phenalen-1-on $C_{21}H_{16}O_4$, Formel IV (R = H, R′ = CH₃).

Konstitution: *Cooke et al.*, Austral. J. Chem. **11** [1958] 230, 231; *Cooke, Rainbow*, Austral. J. Chem. **30** [1977] 2241, 2242.

B. Neben 5-Hydroxy-2,6-dimethoxy-7-phenyl-phenalen-1-on aus der vorangehenden Verbin= dung mit Hilfe von Dimethylsulfat (*Cooke, Segal*, Austral. J. Chem. **8** [1955] 107, 112).

Rote Kristalle (aus A.); F: 212−214° [korr.] (*Co., Se.*, l. c. S. 112). IR-Banden (Nujol; 3400−1150 cm⁻¹): *Co., Se.*, l. c. S. 112. Absorptionsspektrum (Dioxan; 220−530 nm): *Cooke, Segal*, Austral. J. Chem. **8** [1955] 413, 416.

Acetyl-Derivat $C_{23}H_{18}O_5$; 2-Acetoxy-5,6-dimethoxy-9-phenyl-phenalen-1-on. Orangefarbene Kristalle (aus A.); F: 223° [korr.] (*Co., Se.*, l. c. S. 112).

2,5,6-Trimethoxy-9-phenyl-phenalen-1-on $C_{22}H_{18}O_4$, Formel IV (R = R' = CH$_3$).

Konstitution: *Cooke et al., Austral. J. Chem.* **11** [1958] 230, 231; *Cooke, Rainbow, Austral. J. Chem.* **30** [1977] 2241, 2242.

B. Aus der vorangehenden Verbindung sowie neben 2,5,6-Trimethoxy-7-phenyl-phenalen-1-on aus 2,6-Dihydroxy-5-methoxy-9-phenyl-phenalen-1-on mit Hilfe von Dimethylsulfat (*Cooke, Segal, Austral. J. Chem.* **8** [1955] 107, 112).

Orangerote Kristalle (aus Ae. oder Bzl. + PAe.); F: 172−173° [korr.] (*Co., Se.,* l. c. S. 112). λ_{max} (A.): 275 nm, 372,5 nm und 467,5 nm (*Co., Se.,* l. c. S. 109).

5-Hydroxy-2,6-dimethoxy-7-phenyl-phenalen-1-on $C_{21}H_{16}O_4$, Formel V (R = H).

Konstitution: *Cooke et al., Austral. J. Chem.* **11** [1958] 230, 231.

B. s. o. im Artikel 2-Hydroxy-5,6-dimethoxy-9-phenyl-phenalen-1-on.

Rote Kristalle (aus A. oder wss. Acn.); F: 259° [korr.] (*Cooke, Segal, Austral. J. Chem.* **8** [1955] 107, 112). IR-Banden (Nujol; 3200−1150 cm^{-1}): *Co., Se.,* l. c. S. 112. Absorptions≈ spektrum (Dioxan; 220−510 nm): *Cooke, Segal, Austral. J. Chem.* **8** [1955] 413, 416.

2,5,6-Trimethoxy-7-phenyl-phenalen-1-on $C_{22}H_{18}O_4$, Formel V (R = CH$_3$).

B. Analog 2,5,6-Trimethoxy-9-phenyl-phenalen-1-on [s. o.] (*Cooke, Segal, Austral. J. Chem.* **8** [1955] 107, 112).

Orangefarbene Kristalle (aus Ae. oder Bzl. + PAe.); F: 147−148° [korr.]. Wasserhaltige Kristalle (aus wss. Ae.); F: 82° (*Co., Se.,* l. c. S. 112). λ_{max} (A.): 280 nm, 372,5 nm und 475 nm (*Co., Se.,* l. c. S. 109).

Hydroxy-oxo-Verbindungen $C_{20}H_{14}O_4$

3,4-Dimethoxy-4'-phenyl-benzil $C_{22}H_{18}O_4$, Formel VI.

B. Aus 3',4'-Dimethoxy-4-phenyl-desoxybenzoin mit Hilfe von KMnO$_4$ oder Blei(IV)-acetat (*Mee et al., Soc.* **1957** 3093, 3099).

Kristalle (aus A.); F: 176°.

o-Phenylendiamin-Kondensationsprodukt (F: 146°): *Mee et al.*

VI   VII

1,2-Bis-[5-chlor-2-hydroxy-benzoyl]-benzol $C_{20}H_{12}Cl_2O_4$, Formel VII.

Die Konstitution der nachstehend beschriebenen Verbindung ist ungewiss (s. dazu *Blicke, Weinkauff, Am. Soc.* **54** [1932] 330; *Thomas et al., Am. Soc.* **80** [1958] 5864).

B. Beim Erhitzen von Phthalsäure-bis-[4-chlor-phenylester] mit AlCl$_3$ (*Dow Chem. Co.,* U.S.P. 2879258 [1955]).

Kristalle (aus A. + Toluol); F: 197,4−198,4° (*Dow*).

2,3-Dibenzoyl-1,4-dimethoxy-benzol $C_{22}H_{18}O_4$, Formel VIII (R = CH$_3$, X = H).

B. Aus 2,3-Dibenzoyl-hydrochinon mit Hilfe von Dimethylsulfat (*Pummerer, Marondel, B.* **89** [1956] 1454, 1462).

Kristalle (aus wss. A., wss. Acn. oder Cyclohexan); F: 191−192°. Absorptionsspektrum in Cyclohexan (220−340 nm): *Pu., Ma.,* l. c. S. 1457; in H$_2$SO$_4$ (220−800 nm): *Pu., Ma.,* l. c. S. 1458.

VIII   IX   X

1,4-Diacetoxy-2,3-dibenzoyl-benzol $C_{24}H_{18}O_6$, Formel VIII (R = CO-CH$_3$, X = H) (E III 3883).

B. Beim Behandeln von 1,3-Diphenyl-isobenzofuran-4,7-dion mit Acetanhydrid und H$_2$SO$_4$ (*Limontschew*, B. **86** [1953] 1362; *Pummerer, Marondel,* B. **89** [1956] 1454, 1461).

2,3-Dibenzoyl-5-brom-hydrochinon $C_{20}H_{13}BrO_4$, Formel VIII (R = H, X = Br).

B. Beim Erwärmen von 2-Acetoxy-3,4-dibenzoyl-5-benzoyloxy-1-brom-benzol mit äthanol. KOH (*Limontschew, Dischendorfer,* M. **81** [1950] 737, 745).

Gelbe Kristalle (aus PAe. oder wss. A.); F: 174° [korr.; nach Sintern].

2,4-Dibenzoyl-resorcin $C_{20}H_{14}O_4$, Formel IX (E III 3884).

B. Aus 3,5-Dibenzoyl-2,4-dihydroxy-benzoesäure (*Desai, Radha,* Pr. Indian Acad. [A] **12** [1940] 46, 49).

UV-Spektrum (Me.; 210−400 nm): *VanAllan, Tinker,* J. org. Chem. **19** [1954] 1243, 1247.

4,6-Dibenzoyl-resorcin $C_{20}H_{14}O_4$, Formel X (X = H) (H 484; E III 3885).

UV-Spektrum (Me.; 210−400 nm): *VanAllan, Tinker,* J. org. Chem. **19** [1954] 1243, 1247.

Dioxim $C_{20}H_{16}N_2O_4$; 4,6-Bis-[α-hydroxyimino-benzyl]-resorcin. Kristalle (aus Py.); F: 243° [nach Sintern] (*Limontschew, Pelikan-Kollmann,* M. **87** [1956] 399, 405).

4,6-Dibenzoyl-2-nitro-resorcin $C_{20}H_{13}NO_6$, Formel X (X = NO$_2$) (E III 3886).

B. Aus 2-Nitro-resorcin und Benzoylchlorid in Gegenwart von AlCl$_3$ sowie aus 4,6-Dibenzoyl-resorcin mit Hilfe von HNO$_3$ (*Amin et al.,* J. Indian chem. Soc. **36** [1959] 617, 621).

Dioxim $C_{20}H_{15}N_3O_6$; 4,6-Bis-[α-hydroxyimino-benzyl]-2-nitro-resorcin. Grüne Kristalle (aus A.); F: 230°.

Diacetyl-Derivat $C_{24}H_{17}NO_8$; 2,4-Diacetoxy-1,5-dibenzoyl-3-nitro-benzol. Kristalle (aus A.); F: 147°.

3,6-Dibenzoyl-2-methoxy-phenol $C_{21}H_{16}O_4$, Formel XI (R = CH$_3$, X = H).

B. Aus [7-Methoxy-2,3-diphenyl-benzofuran-6-yl]-phenyl-keton beim Erwärmen mit CrO$_3$ in Essigsäure und Behandeln des erhaltenen 1,4-Dibenzoyl-2-benzoyloxy-3-methoxy-benzol mit H$_2$SO$_4$ (*Limontschew,* M. **83** [1952] 137, 141).

Hellgelbe Kristalle (aus A.); F: 116,5° [korr.].

XI   XII

*****3,6-Bis-[α-hydroxyimino-benzyl]-brenzcatechin** $C_{20}H_{16}N_2O_4$, Formel XII.

B. Aus 3,6-Dibenzoyl-brenzcatechin und NH$_2$OH (*Limontschew,* M. **83** [1952] 137, 142).

Kristalle (aus A.); F: 242° [korr.; nach Sintern].

3,6-Dibenzoyl-4-brom-brenzcatechin $C_{20}H_{13}BrO_4$, Formel XI (R = H, X = Br).

B. Beim Behandeln von 2-Acetoxy-1,4-dibenzoyl-3-benzoyloxy-5-brom-benzol mit H_2SO_4 (*Limontschew*, M. **83** [1952] 137, 140).

Hellgelbe Kristalle (aus A.); F: 195,5° [korr.].

Diacetyl-Derivat $C_{24}H_{17}BrO_6$; 2,3-Diacetoxy-1,4-dibenzoyl-5-brom-benzol. Kristalle (aus A.); F: 149,5° [korr.].

2,5-Dibenzoyl-hydrochinon $C_{20}H_{14}O_4$, Formel XIII (R = R′ = X = X′ = H) (E III 3887).

Absorptionsspektrum (H_2SO_4; 250–600 nm): *Pummerer, Marondel*, B. **89** [1956] 1454, 1459.

Dihydrazon $C_{20}H_{18}N_4O_2$; 2,5-Bis-[α-hydrazono-benzyl]-hydrochinon. Gelbe Kristalle (aus 1,2-Dichlor-benzol oder Py.); Zers. bei 300° (*Pummerer et al.*, B. **84** [1951] 583, 587). – Dibenzyliden-Derivat $C_{34}H_{26}N_4O_2$; 2,5-Bis-[α-benzylidenhydrazono-benzyl]-hydrochinon. Orangefarbene Kristalle (aus Xylol); F: 283–284° [korr.] (*Pu. et al.*).

Bis-phenylhydrazon (F: 279–280°): *Pu. et al.*, l. c. S. 588.

XIII   XIV

2,5-Dibenzoyl-4-methoxy-phenol $C_{21}H_{16}O_4$, Formel XIII (R = X = X′ = H, R′ = CH_3).

B. Beim Erwärmen von 1,4-Dibenzoyl-2-benzoyloxy-5-methoxy-benzol mit äthanol. KOH (*Limontschew, Dischendorfer*, M. **81** [1950] 737, 743).

Gelbe Kristalle (aus A.); F: 149° [korr.].

Acetyl-Derivat $C_{23}H_{18}O_5$; 1-Acetoxy-2,5-dibenzoyl-4-methoxy-benzol. Kristalle (aus A.); F: 125° [korr.].

1,4-Dibenzoyl-2,5-dimethoxy-benzol $C_{22}H_{18}O_4$, Formel XIII (R = R′ = CH_3, X = X′ = H).

B. Aus 2,5-Dibenzoyl-hydrochinon mit Hilfe von Dimethylsulfat (*Pummerer et al.*, B. **84** [1951] 583, 588).

Kristalle (aus A. oder Eg.); F: 208–209° [korr.].

1,4-Diäthoxy-2,5-dibenzoyl-benzol $C_{24}H_{22}O_4$, Formel XIII (R = R′ = C_2H_5, X = X′ = H).

B. Analog der vorangehenden Verbindung (*Pummerer et al.*, B. **84** [1951] 583, 588).

Kristalle (aus A. oder Eg.); F: 173–174° [korr.].

Bis-phenylhydrazon (F: 227°): *Pu. et al.*

1,4-Dibenzoyl-2,5-bis-phosphonooxy-benzol $C_{20}H_{16}O_{10}P_2$, Formel XIII (R = R′ = PO(OH)$_2$, X = X′ = H).

B. Beim Erhitzen von 1,4-Bis-[α,α-dichlor-benzyl]-2,5-bis-dichlorphosphoryloxy-benzol mit wss. NaOH (*Pummerer et al.*, B. **84** [1951] 583, 589).

Kristalle; F: 213°.

2,5-Dibenzoyl-3-brom-hydrochinon $C_{20}H_{13}BrO_4$, Formel XIII (R = R′ = X′ = H, X = Br).

B. Beim Behandeln von 2-Acetoxy-1,4-dibenzoyl-5-benzoyloxy-3-brom-benzol mit H_2SO_4 (*Limontschew, Dischendorfer*, M. **81** [1950] 737, 741).

Gelbe Kristalle (aus A.); F: 216° [korr.; unter Rotfärbung].

Diacetyl-Derivat $C_{24}H_{17}BrO_6$; 1,4-Diacetoxy-2,5-dibenzoyl-3-brom-benzol. Kristalle (aus A.); F: 128° [korr.].

1,4-Diacetoxy-2,5-dibenzoyl-3,6-dibrom-benzol $C_{24}H_{16}Br_2O_6$, Formel XIII (R = R' = CO-CH₃, X = X' = Br).

B. Aus 2,5-Dibenzoyl-3,6-dibrom-hydrochinon und Acetanhydrid (*Limontschew, Dischendor= fer,* M. **81** [1950] 737, 742).

Kristalle (aus A.+Eg.); F: 235° [korr.; Zers.; nach Sintern ab 228°].

Hydroxy-oxo-Verbindungen $C_{21}H_{16}O_4$

1,3,3-Tris-[4-methoxy-phenyl]-propenon $C_{24}H_{22}O_4$, Formel XIV.

B. Beim Behandeln von 1,1,3-Tris-[4-methoxy-phenyl]-prop-2-in-1-ol (aus 4,4'-Dimethoxy-benzophenon und [4-Methoxy-phenyl]-äthinyllithium hergestellt) mit wss. HCl oder H_2SO_4 (*Dufraisse et al.,* C. r. **237** [1953] 769, 772).

F: 89-90°.

Hydroxy-oxo-Verbindungen $C_{22}H_{18}O_4$

(2RS,3SR)-1-[5-Benzoyl-2-hydroxy-phenyl]-2,3-dibrom-3-[4-methoxy-phenyl]-propan-1-on, 3-[(2RS,3SR)-2,3-Dibrom-3-(4-methoxy-phenyl)-propionyl]-4-hydroxy-benzophenon $C_{23}H_{18}Br_2O_4$, Formel I + Spiegelbild.

B. Aus 5'-Benzoyl-2'-hydroxy-4-methoxy-*trans*-chalkon und Brom in Essigsäure (*Marathey,* J. Univ. Poona Nr. 2 [1952] 11, 17).

Kristalle; F: 128°.

1,3-Bis-[2-hydroxy-5-methyl-benzoyl]-benzol $C_{22}H_{18}O_4$, Formel II.

B. Beim Erhitzen von Isophthalsäure-di-*p*-tolylester mit AlCl₃ in Chlorbenzol (*Thomas et al.,* Am. Soc. **80** [1958] 5864, 5866).

Kristalle (aus Dioxan+A.); F: 190-191° [unkorr.].

2-[α-Hydrazono-2-methyl-benzyl]-5-[α-hydrazono-4-methyl-benzyl]-hydrochinon(?) $C_{22}H_{22}N_4O_2$, vermutlich Formel III.

B. Aus 2-*o*-Toluoyl-5-*p*-toluoyl-hydrochinon(?) (E III 3892) und N_2H_4 (*Pummerer et al.,* B. **84** [1951] 583, 590).

Gelbe Kristalle (aus Bzl.); F: 230-233°.

1,4-Bis-[2-hydroxy-5-methyl-benzoyl]-benzol $C_{22}H_{18}O_4$, Formel IV.

B. Beim Erhitzen von Terephthalsäure-di-*p*-tolylester mit AlCl₃ in Chlorbenzol (*Thomas et al.,*

Am. Soc. **80** [1958] 5864, 5866).
Kristalle (aus Dioxan + A.); F: 190–190,5° [unkorr.].

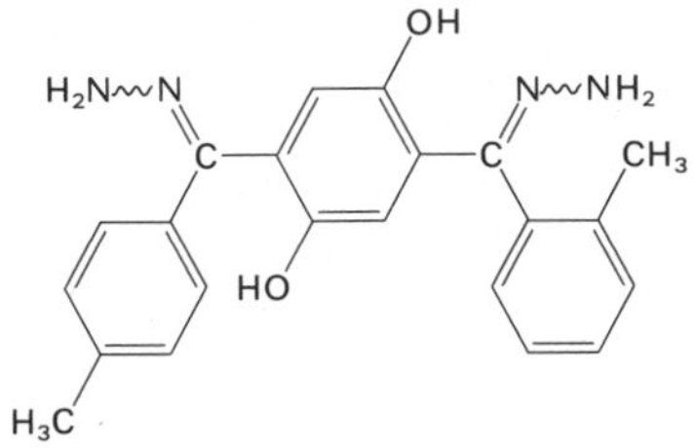

III 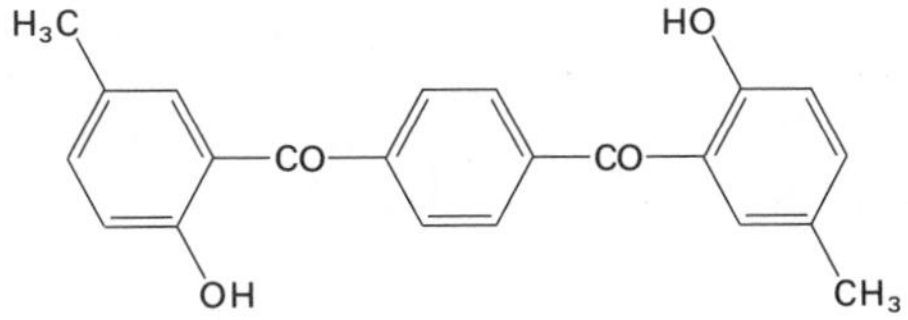   IV

1,4-Dimethoxy-2,5-di-*p*-toluoyl-benzol $C_{24}H_{22}O_4$, Formel V (R = CH_3, X = O).
B. Aus 2,5-Di-*p*-toluoyl-hydrochinon mit Hilfe von Dimethylsulfat (*Pummerer et al.,* B. **84** [1951] 583, 590).
Kristalle (aus Xylol); F: 234–235° [korr.].
Bis-phenylhydrazon (F: 228–229°): *Pu. et al.*

*2,5-Bis-[α-hydrazono-4-methyl-benzyl]-hydrochinon $C_{22}H_{22}N_4O_2$, Formel V (R = H, X = N-NH_2).
B. Aus 2,5-Di-*p*-toluoyl-hydrochinon und N_2H_4 (*Pummerer et al.,* B. **84** [1951] 583, 589).
Gelbe Kristalle, die unterhalb 360° nicht schmelzen.

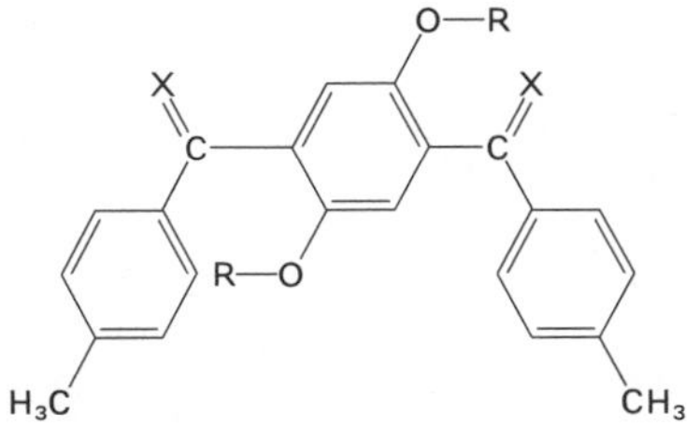

V 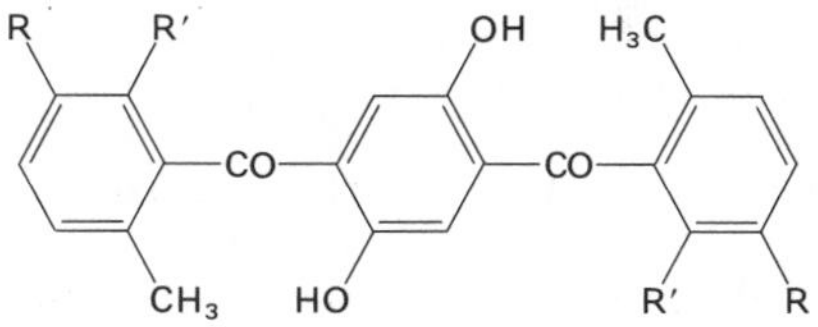   VI

Hydroxy-oxo-Verbindungen $C_{24}H_{22}O_4$

2,5-Bis-[2,5-dimethyl-benzoyl]-hydrochinon $C_{24}H_{22}O_4$, Formel VI (R = CH_3, R′ = H).
B. Aus 2,5-Diacetoxy-terephthaloylchlorid und *p*-Xylol in Gegenwart von $AlCl_3$ (*Buchta, Egger,* B. **90** [1957] 2748, 2755).
Gelbe Kristalle (aus Eg.); F: 192–193° [unkorr.; nach Sintern].
Dihydrazon $C_{24}H_{26}N_4O_2$; 2,5-Bis-[α-hydrazono-2,5-dimethyl-benzyl]-hydro≈chinon. Orangerote Kristalle (aus 1,2-Dichlor-benzol); F: 396–398° [unkorr.; Zers.; nach Sin≈tern ab 345°].
Dimethyl-Derivat $C_{26}H_{26}O_4$; 1,4-Bis-[2,5-dimethyl-benzoyl]-2,5-dimethoxy-benzol. Kristalle (aus Eg.); F: 198–199° [unkorr.].
Diacetyl-Derivat $C_{28}H_{26}O_6$; 1,4-Diacetoxy-2,5-bis-[2,5-dimethyl-benzoyl]-benzol. Kristalle (aus Acetanhydrid); F: 178–179° [unkorr.].

2,5-Bis-[2,6-dimethyl-benzoyl]-hydrochinon $C_{24}H_{22}O_4$, Formel VI (R = H, R′ = CH_3).
Diese Konstitution wird von *Buchta, Egger* (B. **90** [1957] 2748, 2756) der früher (s. E III **8** 3899) als 2,5-Bis-[3,5-dimethyl-benzoyl]-hydrochinon $C_{24}H_{22}O_4$ bezeichneten Verbin≈dung zugeordnet.
Dihydrazon $C_{24}H_{26}N_4O_2$; 2,5-Bis-[α-hydrazono-2,6-dimethyl-benzyl]-hydro≈chinon. Orangegelbe Kristalle (aus 1,2-Dichlor-benzol); F: 274° [unkorr.; Zers.].
Dimethyl-Derivat $C_{26}H_{26}O_4$; 1,4-Bis-[2,6-dimethyl-benzoyl]-2,5-dimethoxy-

benzol. Kristalle (aus Eg.); F: 192° [unkorr.].

Diacetyl-Derivat $C_{28}H_{26}O_6$; 1,4-Diacetoxy-2,5-bis-[2,6-dimethyl-benzoyl]-benzol. Kristalle (aus Acetanhydrid); F: 181° [unkorr.].

Hydroxy-oxo-Verbindungen $C_{26}H_{26}O_4$

2,4-Dibenzoyl-6-hexyl-resorcin $C_{26}H_{26}O_4$, Formel VII.

B. Aus 4-Hexyl-resorcin und Benzoylchlorid in Gegenwart von $AlCl_3$ (*VanAllan, Tinker,* J. org. Chem. **19** [1954] 1243, 1250).

Kristalle (aus Me.); F: 68−69°.

VII   VIII

Hydroxy-oxo-Verbindungen $C_{39}H_{52}O_4$

3β-Acetoxy-24-hydroxy-24,24-diphenyl-25,26,27-trinor-lanostan-7,11-dion $C_{41}H_{54}O_5$, Formel VIII.

B. Aus 3β-Acetoxy-7,11-dioxo-25,26,27-trinor-lanostan-24-säure-methylester und Phenylmagnesiumbromid (*Barnes,* Austral. J. Chem. **9** [1956] 228, 232).

Kristalle (aus $CHCl_3$ + Me.); F: 225−227°.

Hydroxy-oxo-Verbindungen $C_{40}H_{54}O_4$

*Opt.-inakt. 1,18-Bis-[4-acetoxy-2,6,6-trimethyl-cyclohex-1-enyl]-3,7,12,16-tetramethyl-octadeca-2,4,7,11,14,16-hexaen-9-in-6,13-dion $C_{44}H_{58}O_6$, Formel IX (R = CO-CH$_3$).

B. Aus 2,9-Diäthoxy-3,8-dimethyl-deca-1,3,7,9-tetraen-5-in (E IV **1** 2741) beim Behandeln mit   (±)-4-[4-Acetoxy-2,6,6-trimethyl-cyclohex-1-enyl]-2-methyl-crotonaldehyd-diäthylacetal (aus (±)-4-[4-Acetoxy-2,6,6-trimethyl-cyclohex-1-enyl]-2-methyl-crotonaldehyd [S. 137] hergestellt) und $ZnCl_2$ in Benzol und Äthylacetat und Erwärmen des Reaktionsprodukts mit Natriumacetat enthaltender Essigsäure (*Isler et al.,* A. **603** [1957] 129, 142).

Gelbe Kristalle (aus E. oder CH_2Cl_2 + Me.); F: 174−175° [unkorr.], bzw. F: 164−165° [unkorr.; evakuierte Kapillare] (*Is. et al.,* l. c. S. 142). UV-Spektrum (PAe.; 220−400 nm): *Is. et al.,* l. c. S. 137.

IX

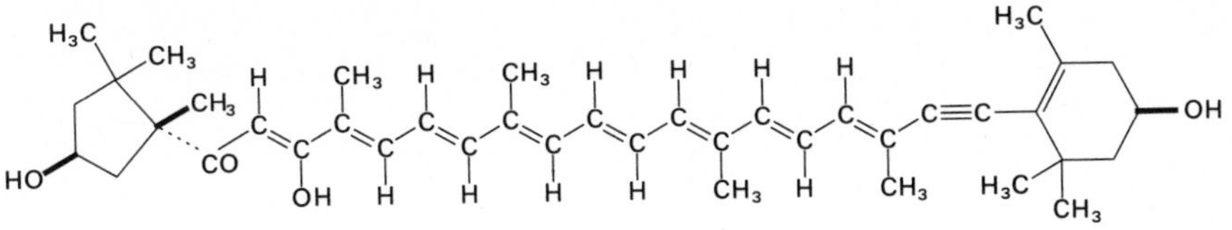

X

$(3R,3'S,5'R)$-3,3',8'-Trihydroxy-7,8-didehydro-β,κ-carotin-6'-on, Mytiloxanthin $C_{40}H_{54}O_4$, Formel X.

Konstitution und Konfiguration: *Khare et al.*, Tetrahedron Letters **1973** 3921.

Isolierung aus Geweben der Muschel Mytilus californianus: *Scheer*, J. biol. Chem. **136** [1940] 275, 281.

Kristalle (aus Bzl. + PAe.); F: 140 – 144° [korr.; Zers.] (*Sch.*). Absorptionsspektrum (CS$_2$; 450 – 560 nm): *Sch.*

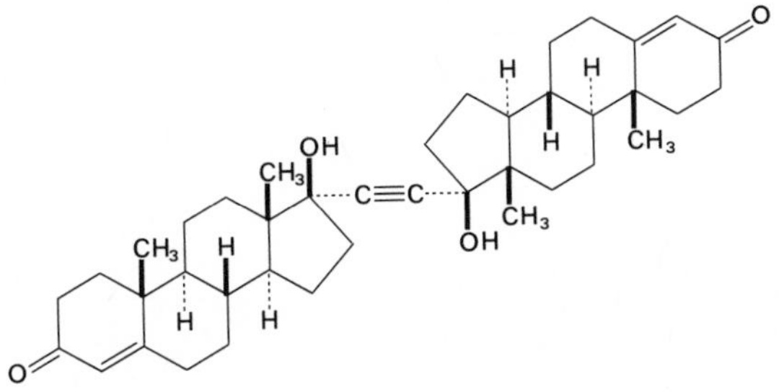

XI

Bis-[17-hydroxy-3-oxo-androst-4-en-17α-yl]-acetylen, 17,17'-Dihydroxy-17α,17'α-äthindiyl-bis-androst-4-en-3-on $C_{40}H_{54}O_4$, Formel XI.

B. Aus 17,17'-Äthindiyl-bis-androst-5-en-3β,17β-diol mit Hilfe von Cyclohexanon und Alumi= niumisopropylat (*Sondheimer et al.*, Am. Soc. **78** [1956] 1742).

Kristalle (aus E. + Dioxan); F: 294 – 296° [unkorr.]. $[\alpha]_D^{20}$: – 51° [Dioxan]. λ_{max} (A.): 240 nm.

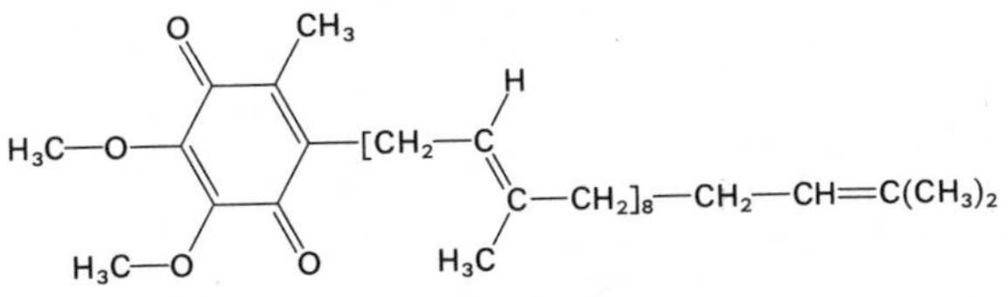

XII

Hydroxy-oxo-Verbindungen $C_{52}H_{78}O_4$

2,3-Dimethoxy-5-methyl-6-[3,7,11,15,19,23,27,31,35-nonamethyl-hexatriaconta-2t,6t,10t,14t,18t,22t,26t,30t,34-nonaenyl]-[1,4]benzochinon, Ubichinon-45, Coenzym-Q$_9$ $C_{54}H_{82}O_4$, Formel XII.

Konstitution: *Wolf et al.*, Am. Soc. **80** [1958] 4752.

Isolierung aus Torula utilis: *Lester et al.*, Biochim. biophys. Acta **32** [1959] 492, 494; aus Ratten-Leber: *Rüegg et al.*, Helv. **42** [1959] 2616, 2621.

B. Aus 2,3-Dimethoxy-5-methyl-hydrochinon beim Erwärmen mit Solanesol (E IV **1** 2366), ZnCl$_2$ und Essigsäure und Behandeln des Reaktionsprodukts mit Ag$_2$O in Äther (*Rü. et al.*, l. c. S. 2619).

Gelbe Kristalle; F: 45° (*Le. et al.*, Biochim. biophys. Acta **32** 497; *Rü. et al.*, l. c. S. 2619). Triklin; Dimensionen der Elementarzelle (Röntgen-Diagramm): *MacGillavry*, Pr. Akad. Amsterdam [B] **62** [1959] 263. Dichte der Kristalle: 1,085 (*MacG.*). IR-Spektrum (KBr; 2−16 µ): *Lester et al.*, Biochim. biophys. Acta **33** [1959] 169, 173; s. a. *Rü. et al.*, l. c. S. 2617. λ_{max}: 270 nm [PAe.] (*Rü. et al.*, l. c. S. 2619), 271 nm [Isooctan] (*Shunk*, Am. Soc. **81** [1959] 5000).

Hydroxy-oxo-Verbindungen $C_nH_{2n-28}O_4$

Hydroxy-oxo-Verbindungen $C_{20}H_{12}O_4$

3′,4′-Dihydroxy-[1,1′]binaphthyl-3,4-dion $C_{20}H_{12}O_4$, Formel I, und **3,3′-Dihydroxy-[1,1′]binaphthyliden-4,4′-dion** $C_{20}H_{12}O_4$, Formel II (R = H) oder Stereoisomeres (E II 518; E III 3903; s. a. H 485).

Nach Ausweis der IR- und UV-Spektren liegt in den Kristallen sowie in unpolaren Lösungsmitteln 3,3′-Dihydroxy-[1,1′]binaphthyliden-4,4′-dion, in polaren Lösungsmitteln überwiegend 3′,4′-Dihydroxy-[1,1′]binaphthyl-3,4-dion vor (*Wittmann, Jeller*, M. **111** [1980] 921). Absorptionsspektrum (Me. sowie CHCl₃; 250−450 nm): *Cassebaum*, B. **90** [1957] 1537, 1541. Redoxpotential (wss. A.): *Ca.*

I   II   III

*****3,3′-Dimethoxy-[1,1′]binaphthyliden-4,4′-dion** $C_{22}H_{16}O_4$, Formel II (R = CH₃) oder Stereoisomeres (E III 3903).

Absorptionsspektrum (CHCl₃; 250−450 nm): *Cassebaum*, B. **90** [1957] 1537, 1542. Redoxpotential (wss. A.): *Cassebaum*, Z. El. Ch. **62** [1958] 426.

*****4,4′-Dimethoxy-[2,2′]binaphthyliden-1,1′-dion** $C_{22}H_{16}O_4$, Formel III (R = CH₃) oder Stereoisomeres (E II 519; E III 3904).

Diese Verbindung ist als 4,4′-Dimethoxy-[2,2′]binaphthyl-1,1′-dioxyl $C_{22}H_{16}O_4$ zu formulieren (*Barba et al.*, Tetrahedron Letters **1976** 557; *Barba, Varea*, Afinidad **34** [1977] 344).

Linienbreite und g-Faktor der EPR-Absorption: *Matsunaga*, Canad. J. Chem. **37** [1959] 1003; *Ba. et al.*; *Ba., Va.* IR-Banden (2850−1450 cm⁻¹): *Ba. et al.*; *Ba., Va.* Absorptionsspektrum (Bzl.; 450−750 nm): *Dimroth et al.*, A. **624** [1959] 51, 64. Magnetische Susceptibilität: +7,65·10⁻⁶ cm³·g⁻¹ (*Ba., Va.*).

*****4,4′-Diphenoxy-[2,2′]binaphthyliden-1,1′-dion** $C_{32}H_{20}O_4$, Formel III (R = C₆H₅) oder Stereoisomeres.

B. Beim Behandeln von 4-Phenoxy-[1]naphthol (aus Naphthalin-1,4-diol und Phenol in Gegenwart von AlCl₃ hergestellt) mit Luft in wss. NaOH (*Dimroth et al.*, A. **624** [1959] 51, 73).

Blaue Kristalle (aus Bzl.); F: 232−234°. Absorptionsspektrum (Bzl.; 450−750 nm): *Di. et al.*, l. c. S. 64.

*****4,4′-Bis-[2,4,6-triphenyl-phenoxy]-[2,2′]binaphthyliden-1,1′-dion** $C_{68}H_{44}O_4$, Formel IV oder Stereoisomeres.

B. Beim Behandeln von 4-[2,4,6-Triphenyl-phenoxy]-[1]naphthol (aus [1]Naphthol und 2,4,6-

Triphenyl-phenoxyl hergestellt) mit Luft in wss. NaOH und CCl_4 (*Dimroth et al.*, A. **624** [1959] 51, 72).

Blaue Kristalle (aus Toluol); F: 318–320°. Absorptionsspektrum (Bzl.; 450–750 nm): *Di. et al.*, l. c. S. 64.

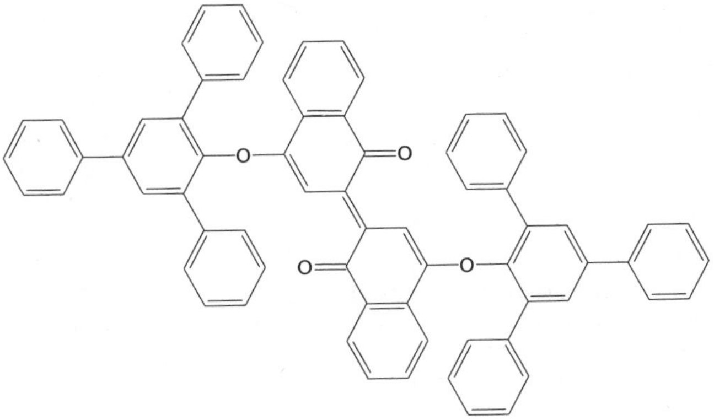

IV

4-[2,4-Dimethoxy-benzoyl]-fluoren-9-on $C_{22}H_{16}O_4$, Formel V (X = O-CH$_3$, X′ = H).

B. Aus Diphenoylchlorid und 1,3-Dimethoxy-benzol in Gegenwart von $AlCl_3$ (*Nightingale et al.*, Am. Soc. **74** [1952] 2557).

F: 141,5–142°.

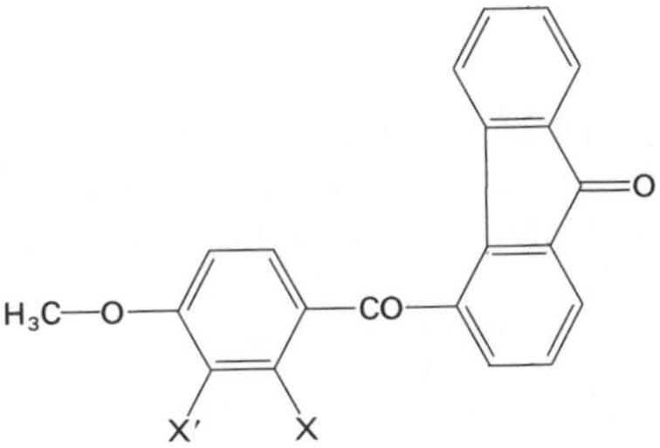

V

4-Veratroyl-fluoren-9-on $C_{22}H_{16}O_4$, Formel V (X = H, X′ = O-CH$_3$).

B. Analog der vorangehenden Verbindung (*Nightingale et al.*, Am. Soc. **74** [1952] 2557).

Kristalle; F: 167–168° [aus Ae.], 155–156° [aus A.].

Hydroxy-oxo-Verbindungen $C_{22}H_{16}O_4$

*1-[2-Hydroxy-phenyl]-2-[4-methoxy-benzyliden]-3-phenyl-propan-1,3-dion $C_{23}H_{18}O_4$, Formel VI (X = H, X′ = O-CH$_3$).

Die von *Baker, Glockling* (Soc. **1950** 2759, 2762) unter dieser Konstitution beschriebene Verbindung ist als (±)-3-Benzoyl-2-[4-methoxy-phenyl]-chroman-4-on $C_{23}H_{18}O_4$ erᵏ kannt worden (*Chincholkar, Jamode*, Indian J. Chem. **17** B [1979] 510). Entsprechend sind die von *Baker, Glockling* (l. c.) als 1-[2-Hydroxy-phenyl]-2-[2-methoxy-benzyliden]-3-phenyl-propan-1,3-dion $C_{23}H_{18}O_4$, Formel VI (X = O-CH$_3$, X′ = H), als 2-Benzyliden-1-[2-hydroxy-phenyl]-3-[2-methoxy-phenyl]-propan-1,3-dion $C_{23}H_{18}O_4$, Formel VII (X = O-CH$_3$, X′ = H) sowie als 2-Benzyliden-1-[2-hydroxy-phenyl]-3-[4-methoxy-phenyl]-propan-1,3-dion $C_{23}H_{18}O_4$, Formel VII (X = H, X′ = O-CH$_3$) beschriebenen

Verbindungen als (±)-3-Benzoyl-2-[2-methoxy-phenyl]-chroman-4-on $C_{23}H_{18}O_4$, als (±)-3-[2-Methoxy-benzoyl]-2-phenyl-chroman-4-on $C_{23}H_{18}O_4$ bzw. als (±)-3-[4-Methoxy-benzoyl]-2-phenyl-chroman-4-on $C_{23}H_{18}O_4$ zu formulieren.

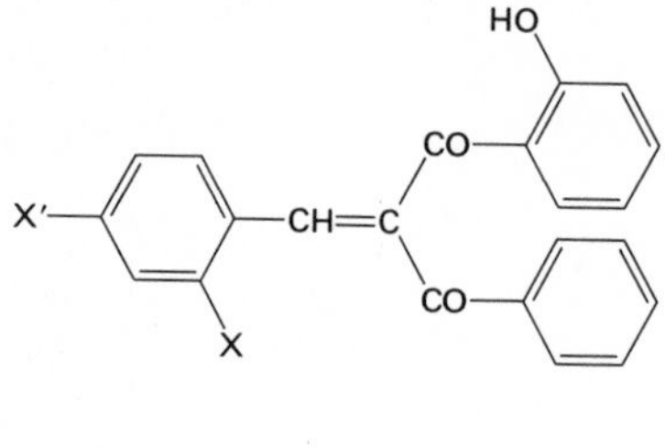

VI

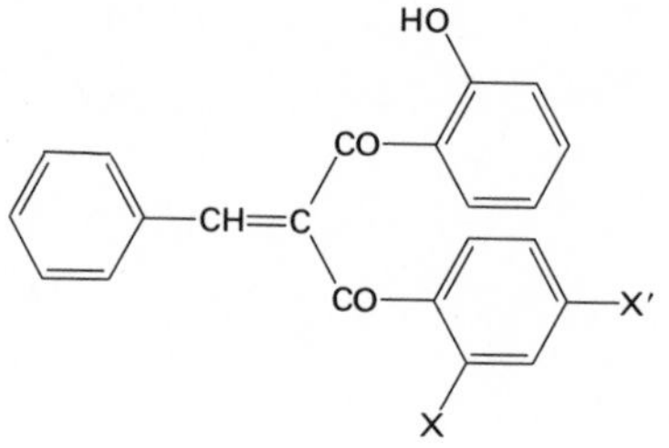

VII

2-[4-Methoxy-benzoyl]-1,3-diphenyl-propan-1,3-dion $C_{23}H_{18}O_4$, Formel VIII und Taut.

B. Aus 1,3-Diphenyl-propan-1,3-dion und 4-Methoxy-benzoylchlorid mit Hilfe von Natrium= äthylat (*Curtin, Russell*, Am. Soc. **73** [1951] 5160, 5162).

Kristalle (aus Acn.); F: 206—206,8° [korr.].

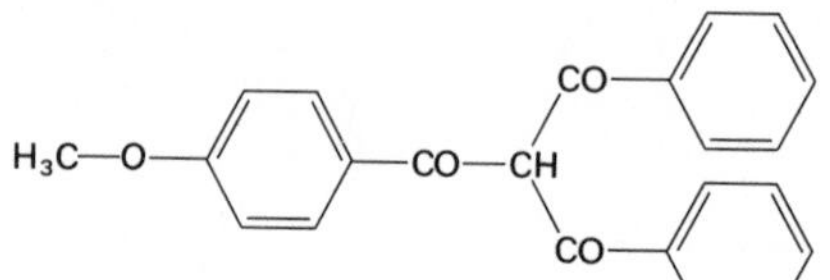

VIII

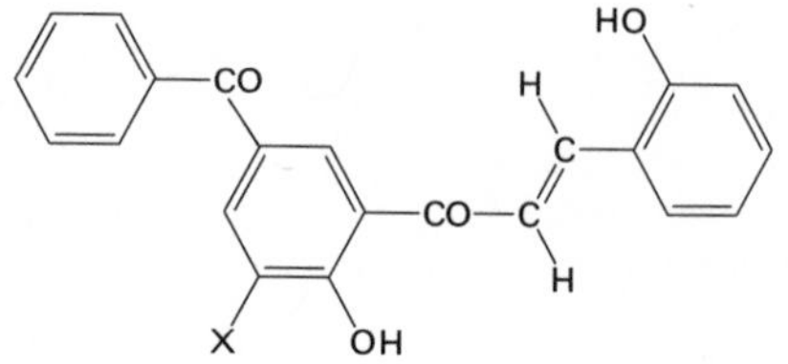

IX

5′-Benzoyl-2,2′-dihydroxy-*trans*-chalkon $C_{22}H_{16}O_4$, Formel IX (X = H).

B. Beim Behandeln von 3-Acetyl-4-hydroxy-benzophenon mit Salicylaldehyd und wss.-äthan= ol. KOH (*Joshi et al.*, Sci. Culture **23** [1957] 199; *Dshoschi, Amin*, Izv. Akad. S.S.S.R. Otd. chim. **1960** 267, 268; engl. Ausg. S. 243, 244).

Gelbliche Kristalle; F: 159° [aus A.] (*Ds., Amin*), 94° (*Jo. et al.*).

Die folgenden Verbindungen sind in analoger Weise hergestellt worden:

5′-Benzoyl-3′-chlor-2,2′-dihydroxy-*trans*-chalkon $C_{22}H_{15}ClO_4$, Formel IX (X = Cl). F: 199° (*Mehta, Amin*, Curr. Sci. **28** [1959] 109).

5′-Benzoyl-3′-chlor-3,2′-dihydroxy-*trans*-chalkon $C_{22}H_{15}ClO_4$, Formel X. F: 160° (*Me., Amin*).

5′-Benzoyl-4,2′-dihydroxy-*trans*-chalkon $C_{22}H_{16}O_4$, Formel XI (R = X = X′ = H). Gelbe Kristalle; F: 194° [aus wss. Eg.] (*Ds., Amin*), 98° (*Jo. et al.*).

5′-Benzoyl-2′-hydroxy-4-methoxy-*trans*-chalkon $C_{23}H_{18}O_4$, Formel XI (R = CH$_3$, X = X′ = H). Gelbe Kristalle; F: 132° [aus Eg.] (*Marathey*, J. Univ. Poona Nr. 2 [1952] 11, 17), 128° (*Jo. et al.*), 124° [aus A.] (*Ds., Amin*).

5′-Benzoyl-3-chlor-2′-hydroxy-4-methoxy-*trans*-chalkon $C_{23}H_{17}ClO_4$, Formel XI (R = CH$_3$, X = Cl, X′ = H). Gelbe Kristalle; F: 178° [aus wss. Eg.] (*Ds., Amin*), 178° (*Jo. et al.*).

5′-Benzoyl-3′-chlor-4,2′-dihydroxy-*trans*-chalkon $C_{22}H_{15}ClO_4$, Formel XI (R = X = H, X′ = Cl). F: 220° (*Me., Amin*).

5′-Benzoyl-3′-chlor-2′-hydroxy-4-methoxy-*trans*-chalkon $C_{23}H_{17}ClO_4$, Formel XI (R = CH$_3$, X = H, X′ = Cl). F: 164° (*Me., Amin*).

5′-Benzoyl-3,3′-dichlor-2′-hydroxy-4-methoxy-*trans*-chalkon $C_{23}H_{16}Cl_2O_4$, Formel XI (R = CH$_3$, X = X′ = Cl). F: 195° (*Me., Amin*).

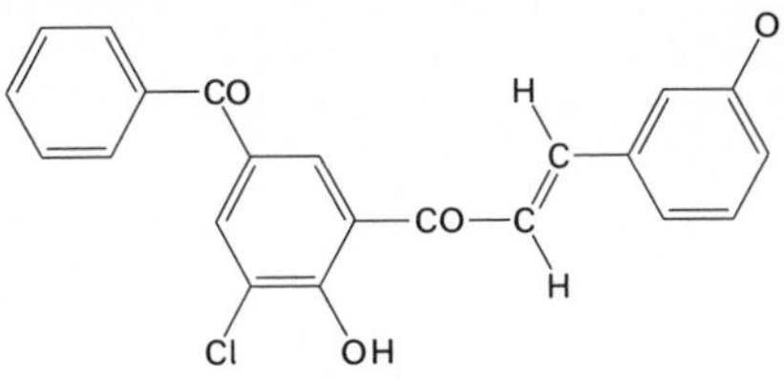

X

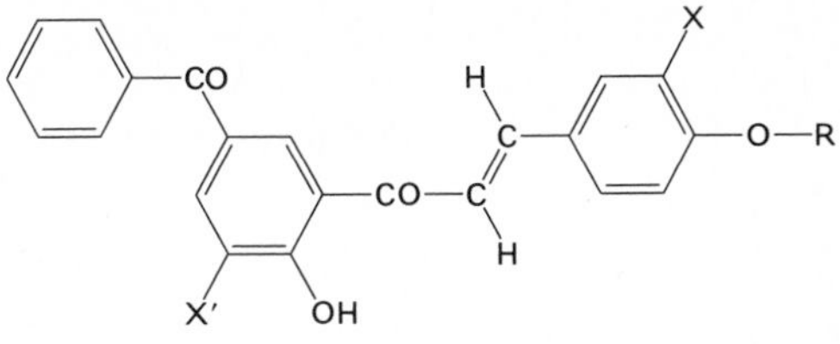

XI

(±)-2-Hydroxy-1,2-bis-[4-methoxy-[1]naphthyl]-äthanon $C_{24}H_{20}O_4$, Formel XII (E III 3906).

Eine ebenfalls unter dieser Konstitution beschriebene Verbindung (Kristalle [aus Acn.]; F: 238°) ist als Oxalsäure-diäthylester und 4-Methoxy-[1]naphthylmagnesium-bromid erhalten worden (*Lapkin*, Ž. obšč. Chim. **23** [1953] 623, 625; engl. Ausg. S. 649).

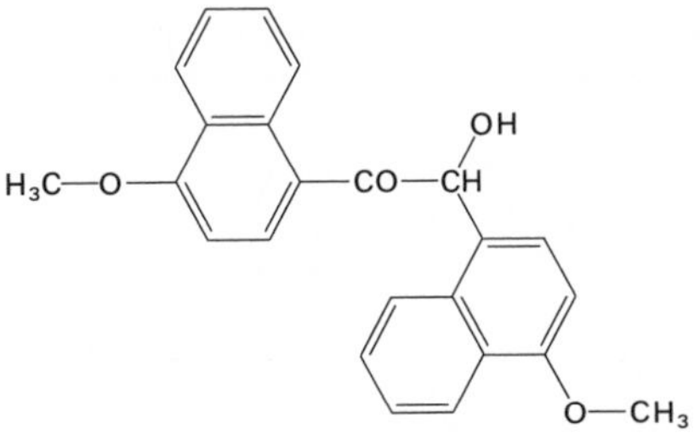

XII

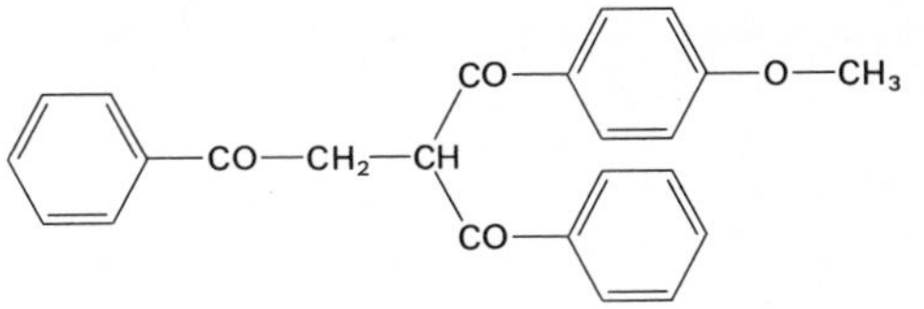

XIII

Hydroxy-oxo-Verbindungen $C_{23}H_{18}O_4$

2-Benzoyl-1-[4-methoxy-phenyl]-4-phenyl-butan-1,4-dion $C_{24}H_{20}O_4$, Formel XIII und Taut.

B. Beim Erhitzen von 2-Benzoyl-1-[4-methoxy-phenyl]-4-phenyl-but-2-en-1,4-dion (aus [2,5-Diphenyl-[3]furyl]-[4-methoxy-phenyl]-keton hergestellt) mit wss. $Na_2S_2O_4$ (*Dien, Lutz*, J. org. Chem. **21** [1956] 1492, 1508).

Kristalle (aus Bzl. + A.); F: 111–112°.

—————

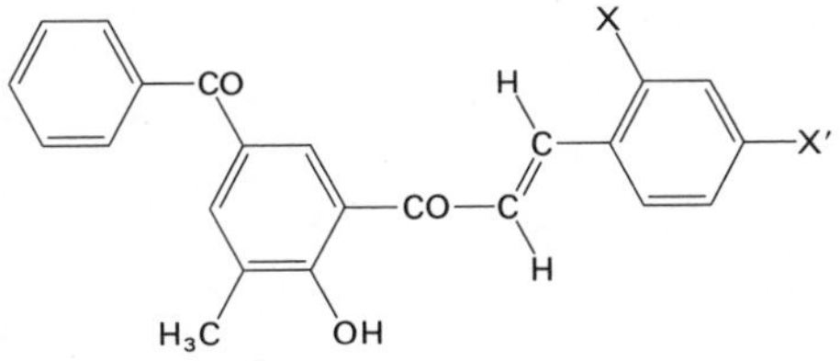

XIV

5'-Benzoyl-2,2'-dihydroxy-3'-methyl-*trans*-chalkon $C_{23}H_{18}O_4$, Formel XIV (X = OH, X' = H).

B. Beim Behandeln von 3-Acetyl-4-hydroxy-5-methyl-benzophenon mit Salicylaldehyd und wss.-äthanol. KOH (*Amin, Amin*, J. Indian chem. Soc. **36** [1959] 126).

Gelbe Kristalle (aus Eg.); F: 202°.

Die folgenden Verbindungen sind in analoger Weise hergestellt worden:

5'-Benzoyl-2'-hydroxy-2-methoxy-3'-methyl-*trans*-chalkon $C_{24}H_{20}O_4$, Formel XIV (X = O-CH₃, X' = H). Gelbe Kristalle (aus Eg.); F: 160°.

5'-Benzoyl-4,2'-dihydroxy-3'-methyl-*trans*-chalkon $C_{23}H_{18}O_4$,   Formel XIV

(X = H, X' = OH). Gelbe Kristalle (aus Eg.); F: 199°.

5'-Benzoyl-2'-hydroxy-4-methoxy-3'-methyl-*trans*-chalkon $C_{24}H_{20}O_4$, Formel XIV (X = H, X' = O-CH$_3$). Gelbe Kristalle (aus Eg.); F: 156°.

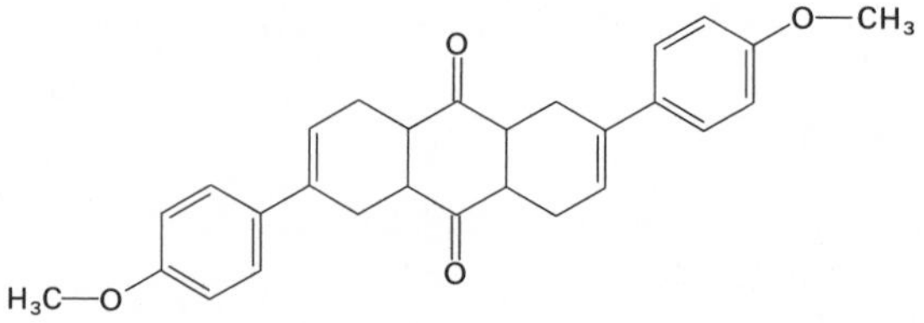

I

Hydroxy-oxo-Verbindungen $C_{26}H_{24}O_4$

*Opt.-inakt. 2,6(oder 2,7)-Bis-[4-methoxy-phenyl]-1,4,4a,5,8,8a,9a,10a-octahydro-anthrachinon $C_{28}H_{28}O_4$, Formel I oder II.

B. Aus [1,4]Benzochinon und 4-[1-Methylen-allyl]-anisol (*Buchta, Satzinger*, B. **92** [1959] 449, 465).

Kristalle (aus Xylol); F: 221 – 223°.

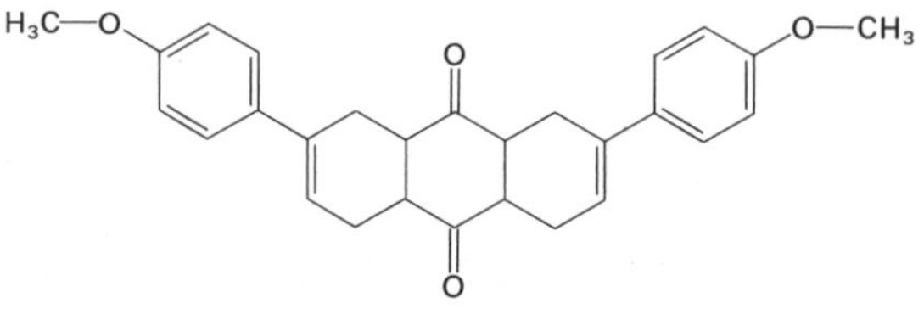

II

Hydroxy-oxo-Verbindungen $C_{27}H_{26}O_4$

3-[6-Hydroxy-4-isopropyl-7-oxo-cyclohepta-1,3,5-trienyl]-1,5-diphenyl-pentan-1,5-dion $C_{27}H_{26}O_4$, Formel III und Taut.; 6-Isopropyl-3-[3-oxo-1-phenacyl-3-phenyl-propyl]-tropolon.

B. Beim Behandeln von 3-Formyl-6-isopropyl-tropolon mit Acetophenon und wss.-methanol. KOH (*Matsumoto*, Sci. Rep. Tohoku Univ. [I] **42** [1958] 215, 220).

Kristalle (aus Me.); F: 117 – 118° [unkorr.]. Absorptionsspektrum (Me.; 220 – 420 nm): *Ma.*, l. c. S. 217.

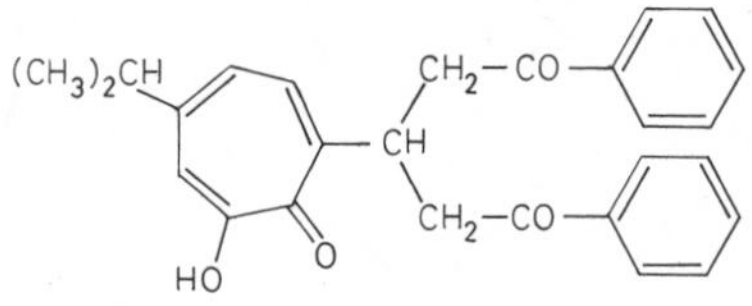

III

Hydroxy-oxo-Verbindungen $C_{40}H_{52}O_4$

(3S,3'S)-3,3'-Dihydroxy-β,β-carotin-4,4'-dion, Astaxanthin $C_{40}H_{52}O_4$, Formel IV (E III 3908).
Konfiguration: *Andrewes et al.*, Acta chem. scand. [B] **28** [1974] 730.
Isolierung aus dem Rückenschild von Carzinus maenas: *Lenel*, C. r. **240** [1955] 2020.

IV

Hydroxy-oxo-Verbindungen $C_{57}H_{86}O_4$

2-[3,7,11,15,19,23,27,31,35,39-Decamethyl-tetraconta-2t,6t,10t,14t,18t,22t,26t,30t,34t,38-decaenyl]-5,6-dimethoxy-3-methyl-[1,4]benzochinon, Ubichinon-50, Coenzym-Q_{10} $C_{59}H_{90}O_4$, Formel V (R = CH$_3$).

Konstitution und Konfiguration: *Wolf et al.,* Am. Soc. **80** [1958] 4752; *Morton et al.,* Helv. **41** [1958] 2343, 2344, 2349.

Isolierung aus Herzen vom Schwein (*Mo. et al.,* l. c. S. 2350), Rind (*Crane et al.,* Biochim. biophys. Acta **32** [1959] 73, 78; *Linn et al.,* Am. Soc. **81** [1959] 4007, 4009) oder Mensch (*Linn et al.*).

B. Aus 2,3-Dimethoxy-5-methyl-hydrochinon und 3,7,11,15,19,23,27,31,35,39-Decamethyl-te≠traconta-2t,6t,10t,14t,18t,22t,26t,30t,34t,38-decaen-1-ol analog Ubichinon-45 [S. 3313] (*Rüegg et al.,* Helv. **42** [1959] 2616, 2621).

Orangefarbene Kristalle; F: 49,5−50,5° [aus A.] (*Linn et al.*), 50° [aus A.] (*Cr. et al.,* l. c. S. 78), 49° [aus A. bzw. Acn.] (*Rü. et al.,* l. c. S. 2621; *Mo. et al.,* l. c. S. 2351). Triklin; Dimen≠sionen der Elementarzelle (Röntgen-Diagramm): *MacGillavry,* Pr. Akad. Amsterdam [B] **62** [1959] 263. Dichte der Kristalle: 1,09 (*MacG.*). ^{1}H-NMR-Spektrum (CCl$_4$): *v. Planta et al.,* Helv. **42** [1959] 1278, 1281. IR-Spektrum (KBr sowie CS$_2$; 2−16 μ): *Lester et al.,* Biochim. biophys. Acta **33** [1959] 169, 173; s. a. *Mo. et al.,* l. c. S. 2345; *Rü. et al.,* l. c. S. 2617. UV-Spektrum in Cyclohexan (220−320 nm): *Mo. et al.,* l. c. S. 2345; in Äthanol (220−340 nm): *Le. et al.* λ_{max}: 237 nm, 275 nm und 407 nm [A.] (*Mo. et al.,* l. c. S. 2351), 270 nm [PAe.] (*Rü. et al.,* l. c. S. 2621), 271 nm [Isooctan], 275 nm [A.] (*Linn et al.*). Redoxpotential (wss. A.): *Mo. et al.,* l. c. S. 2351.

V   VI

2,3-Diäthoxy-5-[3,7,11,15,19,23,27,31,35,39-decamethyl-tetraconta-2t,6t,10t,14t,18t,22t,26t,≠30t,34t,38-decaenyl]-6-methyl-[1,4]benzochinon $C_{61}H_{94}O_4$, Formel V (R = C$_2$H$_5$).

B. Beim Erwärmen von Ubichinon-50 (s. o.) mit äthanol. Natriumäthylat (*Linn et al.,* Am. Soc. **81** [1959] 1263, **82** [1960] 1647, 1651).

Gelbe Kristalle (aus A. + H$_2$O); F: 34,5−35,5° (*Linn et al.,* Am. Soc. **82** 1651). ^{1}H-NMR-Absorption (CCl$_4$): *Linn et al.,* Am. Soc. **82** 1648. IR-Banden (CS$_2$; 3−14 μ): *Linn et al.,* Am. Soc. **82** 1649. λ_{max}: 271 nm [Isooctan], 276 nm [A.] (*Linn et al.,* Am. Soc. **82** 1651).

Hydroxy-oxo-Verbindungen $C_nH_{2n-30}O_4$

2,11-Dihydroxy-perylen-3,10-dion $C_{20}H_{10}O_4$, Formel VI (X = OH, X′ = H) (E II 520; E III 3910).

IR-Banden (Nujol; 3300−700 cm^{-1}): *Brown, Todd,* Soc. **1954** 1280, 1284. λ_{max} (H$_2$SO$_4$):

308 nm und 521 nm.

4,9-Dihydroxy-perylen-3,10-dion $C_{20}H_{10}O_4$, Formel VI (X = H, X′ = OH) (E III 3912).

B. Beim Erhitzen von [1,1′]Binaphthyl-4,5,4′,5′-tetraol mit Tetrachlor-[1,4]benzochinon in Phenetol (*Allport, Bu'Lock,* Soc. **1958** 4090, 4093).

Rote, Nitrobenzol enthaltende Kristalle (aus Nitrobenzol) bzw. schwarze Kristalle [nach Su≠ blimation bei 270−290°/0,0001−0,00001 Torr] (*Calderbank et al.,* Soc. **1954** 1285, 1287). IR-Banden (Nujol; 1650−650 cm⁻¹): *Ca. et al.,* l. c. S. 1288. Absorptionsspektrum (1,1,2,2-Te≠ trachlor-äthan; 250−620 nm): *Ca. et al.,* l. c. S. 1286. λ_{max} (H_2SO_4): 490 nm, 536 nm und 578 nm (*Ca. et al.,* l. c. S. 1288).

Bis-diacetoxyboryl-Derivat $C_{28}H_{20}B_2O_{12}$; 4,9-Bis-diacetoxyboryloxy-perylen-3,10-dion. Rote Kristalle (*Ca. et al.,* l. c. S. 1288). IR-Banden (Nujol; 1750−650 cm⁻¹): *Ca. et al.,* l. c. S. 1288. λ_{max} ($CHCl_3$; 260−590 nm): *Ca. et al.,* l. c. S. 1288.

Tetrabrom-Derivat $C_{20}H_6Br_4O_4$; x-Tetrabrom-4,9-dihydroxy-perylen-3,10-dion (E III 3912). Dunkelbraune Kristalle [nach Sublimation bei 290−295°/0,00005 Torr] (*Ca. et al.,* l. c. S. 1289). λ_{max} (1,1,2,2-Tetrachlor-äthan): 359 nm, 450 nm, 480 nm, 534 nm und 576 nm (*Ca. et al.,* l. c. S. 1289).

1,4-Dichlor-2-[4-methoxy-benzoyl]-anthrachinon $C_{22}H_{12}Cl_2O_4$, Formel VII.

B. Aus 1,4-Dichlor-9,10-dioxo-9,10-dihydro-anthracen-2-carbonylchlorid und Anisol in Ge≠ genwart von $AlCl_3$ (*CIBA,* D.B.P. 824493 [1949]; D.R.B.P. Org. Chem. 1950−1951 **1** 552).

Kristalle; F: 165° [unkorr.].

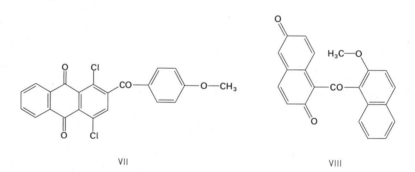

VII   VIII

1-[2-Methoxy-[1]naphthoyl]-naphthalin-2,6-dion $C_{22}H_{14}O_4$, Formel VIII.

B. Aus 1,1-Bis-[2-methoxy-[1]naphthyl]-äthen mit Hilfe von $Na_2Cr_2O_7$ (*Broquet-Borgel,* A. ch. [13] **3** [1958] 204, 250).

Rote Kristalle (aus Eg.); F: 233°. IR-Spektrum (2−7 μ): *Br.-Bo.,* l. c. S. 246.

Bis-[4-methoxy-[1]naphthyl]-äthandion $C_{24}H_{18}O_4$, Formel IX (E I 730; E II 520; E III 3913).

B. Neben anderen Verbindungen aus Oxalsäure-diäthylester und 4-Methoxy-[1]naphthylma≠ gnesium-bromid (*Lapkin,* Ž. obšč. Chim. **23** [1953] 623, 625; engl. Ausg. S. 649).

IX   X

***1,2-Bis-[3-hydroxy-4-oxo-4H-[1]naphthyliden]-äthan, 3,3′-Dihydroxy-4H,4′H-4,4′-äthan⸗
diyliden-bis-naphthalin-1-on** $C_{22}H_{14}O_4$, Formel X.

B. Aus 4-Methyl-[1,2]naphthochinon beim Erwärmen mit äthanol. KOH oder beim Erhitzen
mit Azobenzol (*Bradley, Watkinson*, Soc. **1956** 319, 325).

Rotviolette Kristalle (aus 1,2,4-Trichlor-benzol); F: 345° [Zers.]. λ_{max}: 250 nm, 305 nm,
420 nm und 660 nm.

Dimethyl-Derivat $C_{24}H_{18}O_4$; 1,2-Bis-[3-methoxy-4-oxo-4H-[1]naphthyliden]-
äthan, 3,3′-Dimethoxy-4H,4′H-4,4′-äthandiyliden-bis-naphthalin-1-on. Rotviolette
Kristalle (aus 1,2-Dichlor-benzol); F: 283° [Zers.] (*Br., Wa.,* l. c. S. 324).

Diacetyl-Derivat $C_{26}H_{18}O_6$; 1,2-Bis-[3-acetoxy-4-oxo-4H-[1]naphthyliden]-
äthan, 3,3′-Diacetoxy-4H,4′H-4,4′-äthandiyliden-bis-naphthalin-1-on. Rotviolette
Kristalle (aus Chlorbenzol); F: 260° [Zers.].

2-Benzoyl-3-methoxy-1,4-diphenyl-but-2-en-1,4-dion $C_{24}H_{18}O_4$, Formel XI.

B. Beim Behandeln von 2-Benzoyl-3-chlor-1,4-diphenyl-but-2-en-1,4-dion mit methanol. Na⸗
triummethylat (*Lutz, Dien*, J. org. Chem. **21** [1956] 551, 560).

Kristalle (aus Me.); F: 106–107°. λ_{max}: 261 nm [A.] bzw. 260 nm [äthanol. KOH] (*Lutz,
Dien,* l. c. S. 555).

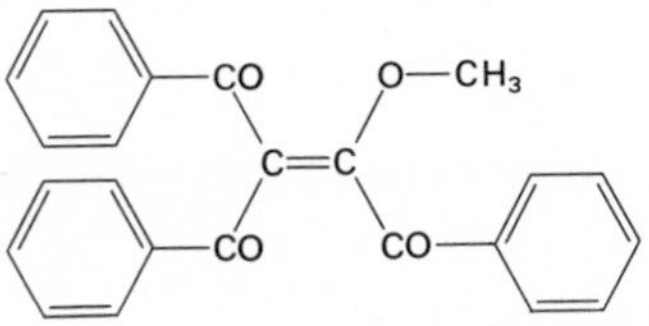

XI 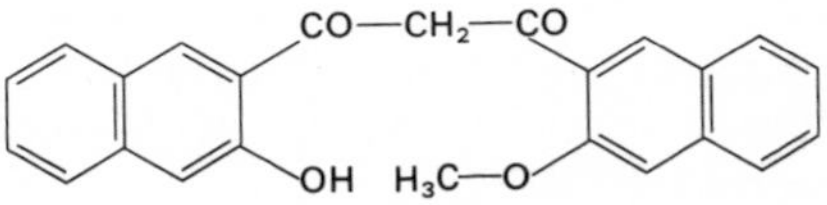   XII

1-[3-Hydroxy-[2]naphthyl]-3-[3-methoxy-[2]naphthyl]-propan-1,3-dion $C_{24}H_{18}O_4$, Formel XII
und Taut.

B. Beim Behandeln von 3-Methoxy-[2]naphthoesäure-[3-acetyl-[2]naphthylester] mit äthanol.
Natriumäthylat und Pyridin (*Nowlan et al.,* Soc. **1950** 340, 343).

Gelbe Kristalle (aus Eg.); F: 181–182°.

**(±)-8-[α-Hydroxy-4-methoxy-benzyl]-1-[4-methoxy-benzoyl]-naphthalin, (±)-[8-(α-Hydroxy-4-
methoxy-benzyl)-[1]naphthyl]-[4-methoxy-phenyl]-keton** $C_{26}H_{22}O_4$, Formel XIII und Taut.

Nach Ausweis der IR-Absorption ist die Verbindung als opt.-inakt. 1,3-Bis-[4-methoxy-
phenyl]-1H,3H-benzo[de]isochromen-1-ol $C_{26}H_{22}O_4$ zu formulieren (*Lansbury, Letsin⸗
ger,* Am. Soc. **81** [1959] 940, 942).

B. Beim Erwärmen von 8-[4,4′-Dimethoxy-benzhydryl]-[1]naphthoylchlorid mit $SnCl_4$ in CS_2
(*La., Le.*).

Kristalle (aus $CHCl_3$ + Hexan); F: 142–143°.

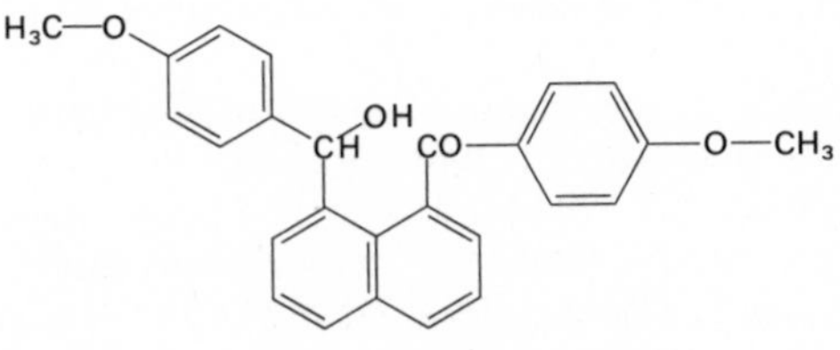

XIII 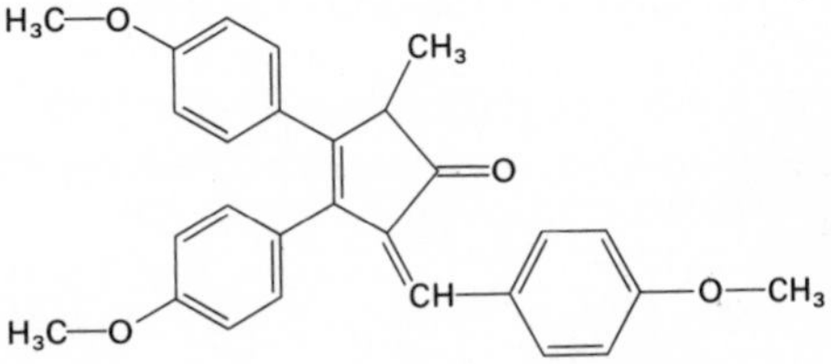   XIV

(±)-2-[(Ξ)-4-Methoxy-benzyliden]-3,4-bis-[4-methoxy-phenyl]-5-methyl-cyclopent-3-enon $C_{28}H_{26}O_4$, Formel XIV.

Diese Konstitution ist der nachstehend beschriebenen Verbindung zugeordnet worden (*Ryan, Lennon*, Pr. Irish Acad. **37** B [1925] 27, 31).

B. Beim Behandeln von 1*t*(?)-[4-Methoxy-phenyl]-pent-1-en-3-on (E III **8** 832) mit 4-Methoxy-benzaldehyd und äthanol. HCl (*Ryan, Cahill*, Pr. Irish Acad. **36** B [1924] 334, 337).

Kristalle (aus A.); F: 158° (*Ryan, Ca.*, l. c. S. 338).

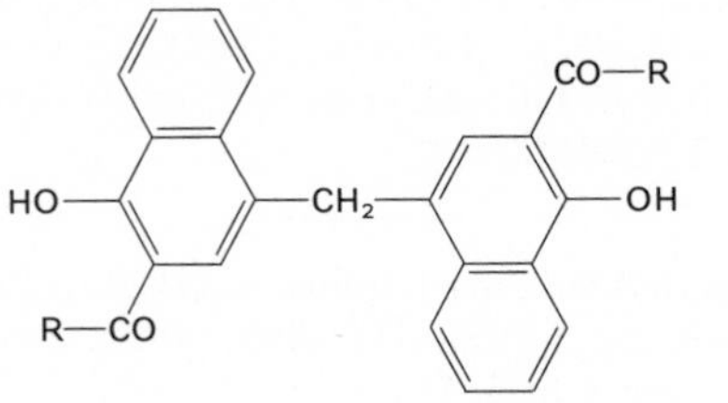

I

Bis-[3-acetyl-4-hydroxy-[1]naphthyl]-methan $C_{25}H_{20}O_4$, Formel I (R = CH_3).

B. Beim Erhitzen von 1-[1-Hydroxy-[2]naphthyl]-äthanon mit Paraformaldehyd, Amylalko-hol und wss. HCl (*Schönberg et al.*, J. org. Chem. **23** [1958] 2025).

Gelbe Kristalle (aus Bzl. oder PAe.); F: 228°.

Diacetyl-Derivat $C_{29}H_{24}O_6$; Bis-[4-acetoxy-3-acetyl-[1]naphthyl]-methan. Kri-stalle (aus Bzl.); F: 200°.

Die folgenden Verbindungen sind in analoger Weise hergestellt worden:

Bis-[4-acetyl-1-hydroxy-[2]naphthyl]-methan $C_{25}H_{20}O_4$, Formel II. Gelbliche Kri-stalle (aus A.); F: 245°. — Diacetyl-Derivat $C_{29}H_{24}O_6$; Bis-[1-acetoxy-4-acetyl-[2]naphthyl]-methan. Kristalle (aus Bzl.); F: 194°.

Bis-[4-hydroxy-3-propionyl-[1]naphthyl]-methan $C_{27}H_{24}O_4$, Formel I (R = C_2H_5). Gelbe Kristalle (aus Bzl. oder PAe.); F: 187°. — Dioxim $C_{27}H_{26}N_2O_4$; Bis-[4-hydroxy-3-(1-hydroxyimino-propyl)-[1]naphthyl]-methan. Gelbe Kristalle (aus wss. A.); F: 235—236°.

Bis-[3-butyryl-4-hydroxy-[1]naphthyl]-methan $C_{29}H_{28}O_4$, Formel I (R = CH_2-C_2H_5). Gelbe Kristalle (aus Bzl. oder PAe.); F: 168°.

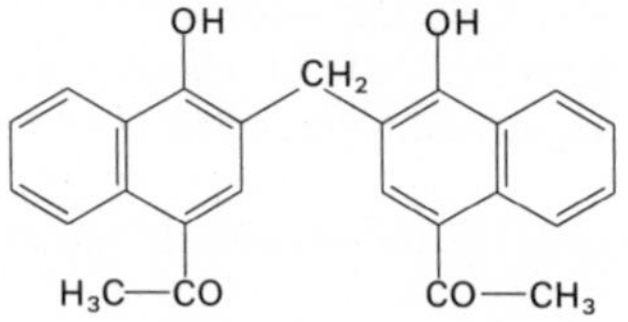

II

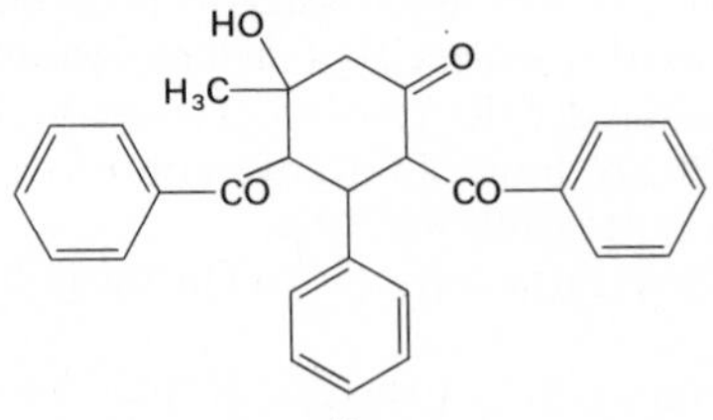

III

*Opt.-inakt. 2,4-Dibenzoyl-5-hydroxy-5-methyl-3-phenyl-cyclohexanon $C_{27}H_{24}O_4$, Formel III und Taut.

Diese Konstitution kommt dem früher (s. H **7** 902) als opt.-inakt. 3,5-Dibenzoyl-4-phenyl-heptan-2,6-dion beschriebenen Präparat vom F: 195° zu (*Finar*, Soc. **1961** 674, 676).

Kristalle (aus A.); F: 202,5—204° (*Fi.*, l. c. S. 675), 202—202,5° (*Martin et al.*, Am. Soc. **80** [1958] 5851, 5852). IR-Banden (Nujol oder fluorierter Kohlenwasserstoff; 3400—1100 cm^{-1}): *Fi.*, l. c. S. 677; s. a. *Ma. et al.*, l. c. S. 5853. λ_{max} (A.): 248,5 nm (*Ma. et al.*, l. c. S. 5854).

1,10-Bis-[2-hydroxy-[1]naphthyl]-decan-1,10-dion $C_{30}H_{30}O_4$, Formel IV (X = OH, X′ = H, n = 8).

B. Aus [2]Naphthol mit Hilfe von Decandisäure und Toluol-4-sulfonsäure oder von Decandioylchlorid und $AlCl_3$ (*Varma, Aggarwal,* J. Indian chem. Soc. **36** [1959] 41, 42).

Kristalle (aus Bzl.); F: 88°. λ_{max}: 276 nm.

1,10-Bis-[4-hydroxy-[1]naphthyl]-decan-1,10-dion $C_{30}H_{30}O_4$, Formel IV (X = H, X′ = OH, n = 8).

B. Neben der folgenden Verbindung aus [1]Naphthol und Decandioylchlorid in Gegenwart von $AlCl_3$ (*Varma, Aggarwal,* J. Indian chem. Soc. **36** [1959] 41, 42).

Kristalle (aus Bzl.); F: 140°.

IV   V

1,10-Bis-[1-hydroxy-[2]naphthyl]-decan-1,10-dion $C_{30}H_{30}O_4$, Formel V (n = 8).

B. Aus [1]Naphthol und Decandisäure mit Hilfe von Äther-BF_3 (*Fawaz, Fieser,* Am. Soc. **72** [1950] 996, 998; *Richert, Buu-Hoi,* Bl. **1966** 2186, 2188) oder Toluol-4-sulfonsäure (*Varma, Aggarwal,* J. Indian chem. Soc. **36** [1959] 41, 42). Über die weitere Bildungsweise s. im vorangehenden Artikel.

Kristalle; F: 182−183° [aus Dioxan bzw. Benzylalkohol + Isoamylalkohol] (*Fa., Fi.; Ri., Buu-Hoi*), 123° [aus Bzl.] (*Va., Ag.*). λ_{max}: 276 nm (*Va., Ag.*).

1,18-Bis-[2-hydroxy-[1]naphthyl]-octadecan-1,18-dion $C_{38}H_{46}O_4$, Formel IV (X = OH, X′ = H, n = 16).

B. Beim Erwärmen von Octadecandisäure-di-[2]naphthylester mit $AlCl_3$ in Tetrachloräthan (*Gupta, Aggarwal,* J. scient. ind. Res. India **18** B [1959] 205, 207, 208).

F: 84°. λ_{max}: 276 nm.

1,18-Bis-[1-hydroxy-[2]naphthyl]-octadecan-1,18-dion $C_{38}H_{46}O_4$, Formel V (n = 16).

B. Aus [1]Naphthol mit Hilfe von Octadecandisäure, Toluol-4-sulfonsäure oder von Octadecandioylchlorid und $AlCl_3$ (*Gupta, Aggarwal,* J. scient. ind. Res. India **18** B [1959] 205, 206, 207).

Kristalle (aus Xylol); F: 157−158°.

Hydroxy-oxo-Verbindungen $C_nH_{2n-32}O_4$

Hydroxy-oxo-Verbindungen $C_{22}H_{12}O_4$

2,9(?)-Dimethoxy-dibenz[*a,h*]anthracen-7,14-dion $C_{24}H_{16}O_4$, vermutlich Formel VI (vgl. E III 3920).

B. Aus 7(?)-Methoxy-naphthalin-1,2-dicarbonsäure-anhydrid bei der aufeinanderfolgenden Umsetzung mit 7-Methoxy-[1]naphthylmagnesium-halogenid und H_2SO_4 (*LaBudde, Heidelberger,* Am. Soc. **80** [1958] 1225, 1236).

Orangefarbene Kristalle (aus Bzl.); F: 310−312° [unkorr.] (*LaB., He.,* l. c. S. 1236). IR-

Banden (KBr; $6-15\,\mu$): *LaB., He.*, l. c. S. 1230. λ_{max} (A.): 249 nm, 303 nm, 333 nm und 440 nm (*LaB., He.*, l. c. S. 1230).

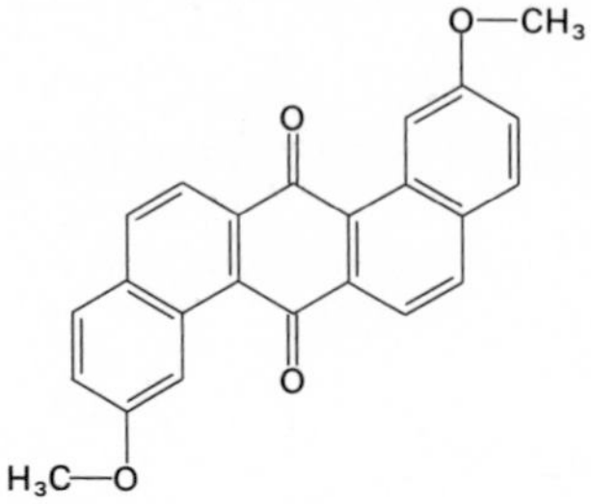

VI 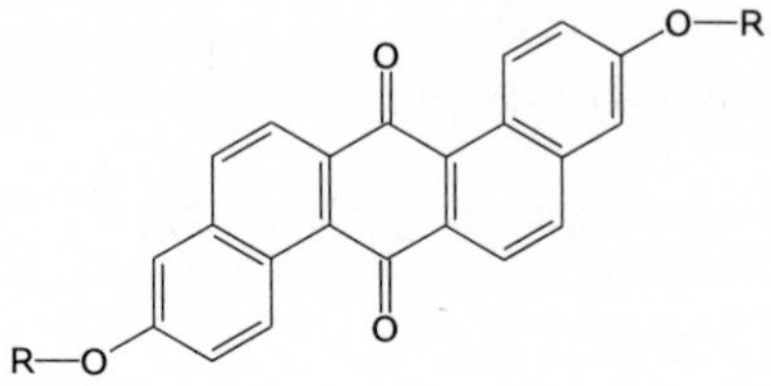   VII

3,10-Dihydroxy-dibenz[*a,h*]anthracen-7,14-dion $C_{22}H_{12}O_4$, Formel VII (R = H).

B. Aus der Diacetyl-Verbindung (s. u.) mit Hilfe von wss.-äthanol. NaOH (*Hornig*, Am. Soc. **74** [1952] 4572, 4577).

Rote Kristalle (aus Eg.); F: $375-385°$ [Zers.]. Absorptionsspektrum (A.; $220-420$ nm): *Ho.*, l. c. S. 4575.

3,10-Diacetoxy-dibenz[*a,h*]anthracen-7,14-dion $C_{26}H_{16}O_6$, Formel VII (R = CO-CH$_3$).

B. Aus 3,10-Diacetoxy-dibenz[*a,h*]anthracen mit Hilfe von CrO$_3$ (*Hornig*, Am. Soc. **74** [1952] 4572, 4577).

Orangefarbene Kristalle (aus Eg.); F: $296,5-298°$ [korr.].

5,12-Dimethoxy-dibenz[*a,h*]anthracen-7,14-dion $C_{24}H_{16}O_4$, Formel VIII (R = CH$_3$) (E III 3921).

λ_{max} (Acetonitril): 247 nm, 299 nm, 335 nm und 397 nm (*LaBudde, Heidelberger*, Am. Soc. **80** [1958] 1225, 1230).

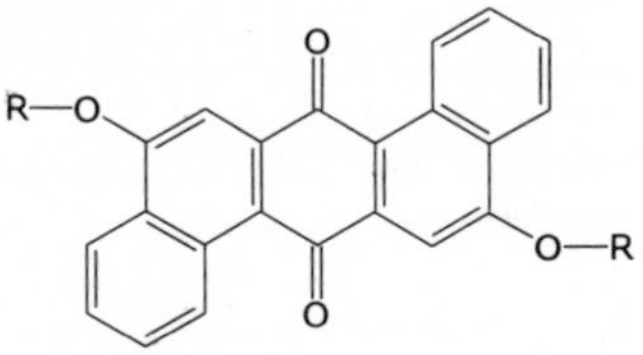

VIII 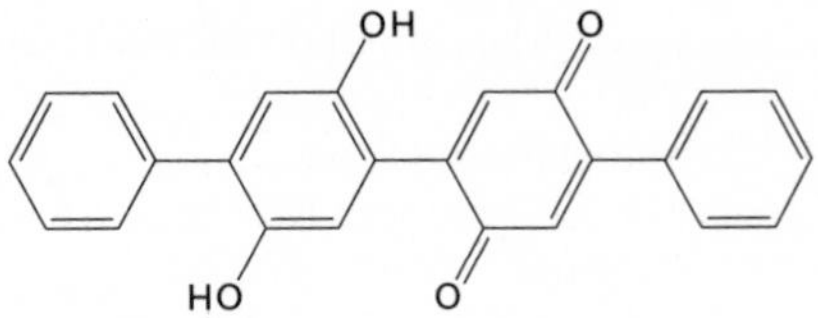   IX

5,12-Diacetoxy-dibenz[*a,h*]anthracen-7,14-dion $C_{26}H_{16}O_6$, Formel VIII (R = CO-CH$_3$) (E III 3921).

B. Aus 5,12-Diacetoxy-dibenz[*a,h*]anthracen mit Hilfe von CrO$_3$ (*LaBudde, Heidelberger*, Am. Soc. **80** [1958] 1225, 1232).

Hydroxy-oxo-Verbindungen $C_{24}H_{16}O_4$

2-[2,5-Dihydroxy-biphenyl-4-yl]-5-phenyl-[1,4]benzochinon, 2'',5''-Dihydroxy-[1,1';4',1'';4'',1''']quaterphenyl-2',5'-dion $C_{24}H_{16}O_4$, Formel IX.

B. Beim Behandeln von 2-Phenyl-[1,4]benzochinon mit AlCl$_3$ in CS$_2$ (*Posternak et al.*, Helv. **39** [1956] 1556, 1560).

Violette Kristalle (aus Nitrobenzol); F: $312-313°$ [korr.]. Unter vermindertem Druck sublimierbar.

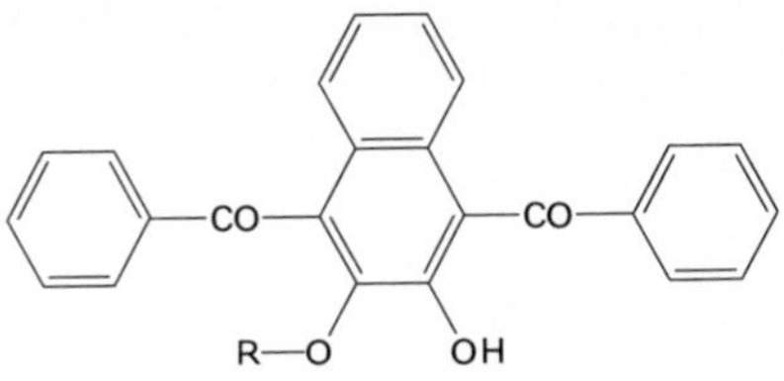

X

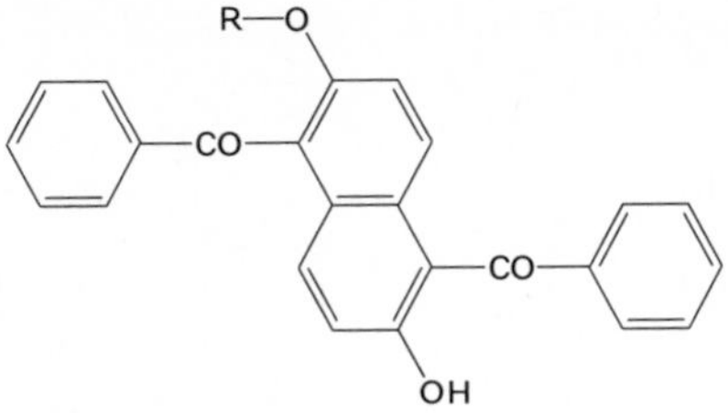

XI

1,4-Dibenzoyl-naphthalin-2,3-diol $C_{24}H_{16}O_4$, Formel X (R = H).

B. Aus 1,4-Dibenzoyl-2,3-bis-benzoyloxy-naphthalin (*Dischendorfer et al.*, M. **81** [1950] 725, 731).

Hellgelbe Kristalle (aus A.); F: 226° [korr.] (*Di. et al.*, l. c. S. 731).

Dimethyl-Derivat $C_{26}H_{20}O_4$; 1,4-Dibenzoyl-2,3-dimethoxy-naphthalin. Kristalle (aus A.); F: 214° [korr.] (*Di. et al.*, l. c. S. 732).

Diacetyl-Derivat $C_{28}H_{20}O_6$; 2,3-Diacetoxy-1,4-dibenzoyl-naphthalin. Kristalle (aus A. oder Eg.); F: 201° [korr.] (*Di. et al.*, l. c. S. 731).

Die folgenden Verbindungen sind in analoger Weise hergestellt worden:

1,4-Dibenzoyl-3-methoxy-[2]naphthol $C_{25}H_{18}O_4$, Formel X (R = CH$_3$). Kristalle (aus A.); F: 167° [korr.]; Kp$_1$: 180° (*Di. et al.*, l. c. S. 735). — Acetyl-Derivat $C_{27}H_{20}O_5$; 2-Acetoxy-1,4-dibenzoyl-3-methoxy-naphthalin. Kristalle (aus Eg.); F: 161° [korr.]; Kp$_1$: 230° (*Di. et al.*, l. c. S. 735).

1,5-Dibenzoyl-naphthalin-2,6-diol $C_{24}H_{16}O_4$, Formel XI (R = H) (E II 521; E III 3922). Gelbe Kristalle (aus Eg.); F: 275° [unter Rotfärbung] (*Dischendorfer, Hinterbauer*, M. **82** [1951] 1, 8). — Natrium-Salz. Rote Kristalle (*Di., Hi.*, l. c. S. 8). — Dimethyl-Derivat $C_{26}H_{20}O_4$; 1,5-Dibenzoyl-2,6-dimethoxy-naphthalin. Kristalle (aus Eg.); F: 259° (*Di., Hi.*, l. c. S. 9). — Dioxim $C_{24}H_{18}N_2O_4$; 1,5-Bis-[α-hydroxyimino-benzyl]-naphthalin-2,6-diol. Hellgelbe Kristalle; F: ca. 243° [rote Schmelze; nach Dunkelfärbung ab 208°] (*Di., Hi.*, l. c. S. 8).

1,5-Dibenzoyl-6-methoxy-[2]naphthol $C_{25}H_{18}O_4$, Formel XI (R = CH$_3$). Hellgelbe Kristalle (aus A.); F: 138° (*Di., Hi.*, l. c. S. 12). — Acetyl-Derivat $C_{27}H_{20}O_5$; 2-Acetoxy-1,5-dibenzoyl-6-methoxy-naphthalin. Kristalle (aus A.); F: 196,5° (*Di., Hi.*).

1,8-Bis-[4-methoxy-benzoyl]-naphthalin $C_{26}H_{20}O_4$, Formel XII (E III 3922).

B. Aus [8-(α-Hydroxy-4-methoxy-benzyl)-[1]naphthyl]-[4-methoxy-phenyl]-keton mit Hilfe von CrO$_3$ (*Lansbury, Letsinger*, Am. Soc. **81** [1959] 940).

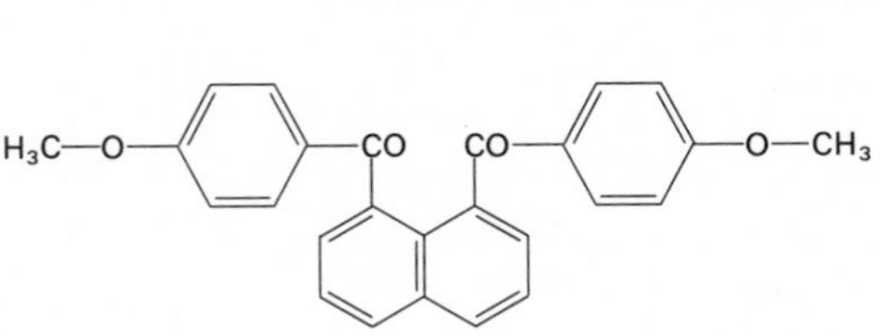

XII

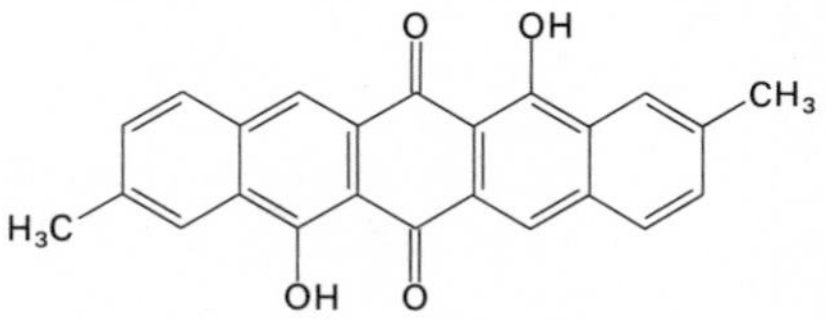

XIII

7,14-Dihydroxy-2,9-dimethyl-pentacen-6,13-dion $C_{24}H_{16}O_4$, Formel XIII, und **2,9-Dimethyl-5H,12H-pentacen-6,7,13,14-tetraon** $C_{24}H_{16}O_4$, Formel XIV.

B. Beim Erhitzen von 2,5-Bis-[2,5-dimethyl-benzoyl]-[1,4]benzochinon (*Buchta, Egger*, B. **90** [1957] 2760, 2762).

Hellbraune Kristalle (aus Xylol); F: 384—386° [unkorr.].

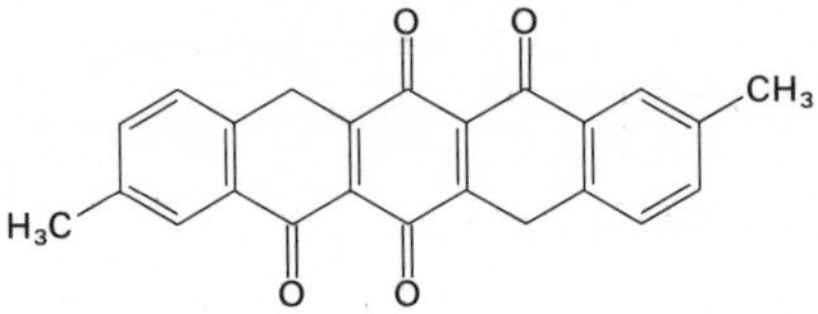

XIV

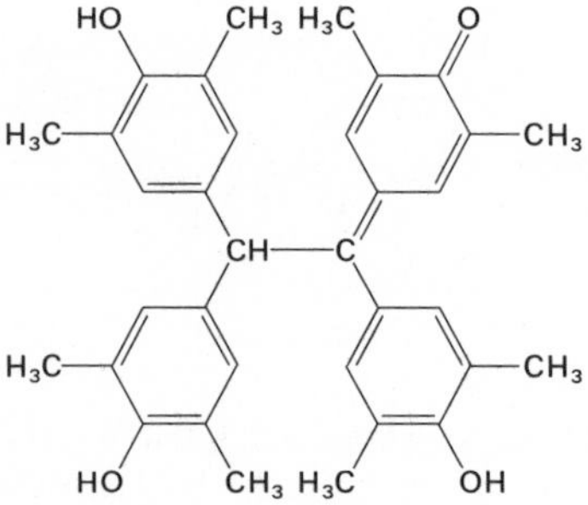

XV

Hydroxy-oxo-Verbindung $C_{34}H_{36}O_4$

2,6-Dimethyl-4-[1,2,2-tris-(4-hydroxy-3,5-dimethyl-phenyl)-äthyliden]-cyclohexa-2,5-dienon $C_{34}H_{36}O_4$, Formel XV.

B. Aus 1,1,2,2-Tetrakis-[4-hydroxy-3,5-dimethyl-phenyl]-äthan mit Hilfe von FeCl$_3$ (*Ziegler et al.*, M. **83** [1952] 1274, 1280).

Rote Kristalle (aus Py.); F: 319°. Rote Kristalle (aus Eg.) mit 1 Mol Essigsäure; F: 307° [Zers.; vorgeheiztes Bad].

Triacetyl-Derivat $C_{40}H_{42}O_7$; 2,6-Dimethyl-4-[1,1,2-tris-(4-acetoxy-3,5-dimeth‐ yl-phenyl)-äthyliden]-cyclohexa-2,5-dienon. Gelbe Kristalle (aus Dioxan+H$_2$O); F: 291,5°.

Hydroxy-oxo-Verbindungen $C_nH_{2n-34}O_4$

Hydroxy-oxo-Verbindungen $C_{22}H_{10}O_4$

3,9-Dihydroxy-dibenzo[*def,mno*]chrysen-6,12-dion $C_{22}H_{10}O_4$, Formel I (E III 3927).

B. Beim Erhitzen von Dibenzo[*def,mno*]chrysen-6,12-dion mit KOH, auch unter Zusatz von MnO$_2$ (*Bradley, Waller*, Soc. **1953** 3778, 3780).

Bei 425° unter vermindertem Druck sublimierbar. λ_{max} (H$_2$SO$_4$): 340 nm, 380 nm, 449 nm, 475 nm, 570 nm und 620 nm.

Dimethyl-Derivat $C_{24}H_{14}O_4$; 3,9-Dimethoxy-dibenzo[*def,mno*]chrysen-6,12-dion (E III 3927). λ_{max} (H$_2$SO$_4$): 340 nm, 380 nm, 451 nm, 475 nm, 570 nm und 620 nm.

Diacetyl-Derivat $C_{26}H_{14}O_6$; 3,9-Diacetoxy-dibenzo[*def,mno*]chrysen-6,12-dion. Orangerote Kristalle (aus Trichlorbenzol); die unterhalb 360° nicht schmelzen.

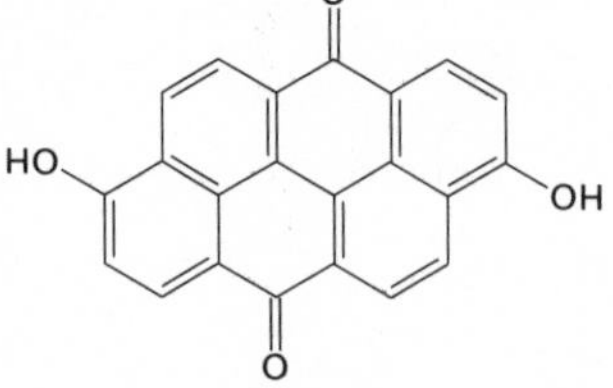

I

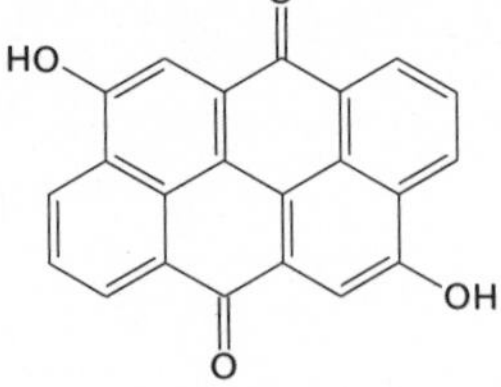

II

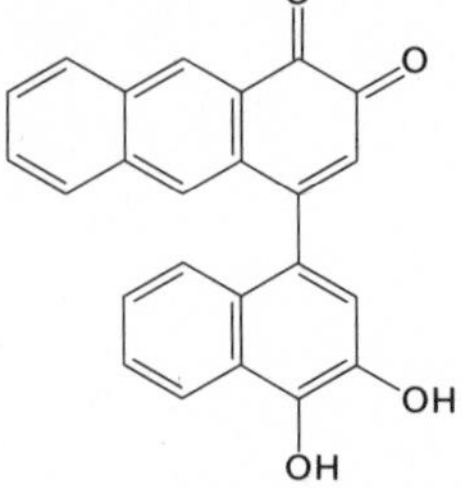

III

4,10-Dihydroxy-dibenzo[*def,mno*]chrysen-6,12-dion $C_{22}H_{10}O_4$, Formel II (E III 3927).

B. Beim Erhitzen von 4,10-Dibrom-dibenzo[*def,mno*]chrysen-6,12-dion mit KOH in Amylalkohol (*Bradley, Waller,* Soc. **1953** 3783, 3785).

Hydroxy-oxo-Verbindungen $C_{24}H_{14}O_4$

4-[3,4-Dihydroxy-[1]naphthyl]-anthracen-1,2-dion $C_{24}H_{14}O_4$, Formel III, und **2-Hydroxy-4-[3-hydroxy-4-oxo-1,4-dihydro-[1]naphthyliden]-4H-anthracen-1-on** $C_{24}H_{14}O_4$, Formel IV oder Stereoisomeres.

B. Aus Anthracen-1,2-dion und Naphthalin-1,2-diol (*Lukowczyk,* J. pr. [4] **8** [1959] 372, 377).

Schwarze Kristalle.

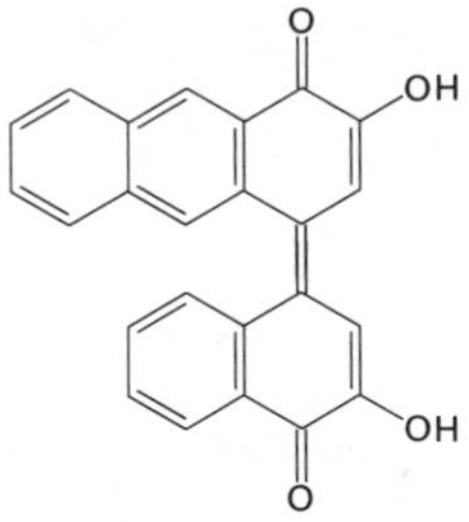

IV 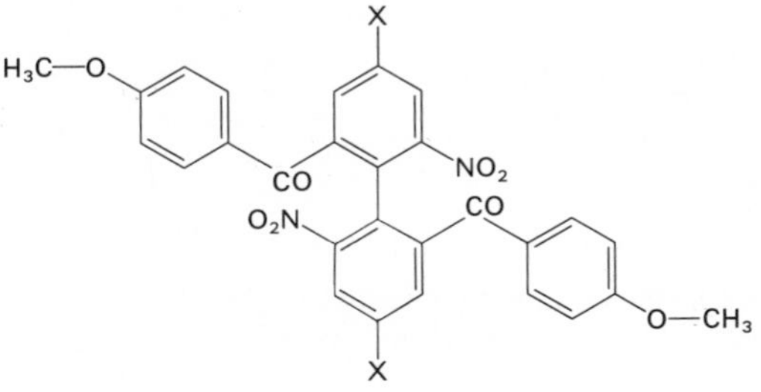   V

Hydroxy-oxo-Verbindungen $C_{26}H_{18}O_4$

(±?)-2,2'-Bis-[4-methoxy-benzoyl]-6,6'-dinitro-biphenyl $C_{28}H_{20}N_2O_8$, Formel V (X = H).

B. Aus (±?)-6,6'-Dinitro-diphenoylchlorid und Anisol mit Hilfe von AlCl$_3$ (*Moriconi et al.,* Am. Soc. **81** [1959] 5950, 5951).

Kristalle (aus Acn.); F: 230−233° [unkorr.]. λ_{max} (CHCl$_3$): 229 nm und 290 nm (*Mo. et al.,* l. c. S. 5952).

(±)-2,2'-Bis-[4-methoxy-benzoyl]-4,6,4',6'-tetranitro-biphenyl $C_{28}H_{18}N_4O_{12}$, Formel V (X = NO$_2$).

B. Aus 2-Chlor-4'-methoxy-3,5-dinitro-benzophenon mit Hilfe von Kupfer-Pulver (*Fairfull et al.,* Soc. **1952** 4700, 4706).

Kristalle (aus Eg.); F: 227−228°.

Hydroxy-oxo-Verbindungen $C_{27}H_{20}O_4$

Bis-[3-benzoyl-5-chlor-2-hydroxy-phenyl]-methan, 5,5''-Dichlor-2,2''-dihydroxy-3,3''-methandiyl-di-benzophenon $C_{27}H_{18}Cl_2O_4$, Formel VI.

B. Beim Erhitzen von Bis-[2-benzoyloxy-5-chlor-phenyl]-methan (aus Bis-[5-chlor-2-hydroxy-phenyl]-methan hergestellt) mit AlCl$_3$ (*Dow Chem. Co.,* U.S.P. 2787607 [1955]).

Hellgelbe Kristalle (aus Toluol); F: 165,5−166,1°.

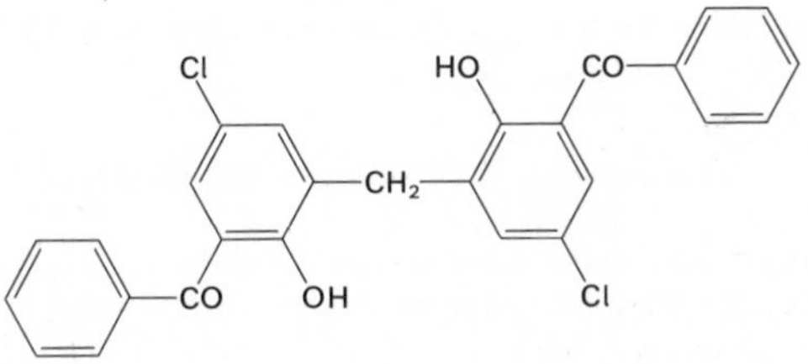

VI

Hydroxy-oxo-Verbindungen $C_{28}H_{22}O_4$

2,2′-Bis-[4-methoxy-3-methyl-benzoyl]-biphenyl $C_{30}H_{26}O_4$, Formel VII.

B. Aus Diphenoylchlorid und 2-Methyl-anisol mit Hilfe von $AlCl_3$ (*Nightingale et al.,* Am. Soc. **74** [1952] 2557, 2558).

Kristalle (aus A.); F: 147−148°.

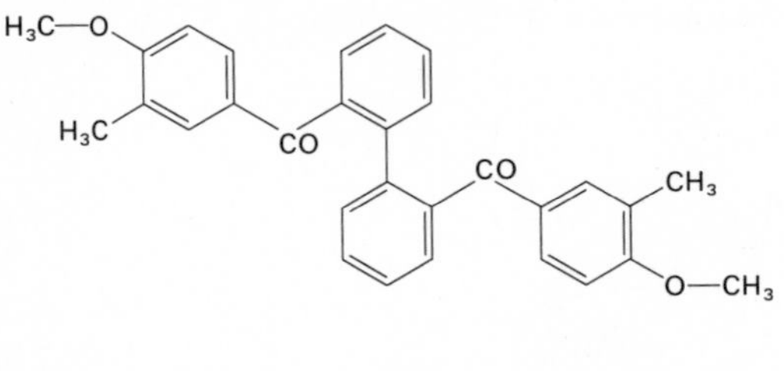

VII 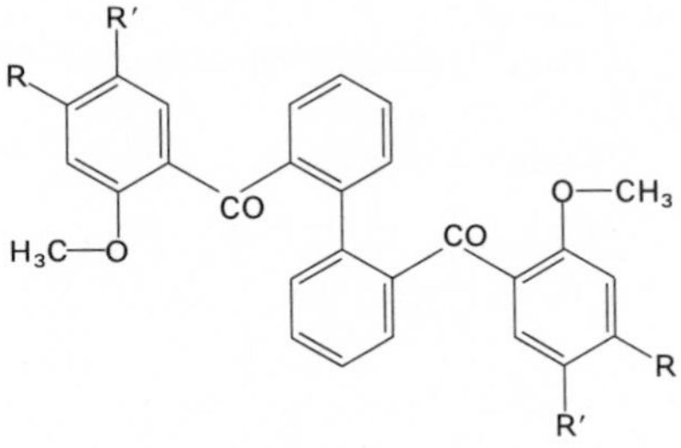   VIII

2,2′-Bis-[2-methoxy-5-methyl-benzoyl]-biphenyl $C_{30}H_{26}O_4$, Formel VIII (R = H, R′ = CH_3).

B. Analog der vorangehenden Verbindung (*Nightingale et al.,* Am. Soc. **74** [1952] 2557).

F: 166−167°.

2,2′-Bis-[2-methoxy-4-methyl-benzoyl]-biphenyl $C_{30}H_{26}O_4$, Formel VIII (R = CH_3, R′ = H).

B. Analog den vorangehenden Verbindungen (*Nightingale et al.,* Am. Soc. **74** [1952] 2557).

F: 147−148°(?).

Hydroxy-oxo-Verbindungen $C_{29}H_{24}O_4$

*Opt.-inakt. 1,5-Bis-[4-methoxy-phenyl]-2,4-diphenyl-pentan-1,5-dion $C_{31}H_{28}O_4$, Formel IX
(X = O-CH_3, X′ = H).

B. Beim Behandeln von 4-Methoxy-desoxybenzoin mit wss. Formaldehyd und wss.-methanol. KOH (*Mehr et al.,* Am. Soc. **77** [1955] 984, 985, 986).

Kristalle (aus Eg.); F: 148,5−149,5° [unkorr.].

Bis-[2,4-dinitro-phenylhydrazon] (F: 236−237°): *Mehr et al.*

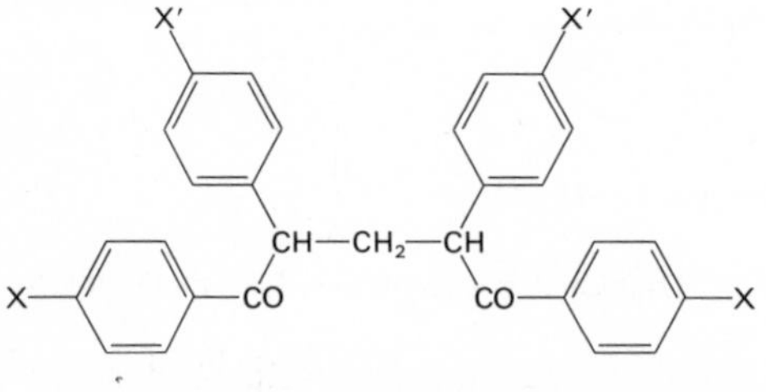

IX 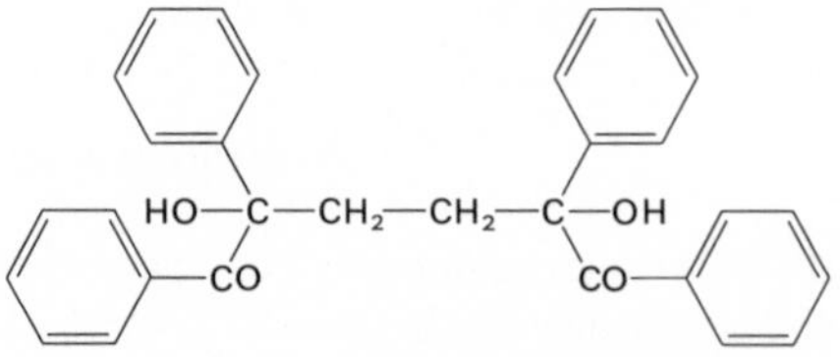   X

*Opt.-inakt. 2,4-Bis-[4-methoxy-phenyl]-1,5-diphenyl-pentan-1,5-dion $C_{31}H_{28}O_4$, Formel IX
(X = H, X′ = O-CH_3).

B. Analog der vorangehenden Verbindung (*Mehr et al.,* Am. Soc. **77** [1955] 984, 985, 988).

Kristalle (aus Eg.); F: 148−149° [unkorr.].

Hydroxy-oxo-Verbindungen $C_{30}H_{26}O_4$

*Opt.-inakt. 2,5-Dihydroxy-1,2,5,6-tetraphenyl-hexan-1,6-dion $C_{30}H_{26}O_4$, Formel X, und
*opt.-inakt. [5,6-Dihydroxy-2,5,6-triphenyl-tetrahydro-pyran-2-yl]-phenyl-keton $C_{30}H_{26}O_4$,
Formel XI.

B. Aus opt.-inakt. [5-Brom-6-hydroxy-2,5,6-triphenyl-tetrahydro-pyran-2-yl]-phenyl-keton

(S. 2685) mit Hilfe von AgNO$_3$ (*Fiesselmann, Meisel*, B. **89** [1956] 657, 666).
  Kristalle (aus Xylol); F: 219–220° [unkorr.].

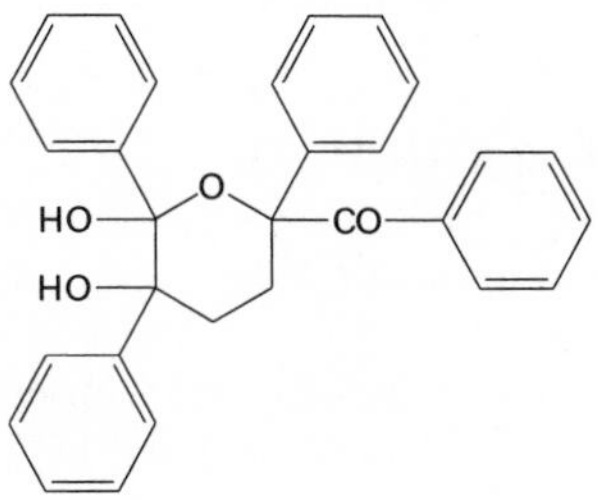

XI 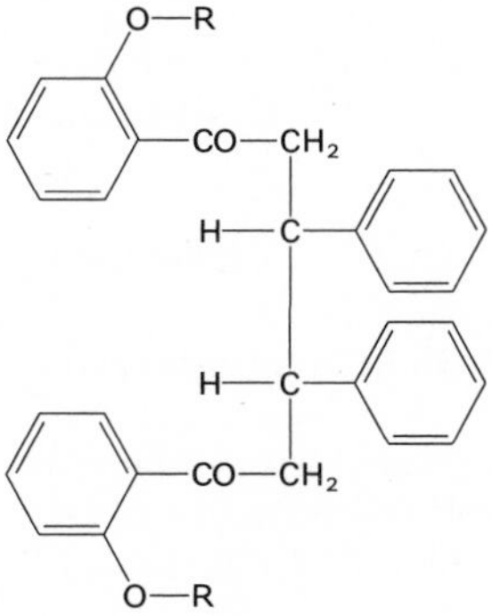   XII

1,6-Bis-[2-hydroxy-phenyl]-3,4-diphenyl-hexan-1,6-dion C$_{30}$H$_{26}$O$_4$.

  a) ***meso*-1,6-Bis-[2-hydroxy-phenyl]-3,4-diphenyl-hexan-1,6-dion,** Formel XII (R = H).
  B. Neben dem unter b) beschriebenen Diastereomeren beim Erwärmen von 2′-Hydroxy-*trans*-chalkon mit Zink-Pulver, Essigsäure und Äthanol (*Jack et al.*, Soc. **1954** 3684).
  Kristalle (aus CH$_2$Cl$_2$+Me.); F: 256–257° [korr.]. λ_{max} (A.): 254 nm und 328 nm.
  Diacetyl-Derivat C$_{34}$H$_{30}$O$_6$; *meso*-1,6-Bis-[2-acetoxy-phenyl]-3,4-diphenyl-hexan-1,6-dion. Kristalle (aus CHCl$_3$+Me.); F: 241–242° [korr.].

  b) ***racem.*-1,6-Bis-[2-hydroxy-phenyl]-3,4-diphenyl-hexan-1,6-dion,** Formel XIII (R = H) + Spiegelbild.
  B. s. unter a).
  Kristalle (aus CHCl$_3$+Me.); F: 126° [korr.] (*Jack et al.*, Soc. **1954** 3684). λ_{max} (A.): 254 nm und 328 nm.
  Diacetyl-Derivat C$_{34}$H$_{30}$O$_6$; *racem.*-1,6-Bis-[2-acetoxy-phenyl]-3,4-diphenyl-hexan-1,6-dion. Kristalle (aus A.); F: 144° [korr.].

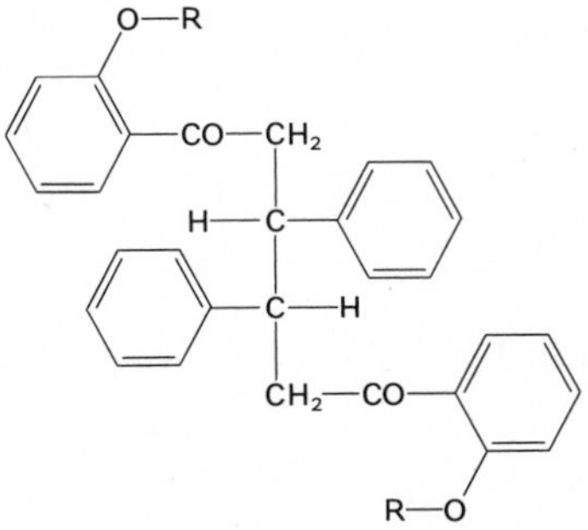

XIII 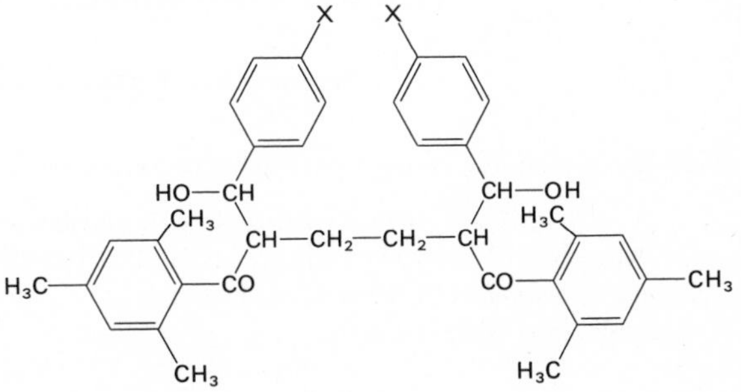   XIV

1,6-Bis-[2-methoxy-phenyl]-3,4-diphenyl-hexan-1,6-dion C$_{32}$H$_{30}$O$_4$.

  a) ***meso*-1,6-Bis-[2-methoxy-phenyl]-3,4-diphenyl-hexan-1,6-dion,** Formel XII (R = CH$_3$).
  B. Neben dem unter b) beschriebenen Diastereomeren beim Erwärmen von 2′-Methoxy-*trans*-chalkon mit Zink-Pulver, Essigsäure und Äthanol (*Jack et al.*, Soc. **1954** 3684). Aus *meso*-3,4-Diphenyl-adipoylchlorid und 2-Methoxy-phenylcadmium (*Jack et al.*).
  F: 197–198° [korr.; aus Me.].

Dioxim $C_{32}H_{32}N_2O_4$. Kristalle (aus Me. + Py.); F: 262° [korr.].

b) *racem.*-1,6-Bis-[2-methoxy-phenyl]-3,4-diphenyl-hexan-1,6-dion, Formel XIII
(R = CH₃) + Spiegelbild.
B. s. unter a).
Kristalle (aus Me.); F: 177–178° [korr.] (*Jack et al.*, Soc. **1954** 3684).
Dioxim $C_{32}H_{32}N_2O_4$. Kristalle (aus wss. Eg.); F: 228° [korr.].

Hydroxy-oxo-Verbindungen $C_{38}H_{42}O_4$

*Opt.-inakt. 2,5-Bis-[α-hydroxy-benzyl]-1,6-dimesityl-hexan-1,6-dion $C_{38}H_{42}O_4$, Formel XIV
(X = H).
B. Aus 1,6-Dimesityl-hexan-1,6-dion bei der aufeinanderfolgenden Umsetzung mit Äthyl⸗
magnesiumbromid und Benzaldehyd (*Fuson, Hill*, J. org. Chem. **19** [1954] 1575, 1576).
Kristalle (aus Ae. + PAe.); F: 116–117°.

*Opt.-inakt. 2,5-Bis-[4-chlor-α-hydroxy-benzyl]-1,6-dimesityl-hexan-1,6-dion $C_{38}H_{40}Cl_2O_4$,
Formel XIV (X = Cl).
B. Analog der vorangehenden Verbindung (*Fuson, Hill*, J. org. Chem. **19** [1954] 1575, 1577).
Kristalle (aus Ae. + PAe.); F: 146–147°.

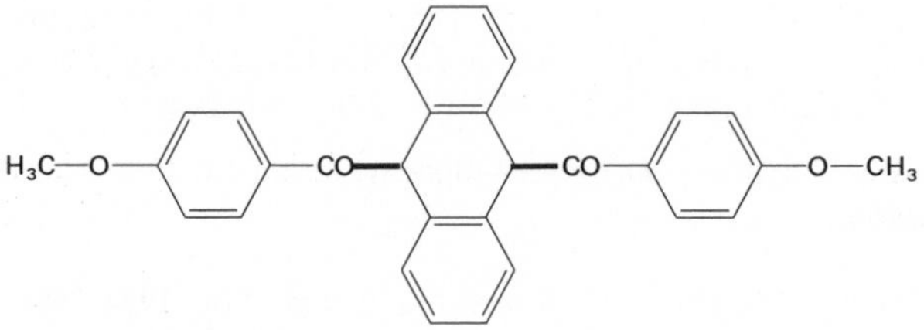

I

Hydroxy-oxo-Verbindungen $C_nH_{2n-36}O_4$

Hydroxy-oxo-Verbindungen $C_{28}H_{20}O_4$

9,10-Bis-[4-methoxy-benzoyl]-9,10-dihydro-anthracen $C_{30}H_{24}O_4$.
a) *cis*-9,10-Bis-[4-methoxy-benzoyl]-9,10-dihydro-anthracen, Formel I.
B. Aus *cis*-9,10-Dihydro-anthracen-9,10-dicarbonylchlorid und Anisol mit Hilfe von AlCl₃
(*Rigaudy, Farthouat*, Bl. **1954** 1261, 1263).
Kristalle (aus Bzl.); F: 230°.

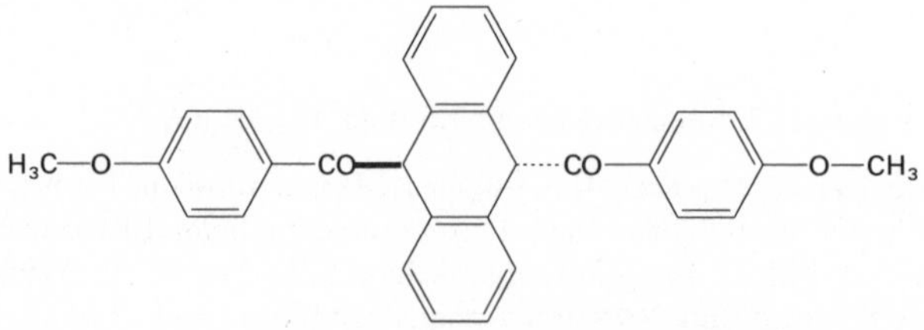

II

b) *trans*-9,10-Bis-[4-methoxy-benzoyl]-9,10-dihydro-anthracen, Formel II.

B. Analog dem unter a) beschriebenen Stereoisomeren (*Rigaudy, Farthouat*, Bl. **1954** 1261, 1263).

Kristalle (aus Bzl.); F: 246°.

Hydroxy-oxo-Verbindungen $C_{30}H_{24}O_4$

4-[4-Methoxy-phenacyl]-4′-phenylacetyl-desoxybenzoin $C_{31}H_{26}O_4$, Formel III.

B. Aus Phenylacetylchlorid und Anisol mit Hilfe von $AlCl_3$ (*Schmitt et al.*, Bl. **1955** 1055, 1058).

Kristalle (aus Dioxan); F: 247−248°.

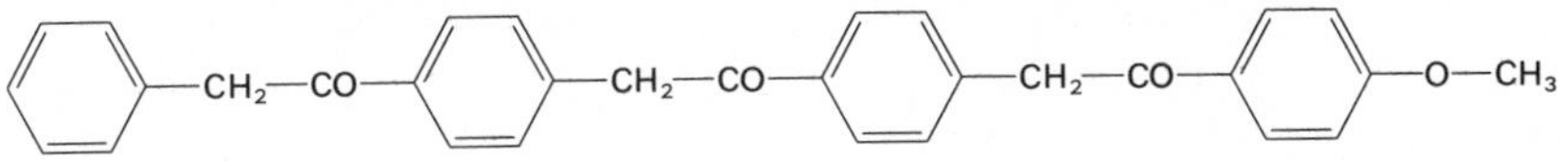

III

1*r*,3*t*-Dibenzoyl-2*c*,4*t*-bis-[3-hydroxy-phenyl]-cyclobutan $C_{30}H_{24}O_4$, Formel IV (R = H).

B. Aus diazotiertem 1*r*,3*t*-Bis-[3-amino-phenyl]-2*c*,4*t*-dibenzoyl-cyclobutan und H_2O (*Tănăsescu, Hodoşan*, Rev. Chim. Acad. roum. **1** [1956] Nr. 2, S. 39, 52).

Rosafarbene Kristalle (aus Bzl.); F: 199−200° [nach Sintern ab 192°].

1*r*,3*t*-Bis-[3-äthoxy-phenyl]-2*c*,4*t*-dibenzoyl-cyclobutan $C_{34}H_{32}O_4$, Formel IV (R = C_2H_5).

B. Analog der vorangehenden Verbindung (*Tănăsescu, Hodoşan*, Rev. Chim. Acad. roum. **1** [1956] Nr. 2, S. 39, 52).

Kristalle (aus A.); F: 155−156° [nach Sintern ab 149°].

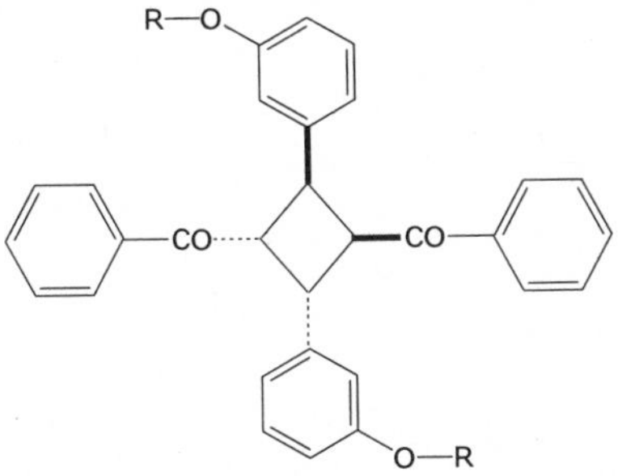

IV 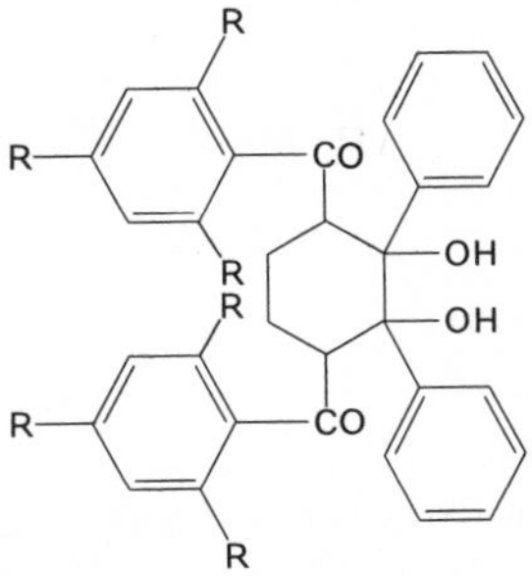   V

Hydroxy-oxo-Verbindungen $C_{32}H_{28}O_4$

*Opt.-inakt. 3,6-Dibenzoyl-1,2-diphenyl-cyclohexan-1,2-diol $C_{32}H_{28}O_4$, Formel V (R = H).

B. Aus 1,6-Diphenyl-hexan-1,6-dion bei der aufeinanderfolgenden Umsetzung mit *tert*-Butoxymagnesiumbromid und Benzil (*Guthrie, Rabjohn*, J. org. Chem. **22** [1957] 176, 179).

Kristalle (aus A.); F: 231−232° [unkorr.].

Hydroxy-oxo-Verbindung $C_{38}H_{40}O_4$

1,2-Diphenyl-3,6-bis-[2,4,6-trimethyl-benzoyl]-cyclohexan-1,2-diol $C_{38}H_{40}O_4$, Formel V (R = CH_3).

a) Opt.-inakt. Präparat vom F: 219°.

B. Neben dem unter b) beschriebenen Präparat aus 1,6-Dimesityl-hexan-1,6-dion bei der aufeinanderfolgenden Umsetzung mit Äthylmagnesiumbromid und Benzil (*Fuson, Hill,* J. org. Chem. **19** [1954] 1575, 1578).

Kristalle; F: 217—219°. IR-Banden (CHCl$_3$; 3500—650 cm^{-1}): *Fu., Hill.*

b) **Opt.-inakt. Präparat vom F: 213°.**
B. s. unter a).

Kristalle (aus A.+Bzl.); F: 211—213°; IR-Banden (CHCl$_3$; 3550—650 cm^{-1}): *Fu., Hill.*

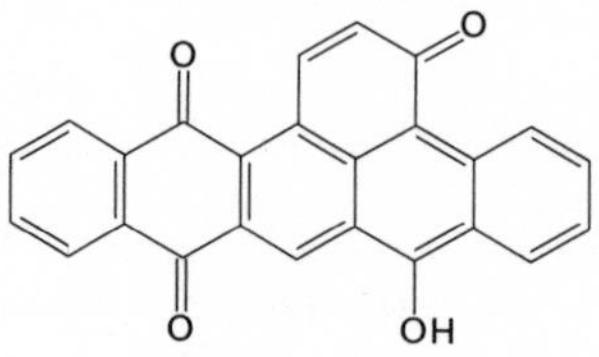

VI 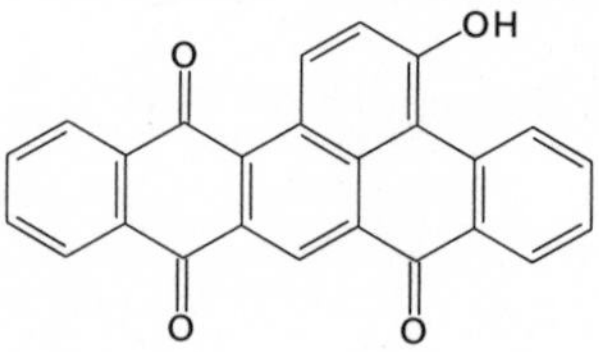   VII

Hydroxy-oxo-Verbindungen $C_nH_{2n-38}O_4$

8-Hydroxy-benzo[*fg*]pentacen-3,10,15-trion $C_{25}H_{12}O_4$, Formel VI, oder **3-Hydroxy-benzo[*fg*]pentacen-8,10,15-trion** $C_{25}H_{12}O_4$, Formel VII.

B. Neben anderen Verbindungen beim Erhitzen von Dibenzo[*fg,qr*]pentacen mit CrO$_3$ in Essigsäure (*Zinke et al.,* M. **82** [1951] 645, 649, 651).

Gelbe Kristalle (aus Xylol); F: 316—320° sowie rote Kristalle (aus Xylol); F: 303° [unkorr.].

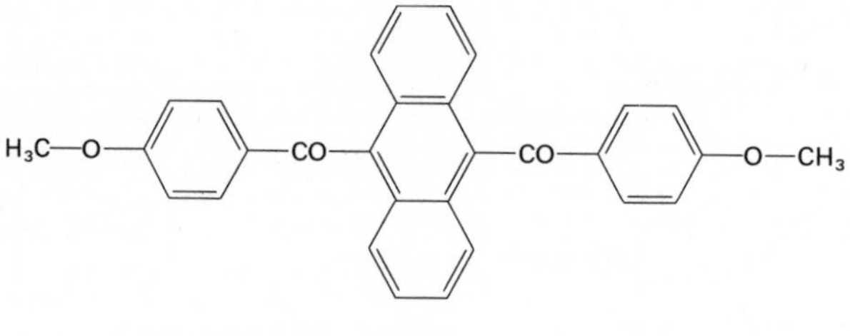

VIII

9,10-Bis-[4-methoxy-benzoyl]-anthracen $C_{30}H_{22}O_4$, Formel VIII.

B. Aus Anthracen-9,10-dicarbonylchlorid und Anisol mit Hilfe von AlCl$_3$ (*Rigaudy, Far* thouat, Bl. **1954** 1261, 1265).

Gelbliche Kristalle (aus Eg.); F: ca. 230—240° und (nach Wiedererstarren) F: 251—252°.

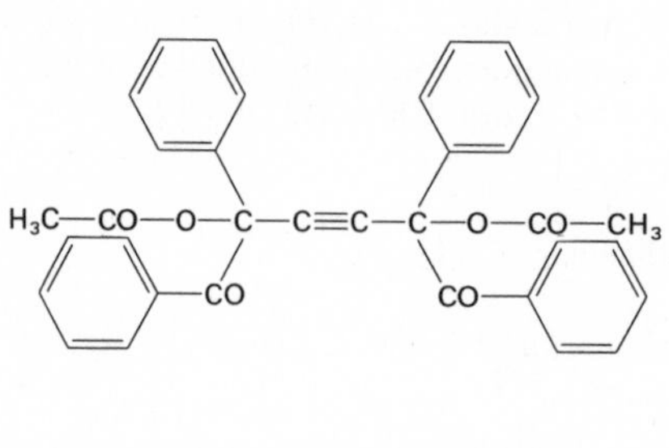

IX 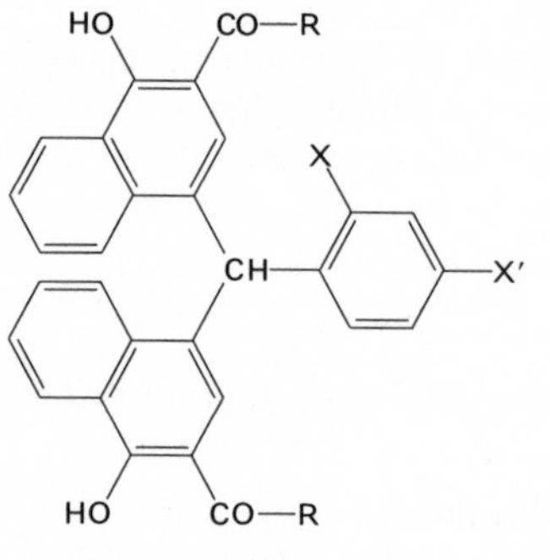   X

*Opt.-inakt. 2,5-Diacetoxy-1,2,5,6-tetraphenyl-hex-3-in-1,6-dion $C_{34}H_{26}O_6$, Formel IX.

B. Aus opt.-inakt. 2,5-Dihydroxy-1,2,5,6-tetraphenyl-hex-3-in-1,6-dion (E II 525) mit Hilfe von Acetanhydrid, Acetylchlorid oder Keten (*Fiesselmann, Lindner*, B. **89** [1956] 1799, 1802).

Kristalle (aus A. oder PAe.); F: 194° [unkorr.].

Bis-[3-acetyl-4-hydroxy-[1]naphthyl]-phenyl-methan $C_{31}H_{24}O_4$, Formel X (R = CH_3, X = X' = H).

B. Aus 1-[1-Hydroxy-[2]naphthyl]-äthanon und Benzaldehyd in Essigsäure unter Zusatz von H_2SO_4 (*Schönberg et al.*, J. org. Chem. **23** [1958] 2025).

Kristalle (aus PAe.); F: 268°.

Die folgenden Verbindungen sind in analoger Weise hergestellt worden:

Bis-[3-acetyl-4-hydroxy-[1]naphthyl]-[4-nitro-phenyl]-methan $C_{31}H_{23}NO_6$, For= mel X (R = CH_3, X = H, X' = NO_2). Kristalle (aus Toluol); F: 310°.

Bis-[4-hydroxy-3-propionyl-[1]naphthyl]-phenyl-methan $C_{33}H_{28}O_4$, Formel X (R = C_2H_5, X = X' = H). Kristalle (aus PAe.); F: 202°.

[2-Chlor-phenyl]-bis-[4-hydroxy-3-propionyl-[1]naphthyl]-methan $C_{33}H_{27}ClO_4$, Formel X (R = C_2H_5, X = Cl, X' = H). Kristalle (aus PAe.); F: 228°.

Bis-[3-butyryl-4-hydroxy-[1]naphthyl]-phenyl-methan $C_{35}H_{32}O_4$, Formel X (R = CH_2-C_2H_5, X = X' = H). Kristalle (aus PAe.); F: 122°.

Hydroxy-oxo-Verbindungen $C_nH_{2n-40}O_4$

*1,1'-Dimethoxy-[9,9']bianthryliden-10,10'-dion $C_{30}H_{20}O_4$, Formel XI (X = O-CH_3, X' = H) oder Stereoisomeres.

B. Aus 1,1'-Dimethoxy-[9,9']bianthryl-10,10'-diol mit Hilfe von [1,4]Benzochinon (*Bergmann, Loewenthal*, Bl. **1952** 66, 71).

Gelbe Kristalle (aus Xylol); F: 343–345° [Zers.] (*Be., Lo.*). Absorptionsspektrum (Toluol + A.; 450–800 nm) nach Bestrahlen mit Elektronen sowie mit Licht (λ: 365 nm) bei 203 K: *Hirshberg*, J. chem. Physics **27** [1957] 758, 760; s. a. *Hirshberg, Fischer*, Soc. **1953** 629, 631. Luminescenzspektrum (A. + Toluol + Ae.; 400–650 nm) der farblosen und der farbigen Modifi= kation: *Hi., Fi.*, l. c. S. 632; s. a. *Hirshberg et al.*, Bl. **1951** 88. Kinetik der Umwandlung der farbigen in die farblose Modifikation bei 190–200 K: *Hi., Fi.*, l. c. S. 631.

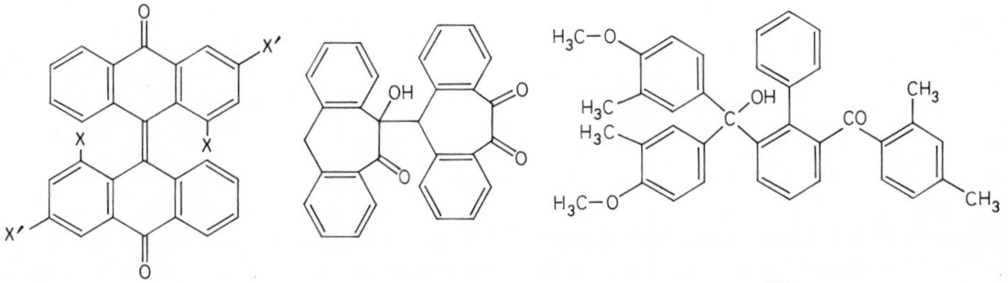

XI   XII   XIII

*3,3'-Dimethoxy-[9,9']bianthryliden-10,10'-dion $C_{30}H_{20}O_4$, Formel XI (X = H, X' = O-CH_3) oder Stereoisomeres (E III 3951).

B. Aus 3,3'-Dimethoxy-[9,9']bianthryl-10,10'-diol mit Hilfe von [1,4]Benzochinon (*Bergmann, Loewenthal*, Bl. **1952** 66, 72).

Gelbe Kristalle (aus Xylol); F: 260° [Zers.] (*Be., Lo.*). Absorptionsspektrum (450–800 nm) bei 298 K und 418 K sowie nach Bestrahlen mit Licht (λ: <450 nm) bei niedriger Temperatur: *Hirshberg, Fischer*, Soc. **1953** 629, 630. Luminescenzspektrum (A. + Toluol + Ae.; 400–650 nm) der farblosen und der farbigen Modifikation: *Hi., Fi.,* l. c. S. 632. Kinetik der Umwandlung der farbigen in die farblose Modifikation bei 200 – 220 K: *Hi., Fi.,* l. c. S. 631. Enthalpiedifferenz zwischen der farblosen und der farbigen Modifikation: *Hi., Fi.,* l. c. S. 632.

(±)-10′-Hydroxy-5′,10′-dihydro-5H-[5,10′]bi[dibenzo[a,d]cycloheptenyl]-10,11,11′-trion
$C_{30}H_{20}O_4$, Formel XII.

B. Aus 5*H*-Dibenzo[*a,d*]cyclohepten-10,11-dion in Gegenwart von Diäthylamin oder anderen organischen Basen (*Rigaudy, Nédélec,* Bl. **1959** 643, 646).

Kristalle; F: 285° [Zers.] (*Ri., Né.,* l. c. S. 646). UV-Spektrum (Ae.; 230 – 370 nm): *Ri., Né.,* l. c. S. 644.

3-[α-Hydroxy-4,4′-dimethoxy-3,3′-dimethyl-benzhydryl]-2′,4′-dimethyl-2-phenyl-benzophenon
$C_{38}H_{36}O_4$, Formel XIII.

B. Beim Behandeln von [9,9-Bis-(4-methoxy-3-methyl-phenyl)-fluoren-4-yl]-[2,4-dimethyl-phenyl]-keton mit H_2SO_4 (*Nightingale et al.,* Am. Soc. **74** [1952] 2557).

F: 164 – 165°.

Hydroxy-oxo-Verbindungen $C_nH_{2n-42}O_4$

1,6-Dihydroxy-dibenzo[a,o]perylen-7,16-dion $C_{28}H_{14}O_4$, Formel I (R = R′ = R″ = H) und Taut. (E I 731; E III 3954).

Absorptionsspektrum (Py.; 300 – 600 nm): *Brockmann, Dorlars,* B. **85** [1952] 1168, 1175. λ_{max}: 545 nm und 601 nm [alkal. Me.], 560 nm und 605 nm [H_2SO_4] bzw. 571 nm und 621 nm [Piperidin] (*Brockmann et al.,* B. **83** [1950] 467, 476). Löslichkeit in $CHCl_3$ bei 20°: 0,075 g·l^{-1} (*Br., Do.,* l. c. S. 1176).

3,4-Dihydroxy-dibenzo[a,o]perylen-7,16-dion $C_{28}H_{14}O_4$, Formel II (R = H) (E II 526).

B. Beim Erhitzen von 3,4-Dimethoxy-dibenzo[*a,o*]perylen-7,16-dion mit Pyridin-hydrochlorid (*Brockmann et al.,* B. **84** [1951] 865, 886).

λ_{max} (H_2SO_4): 527 nm, 569 nm und 611 nm.

I   II

3,4-Dimethoxy-dibenzo[a,o]perylen-7,16-dion $C_{30}H_{18}O_4$, Formel II (R = CH_3) (E II 526).

B. Beim Erwärmen von 2,2′-Dimethoxy-[1,1′]bianthryl-9,10,9′,10′-tetraon mit Kupfer-Pulver und H_2SO_4 (*Brockmann et al.,* B. **84** [1951] 865, 885).

Orangefarbene Kristalle (aus $CHCl_3$ + Me.); F: 288°. λ_{max} (H_2SO_4): 537 nm und 573 nm.

1,6-Dihydroxy-2,5-dimethyl-dibenzo[a,o]perylen-7,16-dion $C_{30}H_{18}O_4$, Formel I (R = R″ = H, R′ = CH_3) und Taut. (E III 3955).

B. Beim Erhitzen von 1,6-Dimethoxy-2,5-dimethyl-dibenzo[*a,o*]perylen-7,16-dion mit Pyridin-hydrochlorid (*Brockmann, Dorlars,* B. **85** [1952] 1168, 1179). Beim Erwärmen von 4,4′-Dihydr=oxy-3,3′-dimethyl-[1,1′]bianthryl-9,10,9′,10′-tetraon mit Kupfer-Pulver und H_2SO_4 (*Br., Do.,* l. c. S. 1179).

Absorptionsspektrum (Py.; 300—600 nm): *Br., Do.*, l. c. S. 1175. Löslichkeit in $CHCl_3$ bei 20°: 1 g·l^{-1} (*Br., Do.*, l. c. S. 1176).

1,6-Dimethoxy-2,5-dimethyl-dibenzo[*a,o*]perylen-7,16-dion $C_{32}H_{22}O_4$, Formel I (R = R' = CH$_3$, R'' = H).

B. Beim Erwärmen von 4,4'-Dimethoxy-3,3'-dimethyl-[1,1']bianthryl-9,10,9',10'-tetraon mit Kupfer-Pulver und H_2SO_4 (*Brockmann, Dorlars*, B. **85** [1952] 1168, 1179).

Gelbe Kristalle (aus CHCl$_3$ + Me.); F: 398—400° [korr.] (*Br., Do.*, l. c. S. 1179). Löslichkeit in CHCl$_3$ bei 20°: 4 g·l^{-1} (*Br., Do.*, l. c. S. 1176).

1,6-Dihydroxy-3,4-dimethyl-dibenzo[*a,o*]perylen-7,16-dion $C_{30}H_{18}O_4$, Formel I (R = R' = H, R'' = CH$_3$) und Taut.

B. Analog 1,6-Dihydroxy-2,5-dimethyl-dibenzo[*a,o*]perylen-7,16-dion [s. o.] (*Brockmann, Dorlars*, B. **85** [1952] 1168, 1178; s. a. *Šulc, Koštíř*, Chem. Listy **49** [1955] 219; C. A. **1956** 1719).

Rote, grünglänzende Kristalle (aus Nitrobenzol); F: 303° (*Šulc, Ko.*). Absorptionsspektrum (Py.; 300—600 nm): *Br., Do.*, l. c. S. 1175. Löslichkeit in CHCl$_3$ in 20°: 28,9 g·l^{-1} (*Br., Do.*, l. c. S. 1176).

Geschwindigkeitskonstante der Bildung von 1,6-Dihydroxy-3,4-dimethyl-phenanthro⸗ [1,10,9,8-*opqra*]perylen-7,14-dion bei der Photodehydrogenierung: *Stárka et al.*, Collect. **23** [1958] 206, 214.

1,6-Dimethoxy-3,4-dimethyl-dibenzo[*a,o*]perylen-7,16-dion $C_{32}H_{22}O_4$, Formel I (R = R'' = CH$_3$, R' = H).

B. Beim Erwärmen von 4,4'-Dimethoxy-2,2-dimethyl-[1,1']bianthryl-9,10,9',10'-tetraon mit Kupfer-Pulver und H_2SO_4 (*Brockmann, Dorlars*, B. **85** [1952] 1168, 1177).

Rote, grünglänzende Kristalle (aus CHCl$_3$ + Me.); F: 360° [korr.] (*Br., Do.*, l. c. S. 1177). Löslichkeit in CHCl$_3$ bei 20°: 180 g·l^{-1} (*Br., Do.*, l. c. S. 1176).

4-[4-Methoxy-benzoyl]-9,9-bis-[4-methoxy-phenyl]-fluoren, [9,9-Bis-(4-methoxy-phenyl)-fluoren-4-yl]-[4-methoxy-phenyl]-keton $C_{35}H_{28}O_4$, Formel III (R = H).

B. Aus Diphenoylchlorid und Anisol mit Hilfe von AlCl$_3$ (*Nightingale et al.*, Am. Soc. **74** [1952] 2557).

F: 177,5—178°.

III

4-[4-Methoxy-3-methyl-benzoyl]-9,9-bis-[4-methoxy-3-methyl-phenyl]-fluoren, [9,9-Bis-(4-methoxy-3-methyl-phenyl)-fluoren-4-yl]-[4-methoxy-3-methyl-phenyl]-keton $C_{38}H_{34}O_4$, Formel III (R = CH$_3$).

B. Analog der vorangehenden Verbindung sowie aus 4-[4-Methoxy-3-methyl-benzoyl]-fluo⸗ ren-9-on und 2-Methyl-anisol mit Hilfe von AlCl$_3$ (*Nightingale et al.*, Am. Soc. **74** [1952] 2557).

Kristalle (aus A.); F: 193—194°.

Hydroxy-oxo-Verbindungen $C_nH_{2n-44}O_4$

1,6-Dihydroxy-phenanthro[1,10,9,8-*opqra*]perylen-7,14-dion $C_{28}H_{12}O_4$, Formel IV
(R = R' = R'' = H) und Taut. (E III 3957).

Absorptionsspektrum (H_2SO_4; 250−610 nm): *Brockmann, Dorlars*, B. **85** [1952] 1168, 1174.
λ_{max}: 477 nm und 508 nm [Py.] sowie 489 nm und 522 nm [Phenol] (*Br., Do.*, l. c. S. 1173),
544 nm und 583 nm [Piperidin + H_2O] (*Brockmann et al.*, B. **84** [1951] 865, 876) bzw. 575 nm
[alkal. Me.] (*Brockmann et al.*, B. **83** [1950] 467, 476).

3,4-Dihydroxy-phenanthro[1,10,9,8-*opqra*]perylen-7,14-dion $C_{28}H_{12}O_4$, Formel V (R = H)
(E II 528).

λ_{max} (H_2SO_4): 528 nm und 568 nm (*Brockmann et al.*, B. **84** [1951] 865, 876).

IV   V   VI

3,4-Diacetoxy-phenanthro[1,10,9,8-*opqra*]perylen-7,14-dion $C_{32}H_{16}O_6$, Formel V
(R = CO-CH$_3$) (E II 528).

λ_{max} (H_2SO_4): 526 nm und 567 nm (*Brockmann*, B. **84** [1951] 865, 886).

1,6-Dihydroxy-2,5-dimethyl-phenanthro[1,10,9,8-*opqra*]perylen-7,14-dion $C_{30}H_{16}O_4$, Formel IV
(R = R'' = H, R' = CH$_3$) und Taut.

B. Beim Erwärmen der Diacetyl-Verbindung (s. u.) mit H_2SO_4 (*Brockmann, Dorlars*, B. **85**
[1952] 1168, 1179).

Rote Kristalle (nach Sublimation unter vermindertem Druck bei 300°). Absorptionsspektrum
(H_2SO_4; 250−620 nm): *Br., Do.*, l. c. S. 1174. λ_{max}: 489 nm und 517 nm [Py.] bzw. 499 nm
und 534 nm [Phenol] (*Br., Do.*, l. c. S. 1173).

1,6-Dimethoxy-2,5-dimethyl-phenanthro[1,10,9,8-*opqra*]perylen-7,14-dion $C_{32}H_{20}O_4$,
Formel IV (R = R' = CH$_3$, R'' = H).

B. Aus 1,6-Dimethoxy-2,5-dimethyl-dibenzo[*a,o*]perylen-7,16-dion in H_2SO_4 bei der Einwir=
kung von Licht (*Brockmann, Dorlars*, B. **85** [1952] 1168, 1179).

Orangerote Kristalle [nach Sublimation unter vermindertem Druck] (*Br., Do.*, l. c. S. 1179).
Löslichkeit in CHCl$_3$ bei 20°: 3 g·l^{-1} (*Br., Do.*, l. c. S. 1176).

1,6-Diacetoxy-2,5-dimethyl-phenanthro[1,10,9,8-*opqra*]perylen-7,14-dion $C_{34}H_{20}O_6$, Formel IV
(R = CO-CH$_3$, R' = CH$_3$, R'' = H) (E III 3958).

B. Aus 1,6-Diacetoxy-2,5-dimethyl-dibenzo[*a,o*]perylen-7,16-dion bei der Einwirkung von
Licht (*Brockmann, Dorlars*, B. **85** [1952] 1168, 1179).

1,6-Dihydroxy-3,4-dimethyl-phenanthro[1,10,9,8-*opqra*]perylen-7,14-dion $C_{30}H_{16}O_4$, Formel IV
(R = R' = H, R'' = CH$_3$).

B. Aus 1,6-Dihydroxy-3,4-dimethyl-dibenzo[*a,o*]perylen-7,16-dion bei der Einwirkung von
Licht auf eine Lösung in H_2SO_4 (*Brockmann, Dorlars*, B. **85** [1952] 1168, 1178) oder beim
Erhitzen mit AlCl$_3$ (*Šulc, Koštíř*, Chem. Listy **49** [1955] 219; C. A. **1956** 1719).

Rote Kristalle [nach Sublimation bei 340°/0,001 Torr] (*Br., Do.*, l. c. S. 1178). F: 425° [Zers.;
aus Nitrobenzol] (*Šulc, Ko.*). Absorptionsspektrum (H_2SO_4; 250−640 nm): *Br., Do.*, l. c.

S. 1174. λ_{max}: 489 nm und 522 nm [Py.] sowie 501 nm und 536 nm [Phenol] (*Br., Do.*, l. c.
S. 1173) bzw. 604 nm [Piperidin + H_2O] (*Brockmann et al.*, B. **84** [1951] 865, 876).

1,6-Dimethoxy-3,4-dimethyl-phenanthro[1,10,9,8-*opqra*]perylen-7,14-dion $C_{32}H_{20}O_4$,
Formel IV (R = R″ = CH_3, R′ = H).
B. Aus 1,6-Dimethoxy-3,4-dimethyl-dibenzo[*a,o*]perylen-7,16-dion in H_2SO_4 bei der Einwir⸗
kung von Licht (*Brockmann, Dorlars*, B. **85** [1952] 1168, 1178).
Gelbe Kristalle (nach Sublimation unter vermindertem Druck), die unterhalb 400° nicht
schmelzen. Löslichkeit in $CHCl_3$ bei 20°: 50 g·l^{-1} (*Br., Do.*, l. c. S. 1176).

1,6-Diacetoxy-3,4-dimethyl-phenanthro[1,10,9,8-*opqra*]perylen-7,14-dion $C_{34}H_{20}O_6$, Formel IV
(R = CO-CH_3, R′ = H, R″ = CH_3).
B. Aus 1,6-Diacetoxy-3,4-dimethyl-dibenzo[*a,o*]perylen-7,16-dion (aus 1,6-Dihydroxy-3,4-di⸗
methyl-dibenzo[*a,o*]perylen-7,16-dion hergestellt) bei der Einwirkung von Licht (*Brockmann,
Dorlars*, B. **85** [1952] 1168, 1178).
Gelbe Kristalle.

---

*Opt.-inakt. 3,5-Dibenzoyl-1,2,4-triphenyl-cyclopentan-1,2-diol $C_{37}H_{30}O_4$, Formel VI.
B. Aus opt.-inakt. 3,5-Dibenzoyl-1,2-epoxy-1,2,4-triphenyl-cyclopentan (E III/IV **17** 6664) mit
Hilfe von wss. H_2SO_4 (*Tilitschenko*, Chimija chim. Technol. (NDVŠ) **1959** 318, 320; C. A.
1960 408).
Kristalle (aus A. + Bzl.); F: 168—171°.

Hydroxy-oxo-Verbindungen $C_nH_{2n-46}O_4$

2,2′-Bis-[2,4,6-trimethyl-benzoyl]-[1,1′]binaphthyl-4,4′-diol (?) $C_{40}H_{34}O_4$, vermutlich
Formel VII.
B. In kleiner Menge beim Erhitzen von 2,4,6-Trimethyl-benzoesäure-[1]naphthylester mit
$AlCl_3$ (*Fuson, Shealy*, J. org. Chem. **16** [1951] 643, 644).
Gelbe Kristalle (aus Eg.); F: 211,5—212,5°.

VII   VIII

Hydroxy-oxo-Verbindungen $C_nH_{2n-50}O_4$

(±)-3,6,12-Trimethoxy-4b,10-diphenyl-4b*H*-indeno[1,2,3-*fg*]naphthacen-9-on $C_{39}H_{28}O_4$,
Formel VIII.
B. Beim Erhitzen von (±)-12-Hydroxy-2,8-dimethoxy-11-[4-methoxy-phenyl]-6,12-diphenyl-
12*H*-naphthacen-5-on oder (±)-2,8-Dimethoxy-5-[4-methoxy-phenoxy]-11-[4-methoxy-phenyl]-
6,12-diphenyl-5,12-dihydro-5,12-epoxido-naphthacen mit Essigsäure und H_2SO_4 (*Perronnet*, A.
ch. [13] **4** [1959] 365, 407).
Gelbe Kristalle (aus Bzl.) mit 1 Mol Benzol; F: 186—188° [unter Abgabe des Lösungsmittels];
die lösungsmittelfreie Verbindung schmilzt bei 274—275° (*Pe.*, l. c. S. 408). Absorptions⸗
spektrum (A.; 230—460 nm): *Pe.*, l. c. S. 396.

Hydroxy-oxo-Verbindungen $C_nH_{2n-52}O_4$

3,12-Dihydroxy-anthra[9,1,2-*cde*]benzo[*rst*]pentaphen-5,10-dion $C_{34}H_{16}O_4$, Formel IX
(R = H).

B. Neben 9-Hydroxy-benz[*de*]anthracen-7-on beim Erhitzen von 3-Brom-9-hydroxy-benz[*de*]⸗
anthracen-7-on mit $N_2H_4 \cdot H_2O$, wss.-methanol. KOH und Palladium/$CaCO_3$ (*Pandit et al.*,
Pr. Indian Acad. [A] **35** [1952] 159, 162).

Blaue Kristalle (aus Nitrobenzol).

3,12-Dimethoxy-anthra[9,1,2-*cde*]benzo[*rst*]pentaphen-5,10-dion $C_{36}H_{20}O_4$, Formel IX
(R = CH_3) (E III 3966).

B. Analog der vorangehenden Verbindung (*Pandit et al.*, Pr. Indian Acad. [A] **35** [1952]
159, 162).

Bläulichviolette Kristalle (*Pan. et al.*). Absorptionsspektrum (2-Chlor-phenol; 300 − 780 nm):
Padhye et al., Pr. Indian Acad. [A] **38** [1953] 307, 311.

IX   X

16,17-Dihydroxy-anthra[9,1,2-*cde*]benzo[*rst*]pentaphen-5,10-dion $C_{34}H_{16}O_4$, Formel X
(R = R′ = H) (E II 530; E III 3968).

Absorptionsspektrum (2-Chlor-phenol; 300 − 780 nm): *Padhye et al.*, Pr. Indian Acad. [A]
38 [1953] 307, 311.

16-Hydroxy-17-methoxy-anthra[9,1,2-*cde*]benzo[*rst*]pentaphen-5,10-dion $C_{35}H_{18}O_4$, Formel X
(R = H, R′ = CH_3) (E II 531).

IR-Spektrum (2000 − 600 cm^{-1}): *Durie, Shannon, Austral.* J. Chem. **11** [1958] 168, 182. Ab⸗
sorptionsspektrum (H_2SO_4 sowie Chlorbenzol; 300 − 900 nm): *Du., Sh.,* l. c. S. 170, 176. λ_{max}
(Dioxan): 333 nm, 385 nm, 558 nm und 599 nm (*Du., Sh.,* l. c. S. 171).

Natrium-Salz $NaC_{35}H_{17}O_4$. Grün (*Du., Sh.,* l. c. S. 187).

16,17-Dimethoxy-anthra[9,1,2-*cde*]benzo[*rst*]pentaphen-5,10-dion $C_{36}H_{20}O_4$, Formel X
(R = R′ = CH_3) (E II 531; E III 3968).

IR-Spektrum (2000 − 650 cm^{-1}): *Durie et al.*, Austral. J. Chem. **10** [1957] 429, 430. Absorp⸗
tionsspektrum (H_2SO_4 sowie Chlorbenzol bzw. 2-Chlor-phenol; 300 − 900 nm): *Durie, Shannon,*
Austral. J. Chem. **11** [1958] 168, 170, 176; *Padhye et al.*, Pr. Indian Acad. [A] **38** [1953] 307,
311. λ_{max}: 255 nm, 296 nm, 350 nm, 416 nm und ca. 610 nm [A.] (*Moran, Stonehill*, Soc. **1957**
765, 769); 262 nm, 328 nm, 394 nm und 634 nm [Dioxan] (*Du., Sh.,* l. c. S. 171). Redoxpotential
(Py.): *Gupta*, Soc. **1952** 3479, 3480; *Marshall, Peters*, J. Soc. Dyers Col. **68** [1952] 289, 292.
Polarographisches Halbstufenpotential (DMF): *Given et al.*, Soc. **1958** 2674, 2676.

16-Äthoxy-17-hydroxy-anthra[9,1,2-*cde*]benzo[*rst*]pentaphen-5,10-dion $C_{36}H_{20}O_4$, Formel X
(R = C_2H_5, R′ = H).

B. Beim Erwärmen von 16,17-Diäthoxy-anthra[9,1,2-*cde*]benzo[*rst*]pentaphen-5,10-dion mit

H_2SO_4 (*Durie, Shannon,* Austral. J. Chem. **11** [1958] 168, 187).

IR-Spektrum (2000−600 cm^{-1}): *Du., Sh.,* l. c. S. 182. Absorptionsspektrum (H_2SO_4 sowie Chlorbenzol; 300−900 nm): *Du., Sh.,* l. c. S. 170, 176. λ_{max} (Dioxan): 333 nm, 385 nm, 558 nm und 599 nm (*Du., Sh.,* l. c. S. 171).

16-Äthoxy-17-methoxy-anthra[9,1,2-*cde*]benzo[*rst*]pentaphen-5,10-dion $C_{37}H_{22}O_4$, Formel X (R = C_2H_5, R′ = CH_3).

B. Aus der vorangehenden Verbindung mit Hilfe von Dimethylsulfat (*Durie, Shannon,* Austral. J. Chem. **11** [1958] 168, 187).

Kristalle (aus Nitrobenzol). IR-Spektrum (2000−600 cm^{-1}): *Du., Sh.,* l. c. S. 182. Absorptionsspektrum (Chlorbenzol; 300−700 nm): *Du., Sh.,* l. c. S. 170. λ_{max} (Dioxan): 262 nm, 328 nm, 394 nm und 634 nm (*Du., Sh.,* l. c. S. 171).

16,17-Diäthoxy-anthra[9,1,2-*cde*]benzo[*rst*]pentaphen-5,10-dion $C_{38}H_{24}O_4$, Formel X (R = R′ = C_2H_5) (E II 531; E III 3969).

IR-Spektrum (2000−650 cm^{-1}): *Durie et al.,* Austral. J. Chem. **10** [1957] 429, 430. Absorptionsspektrum (Chlorbenzol; 300−700 nm): *Durie, Shannon,* Austral. J. Chem. **11** [1958] 168, 170. λ_{max} (Dioxan): 262 nm, 328 nm, 394 nm und 634 nm (*Du., Sh.,* l. c. S. 171).   [*Appelt*]

4. Hydroxy-oxo-Verbindungen mit 5 Sauerstoff-Atomen

Hydroxy-oxo-Verbindungen $C_nH_{2n-2}O_5$

2,2,5,5-Tetrakis-hydroxymethyl-cyclopentanon $C_9H_{16}O_5$, Formel I (X = H) (E II 532; E III 3974).

Orthorhombisch; Kristallmorphologie und Kristalloptik: *Kutina,* Věstník král. české spol. Nauk Třída mat. přírod. **1946** Nr. 18, S. 1−6; C. A. **1950** 9209.

Tetrakis-[4-nitro-benzoyl]-Derivat (F: 199°): *Krasnec, Heyer,* Chem. Zvesti **11** [1957] 703, 704; C. A. **1958** 9969.

I   II   III

2,2,5,5-Tetrakis-nitryloxymethyl-cyclopentanon $C_9H_{12}N_4O_{13}$, Formel I (X = NO_2) (E III 3974).

Induktionszeit der spontanen Zersetzung (Explosion) von 232−350°: *Henkin, McGill,* Ind. eng. Chem. **44** [1952] 1391, 1393. Aktivierungsenergie der spontanen Zersetzung (Explosion): *He., McG.,* l. c. S. 1394.

Hydroxy-oxo-Verbindungen $C_nH_{2n-4}O_5$

Hydroxy-oxo-Verbindungen $C_6H_8O_5$

3,4,5-Trihydroxy-cyclohexan-1,2-dion $C_6H_8O_5$.

a) **(3*R*)-3*r*,4*t*,5*c*-Trihydroxy-cyclohexan-1,2-dion,** Formel II und Taut. (E III 3975).

B. Aus (−)-Viburnit (E IV 6 7882) bei der Oxidation mit Acetobacter suboxydans (*Posternak,*

Helv. **33** [1950] 350, 354).

Bis-phenylhydrazon (F: 210−212° [Zers.]; $[\alpha]_D$: $+96° \rightarrow +66°$ [7 h; A.+Py. (1:1); c = 1]): *Po.*

b) **(3S)-3r,4t,5c-Trihydroxy-cyclohexan-1,2-dion,** Formel III und Taut.
B. Aus (+)-Viburnit (E IV **6** 7883) analog a) (*Posternak,* Helv. **33** [1950] 1594).
Bis-phenylhydrazon (F: 210−212° [Zers.]; $[\alpha]_D$: −55° [A.+Py. (1:1); c = 0,4]): *Po.*

c) **(±)-3r,4t,5c-Trihydroxy-cyclohexan-1,2-dion,** Formel II + Formel III und Taut.
B. Aus (±)-Viburnit (E IV **6** 7883) analog a) (*Posternak,* Helv. **33** [1950] 1597, 1604).
Bis-phenylhydrazon (F: 208−209° [Zers.]): *Po.*

Hydroxy-oxo-Verbindungen $C_{15}H_{26}O_5$

(3aS)-1c,4t,6t,8t-Tetrahydroxy-1t-isopropyl-3a,6c-dimethyl-(3ar,8at)-octahydro-azulen-5-on,
(+)-Laserol $C_{15}H_{26}O_5$, Formel IV (R = R′ = H) (E III 3975).
IR-Spektrum (Nujol; 3500−650 cm^{-1}): *Šorm et al.,* Collect. **19** [1954] 135, 136. UV-Spektrum (A.; 230−340 nm): *Wessely et al.,* M. **84** [1953] 32, 35.
O^8(?)-Toluol-4-sulfonyl-Derivat (F: 170−171°): *We. et al.,* l. c. S. 37.

(3aS)-8t-Acetoxy-1c,4t,6t-trihydroxy-1t-isopropyl-3a,6c-dimethyl-(3ar,8at)-octahydro-azulen-5-on $C_{17}H_{28}O_6$, Formel IV (R = H, R′ = CO-CH$_3$).
Zur Konstitution vgl. *Holub et al.,* Collect. **32** [1967] 591, 603.
B. Aus (+)-Laserol (s. o.) beim Behandeln mit Acetanhydrid und Pyridin (*Wessely et al.,* M. **84** [1953] 32, 36).
Kristalle (aus Ae.); F: 63−64° (*We. et al.,* l. c. S. 34). UV-Spektrum (A.; 230−340 nm): *We. et al.*

IV   V   VI

(3aS)-4t,8t-Diacetoxy-1c,6t-dihydroxy-1t-isopropyl-3a,6c-dimethyl-(3ar,8at)-octahydro-azulen-5-on $C_{19}H_{30}O_7$, Formel IV (R = R′ = CO-CH$_3$).
B. Analog der vorangehenden Verbindung (*Wessely et al.,* M. **84** [1953] 32, 36).
Kristalle (aus Ae.); F: 182−183°. UV-Spektrum (A.; 230−340 nm): *We. et al.,* l. c. S. 34.

(3aS)-8t-Acetoxy-1c,6t-dihydroxy-1t-isopropyl-3a,6c-dimethyl-4t-[(Ξ)-2-methyl-butyryloxy]-
(3ar,8at)-octahydro-azulen-5-on(?) $C_{22}H_{36}O_7$, vermutlich Formel IV
(R = CO-CH(CH$_3$)-C$_2$H$_5$, R′ = CO-CH$_3$).
Konstitution: *Holub et al.,* Collect. **23** [1958] 1280, 1281 Anm.
B. In geringer Menge aus (+)-Tetrahydrolaserpitin (s. u.) bei der Reaktion mit CrO$_3$ und Essigsäure (*Ho. et al.,* l. c. S. 1288).
Kristalle (aus Ae.); F: 139−140° [unkorr.].

(+)(3aS)-1c,6t-Dihydroxy-1t-isopropyl-3a,6c-dimethyl-4t,8t-bis-[(Ξ)-2-methyl-butyryloxy]-
(3ar,8at)-octahydro-azulen-5-on, (+)-Tetrahydrolaserpitin $C_{25}H_{42}O_7$, Formel IV
(R = R′ = CO-CH(CH$_3$)-C$_2$H$_5$) (E III 3975).
UV-Spektrum (A.; 230−340 nm): *Wessely et al.,* M. **84** [1953] 32, 34.

Bei der Reaktion mit SOCl$_2$ und Pyridin bei −5° bzw. +80° ist (3aS)-6t-Hydroxy-1-isopropyl-3a,6c-dimethyl-4t,8t-bis-[(Ξ)-2-methyl-butyryloxy]-(3ar,8at)-3a,4,6,7,8,8a-hexahydro-3H-azu=len-5-on (S. 2704) bzw. (3aS)-1-Isopropyl-3a,6-dimethyl-4t,8t-bis-[(Ξ)-2-methyl-butyryloxy]-(3ar,8at)-3a,4,8,8a-tetrahydro-3H-azulen-5-on (S. 1901) erhalten worden (*Holub et al.*, Collect. **23** [1958] 1280, 1290, 1291).

(3aS)-4t-Angeloyloxy-1c,6t,8t-trihydroxy-1t-isopropyl-3a,6c-dimethyl-(3ar,8at)-octahydro-azulen-5-on C$_{20}$H$_{32}$O$_6$, Formel V.

Konstitution und Konfiguration: *Holub et al.*, Collect. **35** [1970] 3597, 3599.

B. Aus (+)-Laserpitin (s. u.) bei der Hydrolyse mit methanol. Bariummethylat (*Šorm et al.*, Collect. **19** [1954] 135, 138) bzw. mit methanol. KOH (*Holub et al.*, Collect. **23** [1958] 1280, 1287).

Kristalle (aus PAe.); F: 148° [unkorr.] (*Ho. et al.*, Collect. **23** 1287), 145 – 147° [unkorr.] (*Šorm et al.*).

(3aS)-4t,8t-Bis-angeloyloxy-1c,6t-dihydroxy-1t-isopropyl-3a,6c-dimethyl-(3ar,8at)-octahydro-azulen-5-on, (+)-Laserpitin C$_{25}$H$_{38}$O$_7$, Formel VI (E III 3976).

Konfiguration: *Holub et al.*, Collect. **35** [1970] 3597.

IR-Spektrum der Schmelze sowie einer Lösung in CHCl$_3$ (jeweils 2 – 15 μ): *Šorm et al.*, Col=lect. **19** [1954] 135, 136; *Holub et al.*, Collect. **24** [1959] 3926, 3927.

Bei der Reduktion mit LiAlH$_4$ in Äther ist ein Gemisch von (3aS)-1t-Isopropyl-3a,6-dimethyl-(3ar,8at)-decahydro-azulen-1c,4t,5c,6t,8t-pentaol und (3aS)-1t-Isopropyl-3a,6-dimethyl-(3ar,8at)-decahydro-azulen-1c,4t,5t,6t,8t-pentaol (*Ho. et al.*, Collect. **35** 3597; s. a. *Šorm et al.*, l. c. S. 138; *Wessely et al.*, M. **84** [1953] 32, 37) sowie geringere Mengen (3aR)-3-Isopropyl-6,8-dimethyl-(8at)-4,5,6,7,8,8a-hexahydro-1H-3ar,6c-epoxido-azulen-7c,8c-diol (*Ho. et al.*, Collect. **35** 3597; s. a. *Šorm et al.*, l. c. S. 138) erhalten worden.

(3aS)-8t-Äthoxycarbonyloxy-1c,4t,6t-trihydroxy-1t-isopropyl-3a,6c-dimethyl-(3ar,8at)-octahydro-azulen-5-on, Kohlensäure-äthylester-[(3aS)-3t,6c,8c-trihydroxy-3c-isopropyl-6t,8a-dimethyl-7-oxo-(3ar,8at)-decahydro-azulen-4c-ylester] C$_{18}$H$_{30}$O$_7$, Formel IV (R = H, R′ = CO-O-C$_2$H$_5$).

B. Aus (+)-Laserol (S. 3340) beim Behandeln mit Chlorokohlensäure-äthylester und Pyridin in Dioxan (*Holub et al.*, Collect. **23** [1958] 1280, 1288).

Kristalle (aus Acn.); F: 144° [unkorr.].

Hydroxy-oxo-Verbindungen C$_n$H$_{2n-6}$O$_5$

Hydroxy-oxo-Verbindungen C$_5$H$_4$O$_5$

Tetrahydroxy-cyclopentadienon C$_5$H$_4$O$_5$, Formel VII und Taut.

Diese Konstitution ist für die von *Lerch* (s. H **8** 489) als Krokonsäurehydrür bezeichnete Verbindung C$_5$H$_4$O$_5$ in Betracht zu ziehen; die von *Nietzki, Benckiser* (s. H 489) ebenfalls als Krokonsäurehydrür bezeichnete Verbindung ist wahrscheinlich als 1,3,4-Trihydroxy-2,5-dioxo-cyclopent-3-encarbonsäure C$_6$H$_4$O$_7$ zu formulieren (*Arcamone et al.*, Bl. **1953** 891, 898).

B. Beim Erwärmen des Barium-Salzes der 1,3,4-Trihydroxy-2,5-dioxo-cyclopent-3-encarbon=säure mit wss. HCl (*Ar. et al.*, l. c. S. 897).

Barium-Salz 2BaC$_5$H$_2$O$_5$·3H$_2$O. Gelb.

Hydroxy-oxo-Verbindungen C$_{15}$H$_{24}$O$_5$

(3aS)-1c,6t,8t-Trihydroxy-1t-isopropyl-3a,6c-dimethyl-(3ar,8at)-octahydro-azulen-4,5-dion, Laseron C$_{15}$H$_{24}$O$_5$, Formel VIII (R = H).

B. Aus (+)-Laserol (S. 3340) mit Hilfe von CrO$_3$ und Pyridin (*Holub et al.*, Collect. **23** [1958]

1280, 1289).

Kristalle (aus E.); F: 180−181° [unkorr.]. IR-Spektrum (Nujol; 3500−650 cm^{-1}): *Ho. et al.*, l. c. S. 1284. Polarographisches Halbstufenpotential (wss. Lösung vom pH 11,6): *Ho. et al.*, l. c. S. 1282.

VII   VIII   IX   X

(3aS)-8t-Äthoxycarbonyloxy-1c,6t-dihydroxy-1t-isopropyl-3a,6c-dimethyl-(3ar,8at)-octahydro-azulen-4,5-dion, Kohlensäure-äthylester-[(3aS)-3t,6c-dihydroxy-3c-isopropyl-6t,8a-dimethyl-7,8-dioxo-(3ar,8at)-decahydro-azulen-4c-ylester] $C_{18}H_{28}O_7$, Formel VIII (R = CO-O-C$_2$H$_5$).

B. Aus (3aS)-8t-Äthoxycarbonyloxy-1c,4t,6t-trihydroxy-1t-isopropyl-3a,6c-dimethyl-(3ar,8at)-octahydro-azulen-5-on mit Hilfe von CrO$_3$ und Pyridin (*Holub et al.*, Collect. **23** [1958] 1280, 1288).

Kristalle (aus Ae.+PAe.); F: 98−99°.

(±)-5c,8c,10t(?),10a-Tetrahydroxy-4a-methyl-(4ar,4bt,8at,10ac?)-dodecahydro-1H-phenanthren-2-on $C_{15}H_{24}O_5$, vermutlich Formel IX+Spiegelbild.

B. Aus (±)-7,7-Äthandiyldioxy-8a,9c(?)-epoxy-4b-methyl-(4ar,4bt,8ac?,10ac)-tetradecahydro-phenanthren-1t,4t-diol (E III/IV **19** 4860) mit Hilfe von wss. HClO$_4$ in THF (*Poos et al.*, Am. Soc. **75** [1953] 422, 426).

Kristalle (aus Acn.); F: 233−234°.

Hydroxy-oxo-Verbindungen $C_nH_{2n-8}O_5$

Hydroxy-oxo-Verbindungen $C_5H_2O_5$

4,5-Dihydroxy-cyclopent-4-en-1,2,3-trion $C_5H_2O_5$, Formel X (R = H) und Taut.; **Krokonsäure** (H 488; E II 532; E III 3977).

B. Aus dem Natrium-Salz der Rhodizonsäure (E III 4214) bei der Oxidation mit MnO$_2$ in wss. K$_2$CO$_3$ (*Yamada, Hirata*, Bl. chem. Soc. Japan **31** [1958] 550).

Dipolmoment (ε; Dioxan) bei 25°: 9,5 D; bei 35°: 9,3 D (*Washino et al.*, Bl. chem. Soc. Japan **31** [1958] 552, 553). IR-Spektrum (Nujol bzw. KBr; 3500−750 cm^{-1}): *Yamada et al.*, Bl. chem. Soc. Japan **31** [1958] 543, 546. UV-Spektrum in H$_2$O, in wss. HCl [0,1 n bzw. 9 n], in wss. NaOH [0,1 n] sowie in Dioxan (jeweils 240−400 nm): *Ya. et al.*, l. c. S. 543; in wss. Lösungen vom pH 0,2−ca. 6 (250−380 nm): *Ya. et al.*, l. c. S. 545; sowie in methanol. HCl und in Äthanol (jeweils 240−360 nm): *Ya. et al.*, l. c. S. 544.

Die bei der Reaktion mit SO$_2$ erhaltene vermeintliche Verbindung $C_5H_4O_5$, früher (H 490) als H y d r o k r o k o n s ä u r e bezeichnet, ist als B i s u l f i t - A d d u k t der K r o k o n s ä u r e zu formu= lieren (*Arcamone et al.*, Bl. **1953** 891, 898).

D i k a l i u m - S a l z K$_2$C$_5$O$_5$·2H$_2$O (H 489; E III 3977). IR-Spektrum (KBr; 1750−750 cm^{-1}): *Ya. et al.*, l. c. S. 547.

R u b i d i u m - S a l z RbC$_5$HO$_5$. Monoklin; Kristallstruktur-Analyse (Röntgen-Diagramm): *Baenziger, Williams*, Am. Soc. **88** [1966] 689; *Williams*, Diss. Abstr. **17** [1957] 993. Dichte der Kristalle: 2,436 (*Ba., Wi.*).

K u p f e r(II) - S a l z CuC$_5$O$_5$·3H$_2$O (H 489). Orthorhombisch; Kristallstruktur-Analyse (Röntgen-Diagramm): *Takehara, Yokoi*, Res. Rep. Fac. Textile Sericult. Shinshu Univ. Nr. 8

[1958] 108; C. A. **1960** 1015. Dichte der Kristalle bei 25°: 2,32 (*Ta., Yo.*). IR-Spektrum (Nujol; 1750−750 cm^{-1}): *Ya. et al.*, l. c. S. 547.

Silber-Salz Ag$_2$C$_5$O$_5$(?) (vgl. H 489). IR-Spektrum (Nujol; 1750−750 cm^{-1}): *Ya. et al.*, l. c. S. 547.

Barium-Salz (vgl. H 489). IR-Spektrum (KBr; 1750−750 cm^{-1}): *Ya. et al.*, l. c. S. 547.

4,5-Dimethoxy-cyclopent-4-en-1,2,3-trion C$_7$H$_6$O$_5$, Formel X (R = CH$_3$) (E III 3977).

Dipolmoment (ε; Bzl.) bei 30°: 5,85 D (*Washino et al.*, Bl. chem. Soc. Japan **31** [1958] 552, 553). IR-Spektrum (Nujol; 3500−750 cm^{-1}): *Yamada et al.*, Bl. chem. Soc. Japan **31** [1958] 543, 546. UV-Spektrum (Me.; 240−360 nm): *Ya. et al.*, l. c. S. 544.

Hydroxy-oxo-Verbindungen C$_6$H$_4$O$_5$

Trimethoxy-[1,4]benzochinon C$_9$H$_{10}$O$_5$, Formel XI (X = H).

B. Aus Krokonsäure (S. 3342) und Diazomethan (*Yamada, Hirata*, Bl. chem. Soc. Japan **31** [1958] 550). Aus 2-Chlor-3,5-dimethoxy-[1,4]benzochinon und methanol. Natriummethylat (*Huisman*, R. **69** [1950] 1133, 1147). Aus 2,3,6-Trimethoxy-anilin-hydrochlorid mit Hilfe von NO(SO$_3$K)$_2$ (*Teuber, Hasselbach*, B. **92** [1959] 674, 688).

Orangerote Kristalle (aus Me.); F: 160−161° (*Hu.*), 160° [unkorr.] (*Te., Ha.*), 157−158° (*Ya., Hi.*). IR-Banden (KBr; 6−12 μ): *Flaig, Salfeld*, A. **626** [1959] 215, 217. Absorptions= spektrum in CHCl$_3$ (240−580 nm): *Flaig, Salfeld*, A. **618** [1958] 117, 119; in Methanol (210−500 nm): *Te., Ha.*, l. c. S. 680. λ$_{max}$: 214 nm, 289 nm und 411 nm [Me.] (*Te., Ha.*, l. c. S. 689), 288 nm [A.] (*Ya., Hi.*), 291 nm und 418 nm [CHCl$_3$] (*Fl., Sa.*, A. **618** 122).

XI   XII   XIII

Chlor-trimethoxy-[1,4]benzochinon C$_9$H$_9$ClO$_5$, Formel XI (X = Cl).

B. Aus Trimethoxy-[1,4]benzochinon und Chlor (*Huisman*, R. **69** [1950] 1133, 1148).

Orangegelbe Kristalle (aus PAe.); F: 47−49°.

Brom-trimethoxy-[1,4]benzochinon C$_9$H$_9$BrO$_5$, Formel XI (X = Br).

B. Analog der vorangehenden Verbindung (*Lindberg*, Acta chem. scand. **7** [1953] 514).

Rote Kristalle (aus Me.); F: 89,5−91°.

Hydroxy-oxo-Verbindungen C$_7$H$_6$O$_5$

3,5,7-Triäthoxy-tropolon C$_{13}$H$_{18}$O$_5$, Formel XII.

B. Neben anderen Verbindungen aus 3,5,7-Tribrom-tropolon und wss.-äthanol. NaOH (*Kita= hara*, Sci. Rep. Tohoku Univ. [I] **39** [1955/56] 275, 281).

Kristalle (aus Bzl.); F: 121−122°. IR-Spektrum (KBr; 4000−600 cm^{-1}): *Ki.*, l. c. S. 276. Absorptionsspektrum (Me.; 220−420 nm): *Ki.*, l. c. S. 275.

3,5,7-Tris-*p*-tolylmercapto-tropolon C$_{28}$H$_{24}$O$_2$S$_3$, Formel XIII.

B. Aus 5-Brom-3,7-bis-*p*-tolylmercapto-tropolon und Thio-*p*-kresol mit Hilfe von äthanol. NaOH (*Cook et al.*, Soc. **1954** 530, 534).

Kristalle (aus Eg.); F: 182°.

2,3,4-(oder 2,4,5)-Trihydroxy-5(oder 3)-methoxy-benzaldehyd $C_8H_8O_5$, Formel I (R = H, R' = CH$_3$ oder R = CH$_3$, R' = H).

Die von *Husband et al.* (Canad. J. Chem. **33** [1955] 68, 77) unter diesen Konstitutionen beschriebene Verbindung ist als [(*E*)-2-Hydroxy-6-oxo-2,3-dihydro-pyran-3-yliden]-essigsäure-methylester (E IV **3** 1882) zu formulieren (*Sarkanen et al.*, Tappi **45** [1962] 24, 27; *Ainsworth, Kirby,* Soc. [C] **1968** 1483, 1484).

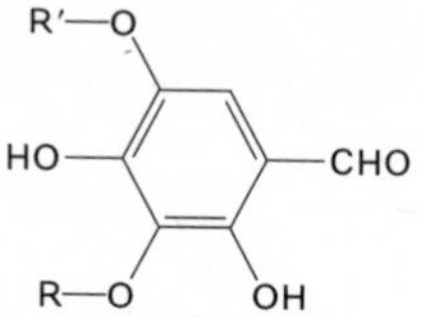

I

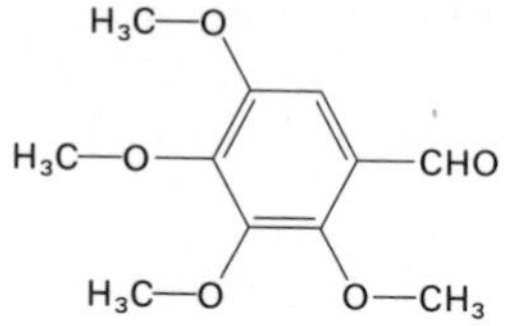

II

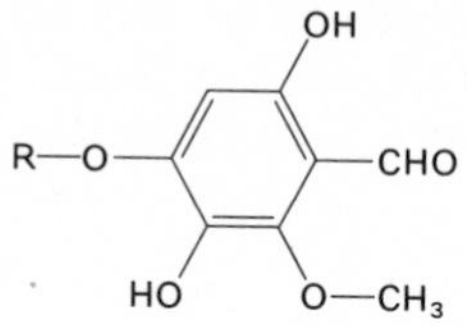

III

2,3,4,5-Tetramethoxy-benzaldehyd $C_{11}H_{14}O_5$, Formel II.

B. Aus 1,2,3,4-Tetramethoxy-benzol und *N*-Methyl-formanilid mit Hilfe von POCl$_3$ (*Bening=ton et al.*, J. org. Chem. **20** [1955] 102, 105).

2,4-Dinitro-phenylhydrazon (F: 194—195°): *Be. et al.*

3,4,6-Trihydroxy-2-methoxy-benzaldehyd $C_8H_8O_5$, Formel III (R = H).

B. Beim Behandeln von 2,4-Dihydroxy-6-methoxy-benzaldehyd mit $K_2S_2O_8$ und KOH und anschliessenden Erwärmen mit wss. HCl (*Ponniah, Seshadri,* Pr. Indian Acad. [A] **38** [1953] 77, 81).

2,4-Dinitro-phenylhydrazon (F: 228—229°): *Po., Se.*

3,6-Dihydroxy-2,4-dimethoxy-benzaldehyd $C_9H_{10}O_5$, Formel III (R = CH$_3$) (E II 532).

B. Analog der vorangehenden Verbindung (*Ponniah, Seshadri,* P. Indian Acad. [A] **37** [1953] 544, 549).

F: 136°.

2,4,α,α-Tetraacetoxy-3,6-dimethoxy-toluol $C_{17}H_{20}O_{10}$, Formel IV.

B. Neben 7-Acetoxy-5,8-dimethoxy-cumarin aus 2,4-Dihydroxy-3,6-dimethoxy-benzaldehyd und Acetanhydrid (*Gardner et al.*, J. org. Chem. **15** [1950] 841, 847).

Kristalle (aus A.); F: 131—131,5°.

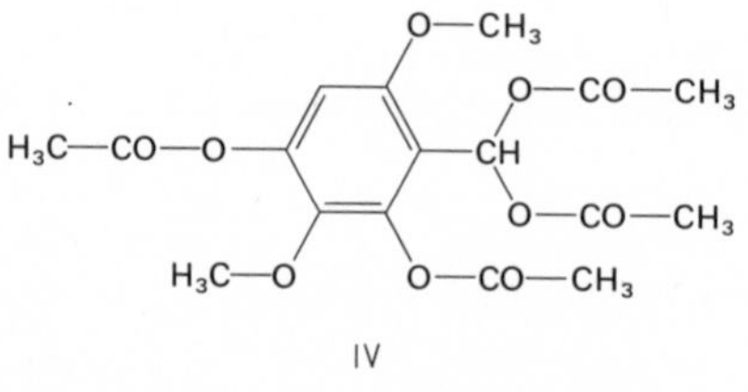

IV

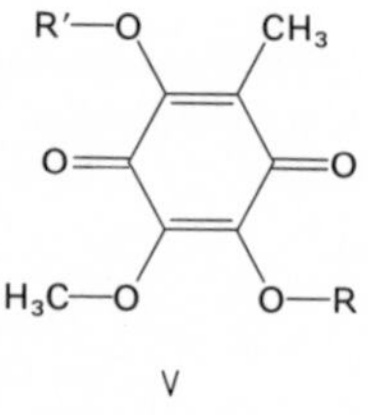

V

2-Hydroxy-3,5-dimethoxy-6-methyl-[1,4]benzochinon $C_9H_{10}O_5$, Formel V (R = H, R' = CH$_3$) und Taut.

B. Aus 1-[2,5-Dihydroxy-4,6-dimethoxy-3-methyl-phenyl]-äthanon beim Behandeln mit wss. H_2O_2 und wss. NaOH (*Seshadri, Venkatasubramanian,* Soc. **1959** 1660).

Braune Kristalle (aus PAe.); F: 75°.

2-Hydroxy-5,6-dimethoxy-3-methyl-[1,4]benzochinon $C_9H_{10}O_5$, Formel V (R = CH$_3$, R' = H) und Taut. (E III 3983).

B. Aus 2,5-Dihydroxy-3,4-dimethoxy-6-methyl-benzaldehyd beim Behandeln mit wss. H_2O

und wss. NaOH (*Seshadri, Venkatasubramanian*, Soc. **1959** 1660).
Orangerote Kristalle (aus PAe.); F: 108°.

Tris-[2-carboxy-äthylmercapto]-methyl-[1,4]benzochinon, 3,3',3''-[5-Methyl-3,6-dioxo-cyclohexa-1,4-dien-1,2,4-triylmercapto]-tri-propionsäure $C_{16}H_{18}O_8S_3$, Formel VI.

B. Aus Methyl-[1,4]benzochinon bei der Reaktion mit 3-Mercapto-propionsäure und an≠schliessenden Oxidation mit FeCl$_3$ (*Fieser, Ardao*, Am. Soc. **78** [1956] 774, 779).
Rote Kristalle (aus H$_2$O); F: 165—166°.

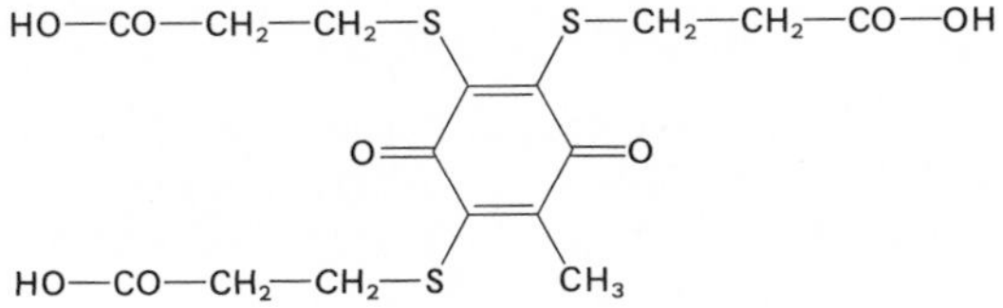

VI

Hydroxy-oxo-Verbindungen $C_8H_8O_5$

1-[2,4,6-Trihydroxy-3-methoxy-phenyl]-äthanon $C_9H_{10}O_5$, Formel VII (R = R' = H)
(E III 3985).

B. Aus 2-Methoxy-phloroglucin bei der Reaktion mit Acetonitril, ZnCl$_2$ und HCl und an≠schliessenden Hydrolyse mit H$_2$O (*Phadke et al.*, Indian J. Chem. **5** [1967] 131).
Kristalle (aus H$_2$O); F: 168°.

1-[3,6-Dihydroxy-2,4-dimethoxy-phenyl]-äthanon $C_{10}H_{12}O_5$, Formel VIII (R = R' = H)
(E III 3985).

Diese Konstitution kommt möglicherweise den früher (s. E I **8** 731 und E II **8** 533) als „Di≠methyläther $C_{10}H_{12}O_5$" bzw. (E III **8** 3986) als 1-[x,x-Dihydroxy-x,x-dimethoxy-phenyl]-äthan≠on beschriebenen Verbindungen zu (*Horton, Stout*, J. org. Chem. **27** [1962] 830, 832 Anm. 14).

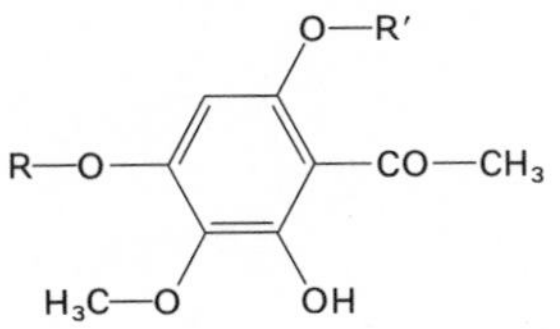

VII 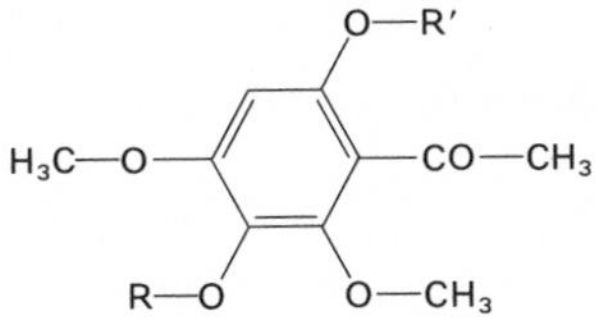   VIII 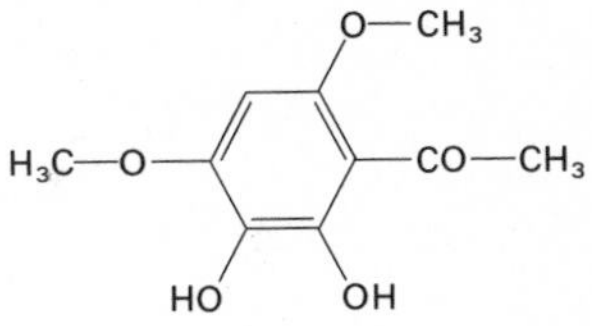   IX

1-[2,4-Dihydroxy-3,6-dimethoxy-phenyl]-äthanon $C_{10}H_{12}O_5$, Formel VII (R = H, R' = CH$_3$)
(E III 3986).

B. Aus 1,3-Diacetoxy-2,5-dimethoxy-benzol und Essigsäure mit Hilfe von Äther-BF$_3$ und Hydrolyse mit wss. HCl (*Chopin, Chadenson*, Bl. **1959** 1585, 1593).
Kristalle (aus H$_2$O); F: 125—126°.

1-[2,3-Dihydroxy-4,6-dimethoxy-phenyl]-äthanon $C_{10}H_{12}O_5$, Formel IX.

B. Aus 1-[2-Hydroxy-3,4,6-trimethoxy-phenyl]-äthanon mit Hilfe von HBr und Essigsäure (*Gardner et al.*, Am. Soc. **78** [1956] 2541).
Kristalle (aus Bzl.); F: 165,2—166,5° [korr.].

1-[6-Hydroxy-2,3,4-trimethoxy-phenyl]-äthanon $C_{11}H_{14}O_5$, Formel VIII (R = CH$_3$, R' = H)
(E III 3986).

B. Aus 3,4,5-Trimethoxy-phenol beim Behandeln mit Acetylchlorid und AlCl$_3$ (*Krishnamurti, Seshadri*, Chem. and Ind. **1954** 542) bzw. mit Essigsäure und BF$_3$ (*Mani, Venkataraman*, J. scient. ind. Res. India **21** B [1962] 477).

Kristalle; F: 39°; Kp$_1$: 140° (*Mani, Ve.*).

Die beim Erwärmen mit Piperonal und wss.-äthanol. NaOH erhaltene Verbindung $C_{19}H_{18}O_7$ (Kristalle [aus E.+Bzl.]; F: 183,5−184,5°), von *Kirby, Sutherland* (Austral. J. Chem. **9** [1956] 411, 415) als 3-Benzo[1,3]dioxol-5-yl-1-[6-hydroxy-2,3,4-trimethoxy-phenyl]-prop= enon (6′-Hydroxy-2′,3′,4′-trimethoxy-3,4-methylendioxy-chalkon) beschrieben, ist aufgrund der analogen Bildungsweise von (±)-2-Benzo[1,3]dioxol-5-yl-6,7,8-trimethoxy-chro= man-4-on (E III/IV **19** 5252) als (±)-2-Benzo[1,3]dioxol-5-yl-5,6,7-trimethoxy-chro= man-4-on zu formulieren.

1-[2-Hydroxy-3,4,6-trimethoxy-phenyl]-äthanon $C_{11}H_{14}O_5$, Formel VII (R = R′ = CH$_3$) (E I 732; E II 533; E III 3987).

B. Aus 1-[2,3,6-Trihydroxy-4-methoxy-phenyl]-äthanon und Dimethylsulfat mit Hilfe von K$_2$CO$_3$ in Aceton (*Rao, Seshadri*, Pr. Indian Acad. [A] **36** [1952] 130, 132). Aus 1-[2,3,4,6-Tetra= methoxy-phenyl]-äthanon mit Hilfe von HBr und Essigsäure (*Gardner et al.*, Am. Soc. **78** [1956] 2541).

Kristalle; F: 113−115° [unkorr.] (*Rabjohn, Rosenburg*, J. org. Chem. **24** [1959] 1192, 1194), 113° [aus Bzl.] (*Rao, Se.*).

1-[2,3,4,6-Tetramethoxy-phenyl]-äthanon $C_{12}H_{16}O_5$, Formel VIII (R = R′ = CH$_3$) (E I 732; E II 533; E III 3987).

B. Aus 1,2,3,5-Tetramethoxy-benzol und Essigsäure mit Hilfe von Polyphosphorsäure (*Gard= ner et al.*, Am. Soc. **78** [1956] 2541).

F: 49−52°.

1-[4-Benzyloxy-3,6-dihydroxy-2-methoxy-phenyl]-äthanon $C_{16}H_{16}O_5$, Formel X (R = H) (vgl. E III 3989).

B. Aus 1-[4-Benzyloxy-2-hydroxy-6-methoxy-phenyl]-äthanon bei der Oxidation mit alkal. K$_2$S$_2$O$_8$ und anschliessenden Hydrolyse (*Farkas, Strelisky*, Tetrahedron Letters **1970** 187).

F: 109−110°. ^{1}H-NMR-Absorption: *Fa., St.*

X   XI

1-[4-Benzyloxy-2-hydroxy-3,6-dimethoxy-phenyl]-äthanon $C_{17}H_{18}O_5$, Formel VII (R = CH$_2$-C$_6$H$_5$, R′ = CH$_3$).

B. Aus 1,3-Bis-benzyloxy-2,5-dimethoxy-benzol und Acetylchlorid mit Hilfe von AlCl$_3$ in Benzol (*Geissman*, Am. Soc. **73** [1951] 3514). Aus 1-[2,4-Dihydroxy-3,6-dimethoxy-phenyl]-äthanon und Benzylchlorid mit Hilfe von K$_2$CO$_3$ in Aceton (*Ge.*; *Rabjohn, Rosenburg*, J. org. Chem. **24** [1959] 1192, 1196).

Kristalle; F: 111−111,5° [unkorr.; aus Me.] (*Ra., Ro.*), 109,5−110° (*Ge.*).

1-[4-Benzyloxy-2,3,6-trimethoxy-phenyl]-äthanon $C_{18}H_{20}O_5$, Formel X (R = CH$_3$).

B. Aus der vorangehenden Verbindung und Dimethylsulfat mit Hilfe von wss.-äthanol. NaOH (*Rabjohn, Rosenburg*, J. org. Chem. **24** [1959] 1192, 1197).

Kristalle (aus PAe.); F: 74,5−75,5°.

2-Acetyl-4-[4-acetyl-phenoxy]-3,5-dimethoxy-phenol, 1-[3-(4-Acetyl-phenoxy)-6-hydroxy-2,4-dimethoxy-phenyl]-äthanon $C_{18}H_{18}O_6$, Formel XI.

B. Aus Penta-*O*-methyl-hinokiflavon (E III/IV **18** 3256) mit Hilfe von KOH (*Fukui, Kawano*, Am. Soc. **81** [1959] 6331).

F: 147°.

1-[4-Acetoxy-2-benzyloxy-3,6-dimethoxy-phenyl]-äthanon $C_{19}H_{20}O_6$, Formel XII
(R = CH_2-C_6H_5, R' = CO-CH_3).

B. Neben 3-Acetyl-7-benzyloxy-5,8-dimethoxy-2-methyl-chromen-4-on beim Erwärmen von
1-[2,4-Dihydroxy-3,6-dimethoxy-phenyl]-äthanon mit Benzylbromid und K_2CO_3 in Aceton und
anschliessend mit Acetanhydrid und Natriumacetat (*Gardner et al.*, J. org. Chem. **15** [1950]
841, 846).
Kristalle (aus PAe.); F: 113—114°.

XII   XIII   XIV

1-[2,3,6-Triacetoxy-4-methoxy-phenyl]-äthanon $C_{15}H_{16}O_8$, Formel XIII.
B. Aus 1-[2,3,6-Trihydroxy-4-methoxy-phenyl]-äthanon und Acetylchlorid mit Hilfe von Pyri=
din (*Rao, Seshadri*, Pr. Indian Acad. [A] **36** [1952] 130, 132).
Kristalle (aus Bzl.); F: 184—185°.

1-[2,4-Diacetoxy-3,6-dimethoxy-phenyl]-äthanon $C_{14}H_{16}O_7$, Formel XII
(R = R' = CO-CH_3).
B. Aus 1-[2,4-Dihydroxy-3,6-dimethoxy-phenyl]-äthanon, Acetanhydrid und Natriumacetat
(*Gardner et al.*, J. org. Chem. **15** [1950] 841, 847).
Kristalle (aus PAe.); F: 79—80°.

1-[2,4-Bis-carboxymethoxy-3,6-dimethoxy-phenyl]-äthanon, [4-Acetyl-2,5-dimethoxy-*m*-
phenylendioxy]-di-essigsäure $C_{14}H_{16}O_9$, Formel XII (R = R' = CH_2-CO-OH).
B. Beim Erwärmen von 1-[2,4-Dihydroxy-3,6-dimethoxy-phenyl]-äthanon mit Bromessig=
säure-äthylester und K_2CO_3 in Aceton und anschliessend mit wss. NaOH (*Gardner et al.*, J.
org. Chem. **15** [1959] 841, 848).
Kristalle (aus E.+A.+PAe.) mit 0,5 Mol Äthanol; F: 96° und (nach Wiedererstarren) F:
143—150° [Zers.].

2-Chlor-1-[3,6-dihydroxy-2,4-dimethoxy-phenyl]-äthanon $C_{10}H_{11}ClO_5$, Formel XIV (R = H).
B. Aus 2,6-Dimethoxy-hydrochinon und Chloracetylchlorid mit Hilfe von $AlCl_3$ in Äther
(*Balakrishna et al.*, Pr. Indian Acad. [A] **33** [1951] 233).
Hellgelbe Kristalle (aus A.); F: 154°.

2-Chlor-1-[2,4-dihydroxy-3,6-dimethoxy-phenyl]-äthanon $C_{10}H_{11}ClO_5$, Formel I (R = H,
X = Cl) (E III 3990).
B. Aus 2,5-Dimethoxy-resorcin bei der Reaktion mit Chloracetonitril, $ZnCl_2$ und HCl und
anschliessenden Hydrolyse mit H_2O (*Gardner et al.*, J. org. Chem. **15** [1950] 841, 845; *Dann,*
Illing, A. **605** [1957] 146, 156).
Kristalle; F: 148—149° [aus Acn.+PAe. oder Ae.+PAe.] (*Ga. et al.*), 148° [unkorr.] (*Dann,*
Il.).

2-Chlor-1-[2-hydroxy-3,4,6-trimethoxy-phenyl]-äthanon $C_{11}H_{13}ClO_5$, Formel I (R = CH_3,
X = Cl).
B. Aus der folgenden Verbindung mit Hilfe von HBr und Essigsäure (*Horton, Paul*, J. org.
Chem. **24** [1959] 2000, 2002).
Gelbe Kristalle (aus Bzl.); F: 165,8—167,2° [korr.].

I   II   III

2-Chlor-1-[2,3,4,6-tetramethoxy-phenyl]-äthanon $C_{12}H_{15}ClO_5$, Formel XIV (R = CH_3).

B. Neben Chloressigsäure-[2,4,6-trimethoxy-phenylester] aus 1,2,3,5-Tetramethoxy-benzol bei der Reaktion mit Chloracetonitril, $ZnCl_2$ und HCl und anschliessenden Hydrolyse (*Horton, Paul*, J. org. Chem. **24** [1959] 2000, 2001).

Kristalle (aus PAe.); F: 55,6 — 56,4°.

1-[3-Brom-2,5-dihydroxy-4,6-dimethoxy-phenyl]-äthanon $C_{10}H_{11}BrO_5$, Formel II (R = H).

B. Aus 1-[3-Brom-2-hydroxy-4,6-dimethoxy-phenyl]-äthanon (E III 3392) bei der Oxidation mit alkal. $K_2S_2O_8$ und anschliessenden Hydrolyse (*Donnelly*, Tetrahedron Letters **1959** Nr. 19, S. 1).

F: 147 — 149°.

1-[3-Brom-2-hydroxy-4,5,6-trimethoxy-phenyl]-äthanon $C_{11}H_{13}BrO_5$, Formel II (R = CH_3).

B. Aus 1-[6-Hydroxy-2,3,4-trimethoxy-phenyl]-äthanon bei der Bromierung oder aus der vor= angehenden Verbindung bei der Methylierung (*Donnelly*, Tetrahedron Letters **1959** Nr. 19, S. 1).

F: 89 — 90°.

2-Brom-1-[2,4-dihydroxy-3,6-dimethoxy-phenyl]-äthanon $C_{10}H_{11}BrO_5$, Formel I (R = H, X = Br).

B. Aus 1-[2,4-Dihydroxy-3,6-dimethoxy-phenyl]-äthanon und *N*-Brom-succinimid in CCl_4 (*Gardner et al.*, J. org. Chem. **15** [1950] 841, 848).

Kristalle (aus Acn. + PAe.); F: 159 — 160°.

1-[2,5-Dihydroxy-3,6-dimethoxy-phenyl]-äthanon $C_{10}H_{12}O_5$, Formel III (R = H).

Über diese Verbindung (F: 94°) s. *Schäfer, Leute*, B. **99** [1966] 1632, 1641.

In dem von *Ramage, Stead* (Soc. **1953** 1393) unter dieser Konstitution beschriebenen Präparat (F: 170°) hat 2,5-Dimethoxy-hydrochinon vorgelegen (*Schäfer et al.*, B. **100** [1967] 930).

Entsprechend hat in dem als 1-[2,5-Diacetoxy-3,6-dimethoxy-phenyl]-äthanon $C_{14}H_{16}O_7$ formulierten Diacetyl-Derivat (F: 190°) 1,4-Diacetoxy-2,5-dimethoxy-benzol vorge= legen.

1-[2,3,5,6-Tetramethoxy-phenyl]-äthanon $C_{12}H_{16}O_5$, Formel III (R = CH_3).

Über diese Verbindung (F: 66°) s. *Schäfer, Leute*, B. **99** [1966] 1632, 1638.

In dem von *Ramage, Stead* (Soc. **1953** 1393) unter dieser Konstitution beschriebenen Präparat (F: 101°) hat 1,2,4,5-Tetramethoxy-benzol vorgelegen (vgl. die Angaben im vorangehenden Artikel).

2-Acetoxy-1-[2,3,5-triacetoxy-phenyl]-äthanon $C_{16}H_{16}O_9$, Formel IV.

B. Beim Erwärmen von 2-Brom-1-[2,3,5-triacetoxy-phenyl]-äthanon mit Silberacetat und Essigsäure oder beim Erwärmen von 2-Diazo-1-[2,3,5-triacetoxy-phenyl]-äthanon mit Essigsäure (*Kloetzel, Abadir*, Am. Soc. **77** [1955] 3823, 3826).

Kristalle (aus A.); F: 112 — 113° [unkorr.].

1-[2-Hydroxy-3,6-dimethoxy-phenyl]-2-methoxy-äthanon $C_{11}H_{14}O_5$, Formel V.

B. Aus 3,5,8-Trimethoxy-2-phenyl-chromen-4-on mit Hilfe von äthanol. KOH (*Ahluwalia,*

Seshadri, Pr. Indian Acad. [A] **39** [1954] 296, 298).
  Gelbe Kristalle (aus Ae.); F: 102−103°.

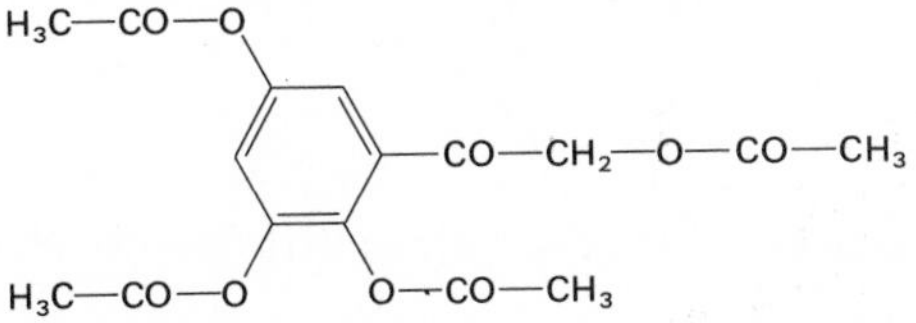

IV

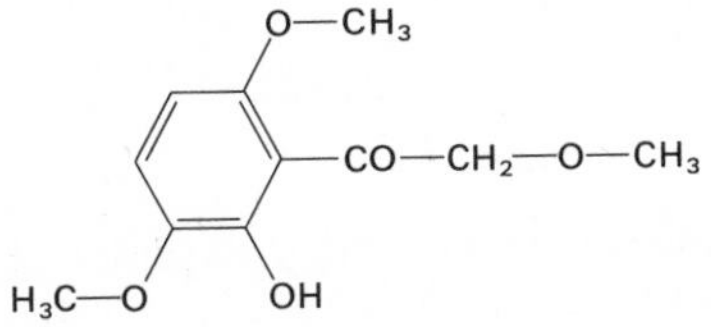

V

2-Hydroxy-1-[2,4,6-trihydroxy-phenyl]-äthanon $C_8H_8O_5$, Formel VI (R = R' = H)
(E III 3992).
  B. Aus dem Imin-hydrochlorid (s. u.) bei der Hydrolyse mit H_2O (*Minter, Gherghel,* Acad.
romîne Stud. Cerc. Chim. **4** [1956] 111, 118; *Zemplén et al.*, Acta chim. hung. **8** [1956] 133,
136).
  Kristalle (aus H_2O); F: 226° (*Mi., Gh.; Ze. et al.*). UV-Spektrum (220−400 nm): *Ze. et al.*,
l. c. S. 135.
  Imin $C_8H_9NO_4$. − Hydrochlorid $C_8H_9NO_4 \cdot HCl$. *B.* Aus Phloroglucin und Glykolonitril
mit Hilfe von $ZnCl_2$ und HCl in Äther (*Mi., Gh.; Ze. et al.*). − Kristalle; F: 300° [Zers.]
(*Mi., Gh.*).

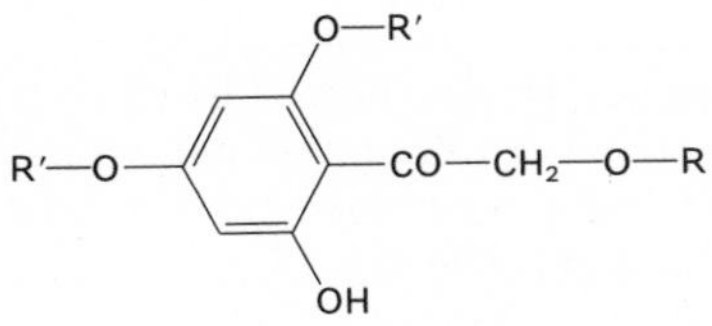

VI

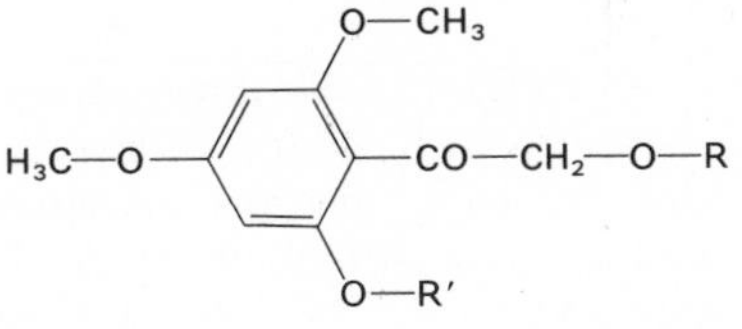

VII

2-Methoxy-1-[2,4,6-trihydroxy-phenyl]-äthanon $C_9H_{10}O_5$, Formel VI (R = CH_3, R' = H)
(E II 533; E III 3992).
  Beim Erwärmen mit CH_3I und K_2CO_3 in Aceton sind 1-[2-Hydroxy-4,6-dimethoxy-3-methyl-
phenyl]-2-methoxy-äthanon und geringe Mengen 1-[2-Hydroxy-4,6-dimethoxy-phenyl]-2-meth≠
oxy-äthanon erhalten worden (*Venkateswarlu,* Curr. Sci. **23** [1954] 329; *Jain, Seshadri,* J. scient.
ind. Res. India **13** B [1954] 539, 540).

1-[2-Hydroxy-4,6-dimethoxy-phenyl]-2-methoxy-äthanon $C_{11}H_{14}O_5$, Formel VI
(R = R' = CH_3) (H 491; E I 732; E III 3993).
  Kristalle; F: 104° [nach Sublimation im Vakuum] (*Enebäck,* Acta chem. scand. **11** [1957]
895), 98−100° [aus wss. A.] (*Lindsay et al.*, Soc. **1950** 2379). UV-Spektrum in Äthanol sowie
in wss.-äthanol. NaOH (220−400 nm): *En.*
  Oxim $C_{11}H_{15}NO_5$ (H 491). F: 147−148,5° [Zers.] (*King et al.*, Soc. **1954** 4587, 4591).

2-Methoxy-1-[2,4,6-trimethoxy-phenyl]-äthanon $C_{12}H_{16}O_5$, Formel VII (R = R' = CH_3)
(H 491; E II 533; E III 3994).
  UV-Spektrum (A.; 220−400 nm): *Enebäck,* Acta chem. scand. **11** [1957] 895.

1-[2-Äthoxy-6-hydroxy-4-methoxy-phenyl]-2-methoxy-äthanon $C_{12}H_{16}O_5$, Formel VIII
(R = CH_3).
  B. Aus Tri-*O*-äthyl-oxyayanin-A (E III/IV **18** 3593) mit Hilfe von äthanol. KOH (*King et al.*,
Soc. **1954** 4587, 4592).
  Kristalle (aus PAe.); F: 109−110°.

VIII   IX

2-Äthoxy-1-[2,4-diäthoxy-6-hydroxy-phenyl]-äthanon $C_{14}H_{20}O_5$, Formel VIII (R = C_2H_5)
(E I 732; E III 3995).

B. Aus 3,5,7-Triäthoxy-2-[3-äthoxy-4-methoxy-phenyl]-chromen-4-on mit Hilfe von äthanol.
KOH (*Gupta, Seshadri*, Soc. **1954** 3063).

Kristalle (aus Ae. + PAe.); F: 97 – 98°.

1-[2-Benzyloxy-4,6-dimethoxy-phenyl]-2-methoxy-äthanon $C_{18}H_{20}O_5$, Formel VII (R = CH_3,
R' = CH_2-C_6H_5).

B. Aus 1-[2-Hydroxy-4,6-dimethoxy-phenyl]-2-methoxy-äthanon und Benzylbromid mit Hilfe
von K_2CO_3 in Aceton (*Robertson, Williamson*, Soc. **1957** 5018).

Kristalle (aus A.); F: 74 – 76°.

2-Acetoxy-1-[2,4,6-trimethoxy-phenyl]-äthanon $C_{13}H_{16}O_6$, Formel VII (R = CO-CH_3,
R' = CH_3).

B. Beim Erwärmen von 2-Chlor-1-[2,4,6-trimethoxy-phenyl]-äthanon mit Acetanhydrid,
Essigsäure und Natriumacetat (*Birch et al.*, Soc. **1954** 3586, 3592).

Kristalle (aus E. + Hexan); F: 111 – 112°.

2-Acetoxy-1-[4-acetoxy-2,6-dihydroxy-phenyl]-äthanon $C_{12}H_{12}O_7$, Formel IX (R = H).

B. Aus 2-Hydroxy-1-[2,4,6-trihydroxy-phenyl]-äthanon beim Behandeln mit wss. NaOH und
Acetanhydrid in $CHCl_3$ oder aus 2-Acetoxy-1-[2,4,6-triacetoxy-phenyl]-äthanon beim Behan=
deln mit äthanol. NH_3 (*Zemplén et al.*, Acta chem. hung. **8** [1956] 133, 137).

Kristalle (aus H_2O); F: 167 – 169°. UV-Spektrum (220 – 400 nm): *Ze. et al.*

2-Acetoxy-1-[4-acetoxy-2-hydroxy-6-methoxy-phenyl]-äthanon $C_{13}H_{14}O_7$, Formel IX
(R = CH_3).

B. Aus der vorangehenden Verbindung und Diazomethan (*Zemplén et al.*, Acta chim. hung.
8 [1956] 133, 137).

Kristalle (aus wss. Acn.); F: 121°.

2-Methoxy-1-[2,4,6-triacetoxy-phenyl]-äthanon $C_{15}H_{16}O_8$, Formel X (R = CH_3).

B. Aus 2-Methoxy-1-[2,4,6-trihydroxy-phenyl]-äthanon und Acetanhydrid mit Hilfe von Pyri=
din (*O'Toole, Wheeler*, Soc. **1956** 4411, 4413).

Kristalle (aus A.); F: 115 – 116°.

X   XI

2-Acetoxy-1-[2,4,6-triacetoxy-phenyl]-äthanon $C_{16}H_{16}O_9$, Formel X (R = CO-CH_3)
(E III 3995).

UV-Spektrum (220 – 400 nm): *Zemplén et al.*, Acta chim. hung. **8** [1956] 133, 135.

2-Hydroxy-1-[2,4,6-tris-methansulfonyloxy-phenyl]-äthanon $C_{11}H_{14}O_{11}S_3$, Formel XI (R = H,
X = SO_2-CH_3).

B. Aus 2-Methoxy-1-[2,4,6-tris-methansulfonyloxy-phenyl]-äthanon mit Hilfe von wss. HBr

(*Zemplén et al.*, Acta chim. hung. **13** [1957] 99).
Kristalle (aus H$_2$O); F: 140°.

1-[2-Hydroxy-4,6-bis-methansulfonyloxy-phenyl]-2-methansulfonyloxy-äthanon(?) C$_{11}$H$_{14}$O$_{11}$S$_3$, vermutlich Formel XI (R = SO$_2$-CH$_3$, X = H).
B. Aus 2-Hydroxy-1-[2,4,6-trihydroxy-phenyl]-äthanon und Methansulfonylchlorid mit Hilfe von Pyridin (*Zemplén et al.*, Acta chim. hung. **13** [1957] 99).
Kristalle (aus wss. Acn.); F: 143−144°.

2-Methoxy-1-[2,4,6-tris-methansulfonyloxy-phenyl]-äthanon C$_{12}$H$_{16}$O$_{11}$S$_3$, Formel XI (R = CH$_3$, X = SO$_2$-CH$_3$).
B. Aus 2-Methoxy-1-[2,4,6-trihydroxy-phenyl]-äthanon und Methansulfonylchlorid mit Hilfe von Pyridin (*Zemplén et al.*, Acta chim. hung. **13** [1957] 99).
Gelbe Kristalle (aus Eg.); F: 121,5−122°.

2,5-Dihydroxy-3,4-dimethoxy-6-methyl-benzaldehyd C$_{10}$H$_{12}$O$_5$, Formel XII.
B. Beim Erwärmen von 2-Hydroxy-3,4-dimethoxy-6-methyl-benzaldehyd mit K$_2$S$_2$O$_8$ und wss. NaOH (*Seshadri, Venkatasubramanian*, Soc. **1959** 1660).
Gelbe Kristalle (aus Bzl.+PAe.); F: 130°.

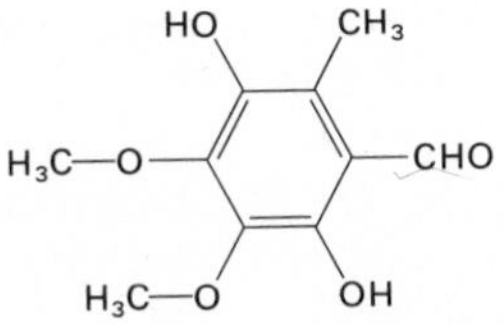

XII 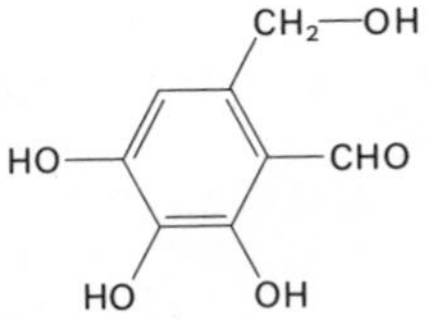   XIII

2,3,4-Trihydroxy-6-hydroxymethyl-benzaldehyd, Fomecin-A C$_8$H$_8$O$_5$, Formel XIII und Taut.
Konstitution: *McMorris, Anchel*, Canad. J. Chem. **42** [1964] 1595.
Isolierung aus Fomes juniperinus (*Anchel et al.*, Pr. nation. Acad. U.S.A. **38** [1952] 655).
Gelbliche Kristalle (aus wss. A.), die oberhalb 160° verkohlen (*An. et al.*; *McM., An.*).
^{1}H-NMR-Absorption (DMSO-d_6): *McM., An.* IR-Banden (KBr; 3500−1500 cm^{-1}): *McM., An.* λ_{max} (A.): 241 nm und 304 nm (*An. et al.*; *McM., An.*).

Hydroxy-oxo-Verbindungen C$_9$H$_{10}$O$_5$

1-[3,6-Dihydroxy-2,4-dimethoxy-phenyl]-propan-1-on C$_{11}$H$_{14}$O$_5$, Formel I.
B. Aus 1-[2-Hydroxy-4,6-dimethoxy-phenyl]-propan-1-on bei der Oxidation mit K$_2$S$_2$O$_8$ und wss. NaOH (*Mukerjee et al.*, Pr. Indian Acad. [A] **35** [1952] 82, 85).
Gelbe Kristalle (aus A.); F: 120−121°.

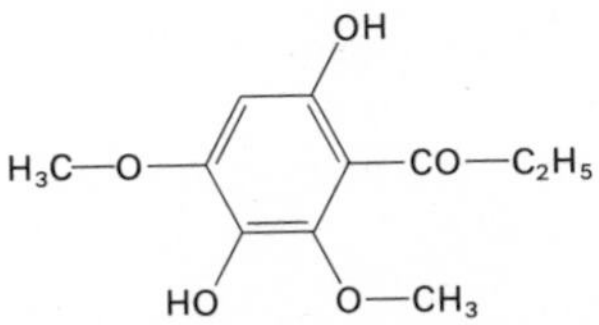

I 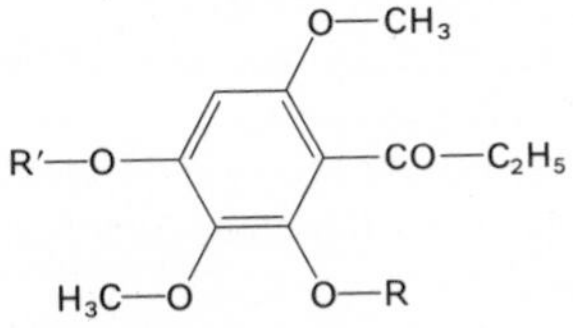   II 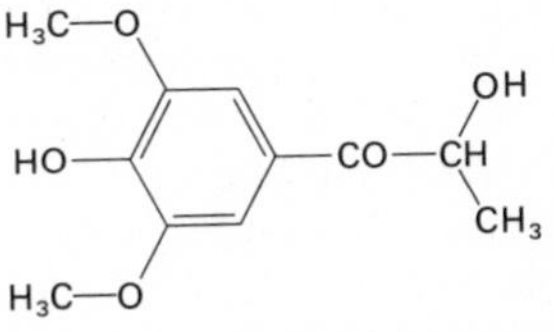   III

1-[2,4-Dihydroxy-3,6-dimethoxy-phenyl]-propan-1-on C$_{11}$H$_{14}$O$_5$, Formel II (R = R′ = H).
B. Aus 2,5-Dimethoxy-resorcin bei der Reaktion mit Propionitril, ZnCl$_2$ und HCl und an≈ schliessenden Hydrolyse (*Gardner et al.*, J. org. Chem. **15** [1950] 841, 848).

F: 126−127°.

1-[2-Hydroxy-3,4,6-trimethoxy-phenyl]-propan-1-on $C_{12}H_{16}O_5$, Formel II (R = H, R' = CH$_3$) (E I 732).

Gelbe Kristalle (aus A.); F: 129−130° (*Mukerjee et al.*, Pr. Indian Acad. [A] **35** [1952] 82, 84).

1-[2-Acetoxy-3,4,6-trimethoxy-phenyl]-propan-1-on $C_{14}H_{18}O_6$, Formel II (R = CO-CH$_3$, R' = CH$_3$).

Diese Konstitution kommt der früher (s. E I 8 732) als „Trimethyläther-acetat $C_{14}H_{18}O_6$" beschriebenen Verbindung (F: 73−74°) aufgrund der Konstitutionszuordnung der vorangehen= den Verbindung zu.

(±)-2-Hydroxy-1-[4-hydroxy-3,5-dimethoxy-phenyl]-propan-1-on $C_{11}H_{14}O_5$, Formel III (E III 3999).

IR-Spektrum (2−15 μ): *Pearl*, J. org. Chem. **24** [1959] 736, 738.

(±)-1-[3,4-Dimethoxy-phenyl]-3-hydroxy-2-[2-methoxy-phenoxy]-propan-1-on $C_{18}H_{20}O_6$, Formel IV (R = CH$_3$, R' = H).

B. Aus 1-[3,4-Dimethoxy-phenyl]-2-[2-methoxy-phenoxy]-äthanon und Formaldehyd mit Hilfe von K$_2$CO$_3$ in Äthanol (*Adler et al.*, Svensk Papperstidn. **55** [1952] 245, 252).

Kristalle (aus Me.); F: 114−116° [unkorr.] (*Ad. et al.*). UV-Spektrum in Äthanol sowie in wss.-äthanol. NaOH (jeweils 220−350 nm): *Ad. et al.*, l. c. S. 247; *Adler, Marton*, Acta chem. scand. **13** [1959] 75, 84.

Geschwindigkeit der Reaktion mit alkal. NaClO bei 90−95°: *Richtzenhain, Alfredsson*, Acta chem. scand. **8** [1954] 1519, 1521; mit SO$_2$ in wss. Lösungen vom pH 2−10,7 bei 135°: *Ad. et al.*, l. c. S. 251, sowie mit NH$_2$OH·HCl in wss.-äthanol. Lösung vom pH 4 bei 25°: *Gierer, Söderberg*, Acta chem. scand. **13** [1959] 127, 132.

Methyl-Derivat $C_{19}H_{22}O_6$; (±)-1-[3,4-Dimethoxy-phenyl]-3-methoxy-2-[2-meth= oxy-phenoxy]-propan-1-on. Kristalle (aus A.); F: 88−92° (*Ri., Al.*, l. c. S. 1526).

Acetyl-Derivat $C_{20}H_{22}O_7$; (±)-3-Acetoxy-1-[3,4-dimethoxy-phenyl]-2-[2-meth= oxy-phenoxy]-propan-1-on. Kristalle (aus Isopropyläther); F: 108° [unkorr.] (*Ad. et al.*, l. c. S. 252).

IV

(±)-1-[4-Benzyloxy-3-methoxy-phenyl]-3-hydroxy-2-[2-methoxy-phenoxy]-propan-1-on $C_{24}H_{24}O_6$, Formel IV (R = CH$_2$-C$_6$H$_5$, R' = H).

B. Analog der vorangehenden Verbindung (*Kratzl et al.*, M. **90** [1959] 771, 780).

F: 72−78° [Zers.; H$_2$O enthaltendes Präparat].

Acetyl-Derivat $C_{26}H_{26}O_7$; (±)-3-Acetoxy-1-[4-benzyloxy-3-methoxy-phenyl]-2-[2-methoxy-phenoxy]-propan-1-on. Kristalle (aus A.); F: 84−86°.

(±)-4-[2-(4-Hydroxy-3-methoxy-phenyl)-1-hydroxymethyl-2-oxo-äthoxy]-3-methoxy-benzaldehyd, (±)-2-[4-Formyl-2-methoxy-phenoxy]-3-hydroxy-1-[4-hydroxy-3-methoxy-phenyl]-propan-1-on $C_{18}H_{18}O_7$, Formel IV (R = H, R' = CHO).

B. Aus der folgenden Verbindung bei der Hydrierung an Palladium/BaSO$_4$ in Methanol (*Freudenberg, Eisenhut*, B. **88** [1955] 626, 631).

Kristalle (aus wss. Me.); F: 96° [wasserhaltiges Präparat].

(±)-4-[2-(4-Benzyloxy-3-methoxy-phenyl)-1-hydroxymethyl-2-oxo-äthoxy]-3-methoxy-benzaldehyd, (±)-1-[4-Benzyloxy-3-methoxy-phenyl]-2-[4-formyl-2-methoxy-phenoxy]-3-hydroxy-propan-1-on $C_{25}H_{24}O_7$, Formel IV (R = CH_2-C_6H_5, R′ = CHO).

B. Aus 4-[4-Benzyloxy-3-methoxy-phenacyloxy]-3-methoxy-benzaldehyd und Formaldehyd mit Hilfe von K_2CO_3 in wss. Äthanol (*Freudenberg, Eisenhut*, B. **88** [1955] 626, 631).

Kristalle (aus Bzl.); F: 118,5°.

---

*Opt.-inakt. Bis-[3-(3,4-dimethoxy-phenyl)-2-(2-methoxy-phenoxy)-3-oxo-propyl]-sulfid, 1,1′-Bis-[3,4-dimethoxy-phenyl]-2,2′-bis-[2-methoxy-phenoxy]-3,3′-sulfandiyl-bis-propan-1-on $C_{36}H_{38}O_{10}S$, Formel V.

B. Aus (±)-1-[3,4-Dimethoxy-phenyl]-3-hydroxy-2-[2-methoxy-phenoxy]-propan-1-on, $Na_2S \cdot 9H_2O$ und H_2S in H_2O (*Gierer, Alfredsson*, Acta chem. scand. **11** [1957] 1516, 1527).

Kristalle; F: 134—136°.

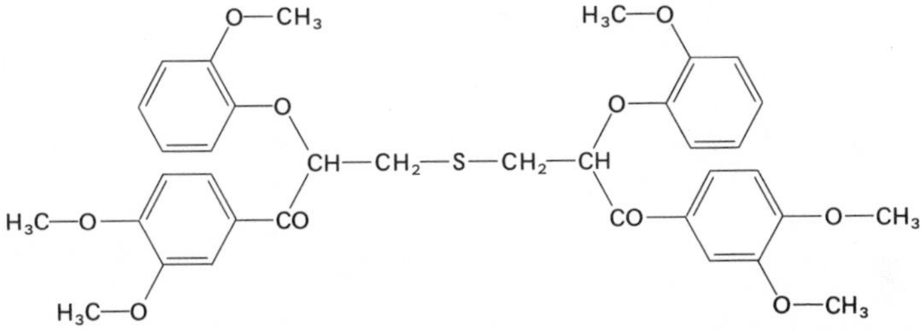

V

(±)-1-Äthoxy-1-[4-hydroxy-3,5-dimethoxy-phenyl]-aceton $C_{13}H_{18}O_5$, Formel VI.

B. Aus 1-[4-Acetoxy-3,5-dimethoxy-phenyl]-aceton beim Behandeln mit Brom in Äther, Erwärmen mit Äthanol und Silberacetat und Behandeln des Acetyl-Derivats (s. u.) mit äthanol. Natriumäthylat (*Kratzl, Schveers*, B. **89** [1956] 186, 190).

$Kp_{0,1}$: 150—170° [Badtemperatur].

Acetyl-Derivat $C_{15}H_{20}O_6$; (±)-1-[4-Acetoxy-3,5-dimethoxy-phenyl]-1-äthoxy-aceton. $Kp_{0,01}$: 130—150° [Badtemperatur].

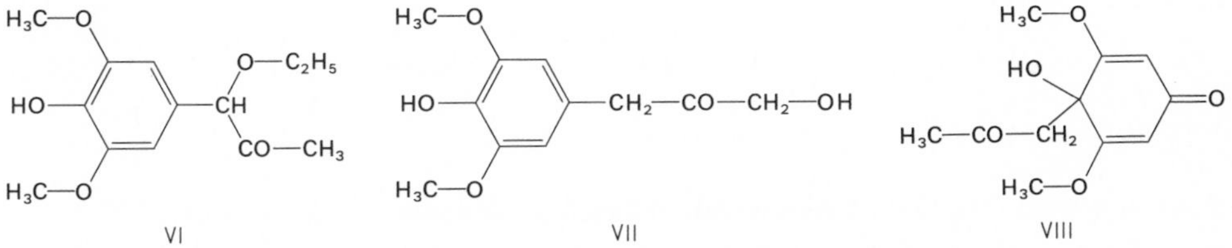

VI   VII   VIII

3-Hydroxy-1-[4-hydroxy-3,5-dimethoxy-phenyl]-aceton $C_{11}H_{14}O_5$, Formel VII.

B. Aus [4-Acetoxy-3,5-dimethoxy-phenyl]-essigsäure über mehrere Stufen (*Gorecki, Pepper*, Canad. J. Chem. **37** [1959] 2089, 2092).

Kristalle (aus Bzl.); F: 106,5—107,5° [unkorr.]. IR-Banden (3500—1500 cm⁻¹): *Go., Pe.*

4-Acetonyl-4-hydroxy-3,5-dimethoxy-cyclohexa-2,5-dienon $C_{11}H_{14}O_5$, Formel VIII.

Diese Konstitution kommt auch der von *Aghoramurthy et al.* (Pr. Indian Acad. [A] **37** [1953] 798, 801) als 4-Acetonyl-4-hydroxy-2,6-dimethoxy-cyclohexa-2,5-dienon $C_{11}H_{14}O_5$ formulierten Verbindung zu (*Aghoramurthy et al.*, J. Indian chem. Soc. **39** [1962] 439).

B. Aus 2,6-Dimethoxy-[1,4]benzochinon und Aceton mit Hilfe von K_2CO_3 oder äthanol.

KOH (*Ag. et al.*, Pr. Indian Acad. [A] **37** 801) bzw. Al_2O_3 (*Magnusson*, Acta chem. scand. **12** [1958] 791).

Kristalle; F: 158 − 159° [aus Acn. + Ae.] (*Ag. et al.*, Pr. Indian Acad. [A] **37** 802), 154° (*Ma.*).

Semicarbazon $C_{12}H_{17}N_3O_5$. Kristalle (aus A.); F: 200 − 201° (*Ag. et al.*, Pr. Indian Acad. [A] **37** 803).

2,4-Dinitro-phenylhydrazon $C_{17}H_{18}N_4O_8$. Kristalle (aus E.); F: 214 − 215° (*Ag. et al.*, Pr. Indian Acad. [A] **37** 803).

Acetyl-Derivat $C_{13}H_{16}O_6$; 4-Acetonyl-4-acetoxy-3,5-dimethoxy-cyclohexa-2,5-dienon. Kristalle (aus Me.); F: 127 − 128° (*Ag. et al.*, Pr. Indian Acad. [A] **37** 802).

Benzoyl-Derivat (F: 52 − 53°): *Ag. et al.*, Pr. Indian Acad. [A] **37** 803.

1-[2,3,4,6-Tetrahydroxy-5-methyl-phenyl]-äthanon $C_9H_{10}O_5$, Formel IX (R = H).

B. Aus der folgenden Verbindung mit Hilfe von $AlBr_3$ in Chlorbenzol, aus 2-Acetyl-3,5-dihydroxy-6-methyl-[1,4]benzochinon bei der Reduktion mit SO_2 in wss. Methanol oder aus 1-[3-Amino-2,4,6-trihydroxy-5-methyl-phenyl]-äthanon-hydrochlorid bei der Hydrolyse mit H_2O (*Riedl, Leucht*, B. **91** [1958] 2784, 2789, 2790).

Hellgelbe Kristalle (aus SO_2 enthaltendem H_2O); F: 191 − 192° [unkorr.]. Bei 140 − 150°/0,2 Torr sublimierbar.

IX   X

1-[2,5-Dihydroxy-4,6-dimethoxy-3-methyl-phenyl]-äthanon $C_{11}H_{14}O_5$, Formel IX (R = CH_3).

B. Aus 1-[2-Hydroxy-4,6-dimethoxy-3-methyl-phenyl]-äthanon bei der Oxidation mit $K_2S_2O_8$ in Gegenwart von Pyridin und wss. KOH (*Murti et al.*, Pr. Indian Acad. [A] **46** [1957] 265, 268) bzw. wss. NaOH (*Riedl, Leucht*, B. **91** [1958] 2784, 2788).

Gelbe Kristalle; F: 122 − 123° [unkorr.; aus SO_2 enthaltendem Me.] (*Ri., Le.*), 119 − 120° [aus Bzl. + PAe.] (*Mu. et al.*). Bei 100 − 115°/0,2 Torr sublimierbar (*Ri., Le.*). λ_{max} (A.): 277,5 nm und 365 nm (*Ri., Le.*).

2-Methoxy-1-[2,4,6-trihydroxy-3-methyl-phenyl]-äthanon $C_{10}H_{12}O_5$, Formel X (R = H).

B. Aus 2-Methyl-phloroglucin bei der Reaktion mit Methoxyacetonitril, $ZnCl_2$ und HCl und anschliessenden Hydrolyse mit H_2O (*Jain, Seshadri*, J. scient. ind. Res. India **13** B [1954] 539, 541).

Kristalle (aus Ae. + PAe.) mit 1,5 Mol H_2O; F: 206 − 207°.

1-[4,6-Dihydroxy-2-methoxy-3-methyl-phenyl]-2-methoxy-äthanon $C_{11}H_{14}O_5$, Formel XI (R = H).

B. Aus 2-Methoxy-1-[2-methoxy-3-methyl-4,6-bis-(toluol-4-sulfonyloxy)-phenyl]-äthanon mit Hilfe von äthanol. KOH (*Mani et al.*, J. scient. ind. Res. India **15** B [1956] 490, 492).

Kristalle (aus Bzl. + Hexan); F: 137°.

XI

1-[6-Hydroxy-2,4-dimethoxy-3-methyl-phenyl]-2-methoxy-äthanon $C_{12}H_{16}O_5$, Formel XI
(R = CH_3).

B. Aus der vorangehenden Verbindung und Dimethylsulfat mit Hilfe von K_2CO_3 in Aceton
(*Mani et al.*, J. scient. ind. Res. India **15** B [1956] 490, 493).

Kristalle (aus Hexan); F: 92°.

1-[2-Hydroxy-4,6-dimethoxy-3-methyl-phenyl]-2-methoxy-äthanon $C_{12}H_{16}O_5$, Formel X
(R = CH_3) (E I 733; E III 4000).

B. Aus 2-Methoxy-1-[2,4,6-trihydroxy-phenyl]-äthanon und CH_3I mit Hilfe von K_2CO_3 in
Aceton (*Lindstedt, Misiorny*, Acta chem. scand. **5** [1951] 1213; *Venkateswarlu*, Curr. Sci. **23**
[1954] 329; *Jain, Seshadri*, J. scient. ind. Res. India **13** B [1954] 539, 540).

Kristalle; F: 176—177° [nach Trocknen bei 110° im Vakuum] (*Ve.; Jain, Se.*), 148—149°
[unkorr.; aus A.] (*Li., Mi.*), 141—142° [aus Me.; mit 1 Mol H_2O] (*Ve.; Jain, Se.*).

Hydroxy-oxo-Verbindungen $C_{10}H_{12}O_2$

3,5,7-Tris-hydroxymethyl-tropolon $C_{10}H_{12}O_5$, Formel XII (R = H).

B. Aus Tropolon und Formaldehyd mit Hilfe von wss. KOH (*Nozoe et al.*, Sci. Rep. Tohoku
Univ. [I] **36** [1952] 40, 60).

Kristalle (aus A.); F: 174° [unkorr.; Zers.].

XII   XIII   XIV

3,5,7-Tris-hydroxymethyl-2-methoxy-cycloheptatrienon $C_{11}H_{14}O_5$, Formel XII (R = CH_3).

B. Aus der vorangehenden Verbindung und Diazomethan (*Nozoe et al.*, Sci. Rep. Tohoku
Univ. [I] **36** [1952] 40, 60).

Kristalle (aus Me.); F: 134—135° [unkorr.].

1-[3-Äthyl-6-hydroxy-2,4,5-trimethoxy-phenyl]-äthanon $C_{13}H_{18}O_5$, Formel XIII (R = CH_3,
R′ = H).

B. Aus 2-Äthyl-1,3,4,5-tetramethoxy-benzol und Acetylchlorid mit Hilfe von $AlCl_3$ in Äther
oder aus 1-Acetoxy-4-äthyl-2,3,5-trimethoxy-benzol mit Hilfe von $AlCl_3$ in Nitrobenzol (*Rab=
john, Rosenburg*, J. org. Chem. **24** [1959] 1192, 1194, 1197).

$Kp_{0,3}$: 117—118,5°. n_D^{25}: 1,5421.

Beim Behandeln mit HBr in Essigsäure ist 1-[3-Äthyl-6,x-dihydroxy-x,x-dimethoxy-
phenyl]-äthanon $C_{12}H_{16}O_5$ (gelbe Kristalle [aus wss. A.]; F: 114—115° [unkorr.]) erhalten
worden (*Ra., Ro.*, l. c. S. 1195).

Acetyl-Derivat $C_{15}H_{20}O_6$; 1-[2-Acetoxy-5-äthyl-3,4,6-trimethoxy-phenyl]-äth=
anon. F: 76—78° (*Ra., Ro.*, l. c. S. 1195).

1-[3-Äthyl-2-hydroxy-4,5,6-trimethoxy-phenyl]-äthanon $C_{13}H_{18}O_5$, Formel XIII (R = H,
R′ = CH_3).

B. Aus 1-Acetoxy-2-äthyl-3,4,5-trimethoxy-benzol mit Hilfe von $AlCl_3$ in Nitrobenzol (*Rab=
john, Rosenburg*, J. org. Chem. **24** [1959] 1192, 1196).

$Kp_{0,15}$: 98—102°. n_D^{25}: 1,5293.

1-[3-Äthyl-2,4,5,6-tetramethoxy-phenyl]-äthanon $C_{14}H_{20}O_5$, Formel XIII (R = R′ = CH_3).

B. Aus 1-[3-Äthyl-6-hydroxy-2,4,5-trimethoxy-phenyl]-äthanon und Dimethylsulfat mit Hilfe
von wss.-äthanol. NaOH (*Rabjohn, Rosenburg*, J. org. Chem. **24** [1959] 1192, 1195).

$Kp_{0,9}$: ca. 115°. n_D^{25}: 1,5033.

1-[5-Äthyl-2,3,4-trihydroxy-phenyl]-2-hydroxy-äthanon $C_{10}H_{12}O_5$, Formel XIV.

B. Aus 1-[5-Äthyl-2,3,4-trihydroxy-phenyl]-2-chlor-äthanon und Natriumacetat in Äthanol und H_2O (*Murai*, Sci. Rep. Saitama Univ. [A] **1** [1952] 23, 26).

Hellgelbe Kristalle (aus wss. A.); F: 180–181°.

(±)-4-Acetyl-2-hydroxy-2,6-dimethyl-cyclohexan-1,3,5-trion $C_{10}H_{12}O_5$, Formel I (R = H) und Taut.

B. Aus 1-[2,4,6-Trihydroxy-3,5-dimethyl-phenyl]-äthanon bei der Oxidation mit Sauerstoff in Gegenwart von Blei(II)-acetat in Methanol (*Campbell, Coppinger*, Am. Soc. **73** [1951] 1849).

Kristalle; F: 154–155° (*Riedl, Hübner*, B. **90** [1957] 2870, 2873), 150,5–151,5° [aus wss. Me.] (*Ca., Co.*). UV-Spektrum in neutraler, saurer und alkal. Lösung (220–400 nm): *Ca., Co.*

I   II

Hydroxy-oxo-Verbindungen $C_{11}H_{14}O_5$

3-Methyl-1-[2,3,4,6-tetrahydroxy-phenyl]-butan-1-on $C_{11}H_{14}O_5$, Formel II (R = R' = H).

B. Aus der folgenden Verbindung mit Hilfe von $AlBr_3$ in Chlorbenzol (*Riedl, Leucht*, B. **91** [1958] 2784, 2791).

Gelbe Kristalle (aus SO_2 enthaltendem H_2O); F: 178–179° [unkorr.]. Bei 130–140°/0,2 Torr sublimierbar.

1-[2,4-Dihydroxy-3,6-dimethoxy-phenyl]-3-methyl-butan-1-on $C_{13}H_{18}O_5$, Formel II (R = H, R' = CH_3).

B. Aus 2,5-Dimethoxy-resorcin und Isovalerylchlorid in CS_2 und Nitrobenzol (*Riedl, Leucht*, B. **91** [1958] 2784, 2791).

Kristalle (aus wss. A.); F: 93,5°. Bei 85°/0,1 Torr sublimierbar.

3-Methyl-1-[2,3,4,6-tetramethoxy-phenyl]-butan-1-on $C_{15}H_{22}O_5$, Formel II (R = R' = CH_3).

B. Aus 3-Methyl-1-[2,3,4,6-tetramethoxy-phenyl]-but-2-en-1-on bei der Hydrierung an Raney-Nickel in Methanol (*Huls, Brunelle*, Bl. Soc. chim. Belg. **68** [1959] 325, 331).

$Kp_{0,8}$: 172°.

Hydroxy-oxo-Verbindungen $C_{12}H_{16}O_5$

(±)-4-Butyryl-2-hydroxy-2,6-dimethyl-cyclohexan-1,3,5-trion $C_{12}H_{16}O_5$, Formel I (R = C_2H_5) und Taut.

B. Aus 1-[2,4,6-Trihydroxy-3,5-dimethyl-phenyl]-butan-1-on bei der Oxidation mit Sauerstoff in Gegenwart von Blei(II)-acetat in Methanol (*Campbell, Coppinger*, Am. Soc. **73** [1951] 1849).

Hellgelbe Kristalle (aus wss. Me.); F: 104,5–105,0°. UV-Spektrum in neutraler, saurer und alkal. Lösung (220–400 nm): *Ca., Co.*

Hydroxy-oxo-Verbindungen $C_{14}H_{20}O_5$

*Opt.-inakt. 4,5-Dihydroxy-2-isobutyryl-4-[3-methyl-but-2-enyl]-cyclopentan-1,3-dion $C_{14}H_{20}O_5$, Formel III (R = $CH(CH_3)_2$) und Taut.; **Oxycohumulinsäure.**

B. Aus opt.-inakt. 4,5-Dihydroxy-2-isobutyryl-4-[3-methyl-but-2-enyl]-5-[4-methyl-pent-3-

enoyl]-cyclopentan-1,3-dion (Cohumulinon; F: 111°) mit Hilfe von wss. NaOH (*Cook et al.,* J. Inst. Brewing **61** [1955] 321, 324).

Kristalle; F: 105° (*Alderweireldt, Verzele,* Bl. Soc. chim. Belg. **66** [1957] 391, 400).

III

IV

Hydroxy-oxo-Verbindungen $C_{15}H_{22}O_5$

*Opt.-inakt. 4,5-Dihydroxy-4-[3-methyl-but-2-enyl]-2-[2-methyl-butyryl]-cyclopentan-1,3-dion
$C_{15}H_{22}O_5$, Formel III (R = CH(CH$_3$)-C$_2$H$_5$) und Taut.; **Oxyadhumulinsäure.**

B. Analog der vorangehenden Verbindung (*Alderweireldt, Verzele,* Bl. Soc. chim. Belg. **66** [1957] 391, 400).

F: 109°.

---

*Opt.-inakt. 4,5-Dihydroxy-2-isovaleryl-4-[3-methyl-but-2-enyl]-cyclopentan-1,3-dion
$C_{15}H_{22}O_5$, Formel III (R = CH$_2$-CH(CH$_3$)$_2$) und Taut.; **Oxyhumulinsäure.**

B. Analog den vorangehenden Verbindungen (*Cook et al.,* J. Inst. Brewing **61** [1955] 321, 324).

Kristalle; F: 78° (*Alderweireldt, Verzele,* Bl. Soc. chim. Belg. **66** [1957] 391, 400). IR-Spektrum (3600−700 cm^{-1}): *Al., Ve.,* l. c. S. 394. UV-Spektrum in alkal. und saurer Lösung (220−320 nm): *Al., Ve.,* l. c. S. 393.

Hydroxy-oxo-Verbindungen $C_{16}H_{24}O_5$

3-Methyl-1-[2,3,4,6-tetrahydroxy-5-isopentyl-phenyl]-butan-1-on, Humulohydrochinon
$C_{16}H_{24}O_5$, Formel IV (R = R' = H) (E II 534).

Kristalle (aus Bzl.); F: 128−130° [unkorr.] (*Riedl, Leucht,* B. **91** [1958] 2784, 2793). λ_{max} (A.?): 293 nm und 350 nm (*Harris et al.,* Soc. **1952** 1906, 1909).

Beim Behandeln mit Diazomethan in Äther ist eine möglicherweise als 1-[2,5-Dihydroxy-3-isopentyl-4,6-dimethoxy-phenyl]-3-methyl-butan-1-on [Formel IV (R = CH$_3$, R' = H)] (*Ri., Le.,* l. c. S. 2786) zu formulierende Verbindung $C_{18}H_{28}O_5$ (Kp$_{0,00001}$: 100−115°) erhalten worden (*Ha. et al.*).

Tetrabenzoyl-Derivat (F: 172−172,5°): *Ri., Le.,* l. c. S. 2794.

Phenylcarbamoyl-Derivat $C_{23}H_{29}NO_6$. Kristalle (aus Bzl.+PAe.); F: 131° [unkorr.; Zers.] (*Ha. et al.*).

1-[2,4-Dihydroxy-5-isopentyl-3,6-dimethoxy-phenyl]-3-methyl-butan-1-on $C_{18}H_{28}O_5$, Formel IV (R = H, R' = CH$_3$).

B. Aus 4-Isopentyl-2,5-dimethoxy-resorcin und Isovalerylchlorid mit Hilfe von AlCl$_3$ in CS$_2$ und Nitrobenzol (*Riedl, Leucht,* B. **91** [1958] 2784, 2792).

Kp$_{0,2}$: 120−140°. λ_{max} (A.): 280 nm und 340 nm.

Hydroxy-oxo-Verbindungen $C_{18}H_{28}O_5$

2-Heptyl-3,6-dihydroxy-5-[3-hydroxy-3-methyl-butyl]-[1,4]benzochinon $C_{18}H_{28}O_5$, Formel V und Taut.

B. Aus 7-Heptyl-6-hydroxy-2,2-dimethyl-chroman-5,8-dion mit Hilfe von wss.-methanol. NaOH (*Cardani et al.,* Rend. Ist. lomb. **91** [1957] 624, 634).

Orangerote Kristalle (aus Heptan); F: 133,5−134° [korr.].

V   VI

(±)-4-Acetyl-2-hydroxy-2,6-diisopentyl-cyclohexan-1,3,5-trion $C_{18}H_{28}O_5$, Formel VI
(R = CH₃) und Taut.

B. Aus 4-Acetyl-2,2,6-tris-[3-methyl-but-2-enyl]-cyclohexan-1,3,5-trion bei der Hydrierung an Palladium in wss. Methanol und anschliessenden Oxidation mit Sauerstoff in Gegenwart von Blei(II)-acetat in Methanol (*Riedl, Nickl,* B. **89** [1956] 1838, 1847).

Kristalle (aus Eg. oder Me.); F: 70−71°. UV-Spektrum (A.; 220−400 nm): *Ri., Ni.,* l. c. S. 1840.

Hydroxy-oxo-Verbindungen $C_{19}H_{30}O_5$

3β,17β-Diacetoxy-9,11α-dihydroxy-5α,9α(?)-androstan-7-on $C_{23}H_{34}O_7$, vermutlich Formel VII.

B. Aus 3β,17β-Diacetoxy-8α(?),9α(?)-epoxy-5α-androstan-7ξ,11α-diol (E III/IV **17** 2675) mit Hilfe von Äther-BF₃ (*CIBA,* U.S.P. 2743287 [1952]; D.B.P. 941124 [1953]).

Kristalle (aus Me.); F: 267,5−268°. [α]_D: −75° [CHCl₃]. λ_max: 285 nm.

VII   VIII

Hydroxy-oxo-Verbindungen $C_{20}H_{32}O_5$

(±)-2-Hydroxy-4-isobutyryl-2,6-diisopentyl-cyclohexan-1,3,5-trion $C_{20}H_{32}O_5$, Formel VI
(R = CH(CH₃)₂) und Taut.; (±)-Tetrahydrocohumulon.

B. Aus 2-Methyl-1-[2,4,6-trihydroxy-3,5-diisopentyl-phenyl]-propan-1-on bei der Oxidation mit Sauerstoff in Gegenwart von Blei(II)-acetat (*Howard et al.,* Soc. **1955** 174, 177).

λ_max: 240 nm, 285 nm und 325 nm [A.] sowie 230 nm und 325 nm [alkal. äthanol. Lösung] (*Ho. et al.,* l. c. S. 187).

4-Hydroxy-2-isobutyryl-5-isopentyl-4-[4-methyl-valeryl]-cyclopentan-1,3-dion $C_{20}H_{32}O_5$.

a) **(+)-4-Hydroxy-2-isobutyryl-5-isopentyl-4-[4-methyl-valeryl]-cyclopentan-1,3-dion,**
Formel VIII und Taut.; (+)-Tetrahydroisocohumulon.

B. Aus (+)-4-Hydroxy-2-isobutyryl-5-[3-methyl-but-2-enyl]-4-[4-methyl-pent-3-enoyl]-cyclo‌pentan-1,3-dion ((+)-Isocohumulon; S. 3408) bei der Hydrierung an Platin in Essigsäure (*Brown et al.,* Soc. **1959** 545, 548).

Kristalle; F: 40−46° [nach Destillation bei 145°/0,001 Torr (Badtemperatur)]. [α]_D: +28° [Me.], +89° [alkal. methanol. Lösung]. λ_max: 230 nm und 273 nm [saure äthanol. Lösung] sowie 253 nm [alkal. äthanol. Lösung].

b) **(±)-4r-Hydroxy-2-isobutyryl-5c-isopentyl-4-[4-methyl-valeryl]-cyclopentan-1,3-dion,**
Formel IX (R = CH(CH₃)₂) + Spiegelbild und Taut.; (±)-*cis*-Tetrahydroisocohumulon.

B. Neben dem unter c) beschriebenen Isomeren aus (±)-Tetrahydrocohumulon (s. o.) mit

Hilfe von wss. Na_2CO_3 (*Byrne, Shaw*, Soc. [C] **1971** 2810, 2812; s. a. *Brown et al.*, Soc. **1959** 545, 549).

Kristalle (aus Hexan); F: $63-66°$ (*By., Shaw*). ^{1}H-NMR-Absorption ($CDCl_3$): *By., Shaw*. IR-Banden ($CHCl_3$; $3450-1300$ cm^{-1}): *By., Shaw*. λ_{max}: 231 nm und 265 nm [saure äthanol. Lösung] sowie 253 nm [alkal. äthanol. Lösung] (*By., Shaw*).

IX   X

c) (±)-**4r-Hydroxy-2-isobutyryl-5t-isopentyl-4-[4-methyl-valeryl]-cyclopentan-1,3-dion**, Formel X ($R = CH(CH_3)_2$) + Spiegelbild und Taut.; (±)-*trans*-Tetrahydroiso‍cohumulon.

B. s. unter b).

Kristalle (aus PAe.); F: $79-89°$ (*Byrne, Shaw*, Soc. [C] **1971** 2810, 2813). ^{1}H-NMR-Absorp‍tion ($CDCl_3$): *By., Shaw*. IR-Banden ($CHCl_3$; $3450-1300$ cm^{-1}): *By., Shaw*. λ_{max}: 228 nm und 272 nm [saure äthanol. Lösung] sowie 253 nm [alkal. äthanol. Lösung] (*By., Shaw*).

{6,8-Dihydroxy-2-[1-(4-hydroxy-3,3-dimethyl-2-oxo-cyclopentyl)-äthyl]-6-methyl-bicyclo[3.2.1]oct-1-yl}-acetaldehyd, 5-{1-[6,8-Dihydroxy-6-methyl-1-(2-oxo-äthyl)-bicyclo[3.2.1]oct-2-yl]-äthyl}-3-hydroxy-2,2-dimethyl-cyclopentanon $C_{20}H_{32}O_5$ **und Taut.**

a) **{(1R)-6exo,8anti-Dihydroxy-2exo-[(R)-1-((1S)-4c-hydroxy-3,3-dimethyl-2-oxo-cyclopent-r-yl)-äthyl]-6endo-methyl-bicyclo[3.2.1]oct-1-yl}-acetaldehyd**, Formel XI und Taut. ((3S)-5c-[(R)-1-((3aR)-2ξ,8syn-Dihydroxy-8anti-methyl-(7at)-hexahydro-3ar,7c-äthano-benzofuran-4t-yl)-äthyl]-3r-hydroxy-2,2-dimethyl-cyclopentanon [Formel XII]).

Diese Konstitution kommt der von *Nakazima, Iwasa* (Bl. Inst. Insect Control Kyoto **16** [1951] 28, 30; C. A. **1952** 3986) als „β-Dihydro-A" bezeichneten Verbindung zu (*Iwasa et al.*, Agric. biol. Chem. Japan **25** [1961] 782, 784, 789).

B. Aus (7R)-1,1,4c,8-Tetramethyl-(3ac,4at)-dodecahydro-7r,9ac-methano-cyclopenta[b]hep‍talen-2t,8c,11t,11at,12anti-pentaol (β-Dihydrograyanotoxin-II; E IV **6** 7891) bei der Oxidation mit Blei(IV)-acetat (*Na., Iw.*).

Kristalle; F: $126-128°$ [unkorr.] (*Iw. et al.*, l. c. S. 788), $125-128°$ [Zers.; aus E.] (*Na., Iw.*). $[\alpha]_D^{16}$: $-116°$ [A.?] (*Iw. et al.*). λ_{max} (A.): 296 nm (*Iw. et al.*).

Bei der Oxidation mit CrO_3 in wss. Essigsäure ist (S)-4-[(R)-1-((3aR)-8syn-Hydroxy-8anti-methyl-2-oxo-(7at)-hexahydro-3ar,7c-äthano-benzofuran-4t-yl)-äthyl]-2,2-dimethyl-cyclo‍pentan-1,3-dion erhalten worden (*Na., Iw.*).

XI   XII   XIII   XIV

b) {(1*R*)-6*exo*,8*anti*-Dihydroxy-2*exo*-[(*S*)-1-((1*S*)-4*c*-hydroxy-3,3-dimethyl-2-oxo-cyclopent-*r*-yl)-äthyl]-6*endo*-methyl-bicyclo[3.2.1]oct-1-yl}-acetaldehyd, Formel XIII und Taut. ((3*S*)-5*c*-[(*S*)-1-((3a*R*)-2ξ,8*syn*-Dihydroxy-8*anti*-methyl-(7a*t*)-hexahydro-3*r*,7*c*-äthano-benzofuran-4*t*-yl)-äthyl]-3*r*-hydroxy-2,2-dimethyl-cyclopentanon, Formel XIV.

Diese Konstitution kommt der von *Nakazima, Iwasa* (Bl. Inst. Insect Control Kyoto **16** [1951] 28, 30; C. A. **1951** 3986) als „α-Dihydro-A" bezeichneten Verbindung zu (*Iwasa et al.*, Agric. biol. Chem. Japan **25** [1961] 782, 784, 789).

B. Aus (7*R*)-1,1,4*t*,8-Tetramethyl-(3a*c*,4a*t*)-dodecahydro-7*r*,9a*c*-methano-cyclopenta[*b*]heptalen-2*t*,8*c*,11*t*,11a*t*,12*anti*-pentaol (α-Dihydrograyanotoxin-II; E IV **6** 7892) bei der Oxidation mit Blei(IV)-acetat (*Na., Iw.*).

Kristalle; F: 163° [unkorr.] (*Iw. et al.*, l. c. S. 788), 157–158° [aus Ae.] (*Na., Iw.*). $[\alpha]_D^{16}$: −57° [A.?] (*Iw. et al.*). λ_{max} (A.): 302 nm (*Iw. et al.*).

Bei der Oxidation mit CrO_3 in Essigsäure ist (*S*)-4-[(*S*)-1-((3a*R*)-8*syn*-Hydroxy-8*anti*-methyl-2-oxo-(7a*t*)-hexahydro-3a*r*,7*c*-äthano-benzofuran-4*t*-yl)-äthyl]-2,2-dimethyl-cyclopentan-1,3-dion erhalten worden (*Na., Iw.*).

2α,5α,9α,10β-Tetrahydroxy-tax-4(20)-en-13-on, Taxininol, Taxinol $C_{20}H_{32}O_5$, Formel XV.

Konstitution: *Kurono et al.*, Tetrahedron Letters **1963** 2153, 2157; *Ueda et al.*, Tetrahedron Letters **1963** 2167, 2168. Zur Konfiguration vgl. *Shiro, Koyama*, Soc. [B] **1971** 1342.

B. Aus 2α,9α,10β-Triacetoxy-5α-*trans*-cinnamoyloxy-taxa-4(20),11-dien-13-on ((+)-Taxinin) mit Hilfe von $LiAlH_4$ (*Takahashi et al.*, Chem. pharm. Bl. **6** [1958] 728, **8** [1960] 372; *Uyeo et al.*, J. pharm. Soc. Japan **82** [1962] 1081).

Kristalle; F: 263° [nach Sintern ab 250°; aus Acn.] (*Ta. et al.*), 254–255° (*Ku. et al.*), 252–254° (*Uyeo et al.*). $[\alpha]_D$: −3,99° [THF; c = 0,5] (*Uyeo et al.*). ^{1}H-NMR-Absorption (Py.): *Ku. et al.*

XV XVI XVII

4,3′,6′,10′-Tetrahydroxy-3,3,1′,6′-tetramethyl-octahydro-spiro[cyclopentan-1,2′-(4a,7-methano-benzocyclohepten)]-2-on $C_{20}H_{32}O_5$.

a) (1Ξ,4*S*,4′a*S*)-4,3′ξ,6′*c*,10′*syn*-Tetrahydroxy-3,3,1′*c*,6′*t*-tetramethyl-(9′a*t*)-octahydro-spiro[cyclopentan-1,2′-(4a*r*,7*c*-methano-benzocyclohepten)]-2-on, Formel XVI.

Diese Konstitution kommt vermutlich der von *Nakazima, Iwasa* (Bl. Inst. Insect Control Kyoto **16** [1951] 28, 30; C. A. **1952** 3986) als „β-Dihydro-B" bezeichneten Verbindung zu (*Iwasa et al.*, Agric. biol. Chem. Japan **25** [1961] 782, 784, 789).

B. Aus {(1*R*)-6*exo*,8*anti*-Dihydroxy-2*exo*-[(*R*)-1-((1*S*)-4*c*-hydroxy-3,3-dimethyl-2-oxo-cyclopent-*r*-yl)-äthyl]-6*endo*-methyl-bicyclo[3.2.1]oct-1-yl}-acetaldehyd mit Hilfe von wss.-methanol. KOH (*Na., Iw.*).

Kristalle; F: 252–254° (*Na., Iw.*), 252–254° [unkorr.] (*Iw. et al.*). $[\alpha]_D^{16}$: −62° [A.?] (*Iw. et al.*). λ_{max} (A.): 320 nm (*Iw. et al.*).

b) (1Ξ,4*S*,4′a*S*)-4,3′ξ,6′*c*,10′*syn*-Tetrahydroxy-3,3,1′*t*,6′*t*-tetramethyl-(9′a*t*)-octahydro-spiro[cyclopentan-1,2′-(4a*r*,7*c*-methano-benzocyclohepten)]-2-on, Formel XVII.

Diese Konstitution kommt vermutlich der von *Nakazima, Iwasa* (Bl. Inst. Insect Control Kyoto **16** [1951] 28, 30; C. A. **1952** 3986) als „α-Dihydro-B" bezeichneten Verbindung zu (*Iwasa et al.*, Agric. biol. Chem. Japan **25** [1961] 782, 784, 789).

B. Aus (7*R*)-1,1,4*t*,8-Tetramethyl-(3a*c*,4a*t*)-dodecahydro-7*r*,9a*c*-methano-cyclopenta[*b*]heptalen-2t,8c,11t,11at,12$anti$-pentaol (α-Dihydrograyanotoxin-II; E IV **6** 7892) mit Hilfe von wss. HIO$_4$ oder aus {(1R)-6exo,8$anti$-Dihydroxy-2exo-[(S)-1-((1S)-4c-hydroxy-3,3-dimethyl-2-oxo-cyclopent-r-yl)-äthyl]-6$endo$-methyl-bicyclo[3.2.1]oct-1-yl}-acetaldehyd mit Hilfe von wss.-methanol. KOH (*Na.*, *Iw.*).

Kristalle; F: 250 – 251° [unkorr.] (*Iw. et al.*), 247 – 248° [aus E.] (*Na.*, *Iw.*). [α]$_D^{16}$: – 40° [A.?] (*Iw. et al.*). λ_{max} (A.): 300 nm (*Iw. et al.*).

Tetraacetyl-Derivat C$_{28}$H$_{40}$O$_9$; (1$\varXi$,4S,4′aS)-4,3′ξ,6′c,10′syn-Tetraacetoxy-3,3,1′t,6′t-tetramethyl-(9′at)-octahydro-spiro[cyclopentan-1,2′-(4ar,7c-methano-benzocyclohepten)]-2-on. Kristalle; F: 280°(?) [unkorr.] (*Iw. et al.*, l. c. S. 788), 205 – 206° [aus wss. A.] (*Na.*, *Iw.*). [α]$_D^{16}$: – 72° [A.?] (*Iw. et al.*). λ_{max} (A.): 300 nm (*Iw. et al.*).

Hydroxy-oxo-Verbindungen C$_{21}$H$_{34}$O$_5$

2-Hydroxy-2,4-diisopentyl-6-isovaleryl-cyclohexan-1,3,5-trion C$_{21}$H$_{34}$O$_5$.

a) **(R)-2-Hydroxy-2,4-diisopentyl-6-isovaleryl-cyclohexan-1,3,5-trion**, Formel I und Taut.; (–)-Tetrahydrohumulon.

B. Aus (–)-Humulon (S. 3410) beim Hydrieren an Platin in Methanol [pH 5,1] (*Verzele, Anteunis*, Bl. Soc. chim. Belg. **68** [1959] 315, 324).

[α]$_D^{20}$: – 116° [Me.] (*Ve.*, *An.*, l. c. S. 320). UV-Spektrum (alkal. methanol. Lösung; 220 – 400 nm): *Obata, Horitsu*, Bl. agric. chem. Soc. Japan **23** [1959] 186, 191.

Verbindung mit o-Phenylendiamin (F: 95 – 96°): *Ve.*, *An.*, l. c. S. 320.

b) **(±)-2-Hydroxy-2,4-diisopentyl-6-isovaleryl-cyclohexan-1,3,5-trion**, Formel I + Spiegelbild und Taut.; (±)-Tetrahydrohumulon (E II 535).

B. Aus (±)-Humulon (S. 3411) bei der Hydrierung an Platin in methanol. KOH [pH 5,2 – 5,4] (*Anteunis, Verzele*, Bl. Soc. chim. Belg. **68** [1959] 705, 709).

Kristalle (aus Isooctan); F: 85 – 85,5°.

4-Hydroxy-5-isopentyl-2-isovaleryl-4-[4-methyl-valeryl]-cyclopentan-1,3-dion C$_{21}$H$_{34}$O$_5$.

a) **(+)-4r-Hydroxy-5c-isopentyl-2-isovaleryl-4-[4-methyl-valeryl]-cyclopentan-1,3-dion**, Formel IX (R = CH$_2$-CH(CH$_3$)$_2$) oder Spiegelbild und Taut.

B. Neben dem unter c) beschriebenen Isomeren aus (–)-Humulon (S. 3410) bei der Reaktion mit wss.-methanol. Na$_2$CO$_3$ und anschliessenden Hydrieren an Palladium/Kohle in Methanol (*Donnelly, Shannon*, Soc. [C] **1970** 524, 530).

Kristalle (aus Hexan); F: 67,5 – 69°. [α]$_D^{20}$: + 21,6° [CHCl$_3$; c = 1,6]. λ_{max}: 254 nm [A.], 251 nm [alkal. äthanol. Lösung] sowie 230 nm [saure äthanol. Lösung].

b) **(±)-4r-Hydroxy-5c-isopentyl-2-isovaleryl-4-[4-methyl-valeryl]-cyclopentan-1,3-dion**, Formel IX (R = CH$_2$-CH(CH$_3$)$_2$) + Spiegelbild und Taut.

B. Neben dem unter d) beschriebenen Racemat aus (±)-Tetrahydrohumulon (s. o.) mit Hilfe von wss. Na$_2$CO$_3$ (*Donnelly, Shannon*, Soc. [C] **1970** 524, 529).

Kristalle; F: 59 – 62,5°. ^{1}H-NMR-Absorption (CDCl$_3$): *Do., Sh.*, l. c. S. 530. IR-Banden (CHCl$_3$; 3450 – 1100 cm^{-1}): *Do., Sh.* λ_{max}: 254 nm [A.], 228 nm und 267 nm [saure äthanol. Lösung] sowie 249 nm [alkal. äthanol. Lösung].

c) **(−)-4r-Hydroxy-5t-isopentyl-2-isovaleryl-4-[4-methyl-valeryl]-cyclopentan-1,3-dion,**
Formel X (R = CH_2-$CH(CH_3)_2$) oder Spiegelbild und Taut.
B. s. unter a).
Kristalle (aus Hexan); F: 75,5−78° (*Donnelly, Shannon,* Soc. [C] **1970** 524, 530). $[\alpha]_D^{20}$:
−1,5° [$CHCl_3$; c = 0,6]. λ_{max}: 254 nm [A.], 252 nm [alkal. äthanol. Lösung] sowie 226 nm
und 279 nm [saure äthanol. Lösung].

d) **(±)-4r-Hydroxy-5t-isopentyl-2-isovaleryl-4-[4-methyl-valeryl]-cyclopentan-1,3-dion,**
Formel X (R = CH_2-$CH(CH_3)_2$) + Spiegelbild und Taut.
Diese Konfiguration kommt vermutlich auch dem von *Brown et al.* (Soc. **1959** 545, 549)
als (±)-Tetrahydroisohumulon beschriebenen Präparat (F: 49−53°) zu (*Donnelly, Shannon,*
Soc. [C] **1970** 524, 530).
B. s. unter b).
Kristalle; F: 51−53° (*Do., Sh.,* l. c. S. 528). ^{1}H-NMR-Absorption ($CDCl_3$): *Do., Sh.* IR-
Banden ($CHCl_3$; 3500−1050 cm^{-1}): *Do., Sh.* λ_{max}: 253 nm [A.], 224 nm und 278 nm [saure
äthanol. Lösung] sowie 252 nm [alkal. äthanol. Lösung] (*Do., Sh.*).

$20\beta_F$,21-Diacetoxy-11β,17-dihydroxy-5β-pregnan-3-on $C_{25}H_{38}O_7$, Formel II.
B. Aus 11β,17-Dihydroxy-20β_F,21-isopropylidendioxy-5β-pregnan-3-on beim Erwärmen mit
Essigsäure und anschliessend mit Acetanhydrid und Pyridin (*Sarett et al.,* Am. Soc. **73** [1951]
1777).
F: 182−184°. $[\alpha]_D^{35}$: +95,5° [Acn.].

3,17,20,21-Tetrahydroxy-pregnan-11-one $C_{21}H_{34}O_5$.

a) **3α,17,20α_F,21-Tetrahydroxy-5β-pregnan-11-on,** Cortolon, Formel III (R = H)
(E III 4002).
IR-Spektrum (KBr; 4000−2750 cm^{-1} und 1800−700 cm^{-1}): *Roberts,* Anal. Chem. **29** [1957]
911, 913; *G. Roberts, B.S. Gallagher, R.N. Jones,* Infrared Absorption Spectra of Steroids,
Bd. 2 [New York 1958] Nr. 514.

b) **3α,17,20β_F,21-Tetrahydroxy-5β-pregnan-11-on,** Formel IV (R = H) (E III 4002).
B. Aus 3α,20β_F,21-Triacetoxy-17-hydroxy-5β-pregnan-11-on bei der Hydrolyse mit wss.-
methanol. $KHCO_3$ (*Caspi,* J. org. Chem. **24** [1959] 669, 673). Aus 21-Acetoxy-3α,17-dihydroxy-
5β-pregnan-11,20-dion bei der Reduktion mit $NaBH_4$ und anschliessenden Hydrolyse mit
$NaHCO_3$ (*de Courcy,* J. biol. Chem. **229** [1957] 935, 936).
Kristalle; F: 255−261° [korr.] (*de Co.*), 240−245° [unkorr.; aus E.] (*Ca.*). $[\alpha]_D^{21}$: +28,4°
[Me.; c = 0,2] (*Ca.*). IR-Spektrum (KBr; 4000−2750 cm^{-1} und 1800−700 cm^{-1}): *G. Roberts,
B.S. Gallagher, R.N. Jones,* Infrared Absorption Spectra of Steroids, Bd. 2 [New York 1958]
Nr. 515.

III   IV   V

3,20,21-Triacetoxy-17-hydroxy-pregnan-11-one $C_{27}H_{40}O_8$.

a) **3α,20α_F,21-Triacetoxy-17-hydroxy-5β-pregnan-11-on,** Formel III (R = CO-CH_3)
(E III 4003).
B. Aus 3α,17,21-Triacetoxy-20β_F-[toluol-4-sulfonyloxy]-5β-pregnan-11-on mit Hilfe von Ka≠

liumacetat und Essigsäure (*Fukushima et al.* J. biol. Chem. **212** [1955] 449, 454). Aus 3α,21-Di=
acetoxy-17,20β$_F$-epoxy-5β-pregnan-11-on und Essigsäure (*Soloway et al.*, Am. Soc. **76** [1954]
2941).

IR-Spektrum (CHCl$_3$; 1800—1600 cm^{-1} und 1150—850 cm^{-1} bzw. 1500—1250 cm^{-1}): *K.
Dobriner, E.R. Katzenellenbogen, R.N. Jones*, Infrared Absorption Spectra of Steroids [New
York 1953] Nr. 190; *G. Roberts, B.S. Gallagher, R.N. Jones*, Infrared Absorption Spectra of
Steroids, Bd. 2 [New York 1958] Nr. 706.

b) **3α,20β$_F$,21-Triacetoxy-17-hydroxy-5β-pregnan-11-on**, Formel IV (R = CO-CH$_3$)
(E III 4003).

B. Aus 5β-Pregnan-3α,11β,17,20β$_F$,21-pentaol bei der Acetylierung und anschliessenden Oxi=
dation mit CrO$_3$ und Pyridin (*Caspi*, J. org. Chem. **24** [1959] 669, 673).

Kristalle (aus E. + 2,2-Dimethyl-butan); F: 202—203° [unkorr.] (*Ca.*). [α]$_D^{20}$: +104° [Me.;
c = 0,7] (*Ca.*). IR-Spektrum (CCl$_4$ sowie CHCl$_3$; 1800—1600 cm^{-1} und 1500—1300 cm^{-1} bzw.
1150—850 cm^{-1}): *G. Roberts, B.S. Gallagher, R.N. Jones*, Infrared Absorption Spectra of
Steroids, Bd. 2 [New York 1958] Nr. 516. IR-Banden (KBr; 3600—1000 cm^{-1}): *Ca.*

3β,5,6β,17-Tetrahydroxy-5α-pregnan-20-on C$_{21}$H$_{34}$O$_5$, Formel V (R = R' = R'' = H).

B. Neben 5,6α-Epoxy-3β,17-dihydroxy-5α-pregnan-20-on aus 3β,17-Dihydroxy-pregn-5-en-
20-on mit Hilfe von Peroxybenzoesäure in CHCl$_3$ (*Florey, Ehrenstein*, J. org. Chem. **19** [1954]
1331, 1339).

Kristalle (aus Me.); F: 255—258° [unkorr.]. [α]$_D^{27}$: −21,9° [A.; c = 0,2].

3β-Acetoxy-5,6β,17-trihydroxy-5α-pregnan-20-on C$_{23}$H$_{36}$O$_6$, Formel V (R = CO-CH$_3$,
R' = R'' = H).

B. Aus 3β-Acetoxy-17-hydroxy-pregn-5-en-20-on über mehrere Stufen (*Huang et al.*, Acta
chim. sinica **25** [1959] 427; C. A. **1960** 19762).

F: 233—235°.

6β-Acetoxy-3β,5,17-trihydroxy-5α-pregnan-20-on C$_{23}$H$_{36}$O$_6$, Formel V (R = R'' = H,
R' = CO-CH$_3$).

B. Aus 5,6α-Epoxy-3β,17-dihydroxy-5α-pregnan-20-on und Essigsäure (*Florey, Ehrenstein*,
J. org. Chem. **19** [1954] 1331, 1339).

Kristalle (aus E. + Ae.); F: 245—246° [unkorr.]. [α]$_D^{25}$: −69,4° [CHCl$_3$; c = 0,6].

17-Acetoxy-3β,5,6β-trihydroxy-5α-pregnan-20-on C$_{23}$H$_{36}$O$_6$, Formel V (R = R' = H,
R'' = CO-CH$_3$).

B. Aus 3β,17-Diacetoxy-pregn-5-en-20-on bei der Reaktion mit Ameisensäure und H$_2$O$_2$
und anschliessend mit wss.-methanol. K$_2$CO$_3$ (*Amendolla et al.*, Soc. **1954** 1226, 1232).

Kristalle (aus Me. + Ae.); F: 296—298°. [α]$_D^{20}$: −23° [CHCl$_3$].

3β,6β-Diacetoxy-5,17-dihydroxy-5α-pregnan-20-on C$_{25}$H$_{38}$O$_7$, Formel V (R = R' = CO-CH$_3$,
R'' = H).

B. Aus 3β,5,6β,17-Tetrahydroxy-5α-pregnan-20-on oder aus 6β-Acetoxy-3β,5,17-trihydroxy-
5α-pregnan-20-on bei der Reaktion mit Acetanhydrid und Pyridin (*Florey, Ehrenstein*, J. org.
Chem. **19** [1954] 1331, 1340).

Kristalle (aus E.); F: 190—192° [unkorr.]. [α]$_D^{25}$: −73,2° [CHCl$_3$; c = 0,8].

3β,6β,17-Triacetoxy-5-hydroxy-5α-pregnan-20-on C$_{27}$H$_{40}$O$_8$, Formel V
(R = R' = R'' = CO-CH$_3$).

B. Aus 17-Acetoxy-3β,5,6β-trihydroxy-5α-pregnan-20-on und Acetanhydrid mit Hilfe von
Pyridin (*Amendolla et al.*, Soc. **1954** 1226, 1232).

Kristalle (aus Me.); F: 163—165°. [α]$_D^{20}$: −50° [CHCl$_3$].

3β,6β,21-Triacetoxy-5-hydroxy-5α-pregnan-20-on $C_{27}H_{40}O_8$, Formel VI (E III 4004).

B. Aus 21-Acetoxy-3β-hydroxy-pregn-5-en-20-on über mehrere Stufen (*Mancera et al.*, J. org. Chem. **16** [1951] 192, 195).

Kristalle (aus Hexan + Acn.); F: 173 – 175° [unkorr.]. $[\alpha]_D^{20}$: + 5° [Acn.].

VI

VII

17,21-Diacetoxy-6β-fluor-3β,5-dihydroxy-5α-pregnan-20-on $C_{25}H_{37}FO_7$, Formel VII.

B. Aus 17,21-Diacetoxy-5,6α-epoxy-3β-hydroxy-5α-pregnan-20-on und BF_3 (*Bowers, Ringold,* Am. Soc. **80** [1958] 4423).

F: 176 – 178°. $[\alpha]_D$: – 10° [CHCl₃].

3β,11α,21-Triacetoxy-14-hydroxy-5β,14β-pregnan-20-on $C_{27}H_{40}O_8$, Formel VIII.

B. Aus 3β,11α-Diacetoxy-14-hydroxy-5β,14β-card-20(22)-enolid (O^3,O^{11}-Diacetyl-sarmento≤ genin) über mehrere Stufen (*Lardon, Reichstein,* Pharm. Acta Helv. **27** [1952] 287, 294).

Kristalle (aus PAe.); F: 86 – 90°. $[\alpha]_D^{17}$: + 31,7° [CHCl₃; c = 1,3].

VIII

IX

3,11,17,21-Tetrahydroxy-pregnan-20-one $C_{21}H_{34}O_5$.

a) **3β,11β,17,21-Tetrahydroxy-5β-pregnan-20-on,** Formel IX.

B. Als Hauptprodukt neben 3α,11β,17,21-Tetrahydroxy-5β-pregnan-20-on, 3β,11β,17,21-Tetrahydroxy-5α-pregnan-20-on, 3α,11β,17,21-Tetrahydroxy-5α-pregnan-20-on und geringen Mengen 3β,11β-Dihydroxy-5β-androstan-17-on aus 11β,17,21-Trihydroxy-pregn-4-en-3,20-dion bei der Hydrierung an Rhodium/Al_2O_3 in Essigsäure (*Caspi,* J. org. Chem. **24** [1959] 669, 672).

Kristalle (aus E.) mit 0,5 Mol H_2O; F: 135 – 138° [unkorr.]. $[\alpha]_D^{22}$: + 54,5° [Me.; c = 0,5]. IR-Banden (KBr; 3550 – 1000 cm⁻¹): *Ca.*

b) **3α,11β,17,21-Tetrahydroxy-5β-pregnan-20-on,** Formel X (R = R′ = R″ = H).

B. Aus 11β,17,21-Trihydroxy-pregn-4-en-3,20-dion bei der Reduktion mit Alternaria batati≤ cola (*Shirasaka, Tsuruta,* Arch. Biochem. **85** [1959] 277). Über eine weitere Bildung s. unter a).

Kristalle; F: 216 – 218° [unkorr.] (*Beher et al.,* Anal. Chem. **27** [1955] 1569), 207 – 209° [unkorr.; aus E. + Me.] (*Caspi,* J. org. Chem. **24** [1959] 669, 672), 206 – 208° (*Vermeulen, Caspi,* J. biol. Chem. **234** [1959] 2295 Anm. 1). Netzebenenabstände: *Be. et al.,*l. c. S. 1572. IR-Spektrum (KBr; 4000 – 2700 cm⁻¹ und 1800 – 700 cm⁻¹): *G. Roberts, B.S. Gallagher, R.N. Jones,* Infrared Absorption Spectra of Steroids, Bd. 2 [New York 1958] Nr. 517. Absorptions≤ spektrum (H_3PO_4; 220 – 600 nm): *Nowaczynski, Steyermark,* Arch. Biochem. **58** [1955] 453, 455, 458. λ_{max}: 260 nm und 420 nm [H_3PO_4] (*No., St.*), 245 nm, 330 nm, 410 nm und

505 nm [H_2SO_4] (*Bush, Willoughby*, Biochem. J. **67** [1957] 689, 696). Verteilung in verschiedenen Lösungsmittelsystemen: *Carstensen*, Acta Soc. Med. upsal. **61** [1956] 26, 30, 31, 32, 36.

X   XI

c) **3β,11β,17,21-Tetrahydroxy-5α-pregnan-20-on**, Formel XI (R = H) (E III 4007).

B. Aus dem Semicarbazon (s. u.) mit Hilfe von Brenztraubensäure in wss. Essigsäure (*Chamᵇberlin, Chemerda*, Am. Soc. **77** [1955] 1221). Über eine weitere Bildung s. unter a).

Herstellung von 3β,11β,17,21-Tetrahydroxy-5α-[4-^{14}C]pregnan-20-on: *Caspi et al.*, Arch. Biochem. **61** [1956] 299, 304.

Kristalle; F: 215–216° [unkorr.; aus Acn. mit 0,5 Mol H_2O] bzw. F: 221–224° [unkorr.; nach Sublimation] (*Ca.*). [α]$_D^{20}$: +61,8° [Me.; c = 0,7] (*Ca.*). IR-Banden (KBr; 3550–1000 cm^{-1}): *Ca.* λ$_{max}$: 260 nm, 295 nm und 423 nm [H_3PO_4] (*Nowaczynski, Steyermark*, Canad. J. Biochem. Physiol. **34** [1956] 592, 596); 333 nm, 417 nm und 510 nm bzw. 330 nm, 415 nm und 510 nm [H_2SO_4] (*Ch., Ch.; Zaffaroni*, Am. Soc. **72** [1950] 3828).

Semicarbazon $C_{22}H_{37}N_3O_5$. *B.* Aus 3β,17,21-Trihydroxy-5α-pregnan-11,20-dion-20-semiᵇcarbazon mit Hilfe von $NaBH_4$ (*Ch., Ch.*, l. c. S. 1223). – F: 299–301° [unkorr.]. IR-Banden (2,5–6,5 μ): *Ch., Ch.*

d) **3α,11β,17,21-Tetrahydroxy-5α-pregnan-20-on**, Formel XII (R = H) (E III 4007).

B. s. unter a).

Kristalle (aus Me.); F: 244–245° [unkorr.] (*Caspi*, J. org. Chem. **24** [1959] 669, 672). [α]$_D^{21}$: +59,7° [Me.; c = 0,3].

3α,21-Bis-formyloxy-11β,17-dihydroxy-5α-pregnan-20-on $C_{23}H_{34}O_7$, Formel XII (R = CHO).

B. Aus der vorangehenden Verbindung beim Behandeln mit Ameisensäure, Acetanhydrid und Pyridin (*v. Euw et al.*, Helv. **41** [1958] 1516, 1544).

Kristalle (aus $CHCl_3$ + Bzl.); F: 218–222° [korr.]. [α]$_D^{26}$: +27,5° [Acn.; c = 1].

XII   XIII

11α-Acetoxy-3β,17,21-trihydroxy-5α-pregnan-20-on $C_{23}H_{36}O_6$, Formel XIII (R = R″ = H, R′ = CO-CH₃).

B. Aus 3β,11α,21-Triacetoxy-17-hydroxy-5α-pregnan-20-on mit Hilfe von wss.-methanol. KOH (*Romo et al.*, Am. Soc. **75** [1953] 1277, 1280).

Kristalle (aus Acn. + Ae.); F: 229–232° [unkorr.]. [α]$_D^{20}$: +2° [$CHCl_3$].

21-Acetoxy-3,11,17-trihydroxy-pregnan-20-one $C_{23}H_{36}O_6$.

a) **21-Acetoxy-3β,11α,17-trihydroxy-5β-pregnan-20-on**, Formel XIV (R = R′ = H, R″ = CO-CH₃).

B. Neben 11α,21-Diacetoxy-17-dihydroxy-5β-pregnan-20-on aus 3β,11α,22-Triacetoxy-

23,24-dinor-5β-chol-17(20)ξ-en-21-nitril (F: 150 − 156°; $[\alpha]_D^{18}$: − 15,8° [CHCl₃]) über mehrere Stufen (*Lardon, Reichstein,* Pharm. Acta Helv. **27** [1952] 287, 300).
$[\alpha]_D^{18}$: + 32,8° [Acn.; c = 2] (Rohprodukt).

b) **21-Acetoxy-3α,11β,17-trihydroxy-5β-pregnan-20-on,** Formel X (R = R′ = H, R″ = CO-CH₃).
B. Aus 3α,11β,17-Trihydroxy-5β-pregnan-20-on bei der aufeinanderfolgenden Umsetzung mit Brom und Kaliumacetat (*Schering Corp.,* U.S.P. 2783254 [1952]).
Kristalle (aus E.); F: 221 − 223°. Polarographisches Halbstufenpotential (wss.-äthanol. Lö=sung): *Kabasakalian, McGlotten,* Anal. Chem. **31** [1959] 1091, 1093.

XIV   XV

c) **21-Acetoxy-3α,11α,17-trihydroxy-5β-pregnan-20-on(?),** vermutlich Formel XV.
B. Beim Erwärmen von 21-Brom-3α,11α,17-trihydroxy-5β-pregnan-20-on (F: 122,5 − 127°; S. 2781) mit Kaliumacetat, KI und Essigsäure in Aceton (*Upjohn Co.,* U.S.P. 2714599 [1952]).
F: 185 − 189°.

d) **21-Acetoxy-3β,11α,17-trihydroxy-5α-pregnan-20-on,** Formel XIII (R = R′ = H, R″ = CO-CH₃).
B. Beim Behandeln von 3β,11α,17-Trihydroxy-5α-pregnan-20-on mit Brom und HBr in Essig=säure und aufeinanderfolgenden Erwärmen mit NaI und Kaliumacetat in Aceton (*Romo et al.,* Am. Soc. **75** [1953] 1277, 1281).
Kristalle (aus Bzl.+Pentan); F: 116 − 118° [unkorr.]. $[\alpha]_D^{20}$: + 31° [CHCl₃] (unreines Präpa=rat).

21-Acetoxy-11β-formyloxy-3α,17-dihydroxy-5β-pregnan-20-on $C_{24}H_{36}O_7$, Formel X (R = H, R′ = CHO, R″ = CO-CH₃).
B. Aus 3α,11β,17-Tris-formyloxy-5β-pregnan-20-on über mehrere Stufen (*Oliveto et al.,* Am. Soc. **77** [1955] 3564, 3566).
Kristalle (aus wss. Me.); F: 185 − 190° [korr.]. $[\alpha]_D^{25}$: + 86,0° [CHCl₃; c = 1].

3,21-Diacetoxy-11,17-dihydroxy-pregnan-20-one $C_{25}H_{38}O_7$.

a) **3α,21-Diacetoxy-11β,17-dihydroxy-5β-pregnan-20-on,** Formel X (R = R″ = CO-CH₃, R′ = H).
B. Aus 3α,11β,17,21-Tetrahydroxy-5β-pregnan-20-on und Acetanhydrid mit Hilfe von Pyridin (*Caspi, Pechet,* J. biol. Chem. **230** [1958] 843, 846). Aus 21-Acetoxy-11β,17-dihydroxy-5β-pre=gnan-3,20-dion bei der aufeinanderfolgenden Umsetzung mit NaBH₄ und Acetanhydrid (*Solo=way et al.,* Am. Soc. **75** [1953] 2356).
Kristalle; F: 212 − 222° (*So. et al.*), 209 − 211° [nach Sublimation] (*Lieberman et al.,* J. biol. Chem. **205** [1953] 87, 89), 204 − 209° [aus Me.] (*Nadel et al.,* Arch. Biochem. **61** [1956] 144, 146). $[\alpha]_D^{24}$: + 85,0° [Acn.], + 90,8° [CHCl₃] (*So. et al.*); $[\alpha]_D^{28}$: + 90° [CHCl₃] (*Li. et al.*). IR-Spektrum (CHCl₃; 1800 − 1650 cm⁻¹ und 1150 − 850 cm⁻¹ bzw. 1500 − 1300 cm⁻¹): *K. Dobri=ner, E.R. Katzenellenbogen, R.N. Jones,* Infrared Absorption Spectra of Steroids [New York 1953] Nr. 191; *G. Roberts, B.S. Gallagher, R.N. Jones,* Infrared Absorption Spectra of Steroids, Bd. 2 [New York 1958] Nr. 707. λ_{max} (H₂SO₄): 332 nm, 405 nm und 506 nm (*Bernstein, Lenhard,* J. org. Chem. **18** [1953] 1146, 1159).

b) **3β,21-Diacetoxy-11β,17-dihydroxy-5α-pregnan-20-on,** Formel XI (R = CO-CH$_3$) (E III 4008).

B. Aus 21-Acetoxy-11β,17-dihydroxy-5α-pregnan-3,20-dion beim Hydrieren an Raney-Nickel in Dioxan und anschliessenden Behandeln mit Acetanhydrid und Pyridin (*Pataki et al.,* J. biol. Chem. **195** [1952] 751, 753).

Kristalle; F: 229—231° [unkorr.; aus Me.] (*Pa. et al.*), 210—218° [aus E. + Bzl.] (*Caspi et al.,* Arch. Biochem. **45** [1953] 169, 175), 212—215° [aus E.] (*Caspi, Hechter,* Arch. Biochem. **61** [1956] 299, 304), 203—206° [unkorr.] (*Caspi,* J. org. Chem. **24** [1959] 669, 672). [α]$_D^{20}$: +76,6° [Acn.] (*Pa. et al.*). IR-Spektrum (CHCl$_3$; 1800—1650 cm^{-1} und 1150—850 cm^{-1}): *K. Dobriner, E.R. Katzenellenbogen, R.N. Jones,* Infrared Absorption Spectra of Steroids [New York 1953] Nr. 188.

c) **3α,21-Diacetoxy-11β,17-dihydroxy-5α-pregnan-20-on,** Formel XII (R = CO-CH$_3$) (E III 4008).

Kristalle; F: 191—194° [unkorr.] (*Caspi et al.,* Arch. Biochem. **45** [1953] 169, 173), 188—190° [unkorr.] (*Caspi,* J. org. Chem. **24** [1959] 669, 672). [α]$_D^{19}$: +65,3° [Me.; c = 0,6] (*Ca.*). IR-Spektrum (CHCl$_3$; 1800—1600 cm^{-1} und 1150—850 cm^{-1} bzw. 1500—1250 cm^{-1}): *K. Dobriner, E.R. Katzenellenbogen, R.N. Jones,* Infrared Absorption Spectra of Steroids [New York 1953] Nr. 187; *G. Roberts, B.S. Gallagher, R.N. Jones,* Infrared Absorption Spectra of Steroids, Bd. 2 [New York 1958] Nr. 704. λ_{max} (H$_2$SO$_4$): 275 nm, 320 nm und 410 nm (*Bush, Willoughby,* Biochem. J. **67** [1957] 689, 694).

11,21-Diacetoxy-3,17-dihydroxy-pregnan-20-one C$_{25}$H$_{38}$O$_7$.

a) **11α,21-Diacetoxy-3β,17-dihydroxy-5β-pregnan-20-on,** Formel XIV (R = H, R' = R'' = CO-CH$_3$).

B. Neben 21-Acetoxy-3β,11α,17-trihydroxy-5β-pregnan-20-on aus 3β,11α,22-Triacetoxy-23,24-dinor-5β-chol-17(20)ξ-en-21-nitril (F: 150—156°; [α]$_D^{18}$: −15,8° [CHCl$_3$]) über mehrere Stufen (*Lardon, Reichstein,* Pharm. Acta Helv. **27** [1952] 287, 300).

Kristalle (aus Acn. + Ae.); F: 222—225° [korr.].

b) **11β,21-Diacetoxy-3α,17-dihydroxy-5β-pregnan-20-on,** Formel X (R = H, R' = R'' = CO-CH$_3$).

B. Aus 11β-Acetoxy-3α,17-dihydroxy-5β-pregnan-20-on bei aufeinanderfolgender Umsetzung mit Brom und Kaliumacetat (*Oliveto et al.,* Am. Soc. **75** [1953] 5486, 5489).

Kristalle (aus Ae.); F: 195—196° [korr.]. [α]$_D^{25}$: +88,4° [CHCl$_3$; c = 1].

3,11,21-Triacetoxy-17-hydroxy-pregnan-20-one C$_{27}$H$_{40}$O$_8$.

a) **3β,11α,21-Triacetoxy-17-hydroxy-5α-pregnan-20-on,** Formel XIII (R = R' = R'' = CO-CH$_3$).

B. Aus 21-Acetoxy-3β,11α,17-trihydroxy-5α-pregnan-20-on bei der Reaktion mit Acetanhydrid und Pyridin oder aus 3β,11α-Diacetoxy-17-hydroxy-5α-pregnan-20-on bei der aufeinanderfolgenden Reaktion mit Brom, KI und Kaliumacetat (*Romo et al.,* Am. Soc. **75** [1953] 1277, 1280, 1281).

Kristalle (aus Ae. + Pentan); F: 197—198° [unkorr.]. [α]$_D^{20}$: +25° [CHCl$_3$].

b) **3β,11α,21-Triacetoxy-17-hydroxy-5β-pregnan-20-on,** Formel XIV (R = R' = R'' = CO-CH$_3$).

B. Aus 3β,11α,22-Triacetoxy-23,24-dinor-5β-chol-17(20)ξ-en-21-nitril (F: 150—156°; [α]$_D^{18}$: −15,8° [CHCl$_3$]) bei der Oxidation mit OsO$_4$ und Pyridin und anschliessender Reaktion mit Acetanhydrid und Pyridin (*Lardon, Reichstein,* Pharm. Acta Helv. **27** [1952] 287, 302).

Kristalle (aus Acn. + Ae.); F: 220—225° [korr.]. [α]$_D^{20}$: +29,7° [Acn.; c = 1,1].

3β,12β-Diacetoxy-14,21-dihydroxy-5β,14β-pregnan-20-on C$_{25}$H$_{38}$O$_7$, Formel I.

B. Aus 3β,12β-Diacetoxy-14-hydroxy-5β,14β-card-20(22)-enolid (O^3,O^{12}-Diacetyl-digoxigenin) bei der Ozonolyse (*Pataki et al.,* Helv. **36** [1953] 1295, 1307).

Kristalle (aus Ae.+PAe.); F: 146−158° [korr.]. $[\alpha]_D^{15}$: +64,3° [CHCl₃; c = 1,5].

21-Acetoxy-3α,12α,17-trihydroxy-5β-pregnan-20-on $C_{23}H_{36}O_6$, Formel II (R = R′ = X = H).

B. Aus 21-Brom-3α,12α,17-trihydroxy-5β-pregnan-20-on bei der aufeinanderfolgenden Reak=tion mit NaI und Kaliumacetat in Aceton (*Adams et al.,* Soc. **1954** 1825, 1832).

Kristalle (aus A.+Hexan); F: 218−220°. $[\alpha]_D^{24}$: +72° [CHCl₃; c = 0,4].

12,21-Diacetoxy-3,17-dihydroxy-pregnan-20-one $C_{25}H_{38}O_7$.

a) **12α,21-Diacetoxy-3α,17-dihydroxy-5β-pregnan-20-on,** Formel II (R = X = H, R′ = CO-CH₃).

B. Aus 12α-Acetoxy-3α,17-dihydroxy-5β-pregnan-20-on bei der aufeinanderfolgenden Reak=tion mit Brom, NaI und Kaliumacetat (*Adams et al.,* Soc. **1954** 1825, 1833).

Kristalle (aus CHCl₃+Ae.); F: 236−238°. $[\alpha]_D^{22}$: +119° [CHCl₃; c = 0,5].

b) **12β,21-Diacetoxy-3β,17-dihydroxy-5α-pregnan-20-on,** Formel III (R = H).

B. Aus 12β-Acetoxy-21-brom-3β,17-dihydroxy-5α-pregnan-20-on bei der aufeinanderfolgen=den Reaktion mit NaI und Kaliumacetat (*Adams et al.,* Soc. **1955** 870, 875).

Kristalle (aus Acn.+Hexan); F: 189−190°. $[\alpha]_D^{24}$: +37° [CHCl₃; c = 0,6].

3,12,21-Triacetoxy-17-hydroxy-pregnan-20-one $C_{27}H_{40}O_8$.

a) **3α,12α,21-Triacetoxy-17-hydroxy-5β-pregnan-20-on,** Formel II (R = R′ = CO-CH₃, X = H).

B. Aus 3α,12α-Diacetoxy-17-hydroxy-5β-pregnan-20-on bei der Reaktion mit Brom und HBr in Essigsäure und anschliessend mit Kaliumacetat in Aceton oder aus 3α,12α,21-Triacetoxy-16β-brom-17-hydroxy-5β-pregnan-20-on mit Hilfe von Raney-Nickel in Äthanol (*Adams et al.,* Soc. **1954** 1825, 1833, 1834).

Kristalle; F: 140−141°. $[\alpha]_D^{22,6}$: +138° [CHCl₃; c = 0,5].

b) **3β,12β,21-Triacetoxy-17-hydroxy-5α-pregnan-20-on,** Formel III (R = CO-CH₃).

B. Aus 3β,12β-Diacetoxy-21-brom-17-hydroxy-5α-pregnan-20-on bei der aufeinanderfolgen=den Reaktion mit NaI und Kaliumacetat oder aus 12β,21-Diacetoxy-3β,17-dihydroxy-5α-pre=gnan-20-on bei der Acetylierung (*Adams et al.,* Soc. **1955** 870, 875).

Kristalle (aus Acn.+Hexan); F: 199−200°. $[\alpha]_D^{20}$: +26° [CHCl₃; c = 0,4].

3α,12α,21-Triacetoxy-16β-brom-17-hydroxy-5β-pregnan-20-on $C_{27}H_{39}BrO_8$, Formel II (R = R′ = R″ = CO-CH₃, X = Br).

B. Aus 3α,12α,21-Triacetoxy-16α,17-epoxy-5β-pregnan-20-on und HBr in Essigsäure (*Adams et al.*, Soc. **1954** 1825, 1834).

Kristalle (aus wss. Me.); F: 93° und (nach Wiedererstarren(?)) F: 167−168°. $[\alpha]_D^{20}$: +119° [CHCl$_3$; c = 0,5].

3β,19-Diacetoxy-14,21-dihydroxy-5α,14β-pregnan-20-on C$_{25}$H$_{38}$O$_7$, Formel IV.

B. Aus 3β,19-Diacetoxy-14-hydroxy-5α,14β-card-20(22)-enolid (O^3,O^{19}-Diacetyl-coroglauci= genin) bei der Ozonolyse und anschliessenden Hydrolyse mit wss.-methanol. KHCO$_3$ (*Hunger, Reichstein*, Helv. **35** [1952] 1073, 1098).

Kristalle (aus Me. + Ae.); F: 132−136° [korr.] (Rohprodukt).

Hydroxy-oxo-Verbindungen C$_{22}$H$_{36}$O$_5$

21-Acetoxy-3,11,17-trihydroxy-16-methyl-pregnan-20-one C$_{24}$H$_{38}$O$_6$.

a) **21-Acetoxy-3β,11β,17-trihydroxy-16α-methyl-5α-pregnan-20-on,** Formel V.

B. Bei der Hydrierung von 21-Acetoxy-3β,17-dihydroxy-16α-methyl-5α-pregnan-11,20-dion an Platin in Essigsäure und Oxalsäure (*Ehmann et al.*, Helv. **42** [1959] 2548, 2553).

Kristalle (aus Acn. + Ae.); F: 226−235°. IR-Banden (Nujol; 2,5−6 μ): *Eh. et al.*

V   VI

b) **21-Acetoxy-3β,11α,17-trihydroxy-16α-methyl-5α-pregnan-20-on,** Formel VI (R = H).

B. Aus 21-Brom-3β,11α,17-trihydroxy-16α-methyl-5α-pregnan-20-on und Natriumacetat in DMF (*Ehmann et al.*, Helv. **42** [1959] 2548, 2554).

Kristalle (aus Acetonitril oder Acn.), F: 217−218°; ätherhaltige Kristalle (aus Ae.), F: 167−168° [nach partiellem Schmelzen bei 126−130° und Wiedererstarren]. $[\alpha]_D^{27,5}$: +15° [CHCl$_3$; c = 0,7].

3,11,21-Triacetoxy-17-hydroxy-16-methyl-pregnan-20-one C$_{28}$H$_{42}$O$_8$.

a) **3α,11α,21-Triacetoxy-17-hydroxy-16β-methyl-5β-pregnan-20-on,** Formel VII.

B. Aus 3α,11α,17-Trihydroxy-16β-methyl-5β-pregnan-20-on über mehrere Stufen (*Oliveto et al.*, Am. Soc. **80** [1958] 6687).

F: 220−226°. $[\alpha]_D$: +76,9° [Dioxan].

VII

b) **3β,11α,21-Triacetoxy-17-hydroxy-16α-methyl-5α-pregnan-20-on,** Formel VI (R = CO-CH$_3$).

B. Aus 21-Acetoxy-3β,11α,17-trihydroxy-16α-methyl-5α-pregnan-20-on und Acetanhydrid mit Hilfe von Pyridin (*Ehmann et al.*, Helv. **42** [1959] 2548, 2554).

Kristalle (aus E.); F: 186−187°.

Hydroxy-oxo-Verbindungen $C_{27}H_{46}O_5$

(25R)-3β,16β,17,26-Tetrahydroxy-5α-cholestan-22-on $C_{27}H_{46}O_5$ und Taut.

(25R)-5α,22ξH-Furostan-3β,17,22,26-tetraol $C_{27}H_{46}O_5$, Formel VIII.

Diese Konstitution und Konfiguration kommt dem E III/IV **17** 2676 als (25R)-5α,20ξH,22ξH-Furostan-3β,17,20,26-tetraol beschriebenen Dihydronologenin aufgrund der genetischen Beziehung zu Nologenin (S. 3403) zu. Entsprechend ist das E III/IV **17** 2677 als (25R)-3β,26-Diacetoxy-5α,20ξH,22ξH-furostan-17,20-diol beschriebene O,O′-Diacetyl-dihydronologenin $C_{31}H_{50}O_7$ als (25R)-3β,26-Diacetoxy-5α,22ξH-furostan-17,22-diol zu formulieren.

VIII   IX

Hydroxy-oxo-Verbindungen $C_{28}H_{48}O_5$

3β,5,9,11α-Tetrahydroxy-5α,9β(?)-ergostan-7-on $C_{28}H_{48}O_5$, vermutlich Formel IX.

B. Beim Behandeln von 3β-Acetoxy-5α-ergosta-7,9(11)-dien-5-ol mit H_2O_2 und Ameisensäure in $CHCl_3$ und Dioxan und Behandeln der nach Abtrennen von 3β-Acetoxy-9,11α-epoxy-5-hydroxy-5α-ergostan-7-on verbliebenen Reaktionslösung mit wss. HCl (*Bladon et al.*, Soc. **1953** 2916, 2920).

Kristalle (aus A.); F: 240−245° [Zers.]. [α]$_D$: −27° [Py.; c = 1]. IR-Banden (Nujol; 3550−1200 cm^{-1}): *Bl. et al.*

O^3,O^{11}-Diacetyl-Derivat $C_{32}H_{52}O_7$; 3β,11α-Diacetoxy-5,9-dihydroxy-5α,9β(?)-ergostan-7-on. Kristalle (aus E.); F: 243−245°. [α]$_D$: −29° [$CHCl_3$; c = 1,4] (*Bl. et al.*).

Hydroxy-oxo-Verbindungen $C_nH_{2n-10}O_5$

Hydroxy-oxo-Verbindungen $C_8H_6O_5$

2-Diazo-1-[2,3,5-triacetoxy-phenyl]-äthanon $C_{14}H_{12}N_2O_7$, Formel I.

B. Aus 2,3,5-Triacetoxy-benzoylchlorid und Diazomethan (*Kloetzel, Abadir*, Am. Soc. **77** [1955] 3823, 3826).

Gelbliche Kristalle; F: 135−138° [unkorr.].

2-Diazo-1-[3,4,5-trimethoxy-phenyl]-äthanon $C_{11}H_{12}N_2O_4$, Formel II (E III 4011).

Kristalle (aus Acn. + Ae.); F: 103−104° (*Banholzer et al.*, Helv. **35** [1952] 1577, 1579). IR-Banden (CH_2Cl_2; 4,5−7,5 μ): *Yates et al.*, Am. Soc. **79** [1957] 5756, 5757.

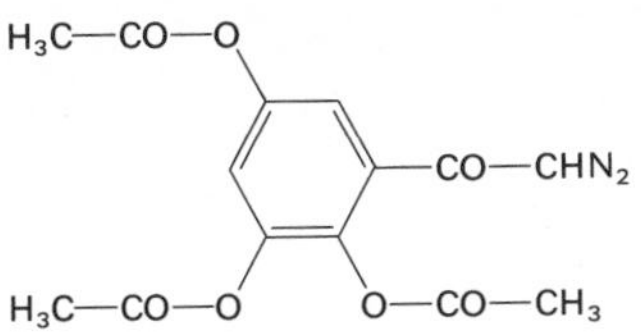

I 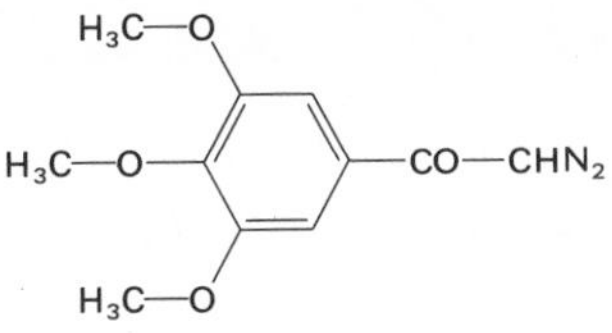   II 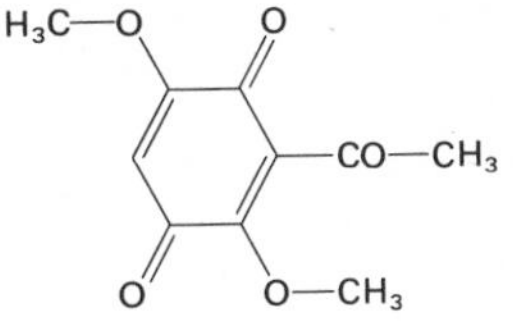   III

3-Acetyl-2,5-dimethoxy-[1,4]benzochinon $C_{10}H_{10}O_5$, Formel III.

Über diese Verbindung (F: 131°) s. *Schäfer, Leute,* B. **99** [1966] 1632, 1641.

In dem von *Ramage, Stead* (Soc. **1953** 1393) unter dieser Konstitution beschriebenen Präparat (F: 301° [Zers.]) hat 2,5-Dimethoxy-[1,4]benzochinon vorgelegen (vgl. *Schäfer et al.,* B. **100** [1967] 930).

4-Hydroxy-5,6-dimethoxy-isophthalaldehyd $C_{10}H_{10}O_5$, Formel IV (R = CH_3, X = H).

B. Aus 3ξ-[6,7-Dimethoxy-benzofuran-5-yl]-acrylsäure (E III/IV **18** 5048) bei der Ozonolyse (*Brokke, Christensen,* J. org. Chem. **23** [1958] 589, 595).

Kristalle (aus H_2O); F: 133 – 134°.

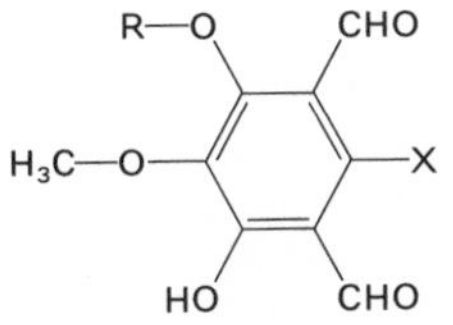

IV 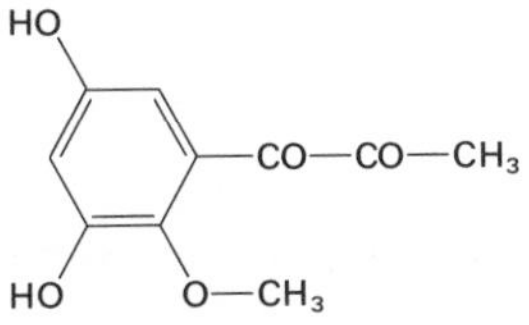   V 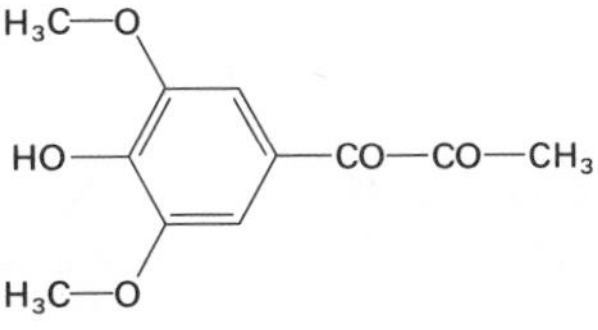   VI

2-Brom-4,6-dihydroxy-5-methoxy-isophthalaldehyd $C_9H_7BrO_5$, Formel IV (R = H, X = Br).

B. Aus 4-Brom-9-methoxy-furo[3,2-*g*]chromen-7-on bei der Ozonolyse (*Brokke, Christensen,* J. org. Chem. **23** [1958] 589, 594).

Kristalle (aus Eg.); F: 169 – 171°.

Bis-phenylhydrazon (F: 263° [Zers.]): *Br., Ch.*

2-Brom-4-hydroxy-5,6-dimethoxy-isophthalaldehyd $C_{10}H_9BrO_5$, Formel IV (R = CH_3, X = Br).

B. Aus 3ξ-[4-Brom-6,7-dimethoxy-benzofuran-5-yl]-acrylsäure (E III/IV **18** 5048) bei der Ozonolyse (*Brokke, Christensen,* J. org. Chem. **23** [1958] 589, 595).

Kristalle (aus wss. Me.); F: 89 – 91°.

Hydroxy-oxo-Verbindungen $C_9H_8O_5$

1-[3,5-Dihydroxy-2-methoxy-phenyl]-propan-1,2-dion $C_{10}H_{10}O_5$, Formel V.

B. Aus 4,6-Dihydroxy-3-methoxy-2-pyruvoyl-benzoesäure mit Hilfe von H_2SO_4 bzw. Kupfer= oxid-Chromoxid und Pyridin (*Raistrick, Stickings,* Biochem. J. **48** [1951] 53, 64).

Kristalle (aus Bzl.); F: 100 – 101°.

1-[4-Hydroxy-3,5-dimethoxy-phenyl]-propan-1,2-dion $C_{11}H_{12}O_5$, Formel VI (E III 4014).

IR-Spektrum (2 – 15 μ): *Pearl,* J. org. Chem. **24** [1959] 736, 739.

3-[2-Hydroxy-3,4-dimethoxy-phenyl]-3-oxo-propionaldehyd $C_{11}H_{12}O_5$, Formel VII (X = O-CH_3, X' = H) und Taut. (z.B. 2-Hydroxy-7,8-dimethoxy-chroman-4-on).

B. Aus 1-[2-Hydroxy-3,4-dimethoxy-phenyl]-äthanon und Äthylformiat mit Hilfe von Na= trium (*Ishwar-Dass et al.,* Pr. Indian Acad. [A] **37** [1953] 599, 605).

Kristalle (aus A.); F: 156–157° und (nach Wiedererstarren) F: 202° [Zers.].

3-[2-Hydroxy-4,6-dimethoxy-phenyl]-3-oxo-propionaldehyd $C_{11}H_{12}O_5$, Formel VII (X = H, X' = O-CH$_3$) und Taut. (z.B. 2-Hydroxy-5,7-dimethoxy-chroman-4-on).
B. Analog der vorangehenden Verbindung (*Narasimhachari et al.*, J. scient. ind. Res. India **12** B [1953] 287, 292).
Kristalle (aus A.); F: 141–142° und (nach Wiedererstarren) F: 180–181°.

3-Acetyl-2,4,6-trihydroxy-benzaldehyd $C_9H_8O_5$, Formel VIII (R = R' = H) (E III 4015).
F: 182–183° (*Robertson, Whalley*, Soc. **1951** 3355).

3-Acetyl-4-äthoxy-6-hydroxy-2-methoxy-benzaldehyd $C_{12}H_{14}O_5$, Formel VIII (R = CH$_3$, R' = C$_2$H$_5$).
B. Aus 1-[6-Äthoxy-4-methoxy-benzofuran-5-yl]-äthanon oder aus 1-[6-Äthoxy-2-isopropyl-4-methoxy-benzofuran-5-yl]-äthanon bei der Ozonolyse (*Bencze et al.*, Helv. **39** [1956] 923, 939).
Kristalle (aus wss. Acn.); F: 54,5–55°.

3-Acetyl-2-benzyloxy-4,6-dimethoxy-benzaldehyd $C_{18}H_{18}O_5$, Formel IX (R = CH$_2$-C$_6$H$_5$, R' = CH$_3$).
B. Aus 3-Acetyl-2-hydroxy-4,6-dimethoxy-benzaldehyd und Benzylbromid mit Hilfe von K$_2$CO$_3$ und KI in Aceton (*Robertson, Williamson*, Soc. **1957** 5018).
Hellgelbe Kristalle (aus Acn.+PAe.); F: 118–120°.
Semicarbazon $C_{19}H_{21}N_3O_5$. Kristalle (aus A.); F: 208–211°.
2,4-Dinitro-phenylhydrazon (F: 200°): *Ro., Wi.*

[4-Acetyl-2-formyl-3-hydroxy-5-methoxy-phenoxy]-essigsäure $C_{12}H_{12}O_7$, Formel IX (R = H, R' = CH$_2$-CO-OH).
B. Neben dem Äthylester (s. u.) beim Behandeln von [4-Acetyl-3-hydroxy-5-methoxy-phen≠oxy]-essigsäure-äthylester mit Zn(CN)$_2$, HCN und HCl in Äther und CHCl$_3$ und anschliessen≠den Erwärmen mit H$_2$O oder aus dem Äthylester beim Erwärmen mit wss. NaOH (*Phillipps et al.*, Soc. **1952** 4951, 4953).
Kristalle (aus wss. Me.); F: 199°.
Äthylester $C_{14}H_{16}O_7$. Kristalle (aus A.); F: 166°.
2,4-Dinitro-phenylhydrazon (F: 240° [Zers.]): *Ph. et al.*

2,6-Dihydroxy-4-methoxy-3-trifluoracetyl-benzaldehyd $C_{10}H_7F_3O_5$, Formel X (X = F).
B. Beim Behandeln von 1-[2,4-Dihydroxy-6-methoxy-phenyl]-2,2,2-trifluor-äthanon mit Zn(CN)$_2$, HCN und HCl in Äther und anschliessenden Erwärmen mit H$_2$O (*Whalley*, Soc. **1951** 665, 668).
Kristalle (aus wss. Me. oder nach Sublimation bei 140°/0,1 Torr); F: 129°.
2,4-Dinitro-phenylhydrazon (F: 278° [Zers.]): *Wh.*

2,6-Dihydroxy-4-methoxy-3-trichloracetyl-benzaldehyd $C_{10}H_7Cl_3O_5$, Formel X (X = Cl).
B. Analog der vorangehenden Verbindung (*Whalley*, Soc. **1951** 665, 670).
Kristalle (aus Bzl.); F: 150°.

2,4-Dinitro-phenylhydrazon (F: 247° [Zers.]): *Wh.*

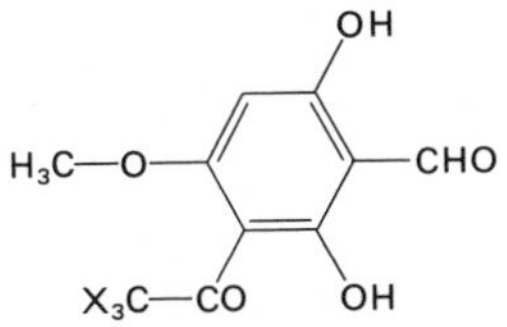

X 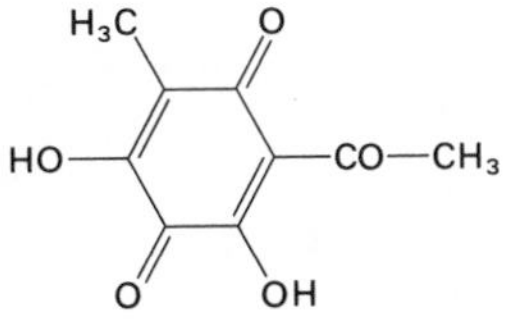   XI 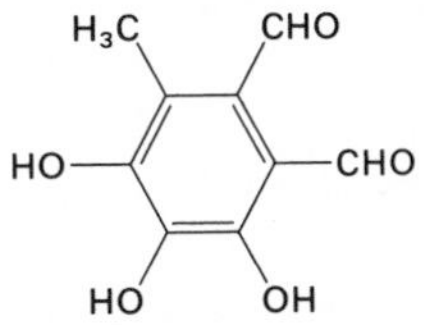   XII

2-Acetyl-3,5-dihydroxy-6-methyl-[1,4]benzochinon $C_9H_8O_5$, Formel XI und Taut.

B. Aus 1-[2,3,4,6-Tetrahydroxy-5-methyl-phenyl]-äthanon bei der Oxidation mit Sauerstoff in Methanol bzw. mit $FeCl_3$ in wss.-methanol. HCl oder aus 1-[3-Amino-2,4,6-trihydroxy-5-methyl-phenyl]-äthanon-hydrochlorid bei der Oxidation mit $FeCl_3$ in wss.-methanol. HCl (*Riedl, Leucht*, B. **91** [1958] 2784, 2790).

Rote Kristalle (aus Me.); F: 144–145° [unkorr.]. Bei 100–110°/0,2 Torr sublimierbar. λ_{max} (A.): 289 nm und 377 nm.

M o n o s e m i c a r b a z o n $C_{10}H_{11}N_3O_5$. Rote Kristalle (aus Me.); Zers. bei 245–250° [unkorr.; nach Verfärbung ab 240°].

3,4,5-Trihydroxy-6-methyl-phthalaldehyd, Flavipin $C_9H_8O_5$, Formel XII.

Isolierung aus Aspergillus flavipes und Aspergillus terreus: *Raistrick, Rudman*, Biochem. J. **63** [1956] 395, 393.

Gelbliche Kristalle (aus Eg., E., $CHCl_3$ bzw. Bzl. oder nach Sublimation); F: 233–234° [Zers.]. IR-Banden (KBr; 3250–750 cm^{-1}): *Ra., Ru.* λ_{max} (Dioxan): 261 nm, 264 nm und 330 nm.

Beim Behandeln mit Diazomethan in Äther ist eine als F l a v i p i n - m o n o m e t h y l ä t h e r be=zeichnete Verbindung $C_{10}H_{10}O_5$ (gelbe Kristalle [aus $CHCl_3$ oder nach Sublimation bei 130°]; F: 196–197°) erhalten worden (*Ra., Ru.*, l. c. S. 401). Beim Erwärmen mit Dimethylsulfat und K_2CO_3 in Aceton ist der als o p t . - i n a k t. B i s - [3 - h y d r o x y - 5 , 6 , 7 - t r i m e t h o x y - 4 -m e t h y l - 1 , 3 - d i h y d r o - i s o b e n z o f u r a n - 1 - y l] - ä t h e r   formulierte   D i f l a v i p i n - h e x a =m e t h y l ä t h e r $C_{24}H_{30}O_{11}$ (Kristalle [aus Ae.] mit 1 Mol H_2O; F: 138,5–139°; bei der Oxidation mit $KMnO_4$ in 3,4,5-Trimethoxy-6-methyl-phthalsäure-anhydrid bzw. bei der Reaktion mit [2,4-Dinitro-phenyl]-hydrazin in 3,4,5-Trimethoxy-6-methyl-phthalaldehyd-bis-[2,4-dinitro-phenylhydrazon] überführbar) erhalten worden (*Ra., Ru.*, l. c. S. 402).

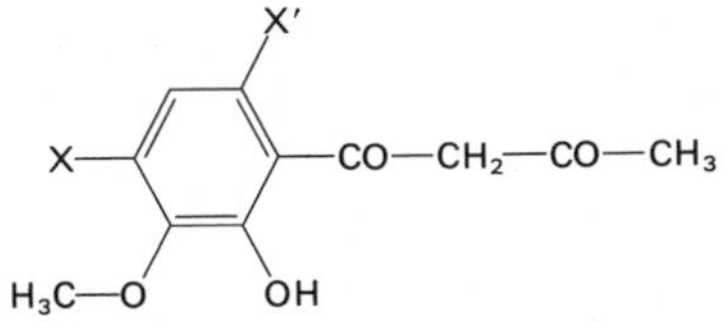

I 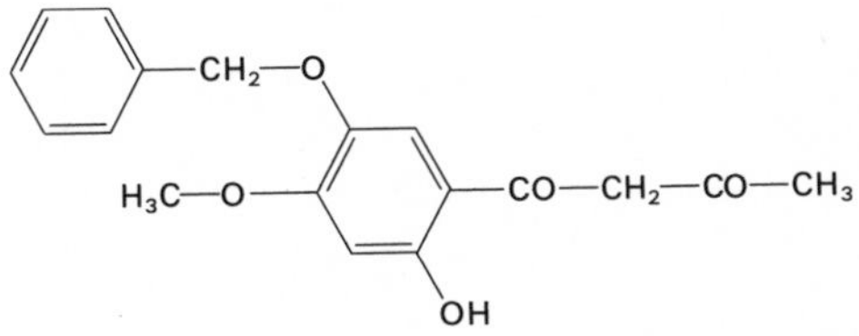   II

Hydroxy-oxo-Verbindungen $C_{10}H_{10}O_5$

1-[2-Hydroxy-3,4-dimethoxy-phenyl]-butan-1,3-dion $C_{12}H_{14}O_5$, Formel I (X = $O-CH_3$, X' = H) und Taut.

B. Aus 1-[2-Hydroxy-3,4-dimethoxy-phenyl]-äthanon und Äthylacetat mit Hilfe von Natrium (*Wiley*, Am. Soc. **74** [1952] 4329).

Kristalle (aus A.); F: 104–107° [unkorr.].

Die folgenden Verbindungen sind in analoger Weise hergestellt worden:

1 - [2 - H y d r o x y - 3 , 6 - d i m e t h o x y - p h e n y l] - b u t a n - 1 , 3 - d i o n $C_{12}H_{14}O_5$, Formel I (X = H,

X' = O-CH$_3$) und Taut. Gelbe Kristalle (aus A.); F: 112−114° (*Vargha, Rados,* Acta chim. hung. **3** [1953] 223, 226).

1-[5-Benzyloxy-2-hydroxy-4-methoxy-phenyl]-butan-1,3-dion $C_{18}H_{18}O_5$, Formel II und Taut. Kristalle (aus wss. Me.); F: 124° (*Dean et al.,* Soc. **1959** 1071, 1074).

1-[2-Hydroxy-4,6-dimethoxy-phenyl]-butan-1,3-dion $C_{12}H_{14}O_5$, Formel III (R = H) und Taut. Kristalle; F: 83−85° [aus A.] (*Wi.*), 82° [aus PAe.] (*Mackenzie et al.,* Soc. **1950** 2965, 2969).

1-[2,4,6-Trimethoxy-phenyl]-butan-1,3-dion $C_{13}H_{16}O_5$, Formel III (R = CH$_3$) und Taut.; Eugenon (H 493; E III 4017). Kristalle; F: 106° [aus wss. Me.] (*Ma. et al.*), 96−97° [aus A.] (*Wi.*).

1-[3,4,5-Trimethoxy-phenyl]-butan-1,3-dion $C_{13}H_{16}O_5$, Formel IV und Taut. Kristalle (aus wss. Me.); F: 101−102° (*Fehnel,* J. org. Chem. **23** [1958] 432).

III

IV

1-Diazo-4-[3,4,5-trimethoxy-phenyl]-butan-2-on $C_{13}H_{16}N_2O_4$, Formel V.
IR-Banden (CH$_2$Cl$_2$; 4,5−7,5 μ): *Yates et al.,* Am. Soc. **79** [1957] 5756, 5757.

3,5-Diacetyl-benzen-1,2,4-triol $C_{10}H_{10}O_5$, Formel VI (R = H) (E III 4017).
B. Aus 2,4-Diacetyl-resorcin bei der Oxidation mit K$_2$S$_2$O$_8$ in wss. NaOH (*Ballio, Schiavello,* G. **81** [1951] 553, 558).
F: 186−187°.

V

VI

1,3-Diacetyl-2,4,5-trimethoxy-benzol $C_{13}H_{16}O_5$, Formel VI (R = CH$_3$).
B. Aus der vorangehenden Verbindung und Dimethylsulfat mit Hilfe von K$_2$CO$_3$ in Aceton (*Ballio, Schiavello,* G. **81** [1951] 553, 557).
Kristalle (aus PAe.); F: 48°.

2,4-Diacetyl-phloroglucin $C_{10}H_{10}O_5$, Formel VII (R = R' = H) (H 493; E I 733; E II 535; E III 4018).
B. Beim Behandeln von Phloroglucin mit Essigsäure bzw. mit Acetanhydrid, jeweils in Gegen= wart von BF$_3$ (*Campbell, Coppinger,* Am. Soc. **73** [1951] 2708; *Dean, Robertson,* Soc. **1953** 1241, 1245).
Kristalle; F: 168° [aus H$_2$O] (*Ca., Co.*), 168° [aus Bzl.+PAe.] (*Dean, Ro.*). UV-Spektrum in Methanol, in wss.-methanol. NaOH und in wss.-methanol. H$_2$SO$_4$ (220−400 nm): *Ca., Co.,* l. c. S. 2712; in Äthanol (220−360 nm): *Dean et al.,* Soc. **1953** 1250, 1254. λ_{max}: 271 nm [Me.], 289 nm [wss.-methanol. NaOH] (*Ca., Co.,* l. c. S. 2709).
Triacetyl-Derivat $C_{16}H_{16}O_8$; 1,3,5-Triacetoxy-2,4-diacetyl-benzol (E III 4018). Kristalle (aus wss. A.); F: 92−93° (*Dean, Ro.*).
Tribenzoyl-Derivat (F: 137°): *Dean, Ro.*

4,6-Diacetyl-5-methoxy-resorcin $C_{11}H_{12}O_5$, Formel VII (R = CH$_3$, R' = H).

B. Beim Hydrieren von 2,4-Diacetyl-1,5-bis-benzyloxy-3-methoxy-benzol an Palladium/Kohle in Methanol (*Dean, Robertson,* Soc. **1953** 1241, 1247).

Kristalle (aus wss. A.); F: 88°.

Diacetyl-Derivat $C_{15}H_{16}O_7$; 1,5-Diacetoxy-2,4-diacetyl-3-methoxy-benzol. Kristalle (aus PAe.); F: 99—100°.

2,4-Diacetyl-5-methoxy-resorcin $C_{11}H_{12}O_5$, Formel VII (R = H, R' = CH$_3$) (E III 4018).

B. Aus 5-Methoxy-resorcin und Acetanhydrid mit Hilfe von BF$_3$ oder aus 2,4-Diacetyl-phloroglucin bei der Reaktion mit Diazomethan bzw. mit CH$_3$I (*Dean, Robertson,* Soc. **1953** 1241, 1245). Aus 2-Acetyl-5-methoxy-4-trichloracetyl-resorcin mit Hilfe von Zink in Essigsäure (*Whalley,* Soc. **1951** 3229, 3233).

Kristalle; F: 106° [aus wss. A.] (*Dean, Ro.*), 105° (*Wh.*). UV-Spektrum (A.; 220—360 nm): *Dean et al.,* Soc. **1953** 1250, 1254.

Beim Behandeln mit wss. NH$_3$ ist eine als 2,6-Diacetyl-3-amino-5-methoxy-phenol formulierte Verbindung $C_{11}H_{13}NO_4$ (rosafarbene Kristalle [aus wss. A.]; F: 242° [Sintern ab 240°]) erhalten worden (*Dean, Ro.,* l. c. S. 1249).

Dibenzoyl-Derivat (F: 120,5°): *Dean, Ro.*

2,4-Diacetyl-3,5-dimethoxy-phenol $C_{12}H_{14}O_5$, Formel VII (R = R' = CH$_3$) (E III 4018).

B. Beim Hydrieren von 2,4-Diacetyl-1-benzyloxy-3,5-dimethoxy-benzol an Palladium/Kohle in Methanol (*Dean, Robertson,* Soc. **1953** 1241, 1246).

Kristalle (aus PAe. oder wss. A.); F: 106°.

2,6-Diacetyl-3,5-dimethoxy-phenol $C_{12}H_{14}O_5$, Formel VIII (R = H) (H 493; E III 4019).

B. Aus 3,5-Dimethoxy-phenol beim Behandeln mit Acetanhydrid und BF$_3$ (*Dean, Robertson,* Soc. **1953** 1241, 1246) oder beim Erwärmen mit Essigsäure und Polyphosphorsäure (*Nakazawa, Matsuura,* J. pharm. Soc. Japan **74** [1954] 1254; C. A. **1955** 14669). Beim Behandeln von 1-[2-Hydroxy-4,6-dimethoxy-phenyl]-äthanon mit Acetanhydrid und BF$_3$, beim Erwärmen von 2,4-Diacetyl-phloroglucin mit CH$_3$I und K$_2$CO$_3$ in Aceton sowie beim Behandeln von 2,4-Diacetyl-3,5-dimethoxy-phenol mit Essigsäure und BF$_3$ (*Dean, Ro.*).

Kristalle; F: 128° [aus PAe.] (*Dean, Ro.*), 126° [aus A.] (*Na., Ma.*). UV-Spektrum (A.; 220—340 nm): *Kawano,* J. pharm. Soc. Japan **76** [1956] 457, 458; C. A. **1956** 16759.

2,4-Diacetyl-1,3,5-trimethoxy-benzol $C_{13}H_{16}O_5$, Formel VIII (R = CH$_3$).

B. Aus 2,4-Diacetyl-5-methoxy-resorcin und Dimethylsulfat mit Hilfe von K$_2$CO$_3$ in Aceton (*Dean, Robertson,* Soc. **1953** 1241, 1246).

Kristalle (aus PAe.); F: 110—111°.

2,4-Diacetyl-5-äthoxy-resorcin $C_{12}H_{14}O_5$, Formel VII (R = H, R' = C$_2$H$_5$).

B. Beim Behandeln von 1-[2,6-Diäthoxy-4-hydroxy-phenyl]-äthanon in Äther mit Acetanhydrid und BF$_3$ (*Dean, Robertson,* Soc. **1953** 1241, 1247).

Kristalle (aus PAe.); F: 131—131,5°.

2,4-Diacetyl-3-äthoxy-1,5-dimethoxy-benzol $C_{14}H_{18}O_5$, Formel VIII (R = C$_2$H$_5$).

B. Aus 2,6-Diacetyl-3,5-dimethoxy-phenol und Äthyljodid mit Hilfe von K$_2$CO$_3$ in Aceton

(*Dean, Robertson*, Soc. **1953** 1241, 1246).
Kristalle (aus PAe.); F: 96°.

2,4-Diacetyl-1-äthoxy-3,5-dimethoxy-benzol $C_{14}H_{18}O_5$, Formel IX (R = R′ = CH₃).
B. Aus 2,4-Diacetyl-5-äthoxy-resorcin und Dimethylsulfat mit Hilfe von K_2CO_3 in Aceton
(*Dean, Robertson*, Soc. **1953** 1241, 1247).
Kristalle (aus PAe.); F: 63°.

2,6-Diacetyl-3,5-diäthoxy-phenol $C_{14}H_{18}O_5$, Formel IX (R = H, R′ = C₂H₅).
B. Beim Behandeln von 3,5-Diäthoxy-phenol mit Acetanhydrid und BF₃ (*Dean, Robertson*,
Soc. **1953** 1241, 1247).
Kristalle (aus PAe.); F: 117°.

2,4-Diacetyl-1,3-diäthoxy-5-methoxy-benzol $C_{15}H_{20}O_5$, Formel IX (R = C₂H₅, R′ = CH₃).
B. Aus 2,4-Diacetyl-5-methoxy-resorcin und Diäthylsulfat bzw. Äthyljodid mit Hilfe von
K_2CO_3 in Aceton (*Dean, Robertson*, Soc. **1953** 1241, 1247).
Kristalle (aus PAe.); F: 79−80°.

2,4-Diacetyl-1,5-diäthoxy-3-methoxy-benzol $C_{15}H_{20}O_5$, Formel IX (R = CH₃, R′ = C₂H₅).
B. Analog der vorangehenden Verbindung (*Dean, Robertson*, Soc. **1953** 1241, 1247).
Kristalle (aus PAe.); F: 107°.

2,4-Diacetyl-5-benzyloxy-resorcin $C_{17}H_{16}O_5$, Formel X (R = R′ = H).
B. Aus 2,4-Diacetyl-phloroglucin und Benzylbromid mit Hilfe von KI und K_2CO_3 in Aceton
(*Dean, Robertson*, Soc. **1953** 1241, 1246).
Kristalle (aus wss. A.); F: 127°.

X   XI   XII

2,6-Diacetyl-3-benzyloxy-5-methoxy-phenol $C_{18}H_{18}O_5$, Formel X (R = H, R′ = CH₃).
B. Aus der vorangehenden Verbindung und Dimethylsulfat mit Hilfe von K_2CO_3 in Aceton
(*Dean, Robertson*, Soc. **1953** 1241, 1246).
Kristalle (aus Bzl.+PAe.); F: 95°.

2,4-Diacetyl-3-benzyloxy-1,5-dimethoxy-benzol $C_{19}H_{20}O_5$, Formel VIII (R = CH₂-C₆H₅).
B. Aus 2,6-Diacetyl-3,5-dimethoxy-phenol und Benzylbromid mit Hilfe von KI und K_2CO_3
in Aceton (*Dean, Robertson*, Soc. **1953** 1241, 1247).
Kristalle (aus PAe.); F: 122°.

2,4-Diacetyl-1-benzyloxy-3,5-dimethoxy-benzol $C_{19}H_{20}O_5$, Formel X (R = R′ = CH₃).
B. Aus 2,4-Diacetyl-5-benzyloxy-resorcin und CH₃I mit Hilfe von K_2CO_3 in Aceton (*Dean,
Robertson*, Soc. **1953** 1241, 1246).
Kristalle (aus PAe.); F: 84−85°.

2,6-Diacetyl-3,5-bis-benzyloxy-phenol $C_{24}H_{22}O_5$, Formel X (R = H, R′ = CH₂-C₆H₅).
B. Aus 2,4-Diacetyl-5-benzyloxy-resorcin und Benzylbromid mit Hilfe von K_2CO_3 und KI
in Aceton (*Dean, Robertson*, Soc. **1953** 1241, 1247).
Kristalle (aus Bzl.+PAe.); F: 112°.

2,4-Diacetyl-1,3-bis-benzyloxy-5-methoxy-benzol $C_{25}H_{24}O_5$, Formel X (R = CH_2-C_6H_5, R′ = CH_3).

B. Aus 2,4-Diacetyl-5-methoxy-resorcin analog der vorangehenden Verbindung (*Dean, Ro=bertson,* Soc. **1953** 1241, 1246).

Kristalle (aus Bzl. + PAe.); F: 131°.

2,4-Diacetyl-1,5-bis-benzyloxy-3-methoxy-benzol $C_{25}H_{24}O_5$, Formel X (R = CH_3, R′ = CH_2-C_6H_5).

B. Aus 2,6-Diacetyl-3,5-bis-benzyloxy-phenol und CH_3I mit Hilfe von K_2CO_3 in Aceton (*Dean, Robertson,* Soc. **1953** 1241, 1247).

Kristalle (aus wss. A.); F: 93°.

3-Acetoxy-2,4-diacetyl-1,5-dimethoxy-benzol $C_{14}H_{16}O_6$, Formel VIII (R = CO-CH_3).

Diese Konstitution kommt der früher (H 493) als 1-Acetoxy-2,4-diacetyl-3,5-di=methoxy-benzol $C_{14}H_{16}O_6$ formulierten Verbindung zu (*Dean, Robertson,* Soc. **1953** 1241, 1246).

F: 152°.

2-Acetyl-5-methoxy-4-trichloracetyl-resorcin $C_{11}H_9Cl_3O_5$, Formel XI.

B. Beim Behandeln von 5-Methoxy-4-trichloracetyl-resorcin mit Acetanhydrid und BF_3 (*Whalley,* Soc. **1951** 3229, 3233).

Kristalle (aus wss. Me.); F: 115°.

4,6-Diacetyl-pyrogallol, Gallodiacetophenon $C_{10}H_{10}O_5$, Formel XII (H 493; E I 733; E III 4019).

B. Aus 4,6-Diacetyl-resorcin mit Hilfe von $K_2S_2O_8$ und wss. NaOH (*Ballio, Schiavello,* G. **89** [1951] 553, 556).

F: 190−191°.

Trimethyl-Derivat $C_{13}H_{16}O_5$; 1,5-Diacetyl-2,3,4-trimethoxy-benzol. Kristalle (aus PAe.); F: 73−74°.

1-[3-(2,2-Dimethoxy-äthyl)-2-hydroxy-4,6-dimethoxy-phenyl]-äthanon, 2-[3-Acetyl-2-hydroxy-4,6-dimethoxy-phenyl]-acetaldehyd-dimethylacetal $C_{14}H_{20}O_6$, Formel XIII.

B. Aus 1-[2-Benzyloxy-4,6-dimethoxy-3-(*trans*(?)-2-nitro-vinyl)-phenyl]-äthanon (S. 2809) bei der Reduktion mit Eisen und Essigsäure in Äthanol und anschliessenden Reaktion mit methanol. H_2SO_4 (*Robertson, Williamson,* Soc. **1957** 5018). Aus *O,O′*-Dimethyl-dehydrosecoapovitexin (1-[(4a*S*)-3ξ,5ξ-Dihydroxy-2*t*-hydroxymethyl-8,10-dimethoxy-(4a*r*,10b*c*)-2,3,4a,10b-tetra=hydro-5*H*-[1,4]dioxino[2,3-*c*]chromen-7-yl]-äthanon; S. 3711) mit Hilfe von methanol. H_2SO_4 (*Evans et al.,* Soc. **1957** 3510, 3523).

Hellgelbe Kristalle (aus Bzl. oder wss. Me. bzw. Me.); F: 114−116° (*Ev. et al.; Ro., Wi.*).

XIII　　　　　　　XIV　　　　　　　XV

[2,6-Dihydroxy-3-methoxyacetyl-phenyl]-acetaldehyd $C_{11}H_{12}O_5$, Formel XIV.

B. Aus 1-[3-Allyl-2,4-dihydroxy-phenyl]-2-methoxy-äthanon bei der Ozonolyse (*Aneja et al.,* Tetrahedron **2** [1958] 203, 208).

Kristalle (aus E. + PAe.); F: 133−133,5°.

Dimedon-Derivat $C_{27}H_{34}O_8$; 2-[2,6-Dihydroxy-3-methoxyacetyl-phenyl]-1,1-bis-[4,4-dimethyl-2,6-dioxo-cyclohexyl]-äthan(?). Kristalle (aus wss. A.); F: 182—183°.

3-Acetyl-2,4,6-trihydroxy-5-methyl-benzaldehyd $C_{10}H_{10}O_5$, Formel XV.

B. Aus 1-[2,4,6-Trihydroxy-3-methyl-phenyl]-äthanon bei der Reaktion mit $Zn(CN)_2$ und HCN und anschliessenden Hydrolyse mit H_2O (*Robertson, Whalley*, Soc. **1951** 3355).

Kristalle (aus wss. Me.); F: 134°.

2,4-Dinitro-phenylhydrazon $C_{16}H_{14}N_4O_8$. Orangefarbene Kristalle (aus Eg.); F: 294—295° [Zers.].

Hydroxy-oxo-Verbindungen $C_{11}H_{12}O_5$

1-[2-Hydroxy-3,4,6-trimethoxy-phenyl]-3-methyl-but-2-en-1-on $C_{14}H_{18}O_5$, Formel I (R = H).

B. Aus der folgenden Verbindung mit Hilfe von $AlCl_3$ in Äther und 1,1,2,2-Tetrachlor-äthan (*Huls, Brunelle*, Bl. Soc. chim. Belg. **68** [1959] 325, 331).

Hellgelbe Kristalle (aus PAe.); F: 87°.

2,4-Dinitro-phenylhydrazon (F: 236°): *Huls, Br.*

3-Methyl-1-[2,3,4,6-tetramethoxy-phenyl]-but-2-en-1-on $C_{15}H_{20}O_5$, Formel I (R = CH₃).

B. Aus 1,2,3,5-Tetramethoxy-benzol und 3-Methyl-crotonoylchlorid mit Hilfe von $AlCl_3$ in Äther (*Huls, Brunelle*, Bl. Soc. chim. Belg. **68** [1959] 325, 330).

Kristalle (aus Bzl. + PAe.); F: 143°.

2,4-Dinitro-phenylhydrazon (F: 232°): *Huls, Br.*

1-[2-Hydroxy-4,6-dimethoxy-3-methyl-phenyl]-butan-1,3-dion $C_{13}H_{16}O_5$, Formel II (R = H) und Taut.

B. Aus 1-[2-Hydroxy-4,6-dimethoxy-3-methyl-phenyl]-äthanon und Äthylacetat mit Hilfe von Natrium (*Schmid, Bolleter*, Helv. **33** [1950] 917, 920).

Kristalle (aus A.); F: 116—117°.

1-[2,4,6-Trimethoxy-3-methyl-phenyl]-butan-1,3-dion $C_{14}H_{18}O_5$, Formel II (R = CH₃) und Taut.

B. Analog der vorangehenden Verbindung (*Schmid, Bolleter*, Helv. **33** [1950] 917, 921).

Kristalle (aus wss. A.); F: 70—71°.

2-Acetyl-1,4,5-trimethoxy-3-propionyl-benzol, 1-[2-Acetyl-3,5,6-trimethoxy-phenyl]-propan-1-on $C_{14}H_{18}O_5$, Formel III (R = CH₃).

B. Aus 1-[3,4,6-Trimethoxy-2-propenyl-phenyl]-äthanon bei der Reaktion mit OsO_4 in Äther und anschliessend mit SO_2 in wss. Methanol (*Dean et al.*, Soc. **1959** 1071, 1076).

Kristalle (aus PAe.); F: 94—97°. λ_{max} (A.): 215 nm, 230 nm, 270 nm und 321 nm.

2-Acetyl-1-benzyloxy-4,5-dimethoxy-3-propionyl-benzol, 1-[2-Acetyl-3-benzyloxy-5,6-dimethoxy-phenyl]-propan-1-on $C_{20}H_{22}O_5$, Formel III (R = CH_2-C_6H_5).

B. Analog der vorangehenden Verbindung (*Dean et al.*, Soc. **1959** 1071, 1077).

Kristalle (aus Bzl. + PAe.); F: 111°.

2,4-Diacetyl-6-methyl-phloroglucin $C_{11}H_{12}O_5$, Formel IV (R = H) (E II **7** 880; E III **8** 4020).

B. Aus 2-Methyl-phloroglucin und Acetanhydrid mit Hilfe von BF_3 in Essigsäure (*Dean, Robertson*, Soc. **1953** 1241, 1248). Aus 1,3,5-Triacetoxy-2-methyl-benzol mit Hilfe von BF_3 in Essigsäure (*Dean et al.*, Soc. **1957** 1577, 1579).

Kristalle; F: 170° [aus wss. A.] (*Dean et al.*), 160° [aus A.] (*Dean, Ro.*).

2,4-Diacetyl-5-methoxy-6-methyl-resorcin $C_{12}H_{14}O_5$, Formel V (R = R' = H) (E II 536; E III 4020).

B. Aus 2,4-Diacetyl-6-methyl-phloroglucin bei der Reaktion mit CH_3I (*Dean, Robertson*, Soc. **1953** 1241, 1249), mit Dimethylsulfat (*Dean, Ro.*; *Dean et al.*, Soc. **1957** 1577, 1579) oder mit Diazomethan (*Dean, Ro.*). Aus 5-Methoxy-4-methyl-resorcin oder 1-[2,6-Dihydroxy-4-methoxy-3-methyl-phenyl]-äthanon bei der Reaktion mit Acetanhydrid und BF_3 (*Dean, Ro.*).

Kristalle (aus wss. A.); F: 97° (*Dean et al.*, Soc. **1957** 1579; *Dean, Ro.*). UV-Spektrum (A.; 220 – 350 nm): *Dean et al.*, Soc. **1953** 1250, 1253.

Beim Behandeln mit wss. NH_3 ist eine als 2,6-Diacetyl-3-amino-5-methoxy-4-methyl-phenol formulierte Verbindung $C_{12}H_{15}NO_4$ (Kristalle [aus wss. A.]; F: 250°) erhalten worden (*Dean, Ro.*).

4,6-Diacetyl-5-methoxy-2-methyl-resorcin $C_{12}H_{14}O_5$, Formel IV (R = CH_3).

B. Aus 1-[2,4-Dihydroxy-6-methoxy-3-methyl-phenyl]-äthanon und Acetanhydrid mit Hilfe von BF_3 in Essigsäure (*Dean, Robertson*, Soc. **1953** 1241, 1248).

Kristalle (aus wss. A.); F: 94°.

2,4-Diacetyl-3,5-dimethoxy-6-methyl-phenol $C_{13}H_{16}O_5$, Formel V (R = CH_3, R' = H).

B. Aus 1-Acetoxy-2,4-diacetyl-3,5-dimethoxy-6-methyl-benzol mit Hilfe von wss. NaOH (*Dean et al.*, Soc. **1957** 1577, 1579).

Hellgelbe Kristalle (aus wss. A.); F: 64°.

2,6-Diacetyl-3,5-dimethoxy-4-methyl-phenol(?) $C_{13}H_{16}O_5$, vermutlich Formel V (R = H, R' = CH_3).

B. s. im folgenden Artikel.

Kristalle (aus PAe. oder A.); F: 59,5 – 60,5° (*Dean, Robertson*, Soc. **1953** 1241, 1249).

1,3-Diacetyl-2,4,6-trimethoxy-5-methyl-benzol $C_{14}H_{18}O_5$, Formel V (R = R' = CH_3).

B. Aus 2,4-Diacetyl-6-methyl-phloroglucin, 4,6-Diacetyl-5-methoxy-2-methyl-resorcin oder 2,4-Diacetyl-5-methoxy-6-methyl-resorcin, in diesem Fall neben geringen Mengen einer als 2,6-Diacetyl-3,5-dimethoxy-4-methyl-phenol (s. o.) formulierten Verbindung beim Erwärmen mit Dimethylsulfat und K_2CO_3 in Aceton (*Dean, Robertson*, Soc. **1953** 1241, 1248, 1249).

Kristalle (aus PAe.); F: 66 – 67°.

1,3-Diacetyl-2,4-dimethoxy-5-methyl-6-propoxy-benzol $C_{16}H_{22}O_5$, Formel V (R = CH_3, R' = CH_2-C_2H_5).

B. Neben 2,4-Diacetyl-3,5-dimethoxy-6-methyl-phenol aus der folgenden Verbindung bei der Hydrierung an Palladium/Kohle in Methanol (*Dean et al.*, Soc. **1957** 1577, 1580).

$Kp_{0,05}$: 120° [Badtemperatur].

1,3-Diacetyl-4-allyloxy-2,6-dimethoxy-5-methyl-benzol $C_{16}H_{20}O_5$, Formel V (R = CH_3, R' = CH_2-CH=CH_2).

B. Aus 2,4-Diacetyl-3,5-dimethoxy-6-methyl-phenol und Allylbromid mit Hilfe von K_2CO_3 in Aceton (*Dean et al.*, Soc. **1957** 1577, 1580).

$Kp_{0,05}$: 170° [Badtemperatur].

1-Acetoxy-2,4-diacetyl-3,5-dimethoxy-6-methyl-benzol $C_{15}H_{18}O_6$, Formel VI (R = CO-CH$_3$).
B. Aus der folgenden Verbindung und CH$_3$I mit Hilfe von K$_2$CO$_3$ in Aceton (*Dean, Robert⸗son*, Soc. **1953** 1241, 1248).
Dimorph; Kristalle; F: 92° und F: 80° (*Dean et al.*, Soc. **1957** 1577, 1579) bzw. F: 79−80° [aus PAe.] (*Dean, Ro.*).

VI   VII   VIII

3,5-Diacetoxy-2,6-diacetyl-4-methyl-phenol $C_{15}H_{16}O_7$, Formel VII (R = H) (E III 4021).
B. Aus 2-Methyl-phloroglucin und Acetanhydrid mit Hilfe von BF$_3$ in Essigsäure (*Dean, Robertson*, Soc. **1953** 1241, 1248).
Kristalle (aus PAe.); F: 116°.

1,3-Diacetoxy-4,6-diacetyl-5-methoxy-2-methyl-benzol $C_{16}H_{18}O_7$, Formel VII (R = CH$_3$).
B. Aus 4,6-Diacetyl-5-methoxy-2-methyl-resorcin und Acetanhydrid mit Hilfe von Pyridin (*Dean, Robertson*, Soc. **1953** 1241, 1249).
Kristalle (aus wss. A.); F: 169°.

1,3,5-Triacetoxy-2,4-diacetyl-6-methyl-benzol $C_{17}H_{18}O_8$, Formel VII (R = CO-CH$_3$) (E III 4021).
B. Aus 2,4-Diacetyl-6-methyl-phloroglucin und Acetanhydrid mit Hilfe von Natriumacetat oder Pyridin (*Dean, Robertson*, Soc. **1953** 1241, 1248).
Kristalle (aus wss. A.); F: 86−87°.
Beim Behandeln in Pyridin mit H$_2$O ist 3,5-Diacetoxy-2,6-diacetyl-4-methyl-phenol erhalten worden.

[2,4-Diacetyl-3,5-dimethoxy-6-methyl-phenoxy]-essigsäure-äthylester $C_{17}H_{22}O_7$, Formel VI (R = CH$_2$-CO-O-C$_2$H$_5$).
B. Beim Erwärmen von 2,4-Diacetyl-3,5-dimethoxy-6-methyl-phenol mit Bromessigsäure-äthylester und K$_2$CO$_3$ in Pentan-3-on (*Dean et al.*, Soc. **1957** 1577, 1579).
Kristalle (aus PAe.); F: 139−140°.

***4-[2,4-Diacetyl-3,5-dimethoxy-6-methyl-phenoxy]-crotonsäure-äthylester** $C_{19}H_{24}O_7$,
Formel VI (R = CH$_2$-CH=CH-CO-O-C$_2$H$_5$).
B. Analog der vorangehenden Verbindung (*Dean et al.*, Soc. **1957** 1577, 1580).
Kristalle (aus PAe.); F: 94°.

1,4-Dihydroxy-2,3-dimethoxy-6,7,8,9-tetrahydro-benzocyclohepten-5-on $C_{13}H_{16}O_5$,
Formel VIII (R = H).
B. Beim Hydrieren von 2,3-Dimethoxy-6,7,8,9-tetrahydro-benzocyclohepten-1,4,5-trion an Platin (*Horton, Spence*, Am. Soc. **77** [1955] 2894).
Gelbe Kristalle (aus Cyclohexan); F: 130,5−134° [unkorr.].

1,2,3,4-Tetramethoxy-6,7,8,9-tetrahydro-benzocyclohepten-5-on $C_{15}H_{20}O_5$, Formel VIII (R = CH$_3$).
B. Aus der vorangehenden Verbindung und Dimethylsulfat mit Hilfe von wss. NaOH (*Horton, Spence*, Am. Soc. **77** [1955] 2894).
Kristalle (aus wss. A. oder Cyclohexan); F: 85−88°.

(±)-6-Acetoxy-1,2,3-trimethoxy-6,7,8,9-tetrahydro-benzocyclohepten-5-on $C_{16}H_{20}O_6$,
Formel IX.

B. Aus 1,2,3-Trimethoxy-6,7,8,9-tetrahydro-benzocyclohepten-5-on mit Hilfe von Blei(IV)-
acetat in Essigsäure (*Caunt et al.*, Soc. **1951** 1313, 1316).

Kristalle (aus Cyclohexan); F: 97–98°.

(±)-2,3,4,6-Tetrahydroxy-6,7,8,9-tetrahydro-benzocyclohepten-5-on $C_{11}H_{12}O_5$, Formel X
(R = R′ = H) (E III 4021).

B. Beim Hydrieren von Purpurogallin (S. 3456) an Palladium/Kohle in Äthylacetat und Äthanol (*Walker*, Am. Soc. **77** [1955] 6699, 6701).

Gelbe Kristalle (aus E.); F: 230–232° [korr.; Zers.].

Bei der Reaktion mit Diazomethan ist eine als (±)-2,4,6-Trihydroxy-3-methoxy-6,7,8,9-
tetrahydro-benzocyclohepten-5-on [Formel X (R = H, R′ = CH₃)] formulierte Verbindung $C_{12}H_{14}O_5$ (Kristalle [aus E.]; F: 202–204° [korr.]; bei weiterer Reaktion mit Diazomethan in 6-Hydroxy-2,3,4-trimethoxy-benzocyclohepten-5-on überführbar) erhalten worden.

(±)-6-Hydroxy-2,3,4-trimethoxy-6,7,8,9-tetrahydro-benzocyclohepten-5-on $C_{14}H_{18}O_5$,
Formel XI (R = H).

B. Aus dem im vorangehenden Artikel beschriebenen Methyl-Derivat bei der Reaktion mit
Diazomethan in Äther (*Walker*, Am. Soc. **77** [1955] 6699, 6701).

Kristalle (aus Cyclohexan); F: 109–111° [korr.].

(±)-2,3,4,6-Tetramethoxy-6,7,8,9-tetrahydro-benzocyclohepten-5-on $C_{15}H_{20}O_5$, Formel XI
(R = CH₃) (E III 4022).

B. Beim Hydrieren von 2,3,4,6-Tetramethoxy-benzocyclohepten-5-on an Palladium/Kohle in
Äthanol (*Fujita*, J. pharm. Soc. Japan **79** [1959] 1202, 1205; C. A. **1960** 3356).

Kp$_{0,1}$: 135–138°.

(±)-2,3,6-Triacetoxy-4-hydroxy-6,7,8,9-tetrahydro-benzocyclohepten-5-on $C_{17}H_{18}O_8$, Formel X
(R = R′ = CO-CH₃).

B. Aus (±)-2,3,4,6-Tetrahydroxy-6,7,8,9-tetrahydro-benzocyclohepten-5-on und Acetanhydrid oder aus 2,3,4,6-Tetraacetoxy-benzocyclohepten-5-on beim Hydrieren an Palladium/
Kohle in Äthylacetat (*Walker*, Am. Soc. **77** [1955] 6699, 6702).

Kristalle (aus E.); F: 170–171° [korr.].

Hydroxy-oxo-Verbindungen $C_{12}H_{14}O_5$

3,5-Dimethoxy-2,4-dipropionyl-phenol $C_{14}H_{18}O_5$, Formel XII.

B. Aus 3,5-Dimethoxy-phenol und Propionsäure mit Hilfe von Polyphosphorsäure (*Naka-*

zawa, Matsuura, J. pharm. Soc. Japan **74** [1954] 1254; C. A. **1955** 14669).
Kristalle (aus PAe.); F: 101°.

Hydroxy-oxo-Verbindungen $C_{13}H_{16}O_5$

(±)-2-Hydroxy-2-[2,3,4-trimethoxy-phenyl]-cycloheptanon $C_{16}H_{22}O_5$, Formel XIII.
B. Beim Behandeln von 1,2,3-Trimethoxy-benzol mit Butyllithium in Äther und anschliessend
mit Cycloheptan-1,2-dion (*Ginsburg*, Am. Soc. **76** [1954] 3628).
Kp_1: 190 − 200°.

Hydroxy-oxo-Verbindungen $C_{14}H_{18}O_5$

3-Methyl-2-[2,4,6-trimethoxy-3,5-dimethyl-benzoyl]-butyraldehyd $C_{17}H_{24}O_5$, Formel XIV und
Taut. (2-Hydroxymethylen-3-methyl-1-[2,4,6-trimethoxy-3,5-dimethyl-phenyl]-
butan-1-on); Hydroxymethylentorquaton.
B. Aus Torquaton (S. 2762) und Äthylformiat mit Hilfe von Kaliumäthylat (*Bowyer, Jefferies*,
Austral. J. Chem. **12** [1959] 442, 445).
Kristalle.
Phenylimin (F: 124°): *Bo., Je.*

Hydroxy-oxo-Verbindungen $C_{15}H_{20}O_5$

2,6-Dihydroxy-3-isobutyryl-5-isopentyl-[1,4]benzochinon $C_{15}H_{20}O_5$, Formel XV
(R = CH(CH₃)₂) und Taut.; **Cohumulochinon.**
B. Aus (−)-Cohumulon (S. 3408) bei der Hydrierung an Palladium in Methanol und anschlies≈
senden Oxidation mit Luft (*Howard, Tatchell*, Soc. **1954** 2400, 2404).
Rote Kristalle (aus Me.) mit 1 Mol Methanol; F: 72 − 73°.
o-Phenylendiamin-Kondensationsprodukt (F: 129 − 130°): *Ho., Ta.*, l. c. S. 2405.

XV   XVI

Hydroxy-oxo-Verbindungen $C_{16}H_{22}O_5$

2,6-Dihydroxy-3-isopentyl-5-isovaleryl-[1,4]benzochinon $C_{16}H_{22}O_5$, Formel XV
(R = CH₂-CH(CH₃)₂) und Taut.; **Humulochinon** (E II 536).
B. Bei der Hydrierung von (−)-Humulon (S. 3410) an Palladium in wss.-methanol. HCl und
anschliessenden Oxidation mit Sauerstoff (*Verzele, Anteunis*, Bl. Soc. chim. Belg. **68** [1959]
315, 320). Bei der Reduktion von 1-[3-Isopentyl-2,4,6-trihydroxy-5-phenylazo-phenyl]-3-methyl-
butan-1-on mit SnCl₂ und anschliessenden Oxidation mit Sauerstoff oder mit FeCl₃ (*Riedl,
Leucht*, B. **91** [1958] 2784, 2793).
Rotbraune Kristalle; F: 75 − 76° [aus Me.] (*Ri., Le.*), 73 − 73,5° [aus wss. Me.] (*Ve., An.*).
Absorptionsspektrum in wss.-methanol. HCl sowie in wss.-methanol. NaOH (220 − 600 nm):
Ve., An., l. c. S. 321.
Semicarbazon $C_{17}H_{25}N_3O_5$ (E II 536). F: 187 − 188° [unkorr.] (*Ri., Le.*, l. c. S. 2794).

o-Phenylendiamin-Kondensationsprodukt (F: 113,5 – 114°): *Ri., Le.*

Hydroxy-oxo-Verbindungen $C_{20}H_{30}O_5$

(±)-1,1-Bis-[4,4-dimethyl-2,6-dioxo-cyclohexyl]-3-methoxy-butan, (±)-5,5,5′,5′-Tetramethyl-2,2′-[3-methoxy-butyliden]-bis-cyclohexan-1,3-dion $C_{21}H_{32}O_5$, Formel XVI und Taut.

B. Aus (±)-3-Methoxy-butyraldehyd und 5,5-Dimethyl-cyclohexan-1,3-dion (*Büttner,* A. **583** [1953] 184, 188).

F: 107 – 109° [aus A.].   [*Schenk*]

Hydroxy-oxo-Verbindungen $C_{21}H_{32}O_5$

3α-Acetoxy-16α,17aα-dihydroxy-17aβ-methyl-*D*-homo-5β-androstan-11,17-dion $C_{23}H_{34}O_6$, Formel I (R = H).

B. Neben 3α-Acetoxy-16α,17α-dihydroxy-17β-methyl-*D*-homo-5β-androstan-11,17a-dion (Hauptprodukt) aus 3α-Acetoxy-16α,17-dihydroxy-5β-pregnan-11,20-dion mit Hilfe von Al₂O₃ (*Wendler, Taub,* Am. Soc. **82** [1960] 2836, 2838; s. a. *Wendler,* Chem. and Ind. **1959** 20).

Kristalle (aus Ae.); F: 203 – 205°; [α]$_D$: +72° [CHCl₃] (*We., Taub*).

I   II

3α,16α-Diacetoxy-17aα-hydroxy-17aβ-methyl-*D*-homo-5β-androstan-11,17-dion $C_{25}H_{36}O_7$, Formel I (R = CO-CH₃).

B. Aus 3α-Acetoxy-16α,17aα-dihydroxy-17aβ-methyl-*D*-homo-5β-androstan-11,17-dion und Acetanhydrid in Pyridin (*Wendler, Taub,* Am. Soc. **82** [1960] 2836, 2838; *Wendler,* Chem. and Ind. **1959** 20).

F: 243 – 245° (*We., Taub; We.*).

3α,17aα-Dihydroxy-17aβ-hydroxymethyl-*D*-homo-5β-androstan-11,17-dion $C_{21}H_{32}O_5$, Formel II.

B. Aus dem Diacetyl-Derivat (s. u.) mit wss.-methanol. KOH (*Wendler et al.,* Tetrahedron **7** [1959] 173, 180).

Kristalle (aus E.); F: 167 – 169° [korr.].

Diacetyl-Derivat $C_{25}H_{36}O_7$; 3α-Acetoxy-17aβ-acetoxymethyl-17aα-hydroxy-*D*-homo-5β-androstan-11,17-dion. *B.* Neben 3α-Acetoxy-17β-acetoxymethyl-17α-hydroxy-*D*-homo-5β-androstan-11,17a-dion (Hauptprodukt) beim Erwärmen von 3α,21-Diacetoxy-17-hydroxy-5β-pregnan-11,20-dion mit Aluminiumisopropylat und Cyclohexanon in Dioxan und Toluol (*We. et al.*). – Kristalle; F: 202 – 204° [korr.]. [α]$_D$: +26,5° [CHCl₃]. – Beim Erwärmen von wss.-methanol. KOH ist 3α,17-Dihydroxy-16-methyl-*D*-homo-5β-androst-16-en-11,17a-dion erhalten worden.

3α-Acetoxy-16α,17α-dihydroxy-17β-methyl-*D*-homo-5β-androstan-11,17a-dion $C_{23}H_{34}O_6$, Formel III (R = H).

B. Als Hauptprodukt aus 3α-Acetoxy-16α,17-dihydroxy-5β-pregnan-11,20-dion mit Hilfe von Al₂O₃ (*Wendler, Taub,* Am. Soc. **82** [1960] 2836, 2838; Chem. and Ind. **1957** 1237).

Dimorph; Kristalle (aus Me. + Hexan oder Ae.); F: 172 – 175° und F: 196 – 198°; [α]$_D$: +70° [CHCl₃] (*We., Taub,* Am. Soc. **80** 2838).

Beim Erwärmen mit methanol. KOH ist 3α,17-Dihydroxy-17a-methyl-*D*-homo-5β-androst-

17-en-11,16-dion erhalten worden (*We., Taub*, Am. Soc. **82** 2839).

III   IV

3α,16α-Diacetoxy-17α-hydroxy-17β-methyl-*D*-homo-5β-androstan-11,17a-dion $C_{25}H_{36}O_7$,
Formel III (R = CO-CH$_3$).

B. Aus 3α-Acetoxy-16α,17α-dihydroxy-17β-methyl-*D*-homo-5β-androstan-11,17a-dion und
Acetanhydrid in Pyridin (*Wendler, Taub*, Am. Soc. **82** [1960] 2836, 2838; Chem. and Ind.
1957 1237).

F: 215,5 – 217°.

3α-Acetoxy-17α-hydroxy-16α-methansulfonyloxy-17β-methyl-*D*-homo-5β-androstan-11,17a-dion
$C_{24}H_{36}O_8S$, Formel III (R = SO$_2$-CH$_3$).

B. Aus 3α-Acetoxy-16α,17α-dihydroxy-17β-methyl-*D*-homo-5β-androstan-11,20-dion und
Methansulfonylchlorid in Pyridin (*Wendler, Taub*, Am. Soc. **82** [1960] 2836, 2838; *Wendler*,
Chem. and Ind. **1958** 1662).

Kristalle (aus Acn. + Ae.); F: 185 – 186° (*We., Taub*).

Beim Erwärmen mit wss.-methanol. KOH oder mit Kalium-*tert*-butylat in *tert*-Butylalkohol
ist 16-Acetyl-3α-hydroxy-5β-androstan-11,17-dion erhalten worden (*Wendler*, Tetrahedron **11**
[1960] 213, 218; Chem. and Ind. **1958** 1662).

3α,17α-Dihydroxy-17β-hydroxymethyl-*D*-homo-5β-androstan-11,17a-dion $C_{21}H_{32}O_5$,
Formel IV.

B. Aus dem Diacetyl-Derivat (s. u.) mit wss.-methanol. KOH (*Wendler et al.*, Tetrahedron
7 [1959] 173, 180).

Kristalle (aus E.); F: 202 – 205°.

Diacetyl-Derivat $C_{25}H_{36}O_7$; 3α-Acetoxy-17β-acetoxymethyl-17α-hydroxy-*D*-
homo-5β-androstan-11,17a-dion. *B.* Als Hauptprodukt aus 3α,21-Diacetoxy-17-hydroxy-
5β-pregnan-11,20-dion beim Erwärmen mit Aluminiumisopropylat und Cyclohexanon in Di=
oxan und Toluol (*We. et al.*). – Kristalle (aus Acn. + Ae.); F: 172 – 174° [korr.]. [α]$_D$: +88,1°
[CHCl$_3$]. – Beim Erwärmen mit wss.-methanol. KOH ist 3α,17-Dihydroxy-16-methyl-*D*-homo-
5β-androst-16-en-11,17a-dion erhalten worden.

11,17,20,21-Tetrahydroxy-pregn-4-en-3-one $C_{21}H_{32}O_5$.

a) **11β,17,20β$_F$,21-Tetrahydroxy-pregn-4-en-3-on**, Formel V (R = R′ = H) (E III 4026).

B. Aus 21-Acetoxy-3-äthoxy-17-hydroxy-pregna-3,5-dien-11,20-dion durch aufeinanderfol=
gende Umsetzung mit LiAlH$_4$ in Äther und mit wss.-methanol. H$_2$SO$_4$ (*Sarett et al.*, Am.
Soc. **73** [1951] 1777). Als Hauptprodukt bei aufeinanderfolgender Umsetzung von 21-Acetoxy-
17-hydroxy-pregn-4-en-3,11,20-trion-3-semicarbazon mit LiBH$_4$ in THF und mit Brenztrauben=
säure und Natriumacetat in wss. Essigsäure (*Huang-Minlon, Pettebone*, Am. Soc. **74** [1952]
1562). Aus 11β,17,21-Trihydroxy-pregn-4-en-3,20-dion mit Hilfe von Streptomyces-Arten (*Lind=
ner et al.*, Z. physiol. Chem. **313** [1958] 117, 122; *Carvajal et al.*, J. org. Chem. **24** [1959]
695, 697; *Kogan et al.*, Izv. Akad. S.S.S.R. Otd. chim. **1963** 328, 330; engl. Ausg. S. 298).

Kristalle (aus Me.); F: 177,5 – 179° (*Ko. et al.*). Lösungsmittelhaltige Kristalle; F: 141 – 143°
[aus CH$_2$Cl$_2$]; F: 124 – 126,5° [aus E.] (*Ko. et al.*). [α]$_D$: +86° [Dioxan; c = 1] (*Ko. et al.*).
Absorptionsspektrum (220 – 600 nm) in H$_2$SO$_4$: *Bernstein, Lenhard*, J. org. Chem. **18** [1953]
1146, 1155; in H$_3$PO$_4$: *Nowaczynski, Steyermark*, Canad. J. Biochem. Physiol. **34** [1956] 592,
595.

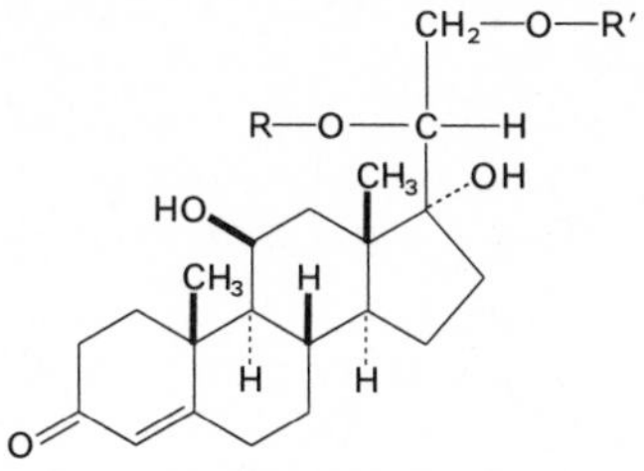

V 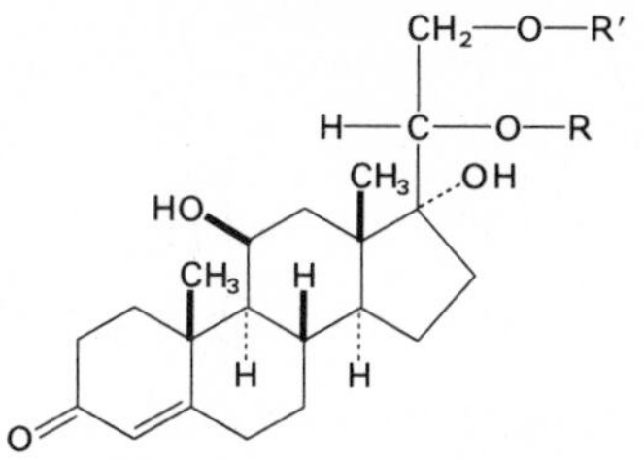   VI

b) **11β,17,20α$_F$,21-Tetrahydroxy-pregn-4-en-3-on,** Formel VI (R = R′ = H).

B. Aus 21-Acetoxy-11β,17,20α$_F$-trihydroxy-pregn-4-en-3-on durch Hydrolyse (*Hogg et al.,* Am. Soc. **77** [1955] 4436).

Feststoff mit 2 Mol H_2O; F: 256−260°; $[\alpha]_D^{23}$: +65° [Acn.] (*Hogg et al.*). IR-Spektrum (KBr; 4000−700 cm^{-1}): *G. Roberts, B.S. Gallagher, R.N. Jones,* Infrared Absorption Spectra of Steroids, Bd. 2 [New York 1958] Nr. 512.

c) **11α,17,20β$_F$,21-Tetrahydroxy-pregn-4-en-3-on,** Formel VII (R = H).

B. Aus 11α,17,21-Trihydroxy-pregn-4-en-3,20-dion mit Hilfe von Streptomyces hydrogenans (*Lindner et al.,* Z. physiol. Chem. **313** [1958] 117, 122).

Kristalle (aus Acn.); F: 205−206°. $[\alpha]_D^{21}$: +58° [A.].

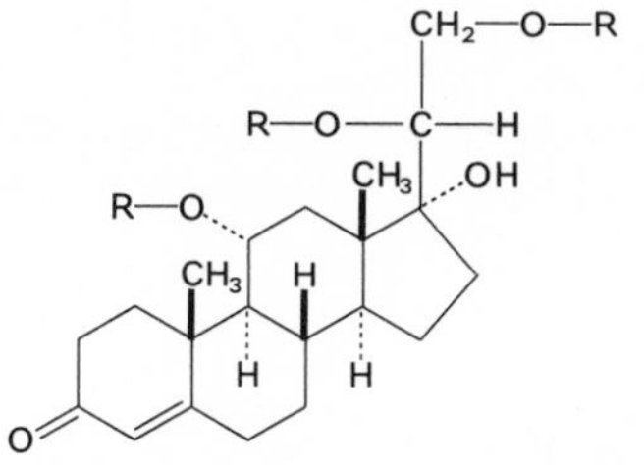

VII 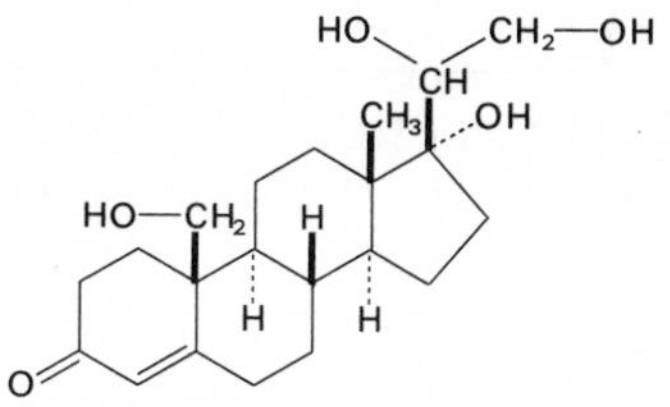   VIII

21-Acetoxy-11,17,20-trihydroxy-pregn-4-en-3-one $C_{23}H_{34}O_6$.

a) **21-Acetoxy-11β,17,20β$_F$-trihydroxy-pregn-4-en-3-on,** Formel V (R = H, R′ = CO-CH$_3$).

B. Aus 21-Acetoxy-11β,17-dihydroxy-pregn-4-en-3,20-dion mit Hilfe von NaBH$_4$ (*Taub et al.,* Am. Soc. **81** [1959] 3291, 3294). Als Hauptprodukt bei aufeinanderfolgender Umsetzung von 21-Acetoxy-17-hydroxy-pregn-4-en-3,11,20-trion-3-semicarbazon mit LiBH$_4$ in THF, mit Acet‑ anhydrid in Pyridin und mit Brenztraubensäure und Natriumacetat in wss. Essigsäure (*Huang-Minlon, Pettebone,* Am. Soc. **74** [1952] 1562).

Kristalle; F: 235−237° [aus Acn.]; $[\alpha]_D^{24}$: +99° [Acn.; c = 1]; λ_{max} (A.): 242,5 nm (*Hu.-Mi., Pe.*). F: 233−236° [korr.; aus Acn.+Ae.]; λ_{max} (Me.): 242 nm (*Taub et al.*).

b) **21-Acetoxy-11β,17,20α$_F$-trihydroxy-pregn-4-en-3-on,** Formel VI (R = H, R′ = CO-CH$_3$).

B. Aus 21-Acetoxy-11β-hydroxy-pregna-4,17(20)c-dien-3-on mit Hilfe von Tris-[2-hydroxy-äthyl]-aminoxid in Gegenwart von OsO$_4$ (*Upjohn Co.,* U.S.P. 2842542 [1955]; *Hogg et al.,* Am. Soc. **77** [1955] 4436).

F: 228−229°; $[\alpha]_D^{23}$: +89° [Acn.] (*Hogg et al.*).

20,21-Diacetoxy-11,17-dihydroxy-pregn-4-en-3-one $C_{25}H_{36}O_7$.

a) **20β$_F$,21-Diacetoxy-11β,17-dihydroxy-pregn-4-en-3-on,** Formel V (R = R′ = CO-CH$_3$) (E III 4027).

Kristalle (aus E.+Ae.); F: 231−232° [unkorr.]; $[\alpha]_D^{25}$: +164° [Acn.; c = 0,6]; $[\alpha]_{578}^{25}$: +205°

[Acn.; c = 0,6] (*Antonucci et al.*, J. org. Chem. **18** [1953] 70, 78). IR-Spektrum (CHCl$_3$; 1800−850 cm^{-1}): *K. Dobriner, E.R. Katzenellenbogen, R.N. Jones,* Infrared Absorption Spectra of Steroids [New York 1953] Nr. 189; *G. Roberts, B.S. Gallagher, R.N. Jones,* Infrared Absorption Spectra of Steroids, Bd. 2 [New York 1958] Nr. 705. λ_{max} (A.): 241 nm (*An. et al.*). Absorptionsspektrum (H$_2$SO$_4$; 220−600 nm): *Bernstein, Lenhard,* J. org. Chem. **18** [1953] 1146, 1159.

b) **20α$_F$,21-Diacetoxy-11β,17-dihydroxy-pregn-4-en-3-on,** Formel VI (R = R' = CO-CH$_3$).
B. Aus 11β,17,20α$_F$,21-Tetrahydroxy-pregn-4-en-3-on und Acetanhydrid in Pyridin (*Peterson et al.*, Arch. Biochem. **70** [1957] 614).
Kristalle (aus wss. Me.); F: 204−205,5° (*Pe. et al.*). IR-Spektrum (CHCl$_3$; 1800−850 cm^{-1}): *G. Roberts, B.S. Gallagher, R.N. Jones,* Infrared Absorption Spectra of Steroids, Bd. 2 [New York 1958] Nr. 513. λ_{max} (A.): 242 nm (*Pe. et al.*). Absorptionsspektrum (H$_2$SO$_4$; 220−550 nm): *Pe. et al.*

11α,20β$_F$,21-Triacetoxy-17-hydroxy-pregn-4-en-3-on $C_{27}H_{38}O_8$, Formel VII (R = CO-CH$_3$).
B. Aus 11α,17,20β$_F$,21-Tetrahydroxy-pregn-4-en-3-on und Acetanhydrid in Pyridin (*Lindner et al.*, Z. physiol. Chem. **313** [1958] 117, 122).
F: 160°. $[\alpha]_D^{21}$: +93° [A.].

17,19,20ξ,21-Tetrahydroxy-pregn-4-en-3-on $C_{21}H_{32}O_5$, Formel VIII.
B. Aus Pregn-4-en-3ξ,17,19,20ξ,21-pentaol (E IV **6** 7895) mit Hilfe von MnO$_2$ (*Searle & Co.*, U.S.P. 2819276 [1956]).
Kristalle (aus PAe.+Acn.); F: 199−201°. IR-Banden (2,5−11,5 µ): *Searle & Co.*

1β,3β,21-Triacetoxy-17-hydroxy-pregn-5-en-20-on $C_{27}H_{38}O_8$, Formel IX.
B. Aus 1β,3β-Diacetoxy-17-hydroxy-pregn-5-en-20-on bei aufeinanderfolgender Umsetzung mit Brom und HBr in CHCl$_3$, mit Kaliumacetat und NaI in Methanol und mit Kaliumacetat in wss. Aceton (*Nussbaum et al.*, Am. Soc. **81** [1959] 5230, 5233).
Kristalle; F: 169−177°.

IX   X

3β,8,12β,14-Tetrahydroxy-14β,17βH-pregn-5-en-20-on, Lineolon $C_{21}H_{32}O_5$, Formel X (R = H).
Konstitution und Konfiguration: *Shimizu, Mitsuhashi,* Tetrahedron **24** [1968] 4143; *Jaeggi et al.*, Helv. **46** [1963] 694.
B. Aus dem O^{12}-Benzoyl-Derivat (s. u.) mit Hilfe von methanol. KOH (*Abisch et al.*, Helv. **42** [1959] 1014, 1046). Aus Cynanchogenin (s. u.) durch alkal. Hydrolyse (*Mitsuhashi, Shimizu,* Chem. pharm. Bl. **7** [1959] 749).
Kristalle; F: 242° (*Mi., Sh.*), 233−239° [korr.; aus Acn.+Ae.] (*Ab. et al.*). $[\alpha]_D^{24}$: +13,0° [Me.; c = 1] (*Ab. et al.*). IR-Spektrum (KBr; 2,5−14 µ): *Ab. et al.*, l. c. S. 1036. UV-Spektrum (A.; 190−350 nm): *Ab. et al.*, l. c. S. 1035.
O^3,O^{12}-Diacetyl-Derivat $C_{25}H_{36}O_7$; 3β,12β-Diacetoxy-8,14-dihydroxy-14β,17βH-pregn-5-en-20-on. F: 243−245° [korr.; aus Acn.+PAe.]; $[\alpha]_D^{26}$: −47,0° [Me.; c = 1] (*Ab. et al.*). IR-Spektrum (CH$_2$Cl$_2$; 2,5−12,5 µ): *Ab. et al.*, l. c. S. 1037.
O^{12}-Benzoyl-Derivat $C_{28}H_{36}O_6$; 12β-Benzoyloxy-3β,8,14-trihydroxy-14β,17βH-pregn-5-en-20-on. Konstitution: *Schaub et al.*, Helv. **51** [1968] 738, 757. Gewinnung aus Pachycarpus lineolatus: *Ab. et al.*, l. c. S. 1045. − Kristalle (aus Acn.+PAe. oder Acn.+Ae.)

mit 2 Mol H_2O; F: 247,5−251° [korr.]; $[\alpha]_D^{21}$: −62,6° [Me.; c = 1] (*Ab. et al.*). IR-Spektrum (Paraffinöl; 2,5−15 μ): *Ab. et al.* UV-Spektrum (A.; 200−340 nm): *Ab. et al.* − Semicarb=azon $C_{29}H_{39}N_3O_6$. F: 270−275° [korr.; Zers.; aus $CHCl_3 + Ae.$]; $[\alpha]_D^{22}$: −64,6° [Me.; c = 1] (*Ab. et al.*).

O^3-Acetyl-O^{12}-benzoyl-Derivat $C_{30}H_{38}O_7$; 3β-Acetoxy-12β-benzoyloxy-8,14-dihydroxy-14β,17βH-pregn-5-en-20-on. Kristalle (aus Acn. + Ae.); F: 221−225° [korr.]; $[\alpha]_D^{25}$: −49,2° [Acn.; c = 0,7] (*Ab. et al.*, l. c. S. 1045).

O^3,O^{12}-Dibenzoyl-Derivat $C_{35}H_{40}O_7$; 3β,12β-Dibenzoyloxy-8,14-dihydroxy-14β,17βH-pregn-5-en-20-on. Kristalle (aus Ae. + PAe.); F: 219−223° [korr.]; $[\alpha]_D^{23}$: −24,9° [Me.; c = 1] (*Ab. et al.*, l. c. S. 1047). IR-Spektrum (CH_2Cl_2; 2,5−13 μ): *Ab. et al.*, l. c. S. 1036.

12β-[3,4-Dimethyl-pent-2ξ-enoyloxy]-3β,8,14-trihydroxy-14β,17βH-pregn-5-en-20-on,
Cynanchogenin $C_{28}H_{42}O_6$, Formel X (R = CO-CH=C(CH_3)-CH(CH_3)$_2$).
Konstitution und Konfiguration: *Shimizu, Mitsuhashi*, Tetrahedron **24** [1968] 4143.
Gewinnung aus Cynanchum caudatum: *Mitsuhashi, Shimizu*, Chem. pharm. Bl. **7** [1959] 749.
Kristalle; F: 167° (*Mi., Sh.*).

11α-Acetoxy-3β,12β,14-trihydroxy-14β-pregn-5-en-20-on, Drevogenin-B $C_{23}H_{34}O_6$,
Formel XI (R = H).
Konstitution und Konfiguration: *Bhatnagar et al.*, Helv. **51** [1968] 148.
Gewinnung aus Dregea volubilis: *Winkler, Reichstein*, Helv. **37** [1954] 721, 742.
Kristalle (aus Acn. + Ae.); F: 237−242° [korr.]; $[\alpha]_D^{22}$: +58,3° [Me.; c = 0,3] (*Wi., Re.*).
UV-Spektrum (A.; 200−360 nm): *Wi., Re.*, l. c. S. 727.

XI   XII

11α-Acetoxy-3β,14-dihydroxy-12β-isovaleryloxy-14β-pregn-5-en-20-on, Drevogenin-A
$C_{28}H_{42}O_7$, Formel XI (R = CO-CH_2-CH(CH_3)$_2$).
Konstitution und Konfiguration: *Bhatnagar et al.*, Helv. **51** [1968] 148.
Gewinnung aus Dregea volubilis: *Winkler, Reichstein*, Helv. **37** [1954] 721, 741.
Kristalle (aus Acn. + Ae.); F: 187−189° [korr.]; $[\alpha]_D^{19}$: +43,7° [Me.; c = 1] (*Wi., Re.*). UV-Spektrum (A.; 200−360 nm): *Wi., Re.*, l. c. S. 727.
Oxim $C_{28}H_{43}NO_7$. Kristalle (aus Me. + H_2O); F: 229−230° [korr.]; $[\alpha]_D^{21}$: +44,3° [Me.; c = 1] (*Wi., Re.*).
Benzoyl-Derivat $C_{35}H_{46}O_8$. Kristalle (aus Me.); F: 200−202° [korr.]; $[\alpha]_D^{22}$: +59,8° [$CHCl_3$; c = 1] (*Wi., Re.*, l. c. S. 742).

3β,21-Diacetoxy-16α,17-dihydroxy-pregn-5-en-20-on $C_{25}H_{36}O_7$, Formel XII (R = H).
B. Aus 3β,21-Diacetoxy-pregna-5,16-dien-20-on mit Hilfe von $KMnO_4$ (*Ellis et al.*, Soc. **1955** 4383, 4387).
Kristalle (aus CH_2Cl_2 + Me.); F: 235−237°. $[\alpha]_D^{21}$: −53° [$CHCl_3$; c = 1].

3,16,21-Triacetoxy-17-hydroxy-pregn-5-en-20-one $C_{27}H_{38}O_8$.

a) **3β,16β,21-Triacetoxy-17-hydroxy-pregn-5-en-20-on,** Formel XIII.
B. Aus 3β,21-Diacetoxy-16α,17-epoxy-pregn-5-en-20-on beim Behandeln mit Essigsäure und H_2SO_4 (*Inhoffen et al.*, B. **87** [1954] 593, 598; *Heusler, Wettstein*, B. **87** [1954] 1301, 1309).
Kristalle; F: 181−183° [unkorr.; aus Ae.]; $[\alpha]_D^{26}$: −24° [$CHCl_3$; c = 0,6] (*He., We.*). F:

$181-182°$; $[\alpha]_D^{19}$: $-29,2°$ [CHCl$_3$] (*In. et al.*).

XIII   XIV

b) 3β,16α,21-Triacetoxy-17-hydroxy-pregn-5-en-20-on, Formel XII (R = CO-CH$_3$).

B. Aus 3β,16α-Diacetoxy-17-hydroxy-pregn-5-en-20-on durch aufeinanderfolgende Umsetzung mit Brom, mit NaI und mit Kaliumacetat (*Ellis et al.,* Soc. **1955** 4383, 4387; *Romo, Romo de Vivar,* J. org. Chem. **21** [1956] 902, 908). Aus 3β,21-Diacetoxy-16β-brom-17-hydroxy-pregn-5-en-20-on bei aufeinanderfolgender Umsetzung mit Acetanhydrid und Toluol-4-sulfon≠ säure sowie mit Natriumacetat und Essigsäure (*Romo, Romo de Vi.*). Aus 3β,21-Diacetoxy-16α,17-dihydroxy-pregn-5-en-20-on (*El. et al.*).

Kristalle; F: 214—215° [aus Me.]; $[\alpha]_D^{22}$: $-68°$ [CHCl$_3$; c = 1] (*El. et al.*). F: 210—212° [unkorr.; aus Me.]; $[\alpha]_D^{20}$: $-57°$ [CHCl$_3$] (*Romo, Romo de Vi.*).

9-Fluor-4α,5,11β-trihydroxy-5α-pregnan-3,20-dion $C_{21}H_{31}FO_5$, Formel XIV.

B. Aus 9-Fluor-11β-hydroxy-pregn-4-en-3,20-dion mit Hilfe von OsO$_4$ (*Olin Mathieson Chem. Corp.,* U.S.P. 2816120 [1956]).

Kristalle (aus E.); F: 241—244°. $[\alpha]_D^{23}$: $+86°$ [CHCl$_3$; c = 0,5].

4ξ,21-Diacetoxy-5-hydroxy-5ξ-pregnan-3,20-dion $C_{25}H_{36}O_7$, Formel I.

B. Aus 21-Acetoxy-pregn-4-en-3,20-dion durch aufeinanderfolgende Umsetzung mit wss. H$_2$O$_2$ und wenig OsO$_4$ und mit Acetanhydrid in Pyridin (*Searle & Co.,* U.S.P. 2782213 [1954]).

Kristalle (aus E.+Cyclohexan); F: 247—249°. $[\alpha]_D^{25}$: $+72°$ [CHCl$_3$; c = 1]. IR-Banden (3—11,5 μ): *Searle & Co.*

I   II

6β-Acetoxy-5,17-dihydroxy-5α-pregnan-3,20-dion $C_{23}H_{34}O_6$, Formel II.

B. Als Hauptprodukt aus 6β-Acetoxy-3β,5,17-trihydroxy-5α-pregnan-20-on mit Hilfe von CrO$_3$ (*Florey, Ehrenstein,* J. org. Chem. **19** [1954] 1331, 1340).

Kristalle (aus E.+Ae.); F: 194—195° [unkorr.]. $[\alpha]_D^{29}$: $-50,5°$ [CHCl$_3$; c = 0,6].

5,6β,21-Trihydroxy-5α-pregnan-3,20-dion $C_{21}H_{32}O_5$, Formel III.

B. Aus 21-Acetoxy-3,3;20,20-bis-äthandiyldioxy-pregn-5-en über mehrere Stufen (*Bernstein, Lenhard,* Am. Soc. **77** [1955] 2233, 2235).

Kristalle (aus Acn.); F: 239—243,5° [unkorr.; Zers.]. $[\alpha]_D^{24}$: $+66°$ [Py.; c = 1].

O^6,O^{21}-Diacetyl-Derivat $C_{25}H_{36}O_7$; 6β,21-Diacetoxy-5-hydroxy-5α-pregnan-3,20-dion (E III 4028). Kristalle (aus Acn.+PAe.); F: 167—169° [unkorr.]. $[\alpha]_D^{24}$: $+19°$ [CHCl$_3$; c = 0,5].

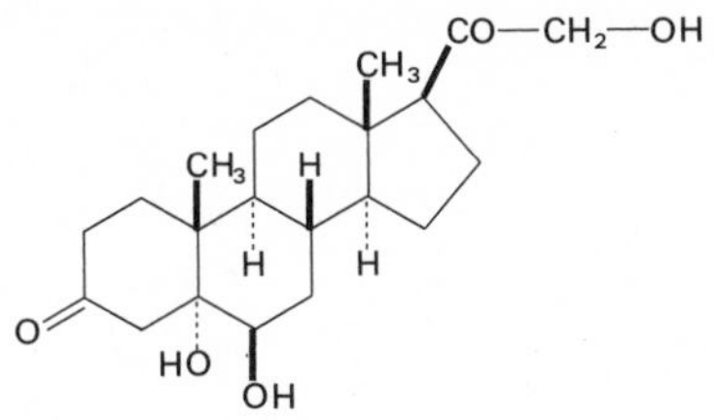

III

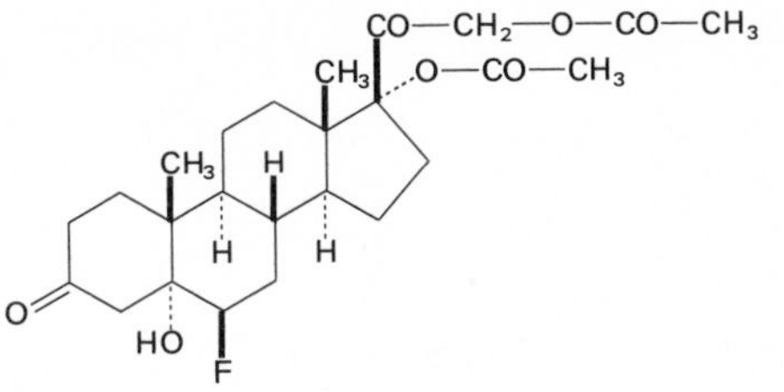

IV

17,21-Diacetoxy-6β-fluor-5-hydroxy-5α-pregnan-3,20-dion $C_{25}H_{35}FO_7$, Formel IV.

B. Aus 17,21-Diacetoxy-3,3-äthandiyldioxy-6β-fluor-5-hydroxy-5α-pregnan-20-on mit Hilfe von Toluol-4-sulfonsäure (*Bowers et al.*, Tetrahedron **7** [1959] 138, 150). Aus 17,21-Diacetoxy-6β-fluor-3β,5-dihydroxy-5α-pregnan-20-on durch Oxidation (*Bowers, Ringold,* Am. Soc. **80** [1958] 4423).

Kristalle; F: 227–228° (*Bo., Ri.*), 225–227° [unkorr.; aus $CHCl_3$ + Me.] (*Bo. et al.*). $[\alpha]_D$: 0° [$CHCl_3$] (*Bo., Ri.; Bo. et al.*).

11,17,21-Trihydroxy-pregnan-3,20-dione $C_{21}H_{32}O_5$.

a) **11β,17,21-Trihydroxy-5β-pregnan-3,20-dion,** Formel V (R = R′ = X = H).

B. Aus 11β,17,21-Trihydroxy-pregn-4-en-3,20-dion mit Hilfe von Alternaria baticola (*Shira= saka, Tsuruta,* Arch. Biochem. **85** [1959] 277).

F: 192–198°. $[\alpha]_D$: +94° [Lösungsmittel nicht angegeben]. Absorptionsspektrum (H_3PO_4; 220–600 nm): *Nowaczynski, Steyermark,* Arch. Biochem. **58** [1955] 453, 455, 458.

Disemicarbazon $C_{23}H_{38}N_6O_5$. *B.* Aus 21-Acetoxy-17-hydroxy-5β-pregnan-3,11,20-trion-3,20-disemicarbazon mit Hilfe von KBH_4 (*Joly et al.,* Bl. **1956** 1459). — Kristalle (aus A.); $[\alpha]_D$: +65° [wss. DMF; c = 1] (*Joly et al.*).

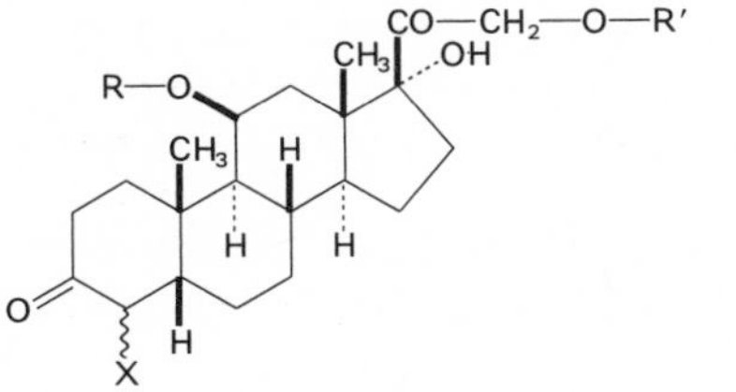

V

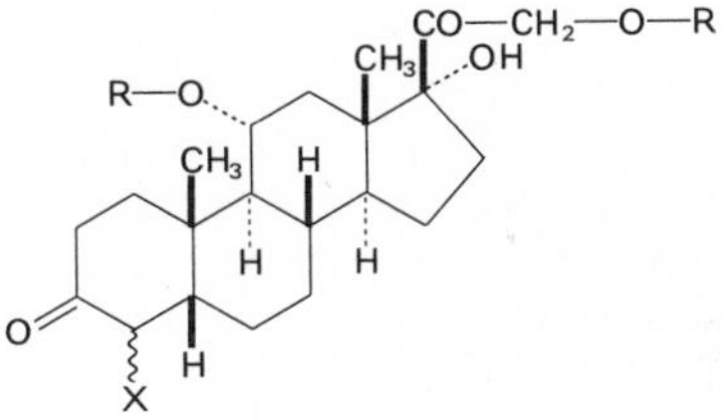

VI

b) **11α,17,21-Trihydroxy-5β-pregnan-3,20-dion,** Formel VI (R = X = H).

B. Neben dem unter d) beschriebenen Stereoisomeren durch Hydrierung von 11α,17,21-Tri= hydroxy-pregn-4-en-3,20-dion an Palladium/Kohle in Äthanol (*Peterson et al.,* Am. Soc. **75** [1953] 412, 414). Aus 17,21-Dihydroxy-5β-pregnan-3,20-dion oder aus 17,21-Dihydroxy-pregn-4-en-3,20-dion mit Hilfe von Rhizopus nigricans (*Pe. et al.*).

Kristalle (aus Me. + Ae.); F: 218–222° [unkorr.]. $[\alpha]_D^{23}$: +57° [$CHCl_3$; c = 1].

c) **11β,17,21-Trihydroxy-5α-pregnan-3,20-dion,** Formel VII (R = R′ = H).

B. Aus 3,3;20,20-Bis-äthandiyldioxy-5α-pregnan-11β,17,21-triol mit Hilfe von wss.-methanol. H_2SO_4 (*Evans et al.,* Soc. **1958** 1529, 1541).

Kristalle (aus E.); F: 234–240° [Zers.]. $[\alpha]_D^{24}$: +67° [Dioxan] (*Ev. et al.*). IR-Spektrum (KBr; 4000–700 cm^{-1}): *G. Roberts, B.S. Gallagher, R.N. Jones,* Infrared Absorption Spectra of Steroids, Bd. 2 [New York 1958] Nr. 598.

d) **11α,17,21-Trihydroxy-5α-pregnan-3,20-dion,** Formel VIII (R = R′ = H).

B. s. unter b).

Kristalle (aus Acn.); F: 228−230° [unkorr.] (*Peterson et al.*, Am. Soc. **75** [1953] 412, 414).

VII   VIII

11β-Acetoxy-17,21-dihydroxy-5α-pregnan-3,20-dion $C_{23}H_{34}O_6$, Formel VII (R = CO-CH₃, R′ = H).

B. Aus 11β-Acetoxy-3,3;20,20-bis-äthandiyldioxy-5α-pregnan-17,21-diol mit Hilfe von wss.-methanol. H_2SO_4 (*Evans et al.*, Soc. **1958** 1529, 1541).

Kristalle (aus Acn. + Hexan); F: 205−209°. $[\alpha]_D^{23}$: +60° [CHCl₃; c = 0,8].

21-Acetoxy-11,17-dihydroxy-pregnan-3,20-dione $C_{23}H_{34}O_6$.

a) **21-Acetoxy-11β,17-dihydroxy-5β-pregnan-3,20-dion,** Formel V (R = X = H, R′ = CO-CH₃).

B. Aus 22-Acetoxy-11β-hydroxy-3-oxo-23,24-dinor-5β-chol-17(20)ξ-en-21-nitril mit Hilfe von OsO₄ (*Wendler et al.*, Am. Soc. **74** [1952] 3630, 3633) oder von KMnO₄ (*Tull et al.*, Am. Soc. **77** [1955] 196). Aus 21-Acetoxy-3α,11β,17-trihydroxy-5β-pregnan-20-on mit Hilfe von Alu‚miniumphenolat in Aceton (*Schering Corp.*, U.S.P. 2783254 [1952]). Aus 11β,17-Dihydroxy-3,3-dimethoxy-5β-pregnan-20-on bei aufeinanderfolgender Umsetzung mit Brom, mit Kaliumacetat und mit Zink und Essigsäure (*Oliveto et al.*, Am. Soc. **77** [1955] 2224, 2226).

Kristalle (aus Acn. + PAe.); F: 218−220° (*Tull et al.*; *Schering Corp.*), 217,6−219,8° [korr.] (*We. et al.*). $[\alpha]_D^{25}$: +86,6° [Acn.; c = 1] (*We. et al.*). IR-Spektrum (CHCl₃; 1800−850 cm⁻¹): *K. Dobriner, E.R. Katzenellenbogen, R.N. Jones*, Infrared Absorption Spectra of Steroids [New York 1953] Nr. 220; *G. Roberts, B.S. Gallagher, R.N. Jones*, Infrared Absorption Spectra of Steroids, Bd. 2 [New York 1958] Nr. 725. Absorptionsspektrum (H_2SO_4; 220−600 nm): *Bern‚stein, Lenhard*, J. org. Chem. **18** [1953] 1146, 1157.

Geschwindigkeit der Reaktion mit HBr (Bildung von 21-Acetoxy-17-hydroxy-5β-pregn-9(11)-en-3,20-dion) in Essigsäure, in CHCl₃ sowie in Acetonitril: *Graber et al.*, Am. Soc. **75** [1953] 4722.

Disemicarbazon $C_{25}H_{40}N_6O_6$. *B.* Aus 11β,17,21-Trihydroxy-5β-pregnan-3,20-dion-di‚semicarbazon und Acetanhydrid (*Joly et al.*, Bl. **1956** 1459). − $[\alpha]_D$: +77° [wss. DMF; c = 1] (*Joly et al.*).

b) **21-Acetoxy-11β,17-dihydroxy-5α-pregnan-3,20-dion,** Formel VII (R = H, R′ = CO-CH₃).

B. Aus 21-Acetoxy-11β,17-dihydroxy-pregn-4-en-3,20-dion bei der Hydrierung an Palladium/BaSO₄ in Äthylacetat (*Pataki et al.*, J. biol. Chem. **195** [1952] 751, 753). Aus 21-Acetoxy-17-hydroxy-5α-pregnan-3,11,20-trion-3,20-disemicarbazon durch aufeinanderfolgende Umsetzung mit NaBH₄, mit Acetanhydrid und mit wss. HCl (*Brooks et al.*, Soc. **1958** 4614, 4621). Aus 21-Acetoxy-3β,11β,17-trihydroxy-5α-pregnan-20-on mit Hilfe von Aluminium-*tert*-butylat und Cyclohexanon (*Schering Corp.*, U.S.P. 2783254 [1952]). Aus 11β,17,21-Trihydroxy-5α-pregnan-3,20-dion durch Acetylierung (*Evans et al.*, Soc. **1958** 1529, 1541).

Kristalle; F: 222−226° [aus CHCl₃]; $[\alpha]_D^{21}$: +81° [CHCl₃; c = 0,5], +80° [Dioxan; c = 1] (*Ev. et al.*). F: 220−222° [aus E.]; $[\alpha]_D^{20}$: +76° [CHCl₃; c = 1] (*Br. et al.*). Absorptionsspektrum (H_3PO_4; 220−600 nm): *Nowaczynski, Steyermark*, Arch. Biochem. **58** [1955] 453, 455, 458.

Reaktion mit HBr (Bildung von 21-Acetoxy-17-hydroxy-5α-pregn-9(11)-en-3,20-dion) in ver‚schiedenen organischen Lösungsmitteln: *Ev. et al.*, l. c. S. 1542.

c) **21-Acetoxy-11α,17-dihydroxy-5α-pregnan-3,20-dion,** Formel VIII (R = H, R′ = CO-CH$_3$).

B. Aus 21-Acetoxy-3β,11α,17-trihydroxy-5α-pregnan-20-on mit Hilfe von *N*-Brom-acetamid (*Romo et al.,* Am. Soc. **75** [1953] 1277, 1281).

Kristalle (aus Acn. + Hexan); F: 195 − 197° [unkorr.]. [α]$_D^{20}$: +50° [CHCl$_3$].

21-Acetoxy-11β-formyloxy-17-hydroxy-5β-pregnan-3,20-dion C$_{24}$H$_{34}$O$_7$, Formel V (R = CHO, R′ = CO-CH$_3$, X = H).

B. Aus 21-Acetoxy-11β-formyloxy-3α,17-dihydroxy-5β-pregnan-20-on mit Hilfe von *N*-Brom-acetamid (*Oliveto et al.,* Am. Soc. **77** [1955] 3564, 3566).

Kristalle (aus Acn. + Hexan); F: 222 − 225° [korr.]. [α]$_D^{25}$: +99,0° [CHCl$_3$; c = 1].

11,21-Diacetoxy-17-hydroxy-pregnan-3,20-dione C$_{25}$H$_{36}$O$_7$.

a) **11β,21-Diacetoxy-17-hydroxy-5β-pregnan-3,20-dion,** Formel V (R = R′ = CO-CH$_3$, X = H).

B. Aus 11β,21-Diacetoxy-3α,17-dihydroxy-5β-pregnan-20-on mit Hilfe von *N*-Brom-succinimid (*Oliveto et al.,* Am. Soc. **75** [1953] 5486, 5489).

Kristalle (aus wss. Me.); F: 206 − 207,5° [korr.]. [α]$_D^{25}$: +92,8° [CHCl$_3$; c = 1].

b) **11α,21-Diacetoxy-17-hydroxy-5β-pregnan-3,20-dion,** Formel VI (R = CO-CH$_3$, X = H).

B. Aus 21-Brom-11α,17-dihydroxy-5β-pregnan-3,20-dion bei aufeinanderfolgender Umsetzung mit Kaliumacetat und mit Acetanhydrid (*Oliveto et al.,* Am. Soc. **75** [1953] 3651). Aus 11α,21-Diacetoxy-3β,17-dihydroxy-5β-pregnan-20-on mit Hilfe von CrO$_3$ (*Lardon, Reichstein,* Pharm. Acta Helv. **27** [1952] 287, 300). Aus 11α,21-Diacetoxy-3α,17-dihydroxy-5β-pregnan-20-on mit Hilfe von *tert*-Butylhypochlorit (*Upjohn Co.,* U.S.P. 2714599 [1952]). Aus 21-Acetoxy-3α,11α,17-trihydroxy-5β-pregnan-20-on durch Umsetzung mit *N*-Brom-acetamid und anschliessende Acetylierung (*Herzog et al.,* Am. Soc. **74** [1952] 4470).

Kristalle; F: 231,8 − 233,4° [korr.; aus Acn. + Hexan]; [α]$_D$: +43,8° [Dioxan; c = 1] (*Ol. et al.*). F: 232 − 233° [Zers.]; [α]$_D^{25}$: +44° [Dioxan; c = 1] (*He. et al.*). F: 222 − 226° [korr.; aus Acn. + PAe.]; [α]$_D^{18}$: +34,8° [Acn.; c = 1] (*La., Re.*).

c) **11β,21-Diacetoxy-17-hydroxy-5α-pregnan-3,20-dion,** Formel VII (R = R′ = CO-CH$_3$).

B. Aus 11β-Acetoxy-17,21-dihydroxy-5α-pregnan-3,20-dion durch Acetylierung (*Evans et al.,* Soc. **1958** 1529, 1541).

F: 210 − 215°. [α]$_D^{24}$: +85° [CHCl$_3$; c = 0,5].

d) **11α,21-Diacetoxy-17-hydroxy-5α-pregnan-3,20-dion,** Formel VIII (R = R′ = CO-CH$_3$).

B. Aus 11α-Acetoxy-3β,17,21-trihydroxy-5α-pregnan-20-on durch aufeinanderfolgende Umsetzung mit *N*-Brom-acetamid und mit Acetanhydrid (*Romo et al.,* Am. Soc. **75** [1953] 1277, 1280). Aus 21-Acetoxy-11α,17-dihydroxy-5α-pregnan-3,20-dion und Acetanhydrid in Pyridin (*Romo et al.*).

Kristalle (aus Ae. + Hexan); F: 197 − 199° [unkorr.]. [α]$_D^{20}$: +48° [CHCl$_3$].

21-Acetoxy-9-fluor-11β,17-dihydroxy-5α-pregnan-3,20-dion C$_{23}$H$_{33}$FO$_6$, Formel IX (X = X′ = H, X″ = F).

B. Aus 21-Acetoxy-9-fluor-11β,17-dihydroxy-pregn-4-en-3,20-dion bei der Hydrierung an Palladium (*Hirschmann et al.,* Am. Soc. **77** [1955] 3166; *Fried et al.,* Am. Soc. **77** [1955] 4181). Aus 21-Acetoxy-9,11β-epoxy-17-hydroxy-5α,9β-pregnan-3,20-dion und HF in CHCl$_3$ (*Elks et al.,* Soc. **1958** 4001, 4010).

Kristalle; F: 233 − 235,5°; [α]$_D$: +65,4° [CHCl$_3$] (*Hi. et al.*). F: 234 − 235°; [α]$_D^{23}$: +67° [Acn.] (*Fr. et al.*). F: 228 − 231° [aus Bzl.]; [α]$_D$: +63° [CHCl$_3$; c = 1] (*Elks et al.*).

21-Acetoxy-2ξ-brom-11β,17-dihydroxy-5α-pregnan-3,20-dion C$_{23}$H$_{33}$BrO$_6$, Formel IX (X = Br, X′ = X″ = H).

B. Aus 21-Acetoxy-11β,17-dihydroxy-5α-pregnan-3,20-dion und Brom in Dioxan (*Evans et al.,*

Soc. **1958** 1529, 1542).

Kristalle (aus E.+Hexan); F: 185−186° [Zers.]. $[\alpha]_D^{20}$: +97° [$CHCl_3$; c = 0,7].

IX   X

21-Acetoxy-4ξ-brom-11β,17-dihydroxy-5β-pregnan-3,20-dion $C_{23}H_{33}BrO_6$, Formel V (R = H, R′ = CO-CH₃, X = Br).

B. Aus 21-Acetoxy-11β,17-dihydroxy-5β-pregnan-3,20-dion beim Behandeln mit Brom, HBr, Natriumacetat und Essigsäure (*Wendler et al.,* Am. Soc. **74** [1952] 3630, 3633).

Kristalle (aus Acn.+PAe.); F: 190,4−191,6° [korr.; Zers.]. $[\alpha]_D^{25}$: +99,0° [Acn.; c = 1].

21-Acetoxy-4ξ-brom-11β-formyloxy-17-hydroxy-5β-pregnan-3,20-dion $C_{24}H_{33}BrO_7$, Formel V (R = CHO, R′ = CO-CH₃, X = Br).

B. Aus 21-Acetoxy-11β-formyloxy-17-hydroxy-5β-pregnan-3,20-dion beim Behandeln mit Brom, CH_2Cl_2 und *tert*-Butylalkohol (*Oliveto et al.,* Am. Soc. **77** [1955] 3564, 3567).

Kristalle (aus wss. Acn.); F: 185−187° [korr.; Zers.]. $[\alpha]_D^{25}$: +86,3° [Acn.; c = 1].

11,21-Diacetoxy-4-brom-17-hydroxy-pregnan-3,20-dione $C_{25}H_{35}BrO_7$.

a) **11β,21-Diacetoxy-4ξ-brom-17-hydroxy-5β-pregnan-3,20-dion,** Formel V (R = R′ = CO-CH₃, X = Br).

B. Aus 11β,21-Diacetoxy-17-hydroxy-5β-pregnan-3,20-dion beim Behandeln mit Brom, HBr, Essigsäure, Natriumacetat und CH_2Cl_2 (*Oliveto et al.,* Am. Soc. **75** [1953] 5486, 5489).

Kristalle (aus wss. Acn.); F: 185−187° [korr.; Zers.]. $[\alpha]_D^{25}$: +95,5° [$CHCl_3$; c = 1].

b) **11α,21-Diacetoxy-4ξ-brom-17-hydroxy-5β-pregnan-3,20-dion,** Formel VI (R = CO-CH₃, X = Br).

B. Aus 11α,21-Diacetoxy-17-hydroxy-5β-pregnan-3,20-dion beim Behandeln mit Brom, HBr, CH_2Cl_2 und *tert*-Butylalkohol (*Oliveto et al.,* Am. Soc. **75** [1953] 3651).

Kristalle (aus wss. Acn.); F: 203−204° [korr.; Zers.]. $[\alpha]_D$: +62,9° [Acn.; c = 1].

21-Acetoxy-2,2-dibrom-11β,17-dihydroxy-5α-pregnan-3,20-dion $C_{23}H_{32}Br_2O_6$, Formel X.

B. Beim Behandeln von 21-Acetoxy-2ξ-brom-11β,17-dihydroxy-5α-pregnan-3,20-dion in Dis oxan mit Brom und wenig HBr in Essigsäure (*Evans et al.,* Soc. **1958** 1529, 1543).

Kristalle (aus CH_2Cl_2); F: 155° [Zers.]; $[\alpha]_D^{25}$: +161° [$CHCl_3$; c = 0,5]. Kristalle (aus Bzl.) mit 1 Mol Benzol; F: 139−142° [Zers.].

XI   XII

21-Acetoxy-2α,4β-dibrom-11β,17-dihydroxy-5β-pregnan-3,20-dion $C_{23}H_{32}Br_2O_6$, Formel XI.

B. Beim Behandeln von 21-Acetoxy-11β,17-dihydroxy-5β-pregnan-3,20-dion in Dioxan mit Brom und HBr in Essigsäure bei $-20°$ (*Joly et al.*, Bl. **1956** 1459).

F: $195-200°$ [Zers.; aus Acn. $+ H_2O$]. $[α]_D$: $0°$ [Acn.; c = 0,5].

21-Acetoxy-4ξ-brom-11β,17-dihydroxy-2ξ-jod-5α-pregnan-3,20-dion $C_{23}H_{32}BrIO_6$, Formel IX (X = I, X' = Br, X'' = H).

B. Aus 21-Acetoxy-11β,17-dihydroxy-5α-pregnan-3,20-dion bei aufeinanderfolgender Umsetzung mit Brom und HBr in Essigsäure und mit NaI in Aceton (*Schering Corp.*, U.S.P. 2783254 [1952]).

Kristalle (aus Acn.); F: $135°$ [Zers.].

21-Acetoxy-12α,17-dihydroxy-5β-pregnan-3,20-dion $C_{23}H_{34}O_6$, Formel XII (R = X = H).

B. Aus 21-Acetoxy-3α,12α,17-trihydroxy-5β-pregnan-20-on mit Hilfe von *N*-Brom-acetamid (*Adams et al.*, Soc. **1954** 1825, 1832).

Kristalle (aus Acn. + Hexan); F: $221°$. $[α]_D^{24}$: $+80°$ [$CHCl_3$; c = 0,4].

12,21-Diacetoxy-17-hydroxy-pregnan-3,20-dione $C_{25}H_{36}O_7$.

a) **12α,21-Diacetoxy-17-hydroxy-5β-pregnan-3,20-dion**, Formel XII (R = CO-CH$_3$, X = H).

B. Aus der vorangehenden Verbindung (*Adams et al.*, Soc. **1954** 1825, 1832).

Kristalle (aus Acn. + Hexan); F: $198°$. $[α]_D^{26}$: $+122°$ [$CHCl_3$; c = 0,4].

b) **12β,21-Diacetoxy-17-hydroxy-5α-pregnan-3,20-dion**, Formel XIII.

B. Aus 12β,21-Diacetoxy-3β,17-dihydroxy-5α-pregnan-20-on mit Hilfe von *N*-Brom-acetamid (*Adams et al.*, Soc. **1955** 870, 875).

Kristalle (aus Acn. + Hexan); F: $195-196°$. $[α]_D^{24}$: $+60°$ [$CHCl_3$; c = 0,4].

XIII   XIV

21-Acetoxy-4β(?)-brom-12α,17-dihydroxy-5β-pregnan-3,20-dion $C_{23}H_{33}BrO_6$, vermutlich Formel XII (R = H, X = Br).

B. Aus 21-Acetoxy-12α,17-dihydroxy-5β-pregnan-3,20-dion beim Behandeln mit Brom, HBr und Essigsäure (*Adams et al.*, Soc. **1954** 1825, 1827, 1832).

Kristalle (aus Acn. + Hexan); F: $188-189°$ [Zers.].

12α,21-Diacetoxy-4ξ-brom-17-hydroxy-5β-pregnan-3,20-dion $C_{25}H_{35}BrO_7$, Formel XIV.

B. Aus 12α,21-Diacetoxy-17-hydroxy-5β-pregnan-3,20-dion und Brom in Essigsäure (*Adams et al.*, Soc. **1954** 1825, 1833).

Kristalle (aus Ae.); F: $112°$ und F: $151-153°$ [Zers.].

3β,11α,17-Trihydroxy-5α-pregnan-7,20-dion $C_{21}H_{32}O_5$, Formel I.

B. Aus 3β,11α-Diacetoxy-7,7;20,20-bis-äthandiyldioxy-16α,17-epoxy-5α-pregnan bei aufeinanderfolgender Umsetzung mit LiAlH$_4$ in THF und mit wenig Toluol-4-sulfonsäure in Aceton (*Djerassi et al.*, Am. Soc. **75** [1953] 3505, 3510).

Kristalle (aus E. + Hexan); F: $185-187°$ [unkorr.]. $[α]_D$: $-47°$ [$CHCl_3$].

O^3,O^{11}-Diacetyl-Derivat $C_{25}H_{36}O_7$; $3\beta,11\alpha$-Diacetoxy-17-hydroxy-5α-pregnan-7,20-dion. Kristalle (aus Ae.); F: 170—172° [unkorr.]. $[\alpha]_D^{20}$: —32° [CHCl$_3$].

3β-Acetoxy-5,17-dihydroxy-5α-pregnan-11,20-dion $C_{23}H_{34}O_6$, Formel II.

B. Aus 3β-Acetoxy-5-hydroxy-5α-pregnan-11,20-dion über mehrere Stufen (*Bladon et al.*, Soc. **1954** 125, 129).

Kristalle (aus Me.+Diisopropyläther); F: 254—260° [korr.; Zers.]. $[\alpha]_D$: +18° [CHCl$_3$; c = 0,4].

3β,9,17-Trihydroxy-5α-pregnan-11,20-dion $C_{21}H_{32}O_5$, Formel III.

B. Neben anderen Produkten aus 3β-Acetoxy-5α-pregnan-11,20-dion bei aufeinanderfolgender Umsetzung mit Acetanhydrid und Toluol-4-sulfonsäure, mit Monoperoxyphthalsäure und mit methanol. KOH (*Barton et al.*, Soc. **1954** 747, 750).

F: 305—308°. $[\alpha]_D$: +88° [Dioxan; c = 1].

O^3-Acetyl-Derivat $C_{23}H_{34}O_6$; 3β-Acetoxy-9,17-dihydroxy-5α-pregnan-11,20-dion. Kristalle (aus Bzl.); F: 216—218° und F: 250—253°. $[\alpha]_D$: +67° [Acn.; c = 1], +45° [CHCl$_3$; c = 1]. IR-Banden (Nujol; 3500—1700 cm^{-1}): *Ba. et al.*

3β,12β-Diacetoxy-16α-methoxy-5α-pregnan-11,20-dion $C_{26}H_{38}O_7$, Formel IV.

B. Aus 3β,12β-Diacetoxy-5α-pregn-16-en-11,20-dion durch Umsetzung mit methanol. KOH und Acetylierung (*Mueller et al.*, Am. Soc. 75 [1953] 4892, 4896).

Kristalle (aus Ae.); F: 205—206° [korr.]. $[\alpha]_D$: +29° [Dioxan].

3β,12β,17-Trihydroxy-5α-pregnan-11,20-dion $C_{21}H_{32}O_5$, Formel V.

B. Aus 16α,17-Epoxy-3β,12β-dihydroxy-5α-pregnan-11,20-dion durch Umsetzung mit HBr und Essigsäure und Hydrierung an Palladium/CaCO$_3$ in Äthanol (*Martinez et al.*, Am. Soc. 75 [1953] 239).

Kristalle (aus Acn.); F: 278—282° [unkorr.]. $[\alpha]_D^{20}$: +52° [Dioxan].

3β,21-Diacetoxy-14-hydroxy-5β,14β-pregnan-11,20-dion $C_{25}H_{36}O_7$, Formel VI.

B. Aus O^3-Acetyl-desarogenin (E III/IV 18 2544) bei aufeinanderfolgender Umsetzung mit Ozon in Äthylacetat, mit Zink und Essigsäure, mit wss.-methanol. KHCO$_3$ und mit Acet≠anhydrid und Pyridin (*Lardon, v. Euw*, Helv. 41 [1958] 50, 53).

Kristalle (aus Acn.+PAe.); F: 201—203° [korr.]. $[\alpha]_D^{18}$: +75,7° [CHCl$_3$; c = 1,5].

VI   VII

3α,16β,17-Trihydroxy-5β-pregnan-11,20-dion $C_{21}H_{32}O_5$, Formel VII (R = H).

B. Aus 16α,17-Epoxy-3α-hydroxy-5β-pregnan-11,20-dion durch aufeinanderfolgende Umset⸗ zung mit Ameisensäure und H_2SO_4 sowie mit wss.-methanol. $KHCO_3$ (*Beyler, Hoffman*, J. org. Chem. **21** [1956] 572).

Kristalle (aus Me.); F: 249–253°. IR-Banden (Nujol; 3–6 μ): *Be., Ho.*

3α-Acetoxy-16α,17-dihydroxy-5β-pregnan-11,20-dion $C_{23}H_{34}O_6$, Formel VIII (R = H).

B. Aus 3α-Acetoxy-5β-pregn-16-en-11,20-dion mit Hilfe von $KMnO_4$ (*Wendler, Taub*, Am. Soc. **82** [1960] 2836, 2838; Chem. and Ind. **1957** 1237).

Dimorph; Kristalle (aus $CHCl_3$+Ae.); F: 186–188° [korr.] bzw. Kristalle (aus Me.); F: 153–157° [korr.]; $[α]_D$: +98° [$CHCl_3$] (*We., Taub*, Am. Soc. **82** 2838).

3,16-Diacetoxy-17-hydroxy-pregnan-11,20-dione $C_{25}H_{36}O_7$.

a) **3α,16β-Diacetoxy-17-hydroxy-5β-pregnan-11,20-dion,** Formel VII (R = $CO-CH_3$).

B. Aus 16α,17-Epoxy-3α-hydroxy-5β-pregnan-11,20-dion durch aufeinanderfolgende Umset⸗ zung mit Essigsäure und H_2SO_4 sowie mit Acetanhydrid und Pyridin (*Beyler, Hoffman*, J. org. Chem. **21** [1956] 572).

Kristalle (aus Ae.); F: 101–110° und F: 145–147°. $[α]_D^{23}$: +79,3° [$CHCl_3$; c = 0,5]. IR-Banden (Nujol; 3–8 μ): *Be., Ho.*

b) **3α,16α-Diacetoxy-17-hydroxy-5β-pregnan-11,20-dion,** Formel VIII (R = $CO-CH_3$).

B. Aus 3α-Acetoxy-16α,17-dihydroxy-5β-pregnan-11,20-dion und Acetanhydrid in Pyridin (*Wendler, Taub*, Am. Soc. **82** [1960] 2836, 2838; Chem. and Ind. **1957** 1237).

F: 198–201°.

VIII   IX

3,17,21-Trihydroxy-pregnan-11,20-dione $C_{21}H_{32}O_5$.

a) **3α,17,21-Trihydroxy-5β-pregnan-11,20-dion,** Formel IX (R = R' = R'' = X = H).

B. Aus 21-Brom-3α,17-dihydroxy-5β-pregnan-11,20-dion mit Hilfe von wss.-äthanol. NaOH (*Kritchevsky et al.*, Am. Soc. **74** [1952] 483, 486). Aus Cortison (S. 3480) mit Hilfe von Alternaria bataticola (*Shirasaka, Tsuruta*, Arch. Biochem. **85** [1959] 277).

Kristalle; F: 195–196,5° [korr.; aus E.] (*Kr. et al.*), 188–191° (*Sh., Ts.*). $[α]_D^{31}$: +69° [Acn.] (*Kr. et al.*). $[α]_D$: +60° [Lösungsmittel nicht angegeben] (*Sh., Ts.*). IR-Spektrum (KBr; 4000–700 cm^{-1}): G. *Roberts*, B.S. *Gallagher*, R.N. *Jones*, Infrared Absorption Spectra of Steroids, Bd. 2 [New York 1958] Nr. 617. UV-Absorption in Äthanol bei 205 nm und 210 nm:

Bird et al., Soc. **1957** 4149. Absorptionsspektrum (200 – 600 nm) in H_2SO_4: *Henry*, R. **74** [1955] 442, 457; in H_3PO_4: *Goldzieher, Besch*, Anal. Chem. **30** [1958] 962, 964; *Nowaczynski, Steyermark*, Arch. Biochem. **58** [1955] 453, 454, 458. Verteilung zwischen H_2O und einem Butan-2-ol-Hexan-Gemisch: *Carstensen*, Acta Soc. Med. upsal. **61** [1956] 26, 30, 31.

b) **3β,17,21-Trihydroxy-5α-pregnan-11,20-dion,** Formel X (R = R′ = X = H) (E III 4029).

B. Aus 21-Acetoxy-3β,17-dihydroxy-5α-pregnan-11,20-dion (*Klyne, Ridley*, Soc. **1956** 4825, 4827) oder aus 3β,21-Diacetoxy-17-hydroxy-5α-pregnan-11,20-dion-20-semicarbazon (*Brooks et al.*, Soc. **1958** 4614, 4621) mit Hilfe von wss. HCl.

IR-Spektrum (KBr; 4000 – 700 cm^{-1}): *G. Roberts, B.S. Gallagher, R.N. Jones*, Infrared Absorption Spectra of Steroids, Bd. 2 [New York 1958] Nr. 616.

X   XI

c) **3α,17,21-Trihydroxy-5α-pregnan-11,20-dion,** Formel XI (R = H).

Isolierung aus Rinder-Nebennieren: *v. Euw et al.*, Helv. **41** [1958] 1516.

B. Aus 3α,21-Bis-formyloxy-17-hydroxy-5α-pregnan-11,20-dion mit Hilfe von wss.-methanol. $KHCO_3$ (*v. Euw et al.*). Aus 21-Acetoxy-3β,17-dihydroxy-5α-pregnan-11,20-dion bei aufeinanderfolgender Umsetzung mit Toluol-4-sulfonylchlorid und Pyridin, mit Kaliumacetat und Essigsäure sowie mit wss.-methanol. $KHCO_3$ (*Bush, Mahesh*, Biochem. J. **71** [1959] 705, 707).

Kristalle; F: 214 – 215° [aus Ae.] (*Bush, Ma.*), 212 – 214° [korr.; aus Acn. + H_2O] (*v. Euw et al.*, l. c. S. 1545).

21-Formyloxy-3α,17-dihydroxy-5β-pregnan-11,20-dion $C_{22}H_{32}O_6$, Formel IX (R = R′ = X = H, R″ = CHO).

B. Aus 21-Brom-3α,17-dihydroxy-5β-pregnan-11,20-dion und Natriumformiat (*Joly et al.*, Bl. **1957** 330).

Kristalle (aus A.); F: 245°. [α]$_D$: +70° [Acn.; c = 1].

3α,21-Bis-formyloxy-17-hydroxy-5α-pregnan-11,20-dion $C_{23}H_{32}O_7$, Formel XI (R = CHO).

B. Aus 3α,21-Bis-formyloxy-11β,17-dihydroxy-5α-pregnan-20-on mit Hilfe von CrO_3 (*v. Euw et al.*, Helv. **41** [1958] 1516, 1544).

Kristalle (aus $CHCl_3$ + Bzl.); F: 234 – 236° [korr.]. [α]$_D^{27}$: +71,0° [Acn.; c = 1].

3α-Acetoxy-17,21-dihydroxy-5β-pregnan-11,20-dion $C_{23}H_{34}O_6$, Formel IX (R = CO-CH_3, R′ = R″ = X = H).

B. Aus 3α,17,21-Triacetoxy-5β-pregnan-11,20-dion mit Hilfe von methanol. Natriummethylat (*Huang-Minlon et al.*, Am. Soc. **74** [1952] 5394).

Kristalle (aus E.); F: 209 – 212°. [α]$_D^{22}$: +80° [$CHCl_3$].

21-Acetoxy-3,17-dihydroxy-pregnan-11,20-dione $C_{23}H_{34}O_6$.

a) **21-Acetoxy-3α,17-dihydroxy-5β-pregnan-11,20-dion,** Formel IX (R = R′ = X = H, R″ = CO-CH_3).

B. Aus 3α,17-Dihydroxy-5β-pregnan-11,20-dion durch aufeinanderfolgende Umsetzung mit Brom und mit Kaliumacetat (*Hershberg et al.*, Am. Soc. **74** [1952] 3849, 3851; s. a. *Joly et al.*, Bl. **1957** 330). Aus 21-Acetoxy-16α,17-epoxy-3α-hydroxy-5β-pregnan-11,20-dion bei aufeinanderfolgender Umsetzung mit HBr in $CHCl_3$ und mit Raney-Nickel in Äthanol (*Glidden Co.*,

U.S.P. 2752339 [1950]). Aus 22-Acetoxy-3α-hydroxy-11-oxo-23,24-dinor-5β-chol-17(20)ξ-en-21-nitril mit Hilfe von $KMnO_4$ (*Tull et al.*, Am. Soc. **77** [1955] 196).

Kristalle; F: 229—232° [korr.; aus E.] (*He. et al.*), 227° [aus Acn.] (*Glidden Co.*), 224° (*Joly et al.*). $[\alpha]_D$: +77,9° [Acn.] (*He. et al.*), +73,5° [Acn.; c = 1] (*Joly et al.*). IR-Spektrum (KBr; 2—15 μ): *W. Neudert, H. Röpke*, Steroid-Spektrenatlas [Berlin 1965] Nr. 364.

20-Semicarbazon $C_{24}H_{37}N_3O_6$. Kristalle; F: 247° [unkorr.; Zers.]; λ_{max} (Me.): 242,5 nm (*Jones, Robinson*, J. org. Chem. **21** [1956] 586).

b) **21-Acetoxy-3β,17-dihydroxy-5α-pregnan-11,20-dion**, Formel X (R = X = H, R' = CO-CH₃).

B. Aus 21-Brom-3β,17-dihydroxy-5α-pregnan-11,20-dion durch aufeinanderfolgende Umsetzung mit NaI in Aceton sowie mit $KHCO_3$ und Essigsäure (*Pataki et al.*, Am. Soc. **74** [1952] 5615). Aus 21-Acetoxy-17-hydroxy-5α-pregnan-3,11,20-trion durch Reduktion mit Raney-Nickel in Dioxan (*Kaufmann, Pataki*, Experientia **7** [1951] 260).

Kristalle; F: 237—238° (*Evans et al.*, Soc. **1956** 4356, 4364), 235—237° [unkorr.; aus Hexan + Acn.] (*Pa. et al.*). $[\alpha]_D^{20}$: +66° [Acn.] (*Pa. et al.*; *Ev. et al.*), +89° [CHCl₃] (*Ev. et al.*). IR-Banden (Nujol; 3500—1650 cm^{-1}): *Ev. et al.* UV-Absorption in Äthanol bei 205 nm und 210 nm: *Bird et al.*, Soc. **1957** 4149. Absorptionsspektrum (H_3PO_4; 220—600 nm): *Nowaczynski, Steyermark*, Arch. Biochem. **58** [1955] 453, 455, 458.

3α-Acetoxy-17-hydroxy-21-methoxy-5β-pregnan-11,20-dion $C_{24}H_{36}O_6$, Formel IX (R = CO-CH₃, R' = X = H, R'' = CH₃).

B. Aus 3α-Acetoxy-22-methoxy-11-oxo-23,24-dinor-5β-chol-17(20)ξ-en-21-nitril bei aufeinanderfolgender Umsetzung mit OsO_4, mit Na_2SO_3 und wss.-methanol. NaOH sowie mit Acetanhydrid in Pyridin (*Huang-Minlon et al.*, Am. Soc. **76** [1954] 2396, 2399).

Kristalle (aus Me.); F: 201—202°.

3,21-Diacetoxy-17-hydroxy-pregnan-11,20-dione $C_{25}H_{36}O_7$.

a) **3α,21-Diacetoxy-17-hydroxy-5β-pregnan-11,20-dion**, Formel IX (R = R'' = CO-CH₃, R' = X = H) (E III 4029).

B. Aus 3α,21-Diacetoxy-16β-brom-17-hydroxy-5β-pregnan-11,20-dion durch Hydrierung an Palladium in Methanol (*Mattox*, Am. Soc. **74** [1952] 4340, 4343). Aus 3α,22-Diacetoxy-11-oxo-23,24-dinor-5β-chol-17(20)ξ-en-21-nitril mit Hilfe von $KMnO_4$ (*Tull et al.*, Am. Soc. **77** [1955] 196).

F: 237—238° (*Tull et al.*). IR-Spektrum (CHCl₃; 1800—1250 cm^{-1}): *K. Dobriner, E.R. Katzenellenbogen, R.N. Jones*, Infrared Absorption Spectra of Steroids [New York 1953] Nr. 222; *G. Roberts, B.S. Gallagher, R.N. Jones*, Infrared Absorption Spectra of Steroids, Bd. 2 [New York 1958] Nr. 727. UV-Absorption in Äthanol bei 205 nm und 210 nm: *Bird et al.*, Soc. **1957** 4149. Absorptionsspektrum (H_2SO_4; 200—600 nm): *Bernstein, Lenhard*, J. org. Chem. **18** [1953] 1146, 1159.

Bildung von 3α-Acetoxy-17β-acetoxymethyl-17α-hydroxy-D-homo-5β-androstan-11,17a-dion (Hauptprodukt) und 3α-Acetoxy-17aβ-acetoxymethyl-17aα-hydroxy-D-homo-5β-androstan-11,17-dion beim Erwärmen mit Aluminiumisopropylat, Cyclohexanon, Dioxan und Toluol: *Wendler et al.*, Tetrahedron **7** [1959] 173, 180.

b) **3β,21-Diacetoxy-17-hydroxy-5α-pregnan-11,20-dion**, Formel X (R = R' = CO-CH₃, X = H) (E III 4030).

IR-Spektrum (CH₂Cl₂; 2—12 μ): *v. Euw et al.*, Helv. **41** [1958] 1516, 1520. IR-Spektrum (CHCl₃; 1800—850 cm^{-1}): *K. Dobriner, E.R. Katzenellenbogen, R.N. Jones*, Infrared Absorption Spectra of Steroids [New York 1953] Nr. 218; *G. Roberts, B.S. Gallagher, R.N. Jones*, Infrared Absorption Spectra of Steroids, Bd. 2 [New York 1958] Nr. 723. UV-Absorption in Äthanol bei 205 nm und 210 nm: *Bird et al.*, Soc. **1957** 4149.

20-Oxim $C_{25}H_{37}NO_7$. Kristalle (aus E.); F: 231—232°; $[\alpha]_D^{20}$: +13° [Dioxan; c = 1] (*Brooks et al.*, Soc. **1958** 4614, 4623).

20-[O-Acetyl-oxim] $C_{27}H_{39}NO_8$. Kristalle (aus wss. Acn.); F: 176—178°; $[\alpha]_D^{20}$: +23°

[Dioxan; c = 1] (*Br. et al.*, l. c. S. 4624).

20-Semicarbazon $C_{26}H_{39}N_3O_7$. Kristalle (aus wss. Eg.); F: 252°. $[\alpha]_D^{20}$: 0° [Py.; c = 1]; λ_{max} (A.): 239,5 nm (*Br. et al.*, l. c. S. 4621).

c) **3α,21-Diacetoxy-17-hydroxy-5α-pregnan-11,20-dion,** Formel XI (R = CO-CH$_3$) (E III 4030).

B. Beim Erwärmen von 3α-Acetoxy-21-brom-17-hydroxy-5α-pregnan-11,20-dion in Aceton mit Kaliumacetat, Essigsäure und KI (*Nagata et al.*, Helv. **42** [1959] 1399, 1408).

Kristalle (aus Acn.+Ae.); F: 225−227° [korr.]. $[\alpha]_D^{25}$: +94,2° [Dioxan; c = 1,5]. IR-Spektrum (CH$_2$Cl$_2$; 2,5−12,5 μ): *Na. et al.*, l. c. S. 1404.

3α,17,21-Triacetoxy-5β-pregnan-11,20-dion $C_{27}H_{38}O_8$, Formel IX (R = R′ = R″ = CO-CH$_3$, X = H).

B. Aus 3α,21-Diacetoxy-17-hydroxy-5β-pregnan-11,20-dion beim Erhitzen mit Acetanhydrid (*Huang-Minlon et al.*, Am. Soc. **74** [1952] 5394).

Kristalle (aus wss. Me.); F: 150−152°. $[\alpha]_D^{26}$: +40,9° [CHCl$_3$]. UV-Absorption in Äthanol bei 205 nm und 210 nm: *Bird et al.*, Soc. **1957** 4149.

21-Acetoxy-12α-chlor-3β,17-dihydroxy-5α-pregnan-11,20-dion $C_{23}H_{33}ClO_6$, Formel X (R = H, R′ = CO-CH$_3$, X = Cl).

B. Aus 21-Brom-12α-chlor-3β,17-dihydroxy-5α-pregnan-11,20-dion beim Behandeln mit KHCO$_3$, Essigsäure und Aceton (*Fried et al.*, Chem. and Ind. **1956** 1232).

F: 158−160°. $[\alpha]_D^{23}$: −17° [CHCl$_3$]. IR-Banden (Nujol; 2,5−6 μ): *Fr. et al.*

3α,21-Diacetoxy-16β-brom-17-hydroxy-5β-pregnan-11,20-dion $C_{25}H_{35}BrO_7$, Formel IX (R = R″ = CO-CH$_3$, R′ = H, X = Br).

B. Aus 3α,21-Diacetoxy-16α,17-epoxy-5β-pregnan-11,20-dion und HBr (*Mattox*, Am. Soc. **74** [1952] 4340, 4343).

Kristalle (aus E.); F: 200−201°. $[\alpha]_D^{27}$: +59° [CHCl$_3$; c = 1].

21-Acetoxy-3,17-dihydroxy-pregnan-12,20-dione $C_{23}H_{34}O_6$.

a) **21-Acetoxy-3α,17-dihydroxy-5β-pregnan-12,20-dion,** Formel XII.

B. Aus 21-Brom-3α,17-dihydroxy-5β-pregnan-12,20-dion und Kaliumacetat (*Julian et al.*, Am. Soc. **78** [1956] 3153, 3157).

Kristalle (aus CH$_2$Cl$_2$+Ae.+PAe.); F: 187−188° [unkorr.]. $[\alpha]_D^{25}$: +68° [CHCl$_3$; c = 0,5].

XII   XIII

b) **21-Acetoxy-3β,17-dihydroxy-5α-pregnan-12,20-dion,** Formel XIII (R = H).

B. Aus 21-Brom-3β,17-dihydroxy-5α-pregnan-12,20-dion bei aufeinanderfolgender Umset≠ zung mit NaI in Aceton sowie mit NaHCO$_3$ und Essigsäure (*Adams et al.*, Soc. **1954** 2209, 2213).

Kristalle (aus Acn.+Hexan); F: 206−209°. $[\alpha]_D^{23}$: +50° [CHCl$_3$; c = 0,5].

3β,21-Diacetoxy-17-hydroxy-5α-pregnan-12,20-dion $C_{25}H_{36}O_7$, Formel XIII (R = CO-CH$_3$).

B. Analog der vorangehenden Verbindung (*Adams et al.*, Soc. **1954** 2209, 2213; *Rothman, Wall*, Am. Soc. **77** [1955] 2229, 2232).

Kristalle; F: 164−165° [korr.; aus Ae.]; $[\alpha]_D^{25}$: +40,9° [CHCl$_3$] (*Ro., Wall*). F: 161−163°

[aus Acn. + Hexan]; $[\alpha]_D^{23}$: +50° [CHCl$_3$; c = 0,5] (*Ad. et al.*).

3β,19-Diacetoxy-21-diazo-5-hydroxy-5β-pregnan-20-on C$_{25}$H$_{36}$N$_2$O$_6$, Formel XIV.

B. Aus 3β,19-Diacetoxy-5-hydroxy-5β-androstan-17β-carbonsäure bei aufeinanderfolgender Umsetzung mit NaHCO$_3$ in wss. Äthanol, mit Oxalylchlorid in Benzol und mit Diazomethan in Äther (*Ehrenstein, Dünnenberger*, J. org. Chem. **21** [1956] 774, 779).

Gelbe Kristalle (aus CH$_2$Cl$_2$ + Hexan); F: 147–148,5° [unkorr.]. $[\alpha]_D^{21}$: +135° [CHCl$_3$; c = 0,5].

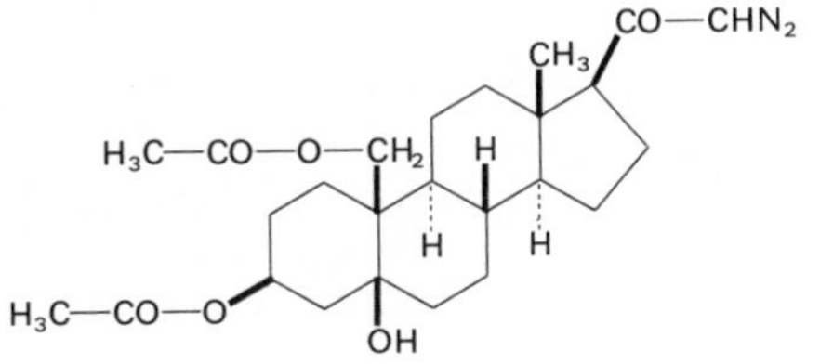

XIV 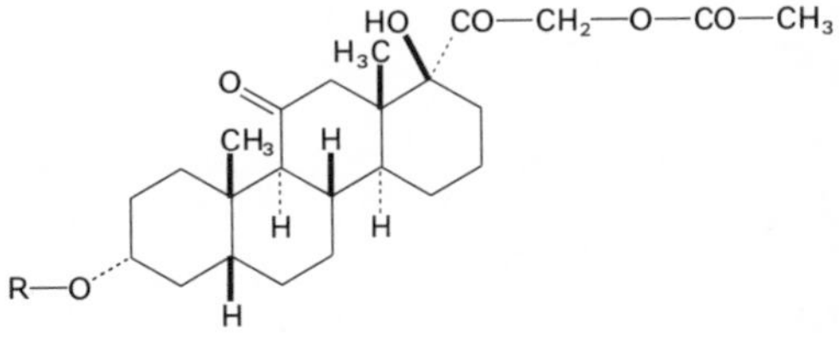   XV

Hydroxy-oxo-Verbindungen C$_{22}$H$_{34}$O$_5$

21-Acetoxy-3α,17a-dihydroxy-D-homo-5β,17aβH-pregnan-11,20-dion C$_{24}$H$_{36}$O$_6$, Formel XV (R = H).

B. Aus 21-Brom-3α,17a-dihydroxy-D-homo-5β,17aβH-pregnan-11,20-dion beim Erwärmen mit Essigsäure und KHCO$_3$ (*Sterling Drug Inc.*, U.S.P. 2860158 [1954]).

Kristalle (aus E. + PAe.); F: 207–209° [unkorr.].

3,21-Diacetoxy-17a-hydroxy-D-homo-pregnan-11,20-dione C$_{26}$H$_{38}$O$_7$.

a) **3α,21-Diacetoxy-17a-hydroxy-D-homo-5β-pregnan-11,20-dion,** Formel XVI.

B. Neben 3α-Acetoxy-D-homo-5β-androstan-11,17a-dion aus 3α,21-Diacetoxy-D-homo-5β-pregn-17a(20)ξ-en-11-on mit Hilfe von Diacetoxyjodanyl-benzol (*Clinton et al.*, Am. Soc. **80** [1958] 3395, 3402).

Kristalle (aus E.); F: 224,6–226° [korr.]. $[\alpha]_D^{25}$: +78,3° [CHCl$_3$; c = 1].

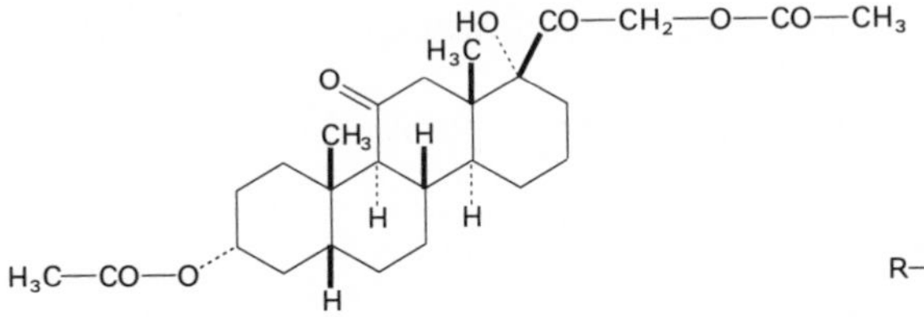

XVI 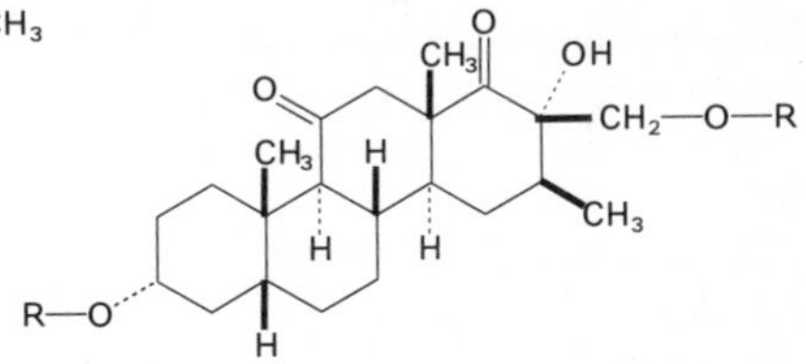   XVII

b) **3α,21-Diacetoxy-17a-hydroxy-D-homo-5β,17aβH-pregnan-11,20-dion,** Formel XV (R = CO-CH$_3$).

B. Aus 21-Brom-3α,17a-dihydroxy-D-homo-5β,17aβH-pregnan-11,20-dion bei aufeinander⸗ folgender Umsetzung mit Kaliumacetat und Acetanhydrid (*Clinton et al.*, Am. Soc. **80** [1958] 3395, 3401).

Kristalle (aus E.); F: 217–218° [korr.]. $[\alpha]_D^{25}$: +15,9° [CHCl$_3$; c = 1].

3α-Acetoxy-17β-acetoxymethyl-17α-hydroxy-16β-methyl-D-homo-5β-androstan-11,17a-dion C$_{26}$H$_{38}$O$_7$, Formel XVII (R = CO-CH$_3$).

B. Aus 3α,21-Diacetoxy-17-hydroxy-16β-methyl-5β-pregnan-11,20-dion beim Erwärmen mit Aluminiumisopropylat, Cyclohexanon, Dioxan und Toluol (*Wendler et al.*, Tetrahedron **7** [1959] 173, 181).

Kristalle (aus Acn. + Ae.); F: 191 − 193° [korr.].

21-Acetoxy-11,17,20-trihydroxy-2-methyl-pregn-4-en-3-one $C_{24}H_{36}O_6$.

a) **21-Acetoxy-11β,17,20β_F-trihydroxy-2α(?)-methyl-pregn-4-en-3-on,** vermutlich Formel I (R = X = H).

B. Aus 21-Acetoxy-11β-hydroxy-2α(?)-methyl-pregna-4,17(20)*t*-dien-3-on (S. 2210) mit Hilfe von OsO$_4$ (*Upjohn Co.,* U.S.P. 2852538 [1955]).

Kristalle (aus E. + Hexan); F: 199 − 203°. [α]$_D$: +120° [Acn.].

I   II   III

b) **21-Acetoxy-11β,17,20α_F-trihydroxy-2α(?)-methyl-pregn-4-en-3-on,** vermutlich Formel II.

B. Neben 21-Acetoxy-11β,17-dihydroxy-2α(?)-methyl-pregn-4-en-3,20-dion aus 21-Acetoxy-11β-hydroxy-2α(?)-methyl-pregna-4,17(20)*c*-dien-3-on mit Hilfe von Diacetoxyjodanyl-benzol und OsO$_4$ (*Hogg et al.,* Am. Soc. **77** [1955] 6401).

F: 215 − 218,5°. [α]$_D$: +67° [Dioxan].

20β_F,21-Diacetoxy-11β,17-dihydroxy-2α(?)-methyl-pregn-4-en-3-on $C_{26}H_{38}O_7$, vermutlich Formel I (R = CO-CH$_3$, X = H).

B. Aus 21-Acetoxy-11β,17,20β_F-trihydroxy-2α(?)-methyl-pregn-4-en-3-on (s. o.) und Acet=anhydrid in Pyridin (*Upjohn Co.,* U.S.P. 2852538 [1955]).

Kristalle (aus E. + Hexan); F: 221 − 223°. [α]$_D$: +180° [Acn.].

20β_F,21-Diacetoxy-9-fluor-11β,17-dihydroxy-2α(?)-methyl-pregn-4-en-3-on $C_{26}H_{37}FO_7$, vermutlich Formel I (R = CO-CH$_3$, X = F).

B. Aus der vorangehenden Verbindung über mehrere Stufen (*Upjohn Co.,* U.S.P. 2852538 [1955]).

Kristalle (aus E. + Hexan); F: 232,5 − 236°.

5,11β,17-Trihydroxy-6β-methyl-5α-pregnan-3,20-dion $C_{22}H_{34}O_5$, Formel III.

B. Aus 3,3;20,20-Bis-äthandiyldioxy-6β-methyl-5α-pregnan-5,11β,17-triol mit Hilfe von methanol. H$_2$SO$_4$ (*Huang-Minlon et al.,* Acta chim. sinica **25** [1959] 308, 310; C. A. **1960** 17470).

F: 264 − 266°.

21-Acetoxy-11β,17-dihydroxy-6α-methyl-5α-pregnan-3,20-dion $C_{24}H_{36}O_6$, Formel IV.

B. Aus (20Ξ)-11β-Hydroxy-6α-methyl-17,20;20,21-bis-methylendioxy-5α-pregnan-3-on bei aufeinanderfolgender Umsetzung mit wss. Ameisensäure sowie mit Acetanhydrid in Pyridin (*Fried et al.,* Am. Soc. **81** [1959] 1235, 1238).

Kristalle (aus Bzl.); F: 183 − 186° [korr.].

11α,17,21-Trihydroxy-16α-methyl-5α-pregnan-3,20-dion $C_{22}H_{34}O_5$, Formel V (R = R′ = H).

B. Aus 21-Acetoxy-11α,17-dihydroxy-16α-methyl-5α-pregnan-3,20-dion mit Hilfe von wss.-methanol. KHCO$_3$ (*Ehmann et al.,* Helv. **42** [1959] 2548, 2555).

Kristalle (aus CH_2Cl_2+Acn.); F: 227−231°. $[\alpha]_D^{28,3}$: +16,8° [$CHCl_3$+A.; c = 0,4]. IR-Banden (Nujol; 2,5−6 μ): *Eh. et al.*

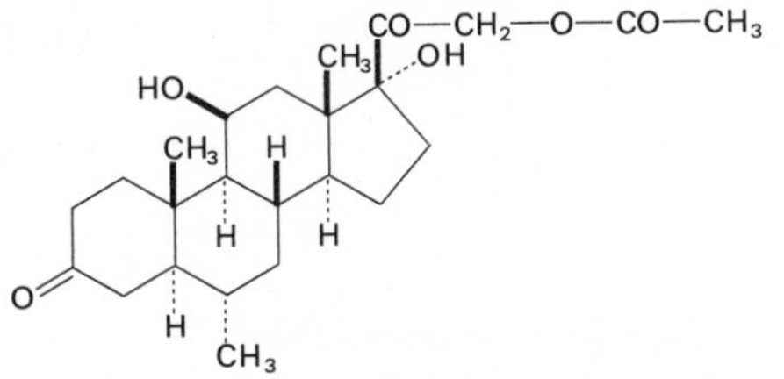

IV

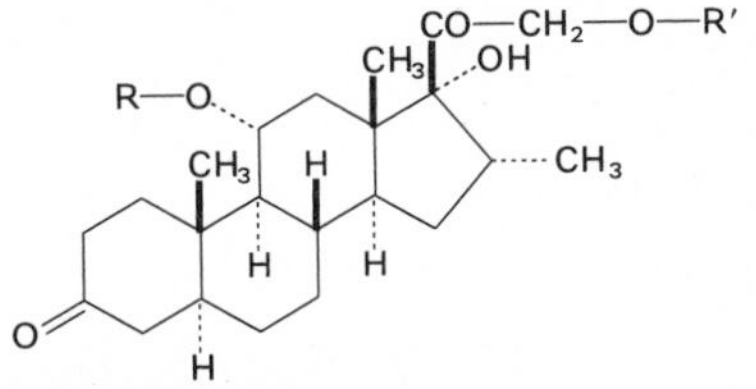

V

21-Acetoxy-11,17-dihydroxy-16-methyl-pregnan-3,20-dione $C_{24}H_{36}O_6$.

a) **21-Acetoxy-11α,17-dihydroxy-16β-methyl-5β-pregnan-3,20-dion,** Formel VI.
B. Aus 21-Acetoxy-3α,11α,17-trihydroxy-16β-methyl-5β-pregnan-20-on mit Hilfe von *N*-Brom-acetamid (*Oliveto et al.,* Am. Soc. **80** [1958] 6687).
F: 187,5−190,5°. $[\alpha]_D$: +77,9° [Dioxan].

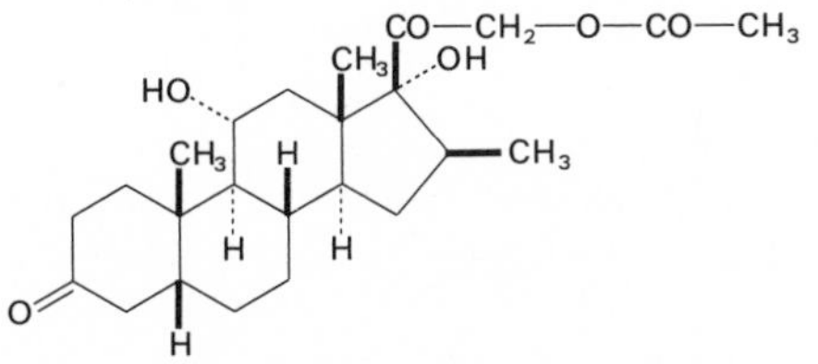

VI

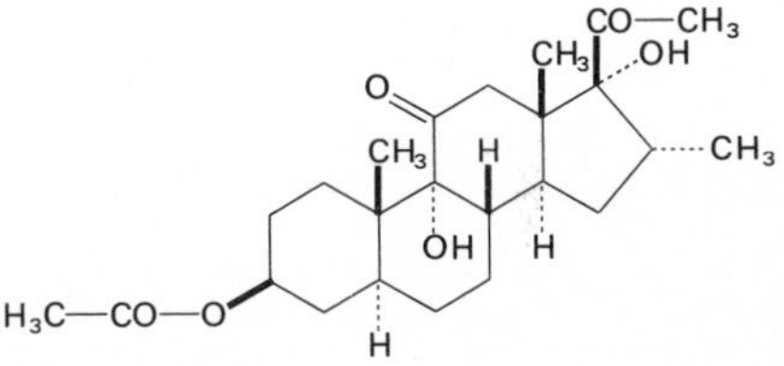

VII

b) **21-Acetoxy-11α,17-dihydroxy-16α-methyl-5α-pregnan-3,20-dion,** Formel V (R = H,
R′ = CO-CH₃).
B. Aus 21-Acetoxy-3β,11α,17-trihydroxy-16α-methyl-5α-pregnan-20-on mit Hilfe von *N*-Brom-acetamid (*Ehmann et al.,* Helv. **42** [1959] 2548, 2554).
Kristalle (aus CH_2Cl_2+Ae.); F: 184−186°. $[\alpha]_D^{27}$: +34,1° [$CHCl_3$; c = 1,3]. IR-Banden (CH_2Cl_2; 2,5−6 μ): *Eh. et al.*

11α,21-Diacetoxy-17-hydroxy-16α-methyl-5α-pregnan-3,20-dion $C_{26}H_{38}O_7$, Formel V
(R = R′ = CO-CH₃).
B. Aus 21-Acetoxy-11α,17-dihydroxy-16α-methyl-5α-pregnan-3,20-dion und Acetanhydrid in Pyridin (*Ehmann et al.,* Helv. **42** [1959] 2548, 2555).
Kristalle (aus Ae.); F: 175−177°. $[\alpha]_D^{23,8}$: +19,8° [$CHCl_3$; c = 0,9].

3β-Acetoxy-9,17-dihydroxy-16α-methyl-5α-pregnan-11,20-dion $C_{24}H_{36}O_6$, Formel VII.
B. Neben 3β-Acetoxy-9-hydroxy-16α-methyl-5α-pregnan-11,20-dion aus 3β-Acetoxy-16α-methyl-5α-pregnan-11,20-dion bei aufeinanderfolgender Umsetzung mit Acetanhydrid und Toluol-4-sulfonsäure, mit Peroxybenzoesäure in Äther, mit wss.-äthanol. NaOH und mit Acet≠anhydrid in Pyridin (*Heusler et al.,* Helv. **42** [1959] 2043, 2057).
F: 220,5−221°. $[\alpha]_D^{27}$: +38° [$CHCl_3$; c = 1]. IR-Banden (Nujol; 2,5−8,5 μ): *He. et al.*

21-Acetoxy-3,17-dihydroxy-16-methyl-pregnan-11,20-dione $C_{24}H_{36}O_6$.

a) **21-Acetoxy-3α,17-dihydroxy-16β-methyl-5β-pregnan-11,20-dion,** Formel VIII.
B. Aus 21-Brom-3α,17-dihydroxy-16β-methyl-5β-pregnan-11,20-dion und Kaliumacetat (*Taub et al.,* Am. Soc. **80** [1958] 4435; *Oliveto et al.,* Am. Soc. **80** [1958] 4428).
F: 222−228°; $[\alpha]_D$: +124,5° [$CHCl_3$] (*Taub et al.*). F: 200−206°; $[\alpha]_D$: +119,6° [Dioxan; c = 1] (*Ol. et al.*).

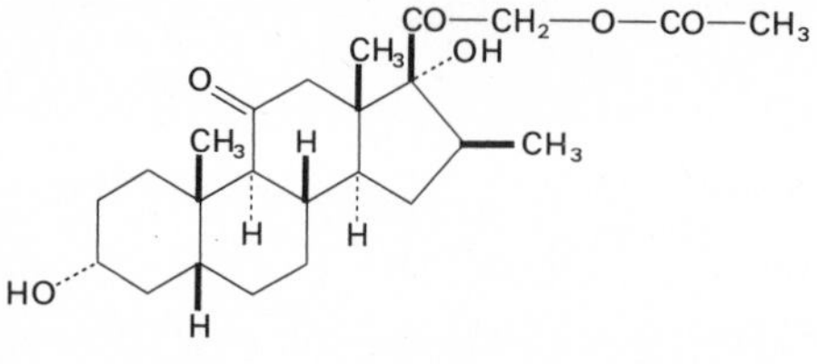

VIII 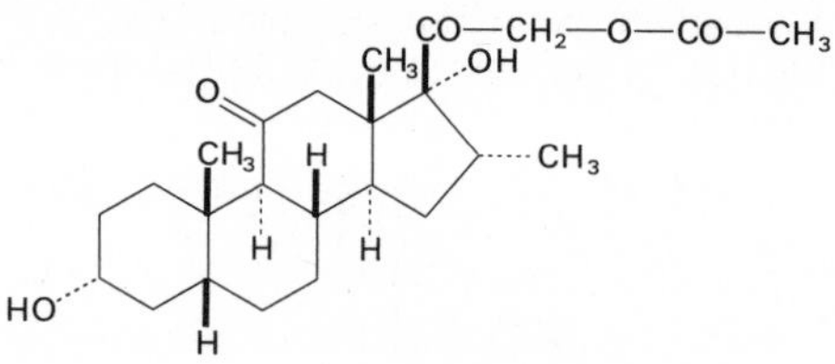 IX

b) 21-Acetoxy-3α,17-dihydroxy-16α-methyl-5β-pregnan-11,20-dion, Formel IX.

B. Analog dem unter a) beschriebenen Isomeren (*Arth et al.,* Am. Soc. **80** [1958] 3160).
F: 182–184°. $[\alpha]_D^{25}$: +75° [CHCl₃; c = 1].

c) 21-Acetoxy-3β,17-dihydroxy-16α-methyl-5α-pregnan-11,20-dion, Formel X.

B. Analog dem unter a) beschriebenen Isomeren (*Ehmann et al.,* Helv. **42** [1959] 2548, 2553).
Kristalle (aus Acn. + Ae.); F: 214–219°. $[\alpha]_D^{28,3}$: +72,4° [CHCl₃; c = 1].

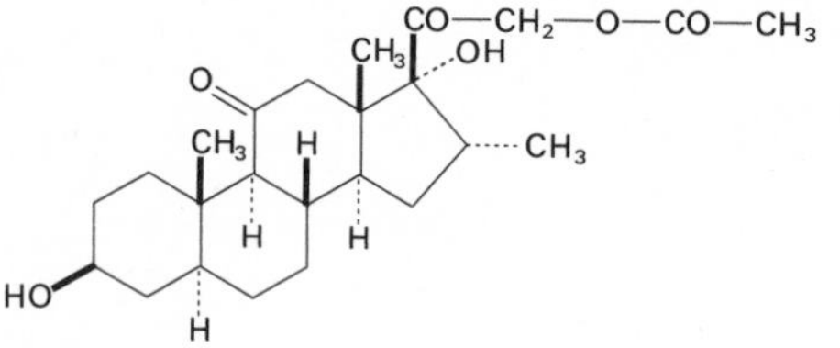

X 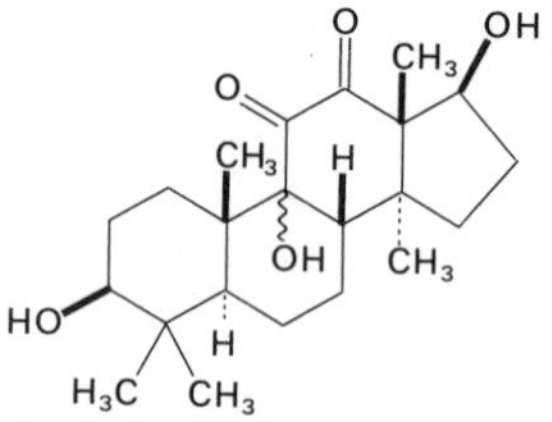 XI

3β,9,17β(?)-Trihydroxy-4,4,14-trimethyl-5α,9ξ-androstan-11,12-dion $C_{22}H_{34}O_5$, vermutlich Formel XI.

B. Aus dem Diacetyl-Derivat (s. u.) mit wss.-methanol. KOH (*Voser et al.,* Helv. **35** [1952] 2414, 2427).

Gelbe Kristalle (aus CH₂Cl₂ + Hexan); F: 236–243° [korr.; evakuierte Kapillare; nach Sin≈ tern ab 226°]. $[\alpha]_D$: +181° [Dioxan; c = 1]. IR-Spektrum (Nujol; 2–16 µ): *Vo. et al.,* l. c. S. 2417.

O^3,O^{17}-Diacetyl-Derivat $C_{26}H_{38}O_7$; 3β,17β(?)-Diacetoxy-9-hydroxy-4,4,14-tri≈ methyl-5α,9ξ-androstan-11,12-dion. *B.* Aus 3β,17β(?)-Diacetoxy-4,4,14-trimethyl-5α-an≈ drostan-11-on beim Erhitzen mit SeO₂ in Dioxan auf 180° (*Vo. et al.,* l. c. S. 2426). — Gelbe Kristalle (aus CH₂Cl₂ + Me.); F: 277–279° [korr.; evakuierte Kapillare]. $[\alpha]_D$: +157° [CHCl₃; c = 1].

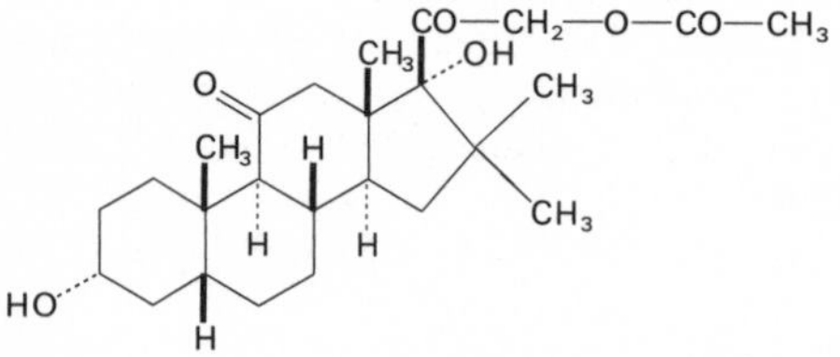

XII 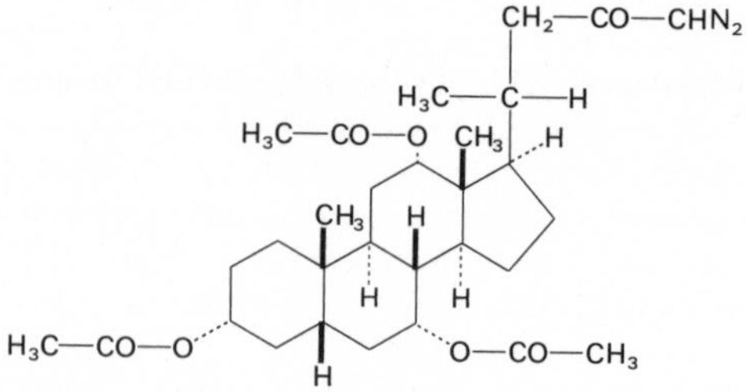 XIII

Hydroxy-oxo-Verbindungen $C_{23}H_{36}O_5$

21-Acetoxy-3α,17-dihydroxy-16,16-dimethyl-5β-pregnan-11,20-dion $C_{25}H_{38}O_6$, Formel XII.

B. Aus 3α,17-Dihydroxy-16,16-dimethyl-5β-pregnan-11,20-dion über 21-Brom-3α,17-dihydr≈

oxy-16,16-dimethyl-5β-pregnan-11,20-dion (*Hoffsommer et al.,* J. org. Chem. **24** [1959] 1617).
  F: 206−208°. IR-Banden (CHCl₃; 2,5−8,5 μ): *Ho. et al.*

Hydroxy-oxo-Verbindungen C₂₄H₃₈O₅

3α,7α,12α-Triacetoxy-24-diazo-5β-cholan-23-on $C_{30}H_{44}N_2O_7$, Formel XIII.
  B. Aus 3α,7α,12α-Triacetoxy-24-nor-5β-cholan-23-oylchlorid und Diazomethan (*Komatsu=
bara,* Pr. Japan Acad. **30** [1954] 618, 619).
  Kristalle; F: 245°.

Hydroxy-oxo-Verbindungen C₂₇H₄₄O₅

(25R)-3β,16β,17,26-Tetrahydroxy-cholest-5-en-22-on $C_{27}H_{44}O_5$ und Taut.

  (25R)-22ξH-Furost-5-en-3β,17,22,26-tetraol $C_{27}H_{44}O_5$, Formel XIV.
  Diese Konstitution und Konfiguration kommt dem früher (E III/IV **17** 2681) als (25*R*)-
20ξ*H*,22ξ*H*-Furost-5-en-3β,17,20,26-tetraol $C_{27}H_{44}O_5$ formulierten Nologenin zu (*No=
hara et al.,* Chem. pharm. Bl. **23** [1975] 872, 880). Entsprechend ist *O,O′*-Diacetyl-nologenin
nicht   als   (25*R*)-3,26-Diacetoxy-20ξ*H*,22ξ*H*-furost-5-en-17,20-diol,   sondern   als
(25*R*)-3β,26-Diacetoxy-22ξ*H*-furost-5-en-17,22-diol $C_{31}H_{48}O_7$ zu formulieren.

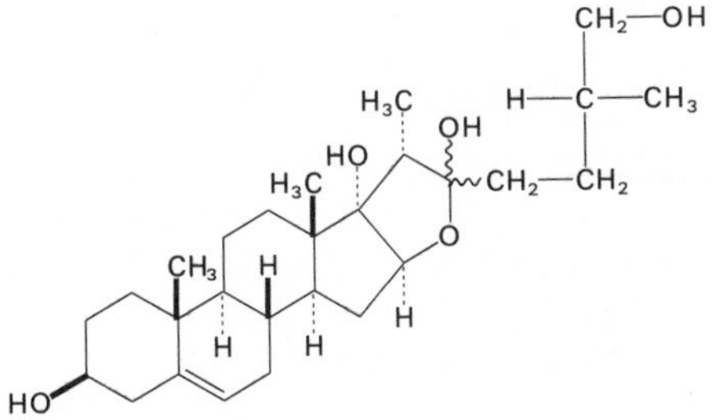

XIV

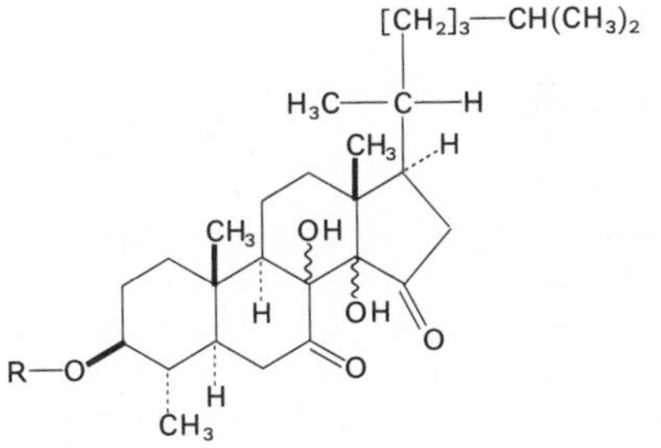

XV

Hydroxy-oxo-Verbindungen C₂₈H₄₆O₅

3β-Acetoxy-8,14-dihydroxy-4α-methyl-5α,8ξ,14ξ-cholestan-7,15-dion(?) $C_{30}H_{48}O_6$, vermutlich
Formel XV (R = CO-CH₃).
  B. Neben anderen Verbindungen aus 3β-Acetoxy-4α-methyl-5α-cholest-8(14)-en mit Hilfe von
Chrom-di-*tert*-butylat-dioxid (*Djerassi et al.,* Am. Soc. **80** [1958] 6284, 6292).
  F: 215−219° [aus Me.]. [α]_D: +77° [CHCl₃].

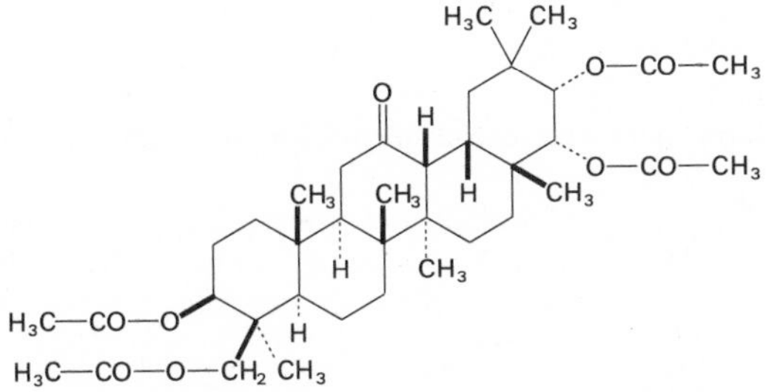

XVI

Hydroxy-oxo-Verbindungen C₃₀H₅₀O₅

3β,21α,22α,24-Tetraacetoxy-oleanan-12-on $C_{38}H_{58}O_9$, Formel XVI.
  B. Aus Tetra-*O*-acetyl-sojasapogenol-A (E III **6** 6697) mit Hilfe von Peroxyameisensäure

(*Smith et al.,* Tetrahedron **4** [1958] 111, 122).

Kristalle (aus $CHCl_3 + Me.$); F: $308-310°$ [unkorr.]. $[\alpha]_D$: $+19,6°$ [$CHCl_3$; c = 1].

[*Goebels*]

Hydroxy-oxo-Verbindungen $C_nH_{2n-12}O_5$

Hydroxy-oxo-Verbindungen $C_9H_6O_5$

5,6,7-Trimethoxy-indan-1,2-dion-2-oxim $C_{12}H_{13}NO_5$, Formel I und Taut.

B. Beim Behandeln von 5,6,7-Trimethoxy-indan-1-on in Methanol mit Methylnitrit und wss. HCl (*Babor et al.,* Chem. Zvesti **7** [1953] 457; C. A. **1955** 5493).

Hellgelbe Kristalle (aus A.); F: $187-187,5°$ [Zers.].

Hydroxy-oxo-Verbindungen $C_{11}H_{10}O_5$

2-Methoxy-3-[2,3,4-trihydroxy-phenyl]-cyclopent-2-enon $C_{12}H_{12}O_5$, Formel II (R = H).

B. Aus 3,4,5-Trihydroxy-2-[2-methoxy-3-oxo-cyclopent-1-enyl]-benzoesäure mit Hilfe von *N,N*-Dimethyl-anilin und Kupfer [180°] (*Schmidt, Bernauer,* A. **588** [1954] 211, 228).

Kristalle (aus Propan-1-ol); F: $211-212°$ [korr.] (*Sch., Be.*). UV-Spektrum (Dioxan; $210-380$ nm): *Bernauer,* A. **588** [1954] 230, 233.

2-Methoxy-3-[2,3,4-trimethoxy-phenyl]-cyclopent-2-enon $C_{15}H_{18}O_5$, Formel II (R = CH_3).

B. Aus der vorangehenden Verbindung und Diazomethan (*Schmidt, Bernauer,* A. **588** [1954] 211, 229).

2,4-Dinitro-phenylhydrazon (F: 150°): *Sch., Be.*

---

*Opt.-inakt. 2,3,4,6-Tetraacetoxy-6,9-dibrom-6,9-dihydro-benzocyclohepten-5-on(?) $C_{19}H_{16}Br_2O_9$, vermutlich Formel III (R = $CO-CH_3$).

B. Aus 2,3,4,6-Tetraacetoxy-benzocyclohepten-5-on und Brom in Acetanhydrid (*Kapko,* Roczniki Chem. **26** [1952] 34, 40; C. A. **1952** 11169).

Kristalle (aus A.); F: $182-183°$ [Zers.].

1,2,3-Trimethoxy-8,9-dihydro-7*H*-benzocyclohepten-5,6-dion $C_{14}H_{16}O_5$, Formel IV (X = $O-CH_3$, X' = H).

B. Aus 1,2,3-Trimethoxy-6,7,8,9-tetrahydro-benzocyclohepten-5-on bei der Oxidation mit SeO_2 in Butan-1-ol und Äther, aus dem Monooxim (s. u.) bei der Hydrolyse oder aus 6-Hydroxymethylen-1,2,3-trimethoxy-6,7,8,9-tetrahydro-benzocyclohepten-5-on (S. 3406) bei der Ozonolyse (*Caunt et al.,* Soc. **1951** 1313, 1316).

Gelbes Öl; $Kp_{0,2}$: $166-170°$.

6-Oxim $C_{14}H_{17}NO_5$. *B.* Aus 1,2,3-Trimethoxy-6,7,8,9-tetrahydro-benzocyclohepten-5-on, Isopentylnitrit und HCl in Äther (*Ca. et al.*). — Hellgelbe Kristalle (aus Bzl.+PAe.); F: $135-136°$. Hellgelbe Kristalle (aus wss. Me.) mit 1 Mol H_2O; F: $132-133°$.

Mono-[2,4-dinitro-phenylhydrazon] $C_{20}H_{20}N_4O_8$. Orangefarbene Kristalle (aus Eg.); F: $177-178°$.

IV   V   VI

2,3,4-Trimethoxy-8,9-dihydro-7H-benzocyclohepten-5,6-dion $C_{14}H_{16}O_5$, Formel IV (X = H, X′ = O-CH$_3$).

B. Aus 2,3,4-Trimethoxy-6,7,8,9-tetrahydro-benzocyclohepten-5-on bei der Oxidation mit SeO$_2$ in Butan-1-ol (*Caunt et al.,* Soc. **1950** 1631, 1634). Aus (±)-6-Hydroxy-2,3,4-trimethoxy-6,7,8,9-tetrahydro-benzocyclohepten-5-on mit Hilfe von Bi$_2$O$_3$ in Essigsäure (*Walker,* Am. Soc. **77** [1955] 6699, 6701). Aus dem Monooxim (s. u.) bei der Hydrolyse oder aus 6-Hydroxymeth≠ ylen-2,3,4-trimethoxy-6,7,8,9-tetrahydro-benzocyclohepten-5-on (s. u.) bei der Ozonolyse (*Caunt et al.,* Soc. **1951** 1313, 1317).

Hellgelbes Öl; Kp$_{0,2}$: 200–210° (*Ca. et al.,* Soc. **1950** 1634).

6-Oxim $C_{14}H_{17}NO_5$. B. Aus 2,3,4-Trimethoxy-6,7,8,9-tetrahydro-benzocyclohepten-5-on, Isopentylnitrit und HCl in Äther (*Ca. et al.,* Soc. **1951** 1317). – Hellgelbe Kristalle (aus Bzl.+ PAe.); F: 175–176° (*Ca. et al.,* Soc. **1951** 1317).

M o n o - [2,4-d i n i t r o - p h e n y l h y d r a z o n] $C_{20}H_{20}N_4O_8$. Gelbe Kristalle; F: 189° [aus E.] (*Ca. et al.,* Soc. **1950** 1634), 179–189° [korr.; aus A.+E.] (*Wa.*).

2,3-Dimethoxy-6,7,8,9-tetrahydro-benzocyclohepten-1,4,5-trion $C_{13}H_{14}O_5$, Formel V.

B. Aus 1-Amino-4-hydroxy-2,3-dimethoxy-6,7,8,9-tetrahydro-benzocyclohepten-5-on (*Hor≠ ton, Spence,* Am. Soc. **77** [1955] 2894).

Hellrote Kristalle (aus Cyclohexan); F: 79–89°.

Hydroxy-oxo-Verbindungen $C_{12}H_{12}O_5$

2,4,6-Triacetyl-resorcin $C_{12}H_{12}O_5$, Formel VI (E III 4033).

B. Neben anderen Verbindungen aus 1,3-Dimethoxy-benzol (*Dean, Robertson,* Soc. **1953** 1241, 1243) bzw. aus 1-[2,4-Dihydroxy-phenyl]-äthanon (*Trivedi, Sethna,* J. Indian chem. Soc. **28** [1951] 245, 251) beim Behandeln mit Acetylchlorid und AlCl$_3$ in CS$_2$ bzw. Nitrobenzol.

Kristalle; F: 137–138° [aus A.] (*Tr., Se.*), 137° [aus Eg.] (*Dean, Ro.*).

M o n o - [2,4-d i n i t r o - p h e n y l h y d r a z o n] $C_{18}H_{16}N_4O_8$. Kristalle (aus Eg.); F: 262–263° (*Tr., Se.*).

2,3,4-Trimethoxy-6-oxo-6,7,8,9-tetrahydro-5H-benzocyclohepten-5-carbaldehyd $C_{15}H_{18}O_5$, Formel VII (R = CHO, R′ = H) und Taut. (z. B. 5 - H y d r o x y m e t h y l e n - 2,3,4 - trimethoxy-5,7,8,9-tetrahydro-benzocyclohepten-6-on).

B. In geringerer Menge neben 2,3,4-Trimethoxy-6-oxo-6,7,8,9-tetrahydro-5H-benzocyclohep≠ ten-7-carbaldehyd beim Behandeln von 2,3,4-Trimethoxy-5,7,8,9-tetrahydro-benzocyclohepten-6-on mit Äthylformiat und NaH in Äther (*Fujita,* J. pharm. Soc. Japan **79** [1959] 1202, 1206; C. A. **1960** 3356).

Kristalle (aus A.); F: 93–95°. λ_{max} (A.): 245 nm und 293–294 nm.

VII   VIII   IX

1,2,3-Trimethoxy-5-oxo-6,7,8,9-tetrahydro-5H-benzocyclohepten-6-carbaldehyd $C_{15}H_{18}O_5$,
Formel VIII (X = O-CH$_3$, X' = H) und Taut. (z. B. 6-Hydroxymethylen-1,2,3-
trimethoxy-6,7,8,9-tetrahydro-benzocyclohepten-5-on).
   B. Beim Behandeln von 1,2,3-Trimethoxy-6,7,8,9-tetrahydro-benzocyclohepten-5-on mit
Äthylformiat und Natriummethylat in Benzol (*Caunt et al.,* Soc. **1951** 1313, 1316).
   Kristalle (aus wss. Me.); F: 71,5 − 72,5°.
   Bei der Ozonolyse in Essigsäure sind 1,2,3-Trimethoxy-8,9-dihydro-7H-benzocyclohepten-5,6-
dion und geringe Mengen 4-[6-Carboxy-2,3,4-trimethoxy-phenyl]-buttersäure erhalten worden.
   Mono-[2,4-dinitro-phenylhydrazon] $C_{21}H_{22}N_4O_8$. F: 176 − 177° (*Ca. et al.*).

---

*1,2,3-Trimethoxy-6-methoxymethylen-6,7,8,9-tetrahydro-benzocyclohepten-5-on $C_{16}H_{20}O_5$,
Formel IX (X = O-CH$_3$, X' = H).
   B. Aus der vorangehenden Verbindung und Diazomethan in Äther (*Caunt et al.,* Soc. **1951**
1313, 1316).
   Kristalle (aus wss. Me.); F: 107 − 108°.

2,3,4-Trimethoxy-5-oxo-6,7,8,9-tetrahydro-5H-benzocyclohepten-6-carbaldehyd $C_{15}H_{18}O_5$,
Formel VIII (X = H, X' = O-CH$_3$) und Taut. (z. B. 6-Hydroxymethylen-2,3,4-
trimethoxy-6,7,8,9-tetrahydro-benzocyclohepten-5-on).
   B. Aus 2,3,4-Trimethoxy-6,7,8,9-tetrahydro-benzocyclohepten-5-on und Äthylformiat mit
Hilfe von Natriummethylat (*Caunt et al.,* Soc. **1951** 1313, 1317) bzw. NaH (*Fujita,* J. pharm.
Soc. Japan **79** [1959] 752, 755; C. A. **1959** 21853) in Benzol.
   Kristalle; F: 128 − 131° [aus Me.], 103 − 110° [aus Bzl. + PAe.] (*Fu.*), 112 − 113° [aus wss.
Me.] (*Ca. et al.*). λ_{max} (A.): 290 nm (*Fu.*).
   Mono-[2,4-dinitro-phenylhydrazon] $C_{21}H_{22}N_4O_8$. F: 204 − 205° (*Ca. et al.*).

---

*2,3,4-Trimethoxy-6-methoxymethylen-6,7,8,9-tetrahydro-benzocyclohepten-5-on $C_{16}H_{20}O_5$,
Formel IX (X = H, X' = O-CH$_3$).
   B. Aus der vorangehenden Verbindung und Diazomethan in Äther (*Caunt et al.,* Soc. **1951**
1313, 1317).
   Kp$_{0,1}$: 158 − 160°.
   2,4-Dinitro-phenylhydrazon (F: 189 − 190°): *Ca. et al.*

2,3,4-Trimethoxy-6-oxo-6,7,8,9-tetrahydro-5H-benzocyclohepten-7-carbaldehyd $C_{15}H_{18}O_5$,
Formel VII (R = H, R' = CHO) und Taut. (z. B. 7-Hydroxymethylen-2,3,4-
trimethoxy-5,7,8,9-tetrahydro-benzocyclohepten-6-on).
   B. Neben geringeren Mengen 2,3,4-Trimethoxy-6-oxo-6,7,8,9-tetrahydro-5H-benzocyclohep‹
ten-5-carbaldehyd aus 2,3,4-Trimethoxy-5,7,8,9-tetrahydro-benzocyclohepten-6-on und Äthyl‹
formiat mit Hilfe von NaH in Äther (*Fujita,* J. pharm. Soc. Japan **79** [1959] 1202, 1206;
C. A. **1960** 3356).
   Kristalle (aus Ae.); F: 72 − 75°. λ_{max} (A.): 278 − 281 nm.

Hydroxy-oxo-Verbindungen $C_{15}H_{18}O_5$

(±)-2,3,4-Trimethoxy-6-[3-oxo-butyl]-6,7,8,9-tetrahydro-benzocyclohepten-5-on $C_{18}H_{24}O_5$,
Formel X.
   B. Aus 2,3,4-Trimethoxy-5-oxo-6,7,8,9-tetrahydro-5H-benzocyclohepten-6-carbaldehyd bei
der Reaktion mit NaH und Diäthyl-methyl-[3-oxo-butyl]-ammonium-jodid in Äthanol (*Fujita,*
J. pharm. Soc. Japan **79** [1959] 752, 756; C. A. **1959** 21853).
   Kristalle (aus PAe.); F: 65 − 67°. λ_{max} (A.): 268 nm.
   Beim Erwärmen mit wss.-methanol. KOH und anschliessenden Destillieren bei
200 − 210°/0,4 Torr ist 9,10,11-Trimethoxy-3,4,4a,5,6,7-hexahydro-dibenzo[a,c]cyclohepten-
2-on erhalten worden.
   Monosemicarbazon $C_{19}H_{27}N_3O_5$. Kristalle (aus A.); F: 154 − 155° [Zers.].

Mono-[2,4-dinitro-phenylhydrazon] $C_{24}H_{28}N_4O_8$. Orangerote Kristalle (aus E.); F: 111—114°.

X   XI

(±)-2,3,4-Trimethoxy-7-[3-oxo-butyl]-5,7,8,9-tetrahydro-benzocyclohepten-6-on $C_{18}H_{24}O_5$, Formel XI.

B. Analog der vorangehenden Verbindung (*Fujita*, J. pharm. Soc. Japan **79** [1959] 1202, 1206; C. A. **1960** 3356).

Mono(?)-[2,4-dinitro-phenylhydrazon] $C_{24}H_{28}N_4O_8$(?). F: 238° (*Fu.*).

*Opt.-inakt. 4a-Hydroxy-6,7,8-trimethoxy-1,2,4,4a,5,10,11,11a-octahydro-dibenzo[a,d]cyclo⁼ hepten-3-on $C_{18}H_{24}O_5$, Formel XII.

B. Aus der vorangehenden Verbindung mit Hilfe von wss.-methanol. KOH (*Fujita*, J. pharm. Soc. Japan **79** [1959] 1202, 1206; C. A. **1960** 3356).

Kristalle (aus Me.); F: 143—144°.

XII   XIII

Hydroxy-oxo-Verbindungen $C_{16}H_{20}O_5$

*Opt.-inakt. 4a-Hydroxy-9,10,11-trimethoxy-11b-methyl-1,2,4,4a,5,6,7,11b-octahydro-dibenzo[a,c]cyclohepten-3-on $C_{19}H_{26}O_5$, Formel XIII.

B. Aus (±)-2,3,4-Trimethoxy-5-methyl-5,7,8,9-tetrahydro-benzocyclohepten-6-on und Di⁼ äthyl-methyl-[3-oxo-butyl]-ammonium-jodid mit Hilfe von NaH in Äthanol (*Fujita et al.*, J. pharm. Soc. Japan **79** [1959] 1187, 1191; C. A. **1960** 3352).

Kristalle (aus Me.); F: 110—112°.

2,4-Dinitro-phenylhydrazon (F: 179—180°): *Fu. et al.*

Hydroxy-oxo-Verbindungen $C_{19}H_{26}O_5$

rac-14β-Methoxy-15-propionyloxy-14,15-seco-androst-4-en-3,11,16-trion $C_{23}H_{32}O_6$, Formel I + Spiegelbild.

B. Aus rac-3,3-Äthandiyldioxy-14β-methoxy-15-propionyloxy-14,15-seco-androst-5-en-11,16-dion mit Hilfe von Toluol-4-sulfonsäure in Aceton (*Poos, Sarett*, Am. Soc. **78** [1956] 4100, 4102).

Kristalle (aus Ae.); F: 167—169°. IR-Banden (Nujol; 5,5—6,5 μ): *Poos, Sa.*

Hydroxy-oxo-Verbindungen $C_{20}H_{28}O_5$

2-Hydroxy-4-isobutyryl-2,6-bis-[3-methyl-but-2-enyl]-cyclohexan-1,3,5-trion $C_{20}H_{28}O_5$ und Taut.

a) **(2R)-2-Hydroxy-4-isobutyryl-2,6-bis-[3-methyl-but-2-enyl]-cyclohexan-1,3,5-trion,**
Formel II (R = CH(CH$_3$)$_2$) und Taut. (z.B. (R)-3,5,6-Trihydroxy-2-isobutyryl-4,6-bis-[3-methyl-but-2-enyl]-cyclohexa-2,4-dienon); **(−)-Cohumulon.**

Konstitution: *Howard, Tatchell*, Soc. **1954** 2400; vgl. diesbezüglich *Kenkeleise, Verzele*, Tetrahedron **26** [1970] 385. Konfiguration: *Howard*, Chem. and Ind. **1956** 1504.

Isolierung aus Hopfen: *Rigby, Bethune*, Am. Soc. **74** [1952] 6118; Am. Soc. Brewing Chemists Pr. **1953** 119.

$[\alpha]_D^{27}$: −208,5° [Me.] (*Ri., Be.*, Am. Soc. Brewing Chemists Pr. **1953** 124); $[\alpha]_D$: −195° [Me.] (*Ho., Ta.*, l. c. S. 2402). IR-Spektrum in Tetrachloräthen und CS$_2$ (2,5−15,5 μ) sowie in CCl$_4$ (2,6−3,7 μ): *Ri., Be.*, Am. Soc. Brewing Chemists Pr. **1953** 126, 127. IR-Banden (2,5−13 μ): *Howard, Tatchell*, Chem. and Ind. **1953** 436. UV-Spektrum in alkal. Methanol sowie in saurem Methanol (220−400 nm): *Ri., Be.*, Am. Soc. Brewing Chemists Pr. **1953** 125. Verteilung zwischen Isooctan und einer wss. Lösung vom pH 8,5: *Ri., Be.*, Am. Soc. **74** 6119; bzw. zwischen Isooctan und einer wss.-methanol. Lösung vom pH 7,2: *Rigby, Bethune*, Am. Soc. **77** [1955] 2828.

Beim Hydrieren an Palladium in Methanol und anschliessenden Oxidieren ist Cohumulochinon (S. 3382) erhalten worden (*Ho., Ta.*, Soc. **1954** 2404). Bildung von Aceton, Isobutyraldehyd, 4-Methyl-pent-3-ensäure und (±)-*trans*-Cohumulinsäure (S. 2765) beim Erwärmen mit wss.-äthanol. NaOH (*Ho., Ta.*, Soc. **1954** 2402).

Verbindung mit *o*-Phenylendiamin (F: 93° bzw. F: 92,4−93°): *Ri., Be.*, Am. Soc. Brewing Chemists Pr. **1953** 123; Am. Soc. **77** 2829.

I

II

b) **(±)-2-Hydroxy-4-isobutyryl-2,6-bis-[3-methyl-but-2-enyl]-cyclohexan-1,3,5-trion,**
Formel II (R = CH(CH$_3$)$_2$)+Spiegelbild und Taut. (z.B. (±)-3,5,6-Trihydroxy-2-isobutyryl-4,6-bis-[3-methyl-but-2-enyl]-cyclohexa-2,4-dienon); **(±)-Cohumulon.**

B. Aus 2-Methyl-1-[2,4,6-trihydroxy-phenyl]-propan-1-on bei der aufeinanderfolgenden Reaktion mit Natriummethylat und 1-Brom-3-methyl-but-2-en und anschliessenden Oxidation mit Sauerstoff in Gegenwart von Blei(II)-acetat und Palladium (*Howard, Tatchell*, Chem. and Ind. **1954** 514).

λ_{max}: 232 nm und 325 nm [alkal. A.], 237 nm, 285 nm und 325 nm [saures A.].

III

IV

(+)-4-Hydroxy-2-isobutyryl-5-[3-methyl-but-2-enyl]-4-[4-methyl-pent-3-enoyl]-cyclopentan-1,3-dion $C_{20}H_{28}O_5$, Formel III und Taut. (z.B. (+)-3,4-Dihydroxy-2-isobutyryl-5-[3-methyl-but-2-enyl]-4-[4-methyl-pent-3-enoyl]-cyclopent-2-enon); **(+)-Isocohumulon.**

Isolierung aus Bier: *Howard et al.*, J. Inst. Brewing **63** [1957] 237, 242.

$[\alpha]_D$: $+24,6°$ [Me.].

11β,17,21-Trihydroxy-19-nor-pregn-4-en-3,20-dion $C_{20}H_{28}O_5$, Formel IV.

B. Aus 17-Hydroxy-19-nor-pregn-4-en-3,20-dion oder aus 17,21-Dihydroxy-19-nor-pregn-4-en-3,20-dion mit Hilfe von Homogenaten aus Nebennieren (*Zaffaroni et al.*, Am. Soc. **80** [1958] 6110, 6114). Aus 20,20-Äthandiyldioxy-3-methoxy-19-nor-pregna-2,5(10)-dien-11β,17,21-triol oder aus 20,20-Äthandiyldioxy-11β,17,21-trihydroxy-19-nor-pregn-4-en-3-on mit Hilfe von Essigsäure (*Magerlein, Hogg*, Am. Soc. **80** [1958] 2226, 2228).

Kristalle; F: $256-259°$ [korr.; aus Acn.] (*Ma., Hogg*), $255-257°$ [unkorr.; aus Me. + Ae.] (*Za. et al.*). $[\alpha]_D$: $+119°$ [Me.] (*Ma., Hogg*), $+113°$ [Me.] (*Za. et al.*). IR-Banden ($3500-1650$ cm^{-1}): *Za. et al.* λ_{max}: 242 nm [Me.] (*Ma., Hogg*), 241 nm [A.] sowie 240 nm, 282 nm, 385 nm und 470 nm [H_2SO_4] (*Za. et al.*).

O^{21}-Acetyl-Derivat $C_{22}H_{30}O_6$; 21-Acetoxy-11β,17-dihydroxy-19-nor-pregn-4-en-3,20-dion. Kristalle (aus wss. Acn.); F: ca. $208-211°$; IR-Banden (2,5 – 13 µ): *Searle & Co.*, U.S.P. 2802015 [1953].

11β,17,21-Trihydroxy-A-nor-pregn-3-en-2,20-dion $C_{20}H_{28}O_5$, Formel V.

B. Aus (20*Ξ*)-11β-Hydroxy-17,20;20,21-bis-methylendioxy-A-nor-pregn-3-en-2-on (E III/IV **19** 5950) mit Hilfe von Ameisensäure (*Hirschmann et al.*, Am. Soc. **81** [1959] 2822, 2825).

Kristalle mit 0,5 Mol H_2O; F: $235-237°$ [unkorr.].

V   VI

Hydroxy-oxo-Verbindungen $C_{21}H_{30}O_5$

(±)-2-Hydroxy-2,4-bis-[3-methyl-but-2-enyl]-6-valeryl-cyclohexan-1,3,5-trion $C_{21}H_{30}O_5$, Formel VI und Taut.

B. Aus 1-[2,4,6-Trihydroxy-phenyl]-pentan-1-on bei der aufeinanderfolgenden Reaktion mit Natriummethylat und 1-Brom-3-methyl-but-2-en und anschliessenden Oxidation mit Sauerstoff in Gegenwart von Blei(II)-acetat (*Howard, Tatchell*, Chem. and Ind. **1954** 992).

Verteilung zwischen Isooctan und einer gepufferten wss. Lösung vom pH 8,25: *Ho., Ta.*

Verbindung mit *o*-Phenylendiamin (F: $87-89°$): *Ho., Ta.*

2-Hydroxy-2,4-bis-[3-methyl-but-2-enyl]-6-[2-methyl-butyryl]-cyclohexan-1,3,5-trion $C_{21}H_{30}O_5$ und Taut.

a) **(2R?)-2-Hydroxy-2,4-bis-[3-methyl-but-2-enyl]-6-[(Ξ)-2-methyl-butyryl]-cyclohexan-1,3,5-trion**, vermutlich Formel II (R = CH(CH$_3$)-C$_2$H$_5$) und Taut. (z.B. (R?)-3,5,6-Trihydroxy-4,6-bis-[3-methyl-but-2-enyl]-2-[(Ξ)-2-methyl-butyryl]-cyclohexa-2,4-dienon);
(−)-Adhumulon.

Konfiguration: *Howard*, Chem. and Ind. **1956** 1504.

Isolierung aus Hopfen: *Rigby, Bethune*, Am. Soc. **77** [1955] 2828; *Verzele*, Bl. Soc. chim. Belg. **64** [1955] 70, 72.

$[\alpha]_D^{26}$: $-187°$ [Me.] (*Ri., Be.*). λ_{max}: 325 nm und 360 nm [alkal. Me.], 236 nm, 288 nm und 323 nm [saures Me.] (*Ri., Be.*).

Bildung von (±)-*trans*-Adhumulinsäure (F: $83-83,5°$) beim Erwärmen mit wss.-äthanol. NaOH (*Ri., Be.*).

Verbindung mit *o*-Phenylendiamin (F: $97,5-98°$): *Ri., Be.*

b) (±)(2Ξ)-2-Hydroxy-2,4-bis-[3-methyl-but-2-enyl]-6-[(Ξ)-2-methyl-butyryl]-cyclohexan-1,3,5-trion, vermutlich Formel II (R = CH(CH₃)-C₂H₅) + Spiegelbild und Taut. (z. B. (±)(Ξ)-3,5,6-Trihydroxy-4,6-bis-[3-methyl-but-2-enyl]-2-[(Ξ)-2-methyl-butyryl]-cyclohexa-2,4-dienon); (±)-Adhumulon.

Konstitution: *Howard, Tatchell,* Chem. and Ind. **1954** 992.

B. Aus 2-Methyl-1-[2,4,6-trihydroxy-phenyl]-butan-1-on bei der aufeinanderfolgenden Reak≠ tion mit Natriummethylat und 1-Brom-3-methyl-but-2-en und anschliessenden Oxidation mit Sauerstoff in Gegenwart von Blei(II)-acetat (*Ho., Ta.*).

Verbindung mit *o*-Phenylendiamin (F: 98°): *Ho., Ta.*

2-Hydroxy-4-isovaleryl-2,6-bis-[3-methyl-but-2-enyl]-cyclohexan-1,3,5-trion $C_{21}H_{30}O_5$ und Taut.

a) (R)-3,5,6-Trihydroxy-2-isovaleryl-4,6-bis-[3-methyl-but-2-enyl]-cyclohexa-2,4-dienon
Formel VII und Taut.; **(−)-Humulon** (E II 537; E III 4033).

$[\alpha]_D^{26}$: −211° [Me.] (*Rigby, Bethune,* Am. Soc. **77** [1955] 2828); $[\alpha]_D$: −211° [Me.], 226° [Bzl.], −245° [Isooctan], −91° [Py.], +53° [Piperidin] (*Anteunis, Verzele,* Bl. Soc. chim. Belg. **65** [1956] 620, 621). $[\alpha]_D$ in wss. Methanol vom pH 3−11: *An., Ve.,* Bl. Soc. chim. Belg. **65** 621. IR-Spektrum in Nujol (2−10 µ): *Harris et al.,* Soc. **1952** 1906, 1913; in Tetrachloräthen und CS_2 (2,5−15,5 µ) sowie in CCl_4 (2,6−3,7 µ): *Rigby, Bethune,* Am. Soc. Brewing Chemists Pr. **1953** 119, 126, 127. Absorptionsspektrum in Isooctan (220−400 nm): *Verzele,* Bl. Soc. chim. Belg. **64** [1955] 70, 73, 85; in Isooctan, auch unter Zusatz von Pyridin und Piperidin (250−450 nm): *An., Ve.,* Bl. Soc. chim. Belg. **65** 625; in alkal. Methanol (220−400 nm bzw. 220−380 nm): *Obata, Horitsu,* Bl. agric. chem. Soc. Japan **22** [1958] 153, 155; *Rigby, Bethune,* Am. Soc. Brewing Chemists Pr. **1953** 125, **1950** 1, 3; sowie in saurem Methanol (220−400 nm): *Ri., Be.,* Am. Soc. Brewing Chemists Pr. **1953** 125. λ_{max}: 237 nm, 282 nm und 330 nm [A.] (*Cook, Harris,* Soc. **1950** 1873, 1874), 228 nm und 324 nm [alkal. A.], 235 nm und 281,5 nm [saures A.] (*Ha. et al.,* l. c. S. 1909). Scheinbarer Dissoziationsexponent pK_a' (H_2O; potentiome≠ trisch ermittelt) bei 25°: 4,22; bei 40°: 4,26 (*Spetsig,* Acta chem. scand. **9** [1955] 1421, 1422). Elektrolytische Dissoziation in wss. Aceton: *Ha. et al.,* l. c. S. 1909; in wss. Methanol: *An., Ve.,* Bl. Soc. chim. Belg. **65** 623. Löslichkeit in wss. Lösung vom pH 1−7,5 bei 0−100°: *Sp.,* l. c. S. 1423.

Geschwindigkeitskonstante der Racemisierung in Isooctan bei 99° und in 2-Methoxy-äthanol bei 120°: *Anteunis, Verzele,* Bl. Soc. chim. Belg. **68** [1959] 705, 707, 708. Beim Erhitzen in Isooctan unter Druck auf 125° erfolgt fast vollständige Racemisierung (*An., Ve.,* Bl. Soc. chim. Belg. **68** 707). Bildung von Humulinon (S. 3616) beim Behandeln mit 1-Methyl-1-phenyl-äthyl≠ hydroperoxid (*Howard, Slater,* Soc. **1957** 1924; *Cook et al.,* J. Inst. Brewing **61** [1955] 321, 324) oder mit Sauerstoff (*Verzele, Govaert,* Soc. **1952** 3313) in Äther. Bildung von (−)-Tetrahy≠ drohumulon (S. 3361) beim Hydrieren an Platin in methanol. oder äthanol. Lösung vom pH 5,1: *Verzele, Anteunis,* Bl. Soc. chim. Belg. **68** [1959] 315, 320, 324. Ausmass der Hydrogenolyse (Bildung von 3-Methyl-1-[2,3,4,6-tetrahydroxy-5-isopentyl-phenyl]-butan-1-on und Isopentan) an Platin, Palladium-Katalysatoren und Rhodium/Al_2O_3 in methanol. oder äthanol. Lösungen vom pH −0,45 bis +8,1: *Anteunis, Verzele,* Bl. Soc. chim. Belg. **68** [1959] 476; s. a. *Carson,* Am. Soc. **73** [1951] 1850. Beim Erwärmen von (−)-Humulon in einer gepufferten Lösung vom pH 9 sind (+)-Isohumulon-B (s. u.), (−)-Isohumulon-A (s. u.) und geringe Mengen eines Gemisches von Alloisohumulon-A ((4S)-3,4r-Dihydroxy-5t-[3-methyl-but-2-enyl]-2-[3-methyl-butyryl]-4-[4-methyl-pent-2t-enoyl]-cyclopent-2-enon) und Alloisohumulon-B ((4R)-3,4r-Di≠ hydroxy-5c-[3-methyl-but-2-enyl]-2-[3-methyl-1-oxo-butyryl]-4-[4-methyl-pent-2t-enoyl]-cyclopent-2-enon) erhalten worden (*Alderweireldt et al.,* Bl. Soc. chim. Belg. **74** [1965] 29, 30, 38; *Verzele et al.,* J. Inst. Brewing **71** [1965] 232, 239; s. a. *Anteunis, Verzele,* Bl. Soc. chim. Belg. **68** [1959] 102, 115; *Rigby, Bethune,* Am. Soc. **74** [1952] 6118).

Blei(II)-Salz. Absorptionsspektrum (Bzl. + Me. [1:1]; 270−450 nm): *An., Ve.,* Bl. Soc. chim. Belg. **65** 625.

Über Verbindungen mit 4-Methyl-*o*-phenylendiamin (F: 122°), mit 4,5-Dimethyl-*o*-phenylen≠ diamin (F: 133°), mit 4-Methoxy-*o*-phenylendiamin (F: 99°) sowie mit Pyridin-2,6-diyldiamin (F: 142°) s. *David, Duchemin,* Bl. **1956** 1634.

$(CH_3)_2C=CH-CH_2$ OH

HO

$CH_2-CH=C(CH_3)_2$

$(CH_3)_2CH-CH_2-CO$ O

VII

$(CH_3)_2C=CH-CH_2$

HO

$(CH_3)_2C=CH-CH_2-CO$ OH

$CO-CH_2-CH(CH_3)_2$

VIII

b) (±)-3,5,6-Trihydroxy-2-isovaleryl-4,6-bis-[3-methyl-but-2-enyl]-cyclohexa-2,4-dienon, Formel VII + Spiegelbild und Taut.; (±)-**Humulon**.

B. Aus 3-Methyl-1-[2,4,6-trihydroxy-phenyl]-butan-1-on bei der aufeinanderfolgenden Reak= tion mit Natriummethylat und 1-Brom-3-methyl-but-2-en und anschliessenden Oxidation mit Sauerstoff in Gegenwart von Blei(II)-acetat (*Riedl*, B. **85** [1952] 692, 706). Aus dem unter a) beschriebenen Antipoden beim Erhitzen in Isooctan auf 125—130° (*Anteunis, Verzele*, Bl. Soc. chim. Belg. **68** [1959] 705, 709).

Verbindung mit *o*-Phenylendiamin (F: 109—110°): *Ri.*

4-Hydroxy-2-isovaleryl-5-[3-methyl-but-2-enyl]-4-[4-methyl-pent-3-enoyl]-cyclopentan-1,3-dion $C_{21}H_{30}O_5$ und Taut.

a) **(4*R*)-3,4*r*-Dihydroxy-2-isovaleryl-5*c*-[3-methyl-but-2-enyl]-4-[4-methyl-pent-3-enoyl]-cyclopent-2-enon**, Formel VIII und Taut.; (+)-**Isohumulon-B**.

Konstitution: *Alderweireldt et al.*, Bl. Soc. chim. Belg. **74** [1965] 29; *Verzele et al.*, J. Inst. Brewing **71** [1965] 232. Konfiguration: *DeKeukeleire, Snatzke*, Tetrahedron **28** [1972] 2011; *DeKeukeleire, Verzele*, Tetrahedron **27** [1971] 4939; *Al. et al.*, l. c. S. 30.

B. Als Hauptprodukt neben dem unter b) beschriebenen Stereoisomeren und geringen Mengen eines Gemisches von Alloisohumulon-A und Alloisohumulon-B aus (−)-Humulon (s. o.) beim Erwärmen in einer gepufferten wss. Lösung vom pH 9 (*Ve. et al.*, l. c. S. 239; *Al. et al.*, l. c. S. 30, 38; s. a. *Anteunis, Verzele*, Bl. Soc. chim. Belg. **68** [1959] 102, 115) sowie beim Kochen von Würze (*Al. et al.*, l. c. S. 39).

$[\alpha]_D$: +47,6° [Me.], +73,0° [alkal. Me.] (*Al. et al.*, l. c. S. 39); $[\alpha]_D^{20}$: +46,3° [Me.; c = 6] (*Laws, Elvidge*, Soc. [C] **1971** 2412, 2415). ¹H-NMR-Spektrum: *Ve. et al.*, l. c. S. 236; *Al. et al.*, l. c. S. 37. ¹H-NMR-Absorption: *Laws, El.* IR-Banden (3550—900 cm⁻¹): *Laws, El.* λ_{max}: 254 nm [alkal. Me.] (*Al. et al.*, l. c. S. 39; *Ve. et al.*, l. c. S. 237), 255 nm [alkal. Me.] (*Laws, El.*), 232 nm und 273 nm [saures Me.] (*Al. et al.*, l. c. S. 39; *Ve. et al.*, l. c. S. 237), 232 nm und 271 nm [saures Me.] (*Laws, El.*).

b) **(4*S*)-3,4*r*-Dihydroxy-2-isovaleryl-5*t*-[3-methyl-but-2-enyl]-4-[4-methyl-pent-3-enoyl]-cyclopent-2-enon**, Formel IX und Taut.; (−)-**Isohumulon-A**.

Konstitution und Konfiguration s. unter a).

B. s. unter a).

Kristalle (aus Isooctan); F: 63° (*Laws, Elvidge*, Soc. [C] **1971** 2412, 2415), 62—63° (*Clarke, Hildebrand*, J. Inst. Brewing **71** [1956] 26, 31), 62° (*Alderweireldt et al.*, Bl. Soc. chim. Belg. **74** [1965] 29, 33). $[\alpha]_D$: −7,8° [Me.] (*Al. et al.*, l. c. S. 39); $[\alpha]_D^{20}$: −7,6° [Me.; c = 6] (*Cl., Hi.*, l. c. S. 31); $[\alpha]_D^{22}$: −7,7° [Me.; c = 6] (*Laws, El.*). $[\alpha]_D$: +40,4° [alkal. methanol. Lösung] (*Al. et al.*, l. c. S. 39). ¹H-NMR-Spektrum: *Al. et al.*, l. c. S. 34; *Verzele et al.*, J. Inst. Brewing **71** [1965] 232, 236. ¹H-NMR-Absorption: *Laws, El.* IR-Spektrum (CCl₄; 2,5—12,5 μ): *Cl., Hi.*, l. c. S. 29, 31, 33. IR-Banden (3550—900 cm⁻¹): *Laws, El.* UV-Spektrum in alkal. Methanol sowie in saurem Methanol (220—320 nm): *Cl., Hi.*, l. c. S. 31, 33. λ_{max}: 255 nm [alkal. Me.] (*Cl., Hi.*, l. c. S. 31), 254 nm [alkal. Me.] (*Ve. et al.*, l. c. S. 235), 227 nm und 280 nm [saures Me.] (*Cl., Hi.*, l. c. S. 31), 226 nm und 289 nm [saures Me.] (*Ve. et al.*, l. c. S. 235).

---

*1,1-Bis-[4,4-dimethyl-2,6-dioxo-cyclohexyl]-2-hydroxymethyl-but-2-en, 5,5,5′,5′-Tetramethyl-2,2′-[2-hydroxymethyl-but-2-enyliden]-bis-cyclohexan-1,3-dion $C_{21}H_{30}O_5$, Formel X und Taut.

B. Aus 2-Hydroxymethyl-ξ-crotonaldehyd (E IV **1** 4086) und 5,5-Dimethyl-cyclohexan-1,3-dion (*Büttner*, A. **583** [1953] 184, 189).

Kristalle (aus wss. Me.); F: 186—187°.

IX   X

11β,17aα-Dihydroxy-17aβ-hydroxymethyl-*D*-homo-androst-4-en-3,17-dion $C_{21}H_{30}O_5$, Formel I
(R = H).

B. Aus dem Acetyl-Derivat (s. u.) mit wss.-methanol. $NaHCO_3$ (*Georgian, Kundu,* Tetrahe=
dron **19** [1963] 1037, 1048).

Kristalle (aus wss. Me.); F: 117—118°. $[\alpha]_D^{27}$: +104° [$CHCl_3$; c = 2,5].

I   II   III

17aβ-Acetoxymethyl-11β,17aα-dihydroxy-*D*-homo-androst-4-en-3,17-dion $C_{23}H_{32}O_6$, Formel I
(R = CO-CH$_3$).

Die von *Batres et al.* (Am. Soc. **76** [1954] 5171) unter dieser Konstitution beschriebene Verbin=
dung ist als 17β-Acetoxymethyl-11β,17α-dihydroxy-*D*-homo-androst-4-en-3,17a-dion zu formu=
lieren (*Georgian, Kundu,* Tetrahedron **19** [1963] 1037, 1041, 1048; *Wendler, Taub,* Am. Soc.
80 [1958] 3402).

B. Neben 17β-Acetoxymethyl-11β,17α-dihydroxy-*D*-homo-androst-4-en-3,17a-dion (Haupt=
produkt) beim Erwärmen von 21-Acetoxy-11β,17-dihydroxy-pregn-4-en-3,20-dion mit Alumi=
niumisopropylat und Cyclohexanon in Toluol (*Ge., Ku.*).

Kristalle (aus Me.); F: 229—231° [unkorr.]; $[\alpha]_D^{28}$: +77° [$CHCl_3$; c = 2,5] (*Ge., Ku.*).

11β,17α-Dihydroxy-17β-hydroxymethyl-*D*-homo-androst-4-en-3,17a-dion $C_{21}H_{30}O_5$, Formel II
(R = H).

B. Aus dem Acetyl-Derivat (s. u.) mit wss.-methanol. $NaHCO_3$ (*Georgian, Kundu,* Tetrahe=
dron **19** [1963] 1037, 1048).

Kristalle (aus Me.); F: 215—217°. $[\alpha]_D^{32}$: +70° [Dioxan; c = 2,5].

17β-Acetoxymethyl-11β,17α-dihydroxy-*D*-homo-androst-4-en-3,17a-dion $C_{23}H_{32}O_6$, Formel II
(R = CO-CH$_3$).

Diese Konstitution und Konfiguration kommt der von *Batres et al.* (Am. Soc. **76** [1954]
5171) als 17aβ-Acetoxymethyl-11β,17aα-dihydroxy-*D*-homo-androst-4-en-3,17-dion angesehe=
nen Verbindung zu (*Georgian, Kundu,* Tetrahedron **19** [1963] 1037, 1041, 1048; *Wendler, Taub,*
Am. Soc. **80** [1958] 3402).

B. Als Hauptprodukt beim Erwärmen von 21-Acetoxy-11β,17-dihydroxy-pregn-4-en-3,20-

dion mit Aluminiumisopropylat und Cyclohexanon in Toluol (*Ge., Ku.; Ba. et al.*).

Kristalle (aus Acn. + Ae.); F: 181–183° [unkorr.] (*Ba. et al.*), 175–178° [unkorr.] (*Ge., Ku.*). $[\alpha]_D^{20}$: +150° [CHCl$_3$] (*Ba. et al.*). λ_{max} (A.): 240 nm (*Ba. et al.*).

17α-Hydroxy-17β-hydroxymethyl-*D*-homo-5β-androstan-3,11,17a-trion C$_{21}$H$_{30}$O$_5$, Formel III.

B. Aus dem Acetyl-Derivat (s. u.) mit wss.-methanol. KOH (*Wendler, Taub*, Am. Soc. **80** [1958] 3402).

Kristalle (aus E.); F: 212–215° [korr.].

Acetyl-Derivat   C$_{23}$H$_{32}$O$_6$;   17β-Acetoxymethyl-17α-hydroxy-*D*-homo-5β-androstan-3,11,17a-trion. *B*. Beim Erwärmen von 21-Acetoxy-17-hydroxy-5β-pregnan-3,11,20-trion mit Aluminiumisopropylat und Cyclohexanon in Dioxan und Toluol (*We., Taub*). – Kristalle (aus Acn. + Ae.); F: 144–146° [korr.] und (nach Wiedererstarren) F: 171–173° [korr.]. $[\alpha]_D$: +87,4° [CHCl$_3$; c = 1,2].

11,17,20,21-Tetrahydroxy-pregna-1,4-dien-3-one C$_{21}$H$_{30}$O$_5$.

a) **11β,17,20β$_F$,21-Tetrahydroxy-pregna-1,4-dien-3-on**, Formel IV.

Isolierung aus Harn von an Leukämie erkrankten Menschen nach Verabreichung von 11β,17,21-Trihydroxy-pregna-1,4-dien-3,20-dion (*Vermeulen, Caspi*, J. biol. Chem. **234** [1959] 2295).

B. Aus 17,20β$_F$,21-Trihydroxy-pregna-1,4-dien-3,11-dion mit NaBH$_4$ (*Szpilfogel et al.*, R. **75** [1956] 1227, 1232). Aus 11β,17,21-Trihydroxy-pregna-1,4-dien-3,20-dion mit Hilfe von Streptomyces hydrogenans (*Lindner et al.*, Z. physiol. Chem. **313** [1958] 117, 122; *Farbw. Hoechst*, D.B.P. 1016263 [1957]), mit Hilfe von Streptomyces griseus (*Carvajal et al.*, J. org. Chem. **24** [1959] 695, 697).

Kristalle (aus Me. + E.); F: 126–128°; λ_{max} (Me.): 242 nm (*Ve., Ca.*).

O^{20},O^{21}-Diacetyl-Derivat C$_{25}$H$_{34}$O$_7$; 20β$_F$,21-Diacetoxy-11β,17-dihydroxy-pregna-1,4-dien-3-on. Kristalle; F: 243° und (nach Wiedererstarren) F: 256–258° (*Li. et al.; Farbw. Hoechst*), 244–247,5° [unkorr.; aus Acn.] (*Sz. et al.*). Kristalle (aus Acn. + Hexan) mit 1 Mol Aceton; F: 243–244° [korr.] (*Ca. et al.*). $[\alpha]_D^{21}$: +134° [A.] (*Farbw. Hoechst*); $[\alpha]_D$: +110° [Dioxan] (*Sz. et al.*). IR-Banden (Nujol; 2,5–11,5 μ): *Sz. et al.*

IV   V   VI

b) **11β,17,20α$_F$,21-Tetrahydroxy-pregna-1,4-dien-3-on**, Formel V.

Isolierung aus Harn von an Leukämie erkrankten Menschen nach Verabreichung von 11β,17,21-Trihydroxy-pregna-1,4-dien-3,20-dion (*Vermeulen, Caspi*, J. biol. Chem. **234** [1959] 2295).

B. Aus 11β,17,21-Trihydroxy-pregna-1,4-dien-3,20-dion durch Überführung in das 17,21-Isopropyliden-Derivat, Reduktion mit NaBH$_4$ und Hydrolyse mit wss.-methanol. HCl (*Gardi et al.*, Tetrahedron **21** [1965] 179, 187, 189).

Kristalle; F: 240–243° [unkorr.] (*Ga. et al.*), 230–233° [unkorr.; aus Me. + E.] (*Ve., Ca.*). $[\alpha]_D^{24}$: +27,5° [Dioxan] (*Ga. et al.*). λ_{max}: 243–244 nm [A.] (*Ga. et al.*), 244 nm [Me.] (*Ve., Ca.*).

O^{20},O^{21}-Diacetyl-Derivat C$_{25}$H$_{34}$O$_7$; 20α$_F$,21-Diacetoxy-11β,17-dihydroxy-pregna-1,4-dien-3-on. F: 227–229° [unkorr.]; $[\alpha]_D^{24}$: −6,5° [Dioxan]; λ_{max} (A.): 244 nm (*Ga.

et al.). IR-Banden (Nujol; 3500−1000 cm^{-1}): *Ga. et al.*

3,16α,21-Triacetoxy-17-hydroxy-pregna-3,5-dien-20-on $C_{27}H_{36}O_8$, Formel VI (R = CO-CH$_3$).

B. Neben anderen Verbindungen aus 21-Acetoxy-16β-brom-17-hydroxy-pregn-4-en-3,20-dion beim Erwärmen mit Acetanhydrid und wenig Toluol-4-sulfonsäure und Erhitzen des Reaktions‍produkts mit Natriumacetat und Essigsäure (*Romo, Romo de Vivar*, J. org. Chem. **21** [1956] 902, 908).

Kristalle (aus Acn. + Hexan); F: 170−172° [unkorr.]. [α]$_D^{20}$: −93° [CHCl$_3$]. λ$_{max}$ (A.): 234 nm.

21-Acetoxy-9-fluor-11β,17-dihydroxy-5α-pregn-1-en-3,20-dion $C_{23}H_{31}FO_6$, Formel VII (X = H).

B. Aus 21-Acetoxy-9-fluor-11β,17-dihydroxy-5α-pregnan-3,20-dion durch aufeinanderfol‍gende Umsetzung mit Brom, mit Semicarbazid und mit Brenztraubensäure (*Hirschmann et al.*, Am. Soc. **77** [1955] 3166), mit Brom und mit 2,4,6-Trimethyl-pyridin (*Fried et al.*, Am. Soc. **77** [1955] 4181 Anm. 12).

F: 237−239° (*Fr. et al.*), 237° (*Hi. et al.*). [α]$_D^{23}$: +90° [CHCl$_3$] (*Fr. et al.*); [α]$_D$: +34,9° [Acn.] (*Hi. et al.*). λ$_{max}$: 228 nm [A.] (*Fr. et al.*), 222 nm [Me.] (*Hi. et al.*).

VII   VIII

21-Acetoxy-2-brom-9-fluor-11β,17-dihydroxy-5α-pregn-1-en-3,20-dion $C_{23}H_{30}BrFO_6$, Formel VII (X = Br).

B. Neben anderen Verbindungen aus 21-Acetoxy-9-fluor-11β,17-dihydroxy-5α-pregnan-3,20-dion durch aufeinanderfolgende Umsetzung mit Brom und mit 2,4,6-Trimethyl-pyridin (*Fried et al.*, Am. Soc. **77** [1955] 4181).

Kristalle mit 1 Mol Äthanol; F: 184−185° [Zers.] nach Schmelzen und Wiedererstarren bei 126−139°. [α]$_D^{25}$: +79° [CHCl$_3$]. λ$_{max}$ (A.): 250 nm.

21-Acetoxy-3-äthoxy-17-hydroxy-5α-pregn-2-en-11,20-dion $C_{25}H_{36}O_6$, Formel VIII (R = C$_2$H$_5$, R′ = H).

B. Bei der Hydrierung von 21-Acetoxy-3-äthoxy-17-hydroxy-pregna-3,5-dien-11,20-dion an Palladium/Kohle (*Oliveto et al.*, Am. Soc. **74** [1952] 2248).

Kristalle (aus Ae.); F: 163−165° [korr.]; [α]$_D^{22}$: +82,0° [Acn.; c = 1] (unreines Präparat). Unbeständig.

3,17,21-Triacetoxy-5α-pregn-2-en-11,20-dion $C_{27}H_{36}O_8$, Formel VIII (R = R′ = CO-CH$_3$).

Diese Konstitution kommt der von *Huang-Minlon et al.* (Am. Soc. **74** [1952] 5394) als 17,21-Diacetoxy-5α-pregnan-3,11,20-trion angesehenen Verbindung zu (*Evans et al.*, Soc. **1956** 4356, 4359).

B. Aus 21-Acetoxy-17-hydroxy-5α-pregnan-3,11,20-trion und Acetanhydrid mit Hilfe von HClO$_4$ bzw. Toluol-4-sulfonsäure (*Ev. et al.*, l. c. S. 4365; *Hu.-Mi. et al.*).

Kristalle (aus Me.); F: 167−170° und (nach Wiedererstarren) F: 177−182° (*Hu.-Mi. et al.*), 175−181° (*Ev. et al.*). [α]$_D^{23}$: +43,9° [CHCl$_3$] (*Hu.-Mi. et al.*); [α]$_D$: +46° [CHCl$_3$] (*Ev. et al.*).

21-Acetoxy-17-hydroxy-3-methoxy-5β-pregn-3-en-11,20-dion $C_{24}H_{34}O_6$, Formel IX (R = CH$_3$, R′ = H).

B. Aus 21-Acetoxy-17-hydroxy-3,3-dimethoxy-5β-pregnan-11,20-dion bei 200° (*Oliveto et al.*,

Am. Soc. **76** [1954] 6113, 6115).

Kristalle (aus Acn.); F: 208−210° [korr.]. $[\alpha]_D^{21}$: +120,9° [Acn.].

IX   X

3,17,21-Triacetoxy-5β-pregn-3-en-11,20-dion $C_{27}H_{36}O_8$, Formel IX (R = R′ = CO-CH$_3$).

B. Aus 21-Acetoxy-17-hydroxy-5β-pregnan-3,11,20-trion und Acetanhydrid mit Hilfe von „Sulfosalicylsäure" (*Moffett, Anderson*, Am. Soc. **76** [1954] 747).

Kristalle (aus wss. Me.); F: 144−149,3°. $[\alpha]_D^{25}$: +30° [CHCl$_3$; c = 1].

17,20,21-Trihydroxy-pregn-4-en-3,11-dione $C_{21}H_{30}O_5$.

a) **17,20β$_F$,21-Trihydroxy-pregn-4-en-3,11-dion**, Formel X (E III 4035; in der Literatur auch als Reichsteins Substanz U bezeichnet).

B. Aus 17,21-Dihydroxy-pregn-4-en-3,11,20-trion mit Hilfe von Streptomyces hydrogenans (*Lindner et al.*, Z. physiol. Chem. **313** [1958] 117, 121), mit Hilfe von Streptomyces griseus (*Carvajal et al.*, J. org. Chem. **24** [1959] 695, 697).

F: 190° und (nach Wiedererstarren) F: 204° (*Li. et al.*), 206−207° [korr.; aus Acn.+Hexan] (*Ca. et al.*). Absorptionsspektrum (H$_3$PO$_4$): *Nowaczynski, Steyermark*, Canad. J. Biochem. Phy⸗ siol. **34** [1956] 592, 595.

Monoacetyl-Derivat $C_{23}H_{32}O_6$; 21-Acetoxy-17,20β$_F$-dihydroxy-pregn-4-en-3,11-dion (E III 4035). B. Aus 21-Acetoxy-17-hydroxy-pregn-4-en-3,11,20-trion mit NaBH$_4$ (*Norymberski, Woods*, Soc. **1958** 3426, 3428; *Taub et al.*, Am. Soc. **81** [1959] 3291, 3294). − Kristalle (aus Acn.+Ae.); F: 181−183° [korr.]; $[\alpha]_D$: +174° [CHCl$_3$]; λ_{max} (Me.): 238 nm (*Taub et al.*).

Diacetyl-Derivat $C_{25}H_{34}O_7$; 20β$_F$,21-Diacetoxy-17-hydroxy-pregn-4-en-3,11-dion (E III 4036). B. Aus 21-Acetoxy-17,20α$_F$-epoxy-pregn-4-en-3,11-dion durch aufeinander⸗ folgende Umsetzung mit BF$_3$ und mit Acetanhydrid (*Upjohn Co.*, U.S.P. 2873272 [1955]). − Kristalle; F: 257−259° [unkorr.; aus E.] (*Antonucci et al.*, J. org. Chem. **18** [1953] 70, 78), 255,5−257° [korr.; aus Acn.+Hexan] (*Ca. et al.*), 248−251° [aus Acn.] (*No., Wo.*). $[\alpha]_D$: +186° [Dioxan] (*Ca. et al.*); $[\alpha]_D$: +205° [CHCl$_3$; c = 1,5], +179° [Acn.; c = 0,9] (*No., Wo.*); $[\alpha]_D^{27}$: +177°; $[\alpha]_{546,1}^{27}$: +217° [Acn.; c = 0,3] (*An. et al.*). IR-Spektrum (CHCl$_3$; 1800−850 cm^{-1}): *K. Dobriner, E.R. Katzenellenbogen, R.N. Jones*, Infrared Absorption Spectra of Steroids [New York 1953] Nr. 219; *G. Roberts, B.S. Gallagher, R.N. Jones*, Infrared Absorp⸗ tion Spectra of Steroids, Bd. 2 [New York 1958] Nr. 724. λ_{max} (A.): 237 nm (*An. et al.*), 237,5 nm (*No., Wo.*). Absorptionsspektrum (H$_2$SO$_4$; 220−600 nm): *Bernstein, Lenhard*, J. org. Chem. **18** [1953] 1146, 1158.

b) **17,20α$_F$,21-Trihydroxy-pregn-4-en-3,11-dion**, Formel XI.

Isolierung aus Nebennieren von Schweinen und Rindern: *Neher, Wettstein*, Helv. **39** [1956] 2062, 2086.

B. Aus 17,21-Dihydroxy-pregn-4-en-3,11,20-trion mit Hilfe von Rhodoforula longissima (*Carvajal et al.*, J. org. Chem. **24** [1959] 695, 698).

Kristalle; F: 240−243° [korr.; aus Acn.] (*Ne., We.*), 240−242° [korr.; Zers.; aus Acn.+ Hexan] (*Ca. et al.*). $[\alpha]_D^{24}$: +141° [Dioxan; c = 0,8] (*Ne., We.*); $[\alpha]_D^{25}$: +158° [Dioxan] (*Ca. et al.*). IR-Spektrum (KBr; 4000−700 cm^{-1}): *G. Roberts, B.S. Gallagher, R.N. Jones*, Infrared Absorption Spectra of Steroids, Bd. 2 [New York 1958] Nr. 592. λ_{max} (A.): 239 nm (*Ne., We.*).

Monoacetyl-Derivat $C_{23}H_{32}O_6$; 21-Acetoxy-17,20α_F-dihydroxy-pregn-4-en-3,20-dion. Kristalle (aus Acn.); F: 246—248° [korr.] (*Ne., We.*).

Diacetyl-Derivat $C_{25}H_{34}O_7$; 20α_F,21-Diacetoxy-17-hydroxy-pregn-4-en-3,20-dion. Kristalle; F: 277—280° [korr.; aus Acn.+Ae.] (*Ne., We.*), 273—275° [korr.; Zers.; aus Acn.] (*Ca. et al.*). $[\alpha]_D^{22}$: +99° [Dioxan; c = 0,7] (*Ne., We.*); $[\alpha]_D^{25}$: +107° [Dioxan?] (*Ca. et al.*). IR-Spektrum (CHCl$_3$; 1800—850 cm^{-1}): *G. Roberts, B.S. Gallagher, R.N. Jones*, Infrared Absorption Spectra of Steroids, Bd. 2 [New York 1958] Nr. 593. λ_{max} (Me.): 238 nm (*Ca. et al.*).

XI

XII

1β,17,21-Trihydroxy-pregn-4-en-3,20-dion $C_{21}H_{30}O_5$, Formel XII.

B. Aus 17,21-Dihydroxy-pregn-4-en-3,20-dion mit Hilfe von Rhizoctonia ferrugena (*Green span et al.*, Am. Soc. **79** [1957] 3922). Aus 1β,3β,21-Triacetoxy-17-hydroxy-pregn-5-en-20-on mit Hilfe von Flavobacterium dehydrogenans (*Nussbaum et al.*, Am. Soc. **81** [1959] 5230, 5233).

F: 203—207° [nach Erweichen bei 180°] (*Nu. et al.*). Kristalle (aus Acn.+Hexan) mit 1 Mol Aceton; F: 193—207° [Zers.; Umwandlung bei ca. 170°]; $[\alpha]_D^{25}$: +89° [Dioxan; solvatfreie Verbindung]; λ_{max} (Me.): 241 nm (*Gr. et al.*).

21-Acetoxy-1α-acetylmercapto-17-hydroxy-pregn-4-en-3,20-dion $C_{25}H_{34}O_6S$, Formel XIII.

B. Aus 21-Acetoxy-17-hydroxy-pregna-1,4-dien-3,20-dion und Thioessigsäure (*Dodson, Tweit*, Am. Soc. **81** [1959] 1224, 1225).

F: 202—204° [Zers.]. $[\alpha]_D^{25}$: +149,5° [CHCl$_3$].

XIII

XIV

2,17,21-Trihydroxy-pregn-4-en-3,20-dione $C_{21}H_{30}O_5$.

a) **2β,17,21-Trihydroxy-pregn-4-en-3,20-dion,** Formel XIV.

B. Aus 17,21-Dihydroxy-pregn-4-en-3,20-dion mit Hilfe von Sclerotinia libertiana (*Tanabe et al.*, Chem. pharm. Bl. **7** [1959] 804, 809), mit Hilfe von Streptomyces-Arten (*Herzog et al.*, Am. Soc. **79** [1957] 3921).

Kristalle; F: 225,5—228° [Zers.; aus Acn.+Hexan] (*He. et al.*), 215—222° [Zers.; aus CHCl$_3$+Ae.] (*Ta. et al.*). $[\alpha]_D^{25}$: −58° [Dioxan] (*He. et al.*); $[\alpha]_D^{26,5}$: −64° [Dioxan; c = 0,6] (*Ta. et al.*). IR-Banden (Nujol) von zwei polymorphen Modifikationen: *He. et al.* λ_{max} (A. bzw. Me.): 243 nm (*Ta. et al.; He. et al.*).

Monoacetyl-Derivat $C_{23}H_{32}O_6$; 21-Acetoxy-2β,17-dihydroxy-pregn-4-en-3,20-dion. F: 234—235°; $[\alpha]_D^{25}$: −24° [Dioxan]; λ_{max} (Me.): 243 nm (*He. et al.*). F: 228—230° [aus Ae.+Hexan]; $[\alpha]_D^{29}$: −22° [Dioxan; c = 0,9]; λ_{max} (Me.): 243 nm (*Ta. et al.*).

Diacetyl-Derivat $C_{25}H_{34}O_7$; 2β,21-Diacetoxy-17-hydroxy-pregn-4-en-3,20-dion. F: 218—219°; $[\alpha]_D^{25}$: +9° [Dioxan]; λ_{max} (Me.): 244 nm (*He. et al.*). F: 215—218° [aus Acn.+Hexan]; $[\alpha]_D^{27}$: +7° [Dioxan; c = 1]; λ_{max} (Me.): 244 nm (*Ta. et al.*).

b) **2α,17,21-Trihydroxy-pregn-4-en-3,20-dion**, Formel XV.

B. Aus dem Diacetyl-Derivat (s. u.) und aus dem Triacetyl-Derivat (s. u.) mit methanol. KOH (*Rosenkranz et al.*, Am. Soc. **77** [1955] 145, 147).

Kristalle (aus Acn.+Hexan); F: 219—221° [unkorr.]; $[\alpha]_D^{20}$: +130° [CHCl$_3$]; λ_{max} (A.): 242 nm (*Ro. et al.*).

Monoacetyl-Derivat $C_{23}H_{32}O_6$; 21-Acetoxy-2α,17-dihydroxy-pregn-4-en-3,20-dion. *B.* Aus dem 2β-Epimeren beim Erhitzen mit Essigsäure (*Tanabe et al.*, Chem. pharm. Bl. **7** [1959] 804, 809). — F: 241—245° [Zers.; aus Acn.+Hexan]; λ_{max} (A.): 240 nm (*Ta. et al.*).

Diacetyl-Derivat $C_{25}H_{34}O_7$; 2α,21-Diacetoxy-17-hydroxy-pregn-4-en-3,20-dion. *B.* Aus 21-Acetoxy-6ξ-brom-17-hydroxy-pregn-4-en-3,20-dion beim Erhitzen mit Kaliumacetat und Essigsäure (*Ro. et al.*). — Dimorph; Kristalle (aus Ae.); F: 200—202° und F: 215—217° [unkorr.]; $[\alpha]_D^{20}$: +122° [CHCl$_3$] (*Ro. et al.*). F: 202—204° (*Ta. et al.*). λ_{max} (A.): 242 nm (*Ro. et al.*).

Triacetyl-Derivat $C_{27}H_{36}O_8$; 2α,17,21-Triacetoxy-pregn-4-en-3,20-dion. *B.* Aus 17,21-Diacetoxy-pregn-4-en-3,20-dion mit Blei(IV)-acetat (*Ro. et al.*). — Kristalle (aus CHCl$_3$+Me.); F: 229—231° [unkorr.]; $[\alpha]_D^{20}$: +57° [CHCl$_3$]; λ_{max} (A.): 240 nm (*Ro. et al.*).

XV   XVI

6β,11β,21-Trihydroxy-pregn-4-en-3,20-dion $C_{21}H_{30}O_5$, Formel XVI.

Isolierung aus Nebennieren von Schweinen und Rindern: *Neher, Wettstein*, Helv. **39** [1956] 2062, 2082.

B. Aus dem Monoacetyl-Derivat [s. u.] (*Dusza et al.*, J. org. Chem. **27** [1962] 4046). Aus 6β,21-Dihydroxy-pregn-4-en-3,20-dion mit Hilfe von Curvularia lunata und aus 11β,21-Dihydr=oxy-pregn-4-en-3,20-dion mit Hilfe von Trichothecium roseum (*Ne., We.*).

Kristalle; F: 245—248° [unkorr.] (*Du. et al.*), 225—227° [korr.; aus Me.] (*Ne., We.*). $[\alpha]_D^{21}$: +118° [Dioxan; c = 0,9] (*Ne., We.*). λ_{max} (Me.): 237 nm (*Du. et al.*).

Monoacetyl-Derivat $C_{23}H_{32}O_6$; 21-Acetoxy-6β,11β-dihydroxy-pregn-4-en-3,20-dion. *B.* Aus 21-Acetoxy-11β-hydroxy-pregn-4-en-3,20-dion durch aufeinanderfolgende Umset=zung mit Orthoameisensäure-trimethylester und mit Monoperoxyphthalsäure (*Du. et al.*). — F: 212—216° [unkorr.]; $[\alpha]_D$: +190° [Py.] (*Du. et al.*).

Diacetyl-Derivat $C_{25}H_{34}O_7$; 6β,21-Diacetoxy-11β-hydroxy-pregn-4-en-3,20-dion. Kristalle (aus Ae.+Acn.); F: 182—188° (*Ne., We.*).

6,17,21-Trihydroxy-pregn-4-en-3,20-dione $C_{21}H_{30}O_5$.

a) **6β,17,21-Trihydroxy-pregn-4-en-3,20-dion**, Formel I.

B. Aus dem Diacetyl-Derivat (s. u.) mit KOH (*Florey, Ehrenstein*, J. org. Chem. **19** [1954] 1331, 1346; *Sondheimer et al.*, Am. Soc. **76** [1954] 5020, 5022). Aus 17,21-Dihydroxy-pregn-4-en-3,20-dion mit Hilfe von Achromobacter kashiwasakiensis (*Tsuda et al.*, J. gen. appl. Microbiol. Tokyo **5** [1959] 7, 11), mit Hilfe von Bacillus cereus (*Sugawara et al.*, Arch. Biochem. **80** [1959] 383), mit Hilfe von Rhizopus arrhizus (*Peterson et al.*, Am. Soc. **75** [1953] 412, 415).

Kristalle; F: 231 − 233° [unkorr.; Zers.; aus Acn. + Hexan] (*So. et al.*), 230 − 233° [unkorr.; aus Me.] (*Pe. et al.*), 229 − 233° [unkorr.; aus Acn. + Ae.] (*Fl., Eh.*), 222° [aus Acn.] (*Su. et al.*). $[\alpha]_D$: +62° [Dioxan; c = 1] (*W. Neudert, H. Röpke*, Steroid-Spektrenatlas [Berlin 1965] Nr. 530); $[\alpha]_D^{27}$: +43,7° [$CHCl_3$ + wenig A.; c = 0,2] (*Fl., Eh.*); $[\alpha]_D^{20}$: +53° [A.] (*So. et al.*); $[\alpha]_D^{25}$: +58,5° [A.; c = 0,9] (*Pe. et al.*), +58° [Me.] (*Su. et al.*). IR-Spektrum (KBr; 2 − 15 μ): *Ne., Rö.* λ_{max} (A.): 235 nm (*Fl., Eh.*), 236 nm (*So. et al.*). Absorptionsspektrum (220 − 600 nm) in H_2SO_4: *Bernstein, Lenhard*, J. org. Chem. **18** [1953] 1146, 1154; in H_3PO_4: *Nowaczynski, Steyermark*, Canad. J. Biochem. Physiol. **34** [1956] 592, 595.

Monoacetyl-Derivat $C_{23}H_{32}O_6$; 21-Acetoxy-6β,17-dihydroxy-pregn-4-en-3,20-dion. Kristalle (aus $CHCl_3$ + Acn.); F: 258 − 260° [unkorr.]; $[\alpha]_D^{23}$: +74° [Dioxan; c = 1]; λ_{max} (A.): 237 nm (*Pe. et al.*).

Diacetyl-Derivat $C_{25}H_{34}O_7$; 6β,21-Diacetoxy-17-hydroxy-pregn-4-en-3,20-dion. *B.* Aus 6β,21-Diacetoxy-5,17-dihydroxy-5α-pregnan-3,20-dion beim Erhitzen mit Essigsäure (*Fl., Eh.*), beim Behandeln mit HCl in $CHCl_3$ (*Fl., Eh.*; *So. et al.*). − Kristalle; F: 192 − 195° [unkorr.; aus Acn. + Ae.] (*Pe. et al.*), 192 − 193° [unkorr.; aus Acn. + Hexan] (*So. et al.*), 191 − 192° [unkorr.; aus E. + PAe.] (*Fl., Eh.*), 182 − 185° (*Su. et al.*). $[\alpha]_D^{20}$: +64° [$CHCl_3$] (*So. et al.*); $[\alpha]_D^{23}$: +63° [$CHCl_3$; c = 1] (*Pe. et al.*); $[\alpha]_D^{26}$: +62,2° [$CHCl_3$; c = 0,6] (*Fl., Eh.*); $[\alpha]_D^{25}$: +60° [Me.] (*Su. et al.*). IR-Spektrum in KBr (2 − 15 μ): *W. Neudert, H. Röpke*, Steroid-Spektrenatlas [Berlin 1965] Nr. 531; in $CHCl_3$ (1800 − 800 cm^{-1}): *G. Roberts, B.S. Gallagher, R.N. Jones*, Infrared Absorption Spectra of Steroids, Bd. 2 [New York 1958] Nr. 597. λ_{max} (A.): 234,5 nm (*Fl., Eh.*), 236 nm (*So. et al.*).

I   II   III

b) 6α,17,21-Trihydroxy-pregn-4-en-3,20-dion, Formel II.

B. Aus dem Acetyl-Derivat (s. u.) mit methanol. Natriummethylat (*Florey, Ehrenstein*, J. org. Chem. **19** [1954] 1331, 1347).

Kristalle (aus Acn.); F: 219 − 221° [unkorr.]; $[\alpha]_D^{25}$: +119,1° [A.; c = 0,5]; λ_{max} (A.): 240 nm (*Fl., Eh.*).

O^6,O^{21}-Diacetyl-Derivat $C_{25}H_{34}O_7$; 6α,21-Diacetoxy-17-hydroxy-pregn-4-en-3,20-dion. *B.* Aus dem 6β-Epimeren beim Behandeln mit HCl in Äthanol enthaltendem $CHCl_3$ (*Fl., Eh.*). − Kristalle (aus E. + Ae.); F: 184 − 185° [unkorr.]; $[\alpha]_D^{17}$: +105,5° [$CHCl_3$; c = 0,4]; λ_{max} (A.): 236 nm (*Fl., Eh.*). IR-Spektrum ($CHCl_3$; 1800 − 800 cm^{-1}): *G. Roberts, B.S. Gallagher, R.N. Jones*, Infrared Absorption Spectra of Steroids, Bd. 2 [New York 1958] Nr. 596.

7β,14,15β-Trihydroxy-pregn-4-en-3,20-dion $C_{21}H_{30}O_5$, Formel III.

Konfiguration am C-Atom 7: *Tsuda et al.*, Chem. pharm. Bl. **8** [1960] 626.

B. Neben anderen Verbindungen aus Pregn-4-en-3,20-dion mit Hilfe von Syncephalastrum racemosum (*Tsuda et al.*, Chem. pharm. Bl. **7** [1959] 369, 371; *Asai et al.*, J. agric. chem. Soc. Japan **33** [1959] 985, 987; C. A. **57** [1962] 14289), mit Hilfe von Absidia regnieri (*Tanabe et al.*, Chem. pharm. Bl. **7** [1959] 811, 815).

Kristalle; F: 267 − 269° [unkorr.; Zers.; aus A.] (*Ta. et al.*), 263 − 265° [unkorr.; aus Me.] (*Ts. et al.*, Chem. pharm. Bl. **7** 369), 262 − 265° [unkorr.; Zers.; aus Me.] (*Asai et al.*). $[\alpha]_D$: +103° [Me.; c = 0,5] (*Ts. et al.*, Chem. pharm. Bl. **7** 369; *Asai et al.*), +75,1° [Py.; c = 1] (*Ta. et al.*). λ_{max}: 239,5 nm [A.] (*Ta. et al.*), 240 nm [Me.] (*Ts. et al.*, Chem. pharm. Bl. **7** 369; *Asai et al.*).

O^7-Acetyl-Derivat $C_{23}H_{32}O_6$; 7β-Acetoxy-14,15β-dihydroxy-pregn-4-en-3,20-

dion. Kristalle; F: 228−230° [unkorr.]; $[\alpha]_D$: +126° [Me.; c = 0,6]; λ_{max} (Me.): 235,7 nm (*Ts. et al.*, Chem. pharm. Bl. **7** 369).

7,17,21-Trihydroxy-pregn-4-en-3,20-dione $C_{21}H_{30}O_5$.

Konfiguration der folgenden Stereoisomeren am C-Atom 7: *Tweit et al.*, J. org. Chem. **26** [1961] 2856.

a) **7β,17,21-Trihydroxy-pregn-4-en-3,20-dion**, Formel IV.

B. Aus 17,21-Dihydroxy-pregn-4-en-3,20-dion mit Hilfe einer Cephalosporium-Art (*Bernstein et al.*, J. org. Chem. **24** [1959] 286, 288).

Kristalle (aus Acn.+PAe.); F: 209−211° [unkorr.]. $[\alpha]_D^{24-25}$: +94° [Me.; c = 0,8].

Monoacetyl-Derivat $C_{23}H_{32}O_7$; 21-Acetoxy-7β,17-dihydroxy-pregn-4-en-3,20-dion. Kristalle (aus Acn.+PAe.); F: 210−211,5° [unkorr.]. $[\alpha]_D^{24-25}$: +111° [CHCl$_3$; c = 1,1]. λ_{max} (A.): 242 nm.

Diacetyl-Derivat $C_{25}H_{34}O_7$; 7β,21-Diacetoxy-17-hydroxy-pregn-4-en-3,20-dion. Kristalle (aus Acn.+PAe.); F: 246−248° [unkorr.]. $[\alpha]_D^{24-25}$: +107° [CHCl$_3$; c = 0,9]. λ_{max} (A.): 238 nm.

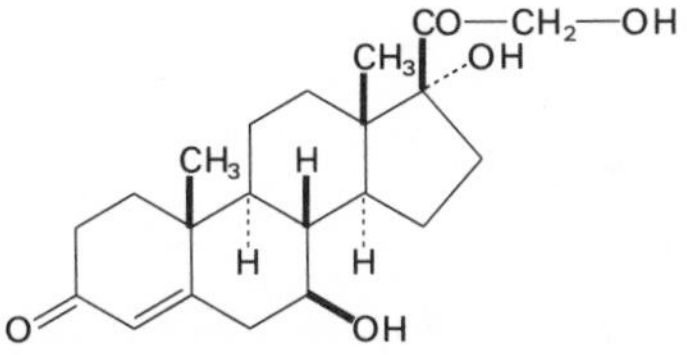

IV 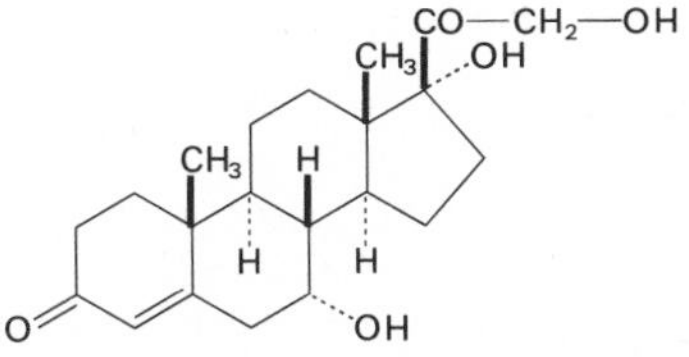   V

b) **7α,17,21-Trihydroxy-pregn-4-en-3,20-dion**, Formel V.

B. Aus 17,21-Dihydroxy-pregn-4-en-3,20-dion mit Hilfe von Diplodia tubericola (*Tsuda et al.*, J. gen. appl. Microbiol. Tokyo **5** [1959] 1).

Kristalle (aus Acn.); F: 228−230°. $[\alpha]_D$: +146° [Me.; c = 0,5].

O^{21}-Acetyl-Derivat $C_{23}H_{32}O_6$; 21-Acetoxy-7α,17-dihydroxy-pregn-4-en-3,20-dion. F: 240,5−241° [unkorr.].

21-Acetoxy-7α-acetylmercapto-17-hydroxy-pregn-4-en-3,20-dion $C_{25}H_{34}O_6S$, Formel VI.

B. Aus 21-Acetoxy-17-hydroxy-pregna-4,6-dien-3,20-dion und Thioessigsäure (*Dodson, Tweit*, Am. Soc. **81** [1959] 1224, 1227).

F: 211−213°. $[\alpha]_D^{25}$: +3° [CHCl$_3$].

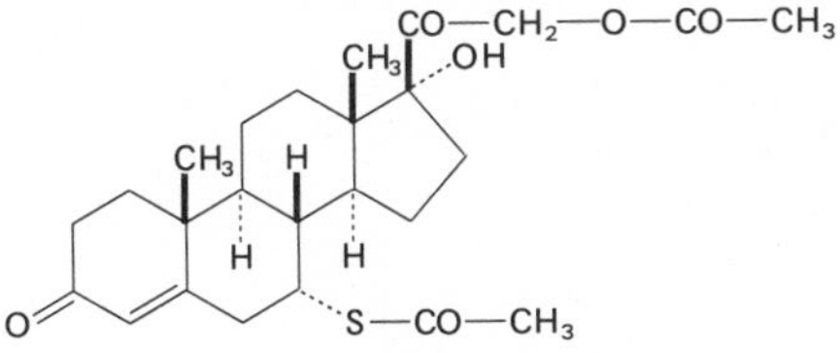

VI 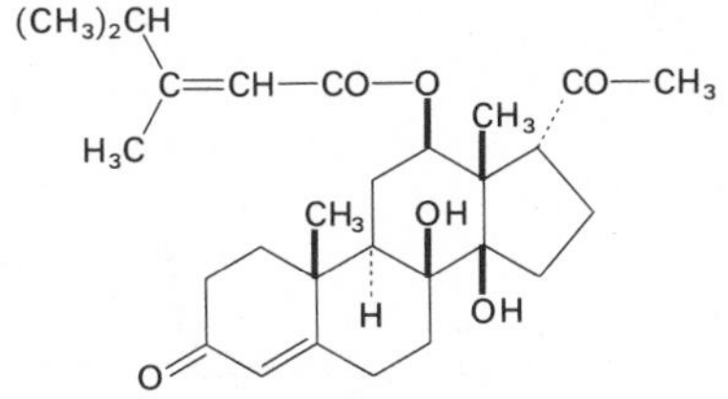   VII

12β-[3,4-Dimethyl-pent-2ξ-enoyloxy]-8,14-dihydroxy-14β,17βH-pregn-4-en-3,20-dion $C_{28}H_{40}O_6$, Formel VII.

B. Aus Cynanchogenin (S. 3387) durch Oxidation nach Oppenauer (*Mitsuhashi, Shimizu*, Chem. pharm. Bl. **7** [1959] 949).

F: 224−225°.

9,17,21-Trihydroxy-pregn-4-en-3,20-dion $C_{21}H_{30}O_5$, Formel VIII.

Bezüglich der Konstitution und Konfiguration vgl. *Dodson, Muir*, Am. Soc. **83** [1961] 4631.

B. Neben anderen Verbindungen aus 17,21-Dihydroxy-pregn-4-en-3,20-dion mit Hilfe von Halicostylum piriforme (*Eppstein et al.,* Am. Soc. **80** [1958] 3382, 3387), mit Hilfe von Strepto‑ myces aureofaciens (*Olin Mathieson Chem. Corp.,* U.S.P. 2840580 [1957]).

Kristalle; F: 248−252° [unkorr.; aus Me.] (*Ep. et al.*), 218−220° [nach Erweichen bei ca. 204°] (*Olin Mathieson*). $[\alpha]_D^{23}$: +107° [Dioxan; c = 0,9] (*Ep. et al.*); $[\alpha]_D$: +120° [A.; c = 0,15] (*Olin Mathieson*). Absorptionsspektrum (H_3PO_4): *Nowaczynski, Steyermark,* Canad. J. Bio‑ chem. Physiol. **34** [1956] 592, 595.

O^{21}-Acetyl-Derivat $C_{23}H_{32}O_6$; 21-Acetoxy-9,17-dihydroxy-pregn-4-en-3,20-dion. Dimorph; Kristalle (aus Acn.); F: 245−246° und F: 255−258° [unkorr.] (*Ep. et al.*).

VIII   IX   X

11β,12β,15α-Trihydroxy-pregn-4-en-3,20-dion $C_{21}H_{30}O_5$, Formel IX.

B. Neben 11β,15α-Dihydroxy-pregn-4-en-3,20-dion aus 11β-Hydroxy-pregn-4-en-3,20-dion mit Hilfe von Calonectria decora (*Schubert et al.,* Ang. Ch. **70** [1958] 742).

F: 229−231°; $[\alpha]_D$: +148° [$CHCl_3$] (*Sch. et al.*). IR-Banden (Nujol und CH_2Cl_2; 1150−1000 cm^{-1}): *Heller,* Z. Naturf. **14b** [1959] 298, 303.

Diacetyl-Derivat $C_{25}H_{34}O_7$; 12β,15α-Diacetoxy-11β-hydroxy-pregn-4-en-3,20-dion(?). F: 250−254°; $[\alpha]_D$: +132° [$CHCl_3$] (*Sch. et al.*).

11β,12α,21-Trihydroxy-pregn-4-en-3,20-dion $C_{21}H_{30}O_5$, Formel X.

B. Neben geringen Mengen des Monoacetyl-Derivats (s. u.) aus 21-Acetoxy-11β,12β-epoxy-pregn-4-en-3,20-dion mit wss. $HClO_4$ (*Taub et al.,* Am. Soc. **79** [1957] 452, 455).

Kristalle (aus Acn.+Ae.); F: 208−212° [korr.]. $[\alpha]_D$: +194° [$CHCl_3$]. λ_{max} (Me.): 241 nm.

Monoacetyl-Derivat $C_{23}H_{32}O_6$; 21-Acetoxy-11β,12α-dihydroxy-pregn-4-en-3,20-dion. F: 175−177° [korr.].

Diacetyl-Derivat $C_{25}H_{34}O_7$; 12α,21-Diacetoxy-11β-hydroxy-pregn-4-en-3,20-dion. F: 221−223° [korr.].

11β,14,17-Trihydroxy-pregn-4-en-3,20-dion $C_{21}H_{30}O_5$, Formel XI.

B. Aus 17-Hydroxy-pregn-4-en-3,20-dion mit Hilfe von Curvularia lunata (*Pfizer & Co.,* U.S.P. 2702812 [1954]).

Kristalle (aus E.); F: 247−250°. $[\alpha]_D$: +181,2° [A.]. λ_{max}: 242 nm.

XI   XII

11α,16α,17-Trihydroxy-pregn-4-en-3,20-dion $C_{21}H_{30}O_5$, Formel XII.

B. Aus 11α-Hydroxy-pregna-4,16-dien-3,20-dion mit $KMnO_4$ (*Allen, Weiss,* Am. Soc. **81** [1959] 4968, 4974).

Kristalle (aus Acn.+PAe.); F: 213−215° [unkorr.]. $[\alpha]_D^{25}$: +82,6° [$CHCl_3$; c = 0,5]. λ_{max}

(Me.): 241 nm.

6α-Fluor-11β,16α,17-trihydroxy-pregn-4-en-3,20-dion $C_{21}H_{29}FO_5$, Formel XIII (X = F, X' = H).

B. Aus 6α-Fluor-11β,17-dihydroxy-pregn-4-en-3,20-dion mit Hilfe von Streptomyces roseo≠chromogenus (*Upjohn Co.*, U.S.P. 2838545 [1958]).

9-Fluor-11β,16α,17-trihydroxy-pregn-4-en-3,20-dion $C_{21}H_{29}FO_5$, Formel XIV (R = H, X = F).

B. Aus 9-Fluor-11β-hydroxy-pregna-4,16-dien-3,20-dion mit OsO$_4$ (*Bernstein et al.*, Am. Soc. **81** [1959] 4956, 4961).

Kristalle (aus Me.); F: 228−235°. $[\alpha]_D^{25}$: +89,4° [Py.; c = 1]. λ_{max} (Me.): 238 nm.

O^{16}-Acetyl-Derivat $C_{23}H_{31}FO_6$; 16α-Acetoxy-9-fluor-11β,17-dihydroxy-pregn-4-en-3,20-dion. Kristalle (aus Acn.+PAe.); F: 254−257°. $[\alpha]_D^{25}$: +69° [CHCl$_3$; c = 1]. λ_{max} (Me.): 238 nm.

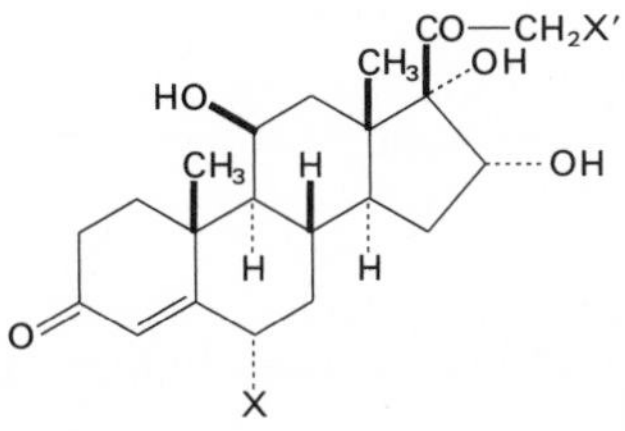

XIII

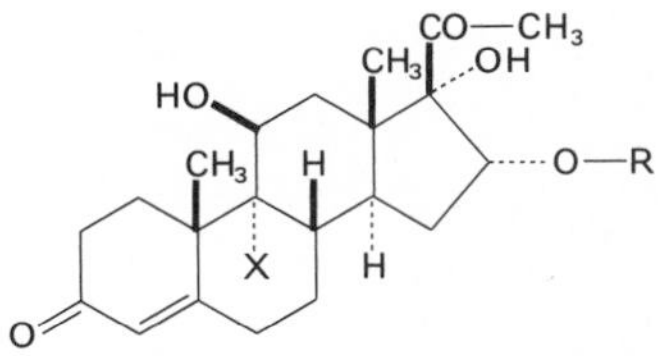

XIV

6α,21-Difluor-11β,16α,17-trihydroxy-pregn-4-en-3,20-dion $C_{21}H_{28}F_2O_5$, Formel XIII (X = X' = F).

B. Aus 6α,21-Difluor-11β,17-dihydroxy-pregn-4-en-3,20-dion mit Hilfe von Streptomyces roseochromogenus (*Upjohn Co.*, U.S.P. 2838547 [1958]).

16α-Acetoxy-9-chlor-11β,17-dihydroxy-pregn-4-en-3,20-dion $C_{23}H_{31}ClO_6$, Formel XIV (R = CO-CH$_3$, X = Cl).

B. Aus 16α-Acetoxy-17-hydroxy-pregna-4,9(11)-dien-3,20-dion und 1,3-Dichlor-5,5-dimethyl-imidazolidin-2,4-dion (*Bernstein et al.*, Am. Soc. **81** [1959] 4956, 4960).

Kristalle (aus Acn.+PAe.); F: 234−235° [Zers.]. $[\alpha]_D^{25}$: +75,3° [Py.; c = 1]. λ_{max} (Me.): 240 nm.

16α-Acetoxy-9-brom-11β,17-dihydroxy-pregn-4-en-3,20-dion $C_{23}H_{31}BrO_6$, Formel XIV (R = CO-CH$_3$, X = Br).

B. Aus 16α-Acetoxy-17-hydroxy-pregna-4,9(11)-dien-3,20-dion und *N*-Brom-succinimid (*Bernstein et al.*, Am. Soc. **81** [1959] 4956, 4960).

Kristalle (aus wss. Me.); F: 185° [Zers.]. $[\alpha]_D^{25}$: +96,5° [CHCl$_3$; c = 1]. λ_{max} (Me.): 242 nm.

[*Mähler*]

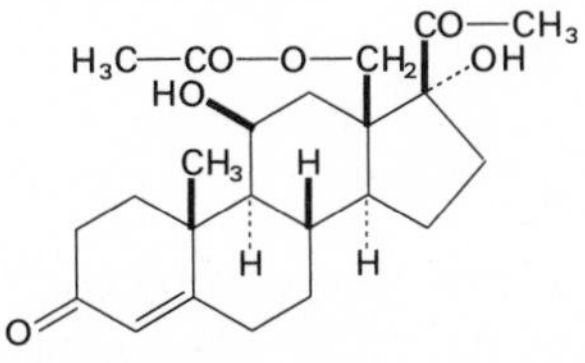

I

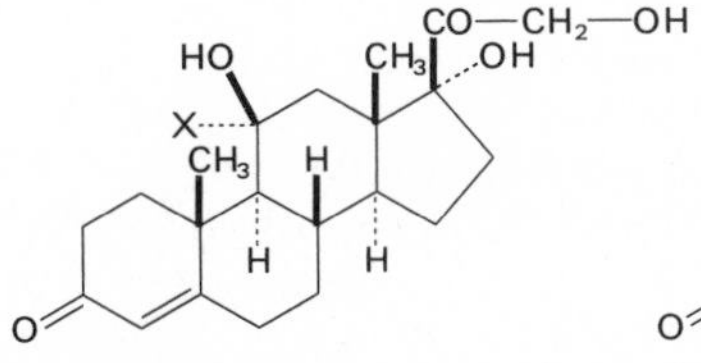

II

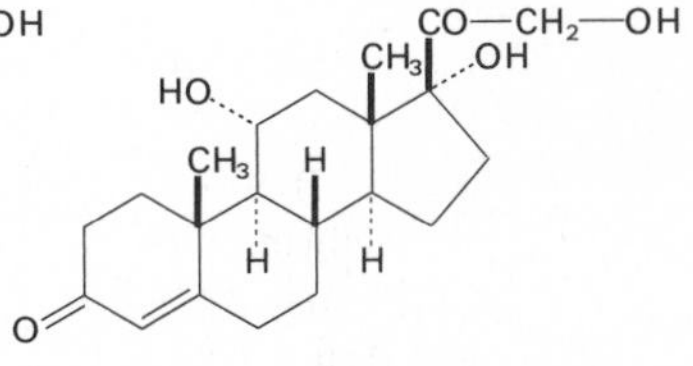

III

rac-**18-Acetoxy-11β,17-dihydroxy-pregn-4-en-3,20-dion** $C_{23}H_{32}O_6$, Formel I + Spiegelbild.

B. Aus *rac*-18-Acetoxy-3,3;20,20-bis-äthandiyldioxy-pregn-5-en-11β,17-diol mit Hilfe von wss. Essigsäure (*Wieland et al.*, Helv. **41** [1958] 1561, 1568, 1569).

Kristalle (aus CH_2Cl_2 + Ae.); F: 175,5 − 176,5°. IR-Banden (CH_2Cl_2; 2,7 − 8,2 μ): *Wi. et al.*

11,17,21-Trihydroxy-pregn-4-en-3,20-dione $C_{21}H_{30}O_5$.

a) **11β,17,21-Trihydroxy-pregn-4-en-3,20-dion**, Hydrocortison, Cortisol, Formel II (X = H) (in der Literatur auch als Reichsteins Substanz M und als Kendalls Ver‍bindung F bezeichnet) (E III 4036).

B. Aus 21-Acetoxy-11β,17-dihydroxy-pregn-4-en-3,20-dion mit Hilfe von $KHCO_3$ (*Wendler et al.*, Am. Soc. **74** [1952] 3630, 3633). Aus 21-Acetoxy-17-hydroxy-pregn-4-en-3,11,20-trion-3,20-disemicarbazon durch aufeinanderfolgende Umsetzung mit KBH_4 und mit HNO_2 (*Oliveto et al.*, Am. Soc. **78** [1956] 1736). Aus 17,21-Dihydroxy-pregn-4-en-3,11,20-trion-3,20-disemi‍carbazon durch aufeinanderfolgende Umsetzung mit $LiBH_4$ und mit Brenztraubensäure (*Brooks et al.*, Soc. **1958** 4614, 4621). Aus 3,3;20,20-Bis-äthandiyldioxy-pregn-5-en-11β,17,21-triol mit Hilfe von wss. H_2SO_4 (*Antonucci et al.*, J. org. Chem. **18** [1953] 70, 80; *Allen et al.*, Am. Soc. **76** [1954] 6116, 6119). Aus 17,21-Dihydroxy-pregn-4-en-3,20-dion mit Hilfe von Cunning‍hamella blakesleeana (*Hanson et al.*, Am. Soc. **75** [1953] 5369), mit Hilfe von Curvularia lunata (*Shull, Kita*, Am. Soc. **77** [1955] 763; *Dulaney, Stapley*, Appl. Microbiol. **7** [1959] 276). − Herstellung von 11β,17,21-Trihydroxy-16-tritio-pregn-4-en-3,20-dion: *Ayres et al.*, Biochem. J. **70** [1958] 230.

Kristalle (aus Acn. + Ae.); F: 218 − 221° [unkorr.] (*Antonucci et al.*, J. org. Chem. **18** [1953] 70, 80). $[\alpha]_D^{22-24}$: +167° [A.; c = 1] (*W. Neudert, H. Röpke*, Steroid-Spektrenatlas [Berlin 1965] Nr. 534); $[\alpha]_D^{28}$: +163° [A.; c = 0,75]; $[\alpha]_{546,1}^{28}$: +196° [A.; c = 0,75] (*An. et al.*); $[\alpha]_D^{23-25}$: +162° [Dioxan; c = 0,1] (*Foltz et al.*, Am. Soc. **77** [1955] 4359, 4361, 4363). ORD (Dioxan; 700 − 300 nm): *Fo. et al.* IR-Spektrum (2 − 15 μ) in KBr: *Ne., Rö.; Hayden*, Anal. Chem. **27** [1955] 1486, 1489; *G. Roberts, B.S. Gallagher, R.N. Jones*, Infrared Absorption Spectra of Steroids, Bd. 2 [New York 1958] Nr. 601; in Nujol: *An. et al.*, l. c. S. 74. IR-Banden in Nujol sowie in CH_2Cl_2 (8,5 − 10 μ): *Heller*, Z. Naturf. **14b** [1959] 298, 303. UV-Spektrum (Me.; 225 − 300 nm): *Henry*, R. **74** [1955] 442, 456. UV-Absorption (Dioxan; 290 − 360 nm): *Fo. et al.* λ_{max} (A.): 242 nm (*An. et al.*, l. c. S. 80). Absorptionsspektrum in H_3PO_4 (220 − 600 nm): *Nowaczynski, Steyermark*, Arch. Biochem. **58** [1955] 453, 455, 457; in konz. H_2SO_4 (220 − 600 nm): *An. et al.*, l. c. S. 74; *He.*, l. c. S. 457; in äthanol. H_3PO_4 sowie in äthanol. H_2SO_4 (200 − 600 nm): *Kalant*, Biochem. J. **69** [1958] 79, 81. Polarographisches Halb‍stufenpotential in wss. Äthanol vom pH 2,8 − 10,8: *Kabasakalian, McGlotten*, Am. Soc. **78** [1956] 5032, 5033; in wss. Äthanol vom pH 8,5: *Robertson*, Biochem. J. **61** [1955] 681, 684. Löslichkeit in H_2O bei 25°: 0,28 g·l^{-1} (*Macek et al.*, Sci. **116** [1952] 399). Verteilung in verschie‍denen Lösungsmittelsystemen: *Engel et al.*, Anal. Chem. **26** [1954] 639, 640; *Carstensen*, Acta chem. scand. **9** [1955] 1026, **10** [1956] 474; Acta Soc. Med. upsal. **61** [1956] 26, 30. Druck-Fläche-Beziehung monomolekularer Schichten an der Grenzfläche H_2O/Heptan: *Munck*, Biochim. bio‍phys. Acta **24** [1957] 507, 511.

b) **11α,17,21-Trihydroxy-pregn-4-en-3,20-dion**, Epihydrocortison, Formel III.

B. Aus 21-Acetoxy-11α,17-dihydroxy-pregn-4-en-3,20-dion mit Hilfe von $KHCO_3$ (*Romo et al.*, Am. Soc. **75** [1953] 1277, 1282). Aus 3,3;20,20-Bis-äthandiyldioxy-pregn-5-en-11α,17,21-triol mit Hilfe von H_2SO_4 bzw. von Toluol-4-sulfonsäure (*Antonucci et al.*, J. org. Chem. **18** [1953] 70, 80; *Sondheimer et al.*, Am. Soc. **75** [1953] 1282, 1285). Aus 17,21-Dihydroxy-pregn-4-en-3,20-dion mit Hilfe von Aspergillus ochraceus (*Karow, Petsiavas*, Ind. eng. Chem. **48** [1956] 2213, 2216); mit Hilfe von Coryneum cardinale (*Lepetit S.p.A.*, U.S.P. 2865813 [1957]); mit Hilfe von Rhizopus nigricans (*Peterson et al.*, Am. Soc. **75** [1953] 412, 413). Zusammenfassende Darstellung über Bildungsweisen mit Hilfe von Mikroorganismen: *W. Charney, H.L. Herzog*, Microbial Transformations of Steroids [New York 1967] S. 173.

Kristalle (aus Acn. + Hexan); F: 209 − 211° [unkorr.] und F: 216 − 219° [unkorr.] (*So. et al.*). Kristalle (aus Acn. + PAe.); F: 212,5 − 213,5° [unkorr.; nach Sintern bei 210° in Abhängigkeit von der Erhitzungsgeschwindigkeit] (*An. et al.*). Kristalle (aus $CHCl_3$) mit 1 Mol $CHCl_3$; F:

206−209° (*Cords*, Am. Soc. **75** [1953] 5416). $[\alpha]_D^{20}$: +112° [A.] (*So. et al.*); $[\alpha]_D^{29}$: +117° [A.; c = 0,9] (*An. et al.*). IR-Spektrum (2−15 μ) in KBr: *W. Neudert, H. Röpke*, Steroid-Spektrenatlas [Berlin 1965] Nr. 533; *G. Roberts, B.S. Gallagher, R.N. Jones*, Infrared Absorption Spectra of Steroids, Bd. 2 [New York 1958] Nr. 599; in Nujol: *An. et al.*, l. c. S. 74. IR-Banden in Nujol sowie in CH_2Cl_2 (8,5−10,5 μ): *Heller*, Z. Naturf. **14b** [1959] 298, 303. λ_{max} (A.): 242 nm (*An. et al.*, l. c. S. 81; *So. et al.*). Absorptionsspektrum in H_3PO_4 (220−600 nm): *Nowaczynski, Steyermark*, Arch. Biochem. **58** [1955] 453, 455, 457; in konz. H_2SO_4 (220−600 nm): *An. et al.*, l. c. S. 74.

11α-Deuterio-11β,17,21-trihydroxy-pregn-4-en-3,20-dion $C_{21}H_{29}DO_5$, Formel II (X = D).
B. Aus dem Acetyl-Derivat (s. u.) mit Hilfe von wss.-methanol. $KHCO_3$ (*Bollinger, Wendler*, J. org. Chem. **24** [1959] 1139).
Kristalle (aus E. + Acn.); F: 217−219° [korr.]. λ_{max} (Me.): 242 nm.
O^{21}-Acetyl-Derivat $C_{23}H_{31}DO_6$; 21-Acetoxy-11α-deuterio-11β,17-dihydroxy-pregn-4-en-3,20-dion. B. Aus (20Ξ)-11α-Deuterio-11β-hydroxy-17,20;20,21-bis-methylendioxy-pregn-4-en-3-on (E III/IV **19** 5951) durch aufeinanderfolgende Umsetzung mit wss. Essigsäure und mit Acetanhydrid. − Kristalle (aus Acn. + Ae.); F: 218−221,5° [korr.]. IR-Banden (Nujol; 2,5−8,5 μ): *Bo., We.* λ_{max} (Me.): 242 nm.

11β-Formyloxy-17,21-dihydroxy-pregn-4-en-3,20-dion $C_{22}H_{30}O_6$, Formel IV (R = CHO, R′ = H).
B. Aus 21-Acetoxy-11β-formyloxy-17-hydroxy-pregn-4-en-3,20-dion mit Hilfe von wss. HCl (*Oliveto et al.*, Am. Soc. **77** [1955] 3564, 3567).
Kristalle (aus Acn. + Hexan); F: 184−187° [korr.]. $[\alpha]_D^{25}$: +162,7° [CHCl₃; c = 1]. λ_{max} (A.): 238 nm.

21-Formyloxy-11β,17-dihydroxy-pregn-4-en-3,20-dion $C_{22}H_{30}O_6$, Formel IV (R = H, R′ = CHO).
B. Aus 11β,17,21-Trihydroxy-pregn-4-en-3,20-dion und Ameisensäure bzw. Chlormethylen-dimethyl-ammonium-chlorid [E IV **4** 175] (*v. Euw et al.*, Helv. **41** [1958] 1516, 1543; *Morita et al.*, Chem. pharm. Bl. **7** [1959] 896).
Kristalle; F: 243° [Zers.] (*Mo. et al.*), 241−243° [korr.; Zers.; aus Dioxan + Acn.] (*v. Euw et al.*). $[\alpha]_D^{20}$: +130° [Dioxan; c = 1] (*Mo. et al.*); $[\alpha]_D^{26}$: +156,6° [Dioxan; c = 1] (*v. Euw et al.*). IR-Spektrum (KBr; 2−15 μ): *W. Neudert, H. Röpke*, Steroid-Spektrenatlas [Berlin 1965] Nr. 535. λ_{max} (Me.): 241 nm (*Ne., Rö.*).

11-Acetoxy-17,21-dihydroxy-pregn-4-en-3,20-dione $C_{23}H_{32}O_6$.

a) **11β-Acetoxy-17,21-dihydroxy-pregn-4-en-3,20-dion**, Formel IV (R = CO-CH₃, R′ = H).
B. Aus 11β,21-Diacetoxy-17-hydroxy-pregn-4-en-3,20-dion mit Hilfe von wss. HCl (*Oliveto et al.*, Am. Soc. **75** [1953] 5486, 5489).
Kristalle (aus Ae.) mit 1 Mol H_2O; F: 113−118° [korr.]. $[\alpha]_D^{25}$: +163,2° [CHCl₃; c = 1]. λ_{max} (A.): 240 nm.

IV

V

b) **11α-Acetoxy-17,21-dihydroxy-pregn-4-en-3,20-dion**, Formel V (R = CO-CH₃, R′ = H).
B. Aus 11α,21-Diacetoxy-17-hydroxy-pregn-4-en-3,20-dion mit Hilfe von wss. HCl (*Oliveto*

et al., Am. Soc. **75** [1953] 3651).

Kristalle (aus Acn. + Hexan); F: 221 − 223° [korr.]. $[\alpha]_D$: +87,7° [Dioxan; c = 1].

21-Acetoxy-11β,17-dihydroxy-pregn-4-en-3,20-dion $C_{23}H_{32}O_6$, Formel IV (R = H, R′ = CO-CH₃) (E III 4038).

B. Aus 21-Acetoxy-11β-hydroxy-pregna-4,17(20)c-dien-3-on oder aus 21-Acetoxy-11β-hydr≈ oxy-pregna-4,17(20)t-dien-3-on mit Hilfe von Diacetoxyjodanyl-benzol (*Hogg et al.,* Am. Soc. **77** [1955] 4436; *Upjohn Co.,* U.S.P. 2875217 [1954]), mit Hilfe von Triäthylaminoxid/H₂O₂ und OsO₄ (*Upjohn Co.,* U.S.P. 2769823 [1954]). Aus 4β-Chlor-17-hydroxy-5β-pregnan-3,11,20-trion über mehrere Stufen (*Levin et al.,* Am. Soc. **76** [1954] 546). Aus 21-Acetoxy-11β,17-dihydr≈ oxy-5β-pregnan-3,20-dion durch aufeinanderfolgende Umsetzung mit Brom, mit Semicarbazid und mit Brenztraubensäure (*Wendler et al.,* Am. Soc. **74** [1952] 3630, 3633).

Kristalle; F: 221 − 223° [unkorr.; aus Acn. + Ae.] (*Antonucci et al.,* J. org. Chem. **18** [1953] 70, 81), 218 − 221,5° [korr.; aus E.] (*We. et al.*). Monoklin; Dimensionen der Elementarzelle (Röntgen-Diagramm): *Shell,* Anal. Chem. **27** [1955] 1665. Dichte der Kristalle: 1,289 (*Sh.*). Kristalloptik: *Sh.* $[\alpha]_D^{28}$: +138° [Acn.; c = 0,3]; $[\alpha]_{546,1}^{28}$: +166° [Acn.; c = 0,3] (*An. et al.*); $[\alpha]_D^{25}$: +157,5° [Dioxan; c = 1] (*We. et al.*). $[\alpha]_{D(?)}$ [Dioxan; c = 1,5] bei Temperaturen von 20° (+168,3°) bis 30° (+164,5°): *Rosin, Williams,* J. Am. pharm. Assoc. **47** [1958] 229. IR-Spektrum in KBr (2 − 15 µ): *W. Neudert, H. Röpke,* Steroid-Spektrenatlas [Berlin 1965] Nr. 536; in CHCl₃ (5,5 − 12,5 µ): *K. Dobriner, E.R. Katzenellenbogen, R.N. Jones,* Infrared Absorption Spectra of Steroids [New York 1953] Nr. 221; *G. Roberts, B.S. Gallagher, R.N. Jones,* Infrared Absorption Spectra of Steroids, Bd. 2 [New York 1958] Nr. 726. λ_{max}: 242 nm [Me. bzw. A.] (*We. et al.; An. et al.*), 240 nm, 285 nm, 392 nm und 460 nm [konz. H₂SO₄] (*Bernstein, Lenhard,* J. org. Chem. **18** [1953] 1146, 1157). Löslichkeit in H₂O bei 25°: 0,01 g·l⁻¹ (*Macek et al.,* Sci. **116** [1952] 399). Verteilung zwischen Hexan und H₂O sowie zwischen einem Hexan-Benzol-Gemisch und wss. Äthanol: *Carstensen,* Acta Soc. Med. upsal. **61** [1956] 26, 42.

21-Acetoxy-11β-formyloxy-17-hydroxy-pregn-4-en-3,20-dion $C_{24}H_{32}O_7$, Formel IV (R = CHO, R′ = CO-CH₃).

B. Aus 21-Acetoxy-11β-formyloxy-17-hydroxy-5β-pregnan-3,20-dion durch aufeinanderfol≈ gende Umsetzung mit Brom, mit Semicarbazid und mit Brenztraubensäure (*Oliveto et al.,* Am. Soc. **77** [1955] 3564, 3567).

Kristalle (aus Acn. + Hexan); F: 199 − 201° [korr.]. $[\alpha]_D^{25}$: +176,1° [CHCl₃; c = 1]. λ_{max} (A.): 239 nm.

11,21-Diacetoxy-17-hydroxy-pregn-4-en-3,20-dione $C_{25}H_{34}O_7$.

a) **11β,21-Diacetoxy-17-hydroxy-pregn-4-en-3,20-dion,** Formel IV (R = R′ = CO-CH₃).

B. Aus 11β,21-Diacetoxy-17-hydroxy-5β-pregnan-3,20-dion durch aufeinanderfolgende Um≈ setzung mit Brom, mit Semicarbazid und mit Brenztraubensäure (*Oliveto et al.,* Am. Soc. **75** [1953] 5486, 5489).

Kristalle (aus wss. Me.); F: 191 − 191,8° [korr.]. $[\alpha]_D^{25}$: +167,1° [CHCl₃; c = 1].

b) **11α,21-Diacetoxy-17-hydroxy-pregn-4-en-3,20-dion,** Formel V (R = R′ = CO-CH₃).

B. Aus 11α,17,21-Trihydroxy-pregn-4-en-3,20-dion und Acetanhydrid (*Antonucci et al.,* J. org. Chem. **18** [1953] 70, 81). Aus 11α,21-Diacetoxy-17-hydroxy-5β-pregnan-3,20-dion durch auf≈ einanderfolgende Umsetzung mit Brom, mit Semicarbazid und mit Brenztraubensäure (*Oliveto et al.,* Am. Soc. **75** [1953] 3651). Aus 11α,21-Diacetoxy-17-hydroxy-5α-pregnan-3,20-dion durch aufeinanderfolgende Umsetzung mit Brom, mit NaI und mit NaHSO₃ (*Romo et al.,* Am. Soc. **75** [1953] 1277, 1281).

Kristalle (aus Acn. + Hexan); F: 223 − 225,8° [korr.; Zers.]; $[\alpha]_D$: +116,5° [Dioxan; c = 1] (*Ol. et al.*). Kristalle (aus Ae. + Pentan); F: 221 − 223° [unkorr.]; $[\alpha]_D^{20}$: +120° [CHCl₃] (*Romo et al.*). Über polymorphe Formen s. *Romo et al.* IR-Spektrum (CHCl₃; 1800 − 850 cm⁻¹): *G. Roberts, B.S. Gallagher, R.N. Jones,* Infrared Absorption Spectra of Steroids, Bd. 2 [New York 1958] Nr. 600. λ_{max} (A.): 240 nm (*Romo et al.; Ol. et al.*).

21-[3,3-Dimethyl-butyryloxy]-11β,17-dihydroxy-pregn-4-en-3,20-dion $C_{27}H_{40}O_6$, Formel IV
(R = H, R' = CO-CH$_2$-C(CH$_3$)$_3$).

B. Aus 11β,17,21-Trihydroxy-pregn-4-en-3,20-dion und 3,3-Dimethyl-butyrylchlorid (*Merck & Co. Inc.*, U.S.P. 2736733 [1954]; D.B.P. 952633 [1956]).

Dimorph; Kristalle (aus A.); F: 168 – 169° und F: 229 – 230°. $[\alpha]_D^{25}$: +152° [CHCl$_3$; c = 1]. λ_{max} (Me.): 242 nm.

21-Dithiocarboxyoxy-11,17-dihydroxy-pregn-4-en-3,20-dione, Dithiokohlensäure-*O*-[11,17-dihydroxy-3,20-dioxo-pregn-4-en-21-ylester] $C_{22}H_{30}O_5S_2$.

a) **21-Dithiocarboxyoxy-11β,17-dihydroxy-pregn-4-en-3,20-dion,** Formel IV (R = H, R' = CS-SH).

B. Beim Behandeln von 11β,17,21-Trihydroxy-pregn-4-en-3,20-dion mit CS$_2$ und wss. KOH in Dioxan (*Løvens kem. Fabr.*, U.S.P. 2893917 [1957]).

F: 110 – 113° und (nach Wiedererstarren) F: 210 – 213°.

b) **21-Dithiocarboxyoxy-11α,17-dihydroxy-pregn-4-en-3,20-dion,** Formel V (R = H, R' = CS-SH).

B. Beim Behandeln von 11α,17,21-Trihydroxy-pregn-4-en-3,20-dion mit CS$_2$ und wss. NaOH in Dioxan (*Løvens kem. Fabr.*, U.S.P. 2893917 [1957]).

F: 135 – 137° und (nach Wiedererstarren) F: 216 – 217°.

11β,17-Dihydroxy-21-methansulfonyloxy-pregn-4-en-3,20-dion $C_{22}H_{32}O_7S$, Formel IV (R = H, R' = SO$_2$-CH$_3$).

B. Aus 11β,17,21-Trihydroxy-pregn-4-en-3,20-dion und Methansulfonylchlorid (*Olin Mathieson Chem. Corp.*, U.S.P. 2842568 [1954]).

Kristalle (aus Acn. + Ae.); F: 186 – 187° [Zers.]. $[\alpha]_D$: +150° [CHCl$_3$; c = 0,4]. IR-Banden (Nujol; 2,5 – 6,5 μ): *Olin Mathieson*. λ_{max} (A.): 241 nm.

21-Acetoxy-17-hydroxy-11α-methansulfonyloxy-pregn-4-en-3,20-dion $C_{24}H_{34}O_8S$, Formel V (R = SO$_2$-CH$_3$, R' = CO-CH$_3$).

B. Aus 11α,17,21-Trihydroxy-pregn-4-en-3,20-dion durch aufeinanderfolgende Umsetzung mit Acetanhydrid und mit Methansulfonylchlorid (*Fried, Sabo*, Am. Soc. **79** [1957] 1130, 1135).

Kristalle (aus A.); F: 159 – 160° [korr.; Zers.]. $[\alpha]_D^{23}$: +119° [CHCl$_3$; c = 1,1].

17-Hydroxy-11α,21-bis-methansulfonyloxy-pregn-4-en-3,20-dion $C_{23}H_{34}O_9S_2$, Formel V (R = R' = SO$_2$-CH$_3$).

B. Aus 11α,17,21-Trihydroxy-pregn-4-en-3,20-dion und Methansulfonylchlorid (*Fried, Sabo*, Am. Soc. **79** [1957] 1130, 1135).

Kristalle (aus A.); F: 162° [korr.; Zers.]. $[\alpha]_D^{23}$: +97° [Dioxan; c = 1].

11β,17-Dihydroxy-21-phosphonooxy-pregn-4-en-3,20-dion, Phosphorsäure-mono-[11β,17-dihydroxy-3,20-dioxo-pregn-4-en-21-ylester] $C_{21}H_{31}O_8P$, Formel IV (R = H, R' = PO(OH)$_2$).

B. Aus 11β,17-Dihydroxy-21-jod-pregn-4-en-3,20-dion, Ag$_3$PO$_4$ und H$_3$PO$_4$ (*Poos et al.*, Chem. and Ind. **1958** 1260).

Dimethylester $C_{23}H_{35}O_8P$; 21-Dimethoxyphosphoryloxy-11β,17-dihydroxy-pregn-4-en-3,20-dion. F: 219 – 221°. $[\alpha]_D$: +126,5° [Dioxan]. λ_{max} (Me.): 241 nm.

***11β,17,21-Trihydroxy-pregn-4-en-3,20-dion-3-oxim** $C_{21}H_{31}NO_5$, Formel VI (R = H, X = O).

B. Aus 11β,17,21-Trihydroxy-pregn-4-en-3,20-dion-dioxim (s. u.) mit Hilfe von wss. HCl (*Brooks et al.*, Soc. **1958** 4614, 4623, 4627).

Kristalle (aus wss. Acn.) mit 0,5 Mol H$_2$O; F: 146 – 148° und F: 190°. $[\alpha]_D^{20}$: +121° [Dioxan; c = 1]. λ_{max} (A.): 240 nm.

VI   VII   VIII

*11β,17,21-Trihydroxy-pregn-4-en-3,20-dion-dioxim $C_{21}H_{32}N_2O_5$, Formel VI (R = H, X = N-OH).

B. Aus 11β,17,21-Trihydroxy-pregn-4-en-3,20-dion und $NH_2OH \cdot HCl$ (*Brooks et al.*, Soc. **1958** 4614, 4623, 4624).

Kristalle (aus wss. Me.) mit 1 Mol H_2O; F: 205−207°. $[\alpha]_D^{20}$: +125° [Dioxan; c = 1]. λ_{max} (A.): 240 nm.

*11β,17,21-Trihydroxy-pregn-4-en-3,20-dion-bis-[O-methyl-oxim] $C_{23}H_{36}N_2O_5$, Formel VI (R = CH_3, X = N-O-CH_3).

B. Aus 21-Acetoxy-17-hydroxy-pregn-4-en-3,11,20-trion-3,20-bis-[O-methyl-oxim] (S. 3485) mit Hilfe von $NaBH_4$ (*Brooks et al.*, Soc. **1958** 4614, 4623, 4625).

Kristalle (aus E.+Cyclohexan) mit 2 Mol Cyclohexan; F: 78−83°. $[\alpha]_D^{20}$: +167° [Dioxan; c = 1]. λ_{max} (A.): 249 nm.

*11β,17,21-Trihydroxy-20-nitroimino-pregn-4-en-3-on $C_{21}H_{30}N_2O_6$, Formel VII.

B. Aus 11β,17,21-Trihydroxy-pregn-4-en-3,20-dion-dioxim (s. o.) mit Hilfe von wss. $NaNO_2$ und Essigsäure (*Brooks et al.*, Soc. **1958** 4614, 4625).

Kristalle (aus wss. Eg.) mit 0,5 Mol H_2O; F: 166−168° [Zers.]. $[\alpha]_D^{24}$: +98° [Dioxan; c = 1]. λ_{max} (A.): 240 nm.

2α-Fluor-11β,17,21-trihydroxy-pregn-4-en-3,20-dion $C_{21}H_{29}FO_5$, Formel VIII (R = X′ = H, X = F).

B. Aus 20,20-Äthandiyldioxy-11β,17,21-trihydroxy-pregn-4-en-3-on über mehrere Stufen (*Kissman et al.*, Am. Soc. **82** [1960] 2312, 2315, **81** [1959] 1262).

Kristalle (aus CH_2Cl_2 + Ae.); F: 216−220° [korr.]; $[\alpha]_D^{25}$: +190° [Me.; c = 0,8]; λ_{max} (Me.): 241 nm (*Ki. et al.*, Am. Soc. **82** 2315).

21-Acetoxy-2α-fluor-11β,17-dihydroxy-pregn-4-en-3,20-dion $C_{23}H_{31}FO_6$, Formel VIII (R = CO-CH_3, X = F, X′ = H).

B. Aus 21-Acetoxy-2α-fluor-11β-hydroxy-pregna-4,17(20)c-dien-3-on (S. 2176) mit Hilfe von 4-Methyl-morpholin-4-oxid/H_2O_2 und OsO_4 (*Nathan et al.*, J. org. Chem. **24** [1959] 1517, 1519).

Kristalle (aus E.+PAe.); F: 208−210,5°. $[\alpha]_D$: +198° [$CHCl_3$]. λ_{max}: 243 nm.

6α-Fluor-11β,17,21-trihydroxy-pregn-4-en-3,20-dion $C_{21}H_{29}FO_5$, Formel VIII (R = X = H, X′ = F).

B. Aus 21-Acetoxy-6α-fluor-11β,17-dihydroxy-pregn-4-en-3,20-dion mit Hilfe von wss.-methanol. $KHCO_3$ (*Upjohn Co.*, U.S.P. 2838497 [1957]).

Kristalle (aus E.+PAe.); F: 192−201°. $[\alpha]_D$: +127° [$CHCl_3$].

21-Acetoxy-6-fluor-11,17-dihydroxy-pregn-4-en-3,20-dione $C_{23}H_{31}FO_6$.

a) **21-Acetoxy-6β-fluor-11β,17-dihydroxy-pregn-4-en-3,20-dion,** Formel IX (X = F, X′ = H).

B. Aus 21-Acetoxy-6β-fluor-5,11β,17-trihydroxy-5α-pregnan-3,20-dion mit Hilfe von wss. Essigsäure (*Hogg et al.*, Chem. and Ind. **1958** 1002; *Upjohn Co.*, U.S.P. 2838497 [1957]).

Kristalle (aus Acn.+PAe.); F: 218−223° (*Hogg et al.*), 210−218° (*Upjohn Co.*).

b) **21-Acetoxy-6α-fluor-11β,17-dihydroxy-pregn-4-en-3,20-dion,** Formel VIII
(R = CO-CH₃, X = H, X′ = F).

B. Aus 6α-Fluor-17,21-dihydroxy-pregn-4-en-3,20-dion durch Inkubation mit Rinder-Nebenᵉ
nieren-Suspension und anschliessender Acetylierung (*Bowers et al.,* Tetrahedron **7** [1959] 153,
158). Aus 21-Acetoxy-6β-fluor-11β,17-dihydroxy-pregn-4-en-3,20-dion mit Hilfe von HCl (*Hogg
et al.,* Chem. and Ind. **1958** 1002; *Upjohn Co.,* U.S.P. 2838497 [1957]).

Kristalle (aus Acn.+Hexan); F: 215−217° [unkorr.]; [α]_D: +153° [Dioxan]; ORD (Dioxan;
700−300 nm); λ_max (A.): 236−238 nm (*Bo. et al.*).

6α-Fluor-11β,17-dihydroxy-21-methansulfonyloxy-pregn-4-en-3,20-dion C₂₂H₃₁FO₇S,
Formel VIII (R = SO₂-CH₃, X = H, X′ = F).

B. Aus 6α-Fluor-11β,17,21-trihydroxy-pregn-4-en-3,20-dion und Methansulfonylchlorid in
Pyridin (*Upjohn Co.,* U.S.P. 2838535 [1957]).

Kristalle; F: 189−192° [Zers.].

9-Fluor-11β,17,21-trihydroxy-pregn-4-en-3,20-dion, Fludrocortison C₂₁H₂₉FO₅, Formel X
(R = X = H).

B. Aus 21-Acetoxy-9-fluor-11β,17-dihydroxy-pregn-4-en-3,20-dion mit Hilfe von wss.-methᵉ
anol. K₂CO₃ (*Fried, Sabo,* Am. Soc. **79** [1957] 1130, 1139).

Kristalle (aus A.); F: 260−262° [korr.; Zers.]; [α]_D²³: +138° [Me.; c = 0,5], +132° [Acn.;
c = 0,2], +143° [CHCl₃; c = 0,6] (*Fr., Sabo*). IR-Spektrum (KBr; 2−15 μ): *W. Neudert, H.
Röpke,* Steroid-Spektrenatlas [Berlin 1965] Nr. 560; *G. Roberts, B.S. Gallagher, R.N. Jones,*
Infrared Absorption Spectra of Steroids, Bd. 2 [New York 1958] Nr. 602. λ_max (A.): 239 nm
(*Fr., Sabo*). λ_max (konz. H₂SO₄; 280−530 nm): *Smith, Muller,* J. org. Chem. **23** [1958] 960,
961.

IX   X

21-Acetoxy-9-fluor-11β,17-dihydroxy-pregn-4-en-3,20-dion, Fludrocortisonacetat
C₂₃H₃₁FO₆, Formel X (R = CO-CH₃, X = H).

Zusammenfassende Darstellung: *Florey* in *K. Florey,* Analytical Profiles of Drug Substances,
Bd. 3 [1974] S. 281.

B. Aus 21-Acetoxy-9,11β-epoxy-17-hydroxy-9β-pregn-4-en-3,20-dion und HF (*Fried, Sabo,*
Am. Soc. **79** [1957] 1130, 1138; *Hirschmann et al.,* Am. Soc. **78** [1956] 4956, 4959).

Lösungsmittelhaltige Kristalle; F: 227−229° [aus Bzl. oder Toluol] (*Olin Mathieson Chem.
Corp.,* U.S.P. 2809977 [1955]), F: 205−208° und F: 222−227° [aus E.] (*Elks et al.,* Soc.
1958 4001, 4011); die lösungsmittelfreie Verbindung schmilzt bei 232−233° [korr.] (*Fr., Sabo*).
Über Solvatbildung und Polymorphie s. *Kühnert-Brandstätter, Gasser,* Microchem. J. **16** [1971]
577, 582. [α]_D²³: +127° [Acn.; c = 0,5], +143° [CHCl₃; c = 0,5] (*Fr., Sabo*). IR-Spektrum
(KBr; 2−15 μ): *W. Neudert, H. Röpke,* Steroid-Spektrenatlas [Berlin 1965] Nr. 561. λ_max:
238 nm [A.] (*Fr., Sabo*), 278 nm und 405 nm [H₃PO₄] (*Nowaczynski, Steyermark,* Canad. J.
Biochem. Physiol. **34** [1956] 592, 596).

21-[3,3-Dimethyl-butyryloxy]-9-fluor-11β,17-dihydroxy-pregn-4-en-3,20-dion C₂₇H₃₉FO₆,
Formel X (R = CO-CH₂-C(CH₃)₃, X = H).

B. Aus 9-Fluor-11β,17,21-trihydroxy-pregn-4-en-3,20-dion und 3,3-Dimethyl-butyrylchlorid

(*Merck & Co. Inc.*, U.S.P. 2736681 [1955]; D.B.P. 1019303 [1955]).
Kristalle; F: 225−227° [Zers.; nach Trocknen bei 100°/1 Torr]. λ_{max}: 239 nm.

9-Fluor-21-heptanoyloxy-11β,17-dihydroxy-pregn-4-en-3,20-dion $C_{28}H_{41}FO_6$, Formel X
(R = CO-[CH$_2$]$_5$-CH$_3$, X = H).
B. Aus 9-Fluor-11β,17,21-trihydroxy-pregn-4-en-3,20-dion und Heptansäure-anhydrid (*Fried, Sabo*, Am. Soc. **79** [1957] 1130, 1139).
Kristalle (aus Acn.+Hexan); F: 173−174° [korr.]. $[\alpha]_D^{21}$: +130° [CHCl$_3$; c = 0,9]. λ_{max} (A.): 239 nm.

Bernsteinsäure-mono-[9-fluor-11β,17-dihydroxy-3,20-dioxo-pregn-4-en-21-ylester],
21-[3-Carboxy-propionyloxy]-9-fluor-11β,17-dihydroxy-pregn-4-en-3,20-dion $C_{25}H_{33}FO_8$,
Formel X (R = CO-CH$_2$-CH$_2$-CO-OH, X = H).
B. Aus 9-Fluor-11β,17,21-trihydroxy-pregn-4-en-3,20-dion und Bernsteinsäure-anhydrid
(*Fried, Sabo*, Am. Soc. **79** [1957] 1130, 1139).
Kristalle (aus A.); F: 215−217° [korr.]. $[\alpha]_D^{23}$: +126° [A.; c = 0,4]. λ_{max} (A.): 238 nm.

9-Fluor-11β,17-dihydroxy-21-methansulfonyloxy-pregn-4-en-3,20-dion $C_{22}H_{31}FO_7S$, Formel X
(R = SO$_2$-CH$_3$, X = H).
F: 226−227° [Zers.]; $[\alpha]_D$: +129° [Dioxan] (*Herz et al.*, Am. Soc. **78** [1956] 4812).

9-Fluor-11β,17-dihydroxy-21-phosphonooxy-pregn-4-en-3,20-dion, Phosphorsäure-mono-[9-fluor-
11β,17-dihydroxy-3,20-dioxo-pregn-4-en-21-ylester] $C_{21}H_{30}FO_8P$, Formel X (R = PO(OH)$_2$,
X = H).
B. Aus 9-Fluor-11β,17-dihydroxy-21-jod-pregn-4-en-3,20-dion, Ag$_3$PO$_4$ und H$_3$PO$_4$ (*Poos
et al.*, Chem. and Ind. **1958** 1260).
F: 172° [Zers.]. λ_{max}: 244 nm [H$_2$O], 238 nm [Me.].

6α,9-Difluor-11β,17,21-trihydroxy-pregn-4-en-3,20-dion $C_{21}H_{28}F_2O_5$, Formel X (R = H,
X = F).
B. Aus 21-Acetoxy-6α,9-difluor-11β,17-dihydroxy-pregn-4-en-3,20-dion mit Hilfe von wss.-
methanol. KHCO$_3$ (*Upjohn Co.*, U.S.P. 2838498 [1957]).
Kristalle; F: 225−228° (*Hogg et al.*, Chem. and Ind. **1958** 1002), 214−217° [aus Acn.+PAe.]
(*Upjohn Co.*). $[\alpha]_D$: +115° [Acn.] (*Hogg et al.*; *Upjohn Co.*).

21-Acetoxy-6α,9-difluor-11β,17-dihydroxy-pregn-4-en-3,20-dion $C_{23}H_{30}F_2O_6$, Formel X
(R = CO-CH$_3$, X = F).
B. Aus 21-Acetoxy-9,11β-epoxy-6α-fluor-17-hydroxy-9β-pregn-4-en-3,20-dion durch aufein=
anderfolgende Umsetzung mit HF und mit Acetanhydrid (*Bowers et al.*, Tetrahedron **7** [1959]
153, 162; *Upjohn Co.*, U.S.P. 2838498 [1957]).
Kristalle; F: 224−226° [unkorr.; aus wss. Me.] (*Bo. et al.*), 220−225° (*Upjohn Co.*). $[\alpha]_D$:
+115° [Acn.] (*Upjohn Co.*), +118° [CHCl$_3$] (*Bo. et al.*). λ_{max} (A.): 234 nm (*Bo. et al.*).

21-Acetoxy-2α(?)-chlor-11β,17-dihydroxy-pregn-4-en-3,20-dion $C_{23}H_{31}ClO_6$, vermutlich
Formel VIII (R = CO-CH$_3$, X = Cl, X′ = H).
B. Aus 21-Acetoxy-2α(?)-chlor-11β-hydroxy-pregna-4,17(20)c-dien-3-on (S. 2177) mit Hilfe
von 4-Methyl-morpholin-4-oxid/H$_2$O$_2$ und OsO$_4$ (*Upjohn Co.*, U.S.P. 2865914 [1955], 2865936
[1957]).
F: 175−178°.

4-Chlor-11β,17,21-trihydroxy-pregn-4-en-3,20-dion $C_{21}H_{29}ClO_5$, Formel XI.
B. Aus 11β,17,21-Trihydroxy-pregn-4-en-3,20-dion über mehrere Stufen (*Ringold et al.*, J.
org. Chem. **21** [1956] 1432, 1433, 1435).
Kristalle (aus CHCl$_3$+Me.); F: 225−227°. λ_{max} (A.): 254 nm.

21-Acetoxy-6α-chlor-11β,17-dihydroxy-pregn-4-en-3,20-dion $C_{23}H_{31}ClO_6$, Formel XII
(X = X″ = H, X′ = Cl).

B. Aus 21-Acetoxy-3,3;20,20-bis-äthandiyldioxy-5,6α-epoxy-5α-pregnan-11β,17-diol und HCl
(*Ringold et al.,* Am. Soc. **80** [1958] 6464).
Kristalle; F: 105° und F: 174−176°. $[\alpha]_D$: +97° [CHCl₃]. λ_{max} (A.): 238 nm.

9-Chlor-11β,17,21-trihydroxy-pregn-4-en-3,20-dion $C_{21}H_{29}ClO_5$, Formel XIII (R = H,
X = Cl).

B. Aus 21-Acetoxy-9-chlor-11β,17-dihydroxy-pregn-4-en-3,20-dion mit Hilfe von $HClO_4$
(*Fried, Sabo,* Am. Soc. **79** [1957] 1130, 1138).
Kristalle (aus A.); F: 228° [korr.; Zers.]. $[\alpha]_D^{23}$: +160° [A.; c = 0,6]. λ_{max} (A.): 241 nm.

21-Acetoxy-9-chlor-11β,17-dihydroxy-pregn-4-en-3,20-dion $C_{23}H_{31}ClO_6$, Formel XIII
(R = CO-CH₃, X = Cl).

B. Aus 21-Acetoxy-9,11β-epoxy-17-hydroxy-9β-pregn-4-en-3,20-dion und HCl (*Fried, Sabo,*
Am. Soc. **79** [1957] 1130, 1138).
Kristalle (aus Acn.); F: 201−202° [korr.; Zers.]; $[\alpha]_D^{23}$: +144° [CHCl₃; c = 0,9] (*Fr., Sabo*).
IR-Spektrum (CHCl₃; 5,5−12 μ): *G. Roberts, B.S. Gallagher, R.N. Jones,* Infrared Absorption
Spectra of Steroids, Bd. 2 [New York 1958] Nr. 603. IR-Banden (Nujol bzw. CHCl₃;
2,5−6,5 μ): *Fr., Sabo.* λ_{max}: 241 nm [A.] (*Fr., Sabo*), 275 nm [H₃PO₄] (*Nowaczynski, Steyer≈
mark,* Canad. J. Biochem. Physiol. **34** [1956] 592, 596).

21-Acetoxy-6-chlor-9-fluor-11,17-dihydroxy-pregn-4-en-3,20-dione $C_{23}H_{30}ClFO_6$.

a) **21-Acetoxy-6β-chlor-9-fluor-11β,17-dihydroxy-pregn-4-en-3,20-dion,** Formel IX (X = Cl,
X′ = F).
Kristalle; F: 194−195° [Zers.]; $[\alpha]_D$: +44° [CHCl₃]; λ_{max} (A.): 238 nm (*Ringold et al.,* Am.
Soc. **80** [1958] 6464).

b) **21-Acetoxy-6α-chlor-9-fluor-11β,17-dihydroxy-pregn-4-en-3,20-dion,** Formel XII
(X = H, X′ = Cl, X″ = F).
Amorph; F: 134−143° [Zers.]; $[\alpha]_D$: +88° [CHCl₃]; λ_{max} (A.): 234 nm (*Ringold et al.,* Am.
Soc. **80** [1958] 6464).

9-Brom-11β,17,21-trihydroxy-pregn-4-en-3,20-dion $C_{21}H_{29}BrO_5$, Formel XIII (R = H,
X = Br).

B. Aus 21-Acetoxy-9-brom-11β,17-dihydroxy-pregn-4-en-3,20-dion mit Hilfe von $HClO_4$

(*Fried, Sabo*, Am. Soc. **79** [1957] 1130, 1136).
Kristalle (aus A.); F: 152° [korr.; Zers.]. $[\alpha]_D^{23}$: +156° [A.; c = 0,5].

21-Acetoxy-9-brom-11β,17-dihydroxy-pregn-4-en-3,20-dion $C_{23}H_{31}BrO_6$, Formel XIII
(R = CO-CH$_3$, X = Br).
B. Aus 21-Acetoxy-17-hydroxy-pregna-4,9(11)-dien-3,20-dion und *N*-Brom-acetamid mit
Hilfe von HClO$_4$ in wss. Dioxan (*Fried, Sabo*, Am. Soc. **79** [1957] 1130, 1136).
Kristalle (aus Acn.); F: 132−133° [korr.; Zers.]. Über ein bei 183−188° [korr.; Zers.] schmel≠
zendes Präparat s. *Fr., Sabo.* $[\alpha]_D^{23}$: +137° [CHCl$_3$; c = 0,8]. λ_{max} (A.): 243 nm.

21-Acetoxy-2ξ-brom-9-fluor-11β,17-dihydroxy-pregn-4-en-3,20-dion $C_{23}H_{30}BrFO_6$, Formel XII
(X = Br, X′ = H, X″ = F).
B. Aus 21-Acetoxy-9-fluor-11β,17-dihydroxy-5α-pregnan-3,20-dion durch aufeinanderfol≠
gende Umsetzung mit Brom und mit 2,4,6-Trimethyl-pyridin (*Fried et al.*, Am. Soc. **77** [1955]
4181; s. a. *Olin Mathieson Chem. Corp.*, U.S.P. 2848464 [1955]).
Kristalle [aus A.] (*Olin Mathieson*). F: 174−175° [Zers.]; $[\alpha]_D^{23}$: +136° [CHCl$_3$]; λ_{max} (A.):
242 nm (*Fr. et al.*).

21-Acetoxy-9-brom-6α-fluor-11β,17-dihydroxy-pregn-4-en-3,20-dion $C_{23}H_{30}BrFO_6$, Formel XII
(X = H, X′ = F, X″ = Br).
B. Beim Behandeln von 21-Acetoxy-6α-fluor-17-hydroxy-pregna-4,9(11)-dien-3,20-dion mit
N-Brom-acetamid und wss. HClO$_4$ in CH$_2$Cl$_2$ und *tert*-Butylalkohol (*Upjohn Co.*, U.S.P.
2838498 [1957]).
Kristalle; F: 163−166° [Zers.].

21-Acetoxy-11β,17-dihydroxy-9-jod-pregn-4-en-3,20-dion $C_{23}H_{31}IO_6$, Formel XII
(X = X′ = H, X″ = I).
B. Aus 21-Acetoxy-9,11β-epoxy-17-hydroxy-9β-pregn-4-en-3,20-dion und wss. HI in CHCl$_3$
(*Fried, Sabo*, Am. Soc. **79** [1957] 1130, 1138).
Kristalle (aus E.); Zers. bei 110° [korr.] nach Braunfärbung bei 70−80° und Sintern bei
100°. $[\alpha]_D^{23}$: +149° [CHCl$_3$; c = 0,6]. λ_{max} (A.): 243 nm.

9-Fluor-11β,17-dihydroxy-21-thiocyanato-pregn-4-en-3,20-dion $C_{22}H_{28}FNO_4S$, Formel XIV.
B. Aus 9-Fluor-11β,17-dihydroxy-21-methansulfonyloxy-pregn-4-en-3,20-dion und Kalium-
thiocyanat (*Olin Mathieson Chem. Corp.*, U.S.P. 2837544 [1957]).
Kristalle (aus A.); F: ca. 230−232°. $[\alpha]_D^{23}$: +123° [A.; c = 0,3]. λ_{max} (A.): 237 nm.

11β,19,21-Trihydroxy-pregn-4-en-3,20-dion $C_{21}H_{30}O_5$, Formel XV.
Isolierung aus Nebennieren von Rindern und Schweinen: *Neher, Wettstein*, Helv. **39** [1956]
2062, 2084.
B. Aus 19,21-Dihydroxy-pregn-4-en-3,20-dion mit Hilfe von Curvularia lunata (*Ne., We.*).
Kristalle (aus Me.); F: 187−192° [korr.]. λ_{max}: 243 nm. [*Frodl*]

I

II

21-Acetoxy-12α,17-dihydroxy-pregn-4-en-3,20-dion $C_{23}H_{32}O_6$, Formel I (R = H).
B. Aus 21-Acetoxy-12α,17-dihydroxy-5β-pregnan-3,20-dion bei aufeinanderfolgender Umset≠
zung mit Brom, mit Semicarbazid und mit Brenztraubensäure (*Adams et al.*, Soc. **1954** 1825,

1832).

Kristalle (aus Acn. + Hexan); F: 195 – 197°. $[\alpha]_D^{24}$: +146° [CHCl$_3$; c = 0,4]. λ_{max} (Isopropyl‍alkohol): 240 nm.

12,21-Diacetoxy-17-hydroxy-pregn-4-en-3,20-dione C$_{25}$H$_{34}$O$_7$.

a) **12β,21-Diacetoxy-17-hydroxy-pregn-4-en-3,20-dion**, Formel II.

B. Aus 12β,21-Diacetoxy-17-hydroxy-5α-pregnan-3,20-dion bei aufeinanderfolgender Umset‍zung mit Brom, mit NaI und mit Zink (*Adams et al.*, Soc. **1955** 870, 876).

Kristalle (aus wss. Me.); F: 153 – 154°; $[\alpha]_D^{24}$: +103° [CHCl$_3$; c = 0,4]. λ_{max} (Isopropylalko‍hol): 239 nm.

b) **12α,21-Diacetoxy-17-hydroxy-pregn-4-en-3,20-dion**, Formel I (R = CO-CH$_3$).

B. Aus 12α,21-Diacetoxy-17-hydroxy-5β-pregnan-3,20-dion bei aufeinanderfolgender Umset‍zung mit Brom, mit Semicarbazid und mit Brenztraubensäure (*Adams et al.*, Soc. **1954** 1825, 1833).

Kristalle (aus Acn. + Hexan); F: 179°. $[\alpha]_D^{26}$: +192° [CHCl$_3$; c = 0,4].

14,17,21-Trihydroxy-pregn-4-en-3,20-dion C$_{21}$H$_{30}$O$_5$, Formel III (R = X = H).

B. Neben anderen Verbindungen aus 17,21-Dihydroxy-pregn-4-en-3,20-dion mit Hilfe von *Absidia regnieri* (*Shirasaka et al.*, Bl. agric. chem. Soc. Japan **23** [1959] 244; *Shirasaka*, Chem. pharm. Bl. **9** [1961] 59, 64), mit Hilfe von *Helicostylum piriforme* (*Eppstein et al.*, Am. Soc. **80** [1958] 3382, 3387), mit Hilfe von *Stemphylium botryosum* (*Nishikawa, Hagiwara*, J. pharm. Soc. Japan **78** [1958] 1256; C.A. **1959** 6294). Aus 21-Acetoxy-17-hydroxy-pregn-4-en-3,20-dion mit Hilfe von *Mycobacterium smegmatis* (*Pfizer & Co.*, U.S.P. 2905592 [1955]; D.B.P. 1013648 [1957]).

Kristalle; F: 234 – 237° [unkorr.; aus Me.] (*Ep. et al.*), 227 – 228° [Zers.; aus Acn.] (*Ni., Ha.*), 226 – 228° [aus A.] (*Pfizer & Co.*). $[\alpha]_D^{17}$: +144° [Me.] (*Ni., Ha.*); $[\alpha]_D^{23}$: +155° [Me.; c = 1,1] (*Ep. et al.*); $[\alpha]_D$: +129,6° [Acn.] (*Pfizer & Co.*). IR-Spektrum (KBr; 2 – 15 μ): *G. Roberts, B.S. Gallagher, R.N. Jones*, Infrared Absorption Spectra of Steroids, Bd. 2 [New York 1958] Nr. 612; *W. Neudert, H. Röpke*, Steroid-Spektrenatlas [Berlin 1965] Nr. 552. λ_{max}: 242 nm (*Sh. et al.*). Absorptionsspektrum (H$_3$PO$_4$; 230 – 500 nm): *Nowaczynski, Steyermark*, Canad. J. Biochem. Physiol. **34** [1956] 592, 595.

O^{21}-Acetyl-Derivat C$_{23}$H$_{32}$O$_6$; 21-Acetoxy-14α,17-dihydroxy-pregn-4-en-3,20-dion. Kristalle; F: 232 – 235° [unkorr.; aus Acn.] (*Ep. et al.*), 224 – 226° (*Ni., Ha.*), 222 – 227° (*Sh. et al.*). $[\alpha]_D^{23}$: +167° [CHCl$_3$; c = 0,6] (*Ep. et al.*); $[\alpha]_D$: +177° [CHCl$_3$] (*Sh. et al.*).

III   IV

21-Acetoxy-15β-chlor-14,17-dihydroxy-pregn-4-en-3,20-dion C$_{23}$H$_{31}$ClO$_6$, Formel III (R = CO-CH$_3$, X = Cl).

B. Aus 21-Acetoxy-14,15α-epoxy-17-hydroxy-pregn-4-en-3,20-dion und HCl in CHCl$_3$ (*Bloom et al.*, Experientia **12** [1956] 27, 29).

Kristalle; F: 196,8 – 200,2° [Zers.]. $[\alpha]_D$: +89° [Dioxan]. λ_{max} (A.): 240 nm.

21-Acetoxy-15β-brom-14,17-dihydroxy-pregn-4-en-3,20-dion C$_{23}$H$_{31}$BrO$_6$, Formel III (R = CO-CH$_3$, X = Br).

B. Aus 21-Acetoxy-14,15α-epoxy-17-hydroxy-pregn-4-en-3,20-dion und HBr in CHCl$_3$ (*Bloom et al.*, Experientia **12** [1956] 27, 29).

Dimorph; Kristalle; F: 159,4 – 162,4° [Zers.] und F: 175,0 – 177° [Zers.]. $[\alpha]_D$: +34° [Di‍

oxan]. λ_{max} (A.): 238 nm.

21-Acetoxy-14,17-dihydroxy-15β-jod-pregn-4-en-3,20-dion $C_{23}H_{31}IO_6$, Formel III
(R = CO-CH$_3$, X = I).
B. Aus 21-Acetoxy-14,15α-epoxy-17-hydroxy-pregn-4-en-3,20-dion und HI in CHCl$_3$ (*Bloom et al.*, Experientia **12** [1956] 27, 29).
Kristalle; F: 128,4−131,2° [Zers.]. $[\alpha]_D$: −22° [Dioxan]. λ_{max} (A.): 237 nm.

19,21-Diacetoxy-14-hydroxy-14β-pregn-4-en-3,20-dion $C_{25}H_{34}O_7$, Formel IV.
B. Aus O^{19}-Acetyl-strophanthidol (E III/IV **18** 3092) über mehrere Stufen (*Oliveto et al.*, Am. Soc. **81** [1959] 2831).
Kristalle (aus Acn.+Hexan); F: 146,4−148,2° [korr.]. $[\alpha]_D^{25}$: +116,7° [Py.; c = 1]. λ_{max} (Me.): 239 nm.

15,17,21-Trihydroxy-pregn-4-en-3,20-dione $C_{21}H_{30}O_5$.

a) **15β,17,21-Trihydroxy-pregn-4-en-3,20-dion,** Formel V (R = X = H).
B. Aus 17,21-Dihydroxy-pregn-4-en-3,20-dion mit Hilfe von Bacillus megaterium (*Herzog et al.*, J. org. Chem. **24** [1959] 691, 693), mit Hilfe von Spicaria simplicissima (*Bernstein et al.*, Chem. and Ind. **1956** 111; Am. Soc. **82** [1960] 3685, 3687).
Kristalle; F: 240−242° [unkorr.; aus Acn.+PAe.] (*Be. et al.*), 240−241° [Zers.; korr.; aus Acn.] (*He. et al.*). Über polymorphe Modifikationen s. *He. et al.* $[\alpha]_D^{24}$: +96° [Me.] (*Be. et al.*); $[\alpha]_D^{25}$: +103° [A.] (*He. et al.*). λ_{max}: 242 nm [Me.] (*He. et al.*), 241 nm [A.] (*Be. et al.*).
Monoacetyl-Derivat $C_{23}H_{32}O_6$; 21-Acetoxy-15β,17-dihydroxy-pregn-4-en-3,20-dion. Kristalle; F: 245,5−247° [unkorr.; aus Acn.+PAe.] (*Be. et al.*), 244−246° [korr.; Zers.; aus Acn.+Hexan] (*He. et al.*). $[\alpha]_D^{25}$: +92° [A.] (*He. et al.*); $[\alpha]_D^{24}$: +98° [CHCl$_3$] (*Be. et al.*). IR-Banden (2,5−9 µ) in Nujol: *He. et al.*; in KBr: *Be. et al.* λ_{max} (A.): 242 nm (*He. et al.*), 240−241 nm (*Be. et al.*).
Diacetyl-Derivat $C_{25}H_{34}O_7$; 15β,21-Diacetoxy-17-hydroxy-pregn-4-en-3,20-dion. Kristalle; F: 252−254° [unkorr.; aus Acn.+PAe.]; $[\alpha]_D^{25}$: +109° [CHCl$_3$] (*Be. et al.*). F: 211−214° [korr.; aus Acn.+Hexan]; $[\alpha]_D^{25}$: +56,8° [A.]; λ_{max} (A.): 239 nm (*He. et al.*).

V   VI

b) **15α,17,21-Trihydroxy-pregn-4-en-3,20-dion,** Formel VI.
B. Aus 17,21-Dihydroxy-pregn-4-en-3,20-dion mit Hilfe von Hormodendrum-Arten (*Bernstein et al.*, Chem. and Ind. **1956** 111; Am. Soc. **82** [1960] 3685, 3689), mit Hilfe von Helminthosporium sativum (*Tsuda et al.*, Chem. pharm. Bl. **7** [1959] 534).
Kristalle; F: 227−230° [unkorr.; aus Acn.] (*Be. et al.*), 216−218° [unkorr.; aus Acn.] (*Ts. et al.*). $[\alpha]_D^{25}$: +146° [Me.] (*Be. et al.*); $[\alpha]_D^{30}$: +145° [Me.; c = 0,8] (*Ts. et al.*). IR-Banden (Nujol und Dioxan; 3500−1600 cm^{-1}): *Ts. et al.* λ_{max}: 241,7 nm [Me.] (*Ts. et al.*), 241 nm [A.] (*Be. et al.*).
O^{15}-Acetyl-Derivat $C_{23}H_{32}O_6$; 15α-Acetoxy-17,21-dihydroxy-pregn-4-en-3,20-dion. Kristalle (aus Acn.); F: 212−214° [unkorr.]; $[\alpha]_D^{15}$: +119° [CHCl$_3$; c = 0,9] (*Ts. et al.*). IR-Banden (Nujol und CHCl$_3$; 3500−1200 cm^{-1}): *Ts. et al.*
O^{21}-Acetyl-Derivat $C_{23}H_{32}O_6$; 21-Acetoxy-15α,17-dihydroxy-pregn-4-en-3,20-dion. Kristalle (aus Acn.); F: 202−205° [unkorr.]; $[\alpha]_D^{18}$: +181° [CHCl$_3$; c = 0,8] (*Ts. et al.*). IR-Banden (Nujol und CHCl$_3$; 3550−1200 cm^{-1}): *Ts. et al.* λ_{max} (Me.): 242 nm (*Ts. et al.*).
Diacetyl-Derivat $C_{25}H_{34}O_7$; 15α,21-Diacetoxy-17-hydroxy-pregn-4-en-3,20-

dion. Kristalle; F: 199,5−200,5° [unkorr.; aus Acn.+PAe.] (*Be. et al.*), 196−199° [unkorr.; aus Me.] (*Ts. et al.*). $[\alpha]_D^{15}$: +134° [CHCl$_3$; c = 0,7] (*Ts. et al.*); $[\alpha]_D^{25}$: +132° [CHCl$_3$] (*Be. et al.*). IR-Banden (Nujol und CHCl$_3$; 3500−1200 cm^{-1}): *Ts. et al.* λ_{max} (A.): 240 nm (*Ts. et al.*; *Be. et al.*).

21-Acetoxy-17-hydroxy-15β-methansulfonyloxy-pregn-4-en-3,20-dion C$_{24}$H$_{34}$O$_8$S, Formel V (R = CO-CH$_3$, X = SO$_2$-CH$_3$).

B. Aus 21-Acetoxy-15β,17-dihydroxy-pregn-4-en-3,20-dion und Methansulfonylchlorid in Pyridin (*Bernstein et al.*, Chem. and Ind. **1956** 111; Am. Soc. **82** [1960] 3685, 3688).

F: 128° [unkorr.; Zers.] (*Be. et al.*).

16,17,21-Trihydroxy-pregn-4-en-3,20-dione C$_{21}$H$_{30}$O$_5$.

a) **16β,17,21-Trihydroxy-pregn-4-en-3,20-dion**, Formel VII (R = R′ = H).

B. Aus 16β,21-Diacetoxy-17-hydroxy-pregn-4-en-3,20-dion mit Hilfe von HClO$_4$ in Methanol (*Heller et al.*, J. org. Chem. **26** [1961] 5036, 5042).

Kristalle (aus Me.+Ae.); F: 196−201° [unkorr.]. $[\alpha]_D^{25}$: +109° [Me.]. λ_{max} (Me.): 240 nm.

VII   VIII

b) **16α,17,21-Trihydroxy-pregn-4-en-3,20-dion**, Formel VIII (R = R′ = X = H).

Konstitution und Konfiguration: *Heller et al.*, J. org. Chem. **26** [1961] 5036, 5037 Anm. 5.

B. Aus 21-Acetoxy-pregna-4,16-dien-3,20-dion beim Behandeln mit OsO$_4$ und Behandeln des Reaktionsprodukts mit Na$_2$SO$_3$ in wss. Äthanol (*Romo, Romo de Vivar*, J. org. Chem. **21** [1956] 902, 908). Neben anderen Verbindungen aus 16β,21-Diacetoxy-17-hydroxy-pregn-4-en-3,20-dion mit Hilfe von methanol. KOH bzw. mit Hilfe von methanol. Natriummethylat (*He. et al.*, l. c. S. 5040; *Heusler, Wettstein*, B. **87** [1954] 1301, 1310). Aus 21-Acetoxy-16α,17-dihydroxy-pregn-4-en-3,20-dion mit Hilfe von methanol. Natriummethylat (*Allen, Bernstein*, Am. Soc. **78** [1956] 1909, 1912). Aus 3,3;20,20-Bis-äthandiyldioxy-pregn-5-en-16α,17,21-triol mit Hilfe von wss. H$_2$SO$_4$ (*Al., Be.*, l. c. S. 1913).

Kristalle (aus Me.+Ae.); F: 238,5−240,5° [unkorr.] (*He. et al.*, l. c. S. 5040), 238−240° [unkorr.] (*Al., Be.*), 228−230° [unkorr.] (*Romo, Romo de Vi.*), 225−227° [unkorr.; Zers.] (*He., We.*). $[\alpha]_D^{24}$: +93° [Me.; c = 0,1] (*Al., Be.*); $[\alpha]_D$: +82° [A.] (*Romo, Romo de Vi.*), +101° [CHCl$_3$; c = 0,5] (*He., We.*). IR-Spektrum (KBr; 2,5−14,3 μ): *G. Roberts, B.S. Gallagher, R.N. Jones*, Infrared Absorption Spectra of Steroids, Bd. 2 [New York 1958] Nr. 613. λ_{max} (A.): 241 nm (*He., We.*), 240 nm (*Al., Be.*).

16β-Acetoxy-17,21-dihydroxy-pregn-4-en-3,20-dion C$_{23}$H$_{32}$O$_6$, Formel VII (R = CO-CH$_3$, R′ = H).

B. Aus 16β,21-Diacetoxy-17-hydroxy-pregn-4-en-3,20-dion mit Hilfe von wss.-methanol. HCl (*Heller et al.*, J. org. Chem. **26** [1961] 5036, 5042).

Kristalle (aus Acn.+PAe.); F: 189−192° [unkorr.]. $[\alpha]_D^{25}$: +111° [Me.]. λ_{max} (Me.): 240 nm.

21-Acetoxy-16α,17-dihydroxy-pregn-4-en-3,20-dion C$_{23}$H$_{32}$O$_6$, Formel VIII (R = X = H, R′ = CO-CH$_3$).

B. Aus 21-Acetoxy-pregna-4,16-dien-3,20-dion mit Hilfe von KMnO$_4$ bzw. OsO$_4$ (*Ellis et al.*, Soc. **1955** 4383, 4387; *Allen, Bernstein*, Am. Soc. **78** [1956] 1909, 1912).

Kristalle; F: 206—210° [unkorr.; aus Acn.+Ae.] (*Al., Be.*), 200—202° [aus E.+Hexan] (*El. et al.*). $[\alpha]_D^{20}$: +121° [CHCl₃; c = 0,6] (*El. et al.*); $[\alpha]_D^{25}$: +105° [CHCl₃; c = 0,7] (*Al., Be.*). λ_{max}: 240,5 nm [A.] (*Al., Be.*), 240 nm [Isopropylalkohol] (*El. et al.*).

21-Acetoxy-16β-formyloxy-17-hydroxy-pregn-4-en-3,20-dion $C_{24}H_{32}O_7$, Formel VII (R = CHO, R' = CO-CH₃).

B. Aus 21-Acetoxy-16α,17-epoxy-pregn-4-en-3,20-dion beim Behandeln mit Ameisensäure und konz. H₂SO₄ (*Searle & Co.*, U.S.P. 2727907 [1953]; *Heller et al.*, J. org. Chem. **26** [1961] 5036, 5041).

Kristalle; F: 188—190° [aus Me.] (*Searle & Co.*), 185—187° [unkorr.; aus Acn.+PAe.] (*He. et al.*). $[\alpha]_D^{25}$: +90,6° [CHCl₃] (*He. et al.*). λ_{max} (Me.): 238 nm (*He. et al.*), 240 nm (*Searle & Co.*).

16,21-Diacetoxy-17-hydroxy-pregn-4-en-3,20-dione $C_{25}H_{34}O_7$.

a) **16β,21-Diacetoxy-17-hydroxy-pregn-4-en-3,20-dion,** Formel VII (R = R' = CO-CH₃).

B. Aus 21-Acetoxy-16α,17-epoxy-pregn-4-en-3,20-dion beim Behandeln mit Essigsäure und konz. H₂SO₄ (*Heusler, Wettstein*, B. **87** [1954] 1301, 1310). Aus 16β-Acetoxy-17-hydroxy-pregn-4-en-3,20-dion mit Hilfe von Blei(IV)-acetat (*CIBA*, U.S.P. 2897219 [1954]).

Kristalle; F: 168—170° [unkorr.] (*Romo, Romo de Vivar*, J. org. Chem. **21** [1956] 902, 908), 167—168° [unkorr.; aus Ae.] (*He., We.; CIBA*). $[\alpha]_D^{20}$: +101° [CHCl₃] (*Romo, Romo de Vi.*); $[\alpha]_D$: +99° [CHCl₃; c = 0,7] (*He., We.; CIBA*). λ_{max}: 240 nm und 294 nm [A.] (*Romo, Romo de Vi.*), 241 nm (*He., We.*).

b) **16α,21-Diacetoxy-17-hydroxy-pregn-4-en-3,20-dion,** Formel VIII (R = R' = CO-CH₃, X = H).

B. Aus 21-Acetoxy-16α,17-dihydroxy-pregn-4-en-3,20-dion und Acetanhydrid in Pyridin (*Allen, Bernstein*, Am. Soc. **78** [1956] 1909, 1912; *Ellis et al.*, Soc. **1955** 4383, 4388).

Kristalle; F: 205—206° [unkorr.; aus Acn.+PAe.] (*Al., Be.*), 200—202° [unkorr.; aus Acn.+ Ae.] (*Romo, Romo de Vivar*, J. org. Chem. **21** [1956] 902, 908), 199—200° [aus wss. Me.] (*El. et al.*). $[\alpha]_D^{20}$: +52° [CHCl₃; c = 0,8] (*El. et al.*), +44° [CHCl₃] (*Romo, Romo de Vi.*); $[\alpha]_D^{25}$: +51° [CHCl₃; c = 0,4] (*Al., Be.*). λ_{max} (A.): 240 nm (*Al., Be.*).

6α-Fluor-16α,17,21-trihydroxy-pregn-4-en-3,20-dion $C_{21}H_{29}FO_5$, Formel VIII (R = R' = H, X = F).

B. Aus 21-Acetoxy-6α-fluor-16α,17-isopropylidendioxy-pregn-4-en-3,20-dion mit Hilfe von wss. Ameisensäure (*Mills et al.*, Am. Soc. **81** [1959] 1264, **82** [1960] 3399, 3402).

Kristalle (aus Acn.); F: 228—230° [unkorr.]. $[\alpha]_D$: +64° [Dioxan]. λ_{max} (A.): 236 nm.

17,19,21-Trihydroxy-pregn-4-en-3,20-dion $C_{21}H_{30}O_5$, Formel IX.

Isolierung aus Nebennieren von Rindern und Schweinen: *Neher, Wettstein*, Helv. **39** [1956] 2062, 2080.

B. Aus Pregn-4-en-3,20-dion in Rinder-Nebennieren (*Levy, Kushinsky*, Arch. Biochem. **55** [1955] 290). Neben anderen Verbindungen aus 17,21-Dihydroxy-pregn-4-en-3,20-dion mit Hilfe von Corticium sasakii: *Hasegawa et al.*, Bl. agric. chem. Soc. Japan **21** [1957] 390; *Hasegawa, Takahashi*, Bl. agric. chem. Soc. Japan **22** [1958] 212. Aus 19,21-Dihydroxy-pregn-4-en-3,20-dion mit Hilfe von Trichothecium roseum (*Ne., We.*).

Kristalle (aus Me.); F: 240—244° [unkorr.] (*Levy, Ku.*), 235—241° [korr.], 233—236° (*Ha. et al.*). $[\alpha]_D^{18}$: +144° [A.] (*Ha. et al.*); $[\alpha]_D^{21}$: +119° [Dioxan; c = 0,5] (*Ne., We.*). λ_{max}: 243 nm (*Ne., We.*), 243,5 nm (*Ha. et al.*).

O^{19},O^{21}-Diacetyl-Derivat $C_{25}H_{34}O_7$; 19,21-Diacetoxy-17-hydroxy-pregn-4-en-3,20-dion. Kristalle (aus Ae.+Acn.); F: 229—232° [korr.] (*Ne., We.*).

3β,17,21-Trihydroxy-pregn-5-en-7,20-dion $C_{21}H_{30}O_5$, Formel X (R = R' = H).

B. Aus 17,21-Diacetoxy-3β-äthoxycarbonyloxy-pregn-5-en-7,20-dion mit Hilfe von methanol.

KOH (*Marshall et al.*, Am. Soc. **79** [1957] 6308, 6312).

Kristalle (aus E.); F: 224−227° [unkorr.]. [α]$_D$: −95° [Dioxan; c = 0,6]. λ$_{max}$ (Me.): 237,5 nm.

3β,17,21-Triacetoxy-pregn-5-en-7,20-dion C$_{27}$H$_{36}$O$_8$, Formel X (R = R′ = CO-CH$_3$).

B. Aus 3β,17,21-Triacetoxy-pregn-5-en-20-on mit Hilfe von CrO$_3$ (*Marshall et al.*, Am. Soc. **79** [1957] 6308, 6311).

Kristalle (aus E.); F: 246−248° [unkorr.]. [α]$_D$: −116° [CHCl$_3$; c = 1]. λ$_{max}$ (Me.): 236 nm.

17,21-Diacetoxy-3β-äthoxycarbonyloxy-pregn-5-en-7,20-dion, Kohlensäure-äthylester-[17,21-diacetoxy-7,20-dioxo-pregn-5-en-3β-ylester] C$_{28}$H$_{38}$O$_9$, Formel X (R = CO-O-C$_2$H$_5$, R′ = CO-CH$_3$).

B. Aus 17,21-Diacetoxy-3β-äthoxycarbonyloxy-pregn-5-en-20-on mit Hilfe von CrO$_3$ (*Marshall et al.*, Am. Soc. **79** [1957] 6308, 6312).

Kristalle (aus Me.); F: 196−200° [unkorr.]. λ$_{max}$ (Me.): 235 nm.

21-Acetoxy-3β,17-dihydroxy-pregn-5-en-11,20-dion C$_{23}$H$_{32}$O$_6$, Formel XI (R = R′ = H, R″ = CO-CH$_3$).

B. Aus 3β,17-Dihydroxy-pregn-5-en-11,20-dion bei aufeinanderfolgender Umsetzung mit Brom, mit NaI und mit Kaliumacetat (*Rothman, Wall*, Am. Soc. **81** [1959] 411, 414).

Kristalle (aus wss. Acn.) mit 1 Mol H$_2$O; F: 112° und F: 208−213° [unkorr.; nach Abgabe von H$_2$O bei 97°]. [α]$_D^{25}$: +33° [CHCl$_3$; c = 1,7].

21-Acetoxy-3β-formyloxy-17-hydroxy-pregn-5-en-11,20-dion C$_{24}$H$_{32}$O$_7$, Formel XI (R = CHO, R′ = H, R″ = CO-CH$_3$).

B. Aus 3β-Formyloxy-17-hydroxy-pregn-5-en-11,20-dion bei aufeinanderfolgender Umsetzung mit Brom, mit NaI und mit Kaliumacetat (*Rothman, Wall*, Am. Soc. **81** [1959] 411, 413).

Kristalle; F: 192,5−193,5° [unkorr.]. [α]$_D^{25}$: +20,8° [CHCl$_3$; c = 1,7].

3β,21-Diacetoxy-17-hydroxy-pregn-5-en-11,20-dion C$_{25}$H$_{34}$O$_7$, Formel XI (R = R″ = CO-CH$_3$, R′ = H).

B. Als Nebenprodukt aus 3β,17-Dihydroxy-pregn-5-en-11,20-dion bei aufeinanderfolgender Umsetzung mit Brom, mit NaI und mit Kaliumacetat (*Rothman, Wall*, Am. Soc. **81** [1959] 411, 414 Anm. 19).

Kristalle (aus Ae.); F: 187,5−188,5° [unkorr.]. [α]$_D^{25}$: +21° [CHCl$_3$; c = 1,7].

17,21-Diacetoxy-3β-hydroxy-pregn-5-en-11,20-dion C$_{25}$H$_{34}$O$_7$, Formel XI (R = H, R′ = R″ = CO-CH$_3$).

B. s. bei der folgenden Verbindung.

Kristalle; F: 203−205° [unkorr.] (*Rothman, Wall*, Am. Soc. **81** [1959] 411, 413). [α]$_D^{25}$: +83° [CHCl$_3$; c = 1,7].

17,21-Diacetoxy-3β-formyloxy-pregn-5-en-11,20-dion C$_{26}$H$_{34}$O$_8$, Formel XI (R = CHO, R′ = R″ = CO-CH$_3$).

B. Neben 17,21-Diacetoxy-3β-hydroxy-pregn-5-en-11,20-dion aus 21-Acetoxy-3β-formyloxy-

17-hydroxy-pregn-5-en-11,20-dion beim Behandeln mit Acetanhydrid und Toluol-4-sulfonsäure (*Rothman, Wall*, Am. Soc. **81** [1959] 411, 413).

Kristalle; F: 228–229° [Zers.]. $[\alpha]_D^{25}$: +40° [CHCl$_3$; c = 1,7].

2α,3β-Diacetoxy-16α-methoxy-pregn-5-en-12,20-dion $C_{26}H_{36}O_7$, Formel XII (R = CH$_3$).

B. Aus Tri-*O*-acetyl-pseudokammogenin (E III/IV **18** 2559) bei aufeinanderfolgender Umsetzung mit CrO$_3$, mit methanol. KOH und mit Acetanhydrid (*Moore, Wittle*, Am. Soc. **74** [1952] 6287).

Kristalle (aus Ae. + Me.); F: 212–214° [korr.]. $[\alpha]_D^{26}$: −10,2° [CHCl$_3$].

XII   XIII

2α,3β-Diacetoxy-16α-äthoxy-pregn-5-en-12,20-dion $C_{27}H_{38}O_7$, Formel XII (R = C$_2$H$_5$).

B. Analog der vorangehenden Verbindung (*Moore, Wittle*, Am. Soc. **74** [1952] 6287).

Kristalle (aus Me. + Ae.); F: 202–203° [korr.]. $[\alpha]_D^{26}$: −12,3° [CHCl$_3$].

3β,12β,14-Trihydroxy-14β-pregn-5-en-15,20-dion $C_{21}H_{30}O_5$, Formel XIII (R = R' = H).

B. Aus der folgenden Verbindung mit Hilfe von wss.-methanol. KHCO$_3$ (*Tschesche et al.*, A. **614** [1958] 136, 140; B. **100** [1967] 3289, 3307).

Kristalle (aus Acn. + Cyclohexan); F: 270°; $[\alpha]_D^{24}$: +64° [Me.; c = 0,1] (*Tsch. et al.*, B. **100** 3307). λ_{max} (Me.): 288 nm (*Tsch. et al.*, A. **614** 140).

12β-Acetoxy-3β,14-dihydroxy-14β-pregn-5-en-15,20-dion, Digacetigenin $C_{23}H_{32}O_6$, Formel XIII (R = H, R' = CO-CH$_3$).

Konstitution und Konfiguration: *Tschesche et al.*, B. **100** [1967] 3289; *Shoppee et al.*, Soc. [C] **1968** 786.

Gewinnung aus Digitalis purpurea: *Tschesche et al.*, A. **614** [1958] 136, 139.

Kristalle (aus Cyclohexan + Acn. + CHCl$_3$); F: 170–173°; $[\alpha]_D^{24}$: +37° [Me.; c = 0,2] (*Tsch. et al.*, B. **100** 3307). CD (λ_{max}: 344 nm und 289 nm; $\Delta\varepsilon$: −0,06 und +1,4; Dioxan): *Tsch. et al.*, B. **100** 3307. ^{1}H-NMR-Spektrum (CDCl$_3$): *Tsch. et al.*, B. **100** 3307; *Sh. et al.*, l. c. S. 790, 792.

Massenspektrum: *Tsch. et al.*, B. **100** 3301; *Sh. et al.*

3β,12β-Diacetoxy-14-hydroxy-14β-pregn-5-en-15,20-dion $C_{25}H_{34}O_7$, Formel XIII (R = R' = CO-CH$_3$).

B. Aus Digacetigenin (s. o.) mit Acetanhydrid in Pyridin (*Tschesche et al.*, A. **614** [1958] 136, 140; B. **100** [1967] 3289, 3310).

Kristalle; F: 173–174° [korr.; aus Acn. + Hexan] (*Shoppee et al.*, Soc. [C] **1968** 786, 791), 166–171° [aus Bzl. + Cyclohexan] (*Tsch. et al.*, A. **614** 140). $[\alpha]_D^{25}$: +46° [Me.] (*Tsch. et al.*, A. **614** 140). CD (λ_{max}: 345 nm und 289 nm; $\Delta\varepsilon$: −0,04 und +1,7; Dioxan): *Tsch. et al.*, B. **100** 3310. ^{1}H-NMR-Absorption: *Tsch. et al.*, B. **100** 3310; *Sh. et al.* λ_{max} (Me.): 287 nm (*Tsch. et al.*, A. **614** 140).

Massenspektrum: *Sh. et al.*

21-Acetoxy-11β,17-dihydroxy-5β-pregn-8(14)-en-3,20-dion $C_{23}H_{32}O_6$, Formel XIV (X = H).

B. Aus 21-Acetoxy-11β,17-dihydroxy-pregna-4,8(14)-dien-3,20-dion durch Hydrierung an Palladium (*Wendler et al.*, Am. Soc. **79** [1957] 4476, 4484; *Fried, Sabo*, Am. Soc. **79** [1957] 1130, 1140).

Kristalle (aus Acn. + Hexan); F: 199–200° [korr.; Kapillare] (*Fr., Sabo*), 195–197° [unkorr.]

(We. et al.). $[\alpha]_D^{23}$: +160° [CHCl$_3$; c = 0,7] *(Fr., Sabo)*; $[\alpha]_D^{25}$: +165° [CHCl$_3$; c = 1] *(We. et al.).* λ_{max} (A.): 288 nm *(Fr., Sabo).*

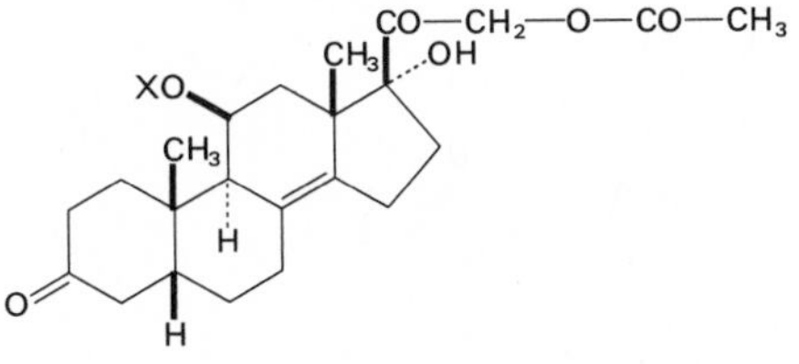

XIV

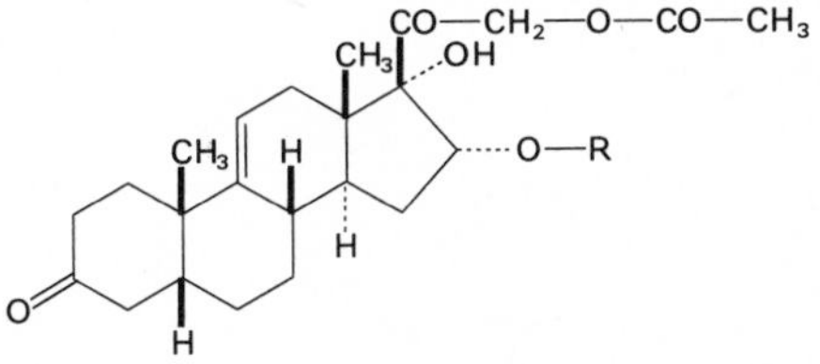

XV

21-Acetoxy-17-hydroxy-11β-methansulfonyloxy-5β-pregn-8(14)-en-3,20-dion C$_{24}$H$_{34}$O$_8$S, Formel XIV (X = SO$_2$-CH$_3$).

B. Aus der vorangehenden Verbindung und Methansulfonylchlorid *(Wendler et al.,* Am. Soc. **79** [1957] 4476, 4484).

Kristalle (aus Acn.+Hexan); F: 142−144° [unkorr.; Zers.]. $[\alpha]_D^{25}$: +131,5° [CHCl$_3$; c = 1].

21-Acetoxy-16α,17-dihydroxy-5β-pregn-9(11)-en-3,20-dion C$_{23}$H$_{32}$O$_6$, Formel XV (R = H).

B. Aus 21-Acetoxy-5β-pregna-9(11),16-dien-3,20-dion mit Hilfe von OsO$_4$ *(Bernstein, Littell,* J. org. Chem. **24** [1959] 429).

Kristalle (aus Acn.+PAe.); F: 171−177° [Zers.].

16α,21-Diacetoxy-17-hydroxy-5β-pregn-9(11)-en-3,20-dion C$_{25}$H$_{34}$O$_7$, Formel XV (R = CO-CH$_3$).

B. Aus der vorangehenden Verbindung und Acetanhydrid *(Bernstein, Littell,* J. org. Chem. **24** [1959] 429).

Kristalle (aus Acn.+PAe.); F: 175−190°.

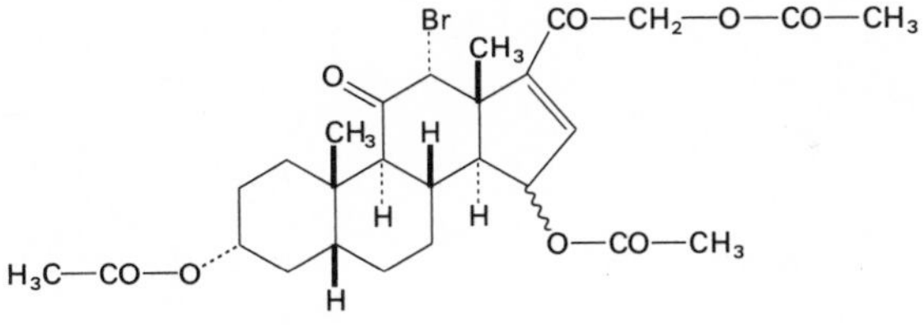

XVI

3α,15ξ,21-Triacetoxy-12α-brom-5β-pregn-16-en-11,20-dion C$_{27}$H$_{35}$BrO$_8$, Formel XVI.

B. Neben 3α,21-Diacetoxy-12α-brom-5β-pregna-14,16-dien-11,20-dion aus 3α,21-Diacetoxy-12α-brom-15ξ-jod-5β-pregn-16-en-11,20-dion und Silberacetat *(Colton, Kendall,* J. biol. Chem. **194** [1952] 247, 258).

Kristalle (aus Ae.+PAe.); F: 226−228°. $[\alpha]_D$: +100° [CHCl$_3$; c = 1]. λ_{max}: 229 nm.

[*Schütt*]

21-Acetoxy-17-hydroxy-5β-pregnan-3,6,11-trion C$_{23}$H$_{32}$O$_6$, Formel I.

IR-Spektrum (CHCl$_3$; 1800−850 cm^{-1}): *G. Roberts, B.S. Gallagher, R.N. Jones,* Infrared Absorption Spectra of Steroids, Bd. 2 [New York 1958] Nr. 642.

4ξ,17-Dihydroxy-5β-pregnan-3,11,20-trion C$_{21}$H$_{30}$O$_5$, Formel II.

B. Aus 5β-Pregnan-3,11,20-trion durch aufeinanderfolgende Umsetzung mit Acetanhydrid und Toluol-4-sulfonsäure, mit Peroxyessigsäure und mit wss.-äthanol. NaOH *(Upjohn Co.,* U.S.P. 2673864 [1952]).

Feststoff. $[\alpha]_D^{23}$: $+43°$ [CHCl$_3$].

O^4-Acetyl-Derivat $C_{23}H_{32}O_6$; 4ξ-Acetoxy-17-hydroxy-5β-pregnan-3,11,20-trion. Kristalle (aus Diisopropyläther); F: $214-218°$. $[\alpha]_D^{24}$: $+105°$ [CHCl$_3$].

I   II

21-Acetoxy-6β-fluor-5-hydroxy-5α-pregnan-3,11,20-trion $C_{23}H_{31}FO_6$, Formel III.

B. Aus 3,3;20,20-Bis-äthandiyldioxy-5,6α-epoxy-21-hydroxy-5α-pregnan-11-on bei aufeinander folgender Umsetzung mit wss. HF und mit Acetanhydrid in Pyridin (*Upjohn Co.,* U.S.P. 2838540 [1957]).

Kristalle (aus Acn. + Hexan); F: $222-228°$. $[\alpha]_D$: $+95°$ [CHCl$_3$].

17,21-Dihydroxy-pregnan-3,11,20-trione $C_{21}H_{30}O_5$.

a) **17,21-Dihydroxy-5β-pregnan-3,11,20-trion,** Formel IV (R = R' = CH$_3$) (E III 4039).

B. Aus 3α,17,21-Trihydroxy-5β-pregnan-11,20-dion mit Hilfe von *N*-Brom-acetamid (*Kritchevsky et al.,* Am. Soc. **74** [1952] 483, 486). Aus 21-Acetoxy-17-hydroxy-5β-pregnan-3,11,20-trion mit wss.-methanol. KOH (*Sondheimer et al.,* J. org. Chem. **22** [1957] 1090). Aus Cortison (S. 3480) mit Hilfe von Alternaria bataticola (*Shirasaka, Tsuruta,* Arch. Biochem. **85** [1959] 277).

Absorptionsspektrum (220−600 nm) in H$_2$SO$_4$: *Smith, Muller,* J. org. Chem. **23** [1958] 960, 961; in H$_3$PO$_4$: *Nowaczynski, Steyermark,* Arch. Biochem. **58** [1955] 453, 454, 457.

III   IV

b) **17,21-Dihydroxy-5α-pregnan-3,11,20-trion,** Formel V (R = R' = H).

B. Aus 21-Acetoxy-17-hydroxy-5α-pregnan-3,11,20-trion mit Hilfe von wss.-methanol. KOH bzw. KHCO$_3$ (*Sondheimer et al.,* J. org. Chem. **22** [1957] 1090; *Evans et al.,* Soc. **1958** 1529, 1538).

Kristalle (aus Acn.); F: $217-221°$ [Zers.]; $[\alpha]_D^{22}$: $+90°$ [Me. oder A.; c = 1], $+78°$ [Acn.; c = 0,5], $+78°$ [CHCl$_3$; c = 0,4], $+81°$ [Dioxan; c = 1] (*Ev. et al.*). Absorptionsspektrum (220−600 nm) in H$_2$SO$_4$: *Bernstein, Lenhard,* J. org. Chem. **18** [1953] 1146, 1154; in H$_3$PO$_4$: *Nowaczynski, Steyermark,* Arch. Biochem. **58** [1955] 453, 454, 457.

3,20-Disemicarbazon $C_{23}H_{36}N_6O_5$. Feststoff mit 1,5 Mol H$_2$O; F: $>300°$; $[\alpha]_D^{20}$: $+17°$ [Py.; c = 1]; λ_{max} (A.): 229 nm (*Brooks et al.,* Soc. **1958** 4614, 4620).

17-Hydroxy-21-methoxy-5β-pregnan-3,11,20-trion $C_{22}H_{32}O_5$, Formel IV (R = H, R' = CH$_3$).

B. Aus 22-Methoxy-3,11-dioxo-23,24-dinor-5β-chol-17(20)ξ-en-21-nitril beim Behandeln mit OsO$_4$, Pyridin und Benzol (*Huang-Minlon et al.,* Am. Soc. **76** [1954] 2396, 2399).

Kristalle (aus Acn. + PAe.); F: $164-166°$. $[\alpha]_D^{24}$: $+76°$ [Me.; c = 1].

21-Acetoxy-17-hydroxy-pregnan-3,11,20-trione $C_{23}H_{32}O_6$.

a) **21-Acetoxy-17-hydroxy-5β-pregnan-3,11,20-trion,** Formel IV (R = H, R' = CO-CH₃) (E III 4040).

B. Aus 21-Acetoxy-3α,17-dihydroxy-5β-pregnan-11,20-dion mit Hilfe von N-Brom-acetamid (*Hanze et al.,* Am. Soc. **76** [1954] 3179), mit Hilfe von N-Brom-succinimid (*Hershberg et al.,* Am. Soc. **74** [1952] 3849, 3851) oder mit Hilfe von *tert*-Butylhypochlorit (*Fonken et al.,* Am. Soc. **77** [1955] 172). Aus 21-Acetoxy-3β,17-dihydroxy-5β-pregnan-11,20-dion mit Hilfe von 1,3-Dibrom-5,5-dimethyl-imidazolidin-2,4-dion (*Giovambattista,* Rev. Asoc. bioquim. arg. **23** [1958] 208). Aus 21-Acetoxy-16β-brom-17-hydroxy-5β-pregnan-3,11,20-trion bei der Hydrierung an Palladium/CaCO₃ in Äthanol (*Colton et al.,* J. biol. Chem. **194** [1952] 235, 244). Aus 21-Brom-17-hydroxy-5β-pregnan-3,11,20-trion und Kaliumacetat (*Ercoli, Gardi,* G. **88** [1958] 684, 689). Aus 22-Acetoxy-3,11-dioxo-23,24-dinor-5β-chol-17(20)ξ-en-21-nitril durch aufeinanderfolgende Umsetzung mit KMnO₄ und mit wss. K₂CO₃ (*Tull et al.,* Am. Soc. **77** [1955] 197).

Kristalle; F: 234—235° [aus Acn.+Ae.]; $[\alpha]_D^{25}$: +84° [Acn.; c = 1] (*Co. et al.*). F: 232,5—234,5°; $[\alpha]_D^{25}$: +82,3° [Acn.; c = 1] (*Tull et al.*). IR-Spektrum (CHCl₃; 1800—850 cm⁻¹): K. Dobriner, E.R. Katzenellenbogen, R.N. Jones, Infrared Absorption Spectra of Steroids [New York 1953] Nr. 229; G. Roberts, B.S. Gallagher, R.N. Jones, Infrared Absorption Spectra of Steroids, Bd. 2 [New York 1958] Nr. 733. Absorptionsspektrum (H₂SO₄; 220—600 nm): *Bernstein, Lenhard,* J. org. Chem. **18** [1953] 1146, 1157.

3,20-Disemicarbazon $C_{25}H_{38}N_6O_6$. Kristalle (aus Me.+Acn.); $[\alpha]_D$: +65° [wss. DMF] (*Joly et al.,* Bl. **1956** 1459).

V   VI

b) **21-Acetoxy-17-hydroxy-5α-pregnan-3,11,20-trion,** Formel V (R = H, R' = CO-CH₃).

B. Aus 21-Acetoxy-3β,11α,17-trihydroxy-5α-pregnan-20-on mit Hilfe von CrO₃ (*Romo et al.,* Am. Soc. **75** [1953] 1277, 1281). Aus 21-Acetoxy-3β,17-dihydroxy-5α-pregnan-11,20-dion mit Hilfe von N-Brom-acetamid (*Pataki et al.,* Am. Soc. **74** [1952] 5615; *Evans et al.,* Soc. **1956** 4356, 4361) oder mit Hilfe von CrO₃ (*Meyer,* J. biol. Chem. **203** [1953] 469, 475). Bei der Hydrierung von 21-Acetoxy-17-hydroxy-pregn-4-en-3,11,20-trion an Palladium (*Djerassi et al.,* J. biol. Chem. **194** [1952] 115; *Wilson, Tishler,* Am. Soc. **74** [1952] 1609).

Dimorph; Kristalle; F: 235—236° [aus E.] bzw. F: 228—231° [aus Bzl.] (*Dickson et al.,* Soc. **1955** 443, 445). Netzebenenabstände der Modifikationen A und B: *Di. et al.* $[\alpha]_D^{25}$: +89° [Acn.; c = 0,2], +103° [CHCl₃; c = 0,6] (*Ev. et al.*); $[\alpha]_D$: +109° [CHCl₃] (*Di. et al.*). IR-Spektrum (KBr bzw. Nujol; 4000—600 cm⁻¹) der Modifikationen A und B: *Di. et al.* IR-Spektrum (CHCl₃; 1800—850 cm⁻¹): K. Dobriner, E.R. Katzenellenbogen, R.N. Jones, Infrared Absorption Spectra of Steroids [New York 1953] Nr. 227; G. Roberts, B.S. Gallagher, R.N. Jones, Infrared Absorption Spectra of Steroids, Bd. 2 [New York 1958] Nr. 731. λ_{max} (A.): 295 nm (*Ev. et al.*).

3-Oxim $C_{23}H_{33}NO_6$. Kristalle (aus E.); F: 276—279°; $[\alpha]_D^{20}$: +97° [Dioxan; c = 1] (*Brooks et al.,* Soc. **1958** 4614, 4623).

3,20-Dioxim $C_{23}H_{34}N_2O_6$. Kristalle (aus E.); F: 203—204°; $[\alpha]_D^{20}$: +41° [Dioxan; c = 1] (*Br. et al.*).

3,20-Disemicarbazon $C_{25}H_{38}N_6O_6$. Feststoff mit 1,5 Mol H₂O; F: >300°; $[\alpha]_D^{20}$: +21° [Py.; c = 1]; λ_{max} (A.): 231 nm (*Br. et al.,* l. c. S. 4620).

17,21-Diacetoxy-pregnan-3,11,20-trione $C_{25}H_{34}O_7$.

a) **17,21-Diacetoxy-5β-pregnan-3,11,20-trion,** Formel IV (R = R′ = CO-CH₃).
B. Aus 21-Acetoxy-17-hydroxy-5β-pregnan-3,11,20-trion beim Erhitzen mit Acetanhydrid
(*Huang-Minlon et al.,* Am. Soc. **74** [1952] 5394).
Kristalle (aus wss. Me.); F: 221−222°. $[\alpha]_D^{26}$: +27,4° [CHCl₃].

b) **17,21-Diacetoxy-5α-pregnan-3,11,20-trion,** Formel V (R = R′ = CO-CH₃).
Die von *Huang-Minlon et al.* (Am. Soc. **74** [1952] 5394) unter dieser Konstitution und Konfi≈
guration beschriebene Verbindung ist als 3,17,21-Triacetoxy-5α-pregn-2-en-11,20-dion zu for≈
mulieren (*Evans et al.,* Soc. **1956** 4356, 4359).
B. Aus 3,17,21-Triacetoxy-5α-pregn-2-en-11,20-dion durch aufeinanderfolgende Umsetzung
mit wss. HCl und mit Acetanhydrid (*Ev. et al.,* l. c. S. 4365). Aus 17,21-Diacetoxy-2ξ-brom-5α-
pregnan-3,11,20-trion (F: 230−232°) mit Hilfe von CrCl₂ (*Ev. et al.*).
Kristalle (aus Acn.); F: 228−230°; $[\alpha]_D$: +32° [CHCl₃] (*Ev. et al.*).

21-Acetoxy-17-trifluoracetoxy-5α-pregnan-3,11,20-trion $C_{25}H_{31}F_3O_7$, Formel V
(R = CO-CF₃, R′ = CO-CH₃).
B. Aus 21-Acetoxy-17-hydroxy-5α-pregnan-3,11,20-trion und Trifluoressigsäure-anhydrid
(*CIBA,* U.S.P. 2854465 [1956]).
Kristalle (aus Acn. + Diisopropyläther); F: 179−182°.

17,21-Dihydroxy-3,3-dimethoxy-5α-pregnan-11,20-dion $C_{23}H_{36}O_6$, Formel VI (R = H).
B. Aus 17,21-Dihydroxy-5α-pregnan-3,11,20-trion und Methanol (*Evans et al.,* Soc. **1958**
1529, 1539).
Kristalle; F: 177−181°. $[\alpha]_D^{22}$: +52° [CHCl₃; c = 1].

21-Acetoxy-17-hydroxy-3,3-dimethoxy-pregnan-11,20-dione $C_{25}H_{38}O_7$.

a) **21-Acetoxy-17-hydroxy-3,3-dimethoxy-5β-pregnan-11,20-dion,** Formel VII.
B. Aus 21-Acetoxy-17-hydroxy-5β-pregnan-3,11,20-trion und Methanol in Gegenwart von
SeO₂ (*Oliveto et al.,* Am. Soc. **76** [1954] 6113, 6115).
Kristalle (aus Me.); F: 181−184° [korr.; Zers.]. $[\alpha]_D^{24}$: +71,3° [Acn.].

VII   VIII

b) **21-Acetoxy-17-hydroxy-3,3-dimethoxy-5α-pregnan-11,20-dion,** Formel VI
(R = CO-CH₃).
B. Aus 21-Acetoxy-17-hydroxy-5α-pregnan-3,11,20-trion und Methanol (*Evans et al.,* Soc.
1958 1529, 1539).
Kristalle (aus pyridinhaltigem Me.); F: 205−212°. $[\alpha]_D^{22}$: +87° [CHCl₃; c = 0,6].

4ξ-Chlor-17,21-dihydroxy-5β-pregnan-3,11,20-trion $C_{21}H_{29}ClO_5$, Formel VIII
(R = R′ = X = H, X′ = Cl).
B. Aus 21-Acetoxy-4ξ-chlor-17-hydroxy-5β-pregnan-3,11,20-trion (F: 244−249°) mit Hilfe
von wss.-methanol. HCl in CH₂Cl₂ (*Levin et al.,* Am. Soc. **76** [1954] 546, 550). Aus 17,21-Di≈
hydroxy-5β-pregnan-3,11,20-trion und Chlor in DMF in Gegenwart von Toluol-4-sulfonsäure
(*Upjohn Co.,* D.B.P. 946538 [1953]).
Kristalle; F: 214−218° [unkorr.; aus E. + PAe.] (*Le. et al.*), 214−218° (*Upjohn Co.*).

21-Acetoxy-4ξ-chlor-17-hydroxy-5β-pregnan-3,11,20-trion $C_{23}H_{31}ClO_6$, Formel VIII
(R = X = H, R' = CO-CH$_3$, X' = Cl).

B. Aus 21-Acetoxy-3α,17-dihydroxy-5β-pregnan-11,20-dion beim Behandeln mit *tert*-Butyl= hypochlorit oder mit *N*-Chlor-succinimid (*Hanze et al.*, Am. Soc. **76** [1954] 3179; s. a. *Levin et al.*, Am. Soc. **76** [1954] 548, 550; *Upjohn Co.*, U.S.P. 2751401 [1953]). Aus 21-Acetoxy-17-hydroxy-5β-pregnan-3,11,20-trion beim Behandeln mit Dichlorjodanyl-benzol in Essigsäure (*Sterling Drug Co.*, U.S.P. 2681353 [1952]) sowie beim Behandeln mit Chlor in DMF unter Zusatz von Toluol-4-sulfonsäure (*Upjohn Co.*, D.B.P. 946538 [1953]).

Kristalle; F: 244—249° [unkorr.; aus wss. Acn.]; [α]$_D^{25}$: +112° [Acn.] (*Le. et al.*). F: 242—245° [unkorr.; aus wss. Acn.]; [α]$_D^{24}$: +105° [Acn.; c = 0,8] (*Ha. et al.*).

21-Acetoxy-12α-chlor-17-hydroxy-5α-pregnan-3,11,20-trion $C_{23}H_{31}ClO_6$, Formel IX.

B. Aus 21-Acetoxy-12α-chlor-3β,17-dihydroxy-5α-pregnan-11,20-dion mit Hilfe von CrO$_3$ (*Fried et al.*, Chem. and Ind. **1956** 1232).

F: 214—216°. [α]$_D^{23}$: +4° [CHCl$_3$]. IR-Banden (Nujol; 2,5—6 μ): *Fr. et al.*

IX   X

21-Acetoxy-16β-chlor-17-hydroxy-5β-pregnan-3,11,20-trion $C_{23}H_{31}ClO_6$, Formel X.

B. Aus 21-Acetoxy-16α,17-epoxy-5β-pregnan-3,11,20-trion und HCl (*Beyler, Hoffmann*, J. org. Chem. **21** [1956] 572).

Kristalle (aus CH$_2$Cl$_2$+Ae.); F: 183—186°. [α]$_D^{23}$: +61° [CHCl$_3$; c = 0,5].

21-Acetoxy-4β(?),5-dichlor-17-hydroxy-5α(?)-pregnan-3,11,20-trion $C_{23}H_{30}Cl_2O_6$, vermutlich Formel XI (R = X = H, X' = Cl).

Bezüglich der Konfiguration an den C-Atomen 4 und 5 vgl. das analog hergestellte 4β,5-Di= chlor-5α-cholestan-3-on (E IV **7** 871).

B. Beim Behandeln von 21-Acetoxy-17-hydroxy-pregn-4-en-3,11,20-trion in Äther mit Chlor in Propionsäure (*Kirk et al.*, Soc. **1956** 1184).

F: 235—236° [Zers.; aus Acn.+Ae.]. [α]$_D^{24}$: +57° [Dioxan; c = 0,2].

XI   XII

21-Acetoxy-2-brom-17-hydroxy-pregnan-3,11,20-trione $C_{23}H_{31}BrO_6$.

a) **21-Acetoxy-2ξ-brom-17-hydroxy-5β-pregnan-3,11,20-trion**, Formel VIII (R = X' = H, R' = CO-CH$_3$, X = Br).

B. Neben 21-Acetoxy-4ξ-brom-17-hydroxy-5β-pregnan-3,11,20-trion (Hauptprodukt, F: 205—206°; [α]$_D$: +102° [Acn.]) beim Behandeln von 21-Acetoxy-17-hydroxy-5β-pregnan-

3,11,20-trion mit Brom, HBr, Natriumacetat und Essigsäure (*Mattox, Kendall*, J. biol. Chem. **185** [1950] 593, 598).

Kristalle (aus Acn. + CCl$_4$); F: 200−201° [Zers.; vorgeheizter App.]. [α]$_D$: +51° [Acn.].

b) **21-Acetoxy-2ξ-brom-17-hydroxy-5α-pregnan-3,11,20-trion**, Formel XII (R = X' = H, X = Br).

B. Aus 21-Acetoxy-17-hydroxy-5α-pregnan-3,11,20-trion beim Behandeln mit Brom, HBr und Essigsäure (*Evans et al.*, Soc. **1956** 4356, 4362) sowie beim Behandeln mit Brom, *tert*-Butylalkoᵗ hol und CH$_2$Cl$_2$ (*Oliveto et al.*, Am. Soc. **74** [1952] 2248).

Kristalle (aus E.) mit 1 Mol Äthylacetat; F: 185−192° [Zers.] (*Ev. et al.*). Kristalle (aus Acn.) mit 1 Mol Aceton; F: 187−189° [Zers.] (*Ev. et al.*). Kristalle (aus Bzl.) mit 0,5 Mol Benzol; F: 182−192° [Zers.] (*Ev. et al.*). Kristalle (aus CH$_2$Cl$_2$ + Ae.) mit 0,5 Mol CH$_2$Cl$_2$; F: 181−183° [korr.; Zers.] (*Ol. et al.*). [α]$_D^{23}$: +100,9° [Acn.; c = 1], +106,0° [CHCl$_3$; c = 1] (*Ol. et al.*); [α]$_D^{20}$: +110° [CHCl$_3$] (*Ev. et al.*). λ$_{max}$ (A.): 207 nm und 292 nm (*Ev. et al.*).

17,21-Diacetoxy-2ξ-brom-5α-pregnan-3,11,20-trion $C_{25}H_{33}BrO_7$, Formel XII (R = CO-CH$_3$, X = Br, X' = H).

B. Aus 3,17,21-Triacetoxy-5α-pregn-2-en-11,20-dion oder aus 17,21-Diacetoxy-5α-pregnan-3,11,20-trion beim Behandeln mit Brom in Essigsäure (*Evans et al.*, Soc. **1956** 4356, 4365; *G.N.R.D. Patents Holding Ltd.*, D.B.P. 964677 [1954]; U.S.P. 2831874 [1954]).

Kristalle; F: 244−246° [Zers.]; [α]$_D$: +46,5° [CHCl$_3$] (*G.N.R.D. Patents Holding Ltd.*). F: 230−232° [Zers.; aus Acn.]; [α]$_D$: +45° [CHCl$_3$] (*Ev. et al.*).

4ξ-Brom-17-hydroxy-21-methoxy-5β-pregnan-3,11,20-trion $C_{22}H_{31}BrO_5$, Formel VIII (R = X = H, R' = CH$_3$, X' = Br).

B. Aus 17-Hydroxy-21-methoxy-5β-pregnan-3,11,20-trion beim Behandeln mit Brom, HBr, Natriumacetat und Essigsäure (*Huang-Minlon et al.*, Am. Soc. **76** [1954] 2396, 2399).

Kristalle (aus CHCl$_3$ + PAe.); Zers. bei 185−187°. [α]$_D^{24}$: +114° [Me.; c = 1].

21-Acetoxy-4-brom-17-hydroxy-pregnan-3,11,20-trione $C_{23}H_{31}BrO_6$.

a) **21-Acetoxy-4ξ-brom-17-hydroxy-5β-pregnan-3,11,20-trion**, Formel VIII (R = X = H, R' = CO-CH$_3$, X' = Br).

Die Konfiguration am C-Atom 4 der früher (E III **8** 4040) als 21-Acetoxy-4β-brom-17-hydrᵗ oxy-5β-pregnan-3,11,20-trion formulierten Verbindung ist ungewiss.

B. Aus 21-Acetoxy-17-hydroxy-5β-pregnan-3,11,20-trion oder aus 21-Acetoxy-3α,17-dihydrᵗ oxy-5β-pregnan-11,20-dion beim Behandeln mit *N*-Brom-acetamid, wenig wss. HBr und *tert*-Butylalkohol (*Hanze et al.*, Am. Soc. **76** [1954] 3179) oder mit *N*-Brom-succinimid, *tert*-Butylᵗ alkohol und CH$_2$Cl$_2$ (*Hershberg et al.*, Am. Soc. **74** [1952] 3849).

Kristalle; F: 202−205° [unkorr.; Zers.]; [α]$_D^{25}$: +99° [Acn.] (*Ha. et al.*). F: 200−203° [korr.; Zers.]; [α]$_D^{21}$: +97,2° [Acn.] (*He. et al.*).

Ein ebenfalls unter dieser Konstitution und Konfiguration beschriebenes Präparat (F: 257°; [α]$_D$: +104° [Acn.; c = 1]) ist beim Erwärmen von 21-Acetoxy-17-hydroxy-5β-pregnan-3,11,20-trion mit *N*-Brom-succinimid, Benzylalkohol, *tert*-Butylalkohol und wenig H$_2$O erhalten worden (*Velluz et al.*, Bl. **1953** 905; *Labor. franç. de Chimiothérapie*, U.S.P. 2768189 [1953]).

b) **21-Acetoxy-4ξ-brom-17-hydroxy-5α-pregnan-3,11,20-trion**, Formel XII (R = X = H, X' = Br).

B. Aus 21-Acetoxy-2ξ,4ξ-dibrom-17-hydroxy-5α-pregnan-3,11,20-trion (F: 173−175°) mit Hilfe von CrCl$_2$ (*Evans et al.*, Soc. **1956** 4356, 4367).

Kristalle (aus Bzl.); F: 204−206° [Zers.]. [α]$_D^{26}$: +42° [Acn.], +56° [CHCl$_3$]. Kristalle (aus E.) mit 1 Mol Äthylacetat; F: 206−208° [Zers.]. λ$_{max}$ (A.): 292 nm.

17,21-Diacetoxy-4ξ-brom-5β-pregnan-3,11,20-trion $C_{25}H_{33}BrO_7$, Formel VIII (R = R' = CO-CH$_3$, X = H, X' = Br).

B. Aus 3,17,21-Triacetoxy-5β-pregn-3-en-11,20-dion beim Behandeln mit *N*-Brom-succinimid,

tert-Butylalkohol und wss. H_2SO_4 (*Moffett, Anderson*, Am. Soc. **76** [1954] 747).
Kristalle (aus E. + Hexan); F: 186−187° [unkorr.; Zers.].

21-Acetoxy-16β-brom-17-hydroxy-5β-pregnan-3,11,20-trion $C_{23}H_{31}BrO_6$, Formel XIII
(X = H, X′ = Br).
   B. Aus 21-Acetoxy-16α,17-epoxy-5β-pregnan-3,11,20-trion und HBr in Essigsäure (*Colton et al.*, J. biol. Chem. **194** [1952] 235, 244; *Julian et al.*, Am. Soc. **77** [1955] 4601, 4603).
   Kristalle; F: 189−190° [aus $CHCl_3$ + Ae. + PAe.] (*Co. et al.*), 189−190° [unkorr.; Zers.; aus E.] (*Ju. et al.*). $[\alpha]_D^{25}$: +51° [$CHCl_3$; c = 1] (*Co. et al.*).

XIII   XIV

21-Acetoxy-2,2-dibrom-17-hydroxy-5α-pregnan-3,11,20-trion $C_{23}H_{30}Br_2O_6$, Formel XI
(R = X′ = H, X = Br).
   B. Aus 21-Acetoxy-2ξ-brom-17-hydroxy-5α-pregnan-3,11,20-trion beim Behandeln mit Brom, Kaliumacetat und Essigsäure (*Evans et al.*, Soc. **1956** 4356, 4362).
   Kristalle (aus E. + Hexan); F: 160−166° [Zers.]. $[\alpha]_D^{19}$: +151° [$CHCl_3$].
   Geschwindigkeitskonstante der Umlagerung zu 21-Acetoxy-2ξ,4ξ-dibrom-17-hydroxy-5α-pregnan-3,11,20-trion mit Hilfe von HBr in verschiedenen Lösungsmitteln: *Ev. et al.*

17,21-Diacetoxy-2,2-dibrom-5α-pregnan-3,11,20-trion $C_{25}H_{32}Br_2O_7$, Formel XI
(R = CO-CH_3, X = Br, X′ = H).
   B. Analog der vorangehenden Verbindung (*Evans et al.*, Soc. **1956** 4356, 4365; *G.N.R.D. Patents Holding Ltd.*, D.B.P. 964677 [1954]; U.S.P. 2831874 [1954]).
   Kristalle; F: 216−217° [aus CH_2Cl_2 + Ae.]; $[\alpha]_D$: +72° [$CHCl_3$] (*G.N.R.D. Patents Holding Ltd.*). F: 153−155° und (nach Wiedererstarren) F: 195−215° [Zers.; aus CH_2Cl_2 + Ae.]; $[\alpha]_D$: +77° [$CHCl_3$] (*Ev. et al.*).

21-Acetoxy-2,4-dibrom-17-hydroxy-pregnan-3,11,20-trione $C_{23}H_{30}Br_2O_6$.

   a) **21-Acetoxy-2α,4β-dibrom-17-hydroxy-5β-pregnan-3,11,20-trion**, Formel XIII (X = Br, X′ = H).
   Über diese Verbindung (Kristalle [aus wss. Acn.]; F: 245°; $[\alpha]_D$: −19° [Acn.]) s. *Muller et al.*, Bl. **1956** 1457.

   b) **21-Acetoxy-2ξ,4ξ-dibrom-17-hydroxy-5α-pregnan-3,11,20-trion**, Formel XII (R = H, X = X′ = Br).
   B. Aus 21-Acetoxy-17-hydroxy-5α-pregnan-3,11,20-trion oder 21-Acetoxy-4ξ-brom-17-hydr=
oxy-5α-pregnan-3,11,20-trion (S. 3442) beim Behandeln mit Brom, HBr und Essigsäure (*Evans et al.*, Soc. **1956** 4356, 4363, 4368). Aus 21-Acetoxy-2,2-dibrom-17-hydroxy-5α-pregnan-3,11,20-
trion mit Hilfe von HBr und Essigsäure (*Ev. et al.*).
   Kristalle (aus E. + Hexan); F: 174−176° [Zers.]. $[\alpha]_D^{21}$: +69° [Acn.]; $[\alpha]_D^{23}$: +85° [$CHCl_3$].
λ_{max} (A.): 210 nm und 292 nm.

17,21-Diacetoxy-2ξ,4ξ-dibrom-5α-pregnan-3,11,20-trion $C_{25}H_{32}Br_2O_7$, Formel XII
(R = CO-CH_3, X = X′ = Br).
   B. Aus 17,21-Diacetoxy-2,2-dibrom-5α-pregnan-3,11,20-trion mit Hilfe von HBr in $CHCl_3$

(*Evans et al.*, Soc. **1956** 4356, 4365; *G.N.R.D. Patents Holding Ltd.*, D.B.P. 964677 [1954]; U.S.P. 2831874 [1954]). Beim Behandeln von 3,17,21-Triacetoxy-5α-pregn-2-en-11,20-dion mit Brom, HBr und $CHCl_3$ (*Ev. et al.*; *G.N.R.D. Patents Holding Ltd.*).

Kristalle; F: 200° [Zers.; aus $CH_2Cl_2 + Ae.$]; $[\alpha]_D$: $+26,5°$ [$CHCl_3$] (*G.N.R.D. Patents Holding Ltd.*). F: 185° [Zers.]; $[\alpha]_D^{20}$: $+26°$ [$CHCl_3$] (*Ev. et al.*).

21-Acetoxy-17-hydroxy-2ξ-jod-5α-pregnan-3,11,20-trion $C_{23}H_{31}IO_6$, Formel XII (R = X′ = H, X = I).

B. Aus 21-Acetoxy-2ξ-brom-17-hydroxy-5α-pregnan-3,11,20-trion und NaI in Aceton (*Evans et al.*, Soc. **1956** 4356, 4367).

Kristalle (aus Me.) mit 1 Mol Methanol; F: 191° [Zers.]. $[\alpha]_D^{20}$: $+107°$ [$CHCl_3$]. λ_{max} (A.): 252 nm.

21-Acetoxy-17-hydroxy-pregnan-3,12,20-trione $C_{23}H_{32}O_6$.

a) **21-Acetoxy-17-hydroxy-5β-pregnan-3,12,20-trion**, Formel XIV (X = H).

B. Aus 21-Acetoxy-12α,17-dihydroxy-5β-pregnan-3,20-dion mit Hilfe von CrO_3 (*Adams et al.*, Soc. **1954** 4688). Aus 21-Acetoxy-3α,17-dihydroxy-5β-pregnan-12,20-dion mit Hilfe von *N*-Brom-succinimid (*Julian et al.*, Am. Soc. **78** [1956] 3153, 3157). Aus 21-Brom-17-hydroxy-5β-pregnan-3,12,20-trion und Kaliumacetat (*Ju. et al.*).

Kristalle; F: 158−160° [unkorr.; aus Ae. + PAe.]; $[\alpha]_D^{25}$: $+87°$ [Acn.; c = 0,4] (*Ju. et al.*). F: 156° [aus Acn. + Hexan]; $[\alpha]_D^{25}$: $+76°$ [$CHCl_3$; c = 0,4] (*Ad. et al.*).

b) **21-Acetoxy-17-hydroxy-5α-pregnan-3,12,20-trion**, Formel XV.

B. Aus 21-Acetoxy-3β,17-dihydroxy-5α-pregnan-12,20-dion mit Hilfe von *N*-Brom-acetamid (*Adams et al.*, Soc. **1954** 2209, 2213).

F: 207−210° [aus Acn. + Ae.]. $[\alpha]_D^{26}$: $+66°$ [$CHCl_3$; c = 0,5].

XV

XVI

21-Acetoxy-4β-brom-17-hydroxy-5β-pregnan-3,12,20-trion $C_{23}H_{31}BrO_6$, Formel XIV (X = Br).

B. Aus 21-Acetoxy-17-hydroxy-5β-pregnan-3,12,20-trion und Brom in Essigsäure (*Adams et al.*, Soc. **1954** 4688; *Julian et al.*, Am. Soc. **78** [1956] 3153, 3157).

Kristalle; F: ca. 174−175° (*Ad. et al.*). F: 150−154° [unkorr.; Zers.]; $[\alpha]_D^{25}$: $+105°$ [Acn.; c = 0,5] (*Ju. et al.*).

3β,14-Dihydroxy-5α,14β,17βH-pregnan-11,15,20-trion, Dihydro-α-digiprogenin $C_{21}H_{30}O_5$, Formel XVI.

B. Aus α-Digiprogenin (S. 3494) bei der Hydrierung an Palladium/Kohle in Äthanol (*Satoh, Nishii*, Chem. pharm. Bl. **17** [1969] 1401, 1403; *Satoh*, J. pharm. Soc. Japan **79** [1959] 1474; C. A. **1960** 6809).

Kristalle (aus Acn.); F: 215−218° (*Sa., Ni.*), 214−217° (*Sa.*).

15,20-Dioxim $C_{21}H_{32}N_2O_5$. Kristalle (aus Acn. + Hexan) mit 1 Mol H_2O; F: 236−240° [Zers.] (*Sa., Ni.*).

Acetyl-Derivat $C_{23}H_{32}O_6$; 3β-Acetoxy-14-hydroxy-5α,14β,17βH-pregnan-11,15,20-trion. Kristalle (aus Acn.); F: 200−202°; $[\alpha]_D^{24}$: $-40,2°$ [Me.; c = 1] (*Sa., Ni.*).

[*Goebels*]

Hydroxy-oxo-Verbindungen $C_{22}H_{32}O_5$

*Opt.-inakt. Bis-[4,4-dimethyl-2,6-dioxo-cyclohexyl]-[3-hydroxy-cyclopentyl]-methan, 5,5,5′,5′-Tetramethyl-2,2′-[3-hydroxy-cyclopentylmethylen]-bis-cyclohexan-1,3-dion $C_{22}H_{32}O_5$, Formel I und Taut.

B. Aus opt.-inakt. 3-Hydroxy-cyclopentancarbaldehyd (S. 14) und 5,5-Dimethyl-cyclohexan-1,3-dion (*Martin, Bartlett,* Am. Soc. **79** [1957] 2533, 2541).

Kristalle (aus Bzl. + Pentan); F: 163,3 − 164,2° [unkorr.]. IR-Banden (2,5 − 11 μ): *Ma., Ba.*

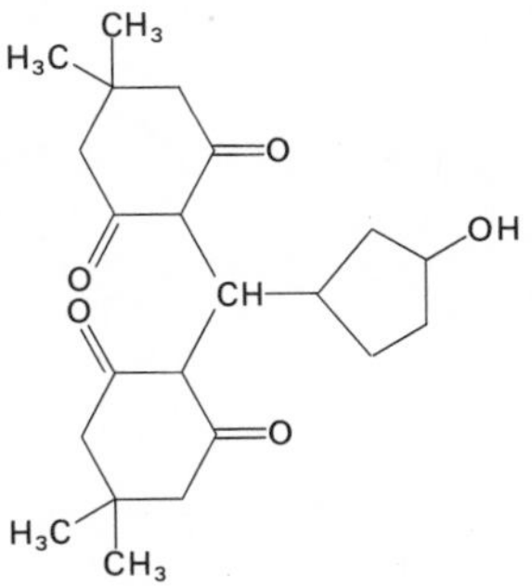

I 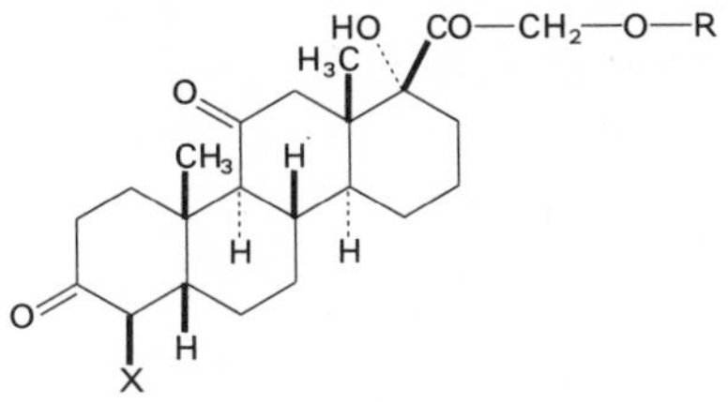   II

17a,21-Dihydroxy-*D*-homo-5β-pregnan-3,11,20-trion $C_{22}H_{32}O_5$, Formel II (R = X = H).

B. Beim Behandeln von 3α,17a,21-Trihydroxy-*D*-homo-5β-pregnan-11,20-dion in Aceton mit *N*-Brom-acetamid und Pyridin in wss. Methanol (*Clinton et al.,* Am. Soc. **80** [1958] 3395, 3402).

Kristalle (aus Me.); F: 218,6 − 225,2° [korr.]. $[\alpha]_D^{25}$: +63,2° [Eg.; c = 0,2].

21-Acetoxy-17a-hydroxy-*D*-homo-pregnan-3,11,20-trione $C_{24}H_{34}O_6$.

a) **21-Acetoxy-17a-hydroxy-*D*-homo-5β-pregnan-3,11,20-trion,** Formel II (R = CO-CH$_3$, X = H).

B. Aus 21-Brom-3α,17a-dihydroxy-*D*-homo-5β-pregnan-11,20-dion bei der Oxidation mit *N*-Brom-acetamid (bzw. CrO$_3$-Pyridin oder CrO$_3$ und Essigsäure) und anschliessenden Reaktion mit Kaliumacetat oder aus der vorangehenden Verbindung bei der Reaktion mit Acetanhydrid und Pyridin (*Clinton et al.,* Am. Soc. **80** [1958] 3395, 3400).

Kristalle (aus E.); F: 198,8 − 201,7° und (nach Wiedererstarren) F: 222,9 − 223° [korr.]. $[\alpha]_D^{25}$: +63,8° [CHCl$_3$; c = 1].

b) **21-Acetoxy-17a-hydroxy-*D*-homo-5β,17aβH-pregnan-3,11,20-trion,** Formel III.

B. Beim Erwärmen von 21-Brom-17a-hydroxy-*D*-homo-5β,17aβH-pregnan-3,11,20-trion mit NaI und Kaliumacetat in Aceton und anschliessenden Behandeln mit Acetanhydrid und Pyridin (*Clinton et al.,* Am. Soc. **80** [1958] 3395, 3401).

Kristalle (aus wss. Me.); F: 193,7 − 196,2° [korr.]. $[\alpha]_D^{25}$: +1,3° [CHCl$_3$; c = 1].

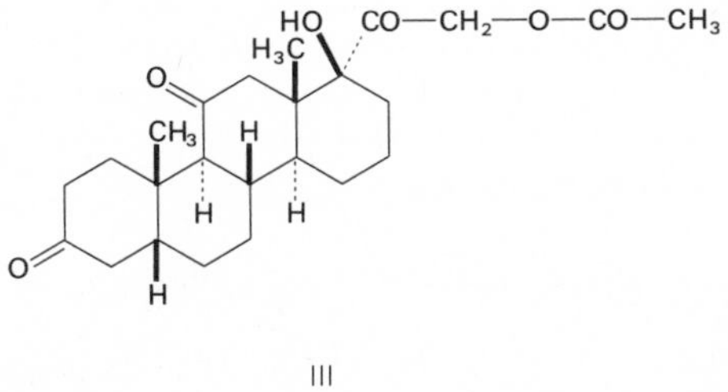

III 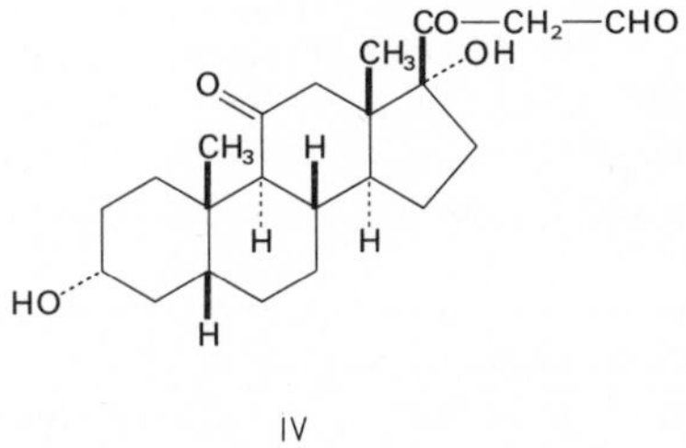   IV

21-Acetoxy-4β(?)-brom-17a-hydroxy-*D*-homo-5β-pregnan-3,11,20-trion $C_{24}H_{33}BrO_6$, vermutlich Formel II (R = CO-CH$_3$, X = Br).

B. Aus 21-Acetoxy-17a-hydroxy-*D*-homo-5β-pregnan-3,11,20-trion beim Behandeln mit Pyri≠dinium-tribromid, Natriumacetat und wenig HBr in Essigsäure (*Clinton et al.*, Am. Soc. **80** [1958] 3395, 3401).

Kristalle (aus Me.); F: 187,2—190,4° [korr.; Zers.; auf 180° vorgeheizter App.]. $[\alpha]_D^{25}$: +104,3° [Acn.; c = 0,5].

3α,17-Dihydroxy-11,20-dioxo-21,24-dinor-5β-cholan-23-al $C_{22}H_{32}O_5$, Formel IV und Taut.

B. Aus 3α,17-Dihydroxy-5β-pregnan-11,20-dion und Äthylformiat mit Hilfe von Natrium≠methylat (*Upjohn Co.*, U.S.P. 2767198 [1952]).

F: 135—145°.

20β_F,21-Diacetoxy-17-hydroxy-2α(?)-methyl-pregn-4-en-3,11-dion $C_{26}H_{36}O_7$, vermutlich Formel V.

B. Aus 21-Acetoxy-2α(?)-methyl-pregna-4,17(20)c-dien-3,11-dion (S. 2430) über mehrere Stu≠fen oder aus 20β_F,21-Diacetoxy-11β,17-dihydroxy-2α(?)-methyl-pregn-4-en-3-on (S. 3400) mit Hilfe von *N*-Brom-acetamid in Aceton (*Upjohn Co.*, U.S.P. 2852538 [1955]).

$[\alpha]_D$: +130° [Acn.].

V

VI

11β,17,21-Trihydroxy-2α(?)-methyl-pregn-4-en-3,20-dion $C_{22}H_{32}O_5$, vermutlich Formel VI (R = X = X' = H).

B. Aus der folgenden Verbindung mit Hilfe von KHCO$_3$ in Methanol (*Hogg et al.*, Am. Soc. **77** [1955] 6401; *Upjohn Co.*, U.S.P. 2865935 [1955]).

Kristalle; F: 237—238° (*Hogg et al.*), 237—238° [aus Acn.] (*Upjohn Co.*). $[\alpha]_D$: +185° [A.] (*Hogg et al.*; *Upjohn Co.*). λ_{max}: 248 nm [H$_2$O] (*Westphal, Ashley*, J. biol. Chem. **233** [1958] 57, 58), 242 nm [A.] (*Hogg et al.*).

21-Acetoxy-11β,17-dihydroxy-2α(?)-methyl-pregn-4-en-3,20-dion $C_{24}H_{34}O_6$, vermutlich Formel VI (R = CO-CH$_3$, X = X' = H).

B. Neben 21-Acetoxy-11β,17,20α_F-trihydroxy-2α(?)-methyl-pregn-4-en-3-on (S. 3400) aus 21-Acetoxy-11β-hydroxy-2α(?)-methyl-pregna-4,17(20)c-dien-3-on (S. 2210) mit Hilfe von Di≠acetoxy-phenyl-jodan und OsO$_4$ (*Hogg et al.*, Am. Soc. **77** [1955] 6401).

Polymorph(?); Kristalle; F: 197—199° (*Hogg et al.*), 171—171,5° [aus E.+Hexan] (*Upjohn Co.*, U.S.P. 2865935 [1955]; s. a. *Hogg et al.*) bzw. F: 133—135° [aus Ae.] (*Upjohn Co.*; s. a. *Hogg et al.*). $[\alpha]_D$: +164° [CHCl$_3$] (*Upjohn Co.*; *Hogg et al.*). IR-Spektrum (KBr; 4000—700 cm^{-1}): *G. Roberts, B.S. Gallagher, R.N. Jones*, Infrared Absorption Spectra of Steroids, Bd. 2 [New York 1958] Nr. 604. λ_{max} (A.): 242 nm (*Hogg et al.*).

21-Acetoxy-6α-fluor-11β,17-dihydroxy-2α-methyl-pregn-4-en-3,20-dion $C_{24}H_{33}FO_6$, Formel VI (R = CO-CH$_3$, X = F, X' = H).

B. Aus 21-Acetoxy-3,3-äthandiyldioxy-6β-fluor-5,11β,17-trihydroxy-2α-methyl-5α-pregnan-

20-on mit Hilfe von HCl in CHCl$_3$ und Äthanol (*Upjohn Co.*, U.S.P. 2838502 [1957]).
Kristalle (aus wss. Me. oder Acn.+Hexan); F: 214−215°. [α]$_D$: +137° [CHCl$_3$].

9-Fluor-11β,17,21-trihydroxy-2α(?)-methyl-pregn-4-en-3,20-dion C$_{22}$H$_{31}$FO$_5$, vermutlich
Formel VI (R = X = H, X' = F).
B. Aus der folgenden Verbindung bei der Hydrolyse mit KHCO$_3$ (*Hogg et al.*, Am. Soc.
77 [1955] 6401).
F: 250−253° [Zers.] (*Hogg et al.*). IR-Spektrum (KBr; 4000−700 cm^{-1}): *G. Roberts, B.S.
Gallagher, R.N. Jones*, Infrared Absorption Spectra of Steroids, Bd. 2 [New York 1958] Nr. 605.
λ$_{max}$: 243 nm [H$_2$O] (*Westphal, Ashley*, J. biol. Chem. **233** [1958] 57, 58), 239 nm [A.] (*Hogg
et al.*).

21-Acetoxy-9-fluor-11β,17-dihydroxy-2α(?)-methyl-pregn-4-en-3,20-dion C$_{24}$H$_{33}$FO$_6$, vermutlich
Formel VI (R = CO-CH$_3$, X = H, X' = F).
B. Aus 21-Acetoxy-9,11β-epoxy-17-hydroxy-2α(?)-methyl-9β-pregn-4-en-3,20-dion (E III/IV
18 2539) und HF (*Hogg et al.*, Am. Soc. **77** [1955] 6401).
F: 236−238°. [α]$_D$: +167° [Dioxan]. λ$_{max}$ (A.): 238,5 nm.

21-Acetoxy-9-brom-11β,17-dihydroxy-2α(?)-methyl-pregn-4-en-3,20-dion C$_{24}$H$_{33}$BrO$_6$,
vermutlich Formel VI (R = CO-CH$_3$, X = H, X' = Br).
B. Aus 21-Acetoxy-17-hydroxy-2α(?)-methyl-pregna-4,9(11)-dien-3,20-dion und *N*-Brom-
acetamid mit Hilfe von wss. HClO$_4$ in *tert*-Butylalkohol (*Hogg et al.*, Am. Soc. **77** [1955]
6401).
Kristalle (aus Acn.+Hexan); F: 128−131° (*Upjohn Co.*, U.S.P. 2865935 [1955]). [α]$_D$: +146°
[CHCl$_3$] (*Hogg et al.*).

21-Acetoxy-11β,17-dihydroxy-4-methyl-pregn-4-en-3,20-dion C$_{24}$H$_{34}$O$_6$, Formel VII.
B. Aus 17,21-Dihydroxy-4-methyl-pregn-4-en-3,11,20-trion über mehrere Stufen (*Merck &
Co. Inc.*, U.S.P. 2951074 [1958]; *Steinberg et al.*, Chem. and Ind. **1958** 975).
F: 154−156°; λ$_{max}$: 252 nm (*Merck & Co. Inc.*; *St. et al.*).

VII   VIII

11,17,21-Trihydroxy-6-methyl-pregn-4-en-3,20-dione C$_{22}$H$_{32}$O$_5$.

a) **11β,17,21-Trihydroxy-6α-methyl-pregn-4-en-3,20-dion,** Formel VIII (R = X = H).
B. Aus dem *O*^{21}-Acetyl-Derivat (s. u.) bei der Hydrolyse (*Spero et al.*, Am. Soc. **78** [1956]
6213). Aus 5,11β,17,21-Tetrahydroxy-6β-methyl-5α-pregnan-3,20-dion mit Hilfe von wss.-
methanol. NaOH (*Cooley et al.*, Soc. **1957** 4112, 4115).
Kristalle; F: 203−208° (*Sp. et al.*), 199−203° [mit 0,5 Mol H$_2$O; aus Acn.] (*Co. et al.*).
[α]$_D$: +114° [Acn.] (*Sp. et al.*); [α]$_D^{22}$: +81° [Acn.; c = 0,2] (*Co. et al.*). λ$_{max}$ (A.): 243 nm
(*Sp. et al.*).
Zeitlicher Verlauf der Reaktion mit Thiosemicarbazid-hydrochlorid in Äthanol bei 25°: *Forist,*
Anal. Chem. **31** [1959] 913, 914.
Bis-thiosemicarbazon C$_{24}$H$_{38}$N$_6$O$_3$S$_2$(?). UV-Spektrum (A.; 290−340 nm): *Fo.*

b) **11α,17,21-Trihydroxy-6α-methyl-pregn-4-en-3,20-dion,** Formel IX.

B. Aus 3,3;20,20-Bis-äthandiyldioxy-6β-methyl-5α-pregnan-5,11α,17,21-tetraol beim auf≠
einanderfolgenden Erwärmen mit Essigsäure und wss.-methanol. NaOH (*Sensi, Lancini,* G.
89 [1959] 1965, 1971).

Kristalle (aus Acn.); F: 196−198°. $[\alpha]_D^{20}$: +68° [Dioxan; c = 1]. λ_{max}: 242 nm.

        IX   X   XI

21-Acetoxy-11β,17-dihydroxy-6α-methyl-pregn-4-en-3,20-dion $C_{24}H_{34}O_6$, Formel VIII
(R = CO-CH$_3$, X = H).

B. Beim Behandeln von 11β,17-Dihydroxy-6α-methyl-pregn-4-en-3,20-dion mit Jod und CaO
in Methanol und THF und anschliessenden Erwärmen mit Kaliumacetat in DMF (*Huang et al.,*
Acta chim. sinica **25** [1959] 308, 311; C. A. **1960** 17470). Beim Behandeln von 21-Acetoxy-11β-
hydroxy-6α-methyl-pregna-4,17(20)c-dien-3-on mit Diacetoxy-phenyl-jodan, OsO$_4$ und Pyridin
in *tert*-Butylalkohol (*Spero et al.,* Am. Soc. **78** [1956] 6213). Aus (20Ξ)-11β-Hydroxy-6α-methyl-
17,20;20,21-bis-methylendioxy-pregn-4-en-3-on (E III/IV **19** 5952) beim Erwärmen mit Essig≠
säure und anschliessend mit Acetanhydrid und Pyridin (*Fried et al.,* Am. Soc. **81** [1959] 1235,
1238).

Kristalle; F: 213−214° (*Sp. et al.*), 208−211° [korr.; aus Me.] (*Fr. et al.*), 200−201° [aus
E.] (*Hu. et al.*). $[\alpha]_D$: +115,5° [Acn.; c = 0,6] (*Hu. et al.*), +115° [Acn.] (*Sp. et al.*); $[\alpha]_D^{24}$:
+136° [CHCl$_3$; c = 1] (*Fr. et al.*). λ_{max} (A.): 243 nm (*Hu. et al.*; s. a. *Fr. et al.*).

9-Fluor-11β,17,21-trihydroxy-6α-methyl-pregn-4-en-3,20-dion $C_{22}H_{31}FO_5$, Formel VIII
(R = H, X = F).

B. Aus der folgenden Verbindung bei der Hydrolyse mit KHCO$_3$ (*Spero et al.,* Am. Soc.
79 [1957] 1515).

F: 228−230°. $[\alpha]_D$: +112° [Acn.]. λ_{max} (A.): 239 nm.

21-Acetoxy-9-fluor-11β,17-dihydroxy-6α-methyl-pregn-4-en-3,20-dion $C_{24}H_{33}FO_6$, Formel VIII
(R = CO-CH$_3$, X = F).

B. Aus 21-Acetoxy-9,11β-epoxy-17-hydroxy-6α-methyl-9β-pregn-4-en-3,20-dion und HF
(*Spero et al.,* Am. Soc. **79** [1957] 1515).

F: 219−220°. $[\alpha]_D$: +113° [Acn.]. λ_{max} (A.): 239 nm.

21-Acetoxy-9-brom-11β,17-dihydroxy-6α-methyl-pregn-4-en-3,20-dion $C_{24}H_{33}BrO_6$,
Formel VIII (R = CO-CH$_3$, X = Br).

B. Aus 21-Acetoxy-17-hydroxy-6α-methyl-pregna-4,9(11)-dien-3,20-dion und *N*-Brom-acet≠
amid mit Hilfe von HClO$_4$ in wss. Dioxan (*Spero et al.,* Am. Soc. **79** [1957] 1515).

F: 153−155° [Zers.]. $[\alpha]_D$: +148° [CHCl$_3$]. λ_{max} (A.): 239,5 nm.

5,17-Dihydroxy-6β-methyl-5α-pregnan-3,11,20-trion $C_{22}H_{32}O_5$, Formel X.

B. Aus 3,3;20,20-Bis-äthandiyldioxy-5,17-dihydroxy-6β-methyl-5α-pregnan-11-on mit Hilfe
von wss.-methanol. H$_2$SO$_4$ (*Bowers, Ringold,* Am. Soc. **80** [1958] 3091).

Kristalle (aus A.+CHCl$_3$); F: 263−266° [unkorr.]. $[\alpha]_D$: +46° [Py.].

11β,17,21-Trihydroxy-7β-methyl-pregn-4-en-3,20-dion $C_{22}H_{32}O_5$, Formel XI (R = H).

B. Aus 3,3;20,20-Bis-äthandiyldioxy-7β-methyl-pregn-5-en-11β,17,21-triol mit Hilfe von wss.

HClO$_4$ (*Zderic et al.*, Am. Soc. **81** [1959] 432, 435).

Kristalle (aus E.); F: 237−238° [unkorr.]. [α]$_D$: +30° [Dioxan]. λ$_{max}$ (A.): 244 nm und 292−294 nm.

21-Acetoxy-11β,17-dihydroxy-7β-methyl-pregn-4-en-3,20-dion C$_{24}$H$_{34}$O$_6$, Formel XI (R = CO-CH$_3$).

B. Beim Behandeln von 21-Acetoxy-11β-hydroxy-7β-methyl-pregna-4,17(20)c-dien-3-on mit Diacetoxy-phenyl-jodan, OsO$_4$ und wss. Pyridin in *tert*-Butylalkohol (*Campbell, Babcock*, Am. Soc. **81** [1959] 4069, 4073). Aus der vorangehenden Verbindung durch Acetylierung (*Zderic et al.*, Am. Soc. **81** [1959] 432, 435). Aus 21-Acetoxy-17-hydroxy-7β-methyl-pregn-4-en-3,11,21-trion über mehrere Stufen (*Robinson et al.*, J. org. Chem. **24** [1959] 121, 123).

Kristalle; F: 206−207° [unkorr.; aus Acn.+Ae.] (*Zd. et al.*), 198−200° [aus Acn.] (*Ca., Ba.*), 185−190° [aus Acn.+Hexan] (*Ro. et al.*). [α]$_D$: +121° [Acn.; c = 0,1] (*Ca., Ba.*), +134° [CHCl$_3$] (*Zd. et al.*); [α]$_D^{25}$: +131° [Dioxan; c = 1] (*Ro. et al.*). IR-Banden (Nujol; 3−8,5 μ): *Ro. et al.* λ$_{max}$: 244 nm [A.] (*Ca., Ba.*; *Zd. et al.*), 243 nm [Me.] (*Ro. et al.*).

11β,17,21-Trihydroxy-9-methyl-pregn-4-en-3,20-dion C$_{22}$H$_{32}$O$_5$, Formel I.

B. Aus (20Ξ)-11β-Hydroxy-9-methyl-17,20;20,21-bis-methylendioxy-pregn-4-en-3-on (E III/ IV **19** 5952) mit Hilfe von Essigsäure (*Hoffmann et al.*, Am. Soc. **80** [1958] 5322).

F: 220−230°. IR-Banden (Nujol; 2,5−6,5 μ): *Ho. et al.* λ$_{max}$ (Me.): 244 nm.

O^{21}-Acetyl-Derivat C$_{24}$H$_{34}$O$_6$; 21-Acetoxy-11β,17-dihydroxy-9-methyl-pregn-4-en-3,20-dion. F: 235−238°. IR-Banden (CHCl$_3$; 2,5−8,5 μ): *Ho. et al.* λ$_{max}$ (Me.): 243 nm.

11β,17,21-Trihydroxy-11α-methyl-pregn-4-en-3,20-dion C$_{22}$H$_{32}$O$_5$, Formel II (R = H).

B. Aus der folgenden Verbindung mit Hilfe von KHCO$_3$ in wss. Methanol (*Fonken et al.*, J. org. Chem. **24** [1959] 1600).

Kristalle (aus wss. Acn.) mit 0,5 Mol H$_2$O; F: 199−203° [unkorr.].

21-Acetoxy-11β,17-dihydroxy-11α-methyl-pregn-4-en-3,20-dion C$_{24}$H$_{34}$O$_6$, Formel II (R = CO-CH$_3$).

B. Beim Behandeln von 21-Acetoxy-11β-hydroxy-11α-methyl-pregna-4,17(20)c-dien-3-on mit 4-Methyl-morpholin, H$_2$O$_2$, OsO$_4$ und Pyridin in *tert*-Butylalkohol (*Fonken et al.*, J. org. Chem. **24** [1959] 1600, 1602).

Dimorph(?); Kristalle (aus DMF); F: 202−204° [unkorr.] bzw. Kristalle (aus E.); F: 191−195° [unkorr.]. IR-Banden (Nujol; 3400−1250 cm^{-1}): *Fo. et al.* λ$_{max}$ (A.): 243 nm.

21-Acetoxy-11,17-dihydroxy-16-methyl-pregn-4-en-3,20-dione C$_{24}$H$_{34}$O$_6$.

a) **21-Acetoxy-11β,17-dihydroxy-16β-methyl-pregn-4-en-3,20-dion,** Formel III.

B. Aus 17,21-Dihydroxy-16β-methyl-pregn-4-en-3,11,20-trion über mehrere Stufen (*Taub et al.*, Am. Soc. **80** [1958] 4435).

F: 220−225°. [α]$_D$: +187° [CHCl$_3$]. λ$_{max}$ (Me.): 242 nm.

b) **21-Acetoxy-11β,17-dihydroxy-16α-methyl-pregn-4-en-3,20-dion,** Formel IV (R = CO-CH$_3$, X = X′ = H).

B. Aus 21-Acetoxy-17-hydroxy-16α-methyl-pregn-4-en-3,11,20-trion über mehrere Stufen

(*Arth et al.*, Am. Soc. **80** [1958] 3160).

F: 210−212°. $[\alpha]_D^{25}$: +146° [CHCl$_3$; c = 1]. λ_{max} (Me.): 242 nm.

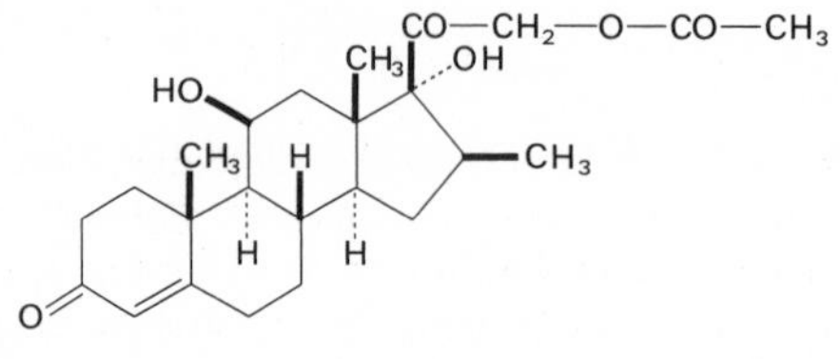

III 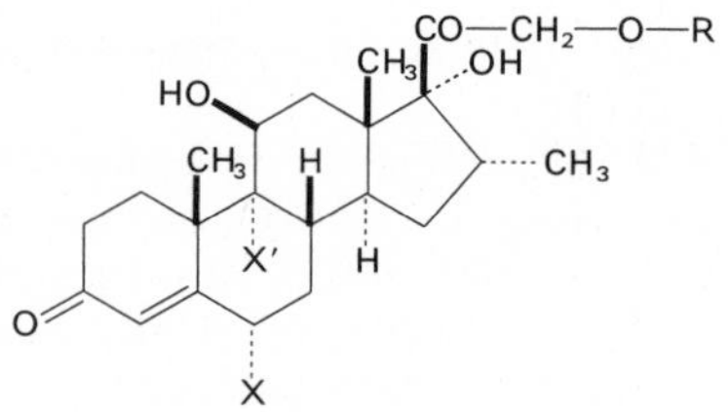   IV

6α-Fluor-11β,17,21-trihydroxy-16α-methyl-pregn-4-en-3,20-dion $C_{22}H_{31}FO_5$, Formel IV (R = X′ = H, X = F).

B. Aus der folgenden Verbindung mit Hilfe von KHCO$_3$ in wss. Methanol (*Schneider et al.*, Am. Soc. **81** [1959] 3167). Aus (20Ξ)-6α-Fluor-11β-hydroxy-16α-methyl-17,20;20,21-bis-meth= ylendioxy-pregn-4-en-3-on (E III/IV **19** 5952) beim aufeinanderfolgenden Erwärmen mit Amei= sensäure und methanol. Natriummethylat (*Karady, Sletzinger*, Chem. and Ind. **1959** 1159).

Kristalle; F: 218−220° [aus CH$_2$Cl$_2$+Hexan] (*Ka., Sl.*), 210−216° (*Sch. et al.*). $[\alpha]_D$: +118° [CHCl$_3$]; λ_{max} (Me.): 237 nm (*Ka., Sl.*).

21-Acetoxy-6α-fluor-11β,17-dihydroxy-16α-methyl-pregn-4-en-3,20-dion $C_{24}H_{33}FO_6$, Formel IV (R = CO-CH$_3$, X = F, X′ = H).

B. Aus der vorangehenden Verbindung durch Acetylierung (*Karady, Sletzinger*, Chem. and Ind. **1959** 1159; *Edwards et al.*, Pr. chem. Soc. **1959** 87). Aus 21-Acetoxy-3,3-äthandiyldioxy-6β-fluor-16α-methyl-5α-pregn-17(20)*t*-en-5,11β-diol bei der Reaktion mit 4-Methyl-morpholin, H$_2$O$_2$ und OsO$_4$ und anschliessend mit HCl in CHCl$_3$ und Äthanol (*Schneider et al.*, Am. Soc. **81** [1959] 3167).

Kristalle; F: 225−228° und (nach Wiedererstarren?) F: 245−248° (*Ed. et al.*), 242−245° (*Ka., Sl.; Sch. et al.*). $[\alpha]_D$: +115° [CHCl$_3$] (*Ed. et al.*). λ_{max}: 236 nm [Me.] (*Ka., Sl.*), 237 nm (*Sch. et al.*).

21-Acetoxy-9-fluor-11β,17-dihydroxy-16α-methyl-pregn-4-en-3,20-dion $C_{24}H_{33}FO_6$, Formel IV (R = CO-CH$_3$, X = H, X′ = F).

B. Aus 21-Acetoxy-9,11β-epoxy-17-hydroxy-16α-methyl-9β-pregn-4-en-3,20-dion und HF in THF und CHCl$_3$ (*Arth et al.*, Am. Soc. **80** [1958] 3161).

F: 219−226°. $[\alpha]_D^{25}$: +125° [CHCl$_3$; c = 0,4]. λ_{max} (Me.): 239 nm.

Die folgenden Verbindungen sind in analoger Weise hergestellt worden:

21-Acetoxy-6α,9-difluor-11β,17-dihydroxy-16α-methyl-pregn-4-en-3,20-dion $C_{24}H_{32}F_2O_6$, Formel IV (R = CO-CH$_3$, X = X′ = F). F: 255−260°; $[\alpha]_D$: +113° [CHCl$_3$]; λ_{max} (A.): 234 nm (*Edwards et al.*, Am. Soc. **81** [1959] 3156).

21-Acetoxy-9-chlor-11β,17-dihydroxy-16α-methyl-pregn-4-en-3,20-dion $C_{24}H_{33}ClO_6$, Formel IV (R = CO-CH$_3$, X = H, X′ = Cl). F: 210−216° [Zers.]; $[\alpha]_D^{25}$: +132° [CHCl$_3$; c = 0,4]; λ_{max} (Me.): 241 nm (*Arth et al.*).

21-Acetoxy-9-brom-11β,17-dihydroxy-16α-methyl-pregn-4-en-3,20-dion $C_{24}H_{33}BrO_6$, Formel IV (R = CO-CH$_3$, X = H, X′ = Br).

B. Aus 21-Acetoxy-17-hydroxy-16α-methyl-pregna-4,9(11)-dien-3,20-dion und HBrO (*Arth et al.*, Am. Soc. **80** [1958] 3161).

F: 173−175° [Zers.]. $[\alpha]_D^{25}$: +135° [CHCl$_3$; c = 1]. λ_{max} (Me.): 244 nm.

21-Acetoxy-17-hydroxy-16-methyl-pregnan-3,11,20-trione $C_{24}H_{34}O_6$.

a) **21-Acetoxy-17-hydroxy-16β-methyl-5β-pregnan-3,11,20-trion,** Formel V.

B. Aus 21-Acetoxy-3α,17-dihydroxy-16β-methyl-5β-pregnan-11,20-dion mit Hilfe von *N*-Brom-succinimid in wss. *tert*-Butylalkohol (*Oliveto et al.,* Am. Soc. **80** [1958] 4428; *Taub et al.,* Am. Soc. **80** [1958] 4435).

Kristalle; F: 210−212° (*Taub et al.*), 198−202° (*Ol. et al.*). [α]_D: +130° [CHCl_3] (*Taub et al.*), +128° [Dioxan; c = 1] (*Ol. et al.*).

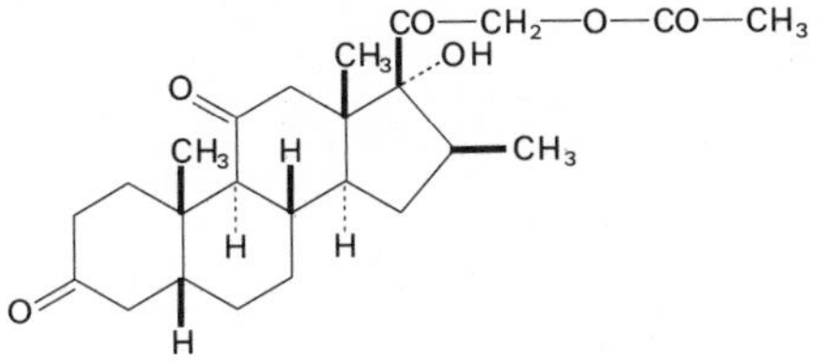

V 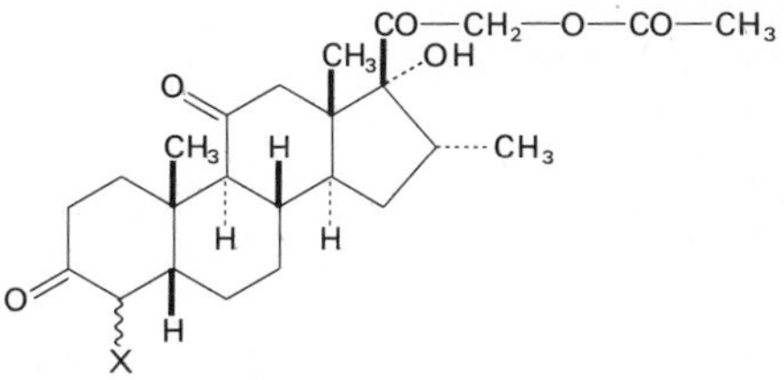   VI

b) **21-Acetoxy-17-hydroxy-16α-methyl-5β-pregnan-3,11,20-trion,** Formel VI (X = H).

B. Aus 21-Acetoxy-3α,17-dihydroxy-16α-methyl-5β-pregnan-11,20-dion mit Hilfe von CrO_3 und Pyridin (*Arth et al.,* Am. Soc. **80** [1958] 3160).

F: 238−240°. [α]_D^{25}: +76° [THF; c = 1].

21-Acetoxy-4ξ-brom-17-hydroxy-16α-methyl-5β-pregnan-3,11,20-trion $C_{24}H_{33}BrO_6$, Formel VI (X = Br).

B. Aus 21-Acetoxy-17-hydroxy-16α-methyl-5β-pregnan-3,11,20-trion und Brom in Essigsäure und CHCl_3 (*Arth et al.,* Am. Soc. **80** [1958] 3160).

F: 240−241° [Zers.]. [α]_D^{25}: +84° [THF; c = 1].

Hydroxy-oxo-Verbindungen $C_{23}H_{34}O_5$

21-Acetoxy-2α(?)-äthyl-11β,17-dihydroxy-pregn-4-en-3,20-dion $C_{25}H_{36}O_6$, vermutlich Formel VII.

B. Aus 21-Acetoxy-2α(?)-äthyl-11β-hydroxy-pregna-4,17(20)c-dien-3-on (S. 2217) mit Hilfe von H_2O_2 und OsO_4 (*Hogg et al.,* Am. Soc. **77** [1955] 6401) bzw. mit Hilfe von 4-Methylmorpholin, H_2O_2, OsO_4 und Pyridin in *tert*-Butylalkohol (*Upjohn Co.,* U.S.P. 2865935 [1955]).

Kristalle; F: 166−169° [aus wss. Me.] (*Upjohn Co.*), 160−168° [aus Me.] mit 1 Mol Methanol (*Hogg et al.*).

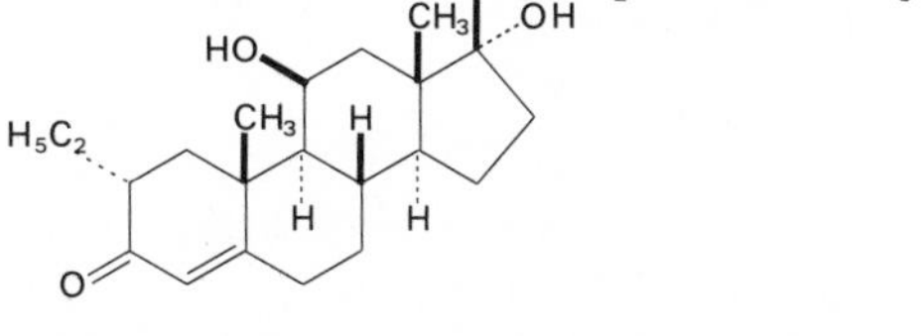

VII 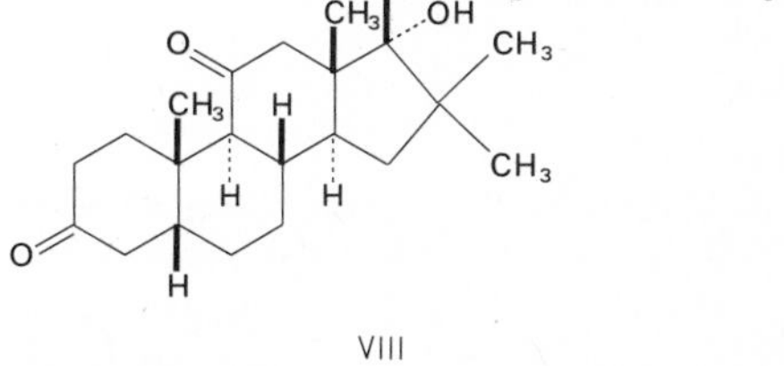   VIII

21-Acetoxy-17-hydroxy-16,16-dimethyl-5β-pregnan-3,11,20-trion $C_{25}H_{36}O_6$, Formel VIII.

B. Aus 21-Acetoxy-3α,17-dihydroxy-16,16-dimethyl-5β-pregnan-11,20-dion mit Hilfe von Na_2Cr_2O_7 und Essigsäure (*Hoffsommer et al.,* J. org. Chem. **24** [1959] 1617).

F: 203−206°. [α]_D: +114° [CHCl_3].

Hydroxy-oxo-Verbindungen $C_{24}H_{36}O_5$

3β,16α-Dihydroxy-9-hydroxymethyl-4,4,14-trimethyl-19-nor-9β,10α-pregn-5-en-11,20-dion,
3β,16α,19-Trihydroxy-22,23,24,25,26,27-hexanor-10α-cucurbit-5-en-11,20-dion
$C_{24}H_{36}O_5$, Formel IX.

B. Aus Cucurbitacin-C (25-Acetoxy-3β,16α,19,20-tetrahydroxy-10α-cucurbita-5,23t-dien-11,22-dion) bei der Oxidation mit HIO_4 (*Enslin, Norton,* Chem. and Ind. **1959** 162).

Kristalle; F: 235°. λ_{max} (A.): 294 nm.

Triacetyl-Derivat $C_{30}H_{42}O_8$; 3β,16α-Diacetoxy-9-acetoxymethyl-4,4,14-tri≠
methyl-19-nor-9β,10α-pregn-5-en-11,20-dion, 3β,16α,19-Triacetoxy-22,23,24,25,26,27-
hexanor-10α-cucurbit-5-en-11,20-dion. F: 158°.

IX   X

Hydroxy-oxo-Verbindungen $C_{30}H_{48}O_5$

3β,21α,22α,24-Tetraacetoxy-olean-9(11)-en-12-on $C_{38}H_{56}O_9$, Formel X (R = CO-CH$_3$).

B. Beim Erwärmen von 3β,21α,22α,24-Tetraacetoxy-oleanan-12-on mit Brom und Essigsäure auf 100° (*Smith et al.,* Tetrahedron **4** [1958] 111, 123).

Kristalle (aus CHCl$_3$ + Me.); F: 275−276° [unkorr.]. [α]$_D$: +72,6° [CHCl$_3$; c = 1]. λ_{max} (A.): 247 nm.

3β,21β,22α,28-Tetraacetoxy-olean-12-en-16-on $C_{38}H_{56}O_9$, Formel XI (R = CO-CH$_3$).

B. Aus Tetra-*O*-acetyl-jegosapogenol (E III **6** 6896) mit Hilfe von CrO$_3$ und Essigsäure (*Tobi≠
naga,* J. pharm. Soc. Japan **78** [1958] 529; C. A. **1958** 13683).

Kristalle (aus A.); F: 242−243°.

XI   XII

3β,21β,22β,24-Tetraacetoxy-olean-12-en-11-on $C_{38}H_{56}O_9$, Formel XII (R = CO-CH$_3$).

Konstitution und Konfiguration: *Smith et al.,* Tetrahedron **4** [1958] 111, 116.

B. Neben anderen Verbindungen aus 3β,24-Diacetoxy-oleana-12,21-dien beim Behandeln mit OsO$_4$ und Pyridin, Erwärmen mit Na$_2$SO$_3$ in wss. Äthanol und anschliessenden Behandeln mit Acetanhydrid und Pyridin (*Meyer et al.,* Helv. **33** [1950] 672, 684).

Kristalle (aus CH$_2$Cl$_2$ + Me.); F: 314−315° [korr.; evakuierte Kapillare] (*Me. et al.*).

Beim Hydrieren an Platin in Essigsäure ist 3β,21β,22β,24-Tetraacetoxy-olean-12-en (F: 227−228° [korr.; evakuierte Kapillare]; [α]$_D$: +38° [CHCl$_3$]; vgl. E III **6** 6698) erhalten worden (*Me. et al.,* l. c. S. 685).

Hydroxy-oxo-Verbindungen $C_nH_{2n-14}O_5$

Hydroxy-oxo-Verbindungen $C_{10}H_6O_5$

2,7,8-Trihydroxy-[1,4]naphthochinon $C_{10}H_6O_5$, Formel I (R = X = H) und Taut.

B. Aus 2-Hydroxy-7,8-dimethoxy-[1,4]naphthochinon mit Hilfe von NaCl und AlCl₃ [110−180°] (*Bruce, Thomson*, Soc. **1955** 1089, 1094).

Kristalle (nach Sublimation); F: 225−230° [Zers.].

Triacetyl-Derivat $C_{16}H_{12}O_8$; 2,7,8-Triacetoxy-[1,4]naphthochinon. Gelbe Kristalle (aus A.); F: 150−151°.

I   II   III

2-Hydroxy-7,8-dimethoxy-[1,4]naphthochinon $C_{12}H_{10}O_5$, Formel I (R = CH₃, X = H) und Taut.

B. Aus 7,8-Dimethoxy-3,4-dihydro-2H-naphthalin-1-on beim Behandeln mit N,N-Dimethyl-4-nitroso-anilin und wss.-äthanol. NaOH und anschliessenden Erwärmen mit wss. H₂SO₄ (*Bruce, Thomson*, Soc. **1955** 1089, 1094).

Gelbe Kristalle (aus PAe.); F: 205−206° [Zers.].

5-Chlor-2-hydroxy-7,8-dimethoxy-[1,4]naphthochinon $C_{12}H_9ClO_5$, Formel I (R = CH₃, X = Cl) und Taut.

B. Analog der vorangehenden Verbindung (*Garden, Thomson*, Soc. **1957** 2483, 2486).

Gelbe Kristalle; F: 209° [nach Sublimation bei 125°/0,02 Torr]. λ_{max} (A.): 446−450 nm.

Acetyl-Derivat $C_{14}H_{11}ClO_6$; 2-Acetoxy-5-chlor-7,8-dimethoxy-[1,4]naphtho≈chinon. Gelbe Kristalle (aus Eg.); F: 187°.

2,5,7-Trihydroxy-[1,4]naphthochinon $C_{10}H_6O_5$, Formel II (R = H) und Taut.; **Flaviolin.**

Konstitution: *Davies et al.*, Chem. and Ind. **1954** 1110; *Birch, Donovan*, Austral. J. Chem. **8** [1955] 529.

Isolierung aus Aspergillus citricus: *Astill, Roberts*, Soc. **1953** 3302, 3305.

Rote Kristalle (aus Dioxan oder Bzl.+Dioxan) mit 0,3 Mol H₂O; Zers. bei ca. 250° (*As., Ro.*). Absorptionsspektrum (A.?; 220−600 nm): *As., Ro.*, l. c. S. 3304.

2,5,7-Trimethoxy-[1,4]naphthochinon $C_{13}H_{12}O_5$, Formel II (R = CH₃).

B. Aus Flaviolin (s. o.) und Dimethylsulfat mit Hilfe von K₂CO₃ in Aceton (*Astill, Roberts*, Soc. **1953** 3302, 3307). Aus 2,4-Bis-[4-dimethylamino-phenylimino]-5,7-dimethoxy-3,4-dihydro-2H-naphthalin-1-on (Syst.-Nr. 1769) beim aufeinanderfolgenden Erwärmen mit wss. H₂SO₄ und methanol. HCl (*Davies et al.*, Soc. **1955** 2782, 2784). Aus 1,3-Dihydroxy-6,8-dimethoxy-[2]naphthoesäure-äthylester beim Behandeln mit wss. KOH und Luft und anschliessenden Er≈wärmen mit methanol. HCl (*Birch, Donovan*, Austral. J. Chem. **8** [1955] 529, 532).

Gelbe Kristalle; F: 191° [Zers.; aus wss. Me.] (*As., Ro.*), 186−188° [aus Bzl.+PAe.] (*Da. et al.*), 186−187° [aus Bzl.+PAe.] (*Bi., Do.*). Absorptionsspektrum (A.?; 220−500 nm): *As., Ro.*, l. c. S. 3304. λ_{max}: 215 nm, 260 nm, 295 nm und 412 nm (*Da. et al.*).

2,5,7-Triacetoxy-[1,4]naphthochinon $C_{16}H_{12}O_8$, Formel II (R = CO-CH₃).

B. Aus Flaviolin [s. o.] (*Astill, Roberts*, Soc. **1953** 3302, 3306).

Gelbe Kristalle (aus E.); F: 160−161°. Dimension der Elementarzelle: *As., Ro.* Dichte der Kristalle: 1,390. UV-Spektrum (A.?; 220−400 nm): *As., Ro.*, l. c. S. 3304.

2,6,8-Trimethoxy-[1,4]naphthochinon $C_{13}H_{12}O_5$, Formel III.

B. Beim aufeinanderfolgenden Erwärmen von 2,4-Bis-[4-dimethylamino-phenylimino]-6,8-di=
methoxy-3,4-dihydro-2*H*-naphthalin-1-on (Syst.-Nr. 1769) mit wss. H_2SO_4 und methanol. HCl
(*Davies et al.*, Soc. **1955** 2782, 2786).

Gelbe Kristalle (aus Bzl.+Me.); F: 197—198°. λ_{max}: 213 nm, 267 nm, 293 nm und 402 nm.

2,5,8-Trihydroxy-[1,4]naphthochinon $C_{10}H_6O_5$, Formel IV (R = R' = X = H) und Taut.;
Naphthopurpurin (H 494; E II 537; E III 4043).

B. Beim Erwärmen von 2-Chlor-5,8-dihydroxy-[1,4]naphthochinon mit wss.-äthanol. KOH
(*Bruce, Thomson*, Soc. **1952** 2759, 2765).

IV   V   VI

5,8-Dihydroxy-2-methoxy-[1,4]naphthochinon $C_{11}H_8O_5$, Formel IV (R = CH_3, R' = X = H)
und Taut. (E III 4043).

λ_{max}: 460—540 nm [Ae., A. sowie Cyclohexan], ca. 559 nm und ca. 602 nm [äthanol. KOH
(0,1 n)] (*Ruelius, Gauhe*, A. **569** [1950] 38, 40).

2-Hydroxy-5,8-dimethoxy-[1,4]naphthochinon $C_{12}H_{10}O_5$, Formel IV (R = X = H,
R' = CH_3) und Taut.

Die von *Bruce, Thomson* (Soc. **1955** 1089, 1096) unter dieser Konstitution beschriebene Ver=
bindung (F: 194°) ist als 2,3-Epoxy-5,8-dimethoxy-2,3-dihydro-[1,4]naphthochinon (E III/IV
18 2500) zu formulieren (*Garden, Thomson*, Soc. **1957** 2483, 2485).

B. Beim Behandeln von Naphthopurpurin (s. o.) mit Ag_2O und CH_3I in $CHCl_3$ und Erwär=
men des Reaktionsprodukts mit wss. NaOH oder beim Behandeln von 2,3-Epoxy-5,8-di=
methoxy-2,3-dihydro-[1,4]naphthochinon mit wss. NaOH bei 30—35° (*Ga., Th.*, l. c. S. 2488).

Orangefarbene Kristalle (aus PAe.); F: 200° [Zers.]; λ_{max} (A.): 421 nm (*Ga., Th.*).

2,5,8(oder 5,6,8)-Triacetoxy-[1,4]naphthochinon $C_{16}H_{12}O_8$, Formel IV (R = R' = CO-CH_3,
X = H) oder Formel V (E II 538; E III 4044).

B. Aus Naphthazarin (S. 2946) beim Behandeln mit Blei(IV)-acetat in Essigsäure und an=
schliessend mit Acetanhydrid und H_2SO_4 (*Garden, Thomson*, Soc. **1957** 2483, 2486).

Orangebraune Kristalle (aus A.); F: 160°.

2-Chlor-3,5,8-trihydroxy-[1,4]naphthochinon $C_{10}H_5ClO_5$, Formel IV (R = R' = CH_3,
X = Cl) und Taut.

B. Aus 2,3-Dichlor-5,8-dihydroxy-[1,4]naphthochinon mit Hilfe von wss. H_2SO_4 (*Garden,
Thomson*, Soc. **1957** 2483, 2488).

Rote Kristalle (aus PAe.); F: 183—187° [Zers.].

2,3,5-Trihydroxy-[1,4]naphthochinon $C_{10}H_6O_5$, Formel VI (R = H) und Taut.

B. Aus 2,3-Dihydroxy-5-methoxy-[1,4]naphthochinon bzw. 3-Hydroxy-2,5-dimethoxy-
[1,4]naphthochinon beim Erhitzen mit einer $AlCl_3$-NaCl-Schmelze auf 140—190° (*Garden,
Thomson*, Soc. **1957** 2483, 2487; *Cooke, Owen*, Austral. J. Chem. **15** [1962] 486, 490).

Rote Kristalle; F: 260—261° [korr.; aus $CHCl_3$+Me.] (*Co., Owen*), 234° [Zers.; aus PAe.]
(*Ga., Th.*). λ_{max} (A.): 397 nm und 567 nm (*Ga., Th.*).

Triacetyl-Derivat $C_{16}H_{12}O_8$; 2,3,5-Triacetoxy-[1,4]naphthochinon. Hellgelbe
Kristalle; F: 143—144° [korr.; aus Bzl.+PAe.] (*Co., Owen*), 140° [aus PAe.] (*Ga., Th.*). λ_{max}

(Cyclohexan): 242 nm, 249 nm, 270 nm und 348 nm (*Co., Owen*).

2,3-Dihydroxy-5-methoxy-[1,4]naphthochinon $C_{11}H_8O_5$, Formel VI (R = CH$_3$) und Taut.

B. Aus 2,3-Epoxy-5-methoxy-2,3-dihydro-[1,4]naphthochinon (E III/IV **17** 2367) über meh≠ rere Stufen (*Garden, Thomson*, Soc. **1957** 2483, 2487).

Rote Kristalle (aus Eg.); F: 229° [Zers.]. λ_{max} (A.): 382,5 nm und 540 nm.

Diacetyl-Derivat $C_{15}H_{12}O_7$; 2,3-Diacetoxy-5-methoxy-[1,4]naphthochinon. Gelbe Kristalle (aus Bzl.); F: 201°.

2-Hydroxy-6,7-dimethoxy-[1,4]naphthochinon $C_{12}H_{10}O_5$, Formel VII und Taut.

B. Aus 2,4-Bis-[4-dimethylamino-phenylimino]-6,7-dimethoxy-3,4-dihydro-2*H*-naphthalin-1-on (Syst.-Nr. 1769) mit Hilfe von wss. H$_2$SO$_4$ oder aus 2-[2-Acetyl-4,5-dimethoxy-phenyl]-essigsäure-äthylester bei der Reaktion mit äthanol. Natriumäthylat und Luft (*Bentley et al.*, Soc. **1952** 1763, 1767).

Orangefarbene Kristalle (aus Bzl.); F: 212° [Zers.].

VII   VIII   IX

2,3,6-Trihydroxy-[1,4]naphthochinon $C_{10}H_6O_5$, Formel VIII (R = H) und Taut. (E III 4044).

B. Aus der folgenden Verbindung beim Erhitzen mit einer AlCl$_3$-NaCl-Schmelze auf 140 – 190° (*Garden, Thomson*, Soc. **1957** 2483, 2488).

Rote Kristalle (aus PAe.); F: 300 – 305° [Zers.]. Bei 175/0,03 Torr sublimierbar.

2,3-Dihydroxy-6-methoxy-[1,4]naphthochinon $C_{11}H_8O_5$, Formel VIII (R = CH$_3$) und Taut.

B. Aus 2,3-Epoxy-6-methoxy-2,3-dihydro-[1,4]naphthochinon (E III/IV **17** 2367) über meh≠ rere Stufen (*Garden, Thomson*, Soc. **1957** 2483, 2487).

Rote Kristalle (aus Eg.); F: 214 – 217° [Zers.].

Diacetyl-Derivat $C_{15}H_{12}O_7$; 2,3-Diacetoxy-6-methoxy-[1,4]naphthochinon. Gelbe Kristalle (aus PAe.); F: 169°.

Hydroxy-oxo-Verbindungen $C_{11}H_8O_5$

6-Hydroxy-1,2,3-trimethoxy-benzocyclohepten-5-on $C_{14}H_{14}O_5$, Formel IX (X = OH, X' = H) und Taut.

B. Aus 1,2,3-Trimethoxy-8,9-dihydro-7*H*-benzocyclohepten-5,6-dion mit Hilfe von Palla≠ dium/Kohle in 1,2,4-Trichlor-benzol (*Caunt et al.*, Soc. **1951** 1313, 1317).

Gelbe Kristalle (aus Cyclohexan); F: 91 – 92°. λ_{max} (Me.): 208 nm, 280 nm, 297,5 nm, 350 nm und 405 nm.

1,2,3,8-Tetramethoxy-benzocyclohepten-5-on $C_{15}H_{16}O_5$, Formel IX (X = H, X' = O-CH$_3$).

B. Aus (±)-2,3,4,6-Tetramethoxy-5*H*-benzocyclohepten-5-ol mit Hilfe von CrO$_3$ und Pyridin (*Schaeppi et al.*, Helv. **38** [1955] 1874, 1887).

Grüngelbe Kristalle (aus Ae.); F: 107° [korr.]. IR-Spektrum (Nujol; 2 – 16 µ): *Sch. et al.* λ_{max} (A.): 242 nm, 286 nm, 330 nm und 398 nm (*Sch. et al.*, l. c. S. 1881).

2,4-Dinitro-phenylhydrazon (F: 222°): *Sch. et al.*, l. c. S. 1882.

Picrat $C_{15}H_{16}O_5 \cdot C_6H_3N_3O_7$. Orangefarbene Kristalle (aus Me.); F: 111° [korr.] (*Sch. et al.*, l. c. S. 1882).

Maleinsäure-anhydrid-Addukt (F: 180°): *Sch. et al.*

2,3,4,6-Tetrahydroxy-benzocyclohepten-5-on $C_{11}H_8O_5$, Formel X (R = R' = R'' = H) und Taut.; **Purpurogallin** (H **6** 1076; E I **6** 538; E II **8** 538; E III **8** 4045).

B. Aus Pyrogallol bei der Oxidation mit Jod in wss. NaOH (*Thorn, Purves*, Canad. J. Chem. **32** [1954] 373, 384). Beim Erwärmen von 1,2,3,8-Tetrahydroxy-9-oxo-9H-benzocyclohepten-6-carbonsäure mit Chinolin und Kupfer-Pulver (*Crow, Haworth*, Soc. **1951** 1325).

Orangerote Kristalle (aus Xylol); F: 280° [korr.; Zers.] (*Bruce, Sutcliffe*, Soc. **1955** 4435, 4440). Orthorhombisch; Kristallstruktur-Analyse (Röntgen-Diagramm): *Dunitz*, Nature **169** [1952] 1087; *Dornberger-Schiff*, Acta cryst. **10** [1957] 271. IR-Spektrum der Kristalle $(3500-700 \text{ cm}^{-1})$: *LeFèvre et al.*, Soc. **1953** 2496, 2497. IR-Banden (Dioxan; 6—7,5 μ): *Bryant et al.*, J. org. Chem. **19** [1954] 1889, 1892. λ_{max} (Dioxan; 230—435 nm): *Br., Su.*; *Cooke, Segal*, Austral. J. Chem. **8** [1955] 107, 109.

3,4,6-Trihydroxy-2-methoxy-benzocyclohepten-5-on $C_{12}H_{10}O_5$, Formel X (R = CH_3, R' = R'' = H) und Taut. (E II 538; E III 4045).

B. Aus Pyrogallol und 3-Methoxy-[1,2]benzochinon (*Horner, Dürckheimer*, Z. Naturf. **14b** [1959] 743; *Horner et al.*, B. **97** [1964] 312, 316, 318). Aus Purpurogallin (s. o.) und Dimethylsulfat mit Hilfe von wss. NaOH [pH 12] (*Thorn, Purves*, Canad. J. Chem. **32** [1954] 373, 384).

Kristalle; F: 194,5—195° [aus Ae.] (*Th., Pu.*), 191—192° [aus Eg.] (*Ho. et al.*).

2,3,4-Trihydroxy-6-methoxy-benzocyclohepten-5-on(?) $C_{12}H_{10}O_5$, vermutlich Formel X (R = R' = H, R'' = CH_3) und Taut.

Konstitution: *Černý*, Collect. **24** [1959] 24, 26.

B. Aus 4,6-Dihydroxy-2,3-bis-[tetra-O-acetyl-β-D-glucopyranosyloxy]-benzocyclohepten-5-on bei der Reaktion mit Diazomethan in Äther und anschliessenden Hydrolyse mit wss.-methanol. HCl (*Če.*, l. c. S. 30).

Rote Kristalle (aus E.+PAe.); F: 159—160° [unkorr.].

4,6-Dihydroxy-2,3-dimethoxy-benzocyclohepten-5-on $C_{13}H_{12}O_5$, Formel XI (R = CH_3, R' = R'' = H) und Taut. (E III 4046).

B. Aus 2,3,4-Trimethoxy-8,9-dihydro-7H-benzocyclohepten-5,6-dion bei der Dehydrierung mit Palladium/Kohle in 1,2,4-Trichlor-benzol (*Caunt et al.*, Soc. **1950** 1631, 1634, **1951** 1313, 1317).

Orangefarbene Kristalle (aus Me.); F: 156—157° (*Ca. et al.*, Soc. **1951** 1317). IR-Banden (Dioxan; 6—7,5 μ): *Bryant et al.*, J. org. Chem. **19** [1954] 1889, 1892. Scheinbarer Dissoziationsexponent pK_a' (wss. Dioxan [50%ig]; potentiometrisch ermittelt) bei 30°: 9,76 (*Bryant, Fernelius*, Am. Soc. **76** [1954] 3783).

Stabilitätskonstanten von Komplexen mit Kupfer(2+), Beryllium(2+), Magnesium(2+), Calcium(2+), Zink(2+), Kobalt(2+) und Nickel(2+) (wss. Dioxan [50%ig]): *Br., Fe.*

2,4-Dihydroxy-3,6-dimethoxy-benzocyclohepten-5-on(?) $C_{13}H_{12}O_5$, vermutlich Formel X (R = H, R' = R'' = CH_3) und Taut.

B. Aus 3,4,6-Trihydroxy-2-[tetra-O-acetyl-β-D-glucopyranosyloxy]-benzocyclohepten-5-on oder aus 2-[Hepta-O-acetyl-β-maltosyloxy]-3,4,6-trihydroxy-benzocyclohepten-5-on bei der Reaktion mit Diazomethan in Äther und anschliessenden Hydrolyse mit wss.-methanol. HCl (*Černý*, Collect. **24** [1959] 24, 28, 29).

Orangefarbene Kristalle (aus E.+PAe.); F: 176° [unkorr.].

2,3,4,6-Tetramethoxy-benzocyclohepten-5-on, Tetra-O-methyl-purpurogallin $C_{15}H_{16}O_5$, Formel XI (R = R' = R'' = CH$_3$) (E I **6** 538; E II **8** 539; E III **8** 4047).
UV-Spektrum (A.; 220−400 nm): *Forbes, Ripley,* Soc. **1959** 2770, 2771.

2-Äthoxy-3,4,6-trihydroxy-benzocyclohepten-5-on $C_{13}H_{12}O_5$, Formel X (R = C$_2$H$_5$, R' = R'' = H) und Taut.
B. Aus Pyrogallol und 3-Äthoxy-brenzcatechin mit Hilfe von wss. KIO$_3$ (*Critchlow et al.,* Soc. **1951** 1318, 1322).
Rote Kristalle (aus wss. Acn.) mit 1 Mol H$_2$O; F: 157°. Bei 170−180°/0,05 Torr sublimierbar.

2-Äthoxy-3,4(oder 4,6)-dihydroxy-6(oder 3)-methoxy-benzocyclohepten-5-on $C_{14}H_{14}O_5$, Formel X (R = C$_2$H$_5$, R' = H, R'' = CH$_3$ oder R = C$_2$H$_5$, R' = CH$_3$, R'' = H) und Taut.
B. s. im folgenden Artikel.
Gelbe Kristalle (aus A.); F: 128° (*Critchlow et al.,* Soc. **1951** 1318, 1322).

2-Äthoxy-4-hydroxy-3,6-dimethoxy-benzocyclohepten-5-on $C_{15}H_{16}O_5$, Formel X (R = C$_2$H$_5$, R' = R'' = CH$_3$) und Taut.
B. Neben geringeren Mengen der vorangehenden Verbindung aus 2-Äthoxy-3,4,6-trihydroxy-benzocyclohepten-5-on und Diazomethan in Äther und Dioxan (*Critchlow et al.,* Soc. **1951** 1318, 1322).
Gelbe Kristalle (aus A.); F: 161°.

2-Äthoxy-3,4,6-trimethoxy-benzocyclohepten-5-on $C_{16}H_{18}O_5$, Formel XI (R = C$_2$H$_5$, R' = R'' = CH$_3$).
B. Aus der vorangehenden Verbindung und Dimethylsulfat mit Hilfe von wss. KOH (*Critchlow et al.,* Soc. **1951** 1318, 1322).
Kristalle (aus Cyclohexan); F: 91−92°.

2-Acetoxy-3,4,6-trihydroxy-benzocyclohepten-5-on $C_{13}H_{10}O_6$, Formel X (R = CO-CH$_3$, R' = R'' = H) und Taut.
Konstitution: *Thorn, Barclay,* Canad. J. Chem. **30** [1952] 251, 253.
B. Aus Purpurogallin (S. 3456) und Acetanhydrid mit Hilfe von Pyridin (*Th., Ba.,* l. c. S. 254).
Kristalle (aus E.+Ae.); F: 182−183° [unkorr.]. Absorptionsspektrum (Dioxan; 220−420 nm): *Th., Ba.,* l. c. S. 252.

2,3-Diacetoxy-4,6-dihydroxy-benzocyclohepten-5-on $C_{15}H_{12}O_7$, Formel X (R = R' = CO-CH$_3$, R'' = H) und Taut.
Konstitution: *Thorn, Barclay,* Canad. J. Chem. **30** [1952] 251, 253.
B. Aus Purpurogallin (S. 3456) und Acetanhydrid mit Hilfe von Pyridin (*Th., Ba.,* l. c. S. 254).
Gelbe Kristalle (aus E.+Ae.); F: 159−160° [unkorr.]. Absorptionsspektrum (Dioxan; 220−420 nm): *Th., Ba.,* l. c. S. 252.

2,6-Diacetoxy-3,4-dihydroxy-benzocyclohepten-5-on $C_{15}H_{12}O_7$, Formel X (R = R'' = CO-CH$_3$, R' = H) und Taut.
Konstitution: *Thorn, Barclay,* Canad. J. Chem. **30** [1952] 251, 253.
B. Beim Erwärmen von Purpurogallin (S. 3456) oder von 2-Acetoxy-3,4,6-trihydroxy-benzo= cyclohepten-5-on mit Acetanhydrid und Pyridin (*Th., Ba.,* l. c. S. 255).
Orangefarbene Kristalle (aus E.); F: 208−209° [unkorr.]. Absorptionsspektrum (Dioxan; 220−460 nm): *Th., Ba.,* l. c. S. 253.

3,6-Diacetoxy-4-hydroxy-2-methoxy-benzocyclohepten-5-on $C_{16}H_{14}O_7$, Formel X (R = CH$_3$, R' = R'' = CO-CH$_3$) und Taut.
Konstitution: *Thorn, Barclay,* Canad. J. Chem. **30** [1952] 251, 253.
B. Beim Erwärmen von 3,4,6-Trihydroxy-2-methoxy-benzocyclohepten-5-on mit Acet= anhydrid und Pyridin (*Th., Ba.,* l. c. S. 255).

Gelbe Kristalle (aus A.); F: 156−157° [unkorr.]. Absorptionsspektrum (Dioxan; 220−420 nm): *Th., Ba.*

4,6-Diacetoxy-2,3-dimethoxy-benzocyclohepten-5-on $C_{17}H_{16}O_7$, Formel XI (R = CH_3, R′ = R″ = CO-CH_3).

B. Aus 4,6-Dihydroxy-2,3-dimethoxy-benzocyclohepten-5-on und Acetanhydrid (*Thorn, Barclay,* Canad. J. Chem. **30** [1952] 251, 255).

Grünlichgelbe Kristalle (aus Ae.+E.); F: 194−196° [unkorr.]. UV-Spektrum (Dioxan; 220−400 nm): *Th., Ba.,* l. c. S. 252.

7-Brom-3,4,6-trihydroxy-2-methoxy-benzocyclohepten-5-on $C_{12}H_9BrO_5$, Formel XII (R = CH_3, X = H) und Taut.

B. Aus 3-Methoxy-[1,2]benzochinon und 4-Brom-pyrogallol in H_2O (*Horner, Dürckheimer,* Z. Naturf. **14b** [1959] 743; *Horner et al.,* B. **97** [1964] 312, 317, 318).

F: 217−218°.

1,7-Dibrom-2,3,4,6-tetrahydroxy-benzocyclohepten-5-on $C_{11}H_6Br_2O_5$, Formel XII (R = H, X = Br) und Taut. (E III **8** 4048; vgl. H **6** 1077; E I **6** 538).

Diese Konstitution kommt vermutlich auch der von *Kapko* (Roczniki Chem. **26** [1952] 34, 41; C. A. **1952** 11169) als 7,8-Dibrom-2,3,4,6-tetrahydroxy-benzocyclohepten-5-on $C_{11}H_6Br_2O_5$ formulierten Verbindung zu (vgl. *Horner et al.,* B. **94** [1961] 1276, 1278, 1279, 1285); entsprechend ist das als 2,3,4,6-Tetraacetoxy-7,8-dibrom-benzocyclohepten-5-on $C_{19}H_{14}Br_2O_9$ beschriebene Derivat (Kristalle [aus Bzl.]; F: 203°) als 2,3,4,6-Tetraacetoxy-1,7-dibrom-benzocyclohepten-5-on (vgl. E I **6** 538; E III **8** 4048) zu formulieren.

B. Beim Behandeln von Purpurogallin (S. 3456) mit Brom in Essigsäure [24 h] und Erwärmen des Reaktionsprodukts ($C_{11}H_7Br_3O_5$; braunrote Kristalle; Zers. bei ca. 200°) in Benzol (*Ka.*).

Braunrote Kristalle (aus A.); F: 205,5−206° [Zers.] (*Ka.*).

8-Hydroxy-1,2,3-trimethoxy-benzocyclohepten-7-on $C_{14}H_{14}O_5$, Formel XIII (R = H, X = O) und Taut.

B. Aus 2,3,4-Trimethoxy-5,7-dihydro-benzocyclohepten-6-on mit Hilfe von SeO_2 in Dioxan (*Schaeppi et al.,* Helv. **38** [1955] 1874, 1889).

Hellgelbe Kristalle; F: 140° [korr.; nach Sublimation im Hochvakuum bei 120°]. IR-Spektrum (Nujol; 2−16 μ): *Sch. et al.* λ_{max} (A.): 252 nm, 294 nm und 388 nm (*Sch. et al.,* l. c. S. 1884).

Kupfer(II)-Salz $Cu(C_{14}H_{13}O_5)_2$. Gelbgrün; schmilzt nicht unterhalb 300°.

XIII   XIV   XV

1,2,3,8-Tetramethoxy-benzocyclohepten-7-on $C_{15}H_{16}O_5$, Formel XIII (R = CH_3, X = O).

B. Aus 8-Hydroxy-1,2,3-trimethoxy-benzocyclohepten-7-on und CH_3I mit Hilfe von Natriummethylat (*Schaeppi et al.,* Helv. **38** [1955] 1874, 1889).

Hellgelbe Kristalle (aus Bzl.+Cyclohexan); F: 130° [korr.]. IR-Spektrum (Nujol; 2−16 μ): *Sch. et al.,* l. c. S. 1890. λ_{max} (A.): 251 nm, 292 nm und 374 nm.

2,4-Dinitro-phenylhydrazon (F: 227°): *Sch. et al.*

8-Benzyloxy-1,2,3-trimethoxy-benzocyclohepten-7-on $C_{21}H_{20}O_5$, Formel XIII (R = CH_2-C_6H_5, X = O).

B. Analog der vorangehenden Verbindung (*Buchanan, Sutherland,* Soc. **1957** 2334, 2337).

Kristalle (aus PAe.); F: 98−100°.

Oxim $C_{21}H_{21}NO_5$. F: 171 – 172°. UV-Spektrum (A.; 220 – 400 nm): *Bu., Su.*

8-Hydroxy-1,2,3-trimethoxy-benzocyclohepten-7-on-oxim $C_{14}H_{15}NO_5$, Formel XIII (R = H, X = N-OH) und Taut.

Hydrochlorid $C_{14}H_{15}NO_5 \cdot HCl$. *B*. Aus 2,3,4-Trimethoxy-5,7-dihydro-benzocyclohepten-6-on bei der Reaktion mit Pentylnitrit und HCl in Äther (*Buchanan, Sutherland*, Soc. **1957** 2334, 2337). – Gelbe Kristalle (aus A.); F: 206 – 208° [Zers.]. Absorptionsspektrum in Äthanol (220 – 400 nm) sowie in äthanol. NaOH (220 – 430 nm): *Bu., Su.,* l. c. S. 2336.

3-Hydroxy-5,7-dimethoxy-2-methyl-[1,4]naphthochinon $C_{13}H_{12}O_5$, Formel XIV und Taut.

B. Neben 6,8-Dimethoxy-3-methyl-[1,2]naphthochinon aus 6,8-Dimethoxy-3-methyl-[1]naphthol mit Hilfe von Blei(IV)-acetat in $CHCl_3$ und Essigsäure (*Ebnöther et al.*, Helv. **35** [1952] 910, 923; *Birch, Donovan*, Austral. J. Chem. **6** [1953] 373, 377). Aus (±)-2,3-Epoxy-5,7-dimethoxy-2-methyl-2,3-dihydro-[1,4]naphthochinon mit Hilfe von wss. NaOH (*Eb. et al.*).

Gelbe Kristalle; F: 205 – 207° [aus Acn. + Ae.; teilweise Sublimation ab ca. 170°] (*Eb. et al.*), 203 – 204° [unkorr.] (*Bi., Do.*). Absorptionsspektrum in Äthanol (220 – 500 nm) sowie in wss.-äthanol. NaOH (220 – 580 nm): *Eb. et al.,* l. c. S. 914.

5,8-Dihydroxy-2-methoxy-3-methyl-[1,4]naphthochinon $C_{12}H_{10}O_5$, Formel XV und Taut.

B. Aus Hydroxydroseron (E III **8** 4048) und Diazomethan in Äther (*Kuroda*, Nat. Sci. Rep. Ochanomizu Univ. **2** [1951] 87, 91).

Rote Kristalle (aus Me.); F: 113 – 114°.

2-Hydroxy-5,7-dimethoxy-3-methyl-[1,4]naphthochinon $C_{13}H_{12}O_5$, Formel XVI und Taut.

B. Aus (±)-2,3-Epoxy-6,8-dimethoxy-2-methyl-2,3-dihydro-[1,4]naphthochinon mit Hilfe von H_2SO_4 (*Ebnöther et al.*, Helv. **35** [1952] 910, 924).

Braune Kristalle (aus Ae.); F: 219 – 221° [Zers.; geschlossene Kapillare]. Absorptionsspektrum (A.; 220 – 500 nm): *Eb. et al.,* l. c. S. 914.

XVI   XVII   XVIII

5,6-Dimethoxy-2-hydroxy-3-methyl-[1,4]naphthochinon $C_{13}H_{12}O_5$, Formel XVII und Taut.

B. Aus (±)-6,7-Dimethoxy-3-methyl-phthalid über mehrere Stufen (*Weygand et al.*, B. **90** [1957] 1879, 1889).

Gelbe Kristalle; F: 195 – 197° [nach Sublimation im Hochvakuum bei 130° (Badtemperatur)].

Hydroxy-oxo-Verbindungen $C_{12}H_{10}O_5$

2-Äthyl-6,7,8-trimethoxy-[1,4]naphthochinon $C_{15}H_{16}O_5$, Formel XVIII.

B. Aus 2-Äthyl-6,7,8-trimethoxy-[1]naphthol über mehrere Stufen (*Hase*, J. pharm. Soc. Japan **70** [1950] 625, 627; C. A. **1951** 7081).

Gelbe Kristalle (aus A.); F: 107°.

Hydroxy-oxo-Verbindungen $C_{13}H_{12}O_5$

1-[4-Methoxy-phenyl]-heptan-1,3,4,6-tetraon $C_{14}H_{14}O_5$, Formel I und Taut.

B. Aus Oxalsäure-diäthylester bei der aufeinanderfolgenden Reaktion mit Aceton und 1-[4-Methoxy-phenyl]-äthanon, jeweils mit Hilfe von Natrium in Benzol (*Schmitt*, A. **569** [1950]

17, 26).

Gelbe Kristalle (aus Eg.); F: 140°.

$$H_3C-O-\langle\text{benzene}\rangle-CO-CH_2-CO-CO-CH_2-CO-CH_3$$

I

7-Äthyl-3,4,6-trihydroxy-2-methoxy-benzocyclohepten-5-on $C_{14}H_{14}O_5$, Formel II (R = H) und Taut.

B. Aus 3-Methoxy-[1,2]benzochinon und 4-Äthyl-pyrogallol in wss. Aceton (*Horner, Dürck=heimer,* Z. Naturf. **14b** [1959] 743; *Horner et al.,* B. **97** [1964] 312, 316, 319).

Gelbbraune Kristalle; F: 136−137° [aus Eg.] (*Ho. et al.*).

2,3,4,6-Tetrahydroxy-1,7-dimethyl-benzocyclohepten-5-on $C_{13}H_{12}O_5$, Formel III (R = CH$_3$) und Taut.

B. Aus 4-Methyl-pyrogallol bei der Oxidation mit wss. KIO$_3$ (*Critchlow et al.,* Soc. **1951** 1318, 1325) bzw. mit Sauerstoff in Gegenwart von NaHCO$_3$ in wss. Dioxan (*Bruce, Sutcliffe,* Soc. **1955** 4435, 4440).

Orangefarbene Kristalle; F: 203° [korr.; aus Toluol] (*Br., Su.*), 185° [nach Sublimation bei 170°/0,1 Torr] (*Cr. et al.*). λ_{max} (Dioxan; 230−440 nm): *Br., Su.*

II   III   IV

3,4,6-Trihydroxy-2-methoxy-8,9-dimethyl-benzocyclohepten-5-on $C_{14}H_{14}O_5$, Formel IV (R = H, R′ = CH$_3$) und Taut.

B. Aus 3-Methoxy-[1,2]benzochinon und 4-Brom-5,6-dimethyl-pyrogallol in H$_2$O (*Horner, Dürckheimer,* Z. Naturf. **14b** [1959] 743; *Horner et al.,* B. **97** [1964] 312, 316, 319).

F: 223−224°.

3,4,6-Trihydroxy-2-methoxy-7,8-dimethyl-benzocyclohepten-5-on $C_{14}H_{14}O_5$, Formel IV (R = CH$_3$, R′ = H) und Taut.

B. Aus 3-Methoxy-[1,2]benzochinon und 4,5-Dimethyl-pyrogallol in H$_2$O (*Horner, Dürckhei=mer,* Z. Naturf. **14b** [1959] 743; *Horner et al.,* B. **97** [1964] 312, 316, 318).

Braune Kristalle (aus Eg.); F: 232° (*Ho. et al.*).

(±)-2-Acetonyl-2-hydroxy-3,8-dimethoxy-2H-naphthalin-1-on(?) $C_{15}H_{16}O_5$, vermutlich Formel V.

B. Aus 3,8-Dimethoxy-[1,2]naphthochinon und Aceton mit Hilfe von Al$_2$O$_3$ (*Magnusson,* Acta chem. scand. **12** [1958] 791).

Gelbe Kristalle; F: 142°.

V   VI

Hydroxy-oxo-Verbindungen $C_{14}H_{14}O_5$

4-Methyl-2-oxo-6-[2,3,4-trimethoxy-phenyl]-cyclohex-3-encarbaldehyd $C_{17}H_{20}O_5$ und Taut.

(±)-6-Hydroxymethylen-3-methyl-5-[2,3,4-trimethoxy-phenyl]-cyclohex-2-enon $C_{17}H_{20}O_5$, Formel VI (R = H).

B. Aus (±)-3-Methyl-5-[2,3,4-trimethoxy-phenyl]-cyclohex-2-enon und Äthylformiat mit Hilfe von Natriumäthylat in Benzol (*Campbell et al.,* J. org. Chem. **15** [1950] 1139).

Gelbe Kristalle (aus Hexan); F: 97,5–99,5°.

*(±)-6-Äthoxymethylen-3-methyl-5-[2,3,4-trimethoxy-phenyl]-cyclohex-2-enon $C_{19}H_{24}O_5$, Formel VI (R = C_2H_5).

B. Aus der vorangehenden Verbindung und Äthyljodid mit Hilfe von K_2CO_3 in Aceton (*Campbell et al.,* J. org. Chem. **15** [1950] 1139).

Gelbe Kristalle (aus E. + Hexan); F: 105–106° [unkorr.].

6-Butyl-2,8-dihydroxy-7-methoxy-[1,4]naphthochinon $C_{15}H_{16}O_5$, Formel VII und Taut.

Diese Konstitution kommt der früher (E III **8** 4053) als 8-Butyl-2,5-dihydroxy-7-meth≠ oxy-[1,4]naphthochinon $C_{15}H_{16}O_5$ formulierten Verbindung aufgrund der genetischen Be≠ ziehung zu Phomazarin (E III/IV **22** 3447) zu.

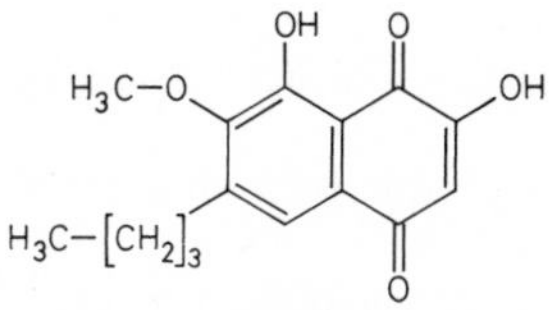

VII 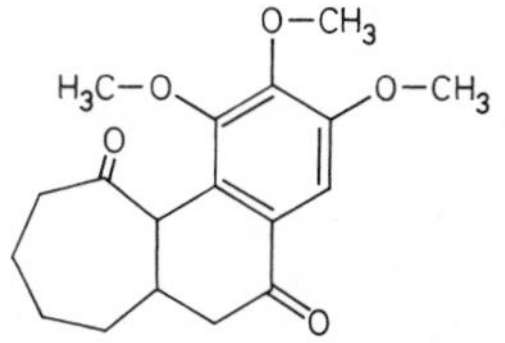   VIII

Hydroxy-oxo-Verbindungen $C_{15}H_{16}O_5$

1,7-Diäthyl-2,3,4,6-tetrahydroxy-benzocyclohepten-5-on $C_{15}H_{16}O_5$, Formel III (R = C_2H_5) und Taut.

B. Aus 4-Äthyl-pyrogallol mit Hilfe von wss. KIO_3 (*Murakami et al.,* J. chem. Soc. Japan Pure Chem. Sect. **75** [1954] 620; C. A. **1957** 13840).

Rote Kristalle; F: 146°.

7,9-Diäthyl-2-methoxy-3,4,6-trihydroxy-benzocyclohepten-5-on $C_{16}H_{18}O_5$, Formel II (R = C_2H_5) und Taut.

B. Aus 3-Methoxy-[1,2]benzochinon und 4,6-Diäthyl-pyrogallol in wss. Aceton (*Horner, Dürckheimer,* Z. Naturf. **14b** [1959] 743; *Horner et al.,* B. **97** [1964] 312, 316, 318).

Rote Kristalle (aus Eg.); F: 167–168° (*Ho. et al.*).

*Opt.-inakt. 1,2,3-Trimethoxy-6a,7,8,9,10,11a-hexahydro-6H-cyclohepta[a]naphthalin-5,11-dion $C_{18}H_{22}O_5$, Formel VIII.

B. Aus (±)-2-Hydroxy-2-[2,3,4-trimethoxy-phenyl]-cycloheptanon über mehrere Stufen (*Gins≠ burg,* Am. Soc. **76** [1954] 3628).

Kristalle (aus PAe.); F: 110° [unkorr.].

*Opt.-inakt. 4a(oder 11b)-Hydroxy-9,10,11-trimethoxy-1,2,3,4,4a,11b-hexahydro-dibenzo[a,c]≠ cyclohepten-5-on $C_{18}H_{22}O_5$, Formel IX (X = OH, X′ = H oder X = H, X′ = OH).

B. Neben anderen Verbindungen aus (±)-9,10,11-Trimethoxy-(4ar,11bc)-2,3,4,4a,5,11b-hexa≠ hydro-1H-dibenzo[a,c]cyclohepten mit Hilfe von SeO_2 und Pyridin (*Loewenthal,* Soc. **1958** 1367, 1373).

Gelbliche Kristalle (aus $CHCl_3$ + Cyclohexan); F: 144°. λ_{max}: 251 nm und 317 nm.

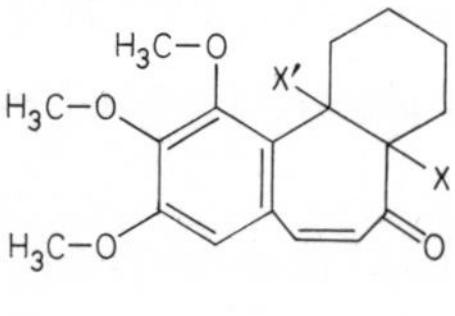

IX 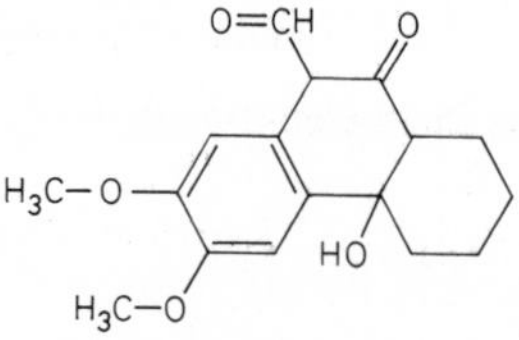   X

*Opt.-inakt. 4a-Hydroxy-6,7-dimethoxy-10-oxo-1,2,3,4,4a,9,10,10a-octahydro-phenanthren-9-carbaldehyd $C_{17}H_{20}O_5$, Formel X und Taut. (4b-Hydroxy-10-hydroxymethylen-2,3-dimethoxy-4b,6,7,8,8a,10-hexahydro-5H-phenanthren-9-on).

B. Aus (±)-4b-Hydroxy-2,3-dimethoxy-(4br,8ac?)-4b,6,7,8,8a,10-hexahydro-5H-phenanthren-9-on (S. 2878) und Äthylformiat mit Hilfe von Natriummethylat in Äther (*Walker*, Am. Soc. **79** [1957] 3508, 3511).

Kristalle (aus E.); F: 159−161° [korr.]. λ_{max} (A.): 257 nm, 288 nm und 309 nm (*Wa.*).

Hydroxy-oxo-Verbindungen $C_{17}H_{20}O_5$

3,5-Diacetyl-4-[2-methoxy-phenyl]-heptan-2,6-dion $C_{18}H_{22}O_5$, Formel XI (X = O-CH_3, X' = H) und Taut.

Ausser dieser Konstitution ist auch eine Formulierung als 2,4-Diacetyl-5-hydroxy-3-[2-methoxy-phenyl]-5-methyl-cyclohexanon $C_{18}H_{22}O_5$ in Betracht zu ziehen (*Finar*, Soc. **1961** 674).

B. Aus Pentan-2,4-dion und 2-Methoxy-benzaldehyd mit Hilfe von Piperidin in Äthanol (*Martin et al.*, Am. Soc. **80** [1958] 5851, 5852).

Kristalle (aus PAe.); F: 89−90°. Scheinbare Dissoziationsexponenten pK'_{a1} und pK'_{a2} (wss. Dioxan [50%ig]; potentiometrisch ermittelt) bei 30°: 11,47 bzw. 12,44 (*Martin, Fernelius*, Am. Soc. **81** [1959] 1509).

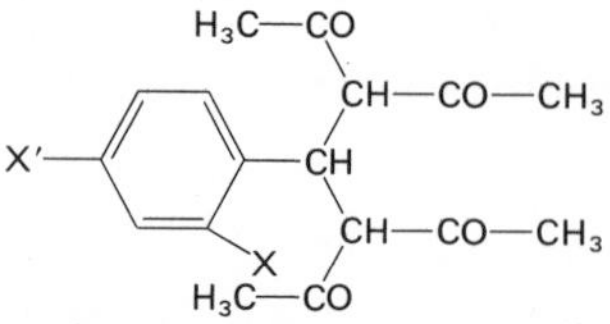

XI 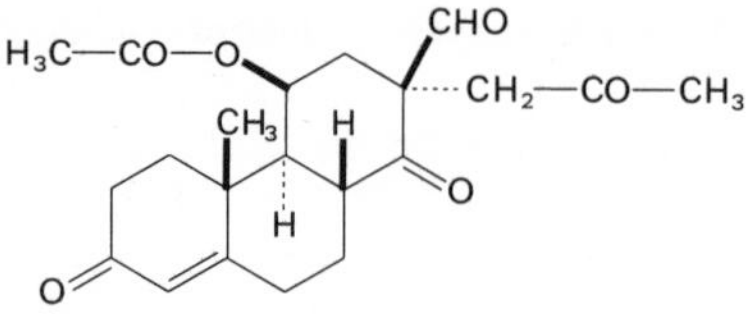   XII

3,5-Diacetyl-4-[4-methoxy-phenyl]-heptan-2,6-dion $C_{18}H_{22}O_5$, Formel XI (X = H, X' = O-CH_3) und Taut.

Ausser dieser Konstitution ist auch eine Formulierung als 2,4-Diacetyl-5-hydroxy-3-[4-methoxy-phenyl]-5-methyl-cyclohexanon $C_{18}H_{22}O_5$ in Betracht zu ziehen (*Finar*, Soc. **1961** 674).

B. Analog der vorangehenden Verbindung (*Martin et al.*, Am. Soc. **80** [1958] 5851, 5852).

Kristalle (aus Bzl.); F: 163−165°. Scheinbare Dissoziationsexponenten pK'_{a1} und pK'_{a2} (wss. Dioxan [50%ig]; potentiometrisch ermittelt) bei 30°: 11,62 bzw. 12,61 (*Martin, Fernelius*, Am. Soc. **81** [1959] 1509).

Hydroxy-oxo-Verbindungen $C_{19}H_{24}O_5$

rac-11β-Acetoxy-3,14,16-trioxo-14,15-seco-androst-4-en-18-al $C_{21}H_{26}O_6$, Formel XII + Spiegelbild.

B. Aus rac-11β,18a-Epoxy-18a-methyl-14,15-seco-18-homo-androsta-4,18-dien-3,14,16-trion

bei der Ozonolyse (*Wieland et al.*, Helv. **41** [1958] 74, 92).
Kristalle; F: 179−180° [unkorr.; Zers.].

4-Hydroxy-4b-methyl-2,2-bis-[2-oxo-äthyl]-3,4,4a,5,6,9,10,10a-octahydro-2H,4bH-phenanthren-1,7-dion $C_{19}H_{24}O_5$ und Taut.
rac-**11β,18a-Epoxy-14ξ,16ξ,18aξ-trihydroxy-15-oxa-18-homo-androst-4-en-3-on** $C_{19}H_{26}O_6$, Formel XIII + Spiegelbild.
Konstitution: *Heusler et al.*, Helv. **40** [1957] 787, 789.
B. Aus *rac*-3,3-Äthandiyldioxy-11β-hydroxy-18-vinyl-14,15-seco-androsta-5,15-dien-14-on bei der Ozonolyse (*He. et al.*, l. c. S. 801).
Kristalle (aus $CHCl_3$ + Me.); F: 178° [unkorr.; Zers.]. IR-Banden (2,5−6 μ): *He. et al.*

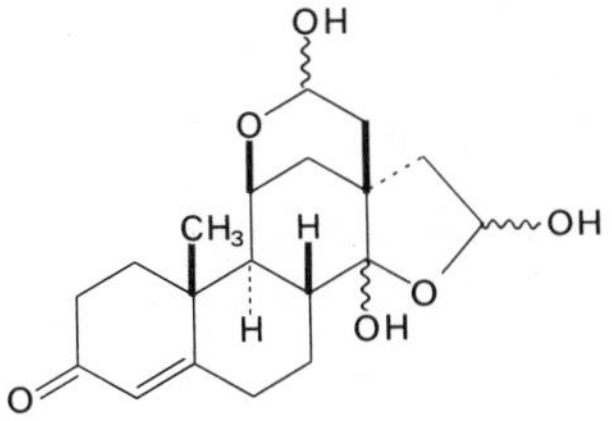

XIII 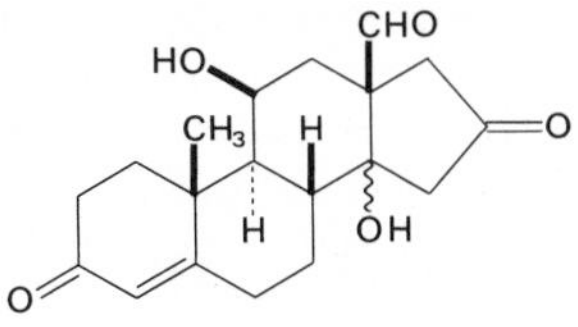   XIV 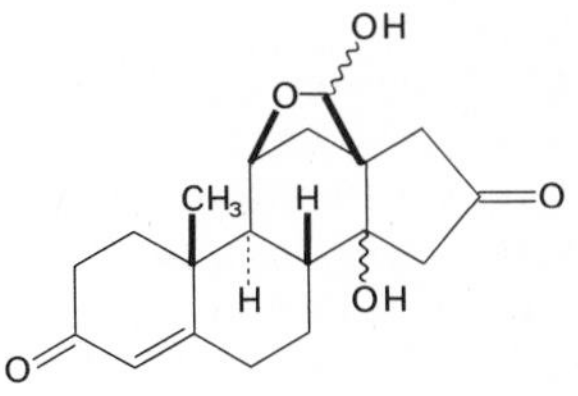   XV

---

rac-**11β,14-Dihydroxy-3,16-dioxo-14ξ-androst-4-en-18-al** $C_{19}H_{24}O_5$, Formel XIV + Spiegelbild und Taut. (*rac*-(18Ξ)-11β,18-Epoxy-14,18-dihydroxy-14ξ-androst-4-en-3,16-dion, Formel XV + Spiegelbild).
B. Aus *rac*-(18Ξ)-18-Acetoxy-3,3-äthandiyldioxy-11β,18-epoxy-14-hydroxy-14ξ-androst-5-en-16-on (E III/IV **19** 5198) mit Hilfe von wss. Essigsäure (*Wieland et al.*, Helv. **41** [1958] 74, 103).
Kristalle (aus CH_2Cl_2 + Me.); F: 239−240° [unkorr.; Zers.]. IR-Banden (Nujol; 2,5−6,5 μ): *Wi. et al.* λ_{max} (A.): 240 nm.

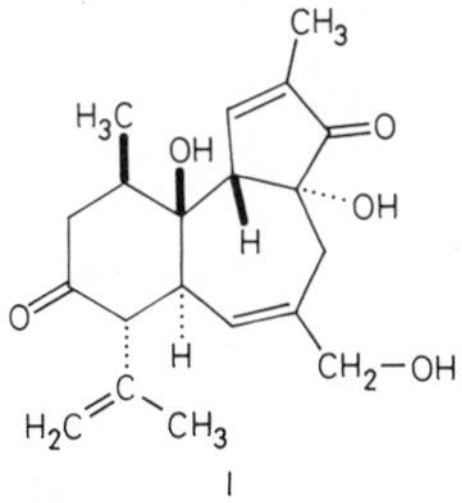

I 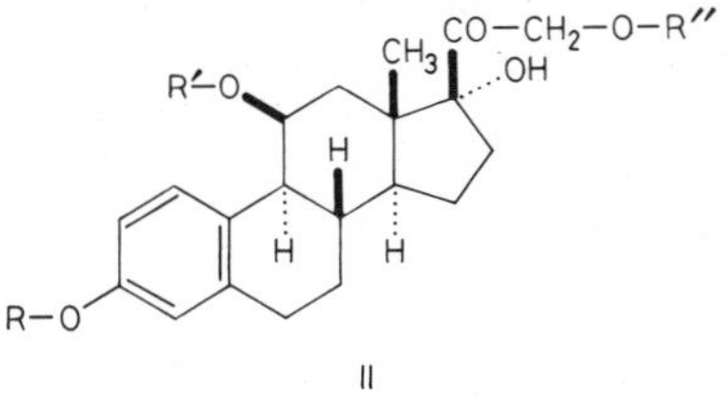   II

Hydroxy-oxo-Verbindungen $C_{20}H_{26}O_5$

(3aR)-3a,10a-Dihydroxy-5-hydroxymethyl-7c-isopropenyl-2,10t-dimethyl-(3ar,6ac,10at,10bt)-3a,4,6a,7,9,10,10a,10b-octahydro-benz[e]azulen-3,8-dion, Crotophorbolon $C_{20}H_{26}O_5$, Formel I (E III 4056).
Kristalle (aus Py.); F: 227°. $[\alpha]_D^{21}$: +174° [Me.; c = 1]. IR-Banden (KBr; 2,5−6,5 μ): *Kauffmann et al.*, B. **92** [1959] 1727, 1737.

Die bei der Oxidation mit Blei(IV)-acetat in Essigsäure erhaltene, von *Kauffmann et al.* (l. c. S. 1737) als Dehydrocrotophorbolon bezeichnete Verbindung $C_{19}H_{24}O_6$ ist als (4R,3'R)-5c-[(S?)-1-Acetoxy-2-methyl-allyl]-8a-hydroxy-7-hydroxymethyl-2,3'-dimethyl-

$(3ac,4rO^{1'},8at)$-3a,5,8,8a,3',4'-hexahydro-spiro[azulen-4,2'-furan]-1,5'-dion $C_{22}H_{28}O_7$ zu formulieren (*Crombie et al.*, Soc. [C] **1968** 1347, 1354).

3,11β,17,21-Tetrahydroxy-19-nor-pregna-1,3,5(10)-trien-20-on $C_{20}H_{26}O_5$, Formel II (R = R' = R'' = H).

B. Aus 3,21-Diacetoxy-11β,17-dihydroxy-19-nor-pregna-1,3,5(10)-trien-20-on mit Hilfe von wss.-methanol. $KHCO_3$ (*Magerlein, Hogg*, Am. Soc. **80** [1958] 2226, 2229).

Kristalle (aus Acn.); F: 256−258° [korr.].

11β-Acetoxy-17,21-dihydroxy-3-methoxy-19-nor-pregna-1,3,5(10)-trien-20-on $C_{23}H_{30}O_6$, Formel II (R = CH_3, R' = CO-CH_3, R'' = H).

B. Aus 11β,21-Diacetoxy-17-hydroxy-3-methoxy-19-nor-pregna-1,3,5(10)-trien-20-on mit Hilfe von wss.-methanol. $KHCO_3$ (*Magerlein, Hogg*, Am. Soc. **80** [1958] 2226, 2228).

Kristalle (aus E.); F: 210−215° [korr.].

3,21-Diacetoxy-11β,17-dihydroxy-19-nor-pregna-1,3,5(10)-trien-20-on $C_{24}H_{30}O_7$, Formel II (R = R'' = CO-CH_3, R' = H).

B. Aus 19-Nor-pregna-1,3,5(10),17(20)c(?)-tetraen-3,11β,21-triol (E IV **6** 7589) über mehrere Stufen (*Magerlein, Hogg*, Am. Soc. **80** [1958] 2226, 2229).

Kristalle (aus E. + Hexan); F: 167−168° [korr.]. $[α]_D$: 0° [Dioxan].

11β,21-Diacetoxy-17-hydroxy-3-methoxy-19-nor-pregna-1,3,5(10)-trien-20-on $C_{25}H_{32}O_7$, Formel II (R = CH_3, R' = R'' = CO-CH_3).

B. Aus 3-Methoxy-19-nor-pregna-1,3,5(10),17(20)c(?)-tetraen-11β,21-diol (E IV **6** 7589) über mehrere Stufen (*Magerlein, Hogg*, Am. Soc. **80** [1958] 2226, 2228).

Kristalle mit 1 Mol H_2O; F: 127−133° [Zers.] (*Magerlein, Hogg*, Am. Soc. **79** [1957] 1508), 95−101° [korr.; aus wss. Acn.] (*Ma., Hogg*, Am. Soc. **80** 2228). $[α]_D$: +104° [Acn.] (*Ma., Hogg*, Am. Soc. **79** 1509).

3,11β,21-Triacetoxy-17-hydroxy-19-nor-pregna-1,3,5(10)-trien-20-on $C_{26}H_{32}O_8$, Formel II (R = R' = R'' = CO-CH_3).

B. Aus 19-Nor-pregna-1,3,5(10),17(20)c(?)-tetraen-3,11β,21-triol (E IV **6** 7589) über mehrere Stufen (*Magerlein, Hogg*, Am. Soc. **80** [1958] 2226, 2229).

Kristalle (aus E. + Hexan); F: 191−193° [korr.].

17,21-Dihydroy-19-nor-pregn-4-en-3,11,20-trion $C_{20}H_{26}O_5$, Formel III.

B. Aus 11β,17,21-Trihydroxy-19-nor-pregn-4-en-3,20-dion mit Hilfe von CrO_3 und Essigsäure (*Zaffaroni et al.*, Am. Soc. **80** [1958] 6110, 6114).

Kristalle (aus Me. + Ae.); F: 230−232° [unkorr.]. $λ_{max}$: 238 nm [A.], 280 nm, 340 nm, 415 nm und 490 nm [H_2SO_4].

III   IV

17,21-Dihydroxy-A-nor-pregn-3-en-2,11,20-trion $C_{20}H_{26}O_5$, Formel IV.

B. Aus (20Ξ)-17,20;20,21-Bis-methylendioxy-A-nor-pregn-3-en-2,11-dion (E III/IV **19** 5909) mit Hilfe von wss. Essigsäure (*Hirschmann et al.*, Am. Soc. **81** [1959] 2822, 2826).

Kristalle (aus Acn. + Hexan); F: ca. 200° [unkorr.]. $λ_{max}$: 229 nm.   [*Schenk*]

Hydroxy-oxo-Verbindungen $C_{21}H_{28}O_5$

21-Acetoxy-17-hydroxy-1,5β-cyclo-1,10-seco-pregn-9-en-2,11,20-trion $C_{23}H_{30}O_6$, Formel V.

Konstitution: *Williams et al.,* Am. Soc. **101** [1979] 5019, 5022.

B. Bei der Hydrierung von O^{21}-Acetyl-isolumiprednison (S. 3529) an Palladium/Kohle (*Barton, Taylor,* Soc. **1958** 2500, 2507).

Kristalle (aus E.+Ae.+PAe.); F: 192−195°; $[\alpha]_D$: +127° [$CHCl_3$; c = 0,5]; λ_{max} (A.): 251 nm (*Ba., Ta.*).

Beim Behandeln mit Phenylmethanthiol, HCl und Essigsäure ist eine Verbindung $C_{37}H_{45}ClO_5S_2$ (Kristalle [aus Me.]; F: 172−173°; λ_{max} [A.]: 210 nm) erhalten worden (*Ba., Ta.,* l. c. S. 2508).

Monosemicarbazon $C_{24}H_{33}N_3O_6$. F: 253−256°. IR-Banden ($CHCl_3$; 1750−1550 cm^{-1}): *Ba., Ta.* λ_{max} (A.): 236 nm.

V   VI

9-Fluor-11β,16α,17α-trihydroxy-17β-methyl-D-homo-androsta-1,4-dien-3,17a-dion(?) $C_{21}H_{27}FO_5$, vermutlich Formel VI.

B. Aus 9,11β-Epoxy-16α,17-isopropylidendioxy-9β-pregna-1,4-dien-3,20-dion und HF in $CHCl_3$ und THF (*Allen, Weiss,* Am. Soc. **81** [1959] 4968, 4977).

Kristalle (aus Acn.+PAe.); F: 290−292° [unkorr.]. $[\alpha]_D^{25}$: +37,8° [Me.; c = 0,7], +52,3° [Py.; c = 0,8]. IR-Banden (KBr; 2,5−10,5 μ): *Al., We.* λ_{max} (Me.): 238 nm.

VII   VIII

17α-Hydroxy-17β-hydroxymethyl-D-homo-androst-4-en-3,11,17a-trion $C_{21}H_{28}O_5$, Formel VII.

Diese Konstitution und Konfiguration kommt der ursprünglich (*Georgian, Kundu,* Chem. and Ind. **1954** 431; s. a. *Batres et al.,* Am. Soc. **76** [1954] 5171) als 17aα-Hydroxy-17aβ-hydroxymethyl-D-homo-androst-4-en-3,11,17-trion $C_{21}H_{28}O_5$ angesehenen Verbindung zu (*Wendler, Taub,* Am. Soc. **80** [1958] 3402; *Georgian, Kundu,* Tetrahedron **19** [1963] 1037, 1040, 1047). Entsprechendes gilt für die als 17aβ-Acetoxymethyl-17aα-hydroxy-D-homo-androst-4-en-3,11,17-trion $C_{23}H_{30}O_6$ bzw. 17aα-Acetoxy-17aβ-acetoxymethyl-D-homo-androst-4-en-3,11,17-trion $C_{25}H_{32}O_7$ formulierten Mono- und Diacetyl-Derivate.

B. Aus dem Monoacetyl-Derivat (s. u.) mit wss.-methanol. $NaHCO_3$ (*Ge., Ku.*).

Kristalle (aus wss. Me.); F: 195−196° [unkorr.]; $[\alpha]_D^{25}$: +184° [$CHCl_3$; c = 2,5] (*Ge., Ku.*).

Monoacetyl-Derivat $C_{23}H_{30}O_6$; 17β-Acetoxymethyl-17α-hydroxy-D-homo-androst-4-en-3,11,17a-trion. *B.* Aus 21-Acetoxy-17-hydroxy-pregn-4-en-3,11,20-trion beim Erwärmen mit Aluminiumisopropylat und Cyclohexanon in Toluol (*Ba. et al.*). Aus 17β-Acetoxy⸗methyl-17α-hydroxy-*D*-homo-androstan-3,11,17a-trion über mehrere Stufen (*We., Ta.*). — Kristalle; F: 206−207° [unkorr.; aus Me.]; $[\alpha]_D^{25}$: +175° [CHCl₃; c = 2,5] (*Ge., Ku.*). F: 199−201° [unkorr.; aus Me.+CHCl₃]; $[\alpha]_D^{20}$: +191° [CHCl₃]; λ_{max} (A.): 237 nm (*Ba. et al.*).

Diacetyl-Derivat $C_{25}H_{32}O_7$; 17α-Acetoxy-17β-acetoxymethyl-*D*-homo-an⸗drost-4-en-3,11,17a-trion. *B.* Neben dem Monoacetyl-Derivat (s. o.) aus 21-Acetoxy-17-hydr⸗oxy-pregn-4-en-3,11,20-trion beim Behandeln mit BF₃, Essigsäure und Acetanhydrid (*Ge., Ku.*). — Kristalle (aus Me.); F: 227−228° [unkorr.]; $[\alpha]_D^{25}$: +128° [CHCl₃; c = 2,5] (*Ge., Ku.*).

17,20,21-Trihydroxy-pregna-1,4-dien-3,11-dione $C_{21}H_{28}O_5$.

a) 17,20β_F,21-Trihydroxy-pregna-1,4-dien-3,11-dion, Formel VIII (R = R′ = H).

B. Aus Prednison (S. 3531) mit Hilfe von NaBH₄ (*Szpilfogel et al.*, R. **75** [1956] 1227, 1231). Aus Cortison (S. 3480), aus Prednison oder aus 17,20β_F,21-Trihydroxy-pregn-4-en-3,11-dion mit Hilfe von Calonectria decora (*Sz. et al.*). Aus Prednison mit Hilfe von Streptomyces hydro⸗genans (*Lindner et al.*, Z. physiol. Chem. **313** [1958] 117, 122), mit Hilfe von Streptomyces griseus (*Carvajal et al.*, J. org. Chem. **24** [1959] 695, 697).

Kristalle; F: 184−185° [korr.; aus Acn.+Hexan]; $[\alpha]_D^{25}$: +118° [Dioxan]; λ_{max} (Me.): 238 nm (*Ca. et al.*). F: 180−181° [unkorr.; aus Acn.]; $[\alpha]_D$: +118° [Dioxan]; λ_{max} (A.): 238 nm (*Sz. et al.*). IR-Spektrum (CHCl₃; 1800−850 cm⁻¹): *G. Roberts, B.S. Gallagher, R.N. Jones*, Infrared Absorption Spectra of Steroids, Bd. 2 [New York 1958] Nr. 595. IR-Banden (Nujol; 3−11 μ): *Ca. et al.; Sz. et al.*

a) 17,20α_F,21-Trihydroxy-pregna-1,4-dien-3,11-dion, Formel IX (R = H).

B. Aus 20α_F,21-Diacetoxy-17-hydroxy-pregna-1,4-dien-3,11-dion mit wss.-methanol. KHCO₃ (*Beyler et al.*, J. org. Chem. **24** [1959] 1386). Aus Prednison (S. 3531) mit Hilfe von Rhodotorula longissima (*Carvajal et al.*, J. org. Chem. **24** [1959] 695, 698).

Dimorph; Kristalle (aus Acn.+Hexan); F: 225−228° [korr.] und F: 238−240° [korr.; Zers.; nach Umwandlung bei 225°] (*Ca. et al.*). Kristalle (aus Me.); F: 225−227° und F: 240−242° (*Be. et al.*). $[\alpha]_D^{23}$: +132° [Dioxan; c = 1] (*Be. et al.*); $[\alpha]_D^{25}$: +117° [Dioxan] (*Ca. et al.*). IR-Spektrum (CHCl₃; 1800−850 cm⁻¹): *G. Roberts, B.S. Gallagher, R.N. Jones*, Infrared Absorp⸗tion Spectra of Steroids, Bd. 2 [New York 1958] Nr. 594. IR-Banden (Nujol; 2,5−6,5 μ): *Ca. et al.; Be. et al.* λ_{max} (Me.): 239 nm (*Ca. et al.; Be. et al.*).

IX   X

21-Acetoxy-17,20β_F-dihydroxy-pregna-1,4-dien-3,11-dion $C_{23}H_{30}O_6$, Formel VIII (R = H, R′ = CO-CH₃).

B. Aus 21-Acetoxy-17-hydroxy-pregna-1,4-dien-3,11,20-trion mit Hilfe von NaBH₄ (*Szpilfogel et al.*, R. **75** [1956] 1227, 1231).

Kristalle (aus Me.+PAe.); F: 231−233° [unkorr.]. $[\alpha]_D$: +128° [Dioxan]. IR-Banden (Nujol; 2,5−11,5 μ): *Sz. et al.* λ_{max} (A.): 239 nm.

20,21-Diacetoxy-17-hydroxy-pregna-1,4-dien-3,11-dione $C_{25}H_{32}O_7$.

a) 20β_F,21-Diacetoxy-17-hydroxy-pregna-1,4-dien-3,11-dion, Formel VIII (R = R′ = CO-CH₃).

B. Aus 20β_F,21-Diacetoxy-17-hydroxy-pregn-4-en-3,11-dion mit Hilfe von SeO₂ (*Szpilfogel*

et al., R. **75** [1956] 1227, 1230). Aus der vorangehenden Verbindung oder aus 17,20β_F,21-Tri=
hydroxy-pregna-1,4-dien-3,11-dion und Acetanhydrid in Pyridin (*Sz. et al.*; *Lindner et al., Z.
physiol. Chem.* **313** [1958] 117, 122; *Carvajal et al.*, J. org. Chem. **24** [1959] 695, 697).
  Kristalle; F: 244° (*Li. et al.*). F: 239 – 242° [korr.; aus Acn. + Hexan]; $[\alpha]_D^{25}$: +160° [Dioxan]
(*Ca. et al.*). F: 239 – 240° [unkorr.; aus Acn.]; $[\alpha]_D$: +146° [Dioxan; λ_{max} (A.): 238 nm (*Sz.
et al.*). IR-Banden (Nujol; 3 – 11 μ): *Sz. et al.*; *Ca. et al.*

  b) **20α_F,21-Diacetoxy-17-hydroxy-pregna-1,4-dien-3,11-dion,** Formel IX (R = CO-CH₃).
  B. Aus 17,20α_F,21-Trihydroxy-pregna-1,4-dien-3,11-dion und Acetanhydrid in Pyridin (*Car=
vajal et al.*, J. org. Chem. **24** [1959] 695, 698). Beim Behandeln der folgenden Verbindung
mit Acetanhydrid, Essigsäure und Toluol-4-sulfonsäure und Erhitzen des Reaktionsprodukts
mit Essigsäure, Acetanhydrid und Kaliumacetat (*Beyler et al.*, J. org. Chem. **24** [1959] 1386).
  Kristalle; F: 250 – 251° und F: 267 – 270° [korr.; Zers.]; $[\alpha]_D^{25}$: +75° [Dioxan]; λ_{max} (Me.):
239 nm (*Ca. et al.*). F: 255 – 259° [aus Acn.]; $[\alpha]_D^{24}$: +92° [CHCl₃; c = 1]; $[\alpha]_D^{23}$: +71° [Dioxan;
c = 1] (*Be. et al.*). IR-Banden (Nujol; 2,5 – 8 μ): *Ca. et al.*; *Be. et al.*

21-Acetoxy-17-hydroxy-20β_F-methansulfonyloxy-pregna-1,4-dien-3,11-dion C₂₄H₃₂O₈S,
Formel VIII (R = SO₂-CH₃, R' = CO-CH₃).
  B. Aus 21-Acetoxy-17,20β_F-dihydroxy-pregna-1,4-dien-3,11-dion und Methansulfonylchlorid
in Pyridin (*Beyler et al.*, J. org. Chem. **24** [1959] 1386).
  Kristalle (aus Me.); F: 173 – 178° [Zers.].

9-Fluor-11β,16α,17-trihydroxy-pregna-1,4-dien-3,20-dion, Descinolon C₂₁H₂₇FO₅, Formel X
(X = F).
  B. Als Hauptprodukt beim Erwärmen von 9-Fluor-11β-hydroxy-16α,17-isopropylidendioxy-
pregna-1,4-dien-3,20-dion mit wss.-methanol. HCl (*Allen, Weiss*, Am. Soc. **81** [1959] 4968, 4978).
Aus 9-Fluor-11β,16α,17-trihydroxy-pregn-4-en-3,20-dion mit Hilfe von Nocardia corallina
(*Bernstein et al.*, Am. Soc. **81** [1959] 4956, 4962).
  Kristalle; F: 298 – 300° [unkorr.; Zers.; aus Acn. + PAe.]; $[\alpha]_D^{25}$: +53,3° [Me.; c = 0,4],
+36,8° [Py.; c = 1]; λ_{max} (Me.): 238 nm (*Al., We.*). F: 286 – 287° [Zers.; aus Acn.]; $[\alpha]_D^{25}$:
+62° [Me.; c = 0,5], +41,5° [Py.; c = 1]; λ_{max} (Me.): 238 nm (*Be. et al.*). IR-Spektrum (KBr;
2 – 15 μ): *W. Neudert, H. Röpke*, Steroid-Spektrenatlas [Berlin 1965] Nr. 615.
  O¹⁶-Acetyl-Derivat C₂₃H₂₉FO₆; 16α-Acetoxy-9-fluor-11β,17-dihydroxy-pre=
gna-1,4-dien-3,20-dion. Kristalle (aus E. + PAe.); F: 242 – 244°; $[\alpha]_D^{25}$: +27,3° [Me.;
c = 0,8]; λ_{max} (Me.): 239 nm (*Be. et al.*). IR-Banden (KBr; 3500 – 1250 cm⁻¹): *Be. et al.*

9-Chlor-11β,16α,17-trihydroxy-pregna-1,4-dien-3,20-dion C₂₁H₂₇ClO₅, Formel X (X = Cl).
  B. Aus 9-Chlor-11β-hydroxy-16α,17-isopropylidendioxy-pregna-1,4-dien-3,20-dion mit wss.-
methanol. HCl (*Allen, Weiss*, Am. Soc. **81** [1959] 4968, 4978).
  Kristalle (aus Acn. + PAe.); F: 242 – 243° [unkorr.; Zers.]. $[\alpha]_D^{25}$: +73° [Py.; c = 0,9]. IR-
Banden (KBr; 2,5 – 9,5 μ): *Al., We.* λ_{max} (Me.): 238 nm.

11,17,21-Trihydroxy-pregna-1,4-dien-3,20-dione C₂₁H₂₈O₅.

  a) **11β,17,21-Trihydroxy-pregna-1,4-dien-3,20-dion, Prednisolon,** Formel XI
(R = R' = H).
  B. Aus 21-Acetoxy-11β,17-dihydroxy-pregna-1,4-dien-3,20-dion mit Hilfe von methanol.
KOH (*Szpilfogel et al.*, R. **75** [1956] 475, 479; *Labor. franç. de Chimiothérapie*, D.B.P. 1012912
[1956]). Aus 11β,17,21-Tris-trifluoracetoxy-5α-pregnan-3,20-dion mit Hilfe von Brom und 2,4,6-
Trimethyl-pyridin (*CIBA*, U.S.P. 2854465 [1956]). Aus 11β,17,21-Trihydroxy-pregn-4-en-3,20-
dion mit Hilfe von Didymella lycopersici (*Vischer et al.*, Helv. **38** [1955] 1502, 1505), mit Hilfe
von Corynebacterium simplex (*Herzog et al.*, Tetrahedron **18** [1962] 581, 588; *Schering Corp.*,
U.S.P. 2837464 [1955]). Zusammenfassende Darstellung über Bildungsweisen mit Hilfe von
Mikroorganismen: *W. Charney, H.L. Herzog*, Microbial Transformations of Steroids [New
York 1967] S. 142.
  Kristalle; F: 246° [aus A.]; $[\alpha]_D^{20}$: +100° [Dioxan; c = 0,25]; λ_{max} (A.): 244 nm (*Labor.*

franç. de Chimiothérapie). F: 240−241° [korr.; Zers.; aus Acn.]; $[\alpha]_D^{25}$: +102° [Dioxan]; λ_{max} (Me.): 242 nm (*He. et al.*). F: 238−240° [unkorr.; aus Me.]; $[\alpha]_D$: +103,5° [Dioxan]; λ_{max} (A.): 242 nm (*Sz. et al.*). IR-Spektrum (KBr; 4000−2800 cm^{-1} und 1800−700 cm^{-1}): *G. Roberts, B.S. Gallagher, R.N. Jones,* Infrared Absorption Spectra of Steroids, Bd. 2 [New York 1958] Nr. 606. IR-Banden (Nujol; 2,5−12,5 µ): *Vi. et al.; He. et al.* Absorptionsspektrum (220−600 nm) in H_2SO_4: *Caspi, Pechet,* J. biol. Chem. **230** [1958] 843, 846; *Smith, Muller,* J. org. Chem. **23** [1958] 960, 961; in H_3PO_4: *Nowaczynski, Steyermark,* Canad. J. Biochem. Physiol. **34** [1956] 592, 594. Polarographisches Halbstufenpotential (wss.-äthanol. Lösung vom pH 2,8−10,8): *Kabasakalian, McGlotten,* Am. Soc. **78** [1956] 5032, 5033. Absorption an Magne≠ sium-trisilicat: *Chulski, Forist,* J. Am. pharm. Assoc. **47** [1958] 553.

Kinetik des Abbaus der Seitenkette beim Behandeln mit wss. NaOH in Gegenwart und in Abwesenheit von Sauerstoff bei 35°: *Guttman, Meister,* J. Am. pharm. Assoc. **47** [1958] 773; beim Behandeln mit HgO und H_2O bei 37,5°: *Ch., Fo.*

XI   XII

b) **11α,17,21-Trihydroxy-pregna-1,4-dien-3,20-dion,** Formel XII (R = H).

B. Aus 11α,17,21-Trihydroxy-pregn-4-en-3,20-dion mit Hilfe von Corynebacterium simplex (*Herzog et al.,* Tetrahedron **18** [1962] 581, 589; *Schering Corp.,* U.S.P. 2837464 [1955]). Aus 17,21-Dihydroxy-pregna-1,4-dien-3,20-dion mit Hilfe einer nicht identifizierten Pilz-Art (*Testa,* Ann. Chimica **47** [1957] 1132, 1137).

Kristalle; F: 246−247° [Zers.; aus Acn.]; $[\alpha]_D^{25}$: +73° [Me.]; λ_{max} (Me.): 248 nm (*He. et al.*). F: 222−223° [aus Me.]; $[\alpha]_D^{20}$: +76° [Me.; c = 0,3] (*Te.*).

21-Formyloxy-11β,17-dihydroxy-pregna-1,4-dien-3,20-dion, O^{21}-Formyl-prednisolon $C_{22}H_{28}O_6$, Formel XI (R = H, R' = CHO).

B. Aus Prednisolon (s. o.) und Chlormethylen-dimethyl-ammonium-chlorid [E IV **4** 175] (*Mo≠ rita et al.,* Chem. pharm. Bl. **7** [1959] 896).

Kristalle; F: 244° [unkorr.; Zers.]. $[\alpha]_D^{20}$: +102° [Dioxan; c = 1].

21-Acetoxy-11,17-dihydroxy-pregna-1,4-dien-3,20-dione $C_{23}H_{30}O_6$.

a) **21-Acetoxy-11β,17-dihydroxy-pregna-1,4-dien-3,20-dion,** O^{21}-Acetyl-prednisolon, Formel XI (R = H, R' = CO-CH₃).

B. Aus 21-Acetoxy-11β,17-dihydroxy-pregn-4-en-3,20-dion mit Hilfe von SeO_2 (*Szpilfogel et al.,* R. **75** [1956] 475, 479; *Meystre et al.,* Helv. **39** [1956] 734, 740; *Florey, Restivo,* J. org. Chem. **22** [1957] 406, 408), mit Hilfe von I_2O_5 (*Organon Inc.,* U.S.P. 2879279 [1957]). Beim Erhitzen von 21-Acetoxy-2α,4β-dibrom-11β,17-dihydroxy-5β-pregnan-3,20-dion mit LiBr, Li_2CO_3 und DMF (*Joly et al.,* Bl. **1958** 366). Aus 21-Acetoxy-11β-hydroxy-pregna-1,4,17(20)c-trien-3-on mit Hilfe von Diacetoxyjodanyl-benzol (*Hogg et al.,* Am. Soc. **77** [1955] 4438). Aus Prednisolon (s. o.) und Acetanhydrid in Pyridin (*Herzog et al.,* Am. Soc. **77** [1955] 4781, 4783).

Kristalle; F: 244° [aus Acn.]; $[\alpha]_D$: +115° [Dioxan; c = 1]; λ_{max} (A.): 243 nm (*Joly et al.*). F: 240−242°; $[\alpha]_D^{24}$: +116° [Dioxan]; λ_{max} (A.): 242 nm (*Hogg et al.*). F: 237−239° [korr.; Zers.; aus Acn.+Hexan]; $[\alpha]_D^{25}$: +116° [Dioxan]; λ_{max} (Me.): 243 nm (*He. et al.*). F: 237−239° [unkorr.; aus A.]; $[\alpha]_D^{25}$: +112° [Dioxan]; λ_{max} (A.): 242 nm (*Fl., Re.*). Monoklin; Dimensionen der Elementarzelle: *Pasternak,* Anal. Chem. **31** [1959] 959. ORD (Dioxan und Me.; 700−277 nm): *Djerassi et al.,* Am. Soc. **78** [1956] 6377, 6384, 6388. IR-Spektrum (KBr; 4000−700 cm^{-1}): *G. Roberts, B.S. Gallagher, R.N. Jones,* Infrared Absorption Spectra of Steroids, Bd. 2 [New York 1958] Nr. 607. IR-Banden (Nujol; 3−8 µ): *He. et al.; Fl., Re.*

b) **21-Acetoxy-11α,17-dihydroxy-pregna-1,4-dien-3,20-dion,** Formel XII (R = CO-CH$_3$).

B. Aus 11α,17,21-Trihydroxy-pregna-1,4-dien-3,20-dion und Acetanhydrid (*Testa*, Ann. Chimica **47** [1957] 1132, 1138).

Kristalle (aus Acn.); F: 221—222°.

11β,21-Diacetoxy-17-hydroxy-pregna-1,4-dien-3,20-dion, O^{11},O^{21}-Diacetyl-prednisolon C$_{25}$H$_{32}$O$_7$, Formel XI (R = R' = CO-CH$_3$).

IR-Spektrum (CHCl$_3$; 1800—850 cm^{-1}): *G. Roberts, B.S. Gallagher, R.N. Jones,* Infrared Absorption Spectra of Steroids, Bd. 2 [New York 1958] Nr. 608.

11β,17-Dihydroxy-21-pivaloyloxy-pregna-1,4-dien-3,20-dion, O^{21}-Pivaloyl-prednisolon C$_{26}$H$_{36}$O$_6$, Formel XI (R = H, R' = CO-C(CH$_3$)$_3$).

B. Aus 11β,17-Dihydroxy-21-pivaloyloxy-pregn-4-en-3,20-dion mit Hilfe von SeO$_2$ (*Meystre et al.,* Helv. **39** [1956] 734, 740). Aus Prednisolon (S. 3467) und Pivaloylchlorid (*Vischer et al.,* Helv. **38** [1955] 1502, 1506).

Kristalle; F: 234—236° [korr.; aus Acn. oder E.]; [α]$_D^{25}$: +104° [CHCl$_3$; c = 1] (*Me. et al.*). F: 233—236° [korr.; aus E.]; [α]$_D^{26}$: +103° [CHCl$_3$; c = 1,2]; λ$_{max}$ (A.): 244 nm (*Vi. et al.*). IR-Banden (Nujol; 2,5—12 μ): *Vi. et al.*

21-Dithiocarboxyoxy-11β,17-dihydroxy-pregna-1,4-dien-3,20-dion, Dithiokohlensäure-*O***-[11β,17-dihydroxy-3,20-dioxo-pregna-1,4-dien-21-ylester],** O^{21}-Dithiocarboxy-prednisolon C$_{22}$H$_{28}$O$_5$S$_2$, Formel XI (R = H, R' = CS-SH).

B. Aus Prednisolon (S. 3467) beim Behandeln mit CS$_2$ und wss. KOH in Dioxan (*Løvens kem. Fabr.,* U.S.P. 2893917 [1957]).

F: 127—128° und (nach Wiedererstarren) F: 227—228°.

11β,17-Dihydroxy-21-phenoxyacetoxy-pregna-1,4-dien-3,20-dion, O^{21}-Phenoxyacetyl-prednisolon C$_{29}$H$_{34}$O$_7$, Formel XIII (X = H).

B. Aus Prednisolon (S. 3467) und Phenoxyessigsäure-chlorid (*Schering Corp.,* U.S.P. 2783226 [1955]).

Kristalle (aus wss. Me.); F: 196—199°.

XIII

21-[(4-Chlor-phenoxy)-acetoxy]-11β,17-dihydroxy-pregna-1,4-dien-3,20-dion C$_{29}$H$_{33}$ClO$_7$, Formel XIII (X = Cl).

B. Aus 11β,17,21-Trihydroxy-pregn-4-en-3,20-dion über mehrere Stufen (*Schering Corp.,* U.S.P. 2783226 [1955]).

Kristalle (aus Me.); F: 184—186°.

21-[(4-*tert*-Butyl-phenoxy)-acetoxy]-11β,17-dihydroxy-pregna-1,4-dien-3,20-dion C$_{33}$H$_{42}$O$_7$, Formel XIII (X = C(CH$_3$)$_3$).

B. Aus Prednisolon (S. 3467) und [4-*tert*-Butyl-phenoxy]-essigsäure-chlorid (*Schering Corp.* U.S.P. 2783226 [1955]).

Kristalle (aus wss. Me.); F: 203—206°.

11β,17-Dihydroxy-21-methansulfonyloxy-pregna-1,4-dien-3,20-dion, O^{21}-Methansulfonyl-prednisolon $C_{22}H_{30}O_7S$, Formel XI (R = H, R′ = SO$_2$-CH$_3$).

B. Aus Prednisolon (S. 3467) und Methansulfonylchlorid (*Poos et al., Chem. and Ind.* **1958** 1260; *Herz et al., Am. Soc.* **78** [1956] 4812).

F: 206° [Zers.] (*Poos et al.*). F: 200° [Zers.]; $[\alpha]_D$: +106° [A.] (*Herz et al.*).

21-Dimethoxyphosphoryloxy-11β,17-dihydroxy-pregna-1,4-dien-3,20-dion, Phosphorsäure-[11β,17-dihydroxy-3,20-dioxo-pregna-1,4-dien-21-ylester]-dimethylester, O^{21}-Dimethoxy≈phosphoryl-prednisolon $C_{23}H_{33}O_8P$, Formel XI (R = H, R′ = PO(OCH$_3$)$_2$).

B. Aus 11β,17-Dihydroxy-21-jod-pregna-1,4-dien-3,20-dion über 11β,17-Dihydroxy-21-phos≈phonooxy-pregna-1,4-dien-3,20-dion (*Poos et al., Chem. and Ind.* **1958** 1260).

F: 221—222°. λ_{max} (Me.): 242,5 nm.

11β,17,21-Trihydroxy-pregna-1,4-dien-3,20-dion-disemicarbazon, Prednisolon-disemicarb≈azon $C_{23}H_{34}N_6O_5$, Formel XIV.

B. Aus 17,21-Dihydroxy-pregna-1,4-dien-3,11,20-trion-3,20-disemicarbazon mit Hilfe von KBH$_4$ (*Labor. franç. de Chimiothérapie,* D.B.P. 1012912 [1956]; *Joly et al.,* Bl **1956** 1459).

Hygroskopische Kristalle (aus wss. A.); F: >250°. $[\alpha]_D^{20}$: +172° [DMF; c = 1].

O^{21}-Acetyl-Derivat $C_{25}H_{36}N_6O_6$; 21-Acetoxy-11β,17-dihydroxy-pregna-1,4-dien-3,20-dion-disemicarbazon. Hygroskopische Kristalle (aus Butanon); F: >250°. $[\alpha]_D^{20}$: +189° [DMF; c = 1].

XIV

6α-Fluor-11β,17,21-trihydroxy-pregna-1,4-dien-3,20-dion, Fluprednisolon $C_{21}H_{27}FO_5$, Formel I (R = X′ = H, X = F).

B. Aus 21-Acetoxy-6α-fluor-11β,17-dihydroxy-pregn-4-en-3,20-dion mit Hilfe von Septomyxa affinis (*Hogg et al., Chem. and Ind.* **1958** 1002; *Upjohn Co.,* U.S.P. 2838537 [1957]).

Kristalle; F: 208—213°; $[\alpha]_D$: +92° [Dioxan] (*Hogg et al.*). F: 202—204° [aus Acn.]; $[\alpha]_D$: +73° [Dioxan] (*Upjohn Co.*).

O^{21}-Acetyl-Derivat $C_{23}H_{29}FO_6$; 21-Acetoxy-6α-fluor-11β,17-dihydroxy-preg≈na-1,4-dien-3,20-dion. *B.* Aus 21-Acetoxy-6α-fluor-11β,17-dihydroxy-pregn-4-en-3,20-dion mit Hilfe von SeO$_2$ (*Bowers et al., Tetrahedron* **7** [1959] 153, 159; *Hogg et al.*). — Kristalle; F: 238—242°; $[\alpha]_D$: +102° [Acn.] (*Hogg et al.*). F: 237—239° [unkorr.; aus E.+Hexan]; $[\alpha]_D$: +114° [Dioxan]; ORD (Dioxan; 700—285 nm): *Bo. et al.* λ_{max} (A.): 242 nm (*Bo. et al.*). IR-Banden (KBr; 3500—1600 cm^{-1}): *Bo. et al.*

O^{21}-Methansulfonyl-Derivat $C_{22}H_{29}FO_7S$; 6α-Fluor-11β,17-dihydroxy-21-methansulfonyloxy-pregna-1,4-dien-3,20-dion. Kristalle; F: 200—202° [Zers.]; IR-Banden (Mineralöl; 3600—1150 cm^{-1}): *Upjohn Co.*

I

II

9-Fluor-11β,17,21-trihydroxy-pregna-1,4-dien-3,20-dion, Isoflupredon $C_{21}H_{27}FO_5$,
Formel II (R = R' = H).

B. Aus der folgenden Verbindung mit wss.-methanol. K_2CO_3 (*Fried et al.*, Am. Soc. **77**
[1955] 4181). Aus 9-Fluor-11β,17,21-trihydroxy-pregn-4-en-3,20-dion mit Hilfe von Corynebac=
terium simplex (*Herzog et al.*, Tetrahedron **18** [1962] 581, 589; *Schering Corp.*, U.S.P. 2837464
[1955]). Aus 21-Acetoxy-9-fluor-11β,17-dihydroxy-pregn-4-en-3,20-dion mit Hilfe von Didy=
mella lycopersici (*Vischer et al.*, Helv. **38** [1955] 1502, 1506).

Kristalle; F: 274−275° [Zers.]; $[\alpha]_D^{23}$: +94° [A.]; λ_{max} (A.): 238 nm (*Fr. et al.*). F: 263−266°
[korr.; Zers.; aus Acn.]; $[\alpha]_D^{23}$: +108° [A.; c = 0,6]; λ_{max} (A.): 240 nm (*Vi. et al.*). Kristalle
(aus Me.+H_2O) mit 1 Mol Methanol; F: 265−269° [korr.; Zers.]; $[\alpha]_D^{25}$: +111° [A.]; λ_{max}
(Me.): 239 nm (*He. et al.*). IR-Spektrum (KBr; 4000−700 cm^{-1}): *G. Roberts, B.S. Gallagher,
R.N. Jones*, Infrared Absorption Spectra of Steroids, Bd. 2 [New York 1958] Nr. 609. IR-
Banden (Nujol; 2,5−11,5 µ): *Vi. et al.*; *He. et al.* Absorptionsspektrum (H_2SO_4; 220−460 nm):
Smith, Muller, J. org. Chem. **23** [1958] 960, 961.

21-Acetoxy-9-fluor-11β,17-dihydroxy-pregna-1,4-dien-3,20-dion $C_{23}H_{29}FO_6$, Formel II
(R = H, R' = CO-CH_3).

B. Aus 21-Acetoxy-9,11β-epoxy-17-hydroxy-9β-pregna-1,4-dien-3,20-dion und HF (*Hirsch=
mann et al.*, Am. Soc. **78** [1956] 4956; *Fried et al.*, Am. Soc. **77** [1955] 4181; *Hogg et al.*,
Am. Soc. **77** [1955] 4438). Aus der vorangehenden Verbindung und Acetanhydrid in Pyridin
(*Vischer et al.*, Helv. **38** [1955] 1502, 1506). Aus 21-Acetoxy-9-fluor-11β,17-dihydroxy-pregn-4-
en-3,20-dion mit Hilfe von SeO_2 (*Meystre et al.*, Helv. **39** [1956] 734, 740), mit Hilfe von
HIO_4 (*Organon Inc.*, U.S.P. 2879279 [1957]). Neben anderen Verbindungen beim Behandeln
von 21-Acetoxy-9-fluor-11β,17-dihydroxy-5α-pregnan-3,20-dion mit Brom und Essigsäure und
Erhitzen des Reaktionsprodukts mit 2,4,6-Trimethyl-pyridin (*Fr. et al.*; *Olin Mathieson Chem.
Corp.*, U.S.P. 2848464 [1955]; s. a. *Hirschmann et al.*, Am. Soc. **77** [1955] 3166).

Kristalle; F: 244−246° [aus Me. oder Acn.+Diisopropyläther]; $[\alpha]_D^{24}$: +102° [Dioxan;
c = 0,8]; λ_{max} (A.): 240 nm (*Me. et al.*). F: 244−246° [korr.; Zers.]; $[\alpha]_D^{23}$: +108° [Dioxan;
c = 0,7]; λ_{max} (A.): 240 nm (*Vi. et al.*). F: 243−245°; $[\alpha]_D^{23}$: +99° [Acn.]; λ_{max} (A.): 238 nm
(*Fr. et al.*). IR-Banden (Nujol; 3−11,5 µ): *Vi. et al.* Absorptionsspektrum (H_2SO_4;
230−450 nm): *Smith, Muller*, J. org. Chem. **23** [1958] 960, 962.

11β,17,21-Triacetoxy-9-fluor-pregna-1,4-dien-3,20-dion $C_{27}H_{33}FO_8$, Formel II
(R = R' = CO-CH_3).

B. Aus 21-Acetoxy-9-fluor-11β,17-dihydroxy-pregna-1,4-dien-3,20-dion beim Behandeln mit
Acetanhydrid, Essigsäure und Toluol-4-sulfonsäure (*Schering Corp.*, U.S.P. 2816902 [1957]).
Kristalle (aus Acn.+Hexan); F: 220−222°.

9-Fluor-11β,17-dihydroxy-21-methansulfonyloxy-pregna-1,4-dien-3,20-dion $C_{22}H_{29}FO_7S$,
Formel II (R = H, R' = SO_2-CH_3).

B. Aus 9-Fluor-11β,17,21-trihydroxy-pregna-1,4-dien-3,20-dion und Methansulfonylchlorid
(*Fried et al.*, Am. Soc. **77** [1955] 4181).
F: 220° [Zers.]. $[\alpha]_D^{23}$: +98° [A.]. λ_{max} (A.): 238 nm.

6α,9-Difluor-11β,17,21-trihydroxy-pregna-1,4-dien-3,20-dion $C_{21}H_{26}F_2O_5$, Formel I (R = H,
X = X' = F).

B. Aus dem O^{21}-Acetyl-Derivat (s. u.) mit wss.-methanol. $KHCO_3$ (*Upjohn Co.*, U.S.P.
2838537 [1957]; s. a. *Hogg et al.*, Chem. and Ind. **1958** 1002).
Kristalle (aus H_2O); F: 250−257° [Zers.]; $[\alpha]_D$: +84° [Acn.] (*Upjohn Co.*).

O^{21}-Acetyl-Derivat $C_{23}H_{28}F_2O_6$; 21-Acetoxy-6α,9-difluor-11β,17-dihydroxy-
pregna-1,4-dien-3,20-dion. B. Aus 21-Acetoxy-6α,9-difluor-11β,17-dihydroxy-pregn-4-en-
3,20-dion mit Hilfe von SeO_2 (*Bowers et al.*, Tetrahedron **7** [1959] 153−162). Aus 21-Acetoxy-
9,11β-epoxy-6α-fluor-17-hydroxy-9β-pregna-1,4-dien-3,20-dion und HF (*Upjohn Co.*). −
Kristalle; F: 239−242° [aus Acn.+Hexan]; $[\alpha]_D$: +91° [Acn.] (*Upjohn Co.*). F: 224−226°
[unkorr.; aus Acn.+Hexan]; $[\alpha]_D$: +114° [$CHCl_3$]; λ_{max} (A.): 238 nm (*Bo. et al.*).

O^{21}-Methansulfonyl-Derivat $C_{22}H_{28}F_2O_7S$; 6α,9-Difluor-11β,17-dihydroxy-21-methansulfonyloxy-pregna-1,4-dien-3,20-dion. F: 157° [Zers.] (*Upjohn Co.*).

6α-Chlor-11β,17,21-trihydroxy-pregna-1,4-dien-3,20-dion $C_{21}H_{27}ClO_5$, Formel I (R = X′ = H, X = Cl).

B. Aus 21-Acetoxy-6α-chlor-17-hydroxy-pregn-4-en-3,20-dion durch Dehydrierung mit SeO_2, Hydrolyse und Oxidation mit Hilfe von Cunninghamella bainieri (*Ringold et al.*, Am. Soc. **80** [1958] 6464).

F: 195–196°. $[α]_D$: +61° [Dioxan]. $λ_{max}$ (A.): 242 nm.

O^{21}-Acetyl-Derivat $C_{23}H_{29}ClO_6$; 21-Acetoxy-6α-chlor-11β,17-dihydroxy-pregna-1,4-dien-3,20-dion. *B.* Aus 21-Acetoxy-6α-chlor-11β,17-dihydroxy-pregn-4-en-3,20-dion mit Hilfe von SeO_2 (*Ri. et al.*). – F: 204–205°. $[α]_D$: +68° [$CHCl_3$]. $λ_{max}$ (A.): 242 nm.

21-Acetoxy-9-chlor-11β,17-dihydroxy-pregna-1,4-dien-3,20-dion $C_{23}H_{29}ClO_6$, Formel III (R = H).

B. Aus 21-Acetoxy-9,11β-epoxy-17-hydroxy-9β-pregna-1,4-dien-3,20-dion und HCl in $CHCl_3$ (*Fried et al.*, Am. Soc. **77** [1955] 4181).

F: 242–243° [Zers.]. $[α]_D^{23}$: +145° [A.]. $λ_{max}$ (A.): 238 nm.

21-Acetoxy-9-chlor-11β-formyloxy-17-hydroxy-pregna-1,4-dien-3,20-dion $C_{24}H_{29}ClO_7$, Formel III (R = CHO).

B. Beim Behandeln von 21-Acetoxy-17-hydroxy-pregna-1,4,9(11)-trien-3,20-dion mit Ameisensäure, Natriumformiat, *N*-Chlor-succinimid und wss. HCl (*Robinson et al.*, Am. Soc. **81** [1959] 2195, 2197).

Kristalle (aus Acn.+Hexan); F: 258–262° [Zers.]. $[α]_D^{25}$: +162° [Dioxan; c = 1]. IR-Banden (Nujol; 3–9 μ): *Ro. et al.* $λ_{max}$ (Me.): 237 nm.

III

IV

11β,21-Diacetoxy-9-chlor-17-hydroxy-pregna-1,4-dien-3,20-dion $C_{25}H_{31}ClO_7$, Formel III (R = CO-CH_3).

B. Beim Behandeln von 21-Acetoxy-17-hydroxy-pregna-1,4,9(11)-trien-3,20-dion mit Essigsäure, Lithiumacetat, *N*-Chlor-succinimid, HCl und THF (*Robinson et al.*, Am. Soc. **81** [1959] 2195, 2197).

Kristalle (aus Acn.+Hexan); F: 278–281° [Zers.]. $[α]_D^{25}$: +163° [Dioxan; c = 1]. IR-Banden (Nujol; 3–8 μ): *Ro. et al.* $λ_{max}$ (Me.): 236 nm.

21-Acetoxy-6α-chlor-9-fluor-11β,17-dihydroxy-pregna-1,4-dien-3,20-dion $C_{23}H_{28}ClFO_6$, Formel I (R = CO-CH_3, X = Cl, X′ = F).

B. Aus 21-Acetoxy-6α-chlor-9-fluor-11β,17-dihydroxy-pregn-4-en-3,20-dion mit Hilfe von SeO_2 (*Ringold et al.*, Am. Soc. **80** [1958] 6464).

F: 150°. $[α]_D$: +71° [$CHCl_3$]. $λ_{max}$ (A.): 238 nm.

21-Acetoxy-9-brom-11β,17-dihydroxy-pregna-1,4-dien-3,20-dion $C_{23}H_{29}BrO_6$, Formel IV (R = R′ = H, R″ = CO-CH_3).

B. Aus 21-Acetoxy-17-hydroxy-pregna-1,4,9(11)-trien-3,20-dion beim Behandeln mit *N*-Bromacetamid und wss. $HClO_4$ (*Fried et al.*, Am. Soc. **77** [1955] 4181; *Hogg et al.*, Am. Soc. **77** [1955] 4438).

F: 180–185° [Zers.]; $[α]_D^{25}$: +133° [$CHCl_3$] (*Hogg et al.*). F: 180–185° [Zers.]; $[α]_D^{23}$: +123°

[Dioxan]; λ_{max} (A.): 241 nm (*Fr. et al.*).

21-Acetoxy-9-brom-11β-formyloxy-17-hydroxy-pregna-1,4-dien-3,20-dion $C_{24}H_{29}BrO_7$, Formel IV (R = CHO, R' = H, R'' = CO-CH₃).

B. Aus 21-Acetoxy-17-hydroxy-pregna-1,4,9(11)-trien-3,20-dion beim Behandeln mit Amei≠ sensäure, Natriumformiat und *N*-Brom-acetamid (*Robinson et al.*, Am. Soc. **81** [1959] 2195, 2197).

Kristalle (aus Acn. + Hexan); F: 210−213° [Zers.]. $[\alpha]_D^{25}$: +156° [Dioxan; c = 1]. IR-Banden (Nujol; 3−9 μ): *Ro. et al.* λ_{max} (Me.): 239 nm.

11β,21-Diacetoxy-9-brom-17-hydroxy-pregna-1,4-dien-3,20-dion $C_{25}H_{31}BrO_7$, Formel IV (R = R'' = CO-CH₃, R' = H).

B. Analog der vorangehenden Verbindung (*Robinson et al.*, Am. Soc. **81** [1959] 2195, 2196).

Kristalle (aus Acn. + Hexan); F: 208−210° [Zers.]. $[\alpha]_D^{25}$: +159° [Dioxan; c = 1]. IR-Banden (Nujol; 3−8 μ): *Ro. et al.* λ_{max} (Me.): 240 nm.

21-Acetoxy-9-brom-17-hydroxy-11β-trifluoracetoxy-pregna-1,4-dien-3,20-dion $C_{25}H_{28}BrF_3O_7$, Formel IV (R = CO-CF₃, R' = H, R'' = CO-CH₃).

B. Analog den vorangehenden Verbindungen (*Robinson et al.*, Am. Soc. **81** [1959] 2195, 2197).

Kristalle (aus Acn. + Hexan); F: 205−210° [Zers.]. $[\alpha]_D^{25}$: +141° [Dioxan; c = 1]. IR-Banden (Nujol; 3−8 μ): *Ro. et al.* λ_{max} (Me.): 240 nm.

11β,17,21-Triacetoxy-9-brom-pregna-1,4-dien-3,20-dion $C_{27}H_{33}BrO_8$, Formel IV (R = R' = R'' = CO-CH₃).

B. Aus 11β,21-Diacetoxy-9-brom-17-hydroxy-pregna-1,4-dien-3,20-dion beim Behandeln mit Acetanhydrid, Essigsäure und Toluol-4-sulfonsäure (*Robinson et al.*, Am. Soc. **81** [1959] 2195, 2197).

Kristalle (aus Acn. + Hexan); F: 197−205° [Zers.]. $[\alpha]_D^{25}$: +99° [Dioxan; c = 1]. IR-Banden (Nujol; 5,5−8 μ): *Ro. et al.* λ_{max} (Me.): 241 nm.

11β-[2-Äthyl-butyryloxy]-9-brom-17,21-dihydroxy-pregna-1,4-dien-3,20-dion $C_{27}H_{37}BrO_6$, Formel IV (R = CO-CH(C₂H₅)₂, R' = R'' = H).

B. Aus der folgenden Verbindung mit Hilfe von methanol. HClO₄ (*Robinson et al.*, Am. Soc. **81** [1959] 2195, 2197).

Kristalle (aus Acn. + Hexan); F: 185−187° [Zers.]. $[\alpha]_D^{25}$: +130° [Dioxan; c = 1]. IR-Banden (Nujol; 3−9 μ): *Ro. et al.* λ_{max} (Me.): 240 nm.

21-Acetoxy-11β-[2-äthyl-butyryloxy]-9-brom-17-hydroxy-pregna-1,4-dien-3,20-dion $C_{29}H_{39}BrO_7$, Formel IV (R = CO-CH(C₂H₅)₂, R' = H, R'' = CO-CH₃).

B. Aus 21-Acetoxy-17-hydroxy-pregna-1,4,9(11)-trien-3,20-dion beim Behandeln mit 2-Äthyl-buttersäure, *N*-Brom-acetamid und Toluol-4-sulfonsäure (*Robinson et al.*, Am. Soc. **81** [1959] 2195, 2197).

Kristalle (aus Acn. + Hexan); F: 211−213° [Zers.]. $[\alpha]_D^{25}$: +147° [Dioxan; c = 1]. IR-Banden (Nujol; 3−9 μ): *Ro. et al.* λ_{max} (Me.): 240 nm.

21-Acetoxy-9-brom-6α-fluor-11β,17-dihydroxy-pregna-1,4-dien-3,20-dion $C_{23}H_{28}BrFO_6$, Formel I (R = CO-CH₃, X = F, X' = Br) auf S. 3470.

B. Beim Behandeln von 21-Acetoxy-6α-fluor-17-hydroxy-pregna-1,4,9(11)-trien-3,20-dion mit wss. HClO₄ und *N*-Brom-acetamid in CH₂Cl₂ und *tert*-Butylalkohol (*Upjohn Co.*, U.S.P. 2838537 [1957]).

Kristalle; F: 188−191° [Zers.].

21-Acetylmercapto-11β,17-dihydroxy-pregna-1,4-dien-3,20-dion $C_{23}H_{30}O_5S$, Formel V (X = H).

B. Aus 11β,17-Dihydroxy-21-jod-pregna-1,4-dien-3,20-dion und Kalium-thioacetat in Aceton

(*Schering Corp.*, U.S.P. 2814632 [1957]).
Kristalle (aus Me.); F: 237 − 246°. $[\alpha]_D^{25}$: +126,7° [CHCl₃].

V

VI

21-Acetylmercapto-9-fluor-11β,17-dihydroxy-pregna-1,4-dien-3,20-dion $C_{23}H_{29}FO_5S$, Formel V
(X = F).
B. Analog der vorangehenden Verbindung (*Schering Corp.*, U.S.P. 2814632 [1957]).
F: 225 − 233°.

14,17,21-Trihydroxy-pregna-1,4-dien-3,20-dion $C_{21}H_{28}O_5$, Formel VI.
B. Aus dem Acetyl-Derivat (s. u.) mit wss. NaOH (*Testa*, Ann. Chimica **47** [1957] 1132,
1137, 1140).
Kristalle (aus E.); F: 234 − 234,5°. $[\alpha]_D^{20}$: +107° [Me.; c = 0,5]. λ_{max}: 243 nm.
O^{21}-Acetyl-Derivat $C_{23}H_{30}O_6$; 21-Acetoxy-14,17-dihydroxy-pregna-1,4-dien-
3,20-dion. *B.* Aus 21-Acetoxy-14,17-dihydroxy-pregn-4-en-3,20-dion mit Hilfe von SeO₂ (*Te.*).
− Kristalle (aus Acn. oder E.); F: 235 − 236°. $[\alpha]_D^{20}$: +128° [Me.; c = 0,5]. λ_{max}: 243 nm.

19,21-Diacetoxy-17-hydroxy-pregna-1,4-dien-3,20-dion $C_{25}H_{32}O_7$, Formel VII.
B. Aus 17,19,21-Trihydroxy-pregn-4-en-3,20-dion bei aufeinanderfolgender Umsetzung mit
Acetanhydrid und SeO₂ (*Nishikawa, Hagiwara*, Chem. pharm. Bl. **6** [1958] 226).
F: 179 − 181° [unkorr.]. $[\alpha]_D^{17}$: +79° [Dioxan]. IR-Banden (Nujol; 3 − 11 μ): *Ni., Ha.* λ_{max}
(A.): 243 nm.

VII

VIII

21-Acetoxy-11β,17-dihydroxy-pregna-1,5-dien-3,20-dion $C_{23}H_{30}O_6$, Formel VIII.
B. Beim Behandeln von 21-Acetoxy-11β,17-dihydroxy-pregna-1,4-dien-3,20-dion mit Brom
und Essigsäure in Dioxan und Erwärmen des Reaktionsprodukts mit Zink und wss. Äthanol
(*Nussbaum et al.*, Am. Soc. **81** [1959] 4574, 4577).
Kristalle (aus wss. Diisopropyläther); F: 200 − 207°. $[\alpha]_D^{25}$: +187,9° [Dioxan; c = 1]. IR-
Banden (Nujol; 2,5 − 8,5 μ): *Nu. et al.* λ_{max} (A.): 224 nm.

21-Acetoxy-3-äthoxy-17-hydroxy-pregna-3,5-dien-11,20-dion $C_{25}H_{34}O_6$, Formel IX
(R = C₂H₅, R′ = H).
B. Aus 21-Acetoxy-17-hydroxy-pregn-4-en-3,11,20-trion beim Behandeln mit Orthoameisen-
säure-triäthylester, H₂SO₄, Äthanol und Dioxan (*Julian et al.*, Am. Soc. **73** [1951] 1982, 1984;
Oliveto et al., Am. Soc. **74** [1952] 2248).
Kristalle; F: 193 − 194° [aus Me.]; $[\alpha]_D^{23}$: +2° [pyridinhaltiges CHCl₃; c = 1]; λ_{max} (Me.):
242 nm (*Ju. et al.*). F: 180 − 188° [korr.]; $[\alpha]_D^{23}$: +21,1° [Dioxan; c = 1] (*Ol. et al.*). IR-
Spektrum (KBr; 2 − 15 μ): *W. Neudert, H. Röpke*, Steroid-Spektrenatlas [Berlin 1965] Nr. 634.

IX

X

3,17,21-Triacetoxy-pregna-3,5-dien-11,20-dion $C_{27}H_{34}O_8$, Formel IX (R = R' = CO-CH$_3$).

B. Aus 21-Acetoxy-17-hydroxy-pregn-4-en-3,11,20-trion beim Behandeln mit Acetanhydrid und Toluol-4-sulfonsäure (*Bowers et al.*, Am. Soc. **81** [1959] 3707, 3710).

Kristalle; F: 168−169° [unkorr.; aus pyridinhaltigem Me.]; $[\alpha]_D$: −65° [CHCl$_3$]; λ_{max} (A.): 234 nm (*Bo. et al.*). IR-Spektrum (KBr; 2−15 μ): *W. Neudert, H. Röpke*, Steroid-Spektrenatlas [Berlin 1965] Nr. 632.

17,20β_F,21-Trihydroxy-pregna-4,6-dien-3,11-dion $C_{21}H_{28}O_5$, Formel X.

B. Aus 17,21-Dihydroxy-pregna-4,6-dien-3,11,20-trion mit Hilfe von Curvularia lunata (*Gould et al.*, J. org. Chem. **22** [1957] 829).

Dimorph; Kristalle (aus Me.) mit 1 Mol Methanol; F: 208−209° [korr.; nach Sintern bei 125°] und F: 204−205° [korr.]. $[\alpha]_D^{25}$: +126° [Dioxan]. IR-Banden (Nujol und CHBr$_3$; 2,5−6,5 μ): *Go. et al.* λ_{max} (Me.): 282 nm.

O^{20},O^{21}-Diacetyl-Derivat $C_{25}H_{32}O_7$; 20β_F,21-Diacetoxy-17-hydroxy-pregna-4,6-dien-3,11-dion. Kristalle (aus wss. Me.); F: 208,5−210° [korr.]. $[\alpha]_D^{25}$: +237° [Dioxan].

11β,17,21-Trihydroxy-pregna-4,6-dien-3,20-dion $C_{21}H_{28}O_5$, Formel XI (R = X = H).

B. Aus 21-Acetoxy-17-hydroxy-pregna-4,6-dien-3,11,20-trion-3,20-disemicarbazon durch aufeinanderfolgende Umsetzung mit NaBH$_4$ und mit Brenztraubensäure (*Gould et al.*, Am. Soc. **79** [1957] 502). Aus Pregna-4,6-dien-3,20-dion in Rinder-Nebennieren (*Searle & Co.*, U.S.P. 2797229 [1954]).

Kristalle; F: 239−241°; $[\alpha]_D^{25}$: +177° [Dioxan]; λ_{max} (Me.): 283 nm (*Go. et al.*). F: 231° [aus E.] (*Searle & Co.*).

XI

XII

21-Acetoxy-11β,17-dihydroxy-pregna-4,6-dien-3,20-dion $C_{23}H_{30}O_6$, Formel XI (R = CO-CH$_3$, X = H).

B. Aus der vorangehenden Verbindung beim Behandeln mit Acetanhydrid und Pyridin (*Searle & Co.*, U.S.P. 2797229 [1954]). Beim Erhitzen von 21-Acetoxy-11β,17-dihydroxy-pregn-4-en-3,20-dion mit Tetrachlor-[1,4]benzochinon und Xylol (*Agnello, Laubach*, Am. Soc. **79** [1957] 1257). Aus 21-Acetoxy-11β,17-dihydroxy-pregn-4-en-3,20-dion über mehrere Stufen (*Searle & Co.*, U.S.P. 2738348 [1954]). Aus 21-Acetoxy-11β-hydroxy-pregna-4,6,17(20)c-trien-3-on mit Hilfe von 4-Methyl-morpholin-4-oxid/H$_2$O$_2$ (*Upjohn Co.*, U.S.P. 2818408 [1956]).

Kristalle; F: ca. 227−229° [Zers.; aus Acn.+PAe.] (*Searle & Co.*, U.S.P. 2797229). F: 204−205°; $[\alpha]_D^{25}$: +199° [Dioxan]; λ_{max} (A.): 284 nm (*Ag., La.*). Lösungsmittelhaltige Kristalle (aus E.); F: 153−157° und (nach Wiedererstarren) F: 201−206°; $[\alpha]_D$: +140° [Acn.]; λ_{max}:

286 nm (*Upjohn Co.*). IR-Spektrum (CHCl$_3$; 1800−850 cm^{-1}): *G. Roberts, B.S. Gallagher, R.N. Jones*, Infrared Absorption Spectra of Steroids, Bd. 2 [New York 1958] Nr. 610.

9-Fluor-11β,17,21-trihydroxy-pregna-4,6-dien-3,20-dion $C_{21}H_{27}FO_5$, Formel XI (R = H, X = F).

B. Aus dem O^{21}-Acetyl-Derivat (s. u.) mit wss.-methanol. K$_2$CO$_3$ (*Fried et al.*, Am. Soc. **77** [1955] 4181).

F: 257−259°; [α]$_D^{23}$: +101° [A.]; λ$_{max}$ (A.): 281 nm (*Fr. et al.*). IR-Spektrum (KBr; 4000−2800 cm^{-1} und 1800−700 cm^{-1}): *G. Roberts, B.S. Gallagher, R.N. Jones*, Infrared Absorption Spectra of Steroids, Bd. 2 [New York 1958] Nr. 611.

O^{21}-Acetyl-Derivat $C_{23}H_{29}FO_6$; 21-Acetoxy-9-fluor-11β,17-dihydroxy-pregna-4,6-dien-3,20-dion. B. Neben anderen Verbindungen beim Behandeln von 21-Acetoxy-9-fluor-11β,17-dihydroxy-5α-pregnan-3,20-dion mit Brom und Erhitzen des Reaktionsprodukts mit 2,4,6-Trimethyl-pyridin (*Hirschmann et al.*, Am. Soc. **77** [1955] 3166; *Fr. et al.*; *Olin Mathieson Chem. Corp.*, U.S.P. 2848464 [1955]). − Kristalle; F: ca. 216−217° [aus Acn. + Hexan]; [α]$_D^{23}$: +123° [A.; c = 0,4], +135° [CHCl$_3$; c = 0,4]; λ$_{max}$ (A.): 281 nm (*Olin Mathieson*; *Fr. et al.*). F: ca. 208°; [α]$_D$: +106° [Acn.]; λ$_{max}$ (Me.): 281 nm (*Hi. et al.*). IR-Banden (Nujol; 2,5−6,5 μ): *Hi. et al.*; *Fr. et al.*

O^{21}-Methansulfonyl-Derivat $C_{22}H_{29}FO_7S$; 9-Fluor-11β,17-dihydroxy-21-methansulfonyloxy-pregna-4,6-dien-3,20-dion. F: 237−238° [Zers.]; [α]$_D^{23}$: +94° [A.]; λ$_{max}$ (A.): 281 nm (*Fr. et al.*).

21-Acetoxy-11β,17-dihydroxy-pregna-4,8-dien-3,20-dion $C_{23}H_{30}O_6$, Formel XII (R = H).

B. Neben 21-Acetoxy-9,11β-epoxy-17-hydroxy-9β-pregn-4-en-3,20-dion (Hauptprodukt) beim Erwärmen von 21-Acetoxy-9-brom-11β,17-dihydroxy-pregn-4-en-3,20-dion mit 1-Äthyl-piperidin und THF (*Wendler et al.*, Am. Soc. **79** [1957] 4476, 4486).

Kristalle (aus Acn. + Hexan); F: 213−216° [unkorr.; Zers.]. [α]$_D^{24}$: +219° [CHCl$_3$; c = 1]. IR-Banden (Nujol; 2,5−6,5 μ): *We. et al.* λ$_{max}$ (Me.): 238 nm.

Bildung von 21-Acetoxy-17-hydroxy-pregna-4,8,14-trien-3,20-dion beim Behandeln mit wss. HClO$_4$ in CHCl$_3$: *We. et al.*, l. c. S. 4485. Bildung von 21-Acetoxy-17-hydroxy-pregna-4,7,9(11)-trien-3,20-dion beim Behandeln mit Methansulfonylchlorid und Pyridin: *We. et al.*, l. c. S. 4487.

11β,21-Diacetoxy-17-hydroxy-pregna-4,8-dien-3,20-dion $C_{25}H_{32}O_7$, Formel XII (R = CO-CH$_3$).

B. Aus der vorangehenden Verbindung und Acetanhydrid in Pyridin (*Wendler et al.*, Am. Soc. **79** [1957] 4476, 4487).

Kristalle (aus Acn. + Hexan); F: 201−204° [unkorr.]. [α]$_D^{25}$: +224° [CHCl$_3$; c = 1]. λ$_{max}$ (Me.): 237 nm.

21-Acetoxy-11β,17-dihydroxy-pregna-4,8(14)-dien-3,20-dion $C_{23}H_{30}O_6$, Formel I (R = H).

B. Aus 21-Acetoxy-9,11β-epoxy-17-hydroxy-9β-pregn-4-en-3,20-dion beim Behandeln mit wss. HClO$_4$ in CHCl$_3$ (*Wendler et al.*, Am. Soc. **79** [1957] 4476, 4480) sowie beim Behandeln mit HF bei −70° (*Fried, Sabo*, Am. Soc. **79** [1957] 1130, 1139).

Kristalle; F: 261−263° [korr.; Zers.; aus A.]; [α]$_D^{23}$: +285° [A.; c = 0,5]; λ$_{max}$ (A.): 239 nm (*Fr., Sabo*). F: 255−260° [unkorr.; Zers.; aus Me.]; [α]$_D^{25}$: +293° [Eg.; c = 1]; λ$_{max}$ (Me.): 240 nm (*We. et al.*). IR-Banden (Nujol; 2,5−6,5 μ): *Fr., Sabo*; *We. et al.*

I   II

11β,21-Diacetoxy-17-hydroxy-pregna-4,8(14)-dien-3,20-dion $C_{25}H_{32}O_7$, Formel I (R = CO-CH₃).

B. Aus der vorangehenden Verbindung und Acetanhydrid in Pyridin (*Wendler et al.*, Am. Soc. **79** [1957] 4476, 4481).

Kristalle (aus Ae.+PAe.); F: 210—215° [unkorr.].

21-Acetoxy-17-hydroxy-11β-propionyloxy-pregna-4,8(14)-dien-3,20-dion $C_{26}H_{34}O_7$, Formel I (R = CO-C₂H₅).

B. Analog der vorangehenden Verbindung (*Fried, Sabo*, Am. Soc. **79** [1957] 1130, 1139).

Kristalle (aus A.); F: 261—264° [korr.]. $[\alpha]_D^{23}$: +250° [A.; c = 0,5], +268° [CHCl₃; c = 0,4]. λ_{max} (A.): 238 nm.

21-Acetoxy-17-hydroxy-11β-methansulfonyloxy-pregna-4,8(14)-dien-3,20-dion $C_{24}H_{32}O_8S$, Formel I (R = SO₂-CH₃).

B. Aus 21-Acetoxy-11β,17-dihydroxy-pregna-4,8(14)-dien-3,20-dion und Methansulfonyl≈ chlorid (*Fried, Sabo*, Am. Soc. **79** [1957] 1130, 1139; *Wendler et al.*, Am. Soc. **79** [1957] 4476, 4481).

Kristalle; F: 151—152° [korr.; Zers.; aus A.] (*Fr., Sabo*), 145—147° [unkorr.; Zers.; aus Ae.] (*We. et al.*). $[\alpha]_D^{23}$: +245° [A.; c = 0,4], +268° [CHCl₃; c = 0,5]; λ_{max} (A.): 237 nm (*Fr., Sabo*).

21-Acetoxy-16α,17-dihydroxy-pregna-4,9(11)-dien-3,20-dion $C_{23}H_{30}O_6$, Formel II (R = H).

B. Aus 21-Acetoxy-pregna-4,9(11),16-trien-3,20-dion mit Hilfe von OsO₄ oder KMnO₄ (*Bern≈ stein et al.*, Am. Soc. **81** [1959] 1689, 1691).

Kristalle (aus Acn.+PAe.); F: 195—197,5° [unkorr.]. $[\alpha]_D^{25}$: +93° [CHCl₃; c = 0,6]. λ_{max} (A.): 238,5 nm.

16,21-Diacetoxy-17-hydroxy-pregna-4,9(11)-dien-3,20-dione $C_{25}H_{32}O_7$.

a) **16β,21-Diacetoxy-17-hydroxy-pregna-4,9(11)-dien-3,20-dion**, Formel III.

B. Beim Behandeln von 21-Acetoxy-16α,17-epoxy-pregna-4,9(11)-dien-3,20-dion mit Essig≈ säure und H₂SO₄ (*Bernstein et al.*, Am. Soc. **81** [1959] 1256).

F: 173—175°. λ_{max} (A.): 239 nm.

III   IV

b) **16α,21-Diacetoxy-17-hydroxy-pregna-4,9(11)-dien-3,20-dion**, Formel II (R = CO-CH₃).

B. Aus 21-Acetoxy-16α,17-dihydroxy-pregna-4,9(11)-dien-3,20-dion und Acetanhydrid in Pyridin (*Bernstein et al.*, Am. Soc. **81** [1959] 1689, 1692). Beim Behandeln von 16α,21-Diacetoxy-17-hydroxy-5β-pregn-9(11)-en-3,20-dion mit Brom und Toluol-4-sulfonsäure in DMF und Er≈ hitzen des Reaktionsprodukts mit LiCl in DMF (*Bernstein, Littell*, J. org. Chem. **24** [1959] 429).

Kristalle; F: 194—195° [unkorr.; aus Acn.+PAe.]; $[\alpha]_D^{25}$: +43° [CHCl₃; c = 0,6]; λ_{max} (A.): 238—239 nm (*Be. et al.*). F: 193—194° [aus Acn.+PAe.]; $[\alpha]_D^{25}$: +36° [CHCl₃(?); c = 1,2]; λ_{max} (A.): 239 nm (*Be., Li.*). IR-Spektrum (CHCl₃; 1800—850 cm⁻¹): *G. Roberts, B.S. Gallagher, R.N. Jones*, Infrared Absorption Spectra of Steroids, Bd. 2 [New York 1958] Nr. 614. Absorptionsspektrum (H₂SO₄; 230—475 nm): *Smith, Muller*, J. org. Chem. **23** [1958] 960, 962.

21-Acetoxy-11β,17-dihydroxy-pregna-4,14-dien-3,20-dion $C_{23}H_{30}O_6$, Formel IV.

B. Beim Behandeln von 21-Acetoxy-11β,14,17-trihydroxy-pregn-4-en-3,20-dion mit Toluol-4-sulfonsäure in Benzol (*Agnello et al.*, Am. Soc. **77** [1955] 4684; *Pfizer & Co.*, D.B.P. 1017608 [1955]).

Kristalle; F: 253–255° [Zers.]. $[\alpha]_D$: +116° [Dioxan]. λ_{max} (A.): 242 nm.

17,21-Dihydroxy-pregn-1-en-3,11,20-trione $C_{21}H_{28}O_5$.

a) **17,21-Dihydroxy-5β-pregn-1-en-3,11,20-trion**, Formel V (R = X = H).

Isolierung aus menschlichem Urin nach Einnahme von Prednisolon (S. 3467): *Caspi, Pechet*, J. biol. Chem. **230** [1958] 843, 847.

Kristalle; F: 190–196° [unkorr.]. Absorptionsspektrum (H_2SO_4; 220–600 nm): *Ca., Pe.*, l. c. S. 848. λ_{max} (Me.): 224 nm.

V   VI

b) **17,21-Dihydroxy-5α-pregn-1-en-3,11,20-trion**, Formel VI (R = X = H).

B. Beim Erwärmen von 2ξ-Brom-17,21-dihydroxy-5α-pregnan-3,11,20-trion mit 1-Carb-azoylmethyl-pyridinium-chlorid, Essigsäure, Natriumacetat und Äthanol und Behandeln des Reaktionsgemisches mit wss. H_2SO_4 (*Vismara S.p.A.*, D.B.P. 1015800 [1956]).

F: 210–215° [unkorr.; aus $CHCl_3$].

21-Acetoxy-17-hydroxy-pregn-1-en-3,11,20-trione $C_{23}H_{30}O_6$.

a) **21-Acetoxy-17-hydroxy-5β-pregn-1-en-3,11,20-trion**, Formel V (R = CO-CH$_3$, X = H).

B. Aus 21-Acetoxy-17-hydroxy-5β-pregn-1-en-3,11,20-trion-3-[2,4-dinitro-phenylhydrazon] mit Hilfe von Brenztraubensäure (*Mattox, Kendall*, J. biol. Chem. **188** [1951] 287, 295). Aus 21-Acetoxy-4β-brom-17-hydroxy-5β-pregn-1-en-3,11,20-trion mit Hilfe von Zink und Essigsäure (*Joly, Warnant*, Bl. **1958** 367). Aus 21-Acetoxy-2ξ-brom-17-hydroxy-5β-pregnan-3,11,20-trion beim Erhitzen mit 2,4,6-Trimethyl-pyridin (*Merck & Co. Inc.*, U.S.P. 2736734 [1955]).

Kristalle; F: 245–246° [unkorr.; aus $CHCl_3$+Ae.]; $[\alpha]_D^{27}$: +138° [Acn.; c = 1]; λ_{max} (Me.): 225 nm (*Ma., Ke.*). F: 245° [aus Acn.]; $[\alpha]_D$: +138° [Acn.; c = 1]; λ_{max} (A.): 225 nm (*Joly, Wa.*). IR-Spektrum ($CHCl_3$; 1800–850 cm^{-1}): *K. Dobriner, E.R. Katzenellenbogen, R.N. Jones*, Infrared Absorption Spectra of Steroids [New York 1953] Nr. 230; *G. Roberts, B.S. Gallagher, R.N. Jones*, Infrared Absorption Spectra of Steroids, Bd. 2 [New York 1958] Nr. 734.

b) **21-Acetoxy-17-hydroxy-5α-pregn-1-en-3,11,20-trion**, Formel VI (R = CO-CH$_3$, X = H).

B. Aus 21-Acetoxy-17-hydroxy-5α-pregnan-3,11,20-trion mit Hilfe von SeO_2 (*Szpilfogel et al.*, R. **75** [1956] 475, 480). Aus 21-Acetoxy-2ξ-brom-17-hydroxy-5α-pregnan-3,11,20-trion mit Hilfe von [2,4-Dinitro-phenyl]-hydrazin und Brenztraubensäure (*Wilson, Tishler*, Am. Soc. **74** [1952] 1609) mit Hilfe von Semicarbazid und Brenztraubensäure (*Evans et al.*, Soc. **1956** 4356, 4362), mit Hilfe von 1-Carbazoylmethyl-pyridinium-chlorid (*Vismara S.p.A.*, D.B.P. 1015800 [1956]), mit Hilfe von 2,4,6-Trimethyl-pyridin (*Oliveto et al.*, Am. Soc. **74** [1952] 2248).

Kristalle; F: 253–256° [Zers.; aus E.]; $[\alpha]_D^{24}$: +123° [Acn.; c = 0,5], +115° [$CHCl_3$; c = 0,2]; λ_{max} (A.): 228 nm (*Wi., Ti.*). F: 250–252° [Zers.]; $[\alpha]_D^{25}$: +118° [Acn.], +129° [$CHCl_3$]; λ_{max} (A.): 227 nm (*Ev. et al.*). Kristalle mit 0,5 Mol Methanol; F: 237–242° [Zers.] (*Wi., Ti.*). IR-Spektrum ($CHCl_3$; 1800–850 cm^{-1}): *K. Dobriner, E.R. Katzenellenbogen, R.N. Jones*, Infrared Absorption Spectra of Steroids [New York 1953] Nr. 228; *G. Roberts, B.S.*

Gallagher, R.N. Jones, Infrared Absorption Spectra of Steroids, Bd. 2 [New York 1958] Nr. 732. IR-Banden (CHBr$_3$; 1750$-$750 cm^{-1}): *Ev. et al.* Absorptionsspektrum (H$_2$SO$_4$; 220$-$550 nm): *Bernstein, Lenhard,* J. org. Chem. **19** [1954] 1269, 1271.

21-Acetoxy-2-brom-17-hydroxy-5α-pregn-1-en-3,11,20-trion C$_{23}$H$_{29}$BrO$_6$, Formel VI (R = CO-CH$_3$, X = Br).

B. Aus 21-Acetoxy-2,2-dibrom-17-hydroxy-5α-pregnan-3,11,20-trion beim Erhitzen mit 2,4,6-Trimethyl-pyridin (*Evans et al.,* Soc. **1956** 4356, 4362).

Kristalle (aus Me.); F: 200$-$201° [Zers.]. [α]$_D^{20}$: +102° [Acn.], +119° [CHCl$_3$]. IR-Banden (CHBr$_3$; 1750$-$1200 cm^{-1}): *Ev. et al.* λ$_{max}$ (A.): 255 nm.

21-Acetoxy-4β-brom-17-hydroxy-5β-pregn-1-en-3,11,20-trion C$_{23}$H$_{29}$BrO$_6$, Formel V (R = CO-CH$_3$, X = Br).

B. Aus 21-Acetoxy-2α,4β-dibrom-17-hydroxy-5β-pregnan-3,11,20-tion beim Erwärmen mit LiBr und Li$_2$CO$_3$ in DMF (*Joly, Warnant,* Bl. **1958** 367).

Kristalle (aus Acn.); F: 272°. [α]$_D$: +183° [THF; c = 1]. λ$_{max}$ (A.): 229 nm.

21-Acetoxy-17-hydroxy-pregn-4-en-3,6,20-trion C$_{23}$H$_{30}$O$_6$, Formel VII.

B. Aus 21-Acetoxy-6β,17-dihydroxy-pregn-4-en-3,20-dion mit Hilfe von CrO$_3$ (*Sondheimer et al.,* Am. Soc. **76** [1954] 5020, 5022).

Kristalle (aus Acn.+Hexan); F: 197$-$198° [unkorr.]. [α]$_D^{20}$: +10° [CHCl$_3$]. λ$_{max}$ (A.): 250 nm.

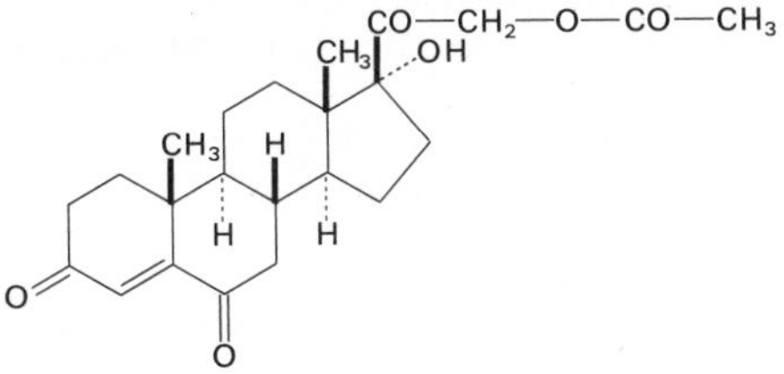

VII 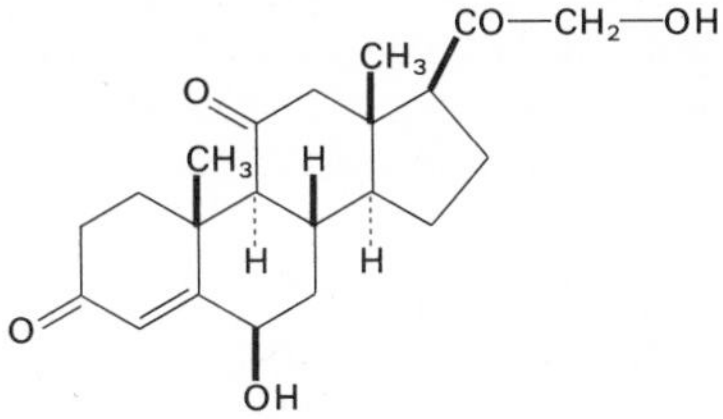   VIII

6β,21-Dihydroxy-pregn-4-en-3,11,20-trion C$_{21}$H$_{28}$O$_5$, Formel VIII.

Isolierung aus Rinder-Nebennieren: *Neher, Wettstein,* Helv. **39** [1956] 2062, 2083.

Kristalle (aus Ae.+Acn.); F: 206$-$208° [korr.].

Diacetyl-Derivat C$_{25}$H$_{32}$O$_7$; 6β,21-Diacetoxy-pregn-4-en-3,11,20-trion. B. Aus 6β,21-Diacetoxy-11β-hydroxy-pregn-4-en-3,20-dion mit Hilfe von CrO$_3$ (*Ne., We.*). Aus 6β,21-Dihydroxy-pregn-4-en-3,11,20-trion (*Ne., We.*). $-$ Kristalle (aus Ae.+Acn.); F: 178$-$183° [korr.].

21-Acetoxy-9-hydroxy-pregn-4-en-3,11,20-trion C$_{23}$H$_{30}$O$_6$, Formel IX.

IR-Spektrum (CHCl$_3$; 1800$-$850 cm^{-1}): *G. Roberts, B.S. Gallagher, R.N. Jones,* Infrared Absorption Spectra of Steroids, Bd. 2 [New York 1958] Nr. 634.

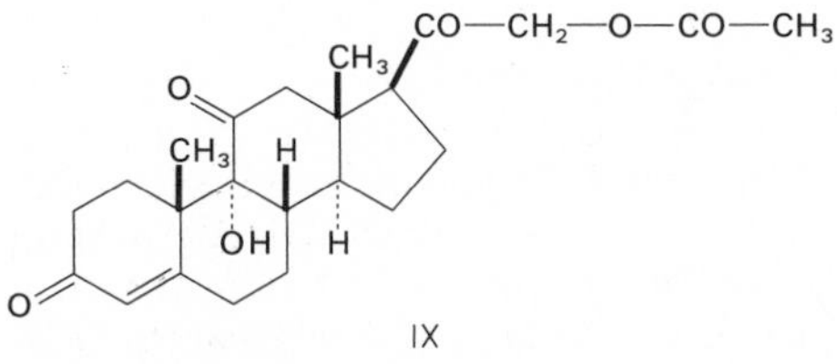

IX 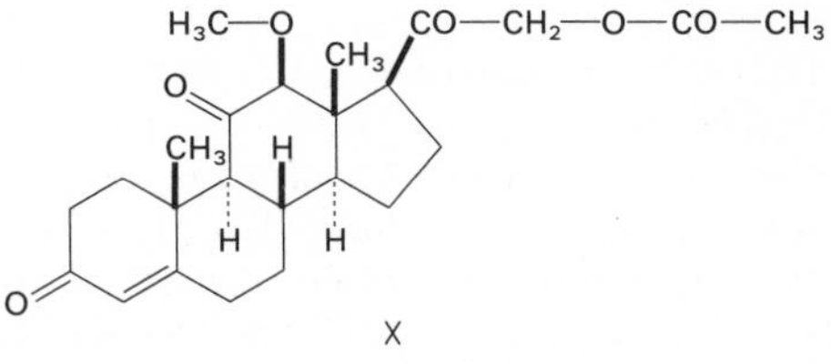   X

21-Acetoxy-12β-methoxy-pregn-4-en-3,11,20-trion $C_{24}H_{32}O_6$, Formel X.

B. Aus 21-Acetoxy-12α-brom-pregn-4-en-3,11,20-trion durch Umsetzung mit methanol. KOH und Acetylierung (*Taub et al.,* Am. Soc. **79** [1957] 452, 454).

F: 171−172° [korr.]. $[\alpha]_D$: +249° [CHCl$_3$]. λ_{max} (Me.): 238 nm.

12α,21-Diacetoxy-pregn-4-en-3,11,20-trion $C_{25}H_{32}O_7$, Formel XI.

B. Aus 12α,21-Diacetoxy-11β-hydroxy-pregn-4-en-3,20-dion mit Hilfe von CrO$_3$ (*Taub et al.,* Am. Soc. **79** [1957] 452, 456).

Kristalle (aus Acn. + Ae.); F: 171−172° [korr.]. $[\alpha]_D$: +241° [CHCl$_3$]. λ_{max} (Me.): 238 nm.

XI

XII

14,17-Dihydroxy-pregn-4-en-3,11,20-trion $C_{21}H_{28}O_5$, Formel XII.

B. Aus 11β,14,17-Trihydroxy-pregn-4-en-3,20-dion mit Hilfe von CrO$_3$ (*Pfizer & Co.,* U.S.P. 2788354 [1954]).

Kristalle (aus Me. + Acn.); F: 274−275° [Zers.]. $[\alpha]_D$: +245,8° [Dioxan]. λ_{max} (A.): 237,5 nm.

21-Acetoxy-16α-hydroxy-pregn-4-en-3,11,20-trion $C_{23}H_{30}O_6$, Formel XIII (R = H).

B. Aus 21-Acetoxy-16α,17-epoxy-pregn-4-en-3,11,20-trion mit Hilfe von Chrom(II)-acetat (*Julian et al.,* Am. Soc. **77** [1955] 4601, 4603).

Kristalle (aus Acn.); F: 259−260° [unkorr.]. $[\alpha]_D^{25}$: +192° [pyridinhaltiges CHCl$_3$; c = 0,4]. λ_{max} (Me.): 238 nm.

XIII

XIV

16α,21-Diacetoxy-pregn-4-en-3,11,20-trion $C_{25}H_{32}O_7$, Formel XIII (R = CO-CH$_3$).

B. Aus der vorangehenden Verbindung und Acetanhydrid in Pyridin (*Julian et al.,* Am. Soc. **77** [1955] 4601, 4604).

Kristalle (aus Acn. + Ae.); F: 190−192° [unkorr.; Zers.].   [*Goebels*]

rac-17,18-Dihydroxy-pregn-4-en-3,11,20-trion $C_{21}H_{28}O_5$, Formel XIV + Spiegelbild und Taut. (*rac*-(20Ξ)-18,20-Epoxy-17,20-dihydroxy-pregn-4-en-3,11-dion).

B. Aus *rac*-3,3;20,20-Bis-äthandiyldioxy-17,18-dihydroxy-pregn-5-en-11-on mit Hilfe von wss. Essigsäure (*Wieland et al.,* Helv. **41** [1958] 1561, 1569).

F: 210,5−215°. λ_{max} (A.): 238 nm.

17,21-Dihydroxy-pregn-4-en-3,11,20-trion, Cortison $C_{21}H_{28}O_5$, Formel I (R = R′ = H) (E III 4057).

B. Aus 21-Acetoxy-17-hydroxy-pregn-4-en-3,11,20-trion mit Hilfe von methanol. KOH oder von methanol. Natriummethylat (*Merck & Co. Inc.,* U.S.P. 2634277 [1951]). − Herstellung von tritiumhaltigem Cortison: *Fukushima et al.,* Am. Soc. **74** [1952] 487.

F: 216−217° [unkorr.] (*W. Neudert, H. Röpke,* Steroid-Spektrenatlas [Berlin 1965] Nr. 542).

Netzebenenabstände: *Beher et al.,* Anal. Chem. **27** [1955] 1569, 1573. $[\alpha]_D^{22-24}$: $+209°$ [A.; c = 1] (*Ne., Rö.*); $[\alpha]_D^{24-26}$: $+196°$ [Dioxan; c = 0,1] (*Foltz et al.,* Am. Soc. **77** [1955] 4359, 4361, 4363). ORD (Dioxan; 700−300 nm): *Fo. et al.* IR-Spektrum (2−15 μ) in KBr: *Ne., Rö.*; *G. Roberts, B.S. Gallagher, R.N. Jones,* Infrared Absorption Spectra of Steroids, Bd. 2 [New York 1958] Nr. 635; in CS_2: *Dolinsky,* J. Assoc. agric. Chemists **34** [1951] 748, 758. Absorptionsspektrum in H_3PO_4 (220−600 nm): *Nowaczynski, Steyermark,* Arch. Biochem. **58** [1955] 453, 454, 457; in konz. H_2SO_4 (220−600 nm): *Henry,* R. **74** [1955] 442, 457; in äthanol. H_3PO_4 sowie in äthanol. H_2SO_4 (200−600 nm): *Kalant,* Biochem. J. **69** [1958] 79, 81. Polaro≠ graphisches Halbstufenpotential in wss. Äthanol vom pH 2,8−10,8: *Kabasakalian, McGlotten,* Am. Soc. **78** [1956] 5032, 5033; in wss. Äthanol vom pH 8,5: *Robertson,* Biochem. J. **61** [1955] 681, 684.

Löslichkeit in H_2O bei 25°: 0,28 g·l^{-1} (*Macek et al.,* Sci. **116** [1952] 399). Verteilung in verschiedenen Lösungsmittelsystemen: *Carstensen,* Acta chem. scand. **9** [1955] 1026, **10** [1956] 474; Acta Soc. Med. upsal. **61** [1956] 26, 30.

17-Hydroxy-21-methoxy-pregn-4-en-3,11,20-trion, O^{21}-Methyl-cortison $C_{22}H_{30}O_5$, Formel I (R = H, R′ = CH₃).

B. Aus 17-Hydroxy-21-methoxy-5β-pregnan-3,11,20-trion durch aufeinanderfolgende Umset≠ zung mit Brom und mit 2,4,6-Trimethyl-pyridin (*Huang-Minlon et al.,* Am. Soc. **76** [1954] 2396, 2399).

Kristalle (aus Me.); F: 250−253°. λ_{max}: 238 nm.

17-Hydroxy-21-trityloxy-pregn-4-en-3,11,20-trion, O^{21}-Trityl-cortison $C_{40}H_{42}O_5$, Formel I (R = H, R′ = C(C₆H₅)₃).

B. Beim Behandeln [16 d] von 17,21-Dihydroxy-pregn-4-en-3,11,20-trion mit Tritylchlorid in Pyridin (*Camerino et al.,* Farmaco Ed. scient. **13** [1958] 52, 55).

Kristalle (aus Me.); F: 225−227°. $[\alpha]_D$: $+99°$ [CHCl₃].

21-Formyloxy-17-hydroxy-pregn-4-en-3,11,20-trion, O^{21}-Formyl-cortison $C_{22}H_{28}O_6$, Formel I (R = H, R′ = CHO).

B. Aus 17,21-Dihydroxy-pregn-4-en-3,11,20-trion und Ameisensäure (*v. Euw et al.,* Helv. **41** [1958] 1516, 1543).

Kristalle (aus Acn.); F: 236−238° [korr.; Zers.]; $[\alpha]_D^{26}$: $+212,9°$ [Dioxan; c = 0,7] (*v. Euw et al.*). ¹H-NMR-Spektrum (CDCl₃): *W. Neudert, H. Röpke,* Steroid-Spektrenatlas [Berlin 1965] Nr. 543. IR-Spektrum (KBr; 2−15 μ): *Ne., Rö.* λ_{max} (Me.): 237 nm (*Ne., Rö.*).

21-Acetoxy-17-hydroxy-pregn-4-en-3,11,20-trione $C_{23}H_{30}O_6$.

a) **21-Acetoxy-17-hydroxy-pregn-4-en-3,11,20-trion,** O^{21}-Acetyl-cortison, Cortisonacetat, Formel I (R = H, R′ = CO-CH₃) (E III 4058).

B. Aus 21-Acetoxy-pregna-4,17(20)c-dien-3,11-dion mit Hilfe von Triäthylaminoxid/H_2O_2 und OsO_4 (*Upjohn Co.,* U.S.P. 2769823 [1954]). Aus 21-Acetoxy-11α,17-dihydroxy-pregn-4-en-3,20-dion mit Hilfe von CrO_3 (*Peterson et al.,* Am. Soc. **75** [1953] 412, 414). Aus 21-Acetoxy-17-hydroxy-5β-pregnan-3,11,20-trion durch aufeinanderfolgende Umsetzung mit Brom, mit Semi≠ carbazid und mit Brenztraubensäure (*Kritchevsky et al.,* Am. Soc. **74** [1952] 483, 486). Aus 21-Acetoxy-3,3-äthandiyldioxy-17-hydroxy-pregn-5-en-11,20-dion mit Hilfe von Toluol-4-sulfonsäure (*Poos et al.,* Am. Soc. **76** [1954] 5031, 5033). Herstellung aus Sarmentogenin (E III/ IV **18** 2443): *Lardon, Reichstein,* Pharm. Acta Helv. **27** [1952] 287; aus Botogenin (E III/IV **19** 2622): *Halpern, Djerassi,* Am. Soc. **81** [1959] 439; aus *O*-Acetyl-gentrogenin (E III/IV **19** 2623): *Rothman, Wall,* Am. Soc. **81** [1959] 411.

Dipolmoment (ε; Dioxan): 5,56 D (*W. Neudert, H. Röpke,* Steroid-Spektrenatlas [Berlin 1965] Nr. 544).

Kristalle; F: 243−245° [unkorr.; aus Acn.] (*Pe. et al.*), 238−240° [aus A.] (*Norymberski,* Soc. **1954** 762). Über kristallographische Untersuchungen von aus verschiedenen Lösungen erhaltenen Präparaten s. *Merck & Co. Inc.,* U.S.P. 2671750 [1950]; *Upjohn & Co.,* U.S.P.

2841599 [1954]. Netzebenenabstände: *Beher et al.,* Anal. Chem. **27** [1955] 1569, 1573. $[\alpha]_D^{16-18}$: +194° [Acn.; c = 0,7] (*No. et al.*); $[\alpha]_D^{23}$: +172° [Acn.; c = 0,4] (*Pe. et al.*); $[\alpha]_D^{16-18}$: +228° [$CHCl_3$; c = 1] (*No. et al.*), +220° [Dioxan; c = 0,9] (*No. et al.*); $[\alpha]_D$: +218° [Dioxan; c = 0,1] (*Djerassi et al.,* Am. Soc. **78** [1956] 6377, 6384, 6388); $[\alpha]_D^{16-18}$: +223° [A.+$CHCl_3$ (4:1); c = 0,5] (*No. et al.*). ORD in Methanol und in $CHCl_3$ (750−340 nm): *Brand et al.,* Am. Soc. **76** [1954] 5037, 5038; in Dioxan (700−280 nm): *Dj. et al.* ^{1}H-NMR-Spektrum ($CDCl_3$ bzw. $CHCl_3$): *Ne., Rö.; Shoolery,* Svensk kem. Tidskr. **69** [1957] 185, 195. IR-Spektrum in KBr (2−15 µ): *Ne., Rö.;* in $CHCl_3$ (5,5−11,8 µ): *K. Dobriner, E.R. Katzenellenbogen, R.N. Jones,* Infrared Absorption Spectra of Steroids [New York 1953] Nr. 231; *G. Roberts, B.S. Gallagher, R.N. Jones,* Infrared Absorption Spectra of Steroids, Bd. 2 [New York 1958] Nr. 735. λ_{max} (Me. bzw. A.): 238 nm (*Ne., Rö.; Pe. et al.*). Absorptionsspektrum (konz. H_2SO_4; 220−550 nm): *Bernstein, Lenhard,* J. org. Chem. **19** [1954] 1296, 1271. Löslichkeit in H_2O bei 25°: 0,02 g·l^{-1} (*Macek et al.,* Sci. **116** [1952] 399).

Beim Behandeln mit methanol. HCl ist 21,21-Dimethoxy-pregn-4-en-3,11,20-trion erhalten worden (*Mattox,* Am. Soc. **74** [1952] 4340, 4343). Bildung von 17β-Acetoxymethyl-17α-hydroxy-D-homo-androst-4-en-3,11,17a-trion beim Erwärmen mit Aluminiumisopropylat und Cyclohex≠ anon in Toluol: *Wendler, Taub,* Am. Soc. **80** [1958] 3402, 3404; *Batres et al.,* Am. Soc. **76** [1954] 5171.

b) **rac-21-Acetoxy-17-hydroxy-pregn-4-en-3,11,20-trion,** Formel I (R = H, R′ = $CO-CH_3$)+Spiegelbild.

B. Aus *rac*-21-Acetoxy-16β-brom-17-hydroxy-pregn-4-en-3,11,20-trion mit Hilfe von Raney-Nickel (*Barkley et al.,* Am. Soc. **76** [1954] 5017). Aus *rac*-21-Acetoxy-3,3-äthandiyldioxy-17-hydroxy-pregn-5-en-11,20-dion mit Hilfe von Toluol-4-sulfonsäure (*Poos et al.,* Am. Soc. **76** [1954] 5031, 5034).

Kristalle; F: 240−245° [aus A.+$CHCl_3$+Acn.] (*Poos et al.*), 240−243° [aus Acn.+Ae.] (*Ba. et al.*). IR-Banden (Nujol; 2,5−6,5 µ): *Poos et al.* λ_{max} (Me.): 238 nm (*Poos et al.*).

17,21-Diacetoxy-pregn-4-en-3,11,20-trion, O^{17}, O^{21}-Diacetyl-cortison $C_{25}H_{32}O_7$, Formel I (R = R′ = $CO-CH_3$).

B. Beim Erwärmen von 21-Acetoxy-17-hydroxy-pregn-4-en-3,11,20-trion mit Acetanhydrid (*Huang-Minlon et al.,* Am. Soc. **74** [1952] 5394). Beim Behandeln von 21-Acetoxy-17-hydroxy-pregn-4-en-3,11,20-trion mit Acetanhydrid, Essigsäure und Toluol-4-sulfonsäure (*Turner,* Am. Soc. **75** [1953] 3489, 3492).

Kristalle (aus Me.); F: 223,5−224,5° [korr.] (*Tu.*), 221−222° (*Hu.-Mi. et al.*). $[\alpha]_D^{23}$: +133° [$CHCl_3$] (*Hu.-Mi. et al.*); $[\alpha]_D$: +113° [Dioxan; c = 1,2] (*Tu.*). IR-Banden (CHBr$_3$; 1750−850 cm^{-1}): *Evans et al.,* Soc. **1956** 4356, 4366. λ_{max} (Me. bzw. A.): 238 nm (*Hu.-Mi. et al.; Ev. et al.*).

17-Hydroxy-21-pivaloyloxy-pregn-4-en-3,11,20-trion, O^{21}-Pivaloyl-cortison $C_{26}H_{36}O_6$, Formel I (R = H, R′ = $CO-C(CH_3)_3$).

B. Aus 17,21-Dihydroxy-pregn-4-en-3,11,20-trion mit Hilfe von Pivaloylchlorid, Pyridin und $CHCl_3$ (*Wieland et al.,* Helv. **34** [1951] 354, 358).

Kristalle (aus Acn.); F: 260−262° [korr.]. $[\alpha]_D^{23}$: +210° [$CHCl_3$; c = 0,9].

21-Heptanoyloxy-17-hydroxy-pregn-4-en-3,11,20-trion, O^{21}-Heptanoyl-cortison $C_{28}H_{40}O_6$, Formel I (R = H, R′ = $CO-[CH_2]_5-CH_3$).

B. Aus 4ξ-Brom-21-heptanoyloxy-17-hydroxy-5β-pregnan-3,11,20-trion (nicht charakterisiert) durch aufeinanderfolgende Umsetzung mit 1-Carbazoylmethyl-pyridinium-chlorid und mit wss. HCl (*Vismara S.p.A.*, D.B.P. 1015800 [1956]).

Dipolmoment (ε; Bzl.): 6,05 D (*W. Neudert, H. Röpke*, Steroid-Spektrenatlas [Berlin 1965] Nr. 546).

F: 139−140° [unkorr.] (*Ne., Rö.*), 138−140° (*Vismara S.p.A.*). $[\alpha]_D^{22-24}$: +192° [CHCl$_3$; c = 1] (*Ne., Rö.*). IR-Spektrum (KBr; 2−15 µ): *Ne., Rö.* λ_{max} (Me.): 238 nm (*Ne., Rö.*).

17-Hydroxy-21-undecanoyloxy-pregn-4-en-3,11,20-trion, O^{21}-Undecanoyl-cortison C$_{32}$H$_{48}$O$_6$, Formel I (R = H, R′ = CO-[CH$_2$]$_9$-CH$_3$).

B. Aus 17,21-Dihydroxy-pregn-4-en-3,11,20-trion und Undecansäure-anhydrid (*Schering A.G.*, D.B.P. 941283 [1953]; U.S.P. 2794036 [1954]).

Kristalle (aus Me.); F: 111−112°. $[\alpha]_D^{22}$: +174° [CHCl$_3$; c = 1].

Bernsteinsäure-mono-[17-hydroxy-3,11,20-trioxo-pregn-4-en-21-ylester], 21-[3-Carboxy-propionyloxy]-17-hydroxy-pregn-4-en-3,11,20-trion C$_{25}$H$_{32}$O$_8$, Formel I (R = H, R′ = CO-CH$_2$-CH$_2$-CO-OH).

B. Aus 17,21-Dihydroxy-pregn-4-en-3,11,20-trion und Bernsteinsäure-anhydrid (*Merck & Co. Inc.*, U.S.P. 2656366 [1950]). Aus 16β-Brom-21-[3-carboxy-propionyloxy]-17-hydroxy-pregn-4-en-3,11,20-trion mit Hilfe von Raney-Nickel (*Ercoli et al.*, G. **89** [1959] 1382, 1389).

Kristalle; F: 206−208° [aus Acn.+PAe.] (*Merck & Co. Inc.*), 204−205° [unkorr.; aus Acn.] (*Er. et al.*). $[\alpha]_D^{20}$: +183° [Me.; c = 0,5] (*Er. et al.*); $[\alpha]_D^{24}$: +182° [Me.; c = 1] (*Merck & Co. Inc.*). UV-Spektrum (A. sowie H$_2$O; 230−280 nm): *Ekwall et al.*, Acta chem. scand. **7** [1953] 347. λ_{max} (A.): 238 nm (*Er. et al.*). Solubilisierung in H$_2$O durch Natrium-dodecylsulfat: *Ek. et al.*

Maleinsäure-mono-[17-hydroxy-3,11,20-trioxo-pregn-4-en-21-ylester], 21-[3c-Carboxy-acryloyloxy]-17-hydroxy-pregn-4-en-3,11,20-trion C$_{25}$H$_{30}$O$_8$, Formel II.

B. Aus 17,21-Dihydroxy-pregn-4-en-3,11,20-trion und Maleinsäure-anhydrid (*Merck & Co. Inc.*, U.S.P. 2656366 [1950]).

Kristalle (aus Acn.+PAe.); F: 275,6−277°. $[\alpha]_D^{24}$: +230° [Me.; c = 1].

21-Dithiocarboxyoxy-17-hydroxy-pregn-4-en-3,11,20-trion, Dithiokohlensäure-*O*-[17-hydroxy-3,11,20-trioxo-pregn-4-en-21-ylester], O^{21}-Dithiocarboxy-cortison C$_{22}$H$_{28}$O$_5$S$_2$, Formel I (R = H, R′ = CS-SH).

B. Beim Behandeln von 17,21-Dihydroxy-pregn-4-en-3,11,20-trion mit CS$_2$ und wss. KOH in Dioxan (*Løvens kem. Fabr.*, U.S.P. 2893917 [1957]).

Kristalle (aus Acn.); F: 127−130° und (nach Wiedererstarren) F: 230−232°.

Kalium-Salz K(C$_{22}$H$_{27}$O$_5$S$_2$). F: 165−167° [Zers.].

21-Cyclohexyloxyacetoxy-17-hydroxy-pregn-4-en-3,11,20-trion, O^{21}-Cyclohexyloxyacetyl-cortison C$_{29}$H$_{40}$O$_7$, Formel I (R = H, R′ = CO-CH$_2$-O-C$_6$H$_{11}$).

F: 164−166° [unkorr.]; $[\alpha]_D^{23}$: +181° [CHCl$_3$] (*Koller, de Ruggieri*, Boll. Soc. ital. Biol. **31** [1955] 1157).

17-Hydroxy-21-phenoxyacetoxy-pregn-4-en-3,11,20-trion, O^{21}-Phenoxyacetyl-cortison C$_{29}$H$_{34}$O$_7$, Formel I (R = H, R′ = CO-CH$_2$-O-C$_6$H$_5$).

F: 176−177° [unkorr.]. $[\alpha]_D^{23}$: +188° [CHCl$_3$] (*Koller, de Ruggieri*, Boll. Soc. ital. Biol. **31** [1955] 1157).

17-Hydroxy-21-[3-phenoxy-propionyloxy]-pregn-4-en-3,11,20-trion C$_{30}$H$_{36}$O$_7$, Formel I (R = H, R′ = CO-CH$_2$-CH$_2$-O-C$_6$H$_5$).

F: 140−142° [unkorr.]. $[\alpha]_D^{23}$: +182° [CHCl$_3$] (*Koller, de Ruggieri*, Boll. Soc. ital. Biol. **31** [1955] 1157).

21-Acetoacetyloxy-17-hydroxy-pregn-4-en-3,11,20-trion, O^{21}-Acetoacetyl-cortison $C_{25}H_{32}O_7$, Formel I (R = H, R' = CO-CH$_2$-CO-CH$_3$) und Taut.

B. Aus 17,21-Dihydroxy-pregn-4-en-3,11,20-trion und Acetessigsäure-methylester (*Bader, Vo= gel,* Am. Soc. **74** [1952] 3992; *Pittsburgh Plate Glass Co.,* U.S.P. 2693476 [1951]).

Kristalle (aus wss. A.) mit 1 Mol H$_2$O; F: 107−109° (*Ba., Vo.*).

17-Hydroxy-21-methansulfonyloxy-pregn-4-en-3,11,20-trion, O^{21}-Methansulfonyl-cortison $C_{22}H_{30}O_7S$, Formel I (R = H, R' = SO$_2$-CH$_3$).

B. Aus 17,21-Dihydroxy-pregn-4-en-3,11,20-trion und Methansulfonylchlorid (*Merck & Co. Inc.,* U.S.P. 2870177 [1954]).

Dimorph; Kristalle (aus Me.); F: 124−125° bzw. Kristalle (aus Me.); F: 195−196° [Zers.].

17-Hydroxy-21-phosphonooxy-pregn-4-en-3,11,20-trion, Phosphorsäure-mono-[17-hydroxy-3,11,20-trioxo-pregn-4-en-21-ylester], O^{21}-Phosphono-cortison $C_{21}H_{29}O_8P$, Formel III (R = R' = H).

B. Aus 17-Hydroxy-21-jod-pregn-4-en-3,11,20-trion, Ag$_3$PO$_4$ und H$_3$PO$_4$ (*Poos et al.,* Chem. and Ind. **1958** 1260). Aus 3,3-Äthandiyldioxy-21-[bis-benzyloxy-phosphoryloxy]-17-hydroxy-pregn-5-en-11,20-dion über mehrere Stufen (*Cutler et al.,* Am. Soc. **80** [1958] 6300, 6302).

Kristalle; F: 198−204° [Zers.] (*Poos et al.*), 190−193,5° [Zers.; aus Me.+Ae.] (*Cu. et al.*). λ_{max}: 238 nm [Me.] (*Cu. et al.; Poos et al.*), 244 nm [H$_2$O] (*Poos et al.*).

Mononatrium-Salz Na(C$_{21}$H$_{28}$O$_8$P). F: 166−170° [Zers.] (*Poos et al.*).

Dinatrium-Salz Na$_2$(C$_{21}$H$_{27}$O$_8$P). F: 290−295° [Zers.] (*Poos et al.*). [α]$_D^{24}$: +117° [Me.; c = 1] (*Cu. et al.*). λ_{max} (Me.): 238 nm (*Cu. et al.*).

III   IV

21-Dimethoxyphosphoryloxy-17-hydroxy-pregn-4-en-3,11,20-trion, Phosphorsäure-[17-hydroxy-3,11,20-trioxo-pregn-4-en-21-ylester]-dimethylester, O^{21}-Dimethoxyphosphoryl-cortison $C_{23}H_{33}O_8P$, Formel III (R = R' = CH$_3$).

B. Aus 17-Hydroxy-21-phosphonooxy-pregn-4-en-3,11,20-trion und Diazomethan (*Poos et al.,* Chem. and Ind. **1958** 1260).

F: 228,5−230,5° [Zers.]. λ_{max} (Me.): 238 nm.

21-[Benzyloxy-hydroxy-phosphoryloxy]-17-hydroxy-pregn-4-en-3,11,20-trion, Phosphorsäure-benzylester-[17-hydroxy-3,11,20-trioxo-pregn-4-en-21-ylester] $C_{28}H_{35}O_8P$, Formel III (R = CH$_2$-C$_6$H$_5$, R' = H).

B. Aus 21-[Bis-benzyloxy-phosphoryloxy]-17-hydroxy-pregn-4-en-3,11,20-trion mit Hilfe von NaI (*Cutler et al.,* Am. Soc. **80** [1958] 6300, 6301).

Kristalle (aus Me.+Ae.); F: 184−186° [Zers.].

21-[Bis-benzyloxy-phosphoryloxy]-17-hydroxy-pregn-4-en-3,11,20-trion, Phosphorsäure-dibenzylester-[17-hydroxy-3,11,20-trioxo-pregn-4-en-21-ylester] $C_{35}H_{41}O_8P$, Formel III (R = R' = CH$_2$-C$_6$H$_5$).

B. Aus 17-Hydroxy-21-jod-pregn-4-en-3,11,20-trion und dem Silber-Salz des Phosphorsäure-dibenzylesters in Benzol (*Cutler et al.,* Am. Soc. **80** [1958] 6300, 6301).

Kristalle (aus Acn.+PAe.); F: 161−163°. λ_{max} (Me.): 238 nm.

*17,21-Dihydroxy-pregn-4-en-3,11,20-trion-3-oxim, Cortison-3-oxim $C_{21}H_{29}NO_5$,
Formel IV (R = H, X = OH).

B. Aus 17,21-Dihydroxy-pregn-4-en-3,11,20-trion-3,20-dioxim (s. u.) mit Hilfe von wss. HCl
(*Brooks et al.*, Soc. **1958** 4614, 4623, 4627).

Kristalle (aus wss. A.) mit 1 Mol H_2O; F: 149—150°. $[\alpha]_D^{20}$: +220° [Dioxan; c = 1]. λ_{max}
(A.): 240 nm.

*21-Acetoxy-17-hydroxy-pregn-4-en-3,11,20-trion-3-oxim $C_{23}H_{31}NO_6$, Formel IV
(R = CO-CH$_3$, X = OH).

B. Aus 21-Acetoxy-17-hydroxy-pregn-4-en-3,11,20-trion und $NH_2OH \cdot HCl$ (*Brooks et al.*,
Soc. **1958** 4614, 4622, 4623).

Kristalle (aus wss. A.); F: 250—252°. $[\alpha]_D^{20}$: +235° [Dioxan; c = 1]. λ_{max} (A.): 240 nm.

*17,21-Dihydroxy-pregn-4-en-3,11,20-trion-3,20-dioxim, Cortison-3,20-dioxim
$C_{21}H_{30}N_2O_5$, Formel V (R = H, X = OH).

B. Aus 17,21-Dihydroxy-pregn-4-en-3,11,20-trion und $NH_2OH \cdot HCl$ (*Brooks et al.*, Soc. **1958**
4614, 4622, 4623; *Merck & Co. Inc.*, U.S.P. 2628966 [1950]).

Kristalle; F: 200° [aus wss. Acn.] (*Br. et al.*), 199—200° [aus Me.] (*Merck & Co. Inc.*).
$[\alpha]_D$: +166° [Eg.; c = 1] (*Merck & Co. Inc.*); $[\alpha]_D^{20}$: +167° [Dioxan; c = 1] (*Br. et al.*). λ_{max}
(A.): 240 nm (*Br. et al.*; *Merck & Co. Inc.*).

*21-Acetoxy-17-hydroxy-pregn-4-en-3,11,20-trion-3,20-dioxim $C_{23}H_{32}N_2O_6$, Formel V
(R = CO-CH$_3$, X = OH).

B. Aus 21-Acetoxy-17-hydroxy-pregn-4-en-3,11,20-trion und $NH_2OH \cdot HCl$ (*Jones, Robinson*,
J. org. Chem. **21** [1956] 586; *Brooks et al.*, Soc. **1958** 4614, 4622, 4623; *Glaxo Labor. Ltd.*,
U.S.P. 2880218 [1956]).

Kristalle (aus A.+CH$_2$Cl$_2$+Hexan bzw. aus E.+CH$_2$Cl$_2$+Hexan); F: 207—209° [Zers.;
nach Braunfärbung ab 201°]; $[\alpha]_D^{20}$: +162° [Dioxan; c = 0,7]; λ_{max} (A.): 240 nm (*Glaxo Labor.
Ltd.*; *Br. et al.*). — Kristalle (aus E.+PAe.); F: 163—166° [nach Erweichen bei 150°]; Zers.
ab 188°; $[\alpha]_D^{20}$: +179,2° [Acn.; c = 1]; λ_{max} (Me.): 241 nm (*Jo., Ro.*).

V   VI

*21-Acetoxy-17-hydroxy-pregn-4-en-3,11,20-trion-3,20-bis-[O-methyl-oxim] $C_{25}H_{36}N_2O_6$,
Formel V (R = CO-CH$_3$, X = O-CH$_3$).

B. Aus 21-Acetoxy-17-hydroxy-pregn-4-en-3,11,20-trion und O-Methyl-hydroxylamin
(*Brooks et al.*, Soc. **1958** 4614, 4622, 4623).

Kristalle (aus wss. A.); F: 159,5—162,5°. $[\alpha]_D^{20}$: +203° [CHCl$_3$; c = 1]. λ_{max} (A.): 249 nm.

*[21-Acetoxy-17-hydroxy-11,20-dioxo-pregn-4-en-3-yliden]-carbazidsäure-äthylester
$C_{26}H_{36}N_2O_7$, Formel IV (R = CO-CH$_3$, X = NH-CO-O-C$_2$H$_5$).

B. Aus 21-Acetoxy-4-brom-17-hydroxy-5β-pregnan-3,11,20-trion und Carbazidsäure-äthyl=
ester (*Joly, Nominé*, Bl. **1956** 1381).

Kristalle (aus Me.+Acn.); F: 165°. $[\alpha]_D^{20}$: +275° [CHCl$_3$; c = 1]. λ_{max} (A.): 270 nm.

*21-Acetoxy-17-hydroxy-pregn-4-en-3,11,20-trion-3-semicarbazon $C_{24}H_{33}N_3O_6$, Formel IV
(R = CO-CH$_3$, X = NH-CO-NH$_2$).

B. Aus 21-Acetoxy-17-hydroxy-pregn-4-en-3,11,20-trion und Semicarbazid (*McGuckin, Ken=*

dall, Am. Soc. **74** [1952] 5811; *Brooks et al.*, Soc. **1958** 4614, 4620).

Kristalle (aus A.) mit 0,5 Mol H_2O; F: 211−213° [unkorr.] (*McG., Ke.*). $[\alpha]_D^{27}$: +243° [$CHCl_3$; c = 0,5], +264° [*tert*-Butylalkohol; c = 1] (*McG., Ke.*); $[\alpha]_D^{20}$: +252° [Dioxan; c = 1] (*Br. et al.*). λ_{max} (A.): 270 nm (*McG., Ke.*; *Br. et al.*).

*21-Acetoxy-17-hydroxy-pregn-4-en-3,11,20-trion-3,20-bis-äthoxycarbonylhydrazon

$C_{29}H_{42}N_4O_8$, Formel V (R = $CO-CH_3$, X = $NH-CO-O-C_2H_5$).

B. Aus 21-Acetoxy-4-brom-17-hydroxy-5β-pregnan-3,11,20-trion und Carbazidsäure-äthyl≈ ester (*Joly, Nominé*, Bl. **1956** 1381).

Kristalle (aus Me.); F: 223−225°. $[\alpha]_D^{20}$: +286° [$CHCl_3$; c = 1]. λ_{max} (A.): 274 nm.

*21-Acetoxy-17-hydroxy-pregn-4-en-3,11,20-trion-3,20-disemicarbazon $C_{25}H_{36}N_6O_6$, Formel V

(R = $CO-CH_3$, X = $NH-CO-NH_2$).

B. Aus 21-Acetoxy-17-hydroxy-pregn-4-en-3,11,20-trion und Semicarbazid (*Oliveto et al.*, Am. Soc. **78** [1956] 1736; *Brooks et al.*, Soc. **1958** 4614, 4620). Aus 21-Acetoxy-4-brom-17-hydroxy-5β-pregnan-3,11,20-trion und Semicarbazid (*Joly et al.*, Bl. **1956** 837).

F: >300° (*Ol. et al.*; *Br. et al.*). $[\alpha]_D^{20}$: +206° [Py.; c = 1] (*Br. et al.*); $[\alpha]_D$: +198° [Py.; c = 1] (*Joly et al.*), +181,4° [Eg.; c = 1] (*Ol. et al.*). λ_{max} (A.): 242,5 nm und 269 nm (*Br. et al.*).

*17-Hydroxy-21-pivaloyloxy-pregn-4-en-3,11,20-trion-3,20-disemicarbazon $C_{28}H_{42}N_6O_6$,

Formel V (R = $CO-C(CH_3)_3$, X = $NH-CO-NH_2$).

F: >300°; λ_{max} (Me.+wenig Äthylenglykol): 242 nm und 267,5 nm (*Jones, Robinson*, J. org. Chem. **21** [1956] 586).

*17-Hydroxy-21-lauroyloxy-pregn-4-en-3,11,20-trion-3,20-disemicarbazon $C_{35}H_{56}N_6O_6$,

Formel V (R = $CO-[CH_2]_{10}-CH_3$, X = $NH-CO-NH_2$).

F: 228−230° [Zers.]; λ_{max} (Me.+wenig Äthylenglykol): 245 nm und 268 nm (*Jones, Robinson*, J. org. Chem. **21** [1956] 586).

21-Acetoxy-2α-fluor-17-hydroxy-pregn-4-en-3,11,20-trion $C_{23}H_{29}FO_6$, Formel VI

(R = $CO-CH_3$, X = F, X' = H).

Nach *Neeman, O'Grodnick* (Tetrahedron Letters **1971** 4847, 4849) kommt diese Konstitution und Konfiguration einem von *Camerino et al.* (Farmaco Ed. scient. **13** [1958] 52, 60) als 21-Acetoxy-4-fluor-17-hydroxy-pregn-4-en-3,11,20-trion $C_{23}H_{29}FO_6$ angesehenen, aus 21-Acetoxy-4α,5-epoxy-17-hydroxy-5α-pregnan-3,11,20-trion hergestellten Präparat (F: 162−164°; λ_{max} [A.]: 239 nm) zu.

Über ein aus 21-Acetoxy-2α-fluor-11β,17-dihydroxy-pregn-4-en-3,20-dion hergestelltes unrei≈ nes Präparat (Kristalle [aus A.]; F: 229−244°; $[\alpha]_D$: +240° [$CHCl_3$]; λ_{max}: 237 nm) s. *Nathan et al.*, J. org. Chem. **24** [1959] 1517, 1520.

VII   VIII

21-Acetoxy-6α-fluor-17-hydroxy-pregn-4-en-3,11,20-trion $C_{23}H_{29}FO_6$, Formel VII

(R = X' = H, R' = $CO-CH_3$, X = F).

B. Aus 21-Acetoxy-6α-fluor-11β,17-dihydroxy-pregn-4-en-3,20-dion mit Hilfe von CrO_3 (*Bo*≈

wers et al., Tetrahedron **7** [1959] 153, 159).

Kristalle (aus Acn.+Hexan); F: 222−223° [unkorr.]. $[\alpha]_D$: +190° [CHCl$_3$]. λ_{max} (A.): 233 nm.

17,21-Diacetoxy-6-fluor-pregn-4-en-3,11,20-trione C$_{25}$H$_{31}$FO$_7$.

a) **17,21-Diacetoxy-6β-fluor-pregn-4-en-3,11,20-trion,** Formel VIII (R = CO-CH$_3$, X = F, X′ = H).

B. Beim Behandeln [25 min] von 17,21-Diacetoxy-3,3-äthandiyldioxy-6β-fluor-5-hydroxy-5α-pregnan-11,20-dion mit HCl in Essigsäure (*Bowers et al.,* Tetrahedron **7** [1959] 153, 161).

Kristalle (aus Acn.+Hexan); F: 214−216° [unkorr.]. $[\alpha]_D$: +62° [CHCl$_3$]. λ_{max} (A.): 232−234 nm.

b) **17,21-Diacetoxy-6α-fluor-pregn-4-en-3,11,20-trion,** Formel VII (R = R′ = CO-CH$_3$, X = F, X′ = H).

B. Beim Behandeln [24 h] von 17,21-Diacetoxy-3,3-äthandiyldioxy-6β-fluor-5-hydroxy-5α-pregnan-11,20-dion mit HCl in Essigsäure (*Bowers et al.,* Tetrahedron **7** [1959] 153, 161).

Kristalle (aus Acn.+Hexan) mit 0,5 Mol H$_2$O; F: 270−272° [unkorr.]. $[\alpha]_D$: +108° [CHCl$_3$]. λ_{max} (A.): 232−234 nm.

9-Fluor-17,21-dihydroxy-pregn-4-en-3,11,20-trion C$_{21}$H$_{27}$FO$_5$, Formel VII (R = R′ = X = H, X′ = F).

B. Aus 21-Acetoxy-9-fluor-17-hydroxy-pregn-4-en-3,11,20-trion mit Hilfe von wss.-methanol. K$_2$CO$_3$ (*Fried, Sabo,* Am. Soc. **79** [1957] 1130, 1139).

Kristalle (aus A.); F: 261−262° [korr.; Zers.]. $[\alpha]_D^{23}$: +149° [CHCl$_3$; c = 0,4]. λ_{max} (A.): 234 nm.

21-Acetoxy-9-fluor-17-hydroxy-pregn-4-en-3,11,20-trion C$_{23}$H$_{29}$FO$_6$, Formel VII (R = X = H, R′ = CO-CH$_3$, X′ = F).

B. Aus 21-Acetoxy-9-fluor-11β,17-dihydroxy-pregn-4-en-3,20-dion mit Hilfe von CrO$_3$ (*Fried, Sabo,* Am. Soc. **79** [1957] 1130, 1139).

Kristalle (aus A.); F: 254−255° [korr.]; $[\alpha]_D^{23}$: +160° [CHCl$_3$; c = 0,5] (*Fr., Sabo*). $[\alpha]_D$: +180° [Dioxan; c = 0,09] (*Djerassi et al.,* Am. Soc. **78** [1956] 6377, 6388). ORD (Dioxan; 700−275 nm): *Dj. et al.* IR-Spektrum (CHCl$_3$; 5,5−12 μ): *G. Roberts, B.S. Gallagher, R.N. Jones,* Infrared Absorption Spectra of Steroids, Bd. 2 [New York 1958] Nr. 636. IR-Banden (Nujol; 2,5−6,5 μ): *Fr., Sabo.* λ_{max}: 234 nm [A.] (*Fr., Sabo*), 278 nm [H$_3$PO$_4$] (*Nowaczynski, Steyermark,* Canad. J. Biochem. Physiol. **34** [1956] 592, 596).

4-Chlor-17,21-dihydroxy-pregn-4-en-3,11,20-trion C$_{21}$H$_{27}$ClO$_5$, Formel VI (R = X = H, X′ = Cl).

B. Aus 20,20-Äthandiyldioxy-17,21-dihydroxy-pregn-4-en-3,11-dion durch aufeinanderfol‡gende Umsetzung mit H$_2$O$_2$ und mit HCl (*Ringold et al.,* J. org. Chem. **21** [1956] 1432, 1433, 1435).

Kristalle (aus Acn.); F: 210−212°. λ_{max} (A.): 254 nm.

21-Acetoxy-4-chlor-17-hydroxy-pregn-4-en-3,11,20-trion C$_{23}$H$_{29}$ClO$_6$, Formel VI (R = CO-CH$_3$, X = H, X′ = Cl).

B. Aus 21-Acetoxy-4β(?),5-dichlor-17-hydroxy-5α(?)-pregnan-3,11,20-trion mit Hilfe von Pyri‡din (*Kirk et al.,* Soc. **1956** 1184). Aus 21-Acetoxy-4β,5-epoxy-17-hydroxy-5β-pregnan-3,11,20-trion mit Hilfe von HCl (*Oliveto et al.,* Am. Soc. **79** [1957] 3596). Aus 21-Acetoxy-17-hydroxy-pregn-4-en-3,11,20-trion mit Hilfe von HClO (*Ol. et al.*).

Kristalle (aus Acn.+Hexan); F: 232−234° [Zers.] (*Kirk et al.*), 227−231° [korr.; Zers.] (*Ol. et al.*). $[\alpha]_D^{25}$: +223,8° [CHCl$_3$; c = 1] (*Ol. et al.*); $[\alpha]_D^{24}$: +214° [Dioxan; c = 0,2] (*Kirk et al.*). ORD (Dioxan; 700−275 nm): *Djerassi et al.,* Am. Soc. **78** [1956] 6377, 6388. λ_{max} (Me. bzw. A.): 253 nm (*Ol. et al.; Kirk et al.*).

21-Acetoxy-6-chlor-17-hydroxy-pregn-4-en-3,11,20-trione $C_{23}H_{29}ClO_6$.

a) **21-Acetoxy-6β-chlor-17-hydroxy-pregn-4-en-3,11,20-trion,** Formel VIII (R = X′ = H, X = Cl).
Kristalle; F: 178−179° [Zers.]; [α]$_D$: +129° [CHCl$_3$]; λ$_{max}$ (A.): 237 nm (*Ringold et al.,* Am. Soc. **80** [1958] 6464).

b) **21-Acetoxy-6α-chlor-17-hydroxy-pregn-4-en-3,11,20-trion,** Formel VII (R = X′ = H, R′ = COCH$_3$, X = Cl).
Kristalle; F: 197° [Zers.]; [α]$_D$: +176° [CHCl$_3$]; λ$_{max}$ (A.): 233 nm (*Ringold et al.,* Am. Soc. **80** [1958] 6464).

9-Chlor-17,21-dihydroxy-pregn-4-en-3,11,20-trion $C_{21}H_{27}ClO_5$, Formel VII (R = R′ = X = H, X′ = Cl).
B. Aus 21-Acetoxy-9-chlor-17-hydroxy-pregn-4-en-3,11,20-trion mit Hilfe von HClO$_4$ (*Fried, Sabo,* Am. Soc. **79** [1957] 1130, 1138).
Kristalle (aus A.); F: 230−231° [korr.]. IR-Banden (Nujol; 2,5−6,5 μ): *Fr., Sabo.*

21-Acetoxy-9-chlor-17-hydroxy-pregn-4-en-3,11,20-trion $C_{23}H_{29}ClO_6$, Formel VII (R = X = H, R′ = CO-CH$_3$, X′ = Cl).
B. Aus 21-Acetoxy-9-chlor-11β,17-dihydroxy-pregn-4-en-3,20-dion mit Hilfe von CrO$_3$ (*Fried, Sabo,* Am. Soc. **79** [1957] 1130, 1138).
Kristalle (aus Acn.); F: 257−258° [korr.; Zers.]; [α]$_D^{23}$: +260° [CHCl$_3$; c = 1] (*Fr., Sabo*). [α]$_D$: +258° [Dioxan; c = 0,07] (*Djerassi et al.,* Am. Soc. **78** [1956] 6377, 6388). ORD (Dioxan; 700−275 nm): *Dj. et al.* IR-Banden (Nujol; 2,5−6,5 μ): *Fr., Sabo.* λ$_{max}$: 236 nm [A.] (*Fr., Sabo*), 282 nm und 395 nm [H$_3$PO$_4$] (*Nowaczynski, Steyermark,* Canad. J. Biochem. Physiol. **34** [1956] 592, 596).

12α-Chlor-17,21-dihydroxy-pregn-4-en-3,11,20-trion $C_{21}H_{27}ClO_5$, Formel IX (R = X′ = H, X = Cl).
B. Aus 21-Acetoxy-12α-chlor-17-hydroxy-pregn-4-en-3,11,20-trion mit Hilfe von HClO$_4$ (*Fried et al.,* Chem. and Ind. **1956** 1232).
F: 184−185°. [α]$_D^{23}$: +65° [CHCl$_3$]. IR-Banden (Nujol; 2,5−6,5 μ): *Fr. et al.* λ$_{max}$ (A.): 237 nm.

21-Acetoxy-12α-chlor-17-hydroxy-pregn-4-en-3,11,20-trion $C_{23}H_{29}ClO_6$, Formel IX (R = CO-CH$_3$, X = Cl, X′ = H).
B. Aus 21-Acetoxy-12α-chlor-17-hydroxy-5α-pregnan-3,11,20-trion über mehrere Stufen (*Fried et al.,* Chem. and Ind. **1956** 1232).
F: 199−200°. [α]$_D^{23}$: +82° [CHCl$_3$]. IR-Banden (Nujol; 2,5−6,5 μ): *Fr. et al.* λ$_{max}$ (A.): 236 nm.

IX   X

21-Acetoxy-16β-chlor-17-hydroxy-pregn-4-en-3,11,20-trion $C_{23}H_{29}ClO_6$, Formel IX (R = CO-CH$_3$, X = H, X′ = Cl).
B. Aus 21-Acetoxy-16β-chlor-17-hydroxy-5β-pregnan-3,11,20-trion durch aufeinanderfolゲgende Umsetzung mit Brom und mit LiCl in DMF (*Beyler, Hoffman,* J. org. Chem. **21** [1956] 572).

Kristalle (aus Acn.); F: 249 – 255° [Zers.]. $[\alpha]_D^{22}$: + 155° [CHCl$_3$; c = 1].

21-Acetoxy-6-chlor-9-fluor-17-hydroxy-pregn-4-en-3,11,20-trione C$_{23}$H$_{28}$ClFO$_6$.

a) **21-Acetoxy-6β-chlor-9-fluor-17-hydroxy-pregn-4-en-3,11,20-trion,** Formel VIII (R = H, X = Cl, X = F).
Kristalle; F: 221° [Zers.]; $[\alpha]_D$: + 80° [CHCl$_3$]; λ_{max} (A.): 234 nm (*Ringold et al.*, Am. Soc. **80** [1958] 6464).

b) **21-Acetoxy-6α-chlor-9-fluor-17-hydroxy-pregn-4-en-3,11,20-trion,** Formel VII (R = H, R' = CO-CH$_3$, X = Cl, X' = F).
Kristalle; F: 214° [Zers.]; $[\alpha]_D$: + 132° [CHCl$_3$]; λ_{max} (A.): 230 nm (*Ringold et al.*, Am. Soc. **80** [1958] 6464).

21-Acetoxy-4-brom-17-hydroxy-pregn-4-en-3,11,20-trion C$_{23}$H$_{29}$BrO$_6$, Formel VI (R = CO-CH$_3$, X = H, X' = Br).
B. Aus 21-Acetoxy-4β,5-epoxy-17-hydroxy-5β-pregnan-3,11,20-trion oder 21-Acetoxy-4α,5-epoxy-17-hydroxy-5α-pregnan-3,11,20-trion mit Hilfe von HBr (*Oliveto et al.*, Am. Soc. **79** [1957] 3596).
Kristalle (aus Acn. + Hexan); F: 178 – 181° [korr.; Zers.]. $[\alpha]_D^{25}$: + 196,2° [Dioxan; c = 1]. λ_{max} (A.): 260 nm.

21-Acetoxy-6ξ-brom-17-hydroxy-pregn-4-en-3,11,20-trion C$_{23}$H$_{29}$BrO$_6$, Formel X (X = H, X' = Br).
B. Aus 21-Acetoxy-17-hydroxy-pregn-4-en-3,11,20-trion und *N*-Brom-succinimid (*Mattox et al.*, J. biol. Chem. **197** [1952] 261, 264).
Kristalle (aus Acn. + Me.). $[\alpha]_D$: + 75° [Acn.; c = 1], + 87° [CHCl$_3$]. λ_{max} (A.): 243 nm.

21-Acetoxy-9-brom-17-hydroxy-pregn-4-en-3,11,20-trion C$_{23}$H$_{29}$BrO$_6$, Formel VIII (R = X = H, X' = Br).
B. Aus 21-Acetoxy-9-brom-11β,17-dihydroxy-pregn-4-en-3,20-dion mit Hilfe von CrO$_3$ (*Fried, Sabo*, Am. Soc. **79** [1957] 1130, 1136).
Kristalle (aus A.); F: 219° [korr.; Zers.]; $[\alpha]_D^{23}$: + 242° [CHCl$_3$; c = 0,6] (*Fr., Sabo*). $[\alpha]_D$: + 261° [Dioxan; c = 0,1] (*Djerassi et al.*, Am. Soc. **78** [1956] 6377, 6384, 6388). ORD (Dioxan; 700 – 280 nm): *Dj. et al.* IR-Banden (Nujol; 2,5 – 6,5 µ): *Fr., Sabo*. λ_{max}: 237 nm [A.] (*Fr., Sabo*), 282 nm [H$_3$PO$_4$] (*Nowaczynski, Steyermark*, Canad. J. Biochem. Physiol. **34** [1956] 592, 596).

21-Acetoxy-16-brom-17-hydroxy-pregn-4-en-3,11,20-trione C$_{23}$H$_{29}$BrO$_6$.

a) **21-Acetoxy-16β-brom-17-hydroxy-pregn-4-en-3,11,20-trion,** Formel IX (R = CO-CH$_3$, X = H, X' = Br).
B. Aus 21-Acetoxy-16β-brom-17-hydroxy-5β-pregnan-3,11,20-trion durch aufeinanderfol≠
gende Umsetzung mit Brom, mit Semicarbazid und mit Brenztraubensäure (*Julian et al.*, Am. Soc. **77** [1955] 4601, 4603).
Kristalle (aus Me.); F: 236 – 237° [unkorr.; Zers.]. $[\alpha]_D^{25}$: + 150° [CHCl$_3$; c = 0,6]. λ_{max} (Me.): 238 nm.

b) **rac-21-Acetoxy-16β-brom-17-hydroxy-pregn-4-en-3,11,20-trion,** Formel IX (R = CO-CH$_3$, X = H, X' = Br) + Spiegelbild.
B. Aus rac-21-Acetoxy-16α,17-epoxy-pregn-4-en-3,11,20-trion und HBr (*Barkley et al.*, Am. Soc. **76** [1954] 5017, 5019).
Kristalle (aus Acn. + Ae.); F: 238 – 240° [Zers.].

Bernsteinsäure-mono-[16β-brom-17-hydroxy-3,11,20-trioxo-pregn-4-en-21-ylester], 16β-Brom-21-[3-carboxy-propionyloxy]-17-hydroxy-pregn-4-en-3,11,20-trion C$_{25}$H$_{31}$BrO$_8$, Formel IX (R = CO-CH$_2$-CH$_2$-CO-OH, X = H, X' = Br).
B. Aus 21-[3-Carboxy-propionyloxy]-16α,17-epoxy-pregn-4-en-3,11,20-trion und HBr (*Ercoli*

et al., G. **89** [1959] 1382, 1388).

Kristalle (aus wss. Me.); F: 182−183° [unkorr.; Zers.].

21-Acetoxy-17-hydroxy-2ξ-jod-pregn-4-en-3,11,20-trion $C_{23}H_{29}IO_6$, Formel X (X = I, X′ = H).

B. Aus 21-Acetoxy-2ξ,4ξ-dibrom-17-hydroxy-5α-pregnan-3,11,20-trion (S. 3443) und NaI (*Evans et al.,* Soc. **1956** 4356, 4363).

F: 139−140° [aus wss. Me.]; $[\alpha]_D^{20}$: +170° [Acn.], +199° [CHCl₃]; λ_{max} (A.): 241 nm [unreines Präparat].

17,21-Dihydroxy-6α-nitro-pregn-4-en-3,11,20-trion $C_{21}H_{27}NO_7$, Formel VII (R = R′ = X′ = H, X = NO₂).

B. Aus 17,21-Diacetoxy-6β-nitro-pregn-4-en-3,11,20-trion mit Hilfe von methanol. KOH (*Bowers et al.,* Am. Soc. **81** [1959] 3707, 3710).

Kristalle (aus Me.); F: 230−232° [unkorr.]. $[\alpha]_{700}$: +100°; $[\alpha]_D$: +150°; $[\alpha]_{315}$: +2390°; $[\alpha]_{300}$: +1535° [Dioxan; c = 0,06]. IR-Banden (KBr; 3450−1550 cm⁻¹): *Bo. et al.* λ_{max} (A.): 228−230 nm.

17,21-Diacetoxy-6β-nitro-pregn-4-en-3,11,20-trion $C_{25}H_{31}NO_9$, Formel VIII (R = CO-CH₃, X = NO₂, X′ = H).

B. Aus 3,17,21-Triacetoxy-pregna-3,5-dien-11,20-dion und HNO₃ (*Bowers et al.,* Am. Soc. **81** [1959] 3707, 3710).

Kristalle (aus E. + Hexan); F: 226−228° [unkorr.]. $[\alpha]_D$: −57° [CHCl₃], −37,4° [Dioxan; c = 0,06]. ORD (Dioxan; 700−300 nm): *Bo. et al.* IR-Banden (KBr; 1750−1550 cm⁻¹): *Bo. et al.* λ_{max} (A.): 226−228 nm.

21-Acetylmercapto-17-hydroxy-pregn-4-en-3,11,20-trion $C_{23}H_{30}O_5S$, Formel XI (R = CO-CH₃).

B. Aus 17-Hydroxy-21-[toluol-4-sulfonyloxy]-pregn-4-en-3,11,20-trion und Kalium-thioacetat (*Borrevang,* Acta chem. scand. **9** [1955] 587, 594; s. a. *Djerassi, Nussbaum,* Am. Soc. **75** [1953] 3700, 3703).

Kristalle; F: 224−226° [unkorr.; aus Me.] (*Bo.*), 219−220° [unkorr.; aus CHCl₃ + Me.] (*Dj., Nu.*). $[\alpha]_D^{20}$: +218° [CHCl₃; c = 0,5] (*Dj., Nu.*). λ_{max} (A.): 236 nm (*Dj., Nu.*).

XI   XII

17-Hydroxy-21-thiocyanato-pregn-4-en-3,11,20-trion $C_{22}H_{27}NO_4S$, Formel XI (R = CN).

B. Aus 17-Hydroxy-21-[toluol-4-sulfonyloxy]-pregn-4-en-3,11,20-trion und Kalium-thiocyanat (*Borrevang,* Acta chem. scand. **9** [1955] 587, 594).

Kristalle (aus Bzl.); F: 193−194° [unkorr.].

17,21-Dihydroxy-pregn-4-en-3,12,20-trion $C_{21}H_{28}O_5$, Formel XII (R = H).

B. Aus 21-Acetoxy-17-hydroxy-pregn-4-en-3,12,20-trion mit Hilfe von methanol. KOH (*Julian et al.,* Am. Soc. **78** [1956] 3153, 3157).

Kristalle (aus Ae.) mit 0,5 Mol H₂O; F: 244−245° [unkorr.; Zers.]. $[\alpha]_D^{25}$: +132° [CHCl₃; c = 0,5]. λ_{max} (Me.): 239 nm.

21-Acetoxy-17-hydroxy-pregn-4-en-3,12,20-trion $C_{23}H_{30}O_6$, Formel XII (R = CO-CH₃).

B. Aus 21-Acetoxy-12α,17-dihydroxy-pregn-4-en-3,20-dion mit Hilfe von CrO₃ (*Adams et al.,*

Soc. **1954** 4688). Aus 21-Acetoxy-4β-brom-17-hydroxy-5β-pregnan-3,12,20-trion durch aufein=
anderfolgende Umsetzung mit Semicarbazid und mit Brenztraubensäure (*Ad. et al.*; *Julian et al.*,
Am. Soc. **78** [1956] 3153, 3157).

Kristalle; F: 190 – 191° [unkorr.; aus CH_2Cl_2 + Ae.] (*Ju. et al.*), 189,5 – 190,5° [aus Acn. +
Hexan] (*Ad. et al.*). $[\alpha]_D^{25}$: +135° [Acn.; c = 0,4], +117° [$CHCl_3$; c = 0,5] (*Ju. et al.*); $[\alpha]_D^{20}$:
+125° [$CHCl_3$; c = 0,4] (*Ad. et al.*). λ_{max} (Me.): 238 nm (*Ju. et al.*).

17,21-Dihydroxy-14β-pregn-4-en-3,15,20-trion $C_{21}H_{28}O_5$, Formel XIII (R = H).

B. Aus 21-Acetoxy-17-hydroxy-pregn-4-en-3,15,20-trion mit Hilfe von Natriummethylat
(*Bernstein et al.*, Am. Soc. **82** [1960] 3685, 3688; s. a. *Bernstein et al.*, Chem. and Ind. **1956**
111).

Kristalle (aus Acn. + PAe.); F: 235 – 236° [unkorr.]; $[\alpha]_D^{24}$: +100° [$CHCl_3$] (*Be. et al.*, Am.
Soc. **82** 3688). IR-Banden (KBr; 3550 – 1050 cm⁻¹): *Be. et al.*, Am. Soc. **82** 3688. λ_{max} (A.):
240 nm (*Be. et al.*, Am. Soc. **82** 3688).

XIII   XIV

21-Acetoxy-17-hydroxy-pregn-4-en-3,15,20-trione $C_{23}H_{30}O_6$.

a) **21-Acetoxy-17-hydroxy-14β-pregn-4-en-3,15,20-trion,** Formel XIII (R = CO-CH_3).
B. Aus 17,21-Dihydroxy-14β-pregn-4-en-3,15,20-trion und Acetanhydrid (*Bernstein et al.*, Am.
Soc. **82** [1960] 3685, 3688).
Kristalle (aus Acn. + PAe.); F: 203,5 – 204° [unkorr.]. $[\alpha]_D^{25}$: +23° [$CHCl_3$]. IR-Banden
(KBr; 3450 – 1200 cm⁻¹): *Be. et al.* λ_{max} (Me.): 240 nm.

b) **21-Acetoxy-17-hydroxy-pregn-4-en-3,15,20-trion,** Formel XIV.
B. Aus 21-Acetoxy-15β,17-dihydroxy-pregn-4-en-3,20-dion mit Hilfe von CrO_3 (*Bernstein
et al.*, Chem. and Ind. **1956** 111; Am. Soc. **82** [1960] 3685, 3688; *Herzog et al.*, J. org. Chem.
24 [1959] 691, 694).
Kristalle; F: 258 – 260° [korr.; Zers.; aus Acn. + Hexan] (*He. et al.*), 254 – 255,5° [unkorr.;
aus Acn. + PAe.] (*Be. et al.*, Am. Soc. **82** 3688). $[\alpha]_D^{25}$: +129° [Acn.] (*He. et al.*); $[\alpha]_D^{24}$: +143°
[$CHCl_3$] (*Be. et al.*, Am. Soc. **82** 3688). IR-Banden (Nujol; 3 – 9 μ): *He. et al.*; *Be. et al.*, Am.
Soc. **82** 3688. λ_{max} (A.): 240 nm (*He. et al.*; *Be. et al.*, Am. Soc. **82** 3688).

XV   XVI

11,21-Dihydroxy-3,20-dioxo-pregn-4-en-18-ale $C_{21}H_{28}O_5$.

a) **11β,21-Dihydroxy-3,20-dioxo-pregn-4-en-18-al, Aldosteron,** Formel XV und Taut.
Nach Ausweis des Röntgen-Diagramms liegt im monoklinen Monohydrat (18 R,20 S)-

$11\beta,18;18,20$-Diepoxy-20,21-dihydroxy-pregn-4-en-3-on $C_{21}H_{28}O_5$ (Formel XVI) vor (*Duax, Hauptman,* Am. Soc. **94** [1972] 5467); nach Ausweis der ^{1}H-NMR- bzw. ^{13}C-NMR-Absorption liegt in Lösung ein Gemisch von (18*R*,20*S*)-$11\beta,18;18,20$-Diepoxy-20,21-dihydroxy-pregn-4-en-3-on und (18*E*)-$11\beta,18$-Epoxy-18,21-dihydroxy-pregn-4-en-3,20-dion $C_{21}H_{28}O_5$ (Formel XVII) vor (*Genard,* Org. magnet. Resonance **3** [1971] 759, **11** [1978] 478).

Isolierung aus Nebennieren von Rindern: *Simpson et al.,* Helv. **37** [1954] 1163, 1183; *Harman et al.,* Am. Soc. **76** [1954] 5035; *Gornall, Gwilliam,* Canad. J. Biochem. Physiol. **35** [1957] 71.

B. Aus 3,3;20,20-Bis-äthandiyldioxy-$11\beta,21$-dihydroxy-pregn-5-en-18-al (E III/IV **19** 5974) mit Hilfe von wss. HCl (*v. Euw et al.,* Helv. **38** [1955] 1423, 1437; s. a. *Vischer et al.,* Experientia **12** [1956] 50). Herstellung von 16-Tritio-aldosteron: *Ayres et al.,* Biochem. J. **70** [1958] 230.

Kristalle (aus wss. Acn. + Ae.) mit 1 Mol H_2O; F: $104-108°$ [korr.] und (nach Wiedererstar=
ren) F: $154-158°$ [korr.], $164-170°$ [korr.; bei $115-125°$ opak] (*Si. et al.,* Helv. **37** 1193). Wasserhaltige Kristalle (aus E.); F: $155-165°$ [nach Schmelzen bei $105°$ und partiellem Wieder=
erstarren] bzw. wasserfreie Kristalle; F: $164-169°$ (*Har. et al.*). Das Monohydrat ist dimorph; Kristallstruktur-Analyse (Röntgen-Diagramm) der monoklinen Modifikation und Dimensionen der Elementarzelle (Röntgen-Diagramm) der orthorhombischen Modifikation: *Duax, Ha.;* s. a. *Dideberg, Dupont,* J. appl. Cryst. **4** [1971] 80. Dichte der monoklinen Kristalle: 1,35 (*Duax, Ha.*), 1,345 (*Di., Du.*). $[\alpha]_D^{23}$: $+152,2°$ [Acn.; c = 1] [wasserfreies Präparat] (*Si. et al.,* Helv. **37** 1193); $[\alpha]_D^{25}$: $+161°$ [CHCl$_3$; c = 0,1] [wasserfreies Präparat] (*Har. et al.*). ^{1}H-NMR-Spektrum (CDCl$_3$, Methanol-d$_4$, DMSO-d$_6$ sowie D$_2$O): *Ge.,* Org. magnet. Resonance **3** 759. ^{13}C-NMR-Absorption (CDCl$_3$ sowie DMSO-d$_6$): *Ge.,* Org. magnet. Resonance **11** 478. IR-Spektrum in KBr ($2-15$ μ): *W. Neudert, H. Röpke,* Steroid-Spektrenatlas [Berlin 1965] Nr. 557; in CHCl$_3$ ($2,5-12$ μ bzw. $5,6-11,7$ μ): *Si. et al.,* Helv. **37** 1173; *G. Roberts, B.S. Gallagher, R.N. Jones,* Infrared Absorption Spectra of Steroids, Bd. 2 [New York 1958] Nr. 580. UV-Spektrum (Me. bzw. A.; $200-360$ nm): *Go., Gw.,* l. c. S. 74; *Simpson et al.,* Experientia **9** [1953] 333. λ_{max} (A.): 240 nm (*Har. et al.*). Absorptionsspektrum in H$_3$PO$_4$ ($220-600$ nm): *Nowaczynski, Steyermark,* Arch. Biochem. **58** [1955] 453, 454, 457; in äthanol. H$_3$PO$_4$ sowie in äthanol. H$_2$SO$_4$ ($200-600$ nm): *Kalant,* Biochem. J. **69** [1958] 79, 81.

O^{21}-Acetyl-Derivat $C_{23}H_{30}O_6$; 21-Acetoxy-11β-hydroxy-3,20-dioxo-pregn-4-en-18-al; O^{21}-Acetyl-aldosteron. Kristalle (aus CHCl$_3$ + Ae. oder aus Acn. + Ae.); F: $198-199°$ [korr.]; $[\alpha]_D^{24}$: $+121,7°$ [CHCl$_3$; c = 0,7] (*Simpson et al.,* Helv. **37** [1954] 1163, 1194). ^{1}H-NMR-Absorption und ^{13}C-NMR-Absorption (CDCl$_3$): *Genard,* Org. magnet. Resonance **3** [1971] 759, 764, **11** [1978] 478. IR-Spektrum in KBr ($2-15$ μ): *W. Neudert, H. Röpke,* Steroid-Spektrenatlas [Berlin 1965] Nr. 558; in CHCl$_3$ ($2,5-12$ μ): *Si. et al.,* l. c. S. 1177. λ_{max} (A.): 240 nm (*Ham et al.,* Am. Soc. **77** [1955] 1637, 1639).

XVII   XVIII

b) **rac-$11\beta,21$-Dihydroxy-3,20-dioxo-pregn-4-en-18-al,** Formel XV + Spiegelbild und Taut. B. Aus *rac*-3,3;20,20-Bis-äthandiyldioxy-$11\beta,21$-dihydroxy-pregn-5-en-18-al (E III/IV **19** 5974) mit Hilfe von wss. HCl (*Schmidlin et al.,* Helv. **40** [1957] 2291, 2316).

Kristalle (aus wss. Acn.) mit 1 Mol H_2O; F: $154°$ [unkorr.] und F: $183-185°$ [unkorr.]. IR-Spektrum (CHCl$_3$; $2,5-12$ μ): *Sch. et al.,* l. c. S. 2297.

O^{21}-Acetyl-Derivat $C_{23}H_{30}O_6$; *rac*-21-Acetoxy-11β-hydroxy-3,20-dioxo-pregn-4-en-18-al. Lösungsmittelhaltige Kristalle (aus Acn. oder Bzl.); F: $178-180°$ [unkorr.] (*Sch. et al.,* l. c. S. 2318). Über eine bei $204-206°$ [unkorr.] schmelzende Modifikation s. *Sch. et al.,* l. c. S. 2319. IR-Spektrum (CHCl$_3$; $2,5-12$ μ): *Sch. et al.,* l. c. S. 2300.

c) **rac-11β,21-Dihydroxy-3,20-dioxo-17βH-pregn-4-en-18-al,** Formel XVIII + Spiegelbild und Taut.

B. Aus *rac*-21-Acetoxy-11β-hydroxy-3,20-dioxo-pregn-4-en-18-al (s. o.) mit Hilfe von wss.-methanol. K_2CO_3 (*Schmidlin et al.,* Helv. **40** [1957] 2291, 2320).

Kristalle (aus Acn.); F: 199—201,5° [unkorr.]. IR-Banden (CHCl₃; 2,5—6,5 μ): *Sch. et al.*

O^{21}-Acetyl-Derivat $C_{23}H_{30}O_6$; *rac*-21-Acetoxy-11β-hydroxy-3,20-dioxo-17βH-pregn-4-en-18-al. B. Aus *rac*-11β,21-Dihydroxy-3,20-dioxo-17βH-pregn-4-en-18-al (s. o.) durch aufeinanderfolgende Umsetzung mit Acetanhydrid und mit wss. Essigsäure (*Sch. et al.,* l. c. S. 2320). — Kristalle (aus CH_2Cl_2 + Ae.); F: 158,5—162° [unkorr.]. IR-Banden (CHCl₃; 2,5—6,5 μ): *Sch. et al.*

11β,17-Dihydroxy-3,20-dioxo-pregn-4-en-21-al $C_{21}H_{28}O_5$, Formel I.

Hydrat $C_{21}H_{30}O_6$; 11β,17,21,21-Tetrahydroxy-pregn-4-en-3,20-dion, 11β,17-Dihydroxy-3,20-dioxo-pregn-4-en-21-al-hydrat. B. Aus 11β,17-Dihydroxy-3,20-dioxo-pregn-4-en-21-al-[N-(4-dimethylamino-phenyl)-oxim] mit Hilfe von wss. HCl (*Leanza et al.,* Am. Soc. **76** [1954] 1691, 1694). — F: 155—160° [Zers.]. $[α]_D^{25}$: +155° [Me.; c = 2]. $λ_{max}$ (Me.): 244 nm.

17,21-Dihydroxy-pregn-5-en-3,7,20-trion $C_{21}H_{28}O_5$, Formel II und Taut. (3,17,21-Trihydroxy-pregna-3,5-dien-7,20-dion).

B. Aus 17,21-Diacetoxy-3-hydroxy-pregna-3,5-dien-7,20-dion mit Hilfe von wss. KOH (*Marshall et al.,* Am. Soc. **79** [1957] 6303, 6307).

Bräunlich; unter 310° nicht schmelzend. IR-Banden (KBr; 2,5—6,5 μ): *Ma. et al.,* l. c. S. 6308. $λ_{max}$ (Me.): 319 nm.

O^{17},O^{21}-Diacetyl-Derivat $C_{25}H_{32}O_7$; 17,21-Diacetoxy-pregn-5-en-3,7,20-trion und Taut. (17,21-Diacetoxy-3-hydroxy-pregna-3,5-dien-7,20-dion). B. Aus 17,21-Diacetoxy-3,3-äthandiyldioxy-pregn-5-en-7,20-dion mit Hilfe von Essigsäure (*Ma. et al.*). — Kristalle (aus Acn. oder Me.); F: 251—252° [unkorr.]. $[α]_D^{24-26}$: —46° [CHCl₃; c = 1], —258° [Dioxan; c = 0,5]. IR-Banden (KBr sowie CHCl₃; 2,5—8,5 μ): *Ma. et al.* $λ_{max}$: 300—304 nm [CHCl₃], 320 nm [Me.].

21-Acetoxy-17-hydroxy-pregn-5-en-3,11,20-trion $C_{23}H_{30}O_6$, Formel III.

B. Aus 21-Acetoxy-3β,17-dihydroxy-pregn-5-en-11,20-dion mit Hilfe von CrO_3 (*Rothman, Wall,* Am. Soc. **81** [1959] 411, 414).

Kristalle (aus wss. Acn.); F: 180—183° [unkorr.; vorgeheizter App.; schnelles Erhitzen], 175° [unkorr.; langsames Erhitzen] und (nach unvollständigem Wiedererstarren) Zers. bei 200—220°.

3,3-Bis-carboxymethylmercapto-17,21-dihydroxy-pregn-5-en-11,20-dion, [17,21-Dihydroxy-11,20-dioxo-pregn-5-en-3,3-diyldimercapto]-di-essigsäure $C_{25}H_{34}O_8S_2$, Formel IV.

B. Aus 17,21-Dihydroxy-pregn-4-en-3,11,20-trion und Mercaptoessigsäure mit Hilfe von ZnCl$_2$ und Na$_2$SO$_4$ (*Upjohn Co.*, U.S.P. 2719856 [1952]).

Kristalle (aus Me.); F: 119−122°.

3,14-Dihydroxy-pregn-5-en-11,15,20-trione $C_{21}H_{28}O_5$.

Konstitution und Konfiguration: *Satoh et al.*, Chem. pharm. Bl. **17** [1969] 1395.

a) **3β,14-Dihydroxy-14β,17βH-pregn-5-en-11,15,20-trion, α-Digiprogenin**, Formel V.

B. Neben β-Digiprogenin (S. 3204) und wenig γ-Digiprogenin (s. u.) beim Erwärmen [6 h] von Digipronin (E III/IV **17** 2535) mit wss.-äthanol. HCl (*Satoh*, Chem. pharm. Bl. **10** [1962] 43, 48; s. a. *Satoh*, J. pharm. Soc. Japan **79** [1959] 1474; C. A. **1960** 6809).

Kristalle (aus Me.); F: 242−244°; [α]$_D^{31}$: −87,5° [CHCl$_3$ + Me. (1:1); c = 1]; λ_{max} (A.): 296 nm (*Sa.*, Chem. pharm. Bl. **10** 48).

Dioxim $C_{21}H_{30}N_2O_5$. Kristalle (aus Me.); F: 280−283° [Zers.] (*Sa.*, Chem. pharm. Bl. **10** 49).

O^3-Acetyl-Derivat $C_{23}H_{30}O_6$; 3β-Acetoxy-14-hydroxy-14β,17βH-pregn-5-en-11,15,20-trion. Kristalle (aus Me. + CHCl$_3$ [1:1]); F: 258−261° (*Sa.*, Chem. pharm. Bl. **10** 49).

V   VI

b) **3β,14-Dihydroxy-14β-pregn-5-en-11,15,20-trion, γ-Digiprogenin**, Formel VI.

B. Beim Erwärmen [1 h] von Digipronin (E III/IV **17** 2535) mit wss.-äthanol. HCl (*Satoh*, Chem. pharm. Bl. **10** [1962] 43, 48; s. a. *Satoh*, J. pharm. Soc. Japan **79** [1959] 1474; C. A. **1960** 6809).

Kristalle (aus Me.); F: 250−253°; [α]$_D^{31}$: −72,5° [CHCl$_3$ + Me. (1:1)]; λ_{max} (A.): 300 nm (*Sa.*, Chem. pharm. Bl. **10** 48).

Dioxim $C_{21}H_{30}N_2O_5$. Kristalle (aus Me.); F: 237−240° [Zers.] (*Sa.*, Chem. pharm. Bl. **10** 49).

O^3-Acetyl-Derivat $C_{23}H_{30}O_6$; 3β-Acetoxy-14-hydroxy-14β-pregn-5-en-11,15,20-trion. Kristalle (aus Me. + CHCl$_3$ [1:1]); F: 247−250° (*Sa.*, Chem. pharm. Bl. **10** 49).

VII   VIII

21-Acetoxy-17-hydroxy-pregn-8-en-3,11,20-trione $C_{23}H_{30}O_6$.

a) **21-Acetoxy-17-hydroxy-5β,14β-pregn-8-en-3,11,20-trion**, Formel VII.

B. Bei der Hydrierung von 21-Acetoxy-17-hydroxy-14β-pregna-4,8-dien-3,11,20-trion an Palladium/BaSO$_4$ (*Wendler et al.*, Am. Soc. **79** [1957] 4476, 4486).

Kristalle (aus E. + Ae.); F: 178 − 181° [unkorr.]. IR-Banden (CHCl$_3$; 2,5 − 6,5 μ): *We. et al.* λ_{max} (Me.): 248 nm.

b) **21-Acetoxy-17-hydroxy-5β-pregn-8-en-3,11,20-trion,** Formel VIII.

B. Bei der Hydrierung von 21-Acetoxy-17-hydroxy-pregna-4,8-dien-3,11,20-trion an Palladium/BaSO$_4$ (*Wendler et al.,* Am. Soc. **79** [1957] 4476, 4484).

Kristalle; F: 212 − 216° [unkorr.]. Über ein bei 173 − 177° [unkorr.] schmelzendes Präparat s. *We. et al.,* l. c. S. 4484 Anm. 35. $[\alpha]_D^{25}$: +157° [CHCl$_3$; c = 0,8]. IR-Banden (CHCl$_3$; 2,5 − 6,5 μ): *We. et al.* λ_{max} (Me.): 256 nm.

21-Acetoxy-17-hydroxy-5β-pregn-8(14)-en-3,11,20-trion C$_{23}$H$_{30}$O$_6$, Formel IX.

B. Bei der Hydrierung von 21-Acetoxy-17-hydroxy-pregna-4,8(14)-dien-3,11,20-trion an Palladium/BaSO$_4$ (*Wendler et al.,* Am. Soc. **79** [1957] 4476, 4486).

Kristalle (aus E.); F: 196 − 198,5° [unkorr.]. $[\alpha]_D^{25}$: +306° [CHCl$_3$; c = 0,8].

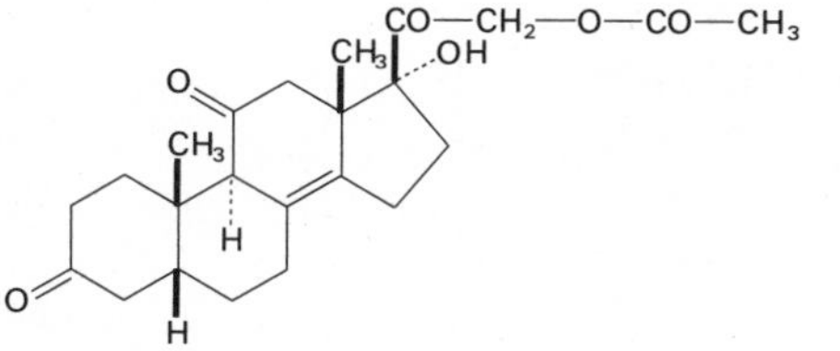

IX 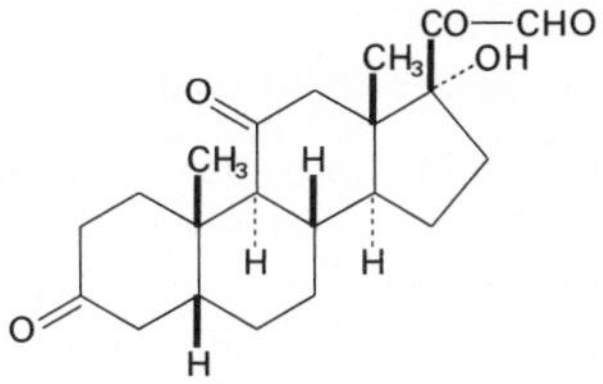   X

17-Hydroxy-3,11,20-trioxo-5β-pregnan-21-al C$_{21}$H$_{28}$O$_5$, Formel X.

B. Aus 21,21-Diacetoxy-17-hydroxy-5β-pregnan-3,11,20-trion mit Hilfe von wss.-methanol. KHCO$_3$ (*Hershberg et al.,* Am. Soc. **74** [1952] 3849, 3852).

Kristalle (aus Bzl.); F: 187 − 188° [korr.].

Hydrat C$_{21}$H$_{30}$O$_6$; 17,21,21-Trihydroxy-5β-pregnan-3,11,20-trion, 17-Hydroxy-3,11,20-trioxo-5β-pregnan-21-al-hydrat. Kristalle (aus wss. Isopropylalkohol); F: 169 − 170,4° [korr.]. $[\alpha]_D^{21}$: +87° [A.; c = 1].

(21Ξ)-21-Acetoxy-17,21-dihydroxy-5β-pregnan-3,11,20-trion C$_{23}$H$_{32}$O$_7$, Formel XI (X = OH).

B. Aus (21Ξ)-21-Acetoxy-21-brom-17-hydroxy-5β-pregnan-3,11,20-trion (s. u.) mit wss. Pyridin (*Hershberg et al.,* Am. Soc. **74** [1952] 3849, 3851).

Kristalle (aus Bzl.); F: 204,8 − 206° [korr.]. $[\alpha]_D^{24}$: +102,6° [CHCl$_3$; c = 1].

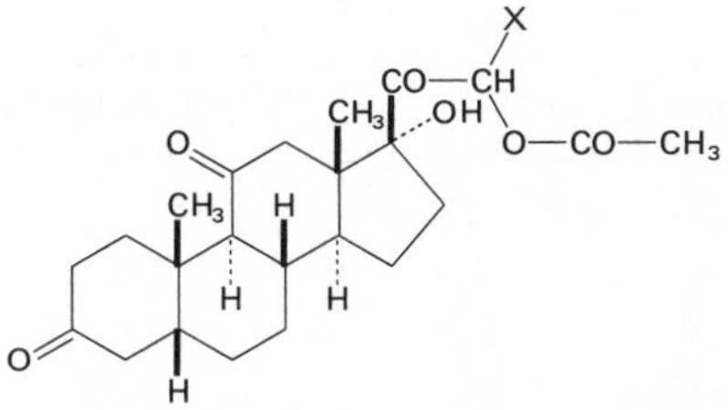

XI 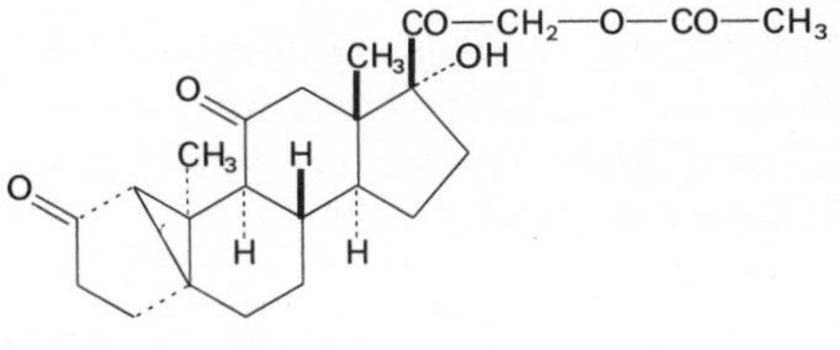   XII

21,21-Diacetoxy-17-hydroxy-5β-pregnan-3,11,20-trion C$_{25}$H$_{34}$O$_8$, Formel XI (X = O-CO-CH$_3$).

B. Aus (21Ξ)-21-Acetoxy-21-brom-17-hydroxy-5β-pregnan-3,11,20-trion (s. u.) und Silberacetat (*Hershberg et al.,* Am. Soc. **74** [1952] 3849, 3851).

Kristalle (aus wss. Me.); F: 211 − 213° [korr.]. $[\alpha]_D^{24}$: +98,5° [CHCl$_3$; c = 1].

(21Ξ)-21-Acetoxy-21-brom-17-hydroxy-5β-pregnan-3,11,20-trion $C_{23}H_{31}BrO_6$, Formel XI (X = Br).

B. Neben 21-Acetoxy-4ξ-brom-17-hydroxy-5β-pregnan-3,11,20-trion beim Behandeln von 21-Acetoxy-3α,17-dihydroxy-5β-pregnan-11,20-dion mit *N*-Brom-succinimid, *tert*-Butylalkohol und CH_2Cl_2 (*Hershberg et al.*, Am. Soc. **74** [1952] 3849, 3851).

Kristalle (aus CH_2Cl_2+Hexan); F: 202−204° [korr.; Zers.]; $[\alpha]_D^{20}$: +74,7° [Acn.; c = 1] (unreines Präparat).

21-Acetoxy-17-hydroxy-1β,5β-cyclo-10α-pregnan-2,11,20-trion, O^{21}-Acetyl-dihydrolumi= prednison $C_{23}H_{30}O_6$, Formel XII.

B. Bei der Hydrierung von O^{21}-Acetyl-lumiprednison (S. 3538) an Palladium/Kohle (*Barton, Taylor,* Soc. **1958** 2500, 2507).

Kristalle (aus E.+PAe.); F: 200−203°. $[\alpha]_D$: +95° [CHCl₃; c = 1,2]. λ_{max} (A.): 207 nm.

[*Frodl*]

Hydroxy-oxo-Verbindungen $C_{22}H_{30}O_5$

21-Acetoxy-17a-hydroxy-*D*-homo-pregn-4-en-3,11,20-trione $C_{24}H_{32}O_6$.

a) **21-Acetoxy-17a-hydroxy-*D*-homo-pregn-4-en-3,11,20-trion,** Formel I.

B. Aus 21-Acetoxy-4β(?)-brom-17a-hydroxy-*D*-homo-5β-pregnan-3,11,20-trion (S. 3446) mit Hilfe von LiCl und DMF (*Clinton et al.,* Am. Soc. **80** [1958] 3395, 3401).

Kristalle (aus E.); F: 234−236,8° [korr.]. $[\alpha]_D^{25}$: +151,8° [Acn.; c = 1]. IR-Banden (KBr; 2,5−6,5 μ): *Cl. et al.* λ_{max} (A.): 238 nm.

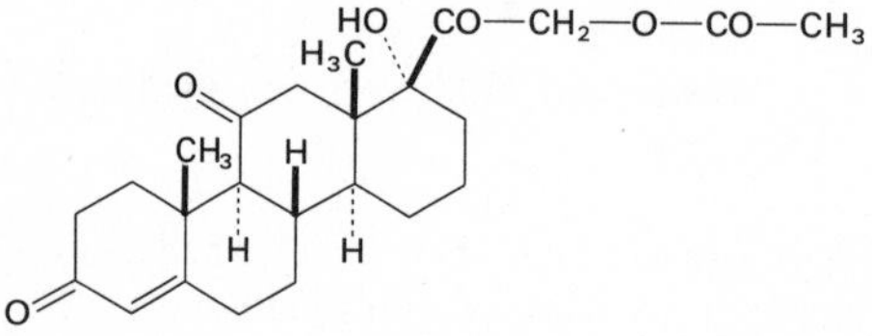

         I 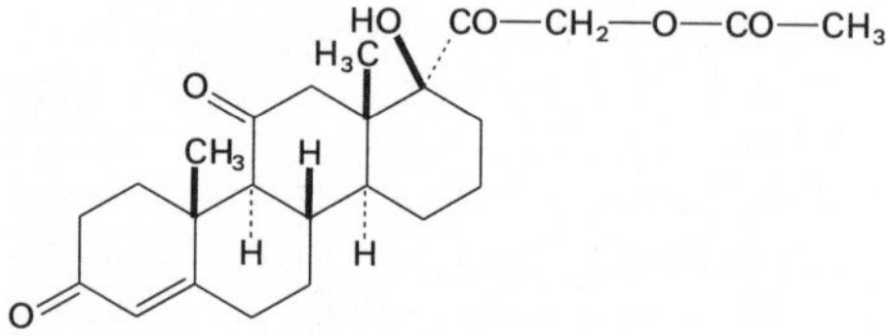   II

b) **21-Acetoxy-17a-hydroxy-*D*-homo-17aβH-pregn-4-en-3,11,20-trion,** Formel II.

B. Aus 21-Acetoxy-17a-hydroxy-*D*-homo-5β,17aβH-pregnan-3,11,20-trion bei der Reaktion mit Pyridinium-tribromid (oder Brom) in Essigsäure und anschliessend mit LiCl und DMF (*Clinton et al.,* Am. Soc. **80** [1958] 3395, 3401).

Kristalle (aus Acn.+Hexan); F: 180−189° [korr.]. $[\alpha]_D^{25}$: +88° [Acn.; c = 0,5]. λ_{max} (A.): 238 nm.

11β,17,21-Trihydroxy-2-methyl-pregna-1,4-dien-3,20-dion $C_{22}H_{30}O_5$, Formel III (R = H).

B. Aus 11β,17,21-Trihydroxy-2α(?)-methyl-pregn-4-en-3,20-dion (S. 3446) bei der Dehydrie= rung mit Hilfe von Septomyxa affinis (*Upjohn Co.,* U.S.P. 3009937 [1957]).

Kristalle (aus Acn.); F: 270−272°.

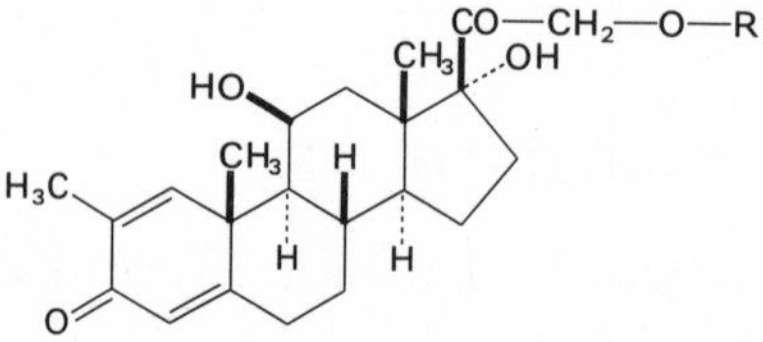

         III 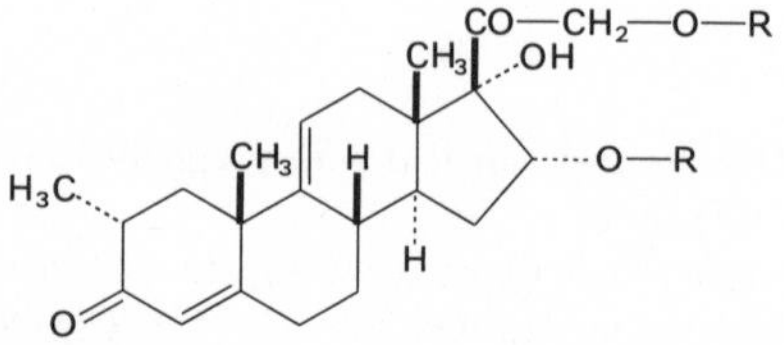   IV

21-Acetoxy-11β,17-dihydroxy-2-methyl-pregna-1,4-dien-3,20-dion $C_{24}H_{32}O_6$, Formel III
(R = CO-CH₃).

B. Aus 21-Acetoxy-11β-hydroxy-2-methyl-pregna-1,4,17(20)c-trien-3-on beim Behandeln mit 4-Methyl-morpholin, H_2O_2, OsO_4 und Pyridin in *tert*-Butylalkohol (*Upjohn Co.*, U.S.P. 3009937 [1957]).

Kristalle (aus E.); F: 203–204°. $[\alpha]_D$: +95° [CHCl₃].

16α,17,21-Trihydroxy-2α-methyl-pregna-4,9(11)-dien-3,20-dion $C_{22}H_{30}O_5$, Formel IV (R = H).

B. Aus 16α,21-Diacetoxy-20,20-äthandiyldioxy-17-hydroxy-pregna-4,9(11)-dien-3-on über mehrere Stufen (*Bernstein et al.*, Am. Soc. **81** [1959] 1696, 1700).

Kristalle (aus Acn. + PAe.); F: 203–207° [unkorr.]. $[\alpha]_D^{26}$: +103° [CHCl₃; c = 1]. IR-Ban≠ den (KBr; 3400–1600 cm⁻¹): *Be. et al.* λ_{max} (A.): 237–238 nm.

16α,21-Diacetoxy-17-hydroxy-2α-methyl-pregna-4,9(11)-dien-3,20-dion $C_{26}H_{34}O_7$, Formel IV
(R = CO-CH₃).

B. Aus der vorangehenden Verbindung und Acetanhydrid mit Hilfe von Pyridin (*Bernstein et al.*, Am. Soc. **81** [1959] 1696, 1700).

Kristalle (aus Acn. + PAe.); F: 221,5–224° [unkorr.]; $[\alpha]_D^{26}$: +104° [CHCl₃; c = 0,04] (*Be. et al.*). IR-Spektrum (CHCl₃; 1800–850 cm⁻¹): *G. Roberts, B.S. Gallagher, R.N. Jones*, Infrared Absorption Spectra of Steroids, Bd. 2 [New York 1958] Nr. 615. IR-Banden (KBr; 3550–1200 cm⁻¹): *Be. et al.* λ_{max} (A.): 238–239 nm (*Be. et al.*).

21-Acetoxy-11β,17-dihydroxy-2-methylen-pregn-4-en-3,20-dion $C_{24}H_{32}O_6$, Formel V.

B. Aus 21-Acetoxy-11β-hydroxy-2-methylen-pregna-4,17(20)c-dien-3-on beim Behandeln mit 4-Methyl-morpholin, H_2O_2, Pyridin und OsO_4 in *tert*-Butylalkohol (*Upjohn Co.*, U.S.P. 2847430 [1955]).

Kristalle (aus Acn.); F: 222–225°. λ_{max} (A.): 262 nm.

V   VI

17,21-Dihydroxy-2α-methyl-pregn-4-en-3,11,20-trion $C_{22}H_{30}O_5$, Formel VI (R = X = H).

λ_{max}: 244 nm [H₂O], 237 nm [Me.] (*Westphal, Ashley*, J. biol. Chem. **233** [1958] 57, 60).

21-Acetoxy-17-hydroxy-2α(?)-methyl-pregn-4-en-3,11,20-trion $C_{24}H_{32}O_6$, vermutlich Formel VI
(R = CO-CH₃, X = H).

B. Aus 21-Acetoxy-11β,17-dihydroxy-2α(?)-methyl-pregn-4-en-3,20-dion (S. 3446) mit Hilfe von *N*-Brom-acetamid und Pyridin in *tert*-Butylalkohol (*Hogg et al.*, Am. Soc. **77** [1955] 6401).

F: 205–209°. $[\alpha]_D$: +170° [Acn.].

21-Acetoxy-9-fluor-17-hydroxy-2α(?)-methyl-pregn-4-en-3,11,20-trion $C_{24}H_{31}FO_6$, vermutlich Formel VI (R = CO-CH₃, X = F).

B. Aus 21-Acetoxy-9-fluor-11β,17-dihydroxy-2α(?)-methyl-pregn-4-en-3,20-dion (S. 3447) mit Hilfe von CrO_3 und Essigsäure (*Hogg et al.*, Am. Soc. **77** [1955] 6401).

F: 227–229°. $[\alpha]_D$: +167° [Dioxan]. λ_{max} (A.): 235,5 nm.

17,21-Dihydroxy-4-methyl-pregn-4-en-3,11,20-trion $C_{22}H_{30}O_5$, Formel VII.

B. Aus (20Ξ)-4-Methyl-17,20;20,21-bis-methylendioxy-pregn-4-en-3,11-dion (E III/IV **19** 5910) mit Hilfe von wss. Ameisensäure (*Steinberg et al.*, Chem. and Ind. **1958** 975).

F: 228–231°. $[\alpha]_D$: +214° [CHCl₃]. λ_{max} (Me.): 249 nm.

VII   VIII

11β,17,21-Trihydroxy-6α-methyl-pregna-1,4-dien-3,20-dion, Methylprednisolon $C_{22}H_{30}O_5$, Formel VIII (R = X = H).

B. Aus dem O^{21}-Acetyl-Derivat (s. u.) bei der Hydrolyse (*Spero et al.*, Am. Soc. **78** [1956] 6213). Aus (20Ξ)-11β-Hydroxy-6α-methyl-17,20;20,21-bis-methylendioxy-pregna-1,4-dien-3-on (E III/IV **19** 5957) mit Hilfe von wss. Ameisensäure (*Fried et al.*, Am. Soc. **81** [1959] 1235, 1238).

Kristalle; F: 228–237° (*Sp. et al.*), 226–237° [korr.; aus E.] (*Fr. et al.*). $[\alpha]_D^{24}$: +94° [Dioxan; c = 0,5] (*Fr. et al.*); $[\alpha]_D$: +83° [Dioxan] (*Sp. et al.*). IR-Spektrum (KBr; 2–15 μ): *W. Neudert, H. Röpke*, Steroid-Spektrenatlas [Berlin 1965] Nr. 614. IR-Banden (Nujol; 5,5–6,5 μ): *Fr. et al.* λ_{max}: 248 nm [H₂O] (*Westphal, Ashley*, J. biol. Chem. **233** [1958] 57, 58), 243 nm [A.] (*Sp. et al.*), 244 nm [A.] (*Fr. et al.*).

21-Acetoxy-11β,17-dihydroxy-6α-methyl-pregna-1,4-dien-3,20-dion $C_{24}H_{32}O_6$, Formel VIII (R = CO-CH₃, X = H).

B. Aus 21-Acetoxy-11β-hydroxy-6α-methyl-pregna-1,4,17(20)c-trien-3-on mit Hilfe von Di≠ acetoxy-phenyl-jodan und OsO₄ in *tert*-Butylalkohol und Pyridin (*Spero et al.*, Am. Soc. **78** [1956] 6213). Aus der vorangehenden Verbindung und Acetanhydrid mit Hilfe von Pyridin (*Fried et al.*, Am. Soc. **81** [1959] 1235, 1238).

Kristalle; F: 205–208° (*Sp. et al.*), 205–208° [korr.; aus E.] (*Fr. et al.*). $[\alpha]_D^{24}$: +95° [CHCl₃; c = 1] (*Fr. et al.*); $[\alpha]_D$: +101° [Dioxan] (*Sp. et al.*). ¹H-NMR-Absorption (CDCl₃): *Slomp, McGarvey*, Am. Soc. **81** [1959] 2200. IR-Banden (Nujol; 5,5–6,5 μ): *Fr. et al.* λ_{max} (A.): 243 nm (*Sp. et al.*).

9-Fluor-11β,17,21-trihydroxy-6α-methyl-pregna-1,4-dien-3,20-dion $C_{22}H_{29}FO_5$, Formel VIII (R = H, X = F).

B. Aus der folgenden Verbindung mit Hilfe von wss.-methanol. KHCO₃ (*Spero et al.*, Am. Soc. **79** [1957] 1515; *Upjohn Co.*, U.S.P. 2867636 [1957]).

Kristalle; F: 248–255° [Zers.; aus Acn.] (*Upjohn Co.*), 243–250° [Zers.] (*Sp. et al.*). Ortho≠ rhombisch; Kristallstruktur-Analyse (Röntgen-Diagramm): *Dideberg et al.*, Acta cryst. [B] **30** [1974] 702. $[\alpha]_D$: +93° [Dioxan] (*Sp. et al.*; *Upjohn Co.*). λ_{max} (A.): 238 nm (*Sp. et al.*).

21-Acetoxy-9-fluor-11β,17-dihydroxy-6α-methyl-pregna-1,4-dien-3,20-dion $C_{24}H_{31}FO_6$, Formel VIII (R = CO-CH₃, X = F).

B. Beim Behandeln von 21-Acetoxy-9,11β-epoxy-17-hydroxy-6α-methyl-9β-pregna-1,4-dien-3,20-dion in CH₂Cl₂ mit wss. HF (*Spero et al.*, Am. Soc. **79** [1957] 1515; *Upjohn Co.*, U.S.P. 2867636 [1957]).

Kristalle; F: 237–239° (*Sp. et al.*), 233–237° [aus CH₂Cl₂] (*Upjohn Co.*). $[\alpha]_D$: +87° [Acn.] (*Sp. et al.*). IR-Banden (Nujol; 3450–1200 cm⁻¹): *Upjohn Co.* λ_{max} (A.): 239 nm (*Sp. et al.*).

21-Acetoxy-9-brom-11β,17-dihydroxy-6α-methyl-pregna-1,4-dien-3,20-dion $C_{24}H_{31}BrO_6$, Formel VIII (R = CO-CH₃, X = Br).

B. Beim Behandeln von 21-Acetoxy-17-hydroxy-6α-methyl-pregna-1,4,9(11)-trien-3,20-dion in CH₂Cl₂ und *tert*-Butylalkohol mit *N*-Brom-acetamid und wss. HClO₄ (*Upjohn Co.*, U.S.P.

2867636 [1957]).

Kristalle; F: 173−177° [Zers.].

17,21-Dihydroxy-6α-methyl-pregn-4-en-3,11,20-trion $C_{22}H_{30}O_5$, Formel IX (R = X = H).

B. Aus 11β,17,21-Trihydroxy-6α-methyl-pregn-4-en-3,20-dion mit Hilfe von *N*-Brom-acet⁑amid und Pyridin (*Spero et al.*, Am. Soc. **78** [1956] 6213). Aus 20,20-Äthandiyldioxy-5,17,21-trihydroxy-6β-methyl-5α-pregnan-3,11-dion mit Hilfe von wss.-methanol. NaOH (*Sensi, Lancini, G.* **89** [1959] 1965, 1970).

Kristalle; F: 212,5−215° (*Sp. et al.*), 209−212° [aus Acn.] (*Se., La.*). $[\alpha]_D^{20}$: +150° [Dioxan; c = 1] (*Se., La.*). λ_{max}: 242 nm (*Se., La.*).

IX   X

21-Acetoxy-17-hydroxy-6α-methyl-pregn-4-en-3,11,20-trion $C_{24}H_{32}O_6$, Formel IX (R = CO-CH₃, X = H).

B. Beim Behandeln von 17-Hydroxy-6α-methyl-pregn-4-en-3,11,20-trion mit Jod und CaO in Methanol und THF und anschliessenden Erwärmen mit Kaliumacetat in Aceton (*Bowers, Ringold*, Am. Soc. **80** [1958] 3091).

Kristalle; F: 225−227° [unkorr.]. $[\alpha]_D$: +178° [Dioxan]. λ_{max} (A.): 238 nm.

21-Acetoxy-2α-fluor-17-hydroxy-6α-methyl-pregn-4-en-3,11,20-trion $C_{24}H_{31}FO_6$, Formel IX (R = CO-CH₃, X = F).

B. Beim Behandeln von 21-Acetoxy-2α-fluor-11β-hydroxy-6α-methyl-pregna-4,17(20)*c*-dien-3-on mit 4-Methyl-morpholin, H₂O₂, OsO₄ und Pyridin in *tert*-Butylalkohol und CH₂Cl₂ und anschliessend mit Na₂Cr₂O₇ und Essigsäure (*Nathan et al.*, J. org. Chem. **24** [1959] 1517, 1519, 1520).

Kristalle (aus Me.); F: 222−225° [nach Sintern ab 207°]. $[\alpha]_D$: +216° [CHCl₃]. λ_{max}: 237 nm.

11β,17,21-Trihydroxy-7-methyl-pregna-4,6-dien-3,20-dion $C_{22}H_{30}O_5$, Formel X.

B. Aus 3,3;20,20-Bis-äthandiyldioxy-7ξ-methyl-pregn-5-en-7,11β,17,21-tetraol (E III/IV **19** 5858) mit Hilfe von HClO₄ in Methanol und Aceton (*Zderic et al.*, Am. Soc. **81** [1959] 432, 435).

Kristalle (aus E.); F: 248−253° [unkorr.]. $[\alpha]_D$: +315° [Py.]. λ_{max} (A.): 296−298 nm.

17,21-Dihydroxy-7β-methyl-pregn-4-en-3,11,20-trion $C_{22}H_{30}O_5$, Formel XI (R = H).

B. Beim Behandeln von 21-Acetoxy-3,3;20,20-bis-äthandiyldioxy-7ξ-brom-17-hydroxy-pregn-5-en-11-on (E III/IV **19** 5973) mit Methylmagnesiumbromid in Äther und THF und anschlies⁑senden Erwärmen mit HClO₄ in Methanol und Aceton (*Zderic et al.*, Am. Soc. **81** [1959] 432, 434).

Kristalle (aus E.); F: 236−238° [unkorr.]. $[\alpha]_D$: +172° [Dioxan]. λ_{max} (A.): 240 nm.

XI   XII

21-Acetoxy-17-hydroxy-7β-methyl-pregn-4-en-3,11,20-trion $C_{24}H_{32}O_6$, Formel XI (R = CO-CH$_3$).

B. Aus der vorangehenden Verbindung und Acetanhydrid mit Hilfe von Pyridin (*Zderic et al.,* Am. Soc. **81** [1959] 432, 434). Bei der Hydrierung von 21-Acetoxy-17-hydroxy-7-methyl-pregna-4,6-dien-3,11,20-trion an Palladium/SrCO$_3$ in Benzol (*Robinson et al.,* J. org. Chem. **24** [1959] 121).

Kristalle; F: 213−215° [unkorr.; aus E.] (*Zd. et al.*), 206−208° [aus Acn.+Hexan] (*Ro. et al.*). [α]$_D$: +194° [Me.] (*Zd. et al.*); [α]$_D^{25}$: +168° [Dioxan; c = 1] (*Ro. et al.*). IR-Banden (Nujol; 2,5−8,5 μ): *Ro. et al.* λ_{max}: 239 nm [Me.] (*Ro. et al.*), 240 nm [A.] (*Zd. et al.*).

21-Acetoxy-11β,17-dihydroxy-9-methyl-pregna-1,4-dien-3,20-dion $C_{24}H_{32}O_6$, Formel XII.

B. Aus 21-Acetoxy-11β,17-dihydroxy-9-methyl-pregn-4-en-3,20-dion mit Hilfe von SeO$_2$ in Essigsäure und *tert*-Butylalkohol (*Hoffmann et al.,* Am. Soc. **80** [1958] 5322).

F: 220−225°. IR-Banden (Nujol; 3−8,5 μ): *Ho. et al.* λ_{max} (Me.): 245 nm.

11,17,21-Trihydroxy-16-methyl-pregna-1,4-dien-3,20-dione $C_{22}H_{30}O_5$.

a) **11β,17,21-Trihydroxy-16β-methyl-pregna-1,4-dien-3,20-dion,** Formel I (R = X = H).

B. Aus dem O^{21}-Acetyl-Derivat (s. u.) bei der Hydrolyse mit wss.-methanol. KHCO$_3$ (*Taub et al.,* Am. Soc. **80** [1958] 4435).

F: 205−210°. [α]$_D$: +145° [CHCl$_3$]. λ_{max} (Me.): 243 nm.

b) **11α,17,21-Trihydroxy-16α-methyl-pregna-1,4-dien-3,20-dion,** Formel II (R = H).

B. Aus 17,21-Dihydroxy-16α-methyl-pregna-1,4-dien-3,20-dion mit Hilfe von Pestalotia foe≠ dans (*Oliveto et al.,* Am. Soc. **80** [1958] 4431).

F: 236−238°. [α]$_D$: +23,9° [Dioxan]. λ_{max} (Me.): 247 nm.

21-Acetoxy-11,17-dihydroxy-16-methyl-pregna-1,4-dien-3,20-dione $C_{24}H_{32}O_6$.

a) **21-Acetoxy-11β,17-dihydroxy-16β-methyl-pregna-1,4-dien-3,20-dion,** Formel I (R = CO-CH$_3$, X = H).

B. Aus 21-Acetoxy-11β,17-dihydroxy-16β-methyl-pregn-4-en-3,20-dion mit Hilfe von SeO$_2$ (*Taub et al.,* Am. Soc. **80** [1958] 4435).

F: 209−214°. λ_{max} (Me): 243 nm.

b) **21-Acetoxy-11α,17-dihydroxy-16β-methyl-pregna-1,4-dien-3,20-dion,** Formel III.

B. Aus 21-Acetoxy-11α,17-dihydroxy-16β-methyl-5β-pregnan-3,20-dion über mehrere Stufen

(*Oliveto et al.*, Am. Soc. **80** [1958] 6687).

F: 225−228°. $[\alpha]_D$: +100° [Dioxan]. λ_{max} (Me.): 247 nm.

c) **21-Acetoxy-11β,17-dihydroxy-16α-methyl-pregna-1,4-dien-3,20-dion**, Formel IV (X = X′ = H).

B. Aus 21-Acetoxy-17-hydroxy-16α-methyl-pregna-1,4-dien-3,11,20-trion über mehrere Stufen (*Arth et al.*, Am. Soc. **80** [1958] 3160).

F: 145−149°. λ_{max} (Me.): 242 nm.

d) **21-Acetoxy-11α,17-dihydroxy-16α-methyl-pregna-1,4-dien-3,20-dion**, Formel II (R = CO-CH$_3$).

B. Aus 11α,17,21-Trihydroxy-16α-methyl-pregna-1,4-dien-3,20-dion (*Oliveto et al.*, Am. Soc. **80** [1958] 4431).

F: 188−190°. $[\alpha]_D$: +45,6° [Dioxan]. λ_{max} (Me.): 247 nm.

21-Acetoxy-6α-fluor-11β,17-dihydroxy-16α-methyl-pregna-1,4-dien-3,20-dion, Para≠methasonacetat $C_{24}H_{31}FO_6$, Formel IV (X = F, X′ = H).

B. Aus 21-Acetoxy-6α-fluor-11β,17-dihydroxy-16α-methyl-pregn-4-en-3,20-dion mit Hilfe von SeO$_2$ (*Schneider et al.*, Am. Soc. **81** [1959] 3167).

Kristalle; F: 173−176° und (nach Wiedererstarren) F: 232−234° [Zers.].

9-Fluor-11β,17,21-trihydroxy-16β-methyl-pregna-1,4-dien-3,20-dion, Betamethason $C_{22}H_{29}FO_5$, Formel I (R = H, X = F).

B. Aus der folgenden Verbindung mit Hilfe von methanol. Natriummethylat (*Taub et al.*, Am. Soc. **80** [1958] 4435, **82** [1960] 4012, 4025).

Kristalle (aus E.); F: 231−234° [korr.; Zers.]; $[\alpha]_D$: +180° [Acn.]; IR-Banden (Nujol; 2,5−11,5 μ): *Taub et al.*, Am. Soc. **82** 4025. λ_{max} (Me.): 238 nm (*Taub et al.*, Am. Soc. **82** 4025).

21-Acetoxy-9-fluor-11,17-dihydroxy-16-methyl-pregna-1,4-dien-3,20-dione $C_{24}H_{31}FO_6$.

a) **21-Acetoxy-9-fluor-11β,17-dihydroxy-16β-methyl-pregna-1,4-dien-3,20-dion**, Formel I (R = CO-CH$_3$, X = F).

B. Aus 21-Acetoxy-9,11β-epoxy-17-hydroxy-16β-methyl-9β-pregna-1,4-dien-3,20-dion und HF in CHCl$_3$ und THF (*Taub et al.*, Am. Soc. **82** [1960] 4012, 4025; s. a. *Taub et al.*, Am. Soc. **80** [1958] 4435; *Oliveto et al.*, Am. Soc. **80** [1958] 6687).

Kristalle; F: 205−208° [korr.; aus Acn.+Ae.] (*Taub et al.*, Am. Soc. **82** 4025), 205−208° (*Taub et al.*, Am. Soc. **80** 4435), 196−201° (*Ol. et al.*). $[\alpha]_D$: +140° [CHCl$_3$] (*Taub et al.*, Am. Soc. **82** 4025), +107° [Dioxan] (*Ol. et al.*). IR-Banden (CHCl$_3$; 2,5−11,5 μ): *Taub et al.*, Am. Soc. **82** 4025. λ_{max} (Me.): 238 nm (*Taub et al.*, Am. Soc. **82** 4025), 239 nm (*Ol. et al.*).

b) **21-Acetoxy-9-fluor-11β,17-dihydroxy-16α-methyl-pregna-1,4-dien-3,20-dion**, Formel IV (X = H, X′ = F).

B. Aus 21-Acetoxy-9-fluor-11β,17-dihydroxy-16α-methyl-pregn-4-en-3,20-dion mit Hilfe von SeO$_2$ (*Arth et al.*, Am. Soc. **80** [1958] 3161). Aus 21-Acetoxy-9,11β-epoxy-17-hydroxy-16α-methyl-9β-pregna-1,4-dien-3,20-dion und HF in CHCl$_3$ und THF (*Oliveto et al.*, Am. Soc. **80** [1958] 4431).

Kristalle; F: 229−231° (*Ol. et al.*), 215−221° (*Arth et al.*). $[\alpha]_D^{25}$: +73° [CHCl$_3$; c = 1] (*Arth et al.*); $[\alpha]_D$: +77,6° [Dioxan] (*Ol. et al.*). λ_{max} (Me.): 239 nm (*Arth et al.*; *Ol. et al.*).

21-Acetoxy-6α,9-difluor-11β,17-dihydroxy-16α-methyl-pregna-1,4-dien-3,20-dion $C_{24}H_{30}F_2O_6$, Formel IV (X = X′ = F).

B. Aus 21-Acetoxy-6α,9-difluor-11β,17-dihydroxy-16α-methyl-pregn-4-en-3,20-dion mit Hilfe von SeO$_2$ (*Edwards et al.*, Am. Soc. **81** [1959] 3156). Aus 21-Acetoxy-6α-fluor-11β,17-dihydroxy-16α-methyl-pregna-1,4-dien-3,20-dion über mehrere Stufen (*Schneider et al.*, Am. Soc. **81** [1959]

3167).

Kristalle; F: 260−264° (*Ed. et al.*), 257−259° [Zers.] (*Sch. et al.*). $[\alpha]_D$: +91° [CHCl$_3$] (*Ed. et al.*). λ_{max} (A.): 237 nm (*Ed. et al.*), 238 nm (*Sch. et al.*).

21-Acetoxy-6ξ-brom-9-fluor-11β,17-dihydroxy-16α-methyl-pregna-1,4-dien-3,20-dion

$C_{24}H_{30}BrFO_6$, Formel V.

B. Aus 21-Acetoxy-6ξ-brom-9,11β-epoxy-17-hydroxy-16α-methyl-9β-pregna-1,4-dien-3,20-dion (E III/IV **18** 2585) und HF in CHCl$_3$ und THF (*Nussbaum et al.*, Am. Soc. **81** [1959] 4574, 4577).

Kristalle; F: 165−167° [Rohprodukt].

V   VI

21-Acetoxy-9-fluor-11β,17-dihydroxy-16α-methyl-pregna-1,5-dien-3,20-dion $C_{24}H_{31}FO_6$,

Formel VI.

B. Aus der vorangehenden Verbindung mit Hilfe von Zink in wss. Äthanol (*Nussbaum et al.*, Am. Soc. **81** [1959] 4574, 4577).

Kristalle (aus E.) mit 1 Mol Äthylacetat; F: 191−193° [Zers.]. λ_{max} (Me.): 220 nm.

17,21-Dihydroxy-16β-methyl-pregn-4-en-3,11,20-trion $C_{22}H_{30}O_5$, Formel VII (R = H).

B. Aus der folgenden Verbindung bei der Hydrolyse mit wss.-methanol. KHCO$_3$ (*Taub et al.*, Am. Soc. **80** [1958] 4435).

F: 205−210°. $[\alpha]_D$: +237° [CHCl$_3$]. λ_{max} (Me.): 238 nm.

21-Acetoxy-17-hydroxy-16-methyl-pregn-4-en-3,11,20-trione $C_{24}H_{32}O_6$.

a) **21-Acetoxy-17-hydroxy-16β-methyl-pregn-4-en-3,11,20-trion,** Formel VII (R = CO-CH$_3$).

B. Aus 21-Acetoxy-17-hydroxy-16β-methyl-5β-pregnan-3,11,20-trion über mehrere Stufen (*Taub et al.*, Am. Soc. **80** [1958] 4435).

F: 230−236°. $[\alpha]_D$: +252° [CHCl$_3$]. λ_{max} (Me.): 238 nm.

VII   VIII

b) **21-Acetoxy-17-hydroxy-16α-methyl-pregn-4-en-3,11,20-trion,** Formel VIII.

B. Aus 21-Acetoxy-4ξ-brom-17-hydroxy-16α-methyl-5β-pregnan-3,11,20-trion (S. 3451) bei der aufeinanderfolgenden Reaktion mit Semicarbazid-hydrochlorid und Brenztraubensäure (*Arth et al.*, Am. Soc. **80** [1958] 3160).

F: 207−210°. $[\alpha]_D^{25}$: +181° [CHCl$_3$; c = 1]. λ_{max} (Me.): 238 nm.

3-Semicarbazon $C_{25}H_{35}N_3O_6$. Zers. bei 225−228°. λ_{max} (Me.): 269 nm.

9-Hydroxy-4,4,14-trimethyl-5α,9ξ-androstan-3,11,12,17-tetraon $C_{22}H_{30}O_5$, Formel IX.

B. Aus 3β,9,17β(?)-Trihydroxy-4,4,14-trimethyl-5α,9ξ-androstan-11,12-dion (S. 3402) mit Hilfe von CrO_3 und Essigsäure in Benzol (*Voser et al.,* Helv. **35** [1952] 2414, 2427).

Kristalle (aus CH_2Cl_2 + Hexan); F: 271 – 275° [korr.; Zers.; evakuierte Kapillare]. $[α]_D$: +201° [$CHCl_3$; c = 1]. IR-Banden (Nujol; 3300 – 1650 cm^{-1}): *Vo. et al.*

IX   X

Hydroxy-oxo-Verbindungen $C_{24}H_{34}O_5$

2β,16α-Diacetoxy-4,4,9,14-tetramethyl-19-nor-9β,10α-pregn-5-en-3,11,20-trion, 2β,16α-Diacetoxy-22,23,24,25,26,27-hexanor-10α-cucurbit-5-en-3,11,20-trion $C_{28}H_{38}O_7$, Formel X (in der Literatur als Hexanor-cucurbitacin-D-diacetat bezeichnet).

Die Konstitution und Konfiguration ergibt sich aus der genetischen Beziehung zu Cucurbitacin-D (2β,16α,20,25-Tetrahydroxy-10α-cucurbita-5,23t-dien-3,11,22-trion): *Kupchan et al.,* Am. Soc. **94** [1972] 1353; *Restivo et al.,* J.C.S. Perkin II **1973** 892.

B. Aus 2,16α-Diacetoxy-4,4,9,14-tetramethyl-19-nor-9β,10α-pregna-1,5-dien-3,11,20-trion bei der Hydrierung an Palladium/Kohle in Äthanol (*Lavie, Shvo,* Am. Soc. **82** [1960] 966, 969; *Lavie et al.,* Chem. and Ind. **1959** 951). Aus 2β,16α-Diacetoxy-20,25-dihydroxy-10α-cucurbita-5,23t-dien-3,11,22-trion (Elatericin-A-diacetat; Cucurbitacin-D-diacetat) bei der Oxidation mit wss. HIO_4 in Dioxan (*Lavie, Shvo,* Am. Soc. **82** 969; Chem. and Ind. **1959** 429). Aus 2β,16α,25-Triacetoxy-20-hydroxy-10α-cucurbita-5,23t-dien-3,11,22-trion (Cucurbitacin-B-diacetat) bei der Oxidation mit wss. HIO_4 in Dioxan (*La. et al.*) bzw. mit Blei(IV)-acetat in Benzol (*Bull et al.,* Soc. [C] **1970** 1592, 1595).

Kristalle; F: 204 – 206° [aus Me. + Ae.] (*Bull et al.*), 203 – 205° [korr.; aus Ae.] (*La., Shvo,* Am. Soc. **82** 969). $[α]_D$: +112° [$CHCl_3$; c = 1,1] (*La., Shvo,* Am. Soc. **82** 969); $[α]_D^{24}$: +108° [$CHCl_3$; c = 1,3] (*Bull et al.*). $λ_{max}$ (A.): 288 nm (*La., Shvo,* Am. Soc. **82** 969).

XI   XII

Hydroxy-oxo-Verbindungen $C_{28}H_{42}O_5$

3α,12α-Diacetoxy-26,27-dinor-lanost-8-en-7,11,24-trion $C_{32}H_{46}O_7$, Formel XI.

B. Aus 3α,12α-Diacetoxy-27-nor-eburica-8,24ξ-dien (E IV **6** 6523) bzw. aus 3α,12α-Diacetoxy-26,27-dinor-lanost-8-en-24-on mit Hilfe von CrO_3 und Essigsäure (*Roth et al.,* Helv. **36** [1953] 1908, 1915; *Halsall, Hodges,* Soc. **1954** 2385, 2388).

Gelbe Kristalle (aus Me.); F: 206−207° [evakuierte Kapillare] (*Roth et al.*), 201−203° [korr.] (*Ha., Ho.*). $[\alpha]_D$: +94° [CHCl$_3$; c = 0,6] (*Ha., Ho.*); $[\alpha]_D^{20}$: +79° [CHCl$_3$; c = 1,3] (*Roth et al.*). λ_{max} (A.): 272 nm (*Roth et al.*); 273 nm (*Ha., Ho.*).

Hydroxy-oxo-Verbindungen $C_{30}H_{46}O_5$

3β,21α,22α,24-Tetrahydroxy-*D*-friedo-oleana-9(11),14-dien-12-on $C_{30}H_{46}O_5$, Formel XII (R = H).
B. Aus der folgenden Verbindung mit Hilfe von methanol. KOH (*Smith et al.*, Tetrahedron **4** [1958] 111, 123).
Kristalle (aus wss. Me.); F: 296−298° [unkorr.]. $[\alpha]_D$: −54,8° [Me.; c = 1,6]. λ_{max} (A.): 244 nm.

3β,21α,22α,24-Tetraacetoxy-*D*-friedo-oleana-9(11),14-dien-12-on $C_{38}H_{54}O_9$, Formel XII (R = CO-CH$_3$).
B. Aus 3β,21α,22α,24-Tetraacetoxy-olean-9(11)-en-12-on mit Hilfe von SeO$_2$ in Essigsäure (*Smith et al.*, Tetrahedron **4** [1958] 111, 123).
Kristalle (aus wss. Me.); F: 240−241° [unkorr.]. $[\alpha]_D$: −1,7° [CHCl$_3$; c = 4]. λ_{max} (A.): 244 nm.   [*Schenk*]

Hydroxy-oxo-Verbindungen $C_nH_{2n-16}O_5$

Hydroxy-oxo-Verbindungen $C_{11}H_6O_5$

3,8-Dihydroxy-benzocyclohepten-1,2,9-trion $C_{11}H_6O_5$, Formel I (R = H) und Taut.; Purpurogallochinon.
B. Aus Purpurogallin (S. 3456) mit Hilfe von Tetrachlor-[1,2]benzochinon (*Horner, Dürckheiᵐ mer*, Z. Naturf. **14b** [1959] 741; *Horner et al.*, B. **94** [1961] 1276, 1283).
Zersetzt sich oberhalb 215° (*Ho., Dü.*).

8-Hydroxy-3-methoxy-benzocyclohepten-1,2,9-trion $C_{12}H_8O_5$, Formel I (R = CH$_3$) und Taut.
B. Aus 3,4,6-Trihydroxy-2-methoxy-benzocyclohepten-5-on analog der vorangehenden Verᵇ bindung (*Horner, Dürckheimer*, Z. Naturf. **14b** [1959] 741).
Zersetzt sich oberhalb 150°.

Hydroxy-oxo-Verbindungen $C_{13}H_{10}O_5$

2-Hydroxy-3,4,2′-trimethoxy-benzophenon $C_{16}H_{16}O_5$, Formel II.
B. Beim Behandeln von 2-Methoxy-benzoylchlorid mit 1,2,3-Trimethoxy-benzol und AlCl$_3$ in Äther (*Rao, Seshadri*, Pr. Indian Acad. [A] **37** [1953] 710, 714).
Kristalle (aus Bzl.+PAe.); F: 110−111°.

2-Hydroxy-4,6,2′-trimethoxy-benzophenon $C_{16}H_{16}O_5$, Formel III (R = CH$_3$).
B. Beim Behandeln von 2-Methoxy-benzoylchlorid mit 1,3,5-Trimethoxy-benzol und AlCl$_3$

in Äther (*Rao, Seshadri,* Pr. Indian Acad. [A] **37** [1953] 710, 713).
Kristalle (aus Me.); F: 92–93°.

2′-Äthoxy-2-hydroxy-4,6-dimethoxy-benzophenon $C_{17}H_{18}O_5$, Formel III (R = C_2H_5).
B. Analog der vorangehenden Verbindung (*Rao, Seshadri,* Pr. Indian Acad. [A] **37** [1953]
710, 714).
Hellgelbe Kristalle (aus A.); F: 160–161°.

2,4,6,4′-Tetramethoxy-benzophenon $C_{17}H_{18}O_5$, Formel IV (X = O) (H 496).
IR-Spektrum (Nujol; 8,0–9,5 µ): *Lozac'h, Guillouzo,* Bl. **1957** 1221, 1223.

2,4,6,4′-Tetramethoxy-thiobenzophenon $C_{17}H_{18}O_4S$, Formel IV (X = S).
B. Beim Erhitzen von 2,4,6,4′-Tetramethoxy-benzophenon mit P_2S_5 in Xylol (*Lozac'h, Guil=
louzo,* Bl. **1957** 1221, 1224).
Grüne Kristalle (aus Bzl.+PAe.); F: 147,5°. IR-Spektrum (Nujol; 8,0–9,5 µ): *Lo., Gu.,*
l. c. S. 1223.

2,4,2′,4′-Tetrahydroxy-benzophenon $C_{13}H_{10}O_5$, Formel V (R = R′ = H) (H 496; E II 540;
E III 4064).
B. Beim Erwärmen von 1,3-Dimethoxy-benzol mit $COCl_2$ und $AlCl_3$ in 1,2-Dichlor-äthan
(*Gen. Aniline & Film Corp.,* U.S.P. 2694729 [1951]). Beim Erwärmen von 2,4-Dihydroxy-
benzoesäure mit Resorcin, $POCl_3$ und $ZnCl_2$ (*Grover et al.,* Soc. **1955** 3982, 3984; vgl.
E III 4064), auch unter Zusatz von wss. H_3PO_4 (*Gen. Aniline & Film Corp.,* U.S.P. 2854485
[1957]).
Kristalle; F: 202,5–203° [aus wss. HCl] (*Gen. Aniline,* U.S.P. 2854485), 196–198° [aus
H_2O] (*Gr. et al.*). UV-Spektrum (Me.; 230–400 nm): *VanAllan, Tinker,* J. org. Chem. **19** [1954]
1243, 1248; *VanAllan,* J. org. Chem. **23** [1958] 1679, 1680.

2,4,2′-Trihydroxy-4′-methoxy-benzophenon $C_{14}H_{12}O_5$, Formel VI (R = R′ = H).
B. Beim Erwärmen von 1,3-Dimethoxy-benzol mit $COCl_2$ und $AlCl_3$ in 1,2-Dichlor-äthan
(*Gen. Aniline & Film Corp.,* U.S.P. 2686812 [1951]). Beim Erwärmen von 2,4-Dihydroxy-
benzoesäure und 3-Methoxy-phenol mit wss. H_3PO_4, $POCl_3$ und $ZnCl_2$ (*Gen. Aniline & Film
Corp.,* U.S.P. 2854485 [1957]).
Kristalle (aus Me.); F: 131–135° (*Gen. Aniline,* U.S.P. 2686812).

2,2′-Dihydroxy-4,4′-dimethoxy-benzophenon $C_{15}H_{14}O_5$, Formel V (R = H, R′ = CH_3).
B. Beim Erwärmen von 1,3-Dimethoxy-benzol mit $COCl_2$ und $AlCl_3$ in 1,2-Dichlor-äthan
unter Zusatz von NaCl und KCl oder $ZnCl_2$ (*Gen. Aniline & Film Corp.,* U.S.P. 2853522,
2853523 [1956]). Beim Erwärmen von 2-Hydroxy-4-methoxy-benzoesäure mit 3-Methoxy-
phenol, $POCl_3$ und $ZnCl_2$ (*Grover et al.,* Soc. **1955** 3982, 3984). Beim Erhitzen von 2,4-Di=
methoxy-benzoylchlorid mit 1,3-Dimethoxy-benzol und $AlCl_3$ in Chlorbenzol und DMF (*Am.
Cyanamid Co.,* U.S.P. 2773903 [1955]). Beim Erwärmen von 2,4,2′,4′-Tetramethoxy-benzo=
phenon mit $AlCl_3$ in 1,2-Dichlor-äthan (*VanAllan,* J. org. Chem. **23** [1958] 1679, 1681).
Kristalle; F: 139–140° [aus Bzl.] (*Gr. et al.*), 136–137° [aus Butanon] (*Gen. Aniline,* U.S.P.
2853523). UV-Spektrum (Me.; 200–400 nm bzw. 230–400 nm): *Knowles, Buc,* Pr. mid-year
Meeting chem. Spec. Manuf. Assoc. 1953 S. 156, 157; *Va.* Löslichkeit (g/100 g Lösung) bei
25° in Hexan: 0,1; in Benzol: 5,2; in Xylol: 2,9; in Äthanol: 0,5; in opt.-inakt. Phosphorsäure-
tris-[2-äthyl-hexylester]: 2,8; in opt.-inakt. Decandisäure-bis-[2-äthyl-hexylester]: 1,1; in opt.-
inakt. Phthalsäure-bis-[2-äthyl-hexylester]: 1,3 (*Am. Cyanamid Co.,* U.S.P. 2853521 [1956]).

2,4,2′,4′-Tetramethoxy-benzophenon $C_{17}H_{18}O_5$, Formel V (R = R′ = CH_3) (E I 734;
E III 4064).
B. Neben 2,4-Dimethoxy-benzoesäure aus 2,4-Dimethoxy-phenylmagnesium-bromid und CO_2
in Äther (*Holmberg,* Acta chem. scand. **8** [1954] 728, 732). Aus 2,4,2′,4′-Tetrahydroxy-benzo=

phenon und Dimethylsulfat unter Zusatz von K_2CO_3 in Aceton (*Grover et al.*, Soc. **1955** 3982, 3984).

V   VI   VII

4,4′-Diäthoxy-2,2′-dihydroxy-benzophenon $C_{17}H_{18}O_5$, Formel V (R = H, R′ = C_2H_5).
   B. Beim Erwärmen von 1,3-Diäthoxy-benzol mit $COCl_2$ und $AlCl_3$ in 1,2-Dichlor-äthan unter Zusatz von NaCl und KCl oder $ZnCl_2$ (*Gen. Aniline & Film Corp.*, U.S.P. 2853522, 2853523 [1956]).
   F: 120,6−122,4°.

2,4-Diäthoxy-2′,4′-dimethoxy-benzophenon $C_{19}H_{22}O_5$, Formel VI (R = C_2H_5, R′ = CH_3).
   B. Aus 2,4-Dimethoxy-benzoesäure-anhydrid und 1,3-Diäthoxy-benzol mit Hilfe von $AlCl_3$ (*Baganz, Paproth*, Naturwiss. **40** [1953] 341).
   Kristalle (aus A.); F: 99°.

2,4,2′,4′-Tetraacetoxy-benzophenon $C_{21}H_{18}O_9$, Formel V (R = R′ = $CO-CH_3$).
   B. Aus 2,4,2′,4′-Tetrahydroxy-benzophenon und Acetanhydrid in Pyridin (*Grover et al.*, Soc. **1955** 3982, 3984).
   Kristalle (aus A.); F: 146−147°.

2,4-Dihydroxy-3′,4′-dimethoxy-benzophenon $C_{15}H_{14}O_5$, Formel VII (R = R′ = H).
   B. Beim Erhitzen von Veratrumsäure mit Resorcin und $ZnCl_2$ (*Johnson, Robertson*, Soc. **1950** 2381, 2383). Beim Behandeln von Veratroylchlorid mit Resorcin und $AlCl_3$ in Nitrobenzol (*Jo., Ro.*).
   Kristalle (aus wss. Me. oder wss. A.); F: 177°.

4-Hydroxy-2,3′,4′-trimethoxy-benzophenon $C_{16}H_{16}O_5$, Formel VII (R = CH_3, R′ = H) (E III 4064).
   B. Beim Erwärmen von 3-[3-Methoxy-4-veratroyl-phenoxy]-propionsäure mit wss. NaOH (*Simpson et al.*, Soc. **1951** 2239, 2243).
   Kristalle (aus A.); F: 179°.

2-Hydroxy-4,3′,4′-trimethoxy-benzophenon $C_{16}H_{16}O_5$, Formel VII (R = H, R′ = CH_3) (E III 4065).
   B. Beim Erwärmen von 2,4-Dihydroxy-3′,4′-dimethoxy-benzophenon mit CH_3I und K_2CO_3 in Aceton (*Johnson, Robertson*, Soc. **1950** 2381, 2383).
   Hellgelbe Kristalle (aus CCl_4); F: 140°.
   2,4-Dinitro-phenylhydrazon (F: 231°): *Jo., Ro.*

2,4,3′,4′-Tetramethoxy-benzophenon $C_{17}H_{18}O_5$, Formel VII (R = R′ = CH_3) (H 497; E I 735; E III 4065).
   In dem E III 4065 unter dieser Konstitution beschriebenen Präparat vom F: 126° hat vermut≈lich nicht einheitliches 2-Hydroxy-4,3′,4′-trimethoxy-benzophenon vorgelegen (s. dazu *Bentley, Robinson*, Tetrahedron Letters **1959** Nr. 2, S. 11).

IR-Spektrum (Nujol; 8,0−9,5 μ): *Lozac'h, Guillouzo*, Bl. **1957** 1221, 1223.

[5-Methoxy-2-veratroyl-phenoxy]-essigsäure $C_{18}H_{18}O_7$, Formel VII (R = CH$_2$-CO-OH, R′ = CH$_3$).

B. Beim Erwärmen von [5-Methoxy-2-veratroyl-phenoxy]-essigsäure-äthylester mit wss.-äthanol. KOH (*Johnson, Robertson*, Soc. **1950** 2381, 2383).

Kristalle (aus E. + PAe.); F: 149°.

[5-Methoxy-2-veratroyl-phenoxy]-essigsäure-äthylester $C_{20}H_{22}O_7$, Formel VII (R = CH$_2$-CO-O-C$_2$H$_5$, R′ = CH$_3$).

B. Beim Erwärmen von 2-Hydroxy-4,3′,4′-trimethoxy-benzophenon mit Bromessigsäure-äthylester und K$_2$CO$_3$ in Aceton (*Johnson, Robertson*, Soc. **1950** 2381, 2383).

Kristalle (aus wss. A.); F: 80°.

3-[3-Hydroxy-4-veratroyl-phenoxy]-propionsäure $C_{18}H_{18}O_7$, Formel VII (R = H, R′ = CH$_2$-CH$_2$-CO-OH).

Eine Verbindung (Kristalle [aus A.]; F: 175−177°), für die diese Konstitution in Betracht gezogen worden ist, ist beim Behandeln von Veratroylchlorid mit 3-[3-Methoxy-phenoxy]-pro≠ pionsäure-äthylester und AlCl$_3$ in Nitrobenzol und Erhitzen des Reaktionsprodukts mit wss. HCl erhalten worden (*Simpson et al.*, Soc. **1951** 2239, 2242).

3-[5-Methoxy-2-veratroyl-phenoxy]-propionsäure $C_{19}H_{20}O_7$, Formel VII (R = CH$_2$-CH$_2$-CO-OH, R′ = CH$_3$).

B. Neben anderen Verbindungen beim Behandeln von Veratroylchlorid mit 3-[3-Methoxy-phenoxy]-propionsäure-äthylester und AlCl$_3$ in Nitrobenzol und Erhitzen des Reaktionspro≠ dukts mit wss. HCl (*Simpson et al.*, Soc. **1951** 2239, 2242).

Kristalle (aus A.); F: 135−136°.

3-[3-Methoxy-4-veratroyl-phenoxy]-propionsäure $C_{19}H_{20}O_7$, Formel VII (R = CH$_3$, R′ = CH$_2$-CH$_2$-CO-OH).

B. Neben anderen Verbindungen beim Behandeln von Veratroylchlorid mit 3-[3-Methoxy-phenoxy]-propionsäure-äthylester und AlCl$_3$ in Nitrobenzol und Erhitzen des Reaktionspro≠ dukts mit wss. HCl (*Simpson et al.*, Soc. **1951** 2239, 2242).

Kristalle (aus wss. A.); F: 127−129°.

2,4,3′,4′-Tetramethoxy-thiobenzophenon $C_{17}H_{18}O_4S$, Formel VIII.

B. Beim Erhitzen von 2,4,3′,4′-Tetramethoxy-benzophenon mit P$_2$S$_5$ in Xylol (*Lozac'h, Guil≠ louzo*, Bl. **1957** 1221, 1224).

Hellbraune Kristalle (aus Bzl. + PAe.); F: 118,5°. IR-Spektrum (Nujol; 8,0−9,5 μ): *Lo., Gu.*, l. c. S. 1223.

VIII   IX   X

2,5,2′,5′-Tetramethoxy-benzophenon $C_{17}H_{18}O_5$, Formel IX (H 497; E II 541).

B. Beim Erhitzen von Bis-[2,5-dimethoxy-phenyl]-essigsäure mit Na$_2$Cr$_2$O$_7$ in Essigsäure

(*Werber*, Ann. Chimica **49** [1959] 1898, 1912).
   Kristalle (aus A.); F: 110°.
   2,4-Dinitro-phenylhydrazon (F: 177−178°): *We.*

2,5,3′,4′-Tetramethoxy-benzophenon $C_{17}H_{18}O_5$, Formel X (X = O) (H 497).
   IR-Spektrum (Nujol; 8,0−9,5 μ): *Lozac'h, Guillouzo*, Bl. **1957** 1221, 1224.

2,5,3′,4′-Tetramethoxy-thiobenzophenon $C_{17}H_{18}O_4S$, Formel X (X = S).
   B. Beim Erhitzen von 2,5,3′,4′-Tetramethoxy-benzophenon mit P_2S_5 in Xylol (*Lozac'h, Guil=louzo*, Bl. **1957** 1221, 1224).
   Dunkelgrüne Kristalle (aus Bzl.+PAe.); F: 99°. IR-Spektrum (Nujol; 8,0−9,5 μ): *Lo., Gu.*

3,4,5,4′-Tetramethoxy-benzophenon $C_{17}H_{18}O_5$, Formel XI (E III 4066).
   B. Aus 3,4,5-Tris-äthoxycarbonyloxy-benzoylchlorid beim Erwärmen mit Anisol und $AlCl_3$ in CS_2, Erwärmen des Reaktionsprodukts mit wss.-methanol. NaOH und Erwärmen des hierbei erhaltenen Reaktionsprodukts mit Dimethylsulfat und wss.-methanol. NaOH (*Traverso*, G. **87** [1957] 67, 73).

3,4,3′,4′-Tetrahydroxy-benzophenon $C_{13}H_{10}O_5$, Formel XII (R = R′ = H) (H 497; E II 541).
   B. Beim Erhitzen von 4,4′-Dihydroxy-3,3′-dimethoxy-benzil mit KOH und NaOH unter Zu= satz von aktiviertem Silber auf 220° (*Pearl*, Am. Soc. **76** [1954] 3635).
   Kristalle (aus H_2O) mit 2 Mol H_2O; F: 230−231° [unkorr.]. λ_{max} (A.): 236 nm und 323 nm.

XI   XII   XIII

4,4′-Dihydroxy-3,3′-dimethoxy-benzophenon $C_{15}H_{14}O_5$, Formel XII (R = CH_3, R′ = H) (E III 4066).
   B. Beim Erwärmen von 4,4′-Diacetoxy-3,3′-dimethoxy-benzophenon mit äthanol. NaOH (*Pearl*, Am. Soc. **76** [1954] 3635). Beim Erhitzen von 4,4′-Dihydroxy-3,3′-dimethoxy-benzil mit $Cu(OH)_2$ in wss. NaOH auf 170° (*Pearl, Beyer*, Am. Soc. **76** [1954] 2224, 2225).
   Kristalle (aus Bzl.); F: 155−156° [unkorr.] (*Pe.*). UV-Spektrum (A.; 210−390 nm): *Pearl, Dickey*, Am. Soc. **74** [1952] 614, 616.
   2,4-Dinitro-phenylhydrazon (F: 235−237°): *Pe., Di.*

4-Hydroxy-3,3′,4′-trimethoxy-benzophenon $C_{16}H_{16}O_5$, Formel XIII (R = H).
   B. Aus 4-Äthoxycarbonyloxy-3-methoxy-benzoylchlorid beim Erwärmen mit 1,2-Dimethoxy-benzol und $AlCl_3$ in CS_2 und Erwärmen des Reaktionsprodukts mit wss.-äthanol. NaOH (*Tra=verso*, G. **87** [1957] 67, 70).
   Kristalle; F: 50−60° [unreines Präparat].
   Charakterisierung durch Überführung in 3,4,3′,4′-Tetramethoxy-benzophenon oder in 4-Acetoxy-3,3′,4′-trimethoxy-benzophenon: *Tr.*

3,4,3′,4′-Tetramethoxy-benzophenon $C_{17}H_{18}O_5$, Formel XII (R = R′ = CH_3) (H 497; E I 735; E II 541; E III 4066).
   B. Aus 3,4,3′,4′-Tetrahydroxy-benzophenon (*Pearl*, Am. Soc. **76** [1954] 3635) oder aus

4-Hydroxy-3,3',4'-trimethoxy-benzophenon (*Traverso*, G. **87** [1957] 67, 71) mit Hilfe von Di≠methylsulfat. Beim Erhitzen von Bis-[3,4-dimethoxy-phenyl]-essigsäure mit $Na_2Cr_2O_7$ in Essig≠säure (*Werber*, Ann. Chimica **49** [1959] 1898, 1910). Aus 2,2-Bis-[3,4-dimethoxy-phenyl]-äthyla≠min mit Hilfe von CrO_3 (*Quelet et al.*, C. r. **241** [1955] 755).

Kristalle (aus Me.); F: 146,0—147,2° [korr.] (*Doering, Berson*, Am. Soc. **72** [1950] 1118, 1121). IR-Spektrum (Nujol; 8,0—9,5 μ): *Lozac'h, Guillouzo*, Bl. **1957** 1221, 1224. UV-Spektrum (A.; 220—350 nm): *Garofano, Oliverio*, Ann. Chimica **47** [1957] 260, 269.

2,4-Dinitro-phenylhydrazon (F: 209°): *Dalal, Shah*, J. Indian chem. Soc. **29** [1952] 77, 82; *Ga., Ol.*, l. c. S. 282.

4-Äthoxy-3,3',4'-trimethoxy-benzophenon $C_{18}H_{20}O_5$, Formel XIII (R = C_2H_5) (E III 4067).
UV-Spektrum (A.; 220—350 nm): *Garofano, Oliverio*, Ann. Chimica **47** [1957] 260, 269.

3,3'-Diäthoxy-4,4'-dimethoxy-benzophenon $C_{19}H_{22}O_5$, Formel XII (R = C_2H_5, R' = CH_3) (E III 4067).
B. Beim Erhitzen von Bis-[3-äthoxy-4-methoxy-phenyl]-methan mit $Na_2Cr_2O_7$ in Essigsäure (*Arcoleo, Oliverio*, Ann. Chimica **44** [1954] 183, 187).
UV-Spektrum (A.; 220—350 nm): *Garofano, Oliverio*, Ann. Chimica **47** [1957] 260, 270.

3,4'-Diäthoxy-4,3'-dimethoxy-benzophenon $C_{19}H_{22}O_5$, Formel XIV (R = C_2H_5, R' = CH_3, X = H) (E III 4067).
B. Analog der vorangehenden Verbindung (*Arcoleo, Garofano*, Ann. Chimica **47** [1957] 1142, 1162).
UV-Spektrum (A.; 220—350 nm): *Garofano, Oliverio*, Ann. Chimica **47** [1957] 260, 270.

R—O—[...]—X   CO   R—O—[...]—X   R'—O

XIV   XV   XVI

4,4'-Diäthoxy-3,3'-dimethoxy-benzophenon $C_{19}H_{22}O_5$, Formel XII (R = CH_3, R' = C_2H_5) (E III 4068).
UV-Spektrum (A.; 220—350 nm): *Garofano, Oliverio*, Ann. Chimica **47** [1957] 260, 269.

3,4,3',4'-Tetraäthoxy-benzophenon $C_{21}H_{26}O_5$, Formel XII (R = R' = C_2H_5).
B. Beim Erhitzen von Bis-[3,4-diäthoxy-phenyl]-methan (*Garofano*, Ann. Chimica **48** [1958] 125, 133) oder von Bis-[3,4-diäthoxy-phenyl]-essigsäure (*Werber*, Ann. Chimica **49** [1959] 1898, 1911) mit $Na_2Cr_2O_7$ in Essigsäure.
Kristalle; F: 110° [aus A.] (*We.*), 109—110° [aus A.] (*Ga.*). UV-Spektrum (A.; 220—350 nm): *Garofano, Oliverio*, Ann. Chimica **47** [1957] 260, 269.
Oxim $C_{21}H_{27}NO_5$. Kristalle (aus A.); F: 142—143° (*Ga.*).
2,4-Dinitro-phenylhydrazon (F: 179—180°): *Ga., Ol.*, l. c. S. 282.

4,4'-Bis-benzyloxy-3,3'-dimethoxy-benzophenon $C_{29}H_{26}O_5$, Formel XII (R = CH_3, R' = CH_2-C_6H_5).
B. Aus 4,4'-Bis-benzyloxy-3,3'-dimethoxy-benzilsäure mit Hilfe von CrO_3 in Essigsäure (*Pearl*, Am. Soc. **76** [1954] 3635).

Kristalle (aus A.); F: 133—134° [unkorr.]. λ_{max} (A.): 236 nm und 318 nm.

4-Acetoxy-3,3',4'-trimethoxy-benzophenon $C_{18}H_{18}O_6$, Formel XIII (R = CO-CH$_3$).

B. Aus 4-Hydroxy-3,3',4'-trimethoxy-benzophenon und Acetanhydrid in Pyridin (*Traverso*, G. **87** [1957] 67, 70).

Kristalle (aus A.); F: 147—148°.

4,4'-Diacetoxy-3,3'-dimethoxy-benzophenon $C_{19}H_{18}O_7$, Formel XII (R = CH$_3$, R' = CO-CH$_3$).

B. Aus 4,4'-Dihydroxy-3,3'-dimethoxy-benzophenon und Acetanhydrid in Pyridin (*Pearl, Dickey*, Am. Soc. **74** [1952] 614, 617). Aus 4,4'-Bis-benzyloxy-3,3'-dimethoxy-benzophenon und Acetanhydrid unter Zusatz von HClO$_4$ (*Pearl*, Am. Soc. **76** [1954] 3635).

Kristalle (aus A. oder wss. A.); F: 148—149° [unkorr.] (*Pe., Di.; Pe.*). λ_{max} (A.): 206 nm, 222 nm und 265 nm (*Pe.*).

2,2'-Dibrom-4,5,4',5'-tetramethoxy-benzophenon $C_{17}H_{16}Br_2O_5$, Formel XIV (R = R' = CH$_3$, X = Br).

B. Beim Erhitzen von Bis-[2-brom-4,5-dimethoxy-phenyl]-methan mit Na$_2$Cr$_2$O$_7$ in Essig= säure (*Garofano, Oliverio*, Ann. Chimica **47** [1957] 260, 279).

Kristalle (aus A.); F: 176—177° (*Ga., Ol.*). Monoklin; Kristallstruktur-Analyse (Röntgen-Diagramm): *Olivi, Ripamonti*, Ric. scient. **28** [1958] 2102. UV-Spektrum (A.; 220—350 nm): *Ga., Ol.*, l. c. S. 272.

2,4-Dinitro-phenylhydrazon (F: 222—225°): *Ga., Ol.*, l. c. S. 284.

4,5,4',5'-Tetraäthoxy-2,2'-dibrom-benzophenon $C_{21}H_{24}Br_2O_5$, Formel XIV (R = R' = C$_2$H$_5$, X = Br).

B. Beim Erhitzen von Bis-[2-brom-4,5-diäthoxy-phenyl]-methan oder von 1,1-Bis-[2-brom-4,5-diäthoxy-phenyl]-äthan mit Na$_2$Cr$_2$O$_7$ in Essigsäure (*Garofano*, Ann. Chimica **48** [1958] 125, 135, 137).

Kristalle (aus A.); F: 111—112°.

2,4-Dinitro-phenylhydrazon (F: 155—156°): *Ga.*, l. c. S. 136.

4,5,4',5'-Tetraäthoxy-2,2'-dinitro-benzophenon $C_{21}H_{24}N_2O_9$, Formel XIV (R = R' = C$_2$H$_5$, X = NO$_2$).

B. Beim Erhitzen von Bis-[4,5-diäthoxy-2-nitro-phenyl]-methan mit Na$_2$Cr$_2$O$_7$ in Essigsäure (*Garofano*, Ann. Chimica **48** [1958] 125, 135). Aus 3,4,3',4'-Tetraäthoxy-benzophenon mit Hilfe von konz. wss. HNO$_3$ (*Ga.*, l. c. S. 134).

Gelbe Kristalle (aus Eg.); F: 163—164°.

3,4,3',4'-Tetramethoxy-thiobenzophenon $C_{17}H_{18}O_4S$, Formel XV.

B. Beim Erhitzen von 3,4,3',4'-Tetramethoxy-benzophenon mit P$_2$S$_5$ in Xylol (*Lozac'h, Guil= louzo*, Bl. **1957** 1221, 1224).

Violette Kristalle (aus Bzl.+PAe.); F: 152,5°. IR-Spektrum (Nujol; 8,0—9,1 μ): *Lo., Gu.*

4,5,6,3'-Tetramethoxy-biphenyl-2-carbaldehyd $C_{17}H_{18}O_5$, Formel XVI.

B. Beim Erhitzen von 4,5,6,3'-Tetramethoxy-biphenyl-2-carbonsäure-[N'-benzolsulfonyl-hydrazid] mit Na$_2$CO$_3$ in Äthylenglykol (*Cook et al.*, Soc. **1950** 139, 144).

Kristalle (aus Me.); F: 60—61°.

2,4-Dinitro-phenylhydrazon (F: 192°): *Cook et al.*

Hydroxy-oxo-Verbindungen $C_{14}H_{12}O_5$

3,6-Dihydroxy-2,4-dimethoxy-desoxybenzoin $C_{16}H_{16}O_5$, Formel I (R = CH$_3$, R' = H).

B. Aus 2,6-Dimethoxy-hydrochinon und Phenylessigsäure in CHCl$_3$ in Gegenwart von BF$_3$ (*Karmarkar et al.*, Pr. Indian Acad. [A] **37** [1953] 660, 661, **41** [1955] 192, 195). In kleiner

Menge aus 2-Hydroxy-4,6-dimethoxy-desoxybenzoin mit Hilfe von $K_2S_2O_8$ in wss. KOH und Pyridin (*Ka. et al.*, Pr. Indian Acad. [A] **41** 195).

Gelbe Kristalle (aus wss. A.); F: 108° (*Ka. et al.*, Pr. Indian Acad. [A] **41** 195).

2,6-Dihydroxy-3,4-dimethoxy-desoxybenzoin $C_{16}H_{16}O_5$, Formel I (R = H, R′ = CH_3).

B. Beim Erwärmen von 5-Hydroxy-7,8-dimethoxy-3-phenyl-chromen-4-on mit äthanol. KOH (*Mahesh et al.*, Pr. Indian Acad. [A] **39** [1954] 165, 172).

Gelbliche Kristalle (aus Me. oder A.); F: 161−162°.

2,4-Dihydroxy-3,6-dimethoxy-desoxybenzoin $C_{16}H_{16}O_5$, Formel II (R = X = H, R′ = CH_3).

B. Beim Behandeln von 2,5-Dimethoxy-resorcin (*Farkas, Várady*, Acta chim. hung. **20** [1959] 169, 171) oder von 1,3-Bis-benzyloxy-2,5-dimethoxy-benzol (*Dhar, Seshadri*, Tetrahedron **7** [1959] 77, 80) mit Phenylacetonitril, $ZnCl_2$ und HCl in Äther und Erwärmen des jeweils erhalte= nen Reaktionsprodukts mit H_2O.

Kristalle; F: 103° [aus wss. Me.] (*Fa., Vá.*), 101−102° [aus Bzl. + PAe.] (*Dhar, Se.*).

Oxim $C_{16}H_{17}NO_5$. Kristalle (aus wss. A.); F: 173−174° (*Fa., Vá.*).

6-Hydroxy-2,3,4-trimethoxy-desoxybenzoin $C_{17}H_{18}O_5$, Formel I (R = R′ = CH_3).

B. Aus 3,4,5-Trimethoxy-phenol und Phenylacetylchlorid in Äther unter Zusatz von $AlCl_3$ (*Krishnamurti, Seshadri*, Pr. Indian Acad. [A] **39** [1954] 144, 147).

Kristalle (aus Me.); F: 64°.

2-Hydroxy-3,4,6-trimethoxy-desoxybenzoin $C_{17}H_{18}O_5$, Formel II (R = R′ = CH_3, X = H) (E III 4068).

B. Aus 2,4-Dihydroxy-3,6-dimethoxy-desoxybenzoin und Dimethylsulfat in Aceton unter Zu= satz von K_2CO_3 (*Farkas, Várady*, Acta chim. hung. **20** [1959] 169, 171).

2,4,6-Trihydroxy-3-methoxy-4′-nitro-desoxybenzoin $C_{15}H_{13}NO_7$, Formel II (R = R′ = H, X = NO_2).

B. Beim Behandeln von 2-Methoxy-phloroglucin mit [4-Nitro-phenyl]-acetonitril, $ZnCl_2$ und HCl in Äther und Erhitzen des Reaktionsprodukts mit wss. HCl (*Kagal et al.*, Pr. Indian Acad. [A] **44** [1956] 36, 38).

Hellbraune Kristalle (aus A.); F: 220°.

2,4-Dihydroxy-3,6-dimethoxy-4′-nitro-desoxybenzoin $C_{16}H_{15}NO_7$, Formel II (R = H, R′ = CH_3, X = NO_2).

B. Aus 2,5-Dimethoxy-resorcin analog der vorangehenden Verbindung (*Kagal et al.*, Pr. In= dian Acad. [A] **44** [1956] 36, 40).

Hellbraune Kristalle (aus A.); F: 174°.

2,4,6-Trihydroxy-2′-methoxy-desoxybenzoin $C_{15}H_{14}O_5$, Formel III (R = H; R′ = CH_3).

B. Beim Behandeln von Phloroglucin mit [2-Methoxy-phenyl]-acetonitril, $ZnCl_2$ und HCl in Äther und Erwärmen des Reaktionsprodukts mit H_2O (*Karmarkar et al.*, Pr. Indian Acad. [A] **36** [1952] 552, 555; *Seshadri, Varadarajan*, Pr. Indian Acad. [A] **37** [1953] 514, 517; *Baker et al.*, Soc. **1953** 1860, 1863; *Whalley*, Am. Soc. **75** [1953] 1059, 1064).

Hellgelbe Kristalle mit 1 Mol H_2O; verliert das Kristallwasser unter vermindertem Druck bei 120° (*Se., Va.*; *Wh.*). F: 170° [aus H_2O] (*Ka. et al.*), 169° [aus wss. Me.] (*Wh.*), 168−170°

[aus wss. A.] (*Se., Va.*), 167−169° [aus wss. A.] (*Ba. et al.*). Bei 120°/0,04 Torr sublimierbar (*Wh.*).

III   IV

2,2′-Dihydroxy-4,6-dimethoxy-desoxybenzoin $C_{16}H_{16}O_5$, Formel III (R = CH$_3$, R′ = H).

B. Beim Erwärmen von 9,11-Dimethoxy-chromeno[3,4-*b*]chromen-6,12-dion mit wss.-äth* anol. KOH (*Whalley, Lloyd,* Soc. **1956** 3213, 3221).

Kristalle (aus wss. Me.); F: 155°.

2-Hydroxy-4,6,2′-trimethoxy-desoxybenzoin $C_{17}H_{18}O_5$, Formel III (R = R′ = CH$_3$).

B. Aus 2,4,6-Trihydroxy-2′-methoxy-desoxybenzoin und CH$_3$I (*Seshadri, Varadarajan,* Pr. Indian Acad. [A] **37** [1953] 526, 528) oder Dimethylsulfat (*Karmarkar et al.,* Pr. Indian Acad. [A] **36** [1952] 552, 555; *Seshadri, Varadarajan,* Pr. Indian Acad. [A] **37** [1953] 514, 517; *Whalley,* Am. Soc. **75** [1953] 1059, 1064).

Kristalle; F: 122° [aus wss. Me.] (*Wh.*), 116−118° [aus A.] (*Se., Va.,* l. c. S. 517, 528), 116° [aus A.] (*Ka. et al.*).

2′-Äthoxy-2-hydroxy-4,6-dimethoxy-desoxybenzoin $C_{18}H_{20}O_5$, Formel III (R = CH$_3$, R′ = C$_2$H$_5$).

B. Beim Behandeln von Phloroglucin mit [2-Äthoxy-phenyl]-acetonitril, ZnCl$_2$ und HCl in Äther, Erwärmen des Reaktionsprodukts mit H$_2$O und Umsetzen des hierbei erhaltenen Reak* tionsprodukts mit Dimethylsulfat (*Whalley, Lloyd,* Soc. **1956** 3213, 3218).

Kristalle (aus Me.); F: 110°.

2′-Benzyloxy-2-hydroxy-4,6-dimethoxy-desoxybenzoin $C_{23}H_{22}O_5$, Formel III (R = CH$_3$, R′ = CH$_2$-C$_6$H$_5$).

B. Beim Erwärmen von 3-[2-Benzyloxy-phenyl]-5,7-dimethoxy-chromen-4-on mit wss.-meth* anol. KOH (*Whalley, Lloyd,* Soc. **1956** 3213, 3218).

Kristalle (aus Me.); F: 117°.

2,4,6-Trihydroxy-3′-methoxy-desoxybenzoin $C_{15}H_{14}O_5$, Formel IV (R = H).

B. Beim Behandeln von Phloroglucin mit [3-Methoxy-phenyl]-acetonitril, ZnCl$_2$ und HCl in Äther und Erwärmen des Reaktionsprodukts mit H$_2$O (*Gilbert et al.,* Soc. **1957** 3740, 3744).

Kristalle (aus Me.); F: 168−169°.

2-Hydroxy-4,6,3′-trimethoxy-desoxybenzoin $C_{17}H_{18}O_5$, Formel IV (R = CH$_3$).

B. Aus der vorangehenden Verbindung mit Hilfe von Dimethylsulfat (*Gilbert et al.,* Soc. **1957** 3740, 3744).

Kristalle (aus Me.); F: 66−67°.

2,4,6,4′-Tetrahydroxy-desoxybenzoin $C_{14}H_{12}O_5$, Formel V (R = R′ = H) (E II 541; E III 4070).

Kristalle; F: 277° [aus wss. Me.] (*Yoder et al.,* Pr. Iowa Acad. **61** [1954] 271, 274), 266° (*Inagaki et al.,* J. pharm. Soc. Japan **76** [1956] 1253; C. A. **1957** 4307).

2,4,4′-Trihydroxy-6-methoxy-desoxybenzoin $C_{15}H_{14}O_5$, Formel VI (R = R′ = H).

B. Beim Behandeln von 5-Methoxy-resorcin mit [4-Hydroxy-phenyl]-acetonitril, ZnCl$_2$ und HCl in Äther und Erwärmen des Reaktionsprodukts mit H$_2$O (*Baker et al.,* Soc. **1953** 1852,

1857).
Kristalle (aus wss. A.); F: 186 — 188°.

2,6,4'-Trihydroxy-4-methoxy-desoxybenzoin $C_{15}H_{14}O_5$, Formel V (R = CH_3, R' = H).
B. Beim Erwärmen von 5-Hydroxy-3-[4-hydroxy-phenyl]-7-methoxy-chromen-4-on mit wss.
Na_3PO_4 (*Gilbert et al.*, Soc. **1957** 3740, 3742).
Kristalle (aus wss. Me.); F: 247 — 249°.

2,4,6-Trihydroxy-4'-methoxy-desoxybenzoin $C_{15}H_{14}O_5$, Formel V (R = H, R' = CH_3)
(E II 541; E III 4070).
Kristalle (aus wss. A. oder E.+PAe. bzw. wss. Me.) mit 1 Mol H_2O; F: 195° (*Badcock et al.*, Soc. **1950** 2961, 2964; *King et al.*, Soc. **1952** 4580, 4583).
Oxim $C_{15}H_{15}NO_5$. Kristalle; F: 222 — 223° (*Bose, Siddiqui*, J. scient. ind. Res. India **9 B** [1950] 25).

2,4'-Dihydroxy-4,6-dimethoxy-desoxybenzoin $C_{16}H_{16}O_5$, Formel VI (R = CH_3, R' = H)
(E III 4070).
B. Aus diazotiertem 4'-Amino-2-hydroxy-4,6-dimethoxy-desoxybenzoin und H_2O (*Iyer et al.*,
Pr. Indian Acad. [A] **33** [1951] 116, 125).

2,4-Dihydroxy-6,4'-dimethoxy-desoxybenzoin $C_{16}H_{16}O_5$, Formel VI (R = H, R' = CH_3)
(E III 4070).
B. Beim Behandeln von 5-Methoxy-resorcin mit [4-Methoxy-phenyl]-acetonitril, $ZnCl_2$ und
HCl in Äther und Erwärmen des Reaktionsprodukts mit H_2O (*Whalley*, Am. Soc. **75** [1953]
1059, 1065; *Gilbert et al.*, Soc. **1957** 3740, 3744; *Arora et al.*, Indian J. Chem. **4** [1966] 430).
Kristalle; F: 166 — 167°(?) [aus wss. Me.] (*Gi. et al.*), 129 — 130° [aus wss. Me. oder Eg.]
(*Wh.*), 126 — 127° [unkorr.; aus Bzl.] (*Ar. et al.*). λ_{max} (Me.): 290 nm (*Ar. et al.*).

2-Hydroxy-4,6,4'-trimethoxy-desoxybenzoin $C_{17}H_{18}O_5$, Formel VI (R = R' = CH_3)
(E III 4071).
B. Aus 2,4,6-Trihydroxy-4'-methoxy-desoxybenzoin und Dimethylsulfat (*Badcock et al.*, Soc.
1950 2961, 2965; *Narasimhachari, Seshadri*, Pr. Indian Acad. [A] **32** [1950] 256, 261).
F: 89° (*Ba. et al.*; *Zemplén et al.*, Acta chim. hung. **19** [1959] 277, 281).
Die bei der Reaktion mit $KMnO_4$ erhaltene Verbindung $C_{17}H_{18}O_6$ (F: 122°; vgl. E III 4071)
ist als 2-Hydroxy-4,6,4'-trimethoxy-benzil zu formulieren (s. dazu *Mee et al.*, Soc. **1957** 3093,
3094). Beim Erwärmen mit Bromessigsäure-äthylester und K_2CO_3 in Aceton ist 6,8-Dimethoxy-
4-[4-methoxy-phenyl]-3,4-dihydro-benz[*b*]oxepin-2,5-dion erhalten worden (*Whalley, Lloyd*,
Soc. **1956** 3213, 3219).

4-Hydroxy-2,6,4'-trimethoxy-desoxybenzoin $C_{17}H_{18}O_5$, Formel VII (R = H).
B. Neben 2-Hydroxy-4,6,4'-trimethoxy-desoxybenzoin beim Behandeln von 3,5-Dimethoxy-
phenol mit [4-Methoxy-phenyl]-acetonitril, $ZnCl_2$ und HCl in Äther und Erwärmen des Reak≠
tionsprodukts mit H_2O (*Zemplén et al.*, Acta chim. hung. **19** [1959] 277, 281).
F: 73°.

2,4,6,4'-Tetramethoxy-desoxybenzoin $C_{18}H_{20}O_5$, Formel VII (R = CH$_3$).

B. Aus 1,3,5-Trimethoxy-benzol und [4-Methoxy-phenyl]-acetylchlorid mit Hilfe von AlCl$_3$ in Nitrobenzol (*Badcock et al.*, Soc. **1950** 2961, 2965). Aus 2-Hydroxy-4,6,4'-trimethoxy-desoxy= benzoin mit Hilfe von CH$_3$I und K$_2$CO$_3$ oder von Dimethylsulfat und K$_2$CO$_3$, jeweils in Aceton (*Ba. et al.*, l. c. S. 2965).

Kp$_{0,8}$: 204°.

Oxim $C_{18}H_{21}NO_5$. Kristalle (aus A.); F: 120°.

2,4-Dinitro-phenylhydrazon (F: 178°): *Ba. et al.*

VII   VIII

4'-Äthoxy-2,4,6-trihydroxy-desoxybenzoin $C_{16}H_{16}O_5$, Formel V (R = H, R' = C$_2$H$_5$).

B. Beim Behandeln von Phloroglucin mit [4-Äthoxy-phenyl]-acetonitril, ZnCl$_2$ und HCl in Äther und Erwärmen des Reaktionsprodukts mit H$_2$O (*Narasimhachari, Seshadri*, Pr. Indian Acad. [A] **32** [1950] 256, 260).

Kristalle (aus wss. Me.) mit 1 Mol H$_2$O; F: 208 – 210°.

4-Acetoxy-2,6,4'-trimethoxy-desoxybenzoin $C_{19}H_{20}O_6$, Formel VII (R = CO-CH$_3$).

B. Beim Erhitzen von 4-Hydroxy-2,6,4'-trimethoxy-desoxybenzoin mit Acetanhydrid und Na= triumacetat (*Zemplén et al.*, Acta chim. hung. **19** [1959] 277, 281).

F: 137°.

2,4-Dihydroxy-2',4'-dimethoxy-desoxybenzoin $C_{16}H_{16}O_5$, Formel VIII (R = R' = H) (E III 4072).

B. Beim Behandeln von Resorcin mit [2,4-Dimethoxy-phenyl]-acetonitril und HCl in Äther und Erwärmen des Reaktionsprodukts mit H$_2$O (*Emerson, Bickoff*, Am. Soc. **80** [1958] 4381; vgl. E III 4072).

Kristalle; F: 158 – 159° [aus wss. A.] (*Sehgal, Seshadri*, Pr. Indian Acad. [A] **42** [1955] 36, 37), 156° [aus Toluol] (*Em., Bi.*).

2-Hydroxy-4,2',4'-trimethoxy-desoxybenzoin $C_{17}H_{18}O_5$, Formel VIII (R = H, R' = CH$_3$) (E III 4072).

UV-Spektrum (220 – 350 nm): *Suginome*, J. org. Chem. **23** [1958] 1044.

2,4,2',4'-Tetramethoxy-desoxybenzoin(?) $C_{18}H_{20}O_5$, vermutlich Formel VIII (R = R' = CH$_3$).

B. Neben 2-[2,4-Dimethoxy-phenyl]-6-methoxy-benzofuran beim Erhitzen von 2,3-Bis-[2,4-dimethoxy-phenyl]-3-oxo-propionitril mit wss. HBr und Essigsäure und Behandeln des Reak= tionsprodukts mit Dimethylsulfat und wss. Alkali (*Chatterjea*, J. Indian chem. Soc. **36** [1959] 254).

Kristalle; F: 126 – 128° [unkorr.].

2,4-Dihydroxy-3',4'-dimethoxy-desoxybenzoin $C_{16}H_{16}O_5$, Formel IX (R = R' = H) (E III 4073).

B. Aus Resorcin und [3,4-Dimethoxy-phenyl]-acetylchlorid mit Hilfe von AlCl$_3$ in Nitro= benzol (*Badcock et al.*, Soc. **1950** 2961, 2964).

2,4-Dinitro-phenylhydrazon (F: 229°): *Bentley, Robinson*, Soc. **1950** 1353, 1355.

2-Hydroxy-4,3',4'-trimethoxy-desoxybenzoin $C_{17}H_{18}O_5$, Formel IX (R = H, R' = CH$_3$) (E III 4073).

B. Aus 1,3-Dimethoxy-benzol und [3,4-Dimethoxy-phenyl]-acetylchlorid unter Zusatz von AlCl$_3$ in Benzol (*Bentley, Robinson*, Soc. **1950** 1353, 1355). Aus 2,4-Dihydroxy-3',4'-dimethoxy-desoxybenzoin und Dimethylsulfat (*Be., Ro.; Dhar et al.*, J. scient. ind. Res. India **14** B [1955] 73).

Kristalle; F: 119° [aus A. oder PAe.] (*Be., Ro.; Badcock et al.*, Soc. **1950** 2961, 2964). λ_{max}: 230 nm, 278 nm und 320 nm [A.] bzw. 275 nm und 355 nm [äthanol. Alkali] (*Gottlieb, Magalhães*, Anais Assoc. quim. Brasil **18** [1959] 89, 93).

2,4-Dinitro-phenylhydrazon (F: 201—202° bzw. F: 198°): *Go., Ma.*, l. c. S. 94; *Be., Ro.*

IX   X

2,4,3',4'-Tetramethoxy-desoxybenzoin $C_{18}H_{20}O_5$, Formel IX (R = R' = CH$_3$) (E III 4073).

B. Aus 1,3-Dimethoxy-benzol und [3,4-Dimethoxy-phenyl]-acetylchlorid mit Hilfe von AlCl$_3$ (*Badcock et al.*, Soc. **1950** 2961, 2964). Aus 2-Hydroxy-4,3',4'-trimethoxy-desoxybenzoin mit Hilfe von CH$_3$I oder Dimethylsulfat und K$_2$CO$_3$, jeweils in Aceton (*Ba. et al.*).

F: 101° [aus A. bzw. nach Sublimation bei 150°/0,001 Torr] (*Ba. et al.; Mee et al.*, Soc. **1957** 3093, 3097).

(*E*)-Oxim $C_{18}H_{21}NO_5$ (E III 4074). Kristalle (aus A.); F: 135° (*Ba. et al.*).

{2-[(3,4-Dimethoxy-phenyl)-acetyl]-5-methoxy-phenoxy}-essigsäure $C_{19}H_{20}O_7$, Formel IX (R = CH$_2$-CO-OH, R' = CH$_3$).

B. Beim Erwärmen von 2-Hydroxy-4,3',4'-trimethoxy-desoxybenzoin mit Bromessigsäure-äthylester und äthanol. Natriumäthylat (*Bentley, Robinson*, Soc. **1950** 1353, 1355) oder in Aceton nach Zusatz von K$_2$CO$_3$ (*Chatterjea*, J. Indian chem. Soc. **30** [1953] 1, 5) und anschliessenden Erwärmen mit wss.-äthanol. NaOH oder KOH.

Kristalle (aus Eg.); F: 143° [unkorr.] (*Ch.*), 142° (*Be., Ro.*).

2,4-Dihydroxy-3',5'-dimethoxy-desoxybenzoin $C_{16}H_{16}O_5$, Formel X (R = H).

B. Beim Behandeln von Resorcin mit [3,5-Dimethoxy-phenyl]-acetonitril, ZnCl$_2$ und HCl in Äther und Erwärmen des Reaktionsprodukts mit H$_2$O (*Barnes, Gerber*, Am. Soc. **77** [1955] 3259; *Mongolsuk et al.*, Soc. **1957** 2231).

Kristalle; F: 138—140° [aus wss. A.] (*Ba., Ge.*), 137° [aus wss. Me.] (*Mo. et al.*).

2,4-Dinitro-phenylhydrazon (F: 225—226,5°): *Ba., Ge.*

2,4,3',5'-Tetramethoxy-desoxybenzoin $C_{18}H_{20}O_5$, Formel X (R = CH$_3$).

B. Aus der vorangehenden Verbindung mit Hilfe von Dimethylsulfat (*Barnes, Gerber*, Am. Soc. **77** [1955] 3259; *Mongolsuk et al.*, Soc. **1957** 2231).

Kristalle; F: 107° [aus Me.] (*Mo. et al.*), 102—104° [aus wss. A.] (*Ba., Ge.*).

4,4'-Dihydroxy-3,3'-dimethoxy-desoxybenzoin $C_{16}H_{16}O_5$, Formel XI (R = H) (in der Literatur auch als Desoxyvanilloin bezeichnet).

B. Beim Erwärmen von 4,4'-Dihydroxy-3,3'-dimethoxy-benzil mit Zink-Pulver und NH$_4$Cl in wss. Äthanol (*Pearl*, Am. Soc. **74** [1952] 4593).

Kristalle (aus A.); F: 154—155° [unkorr.]. UV-Spektrum (A.; 210—390 nm): *Pe.*

Diacetyl-Derivat $C_{20}H_{20}O_7$; 4,4'-Diacetoxy-3,3'-dimethoxy-desoxybenzoin. Kristalle (aus A.); F: 172—173° [unkorr.].

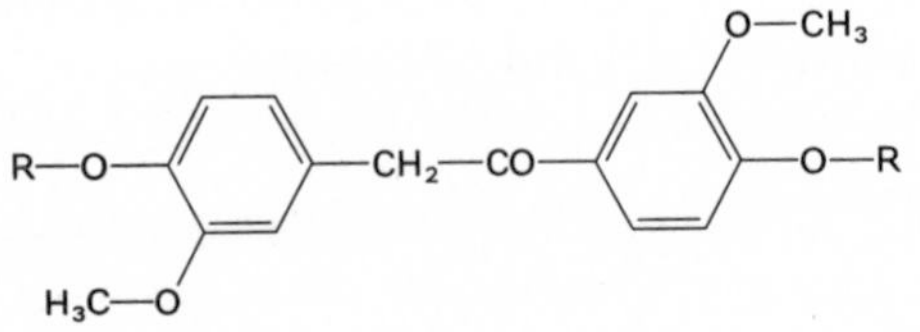

XI

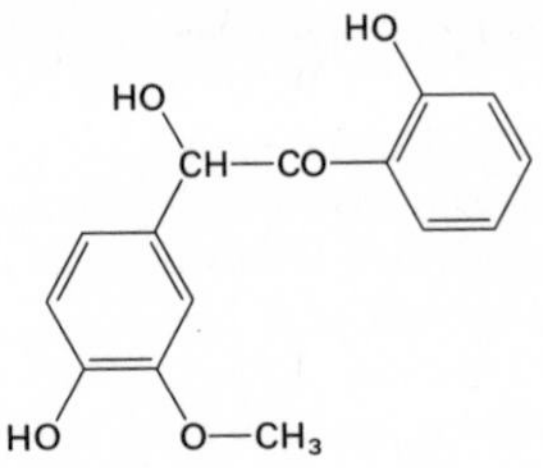

XII

3,4,3',4'-Tetramethoxy-desoxybenzoin $C_{18}H_{20}O_5$, Formel XI (R = CH$_3$) (H 498; E III 4074).
λ_{max} (A.): 230 nm, 276 nm und 305 nm (*Battersby, Binks,* Soc. **1955** 2896, 2897).
Oxim $C_{18}H_{21}NO_5$ (E III 4074). Kristalle (aus Me.); F: 129−131° [korr.] (*Walker,* Am. Soc. **76** [1954] 3999, 4001).
2,4-Dinitro-phenylhydrazon (F: 197−199°): *Wa.*

4,4'-Dibenzyloxy-3,3'-dimethoxy-desoxybenzoin $C_{30}H_{28}O_5$, Formel XI (R = CH$_2$-C$_6$H$_5$).
B. Aus 4-Benzyloxy-3-methoxy-benzaldehyd beim Erwärmen mit KCN in Äthanol und Er= wärmen des Reaktionsprodukts mit Zink-Pulver, wss. Methanol und Essigsäure (*Guthrie et al.,* Canad. J. Chem. **33** [1955] 729, 736).
Kristalle (aus A.); F: 141−142° [unkorr.].
Oxim $C_{30}H_{29}NO_5$. Kristalle (aus A.); F: 137−137,5° [unkorr.].

(±)-2,4'-Dihydroxy-3'-methoxy-benzoin $C_{15}H_{14}O_5$, Formel XII.
B. Beim Erwärmen von Salicylaldehyd mit Vanillin und KCN in wss. Äthanol (*Phadke,* J. scient. ind. Res. India **15** B [1956] 208).
Kristalle (aus A.+Eg.); F: 151−152°.

4,5,3',4'-Tetramethoxy-2-methyl-benzophenon $C_{18}H_{20}O_5$, Formel XIII (R = R' = CH$_3$) (E III 4075).
B. Aus Veratroylchlorid und 3,4-Dimethoxy-toluol mit Hilfe von AlCl$_3$ (*Garofano, Oliverio,* Ann. Chimica **47** [1957] 260, 274).
UV-Spektrum (A.; 220−350 nm): *Ga., Ol.,* l. c. S. 271.
Oxim $C_{18}H_{21}NO_5$. Kristalle (aus PAe.); F: 99−100° (*Ga., Ol.,* l. c. S. 282).
2,4-Dinitro-phenylhydrazon (F: 185−186°): *Ga., Ol.,* l. c. S. 283.

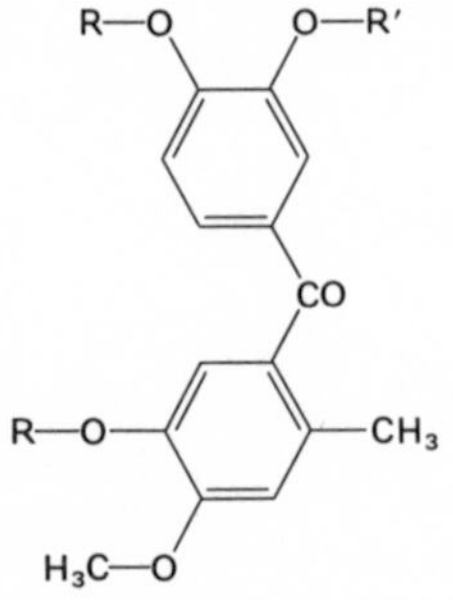

XIII

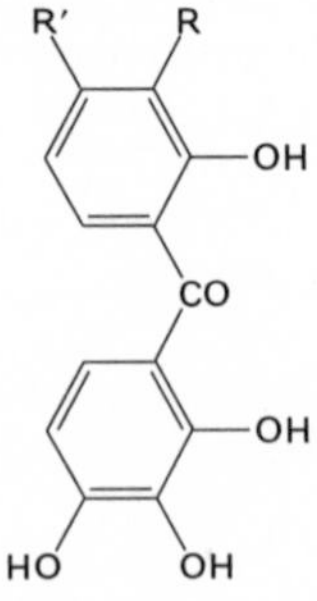

XIV

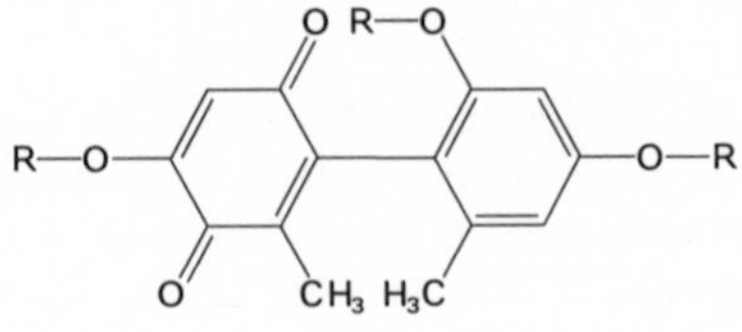

XV

5,4'-Diäthoxy-4,3'-dimethoxy-2-methyl-benzophenon $C_{20}H_{24}O_5$, Formel XIII (R = C$_2$H$_5$, R' = CH$_3$).
B. Aus 4-Äthoxy-3-methoxy-benzoylchlorid und 4-Äthoxy-3-methoxy-toluol mit Hilfe von AlCl$_3$ (*Arcoleo, Garofano,* Ann. Chimica **47** [1957] 1142, 1161).
Kristalle (aus A.); F: 135−136°.
2,4-Dinitro-phenylhydrazon (F: 176−177°): *Ar., Ga.*

5,3′,4′-Triäthoxy-4-methoxy-2-methyl-benzophenon $C_{21}H_{26}O_5$, Formel XIII
(R = R′ = C_2H_5).

B. Aus 3,4-Diäthoxy-benzoylchlorid und 4-Äthoxy-3-methoxy-toluol mit Hilfe von $AlCl_3$ (*King et al.,* Soc. **1952** 17, 22).

Kristalle (aus Me.); F: 115°.

2,3,4,2′-Tetrahydroxy-3′-methyl-benzophenon $C_{14}H_{12}O_5$, Formel XIV (R = CH_3, R′ = H).

B. Beim Erwärmen von 2-Hydroxy-3-methyl-benzoesäure mit Pyrogallol, $ZnCl_2$ und $POCl_3$ (*Kane et al.,* J. scient. ind. Res. India **18** B [1959] 28, 31).

Kristalle (aus wss. A.); F: 137—138°.

2,3,4,2′-Tetrahydroxy-4′-methyl-benzophenon $C_{14}H_{12}O_5$, Formel XIV (R = H, R′ = CH_3).

B. Analog der vorangehenden Verbindung (*Kane et al.,* J. scient. ind. Res. India **18** B [1959] 28, 31).

Gelbe Kristalle (aus wss. A.); F: 122—123°.

2-[2,4-Dihydroxy-6-methyl-phenyl]-5-hydroxy-3-methyl-[1,4]benzochinon $C_{14}H_{12}O_5$, Formel XV (R = H) und Taut.

Diese Verbindung hat (im Gemisch mit 4,4′-Dihydroxy-2,2′-dimethyl-[1,1′]bicyclohexa-1,4-dienyl-3,6,3′,6′-tetraon) auch in dem früher (E I **6** 437, Zeile 13 v. u.) als „Verbindung $C_{14}H_{12}O_5$" beschriebenen, von *Henrich* (Sber. phys. med. Soz. Erlangen **70** [1938] 5) sowie *Pavolini et al.* (G. **88** [1958] 1215, 1217) als 1,4,2′-Trihydroxy-2,4′-dimethyl-[3,3′]bi‌cyclohexa-1,4-dienyliden-6,6′-dion $C_{14}H_{12}O_5$, Formel XVI (R = H) aufgefassten sog. Henrichs Chinon vorgelegen (*Musso,* B. **91** [1958] 349, 351).

B. Aus 5-Methyl-resorcin und 6-Methyl-benzen-1,2,4-triol in gepufferter wss. NaOH bei der Einwirkung von Luft (*Musso et al.,* A. **676** [1964] 10, 17). Aus 6,6′-Dimethyl-biphenyl-2,4,2′,4′-tetraol mit Hilfe von $NO(SO_3K)_2$ in H_2O (*Mu.,* l. c. S. 359).

Orangebraune Kristalle [aus Eg.] (*Mu.*); F: 182—187° [korr.; Zers.] (*Mu. et al.*). OH-Valenz‌schwingungsbanden der assoziierten und der nicht-assoziierten Verbindung in KBr sowie CCl_4: *Musso, v.Grunelius,* B. **92** [1959] 3101, 3105. Absorptionsspektrum (methanol. KOH sowie Dioxan; 210—650 nm): *Mu.,* l. c. S. 353.

5-Acetoxy-2-[2,4-diacetoxy-6-methyl-phenyl]-3-methyl-[1,4]benzochinon $C_{20}H_{18}O_8$, Formel XV (R = CO-CH_3).

Diese Konstitution kommt der früher (E I **6** 437, Zeile 6 v. u.) als „Triacetat der Verbindung $C_{14}H_{12}O_5$" beschriebenen, von *Henrich* (Sber. phys. med. Soz. Erlangen **70** [1938] 5) sowie *Pavolini et al.* (G. **88** [1958] 1215, 1222) als 1,4,2′-Triacetoxy-2,4′-dimethyl-[3,3′]bicyclo‌hexa-1,4-dienyliden-6,6′-dion $C_{20}H_{18}O_8$, Formel XVI (R = CO-CH_3), aufgefassten Ver‌bindung $C_{20}H_{18}O_8$ zu (s. dazu *Musso,* B. **91** [1958] 349, 351).

XVI   XVII

2-[2,6-Dihydroxy-4-methyl-phenyl]-3-hydroxy-5-methyl-[1,4]benzochinon $C_{14}H_{12}O_5$, Formel XVII.

B. Aus 4,4′-Dimethyl-biphenyl-2,6,2′,6′-tetraol mit Hilfe von $NO(SO_3K)_2$ (*Musso, Beecken,* B. **92** [1959] 1416, 1420).

Hellrote Kristalle (aus E. + $CHCl_3$ + Bzl. + Cyclohexan); Zers. bei ca. 200° [nach Dunkelfär‌bung ab 185°] (*Mu., Be.*). OH-Valenzschwingungsbande der assoziierten und der nicht-assoziier‌ten Verbindung in KBr und CCl_4: *Musso, v.Grunelius,* B. **92** [1959] 3101, 3105.

6-Acetonyl-2,7-dihydroxy-3-methyl-[1,4]naphthochinon, Dihydropentanorsclerotochinon $C_{14}H_{12}O_5$, Formel I und Taut.

B. Aus 1,2,4,7-Tetraacetoxy-6-[(*S*)-2,4-dimethyl-hex-2*t*-enyl]-3-methyl-naphthalin (E IV **6** 7779) beim Behandeln mit Ozon in Äthylacetat, Behandeln des Reaktionsprodukts mit wss.-methanol. KOH und anschliessender Einwirkung von Luft (*Graham et al.,* Soc. **1957** 4924, 4929).

Gelbe Kristalle (aus Me.); F: 225°.

9-Hydroxy-5,6,7-trimethoxy-3,4-dihydro-2*H*-phenanthren-1-on $C_{17}H_{18}O_5$, Formel II (R = H).

B. Beim Behandeln von [6-Oxo-2-(2,3,4-trimethoxy-phenyl)-cyclohex-1-enyl]-essigsäure mit HF (*Loewenthal,* Soc. **1953** 3962, 3967).

Gelbe Kristalle (aus Bzl. + PAe.); F: 211−212°.

5,6,7,9-Tetramethoxy-3,4-dihydro-2*H*-phenanthren-1-on $C_{18}H_{20}O_5$, Formel II (R = CH₃).

B. Aus der vorangehenden Verbindung mit Hilfe von Dimethylsulfat (*Loewenthal,* Soc. **1953** 3962, 3967).

Kristalle (aus Me.); F: 131−132°. Bei 180°/0,2 Torr sublimierbar.

*Opt.-inakt. 1,9-Dihydroxy-4,4a-dimethyl-4a,5-dihydro-9*H*-5,9-methano-benzocyclohepten-2,8,10-trion $C_{14}H_{12}O_5$, Formel III und Taut.

B. Aus 3-Hydroxy-[1,2]benzochinon und 4,5-Dimethyl-[1,2]benzochinon (*Horner, Dürckhei-mer,* Z. Naturf. **14b** [1959] 742).

Hellgelb; F: 212−214°.

Hydroxy-oxo-Verbindungen $C_{15}H_{14}O_5$

3-[4-Hydroxy-phenyl]-1-[2,4,6-trihydroxy-phenyl]-propan-1-on, Phloretin $C_{15}H_{14}O_5$, Formel IV (R = H) (H 498; E I 735; E II 542; E III 4076).

B. Aus 1-[4-β-D-Glucopyranosyloxy-2,6-dihydroxy-phenyl]-3-[4-hydroxy-phenyl]-propan-1-on, 1-[2,4-Bis-β-D-glucopyranosyloxy-6-hydroxy-phenyl]-3-[4-hydroxy-phenyl]-propan-1-on oder 1-[2,6-Dihydroxy-4-(*O*²-α-L-rhamnopyranosyl-β-D-glucopyranosyloxy)-phenyl]-3-[4-hydr-oxy-phenyl]-propan-1-on beim Erhitzen mit wss. HCl (*Jorio,* Ann. Chimica **49** [1959] 1929, 1932, 1934).

1-[2,6-Dihydroxy-4-methoxy-phenyl]-3-[4-hydroxy-phenyl]-propan-1-on, Asebogenin $C_{16}H_{16}O_5$, Formel IV (R = CH₃) (E III 4077).

B. Aus 2,2,2-Trichlor-1-[2,4-dihydroxy-6-methoxy-phenyl]-äthanon beim Behandeln mit 3-[4-Hydroxy-phenyl]-propionitril unter Zusatz von ZnCl₂ und HCl in Äther, Erwärmen des Reaktionsprodukts mit wss. NaHCO₃ und Zersetzen der erhaltenen Carbonsäure (*Murakami,* J. pharm. Soc. Japan **75** [1955] 573; C. A. **1956** 5570).

UV-Spektrum (A.; 220−380 nm): *Mu.*

(2*RS*,3*SR*)-1-[2-Acetoxy-4-methoxy-phenyl]-3-[4-benzyloxy-3-methoxy-phenyl]-2,3-dibrom-propan-1-on $C_{26}H_{24}Br_2O_6$, Formel V (R = CH₃, R′ = CH₂-C₆H₅) + Spiegelbild.

B. Aus 2′-Acetoxy-4-benzyloxy-3,4′-dimethoxy-*trans*-chalkon und Brom in Essigsäure (*Mara-*

they, J. Univ. Poona Nr. 2 [1952] 19, 24).
Kristalle; F: 122°.

IV   V   VI   VII

(2RS,3SR)-2,3-Dibrom-1-[2,4-diacetoxy-phenyl]-3-[3,4-diacetoxy-phenyl]-propan-1-on
$C_{23}H_{20}Br_2O_9$, Formel V (R = R' = CO-CH$_3$) + Spiegelbild.
B. Aus 3,4,2',4'-Tetraacetoxy-*trans*-chalkon und Brom in Essigsäure (*Pure, Seshadri,* Soc.
1955 1589, 1591).
Hellrote Kristalle (aus Acn. + PAe.); F: 86 – 88°.

**(2RS,3SR)-2,3-Dibrom-1-[2-hydroxy-4-methoxy-5-nitro-phenyl]-3-[4-hydroxy-3-methoxy-
phenyl]-propan-1-on** $C_{17}H_{15}Br_2NO_7$, Formel VI (R = CH$_3$, R' = X = H)
+ Spiegelbild.
B. Aus 4,2'-Dihydroxy-3,4'-dimethoxy-5'-nitro-*trans*-chalkon und Brom in Essigsäure (*Kul=
karni, Jadhav,* J. Indian chem. Soc. **32** [1955] 97, 98).
Kristalle (aus A.); F: 110 – 111°.

**(2RS,3SR)-2,3-Dibrom-3-[3,4-dimethoxy-phenyl]-1-[2-hydroxy-4-methoxy-5-nitro-phenyl]-
propan-1-on** $C_{18}H_{17}Br_2NO_7$, Formel VI (R = R' = CH$_3$, X = H) + Spiegelbild.
B. Aus 2'-Hydroxy-3,4,4'-trimethoxy-5'-nitro-*trans*-chalkon und Brom in Essigsäure (*Kul=
karni, Jadhav,* J. Univ. Bombay **23**, Tl. 5A [1955] 14, 17).
Kristalle (aus A.); F: 110 – 111°.

**(2RS,3SR)-1-[4-Benzyloxy-2-hydroxy-5-nitro-phenyl]-2,3-dibrom-3-[3,4-dimethoxy-phenyl]-
propan-1-on** $C_{24}H_{21}Br_2NO_7$, Formel VI (R = CH$_2$-C$_6$H$_5$, R' = CH$_3$,
X = H) + Spiegelbild.
B. Aus 4'-Benzyloxy-2'-hydroxy-3,4-dimethoxy-5'-nitro-*trans*-chalkon und Brom in CHCl$_3$
(*Atchabba et al.,* J. Univ. Bombay **27**, Tl. 3A [1958] 8, 13).
Kristalle (aus Bzl.); F: 160°.

**(2RS,3SR)-2,3-Dibrom-1-[3-brom-2,4-dihydroxy-5-nitro-phenyl]-3-[4-hydroxy-3-methoxy-
phenyl]-propan-1-on** $C_{16}H_{12}Br_3NO_7$, Formel VII (R = X = H) + Spiegelbild.
B. Aus 4,2',4'-Trihydroxy-3-methoxy-5'-nitro-*trans*-chalkon oder aus 3'-Brom-4,2',4'-trihydr=
oxy-3-methoxy-5'-nitro-*trans*-chalkon und Brom in Essigsäure (*Kulkarni, Jadhav,* J. Indian
chem. Soc. **31** [1954] 746, 748, 754).
Kristalle (aus Eg.); F: 178 – 180°.

**(2RS,3SR)-2,3-Dibrom-1-[3-brom-2,4-dihydroxy-5-nitro-phenyl]-3-[3,4-dimethoxy-phenyl]-
propan-1-on** $C_{17}H_{14}Br_3NO_7$, Formel VII (R = CH$_3$, X = H) + Spiegelbild.
B. Aus 2',4'-Dihydroxy-3,4-dimethoxy-5'-nitro-*trans*-chalkon und Brom in Essigsäure (*Kul=

karni, Jadhav, J. Univ. Bombay **22**, Tl. 5A [1954] 17, 20).
Kristalle (aus Eg.); F: 180—181°.

(2RS,3SR)-2,3-Dibrom-3-[3-brom-4-hydroxy-5-methoxy-phenyl]-1-[2-hydroxy-4-methoxy-5-nitro-phenyl]-propan-1-on $C_{17}H_{14}Br_3NO_7$, Formel VI (R = CH$_3$, R' = H, X = Br) + Spiegelbild.
B. Aus 3-Brom-4,2'-dihydroxy-5,4'-dimethoxy-5'-nitro-*trans*-chalkon und Brom in Essigsäure (*Kulkarni, Jadhav*, J. Indian chem. Soc. **32** [1955] 97, 99).
Kristalle (aus A.); F: 116—117°.

(2RS,3SR)-2,3-Dibrom-1-[3-brom-2,4-dihydroxy-5-nitro-phenyl]-3-[3-brom-4-hydroxy-5-methoxy-phenyl]-propan-1-on $C_{16}H_{11}Br_4NO_7$, Formel VII (R = H, X = Br) + Spiegelbild.
B. Aus 4,2',4'-Trihydroxy-3-methoxy-5'-nitro-*trans*-chalkon und Brom ohne Lösungsmittel oder aus 3-Brom-4,2',4'-trihydroxy-5-methoxy-5'-nitro-*trans*-chalkon und Brom in Essigsäure (*Kulkarni, Jadhav*, J. Indian chem. Soc. **31** [1954] 746, 748, 754).
Kristalle (aus Eg.); F: 144—145°.

(2RS,3SR)-2,3-Dibrom-1-[3-brom-2,4-dihydroxy-5-nitro-phenyl]-3-[3-brom-4,5-dimethoxy-phenyl]-propan-1-on $C_{17}H_{13}Br_4NO_7$, Formel VII (R = CH$_3$, X = Br) + Spiegelbild.
B. Aus 2',4'-Dihydroxy-3,4-dimethoxy-5'-nitro-*trans*-chalkon und Brom ohne Lösungsmittel (*Kulkarni, Jadhav*, J. Univ. Bombay **22**, Tl. 5A [1954] 17, 20).
Kristalle (aus Eg.); F: 112—113°.

1,3-Bis-[3,4-dimethoxy-phenyl]-propan-1-on $C_{19}H_{22}O_5$, Formel VIII (E III 4081).
B. Beim Hydrieren von 3,4,3',4'-Tetramethoxy-*trans*(?)-chalkon (E III 4109) an Palladium/Kohle in Äthylacetat (*Kametani*, J. pharm. Soc. Japan **72** [1952] 85; C. A. **1952** 11208) oder an Palladium/CaCO$_3$ in Äthylacetat und Äthanol (*Tamura et al.*, J. agric. chem. Soc. Japan **27** [1953] 491, 495; C. A. **1956** 6402).

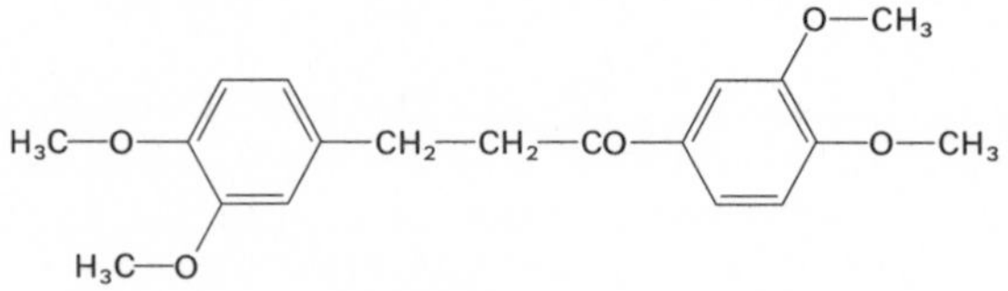

VIII

1-[3-Hydroxy-phenyl]-3-[3,4,5-trimethoxy-phenyl]-propan-1-on $C_{18}H_{20}O_5$, Formel IX (R = H).
B. Beim Hydrieren von 3'-Hydroxy-3,4,5-trimethoxy-*trans*-chalkon an Platin in Äthylacetat (*Christiansen et al.*, Am. Soc. **77** [1955] 948).
Kristalle (aus A.); F: 140—140,5°.
Oxim $C_{18}H_{21}NO_5$. Kristalle (aus A.); F: 131—132°.

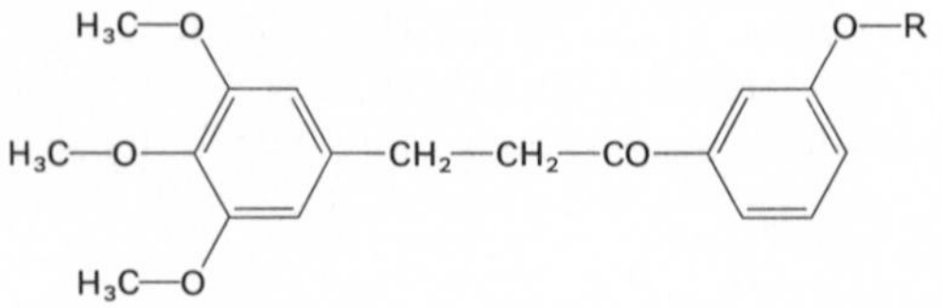

IX

1-[3-Methoxy-phenyl]-3-[3,4,5-trimethoxy-phenyl]-propan-1-on $C_{19}H_{22}O_5$, Formel IX (R = CH$_3$).
B. Beim Hydrieren von 3,4,5,3'-Tetramethoxy-*trans*-chalkon an Platin in Äthanol und Essig=

säure (*Lettré, Hartwig*, Z. physiol. Chem. **291** [1952] 164, 167). Aus der vorangehenden Verbin‑
dung (*Christiansen et al.*, Am. Soc. **77** [1955] 948).
Kristalle (aus A.); F: 69−70° (*Ch. et al.*).

1-[4-Methoxy-phenyl]-3-[2,4,6-trimethoxy-phenyl]-propan-1-on $C_{19}H_{22}O_5$, Formel X.

B. Beim Erwärmen von 3-[2,4,6-Trimethoxy-phenyl]-propionsäure oder von 3-[3-Acetyl-2,4,6-
trimethoxy-phenyl]-propionsäure mit Anisol und Polyphosphorsäure (*Nakazawa, Matsuura*, J.
pharm. Soc. Japan **75** [1955] 68, 71; C. A. **1956** 978).
Kristalle (aus PAe.); F: 118,5°.

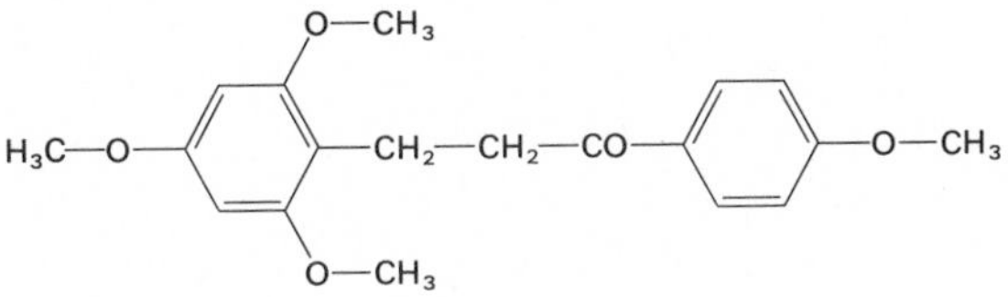

X

2-Chlor-3-hydroxy-3-[3-nitro-phenyl]-1-[2,4,6-trimethoxy-phenyl]-propan-1-on $C_{18}H_{18}ClNO_7$,
Formel XI.

B. Zwei opt.-inakt. Verbindungen dieser Konstitution (F: 163−164,5° und F: 111−112°),
die beim Behandeln mit wss. Alkalilauge in opt.-inakt. 2,3-Epoxy-3-[3-nitro-phenyl]-1-[2,4,6-
trimethoxy-phenyl]-propan-1-on (F: 170−171°) übergehen, sind beim Behandeln von 3-Nitro-
benzaldehyd mit 2-Chlor-1-[2,4,6-trimethoxy-phenyl]-äthanon in wss. Dioxan erhalten worden
(*Ballester, Pérez-Blanco*, J. org. Chem. **23** [1958] 652).

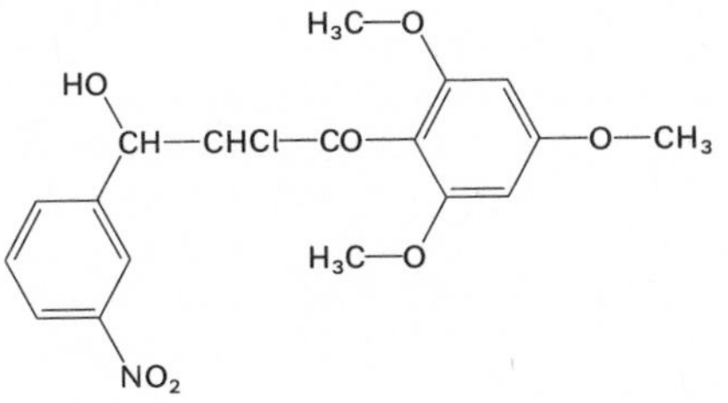

XI 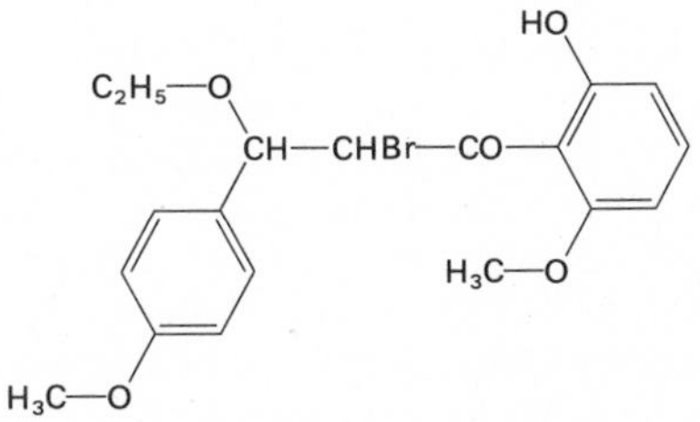   XII

***Opt.-inakt. 3-Äthoxy-2-brom-1-[2-hydroxy-6-methoxy-phenyl]-3-[4-methoxy-phenyl]-propan-
1-on** $C_{19}H_{21}BrO_5$, Formel XII.

B. Beim Erwärmen von (2RS,3SR)-1-[2-Acetoxy-6-methoxy-phenyl]-2,3-dibrom-3-[4-meth‑
oxy-phenyl]-propan-1-on mit Äthanol (*Marathey*, J. Univ. Poona Nr. 2 [1952] 7, 10).
Gelbe Kristalle (aus A.); F: 140°.

2,4,6-Trihydroxy-2′-methoxy-3-methyl-desoxybenzoin $C_{16}H_{16}O_5$, Formel XIII
(R = R′ = R″ = H).

B. Beim Behandeln von 2-Methyl-phloroglucin mit [2-Methoxy-phenyl]-acetonitril, $ZnCl_2$
und HCl in Äther und Erwärmen des Reaktionsprodukts mit H_2O (*Mehta et al.*, Pr. Indian
Acad. [A] **38** [1953] 381, 385; *Whalley*, Am. Soc. **75** [1953] 1059, 1064).
Kristalle; F: 206° [aus wss. Me.] (*Wh.*), 198−200° [aus PAe.] (*Me. et al.*). Bei 160°/0,01 Torr
sublimierbar (*Wh.*).

4,6-Dihydroxy-2,2′-dimethoxy-3-methyl-desoxybenzoin $C_{17}H_{18}O_5$, Formel XIII (R = CH_3,
R′ = R″ = H).

B. Beim Hydrieren von 4,6-Bis-benzyloxy-2,2′-dimethoxy-3-methyl-desoxybenzoin an Palla‑

dium/Kohle in Essigsäure (*Whalley*, Soc. **1955** 105).
　Kristalle (aus PAe.); F: 118°.

2,4-Dihydroxy-6,2′-dimethoxy-3-methyl-desoxybenzoin $C_{17}H_{18}O_5$, Formel XIII (R = R′ = H, R″ = CH$_3$).
　B. Aus 5-Methoxy-2-methyl-resorcin und [2-Methoxy-phenyl]-acetonitril analog 2,4,6-Tri≈hydroxy-2′-methoxy-3-methyl-desoxybenzoin [s. o.] (*Karmarkar et al.*, Pr. Indian Acad. [A] **36** [1952] 552, 556; *Whalley*, Am. Soc. **75** [1953] 1059, 1064).
　Hellgelbe Kristalle; F: 195° [aus Me.] (*Wh.*), 194° [aus wss. A.] (*Ka. et al.*).

XIII　　　　　　　　　　　　　　XIV

6-Hydroxy-2,4,2′-trimethoxy-3-methyl-desoxybenzoin $C_{18}H_{20}O_5$, Formel XIII (R = R′ = CH$_3$, R″ = H).
　B. Aus 4,6-Dihydroxy-2,2′-dimethoxy-3-methyl-desoxybenzoin mit Hilfe von CH$_3$I und K$_2$CO$_3$ in Aceton (*Whalley*, Soc. **1955** 105). Beim Erwärmen von 5,7-Dimethoxy-3-[2-methoxy-phenyl]-6-methyl-chromen-4-on mit wss.-methanol. NaOH (*Whalley*, Soc. **1953** 3366, 3369).
　Kristalle (aus Me.); F: 134° (*Wh.*, Soc. **1953** 3369).

2-Hydroxy-4,6,2′-trimethoxy-3-methyl-desoxybenzoin $C_{18}H_{20}O_5$, Formel XIII (R = H, R′ = R″ = CH$_3$).
　B. Beim Behandeln von 3,5-Dimethoxy-2-methyl-phenol mit [2-Methoxy-phenyl]-acetonitril, ZnCl$_2$ und HCl in Äther und Erwärmen des Reaktionsprodukts mit H$_2$O (*Whalley*, Am. Soc. **75** [1953] 1059, 1064). Neben 2-Hydroxy-4,6,2′-trimethoxy-desoxybenzoin beim Erwärmen von 2,4,6-Trihydroxy-2′-methoxy-desoxybenzoin mit CH$_3$I und K$_2$CO$_3$ in Aceton (*Seshadri, Vara≈darajan*, Pr. Indian Acad. [A] **37** [1953] 526, 528). Aus 2,4,6-Trihydroxy-2′-methoxy-3-methyl-desoxybenzoin (*Mehta et al.*, Pr. Indian Acad. [A] **38** [1953] 381, 385; *Wh.*) oder aus 2,4-Dihydr≈oxy-6,2′-dimethoxy-3-methyl-desoxybenzoin (*Karmarkar et al.*, Pr. Indian Acad. [A] **36** [1952] 552, 556) mit Hilfe von Dimethylsulfat.
　Kristalle; F: 150° [aus wss. A.] (*Ka. et al.*), 148° [aus Me.] (*Wh.*), 146—148° [aus A.] (*Se., Va.; Me. et al.*).

2′-Äthoxy-2,4,6-trihydroxy-3-methyl-desoxybenzoin $C_{17}H_{18}O_5$, Formel XIV (R = H).
　B. Aus 2-Methyl-phloroglucin und [2-Äthoxy-phenyl]-acetonitril analog der vorangehenden Verbindung (*Whalley*, Soc. **1953** 3366, 3369).
　Kristalle (aus Bzl.+Me.); F: 174°.

6-Äthoxy-2,4-dihydroxy-2′-methoxy-3-methyl-desoxybenzoin $C_{18}H_{20}O_5$, Formel XIII (R = R′ = H, R″ = C$_2$H$_5$).
　B. Aus 5-Äthoxy-2-methyl-resorcin und [2-Methoxy-phenyl]-acetonitril analog den vorange≈henden Verbindungen (*Whalley*, Soc. **1953** 3366, 3369).
　Kristalle (aus Me.); F: 185°.

6-Äthoxy-2,4,2′-trimethoxy-3-methyl-desoxybenzoin $C_{20}H_{24}O_5$, Formel XIII (R = R′ = CH$_3$, R″ = C$_2$H$_5$).
　B. Aus der vorangehenden Verbindung und Dimethylsulfat (*Whalley*, Soc. **1953** 3366, 3369). Beim Erwärmen von 6-Hydroxy-2,4,2′-trimethoxy-3-methyl-desoxybenzoin mit Äthyljodid und K$_2$CO$_3$ in Aceton (*Wh.*).

Kristalle (aus Me.); F: 89°.

2′-Äthoxy-2,4,6-trimethoxy-3-methyl-desoxybenzoin $C_{20}H_{24}O_5$, Formel XIV (R = CH_3).
  B. Aus 2′-Äthoxy-2,4,6-trihydroxy-3-methyl-desoxybenzoin und Dimethylsulfat (*Whalley*, Soc. **1953** 3366, 3369).
  Kristalle (aus wss. Me.); F: 88°.

4,6-Bis-benzyloxy-2-hydroxy-2′-methoxy-3-methyl-desoxybenzoin $C_{30}H_{28}O_5$, Formel XIII (R = H, R′ = R″ = CH_2-C_6H_5).
  B. Beim Erwärmen von 2,4,6-Trihydroxy-2′-methoxy-3-methyl-desoxybenzoin mit Benzylbro=mid und K_2CO_3 in Aceton (*Whalley*, Soc. **1955** 105).
  Kristalle (aus Me.); F: 146°.

4,6-Bis-benzyloxy-2,2′-dimethoxy-3-methyl-desoxybenzoin $C_{31}H_{30}O_5$, Formel XIII (R = CH_3, R′ = R″ = CH_2-C_6H_5).
  B. Aus der vorangehenden Verbindung und Dimethylsulfat (*Whalley*, Soc. **1955** 105).
  Kristalle (aus Me.); F: 107°.

———————

2,4,6,4′-Tetrahydroxy-3-methyl-desoxybenzoin $C_{15}H_{14}O_5$, Formel XV (R = H).
  B. Beim Erwärmen von 2-Hydroxy-4,6,4′-trimethoxy-3-methyl-desoxybenzoin mit $AlCl_3$ in Benzol (*Seshadri, Varadarajan*, Pr. Indian Acad. [A] **37** [1953] 508, 512).
  Hellgelbe Kristalle (aus wss. A.); F: 235−237°.

2,4,4′-Trihydroxy-6-methoxy-3-methyl-desoxybenzoin $C_{16}H_{16}O_5$, Formel XV (R = CH_3).
  B. Beim Behandeln von 5-Methoxy-2-methyl-resorcin mit [4-Hydroxy-phenyl]-acetonitril, $ZnCl_2$ und HCl in Äther und Erwärmen des Reaktionsprodukts mit H_2O (*Whalley*, Am. Soc. **75** [1953] 1059, 1063).
  Hellgelbe Kristalle (aus wss. Me.); F: 207°.

XV   I

2,4,6-Trihydroxy-4′-methoxy-3-methyl-desoxybenzoin $C_{16}H_{16}O_5$, Formel I (R = R′ = R″ = H).
  B. Aus 2-Methyl-phloroglucin und [4-Methoxy-phenyl]-acetonitril analog der vorangehenden Verbindung (*Seshadri, Varadarajan*, Pr. Indian Acad. [A] **37** [1953] 145, 154; *Whalley*, Am. Soc. **75** [1953] 1059, 1062).
  Kristalle; F: 228° [aus wss. Me.] (*Wh.*), 220−221° [aus wss. A.] (*Se., Va.*). Bei 160°/0,01 Torr sublimierbar (*Wh.*).

4,6-Dihydroxy-2,4′-dimethoxy-3-methyl-desoxybenzoin $C_{17}H_{18}O_5$, Formel I (R = CH_3, R′ = R″ = H).
  B. Beim Hydrieren von 4,6-Bis-benzyloxy-2,4′-dimethoxy-3-methyl-desoxybenzoin an Palla=dium/Kohle in Essigsäure (*Whalley*, Soc. **1955** 105).
  Kristalle (aus Me.); F: 176°.

2,6-Dihydroxy-4,4′-dimethoxy-3-methyl-desoxybenzoin $C_{17}H_{18}O_5$, Formel I (R = R″ = H, R′ = CH_3).
  B. Aus 5-Methoxy-4-methyl-resorcin und [4-Methoxy-phenyl]-acetonitril analog 2,4,4′-Tri=hydroxy-6-methoxy-3-methyl-desoxybenzoin (*Whalley*, Am. Soc. **75** [1953] 1059, 1063). Beim

Erwärmen von 5-Hydroxy-7-methoxy-3-[4-methoxy-phenyl]-8-methyl-chromen-4-on oder von 5-Hydroxy-7-methoxy-3-[4-methoxy-phenyl]-2,6-dimethyl-chromen-4-on mit äthanol. KOH (*Iengar et al.*, J. scient. ind. Res. India **13** B [1954] 166, 173, 174).

Hellbraune oder hellgelbe Kristalle; F: 196−197° [aus wss. A.] (*Ie. et al.*), 192° [aus wss. Me.] (*Wh.*).

6-Hydroxy-2,4,4′-trimethoxy-3-methyl-desoxybenzoin $C_{18}H_{20}O_5$, Formel I (R = R′ = CH$_3$, R″ = H).

B. Aus 4,6-Dihydroxy-2,4′-dimethoxy-3-methyl-desoxybenzoin mit Hilfe von CH$_3$I und K$_2$CO$_3$ in Aceton (*Whalley*, Soc. **1955** 105).

Kristalle (aus wss. Me.); F: 88°.

2-Hydroxy-4,6,4′-trimethoxy-3-methyl-desoxybenzoin $C_{18}H_{20}O_5$, Formel I (R = H, R′ = R″ = CH$_3$).

B. Beim Behandeln von 3,5-Dimethoxy-2-methyl-phenol mit [4-Methoxy-phenyl]-acetonitril, ZnCl$_2$ und HCl in Äther und Erwärmen des Reaktionsprodukts mit H$_2$O (*Whalley*, Am. Soc. **75** [1953] 1059, 1062). Neben 2-Hydroxy-4,6,4′-trimethoxy-desoxybenzoin beim Erwärmen von 2,4,6-Trihydroxy-4′-methoxy-desoxybenzoin mit CH$_3$I und K$_2$CO$_3$ in Aceton (*Seshadri, Vara=darajan*, Pr. Indian Acad. [A] **37** [1953] 145, 153). Aus 2,4,6-Trihydroxy-4′-methoxy-3-methyl-desoxybenzoin mit Hilfe von CH$_3$I (*Se., Va.*, l. c. S. 154) oder von Dimethylsulfat (*Wh.*, l. c. S. 1063; *Se., Va.*, l. c. S. 154). Aus 2,4,4′-Trihydroxy-6-methoxy-3-methyl-desoxybenzoin (*Wh.*, l. c. S. 1064) oder 2,6-Dihydroxy-4,4′-dimethoxy-3-methyl-desoxybenzoin (*Wh.*) mit Hilfe von Dimethylsulfat. Aus 2,4-Dihydroxy-6,4′-dimethoxy-3-methyl-desoxybenzoin und CH$_3$I (*Wh.*; *Seshadri, Varadarajan*, Pr. Indian Acad. [A] **37** [1953] 508, 511).

Kristalle; F: 116° [aus A.] (*Wh.*), 114−115° [aus Me. oder A.] (*Se., Va.*, l. c. S. 154, 511).

4-Benzyloxy-2-hydroxy-6,4′-dimethoxy-3-methyl-desoxybenzoin $C_{24}H_{24}O_5$, Formel I (R = H, R′ = CH$_2$-C$_6$H$_5$, R″ = CH$_3$).

B. Beim Erwärmen von 2,4-Dihydroxy-6,4′-dimethoxy-3-methyl-desoxybenzoin mit Benzyl=bromid und K$_2$CO$_3$ in Aceton (*Whalley*, Soc. **1957** 1833, 1836).

Kristalle (aus Me.); F: 118°.

4,6-Bis-benzyloxy-2-hydroxy-4′-methoxy-3-methyl-desoxybenzoin $C_{30}H_{28}O_5$, Formel I (R = H, R′ = R″ = CH$_2$-C$_6$H$_5$).

B. Beim Erwärmen von 2,4,6-Trihydroxy-4-methoxy-3-methyl-desoxybenzoin mit Benzylbro=mid und K$_2$CO$_3$ in Aceton (*Whalley*, Soc. **1955** 105).

Kristalle (aus Me.); F: 129°.

4,6-Bis-benzyloxy-2,4′-dimethoxy-3-methyl-desoxybenzoin $C_{31}H_{30}O_5$, Formel I (R = CH$_3$, R′ = R″ = CH$_2$-C$_6$H$_5$).

B. Aus der vorangehenden Verbindung und Dimethylsulfat (*Whalley*, Soc. **1955** 105).

Kristalle (aus Me.); F: 106°.

1,1-Bis-[3,4-dimethoxy-phenyl]-aceton $C_{19}H_{22}O_5$, Formel II (E III 4085).

B. Beim Erwärmen von Bis-[3,4-dimethoxy-phenyl]-essigsäure-äthylester mit Äthylacetat und Natrium und Erhitzen des Reaktionsprodukts mit wss. HCl (*Müller, Vajda*, J. org. Chem. **17** [1952] 800, 803).

Dimorph; die niedriger schmelzende Modifikation (Kristalle [aus A.]) zeigt F: 109−110°.

Semicarbazon $C_{20}H_{25}N_3O_5$. Kristalle; F: 153−155°.

4,5,4′,5′-Tetramethoxy-2,2′-dimethyl-benzophenon $C_{19}H_{22}O_5$, Formel III (R = CH$_3$).

B. Beim Erhitzen von Bis-[4,5-dimethoxy-2-methyl-phenyl]-methan mit Na$_2$Cr$_2$O$_7$ in Essig=säure (*Oliverio, Boumis*, G. **81** [1951] 581, 584).

Kristalle (aus Eg. oder CHCl$_3$+A.); F: 155−156° (*Ol., Bo.*). UV-Spektrum (A.; 220−350 nm): *Garofano, Oliverio*, Ann. Chimica **47** [1957] 260, 270.

Semicarbazon $C_{20}H_{25}N_3O_5$. Kristalle (aus Me.); F: 255° [Zers.] (*Ol., Bo.*).
2,4-Dinitro-phenylhydrazon (F: 207—208°): *Ga., Ol.*, l. c. S. 283.

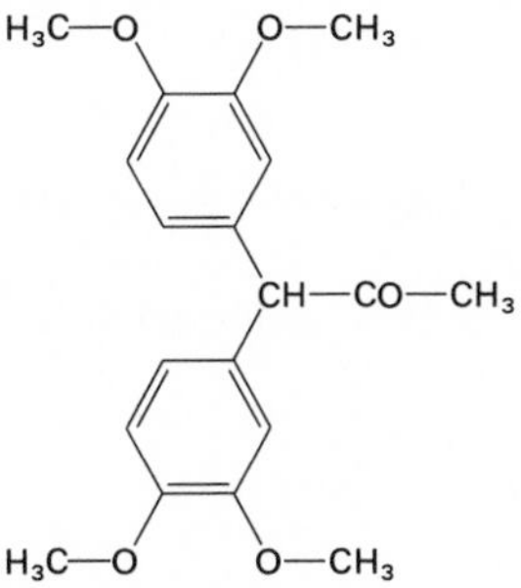

II 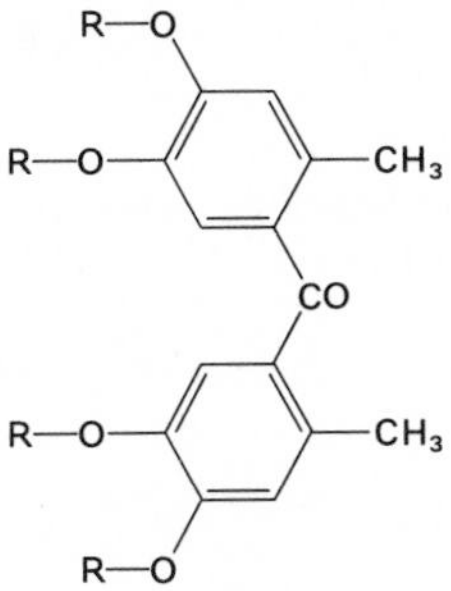   III 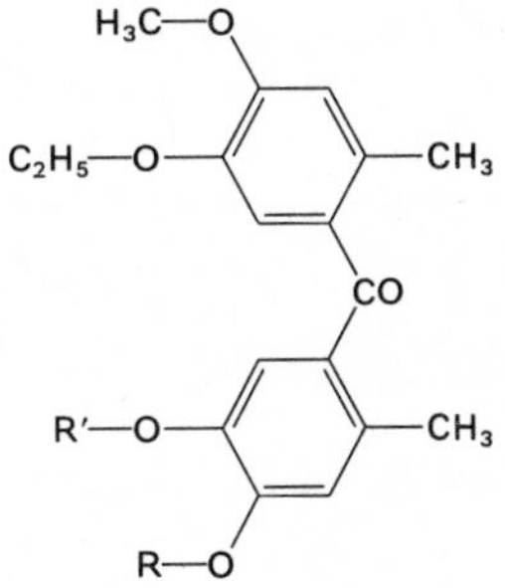   IV

4,5′-Diäthoxy-5,4′-dimethoxy-2,2′-dimethyl-benzophenon $C_{21}H_{26}O_5$, Formel IV (R = C_2H_5, R′ = CH_3).

B. Beim Erwärmen von 3-Äthoxy-4-methoxy-toluol mit 5-Äthoxy-4-methoxy-2-methyl-benzoylchlorid und $AlCl_3$ in CS_2 (*Arcoleo, Garofano,* Ann. Chimica **47** [1957] 1142, 1160).
Kristalle (aus Me.); F: 126—127°.

5,5′-Diäthoxy-4,4′-dimethoxy-2,2′-dimethyl-benzophenon $C_{21}H_{26}O_5$, Formel IV (R = CH_3, R′ = C_2H_5).

B. Beim Erhitzen von Bis-[5-äthoxy-4-methoxy-2-methyl-phenyl]-methan mit $Na_2Cr_2O_7$ in Essigsäure (*Arcoleo, Garofano,* Ann. Chimica **47** [1957] 1142, 1154).
Kristalle (aus Eg. oder A.); F: 141—142° (*Ar., Ga.*). UV-Spektrum (A.; 220—350 nm): *Garofano, Oliverio,* Ann. Chimica **47** [1957] 260, 270.

4,5,4′,5′-Tetraäthoxy-2,2′-dimethyl-benzophenon $C_{23}H_{30}O_5$, Formel III (R = C_2H_5).

B. Analog der vorangehenden Verbindung (*Arcoleo, Garofano,* Ann. Chimica **46** [1956] 934, 944).
Kristalle (aus A. oder Eg.); F: 111—112° (*Ar., Ga.*). UV-Spektrum (A.; 220—350 nm): *Garofano, Oliverio,* Ann. Chimica **47** [1957] 260, 270.
2,4-Dinitro-phenylhydrazon (F: 151—152°): *Ga., Ol.*, l. c. S. 283.

2′-Äthyl-3,5,4′,5′-tetramethoxy-biphenyl-2-carbaldehyd $C_{19}H_{22}O_5$, Formel V.

B. Aus 2′-Äthyl-3,5,4′,5′-tetramethoxy-2-vinyl-biphenyl mit Hilfe von Ozon (*Takeda,* Bl. agric. chem. Soc. Japan **20** [1956] 165, 172).
Hellgelbe Kristalle (aus Acn.); F: 107—108°.
Oxim $C_{19}H_{23}NO_5$. Kristalle (aus Me.); F: 169—171°.

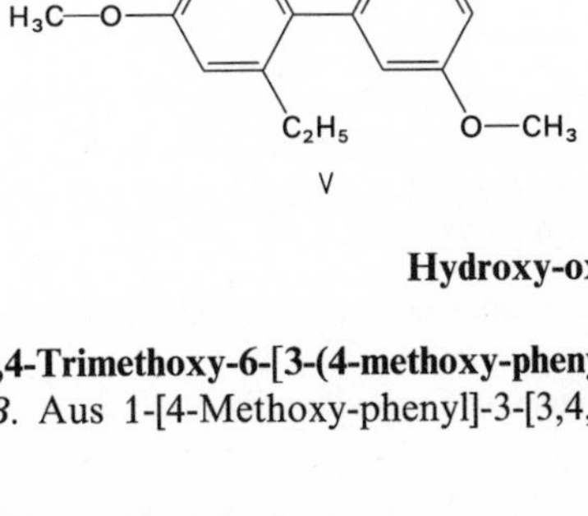

V 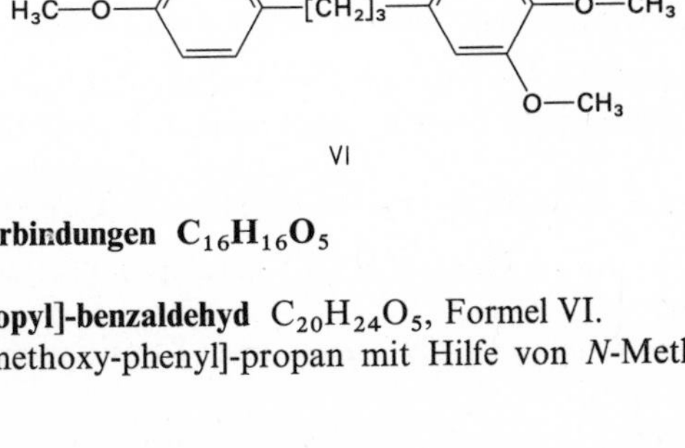   VI

Hydroxy-oxo-Verbindungen $C_{16}H_{16}O_5$

2,3,4-Trimethoxy-6-[3-(4-methoxy-phenyl)-propyl]-benzaldehyd $C_{20}H_{24}O_5$, Formel VI.

B. Aus 1-[4-Methoxy-phenyl]-3-[3,4,5-trimethoxy-phenyl]-propan mit Hilfe von *N*-Methyl-formanilid und $POCl_3$ (*Gutsche et al.*, Am. Soc. **80** [1958] 5756, 5762).

$Kp_{0,5}$: 202 — 210°. n_D^{25}: 1,5695.

Semicarbazon $C_{21}H_{27}N_3O_5$. Kristalle (aus E. + PAe.); F: 154 — 155° [korr.].

Azin $C_{40}H_{48}N_2O_8$;   Bis-{2,3,4-trimethoxy-6-[3-(4-methoxy-phenyl)-propyl]-benzyliden}-hydrazin. Hellgelbe Kristalle (aus A.); F: 132,5 — 133,5° [korr.].

2,4-Dinitro-phenylhydrazon (F: 140 — 141°): *Gu. et al.*

---

*Opt.-inakt. 3-Äthoxy-3-[4-benzyloxy-3-methoxy-phenyl]-2-brom-1-[2-hydroxy-5-methyl-phenyl]-propan-1-on $C_{26}H_{27}BrO_5$, Formel VII.

B. Beim Erwärmen von (2RS,3SR)-3-[4-Benzyloxy-3-methoxy-phenyl]-2,3-dibrom-1-[2-hydr= oxy-5-methyl-phenyl]-propan-1-on mit Äthanol (*Marathey*, J. Univ. Poona Nr. 2 [1952] 19, 22).

Kristalle (aus A.); F: 110°.

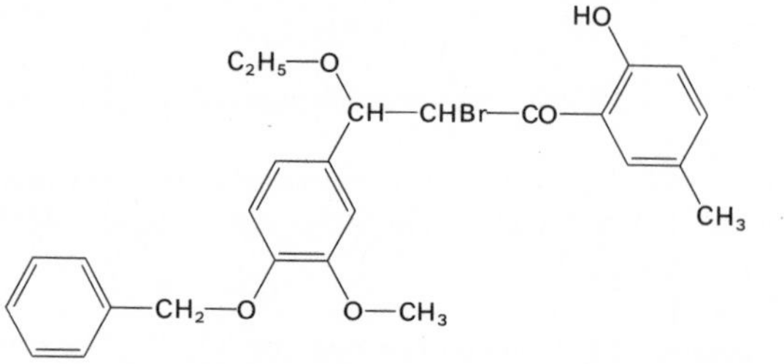

VII

1-[4,5,3′,4′-Tetramethoxy-bibenzyl-2-yl]-äthanon $C_{20}H_{24}O_5$, Formel VIII.

B. Neben 2,2′-Diacetyl-4,5,4′,5′-tetramethoxy-bibenzyl beim Erwärmen von 3,4,3′,4′-Tetra= methoxy-bibenzyl mit Acetylchlorid und $AlCl_3$ in Benzol (*Battersby, Binks*, Soc. **1955** 2896, 2898).

Kristalle (aus wss. A.); F: 96 — 98°. λ_{max} (A.): 231 nm, 276 nm und 304 nm (*Ba., Bi.*, l. c. S. 2897).

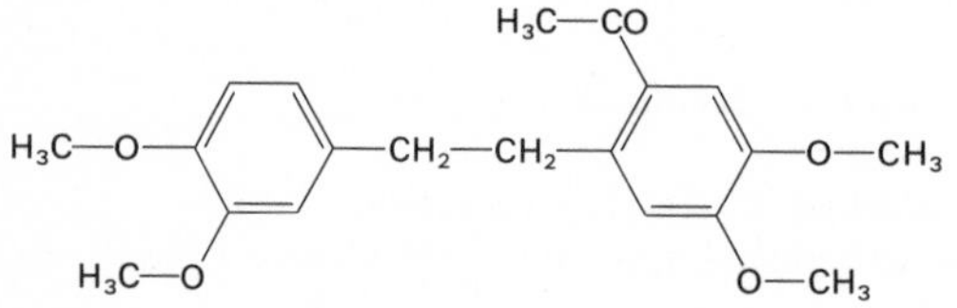

VIII 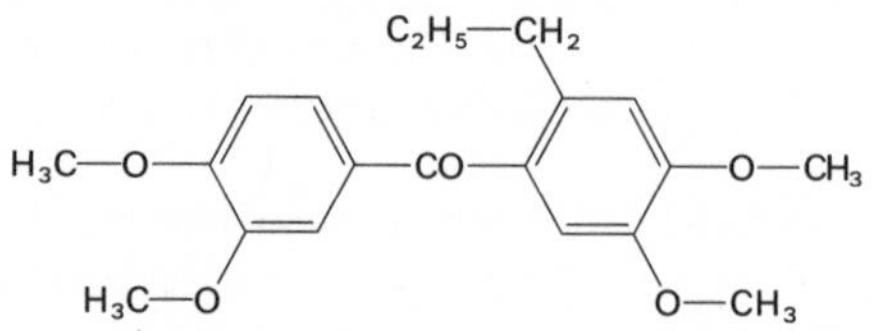   IX

4,5,3′,4′-Tetramethoxy-2-propyl-benzophenon $C_{20}H_{24}O_5$, Formel IX.

B. Beim Erwärmen von Veratroylchlorid mit 1,2-Dimethoxy-4-propyl-benzol und $AlCl_3$ in CS_2 (*Doering, Berson*, Am. Soc. **72** [1950] 1118, 1122).

Kristalle (aus E. + Hexan); F: 83,5 — 84,5°.

4,5,8-Trihydroxy-1,1-dimethyl-1,2,3,4-tetrahydro-anthrachinon $C_{16}H_{16}O_5$ und Taut.

a) **(R)-4,5,8-Trihydroxy-1,1-dimethyl-1,2,3,4-tetrahydro-anthrachinon,** Formel X und Taut.

Das früher (E III 4091) unter dieser Konstitution beschriebene **Cycloshikonin** ist wahrschein= lich als 2-[(R)-5,5-Dimethyl-tetrahydro-[2]furyl]-5,8-dihydroxy-[1,4]naphthochinon zu formu= lieren (s. diesbezüglich *Sankawa et al.*, Chem. pharm. Bl. **29** [1981] 116).

b) **(S)-4,5,8-Trihydroxy-1,1-dimethyl-1,2,3,4-tetrahydro-anthrachinon,** Formel XI und Taut.

Das früher (E III 4091) unter dieser Konstitution beschriebene **Cycloalkannin** ist als 2-[(S)-5,5-

Dimethyl-tetrahydro-[2]furyl]-5,8-dihydroxy-[1,4]naphthochinon　zu　formulieren　(*Sankawa et al.*, Chem. pharm. Bl. **29** [1981] 116).

Hydroxy-oxo-Verbindungen $C_{17}H_{18}O_5$

1,5-Bis-[2-hydroxy-3-methoxy-phenyl]-pentan-3-on $C_{19}H_{22}O_5$, Formel XII (X = O-CH$_3$, X′ = H) und cyclische Taut.

B. Aus dem Dinatrium-Salz des 1*t*(?),5*t*(?)-Bis-[2-hydroxy-3-methoxy-phenyl]-penta-1,4-dien-3-ons vom F: 180° beim Hydrieren an Palladium/Kohle in H_2O (*Mora, Széki*, Am. Soc. **72** [1950] 3009, 3011, 3013).

Kristalle (aus A.); F: 123–123,5° [unkorr.].

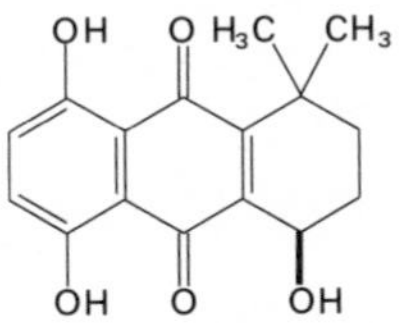

X 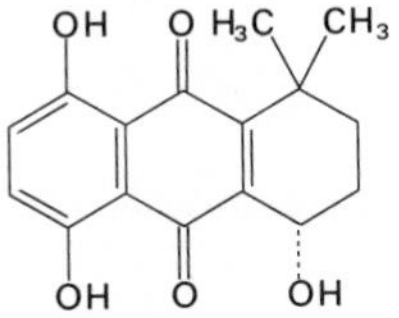　　　　　　　XI 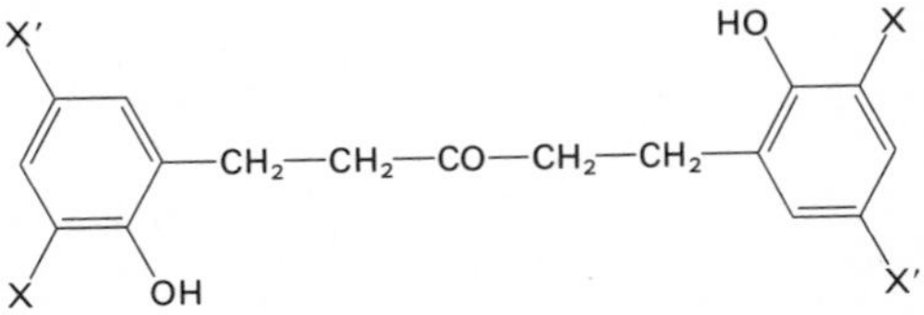　　　　　　　XII

1,5-Bis-[2-hydroxy-5-methoxy-phenyl]-pentan-3-on $C_{19}H_{22}O_5$, Formel XII (X = H, X′ = O-CH$_3$) und cyclische Taut.

B. Aus dem Dinatrium-Salz des 1*t*(?),5*t*(?)-Bis-[2-hydroxy-5-methoxy-phenyl]-penta-1,4-dien-3-ons vom F: 154° beim Hydrieren an Palladium/Kohle in H_2O (*Mora, Széki*, Am. Soc. **72** [1950] 3009, 3011, 3013).

Kristalle (aus A.); F: 138° [unkorr.].

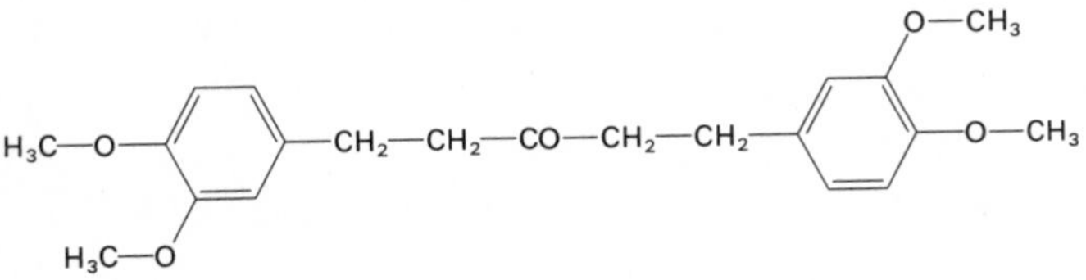

XIII

1,5-Bis-[3,4-dimethoxy-phenyl]-pentan-3-on $C_{21}H_{26}O_5$, Formel XIII (E II 545; E III 4092).

B. Aus 1,5-Bis-[3,4-dimethoxy-phenyl]-penta-1,4-dien-3-on (F: 84° bzw. F: 122–123°) beim Hydrieren an Palladium in Äthylacetat (*Tamura et al.*, J. agric. chem. Soc. Japan **27** [1953] 877, 880; C. A. **1956** 6402; vgl. E III 4092) bzw. an Raney-Nickel in Äthylacetat (*Baker, Williams*, Soc. **1959** 1295, 2197).

Semicarbazon $C_{22}H_{29}N_3O_5$. F: 189° (*Ba., Wi.*).

2-[4-Hydroxy-3-methoxy-*trans*-cinnamoyl]-5,5-dimethyl-cyclohexan-1,3-dion $C_{18}H_{20}O_5$, Formel XIV und Taut.

B. Beim Erwärmen von 2-Acetyl-5,5-dimethyl-cyclohexan-1,3-dion mit 4-Acetoxy-3-methoxy-benzaldehyd in Pyridin unter Zusatz von Piperidin (*Ukita et al.*, Japan. J. exp. Med. **20** [1949] 109, 114).

Orangefarbene Kristalle (aus A.); F: 165°.

2,2′-Diäthyl-4,5,4′,5′-tetramethoxy-benzophenon $C_{21}H_{26}O_5$, Formel XV.

B. Aus Bis-[2-äthyl-4,5-dimethoxy-phenyl]-methan sowie aus 1,1-Bis-[2-äthyl-4,5-dimethoxy-phenyl]-äthan beim Erhitzen mit $Na_2Cr_2O_7$ in Essigsäure (*Garofano, Oliverio*, Ann. Chimica

47 [1957] 260, 276).

Kristalle (aus Me.); F: 110−111°. UV-Spektrum (A.; 220−350 nm): *Ga., Ol.,* 1. c. S. 271.
2,4-Dinitro-phenylhydrazon (F: 168−169°): *Ga., Ol.,* 1. c. S. 284.

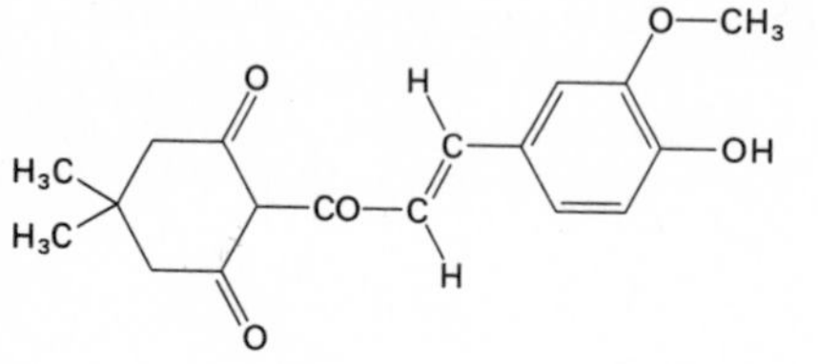

XIV

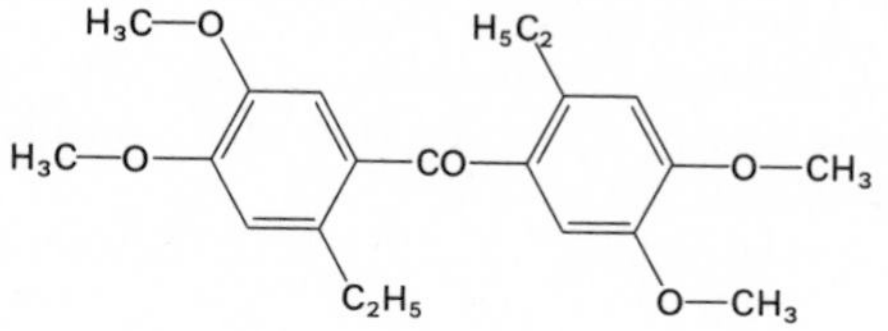

XV

Hydroxy-oxo-Verbindungen $C_{18}H_{20}O_5$

(±)-*erythro*-1,4-Bis-[3,4-dimethoxy-phenyl]-2,3-dimethyl-butan-1-on, Dehydrodihydro-
galgravin $C_{22}H_{28}O_5$, Formel I + Spiegelbild.

B. Beim Behandeln von (±)-1cat_F,4-Bis-[3,4-dimethoxy-phenyl]-2c_F,3c_F-dimethyl-butan-1r_F-ol
(Dihydrogalgravin) mit CrO_3 in Pyridin (*Birch et al.,* Soc. **1958** 4471, 4475).

Kristalle (aus A.); F: 105°. λ_{max}: 229 nm, 275 nm und 302 nm.

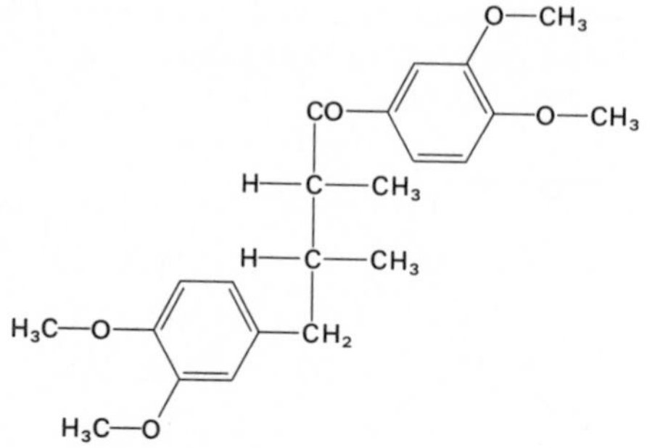

I

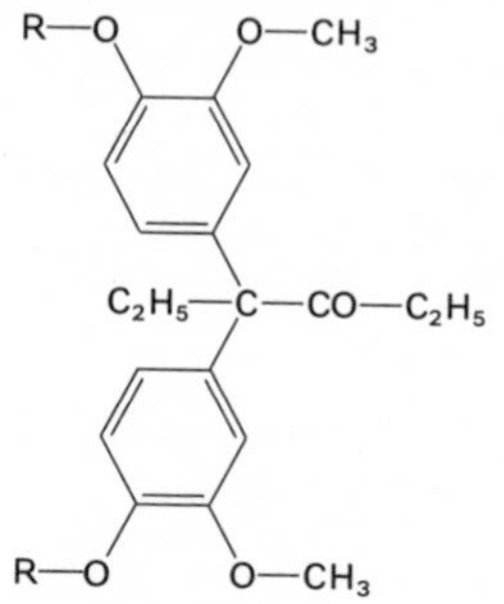

II

4,4-Bis-[4-hydroxy-3-methoxy-phenyl]-hexan-3-on $C_{20}H_{24}O_5$, Formel II (R = H).

B. Aus α,α′-Diäthyl-3,3′-dimethoxy-bibenzyl-4,α,4′,α′-tetraol beim Erhitzen mit wss. H_2SO_4
oder beim Behandeln mit HCl in Äther (*Pearl,* Am. Soc. **78** [1956] 4433).

Charakterisierung als Diacetyl-Derivat s. u.

4,4-Bis-[4-acetoxy-3-methoxy-phenyl]-hexan-3-on $C_{24}H_{28}O_7$, Formel II (R = CO-CH₃).

B. Aus 4,4-Bis-[4-hydroxy-3-methoxy-phenyl]-hexan-3-on mit Hilfe von Acetanhydrid in
Pyridin (*Pearl,* Am. Soc. **78** [1956] 4433). Beim Erhitzen von α,α′-Diäthyl-3,3′-dimethoxy-biben≠
zyl-4,α,4′,α′-tetraol mit Acetylchlorid und Acetanhydrid (*Pearl,* Am. Soc. **78** [1956] 5672).

Kristalle (aus A.); F: 136−137° [unkorr.] (*Pe.,* 1. c. S. 5672), 134−135° [unkorr.] (*Pe.,* 1. c.
S. 4433). λ_{max} (A.): 279 nm (*Pe.,* 1. c. S. 4433).

Hydroxy-oxo-Verbindungen $C_{19}H_{22}O_5$

4,5,4′,5′-Tetramethoxy-2,2′-dipropyl-benzophenon $C_{23}H_{30}O_5$, Formel III.

B. Aus Bis-[4,5-dimethoxy-2-propyl-phenyl]-methan sowie aus 1,1-Bis-[4,5-dimethoxy-
2-propyl-phenyl]-äthan beim Erhitzen mit $Na_2Cr_2O_7$ in Essigsäure (*Garofano, Oliverio,* Ann.
Chimica **47** [1957] 260, 277).

Kristalle (aus A.); F: 121—122°. UV-Spektrum (A.; 220—350 nm): *Ga., Ol.,* l. c. S. 271.
2,4-Dinitro-phenylhydrazon (F: 167—168°): *Ga., Ol.,* l. c. S. 284.

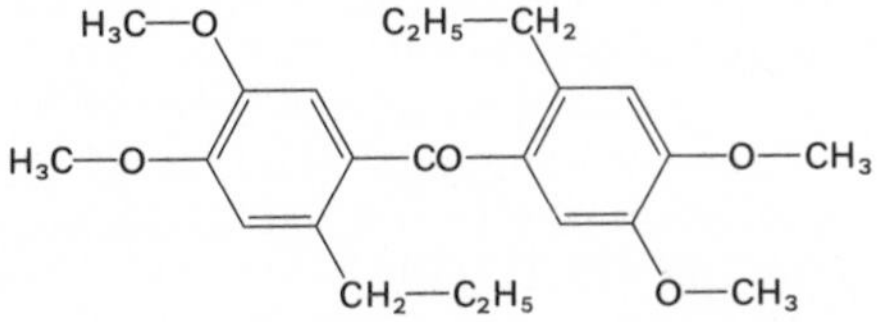

III

Hydroxy-oxo-Verbindungen $C_{20}H_{24}O_5$

1-[2,4-Dihydroxy-3-isopentyl-6-methoxy-phenyl]-3-[4-hydroxy-phenyl]-propan-1-on,
Tetrahydro-xanthohumol $C_{21}H_{26}O_5$, Formel IV.
B. Beim Hydrieren von Xanthohumol (4,2′,4′-Trihydroxy-6′-methoxy-3′-[3-methyl-but-2-enyl]-chalkon [E III 4167]) an Platin in Methanol (*Verzele et al.,* Bl. Soc. chim. Belg. **66** [1957]
452, 463).
Kristalle; F: 156—157°.
3,5-Dinitro-benzoyl-Derivat $C_{28}H_{28}N_2O_{10}$. Kristalle (aus Bzl.); F: 219—220°.

[*K. Grimm*]

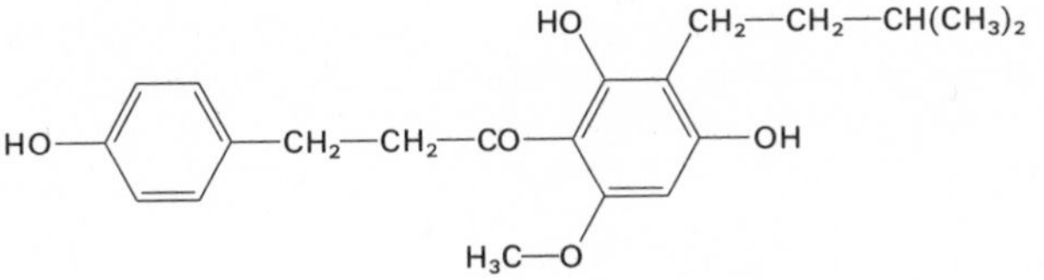

IV

Hydroxy-oxo-Verbindungen $C_{21}H_{26}O_3$

21-Acetoxy-17-hydroxy-1,5β-cyclo-1,10-seco-pregna-3,9-dien-2,11,20-trion $C_{23}H_{28}O_6$,
Formel V.
Diese Konstitution und Konfiguration kommt dem von *Barton, Taylor* (Soc. **1958** 2500,
2507) als 21-Acetoxy-17-hydroxy-4,10;5,9-dicyclo-4,5;9,10-diseco-10ξ-pregna-1,5(9)-
dien-3,11,20-trion $C_{23}H_{28}O_6$ angesehenen O^{21}-Acetyl-isolumiprednison zu (*Williams
et al.,* Am. Soc. **101** [1979] 5019, 5022).
B. Aus O^{21}-Acetyl-lumiprednison (S. 3538) beim Erwärmen mit wss. HClO$_4$ und Essigsäure
sowie beim Behandeln mit Al$_2$O$_3$ in Benzol und CHCl$_3$ (*Ba., Ta.*). Neben anderen Verbindungen
bei der Bestrahlung von 21-Acetoxy-17-hydroxy-pregna-1,4-dien-3,11,20-trion in Dioxan oder
Äthanol mit UV-Licht (*Ba., Ta.,* l. c. S. 2509, 2510).
Kristalle (aus E.+PAe.); F: 202—204°; [α]$_D$: −103° [CHCl$_3$; c = 0,5]; λ_{max} (A.): 241 nm
(*Ba., Ta.*).

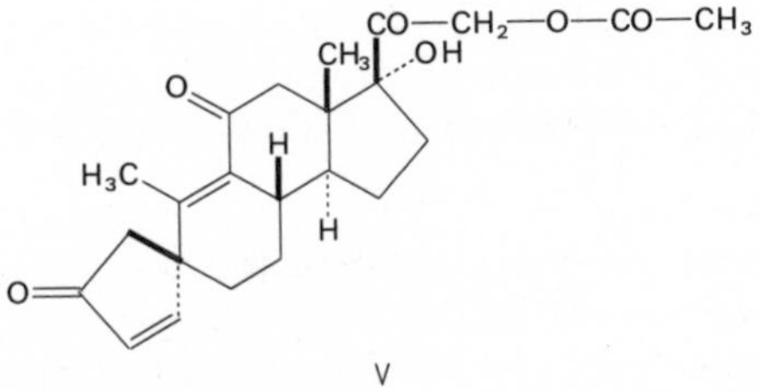

V 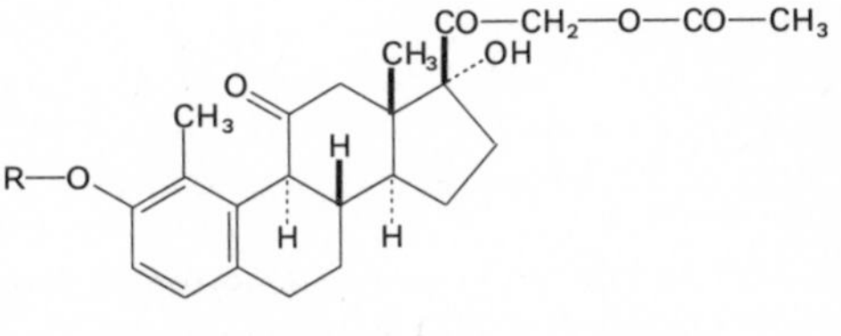   VI

21-Acetoxy-2,17-dihydroxy-1-methyl-19-nor-pregna-1,3,5(10)-trien-11,20-dion $C_{23}H_{28}O_6$, Formel VI (R = H).

Diese Konstitution kommt der von *Barton, Taylor* (Soc. **1958** 2500, 2509) als 21-Acetoxy-4,17(oder 1,17)-dihydroxy-1(oder 4)-methyl-19-nor-pregna-1,3,5(10)-trien-11,20-dion $C_{23}H_{28}O_6$ angesehenen Verbindung zu (*Williams et al.*, Am. Soc. **101** [1979] 5019, 5021).

B. Bei der Bestrahlung von O^{21}-Acetyl-lumiprednison (S. 3538) in Dioxan mit UV-Licht (*Ba., Ta.*). Neben O^{21}-Acetyl-isolumiprednison (S. 3529) bei der Bestrahlung von 21-Acetoxy-17-hydroxy-pregna-1,4-dien-3,11,20-trion in Dioxan mit UV-Licht (*Ba., Ta.*).

Kristalle (aus Me.); F: 258−265° [Zers.]; $[\alpha]_D$: +294° [Dioxan; c = 1]; λ_{max}: 286 nm [A.]: 220 nm, 246 nm und 302 nm [wss. NaOH (0,1 n)] (*Ba., Ta.*).

Beim Behandeln mit Brom und $CaCO_3$ in wss. Dioxan ist ein Monobrom-Derivat $C_{23}H_{27}BrO_6$ (Kristalle; F: 235−238° [aus E. + PAe.]) erhalten worden (*Ba., Ta.*, l. c. S. 2509).

2,21-Diacetoxy-17-hydroxy-1-methyl-19-nor-pregna-1,3,5(10)-trien-11,20-dion $C_{25}H_{30}O_7$, Formel VI (R = CO-CH₃).

B. Aus der vorangehenden Verbindung und Acetanhydrid in Pyridin (*Barton, Taylor*, Soc. **1958** 2500, 2509; *Williams et al.*, Am. Soc. **101** [1979] 5019, 5024).

Kristalle; F: 240−243° [unkorr.]; $[\alpha]_D$: +310° [Me.; c = 3,5] (*Wi. et al.*). F: 223−227° [aus Me.]; $[\alpha]_D$: +296° [Dioxan; c = 1]; λ_{max} (A.): 268 nm (*Ba., Ta.*). ¹H-NMR-Absorption (CDCl₃): *Wi. et al.*

3,21-Diacetoxy-2,4-dibrom-17-hydroxy-1-methyl-19-nor-pregna-1,3,5(10)-trien-11,20-dion $C_{25}H_{28}Br_2O_7$, Formel VII.

B. Aus 3,17,21-Trihydroxy-1-methyl-19-nor-pregna-1,3,5(10)-trien-11,20-dion bei aufeinanderfolgender Umsetzung mit Brom und Acetanhydrid (*Barton, Taylor*, Soc. **1958** 2500, 2509). Kristalle (aus E. + PAe.); F: 215−217°.

VII   VIII

21-Acetoxy-17-hydroxy-5-methyl-19-nor-5ξ,9ξ-pregna-1(10),3-dien-2,11,20-trion $C_{23}H_{28}O_6$, Formel VIII.

Die Identität des nachstehend beschriebenen O^{21}-Acetyl-neoprednisons ist ungewiss (vgl. hierzu die im Artikel über O^{21}-Acetyl-isolumiprednison [S. 3529] angegebene Literatur).

B. Neben O^{21}-Acetyl-isolumiprednison (S. 3529) bei der Bestrahlung von 21-Acetoxy-17-hydroxy-pregna-1,4-dien-3,11,20-trion in Äthanol mit UV-Licht (*Barton, Taylor*, Soc. **1958** 2500, 2510).

Kristalle (aus Me.); F: 230−233°. $[\alpha]_D$: −173° [CHCl₃; c = 0,5]. λ_{max}: 242 nm [A.], 238 nm und 468 nm [in wss. NaOH].

Überführung in ein als 21-Acetoxy-11,17-dihydroxy-5-methyl-19-nor-5ξ-pregna-1(10),3,9(11)-trien-2,20-dion $C_{23}H_{28}O_6$ angesehenes Enol (F: 228−230°; Acetyl-Derivat $C_{25}H_{30}O_7$ [11,21-Diacetoxy-17-hydroxy-5-methyl-19-nor-5ξ-pregna-1(10),3,9(11)-trien-2,20-dion?], F: 192−193°, $[\alpha]_D$: +147° [CHCl₃]) durch aufeinanderfolgende Umsetzung mit wss. NaOH und wss. H_2SO_4: *Ba., Ta.*

11β,17,21-Trihydroxy-pregna-1,4,6-trien-3,20-dion $C_{21}H_{26}O_5$, Formel IX (R = H).

B. Aus der folgenden Verbindung (*Agnello, Laubach*, Am. Soc. **79** [1957] 1257, 1258 Anm. 2). Aus 11β,17,21-Trihydroxy-pregna-4,6-dien-3,20-dion mit Hilfe von Bacillus sphaericus (*Gould* *et al.*, Am. Soc. **79** [1957] 502).

F: 239−243°; $[\alpha]_D^{25}$: +100° [Dioxan] (*Go. et al.*). F: 232,8−234,2°; $[\alpha]_D^{24}$: +114° [Dioxan] (*Ag., La.*). IR-Banden (Nujol; 2,5−6,5 μ): *Go. et al.* λ_{max}: 222 nm, 256 nm und 298 nm [Me.] (*Go. et al.*), 221 nm, 255 nm und 298 nm [A.] (*Ag., La.*).

21-Acetoxy-11β,17-dihydroxy-pregna-1,4,6-trien-3,20-dion $C_{23}H_{28}O_6$, Formel IX (R = CO-CH$_3$).

B. Aus 21-Acetoxy-11β,17-dihydroxy-pregn-4-en-3,20-dion mit Hilfe von Tetrachlor-[1,4]benzochinon (*Agnello, Laubach*, Am. Soc. **79** [1957] 1257).

F: 210,1−211,3°; $[\alpha]_D^{24}$: +131° [Dioxan]; λ_{max} (A.): 223 nm, 253 nm und 301 nm (*Ag., La.*). IR-Spektrum (KBr; 2−15 μ): *W. Neudert, H. Röpke*, Steroid-Spektrenatlas [Berlin 1965] Nr. 656.

21-Acetoxy-16α,17-dihydroxy-pregna-1,4,9(11)-trien-3,20-dion $C_{23}H_{28}O_6$, Formel X (R = H).

B. Aus 21-Acetoxy-pregna-1,4,9(11),16-tetraen-3,20-dion mit Hilfe von KMnO$_4$ (*Schaub et al.*, Am. Soc. **81** [1959] 4962, 4966).

Kristalle (aus Acn.+PAe.); F: 213−215° [unkorr.]. $[\alpha]_D^{25}$: +3,9° [Me.; c = 1]. λ_{max} (Me.): 238 nm.

16α,21-Diacetoxy-17-hydroxy-pregna-1,4,9(11)-trien-3,20-dion $C_{25}H_{30}O_7$, Formel X (R = CO-CH$_3$).

B. Beim Behandeln von 16α,21-Diacetoxy-11β,17-dihydroxy-pregna-1,4-dien-3,20-dion mit SOCl$_2$ und Pyridin (*Bernstein et al.*, Am. Soc. **81** [1959] 1689, 1696). Aus der vorangehenden Verbindung und Acetanhydrid (*Schaub et al.*, Am. Soc. **81** [1959] 4962, 4966).

Kristalle; F: 200−201° [unkorr.; aus E.+PAe.]; $[\alpha]_D^{25}$: +6° [Me.; c = 1] (*Be. et al.*). F: 200−201° [unkorr.; aus Acn.+PAe.]; $[\alpha]_D^{25}$: −2,9° [Me.; c = 1] (*Sch. et al.*). IR-Banden (KBr; 1750−1200 cm^{-1}): *Be. et al.*; *Sch. et al.* Absorptionsspektrum (H$_2$SO$_4$; 230−520 nm): *Smith, Muller*, J. org. Chem. **23** [1958] 960, 962. λ_{max} (Me.): 238 nm (*Be. et al.*; *Sch. et al.*).

17,21-Dihydroxy-pregna-1,4-dien-3,11,20-trion, Prednison $C_{21}H_{26}O_5$, Formel XI (R = H).

B. Aus dem Acetyl-Derivat (s. u.) mit wss.-methanol. KHCO$_3$ (*Hogg et al.*, Am. Soc. **77** [1955] 4438), mit methanol. KOH (*Szpilfogel et al.*, R. **75** [1956] 475, 479), mit methanol. Natriummethylat (*Merck & Co. Inc.*, U.S.P. 2873284 [1955]). Aus Cortison (S. 3480) mit Hilfe von SeO$_2$ (*Meystre et al.*, Helv. **39** [1956] 734, 740). Aus Cortison (S. 3480) mit Hilfe von Didymella lycopersici (*Vischer et al.*, Helv. **38** [1955] 1502, 1505), mit Hilfe von Corynebacterium simplex (*Herzog et al.*, Tetrahedron **18** [1962] 581, 588; *Schering Corp.*, U.S.P. 2837464 [1955]). Zusammenfassende Darstellung über Bildungsweisen mit Hilfe von Mikroorganismen: *W. Charney, H.L. Herzog*, Microbial Transformations of Steroids [New York 1967] S. 127.

Kristalle; F: 233,6−235,4° (*Merck & Co. Inc.*), 233−235° [korr.; aus Acn.] (*He. et al.*), 231−234° [aus Acn.+Ae.] (*Vischer et al.*, Helv. **38** [1955] 835, 838). $[\alpha]_D^{24}$: +169° [Dioxan; c = 0,6] (*Vi. et al.*); $[\alpha]_D^{25}$: +172° [Dioxan] (*He. et al.*). IR-Spektrum (KBr; 4000−700 cm^{-1}): *G. Roberts, B.S. Gallagher, R.N. Jones*, Infrared Absorption Spectra of Steroids, Bd. 2 [New York 1958] Nr. 637. IR-Banden (Nujol; 3−11 μ): *Vi. et al.*; *He. et al.* λ_{max}: 238 nm [A.] (*He. et al.*), 239 nm [Me.] (*Vi. et al.*). Absorptionsspektrum in H$_2$SO$_4$: *Smith, Muller*, J. org. Chem. **23** [1958] 960, 961; in H$_3$PO$_4$: *Nowaczynski, Steyermark*, Canad. J. Biochem. Physiol. **34** [1956] 592, 594. Polarographisches Halbstufenpotential (wss.-äthanol. Lösung vom pH 2,8−10,8): *Kabasakalian, McGlotten*, Am. Soc. **78** [1956] 5032, 5033.

XI   XII

21-Acetoxy-17-hydroxy-pregna-1,4-dien-3,11,20-trion, O^{21}-Acetyl-prednison $C_{23}H_{28}O_6$, Formel XI (R = CO-CH₃).

B. Aus 21-Acetoxy-17-hydroxy-pregn-4-en-3,11,20-trion, aus 21-Acetoxy-17-hydroxy-5α(oder β)-pregnan-3,11,20-trion oder 21-Acetoxy-17-hydroxy-5α(oder β)-pregn-1-en-3,11,20-trion mit Hilfe von SeO_2 (*Meystre et al.*, Helv. **39** [1956] 734, 739; *Szpilfogel et al.*, R. **75** [1956] 475, 479), HIO_4 oder I_2O_5 (*Organon Inc.*, U.S.P. 2879279 [1957]). Aus 21-Acetoxy-11β,17-dihydroxy-pregna-1,4-dien-3,20-dion mit Hilfe von *N*-Brom-acetamid (*Hogg et al.*, Am. Soc. **77** [1955] 4438; *Upjohn Co.*, U.S.P. 2813108 [1956]), mit Hilfe von CrO_3 (*Herzog et al.*, Am. Soc. **77** [1955] 4781, 4783). Aus 21-Acetoxy-17-hydroxy-5α(oder β)-pregnan-3,11,20-trion durch Bromierung und Erhitzen mit 2,4,6-Trimethyl-pyridin (*He. et al.*, l. c. S. 4782).

Dimorph; F: 226–232° [korr.; Zers.; aus Acn.+Hexan] und F: 218–220° [korr.; aus wss. Acn.] (*He. et al.*); F: 227–232° [Zers.] und F: 212° (*Me. et al.*). $[\alpha]_D^{23}$: +186,5° [Dioxan; c = 1] (*Me. et al.*); $[\alpha]_D^{25}$: +186° [Dioxan] (*He. et al.*). ORD (Dioxan und Me.; 700–277 nm): *Djerassi et al.*, Am. Soc. **78** [1956] 6377, 6388. IR-Spektrum (CHCl₃; 1800–850 cm⁻¹): *G. Roberts, B.S. Gallagher, R.N. Jones*, Infrared Absorption Spectra of Steroids, Bd. 2 [New York 1958] Nr. 638. IR-Banden (Nujol; 3–8 μ): *He. et al.*; *Sz. et al.* λ_{max} (A.): 238 nm (*Sz. et al.*; *He. et al.*).

Photoisomerisierung unter Bildung von 21-Acetoxy-17-hydroxy-1β,5β-cyclo-10α-pregn-3-en-2,11,20-trion (O^{21}-Acetyl-lumiprednison [S. 3538]) und anderen Verbindungen: *Barton, Taylor*, Soc. **1958** 2500; *Williams et al.*, Am. Soc. **101** [1979] 5019.

3,20-Disemicarbazon $C_{25}H_{34}N_6O_6$. Kristalle (aus A.); F: >250°; $[\alpha]_D^{20}$: +150° [DMF] (*Labor. franç. de Chimiothérapie*, D.B.P. 1012912 [1956]; *Joly et al.*, Bl. **1956** 1459).

17-Hydroxy-21-propionyloxy-pregna-1,4-dien-3,11,20-trion, O^{21}-Propionyl-prednison $C_{24}H_{30}O_6$, Formel XI (R = CO-C₂H₅).

B. Aus Prednison (s. o.) und Propionsäure-anhydrid in Pyridin (*Searle & Co.*, U.S.P. 2837543 [1956]).

F: 238–242° (*Searle & Co.*). $[\alpha]_D$: +190° [CHCl₃; c = 1]; $[\alpha]_{546,1}$: +229° [CHCl₃; c = 1]; IR-Spektrum (KBr; 2–15 μ): *W. Neudert, H. Röpke*, Steroid-Spektrenatlas [Berlin 1965] Nr. 607.

17-Hydroxy-21-pivaloyloxy-pregna-1,4-dien-3,11,20-trion, O^{21}-Pivaloyl-prednison $C_{26}H_{34}O_6$, Formel XI (R = CO-C(CH₃)₃).

B. Aus Prednison (s. o.) beim Behandeln mit Pivaloylchlorid und Pyridin in CHCl₃ (*Vischer et al.*, Helv. **38** [1955] 1502, 1505).

Kristalle (aus Acn.); F: 274–278° [korr.]. $[\alpha]_D^{23}$: +169° [CHCl₃; c = 0,8]. IR-Banden (Nujol; 3–12 μ): *Vi. et al.* λ_{max} (A.): 240 nm.

17-Hydroxy-21-dithiocarboxyoxy-pregna-1,4-dien-3,11,20-trion, Dithiokohlensäure-*O*-[17-hydroxy-3,11,20-trioxo-pregna-1,4-dien-21-ylester], O^{21}-Dithiocarboxy-prednison $C_{22}H_{26}O_5S_2$, Formel XI (R = CS-SH).

B. Aus Prednison (s. o.) beim Behandeln mit CS₂ und wss. KOH in Dioxan (*Løvens kem. Fabr.*, U.S.P. 2893917 [1957]).

Kristalle; F: 120–122° und (nach Wiedererstarren) F: 222–224° [Zers.].

17-Hydroxy-21-phenoxyacetoxy-pregna-1,4-dien-3,11,20-trion, O^{21}-Phenoxyacetyl-prednison $C_{29}H_{32}O_7$, Formel XI (R = CO-CH$_2$-O-C$_6$H$_5$).

B. Aus Prednison (s. o.) und Phenoxyacetylchlorid in Pyridin (*Schering Corp.*, U.S.P. 2783226 [1955]).

Kristalle (aus Me.); F: 205—207°.

Die folgenden Verbindungen sind in analoger Weise hergestellt worden:

21-[(4-Chlor-phenoxy)-acetoxy]-17-hydroxy-pregna-1,4-dien-3,11,20-trion $C_{29}H_{31}ClO_7$, Formel XI (R = CO-CH$_2$-O-C$_6$H$_4$-Cl). Kristalle (aus CH$_2$Cl$_2$+Hexan); F: 180—182°.

21-[(4-*tert*-Butyl-phenoxy)-acetoxy]-17-hydroxy-pregna-1,4-dien-3,11,20-trion $C_{33}H_{40}O_7$, Formel XI (R = CO-CH$_2$-O-C$_6$H$_4$-C(CH$_3$)$_3$). Kristalle (aus wss. Me.); F: 130—135°.

17-Hydroxy-21-[(4-methoxy-phenoxy)-acetoxy]-pregna-1,4-dien-3,11,20-trion $C_{30}H_{34}O_8$, Formel XI (R = CO-CH$_2$-O-C$_6$H$_4$-O-CH$_3$). Kristalle; F: 130—135°.

17-Hydroxy-21-methansulfonyloxy-pregna-1,4-dien-3,11,20-trion, O^{21}-Methansulfonyl-prednison $C_{22}H_{28}O_7S$, Formel XI (R = SO$_2$-CH$_3$).

Kristalle mit 2 Mol H$_2$O; F: 195—197° [Zers.] (*Poos et al.*, Chem. and Ind. **1958** 1260).

17-Hydroxy-21-phosphonooxy-pregna-1,4-dien-3,11,20-trion, Phosphorsäure-mono-[17-hydroxy-3,11,20-trioxo-pregna-1,4-dien-21-ylester], O^{21}-Phosphono-prednison $C_{21}H_{27}O_8P$, Formel XI (R = PO(OH)$_2$).

B. Aus 17-Hydroxy-21-jod-pregna-1,4-dien-3,11,20-trion beim Behandeln mit Ag$_3$PO$_4$ und H$_3$PO$_4$ (*Poos et al.*, Chem. and Ind. **1958** 1260).

F: 180—182° [Zers.]. λ_{max} (H$_2$O): 244 nm.

17,21-Dihydroxy-pregna-1,4-dien-3,11,20-trion-3,20-disemicarbazon, Prednison-3,20-disemicarbazon $C_{23}H_{32}N_6O_5$, Formel XII.

B. Aus Prednison (S. 3531) und Semicarbazid-hydrochlorid (*Herzog et al.*, Am. Soc. **77** [1955] 4781, 4783).

F: 270—280° [korr.; Zers.]. λ_{max} (A.): 242 nm und 293 nm.

21-Acetoxy-6α-fluor-17-hydroxy-pregna-1,4-dien-3,11,20-trion $C_{23}H_{27}FO_6$, Formel XIII (X = X'' = H, X' = F).

B. Aus 21-Acetoxy-6α-fluor-11β,17-dihydroxy-pregna-1,4-dien-3,20-dion mit Hilfe von CrO$_3$ (*Bowers et al.*, Tetrahedron **7** [1959] 153, 159).

Kristalle (aus Acn.+Hexan); F: 224—226° [unkorr.]. [α]$_D$: +142° [Dioxan]. λ_{max} (A.): 238 nm.

Acetyl-Derivat $C_{25}H_{29}FO_7$; 17,21-Diacetoxy-6α-fluor-pregna-1,4-dien-3,11,20-trion. *B.* Aus 17,21-Diacetoxy-6α-fluor-pregn-4-en-3,11,20-trion mit Hilfe von SeO$_2$ (*Bo. et al.*, l. c. S. 161). — Kristalle (aus E.+Hexan); F: 260—262° [unkorr.]. [α]$_D$: +68° [CHCl$_3$].

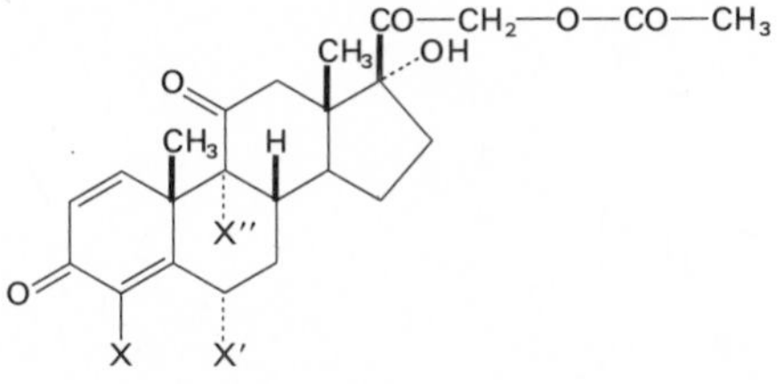

XIII 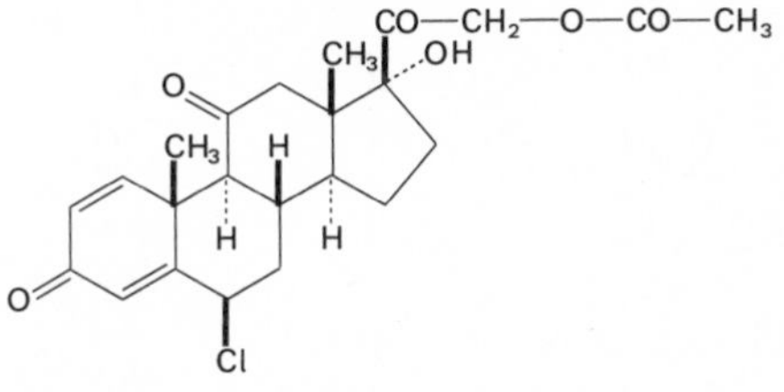   XIV

21-Acetoxy-9-fluor-17-hydroxy-pregna-1,4-dien-3,11,20-trion $C_{23}H_{27}FO_6$, Formel XIII (X = X' = H, X'' = F).

B. Aus 21-Acetoxy-9-fluor-11β,17-dihydroxy-pregna-1,4-dien-3,20-dion mit Hilfe von CrO$_3$

(*Fried et al.*, Am. Soc. **77** [1955] 4181).
F: $274-277°$. $[\alpha]_D^{23}$: $+158°$ [A.]. λ_{max} (A.): 235 nm.

21-Acetoxy-4-chlor-17-hydroxy-pregna-1,4-dien-3,11,20-trion $C_{23}H_{27}ClO_6$, Formel XIII (X = Cl, X′ = X″ = H).

B. Aus 21-Acetoxy-4ξ-chlor-17-hydroxy-5β-pregnan-3,11,20-trion mit Hilfe von SeO₂ (*Oliveto et al.*, J. org. Chem. **22** [1957] 1720).

Kristalle (aus Me.); F: $254°$ [korr.; Zers.]. $[\alpha]_D^{25}$: $+215,1°$ [Dioxan; c = 1]. λ_{max} (Me.): 242 nm.

21-Acetoxy-6-chlor-17-hydroxy-pregna-1,4-dien-3,11,20-trione $C_{23}H_{27}ClO_6$.

a) **21-Acetoxy-6β-chlor-17-hydroxy-pregna-1,4-dien-3,11,20-trion,** Formel XIV.

B. Aus 21-Acetoxy-6β-chlor-17-hydroxy-pregn-4-en-3,11,20-trion mit Hilfe von SeO₂ (*Ringold et al.*, Am. Soc. **80** [1958] 6464).

F: $221-222°$. $[\alpha]_D$: $+132°$ [CHCl₃]. λ_{max} (A.): 241 nm.

b) **21-Acetoxy-6α-chlor-17-hydroxy-pregna-1,4-dien-3,11,20-trion,** Chloroprednison=acetat, Formel XIII (X = X″ = H, X′ = Cl).

B. Analog dem unter a) beschriebenen Isomeren (*Ringold et al.*, Am. Soc. **80** [1958] 6464).

F: $217-218°$. $[\alpha]_D$: $+144°$ [CHCl₃]. λ_{max} (A.): 237 nm.

21-Acetoxy-9-chlor-17-hydroxy-pregna-1,4-dien-3,11,20-trion $C_{23}H_{27}ClO_6$, Formel XIII (X = X′ = H, X″ = Cl).

B. Aus 21-Acetoxy-9-chlor-11β,17-dihydroxy-pregna-1,4-dien-3,20-dion mit Hilfe von CrO₃ (*Fried et al.*, Am. Soc. **77** [1955] 4181).

F: $262-264°$ [Zers.]. $[\alpha]_D^{23}$: $+244°$ [CHCl₃]. λ_{max} (A.): 236 nm.

21-Acetoxy-6α-chlor-9-fluor-17-hydroxy-pregna-1,4-dien-3,11,20-trion $C_{23}H_{26}ClFO_6$, Formel XIII (X = H, X′ = Cl, X″ = F).

B. Aus 21-Acetoxy-6α-chlor-9-fluor-17-hydroxy-pregn-4-en-3,11,20-trion mit Hilfe von SeO₂ (*Ringold et al.*, Am. Soc. **80** [1958] 6464).

F: $227-229°$. $[\alpha]_D$: $+122°$ [CHCl₃]. λ_{max} (A.): 235 nm.

21-Acetoxy-4-brom-17-hydroxy-pregna-1,4-dien-3,11,20-trion $C_{23}H_{27}BrO_6$, Formel XIII (X = Br, X′ = X″ = H).

B. Aus 21-Acetoxy-4ξ-brom-17-hydroxy-5β-pregnan-3,11,20-trion mit Hilfe von SeO₂ (*Oliveto et al.*, J. org. Chem. **22** [1957] 1720).

Kristalle (aus Me.); F: $235°$ [korr.; Zers.]. $[\alpha]_D^{25}$: $+213,7°$ [Dioxan; c = 1]. λ_{max} (Me.): 243 nm.

3-Semicarbazon $C_{24}H_{30}BrN_3O_6$. F: ca. $250°$ [Zers.]. λ_{max} (A.): 275 nm.

XV   XVI

21-Acetoxy-6ξ-brom-17-hydroxy-pregna-1,4-dien-3,11,20-trion $C_{23}H_{27}BrO_6$, Formel XV.

B. Aus 21-Acetoxy-17-hydroxy-pregna-1,4-dien-3,11,20-trion mit *N*-Brom-succinimid (*Gould et al.*, Am. Soc. **79** [1957] 502).

F: 185−188° [Zers.]. $[\alpha]_D^{25}$: +173° [Dioxan]. λ_{max} (A.): 245 nm.

11β,21-Dihydroxy-3,20-dioxo-pregna-1,4-dien-18-al $C_{21}H_{26}O_5$, Formel XVI und Taut.
((18Ξ)-11β,18-Epoxy-18,21-dihydroxy-pregna-1,4-dien-3,20-dion).
    B. Aus *rac*-11β,21-Dihydroxy-3,20-dioxo-pregn-4-en-18-al mit Hilfe von Didymella lycopersici (*Vischer et al.*, Experientia **12** [1956] 50).
    IR-Banden (3−7 μ): *Vi. et al.*
    O^{21}-Acetyl-Derivat $C_{23}H_{28}O_6$; 21-Acetoxy-11β-hydroxy-3,20-dioxo-pregna-1,4-dien-18-al. F: 182−185°.

11β,17-Dihydroxy-3,20-dioxo-pregna-1,4-dien-21-al $C_{21}H_{26}O_5$, Formel XVII (X = O).
    Hydrat $C_{21}H_{28}O_6$; 11β,17,21,21-Tetrahydroxy-pregna-1,4-dien-3,20-dion. *B.* Aus Prednisolon (S. 3467) mit Hilfe von Kupfer(II)-acetat (*Christensen et al.*, Chem. and Ind. **1958** 1259). − F: 188,5−191,5° [Zers.]. λ_{max} (Me.): 242 nm.
    Hydrazon $C_{21}H_{28}N_2O_4$; 21-Hydrazono-11β,17-dihydroxy-pregna-1,4-dien-3,20-dion. F: 213−215° [Zers.]. λ_{max} (Me.): 244 nm.

XVII   XVIII

21-Diazo-11β,17-dihydroxy-pregna-1,4-dien-3,20-dion $C_{21}H_{26}N_2O_4$, Formel XVII (X = N₂).
    B. Aus dem vorangehenden Hydrazon mit Hilfe von HgO und äthanol. KOH (*Christensen et al.*, Chem. and Ind. **1958** 1259).
    F: 234−238° [Zers.]. IR-Banden (Nujol; 3450−1600 cm⁻¹): *Ch. et al.*
    Beim Behandeln mit H_3PO_4 in Dioxan ist als Hauptprodukt 17,21-Epoxy-11β-hydroxy-pregna-1,4-dien-3,20-dion erhalten worden.

21-Acetoxy-17-hydroxy-pregna-1,5-dien-3,11,20-trion $C_{23}H_{28}O_6$, Formel XVIII.
    B. Aus 21-Acetoxy-6ξ-brom-17-hydroxy-pregna-1,4-dien-3,11,20-trion (S. 3534) oder aus 6β,21-Diacetoxy-17-hydroxy-pregna-1,4-dien-3,11,20-trion mit Hilfe von Zink und wss. Äthanol (*Nussbaum et al.*, Am. Soc. **81** [1959] 4574, 4576).
    Kristalle (aus Acn.) mit 1 Mol Aceton; F: 213−216°. $[\alpha]_D^{25}$: +138,4° [Dioxan; c = 1]. IR-Banden (Nujol; 3−8 μ): *Nu. et al.* λ_{max} (A.): 224 nm.

17,21-Dihydroxy-pregna-4,6-dien-3,11,20-trion $C_{21}H_{26}O_5$, Formel I (R = H).
    B. Aus der folgenden Verbindung mit Hilfe von wss. HCl (*Mattox et al.*, J. biol. Chem. **197** [1952] 261, 268).
    Kristalle; F: 248−249° [Zers.; aus Acn.]; λ_{max} (A.): 280,5 nm (*Ma. et al.*). IR-Spektrum (CHCl₃; 1800−850 cm⁻¹): *G. Roberts, B.S. Gallagher, R.N. Jones*, Infrared Absorption Spectra of Steroids, Bd. 2 [New York 1958] Nr. 639.

I   II

21-Acetoxy-17-hydroxy-pregna-4,6-dien-3,11,20-trion $C_{23}H_{28}O_6$, Formel I (R = CO-CH$_3$).

B. Aus 21-Acetoxy-17-hydroxy-pregn-4-en-3,11,20-trion beim Erhitzen mit Tetrachlor-[1,4]benzochinon und Xylol (*Agnello, Laubach, Am. Soc.* **79** [1957] 1257). Aus 21-Acetoxy-17-hydroxy-pregna-4,6-dien-3,11,20-trion-3-[2,4-dinitro-phenylhydrazon] mit Hilfe von Brenztrau= bensäure (*Mattox et al., J. biol. Chem.* **197** [1952] 261, 267). Aus dem Monosemicarbazon (s. u.) mit Hilfe von 4-Hydroxy-benzaldehyd (*Ma. et al., l. c. S.* 268).

Kristalle; F: 236 − 237° [aus Acn.]; [α]$_D$: +243° [Acn.; c = 1]; λ_{max} (A.): 280 nm (*Ma. et al.*). F: 233,3 − 235,8°; [α]$_D^{25}$: +265° [Dioxan]; λ_{max} (A.): 281 nm (*Ag., La.*). IR-Spektrum (CHCl$_3$; 1800 − 850 cm^{-1}): *G. Roberts, B.S. Gallagher, R.N. Jones,* Infrared Absorption Spectra of Steroids, Bd. 2 [New York 1958] Nr. 640.

3-Semicarbazon $C_{24}H_{31}N_3O_6$. B. Beim Behandeln von 21-Acetoxy-6ξ-brom-17-hydroxy-pregn-4-en-3,11,20-trion mit Semicarbazid und Salicylsäure (*Ma. et al., l. c. S.* 266). − Kristalle (aus A.); Zers. bei 214° [im vorgeheizten App.]; [α]$_D$: +195° [Dioxan]; λ_{max} (A.): 301 nm (*Ma. et al.*).

3,20-Disemicarbazon $C_{25}H_{34}N_6O_6$. F: >320° [Dunkelfärbung ab 250°] (*Gould et al., Am. Soc.* **79** [1957] 502). IR-Banden (Nujol; 3 − 8 μ): *Go. et al.* λ_{max} (Me.): 242 nm und 301 nm (*Go. et al.*).

17,21-Dihydroxy-pregna-4,8-dien-3,11,20-trion $C_{21}H_{26}O_5$, Formel II (R = H).

B. Aus 21-Acetoxy-17-hydroxy-pregna-4,8-dien-3,11,20-trion mit Hilfe von wss.-methanol. KHCO$_3$ (*Wendler et al., Am. Soc.* **79** [1957] 4476, 4482).

Gelbe Kristalle (aus Acn. + Ae.); F: 249 − 252° [unkorr.; Zers.]. λ_{max} (Me.): 237 nm.

21-Acetoxy-17-hydroxy-pregna-4,8-dien-3,11,20-trione $C_{23}H_{28}O_6$.

a) **21-Acetoxy-17-hydroxy-14β-pregna-4,8-dien-3,11,20-trion,** Formel III (R = H).

B. Beim Erhitzen von 21-Acetoxy-9-brom-17-hydroxy-pregn-4-en-3,11,20-trion mit LiCl in DMF (*Wendler et al., Am. Soc.* **79** [1957] 4476, 4483). Aus dem unter b) beschriebenen Isomeren oder aus 21-Acetoxy-17-hydroxy-pregna-4,8(14)-dien-3,11,20-trion mit Hilfe von LiCl und HBr in DMF (*We. et al.*).

Kristalle (aus E.); F: 195 − 198° [unkorr.]. [α]$_D^{25}$: +348° [CHCl$_3$; c = 1]. λ_{max} (Me.): 237,5 nm.

III   IV

b) **21-Acetoxy-17-hydroxy-pregna-4,8-dien-3,11,20-trion,** Formel II (R = CO-CH$_3$).

B. Aus 21-Acetoxy-9-brom-17-hydroxy-pregn-4-en-3,11,20-trion beim Erwärmen mit Pyridin (*Wendler et al., Am. Soc.* **79** [1957] 4476, 4482) oder 2,4,6-Trimethyl-pyridin (*Fried, Sabo,* Am. Soc. **79** [1957] 1130, 1136; *Merck & Co. Inc.,* U.S.P. 2811537 [1955]). Aus 21-Acetoxy-11β,17-dihydroxy-pregna-4,8-dien-3,20-dion mit MnO$_2$ in CHCl$_3$ (*We. et al., l. c. S.* 4483).

Gelbe Kristalle; F: 249 − 250° [unkorr.; Zers.; aus Acn.]; [α]$_D^{25}$: +422° [CHCl$_3$; c = 1]; λ_{max} (Me.): 236,5 nm (*We. et al.*). F: 248 − 249° [korr.; Zers.; aus A.]; [α]$_D^{23}$: +424° [CHCl$_3$; c = 1]; λ_{max} (A.): 235 nm (*Fr., Sabo*). IR-Spektrum (CHCl$_3$; 1800 − 850 cm^{-1}): *G. Roberts, B.S. Gallagher, R.N. Jones,* Infrared Absorption Spectra of Steroids, Bd. 2 [New York 1958] Nr. 641.

17,21-Diacetoxy-14β-pregna-4,8-dien-3,11,20-trion $C_{25}H_{30}O_7$, Formel III (R = CO-CH$_3$).

B. Aus 21-Acetoxy-17-hydroxy-14β-pregna-4,8-dien-3,11,20-trion beim Behandeln [7 d] mit

Acetanhydrid und Pyridin (*Wendler et al.*, Am. Soc. **79** [1957] 4476, 4484).

Kristalle (aus Acn. + Ae.); F: 183 – 185° [unkorr.]. $[\alpha]_D^{25}$: + 275° [CHCl$_3$; c = 1]. λ_{max} (Me.): 237,5 nm.

21-Acetoxy-17-hydroxy-pregna-4,8(14)-dien-3,11,20-trion C$_{23}$H$_{28}$O$_6$, Formel IV (R = H).

B. Aus 21-Acetoxy-11β,17-dihydroxy-pregna-4,8(14)-dien-3,20-dion mit CrO$_3$ in Pyridin (*Wendler et al.*, Am. Soc. **79** [1957] 4476, 4481).

Kristalle (aus E.); F: 227 – 231° [unkorr.]. $[\alpha]_D^{25}$: + 449° [CHCl$_3$; c = 1]. λ_{max} (Me.): 239 nm.

17,21-Diacetoxy-pregna-4,8(14)-dien-3,11,20-trion C$_{25}$H$_{30}$O$_7$, Formel IV (R = CO-CH$_3$).

B. Aus der vorangehenden Verbindung beim Behandeln mit Acetanhydrid, Essigsäure und Toluol-4-sulfonsäure (*Wendler et al.*, Am. Soc. **79** [1957] 4476, 4482).

Kristalle (aus Acn. + Ae.); F: 212 – 214° [unkorr.]. λ_{max} (Me.): 238 nm.

21-Acetoxy-17-hydroxy-pregna-4,14-dien-3,11,20-trion C$_{23}$H$_{28}$O$_6$, Formel V.

B. Aus 21-Acetoxy-11β,17-dihydroxy-pregna-4,14-dien-3,20-dion mit CrO$_3$ (*Agnello et al.*, Am. Soc. **77** [1955] 4684). Aus 14,17,21-Trihydroxy-pregn-4-en-3,11,20-trion durch Dehydrati= sierung mit Toluol-4-sulfonsäure und Acetylierung (*Pfizer & Co.*, D.B.P. 1017608 [1955]).

F: 200 – 201°. $[\alpha]_D$: + 121° [Dioxan].

V   VI

17-Hydroxy-3,11,20-trioxo-pregn-4-en-21-al C$_{21}$H$_{26}$O$_5$, Formel VI.

B. Aus dem Hydrat (s. u.) bei 110°/1 Torr (*Rogers et al.*, Am. Soc. **74** [1952] 2947; *Merck & Co. Inc.*, D.B.P. 964597 [1953]; U.S.P. 2708202 [1952]; *Leanza et al.*, Am. Soc. **76** [1954] 1691, 1693).

Gelb; F: 210 – 215° [Zers.] (*Ro. et al.*; *Merck & Co. Inc.*, D.B.P. 964597; U.S.P. 2708202). λ_{max} (CHCl$_3$): 238 nm und 450 nm (*Le. et al.*).

Hydrat C$_{21}$H$_{28}$O$_6$; 17,21,21-Trihydroxy-pregn-4-en-3,11,20-trion. *B.* Aus 17-Hydr= oxy-3,11,20-trioxo-pregn-4-en-21-al-[*N*-(4-dimethylamino-phenyl)-oxim] mit wss. HCl (*Le. et al.*). Aus Cortison (S. 3480) und Sauerstoff mit Hilfe von Kupfer(II)-acetat (*Merck & Co. Inc.*, U.S.P. 2773078 [1953]). — Kristalle (aus wss. Acn.); F: 225° [Zers.]; $[\alpha]_D^{25}$: + 182° [Me.; c = 2]; λ_{max} (Me.): 238 nm (*Le. et al.*).

Verbindung mit Hydrogensulfit; (21Ξ)-17,21-Dihydroxy-3,11,20-trioxo-pregn-4-en-21-sulfonsäure. Natrium-Salz NaC$_{21}$H$_{27}$O$_8$S. F: 191 – 192° [Zers.]; $[\alpha]_D^{25}$: + 170° [Me.; c = 2]; λ_{max}: 245 nm [H$_2$O], 238 nm [Me.] (*Le. et al.*). — Kalium-Salz KC$_{21}$H$_{27}$O$_8$S. F: 237 – 240° [Zers.]; $[\alpha]_D^{24}$: + 165° [H$_2$O; c = 0,4]; λ_{max} (H$_2$O): 245 nm (*Le. et al.*).

17-Hydroxy-21,21-dimethoxy-pregn-4-en-3,11,20-trion, 17-Hydroxy-3,11,20-trioxo-pregn-4-en-21-al-dimethylacetal C$_{23}$H$_{32}$O$_6$, Formel VII (R = CH$_3$).

B. Aus dem im vorangehenden Artikel beschriebenen Hydrat und methanol. HCl (*Leanza et al.*, Am. Soc. **76** [1954] 1691, 1694).

Kristalle (aus Ae.); F: 142°. $[\alpha]_D^{25}$: + 176° [Me.; c = 2]. λ_{max} (Me.): 240 nm.

21,21-Diäthoxy-17-hydroxy-pregn-4-en-3,11,20-trion, 17-Hydroxy-3,11,20-trioxo-pregn-4-en-21-al-diäthylacetal C$_{25}$H$_{36}$O$_6$, Formel VII (R = C$_2$H$_5$).

B. Analog der vorangehenden Verbindung (*Leanza et al.*, Am. Soc. **76** [1954] 1691, 1694).

Kristalle (aus Ae.); F: 77°. $[\alpha]_D^{25}$: + 165° [Me.; c = 2]. λ_{max} (Me.): 238 nm.

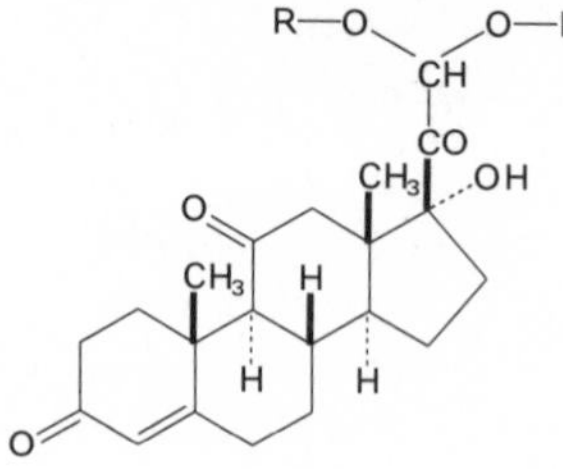

VII

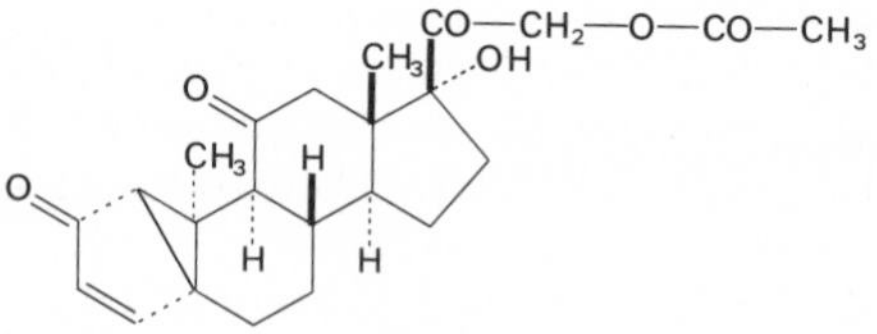

VIII

21,21-Diacetoxy-17-hydroxy-pregn-4-en-3,11,20-trion $C_{25}H_{32}O_8$, Formel VII (R = CO-CH$_3$).

B. Aus 17,21,21-Trihydroxy-pregn-4-en-3,11,20-trion und Acetanhydrid in Pyridin (*Leanza et al.*, Am. Soc. **76** [1954] 1691, 1694).

F: 169−170° [aus Amylacetat]. $[\alpha]_D^{25}$: +99° [Me.; c = 2]. λ_{max} (Me.): 238 nm.

21-Acetoxy-17-hydroxy-1β,5β-cyclo-10α-pregn-3-en-2,11,20-trion $C_{23}H_{28}O_6$, Formel VIII.

Diese Konstitution und Konfiguration kommt dem von *Barton, Taylor* (Soc. **1958** 2500, 2506) als 21-Acetoxy-17-hydroxy-4ξ,10;5,9-dicyclo-9,10-seco-5ξ,9ξ-pregn-1-en-3,11,20-trion $C_{23}H_{28}O_6$ angesehenen O^{21}-Acetyl-lumiprednison zu (*Williams et al.*, Am. Soc. **101** [1979] 5019).

B. Bei der Bestrahlung von 21-Acetoxy-17-hydroxy-pregna-1,4-dien-3,11,20-trion in Äthanol mit UV-Licht (*Ba., Ta.*).

Kristalle (aus Me.); F: 224−226°; $[\alpha]_D$: −84° [CHCl$_3$; c = 0,8]; λ_{max} (A.): 218 nm und 265 nm (*Ba., Ta.*).

Beim Erwärmen mit wss. HClO$_4$ und Essigsäure sowie beim Behandeln mit Al$_2$O$_3$ in Benzol-CHCl$_3$-Mischung ist O^{21}-Acetyl-isolumiprednison (S. 3529) erhalten worden (*Ba., Ta.*, l. c. S. 2507).

Hydroxy-oxo-Verbindungen $C_{22}H_{28}O_5$

21-Acetoxy-17-hydroxy-2-methyl-pregna-1,4-dien-3,11,20-trion $C_{24}H_{30}O_6$, Formel IX (R = CH$_3$, R′ = H, R″ = CO-CH$_3$).

B. Aus 21-Acetoxy-11β,17-dihydroxy-2-methyl-pregna-1,4-dien-3,20-dion mit Hilfe von Na$_2$Cr$_2$O$_7$ (*Upjohn Co.*, U.S.P. 3009937 [1957]).

Kristalle (aus Acn. + Hexan); F: 195−197°. $[\alpha]_D$: +177° [CHCl$_3$].

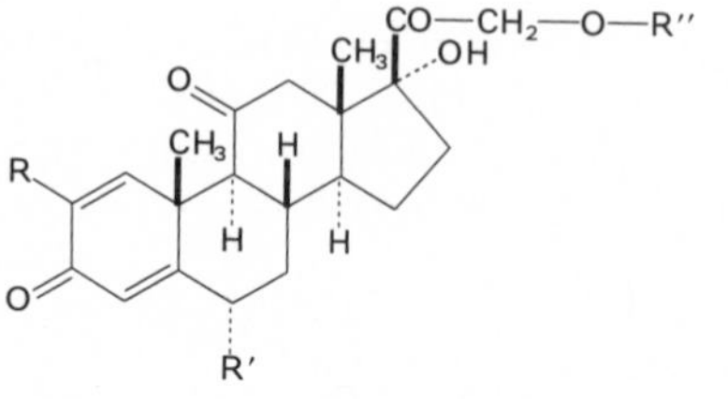

IX

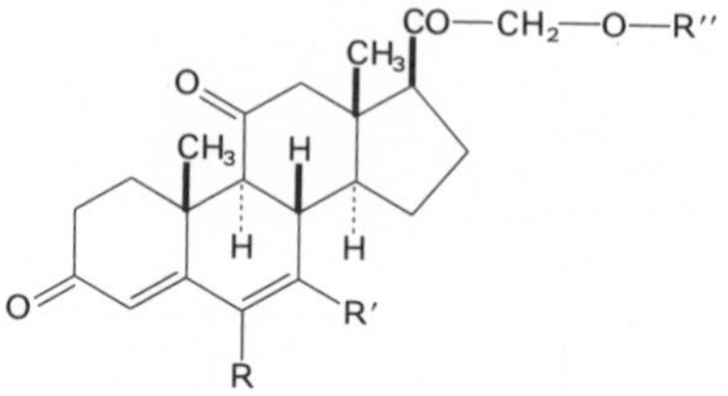

X

17,21-Dihydroxy-6α-methyl-pregna-1,4-dien-3,11,20-trion $C_{22}H_{28}O_5$, Formel IX (R = R″ = H, R′ = CH$_3$).

B. Aus 11β,17,21-Trihydroxy-6α-methyl-pregna-1,4-dien-3,20-dion mit Hilfe von *N*-Brom-acetamid und Pyridin (*Spero et al.*, Am. Soc. **78** [1956] 6213).

F: 230−232°.

21-Acetoxy-17-hydroxy-6-methyl-pregna-4,6-dien-3,11,20-trion $C_{24}H_{30}O_6$, Formel X
(R = CH$_3$, R' = H, R'' = CO-CH$_3$).

B. Aus 21-Acetoxy-17-hydroxy-6α-methyl-pregn-4-en-3,11,20-trion mit Tetrachlor-[1,4]≠benzochinon (*Hsü, Wang,* Acta chim. sinica **25** [1959] 429; C. A. **1960** 19762).

Kristalle; F: 245−248°. [α]$_D^{25}$: +292° [CHCl$_3$; c = 2]. IR-Banden (Nujol; 3400−1600 cm^{-1}): *Hsü, Wang.* λ$_{max}$ (A.): 291 nm.

17,21-Dihydroxy-7-methyl-pregna-4,6-dien-3,11,20-trion $C_{22}H_{28}O_5$, Formel X (R = R'' = H, R' = CH$_3$).

B. Aus 3,3;20,20-Bis-äthandiyldioxy-7ξ,17,21-trihydroxy-7ξ-methyl-pregn-5-en-11-on mit Hilfe von HClO$_4$ (*Zderic et al.,* Am. Soc. **81** [1959] 432, 434).

Kristalle (aus E. oder Acn.); F: 224−225° [unkorr.]. [α]$_D$: +390° [CHCl$_3$]. λ$_{max}$ (A.): 294 nm.

21-Acetoxy-17-hydroxy-7-methyl-pregna-4,6-dien-3,11,20-trion $C_{24}H_{30}O_6$, Formel X (R = H, R' = CH$_3$, R'' = CO-CH$_3$).

B. Aus der vorangehenden Verbindung und Acetanhydrid (*Zderic et al.,* Am. Soc. **81** [1959] 432, 434). Aus 21-Acetoxy-3,3;20,20-bis-äthandiyldioxy-17-hydroxy-pregn-5-en-7,11-dion bei aufeinanderfolgender Umsetzung mit Methyllithium, mit methanol. HClO$_4$ und mit Acet≠anhydrid (*Robinson et al.,* J. org. Chem. **24** [1959] 121).

Kristalle (aus Me.); F: 213−214° [unkorr.]; [α]$_D$: +359° [CHCl$_3$] (*Zd. et al.*). Kristalle (aus Acn.+Hexan) mit 0,5 Mol Aceton; F: 199−204°; [α]$_D^{25}$: +362° [Dioxan; c = 1]; IR-Banden (Nujol; 3−8 μ): *Ro. et al.* λ$_{max}$ (Me.): 293 nm (*Ro. et al.*).

17,21-Dihydroxy-16β-methyl-pregna-1,4-dien-3,11,20-trion $C_{22}H_{28}O_5$, Formel XI (R = H).

B. Aus 21-Acetoxy-17-hydroxy-16β-methyl-pregna-1,4-dien-3,11,20-trion mit wss.-methanol. KHCO$_3$ (*Taub et al.,* Am. Soc. **80** [1958] 4435; *Oliveto et al.,* Am. Soc. **80** [1958] 4428).

F: 201−204°; [α]$_D$: +190,2° [Dioxan; c = 1]; λ$_{max}$ (Me.): 238 nm (*Ol. et al.*). F: 195−200°; [α]$_D$: +205° [CHCl$_3$]; λ$_{max}$ (Me.): 238 nm (*Taub et al.*).

21-Acetoxy-17-hydroxy-16-methyl-pregna-1,4-dien-3,11,20-trione $C_{24}H_{30}O_6$.

a) **21-Acetoxy-17-hydroxy-16β-methyl-pregna-1,4-dien-3,11,20-trion,** Formel XI (R = CO-CH$_3$).

B. Aus 21-Acetoxy-17-hydroxy-16β-methyl-5β-pregnan-3,11,20-trion über das 2,4-Dibrom-Derivat (*Oliveto et al.,* Am. Soc. **80** [1958] 4428; s. a. *Taub et al.,* Am. Soc. **80** [1958] 4435).

F: 232−235°; [α]$_D$: +213,6° [Dioxan; c = 1] (*Ol. et al.*). F: 230−233°; [α]$_D$: +216° [CHCl$_3$] (*Taub et al.*). λ$_{max}$ (Me.): 238 nm (*Ol. et al.; Taub et al.*).

XI   XII

b) **21-Acetoxy-17-hydroxy-16α-methyl-pregna-1,4-dien-3,11,20-trion,** Formel XII.

B. Aus 3α-Hydroxy-16α-methyl-5β-pregnan-11,20-dion über mehrere Stufen (*Oliveto et al.,* Am. Soc. **80** [1958] 4428). Aus 21-Acetoxy-17-hydroxy-16α-methyl-pregn-4-en-3,11,20-trion mit Hilfe von SeO$_2$ (*Arth et al.,* Am. Soc. **80** [1958] 3160).

F: 212−214°; [α]$_D$: +157,8° [Dioxan; c = 1] (*Ol. et al.*). F: 210−212°; [α]$_D^{25}$: +180° [CHCl$_3$; c = 0,006] (*Arth et al.*). IR-Spektrum (KBr; 2−15 μ): W. Neudert, H. Röpke, Steroid-Spektrenatlas [Berlin 1965] Nr. 617. λ$_{max}$ (Me.): 238 nm (*Ol. et al.; Arth et al.*).

Hydroxy-oxo-Verbindungen $C_{23}H_{30}O_5$

21-Acetoxy-17-hydroxy-16,16-dimethyl-pregna-1,4-dien-3,11,20-trion $C_{25}H_{32}O_6$, Formel XIII.
B. Aus 21-Acetoxy-17-hydroxy-16,16-dimethyl-pregnan-3,11,20-trion über das 2,4-Dibrom-
Derivat (*Hoffsommer et al., J. org. Chem.* **24** [1959] 1617).
F: 231−235°. $[\alpha]_D$: +210° [CHCl$_3$]. IR-Banden (CHCl$_3$; 3−11 µ): *Ho. et al.* λ_{max} (Me.):
238 nm.

XIII   XIV

Hydroxy-oxo-Verbindungen $C_{24}H_{32}O_5$

2,16α-Diacetoxy-4,4,9,14-tetramethyl-19-nor-9β,10α-pregna-1,5-dien-3,11,20-trion, 2,16α-
Diacetoxy-22,23,24,25,26,27-hexanor-10α-cucurbita-1,5-dien-3,11,20-trion
$C_{28}H_{36}O_7$, Formel XIV.
B. Aus Di-*O*-acetyl-cucurbitacin-I (S. 3731) oder aus Di-*O*-acetyl-cucurbitacin-E (S. 3732)
mit wss. HIO$_4$ (*Lavie et al.,* Chem. and Ind. **1959** 951; *Lavie, Shvo,* Am. Soc. **82** [1960] 966,
969).
Kristalle (aus Ae.+PAe.); F: 182−184° [korr.]; $[\alpha]_D$: +10° [CHCl$_3$; c = 1,4] (*La., Shvo*).
λ_{max} (A.): 231 nm (*La., Shvo; La. et al.*).

Hydroxy-oxo-Verbindungen $C_{30}H_{44}O_5$

3,21(?),24-Trihydroxy-oleana-9(11),13(18)-dien-12,19-dione $C_{30}H_{44}O_5$.
Über die Konstitution und Konfiguration der nachstehend beschriebenen Verbindungen s.
Smith et al., Tetrahedron **4** [1958] 111, 118; *Willner et al.,* Soc. **1964** 5885; *Cainelli et al.,* Helv.
41 [1958] 2053.

a) **3β,21(?)β,24-Trihydroxy-oleana-9(11),13(18)-dien-12,19-dion,** vermutlich Formel XV.
Triacetyl-Derivat $C_{36}H_{50}O_8$; 3β,21(?)β,24-Triacetoxy-oleana-9(11),13(18)-dien-
12,19-dion. *B.* Aus 3β,21(?)β,24-Triacetoxy-olean-12-en (E IV **6** 7528) mit Hilfe von SeO$_2$
(*Smith et al.,* Tetrahedron **4** [1958] 111, 129). − Kristalle (aus CHCl$_3$+PAe.); F: 241−242°
[unkorr.]. $[\alpha]_D$: −56,8° [CHCl$_3$; c = 1]. λ_{max} (A.): 280 nm. − Bei aufeinanderfolgender Umset≈
zung mit methanol. KOH und mit Acetanhydrid ist das unter b) beschriebene Triacetyl-Derivat
erhalten worden.

XV   XVI

b) **3β,21(?)α,24-Trihydroxy-oleana-9(11),13(18)-dien-12,19-dion,** vermutlich Formel XVI.
B. Aus dem Triacetyl-Derivat (s. u.) mit Hilfe von methanol. KOH (*Smith et al.,* Tetrahedron

4 [1958] 111, 128; *Meyer et al., Helv.* **33** [1950] 687, 698).

Kristalle; F: 301 – 303° [unkorr.; aus wss. Me.]; $[\alpha]_D$: –145° [Py.]; λ_{max} (A.): 280 nm (*Sm. et al.*). F: 300 – 301° [korr.; aus CH_2Cl_2 + Ae. + PAe.]; $[\alpha]_D$: –145° [Py.] (*Me. et al.*).

$O^{21(?)}$-Methyl-Derivat $C_{31}H_{46}O_5$; 3β,24-Dihydroxy-21(?)α-methoxy-oleana-9(11),13(18)-dien-12,19-dion. *B.* Aus dem folgenden Derivat mit Hilfe von methanol. KOH (*Me. et al.*, l. c. S. 697). – Kristalle (aus Ae. + PAe.); F: 297,5 – 299° [korr.]; $[\alpha]_D$: –107° [$CHCl_3$; c = 0,8] (*Me. et al.*).

O^3,O^{24}-Diacetyl-$O^{21(?)}$-methyl-Derivat $C_{35}H_{50}O_7$; 3β,24-Diacetoxy-21(?)α-methoxy-oleana-9(11),13(18)-dien-12,19-dion. *B.* Aus Di-*O*-acetyl-sojasapogenol-D (E IV 6 7529) mit Hilfe von SeO_2 (*Me. et al.*, l. c. S. 697). – Kristalle (aus $CHCl_3$ + Me.); F: 253 – 254° [korr.; nach Sublimation im Hochvakuum]; $[\alpha]_D$: –79° [$CHCl_3$; c = 1] (*Me. et al.*). IR-Spektrum (Nujol; 2 – 16 μ): *Me. et al.*, l. c. S. 692.

Triacetyl-Derivat $C_{36}H_{50}O_8$; 3β,21(?)α,24-Triacetoxy-oleana-9(11),13(18)-dien-12,19-dion. *B.* Aus Tri-*O*-acetyl-sojasapogenol-B [E III 8 6502] (*Sm. et al.*; *Me. et al.*) oder aus 3β,21(?)α,24-Triacetoxy-olean-13(18)-en [F: 211 – 212°; $[\alpha]_D$: –24° ($CHCl_3$)] (*Me. et al.*, l. c. S. 697) mit Hilfe von SeO_2. – Kristalle (aus $CHCl_3$ + Me.); F: 274 – 275° [unkorr.] (*Sm. et al.*), 268 – 269° [korr.; nach Sublimation bei 130° im Hochvakuum] (*Me. et al.*). $[\alpha]_D$: –52° [$CHCl_3$; c = 2,5] (*Sm. et al.*), –49° [$CHCl_3$; c = 1] (*Me. et al.*). IR-Spektrum (Nujol; 2 – 16 μ): *Me. et al.*, l. c. S. 692. λ_{max} (A.): 278 nm (*Sm. et al.*).   [*Goebels*]

Hydroxy-oxo-Verbindungen $C_nH_{2n-18}O_5$

Hydroxy-oxo-Verbindungen $C_{13}H_8O_5$

1,6-Dihydroxy-4,5-dimethoxy-fluoren-9-on(?) $C_{15}H_{12}O_5$, vermutlich Formel I (R = H).

B. Beim Erwärmen des aus 5,6,2′,5′-Tetramethoxy-biphenyl-2-carbonsäure mit Hilfe von $SOCl_2$ hergestellten Säurechlorids mit $AlCl_3$ in CS_2 (*Bentley, Robinson*, Soc. **1952** 947, 954).

Kristalle; F: 147° [unkorr.].

2,4-Dinitro-phenylhydrazon (F: 285°): *Be., Ro.*, l. c. S. 955.

I   II   III

1,4,5,6-Tetramethoxy-fluoren-9-on $C_{17}H_{16}O_5$, Formel I (R = CH_3).

B. Beim Behandeln des aus 5,6,2′,5′-Tetramethoxy-biphenyl-2-carbonsäure mit Hilfe von PCl_5 hergestellten Säurechlorids mit $SnCl_4$ in Benzol (*Bentley, Robinson*, Soc. **1952** 947, 954).

Gelbe Kristalle (aus A.); F: 183° [unkorr.].

2,4-Dinitro-phenylhydrazon (F: 290°): *Be., Ro.*, l. c. S. 955.

1,5,6,7-Tetramethoxy-fluoren-9-on $C_{17}H_{16}O_5$, Formel II, oder **2,3,4,6-Tetramethoxy-fluoren-9-on** $C_{17}H_{16}O_5$, Formel III.

a) Isomeres vom F: 153°.

B. Neben dem unter b) beschriebenen Isomeren beim Erwärmen von 4,5,6,3′-Tetramethoxy-biphenyl-2-carbonsäure mit $SOCl_2$ (*Cook et al.*, Soc. **1950** 139, 144).

Goldgelbe Kristalle (aus Me.); F: 152 – 153°.

2,4-Dinitro-phenylhydrazon (F: 137°): *Cook et al.*

b) Isomeres vom F: 122°.

B. s. unter a).

Gelbe Kristalle (aus Me.); F: 122°.
2,4-Dinitro-phenylhydrazon (F: 236°): *Cook et al.*

2,3,6,7-Tetramethoxy-fluoren-9-on $C_{17}H_{16}O_5$, Formel IV (E II 545; E III 4097).

B. Aus 2,3,6,7-Tetramethoxy-9-methylen-fluoren mit Hilfe von $KMnO_4$ (*Matarasso-Tchi=roukhine,* A. ch. [13] **3** [1958] 405, 452).

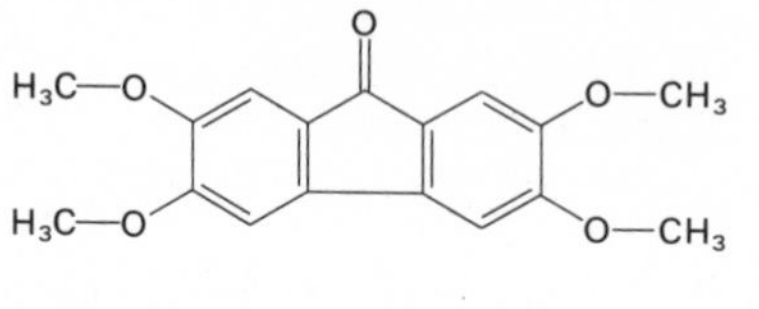

IV 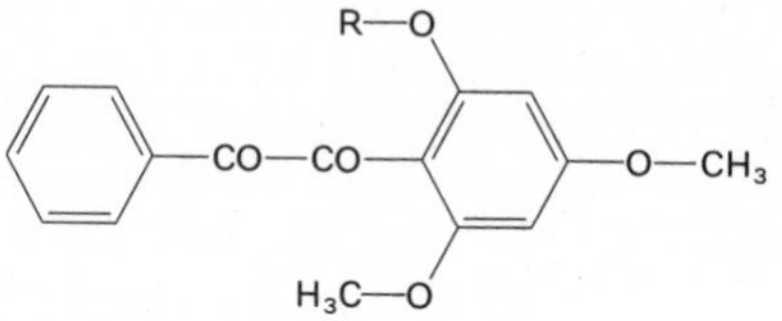   V

Hydroxy-oxo-Verbindungen $C_{14}H_{10}O_5$

2-Hydroxy-4,6-dimethoxy-benzil $C_{16}H_{14}O_5$, Formel V (R = H).

Diese Konstitution kommt der früher (s. E III **8** 3643, Zeile 5 v. u.) beschriebenen Verbindung $C_{16}H_{16}O_5$ vom F: 110−111° zu (*Mee et al., Soc.* **1957** 3093, 3094).

2,4,6-Trimethoxy-benzil $C_{17}H_{16}O_5$, Formel V (R = CH_3).

Konstitution: *Mee et al., Soc.* **1957** 3093, 3094.

B. Beim Erwärmen von 2,4,6-Trimethoxy-desoxybenzoin mit Blei(IV)-acetat in Essigsäure (*Badcock et al., Soc.* **1950** 2961, 2964) oder mit $KMnO_4$ in wss. Aceton (*Mee et al.,* l. c. S. 3098). Aus der vorangehenden Verbindung mit Hilfe von Dimethylsulfat und K_2CO_3 (*Ba. et al.*).

Kristalle (aus A.); F: 135,5° (*Ba. et al.*), 135° (*Mee et al.*).

2,4,4′-Trimethoxy-benzil $C_{17}H_{16}O_5$, Formel VI.

Konstitution: *Mee et al., Soc.* **1957** 3093, 3094.

B. Beim Erwärmen von 2,4,4′-Trimethoxy-desoxybenzoin mit Blei(IV)-acetat in Essigsäure (*Badcock et al., Soc.* **1950** 2961, 2964).

Kristalle (aus A.); F: 94° (*Ba. et al.*).

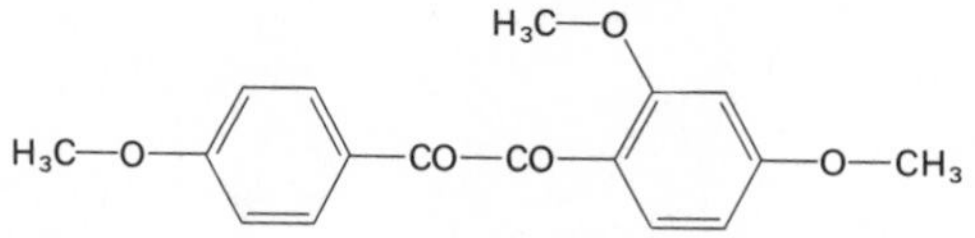

VI 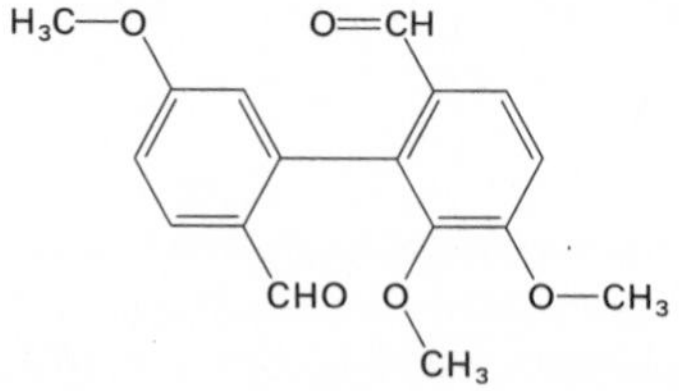   VII

5,6,5′-Trimethoxy-biphenyl-2,2′-dicarbaldehyd $C_{17}H_{16}O_5$, Formel VII.

B. Aus (R_a)-5,6,5′-Trimethoxy-2-styryl-2′-vinyl-biphenyl (E III **6** 6618) mit Hilfe von $KMnO_4$ oder von Ozon (*Bentley, Robinson,* Soc. **1952** 947, 952, 955).

$Kp_{0,3}$: 215−219° [Badtemperatur].
Bis-[2,4-dinitro-phenylhydrazon] (F: 277°): *Be., Ro.*

2-Hydroxy-4,4′-dimethyl-[1,1′]bicyclohexa-1,4-dienyl-3,6,3′,6′-tetraon $C_{14}H_{10}O_5$, Formel VIII (R = H) und Taut.

B. Beim Behandeln von 4,4′-Dimethyl-biphenyl-2,3,6,2′,5′-pentaol mit $FeCl_3$ in wss. Äthanol (*Posternak et al.,* Helv. **39** [1956] 1556, 1561).

Gelbe Kristalle (aus A.); F: 178−180°.

VIII   IX

2-Methoxy-4,4'-dimethyl-[1,1']bicyclohexa-1,4-dienyl-3,6,3',6'-tetraon $C_{15}H_{12}O_5$, Formel VIII (R = CH₃).

B. Beim Erwärmen der vorangehenden Verbindung mit CH₃I und Ag₂O in CHCl₃ (*Posternak et al.*, Helv. **39** [1956] 1556, 1561).

Gelbe Kristalle (aus A.); F: 102 – 103°.

2-Acetoxy-4,4'-dimethyl-[1,1']bicyclohexa-1,4-dienyl-3,6,3',6'-tetraon $C_{16}H_{12}O_6$, Formel VIII (R = CO-CH₃).

B. Beim Erhitzen von 2-Hydroxy-4,4'-dimethyl-[1,1']bicyclohexa-1,4-dienyl-3,6,3',6'-tetraon mit Acetanhydrid und Natriumacetat (*Posternak et al.*, Helv. **39** [1956] 1556, 1561).

Kristalle (aus A.); F: 132 – 133°.

Hydroxy-oxo-Verbindungen $C_{15}H_{12}O_5$

4-[3,4,5-Trimethoxy-*trans*(?)-styryl]-tropolon $C_{18}H_{18}O_5$, vermutlich Formel IX und Taut.

B. Beim Erhitzen von 2-Hydroxy-3-oxo-7-[3,4,5-trimethoxy-*trans*(?)-styryl]-cyclohepta-1,4,6-triencarbonsäure (F: 201°) mit Pyridin (*Nozoe et al.*, Sci. Rep. Tohoku Univ. [I] **38** [1954] 257, 278).

Gelbe Kristalle (aus A.); F: 174 – 175°. Absorptionsspektrum (Me.; 220 – 450 nm): *No. et al.*, l. c. S. 264.

2,3,2',3'-Tetramethoxy-*trans*-chalkon $C_{19}H_{20}O_5$, Formel X.

B. Beim Behandeln von 1-[2,3-Dimethoxy-phenyl]-äthanon mit 2,3-Dimethoxy-benzaldehyd und wss.-äthanol. KOH (*Smith, Paulson*, Am. Soc. **76** [1954] 4486).

Gelbe Kristalle (aus A. oder wss. A.); F: 71 – 74°.

2,4-Dinitro-phenylhydrazon (F: 177 – 179°): *Sm., Pa.*

X   XI

2',4'-Dihydroxy-2,3-dimethoxy-*trans*-chalkon $C_{17}H_{16}O_5$, Formel XI (R = CH₃, R' = R'' = H).

B. Beim Behandeln von 1-[2,4-Dihydroxy-phenyl]-äthan-1-on mit 2,3-Dimethoxy-benzaldehyd und wss.-äthanol. KOH (*Dhar, Lal*, J. org. Chem. **23** [1958] 1159). Beim Erhitzen von 2'-Hydroxy-2,3-dimethoxy-4'-methoxymethoxy-*trans*-chalkon oder 2,3-Dimethoxy-2',4'-bis-methoxymethoxy-*trans*-chalkon mit wss. H₂SO₄ enthaltender Essigsäure (*Bellino, Venturella*, Ann. Chimica **48** [1958] 111, 118, 120).

Gelbe Kristalle; F: 202 – 204° [nach Erweichen; aus wss. A.] (*Be., Ve.*), 188 – 189°(?) [unkorr.;

aus Bzl.] (*Dhar, Lal*).

Monoacetyl-Derivat $C_{19}H_{18}O_6$; 2′(oder 4′)-Acetoxy-4′(oder 2′)-hydroxy-2,3-di=
methoxy-*trans*-chalkon. Gelbe Kristalle (aus Bzl.); F: 123,5° [unkorr.] (*Dhar, Lal*).

Diacetyl-Derivat $C_{21}H_{20}O_7$; 2′,4′-Diacetoxy-2,3-dimethoxy-*trans*-chalkon.
Kristalle (aus A.); F: 100−101° (*Be., Ve.*).

2,4-Dinitro-phenylhydrazon (F: 251−252°): *Dhar, Lal.*

2′-Hydroxy-2,3,4′-trimethoxy-*trans*-chalkon $C_{18}H_{18}O_5$, Formel XI (R = R″ = CH₃,
R′ = H).

B. Aus 1-[2-Hydroxy-4-methoxy-phenyl]-äthanon und 2,3-Dimethoxy-benzaldehyd in wss.-
äthanol. NaOH (*Arcoleo et al.*, Ann. Chimica **47** [1957] 75, 80).

Gelbe Kristalle (aus A.); F: 130−131°.

2′-Hydroxy-3,4′-dimethoxy-2-methoxymethoxy-*trans*-chalkon $C_{19}H_{20}O_6$, Formel XI
(R = CH₂-O-CH₃, R′ = H, R″ = CH₃).

B. Aus 1-[2-Hydroxy-4-methoxy-phenyl]-äthanon und 3-Methoxy-2-methoxymethoxy-benz=
aldehyd in äthanol. KOH (*Venturella, Bellino*, Ann. Chimica **49** [1959] 2023, 2044).

Gelbe Kristalle (aus A.); F: 128−130°.

2′-Hydroxy-2,3-dimethoxy-4′-methoxymethoxy-*trans*-chalkon $C_{19}H_{20}O_6$, Formel XI
(R = CH₃, R′ = H, R″ = CH₂-O-CH₃).

B. Aus 1-[2-Hydroxy-4-methoxymethoxy-phenyl]-äthanon und 2,3-Dimethoxy-benzaldehyd
in wss.-äthanol. KOH (*Bellino, Venturella*, Ann. Chimica **48** [1958] 111, 117, 119).

Gelbe Kristalle (aus A.); F: 79°.

2,3-Dimethoxy-2′,4′-bis-methoxymethoxy-*trans*-chalkon $C_{21}H_{24}O_7$, Formel XI (R = CH₃,
R′ = R″ = CH₂-O-CH₃).

B. Aus 1-[2,4-Bis-methoxymethoxy-phenyl]-äthanon und 2,3-Dimethoxy-benzaldehyd in äth=
anol. KOH (*Bellino, Venturella*, Ann. Chimica **48** [1958] 111, 117, 120).

Kristalle (aus Ae.); F: 63−64°.

2′-Hydroxy-2,3,5′-trimethoxy-*trans*-chalkon $C_{18}H_{18}O_5$, Formel XII (R = CH₃, R′ = H).

B. Aus 1-[2-Hydroxy-5-methoxy-phenyl]-äthanon und 2,3-Dimethoxy-benzaldehyd in wss.-
äthanol. NaOH (*Arcoleo et al.*, Ann. Chimica **47** [1957] 75, 81).

Orangefarbene Kristalle (aus Eg.); F: 101−102°.

XII   XIII

2-Hydroxy-3,2′,5′-trimethoxy-*trans*-chalkon $C_{18}H_{18}O_5$, Formel XII (R = H, R′ = CH₃).

B. Aus 1-[2,5-Dimethoxy-phenyl]-äthanon und 2-Hydroxy-3-methoxy-benzaldehyd in wss.-
äthanol. KOH (*Bentley, Dominguez*, J. org. Chem. **21** [1956] 1348, 1352).

Gelbe Kristalle (aus wss. A.); F: 123°.

2,3,2′,5′-Tetramethoxy-*trans*-chalkon $C_{19}H_{20}O_5$, Formel XII (R = R′ = CH₃).

B. Aus 1-[2,5-Dimethoxy-phenyl]-äthanon und 2,3-Dimethoxy-benzaldehyd in Äthanol unter
Zusatz von methanol. Natriummethylat (*Bentley, Dominguez*, J. org. Chem. **21** [1956] 1348,
1352).

Gelbe Kristalle (aus wss. A.); F: 65−66°. UV-Spektrum (230−380 nm): *Be., Do.*, l. c. S. 1349.

2'-Hydroxy-3,5'-dimethoxy-2-methoxymethoxy-*trans*-chalkon $C_{19}H_{20}O_6$, Formel XII
(R = CH$_2$-O-CH$_3$, R' = H).
B. Aus 1-[2-Hydroxy-5-methoxy-phenyl]-äthanon und 3-Methoxy-2-methoxymethoxy-benz‌aldehyd in äthanol. KOH (*Venturella, Bellino,* Ann. Chimica **49** [1959] 2023, 2041).
Dimorph; gelbe Kristalle (aus A.) vom F: 95°, die sich bei 98 – 99° in die höherschmelzende Modifikation umwandeln, sowie orangerote Kristalle (aus A.) vom F: 102 – 103°. UV-Spektrum (A.; 220 – 400 nm): *Ve., Be.*

2'-Hydroxy-3,6'-dimethoxy-2-methoxymethoxy-*trans*-chalkon $C_{19}H_{20}O_6$, Formel XIII.
B. Aus 1-[2-Hydroxy-6-methoxy-phenyl]-äthanon und 3-Methoxy-2-methoxymethoxy-benz‌aldehyd in äthanol. KOH (*Venturella, Bellino,* Ann. Chimica **49** [1959] 2023, 2044).
Orangefarbene Kristalle (aus A.); F: 99 – 100°.

2,4,3',4'-Tetramethoxy-*trans*-chalkon $C_{19}H_{20}O_5$, Formel XIV (E I 737).
λ_{max} (A.): 355 nm (*Nordström, Swain,* Arch. Biochem. **60** [1956] 329, 336).

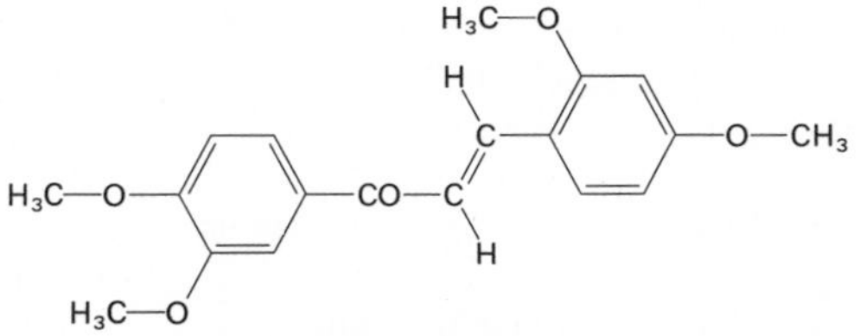

XIV

2'-Hydroxy-5'-methoxy-2,5-bis-methoxymethoxy-*trans*-chalkon $C_{20}H_{22}O_7$, Formel XV.
B. Aus 1-[2-Hydroxy-5-methoxy-phenyl]-äthanon und 2,5-Bis-methoxymethoxy-benzaldehyd in äthanol. KOH (*Venturella, Bellino,* Ann. Chimica **49** [1959] 2023, 2044).
Orangefarbene Kristalle (aus A.); F: 95°.

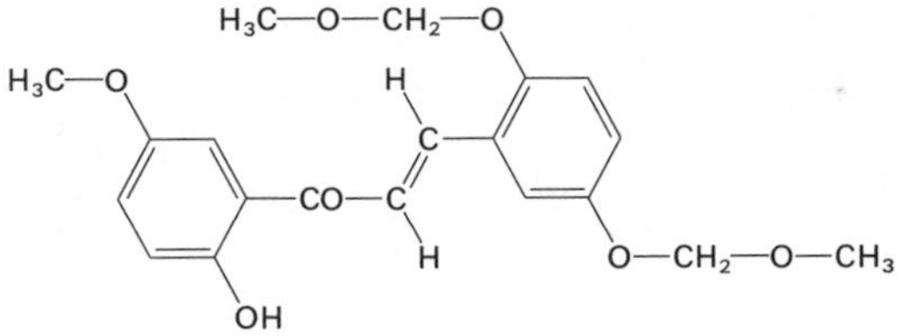

XV

2,2'-Dihydroxy-3',4'-dimethoxy-*trans*-chalkon $C_{17}H_{16}O_5$, Formel I (R = H).
B. Beim Erhitzen von 2'-Hydroxy-3',4'-dimethoxy-2-methoxymethoxy-*trans*-chalkon mit H$_2$SO$_4$ enthaltender Essigsäure (*Venturella, Bellino,* Ann. Chimica **49** [1959] 2023, 2045).
Orangegelbe Kristalle (aus A.); F: 108 – 109°.

2'-Hydroxy-3',4'-dimethoxy-2-methoxymethoxy-*trans*-chalkon $C_{19}H_{20}O_6$, Formel I
(R = CH$_2$-O-CH$_3$).
B. Aus 1-[2-Hydroxy-3,4-dimethoxy-phenyl]-äthanon und 2-Methoxymethoxy-benzaldehyd in äthanol. KOH (*Venturella, Bellino,* Ann. Chimica **49** [1959] 2023, 2045).
Gelbe Kristalle (aus A.); F: 105 – 106°.

2,2'-Dihydroxy-4',6'-dimethoxy-*trans*-chalkon $C_{17}H_{16}O_5$, Formel II (R = R' = H).
B. Aus 1-[2-Hydroxy-4,6-dimethoxy-phenyl]-äthanon und Salicylaldehyd in wss.-äthanol. NaOH (*Simpson, Whalley,* Soc. **1955** 166, 167). Beim Erhitzen von 2'-Hydroxy-4',6'-dimethoxy-

2-methoxymethoxy-*trans*-chalkon (s. u.) mit H_2SO_4 enthaltender Essigsäure (*Venturella, Bellino*, Ann. Chimica **49** [1959] 2023, 2045).

Gelbe Kristalle (aus A.); F: 171° (*Si., Wh.*; *Ve., Be.*).

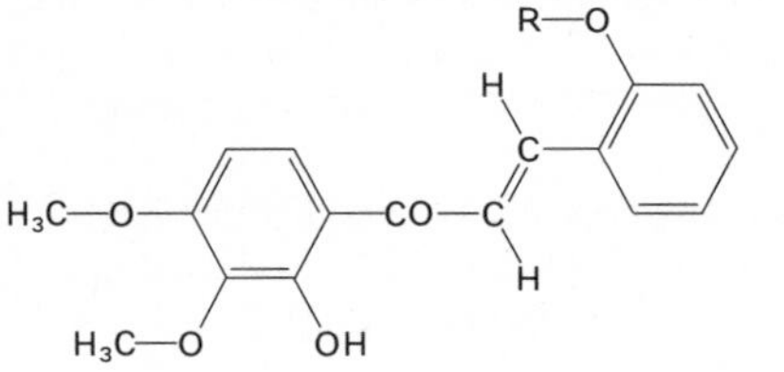

2,2',4',6'-Tetramethoxy-*trans*-chalkon $C_{19}H_{20}O_5$, Formel II (R = R' = CH_3).

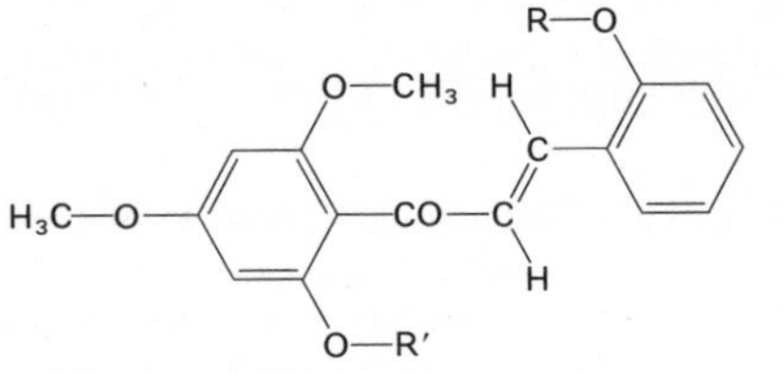

B. Aus 1-[2,4,6-Trimethoxy-phenyl]-äthanon und 2-Methoxy-benzaldehyd in wss.-äthanol. KOH (*Narasimhachari et al.*, Pr. Indian Acad. [A] **36** [1952] 231, 239). Beim Behandeln von 2-Methoxy-*trans*-cinnamoylchlorid mit 1,3,5-Trimethoxy-benzol und $AlCl_3$ in Äther (*Na. et al.*). Aus 2-Hydroxy-2',4',6'-trimethoxy-*trans*(?)-chalkon (E II 547) und Dimethylsulfat (*Na. et al.*).

Hellgelbe Kristalle (aus A.); F: 124—125°.

2'-Hydroxy-4',6'-dimethoxy-2-methoxymethoxy-*trans*-chalkon $C_{19}H_{20}O_6$, Formel II (R = CH_2-O-CH_3, R' = H).

B. Aus 1-[2-Hydroxy-4,6-dimethoxy-phenyl]-äthanon und 2-Methoxymethoxy-benzaldehyd in äthanol. KOH (*Venturella, Bellino*, Ann. Chimica **49** [1959] 2023, 2045).

Gelbe Kristalle (aus A.); F: 120—121°.

3'-Hydroxy-3,4,5-trimethoxy-*trans*-chalkon $C_{18}H_{18}O_5$, Formel III (R = H).

B. Aus 1-[3-Hydroxy-phenyl]-äthanon und 3,4,5-Trimethoxy-benzaldehyd in methanol. Na⸗ triummethylat (*Christiansen et al.*, Am. Soc. **77** [1955] 948).

Gelbe Kristalle (aus A.); F: 173—174° [unkorr.].

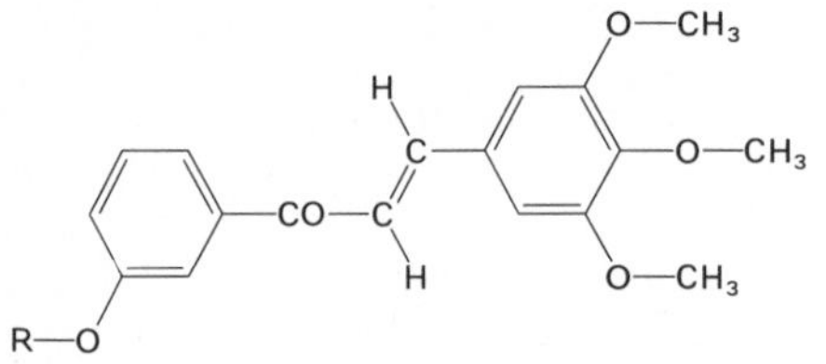

3,4,5,3'-Tetramethoxy-*trans*-chalkon $C_{19}H_{20}O_5$, Formel III (R = CH_3).

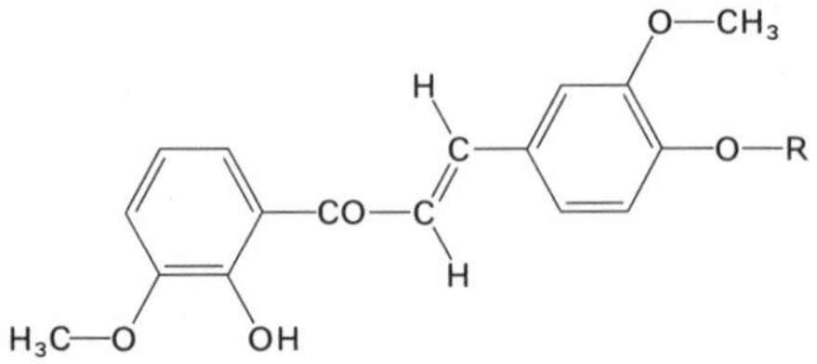

B. Aus 1-[3-Methoxy-phenyl]-äthanon und 3,4,5-Trimethoxy-benzaldehyd in Äthanol unter Zusatz von methanol. Natriummethylat (*Lettré, Hartwig*, Z. physiol. Chem. **291** [1952] 164, 167).

Hellgelbe Kristalle (aus A.); F: 143°.

4,2'-Dihydroxy-3,3'-dimethoxy-*trans*-chalkon $C_{17}H_{16}O_5$, Formel IV (R = H).

B. Aus 1-[2-Hydroxy-3-methoxy-phenyl]-äthanon und Vanillin in wss.-äthanol. KOH (*Smith, Paulson*, Am. Soc. **76** [1954] 4486).

Orangefarbene Kristalle (aus wss. A.); F: 128—129° [unkorr.].

2,4-Dinitro-phenylhydrazon (F: 241—242°): *Sm., Pa.*

2'-Hydroxy-3,4,3'-trimethoxy-*trans*-chalkon $C_{18}H_{18}O_5$, Formel IV (R = CH_3).

B. Aus 1-[2-Hydroxy-3-methoxy-phenyl]-äthanon und Veratrumaldehyd in wss.-äthanol.

NaOH (*Smith, Paulson,* Am. Soc. **76** [1954] 4486; *Richtzenhain, Alfredson,* B. **89** [1956] 378, 382).

Rote Kristalle (aus A. oder wss. A.), F: 128−129,5° [unkorr.] (*Sm., Pa.*) bzw. orangerote Kristalle (aus A. oder Bzl.), F: 127° (*Ri., Al.*).

Acetyl-Derivat $C_{20}H_{20}O_6$; 2′-Acetoxy-3,4,3′-trimethoxy-*trans*-chalkon. Gelbe Kristalle (aus wss. A.); F: 107−109° [unkorr.] (*Sm., Pa.*).

2,4-Dinitro-phenylhydrazon (F: 190−191°): *Sm., Pa.*

3,4,2′,4′-Tetrahydroxy-*trans*-chalkon, Butein $C_{15}H_{12}O_5$, Formel V (R = H) (H 501; E I 737; E II 547; E III 4103 [1])).

Konfiguration: *Saito et al.,* Bl. chem. Soc. Japan **45** [1972] 2274.

Atomabstände und Bindungswinkel des Monohydrats (Röntgen-Diagramm): *Sa. et al.* Das Monohydrat ist monoklin; Kristallstruktur-Analyse (Röntgen-Diagramm): *Sa. et al.* Dichte der Kristalle (Monohydrat): 1,42. Absorptionsspektrum (A.; 215−450 nm): *Seikel, Geissman,* Am. Soc. **72** [1950] 5720, 5722.

Tetraacetyl-Derivat $C_{23}H_{20}O_9$; 3,4,2′,4′-Tetraacetoxy-*trans*-chalkon, Tetra-*O*-acetyl-butein (H 502; E I 737; E III 4106). UV-Spektrum (A.; 220−350 nm): *Se., Ge.,* l. c. S. 5722.

V   VI

4,2′,4′-Trihydroxy-3-methoxy-*trans*-chalkon $C_{16}H_{14}O_5$, Formel VI (R = R′ = R″ = H) (E III 4104).

B. Aus 1-[2,4-Dihydroxy-phenyl]-äthanon und Vanillin in wss.-äthanol. KOH (*Dhar, Lal,* J. org. Chem. **23** [1958] 1159).

Gelbe Kristalle (aus Bzl.); F: 210° [unkorr.].

Triacetyl-Derivat $C_{22}H_{20}O_8$; 4,2′,4′-Triacetoxy-3-methoxy-*trans*-chalkon. Hell‡ gelbe Kristalle (aus A.); F: 133° [unkorr.] (*Dhar, Lal*).

2,4-Dinitro-phenylhydrazon (F: 235°): *Dhar, Lal.*

2′,4′-Dihydroxy-3,4-dimethoxy-*trans*-chalkon $C_{17}H_{16}O_5$, Formel VI (R = CH_3, R′ = R″ = H) (E I 737; E III 4104).

B. Beim Erhitzen von 2′-Hydroxy-3,4-dimethoxy-4′-methoxymethoxy-*trans*-chalkon mit wss. H_2SO_4 enthaltender Essigsäure (*Bellino, Venturella,* Ann. Chimica **48** [1958] 111, 118, 120).

Kristalle; F: 209° [aus A.] (*Yamaguchi,* J. chem. Soc. Japan Pure Chem. Sect. **84** [1963] 148, 150; C. A. **60** [1964] 5443), 127−128°[?] [aus wss. A.] (*Be., Ve.*).

4′-Hydroxy-3,4,2′-trimethoxy-*trans*-chalkon $C_{18}H_{18}O_5$, Formel VI (R = R′ = CH_3, R″ = H).

B. Aus 1-[4-Hydroxy-2-methoxy-phenyl]-äthanon und Veratrumaldehyd in äthanol. Alkali‡ lauge (*Nordström, Swain,* Arch. Biochem. **60** [1956] 329, 333, 337). Beim Behandeln von 1-[4-Benzoyloxy-2-methoxy-phenyl]-äthanon mit Veratrumaldehyd und wss.-äthanol. KOH (*Puri, Seshadri,* J. scient. ind. Res. India **13** B [1954] 321, 325).

Gelbe Kristalle (aus A.); F: 194−195° [korr.] (*No., Sw.*), 128−130°(?) [Zers.] (*Puri, Se.*).

---

[1] Berichtigung zu E III **8** Seite 4103, Zeile 11 v. u.: Anstelle von „(F: 171°)" ist zu setzen „(F: 129−130° bzw. F: 128°)".

λ_{max} (A.): 357 nm (*No., Sw.*, l. c. S. 336).

2'-Hydroxy-3,4,4'-trimethoxy-*trans*-chalkon $C_{18}H_{18}O_5$, Formel VI (R = R'' = CH$_3$, R' = H) (H 501; E I 737; E III 4105).

Konfiguration: *Fourie et al.*, J.C.S. Perkin I **1977** 125, 132.

Gelbe Kristalle (aus A.); F: 161 — 162° [korr.] (*Nordström, Swain,* Arch. Biochem. **60** [1956] 329, 337). λ_{max} (A.): 375 nm (*No., Sw.*, l. c. S. 336).

4-Hydroxy-3,2',4'-trimethoxy-*trans*-chalkon $C_{18}H_{18}O_5$, Formel VI (R = H, R' = R'' = CH$_3$).

B. Aus 1-[2,4-Dimethoxy-phenyl]-äthanon und Vanillin in wss.-äthanol. KOH (*Puri, Seshadri,* J. scient. ind. Res. India **13** B [1954] 321, 325; s. a. *Nordström, Swain,* Arch. Biochem. **60** [1956] 329, 333).

Gelbe Kristalle (aus A.); F: 125 — 126°[?] (*Puri, Se.*). λ_{max} (A.): 360 nm (*No., Sw.*, l. c. S. 336).

3-Hydroxy-4,2',4'-trimethoxy-*trans*-chalkon $C_{18}H_{18}O_5$, Formel V (R = CH$_3$) (E III 4105).

B. Aus 1-[2,4-Dimethoxy-phenyl]-äthanon und 3-Hydroxy-4-methoxy-benzaldehyd in wss.-äthanol. KOH (*Puri, Seshadri,* J. scient. ind. Res. India **13** B [1954] 321, 325; s. a. *Nordström, Swain,* Arch. Biochem. **60** [1956] 329, 333, 337).

Gelbe Kristalle (aus A.); F: 195 — 196°[?] (*Puri, Se.*), 123 — 124° [korr.] (*No., Sw.*). λ_{max} (A.): 355 nm (*No., Sw.*, l. c. S. 336).

4-Äthoxy-2',4'-dihydroxy-3-methoxy-*trans*-chalkon $C_{18}H_{18}O_5$, Formel VI (R = C$_2$H$_5$, R' = R'' = H).

B. Aus 1-[2,4-Dihydroxy-phenyl]-äthanon und 4-Äthoxy-3-methoxy-benzaldehyd in wss.-äth= anol. KOH (*Pew,* Am. Soc. **73** [1951] 1678, 1683, 1685).

F: 198 — 200° [korr.].

2',4'-Dihydroxy-4-isopropoxy-3-methoxy-*trans*-chalkon $C_{19}H_{20}O_5$, Formel VI (R = CH(CH$_3$)$_2$, R' = R'' = H).

B. Analog der vorangehenden Verbindung (*Pew,* Am. Soc. **73** [1951] 1678, 1683, 1685).

F: 176 — 177° [korr.].

4-Benzyloxy-2'-hydroxy-3,4'-dimethoxy-*trans*-chalkon $C_{24}H_{22}O_5$, Formel VI (R = CH$_2$-C$_6$H$_5$, R' = H, R'' = CH$_3$).

B. Aus 1-[2-Hydroxy-4-methoxy-phenyl]-äthanon und 4-Benzyloxy-3-methoxy-benzaldehyd in wss.-äthanol. NaOH (*Marathey,* J. Univ. Poona Nr. 2 [1952] 19, 22).

Rote Kristalle (aus Eg.); F: 152°.

Acetyl-Derivat $C_{26}H_{24}O_6$; 2'-Acetoxy-4-benzyloxy-3,4'-dimethoxy-*trans*-chal= kon. F: 117°.

2'-Hydroxy-3,4-dimethoxy-4'-methoxymethoxy-*trans*-chalkon $C_{19}H_{20}O_6$, Formel VI (R = CH$_3$, R' = H, R'' = CH$_2$-O-CH$_3$).

B. Aus 1-[2-Hydroxy-4-methoxymethoxy-phenyl]-äthanon und Veratrumaldehyd in wss.-äth= anol. KOH (*Bellino, Venturella,* Ann. Chimica **48** [1958] 111, 117, 119).

Gelbe Kristalle (aus A.); F: 104 — 105°.

3,4-Dimethoxy-2',4'-bis-methoxymethoxy-*trans*-chalkon $C_{21}H_{24}O_7$, Formel VI (R = CH$_3$, R' = R'' = CH$_2$-O-CH$_3$).

B. Aus 1-[2,4-Bis-methoxymethoxy-phenyl]-äthanon und Veratrumaldehyd in äthanol. KOH (*Bellino, Venturella,* Ann. Chimica **48** [1958] 111, 117, 119).

Hellgelbe Kristalle (aus Ae.); F: 75 — 76°.

4,2',4'-Trihydroxy-3-methoxy-5'-nitro-*trans*-chalkon $C_{16}H_{13}NO_7$, Formel VII (R = R' = X = H).

B. Aus 1-[2,4-Dihydroxy-5-nitro-phenyl]-äthanon und Vanillin in wss.-äthanol. KOH (*Kul=*

karni, Jadhav, J. Indian chem. Soc. **31** [1954] 746, 748, 750).
Kristalle (aus wss. Eg.); F: 162–164°.

2′,4′-Dihydroxy-3,4-dimethoxy-5′-nitro-*trans*-chalkon $C_{17}H_{15}NO_7$, Formel VII (R = CH_3, R′ = X = H).
B. Aus 1-[2,4-Dihydroxy-5-nitro-phenyl]-äthanon und Veratrumaldehyd in wss.-äthanol. KOH (*Kulkarni, Jadhav,* J. Univ. Bombay **22**, Tl. 5A [1954] 17, 19).
Kristalle (Eg.); F: 199–200°.

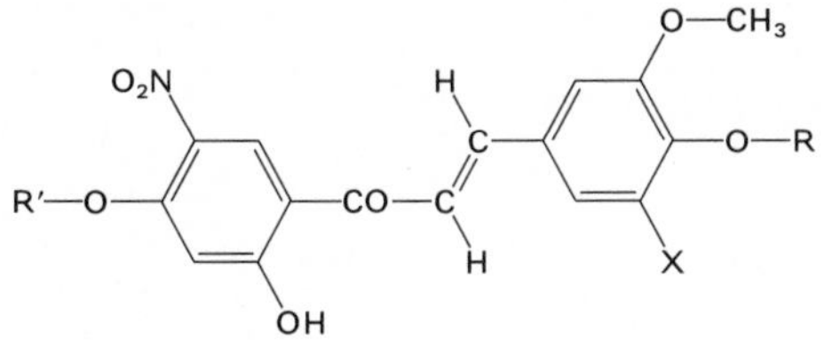

VII

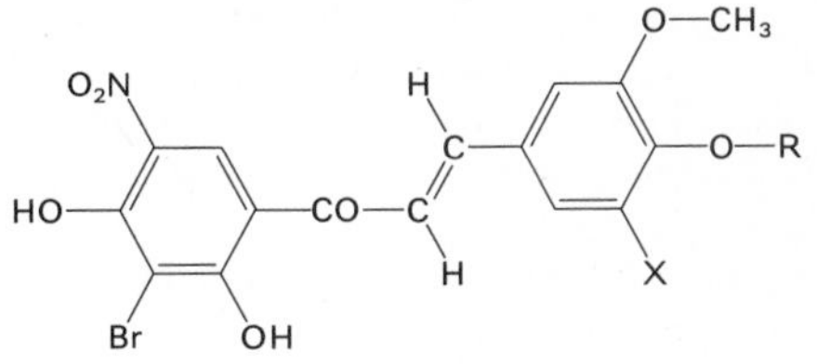

VIII

4,2′-Dihydroxy-3,4′-dimethoxy-5′-nitro-*trans*-chalkon $C_{17}H_{15}NO_7$, Formel VII (R = X = H, R′ = CH_3).
B. Aus 1-[2-Hydroxy-4-methoxy-5-nitro-phenyl]-äthanon und Vanillin in wss.-äthanol. KOH (*Kulkarni, Jadhav,* J. Indian chem. Soc. **32** [1955] 97, 98).
Kristalle (aus A.); F: 162–163°.

2′-Hydroxy-3,4,4′-trimethoxy-5′-nitro-*trans*-chalkon $C_{18}H_{17}NO_7$, Formel VII (R = R′ = CH_3, X = H).
B. Aus 1-[2-Hydroxy-4-methoxy-5-nitro-phenyl]-äthanon und Veratrumaldehyd in wss.-äth⸗anol. KOH (*Kulkarni, Jadhav,* J. Univ. Bombay **23**, Tl. 5A [1955] 14, 17).
Kristalle (aus Eg.); F: 169–170°.

4′-Benzyloxy-2′-hydroxy-3,4-dimethoxy-5′-nitro-*trans*-chalkon $C_{24}H_{21}NO_7$, Formel VII (R = CH_3, R′ = CH_2-C_6H_5, X = H).
B. Aus 1-[4-Benzyloxy-2-hydroxy-5-nitro-phenyl]-äthanon und Veratrumaldehyd in wss.-äth⸗anol. KOH (*Atchabba et al.,* J. Univ. Bombay **27**, Tl. 3A [1958] 8, 11, 12).
Orangefarbene Kristalle (aus Eg.); F: 197°.

3-Brom-4,2′,4′-trihydroxy-5-methoxy-5′-nitro-*trans*-chalkon $C_{16}H_{12}BrNO_7$, Formel VII (R = R′ = H, X = Br).
B. Aus 1-[2,4-Dihydroxy-5-nitro-phenyl]-äthanon und 3-Brom-4-hydroxy-5-methoxy-benz⸗aldehyd in wss.-äthanol. KOH (*Kulkarni, Jadhav,* J. Indian chem. Soc. **31** [1954] 746, 748, 751).
Kristalle (aus Eg.); F: 148–149°.

3-Brom-2′,4′-dihydroxy-4,5-dimethoxy-5′-nitro-*trans*-chalkon $C_{17}H_{14}BrNO_7$, Formel VII (R = CH_3, R′ = H, X = Br).
B. Aus 1-[2,4-Dihydroxy-5-nitro-phenyl]-äthanon und 3-Brom-4,5-dimethoxy-benzaldehyd in wss.-äthanol. KOH (*Kulkarni, Jadhav,* J. Univ. Bombay **22**, Tl. 5A [1954] 17, 20).
Kristalle (aus Eg.); F: 173–174°.

3-Brom-4,2′-dihydroxy-5,4′-dimethoxy-5′-nitro-*trans*-chalkon $C_{17}H_{14}BrNO_7$, Formel VII (R = H, R′ = CH_3, X = Br).
B. Aus 1-[2-Hydroxy-4-methoxy-5-nitro-phenyl]-äthanon und 3-Brom-4-hydroxy-5-methoxy-benzaldehyd in wss.-äthanol. KOH (*Kulkarni, Jadhav,* J. Indian chem. Soc. **32** [1955] 97, 98).
Kristalle (aus Eg.); F: 206–207°.

3'-Brom-4,2',4'-trihydroxy-3-methoxy-5'-nitro-*trans*-chalkon $C_{16}H_{12}BrNO_7$, Formel VIII
(R = X = H).

B. Aus 1-[3-Brom-2,4-dihydroxy-5-nitro-phenyl]-äthanon und Vanillin in wss.-äthanol. KOH
(*Kulkarni, Jadhav,* J. Indian chem. Soc. **31** [1954] 746, 748, 750). Aus 4,2',4'-Trihydroxy-3-
methoxy-5'-nitro-*trans*-chalkon und Brom in Essigsäure (*Ku., Ja.,* l. c. S. 754).

Kristalle (aus wss. Eg.); F: 160—162°.

3'-Brom-2',4'-dihydroxy-3,4-dimethoxy-5'-nitro-*trans*-chalkon $C_{17}H_{14}BrNO_7$, Formel VIII
(R = CH_3, X = H).

B. Aus 1-[3-Brom-2,4-dihydroxy-5-nitro-phenyl]-äthanon und Veratrumaldehyd in wss.-äth⸗
anol. KOH sowie aus 2',4'-Dihydroxy-3,4-dimethoxy-5'-nitro-*trans*-chalkon und Brom in Essig⸗
säure (*Kulkarni, Jadhav,* J. Univ. Bombay **22**, Tl. 5A [1954] 17, 19).

Kristalle (aus Eg.); F: 202—203°.

***α-Brom-4,2'-dihydroxy-3,4'-dimethoxy-5'-nitro-chalkon** $C_{17}H_{14}BrNO_7$, Formel IX
(R = X = H).

B. Beim Erhitzen von (2*RS*,3*SR*)-2,3-Dibrom-1-[2-hydroxy-4-methoxy-5-nitro-phenyl]-3-[4-
hydroxy-3-methoxy-phenyl]-propan-1-on mit Pyridin (*Kulkarni, Jadhav,* J. Indian chem. Soc.
32 [1955] 97, 100).

Kristalle (aus Eg.); F: 260—261°.

IX

***α-Brom-2'-hydroxy-3,4,4'-trimethoxy-5'-nitro-chalkon** $C_{18}H_{16}BrNO_7$, Formel IX (R = CH_3,
X = H).

B. Beim Erhitzen von (2*RS*,3*SR*)-2,3-Dibrom-3-[3,4-dimethoxy-phenyl]-1-[2-hydroxy-4-
methoxy-5-nitro-phenyl]-propan-1-on mit Pyridin (*Kulkarni, Jadhav,* J. Univ. Bombay **23**,
Tl. 5A [1955] 14, 17).

Kristalle (aus Eg.); F: 196—197°.

3,3'-Dibrom-4,2',4'-trihydroxy-5-methoxy-5'-nitro-*trans*-chalkon $C_{16}H_{11}Br_2NO_7$, Formel VIII
(R = H, X = Br).

B. Aus 1-[3-Brom-2,4-dihydroxy-5-nitro-phenyl]-äthanon und 3-Brom-4-hydroxy-5-methoxy-
benzaldehyd in wss.-äthanol. KOH (*Kulkarni, Jadhav,* J. Indian chem. Soc. **31** [1954] 546,
548, 551). Aus 3-Brom-4,2',4'-trihydroxy-5-methoxy-5'-nitro-*trans*-chalkon und Brom in Essig⸗
säure (*Ku., Ja.,* l. c. S. 754).

Kristalle (aus Eg.); F: 130—131°.

3,3'-Dibrom-2',4'-dihydroxy-4,5-dimethoxy-5'-nitro-*trans*-chalkon $C_{17}H_{13}Br_2NO_7$,
Formel VIII (R = CH_3, X = Br).

B. Aus 1-[3-Brom-2,4-dihydroxy-5-nitro-phenyl]-äthanon und 3-Brom-4,5-dimethoxy-benz⸗
aldehyd in wss.-äthanol. KOH sowie aus 3-Brom-2',4'-dihydroxy-4,5-dimethoxy-5'-nitro-*trans*-
chalkon und Brom in Essigsäure (*Kulkarni, Jadhav,* J. Univ. Bombay **22**, Tl. 5A [1954] 17,
20).

Kristalle (aus Eg.); F: 140—141°.

***3,α-Dibrom-4,2'-dihydroxy-5,4'-dimethoxy-5'-nitro-chalkon** $C_{17}H_{13}Br_2NO_7$, Formel IX
(R = H, X = Br).

B. Beim Erhitzen von (2*RS*,3*SR*)-2,3-Dibrom-3-[3-brom-4-hydroxy-5-methoxy-phenyl]-1-[2-

hydroxy-4-methoxy-5-nitro-phenyl]-propan-1-on mit Pyridin (*Kulkarni, Jadhav*, J. Indian chem. Soc. **32** [1955] 97, 100).
Kristalle (aus Eg.); F: 199 – 200°.

2′,5′-Dihydroxy-3,4-dimethoxy-*trans*-chalkon $C_{17}H_{16}O_5$, Formel X (R = R′ = CH_3, R″ = H).
B. Aus 1-[2,5-Dihydroxy-phenyl]-äthanon und Veratrumaldehyd in äthanol. KOH (*Sasaki et al.*, J. chem. Soc. Japan Pure Chem. Sect. **78** [1957] 653; C. A. **1959** 5259).
Orangerote Kristalle (aus A.); F: 163 – 163,5°.
Diacetyl-Derivat $C_{21}H_{20}O_7$; 2′,5′-Diacetoxy-3,4-dimethoxy-*trans*-chalkon. Kristalle (aus A.); F: 121 – 122°.

X

4,2′-Dihydroxy-3,5′-dimethoxy-*trans*-chalkon $C_{17}H_{16}O_5$, Formel X (R = R″ = CH_3, R′ = H) (H 502).
B. Beim Erhitzen von 2′-Hydroxy-3,5′-dimethoxy-4-methoxymethoxy-*trans*-chalkon mit wss. H_2SO_4 und Essigsäure (*Arcoleo et al.*, Ann. Chimica **47** [1957] 658, 665).
Diacetyl-Derivat $C_{21}H_{20}O_7$; 4,2′-Diacetoxy-3,5′-dimethoxy-*trans*-chalkon. F: 87 – 88°.

3,2′-Dihydroxy-4,5′-dimethoxy-*trans*-chalkon $C_{17}H_{16}O_5$, Formel X (R = H, R′ = R″ = CH_3).
B. Beim Erhitzen von 2′-Hydroxy-4,5′-dimethoxy-3-methoxymethoxy-*trans*-chalkon mit wss. H_2SO_4 enthaltender Essigsäure (*Venturella*, Ann. Chimica **48** [1958] 706, 709).
Rote Kristalle (aus A.); F: 151 – 152°.
Diacetyl-Derivat $C_{21}H_{20}O_7$; 3,2′-Diacetoxy-4,5-dimethoxy-*trans*-chalkon. Kristalle (aus A.); F: 199 – 200°.

2′-Hydroxy-3,4,5′-trimethoxy-*trans*-chalkon $C_{18}H_{18}O_5$, Formel X (R = R′ = R″ = CH_3).
B. Aus 1-[2-Hydroxy-5-methoxy-phenyl]-äthanon und Veratrumaldehyd in wss.-äthanol. KOH (*Vyas, Shah*, J. Indian chem. Soc. **28** [1951] 75, 78).
Rote Kristalle (aus E.); F: 136°.

2′-Hydroxy-4,5′-dimethoxy-3-methoxymethoxy-*trans*-chalkon $C_{19}H_{20}O_6$, Formel X (R = CH_2-O-CH_3, R′ = R″ = CH_3).
B. Aus 1-[2-Hydroxy-5-methoxy-phenyl]-äthanon und 4-Methoxy-3-methoxymethoxy-benz≠ aldehyd in wss.-äthanol. KOH (*Venturella*, Ann. Chimica **48** [1958] 706, 709).
Rote Kristalle (aus A.); F: 150 – 151°.

2′-Hydroxy-3,5′-dimethoxy-4-methoxymethoxy-*trans*-chalkon $C_{19}H_{20}O_6$, Formel X (R = R″ = CH_3, R′ = CH_2-O-CH_3).
B. Aus 1-[2-Hydroxy-5-methoxy-phenyl]-äthanon und 3-Methoxy-4-methoxymethoxy-benz≠ aldehyd in wss.-äthanol. NaOH (*Arcoleo et al.*, Ann. Chimica **47** [1957] 658, 665).
Rote Kristalle (aus A.); F: 138 – 139°.

3,4,3′,4′-Tetrahydroxy-*trans*-chalkon $C_{15}H_{12}O_5$, Formel XI (R = H).
B. Aus 1-[3,4-Dihydroxy-phenyl]-äthanon und 3,4-Dihydroxy-benzaldehyd in wss.-äthanol.

KOH oder wss. NaOH (*Nation. Drug Co.*, U.S.P. 2769817 [1951]).
Gelbe Kristalle (aus E.); F: 230−231°.

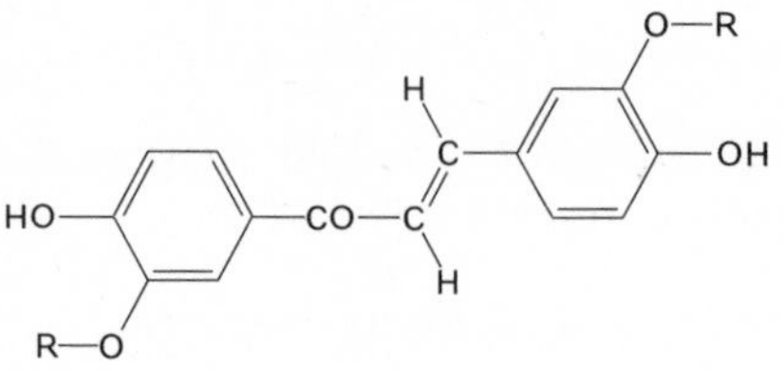

XI 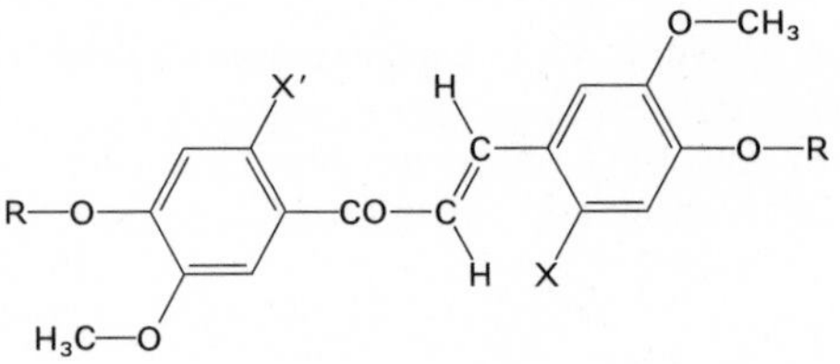   XII

4,4′-Dihydroxy-3,3′-dimethoxy-*trans*-chalkon $C_{17}H_{16}O_5$, Formel XI (R = CH_3).
B. Aus 1-[4-Hydroxy-3-methoxy-phenyl]-äthanon und Vanillin in äthanol. HCl (*Pearl, Dickey*, Am. Soc. **74** [1952] 614, 617).
Gelbe Kristalle (aus H_2O); F: 118−120° [unkorr.]. UV-Spektrum (A.; 220−390 nm): *Pe., Di.*, l. c. S. 616.
Diacetyl-Derivat $C_{21}H_{20}O_7$; 4,4′-Diacetoxy-3,3′-dimethoxy-*trans*-chalkon.
Gelbe Kristalle (aus wss. A.); F: 136−137° [unkorr.].

2,2′-Dichlor-4,4′-dihydroxy-5,5′-dimethoxy-*trans*-chalkon $C_{17}H_{14}Cl_2O_5$, Formel XII (R = H, X = X′ = Cl).
B. Aus (±)-1,3-Bis-[4-acetoxy-2-chlor-5-methoxy-phenyl]-3-hydroxy-propan-1-on beim Er=
wärmen mit wss. NaOH sowie aus dem folgenden Diacetyl-Derivat beim Erwärmen mit wss.-
äthanol. NaOH (*Jayne*, Am. Soc. **75** [1953] 1742).
Gelbe Kristalle; F: 202−203,5° [unkorr.].

4,4′-Diacetoxy-2,2′-dichlor-5,5′-dimethoxy-*trans*-chalkon $C_{21}H_{18}Cl_2O_7$, Formel XII
(R = CO-CH_3, X = X′ = Cl).
B. Beim Behandeln von (±)-1,3-Bis-[4-acetoxy-2-chlor-5-methoxy-phenyl]-3-hydroxy-propan-
1-on mit Acetanhydrid und Pyridin (*Jayne*, Am. Soc. **75** [1953] 1742).
Kristalle (aus A.); F: 137,5−138,5° [unkorr.].

2-Brom-4,5,3′,4′-tetramethoxy-*trans*-chalkon $C_{19}H_{19}BrO_5$, Formel XII (R = CH_3, X = Br,
X′ = H).
B. Aus 1-[3,4-Dimethoxy-phenyl]-äthanon und 2-Brom-4,5-dimethoxy-benzaldehyd in wss.-
äthanol. NaOH (*Bailey, Robinson*, Soc. **1950** 1375, 1377).
Hellgelbe Kristalle (aus Acn.); F: 165−166°.
2,4-Dinitro-phenylhydrazon (F: 240−242°): *Ba., Ro.*

3-Benzyloxy-2′-hydroxy-4′,6′-dimethoxy-*trans*-chalkon $C_{24}H_{22}O_5$, Formel XIII.
B. Aus 1-[2-Hydroxy-4,6-dimethoxy-phenyl]-äthanon und 3-Benzyloxy-benzaldehyd in wss.-
äthanol. NaOH (*Shaw, Simpson*, Soc. **1952** 5027, 5030).
Gelbe Kristalle (aus A.); F: 128°.

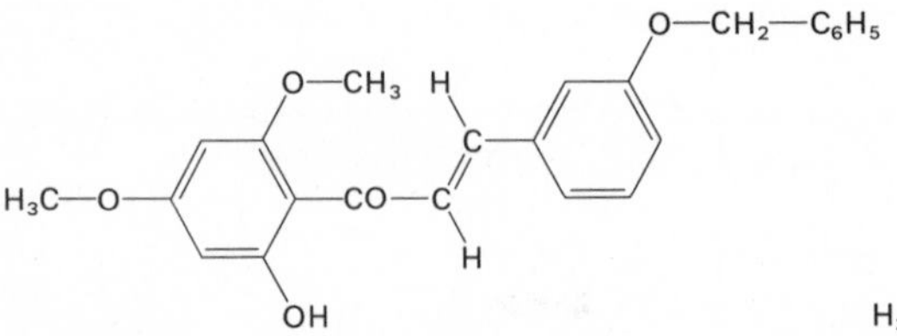

XIII 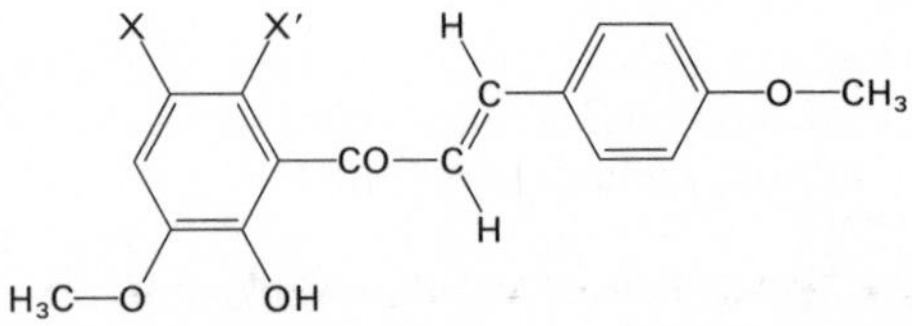   XIV

2′-Hydroxy-4,3′,5′-trimethoxy-*trans*-chalkon $C_{18}H_{18}O_5$, Formel XIV (X = O-CH$_3$, X′ = H).

B. Aus 1-[2-Hydroxy-3,5-dimethoxy-phenyl]-äthanon und 4-Methoxy-benzaldehyd in wss.-äthanol. NaOH (*Simpson*, Chem. and Ind. **1955** 1672; J. org. Chem. **28** [1963] 2107).

Rote Kristalle (aus A.); F: 121,5–122,5° [korr.].

2′-Hydroxy-4,3′,6′-trimethoxy-*trans*-chalkon $C_{18}H_{18}O_5$, Formel XIV (X = H, X′ = O-CH$_3$).

B. Aus 1-[2-Hydroxy-3,6-dimethoxy-phenyl]-äthanon und 4-Methoxy-benzaldehyd (*Ballio, Pocchiari*, Ric. scient. **20** [1950] 1301).

Kristalle (aus A.); F: 152–153°.

4,2′,6′-Trihydroxy-4′-methoxy-*trans*-chalkon $C_{16}H_{14}O_5$, Formel I (R = H).

Isolierung aus dem Holz von Prunus avium: *Mentzer et al.*, Bl. Soc. Chim. biol. **36** [1954] 1137, 1142.

Braune Kristalle (aus A.) mit 1 Mol H$_2$O; F: 183–184°. Absorptionsspektrum (A.; 230–420 nm): *Me. et al.*, l. c. S. 1145.

I   II

4,2′-Dihydroxy-4′,6′-dimethoxy-*trans*-chalkon $C_{17}H_{16}O_5$, Formel I (R = CH$_3$) (E I 739).

Konfiguration: *Dutta et al.*, Indian J. Chem. **11** [1973] 509.

Orangefarbene Kristalle (aus A.); F: 194–196° [korr.] (*Guider et al.*, Soc. **1955** 170, 171).

2′,4′-Diacetoxy-6′-hydroxy-4-methoxy-*trans*-chalkon $C_{20}H_{18}O_7$, Formel II (R = CH$_3$, R′ = H).

B. Aus 2′,4′,6′-Triacetoxy-4-methoxy-*trans*-chalkon mit Hilfe von wss.-äthanol. KOH und NH$_4$Cl (*Shimokoriyama*, J. chem. Soc. Japan Pure Chem. Sect. **70** [1949] 35; C. A. **1951** 5125).

Hellgelbe Kristalle (aus wss. A.); F: 160–162°.

4,2′,4′-Triacetoxy-6′-hydroxy-*trans*-chalkon $C_{21}H_{18}O_8$, Formel II (R = CO-CH$_3$, R′ = H).

B. Neben (±)-5,7-Diacetoxy-2-[4-acetoxy-phenyl]-chroman-4-on aus 4,2′,4′,6′-Tetraacetoxy-*trans*-chalkon mit Hilfe von wss.-äthanol. KOH und NH$_4$Cl (*Shimokoriyama*, J. chem. Soc. Japan Pure Chem. Sect. **70** [1949] 234; C. A. **1951** 4719).

Gelbe Kristalle (aus wss. A.); F: 135–140°.

2′,4′,6′-Triacetoxy-4-methoxy-*trans*-chalkon $C_{22}H_{20}O_8$, Formel II (R = CH$_3$, R′ = CO-CH$_3$) (E II 548).

F: 121–123° (*Shimokoriyama*, J. chem. Soc. Japan Pure Chem. Sect. **70** [1949] 35; C. A. **1951** 5125).

4,2′,4′,6′-Tetraacetoxy-*trans*-chalkon $C_{23}H_{20}O_9$, Formel II (R = R′ = CO-CH$_3$) (E II 548).

UV-Spektrum (A.; 220–380 nm): *Tappi et al.*, G. **85** [1955] 703, 705.

4,3′,4′,5′-Tetramethoxy-*trans*-chalkon $C_{19}H_{20}O_5$, Formel III.

B. Aus 1-[3,4,5-Trimethoxy-phenyl]-äthanon und 4-Methoxy-benzaldehyd mit Hilfe von Benzyl-trimethyl-ammonium-hydroxid in wss. Äthanol (*Gutsche et al.*, Am. Soc. **80** [1958] 5756, 5762).

Hellgelbe Kristalle (aus A.); F: 100–101° [korr.].

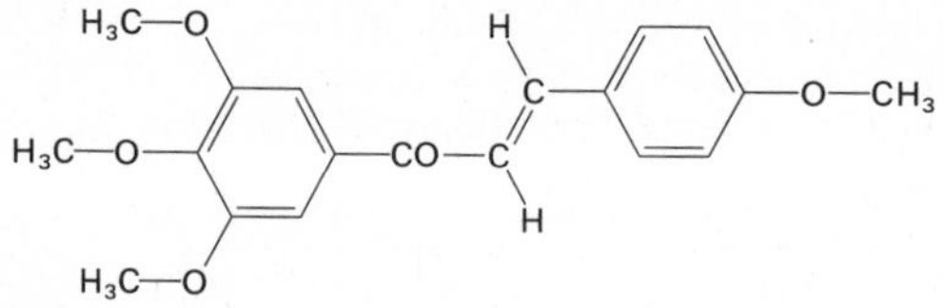

III

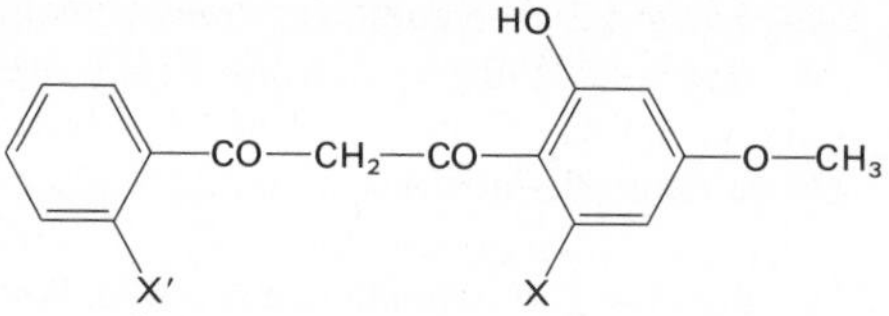

IV

1-[2-Hydroxy-4,6-dimethoxy-phenyl]-3-phenyl-propan-1,3-dion $C_{17}H_{16}O_5$, Formel IV
(X = O-CH$_3$, X' = H) und Taut.

B. Beim Behandeln von 1-[2-Benzoyloxy-4,6-dimethoxy-phenyl]-äthanon mit KOH und Pyri≠
din (*Baker et al.*, Soc. **1952** 1294, 1301).

Kristalle (aus A.); F: 128−130° [unkorr.].

1-[2-Hydroxy-4-methoxy-phenyl]-3-[2-methoxy-phenyl]-propan-1,3-dion $C_{17}H_{16}O_5$, Formel IV
(X = H, X' = O-CH$_3$) und Taut.

B. Aus 2-Methoxy-benzoesäure-[2-acetyl-5-methoxy-phenylester] analog der vorangehenden
Verbindung (*Gallagher et al.*, Soc. **1953** 3770, 3775).

Gelbe Kristalle (aus A.); F: 117°.

1-[2-Hydroxy-4-methoxy-phenyl]-3-[4-methoxy-phenyl]-propan-1,3-dion $C_{17}H_{16}O_5$, Formel V
(X = O-CH$_3$, X' = H) und Taut.

B. Aus 4-Methoxy-benzoesäure-[2-acetyl-5-methoxy-phenylester] analog den vorangehenden
Verbindungen (*Fitzgerald et al.*, Soc. **1955** 860).

Gelbe Kristalle (aus A.); F: 108−110°.

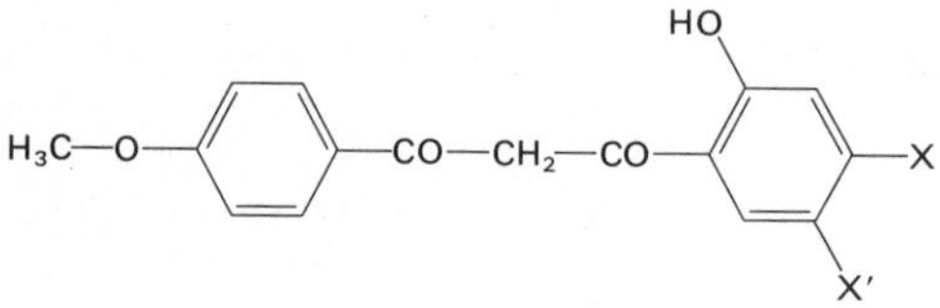

V

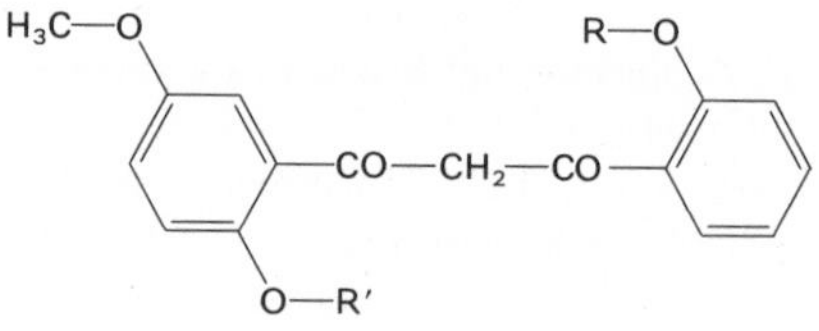

VI

1-[2,5-Dimethoxy-phenyl]-3-[2-hydroxy-phenyl]-propan-1,3-dion $C_{17}H_{16}O_5$, Formel VI
(R = H, R' = CH$_3$) und Taut.

B. Aus 2,5-Dimethoxy-benzoesäure-[2-acetyl-phenylester] analog den vorangehenden Verbin≠
dungen (*Gallagher et al.*, Soc. **1953** 3770, 3773).

Gelbe Kristalle (aus A.); F: 84−85°.

1-[2-Hydroxy-5-methoxy-phenyl]-3-[2-methoxy-phenyl]-propan-1,3-dion $C_{17}H_{16}O_5$, Formel VI
(R = CH$_3$, R' = H) und Taut.

B. Aus 2-Methoxy-benzoesäure-[2-acetyl-4-methoxy-phenylester] analog den vorangehenden
Verbindungen (*Gallagher et al.*, Soc. **1953** 3770, 3773).

Hellgelbe Kristalle (aus A.); F: 89−91°.

1-[2-Hydroxy-5-methoxy-phenyl]-3-[4-methoxy-phenyl]-propan-1,3-dion $C_{17}H_{16}O_5$, Formel V
(X = H, X' = O-CH$_3$) und Taut.

B. Beim Erhitzen von 4-Methoxy-benzoesäure-[2-acetyl-4-methoxy-phenylester] mit der Na≠
trium-Verbindung des Acetessigsäure-äthylesters und Pyridin (*Dunne et al.*, Soc. **1950** 1252,
1255, 1256).

Kristalle (aus A.); F: 123−125°.

1-[2-Hydroxy-6-methoxy-phenyl]-3-[2-methoxy-phenyl]-propan-1,3-dion $C_{17}H_{16}O_5$, Formel VII
(R = H, R′ = CH₃) und Taut.

B. Beim Behandeln von 2-Methoxy-benzoesäure-[2-acetyl-3-methoxy-phenylester] mit KOH
und Pyridin (*Gallagher et al.*, Soc. **1953** 3770, 3775).

Gelbe Kristalle (aus A.); F: 80−90° [unreines Präparat].

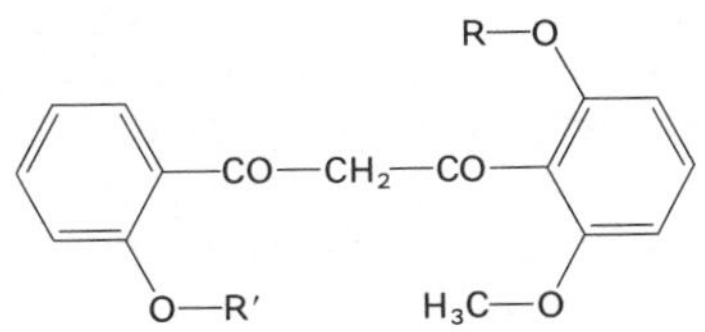

VII 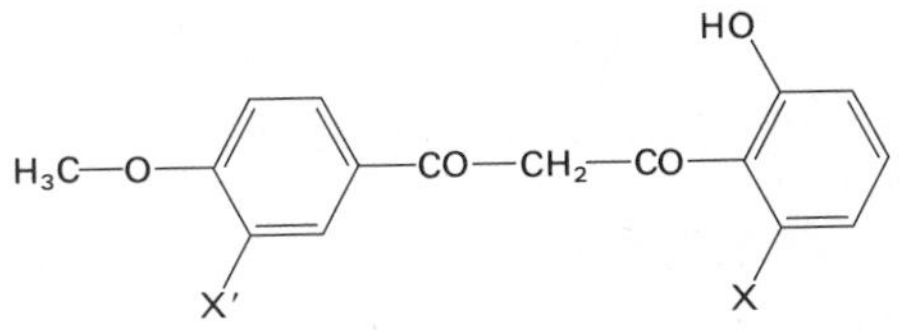   VIII

1-[2-Benzyloxy-phenyl]-3-[2,6-dimethoxy-phenyl]-propan-1,3-dion $C_{24}H_{22}O_5$, Formel VII
(R = CH₃, R′ = CH₂-C₆H₅) und Taut.

B. Beim Erhitzen von 2-Benzyloxy-benzoesäure-methylester mit 1-[2,6-Dimethoxy-phenyl]-
äthanon und NaNH₂ (*Gallagher et al.*, Soc. **1953** 3770, 3775).

Kristalle (aus A.); F: 90°.

1-[2-Hydroxy-6-methoxy-phenyl]-3-[4-methoxy-phenyl]-propan-1,3-dion $C_{17}H_{16}O_5$,
Formel VIII (X = O-CH₃, X′ = H) und Taut.

B. Aus 1-[2-Hydroxy-6-methoxy-phenyl]-äthanon und 4-Methoxy-benzoesäure-anhydrid mit
Hilfe von Triäthylamin (*Jerzmanowska, Michalska*, Chem. and Ind. **1958** 132).

Gelbe Kristalle (aus Ae.); F: 122−123°.

1-[3,4-Dimethoxy-phenyl]-3-[2-hydroxy-phenyl]-propan-1,3-dion $C_{17}H_{16}O_5$, Formel VIII
(X = H, X′ = O-CH₃) und Taut.

B. Aus 3,4-Dimethoxy-benzoesäure-[2-acetyl-phenylester] beim Erwärmen mit KOH und
Pyridin (*Baker, Glockling*, Soc. **1950** 2759, 2761) oder mit Kaliumbutylat in Butan-1-ol und
Dioxan (*Reichel, Henning*, A. **621** [1959] 72, 75).

Gelbe Kristalle; F: 130−131° [unkorr.; aus Me.] (*Re., He.*), 130° [unkorr.; aus Bzl.] (*Ba.,
Gl.*).

1-[2-Hydroxy-4,6-dimethoxy-phenyl]-3-phenyl-propan-1,2-dion $C_{17}H_{16}O_5$, Formel IX (R = H)
und Taut.

    (±)-2-Benzyl-2-hydroxy-4,6-dimethoxy-benzofuran-3-on $C_{17}H_{16}O_5$, Formel X (R = H)
(E III 4124).

B. Beim Behandeln von (±)-2-Benzyl-4,6-dimethoxy-benzofuran-3-on (E III/IV **17** 2391) mit
KMnO₄ in Aceton unter Zusatz von wss. Na₂CO₃ (*Gripenberg*, Acta chem. scand. **7** [1953]
1323, 1329).

Kristalle (aus wss. A.); F: 170−170,5° (*Gr.*). UV-Spektrum (A.; 210−360 nm): *Enebäck,
Gripenberg*, Acta chem. scand. **11** [1957] 866, 869.

Acetyl-Derivat $C_{19}H_{18}O_6$; (±)-2-Acetoxy-2-benzyl-4,6-dimethoxy-benzofuran-
3-on, Formel X (R = CO-CH₃). F: 112−113° [unkorr.] (*Lindstedt*, Acta chem. scand. **4** [1950]
772, 780).

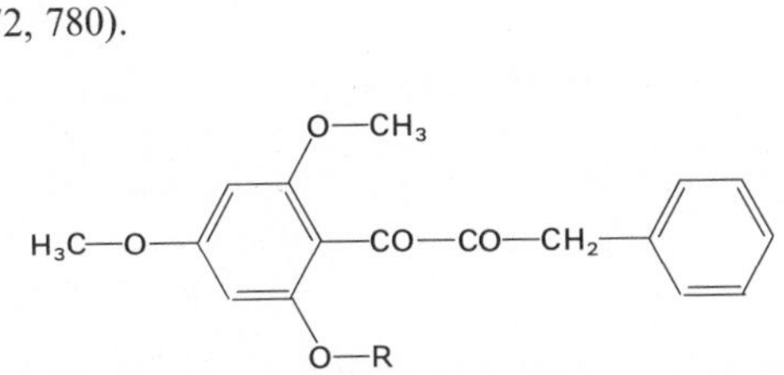

IX 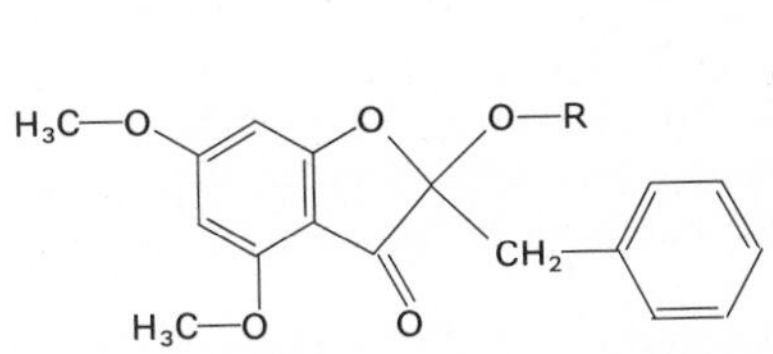   X

3-Phenyl-1-[2,4,6-trimethoxy-phenyl]-propan-1,2-dion $C_{18}H_{18}O_5$ und Taut.

a) **3-Phenyl-1-[2,4,6-trimethoxy-phenyl]-propan-1,2-dion,** Formel IX (R = CH$_3$).

B. Aus dem unter b) beschriebenen Tautomeren beim Erhitzen mit Piperidin in Hexan (*Enebäck, Gripenberg,* Acta chem. scand. **11** [1957] 866, 874).

Gelbe Kristalle (aus Me.); F: 98°. UV-Spektrum (A.; 210 − 380 nm): *En., Gr.,* l. c. S. 869.

b) **α-Hydroxy-2',4',6'-trimethoxy-ξ-chalkon,** Formel XI (R = R' = CH$_3$, R'' = H).

B. Beim Erwärmen von opt.-inakt. 2,3-Epoxy-3-phenyl-1-[2,4,6-trimethoxy-phenyl]-propan-1-on (F: 106,5°) mit wss.-äthanol. KOH (*Enebäck, Gripenberg,* Acta chem. scand. **11** [1957] 866, 873).

Hellgelbe dimorphe Kristalle; F: 138 − 139° [aus Me. oder PAe.] bzw. 120° [aus PAe.]. UV-Spektrum (A.; 210 − 390 nm): *En., Gr.,* l. c. S. 869.

XI   XII

2'-Hydroxy-α,4',6'-trimethoxy-ξ-chalkon $C_{18}H_{18}O_5$, Formel XI (R = H, R' = R'' = CH$_3$) (E III 4125).

F: 113° (*Enebäck, Gripenberg,* Acta chem. scand. **11** [1957] 866, 874). UV-Spektrum (A.; 210 − 390 nm): *En., Gr.,* l. c. S. 869.

α,2',4',6'-Tetramethoxy-ξ-chalkon $C_{19}H_{20}O_5$, Formel XI (R = R' = R'' = CH$_3$).

B. Aus 2-Methoxy-1-[2,4,6-trimethoxy-phenyl]-äthanon und Benzaldehyd in wss.-äthanol. NaOH (*Enebäck, Gripenberg,* Acta chem. scand. **11** [1957] 866, 874). Aus α-Hydroxy-2',4',6'-trimethoxy-ξ-chalkon (s. o.) sowie aus 2'-Hydroxy-α,4',6'-trimethoxy-ξ-chalkon (s. o.) und Di-methylsulfat in Aceton unter Zusatz von K$_2$CO$_3$ (*En., Gr.*).

Gelbe Kristalle (aus Me.); F: 134 − 135°. UV-Spektrum (A.; 210 − 390 nm): *En., Gr.,* l. c. S. 869.

2-Hydroxy-1,3-bis-[4-methoxy-phenyl]-propan-1,3-dion $C_{17}H_{16}O_5$, Formel XII und Taut. (α,β-Dihydroxy-4,4'-dimethoxy-chalkon).

Endiolgehalt in wss.-methanol. Lösung bei pH 5 − 8: *Karrer et al.,* Helv. **34** [1951] 1014, 1015.

B. Beim Behandeln von 1,3-Bis-[4-methoxy-phenyl]-propan-1,3-dion mit Peroxybenzoesäure in CHCl$_3$ (*Ka. et al.,* l. c. S. 1019).

Kristalle (aus PAe.); F: 81° [Gelbfärbung]. UV-Spektrum (220 − 380 nm) in Methanol, Äth-anol, CHCl$_3$ sowie Hexan: *Ka. et al.,* l. c. S. 1018.

3-[2-Hydroxy-4-methoxy-phenyl]-2-[2-methoxy-phenyl]-3-oxo-propionaldehyd $C_{17}H_{16}O_5$ und Taut.

*Opt.-inakt. **2-Hydroxy-7-methoxy-3-[2-methoxy-phenyl]-chroman-4-on,** Formel XIII (X = O-CH$_3$, X' = H).

B. Aus 2-Hydroxy-4,2'-dimethoxy-desoxybenzoin und Methylformiat mit Hilfe von Natrium (*Whalley,* Soc. **1953** 3366, 3370).

Kristalle (aus E. + Hexan); F: 134°.

3-[2-Hydroxy-4-methoxy-phenyl]-2-[4-methoxy-phenyl]-3-oxo-propionaldehyd $C_{17}H_{16}O_5$ und Taut.

*Opt.-inakt. 2-Hydroxy-7-methoxy-3-[4-methoxy-phenyl]-chroman-4-on, Formel XIII
(X = H, X' = O-CH₃).

B. Aus 2-Hydroxy-4,4'-dimethoxy-desoxybenzoin analog der vorangehenden Verbindung
(*Narasimhachari et al., J. scient. ind. Res. India* **12** B [1953] 287, 292).
Kristalle (aus A.); F: 135—140°.

H₃C—O... (chemische Strukturformel)

XIII   XIV

3-[2-Hydroxy-4,6-dimethoxy-phenyl]-3-oxo-2-phenyl-propionaldehyd $C_{17}H_{16}O_5$ und Taut.

*Opt.-inakt. 2-Hydroxy-5,7-dimethoxy-3-phenyl-chroman-4-on, Formel XIV.

B. Beim Behandeln von 2-Hydroxy-4,6-dimethoxy-desoxybenzoin mit Methylformiat bzw.
Äthylformiat und Natrium (*Narasimhachari et al., J. scient. ind. Res. India* **12** B [1953] 287,
291; *Baker et al.,* Soc. **1953** 1852, 1859).
Kristalle; F: 152° [aus wss. A.] (*Ba. et al.*), 145—146° [aus A.] (*Na. et al.*).

5,3',4'-Triäthoxy-4-methoxy-2-vinyl-benzophenon $C_{22}H_{26}O_5$, Formel I.

B. Beim Erwärmen von {2-[4-Äthoxy-2-(3,4-diäthoxy-benzoyl)-5-methoxy-phenyl]-äthyl}-tri=
methyl-ammonium-jodid mit wss. NaOH (*King et al.,* Soc. **1952** 17, 23).
Kristalle (aus Me.); F: 118—118,5°.

I   II

5,6,7-Trimethoxy-4-[3-methoxy-phenyl]-indan-1-on $C_{19}H_{20}O_5$, Formel II.

B. Beim Behandeln von 3-[4,5,6,3'-Tetramethoxy-biphenyl-2-yl]-propionsäure mit HF (*Cook
et al.,* Soc. **1950** 139, 145).
Kristalle (aus Me.); F: 141—142°.

4-[x-Brom-3-methoxy-phenyl]-5,6,7-trimethoxy-indan-1-on $C_{19}H_{19}BrO_5$.

B. Aus 3-[3-Brom-4,5,6,3'-tetramethoxy-biphenyl-2-yl]-propionsäure analog der vorangehen=
den Verbindung (*Cook et al.,* Soc. **1950** 139, 145).
Kristalle (aus Me.); F: 115—116°.

4-[3-Brom-4-methoxy-phenyl]-5,6,7-trimethoxy-indan-1-on $C_{19}H_{19}BrO_5$, Formel III
(E III 4126).

B. Aus 3-[3-Brom-4,5,6,4'-tetramethoxy-biphenyl-2-yl]-propionsäure analog der vorangehen=
den Verbindung (*Cook et al.,* Soc. **1950** 139, 143).

(±)-3-[3,4-Dimethoxy-phenyl]-5,6-dimethoxy-indan-1-on $C_{19}H_{20}O_5$, Formel IV.

B. Aus 3,3-Bis-[3,4-dimethoxy-phenyl]-propionsäure beim Erwärmen mit POCl₃ sowie beim aufeinanderfolgenden Behandeln mit PCl_5 und $SnCl_4$ in Benzol (*Feeman, Amstutz,* Am. Soc. **72** [1950] 1526, 1529).

Kristalle (aus Acn.); F: 124,2 − 126,8° [korr.].

Beim Behandeln mit Brom in Essigsäure unter Einwirkung von Licht, auch unter Zusatz von Natriumacetat, sowie beim Erwärmen mit *N*-Brom-succinimid in CCl_4 ist eine als (±)-3-[x-Brom-3,4-dimethoxy-phenyl]-5,6-dimethoxy-indan-1-on $C_{19}H_{19}BrO_5$ angesehene Verbindung (Kristalle [aus A.]; F: 192,6 − 195,6° [korr.]) erhalten worden (*Fe., Am.,* l. c. S. 1530).

2,4-Dinitro-phenylhydrazon (F: 220,5 − 222°): *Fe., Am.*

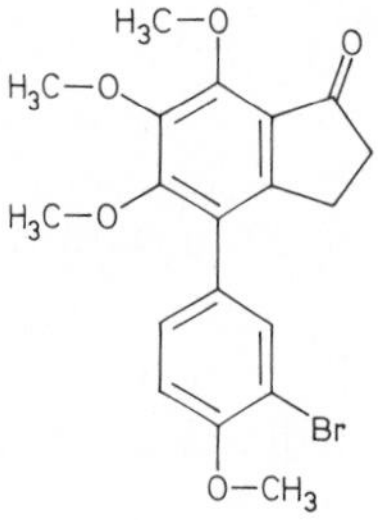

III 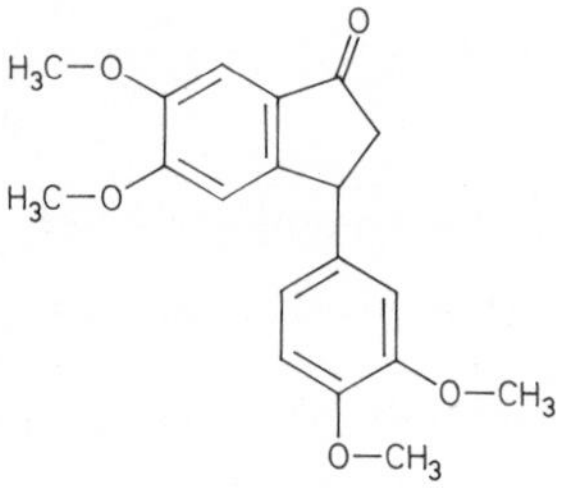   IV 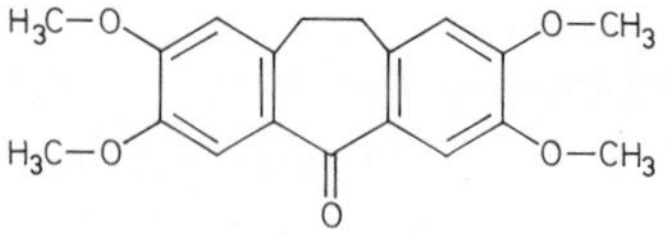   V

2,3,7,8-Tetramethoxy-10,11-dihydro-dibenzo[*a,d*]cyclohepten-5-on $C_{19}H_{20}O_5$, Formel V.

B. Aus 4,5,3′,4′-Tetramethoxy-bibenzyl-2-carbonsäure beim aufeinanderfolgenden Behandeln mit PCl_5 und mit $AlCl_3$ in Nitrobenzol (*Battersby, Binks,* Soc. **1955** 2896, 2898). Beim Erwärmen von 2,3,7,8-Tetramethoxy-5-methylen-10,11-dihydro-5*H*-dibenzo[*a,d*]cyclohepten mit $KMnO_4$ in wss. Aceton (*Ba., Bi.,* l. c. S. 2899).

Hellgelbe dimorphe Kristalle (aus A.); F: 128 − 129° bzw. F: 142 − 143°. λ_{max} (A.): 245 nm, 292 nm und 346 nm (*Ba., Bi.,* l. c. S. 2897).

1,2,3,9-Tetramethoxy-6,7-dihydro-dibenzo[*a,c*]cyclohepten-5-on $C_{19}H_{20}O_5$, Formel VI.

B. Beim Erwärmen von 1,2,3,9-Tetramethoxy-5-oxo-6,7-dihydro-5*H*-dibenzo[*a,c*]cyclohepten-6-carbonsäure-methylester mit wss.-methanol. KOH (*Rapoport et al.,* Am. Soc. **77** [1955] 670, 674).

Kristalle (aus Me.); F: 105 − 107° [korr.].

Oxim $C_{19}H_{21}NO_5$. Kristalle (aus Me.); F: 174 − 175° [korr.].

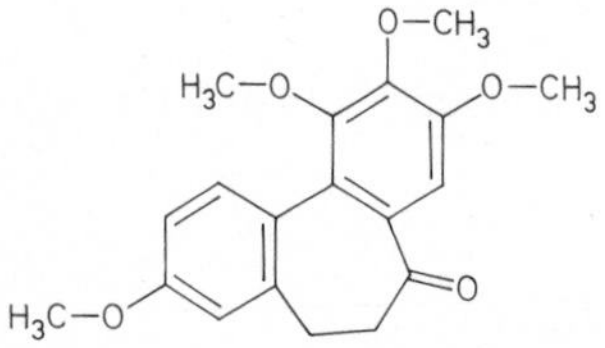

VI 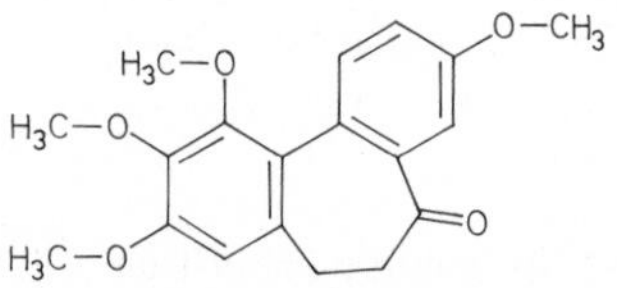   VII 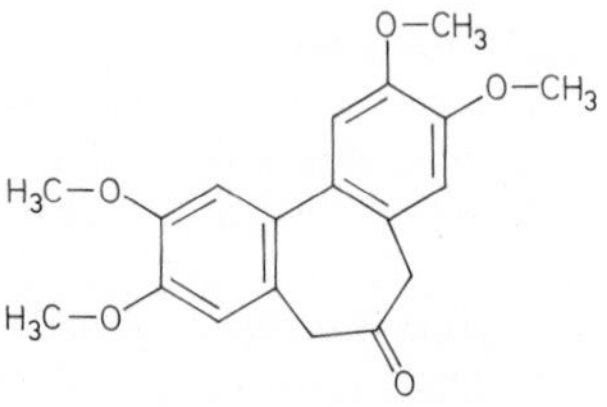   VIII

3,9,10,11-Tetramethoxy-6,7-dihydro-dibenzo[*a,c*]cyclohepten-5-on $C_{19}H_{20}O_5$, Formel VII.

B. Bei der Hydrierung von 3,9,10,11-Tetramethoxy-dibenzo[*a,c*]cyclohepten-5-on an Palladium/Kohle in Essigsäure (*Cook et al.,* Soc. **1951** 1397, 1403). Aus 3-[2′-Methoxycarbonyl-4,5,6,4′-tetramethoxy-biphenyl-2-yl]-propionsäure-methylester beim Erhitzen mit Kalium in Toluol unter Zusatz von wenig Methanol und Erwärmen des Reaktionsprodukts mit wss.-methanol. KOH und anschliessend mit wss. HCl (*Rapoport et al.,* Am. Soc. **73** [1951] 1414, 1419).

Kristalle (aus Me.); F: 142 − 143° (*Cook et al.*), 140,5 − 141° [korr.] (*Ra. et al.,* l. c. S. 1420).

Oxim $C_{19}H_{21}NO_5$. Kristalle (aus Me.); F: 203−204° (*Cook et al.*), 194−196° [korr.] (*Ra. et al.*).

Semicarbazon $C_{20}H_{23}N_3O_5$. Kristalle (aus $CHCl_3$ + A.); F: 246−246,5° [korr.] (*Ra. et al.*).

2,3,9,10-Tetramethoxy-5,7-dihydro-dibenzo[a,c]cyclohepten-6-on $C_{19}H_{20}O_5$, Formel VIII.

B. Beim Erhitzen von 6-Imino-2,3,9,10-tetramethoxy-6,7-dihydro-5H-dibenzo[a,c]cyclohep⁀ ten-5-carbonsäure mit wss. HCl (*Matarasso-Tchiroukhine*, A. ch. [13] **3** [1958] 405, 440).

Kristalle (aus Eg.); F: 259°.

Oxim $C_{19}H_{21}NO_5$. Kristalle (aus A.); F: 189° (*Ma.-Tch.*, l. c. S. 441).

Hydroxy-oxo-Verbindungen $C_{16}H_{14}O_5$

4′,6′-Dihydroxy-4,2′-dimethoxy-3′-methyl-*trans*-chalkon $C_{18}H_{18}O_5$, Formel IX (R = CH_3, R′ = R″ = H).

B. Aus 1-[4,6-Dihydroxy-2-methoxy-3-methyl-phenyl]-äthanon und 4-Methoxy-benzaldehyd in wss.-äthanol. KOH (*Matsuura*, J. pharm. Soc. Japan **77** [1957] 302, 305; C. A. **1957** 11338).

Kristalle (aus A.); F: 157°.

2′,4′-Dihydroxy-4,6′-dimethoxy-3′-methyl-*trans*-chalkon $C_{18}H_{18}O_5$, Formel IX (R = R′ = H, R″ = CH_3).

B. Aus 1-[2,4-Dihydroxy-6-methoxy-3-methyl-phenyl]-äthanon und 4-Methoxy-benzaldehyd analog der vorangehenden Verbindung (*Matsuura*, J. pharm. Soc. Japan **77** [1957] 296; C. A. **1957** 11337).

Kristalle (aus A.); F: 191°.

6′-Hydroxy-4,2′,4′-trimethoxy-3′-methyl-*trans*-chalkon $C_{19}H_{20}O_5$, Formel IX (R = R′ = CH_3, R″ = H).

B. Aus 1-[6-Hydroxy-2,4-dimethoxy-3-methyl-phenyl]-äthanon und 4-Methoxy-benzaldehyd analog den vorangehenden Verbindungen (*Matsuura*, J. pharm. Soc. Japan **77** [1957] 302, 305; C. A. **1957** 11338).

Kristalle (aus A.); F: 107°.

2′-Hydroxy-4,4′,6′-trimethoxy-3′-methyl-*trans*-chalkon $C_{19}H_{20}O_5$, Formel IX (R = H, R′ = R″ = CH_3) (E III 4128).

B. Neben (±)-5,7-Dimethoxy-2-[4-methoxy-phenyl]-8-methyl-chroman-4-on aus 3,5-Dimeth⁀ oxy-2-methyl-phenol und 4-Methoxy-*trans*-cinnamoylchlorid mit Hilfe von $AlCl_3$ in Nitro⁀ benzol (*Nakazawa, Matsuura*, J. pharm. Soc. Japan **75** [1955] 467; C. A. **1956** 2569). Aus (±)-5-Hydroxy-7-methoxy-2-[4-methoxy-phenyl]-8-methyl-chroman-4-on mit Hilfe von Di⁀ methylsulfat und K_2CO_3 in Aceton (*Matsuura*, J. pharm. Soc. Japan **77** [1957] 296; C. A. **1957** 11337).

Orangegelbe Kristalle (aus wss. Me.); F: 134° (*Na., Ma.*).

4,2′,4′,6′-Tetramethoxy-3′-methyl-*trans*-chalkon $C_{20}H_{22}O_5$, Formel IX (R = R′ = R″ = CH_3).

B. Aus der vorangehenden Verbindung sowie aus (±)-5-Hydroxy-7-methoxy-2-[4-methoxy-phenyl]-8-methyl-chroman-4-on mit Hilfe von Dimethylsulfat in wss.-äthanol. KOH (*Matsuura*, J. pharm. Soc. Japan **77** [1957] 296; C. A. **1957** 11337).

Hellgelbe Kristalle (aus A.); F: 137°.

6′-Benzyloxy-2′,4′-dihydroxy-4-methoxy-3′-methyl-*trans*-chalkon $C_{24}H_{22}O_5$, Formel IX (R = R′ = H, R″ = CH_2-C_6H_5).

B. Aus 1-[6-Benzyloxy-2,4-dihydroxy-3-methyl-phenyl]-äthanon und 4-Methoxy-benzaldehyd in wss.-äthanol. KOH (*Matsuura*, J. pharm. Soc. Japan **77** [1957] 302, 305; C. A. **1957** 11338).

Kristalle (aus Eg.) mit 1 Mol H_2O; F: 227°.

4′-Benzyloxy-6′-hydroxy-4,2′-dimethoxy-3′-methyl-*trans*-chalkon $C_{25}H_{24}O_5$, Formel IX
(R = CH$_3$, R′ = CH$_2$-C$_6$H$_5$, R″ = H).

B. Aus 1-[4-Benzyloxy-6-hydroxy-2-methoxy-3-methyl-phenyl]-äthanon und 4-Methoxy-benzaldehyd analog der vorangehenden Verbindung (*Matsuura*, J. pharm. Soc. Japan **77** [1957] 302, 305; C. A. **1957** 11338).

Kristalle (aus Bzl. + PAe.); F: 113°.

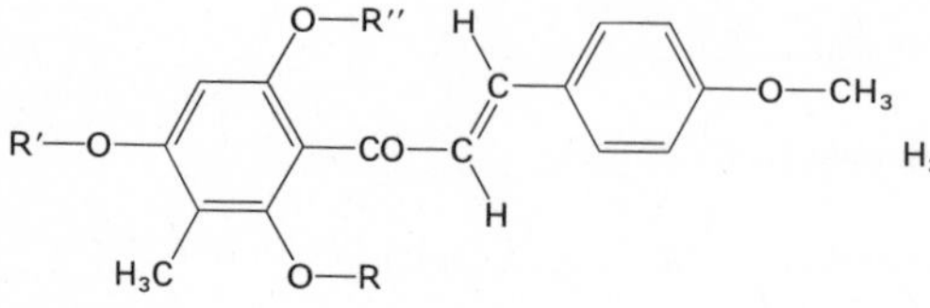

IX

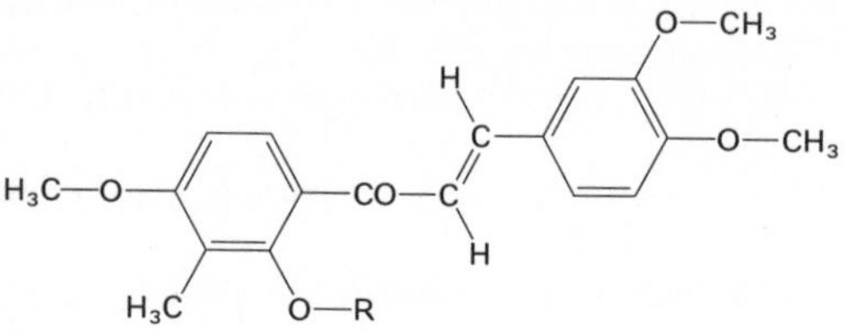

X

6′-Benzyloxy-2′-hydroxy-4,4′-dimethoxy-3′-methyl-*trans*-chalkon $C_{25}H_{24}O_5$, Formel IX
(R = H, R′ = CH$_3$, R″ = CH$_2$-C$_6$H$_5$).

B. Aus 1-[6-Benzyloxy-2-hydroxy-4-methoxy-3-methyl-phenyl]-äthanon und 4-Methoxy-benzaldehyd analog den vorangehenden Verbindungen (*Matsuura*, J. pharm. Soc. Japan **77** [1957] 302, 305; C. A. **1957** 11338).

Kristalle (aus A.); F: 148°.

4′,6′-Bis-benzyloxy-2′-hydroxy-4-methoxy-3′-methyl-*trans*-chalkon $C_{31}H_{28}O_5$, Formel IX
(R = H, R′ = R″ = CH$_2$-C$_6$H$_5$).

B. Aus 1-[4,6-Bis-benzyloxy-2-hydroxy-3-methyl-phenyl]-äthanon und 4-Methoxy-benzaldehyd analog den vorangehenden Verbindungen (*Matsuura*, J. pharm. Soc. Japan **77** [1957] 302, 305; C. A. **1957** 11338).

Kristalle (aus Eg.); F: 159°.

2′-Hydroxy-3,4,4′-trimethoxy-3′-methyl-*trans*-chalkon $C_{19}H_{20}O_5$, Formel X (R = H).

B. Aus 1-[2-Hydroxy-4-methoxy-3-methyl-phenyl]-äthanon und Veratrumaldehyd in äthanol. KOH (*Goel et al.*, Pr. Indian Acad. [A] **48** [1958] 180, 185). Neben 2′-Hydroxy-3,4,4′-trimeth-oxy-*trans*-chalkon beim Erwärmen von 2′,4′-Dihydroxy-3,4-dimethoxy-*trans*-chalkon (F: 202−203°) mit CH$_3$I und methanol. KOH (*Goel et al.*).

Gelbe Kristalle (aus Me.); F: 163−164°.

3,4,2′,4′-Tetramethoxy-3′-methyl-*trans*-chalkon $C_{20}H_{22}O_5$, Formel X (R = CH$_3$).

B. Beim Erwärmen der vorangehenden Verbindung mit Dimethylsulfat und K$_2$CO$_3$ in Aceton (*Goel et al.*, Pr. Indian Acad. [A] **48** [1958] 180, 185).

Kristalle (aus E. + PAe.); F: 194−195°.

***2′-Hydroxy-α,4′,6′-trimethoxy-3′-methyl-chalkon** $C_{19}H_{20}O_5$, Formel XI.

B. Aus 1-[2-Hydroxy-4,6-dimethoxy-3-methyl-phenyl]-2-methoxy-äthanon und Benzaldehyd in wss.-äthanol. KOH (*Lindstedt, Misiorny*, Acta chem. scand. **5** [1951] 1213).

Hellgelbe Kristalle (aus A.); F: 117−119° [unkorr.].

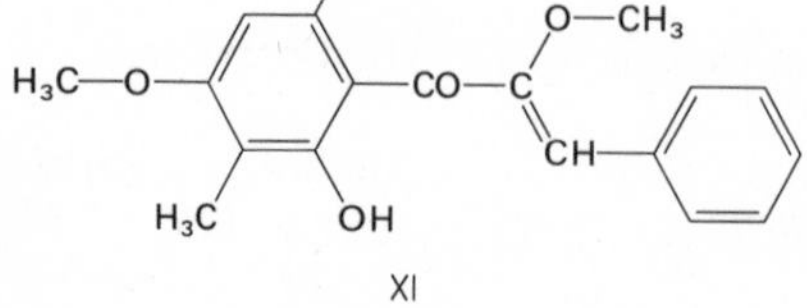

XI

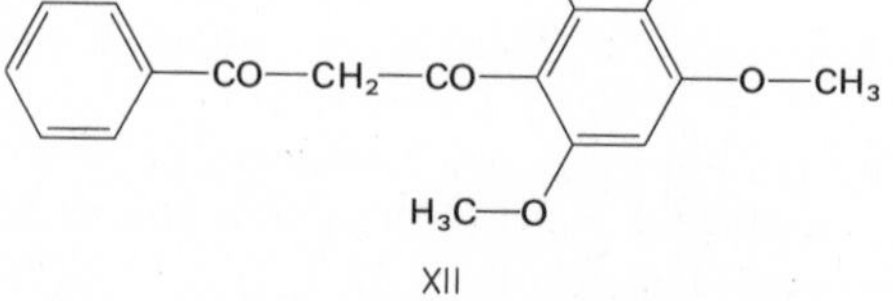

XII

1-[2-Hydroxy-4,6-dimethoxy-3-methyl-phenyl]-3-phenyl-propan-1,3-dion $C_{18}H_{18}O_5$, Formel XII
und Taut.

B. Beim Erwärmen von Benzoesäure-[2-acetyl-3,5-dimethoxy-6-methyl-phenylester] mit
$NaNH_2$ in Toluol oder Xylol (*Mukerjee, Seshadri*, Pr. Indian Acad. [A] **38** [1953] 207, 213;
Matsuura, Pharm. Bl. **5** [1957] 195, 198).

Hellgelbe Kristalle; F: 127 – 128° [aus A.] (*Mu., Se.*), 127° [aus wss. A.] (*Ma.*).

1-[2,6-Dihydroxy-phenyl]-4-hydroxy-2-phenyl-butan-1,3-dion $C_{16}H_{14}O_5$, Formel XIII und
Taut.

B. Neben 4-[2,6-Dihydroxy-phenyl]-2,4-dioxo-3-phenyl-buttersäure beim Behandeln von
2-Hydroxy-6-vinyloxy-desoxybenzoin in Pyridin mit wss. $KMnO_4$ (*Libermann, Moyeux*, Bl.
1956 166, 171).

Kristalle (aus H_2O); F: 111°.

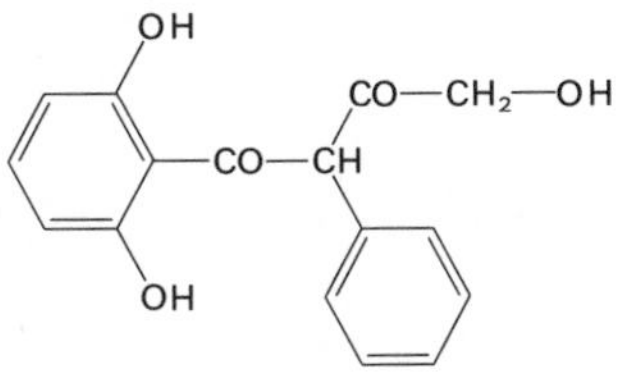

XIII 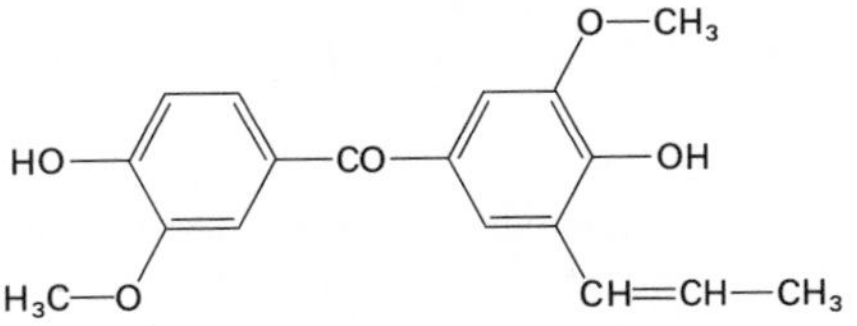   XIV

4,4′-Dihydroxy-3,3′-dimethoxy-5-ξ-propenyl-benzophenon $C_{18}H_{18}O_5$, Formel XIV.

B. In kleiner Menge beim Erhitzen von 3-Allyl-4,4′-dihydroxy-5,3′-dimethoxy-benzil oder
von 4,4′-Dihydroxy-3,3′-dimethoxy-5-ξ-propenyl-benzil (F: 169 – 170°) mit $Cu(OH)_2$ in wss.
NaOH auf 170° (*Pearl*, Am. Soc. **78** [1956] 5672).

Kristalle (aus wss. Acn.); F: 140 – 141° [unkorr.]. λ_{max} (A.): 320 nm.

(±)-6,7,8-Trimethoxy-2-[4-methoxy-phenyl]-3,4-dihydro-2H-naphthalin-1-on $C_{20}H_{22}O_5$,
Formel XV.

B. Beim Erwärmen von (±)-2-[4-Methoxy-phenyl]-4-[3,4,5-trimethoxy-phenyl]-buttersäure
mit Polyphosphorsäure (*Gutsche et al.*, Am. Soc. **80** [1958] 5756, 5767).

Kristalle (aus Bzl. + PAe.); F: 120 – 121° [korr.].

Oxim $C_{20}H_{23}NO_5$. Kristalle (aus A.); F: 183 – 185° [korr.].

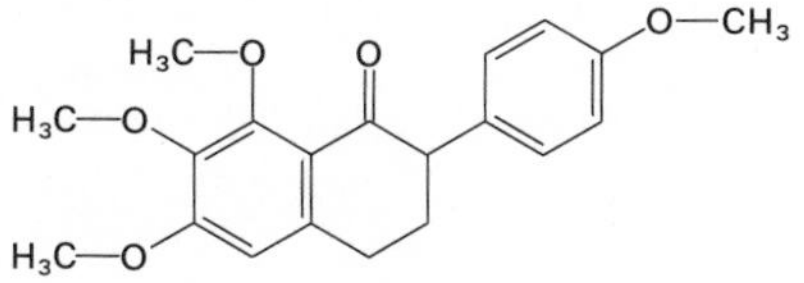

XV 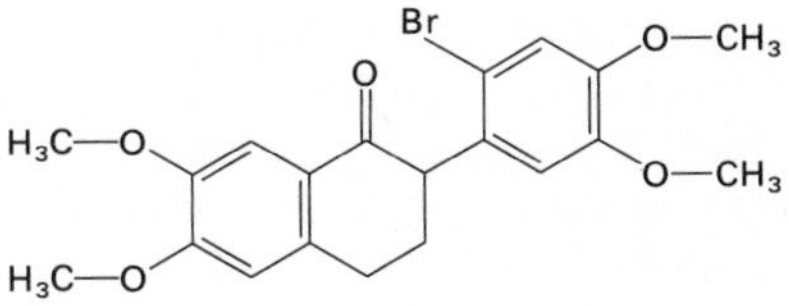   XVI

(±)-2-[2-Brom-4,5-dimethoxy-phenyl]-6,7-dimethoxy-3,4-dihydro-2H-naphthalin-1-on
$C_{20}H_{21}BrO_5$, Formel XVI.

B. Beim Erwärmen von (±)-2-[2-Brom-4,5-dimethoxy-phenyl]-4-[3,4-dimethoxy-phenyl]-but≠
tersäure mit $POCl_3$ (*Bailey, Robinson*, Soc. **1950** 1375, 1377).

Kristalle (aus Me.); F: 138 – 139°.

Oxim $C_{20}H_{22}BrNO_5$. Kristalle (aus Me.); F: 158 – 159°.

2,4-Dinitro-phenylhydrazon (F: 254 – 256°): *Ba., Ro.*

3-[3,4-Dimethoxy-phenyl]-5,6-dimethoxy-2-methyl-indan-1-on $C_{20}H_{22}O_5$.

a) **(±)-3c(?)-[3,4-Dimethoxy-phenyl]-5,6-dimethoxy-2r-methyl-indan-1-on,** vermutlich Formel XVII + Spiegelbild.

B. Bei der Hydrierung von 3-[3,4-Dimethoxy-phenyl]-5,6-dimethoxy-2-methyl-inden-1-on an Palladium/Kohle in Äthylacetat (*Walker*, Am. Soc. **75** [1953] 3387, 3389).

2,4-Dinitro-phenylhydrazon (F: 212,5—214,5°): *Wa.*

XVII   XVIII

b) **(±)-3t-[3,4-Dimethoxy-phenyl]-5,6-dimethoxy-2r-methyl-indan-1-on,** Formel XVIII (R = CH₃) + Spiegelbild (E III 4130).

B. Aus (±)-3,3-Bis-[3,4-dimethoxy-phenyl]-2-methyl-propionsäure beim Erwärmen mit PCl₅ in Benzol und anschliessenden Behandeln mit SnCl₄ (*Müller et al.*, J. org. Chem. **17** [1952] 787, 795) sowie beim Erwärmen mit Polyphosphorsäure (*Walker*, Am. Soc. **75** [1953] 3387, 3389). Aus (±)-1-Äthyliden-3t-[3,4-dimethoxy-phenyl]-5,6-dimethoxy-2r-methyl-indan (E III **6** 6788) mit Hilfe von Ozon oder von CrO₃ in Essigsäure (*Mü. et al.*, l. c. S. 793).

Kristalle (aus Ae.); F: 117,5—118,5° [korr.] (*Wa.*).

2,4-Dinitro-phenylhydrazon (F: 182,5—184,5°): *Wa.*

(±)-5-Äthoxy-3t(?)-[4-äthoxy-3-methoxy-phenyl]-6-methoxy-2r-methyl-indan-1-on $C_{22}H_{26}O_5$, vermutlich Formel XVIII (R = C₂H₅) + Spiegelbild.

B. Bei der Hydrierung von 5-Äthoxy-3-[4-äthoxy-3-methoxy-phenyl]-6-methoxy-2-methyl-inⁱ den-1-on an Platin in Essigsäure (*Müller, Kucsman*, B. **87** [1954] 1747, 1752).

Kristalle (aus Me.); F: 116—117°.

10-Hydroxy-1,2,3-trimethoxy-6,7-dihydro-5H-benzo[a]heptalen-9-on $C_{19}H_{20}O_5$, Formel I (R = H) und Taut.

B. Aus (±)-10-Hydroxy-1,2,3-trimethoxy-(12ac?)-6,7,10,11,12,12a-hexahydro-5H-7ar,10c-epoxido-benzo[a]heptalen-9-on (S. 3627) beim Erwärmen mit Toluol-4-sulfonsäure in Benzol und Erwärmen des Reaktionsprodukts mit *N*-Brom-succinimid in CHCl₃ (*van Tamelen et al.*, Am. Soc. **81** [1959] 6341; Tetrahedron **14** [1961] 8, 31). Bei der Hydrierung von [9-Hydroxy-1,2,3-trimethoxy-10-oxo-5,6,7,10-tetrahydro-benzo[a]heptalen-7-yl]-trimethyl-ammonium-jodid an Palladium/Kohle in wss. NaOH (*v. Ta. et al.*, Am. Soc. **81** 6341; Tetrahedron **14** 34).

Gelbe Kristalle (aus A.); F: 169,3—170,5° [korr.]; λ_{max} (A.): 245 nm und 351 nm (*v. Ta. et al.*, Tetrahedron **14** 34).

1,2,3,9-Tetramethoxy-6,7-dihydro-5H-benzo[a]heptalen-10-on $C_{20}H_{22}O_5$, Formel II (X = H).

B. Neben 1,2,3,10-Tetramethoxy-6,7-dihydro-5H-benzo[a]heptalen-9-on beim Behandeln der vorangehenden Verbindung mit Diazomethan in Methanol und Äther (*van Tamelen et al.*, Am. Soc. **81** [1959] 6341; Tetrahedron **14** [1961] 8, 32).

Hellbraune Kristalle (aus Ae.+Acn.); F: 148—148,7° [korr.] (*v. Ta. et al.*, Tetrahedron **14** 32).

1,2,3,10-Tetramethoxy-6,7-dihydro-5H-benzo[a]heptalen-9-on $C_{20}H_{22}O_5$, Formel I (R = CH₃).

B. s. im vorangehenden Artikel.

Grünlichgelbe Kristalle (aus Acn. + PAe.); F: 183,6 − 184,1° [korr.] (*van Tamelen et al.*, Tetra=
hedron **14** [1961] 8, 32).

(±)-7-Brom-1,2,3,9-tetramethoxy-6,7-dihydro-5H-benzo[a]heptalen-10-on $C_{20}H_{21}BrO_5$,
Formel II (X = Br).

B. Beim Erwärmen von 1,2,3,9-Tetramethoxy-6,7-dihydro-5H-benzo[a]heptalen-10-on mit
N-Brom-succinimid in CCl_4 unter Einwirkung von UV-Licht (*van Tamelen et al.*, Am. Soc.
81 [1959] 6341; Tetrahedron **14** [1961] 8, 32).

Gelbe Kristalle (aus Acn. + PAe.); F: 161 − 163,5° [korr.; Zers.] (*v. Ta. et al.*, Tetrahedron
14 33).

(±)-7-Azido-1,2,3,9-tetramethoxy-6,7-dihydro-5H-benzo[a]heptalen-10-on $C_{20}H_{21}N_3O_5$,
Formel II (X = N_3).

B. Beim Erwärmen der vorangehenden Verbindung mit NaN_3 in Methanol (*van Tamelen
et al.*, Am. Soc. **81** [1959] 6341; Tetrahedron **14** [1961] 8, 33).

Kristalle (aus Acn. + PAe.); F: 167 − 169,5° [korr.; Zers.] (*v. Ta. et al.*, Tetrahedron **14** 33).

Hydroxy-oxo-Verbindungen $C_{17}H_{16}O_5$

4,2′,4′,6′-Tetraacetoxy-3′,5′-dimethyl-*trans*(?)-chalkon $C_{25}H_{24}O_9$, vermutlich Formel III
(R = $CO-CH_3$).

B. Beim Erhitzen von 5,7-Diacetoxy-2-[4-acetoxy-phenyl]-6,8-dimethyl-chroman-4-on mit
Acetanhydrid (*Arthur*, Soc. **1955** 3740).

Kristalle (aus Me.); F: 158 − 159° [korr.].

2-[4,4-Dimethyl-2,6-dioxo-cyclohexyl]-2-hydroxy-indan-1,3-dion $C_{17}H_{16}O_5$, Formel IV und
Taut.

B. Beim Erhitzen von Ninhydrin mit 5,5-Dimethyl-cyclohexan-1,3-dion und wss. H_2SO_4
(*MacFadyen*, J. biol. Chem. **186** [1950] 1, 2).

Kristalle (aus wss. H_2SO_4); F: 210 − 212° [Zers.]. UV-Spektrum (H_2O; 200 − 320 nm) bei
pH < 2,2 und pH > 6,5: *MacF.*, l. c. S. 6.

(±)-3-Benzyloxyacetyl-5-chlor-8,9-dimethoxy-10-methyl-3,4-dihydro-2H-anthracen-1-on
$C_{26}H_{25}ClO_5$, Formel V.

B. Beim Erhitzen von (±)-5-Chlor-3-diazoacetyl-8,9-dimethoxy-10-methyl-3,4-dihydro-2Hanthracen-1-on mit Benzylalkohol und *N,N*-Dimethyl-anilin (*Muxfeldt*, B. **92** [1959] 3122, 3147).

Gelbe Kristalle (aus A.); F: 123−125°. λ_{max} (Me.): 224 nm, 270 nm, 308 nm, 320 nm, 333 nm und 418 nm.

Hydroxy-oxo-Verbindungen $C_{18}H_{18}O_5$

4-[4-Methoxy-*trans*-cinnamoyl]-2,2,6-trimethyl-cyclohexan-1,3,5-trion $C_{19}H_{20}O_5$, Formel VI (R = H) und Taut.

B. Aus 4-Acetyl-2,2,6-trimethyl-cyclohexan-1,3,5-trion und 4-Methoxy-benzaldehyd in wss.- äthanol. KOH (*Goel et al.*, Pr. Indian Acad. [A] **48** [1958] 180, 187). Neben 6-[4-Methoxy-*trans*-cinnamoyl]-2,2,4,4-tetramethyl-cyclohexan-1,3,5-trion beim Erwärmen von 5,7-Dihydroxy-2-[4-hydroxy-phenyl]-chroman-4-on mit CH_3I und methanol. KOH (*Goel et al.*).
Gelbe Kristalle (aus Me.); F: 177−178°.

VI   VII

(±)-4c-[3,4-Dimethoxy-phenyl]-6,7-dimethoxy-2r,3t-dimethyl-3,4-dihydro-2H-naphthalin-1-on $C_{22}H_{26}O_5$, Formel VII + Spiegelbild.
Die Konfiguration ergibt sich aus der Überführung in (±)-Galbulin (E IV **6** 7795).
B. Aus opt.-inakt. 5-[3,4-Dimethoxy-phenyl]-3,4-dimethyl-dihydro-furan-2-on (E III/IV **18** 1256) beim Erwärmen mit Veratrol und $AlCl_3$, Erwärmen des Reaktionsprodukts mit PCl_5 in Benzol und anschliessenden Behandeln mit $SnCl_4$ (*Müller, Vajda*, J. org. Chem. **17** [1952] 800, 805).
Kristalle (aus A.); F: 165−168°.

Hydroxy-oxo-Verbindungen $C_{19}H_{20}O_5$

6-[4-Methoxy-*trans*-cinnamoyl]-2,2,4,4-tetramethyl-cyclohexan-1,3,5-trion $C_{20}H_{22}O_5$, Formel VI (R = CH_3) und Taut.
B. Aus 6-Acetyl-2,2,4,4-tetramethyl-cyclohexan-1,3,5-trion und 4-Methoxy-benzaldehyd in wss.-äthanol. KOH (*Goel et al.*, Pr. Indian Acad. [A] **48** [1958] 180, 188). Über eine weitere Bildungsweise s. o. im Artikel 4-[4-Methoxy-*trans*-cinnamoyl]-2,2,6-trimethyl-cyclohexan-1,3,5-trion.
Gelbe Kristalle (aus Me.); F: 108°.

*Opt.-inakt. 2,5-Divanillyl-cyclopentanon $C_{21}H_{24}O_5$, Formel VIII.
B. Bei der Hydrierung von 2,5-Divanillyliden-cyclopentanon (F: 213−216°) an Platin in Dioxan (*Merck & Co. Inc.*, U.S.P. 2803660 [1954]).
Kristalle (aus wss. A.); F: 115−116,5°.

Hydroxy-oxo-Verbindungen $C_{20}H_{22}O_5$

4,2′,4′-Trihydroxy-3′-isopentyl-6′-methoxy-*trans*(?)-chalkon $C_{21}H_{24}O_5$, vermutlich Formel IX.
B. Aus 7-Hydroxy-2-[4-hydroxy-phenyl]-8-isopentyl-5-methoxy-chroman-4-on mit Hilfe von

wss. NaOH (*Verzele et al.*, Bl. Soc. chim. Belg. **66** [1957] 452, 464).
F: 200—201°.

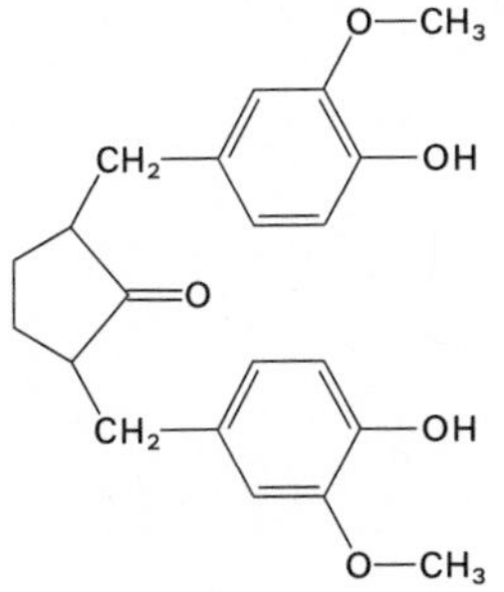

VIII 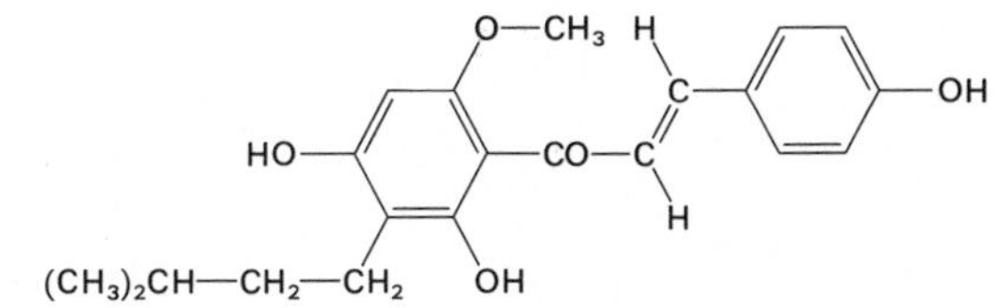   IX

1-[2,4-Dihydroxy-6-methoxy-3-(3-methyl-but-2-enyl)-phenyl]-3-[4-hydroxy-phenyl]-propan-1-on
$C_{21}H_{24}O_5$, Formel X.

B. Aus Xanthohumol (4,2′,4′-Trihydroxy-6′-methoxy-3′-[3-methyl-but-2-enyl]-chalkon [E III 4167]) mit Hilfe von Zink und Essigsäure (*Verzele et al.*, Bl. Soc. chim. Belg. **66** [1957] 452, 464).

Kristalle (aus wss. Me.); F: 145°.

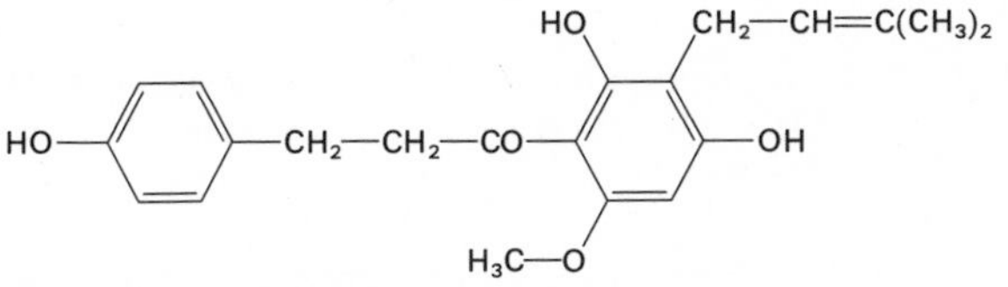

X 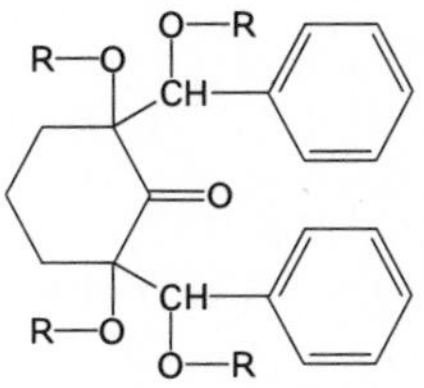   XI

2,6-Diacetoxy-2,6-bis-[α-acetoxy-benzyl]-cyclohexanon $C_{28}H_{30}O_9$, Formel XI (R = CO-CH$_3$).

a) Opt.-inakt. Verbindung vom F: 228°.

B. Neben kleinen Mengen der unter b) beschriebenen opt.-inakt. Verbindung beim Erhitzen von opt.-inakt. 2,6-Dibrom-2,6-bis-[α-brom-benzyl]-cyclohexanon (E III **7** 2503) mit Silberace=tat in Essigsäure (*Yeh*, Bl. chem. Soc. Japan **27** [1954] 60).

Kristalle (aus Bzl.); F: 227—228° [korr.; Zers.].

b) Opt.-inakt. Verbindung vom F: 221°.

B. s. unter a).

Kristalle; F: 220—221° [korr.; Zers.] (*Yeh*).

Hydroxy-oxo-Verbindungen $C_{21}H_{24}O_5$

17,21-Dihydroxy-pregna-1,4,6-trien-3,11,20-trion $C_{21}H_{24}O_5$, Formel XII (R = H).

B. Aus 17,21-Dihydroxy-pregna-4,6-dien-3,11,20-trion oder 21-Acetoxy-17-hydroxy-pregna-4,6-dien-3,11,20-trion mit Hilfe von Bacillus sphaericus (*Gould et al.*, Am. Soc. **79** [1957] 502).

Dimorph; F: 225° [Zers.] bzw. F: 235° [Zers.]. $[\alpha]_D^{25}$: +246° [Dioxan]. λ_{max} (Me.): 222 nm, 255 nm und 296 nm.

21-Acetoxy-17-hydroxy-pregna-1,4,6-trien-3,11,20-trion $C_{23}H_{26}O_6$, Formel XII (R = CO-CH$_3$).

B. Aus 21-Acetoxy-11β,17-dihydroxy-pregna-1,4,6-trien-3,20-dion mit Hilfe von CrO$_3$

(*Agnello, Laubach*, Am. Soc. **79** [1957] 1257 Anm. 2). Beim Erhitzen von 21-Acetoxy-6ξ-brom-17-hydroxy-pregna-1,4-dien-3,11,20-trion (S. 3534) mit 2,4,6-Trimethyl-pyridin (*Gould et al.*, Am. Soc. **79** [1957] 502). Beim Erwärmen von 21-Acetoxy-17-hydroxy-pregna-4,6-dien-3,11,20-trion mit I_2O_5 in *tert*-Pentylalkohol und Essigsäure (*Organon Inc.*, U.S.P. 2879279 [1957]).

F: 225−228°; $[\alpha]_D^{25}$: +265° [Dioxan]; λ_{max} (A.): 222 nm, 255 nm und 297 nm (*Go. et al.*).
F: 222,5−226,5°; $[\alpha]_D^{20}$: +284° [Dioxan]; λ_{max} (A.): 223 nm, 255 nm und 297 nm (*Ag., La.*).
F: 223−225° (*Organon Inc.*).

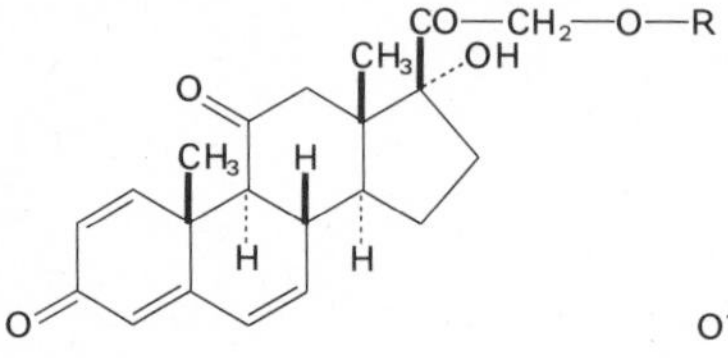

XII 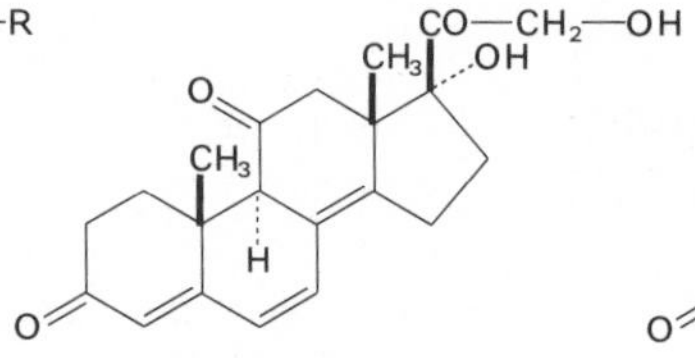   XIII 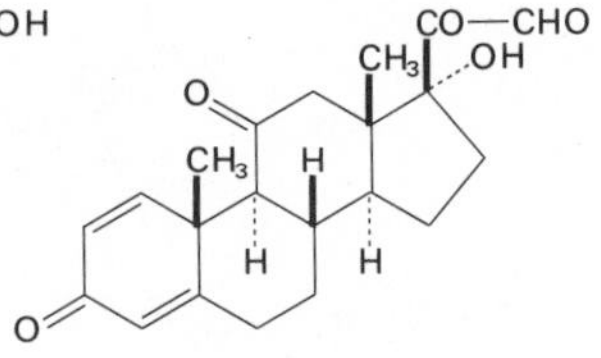   XIV

17,21-Dihydroxy-pregna-4,6,8(14)-trien-3,11,20-trion $C_{21}H_{24}O_5$, Formel XIII.

B. Beim Behandeln von 21-Acetoxy-8,14-epoxy-17-hydroxy-8ξ,14ξ-pregn-4-en-3,11,20-trion (E III/IV **18** 3175) mit Natriummethylat in Methanol und THF (*Wendler et al.*, Am. Soc. **79** [1957] 4476, 4479, 4485).

Kristalle (aus Acn.); F: 225−235° [Zers.]. λ_{max} (Me.): 337 nm.

Beim Erwärmen mit LiAlH$_4$ in THF ist eine als 3ξ,11ξ,17,21-Tetrahydroxy-pregna-4,6,8(14)-trien-20-on angesehene Verbindung $C_{21}H_{28}O_5$ (λ_{max} [Me.]: 284,5 nm) erhalten wor≠den (*We. et al.*, l. c. S. 4486).

O^{21}-Acetyl-Derivat $C_{23}H_{26}O_6$; 21-Acetoxy-17-hydroxy-pregna-4,6,8(14)-trien-3,11,20-trion. F: 218−225° [Zers.]; λ_{max} (Me.): 334 nm (*We. et al.*, l. c. S. 4486).

17-Hydroxy-3,11,20-trioxo-pregna-1,4-dien-21-al $C_{21}H_{24}O_5$, Formel XIV.

Dihydrat $C_{21}H_{24}O_5\cdot 2H_2O$. *B.* Aus 17-Hydroxy-3,11,20-trioxo-pregna-1,4-dien-21-al-[(Ξ)-*N*-(4-dimethylamino-phenyl)-oxim] (F: 182−183°) mit Hilfe von wss. HCl (*Herzog et al.*, J. org. Chem. **21** [1956] 688). − Gelbe Kristalle; F: 220−230° [Zers.]. $[\alpha]_D^{25}$: +166° [Me.]. λ_{max} (A.): 238 nm.

Hydroxy-oxo-Verbindungen $C_{24}H_{30}O_5$

2-[4-Methoxy-phenyl]-1,1-bis-[4,4-dimethyl-2,6-dioxo-cyclohexyl]-äthan, 5,5,5′,5′-Tetramethyl-2,2′-[4-methoxy-phenäthyliden]-bis-cyclohexan-1,3-dion $C_{25}H_{32}O_5$, Formel XV und Taut.

B. Aus [4-Methoxy-phenyl]-acetaldehyd und 5,5-Dimethyl-cyclohexan-1,3-dion in wss. Äth≠anol (*Fort, Roberts*, Am. Soc. **78** [1956] 584, 590).

Kristalle (aus Me.); F: 152,5−154,5° [korr.].

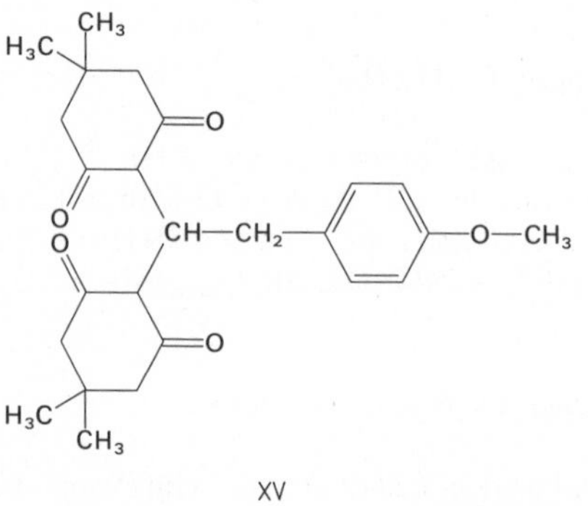

XV 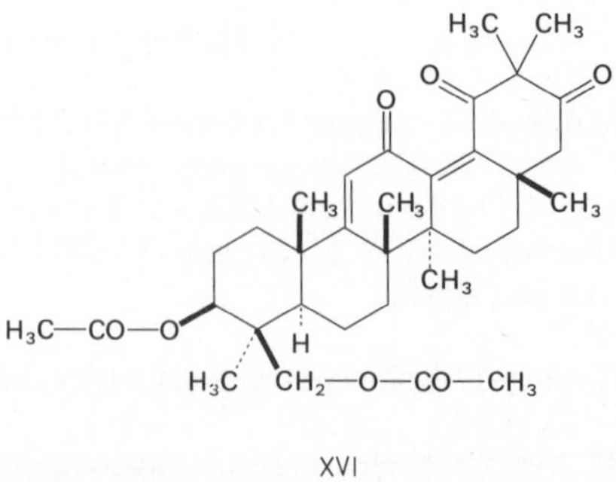   XVI

Hydroxy-oxo-Verbindungen $C_{30}H_{42}O_5$

3β,24-Diacetoxy-oleana-9(11),13(18)-dien-12,19,21(?)-trion $C_{34}H_{46}O_7$, vermutlich Formel XVI.

B. Aus 3β,24-Isopropylidendioxy-oleana-9(11),13(18)-dien-12,19,21(?)-trion (aus Sojasapoge=
nol B [E III **6** 6501] hergestellt) beim Erwärmen mit wss.-methanol. HCl und Erwärmen des
Reaktionsprodukts mit Acetanhydrid und Pyridin (*Smith et al.*, Tetrahedron **4** [1958] 111, 129).
Kristalle (aus $CHCl_3 + PAe.$); F: 203–205° [unkorr.]. $[\alpha]_D^{15-20}$: −131° [$CHCl_3$; c = 2,3].
λ_{max} (A.): 280 nm.   [*Höffer*]

Hydroxy-oxo-Verbindungen $C_nH_{2n-20}O_5$

Hydroxy-oxo-Verbindungen $C_{14}H_8O_5$

1,2,3-Trihydroxy-anthrachinon, Anthragallol $C_{14}H_8O_5$, Formel I (R = R′ = R″ = H)
(H 505; E I 740; E II 549; E III 4140).

F: 316° [korr.] (*Wiles*, Soc. **1952** 1358, 1362). IR-Banden (Paraffin; 3380–715 cm⁻¹): *Bloom
et al.*, Soc. **1959** 178, 180. CO-Valenzschwingungsbande (frei und chelatisiert; Nujol und Di=
oxan): *Tanaka*, Chem. pharm. Bl. **6** [1958] 18, 20, 23. Absorptionsspektrum (A.; 220–320 nm
bzw. 220–500 nm): *Ikeda et al.*, J. pharm. Soc. Japan **76** [1956] 217, 218, 219; C. A. **1956**
7590; *Briggs et al.*, Soc. **1952** 1718, 1720. λ_{max} (A.): 213 nm, 241 nm, 245 nm, 287 nm und
414 nm (*Birkinshaw*, Biochem. J. **59** [1955] 485). Polarographisches Halbstufenpotential in wss.
Äthanol bei pH 1,25: *Wi.*, l. c. S. 1359; in H_2SO_4 enthaltender Essigsäure: *Stárka et al.*, Collect.
23 [1958] 206, 211.

2,3-Dihydroxy-1-methoxy-anthrachinon $C_{15}H_{10}O_5$, Formel I (R = CH_3, R′ = R″ = H)
(E II 549).

B. Beim Behandeln von 3-Hydroxy-1-methoxy-9,10-dioxo-9,10-dihydro-anthracen-2-carb=
aldehyd (Damnacanthal) mit wss. H_2O_2, wss. NaOH und Pyridin (*Murti et al.*, J. scient. ind.
Res. India **18** B [1959] 367, 370).

Gelbe Kristalle (aus E.); F: 245–247°.

1,3-Dihydroxy-2-methoxy-anthrachinon $C_{15}H_{10}O_5$, Formel I (R = R″ = H, R′ = CH_3)
(E II 550; E III 4140).

IR-Banden (Paraffin; 3480–650 cm⁻¹): *Bloom et al.*, Soc. **1959** 178, 180. Absorptions=
spektrum (A.; 220–480 nm): *Briggs et al.*, Soc. **1952** 1718, 1720.

3-Hydroxy-1,2-dimethoxy-anthrachinon $C_{16}H_{12}O_5$, Formel I (R = R′ = CH_3, R″ = H)
(H 506; E II 550; E III 4140).

Absorptionsspektrum (A.; 230–420 nm): *Briggs et al.*, Soc. **1952** 1718, 1720.

1,2,3-Trimethoxy-anthrachinon $C_{17}H_{14}O_5$, Formel I (R = R′ = R″ = CH_3) (H 507;
E II 550; E III 4140).

IR-Banden (Paraffin; 1700–700 cm⁻¹): *Bloom et al.*, Soc. **1959** 178, 180. Absorptions=
spektrum (A.; 220–430 nm): *Briggs et al.*, Soc. **1952** 1718, 1720. Polarographisches Halbstufen=
potential in wss. Äthanol bei pH 1,25 und pH 11,2: *Wiles*, Soc. **1952** 1358, 1359.

I   II   III

1,2,4-Trihydroxy-anthrachinon, Purpurin $C_{14}H_8O_5$, Formel II (R = R' = H) und Taut. (H 509; E I 740; E II 552; E III 4141).

F: 257° [korr.] (*Wiles*, Soc. **1952** 1358, 1362). IR-Spektrum des Dampfes bei 320° (3800 – 2800 cm^{-1}): *Schigorin*, Izv. Akad. S.S.S.R. Ser. fiz. **18** [1954] 723; engl. Ausg. S. 404; *Schigorin, Dokunichin*, Doklady Akad. S.S.S.R. **100** [1955] 323, 325; C. A. **1955** 14485. IR-Banden (Paraffin; 3250 – 700 cm^{-1}): *Bloom et al.*, Soc. **1959** 178, 180. CO-Valenzschwingungs= bande der intramolekular chelatisierten Verbindung (Nujol und Dioxan): *Tanaka*, Chem. pharm. Bl. **6** [1958] 18, 23. Absorptionsspektrum in Äthanol (330 – 550 nm), in H_2SO_4, auch unter Zusatz von H_3BO_3 (330 – 600 nm) sowie in wss. H_2SO_4 (330 – 550 nm): *Sommer, Hnilič= ková*, Collect. **22** [1957] 1432, 1435. λ_{max} (A.): ca. 230 nm, 255 nm, ca. 295 nm, 490 nm und 520 nm (*Ikeda et al.*, J. pharm. Soc. Japan **76** [1956] 217, 219; C. A. **1956** 7590). Fluorescenzma= ximum in Äthanol (480 nm) sowie des Dampfes (560 nm): *Karjakin*, Ž. fiz. Chim. **23** [1949] 1332, 1338, 1340; C. A. **1950** 2853. Polarographisches Halbstufenpotential in wss. Äthanol vom pH 1,25: *Wi.*, l. c. S. 1359; in wss. Äthanol vom pH 7: *Berg*, Chem. Tech. **6** [1954] 585, 587; in H_2SO_4 enthaltender Essigsäure: *Stárka et al.*, Collect. **23** [1958] 206, 211.

Über zwei als 3,4,9-Trihydroxy-anthracen-1,10-dion $C_{14}H_8O_5$ sowie als 2,4,9-Tri= hydroxy-anthracen-1,10-dion $C_{14}H_8O_5$ formulierte, beim Behandeln von 1,2-Dihydroxy-anthrachinon mit MnO_2 in H_2SO_4 erhaltene Präparate (a) orangefarbene Kristalle [aus Eg.]; F: 255°; Acetyl-Derivat: orangefarbene Kristalle [aus Eg.], F: 140 – 143°; b) rote Kristalle [aus Eg.], F: 256 – 257°; Acetyl-Derivat: orangefarbene Kristalle [aus Eg.]; F: 140 – 143°) s. *Murata et al.*, Bl. Fac. Eng. Hiroshima Univ. **5** [1956] 319, 331; C. A. **1957** 10910.

1,4-Dihydroxy-2-methoxy-anthrachinon $C_{15}H_{10}O_5$, Formel II (R = H, R' = CH_3) (H 512; E I 740; E II 553).

B. Beim Erhitzen von 1-Brom-2,4-dimethoxy-anthrachinon mit H_3BO_3 und $CuSO_4$ enthalten= der H_2SO_4 auf 110 – 130° (*Shibata et al.*, Pharm. Bl. **3** [1955] 278, 282). Aus 1,2,4-Trihydroxy-anthrachinon mit Hilfe von Dimethylsulfat und K_2CO_3 in Aceton (*Jain, Seshadri*, J. scient. ind. Res. India **15** B [1956] 61, 63).

Orangerote Kristalle (aus A.); F: 240 – 241° (*Jain, Se.*). CO-Valenzschwingungsbande der intramolekular chelatisierten Verbindung (Nujol und Dioxan): *Tanaka*, Chem. pharm. Bl. **6** [1958] 18, 23.

1,2,4-Trimethoxy-anthrachinon $C_{17}H_{14}O_5$, Formel II (R = R' = CH_3).

B. In kleiner Menge beim Erwärmen von 1-Brom-2,4-dimethoxy-anthrachinon mit methanol. KOH unter Zusatz von MnO_2 (*Tanaka, Kaneko*, Pharm. Bl. **3** [1955] 284). Aus 1,2,4-Trihydr= oxy-anthrachinon bei der Reaktion mit Dimethylsulfat und K_2CO_3 in Aceton (*Briggs, Nicholls*, Soc. **1951** 1138; s. a. *Wiles*, Soc. **1952** 1358, 1362) oder mit Diazomethan in Äther und Methanol (*Neelakantan et al.*, Biochem. J. **66** [1957] 234, 235).

Gelbe Kristalle; F: 169 – 171° [aus wss. A. und/oder E.] (*Br., Ni.*), 168° [korr.; aus A.] (*Wi.*), 165 – 166° [aus A.] (*Ne. et al.*). Polarographisches Halbstufenpotential in wss. Äthanol bei pH 11,2: *Wi.*, l. c. S. 1359.

1,2,5-Trihydroxy-anthrachinon $C_{14}H_8O_5$, Formel III (X = OH, X' = H) (H 512; E II 554).

IR-Banden (Paraffin; 3350 – 650 cm^{-1}): *Bloom et al.*, Soc. **1959** 178, 180. λ_{max} in H_2SO_4: 505 nm, 582 nm und 636 nm (*Ráb*, Collect. **24** [1959] 3654, 3659); des Borsäure-Komplexes in H_2SO_4: 512 nm, 587 nm und 640 nm (*Ráb*).

1,2,6-Trihydroxy-anthrachinon, Flavopurpurin $C_{14}H_8O_5$, Formel III (X = H, X' = OH) (H 513; E I 741; E II 555; E III 4144).

IR-Banden (Paraffin; 3400 – 650 cm^{-1}): *Bloom et al.*, Soc. **1959** 178, 180. λ_{max} (A.): 227,5 nm, 274 nm, ca. 305 nm und 410 nm (*Ikeda et al.*, J. pharm. Soc. Japan **76** [1956] 217, 219; C. A. **1956** 7590).

1,2,7-Trihydroxy-anthrachinon, Anthrapurpurin $C_{14}H_8O_5$, Formel IV (R = H) (H 516;
E I 742; E II 555; E III 4145).
    IR-Banden (Paraffin; 3400 – 700 cm^{-1}): *Bloom et al.*, Soc. **1959** 178, 180. λ_{max} (A.): 227,5 nm,
274 nm, 340 nm und 430 nm (*Ikeda et al.*, J. pharm. Soc. Japan **76** [1956] 217, 219; C. A.
1956 7590). Polarographisches Halbstufenpotential in wss. Äthanol bei pH 1,25: *Wiles*, Soc.
1952 1358, 1359; in H_2SO_4 enthaltender Essigsäure: *Stárka et al.*, Collect. **23** [1958] 206, 211.

1,2,7-Trimethoxy-anthrachinon $C_{17}H_{14}O_5$, Formel IV (R = CH_3) (H 517; E II 556).
    Polarographisches Halbstufenpotential in wss. Äthanol bei pH 1,25 und pH 11,2: *Wiles*, Soc.
1952 1358, 1359.

_____

1,2,8-Trihydroxy-anthrachinon $C_{14}H_8O_5$, Formel V (H 518; E I 742; E II 557; E III 4145).
    IR-Banden (Paraffin; 3400 – 650 cm^{-1}): *Bloom et al.*, Soc. **1959** 178, 180. UV-Spektrum (A.;
220 – 310 nm): *Ikeda et al.*, J. pharm. Soc. Japan **76** [1956] 217, 218; C. A. **1956** 7590. λ_{max}
in H_2SO_4: 478 nm, 510 nm und 549 nm (*Ráb*, Collect. **24** [1959] 3654, 3659); des Borsäure-
Komplexes in H_2SO_4: 514 nm, 548 nm und 694 nm (*Ráb*).

IV   V   VI

1,3,5-Trihydroxy-anthrachinon $C_{14}H_8O_5$, Formel VI (R = R' = R'' = H).
    B. In kleiner Menge beim Erhitzen von 3-Hydroxy-benzoesäure mit 3,5-Dihydroxy-benzoe=
säure und H_2SO_4 auf 150° (*Nonomura, Ogata*, Kumamoto pharm. Bl. Nr. 3 [1958] 81). Beim
Erwärmen von 1,3,5-Trimethoxy-anthrachinon mit AlBr$_3$ in Benzol (*Joshi et al.*, J. scient. ind.
Res. India **13** B [1954] 246).
    Gelbe Kristalle; F: 314 – 315° [aus Bzl.] (*Jo. et al.*), 310 – 313° [Zers.; aus Acn. + H_2O] (*No.,
Og.*).

1,5-Dihydroxy-3-methoxy-anthrachinon $C_{15}H_{10}O_5$, Formel VI (R = R'' = H, R' = CH_3).
    B. Beim Erhitzen von 1,3,5-Trimethoxy-anthrachinon mit wss. HBr und Essigsäure (*Joshi
et al.*, J. scient. ind. Res. India **13** B [1954] 246).
    Orangegelbe Kristalle (aus A.); F: 213 – 214°.

1,3,5-Trimethoxy-anthrachinon $C_{17}H_{14}O_5$, Formel VI (R = R' = R'' = CH_3).
    B. Beim Erhitzen von 1,3,5-Trichlor-anthrachinon mit Natriummethylat in Methanol auf
160 – 170° (*Joshi et al.*, J. scient. ind. Res. India **13** B [1954] 246).
    Gelbe Kristalle (aus Xylol); F: 203°.

1,5-Diacetoxy-3-methoxy-anthrachinon $C_{19}H_{14}O_7$, Formel VI (R = R'' = CO-CH_3,
R' = CH_3).
    B. Beim Erwärmen von 1,5-Dihydroxy-3-methoxy-anthrachinon mit Acetanhydrid in Pyridin
(*Joshi et al.*, J. scient. ind. Res. India **13** B [1954] 246).
    Hellgelbe Kristalle (aus wss. A.); F: 204°.

1,3,5-Triacetoxy-anthrachinon $C_{20}H_{14}O_8$, Formel VI (R = R' = R'' = CO-CH_3).
    Kristalle; F: 224° [aus Eg.] (*Nonomura, Ogata*, Kumamoto pharm. Bl. Nr. 3 [1958] 81),
221 – 222° [aus A.] (*Joshi et al.*, J. scient. ind. Res. India **13** B [1954] 246).

_____

1,3,7-Trihydroxy-anthrachinon $C_{14}H_8O_5$, Formel VII (R = H).

B. Beim Erwärmen von 1,3,7-Trimethoxy-anthrachinon mit $AlBr_3$ in Benzol (*Parkash, Venka=*
taraman, J. scient. ind. Res. India **13** B [1954] 825, 827).

Gelbe Kristalle (aus Eg.), die bis 360° nicht schmelzen; ab ca. 330° erfolgt Dunkelfärbung.

1,3,7-Trimethoxy-anthrachinon $C_{17}H_{14}O_5$, Formel VII (R = CH_3).

B. Beim Erwärmen von 7-Brom-1,3-dichlor-anthrachinon mit Natriummethylat in Methanol
(*Parkash, Venkataraman,* J. scient. ind. Res. India **13** B [1954] 825, 827).

Gelbe Kristalle (aus Xylol); F: 226°.

1,3,7-Triacetoxy-anthrachinon $C_{20}H_{14}O_8$, Formel VII (R = $CO\text{-}CH_3$).

Hellgelbe Kristalle (aus A.); F: 175° (*Parkash, Venkataraman,* J. scient. ind. Res. India
13 B [1954] 825, 827).

1,3,8-Trihydroxy-anthrachinon $C_{14}H_8O_5$, Formel VIII (R = H) (E I 742; E II 557;
E III 4145).

B. Aus 1,3,8-Trimethoxy-anthrachinon beim Erhitzen mit einer $AlCl_3$-NaCl-Schmelze (*Ay=*
yangar et al., Tetrahedron **6** [1959] 331, 335) oder beim Erwärmen mit $AlBr_3$ in Benzol (*Parkash,*
Venkataraman, J. scient. ind. Res. India **13** B [1954] 825, 828).

Braune Kristalle (aus E.); F: 287° (*Ay. et al.; Pa., Ve.*). IR-Banden in KBr (3350 − 700 cm^{-1}):
Ay. et al.; in Paraffin (3400 − 650 cm^{-1}): *Bloom et al.,* Soc. **1959** 178, 180.

VII   VIII   IX

1,3,8-Trimethoxy-anthrachinon $C_{17}H_{14}O_5$, Formel VIII (R = CH_3) (E III 4146).

B. Beim Erwärmen von 1,3-Dibrom-8-chlor-anthrachinon mit Natriummethylat in Methanol
unter Zusatz von CuO (*Ayyangar et al.,* Tetrahedron **6** [1959] 331, 335). Beim Erwärmen von
1,3-Dichlor-8-methoxy-anthrachinon mit Natriummethylat in Methanol (*Parkash, Venkatara=*
man, J. scient. ind. Res. India **13** B [1954] 825, 828).

Gelbe Kristalle (aus A.); F: 196° (*Ay. et al.; Pa., Ve.*).

1,4,5-Trihydroxy-anthrachinon $C_{14}H_8O_5$, Formel IX (R = X = H) und Taut. (H 519;
E I 742; E II 557; E III 4146).

IR-Spektrum (KBr; 2 − 15 μ): *Brockmann, Franck,* B. **88** [1955] 1792, 1799. IR-Banden (Pa=
raffin; 1650 − 700 cm^{-1}): *Bloom et al.,* Soc. **1959** 178, 180. UV-Spektrum (A.; 220 − 300 nm):
Ikeda et al., J. pharm. Soc. Japan **76** [1956] 217, 218; C. A. **1956** 7590. Absorptionsspektrum
in Cyclohexan (430 − 540 nm bzw. 350 − 560 nm): *Brockmann, Müller,* B. **92** [1959] 1164, 1165;
Brockmann, Lenk, B. **92** [1959] 1880, 1888; in Methanol (210 − 600 nm): *Br., Fr.,* l. c. S. 1797.
λ_{max} in H_2SO_4, Piperidin, Acetanhydrid sowie in Acetanhydrid + Pyroboracetat: *Br., Fr.,* l. c.
S. 1805, 1807.

1,4,5-Trimethoxy-anthrachinon $C_{17}H_{14}O_5$, Formel IX (R = CH_3, X = H).

B. Beim Erhitzen von 1,4,5-Trichlor-anthrachinon mit Natriummethylat in Methanol auf
165° (*Wiles, Thomas,* Soc. **1956** 4811, 4813).

Kristalle (aus Butan-2-ol); F: 209° [korr.].

1,4,5-Triacetoxy-anthrachinon $C_{20}H_{14}O_8$, Formel IX (R = $CO\text{-}CH_3$, X = H) (E III 4146).

Absorptionsspektrum (Me.; 210 − 410 nm): *Brockmann, Lenk,* B. **92** [1959] 1880, 1889.

1,4,5-Trihydroxy-8-nitro-anthrachinon $C_{14}H_7NO_7$, Formel IX (R = H, X = NO_2).
λ_{max} (CH_2Cl_2): 510 nm (*Labhart*, Helv. **40** [1957] 1410, 1416).

(±)-4a-Acetoxy-9a-brom-*trans*-4a,9a-dihydro-anthracen-1,4,9,10-tetraon $C_{16}H_9BrO_6$,
Formel X.

B. Beim Behandeln von Anthracen-1,4,9,10-tetraon mit Brom, Essigsäure und Blei(II)-acetat
(*Inhoffen et al.*, B. **90** [1957] 1448, 1454).

Kristalle (aus Bzl.+PAe.); F: 157°. λ_{max} (Me.): 228 nm.

1,5,6-Trimethoxy-phenanthren-9,10-dion $C_{17}H_{14}O_5$, Formel XI.

B. Beim Erwärmen von 3,4,8-Trimethoxy-phenanthren-9-carbonsäure mit wss. $Na_2Cr_2O_7$
und Essigsäure (*Pailer et al.*, M. **87** [1956] 249, 267).

Orangegelbe Kristalle (nach Sublimation im Hochvakuum bei 160°); F: 167° [korr.].

Hydroxy-oxo-Verbindungen $C_{15}H_{10}O_5$

x-Chlor-3-[3,4-dimethoxy-phenyl]-5,6-dimethoxy-inden-1-on $C_{19}H_{17}ClO_5$.

B. Aus 3,3-Bis-[3,4-dimethoxy-phenyl]-acrylsäure beim Erwärmen mit $SOCl_2$ sowie beim Erwärmen mit PCl_5 in Benzol und anschliessenden Behandeln mit $SnCl_4$ (*Feeman, Amstutz*, Am.
Soc. **72** [1950] 1526, 1529).

Rote Kristalle (aus Toluol); F: 220,6–221,4° [korr.].

2,4-Dinitro-phenylhydrazon (F: 273,2–273,8°): *Fe., Am*.

---

x-Brom-3-[3,4-dimethoxy-phenyl]-5,6-dimethoxy-inden-1-on $C_{19}H_{17}BrO_5$.

B. In kleiner Menge aus 3-[3,4-Dimethoxy-phenyl]-5,6-dimethoxy-indan-1-on beim Erwärmen
mit *N*-Brom-succinimid in CCl_4 (*Feeman, Amstutz*, Am. Soc. **72** [1950] 1526, 1530).

Rote Kristalle (aus Eg.); F: 222,5–224° [korr.].

3,9,10,11-Tetramethoxy-dibenzo[*a,c*]cyclohepten-5-on $C_{19}H_{18}O_5$, Formel XII (X = H,
X′ = O-CH_3).

B. Beim Behandeln von 2′-Acetyl-4,5,6,4′-tetramethoxy-biphenyl-2-carbaldehyd mit HCl enthaltender Essigsäure (*Cook et al.*, Soc. **1951** 1397, 1403).

Gelbe Kristalle (aus Me.); F: 98–99°.

1,9,10,11-Tetramethoxy-dibenzo[*a,c*]cyclohepten-5-on $C_{19}H_{18}O_5$, Formel XII (X = O-CH_3,
X′ = H).

B. Beim Erwärmen von 7-Hydroxy-1,9,10,11-tetramethoxy-6,7-dihydro-dibenzo[*a,c*]cyclo-
hepten-5-on mit Acetanhydrid und Pyridin (*Cook et al.*, Soc. **1951** 1397, 1402).

F: 174–175° [aus Me.].

1,3,8-Trihydroxy-2-methyl-anthrachinon $C_{15}H_{10}O_5$, Formel XIII (R = X = H).

B. Aus diazotiertem 8-Amino-1,3-dihydroxy-2-methyl-anthrachinon (*Hirose*, Chem. pharm.
Bl. **8** [1960] 417, 425; s. a. *Hirose*, J. pharm. Soc. Japan **78** [1958] 947).

Rotbraune Kristalle (aus Bzl.); F: 312° (*Hi.*, Chem. pharm. Bl. **8** 425; J. pharm. Soc. Japan **78** 947).

Triacetyl-Derivat $C_{21}H_{16}O_8$; 1,3,8-Triacetoxy-2-methyl-anthrachinon. Hell=gelbe Kristalle (aus Bzl.); F: 215−216° (*Hi.*, Chem. pharm. Bl. **8** 425).

XII   XIII

1,3,8-Triacetoxy-2-brommethyl-anthrachinon $C_{21}H_{15}BrO_8$, Formel XIII (R = CO-CH₃, X = Br).

B. Beim Erwärmen von 1,3,8-Triacetoxy-2-methyl-anthrachinon mit *N*-Brom-succinimid in CCl₄ unter Zusatz von Dibenzoylperoxid (*Hirose*, Chem. pharm. Bl. **8** [1960] 417, 425; s. a. *Hirose*, J. pharm. Soc. Japan **78** [1958] 947).

Gelbe Kristalle (aus Eg.); F: 222°.

1,4,5-Trihydroxy-2-methyl-anthrachinon, Islandicin $C_{15}H_{10}O_5$, Formel I (R = H) und Taut. (E III 4151).

B. Aus 3-Amino-2-[5-amino-2-hydroxy-4-methyl-benzoyl]-benzoesäure beim Behandeln mit NaNO₂ und wss. HCl und anschliessenden Erhitzen mit H_2SO_4 (*Joshi et al.*, Pr. Indian Acad. [A] **32** [1950] 348, 349). Beim Erhitzen von 1,4-Dihydroxy-5-methoxy-2-methyl-anthrachinon mit wss. HBr und Essigsäure (*Neelakantan et al.*, Pr. Indian Acad. [A] **49** [1959] 234, 238).

IR-Banden (Paraffin; 1600−700 cm⁻¹): *Bloom et al.*, Soc. **1959** 178, 181. CO-Valenzschwin=gungsbande der intramolekular chelatisierten Verbindung (Nujol und Dioxan): *Tanaka*, Chem. pharm. Bl. **6** [1958] 18, 23. Absorptionsspektrum (A.; 250−500 nm): *Shibata et al.*, Pharm. Bl. **4** [1956] 111, 115. λ_{max} (A.; 230−580 nm): *Birkinshaw*, Biochem. J. **59** [1955] 485; *Ikeda et al.*, J. pharm. Soc. Japan **76** [1956] 217, 219; C. A. **1956** 7590.

1,4-Dihydroxy-5-methoxy-2-methyl-anthrachinon $C_{16}H_{12}O_5$, Formel I (R = CH₃).

B. Beim Erwärmen von 2-[2,5-Dihydroxy-4-methyl-benzoyl]-3-methoxy-benzoesäure mit SO₃ enthaltender H_2SO_4 unter Zusatz von H_3BO_3 (*Neelakantan et al.*, Pr. Indian Acad. [A] **49** [1959] 234, 238).

Rote Kristalle (aus CHCl₃+Me.); F: 197−199°.

I   II   III

1,2,5-Trihydroxy-6-methyl-anthrachinon, Morindon $C_{15}H_{10}O_5$, Formel II (H 525; E I 746; E II 561; E III 4151).

Isolierung aus dem Kernholz von Morinda tinctoria: *Murti et al.*, J. scient. ind. Res. India **18** B [1959] 367, 370.

IR-Banden (Paraffin; 3500−700 cm⁻¹): *Bloom et al.*, Soc. **1959** 178, 180.

1,2,8-Trihydroxy-7-methyl-anthrachinon $C_{15}H_{10}O_5$, Formel III (R = H).

Die Einheitlichkeit des früher (E II **8** 562) unter dieser Konstitution beschriebenen Präparats ist fraglich (s. dazu *Davies et al.*, J.C.S. Perkin I **1974** 2399).

B. Beim Erhitzen von 1,2,8-Trimethoxy-7-methyl-anthrachinon mit wss. HBr und Essigsäure (*Da. et al.*, l. c. S. 2402).

Rote Kristalle; F: 233—235° [nach Sublimation bei 175°/0,01 Torr]. λ_{max} (A.): 233 nm, 261 nm und 435 nm (*Da. et al.*, l. c. S. 2401).

1,2,8-Trimethoxy-7-methyl-anthrachinon $C_{18}H_{16}O_5$, Formel III (R = CH_3).

In der früher (E II **8** 562) unter dieser Konstitution beschriebenen Verbindung hat 1,2,6-Tri≠methoxy-7-methyl-anthrachinon vorgelegen (*Davies et al.*, J.C.S. Perkin I **1974** 2399).

B. Aus 2-[2-Hydroxy-3-methyl-benzoyl]-3,4-dimethoxy-benzoesäure beim Erhitzen mit H_2SO_4 und Behandeln des Reaktionsprodukts mit Diazomethan in Äther und anschliessend mit Dimethylsulfat und K_2CO_3 in Aceton (*Da. et al.*, l. c. S. 2402).

Gelbe Kristalle (aus A.); F: 154—155°. ^{1}H-NMR-Absorption (CDCl$_3$): *Da. et al.* λ_{max} (A.): 220 nm, 270 nm und 366 nm.

1,2,8-Trihydroxy-3-methyl-anthrachinon, Norobtusifolin $C_{15}H_{10}O_5$, Formel IV (R = R' = R'' = H).

B. Aus Obtusifolin (s. u.) beim Erhitzen mit wss. HBr und Essigsäure oder beim Erwärmen mit H_2SO_4 (*Takido*, Chem. pharm. Bl. **6** [1958] 397, 399).

Orangerote Kristalle (aus Me.); F: 255°. λ_{max} (A.): 235 nm, 257 nm und 424 nm.

2,8-Dihydroxy-1-methoxy-3-methyl-anthrachinon, Obtusifolin $C_{16}H_{12}O_5$, Formel IV (R = CH_3, R' = R'' = H).

Isolierung aus Samen von Cassia obtusifolia: *Takido*, Chem. pharm. Bl. **6** [1958] 397, 399.

Gelbe Kristalle (aus Me.); F: 237—238°.

8-Hydroxy-1,2-dimethoxy-3-methyl-anthrachinon $C_{17}H_{14}O_5$, Formel IV (R = R' = CH_3, R'' = H).

B. Aus Obtusifolin (s. o.) und Diazomethan in Äther (*Takido*, Chem. pharm. Bl. **6** [1958] 397, 399).

Gelbe Kristalle (aus Me.); F: 172,5°.

1,2,8-Trimethoxy-3-methyl-anthrachinon $C_{18}H_{16}O_5$, Formel IV (R = R' = R'' = CH_3).

B. Aus Obtusifolin (s. o.) mit Hilfe von Dimethylsulfat und K_2CO_3 in Aceton (*Takido*, Chem. pharm. Bl. **6** [1958] 397, 399).

Hellgelbe Kristalle (aus PAe.); F: 145—146°.

2,8-Diäthoxy-1-methoxy-3-methyl-anthrachinon $C_{20}H_{20}O_5$, Formel IV (R = CH_3, R' = R'' = C_2H_5).

B. Aus Obtusifolin (s. o.) mit Hilfe von Diäthylsulfat und K_2CO_3 in Aceton (*Takido*, Chem. pharm. Bl. **6** [1958] 397, 399).

Gelbe Kristalle (aus PAe.); F: 127°.

2,8-Diacetoxy-1-methoxy-3-methyl-anthrachinon $C_{20}H_{16}O_7$, Formel IV (R = CH_3, R' = R'' = CO-CH_3).

B. Beim Behandeln von Obtusifolin (s. o.) mit Acetanhydrid unter Zusatz von H_2SO_4 oder Pyridin (*Takido*, Chem. pharm. Bl. **6** [1958] 397, 399).

Hellgelbe Kristalle (aus Me.); F: 187—188°.

1,2,8-Triacetoxy-3-methyl-anthrachinon $C_{21}H_{16}O_8$, Formel IV (R = R' = R'' = CO-CH_3).

B. Aus 1,2,8-Trihydroxy-3-methyl-anthrachinon (*Takido*, Chem. pharm. Bl. **6** [1958] 397, 399).

Hellgelbe Kristalle (aus Me.); F: 221—222°. λ_{max} (A.): 257 nm und 335 nm.

IV

V

1,7-Dihydroxy-3-methoxy-6-methyl-anthrachinon, Macrosporin $C_{16}H_{12}O_5$, Formel V
(R = R'' = H, R' = CH_3).

Isolierung aus dem Mycel von Macrosporium porri: *Suemitsu et al.*, Bl. agric. chem. Soc. Japan **21** [1957] 1, 2.

Orangegelbe Kristalle (aus Eg.); F: 300−302° [Zers.]; bei ca. 280° sublimierbar; IR-Spektrum (3−15 μ): *Su. et al.*, Bl. agric. chem. Soc. Japan **21** 2, 3. CO-Valenzschwingungsbande (Dioxan): *Suemitsu et al.*, Bl. agric. chem. Soc. Japan **23** [1959] 547, 549. Absorptionsspektrum (A.; 210−430 nm): *Su. et al.*, Bl. agric. chem. Soc. Japan **21** 2.

1-Hydroxy-3,7-dimethoxy-6-methyl-anthrachinon $C_{17}H_{14}O_5$, Formel V (R = H,
R' = R'' = CH_3).

B. Aus Macrosporin (s. o.) und Diazomethan in Äther und Aceton (*Suemitsu et al.*, Bl. agric. chem. Soc. Japan **21** [1957] 337).

Gelbe Kristalle (aus Eg.); F: 208−209°; IR-Spektrum (Nujol; 2−15 μ): *Su. et al.*, Bl. agric. chem. Soc. Japan **21** 337. CO-Valenzschwingungsbande (Dioxan): *Suemitsu et al.*, Bl. agric. chem. Soc. Japan **23** [1959] 547, 549.

7-Hydroxy-1,3-dimethoxy-6-methyl-anthrachinon $C_{17}H_{14}O_5$, Formel V (R = R' = CH_3,
R'' = H).

B. Beim Behandeln von 7-Acetoxy-1,3-dimethoxy-6-methyl-anthrachinon mit methanol. KOH (*Suemitsu et al.*, Bl. agric. chem. Soc. Japan **23** [1959] 547, 550).

Gelbe Kristalle (aus Acn.); F: 295−297° [Zers.].

1,3,7-Trimethoxy-6-methyl-anthrachinon $C_{18}H_{16}O_5$, Formel V (R = R' = R'' = CH_3).

B. Beim Erwärmen von Macrosporin (s. o.) mit Dimethylsulfat und K_2CO_3 in Aceton (*Sue≈ mitsu et al.*, Bl. agric. chem. Soc. Japan **21** [1957] 1, 4).

Gelbe Kristalle (aus Me.); F: 260−261° (*Su. et al.*, Bl. agric. chem. Soc. Japan **21** 4). IR-Spektrum (Nujol; 2−15 μ): *Suemitsu et al.*, Bl. agric. chem. Soc. Japan **21** [1957] 337.

7-Äthoxy-1-hydroxy-3-methoxy-6-methyl-anthrachinon $C_{18}H_{16}O_5$, Formel V (R = H,
R' = CH_3, R'' = C_2H_5).

B. Aus Macrosporin (s. o.) und Diazoäthan in Äther und Aceton (*Suemitsu et al.*, Bl. agric. chem. Soc. Japan **23** [1959] 547, 549).

Gelbe Kristalle (aus Me.); F: 198−199°. CO-Valenzschwingungsbande (Nujol): *Su. et al.*

7-Acetoxy-1-hydroxy-3-methoxy-6-methyl-anthrachinon $C_{18}H_{14}O_6$, Formel V (R = H,
R' = CH_3, R'' = CO-CH_3).

B. Beim Erhitzen von Macrosporin (s. o.) mit Triacetylborat und Acetanhydrid (*Suemitsu et al.*, Bl. agric. chem. Soc. Japan **23** [1959] 547, 550).

Orangefarbene Kristalle (aus Acn.); F: 203−204°. CO-Valenzschwingungsbande (Dioxan): *Su. et al.*, l. c. S. 549.

7-Acetoxy-1,3-dimethoxy-6-methyl-anthrachinon $C_{19}H_{16}O_6$, Formel V (R = R' = CH_3,
R'' = CO-CH_3).

B. Aus der vorangehenden Verbindung mit Hilfe von CH_3I und Ag_2O in Aceton (*Suemitsu et al.*, Bl. agric. chem. Soc. Japan **23** [1959] 547, 550).

Gelbe Kristalle (aus Acn.); F: 228−229°.

1,7-Diacetoxy-3-methoxy-6-methyl-anthrachinon $C_{20}H_{16}O_7$, Formel V (R = R″ = CO-CH₃, R′ = CH₃).

B. Beim Behandeln von Macrosporin (s. o.) mit Acetanhydrid unter Zusatz von H_2SO_4 (Sue⸗ mitsu et al., Bl. agric. chem. Soc. Japan **21** [1957] 1, 4).

Hellgelbe Kristalle (aus Me.); F: 209−210° (Su. et al., Bl. agric. chem. Soc. Japan **21** 4). IR-Spektrum (Nujol; 2−15 μ): Suemitsu et al., Bl. agric. chem. Soc. Japan **21** [1957] 337. CO-Valenzschwingungsbande (Dioxan): Suemitsu et al., Bl. agric. chem. Soc. Japan **23** [1959] 547, 549.

1,2,6-Trimethoxy-7-methyl-anthrachinon $C_{18}H_{16}O_5$, Formel VI (E II 564; E III 4154).

Diese Konstitution kommt auch der früher (E II **8** 562) als 1,2,8-Trimethoxy-7-methyl-anthra⸗ chinon beschriebenen Verbindung zu; bei der Ausgangsverbindung hat ein 2-[4-Hydroxy-3-methyl-benzoyl]-3,4-dimethoxy-benzoesäure enthaltendes Gemisch vorgelegen (Davies et al., J.C.S. Perkin I **1974** 2399).

1,3,8-Trihydroxy-6-methyl-anthrachinon, Emodin $C_{15}H_{10}O_5$, Formel VII (R = R′ = R″ = H) (H 520; E I 743; E II 563; E III 4154).

B. Aus Physcion (s. u.) beim Erhitzen mit wss. HBr und Essigsäure (Rajagopalan, Seshadri, Pr. Indian Acad. [A] **44** [1956] 418, 420). Aus 2-[2-Hydroxy-4-methyl-benzoyl]-3,5-dimethoxy-benzoesäure beim Erhitzen mit SO_3 und H_3BO_3 enthaltender H_2SO_4 und Erhitzen des Reak⸗ tionsprodukts mit KBr und H_3PO_4 (Brockmann et al., B. **90** [1957] 2302, 2315).

IR-Spektrum (Nujol; 2−7 μ): Shibata et al., Pharm. Bl. **3** [1955] 278, 280. IR-Banden in Paraffin (3400−750 cm⁻¹): Bloom et al., Soc. **1959** 178, 181; in Nujol (3450−750 cm⁻¹): Arkley et al., Croat. chem. Acta **29** [1957] 141, 145. CO-Valenzschwingungsbande (frei und chelatisiert; Nujol und Dioxan): Tanaka, Chem. pharm. Bl. **6** [1958] 18, 20, 23. Absorptionsspektrum in Äthanol (210−480 nm bzw. 415−610 nm): Shibata, Natori, Pharm. Bl. **1** [1953] 160, 163; Takida, Hiruta, Pharm. Bl. Nihon Univ. **2** [1958] 45; C. A. **1959** 5372; in wss. NaOH (220−630 nm): Larèze, Epailly, Ann. pharm. franç. **10** [1952] 669, 670, 672. λ_{max} (A.): 222 nm, 252 nm, 265 nm, 289 nm und 437 nm (Birkinshaw, Biochem. J. **59** [1955] 485), 224 nm, 252 nm, 266 nm, 291 nm und 433 nm (Ar. et al.). Polarographisches Halbstufenpotential (Eg. + H_2SO_4): Stàrka et al., Collect. **23** [1958] 206, 211.

VI   VII

1,8-Dihydroxy-3-methoxy-6-methyl-anthrachinon, Physcion $C_{16}H_{12}O_5$, Formel VII (R = R″ = H, R′ = CH₃) (H 522; E I 743; E II 564; E III 4155).

B. Aus Emodin (s. o.) beim Erwärmen mit Dimethylsulfat und K_2CO_3 in Aceton (Rajagopa⸗ lan, Seshadri, Pr. Indian Acad. [A] **44** [1956] 418, 420; vgl. E II 564) oder beim Behandeln mit Diazomethan in Äther (Tschumbalow, Taraškina, Izv. Akad. Kazachsk. S.S.R. Ser. chim. **1956** Nr. 9, S. 61, 65; C. A. **1956** 13852).

F: 208−210° (Neelakantan, Seshadri, J. scient. ind. Res. India **11** B [1952] 126). Bei 110°/0,003 Torr sublimierbar (Hillis, Austral. J. Chem. **8** [1955] 290). IR-Banden (Paraffin; 1700−750 cm⁻¹): Bloom et al., Soc. **1959** 178, 181. CO-Valenzschwingungsbande (frei und chelatisiert; Dioxan und Nujol): Tanaka, Chem. pharm. Bl. **6** [1958] 18, 20, 23. Absorptions⸗ spektrum (A.; 415−600 nm): Takida, Hiruta, Pharm. Bl. Nihon Univ. **2** [1958] 45; C. A. **1959** 5372. λ_{max} (Me.): 280 nm und 427 nm (Hi.).

3-Hydroxy-1,8-dimethoxy-6-methyl-anthrachinon $C_{17}H_{14}O_5$, Formel VII (R = R″ = CH$_3$, R′ = H).

B. Aus 2,2′-Diacetoxy-4,5,4′,5′-tetramethoxy-7,7′-dimethyl-[1,1′]bianthryl-9,10,9′,10′-tetraon mit Hilfe von Na$_2$S$_2$O$_4$ (*Tanaka,* Chem. pharm. Bl. **6** [1958] 203, 207).

Orangefarbene Kristalle (aus Me.); F: 275−280° [Zers.].

1,3,8-Triäthoxy-6-methyl-anthrachinon $C_{21}H_{22}O_5$, Formel VII (R = R′ = R″ = C$_2$H$_5$).

B. Aus Emodin (s. o.) und Äthyljodid mit Hilfe von Ag$_2$O (*Tschumbalow, Taraškina,* Izv. Akad. Kazachsk. S.S.R. Ser. chim. **1956** Nr. 9, S. 61, 65; C. A. **1956** 13852).

Kristalle (aus PAe.); F: 163°.

1-Brom-4,5,7-trimethoxy-2-methyl-anthrachinon $C_{18}H_{15}BrO_5$, Formel VIII (X = Br, X′ = H).

B. Aus dem Kalium-Salz des 1-Brom-4-hydroxy-5,7-dimethoxy-2-methyl-anthrachinons beim Erwärmen mit Dimethylsulfat und K$_2$CO$_3$ in Aceton (*Brockmann et al.,* B. **90** [1957] 2302, 2315).

Kristalle; F: 234° [korr.; aus CHCl$_3$+Me.] (*Br. et al.*), 230−231° [aus Me.] (*Lam, Sargent,* J.C.S. Perkin I **1974** 1417, 1419). ^{1}H-NMR-Absorption (CDCl$_3$): *Lam, Sa.*

VIII IX

1-Brom-2,4,5-trimethoxy-7-methyl-anthrachinon $C_{18}H_{15}BrO_5$, Formel VIII (X = H, X′ = Br).

B. Beim Erwärmen von 1,3,8-Trimethoxy-6-methyl-anthrachinon mit Brom in Essigsäure unter Zusatz von Natriumacetat (*Tanaka, Kaneko,* Pharm. Bl. **3** [1955] 284).

Gelbe Kristalle (aus Eg.); F: 232−234°.

1,3,8-Triacetoxy-6-brommethyl-anthrachinon $C_{21}H_{15}BrO_8$, Formel IX.

B. Beim Erwärmen von 1,3,8-Triacetoxy-6-methyl-anthrachinon mit *N*-Brom-succinimid in CCl$_4$ unter Zusatz von Dibenzoylperoxid (*Rajagopalan, Seshadri,* Pr. Indian Acad. [A] **44** [1956] 418).

Hellgelbe Kristalle (aus E.); F: 232−234°.

1,5,8-Trihydroxy-3-methyl-anthrachinon, Helminthosporin $C_{15}H_{10}O_5$, Formel X und Taut. (E II 564; E III 4158).

Herstellung von 1,5,8-Trihydroxy-3-methyl-[1,3,4a,6,8,9,10a-$^{14}C_7$]anthrachinon: *Birch et al.,* Soc. **1958** 4773.

IR-Banden (Paraffin; 1650−700 cm^{-1}): *Bloom et al.,* Soc. **1959** 178, 181. λ_{max} in Äthanol (230−525 nm): *Birkinshaw,* Biochem. J. **59** [1955] 485; in H$_2$SO$_4$: 541 nm und 593 nm (*Brock= mann, Franck,* B. **88** [1955] 1792, 1808).

1,3-Dihydroxy-2-hydroxymethyl-anthrachinon, Lucidin $C_{15}H_{10}O_5$, Formel XI (R = R′ = R″ = H) (E III 4159).

B. Beim Behandeln von 1,3-Dihydroxy-anthrachinon mit wss. Formaldehyd und wss. NaOH (*Ayyangar, Venkataraman,* J. scient. ind. Res. India **15** B [1956] 359, 361). Beim Erwärmen von 1,3-Diacetoxy-2-brommethyl-anthrachinon mit Natriumacetat in Äthanol (*Joshi et al.,* J. scient. ind. Res. India **14** B [1955] 87, 90).

IR-Banden (Paraffin; 3450−700 cm^{-1}): *Bloom et al.,* Soc. **1959** 178, 180. CO-Valenzschwin= gungsbande (frei und chelatisiert): *Briggs, Nicholls,* Soc. **1953** 3068. Absorptionsspektrum (A.; 220−500 nm): *Ayyangar et al.,* Tetrahedron **6** [1959] 331, 332.

3-Hydroxy-2-hydroxymethyl-1-methoxy-anthrachinon, Damnacanthol $C_{16}H_{12}O_5$, Formel XI
(R = CH_3, R′ = R″ = H).
Isolierung aus den Wurzeln von Damnacanthus major: *Nonomura*, J. pharm. Soc. Japan
75 [1955] 219; C. A. **1956** 1719.
B. Aus 3-Acetoxy-2-acetoxymethyl-1-methoxy-anthrachinon beim Behandeln mit methanol.
KOH (*Ayyangar et al.*, Tetrahedron **6** [1959] 331, 336) oder beim Erwärmen mit methanol.
H_2SO_4 (*Hirose*, Chem. pharm. Bl. **8** [1960] 417, 422; vgl. *Hirose*, J. pharm. Soc. Japan **76**
[1956] 1448).
Gelbe Kristalle; Zers. >300° [aus Acn.] (*Hi.*, Chem. pharm. Bl. **8** 422) bzw. F: 295° [Zers.;
aus A.] (*Ay. et al.*).

1-Hydroxy-2-hydroxymethyl-3-methoxy-anthrachinon $C_{16}H_{12}O_5$, Formel XI (R = R″ = H,
R′ = CH_3) (E III 4159).
B. Beim Erwärmen von 1-Acetoxy-2-acetoxymethyl-3-methoxy-anthrachinon mit methanol.
H_2SO_4 (*Joshi et al.*, J. scient. ind. Res. India **14** B [1955] 87, 90).
Orangegelbe Kristalle (aus A.); F: 184° (*Jo. et al.*). IR-Banden (Paraffin; 3550−700 cm⁻¹):
Bloom et al., Soc. **1959** 178, 180.

2-Hydroxymethyl-1,3-dimethoxy-anthrachinon $C_{17}H_{14}O_5$, Formel XI (R = R′ = CH_3,
R″ = H) (E III 4160).
B. Aus Damnacanthol (s. o.) und Diazomethan in Aceton und Äther (*Nonomura*, J. pharm.
Soc. Japan **75** [1955] 222; C. A. **1956** 1719) oder Dimethylsulfat und K_2CO_3 in Aceton (*Hirose*,
J. pharm. Soc. Japan **76** [1956] 1448; Chem. pharm. Bl. **8** [1960] 417, 422). Beim Erwärmen
von 2-Acetoxymethyl-1,3-dimethoxy-anthrachinon mit methanol. H_2SO_4 (*Joshi et al.*, J. scient.
ind. Res. India **14** B [1955] 87, 91).
Hellgelbe Kristalle (aus A.); F: 175° (*Jo. et al.*; *Hi.*, Chem. pharm. Bl. **8** 422). IR-Banden
(Paraffin; 3300−700 cm⁻¹): *Bloom et al.*, Soc. **1959** 178, 180.

1-Hydroxy-3-methoxy-2-methoxymethyl-anthrachinon $C_{17}H_{14}O_5$, Formel XI (R = H,
R′ = R″ = CH_3).
B. Beim Behandeln von 1-Acetoxy-2-brommethyl-3-methoxy-anthrachinon mit wss.-meth≠
anol. NaOH (*Joshi et al.*, J. scient. ind. Res. India **14** B [1955] 87, 91).
Hellgelbe Kristalle (aus A.); F: 175°.

1,3-Dimethoxy-2-methoxymethyl-anthrachinon $C_{18}H_{16}O_5$, Formel XI (R = R′ = R″ = CH_3).
B. Aus der vorangehenden Verbindung und Dimethylsulfat mit Hilfe von K_2CO_3 in Aceton
(*Joshi et al.*, J. scient. ind. Res. India **14** B [1955] 87, 91).
Hellgelbe Kristalle (aus A.); F: 162°.

X   XI   XII

2-Äthoxymethyl-1-hydroxy-3-methoxy-anthrachinon $C_{18}H_{16}O_5$, Formel XI (R = H,
R′ = CH_3, R″ = C_2H_5).
B. Beim Behandeln von 1-Acetoxy-2-brommethyl-3-methoxy-anthrachinon mit wss.-äthanol.
NaOH (*Joshi et al.*, J. scient. ind. Res. India **14** B [1955] 87, 91).
Gelbe Kristalle (aus A.); F: 198−199°.

2-Äthoxymethyl-1,3-dimethoxy-anthrachinon $C_{19}H_{18}O_5$, Formel XI (R = R′ = CH_3,
R″ = C_2H_5).
B. Aus der vorangehenden Verbindung und Dimethylsulfat mit Hilfe von K_2CO_3 in Aceton

(*Joshi et al.*, J. scient. ind. Res. India **14** B [1955] 87, 91).
Hellgelbe Kristalle (aus A.); F: 141 – 142°.

1-Acetoxy-3-methoxy-2-methoxymethyl-anthrachinon $C_{19}H_{16}O_6$, Formel XI (R = CO-CH$_3$, R' = R'' = CH$_3$).
B. Aus 1-Hydroxy-3-methoxy-2-methoxymethyl-anthrachinon und Acetanhydrid unter Zu≠ satz von H$_2$SO$_4$ (*Joshi et al.*, J. scient. ind. Res. India **14** B [1955] 87, 91).
Gelbe Kristalle (aus A.); F: 155°.

2-Acetoxymethyl-1,3-dimethoxy-anthrachinon $C_{19}H_{16}O_6$, Formel XI (R = R' = CH$_3$, R'' = CO-CH$_3$).
B. Beim Erhitzen von 2-Brommethyl-1,3-dimethoxy-anthrachinon mit Acetanhydrid unter Zusatz von Natriumacetat (*Joshi et al.*, J. scient. ind. Res. India **14** B [1955] 87, 91).
Gelbe Kristalle (aus A.); F: 172°.

3-Acetoxy-2-acetoxymethyl-1-hydroxy-anthrachinon $C_{19}H_{14}O_7$, Formel XI (R = H, R' = R'' = CO-CH$_3$).
B. Beim Erhitzen von 1,3-Dihydroxy-2-hydroxymethyl-anthrachinon mit Acetanhydrid unter Zusatz von Kaliumacetat oder Triacetylborat (*Ayyangar et al.*, Tetrahedron **6** [1959] 331, 336).
Gelbe Kristalle (aus A.); F: 152°.

1-Acetoxy-2-acetoxymethyl-3-methoxy-anthrachinon $C_{20}H_{16}O_7$, Formel XI (R = R'' = CO-CH$_3$, R' = CH$_3$) (E III 4160).
B. Beim Erhitzen von 1-Acetoxy-2-brommethyl-3-methoxy-anthrachinon mit Acetanhydrid unter Zusatz von Natriumacetat (*Joshi et al.*, J. scient. ind. Res. India **14** B [1955] 87, 90).
Gelbe Kristalle (aus A.); F: 174°.

3-Acetoxy-2-acetoxymethyl-1-methoxy-anthrachinon $C_{20}H_{16}O_7$, Formel XI (R = CH$_3$, R' = R'' = CO-CH$_3$).
B. Aus 3-Acetoxy-2-brommethyl-1-methoxy-anthrachinon analog der vorangehenden Verbin≠ dung (*Hirose*, Chem. pharm. Bl. **8** [1960] 417, 421; s. a. *Hirose*, J. pharm. Soc. Japan **76** [1956] 1448). Aus 3-Acetoxy-2-acetoxymethyl-1-hydroxy-anthrachinon und Diazomethan in 1,1,2,2-Tetrachlor-äthan und Äther (*Ayyangar et al.*, Tetrahedron **6** [1959] 331, 336).
Gelbe Kristalle (aus A.); F: 156 – 157° (*Ay. et al.*; *Hi.*, Chem. pharm. Bl. **8** 422).

1,3-Diacetoxy-2-acetoxymethyl-anthrachinon $C_{21}H_{16}O_8$, Formel XI (R = R' = R'' = CO-CH$_3$) (E III 4160).
B. Beim Erhitzen von 1,3-Diacetoxy-2-brommethyl-anthrachinon mit Acetanhydrid unter Zu≠ satz von Natriumacetat (*Joshi et al.*, J. scient. ind. Res. India **14** B [1955] 87, 90).

1,8-Dihydroxy-3-hydroxymethyl-anthrachinon, Aloeemodin $C_{15}H_{10}O_5$, Formel XII (R = H) (H 524; E I 745; E II 565; E III 4160).
B. Aus dem Triacetyl-Derivat (s. u.) mit Hilfe von methanol. H$_2$SO$_4$ (*Rajagopalan, Seshadri*, Pr. Indian Acad. [A] **44** [1956] 418, 421).
Absorptionsspektrum in Äthanol (210 – 470 nm bzw. 415 – 590 nm): *Hörhammer et al.*, Ar. **292** [1959] 591, 592; *Takida, Hiruta*, Pharm. Bl. Nihon Univ. **2** [1958] 45; C. A. **1959** 5372.
λ_{max} (Me.): 220 nm, 255 nm, 283 nm und 430 nm (*Hö. et al.*, l. c. S. 601).

1,8-Diacetoxy-3-acetoxymethyl-anthrachinon $C_{21}H_{16}O_8$, Formel XII (R = CO-CH$_3$) (E I 745; E III 4161).
B. Aus 1,8-Diacetoxy-3-methyl-anthrachinon bei der Umsetzung mit *N*-Brom-succinimid in CCl$_4$ unter Zusatz von Dibenzoylperoxid und anschliessend mit Silberacetat in Acetanhydrid (*Rajagopalan, Seshadri*, Pr. Indian Acad. [A] **44** [1956] 418, 421).
Gelbe Kristalle (aus Bzl.); F: 175 – 177°.

2,3,4,5-Tetramethoxy-phenanthren-9-carbaldehyd $C_{19}H_{18}O_5$, Formel XIII (X = O-CH$_3$, X' = H) (E III 4161).

Dimorph(?); F: 101° [aus A.] (*Cook et al.*, Soc. **1951** 1397, 1401; vgl. E III 4161).

2,3,6,7-Tetramethoxy-phenanthren-9-carbaldehyd $C_{19}H_{18}O_5$, Formel XIV (X = O-CH$_3$, X' = H).

B. Beim Erhitzen von 2,3,6,7-Tetramethoxy-phenanthren-9-carbonsäure-[N'-benzolsulfonyl-hydrazid] mit Na$_2$CO$_3$ in Äthylenglykol (*Govindachari et al.*, Tetrahedron **4** [1958] 311, 321).
Kristalle (aus Eg.); F: 210°.

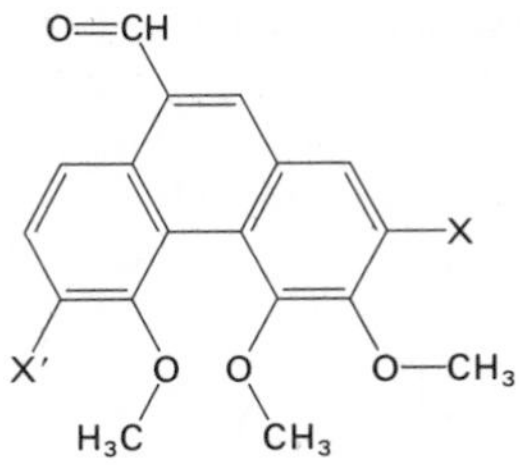

XIII 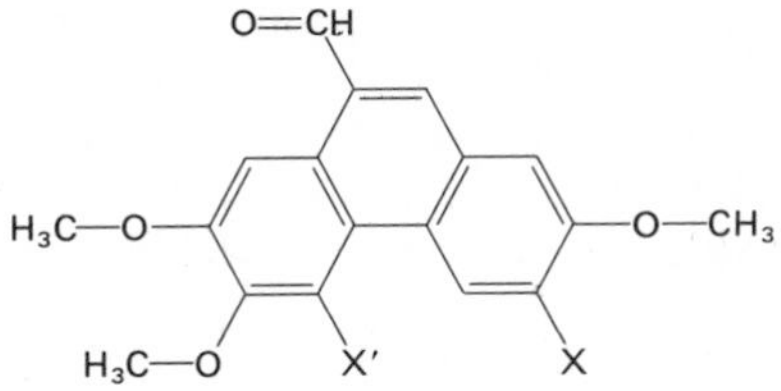   XIV

2,5,6,7-Tetramethoxy-phenanthren-9-carbaldehyd $C_{19}H_{18}O_5$, Formel XIV (X = H, X' = O-CH$_3$) (E III 4162).

B. Aus 2,5,6,7-Tetramethoxy-phenanthren-9-carbonsäure-[N'-benzolsulfonyl-hydrazid] analog der vorangehenden Verbindung (*Cook et al.*, Soc. **1951** 1397, 1401).

3,4,5,6-Tetramethoxy-phenanthren-9-carbaldehyd $C_{19}H_{18}O_5$, Formel XIII (X = H, X' = O-CH$_3$).

B. Aus 3,4,5,6-Tetramethoxy-phenanthren-9-carbonsäure-[N'-benzolsulfonyl-hydrazid] analog den vorangehenden Verbindungen (*Govindachari et al.*, Tetrahedron **4** [1958] 311, 322).
Kristalle (aus A.); F: 127°.

3,4,6,7-Tetramethoxy-phenanthren-9-carbaldehyd $C_{19}H_{18}O_5$, Formel XV.

B. Aus 3,4,6,7-Tetramethoxy-phenanthren-9-carbonsäure-[N'-benzolsulfonyl-hydrazid] analog den vorangehenden Verbindungen (*Govindachari et al.*, Tetrahedron **4** [1958] 311, 322).
Kristalle (aus A.); F: 148°.

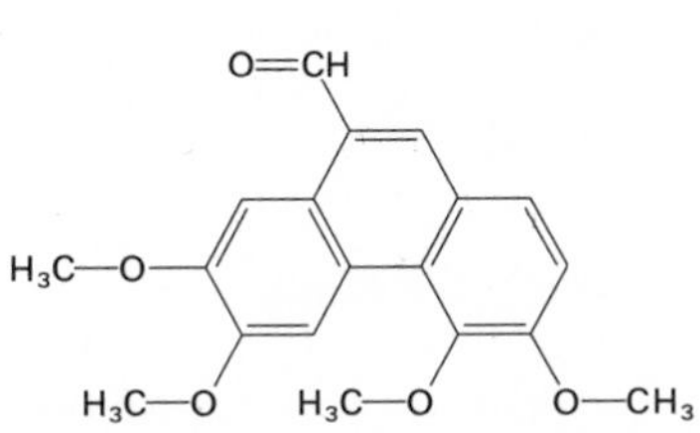

XV 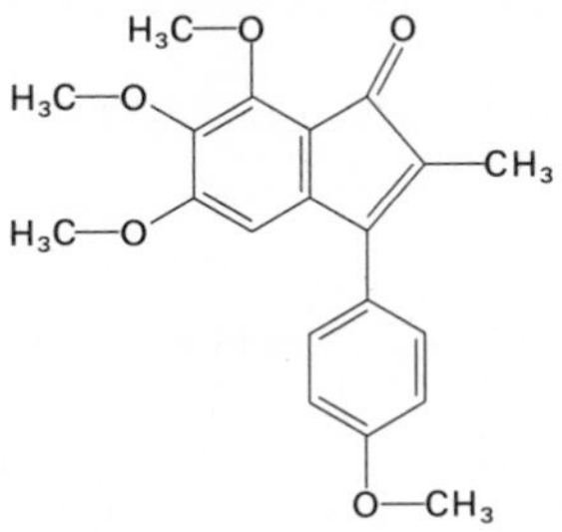   I 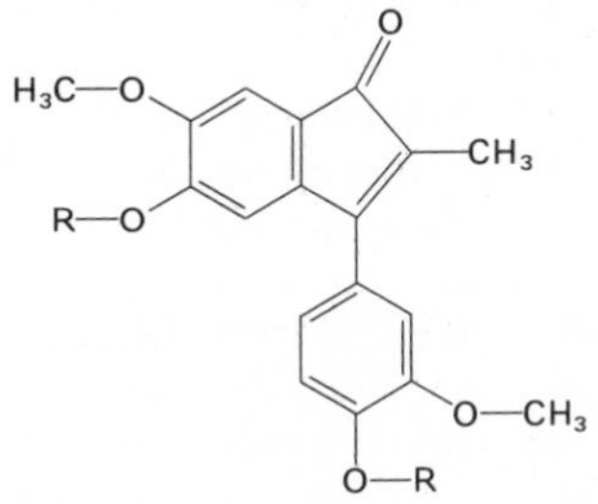   II

Hydroxy-oxo-Verbindungen $C_{16}H_{12}O_5$

5,6,7-Trimethoxy-3-[4-methoxy-phenyl]-2-methyl-inden-1-on $C_{20}H_{20}O_5$, Formel I.

B. Aus 3,4,5,4'-Tetramethoxy-benzophenon beim Behandeln mit 2-Brom-propionsäure-äthylester und Zink in Benzol und Erwärmen des Reaktionsprodukts mit POCl$_3$ in Benzol (*Horning, Parker*, Am. Soc. **74** [1952] 3870, 3872).

Orangefarbene Kristalle (aus A.); F: 100—102,5°.
Semicarbazon $C_{21}H_{23}N_3O_5$. F: 213—214°.

3-[3,4-Dimethoxy-phenyl]-5,6-dimethoxy-2-methyl-inden-1-on $C_{20}H_{20}O_5$, Formel II
(R = CH₃) (E III 4163).

B. Aus 3,4,3′,4′-Tetramethoxy-benzophenon beim Behandeln mit 2-Brom-propionsäure-
äthylester und Zink in Benzol und Erwärmen des Reaktionsprodukts mit Polyphosphorsäure
(*Horning, Parker,* Am. Soc. **74** [1952] 3870, 3871).
Rote Kristalle; F: 202,5—204° [korr.; aus Bzl.] (*Walker,* Am. Soc. **75** [1953] 3387, 3389),
196—198° [korr.] (*Ho., Pa.*).

5-Äthoxy-3-[4-äthoxy-3-methoxy-phenyl]-6-methoxy-2-methyl-inden-1-on $C_{22}H_{24}O_5$, Formel II
(R = C₂H₅).

B. Beim Behandeln von 7-Äthoxy-1-[4-äthoxy-3-methoxy-phenyl]-4-äthyl-6-methoxy-3-
methyl-isochromenylium-hydrogensulfat (aus 5,4′-Diäthoxy-2-[1-äthyl-2-oxo-propyl]-4,3′-di=
methoxy-benzophenon hergestellt) mit KMnO₄ in H₂O (*Müller et al.,* J. org. Chem. **16** [1951]
481, 487).
Rote Kristalle (aus A.); F: 135°.
Phenylhydrazon (F: 188°): *Mü. et al.*

Hydroxy-oxo-Verbindungen $C_{17}H_{14}O_5$

1*t*,5*t*-Bis-[2-hydroxy-5-methoxy-phenyl]-penta-1,4-dien-3-on $C_{19}H_{18}O_5$, Formel III und Taut.
(2-[2-Hydroxy-5-methoxy-*trans*-styryl]-6-methoxy-2H-chromen-2-ol) (E II 566).
B. Aus 2-Hydroxy-5-methoxy-benzaldehyd und Aceton in wss.-äthanol. NaOH (*Mora, Széki,*
Am. Soc. **72** [1950] 3009, 3011).
Kristalle (aus A.); F: 154° [unkorr.].

III   IV

1-[2-Hydroxy-4,6-dimethoxy-phenyl]-5*t*-phenyl-pent-4-en-1,3-dion $C_{19}H_{18}O_5$, Formel IV und
Taut.
B. Beim Erhitzen von 1-[2-*trans*-Cinnamoyloxy-4,6-dimethoxy-phenyl]-äthanon mit KOH in
Pyridin (*Dunne et al.,* Soc. **1950** 1252, 1255, 1256).
Kristalle (aus A.); F: 126°.

3′-Acetyl-2′-hydroxy-4,4′-dimethoxy-*trans*(?)-chalkon $C_{19}H_{18}O_5$, vermutlich Formel V
(R = CO-CH₃, R′ = H).
B. Beim Behandeln von 2′-Hydroxy-4,4′-dimethoxy-*trans*(?)-chalkon (E III 3724) mit Acetyl=
chlorid und AlCl₃ in Nitrobenzol bei 30° (*Matsuura, Matsuura,* J. pharm. Soc. Japan **77** [1957]
330; C. A. **1957** 11300).
Gelbe Kristalle (aus A.); F: 145,5°.

5′-Acetyl-2′-hydroxy-4,4′-dimethoxy-*trans*(?)-chalkon $C_{19}H_{18}O_5$, vermutlich Formel V
(R = H, R′ = CO-CH₃).
B. Beim Behandeln von 2′-Hydroxy-4,4′-dimethoxy-*trans*(?)-chalkon (E III 3724) mit Acetyl=
chlorid und AlCl₃ in Nitrobenzol bei 15° (*Matsuura, Matsuura,* J. pharm. Soc. Japan **77** [1957]
330; C. A. **1957** 11300).

Gelbe Kristalle (aus A.); F: 171,5°.

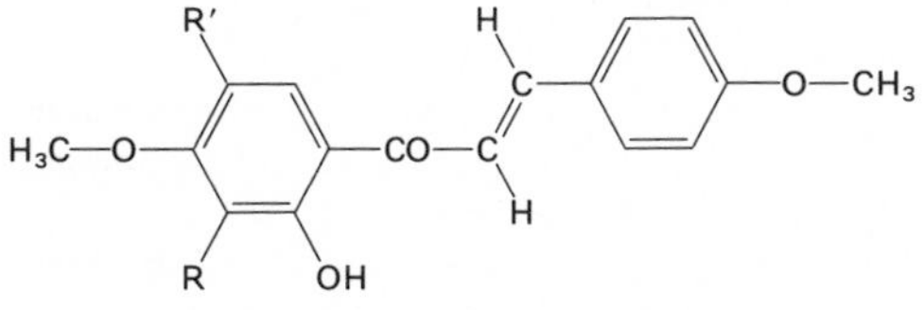

V

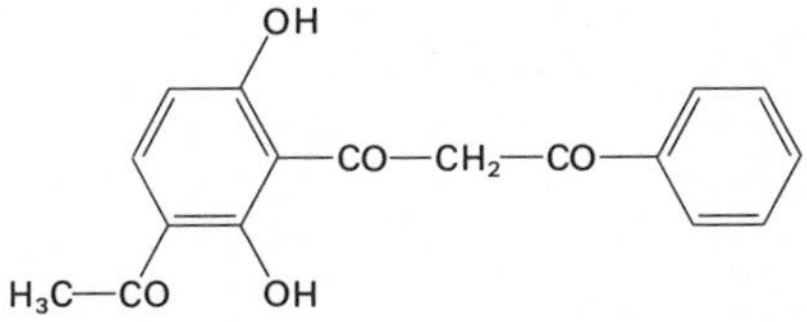

VI

1-[3-Acetyl-2,6-dihydroxy-phenyl]-3-phenyl-propan-1,3-dion $C_{17}H_{14}O_5$, Formel VI und Taut.

B. Neben 6-Acetyl-5-hydroxy-2-phenyl-chromen-4-on beim Erwärmen von 1,3-Diacetyl-2,4-bis-benzoyloxy-benzol mit der Natrium-Verbindung des Acetessigsäure-äthylesters in Pyridin und Behandeln des Reaktionsprodukts mit wss. NaOH (*Lynch et al.*, Soc. **1952** 2063, 2066). Gelbe Kristalle (aus A.); F: 135−137° [unkorr.].

3,3′-Diacetyl-5,5′-dichlor-2,2′-dihydroxy-benzophenon $C_{17}H_{12}Cl_2O_5$, Formel VII.

B. Beim Erhitzen von 2,2′-Diacetoxy-5,5′-dichlor-benzophenon mit $AlCl_3$ auf 170−180° (*Moshfegh et al.*, Helv. **40** [1957] 1157, 1163).

Hellgelbe Kristalle (aus Acn.); F: 222−224° [nach Sublimation bei 180−190°/0,01 Torr]. Natrium-Salz. Gelbe Kristalle; F: >360°.

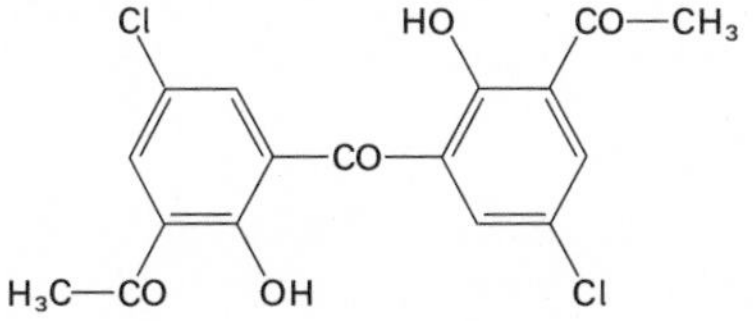

VII

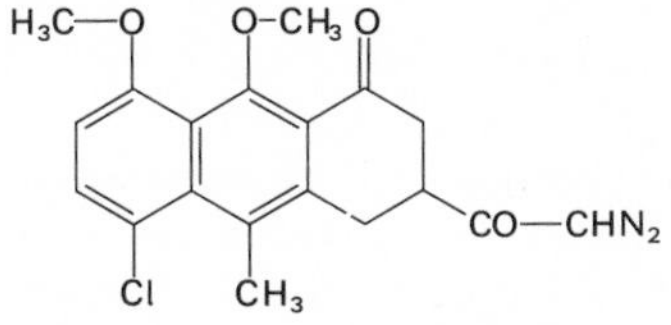

VIII

(±)-5-Chlor-3-diazoacetyl-8,9-dimethoxy-10-methyl-3,4-dihydro-2*H*-anthracen-1-on $C_{19}H_{17}ClN_2O_4$, Formel VIII.

B. Aus (±)-8-Chlor-5,10-dimethoxy-9-methyl-4-oxo-1,2,3,4-tetrahydro-anthracen-2-carbꞋonylchlorid und Diazomethan in $CHCl_3$ und Äther (*Muxfeldt*, B. **92** [1959] 3122, 3146). Kristalle (aus $CHCl_3$+PAe.); Zers. bei 155−157°.

(±)-7*c*-[3,4-Dimethoxy-phenyl]-4,5-dimethoxy-(1a*r*,7a*c*)-1,1a,7,7a-tetrahydro-cyclopropa[*b*]ꞋCxnaphthalin-2-on $C_{21}H_{22}O_5$, Formel IX + Spiegelbild.

B. Aus (±)-4*t*-[3,4-Dimethoxy-phenyl]-6,7-dimethoxy-3*r*-[toluol-4-sulfonyloxymethyl]-3,4-diꞋhydro-2*H*-naphthalin-1-on mit Hilfe von KOH in wss. Dioxan oder von Natriummethylat in Benzol (*Julia, Bonnet*, Bl. **1957** 1347, 1353). Kristalle (aus Me.); F: 153°. λ_{max} (A.): 233 nm, 276 nm und 307 nm.

1,3,8-Trihydroxy-6-propyl-anthrachinon $C_{17}H_{14}O_5$, Formel X.

B. Aus (+)-1,8-Dihydroxy-3-[2-hydroxy-propyl]-6-methoxy-anthrachinon beim Erhitzen mit wss. HI, rotem Phosphor und Essigsäure und Erwärmen des Reaktionsprodukts mit wss. CrO_3 und Essigsäure (*Raistrick, Ziffer*, Biochem. J. **49** [1951] 563, 570). Gelbe Kristalle (aus Bzl.); F: 216,5−217° [unkorr.].

Triacetyl-Derivat $C_{23}H_{20}O_8$; 1,3,8-Triacetoxy-6-propyl-anthrachinon. Gelbe Kristalle (aus A.); F: 182−183° [unkorr.].

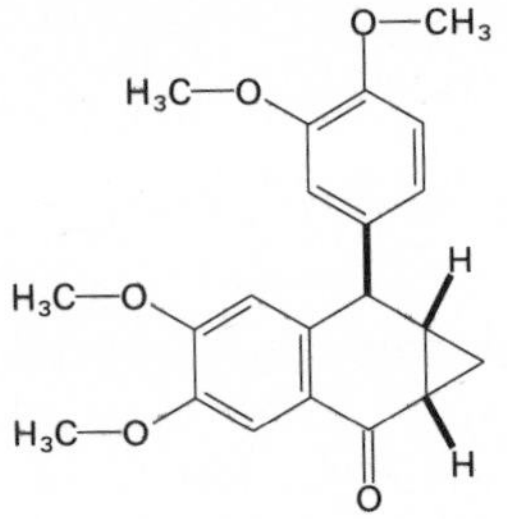

IX

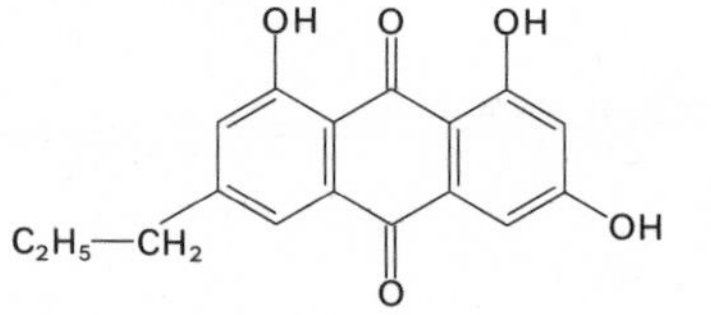

X

Hydroxy-oxo-Verbindungen $C_{18}H_{16}O_5$

4,2′,4′-Trihydroxy-3-methoxy-5-*trans*-propenyl-*trans*-chalkon $C_{19}H_{18}O_5$, Formel XI.

B. Aus 1-[2,4-Dihydroxy-phenyl]-äthanon und 4-Hydroxy-3-methoxy-5-*trans*-propenyl-benz≠aldehyd in äthanol. Alkalilauge (*Pew,* Am. Soc. **73** [1951] 1678, 1683, 1685).

F: 203−205° [korr.].

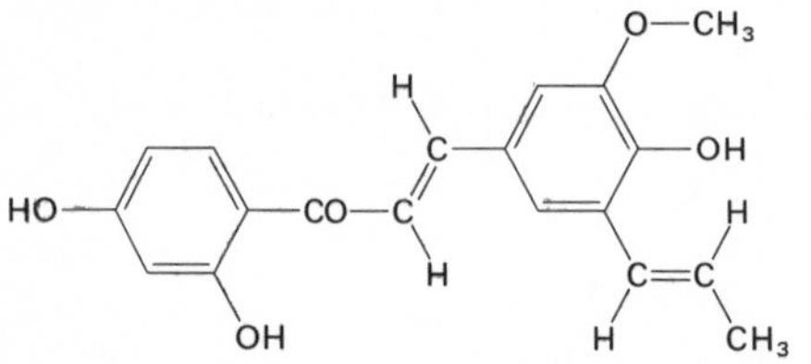

XI

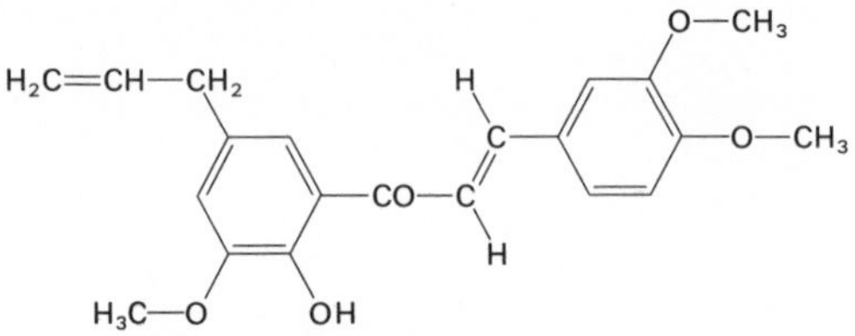

XII

5′-Allyl-2′-hydroxy-3,4,3′-trimethoxy-*trans*-chalkon $C_{21}H_{22}O_5$, Formel XII.

B. In kleiner Menge neben (±)-6-Allyl-2-[3,4-dimethoxy-phenyl]-8-methoxy-chroman-4-on aus 1-[5-Allyl-2-hydroxy-3-methoxy-phenyl]-äthanon und Veratrumaldehyd in wss. KOH (*Pew,* Am. Soc. **77** [1955] 2831).

Orangefarbene Kristalle; F: 143−145° [korr.].

2-Butyl-1,3,4-trihydroxy-anthrachinon $C_{18}H_{16}O_5$, Formel XIII und Taut.

B. Aus 2-Butyl-anthracen-1,4,9,10-tetraon beim Erwärmen mit Acetanhydrid unter Zusatz von H_2SO_4 und Erhitzen des Reaktionsprodukts mit wss. H_2SO_4 (*Brockmann, Müller,* B. **91** [1958] 1920, 1931).

Rote Kristalle (aus Bzl.); F: 164° [korr.].

Hydroxy-oxo-Verbindungen $C_{19}H_{18}O_5$

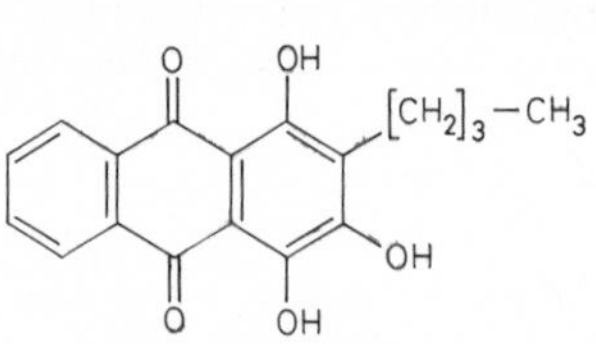

XIII

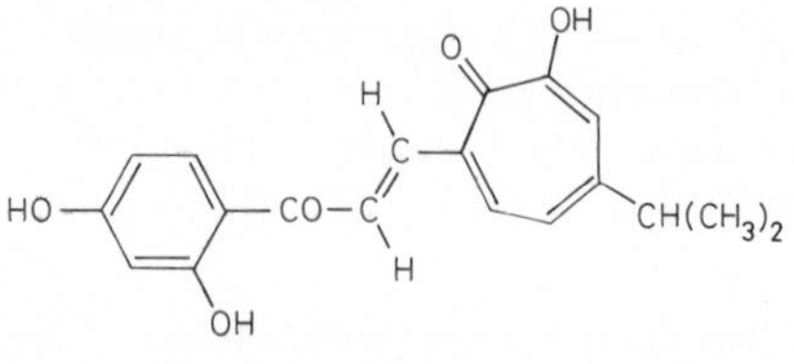

XIV

1-[2,4-Dihydroxy-phenyl]-3*t*-[6-hydroxy-4-isopropyl-7-oxo-cyclohepta-1,3,5-trienyl]-propenon $C_{19}H_{18}O_5$, Formel XIV und Taut.; **3-[3-(2,4-Dihydroxy-phenyl)-3-oxo-*trans*-propenyl]-6-isopropyl-tropolon.**

B. Aus 3-Formyl-6-isopropyl-tropolon und 1-[2,4-Dihydroxy-phenyl]-äthanon in wss.-meth≠

anol. NaOH (*Matsumoto,* Sci. Rep. Tohoku Univ. [I] **42** [1958] 215, 218).
Gelbbraune Kristalle (aus Bzl. + A.); F: 138–139° [unkorr.].

Hydroxy-oxo-Verbindungen C$_{20}$H$_{20}$O$_5$

*2′-Hydroxy-4,4′,6′-trimethoxy-3′-[3-methyl-but-2-enyl]-chalkon C$_{23}$H$_{26}$O$_5$, Formel XV.
Konstitution: *Vandewalle,* Bl. Soc. chim. Belg. **70** [1961] 163, 164.
B. Aus dem Dinatrium-Salz des Xanthohumols (E III 4167) und CH$_3$I (*Verzele et al.,* Bl.
Soc. chim. Belg. **66** [1957] 452, 463).
Kristalle (aus Bzl.); F: 126–127° (*Ve. et al.*).

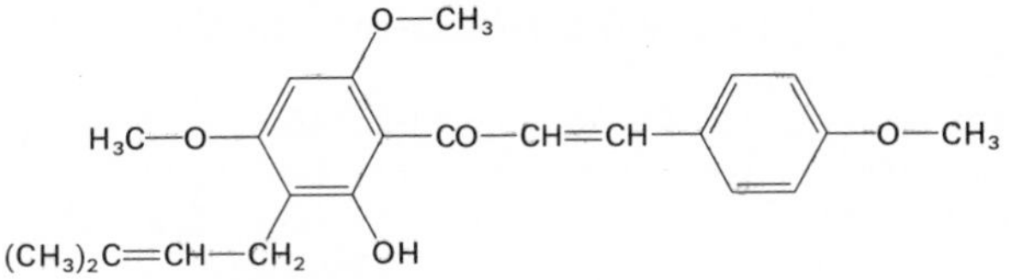

XV

*4-[2,4-Dinitro-phenoxy]-2′,4′-dihydroxy-6′-methoxy-3′-[3-methyl-but-2-enyl]-chalkon(?)
C$_{27}$H$_{24}$N$_2$O$_9$, vermutlich Formel XVI.
B. Aus Xanthohumol [E III 4167] (*Verzele et al.,* Bl. Soc. chim. Belg. **66** [1957] 452, 463).
Kristalle (aus Bzl.); F: 200–201°.

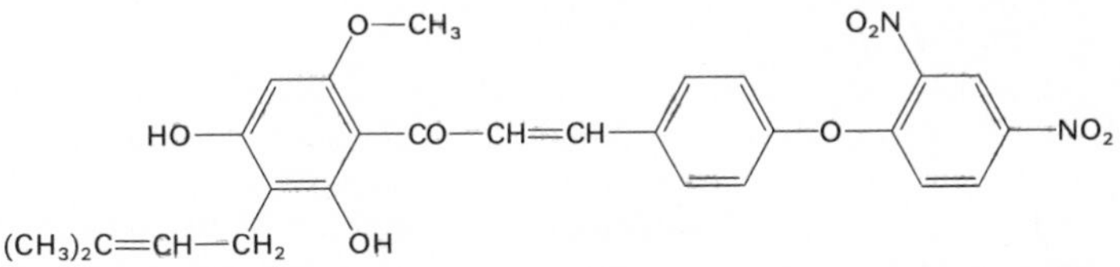

XVI

*Opt.-inakt. 2-Hydroxy-1,2-bis-[3-methoxy-phenyl]-2-[2-oxo-cyclohexyl]-äthanon C$_{22}$H$_{24}$O$_5$,
Formel XVII.
B. Aus 3,3′-Dimethoxy-benzil und Cyclohexanon in Gegenwart von Natriummethylat (*Allen,
VanAllan,* J. org. Chem. **16** [1951] 716, 717, 720).
F: 163°.   [*G. Tarrach*]

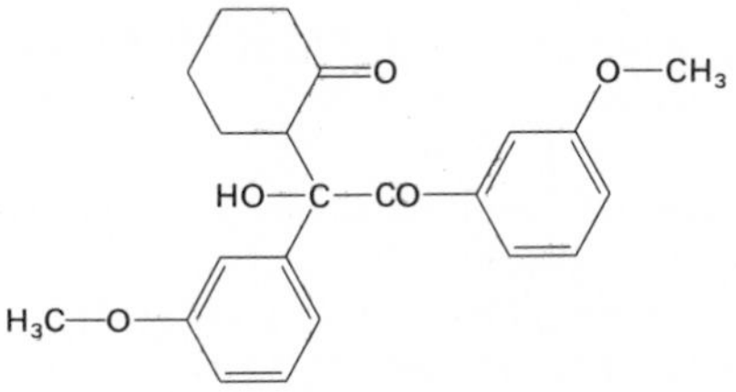

XVII 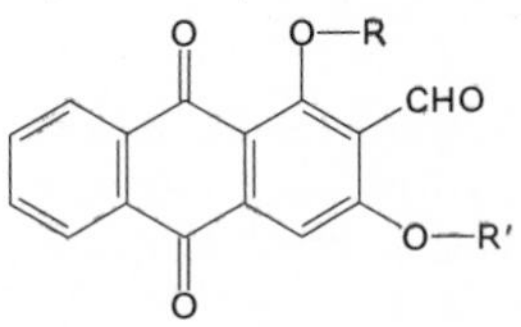   I

Hydroxy-oxo-Verbindungen C$_n$H$_{2n-22}$O$_5$

Hydroxy-oxo-Verbindungen C$_{15}$H$_8$O$_5$

1,3-Dihydroxy-9,10-dioxo-9,10-dihydro-anthracen-2-carbaldehyd, Nordamnacanthal
C$_{15}$H$_8$O$_5$, Formel I (R = R′ = H).
Isolierung aus dem Kernholz von Morinda tinctoria: *Murti et al.,* J. scient. ind. Res. India

18 B [1959] 367, 369.

B. Aus 1,3-Dihydroxy-2-hydroxymethyl-anthrachinon mit Hilfe von MnO_2 (*Ayyangar, Ven= kataraman,* J. scient. ind. Res. India **15** B [1956] 359, 361). Aus Damnacanthal (s. u.) beim Erwärmen mit $AlCl_3$ in Dioxan (*Mu. et al.,* l. c. S. 370; vgl. *Nonomura,* J. pharm. Soc. Japan **75** [1955] 219; C. A. **1956** 1719).

Gelbe Kristalle; F: 220° [aus Eg.] (*Ay., Ve.*), 218−220° [aus Eg.] (*Mu. et al.,* l. c. S. 369), 218° [aus Acn.] (*No.,* l. c. S. 219). IR-Spektrum (Nujol; 2−9 μ): *Nonomura, Hirose,* J. pharm. Soc. Japan **75** [1955] 1305; C. A. **1956** 14681. Absorptionsspektrum (220−500 nm): *Nonomura,* J. pharm. Soc. Japan **75** [1955] 225; C. A. **1956** 1719.

2,4-Dinitro-phenylhydrazon (F: 355−356°): *Ay., Ve.*

3-Hydroxy-1-methoxy-9,10-dioxo-9,10-dihydro-anthracen-2-carbaldehyd, Damnacanthal

$C_{16}H_{10}O_5$, Formel I (R = CH_3, R' = H).

Isolierung aus dem Kernholz von Morinda tinctoria: *Murti et al.,* J. scient. ind. Res. India **18** B [1959] 367, 369; aus den Wurzeln von Morinda umbellata: *Perkin, Hummel,* Soc. **65** [1894] 851, 864; aus den Wurzeln von Damnacanthus major sowie Damnacanthus indicus: *Nonomura,* J. pharm. Soc. Japan **75** [1955] 219; C. A. **1956** 1719.

B. Aus 3-Hydroxy-2-hydroxymethyl-1-methoxy-anthrachinon mit Hilfe von MnO_2 (*Hirose,* J. pharm. Soc. Japan **76** [1956] 1448; Chem. pharm. Bl. **8** [1960] 417, 422; *Ayyangar et al.,* Tetrahedron **6** [1959] 331, 336).

Gelbe Kristalle; F: 212° [aus E.] (*Mu. et al.*), 211−212° [aus Acn. oder E.] (*Hi.*), 211° [aus A.] (*Ay. et al.*), 208° [aus A. bzw. Acn.] (*Pe., Hu.; No.,* J. pharm. Soc. Japan **75** 219). IR-Spektrum (Nujol; 2−9 μ): *Nonomura, Hirose,* J. pharm. Soc. Japan **75** [1955] 1305; C. A. **1956** 14681. IR-Banden (CCl_4; 2950−950 cm^{-1}): *Ay. et al.* Absorptionsspektrum (220−500 nm): *Nonomura,* J. pharm. Soc. Japan **75** [1955] 225; C. A. **1956** 1719. λ_{max} (Me.): 250 nm, 281 nm und 380 nm (*Mu. et al.*).

H y d r a z o n $C_{16}H_{12}N_2O_4$. Gelbbraune Kristalle (aus A.), die bis 270° nicht schmelzen (*No.,* J. pharm. Soc. Japan **75** 225). IR-Spektrum (Nujol; 2−7 μ): *Nonomura,* Pharm. Bl. **5** [1957] 366.

A c e t y l - D e r i v a t $C_{18}H_{12}O_6$; 3-A c e t o x y - 1 - m e t h o x y - 9,10-d i o x o - 9,10-d i h y d r o - a n t h r a c e n - 2 - c a r b a l d e h y d, *O*-A c e t y l - d a m n a c a n t h a l. Gelbe Kristalle (aus Acn.); F: 193° (*Nonomura,* J. pharm. Soc. Japan **75** [1955] 222; C. A. **1956** 1719). − O x i m $C_{18}H_{13}NO_6$. Gelbe Kristalle (aus Acn.); F: 268° (*No.,* J. pharm. Soc. Japan **75** 225).

Phenylimin (F: 220°): *No.,* J. pharm. Soc. Japan **75** 225.

2,4-Dinitro-phenylhydrazon (F: 300°): *Ay. et al.*

1,3-Dimethoxy-9,10-dioxo-9,10-dihydro-anthracen-2-carbaldehyd $C_{17}H_{12}O_5$, Formel I (R = R' = CH_3).

B. Aus Damnacanthal (s. o.) und Dimethylsulfat (*Nonomura,* Pharm. Bl. **5** [1957] 366). Hellgelbe Kristalle; F: 125°. IR-Spektrum (Nujol; 3−6,5 μ): *No.*

2-Dimethoxymethyl-1,3-dimethoxy-anthrachinon, 1,3-D i m e t h o x y - 9,10-d i o x o - 9,10- d i h y d r o - a n t h r a c e n - 2 - c a r b a l d e h y d - d i m e t h y l a c e t a l $C_{19}H_{18}O_6$, Formel II (R = CH_3).

B. Aus Damnacanthal (s. o.) und CH_3I (*Nonomura,* Pharm. Bl. **5** [1957] 366). Hellgelbe Kristalle (aus Me.); F: 145°. IR-Spektrum (Nujol; 3−6,5 μ): *No.*

II   III

3-Acetoxy-2-diacetoxymethyl-1-methoxy-anthrachinon $C_{22}H_{18}O_9$, Formel II (R = CO-CH$_3$).

B. Aus Damnacanthal (s. o.) und Acetanhydrid (*Murti et al.*, J. scient. ind. Res. India **18** B [1959] 367, 370; *Nonomura*, J. pharm. Soc. Japan **75** [1955] 222; C. A. **1956** 1719).

Kristalle; F: 191—193° [aus Acn.] (*No.*), 191—192° [aus A.] (*Mu. et al.*).

Hydroxy-oxo-Verbindungen $C_{16}H_{10}O_5$

2-Hydroxy-6,7-dimethoxy-3-phenyl-[1,4]naphthochinon $C_{18}H_{14}O_5$, Formel III und Taut.

B. Aus 2-Hydroxy-6,7-dimethoxy-[1,4]naphthochinon und diazotiertem Anilin (*Bentley et al.*, Soc. **1952** 1763, 1767). Beim Behandeln von [4,5-Dimethoxy-2-phenylacetyl-phenyl]-essigsäuremethylester mit wss. NaOH oder wss. NH$_3$ und Luft (*Be. et al.*).

Rote Kristalle (aus Me.+CHCl$_3$); F: 255°.

Methyl-Derivat $C_{19}H_{16}O_5$; 2,6,7-Trimethoxy-3-phenyl-[1,4]naphthochinon. Gelbe Kristalle (aus CHCl$_3$+Me.); F: 214°.

Acetyl-Derivat $C_{20}H_{16}O_6$; 2-Acetoxy-6,7-dimethoxy-3-phenyl-[1,4]naphthochinon. Gelbe Kristalle (aus CHCl$_3$+Me.); F: 218—220°.

Benzoyl-Derivat (F: 232°): *Be. et al.*

2-Acetyl-1,3-dimethoxy-anthrachinon $C_{18}H_{14}O_5$, Formel IV.

B. Aus Damnacanthal (s. o.) und Diazomethan (*Nonomura*, Pharm. Bl. **5** [1957] 366).

Hellgelbe Kristalle (aus Me.); F: 175°. IR-Spektrum (Nujol; 3—6,5 μ): *No.*

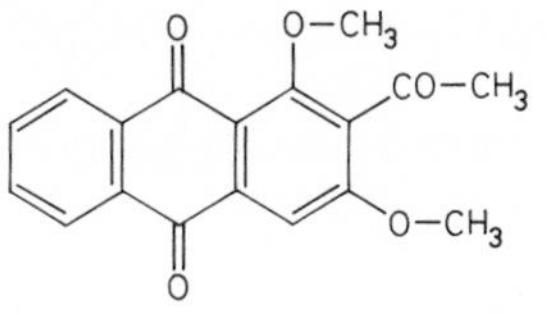

IV 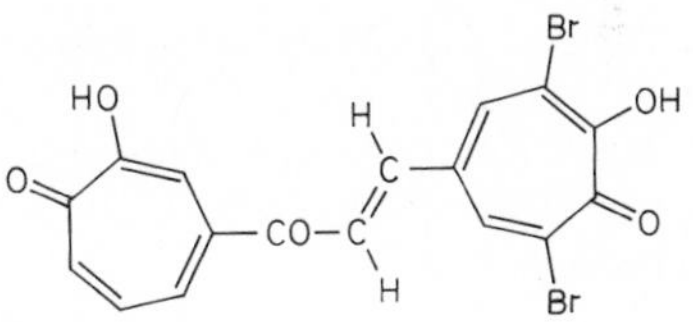   V

Hydroxy-oxo-Verbindungen $C_{17}H_{12}O_5$

3*t*-[3,6-Dibrom-4-hydroxy-5-oxo-cyclohepta-1,3,6-trienyl]-1-[6-hydroxy-5-oxo-cyclohepta-1,3,6-trienyl]-propenon $C_{17}H_{10}Br_2O_5$, Formel V und Taut.

B. Aus 3,6-Dibrom-4-hydroxy-5-oxo-cyclohepta-1,3,6-triencarbaldehyd und 4-Acetyl-tropolon in wss.-methanol. NaOH (*Seto, Ogura*, Bl. chem. Soc. Japan **32** [1959] 493, 496).

Kristalle (aus Me.); F: 220° [unkorr.; Zers.]. λ_{max} (Me.): 255 nm und 430 nm.

3,4,6-Trihydroxy-2-methoxy-7-phenyl-benzocyclohepten-5-on $C_{18}H_{14}O_5$, Formel VI und Taut.

B. Aus Biphenyl-2,3,4-triol und 3-Methoxy-[1,2]benzochinon (*Horner et al.*, B. **97** [1964] 312, 316—319; s. a. *Horner, Dürckheimer*, Z. Naturf. **14b** [1959] 743).

Rotbraune Kristalle (aus Eg.); F: 206—207° (*Ho. et al.*).

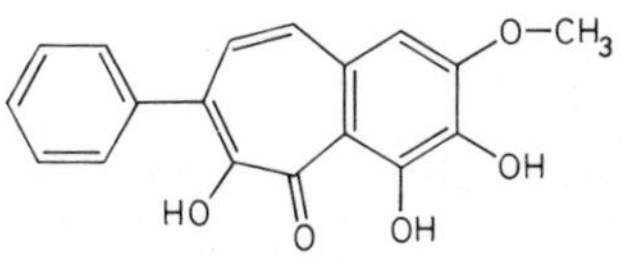

VI 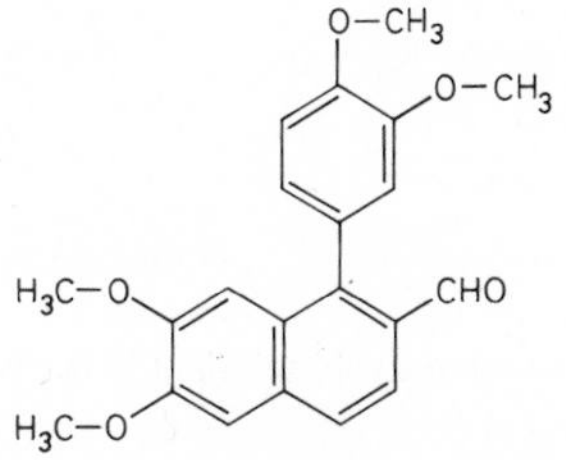   VII

1-[3,4-Dimethoxy-phenyl]-6,7-dimethoxy-[2]naphthaldehyd $C_{21}H_{20}O_5$, Formel VII.

Diese Konstitution kommt der früher (s. E II **18** 223) im Artikel „Dimethyl-α-sulfitlaugenlac≠ ton" beschriebenen „Verbindung $C_{20}H_{20}O_5$" zu (*Carnmalm*, Acta chem. scand. **8** [1954] 806, 808).

Oxim $C_{21}H_{21}NO_5$. Kristalle (aus A.); F: 185−186° [unkorr.].

2,4-Dinitro-phenylhydrazon (F: 289−291°): *Ca*.

Hydroxy-oxo-Verbindungen $C_{19}H_{16}O_5$

*1-[4-Hydroxy-3-methoxy-phenyl]-7-[4-hydroxy-phenyl]-hepta-1,6-dien-3,5-dion $C_{20}H_{18}O_5$, Formel VIII und Taut.

Isolierung aus den Wurzeln von Curcuma longa: *Srinivasan*, J. Pharm. Pharmacol. **5** [1953] 448, 451, 455.

Orangegelb; F: 168°. λ_{max}: 415 nm.

VIII

*Opt.-inakt. 1-[1-Acetoxy-[2]naphthyl]-3-äthoxy-3-[4-benzyloxy-3-methoxy-phenyl]-2-brom-propan-1-on $C_{31}H_{29}BrO_6$, Formel IX.

B. Aus (2*RS*,3*SR*)-1-[1-Acetoxy-[2]naphthyl]-3-[4-benzyloxy-3-methoxy-phenyl]-2,3-dibrom-propan-1-on und Äthanol (*Marathey et al.*, J. Univ. Poona Nr. 16 [1959] 51, 53).

Kristalle (aus A.); F: 163°.

IX   X

(±)-7-Chlor-10,11-dimethoxy-6-methyl-4a,5-dihydro-4H,12aH-naphthacen-1,3,12-trion $C_{21}H_{19}ClO_5$, Formel X und Taut.

B. Beim Behandeln von (±)-[3-Acetyl-8-chlor-5,10-dimethoxy-9-methyl-4-oxo-1,2,3,4-tetra≠ hydro-[2]anthryl]-essigsäure-methylester mit methanol. Natriummethylat (*Muxfeldt*, B. **92** [1959] 3122, 3150).

Orangefarbene Kristalle (aus CHCl$_3$+PAe.); F: 216−218°. Absorptionsspektrum (Me.; 230−480 nm): *Mu.*, l. c. S. 3134.

Hydroxy-oxo-Verbindungen $C_{20}H_{18}O_5$

*2,6-Divanillyliden-cyclohexanon, Cyclovalon $C_{22}H_{22}O_5$, Formel XI (R = CH$_3$, R′ = R″ = H) (E II 569).

Polarographische Halbstufenpotentiale (wss. A. vom pH 3,7−11,1): *Sato*, Bl. nation. hyg.

Labor. Tokyo **76** [1958] 39, 42; C. A. **1959** 19945.

*2,6-Bis-[3-hydroxy-4-methoxy-benzyliden]-cyclohexanon $C_{22}H_{22}O_5$, Formel XI
(R = R″ = H, R′ = CH₃).

Kristalle (aus A.); F: 194,5° (*Sato*, Bl. nation. hyg. Labor. Tokyo **76** [1958] 39, 43; C. A.
1959 19945). Polarographische Halbstufenpotentiale (wss. A. vom pH 3,7−11,1): *Sato*.

*2,6-Bis-[3-äthoxy-4-hydroxy-benzyliden]-cyclohexanon $C_{24}H_{26}O_5$, Formel XI (R = C₂H₅,
R′ = R″ = H) (E III 4173).

Polarographische Halbstufenpotentiale (wss. A. vom pH 3,7−11,1): *Sato*, Bl. nation. hyg.
Labor. Tokyo **76** [1958] 39, 43; C. A. **1959** 19945.

XI   XII

Hydroxy-oxo-Verbindungen $C_{21}H_{20}O_5$

*2,7-Bis-[2,3-dimethoxy-benzyliden]-cycloheptanon $C_{25}H_{28}O_5$, Formel XII (X = O-CH₃,
X′ = H).

B. Aus Cycloheptanon und 2,3-Dimethoxy-benzaldehyd in äthanol. Natriumäthylat (*Leonard
et al.*, Am. Soc. **79** [1957] 1482).

Gelbe Kristalle (aus A.); F: 98,5−99,5°. IR-Banden (CCl₄; 1700−1000 cm⁻¹): *Le. et al.*

*2,7-Diveratryliden-cycloheptanon $C_{25}H_{28}O_5$, Formel XII (X = H, X′ = O-CH₃).

B. Analog der vorangehenden Verbindung (*Leonard et al.*, Am. Soc. **79** [1957] 1482; s. a.
Mattu, Manca, Ann. Chimica **46** [1956] 1173, 1181).

Doppelbrechende Kristalle (aus CHCl₃+A.); F: 165° (*Ma., Ma.*, l. c. S. 1175, 1181). Gelbe
Kristalle (aus A.); F: 163,5−164° (*Le. et al.*). IR-Banden (CCl₄; 1700−1000 cm⁻¹): *Le. et al.*
Absorptionsspektrum (A.; 210−430 nm): *Ma., Ma.*, l. c. S. 1177.

*(±)-3-Methyl-2,6-diveratryliden-cyclohexanon $C_{25}H_{28}O_5$, Formel XI (R = R′ = R″ = CH₃)
(E II 570).

Gelbe Kristalle (aus Ae.); F: 99° (*Sancio, Sancio*, Rend. Fac. Sci. Cagliari **27** [1957] 97,
104).

*Opt.-akt. 1-[6-Äthyl-1,2,7,10-tetramethoxy-6,6a-dihydro-5H-benzo[a]fluoren-11-yl]-äthanon
$C_{25}H_{28}O_5$, Formel XIII (R = C₂H₅).

Eine ursprünglich (*Bentley et al.*, J. org. Chem. **22** [1957] 409, 412, 417) unter dieser Konstitu≠
tion beschriebene Verbindung ist als opt.-akt. 3,4,9,12-Tetramethoxy-8-methyl-5,6,13,14-tetra≠
hydro-12bH-benzo[7,8]fluoreno[9,8a-c]pyran (E III/IV **17** 2718) zu formulieren (*Bentley et al.*,
J.C. S. Perkin I **1974** 682, 684).

**(11aS)-1-[11a-Äthyl-1,2,7,10-tetramethoxy-(11ar)-11,11a-dihydro-5H-benzo[a]fluoren-11t-yl]-
äthanon** $C_{25}H_{28}O_5$, Formel XIV (R = C₂H₅).

B. Beim Hydrieren von (11aS)-1-[1,2,7,10-Tetramethoxy-11a-vinyl-(11ar)-11,11a-dihydro-5H-
benzo[a]fluoren-11t-yl]-äthanon an Platin in Essigsäure (*Bentley et al.*, J. org. Chem. **22** [1957]
422).

Kristalle (aus A.); F: 163°; $[\alpha]_D^{23}$: +268° [CHCl₃; c = 1]; λ_{max}: 235 nm, 265 nm und 315 nm
(*Be. et al.*).

Oxim $C_{25}H_{29}NO_5$. Hellbraune Kristalle (aus wss. A.); F: 177°; $[\alpha]_D^{21}$: +305° [CHCl₃;
c = 0,7] (*Bentley, Ringe*, J. org. Chem. **22** [1957] 424, 428). − Beim Behandeln mit SOCl₂

in CHCl$_3$ ist (+)-11a-Äthyl-1,2,7,10-tetramethoxy-11,11a-dihydro-5H-benzo[a]fluoren-11-ol (E IV **6** 7911) erhalten worden (*Be., Ri.*).

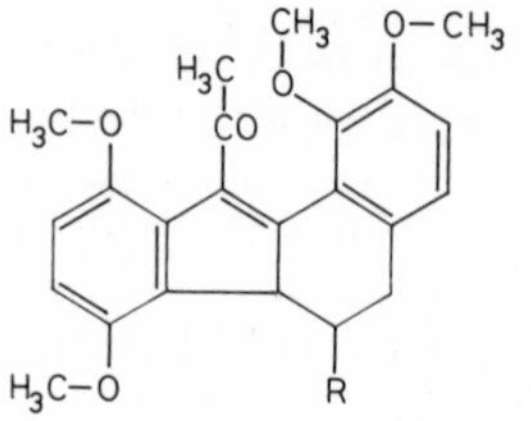

XIII 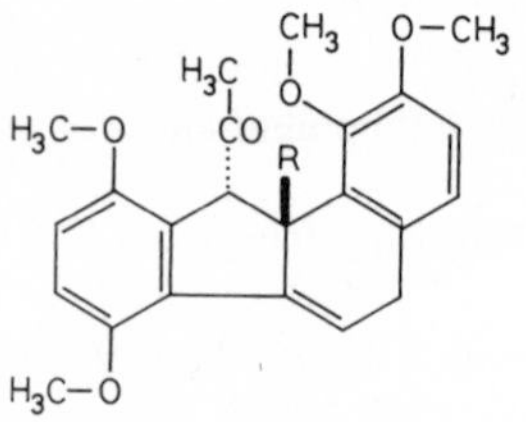   XIV 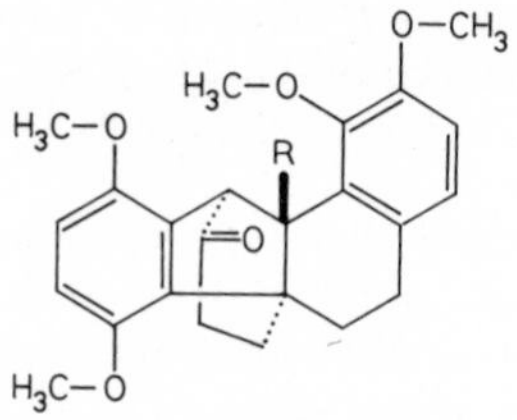   XV

Hydroxy-oxo-Verbindungen $C_{22}H_{22}O_5$

(6aS)-11a-Äthyl-1,2,7,10-tetramethoxy-(11at)-5,6,11,11a-tetrahydro-6ar,11c-propano-benzo[a]fluoren-12-on $C_{26}H_{30}O_5$, Formel XV (R = C_2H_5).

B. Beim Hydrieren von (6aS)-1,2,7,10-Tetramethoxy-11a-vinyl-(11at)-11,11a-dihydro-6ar,11c-propeno-benzo[a]fluoren-12-on an Platin in Essigsäure (*Bentley et al.*, J. org. Chem. **22** [1957] 422).

Kristalle (aus wss. A.); F: 167—168°. $[\alpha]_D^{22}$: +210° [CHCl$_3$; c = 1,4]. λ_{max}: 220 nm und 300 nm.

Hydroxy-oxo-Verbindungen $C_nH_{2n-24}O_5$

Hydroxy-oxo-Verbindungen $C_{17}H_{10}O_5$

1,2,7,10-Tetramethoxy-benzo[a]fluoren-11-on $C_{21}H_{18}O_5$, Formel I.

B. Aus 1,2,7,10-Tetramethoxy-11H-benzo[a]fluoren mit Hilfe von Luft (*Bentley et al.*, J. org. Chem. **22** [1957] 409, 411, 416).

Orangefarbene Kristalle (aus PAe.); F: 186°.

Hydroxy-oxo-Verbindungen $C_{18}H_{12}O_5$

3-Hydroxy-2,5-bis-[3-hydroxy-phenyl]-[1,4]benzochinon $C_{18}H_{12}O_5$, Formel II und Taut.

B. Beim Behandeln von 2,5-Bis-[3-hydroxy-phenyl]-[1,4]benzochinon mit wss. NaOH (*Divekar et al.*, Canad. J. Chem. **37** [1959] 1970, 1974).

Rotbraune Kristalle (aus wss. Me.); F: 294—296°.

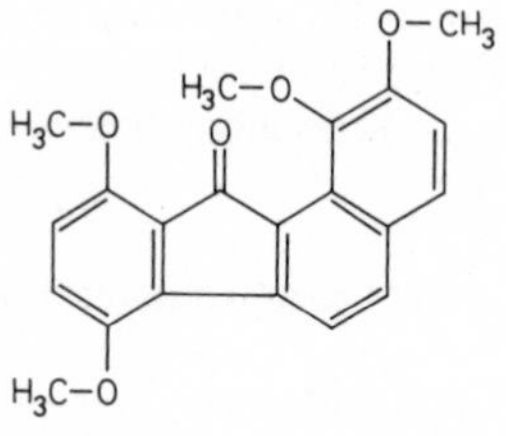

I 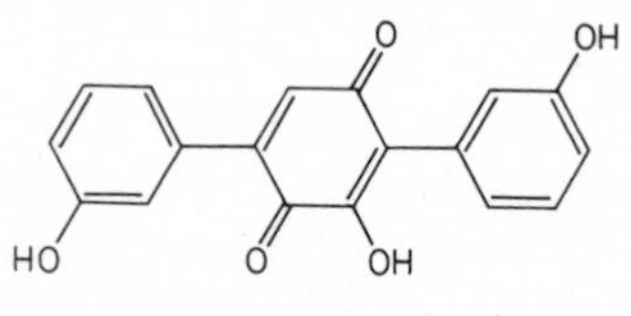   II 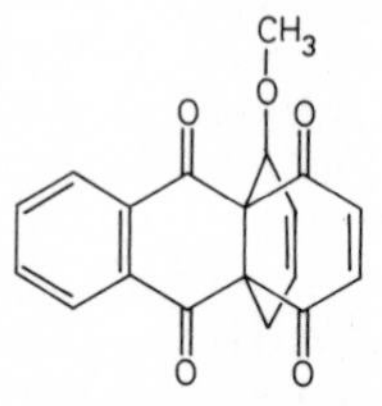   III

*Opt.-inakt. 11-Methoxy-4a,9a-but-2-eno-anthracen-1,4,9,10-tetraon $C_{19}H_{14}O_5$, Formel III.

B. Aus Anthracen-1,4,9,10-tetraon und 1-Methoxy-buta-1,3-dien (*Inhoffen et al.*, B. **90** [1957] 1448, 1453).

Kristalle (aus Me.); F: 198°. λ_{max} (Me.): 227 nm.

Hydroxy-oxo-Verbindungen $C_{19}H_{14}O_5$

1-[3,6-Dimethoxy-[2]naphthyl]-3t-[3,4-dimethoxy-phenyl]-propenon $C_{23}H_{22}O_5$, Formel IV.

B. Aus 1-[3,6-Dimethoxy-[2]naphthyl]-äthanon und Veratrumaldehyd in wss.-äthanol. NaOH (*Buu-Hoi, Lavit,* Soc. **1956** 1743, 1748).

Hellgelbe Kristalle (aus A.); F: 109°.

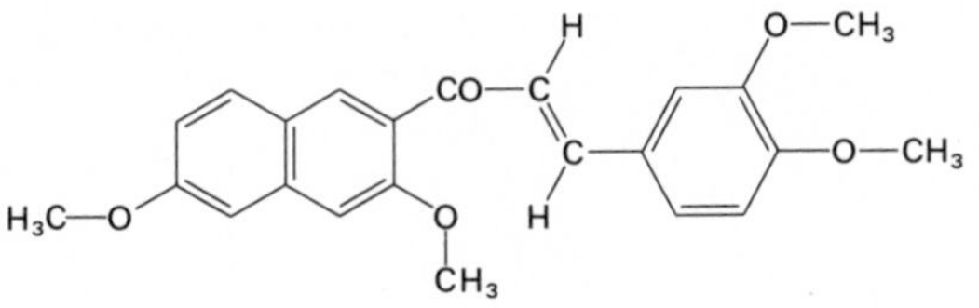

IV

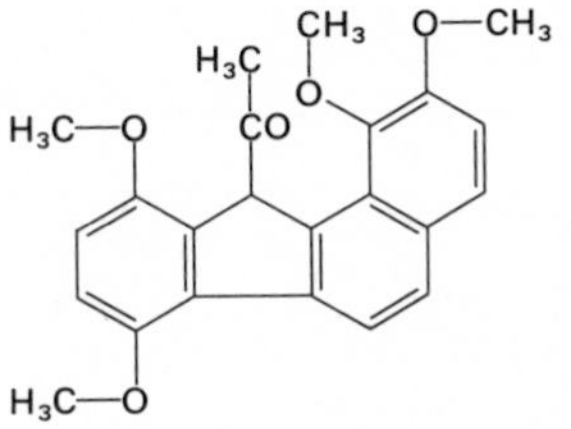

V

(±)-1-[1,2,7,10-Tetramethoxy-11H-benzo[a]fluoren-11-yl]-äthanon $C_{23}H_{22}O_5$, Formel V.

B. Aus (11aS)-[2-(11t-Acetyl-1,2,7,10-tetramethoxy-11,11a-dihydro-benzo[a]fluoren-11ar-yl)-äthyl]-trimethyl-ammonium-jodid (*Bentley et al.,* J. org. Chem. **22** [1957] 409, 414, 415).

Gelbe Kristalle (aus A.); F: 178°. UV-Spektrum (210–360 nm): *Be. et al.,* l. c. S. 410.

Verbindung mit 1,3,5-Trinitro-benzol $C_{23}H_{22}O_5 \cdot C_6H_3N_3O_6$. Rote Kristalle (aus PAe.); F: 147–148°.

Picrat $C_{23}H_{22}O_5 \cdot C_6H_3N_3O_7$. Dunkelbraune Kristalle; F: 131–132°.

Hydroxy-oxo-Verbindungen $C_{20}H_{16}O_5$

2-Hydroxy-1,2,2-tris-[4-methoxy-phenyl]-äthanon $C_{23}H_{22}O_5$, Formel VI (E III 4181).

Herstellung von 2-Hydroxy-1,2-bis-[4-methoxy-phenyl]-2-[4-[^{14}C]methoxy-phenyl]-äthanon: *Eastham et al.,* Am. Soc. **78** [1956] 4323, 4328.

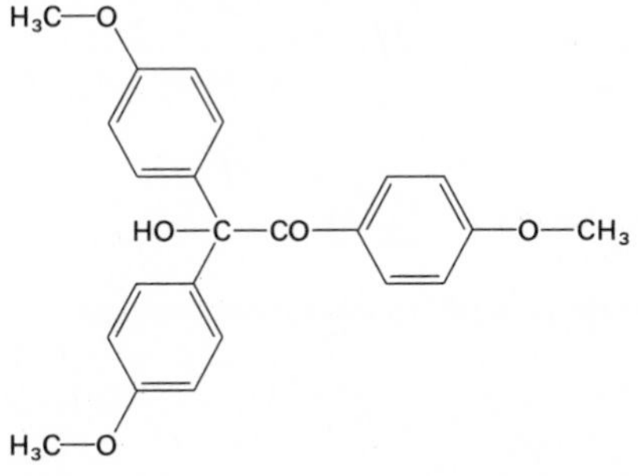

VI

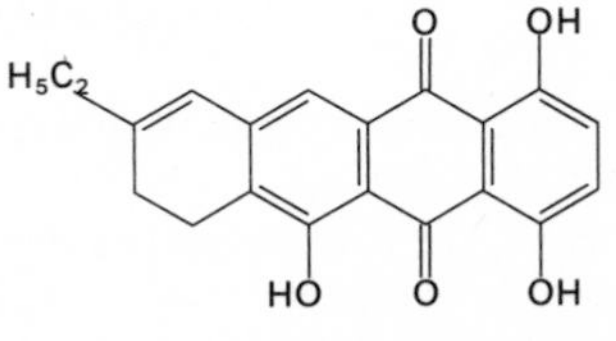

VII

9-Äthyl-1,4,6-trihydroxy-7,8-dihydro-naphthacen-5,12-dion $C_{20}H_{16}O_5$, Formel VII und Taut.

Konstitution: *Brockmann,* Fortschr. Ch. org. Naturst. **21** [1963] 121, 152.

B. Beim Erhitzen von ζ-Pyrromycinonsäure [(1R)-2c-Äthyl-2t,5,7,10-tetrahydroxy-6,11-dioxo-1,2,3,4,6,11-hexahydro-naphthacen-1r-carbonsäure] (*Brockmann, Lenk,* B. **92** [1959] 1880, 1901).

Rote Kristalle; F: 177–178° [korr.; nach Sublimation unter vermindertem Druck bei 180–200°] (*Br., Lenk*). Absorptionsspektrum (Cyclohexan; 350–550 nm): *Br., Lenk,* l. c. S. 1888.

Hydroxy-oxo-Verbindungen $C_{21}H_{18}O_5$

2,7-Diveratryl-cycloheptatrienon (?) $C_{25}H_{26}O_5$, vermutlich Formel VIII.

B. Beim Erhitzen von 2,7-Diveratryliden-cycloheptanon mit Palladium/Kohle und Triäthylen=
glykol (*Leonard et al.*, Am. Soc. **79** [1957] 1482; vgl. *Aizenshtat et al.*, J. org. Chem. **42** [1977]
2386, 2389).

Kristalle (aus A.); F: 148,5−149° [korr.] (*Le. et al.*).

VIII   IX

***Opt.-akt. 1-[1,2,7,10-Tetramethoxy-6-vinyl-6,6a-dihydro-5*H*-benzo[*a*]fluoren-11-yl]-äthanon**
$C_{25}H_{26}O_5$, Formel XIII (R = CH=CH$_2$) auf S. 3588.

Eine ursprünglich (*Bentley et al.*, J. org. Chem. **22** [1957] 409, 411, 416) unter dieser Konstitu=
tion beschriebene Verbindung ist als opt.-akt. 3,4,9,12-Tetramethoxy-8-methyl-5,6-dihydro-
12b*H*-benzo[7,8]fluoreno[9,8a-*c*]pyran (E III/IV **17** 2721) zu formulieren (*Bentley et al.*, J.C.S.
Perkin I **1974** 682).

**(11a*S*)-1-[1,2,7,10-Tetramethoxy-11a-vinyl-(11a*r*)-11,11a-dihydro-5*H*-benzo[*a*]fluoren-11*t*-yl]-
äthanon** $C_{25}H_{26}O_5$, Formel XIV (R = CH=CH$_2$) auf S. 3588.

B. Beim Erwärmen von (6a*S*)-1,2,7,10-Tetramethoxy-11a-vinyl-(11a*t*)-11,11a-dihydro-
6a*r*,11*c*-propeno-benzo[*a*]fluoren-12-on mit wss.-äthanol. KOH (*Bentley et al.*, J. org. Chem.
22 [1957] 422).

Hellgelbe Kristalle (aus Me.); F: 167−168°; $[\alpha]_D^{24}$: +142° [CHCl$_3$; c = 1,2]; λ_{max}: 230 nm,
265 nm und 315 nm (*Be. et al.*).

Oxim $C_{25}H_{27}NO_5$. Kristalle (aus Me.); F: 208°; $[\alpha]_D^{20}$: +241° [CHCl$_3$; c = 0,7] (*Bentley,
Ringe*, J. org. Chem. **22** [1957] 424, 427). − Beim Behandeln mit SOCl$_2$ in CHCl$_3$ sind
(−)-1,2,7,10-Tetramethoxy-11-vinyl-11*H*-benzo[*a*]fluoren (E IV **6** 7836) und (+)-1,2,7,10-Tetra=
methoxy-11a-vinyl-11,11a-dihydro-5*H*-benzo[*a*]fluoren-11-ol (E IV **6** 7912) erhalten worden
(*Be., Ri.*).

Hydroxy-oxo-Verbindungen $C_{22}H_{20}O_5$

(±)-4-[5-Chlor-2-methoxy-phenyl]-4-hydroxy-1,4-bis-[2-methoxy-phenyl]-butan-1-on
$C_{25}H_{25}ClO_5$, Formel IX.

B. Aus 4-[5-Chlor-2-methoxy-phenyl]-4-oxo-buttersäure-methylester und 2-Methoxy-phenyl=
magnesium-bromid (*Baddar et al.*, Soc. **1957** 1690, 1696).

Kristalle (aus Bzl.+PAe.); F: 125−126° (*Ba. et al.*). UV-Spektrum (A.; 230−370 nm): *Bad=
dar, Habashi*, Soc. **1959** 4119.

**(6a*S*)-1,2,7,10-Tetramethoxy-11a-vinyl-(11a*t*)-5,6,11,11a-tetrahydro-6a*r*,11*c*-propano-
benzo[*a*]fluoren-12-on** $C_{26}H_{28}O_5$, Formel XV (R = CH=CH$_2$) auf S. 3588.

B. Beim Erhitzen von (6a*S*)-1,2,7,10-Tetramethoxy-11a-[2-(dimethyl-oxy-amino)-äthyl]-
(11a*t*)-5,6,11,11a-tetrahydro-6a*r*,11*c*-propano-benzo[*a*]fluoren-12-on auf 110−120°/0,1 Torr
(*Bentley et al.*, J. org. Chem. **22** [1957] 422).

Kristalle (aus wss. A.); F: 151−152°. $[\alpha]_D^{22}$: +260° [CHCl$_3$; c = 1,6]. λ_{max}: 225 nm und
300 nm.

Hydroxy-oxo-Verbindungen $C_nH_{2n-26}O_5$

Hydroxy-oxo-Verbindungen $C_{18}H_{10}O_5$

1,11-Dihydroxy-3-methoxy-naphthacen-5,12-dion $C_{19}H_{12}O_5$, Formel X (R = H).

B. Beim Erhitzen von 11-Hydroxy-1,3-dimethoxy-naphthacen-5,12-dion mit wss. HBr und Essigsäure (*Yao et al.*, Acta chim. sinica **24** [1958] 53, 60; Scientia sinica **8** [1959] 1495, 1504).

Kristalle (aus Dioxan); F: 263° [unkorr.]. IR-Spektrum (Nujol; 4—15 μ): *Yao et al.*

11-Hydroxy-1,3-dimethoxy-naphthacen-5,12-dion $C_{20}H_{14}O_5$, Formel X (R = CH$_3$).

B. Beim Erwärmen von 2-[1-Hydroxy-[2]naphthoyl]-3,5-dimethoxy-benzoesäure mit H$_2$SO$_4$ unter Zusatz von H$_3$BO$_3$ (*Yao et al.*, Acta chim. sinica **24** [1958] 53, 59; Scientia sinica **8** [1959] 1495, 1503).

Rote Kristalle (aus Dioxan); F: 268° [unkorr.]. λ_{max} (Dioxan): 241 nm, 271 nm, 356 nm und 458 nm.

1,4,6-Trihydroxy-naphthacen-5,12-dion $C_{18}H_{10}O_5$, Formel XI (R = X′ = H, X = OH) und Taut.

B. Beim Erhitzen von 3,6-Dihydroxy-phthalsäure-anhydrid mit [1]Naphthol, AlCl$_3$ und NaCl (*Brockmann, Müller*, B. **92** [1959] 1164, 1169).

Rote Kristalle (aus Bzl. + PAe.); F: 294°; unter vermindertem Druck sublimierbar. Absorptionsspektrum (H$_2$SO$_4$ sowie Cyclohexan; 200—700 nm): *Br., Mü.*, l. c. S. 1165.

Triacetyl-Derivat $C_{24}H_{16}O_8$; 1,4,6-Triacetoxy-naphthacen-5,12-dion. Hellgelbe Kristalle; Zers. bei 270° (*Br., Mü.*, l. c. S. 1169). Absorptionsspektrum (Me.; 210—460 nm): *Br., Mü.*, l. c. S. 1168.

X   XI   XII

1,6,11-Trihydroxy-naphthacen-5,12-dion $C_{18}H_{10}O_5$, Formel XI (R = X = H, X′ = OH) und Taut.

B. Analog der vorangehenden Verbindung (*Brockmann, Müller*, B. **92** [1959] 1164, 1169).

Rotbraune, grünlichglänzende Kristalle (aus CHCl$_3$); F: >300°; unter vermindertem Druck sublimierbar. Absorptionsspektrum (H$_2$SO$_4$ sowie Cyclohexan; 200—700 nm): *Br., Mü.*, l. c. S. 1165.

Triacetyl-Derivat $C_{24}H_{16}O_8$; 1,6,11-Triacetoxy-naphthacen-5,12-dion. Kristalle (aus CHCl$_3$ + Me.); Zers. bei 280° (*Br., Mü.*, l. c. S. 1169). Absorptionsspektrum (Me.; 210—460 nm): *Br., Mü.*, l. c. S. 1168.

(±)-5a-Acetoxy-11a-brom-*trans*-5a,11a-dihydro-naphthacen-5,6,11,12-tetraon $C_{20}H_{11}BrO_6$, Formel XII + Spiegelbild.

B. Beim Behandeln von Naphthacen-5,6,11,12-tetraon mit Brom, Essigsäure und Natriumacetat (*Inhoffen et al.*, B. **90** [1957] 1448, 1454).

Kristalle (aus Bzl. + PAe.); F: 211—215°.

Hydroxy-oxo-Verbindungen $C_{20}H_{14}O_5$

3,6-Dibenzoyl-benzen-1,2,4-triol $C_{20}H_{14}O_5$, Formel XIII (R = H).

B. Beim Erwärmen der Triacetyl-Verbindung (s. u.) mit wss.-äthanol. HCl (*Buchta, Egger,*

B. **90** [1957] 2748, 2757).

Gelbe Kristalle (aus Bzl.); F: 178−179° [unkorr.; Zers.; auf 170° vorgeheizter App.].

1,3,4-Triacetoxy-2,5-dibenzoyl-benzol $C_{26}H_{20}O_8$, Formel XIII (R = CO-CH₃).

B. Beim Behandeln von 2,5-Dibenzoyl-[1,4]benzochinon mit Acetanhydrid und H_2SO_4 (*Buchta, Egger,* B. **90** [1957] 2748, 2756).

Kristalle (aus A.); F: 137° [unkorr.].

XIII   XIV

9-Äthyl-1,4,6-trihydroxy-naphthacen-5,12-dion $C_{20}H_{14}O_5$, Formel XI (R = C_2H_5, X = OH, X′ = H) und Taut.

B. Beim Erhitzen von 9-Äthyl-1,4,6-trihydroxy-7,8-dihydro-naphthacen-5,12-dion (S. 3589) mit Palladium/Kohle (*Brockmann, Lenk,* B. **92** [1959] 1880, 1901). Beim Erhitzen des Calcium-Salzes der η-Pyrromycinonsäure [2-Äthyl-5,7,10-trihydroxy-6,11-dioxo-6,11-dihydro-naphtha‑cen-1-carbonsäure] (*Br., Lenk,* l. c. S. 1898; s. a. *Ettlinger et al.,* B. **92** [1959] 1867, 1879).

Rote Kristalle [aus PAe.] (*Br., Lenk,* l. c. S. 1898). F: 233−235° [korr.; nach Sublimation unter vermindertem Druck] (*Et. et al.*), 229−230° [korr.; nach Sublimation unter vermindertem Druck] (*Br., Lenk,* l. c. S. 1898, 1901). λ_{max} (A.; 250−570 nm): *Et. et al.*

Triacetyl-Derivat $C_{26}H_{20}O_8$; 1,4,6-Triacetoxy-9-äthyl-naphthacen-5,12-dion. Gelbe Kristalle; F: 217−219° [korr.; aus A.] (*Br., Lenk,* l. c. S. 1898), 218° [korr.; aus Bzl.+ Me.] (*Et. et al.*). Absorptionsspektrum (Me.; 210−470 nm): *Br., Lenk,* l. c. S. 1889. λ_{max} (A.): 252 nm, 294 nm, 305 nm, 325 nm und 400 nm (*Et. et al.*).

Hydroxy-oxo-Verbindungen $C_{21}H_{16}O_5$

1-[2-Hydroxy-4,6-dimethoxy-phenyl]-2,3-diphenyl-propan-1,3-dion $C_{23}H_{20}O_5$, Formel XIV und Taut.

B. Beim Behandeln von 2-Benzoyloxy-4,6-dimethoxy-desoxybenzoin mit KOH und Pyridin (*Ollis, Weight,* Soc. **1952** 3826, 3828).

Kristalle (aus A.); F: 180°.

I   II

***Opt.-inakt. 1,3-Dihydroxy-1,3-bis-[4-methoxy-phenyl]-indan-2-on-oxim** $C_{23}H_{21}NO_5$, Formel I.

B. Aus Indan-1,2,3-trion-2-oxim und 4-Methoxy-phenylmagnesium-bromid (*Mustafa, Kamel,* Am. Soc. **76** [1954] 124, 126).

F: 168°.

Hydroxy-oxo-Verbindungen $C_{22}H_{18}O_5$

***Opt.-inakt. 3-[2-Brom-3-hydroxy-3-(4-methoxy-phenyl)-propionyl]-4-hydroxy-benzophenon, 1-[5-Benzoyl-2-hydroxy-phenyl]-2-brom-3-hydroxy-3-[4-methoxy-phenyl]-propan-1-on** $C_{23}H_{19}BrO_5$, Formel II (R = H).

B. Aus (2*RS*,3*SR*)-1-[5-Benzoyl-2-hydroxy-phenyl]-2,3-dibrom-3-[4-methoxy-phenyl]-propan-1-on und H_2O (*Chandorkar, Limaye,* Rasayanam **2** [1955] 63, 64).

Kristalle (aus A.); F: 140°.

Diacetyl-Derivat $C_{27}H_{23}BrO_7$; 4-Acetoxy-3-[3-acetoxy-2-brom-3-(4-methoxy-phenyl)-propionyl]-benzophenon, 3-Acetoxy-1-[2-acetoxy-5-benzoyl-phenyl]-2-brom-3-[4-methoxy-phenyl]-propan-1-on. F: 70°.

***Opt.-inakt. 3-[2-Brom-3-methoxy-3-(4-methoxy-phenyl)-propionyl]-4-hydroxy-benzophenon, 1-[5-Benzoyl-2-hydroxy-phenyl]-2-brom-3-methoxy-3-[4-methoxy-phenyl]-propan-1-on** $C_{24}H_{21}BrO_5$, Formel II (R = CH_3).

B. Analog der vorangehenden Verbindung (*Bhide et al.,* Rasayanam **2** [1956] 135, 139).

Kristalle; F: 121°.

***Opt.-inakt. 3-[3-Äthoxy-2-brom-3-(4-methoxy-phenyl)-propionyl]-4-hydroxy-benzophenon, 3-Äthoxy-1-[5-benzoyl-2-hydroxy-phenyl]-2-brom-3-[4-methoxy-phenyl]-propan-1-on** $C_{25}H_{23}BrO_5$, Formel II (R = C_2H_5).

B. Analog den vorangehenden Verbindungen (*Bhide et al.,* Rasayanam **2** [1956] 135, 139).

Kristalle; F: 96°.

(6a*R*)-1,2,7,10-Tetramethoxy-11a-vinyl-(11a*t*)-11,11a-dihydro-6a*r*,11*c*-propano-benzo[*a*]fluoren-12-on $C_{26}H_{26}O_5$, Formel III.

B. Beim Erhitzen von (6a*R*)-1,2,7,10-Tetramethoxy-11a-[2-(dimethyl-oxy-amino)-äthyl]-(11a*t*)-11,11a-dihydro-6a*r*,11*c*-propano-benzo[*a*]fluoren-12-on auf 120–150°/0,1 Torr (*Bentley et al.,* J. org. Chem. **22** [1957] 422).

Kristalle (aus A.); F: 211–212°. $[\alpha]_D^{20}$: +189° [$CHCl_3$; c = 1,4]. λ_{max}: 220 nm und 285 nm.

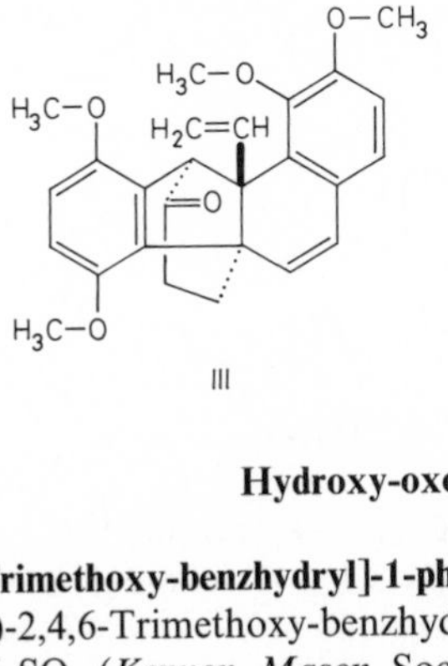

III

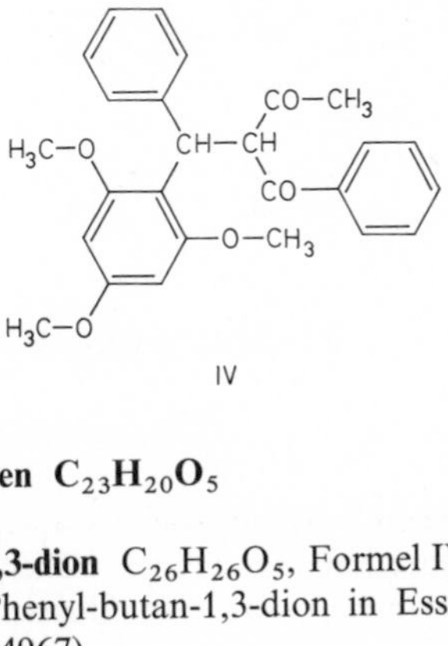

IV

Hydroxy-oxo-Verbindungen $C_{23}H_{20}O_5$

(±)-2-[2,4,6-Trimethoxy-benzhydryl]-1-phenyl-butan-1,3-dion $C_{26}H_{26}O_5$, Formel IV und Taut.

B. Aus (±)-2,4,6-Trimethoxy-benzhydrol und 1-Phenyl-butan-1,3-dion in Essigsäure unter Zusatz von H_2SO_4 (*Kenyon, Mason,* Soc. **1952** 4964, 4967).

Kristalle (aus Propan-1-ol); F: 149,5–150,5°.

Hydroxy-oxo-Verbindungen $C_{24}H_{22}O_5$

3,6-Bis-[2,5-dimethyl-benzoyl]-benzen-1,2,4-triol $C_{24}H_{22}O_5$, Formel V (R = H).
B. Beim Erwärmen der Triacetyl-Verbindung (s. u.) mit wss.-äthanol. HCl (*Buchta, Egger,* B. **90** [1957] 2748, 2756).
Orangerote Kristalle (aus wss. Me.); F: 166° [unkorr.].

1,3,4-Triacetoxy-2,5-bis-[2,5-dimethyl-benzoyl]-benzol $C_{30}H_{28}O_8$, Formel V (R = CO-CH₃).
B. Beim Behandeln von 2,5-Bis-[2,5-dimethyl-benzoyl]-[1,4]benzochinon mit Acetanhydrid und H_2SO_4 (*Buchta, Egger,* B. **90** [1957] 2748, 2755).
Kristalle (aus A.); F: 137° [unkorr.].

V   VI

3,6-Bis-[2,6-dimethyl-benzoyl]-benzen-1,2,4-triol $C_{24}H_{22}O_5$, Formel VI (R = H).
B. Beim Erwärmen der Triacetyl-Verbindung (s. u.) mit wss.-äthanol. HCl (*Buchta, Egger,* B. **90** [1957] 2748, 2756).
Orangerote Kristalle (aus Bzl. + PAe.); F: 164° [unkorr.].

1,3,4-Triacetoxy-2,5-bis-[2,6-dimethyl-benzoyl]-benzol $C_{30}H_{28}O_8$, Formel VI (R = CO-CH₃).
B. Beim Behandeln von 2,5-Bis-[2,6-dimethyl-benzoyl]-[1,4]benzochinon mit Acetanhydrid und H_2SO_4 (*Buchta, Egger,* B. **90** [1957] 2748, 2756).
Kristalle (aus A.); F: 148° [unkorr.].

*Opt.-inakt. 7-Hydroxy-8a,8′a-dimethyl-1,4,4a,8a,1′,4′,4′a,8′a-octahydro-[6,6′]bi[1,4-methano-naphthalinyl]-5,8,5′,8′-tetraon $C_{24}H_{22}O_5$, Formel VII und Taut.
B. Aus 2-Hydroxy-4,4′-dimethyl-[1,1′]bicyclohexa-1,4-dienyl-3,6,3′,6′-tetraon und Cyclopenta-1,3-dien (*Posternak et al.,* Helv. **39** [1956] 1556, 1563).
Kristalle (aus wss. A.); F: 154°.

VII   VIII

Hydroxy-oxo-Verbindungen $C_nH_{2n-28}O_5$

Hydroxy-oxo-Verbindungen $C_{19}H_{10}O_5$

2-[1,3-Dioxo-indan-2-yl]-3-hydroxy-[1,4]naphthochinon $C_{19}H_{10}O_5$, Formel VIII und Taut.
Diese Konstitution kommt der früher (H **10** 891) als 3,1′,3′-Trioxo-2′,3′-dihydro-3H,1′H-[2,2′]biindenyl-1-carbonsäure formulierten Verbindung zu (*VanAllan et al.,* J. org. Chem. **31** [1966] 62, 63).
Entsprechend ist die früher (H **10** 891) als 2′-Brom-3,1′,3′-trioxo-2′,3′-dihydro-3H,1′H-

[2,2′]biindenyl-1-carbonsäure bezeichnete Verbindung als 2-[2-Brom-1,3-dioxo-indan-2-yl]-3-hydroxy-[1,4]naphthochinon $C_{19}H_9BrO_5$ zu formulieren.

Hydroxy-oxo-Verbindungen $C_{22}H_{16}O_5$ und $C_{23}H_{18}O_5$

*1-[2-Hydroxy-phenyl]-3-phenyl-2-veratryliden-propan-1,3-dion $C_{24}H_{20}O_5$, Formel IX.

Die von *Baker, Glockling* (Soc. **1950** 2759, 2762) unter dieser Konstitution beschriebene Verbindung ist als (±)-3-Benzoyl-2-[3,4-dimethoxy-phenyl]-chroman-4-on $C_{24}H_{20}O_5$ zu formulieren (*Loth, Köhne*, Ar. **306** [1973] 101, 102, 105; s. a. *Chincholkar, Jamode*, Indian J. Chem. **17** B [1979] 510).

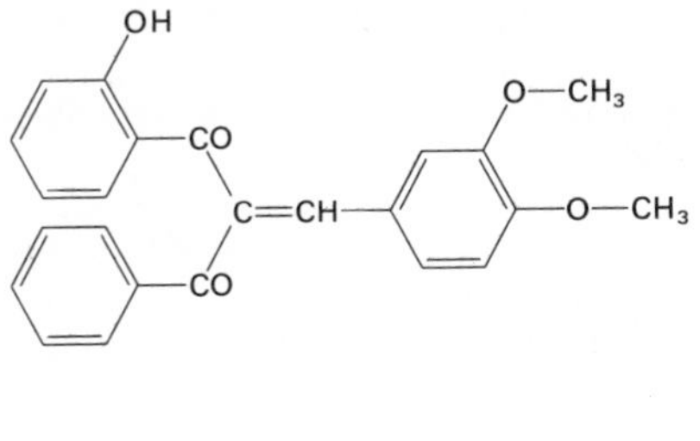

IX 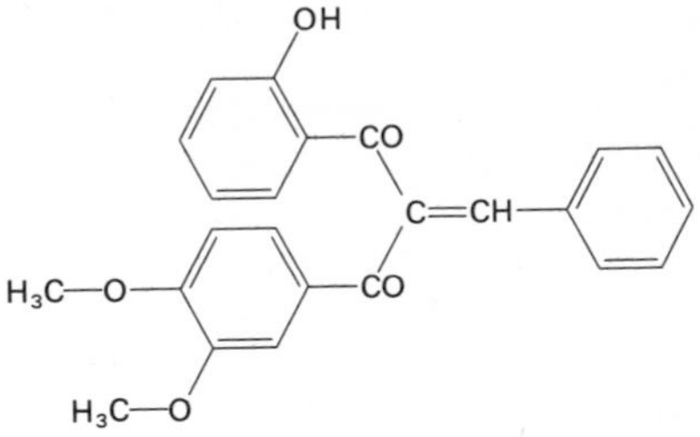   X

*2-Benzyliden-1-[3,4-dimethoxy-phenyl]-3-[2-hydroxy-phenyl]-propan-1,3-dion $C_{24}H_{20}O_5$, Formel X.

Die von *Baker, Glockling* (Soc. **1950** 2759, 2762) unter dieser Konstitution beschriebene Verbindung ist als (±)-2-Phenyl-3-veratroyl-chroman-4-on $C_{24}H_{20}O_5$ zu formulieren (s. dazu *Chincholkar, Jamode*, Indian J. Chem. **17**B [1979] 510).

2-Benzoyl-1-[2,6-dihydroxy-phenyl]-3-phenyl-propan-1,3-dion $C_{22}H_{16}O_5$, Formel XI (X = OH, X′ = H) und Taut.

B. Beim Erwärmen von 1-[2-Benzoyloxy-6-hydroxy-phenyl]-3-phenyl-propan-1,3-dion mit $NaNH_2$ in Benzol (*Iyer, Venkataraman*, Pr. Indian Acad. [A] **37** [1953] 629, 633).

Gelbe Kristalle (aus E.); F: 180−181°.

2-Benzoyl-1,3-bis-[4-methoxy-phenyl]-propan-1,3-dion $C_{24}H_{20}O_5$, Formel XI (X = H, X′ = OCH₃) und Taut.

B. Aus 1,3-Bis-[4-methoxy-phenyl]-propan-1,3-dion und Benzoylchlorid (*Curtin, Russell*, Am. Soc. **73** [1951] 5160, 5163).

Kristalle (aus Acn.); F: 209−210° [korr.].

K u p f e r(II)-S a l z $Cu(C_{24}H_{19}O_5)_2$. Kristalle (aus Me. + CHCl₃); F: 245−247° [korr.; Zers.].

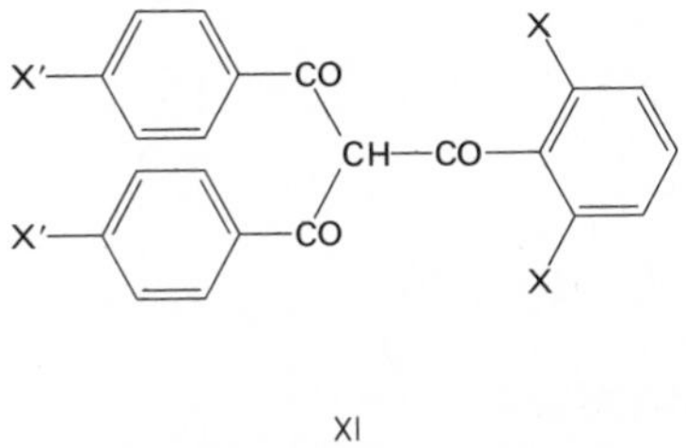

XI 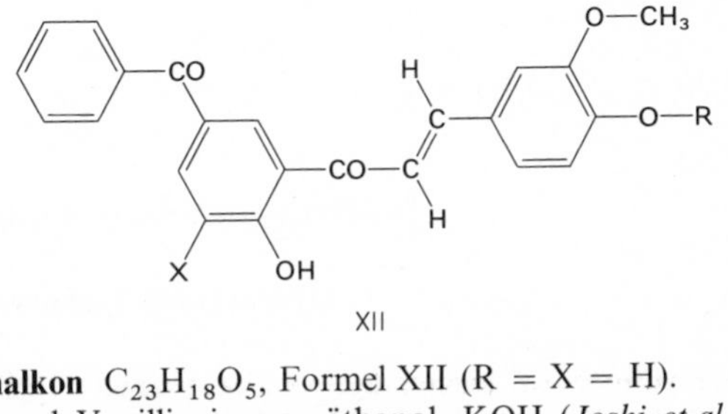   XII

5′-Benzoyl-4,2′-dihydroxy-3-methoxy-*trans*-chalkon $C_{23}H_{18}O_5$, Formel XII (R = X = H).

B. Aus 3-Acetyl-4-hydroxy-benzophenon und Vanillin in wss.-äthanol. KOH (*Joshi et al.*, Sci. Culture **23** [1957] 199; *Dshoschi, Amin*, Izv. Akad. S.S.S.R. Otd. chim. **1960** 267, 268;

engl. Ausg. S. 243, 244).

Orangefarbene Kristalle; F: 138° [unkorr.; aus A.] (*Ds., Amin*), 115° (*Jo. et al.*).

Die folgenden Verbindungen sind in analoger Weise hergestellt worden:

5'-Benzoyl-2'-hydroxy-3,4-dimethoxy-*trans*-chalkon $C_{24}H_{20}O_5$, Formel XII (R = CH₃, X = H). Gelbe Kristalle (aus wss. Eg.); F: 185° (*Ds., Amin*; s. a. *Jo. et al.*).

5'-Benzoyl-3'-chlor-4,2'-dihydroxy-3-methoxy-*trans*-chalkon $C_{23}H_{17}ClO_5$, Formel XII (R = H, X = Cl). F: 167° (*Mehta, Amin*, Curr. Sci. **28** [1959] 109).

5'-Benzoyl-4,2'-dihydroxy-3-methoxy-3'-methyl-*trans*-chalkon $C_{24}H_{20}O_5$, Formel XII (R = H, X = CH₃). Orangefarbene Kristalle (aus Eg.); F: 106° (*Amin, Amin*, J. Indian chem. Soc. **36** [1959] 126).

5'-Benzoyl-2'-hydroxy-3,4-dimethoxy-3'-methyl-*trans*-chalkon $C_{25}H_{22}O_5$, Formel XII (R = X = CH₃). Orangefarbene Kristalle (aus Eg.); F: 165° (*Amin, Amin*).

(6a*S*)-1,2,7,10-Tetramethoxy-11a-vinyl-(11a*t*)-11,11a-dihydro-6a*r*,11*c*-propeno-benzo[*a*]fluoren-12-on $C_{26}H_{24}O_5$, Formel XIII.

B. Beim Erhitzen von (6a*S*)-1,2,7,10-Tetramethoxy-11a-[2-(dimethyl-oxy-amino)-äthyl]-(11a*t*)-11,11a-dihydro-6a*r*,11*c*-propeno-benzo[*a*]fluoren-12-on auf 170°/15−20 Torr (*Bentley et al.*, J. org. Chem. **22** [1957] 422).

Kristalle (aus A.); F: 233−234°. Lichtempfindlich. $[\alpha]_D^{21}$: −71,5° [CHCl₃; c = 1,4]. λ_{max}: 230 nm, 275 nm und 310 nm.

Beim Erwärmen mit wss.-äthanol. KOH ist (11a*S*)-1-[1,2,7,10-Tetramethoxy-11a-vinyl-(11a*r*)-11,11a-dihydro-5*H*-benzo[*a*]fluoren-11*t*-yl]-äthanon erhalten worden.

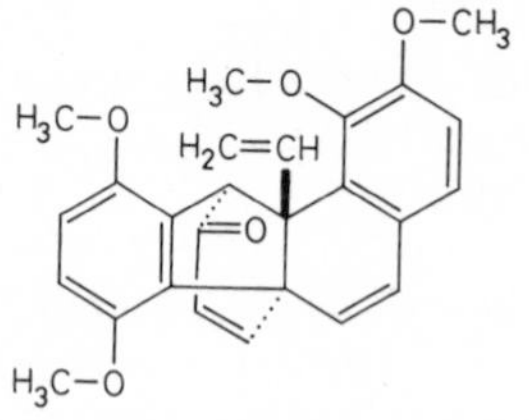

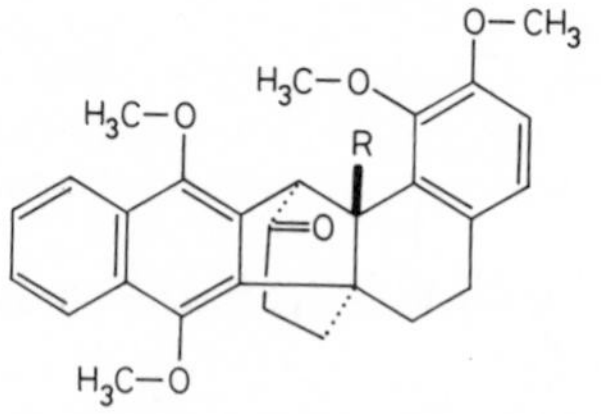

Hydroxy-oxo-Verbindungen $C_{26}H_{24}O_5$

(6a*S*)-13a-Äthyl-1,2,7,12-tetramethoxy-(13a*t*)-5,6,13,13a-tetrahydro-6a*r*,13*c*-propano-dibenzo[*a,h*]fluoren-14-on $C_{30}H_{32}O_5$, Formel XIV (R = C₂H₅).

B. Beim Hydrieren von (6a*S*)-1,2,7,12-Tetramethoxy-13a-vinyl-(13a*t*)-13,13a-dihydro-6a*r*,13*c*-propeno-dibenzo[*a,h*]fluoren-14-on an Platin in Essigsäure (*Bentley et al.*, J. org. Chem. **23** [1958] 941, 945).

Kristalle (aus A.); F: 253°; $[\alpha]_D^{23}$: +165° [CHCl₃; c = 0,5]. λ_{max} (Me.): 240 nm und 287 nm (*Be. et al.*).

O xim $C_{30}H_{33}NO_5$. Kristalle (aus Me.); F: 247°; $[\alpha]_D^{18}$: +89° [CHCl₃; c = 0,5] (*Be. et al.*, l. c. S. 946).

Tribrom-Derivat $C_{30}H_{29}Br_3O_5$. Kristalle (aus Eg.); F: 207° [Zers.]; $[\alpha]_D^{18}$: +168° [CHCl₃; c = 0,5] (*Be. et al.*, l. c. S. 946).

Hydroxy-oxo-Verbindungen $C_nH_{2n-30}O_5$

Hydroxy-oxo-Verbindungen $C_{20}H_{10}O_5$

3'-Hydroxy-[1,2']binaphthyl-3,4,1',4'-tetraon $C_{20}H_{10}O_5$, Formel I und Taut. (E III 4187).

B. Aus 3,4-Dihydro-2*H*-naphthalin-1-on mit Hilfe von SeO₂ (*Weygand, Frank*, B. **84** [1951] 591, 593).

Orangerote Kristalle (aus wss. Eg.); F: 258−259° (*We., Fr.*). Redoxpotential in wss. Äthanol: *Cassebaum, Z.* El. Ch. **62** [1958] 426, 427; in wss. Essigsäure: *We., Fr.,* l. c. S. 592.

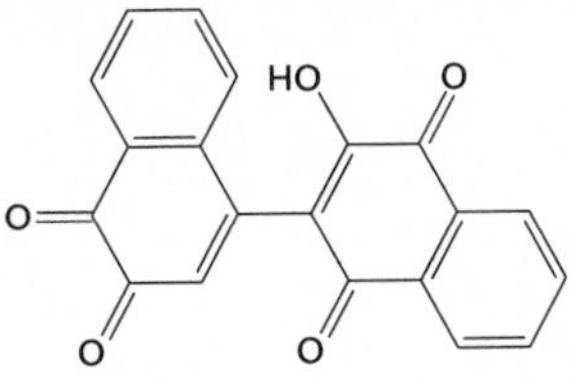

I

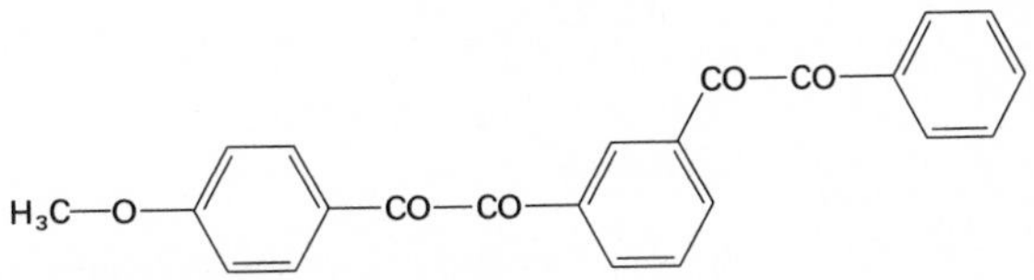

II

Hydroxy-oxo-Verbindungen $C_{22}H_{14}O_5$

1-[(4-Methoxy-phenyl)-glyoxyloyl]-3-phenylglyoxyloyl-benzol $C_{23}H_{16}O_5$, Formel II.
B. Aus 4-Methoxy-3′-phenylacetyl-desoxybenzoin mit Hilfe von SeO_2 (*Schmitt et al.,* Bl. **1956** 636, 640).
Gelbe Kristalle (aus Ae.+PAe.); F: 91°.

1-[(4-Methoxy-phenyl)-glyoxyloyl]-4-phenylglyoxyloyl-benzol $C_{23}H_{16}O_5$, Formel III
($R = CH_3$).
B. Analog der vorangehenden Verbindung (*Schmitt et al.,* Bl. **1956** 636, 640).
Gelbe Kristalle (aus E.); F: 137°.

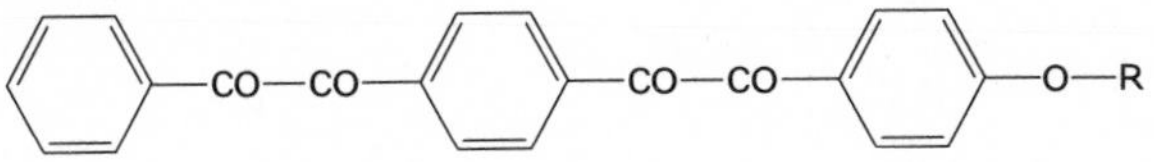

III

1-[(4-Acetoxy-phenyl)-glyoxyloyl]-4-phenylglyoxyloyl-benzol $C_{24}H_{16}O_6$, Formel III
($R = CO\text{-}CH_3$).
B. Aus 4-Hydroxy-4′-phenylacetyl-desoxybenzoin bei der aufeinanderfolgenden Umsetzung mit SeO_2 und Acetanhydrid (*Schmitt et al.,* Bl. **1956** 636, 642).
Kristalle (aus Me.); F: 132−133° [unreines Präparat].

(±)-13-Methoxy-5a,11a-but-2-eno-naphthacen-5,6,11,12-tetraon $C_{23}H_{16}O_5$, Formel IV
($R = CH_3$).
B. Aus Naphthacen-5,6,11,12-tetraon und 1-Methoxy-buta-1,3-dien (*Inhoffen et al.,* B. **90** [1957] 1448, 1453).
Kristalle (aus Me.); F: 203°. λ_{max} (Me.): 228 nm.

(±)-13-Acetoxy-5a,11a-but-2-eno-naphthacen-5,6,11,12-tetraon $C_{24}H_{16}O_6$, Formel IV
($R = CO\text{-}CH_3$).
B. Analog der vorangehenden Verbindung (*Inhoffen et al.,* B. **90** [1957] 1448, 1452).
Kristalle (aus Me.); F: 190°. λ_{max} (Me.): 288 nm.

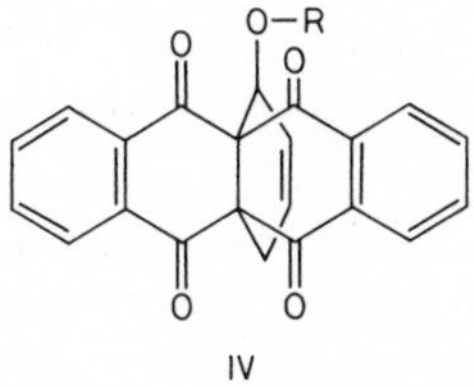

IV

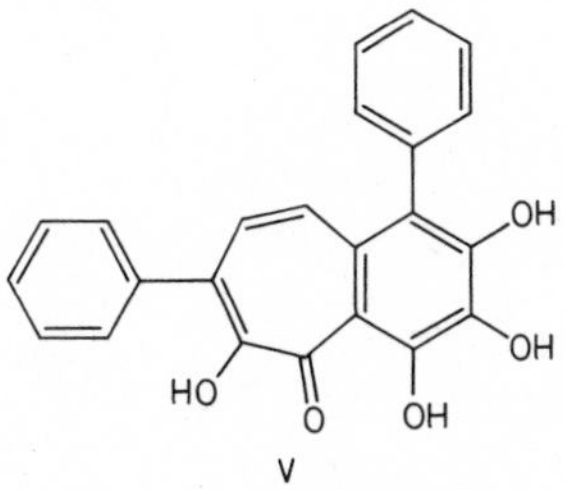

V

Hydroxy-oxo-Verbindungen $C_{23}H_{16}O_5$

2,3,4,6-Tetrahydroxy-1,7-diphenyl-benzocyclohepten-5-on $C_{23}H_{16}O_5$, Formel V und Taut.

B. Aus Biphenyl-2,3,4-triol bei der Oxidation mit Sauerstoff bzw. mit $NaIO_3$ in wss. Dioxan (*Bruce, Sutcliffe*, Soc. **1955** 4435, 4439).

Dimorph; orangefarbene Kristalle (aus Bzl. + PAe.); F: 211° [korr.] bzw. rotbraune Kristalle; F: 117° [korr.; vorgeheizter App.]. Sublimierbar bei 190°/6·10⁻⁶ Torr. λ_{max} (Dioxan): 223 nm, 290 nm, 325 nm, 362 nm und 445 nm.

Hydroxy-oxo-Verbindungen $C_{26}H_{22}O_5$

(±)-4-Hydroxy-4-[2-methoxy-[1]naphthyl]-1,4-bis-[2-methoxy-phenyl]-butan-1-on $C_{29}H_{28}O_5$, Formel VI.

B. Aus 4-[2-Methoxy-[1]naphthyl]-4-oxo-buttersäure und 2-Methoxy-phenylmagnesium-bro≈ mid (*Baddar et al.*, Soc. **1957** 1690, 1694).

Kristalle (aus Bzl. + PAe.); F: 161 – 162° (*Ba. et al.*). UV-Spektrum (A.; 220 – 370 nm): *Bad≈ dar, Habashi*, Soc. **1959** 4119.

VI

(6aS)-1,2,7,12-Tetramethoxy-13a-vinyl-(13at)-5,6,13,13a-tetrahydro-6ar,13c-propano-dibenzo[a,h]fluoren-14-on $C_{30}H_{30}O_5$, Formel XIV (R = $CH{=}CH_2$) auf S. 3596.

B. Beim Erhitzen von (6aS)-1,2,7,12-Tetramethoxy-13a-[2-(dimethyl-oxy-amino)-äthyl]-(13at)-5,6,13,13a-tetrahydro-6ar,13c-propano-dibenzo[a,h]fluoren-14-on auf 150 – 170°/15 Torr (*Bentley et al.*, J. org. Chem. **23** [1958] 941, 946).

Kristalle (aus wss. Eg.) mit 0,5 Mol H_2O; F: 257°. $[\alpha]_D^{24}$: +215° [$CHCl_3$; c = 0,5].

Hydroxy-oxo-Verbindungen $C_nH_{2n-32}O_5$

Hydroxy-oxo-Verbindungen $C_{26}H_{20}O_5$

(6aR)-1,2,7,12-Tetramethoxy-13a-vinyl-(13at)-13,13a-dihydro-6ar,13c-propano-dibenzo[a,h]≈ fluoren-14-on $C_{30}H_{28}O_5$, Formel VII.

B. Analog der vorangehenden Verbindung (*Bentley et al.*, J. org. Chem. **23** [1958] 941, 945). Kristalle (aus Eg.); F: 256°. $[\alpha]_D^{19}$: +137° [$CHCl_3$; c = 0,7].

VII   VIII

Hydroxy-oxo-Verbindungen $C_{27}H_{22}O_5$

(±)-2-[[1]Naphthyl-(2,4,6-trimethoxy-phenyl)-methyl]-1-phenyl-butan-1,3-dion $C_{30}H_{28}O_5$, Formel VIII und Taut.

B. Aus (±)-[1]Naphthyl-[2,4,6-trimethoxy-phenyl]-methanol und 1-Phenyl-butan-1,3-dion in Essigsäure unter Zusatz von H_2SO_4 (*Kenyon, Mason,* Soc. **1952** 4964, 4967).

Kristalle (aus A.); F: 162°.

Hydroxy-oxo-Verbindungen $C_{39}H_{46}O_5$

(±)-1,1-Bis-[4,4-dimethyl-2,6-dioxo-cyclohexyl]-3-[1-(α-hydroxy-2,4,6-trimethyl-benzyl)-[2]naphthyl]-propan $C_{39}H_{46}O_5$, Formel IX (n = 2) und Taut.

B. Aus 3-[1-(α-Hydroxy-2,4,6-trimethyl-benzyl)-[2]naphthyl]-propionaldehyd und 5,5-Dimethyl-cyclohexan-1,3-dion (*Fuson, Shachat,* J. org. Chem. **22** [1957] 1394, 1396).

Kristalle (aus Me. + H_2O); F: 195,5−198,5° [korr.].

Hydroxy-oxo-Verbindungen $C_{40}H_{48}O_5$

(±)-1,1-Bis-[4,4-dimethyl-2,6-dioxo-cyclohexyl]-4-[1-(α-hydroxy-2,4,6-trimethyl-benzyl)-[2]naphthyl]-butan $C_{40}H_{48}O_5$, Formel IX (n = 3) und Taut.

B. Analog der vorangehenden Verbindung (*Fuson, Shachat,* J. org. Chem. **22** [1957] 1394, 1396).

Kristalle (aus PAe.); F: 180−182° [korr.].

IX   X

Hydroxy-oxo-Verbindungen $C_nH_{2n-34}O_5$

Hydroxy-oxo-Verbindungen $C_{26}H_{18}O_5$

(6aS)-1,2,7,12-Tetramethoxy-13a-vinyl-(13at)-13,13a-dihydro-6ar,13c-propeno-dibenzo[a,h]fluoren-14-on $C_{30}H_{26}O_5$, Formel X.

B. Beim Erhitzen von (6aS)-1,2,7,12-Tetramethoxy-13a-[2-(dimethyl-oxy-amino)-äthyl]-(13at)-13,13a-dihydro-6ar,13c-propeno-dibenzo[a,h]fluoren-14-on auf 150−160°/15 Torr (*Bentley et al.,* J. org. Chem. **23** [1958] 941, 945).

Kristalle (aus Eg.); F: 244° [nach Sintern ab 230°]. $[\alpha]_D^{21}$: +49° [$CHCl_3$; c = 2]. λ_{max} (Me.): 237 nm, 283 nm und 344 nm.

Hydroxy-oxo-Verbindungen $C_{30}H_{26}O_5$

***Opt.-inakt. 2-Hydroxy-1,6-bis-[4-methoxy-phenyl]-2,5-diphenyl-hexan-1,6-dion** $C_{32}H_{30}O_5$, Formel XI.

B. Beim Erwärmen von (±)-2-[4-Methoxy-benzoyl]-6-[4-methoxy-phenyl]-2,5-diphenyl-3,4-

dihydro-2H-pyran mit Hilfe von wss. HCl, Methanol und Benzol (*Fiesselmann, Ribka*, B. **89** [1956] 40, 48).

Kristalle (aus E. + Dioxan); F: 210° [unkorr.].

Dioxim $C_{32}H_{32}N_2O_5$. Kristalle (aus Bzl. + Me.); F: 195 − 196°.

XI

Hydroxy-oxo-Verbindungen $C_nH_{2n-36}O_5$

Hydroxy-oxo-Verbindungen $C_{27}H_{18}O_5$

2,4,6-Tribenzoyl-resorcin $C_{27}H_{18}O_5$, Formel XII (E III 4191).

B. Aus Resorcin, 2,4-Dihydroxy-benzophenon sowie 2,6-Dihydroxy-benzophenon und Benz= oylchlorid in Gegenwart von AlCl$_3$ (*Limaye, Chitale*, Rasayanam **2** [1950] 22, 24).

UV-Spektrum (Dioxan; 270 − 370 nm): *VanAllan, Tinker*, J. org. Chem. **19** [1954] 1243, 1247.

Dimethyl-Derivat $C_{29}H_{22}O_5$; 1,3,5-Tribenzoyl-2,4-dimethoxy-benzol. Kristalle; F: 140° (*Li., Ch.*, l. c. S. 25).

Diacetyl-Derivat $C_{31}H_{22}O_7$; 2,4-Diacetoxy-1,3,5-dibenzoyl-benzol. Kristalle (aus Eg.); F: 150° (*Li., Ch.*, l. c. S. 25).

Dibenzoyl-Derivat (F: 155°): *Li., Ch.*, l. c. S. 25.

XII   XIII

Hydroxy-oxo-Verbindungen $C_nH_{2n-38}O_5$

Hydroxy-oxo-Verbindungen $C_{26}H_{14}O_5$

(±)-2-Hydroxy-[2,2′]bi[cyclopenta[a]naphthalinyl]-1,3,1′,3′-tetraon (?) $C_{26}H_{14}O_5$, vermutlich Formel XIII und Taut.

B. Beim Erwärmen von Cyclopenta[a]naphthalin-1,3-dion mit HNO$_3$ (*Meier, Lotter*, B. **90** [1957] 222, 227).

Gelbe Kristalle (aus Acn.); F: 207 − 210° [unkorr.; Zers.].

Hydroxy-oxo-Verbindungen $C_{29}H_{20}O_5$

Tetrakis-[4-methoxy-phenyl]-cyclopentadienon $C_{33}H_{28}O_5$, Formel XIV.

B. Aus 4,4′-Dimethoxy-benzil und 1,3-Bis-[4-methoxy-phenyl]-aceton (*Coan et al.*, Am. Soc. **77** [1955] 60, 63).

Blaue Kristalle (aus Eg.); F: 255−256° [korr.] (*Coan et al.*, l. c. S. 61, 63, 65). λ_{max} (Isooctan bzw. Bzl.; 270−560 nm): *Coan et al.*, l. c. S. 65.

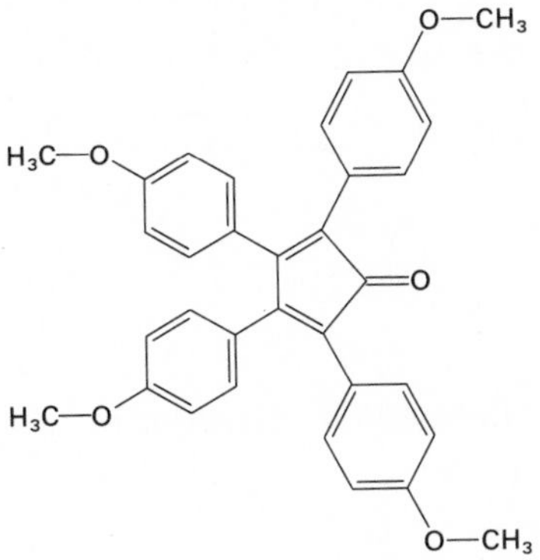

XIV

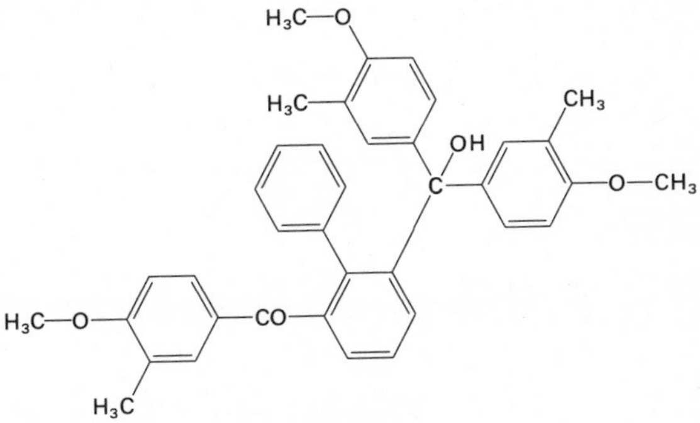

XV

Hydroxy-oxo-Verbindungen $C_nH_{2n-40}O_5$

Hydroxy-oxo-Verbindungen $C_{35}H_{30}O_5$

3-[α-Hydroxy-4,4′-dimethoxy-3,3′-dimethyl-benzhydryl]-4′-methoxy-3′-methyl-2-phenyl-benzophenon $C_{38}H_{36}O_5$, Formel XV.

B. Beim Behandeln von [9,9-Bis-(4-methoxy-3-methyl-phenyl)-fluoren-4-yl]-[4-methoxy-3-methyl-phenyl]-keton mit H_2SO_4 (*Nightingale et al.*, Am. Soc. **74** [1952] 2557).

F: 186−187°.

Hydroxy-oxo-Verbindungen $C_nH_{2n-48}O_5$

Hydroxy-oxo-Verbindungen $C_{36}H_{24}O_5$

(±)-12-Hydroxy-2,8-dimethoxy-11-[4-methoxy-phenyl]-6,12-diphenyl-12H-naphthacen-5-on $C_{39}H_{30}O_5$, Formel XVI.

B. Beim Erwärmen von (±)-2,8-Dimethoxy-5-[4-methoxy-phenoxy]-11-[4-methoxy-phenyl]-6,12-diphenyl-5,12-dihydro-5,12-epoxido-naphthacen mit wss. Essigsäure (*Perronnet*, A. ch. [13] **4** [1959] 365, 407).

Gelbe Kristalle (aus Bzl.) mit 1 Mol Benzol; F: 188−189° [unter Abgabe des Lösungsmittels], die lösungsmittelfreie Verbindung schmilzt bei 218−219° (*Pe.*, l. c. S. 407). Absorptions=spektrum (A.; 210−410 nm): *Pe.*, l. c. S. 396.

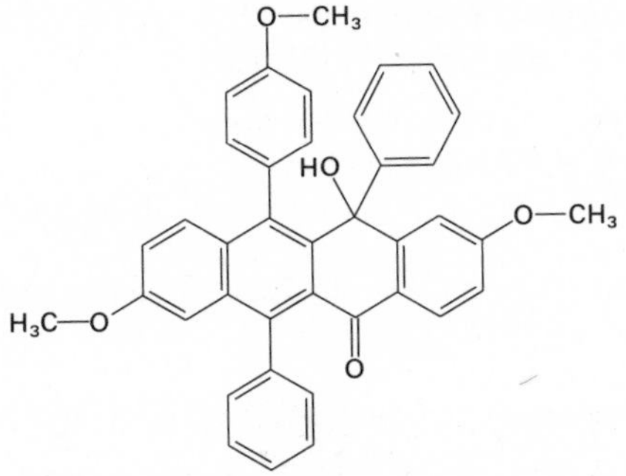

XVI

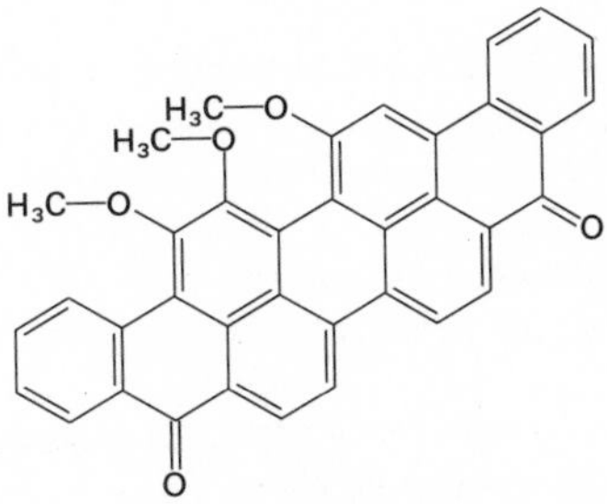

XVII

Hydroxy-oxo-Verbindungen $C_nH_{2n-52}O_5$

Hydroxy-oxo-Verbindungen $C_{34}H_{16}O_5$

15,16,17-Trimethoxy-anthra[9,1,2-*cde*]benzo[*rst*]pentaphen-5,10-dion $C_{37}H_{22}O_5$, Formel XVII (E III 4195).

λ_{max}: 645 nm (*Karpuchin, Belobrow*, Trudy Charkovsk. politech. Inst. **26** [1959] 93, 97; C. A. **1961** 12857).

[*Appelt*]

5. Hydroxy-oxo-Verbindungen mit 6 Sauerstoff-Atomen

Hydroxy-oxo-Verbindungen $C_nH_{2n-2}O_6$

Hydroxy-oxo-Verbindungen $C_6H_{10}O_6$

2,3,4,5,6-Pentahydroxy-cyclohexanon $C_6H_{10}O_6$.

a) **2r,3c,4c,5c,6c-Pentahydroxy-cyclohexanon**, 1-Oxo-1-desoxy-*cis*-inosit, *cis*-**Inosose**, Formel I (E III 4198).

B. Aus *cis*-Inosit mit Hilfe von Acetobacter suboxydans (*Anderson et al.*, Arch. Biochem. **78** [1958] 518, 526). Neben anderen Verbindungen bei der Hydrierung von Tetrahydroxy-[1,4]benzochinon an Palladium/Kohle in H_2O (*Angyal, McHugh*, Soc. **1957** 3682, 3686).

Kristalle (aus A. + H_2O); F: 179 − 180° [korr.; Zers.].

b) **(±)-2r,3c,4c,5t,6c-Pentahydroxy-cyclohexanon**, (±)-2-Oxo-2-desoxy-*epi*-inosit, (±)-*epi*-[2]Inosose, (±)-*epi*-Inosose, Formel II (R = H) + Spiegelbild (E III 4198).

UV-Spektrum (H_2O bzw. wss. NaOH; 230 − 330 nm): *v. Euler, Glaser*, Ark. Kemi **8** [1955] 61, 65. Polarographisches Halbstufenpotential (H_2O; pH 4,5 − 7,4): *Couch, Pigman*, Anal. Chem. **24** [1952] 1364.

Pentabenzoyl-Derivat (F: 204 − 206° [vorgeheizter App.], 200,5 − 202,5° [Pyrexglas-Kapil≈ lare]): *Posternak*, Helv. **44** [1961] 2085, 2086.

c) **(2S)-2r,3c,4,5t,6t-Pentahydroxy-cyclohexanon**, (2S)-1-Oxo-1-desoxy-*allo*-inosit, (−)-*allo*-[1]Inosose, (−)-*talo*-Inosose, Formel III (E III 4199).

B. Aus *allo*-Inosit mit Hilfe von Acetobacter suboxydans (*Anderson et al.*, Arch. Biochem. **78** [1958] 518, 525).

Kristalle (aus wss. A.); F: 141 − 142°. $[\alpha]_D^{20}$: −24° [H_2O; c = 1,5].

d) **(2R)-2r,3c,4t,5c,6t-Pentahydroxy-cyclohexanon**, (2R)-1-Oxo-1-desoxy-*myo*-inosit, (+)-*myo*-[1]Inosose, (+)-*ribo*-Inosose, Formel IV (R = H) (E III 4199).

Die E III 4199 erwähnte zeitliche Veränderung des UV-Spektrums in H_2O ist auf Verunreini≈ gung zurückzuführen (*Angyal et al.*, Carbohydrate Res. **76** [1979] 121, 123).

e) **2r,3t,4c,5t,6c-Pentahydroxy-cyclohexanon**, 2-Oxo-2-desoxy-*myo*-inosit, *myo*-[2]Inosose, *scyllo*-Inosose, Formel V (R = H) (E III 4199).

UV-Spektrum (H_2O bzw. wss. NaOH; 230 − 340 nm): *Heyns, Paulsen*, B. **86** [1953] 833, 836.

Pentabenzoyl-Derivat (F: 327 − 330° [vorgeheizter App.], 306° [Pyrexglas-Kapillare]): *Poster≈ nak*, Helv. **44** [1961] 2085, 2086.

(2R)-2r,3c,4t,6t-Tetrahydroxy-5c-methoxy-cyclohexanon, (+)-5-*O*-Methyl-*myo*-[1]inosose $C_7H_{12}O_6$, Formel IV (R = CH_3).

B. Aus (+)-Pinit (E III **6** 6927) mit Hilfe von Luft in Gegenwart von Platin/Kohle (*Anderson* *et al.*, Am. Soc. **79** [1957] 1171, 1174; *Post, Anderson*, Am. Soc. **84** [1962] 471, 475).

Kristalle (aus wss. Acn.) mit 1,5 Mol H_2O; F: 149–150° (*Post, An.*). Die wasserfreie Verbin=
dung schmilzt bei 153–154° (*Post, An.*). $[\alpha]_D^{24}$: +25,2° [H_2O; c = 2,8] (*Post, An.*).

Phenylhydrazon (F: 139–140°): *Post, An.*

2,3,4,5,6-Pentaacetoxy-cyclohexanon $C_{16}H_{20}O_{11}$.

a) **(±)-2r,3c,4c,5t,6c-Pentaacetoxy-cyclohexanon**, (±)-Penta-*O*-acetyl-*epi*-[2]inosose,
Formel II (R = CO-CH_3) + Spiegelbild (E III 4200).

Kristalle (aus A.); F: 139–140° [korr.; vorgeheizter App.], 136–138° [korr.; Pyrexglas-
Kapillare] (*Posternak*, Helv. **44** [1961] 2085, 2086).

b) **2r,3t,4c,5t,6c-Pentaacetoxy-cyclohexanon**, Penta-*O*-acetyl-*myo*-[2]inosose,
Formel V (R = CO-CH_3) (E III 4200).

Kristalle; F: 218° [korr.; aus A.; vorgeheizter App.] (*Posternak*, Helv. **44** [1961] 2085, 2086).

Phenylhydrazon (F: 112–113°): *Angyal, Matheson*, Soc. **1950** 3349.

2r,3t,4c,5t,6c-Pentakis-propionyloxy-cyclohexanon, Penta-*O*-propionyl-*myo*-[2]inosose
$C_{21}H_{30}O_{11}$, Formel V (R = CO-C_2H_5).

B. Beim Erwärmen von *myo*-[2]Inosose mit Propionsäure-anhydrid und H_2SO_4 (*Angyal,
Matheson*, Soc. **1950** 3349).

Dimorphe Kristalle; F: 162° [korr.; aus Eg.+H_2SO_4] bzw. F: 122° [korr.; aus A.].

2r,3t,4c,5t,6c-Pentahydroxy-cyclohexanon-thiosemicarbazon, *myo*-[2]Inosose-
thiosemicarbazon $C_7H_{13}N_3O_5S$, Formel VI.

B. Aus *myo*-[2]Inosose und Thiosemicarbazid in H_2O (*Latham et al.*, Am. Soc. **74** [1952]
2684).

Kristalle (aus H_2O); F: 194,5–196° [korr.; Zers.].

**6,6-Bis-äthylmercapto-cyclohexan-1r,2t,3c,4t,5c-pentaol, 2r,3t,4c,5t,6c-Pentahydroxy-
cyclohexanon-diäthyldithioacetal**, *myo*-[2]Inosose-diäthyldithioacetal $C_{10}H_{20}O_5S_2$,
Formel VII (R = H).

B. Beim Behandeln von 1r,2t,3c,4t,5c-Pentaacetoxy-6,6-bis-äthylmercapto-cyclohexan mit
methanol. NH_3 (*MacDonald, Fischer*, Am. Soc. **77** [1955] 4348).

Kristalle (aus Me.); F: 185,5–186,5°.

6,6-Bis-äthansulfonyl-cyclohexan-1r,2t,3c,4t,5c-pentaol $C_{10}H_{20}O_9S_2$, Formel VIII.

B. Aus der vorangehenden Verbindung mit Hilfe von Peroxypropionsäure (*MacDonald,
Fischer*, Am. Soc. **77** [1955] 4348).

Kristalle; Zers. bei 196—198° [auf 190° vorgeheiztes Bad].

1r,2t,3c,4t,5c-Pentaacetoxy-6,6-bis-äthylmercapto-cyclohexan, 2r,3t,4c,5t,6c-Pentaacetoxy-cyclohexanon-diäthyldithioacetal, Penta-O-acetyl-myo-[2]inosose-diäthyldithioacetal $C_{20}H_{30}O_{10}S_2$, Formel VII (R = CO-CH$_3$).

B. Aus Penta-O-acetyl-myo-[2]inosose und Äthanthiol in Gegenwart von ZnCl$_2$ (*MacDonald, Fischer,* Am. Soc. **77** [1955] 4348).

Kristalle (aus A.); F: 180,5—182°.

Hydroxy-oxo-Verbindungen $C_7H_{12}O_6$

(2R)-2r,3t,4c,5t,6c-Pentahydroxy-3c-methyl-cyclohexanon $C_7H_{12}O_6$, Formel IX.

B. Aus (−)-Laminit (E IV **6** 7928) mit Hilfe von Sauerstoff in Gegenwart von Platin (*Lindberg, Wickberg,* Ark. Kemi **13** [1959] 447, 450).

Kristalle (aus Me.+A.); F: 157—164° [Zers.]. $[\alpha]_D^{19}$: −15° [H$_2$O; c = 1,2].

Pentaacetyl-Derivat $C_{17}H_{22}O_{11}$; (2R)-2r,3t,4c,5t,6c-Pentaacetoxy-3c-methyl-cyclohexanon. Kristalle (aus Me.); F: 148—153° [Zers.].

Hydroxy-oxo-Verbindungen $C_nH_{2n-4}O_6$

Hydroxy-oxo-Verbindungen $C_6H_8O_6$

2r,3t,5t,6c-Tetrahydroxy-cyclohexan-1,4-dion $C_6H_8O_6$, Formel X.

B. Aus *neo*-Inosit (E IV **6** 7919) sowie aus myo-[5]Inosose (E III **8** 4200) mit Hilfe von Acetobacter suboxydans (*Anderson et al.,* Arch. Biochem. **78** [1958] 518, 523).

Kristalle (aus A.+H$_2$O); Zers. bei 170—180°.

Hydroxy-oxo-Verbindungen $C_{12}H_{20}O_6$

*1,4-Bis-[3-hydroxy-propionyl]-cyclohexan-1,4-diol** $C_{12}H_{20}O_6$, Formel XI.

B. Beim Erwärmen von 1,4-Bis-[3-hydroxy-prop-1-inyl]-cyclohexan-1,4-diol mit Queck≈silber(II)-acetat, Essigsäure und wenig H$_2$SO$_4$ (*Ried, Urschel,* B. **90** [1957] 2504, 2509).

Bis-[2,4-dinitro-phenylhydrazon] (F: 130°): *Ried, Ur.*

. XI

Hydroxy-oxo-Verbindungen $C_nH_{2n-8}O_6$

Hydroxy-oxo-Verbindungen $C_6H_4O_6$

Tetrahydroxy-[1,4]benzochinon, Tetroquinon $C_6H_4O_6$, Formel XII (R = R′ = H) und Taut. (H 534; E II 572; E III 4204).

Herstellung von Tetrahydroxy-[$^{14}C_6$][1,4]benzochinon: *Weygand, Schulze,* Z. Naturf. **11b**

[1956] 370, 373.

IR-Spektrum (KBr; 2,5–15 µ): *Eistert, Bock*, B. **92** [1959] 1239, 1243. λ_{max}: 310 nm [meth≠anol. HCl], 310 nm, 435 nm und 480 nm [methanol. Natriummethylat] (*Ei., Bock*, l. c. S. 1242). Polarographische Strom-Spannungs-Kurve (H$_2$O; pH 1–6,45): *Souchay, Tatibouet*, J. Chim. phys. **49** [1952] C 108, C 111, C 112.

2,5-Dihydroxy-3,6-dimethoxy-[1,4]benzochinon C$_8$H$_8$O$_6$, Formel XII (R = CH$_3$, R' = H).

B. Beim Erwärmen von Tetramethoxy-[1,4]benzochinon mit wss. KOH (*Eistert, Bock*, B. **92** [1959] 1239, 1245).

Braunrote Kristalle (aus Me.); F: 237–238°. λ_{max} (Me.): 300 nm und 422 nm (*Ei., Bock*, l. c. S. 1242).

Tetramethoxy-[1,4]benzochinon C$_{10}$H$_{12}$O$_6$, Formel XII (R = R' = CH$_3$) (E III 4204).

B. Aus Tetrahydroxy-[1,4]benzochinon und Diazomethan in Äther und Methanol (*Eistert, Bock*, B. **92** [1959] 1239, 1244).

Absorptionsspektrum (CHCl$_3$; 240–550 nm): *Flaig, Salfeld*, A. **618** [1958] 117, 119. λ_{max} (Me.): 298 nm und 410 nm (*Ei., Bock*, l. c. S. 1242).

Beim Behandeln mit Diazomethan in Äther und Methanol ist 4,5,7,8-Tetramethoxy-1-oxaspiro[2.5]octa-4,7-dien-6-on erhalten worden (*Eistert, Bock*, B. **92** [1959] 1247, 1254).

2,5-Diacetoxy-3,6-dihydroxy-[1,4]benzochinon C$_{10}$H$_8$O$_8$, Formel XII (R = CO-CH$_3$, R' = H) (E III 4205; s. a. H 535).

B. Beim Behandeln von Tetrahydroxy-[1,4]benzochinon mit Acetanhydrid und H$_2$SO$_4$ (*Eistert, Bock*, B. **92** [1959] 1239, 1245).

Gelbe Kristalle; F: 250–251° [unkorr.; Zers.; aus Nitromethan oder Eg.] (*Fatiadi*, J. chem. eng. Data **1** [1968] 591). λ_{max} (Me.): 291 nm und 467 nm (*Ei., Bock*, l. c. S. 1242).

2,5-Diacetoxy-3,6-dimethoxy-[1,4]benzochinon C$_{12}$H$_{12}$O$_8$, Formel XII (R = CO-CH$_3$, R' = CH$_3$).

B. Aus 2,5-Diacetoxy-3,6-dihydroxy-[1,4]benzochinon und Diazomethan (*Eistert, Bock*, B. **92** [1959] 1239, 1246). Aus 2,5-Dihydroxy-3,6-dimethoxy-[1,4]benzochinon und Acetanhydrid unter Zusatz von H$_2$SO$_4$ (*Ei., Bock*).

Gelbe Kristalle (aus Acn.); F: 168–169°.

XII   XIII   XIV

Tetraacetoxy-[1,4]benzochinon C$_{14}$H$_{12}$O$_{10}$, Formel XII (R = R' = CO-CH$_3$).

B. Beim Erhitzen von Tetrahydroxy-[1,4]benzochinon mit Acetanhydrid und H$_2$SO$_4$ (*Eistert, Bock*, B. **92** [1959] 1239, 1246). Beim Erwärmen von 2,5-Diacetoxy-3,6-dihydroxy-[1,4]benzo≠chinon mit Essigsäure-isopropenylester und H$_2$SO$_4$ (*Ei., Bock*).

Hellgelbe Kristalle (aus Me.); F: 172–173°. λ_{max} (Me.): 265 nm (*Ei., Bock*, l. c. S. 1242).

2,5-Bis-äthansulfinyl-3,6-bis-äthansulfonyl-[1,4]benzochinon C$_{14}$H$_{20}$O$_8$S$_4$, Formel XIII.

Die von *Dost* (R. **71** [1952] 857, 863) unter dieser Konstitution beschriebene Verbindung ist als 2,5-Bis-äthansulfinyl-3,6-bis-äthansulfonyl-hydrochinon (E IV **6** 7929) zu formulieren (*Scribner*, J. org. Chem. **31** [1966] 3671 Anm. 8, 3682).

Tetrakis-isopropylmercapto-[1,4]benzochinon C$_{18}$H$_{28}$O$_2$S$_4$, Formel XIV (R = CH(CH$_3$)$_2$).

B. Aus Tetrachlor-[1,4]benzochinon und Kalium-[propan-2-thiolat] in Benzol und Methanol

(Tjepkema, R. **71** [1952] 853, 855, 856).
Rote Kristalle (aus A.); F: 100° *(Tj.).*

Die folgenden Verbindungen sind in analoger Weise hergestellt worden:
Tetrakis-butylmercapto-[1,4]benzochinon $C_{22}H_{36}O_2S_4$, Formel XIV
(R = [CH$_2$]$_3$-CH$_3$). Rote Kristalle (aus A.); F: 23° *(Tj.).*
Tetrakis-*tert*-butylmercapto-[1,4]benzochinon $C_{22}H_{36}O_2S_4$, Formel XIV
(R = C(CH$_3$)$_3$). Rote Kristalle (aus A.); F: 141−143° [unkorr.] *(Tj.).*
Tetrakis-decylmercapto-[1,4]benzochinon $C_{46}H_{84}O_2S_4$, Formel XIV
(R = [CH$_2$]$_9$-CH$_3$). Rote Kristalle (aus Acn.); F: 45° *(Tj.).*
Tetrakis-dodecylmercapto-[1,4]benzochinon $C_{54}H_{100}O_2S_4$, Formel XIV
(R = [CH$_2$]$_{11}$-CH$_3$). Rote Kristalle (aus Acn.); F: 48−49° *(Tj.).*
Tetrakis-phenylmercapto-[1,4]benzochinon $C_{30}H_{20}O_2S_4$, Formel XIV (R = C$_6$H$_5$).
Rötlichbraune Kristalle (aus Eg.); F: 176−177° *(Blackhall, Thomson,* Soc. **1953** 1138, 1143).
Tetrakis-*p*-tolylmercapto-[1,4]benzochinon $C_{34}H_{28}O_2S_4$, Formel XIV
(R = C$_6$H$_4$-CH$_3$) (E III 4206). Rote Kristalle (aus Bzl.); F: 200° [unkorr.] *(Tj.).*
Tetrakis-benzylmercapto-[1,4]benzochinon $C_{34}H_{28}O_2S_4$, Formel XIV
(R = CH$_2$-C$_6$H$_5$). Rote Kristalle (aus Bzl.); F: 134° [unkorr.] *(Tj.).*

Tetrakis-[2-carboxy-äthylmercapto]-[1,4]benzochinon, 3,3′,3″,3‴-[3,6-Dioxo-cyclohexa-1,4-dien-1,2,4,5-tetrayltetramercapto]-tetra-propionsäure $C_{18}H_{20}O_{10}S_4$, Formel XIV
(R = CH$_2$-CH$_2$-CO-OH).
B. Aus 3,3′,3″,3‴-[3,6-Dihydroxy-cyclohexa-1,4-dien-1,2,4,5-tetrayltetramercapto]-tetra-pro≠
pionsäure mit Hilfe von wss. HNO$_3$ *(Blackhall, Thomson,* Soc. **1953** 1138, 1141) oder FeCl$_3$
(Fieser, Ardao, Am. Soc. **78** [1956] 774, 779).
Rötlichbraune Kristalle (aus H$_2$O); F: 194° *(Bl., Th.).*

Tetrakis-[3-carboxy-propylmercapto]-[1,4]benzochinon, 4,4′,4″,4‴-[3,6-Dioxo-cyclohexa-1,4-dien-1,2,4,5-tetrayltetramercapto]-tetra-buttersäure $C_{22}H_{28}O_{10}S_4$, Formel XIV
(R = [CH$_2$]$_3$-CO-OH).
B. Aus Tetrachlor-[1,4]benzochinon beim Erwärmen mit 4-Mercapto-buttersäure in wss. Pyri≠
din und anschliessend mit HNO$_3$ *(Blackhall, Thomson,* Soc. **1953** 1138, 1142).
Rötlichbraune Kristalle (aus wss. Eg.); F: 140°.

Hydroxy-oxo-Verbindungen $C_8H_8O_6$

1-[3,6-Dihydroxy-2,4-dimethoxy-phenyl]-2-methoxy-äthanon $C_{11}H_{14}O_6$, Formel I (R = CH$_3$,
R′ = R″ = H) (E III 4208).
Gelbe Kristalle (aus H$_2$O); F: 139,5−141,5° [korr.] *(Briggs, Locker,* Soc. **1950** 2379).

1-[6-Hydroxy-2,3,4-trimethoxy-phenyl]-2-methoxy-äthanon $C_{12}H_{16}O_6$, Formel I
(R = R′ = CH$_3$, R″ = H) (E III 4208).
B. Beim Erwärmen von 3,5,6,7-Tetramethoxy-2-[4-methoxy-phenyl]-chromen-4-on mit äth≠
anol. KOH *(Rangaswami, Rao,* Pr. Indian Acad. [A] **49** [1959] 241, 248). Beim Erwärmen
von 2,3-Dimethoxy-6-[3,5,6,7-tetramethoxy-4-oxo-4H-chromen-2-yl]-benzoesäure-methylester
mit wss.-äthanol. KOH *(King et al.,* Soc. **1954** 4594, 4597).
Kristalle (aus Bzl.+PAe. bzw. aus PAe.); F: 71−72° *(Ra., Rao; King et al.).*
2,4-Dinitro-phenylhydrazon (F: 179−183°): *Ra., Rao.*

2-Methoxy-1-[2,3,4,6-tetramethoxy-phenyl]-äthanon $C_{13}H_{18}O_6$, Formel I
(R = R′ = R″ = CH$_3$).
B. Aus der vorangehenden Verbindung und Dimethylsulfat *(King et al.,* Soc. **1954** 4594,
4598; *Rangaswami, Rao,* Pr. Indian Acad. [A] **49** [1959] 241, 248).
Kristalle (aus PAe.); F: 89−90° *(King et al.).*
2,4-Dinitro-phenylhydrazon (F: 168−170°): *Ra., Rao.*

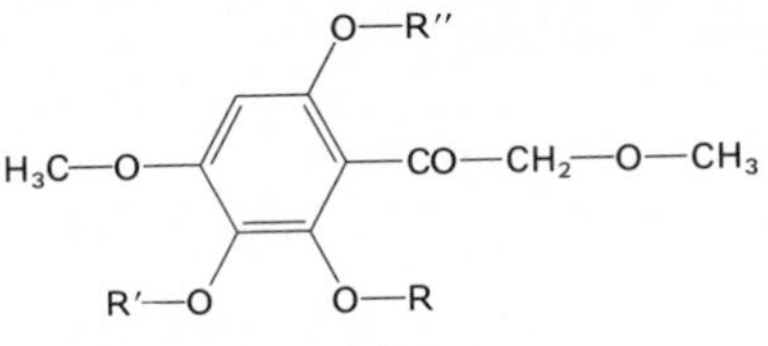

I 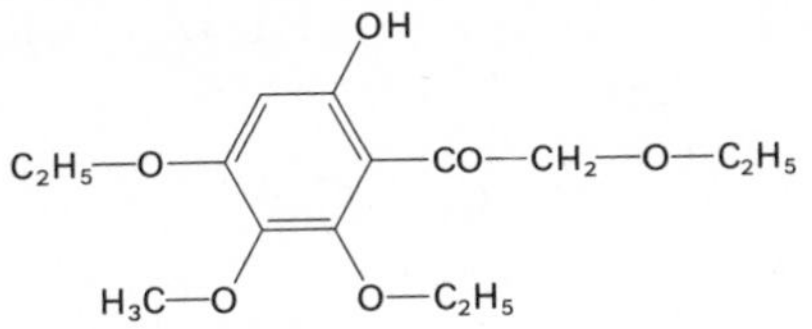   II

1-[3-Äthoxy-6-hydroxy-2,4-dimethoxy-phenyl]-2-methoxy-äthanon $C_{13}H_{18}O_6$, Formel I

(R = CH$_3$, R' = C$_2$H$_5$, R'' = H).

B. Aus 1-[3,6-Dihydroxy-2,4-dimethoxy-phenyl]-2-methoxy-äthanon und Äthyljodid (*King et al.*, Soc. **1954** 4587, 4593). Beim Erwärmen von 6-Äthoxy-2-[3-äthoxy-4-methoxy-phenyl]-3,5,7-trimethoxy-chromen-4-on mit wss.-äthanol. KOH (*King et al.*).

Kristalle (aus PAe.); F: 78—79°.

1-[2,3-Diäthoxy-6-hydroxy-4-methoxy-phenyl]-2-methoxy-äthanon $C_{14}H_{20}O_6$, Formel I

(R = R' = C$_2$H$_5$, R'' = H).

B. Beim Erwärmen von 5,6-Diäthoxy-2-[3-äthoxy-4-methoxy-phenyl]-3,7-dimethoxy-chromen-4-on mit wss.-äthanol. KOH (*King et al.*, Soc. **1954** 4587, 4593).

Kristalle (aus PAe.); F: 79—80°.

2-Äthoxy-1-[2,4-diäthoxy-6-hydroxy-3-methoxy-phenyl]-äthanon $C_{15}H_{22}O_6$, Formel II

(E III 4210).

B. Beim Erwärmen von 2,3-Diäthoxy-6-[3,5,7-triäthoxy-6-methoxy-4-oxo-4H-chromen-2-yl]-benzoesäure-äthylester mit wss.-äthanol. KOH (*King et al.*, Soc. **1954** 4594, 4598).

Kristalle (aus wss. Me.); F: 88—89°.

1-[2-Hydroxy-3,5,6-trimethoxy-phenyl]-2-methoxy-äthanon $C_{12}H_{16}O_6$, Formel III.

In der früher (E III 8 4211) unter dieser Konstitution beschriebenen Verbindung hat 1-[2-Hydroxy-3,4,5,6-tetramethoxy-phenyl]-3-[3,4,5-trimethoxy-phenyl]-propan-1,3-dion vor≈gelegen (*Krishnamurti et al.*, Indian J. Chem. **8** [1970] 575).

2-Hydroxymethyl-3,4,5,6-tetramethoxy-benzaldehyd $C_{12}H_{16}O_6$, Formel IV.

B. Beim Behandeln von 1,2-Bis-hydroxymethyl-3,4,5,6-tetramethoxy-benzol mit MnO$_2$ in Äther (*Weygand et al.*, B. **90** [1957] 1879, 1893).

2,4-Dinitro-phenylhydrazon (F: 161—162°): *We. et al.*

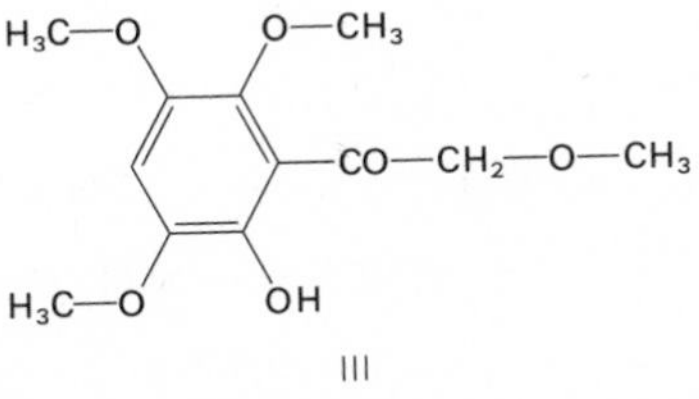

III 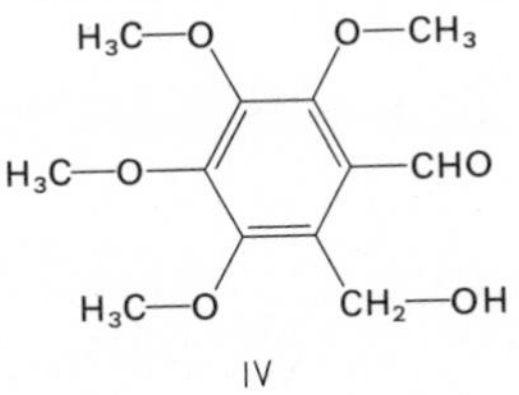   IV 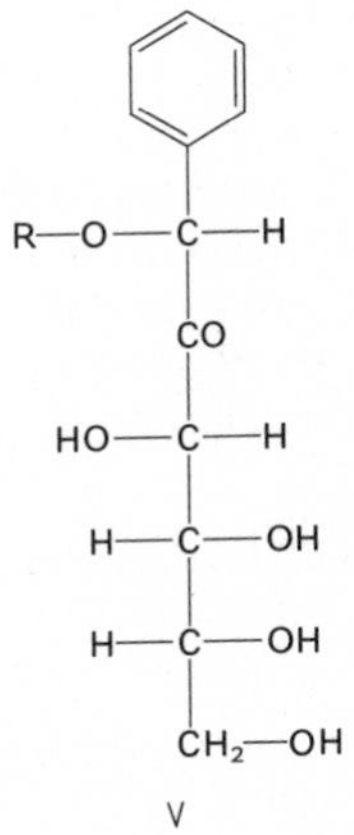   V

Hydroxy-oxo-Verbindungen $C_{12}H_{16}O_6$

(1R)-1-Phenyl-D-fructose $C_{12}H_{16}O_6$, Formel V (R = H) und cyclische Taut.

B. Beim Erhitzen von (1R)-$O^2,O^3;O^4,O^5$-Diisopropyliden-1-phenyl-β-D-fructopyranose mit wss. Essigsäure (*Weygand, Gölz,* B. **87** [1954] 707, 711).

Kristalle (aus Acn. oder Isopropylalkohol); F: 163°. $[\alpha]_D^{20}$: $-58,1°$ (Endwert) [H$_2$O; c = 0,85]. $[\alpha]_D^{20}$: $-93,6°$ (Anfangswert) → $-34,2°$ (Endwert nach 20 h) [Py.; c = 0,7].

(1R)-O^1-Methyl-1-phenyl-D-fructose $C_{13}H_{18}O_6$, Formel V (R = CH$_3$) und cyclische Taut.

B. Beim Erwärmen von (1R)-$O^2,O^3;O^4,O^5$-Diisopropyliden-O^1-methyl-1-phenyl-β-D-fructo= pyranose mit wss. H$_2$SO$_4$ und Isopropylalkohol (*Weygand, Gölz,* B. **87** [1954] 707, 710).

Kristalle (aus A.); F: 158,5°. $[\alpha]_D^{20}$: $-94,5°$ (Endwert) [H$_2$O; c = 1]. $[\alpha]_D^{20}$: $-127,2°$ (An= fangswert) → $-66,8°$ (Endwert nach 96 h) [Py.; c = 1,4].

Hydroxy-oxo-Verbindungen $C_{14}H_{20}O_6$

2ξ,3ξ,6ξ,7ξ-Tetrahydroxy-(4ar,8at,9at,10ac)-dodecahydro-anthrachinon $C_{14}H_{20}O_6$, Formel VI.

B. Beim Erwärmen von 2ξ,3ξ;6ξ,7ξ-Diepoxy-(4ar,8at,9at,10ac)-dodecahydro-anthrachinon (Präparate vom F: 257−261° bzw. Zers. >320°) mit BF$_3$·H$_2$O in Aceton (*Hopff, Hoffmann,* Helv. **40** [1957] 1585, 1592, 1593).

Kristalle (aus wss. Glykol+Acn.+H$_2$O); F: 318° [im Vakuum; nach Sintern ab 306°].

VI

VII

Hydroxy-oxo-Verbindungen $C_{20}H_{32}O_6$

***Opt.-inakt. 4,5-Dihydroxy-2-isobutyryl-4-isopentyl-5-[4-methyl-valeryl]-cyclopentan-1,3-dion,** Tetrahydrocohumulinon** $C_{20}H_{32}O_6$, Formel VII und Taut.

B. Aus (±)-2-Hydroxy-4-isobutyryl-2,6-diisopentyl-cyclohexan-1,3,5-trion mit Hilfe von 1-Methyl-1-phenyl-äthylhydroperoxid in Äther (*Howard, Slater,* Soc. **1958** 1460). Bei der Hy= drierung von Cohumulinon (S. 3615) an Platin in Essigsäure (*Ho., Sl.*).

F: 64−65°. λ_{max}: 230 nm und 270 nm [A.+Säure] bzw. 255 nm [A.+Alkali].

Hydroxy-oxo-Verbindungen $C_{21}H_{34}O_6$

6β,21-Diacetoxy-3β,5,17-trihydroxy-5α-pregnan-20-on $C_{25}H_{38}O_8$, Formel VIII (R = H).

B. Neben 3β,6β,21-Triacetoxy-5,17-dihydroxy-5α-pregnan-20-on beim Erhitzen von 21-Acet= oxy-5,6α-epoxy-3β,17-dihydroxy-5α-pregnan-20-on mit Essigsäure (*Florey, Ehrenstein,* J. org. Chem. **19** [1954] 1331, 1345).

Kristalle (aus E.+PAe.); F: 140−141° [unkorr.]. $[\alpha]_D^{24}$: $-19,8°$ [CHCl$_3$; c = 0,5].

3β,6β,21-Triacetoxy-5,17-dihydroxy-5α-pregnan-20-on $C_{27}H_{40}O_9$, Formel VIII (R = CO-CH$_3$).

B. s. im vorangehenden Artikel.

Kristalle (aus Me.+H$_2$O); F: 153−154° [unkorr.]; $[\alpha]_D^{21}$: $-7,3°$ [CHCl$_3$; c = 0,6] (*Florey, Ehrenstein,* J. org. Chem. **19** [1954] 1331, 1345).

VIII   IX

3β,5,14,19,21-Pentahydroxy-5β,14β,17βH-pregnan-20-on $C_{21}H_{34}O_6$, Formel X (R = H).

B. In geringer Menge aus 3β,5,14,19-Tetrahydroxy-5β,14β-card-20(22)-enolid (Strophanthi≠dol) sowie aus 3β,19-Diacetoxy-5,14-dihydroxy-5β,14β-card-20(22)-enolid bei der Ozonolyse und anschliessenden Hydrolyse mit $KHCO_3$ in wss. Methanol (*Balant, Ehrenstein,* J. org. Chem. **17** [1952] 1576, 1580, 1582, 1583).

Kristalle (aus Me.); F: 243,5–244,5° [unkorr.]; $[\alpha]_D^{23}$: −25,1° [A.; c = 0,5].

3,19,21-Triacetoxy-5,14-dihydroxy-pregnan-20-one $C_{27}H_{40}O_9$.

a) **3β,19,21-Triacetoxy-5,14-dihydroxy-5β,14β-pregnan-20-on,** Formel IX (R = CO-CH₃).

B. Neben kleinen Mengen des unter b) beschriebenen Epimeren aus 3β,5,14,19-Tetrahydroxy-5β,14β-card-20(22)-enolid sowie aus 3β,19-Diacetoxy-5,14-dihydroxy-5β,14β-card-20(22)-enolid bei der Ozonolyse, Hydrolyse und anschließenden Reaktion mit Acetanhydrid in Pyridin (*Balant, Ehrenstein,* J. org. Chem. **17** [1952] 1576, 1580). Aus 3β,19-Diacetoxy-5,14-dihydroxy-5β,14β-card-20(22)-enolid bei der Ozonolyse und anschliessenden Reaktion mit Acetanhydrid in Pyridin (*Oliveto et al.,* Am. Soc. **81** [1959] 2831).

Kristalle; F: 203–204,5° [korr.; aus Me.] (*Ol. et al.*), 188,5–189,5° [unkorr.; aus Acn.+ PAe.] (*Ba., Eh.*). $[\alpha]_D^{25}$: +33,8° [Py.; c = 1] (*Ol. et al.*); $[\alpha]_D^{27}$: +71,7° [CHCl₃; c = 1,2] (*Ba., Eh.*).

b) **3β,19,21-Triacetoxy-5,14-dihydroxy-5β,14β,17βH-pregnan-20-on,** Formel X (R = CO-CH₃).

B. Aus 3β,5,14,19,21-Pentahydroxy-5β,14β,17βH-pregnan-20-on und Acetanhydrid in Pyridin (*Balant, Ehrenstein,* J. org. Chem. **17** [1952] 1576, 1583).

Kristalle (aus Acn.+ PAe.); F: 221,5–223,5° [unkorr.]. $[\alpha]_D^{27}$: +7,4° [CHCl₃; c = 1].

X   XI   XII

Hydroxy-oxo-Verbindungen $C_nH_{2n-10}O_6$

Hydroxy-oxo-Verbindungen $C_6H_2O_6$

5,6-Dihydroxy-cyclohex-5-en-1,2,3,4-tetraon $C_6H_2O_6$, Formel XI und Taut.; **Rhodizonsäure** (H 535; E II 572; E III 4214).

Polarographische Strom-Spannungs-Kurve (H₂O; pH 2–13): *Souchay, Tatibouet,* J. Chim. phys. **49** [1952] C 108, C 110, C 111.

Dinatrium-Salz. Redoxpotential: *Steinmetz,* Chim. anal. **41** [1959] 321, 325.

Hydroxy-oxo-Verbindungen $C_9H_8O_6$

3-Acetyl-4,6-dihydroxy-2,5-dimethoxy-benzaldehyd $C_{11}H_{12}O_6$, Formel XII.

B. Aus 1-[2,4-Dihydroxy-3,6-dimethoxy-phenyl]-äthanon mit Hilfe von $Zn(CN)_2$, HCl und $AlCl_3$ in Äther (*Gardner et al.*, J. org. Chem. **15** [1950] 841, 847).

Kristalle (aus Ae. + PAe.); F: 86−87°.

Hydroxy-oxo-Verbindungen $C_{10}H_{10}O_6$

1-[6-Hydroxy-2,3,4-trimethoxy-phenyl]-butan-1,3-dion $C_{13}H_{16}O_6$, Formel XIII
(R = R′ = CH_3, R″ = H) und Taut.

B. Beim Erwärmen von 1-[6-Hydroxy-2,3,4-trimethoxy-phenyl]-äthanon mit Äthylacetat und Natrium (*Chakravorty et al.*, Pr. Indian Acad. [A] **35** [1952] 34, 43).

Kristalle (aus E.); F: 141−142°.

1-[2-Hydroxy-3,4,6-trimethoxy-phenyl]-butan-1,3-dion $C_{13}H_{16}O_6$, Formel XIII (R = H,
R′ = R″ = CH_3) und Taut.

B. Analog der vorangehenden Verbindung (*Wiley*, Am. Soc. **74** [1952] 4329; *Chakravorty et al.*, Pr. Indian Acad. [A] **35** [1952] 34, 41).

Kristalle; F: 123−124° [aus $CHCl_3$ + Ae.] (*Ch. et al.*), 117−119° [unkorr.; aus A.] (*Wi.*).

1-[2,3,4,6-Tetramethoxy-phenyl]-butan-1,3-dion $C_{14}H_{18}O_6$, Formel XIII
(R = R′ = R″ = CH_3) und Taut.

B. Analog den vorangehenden Verbindungen (*Wiley*, Am. Soc. **74** [1952] 4329; *Ahluwalia et al.*, Indian J. Chem. **16** B [1978] 216, 217).

Kristalle; F: 76−78° [aus A.] (*Wi.*), 55−56° [aus PAe.] (*Ah. et al.*). ¹H-NMR-Absorption
($CDCl_3$): *Ah. et al.*

XIII   XIV

1-[4-Benzyloxy-2-hydroxy-3,6-dimethoxy-phenyl]-butan-1,3-dion $C_{19}H_{20}O_6$, Formel XIII
(R = H, R′ = CH_2-C_6H_5, R″ = CH_3) und Taut.

B. Analog den vorangehenden Verbindungen (*Geissman*, Am. Soc. **73** [1951] 3514; *Murti et al.*, Pr. Indian Acad. [A] **50** [1959] 192, 195).

Kristalle (aus Bzl. + PAe.); F: 102−103° (*Mu. et al.*).

Hydroxy-oxo-Verbindungen $C_{11}H_{12}O_6$

1-[6-Hydroxy-2,3,4-trimethoxy-phenyl]-2-methyl-butan-1,3-dion $C_{14}H_{18}O_6$, Formel XIV
(R = CH_3, R′ = H) und Taut.

B. Beim Erwärmen von 1-[6-Hydroxy-2,3,4-trimethoxy-phenyl]-propan-1-on (aus 1-[3,6-Di≠
hydroxy-2,4-dimethoxy-phenyl]-propan-1-on und Dimethylsulfat hergestellt) mit Äthylacetat
und Natrium (*Mukerjee et al.*, Pr. Indian Acad. [A] **35** [1952] 82, 87).

Kristalle (aus E.); F: 204−206°.

1-[2-Hydroxy-3,4,6-trimethoxy-phenyl]-2-methyl-butan-1,3-dion $C_{14}H_{18}O_6$, Formel XIV
(R = H, R′ = CH_3) und Taut.

B. Analog der vorangehenden Verbindung (*Mukerjee et al.*, Pr. Indian Acad. [A] **35** [1952]
82, 84).

Kristalle (aus $CHCl_3$ + PAe.); F: 133−134°.

Hydroxy-oxo-Verbindungen $C_{12}H_{14}O_6$

1-Phenyl-D-*arabino*-[2]hexosulose $C_{12}H_{14}O_6$, Formel I und cyclische Taut.

B. Beim Erwärmen von $O^2,O^3;O^4,O^5$-Diisopropyliden-1-phenyl-β-D-*arabino*-[2]hexosul-2,6-ose (E III/IV **19** 6164) mit wss. H_2SO_4 und Propan-1-ol (*Ohle, Blell,* A. **492** [1932] 1, 14).

Kristalle (aus E.); F: 134,5°. $[\alpha]_D^{18}$: $-17,72°$ (Endwert) [H_2O; c = 1,6]. $[\alpha]_D^{18}$: $-7,89°$ (Anfangswert) $\rightarrow +7,18°$ (Endwert) [Py.; c = 2,8].

Tetraacetyl-Derivat $C_{20}H_{22}O_{10}$. Kristalle (aus A.); F: 128,5° (*Ohle, Bl.,* l. c. S. 15). $[\alpha]_D^{18}$: $+95,72°$.

Phenylhydrazon (F: 154,5°): *Ohle, Bl.,* l. c. S. 15.

Hydroxy-oxo-Verbindungen $C_{20}H_{30}O_6$

2ξ-Hydroxy-12ξ-methoxy-1,11-dioxo-13ξH-16,17-seco-picrasan-16-al $C_{21}H_{32}O_6$, Formel II und **2ξ,16ξ-Dihydroxy-12ξ-methoxy-13ξH-picrasan-1,11-dion** $C_{21}H_{32}O_6$, Formel III; Tetrahydro-norneoquassin.

B. Beim Behandeln von Neoquassin (S. 3628) mit amalgamiertem Zink, wss. HCl und Essigsäure (*Beer et al.,* Soc. **1956** 4850, 4853).

Kristalle (aus E.+PAe.); F: 232–233° [nach Sintern bei 227°].

Hydroxy-oxo-Verbindungen $C_{21}H_{32}O_6$

4ξ,21-Diacetoxy-5,17-dihydroxy-5ξ-pregnan-3,20-dion $C_{25}H_{36}O_8$, Formel IV.

B. Aus 21-Acetoxy-17-hydroxy-pregn-4-en-3,20-dion beim Behandeln mit OsO_4 und H_2O_2 in *tert*-Butylalkohol und Behandeln des Reaktionsprodukts mit Acetanhydrid und Pyridin (*Searle & Co.,* U.S.P. 2727912 [1954]).

Kristalle (aus wss. A.); F: 262–264° [Zers.].

21-Acetoxy-5,6β,17-trihydroxy-5α-pregnan-3,20-dion $C_{23}H_{34}O_7$, Formel V (R = H).

B. Beim Behandeln von 21-Acetoxy-3,3-äthandiyldioxy-5,6ξ-epoxy-17-hydroxy-5ξ-pregnan-20-on (E III/IV **19** 5193) mit wss. $HClO_4$ und Aceton (*Sondheimer et al.,* Am. Soc. **76** [1954] 5020, 5022).

Kristalle (aus Acn.); F: 279–280° [unkorr.]. $[\alpha]_D^{20}$: $+53°$ [A.].

6β,21-Diacetoxy-5,17-dihydroxy-5α-pregnan-3,20-dion $C_{25}H_{36}O_8$, Formel V (R = CO-CH$_3$).

B. Aus 6β,21-Diacetoxy-3β,5,17-trihydroxy-5α-pregnan-20-on mit Hilfe von CrO$_3$ in Essig≠säure (*Florey, Ehrenstein,* J. org. Chem. **19** [1954] 1331, 1345). Aus 21-Acetoxy-5,6β,17-trihydr≠oxy-5α-pregnan-3,20-dion und Acetanhydrid in Pyridin (*Sondheimer et al.,* Am. Soc. **76** [1954] 5020, 5022).

Kristalle; F: 195−196° [unkorr.; aus Ae.] (*Fl., Eh.*), 194−196° [unkorr.; aus Acn.+Bzl.] (*So. et al.*). [α]$_D^{20}$: +5° [CHCl$_3$] (*So. et al.*); [α]$_D^{26}$: −2,7° [CHCl$_3$; c = 0,7] (*Fl., Eh.*).

V   VI

5,11β,17,21-Tetrahydroxy-5α-pregnan-3,20-dion $C_{21}H_{32}O_6$, Formel VI (R = X = H).

B. Beim Erwärmen von 3,3;20,20-Bis-äthandiyldioxy-5α-pregnan-5,11β,17,21-tetraol mit wss.-methanol. H$_2$SO$_4$ (*Bernstein, Lenhard,* Am. Soc. **77** [1955] 2233, 2237).

Kristalle (aus Acn.); F: 261−264° [unkorr.; Zers.]. [α]$_D^{24}$: +75° [Py.; c = 0,5].

21-Acetoxy-5,11β,17-trihydroxy-5α-pregnan-3,20-dion $C_{23}H_{34}O_7$, Formel VI (R = CO-CH$_3$, X = H).

B. Aus 5,11β,17,21-Tetrahydroxy-5α-pregnan-3,20-dion und Acetanhydrid in Pyridin (*Bern≠stein, Lenhard,* Am. Soc. **77** [1955] 2233, 2237).

Kristalle (aus Acn.+PAe.); F: 241−244,5° [unkorr.].

21-Acetoxy-6β-fluor-5,11β,17-trihydroxy-5α-pregnan-3,20-dion $C_{23}H_{33}FO_7$, Formel VI (R = CO-CH$_3$, X = F).

B. Beim Erwärmen von 21-Acetoxy-3,3-äthandiyldioxy-6β-fluor-5,11β,17-trihydroxy-5α-pre≠gnan-20-on mit wss. H$_2$SO$_4$ und Aceton (*Upjohn Co.,* U.S.P. 2838492 [1958]).

F: 230−240°.

21-Acetoxy-9,17-dihydroxy-11β-thiocyanato-5β-pregnan-3,20-dion $C_{24}H_{33}NO_6S$ und Taut.

21-Acetoxy-3α,9-epoxy-3β,17-dihydroxy-11β-thiocyanato-5β-pregnan-20-on $C_{24}H_{33}NO_6S$, Formel VII.

B. Aus 21-Acetoxy-9,11α-epoxy-17-hydroxy-5β-pregnan-3,20-dion und Thiocyansäure in wss. Essigsäure (*Kawasaki, Mosettig,* J. org. Chem. **27** [1962] 1374, 1376; s. a. *Kawasaki, Mosettig,* J. org. Chem. **24** [1959] 2071).

Kristalle (aus Acn.+Hexan); F: 154−156° [unkorr.; Zers.] (*Ka., Mo.,* J. org. Chem. **27** 1377). [α]$_D^{20}$: +144,4° [CHCl$_3$; c = 0,3] (*Ka., Mo.,* J. org. Chem. **27** 1377).

VII

Hydroxy-oxo-Verbindungen $C_{22}H_{34}O_6$

5,11β,17,21-Tetrahydroxy-6β-methyl-5α-pregnan-3,20-dion $C_{22}H_{34}O_6$, Formel VIII.

B. Beim Erwärmen von 3,3;20,20-Bis-äthandiyldioxy-6β-methyl-5α-pregnan-5,11β,17,21-te=
traol mit wss. H_2SO_4 und Methanol (*Cooley et al.,* Soc. **1957** 4112, 4115).

Kristalle (aus Acn.) mit 0,5 Mol H_2O; F: 224—226° [Zers.]. $[\alpha]_D^{22}$: +35° [Py.; c = 0,4].

VIII   IX

Hydroxy-oxo-Verbindungen $C_{27}H_{44}O_6$

2β,3β,14,22β_F,25-Pentahydroxy-5β-cholest-7-en-6-on, Ecdyson $C_{27}H_{44}O_6$, Formel IX.

Zusammenfassende Darstellungen: *Karlson,* Naturwiss. **53** [1966] 445; Pure appl. Chem. **14** [1967] 75.

Konstitution und Konfiguration: *Huber, Hoppe,* B. **98** [1965] 2403, 2410.

Isolierung aus Puppen von Bombyx mori: *Butenandt, Karlson,* Z. Naturf. **9b** [1954] 389; *Karlson et al.,* A. **662** [1963] 1, 16.

Atomabstände und Bindungswinkel (Röntgen-Diagramm): *Hu., Ho.,* l. c. S. 2410.

Kristalle (aus THF + PAe.); F: 242° (*Ka. et al.,* l. c. S. 16). Wasserhaltige Kristalle (aus H_2O); F: 239—242° [nach Abgabe des Kristallwassers bei 160—165°] (*Ka. et al.,* l. c. S. 3). Die wasser=
freien Kristalle sind orthorhombisch; Kristallstruktur-Analyse (Röntgen-Diagramm): *Ka. et al.,* l. c. S. 5; *Hu., Ho.,* l. c. S. 2404. Dichte der wasserfreien Kristalle: 1,127 (*Ka. et al.,* l. c. S. 5). $[\alpha]_D^{20}$: +64,7° [A.; c = 1] (wasserfreies Präparat) (*Ka. et al.,* l. c. S. 16). ^{1}H-NMR-Absorption (Pyridin-d_5): *Ka. et al.,* l. c. S. 11. IR-Spektrum (KBr; 2,5—15 µ): *Ka. et al.,* l. c. S. 11. UV-
Spektrum (A. sowie H_2O; 220—340 nm): *Bu., Ka.;* s. a. *Ka. et al.,* l. c. S. 10. Verteilung zwischen H_2O und organischen Lösungsmitteln: *Ka. et al.,* l. c. S. 4.

Hydroxy-oxo-Verbindungen $C_nH_{2n-12}O_6$

Hydroxy-oxo-Verbindungen $C_{10}H_8O_6$

1-[2-Hydroxy-4,6-dimethoxy-phenyl]-butan-1,2,3-trion $C_{12}H_{12}O_6$, Formel I und cyclische Taut. (z.B. 2-Acetyl-2-hydroxy-4,6-dimethoxy-benzofuran-3-on).

B. Neben 4,6-Dimethoxy-benzofuran-2,3-dion beim Behandeln von 2-Acetyl-4,6-dimethoxy-
benzofuran-3-ol in Benzol oder Petroläther mit Luft (*Dean, Manunapichu,* Soc. **1957** 3112, 3118).

Kristalle (aus Bzl. + PAe.); F: 170—176° [Zers.]. λ_{max} (A.): 293 nm und 325 nm.

Hydroxy-oxo-Verbindungen $C_{12}H_{12}O_6$

1-[2-Hydroxy-4,5-dimethoxy-phenyl]-hexan-1,3,5-trion $C_{14}H_{16}O_6$, Formel II und Taut.

B. Neben anderen Verbindungen beim Erwärmen von (±)-5,8,9-Trimethoxy-2-methyl-5*H*-

pyrano[3,2-*c*]chromen-4-on mit wss.-methanol. NaOH (*Cavill et al.*, Soc. **1950** 1031, 1035). Kristalle (aus E.) mit 1 Mol H_2O; F: 100—102° (*Ca. et al.*, l. c. S. 1036).

I   II

3,5,6-Triacetyl-benzen-1,2,4-triol $C_{12}H_{12}O_6$, Formel III.

B. Beim Erhitzen von 3,5-Diacetyl-benzen-1,2,4-triol mit Acetanhydrid und H_2SO_4 (*Desai, Mavani*, J. scient. ind. Res. India **12** B [1953] 236, 239).
Hellgelbe Kristalle (aus A.); F: 147°.

2,4,6-Triacetyl-phloroglucin $C_{12}H_{12}O_6$, Formel IV (R = R' = H) (H 536; E I 750; E II 573; E III 4217).

B. Aus Kohlensuboxid und Methylmagnesiumjodid in Äther (*Billman, Smith*, Am. Soc. **61** [1939] 457, 74 [1952] 3174). Aus Phloroglucin beim Erwärmen mit Essigsäure und Polyphos≠phorsäure (*Nakazawa, Matsuura*, J. pharm. Soc. Japan **74** [1954] 1254; C. A. **1955** 14669) oder beim Behandeln mit Acetanhydrid, Essigsäure und BF_3 (*Dean, Robertson*, Soc. **1953** 1241, 1247). Beim Erhitzen von 1,3,5-Triacetoxy-benzol mit $AlCl_3$ auf 170° (*Desai, Mavani*, J. scient. ind. Res. India **12** B [1953] 236, 238; s. a. *Bruce et al.*, Soc. **1953** 2403, 2404, 2405).

Hellgelbe Kristalle; F: 158—159° [aus Bzl.] (*De., Ma.*), 156° (*Dean, Ro.*). UV-Spektrum (Me.; 220—400 nm): *Campbell, Coppinger*, Am. Soc. **73** [1951] 2708, 2712. λ_{max}: 267,5 nm [Me.], 280 nm [wss.-methanol. NaOH] (*Ca., Co.*, l. c. S. 2709).

III   IV   V

2,4,6-Triacetyl-5-methoxy-resorcin $C_{13}H_{14}O_6$, Formel IV (R = H, R' = CH_3).

B. Beim Erwärmen von 5-Methoxy-resorcin mit Essigsäure und Polyphosphorsäure (*Naka≠zawa, Matsuura*, J. pharm. Soc. Japan **74** [1954] 1254; C. A. **1955** 14669).
Kristalle (aus A.); F: 109°.

1,3,5-Triacetyl-2,4,6-trimethoxy-benzol $C_{15}H_{18}O_6$, Formel IV (R = R' = CH_3).

B. Aus 2,4,6-Triacetyl-phloroglucin, Dimethylsulfat und K_2CO_3 in Aceton (*Dean, Robertson*, Soc. **1953** 1241, 1247).
Kristalle (aus wss. A.); F: 122—124°.

Hydroxy-oxo-Verbindungen $C_{15}H_{18}O_6$

2,4,6-Tripropionyl-phloroglucin $C_{15}H_{18}O_6$, Formel V (R = H).

B. Beim Erwärmen von Phloroglucin mit Propionsäure und Polyphosphorsäure (*Nakazawa, Matsuura*, J. pharm. Soc. Japan **74** [1954] 1254; C. A. **1955** 14669).
Kristalle (aus A.); F: 143°.

5-Methoxy-2,4,6-tripropionyl-resorcin $C_{16}H_{20}O_6$, Formel V (R = CH_3).

B. Beim Erwärmen von 5-Methoxy-resorcin mit Propionsäure und Polyphosphorsäure (*Naka≠*

zawa, Matsuura, J. pharm. Soc. Japan **74** [1954] 1254; C. A. **1955** 14669).

Kristalle (aus A.); F: 104°.

Hydroxy-oxo-Verbindungen $C_{16}H_{20}O_6$

(±)-7a,9ξ-Dihydroxy-1,2,3-trimethoxy-(7ar,12ac?)-6,7,7a,8,9,11,12,12a-octahydro-5*H*-benzo[*a*]heptalen-10-on $C_{19}H_{26}O_6$, vermutlich Formel VI + Spiegelbild, und (±)-1,2,3-Trimethoxy-(12ac?)-5,6,7,8,9,11,12,12a-octahydro-7ar,10c-epoxido-benzo[*a*]heptalen-9ξ,10-diol $C_{19}H_{26}O_6$, vermutlich Formel VII + Spiegelbild.

B. Beim Behandeln von (±)-[9,10,11-Trimethoxy-3-oxo-(11b*t*?)-2,3,5,6,7,11b-hexahydro-1*H*-benzo[3,4]cyclohepta[1,2-*b*]pyran-4ar-yl]-essigsäure-methylester (E III/IV **18** 6605) mit Natrium in flüssigem NH_3 und Äther (*Van Tamelen et al.*, Am. Soc. **81** [1959] 6341; Tetrahedron **14** [1961] 8, 30).

Kristalle (aus Acn. + PAe.); F: 149—154°. λ_{max} (A.): 282 nm.

VI   VII   VIII

Hydroxy-oxo-Verbindungen $C_{18}H_{24}O_6$

(3a*S*)-3c-Acetoxyacetyl-3at-hydroxy-3a,6-dimethyl-5,7-dioxo-(3ar,5at,9ac,9b*t*)-dodecahydro-cyclopenta[*a*]naphthalin-6t-carbaldehyd, 21-Acetoxy-17-hydroxy-5,11-dioxo-des-*A*-pregnan-10aα-carbaldehyd $C_{20}H_{26}O_7$, Formel VIII.

B. Aus 21-Acetoxy-17-hydroxy-pregna-1,4-dien-3,11,20-trion mit Hilfe von Ozon (*Barton, Taylor*, Soc. **1958** 2500, 2510).

Kristalle (aus E. + PAe.); F: 197—199°. $[\alpha]_D$: +105° [$CHCl_3$; c = 1,1].

Hydroxy-oxo-Verbindungen $C_{19}H_{26}O_6$

rac-(17Ξ)-17-Hydroxy-14β-methoxy-15-propionyloxy-14,15-seco-androst-4-en-3,11,16-trion $C_{23}H_{32}O_7$, Formel IX + Spiegelbild.

B. Beim Behandeln von *rac*-(17Ξ)-3,3-Äthandiyldioxy-17-hydroxy-14β-methoxy-15-propionyloxy-14,15-seco-androst-5-en-11,16-dion mit Toluol-4-sulfonsäure in Aceton (*Poos, Sarett*, Am. Soc. **78** [1956] 4100, 4103).

Kristalle (aus Ae.); F: 184—186°. IR-Banden (2,9—9,1 μ): *Poos, Sa.*

Hydroxy-oxo-Verbindungen $C_{20}H_{28}O_6$

*Opt.-inakt. 4,5-Dihydroxy-2-isobutyryl-4-[3-methyl-but-2-enyl]-5-[4-methyl-pent-3-enoyl]-cyclopentan-1,3-dion $C_{20}H_{28}O_6$, Formel X (R = $CH(CH_3)_2$) und Taut.

Diese Konstitution kommt dem nachstehend beschriebenen, früher (*Howard, Slater*, Soc. **1958** 1460) als opt.-inakt. 2,4-Dihydroxy-6-isobutyryl-2,4-bis-[3-methyl-but-2-enyl]-cyclohexan-1,3,5-trion $C_{20}H_{28}O_6$ aufgefassten **Cohumulinon** zu (*Shaw et al.*, Org. Mass Spectrom. **6** [1972] 873, 879).

B. Aus (*R*)-3,5,6-Trihydroxy-2-isobutyryl-4,6-bis-[3-methyl-but-2-enyl]-cyclohexa-2,4-dienon ((−)-Cohumulon) mit Hilfe von 1-Methyl-1-phenyl-äthylhydroperoxid in Äther (*Cook et al.*, J. Inst. Brewing **61** [1955] 321, 324).

Kristalle (aus PAe.); F: 111° (*Cook et al.*).

Natrium-Salz. F: 218° (*Cook et al.*).

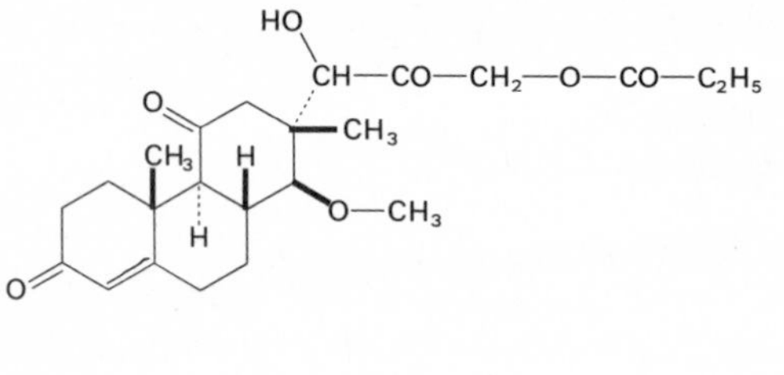

IX

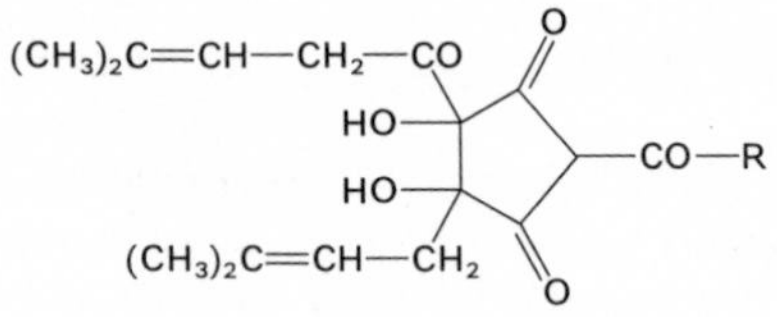

X

Hydroxy-oxo-Verbindungen $C_{21}H_{30}O_6$

2,4,6-Triisovaleryl-phloroglucin $C_{21}H_{30}O_6$, Formel XI.

B. Beim Erhitzen von 1,3,5-Tris-isovaleryloxy-benzol mit $ZnCl_2$ (*David, Imer,* Bl. **1953** 183). Kristalle (aus Me.); F: 97°.

Tribenzoyl-Derivat (F: 177−178°): *Da., Imer.*

(+)-4,5-Dihydroxy-4-[3-methyl-but-2-enyl]-2-[2-methyl-butyryl]-5-[4-methyl-pent-3-enoyl]-cyclopentan-1,3-dion, (+)-Adhumulinon $C_{21}H_{30}O_6$, Formel X (R = $CH(CH_3)$-C_2H_5) und Taut.

Bezüglich der Konstitution vgl. die Angaben im Artikel Humulinon (s. u.).

B. Aus $(2R?)$-2-Hydroxy-2,4-bis-[3-methyl-but-2-enyl]-6-[$(\mathcal{E})$-2-methyl-butyryl]-cyclohexan-1,3,5-trion ((−)-Adhumulon) mit Hilfe von 1-Methyl-1-phenyl-äthylhydroperoxid in Äther (*Howard, Slater,* Soc. **1958** 1460).

Kristalle (aus PAe.); F: 114−115°. $[\alpha]_D$: +11° [Me.; c = 5,4].

---

*Opt.-inakt. 4,5-Dihydroxy-2-isovaleryl-4-[3-methyl-but-2-enyl]-5-[4-methyl-pent-3-enoyl]-cyclopentan-1,3-dion $C_{21}H_{30}O_6$, Formel X (R = CH_2-$CH(CH_3)_2$) und Taut.

Diese Konstitution kommt dem nachstehend beschriebenen, ursprünglich (*Cook et al.,* J. Inst. Brewing **61** [1955] 321, 324; *Howard, Slater,* Soc. **1958** 1460) als opt.-inakt. 2,4-Dihydroxy-6-isovaleryl-2,4-bis-[3-methyl-but-2-enyl]-cyclohexan-1,3,5-trion $C_{21}H_{30}O_6$ aufgefassten **Humulinon** zu (*Alderweireldt, Verzele,* Bl. Soc. chim. Belg. **66** [1957] 391, 393; *Shoolery et al.,* Tetrahedron **9** [1960] 271; *Meheus et al.,* Bl. Soc. chim. Belg. **73** [1964] 268).

B. Aus (R)-3,5,6-Trihydroxy-2-isovaleryl-4,6-bis-[3-methyl-but-2-enyl]-cyclohexa-2,4-dienon ((−)-Humulon) mit Hilfe von 1-Methyl-1-phenyl-äthylhydroperoxid in Äther (*Cook et al.; Howard, Slater,* Soc. **1957** 1924).

F: 74° (*Cook, Harris,* Soc. **1950** 1873; *Cook et al.*). IR-Spektrum (3500−700 cm^{-1}): *Al., Ve.,* l. c. S. 394. λ_{max} (A.): 229 nm, 268 nm und 280 nm (*Cook, Ha.*) bzw. 233 nm und 274 nm (*Cook et al.*).

Natrium-Salz $Na(C_{21}H_{29}O_6)$. Kristalle (aus Me. + Ae.); F: 227° [Zers.]; λ_{max} (A.): 250 nm, 259 nm und 267 nm (*Cook, Ha.*).

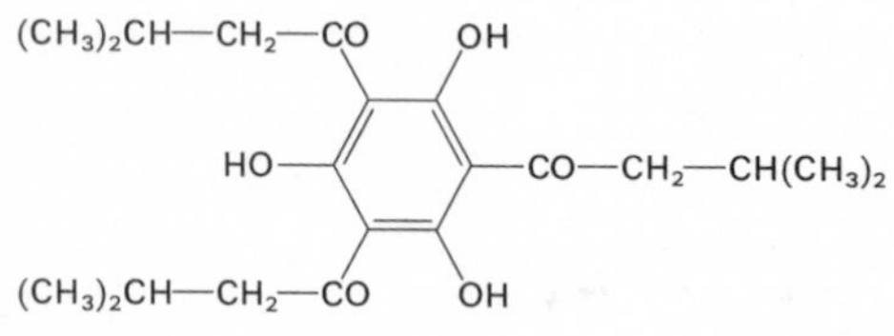

XI

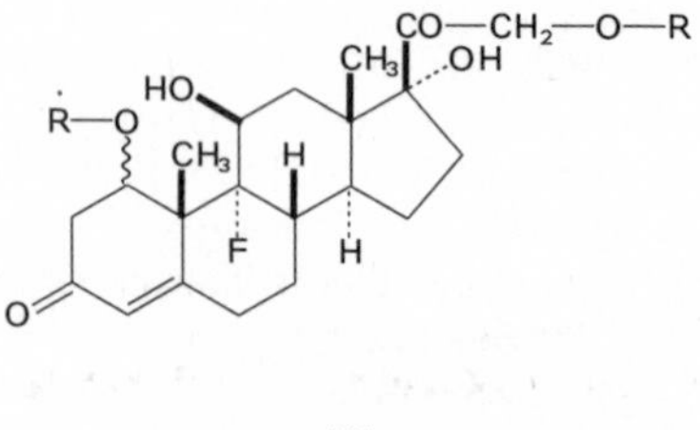

XII

9-Fluor-1ξ,11β,17,21-tetrahydroxy-pregn-4-en-3,20-dion $C_{21}H_{29}FO_6$, Formel XII (R = H).

B. Aus 21-Acetoxy-9-fluor-11β,17-dihydroxy-pregn-4-en-3,20-dion mit Hilfe von Streptomy⁺ ces-Kulturen (*McAleer et al.*, J. org. Chem. **23** [1958] 508).

Kristalle (aus Me.); F: 247−252°. λ_{max} (Me.): 237 nm.

1ξ,21-Diacetoxy-9-fluor-11β,17-dihydroxy-pregn-4-en-3,20-dion $C_{25}H_{33}FO_8$, Formel XII (R = CO-CH₃).

B. Beim Behandeln der vorangehenden Verbindung mit Acetanhydrid und Pyridin (*McAleer et al.*, J. org. Chem. **23** [1958] 508).

F: 218−221°. λ_{max} (Me.): 238 nm.

1α-Acetylmercapto-11β,17,21-trihydroxy-pregn-4-en-3,20-dion $C_{23}H_{32}O_6S$, Formel XIII (R = H).

B. Aus 11β,17,21-Trihydroxy-pregna-1,4-dien-3,20-dion und Thioessigsäure unter der Einwir⁺ kung von Licht (*Searle & Co.*, U.S.P. 2837543 [1956]).

λ_{max}: 241,5 nm.

21-Acetoxy-1α-acetylmercapto-11β,17-dihydroxy-pregn-4-en-3,20-dion $C_{25}H_{34}O_7S$, Formel XIII (R = CO-CH₃).

B. Beim Behandeln der vorangehenden Verbindung mit Acetanhydrid und Pyridin (*Searle & Co.*, U.S.P. 2837543 [1956]; s. a. *Dodson, Tweit*, Am. Soc. **81** [1959] 1224, 1225, 1227).

Kristalle (aus Acn.+Ae.); F: 212−213° [Zers.]. $[\alpha]_D^{25}$: +191° [CHCl₃].

XIII   XIV

2α,11β,17,21-Tetrahydroxy-pregn-4-en-3,20-dion $C_{21}H_{30}O_6$, Formel XIV (R = H).

B. Aus 21-Acetoxy-11β,17-dihydroxy-pregn-4-en-3,20-dion bei der Oxidation mit Blei(IV)- acetat und anschliessenden Hydrolyse mit $KHCO_3$ (*Burstein*, Am. Soc. **78** [1956] 1769).

Kristalle; F: 188−192°.

2α,21-Diacetoxy-11β,17-dihydroxy-pregn-4-en-3,20-dion $C_{25}H_{34}O_8$, Formel XIV (R = CO-CH₃).

B. Aus der vorangehenden Verbindung (*Burstein*, Am. Soc. **78** [1956] 1769).

Kristalle (aus Me.); F: 224−230° (*Bu.*). λ_{max} (Me.): 242 nm (*Burstein, Dorfman*, J. biol. Chem. **213** [1955] 581, 588). Absorptionsspektrum (H_2SO_4; 220−600 nm): *Bu., Do.*, l. c. S. 589.

6β,11β,17,21-Tetrahydroxy-pregn-4-en-3,20-dion $C_{21}H_{30}O_6$, Formel I (R = H).

B. Aus 6β,17,21-Trihydroxy-pregn-4-en-3,20-dion mit Hilfe eines 11β-Hydroxylase-Präparats aus Rinder-Nebennieren (*Hayano, Dorfman*, Arch. Biochem. **50** [1954] 218).

Kristalle (aus Acn.); F: 239−241° [korr.]. $[\alpha]_D^{26}$: +76° [Me.; c = 0,4]. λ_{max} (A.): 236 nm.

6β,21-Diacetoxy-11β,17-dihydroxy-pregn-4-en-3,20-dion $C_{25}H_{34}O_8$, Formel I (R = CO-CH₃).

B. Beim Behandeln der vorangehenden Verbindung mit Acetanhydrid und Pyridin (*Hayano, Dorfman*, Arch. Biochem. **50** [1954] 218).

Kristalle (aus A.) mit 1 Mol H_2O; F: 122−125° (*Burstein, Dorfman*, J. biol. Chem. **213**

[1955] 581, 584). Kristalle (aus A.); F: 118−120° [korr.] (*Ha., Do.*). $[\alpha]_D^{23}$: +82° [Me.] (*Bu., Do.*); $[\alpha]_D^{26}$: +76° [Me.; c = 0,5] (*Ha., Do.*). IR-Spektrum (Paraffinöl; 3−12 μ): *Bu., Do.,* l. c. S. 585. λ_{max} (A.): 235 nm (*Ha., Do.*). Absorptionsspektrum (H_2SO_4; 220−600 nm): *Bu., Do.,* l. c. S. 586.

21-Acetoxy-7α-acetylmercapto-11β,17-dihydroxy-pregn-4-en-3,20-dion $C_{25}H_{34}O_7S$, Formel II.

B. Aus 11β,17,21-Trihydroxy-pregna-4,6-dien-3,20-dion und Thioessigsäure unter der Einwir≠ kung von UV-Licht und anschliessenden Acetylierung (*Dodson, Tweit,* Am. Soc. **81** [1959] 1224, 1227).

Kristalle; F: 181−182° [Zers.]. $[\alpha]_D^{25}$: +50,5° [$CHCl_3$].

7ξ,14,17,21-Tetrahydroxy-pregn-4-en-3,20-dion $C_{21}H_{30}O_6$, Formel III (R = H).

B. Aus 17,21-Dihydroxy-pregn-4-en-3,20-dion mit Hilfe von Curvularia lunata (*Pfizer & Co.,* U.S.P. 2783255 [1954]).

Kristalle (aus Acn.); F: 238−240° [Zers.]. $[\alpha]_D$: +47,7° [$CHCl_3$]. λ_{max} (A.): 238 nm.

7ξ,21-Diacetoxy-14,17-dihydroxy-pregn-4-en-3,20-dion $C_{25}H_{34}O_8$, Formel III (R = CO-CH_3).

B. Aus der vorangehenden Verbindung (*Pfizer & Co.,* U.S.P. 2783255 [1954]).

Kristalle (aus Me. + H_2O); F: 193−194°. $[\alpha]_D$: +32,2° [$CHCl_3$].

9,11β,17,21-Tetrahydroxy-pregn-4-en-3,20-dion $C_{21}H_{30}O_6$, Formel IV (R = R′ = H).

B. Beim Behandeln von 21-Acetoxy-9,11β-epoxy-17-hydroxy-9β-pregn-4-en-3,20-dion mit wss. $HClO_4$ in THF oder Dioxan (*Littell, Bernstein,* Am. Soc. **78** [1956] 984, 988; *Wendler et al.,* Am. Soc. **79** [1957] 4476, 4480). Beim Erwärmen von 3,3;20,20-Bis-äthandiyldioxy-5α-pregnan-5,9,11β,17,21-pentaol mit wss.-äthanol. H_2SO_4 (*Li., Be.*).

Kristalle (aus Acn.); F: 243−249° [Zers.] (*We. et al.*). Kristalle (aus Acn. + PAe.) mit 0,5 Mol H_2O; F: 223,5−225° [unkorr.] (*Li., Be.*). $[\alpha]_D^{25}$: +148° [Py.; c = 0,5] (*Li., Be.*); $[\alpha]_D^{26}$: +152° [Acn.; c = 1,1] (*We. et al.*). IR-Spektrum (KBr; 4000−2800 cm⁻¹ und 1800−700 cm⁻¹): *G. Roberts, B.S. Gallagher, R.N. Jones,* Infrared Absorption Spectra of Steroids, Bd. 2 [New York 1958] Nr. 618. λ_{max}: 242 nm [Me.] (*We. et al.*), 242,5 nm [A.] (*Li., Be.*).

21-Acetoxy-9,11β,17-trihydroxy-pregn-4-en-3,20-dion $C_{23}H_{32}O_7$, Formel IV (R = H, R′ = CO-CH_3).

B. Beim Behandeln der vorangehenden Verbindung mit Acetanhydrid und Pyridin (*Littell, Bernstein,* Am. Soc. **78** [1956] 984, 988; *Fried, Sabo,* Am. Soc. **79** [1957] 1130, 1140; *Wendler et al.,* Am. Soc. **79** [1957] 4476, 4480).

Kristalle; F: 218−219° [unkorr.; aus Acn. + PAe.] (*Li., Be.,* l. c. S. 989), 216−217° [korr.; aus Acn. + Hexan] (*Fr., Sabo*), 212−214,5° [unkorr.; aus Acn. + Ae.] und [nach erneuter Kristallisation] ca. 223° (*We. et al.*). $[\alpha]_D^{23}$: +153° [Acn.; c = 0,9] (*Fr., Sabo*); $[\alpha]_D^{25}$: +171° [Py.; c = 0,7] (*Li., Be.,* l. c. S. 989). λ_{max}: 242 nm [Me.] (*We. et al.*), 242 nm [A.] (*Fr., Sabo*), 242−243 nm [A.] (*Li., Be.*).

21-Acetoxy-11β,17-dihydroxy-9-methoxy-pregn-4-en-3,20-dion $C_{24}H_{34}O_7$, Formel IV (R = CH_3, R′ = CO-CH_3).

B. Beim Behandeln von 21-Acetoxy-9,11β-epoxy-17-hydroxy-9β-pregn-4-en-3,20-dion mit methanol. $HClO_4$ und Behandeln des Reaktionsprodukts mit Acetanhydrid und Pyridin (*Fried, Sabo*, Am. Soc. **79** [1957] 1130, 1140).

Kristalle (aus A.); F: 208−209° [korr.]. $[\alpha]_D^{23}$: +161° [$CHCl_3$; c = 0,8]. λ_{max} (A.): 243 nm.

III   IV   V

21-Acetoxy-9-äthoxy-11β,17-dihydroxy-pregn-4-en-3,20-dion $C_{25}H_{36}O_7$, Formel IV
(R = C_2H_5, R′ = $CO\text{-}CH_3$).

B. Analog der vorangehenden Verbindung (*Fried, Sabo*, Am. Soc. **79** [1957] 1130, 1140).
Kristalle (aus A.); F: 144−145° [korr.]. $[\alpha]_D^{23}$: +136° [$CHCl_3$; c = 0,6].

11β,17,21-Trihydroxy-9-thiocyanato-pregn-4-en-3,20-dion $C_{22}H_{29}NO_5S$, Formel V (R = H).
B. Beim Behandeln von 9,11β-Epoxy-17,21-dihydroxy-9β-pregn-4-en-3,20-dion mit Thiocyan⸗
säure und wss. Essigsäure (*Kawasaki, Mosettig*, J. org. Chem. **24** [1959] 2071, **27** [1962] 1374,
1376).
Kristalle (aus Acn.+Ae.); F: 174−175° [unkorr.; Zers.]. $[\alpha]_D^{20}$: +283,3° [Dioxan; c = 0,4].
λ_{max} (A.): 243 nm.

21-Acetoxy-11β,17-dihydroxy-9-thiocyanato-pregn-4-en-3,20-dion $C_{24}H_{31}NO_6S$, Formel V
(R = $CO\text{-}CH_3$).
B. Beim Behandeln von 21-Acetoxy-9,11β-epoxy-17-hydroxy-9β-pregn-4-en-3,20-dion mit
Thiocyansäure und wss. Essigsäure (*Kawasaki, Mosettig*, J. org. Chem. **24** [1959] 2071, **27**
[1962] 1374, 1375). Beim Behandeln der vorangehenden Verbindung mit Acetanhydrid und
Pyridin (*Ka., Mo.*, J. org. Chem. **27** 1376).
Kristalle (aus Me.); F: 149−153° [unkorr.; Zers.]. $[\alpha]_D^{20}$: +224,9° [Dioxan; c = 0,4]. λ_{max}
(A.): 243 nm.

11β,14,17,21-Tetrahydroxy-pregn-4-en-3,20-dion $C_{21}H_{30}O_6$, Formel VI (R = X = H).
B. Aus 17,21-Dihydroxy-pregn-4-en-3,20-dion mit Hilfe von Curvularia lunata (*Pfizer & Co.*,
U.S.P. 2745784 [1954], 2783255 [1954]; s. a. *Agnello et al.*, Am. Soc. **77** [1955] 4684). Aus
14,17,21-Trihydroxy-pregn-4-en-3,20-dion mit Hilfe eines Rindernebennieren-Präparats (*Syntex
S.A.*, U.S.P. 2781292 [1955]). Aus 11β,14,17-Trihydroxy-pregn-4-en-3,20-dion beim Behandeln
mit Jod, wss. NaOH, Methanol und THF und Erwärmen des Reaktionsprodukts mit Kalium⸗
acetat in Aceton (*Syntex S.A.*, U.S.P. 2874154 [1955]).
Kristalle; F: 241−242° [aus Me.] (*Pfizer & Co.*, U.S.P. 2745784), 223−225° [aus Acn.]
(*Syntex S.A.*, U.S.P. 2874154). $[\alpha]_D$: +182,6° [A.], +151,9° [Dioxan] (*Pfizer & Co.*,
U.S.P. 2745784). IR-Spektrum (KBr; 4000−2600 cm^{-1} und 1800−700 cm^{-1}): *G. Roberts, B.S.
Gallagher, R.N. Jones*, Infrared Absorption Spectra of Steroids, Bd. 2 [New York 1958] Nr. 619.
λ_{max} (A.): 241 nm (*Pfizer & Co.*, U.S.P. 2745784, 2783255).

21-Acetoxy-11β,14,17-trihydroxy-pregn-4-en-3,20-dion $C_{23}H_{32}O_7$, Formel VI (R = $CO\text{-}CH_3$,
X = H).
B. Beim Behandeln der vorangehenden Verbindung mit Acetanhydrid und Pyridin (*Pfizer
& Co.*, U.S.P. 2745784 [1954]; s. a. *Agnello et al.*, Am. Soc. **77** [1955] 4684).
Kristalle (aus Me.); F: 211−212° (*Pfizer & Co.*). $[\alpha]_D$: +147,5° [A.], +142,5° [Dioxan]
(*Pfizer & Co.*). λ_{max} (A.): 241 nm (*Pfizer & Co.*).

21-Acetoxy-15β-chlor-11β,14,17-trihydroxy-pregn-4-en-3,20-dion $C_{23}H_{31}ClO_7$, Formel VI
(R = $CO\text{-}CH_3$, X = Cl).
B. Beim Behandeln von 21-Acetoxy-14,15α-epoxy-11β,17-dihydroxy-pregn-4-en-3,20-dion mit

HCl in $CHCl_3$ (*Pfizer & Co.*, D.B.P. 1017608 [1955]; s. a. *Agnello et al.*, Am. Soc. **77** [1955] 4684).

Kristalle; F: 174—175° (*Ag. et al.*), 172—174° [Zers.] (*Pfizer & Co.*). $[\alpha]_D$: +110° [Dioxan] (*Ag. et al.*). λ_{max} (A.): 240 nm (*Ag. et al.*).

21-Acetoxy-15β-brom-11β,14,17-trihydroxy-pregn-4-en-3,20-dion $C_{23}H_{31}BrO_7$, Formel VI (R = $CO-CH_3$, X = Br).

B. Analog der vorangehenden Verbindung (*Agnello et al.*, Am. Soc. **77** [1955] 4684).

F: 129—131° [Zers.]. Wenig beständig.

11β,16α,17,21-Tetrahydroxy-pregn-4-en-3,20-dion $C_{21}H_{30}O_6$, Formel VII (R = R′ = X = X′ = H).

B. Aus 21-Acetoxy-11β-hydroxy-pregna-4,16-dien-3,20-dion mit Hilfe von OsO_4 (*Allen, Bernstein*, Am. Soc. **78** [1956] 1909, 1913). Beim Erwärmen von 3,3;20,20-Bis-äthandiyldioxy-pregn-5-en-11β,16α,17,21-tetraol mit wss.-methanol. H_2SO_4 (*Al., Be.*).

Kristalle (aus Acn.); F: 236—238° [unkorr.]. $[\alpha]_D^{25}$: +121° [Me.; c = 0,5]. λ_{max} (A.): 241—242 nm.

21-Acetoxy-11β,16α,17-trihydroxy-pregn-4-en-3,20-dion $C_{23}H_{32}O_7$, Formel VII (R = X = X′ = H, R′ = $CO-CH_3$).

B. Aus 21-Acetoxy-11β-hydroxy-pregna-4,16-dien-3,20-dion mit Hilfe von OsO_4 (*Allen, Bernstein*, Am. Soc. **78** [1956] 1909, 1913).

Kristalle (aus Acn.+PAe.); F: 211—214° [unkorr.] (*Al., Be.*). $[\alpha]_D^{24}$: +124° [$CHCl_3$; c = 0,5] (*Al., Be.*). IR-Spektrum ($CHCl_3$; 1800—1600 cm^{-1}, 1470—1300 cm^{-1} und 1150—850 cm^{-1}): *G. Roberts, B.S. Gallagher, R.N. Jones*, Infrared Absorption Spectra of Steroids, Bd. 2 [New York 1958] Nr. 620. λ_{max} (A.): 241 nm (*Al., Be.*).

16α,21-Diacetoxy-11β,17-dihydroxy-pregn-4-en-3,20-dion $C_{25}H_{34}O_8$, Formel VII (R = R′ = $CO-CH_3$, X = X′ = H).

B. Beim Behandeln von 11β,16α,17,21-Tetrahydroxy-pregn-4-en-3,20-dion sowie von 21-Acetoxy-11β,16α,17-trihydroxy-pregn-4-en-3,20-dion mit Acetanhydrid und Pyridin (*Allen, Bernstein*, Am. Soc. **78** [1956] 1909, 1913).

Kristalle (aus Acn.+PAe.+Ae. oder Ae.); F: 219—221° [unkorr.] (*Al., Be.*). $[\alpha]_D^{24}$: +75° [$CHCl_3$; c = 0,3] (*Al., Be.*). IR-Spektrum ($CHCl_3$; 1800—1600 cm^{-1}, 1470—1300 cm^{-1} und 1150—850 cm^{-1}): *G. Roberts, B.S. Gallagher, R.N. Jones*, Infrared Absorption Spectra of Steroids, Bd. 2 [New York 1958] Nr. 621. λ_{max} (A.): 240,5 nm (*Al., Be.*).

VI   VII

6α-Fluor-11β,16α,17,21-tetrahydroxy-pregn-4-en-3,20-dion $C_{21}H_{29}FO_6$, Formel VII (R = R′ = X′ = H, X = F).

B. Aus 6α-Fluor-16α,17,21-trihydroxy-pregn-4-en-3,20-dion mit Hilfe eines Rindernebennieren-Präparats (*Mills et al.*, Am. Soc. **81** [1959] 1264, **82** [1960] 3399, 3403). Aus 6α-Fluor-11β,17,21-trihydroxy-pregn-4-en-3,20-dion mit Hilfe von Streptomyces roseochromogenus (*Mi. et al.*, Am. Soc. **81** 1264, **82** 3403).

Kristalle (aus Acn.+Me.); F: 234—236° [unkorr.]; $[\alpha]_D$: +95° [Dioxan] (*Mi. et al.*, Am. Soc. **82** 3403). λ_{max} (A.): 236—238 nm (*Mi. et al.*, Am. Soc. **81** 1264).

9-Fluor-11β,16α,17,21-tetrahydroxy-pregn-4-en-3,20-dion $C_{21}H_{29}FO_6$, Formel VII
(R = R' = X = H, X' = F).

B. Aus 9-Fluor-11β,17,21-trihydroxy-pregn-4-en-3,20-dion mit Hilfe von Streptomyces ro≠ seochromogenus (*Thoma et al.*, Am. Soc. **79** [1957] 4818). Aus 16α,21-Diacetoxy-9-fluor-11β,17-dihydroxy-pregn-4-en-3,20-dion mit Hilfe von methanol. Natriummethylat (*Bernstein et al.*, Am. Soc. **81** [1959] 1689, 1693). Beim Behandeln von 16β,21-Diacetoxy-9-fluor-11β,17-dihydroxy-pregn-4-en-3,20-dion mit methanol. KOH (*Heller et al.*, J. org. Chem. **26** [1961] 5044; s. a. *Bernstein et al.*, Am. Soc. **81** [1959] 1256).

Kristalle; F: 259−262,5° [unkorr.; aus Acn.] (*Be. et al.*, Am. Soc. **81** 1693), 250−252° (*Th. et al.*). $[\alpha]_D^{24}$: +91° [Py.; c = 0,6] (*Be. et al.*, Am. Soc. **81** 1693); $[\alpha]_D$: +97° [Py.; c = 1] (*Th. et al.*). λ_{max} (A.): 238,5 nm (*Be. et al.*, Am. Soc. **81** 1693), 238 nm (*Th. et al.*). Zeitlicher Verlauf der Änderung der Absorption (220−400 nm) in H_2SO_4: *Smith, Muller*, J. org. Chem. **23** [1958] 960, 961.

16,21-Diacetoxy-9-fluor-11β,17-dihydroxy-pregn-4-en-3,20-dione $C_{25}H_{33}FO_8$.

a) **16β,21-Diacetoxy-9-fluor-11β,17-dihydroxy-pregn-4-en-3,20-dion,** Formel VIII.

B. Beim Behandeln von 16β,21-Diacetoxy-9,11β-epoxy-17-hydroxy-9β-pregn-4-en-3,20-dion mit HF in CH_2Cl_2 und THF (*Heller et al.*, J. org. Chem. **26** [1961] 5044; s. a. *Bernstein et al.*, Am. Soc. **81** [1959] 1256).

Kristalle (aus Acn. + PAe.); F: 239−241,5° [unkorr.]. $[\alpha]_D^{25}$: +106° [Acn.]. λ_{max} (A.): 239 nm.

b) **16α,21-Diacetoxy-9-fluor-11β,17-dihydroxy-pregn-4-en-3,20-dion,** Formel VII
(R = R' = CO-CH$_3$, X = H, X' = F).

B. Beim Behandeln von 16α,21-Diacetoxy-9,11β-epoxy-17-hydroxy-9β-pregn-4-en-3,20-dion mit HF in $CHCl_3$ (*Bernstein et al.*, Am. Soc. **81** [1959] 1689, 1693).

Kristalle (aus Acn. + PAe.); F: 237−239° [unkorr.]; $[\alpha]_D^{24}$: +70° [CHCl$_3$; c = 0,5]; λ_{max} (A.): 237,5−238,5 nm (*Be. et al.*). Zeitlicher Verlauf der Änderung der Absorption (230−380 nm) in H_2SO_4: *Smith, Muller*, J. org. Chem. **23** [1958] 960, 962.

3-[2,4-Dinitro-phenylhydrazon] (F: 239,5−242°): *Be. et al.*

21-[3,3-Dimethyl-butyryloxy]-9-fluor-11β,16α,17-trihydroxy-pregn-4-en-3,20-dion $C_{27}H_{39}FO_7$, Formel VII (R = X = H, R' = CO-CH$_2$-C(CH$_3$)$_3$, X' = F).

B. Beim Behandeln von 9-Fluor-11β,16α,17,21-tetrahydroxy-pregn-4-en-3,20-dion mit 3,3-Di≠ methyl-butyrylchlorid, Pyridin und $CHCl_3$ (*Bernstein et al.*, Am. Soc. **81** [1959] 1689, 1693).

Lösungsmittelhaltige Kristalle (aus Acn. + PAe.); F: 180−197°. $[\alpha]_D^{25}$: +102° [CHCl$_3$; c = 0,5]. λ_{max} (A.): 238,5 nm.

6α,9-Difluor-11β,16α,17,21-tetrahydroxy-pregn-4-en-3,20-dion $C_{21}H_{28}F_2O_6$, Formel VII
(R = R' = H, X = X' = F).

B. Aus 6α,9-Difluor-11β,17,21-trihydroxy-pregn-4-en-3,20-dion mit Hilfe von Streptomyces roseochromogenus (*Mills et al.*, Am. Soc. **81** [1959] 1264, **82** [1960] 3399, 3404).

Kristalle (aus Acn. + Hexan); F: 242−248° (*Mi. et al.*, Am. Soc. **82** 3404). $[\alpha]_D$: +58° [Di≠ oxan]; λ_{max} (A.): 234 nm (*Mi. et al.*, Am. Soc. **81** 1265).

9-Chlor-11β,16α,17,21-tetrahydroxy-pregn-4-en-3,20-dion $C_{21}H_{29}ClO_6$, Formel VII
(R = R' = X = H, X' = Cl).

B. Beim Behandeln von 16α,21-Diacetoxy-9-chlor-11β,17-dihydroxy-pregn-4-en-3,20-dion mit methanol. Natriummethylat (*Bernstein et al.*, Am. Soc. **81** [1959] 1689, 1692).

Kristalle (aus Me.), die bis 400° nicht schmelzen [Zers. ab 190°]. λ_{max} (A.): 240−240,5 nm.

16α,21-Diacetoxy-9-chlor-11β,17-dihydroxy-pregn-4-en-3,20-dion $C_{25}H_{33}ClO_8$, Formel VII
(R = R' = CO-CH$_3$, X = H, X' = Cl).

B. Beim Behandeln von 16α,21-Diacetoxy-9,11β-epoxy-17-hydroxy-9β-pregn-4-en-3,20-dion mit HCl in $CHCl_3$ (*Bernstein et al.*, Am. Soc. **81** [1959] 1689, 1692).

Kristalle (aus Acn. + PAe.); F: 214,5−215,5° [unkorr.]. $[\alpha]_D^{25}$: +76° [CHCl$_3$; c = 0,7]. λ_{max}

(A.): 240,5 nm.

16α,21-Diacetoxy-9-brom-11β,17-dihydroxy-pregn-4-en-3,20-dion $C_{25}H_{33}BrO_8$, Formel VII
(R = R' = CO-CH₃, X = H, X' = Br).

B. Beim Behandeln von 16α,21-Diacetoxy-17-hydroxy-pregna-4,9(11)-dien-3,20-dion mit
N-Brom-acetamid, wss. HClO₄ und Dioxan (*Bernstein et al.,* Am. Soc. **81** [1959] 1689, 1692).
Kristalle (aus Acn.+PAe.); F: 125−126° [unkorr.; Zers.]; $[\alpha]_D^{25}$: +76° [CHCl₃; c = 0,8];
λ_{max} (A.): 243 nm (*Be. et al.*). Zeitlicher Verlauf der Änderung der Absorption (220−390 nm)
in H₂SO₄: *Smith, Muller,* J. org. Chem. **23** [1958] 960, 962.

VIII   IX

21-Acetoxy-14,15β,17-trihydroxy-pregn-4-en-3,20-dion $C_{23}H_{32}O_7$, Formel IX.

B. Aus 21-Acetoxy-14,15α-epoxy-17-hydroxy-pregn-4-en-3,20-dion mit Hilfe von HClO₄ in
wss. Aceton (*Bloom et al.,* Experientia **12** [1956] 27, 29).
F: 250,8−253,2°. $[\alpha]_D$: +114° [Dioxan]. λ_{max} (A.): 242 nm.

2ξ,21-Diacetoxy-17-hydroxy-5β-pregnan-3,11,20-trion $C_{25}H_{34}O_8$, Formel X.

B. Aus 21-Acetoxy-2ξ-brom-17-hydroxy-5β-pregnan-3,11,20-trion (S. 3441) über 2ξ,21-Di⸗
acetoxy-17-hydroxy-5β-pregnan-3,11,20-trion-3-[2,4-dinitro-phenylhydrazon] (*Mattox, Kendall,*
J. biol. Chem. **188** [1951] 287, 296).
Kristalle (aus CHCl₃+Ae.); F: 250−251° [unkorr.]. $[\alpha]_D^{27}$: +32° [Acn.; c = 1].

X   XI

21-Acetoxy-5,17-dihydroxy-5α-pregnan-3,11,20-trion $C_{23}H_{32}O_7$, Formel XI.

B. Aus 3β-Acetoxy-5,17-dihydroxy-5α-pregnan-11,20-dion beim aufeinanderfolgenden Be⸗
handeln mit Natriummethylat in Methanol, mit Brom in CHCl₃ unter Einwirkung von Licht,
Erwärmen mit Kaliumacetat in Aceton und Behandeln des hierbei erhaltenen Reaktionsprodukts
mit CrO₃ und wss. H₂SO₄ und Aceton (*Bladon et al.,* Soc. **1954** 125, 129).
Kristalle (aus E.); F: 257−259° [Zers.]. $[\alpha]_D$: +110° [A.+CHCl₃; c = 0,4].

21-Acetoxy-16β-formyloxy-17-hydroxy-5β-pregnan-3,11,20-trion $C_{24}H_{32}O_8$, Formel XII
(R = CHO).

B. Beim Erwärmen von 21-Acetoxy-16α,17-epoxy-5β-pregnan-3,11,20-trion mit Ameisensäure
(*Beyler, Hoffman,* J. org. Chem. **21** [1956] 572).
Kristalle (aus Ae.); F: 208−210°.

16β,21-Diacetoxy-17-hydroxy-5β-pregnan-3,11,20-trion $C_{25}H_{34}O_8$, Formel XII
(R = CO-CH₃).

B. Beim Behandeln von 21-Acetoxy-16α,17-epoxy-5β-pregnan-3,11,20-trion mit H₂SO₄ in
Essigsäure (*Beyler, Hoffmann,* J. org. Chem. **21** [1956] 572).

Kristalle (aus Acn.+Ae.); F: 120° und F: 186–188°. Gelegentlich wurde auch F: 94–96° beobachtet.

Hydroxy-oxo-Verbindungen $C_{22}H_{32}O_6$

11β,16α,17,21-Tetrahydroxy-2α-methyl-pregn-4-en-3,20-dion $C_{22}H_{32}O_6$, Formel XIII (R = X = H).

B. Aus 21-Acetoxy-20,20-äthandiyldioxy-11β,16α,17-trihydroxy-pregn-4-en-3-on beim Be≠ handeln mit Natriummethylat und Oxalsäure-diäthylester in *tert*-Butylalkohol, Erwärmen des Reaktionsprodukts mit CH_3I und K_2CO_3 in Aceton, Behandeln mit methanol. Natriummethylat und Erwärmen des hierbei erhaltenen Reaktionsprodukts mit wss.-methanol. H_2SO_4 (*Bernstein et al.*, Am. Soc. **81** [1959] 1696, 1699).

Kristalle (aus Acn.+PAe.); F: 201–203° [unkorr.]. $[\alpha]_D^{25}$: +145° [$CHCl_3$; c = 0,15]. λ_{max} (A.): 240–241 nm.

3-[2,4-Dinitro-phenylhydrazon] (F: 263–264°): *Be. et al.*

XII   XIII

16α,21-Diacetoxy-11β,17-dihydroxy-2α-methyl-pregn-4-en-3,20-dion $C_{26}H_{36}O_8$, Formel XIII (R = CO-CH$_3$, X = H).

B. Aus der vorangehenden Verbindung und Acetanhydrid mit Hilfe von Pyridin (*Bernstein et al.*, Am. Soc. **81** [1959] 1696, 1699).

Kristalle (aus Acn.+PAe.); F: 253–254° [unkorr.]; $[\alpha]_D^{25}$: +91,8° [$CHCl_3$; c = 1,1] (*Be. et al.*). IR-Spektrum ($CHCl_3$; 1800–1620 cm^{-1}, 1470–1300 cm^{-1} und 1150–850 cm^{-1}): *G. Roberts, B.S. Gallagher, R.N. Jones*, Infrared Absorption Spectra of Steroids, Bd. 2 [New York 1958] Nr. 622. λ_{max} (A.): 240–241 nm (*Be. et al.*).

9-Fluor-11β,16α,17,21-tetrahydroxy-2α-methyl-pregn-4-en-3,20-dion $C_{22}H_{31}FO_6$, Formel XIII (R = H, X = F).

B. Aus 16α,21-Diacetoxy-9,11β-epoxy-17-hydroxy-2α-methyl-9β-pregn-4-en-3,20-dion beim Behandeln mit HF in $CHCl_3$ und Behandeln des Reaktionsprodukts mit methanol. KOH (*Bern≠ stein et al.*, Am. Soc. **81** [1959] 1696, 1700).

Kristalle (aus Acn.+PAe.); F: 228,5–231° [unkorr.]. $[\alpha]_D^{25}$: +105° [Py.; c = 0,4]. λ_{max} (A.): 237–238 nm.

Hydroxy-oxo-Verbindungen $C_nH_{2n-14}O_6$

Hydroxy-oxo-Verbindungen $C_{10}H_6O_6$

2,3,5,7-Tetrahydroxy-[1,4]naphthochinon, Spinochrom-B $C_{10}H_6O_6$, Formel I und Taut. (E III 4219).

IR-Spektrum (Nujol; 2–15 µ): *Okajima*, Scient. Pap. Inst. phys. chem. Res. **53** [1959] 356, 368.

3,5-Dihydroxy-2,7-dimethoxy-[1,4]naphthochinon $C_{12}H_{10}O_6$, Formel II (R = R′ = H) und Taut.

B. Aus 5-Hydroxy-2,3,7-trimethoxy-[1,4]naphthochinon beim Behandeln mit wss. NaOH und

Äther (*Okajima*, Scient. Pap. Inst. phys. chem. Res. **53** [1959] 356, 371) oder beim Erwärmen mit wss.-äthanol. HCl (*Moore et al.*, Tetrahedron **23** [1967] 3271, 3276, 3303).

Orangegelbe Kristalle [aus Me.] (*Ok.*). F: 197° (*Ok.*), 196−197° (*Mo. et al.*).

2,3,5,7-Tetramethoxy-[1,4]naphthochinon $C_{14}H_{14}O_6$, Formel II (R = R' = CH$_3$).

B. Beim Erwärmen von 2,3,5,7-Tetrahydroxy-[1,4]naphthochinon mit Dimethylsulfat und K$_2$CO$_3$ in Aceton (*Okajima*, Scient. Pap. Inst. phys. chem. Res. **53** [1959] 356, 371).

Gelbe Kristalle (aus Me.); F: 132−132,5°. IR-Spektrum (Nujol; 1−15 μ): *Ok.*, l. c. S. 368.

5-Acetoxy-2,3,7-trimethoxy-[1,4]naphthochinon $C_{15}H_{14}O_7$, Formel II (R = CH$_3$, R' = CO-CH$_3$).

B. Beim Behandeln von 5-Hydroxy-2,3,7-trimethoxy-[1,4]naphthochinon mit Acetanhydrid und H$_2$SO$_4$ (*Okajima*, Scient. Pap. Inst. phys. chem. Res. **53** [1959] 356, 371).

Gelbe Kristalle (aus Me.); F: 74−74,5°.

2,3-Dihydroxy-5,8-dimethoxy-[1,4]naphthochinon $C_{12}H_{10}O_6$, Formel III (R = H) und Taut.

B. Beim Behandeln von 2,3-Diacetoxy-5,8-dimethoxy-2,3-dihydro-[1,4]naphthochinon (E IV **6** 7931) mit Luft und äthanol. KOH (*Garden, Thomson*, Soc. **1957** 2483, 2488).

Rote Kristalle (aus Bzl.); F: 211−213° [Zers.].

5,8-Dihydroxy-2,3-dimethoxy-[1,4]naphthochinon $C_{12}H_{10}O_6$, Formel IV, und **5,8-Dihydroxy-6,7-dimethoxy-[1,4]naphthochinon** $C_{12}H_{10}O_6$, Formel V (E III 4220).

Braune, metallischgrün glänzende Kristalle (aus Acn., Bzl. oder Me.); F: 133,5° (*Kuroda*, J. scient. Res. Inst. Tokyo **46** [1952] 188, 191).

2,3-Diacetoxy-5,8-dimethoxy-[1,4]naphthochinon $C_{16}H_{14}O_8$, Formel III (R = CO-CH$_3$).

B. Aus 2,3-Dihydroxy-5,8-dimethoxy-[1,4]naphthochinon (*Garden, Thomson*, Soc. **1957** 2483, 2488).

Gelbe Kristalle (aus PAe.); F: 127°.

2,3-Dihydroxy-6,7-dimethoxy-[1,4]naphthochinon $C_{12}H_{10}O_6$, Formel VI und Taut.

B. Beim Behandeln von 4,5-Dimethoxy-phthalaldehyd mit Dinatrium-[1,2-dihydroxy-äthan-1,2-disulfonat], KCN, wss. Na$_2$CO$_3$ und Luft (*Weygand et al.*, Ang. Ch. **65** [1953] 525, 531; *Blair et al.*, Soc. **1956** 2443, 2445).

Kristalle; F: 268° [aus Dioxan+H$_2$O] (*We. et al.*), 260° [Zers.; aus H$_2$O] (*Bl. et al.*). λ_{max}: 203 nm, 260 nm und 316 nm [H$_2$O], 216 nm, 237 nm und 285 nm [wss. NaOH] (*Bl. et al.*).

Hydroxy-oxo-Verbindungen $C_{11}H_8O_6$

2(oder 3),5,8-Trihydroxy-3(oder 2)-methoxy-6-methyl-[1,4]naphthochinon $C_{12}H_{10}O_6$,
Formel VII (R = H, R′ = CH$_3$ oder R = CH$_3$, R′ = H) und Taut.

B. Beim Erwärmen von 5,8-Dihydroxy-2,3-dimethoxy-6-methyl-[1,4]naphthochinon mit wss.
NaOH (*Kuroda*, J. scient. Res. Inst. Tokyo **46** [1952] 188, 192).

Orangegelbe Kristalle (aus Me.); F: 188°.

Triacetyl-Derivat $C_{18}H_{16}O_9$; 2(oder 3),5,8-Triacetoxy-3(oder 2)-methoxy-6-
methyl-[1,4]naphthochinon. Gelbe Kristalle (aus wss. Eg.); F: 148°.

VII   VIII   IX

5,8-Dihydroxy-2,3-dimethoxy-6-methyl-[1,4]naphthochinon $C_{13}H_{12}O_6$, Formel VIII (R = H),
und **5,8-Dihydroxy-6,7-dimethoxy-2-methyl-[1,4]naphthochinon** $C_{13}H_{12}O_6$, Formel IX
(R = H) (E III 4221).

Braune, metallisch glänzende Kristalle (aus wss. Eg.); F: 122° (*Kuroda*, J. scient. Res. Inst.
Tokyo **46** [1952] 188, 191).

5,8-Diacetoxy-2,3-dimethoxy-6-methyl-[1,4]naphthochinon $C_{17}H_{16}O_8$, Formel VIII
(R = CO-CH$_3$), und **5,8-Diacetoxy-6,7-dimethoxy-2-methyl-[1,4]naphthochinon** $C_{17}H_{16}O_8$,
Formel IX (R = CO-CH$_3$).

B. Beim Behandeln der vorangehenden Verbindung mit Acetanhydrid und H$_2$SO$_4$ (*Kuroda*,
Nat. Sci. Rep. Ochanomizu Univ. **2** [1951] 87, 91; s. a. *Kuroda*, J. scient. Res. Inst. Tokyo
46 [1952] 188, 192).

Gelbe Kristalle (aus Ae.); F: 126° (*Ku.*, Nat. Sci. Rep. Ochanomizu Univ. **2** 91).

2-Acetyl-7-hydroxy-4,5-dimethoxy-indan-1,3-dion $C_{13}H_{12}O_6$, Formel X und Taut.

Diese Konstitution kommt auch der von *Robertson et al.* (Soc. **1951** 2013, 2014) als 6,7-Di‑
methoxy-2-methyl-4-oxo-4*H*-chromen-5-carbonsäure aufgefaßten Verbindung zu (*Dean et al.*,
Soc. **1957** 3497, 3498).

B. Neben anderen Verbindungen beim Erwärmen von 7,8-Dimethoxy-3-methyl-10-oxo-
1*H*,10*H*-pyrano[4,3-*b*]chromen-9-carbonsäure-methylester mit wss. NaOH in Dioxan oder
Methanol (*Dean et al.*, l. c. S. 3508) sowie von 5-Hydroxy-8,9-dimethoxy-2-methyl-4-oxo-
4*H*,5*H*-pyrano[3,2-*c*]chromen-10-carbonsäure-methylester und von 8,9-Dimethoxy-2-methyl-
4,5-dioxo-4*H*,5*H*-pyrano[3,2-*c*]chromen-10-carbonsäure-methylester mit wss. NaOH (*Ro. et al.*,
l. c. S. 2016, 2017).

Hellgelbe Kristalle; F: 157° [nach Sublimation bei 150°/0,01 Torr] (*Dean et al.*), 156° [aus
Me.] (*Ro. et al.*). IR-Banden (3400—800 cm^{-1}): *Dean et al.* λ_{max}: 300 nm (*Dean et al.*).

Beim Behandeln mit CH$_3$I und K$_2$CO$_3$ in Aceton ist eine Verbindung $C_{15}H_{16}O_6$ (Kristalle
[aus PAe.]; F: 77°) erhalten worden (*Dean et al.*).

Oxim $C_{13}H_{13}NO_6$. Gelbe Kristalle (aus A.); F: 213—214° (*Dean et al.*).

X   XI

Hydroxy-oxo-Verbindungen $C_{12}H_{10}O_6$

1,4-Bis-[1-hydroxy-2,3-dioxo-propyl]-benzol, 3,3'-Dihydroxy-2,2'-dioxo-3,3'-p-phenylen-di-propionaldehyd $C_{12}H_{10}O_6$, Formel XI und Taut.

B. Beim Erwärmen von 1,4-Bis-[trioxo-tetrahydro-[2]furyl]-benzol in H_2O unter Zusatz von Natriumacetat (*Hasselquist,* Ark. Kemi **9** [1956] 489, 491).

Kristalle (aus E. oder H_2O); F: 300°.

3-Äthyl-2,5,6,7-tetrahydroxy-[1,4]naphthochinon $C_{12}H_{10}O_6$, Formel XII (R = H) und Taut.

B. Beim Erhitzen von 3-Äthyl-2-hydroxy-5,6,7-trimethoxy-[1,4]naphthochinon mit einer $AlCl_3$-NaCl-Schmelze auf 170° (*Hase,* J. pharm. Soc. Japan **70** [1950] 625, 628; C. A. **1951** 7085).

Rotbraune Kristalle (aus Dioxan+H_2O) bzw. rotbraune Kristalle (aus wss. A.) mit 0,5 Mol Äthanol; F: 254° [Zers.]. λ_{max} (A.): 267 nm, 321 nm und 414 nm (*Hase,* l. c. S. 626).

3-Äthyl-5-hydroxy-2,6,7-trimethoxy-[1,4]naphthochinon $C_{15}H_{16}O_6$, Formel XIII (R = CH_3, R' = H).

B. Aus 3-Äthyl-2,5,6,7-tetrahydroxy-[1,4]naphthochinon und Diazomethan (*Hase,* J. pharm. Soc. Japan **70** [1950] 625, 628; C. A. **1951** 7085).

Orangefarbene Kristalle; F: 112−114°.

3-Äthyl-2-hydroxy-5,6,7-trimethoxy-[1,4]naphthochinon $C_{15}H_{16}O_6$, Formel XIII (R = H, R' = CH_3) und Taut.

B. Beim Behandeln von 2-Äthyl-2,3-epoxy-6,7,8-trimethoxy-2,3-dihydro-[1,4]naphthochinon mit H_2SO_4 (*Hase,* J. pharm. Soc. Japan **70** [1950] 625, 627; C. A. **1951** 7085).

Gelbe Kristalle (aus A.); F: 168−170°.

XII   XIII

3-Äthyl-2,5,6,7-tetramethoxy-[1,4]naphthochinon $C_{16}H_{18}O_6$, Formel XII (R = CH_3).

B. Aus 3-Äthyl-2-hydroxy-5,6,7-trimethoxy-[1,4]naphthochinon und Diazomethan (*Hase,* J. pharm. Soc. Japan **70** [1950] 625, 628; C. A. **1951** 7085). Aus 2-Äthyl-2,3-epoxy-6,7,8-trimeth-oxy-2,3-dihydro-[1,4]naphthochinon und Natriummethylat in Methanol (*Hase*).

Gelbe Kristalle; F: 96°.

2,5,6,7-Tetraacetoxy-3-äthyl-[1,4]naphthochinon $C_{20}H_{18}O_{10}$, Formel XII (R = CO-CH_3).

Hellgelbe Kristalle; F: 184° (*Hase,* J. pharm. Soc. Japan **70** [1950] 625, 628; C. A. **1951** 7085).

XIV   XV

2-Äthyl-5,6,7,8-tetramethoxy-[1,4]naphthochinon(?) $C_{16}H_{18}O_6$, vermutlich Formel XIV.

B. Aus 4,5,6,7-Tetramethoxy-3-methyl-phthalid bei der aufeinanderfolgenden Umsetzung mit

Propylmagnesiumbromid, KMnO$_4$ und SeO$_2$ (*Weygand et al.*, B. **90** [1957] 1879, 1894).
Gelbe Kristalle; F: 39−40°. λ_{max} (E.): 260 nm.

Hydroxy-oxo-Verbindungen C$_{16}$H$_{18}$O$_6$

2,5-Bis-[1-acetyl-2-oxo-propyl]-hydrochinon C$_{16}$H$_{18}$O$_6$, Formel XV (R = H) und Taut.

B. Bei der Hydrierung von 2,5-Bis-[1-acetyl-2-oxo-propyl]-[1,4]benzochinon an Platin in
Äther (*Bernatek, Ramstad*, Acta chem. scand. **7** [1953] 1351, 1354).
Kristalle (aus wss. Acn.); F: 199° [unkorr.].

1,4-Diacetoxy-2,5-bis-[1-acetyl-2-oxo-propyl]-benzol C$_{20}$H$_{22}$O$_8$, Formel XV (R = CO-CH$_3$)
und Taut.

B. Beim Erwärmen der vorangehenden Verbindung mit Acetylchlorid (*Bernatek, Ramstad*,
Acta chem. scand. **7** [1953] 1351, 1354).
Kristalle (aus Me.); F: 220−221° [unkorr.].

**(±)-7a-Hydroxy-1,2,3-trimethoxy-(7ar,12ac?)-5,6,7,7a,8,11,12,12a-octahydro-benzo[a]heptalen-
9,10-dion** C$_{19}$H$_{24}$O$_6$, vermutlich Formel I + Spiegelbild, und **(±)-10-Hydroxy-1,2,3-
trimethoxy-(12ac?)-6,7,10,11,12,12a-hexahydro-5H-7ar,10c-epoxido-benzo[a]heptalen-9-on**
C$_{19}$H$_{24}$O$_6$, vermutlich Formel II + Spiegelbild.

B. Beim Erwärmen von (±)-1,2,3-Trimethoxy-(12ac?)-5,6,7,8,9,11,12,12a-octahydro-7ar,10c-
epoxido-benzo[a]heptalen-9ξ,10-diol (S. 3615) mit Kupfer(II)-acetat in Methanol (*Van Tamelen
et al.*, Am. Soc. **81** [1959] 6341; Tetrahedron **14** [1961] 8, 31).
Kristalle (aus Acn.+PAe.); F: 203−204,5° [korr.; Zers.; nach Sintern] (*Van Ta. et al.*, Tetra=
hedron **14** 31).

Hydroxy-oxo-Verbindungen C$_{17}$H$_{20}$O$_6$

3,5-Diacetyl-1,7-dimethoxy-4-phenyl-heptan-2,6-dion C$_{19}$H$_{24}$O$_6$, Formel III und Taut.

Ausser dieser Konstitution ist auch eine Formulierung als 5-Hydroxy-2,4-bis-methoxy=
acetyl-5-methyl-3-phenyl-cyclohexanon C$_{19}$H$_{24}$O$_6$ in Betracht zu ziehen (*Finar*, Soc.
1961 674, 676).

B. Aus Benzaldehyd und 1-Methoxy-pentan-2,4-dion in Gegenwart von Piperidin (*Martin
et al.*, Am. Soc. **80** [1958] 5851, 5852).
Kristalle (aus Bzl.); F: 166−167° (*Ma. et al.*). Scheinbare Dissoziationsexponenten pK$'_{a1}$
und pK$'_{a2}$ (wss. Dioxan [50%ig]; potentiometrisch ermittelt) bei 30°: 11,54 bzw. 12,27 (*Martin,
Fernelius*, Am. Soc. **81** [1959] 1509).

Hydroxy-oxo-Verbindungen C$_{20}$H$_{26}$O$_6$

2-Hydroxy-12-methoxy-1,11-dioxo-16,17-seco-picrasa-2,12-dien-16-al C$_{21}$H$_{28}$O$_6$, Formel IV
(R = H), und **2,16ξ-Dihydroxy-12-methoxy-picrasa-2,12-dien-1,11-dion** C$_{21}$H$_{28}$O$_6$, Formel V
(R = H) sowie weitere Taut.; **Norneoquassin.**

B. Beim Erwärmen von Neoquassin (s. u.) mit wss. HCl (*London et al.*, Soc. **1950** 3431,
3438; s. a. *Clark*, Am. Soc. **59** [1937] 2511, 2512).
Kristalle; F: 215−220° [aus E.] (*Cl.*), 212° [aus wss. A.] (*Lo. et al.*). [M]$_D^{21}$: +179° [CHCl$_3$;

c = 1] (*Hanson et al.*, Soc. **1954** 4238, 4249). λ_{max}: 257 nm [A.], 254 nm und 310 nm [äthanol. NaOH] (*Ha. et al.*).

Beim Erwärmen mit wss. NaOH ist 1,16ξ-Dihydroxy-12-methoxy-11-oxo-*A*-nor-9ξ-picras-12-en-1ξ-carbonsäure (Norneoquassinsäure; Syst.-Nr. 1473) erhalten worden (*Ha. et al.*).

Verbindung mit Semicarbazid $C_{22}H_{33}N_3O_7$(?). Kristalle (aus wss. Me.); F: 236−237° (*Canonica, Fiecchi*, R.A.L. [8] **18** [1955] 192, 200).

2,4-Dinitro-phenylhydrazon (F: 208−209° bzw. F: 190°): *Ca., Fi.*, l. c. S. 199; *Ha. et al.*

IV   V   VI

2,12-Dimethoxy-1,11-dioxo-16,17-seco-picrasa-2,12-dien-16-al $C_{22}H_{30}O_6$, Formel IV (R = CH₃), und 16ξ-Hydroxy-2,12-dimethoxy-picrasa-2,12-dien-1,11-dion $C_{22}H_{30}O_6$, Formel V (R = CH₃); Neoquassin.

Konstitution: *Carman, Ward*, Tetrahedron Letters **1961** 317, 319; Austral. J. Chem. **15** [1962] 807, 809; *Valenta et al.*, Tetrahedron **15** [1961] 100. Konfiguration: *Valenta et al.*, Tetrahedron **18** [1962] 1433.

Zusammenfassende Darstellung: *Polonsky*, Fortschr. Ch. org. Naturst. **30** [1973] 101, 109−113.

Isolierung aus dem Holz von Quassia amara: *Clark*, Am. Soc. **59** [1937] 927, 929; *London et al.*, Soc. **1950** 3431, 3436; *Hanson et al.*, Soc. **1954** 4238, 4245; von Aeschrion excelsa: *Adams, Whaley*, Am. Soc. **72** [1950] 375.

B. Bei der Hydrierung von Quassin (E III/IV **18** 3173) an Raney-Nickel in Äthanol (*Lo. et al.*, l. c. S. 3439).

Kristalle (aus wss. Me.); F: 229−231° (*Ad., Wh.*), 227,5−228,5° (*Lo. et al.*, l. c. S. 3437), 225−226° (*Cl.*, l. c. S. 929). $[\alpha]_D^{20}$: +46,6° [CHCl₃; c = 5] (*Cl.*, l. c. S. 929), +41,0° [CHCl₃; c = 5] (*Lo. et al.*, l. c. S. 3437). IR-Spektrum (Nujol; 2,5−15 μ): *Ad., Wh.*, l. c. S. 376. λ_{max}: 255 nm (*Lo. et al.*, l. c. S. 3437).

Beim Erhitzen mit Acetanhydrid und Natriumacetat ist 2,12-Dimethoxy-picrasa-2,12,15-trien-1,11-dion (Anhydroneoquassin) erhalten worden (*Ha. et al.*, l. c. S. 4249; s. a. *Clark*, Am. Soc. **59** [1937] 2511, 2513). Beim Behandeln mit HCl enthaltendem Methanol entsteht ein Gemisch der stereoisomeren 2,12,16ξ-Trimethoxy-picrasa-2,12-dien-1,11-dione (*Ha. et al.*, l. c. S. 4248). Beim Behandeln mit Acetanhydrid und Pyridin ist 16ξ-Acetoxy-2,12-dimethoxy-picrasa-2,12-dien-1,11-dion (F: 213−215°) erhalten worden (*Lo. et al.*, l. c. S. 3437).

Hydroxy-oxo-Verbindungen $C_{21}H_{28}O_6$

(3aS)-3c-Acetoxyacetyl-3t,6t-dihydroxy-3a,6c-dimethyl-(3ar,5at,6at,11ac,11bt)-Δ⁹-dodecahydro-indeno[5,4-f]azulen-5,8-dion, 21-Acetoxy-10,17-dihydroxy-1αH,10αH-1,5-cyclo-5,10-seco-pregn-4-en-3,11,20-trion $C_{23}H_{30}O_7$, Formel VI.

B. Aus 21-Acetoxy-17-hydroxy-pregna-1,4-dien-3,11,20-trion in wss. Essigsäure bei der Bestrahlung mit UV-Licht (*Barton, Taylor*, Soc. **1958** 2500, 2506; *Williams et al.*, Am. Soc. **101** [1979] 5019, 5024).

Kristalle (aus Me.); F: 247−248° [unkorr.] (*Wi. et al.*), 240−243° (*Ba., Ta.*). $[\alpha]_D$: +134° [CHCl₃; c = 0,5] (*Ba., Ta.*), +154° [Me.; c = 1,8] (*Wi. et al.*). ¹H-NMR-Absorption (CDCl₃ + wenig DMSO-d₆): *Wi. et al.* λ_{max} (A.): 231 nm (*Wi. et al.*), 233 nm (*Ba., Ta.*).

Bis-[21-acetoxy-11β,17-dihydroxy-3,20-dioxo-pregna-1,4-dien-2-yl]-diselenid, 21,21'-Diacetoxy-11β,17,11'β,17'-tetrahydroxy-2,2'-diselandiyl-bis-pregna-1,4-dien-3,20-dion $C_{46}H_{58}O_{12}Se_2$, Formel VII.

Bezüglich der Konstitutionszuordnung s. *Baran*, Am. Soc. **80** [1958] 1687.

B. Neben 21-Acetoxy-11β,17-dihydroxy-pregna-1,4-dien-3,20-dion beim Erhitzen von 21-Acetoxy-11β,17-dihydroxy-pregn-4-en-3,20-dion mit SeO_2 in Essigsäure (*Florey, Restivo*, J. org. Chem. **22** [1957] 406, 408).

Kristalle (aus Acn. + Hexan); F: 298 − 300° [unkorr.] (*Fl., Re.*). $[\alpha]_D^{25}$: −204,6° [Dioxan; c = 0,7] (*Fl., Re.*). λ_{max} (A.): 244 nm, 258 nm und 303 nm (*Fl., Re.*).

VII

11β,16α,17,21-Tetrahydroxy-pregna-1,4-dien-3,20-dion $C_{21}H_{28}O_6$, Formel VIII (R = X = H).

B. Aus 11β,16α,17,21-Tetrahydroxy-pregn-4-en-3,20-dion mit Hilfe von Corynebacterium simplex oder Nocardia corallina (*Bernstein et al.*, Am. Soc. **81** [1959] 1689, 1695).

Kristalle (aus Acn. + PAe.); F: 231 − 232° [unkorr.] (*Be. et al.*). $[\alpha]_D^{24}$: +77° [Me.; c = 0,4] (*Be. et al.*). IR-Spektrum (KBr; 4000 − 2700 cm⁻¹ und 1800 − 700 cm⁻¹): *G. Roberts, B.S. Gallagher, R.N. Jones*, Infrared Absorption Spectra of Steroids, Bd. 2 [New York 1958] Nr. 623. λ_{max} (A.): 241 − 242 nm (*Be. et al.*). Zeitlicher Verlauf der Änderung der Absorption (235 − 500 nm) in H_2SO_4 bei 22°: *Smith, Muller*, J. org. Chem. **23** [1958] 960, 961.

16α,21-Diacetoxy-11β,17-dihydroxy-pregna-1,4-dien-3,20-dion $C_{25}H_{32}O_8$, Formel VIII (R = CO-CH₃, X = H).

B. Beim Behandeln der vorangehenden Verbindung mit Acetanhydrid und Pyridin (*Bernstein et al.*, Am. Soc. **81** [1959] 1689, 1695). Aus 16α,21-Diacetoxy-11β,17-dihydroxy-pregn-4-en-3,20-dion mit Hilfe von SeO_2 (*Be. et al.*).

Kristalle (aus E. + PAe.); F: 217 − 219° [unkorr.] bzw. Kristalle (aus E. + PAe.) mit 0,5 Mol H_2O; F: 161 − 163° [unkorr.] (*Be. et al.*). $[\alpha]_D^{25}$: +70° [Me.; c = 1,2] (*Be. et al.*). IR-Spektrum (CHCl₃; 1800 − 800 cm⁻¹): *G. Roberts, B.S. Gallagher, R.N. Jones*, Infrared Absorption Spectra of Steroids, Bd. 2 [New York 1958] Nr. 624. λ_{max} (A.): 242 nm (*Be. et al.*). Zeitlicher Verlauf der Änderung der Absorption (240 − 520 nm) in H_2SO_4 bei 22°: *Smith, Muller*, J. org. Chem. **23** [1958] 960, 962.

3-[2,4-Dinitro-phenylhydrazon] (F: 172°): *Be. et al.*

9-Fluor-11β,16α,17,21-tetrahydroxy-pregna-1,4-dien-3,20-dion, Triamcinolon $C_{21}H_{27}FO_6$, Formel VIII (R = H, X = F).

Zusammenfassende Darstellung: *Florey* in K. *Florey*, Analytical Profiles of Drug Substances, Bd. 1 [New York 1972] S. 367 − 396.

B. Aus 9-Fluor-11β,17,21-trihydroxy-pregna-1,4-dien-3,20-dion mit Hilfe von Streptomyces roseochromogenus (*Thoma et al.*, Am. Soc. **79** [1957] 4818). Beim Behandeln von 16α,21-Diacetoxy-9-fluor-11β,17-dihydroxy-pregna-1,4-dien-3,20-dion (*Bernstein et al.*, Am. Soc. **81** [1959] 1689, 1694) sowie von 16β,21-Diacetoxy-9-fluor-11β,17-dihydroxy-pregna-1,4-dien-3,20-dion (*Heller et al.*, J. org. Chem. **26** [1961] 5044; s. a. *Bernstein et al.*, Am. Soc. **81** [1959] 1256) mit methanol. KOH.

Polymorphe Kristalle (*Smith, Halwer*, J. Am. pharm. Assoc. **48** [1959] 348, 350); F: 273 − 275° [Zers.] bzw. F: 262 − 264° [Zers.; aus Py. + Acn. + H_2O] (*Sm., Ha.*), 265 − 268° [unkorr.; aus Acn. + PAe.] (*He. et al.*), 260 − 262,5° [unkorr.; Zers.; aus Acn. + PAe.] (*Be. et al.*, Am. Soc.

81 1695), 248−250° (*Th. et al.*). [α]$_D^{22}$: +67,1° [Me.; c = 0,5] (*Sm., Ha.*); [α]$_D^{23}$: +71° [Acn.; c = 0,4] (*Th. et al.*); [α]$_D^{25}$: +75° [Acn.; c = 0,2] (*Be. et al.*, l. c. S. 1695). IR-Spektrum (KBr; 2−15 μ) von zwei Modifikationen: *Sm., Ha.*, l. c. S. 349. IR-Spektrum (KBr sowie Nujol; 2−15 μ) eines Präparats vom F: 245−268°: *W. Neudert, H. Röpke*, Steroid-Spektrenatlas [Berlin 1965] Nr. 618. λ$_{max}$: 238 nm [A.] (*Be. et al.*, l. c. S. 1695), 239 nm [A.] (*Sm., Ha.*, l. c. S. 350), 240 nm und 310 nm [äthanol. NaOH] (*Sm., Ha.*, l. c. S. 350). Zeitlicher Verlauf der Änderung der Absorption (260−390 nm) in H_2SO_4 bei 22°: *Smith, Muller*, J. org. Chem. **23** [1958] 960, 961. Polarographisches Halbstufenpotential (wss. Me. vom pH 3): *Sm., Ha.*, l. c. S. 350.

VIII   IX

16,21-Diacetoxy-9-fluor-11,17-dihydroxy-pregna-1,4-dien-3,20-dione $C_{25}H_{31}FO_8$.

a) **16β,21-Diacetoxy-9-fluor-11β,17-dihydroxy-pregna-1,4-dien-3,20-dion**, Formel IX.

B. Aus 16β,21-Diacetoxy-9-fluor-11β,17-dihydroxy-pregn-4-en-3,20-dion mit Hilfe von SeO_2 (*Heller et al.*, J. org. Chem. **26** [1961] 5044; s. a. *Bernstein et al.*, Am. Soc. **81** [1959] 1256).

Kristalle (aus Acn.+PAe.) (*He. et al.*). F: 233,5−236° [unkorr.]; [α]$_D^{25}$: +76,5° [Acn.]; λ$_{max}$ (A.): 238 nm (*Be. et al.*).

b) **16α,21-Diacetoxy-9-fluor-11β,17-dihydroxy-pregna-1,4-dien-3,20-dion**, Formel VIII (R = CO-CH$_3$, X = F).

Zusammenfassende Darstellung: *Florey* in *K. Florey*, Analytical Profiles of Drug Substances, Bd. 1 [New York 1972] S. 423−442.

B. Aus 16α,21-Diacetoxy-9,11β-epoxy-17-hydroxy-9β-pregna-1,4-dien-3,20-dion und HF in $CHCl_3$ (*Bernstein et al.*, Am. Soc. **81** [1959] 1689, 1694). Aus 16α,21-Diacetoxy-9-fluor-11β,17-dihydroxy-pregn-4-en-3,20-dion mit Hilfe von SeO_2 sowie von Nocardia corallina (*Be. et al.*).

Polymorphe Kristalle (*Smith, Halwer*, J. Am. pharm. Assoc. **48** [1959] 348, 351); F: 170−180° [Zers.] (*Thoma et al.*, Am. Soc. **79** [1957] 4818), 158−235° [lösungsmittelhaltig; aus Acn.+PAe.] (*Be. et al.*), 145−236° [Zers.] bzw. F: 185−232° [Zers.; aus $CHCl_3$+PAe.] (*Sm., Ha.*). [α]$_D^{22}$: +63° [Me.; c = 0,5], +22° [$CHCl_3$; c = 0,5] (*Sm., Ha.*, l. c. S. 351); [α]$_D^{23}$: +28° [$CHCl_3$; c = 0,4] (*Th. et al.*); [α]$_D^{25}$: +22° [$CHCl_3$; c = 0,8] (*Be. et al.*). IR-Spektrum (KBr; 2−15 μ) von zwei Modifikationen: *Sm., Ha.*, l. c. S. 349. IR-Spektrum ($CHCl_3$; 1800−800 cm^{-1}): *G. Roberts, B.S. Gallagher, R.N. Jones*, Infrared Absorption Spectra of Steroids, Bd. 2 [New York 1958] Nr. 625. λ$_{max}$: 239 nm [A.] (*Be. et al.*; *Sm., Ha.*, l. c. S. 351), 240 nm und 310 nm [äthanol. NaOH] (*Sm., Ha.*, l. c. S. 351). Zeitlicher Verlauf der Änderung der Absorption (260−480 nm) in H_2SO_4 bei 22°: *Smith, Muller*, J. org. Chem. **23** [1958] 960, 962. Polarographisches Halbstufenpotential (wss. Me. vom pH 3): *Sm., Ha.*, l. c. S. 351.

9-Chlor-11β,16α,17,21-tetrahydroxy-pregna-1,4-dien-3,20-dion $C_{21}H_{27}ClO_6$, Formel VIII (R = H, X = Cl).

B. Aus der folgenden Verbindung mit methanol. Natriummethylat (*Bernstein et al.*, Am. Soc. **81** [1959] 1689, 1696).

Kristalle (aus Me.+E.); F: 224° [unkorr.; Zers.]; [α]$_D^{25}$: +101° [Me.; c = 0,6]; λ$_{max}$ (A.): 239 nm (*Be. et al.*). Zeitlicher Verlauf der Änderung der Absorption (255−400 nm) in H_2SO_4 bei 22°: *Smith, Muller*, J. org. Chem. **23** [1958] 960, 961.

16α,21-Diacetoxy-9-chlor-11β,17-dihydroxy-pregna-1,4-dien-3,20-dion $C_{25}H_{31}ClO_8$, Formel VIII (R = CO-CH$_3$, X = Cl).

B. Aus 16α,21-Diacetoxy-9,11β-epoxy-17-hydroxy-9β-pregna-1,4-dien-3,20-dion und HCl in

$CHCl_3$ (*Bernstein et al.*, Am. Soc. **81** [1959] 1689, 1696).

Kristalle (aus E. + PAe.); F: 234−235° [unkorr.; Zers.]; $[\alpha]_D^{25}$: +82° [Me.; c = 0,9]; λ_{max} (Me.): 239 nm (*Be. et al.*). Zeitlicher Verlauf der Änderung der Absorption (255−385 nm) in H_2SO_4 bei 22°: *Smith, Muller*, J. org. Chem. **23** [1958] 960, 962.

16α,21-Diacetoxy-9-brom-11β,17-dihydroxy-pregna-1,4-dien-3,20-dion $C_{25}H_{31}BrO_8$,
Formel VIII (R = $CO\text{-}CH_3$, X = Br).

B. Beim Behandeln von 16α,21-Diacetoxy-17-hydroxy-pregna-1,4,9(11)-trien-3,20-dion mit *N*-Brom-acetamid und wss. $HClO_4$ in Dioxan (*Bernstein et al.*, Am. Soc. **81** [1959] 1689, 1696).

F: 147° [unkorr.; Zers.].

21-Acetoxy-11β,14,17-trihydroxy-pregna-4,6-dien-3,20-dion $C_{23}H_{30}O_7$, Formel X.

B. Aus 21-Acetoxy-11β,14,17-trihydroxy-pregn-4-en-3,20-dion mit Hilfe von Tetrachlor-[1,4]benzochinon (*Agnello, Laubach*, Am. Soc. **79** [1957] 1257, **82** [1960] 4293, 4297).

Kristalle (aus E.); F: 245−247° [unkorr.; Zers.] (*Ag., La.*, Am. Soc. **82** 4297). $[\alpha]_D^{24}$: +230° [Dioxan]; λ_{max} (A.): 283 nm (*Ag., La.*, Am. Soc. **79** 1257).

1α-Acetylmercapto-17,21-dihydroxy-pregn-4-en-3,11,20-trion $C_{23}H_{30}O_6S$, Formel XI
(R = $CO\text{-}CH_3$, R′ = H).

B. Beim Erhitzen von 17,21-Dihydroxy-pregna-1,4-dien-3,11,20-trion mit Thioessigsäure unter Bestrahlung mit UV-Licht (*Searle & Co.*, U.S.P. 2837543 [1956]).

λ_{max}: 238,5 nm.

21-Acetoxy-1α-acetylmercapto-17-hydroxy-pregn-4-en-3,11,20-trion $C_{25}H_{32}O_7S$, Formel XI
(R = R′ = $CO\text{-}CH_3$).

B. Beim Erhitzen von 21-Acetoxy-17-hydroxy-pregna-1,4-dien-3,11,20-trion mit Thioessig‑säure unter Bestrahlung mit UV-Licht (*Searle & Co.*, U.S.P. 2837543 [1956]; s. a. *Dodson, Tweit*, Am. Soc. **81** [1959] 1224, 1225).

Kristalle; F: 219−220° [aus Acn.] (*Searle & Co.*), 217−218° [Zers.] (*Do., Tw.*). $[\alpha]_D^{25}$: +190° [$CHCl_3$] (*Searle & Co.*; *Do., Tw.*).

17-Hydroxy-1α-propionylmercapto-21-propionyloxy-pregn-4-en-3,11,20-trion $C_{27}H_{36}O_7S$,
Formel XI (R = R′ = $CO\text{-}C_2H_5$).

B. Beim Erhitzen von 17-Hydroxy-21-propionyloxy-pregna-1,4-dien-3,11,20-trion mit Thio‑propionsäure unter Bestrahlung mit UV-Licht (*Searle & Co.*, U.S.P. 2837543 [1956]; s. a. *Dod‑son, Tweit*, Am. Soc. **81** [1959] 1224, 1225).

F: 160−161° [Zers.] (*Do., Tw.*), 156−158° [aus Acn. + Ae.] (*Searle & Co.*).

2α,17,21-Trihydroxy-pregn-4-en-3,11,20-trion $C_{21}H_{28}O_6$, Formel XII (R = R′ = R″ = H).

B. Aus der folgenden Verbindung mit Hilfe von wss.-methanol. KOH (*Rosenkranz et al.*, Am. Soc. **77** [1955] 145, 148).

Kristalle (aus Acn. + Ae.); F: 234−236° [unkorr.; vorgeheiztes Bad]. $[\alpha]_D^{20}$: +202° [$CHCl_3$]. λ_{max} (A.): 237 nm.

2α,21-Diacetoxy-17-hydroxy-pregn-4-en-3,11,20-trion $C_{25}H_{32}O_8$, Formel XII
(R = R″ = $CO\text{-}CH_3$, R′ = H).

B. Beim Erhitzen von 21-Acetoxy-6ξ-brom-17-hydroxy-pregn-4-en-3,11,20-trion (S. 3489) mit

Kaliumacetat in Essigsäure (*Rosenkranz et al.*, Am. Soc. **77** [1955] 145, 147).
Kristalle (aus Acn. + Ae. oder Me.); F: 218 – 220° [unkorr.]. λ_{max} (A.): 237 nm.

2α,17,21-Triacetoxy-pregn-4-en-3,11,20-trion $C_{27}H_{34}O_9$, Formel XII
(R = R′ = R″ = CO-CH$_3$).
B. Beim Erhitzen von 17,21-Diacetoxy-pregn-4-en-3,11,20-trion mit Blei(IV)-acetat, Essig≠
säure und Acetanhydrid (*Rosenkranz et al.*, Am. Soc. **77** [1955] 145, 148).
Kristalle (aus Acn. + Hexan); F: 243 – 244° [unkorr.]. $[\alpha]_D^{20}$: +103° [CHCl$_3$]. λ_{max} (A.):
237 nm.

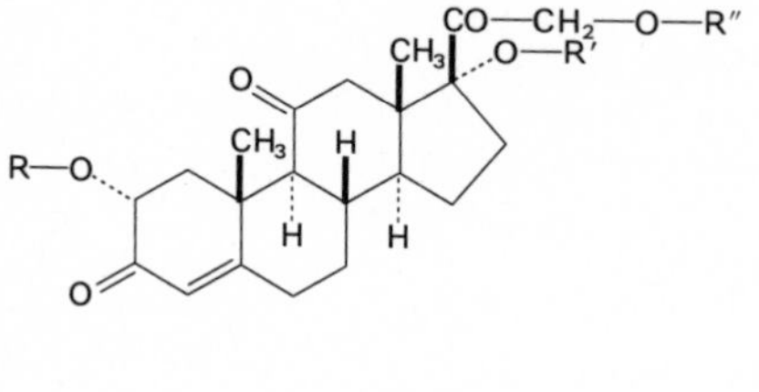

XII

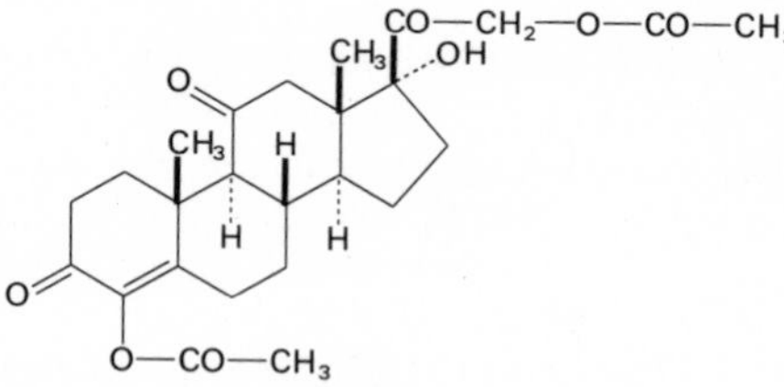

XIII

2α,17-Dihydroxy-21-pivaloyloxy-pregn-4-en-3,11,20-trion $C_{26}H_{36}O_7$, Formel XII
(R = R′ = H, R″ = CO-C(CH$_3$)$_3$).
B. Aus der folgenden Verbindung mit Hilfe von methanol. KOH (*Baran*, Am. Soc. **80** [1958]
1687, 1690).
Kristalle (aus Acn.); F: 276 – 278° [korr.]. $[\alpha]_D$: +196° [Dioxan]. λ_{max} (Me.): 237 nm.

2α-Acetoxy-17-hydroxy-21-pivaloyloxy-pregn-4-en-3,11,20-trion $C_{28}H_{38}O_8$, Formel XII
(R = CO-CH$_3$, R′ = H, R″ = CO-C(CH$_3$)$_3$).
B. Aus 17-Hydroxy-21-pivaloyloxy-pregn-4-en-3,11,20-trion beim Erwärmen mit *N*-Brom≠
succinimid in Chlorbenzol, CCl$_4$ und Pyridin und Erhitzen des Reaktionsprodukts mit Kalium≠
acetat in Essigsäure (*Baran*, Am. Soc. **80** [1958] 1687, 1690).
Kristalle (aus Me.); F: 257 – 261° [korr.]. $[\alpha]_D$: +178° [Dioxan]. λ_{max} (Me.): 238 nm.

4,21-Diacetoxy-17-hydroxy-pregn-4-en-3,11,20-trion $C_{25}H_{32}O_8$, Formel XIII.
B. Beim Behandeln von 4ξ,21-Diacetoxy-17-hydroxy-pregn-5-en-3,11,20-trion (S. 3635) mit
wss. HCl und Essigsäure (*Searle & Co.*, U.S.P. 2829150 [1955]).
Kristalle (aus wss. Acn.); F: 231 – 233°.

6β,17,21-Trihydroxy-pregn-4-en-3,11,20-trion $C_{21}H_{28}O_6$, Formel XIV (R = R′ = H).
B. Beim Behandeln von 6β,21-Diacetoxy-17-hydroxy-pregn-4-en-3,11,20-trion mit
wss.-methanol. KOH (*Sondheimer et al.*, Am. Soc. **76** [1954] 5020, 5023).
Kristalle; F: 241 – 242° [unkorr.] (*Dusza et al.*, J. org. Chem. **27** [1962] 4046), 236 – 238°
[unkorr.; aus Me. + Ae.] (*So. et al.*). $[\alpha]_D^{20}$: +117° [A.] (*So. et al.*); $[\alpha]_D$: +122° [Py.] (*Du.
et al.*). λ_{max}: 231 nm [Me.] (*Du. et al.*), 232 nm [A.] (*So. et al.*).

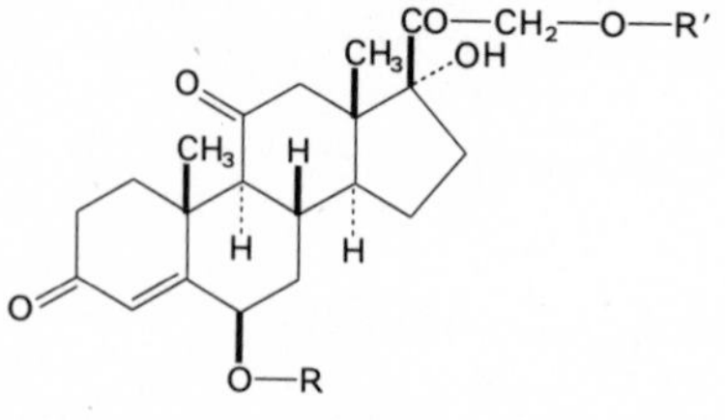

XIV

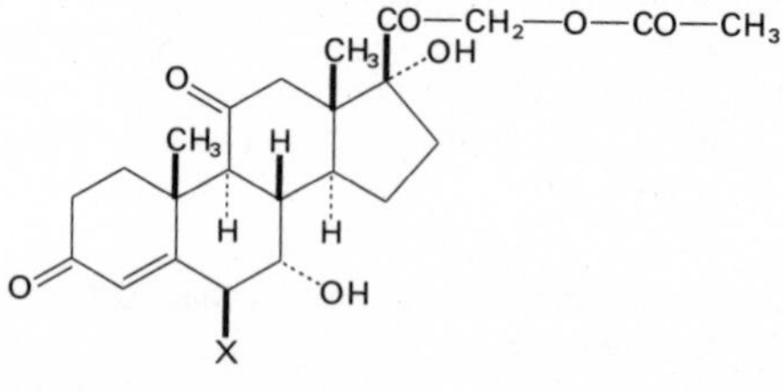

I

21-Acetoxy-6β,17-dihydroxy-pregn-4-en-3,11,20-trion $C_{23}H_{30}O_7$, Formel XIV (R = H, R' = CO-CH₃).

B. Beim Behandeln der vorangehenden Verbindung mit Acetanhydrid und Pyridin (*Sondheimer et al.*, Am. Soc. **76** [1954] 5020, 5023).

Kristalle; F: 267–268° [unkorr.] (*Dusza et al.*, J. org. Chem. **27** [1962] 4046, 4048), 246–248° [unkorr.; aus Acn.+Bzl.] (*So. et al.*). [α]$_D$: +130° [Py.] (*Du. et al.*). λ_{max} (Me.): 231 nm (*Du. et al.*).

6β,21-Diacetoxy-17-hydroxy-pregn-4-en-3,11,20-trion $C_{25}H_{32}O_8$, Formel XIV (R = R' = CO-CH₃).

B. Aus 6β,21-Diacetoxy-5,17-dihydroxy-5α-pregnan-3,11,20-trion mit Hilfe von HCl in CHCl₃ (*Sondheimer et al.*, Am. Soc. **76** [1954] 5020, 5023).

Kristalle (aus Acn.+Bzl.); F: 241–243° [unkorr.]; [α]$_D^{20}$: +128° [CHCl₃] (*So. et al.*). IR-Spektrum (CHCl₃; 1800–850 cm⁻¹): *G. Roberts, B.S. Gallagher, R.N. Jones*, Infrared Absorp‐tion Spectra of Steroids, Bd. 2 [New York 1958] Nr. 643. λ_{max} (A.): 232 nm (*So. et al.*).

21-Acetoxy-7α,17-dihydroxy-pregn-4-en-3,11,20-trion $C_{23}H_{30}O_7$, Formel I (X = H).

B. Beim Behandeln der folgenden Verbindung mit Zink-Pulver in wss. Äthanol (*Nussbaum et al.*, Am. Soc. **80** [1958] 2722, 2725).

Kristalle (aus Me.); F: 278–283°. [α]$_D^{23}$: +151,8° [Py.; c = 1]. λ_{max} (Me.): 238 nm.

21-Acetoxy-6β-brom-7α,17-dihydroxy-pregn-4-en-3,11,20-trion $C_{23}H_{29}BrO_7$, Formel I (X = Br).

B. Aus 21-Acetoxy-6α,7α-epoxy-17-hydroxy-pregn-4-en-3,11,20-trion beim Behandeln mit wss. HBr und CHCl₃ und anschliessend mit Acetanhydrid und Pyridin (*Nussbaum et al.*, Am. Soc. **80** [1958] 2722, 2725; vgl. *Searle & Co.*, U.S.P. 2738348 [1954]).

Kristalle (aus Acn.+Diisopropyläther); F: 197–198° [Zers.]; λ_{max} (Me.): 240 nm (*Nu. et al.*).

21-Acetoxy-7α-acetylmercapto-17-hydroxy-pregn-4-en-3,11,20-trion $C_{25}H_{32}O_7S$, Formel II.

B. Aus 21-Acetoxy-17-hydroxy-pregna-4,6-dien-3,11,20-trion und Thioessigsäure unter der Einwirkung von UV-Licht (*Dodson, Tweit*, Am. Soc. **81** [1959] 1224, 1226).

Kristalle (aus CH₂Cl₂+Me.); F: 238–239° [Zers.]. [α]$_D^{25}$: +102,5° [CHCl₃]. λ_{max} (Me.): 238,5 nm.

21-Acetoxy-9,17-dihydroxy-pregn-4-en-3,11,20-trion $C_{23}H_{30}O_7$, Formel III (R = CO-CH₃, X = OH).

B. Aus 21Acetoxy-9,11β,17-trihydroxy-pregn-4-en-3,20-dion mit Hilfe von CrO₃ in Essigsäure (*Fried, Sabo*, Am. Soc. **79** [1957] 1130, 1140; *Wendler et al.*, Am. Soc. **79** [1957] 4476, 4480).

Kristalle; F: 237–243,5° [unkorr.; aus Acn.+Ae.] (*We. et al.*), 237–239° [korr.; aus A.] (*Fr., Sabo*). [α]$_D^{23}$: +211° [CHCl₃; c = 0,5] (*Fr., Sabo*). λ_{max} (Me. bzw. A.): 238 nm (*We. et al.; Fr., Sabo*).

21-Acetoxy-17-hydroxy-9-methoxy-pregn-4-en-3,11,20-trion $C_{24}H_{32}O_7$, Formel III (R = CO-CH₃, X = O-CH₃).

B. Analog der vorangehenden Verbindung (*Fried, Sabo*, Am. Soc. **79** [1957] 1130, 1140).

Kristalle (aus Acn.); F: 250–251° [korr.]; $[\alpha]_D^{22}$: +201° [CHCl$_3$; c = 1] (*Fr., Sabo*). IR-Spektrum (CHCl$_3$; 1800–850 cm^{-1}): *G. Roberts, B.S. Gallagher, R.N. Jones*, Infrared Absorption Spectra of Steroids, Bd. 2 [New York 1958] Nr. 644. λ_{max} (A.): 238 nm (*Fr., Sabo*).

17,21-Dihydroxy-9-thiocyanato-pregn-4-en-3,11,20-trion $C_{22}H_{27}NO_5S$, Formel III (R = H, X = S-CN).

B. Aus der folgenden Verbindung bei der Hydrolyse mit wss. HCl (*Kawasaki, Mosettig*, J. org. Chem. **24** [1959] 2071, **27** [1962] 1374, 1376).

Kristalle (aus Acn. + Ae.); F: 245–246° [unkorr.; Zers.]. $[\alpha]_D^{20}$: +337,2° [Dioxan; c = 0,4]. λ_{max} (A.): 238 nm.

21-Acetoxy-17-hydroxy-9-thiocyanato-pregn-4-en-3,11,20-trion $C_{24}H_{29}NO_6S$, Formel III (R = CO-CH$_3$, X = S-CN).

B. Aus 21-Acetoxy-11β,17-dihydroxy-9-thiocyanato-pregn-4-en-3,20-dion mit Hilfe von CrO$_3$ in wss. Essigsäure (*Kawasaki, Mosettig*, J. org. Chem. **24** [1959] 2071, **27** [1962] 1374, 1376).

Kristalle (aus Me.) mit 1 Mol Methanol; F: 218–219° [unkorr.; Zers.] (*Ka., Mo.*, J. org. Chem. **24** 2071, **27** 1376). $[\alpha]_D^{20}$: +339,2° [CHCl$_3$], +333,7° [Dioxan; c = 1] (*Ka., Mo.*, J. org. Chem. **27** 1376). λ_{max} (A.): 238 nm (*Ka., Mo.*, J. org. Chem. **24** 2071, **27** 1376).

14,17,21-Trihydroxy-pregn-4-en-3,11,20-trion $C_{21}H_{28}O_6$, Formel IV (R = X = H).

B. Aus der folgenden Verbindung bei der Hydrolyse mit NaHCO$_3$ in Methanol (*Pfizer & Co.*, U.S.P. 2788354 [1954]; s. a. *Agnello et al.*, Am. Soc. **77** [1955] 4684).

Kristalle (aus Me.); F: 232–233° [Zers.]. $[\alpha]_D$: +210,1° [Dioxan]. λ_{max} (A.): 237 nm.

21-Acetoxy-14,17-dihydroxy-pregn-4-en-3,11,20-trion $C_{23}H_{30}O_7$, Formel IV (R = CO-CH$_3$, X = H).

B. Aus 21-Acetoxy-11β,14,17-trihydroxy-pregn-4-en-3,20-dion mit Hilfe von CrO$_3$ in wss. Essigsäure (*Pfizer & Co.*, U.S.P. 2788354 [1954]; s. a. *Agnello et al.*, Am. Soc. **77** [1955] 4684).

Kristalle (aus Me.); F: 262–263°. $[\alpha]_D$: +236,8° [Dioxan]. λ_{max} (A.): 237 nm.

21-Acetoxy-15β-chlor-14,17-dihydroxy-pregn-4-en-3,11,20-trion $C_{23}H_{29}ClO_7$, Formel IV (R = CO-CH$_3$, X = Cl).

B. Aus 21-Acetoxy-14,15α-epoxy-17-hydroxy-pregn-4-en-3,11,20-trion und HCl in CHCl$_3$ (*Agnello et al.*, Am. Soc. **77** [1955] 4684).

F: 233–234° [Zers.]. $[\alpha]_D$: +106° [Dioxan]. λ_{max} (A.): 237 nm.

21-Acetoxy-15β-brom-14,17-dihydroxy-pregn-4-en-3,11,20-trion $C_{23}H_{29}BrO_7$, Formel IV (R = CO-CH$_3$, X = Br).

B. Analog der vorangehenden Verbindung (*Agnello et al.*, Am. Soc. **77** [1955] 4684).

F: 207–209° [Zers.]. $[\alpha]_D$: +118° [Dioxan]. λ_{max} (A.): 237 nm.

16α,17,21-Trihydroxy-pregn-4-en-3,11,20-trion $C_{21}H_{28}O_6$, Formel V (R = R' = X = X' = H).

B. Aus 21-Hydroxy-pregna-4,16-dien-3,11,20-trion mit Hilfe von OsO$_4$ (*Allen, Bernstein*, Am. Soc. **78** [1956] 1909, 1913).

Kristalle (aus Me. + Acn.); F: 238–240° [unkorr.]. $[\alpha]_D^{24}$: +153° [Me.; c = 0,2]. λ_{max} (A.): 237–238 nm.

21-Acetoxy-16α,17-dihydroxy-pregn-4-en-3,11,20-trion $C_{23}H_{30}O_7$, Formel V (R = X = X' = H, R' = CO-CH$_3$).

B. Aus 21-Acetoxy-pregna-4,16-dien-3,11,20-trion mit Hilfe von KMnO$_4$ (*Ellis et al.*, Soc. **1955** 4383, 4388).

Kristalle (aus wss. Dioxan); F: 245–247°. $[\alpha]_D^{22}$: +166,5° [Dioxan; c = 1]. λ_{max} (Isopropylalkohol): 238 nm.

16α,21-Diacetoxy-17-hydroxy-pregn-4-en-3,11,20-trion $C_{25}H_{32}O_8$, Formel V
(R = R' = CO-CH$_3$, X = X' = H).

B. Beim Behandeln von 16α,17,21-Trihydroxy-pregn-4-en-3,11,20-trion (*Allen, Bernstein,* Am. Soc. **78** [1956] 1909, 1913) oder von 21-Acetoxy-16α,17-dihydroxy-pregn-4-en-3,11,20-trion (*Ellis et al.,* Soc. **1955** 4383, 4388) mit Acetanhydrid und Pyridin. Beim Behandeln von 16α,21-Diacetoxy-12α-brom-17-hydroxy-pregn-4-en-3,11,20-trion mit Zink-Pulver und Essigsäure (*Bernstein, Littell,* J. org. Chem. **24** [1959] 871).

Kristalle; F: 233−234° [unkorr.; aus Acn.+PAe.] (*Be., Li.*), 225−226° [aus A.] (*El. et al.*), 224−227° [unkorr.; aus Acn.+PAe.] (*Al., Be.*). [α]$_D^{20}$: +118° [CHCl$_3$; c = 0,4] (*El. et al.*); [α]$_D^{24}$: +129° [CHCl$_3$; c = 1] (*Al., Be.*). λ$_{max}$ (A.): 237−238 nm (*Al., Be.*). Zeitlicher Verlauf der Änderung der Absorption (280−385 nm) in H$_2$SO$_4$ bei 22°: *Smith, Muller,* J. org. Chem. **23** [1958] 960, 962.

16α,21-Diacetoxy-9-fluor-17-hydroxy-pregn-4-en-3,11,20-trion $C_{25}H_{31}FO_8$, Formel V
(R = R' = CO-CH$_3$, X = F, X' = H).

B. Aus 16α,21-Diacetoxy-9-fluor-11β,17-dihydroxy-pregn-4-en-3,20-dion mit Hilfe von CrO$_3$ (*Thoma et al.,* Am. Soc. **79** [1957] 4818; *Bernstein et al.,* Am. Soc. **81** [1959] 1689, 1693).

Kristalle; F: 223−224° [unkorr.; nach Sintern; aus Acn.+PAe.] (*Be. et al.*), 215−217° (*Th. et al.*). [α]$_D^{25}$: +94° [CHCl$_3$; c = 0,4] (*Th. et al.*); [α]$_D^{25}$: +98° [CHCl$_3$; c = 0,6] (*Be. et al.*). λ$_{max}$ (A.): 234,5 nm (*Be. et al.*), 235 nm (*Th. et al.*). Zeitlicher Verlauf der Änderung der Absorption (280−390 nm) in H$_2$SO$_4$ bei 22°: *Smith, Muller,* J. org. Chem. **23** [1958] 960, 962.

16α,21-Diacetoxy-9-chlor-17-hydroxy-pregn-4-en-3,11,20-trion $C_{25}H_{31}ClO_8$, Formel V
(R = R' = CO-CH$_3$, X = Cl, X' = H).

B. Aus 16α,21-Diacetoxy-9-chlor-11β,17-dihydroxy-pregn-4-en-3,20-dion mit Hilfe von CrO$_3$ in Pyridin (*Bernstein et al.,* Am. Soc. **81** [1959] 1689, 1692).

Kristalle (aus Acn.+PAe.); F: 226,5−229,5° [unkorr.; nach Sintern]. [α]$_D^{25}$: +165° [CHCl$_3$; c = 0,6]. λ$_{max}$ (A.): 235,5 nm.

21-Acetoxy-12α-brom-16α,17-dihydroxy-pregn-4-en-3,11,20-trion $C_{23}H_{29}BrO_7$, Formel V
(R = X = H, R' = CO-CH$_3$, X' = Br).

B. Aus 21-Acetoxy-12α-brom-pregna-4,16-dien-3,11,20-trion mit Hilfe von KMnO$_4$ oder OsO$_4$ (*Bernstein, Littell,* J. org. Chem. **24** [1959] 871).

Kristalle (aus Acn.); F: 263° [unkorr.; Zers.]. [α]$_D^{25}$: +39° [Py.; c = 0,3]. λ$_{max}$ (Me.): 237 nm.

16α,21-Diacetoxy-12α-brom-17-hydroxy-pregn-4-en-3,11,20-trion $C_{25}H_{31}BrO_8$, Formel V
(R = R' = CO-CH$_3$, X = H, X' = Br).

B. Beim Behandeln der vorangehenden Verbindung mit Acetanhydrid und Pyridin (*Bernstein, Littell,* J. org. Chem. **24** [1959] 871).

Kristalle (aus Acn.+PAe.); F: 228−229° [unkorr.; Zers.]. [α]$_D^{24}$: +26° [CHCl$_3$; c = 1]. λ$_{max}$ (A.): 237 nm.

4ξ,21-Diacetoxy-17-hydroxy-pregn-5-en-3,11,20-trion $C_{25}H_{32}O_8$, Formel VI.

B. Beim Behandeln von 4ξ,21-Diacetoxy-5,17-dihydroxy-5ξ-pregnan-3,11,20-trion (S. 3712) mit SOCl$_2$ und Pyridin (*Searle & Co.,* U.S.P. 2829150 [1955]).

Kristalle (aus E. + Cyclohexan); F: 219 – 224° [nicht rein erhalten].

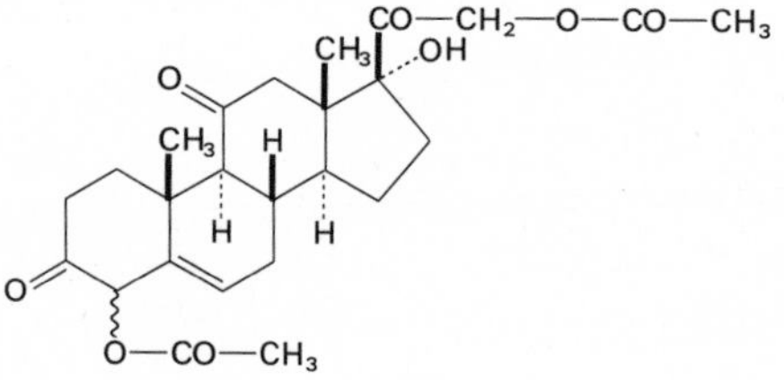

VI

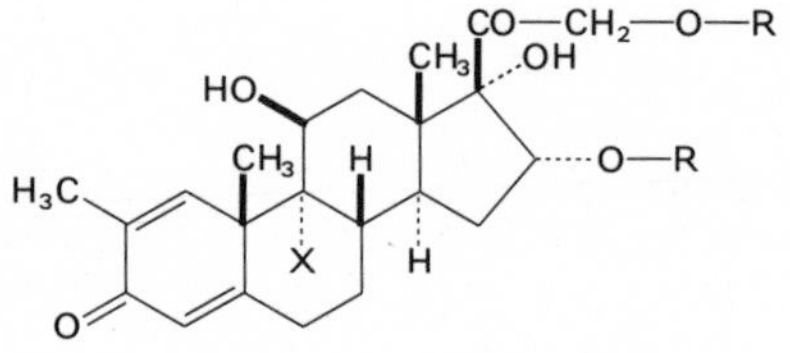

VII

Hydroxy-oxo-Verbindungen $C_{22}H_{30}O_6$

16α,21-Diacetoxy-11β,17-dihydroxy-2-methyl-pregna-1,4-dien-3,20-dion $C_{26}H_{34}O_8$, Formel VII (R = CO-CH$_3$, X = H).

B. Aus 16α,21-Diacetoxy-11β,17-dihydroxy-2α-methyl-pregn-4-en-3,20-dion mit Hilfe von SeO$_2$ (*Bernstein et al.,* Am. Soc. **81** [1959] 1696, 1701).

Kristalle (aus Acn. + PAe.); F: 241,5 – 242,5° [unkorr.]. $[\alpha]_D^{25}$: +7° [CHCl$_3$; c = 0,5]. λ_{max} (Me.): 247 nm.

9-Fluor-11β,16α,17,21-tetrahydroxy-2-methyl-pregna-1,4-dien-3,20-dion $C_{22}H_{29}FO_6$, Formel VII (R = H, X = F).

B. Aus 16α,21-Diacetoxy-9,11β-epoxy-17-hydroxy-2α-methyl-9β-pregn-4-en-3,20-dion bei der aufeinanderfolgenden Reaktion mit HF, mit SeO$_2$ und mit methanol. KOH (*Bernstein et al.,* Am. Soc. **81** [1959] 1696, 1700, 1701).

Kristalle (aus Acn. + PAe.); F: 239 – 242° [unkorr.]. $[\alpha]_D^{25}$: +43,7° [Py.; c = 1,1]. λ_{max} (A.): 245 nm.

16α,21-Diacetoxy-17-hydroxy-2α-methyl-pregn-4-en-3,11,20-trion $C_{26}H_{34}O_8$, Formel VIII (X = H).

B. Aus 16α,21-Diacetoxy-11β,17-dihydroxy-2α-methyl-pregn-4-en-3,20-dion mit Hilfe von CrO$_3$ in Pyridin (*Bernstein et al.,* Am. Soc. **81** [1959] 1696, 1699).

Kristalle (aus Acn. + PAe.); F: 240,5 – 241,5° [unkorr.]. $[\alpha]_D^{25}$: +129° [CHCl$_3$; c = 1]. λ_{max} (A.): 237 nm.

16α,21-Diacetoxy-9-fluor-17-hydroxy-2α-methyl-pregn-4-en-3,11,20-trion $C_{26}H_{33}FO_8$, Formel VIII (X = F).

B. Aus 16α,21-Diacetoxy-9,11β-epoxy-17-hydroxy-2α-methyl-9β-pregn-4-en-3,20-dion bei der Umsetzung mit HF und anschliessenden Oxidation mit CrO$_3$ (*Bernstein et al.,* Am. Soc. **81** [1959] 1696, 1701).

Kristalle (aus Acn. + PAe.); F: 197,5 – 199,5° [unkorr.]. $[\alpha]_D^{25}$: +94,7° [CHCl$_3$; c = 1]. λ_{max} (A.): 235 nm.

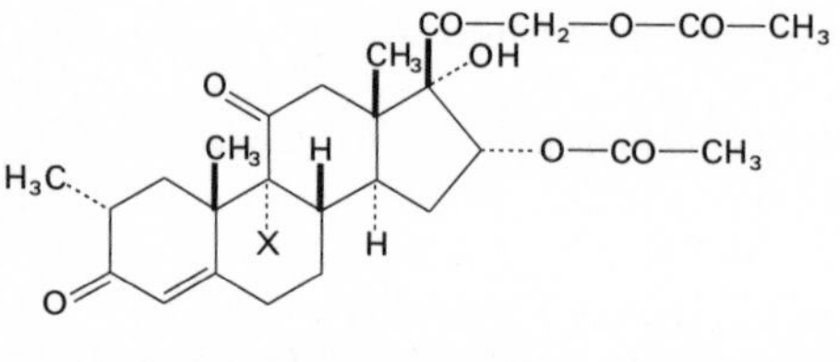

VIII

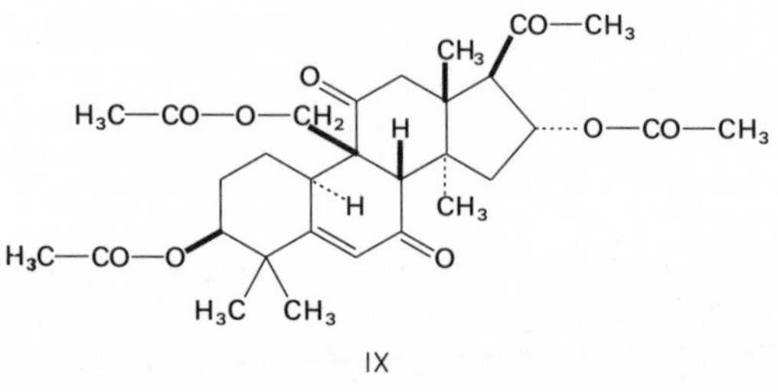

IX

Hydroxy-oxo-Verbindungen $C_{24}H_{34}O_6$

3β,16α-Diacetoxy-9-acetoxymethyl-4,4,14-trimethyl-19-nor-9β,10α-pregn-5-en-7,11,20-trion,
3β,16α,19-Triacetoxy-22,23,24,25,26,27-hexanor-10α-cucurbit-5-en-7,11,20-trion,
Cucurbiton-C $C_{30}H_{40}O_9$, Formel IX.

Konstitution: *deKock et al.*, Soc. **1963** 3828, 3832. Die Konfiguration ergibt sich aus der genetischen Beziehung zu Cucurbitacin-C (S. 3716).

B. Aus Cucurbitacin-C [S. 3716] (*Enslin et al.*, Soc. **1960** 4787, 4789; s. a. *Rivett, Enslin,* Pr. chem. Soc. **1958** 301) sowie aus Hexanorcucurbitacin-C [3β,16α-Dihydroxy-9-hydroxy≠ methyl-4,4,14-trimethyl-19-nor-9β,10α-pregn-5-en-11,20-dion] (*En. et al.*, l. c. S. 4790; s. a. *Ens≠ lin, Norton,* Chem. and Ind. **1959** 162) beim Erhitzen mit Acetanhydrid und Erwärmen des Reaktionsprodukts mit CrO_3 in Essigsäure.

Kristalle (aus $CHCl_3$ + Me.); F: 246−247°; $[\alpha]_D$: +153° [$CHCl_3$; c = 1,3]; λ_{max} (A.): 241 nm und 298 nm (*En. et al.*).

Hydroxy-oxo-Verbindungen $C_{30}H_{46}O_6$

2β,16α,20-Trihydroxy-9-methyl-19-nor-9β,10α-lanost-5-en-3,11,22-trion, 2β,16α,20-Trihydroxy-10α-cucurbit-5-en-3,11,22-trion $C_{30}H_{46}O_6$, Formel X (R = H) (in der Literatur als Dihydro-desacetoxy-cucurbitacin-B bezeichnet).

B. Neben Dihydro-cucurbitacin-B (S. 3717) bei der Hydrierung von Cucurbitacin-B (S. 3722) an Palladium/Kohle in Äthanol und Äthylacetat (*Schlegel et al.*, J. org. Chem. **26** [1961] 1206, 1209; s. a. *Melera et al.*, J. org. Chem. **24** [1959] 291).

Kristalle (aus Ae.); F: 208−210°. $[\alpha]_D^{25}$: +57° [$CHCl_3$; c = 9]. λ_{max} (A.): 279 nm.

16α-Acetoxy-2β,20-dihydroxy-9-methyl-19-nor-9β,10α-lanost-5-en-3,11,22-trion, 16α-Acetoxy-2β,20-dihydroxy-10α-cucurbit-5-en-3,11,22-trion $C_{32}H_{48}O_7$, Formel X (R = CO-CH_3) (in der Literatur als Dihydro-desacetoxy-fabacein bezeichnet).

B. Neben Dihydro-fabacein (S. 3717) bei der Hydrierung von Fabacein (S. 3723) an Palla≠ dium/Kohle in Äthanol und Äthylacetat (*Schlegel, Noller,* Tetrahedron Letters **1959** Nr. 13, S. 16, 17; J. org. Chem. **26** [1961] 1211).

$[\alpha]_D^{25}$: +17,6° [$CHCl_3$; c = 1,4]. λ_{max} (A.): 286 nm.

3,21,22,24-Tetraacetoxy-olean-9(11)-en-12,19-dione $C_{38}H_{54}O_{10}$.

a) **3β,21α,22α,24-Tetraacetoxy-olean-9(11)-en-12,19-dion,** Formel XI (R = CO-CH_3).

B. Beim Erwärmen von 3β,21α,22α,24-Tetraacetoxy-oleana-9(11),13(18)-dien-12,19-dion mit Zink-Pulver in Äthanol (*Smith et al.*, Tetrahedron **4** [1958] 111, 125).

Kristalle (aus $CHCl_3$ + Me.); F: 274−275° [unkorr.]. $[\alpha]_D^{15-20}$: +108,4° [$CHCl_3$; c = 1,5]. λ_{max} (A.): 244 nm.

b) **3β,21α,22β,24-Tetraacetoxy-olean-9(11)-en-12,19-dion,** Formel XII (R = CO-CH_3).

B. Beim Erwärmen von 3β,21α,22β,24-Tetraacetoxy-oleana-9(11),13(18)-dien-12,19-dion mit Zink-Pulver in Äthanol (*Smith et al.*, Tetrahedron **4** [1958] 111, 125).

Kristalle (aus $CHCl_3 + Me.$); F: $239-241°$ [unkorr.]. $[\alpha]_D$: $+153,5°$ [$CHCl_3$; c = 1]. λ_{max} (A.): 244 nm.

c) **3β,21α,22β,24-Tetraacetoxy-18α-olean-9(11)-en-12,19-dion,** Formel XIII (R = $CO-CH_3$).

B. Beim Erwärmen der unter a) sowie unter b) beschriebenen Stereoisomeren mit wss.-methanol. KOH und Behandeln des Reaktionsprodukts mit Acetanhydrid und Pyridin (*Smith et al.,* Tetrahedron **4** [1958] 111, 125).

Kristalle (aus $CHCl_3 + Me.$); F: $326-328°$ [unkorr.]. $[\alpha]_D$: $+60,2°$ [$CHCl_3$; c = 0,85], $+61°$ [$CHCl_3$; c = 0,8]. λ_{max} (A.): 243 nm.   [*Roth*]

Hydroxy-oxo-Verbindungen $C_nH_{2n-16}O_6$

Hydroxy-oxo-Verbindungen $C_{12}H_8O_6$

2-[2,5-Dihydroxy-4-methoxy-phenyl]-5-methoxy-[1,4]benzochinon $C_{14}H_{12}O_6$, Formel I (E III 4224).

B. Aus 2-Methoxy-hydrochinon mit Hilfe von $NaClO_2$ in wss. Essigsäure bei pH 2,2 (*Logan et al.,* Canad. J. Chem. **33** [1955] 82, 87, 94).

Kristalle (aus Eg.); F: 269° [korr.] (*Posternak et al.,* Helv. **39** [1956] 1556, 1563).

Beim Erwärmen mit wss. HCl und Essigsäure ist 1-Chlor-3,7-dimethoxy-dibenzofuran-2,8-diol erhalten worden (*Ioffe, Šuchina,* Ž. obšč. Chim. **23** [1953] 1370, 1375; engl. Ausg. S. 1433, 1436; *Brown et al.,* Tetrahedron **29** [1973] 3059, 3062).

1,5,1′,5′-Tetramethoxy-[3,3′]bicyclohexa-1,4-dienyliden-6,6′-dion, Cörulignon, Cedriret $C_{16}H_{16}O_6$, Formel II (H 537; E I 750; E II 573).

B. Aus 2,6-Dimethoxy-phenol mit Hilfe von $K_3[Fe(CN)_6]$ in wss.-äthanol. NaOH (*Haynes et al.,* Soc. **1956** 2823, 2830).

Blaue Kristalle (aus Nitrobenzol); F: 293° [Zers.].

*Opt.-inakt. 4,7-Dimethoxy-1,4,4a,8a-tetrahydro-1,4-ätheno-naphthalin-2,3,5,6-tetraon $C_{14}H_{12}O_6$, Formel III.

B. Aus 3-Methoxy-[1,2]benzochinon in CH_2Cl_2, $CHCl_3$, Aceton, Äthylacetat oder Dioxan (*Adler et al.,* Acta chem. scand. **14** [1960] 515, 527; s. a. *Horner, Dürckheimer,* Z. Naturf.

14b [1959] 742).

Gelbe Kristalle (aus Acn.); F: 139 – 140° (*Ad. et al.*). IR-Spektrum (2 – 15 µ): *Ad. et al.*, l. c. S. 519. Absorptionsspektrum (CHCl₃; 240 – 540 nm): *Ad. et al.*, l. c. S. 521.

Hydroxy-oxo-Verbindungen C₁₃H₁₀O₆

2,3,4,2',4'-Pentahydroxy-benzophenon $C_{13}H_{10}O_6$, Formel IV (H 538; E I 750; E II 573; E III 4225).

B. Aus 2,4-Dihydroxy-benzoesäure und Pyrogallol oder aus 2,3,4-Trihydroxy-benzoesäure und Resorcin beim Erwärmen mit ZnCl₂ und POCl₃ (*Grover et al.*, Soc. **1955** 3982, 3984; *Gen. Aniline & Film Corp.*, U.S.P. 2854485 [1957]; vgl. H 538).

III   IV   V

2-Hydroxy-3,6,2',5'-tetramethoxy-benzophenon $C_{17}H_{18}O_6$, Formel V (R = R' = CH₃).

B. Beim Behandeln von 2,3,6-Trimethoxy-benzoylchlorid mit 1,4-Dimethoxy-benzol und AlCl₃ in Äther (*Philbin et al.*, Soc. **1956** 4455, 4457).

Gelbe Kristalle (aus A.); F: 115 – 116°.

3,6-Diäthoxy-2-hydroxy-2',5'-dimethoxy-benzophenon $C_{19}H_{22}O_6$, Formel V (R = C₂H₅, R' = CH₃).

B. Aus 3,6-Diäthoxy-2-methoxy-benzoylchlorid und 1,4-Dimethoxy-benzol analog der vorangehenden Verbindung (*Philbin et al.*, Soc. **1956** 4455, 4458).

Gelbe Kristalle (aus A.); F: 102 – 103°.

2',5'-Diäthoxy-2-hydroxy-3,6-dimethoxy-benzophenon $C_{19}H_{22}O_6$, Formel V (R = CH₃, R' = C₂H₅).

B. Aus 2,3,6-Trimethoxy-benzoylchlorid und 1,4-Diäthoxy-benzol analog den vorangehenden Verbindungen (*Philbin et al.*, Soc. **1956** 4455, 4457).

Hellgelbe Kristalle (aus A.); F: 100 – 101°.

2,4,6-Trihydroxy-2',4'-dimethoxy-benzophenon $C_{15}H_{14}O_6$, Formel VI (R = H, R' = CH₃).

B. Aus 2,4-Dimethoxy-benzoylchlorid und Phloroglucin in Nitrobenzol unter Zusatz von AlCl₃ (*Lloyd, Whalley*, Soc. **1956** 3209, 3212).

Gelbe Kristalle (aus wss. Me.); F: 176°.

2',4'-Dihydroxy-2,4,6-trimethoxy-benzophenon $C_{16}H_{16}O_6$, Formel VI (R = CH₃, R' = H).

B. Aus 2,4,6-Trimethoxy-phenylglyoxylsäure beim Behandeln mit SOCl₂ in CHCl₃ und Behandeln des Reaktionsprodukts mit Resorcin in Nitrobenzol unter Zusatz von AlCl₃ (*Lloyd, Whalley*, Soc. **1956** 3209, 3212).

Kristalle (aus wss. Me.); F: 160°.

2,4,6,2',4'-Pentamethoxy-benzophenon $C_{18}H_{20}O_6$, Formel VI (R = R' = CH₃) (E I 750).

B. Aus der vorangehenden Verbindung und Dimethylsulfat (*Lloyd, Whalley*, Soc. **1956** 3209, 3212).

Kristalle (aus Me.); F: 142°.

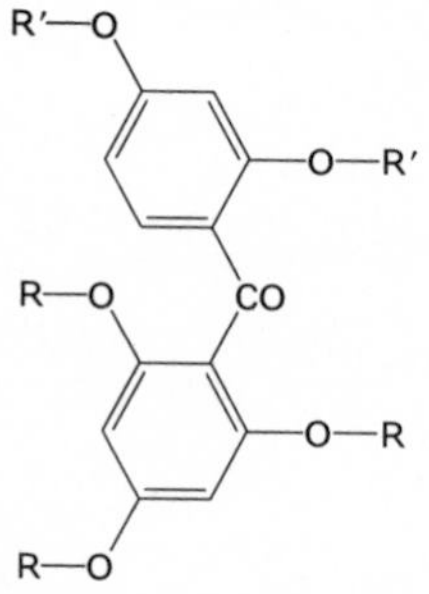

VI 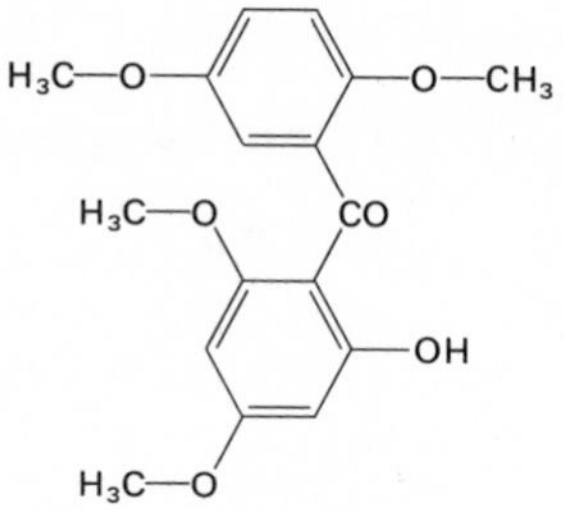   VII 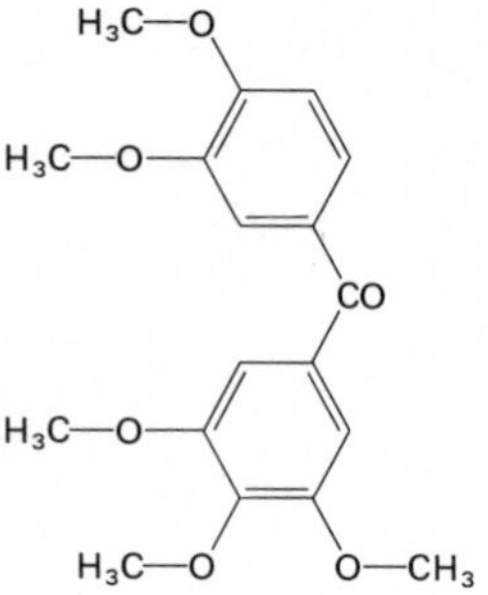   VIII

2-Hydroxy-4,6,2′,5′-tetramethoxy-benzophenon $C_{17}H_{18}O_6$, Formel VII.

B. Aus 2,5-Dimethoxy-benzoylchlorid und 1,3,5-Trimethoxy-benzol in Äther unter Zusatz von AlCl₃ (*Rao, Seshadri*, Pr. Indian Acad. [A] **37** [1953] 710, 715).
Kristalle (aus Bzl. + PAe.); F: 174 – 175°.

3,4,5,3′,4′-Pentamethoxy-benzophenon $C_{18}H_{20}O_6$, Formel VIII (H 541; E I 751).

B. Beim Erwärmen von 3,4,5-Trimethoxy-benzoesäure mit 1,2-Dimethoxy-benzol und Poly=phosphorsäure (*Klemm, Bower*, J. org. Chem. **23** [1958] 344, 346).
Gelbliche Kristalle (aus A.); F: 117 – 119°.

<h3 align="center">Hydroxy-oxo-Verbindungen $C_{14}H_{12}O_6$</h3>

6-Hydroxy-2,3,4,2′-tetramethoxy-desoxybenzoin $C_{18}H_{20}O_6$, Formel IX.

B. Beim Erhitzen von 5,6,7-Trimethoxy-3-[2-methoxy-phenyl]-chromen-4-on mit wss. KOH (*Crabbé et al.*, Am. Soc. **80** [1958] 5258, 5263).
Kristalle (aus Ae. + Hexan); F: 63 – 65°. λ_{max} (A.): 280 nm und 332 nm.

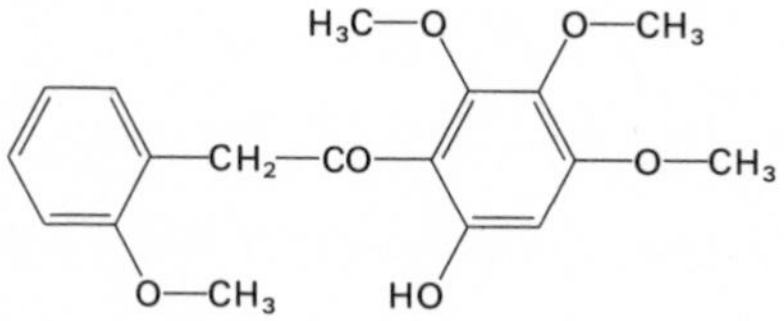

IX 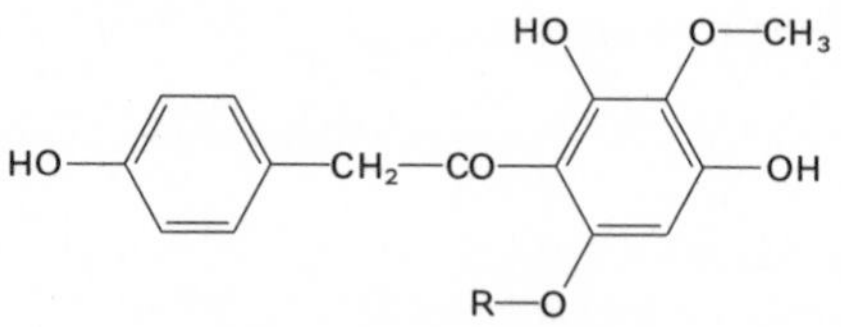   X

2,4,6,4′-Tetrahydroxy-3-methoxy-desoxybenzoin $C_{15}H_{14}O_6$, Formel X (R = H).

B. Beim Behandeln von 2-Methoxy-phloroglucin mit [4-Hydroxy-phenyl]-acetonitril, ZnCl₂ und HCl in Äther und Erwärmen des Reaktionsprodukts mit H₂O (*Kawase et al.*, Bl. chem. Soc. Japan **30** [1957] 689).
Kristalle (aus wss. Me.); F: 220 – 221,5° [unkorr.].

2,4,4′-Trihydroxy-3,6-dimethoxy-desoxybenzoin $C_{16}H_{16}O_6$, Formel X (R = CH₃).

B. Aus 2,5-Dimethoxy-resorcin und [4-Hydroxy-phenyl]-acetonitril analog der vorangehenden Verbindung (*Kawase et al.*, Bl. chem. Soc. Japan **30** [1957] 689; *Farkas, Várady*, Acta chim. hung. **24** [1960] 225, 226).
Kristalle; F: 157 – 158° [aus wss. A.] (*Fa., Vá.*), 98 – 99,5° [aus wss. Me.] (*Ka. et al.*).

3,6-Dihydroxy-2,4,4′-trimethoxy-desoxybenzoin $C_{17}H_{18}O_6$, Formel XI (R = H).

B. Aus 2,6-Dimethoxy-hydrochinon und [4-Methoxy-phenyl]-essigsäure mit Hilfe von BF₃

(*Karmarkar et al.,* Pr. Indian Acad. [A] **41** [1955] 192, 199).
Gelbe Kristalle (aus Hexan); F: 110°.

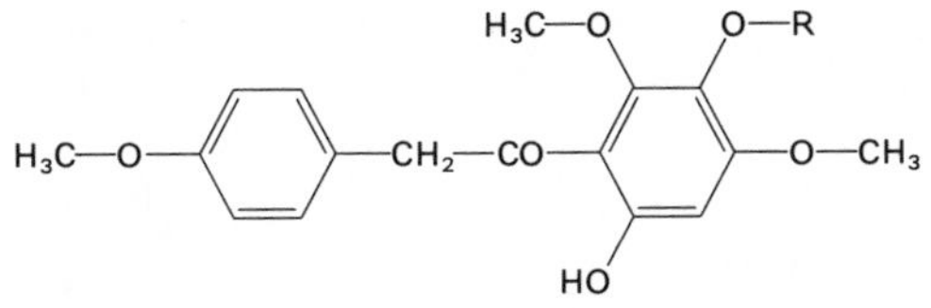

$$H_3C-O \quad O-R$$

$$H_3C-O-\text{C}_6H_4-CH_2-CO-\text{C}_6H_2-O-CH_3$$

$$HO$$

XI

6-Hydroxy-2,3,4,4′-tetramethoxy-desoxybenzoin $C_{18}H_{20}O_6$, Formel XI (R = CH_3).
B. Aus 3,4,5-Trimethoxy-phenol und [4-Methoxy-phenyl]-essigsäure mit Hilfe von BF_3 (*Kar=
markar et al.,* Pr. Indian Acad. [A] **41** [1955] 192, 196). Aus 5,6,7-Trimethoxy-3-[4-methoxy-
phenyl]-chromen-4-on mit Hilfe von äthanol. KOH (*King et al.,* Soc. **1952** 96, 99).
Kristalle; F: 73° [aus PAe.] (*King et al.*), 69° [aus PAe.] (*Ka. et al.*). Kp_2: 210 – 220° (*Ka.
et al.*); Kp_1: 190 – 200° [Badtemperatur] (*King et al.*).
Semicarbazon $C_{19}H_{23}N_3O_6$. Kristalle (aus wss. A.); F: 181° (*King et al.*).

In einem von *Krishnamurti, Seshadri* (Pr. Indian Acad. [A] **39** [1954] 144, 148) aus 3,4,5-Tri=
methoxy-phenol und [4-Methoxy-phenyl]-acetylchlorid in Äther unter Zusatz von $AlCl_3$ erhalte=
nen, als 6-Hydroxy-2,3,4,4′-tetramethoxy-desoxybenzoin angesehenen Präparat (F: 91 – 92°) hat
[4-Methoxy-phenyl]-essigsäure-[3,4,5-trimethoxy-phenylester] vorgelegen (*Gupta et al.,* Indian
J. Chem. **6** [1968] 481).

2-Hydroxy-3,4,6,4′-tetramethoxy-desoxybenzoin $C_{18}H_{20}O_6$, Formel XII.
B. Aus 1,2,3,5-Tetramethoxy-benzol und [4-Methoxy-phenyl]-acetylchlorid mit Hilfe von
$AlCl_3$ (*Dhar, Seshadri,* Tetrahedron **7** [1959] 77, 79; *Arora et al.,* Indian J. Chem. **4** [1966]
430).
Hellgelbe Kristalle; F: 119 – 120° [aus A.] (*Dhar, Se.*), 105 – 106° [unkorr.; aus Me.] (*Ar.
et al.*).

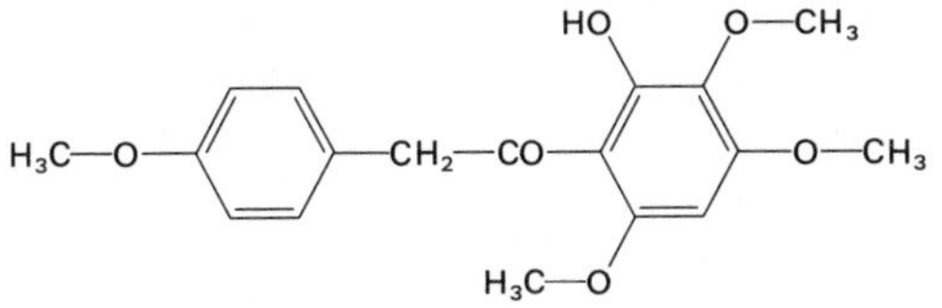

$$HO \quad O-CH_3$$

$$H_3C-O-\text{C}_6H_4-CH_2-CO-\text{C}_6H_2-O-CH_3$$

$$H_3C-O$$

XII

3,4′-Diäthoxy-6-hydroxy-2,4-dimethoxy-desoxybenzoin $C_{20}H_{24}O_6$, Formel XIII (R = CH_3,
R′ = C_2H_5).
B. Aus 4-Äthoxy-3,5-dimethoxy-phenol beim Behandeln mit [4-Äthoxy-phenyl]-essigsäure
in $CHCl_3$ unter Zusatz von BF_3 (*Karmarkar et al.,* Pr. Indian Acad. [A] **41** [1955] 192, 199)
oder mit [4-Äthoxy-phenyl]-acetylchlorid in Äther unter Zusatz von $AlCl_3$ (*Krishnamurti, Sesha=
dri,* J. scient. ind. Res. India **13 B** [1954] 474).
Kristalle (aus E.); F: 104° (*Kr., Se.; Ka. et al.*).

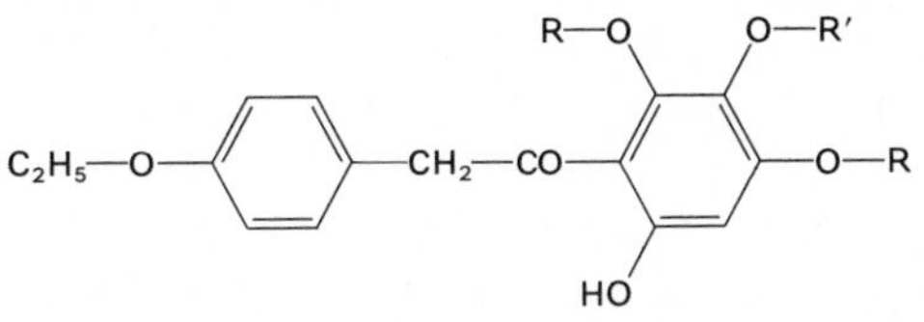

$$R-O \quad O-R′$$

$$C_2H_5-O-\text{C}_6H_4-CH_2-CO-\text{C}_6H_2-O-R$$

$$HO$$

XIII

2,4,4′-Triäthoxy-6-hydroxy-3-methoxy-desoxybenzoin $C_{21}H_{26}O_6$, Formel XIII (R = C_2H_5, R′ = CH_3).

B. Aus 3,5-Diäthoxy-4-methoxy-phenol und [4-Äthoxy-phenyl]-acetylchlorid mit Hilfe von $AlCl_3$ (*Krishnamurti, Seshadri*, Pr. Indian Acad. [A] **39** [1954] 144, 150).

2,4-Dinitro-phenylhydrazon (F: 162°): *Kr., Se.*

2-Hydroxy-3,4,3′,4′-tetramethoxy-desoxybenzoin $C_{18}H_{20}O_6$, Formel XIV.

B. Aus 1,2,3-Trimethoxy-benzol und [3,4-Dimethoxy-phenyl]-acetylchlorid mit Hilfe von $AlCl_3$ (*Chatterjea, Roy*, J. Indian chem. Soc. **34** [1957] 155, 158).

Kristalle (aus A.); F: 133−134° [unkorr.].

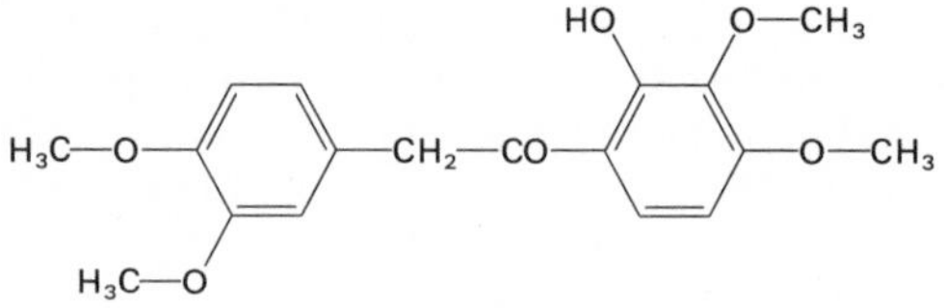

XIV

2,4,5-Trihydroxy-3′,4′-dimethoxy-desoxybenzoin $C_{16}H_{16}O_6$, Formel XV (R = H).

B. Beim Behandeln von Benzen-1,2,4-triol mit [3,4-Dimethoxy-phenyl]-acetonitril, $ZnCl_2$ und HCl in Äther und Erwärmen des Reaktionsprodukts mit H_2O (*Anjaneyulu, Rajagopalan*, Pr. Indian Acad. [A] **50** [1959] 219, 220).

Kristalle (aus E. + PAe.); F: 189−191°.

2,4-Dinitro-phenylhydrazon (F: 207−208°): *An., Ra.*

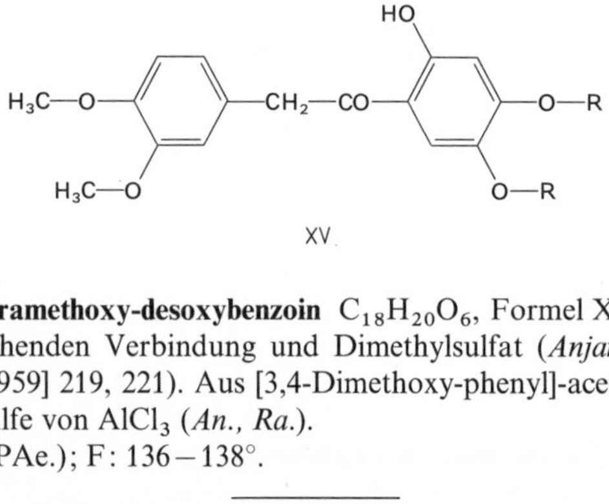

XV

2-Hydroxy-4,5,3′,4′-tetramethoxy-desoxybenzoin $C_{18}H_{20}O_6$, Formel XV (R = CH_3).

B. Aus der vorangehenden Verbindung und Dimethylsulfat (*Anjaneyulu, Rajagopalan*, Pr. Indian Acad. [A] **50** [1959] 219, 221). Aus [3,4-Dimethoxy-phenyl]-acetylchlorid und 1,2,4-Tri≠methoxy-benzol mit Hilfe von $AlCl_3$ (*An., Ra.*).

Kristalle (aus Bzl. + PAe.); F: 136−138°.

2,4,6-Trihydroxy-2′,3′-dimethoxy-desoxybenzoin $C_{16}H_{16}O_6$, Formel I (R = R′ = H).

B. Beim Behandeln von Phloroglucin mit [2,3-Dimethoxy-phenyl]-acetonitril, $ZnCl_2$ und HCl in Äther und Erwärmen des Reaktionsprodukts mit H_2O (*Whalley*, Soc. **1953** 3366, 3370).

Kristalle (aus wss. Me.); F: 193°.

2-Hydroxy-4,6,2′,3′-tetramethoxy-desoxybenzoin $C_{18}H_{20}O_6$, Formel I (R = H, R′ = CH_3).

B. Aus der vorangehenden Verbindung und Dimethylsulfat (*Whalley*, Soc. **1953** 3366, 3370).

Kristalle (aus Me. + Acn.); F: 132°.

[4,6,2′,3′-Tetramethoxy-α-oxo-bibenzyl-2-yloxy]-essigsäure $C_{20}H_{22}O_8$, Formel I (R = CH_2-CO-OH, R′ = CH_3).

B. Aus dem Äthylester (s. u.) mit Hilfe von äthanol. KOH (*Whalley, Lloyd*, Soc. **1956** 3213,

3219).
Kristalle (aus wss. Acn.); F: 170°.

R—O structure (I) and HO structure (II)

[4,6,2′,3′-Tetramethoxy-α-oxo-bibenzyl-2-yloxy]-essigsäure-äthylester $C_{22}H_{26}O_8$, Formel I
(R = CH_2-CO-O-C_2H_5, R′ = CH_3).
B. Beim Erwärmen von 2-Hydroxy-4,6,2′,3′-tetramethoxy-desoxybenzoin mit Bromessigsäure-
äthylester und K_2CO_3 in Aceton (*Whalley, Lloyd*, Soc. **1956** 3213, 3219).
Kristalle (aus A.+PAe.); F: 111°.

2,4,6-Trihydroxy-2′,4′-dimethoxy-desoxybenzoin $C_{16}H_{16}O_6$, Formel II (R = H) (E III 4227).
Kristalle (aus wss. Me.); F: 178° (*Neill*, Soc. **1953** 3454).

2,4-Dihydroxy-6,2′,4′-trimethoxy-desoxybenzoin $C_{17}H_{18}O_6$, Formel II (R = CH_3).
B. Beim Behandeln von 5-Methoxy-resorcin mit [2,4-Dimethoxy-phenyl]-acetonitril, $ZnCl_2$
und HCl in Äther und Erwärmen des Reaktionsprodukts mit H_2O (*Gilbert et al.*, Soc. **1957**
3740, 3744).
Kristalle (aus wss. Me.); F: 169—171°.

2-Hydroxy-4,6,2′,4′-tetramethoxy-desoxybenzoin $C_{18}H_{20}O_6$, Formel III (R = H).
B. Aus 2,4,6-Trihydroxy-2′,4′-dimethoxy-desoxybenzoin und Dimethylsulfat (*Gilbert et al.*,
Soc. **1957** 3740, 3744). Beim Erwärmen von 2,4,6,2′,4′-Pentamethoxy-desoxybenzoin mit $AlCl_3$
in Äther (*King, Neill*, Soc. **1952** 4752, 4754). Beim Erwärmen von 3-[2,4-Dimethoxy-phenyl]-5,7-
dimethoxy-chroman-4-on oder von 3-[2,4-Dimethoxy-phenyl]-5,7-dimethoxy-chromen-4-on mit
wss.-äthanol. KOH (*King, Ne.*).
Kristalle (aus Me.); F: 139° (*King, Ne.*), 136—137° (*Gi. et al.*).

2,4,6,2′,4′-Pentamethoxy-desoxybenzoin $C_{19}H_{22}O_6$, Formel III (R = CH_3).
B. Aus 1,3,5-Trimethoxy-benzol und [2,4-Dimethoxy-phenyl]-acetylchlorid mit Hilfe von
$AlCl_3$ (*King, Neill*, Soc. **1952** 4752, 4755). Aus 2-Hydroxy-4,6,2′,4′-tetramethoxy-desoxybenzoin
und Dimethylsulfat (*King, Ne.*).
Kristalle (aus Bzl.); F: 110—111°.

2,4,6-Trihydroxy-3′,4′-dimethoxy-desoxybenzoin $C_{16}H_{16}O_6$, Formel IV (R = H, R′ = CH_3).
B. Beim Behandeln von Phloroglucin mit [3,4-Dimethoxy-phenyl]-acetonitril, $ZnCl_2$ und HCl
in Äther und Erwärmen des Reaktionsprodukts mit H_2O (*Badcock et al.*, Soc. **1950** 2961,
2965; *Narasimhachari, Seshadri*, Pr. Indian Acad. [A] **32** [1950] 342, 344; *Gilbert et al.*, Soc.
1957 3740, 3744).
Kristalle (aus wss. Me.); F: 208—210° [wasserhaltig] (*Na., Se.*), 184—186° (*Gi. et al.*).
Kristalle (aus wss. A.) mit 1 Mol H_2O; F: 181° (*Ba. et al.*).

R—O structure (III) and HO structure (IV)

2-Hydroxy-4,6,3′,4′-tetramethoxy-desoxybenzoin $C_{18}H_{20}O_6$, Formel IV (R = R′ = CH_3) (E III 4227).

B. Aus der vorangehenden Verbindung und Dimethylsulfat (*Badcock et al.*, Soc. **1950** 2961, 2965; *Narasimhachari, Seshadri*, Pr. Indian Acad. [A] **32** [1950] 342, 344; *Gilbert et al.*, Soc. **1957** 3740, 3745).

Kristalle (aus Me.); F: 120−121° (*Na., Se.*).

4′-Äthoxy-2,4,6-trihydroxy-3′-methoxy-desoxybenzoin $C_{17}H_{18}O_6$, Formel IV (R = H, R′ = C_2H_5).

B. Aus Phloroglucin und [4-Äthoxy-3-methoxy-phenyl]-acetonitril analog 2,4,6-Trihydroxy-3′,4′-dimethoxy-desoxybenzoin [s. o.] (*Dhar et al.*, J. scient. ind. Res. India **15** B [1956] 285).

Kristalle (aus wss. A.); F: 203−205°.

4′-Äthoxy-2-hydroxy-4,6,3′-trimethoxy-desoxybenzoin $C_{19}H_{22}O_6$, Formel IV (R = CH_3, R′ = C_2H_5).

B. Aus der vorangehenden Verbindung und Dimethylsulfat (*Dhar et al.*, J. scient. ind. Res. India **15** B [1956] 285).

Kristalle (aus A.); F: 106−108°.

2,4,4′-Triäthoxy-6,3′-dimethoxy-desoxybenzoin $C_{22}H_{28}O_6$, Formel V.

B. Aus 2,4,4′-Triäthoxy-6-hydroxy-3′-methoxy-desoxybenzoin und CH_3I in Aceton unter Zusatz von K_2CO_3 (*Badcock et al.*, Soc. **1950** 2961, 2965).

Kristalle (aus A.); F: 117°.

V

2,4-Dihydroxy-2′,4′,6′-trimethoxy-desoxybenzoin $C_{17}H_{18}O_6$, Formel VI (R = R′ = X = H).

B. Beim Behandeln von Resorcin mit [2,4,6-Trimethoxy-phenyl]-acetonitril, $ZnCl_2$ und HCl in Äther und Erwärmen des Reaktionsprodukts mit H_2O (*Whalley, Lloyd*, Soc. **1956** 3213, 3219).

Kristalle (aus wss. Me.); F: 198°.

2-Hydroxy-4,2′,4′,6′-tetramethoxy-desoxybenzoin $C_{18}H_{20}O_6$, Formel VI (R = X = H, R′ = CH_3).

B. Aus der vorangehenden Verbindung und CH_3I in Aceton unter Zusatz von K_2CO_3 (*Whalley, Lloyd*, Soc. **1956** 3213, 3219).

Kristalle (aus Me.); F: 156°.

[4,2′,4′,6′-Tetramethoxy-α-oxo-bibenzyl-2-yloxy]-essigsäure $C_{20}H_{22}O_8$, Formel VI (R = CH_2-CO-OH, R′ = CH_3, X = H).

B. Aus dem Äthylester (s. u.) mit Hilfe von methanol. KOH (*Whalley, Lloyd*, Soc. **1956** 3213, 3220).

Kristalle (aus Bzl.+Acn.); F: 158°.

[4,2′,4′,6′-Tetramethoxy-α-oxo-bibenzyl-2-yloxy]-essigsäure-äthylester $C_{22}H_{26}O_8$, Formel VI (R = CH_2-CO-O-C_2H_5, R′ = CH_3, X = H).

B. Beim Erwärmen von 2-Hydroxy-4,2′,4′,6′-tetramethoxy-desoxybenzoin mit Bromessig≠

säure-äthylester und K_2CO_3 in Aceton (*Whalley, Lloyd*, Soc. **1956** 3213, 3220).
Kristalle (aus A.); F: 125°.

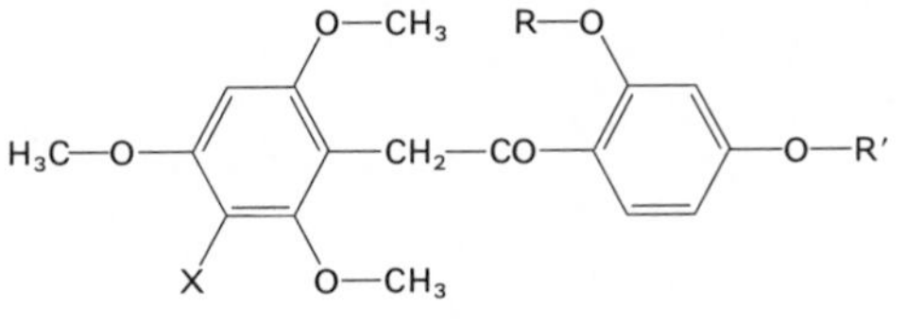

VI

3'-Chlor-2,4-dihydroxy-2',4',6'-trimethoxy-desoxybenzoin $C_{17}H_{17}ClO_6$, Formel VI
(R = R' = H, X = Cl).
B. Aus [2,4,6-Trimethoxy-phenyl]-essigsäure bei der Reaktion mit PCl_5 und anschliessend
mit Resorcin und $AlCl_3$ (*Lloyd, Whalley*, Soc. **1956** 3209, 3210).
Kristalle (aus wss. Me.); F: 175°.

3'-Chlor-2-hydroxy-4,2',4',6'-tetramethoxy-desoxybenzoin $C_{18}H_{19}ClO_6$, Formel VI (R = H,
R' = CH_3, X = Cl).
B. Aus der vorangehenden Verbindung und CH_3I in Aceton unter Zusatz von K_2CO_3 (*Lloyd,
Whalley*, Soc. **1956** 3209, 3210).
Kristalle (aus Acn.); F: 169°.

[3'-Chlor-4,2',4',6'-tetramethoxy-α-oxo-bibenzyl-2-yloxy]-essigsäure $C_{20}H_{21}ClO_8$, Formel VI
(R = CH_2-CO-OH, R' = CH_3, X = Cl).
B. Aus dem Äthylester (s. u.) mit Hilfe von wss.-äthanol. NaOH (*Lloyd, Whalley*, Soc. **1956**
3209, 3210).
Kristalle (aus Bzl. oder Acn.); F: 207°.

[3'-Chlor-4,2',4',6'-tetramethoxy-α-oxo-bibenzyl-2-yloxy]-essigsäure-äthylester $C_{22}H_{25}ClO_8$,
Formel VI (R = CH_2-CO-O-C_2H_5, R' = CH_3, X = Cl).
B. Beim Erwärmen von 3'-Chlor-2-hydroxy-4,2',4',6'-tetramethoxy-desoxybenzoin mit Brom=
essigsäure-äthylester und K_2CO_3 in Aceton (*Lloyd, Whalley*, Soc. **1956** 3209, 3210).
Kristalle (aus A.); F: 120°.

3,4,2',4',6'-Pentamethoxy-desoxybenzoin $C_{19}H_{22}O_6$, Formel VII (E II 575).
B. Beim Erwärmen von [2,4,6-Trimethoxy-phenyl]-essigsäure mit 1,2-Dimethoxy-benzol und
Polyphosphorsäure (*Nakazawa, Matsuura*, Ann. Pr. Gifu Coll. Pharm. Nr. 3 [1953] 45; C. A.
1956 11977; *Nakazawa et al.*, J. pharm. Soc. Japan **74** [1954] 495; C. A. **1955** 8182).
Kristalle (aus CCl_4+PAe.); F: 145° (*Na., Ma.*).

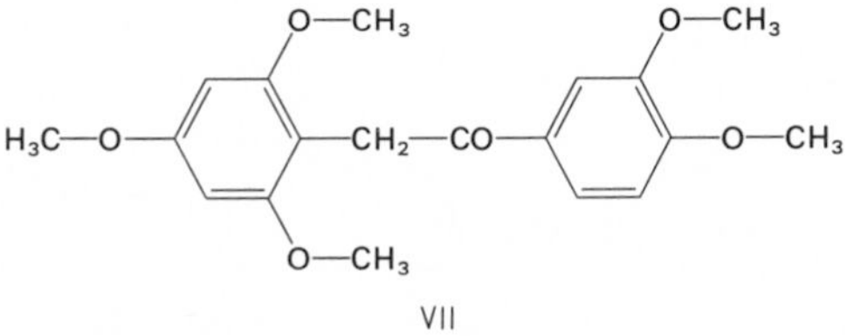

VII 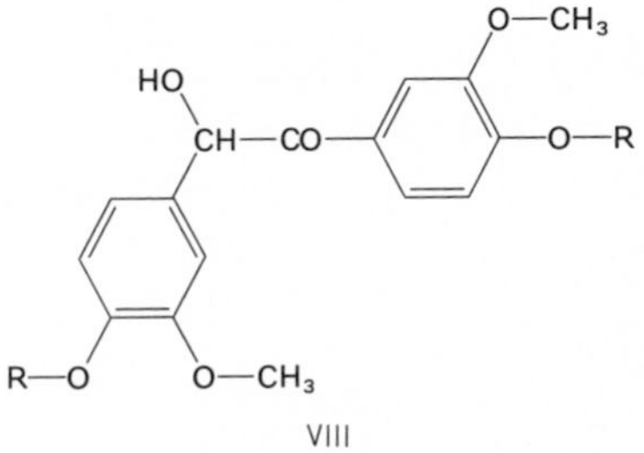   VIII

(±)-4,4'-Dihydroxy-3,3'-dimethoxy-benzoin, Vanilloin $C_{16}H_{16}O_6$, Formel VIII (R = H).
B. Aus 4,4'-Dihydroxy-3,3'-dimethoxy-benzil bei der Reduktion mit Zink-Pulver und Essig=

säure, Eisen-Pulver und Essigsäure oder $Na_2S_2O_4$ in wss. Alkali (*Pearl*, Am. Soc. **74** [1952] 4593).

Kristalle (aus Bzl.); F: 161 – 162° [unkorr.]. UV-Spektrum (A.; 210 – 390 nm): *Pe.*

(±)-4,4′-Bis-benzyloxy-3,3′-dimethoxy-benzoin $C_{30}H_{28}O_6$, Formel VIII (R = CH_2-C_6H_5).

B. Beim Erwärmen von 4-Benzyloxy-3-methoxy-benzaldehyd mit KCN in wss. Äthanol (*Pearl*, Am. Soc. **76** [1954] 3635 Anm. 10).

Kristalle (aus A.); F: 111 – 112,5°.

3-Chlor-2,4′-dihydroxy-4,6,2′-trimethoxy-6′-methyl-benzophenon $C_{17}H_{17}ClO_6$, Formel IX.

B. Beim Hydrieren von (−)-Dehydrogriseofulvin (E III/IV **18** 3194) an Palladium/Kohle, Palladium/BaSO$_4$, Platin oder Ruthenium/Kohle in Äthanol (*Day et al.*, Soc. **1961** 4067, 4073; s. a. *Scott*, Pr. chem. Soc. **1958** 195).

Kristalle (aus wss. A.); F: 214 – 216° (*Day et al.*).

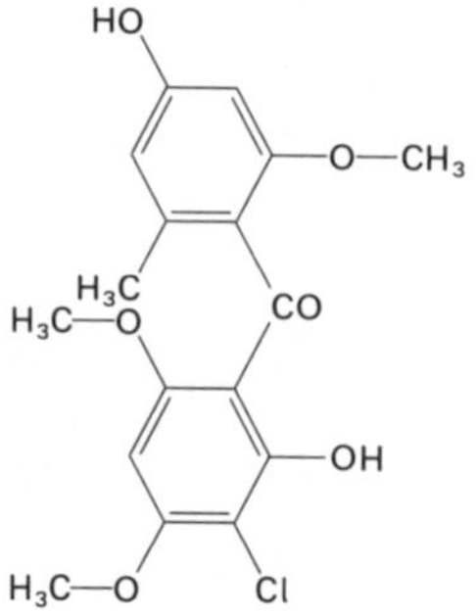

IX 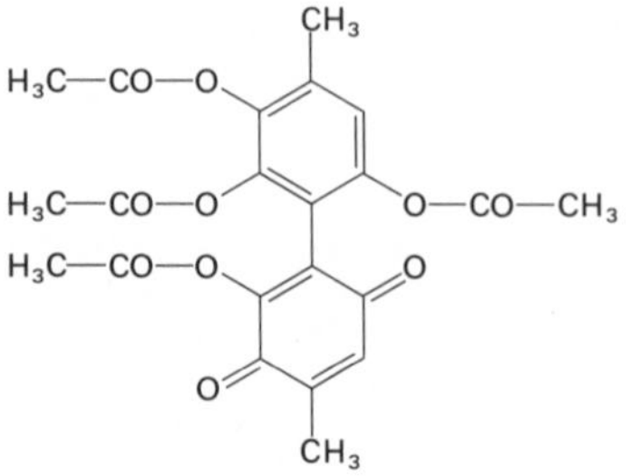   X

3-Acetoxy-5-methyl-2-[2,3,6-triacetoxy-4-methyl-phenyl]-[1,4]benzochinon $C_{22}H_{20}O_{10}$, Formel X.

B. Neben 1,2,4,6,9(oder 1,2,4,8,9)-Pentaacetoxy-3,7-dimethyl-dibenzofuran (E III/IV **17** 3837) beim Behandeln von 2-Hydroxy-4,4′-dimethyl-[1,1′]bicyclohexa-1,4-dienyl-3,6,3′,6′-tetraon mit Acetanhydrid und H_2SO_4 (*Posternak et al.*, Helv. **39** [1956] 1556, 1562).

Gelbe Kristalle (aus A.); F: 156°.

3-Acetonyl-5,8-dihydroxy-6-methoxy-2-methyl-[1,4]naphthochinon $C_{15}H_{14}O_6$, Formel XI, und **7-Acetonyl-5,8-dihydroxy-2-methoxy-6-methyl-[1,4]naphthochinon** $C_{15}H_{14}O_6$, Formel XII; **Javanicin** (E III 4231).

B. Aus Fusarubin (S. 3720) beim Hydrieren an Palladium/BaSO$_4$ in Äthanol oder Äthylacetat sowie beim Erwärmen mit (Z)-2,3-Dihydroxy-acrylaldehyd oder mit D-Glucose in wss. NaOH (*Ruelius, Gauhe*, A. **569** [1950] 38, 57).

Absorptionsspektrum (H_2O; 300 – 550 nm): *Lopez-Ramos, Schubert*, Arch. Biochem. **55** [1955] 566, 574. λ_{max} (Ae. sowie Cyclohexan; 470 – 560 nm): *Ru., Ga.*, l. c. S. 44.

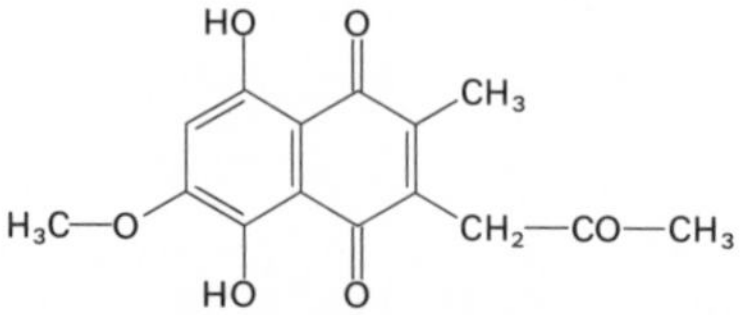

XI 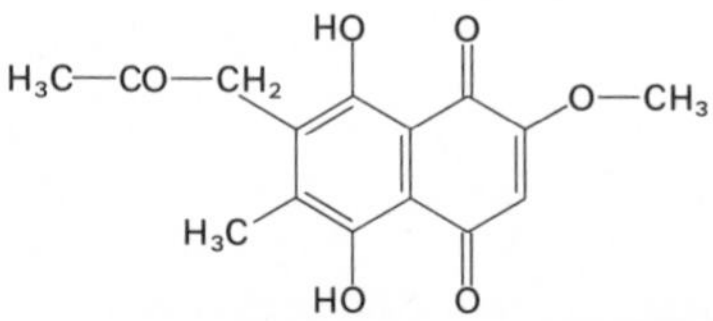   XII

Hydroxy-oxo-Verbindungen $C_{15}H_{14}O_6$

1-[3,6-Dihydroxy-2,4-dimethoxy-phenyl]-3-[4-hydroxy-phenyl]-propan-1-on $C_{17}H_{18}O_6$, Formel XIII.

B. Beim Hydrieren von 4,3′,6′-Trihydroxy-2′,4′-dimethoxy-*trans*-chalkon an Palladium/Kohle in Äthanol (*Zemplén et al.*, Acta chim. hung. **14** [1958] 471).

Kristalle (aus H_2O); F: 158°.

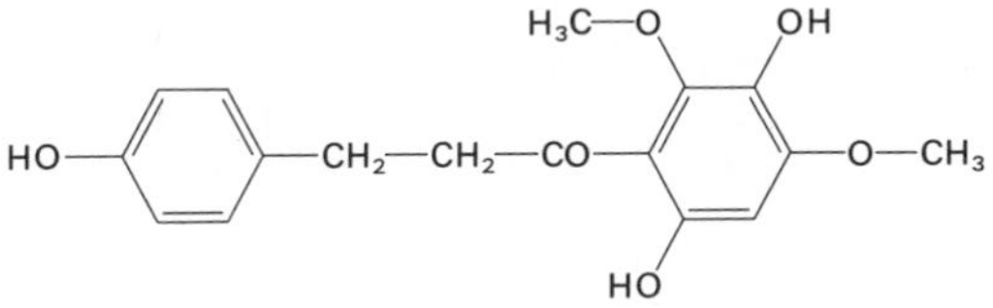

XIII

3-[3,4-Dihydroxy-phenyl]-1-[2,3,4-trihydroxy-phenyl]-propan-1-on $C_{15}H_{14}O_6$, Formel XIV.

B. Beim Hydrieren von Isookanin (S. 3663) oder von Okanin (S. 3663) an Palladium/Kohle in äthanol. NaOH bzw. in Äthanol (*King, King*, Soc. **1951** 569, 571).

2,4-Dinitro-phenylhydrazon (F: 260°): *King, King*.

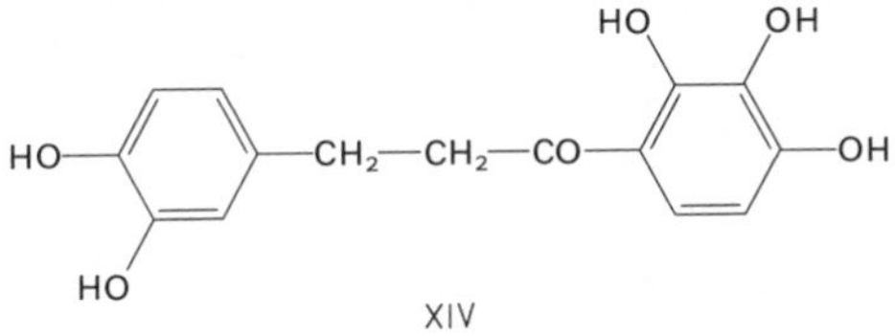

XIV

3-[3,4-Dihydroxy-phenyl]-1-[2,4,6-trihydroxy-phenyl]-propan-1-on $C_{15}H_{14}O_6$, Formel XV (R = H) (E III 4234).

B. Beim Erhitzen von 2-[(*Z*)-3,4-Dihydroxy-benzyliden]-4,6-dihydroxy-benzofuran-3-on mit Tetralin und Palladium (*Mentzer, Massicot*, Bl. **1956** 144, 147).

3-[3,4-Dimethoxy-phenyl]-1-[2,4,6-trihydroxy-phenyl]-propan-1-on $C_{17}H_{18}O_6$, Formel XV (R = CH_3).

B. Aus 2-[3,4-Dimethoxy-phenyl]-5,7-dihydroxy-chromen-4-on analog der vorangehenden Verbindung (*Massicot et al.*, C. r. **238** [1954] 111).

F: 163°. λ_{max}: 290 nm.

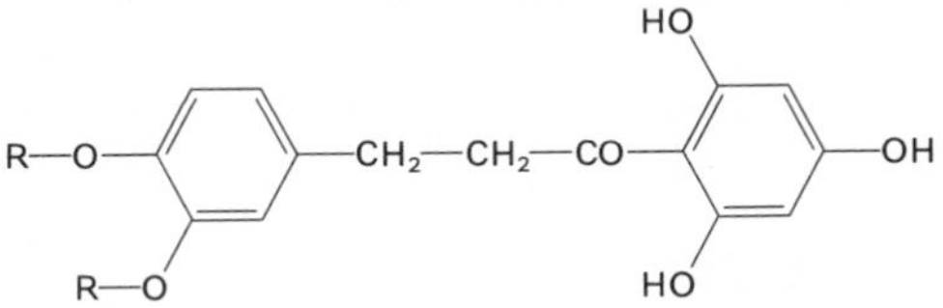

XV

1-[3,4-Dimethoxy-phenyl]-3-[2-hydroxy-4,6-dimethoxy-phenyl]-propan-1-on $C_{19}H_{22}O_6$, Formel I (R = H), und **(±)-5,7-Dimethoxy-2-[3,4-dimethoxy-phenyl]-chroman-2-ol** $C_{19}H_{22}O_6$, Formel II (E II 576; E III 4236).

Kristalle (aus A.); F: 137,5−138° (*Gramshaw et al.*, Soc. **1958** 4040, 4044). λ_{max} (A.): 206 nm,

227 nm, 273 nm und 303 nm.

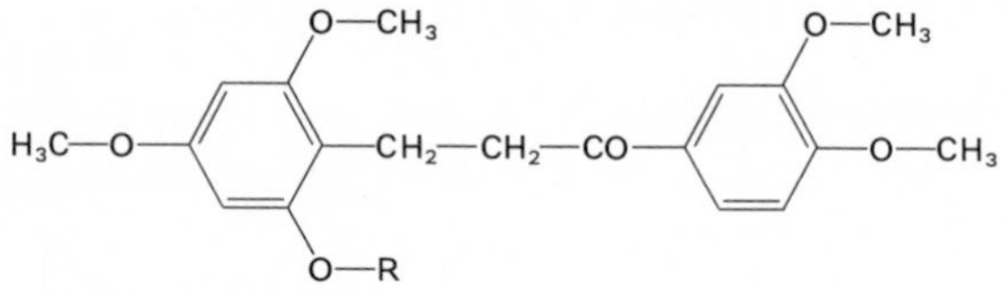

I

1-[3,4-Dimethoxy-phenyl]-3-[2,4,6-trimethoxy-phenyl]-propan-1-on $C_{20}H_{24}O_6$, Formel I (R = CH$_3$) (E II 577).

Kristalle (aus Me.); F: 113,5−114° (*Gramshaw et al.*, Soc. **1958** 4040, 4044). λ_{max} (A.): 207 nm, 228 nm, 273 nm und 303 nm.

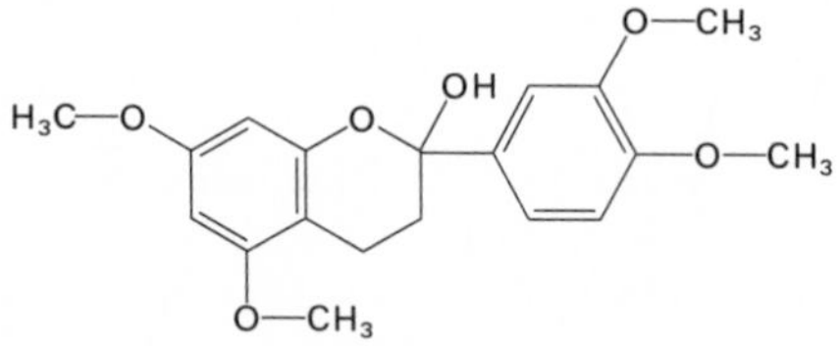

II

3-[2-Acetoxy-4,6-dimethoxy-phenyl]-1-[3,4-dimethoxy-phenyl]-propan-1-on $C_{21}H_{24}O_7$, Formel I (R = CO-CH$_3$).

B. Aus 1-[3,4-Dimethoxy-phenyl]-3-[2-hydroxy-4,6-dimethoxy-phenyl]-propan-1-on und Acetanhydrid in Pyridin (*Gramshaw et al.*, Soc. **1958** 4040, 4044).

Kristalle (aus Me.); F: 126,5−127°. λ_{max} (A.): 204 nm, 228 nm, 274 nm und 303 nm.

1-[3,4-Dimethoxy-phenyl]-3-[3,4,5-trimethoxy-phenyl]-propan-1-on $C_{20}H_{24}O_6$, Formel III (X = H).

B. Beim Hydrieren von 3,4,5,3′,4′-Pentamethoxy-*trans*-chalkon an Palladium/Kohle in Äthyl≠ acetat (*Gutsche et al.*, Am. Soc. **80** [1958] 5756, 5763).

Kristalle (aus A.); F: 101−102° [korr.].

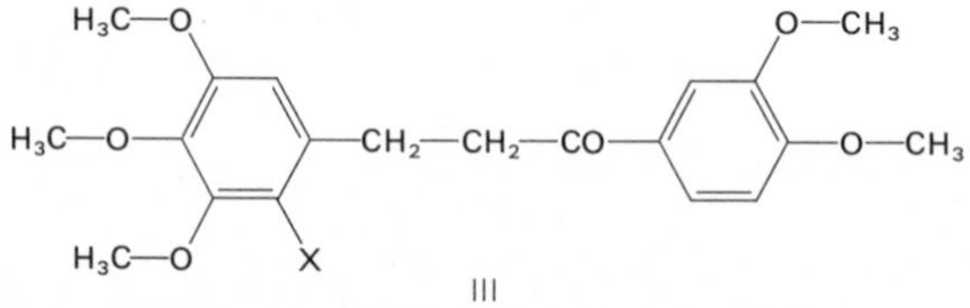

III

3-[2-Brom-3,4,5-trimethoxy-phenyl]-1-[3,4-dimethoxy-phenyl]-propan-1-on $C_{20}H_{23}BrO_6$, Formel III (X = Br).

B. Aus 2-Brom-3,4,5,3′,4′-pentamethoxy-*trans*-chalkon vermutlich analog der vorangehenden Verbindung (*Gutsche et al.*, Am. Soc. **80** [1958] 5756, 5765).

Kristalle (aus PAe.); F: 93−94°.

2,4-Dinitro-phenylhydrazon (F: 186−187°): *Gu. et al.*

(±)-1,3-Bis-[4-acetoxy-2-chlor-5-methoxy-phenyl]-3-hydroxy-propan-1-on $C_{21}H_{20}Cl_2O_8$, Formel IV.

B. Aus 4-Acetoxy-2-chlor-5-methoxy-benzaldehyd und Diazomethan in Äther (*Jayne*, Am. Soc. **75** [1953] 1742).

Kristalle (aus A.); F: 157−158° [unkorr.].

2,4,6-Trihydroxy-2',3'-dimethoxy-3-methyl-desoxybenzoin $C_{17}H_{18}O_6$, Formel V (R = H).
B. Beim Behandeln von 2-Methyl-phloroglucin mit [2,3-Dimethoxy-phenyl]-acetonitril, $ZnCl_2$ und HCl in Äther und Erwärmen des Reaktionsprodukts mit H_2O (*Whalley*, Soc. **1953** 3366, 3370).
Kristalle (aus wss. Me.); F: 201°.

2-Hydroxy-4,6,2',3'-tetramethoxy-3-methyl-desoxybenzoin $C_{19}H_{22}O_6$, Formel V (R = CH_3).
B. Aus der vorangehenden Verbindung und Dimethylsulfat (*Whalley*, Soc. **1953** 3366, 3370).
Kristalle (aus E.); F: 160°.

Hydroxy-oxo-Verbindungen $C_{16}H_{16}O_6$

6-[3-(3,4-Dimethoxy-phenyl)-propyl]-2,3,4-trimethoxy-benzaldehyd $C_{21}H_{26}O_6$, Formel VI.
B. Aus 1-[3,4-Dimethoxy-phenyl]-3-[3,4,5-trimethoxy-phenyl]-propan mit Hilfe von *N*-Methyl-formanilid und $POCl_3$ (*Gutsche et al.*, Am. Soc. **80** [1958] 5756, 5763).
$Kp_{0,5}$: 212°. n_D^{25}: 1,5780.
Azin $C_{42}H_{52}N_2O_{10}$; Bis-{6-[3-(3,4-dimethoxy-phenyl)-propyl]-2,3,4-trimethoxy-benzyliden}-hydrazin. Hellgelbe Kristalle (aus A.); F: 138—139° [korr.].
Semicarbazon $C_{22}H_{29}N_3O_6$. Kristalle (aus A.); F: 169—170° [korr.].

Hydroxy-oxo-Verbindungen $C_{18}H_{20}O_6$

1,1-Diphenyl-D-fructose $C_{18}H_{20}O_6$, Formel VII und cyclische Taut.
B. Neben anderen Verbindungen beim Erwärmen von $O^2,O^3;O^4,O^5$-Diisopropyliden-1,1-diphenyl-β-D-fructopyranose mit wss. H_2SO_4 und Propan-1-ol (*Ohle, Blell*, A. **492** [1932] 1, 16).
Kristalle (aus Bzl. + PAe. sowie H_2O) mit 1 Mol H_2O; F: 81°. $[\alpha]_D^{18}$: +55,3° (Anfangswert) → +42,3° (Endwert) [Acn.; c = 1].
Überführung in eine als 1,1-Diphenyl-1,2-anhydro-ξ-D-fructofuranose angesehene Verbin=dung (F: 149,5°) beim Behandeln mit Aceton und $CuSO_4$: *Ohle, Bl.*, l. c. S. 18.
Tetraacetyl-Derivat $C_{26}H_{28}O_{10}$. Kristalle (aus A.); F: 143°. $[\alpha]_D^{18}$: +3,2° [Acn.; c = 1,6].

7,11-Dihydroxy-1,2,4,6,8,10-hexamethyl-pentacyclo[6.3.1.0²,⁷.0⁴,¹¹.0⁶,¹⁰]dodecan-3,5,9,12-tetraon, 7b,8-Dihydroxy-1,2a,4,4a,6,7a-hexamethyl-hexahydro-1,4,6-methantriyl-cyclopent=[cd]inden-2,3,5,7-tetraon, 1,3b-Dihydroxy-2,3a,4,5,6a,7a-hexamethyl-octahydro-1,5-cyclo-2,4-methano-cyclopenta[a]pentalen-3,6,7,8-tetraon $C_{18}H_{20}O_6$, Formel VIIIa≡VIIIb.
Diese Konstitution kommt dem früher (s. H **6** 1126; E I **6** 554; E III **6** 6356) im Artikel

2,4,6-Trimethyl-phloroglucin beschriebenen **Cedron** zu (*Beisler et al.,* Am. Soc. **93** [1971] 4850, 4853). Über die Konstitution der früher (E I **6** 554) beschriebenen Acetyl-Derivate s. *Be. et al.,* l. c. S. 4854.

VII   VIIIa   VIIIb   IX

Hydroxy-oxo-Verbindungen $C_{19}H_{22}O_6$

Berichtigung zu E III **8** 4240, Zeilen 16−17 v. o.: Im Artikel 2,4-Dihydroxy-3-isopentyl-2',4',5'-trimethoxy-desoxybenzoin $C_{22}H_{28}O_6$ ist anstelle von „(±)-4-Hydroxy-2-iso=propyl-5-[(2,4,5-trimethoxy-phenyl)-acetyl]-2,3-dihydro-benzofuran" zu setzen „2,4-Dihydroxy-2',4',5'-trimethoxy-3-[3-methyl-but-2-enyl]-desoxybenzoin".

Hydroxy-oxo-Verbindungen $C_{20}H_{24}O_6$

2-Benzyl-1-phenyl-D-*arabino*-1-desoxy-[3]heptulose $C_{20}H_{24}O_6$, Formel IX und cyclische Taut. (in der Literatur als 1,1-Dibenzyl-D-fructose bezeichnet).

B. Beim Erwärmen von 2-Benzyl-$O^3,O^4;O^5,O^6$-diisopropyliden-1-phenyl-β-D-*arabino*-1-des=oxy-[3]heptulopyranose mit wss. H_2SO_4 und Propan-1-ol (*Ohle, Blell,* A. **492** [1932] 1, 19). Kristalle (aus Bzl., Ae. oder H_2O); F: 149°. $[\alpha]_D^{18}$: +5,3° [Acn.; c = 1,7].

Tetraacetyl-Derivat $C_{28}H_{32}O_{10}$. Kristalle (aus PAe.+Bzl.); F: 94°. $[\alpha]_D^{18}$: +23,6° [Acn.; c = 1,4].

Hydroxy-oxo-Verbindungen $C_{21}H_{26}O_6$

21-Acetoxy-7α,17-dihydroxy-pregna-1,4-dien-3,11,20-trion $C_{23}H_{28}O_7$, Formel X (R = X = H).

B. Beim Behandeln [48 h] von 21-Acetoxy-6β-brom-7α,17-dihydroxy-pregna-1,4-dien-3,11,20-trion mit Zink-Pulver in wss. Äthanol (*Nussbaum et al.,* Am. Soc. **80** [1958] 2722, 2725). Beim Behandeln von 21-Acetoxy-6α,7α-epoxy-17-hydroxy-pregna-1,4-dien-3,11,20-trion mit Chrom(II)-acetat und Natriumacetat in Essigsäure und wss. Aceton (*Nu. et al.*). Kristalle (aus Me.); F: 290−293°. $[\alpha]_D^{22}$: +102° [Py.; c = 1]. λ_{max} (Me.): 237 nm.

7α,21-Diacetoxy-17-hydroxy-pregna-1,4-dien-3,11,20-trion $C_{25}H_{30}O_8$, Formel X (R = CO-CH$_3$, X = H).

B. Aus der vorangehenden Verbindung und Acetanhydrid in Pyridin (*Nussbaum et al.,* Am. Soc. **80** [1958] 2722, 2725). Kristalle (aus E.+Bzl.); F: 221−224°. λ_{max} (Me.): 237 nm.

21-Acetoxy-6β-fluor-7α,17-dihydroxy-pregna-1,4-dien-3,11,20-trion $C_{23}H_{27}FO_7$, Formel X (R = H, X = F).

B. Beim Behandeln von 21-Acetoxy-6α,7α-epoxy-17-hydroxy-pregna-1,4-dien-3,11,20-trion mit HF in CHCl$_3$ und THF (*Nussbaum et al.,* Am. Soc. **80** [1958] 2722, 2725).

Kristalle (aus Acn.+Hexan); F: 269—272°. λ_{max} (Me.): 236 nm.

7α,21-Diacetoxy-6β-fluor-17-hydroxy-pregna-1,4-dien-3,11,20-trion $C_{25}H_{29}FO_8$, Formel X
(R = CO-CH$_3$, X = F).

B. Aus der vorangehenden Verbindung (*Nussbaum et al.*, Am. Soc. **80** [1958] 2722, 2725).
Kristalle (aus CH$_2$Cl$_2$+Ae.); F: 254—259°. λ_{max} (Me.): 236 nm.

X   XI

21-Acetoxy-6β-brom-7α,17-dihydroxy-pregna-1,4-dien-3,11,20-trion $C_{23}H_{27}BrO_7$, Formel X
(R = H, X = Br).

B. Beim Behandeln von 21-Acetoxy-6α,7α-epoxy-17-hydroxy-pregna-1,4-dien-3,11,20-trion
mit wss. HBr und CHCl$_3$ (*Nussbaum et al.*, Am. Soc. **80** [1958] 2722, 2724).
Kristalle (aus Acn.+Diisopropyläther); F: 195—198° [Zers.]; $[\alpha]_D^{25}$: +153,1° [Dioxan;
c = 1]; λ_{max} (Me.): 244 nm (*Nu. et al.*, Am. Soc. **80** 2724).
Überführung in 21-Acetoxy-7α,17-dihydroxy-pregna-1,4-dien-3,11,20-trion sowie in 21-Acet=
oxy-7α,17-dihydroxy-pregna-1,5-dien-3,11,20-trion beim Behandeln mit Zink-Pulver in wss.
Äthanol: *Nussbaum et al.*, Am. Soc. **80** 2725, **81** [1959] 4574, 4576.

7α,21-Diacetoxy-6β-brom-17-hydroxy-pregna-1,4-dien-3,11,20-trion $C_{25}H_{29}BrO_8$, Formel X
(R = CO-CH$_3$, X = Br).

B. Aus der vorangehenden Verbindung und Acetanhydrid in Pyridin (*Nussbaum et al.*, Am.
Soc. **80** [1958] 2722, 2724).
Kristalle (aus CH$_2$Cl$_2$+Ae.); F: 200—204° [Zers.]. $[\alpha]_D^{23}$: +155,9° [Dioxan; c = 1]. λ_{max}
(Me.): 243 nm.

16α,21-Diacetoxy-17-hydroxy-pregna-1,4-dien-3,11,20-trion $C_{25}H_{30}O_8$, Formel XI (X = H).

B. Beim Behandeln von 16α,21-Diacetoxy-11β,17-dihydroxy-pregna-1,4-dien-3,20-dion mit
CrO$_3$ in Pyridin (*Bernstein et al.*, Am. Soc. **81** [1959] 1689, 1695).
Kristalle (aus E.+PAe.); F: 208—209° [unkorr.]; $[\alpha]_D^{26}$: +133° [Me.; c = 1] (*Be. et al.*).
IR-Spektrum (CHCl$_3$; 1800—800 cm^{-1}): *G. Roberts, B.S. Gallagher, R.N. Jones*, Infrared Ab=
sorption Spectra of Steroids, Bd. 2 [New York 1958] Nr. 645. λ_{max} (Me.): 238 nm (*Be. et al.*).
λ_{max} (H$_2$SO$_4$; 250—390 nm): *Smith, Muller*, J. org. Chem. **23** [1958] 960, 962.

16α,21-Diacetoxy-9-fluor-17-hydroxy-pregna-1,4-dien-3,11,20-trion $C_{25}H_{29}FO_8$, Formel XI
(X = F).

B. Beim Behandeln von 16α,21-Diacetoxy-9-fluor-11β,17-dihydroxy-pregna-1,4-dien-3,20-
dion mit CrO$_3$ in Pyridin (*Bernstein et al.*, Am. Soc. **81** [1959] 1689, 1695) oder mit CrO$_3$
und H$_2$SO$_4$ in Aceton (*Thoma et al.*, Am. Soc. **79** [1957] 4818).
Kristalle; F: 232—234° [unkorr.; aus Acn.+PAe.] (*Be. et al.*), 204—206° (*Th. et al.*). $[\alpha]_D^{23}$:
+90° [CHCl$_3$; c = 0,4] (*Th. et al.*); $[\alpha]_D^{25}$: +82° [CHCl$_3$; c = 0,6] (*Be. et al.*). λ_{max} (A.): 235 nm
(*Be. et al.; Th. et al.*). λ_{max} (H$_2$SO$_4$; 250—390 nm): *Smith, Muller*, J. org. Chem. **23** [1958]
960, 962.

16α,21-Diacetoxy-9-chlor-17-hydroxy-pregna-1,4-dien-3,11,20-trion $C_{25}H_{29}ClO_8$, Formel XI
(X = Cl).

B. Beim Behandeln von 16α,21-Diacetoxy-9-chlor-11β,17-dihydroxy-pregna-1,4-dien-3,20-

dion mit CrO_3 in Pyridin (*Bernstein et al.*, Am. Soc. **81** [1959] 1689, 1696).

Kristalle (aus E. + PAe.); F: 231−232° [unkorr.]; $[\alpha]_D^{25}$: +172° [Me.; c = 0,4]; λ_{max} (Me.): 237 nm (*Be. et al.*). λ_{max} (H_2SO_4; 250−390 nm): *Smith, Muller*, J. org. Chem. **23** [1958] 960, 962.

21-Acetoxy-7α,17-dihydroxy-pregna-1,5-dien-3,11,20-trion $C_{23}H_{28}O_7$, Formel XII.

B. Beim Behandeln [20 h] von 21-Acetoxy-6β-brom-7α,17-dihydroxy-pregna-1,4-dien-3,11,20-trion mit Zink-Pulver in wss. Äthanol (*Nussbaum et al.*, Am. Soc. **81** [1959] 4574, 4576).

Kristalle (aus CH_2Cl_2 + Ae.); F: 273−280° [Zers.]. λ_{max} (A.): 224 nm.

21-Acetoxy-14,17-dihydroxy-pregna-4,6-dien-3,11,20-trion $C_{23}H_{28}O_7$, Formel I.

B. Beim Erhitzen von 21-Acetoxy-14,17-dihydroxy-pregn-4-en-3,11,20-trion mit Tetrachlor-[1,4]benzochinon in Xylol (*Agnello, Laubach*, Am. Soc. **79** [1957] 1257, **82** [1960] 4293, 4297).

Kristalle (aus E.); F: >260°. $[\alpha]_D^{20}$: +292° [Dioxan]. λ_{max} (A.): 282 nm.

2,17-Dihydroxy-21-pivaloyloxy-pregna-1,4-dien-3,11,20-trion $C_{26}H_{34}O_7$, Formel II und Taut.

B. Beim Erwärmen von 2α,17-Dihydroxy-21-pivaloyloxy-pregn-4-en-3,11,20-trion mit Bi_2O_3 in Essigsäure (*Baran*, Am. Soc. **80** [1958] 1687, 1690).

Kristalle (aus Acn. + PAe.); F: 263−265° [korr.]. $[\alpha]_D$: +161° [Dioxan]. λ_{max} (Me.): 252,5 nm.

21-Acetoxy-17-hydroxy-pregn-4-en-3,6,11,20-tetraon $C_{23}H_{28}O_7$, Formel III.

B. Beim Behandeln von 21-Acetoxy-6β,17-dihydroxy-pregn-4-en-3,11,20-trion mit wss. CrO_3 und Essigsäure (*Sondheimer et al.*, Am. Soc. **76** [1954] 5020, 5023).

Kristalle (aus Acn. + Hexan); F: 210−212° [unkorr.]; $[\alpha]_D^{20}$: +115° [$CHCl_3$] (*So. et al.*). IR-Spektrum ($CHCl_3$; 1800−950 cm^{-1}): *G. Roberts, B.S. Gallagher, R.N. Jones*, Infrared Absorption Spectra of Steroids, Bd. 2 [New York 1958] Nr. 646. λ_{max} (A.): 245 nm (*So. et al.*).

Hydroxy-oxo-Verbindungen $C_{22}H_{28}O_6$

16α,21-Diacetoxy-17-hydroxy-2-methyl-pregna-1,4-dien-3,11,20-trion $C_{26}H_{32}O_8$, Formel IV.

B. Beim Behandeln von 16α,21-Diacetoxy-11β,17-dihydroxy-2-methyl-pregna-1,4-dien-3,20-dion mit CrO_3 in Pyridin (*Bernstein et al.*, Am. Soc. **81** [1959] 1696, 1701).

Kristalle (aus Ae.); F: 182−183° [unkorr.]. $[\alpha]_D^{24}$: +85,5° [$CHCl_3$; c = 0,8]. λ_{max} (Me.): 243 nm.

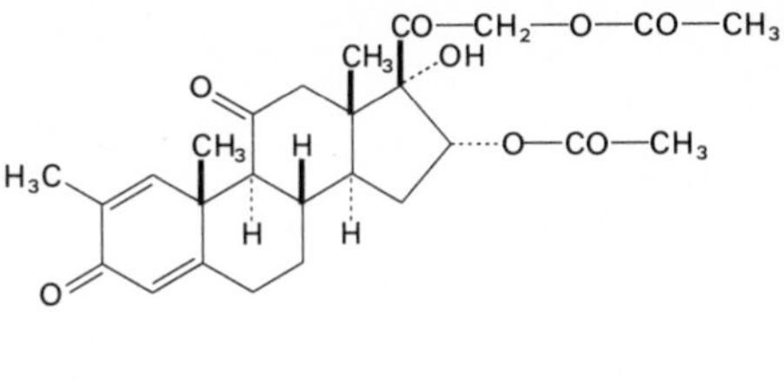

IV 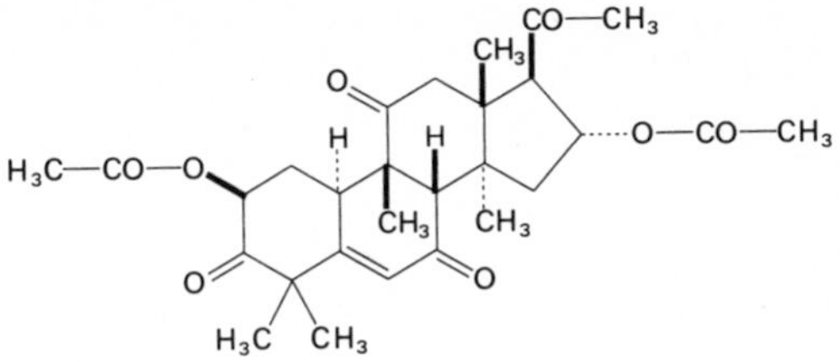   V

Hydroxy-oxo-Verbindungen $C_{24}H_{32}O_6$

2β,16α-Diacetoxy-4,4,9,14-tetramethyl-19-nor-9β,10α-pregn-5-en-3,7,11,20-tetraon,
2β,16α-Diacetoxy-22,23,24,25,26,27-hexanor-10α-cucurbit-5-en-3,7,11,20-tetraon,
Cucurbiton-B $C_{28}H_{36}O_8$, Formel V.

B. Aus Cucurbitacin-B (S. 3722) beim Erhitzen mit Acetanhydrid und Erwärmen des Reak=
tionsprodukts mit CrO_3 in Essigsäure (*Schlegel et al.*, J. org. Chem. **26** [1961] 1206, 1210;
de Kock et al., Soc. **1963** 3828, 3829; s. a. *Melera et al.*, J. org. Chem. **24** [1959] 291; *Lavie
et al.*, Chem. and Ind. **1959** 951).

Kristalle (aus Acn. + Hexan); F: 233–234°; $[α]_D$: +104° [$CHCl_3$; c = 1] (*La. et al.*; *de Kock
et al.*). $λ_{max}$ (A.): 244 nm und 335 nm (*de Kock et al.*).

Hydroxy-oxo-Verbindungen $C_{30}H_{44}O_6$

**2β,16α,20-Trihydroxy-9-methyl-19-nor-9β,10α-lanosta-5,24-dien-3,11,22-trion, 2β,16α,20-Tri=
hydroxy-10α-cucurbita-5,24-dien-3,11,22-trion,** Desacetoxy-cucurbitacin-B $C_{30}H_{44}O_6$,
Formel VI.

B. Beim Behandeln von Cucurbitacin-B (S. 3722) mit Zink-Pulver und Essigsäure (*Schlegel
et al.*, J. org. Chem. **26** [1961] 1206, 1209; s. a. *Melera et al.*, J. org. Chem. **24** [1959] 291).

Kristalle (aus Acn. + Hexan); F: 178–179°. $[α]_D^{25}$: +78° [A.; c = 0,8]. $λ_{max}$ (A.): 292 nm.

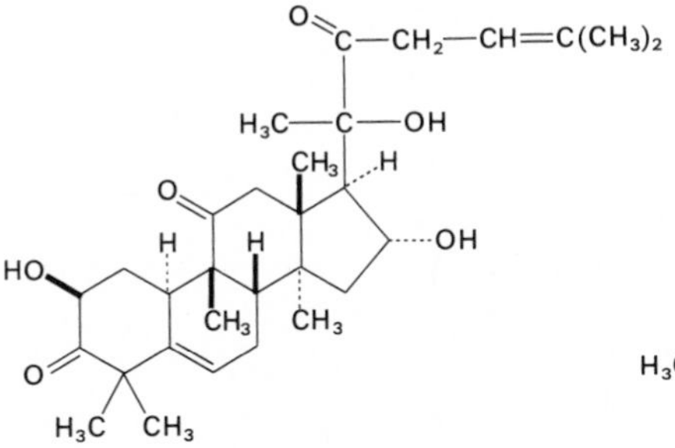

VI 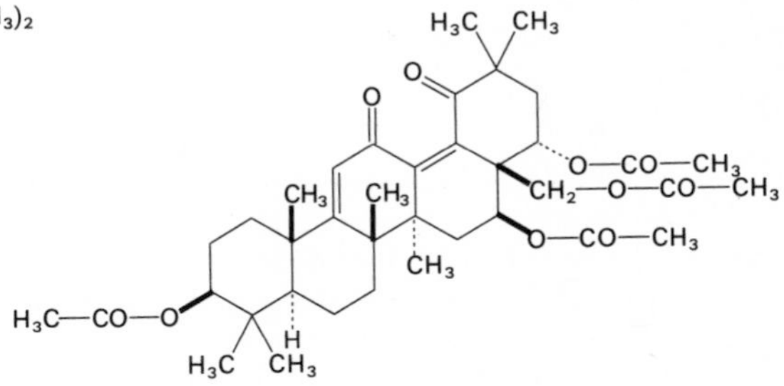   VII

3β,16β,22α,28-Tetraacetoxy-oleana-9(11),13(18)-dien-12,19-dion $C_{38}H_{52}O_{10}$, Formel VII.

B. Beim Erwärmen von 3β,16β,22α,28-Tetraacetoxy-oleana-9(11),12-dien mit SeO_2 in Essig=
säure (*Sandoval et al.*, Am. Soc. **79** [1957] 4468, 4471).

Hellgelbe Kristalle (aus wss. Acn.); F: 171–173°. $[α]_D$: –69° [$CHCl_3$]. $λ_{max}$ (A.): 278 nm.

3,21,22,24-Tetraacetoxy-oleana-9(11),13(18)-dien-12,19-dione $C_{38}H_{52}O_{10}$.

a) **3β,21β,22β,24-Tetraacetoxy-oleana-9(11),13(18)-dien-12,19-dion,** Formel VIII.

B. Beim Erhitzen von 3β,21β,22β,24-Tetraacetoxy-olean-12-en (E III **6** 6698) mit SeO_2 in
Benzylacetat (*Smith et al.*, Tetrahedron **4** [1958] 111, 130).

Kristalle (aus $CHCl_3$ + Me.); F: 212−214° [unkorr.]. $[\alpha]_D$: −95° [$CHCl_3$; c = 0,9]. λ_{max} (A.): 278 nm.

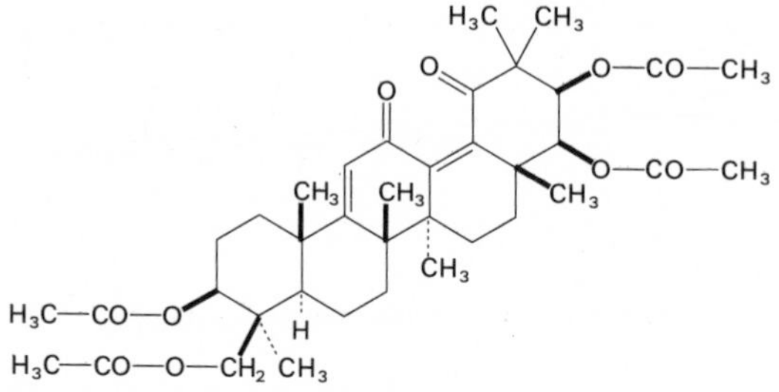

VIII

b) **3β,21α,22β,24-Tetraacetoxy-oleana-9(11),13(18)-dien-12,19-dion,** Formel IX.

B. Aus den unter a) und c) beschriebenen Epimeren bei der Reaktion mit methanol. KOH und anschliessend mit Acetanhydrid und Pyridin (*Smith et al.,* Tetrahedron **4** [1958] 111, 124, 130). Analoge Bildung aus Tetra-*O*-benzoyl-sojasapogenol-A (E III **9** 693) über 3β,21α,22α,24-Tetrakis-benzoyloxy-oleana-9(11),13(18)-dien-12,19-dion: *Meyer et al.,* Helv. **33** [1950] 672, 685.

Kristalle (aus $CHCl_3$ + Me.); F: 330−332° [unkorr.; Zers.] (*Sm. et al.*), 323−324° [korr.; Zers.; evakuierte Kapillare] (*Me. et al.*). $[\alpha]_D$: −48,4° [$CHCl_3$; c = 1,8] (*Sm. et al.*), −48° [$CHCl_3$; c = 1] (*Me. et al.*). λ_{max} (A.): 278 nm (*Sm. et al.; Me. et al.*).

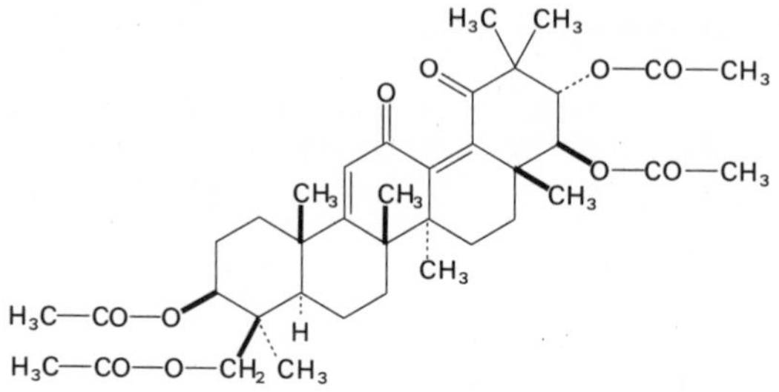

IX

c) **3β,21α,22α,24-Tetraacetoxy-oleana-9(11),13(18)-dien-12,19-dion,** Formel X.

B. Beim Erhitzen von Tetra-*O*-acetyl-sojasapogenol-A (E III **6** 6697) mit SeO_2 in Benzylacetat (*Smith et al.,* Tetrahedron **4** [1958] 111, 124).

Kristalle (aus $CHCl_3$ + Me.); F: 265−266° [unkorr.]. $[\alpha]_D^{15-20}$: −42,5° [$CHCl_3$; c = 1]. λ_{max} (A.): 278 nm.

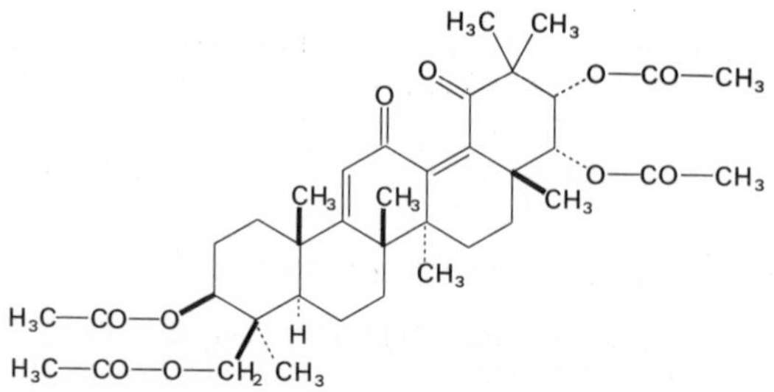

X

(5a*R*)-1*t*,6,11*c*,14-Tetramethyl-4*c*,8*t*-bis-[(*S*)-oxo-isopropyl]-(5b*t*,11a*c*,11b*t*,12a*t*)-Δ^6-
tetradecahydro-5a*r*,12*c*-ätheno-dicyclohepta[*a*,*e*]pentalen-1*c*,5*t*,7*c*,11*t*-tetraol $C_{30}H_{44}O_6$,
Formel XI, und (7*S*)-3*c*,6*c*,8*t*,11*t*,14,15-Hexamethyl-(3a*c*,6a*c*,6b*t*,7a*t*,10a*t*,13a*c*,13c*t*,14b*t*)-Δ^{14}-
octadecahydro-1,13-dioxa-7*r*,13b*c*-ätheno-pentaleno[1,2-*e*;5,4-*e*′]diazulen-2ξ,6*t*,8*c*,12ξ-tetraol
$C_{30}H_{44}O_6$, Formel XII; Absinthindilactol.

B. Beim Erwärmen von Absinthin ((7*S*)-6*t*,8*c*-Dihydroxy-3*c*,6*c*,8*t*,11*t*,14,15-hexamethyl-
(3a*c*,6a*c*,6b*t*,7a*t*,10a*t*,13a*c*,13c*t*,14b*t*)-Δ^{14}-hexadecahydro-1,13-dioxa-7*r*,13b*c*-ätheno-pentaleno‡
[1,2-*e*;5,4-*e*′]diazulen-2,12-dion [über die Konstitution und Konfiguration dieser Verbindung
s. *Beauhaire et al.*, Tetrahedron Letters **1980** 3191]) mit LiAlH₄ in Äther (*Novotný et al.*, Chem.
and Ind. **1958** 465; Collect. **25** [1960] 1492, 1496).

Kristalle (aus Ae.); F: ca. 196° [Zers.; nach vorheriger Orangefärbung oberhalb 170°]; $[\alpha]_D^{20}$:
+96° [CHCl₃; c = 2,5] (*No. et al.*).

XI

XII

Hydroxy-oxo-Verbindungen $C_nH_{2n-18}O_6$

Hydroxy-oxo-Verbindungen $C_{12}H_6O_6$

4,4′-Dimethoxy-[1,1′]bicyclohexa-1,4-dienyl-3,6,3′,6′-tetraon $C_{14}H_{10}O_6$, Formel I (R = CH₃)
(H 542; E III 4243).

B. Beim Behandeln von 1,3-Dimethoxy-benzol sowie von 2,4,2′,4′-Tetramethoxy-biphenyl
mit wss. H₂O₂, Essigsäure und wenig H₂SO₄ (*Davidge et al.*, Soc. **1958** 4569, 4571, 4572).
Beim Behandeln von 2-Methoxy-hydrochinon mit NaClO₂ in wss. Essigsäure (*Logan et al.*,
Canad. J. Chem. **33** [1955] 82, 94).

F: 231–232° [Zers.] (*Da. et al.*). Bei 150° unter vermindertem Druck sublimierbar (*Da. et al.*).

Die bei der Reaktion mit HCl erhaltene Verbindung $C_{14}H_{12}Cl_2O_6$ (s. E III **8** 4243) ist nicht
als 6,6′-Dichlor-2,2′-dihydroxy-4,4′-dimethoxy-[1,1′]bicyclohexa-1,3-dienyl-5,5′-
dion, sondern als opt.-inakt. 3,6-Dichlor-5a,8-dihydroxy-3,7-dimethoxy-5a,6-di‡
hydro-3*H*-dibenzofuran-2-on (Formel II) zu formulieren (*Brown et al.*, Tetrahedron **29**
[1973] 3059, 3061). Entsprechend ist das aus ihr hergestellte, früher (s. E III **8** 4243) als
2,2′-Diacetoxy-6,6′-dichlor-4,4′-dimethoxy-[1,1′]bicyclohexa-1,3-dienyl-5,5′-dion
angesehene Diacetyl-Derivat $C_{18}H_{16}Cl_2O_8$ als 5a,8-Diacetoxy-3,6-dichlor-3,7-dimethoxy-5a,6-
dihydro-3*H*-dibenzofuran-2-on (E III/IV **18** 3153) zu formulieren (*Br. et al.*).

I

II

4,4′-Bis-benzyloxy-[1,1′]bicyclohexa-1,4-dienyl-3,6,3′,6′-tetraon $C_{26}H_{18}O_6$, Formel I
(R = CH₂-C₆H₅).

B. Beim Behandeln von 1,3-Bis-benzyloxy-benzol mit wss. H₂O₂, Essigsäure und wenig H₂SO₄

(*Davidge et al.*, Soc. **1958** 4569, 4571, 4572).
Orangefarbene Kristalle; F: 258° [Zers.].

Hydroxy-oxo-Verbindungen $C_{14}H_{10}O_6$

2,2′-Dihydroxy-3,3′-dimethoxy-benzil $C_{16}H_{14}O_6$, Formel III und cyclische Taut.
 B. Beim Erwärmen von 2,3,2′,3′-Tetramethoxy-benzil mit $AlCl_3$ in Nitrobenzol (*Schales*, Arch. Biochem. **34** [1951] 56, 58).
 Kristalle (aus H_2O); F: 165,5 – 166,5°.
 Die Verbindung ist aufgrund der gleichartigen Bildung möglicherweise mit der früher (s. E III 4244) als 2,3,2′,3′-Tetrahydroxy-benzil $C_{14}H_{10}O_6$ beschriebenen Verbindung (F: 164 – 166°) identisch; im Fall einer Bestätigung wäre das früher (s. E III 4244) beschriebene 5,5′-Dibrom-2,3,2′,3′-tetrahydroxy-benzil $C_{14}H_8Br_2O_6$ als 5,5′-Dibrom-2,2′-dihydroxy-3,3′-dimethoxy-benzil $C_{16}H_{12}Br_2O_6$ aufzufassen.

III   IV

2-Hydroxy-4,6,4′-trimethoxy-benzil $C_{17}H_{16}O_6$, Formel IV (R = H) und cyclische Taut.
 Diese Konstitution kommt der früher (s. E III 4071, Zeile 21 v. o.) beschriebenen Verbindung $C_{17}H_{18}O_6$ vom F: 122° zu (s. dazu *Mee et al.*, Soc. **1957** 3093, 3094).

2,4,6,4′-Tetramethoxy-benzil $C_{18}H_{18}O_6$, Formel IV (R = CH_3).
 Konstitution: *Mee et al.*, Soc. **1957** 3093, 3094.
 B. Aus der vorangehenden Verbindung und Dimethylsulfat (*Badcock et al.*, Soc. **1950** 2961, 2965). Beim Erwärmen von 2,4,6,4′-Tetramethoxy-desoxybenzoin mit Blei(IV)-acetat in Essigsäure (*Ba. et al.*).
 Gelbe Kristalle (aus A.); F: 137° (*Ba. et al.*).

2,4,2′,4′-Tetrahydroxy-benzil $C_{14}H_{10}O_6$, Formel V (R = H) und cyclische Taut. (E II 577; E III 4244).
 B. Beim Erhitzen von 2,4,2′,4′-Tetramethoxy-benzil mit wss. HBr (*Nomura*, J. chem. Soc. Japan Pure Chem. Sect. **77** [1956] 1109; C. A. **1959** 5264).
 Kristalle (aus A. + Bzl.); F: 259°.

2,2′-Dihydroxy-4,4′-dimethoxy-benzil $C_{16}H_{14}O_6$, Formel V (R = CH_3) und cyclische Taut. (E III 4245).
 B. Beim Erwärmen von 2,4,2′,4′-Tetramethoxy-benzil mit $AlCl_3$ in 1,2-Dichlor-äthan (*VanAllan*, J. org. Chem. **23** [1958] 1679, 1681).
 Kristalle (aus Butan-1-ol); F: 149 – 150°. UV-Spektrum (Me.; 230 – 380 nm): *Va.*

V   VI

2-Hydroxy-4,2′,4′-trimethoxy-benzil $C_{17}H_{16}O_6$, Formel VI (R = H) und cyclische Taut.

B. Aus 2,4,2′,4′-Tetrahydroxy-benzil und Dimethylsulfat (*Whalley, Lloyd*, Soc. **1956** 3213, 3223). Beim Behandeln von 2-Hydroxy-4,2′,4′-trimethoxy-desoxybenzoin mit $KMnO_4$ in wss. Aceton (*Suginome*, J. org. Chem. **23** [1958] 1044).

Hellgelbe Kristalle; F: 113—114° [unkorr.; aus A.] (*Su.*), 110° [aus Me.] (*Wh., Ll.*). UV-Spektrum (A.; 220—350 nm): *Su.*

Über ein aus 2,4,2′,4′-Tetramethoxy-benzil beim Erwärmen mit $AlCl_3$ [2 Mol] in 1,2-Dichloräthan erhaltenes Präparat vom F: 145—146°, dem ebenfalls diese Konstitution zugeschrieben worden ist, s. *VanAllan*, J. org. Chem. **23** [1958] 1679, 1681.

[4,2′,4′-Trimethoxy-α,α′-dioxo-bibenzyl-2-yloxy]-essigsäure $C_{19}H_{18}O_8$, Formel VI (R = CH_2-CO-OH).

B. Aus dem Äthylester [s. u.] (*Whalley, Lloyd*, Soc. **1956** 3213, 3224).

Kristalle (aus Acn.); F: 195°.

[4,2′,4′-Trimethoxy-α,α′-dioxo-bibenzyl-2-yloxy]-essigsäure-äthylester $C_{21}H_{22}O_8$, Formel VI (R = CH_2-CO-O-C_2H_5).

B. Beim Erwärmen von 2-Hydroxy-4,2′,4′-trimethoxy-benzil mit Bromessigsäure-äthylester und K_2CO_3 in Aceton (*Whalley, Lloyd*, Soc. **1956** 3213, 3224).

Kristalle; F: 102°.

2,4,3′,4′-Tetramethoxy-benzil $C_{18}H_{18}O_6$, Formel VII.

Konstitution: *Mee et al.*, Soc. **1957** 3093, 3094.

B. Aus 2,4,3′,4′-Tetramethoxy-desoxybenzoin beim Behandeln mit $KMnO_4$ in wss. Aceton oder beim Erwärmen mit Blei(IV)-acetat in Essigsäure (*Badcock et al.*, Soc. **1950** 2961, 2964; *Mee et al.*, l. c. S. 3099).

Hellgelbe Kristalle (aus A.); F: 110° (*Mee et al.*, l. c. S. 3097, 3099). Bei 110°/0,001 Torr sublimierbar (*Mee et al.*).

o-Phenylendiamin-Kondensationsprodukt (F: 152°): *Mee et al.*

VII   VIII

3,4,3′,4′-Tetrahydroxy-benzil $C_{14}H_{10}O_6$, Formel VIII (H 542).

B. Beim Erhitzen von 3,4,3′,4′-Tetramethoxy-benzil mit wss. HBr und Essigsäure (*Schales*, Arch. Biochem. **34** [1951] 56, 58).

4,4′-Dihydroxy-3,3′-dimethoxy-benzil, Vanillil $C_{16}H_{14}O_6$, Formel IX (R = R′ = H).

B. Beim Erhitzen von *meso*-3,3′-Dimethoxy-bibenzyl-4,α,4′,α′-tetraol mit $Cu(OH)_2$ in Essigsäure (*Pearl*, Am. Soc. **74** [1952] 4260).

Hellgelbe Kristalle (aus Eg.); F: 233—234° [unkorr.] (*Pe.*), 230—231,5° [unkorr.] (*Pearl, Dickey*, Am. Soc. **74** [1952] 614, 617). UV-Spektrum (A. sowie äthanol. KOH; 220—400 nm): *Pe., Di.*, l. c. S. 616.

Mono-[2,4-dinitro-phenylhydrazon] (F: 247,5—248,5°) und *o*-Phenylendiamin-Kondensationsprodukt (F: 228,2—229,5°): *Johnson, Marshall*, Am. Soc. **77** [1955] 2335.

3,4,3′,4′-Tetramethoxy-benzil, Veratril $C_{18}H_{18}O_6$, Formel IX (R = R′ = CH_3) (H 542; E I 751; E II 578; E III 4247).

Kristalle (aus Eg.); F: 229° (*Battersby, Yeowell*, Soc. **1958** 1988, 1990). λ_{max} (A.): 230 nm,

284 nm und 322 nm (*Ba., Ye.*).

Bis-[2,2-diäthoxy-äthylimin] $C_{30}H_{44}N_2O_8$. Kristalle (aus wss. A.); F: 101–102° [unkorr.] (*Guthrie et al.,* Canad. J. Chem. **33** [1955] 729, 740). – Überführung in Papaveraldin (E III/IV **21** 6738) beim Behandeln mit wss. H_2SO_4 [72%ig]: *Gu. et al.*

4-Allyloxy-4′-hydroxy-3,3′-dimethoxy-benzil $C_{19}H_{18}O_6$, Formel IX (R = CH_2-CH=CH_2, R′ = H).

B. Neben der folgenden Verbindung beim Erwärmen von 4,4′-Dihydroxy-3,3′-dimethoxy-benzil mit Allylbromid und wss.-äthanol. KOH (*Pearl,* Am. Soc. **77** [1955] 2826).

Gelbe Kristalle (aus Ae.); F: 119–120° [unkorr.]. λ_{max} (A.): 230 nm, 285 nm und 320 nm.

4,4′-Bis-allyloxy-3,3′-dimethoxy-benzil $C_{22}H_{22}O_6$, Formel IX (R = R′ = CH_2-CH=CH_2).

B. s. im vorangehenden Artikel.

Kristalle (aus A. oder Eg.); F: 158–159° [unkorr.] (*Pearl,* Am. Soc. **77** [1955] 2826). λ_{max} (A.): 230 nm, 285 nm und 322 nm.

4,4′-Bis-benzyloxy-3,3′-dimethoxy-benzil $C_{30}H_{26}O_6$, Formel IX (R = R′ = CH_2-C_6H_5).

B. Beim Erwärmen von 4,4′-Dihydroxy-3,3′-dimethoxy-benzil mit Benzylchlorid und wss.-äthanol. KOH (*Pearl,* Am. Soc. **76** [1954] 3635). Beim Erwärmen von 4,4′-Bis-benzyloxy-3,3′-dimethoxy-benzoin in Äthanol mit Fehling-Lösung (*Pe.*).

Hellgelbe Kristalle (aus A. oder Eg.); F: 141–142° [unkorr.].

4-Acetoxy-4′-allyloxy-3,3′-dimethoxy-benzil $C_{21}H_{20}O_7$, Formel IX (R = CO-CH_3, R′ = CH_2-CH=CH_2).

B. Aus 4-Allyloxy-4′-hydroxy-3,3′-dimethoxy-benzil und Acetanhydrid in Pyridin (*Pearl,* Am. Soc. **77** [1955] 2826).

Gelbe Kristalle (aus Me.); F: 135–136° [unkorr.]. λ_{max} (A.): 224 nm, 277 nm und 320 nm.

4,4′-Diacetoxy-3,3′-dimethoxy-benzil $C_{20}H_{18}O_8$, Formel IX (R = R′ = CO-CH_3).

B. Aus 4,4′-Dihydroxy-3,3′-dimethoxy-benzil und Acetanhydrid (*Pearl, Dickey,* Am. Soc. **74** [1952] 614, 617; *Johnson, Marshall,* Am. Soc. **77** [1955] 2335).

Kristalle (aus A.); F: 139,5–140,5° [unkorr.] (*Jo., Ma.*), 138–140° [unkorr.] (*Pe., Di.*).

2-Hydroxy-3-methoxy-5-vanilloyl-benzaldehyd $C_{16}H_{14}O_6$, Formel X.

B. Neben anderen Verbindungen beim Erhitzen von 4,4′-Dihydroxy-3,3′-dimethoxy-5-propenyl-benzil mit Nitrobenzol und wss. NaOH (*Pearl,* Am. Soc. **78** [1956] 5672).

Hellgelbe Kristalle; F: 178,5–179,5° [unkorr.; aus Acn.] (*Pearl, Dickey,* Am. Soc. **74** [1952] 614, 617), 178–179° [unkorr.] (*Pe.*).

Diacetyl-Derivat $C_{20}H_{18}O_8$; 2-Acetoxy-5-[4-acetoxy-3-methoxy-benzoyl]-3-methoxy-benzaldehyd. Kristalle (aus A.); F: 135–136° [unkorr.] (*Pe., Di.*).

3,5,4′,5′-Tetramethoxy-biphenyl-2,2′-dicarbaldehyd $C_{18}H_{18}O_6$, Formel XI (X = H).

B. Aus Protostephanin-methojodid (E III/IV **21** 2722) über mehrere Stufen (*Kondo, Watanabe,* J. pharm. Soc. Japan **58** [1938] 268, 270; dtsch. Ref. S. 46, 49; Ann. Rep. ITSUU Labor. Nr. 1 [1950] 1, 3; dtsch. Ref. S. 37, 39; *Takeda,* Bl. agric. chem. Soc. Japan **20** [1956] 165, 167).

Kristalle (aus Bzl., $CHCl_3$+Ae. oder Acn.+PAe.); F: 175° (*Ko., Wa.,* J. pharm. Soc. Japan

58 270; Ann. Rep. ITSUU Labor. Nr. 1, S. 3; *Ta.*). UV-Spektrum (240—390 nm): *Ko., Wa.,*
Ann. Rep. ITSUU Labor. Nr. 1, S. 1.

Dioxim $C_{18}H_{20}N_2O_6$. Kristalle (aus A.); Zers. bei 245—246° (*Ko., Wa.,* Ann. Rep. ITSUU
Labor. Nr. 1, S. 3).

XI   XII

6-Brom-3,5,4′,5′-tetramethoxy-biphenyl-2,2′-dicarbaldehyd $C_{18}H_{17}BrO_6$, Formel XI (X = Br).

B. Aus 2-Brom-3,5,4′,5′-tetramethoxy-6,2′-divinyl-biphenyl bei der Ozonolyse (*Kondo, Ta=
keda,* Ann. Rep. ITSUU Labor. Nr. 5 [1954] 1, 3; engl. Ref. S. 51, 53).

Wenig beständige Kristalle; F: 178°. UV-Spektrum (Me.; 240—380 nm): *Ko., Ta.,* l. c. S. 2.
Dioxim $C_{18}H_{19}BrN_2O_6$. Kristalle (aus Me.); F: 242° [Zers.].

4,5,4′,5′-Tetramethoxy-biphenyl-2,2′-dicarbaldehyd $C_{18}H_{18}O_6$, Formel XII.

B. Beim Erhitzen von 2,3,9,10-Tetramethoxy-5,7-dihydro-dibenz[c,e]oxepin mit $K_2Cr_2O_7$ in
wss. Essigsäure (*Matarasso-Tchiroukhine,* A. ch. [13] **3** [1958] 405, 433).

Hellgelbe Kristalle (aus Xylol); F: 215°.
Dioxim $C_{18}H_{20}N_2O_6$. Kristalle (aus Me.); F: 295—296°.
Bis-phenylhydrazon (F: 263—264°): *Ma.-Tch.*

5,6,5′,6′-Tetramethoxy-biphenyl-2,2′-dicarbaldehyd $C_{18}H_{18}O_6$, Formel XIII.

B. Beim Erhitzen von 2-Brom-3,4-dimethoxy-benzaldehyd (*Kondo, Watanabe,* Ann. Rep.
ITSUU Labor. Nr. 1 [1950] 1, 4; dtsch. Ref. S. 37, 40) oder von 2-Jod-3,4-dimethoxy-benzalde=
hyd (*Nilsson,* Acta chem. scand. **12** [1958] 1830) mit Kupfer-Pulver.

Kristalle; F: 136—137° [aus Me.] (*Ni.*), 135° (*Ko., Wa.*).

4,4′-Dihydroxy-2,2′-dimethyl-[1,1′]bicyclohexa-1,4-dienyl-3,6,3′,6′-tetraon $C_{14}H_{10}O_6$,
Formel XIV und Taut.

B. Aus 6,6′-Dimethyl-biphenyl-2,4,2′,4′-tetraol mit Hilfe von $NO(SO_3K)_2$ in H_2O (*Musso,*
B. **91** [1958] 349, 359).

Hellgelbe Kristalle (aus A. + $CHCl_3$); F: 207° [korr.; Zers.] nach Verfärbung oberhalb 180°
(*Mu.*). Bei 160° im Hochvakuum sublimierbar (*Mu.*). OH-Valenzschwingungsbanden (KBr sowie
CCl_4): *Musso, v. Grunelius,* B. **92** [1959] 3101, 3105.

XIII   XIV   XV

6,6′-Dihydroxy-5,5′-dimethoxy-biphenyl-3,3′-dicarbaldehyd $C_{16}H_{14}O_6$, Formel XV
(R = R′ = H) (H 542; E I 752; E II 578; E III 4249; dort auch als **Dehydrovanillin** und
als **Divanillin** bezeichnet).

Kristalle; F: 317—318° [evakuierte Kapillare; nach Sublimation] (*Yamaguchi,* J. chem. Soc.
Japan Pure Chem. Sect. **77** [1956] 591, 594; C. A. **1958** 305). UV-Spektrum in äthanol. KOH
(210—400 nm): *Pearl, Dickey,* Am. Soc. **74** [1952] 614, 616; in wss. Lösung vom pH 7,3

(250—360 nm): *Davis et al.*, Am. Soc. **77** [1955] 2405, 2408.

Mononatrium-Salz $NaC_{16}H_{13}O_6$. Kristalle [aus wss. A.] (*Mikawa, Sato*, Bl. chem. Soc. Japan **31** [1958] 628, 633).

6-Hydroxy-5,5′,6′-trimethoxy-biphenyl-3,3′-dicarbaldehyd $C_{17}H_{16}O_6$, Formel XV (R = H, R′ = CH$_3$) (E III 4249).

Kristalle (aus Bzl.); F: 196,5—197° (*Mikawa et al.*, Bl. chem. Soc. Japan **29** [1956] 245, 253).

5,6,5′,6′-Tetramethoxy-biphenyl-3,3′-dicarbaldehyd $C_{18}H_{18}O_6$, Formel XV (R = R′ = CH$_3$) (H 542; E I 752; E III 4249).

B. Beim Erhitzen von 3-Jod-4,5-dimethoxy-benzaldehyd mit Kupfer-Pulver (*Nilsson*, Acta chem. scand. **12** [1958] 1830).

F: 138—140°.

2,2′-Dihydroxy-4,4′-dimethyl-[1,1′]bicyclohexa-1,4-dienyl-3,6,3′,6′-tetraon $C_{14}H_{10}O_6$, Formel I und Taut.; **Phönicin** (E III 4251).

B. Aus 4,4′-Dimethyl-biphenyl-2,6,2′,6′-tetraol mit Hilfe von NO(SO$_3$K)$_2$ in wss. Aceton (*Musso, Beecken*, B. **92** [1959] 1416, 1421).

OH-Valenzschwingungsbanden (KBr und CCl$_4$): *Musso, v. Grunelius*, B. **92** [1959] 3101, 3105. Absorptionsspektrum (CHCl$_3$; 230—600 nm): *Flaig, Salfeld*, A. **618** [1958] 117, 134.

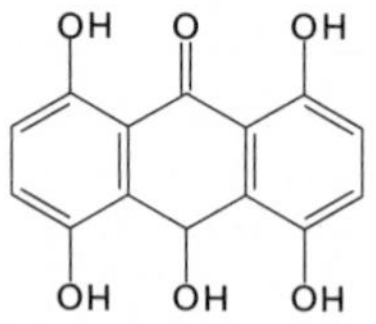

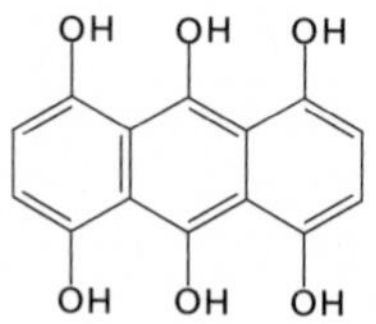

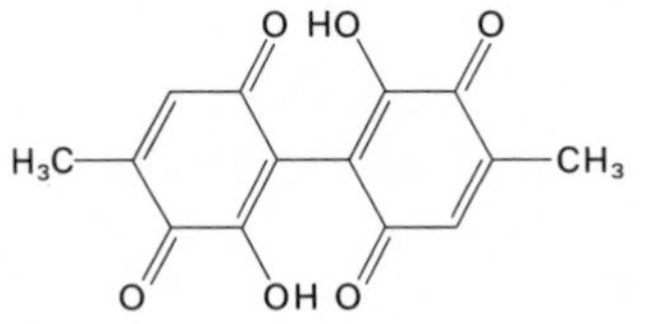

1,4,5,8,10-Pentahydroxy-anthron $C_{14}H_{10}O_6$, Formel II, und **Anthracen-1,4,5,8,9,10-hexaol** $C_{14}H_{10}O_6$, Formel III (H 543; E II 578; E III 4252).

Bronzefarbene Kristalle (aus Dioxan); F: ca. 300° (*Bruce, Thomson*, Soc. **1952** 2759, 2765).

Überführung in ein Di-*O*-methyl-Derivat $C_{16}H_{14}O_6$ (rotbraune Kristalle [aus A.]; F: 200° [Zers.]) bei der Einwirkung von Diazomethan sowie in ein Tetra-*O*-acetyl-Derivat $C_{22}H_{18}O_{10}$ (gelbe Kristalle [aus Eg.]; F: 266° [Zers.]) bei der Einwirkung von Acetylchlorid und Pyridin: *Br., Th.*

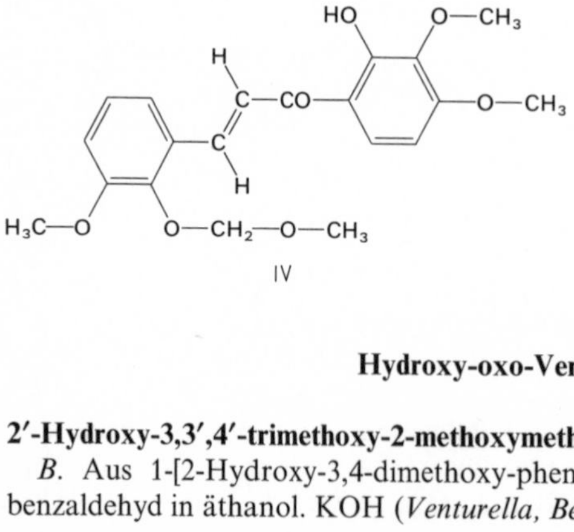

Hydroxy-oxo-Verbindungen $C_{15}H_{12}O_6$

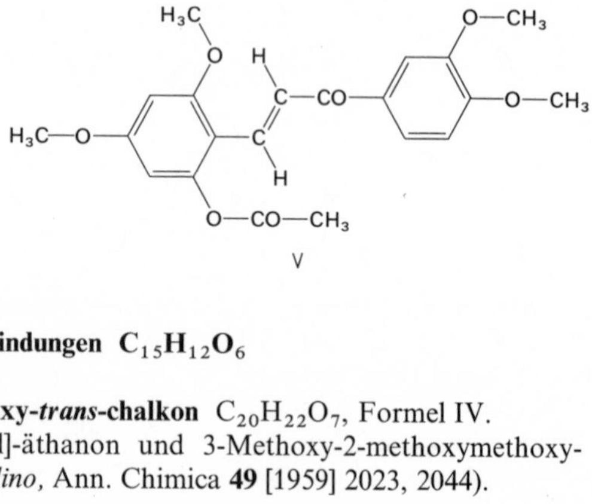

2′-Hydroxy-3,3′,4′-trimethoxy-2-methoxymethoxy-*trans*-chalkon $C_{20}H_{22}O_7$, Formel IV.

B. Aus 1-[2-Hydroxy-3,4-dimethoxy-phenyl]-äthanon und 3-Methoxy-2-methoxymethoxy-benzaldehyd in äthanol. KOH (*Venturella, Bellino*, Ann. Chimica **49** [1959] 2023, 2044).

Orangegelbe Kristalle (aus A.); F: 129 – 130°.

2-Acetoxy-4,6,3',4'-tetramethoxy-*trans*-chalkon $C_{21}H_{22}O_7$, Formel V.

B. Aus 2-Hydroxy-4,6,3',4'-tetramethoxy-*trans*-chalkon [F: 178 – 179°] (*Gramshaw et al.*, Soc. **1958** 4040, 4044). Beim Erwärmen von 2-[3,4-Dimethoxy-phenyl]-5,7-dimethoxy-chrom⹀enylium-chlorid mit Pyridin und anschliessenden Behandeln mit Acetanhydrid (*Gr. et al.*).

Hellgelbe Kristalle (aus A.); F: 154 – 155°. λ_{max} (A.): 204 nm, 247 nm und 360 nm.

2,2'-Dihydroxy-3',4',6'-trimethoxy-*trans*-chalkon $C_{18}H_{18}O_6$, Formel VI (R = R' = H).

B. Aus 2'-Hydroxy-3',4',6'-trimethoxy-2-methoxymethoxy-*trans*-chalkon beim kurzen Erwär⹀men mit Essigsäure unter Zusatz von H_2SO_4 (*Arcoleo et al.*, Ann. Chimica **47** [1957] 667, 672; *Venturella, Bellino*, Ann. Chimica **49** [1959] 2023, 2038).

Orangegelbe Kristalle; F: 163 – 164° [aus Me.] (*Cummins et al.*, Tetrahedron **19** [1963] 499, 501, 507), 131 – 132° [aus A.] (*Ar. et al.*), 78 – 80° [aus A.] und (nach Wiedererstarren) F: 133 – 137° (*Ve., Be.*). λ_{max} (A.): 370 nm (*Ve., Be.*).

2,4-Dinitro-phenylhydrazon (F: 239 – 240°): *Ve., Be.*

2,2',3',4',6'-Pentamethoxy-*trans*-chalkon $C_{20}H_{22}O_6$, Formel VI (R = R' = CH$_3$).

B. Aus 1-[2,3,4,6-Tetramethoxy-phenyl]-äthanon und 2-Methoxy-benzaldehyd in äthanol. KOH (*Venturella, Bellino*, Ann. Chimica **49** [1959] 2023, 2039). Aus der vorangehenden Verbin⹀dung und Dimethylsulfat (*Ve., Be.*).

Gelbe Kristalle (aus A.); F: 102 – 103°. λ_{max} (A.): 292 nm und 340 nm.

2-Allyloxy-2'-hydroxy-3',4',6'-trimethoxy-*trans*-chalkon $C_{21}H_{22}O_6$, Formel VI (R = CH$_2$-CH=CH$_2$, R' = H).

B. Aus 1-[2-Hydroxy-3,4,6-trimethoxy-phenyl]-äthanon und 2-Allyloxy-benzaldehyd in äth⹀anol. KOH (*Venturella, Bellino*, Ann. Chimica **49** [1959] 2023, 2043).

Dimorph; gelbe Kristalle (aus A.), F: 91 – 92°; orangerote Kristalle (aus A.), F: 85 – 86°; beim Schmelzen erfolgt Umlagerung in die Modifikation vom F: 92°. — UV-Spektrum (A.; 220 – 400 nm) beider Modifikationen: *Ve., Be.*, l. c. S. 2042.

2'-Hydroxy-3',4',6'-trimethoxy-2-methoxymethoxy-*trans*-chalkon $C_{20}H_{22}O_7$, Formel VI (R = CH$_2$-O-CH$_3$, R' = H).

Konstitution: *Venturella, Bellino*, Ann. Chimica **49** [1959] 2023.

B. Aus 1-[2-Hydroxy-3,4,6-trimethoxy-phenyl]-äthanon und 2-Methoxymethoxy-benzaldehyd in wss.-äthanol. NaOH (*Arcoleo et al.*, Ann. Chimica **47** [1957] 667, 671) oder in äthanol. KOH (*Ve., Be.*, l. c. S. 2036).

Dimorph (*Ve., Be.*, l. c. S. 2033). Rote Kristalle (aus A.); F: 114° (*Ar. et al.*), 113 – 114° (*Ve., Be.*, l. c. S. 2036). — Gelbe Kristalle (aus A. oder wss. A.); F: 102 – 103° (*Ar. et al.*; *Ve., Be.*, l. c. S. 2036). Beim Schmelzen erfolgt Umlagerung in die Modifikation vom F: 114°. IR-Spektrum in CCl$_4$ (5 – 9 μ) sowie in Nujol (9 – 14,5 μ) beider Modifikationen: *Ve., Be.*, l. c. S. 2030, 2035. UV-Spektrum (A.; 220 – 400 nm) beider Modifikationen: *Ve., Be.*, l. c. S. 2026.

Phenylhydrazon (F: 105°): *Ve., Be.*, l. c. S. 2038.

VI   VII

2′,3′,4′,6′-Tetramethoxy-2-methoxymethoxy-*trans*-chalkon $C_{21}H_{24}O_7$, Formel VI
(R = CH$_2$-O-CH$_3$, R′ = CH$_3$).

B. Aus 1-[2,3,4,6-Tetramethoxy-phenyl]-äthanon und 2-Methoxymethoxy-benzaldehyd in
äthanol. KOH (*Venturella, Bellino*, Ann. Chimica **49** [1959] 2023, 2037). Aus der vorangehenden
Verbindung und Dimethylsulfat (*Ve., Be.*).
Gelbe Kristalle (aus A.); F: 80−81°. λ_{max} (A.): 285 nm und 325 nm.

2′-Acetoxy-3′,4′,6′-trimethoxy-2-methoxymethoxy-*trans*-chalkon $C_{22}H_{24}O_8$, Formel VI
(R = CH$_2$-O-CH$_3$, R′ = CO-CH$_3$).

B. Aus 2′-Hydroxy-3′,4′,6′-trimethoxy-2-methoxymethoxy-*trans*-chalkon und Acetanhydrid
unter Zusatz von Natriumacetat oder Pyridin (*Venturella, Bellino*, Ann. Chimica **49** [1959]
2023, 2037).
Kristalle (aus A.); F: 107−108°. IR-Spektrum (CCl$_4$; 5−6,5 μ): *Ve., Be.*, l. c. S. 2031. λ_{max}
(A.): 292 nm und 340 nm.

2,2′-Diacetoxy-3′,4′,6′-trimethoxy-*trans*-chalkon $C_{22}H_{22}O_8$, Formel VI (R = R′ = CO-CH$_3$).

B. Aus 2,2′-Dihydroxy-3′,4′,6′-trimethoxy-*trans*-chalkon analog der vorangehenden Verbin≈
dung (*Arcoleo et al.*, Ann. Chimica **47** [1957] 667, 672; *Venturella, Bellino*, Ann. Chimica **49**
[1959] 2023, 2038).
Gelbe Kristalle; F: 164° [aus Me.] (*Cummins et al.*, Tetrahedron **19** [1963] 499, 507),
163−164° [aus A.] (*Ve., Be.*). λ_{max} (A.): 298 nm (*Ve., Be.*).

3,4,5,2′,4′-Pentahydroxy-*trans*-chalkon $C_{15}H_{12}O_6$, Formel VII (R = H).
B. Aus 1-[2,4-Dihydroxy-phenyl]-äthanon und 3,4,5-Trihydroxy-benzaldehyd in wss.-äthanol.
KOH (*Pew*, Am. Soc. **73** [1951] 1678, 1683, 1685).
Zers. bei 290° nach vorheriger Verfärbung bei ca. 250°.

4,2′,4′-Trihydroxy-3,5-dimethoxy-*trans*-chalkon $C_{17}H_{16}O_6$, Formel VII (R = CH$_3$).
B. Analog der vorangehenden Verbindung (*Pew*, Am. Soc. **73** [1951] 1678, 1683, 1685).
F: 234−236° [korr.].

2′,4′-Dihydroxy-3,4,5-trimethoxy-*trans*-chalkon $C_{18}H_{18}O_6$, Formel VIII (R = R′ = H).
B. Beim Erwärmen der folgenden Verbindung mit Essigsäure und wenig wss. H$_2$SO$_4$ (*Bellino,
Venturella*, Ann. Chimica **48** [1958] 111, 118, 120).
Gelbe Kristalle (aus wss. A.); F: 202−203°.

2′-Hydroxy-3,4,5-trimethoxy-4′-methoxymethoxy-*trans*-chalkon $C_{20}H_{22}O_7$, Formel VIII
(R = H, R′ = CH$_2$-O-CH$_3$).
B. Aus 1-[2-Hydroxy-4-methoxymethoxy-phenyl]-äthanon und 3,4,5-Trimethoxy-benzalde≈
hyd in wss.-äthanol. KOH (*Bellino, Venturella*, Ann. Chimica **48** [1958] 111, 117, 119).
Gelbe Kristalle (aus A.); F: 132°.

VIII

IX

2′,4′-Diacetoxy-3,4,5-trimethoxy-*trans*-chalkon $C_{22}H_{22}O_8$, Formel VIII (R = R′ = CO-CH$_3$).
B. Aus 2′,4′-Dihydroxy-3,4,5-trimethoxy-*trans*-chalkon (*Bellino, Venturella*, Ann. Chimica **48**
[1958] 111, 120).

Hellgelbe Kristalle (aus wss. A.); F: 93—94°.

4,2′-Dihydroxy-3,5,5′-trimethoxy-*trans*-chalkon $C_{18}H_{18}O_6$, Formel IX (R = R′ = H).

B. Aus der folgenden Verbindung beim Erwärmen mit Essigsäure und wenig wss. H_2SO_4 (*Bellino, Venturella*, Ann. Chimica **48** [1958] 716, 718).

Orangefarbene Kristalle (aus A.); F: 168—169°.

2′-Hydroxy-3,5,5′-trimethoxy-4-methoxymethoxy-*trans*-chalkon $C_{20}H_{22}O_7$, Formel IX (R = CH_2-O-CH_3, R′ = H).

B. Aus 1-[2-Hydroxy-5-methoxy-phenyl]-äthanon und 3,5-Dimethoxy-4-methoxymethoxy-benzaldehyd in wss.-äthanol. KOH (*Bellino, Venturella*, Ann. Chimica **48** [1958] 716, 717, 719).

Dunkelrote Kristalle (aus A.); F: 132—133°.

4,2′-Diacetoxy-3,5,5′-trimethoxy-*trans*-chalkon $C_{22}H_{22}O_8$, Formel IX (R = R′ = CO-CH_3).

B. Beim Erhitzen von 4,2′-Dihydroxy-3,5,5′-trimethoxy-*trans*-chalkon mit Acetanhydrid und Natriumacetat (*Bellino, Venturella*, Ann. Chimica **48** [1958] 716, 718, 719).

Hellgelbe Kristalle (aus A.); F: 161—162°.

2-Brom-3,4,5,3′,4′-pentamethoxy-*trans*-chalkon $C_{20}H_{21}BrO_6$, Formel X.

B. Aus 1-[3,4-Dimethoxy-phenyl]-äthanon und 2-Brom-3,4,5-trimethoxy-benzaldehyd in wss.-äthanol. NaOH (*Gutsche et al.*, Am. Soc. **80** [1958] 5756, 5765).

Hellgelbe Kristalle (aus Me.); F: 149—150° [korr.].

3,4,2′,3′,4′-Pentahydroxy-chalkone $C_{15}H_{12}O_6$.

     a) **3,4,2′,3′,4′-Pentahydroxy-*cis*-chalkon,** Formel XI.

Das früher (s. E III 8 4257) unter dieser Konstitution und Konfiguration beschriebene Iso‑okanin ist vermutlich als (±)-2-[3,4-Dihydroxy-phenyl]-7,8-dihydroxy-chroman-4-on zu formu‑lieren (*Shimokoriyama*, Am. Soc. **79** [1957] 214, 215).

     b) **3,4,2′,3′,4′-Pentahydroxy-*trans*-chalkon,** Formel XII (R = R′ = H); **Okanin** (E III 4257).

B. Beim Erhitzen von Marein (4′-β(?)-D-Glucopyranosyloxy-3,4,2′,3′-tetrahydroxy-*trans*-chal‑kon) oder von Flavanomarein ((*Ξ*)-2-[3,4-Dihydroxy-phenyl]-7-β(?)-D-glucopyranosyloxy-8-hydroxy-chroman-4-on) mit wss. H_2SO_4 (*Shimokoriyama*, Am. Soc. **79** [1957] 214, 218).

λ_{max} (A.): 260 nm und 384 nm (*Sh.*, l. c. S. 216).

2,4-Dinitro-phenylhydrazon (F: 253°): *King, King*, Soc. **1951** 569.

3,2′-Dihydroxy-4,3′,4′-trimethoxy-*trans*-chalkon $C_{18}H_{18}O_6$, Formel XIII (R = H) (E III 4258).

B. Beim Erwärmen der folgenden Verbindung mit H_2SO_4 in Essigsäure (*Venturella*, Ann. Chimica **48** [1958] 706, 712).

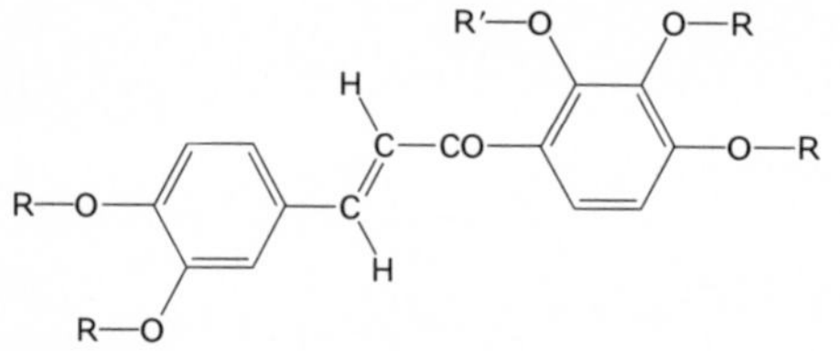

XII 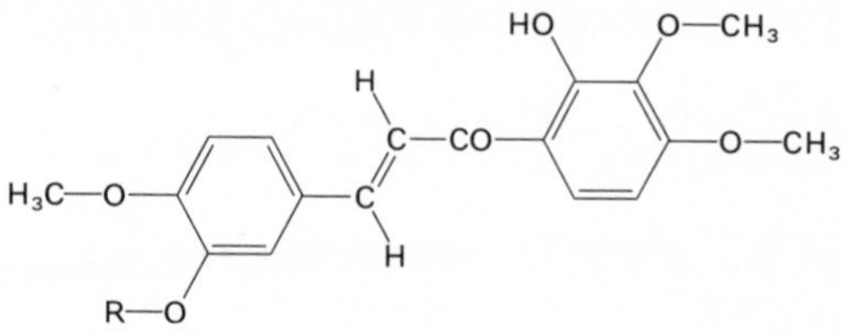   XIII

2′-Hydroxy-4,3′,4′-trimethoxy-3-methoxymethoxy-*trans*-chalkon $C_{20}H_{22}O_7$, Formel XIII (R = CH$_2$-O-CH$_3$).

B. Aus 1-[2-Hydroxy-3,4-dimethoxy-phenyl]-äthanon und 4-Methoxy-3-methoxymethoxy-benzaldehyd in wss.-äthanol. KOH (*Venturella*, Ann. Chimica **48** [1958] 706, 712).

Gelbe Kristalle (aus A.); F: 102°.

2′-Acetoxy-3,4,3′,4′-tetramethoxy-*trans*(?)-chalkon $C_{21}H_{22}O_7$, vermutlich Formel XII (R = CH$_3$, R′ = CO-CH$_3$) (H 543).

B. Beim Erhitzen von 2′-Hydroxy-3,4,3′,4′-tetramethoxy-*trans*(?)-chalkon (F: 125—127°) mit Acetanhydrid und Natriumacetat (*Kulkarni, Joshi,* J. Indian chem. Soc. **34** [1957] 217, 225).

Kristalle (aus A.); F: 125°.

3,4,3′,4′-Tetraacetoxy-2′-hydroxy-*trans*-chalkon $C_{23}H_{20}O_{10}$, Formel XIV (R = H, R′ = CO-CH$_3$).

B. Beim Behandeln von 3,4,2′,3′,4′-Pentahydroxy-*trans*-chalkon mit Acetanhydrid und Pyri=din (*Shimokoriyama,* Am. Soc. **79** [1957] 214, 218).

Gelbe Kristalle (aus A.); F: 168—173°. λ_{max} (A.): 347 nm (*Sh.,* l. c. S. 216).

3,4,2′,4′-Tetraacetoxy-3′-methoxy-*trans*-chalkon $C_{24}H_{22}O_{10}$, Formel XIV (R = CO-CH$_3$, R′ = CH$_3$) (vgl. E III 4258).

Diese Konstitution und Konfiguration kommt wahrscheinlich dem nachstehend beschriebe=nen Tetra-*O*-acetyl-lanceoletin zu (*Shimokoriyama, Hattori,* Am. Soc. **75** [1953] 1900, 1903).

B. Beim Erwärmen von Hepta-*O*-acetyl-lanceolin (E III/IV **17** 3274) mit wss.-äthanol. H$_2$SO$_4$ und Erwärmen des erhaltenen Aglycons mit Acetanhydrid und Natriumacetat (*Sh., Ha.,* l. c. S. 1903).

Kristalle (aus Me.); F: 162—166° (*Sh., Ha.;* vgl. dagegen E III 4258).

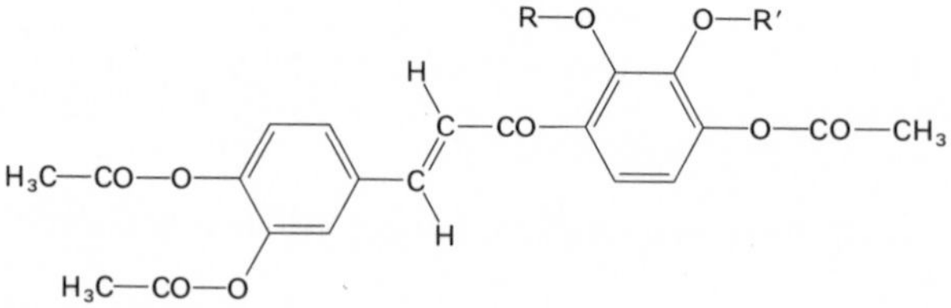

XIV

3,4,2′,3′,4′-Pentaacetoxy-*trans*-chalkon, Penta-*O*-acetyl-okanin $C_{25}H_{22}O_{11}$, Formel XIV (R = R′ = CO-CH$_3$).

B. Beim Erwärmen von 3,4,2′,3′,4′-Pentahydroxy-*trans*-chalkon mit Acetanhydrid und Na=triumacetat (*King, King,* Soc. **1951** 569) oder mit Acetanhydrid unter Zusatz von H$_2$SO$_4$ (*Shimo=koriyama,* Am. Soc. **79** [1957] 214, 218).

Kristalle; F: 141° [mit 0,5 Mol H$_2$O; aus A.] (*King, King*), 138—141° [unkorr.; aus A.] (*Sh.*). λ_{max} (A.): 227 nm und 310 nm (*Sh.,* l. c. S. 216).

2′-Hydroxy-3,4,3′,6′-tetramethoxy-*trans*-chalkon $C_{19}H_{20}O_6$, Formel XV.

B. Aus 1-[2-Hydroxy-3,6-dimethoxy-phenyl]-äthanon und 3,4-Dimethoxy-benzaldehyd (*Balź lio, Pocchiari,* Ric. scient. **20** [1950] 1301).

Kristalle (aus A.); F: 117−118°.

3,4,2′,4′,5′-Pentahydroxy-*trans*-chalkon, Stillopsidin, Neoplathymenin $C_{15}H_{12}O_6$, Formel I (R = H).

B. Beim Behandeln von 1-[2,4,5-Trihydroxy-phenyl]-äthanon mit 3,4-Dihydroxy-benzaldehyd in wss.-äthanol. KOH (*Seikel et al.,* Am. Soc. **77** [1955] 1196, 1198) oder von 1-[2,4,5-Tris-benzoyloxy-phenyl]-äthanon mit 3,4-Bis-benzoyloxy-benzaldehyd in Äthylacetat in Gegenwart von HCl und Erwärmen des hierbei erhaltenen Reaktionsprodukts mit wss.-äthanol. KOH (*Laumas et al.,* Pr. Indian Acad. [A] **46** [1957] 343, 346). Beim Erwärmen von (±)-Plathymenin ((±)-2-[3,4-Dihydroxy-phenyl]-6,7-dihydroxy-chroman-4-on) mit wss. NaOH (*King et al.,* Soc. **1953** 1055, 1058).

Orangefarbene Kristalle; F: 232° [Zers.; aus wss. Me.] (*King et al.*), 226−228° [aus wss. Me.] (*La. et al.*), ca. 225° [Zers.; vorgeheiztes Bad; aus Me. oder Bzl.] (*Se. et al.*). λ_{max} (A.): 245 nm, 252 nm, 268 nm und 393 nm (*Se. et al.,* l. c. S. 1197).

2′,5′-Dihydroxy-3,4,4′-trimethoxy-*trans*-chalkon $C_{18}H_{18}O_6$, Formel II (R = R′ = H).

B. Beim Behandeln von 2′-Hydroxy-3,4,4′-trimethoxy-*trans*-chalkon mit $K_2S_2O_8$ in Pyridin und wss. KOH und Erwärmen des Reaktionsprodukts mit Na_2SO_3 und wss. HCl (*Laumas et al.,* Pr. Indian Acad. [A] **46** [1957] 343, 345).

Orangegelbe Kristalle (aus Me.); F: 204−205°.

2′-Hydroxy-3,4,4′,5′-tetramethoxy-*trans*-chalkon $C_{19}H_{20}O_6$, Formel II (R = H, R′ = CH_3) (E III 4260).

B. Beim Erwärmen der vorangehenden Verbindung mit Dimethylsulfat und K_2CO_3 in Aceton und Benzol (*Laumas et al.,* Pr. Indian Acad. [A] **46** [1957] 343, 345).

2′-Acetoxy-3,4,4′,5′-tetramethoxy-*trans*-chalkon $C_{21}H_{22}O_7$, Formel II (R = $CO\text{-}CH_3$, R′ = CH_3).

B. Beim Erhitzen der vorangehenden Verbindung mit Acetanhydrid und Natriumacetat (*King et al.,* Soc. **1953** 1055, 1058).

Gelbe Kristalle (aus wss. Me.); F: 118−119°.

3,4,2′,4′,5′-Pentaacetoxy-*trans*-chalkon, Penta-*O*-acetyl-stillopsidin, Penta-*O*-acetyl-neoplathymenin $C_{25}H_{22}O_{11}$, Formel I (R = $CO\text{-}CH_3$).

B. Beim Erhitzen von 3,4,2′,4′,5′-Pentahydroxy-*trans*-chalkon mit Acetanhydrid unter Zuź satz von $HClO_4$ (*King et al.*, Soc. **1953** 1055, 1058) oder von Natriumacetat (*Seikel et al.*, Am. Soc. **77** [1955] 1196, 1198).

Gelbe Kristalle; F: 155−156° [aus E.+PAe.] (*King et al.*), 154,5° [unkorr.; aus A.] (*Se. et al.*). λ_{max} (A.): 307 nm (*Se. et al.*, l. c. S. 1197).

2′,4′-Dihydroxy-3,4,6′-trimethoxy-*trans*(?)-chalkon $C_{18}H_{18}O_6$, vermutlich Formel III (R = R′ = H).

B. Beim Erwärmen von 2′-Hydroxy-3,4,6′-trimethoxy-4′-[O^6-α-L-rhamnopyranosyl-β-D-glu≠copyranosyloxy]-*trans*(?)-chalkon (E III/IV **17** 3481) mit wss. H_2SO_4 (*Sakieki*, J. chem. Soc. Japan Pure Chem. Sect. **79** [1958] 733, 739; C. A. **1960** 4558).

Kristalle (aus A.); F: 222−223° [unkorr.]. IR-Spektrum (Nujol; 2−15 μ): *Sa.* λ_{max} (A.): 283 nm.

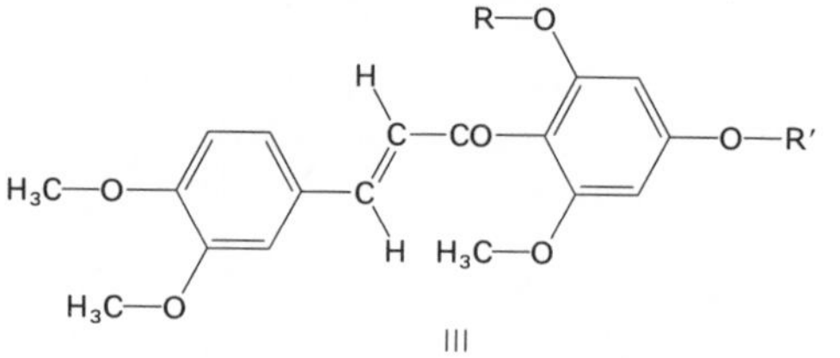

III

3,2′-Dihydroxy-4,4′,6′-trimethoxy-*trans*-chalkon $C_{18}H_{18}O_6$, Formel IV (R = H, R′ = CH_3).

B. Aus 1-[2-Hydroxy-4,6-dimethoxy-phenyl]-äthanon und 3-Hydroxy-4-methoxy-benzalde≠hyd in wss.-äthanol. KOH (*Narasimhachari, Seshadri*, Pr. Indian Acad. [A] **32** [1950] 17, 20).

Gelbe Kristalle (aus A.); F: 193−194°.

4′-Hydroxy-3,4,2′,6′-tetramethoxy-*trans*(?)-chalkon $C_{19}H_{20}O_6$, vermutlich Formel III (R = CH_3, R′ = H) (E III 4262).

λ_{max} (A.): 335 nm (*Sakieki*, J. chem. Soc. Japan Pure Chem. Sect. **79** [1958] 1103, 1107; C. A. **1960** 5632).

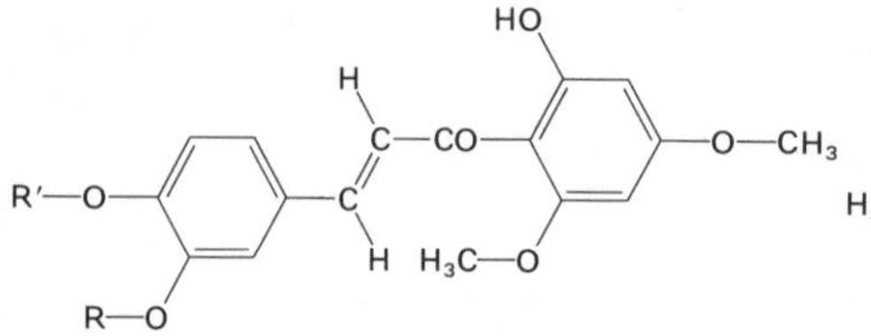

IV

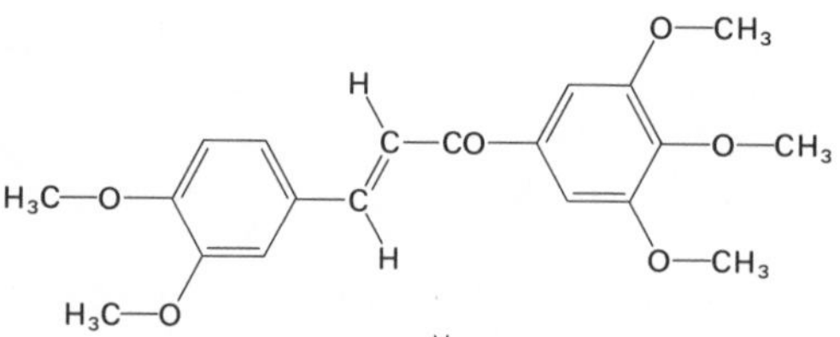

V

3-Benzyloxy-2′-hydroxy-4,4′,6′-trimethoxy-*trans*-chalkon $C_{25}H_{24}O_6$, Formel IV (R = CH_2-C_6H_5, R′ = CH_3).

B. Aus 1-[2-Hydroxy-4,6-dimethoxy-phenyl]-äthanon und 3-Benzyloxy-4-methoxy-benzalde≠hyd in wss.-äthanol. NaOH (*Nordström, Swain*, Soc. **1953** 2764, 2773).

Gelbe Kristalle (aus A.); F: 106−107° [korr.].

4-Benzyloxy-2′-hydroxy-3,4′,6′-trimethoxy-*trans*-chalkon $C_{25}H_{24}O_6$, Formel IV (R = CH_3, R′ = CH_2-C_6H_5).

B. Analog der vorangehenden Verbindung (*Nordström, Swain*, Soc. **1953** 2764, 2773).

Gelbe Kristalle (aus A.); F: 134,5−136° [korr.].

2′,4′-Diacetoxy-3,4,6′-trimethoxy-*trans*(?)-chalkon $C_{22}H_{22}O_8$, vermutlich Formel III (R = R′ = CO-CH_3).

B. Beim Erhitzen von 2′,4′-Dihydroxy-3,4,6′-trimethoxy-*trans*(?)-chalkon (s. o.) mit Acet≠

anhydrid und Natriumacetat (*Sakieki*, J. chem. Soc. Japan Pure Chem. Sect. **79** [1958] 733, 739; C. A. **1960** 4558).

Kristalle (aus A.); F: 113,5 – 114,5° [unkorr.].

3,4,3′,4′,5′-Pentamethoxy-*trans*-chalkon $C_{20}H_{22}O_6$, Formel V.

B. Aus 1-[3,4,5-Trimethoxy-phenyl]-äthanon und Veratrumaldehyd in wss. Äthanol unter Zusatz von Benzyl-trimethyl-ammonium-hydroxid (*Gutsche et al.*, Am. Soc. **80** [1958] 5756, 5762).

Gelbe Kristalle (aus A.); F: 134 – 135° [korr.].

2′-Hydroxy-3′,4′,6′-trimethoxy-3-methoxymethoxy-*trans*-chalkon $C_{20}H_{22}O_7$, Formel VI.

B. Aus 1-[2-Hydroxy-3,4,6-trimethoxy-phenyl]-äthanon und 3-Methoxymethoxy-benzaldehyd in äthanol. KOH (*Venturella, Bellino*, Ann. Chimica **49** [1959] 2023, 2043).

Orangefarbene Kristalle (aus A.); F: 90°.

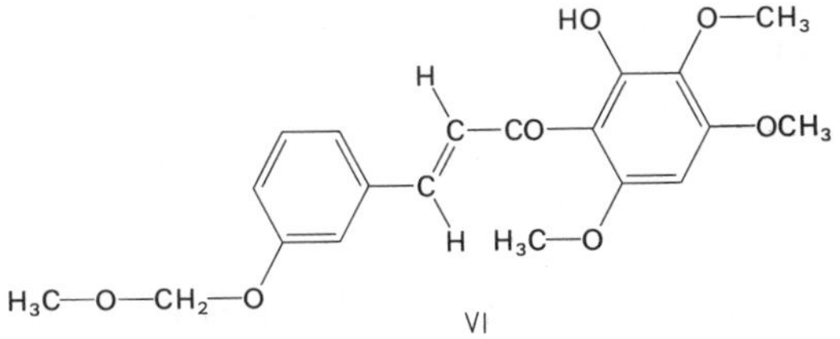

VI

4,3′,6′-Trihydroxy-2′,4′-dimethoxy-*trans*-chalkon $C_{17}H_{16}O_6$, Formel VII (R = H).

B. Aus 1-[3,6-Dihydroxy-2,4-dimethoxy-phenyl]-äthanon und 4-Hydroxy-benzaldehyd in wss.-äthanol. KOH (*Zemplén et al.*, Acta chim. hung. **14** [1958] 471).

Dunkelrote Kristalle (aus H_2O); F: 191°.

6′-Hydroxy-4,2′,3′,4′-tetramethoxy-*trans*-chalkon $C_{19}H_{20}O_6$, Formel VII (R = CH₃) (E III 4265).

B. Beim Erwärmen von 5,8-Dihydroxy-7-methoxy-2-[4-methoxy-phenyl]-chroman-4-on (E III/IV **18** 3211) mit Dimethylsulfat und K_2CO_3 in Aceton (*Dass et al.*, J. scient. ind. Res. India **14** B [1955] 335).

Kristalle (aus Me.); F: 140 – 142°.

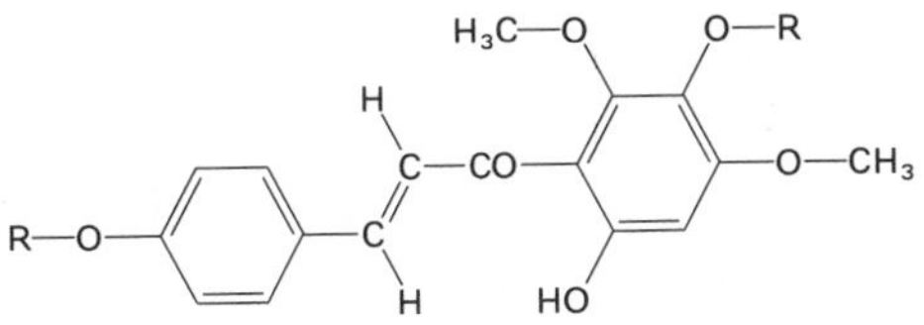

VII 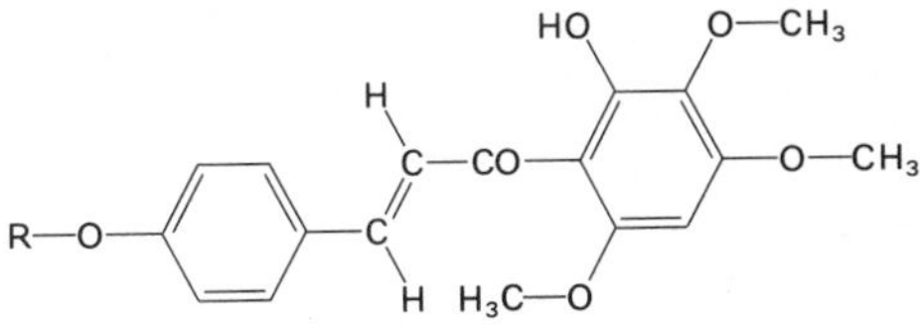   VIII

2′-Hydroxy-4,3′,4′,6′-tetramethoxy-*trans*-chalkon $C_{19}H_{20}O_6$, Formel VIII (R = CH₃) (E III 4265).

B. Neben 5,7,8-Trimethoxy-2-[4-methoxy-phenyl]-chroman-4-on beim Behandeln von 5,8-Diᶻhydroxy-7-methoxy-2-[4-methoxy-phenyl]-chroman-4-on (E III/IV **18** 3211) mit Dimethylsulfat und K_2CO_3 in Aceton (*Krishnamurty, Seshadri*, J. scient. ind. Res. India **18** B [1959] 151, 157).

Kristalle (aus Me.); F: 138 – 140°.

2′-Hydroxy-3′,4′,6′-trimethoxy-4-methoxymethoxy-*trans*-chalkon $C_{20}H_{22}O_7$, Formel VIII (R = CH₂-O-CH₃).

B. Aus 1-[2-Hydroxy-3,4,6-trimethoxy-phenyl]-äthanon und 4-Methoxymethoxy-benzaldehyd in äthanol. KOH (*Venturella, Bellino*, Ann. Chimica **49** [1959] 2023, 2043).

Gelbe Kristalle (aus A.); F: 102—103°.

1-[6-Hydroxy-2,3,4-trimethoxy-phenyl]-3-phenyl-propan-1,3-dion $C_{18}H_{18}O_6$, Formel IX
(R = CH₃, R′ = H) und Taut. (E III 4268).

B. Beim Erwärmen von 1-[6-Benzoyloxy-2,3,4-trimethoxy-phenyl]-äthanon mit KOH in Pyri≈
din (*Krishnamurti, Seshadri*, Chem. and Ind. **1954** 542).

R—O   O—CH₃   H₃C—O   O—CH₃

CO—CH₂—CO   O—CH₃   CO—CH₂—CO

R′—O   O—CH₃   HO

IX   X

1-[2-Hydroxy-3,4,6-trimethoxy-phenyl]-3-phenyl-propan-1,3-dion $C_{18}H_{18}O_6$, Formel IX
(R = H, R′ = CH₃) und Taut. (E III 4269).

B. Aus 1-[2-Benzoyloxy-3,4,6-trimethoxy-phenyl]-äthanon analog der vorangehenden Verbin≈
dung (*Mahesh et al.*, J. scient. ind. Res. India **15** B [1956] 287, 291).

1-[6-Hydroxy-2,3-dimethoxy-phenyl]-3-[2-methoxy-phenyl]-propan-1,3-dion $C_{18}H_{18}O_6$,
Formel X und Taut.

B. Aus 1-[2,3-Dimethoxy-6-(2-methoxy-benzoyloxy)-phenyl]-äthanon analog den vorange≈
henden Verbindungen (*Doporto et al.*, Soc. **1955** 4249, 4252).

Gelbe Kristalle (aus Me.); F: 59—61°.

1-[2-Hydroxy-3,6-dimethoxy-phenyl]-3-[2-methoxy-phenyl]-propan-1,3-dion $C_{18}H_{18}O_6$,
Formel XI (R = H, R′ = CH₃) und Taut.

B. Aus 1-[3,6-Dimethoxy-2-(2-methoxy-benzoyloxy)-phenyl]-äthanon analog den vorange≈
henden Verbindungen (*Doporto et al.*, Soc. **1955** 4249, 4252).

Gelbe Kristalle (aus Me.); F: 84—86°.

1-[2-Benzyloxy-phenyl]-3-[2,3,6-trimethoxy-phenyl]-propan-1,3-dion $C_{25}H_{24}O_6$, Formel XI
(R = CH₃, R′ = CH₂-C₆H₅) und Taut.

B. Beim Erhitzen von 1-[2,3,6-Trimethoxy-phenyl]-äthanon mit 2-Benzyloxy-benzoesäure-
methylester und Natrium in Xylol (*Doporto et al.*, Soc. **1955** 4249, 4252).

Gelbe Kristalle (aus Me.); F: 100—101°.

R—O   O—CH₃   R—O

CO—CH₂—CO   CO—CH₂—CO   O—CH₃

O—R′   H₃C—O   O—R′   H₃C—O

XI   XII

1-[2-Hydroxy-4,6-dimethoxy-phenyl]-3-[2-methoxy-phenyl]-propan-1,3-dion $C_{18}H_{18}O_6$,
Formel XII (R = H, R′ = CH₃) und Taut.

B. Beim Behandeln von 1-[2,4-Dimethoxy-6-(2-methoxy-benzoyloxy)-phenyl]-äthanon mit
KOH in Pyridin (*Gallagher et al.*, Soc. **1953** 3770, 3776).

Gelbe Kristalle (aus A.); F: ca. 98—100°.

1-[2-Benzyloxy-phenyl]-3-[2,4,6-trimethoxy-phenyl]-propan-1,3-dion $C_{25}H_{24}O_6$, Formel XII
(R = CH$_3$, R′ = CH$_2$-C$_6$H$_5$) und Taut.

   B. Beim Erhitzen von 1-[2,4,6-Trimethoxy-phenyl]-äthanon mit 2-Benzyloxy-benzoesäure-methylester und Natrium in Xylol (*Gallagher et al.,* Soc. **1953** 3770, 3775).

   Kristalle (aus A.); F: 129—131°.

1-[2,4-Dimethoxy-phenyl]-3-[2-hydroxy-4-methoxy-phenyl]-propan-1,3-dion $C_{18}H_{18}O_6$,
Formel XIII (R = H) und Taut.

   B. Beim Erwärmen von 1-[2-(2,4-Dimethoxy-benzoyloxy)-4-methoxy-phenyl]-äthanon mit KOH in Pyridin (*Midge et al.,* Indian J. Chem. **15** B [1977] 667, 670). Über eine weitere Bildungsweise s. im folgenden Artikel.

   Gelbe Kristalle; F: 122° [aus Bzl.] (*Mi. et al.*), 118—120° [aus Me.] (*Garden et al.,* Soc. **1956** 3315, 3318).

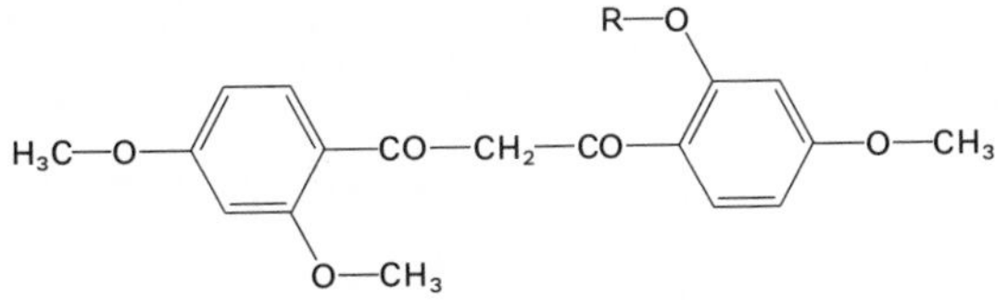

XIII

1,3-Bis-[2,4-dimethoxy-phenyl]-propan-1,3-dion $C_{19}H_{20}O_6$, Formel XIII (R = CH$_3$) und Taut.

   B. Beim Erwärmen von 1-[2,4-Dimethoxy-phenyl]-äthanon mit 2,4-Dimethoxy-benzoesäure-äthylester und NaNH$_2$ in Äther (*Spatz, Koral,* J. org. Chem. **24** [1959] 1381). Neben der vorangehenden Verbindung beim Erwärmen von Malonylchlorid mit 1,3-Dimethoxy-benzol und AlCl$_3$ in Nitrobenzol (*Garden et al.,* Soc. **1956** 3315, 3318).

   Gelbe Kristalle; F: 131—134° (*Sp., Ko.*), 133° [aus Me.] (*Ga. et al.*). λ_{max} (A.): 206 nm, 245 nm, 273 nm, 308 nm und 373 nm (*Ga. et al.*).

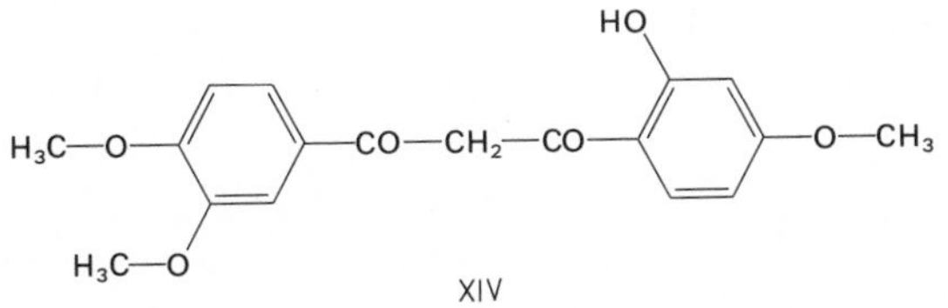

XIV

1-[3,4-Dimethoxy-phenyl]-3-[2-hydroxy-4-methoxy-phenyl]-propan-1,3-dion $C_{18}H_{18}O_6$,
Formel XIV und Taut. (E III 4270).

   Gelbe Kristalle (aus Bzl.+PAe.); F: 129° (*Cavill et al.,* Soc. **1954** 4573, 4578; vgl. dagegen E III 4271).

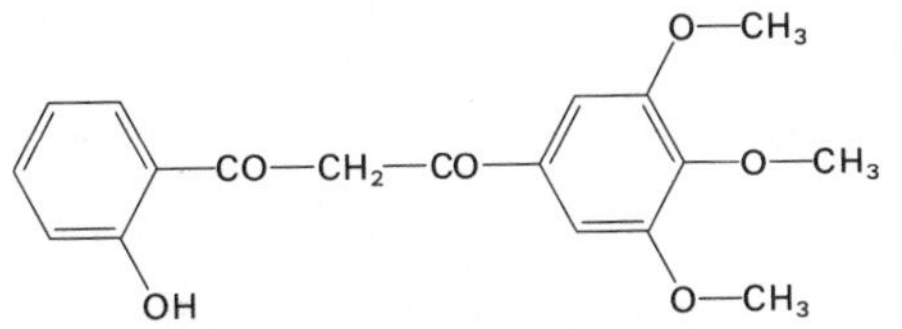

XV

1-[2-Hydroxy-phenyl]-3-[3,4,5-trimethoxy-phenyl]-propan-1,3-dion $C_{18}H_{18}O_6$, Formel XV und Taut.

   B. Beim Behandeln von 1-[2-(3,4,5-Trimethoxy-benzoyloxy)-phenyl]-äthanon mit KOH in

Pyridin (*Baker, Glockling,* Soc. **1950** 2759, 2761) oder mit Kaliumbutylat in Butan-1-ol und Dioxan (*Reichel, Henning,* A. **621** [1959] 72, 75).

Gelbe Kristalle; F: 136° [unkorr.; aus Me.] (*Re., He.*), 135−136° [unkorr.; aus A. + Bzl.] (*Ba., Gl.*).

3-[4-Methoxy-phenyl]-1-[2,4,6-trimethoxy-phenyl]-propan-1,2-dion $C_{19}H_{20}O_6$, Formel I, und **α-Hydroxy-4,2′,4′,6′-tetramethoxy-chalkon** $C_{19}H_{20}O_6$, Formel II (R = CH_3, R′ = H) (E III 4272).

B. Beim Erwärmen von 2-Acetoxy-1-[2,4,6-trimethoxy-phenyl]-äthanon mit 4-Methoxy-benz≠ aldehyd und wss.-methanol. KOH (*Birch et al.,* Soc. **1957** 3586, 3593).

Hellgelbe Kristalle (aus Me.); F: 153°.

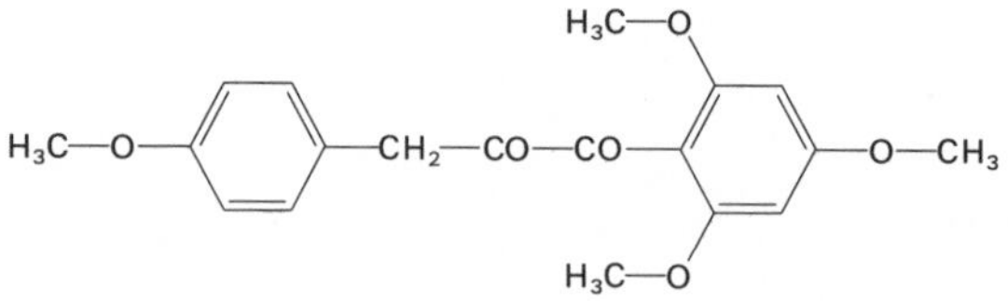

I

*2′-Hydroxy-4,α,4′,6′-tetramethoxy-chalkon $C_{19}H_{20}O_6$, Formel III (E III 4272).

B. Beim Erwärmen von (2R)-3t,5,7-Trimethoxy-2r-[4-methoxy-phenyl]-chroman-4-on mit äthanol. NaOH (*Uoda et al.,* J. agric. chem. Soc. Japan **19** [1943] 467, 475; C. A. **1951** 9136) oder äthanol. KOH (*Tominaga,* J. pharm. Soc. Japan **73** [1953] 1175, 1178; C. A. **1954** 12741).

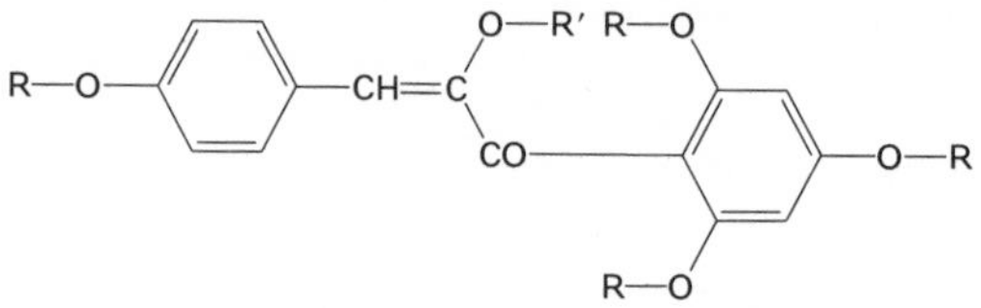

II

*4,α,2′,4′,6′-Pentaacetoxy-chalkon $C_{25}H_{22}O_{11}$, Formel II (R = R′ = CO-CH_3).

B. Beim Erhitzen von (2R)-3t,5,7-Trihydroxy-2r-[4-hydroxy-phenyl]-chroman-4-on mit Acet≠ anhydrid und Natriumacetat (*Uoda et al.,* J. agric. chem. Soc. Japan **19** [1943] 467, 473; C. A. **1951** 9136; *Tominaga,* J. pharm. Soc. Japan **73** [1953] 1175, 1177; C. A. **1954** 12741).

Rotes, amorphes Pulver, das bei ca. 160° sintert, sich bei 170° verändert und bei ca. 200° schmilzt (*To.*) bzw. gelbe Kristalle (aus wss. A.); F: 175−177° [Zers.; nach Sintern bei ca. 160°] (*Uoda et al.*).

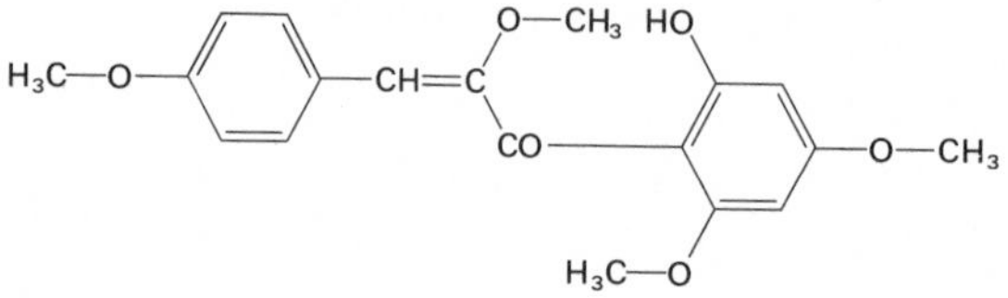

III

*1,3-Bis-[3,4-dimethoxy-phenyl]-propan-1,2-dion-2-oxim $C_{19}H_{21}NO_6$, Formel IV und Taut.

B. Beim Erwärmen von 1,3-Bis-[3,4-dimethoxy-phenyl]-propan-1-on mit Amylnitrit und Na≠ triumäthylat in Benzol und Äthanol (*Kametani,* J. pharm. Soc. Japan **72** [1952] 85; C. A. **1952** 11208).

Kristalle (aus Bzl.); F: 118−119°.

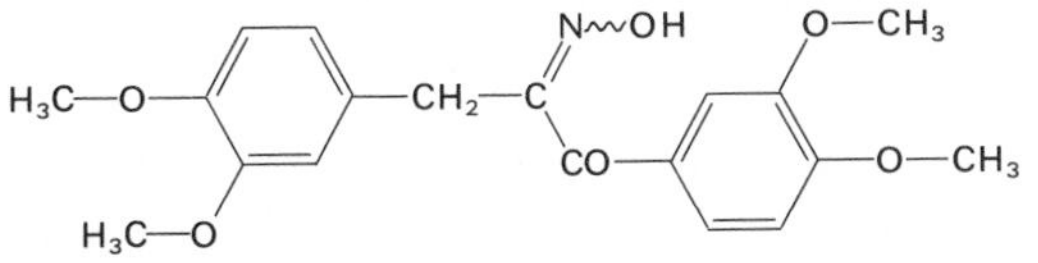

IV 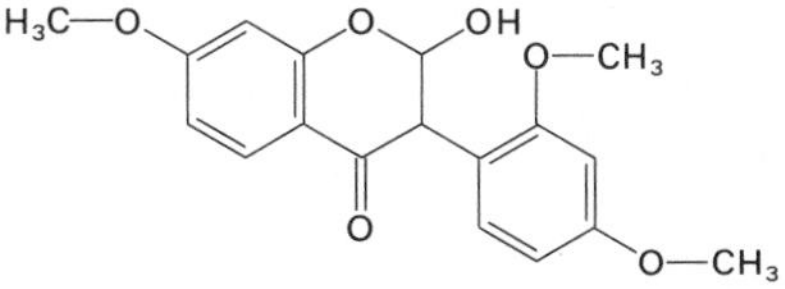   V

2-[2,4-Dimethoxy-phenyl]-3-[2-hydroxy-4-methoxy-phenyl]-3-oxo-propionaldehyd $C_{18}H_{18}O_6$ und Taut.

*Opt.-inakt. 3-[2,4-Dimethoxy-phenyl]-2-hydroxy-7-methoxy-chroman-4-on** $C_{18}H_{18}O_6$, Formel V.

B. Beim Behandeln von 2-Hydroxy-4,2′,4′-trimethoxy-desoxybenzoin mit Äthylformiat und Natrium (*Robertson, Whalley*, Soc. **1954** 1440).

Kristalle (aus E.); F: 156°.

3-[2-Hydroxy-4,6-dimethoxy-phenyl]-2-[2-methoxy-phenyl]-3-oxo-propionaldehyd $C_{18}H_{18}O_6$ und Taut.

*Opt.-inakt. 2-Hydroxy-5,7-dimethoxy-3-[2-methoxy-phenyl]-chroman-4-on** $C_{18}H_{18}O_6$, Formel VI (R = CH_3).

B. Beim Behandeln von 2-Hydroxy-4,6,2′-trimethoxy-desoxybenzoin mit Methylformiat oder Äthylformiat und Natrium (*Whalley*, Am. Soc. **75** [1953] 1059, 1065; *Seshadri, Varadarajan*, Pr. Indian Acad. [A] **37** [1953] 514, 518; *Mehta et al.*, Pr. Indian Acad. [A] **38** [1953] 381, 383).

Kristalle; F: 196° [Zers.; aus E.] (*Wh.*), 180−181° [aus A.] (*Se., Va.; Me. et al.*). UV-Spektrum (A.; 220−310 nm): *Wh.*, l. c. S. 1063.

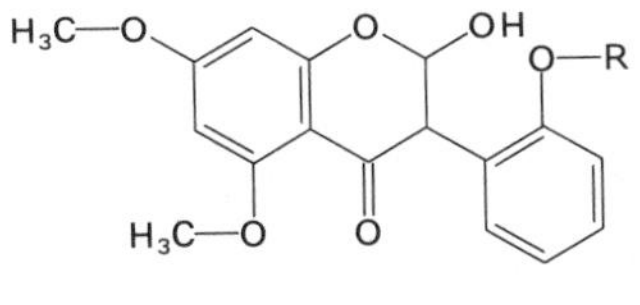

VI 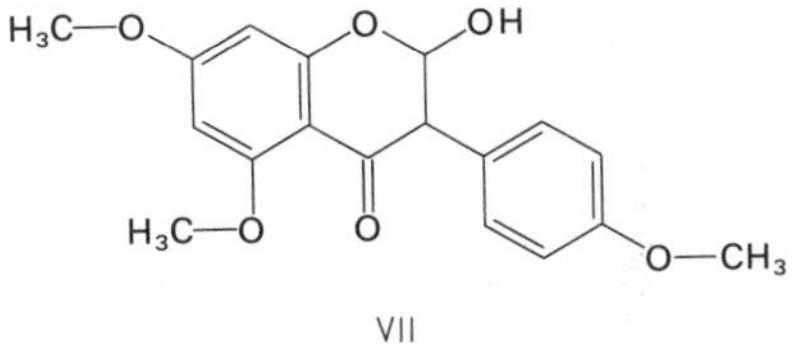   VII

2-[2-Äthoxy-phenyl]-3-[2-hydroxy-4,6-dimethoxy-phenyl]-3-oxo-propionaldehyd $C_{19}H_{20}O_6$ und Taut.

*Opt.-inakt. 3-[2-Äthoxy-phenyl]-2-hydroxy-5,7-dimethoxy-chroman-4-on** $C_{19}H_{20}O_6$, Formel VI (R = C_2H_5).

B. Beim Behandeln von 2′-Äthoxy-2-hydroxy-4,6-dimethoxy-desoxybenzoin mit Äthylformiat und Natrium (*Whalley, Lloyd*, Soc. **1956** 3213, 3218).

Kristalle (aus Me.); F: 184° [Zers.].

3-[2-Hydroxy-4,6-dimethoxy-phenyl]-2-[4-methoxy-phenyl]-3-oxo-propionaldehyd $C_{18}H_{18}O_6$ und Taut.

*Opt.-inakt. 2-Hydroxy-5,7-dimethoxy-3-[4-methoxy-phenyl]-chroman-4-on** $C_{18}H_{18}O_6$, Formel VII.

B. Beim Behandeln von 2-Hydroxy-4,6,4′-trimethoxy-desoxybenzoin mit Methylformiat und Natrium (*Narasimhachari et al.*, J. scient. ind. Res. India [B] **12** [1953] 287, 289).

Kristalle (aus A.); F: 155−156°.

3-[2-Hydroxy-3,4,6-trimethoxy-phenyl]-3-oxo-2-phenyl-propionaldehyd $C_{18}H_{18}O_6$ und Taut.

*Opt.-inakt. 2-Hydroxy-5,7,8-trimethoxy-3-phenyl-chroman-4-on $C_{18}H_{18}O_6$, Formel VIII.
Diese Konstitution kommt der nachstehend beschriebenen, ursprünglich (*Ballio, Pocchiari,* G. **79** [1949] 913, 922; *Narasimhachari et al.,* Pr. Indian Acad. [A] **35** [1952] 46, 50) als 5,7,8-Tri≠methoxy-3-phenyl-chromen-4-on-hydrat bezeichneten Verbindung zu (*Farkas, Várady,* Acta chim. hung. **20** [1959] 169, 170).

B. Beim Behandeln von 2-Hydroxy-3,4,6-trimethoxy-desoxybenzoin mit Äthylformiat und Natrium (*Ba., Po.; Na. et al.; Fa., Vá.,* l. c. S. 171).
Kristalle; F: 159−160° [aus A.] (*Ba., Po.*), 156° [aus A.] (*Fa., Vá.*), 146−147° [aus E.] (*Na. et al.*).

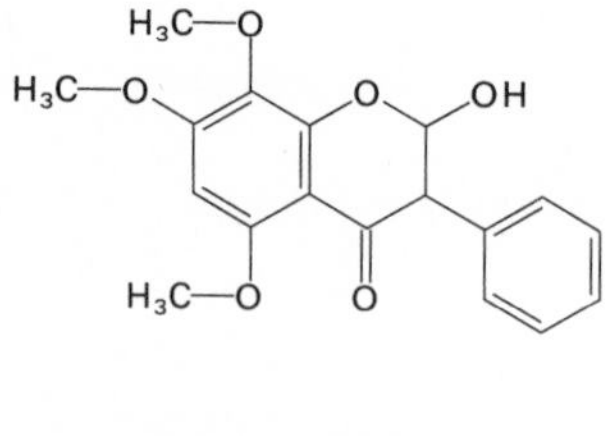

VIII

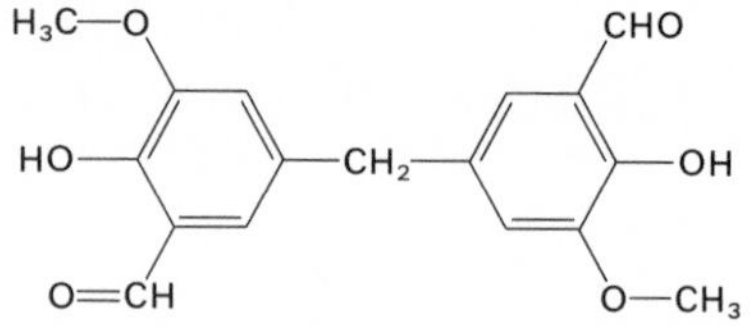

IX

Bis-[3-formyl-4-hydroxy-5-methoxy-phenyl]-methan, 6,6′-Dihydroxy-5,5′-dimethoxy-3,3′-methandiyl-di-benzaldehyd $C_{17}H_{16}O_6$, Formel IX.
B. Aus 2-Hydroxy-3-methoxy-benzaldehyd und Formaldehyd (*Profft, Märker,* J. pr. [4] **8** [1959] 199, 201, 205).
Gelbe Kristalle (aus A.); F: 158−159°.

Bis-[5-formyl-2-hydroxy-3-methoxy-phenyl]-methan, 4,4′-Dihydroxy-5,5′-dimethoxy-3,3′-methandiyl-di-benzaldehyd $C_{17}H_{16}O_6$, Formel X.
B. Beim Erhitzen von Vanillin mit wss. Formaldehyd und wss. NaOH (*Merck & Co. Inc.,* U.S.P. 2775613 [1954]).
F: 274°.
Diacetyl-Derivat $C_{21}H_{20}O_8$; Bis-[2-acetoxy-5-formyl-3-methoxy-phenyl]-methan, 4,4′-Diacetoxy-5,5′-dimethoxy-3,3′-methandiyl-di-benzaldehyd. Kristalle (aus wss. A.); F: 112−113°.

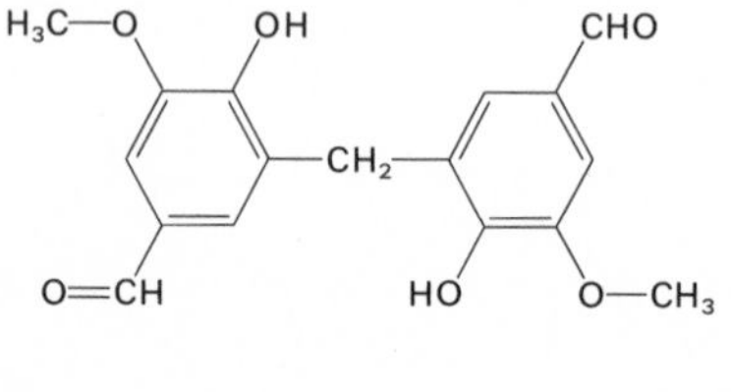

X

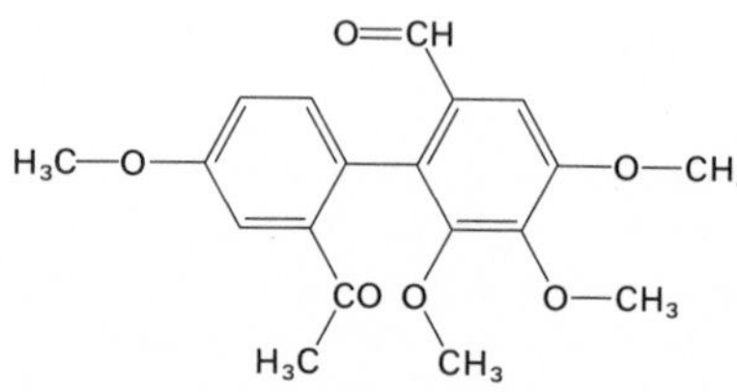

XI

2′-Acetyl-4,5,6,4′-tetramethoxy-biphenyl-2-carbaldehyd $C_{19}H_{20}O_6$, Formel XI.
B. Beim Behandeln von (±)-2,3,4,7-Tetramethoxy-9-methyl-9,10-dihydro-phenanthren-9r,10c-diol mit Blei(IV)-acetat in Benzol (*Cook et al.,* Soc. **1951** 1397, 1403).
Dioxim $C_{19}H_{22}N_2O_6$; 2′-[1-Hydroxyimino-äthyl]-4,5,6,4′-tetramethoxy-bi≠phenyl-2-carbaldehyd-oxim. Kristalle (aus A.); F: 186−187°.

2′-Acetyl-4,5,6,6′-tetramethoxy-biphenyl-2-carbaldehyd $C_{19}H_{20}O_6$, Formel XII.
B. Aus (±)-2,3,4,5-Tetramethoxy-9-methyl-9,10-dihydro-phenanthren-9r,10c-diol analog der

vorangehenden Verbindung (*Cook et al.*, Soc. **1951** 1397, 1402).

Kristalle (aus Me.); F: 113 – 114°.

Dioxim $C_{19}H_{22}N_2O_6$; 2′-[1-Hydroxyimino-äthyl]-4,5,6,6′-tetramethoxy-biphenyl-2-carbaldehyd-oxim. Kristalle (aus wss. Me.); F: 179 – 180°.

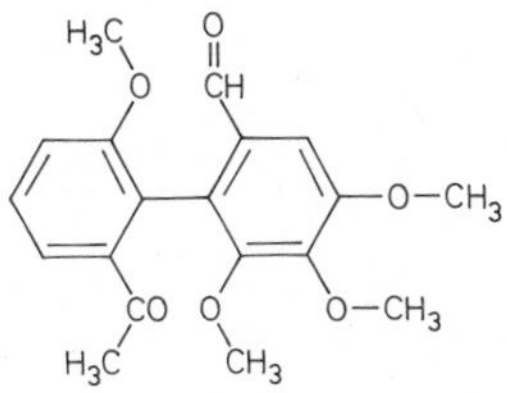

XII 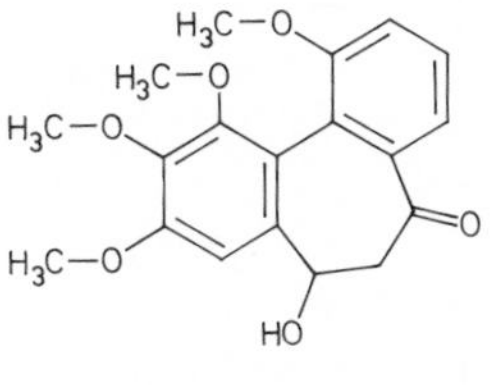   XIII

(±)-7-Hydroxy-1,9,10,11-tetramethoxy-6,7-dihydro-dibenzo[*a,c*]cyclohepten-5-on $C_{19}H_{20}O_6$, Formel XIII.

B. Aus der vorangehenden Verbindung beim Behandeln mit wss.-methanol. NaOH oder beim Erhitzen mit Pyridin und wenig Piperidin (*Cook et al.*, Soc. **1951** 1397, 1402).

Kristalle (aus Me.); F: 179 – 180°.   [*K. Grimm*]

Hydroxy-oxo-Verbindungen $C_{16}H_{14}O_6$

1,4-Bis-[3,4-dimethoxy-phenyl]-butan-1,4-dion $C_{20}H_{22}O_6$, Formel I (R = CH_3) (E III 4274).

Ein ebenfalls unter dieser Konstitution beschriebenes Präparat (Kristalle [aus A.]; F: 115,2 – 116,2°) ist von *Yamada, Matsuda* (J. chem. Soc. Japan Ind. Chem. Sect. **59** [1956] 59, 60; C. A. **1957** 1070) aus 1,2-Dimethoxy-benzol und Succinylchlorid in Tetrachloräthan unter Zusatz von $AlCl_3$ erhalten worden.

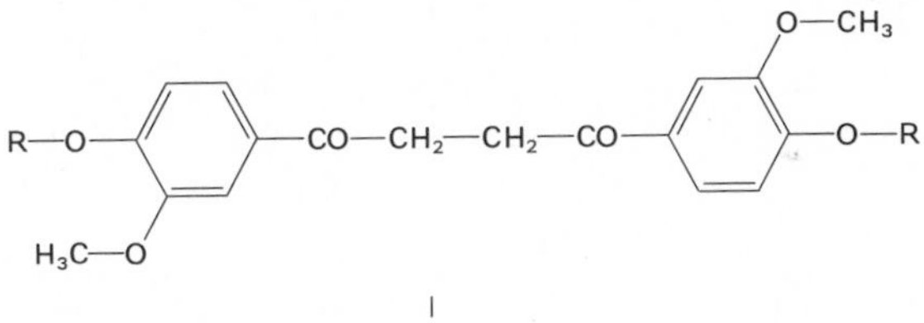

I

1,4-Bis-[4-äthoxy-3-methoxy-phenyl]-butan-1,4-dion $C_{22}H_{26}O_6$, Formel I (R = C_2H_5).

B. Aus 2,3-Bis-[4-äthoxy-3-methoxy-benzoyl]-bernsteinsäure-diäthylester beim Erwärmen mit wss.-äthanol. NaOH sowie aus 2-[4-Äthoxy-3-methoxy-benzoyl]-4-[4-äthoxy-3-methoxy-phenyl]-4-oxo-buttersäure-äthylester beim Erwärmen mit wss.-methanol. NaOH (*Traverso*, G. **88** [1958] 523, 528, 531).

Kristalle (aus Me.); F: 163 – 164°.

4,5′-Dihydroxy-3,5,4′-trimethoxy-2′-methyl-*trans*-chalkon $C_{19}H_{20}O_6$, Formel II.

B. Aus 1-[5-Hydroxy-4-methoxy-2-methyl-phenyl]-äthanon und 4-Hydroxy-3,5-dimethoxy-benzaldehyd mit Hilfe von wss.-äthanol. KOH (*Pew*, Am. Soc. **74** [1952] 2850, 2855).

Hellgelbe Kristalle (aus Bzl.); F: 163 – 164° [korr.].

2′-Hydroxy-3,4,4′,6′-tetramethoxy-3′-methyl-*trans*-chalkon $C_{20}H_{22}O_6$, Formel III.

B. Aus 1-[2-Hydroxy-4,6-dimethoxy-3-methyl-phenyl]-äthanon und Veratrumaldehyd analog der vorangehenden Verbindung (*Bannerjee, Seshadri*, J. scient. ind. Res. India **13** B [1954]

598, 599).

Gelbe Kristalle (aus Bzl.+A.); F: 147—148°.

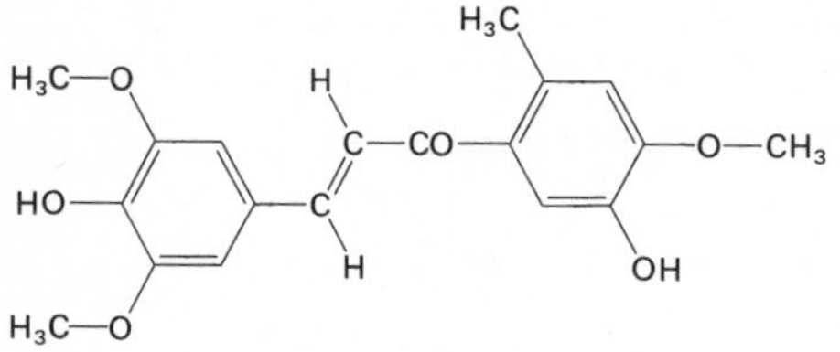

II

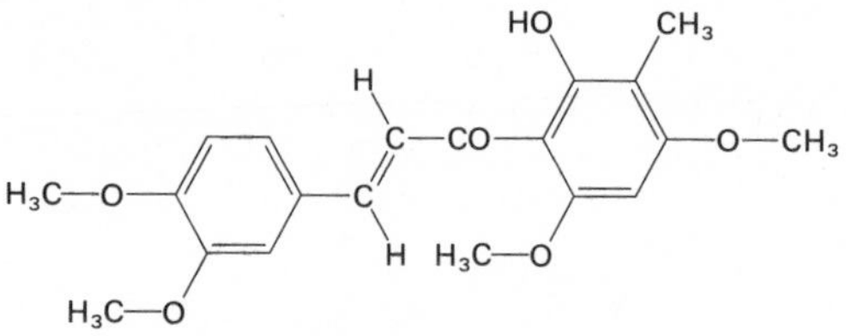

III

*2′-Hydroxy-4,α,4′,6′-tetramethoxy-3′-methyl-chalkon $C_{20}H_{22}O_6$, Formel IV.

B. Aus 1-[2-Hydroxy-4,6-dimethoxy-3-methyl-phenyl]-2-methoxy-äthanon und 4-Methoxy-benzaldehyd mit Hilfe von äthanol. KOH (*Jain, Seshadri*, Pr. Indian Acad. [A] **40** [1954] 249, 255).

Gelbe Kristalle (aus Me.); F: 134—135°.

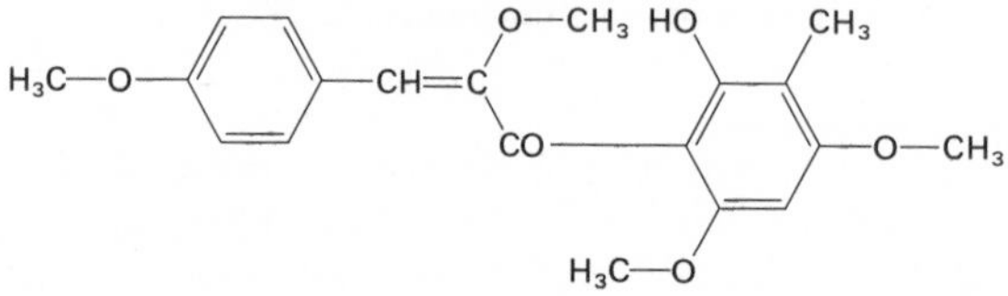

IV

1-[6-Hydroxy-2,4-dimethoxy-3-methyl-phenyl]-3-[4-methoxy-phenyl]-propan-1,3-dion
$C_{19}H_{20}O_6$, Formel V (R = CH_3, R′ = H) und Taut.

B. Beim Erwärmen von 5,7-Dimethoxy-2-[4-methoxy-phenyl]-6-methyl-chromen-4-on mit äthanol. KOH (*Nakazawa, Matsuura*, J. pharm. Soc. Japan **73** [1953] 751, 753; C. A. **1954** 7007).

Kristalle (aus A.); F: 104°.

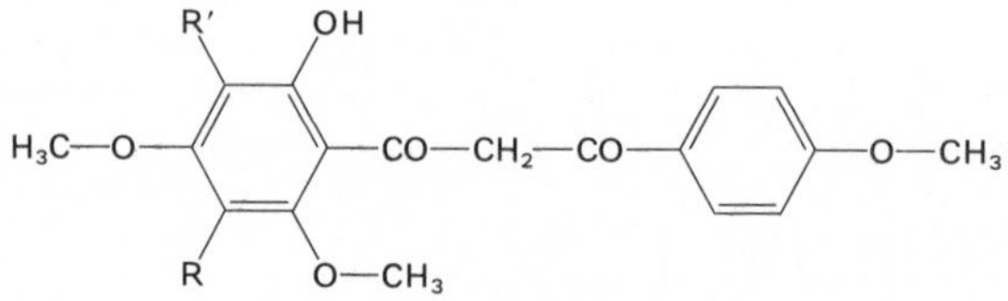

V

1-[2-Hydroxy-4,6-dimethoxy-3-methyl-phenyl]-3-[4-methoxy-phenyl]-propan-1,3-dion
$C_{19}H_{20}O_6$, Formel V (R = H, R′ = CH_3) und Taut.

B. Beim Erwärmen von 4-Methoxy-benzoesäure-[2-acetyl-3,5-dimethoxy-6-methyl-phenyl≠ ester] mit $NaNH_2$ in Xylol bzw. Benzol (*Nakazawa, Matsuura*, J. pharm. Soc. Japan **73** [1953] 484; C. A. **1954** 3357; *Evans et al.*, Soc. **1957** 3510, 3520).

Gelbgrüne Kristalle; F: 184° [Zers.; aus Acn.+PAe.] (*Ev. et al.*), 181° [aus Eg.] (*Na., Ma.*).

Monooxim $C_{19}H_{21}NO_6$. Kristalle (aus A.); F: 188° (*Ev. et al.*).

3-[6-Hydroxy-2,4-dimethoxy-3-methyl-phenyl]-2-[2-methoxy-phenyl]-3-oxo-propionaldehyd $C_{19}H_{20}O_6$ und Taut.

*Opt.-inakt. 2-Hydroxy-5,7-dimethoxy-3-[2-methoxy-phenyl]-6-methyl-chroman-4-on $C_{19}H_{20}O_6$, Formel VI (R = CH$_3$, R' = H).

B. Aus 6-Hydroxy-2,4,2'-trimethoxy-3-methyl-desoxybenzoin und Äthylformiat mit Hilfe von Natrium (*Whalley,* Soc. **1955** 105).

Kristalle (aus Me.); F: 196–197° [Zers.].

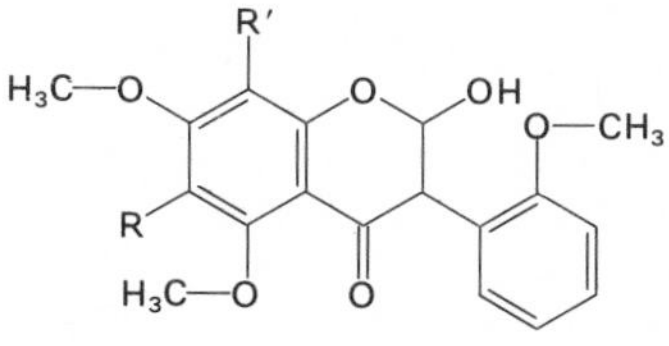

VI 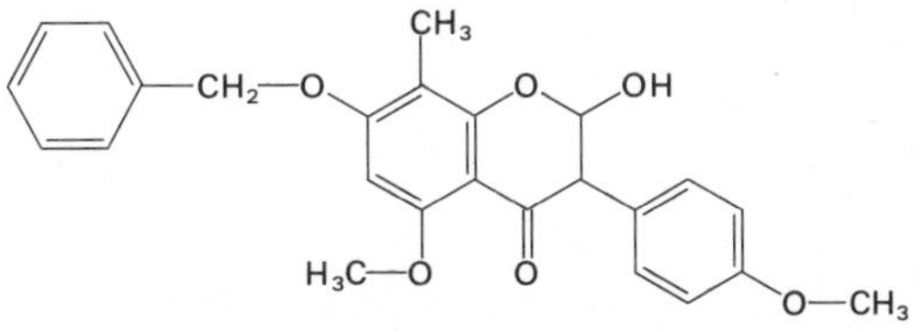   VII

3-[2-Hydroxy-4,6-dimethoxy-3-methyl-phenyl]-2-[2-methoxy-phenyl]-3-oxo-propionaldehyd $C_{19}H_{20}O_6$ und Taut.

*Opt.-inakt. 2-Hydroxy-5,7-dimethoxy-3-[2-methoxy-phenyl]-8-methyl-chroman-4-on $C_{19}H_{20}O_6$, Formel VI (R = H, R' = CH$_3$).

B. Aus 2-Hydroxy-4,6,2'-trimethoxy-3-methyl-desoxybenzoin analog der vorangehenden Ver≈ bindung (*Whalley,* Am. Soc. **75** [1953] 1059, 1064; *Mehta et al.,* Pr. Indian Acad. [A] **38** [1953] 381, 385).

Kristalle; F: 186° [Zers.; aus E.] (*Wh.*), 178–179° [aus A.] (*Me. et al.*). UV-Spektrum (A.; 220–310 nm): *Wh.,* l. c. S. 1063.

———————

3-[4-Benzyloxy-2-hydroxy-6-methoxy-3-methyl-phenyl]-2-[4-methoxy-phenyl]-3-oxo-propionaldehyd $C_{25}H_{24}O_6$ und Taut.

*Opt.-inakt. 7-Benzyloxy-2-hydroxy-5-methoxy-3-[4-methoxy-phenyl]-8-methyl-chroman-4-on $C_{25}H_{24}O_6$, Formel VII.

B. Aus 4-Benzyloxy-2-hydroxy-6,4'-dimethoxy-3-methyl-desoxybenzoin analog den vorange≈ henden Verbindungen (*Whalley,* Soc. **1957** 1833, 1836).

Kristalle (aus Me.) mit 1 Mol H$_2$O; F: 127° [Zers.].

———————

4,5,3',4'-Tetramethoxy-2-propionyl-benzophenon $C_{20}H_{22}O_6$, Formel VIII (E III 4275).

B. Aus 4,5,3',4'-Tetramethoxy-2-propyl-benzophenon mit Hilfe von CrO$_3$ (*Doering, Berson,* Am. Soc. **72** [1950] 1118, 1122).

———————

3,5'-Diacetyl-6,2'-dimethoxy-biphenyl-2,4-diol $C_{18}H_{18}O_6$, Formel IX (R = H).

Konstitution: *Baker et al.,* Soc. **1963** 1477, 1484.

B. Aus Kayaflavon (E III/IV **19** 3221) mit Hilfe von wss. KOH (*Kariyone, Sawada,* J. pharm. Soc. Japan **78** [1958] 1016, 1018; C. A. **1959** 3203).

Kristalle (aus Me.); F: 235–236° (*Ka., Sa.,* l. c. S. 1019).

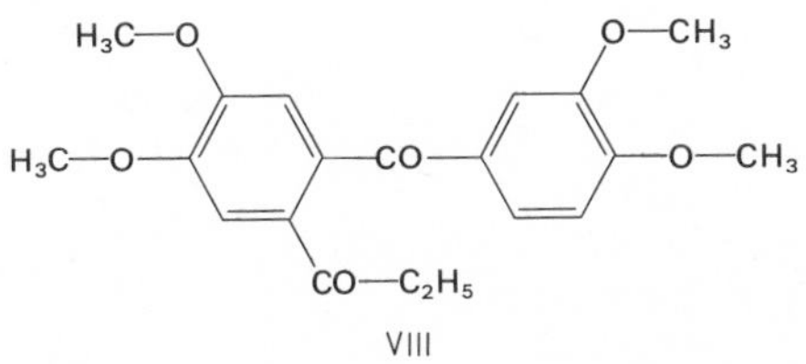

VIII 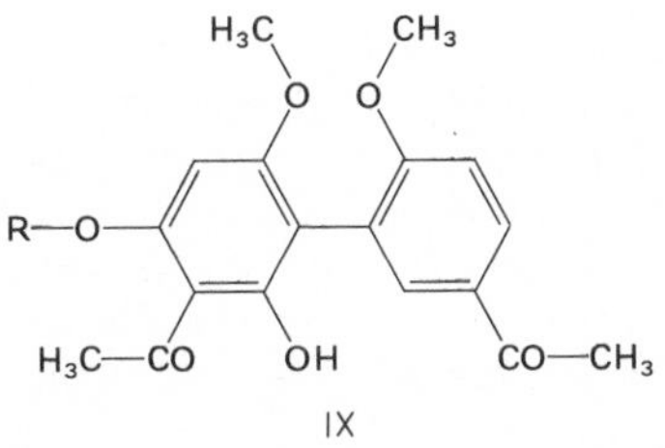   IX

3,5′-Diacetyl-4,6,2′-trimethoxy-biphenyl-2-ol $C_{19}H_{20}O_6$, Formel IX (R = CH$_3$).

Konstitution: *Kawano*, Chem. pharm. Bl. **7** [1959] 698, 699.

B. Aus 8-[5-(5,7-Dimethoxy-4-oxo-4H-chromen-2-yl)-2-methoxy-phenyl]-5,7-dimethoxy-2-[4-methoxy-phenyl]-chromen-4-on beim aufeinanderfolgenden Erwärmen mit äthanol. KOH und mit wss. KOH (*Kawano*, J. pharm. Soc. Japan **76** [1956] 457, 460; C. A. **1956** 16759).

Kristalle (aus E.); F: 226−227°; UV-Spektrum (A.; 220−350 nm): *Ka.*, J. pharm. Soc. Japan **76** 458.

Monooxim $C_{19}H_{21}NO_6$; vermutlich 3-Acetyl-5′-[1-hydroxyimino-äthyl]-4,6,2′-trimethoxy-biphenyl-2-ol. Kristalle (aus A.); F: 234° (*Ka.*, J. pharm. Soc. Japan **76** 460).

Acetyl-Derivat $C_{21}H_{22}O_7$; 2-Acetoxy-3,5′-diacetyl-4,6,2′-trimethoxy-biphenyl. Kristalle (aus A.); F: 169° (*Ka.*, J. pharm. Soc. Japan **76** 461). − Dioxim $C_{21}H_{24}N_2O_7$; 2-Acetoxy-3,5′-bis-[1-hydroxyimino-äthyl]-4,6,2′-trimethoxy-biphenyl. Kristalle (aus Bzl.); F: 207° (*Ka.*, J. pharm. Soc. Japan **76** 461).

3,3′-Diacetyl-2,2′-dimethoxy-biphenyl-4,4′-diol $C_{18}H_{18}O_6$, Formel X (R = H).

Konstitution: *ApSimon et al.*, Soc. **1965** 4130, 4131.

B. Beim Erhitzen von Tetra-*O*-methyl-ergoflavin (E III/IV **19** 6000) mit Ba(OH)$_2$ in H$_2$O (*Eglinton et al.*, Soc. **1958** 1833, 1841).

Hellgelbe Kristalle (aus PAe.); F: 168° (*Eg. et al.*).

3,3′-Diacetyl-2,4,2′,4′-tetramethoxy-biphenyl $C_{20}H_{22}O_6$, Formel X (R = CH$_3$).

B. Aus der vorangehenden Verbindung und Dimethylsulfat (*Eglinton et al.*, Soc. **1958** 1833, 1841).

Kristalle (aus PAe.); F: 138°.

X   XI

(±)-2-[3,4-Dimethoxy-phenyl]-6,7,8-trimethoxy-3,4-dihydro-2H-naphthalin-1-on $C_{21}H_{24}O_6$, Formel XI.

B. Aus (±)-2-[3,4-Dimethoxy-phenyl]-4-[3,4,5-trimethoxy-phenyl]-4-oxo-buttersäure bei der Hydrierung an Palladium/Kohle in Essigsäure unter Zusatz von wss. HClO$_4$ und Erwärmen des Reaktionsprodukts mit Polyphosphorsäure (*Gutsche et al.*, Am. Soc. **80** [1958] 5756, 5767).

Kristalle (aus Me.); F: 141−142° [korr.].

10-Äthyl-10-hydroxy-2,3,6,7-tetramethoxy-anthron $C_{20}H_{22}O_6$, Formel XII.

B. Beim Behandeln von 4,5,3′,4′-Tetramethoxy-2-propionyl-benzophenon mit H$_2$SO$_4$ enthaltender Essigsäure (*Müller et al.*, J. org. Chem. **19** [1954] 1533, 1544).

Gelbe Kristalle (aus wss. Eg.); F: 143°.

XII   XIII

Hydroxy-oxo-Verbindungen $C_{17}H_{16}O_6$

1,5-Bis-[3,4-dimethoxy-phenyl]-pentan-1,5-dion $C_{21}H_{24}O_6$, Formel XIII.

B. Aus Glutarsäure bzw. aus Glutarylchlorid bei der Reaktion mit 1,2-Dimethoxy-benzol unter Zusatz von BF_3 bzw. von $AlCl_3$ (*Pailer, Reifschneider*, M. **84** [1953] 585, 589).

Kristalle (aus A.); F: 121°.

Dioxim $C_{21}H_{26}N_2O_6$. Kristalle (aus wss. A.); F: 146°.

(±)-1,4-Bis-[4-äthoxy-3-methoxy-phenyl]-2-methyl-butan-1,4-dion $C_{23}H_{28}O_6$, Formel XIV.

B. Beim Erwärmen von (±)-2-[4-Äthoxy-3-methoxy-benzoyl]-4-[4-äthoxy-3-methoxy-phenyl]-3-methyl-4-oxo-buttersäure-äthylester mit wss.-äthanol. NaOH (*Traverso*, G. **89** [1959] 1810, 1817).

Unter 1 Torr destillierbar.

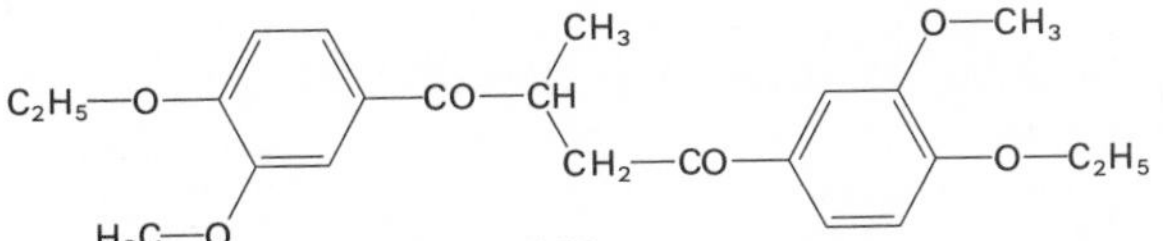

XIV

1-[2-Formyl-4-methoxy-phenyl]-3-[2-formyl-3,4,5-trimethoxy-phenyl]-propan, 4,5,6,5'-Tetra=
methoxy-2,2'-propandiyl-di-benzaldehyd $C_{21}H_{24}O_6$, Formel XV.

B. Neben 2,3,4-Trimethoxy-6-[3-(4-methoxy-phenyl)-propyl]-benzaldehyd aus 1-[4-Methoxy-phenyl]-3-[3,4,5-trimethoxy-phenyl]-propan und *N*-Methyl-formanilid mit Hilfe von $POCl_3$ (*Gutsche et al.,* Am. Soc. **80** [1958] 5756, 5762).

Bis-[2,4-dinitro-phenylhydrazon] (F: 210—213°): *Gu. et al.*

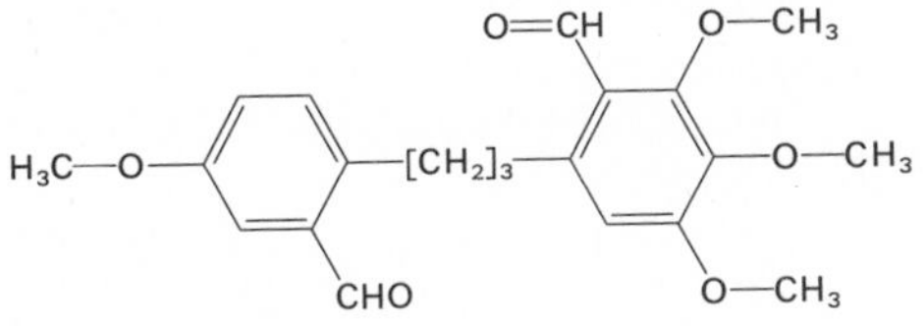

XV 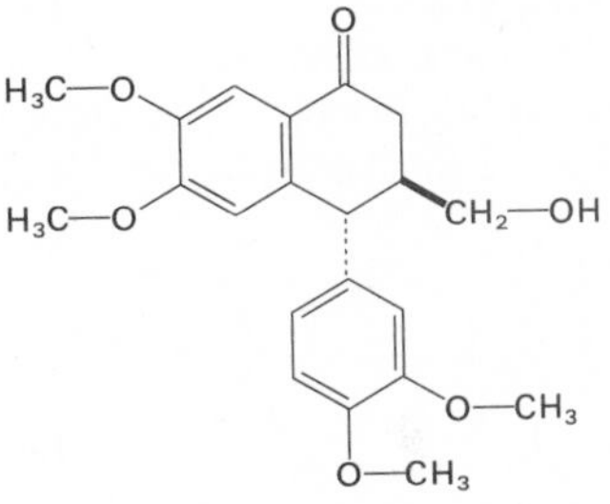   XVI

(±)-4t-[3,4-Dimethoxy-phenyl]-3r-hydroxymethyl-6,7-dimethoxy-3,4-dihydro-2H-naphthalin-1-on
$C_{21}H_{24}O_6$, Formel XVI + Spiegelbild.

B. Aus (±)-1t-[3,4-Dimethoxy-phenyl]-6,7-dimethoxy-4-oxo-1,2,3,4-tetrahydro-[2r]naph=
thoesäure-äthylester beim Erwärmen mit Orthoameisensäure-triäthylester und HCl in Benzol und Äthanol, Erwärmen des Reaktionsprodukts mit $LiAlH_4$ in THF und Äther und anschlies=
send mit wss. HCl (*Julia, Bonnet*, Bl. **1957** 1347, 1353).

Kristalle (aus Bzl. + PAe.); F: 98°. λ_{max} (A.): 234 nm, 278 nm und 315 nm.

Hydroxy-oxo-Verbindungen $C_{18}H_{18}O_6$

1,6-Bis-[2-hydroxy-5-methoxy-phenyl]-hexan-1,6-dion $C_{20}H_{22}O_6$, Formel I (R = H).

B. Beim Behandeln der folgenden Verbindung mit $AlCl_3$ in Nitrobenzol (*Ulfvarson*, Acta chem. scand. **12** [1958] 1342).

Gelbe Kristalle (aus A. + Bzl.); F: 157—158°.

1,6-Bis-[2,5-dimethoxy-phenyl]-hexan-1,6-dion $C_{22}H_{26}O_6$, Formel I (R = CH_3).

B. Aus 1,4-Dimethoxy-benzol und Adipoylchlorid mit Hilfe von $AlCl_3$ (*Okuma, Tamura,* J. agric. chem. Soc. Japan **28** [1954] 28, 32; C. A. **1957** 14617; *Ulfvarson,* Acta chem. scand. **12** [1958] 1342).

Kristalle (aus A.); F: 112–113° (*Ul.*), 105–106° (*Ok., Ta.*).

I

II

4,2′-Dihydroxy-3,5,3′-trimethoxy-5′-propyl-*trans*-chalkon $C_{21}H_{24}O_6$, Formel II.

B. Aus 1-[2-Hydroxy-3-methoxy-5-propyl-phenyl]-äthanon und 4-Hydroxy-3,5-dimethoxy-benzaldehyd mit Hilfe von wss.-äthanol. KOH (*Pew,* Am. Soc. **74** [1952] 2850, 2855).

Orangefarbene Kristalle (aus PAe.); F: 114–116° [korr.; nach Sintern bei 110°].

2,2′-Diacetyl-4,5,4′,5′-tetramethoxy-bibenzyl $C_{22}H_{26}O_6$, Formel III.

B. Neben 1-[4,5,3′,4′-Tetramethoxy-bibenzyl-2-yl]-äthanon aus 3,4,3′,4′-Tetramethoxy-biben-zyl und Acetylchlorid mit Hilfe von $AlCl_3$ in Benzol (*Battersby, Binks,* Soc. **1955** 2896, 2898).

Kristalle (aus A.); F: 173–175° [nach Sintern bei 166°]. λ_{max} (A.): 234 nm, 273 nm und 306 nm (*Ba., Bi.,* l. c. S. 2897).

(±)-2-[1-Äthyl-2-oxo-propyl]-4,5,3′,4′-tetramethoxy-benzophenon $C_{22}H_{26}O_6$, Formel IV (R = CH_3) (E III 4278).

B. Beim Behandeln von (±)-1-Äthyl-3-[3,4-dimethoxy-phenyl]-5,6-dimethoxy-2-methyl-inden mit CrO_3 und Essigsäure (*Müller et al.,* J. org. Chem. **19** [1954] 1533, 1540).

Überführung in ein 4-Nitro-phenylhydrazon $C_{28}H_{31}N_3O_7$ (hellgelbe Kristalle [aus A.]; F: 177,8–178,8°): *Doering, Berson,* Am. Soc. **72** [1950] 1118, 1121.

III

IV

(±)-5,4′-Diäthoxy-2-[1-äthyl-2-oxo-propyl]-4,3′-dimethoxy-benzophenon $C_{24}H_{30}O_6$, Formel IV (R = C_2H_5).

B. Beim Behandeln von (±)-5-Äthoxy-3*t*-[4-äthoxy-3-methoxy-phenyl]-1*r*-äthyl-6-methoxy-2*c*-methyl-indan mit $Na_2Cr_2O_7$, wss. H_2SO_4 und Essigsäure (*Müller et al.,* J. org. Chem. **16** [1951] 481, 486).

Kristalle (aus E.); F: 148°.

4,4′-Dimethoxy-2,2′-dipropyl-[1,1′]bicyclohexa-1,4-dienyl-3,6,3′,6′-tetraon $C_{20}H_{22}O_6$, Formel V.

B. Neben 3,7-Dimethoxy-1,9-dipropyl-dibenzofuran-2,8-diol beim Behandeln von 2-Methoxy-6-propyl-[1,4]benzochinon mit HCl in $CHCl_3$ (*Dean et al.,* Soc. **1955** 11, 16).

Gelbe Kristalle (aus Me.); F: 172°. Bei 180°/0,001 Torr sublimierbar. λ_{max}: 272 nm.

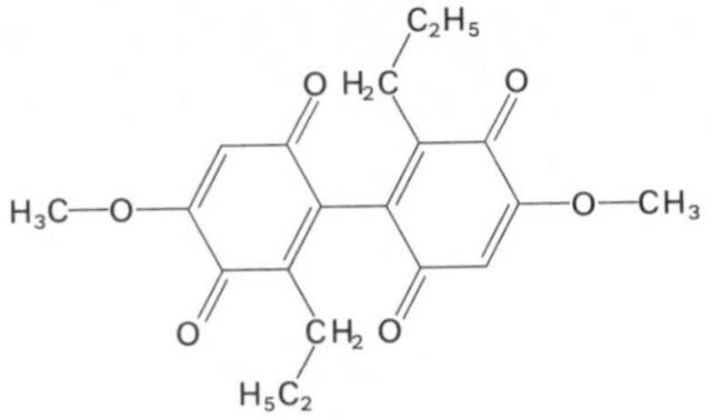

V

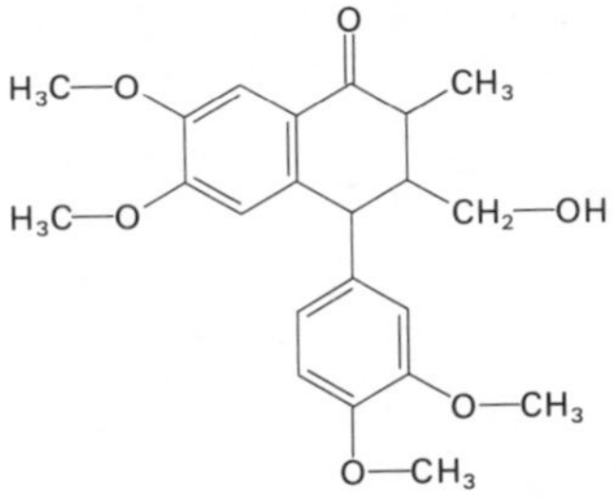

VI

*Opt.-inakt. 4-[3,4-Dimethoxy-phenyl]-3-hydroxymethyl-6,7-dimethoxy-2-methyl-3,4-dihydro-2H-naphthalin-1-on** $C_{22}H_{26}O_6$, Formel VI.

B. Beim Behandeln von opt.-inakt. 1-[3,4-Dimethoxy-phenyl]-3-formyl-6,7-dimethoxy-4-oxo-1,2,3,4-tetrahydro-[2]naphthoesäure-äthylester (F: 174−177,5°) mit LiAlH₄ in Äther und Benzol (*Walker*, Am. Soc. **75** [1953] 3393, 3396).

Kristalle (aus Me.); F: 168,5−170° [korr.].

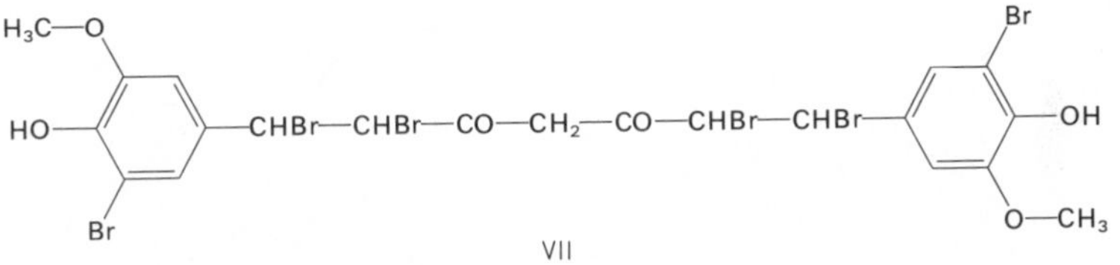

VII

Hydroxy-oxo-Verbindungen $C_{19}H_{20}O_6$

*Opt.-inakt. 1,2,6,7-Tetrabrom-1,7-bis-[3-brom-4-hydroxy-5-methoxy-phenyl]-heptan-3,5-dion(?)** $C_{21}H_{18}Br_6O_6$, vermutlich Formel VII und Taut.

B. Neben opt.-inakt. 1,2,6,7-Tetrabrom-1,7-bis-[4-hydroxy-3-methoxy-phenyl]-heptan-3,5-dion (F: 134°) aus Curcumin (S. 3697) und Brom in CHCl₃ (*Rebeiro et al.*, J. Univ. Bombay **19**, Tl. 3A [1950] 38, 43).

Dunkelbraune Kristalle (aus Eg.); F: 153°.

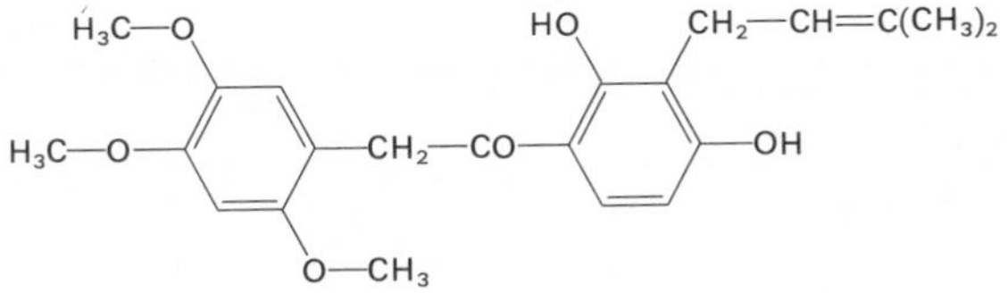

VIII

2,4-Dihydroxy-2′,4′,5′-trimethoxy-3-[3-methyl-but-2-enyl]-desoxybenzoin $C_{22}H_{26}O_6$, Formel VIII (in der Literatur auch als Isodihydromethylderritol bezeichnet).

Bezüglich der Konstitution vgl. das analog hergestellte (+)-Isodihydrorotenon ((6a*S*)-9-Hydr≠ oxy-2,3-dimethoxy-8-[3-methyl-but-2-enyl]-(6a*r*,12a*c*)-6a,12a-dihydro-6*H*-chromeno[3,4-*b*]≠ chromen-12-on [E III/IV **19** 3046]).

B. Bei der Hydrierung von 1-[(*R*)-4-Hydroxy-2-isopropenyl-2,3-dihydro-benzofuran-5-yl]-2-

[2,4,5-trimethoxy-phenyl]-äthanon („Methylderritol") an Palladium/BaSO$_4$ in äthanol. KOH (*Takei et al.*, B. **65** [1932] 279, 287).
F: 145°.

Bis-[5-acetyl-2,4-dihydroxy-3-methyl-phenyl]-methan $C_{19}H_{20}O_6$, Formel IX (X = OH, X' = H).

B. Aus 1-[2,4-Dihydroxy-3-methyl-phenyl]-äthanon und Formaldehyd in wss. Äthanol unter Zusatz von H$_2$SO$_4$ (*McGookin et al.*, Soc. **1951** 2021, 2023).
Kristalle (aus wss. A.); F: 263−264°.
Tetraacetyl-Derivat $C_{27}H_{28}O_{10}$; Bis-[2,4-diacetoxy-5-acetyl-3-methyl-phenyl]-methan. Kristalle (aus wss. A.); F: 180−181°.

[5-Acetyl-2,4-dihydroxy-3-methyl-phenyl]-[3-acetyl-2,6-dihydroxy-5-methyl-phenyl]-methan $C_{19}H_{20}O_6$, Formel IX (X = H, X' = OH).

B. Aus 1-[2,4-Dihydroxy-3-methyl-phenyl]-äthanon, 1-[2,4-Dihydroxy-5-methyl-phenyl]-äthz anon und Formaldehyd analog der vorangehenden Verbindung (*McGookin et al.*, Soc. **1951** 2021, 2024).
Kristalle (aus A.); F: 237−239° [Zers.].
Tetraacetyl-Derivat $C_{27}H_{28}O_{10}$; [2,4-Diacetoxy-5-acetyl-3-methyl-phenyl]-[2,6-diacetoxy-3-acetyl-5-methyl-phenyl]-methan. Kristalle; F: 171−172°.

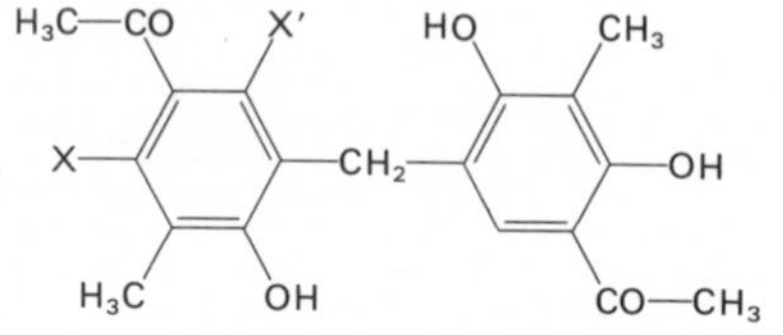

IX 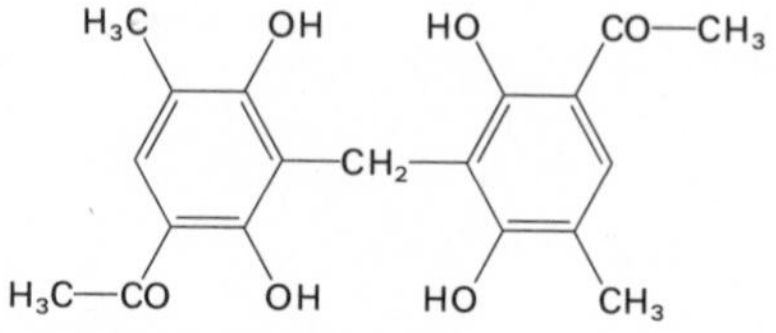   X

Bis-[3-acetyl-2,6-dihydroxy-5-methyl-phenyl]-methan $C_{19}H_{20}O_6$, Formel X.

B. Aus 1-[2,4-Dihydroxy-5-methyl-phenyl]-äthanon analog den vorangehenden Verbindungen (*McGookin et al.*, Soc. **1951** 2021, 2023).
Kristalle (aus A.); F: 258° [Zers.].
Tetraacetyl-Derivat $C_{27}H_{28}O_{10}$; Bis-[2,6-diacetoxy-3-acetyl-5-methyl-phenyl]-methan. Kristalle (aus wss. A.); F: 163,5−164°.

Hydroxy-oxo-Verbindungen $C_{20}H_{22}O_6$

4,4'-Dihydroxy-5,5'-diisopropyl-2,2'-dimethyl-[1,1']bicyclohexa-1,4-dienyl-3,6,3',6'-tetraon $C_{20}H_{22}O_6$, Formel XI.

B. Aus 3-Hydroxy-2-isopropyl-5-methyl-[1,4]benzochinon mit Hilfe von Sauerstoff in wss. NaOH (*Flaig, Salfeld*, A. **618** [1958] 117, 136).
F: 191° [Zers.]. Absorptionsspektrum (CHCl$_3$; 240−500 nm): *Fl., Sa.*, l. c. S. 134.

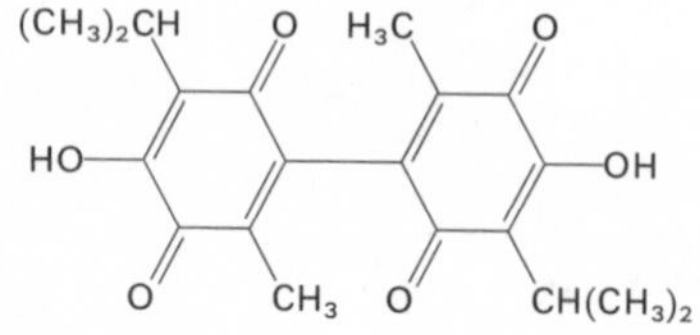

XI 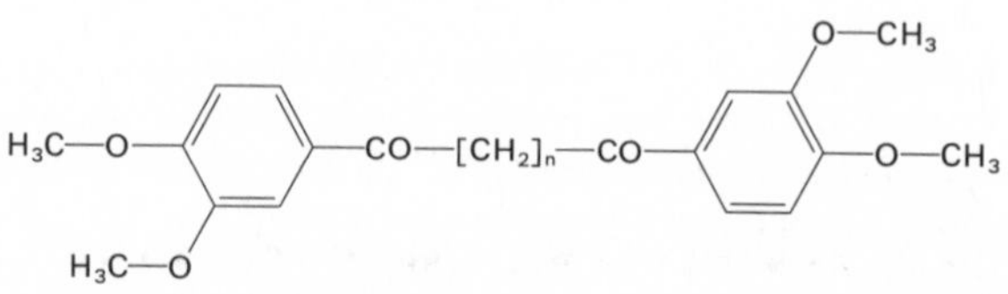   XII

Hydroxy-oxo-Verbindungen $C_{21}H_{24}O_6$

1,9-Bis-[3,4-dimethoxy-phenyl]-nonan-1,9-dion $C_{25}H_{32}O_6$, Formel XII (n = 7).

B. Aus 1,2-Dimethoxy-benzol und Nonandioylchlorid mit Hilfe von AlCl$_3$ (*Tamura et al.*, J. agric. chem. Soc. Japan **27** [1953] 491, 496; C. A. **1956** 6402; *Yamada, Matsuda*, J. chem. Soc. Japan Ind. Chem. Sect. **59** [1956] 59, 62; C. A. **1957** 1070).

Kristalle; F: 102—103° [aus Bzl.] (*Ta. et al.*), 100—101° [aus A.] (*Ya., Ma.*).

Hydroxy-oxo-Verbindungen $C_{22}H_{26}O_6$

1,10-Bis-[2,5-dimethoxy-phenyl]-decan-1,10-dion $C_{26}H_{34}O_6$, Formel XIII.

B. Aus 1,4-Dimethoxy-benzol und Decandioylchlorid mit Hilfe von AlCl$_3$ in Nitrobenzol (*Okuma, Tamura*, J. agric. chem. Soc. Japan **28** [1954] 28, 32; C. A. **1957** 14617).

Kristalle (aus A.); F: 99—100°.

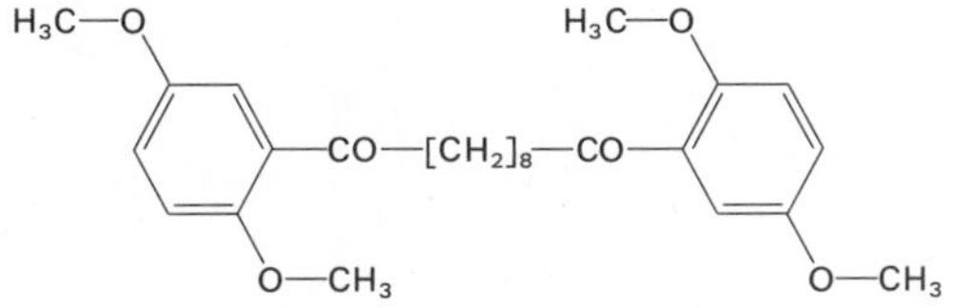

XIII

1,10-Bis-[3,4-dimethoxy-phenyl]-decan-1,10-dion $C_{26}H_{34}O_6$, Formel XII (n = 8).

B. Aus 1,2-Dimethoxy-benzol und Decandioylchlorid mit Hilfe von AlCl$_3$ in 1,1,2,2-Tetra=chlor-äthan (*Tamura et al.*, J. agric. chem. Soc. Japan **27** [1953] 877, 880; C. A. **1956** 6402).

Kristalle (aus A.); F: 106—107°.

Hydroxy-oxo-Verbindungen $C_{23}H_{28}O_6$

[2,3-Bis-benzyloxy-phenyl]-bis-[4,4-dimethyl-2,6-dioxo-cyclohexyl]-methan, 5,5,5′,5′-Tetra=methyl-2,2′-[2,3-bis-benzyloxy-benzyliden]-bis-cyclohexan-1,3-dion $C_{37}H_{40}O_6$, Formel XIV und Taut.

B. Aus 2,3-Bis-benzyloxy-benzaldehyd und 5,5-Dimethyl-cyclohexan-1,3-dion in Äthanol unter Zusatz von Piperidin (*Merz, Fink*, Ar. **289** [1956] 347, 355).

Kristalle (aus A.); F: 108,5°.

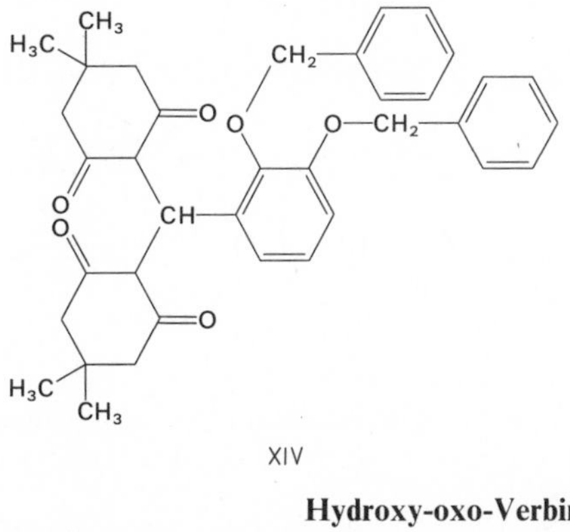

XIV

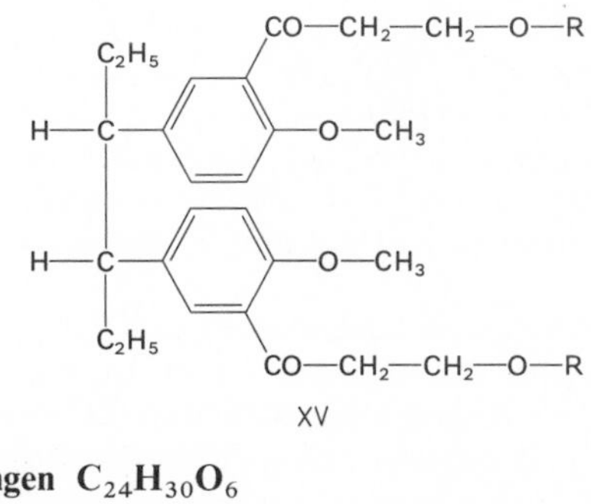

XV

Hydroxy-oxo-Verbindungen $C_{24}H_{30}O_6$

***meso*-3,4-Bis-[4-methoxy-3-(3-methoxy-propionyl)-phenyl]-hexan** $C_{28}H_{38}O_6$, Formel XV (R = CH$_3$).

B. Beim Erwärmen von *meso*-3,4-Bis-[3-(3-chlor-propionyl)-4-methoxy-phenyl]-hexan mit

Methanol (*Cheymol et al.*, C. r. **247** [1958] 547).
F: 129°.

meso-**3,4-Bis-[3-(3-äthoxy-propionyl)-4-methoxy-phenyl]-hexan** $C_{30}H_{42}O_6$, Formel XV
(R = C_2H_5).
B. Analog der vorangehenden Verbindung (*Cheymol et al.*, C. r. **247** [1958] 547).
F: 85°.

Hydroxy-oxo-Verbindungen $C_{27}H_{36}O_6$

2,4,6-Tris-cyclohexancarbonyl-phloroglucin $C_{27}H_{36}O_6$, Formel XVI.
B. Aus Kohlensuboxid und Cyclohexylmagnesiumbromid in Äther (*Billman, Smith*, Am. Soc. **74** [1952] 3174). Aus 1,3,5-Tris-cyclohexancarbonyloxy-benzol mit Hilfe von $AlCl_3$ (*Bi., Sm.*).
Kristalle (aus Bzl.); F: 195−196°.

XVI   XVII

Hydroxy-oxo-Verbindungen $C_{30}H_{42}O_6$

1,18-Bis-[2,4-dihydroxy-phenyl]-octadecan-1,18-dion $C_{30}H_{42}O_6$, Formel XVII (E III 4286).
B. Aus Resorcin und Octadecandisäure beim Erhitzen mit Toluol-4-sulfonsäure in Xylol und Erwärmen des Reaktionsprodukts mit $AlCl_3$ in 1,1,2,2-Tetrachlor-äthan (*Gupta, Aggarwal*, J. scient. ind. Res. India **18** B [1959] 205, 207).
Kristalle (aus A.); F: 164,5°.   [*Höffer*]

Hydroxy-oxo-Verbindungen $C_nH_{2n-20}O_6$

Hydroxy-oxo-Verbindungen $C_{14}H_8O_6$

1,2,3,4-Tetrahydroxy-anthrachinon $C_{14}H_8O_6$, Formel I (X = OH, X′ = H) und Taut. (H 548; E II 582).
Kristalle; F: 260,5−261° [nach Sublimation] (*Koslow, Šibnewa*, Ž. prikl. Chim. **23** [1950] 317, 320; C. A. **1951** 6845).
M o n o n a t r i u m - S a l z. Rotviolettes Pulver.
C a l c i u m - S a l z $CaC_{14}H_6O_6$. Violettblaues Pulver.
B a r i u m - S a l z. Dunkelblaues Pulver.

1,2,4,5-Tetrahydroxy-anthrachinon $C_{14}H_8O_6$, Formel I (X = H, X′ = OH) und Taut.
B. Neben der folgenden Verbindung aus 1,4,5-Trihydroxy-anthrachinon bei der aufeinander⁼ folgenden Reaktion mit Blei(IV)-acetat und Acetanhydrid und anschliessenden Hydrolyse mit H_2SO_4 (*Brockmann, Müller*, B. **91** [1958] 1920, 1931).
Rote Kristalle (aus Tetralin); F: 294−296° [korr.]. Im Hochvakuum bei 160° sublimierbar. Absorptionsspektrum (H_2SO_4; 470−630 nm): *Br., Mü.*, l. c. S. 1926. λ_{max} in Polyäthylen bei −180°; in Piperidin sowie in einem Acetanhydrid-Pyroboracetat-Gemisch: *Br., Mü.*, l. c. S. 1927.

I

II

III

1,2,4,8-Tetrahydroxy-anthrachinon $C_{14}H_8O_6$, Formel II und Taut.

B. s. im vorangehenden Artikel.

F: 270−271° [korr.] (*Brockmann, Müller,* B. **91** [1958] 1920, 1925). Absorptionsspektrum (H_2SO_4; 470−620 nm): *Br., Mü.,* l. c. S. 1926. λ_{max} in Methanol, Piperidin sowie in H_2SO_4: *Brockmann, Franck,* B. **88** [1955] 1792, 1807; in Polyäthylen bei −180°, in Piperidin sowie in Acetanhydrid-Pyroboracetat-Gemisch: *Br., Mü.,* l. c. S. 1927.

1,2,5,8-Tetrahydroxy-anthrachinon, Chinalizarin $C_{14}H_8O_6$, Formel III (R = H) und Taut. (H 549; E I 755; E II 584; E III 4289).

B. Aus 3,6-Dimethoxy-phthalsäure-anhydrid und Brenzcatechin mit Hilfe von $AlCl_3$ und NaCl (*Allen et al.,* J. org. Chem. **6** [1941] 732, 743).

CO-Valenzschwingungsbande der intramolekular chelatisierten Verbindung ($CHCl_3$): *Bellamy, Beecher,* Soc. **1954** 4487, 4488. Absorptionsspektrum in wss. Lösungen vom pH 5,8 und 10,5 (400−680 nm): *Burriel, Bolle,* An. Soc. españ. [B] **50** [1954] 957, 959; in wss. Aceton (340−620 nm): *Purushottam,* Z. anal. Chem. **145** [1955] 245, 246; in Äthanol, wss. NaOH, konz. H_2SO_4 sowie wss. H_2SO_4 (370−630 nm): *Sommer, Hniličková,* Collect. **22** [1957] 1432, 1436; in H_2SO_4 (400−650 nm): *Kysil, Vobora,* Collect. **24** [1959] 3893, 3896. λ_{max} in Äthanol (235−520 nm): *Ikeda et al.,* J. pharm. Soc. Japan **76** [1956] 217, 219; C. A. **1956** 7590; in Piperidin sowie in H_2SO_4: *Brockmann, Franck,* B. **88** [1955] 1792, 1807; in H_2SO_4 [96%ig] (495−635 nm): *Ráb,* Collect. **24** [1959] 3654, 3656. Polarographisches Halbstufenpotential in wss. Äthanol bei pH 1,25: *Wiles,* Soc. **1952** 1358, 1359; in wss. Äthanol bei pH 7: *Berg,* Chem. Tech. **6** [1954] 585, 587; in Essigsäure/H_2SO_4-Gemisch: *Stárka et al.,* Collect. **23** [1958] 206, 211; in DMF + LiCl: *Given et al.,* Soc. **1958** 2674, 2676.

Absorptionsspektrum des Beryllium-Komplexes in wss. NaOH (69000−42000 cm^{-1}): *Marks, Hall,* Bur. Mines Rep. Invest. Nr. 4741 [1950]. Absorptionsspektrum des Bor-Komplexes in H_2SO_4 [80−100%ig] bei 400−800 nm: *MacDougall, Biggs,* Anal. Chem. **24** [1952] 566, 568; *So., Hn.; Ky., Vo.* λ_{max} des Bor-Komplexes in H_2SO_4: *Ráb;* in Acetanhydrid: *Br., Fr.,* l. c. S. 1805. Absorptionsspektrum des Aluminium-Komplexes in H_2O bei pH 5,8 (400−680 nm): *Bu., Bo.;* des Thorium(IV)-Komplexes in wss. Aceton (340−700 nm): *Pu.*

1,2,5,8-Tetramethoxy-anthrachinon $C_{18}H_{16}O_6$, Formel III (R = CH_3).

B. Aus Chinalizarin (s. o.) und Dimethylsulfat (*Wiles,* Soc. **1952** 1358, 1362).

Gelbe Kristalle (aus A.); F: 202° [korr.] (*Wi.*). IR-Banden (Paraffin; 3350−700 cm^{-1}): *Bloom et al.,* Soc. **1959** 178, 180. Polarographisches Halbstufenpotential in wss. Äthanol bei pH 11,2: *Wi.,* l. c. S. 1359.

1,3,5,7-Tetrahydroxy-anthrachinon, Anthrachryson $C_{14}H_8O_6$, Formel IV (R = R′ = H) (H 551; E I 755; E II 585; E III 4289).

IR-Banden (Paraffin; 3350−700 cm^{-1}): *Bloom et al.,* Soc. **1959** 178, 181. λ_{max} (H_2SO_4): 475 nm (*Ráb,* Collect. **24** [1959] 3654, 3657).

1,5-Dihydroxy-3,7-dimethoxy-anthrachinon $C_{16}H_{12}O_6$, Formel IV (R = H, R′ = CH_3) (H 552; E I 755).

Gelbe Kristalle (aus Nitrobenzol); F: 287−288° [unter Sublimation] (*Briggs, Nicholls,* Soc. **1951** 1138). IR-Banden (Paraffin; 1650−700 cm^{-1}): *Bloom et al.,* Soc. **1959** 178, 180.

1,3,5,7-Tetramethoxy-anthrachinon $C_{18}H_{16}O_6$, Formel IV (R = R' = CH$_3$) (E I 756; vgl. E II 585).

B. Aus Anthrachryson (s. o.) beim Erwärmen mit Dimethylsulfat und K$_2$CO$_3$ in Aceton (*Briggs, Nicholls*, Soc. **1951** 1138) oder beim Behandeln mit CH$_3$I, Ag$_2$O und DMF (*Cameron, Schütz*, Soc. [C] **1967** 2121, 2123).

F: 301° [aus Nitrobenzol] (*Ca., Sch.*), 291−293° (*Br., Ni.*). IR-Banden (Paraffin; 1700−700 cm^{-1}): *Bloom et al.*, Soc. **1959** 178, 180. λ_{max} (A.): 228 nm, 281 nm und 383 nm (*Ca., Sch.*).

IV   V

1,3,5,7-Tetraacetoxy-anthrachinon $C_{22}H_{16}O_{10}$, Formel IV (R = R' = CO-CH$_3$) (H 552; E III 4290).

Hellgelbe Kristalle (aus Acetanhydrid); Zers. bei 239° bzw. F: 259° [Zers.; bei raschem Erhitzen] (*Briggs, Nicholls*, Soc. **1951** 1138).

1,3,5,8-Tetrahydroxy-anthrachinon $C_{14}H_8O_6$, Formel V und Taut.

λ_{max}: 488 nm, 508 nm und 523 nm [Me.] bzw. 572 nm und 616 nm [H$_2$SO$_4$] (*Brockmann, Franck*, B. **88** [1955] 1792, 1807).

1,3,6,8-Tetramethoxy-anthrachinon $C_{18}H_{16}O_6$, Formel VI.

In dem früher (s. E III **8** 4290) unter dieser Konstitution beschriebenen Präparat hat überwie≈ gend 1-Hydroxy-3,6,8-trimethoxy-anthrachinon $C_{17}H_{14}O_6$ vorgelegen (*Sutherland, Wells*, Austral. J. Chem. **20** [1967] 515, 521).

B. Beim Behandeln von 1,3,6,8-Tetrahydroxy-anthrachinon mit CH$_3$I und Ag$_2$O (*Bullock et al.*, Soc. **1963** 829, 834).

Gelbe Kristalle; F: 225−226° [nach Sublimation bei 200°/0,05 Torr] (*Bu. et al.*).

1,4,5,8-Tetrahydroxy-anthrachinon $C_{14}H_8O_6$, Formel VII (R = H) und Taut. (H 553; E I 756; E II 586; E III 4290).

B. Aus 1,4,5-Trihydroxy-anthrachinon mit Hilfe von MnO$_2$ in H$_2$SO$_4$ (*Brockmann, Franck*, B. **88** [1955] 1792, 1806). Aus diazotiertem 1-Amino-4,5,8-trihydroxy-anthrachinon (*Johnson et al.*, Soc. **1952** 2672, 2678, 2679).

Temperaturabhängigkeit des Dampfdrucks bei 130−200° (Gleichung): *Hoyer, Peperle*, Z. El. Ch. **62** [1958] 61, 62. Mittlere Sublimationsenthalpie bei 130−200°: 35,4 kcal·mol^{-1} (*Ho., Pe.*). IR-Spektrum in Perfluorkerosin (4000−2000 cm^{-1}) sowie in Nujol (1700−700 cm^{-1}): *Hadži, Sheppard*, Trans. Faraday Soc. **50** [1954] 911, 913, 915. IR-Banden (Paraffin; 1600−700 cm^{-1}): *Bloom et al.*, Soc. **1959** 178, 181. IR-Banden der festen Verbindung (760−710 cm^{-1}) bei −170° und +20°: *Walsh, Willis*, J. chem. Physics **18** [1950] 552, 553. Absorptionsspektrum in Petroläther (460−580 nm): *Brockmann, Müller*, B. **91** [1958] 1920, 1922; in Cyclohexan (440−580 nm): *Brockmann, Müller*, B. **92** [1959] 1164, 1166; in Aceton (430−580 nm): *Muštafin, Kul'berg*, Ukr. chim. Ž. **19** [1953] 421, 424; C. A. **1955** 4444. λ_{max} in Äthanol (235−600 nm): *Ikeda et al.*, J. pharm. Soc. Japan **76** [1956] 217, 219; C. A. **1956** 7590; in H$_2$SO$_4$ (525−640 nm): *Ráb*, Collect. **24** [1959] 3654, 3659.

Absorptionsspektrum des Beryllium-Komplexes in Aceton (430−700 nm): *Mu., Ku.* λ_{max} des Bor-Komplexes in H$_2$SO$_4$ (527−637 nm): *Ráb*.

1,4,5,8-Tetradeuteriooxy-anthrachinon $C_{14}H_4D_4O_6$, Formel VII (R = D).

IR-Spektrum in Perfluorkerosin (4000−2000 cm^{-1}) sowie in Nujol (1700−700 cm^{-1}): *Hadži,*

Sheppard, Trans. Faraday Soc. **50** [1954] 911, 913, 915.

VI VII VIII

1,4,5,8-Tetramethoxy-anthrachinon $C_{18}H_{16}O_6$, Formel VII (R = CH_3) (E I 756).
Polarographisches Halbstufenpotential in wss. Äthanol bei pH 11,2: *Wiles,* Soc. **1952** 1358, 1359.

1,4,5,8-Tetraacetoxy-anthrachinon $C_{22}H_{16}O_{10}$, Formel VII (R = CO-CH_3) (E I 756; E II 586; E III 4291).
Gelbe Kristalle (aus Toluol); F: 281,5 – 282,5° (*Johnson et al.,* Soc. **1952** 2672, 2678). Absorptionsspektrum (Me.; 220 – 420 nm): *Brockmann, Müller,* B. **92** [1959] 1164, 1168.

2,3,6,7-Tetramethoxy-anthrachinon $C_{18}H_{16}O_6$, Formel VIII (R = R' = CH_3) (E III 4292).
B. Aus 2,3,6,7-Tetramethoxy-anthracen (*Casinovi, Oliverio,* Ann. Chimica **46** [1956] 929, 931) sowie aus 9,10-Bis-dichlormethylen-9,10-dihydro-2,3,6,7-tetramethoxy-anthracen (*Arcoleo, Oliverio,* Ann. Chimica **47** [1957] 415, 430) mit Hilfe von $Na_2Cr_2O_7$ in Essigsäure.

2,6-Diäthoxy-3,7-dimethoxy-anthrachinon $C_{20}H_{20}O_6$, Formel VIII (R = C_2H_5, R' = CH_3) (E III 4292).
B. Aus 5,4'-Diäthoxy-4,3'-dimethoxy-2-methyl-benzophenon mit Hilfe von $Na_2Cr_2O_7$ in Essigsäure (*Arcoleo, Garofano,* Ann. Chimica **47** [1957] 1142, 1161).
Gelbe Kristalle (aus Eg.); F: 300°.

2,7-Diäthoxy-3,6-dimethoxy-anthrachinon $C_{20}H_{20}O_6$, Formel IX (R = CH_3, R' = C_2H_5).
B. In kleiner Menge neben (±)-6,6'-Diäthoxy-5,5'-dimethoxy-[1,1']spirobiisobenzofuran-3,3'-dion beim Erhitzen von Bis-[5-äthoxy-4-methoxy-2-methyl-phenyl]-methan mit $Na_2Cr_2O_7$ in Essigsäure (*Arcoleo, Garofano,* Ann. Chimica **47** [1957] 1142, 1154). In analoger Weise neben (±)-5,5'-Diäthoxy-6,6'-dimethoxy-[1,1']spirobiisobenzofuran-3,3'-dion aus Bis-[4-äthoxy-5-methoxy-2-methyl-phenyl]-methan (*Ar., Ga.,* l. c. S. 1158).
Gelbe Kristalle (aus Eg.); F: 253 – 254°.

2,3,6-Triäthoxy-7-methoxy-anthrachinon $C_{21}H_{22}O_6$, Formel IX (R = C_2H_5, R' = CH_3).
B. In kleiner Menge beim Erhitzen von 5,3',4'-Triäthoxy-4-methoxy-2-methyl-benzophenon mit $K_2Cr_2O_7$ in wss. Essigsäure (*King et al.,* Soc. **1952** 17, 23). Beim Erwärmen von 4-Äthoxy-2-[3,4-diäthoxy-benzoyl]-5-methoxy-benzoesäure mit H_2SO_4 (*King et al.*).
Gelbe Kristalle (aus Eg.); F: 225°.

2,3,6,7-Tetraäthoxy-anthrachinon $C_{22}H_{24}O_6$, Formel IX (R = R' = C_2H_5).
B. Beim Erhitzen von 2,3,6,7-Tetraäthoxy-9,10-dimethyl-anthracen mit $Na_2Cr_2O_7$ in Essigsäure (*Garofano,* Ann. Chimica **48** [1958] 125, 138). Neben (±)-5,6,6',5'-Tetraäthoxy-[1,1']spirobiisobenzofuran-3,3'-dion beim Erhitzen von Bis-[4,5-diäthoxy-2-methyl-phenyl]-methan mit $Na_2Cr_2O_7$ in Essigsäure (*Arcoleo, Garofano,* Ann. Chimica **46** [1956] 934, 945).
Gelbe Kristalle (aus Eg.); F: 237 – 238°.

1,3,6,7-Tetramethoxy-phenanthren-9,10-dion $C_{18}H_{16}O_6$, Formel X (X = H).
B. Aus 1,3,6,7-Tetramethoxy-phenanthren mit Hilfe von wss. CrO_3 und Essigsäure (*Kondo, Takeda,* Ann. Rep. ITSUU Labor. Nr. 4 [1953] 6, 10; engl. Ref. S. 51, 56; C. A. **1955** 1076).

Aus 2,3,6,8-Tetramethoxy-phenanthren-9-carbonsäure mit Hilfe von wss. $Na_2Cr_2O_7$ und Essig‌säure (*Kondo, Takeda,* Ann. Rep. ITSUU Labor. Nr. 9 [1958] 33, 36; engl. Ref. S. 78, 83; C. A. **1960** 1580).

Rote Kristalle (aus $CHCl_3$); F: 268° (*Ko., Ta.,* Ann. Rep. ITSUU Labor. Nr. 4, S. 10, Nr. 9, S. 36). Absorptionsspektrum (Dioxan; 250–450 nm): *Kondo, Takeda,* Ann. Rep. ITSUU La‌bor. Nr. 7 [1956] 30, 33; engl. Ref. S. 71, 74; C. A. **1957** 2823.

o-Phenylendiamin-Kondensationsprodukt (F: 293°): *Ko., Ta.,* Ann. Rep. ITSUU Labor. Nr. 9, S. 36.

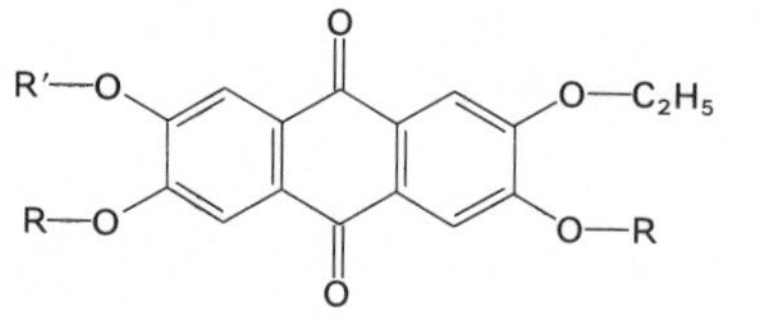

IX

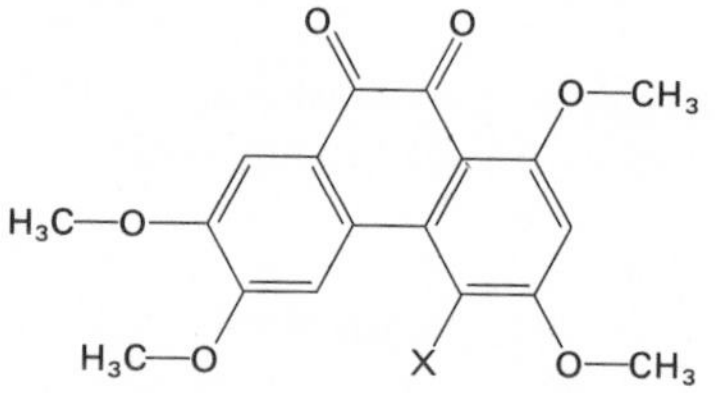

X

4-Brom-1,3,6,7-tetramethoxy-phenanthren-9,10-dion $C_{18}H_{15}BrO_6$, Formel X (X = Br).

B. Aus 5-Brom-2,3,6,8-tetramethoxy-phenanthren-9-carbonsäure mit Hilfe von wss. $K_2Cr_2O_7$ und Essigsäure (*Kondo, Takeda,* Ann. Rep. ITSUU Labor. Nr. 7 [1956] 30, 35; engl. Ref. S. 71, 77; C. A. **1957** 2823).

Gelbe Kristalle; F: 253°. Absorptionsspektrum (Dioxan; 250–450 nm): *Ko., Ta.,* l. c. S. 33.

o-Phenylendiamin-Kondensationsprodukt (F: 178–179°): *Ko., Ta.*

2,3,4,7-Tetramethoxy-phenanthren-9,10-dion $C_{18}H_{16}O_6$, Formel XI (X = X' = O)
(E III 4293).

B. Aus 2,3,4,7-Tetramethoxy-[9]phenanthrol bei der Reaktion mit $NaNO_2$ und wss. HCl in Dioxan (*Rapoport et al.,* Am. Soc. **77** [1955] 670, 673). Bei der Oxidation von 2,5,6,7-Tetra‌methoxy-[9]phenanthrylamin (*Rapoport et al.,* Am. Soc. **73** [1951] 1414, 1418).

F: 195–196° [korr.] (*Ra. et al.,* Am. Soc. **73** 1418).

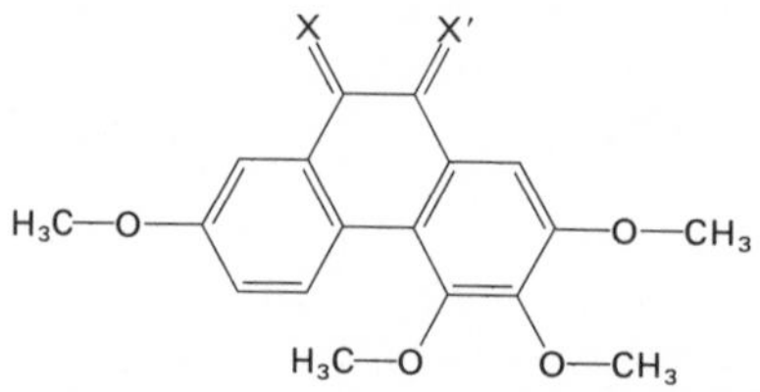

XI

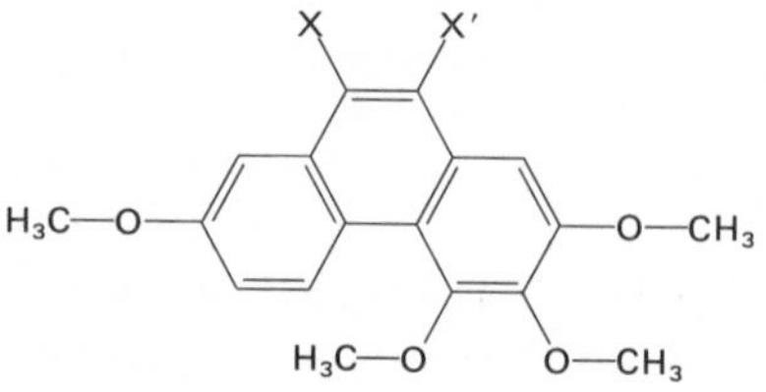

XII

2,3,4,7-Tetramethoxy-phenanthren-9,10-dion-9-oxim $C_{18}H_{17}NO_6$, Formel XI (X = N-OH, X' = O), und **2,5,6,7-Tetramethoxy-10-nitroso-[9]phenanthrol** $C_{18}H_{17}NO_6$, Formel XII (X = NO, X' = OH).

B. Aus 2,5,6,7-Tetramethoxy-[9]phenanthrol bei der Reaktion mit $NaNO_2$ und wss. H_2SO_4 (*Rapoport et al.,* Am. Soc. **73** [1951] 1414, 1418).

Rote Kristalle (aus A.); F: 154–155° [korr.] und (nach Wiedererstarren) F: 173–175° [korr.].

2,3,4,7-Tetramethoxy-phenanthren-9,10-dion-10-oxim $C_{18}H_{17}NO_6$, Formel XI (X = O, X' = N-OH), und **2,3,4,7-Tetramethoxy-10-nitroso-[9]phenanthrol** $C_{18}H_{17}NO_6$, Formel XII (X = OH, X' = NO).

B. Aus 2,3,4,7-Tetramethoxy-[9]phenanthrol bei der Reaktion mit $NaNO_2$ und wss.-äthanol. HCl (*Rapoport et al.,* Am. Soc. **77** [1955] 670, 673).

Rote Kristalle (aus A.); F: 183 – 184° [korr.].

2,3,6,7-Tetramethoxy-phenanthren-9,10-dion $C_{18}H_{16}O_6$, Formel XIII (E III 4294).

B. Beim Erhitzen von 2,3,9,10-Tetramethoxy-5,7-dihydro-dibenz[*c,e*]oxepin mit $Na_2Cr_2O_7$ in Essigsäure (*Matarasso-Tchiroukhine*, A. ch. [13] **3** [1958] 405, 434).

Rote Kristalle (aus Anisol); F: 262°.

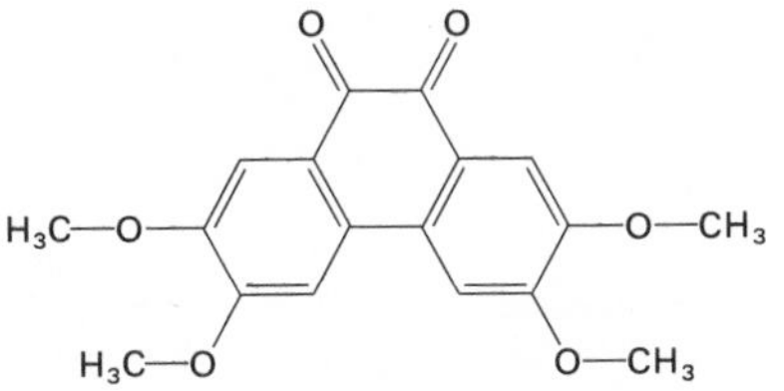

XIII 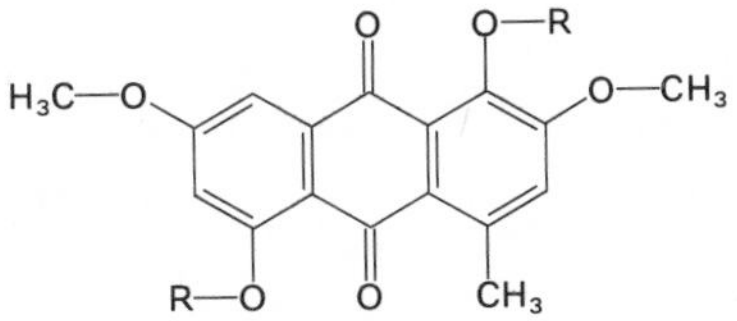   XIV

Hydroxy-oxo-Verbindungen $C_{15}H_{10}O_6$

1,5-Dihydroxy-2,7-dimethoxy-4-methyl-anthrachinon $C_{17}H_{14}O_6$, Formel XIV (R = H).

B. Aus 1,2,5,7-Tetrahydroxy-4-methyl-anthrachinon (E III 4297) und Diazomethan (*Dave et al.*, Tetrahedron Letters **1959** Nr. 6, S. 22, 23).

Diacetyl-Derivat $C_{21}H_{18}O_8$; 1,5-Diacetoxy-2,7-dimethoxy-4-methyl-anthra⸗ chinon. F: 199°.

1,2,5,7-Tetramethoxy-4-methyl-anthrachinon $C_{19}H_{18}O_6$, Formel XIV (R = CH_3).

B. Aus 1,2,5,7-Tetrahydroxy-4-methyl-anthrachinon (E III 4297) und Dimethylsulfat (*Dave et al.*, Tetrahedron Letters **1959** Nr. 6, S. 22, 23).

F: 150°.

1,4,5,6-Tetrahydroxy-2-methyl-anthrachinon $C_{15}H_{10}O_6$, Formel I und Taut.

B. Aus diazotierter 2-[5-Amino-2-hydroxy-4-methyl]-benzoyl-3,4-dimethoxy-benzoesäure bei der Reaktion mit konz. H_2SO_4 und anschliessend mit wss. HBr und Essigsäure (*Gatenbeck*, Acta chem. scand. **13** [1959] 705, 709).

Kristalle (aus Toluol); F: 230°. Absorptionsspektrum (200 – 550 nm): *Ga.*, l. c. S. 708.

Tetraacetyl-Derivat $C_{23}H_{18}O_{10}$; 1,4,5,6-Tetraacetoxy-2-methyl-anthrachinon. F: 210 – 212°.

1,4,5,7-Tetrahydroxy-2-methyl-anthrachinon, Catenarin $C_{15}H_{10}O_6$, Formel II (R = R' = X = H) und Taut. (E III 4298).

IR-Banden (Paraffin; 3600 – 650 cm^{-1}): *Bloom et al.*, Soc. **1959** 178, 181. λ_{max} in Äthanol (230 – 525 nm): *Birkinshaw*, Biochem. J. **59** [1955] 485; *Chandrasenan et al.*, Pr. Indian Acad. [A] **51** [1960] 296, 299; in H_2SO_4 (575 nm und 620 nm): *Brockmann, Franck*, B. **88** [1955] 1792, 1808.

Die bei der Reaktion mit MnO_2 und H_2SO_4 erhaltene Verbindung (s. E III 4298) ist nicht als 1,4,5,7-Tetrahydroxy-2-hydroxymethyl-anthrachinon, sondern als 1,2,4,5,8-Pentahydroxy-7-methyl-anthrachinon zu formulieren (*Neelakantan et al.*, Biochem. J. **64** [1956] 464, 465).

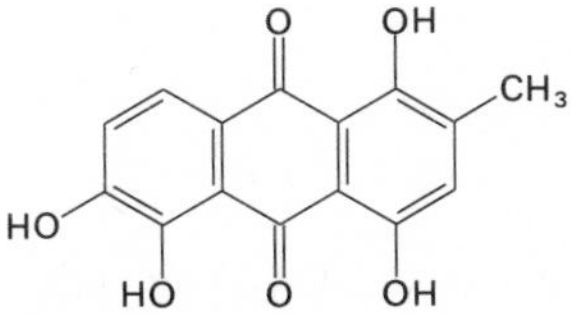

I 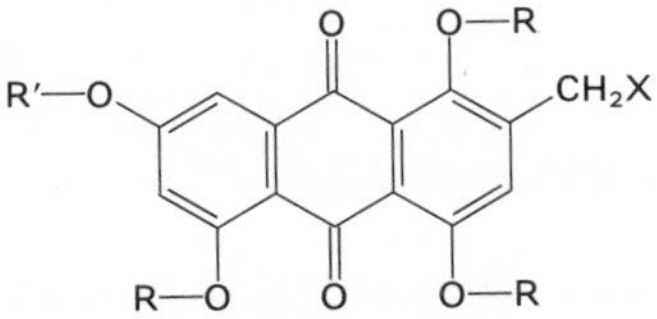   II 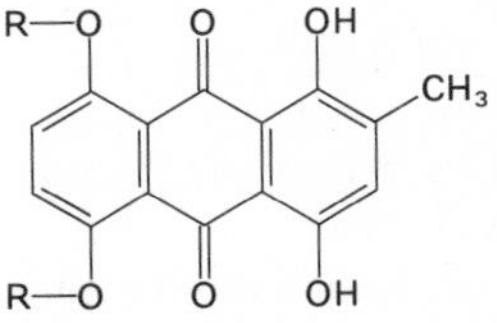   III

1,4,5-Trihydroxy-7-methoxy-2-methyl-anthrachinon, Erythroglaucin $C_{16}H_{12}O_6$, Formel II
(R = X = H, R′ = CH_3) und Taut. (E III 4299).
IR-Banden (Paraffin; 1600−750 cm^{-1}): *Bloom et al.*, Soc. **1959** 178, 181.

1,4,5,7-Tetraacetoxy-2-brommethyl-anthrachinon $C_{23}H_{17}BrO_{10}$, Formel II
(R = R′ = CO-CH_3, X = Br).
B. Beim Erwärmen von 1,4,5,7-Tetraacetoxy-2-methyl-anthrachinon mit *N*-Brom-succinimid
und Dibenzoylperoxid in CCl_4 (*Neelakantan et al.*, Biochem. J. **64** [1956] 464, 467).
Gelbe Kristalle (aus E.); F: 199−200° [nicht rein erhalten].

1,4,5,8-Tetrahydroxy-2-methyl-anthrachinon, Cynodontin $C_{15}H_{10}O_6$, Formel III (R = H) und
Taut. (E III 4299).
B. Beim Erwärmen von 3,6-Dimethoxy-phthalsäure-anhydrid mit 2,5-Dimethoxy-toluol und
$AlCl_3$ in CS_2 und Erhitzen des Reaktionsprodukts mit H_2SO_4 (*Cardani, Piozzi*, R.A.L. [8]
12 [1952] 719, 723). Beim Erhitzen von 1,4-Dihydroxy-5,8-dimethoxy-2-methyl-anthrachinon
mit wss. HBr und Essigsäure (*Neelakantan et al.*, Pr. Indian Acad. [A] **49** [1959] 234, 240).
Rote Kristalle; F: 274,5−275° [nach Sublimation unter vermindertem Druck] (*Pringle*, Bio≠
chim. biophys. Acta **28** [1958] 198), 259−260° [aus Bzl.] (*Ca., Pi.*). IR-Banden (Paraffin;
1600−700 cm^{-1}): *Bloom et al.*, Soc. **1959** 178, 181. λ_{max} (A.; 220−560 nm): *Birkinshaw*, Bio≠
chem. J. **59** [1955] 485.
Tetraacetyl-Derivat $C_{23}H_{18}O_{10}$; 1,4,5,8-Tetraacetoxy-2-methyl-anthrachinon
(E III 4300). Gelbe Kristalle (aus A.); F: 232° (*Pr.*).

1,4-Dihydroxy-5,8-dimethoxy-2-methyl-anthrachinon $C_{17}H_{14}O_6$, Formel III (R = CH_3) und
Taut.
B. Beim Erwärmen von 2-[2,5-Dihydroxy-4-methyl-benzoyl]-3,6-dimethoxy-benzoesäure mit
H_2SO_4 [SO_3 enthaltend] unter Zusatz von H_3BO_3 (*Neelakantan et al.*, Pr. Indian Acad. [A]
49 [1959] 234, 239).
Rote Kristalle (aus $CHCl_3$ + Me.); F: 222−224°.

1,4,7,8-Tetrahydroxy-2-methyl-anthrachinon $C_{15}H_{10}O_6$, Formel IV und Taut.
B. Beim Erhitzen von 3,4-Dihydroxy-phthalsäure-anhydrid mit 2-Methyl-hydrochinon, $AlCl_3$
und NaCl (*Gatenbeck*, Acta chem. scand. **13** [1959] 705, 710). In kleiner Menge beim Erhitzen
von 2-[5-Brom-2-hydroxy-3-methyl-benzoyl]-3,4-dimethoxy-benzoesäure mit H_3BO_3 und
H_2SO_4 (*Ga.*, l. c. S. 709).
Kristalle (aus Eg.); F: 255°. Absorptionsspektrum (200−550 nm): *Ga.*, l. c. S. 708.
Tetraacetyl-Derivat $C_{23}H_{18}O_{10}$; 1,4,7,8-Tetraacetoxy-2-methyl-anthrachinon.
F: 208−210°.

IV

V

1,2,3,5-Tetrahydroxy-6-methyl-anthrachinon, Copareolatin $C_{15}H_{10}O_6$, Formel V
(R = R′ = H) (E III 4300).
IR-Banden (Paraffin; 3500−750 cm^{-1}): *Bloom et al.*, Soc. **1959** 178, 181.

1,3,5-Trihydroxy-2-methoxy-6-methyl-anthrachinon $C_{16}H_{12}O_6$, Formel V (R = CH_3,
R′ = H).
B. Beim Erwärmen der folgenden Verbindung mit wss. H_2SO_4 (*Briggs et al.*, Soc. **1952** 1718,
1721).

Orangefarbene Kristalle (aus Eg.); F: 241° (*Br. et al.*). IR-Banden (Paraffin; 3450–700 cm^{-1}): *Bloom et al.*, Soc. **1959** 178, 181. Absorptionsspektrum (A.; 220–500 nm): *Br. et al.*, l. c. S. 1720.

1,3(oder 3,5)-Dihydroxy-2,5(oder 1,2)-dimethoxy-6-methyl-anthrachinon $C_{17}H_{14}O_6$, Formel V (R = R' = CH$_3$) oder VI.

Isolierung aus der Rinde von Coprosma australis: *Briggs et al.*, Soc. **1952** 1718, 1721.

Orangefarbene Kristalle (aus Eg.); F: 271° [nach Dunkelfärbung, Sublimation und Sintern] (*Br. et al.*). IR-Banden (Paraffin; 3300–700 cm^{-1}): *Bloom et al.*, Soc. **1959** 178, 181. Absorptionsspektrum (A.; 220–460 nm): *Br. et al.*, l. c. S. 1720.

Diacetyl-Derivat $C_{21}H_{18}O_8$; 1,3(oder 3,5)-Diacetoxy-2,5(oder 1,2)-dimethoxy-6-methyl-anthrachinon. Kristalle (aus A.); Zers. bei 131° (*Br. et al.*, l. c. S. 1721).

VI   VII

1,5-Dihydroxy-2,3-dimethoxy-6-methyl-anthrachinon $C_{17}H_{14}O_6$, Formel VII (R = R' = H) (E III 4301).

IR-Banden (Paraffin; 1650–700 cm^{-1}): *Bloom et al.*, Soc. **1959** 178, 181.

1(oder 5)-Hydroxy-2,3,5(oder 1,2,3)-trimethoxy-6-methyl-anthrachinon $C_{18}H_{16}O_6$, Formel VII (R = H, R' = CH$_3$ oder R = CH$_3$, R' = H).

B. Neben der vorangehenden Verbindung aus 1,2,3,5-Tetrahydroxy-6-methyl-anthrachinon und Dimethylsulfat (*Briggs et al.*, Soc. **1952** 1718, 1721).

Gelbe Kristalle (aus A.); F: 177–178°. Absorptionsspektrum (A.; 220–480 nm): *Br. et al.*, l. c. S. 1720.

1,2,3,5-Tetramethoxy-6-methyl-anthrachinon $C_{19}H_{18}O_6$, Formel VII (R = R' = CH$_3$) (E III 4301).

Hellgelbe Kristalle (aus A.); F: 184–185° (*Briggs et al.*, Soc. **1952** 1718, 1721). IR-Banden (Paraffin; 1700–650 cm^{-1}): *Bloom et al.*, Soc. **1959** 178, 181. Polarographisches Halbstufenpotential in wss. Äthanol bei pH 11,2: *Wiles*, Soc. **1952** 1358, 1359.

1,2,6,8-Tetrahydroxy-3-methyl-anthrachinon $C_{15}H_{10}O_6$, Formel VIII (R = H).

Diese Konstitution kommt der nachstehend beschriebenen, von *Dave et al.* (Tetrahedron Letters **1959** Nr. 6, S. 22, 24) als **Alaternin** bezeichneten Verbindung zu (*Lovie, Thomson*, Soc. **1961** 485).

Isolierung aus der Rinde von Rhamnus alaternus: *Briggs et al.*, Soc. **1953** 3069, 3071.

Rote Kristalle (aus Eg.); F: 310° [bei langsamem Erhitzen] (*Br. et al.*). Bei 220°/0,01 Torr sublimierbar (*Br. et al.*). IR-Banden (Nujol; 3400–750 cm^{-1}): *Br. et al.* λ_{max} (A.): 230,5 nm, 284 nm, 317,5 nm und 431 nm (*Br. et al.*).

Tetraacetyl-Derivat $C_{23}H_{18}O_{10}$; 1,2,6,8-Tetraacetoxy-3-methyl-anthrachinon. Gelbe Kristalle (aus Eg.); F: 224° (*Br. et al.*).

VIII   IX   X

1,2,6,8-Tetramethoxy-3-methyl-anthrachinon $C_{19}H_{18}O_6$, Formel VIII (R = CH_3).

B. Neben einem Di-*O*-methyl-Derivat $C_{17}H_{14}O_6$ (orangefarbene Kristalle [aus Eg.]; F: 220°) beim Erwärmen von Alaternin (s. o.) mit Dimethylsulfat und K_2CO_3 in Aceton (*Briggs et al.,* Soc. **1953** 3069, 3071).

Gelbe Kristalle (aus Eg.); F: 181−182°. λ_{max} (A.): 225,5 nm, 278 nm und 367 nm.

1,2,5,8-Tetrahydroxy-3-methyl-anthrachinon $C_{15}H_{10}O_6$, Formel IX und Taut.

B. Beim Erhitzen von 3,6-Dihydroxy-phthalsäure-anhydrid mit 3-Methyl-brenzcatechin, $AlCl_3$ und NaCl (*Gatenbeck,* Acta chem. scand. **13** [1959] 705, 709).

Kristalle (aus Eg. oder Toluol); F: 280−282°. Unter vermindertem Druck bei 170−180° sublimierbar.

Tetraacetyl-Derivat $C_{23}H_{18}O_{10}$; 1,2,5,8-Tetraacetoxy-3-methyl-anthrachinon. Kristalle (aus Eg.); F: 208°.

1,2,3,7-Tetrahydroxy-6-methyl-anthrachinon $C_{15}H_{10}O_6$, Formel X (E III 4301).

IR-Banden (Paraffin; 3600−700 cm^{-1}): *Bloom et al.,* Soc. **1959** 178, 181.

1,4,5-Trihydroxy-2-methoxy-7-methyl-anthrachinon $C_{16}H_{12}O_6$, Formel XI (R = H) und Taut.

B. Beim Erhitzen von 1,2,4,5-Tetramethoxy-7-methyl-anthrachinon mit wss. HBr und Essig‐säure (*Tanaka, Kaneko,* Pharm. Bl. **3** [1955] 284).

Rote Kristalle (aus Bzl.); F: 244−246°.

1,2,4,5-Tetramethoxy-7-methyl-anthrachinon $C_{19}H_{18}O_6$, Formel XI (R = CH_3).

B. Beim Erwärmen von 1-Brom-2,4,5-trimethoxy-7-methyl-anthrachinon mit methanol. KOH unter Zusatz von MnO_2 (*Tanaka, Kaneko,* Pharm. Bl. **3** [1955] 284).

Gelbe Kristalle (aus Me.); F: 185−186°.

XI   XII

1,3,8-Trihydroxy-2-hydroxymethyl-anthrachinon $C_{15}H_{10}O_6$, Formel XII (R = R' = H).

In dem von *Hatsuda et al.* (J. agric. chem. Soc. Japan **29** [1955] 11; C. A. **1959** 16125) unter dieser Konstitution beschriebenen, als Versicolorin bezeichneten Präparat hat ein Ge‐misch von (3a*S*)-4,6,8-Trihydroxy-3a,12a-dihydro-(3a*r*,12a*c*)-anthra[2,3-*b*]furo[3,2-*d*]furan-5,10-dion (Versicolorin-A), (3a*S*)-4,6,8-Trihydroxy-2,3,3a,12a-tetrahydro-(3a*r*,12a*c*)-anthra‐[2,3-*b*]furo[3,2-*d*]furan-5,10-dion (Versicolorin-B) und (±)-4,6,8-Trihydroxy-2,3,3a,12a-tetra‐hydro-(3a*r*,12a*c*)-anthra[2,3-*b*]furo[3,2-*d*]furan-5,10-dion vorgelegen (*Hamasaki et al.,* Agric. biol. Chem. Japan **31** [1967] 11; *Fukuyama et al.,* Bl. chem. Soc. Japan **52** [1979] 677; s. a. *Ayyangar,* Indian J. Chem. **5** [1967] 530).

B. Beim Behandeln von 1,3,8-Trihydroxy-anthrachinon mit wss. Formaldehyd und wss. NaOH (*Ayyangar et al.,* Tetrahedron **6** [1959] 331, 335) oder wss. KOH (*Hirose,* Chem. pharm. Bl. **8** [1960] 417, 425; s. a. *Hirose,* J. pharm. Soc. Japan **78** [1958] 947). Beim Erwärmen von 1,3,8-Triacetoxy-2-acetoxymethyl-anthrachinon mit KOH in wss. Aceton (*Hi.,* Chem. pharm. Bl. **8** 425).

Orangegelbe Kristalle; Zers. >295° [aus Dioxan] (*Ay. et al.*), 282° [Zers.; aus wss. Acn.] (*Hi.,* J. pharm. Soc. Japan **78** 947). IR-Banden (3450−700 cm^{-1}): *Ay. et al.* Absorptions‐spektrum (A.; 220−500 nm): *Ay. et al.,* l. c. S. 332.

2-Hydroxymethyl-1,3,8-trimethoxy-anthrachinon $C_{18}H_{16}O_6$, Formel XII (R = CH_3, R' = H).

B. Beim Erwärmen der vorangehenden Verbindung mit Dimethylsulfat und K_2CO_3 in Aceton (*Ayyangar et al.,* Tetrahedron **6** [1959] 331, 336).

Gelbe Kristalle (aus A.); F: 220°.

1,3,8-Triacetoxy-2-acetoxymethyl-anthrachinon $C_{23}H_{18}O_{10}$, Formel XII (R = R' = CO-CH_3).

B. Aus 1,3,8-Trihydroxy-2-hydroxymethyl-anthrachinon, Acetanhydrid und Pyridin (*Ayyan= gar et al.,* Tetrahedron **6** [1959] 331, 336). Beim Erhitzen von 1,3,8-Triacetoxy-2-brommethyl-anthrachinon mit Acetanhydrid und Natriumacetat (*Hirose,* Chem. pharm. Bl. **8** [1960] 417, 425; s. a. *Hirose,* J. pharm. Soc. Japan **78** [1958] 947).

Hellgelbe Kristalle; F: 205° [aus A.] (*Ay. et al.*), 198–199° [aus A.] (*Hi.,* Chem. pharm. Bl. **8** 425).

1,3,8-Trihydroxy-6-hydroxymethyl-anthrachinon, Citreorosein $C_{15}H_{10}O_6$, Formel XIII (R = R' = H) (E III 4302).

B. Beim Erwärmen von 1,3,8-Triacetoxy-6-acetoxymethyl-anthrachinon mit methanol. H_2SO_4 (*Rajagopalan, Seshadri,* Pr. Indian Acad. [A] **44** [1956] 418, 420).

Orangefarbene Kristalle (aus Me.); F: 288–289° (*Ra., Se.*). IR-Banden (Paraffin; 3550–750 cm^{-1}): *Bloom et al.,* Soc. **1959** 178, 181. λ_{max} (A.; 220–520 nm): *Birkinshaw,* Bio= chem. J. **59** [1955] 485.

1,8-Dihydroxy-3-hydroxymethyl-6-methoxy-anthrachinon, Fallacinol $C_{16}H_{12}O_6$, Formel XIII (R = H, R' = CH_3) (E III 4303).

B. Beim Erwärmen von 1,3,8-Trihydroxy-6-hydroxymethyl-anthrachinon mit Dimethylsulfat und K_2CO_3 in Aceton (*Rajagopalan, Seshadri,* Pr. Indian Acad. [A] **49** [1959] 1, 4). Beim Erwärmen von 1,8-Diacetoxy-3-acetoxymethyl-6-methoxy-anthrachinon mit methanol. H_2SO_4 (*Neelakantan et al.,* Pr. Indian Acad. [A] **44** [1956] 42, 44; vgl. E III 4303).

Orangefarbene Kristalle (aus Bzl.); F: 245–247° (*Ne. et al.*), 243–244° (*Ra., Se.*).

XIII   XIV

1,8-Diacetoxy-3-acetoxymethyl-6-methoxy-anthrachinon $C_{22}H_{18}O_9$, Formel XIII (R = CO-CH_3, R' = CH_3) (E III 4304).

B. Aus 1,8-Diacetoxy-3-methoxy-6-methyl-anthrachinon beim Erwärmen mit *N*-Brom-succin= imid und wenig Dibenzoylperoxid in CCl_4 und Erhitzen des Reaktionsprodukts mit Acet= anhydrid und Silberacetat (*Neelakantan et al.,* Pr. Indian Acad. [A] **44** [1956] 42, 43).

Gelbe Kristalle (aus E.); F: 192–193°.

1,3,8-Triacetoxy-6-acetoxymethyl-anthrachinon $C_{23}H_{18}O_{10}$, Formel XIII (R = R' = CO-CH_3) (E III 4304).

B. Beim Erhitzen von 1,3,8-Triacetoxy-6-brommethyl-anthrachinon mit Acetanhydrid und Silberacetat (*Rajagopalan, Seshadri,* Pr. Indian Acad. [A] **44** [1956] 418, 420).

Hellgelbe Kristalle (aus Bzl.); F: 190–191°.

Hydroxy-oxo-Verbindungen $C_{16}H_{12}O_6$

1,4-Bis-[2,5-diacetoxy-3-nitro-phenyl]-but-2ξ-en-1,4-dion $C_{24}H_{18}N_2O_{14}$, Formel XIV (R = CO-CH_3).

B. Beim Erhitzen von 1-[2,5-Diacetoxy-3-nitro-phenyl]-2-diazo-äthanon in Essigsäure (*Kloet=*

zel, Abadir, Am. Soc. **77** [1955] 3823, 3825).
Kristalle (aus Dioxan); F: 213–216° [unkorr.].

Hydroxy-oxo-Verbindungen $C_{17}H_{14}O_6$

*4,4'-Dihydroxy-3,3'-dimethoxy-5-propenyl-benzil $C_{19}H_{18}O_6$, Formel I.
B. Beim Erwärmen von 3-Allyl-4,4'-dihydroxy-5,3'-dimethoxy-benzil mit methanol. KOH (*Pearl,* Am. Soc. **77** [1955] 2826).
Gelbe Kristalle (aus A.) mit 0,5 Mol H_2O; F: 169–170° [unkorr.] (*Pe.,* Am. Soc. **77** 2826) bzw. Kristalle mit 2,5 Mol H_2O; F: 111–112° [unkorr.] (*Pearl,* Am. Soc. **78** [1956] 5672). λ_{max} (A.): 240 nm und 325 nm (*Pe.,* Am. Soc. **77** 2826).
Diacetyl-Derivat $C_{23}H_{22}O_8$; 4,4'-Diacetoxy-3,3'-dimethoxy-5-propenyl-benzil. Hellgelbe Kristalle (aus A.); F: 152–153° [unkorr.] (*Pe.,* Am. Soc. **77** 2826).

I

II

3-Allyl-4,4'-dihydroxy-5,3'-dimethoxy-benzil $C_{19}H_{18}O_6$, Formel II.
B. Beim Erhitzen von 4-Allyloxy-4'-hydroxy-3,3'-dimethoxy-benzil in *N,N*-Diäthyl-anilin (*Pearl,* Am. Soc. **77** [1955] 2826).
Kristalle; F: 178–179° [unkorr.]. λ_{max} (A.): 230 nm und 322 nm.
Diacetyl-Derivat $C_{23}H_{22}O_8$; 4,4'-Diacetoxy-3-allyl-5,3'-dimethoxy-benzil. Hellgelbe Kristalle (aus A.); F: 134–135° [unkorr.]. λ_{max} (A.): 267 nm und 322 nm.

(+)-1,8-Dihydroxy-3-[2-hydroxy-propyl]-6-methoxy-anthrachinon, Nalgiovensin $C_{18}H_{16}O_6$, Formel III (R = R' = H) oder Spiegelbild.
Konstitution: *Birch, Massy-Westropp,* Soc. **1957** 2215.
Isolierung aus dem Mycel von Penicillium nalgiovensis: *Raistrick, Ziffer,* Biochem. J. **49** [1951] 563, 567.
Orangefarbene Kristalle (aus $CHCl_3$ oder Eg.); F: 199–200° [unkorr.] (*Ra., Zi.*). Unter vermindertem Druck bei 160–170° sublimierbar (*Ra., Zi.*). $[\alpha]_{579}^{20}$: +39,7°; $[\alpha]_{546,1}^{20}$: +48,1° [jeweils in $CHCl_3$; c = 0,2] (*Ra., Zi.*). λ_{max} (A.): 225 nm, 266 nm, 287 nm und 437 nm (*Bi., Ma.-We.*).

(+)-3-[2-Hydroxy-propyl]-1,6,8-trimethoxy-anthrachinon $C_{20}H_{20}O_6$, Formel III (R = CH_3, R' = H) oder Spiegelbild.
B. Beim Erwärmen von Nalgiovensin (s. o.) mit Dimethylsulfat und K_2CO_3 in Aceton (*Raistrick, Ziffer,* Biochem. J. **49** [1951] 563, 568).
Gelbe Kristalle (aus wss. A.); F: 187–188° [unkorr.]. Unter vermindertem Druck bei 180° sublimierbar. $[\alpha]_{579}^{20}$: +28,8°; $[\alpha]_{546,1}^{20}$: +35,9° [jeweils in $CHCl_3$; c = 0,5].

(+)-1,3,8-Trimethoxy-6-[2-methoxy-propyl]-anthrachinon $C_{21}H_{22}O_6$, Formel III (R = R' = CH_3) oder Spiegelbild.
B. Beim Erwärmen der vorangehenden Verbindung mit CH_3I und Ag_2O in Benzol (*Raistrick, Ziffer,* Biochem. J. **49** [1951] 563, 568).
Gelbgrüne Kristalle (aus A.); F: 177–178° [unkorr.]. Unter vermindertem Druck bei 170° sublimierbar. $[\alpha]_{579}^{21}$: +5,8°; $[\alpha]_{546,1}^{21}$: +6,7° [jeweils in $CHCl_3$; c = 0,5].

(+)-3-[2-Acetoxy-propyl]-1,6,8-trimethoxy-acetophenon $C_{22}H_{22}O_7$, Formel III (R = CH_3, R' = CO-CH_3) oder Spiegelbild.

B. Aus (+)-3-[2-Hydroxy-propyl]-1,6,8-trimethoxy-anthrachinon mit Hilfe von Acetanhydrid und Natriumacetat (*Raistrick, Ziffer,* Biochem. J. **49** [1951] 563, 568).

Gelbgrüne Kristalle (aus A.); F: 152,5−153° [unkorr.]. $[\alpha]_{579}^{22}$: +3,8°; $[\alpha]_{546,1}^{22}$: +4,8° [jeweils in $CHCl_3$; c = 0,3].

(−)-1,8-Diacetoxy-3-[2-acetoxy-propyl]-6-methoxy-anthrachinon $C_{24}H_{22}O_9$, Formel III (R = R' = CO-CH_3) oder Spiegelbild.

B. Beim Erwärmen von Nalgiovensin (s. o.) mit Acetanhydrid und Natriumacetat (*Raistrick, Ziffer,* Biochem. J. **49** [1951] 563, 568).

Gelbe Kristalle (aus wss. A.); F: 147−148° [unkorr.] (*Ra., Zi.*). $[\alpha]_{579}^{20}$: −8,3°; $[\alpha]_{546,1}^{20}$: −8,9° [jeweils in $CHCl_3$; c = 0,6] (*Ra., Zi.*). λ_{max} (A.): 271 nm und 346 nm (*Birch, Massy-Westropp,* Soc. **1957** 2215).

III   IV

(+)-2-Chlor-1,8-dihydroxy-6-[2-hydroxy-propyl]-3-methoxy-anthrachinon, Nalgiolaxin $C_{18}H_{15}ClO_6$, Formel IV (R = R' = H) oder Spiegelbild.

Konstitution: *Birch, Stapleford,* Soc. [C] **1967** 2570.

Isolierung aus dem Mycel von Penicillium nalgiovensis: *Raistrick, Ziffer,* Biochem. J. **49** [1951] 563, 571.

Gelbe Kristalle (aus A.); F: 248−248,5° [unkorr.] (*Ra., Zi.*). Unter vermindertem Druck bei 190−200° sublimierbar (*Ra., Zi.*). $[\alpha]_{579}^{22}$: +40,3° [$CHCl_3$; c = 0,1] (*Ra., Zi.*).

(+)-2-Chlor-6-[2-hydroxy-propyl]-1,3,8-trimethoxy-anthrachinon $C_{20}H_{19}ClO_6$, Formel IV (R = CH_3, R' = H) oder Spiegelbild.

B. Beim Erwärmen von Nalgiolaxin (s. o.) mit Dimethylsulfat und K_2CO_3 in Aceton (*Raistrick, Ziffer,* Biochem. J. **49** [1951] 563, 573).

Gelbe Kristalle (aus A.); F: 206−207° [unkorr.]. Unter vermindertem Druck bei 185−195° sublimierbar. $[\alpha]_{579}^{21}$: +23,5°; $[\alpha]_{546,1}^{21}$: +27,7° [jeweils in $CHCl_3$; c = 0,4].

(−)-2-Chlor-1,8-diacetoxy-6-[2-acetoxy-propyl]-3-methoxy-anthrachinon $C_{24}H_{21}ClO_9$, Formel IV (R = R' = CO-CH_3) oder Spiegelbild.

B. Aus Nalgiolaxin (s. o.) mit Hilfe von Acetanhydrid und Natriumacetat oder Pyridin (*Raistrick, Ziffer,* Biochem. J. **49** [1951] 563, 572).

Gelbe Kristalle (aus A.); F: 186,5−187° [unkorr.]. $[\alpha]_{579}^{20}$: −6,1°; $[\alpha]_{546,1}^{20}$: −7,7° [jeweils in $CHCl_3$; c = 0,9].

Hydroxy-oxo-Verbindungen $C_{18}H_{16}O_6$

2-Butyl-1,3,4,5-tetrahydroxy-anthrachinon $C_{18}H_{16}O_6$, Formel V und Taut.

B. Neben 3-Butyl-1,2,4,5-tetrahydroxy-anthrachinon aus 1,4,5-Trihydroxy-anthrachinon und Butyraldehyd über mehrere Stufen (*Brockmann, Müller,* B. **91** [1958] 1920, 1930, 1932).

Rote Kristalle (aus Bzl.); F: 219,5−220° [korr.] (*Br., Mü.,* l. c. S. 1933). Im Hochvakuum bei 150° sublimierbar. Absorptionsspektrum (H_2SO_4; 480−620 nm): *Br., Mü.,* l. c. S. 1927. λ_{max} in Polyäthylen bei −180°, in Piperidin sowie in einem Acetanhydrid-Pyroboracetat-Gemisch: *Br., Mü.,* l. c. S. 1927.

V

VI

3-Butyl-1,2,4,5-tetrahydroxy-anthrachinon $C_{18}H_{16}O_6$, Formel VI und Taut.

B. s. im vorangehenden Artikel.

Rote Kristalle (aus Bzl.); F: 180−182° [korr.] (*Brockmann, Müller*, B. **91** [1958] 1920, 1933). Im Hochvakuum bei 150° sublimierbar. Absorptionsspektrum (H_2SO_4; 480−640 nm): *Br., Mü.*, l. c. S. 1927. λ_{max} in Polyäthylen bei −180°, in Piperidin sowie in einem Acetanhydrid-Pyrobor= acetat-Gemisch: *Br., Mü.*, l. c. S. 1927.

2-Butyl-1,4,5,8-tetrahydroxy-anthrachinon $C_{18}H_{16}O_6$, Formel VII und Taut.

B. Aus 1,4,5-Trihydroxy-anthrachinon beim Erwärmen mit $Na_2S_2O_4$ in wss. NaOH und anschliessend mit Butyraldehyd, Behandeln des Reaktionsgemisches mit Luft und Erwärmen des hierbei erhaltenen Reaktionsprodukts mit MnO_2 in H_2SO_4 (*Brockmann, Müller*, B. **91** [1958] 1920, 1930, 1933). Aus 1,4,5,8-Tetrahydroxy-anthrachinon bei der aufeinanderfolgenden Reaktion mit $Na_2S_2O_4$ in wss. Morpholin und Butyraldehyd und anschliessenden Oxidation mit Luft (*Br., Mü.*, l. c. S. 1930).

Braune Kristalle (aus PAe.); F: 206,5° [korr.]. Absorptionsspektrum (PAe.; 460−580 nm): *Br., Mü.*, l. c. S. 1922.

VII

VIII

Hydroxy-oxo-Verbindungen $C_{19}H_{18}O_6$

3t-[6-Hydroxy-4-isopropyl-7-oxo-cyclohepta-1,3,5-trienyl]-1-[3,4,5-trimethoxy-phenyl]-propenon $C_{22}H_{24}O_6$, Formel VIII und Taut.; **6-Isopropyl-3-[3-oxo-3-(3,4,5-trimethoxy-phenyl)-trans-propenyl]-tropolon.**

B. Aus 3-Formyl-6-isopropyl-tropolon und 1-[3,4,5-Trimethoxy-phenyl]-äthanon in äthanol. Natriumäthylat (*Sebe, Matsumoto*, Sci. Rep. Tohoku Univ. [I] **38** [1954] 308, 315).

Gelbe Kristalle (aus PAe.); F: 55,5−56,5°.

(−)-11-Acetoxy-11a-äthyl-1,2,7,10-tetramethoxy-5,6a,11,11a-tetrahydro-benzo[*a*]fluoren-6-on(?) $C_{25}H_{28}O_7$, vermutlich Formel IX.

B. In kleiner Menge beim Behandeln von (11a*S*)-1-[11a-Äthyl-1,2,7,10-tetramethoxy-(11a*r*)-11,11a-dihydro-5*H*-benzo[*a*]fluoren-11*t*-yl]-äthanon mit Trifluor-peroxyessigsäure in CH_2Cl_2 (*Bentley, Ringe*, J. org. Chem. **22** [1957] 599, 601).

Hellbraune Kristalle (aus Me.); F: 232°. $[\alpha]_D^{20}$: −231° [$CHCl_3$; c = 0,3]. λ_{max}: 305 nm.

Hydroxy-oxo-Verbindungen $C_{20}H_{20}O_6$

***3,4-Bis-[x-formyl-4-hydroxy-3-methoxy-phenyl]-hex-3-en(?)** $C_{22}H_{24}O_6$.

Gewinnung aus Lignin: *Pearl, Beyer*, Tappi **39** [1956] 171, 172.

Hellgelbe Kristalle (aus PAe. + Bzl.); F: 123—124°. UV-Spektrum (A.; 210—400 nm): *Pe.*, *Be.*, l. c. S. 173.

Diacetyl-Derivat $C_{26}H_{28}O_8$. Hellgelbe Kristalle (aus A.); F: 111—112°.

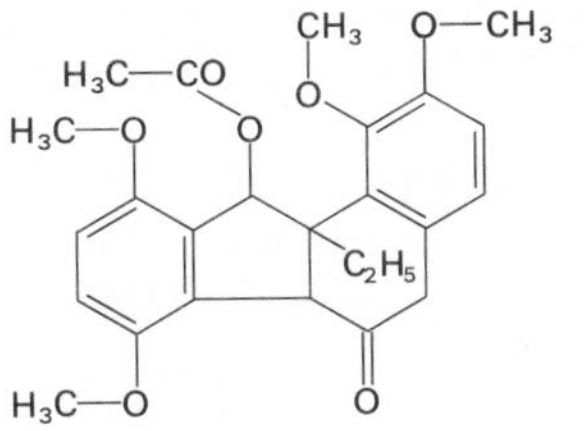

IX

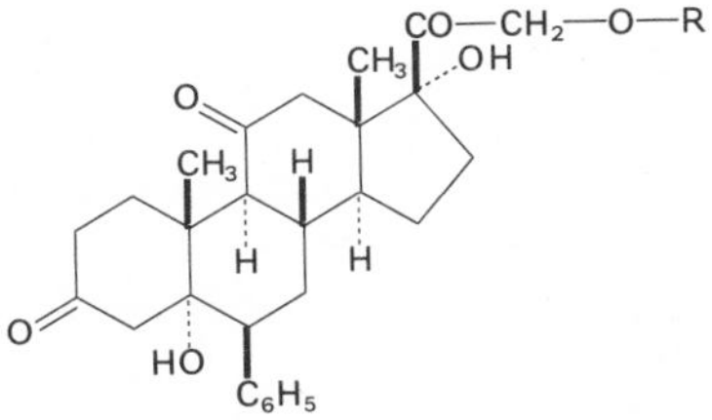

X

Hydroxy-oxo-Verbindungen $C_{27}H_{34}O_6$

5,17,21-Trihydroxy-6β-phenyl-5α-pregnan-3,11,20-trion $C_{27}H_{34}O_6$, Formel X (R = H).

B. Beim Erwärmen von 3,3;20,20-Bis-äthandiyldioxy-5,17,21-trihydroxy-6β-phenyl-5α-preşgnan-11-on mit wss.-methanol. H_2SO_4 (*Zderic, Limon*, Am. Soc. **81** [1959] 4570).

Kristalle; F: 165—170° [unreines Präparat].

21-Acetoxy-5,17-dihydroxy-6β-phenyl-5α-pregnan-3,11,20-trion $C_{29}H_{36}O_7$, Formel X (R = CO-CH₃).

B. Beim Erwärmen der vorangehenden Verbindung mit Acetanhydrid und Pyridin (*Zderic, Limon*, Am. Soc. **81** [1959] 4570).

Kristalle (aus Me.); F: 250—252° [unkorr.]. IR-Banden (KBr; 2,5—14,5 μ): *Zd., Li.*

[*G. Tarrach*]

Hydroxy-oxo-Verbindungen $C_nH_{2n-22}O_6$

Hydroxy-oxo-Verbindungen $C_{15}H_8O_6$

1,3,5-Trihydroxy-9,10-dioxo-9,10-dihydro-anthracen-2-carbaldehyd, Norjuzunal $C_{15}H_8O_6$, Formel XI (R = H).

B. Aus Juzunal (s. u.) mit Hilfe von wss. H_2SO_4 (*Nonomura*, Kumamoto pharm. Bl. Nr. 4 [1959] 239; *Hirose*, Chem. pharm. Bl. **8** [1960] 417, 423).

Orangebraune Kristalle; F: 266—267° [nach Sublimation bei 200—220°/2 Torr] (*Hi.*), 262—265° [aus Acn.] (*No.*). IR-Spektrum (4—7 μ): *No.* Absorptionsspektrum (210—500 nm): *No.*

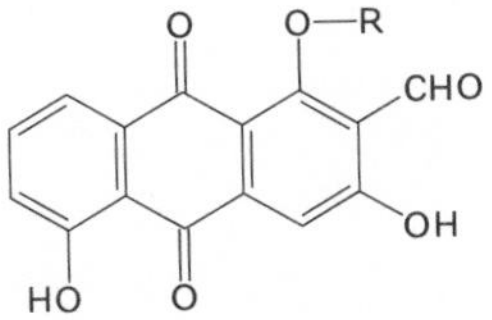

XI

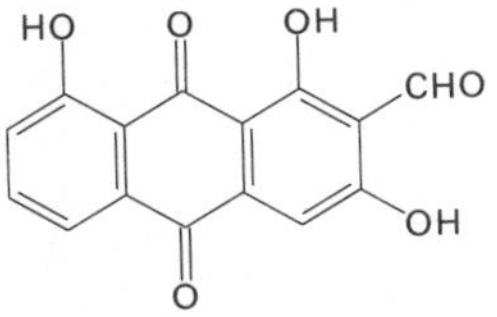

XII

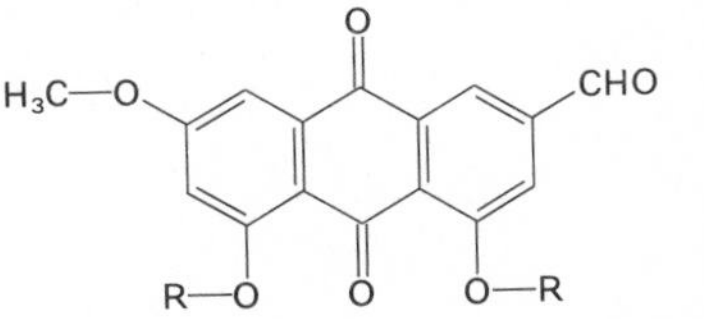

XIII

3,5-Dihydroxy-1-methoxy-9,10-dioxo-9,10-dihydro-anthracen-2-carbaldehyd, Juzunal $C_{16}H_{10}O_6$, Formel XI (R = CH₃).

Isolierung aus Wurzeln von Damnacanthus major: *Nonomura*, J. pharm. Soc. Japan **75** [1955] 219, 222; C. A. **1956** 1719; *Hirose*, Chem. pharm. Bl. **8** [1960] 417, 422.

Orangebraune Kristalle; F: 250—251° [aus Acn.] (*Hi.*), 248° (*No.*, J. pharm. Soc. Japan **75** 220, 224). IR-Spektrum (4—7 μ): *Nonomura*, Kumamoto pharm. Bl. Nr. 4 [1959] 239. Abş sorptionsspektrum (210−500 nm): *No.*, Kumamoto pharm. Bl. Nr. 4, S. 239.

Oxim $C_{16}H_{11}NO_6$. Kristalle (aus Acn.); F: 256−258° (*No.*, Kumamoto pharm. Bl. Nr. 4, S. 239).

2,4-Dinitro-phenylhydrazon (F: 300°): *Hi.*, l. c. S. 423.

Dimethyl-Derivat $C_{18}H_{14}O_6$; 1,3,5-Trimethoxy-9,10-dioxo-9,10-dihydro-anthracen-2-carbaldehyd. Gelbe Kristalle; F: 227−228° (*Hi.*, l. c. S. 423).

1,3,8-Trihydroxy-9,10-dioxo-9,10-dihydro-anthracen-2-carbaldehyd $C_{15}H_8O_6$, Formel XII.

B. Aus 1,3,8-Trihydroxy-2-hydroxymethyl-anthrachinon mit Hilfe von MnO_2 (*Hirose*, J. pharm. Soc. Japan **78** [1958] 947; Chem. pharm. Bl. **8** [1960] 417, 426; *Ayyangar et al.*, Tetrahe= dron **6** [1959] 331, 336).

Gelbe Kristalle; F: 223° [aus Eg.] (*Ay. et al.*), 215−216° [aus wss. Acn. oder E.] (*Hi.*, Chem. pharm. Bl. **8** 426).

Azin $C_{30}H_{16}N_2O_{10}$; Bis-[1,3,8-trihydroxy-9,10-dioxo-9,10-dihydro-[2]anthryl= methylen]-hydrazin. Gelbe Kristalle (aus Nitrobenzol); F: >360° (*Ay. et al.*).

2,4-Dinitro-phenylhydrazon (F: 320°): *Hi.*, Chem. pharm. Bl. **8** 426.

4,5-Dihydroxy-7-methoxy-9,10-dioxo-9,10-dihydro-anthracen-2-carbaldehyd, Fallacinal $C_{16}H_{10}O_6$, Formel XIII (R = H).

Isolierung aus Xanthoria fallax: *Murakami*, Pharm. Bl. **4** [1956] 298, 301; aus Teloschistes flavicans: *Rajagopalan, Seshadri*, Pr. Indian Acad. [A] **49** [1959] 1, 2.

B. Aus 1,8-Dihydroxy-3-hydroxymethyl-6-methoxy-anthrachinon mit Hilfe von MnO_2 (*Ra., Se.*, l. c. S. 5). Beim Hydrieren von 4,5-Diacetoxy-7-methoxy-9,10-dioxo-9,10-dihydro-anthra= cen-2-carbonylchlorid an Palladium/$BaSO_4$ in Xylol bei 80−130° und Erwärmen des Reaktions= produkts mit wss. NaOH (*Mu.*, l. c. S. 301).

Orangefarbene Kristalle (aus Bzl.); F: 251−252° (*Mu.*, l. c. S. 301), 250−251° (*Ra., Se.*, l. c. S. 5). IR-Spektrum (Nujol; 2−14 μ): *Mu.*, l. c. S. 300.

2,4-Dinitro-phenylhydrazon (F: 320−322° bzw. F: 321−322°): *Ra., Se.*, l. c. S. 5; *Mu.*, l. c. S. 301.

4,5,7-Trimethoxy-9,10-dioxo-9,10-dihydro-anthracen-2-carbaldehyd $C_{18}H_{14}O_6$, Formel XIII (R = CH₃).

B. Beim Hydrieren von 4,5,7-Trimethoxy-9,10-dioxo-9,10-dihydro-anthracen-2-carbonylchlo= rid an Palladium/$BaSO_4$ in Xylol (*Murakami*, Pharm. Bl. **4** [1956] 298, 302).

Gelbe Kristalle (aus A.); F: 221−223°.

1,8-Diacetoxy-3-diacetoxymethyl-6-methoxy-anthrachinon $C_{24}H_{20}O_{11}$, Formel XIV.

B. Aus Fallacinal (s. o.) mit Hilfe von Acetanhydrid und H_2SO_4 (*Rajagopalan, Seshadri*, Pr. Indian Acad. [A] **49** [1959] 1, 3).

Kristalle; F: 181−183° [aus E.] (*Ra., Se.*), 179−181° [aus Acn.+Me.] (*Murakami*, Pharm. Bl. **4** [1956] 298, 301).

XIV   XV

Hydroxy-oxo-Verbindungen $C_{17}H_{12}O_6$

3-Acetonyl-1,8-dihydroxy-6-methoxy-anthrachinon $C_{18}H_{14}O_6$, Formel XV.

B. Aus Nalgiovensin (S. 3692) mit Hilfe von CrO_3 in wss. Essigsäure (*Raistrick, Ziffer*, Bio= chem. J. **49** [1951] 563, 569).

Orangefarbene Kristalle (aus A.); F: 199−200° [unkorr.] (*Ra., Zi.*). IR-Banden (CHCl$_3$; 1750−1600 cm^{-1}): *Birch, Massy-Westropp,* Soc. **1957** 2215. λ_{max} (A.): 225 nm, 266 nm, 287 nm und 437 nm (*Bi., Ma.-We.*).

(±)-5,6,5′,6′-Tetramethoxy-[1,1′]spirobiinden-3,3′-dion C$_{21}$H$_{20}$O$_6$, Formel I.

B. Aus (±)-5,6,5′,6′-Tetramethoxy-2,3,2′,3′-tetrahydro-[1,1′]spirobiinden mit Hilfe von CrO$_3$ in wss. Essigsäure (*Baker, Williams,* Soc. **1959** 1295, 1299).

Kristalle (aus Eg. + Me.); F: 265°. λ_{max} (Me.): 236 nm, 268,5 nm und 311,5 nm (*Ba., Wi.,* l. c. S. 1297).

I

Hydroxy-oxo-Verbindungen C$_{18}$H$_{14}$O$_6$

1,6-Bis-[4-methoxy-phenyl]-hexan-1,3,4,6-tetraon C$_{20}$H$_{18}$O$_6$, Formel II und Taut. (H 554).

Kristalle; F: 198−200° [aus CHCl$_3$] (*Unterhalt, Pindur,* Ar. **310** [1977] 264, 265, 268), 194° [aus Eg.] (*Keglević et al.,* Arh. Kemiju **26** [1954] 67).

o-Phenylendiamin-Kondensationsprodukt (F: 192°): *Ke. et al.*

II

Hydroxy-oxo-Verbindungen C$_{19}$H$_{16}$O$_6$

1*t*,7*t*-Bis-[4-hydroxy-3-methoxy-phenyl]-hepta-1,6-dien-3,5-dion, Curcumin C$_{21}$H$_{20}$O$_6$, Formel III und Taut. (H 554; E I 757; E II 588; E III 4312).

In den Kristallen liegt nach Ausweis der IR-Absorption 5-Hydroxy-1*t*,7*t*-bis-[4-hydr‐oxy-3-methoxy-phenyl]-hepta-1,4*t*,6-trien-3-on vor (*Bellamy et al.,* Soc. **1952** 4653, 4654).

B. Aus Pentan-2,4-dion und Vanillin in Gegenwart von B$_2$O$_3$ (*Pavolini et al.,* Ann. Chimica **40** [1950] 280, 288).

IR-Banden (Paraffin; 3400−950 cm^{-1}): *Be. et al.,* l. c. S. 4656. Absorptionsspektrum in H$_2$O, wss. H$_2$SO$_4$, konz. H$_2$SO$_4$ sowie wss. NaOH (350−600 nm): *Sommer, Hniličková,* Collect. **22** [1957] 1432, 1437; in Äthanol (220−500 nm): *Spicer, Strickland,* Soc. **1952** 4644, 4646; *Dible et al.,* Anal. Chem. **26** [1954] 418, 420. λ_{max} (Dioxan): 265 nm und 420 nm (*Cooke, Segal,* Austral. J. Chem. **8** [1955] 107, 109).

Beryllium-Salz Be(C$_{21}$H$_{19}$O$_6$)$_2$. F: 260° (*Sp., St.,* l. c. S. 4648). IR-Banden (Paraffin; 1605−970 cm^{-1}): *Be. et al.,* l. c. S. 4656. Absorptionsspektrum (A.; 250−500 nm): *Sp., St.,* l. c. S. 4646.

Bor-Komplex [B(C$_{21}$H$_{19}$O$_6$)$_2$]HSO$_4$; Rosocyanin (vgl. H 556). Konstitution: *Roth, Miller,* Ar. **297** [1964] 660, 666. − Dunkelgrünes Pulver (aus Py. + Bzl.); Zers. bei ca. 250° (*Sp., St.,* l. c. S. 4645). IR-Banden (Paraffin; 1650−950 cm^{-1}): *Be. et al.,* l. c. S. 4656. Absorp‐tionsspektrum (A.; 250−650 nm): *Sp., St.,* l. c. S. 4646; *Spicer, Strickland,* Soc. **1952** 4650, 4651; *Di. et al.;* s. a. *So., Hn.*

Verbindung mit Bor und Oxalsäure B(C$_{21}$H$_{19}$O$_6$)(C$_2$O$_4$); Rubrocurcumin (vgl.

H 556). Konstitution: *Roth, Mi.* Dunkerotes Pulver; Zers. bei ca. 300° (*Sp., St.,* l. c. S. 4651). Absorptionsspektrum (A.; 350−620 nm): *Sp., St.,* l. c. S. 4651.

Dibenzoyl-Derivat $C_{35}H_{28}O_8$. Gelbe Kristalle (aus A.+Bzl.); F: 210° (*Rebeiro et al.,* J. Univ. Bombay **19**, Tl. 3A [1950] 38, 42).

*6-[4-Hydroxy-3-methoxy-phenyl]-3-vanillyliden-hex-5-en-2,4-dion $C_{21}H_{20}O_6$, Formel IV.

Diese Konstitution ist für *β*-Isocurcumin (E I 759) in Betracht gezogen worden (*Pavolini et al.,* Ann. Chimica **40** [1950] 280, 284).

(+)-11a-Äthyl-11-hydroxy-1,2,7,10-tetramethoxy-11,11a-dihydro-benzo[*a*]fluoren-5-on $C_{23}H_{24}O_6$, Formel V.

B. Beim Erwärmen von (+)-11a-Äthyl-1,2,7,10-tetramethoxy-11,11a-dihydro-5*H*-benzo⁼ [*a*]fluoren-11-ol (E IV **6** 7911) mit CrO_3 in Essigsäure (*Bentley, Ringe,* J. org. Chem. **22** [1957] 599).

Hellgelbe Kristalle (aus Me.); F: 193−194°. $[\alpha]_D^{23}$: +219° [$CHCl_3$; c = 0,8]. λ_{max}: 255 nm, 290 nm und 350 nm (*Be., Ri.,* l. c. S. 600).

Formyl-Derivat $C_{24}H_{24}O_7$; 11a-Äthyl-11-formyloxy-1,2,7,10-tetramethoxy-11,11a-dihydro-benzo[*a*]fluoren-5-on. Hellbraune Kristalle (aus A.); F: 252° [Zers.]. $[\alpha]_D^{20}$: +418° [$CHCl_3$; c = 0,4].

Hydroxy-oxo-Verbindungen $C_{20}H_{18}O_6$

*4,4'-Dihydroxy-3,3'-dimethoxy-5,5'-dipropenyl-benzil $C_{22}H_{22}O_6$, Formel VI (R = H).

B. Beim Erwärmen von 3,3'-Diallyl-4,4'-dihydroxy-5,5'-dimethoxy-benzil mit methanol. KOH (*Pearl,* Am. Soc. **77** [1955] 2826).

Hellgelbe Kristalle (aus wss. Me.); F: 176−177° [unkorr.]. λ_{max} (A.): 250 nm und 333 nm.

Diacetyl-Derivate $C_{26}H_{26}O_8$; 4,4'-Diacetoxy-3,3-dimethoxy-5,5'-dipropenyl-benzil. a) Kristalle (aus Eg.); F: 219−220° [unkorr.]. − b) Kristalle (aus A.); F: 179−180° [unkorr.]. λ_{max} (A.): 275 nm und 322 nm. − c) Kristalle (aus A.); F: 154−155° [unkorr.]; λ_{max} (A.): 228 nm und 287 nm.

*4,4'-Bis-benzyloxy-3,3'-dimethoxy-5,5'-dipropenyl-benzil $C_{36}H_{34}O_6$, Formel VI (R = $CH_2-C_6H_5$).

B. Beim Erwärmen von 4,4'-Bis-benzyloxy-3,3'-dimethoxy-5,5'-dipropenyl-benzoin (aus

4-Benzyloxy-3-methoxy-5-propenyl-benzaldehyd [S. 1991] hergestellt) in Äthanol mit Fehling-Lösung (*Pearl*, Am. Soc. **77** [1955] 2826).

Kristalle (aus Me.); F: 110−111° [unkorr.]. λ_{max} (A.): 292 nm.

3,3′-Diallyl-4,4′-dihydroxy-5,5′-dimethoxy-benzil $C_{22}H_{22}O_6$, Formel VII.

B. Beim Erhitzen von 4,4′-Bis-allyloxy-3,3′-dimethoxy-benzil in *N,N*-Diäthyl-anilin (*Pearl*, Am. Soc. **77** [1955] 2826).

Hellgelbe Kristalle (aus Ae.) mit 0,5 Mol H_2O; F: 125−126° [unkorr.; Zers.]. λ_{max} (A.): 230 nm und 324 nm.

Diacetyl-Derivat $C_{26}H_{26}O_8$; 4,4′-Diacetoxy-3,3′-diallyl-5,5′-dimethoxy-benzil. Hellgelbe Kristalle (aus A.); F: 193−194° [unkorr.].

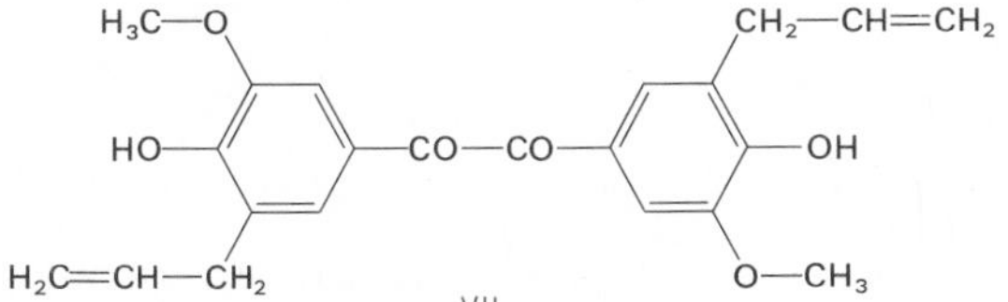

VII

Hydroxy-oxo-Verbindungen $C_nH_{2n-24}O_6$

2,5-Dihydroxy-3,6-bis-[4-hydroxy-phenyl]-[1,4]benzochinon, Atromentin $C_{18}H_{12}O_6$, Formel VIII und Taut. (E II 588; E III 4315).

λ_{max} (Dioxan): 268 nm und 385 nm (*Gripenberg*, Acta chem. scand. **12** [1958] 1762, 1763).

Dimethyl-Derivat $C_{20}H_{16}O_6$. a) 2,5-Bis-[4-hydroxy-phenyl]-3,6-dimethoxy-[1,4]benzochinon (E II 590). λ_{max} (Dioxan): 256 nm und 386 nm. − b) 2,5-Dihydroxy-3,6-bis-[4-methoxy-phenyl]-[1,4]benzochinon (E II 590; E III 4315). λ_{max} (Dioxan): 268 nm und 382 nm.

Tetramethyl-Derivat $C_{22}H_{20}O_6$; 2,5-Dimethoxy-3,6-bis-[4-methoxy-phenyl]-[1,4]benzochinon (E II 590). λ_{max} (Dioxan): 257 nm und 385 nm.

Tetraacetyl-Derivat $C_{26}H_{20}O_{10}$; 2,5-Diacetoxy-3,6-bis-[4-acetoxy-phenyl]-[1,4]benzochinon (E II 591; E III 4315). λ_{max} (Dioxan): 247 nm und 347 nm.

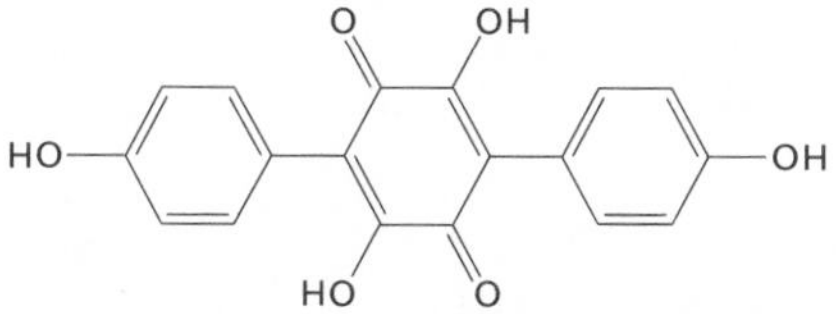

VIII 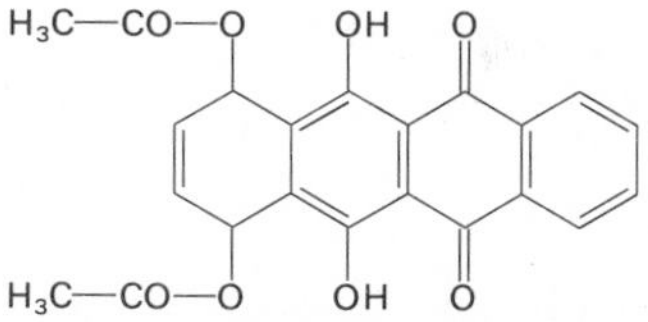   IX

7,10-Diacetoxy-6,11-dihydroxy-7,10-dihydro-naphthacen-5,12-dion $C_{22}H_{16}O_8$ und Taut.

a) *7,10-Diacetoxy-6,11-dihydroxy-7,10-dihydro-naphthacen-5,12-dion, Formel IX.

B. Aus der folgenden Verbindung beim Behandeln mit Essigsäure und Natriumacetat (*Inhoffen et al.*, B. **90** [1957] 1448, 1453).

Rote Kristalle (aus $CHCl_3$); F: 333° [korr.]. Absorptionsspektrum ($CHCl_3$; 240−540 nm): *In. et al.*, l. c. S. 1451.

b) *1,4-Diacetoxy-1,4,4a,12a-tetrahydro-naphthacen-4,5,11,12-tetraon $C_{22}H_{16}O_8$, Formel X.

B. Aus Anthracen-1,4,9,10-tetraon und 1*c*,4*t*-Diacetoxy-buta-1,3-dien (*Inhoffen et al.*, B. **90** [1957] 1448, 1453).

Kristalle (aus $CHCl_3 + PAe.$); F: 333° [korr.; nach Rotfärbung ab 150° (Isomerisierung) und Essigsäure-Abspaltung ab 230°; unreines Präparat]. λ_{max} (Me.): 258 nm.

X   XI

4-[4,4′-Diacetoxy-3,3′-dimethoxy-benzhydryliden]-2-methoxy-cyclohexa-2,5-dienon $C_{26}H_{24}O_8$, Formel XI.

B. Beim Behandeln von 4-[4,4′-Dihydroxy-3,3′-dimethoxy-benzhydryliden]-2-methoxy-cyclohexa-2,5-dienon mit Acetanhydrid und Pyridin (*Ioffe,* Ž. obšč. Chim. **21** [1951] 1677, 1681; engl. Ausg. S. 1843, 1847). Beim Behandeln von Tris-[4-hydroxy-3-methoxy-phenyl]-methyliumchlorid (E III **6** 7001) mit Acetanhydrid und Natriumacetat (*Io.*).

Orangegelbe Kristalle (aus A.); F: 119 – 120°.

(±)-5,6,8-Trihydroxy-9,10-dimethyl-1,4-dihydro-1,4-ätheno-cyclohepta[a]naphthalin-2,3,7-trion $C_{19}H_{14}O_6$, Formel XII und Taut.

B. Aus (±)-1,4-Dihydro-1,4-ätheno-naphthalin-2,3,5,6-tetraon und 4,5-Dimethyl-pyrogallol (*Horner, Dürckheimer,* Z. Naturf. **14b** [1959] 743).

F: 290°.

XII   XIII

*3,7-Diveratryliden-cycloheptan-1,2-dion $C_{25}H_{26}O_6$, Formel XIII.

B. Aus Cycloheptan-1,2-dion und Veratrumaldehyd mit Hilfe von Piperidin (*Leonard, Berry,* Am. Soc. **75** [1953] 4989).

Gelbe Kristalle (aus Acn.); F: 176 – 177° [korr.]. λ_{max} (A.): 204 nm, 236 nm und 365 nm.

(11aS)-11t-Acetyl-11a-äthyl-1,2,7,10-tetramethoxy-(11ar)-11,11a-dihydro-benzo[a]fluoren-5-on $C_{25}H_{26}O_6$, Formel XIV.

B. Beim Erwärmen von (11aS)-1-[11a-Äthyl-1,2,7,10-tetramethoxy-(11ar)-11,11a-dihydro-5H-benzo[a]fluoren-1t-yl]-äthanon mit CrO_3 in Essigsäure (*Bentley, Ringe,* J. org. Chem. **22** [1957] 599, 601).

Hellbraune Kristalle (aus Me.); F: 235°. $[\alpha]_D^{22}$: +350° [$CHCl_3$; c = 0,9]. λ_{max}: 260 nm, 295 nm und 350 nm.

Dioxim $C_{25}H_{28}N_2O_6$; (11aS)-11a-Äthyl-11t-[1-hydroxyimino-äthyl]-1,2,7,10-tetramethoxy-(11ar)-11,11a-dihydro-benzo[a]fluoren-5-on-oxim. Kristalle (aus A.); F:

261° [Zers.]. $[\alpha]_D^{23}$: +436° [CHCl$_3$; c = 0,8].

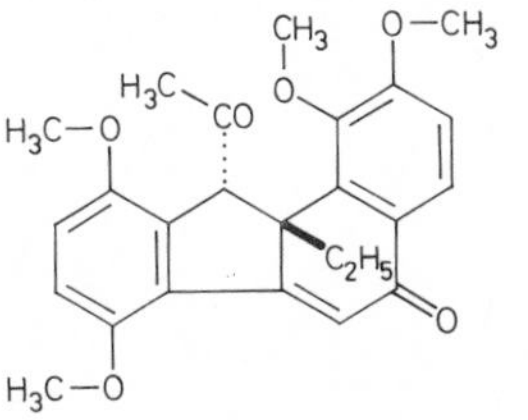

XIV

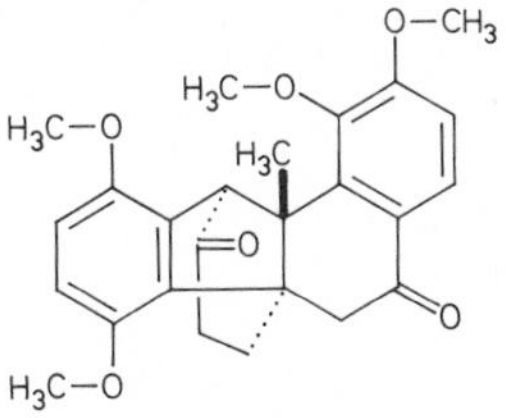

XV

(6aR)-11a-Äthyl-1,2,7,10-tetramethoxy-(11at)-11,11a-dihydro-6H-6ar,11c-propano-benzo[a]fluoren-5,12-dion C$_{26}$H$_{28}$O$_6$, Formel XV.

B. Aus (6aS)-11a-Äthyl-1,2,7,10-tetramethoxy-(11at)-5,6,11,11a-tetrahydro-6ar,11c-propano-benzo[a]fluoren-12-on analog der vorangehenden Verbindung (*Bentley, Ringe,* J. org. Chem. **22** [1957] 599, 601).

Kristalle (aus Me.); F: 219—220°. $[\alpha]_D^{20}$: +174° [CHCl$_3$; c = 0,4].

Dioxim C$_{26}$H$_{30}$N$_2$O$_6$. Kristalle (aus A.); F: 255°.

Hydroxy-oxo-Verbindungen C$_n$H$_{2n-26}$O$_6$

2,2′-Dihydroxy-[2,2′]biindenyl-1,3,1′,3′-tetraon, Hydrindantin C$_{18}$H$_{10}$O$_6$, Formel I (E III 4319 [1])).

B. Aus Ninhydrin beim aufeinanderfolgenden Behandeln mit wss. NaOH und wss. HCl (*Mou-basher et al.,* Soc. **1950** 1998).

Absorptionsspektrum (A.; 300—430 nm): *Meyer,* Biochem. J. **67** [1957] 333, 336. Magneti-sche Susceptibilität des wasserfreien Hydrindantins: $-141 \cdot 10^{-6}$ cm$^3 \cdot$ mol^{-1}; des 2 Mol H$_2$O enthaltenden Hydrindantins: $-169 \cdot 10^{-6}$ cm$^3 \cdot$ mol^{-1} (*Asmussen, Soling,* Acta chem. scand. **8** [1954] 558, 561).

Barium-Salz Ba(C$_{18}$H$_8$O$_6$). Magnetische Susceptibilität: $-160 \cdot 10^{-6}$ cm$^3 \cdot$ mol^{-1} (*As., So.*).

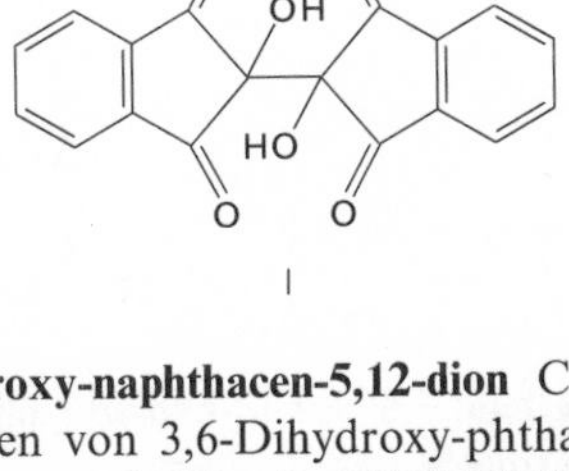

I

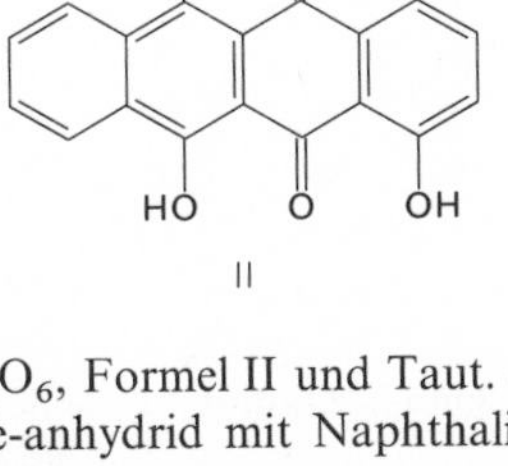

II

1,4,6,11-Tetrahydroxy-naphthacen-5,12-dion C$_{18}$H$_{10}$O$_6$, Formel II und Taut. (E II 592).

B. Beim Erhitzen von 3,6-Dihydroxy-phthalsäure-anhydrid mit Naphthalin-1,4-diol, AlCl$_3$ und NaCl (*Brockmann, Müller,* B. **92** [1959] 1164, 1169).

Dunkelbraune Kristalle (aus Xylol); F: >300°. Bei 200° unter vermindertem Druck subli-mierbar. Absorptionsspektrum (Cyclohexan; 440—570 nm): *Br., Mü.,* l. c. S. 1166.

Tetraacetyl-Derivat C$_{26}$H$_{18}$O$_{10}$; 1,4,6,11-Tetraacetoxy-naphthacen-5,12-dion (E II 592). Hellgelbe Kristalle; Zers. bei 290° (*Br., Mü.,* l. c. S. 1170). Absorptionsspektrum (Me.; 210—460 nm): *Br., Mü.,* l. c. S. 1168.

---

[1] Berichtigung zu E III **8** 4319, Textzeile 18 v. u.: Anstelle von „Anilinoessigsäure" ist zu setzen „Amino-phenyl-essigsäure".

2,5-Bis-[4-hydroxy-benzoyl]-hydrochinon $C_{20}H_{14}O_6$, Formel III (R = H).

B. Beim Erwärmen der folgenden Verbindung mit AlBr₃ in Benzol (*Buchta, Egger*, B. **90** [1957] 2748, 2753).

Gelbe Kristalle (aus Eg.); F: 290–293° [unkorr.].

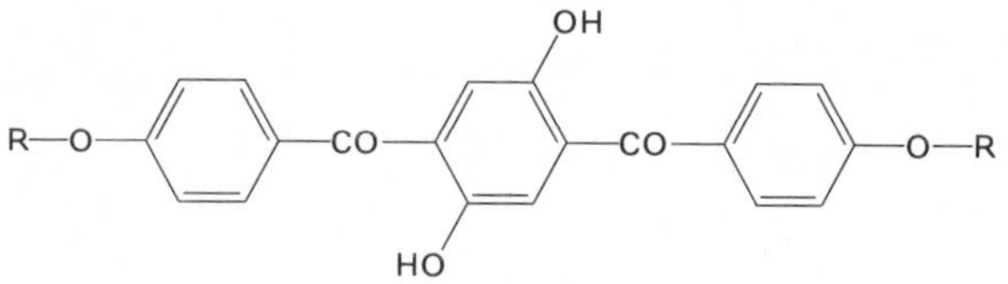

III

2,5-Bis-[4-methoxy-benzoyl]-hydrochinon $C_{22}H_{18}O_6$, Formel III (R = CH₃).

B. Aus 2,5-Diacetoxy-terephthaloylchlorid und Anisol mit Hilfe von AlCl₃ (*Buchta, Egger*, B. **90** [1957] 2748, 2753).

Gelbe Kristalle (aus Eg.); F: 211° [unkorr.].

Dihydrazon $C_{22}H_{22}N_4O_4$; 2,5-Bis-[α-hydrazono-4-methoxy-benzyl]-hydrochinon. Orangefarbene Kristalle; F: 345° [nach Sintern].

Dimethyl-Derivat $C_{24}H_{22}O_6$; 1,4-Dimethoxy-2,5-bis-[4-methoxy-benzoyl]-benzol. Gelbgrüne Kristalle (aus Eg.); F: 221–222° [unkorr.].

Diacetyl-Derivat $C_{26}H_{22}O_8$; 1,4-Diacetoxy-2,5-bis-[4-methoxy-benzoyl]-benzol. Kristalle (aus Acetanhydrid); F: 212–213° [unkorr.].

[3-Acetyl-2,6-dihydroxy-5-methyl-phenyl]-[5-benzoyl-2,4-dihydroxy-3-methyl-phenyl]-methan, 5-[3-Acetyl-2,6-dihydroxy-5-methyl-benzyl]-2,4-dihydroxy-3-methyl-benzophenon $C_{24}H_{22}O_6$, Formel IV.

B. Beim Behandeln von 2,4-Dihydroxy-3-methyl-benzophenon mit 1-[2,4-Dihydroxy-5-methyl-phenyl]-äthanon und Formaldehyd in wss. Äthanol unter Zusatz von H₂SO₄ (*McGookin et al.*, Soc. **1951** 2021, 2024).

Hellgelbe Kristalle (aus A.); F: 239–240°.

Tetraacetyl-Derivat $C_{32}H_{30}O_{10}$; 2,4-Diacetoxy-5-[2,6-diacetoxy-3-acetyl-5-methyl-benzyl]-3-methyl-benzophenon. Kristalle (aus wss. A.); F: 150–151°.

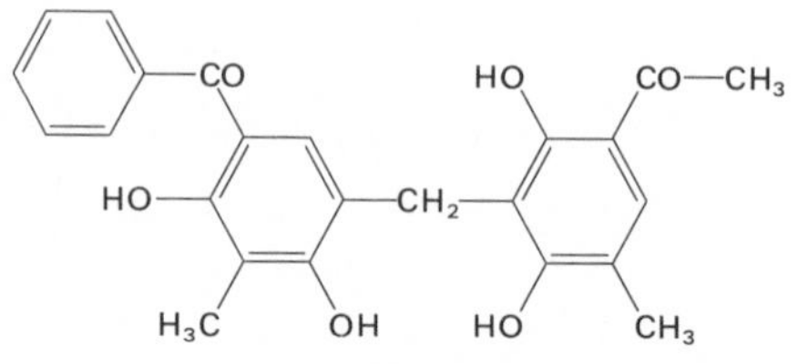

IV

Bis-[4-(4-hydroxy-phenyl)-2,6-dioxo-cyclohexyl]-methan, 5,5′-Bis-[4-hydroxy-phenyl]-2,2′-methandiyl-bis-cyclohexan-1,3-dion $C_{25}H_{24}O_6$, Formel V und Taut.

B. Aus 5-[4-Hydroxy-phenyl]-cyclohexan-1,3-dion und Formaldehyd mit Hilfe von Piperidin (*Papadakis* J. org. Chem. **19** [1954] 51, 53, 54).

F: 249°.

1,1-Bis-[4,4-dimethyl-2,6-dioxo-cyclohexyl]-2,2-bis-[2-hydroxy-5-nitro-phenyl]-äthan, 5,5,5′,5′-Tetramethyl-2,2′-[2,2-bis-(2-hydroxy-5-nitro-phenyl)-äthyliden]-bis-cyclohexan-1,3-dion $C_{30}H_{32}N_2O_{10}$, Formel VI (R = H) und Taut.

B. Aus Bis-[2-hydroxy-5-nitro-phenyl]-acetaldehyd und 5,5-Dimethyl-cyclohexan-1,3-dion mit Hilfe von Piperidin (*Moureau et al.*, Bl. **1956** 301, 306).

Kristalle (aus wss. A.); F: 318° [korr.].

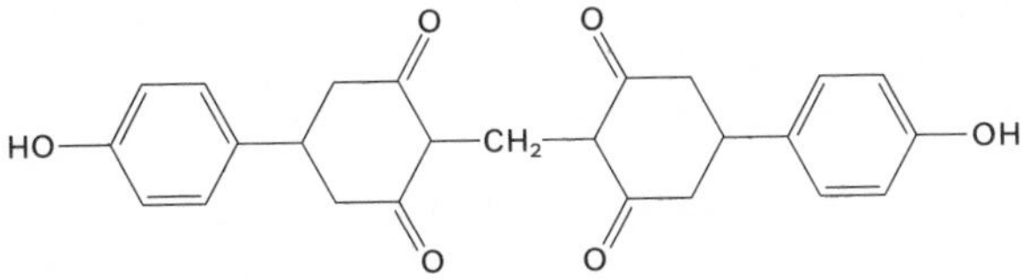

V 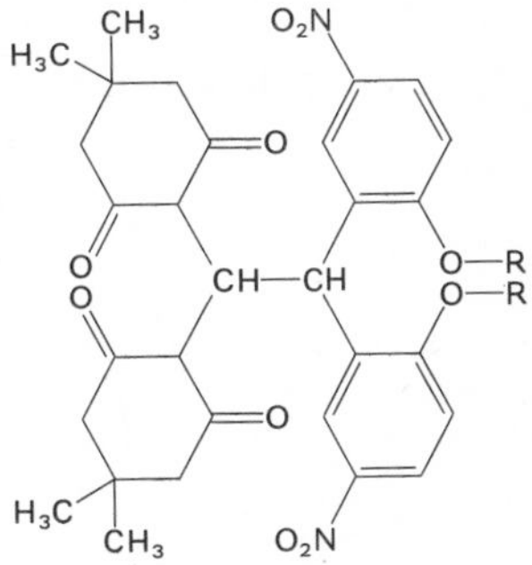   VI

1,1-Bis-[4,4-dimethyl-2,6-dioxo-cyclohexyl]-2,2-bis-[2-methoxy-5-nitro-phenyl]-äthan, 5,5,5′,5′-Tetramethyl-2,2′-[2,2-bis-(2-methoxy-5-nitro-phenyl)-äthyliden]-bis-cyclohexan-1,3-dion $C_{32}H_{36}N_2O_{10}$, Formel VI (R = CH_3) und Taut.

B. Analog der vorangehenden Verbindung (*Moureau et al.,* Bl. **1956** 301, 305).

Kristalle (aus A.); F: 259° [korr.].

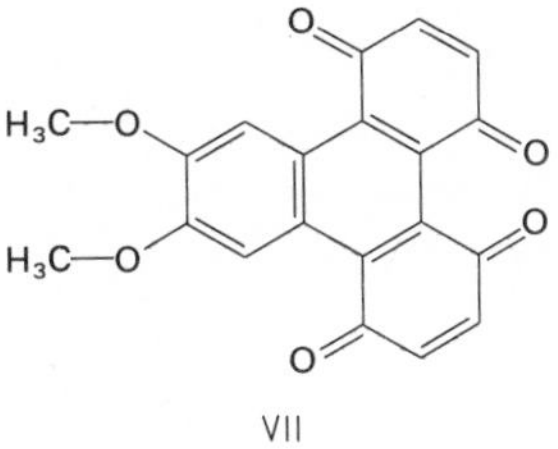

VII 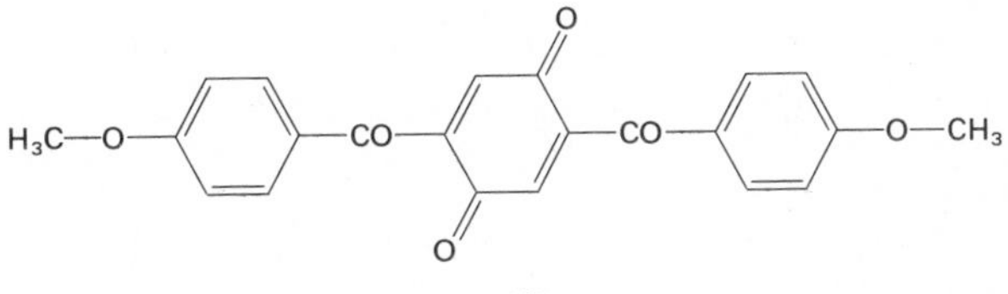   VIII

Hydroxy-oxo-Verbindungen $C_nH_{2n-28}O_6$

10,11-Dimethoxy-triphenylen-1,4,5,8-tetraon $C_{20}H_{12}O_6$, Formel VII.

Diese Konstitution kommt der früher (E III/IV **19** 3077) als 4,10-Dimethoxy-dibenzo[d,d′]benzo[1,2-b;4,5-b′]difuran-6,12-dion $C_{20}H_{12}O_6$ aufgefassten Verbindung zu (*Buchan, Musgrave,* J.C.S. Perkin I **1975** 2185, 2187).

Rote Kristalle (aus Toluol) mit 0,5 Mol Toluol; F: 230–240° [Zers.; evakuierte Kapillare]. Die lösungsmittelfreie Verbindung schmilzt bei 250–255° [Zers.]. ¹H-NMR-Absorption (CDCl₃): *Bu., Mu.* λ_{max} (CHCl₃): 292,5 nm, 386 nm und 467 nm.

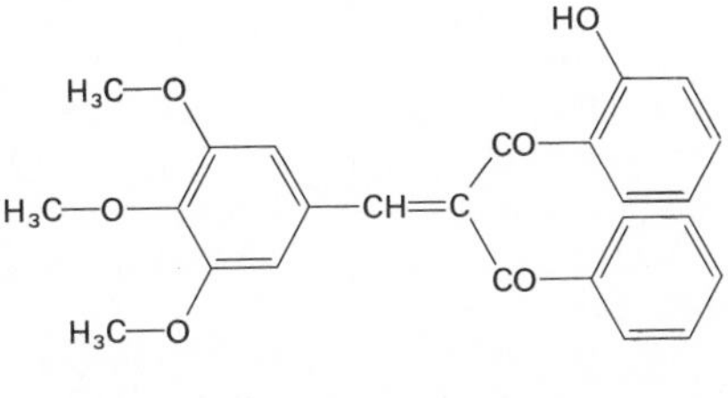

IX 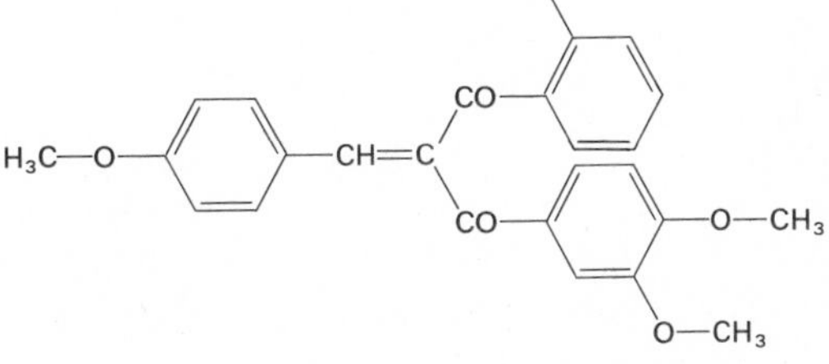   X

2,5-Bis-[4-methoxy-benzoyl]-[1,4]benzochinon $C_{22}H_{16}O_6$, Formel VIII.

B. Aus 2,5-Bis-[4-methoxy-benzoyl]-hydrochinon mit Hilfe von nitrosen Gasen (*Buchta, Eg*

ger, B. **90** [1957] 2748, 2754).

Orangegelbe Kristalle (aus Xylol); F: 227—229° [unkorr.; auf 215° vorgeheizter App.].

*1-[2-Hydroxy-phenyl]-3-phenyl-2-[3,4,5-trimethoxy-benzyliden]-propan-1,3-dion $C_{25}H_{22}O_6$, Formel IX.

Die von *Baker, Glockling* (Soc. **1950** 2759, 2762) unter dieser Konstitution beschriebene Verbindung ist als (±)-3-Benzoyl-2-[3,4,5-trimethoxy-phenyl]-chroman-4-on $C_{25}H_{22}O_6$ zu formulieren; entsprechend sind die von *Baker, Glockling* (l. c. S. 2761, 2762) als 1-[3,4-Dimethoxy-phenyl]-3-[2-hydroxy-phenyl]-2-[4-methoxy-benzyliden]-propan-1,3-dion $C_{25}H_{22}O_6$, Formel X sowie 2-Benzyliden-1-[2-hydroxy-phenyl]-3-[3,4,5-trimethoxy-phenyl]-propan-1,3-dion $C_{25}H_{22}O_6$, Formel XI beschriebenen Verbindungen als (±)-2-[4-Methoxy-phenyl]-3-veratroyl-chroman-4-on $C_{25}H_{22}O_6$ bzw. (±)-2-Phenyl-3-[3,4,5-trimethoxy-benzoyl]-chroman-4-on $C_{25}H_{22}O_6$ zu formulieren (s. dazu *Chincholkar, Jamode*, Indian J. Chem. **17** B [1959] 510).

XI

3,5,7,10-Tetrahydroxy-1,1,9-trimethyl-1H-benzo[cd]pyren-2,6-dion, Resistomycin [1]) $C_{22}H_{16}O_6$, Formel XII.

Konstitution: *Brockmann et al.*, B. **102** [1969] 1224; s. a. *Bailey et al.*, Chem. Commun. **1968** 374. Resistomycin ist identisch mit dem von *Vora et al.* (J. scient. ind. Res. India **16** C [1957] 182) beschriebenen „Antibiotikum X-340" (*Ba. et al.*) und dem von *Brashnikowa et al.* (Antibiotiki **3** [1958] Nr. 2, S. 29; C. A. **1958** 18660) beschriebenen Heliomycin (*Poltorak, Ž.* prikl. Spektr. **15** [1971] 55; engl. Ausg. S. 879).

Isolierung aus dem Mycel von Streptomyces resistomycificus: *Brockmann, Schmidt-Kastner,* B. **87** [1954] 1460, 1466; s. a. *Vora et al.*; bzw. Actinomyces flavochromogenes var. heliomycini: *Bra. et al.*

Gelbe Kristalle; F: 330—331° [Zers.; aus Me. oder DMF] (*Vora et al.*), 315—325° [Zers.; aus Dioxan oder Acn.+Butanon] (*Puschkarewa et al., Ž.* obšč. Chim. **29** [1959] 3504; engl. Ausg. S. 3469), 315° [Zers.; nach Sublimation ab 215° und Orangerotfärbung ab 300°; aus Dioxan] (*Br., Sch.-Ka.,* l. c. S. 1467). IR-Spektrum (Nujol bzw. Paraffin; 3—15 μ): *Vora et al.; Pu.,* l. c. S. 3506. Absorptionsspektrum in Methanol (210—600 nm): *Br., Sch.-Ka.,* l. c. S. 1465; in Äthanol sowie in wss. Lösung vom pH 11,3 (220—540 nm): *Bra. et al.,* l. c. S. 31; s. a. *Pu.,* l. c. S. 3507. λ_{max}: 218 nm, 289 nm und 370 nm [A.], 225 nm, 256 nm, 296 nm und 385 nm [äthanol. NaOH] bzw. 269 nm, 292 nm, 321 nm, 340 nm und 370 nm [äthanol. HCl] (*Vora et al.; Vora, Dhar,* J. scient. ind. Res. India **19** B [1960] 454). Scheinbare Dissoziationsexponenten pK_a' (jeweils potentiometrisch ermittelt) in H_2O-Aceton-Gemisch: 5,8—5,9 (*Pu.,* l. c. S. 3505); in Butan-1-ol-Äthanol-H_2O-Gemisch: 7,66 (*Vora, Dhar*).

Löslichkeit [g/100 g] bei 20°: 12,3 [wss. Äthylendiamin (62%ig)], 0,015 [Me.], 0,4 [Butan-1-ol],

[1]) Diese Bezeichnung wird von der *Farbenfabr. Bayer A.G.* auch als Handelsname für ein Kanamycin-A-Präparat (vgl. E III/IV **18** 7631) verwendet (s. *M. Negwer,* Organisch-chemische Arzneimittel und ihre Synonyma, 5. Aufl. [Berlin 1978] Nr. 3819).

0,3 [Py.], 3,0 [THF], 0,003 [E.], 0,009 [CHCl$_3$], 0,02 [Ae. sowie Bzl.] bzw. 1,2 [Dioxan] (*Br.,* *Sch.-Ka.,* l. c. S. 1467).

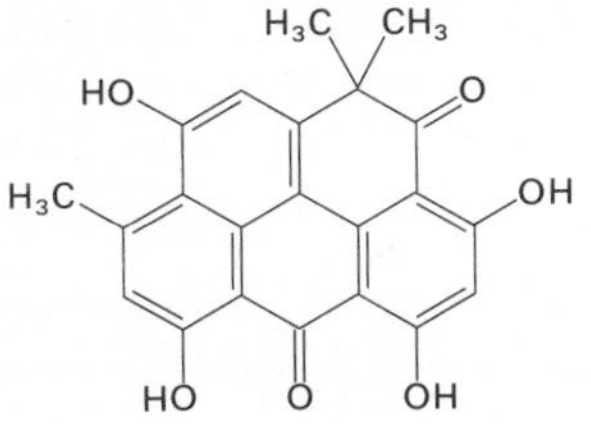

XII 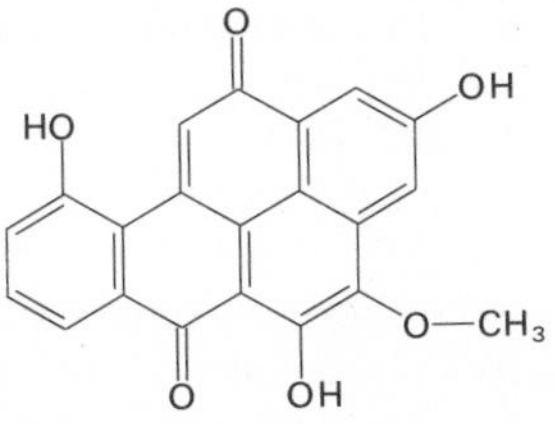   XIII

Hydroxy-oxo-Verbindungen C$_n$H$_{2n-30}$O$_6$

2,5,10-Trihydroxy-4-methoxy-benzo[*def*]chrysen-6,12-dion C$_{21}$H$_{12}$O$_6$, Formel XIII.

Diese Konstitution ist für das nachstehend beschriebene **Arenicochromin** in Betracht gezogen worden (*Morimoto et al.,* Chem. Commun. **1970** 550).

B. Aus Arenicochrom (isoliert aus epiphelialen Zellen des Wurms Arenicola marina; s. dazu *van Duijn,* R. **71** [1952] 585) durch Hydrolyse (*van Duijn,* R. **71** [1952] 595, 599).

Rote Kristalle (*v. Du.,* l. c. S. 599). IR-Banden (KBr; 3550−1600 cm^{-1}): *Mo. et al.* Absorp= tionsspektrum (Acn., wss. A. sowie wss.-äthanol. KOH; 220−770 nm): *v. Du.,* l. c. S. 597.

Triacetyl-Derivat C$_{27}$H$_{18}$O$_9$; 2,5,10-Triacetoxy-4-methoxy-benzo[*def*]chrysen-6,12-dion. Orangefarben; F: 210−211° (*Mo. et al.*). ^{1}H-NMR-Absorption (CDCl$_3$): *Mo. et al.* λ_{max} (A.): 231 nm, 269 nm, 345 nm, 357 nm und 410 nm (*Mo. et al.*).

1,1'-Dimethoxy-6,6'-dimethyl-[2,2']binaphthyl-5,8,5',8'-tetraon C$_{24}$H$_{18}$O$_6$, Formel XIV.

Konstitution: *Joshihira et al.,* Chem. pharm. Bl. **19** [1971] 2271, 2273.

B. Beim Erhitzen von 1,8,1',8'-Tetramethoxy-6,6'-dimethyl-[2,2']binaphthyl mit wss. H$_2$O$_2$ und Essigsäure (*Loder et al.,* Soc. **1957** 2233, 2236; *Jo. et al.*).

Rote Kristalle (aus Toluol); F: 275−276° [unkorr.; Zers.] (*Jo. et al.*), 250° [Zers.] (*Lo. et al.*). ^{1}H-NMR-Absorption (CDCl$_3$ + Trifluoressigsäure): *Jo. et al.,* l. c. S. 2272. λ_{max}: 219 nm, 254 nm und 360 nm [A.] (*Jo. et al.,* l. c. S. 2276) bzw. 256 nm und 375 nm [Dioxan] (*Lo. et al.*).

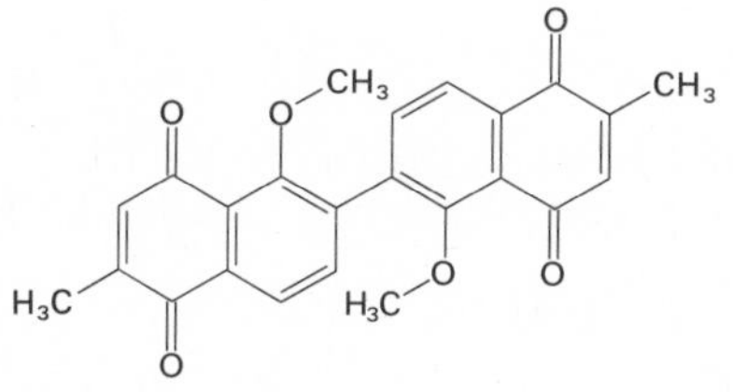

XIV 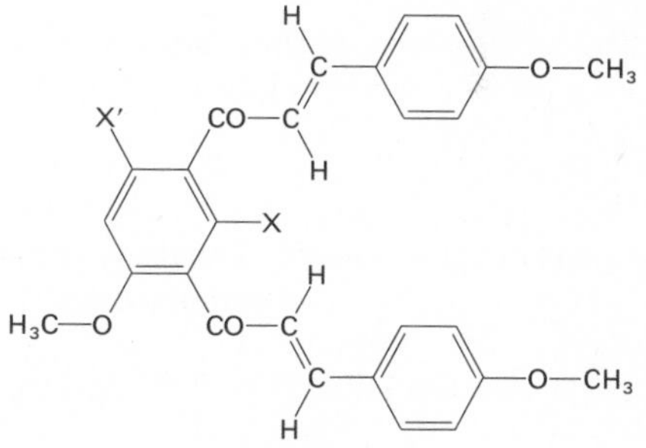   XV

3-Methoxy-2,6-bis-[4-methoxy-*trans*(?)-cinnamoyl]-phenol C$_{27}$H$_{24}$O$_6$, vermutlich Formel XV (X = OH, X' = H).

B. Aus 2,6-Diacetyl-3-methoxy-phenol sowie 3'-Acetyl-2'-hydroxy-4,4'-dimethoxy-*trans*(?)- chalkon (S. 3580) und 4-Methoxy-benzaldehyd in wss.-äthanol. KOH (*Matsuura, Matsuura,* J. pharm. Soc. Japan **77** [1957] 330; C. A. **1957** 11300).

Gelbe Kristalle (aus wss. Eg.); F: 171°.

5-Methoxy-2,4-bis-[4-methoxy-*trans*(?)-cinnamoyl]-phenol $C_{27}H_{24}O_6$, vermutlich Formel XV (X = H, X′ = OH).

B. Aus 2,4-Diacetyl-5-methoxy-phenol sowie aus 5′-Acetyl-2′-hydroxy-4,4′-dimethoxy-*trans*(?)-chalkon (S. 3580) analog der vorangehenden Verbindung (*Matsuura*, J. pharm. Soc. Japan **77** [1957] 298, 300, 301; C. A. **1957** 11338; *Matsuura, Matsuura*, J. pharm. Soc. Japan **77** [1957] 330; C. A. **1957** 11300).

Gelbe Kristalle (aus E.); F: 190°.

1,4-Bis-[3-(4-methoxy-phenyl)-3-oxo-propionyl]-benzol $C_{26}H_{22}O_6$, Formel I und Taut.

B. Aus Terephthalsäure-dimethylester und 1-[4-Methoxy-phenyl]-äthanon mit Hilfe von NaNH₂ (*Martin et al.,* Am. Soc. **80** [1958] 4891, 4892).

Gelbe Kristalle (aus Chlorbenzol); F: 233−234°.

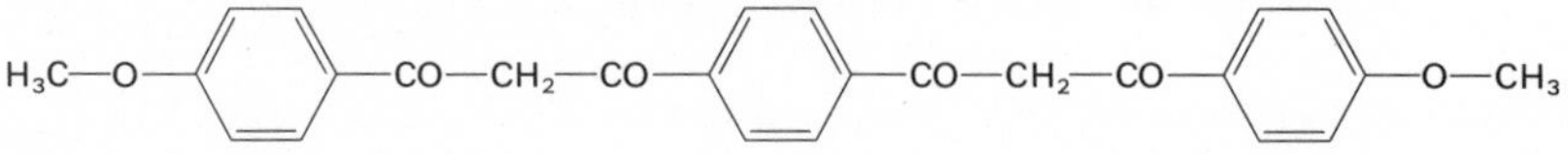

$$H_3C-O-\langle\text{Ring}\rangle-CO-CH_2-CO-\langle\text{Ring}\rangle-CO-CH_2-CO-\langle\text{Ring}\rangle-O-CH_3$$

I

Hydroxy-oxo-Verbindungen $C_nH_{2n-34}O_6$

2,2′-Bis-[2,4-dimethoxy-benzoyl]-biphenyl $C_{30}H_{26}O_6$, Formel II (X = O-CH₃, X′ = H) (E III 4329).

Dimorphe(?) Kristalle; F: 191,5−192° und F: 141,5−142° (*Nightingale et al.,* Am. Soc. **74** [1952] 2557).

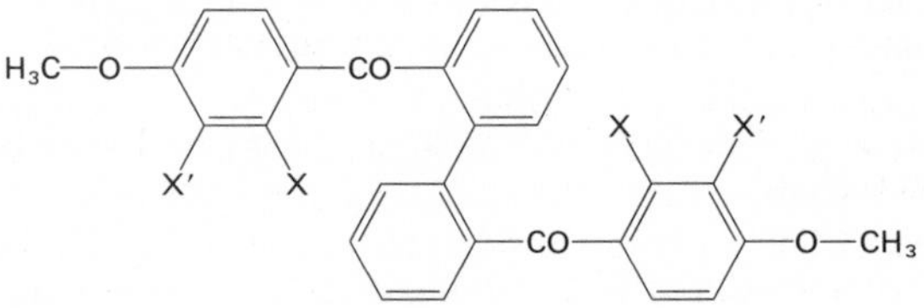

II

2,2′-Bis-[3,4-dimethoxy-benzoyl]-biphenyl $C_{30}H_{26}O_6$, Formel II (X = H, X′ = O-CH₃).

B. Aus Diphenoylchlorid und 1,2-Dimethoxy-benzol mit Hilfe von AlCl₃ (*Nightingale et al.,* Am. Soc. **74** [1952] 2557).

F: 186−186,5°.

---

*Opt.-inakt. 1,2,3,4-Tetrakis-[4-methoxy-phenyl]-butan-1,4-dion $C_{32}H_{30}O_6$, Formel III.

B. Aus (±)-α-Brom-4,4′-dimethoxy-desoxybenzoin (*Cymerman-Craig et al.,* Austral. J. Chem. **9** [1956] 391, 394−396).

Kristalle (aus Bzl.+PAe.); F: 208°. λ_{max} (A.): 220 nm und 282 nm.

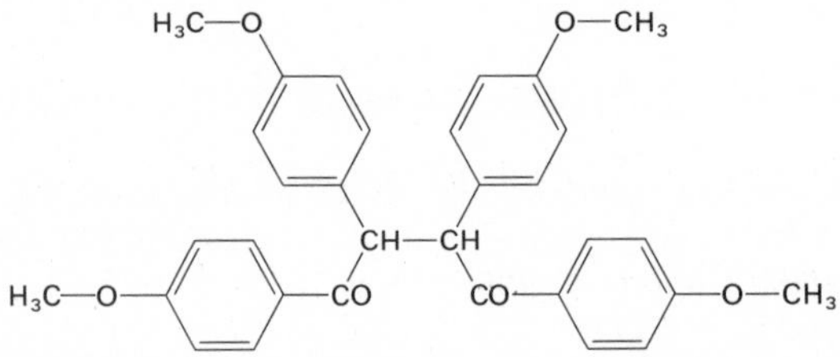

III

Bis-[3-benzoyl-2,6-dihydroxy-5-methyl-phenyl]-methan, 2,4,2'',4'-Tetrahydroxy-5,5''-dimethyl-3,3''-methandiyl-di-benzophenon $C_{29}H_{24}O_6$, Formel IV (X = H, X' = OH).

B. Beim Behandeln von 2,4-Dihydroxy-5-methyl-benzophenon mit Formaldehyd in wss. Äth=anol unter Zusatz von H_2SO_4 (*McGookin et al., Soc.* **1951** 2021, 2024).

Hellgelbe Kristalle (aus A.); F: 240°.

Tetraacetyl-Derivat $C_{37}H_{32}O_{10}$; Bis-[2,6-diacetoxy-3-benzoyl-5-methyl-phenyl]-methan, 2,4,2'',4'-Tetraacetoxy-5,5''-dimethyl-3,3''-methandiyl-di-benzophenon. Kristalle (aus wss. A.); F: 184 – 185°.

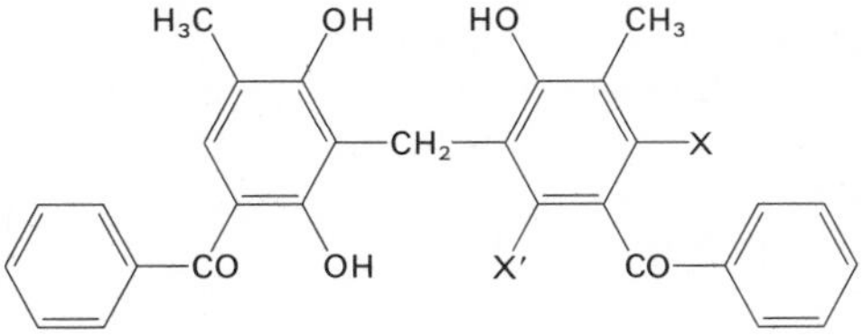

IV

[3-Benzoyl-2,6-dihydroxy-5-methyl-phenyl]-[5-benzoyl-2,4-dihydroxy-3-methyl-phenyl]-methan, 2,4,4'',6''-Tetrahydroxy-5,5''-dimethyl-3,3''-methandiyl-di-benzophenon $C_{29}H_{24}O_6$, Formel IV (X = OH, X' = H).

B. Aus 2,4-Dihydroxy-3-methyl-benzophenon, 2,4-Dihydroxy-5-methyl-benzophenon und Formaldehyd analog der vorangehenden Verbindung (*McGookin et al., Soc.* **1951** 2021, 2024).

Gelbe Kristalle (aus A.); F: 222 – 224°.

Tetraacetyl-Derivat $C_{37}H_{32}O_{10}$; [2,4-Diacetoxy-5-benzoyl-3-methyl-phenyl]-[2,6-diacetoxy-3-benzoyl-5-methyl-phenyl]-methan, 2,4,4'',6''-Tetraacetoxy-5,5''-dimethyl-3,3''-methandiyl-di-benzophenon. Kristalle (aus A.); F: 189 – 191°.

Bis-[5-benzoyl-2,4-dihydroxy-3-methyl-phenyl]-methan, 4,6,4'',6''-Tetrahydroxy-5,5''-dimethyl-3,3''-methandiyl-di-benzophenon $C_{29}H_{24}O_6$, Formel V.

B. Aus 2,4-Dihydroxy-3-methyl-benzophenon und Formaldehyd analog den vorangehenden Verbindungen (*McGookin et al., Soc.* **1951** 2021, 2024).

Gelbe Kristalle (aus wss. A.); F: 207 – 208°.

Tetraacetyl-Derivat $C_{37}H_{32}O_{10}$; Bis-[2,4-diacetoxy-5-benzoyl-3-methyl-phen=yl]-methan, 4,6,4'',6''-Tetraacetoxy-5,5''-dimethyl-3,3''-methandiyl-di-benzo=phenon. Kristalle (aus wss. A.); F: 176 – 177°.

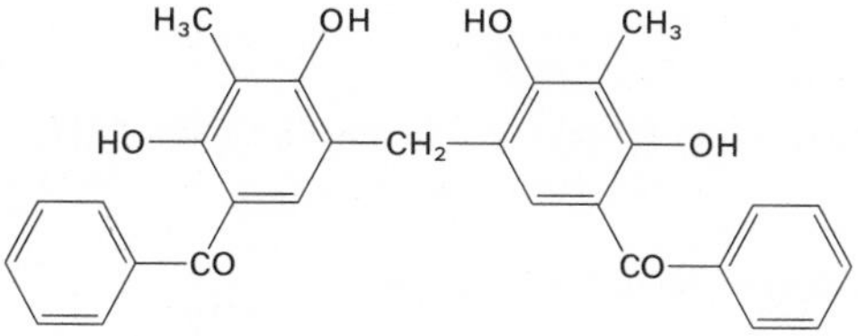

V 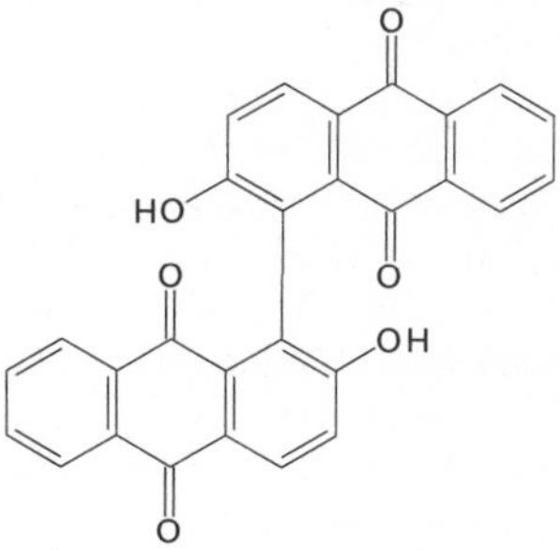   VI

Hydroxy-oxo-Verbindungen $C_nH_{2n-42}O_6$

2,2'-Dihydroxy-[1,1']bianthryl-9,10,9',10'-tetraon $C_{28}H_{14}O_6$, Formel VI (E I 760; E II 596; E III 4342).

IR-Spektrum (Nujol; 2 – 7 μ): *Shibata et al., Pharm. Bl.* **3** [1955] 278, 280.

4,4'-Dihydroxy-[1,1']bianthryl-9,10,9',10'-tetraon $C_{28}H_{14}O_6$, Formel VII (R = R' = H) (E I 760; E II 597).

Gelbe Kristalle (aus Nitrobenzol + Butan-1-ol); F: 377—381° (*Shibata et al.*, Pharm. Bl. **3** [1955] 278, 282).

1,2,5,6-Tetrahydroxy-dibenzo[*a,o*]perylen-7,16-dion $C_{28}H_{14}O_6$, Formel VIII (R = H) (E II 598; E III 4343).

λ_{max}: 494 nm und 533 nm [Py.], 482 nm, 534 nm und 576 nm [Pyroboracetat], 541 nm, 582 nm und 639 nm [Piperidin] bzw. 632 nm und 660 nm [H_2SO_4] (*Brockmann et al.*, B. **83** [1950] 467, 476).

Beim Erhitzen mit Zink-Pulver, Acetanhydrid und Natriumacetat ist 1,2,5,6-Tetraacetoxy-7,16-dihydro-dibenzo[*a,o*]perylen erhalten worden (*Brockmann, Dicke*, B. **103** [1970] 7, 9).

VII   VIII   IX

1,6-Dihydroxy-2,5-dimethoxy-dibenzo[*a,o*]perylen-7,16-dion $C_{30}H_{18}O_6$, Formel VIII (R = CH$_3$) (E III 4343).

Geschwindigkeitskonstante der Photodehydrierung: *Stárka et al.*, Collect. **23** [1958] 206, 214.

1,6,8,15-Tetrahydroxy-dibenzo[*a,o*]perylen-7,16-dion $C_{28}H_{14}O_6$, Formel IX (R = H).

B. Beim Erhitzen der folgenden Verbindung mit Pyridin-hydrochlorid (*Brockmann et al.*, B. **83** [1950] 467, 482).

Violettrote Kristalle (aus CHCl$_3$ + Me.). λ_{max}: 508 nm, 522 nm, 544 nm und 563 nm [Py.], 573 nm und 623 nm [Piperidin], 538 nm und 582 nm [H_2SO_4] bzw. 544 nm und 585 nm [Pyroboracetat] (*Br. et al.*, l. c. S. 476).

1,6,8,15-Tetramethoxy-dibenzo[*a,o*]perylen-7,16-dion $C_{32}H_{22}O_6$, Formel IX (R = CH$_3$).

B. Neben 1,6,8,13-Tetramethoxy-phenanthro[1,10,9,8-*opqra*]perylen-7,14-dion beim Behandeln von 4,5,4',5'-Tetramethoxy-[1,1']bianthryl-9,10,9',10'-tetraon mit Kupfer-Pulver und H_2SO_4 (*Brockmann et al.*, B. **83** [1950] 467, 481).

Orangefarbene Kristalle (aus Me. + CHCl$_3$). λ_{max} (H_2SO_4): 550 nm und 595 nm (*Br. et al.*, l. c. S. 476).

4,4'-Dihydroxy-2,2'-dimethyl-[1,1]bianthryl-9,10,9',10'-tetraon $C_{30}H_{18}O_6$, Formel VII (R = CH$_3$, R' = H).

B. Beim Erhitzen von Phthalsäure-anhydrid mit 2,2'-Dimethyl-biphenyl-4,4'-diol und AlCl$_3$ (*Brockmann, Dorlars*, B. **85** [1952] 1168, 1180; *Šulc, Koštir*, Chem. Listy **49** [1955] 219; C. A. **1956** 1719). Beim Erhitzen der folgenden Verbindung mit Pyridin-hydrochlorid (*Br., Do.*, l. c. S. 1177).

Gelbe Kristalle; F: 333° [Zers.; aus A.] (*Šulc, Ko.*), 330—331° [korr.; aus CHCl$_3$ + Me.] (*Br., Do.*, l. c. S. 1177). Bei 240°/0,001 Torr sublimierbar (*Br., Do.*, l. c. S. 1177).

4,4'-Dimethoxy-2,2'-dimethyl-[1,1']bianthryl-9,10,9',10'-tetraon $C_{32}H_{22}O_6$, Formel VII (R = R' = CH$_3$).

B. Aus 1-Chlor-4-methoxy-2-methyl-anthrachinon mit Hilfe von Kupfer-Pulver (*Brockmann*,

Dorlars, B. **85** [1952] 1168, 1177).

Orangefarbene Kristalle (aus Me.); F: 322−324° [korr.].

4,4′-Dihydroxy-3,3′-dimethyl-[1,1′]bianthryl-9,10,9′,10′-tetraon $C_{30}H_{18}O_6$, Formel X (R = H).

B. Beim Erhitzen der folgenden Verbindung mit Pyridin-hydrochlorid (*Brockmann, Dorlars,* B. **85** [1952] 1168, 1179).

Gelbe Kristalle (aus $CHCl_3$ + Me.); F: 323−325° [korr.].

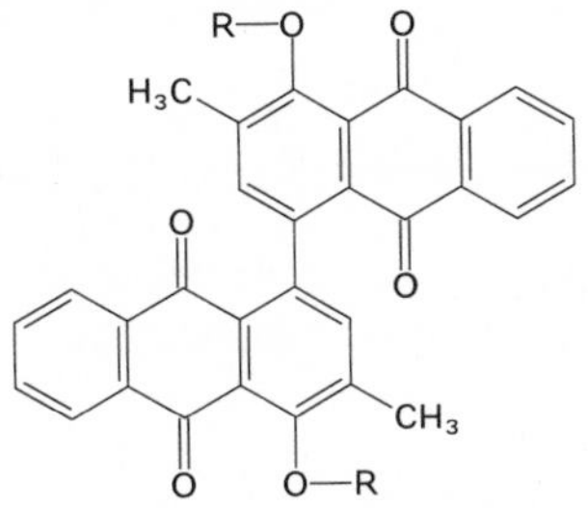

X

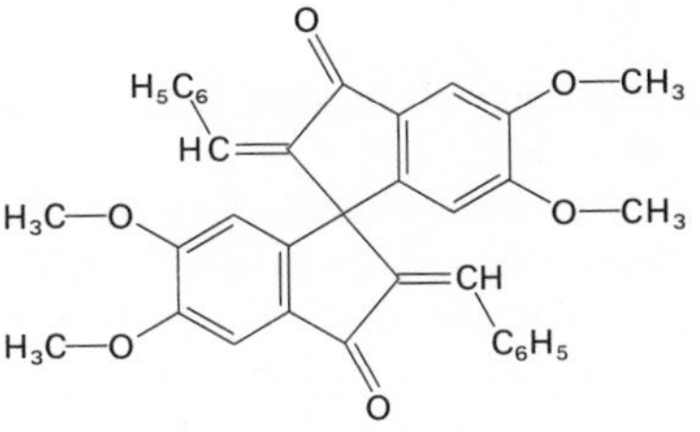

XI

4,4′-Dimethoxy-3,3′-dimethyl-[1,1′]bianthryl-9,10,9′,10′-tetraon $C_{32}H_{22}O_6$, Formel X (R = CH_3).

B. Aus 4-Chlor-1-methoxy-2-methyl-anthrachinon mit Hilfe von Kupfer-Pulver (*Brockmann, Dorlars,* B. **85** [1952] 1168, 1179).

Grünlichgelbe Kristalle (aus $CHCl_3$ + Me.); F: 346−348° [korr.].

*(±)-2,2′-Dibenzyliden-5,6,5′,6′-tetramethoxy-[1,1′]spirobiinden-3,3′-dion $C_{35}H_{28}O_6$, Formel XI.

B. Aus (±)-5,6,5′,6′-Tetramethoxy-[1,1′]spirobiinden-3,3′-dion und Benzaldehyd mit Hilfe von Natriumäthylat (*Baker, Williams,* Soc. **1959** 1295, 1299).

Gelbe Kristalle (aus Me.); F: 216°.

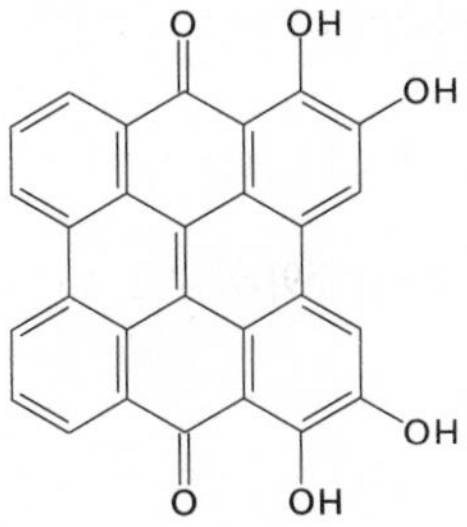

XII

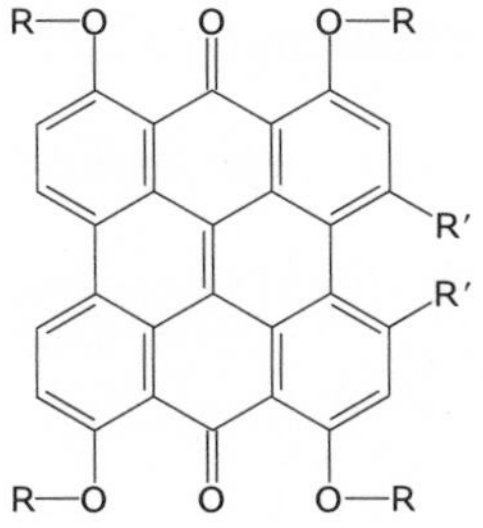

XIII

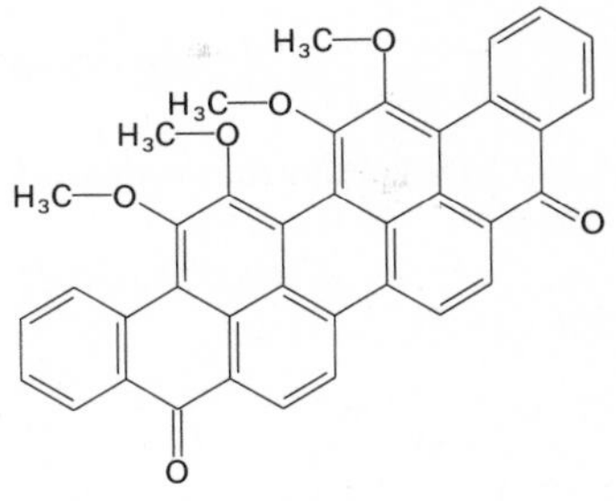

XIV

Hydroxy-oxo-Verbindungen $C_nH_{2n-44}O_6$

1,2,5,6-Tetrahydroxy-phenanthro[1,10,9,8-*opqra*]perylen-7,14-dion $C_{28}H_{12}O_6$, Formel XII (E II 598).

λ_{max}: 498 nm und 531 nm [Py.], 482 nm, 530 nm und 575 nm [Pyroboracetat] bzw. 553 nm, 575 nm und 621 nm [H_2SO_4] (*Brockmann et al.,* B. **83** [1950] 467, 476).

Diacetyl-Derivat $C_{32}H_{16}O_8$; 2,5-Diacetoxy-1,6-dihydroxy-phenanthro[1,10,9,8-*opqra*]perylen-7,14-dion. Rote Kristalle [aus Nitrobenzol + Me.] (*Brockmann et al.,* B. **83** [1950] 583, 591).

Tetraacetyl-Derivat $C_{36}H_{20}O_{10}$;   1,2,5,6-Tetraacetoxy-phenanthro[1,10,9,8-*opqra*]perylen-7,14-dion (E III 4348). Gelbe Kristalle; Zers. >340° (*Br. et al.*, l. c. S. 591).

1,6,8,13-Tetrahydroxy-phenanthro[1,10,9,8-*opqra*]perylen-7,14-dion $C_{28}H_{12}O_6$, Formel XIII (R = R' = H).

B. Durch Belichten von 1,6,8,15-Tetrahydroxy-dibenzo[*a,o*]perylen-7,16-dion (*Brockmann et al.*, B. **83** [1950] 467, 483).

Violettrote Kristalle. λ_{max}: 455 nm, 490 nm, 544 nm, 588 nm und 639 nm [H_2SO_4], 578 nm und 625 nm [Piperidin], 510 nm, 520 nm, 545 nm und 560 nm [Py.], 460 nm, 540 nm, 562 nm, 584 nm und 610 nm [Pyroboracetat] bzw. 567 nm und 612 nm [methanol. Alkalilauge] (*Br. et al.*, l. c. S. 476).

1,6,8,13-Tetramethoxy-phenanthro[1,10,9,8-*opqra*]perylen-7,14-dion $C_{32}H_{20}O_6$, Formel XIII (R = CH_3, R' = H).

B. Analog der vorangehenden Verbindung (*Brockmann et al.*, B. **83** [1950] 467, 483). Eine weitere Bildungsweise s. o. im Artikel 1,6,8,15-Tetramethoxy-dibenzo[*a,o*]perylen-7,16-dion.

Hellrote Kristalle (*Br. et al.*, l. c. S. 483). λ_{max} (H_2SO_4): 452 nm, 485 nm, 540 nm, 584 nm und 635 nm (*Br. et al.*, l. c. S. 476).

1,6,8,13-Tetraacetoxy-phenanthro[1,10,9,8-*opqra*]perylen-7,14-dion $C_{36}H_{20}O_{10}$, Formel XIII (R = CO-CH_3, R' = H).

B. Durch Belichten von 1,6,8,15-Tetraacetoxy-dibenzo[*a,o*]perylen-7,16-dion [aus 1,6,8,15-Tetrahydroxy-dibenzo[*a,o*]perylen-7,16-dion hergestellt] (*Brockmann et al.*, B. **83** [1950] 467, 483).

Gelbe Kristalle.

1,6,8,13-Tetrahydroxy-3,4-dimethyl-phenanthro[1,10,9,8-*opqra*]perylen-7,14-dion $C_{30}H_{16}O_6$, Formel XIII (R = H, R' = CH_3).

λ_{max}: 506 nm, 603 nm und 657 nm [H_2SO_4], 524 nm, 536 nm, 563 nm und 578 nm [Py.], 540 nm, 585 nm und 636 nm [Pyroboracetat] bzw. 582 nm und 635 nm [Piperidin + H_2O] (*Brockmann et al.*, B. **84** [1951] 865, 876).

Hydroxy-oxo-Verbindungen $C_nH_{2n-52}O_6$

15,16,17,18-Tetramethoxy-anthra[9,1,2-*cde*]benzo[*rst*]pentaphen-5,10-dion $C_{38}H_{24}O_6$, Formel XIV (E III 4356).

λ_{max}: 648 nm (*Karpuchin, Belobrow*, Trudy Charkovsk. politech. Inst. **26** [1959] 93, 97; C. A. **1961** 12857).   [*Appelt*]

6. Hydroxy-oxo-Verbindungen mit 7 Sauerstoff-Atomen

Hydroxy-oxo-Verbindungen $C_nH_{2n-8}O_7$

1-[2-Hydroxy-3,4,5,6-tetramethoxy-phenyl]-2-methoxy-äthanon $C_{13}H_{18}O_7$, Formel I (E III 4357).

B. Beim Erwärmen von 2-[3,4-Dimethoxy-phenyl]-3,5,6,7,8-pentamethoxy-chromen-4-on mit wss.-äthanol. KOH (*Böhme, Völcker*, Ar. **292** [1959] 529, 534).

Gelbe Kristalle (aus PAe.); F: 64–66°.

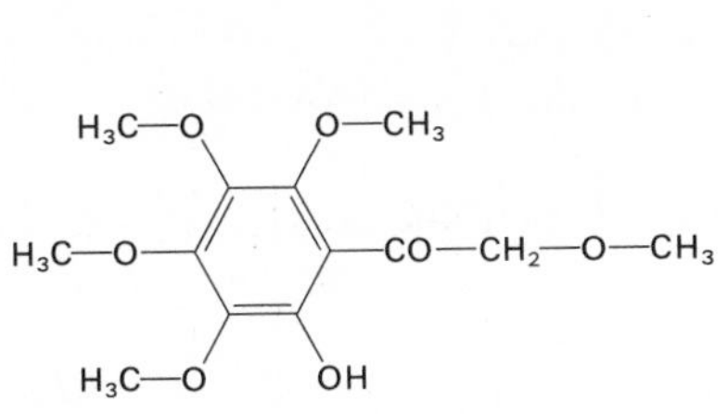

I

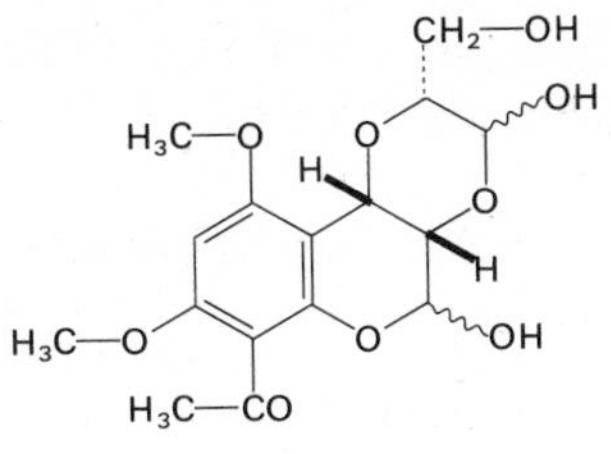

II

Hydroxy-oxo-Verbindungen $C_nH_{2n-10}O_7$

Hydroxy-oxo-Verbindungen $C_{11}H_{12}O_7$

3-[3-Acetyl-2-hydroxy-4,6-dimethoxy-phenyl]-2-hydroxy-3-[β-hydroxy-β′-oxo-isopropoxy]-propionaldehyd $C_{16}H_{20}O_9$ und Taut.

1-[(4aS)-3ξ,5ξ-Dihydroxy-2t-hydroxymethyl-8,10-dimethoxy-(4ar,10bc)-2,3,4a,10b-tetrahydro-5H-[1,4]dioxino[2,3-c]chromen-7-yl]-äthanon $C_{16}H_{20}O_9$, Formel II.

Diese Konstitution und Konfiguration kommt in Analogie zu Dehydrosecovitexin (E III/IV **18** 3610) wahrscheinlich dem nachstehend beschriebenen O,O'-Dimethyl-dehydroseco≈ apovitexin zu (s. dazu *Horowitz, Gentili*, Chem. and Ind. **1964** 498).

B. Beim Behandeln von O,O'-Dimethyl-apovitexin (1-[3-β-D-Glucopyranosyl-2-hydroxy-4,6-dimethoxy-phenyl]-äthanon) mit wss. $NaIO_4$ (*Evans et al.*, Soc. **1957** 3510, 3523).

Kristalle (aus Me.+Acn.+E.+Bzl.); F: 179−180° [Zers.]; $[\alpha]_D^{23}$: +30,7° [Me.; c = 1,6] (*Ev. et al.*).

Hydroxy-oxo-Verbindungen $C_{21}H_{32}O_7$

Tri-O-acetyl-1,1-bis-[4,4-dimethyl-2,6-dioxo-cyclohexyl]-D-*erythro*-1,2-didesoxy-pentit, 5,5,5′,5′-Tetramethyl-2,2′-[D-*erythro*-3,4,5-triacetoxy-pentyliden]-bis-cyclohexan-1,3-dion $C_{27}H_{38}O_{10}$, Formel III und Taut.

B. Aus Tri-O-acetyl-*aldehydo*-D-*erythro*-2-desoxy-pentose und 5,5-Dimethyl-cyclohexan-1,3-dion in wss. Methanol (*Zinner et al.*, B. **90** [1957] 2696, 2699).

Kristalle (aus wss. Me.); F: 133,5−134,5°. $[\alpha]_D^{18}$: +25,5° [Py.; c = 1,3].

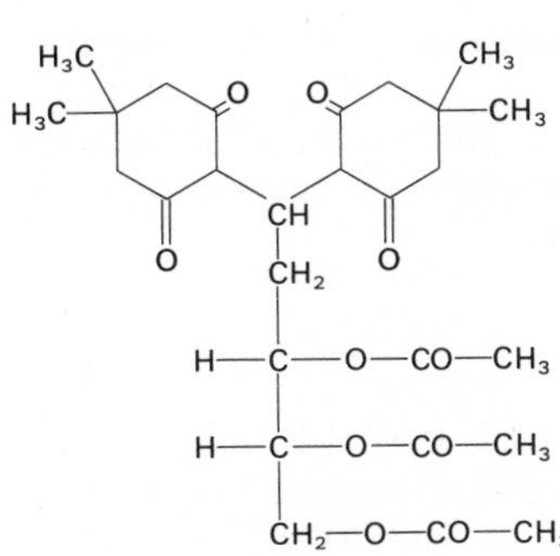

III

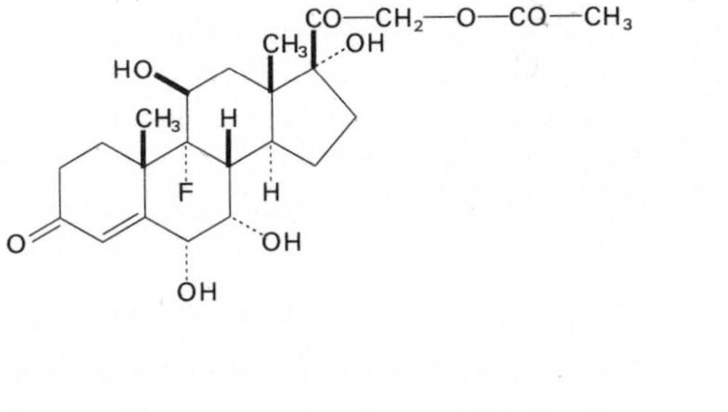

IV

Hydroxy-oxo-Verbindungen $C_nH_{2n-12}O_7$

Hydroxy-oxo-Verbindungen $C_{21}H_{30}O_7$

21-Acetoxy-9-fluor-6α,7α,11β,17-tetrahydroxy-pregn-4-en-3,20-dion $C_{23}H_{31}FO_8$, Formel IV.
B. Aus 21-Acetoxy-9-fluor-11β,17-dihydroxy-pregna-4,6-dien-3,20-dion mit Hilfe von OsO_4

(*Zderic et al.*, J. org. Chem. **24** [1959] 909).
Kristalle (aus Acn. + Ae.); F: 251 − 253°. $[\alpha]_D$: + 68° [Py.]. λ_{max} (A.): 238 nm.

9,11β,16α,17,21-Pentahydroxy-pregn-4-en-3,20-dion $C_{21}H_{30}O_7$, Formel V (R = R′ = H).
B. Aus dem folgenden Diacetyl-Derivat beim Behandeln mit methanol. Natriummethylat (*Bernstein et al.*, Am. Soc. **81** [1959] 1689, 1693).
Kristalle (aus Acn.); F: 259 − 261,5° [unkorr.; Zers.]. $[\alpha]_D^{25}$: + 113° [Py.; c = 0,8]. λ_{max} (A.): 241 − 242 nm.

16α,21-Diacetoxy-9,11β,17-trihydroxy-pregn-4-en-3,20-dion $C_{25}H_{34}O_9$, Formel V (R = H, R′ = CO-CH₃).
B. Beim Behandeln von 16α,21-Diacetoxy-9,11β-epoxy-17-hydroxy-9β-pregn-4-en-3,20-dion mit HClO₄ in wss. Dioxan (*Bernstein et al.*, Am. Soc. **81** [1959] 1689, 1693).
Lösungsmittelhaltige Kristalle (aus Acn. + PAe.); F: 233 − 238,5° [unkorr.; nach Sintern]. $[\alpha]_D^{25}$: + 95° [CHCl₃; c = 0,6]. λ_{max} (A.): 242 nm.

V   VI

16α,21-Diacetoxy-11β,17-dihydroxy-9-methoxy-pregn-4-en-3,20-dion $C_{26}H_{36}O_9$, Formel V (R = CH₃, R′ = CO-CH₃).
B. Beim Behandeln von 16α,21-Diacetoxy-9,11β-epoxy-17-hydroxy-9β-pregn-4-en-3,20-dion mit Methanol und wss. HClO₄ (*Bernstein et al.*, Am. Soc. **81** [1959] 1689, 1694).
Lösungsmittelhaltige Kristalle (aus Acn. + PAe.), die zwischen 148° und 180° [Zers.] schmel≈ zen. $[\alpha]_D^{25}$: + 90° [CHCl₃; c = 0,5]. λ_{max} (A.): 243 − 244 nm.

16α,21-Diacetoxy-9-äthoxy-11β,17-dihydroxy-pregn-4-en-3,20-dion $C_{27}H_{38}O_9$, Formel V (R = C₂H₅, R′ = CO-CH₃).
B. Analog der vorangehenden Verbindung (*Bernstein et al.*, Am. Soc. **81** [1959] 1689, 1694).
Lösungsmittelhaltige Kristalle (aus Acn. + PAe.), die zwischen 178° und 197° [Zers.] schmel≈ zen. $[\alpha]_D^{25}$: + 74° [CHCl₃; c = 0,5]. λ_{max} (A.): 243 − 244 nm.

21-Acetoxy-4,5,17-trihydroxy-pregnan-3,11,20-trione $C_{23}H_{32}O_8$.

a) **21-Acetoxy-4α,5,17-trihydroxy-5β-pregnan-3,11,20-trion**, Formel VI.
B. Beim Behandeln von 21-Acetoxy-4β,5-epoxy-17-hydroxy-5β-pregnan-3,11,20-trion in wss. Aceton mit Trifluoressigsäure oder HClO₄ (*Oliveto et al.*, Am. Soc. **79** [1957] 3596).
Kristalle (aus Acn. + Hexan); F: 230 − 235°. $[\alpha]_D^{25}$: + 203,0° [CHCl₃; c = 1].

b) **21-Acetoxy-4ξ,5,17-trihydroxy-5ξ-pregnan-3,11,20-trion**, Formel VII.
B. Beim Behandeln von 21-Acetoxy-17-hydroxy-pregn-4-en-3,11,20-trion mit OsO₄ in Dioxan und anschliessend mit H₂O₂ in *tert*-Butylalkohol (*Searle & Co.*, U.S.P. 2782213 [1954], 2727912 [1954]).
Acetyl-Derivat $C_{25}H_{34}O_9$; 4ξ,21-Diacetoxy-5,17-dihydroxy-5ξ-pregnan-3,11,20-trion. Kristalle (aus E. + PAe.); F: ca. 257 − 259° [Zers.]. $[\alpha]_D^{25}$: + 70° [CHCl₃; c = 0,5].

21-Acetoxy-5,6β,17-trihydroxy-5α-pregnan-3,11,20-trion $C_{23}H_{32}O_8$, Formel VIII (R = H).

B. Beim Behandeln von 21-Acetoxy-3,3-äthandiyldioxy-5,6ξ-epoxy-17-hydroxy-5ξ-pregnan-11,20-dion (Stereoisomeren-Gemisch) mit $HClO_4$ in wss. Aceton (*Sondheimer et al.,* Am. Soc. **76** [1954] 5020, 5023).

Kristalle (aus Acn. + Hexan); F: 279 − 280° [unkorr.]. $[\alpha]_D^{20}$: +67° [A.].

6β,21-Diacetoxy-5,17-dihydroxy-5α-pregnan-3,11,20-trion $C_{25}H_{34}O_9$, Formel VIII (R = CO-CH_3).

B. Aus der vorangehenden Verbindung und Acetanhydrid in Pyridin (*Sondheimer et al.,* Am. Soc. **76** [1954] 5020, 5023).

Kristalle (aus Acn. + Bzl.); F: 222 − 223° [unkorr.]. $[\alpha]_D^{20}$: +34° [CHCl_3].

Hydroxy-oxo-Verbindungen $C_{30}H_{48}O_7$

2,3,16,20,25-Pentahydroxy-9-methyl-19-nor-lanost-5-en-11,22-dione, 2,3,16,20,25-Pentahydroxy-cucurbit-5-en-11,22-dione $C_{30}H_{48}O_7$.

a) **2β,3ξ,16α,20,25-Pentahydroxy-9-methyl-19-nor-9β,10α-lanost-5-en-11,22-dion,**
2β,3ξ,16α,20,25-Pentahydroxy-10α-cucurbit-5-en-11,22-dion, Tetrahydro-elatericin-A, Formel IX.

B. Beim Hydrieren von Cucurbitacin-D (Elatericin-A; S. 3722) an Platin in Äthanol (*Lavie, Shvo,* Am. Soc. **81** [1959] 3058, 3061).

Kristalle (aus wss. A.) mit 3 Mol H_2O; F: 152 − 156° [unkorr.]. $[\alpha]_D$: +31° [A.; c = 1,3].

b) **2ξ,3ξ,16α,20,25-Pentahydroxy-9-methyl-19-nor-9β,10α-lanost-5-en-11,22-dion,**
2ξ,3ξ,16α,20,25-Pentahydroxy-10α-cucurbit-5-en-11,22-dion, Hexahydro-elatericin-B, Formel X.

B. Beim Hydrieren von Cucurbitacin-I (Elatericin-B; S. 3731) an Raney-Nickel in Äthanol (*Lavie, Willner,* Am. Soc. **80** [1958] 710, 713).

Kristalle (aus wss. Me.) mit 2 Mol H_2O; F: 156 − 157° [unkorr.]. $[\alpha]_D$: +49° [CHCl_3; c = 1,6]. λ_{max} (A.): 212 nm und 284 nm.

Überführung in ein Tetraacetyl-Derivat $C_{38}H_{56}O_{11}$ (Kristalle [aus wss. Me.]; F: 135 − 140° [Zers.]): *La., Wi.*

Hydroxy-oxo-Verbindungen $C_nH_{2n-14}O_7$

Hydroxy-oxo-Verbindungen $C_{12}H_{10}O_7$

2-Äthyl-3,5,6,7,8-pentahydroxy-[1,4]naphthochinon $C_{12}H_{10}O_7$, Formel XI (R = H), und
6-Äthyl-2,3,5,7,8-pentahydroxy-[1,4]naphthochinon $C_{12}H_{10}O_7$, Formel XII (R = H), sowie
weitere Taut.; **Echinochrom-A** (E III 4360).

Absorptionsspektrum (CHCl$_3$; 240–600 nm): *Nishibori*, Nature **184** [1959] 1234.

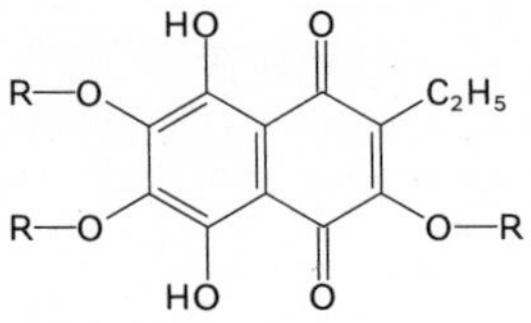

XI 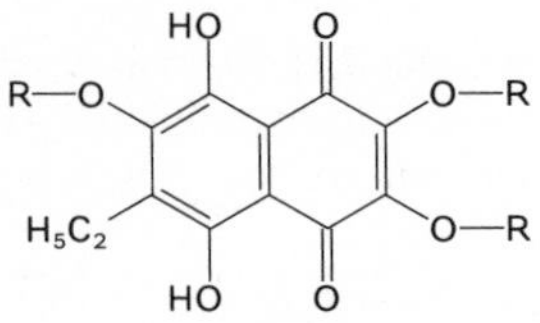   XII 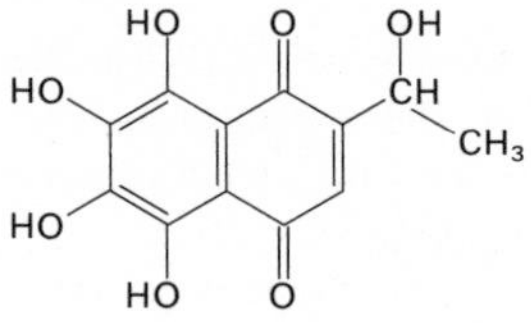   XIII

2-Äthyl-5,8-dihydroxy-3,6,7-trimethoxy-[1,4]naphthochinon $C_{15}H_{16}O_7$, Formel XI (R = CH$_3$),
und **6-Äthyl-5,8-dihydroxy-2,3,7-trimethoxy-[1,4]naphthochinon** $C_{15}H_{16}O_7$, Formel XII
(R = CH$_3$), sowie weitere Taut. (E III 4361).

Absorptionsspektrum (CHCl$_3$; 300–600 nm): *Nishibori*, Nature **184** [1959] 1234.

(±)-5,6,7,8-Tetrahydroxy-2-[1-hydroxy-äthyl]-[1,4]naphthochinon(?) $C_{12}H_{10}O_7$, vermutlich
Formel XIII, und **(±)-2,3,5,8-Tetrahydroxy-6-[1-hydroxy-äthyl]-[1,4]naphthochinon(?)**
$C_{12}H_{10}O_7$, vermutlich Formel XIV; **Spinochrom-P** (E III 4361).

F: ca. 188° (*Lederer*, Biochim. biophys. Acta **9** [1952] 92, 97). Absorptionsspektrum (CHCl$_3$;
210–650 nm): *Le.*, l. c. S. 95.

Hydroxy-oxo-Verbindungen $C_{17}H_{20}O_7$

3,5-Diacetyl-4-[4-hydroxy-phenyl]-1,7-dimethoxy-heptan-2,6-dion $C_{19}H_{24}O_7$, Formel XV
(R = H) und Taut.

Die Identität der unter dieser Konstitution beschriebenen Verbindung ist ungewiss (s. dazu
Finar, Soc. **1961** 674, 676).

B. Aus 4-Hydroxy-benzaldehyd und 1-Methoxy-pentan-2,4-dion in Äthanol unter Zusatz
von Piperidin (*Martin et al.*, Am. Soc. **80** [1958] 5851, 5852).

Kristalle (aus wss. A.); F: 199–200° (*Ma. et al.*).

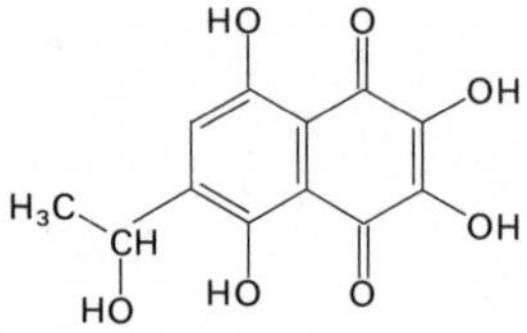

XIV 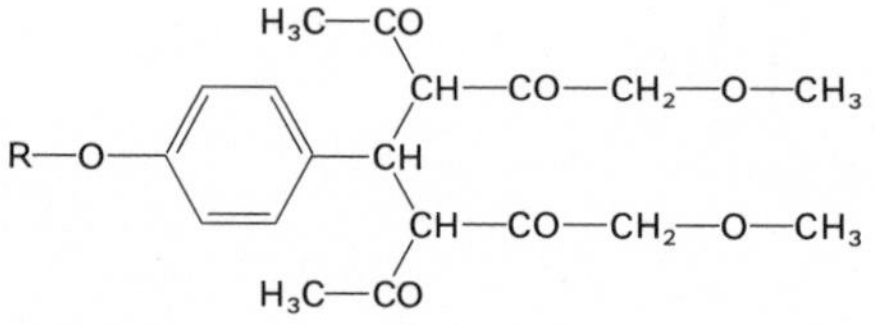   XV

3,5-Diacetyl-1,7-dimethoxy-4-[4-methoxy-phenyl]-heptan-2,6-dion $C_{20}H_{26}O_7$, Formel XV
(R = CH$_3$) und Taut.

Die Identität der unter dieser Konstitution beschriebenen Verbindung ist ungewiss (s. dazu
Finar, Soc. **1961** 674, 676).

B. Analog der vorangehenden Verbindung (*Martin et al.*, Am. Soc. **80** [1958] 5851, 5852).

Kristalle (aus Bzl.); F: 165–167° (*Ma. et al.*). Scheinbare Dissoziationsexponenten pK$'_{a1}$
und pK$'_{a2}$ (wss. Dioxan [50%ig]; potentiometrisch ermittelt) bei 30°: 11,74 bzw. 12,49 (*Martin,
Fernelius*, Am. Soc. **81** [1959] 1509).

Hydroxy-oxo-Verbindungen $C_{21}H_{28}O_7$

21-Acetoxy-1α,7α-bis-acetylmercapto-17-hydroxy-pregn-4-en-3,11,20-trion $C_{27}H_{34}O_8S_2$, Formel I.

B. Beim Erhitzen von 21-Acetoxy-17-hydroxy-pregna-1,4,6-trien-3,11,20-trion mit Thioessig‹ säure unter Bestrahlung mit UV-Licht (*Tweit, Dodson,* J. org. Chem. **24** [1959] 277).

Kristalle (aus Acn. + Ae.); F: 190–191° [Zers.]. $[\alpha]_D^{24}$: +80° [CHCl$_3$]. λ_{max} (Me.): 235,5 nm.

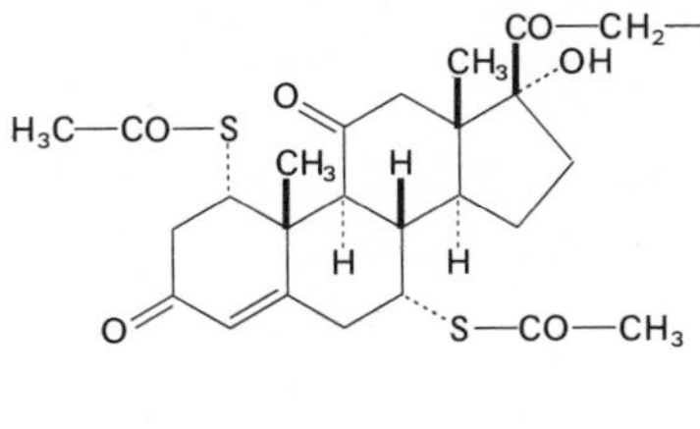

I 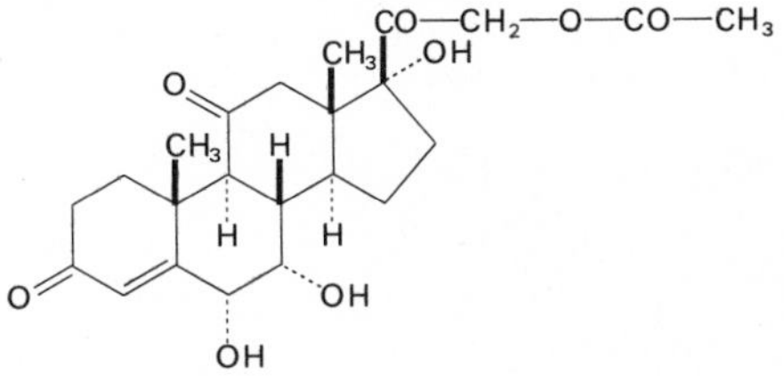   II

21-Acetoxy-6α,7α,17-trihydroxy-pregn-4-en-3,11,20-trion $C_{23}H_{30}O_8$, Formel II.

B. Aus 21-Acetoxy-17-hydroxy-pregna-4,6-dien-3,11,20-trion mit Hilfe von OsO$_4$ (*Zderic et al.,* J. org. Chem. **24** [1959] 909).

Kristalle (aus Me. + E.); F: 273–276°. $[\alpha]_D$: +210° [Py.]. λ_{max} (A.): 238–240 nm.

16α,21-Diacetoxy-9,17-dihydroxy-pregn-4-en-3,11,20-trion $C_{25}H_{32}O_9$, Formel III.

B. Aus 16α,21-Diacetoxy-9,11β,17-trihydroxy-pregn-4-en-3,20-dion mit Hilfe von CrO$_3$ in Pyridin (*Bernstein et al.,* Am. Soc. **81** [1959] 1689, 1694).

Kristalle (aus Acn. + PAe.); F: 255,5–257,5° [unkorr.; nach Sintern]. $[\alpha]_D^{25}$: +122° [CHCl$_3$; c = 0,3]. λ_{max} (A.): 237 nm.

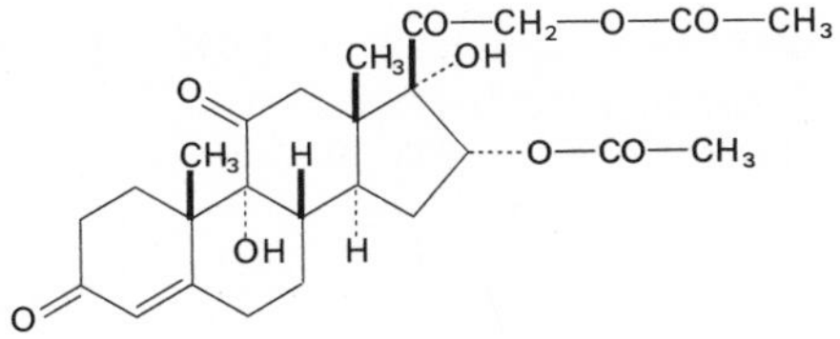

III 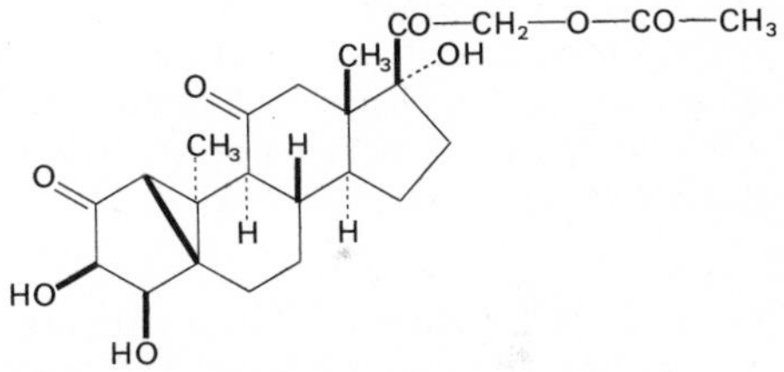   IV

21-Acetoxy-3β,4β,17-trihydroxy-1β,5β-cyclo-10α-pregnan-2,11,20-trion $C_{23}H_{30}O_8$, Formel IV.

Konstitution und Konfiguration: *Williams et al.,* Am. Soc. **101** [1979] 5019, 5022.

B. Aus O^{21}-Acetyl-lumiprednison (S. 3538) mit Hilfe von OsO$_4$ (*Barton, Taylor,* Soc. **1958** 2500, 2508).

Kristalle (aus E. + PAe.); F: 225–228°; $[\alpha]_D$: +120° [CHCl$_3$; c = 0,7]; λ_{max} (A.): 210 nm (*Ba., Ta.*).

Hydroxy-oxo-Verbindungen $C_{30}H_{46}O_7$

2β,3α,16α,20,25-Pentahydroxy-9-methyl-19-nor-9β,10α-lanosta-5,23t-dien-11,22-dion,
2β,3α,16α,20,25-Pentahydroxy-10α-cucurbita-5,23t-dien-11,22-dion, Cucurbitacin-F $C_{30}H_{46}O_7$, Formel V.

Konstitution: *van der Merwe et al.,* Soc. **1963** 4275. Die Konfiguration ergibt sich aus der genetischen Beziehung zu Cucurbitacin-D [S. 3722] (*v.d.Me. et al.*). Über die Konfiguration an den C-Atomen 2 und 3 s. *Rao et al.,* J.C.S. Perkin I **1974** 2552, 2555.

Isolierung aus Blättern von Cucumis angolensis (= Cucumis dinteri): *Enslin et al.,* J. Sci. Food Agric. **8** [1957] 673, 675; *v.d.Me. et al.*

Kristalle (aus CHCl$_3$ oder E.); F: 244–245° [korr.]. $[\alpha]_D^{26}$: +38° [A.; c = 1,2]; λ_{max} (A.): 232 nm und 300 nm (En. et al.).

V

VI

25-Acetoxy-3β,16α,20-trihydroxy-9-hydroxymethyl-19-nor-9β,10α-lanosta-5,23t-dien-11,22-dion, 25-Acetoxy-3β,16α,19,20-tetrahydroxy-10α-cucurbita-5,23t-dien-11,22-dion, Cucurbitacin-C $C_{32}H_{48}O_8$, Formel VI.

Konstitution: Enslin et al., Soc. **1960** 4787; de Kock et al., Tetrahedron Letters **1962** 309, 311; Soc. **1963** 3828, 3832. Über die Konfiguration s. de Kock et al., Soc. **1963** 3835.

Isolierung aus Früchten von Cucumis sativus: Enslin, J. Sci. Food Agric. **5** [1954] 410, 411, 414; En. et al., l. c. S. 4788.

Kristalle (aus E.); F: 207–207,5° [korr.; vorgeheizter App.] (En.). Monoklin; Dimensionen der Elementarzelle (Röntgen-Diagramm): Rivett, Herbstein, Chem. and Ind. **1957** 393. Dichte der Kristalle: 1,230 (Ri., He.). $[\alpha]_D^{27}$: +95,2° [A.; c = 1] (En.). λ_{max} (A.): 231 nm und 298 nm (En. et al., l. c. S. 4788).

Beim Erhitzen mit Acetanhydrid und Erwärmen des Reaktionsprodukts mit CrO$_3$ in Essig‍säure ist 3β,16α-Diacetoxy-9-acetoxymethyl-4,4,14-trimethyl-9β,10α-pregn-5-en-7,11,20-trion („Cucurbiton-C") erhalten worden (Rivett, Enslin, Pr. chem. Soc. **1958** 301; En. et al., l. c. S. 4789; de Kock et al., Soc. **1963** 3832).

3α,16α,20,25-Tetrahydroxy-9-methyl-19-nor-9β,10α-lanost-5-en-2,11,22-trion, 3α,16α,20,25-Tetrahydroxy-10α-cucurbit-5-en-2,11,22-trion, Tetrahydro-isoelatericin-B $C_{30}H_{46}O_7$, Formel VII.

Konstitution und Konfiguration: Lavie, Benjaminov, J. org. Chem. **30** [1965] 607, 608; Cattel et al., G. **108** [1978] 1, 2.

B. Beim Hydrieren von Cucurbitacin-L [S. 3722] (Lavie et al., Phytochemistry **3** [1964] 51, 55; Ca. et al., l. c. S. 4) oder von Cucurbitacin-I [S. 3731] (Lavie, Willner, Am. Soc. **80** [1958] 710, 713; Lavie et al., J. org. Chem. **28** [1963] 1790, 1794; La., Be., l. c. S. 609) an Palladium/Kohle in Äthanol.

Kristalle; F: 175–177° [korr.; aus Me.+Ae.] (La. et al., Phytochemistry **3** 55), 174–176° [korr.; aus Me.+Ae.] (La. et al., J. org. Chem. **28** 1794), 173–176° [korr.; aus Me.+Ae.] (La., Be.), 168–172° [aus Me.] (Ca. et al.). $[\alpha]_D^{25}$: +55° [CHCl$_3$; c = 0,9] (Ca. et al.); $[\alpha]_D$: +60° [CHCl$_3$; c = 0,5] (La. et al., Phytochemistry **3** 55), +59° [CHCl$_3$; c = 0,9] (La., Be.). $[\alpha]$ bei 589 nm (+59°) bis 305 nm (−580°) [CHCl$_3$; c = 0,9]: La. et al., J. org. Chem. **28** 1794. λ_{max} (Me.): 278 nm (La. et al., J. org. Chem. **28** 1794).

2β,16α,20,25-Tetrahydroxy-9-methyl-19-nor-9β,10α-lanost-5-en-3,11,22-trion, 2β,16α,20,25-Tetrahydroxy-10α-cucurbit-5-en-3,11,22-trion, Dihydro-elatericin-A $C_{30}H_{46}O_7$, Formel VIII (R = R′ = H).

Konstitution: Lavie et al., J. org. Chem. **27** [1962] 4546. Die Konfiguration ergibt sich aus

der genetischen Beziehung zu Elatericin-A (S. 3722); s. a. *Lavie, Benjaminov*, J. org. Chem.
30 [1965] 607, 608.

B. Beim Hydrieren von Cucurbitacin-D (Elatericin-A) an Palladium/Kohle in Äthanol (*Lavie,
Shvo*, Am. Soc. **81** [1959] 3058, 3061).

Kristalle (aus E. + PAe.); F: 168° [unkorr.] bzw. Kristalle (aus wss. A.) mit 1 Mol H_2O;
F: 143 – 145° [unkorr.] (*La., Shvo*). $[\alpha]_D$: +83° [A.; c = 1,3] (*La., Shvo*). UV-Spektrum (Me.;
210 – 260 nm): *La., Shvo*, l. c. S. 3059.

Bis-[2,4-dinitro-phenylhydrazon] (F: 215 – 218°): *La., Shvo*.

VII   VIII

**25-Acetoxy-2β,16α,20-trihydroxy-9-methyl-19-nor-9β,10α-lanost-5-en-3,11,22-trion, 25-Acetoxy-
2β,16α,20-trihydroxy-10α-cucurbit-5-en-3,11,22-trion**, Dihydro-cucurbitacin-B $C_{32}H_{48}O_8$,
Formel VIII (R = H, R' = CO-CH$_3$).

B. Beim Hydrieren von Cucurbitacin-B (S. 3722) an Palladium/Kohle in Äthylacetat oder
Äthanol (*Eisenhut, Noller*, J. org. Chem. **23** [1958] 1984, 1989; *Melera et al.*, J. org. Chem.
24 [1959] 291; *Schlegel et al.*, J. org. Chem. **26** [1961] 1206, 1209).

Kristalle (aus Acn. + Hexan); F: 163 – 164° (*Me. et al.*), 160 – 163° (*Sch. et al.*). $[\alpha]_D^{25}$: +57°
[CHCl$_3$; c = 0,9]; λ_{max} (A.): 282 nm (*Me. et al.; Sch. et al.*).

**16α,25-Diacetoxy-2β,20-dihydroxy-9-methyl-19-nor-9β,10α-lanost-5-en-3,11,22-trion, 16α,25-
Diacetoxy-2β,20-dihydroxy-10α-cucurbit-5-en-3,11,22-trion**, Dihydro-fabacein $C_{34}H_{50}O_9$,
Formel VIII (R = R' = CO-CH$_3$).

B. Beim Hydrieren von Fabacein (S. 3723) an Palladium/Kohle in Äthylacetat oder Äthanol
(*Eisenhut, Noller*, J. org. Chem. **23** [1958] 1984, 1989; *Schlegel, Noller*, Tetrahedron Letters
1959 Nr. 13, S. 16, 17; J. org. Chem. **26** [1961] 1211).

Kristalle (aus Acn. + Hexan); F: 177 – 179°; $[\alpha]_D^{25}$: +24,0 [CHCl$_3$; c = 1,4]; λ_{max} (A.):
285 nm (*Sch., No.*, Tetrahedron Letters **1959** Nr. 13, S. 17).

Hydroxy-oxo-Verbindungen $C_nH_{2n-16}O_7$

Hydroxy-oxo-Verbindungen $C_{12}H_8O_7$

2-Acetyl-3,5,6,8-tetrahydroxy-[1,4]naphthochinon $C_{12}H_8O_7$, Formel IX, und **6-Acetyl-2,5,7,8-
tetrahydroxy-[1,4]naphthochinon** $C_{12}H_8O_7$, Formel X, sowie weitere Taut.; **Spinochrom-A,
Spinochrom-M** (E III 4363).

Isolierung aus den Stacheln und Schalen des Seeigels Echinus esculentus: *Goodwin, Srisukh*,
Biochem. J. **47** [1950] 69, 71.

Absorptionsspektrum in Äthanol (250 – 580 nm): *Go., Sr.*, l. c. S. 72; in CHCl$_3$
(210 – 650 nm): *Lederer*, Biochim. biophys. Acta **9** [1952] 92, 95.

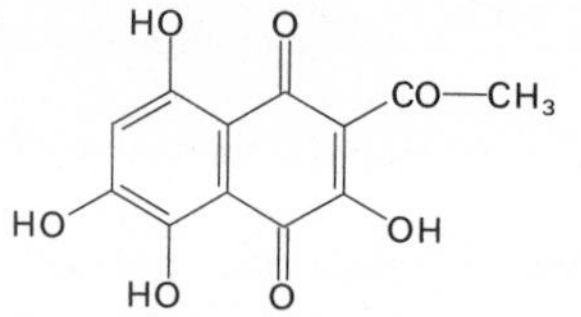

IX 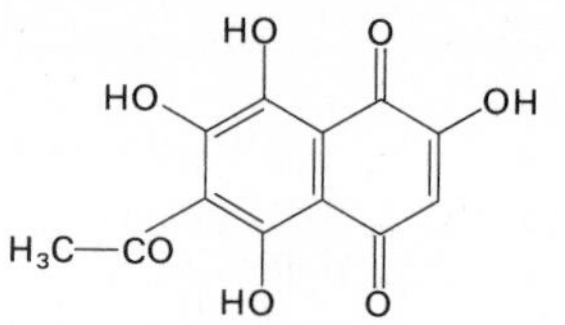   X

Hydroxy-oxo-Verbindungen $C_{13}H_{10}O_7$

2,3,4,2′,3′,4′-Hexahydroxy-benzophenon $C_{13}H_{10}O_7$, Formel XI (R = H) (H 561; E III 4364).
Kristalle (aus wss. A.); F: 244−245° (*Shah, Shah,* J. scient. ind. Res. India **15** B [1956] 630, 631).

2,3,4,2′,3′,4′-Hexamethoxy-benzophenon $C_{19}H_{22}O_7$, Formel XI (R = CH$_3$).
B. Aus 2,3,4,2′,3′,4′-Hexahydroxy-benzophenon und Dimethylsulfat (*Shah, Shah,* J. scient. ind. Res. India **15** B [1956] 630, 631). Beim Erhitzen von Bis-[2,3,4-trimethoxy-phenyl]-essig= säure mit Na$_2$Cr$_2$O$_7$ in Essigsäure (*Werber,* Ann. Chimica **49** [1959] 1898, 1914).
Kristalle; F: 88−89° [aus wss. A.] (*Shah, Shah*), 85−86° [aus A.] (*We.*).
2,4-Dinitro-phenylhydrazon (F: 155°): *We.*

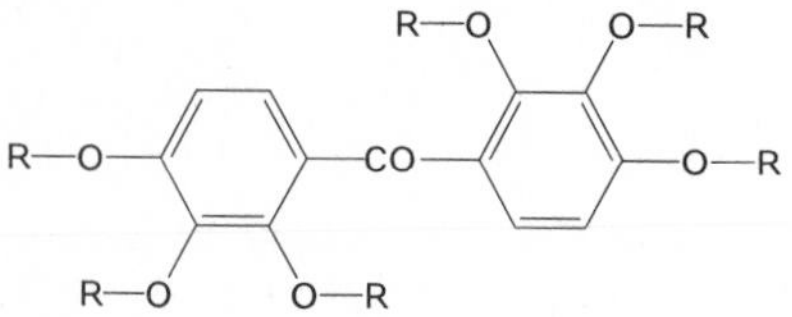

XI 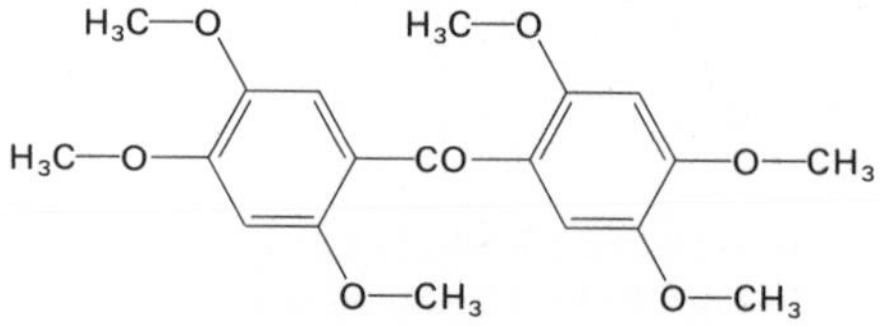   XII

2,3,4,2′,3′,4′-Hexaacetoxy-benzophenon $C_{25}H_{22}O_{13}$, Formel XI (R = CO-CH$_3$).
Kristalle (aus Me.); F: 168−169° (*Shah, Shah,* J. scient. ind. Res. India **15** B [1956] 630, 631).

2,4,5,2′,4′,5′-Hexamethoxy-benzophenon $C_{19}H_{22}O_7$, Formel XII.
B. Aus 2,4,5-Trimethoxy-benzoylchlorid und 1,2,4-Trimethoxy-benzol mit Hilfe von AlCl$_3$ in CS$_2$ (*Govindachari et al.,* Soc. **1958** 912; *Werber,* Ann. Chimica **49** [1959] 1898, 1914). Beim Erhitzen von Bis-[2,4,5-trimethoxy-phenyl]-essigsäure mit Na$_2$Cr$_2$O$_7$ in Essigsäure (*We.,* l. c. S. 1913).
Kristalle (aus Me.); F: 156° [aus Me. oder A.] (*We.*), 150−151° [aus Me.] (*Go. et al.*).
2,4-Dinitro-phenylhydrazon (F: 206°): *We.,* l. c. S. 1913.

2-Acetyl-4,7,8-trihydroxy-6-methoxy-3-methyl-naphthalin-1,5-dion, Cordeauxia − Chinon $C_{14}H_{12}O_7$, Formel XIII (R = H), und Taut.
Konstitution: *Fehlmann, Niggli,* Helv. **48** [1965] 305.
Isolierung aus Blättern von Cordeauxia edulis: *Lister et al.,* Helv. **38** [1955] 215, 220.
Rote Kristalle (aus wss. Me.); F: 194° (*Li. et al.*). Triklin; Dimensionen der Elementarzelle (Röntgen-Diagramm): *Fe., Ni.* IR-Spektrum (KBr; 2−15 μ): *Li. et al.,* l. c. S. 219. Absorptions= spektrum (A. sowie wss. NaOH; 200−670 nm): *Li. et al.,* l. c. S. 217. λ_{max}: 257 nm und 533 nm [wss. NaOH], 247 nm, 305 nm und 480 nm [wss. H$_2$SO$_4$] (*Li. et al.,* l. c. S. 220, 221).

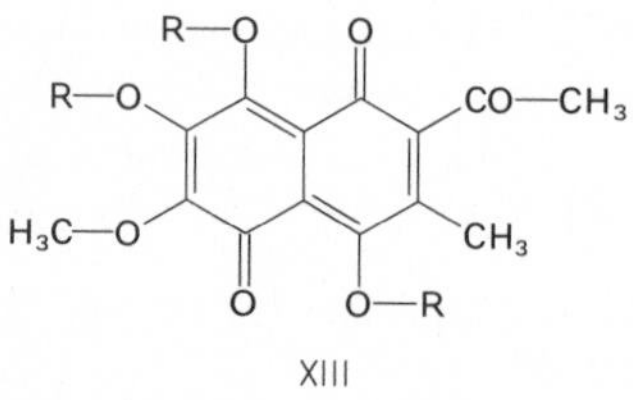

XIII 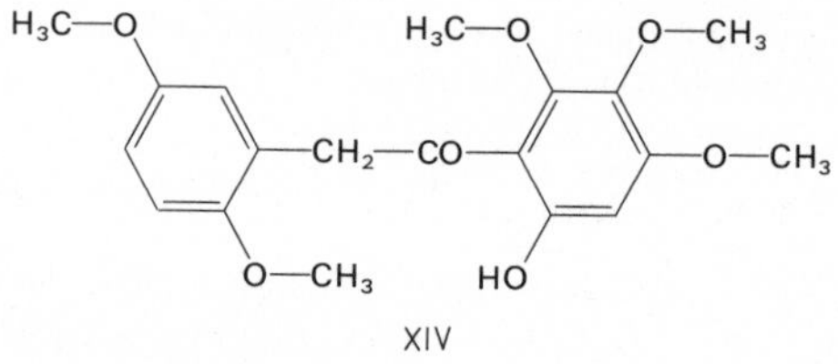   XIV

2-Acetyl-4,6,7,8-tetramethoxy-3-methyl-naphthalin-1,5-dion $C_{17}H_{18}O_7$, Formel XIII
(R = CH₃).

B. Aus der vorangehenden Verbindung und Dimethylsulfat (*Lister et al.*, Helv. **38** [1955]
215, 221).

Gelbe Kristalle (aus Isopropylalkohol + PAe.); F: 88−89°. Absorptionsspektrum (A.;
200−500 nm): *Li. et al.*, l. c. S. 217.

2,4-Dinitro-phenylhydrazon (F: 200−202°): *Li. et al.*

Hydroxy-oxo-Verbindungen $C_{14}H_{12}O_7$

6-Hydroxy-2,3,4,2′,5′-pentamethoxy-desoxybenzoin $C_{19}H_{22}O_7$, Formel XIV.

B. Beim Erwärmen von 3-[2,5-Dimethoxy-phenyl]-5,6,7-trimethoxy-chromen-4-on mit äth=
anol. KOH (*Briggs, Cain,* Tetrahedron **6** [1959] 143).

Kristalle (aus wss. A.); F: 102−104°. λ_{max} (A.): 281 nm und 322 nm.

2,4,6-Trihydroxy-2′,4′,5′-trimethoxy-desoxybenzoin $C_{17}H_{18}O_7$, Formel I (R = H, R′ = CH₃).

B. Beim Behandeln von Phloroglucin mit [2,4,5-Trimethoxy-phenyl]-acetonitril, ZnCl₂ und
HCl in Äther und Erhitzen des Reaktionsprodukts mit H₂O (*Bowyer et al.*, Soc. **1957** 542;
Govindachari et al., Soc. **1957** 548, 550).

Kristalle; F: 208−209° [aus wss. A.] (*Go. et al.*), 207° [aus Me.] (*Bo. et al.*).

I   II

2,2′-Dihydroxy-4,6,4′,5′-tetramethoxy-desoxybenzoin $C_{18}H_{20}O_7$, Formel I (R = CH₃,
R′ = H).

B. Beim Erwärmen von 2,3,9,11-Tetramethoxy-chromeno[3,4-*b*]chromen-6,12-dion mit wss.-
äthanol. KOH (*Bowyer et al.*, Soc. **1957** 542).

Kristalle; F: 132°.

2-Hydroxy-4,6,2′,4′,5′-pentamethoxy-desoxybenzoin $C_{19}H_{22}O_7$, Formel I (R = R′ = CH₃).

B. Aus 2,4,6-Trihydroxy-2′,4′,5′-trimethoxy-desoxybenzoin und Dimethylsulfat (*Bowyer et al.*,
Soc. **1957** 542; *Govindachari et al.*, Soc. **1957** 548, 550).

Kristalle (aus A.); F: 144−145° (*Go. et al.*), 143° (*Bo. et al.*).

4,4′-Dihydroxy-3,5,3′,5′-tetramethoxy-desoxybenzoin, Desoxysyringoin $C_{18}H_{20}O_7$,
Formel II (R = H).

B. Aus 4,4′-Dihydroxy-3,5,3′,5′-tetramethoxy-benzil beim Erwärmen mit amgalgamiertem
Zinn und wss.-äthanol. HCl oder mit Hilfe von Zink und Essigsäure (*Pearl*, J. org. Chem.
22 [1957] 1229, 1232).

Kristalle (aus A.); F: 185−186° [unkorr.]. λ_{max} (A.): 306 nm.

3,4,5,3′,4′,5′-Hexamethoxy-desoxybenzoin $C_{20}H_{24}O_7$, Formel II (R = CH₃) (H 561).

B. Aus der vorangehenden Verbindung (*Pearl*, J. org. Chem. **22** [1957] 1229, 1232).

F: 165−166° [unkorr.]. λ_{max} (A.): 283 nm.

4,4′-Diacetoxy-3,5,3′,5′-tetramethoxy-desoxybenzoin $C_{22}H_{24}O_9$, Formel II (R = CO-CH₃).

B. Aus 4,4′-Dihydroxy-3,5,3′,5′-tetramethoxy-desoxybenzoin (*Pearl*, J. org. Chem. **22** [1957]
1229, 1232).

Kristalle (aus Toluol); F: 200−201° [unkorr.]. λ_{max} (A.): 300 nm.

2,4,6,3',4'-Pentamethoxy-benzoin $C_{19}H_{22}O_7$, Formel III.

Die früher (E III **8** 4365) unter dieser Konstitution beschriebene Verbindung ist als 2,4,6,3',4'-Pentamethoxy-benzil zu formulieren (*Mee et al.*, Soc. **1957** 3093, 3094, 3099). Entsprechendes gilt für die früher (E III 4365, 4366) als 2-Hydroxy-4,6,3',4'-tetramethoxy-benzoin $C_{18}H_{20}O_7$ und als 2,3',4'-Triäthoxy-6-hydroxy-4-methoxy-benzoin $C_{21}H_{26}O_7$ beschriebenen Verbindungen.

III   IV

3-Acetonyl-5,8-dihydroxy-2-hydroxymethyl-6-methoxy-[1,4]naphthochinon $C_{15}H_{14}O_7$, Formel IV, und **7-Acetonyl-5,8-dihydroxy-6-hydroxymethyl-2-methoxy-[1,4]naphthochinon** $C_{15}H_{14}O_7$, Formel V sowie weitere Taut.; Fusarubin, Oxyjavanicin (E III 4366).

Rote Kristalle (aus Bzl.); F: 218° [Zers.; vorgeheizter App.] (*Ruelius, Gauhe*, A. **569** [1950] 38, 53). Absorptionsspektrum (CHCl₃; 240—560 nm): *Ruelius, Gauhe*, A. **570** [1950] 121, 123. λ_{max} in Äthanol, Äthylacetat, CHCl₃, Äther, Cyclohexan sowie äthanol. KOH: *Ru., Ga.*, A. **569** 40, 44, 54.

Geschwindigkeit der Hydrierung an Palladium/BaSO₄ in Essigsäure sowie in Äthanol (Bildung von Desoxyfusarubin [E III/IV **18** 3168] bzw. Javanicin [S. 3646] nach Reoxidation): *Ru., Ga.*, A. **569** 41. Beim Erhitzen mit Essigsäure sowie beim Erwärmen mit HCl in CHCl₃ entsteht Anhydrofusarubin [E III/IV **18** 3195] (*Ru., Ga.*, A. **569** 55). Überführung in 6,9-Dihydroxy-3,7-dimethoxy-3-methyl-3,4-dihydro-1*H*-benz[*g*]isochromen-5,10-dion ⇌ 5,10-Dihydroxy-3,7-dimethoxy-3-methyl-3,4-dihydro-1*H*-benz[*g*]isochromen-6,9-dion beim Behandeln mit methanol. HCl: *Ru., Ga.*, A. **569** 54.

Kalium-Salz $KC_{15}H_{13}O_7$. Hygroskopisch; blauviolett (*Ru., Ga.*, A. **569** 54).

Kupfer(II)-Salz $CuC_{15}H_{12}O_7$. Rotbraun (*Ru., Ga.*, A. **569** 54).

Ammonium-Salz eines *O*-Sulfo-Derivats $[NH_4]C_{15}H_{13}O_{10}S$. Hygroskopische orangegefarbene Kristalle [aus H₂O] (*Ru., Ga.*, A. **570** 125). Absorptionsspektrum (H₂O; 200—530 nm): *Ru., Ga.*, A. **570** 123.

V   VI

Hydroxy-oxo-Verbindungen $C_{15}H_{14}O_7$

(±)-1-[3,4-Dimethoxy-phenyl]-2-hydroxy-3-[2-hydroxy-4,6-dimethoxy-phenyl]-propan-1-on $C_{19}H_{22}O_7$, Formel VI (R = H) und cyclische Taut.

B. Aus 2-[3,4-Dimethoxy-phenyl]-5,7-dimethoxy-4*H*-chromen mit Hilfe von OsO₄ oder Monoperoxyphthalsäure (*Gramshaw et al.*, Soc. **1958** 4040, 4045, 4046).

Kristalle (aus wss. Me.); F: 114,5—115°. Kristalle (aus Bzl.+PAe.) mit 0,5 Mol Benzol; F: 88—90° [nach Dunkelfärbung]. λ_{max} (A.): 207 nm, 229 nm, 276 nm und 307 nm.

(±)-2-Acetoxy-3-[2-acetoxy-4,6-dimethoxy-phenyl]-1-[3,4-dimethoxy-phenyl]-propan-1-on
$C_{23}H_{26}O_9$, Formel VI (R = CO-CH_3).

B. Aus der vorangehenden Verbindung und Acetanhydrid unter Zusatz von Pyridin (*Gramshaw et al.*, Soc. **1958** 4040, 4046).

Kristalle (aus Me.) mit 1 Mol H_2O; F: 148,5−149°. λ_{max} (A.): 204 nm, 229 nm, 278 nm und 307 nm.

Hydroxy-oxo-Verbindungen $C_{21}H_{26}O_7$

21-Acetoxy-6α,7α,17-trihydroxy-pregna-1,4-dien-3,11,20-trion $C_{23}H_{28}O_8$, Formel VII.

B. Neben 21-Acetoxy-1α,2α,17-trihydroxy-pregna-4,6-dien-3,11,20-trion aus 21-Acetoxy-17-hydroxy-pregna-1,4,6-trien-3,11,20-trion mit Hilfe von OsO_4 (*Zderic et al.*, J. org. Chem. **24** [1959] 909).

Kristalle (aus Me.); F: 290−292° [Zers.]. $[\alpha]_D$: +109° [Py.]. λ_{max} (A.): 238 nm.

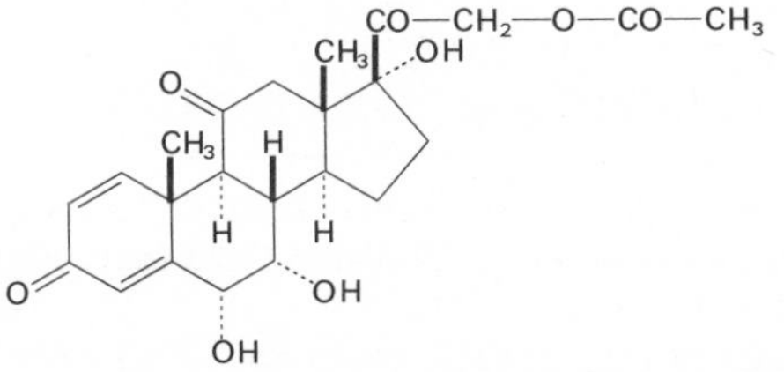

VII

21-Acetoxy-1α,2α,17-trihydroxy-pregna-4,6-dien-3,11,20-trion $C_{23}H_{28}O_8$, Formel VIII.

B. s. im vorangehenden Artikel.

Kristalle (aus Acn.); F: 235−238° [unreines Präparat] (*Zderic et al.*, J. org. Chem. **24** [1959] 909). $[\alpha]_D$: +230° [Py.]. λ_{max} (A.): 280 nm.

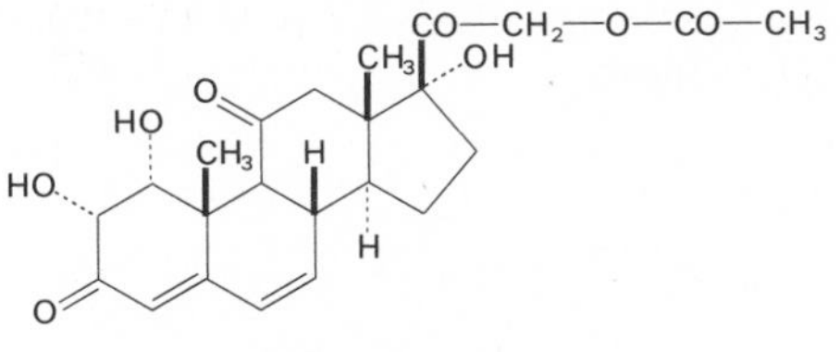

VIII 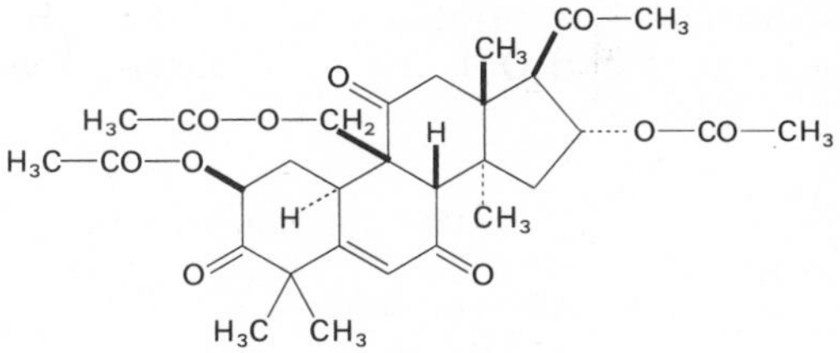   IX

Hydroxy-oxo-Verbindungen $C_{24}H_{32}O_7$

2β,16α-Diacetoxy-9-acetoxymethyl-4,4,14-trimethyl-19-nor-9β,10α-pregn-5-en-3,7,11,20-tetraon,
2β,16α,19-Triacetoxy-22,23,24,25,26,27-hexanor-10α-cucurbit-5-en-3,7,11,20-tetraon,
Cucurbiton-A $C_{30}H_{38}O_{10}$, Formel IX.

Konstitution und Konfiguration: *de Kock et al.*, Soc. **1963** 3828, 3831, 3835.

B. Aus Cucurbitacin-A (S. 3742) beim Erhitzen mit Acetanhydrid und Erwärmen des Reaktionsprodukts mit CrO_3 in wss. Essigsäure (*Enslin et al.*, Soc. **1960** 4779, 4784; s. a. *Rivett, Enslin*, Pr. chem. Soc. **1958** 301).

Kristalle (aus $CHCl_3$+Me.); F: 210°; $[\alpha]_D$: +100° [$CHCl_3$; c = 0,6]; λ_{max} (A.): 245 nm (*En. et al.*).

Hydroxy-oxo-Verbindungen $C_{30}H_{44}O_7$

2,16α,20,25-Tetrahydroxy-9-methyl-19-nor-9β,10α-lanosta-1,5-dien-3,11,22-trion, 2,16α,20,25-Tetrahydroxy-10α-cucurbita-1,5-dien-3,11,22-trion, Cucurbitacin-L, Dihydro-elatericin-B $C_{30}H_{44}O_7$, Formel X und Taut.

Konstitution: *Enslin, Norton,* Soc. **1964** 529. Die Konfiguration ergibt sich aus der genetischen Beziehung zu Cucurbitacin-I (S. 3731).

Isolierung aus Wurzeln von Citrullus ecirrhosis: *Enslin et al.,* J. Sci. Food Agric. **8** [1957] 673, 677.

B. Beim Hydrieren von Cucurbitacin-I (S. 3731) an Palladium/Kohle in Äthanol (*Lavie, Willᵄ ner,* Am. Soc. **80** [1958] 710, 713; *Lavie et al.,* Phytochemistry 3 [1964] 51, 55) oder an Palladium/ CaCO₃ in Äthanol (*En., No.*).

Kristalle (aus Ae. + Bzl. + Hexan); F: 158−160° [korr.; Zers.; nach Sintern ab ca. 135°]; $[α]_D$: −44° [CHCl₃; c = 0,9] (*Lavie et al.,* J. org. Chem. **28** [1963] 1790, 1795).

Kristalle (aus wss. Me.) mit 0,5 Mol H₂O; F: ca. 140° [nach Sintern ab ca. 120°]; $[α]_D$: −49° [CHCl₃; c = 1]; $λ_{max}$ (A.): 270 nm (*En., No.*). Die Angaben von *En. et al.* (Kristalle [aus wss. Me.] mit 0,5 Mol H₂O; F: 122−127° [nach Sintern]; $[α]_D^{28}$: −41° [A.; c = 1,3]; $λ_{max}$ [A.]: 270 nm) betreffen wahrscheinlich ein unreines Präparat (*La. et al.,* Phytochemistry 3 55 Anm.).

Tris-[2,4-dinitro-phenylhydrazon] (F: 186−188°): *La., Wi.*

2β,16α,20,25-Tetrahydroxy-9-methyl-19-nor-9β,10α-lanosta-5,23t-dien-3,11,22-trion,
2β,16α,20,25-Tetrahydroxy-10α-cucurbita-5,23t-dien-3,11,22-trion, Elatericin-A, Cucurbitacin-D $C_{30}H_{44}O_7$, Formel XI (R = R' = R'' = H).

Konstitution und Konfiguration: *de Kock et al.,* Soc. **1963** 3828, 3829, 3835; *Lavie et al.,* J. org. Chem. **27** [1962] 4546, 4547, **28** [1963] 1790; s. a. *Restivo et al.,* J.C.S. Perkin II **1973** 892.

Isolierung aus Früchten von Cucurbita pepo: *Enslin,* J. Sci. Food Agric. **5** [1954] 410, 411, 414; von Ecballium elaterium: *Lavie, Willner,* Am. Soc. **80** [1958] 710, 712.

Kristalle mit 0,5 Mol H₂O(?); F: 151−155° [unkorr.; aus E. + Bzl.] (*Lavie, Shvo,* Am. Soc. **81** [1959] 3058, 3061), 151−152° [korr.; vorgeheizter App.; aus A.] (*En.; Enslin et al.,* J. Sci. Food Agric. **8** [1957] 673, 674). $[α]_D$: +52° [A.] (*En. et al.,* l. c. S. 674), +48° [CHCl₃; c = 1,5] (*La., Shvo*). UV-Spektrum in Methanol (210−300 nm): *La., Shvo*; in Äthanol (220−330 nm): *En. et al.,* l. c. S. 675. $λ_{max}$ (A.): 230 nm (*En. et al.; La., Shvo*), 232 nm (*La., Wi.*).

Bis-[2,4-dinitro-phenylhydrazon] $C_{42}H_{52}N_8O_{13}$. Orangefarbene Kristalle (aus Butaᵄ nol) mit 1 Mol H₂O; F: 218−220° [unkorr.; Zers.] (*La., Shvo*).

X   XI

25-Acetoxy-2β,16α,20-trihydroxy-9-methyl-19-nor-9β,10α-lanosta-5,23t-dien-3,11,22-trion,
25-Acetoxy-2β,16α,20-trihydroxy-10α-cucurbita-5,23t-dien-3,11,22-trion, Cucurbitacin-B $C_{32}H_{46}O_8$, Formel XI (R = R' = H, R'' = CO-CH₃).

Über die Konstitution und Konfiguration s. die Angaben im vorangehenden Artikel. Cucurᵄ bitacin-B ist identisch mit dem von *Chaudhry et al.* (J. scient. ind. Res. India **10** B [1951] 26) beschriebenen Amarin (*Nigam, Sharma*, J. scient. ind. Res. India **18** B [1959] 535; *Chaudhry, Halsall*, Chem. and Ind. **1959** 1119). Über die Bezeichnung als Fabacein-II s. *Eisenhut, Noller*, J. org. Chem. **23** [1958] 1984.

Isolierung aus Samen von Luffa amara: *Ch. et al.*; von Luffa acutangula: *Barua et al.*, J. Indian chem. Soc. **35** [1958] 480; aus Früchten von Cucumis africanus und Lagenaria leucantha: *Enslin*, J. Sci. Food Agric. **5** [1954] 410, 411, 414; aus Wurzeln von Echinocystis fabacea: *Ei., No.*, l. c. S. 1987.

Kristalle; F: 184−186° [korr.] (*Enslin et al.*, J. Sci. Food Agric. **8** [1957] 673, 674), 182−185° [unkorr.; aus wss. Me. oder wss. A.] (*Ba. et al.*), 182° (*Ch. et al.*), 180−182° [korr.; vorgeheizter App.; aus A.] (*En.*), 178−179° [aus Me.] (*Ei., No.*). Monoklin; Dimensionen der Elementarzelle (Röntgen-Diagramm): *Rivett, Herbstein*, Chem. and Ind. **1957** 393. Dichte der Kristalle: 1,251 (*Ri., He.*). $[\alpha]_D$: +88° [A.] (*En. et al.*), +87,4° [A.] (*Ba. et al.*); $[\alpha]_D^{25}$: +87,5° [A.; c = 1,6] (*En.*), +87° [A.; c = 0,9] (*Ei., No.*); $[\alpha]_D^{28}$: +88° [A.] (*Ch. et al.*). λ_{max} (A.): 228 nm (*Ei., No.*), 229 nm und 290 nm (*En. et al.*).

Beim Behandeln mit Methansulfonylchlorid und Pyridin ist eine Verbindung vom F: 155° (Kristalle [aus wss. Me.]) erhalten worden (*Ei., No.*, l. c. S. 1988).

2β,16α-Diacetoxy-20,25-dihydroxy-9-methyl-19-nor-9β,10α-lanosta-5,23t-dien-3,11,22-trion, 2β,16α-Diacetoxy-20,25-dihydroxy-10α-cucurbita-5,23t-dien-3,11,22-trion $C_{34}H_{48}O_9$, Formel XI (R = R' = CO-CH₃, R'' = H).

Position der Acetyl-Gruppen: *Lavie, Shvo*, Am. Soc. **82** [1960] 966, 967.

B. Aus Cucurbitacin-D (S. 3722) und Acetanhydrid in Pyridin (*Lavie, Shvo*, Am. Soc. **81** [1959] 3058, 3061).

Kristalle (aus Bzl.+PAe.); F: 184−186° [unkorr.]; $[\alpha]_D$: −19° [CHCl₃; c = 1,2]; λ_{max} (CHCl₃): 230 nm (*La., Shvo*, Am. Soc. **81** 3061).

16α,25-Diacetoxy-2β,20-dihydroxy-9-methyl-19-nor-9β,10α-lanosta-5,23t-dien-3,11,22-trion, 16α,25-Diacetoxy-2β,20-dihydroxy-10α-cucurbita-5,23t-dien-3,11,22-trion, Fabacein $C_{34}H_{48}O_9$, Formel XI (R = H, R' = R'' = CO-CH₃).

Konstitution und Konfiguration: *Kupchan, Tsou*, J. org. Chem. **38** [1973] 1055.

Isolierung aus Wurzeln von Echinocystis fabacea: *Eisenhut, Noller*, J. org. Chem. **23** [1958] 1984, 1987.

Kristalle; F: 201−202° [aus Me.] (*Ei., No.*), 198−201° (*Ku., Tsou*). $[\alpha]_D^{25}$: +36° [A.; c = 0,5] (*Ei., No.; Ku., Tsou*). λ_{max}: 230 nm und 293 nm [A.] (*Ei., No.*), 230 nm [CHCl₃] (*Ku., Tsou*).

2β,16α,25-Triacetoxy-20-hydroxy-9-methyl-19-nor-9β,10α-lanosta-5,23t-dien-3,11,22-trion, 2β,16α,25-Triacetoxy-20-hydroxy-10α-cucurbita-5,23t-dien-3,11,22-trion $C_{36}H_{50}O_{10}$, Formel XI (R = R' = R'' = CO-CH₃).

Konstitution und Konfiguration: *Kupchan, Tsou*, J. org. Chem. **38** [1973] 1055.

B. Aus Cucurbitacin-B [S. 3722] (*Melera et al.*, J. org. Chem. **24** [1959] 291) sowie aus Fabacein [s. o.] (*Schlegel, Noller*, Tetrahedron Letters **1959** Nr. 13, S. 16, 18; J. org. Chem. **26** [1961] 1211) und Acetanhydrid in Pyridin.

Amorph; $[\alpha]_D^{25}$: +2,5° [CHCl₃; c = 3,6]; λ_{max} (CHCl₃): 230 nm (*Ku., Tsou*). F: 125−130°; $[\alpha]_D^{25}$: +4,4° [CHCl₃; c = 1]; λ_{max} (A.): 228 nm (*Me. et al.*). $[\alpha]_D^{25}$: −20° [CHCl₃; c = 1,8]; λ_{max} (A.): 229 nm und 289 nm (*Sch., No.*, Tetrahedron Letters **1959** Nr. 13, S. 16, 18).

Beim Erwärmen mit CrO₃ in Essigsäure ist Cucurbiton-B (S. 3653) erhalten worden (*Me. et al.; Schlegel et al.*, J. org. Chem. **26** [1961] 1206, 1210; *de Kock et al.*, Soc. **1963** 3828, 3839).

[*K. Grimm*]

Hydroxy-oxo-Verbindungen $C_nH_{2n-18}O_7$

Hydroxy-oxo-Verbindungen $C_{14}H_{10}O_7$

2-Hydroxy-4,6,3′,4′-tetramethoxy-benzil $C_{18}H_{18}O_7$, Formel I (R = CH₃, R' = H).

Diese Konstitution kommt der früher (E III **8** 4365) als 2-Hydroxy-4,6,3′,4′-tetramethoxy-benzoin bezeichneten Verbindung zu (s. dazu *Mee et al.*, Soc. **1957** 3093, 3094).

2,4,6,3′,4′-Pentamethoxy-benzil $C_{19}H_{20}O_7$, Formel I (R = R′ = CH$_3$).
Diese Konstitution kommt der früher (E III **8** 4365) als 2,4,6,3′,4′-Pentamethoxy-benzoin bezeichneten Verbindung zu (*Mee et al.*, Soc. **1957** 3093, 3094, 3099).
B. Aus 2,4,6,3′,4′-Pentamethoxy-desoxybenzoin mit Hilfe von Blei(IV)-acetat (*Badcock et al.*, Soc. **1950** 2961, 2965).
Gelbliche Kristalle; F: 175° [aus Bzl.] (*Mee et al.*), 174° (*Ba. et al.*).
o-Phenylendiamin-Kondensationsprodukt (F: 176°): *Mee et al.*

2,3′,4′-Triäthoxy-6-hydroxy-4-methoxy-benzil $C_{21}H_{24}O_7$, Formel I (R = C$_2$H$_5$, R′ = H).
Diese Konstitution kommt der früher (E III **8** 4366) als 2,3′,4′-Triäthoxy-6-hydroxy-4-meth‍oxy-benzoin bezeichneten Verbindung zu (s. dazu *Mee et al.*, Soc. **1957** 3093, 3094).

2,3,6,7,8,9-Hexahydroxy-4-methyl-phenalen-1-on $C_{14}H_{10}O_7$, Formel II (R = R′ = H) und Taut.; N o r x a n t h o h e r q u e i n.
Konstitution: *Frost, Morrison*, J.C.S. Perkin I **1973** 2388, 2392, 2396; s. a. *Barton et al.*, Tetrahedron **6** [1959] 48, 50.
B. Beim Erhitzen von Norherqueinon (E III/IV **18** 3527) mit wss. H$_2$SO$_4$, auch unter Zusatz von Essigsäure (*Galarraga et al.*, Biochem. J. **61** [1955] 456, 463).
Orangegelbe Kristalle (nach Sublimation unter vermindertem Druck bei ca. 250°), die (nach Dunkelfärbung ab 300°) bis 360° nicht schmelzen (*Ga. et al.*).
P e n t a a c e t y l - D e r i v a t $C_{24}H_{20}O_{12}$. Gelbe Kristalle (aus E.); F: 235−236° (*Neill, Raistrick*, Biochem. J. **65** [1957] 166, 176). λ_{max} (A.): 242 nm, 370 nm, 415 nm und 440 nm (*Ba. et al.*).

2,3,6,7,9-Pentahydroxy-8-methoxy-4-methyl-phenalen-1-on $C_{15}H_{12}O_7$, Formel II (R = H, R′ = CH$_3$) und Taut.; X a n t h o h e r q u e i n.
Bezüglich der Konstitution s. die Angaben im vorangehenden Artikel.
B. Beim Erhitzen von Herqueinon (E III/IV **18** 3527) mit wss. H$_2$SO$_4$ (*Galarraga et al.*, Biochem. J. **61** [1955] 456, 462).
Gelbe Kristalle (aus wss. A.); F: 295−296° [Zers.] (*Ga. et al.*). λ_{max} (A.): 216 nm und 395 nm (*Barton et al.*, Tetrahedron **6** [1959] 48, 50), 222 nm, 370 nm und 387 nm (*Ga. et al.*; s. a. *Neill, Raistrick*, Biochem. J. **65** [1957] 166, 175).
P e r c h l o r a t $C_{15}H_{12}O_7 \cdot HClO_4 \cdot H_2O$. Rote Kristalle (aus Eg. + wss. HClO$_4$); F: 244° [Zers.] (*Ga. et al.*).
T e t r a a c e t y l - D e r i v a t $C_{23}H_{20}O_{11}$. Gelbe Kristalle (aus E.); F: 217° (*Ne., Ra.*, l. c. S. 176). λ_{max} (A.): 240 nm, 267 nm, 375 nm, 420 nm und 445 nm (*Ba. et al.*, l. c. S. 50).
B r o m - D e r i v a t $C_{15}H_{11}BrO_7$; B r o m x a n t h o h e r q u e i n. Gelbe Kristalle (aus Eg.); Zers. bei 200° (*Ba. et al.*, l. c. S. 57). λ_{max} (A.): 220 nm und 426−429 nm (*Ba. et al.*, l. c. S. 57).

2,3,6,7,8,9-Hexamethoxy-4-methyl-phenalen-1-on, H e x a - *O* - m e t h y l - n o r x a n t h o h e r q u e i n $C_{20}H_{22}O_7$, Formel II (R = R′ = CH$_3$).
B. Beim Erwärmen von P e n t a - *O* - m e t h y l - n o r x a n t h o h e r q u e i n $C_{19}H_{20}O_7$ (aus Norxan‍thoherquein und Diazomethan sowie aus Xanthoherquein und Dimethylsulfat hergestellt; gelbe

Kristalle [aus Me.], F: 141 – 142° [*Galarraga et al.,* Biochem. J. **61** [1955] 456, 463, 464]) mit
CH$_3$I und Ag$_2$O in Benzol (*Neill, Raistrick,* Biochem. J. **65** [1957] 166, 176).
    Orangefarbene Kristalle (aus PAe.); F: 109 – 110° (*Ne., Ra.*).

Hydroxy-oxo-Verbindungen C$_{15}$H$_{12}$O$_7$

2′-Hydroxy-2,3,3′,4′,5′-pentamethoxy-*trans*-chalkon C$_{20}$H$_{22}$O$_7$, Formel III (X = O-CH$_3$,
X′ = H).
    B. Aus 1-[2-Hydroxy-3,4,5-trimethoxy-phenyl]-äthanon und 2,3-Dimethoxy-benzaldehyd in
wss.-äthanol. NaOH (*Arcoleo et al.,* Ann. Chimica **47** [1957] 75, 84).
    Rote Kristalle (aus A.); F: 97 – 98°.

_____

2,2′-Dihydroxy-3,3′,4′,6′-tetramethoxy-*trans*-chalkon C$_{19}$H$_{20}$O$_7$, Formel IV (R = H).
    B. Beim Erhitzen von 2′-Hydroxy-3,3′,4′,6′-tetramethoxy-2-methoxymethoxy-*trans*-chalkon
mit wss. H$_2$SO$_4$ und Essigsäure (*Arcoleo et al.,* Ann. Chimica **47** [1957] 667, 674).
    Orangegelbe Kristalle (aus wss. A.); F: 184 – 185°.
    D i a c e t y l - D e r i v a t C$_{23}$H$_{24}$O$_9$; 2,2′-D i a c e t o x y-3,3′,4′,6′-t e t r a m e t h o x y-*t r a n s*-c h a l ≠
k o n. Gelbe Kristalle (aus A.); F: 121 – 122°.

III

IV

2′-Hydroxy-2,3,3′,4′,6′-pentamethoxy-*trans*-chalkon C$_{20}$H$_{22}$O$_7$, Formel IV (R = CH$_3$).
    B. Aus 1-[2-Hydroxy-3,4,6-trimethoxy-phenyl]-äthanon und 2,3-Dimethoxy-benzaldehyd
(*Arcoleo et al.,* Ann. Chimica **47** [1957] 75, 85).
    Gelbe Kristalle (aus A.); F: 152°.

2′-Hydroxy-3,3′,4′,6′-tetramethoxy-2-methoxymethoxy-*trans*-chalkon C$_{21}$H$_{24}$O$_8$, Formel IV
(R = CH$_2$-O-CH$_3$).
    B. Analog der vorangehenden Verbindung (*Arcoleo et al.,* Ann. Chimica **47** [1957] 667, 673;
Venturella, Bellino, Ann. Chimica **49** [1959] 2023, 2039).
    Dimorph; orangerote Kristalle (aus A.); F: 103 – 104° bzw. gelbe Kristalle (aus A.); F:
95 – 96° (*Ve., Be.,* l. c. S. 2039). Absorptionsspektrum der beiden Formen (A.; 220 – 420 nm):
Ve., Be., l. c. S. 2040.

_____

4,2′-Dihydroxy-3,5,3′,4′-tetramethoxy-*trans*-chalkon C$_{19}$H$_{20}$O$_7$, Formel V (R = H).
    B. Beim Erhitzen von 2′-Hydroxy-3,5,3′,4′-tetramethoxy-4-methoxymethoxy-*trans*-chalkon
mit wss. H$_2$SO$_4$ und Essigsäure (*Bellino, Venturella,* Ann. Chimica **48** [1958] 716, 718, 719).
    Gelbe Kristalle (aus A.); F: 132 – 133°.
    D i a c e t y l - D e r i v a t C$_{23}$H$_{24}$O$_9$; 4,2′-D i a c e t o x y-3,5,3′,4′-t e t r a m e t h o x y-*t r a n s*-c h a l ≠
k o n. Kristalle (aus A.); F: 130 – 131°.

V

VI

2′-Hydroxy-3,5,3′,4′-tetramethoxy-4-methoxymethyl-*trans*-chalkon $C_{21}H_{24}O_8$, Formel V ($R = CH_2\text{-}O\text{-}CH_3$).

B. Aus 1-[2-Hydroxy-3,4-dimethoxy-phenyl]-äthanon und 3,5-Dimethoxy-4-methoxymeth≠ oxy-benzaldehyd in wss.-äthanol. KOH (*Bellino, Venturella*, Ann. Chimica **48** [1958] 716, 717, 719).

Gelbe Kristalle (aus A.); F: 173−174°.

4,2′-Dihydroxy-3,3′,4′,6′-tetramethoxy-*trans*-chalkon $C_{19}H_{20}O_7$, Formel VI ($R = H$).

B. Beim Erhitzen von 2′-Hydroxy-3,3′,4′,6′-tetramethoxy-4-methoxymethyl-*trans*-chalkon mit wss. H_2SO_4 und Essigsäure (*Arcoleo et al.*, Ann. Chimica **47** [1957] 658, 663).

Gelbe Kristalle (aus wss. A.); F: 160−161°.

Diacetyl-Derivat $C_{23}H_{24}O_9$; 4,2′-Diacetoxy-3,3′,4′,6′-tetramethoxy-*trans*-chal≠ kon. Kristalle (aus wss. A.); F: 168−169° (*Ar. et al.*, l. c. S. 664).

2′-Hydroxy-3,3′,4′,6′-tetramethoxy-4-methoxymethyl-*trans*-chalkon $C_{21}H_{24}O_8$, Formel VI ($R = CH_2\text{-}O\text{-}CH_3$).

B. Aus 1-[2-Hydroxy-3,4,6-trimethoxy-phenyl]-äthanon und 3-Methoxy-4-methoxymethyl-benzaldehyd in wss.-äthanol. KOH (*Arcoleo et al.*, Ann. Chimica **47** [1957] 658, 663).

Orangerote Kristalle (aus A.); F: 153−154°.

2′-Hydroxy-3,3′,4′,5′,6′-pentamethoxy-*trans*-chalkon $C_{20}H_{22}O_7$, Formel III ($X = H$, $X′ = O\text{-}CH_3$).

B. Aus 1-[2-Hydroxy-3,4,5,6-tetramethoxy-phenyl]-äthanon und 3-Methoxy-benzaldehyd in wss.-äthanol. KOH (*Chen et al.*, J. Taiwan pharm. Assoc. **4** [1952] 48).

Rötlichgelbe Kristalle; F: 66−67°.

2′,5′-Dihydroxy-4,3′,4′,6′-tetramethoxy-*trans*-chalkon $C_{19}H_{20}O_7$, Formel VII ($R = H$).

B. Analog der vorangehenden Verbindung (*Matsuura*, J. pharm. Soc. Japan **77** [1957] 328; C. A. **1957** 11339).

Braune Kristalle (aus wss. A.); F: 133,5°.

VII   VIII

2′-Hydroxy-4,3′,4′,5′,6′-pentamethoxy-*trans*-chalkon $C_{20}H_{22}O_7$, Formel VII ($R = CH_3$).

B. Analog den vorangehenden Verbindungen (*Matsuura*, J. pharm. Soc. Japan **77** [1957] 328; C. A. **1957** 11339). Beim Behandeln von 4-Methoxy-*trans*-cinnamoylchlorid mit Penta≠ methoxy-benzol und $AlCl_3$ in Äther und Erhitzen des Reaktionsprodukts mit wss. HCl (*Sehgal et al.*, Pr. Indian Acad. [A] **42** [1955] 252).

Orangefarbene Kristalle; F: 97° [aus A.] (*Ma.*), 91−92° [aus PAe.] (*Se. et al.*).

Methyl-Derivat $C_{21}H_{24}O_7$; 4,2′,3′,4′,5′,6′-Hexamethoxy-*trans*-chalkon. Hellgelbe Kristalle (aus PAe.); F: 105−106° (*Se. et al.*).

1-[2,4-Dimethoxy-phenyl]-3-[2-hydroxy-4,6-dimethoxy-phenyl]-propan-1,3-dion $C_{19}H_{20}O_7$, Formel VIII ($R = H$, $R′ = CH_3$) und Taut.

B. Aus 1-[2-Hydroxy-4,6-dimethoxy-phenyl]-äthanon und 2,4-Dimethoxy-benzoesäure-methylester mit Hilfe von Natrium (*Doporto et al.*, Soc. **1955** 4249, 4253). Beim Erwärmen von 1-[2-Hydroxy-4,6-dimethoxy-phenyl]-äthanon mit 2,4-Dimethoxy-benzoesäure-anhydrid unter Zusatz von Triäthylamin und anschliessenden Erhitzen mit wss. KOH (*Do. et al.*).

Gelbe Kristalle (aus A.); F: 120−121°.

1-[2,4-Dimethoxy-phenyl]-3-[2,4,6-trimethoxy-phenyl]-propan-1,3-dion $C_{20}H_{22}O_7$, Formel VIII
(R = R′ = CH₃) und Taut. (E II 620; E III 4374).

Beim Erwärmen mit wss. HI entsteht nicht, wie früher (E II 602) angenommen, 7-Methoxy-2-[2,4,6-trimethoxy-phenyl]-chromen-4-on   sondern   2-[2,4-Dimethoxy-phenyl]-5,7-dimethoxy-chromen-4-on (*Doporto et al.*, Soc. **1955** 4249, 4254).

1-[2-Benzyloxy-4-methoxy-phenyl]-3-[2,4,6-trimethoxy-phenyl]-propan-1,3-dion $C_{26}H_{26}O_7$,
Formel VIII (R = CH₃, R′ = CH₂-C₆H₅) und Taut.

B. Aus 1-[2,4,6-Trimethoxy-phenyl]-äthanon und 2-Benzyloxy-4-methoxy-benzoesäuremethylester mit Hilfe von Natrium (*Doporto et al.*, Soc. **1955** 4249, 4254).
Kristalle (aus Me.); F: 141°.

1-[3,5-Dimethoxy-phenyl]-3-[2-hydroxy-4,6-dimethoxy-phenyl]-propan-1,3-dion $C_{19}H_{20}O_7$,
Formel IX (X = O-CH₃, X′ = H) und Taut.

B. Beim Erwärmen von 3,5-Dimethoxy-benzoesäure-[2-acetyl-3,5-dimethoxy-phenylester] mit KOH und Pyridin (*Doporto et al.*, Soc. **1955** 4249, 4255).
Gelbe Kristalle (aus A.); F: 139−140°.

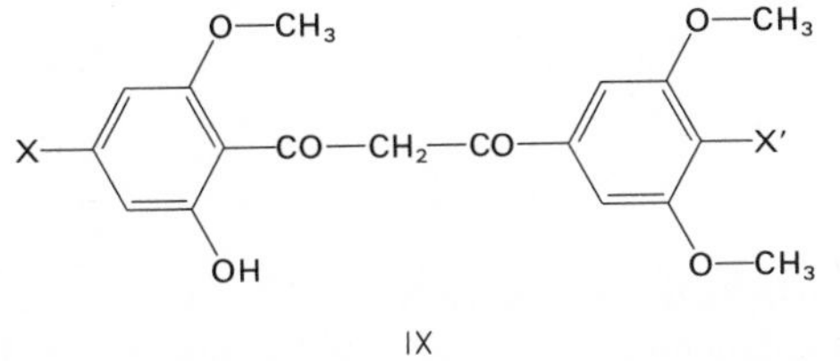

IX

1-[2-Hydroxy-6-methoxy-phenyl]-3-[3,4,5-trimethoxy-phenyl]-propan-1,3-dion $C_{19}H_{20}O_7$,
Formel IX (X = H, X′ = O-CH₃) und Taut.

B. Aus 3,4,5-Trimethoxy-benzoesäure-[2-acetyl-3-methoxy-phenylester] analog der vorangehenden Verbindung (*Ahluwalia et al.*, Pr. Indian Acad. [A] **38** [1953] 480, 487).
Gelbe Kristalle (aus Bzl. + PAe.); F: 150−151°.

*2,4,α,2′,4′,6′-Hexamethoxy-chalkon $C_{21}H_{24}O_7$, Formel X.

B. Beim Behandeln von (±)-Dihydromorin (E III/IV **18** 3430) mit Dimethylsulfat und KOH in wss. Aceton (*Carruthers et al.*, Soc. **1957** 4440, 4443).
Hellgelbe Kristalle (aus A. + PAe.); F: 117−118°. UV-Spektrum (Me.; 210−380 nm): *Ca. et al.*, l. c. S. 4441.

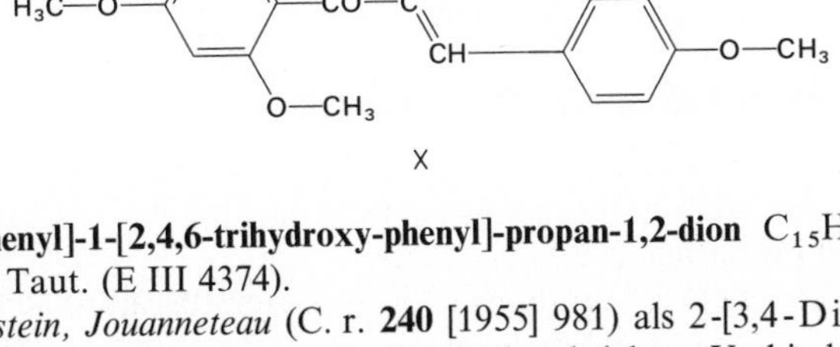

X

3-[3,4-Dihydroxy-phenyl]-1-[2,4,6-trihydroxy-phenyl]-propan-1,2-dion $C_{15}H_{12}O_7$, Formel XI
(R = R′ = H) und Taut. (E III 4374).

Die von *Zwingelstein, Jouanneteau* (C. r. **240** [1955] 981) als 2-[3,4-Dihydroxy-benzyl]-2,4,6-trihydroxy-benzofuran-3-on $C_{15}H_{12}O_7$ beschriebene Verbindung ist als 2-[3,4-Dihydroxy-phenyl]-4,6-dihydroxy-benzofuran-3-on (E III/IV **17** 3854) zu formulieren (*Katamna*, Bl. **1970** 2309, 2320).

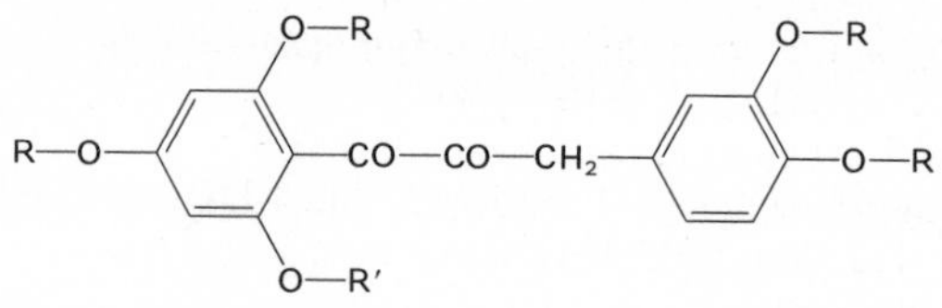

XI

3-[3,4-Dimethoxy-phenyl]-1-[2-hydroxy-4,6-dimethoxy-phenyl]-propan-1,2-dion $C_{19}H_{20}O_7$,
Formel XI (R = CH$_3$, R' = H) und Taut.

(±)-2-Hydroxy-4,6-dimethoxy-2-veratryl-benzofuran-3-on $C_{19}H_{20}O_7$, Formel XII
(E III 4375).

B. Beim Erhitzen von (±)-2r-[3,4-Dimethoxy-phenyl]-3t-hydroxy-5,7-dimethoxy-chroman-4-on mit wss. KOH (*Hergert et al.*, J. org. Chem. **21** [1956] 304, 309).

Kristalle (aus Me.); F: 176° [korr.]. IR-Spektrum (Paraffin; 4000—650 cm⁻¹): *He. et al.,*
l. c. S. 306.

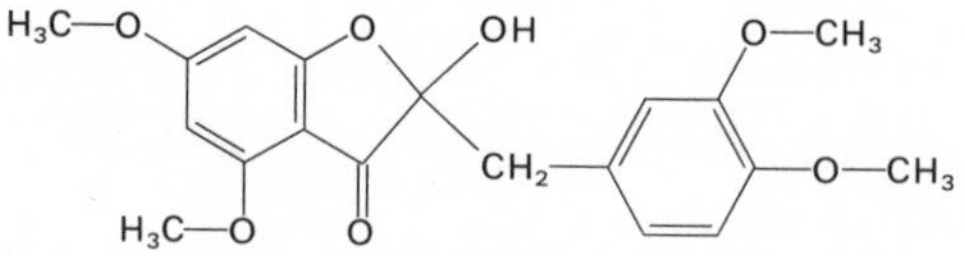

XII

*3,2'-Dihydroxy-4,α,4',6'-tetramethoxy-chalkon $C_{19}H_{20}O_7$, Formel XIII (R = H).

B. Aus 1-[2-Hydroxy-4,6-dimethoxy-phenyl]-2-methoxy-äthanon und Isovanillin in wss.-äth≠
anol. KOH (*Narasimhachari et al.*, Pr. Indian Acad. [A] **37** [1953] 104, 108).

Gelbe Kristalle (aus E.); F: 193—194°.

3-[3,4-Dimethoxy-phenyl]-1-[2,4,6-trimethoxy-phenyl]-propan-1,2-dion $C_{20}H_{22}O_7$, Formel XI
(R = R' = CH$_3$) und Taut.

Nach Ausweis des IR-Spektrums liegt in den Kristallen sowie in Lösung in CCl₄ α-Hydroxy-
3,4,2',4',6'-pentamethoxy-chalkon $C_{20}H_{22}O_7$ vor (*Birch et al.*, Soc. **1957** 3586, 3588, 3592).

B. Beim Erwärmen von 2-Acetoxy-1-[2,4,6-trimethoxy-phenyl]-äthanon mit Veratrumaldehyd
in Methanol unter Zusatz von wss. KOH (*Bi. et al.*, l. c. S. 3592).

Hellgelbe Kristalle (aus Me.); F: 155—157°.

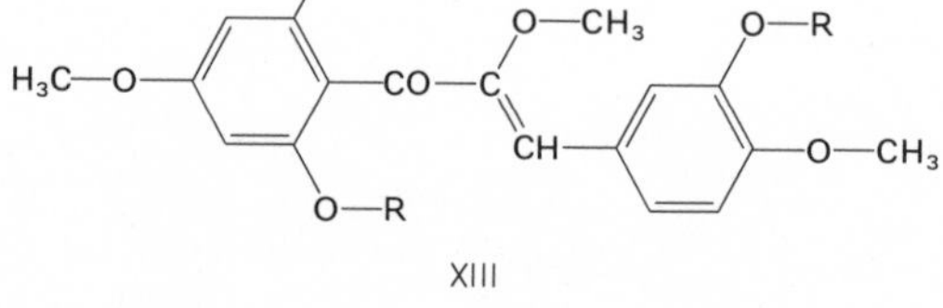

XIII

3,4,α,2',4',6'-Hexamethoxy-chalkon $C_{21}H_{24}O_7$, Formel XIII (R = CH$_3$).

a) Präparat vom F: 156°.

B. Beim Erwärmen des unter b) beschriebenen Präparats mit wss. HCl und Aceton (*Hergert
et al.*, J. org. Chem. **21** [1956] 304, 309).

Hellgelbe Kristalle (aus A.); F: 156° [korr.]. IR-Spektrum (Paraffin; 4000—650 cm⁻¹): *He.,*
l. c. S. 306.

b) Präparat vom F: 133°.

B. Beim Behandeln von (±)-Dihydroquercetin (E III/IV **18** 3431) mit Dimethylsulfat und

KOH in wss. Aceton (*He. et al.*).

Hellgelbe Kristalle (aus A.); F: 132−133° [korr.]. IR-Spektrum (Paraffin; 4000−650 cm^{-1}): *He. et al.*, l. c. S. 306. UV-Spektrum (A.; 220−400 nm): *He. et al.*, l. c. S. 307.

*3,4,5,α,2′,4′-Hexamethoxy-chalkon $C_{21}H_{24}O_7$, Formel XIV.

B. Beim Erwärmen von (+)-Dihydrorobinetin (E III/IV **18** 3438) mit Dimethylsulfat und KOH in wss. Methanol (*Freudenberg, Hartmann*, A. **587** [1954] 207, 211).

Hellgelbe Kristalle (aus Me.); F: 119−120°.

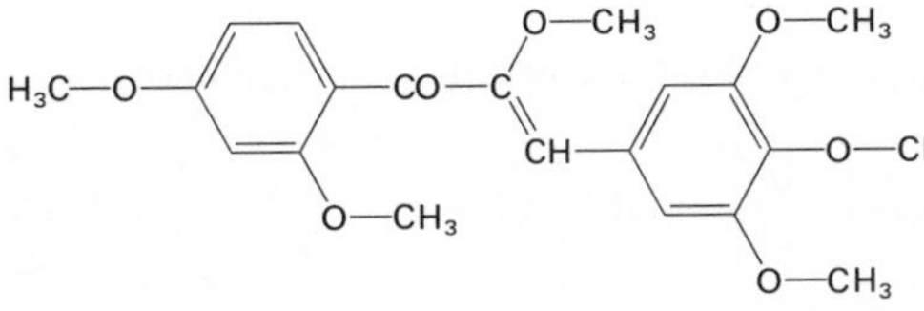

XIV

2-[2,3-Dimethoxy-phenyl]-3-[2-hydroxy-4,6-dimethoxy-phenyl]-3-oxo-propionaldehyd $C_{19}H_{20}O_7$ und Taut.

*Opt.-inakt. 3-[2,3-Dimethoxy-phenyl]-2-hydroxy-5,7-dimethoxy-chroman-4-on $C_{19}H_{20}O_7$, Formel I (X = O-CH$_3$, X′ = H).

B. Beim Behandeln von 2-Hydroxy-4,6,2′,3′-tetramethoxy-desoxybenzoin mit Ameisensäure-äthylester und Natrium (*Whalley*, Soc. **1953** 3366, 3371).

Kristalle (aus A.); F: 191−192° [Zers.].

Die folgenden Verbindungen sind in analoger Weise hergestellt worden:

*Opt.-inakt. 2-Hydroxy-7-methoxy-3-[2,4,6-trimethoxy-phenyl]-chroman-4-on $C_{19}H_{20}O_7$, Formel II (X = H, X′ = O-CH$_3$). Kristalle (aus Me.); F: 196−197° [Zers.] (*Whal$\leq$ley, Lloyd*, Soc. **1956** 3213, 3220).

*Opt.-inakt. 3-[2,4-Dimethoxy-phenyl]-2-hydroxy-5,7-dimethoxy-chroman-4-on $C_{19}H_{20}O_7$, Formel II (X = O-CH$_3$, X′ = H). Kristalle (aus E.); F: 178° [Zers.] (*Wh.*, l. c. S. 3370).

*Opt.-inakt. 3-[3,4-Dimethoxy-phenyl]-2-hydroxy-5,7-dimethoxy-chroman-4-on $C_{19}H_{20}O_7$, Formel I (X = H, X′ = O-CH$_3$). Kristalle (aus A.); F: 124−125° [Zers.] (*Narasimhachari et al.*, J. scient. ind. Res. India **12** B [1953] 287, 291).

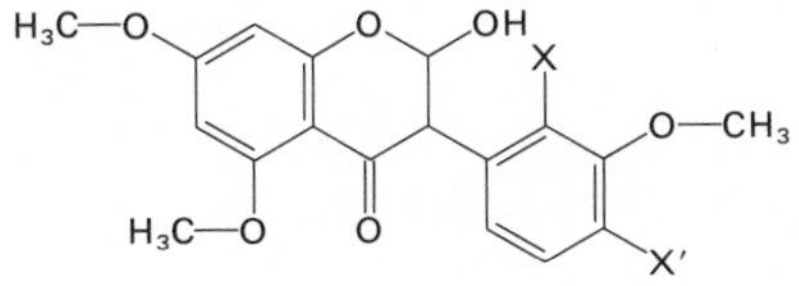

I 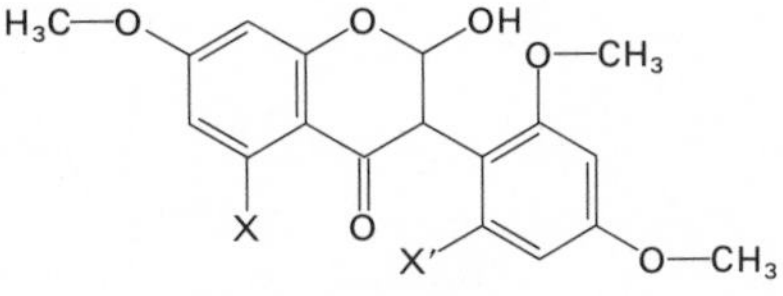   II

Hydroxy-oxo-Verbindungen $C_{16}H_{14}O_7$

1-[3,4-Dimethoxy-phenyl]-3-[2-hydroxy-4,6-dimethoxy-3-methyl-phenyl]-propan-1,3-dion $C_{20}H_{22}O_7$, Formel III und Taut.

B. Beim Erhitzen von 3,4-Dimethoxy-benzoesäure-[2-acetyl-3,5-dimethoxy-6-methyl-phenyl$\leq$ester] mit K$_2$CO$_3$ in Toluol (*Bannerjee, Seshadri*, J. scient. ind. Res. India **13** B [1954] 598, 599).

Hellgelbe Kristalle (aus CHCl$_3$ + Bzl.); F: 190−192°.

*2′-Hydroxy-3,4,α,4′,6′-pentamethoxy-3′-methyl-chalkon $C_{21}H_{24}O_7$, Formel IV.

B. Aus 1-[2-Hydroxy-4,6-dimethoxy-3-methyl-phenyl]-2-methoxy-äthanon und Veratrum$\leq$

aldehyd in wss.-äthanol. KOH (*Jain, Seshadri*, J. scient. ind. Res. India **13** B [1954] 539, 540).
Gelbe Kristalle (aus Me.); F: 146—147°.

$$\text{III}$$

2-[2,3-Dimethoxy-phenyl]-3-[2-hydroxy-4,6-dimethoxy-3-methyl-phenyl]-3-oxo-propionaldehyd $C_{20}H_{22}O_7$ und Taut.

*Opt.-inakt. 3-[2,3-Dimethoxy-phenyl]-2-hydroxy-5,7-dimethoxy-8-methyl-chroman-4-on $C_{20}H_{22}O_7$, Formel V.

B. Beim Behandeln von 2-Hydroxy-4,6,2′,3′-tetramethoxy-3-methyl-desoxybenzoin mit Äthylformiat und Natrium (*Whalley*, Soc. **1953** 3366, 3370).
Kristalle (aus Me. oder E.); F: 178° [Zers.].

$$\text{IV} \qquad \text{V}$$

Hydroxy-oxo-Verbindungen $C_{18}H_{18}O_7$

4,3′-Diacetoxy-3,5,2′,4′-tetramethoxy-6′-propyl-*trans*-chalkon $C_{26}H_{30}O_9$, Formel VI.

B. Beim Behandeln von 1-[3-Acetoxy-2,4-dimethoxy-6-propyl-phenyl]-äthanon mit Syringa=
aldehyd und wss.-äthanol. KOH und Behandeln des Reaktionsprodukts mit Acetanhydrid und
Pyridin (*Pew*, Am. Soc. **74** [1952] 2850, 2855).
Hellgelbe Kristalle (aus A.); F: 171—173° [korr.].

$$\text{VI}$$

Hydroxy-oxo-Verbindungen $C_{19}H_{20}O_7$

(±)-3-Hydroxy-3-[6-hydroxy-4-isopropyl-7-oxo-cyclohepta-1,3,5-trienyl]-1-[3,4,5-trimethoxy-phenyl]-propan-1-on $C_{22}H_{26}O_7$, Formel VII und Taut.; **(±)-3-[1-Hydroxy-3-oxo-3-(3,4,5-trimethoxy-phenyl)-propyl]-6-isopropyl-tropolon.**

B. Aus 3-Formyl-6-isopropyl-tropolon und 1-[3,4,5-Trimethoxy-phenyl]-äthanon in wss.-äth=
anol. NaOH (*Sebe, Matsumoto*, Sci. Rep. Tohoku Univ. [I] **38** [1954] 308, 310, 315).
Kristalle (aus A.); F: 85—86°.
Kupfer(II)-Salz. Kristalle (aus $CHCl_3$); F: 190—192°.

VII

Hydroxy-oxo-Verbindungen $C_{21}H_{24}O_7$

Bis-[2,6-dioxo-4-methyl-cyclohexyl]-[3,4,5-trimethoxy-phenyl]-methan, 5,5'-Dimethyl-2,2'-[3,4,5-trimethoxy-benzyliden]-bis-cyclohexan-1,3-dion $C_{24}H_{30}O_7$, Formel VIII und Taut.

B. Aus 5-Methyl-cyclohexan-1,3-dion und 3,4,5-Trimethoxy-benzaldehyd in Äthanol unter Zusatz von Piperidin (*Kvita, Weichet,* Collect. **22** [1957] 1064).

F: 189° [unkorr.].

Hydroxy-oxo-Verbindungen $C_{30}H_{42}O_7$

2,16α,20,25-Tetrahydroxy-9-methyl-19-nor-9β,10α-lanosta-1,5,23t-trien-3,11,22-trion, 2,16α,20,25-Tetrahydroxy-10α-cucurbita-1,5,23t-trien-3,11,22-trion, Cucurbitacin-I, Elatericin-B $C_{30}H_{42}O_7$, Formel IX (R = H).

Konstitution und Konfiguration: *Lavie et al.,* J. org. Chem. **27** [1962] 4546; *de Kock et al.,* Soc. **1963** 3828, 3829, 3835.

Isolierung aus den Wurzeln von Citrullus ecirrhosus: *Enslin et al.,* J. Sci. Food Agric. **8** [1957] 673, 677; aus den Früchten von Ecballium elaterium: *Lavie, Willner,* Am. Soc. **80** [1958] 710, 712.

B. Beim Erhitzen von Elatericin-A (S. 3722) mit Bi_2O_3 in Essigsäure (*Lavie, Shvo,* Chem. and Ind. **1959** 429; Am. Soc. **82** [1960] 966, 968).

Kristalle; F: 149—155° [korr.; aus E. + Bzl.] (*La., Shvo,* Am. Soc. **82** 968), 148—149° [unᵬ korr.; Zers.; aus E. + Bzl.] (*La., Wi.*), 148—148,5° [korr.; aus E. + Hexan + Me.] (*En. et al.,* l. c. S. 677). $[\alpha]_D$: −52° [$CHCl_3$; c = 1,6] (*La., Wi.*), −51° [$CHCl_3$; c = 0,8] (*La., Shvo,* Am. Soc. **82** 968). IR-Banden ($CHCl_3$; 3450—1000 cm⁻¹): *La., Wi.* UV-Spektrum (A.; 220—300 nm): *En. et al.,* l. c. S. 675.

Bei der Hydrierung an Palladium/Kohle in Äthanol ist 3α,16α,20,25-Tetrahydroxy-10α-cucurᵬ bit-5-en-2,11,22-trion erhalten worden (*Lavie, Benjaminov,* J. org. Chem. **30** [1965] 607, 609; *Cattel et al.,* G. **108** [1978] 1, 2; s. a. *La., Wi.,* l. c. S. 713).

Monomethyl-Derivat $C_{31}H_{44}O_7$. *B.* Aus Elatericin-B und CH_3I (*La., Wi.*). — Kristalle (aus Acn. + PAe.); F: 217—218° [unkorr.]; $[\alpha]_D$: −62° [$CHCl_3$; c = 1,7]; λ_{max} (A.): 231 nm (*La., Wi.*). — Überführung in ein Diacetyl-Derivat $C_{35}H_{48}O_9$ (Kristalle [aus $CHCl_3$ + PAe.]; F: 251—252° [unkorr.]): *La., Wi.*

Diacetyl-Derivat $C_{34}H_{46}O_9$; 2,16α-Diacetoxy-20,25-dihydroxy-9-methyl-19-nor-9β,10α-lanosta-1,5,23t-trien-3,11,22-trion, 2,16α-Diacetoxy-20,25-dihydroxy-10α-cucurbita-1,5,23t-trien-3,11,22-trion. Kristalle; F: 249—251° [korr.; Zers.; aus Bzl. + PAe.] (*La., Shvo,* Am. Soc. **82** 969), 249—251° [korr.; Zers.] (*La., Be.*), 249—250° [unkorr.; aus $CHCl_3$ + PAe.] (*La., Wi.*). $[\alpha]_D$: −82° [$CHCl_3$; c = 1,5] (*La., Shvo,* Am. Soc. **82** 969; *La., Be.*), −78° [$CHCl_3$; c = 0,7] (*La., Wi.*). IR-Banden (KBr; 3500—1200 cm⁻¹): *La., Shvo,* Am. Soc. **82** 969. λ_{max} (A.): 231 nm (*La., Shvo,* Am. Soc. **82** 969).

Triacetyl-Derivat $C_{36}H_{48}O_{10}$. Kristalle (aus wss. Me.); F: 140—142° [unkorr.]; $[\alpha]_D$: +48° [$CHCl_3$; c = 1] (*La., Wi.*).

25-Acetoxy-2,16α,20-trihydroxy-9-methyl-19-nor-9β,10α-lanosta-1,5,23t-trien-3,11,22-trion, 25-Acetoxy-2,16α,20-trihydroxy-10α-cucurbita-1,5,23t-trien-3,11,22-trion, Cucurbitacin-E, α-Elaterin $C_{32}H_{44}O_8$, Formel IX (R = CO-CH_3) (E III 4377).

B. Aus Cucurbitacin-B (S. 3722) mit Hilfe von Bi_2O_3 (*Lavie et al.,* Chem. and Ind. **1959**

951).

Orthorhombische Kristalle; Dimensionen der Elementarzelle (Röntgen-Diagramm): *Rivett, Herbstein*, Chem. and Ind. **1957** 393. Dichte der Kristalle: 1,258 (*Ri., He.*). IR-Banden (CHCl₃; $3650-1350 \text{ cm}^{-1}$): *Gilbert, Mathieson*, Tetrahedron **4** [1958] 302, 307. IR-Spektrum (CHCl₃; $1800-600 \text{ cm}^{-1}$): *Gi., Ma.*, Tetrahedron **4** 304. UV-Spektrum (A. sowie wss. Na₂CO₃; $220-350$ nm): *Gilbert, Mathieson*, J. Pharm. Pharmacol. **10** [1958] Spl. 252 T. Scheinbarer Dissoziationsexponent pK'_a (wss. A. [50%ig]; spektrophotometrisch ermittelt): 10,76 (*Gi., Ma.*, Tetrahedron **4** 307).

Geschwindigkeit der Reaktion mit wss. HIO₄ sowie mit Blei(IV)-acetat: *Gi., Ma.*, Tetrahedron **4** 308, 309.

M o n o m e t h y l - D e r i v a t $C_{33}H_{46}O_8$. *B.* Aus α-Elaterin und CH₃I (*Lavie, Szinai*, Am. Soc. **80** [1958] 707, 710). – Kristalle (aus A.+H₂O) mit 1 Mol H₂O; F: $116-118°$ [unkorr.] (*La., Sz.*).

D i a c e t y l - D e r i v a t $C_{36}H_{48}O_{10}$; 2,16α,25-T r i a c e t o x y - 2 0 - h y d r o x y - 9 - m e t h y l - 1 9 - n o r - 9β,10α-l a n o s t a - 1 , 5 , 2 3 *t* - t r i e n - 3 , 1 1 , 2 2 - t r i o n, 2,16α,25-T r i a c e t o x y - 2 0 - h y d r o x y - 1 0 α - c u = c u r b i t a - 1 , 5 , 2 3 *t* - t r i e n - 3 , 1 1 , 2 2 - t r i o n   (E III 4378).   IR-Banden   (CHCl₃ sowie CS₂; $3500-950 \text{ cm}^{-1}$): *Gi., Ma.*, Tetrahedron **4** 308; *La., Wi.* UV-Spektrum (A.; $220-350$ nm): *Gi., Ma.*, J. Pharm. Pharmacol. **10** Spl. 253 T. – Geschwindigkeit der Reaktion mit wss. HIO₄: *Gi., Ma.*, Tetrahedron **4** 308.

VIII

IX

Hydroxy-oxo-Verbindungen $C_nH_{2n-20}O_7$

1,2,4,5,8-Pentahydroxy-anthrachinon $C_{14}H_8O_7$, Formel X (R = H) und Taut. (H 563; E I 762; E II 603; E III 4379).

λ_{max} (A.): 222,5 nm, 245 nm, 260 nm, 295 nm und 550 nm (*Ikeda et al.*, J. pharm. Soc. Japan **76** [1956] 217, 219; C. A. **1956** 7590).

X

XI

1,2,4,5,8-Pentahydroxy-7-methyl-anthrachinon $C_{15}H_{10}O_7$, Formel X (R = CH₃) und Taut.

Diese Konstitution kommt der früher (E III 4380) als 1,4,5,7-Tetrahydroxy-2-hydroxymethyl-anthrachinon formulierten Verbindung zu (*Neelakantan et al.*, Biochem. J. **64** [1956] 464, 465, 467). Entsprechend ist das früher (E III 4380) beschriebene Pentaacetyl-Derivat $C_{25}H_{20}O_{12}$ als 1,2,4,5,8-P e n t a a c e t o x y - 7 - m e t h y l - a n t h r a c h i n o n zu formulieren.

λ_{max} (A.; 230−560 nm): *Ne. et al.*, l. c. S. 468.

1,4,5,7-Tetrahydroxy-2-hydroxymethyl-anthrachinon $C_{15}H_{10}O_7$, Formel XI (R = H) und Taut.

Diese Konstitution kommt dem früher (E III 4380) unter Vorbehalt als 1,4,6,8-Tetrahydr=
oxy-2-hydroxymethyl-anthrachinon $C_{15}H_{10}O_7$ formulierten **Tritisporin** zu (*Neelakantan et al.*, Biochem. J. **64** [1956] 464, 465). Die früher (E III 4380) als 1,4,5,7-Tetrahydroxy-2-hydr=
oxymethyl-anthrachinon beschriebene Verbindung ist hingegen als 1,2,4,5,8-Pentahydroxy-7-
methyl-anthrachinon zu formulieren (*Ne. et al.*, l. c. S. 465).

B. Beim Erwärmen von 1,4,5,7-Tetraacetoxy-2-acetoxymethyl-anthrachinon mit methanol.
H_2SO_4 (*Ne. et al.*, l. c. S. 467).

Rote Kristalle (aus Dioxan) mit 0,5 Mol Dioxan; F: 278−279° (*Ne. et al.*, l. c. S. 467). IR-
Banden (Paraffin; 3480−700 cm^{-1}): *Bloom et al.*, Soc. **1959** 178, 181. λ_{max} (A.; 230−525 nm):
Ne. et al., l. c. S. 468.

1,4,5,7-Tetraacetoxy-2-acetoxymethyl-anthrachinon, Penta-*O*-acetyl-tritisporin
$C_{25}H_{20}O_{12}$, Formel XI (R = CO-CH$_3$).

Bezüglich der Konstitution dieser früher (E III 4380) unter Vorbehalt als 1,4,6,8-Tetra=
acetoxy-2-acetoxymethyl-anthrachinon $C_{25}H_{20}O_{12}$ beschriebenen Verbindung s. die
Angaben im vorangehenden Artikel.

B. Beim Erhitzen von 1,4,5,7-Tetraacetoxy-2-brommethyl-anthrachinon mit Natriumacetat
in Acetanhydrid (*Neelakantan et al.*, Biochem. J. **64** [1956] 464, 467).

Hellgelbe Kristalle (aus E.); F: 217°.

**1-[4-Äthoxy-2-(4-äthoxy-3-methoxy-benzoyl)-5-methoxy-phenyl]-propan-1,2-dion, 5,4′-Diäthoxy-
4,3′-dimethoxy-2-pyruvoyl-benzophenon** $C_{22}H_{24}O_7$, Formel XII.

B. Beim Erwärmen von 5-Äthoxy-3-[4-äthoxy-3-methoxy-phenyl]-6-methoxy-2-methyl-inden-
1-on mit CrO$_3$ in wasserhaltiger Essigsäure (*Müller et al.*, J. org. Chem. **16** [1951] 481, 488).

Gelbe Kristalle (aus Butan-1-ol); F: 173−174° [unter Rotfärbung].

o-Phenylendiamin-Kondensationsprodukt (F: 217−219°): *Mü. et al.*

XII

1-[3-Acetyl-2-hydroxy-4,6-dimethoxy-phenyl]-3-[4-methoxy-phenyl]-propan-1,3-dion $C_{20}H_{20}O_7$,
Formel XIII und Taut.

Diese Konstitution kommt wahrscheinlich der nachstehend beschriebenen, ursprünglich als
1-[3-Acetyl-6-hydroxy-2,4-dimethoxy-phenyl]-3-[4-methoxy-phenyl]-propan-
1,3-dion $C_{20}H_{20}O_7$ formulierten Verbindung zu, nach dem die ursprünglich als 2,4-Di=
acetyl-3,5-dimethoxy-phenol angesehene Ausgangsverbindung (F: 126°) als 2,6-Diacetyl-3,5-di=
methoxy-phenol (E III **8** 4019) erkannt worden ist.

B. Beim Erhitzen von 4-Methoxy-benzoesäure-[2,6-diacetyl-3,5-dimethoxy-phenylester] (F:
209°) mit NaNH$_2$ und Xylol (*Nakazawa, Tsubouchi*, J. pharm. Soc. Japan **75** [1955] 716, 718;
C. A. **1956** 3419).

Gelbe Kristalle (aus A.); F: 150°.

1-[2,4,9,10-Tetraacetoxy-5,7-dimethoxy-[1]anthryl]-butan-1-on $C_{28}H_{28}O_{11}$, Formel XIV.

B. Beim Erwärmen von 2,4-Diacetoxy-1-butyryl-5,7-dimethoxy-anthrachinon mit Zink-Pul=

ver, Acetanhydrid und Natriumacetat (*Sutherland, Wells,* Chem. and Ind. **1959** 291; Austral. J. Chem. **20** [1967] 515, 528).

Hellgelbe Kristalle (aus Me.); F: 231−232° [korr.] (*Su., We.,* Austral. J. Chem. **20** 528). IR-Banden (Nujol; 1800−1550 cm^{-1}): *Su., We.,* Austral. J. Chem. **20** 528. λ_{max} (A.): 238 nm, 273 nm, 349 nm, 368 nm und 404 nm (*Su., We.,* Austral. J. Chem. **20** 528).

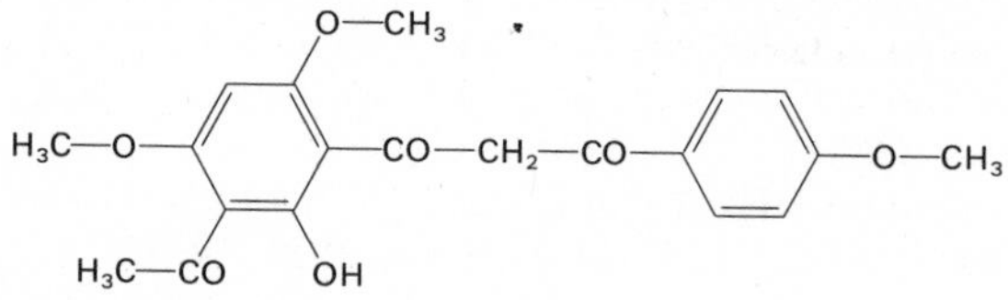

XIII

(−)-1,3,6,8-Tetrahydroxy-2-[1-hydroxy-hexyl]-anthrachinon, Averantin $C_{20}H_{20}O_7$, Formel XV. Konstitution: *Birkinshaw et al.,* Soc. [C] **1966** 855.

Isolierung aus dem Mycel von Aspergillus versicolor: *Birkinshaw, Hammady,* Biochem. J. **65** [1957] 162, 165.

Orangefarbene Kristalle (aus CHCl$_3$); F: 233−234° [unkorr.]; $[\alpha]_{579}^{22}$: −178° [A.; c = 4] (*Bi., Ha.*). ^{1}H-NMR-Absorption (CDCl$_3$): *Bi. et al.* λ_{max} (A.): 228 nm, 266 nm, 294 nm, 324 nm und 453 nm (*Bi., Ha.*), 223 nm, 266 nm, 294 nm, 325 nm und 454 nm (*Bi. et al.*).

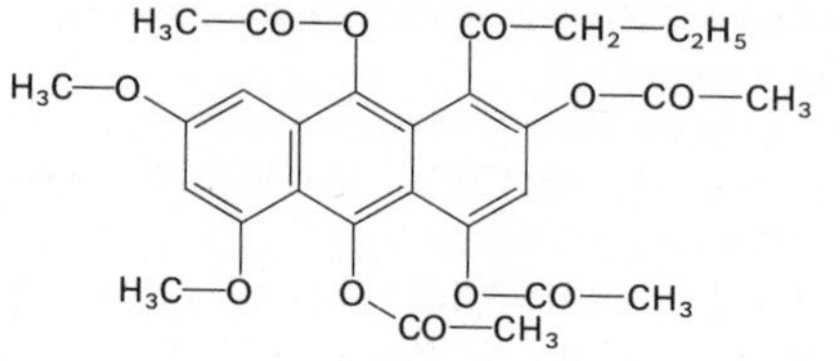

XIV 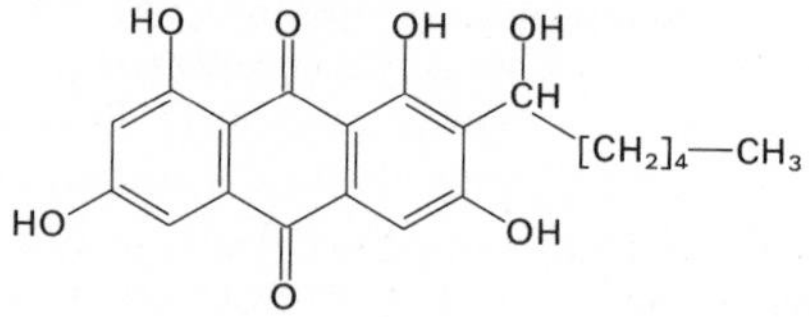   XV

Hydroxy-oxo-Verbindungen $C_nH_{2n-22}O_7$

2-[3,4-Dimethoxy-phenyl]-3-hydroxy-6,7-dimethoxy-[1,4]naphthochinon $C_{20}H_{18}O_7$, Formel I und Taut.

B. Beim Behandeln von [4,5,3′,4′-Tetramethoxy-α-oxo-bibenzyl-2-yl]-essigsäure-methylester mit wss. NaOH oder wss. NH$_3$ und Luft (*Bentley et al.,* Soc. **1952** 1763, 1767).

Rote Kristalle (aus Me.); F: 226°.

Benzoyl-Derivat (F: 206°): *Be. et al.*

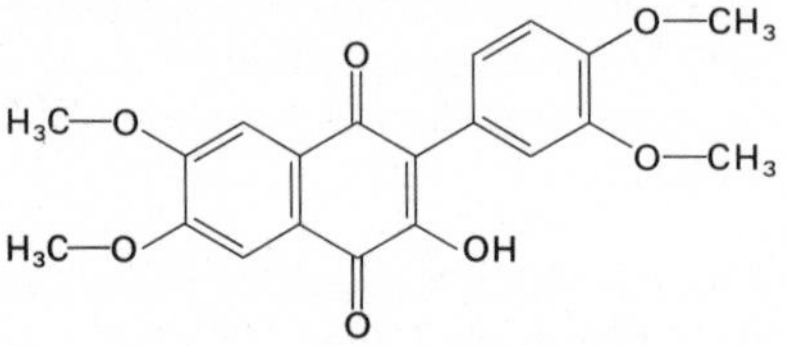

I 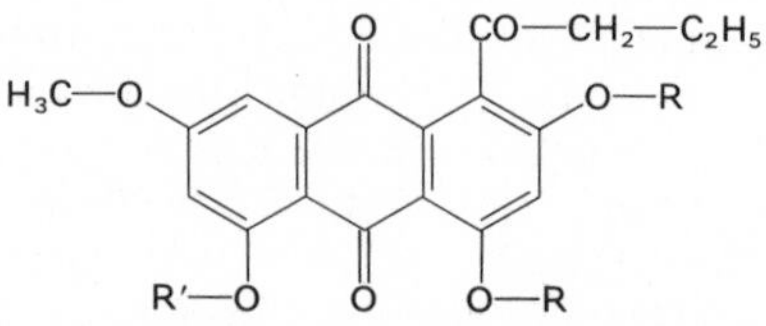   II

1-Butyryl-2,4,5-trihydroxy-7-methoxy-anthrachinon, *O*-Methyl-rhodocomatulin $C_{19}H_{16}O_7$, Formel II (R = R′ = H).

Isolierung aus Comatula pectinata: *Sutherland, Wells,* Chem. and Ind. **1959** 291; Austral. J. Chem. **20** [1967] 515, 527.

Orangerote Kristalle (aus Me. oder A.); F: 250–252° [korr.; Zers.] (*Su., We.,* Austral. J. Chem. **20** 529). IR-Banden (Tetrachloräthan, Dioxan sowie Nujol; 3650–1550 cm^{-1}): *Su., We.,* Austral. J. Chem. **20** 529. λ_{max} (A.): 256 nm, 263 nm, 293 nm, 317 nm, 366 nm und 456 nm (*Su., We.,* Austral. J. Chem. **20** 529).

Monomethyl-Derivat C$_{20}$H$_{18}$O$_{7}$; 1-Butyryl-4,5-dihydroxy-2,7-dimethoxy-anthrachinon. Kristalle (aus Eg.); F: 225–227° [korr.] (*Su., We.,* Austral. J. Chem. **20** 530). IR-Banden (Nujol; 1700–1550 cm^{-1}): *Su., We.,* Austral. J. Chem. **20** 530. λ_{max} (A.): 256 nm, 264 nm, 294 nm, 365 nm und 448 nm (*Su., We.,* Austral. J. Chem. **20** 530).

Dimethyl-Derivat C$_{21}$H$_{20}$O$_{7}$; 1-Butyryl-5-hydroxy-2,4,7-trimethoxy-anthrachinon. Orangegelbe Kristalle (aus Me.); F: 236,5–237,5° (*Su., We.,* Austral. J. Chem. **20** 530). IR-Banden (Nujol; 1700–1500 cm^{-1}): *Su., We.,* Austral. J. Chem. **20** 530. λ_{max} (A.): 251 nm, 288 nm, 365 nm und 441 nm (*Su., We.,* Austral. J. Chem. **20** 530).

Triacetyl-Derivat C$_{25}$H$_{22}$O$_{10}$; 2,4,5-Triacetoxy-1-butyryl-7-methoxy-anthrachinon. Hellgelbe Kristalle (aus Me.); F: 194,5–196° [korr.] (*Su., We.,* Austral. J. Chem. **20** 529). ^{1}H-NMR-Absorption (CDCl$_3$): *Su., We.,* Austral. J. Chem. **20** 529. IR-Banden (Nujol; 1800–1550 cm^{-1}): *Su., We.,* Austral. J. Chem. **20** 529. λ_{max} (A.): 248 nm, 274 nm, 338 nm und 365 nm (*Su., We.,* Austral. J. Chem. **20** 529).

1-Butyryl-2,4-dihydroxy-5,7-dimethoxy-anthrachinon, O,O'-Dimethyl-rhodocomatulin C$_{20}$H$_{18}$O$_{7}$, Formel II (R = H, R' = CH$_3$).

Isolierung aus Comatula pectinata: *Sutherland, Wells,* Chem. and Ind. **1959** 291; Austral. J. Chem. **20** [1967] 515, 527.

Dimorph; orangegelbe Kristalle (aus Acn.); F: 208,5–209° [korr.] und F: 229,5–230,5° [korr.; nach Erhitzen unter vermindertem Druck auf 150°] (*Su., We.,* Austral. J. Chem. **20** 528). IR-Banden (Tetrachloräthan, Dioxan sowie Nujol; 3700–1550 cm^{-1}): *Su., We.,* Austral. J. Chem. **20** 528. λ_{max} (A.): 287 nm, 361 nm und 448 nm (*Su., We.,* Austral. J. Chem. **20** 528).

Monooxim C$_{20}$H$_{19}$NO$_{7}$. Orangefarbene Kristalle (aus Me.); F: 225° [korr.; Zers.; auf 162° vorgeheizter App.] (*Su., We.,* Austral. J. Chem. **20** 529).

Methyl-Derivat C$_{21}$H$_{20}$O$_{7}$; 1-Butyryl-4-hydroxy-2,5,7-trimethoxy-anthrachinon. Orangefarbene Kristalle (aus Acn. oder Eg.); F: 249–250° [korr.] (*Su., We.,* Austral. J. Chem. **20** 529). IR-Banden (Nujol; 1700–1500 cm^{-1}): *Su., We.,* Austral. J. Chem. **20** 529. λ_{max} (A.): 252 nm, 288 nm, 362 nm und 444 nm (*Su., We.,* Austral. J. Chem. **20** 529).

Diacetyl-Derivat C$_{24}$H$_{22}$O$_{9}$; 2,4-Diacetoxy-1-butyryl-5,7-dimethoxy-anthrachinon. Gelbe Kristalle (aus A.); F: 199,5–201° [korr.] (*Su., We.,* Austral. J. Chem. **20** 528). ^{1}H-NMR-Absorption (CDCl$_3$): *Su., We.,* Austral. J. Chem. **20** 528. IR-Banden (Nujol; 1800–1500 cm^{-1}): *Su., We.,* Austral. J. Chem. **20** 528. λ_{max} (A.): 243 nm, 280 nm, 334 nm und 406 nm (*Su., We.,* Austral. J. Chem. **20** 528).

Bis-methansulfonyl-Derivat C$_{22}$H$_{22}$O$_{11}$S$_{2}$; 1-Butyryl-2,4-bis-methansulfonyloxy-5,7-dimethoxy-anthrachinon. Orangegelbe Kristalle (aus Eg.); F: 248–250° [korr.; Zers.; auf 220° vorgeheizter App.] (*Su., We.,* Austral. J. Chem. **20** 528).

Brom-Derivat C$_{20}$H$_{17}$BrO$_{7}$; 3-Brom-1-butyryl-2,4-dihydroxy-5,7-dimethoxy-anthrachinon. Orangefarbene Kristalle (aus Bzl.+PAe.); F: 222,5–223,5° [korr.; Zers.] (*Su., We.,* Austral. J. Chem. **20** 529).

1-Butyryl-2,4,5,7-tetramethoxy-anthrachinon C$_{22}$H$_{22}$O$_{7}$, Formel II (R = R' = CH$_3$).

B. Aus 1-Butyryl-2,4,5-trihydroxy-7-methoxy-anthrachinon sowie aus 1-Butyryl-2,4-dihydroxy-5,7-dimethoxy-anthrachinon und Dimethylsulfat (*Sutherland, Wells,* Chem. and Ind. **1959** 291; Austral. J. Chem. **20** [1967] 515, 529, 530).

Dimorph; gelbe Kristalle (aus Bzl.); F: 203,5–204° [korr.] und (nach Wiedererstarren) F: 211–212° [korr.] (*Su., We.,* Austral. J. Chem. **20** 529). IR-Banden (Nujol; 1700–1550 cm^{-1}): *Su., We.,* Austral. J. Chem. **20** 529. λ_{max} (A.): 224 nm, 283 nm, 342 nm und 418 nm (*Su., We.,* Austral. J. Chem. **20** 529).

*4,5,6,4′,5′,6′-Hexamethoxy-2,3-dihydro-3′H-[1,2′]biindenyliden-1′-on(?) $C_{24}H_{26}O_7$, vermutlich Formel III.

B. Aus 4,5,6-Trimethoxy-indan-1-on (*Haworth, McLachlan*, Soc. **1952** 1583, 1588). Hellgelbe Kristalle (aus Me.); F: 165 – 166°.

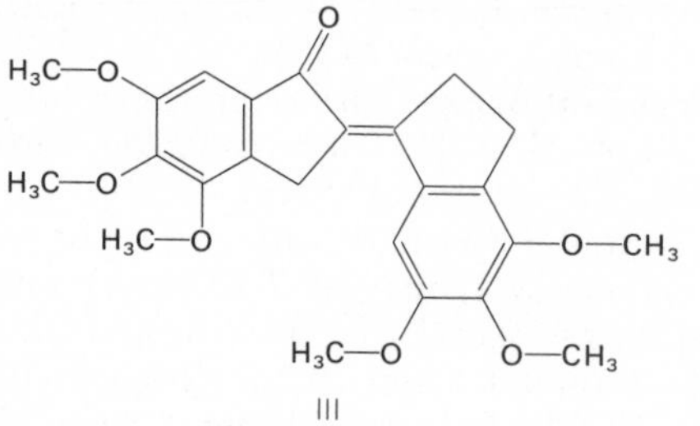

III

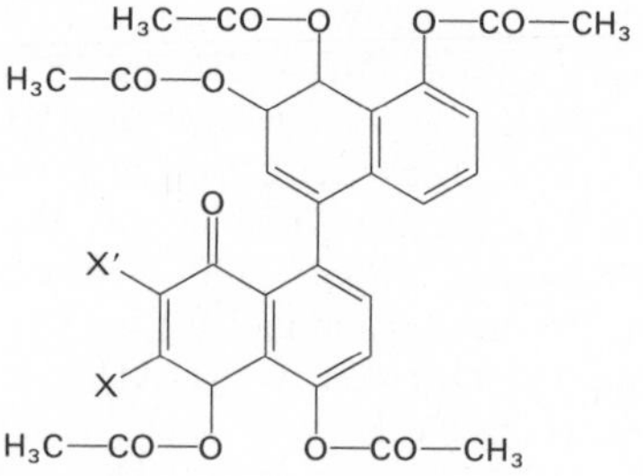

IV

Hydroxy-oxo-Verbindungen $C_nH_{2n-24}O_7$

*Opt.-akt. 4,5,6(oder 7),3′,4′,5′-Hexaacetoxy-3′,4′-dihydro-5H-[1,1′]binaphthyl-8-on(?) $C_{32}H_{28}O_{13}$, vermutlich Formel IV (X = O-CO-CH₃, X′ = H oder X = H, X′ = O-CO-CH₃).

B. Beim Behandeln von Mycochryson (E III/IV **18** 3540) mit Zink-Pulver, Acetanhydrid und Natriumacetat (*Read, Vining*, Canad. J. Chem. **37** [1959] 1881, 1886; s. a. *Read et al.*, Soc. [C] **1969** 2059, 2062).

F: 133 – 135° (*Read, Vi.*). λ_{max} (A.): 227 nm und 292 nm (*Read, Vi.*; *Read et al.*, l. c. S. 2060).

Hydroxy-oxo-Verbindungen $C_nH_{2n-26}O_7$

3,6-Bis-[4-methoxy-benzoyl]-benzen-1,2,4-triol $C_{22}H_{18}O_7$, Formel V (R = H) und Taut.

B. Aus dem Triacetyl-Derivat (s. u.) mit Hilfe von wss.-äthanol. HCl (*Buchta, Egger*, B. **90** [1957] 2748, 2755).

Rote Kristalle (aus Eg.); F: 235 – 236° [unkorr.; Zers.; auf 232° vorgeheizter App.].

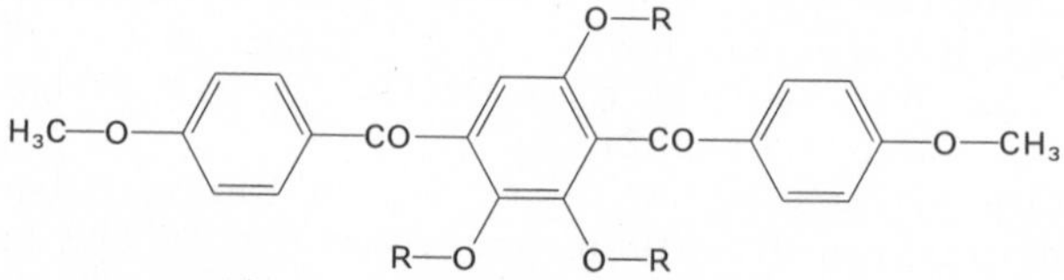

V

1,3,4-Triacetoxy-2,5-bis-[4-methoxy-benzoyl]-benzol $C_{28}H_{24}O_{10}$, Formel V (R = CO-CH₃).

B. Beim Behandeln von 2,5-Bis-[4-methoxy-benzoyl]-[1,4]benzochinon mit Acetanhydrid und H_2SO_4 (*Buchta, Egger*, B. **90** [1957] 2748, 2754).

Kristalle (aus A.); F: 140 – 141° [unkorr.].

2,3,7,8,12,13-Hexamethoxy-10,15-dihydro-tribenzo[a,d,g]cyclononen-5-on $C_{27}H_{28}O_7$, Formel VI (R = R′ = CH₃).

Diese Konstitution kommt der von *Arcoleo, Garofano* (Ann. Chimica **46** [1956] 934, 937) als 4,5,11,12,18,19,25,26,32,33,39,40-Dodecamethoxy-[1.1.1.1.1.1]orthocyclophan-1,22-dion $C_{54}H_{56}O_{14}$ formulierten Verbindung zu (*Lindsey*, Soc. **1965** 1685, 1686).

B. Aus 2,3,7,8,12,13-Hexamethoxy-10,15-dihydro-5H-dibenzo[a,d,g]cyclononen (E IV **6** 7950) mit Hilfe von $Na_2Cr_2O_7$ (*Oliverio, Casinovi*, Ann. Chimica **42** [1952] 168, 182).

Kristalle; F: 213—214° [aus Bzl.] (*Li.*, l. c. S. 1690), 213° [aus Eg. oder CHCl₃+A.] (*Ol., Ca.*). IR-Banden (KCl; 3000—550 cm⁻¹): *Li.*, l. c. S. 1690. UV-Spektrum (A.; 220—370 nm): *Arcoleo, Garofano*, Ann. Chimica **46** 936, **47** [1957] 1142, 1145.

2,4-Dinitro-phenylhydrazon (F: 219—220° bzw. F: 223—224°): *Ar., Ga.*, Ann. Chimica **46** 942; *Li.*, l. c. S. 1690.

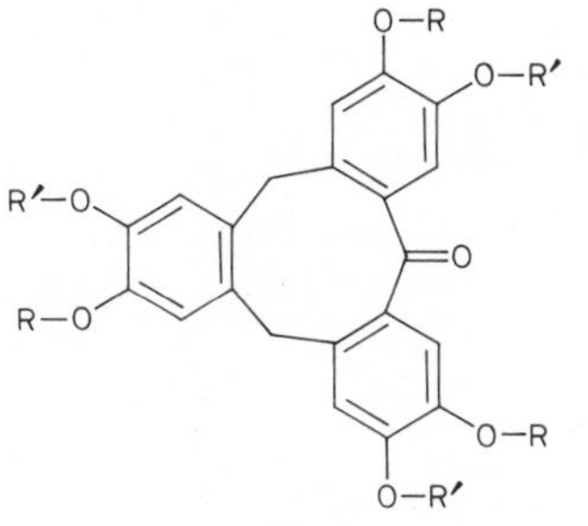

VI 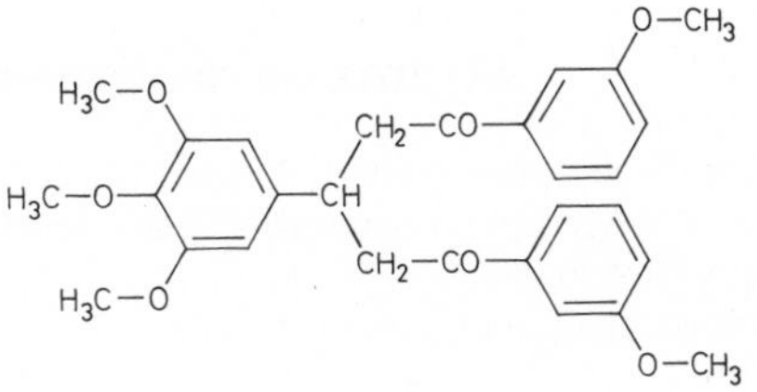   VII

2,7,12-Triäthoxy-3,8,13-trimethoxy-10,15-dihydro-tribenzo[*a,d,g*]cyclononen-5-on $C_{30}H_{34}O_7$, Formel VI (R = C₂H₅, R′ = CH₃).

Diese Konstitution kommt möglicherweise der von *Arcoleo, Garofano* (Ann. Chimica **47** [1957] 1142, 1143) als 4,11,18,25,32,38-Hexaäthoxy-5,12,19,26,33,40-hexamethoxy-[1.1.1.1.1.1]orthocyclophan-1,22-dion $C_{60}H_{68}O_{14}$ formulierten Verbindung zu (vgl. dazu *Lindsey*, Soc. **1965** 1685, 1686).

B. Analog der vorangehenden Verbindung (*Ar., Ga.*, l. c. S. 1152).

Kristalle (aus Me.); F: 169—170° (*Ar., Ga.*, l. c. S. 1152). UV-Spektrum (A.; 220—370 nm): *Ar., Ga.*, l. c. S. 1145.

2,4-Dinitro-phenylhydrazon (F: 193—194°): *Ar., Ga.*, l. c. S. 1152.

2,3,7,8,12,13-Hexaäthoxy-10,15-dihydro-tribenzo[*a,d,g*]cyclononen-5-on $C_{33}H_{40}O_7$, Formel VI (R = R′ = C₂H₅).

Diese Konstitution kommt der von *Arcoleo, Garofano* (Ann. Chimica **46** [1956] 934, 937) als 4,5,11,12,18,19,25,26,32,33,39,40-Dodecaäthoxy-[1.1.1.1.1.1]orthocyclophan-1,22-dion $C_{66}H_{80}O_{14}$ formulierten Verbindung zu (vgl. dazu *Lindsey*, Soc. **1965** 1685, 1686).

B. Analog den vorangehenden Verbindungen (*Ar., Ga.*, Ann. Chimica **46** 942).

Kristalle (aus Me.); F: 170—171° (*Ar., Ga.*, Ann. Chimica **46** 942). UV-Spektrum (A.; 220—370 nm): *Arcoleo, Garofano*, Ann. Chimica **46** 936, **47** [1957] 1142, 1145.

2,4-Dinitro-phenylhydrazon (F: 115°): *Ar., Ga.*, Ann. Chimica **46** 942.

1,5-Bis-[3-methoxy-phenyl]-3-[3,4,5-trimethoxy-phenyl]-pentan-1,5-dion $C_{28}H_{30}O_7$, Formel VII.

B. Aus 1-[3-Methoxy-phenyl]-äthanon und 3,4,5-Trimethoxy-benzaldehyd in Äthanol unter Zusatz von wss. NaOH (*Chubb et al.*, Am. Soc. **75** [1953] 6042).

Kristalle (aus A.); F: 100—101°.

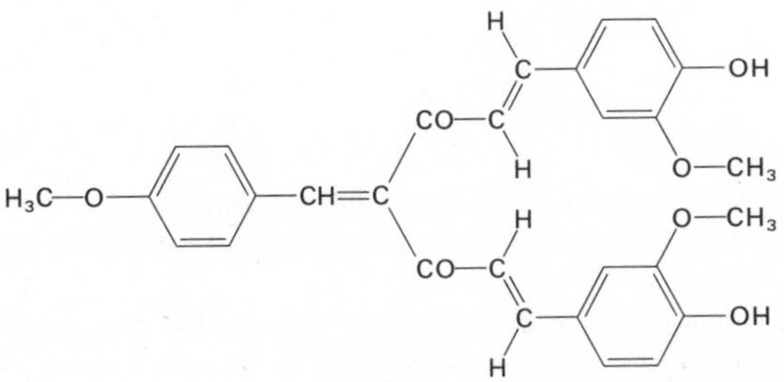

VIII

Hydroxy-oxo-Verbindungen $C_nH_{2n-32}O_7$

1t,7t-Bis-[4-hydroxy-3-methoxy-phenyl]-4-[4-methoxy-benzyliden]-hepta-1,6-dien-3,5-dion $C_{29}H_{26}O_7$, Formel VIII.

B. Aus Curcumin (S. 3697) und 4-Methoxy-benzaldehyd mit Hilfe von äthanol. HCl (*Rebeiro et al.*, J. Univ. Bombay **19**, Tl. 3A [1950] 38, 50).

Braune Kristalle (aus A.); F: 160°.

Hydroxy-oxo-Verbindungen $C_nH_{2n-42}O_7$

4-[4-Methoxy-phenylglyoxyloyl]-4′-phenylglyoxyloyl-benzil $C_{31}H_{20}O_7$, Formel IX.

B. Aus 4-[4-Methoxy-phenacyl]-4′-phenylacetyl-desoxybenzoin mit Hilfe von SeO_2 (*Schmitt et al.*, Bl. **1956** 636, 641).

Gelbe Kristalle (aus Dioxan); F: 188°.

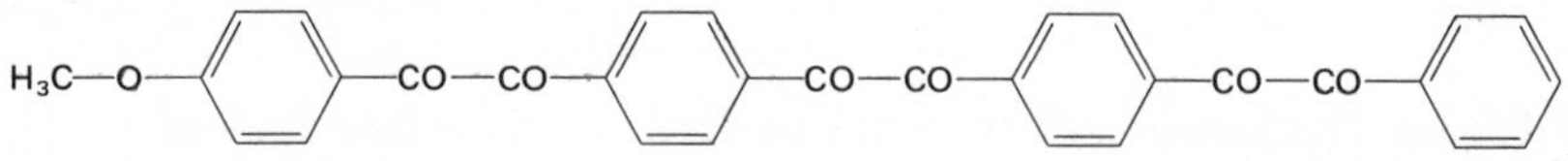

IX

9,9-Bis-[3,4-dimethoxy-phenyl]-4-veratroyl-fluoren, [9,9-Bis-(3,4-dimethoxy-phenyl)-fluoren-4-yl]-[3,4-dimethoxy-phenyl]-keton $C_{38}H_{34}O_7$, Formel X.

B. Aus Diphenoylchlorid und Veratrol mit Hilfe von $AlCl_3$ (*Nightingale et al.*, Am. Soc. **74** [1952] 2557).

F: 225,5−226°.

Hydroxy-oxo-Verbindungen $C_nH_{2n-44}O_7$

(±)-2-[4,5-Dimethoxy-1,3-dioxo-indan-2-yl]-2-[1,3-dioxo-indan-2-yl]-acenaphthen-1-on, (±)-4,5-Dimethoxy-2,2′-[2-oxo-acenaphthen-1,1-diyl]-bis-indan-1,3-dion $C_{32}H_{20}O_7$, Formel XI (X = H) und Taut.

B. Aus 2-[2-Oxo-acenaphthen-1-yliden]-indan-1,3-dion und 4,5-Dimethoxy-indan-1,3-dion (*Geĭta, Wanag*, Latvijas Akad. Vēstis **1958** Nr. 10, S. 127, 130; C. A. **1959** 11371).

Kristalle (aus $CHCl_3 + Ae.$); F: 210−212°.

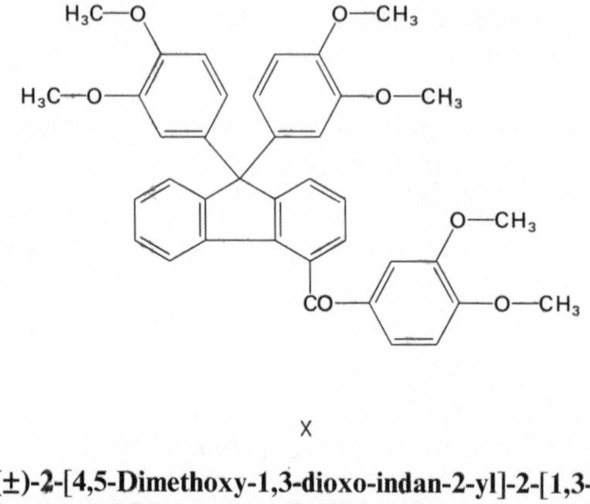

X 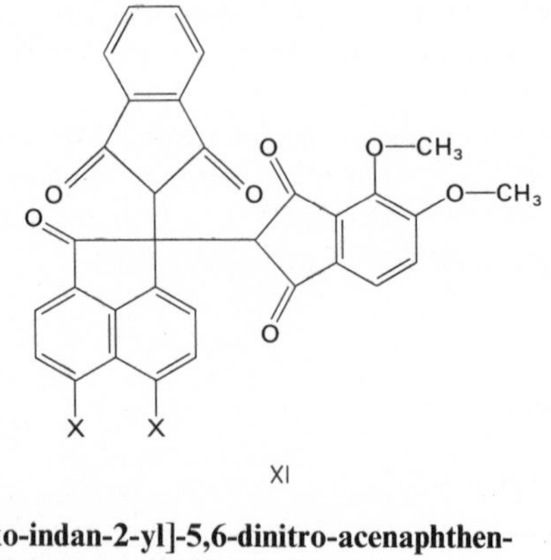   XI

(±)-2-[4,5-Dimethoxy-1,3-dioxo-indan-2-yl]-2-[1,3-dioxo-indan-2-yl]-5,6-dinitro-acenaphthen-1-on, (±)-4,5-Dimethoxy-2,2′-[5,6-dinitro-2-oxo-acenaphthen-1,1-diyl]-bis-indan-1,3-dion $C_{32}H_{18}N_2O_{11}$, Formel XI (X = NO_2).

B. Analog der vorangehenden Verbindung (*Geĭta, Wanag*, Latvijas Akad. Vēstis **1958** Nr. 10, S. 127, 131; C. A. **1959** 11371).

Kristalle; F: 216−218°.

[*Appelt*]

7. Hydroxy-oxo-Verbindungen mit 8 Sauerstoff-Atomen

Hydroxy-oxo-Verbindungen $C_nH_{2n-8}O_8$

1,2,3a,3b,4,7a,8a-Heptahydroxy-2-isopropyl-3,5,8-trimethyl-dodecahydro-3,8-äthano-cyclopent[a]inden-10-on $C_{20}H_{32}O_8$ **und Taut.**

(2S)-3c-**Isopropyl-2a,5,8t-trimethyl-(5at)-hexahydro-2r,5c-methano-benzo[1,2]pentaleno[1,6-bc]furan-2,3t,4c,4a,5a,9c,9b-heptaol, Ryanodol** $C_{20}H_{32}O_8$, Formel I.

Konstitution und Konfiguration: *Srivastava, Przybylska*, Acta cryst. [B] **26** [1970] 707; *Wiesner*, Collect. **33** [1968] 2656; *Babin et al.*, Experientia **21** [1965] 425; *Šantroch et al.*, Experientia **21** [1965] 730.

B. Beim Erwärmen von Ryanodin (E III/IV **22** 226) mit äthanol. KOH (*Kelly et al.*, Canad. J. Chem. **29** [1951] 905, 909).

Kristalle (aus Ae.); F: 252° (*Ke. et al.*).

Beim Behandeln mit wss. H_2SO_4 ist (3aR)-1t,3a,4t,7a,8a-Pentahydroxy-2-isopropyl-3,5c,8-trimethyl-(3ar,7ac,8ac)-3a,4,5,6,7,7a,8,8a-octahydro-1H-3bt,8t-[1]oxapropano-cyclopent[a]inden-10-on (E III/IV **18** 3405) erhalten worden (*Babin et al.*, Tetrahedron Letters **1960** Nr. 15, S. 31; s. a. *Ke. et al.*).

I   II

Hydroxy-oxo-Verbindungen $C_nH_{2n-10}O_8$

Tetra-O-acetyl-1,1-bis-[4,4-dimethyl-2,6-dioxo-cyclohexyl]-D-arabino-1,2-didesoxy-hexit, 5,5,5′,5′-Tetramethyl-2,2′-[tetra-O-acetyl-D-arabino-2-desoxy-hexit-1-yliden]-bis-cyclohexan-1,3-dion $C_{30}H_{42}O_{12}$, Formel II und Taut.

B. Aus Tetra-O-acetyl-*aldehydo*-D-*arabino*-2-desoxy-hexose und 5,5-Dimethyl-cyclohexan-1,3-dion in wss. Äthanol (*Barclay et al.*, Soc. **1956** 789).

Kristalle (aus wss. A.); F: 110°. $[\alpha]_D^{17}$: −30° [$CHCl_3$; c = 1].

Hydroxy-oxo-Verbindungen $C_nH_{2n-14}O_8$

Hydroxy-oxo-Verbindungen $C_{10}H_6O_8$

1,2,1′,2′-Tetrahydroxy-[4,4′]bicyclopent-1-enyl-3,5,3′,5′-tetraon $C_{10}H_6O_8$, Formel III und Taut.

B. Beim Erhitzen des Dikalium-Salzes der Krokonsäure (4,5-Dihydroxy-cyclopent-4-en-1,2,3-trion) mit wss. HI (*Prebendowski, Rutkowski*, Roczniki Chem. **31** [1957] 81, 86; C. A. **1957** 14573).

Kristalle (aus wss. HCl) mit 3 Mol H_2O; Zers. ab 215°.

Barium-Salze. a) $BaC_{10}H_4O_8 \cdot 2H_2O$. Orangefarbene Kristalle (*Pr., Ru.*, l. c. S. 88). —

b) $Ba_2C_{10}H_2O_8 \cdot 5H_2O$. Rote Kristalle (*Pr., Ru.*, l. c. S. 87).

Blei(II)-Salz $Pb_2C_{10}H_2O_8 \cdot 5H_2O$. Braunes Pulver (*Pr., Ru.*, l. c. S. 88).

Tetramethyl-Derivat $C_{14}H_{14}O_8$; 1,2,1',2'-Tetramethoxy-[4,4']bicyclopent-1-enyl-3,5,3',5'-tetraon. Kristalle (aus Me.); F: 124,5 − 125,7° (*Pr., Ru.*, l. c. S. 89). − 4-Nitrophenylhydrazon (F: 190 − 192°): *Pr., Ru.*, l. c. S. 90.

Tetraacetyl-Derivat $C_{18}H_{14}O_{12}$; 1,2,1',2'-Tetraacetoxy-[4,4']bicyclopent-1-enyl-3,5,3',5'-tetraon. Kristalle (aus Acn. + PAe.); F: 146 − 147° [Zers.] (*Pr., Ru.*, l. c. S. 90).

III   IV

Hexahydroxy-[1,4]naphthochinon, Spinochrom-E $C_{10}H_6O_8$, Formel IV (R = H) und Taut.

Konstitution: *Smith, Thomson*, Tetrahedron Letters **1960** Nr. 1, S. 10; Soc. **1961** 1008, 1009.

Isolierung aus dem Seeigel Paracentrotus lividus: *Lederer*, Biochim. biophys. Acta **9** [1952] 92, 97; aus Psammechinus miliaris: *Yoshida*, J. marine biol. Assoc. **38** [1959] 455.

Braune Kristalle (aus Dioxan + H_2O), die unterhalb 350° nicht schmelzen (*Le.*) bzw. bräun≈ lichrote Kristalle; Zers. > 300° (*Sm., Th.*, Soc. **1961** 1011). IR-Banden (KBr; 3520 − 715 cm^{-1}): *Sm., Th.*, Soc. **1961** 1011. Absorptionsspektrum (Me.; 240 − 620 nm): *Le.*, l. c. S. 95; *Yo.*, l. c. S. 456.

2,5,6,7,8-Pentahydroxy-3-methoxy-[1,4]naphthochinon, Namakochrom $C_{11}H_8O_8$, Formel IV (R = CH_3) und Taut.

Konstitution: *Mukai*, Bl. chem. Soc. Japan **33** [1960] 1234.

Isolierung aus der Seegurke Polycheira rufescens: *Mukai*, Mem. Fac. Sci. Kyushu Univ. [C] **3** [1958] 29, 32.

Rote Kristalle (aus A. + Bzl.); F: 218° (*Mu.*, Mem. Fac. Sci. Kyushu Univ. [C] **3** 33). IR-Spektrum (Nujol; 1 − 15 μ): *Mu.*, Mem. Fac. Sci. Kyushu Univ. [C] **3** 30. Absorptionsspektrum (A.; 220 − 580 nm): *Mu.*, Mem. Fac. Sci. Kyushu Univ. [C] **3** 30.

Hydroxy-oxo-Verbindungen $C_{30}H_{46}O_8$

25-Acetoxy-2β,16α,20-trihydroxy-9-hydroxymethyl-19-nor-9β,10α-lanost-5-en-3,11,22-trion, 25-Acetoxy-2β,16α,19,20-tetrahydroxy-10α-cucurbit-5-en-3,11,22-trion, Dihydro-cucurbitacin-A $C_{32}H_{48}O_9$, Formel V.

B. Bei der Hydrierung von Cucurbitacin-A (S. 3742) an Palladium/$CaCO_3$ in Äthanol (*Enslin et al.*, Soc. **1960** 4779, 4782; s. a. *Enslin*, J. Sci. Food Agric. **5** [1954] 410, 415).

Kristalle (aus E.); F: 138 − 139°; $[\alpha]_D$: +65° [$CHCl_3$; c = 1] (*En. et al.*).

Mono-[2,4-dinitro-phenylhydrazon] (F: 243 − 244°): *En. et al.*

Hydroxy-oxo-Verbindungen $C_nH_{2n-16}O_8$

Hydroxy-oxo-Verbindungen $C_{12}H_8O_8$

2-Acetyl-3,5,6,7,8-pentahydroxy-[1,4]naphthochinon, Spinochrom-C, Spinochrom-F $C_{12}H_8O_8$, Formel VI und Taut. (E III 4389).

Absorptionsspektrum des Germanium(IV)-Komplexes in wss. Äthanol (320 − 650 nm): *Ki*≈

mura et al., Bl. chem. Soc. Japan **29** [1956] 635, 639.

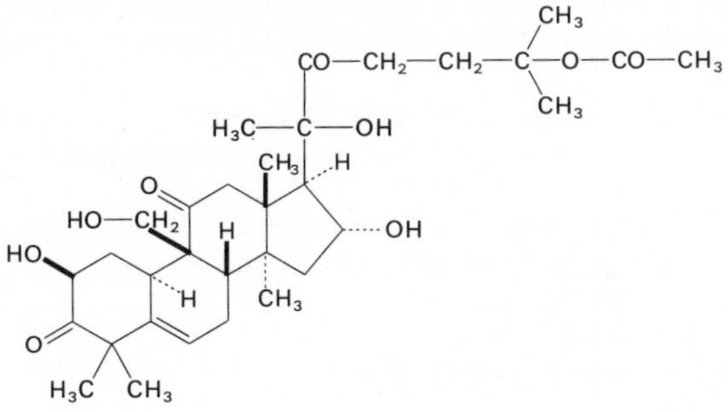

V

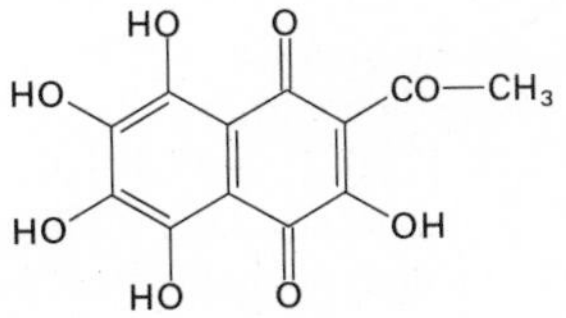

VI

Hydroxy-oxo-Verbindungen C$_{14}$H$_{12}$O$_8$

(±)-4,4′-Dihydroxy-3,5,3′,5′-tetramethoxy-benzoin, Syringoin C$_{18}$H$_{20}$O$_8$, Formel VII.

B. Aus 4,4′-Dihydroxy-3,5,3′,5′-tetramethoxy-benzil mit Hilfe von Na$_2$S$_2$O$_4$ in wss. NaOH oder von Eisen und Essigsäure (*Pearl*, J. org. Chem. **22** [1957] 1229, 1231).

Kristalle (aus A.); F: 165–166° [unkorr.]. λ_{max} (A.): 310 nm.

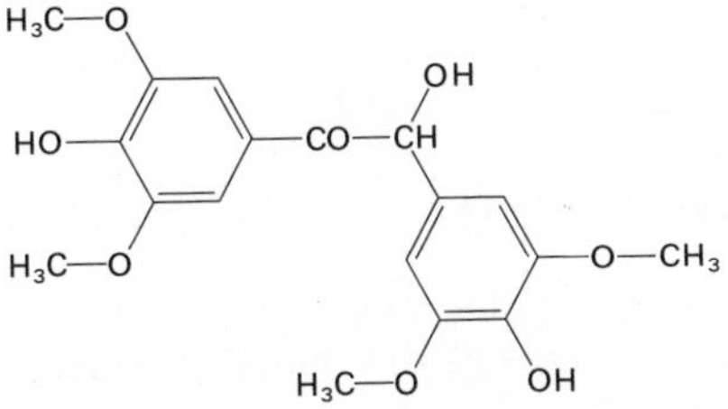

VII

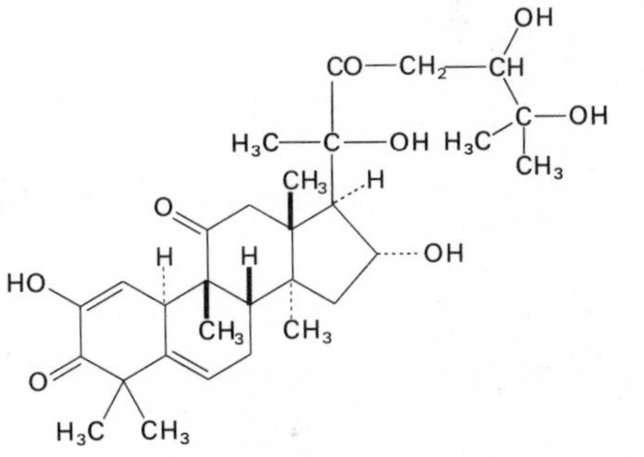

VIII

Hydroxy-oxo-Verbindungen C$_{30}$H$_{44}$O$_8$

2,16α,20,24ξ,25-Pentahydroxy-9-methyl-19-nor-9β,10α-lanosta-1,5-dien-3,11,22-trion,
2,16α,20,24ξ,25-Pentahydroxy-10α-cucurbita-1,5-dien-3,11,22-trion C$_{30}$H$_{44}$O$_8$, Formel VIII
und Taut.

Konstitution: *Enslin, Norton*, Soc. **1964** 529. Die Konfiguration ergibt sich aus der genetischen Beziehung zu Cucurbitacin-I [S. 3731] (s. dazu *En., No.*).

a) **Cucurbitacin-J.**

Isolierung aus den Wurzeln von Citrullus ecirrhosus: *Enslin et al.*, J. Sci. Food Agric. **8** [1957] 673, 678.

Kristalle (aus E.); F: 200–202° (*Enslin, Norton*, Soc. **1964** 529), 196–198° [korr.] (*En. et al.*). [α]$_D$: −36° [CHCl$_3$; c = 1] (*En., No.*). UV-Spektrum (A.; 220–300 nm): *En. et al.*, l. c. S. 675.

b) **Cucurbitacin-K.**

Isolierung aus den Wurzeln von Citrullus ecirrhosus: *Enslin et al.*, J. Sci. Food Agric. **8** [1957] 673, 678.

Kristalle (aus wss. Me.) mit 0,5 Mol H$_2$O; Zers. bei ca. 195° [nach Sintern ab 143°] (*Enslin,*

Norton, Soc. **1964** 529). $[\alpha]_D$: $-74°$ [CHCl$_3$; c = 1]; λ_{max} (A.): 270 nm (*En., No.*).

25-Acetoxy-2β,16α,20-trihydroxy-9-hydroxymethyl-19-nor-9β,10α-lanosta-5,23t-dien-3,11,22-trion, 25-Acetoxy-2β,16α,19,20-tetrahydroxy-10α-cucurbita-5,23t-dien-3,11,22-trion, Cucurbitacin-A $C_{32}H_{46}O_9$, Formel IX.

Konstitution und Konfiguration: *de Kock et al.*, Soc. **1963** 3828, 3831, 3835.

Isolierung aus den Früchten von Cucumis myriocarpus: *Enslin*, J. Sci. Food Agric. **5** [1954] 410, 414.

Kristalle (aus E.); F: 207−208° [korr.] (*En.*). Monoklin(?); Dimensionen der Elementarzelle (Röntgen-Diagramm): *Rivett, Herbstein*, Chem. and Ind. **1957** 393. Dichte der Kristalle: 1,242 (*Ri., He.*). $[\alpha]_D^{27}$: +97,3° [A.; c = 1] (*En.*). IR-Spektrum (CHCl$_3$; 2−13 µ): *En.*, l. c. S. 413. UV-Spektrum (A.; 220−350 nm): *En.*, l. c. S. 412.

2,4-Dinitro-phenylhydrazon (F: 228,5°): *En.*, l. c. S. 415.

IX

X

Hydroxy-oxo-Verbindungen $C_nH_{2n-18}O_8$

Hydroxy-oxo-Verbindungen $C_{14}H_{10}O_8$

4,4′-Dihydroxy-3,5,3′,5′-tetramethoxy-benzil, Syringil $C_{18}H_{18}O_8$, Formel X.

B. Aus 3,5,3′,5′-Tetramethoxy-bibenzyl-4,α,4′,α′-tetraol mit Hilfe von Cu(OH)$_2$ in Essigsäure (*Pearl*, J. org. Chem. **22** [1957] 1229, 1231).

Kristalle (aus Xylol); F: 198° [unkorr.] bzw. gelbe Kristalle (aus Eg.) mit 2 Mol H$_2$O; F: 198−199° [unkorr.]. λ_{max} (A.): 330 nm.

Dimethyl-Derivat $C_{20}H_{22}O_8$; 3,4,5,3′,4′,5′-Hexamethoxy-benzil (H 565). Kristalle (aus Me. oder A.); F: 192−193° [unkorr.].

Diacetyl-Derivat $C_{22}H_{22}O_{10}$; 4,4′-Diacetoxy-3,5,3′,5′-tetramethoxy-benzil. Hell= gelbe Kristalle (aus A.); F: 192−193° [unkorr.]. λ_{max} (A.): 215 nm und 297 nm.

2,5,2′,5′-Tetrahydroxy-4,4′-dimethyl-[1,1′]bicyclohexa-1,4-dienyl-3,6,3′,6′-tetraon, Oosporein $C_{14}H_{10}O_8$, Formel XI und Taut. (E III 4391).

Identität mit dem von *Shigematsu* (J. Inst. Polytech. Osaka City Univ. [C] **5** [1956] 100) beschriebenen Iso-oosporein: *Smith, Thomson*, Tetrahedron **10** [1960] 148.

Isolierung aus dem Mycel von Chaetomium aureum: *Lloyd et al.*, Soc. **1955** 2163.

Bronzefarbene Kristalle (aus wss. Me.); F: 290−295° (*Divekar et al.*, Canad. J. Chem. **37** [1959] 2097). IR-Banden (KBr; 3350−700 cm^{-1}): *Di. et al.* λ_{max}: 244 nm, 291 nm und 500 nm [H$_2$O], 216 nm und 287 nm [A.] (*Di. et al.*).

Beim Erhitzen mit KOH auf 280−290° sind kleine Mengen 7-Hydroxy-6-methyl-5,8-dioxo-5,8-dihydro-[2]naphthoesäure erhalten worden (*Sh.*, l. c. S. 111; *Sm., Th.*, l. c. S. 151). Beim Behandeln mit Diazomethan in Methanol und Äther sind zwei isomere Trimethyl-Derivate $C_{17}H_{16}O_8$ (gelbe Kristalle [aus wss. Me.]; F: 192° bzw. F: 154°) erhalten worden (*Ll. et al.*).

Tetramethyl-Derivat $C_{18}H_{18}O_8$; 2,5,2′,5′-Tetramethoxy-4,4′-dimethyl-[1,1′]bi=

cyclohexa-1,4-dienyl-3,6,3',6'-tetraon. Orangefarbene Kristalle; F: 125° [aus Bzl. bzw. A.] (*Ll. et al.*; *Sh.*, l. c. S. 109), 123° [aus wss. Me.] (*Di. et al.*). λ_{max} (A.): 285,5 nm und 394 nm (*Di. et al.*).

Tetraäthyl-Derivat $C_{22}H_{26}O_8$; 2,5,2',5'-Tetraäthoxy-4,4'-dimethyl-[1,1']bicyclohexa-1,4-dienyl-3,6,3',6'-tetraon. Orangerote Kristalle (aus A.); F: 144−144,5° (*Sh.*, l. c. S. 110).

Tetraacetyl-Derivat $C_{22}H_{18}O_{12}$; 2,5,2',5'-Tetraacetoxy-4,4'-dimethyl-[1,1']bicyclohexa-1,4-dienyl-3,6,3',6'-tetraon (E III 4392). Gelbe Kristalle (aus Me.); F: 190°; λ_{max} (A.): 262 nm (*Di. et al.*).

XI   XII

Hydroxy-oxo-Verbindungen $C_{15}H_{12}O_8$

4,2'-Dihydroxy-3,5,3',4',6'-pentamethoxy-*trans*-chalkon $C_{20}H_{22}O_8$, Formel XII (R = H).

B. Beim Behandeln von 2'-Hydroxy-3,5,3',4',6'-pentamethoxy-4-methoxymethoxy-*trans*-chalkon mit wss. H_2SO_4 und Essigsäure (*Arcoleo et al.*, Ann. Chimica **47** [1957] 66, 72).
Orangefarbene Kristalle (aus A.); F: 164−165°.

Diacetyl-Derivat $C_{24}H_{26}O_{10}$; 4,2'-Diacetoxy-3,5,3',4',6'-pentamethoxy-*trans*-chalkon. Kristalle (aus wss. A.); F: 174−175°.

2'-Hydroxy-3,5,3',4',6'-pentamethoxy-4-methoxymethoxy-*trans*-chalkon $C_{22}H_{26}O_9$, Formel XII (R = CH_2-O-CH_3).

B. Aus 1-[2-Hydroxy-3,4,6-trimethoxy-phenyl]-äthanon und 3,5-Dimethoxy-4-methoxymethoxy-benzaldehyd in wss.-äthanol. NaOH (*Arcoleo et al.*, Ann. Chimica **47** [1957] 66, 72).
Gelbe Kristalle (aus A.); F: 154−155°.

2'-Hydroxy-3,4,3',4',5',6'-hexamethoxy-*trans*-chalkon $C_{21}H_{24}O_8$, Formel XIII.

B. Aus 1-[2-Hydroxy-3,4,5,6-tetramethoxy-phenyl]-äthanon und Veratrumaldehyd in wss.-äthanol. KOH (*Oliverio, Casinovi*, G. **80** [1950] 798, 800).
Orangegelbe Kristalle (aus A.); F: 97−98°.

XIII

1-[2-Hydroxy-3,4,5,6-tetramethoxy-phenyl]-3-[4-methoxy-phenyl]-propan-1,3-dion $C_{20}H_{22}O_8$, Formel XIV (X = O-CH_3, X' = H) und Taut.

B. Beim Erhitzen von 4-Methoxy-benzoesäure-[2-acetyl-3,4,5,6-tetramethoxy-phenylester] mit $NaNH_2$ in Xylol (*Matsuura*, J. pharm. Soc. Japan **77** [1957] 328; C. A. **1957** 11339).
Gelbe Kristalle (aus wss. A.); F: 84°.

1-[2-Hydroxy-4,6-dimethoxy-phenyl]-3-[3,4,5-trimethoxy-phenyl]-propan-1,3-dion $C_{20}H_{22}O_8$, Formel XIV (X = H, X' = O-CH_3).

B. Beim Behandeln von 3,4,5-Trimethoxy-benzoesäure-[2-acetyl-3,5-dimethoxy-phenylester]

mit KOH in Pyridin (*Balasubramanian et al.,* J. scient. ind. Res. India **14** B [1955] 6, 10).
Hellgelbe Kristalle (aus A.); F: 129−130°.

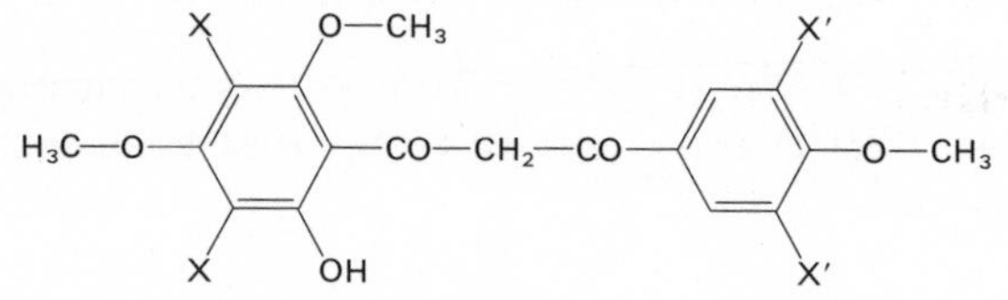

XIV

(±)-1-[3,4-Dimethoxy-phenyl]-3-hydroxy-3-[2-hydroxy-4,6-dimethoxy-phenyl]-propan-1,2-dion(?)
$C_{19}H_{20}O_8$, vermutlich Formel I und cyclische Taut.

B. Neben anderen Verbindungen beim Behandeln von 2-[3,4-Dimethoxy-phenyl]-5,7-di≠
methoxy-4*H*-chromen mit Monoperoxyphthalsäure in Äther (*Gramshaw et al.,* Soc. **1958** 4040,
4049).

Hellgelbe Kristalle (aus A.); F: 174−175°. λ_{max} (A.): 203−206 nm, 228 nm und 282−284 nm.

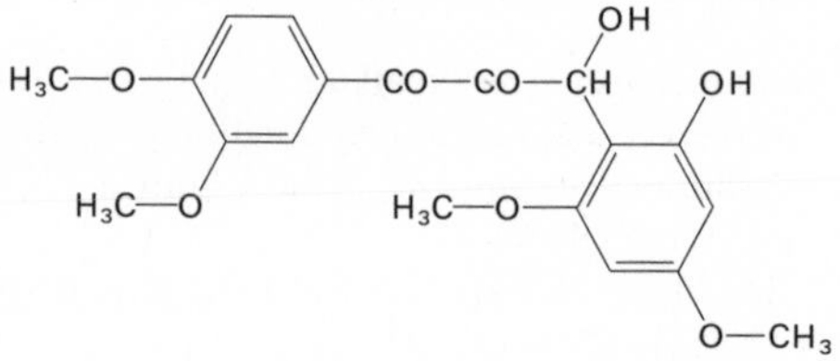

I

Hydroxy-oxo-Verbindungen $C_{17}H_{16}O_8$

1,5-Bis-[2-hydroxy-3,4-dimethoxy-phenyl]-pentan-1,5-dion $C_{21}H_{24}O_8$, Formel II (n = 3).

B. Aus 1,2,3-Trimethoxy-benzol und Glutarylchlorid mit Hilfe von AlCl$_3$ (*Kakemi et al.,*
J. pharm. Soc. Japan **86** [1966] 778, 781, 783; C. A. **65** [1966] 20041; *Chakravarti et al.,* J.
Indian chem. Soc. **44** [1967] 457, 460).

Kristalle; F: 125° [aus Eg.] (*Ch. et al.*), 123° [aus A.] (*Ka. et al.*).

1,5-Bis-[2-hydroxy-3,4-dimethoxy-phenyl]-pentan-1,5-dion hat vermutlich auch in einem von
Lipp et al. (A. **618** [1958] 110, 116) auf gleichem Wege hergestellten, als 1,5-Bis-[4-hydroxy-
3,5-dimethoxy-phenyl]-pentan-1,5-dion $C_{21}H_{24}O_8$ bezeichneten Präparat (Kristalle [aus
Cyclohexan]; F: 119,5° [unkorr.]) vorgelegen.

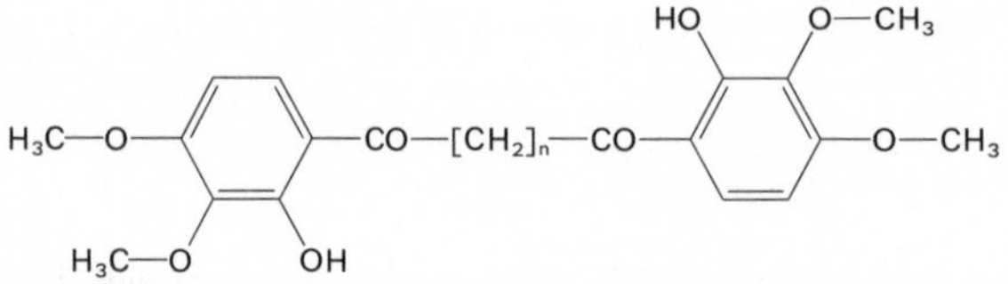

II

Hydroxy-oxo-Verbindungen $C_{18}H_{18}O_8$

1,6-Bis-[2-hydroxy-3,4-dimethoxy-phenyl]-hexan-1,6-dion $C_{22}H_{26}O_8$, Formel II (n = 4).

B. Aus 1,2,3-Trimethoxy-benzol und Adipoylchlorid mit Hilfe von AlCl$_3$ (*Tamura et al.,*
J. agric. chem. Soc. Japan **28** [1954] 679, 680; C. A. **1957** 14618).

Kristalle (aus Eg.); F: 174−175°.

4-Acetyl-2-[3-acetyl-2,4,6-trihydroxy-5-methyl-phenyl]-2-methyl-cyclohexan-1,3,5-trion
$C_{18}H_{18}O_8$ und Taut.

*Opt.-inakt. 2,6-Diacetyl-1,4a,7,9-tetrahydroxy-8,9b-dimethyl-4a,9b-dihydro-4H-dibenzofuran-3-on $C_{18}H_{18}O_8$, Formel III.

B. Beim Behandeln von 1-[2,4,6-Trihydroxy-3-methyl-phenyl]-äthanon mit $K_3[Fe(CN)_6]$ in wss. Na_2CO_3 (*Barton et al., Soc.* **1956** 530, 533).

Kristalle (aus Bzl.); F: 192° [Zers.]. λ_{max} (A.): 228 nm, 284 nm und 329 nm.

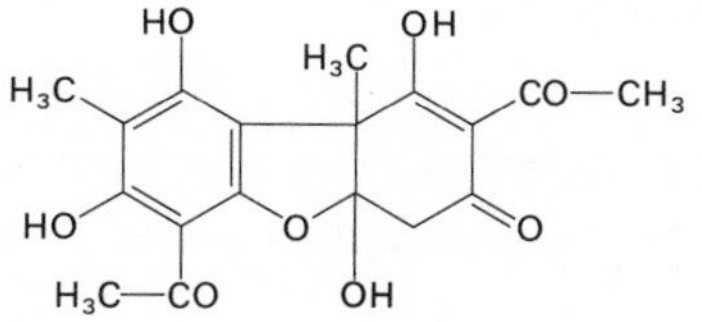

III

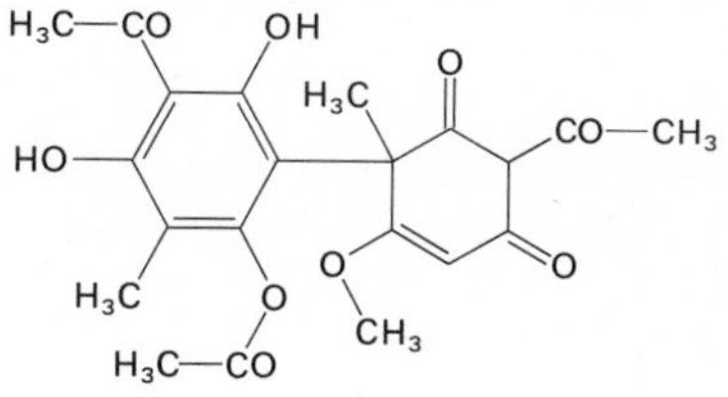

IV

6-[2-Acetoxy-5-acetyl-4,6-dihydroxy-3-methyl-phenyl]-2-acetyl-5-methoxy-6-methyl-cyclohex-4-en-1,3-dion $C_{21}H_{22}O_9$, Formel IV und Taut.

Die von *Takahashi* (Pharm. Bl. **1** [1953] 36) unter dieser Konstitution beschriebenen Mono≠acetylusninsäure-isomethoxide sind als 9-Acetoxy-2,6-diacetyl-3,7-dihydroxy-4a-methoxy-8,9b-dimethyl-4a,9b-dihydro-4H-dibenzofuran-1-on zu formulieren (*Takahashi et al.,* Chem. pharm. Bl. **11** [1963] 1229, 1230).

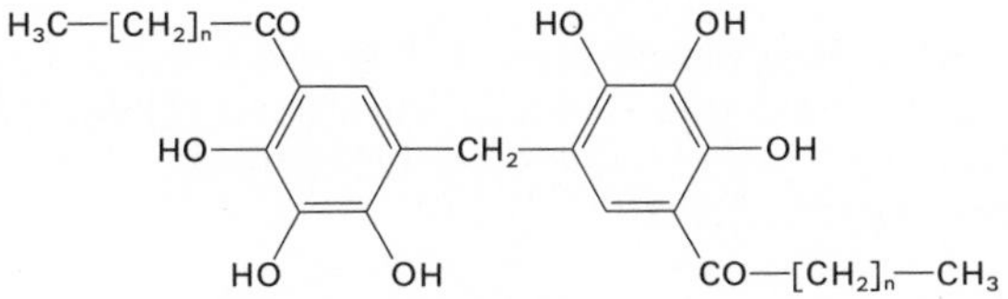

V

Hydroxy-oxo-Verbindungen $C_{19}H_{20}O_8$

Bis-[2,3,4-trihydroxy-5-propionyl-phenyl]-methan $C_{19}H_{20}O_8$, Formel V (n = 1).

B. Beim Erwärmen von 1-[2,3,4-Trihydroxy-phenyl]-propan-1-on mit wss. Formaldehyd und Äthanol (*Buu-Hoi,* J. org. Chem. **18** [1953] 1723, 1724).

Kristalle (aus wss. Me.); F: 238°.

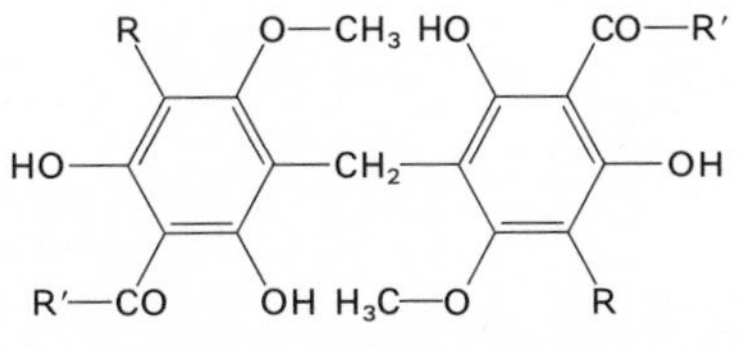

VI

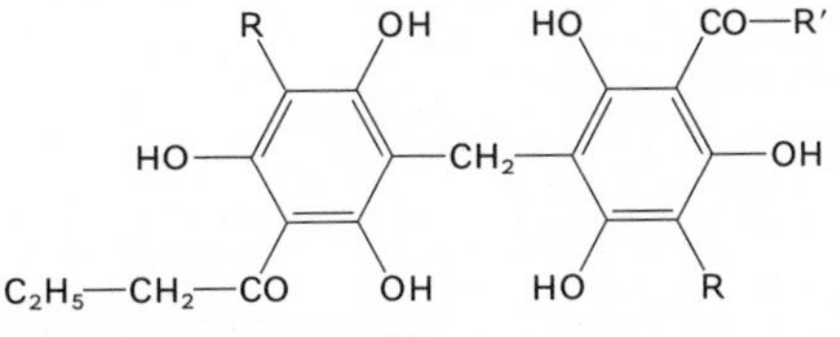

VII

Bis-[3-acetyl-2,4-dihydroxy-6-methoxy-5-methyl-phenyl]-methan $C_{21}H_{24}O_8$, Formel VI
(R = R′ = CH_3).

B. Beim Behandeln von 1-[2,6-Dihydroxy-4-methoxy-3-methyl-phenyl]-äthanon mit wss. Formaldehyd, H_2SO_4 und Äthanol (*McGookin et al.,* Soc. **1951** 2021, 2027).

Hellgelbe Kristalle (aus A.); F: 218−219° [Zers.].
Tetraacetyl-Derivat $C_{29}H_{32}O_{12}$; Bis-[2,4-diacetoxy-3-acetyl-6-methoxy-5-methyl-phenyl]-methan. Kristalle (aus wss. A.); F: 146−147°.

Hydroxy-oxo-Verbindungen $C_{21}H_{24}O_8$

Bis-[3-butyryl-2,4,6-trihydroxy-phenyl]-methan $C_{21}H_{24}O_8$, Formel VII (R = H, R′ = CH_2-C_2H_5).
B. Beim Behandeln von 1-[2,4,6-Trihydroxy-phenyl]-butan-1-on mit Formaldehyd und wss. NaOH (*Seelkopf*, Arzneimittel-Forsch. **2** [1952] 158, 162, 163).
F: 215°.

Bis-[5-butyryl-2,3,4-trihydroxy-phenyl]-methan $C_{21}H_{24}O_8$, Formel V (n = 2).
B. Aus 1-[2,3,4-Trihydroxy-phenyl]-butan-1-on und Formaldehyd (*Buu-Hoi*, J. org. Chem. **18** [1953] 1723, 1724).
Kristalle; F: 181−182°.

[3-Acetyl-2,4,6-trihydroxy-5-methyl-phenyl]-[3-butyryl-2,4,6-trihydroxy-5-methyl-phenyl]-methan, 1-[3-(3-Acetyl-2,4,6-trihydroxy-5-methyl-benzyl)-2,4,6-trihydroxy-5-methyl-phenyl]-butan-1-on $C_{21}H_{24}O_8$, Formel VII (R = R′ = CH_3).
B. Aus 1-[2,4,6-Trihydroxy-3-methyl-phenyl]-butan-1-on, 1-[2,4,6-Trihydroxy-3-methyl-phenyl]-äthanon, Paraformaldehyd und wss.-äthanol. H_2SO_4 (*McGookin et al.,* Soc. **1951** 2021, 2027).
Hellgelbe Kristalle (aus wss. Acn.); F: 246−248°.

Hydroxy-oxo-Verbindungen $C_{22}H_{26}O_8$

1,10-Bis-[2-hydroxy-3,4-dimethoxy-phenyl]-decan-1,10-dion $C_{26}H_{34}O_8$, Formel II (n = 8).
B. Aus 1,2,3-Trimethoxy-benzol und Decandioylchlorid mit Hilfe von $AlCl_3$ (*Tamura et al.,* J. agric. chem. Soc. Japan **28** [1954] 679, 680; C. A. **1957** 14618).
Kristalle (aus Toluol); F: 125−126,5°.

[3-Butyryl-2,4-dihydroxy-6-methoxy-phenyl]-[3-butyryl-2,4,6-trihydroxy-5-methyl-phenyl]-methan, 1-[3-(3-Butyryl-2,4-dihydroxy-6-methoxy-benzyl)-2,4,6-trihydroxy-5-methyl-phenyl]-butan-1-on, Phloraspin $C_{23}H_{28}O_8$, Formel VIII (E III 4396).
Dimorph; Kristalle; F: 210° [aus Me.] bzw. F: 85° und (nach Wiedererstarren bei 105−110°) F: 140° [aus wss. Alkali + Säure] (*Aho*, Ann. Univ. Turku [A 1] Nr. 29 [1958] 1, 104). UV-Spektrum (250−350 nm) in Äthanol, äthanol. NH_3, äthanol. NaOH, äthanol. HCl, $CHCl_3$ sowie wss. NaOH: *Aho*, l. c. S. 79.

VIII

Hydroxy-oxo-Verbindungen $C_{23}H_{28}O_8$

Bis-[2,3,4-trihydroxy-5-valeryl-phenyl]-methan $C_{23}H_{28}O_8$, Formel V (n = 3).
B. Aus 1-[2,3,4-Trihydroxy-phenyl]-pentan-1-on und Formaldehyd (*Buu-Hoi*, J. org. Chem. **18** [1953] 1723, 1724).
Kristalle; F: 173°.

2-Butyryl-6-[3-butyryl-2,4-dihydroxy-6-methoxy-benzyl]-3,5-dihydroxy-4,4-dimethyl-cyclohexa-2,5-dienon, Desaspidin-BB, Desaspidin C$_{24}$H$_{30}$O$_8$, Formel IX (R = R′ = H, R″ = CH$_3$) und Taut.

Konstitution: *Aebi et al.,* Helv. **40** [1957] 572.

Isolierung aus den Rhizomen von Dryopteris austriaca: *Aebi et al.,* Helv. **40** [1957] 266, 269.

F: 150−150,5° [korr.; aus Ae.+PAe.] (*Aebi et al.,* l. c. S. 274). UV-Spektrum (Cyclohexan; 220−330 nm): *Aebi et al.,* l. c. S. 572.

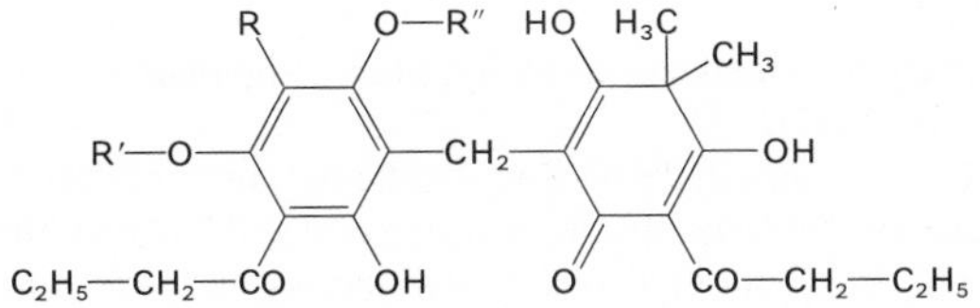

IX

Bis-[3-butyryl-2,4,6-trihydroxy-5-methyl-phenyl]-methan C$_{23}$H$_{28}$O$_8$, Formel X (R = R′ = H) (E I 764).

B. Aus 1-[2,4,6-Trihydroxy-3-methyl-phenyl]-butan-1-on, Paraformaldehyd, H$_2$SO$_4$ und wss. Methanol (*McGookin et al.,* Soc. **1951** 2021, 2026).

Hellgelbe Kristalle (aus A.); F: 212°.

Bis-[3-butyryl-2,4-dihydroxy-6-methoxy-5-methyl-phenyl]-methan C$_{25}$H$_{32}$O$_8$, Formel X (R = H, R′ = CH$_3$) (H 566).

B. Aus 1-[2,6-Dihydroxy-4-methoxy-3-methyl-phenyl]-butan-1-on (Aspidinol), wss. Formaldehyd und Essigsäure oder wss. NaOH (*Aho,* Ann. Univ. Turku [A 1] Nr. 29 [1958] 1, 106).

Hellgelbe Kristalle (aus Eg.); F: 190−191°. UV-Spektrum (250−350 nm) in Äthanol, äthanol. NH$_3$, äthanol. HCl, CHCl$_3$ sowie wss. NaOH: *Aho,* l. c. S. 77.

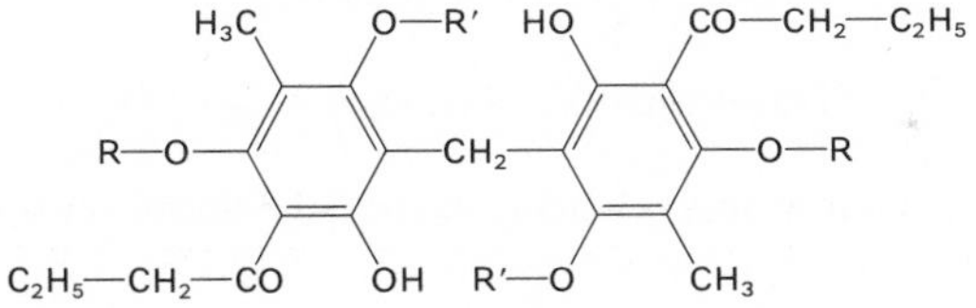

X

Bis-[3-butyryl-2,6-dihydroxy-4-methoxy-5-methyl-phenyl]-methan, Pseudoaspidin C$_{25}$H$_{32}$O$_8$, Formel X (R = CH$_3$, R′ = H) (H 567; E III 4397).

Hellgelbe Kristalle (aus Acn.+PAe.); F: 141−143° [korr.] (*Aebi et al.,* Helv. **40** [1957] 569). λ_{max} (Cyclohexan): 230 nm und 290 nm.

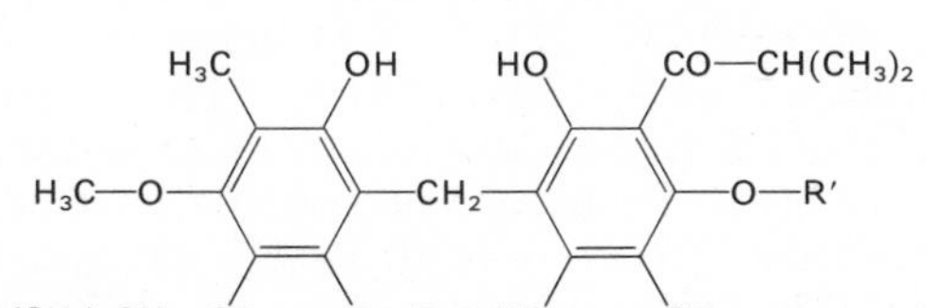

XI

[2-Hydroxy-5-isobutyryl-4,6-dimethoxy-3-methyl-phenyl]-[2,4,6-trihydroxy-3-isobutyryl-5-methyl-phenyl]-methan C$_{25}$H$_{32}$O$_8$, Formel XI (R = CH$_3$, R′ = H).

Die früher (E III **8** 4397; s. a. *Birch, Todd,* Soc. **1952** 3102) unter dieser Konstitution beschrieꞋbenen, als β-Kosin bezeichneten Präparate sind Gemische aus Bis-[2,6-dihydroxy-3-isobutyryl-

4-methoxy-5-methyl-phenyl]-methan und homologen Verbindungen gewesen (*Lounasmaa et al.*, Acta chem. scand. [B] **28** [1974] 1200, 1205).

Bis-[2,4-dihydroxy-3-isobutyryl-6-methoxy-5-methyl-phenyl]-methan $C_{25}H_{32}O_8$, Formel XII (R = H).

B. Aus 1-[2,6-Dihydroxy-4-methoxy-3-methyl-phenyl]-2-methyl-propan-1-on und Formalde=hyd in wss. KOH (*Riedl*, B. **89** [1956] 2600; *Orth, Riedl*, A. **663** [1963] 83, 87, 94).

Gelbliche Kristalle (aus Me.); F: 192−193° (*Ri.*; *Orth, Ri.*). λ_{max}: 280 nm und 350 nm [A. + wss. HCl], 290 nm und 390 nm [A. + wss. NaOH] (*Orth, Ri.*, l. c. S. 88).

Bis-[2,6-dihydroxy-3-isobutyryl-4-methoxy-5-methyl-phenyl]-methan $C_{25}H_{32}O_8$, Formel XI (R = H, R′ = CH₃) (E III 4397).

Die früher (E III **8** 4397; s. a. *Birch, Todd*, Soc. **1952** 3102) unter dieser Konstitution beschrie=benen, als α-Kosin bezeichneten, aus sog. Kosotoxin sowie Protorosin hergestellten Präparate haben kleinere Mengen Bis-[2,6-dihydroxy-3-isovaleryl-4-methoxy-5-methyl-phenyl]-methan und Bis-[2,6-dihydroxy-4-methoxy-3-methoxy-5-(2-methyl-butyryl)-phenyl]-methan enthalten (*Lounasmaa et al.*, Acta chem. scand. [B] **28** [1974] 1200, 1205).

XII

Bis-[4-hydroxy-3-isobutyryl-2,6-dimethoxy-5-methyl-phenyl]-methan $C_{27}H_{36}O_8$, Formel XII (R = CH₃).

B. Aus 1-[2-Hydroxy-4,6-dimethoxy-3-methyl-phenyl]-2-methyl-propan-1-on, Paraformalde=hyd und wss.-methanol. H₂SO₄ (*Birch, Todd*, Soc. **1952** 3102, 3107).

Gelbe Kristalle (aus Me. + Acn.); F: 177−178° [unkorr.].

Hydroxy-oxo-Verbindungen $C_{24}H_{30}O_8$

2-Butyryl-6-[3-butyryl-2,4,6-trihydroxy-5-methyl-benzyl]-3,5-dihydroxy-4,4-dimethyl-cyclohexa-2,5-dienon, Flavaspidsäure $C_{24}H_{30}O_8$, Formel IX (R = CH₃, R′ = R″ = H) und Taut. (H 571; E III 4398).

Enol-Gehalt von Lösungen in Methanol, Hexan und Äther (durch Brom-Titration ermittelt): *Aho*, Ann. Univ. Turku [A 1] Nr. 29 [1958] 1, 85.

B. Aus 1-[2,4,6-Trihydroxy-3-methyl-phenyl]-butan-1-on, 4-Butyryl-2,2-dimethyl-cyclohexan-1,3,5-trion, Paraformaldehyd und methanol. H₂SO₄ (*McGookin et al.*, Soc. **1953** 1828).

α-Modifikation: hellgelbe Kristalle (aus Me.); F: 95° und (nach Wiedererstarren) F: 156° [aus Me.] (*Aho*, l. c. S. 95), 92° (*McG. et al.*), 90° und (nach Wiedererstarren) F: 153−155° [korr.] (*Aebi et al.*, Helv. **40** [1957] 266, 273). − β-Modifikation: gelbe Kristalle; F: 159° [aus Hexan] (*Aho*, l. c. S. 96), 157−159,5° [korr.; aus Ae. + PAe.] (*Aebi et al.*, Helv. **40** 273), 157−158° [aus Me.] (*McG. et al.*). Kristallstruktur-Analyse (Röntgen-Diagramm) der α-Modifi=kation (orthorhombisch) und der β-Modifikation (monoklin): *Erämetsä, Pentillä*, Acta chem. scand. **24** [1970] 3335. IR-Banden (Nujol; 3−14 μ): *Birch, Todd*, Soc. **1952** 3102, 3108. UV-Spektrum in Cyclohexan (220−330 nm): *Aebi*, Helv. **39** [1956] 153, 155; in CHCl₃ (230−400 nm): *Hörhammer, Spagl*, Ar. **286** [1953] 490, 491; in Äthanol, äthanol. NH₃, äthanol. NaOH, wss. NaOH, äthanol. HCl sowie CHCl₃ (250−380 nm): *Aho*, l. c. S. 72, 73. λ_{max} (A.): 229 nm und 292,5 nm (*Chan, Hassall*, Soc. **1956** 3495, 3496). Löslichkeit der α- und β-Modifika=tion in verschiedenen organischen Lösungsmitteln bei 20°: *Aho*, l. c. S. 45.

Monoacetyl-Derivat $C_{26}H_{32}O_9$. Hellgelbe Kristalle (aus Hexan); F: 95° (*Aho*, l. c. S. 45, 98). UV-Spektrum (A.; 250−350 nm): *Aho*, l. c. S. 79.

2-Butyryl-6-[3-butyryl-2,6-dihydroxy-4-methoxy-5-methyl-benzyl]-3,5-dihydroxy-4,4-dimethyl-cyclohexa-2,5-dienon, Aspidin $C_{25}H_{32}O_8$, Formel IX (R = R' = CH_3, R'' = H) und Taut. (H 566; E III 4399).

Enol-Gehalt von Lösungen in Methanol, Hexan und Äther (durch Brom-Titration ermittelt): *Aho*, Ann. Univ. Turku [A 1] Nr. 29 [1958] 1, 85.

α-Modifikation: gelbe Kristalle (aus Hexan nach Abdunsten); F: 45 – 50° und (nach Wieder≠ erstarren bei 85 – 90°) F: 118 – 120° (*Aho*, l. c. S. 102). – β-Modifikation: Kristalle; F: 124° [aus A.] (*Aho*, l. c. S. 102), 121 – 123° [korr.; aus PAe.] (*Aebi et al.*, Helv. **40** [1957] 266, 273). UV-Spektrum in Cyclohexan (220 – 320 nm): *Aebi*, Helv. **39** [1956] 153, 155; *Aebi et al.*, Helv. **40** [1957] 572; in Äthanol, äthanol. NH_3, äthanol. NaOH, wss. NaOH, äthanol. HCl sowie $CHCl_3$ (240 – 380 nm): *Aho*, l. c. S. 67, 68.

Mono(?)-acetyl-Derivat $C_{27}H_{34}O_9$ (vgl. H 567). Kristalle (aus Me.); F: 106 – 108° (*Aho*, l. c. S. 103). UV-Spektrum (A.; 250 – 350 nm): *Aho*, l. c. S. 79.

Hydroxy-oxo-Verbindungen $C_{25}H_{32}O_8$

Bis-[5-hexanoyl-2,3,4-trihydroxy-phenyl]-methan $C_{25}H_{32}O_8$, Formel V (n = 4) auf S. 3745.

B. Aus 1-[2,3,4-Trihydroxy-phenyl]-hexan-1-on und Formaldehyd (*Buu-Hoi*, J. org. Chem. **18** [1953] 1723, 1724).

Kristalle; F: 171°.

Bis-[2,4,6-trihydroxy-3-(4-methyl-valeryl)-phenyl]-methan $C_{25}H_{32}O_8$, Formel XIII (R = H, n = 2).

B. Beim Behandeln von 4-Methyl-1-[2,4,6-trihydroxy-phenyl]-pentan-1-on mit Formaldehyd und wss. NaOH (*Seelkopf*, Arzneimittel-Forsch. **2** [1952] 158, 162, 163).

F: 168°.

XIII

Bis-[2,4,6-trihydroxy-3-isovaleryl-5-methyl-phenyl]-methan $C_{25}H_{32}O_8$, Formel XIII (R = CH_3, n = 1).

B. Aus 3-Methyl-1-[2,4,6-trihydroxy-3-methyl-phenyl]-butan-1-on und Formaldehyd in wss. NaOH (*Inagaki et al.*, J. pharm. Soc. Japan **76** [1956] 1253; C. A. **1957** 4307).

Hellgelbe Kristalle (aus A.); F: 260 – 262° [Zers.].

Hydroxy-oxo-Verbindungen $C_{27}H_{36}O_8$

Bis-[2,4,6-trihydroxy-3-methyl-5-(4-methyl-valeryl)-phenyl]-methan $C_{27}H_{36}O_8$, Formel XIII (R = CH_3, n = 2).

B. Analog der vorangehenden Verbindung (*Seelkopf*, Arzneimittel-Forsch. **2** [1952] 158, 162, 163).

Gelbe Kristalle (aus Bzl. + PAe.); F: 165°.

Hydroxy-oxo-Verbindungen $C_{33}H_{48}O_8$

Bis-[5-decanoyl-2,3,4-trihydroxy-phenyl]-methan $C_{33}H_{48}O_8$, Formel V (n = 8) auf S. 3745.

B. Aus 1-[2,3,4-Trihydroxy-phenyl]-decan-1-on und Formaldehyd (*Buu-Hoi*, J. org. Chem. **18** [1953] 1723, 1724).

Kristalle; F: 147 – 148°.

Hydroxy-oxo-Verbindungen $C_nH_{2n-20}O_8$

Hydroxy-oxo-Verbindungen $C_{14}H_8O_8$

1,2,3,5,6,7-Hexahydroxy-anthrachinon, Rufigallussäure $C_{14}H_8O_8$, Formel XIV (H 567; E I 765; E II 604; E III 4401).

IR-Banden (Paraffin; $3400-700\ cm^{-1}$): *Bloom et al.*, Soc. **1959** 178, 181. λ_{max} (A.; $210-440\ nm$): *Birkinshaw*, Biochem. J. **59** [1955] 485.

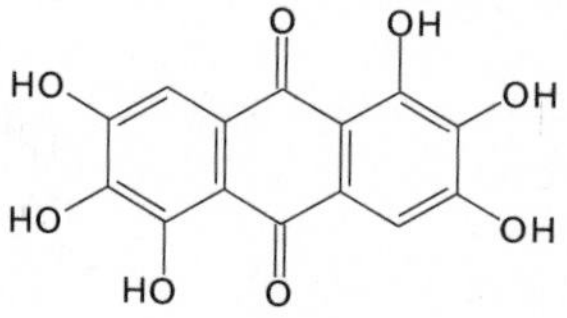

XIV

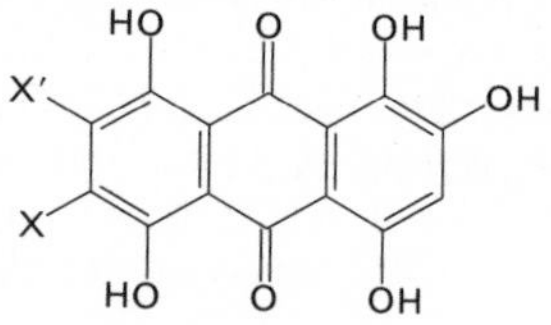

XV

1,2,4,5,6,8-Hexahydroxy-anthrachinon $C_{14}H_8O_8$, Formel XV (X = OH, X' = H) und Taut. (H 569; E I 765; E II 605; E III 4402).

λ_{max} (A.; $240-530\ nm$): *Ikeda et al.*, J. pharm. Soc. Japan **76** [1956] 217, 219; C. A. **1956** 7590.

1,2,4,5,7,8-Hexahydroxy-anthrachinon $C_{14}H_8O_8$, Formel XV (X = H, X' = OH) und Taut. (H 571; E III 4402).

λ_{max} in H_2SO_4, auch unter Zusatz von H_3BO_3 ($515-600\ nm$): *Ráb*, Collect. **24** [1959] 3654, 3656.

Hydroxy-oxo-Verbindungen $C_{15}H_{10}O_8$

[3,4-Dimethoxy-phenyl]-[2-hydroxy-4,6-dimethoxy-phenyl]-propantrion(?) $C_{19}H_{18}O_8$, vermutlich Formel XVI und cyclische Taut.

B. In kleiner Menge aus 2-[3,4-Dimethoxy-phenyl]-5,7-dimethoxy-4*H*-chromen mit Hilfe von OsO_4 oder Monoperoxyphthalsäure (*Gramshaw et al.*, Soc. **1958** 4040, 4049).

Gelbe Kristalle (aus A.); F: $197,5-199°$. IR-Banden (KBr; $1700-1550\ cm^{-1}$): *Gr. et al.* λ_{max} (Dioxan): 231 nm und 281 nm.

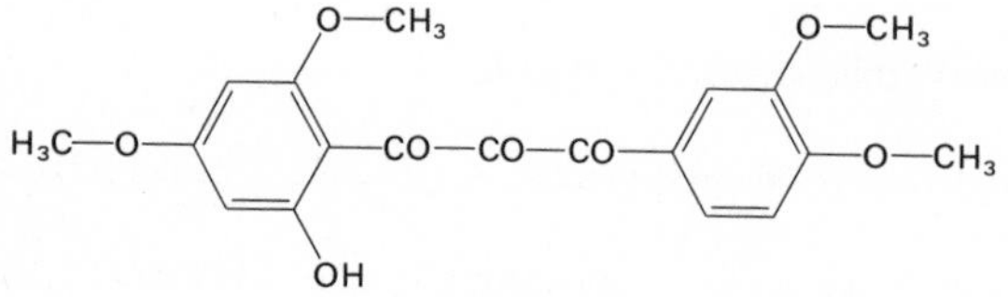

XVI

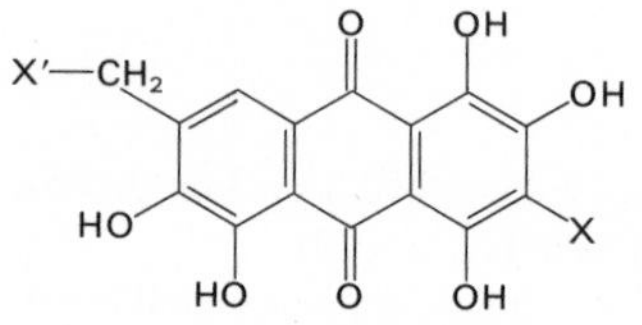

XVII

1,2,3,4,5,6-Hexahydroxy-7-methyl-anthrachinon $C_{15}H_{10}O_8$, Formel XVII (X = OH, X' = H) und Taut.

Konstitution: *Bohman*, Tetrahedron Letters **1970** 445.

Isolierung aus der Flechte Mycoblastus sanguinarius: *Bo.*; s. a. *Zopf*, A. **306** [1899] 282, 306.

Rote Kristalle (aus Acn.); F: $>365°$ [durch Sublimation bei $150-160°/0,8$ Torr gereinigt];

^{1}H-NMR-Absorption in (DMF-d$_6$): *Bo.* λ_{max} (A.): 294 nm und 497 nm (*Bo.*).

1,2,4,5,6-Pentahydroxy-7-hydroxymethyl-anthrachinon, Asperthecin C$_{15}$H$_{10}$O$_8$, Formel XVII (X = H, X' = OH) und Taut.

Konstitution: *Birkinshaw, Gourlay*, Biochem. J. **81** [1961] 618; s. a. *Neelakantan et al.*, Biochem. J. **66** [1957] 234.

Isolierung aus dem Mycel von Aspergillus quadrilineatus: *Howard, Raistrick*, Biochem. J. **59** [1955] 475, 481.

Braune Kristalle (aus Me.), die unterhalb 370° nicht schmelzen bzw. rote Kristalle (aus Dioxan) mit 1 Mol Dioxan (*Ho., Ra.*). λ_{max} (A.; 235—555 nm): *Birkinshaw*, Biochem. J. **59** [1955] 485.

Dimethyl-Derivat C$_{17}$H$_{14}$O$_8$. *B.* Aus Asperthecin und Diazomethan (*Ho., Ra.*, l. c. S. 482). — Rote Kristalle (aus A.); F: 236—237° (*Ho., Ra.*). — Überführung in ein Tetraacetyl-Derivat C$_{25}$H$_{22}$O$_{12}$ (gelbe Kristalle [aus Acetanhydrid]; F: 229—230°): *Ho., Ra.*, l. c. S. 482.

Tetramethyl-Derivat C$_{19}$H$_{18}$O$_8$. *B.* Aus Asperthecin und Diazomethan (*Ne. et al.*, l. c. S. 235). — Orangefarbene Kristalle (aus Me.); F: 179—180° (*Ne. et al.*).

Pentamethyl-Derivate C$_{20}$H$_{20}$O$_8$. a) Präparat vom F: 150°. *B.* Aus Asperthecin und Diazomethan (*Ne. et al.*). Gelbe Kristalle (aus A.+PAe.); F: 149—150° (*Ne. et al.*). — b) Präparat vom F: 135°. *B.* Aus Asperthecin und Dimethylsulfat (*Ho., Ra.*). Orangefarbene Kristalle (aus A.+PAe.); F: 134—135° (*Ho., Ra.*, l. c. S. 482).

Hexaacetyl-Derivat C$_{27}$H$_{22}$O$_{14}$; 1,2,4,5,6-Pentaacetoxy-7-acetoxymethyl-anthrachinon. Hellgelbe Kristalle (aus A.); F: 228° (*Ho., Ra.*, l. c. S. 481).

Hydroxy-oxo-Verbindungen C$_n$H$_{2n-22}$O$_8$

(7R)-8c-Äthyl-1,6,7r,8t,10t,11-hexahydroxy-7,8,9,10-tetrahydro-naphthacen-5,12-dion, β-Rhodomycinon C$_{20}$H$_{18}$O$_8$, Formel I und Taut.

Konstitution: *Brockmann et al.*, B. **96** [1963] 1356; *Brockmann, Wimmer*, B. **98** [1965] 2797. Konfiguration: *Brockmann, Niemeyer*, B. **100** [1967] 3578.

Isolierung aus dem Mycel sowie aus Kulturlösungen von Streptomyces purpurascens: *Brockmann, Franck*, B. **88** [1955] 1792, 1812; *Br. et al.*, l. c. S. 1368.

Rote Kristalle; F: 225° [korr.; Zers.; aus Bzl.+Me.] (*Br., Fr.*, l. c. S. 1798, 1812), 224—225° [korr.; Zers.; aus Eg.] (*Br. et al.*, l. c. S. 1368). Im Hochvakuum sublimierbar (*Br., Fr.*, l. c. S. 1798). IR-Spektrum (KBr; 2—15 μ): *Br., Fr.*, l. c. S. 1799. Absorptionsspektrum (Me.; 220—600 nm): *Br., Fr.*, l. c. S. 1797. λ_{max} in Benzol, CHCl$_3$, Piperidin, H$_2$SO$_4$, wss. NaOH sowie in Acetanhydrid, auch nach Zusatz von Pyroboracetat: *Br., Fr.*, l. c. S. 1805, 1807, 1812.

Pentaacetyl-Derivat C$_{30}$H$_{28}$O$_{13}$. Gelbe Kristalle (aus wss. Me.); Zers. bei ca. 165°; [α]$_D^{20}$: —34,4° [Me.; c = 0,3] (*Br., Fr.*, l. c. S. 1814).

Hydroxy-oxo-Verbindungen C$_n$H$_{2n-24}$O$_8$

2,4,6,8-Tetrahydroxy-9,10-dioxo-9,10-dihydro-anthracen-1,5-dicarbaldehyd(?) C$_{16}$H$_8$O$_8$, vermutlich Formel II.

B. Beim Erhitzen von 2-Formyl-3,5-dihydroxy-benzoesäure auf 250° (*Mody, Shah*, Pr. Indian Acad. [A] **34** [1951] 77, 82).

Rote Kristalle; F: $>280°$.

1,5-Diacetyl-2,4,6,8-tetrahydroxy-anthrachinon(?) $C_{18}H_{12}O_8$, vermutlich Formel III.
B. Beim Erhitzen von 2-Acetyl-3,5-dihydroxy-benzoesäure auf 210° (*Mody, Shah,* Pr. Indian Acad. [A] **34** [1951] 77, 84).
Braune Kristalle; F: $>290°$.

(±)-1,4,4-Tris-[2,5-dimethoxy-phenyl]-4-hydroxy-2-methyl-butan-1-on $C_{29}H_{34}O_8$, Formel IV.
B. In kleiner Menge aus (±)-Methylbernsteinsäure-anhydrid und 2,5-Dimethoxy-phenylma≠ gnesium-jodid (*Baddar et al.,* Soc. **1957** 1690, 1698).
Kristalle (aus Bzl.+PAe.); F: 152—153,5° (*Ba. et al.*). UV-Spektrum (A.; 230—380 nm): *Baddar, Habashi,* Soc. **1959** 4119.

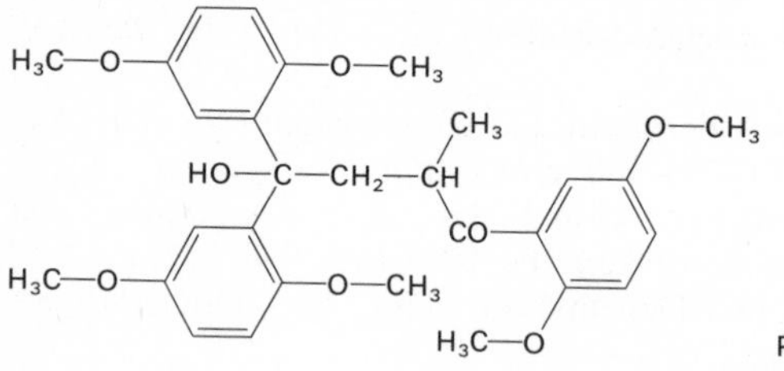

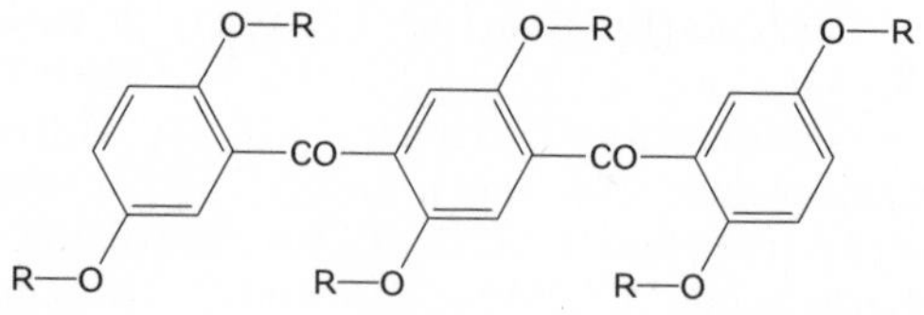

Hydroxy-oxo-Verbindungen $C_nH_{2n-26}O_8$

Hydroxy-oxo-Verbindungen $C_{20}H_{14}O_8$

2,5-Bis-[2,5-dihydroxy-benzoyl]-hydrochinon $C_{20}H_{14}O_8$, Formel V (R = H).
B. Beim Erwärmen von 1,4-Bis-[2,5-dimethoxy-benzoyl]-2,5-dimethoxy-benzol mit AlBr₃ in Benzol (*Buchta, Egger,* B. **90** [1957] 2748, 2757).
Braune Kristalle (aus Eg.+Bzl.); F: 270—272° [unkorr.; Zers.].
Hexaacetyl-Derivat $C_{32}H_{26}O_{14}$; 1,4-Diacetoxy-2,5-bis-[2,5-diacetoxy-benzoyl]-benzol. Kristalle (aus Eg.); F: 220—221° [unkorr.].

1,4-Bis-[2,5-dimethoxy-benzoyl]-2,5-dimethoxy-benzol $C_{26}H_{26}O_8$, Formel V (R = CH₃).
B. Aus 1,4-Bis-[α-hydroxy-2,5-dimethoxy-benzyl]-2,5-dimethoxy-benzol mit Hilfe von wss. Na₂Cr₂O₇ und Essigsäure (*Buchta, Egger,* B. **90** [1957] 2748, 2757).
Hellgelbe Kristalle (aus Eg.); F: 192—193° [unkorr.].

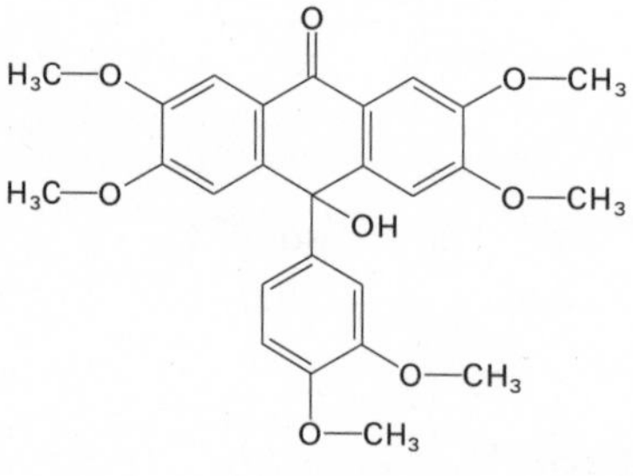

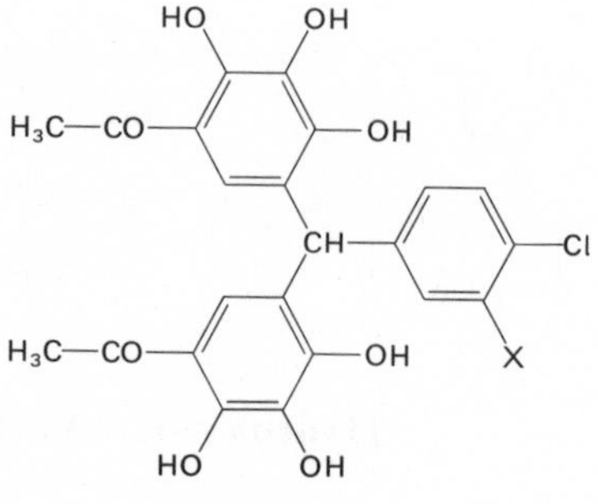

10-[3,4-Dimethoxy-phenyl]-10-hydroxy-2,3,6,7-tetramethoxy-anthron $C_{26}H_{26}O_8$, Formel VI.
B. Beim Erwärmen von 1,2-Dimethoxy-4,5-diveratryl-benzol sowie von 9-[3,4-Dimethoxy-

phenyl]-2,3,6,7-tetramethoxy-anthracen mit wss. $Na_2Cr_2O_7$ und Essigsäure (*Oliverio, Casinovi*, Ann. Chimica **42** [1952] 168, 180, 182).

Hellgelbe Kristalle (aus A.); F: 243 − 244°. UV-Spektrum (A. oder $CHCl_3$; 250 − 375 nm): *Ol., Ca.*, l. c. S. 174.

Hydroxy-oxo-Verbindungen $C_{23}H_{20}O_8$

Bis-[5-acetyl-2,3,4-trihydroxy-phenyl]-[4-chlor-phenyl]-methan $C_{23}H_{19}ClO_8$, Formel VII (X = H).

B. Beim Erwärmen von 4-Chlor-benzaldehyd mit 1-[2,3,4-Trihydroxy-phenyl]-äthanon in äthanol. HCl (*Buu-Hoi*, J. org. Chem. **18** [1953] 1723, 1724, 1727).

F: 230 − 231°.

Bis-[5-acetyl-2,3,4-trihydroxy-phenyl]-[3,4-dichlor-phenyl]-methan $C_{23}H_{18}Cl_2O_8$, Formel VII (X = Cl).

B. Analog der vorangehenden Verbindung (*Buu-Hoi*, J. org. Chem. **18** [1953] 1723, 1724, 1727).

F: 259 − 260°.

Hydroxy-oxo-Verbindungen $C_{24}H_{22}O_8$

[3-Acetyl-2,4-dihydroxy-6-methoxy-5-methyl-phenyl]-[3-benzoyl-2,4-dihydroxy-6-methoxy-5-methyl-phenyl]-methan, 3-[3-Acetyl-2,4-dihydroxy-6-methoxy-5-methyl-benzyl]-2,6-dihydroxy-4-methoxy-5-methyl-benzophenon $C_{26}H_{26}O_8$, Formel VIII.

B. Beim Behandeln von 2,6-Dihydroxy-4-methoxy-3-methyl-benzophenon mit 1-[2,6-Dihydroxy-4-methoxy-3-methyl-phenyl]-äthanon, wss.-äthanol. Formaldehyd und H_2SO_4 (*McGookin et al.*, Soc. **1951** 2021, 2028).

Gelbe Kristalle (aus A.); F: 195 − 196°.

Tetraacetyl-Derivat $C_{34}H_{34}O_{12}$; [2,4-Diacetoxy-3-acetyl-6-methoxy-5-methyl-phenyl]-[2,4-diacetoxy-3-benzoyl-6-methoxy-5-methyl-phenyl]-methan, 2,6-Diacetoxy-3-[2,4-diacetoxy-3-acetyl-6-methoxy-5-methyl-benzyl]-4-methoxy-5-methyl-benzophenon. Kristalle (aus wss. A.); F: 157 − 159°.

VIII   IX

Hydroxy-oxo-Verbindungen $C_{25}H_{24}O_8$

Phenyl-bis-[2,3,4-trihydroxy-5-propionyl-phenyl]-methan $C_{25}H_{24}O_8$, Formel IX (X = X′ = H).

B. Beim Erwärmen von Benzaldehyd mit 1-[2,3,4-Trihydroxy-phenyl]-propan-1-on in äthanol. HCl (*Buu-Hoi*, J. org. Chem. **18** [1953] 1723, 1724, 1727).

Kristalle (aus wss. Me.); F: 162°.

[4-Chlor-phenyl]-bis-[2,3,4-trihydroxy-5-propionyl-phenyl]-methan $C_{25}H_{23}ClO_8$, Formel IX (X = Cl, X′ = H).

B. Analog der vorangehenden Verbindung (*Buu-Hoi*, J. org. Chem. **18** [1953] 1723, 1724,

1727).

F: 189–190°.

[3,4-Dichlor-phenyl]-bis-[2,3,4-trihydroxy-5-propionyl-phenyl]-methan $C_{25}H_{22}Cl_2O_8$,
Formel IX (X = X′ = Cl).

B. Analog den vorangehenden Verbindungen (*Buu-Hoi*, J. org. Chem. **18** [1953] 1723, 1724,
1727).

F: 209–210°.

Hydroxy-oxo-Verbindungen $C_{26}H_{26}O_8$

[3-Acetyl-2,4,6-trihydroxy-5-methyl-phenyl]-[2,4,6-trihydroxy-3-methyl-5-(3-phenyl-propionyl)-phenyl]-methan, 1-[3-(3-Acetyl-2,4,6-trihydroxy-5-methyl-benzyl)-2,4,6-trihydroxy-5-methyl-phenyl]-3-phenyl-propan-1-on $C_{26}H_{26}O_8$, Formel X (R = H).

B. Beim Behandeln von 3-Phenyl-1-[2,4,6-trihydroxy-3-methyl-phenyl]-propan-1-on mit
1-[2,4,6-Trihydroxy-3-methyl-phenyl]-äthanon, Paraformaldehyd, H_2SO_4 und Äthanol
(*McGookin et al.*, Soc. **1951** 2021, 2026).

Hellgelbe Kristalle (aus wss. Acn.); F: 258–260° [Zers.].

[3-Acetyl-2,4-dihydroxy-6-methoxy-5-methyl-phenyl]-[2,4-dihydroxy-6-methoxy-5-methyl-3-(3-phenyl-propionyl)-phenyl]-methan, 1-[3-(3-Acetyl-2,4-dihydroxy-6-methoxy-5-methyl-benzyl)-2,6-dihydroxy-4-methoxy-5-methyl-phenyl]-3-phenyl-propan-1-on $C_{28}H_{30}O_8$, Formel X
(R = CH_3).

B. Beim Behandeln von 1-[2,6-Dihydroxy-4-methoxy-3-methyl-phenyl]-3-phenyl-propan-1-on
mit 1-[2,6-Dihydroxy-4-methoxy-3-methyl-phenyl]-äthanon, wss. Formaldehyd, H_2SO_4 und
Äthanol (*McGookin et al.*, Soc. **1951** 2021, 2028).

Kristalle (aus A.); F: 189–191°.

Hydroxy-oxo-Verbindungen $C_nH_{2n-30}O_8$

Hydroxy-oxo-Verbindungen $C_{20}H_{10}O_8$

5,8,5′,8′-Tetrahydroxy-[2,2′]binaphthyl-1,4,1′,4′-tetraon, Dinaphthazarin $C_{20}H_{10}O_8$,
Formel XI und Taut.

B. Beim Erhitzen von 2,5,2′,5′-Tetramethoxy-biphenyl mit Maleinsäure-anhydrid, $AlCl_3$ und
NaCl auf 210° (*Brockmann, Hieronymus*, B. **88** [1955] 1379, 1390).

Dunkelrote Kristalle (aus Bzl.); Zers.: >270°. Absorptionsspektrum (Dioxan; 230–600 nm):
Br., Hi., l. c. S. 1387.

Hydroxy-oxo-Verbindungen $C_{30}H_{30}O_8$

(±)-1,6,7,1′,6′,7′-Hexahydroxy-5,5′-diisopropyl-3,3′-dimethyl-[2,2′]binaphthyl-8,8′-dicarbaldehyd $C_{30}H_{30}O_8$, Formel XII (R = H, X = O) und Taut.; **(±)-Gossypol** (E II 607;
E III 4408).

Gossypol liegt nach Ausweis des ¹H-NMR-Spektrums in $CDCl_3$, THF sowie in Methanol-

THF-Gemischen als Dicarbaldehyd, in Lösungen in THF oder in Methanol und THF bei Zusatz von wss. NaOH sowie in NaOD/D_2O hingegen überwiegend als Salz des 1,6,1′,6′-Tetra⸗ hydroxy-8,8′-bis-hydroxymethylen-5,5′-diisopropyl-3,3′-dimethyl-8*H*,8′*H*-[2,2′]binaphthyl-7,7′- dions vor (*Stipanovic et al.*, J. Am. Oil Chemists Soc. **50** [1973] 462). Tautomerie in $CDCl_3$, Aceton-d_6, DMSO-d_6, DMSO-d_6-CCl_4-Gemischen, Trifluoressigsäure, H_2SO_4 sowie wss. NaOH (¹H- und ¹³C-NMR-spektroskopisch untersucht): *Kamaew et al.*, Izv. Akad. S.S.S.R. Ser. chim. **1979** 1003; engl. Ausg. S. 938.

Absorptionsspektrum in H_2O bei pH 7,6 (330—490 nm): *Lyman et al.*, Arch. Biochem. **84** [1959] 486, 494; in Cyclohexan (220—400 nm): *Castillon et al.*, Arch. Biochem. **44** [1953] 181, 185.

Zusammensetzung der bei der Methylierung (vgl. E III **8** 4409; E III/IV **19** 1355) erhaltenen Gemische von 5,5′-Diisopropyl-1,6,7,1′,6′,7′-hexamethoxy-3,3′-dimethyl-[2,2′]binaphthyl-8,8′- dicarbaldehyd, 4-Isopropyl-2,3,8-trimethoxy-6-methyl-7-[5-isopropyl-2,3,4-trimethoxy-7-meth⸗ yl-2*H*-naphtho[1,8-*bc*]furan-8-yl]-[1]naphthaldehyd und 5,5′-Diisopropyl-2,3,4,2′,3′,4′-hexa⸗ methoxy-7,7′-dimethyl-2*H*,2′*H*-[8,8′]bi[naphtho[1,8-*bc*]furanyl]: *Baram et al.*, Ž. obšč. Chim. **42** [1972] 230; engl. Ausg. S. 224; *Ka. et al.*; *Abdugabbarow et al.*, Chimija prirodn. Soedin. **1980** 38; engl. Ausg. S. 30.

Bis-phenylhydrazon (Diäthylat, F: 187—189°): *O'Connor et al.*, Am. Soc. **76** [1954] 2368, 2369.

XII

(±)-1,7,1′,7′-Tetrahydroxy-5,5′-diisopropyl-6,6′-dimethoxy-3,3′-dimethyl-[2,2′]binaphthyl-8,8′- dicarbaldehyd $C_{32}H_{34}O_8$, Formel XII (R = CH_3, X = O) und Taut. (E III 4410).

B. Beim Erwärmen von (±)-Gossypol (s. o.) mit Dimethylsulfat und K_2CO_3 in Aceton (*Chan⸗ der, Seshadri*, J. scient. ind. Res. India **17** B [1958] 279).

Hellgelbe Kristalle; F: 191—192° [Zers.; aus Ae.+PAe.] (*Ch., Se.*), 165—168° (*Baram et al.*, Doklady Akad. S.S.S.R. Ser. chim. **195** [1970] 1097; Doklady Chem. N.Y. **193–195** [1970] 901). IR-Spektrum ($CHCl_3$; 2—12 µ): *O'Connor et al.*, Am. Soc. **76** [1954] 2368, 2370.

(±)-1,6,7,1′,6′,7′-Hexahydroxy-5,5′-diisopropyl-3,3′-dimethyl-[2,2′]binaphthyl-8,8′- dicarbaldehyd-diimin $C_{30}H_{32}N_2O_6$, Formel XII (R = H, X = NH) und Taut. (E III 4411).
IR-Spektrum ($CHCl_3$; 2—12 µ): *O'Connor et al.*, Am. Soc. **76** [1954] 2368, 2370.

*(±)-1,6,7,1′,6′,7′-Hexahydroxy-5,5′-diisopropyl-3,3′-dimethyl-[2,2′]binaphthyl-8,8′- dicarbaldehyd-bis-äthylimin $C_{34}H_{40}N_2O_6$, Formel XII (R = H, X = N-C_2H_5) und Taut.
B. Aus (±)-Gossypol (s. o.) oder aus der (±)-Gossypol-Essigsäure-Verbindung (E III **8** 4409) und Äthylamin in Isopropylalkohol (*Shirley, Sheehan*, J. org. Chem. **21** [1956] 251).
Kristalle (aus E.); F: 251—255° [Zers.].

Die folgenden Verbindungen sind in analoger Weise hergestellt worden:
*(±)-1,6,7,1′,6′,7′-Hexahydroxy-5,5′-diisopropyl-3,3′-dimethyl-[2,2′]binaphthyl- 8,8′-dicarbaldehyd-bis-pentylimin $C_{40}H_{52}N_2O_6$, Formel XII (R = H, X = N-[CH_2]$_4$-CH_3) und Taut. Kristalle (aus Bzl.); F: 218—221° [Zers.] (*Sh., Sh.*).
*Opt.-inakt. 1,6,7,1′,6′,7′-Hexahydroxy-5,5′-diisopropyl-3,3′-dimethyl-[2,2′]bi⸗ naphthyl-8,8′-dicarbaldehyd-bis-[2-äthyl-hexylimin] $C_{46}H_{64}N_2O_6$, Formel XII

(R = H, X = N-CH$_2$-CH(C$_2$H$_5$)-[CH$_2$]$_3$-CH$_3$) und Taut. Kristalle (aus A.+Bzl.); F: 200−201° (*Alley, Shirley*, J. org. Chem. **24** [1959] 1534).

*(±)-1,6,7,1',6',7'-Hexahydroxy-5,5'-diisopropyl-3,3'-dimethyl-[2,2']binaphthyl-8,8'-dicarbaldehyd-bis-decylimin $C_{50}H_{72}N_2O_6$, Formel XII (R = H, X = N-[CH$_2$]$_9$-CH$_3$) und Taut. Kristalle (aus Bzl.); F: 164,5−165,5° (*Sh., Sh.*).

*(±)-1,6,7,1',6',7'-Hexahydroxy-5,5'-diisopropyl-3,3'-dimethyl-[2,2']binaphthyl-8,8'-dicarbaldehyd-bis-dodecylimin $C_{54}H_{80}N_2O_6$, Formel XII (R = H, X = N-[CH$_2$]$_{11}$-CH$_3$) und Taut. Gelbe Kristalle (aus Isopropylalkohol); F: 170−171° (*Sh., Sh.*).

*(±)-1,6,7,1',6',7'-Hexahydroxy-5,5'-diisopropyl-3,3'-dimethyl-[2,2']binaphthyl-8,8'-dicarbaldehyd-bis-tetradecylimin $C_{58}H_{88}N_2O_6$, Formel XII (R = H, X = N-[CH$_2$]$_{13}$-CH$_3$) und Taut. Kristalle (aus Isopropylalkohol); F: 126,5−127° (*Sh., Sh.*).

*(±)-1,6,7,1',6',7'-Hexahydroxy-5,5'-diisopropyl-3,3'-dimethyl-[2,2']binaphthyl-8,8'-dicarbaldehyd-bis-hexadecylimin $C_{62}H_{96}N_2O_6$, Formel XII (R = H, X = N-[CH$_2$]$_{15}$-CH$_3$) und Taut. Kristalle (aus Bzl.); F: 116−116,5° (*Sh., Sh.*).

*(±)-1,6,7,1',6',7'-Hexahydroxy-5,5'-diisopropyl-3,3'-dimethyl-[2,2']binaphthyl-8,8'-dicarbaldehyd-bis-octadecylimin $C_{66}H_{104}N_2O_6$, Formel XII (R = H, X = N-[CH$_2$]$_{17}$-CH$_3$) und Taut. Kristalle (aus A.); F: 112,5−113° (*Sh., Sh.*).

*(±)-1,6,7,1',6',7'-Hexahydroxy-5,5'-diisopropyl-3,3'-dimethyl-[2,2']binaphthyl-8,8'-dicarbaldehyd-bis-allylimin $C_{36}H_{40}N_2O_6$, Formel XII (R = H, X = N-CH$_2$-CH=CH$_2$) und Taut. Kristalle (aus Bzl.+A.); Zers.: >200° (*Al., Sh.*).

*(±)-1,6,7,1',6',7'-Hexahydroxy-5,5'-diisopropyl-3,3'-dimethyl-[2,2']binaphthyl-8,8'-dicarbaldehyd-bis-[2,2-diäthoxy-äthylimin] $C_{42}H_{56}N_2O_{10}$, Formel XII (R = H, X = N-CH$_2$-CH(OC$_2$H$_5$)$_2$) und Taut. Kristalle (aus Bzl.+Isopropylalkohol); F: 207° [Zers.] (*Al., Sh.*).

*(±)-1,6,7,1',6',7'-Hexahydroxy-5,5'-diisopropyl-3,3'-dimethyl-[2,2']binaphthyl-8,8'-dicarbaldehyd-bis-methoxycarbonylmethylimin $C_{36}H_{40}N_2O_{10}$, Formel XII (R = H, X = N-CH$_2$-CO-O-CH$_3$) und Taut. Kristalle (aus Isopropylalkohol); F: 205−210° [Zers.] (*Al., Sh.*).

*(±)-1,6,7,1',6',7'-Hexahydroxy-5,5'-diisopropyl-3,3'-dimethyl-[2,2']binaphthyl-8,8'-dicarbaldehyd-bis-[2-diäthylamino-äthylimin] $C_{42}H_{58}N_4O_6$, Formel XII (R = H, X = N-CH$_2$-CH$_2$-N(C$_2$H$_5$)$_2$) und Taut. Kristalle (aus Bzl.+Isopropylalkohol); Zers.: >200° (*Al., Sh.*).

*(±)-1,6,7,1',6',7'-Hexahydroxy-5,5'-diisopropyl-3,3'-dimethyl-[2,2']binaphthyl-8,8'-dicarbaldehyd-bis-[3-dimethylamino-propylimin] $C_{40}H_{54}N_4O_6$, Formel XII (R = H, X = N-[CH$_2$]$_3$-N(CH$_3$)$_2$) und Taut. Kristalle (aus Bzl.+Ae.); F: 200° [Zers.] (*Al., Sh.*).

6,7,6',7'-Tetraacetoxy-5,5'-diisopropyl-3,8,3',8'-tetramethyl-[2,2']binaphthyl-1,4,1',4'-tetraon $C_{38}H_{38}O_{12}$, Formel XIII.

B. Aus 1,6,7,1',6',7'-Hexaacetoxy-5,5'-diisopropyl-3,8,3',8'-tetramethyl-[2,2']binaphthyl mit Hilfe von CrO$_3$ (*Shirley, Sheehan*, Am. Soc. **77** [1955] 4606).

Hellgelbe Kristalle (aus A.+E.); F: 262−264° [unkorr.]. UV-Spektrum (A.; 230−370 nm): *Sh., Sh.*

XIII

Hydroxy-oxo-Verbindungen $C_nH_{2n-32}O_8$

1*t*,7*t*-Bis-[4-hydroxy-3-methoxy-phenyl]-4-vanillyliden-hepta-1,6-dien-3,5-dion $C_{29}H_{26}O_8$,
Formel XIV.

B. Neben 1*t*,7*t*-Bis-[4-hydroxy-3-methoxy-phenyl]-hepta-1,6-dien-3,5-dion (Curcumin) beim
Erhitzen von Pentan-2,5-dion mit Vanillin und B_2O_3 (*Pavolini et al.*, Ann. Chimica **40** [1950]
280, 288). Beim Behandeln von Curcumin mit Vanillin und äthanol. HCl (*Rebeiro et al.*, J.
Univ. Bombay **19**, Tl. 3A [1950] 38, 50).

Schwarze Kristalle (aus Acn.), die bei 195° sintern und bei 290° noch nicht ganz geschmolzen
sind (*Pa. et al.*) bzw. dunkelgrüner Festkörper; F: 182° (*Re. et al.*).

Hydroxy-oxo-Verbindungen $C_nH_{2n-34}O_8$

**Bis-[5-benzoyl-2,3,4-trihydroxy-phenyl]-methan, 4,5,6,4'',5'',6''-Hexahydroxy-3,3''-methandiyl-
di-benzophenon** $C_{27}H_{20}O_8$, Formel I.

B. Aus 2,3,4-Trihydroxy-benzophenon und Formaldehyd (*Buu-Hoi*, J. org. Chem. **18** [1953]
1723, 1724).

F: 232°.

**Bis-[2,4,6-trihydroxy-3-phenylacetyl-phenyl]-methan, 2,4,6,2'',4'',6''-Hexahydroxy-3,3''-
methandiyl-bis-desoxybenzoin** $C_{29}H_{24}O_8$, Formel II.

B. Aus 2,4,6-Trihydroxy-desoxybenzoin und Formaldehyd in wss. NaOH (*Seelkopf*, Arzneimittel-Forsch. **2** [1952] 158, 162, 163).

F: 155°.

**Bis-[3-benzoyl-2,4,6-trihydroxy-5-methyl-phenyl]-methan, 2,4,6,2'',4'',6''-Hexahydroxy-5,5''-
dimethyl-3,3''-methandiyl-di-benzophenon** $C_{29}H_{24}O_8$, Formel III (R = H).

B. Beim Behandeln von 2,4,6-Trihydroxy-3-methyl-benzophenon mit wss. Formaldehyd, Äthanol und H_2SO_4 (*McGookin et al.*, Soc. **1951** 2021, 2027).

Gelbe Kristalle (aus wss. A.); F: 242−243°.

Hexamethyl-Derivat $C_{35}H_{36}O_8$; Bis-[3-benzoyl-2,4,6-trimethoxy-5-methyl-
phenyl]-methan, 2,4,6,2'',4'',6''-Hexamethoxy-5,5''-dimethyl-3,3''-methandiyl-di-
benzophenon. Kristalle (aus wss. A.); F: 168−169°.

Hexaacetyl-Derivat $C_{41}H_{36}O_{14}$;   Bis-[2,4,6-triacetoxy-3-benzoyl-5-methyl-phenyl]-methan, 2,4,6,2'',4'',6''-Hexaacetoxy-5,5''-dimethyl-3,3''-methandiyl-di-benzophenon. Kristalle (aus wss. A.); F: 136−138°.

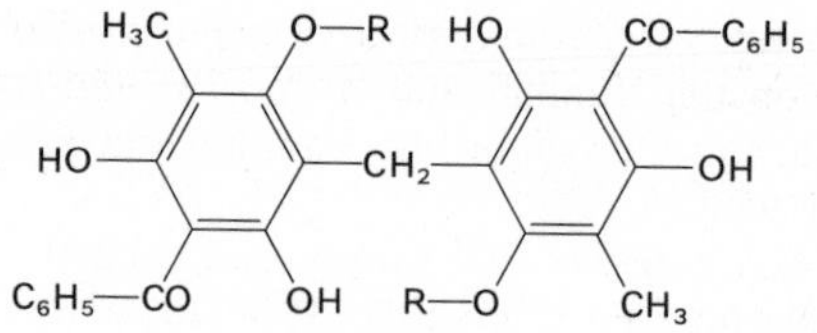

III

Bis-[3-benzoyl-2,4-dihydroxy-6-methoxy-5-methyl-phenyl]-methan, 2,6,2'',6''-Tetrahydroxy-4,4''-dimethoxy-5,5''-dimethyl-3,3''-methandiyl-di-benzophenon $C_{31}H_{28}O_8$, Formel III (R = CH_3).

B. Aus 2,6-Dihydroxy-4-methoxy-3-methyl-benzophenon analog der vorangehenden Verbin≠dung (*McGookin et al.,* Soc. **1951** 2021, 2028).

Gelbe Kristalle (aus A.); F: 202−204° [Zers.].

Tetraacetyl-Derivat $C_{39}H_{36}O_{12}$;   Bis-[2,4-diacetoxy-3-benzoyl-6-methoxy-5-methyl-phenyl]-methan, 2,6,2'',6''-Tetraacetoxy-4,4''-dimethoxy-5,5''-dimethyl-3,3''-methandiyl-di-benzophenon. Kristalle (aus E.+PAe.); F: 165−166°.

Bis-[2,4,6-trihydroxy-3-methyl-5-(3-phenyl-propionyl)-phenyl]-methan $C_{33}H_{32}O_8$, Formel IV (R = H).

B. Beim Behandeln von 3-Phenyl-1-[2,4,6-trihydroxy-3-methyl-phenyl]-propan-1-on mit Pa≠raformaldehyd, H_2SO_4 und Äthanol (*McGookin et al.,* Soc. **1951** 2021, 2025).

Hellgelbe Kristalle (aus A.); F: 203−205°.

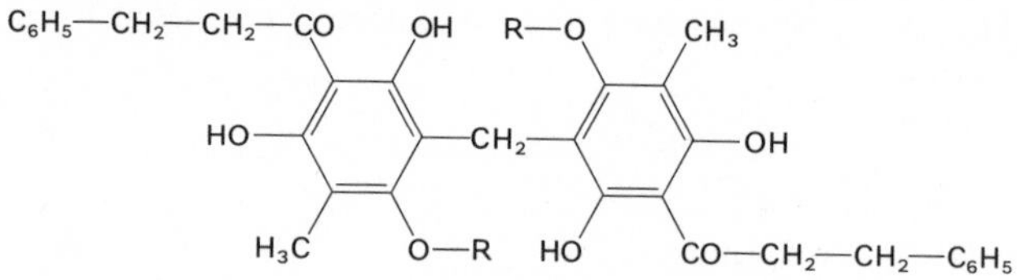

IV

Bis-[2,4-dihydroxy-6-methoxy-5-methyl-3-(3-phenyl-propionyl)-phenyl]-methan $C_{35}H_{36}O_8$, Formel IV (R = CH_3).

B. Analog der vorangehenden Verbindung (*McGookin et al.,* Soc. **1951** 2021, 2028).

Hellgelbe Kristalle (aus A.); F: 171−172°.

Tetraacetyl-Derivat $C_{43}H_{44}O_{12}$;   Bis-[2,4-diacetoxy-6-methoxy-5-methyl-3-(3-phenyl-propionyl)-phenyl]-methan. Kristalle (aus E.+PAe.); F: 114−115°.

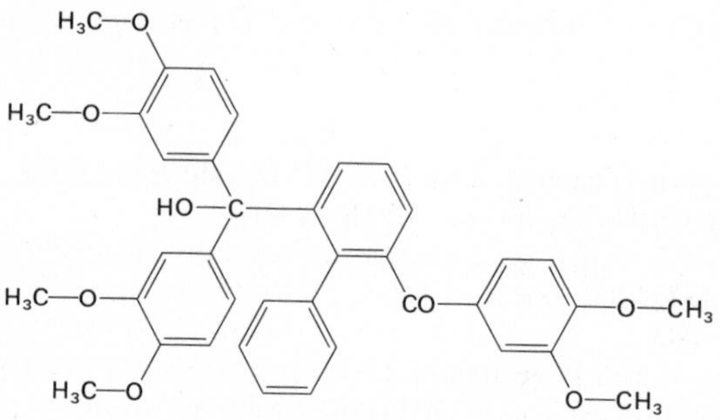

V

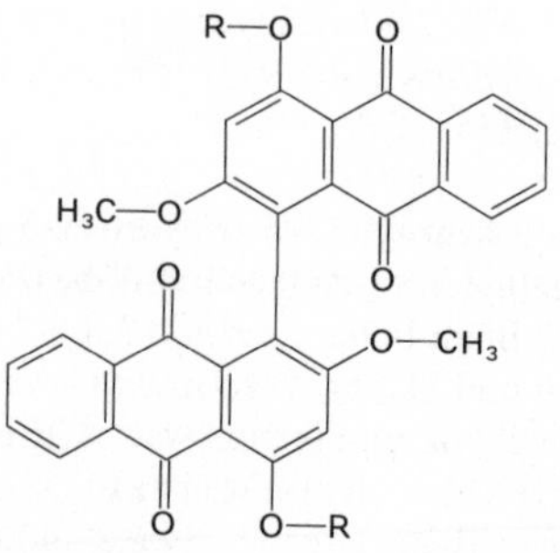

VI

Hydroxy-oxo-Verbindungen $C_nH_{2n-40}O_8$

3-[α-Hydroxy-3,4,3′,4′-tetramethoxy-benzhydryl]-3′,4′-dimethoxy-2-phenyl-benzophenon
$C_{38}H_{36}O_8$, Formel V.

B. Beim Behandeln von [9,9-Bis-(3,4-dimethoxy-phenyl)-fluoren-4-yl]-[3,4-dimethoxy-phenyl]-keton mit H_2SO_4 (*Nightingale et al.*, Am. Soc. **74** [1952] 2557).

F: 212−213°.

Hydroxy-oxo-Verbindungen $C_nH_{2n-42}O_8$

4,4′-Dihydroxy-2,2′-dimethoxy-[1,1′]bianthryl-9,10,9′,10′-tetraon $C_{30}H_{18}O_8$, Formel VI
(R = H).

B. Beim Erhitzen der folgenden Verbindung mit wss. HBr und Essigsäure (*Shibata et al.*, Pharm. Bl. **3** [1955] 278, 282).

Orangefarbene Kristalle (aus Butan-1-ol + Nitrobenzol); F: 334−336°.

2,4,2′,4′-Tetramethoxy-[1,1′]bianthryl-9,10,9′,10′-tetraon $C_{32}H_{22}O_8$, Formel VI (R = CH_3).

B. Aus 1-Brom-2,4-dimethoxy-anthrachinon mit Hilfe von Kupfer-Pulver (*Shibata et al.*, Pharm. Bl. **3** [1955] 278, 282).

Orangegelbe Kristalle (aus Butan-1-ol + Nitrobenzol); F: 316−317°.

4,5,4′,5′-Tetrahydroxy-[1,1′]bianthryl-9,10,9′,10′-tetraon $C_{28}H_{14}O_8$, Formel VII
(R = R′ = H).

B. Beim Erhitzen der folgenden Verbindung mit Pyridin-hydrochlorid (*Brockmann et al.*, B. **83** [1950] 467, 480).

Orangefarbene Kristalle (aus $CHCl_3$ + Me.); F: 347−350° [korr.; Zers.] (*Br. et al.*). Absorptionsspektrum ($CHCl_3$; 220−570 nm): *Shibata et al.*, Pharm. Bl. **4** [1956] 111, 115.

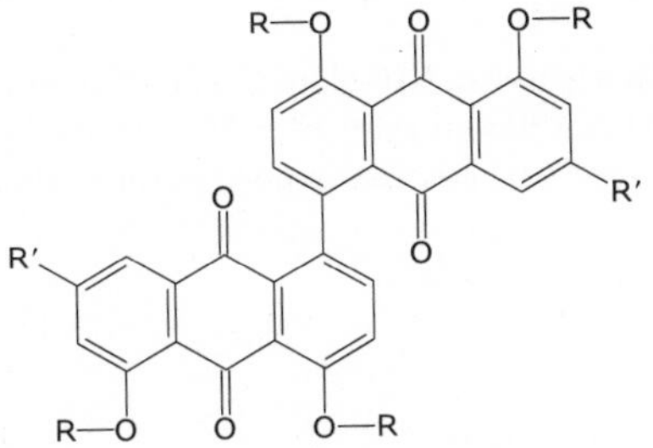

VII

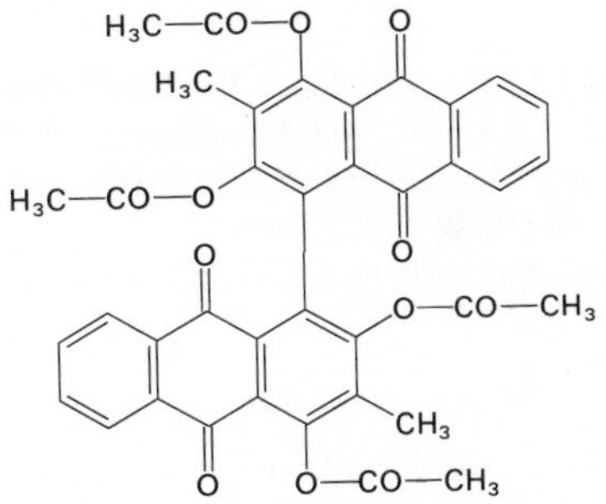

VIII

4,5,4′,5′-Tetramethoxy-[1,1′]bianthryl-9,10,9′,10′-tetraon $C_{32}H_{22}O_8$, Formel VII (R = CH_3,
R′ = H).

B. Aus 1-Jod-4,5-dimethoxy-anthrachinon mit Hilfe von Kupfer-Pulver (*Brockmann et al.*, B. **83** [1950] 467, 480).

Gelbe Kristalle (aus Eg. oder aus $CHCl_3$ + Me.); F: 375−380°.

2,4,2′,4′-Tetraacetoxy-3,3′-dimethyl-[1,1′]bianthryl-9,10,9′,10′-tetraon $C_{38}H_{26}O_{12}$,
Formel VIII.

B. Aus 1,3-Bis-benzoyloxy-4-brom-2-methyl-anthrachinon beim Erhitzen mit Kupfer-Pulver in Naphthalin, Hydrolyse mit äthanol. NaOH auf nachfolgender Acetylierung (*Tanaka*, Chem. pharm. Bl. **6** [1958] 203, 208).

Gelbe Kristalle (aus Acn. + A.); F: ca. 280° [Zers.]. λ_{max} ($CHCl_3$): 240 nm und 258 nm.

(±)-4,5,4′,5′-Tetrahydroxy-7,7′-dimethyl-[1,1′]bianthryl-9,10,9′,10′-tetraon, (±)-Dian=
hydrorugulosin, (±)-Aurantio-rugulosin $C_{30}H_{18}O_8$, Formel VII (R = H, R′ = CH₃).

B. Beim Erhitzen von (+)-Rugulosin (S. 3766) mit H_2SO_4 (*Breen et al.,* Biochem. J. **60** [1955]
618, 623) oder mit Ameisensäure (*Shibata et al.,* Pharm. Bl. **4** [1956] 111, 114).

Orangerote Kristalle; F: 325° [aus Eg.] (*Br. et al.*), 321° [aus CHCl₃] (*Sh. et al.,* l. c. S. 114).
IR-Spektrum (Nujol; 2−9 μ): *Shibata et al.,* Pharm. Bl. **4** [1956] 303, 305. Absorptionsspektrum
(CHCl₃; 240−520 nm): *Sh. et al.,* l. c. S. 114.

Tetramethyl-Derivat $C_{34}H_{26}O_8$; (±)-4,5,4′,5′-Tetramethoxy-7,7′-dimethyl-
[1,1′]bianthryl-9,10,9′,10′-tetraon. Gelbe Kristalle; F: 362° [aus A.] (*Br. et al.*), 347−348°
[aus CHCl₃] (*Sh. et al.,* l. c. S. 114). Unter vermindertem Druck bei 280−300° sublimierbar
(*Br. et al.*).

Tetraacetyl-Derivat $C_{38}H_{26}O_{12}$; (±)-4,5,4′,5′-Tetraacetoxy-7,7′-dimethyl-[1,1′]bi=
anthryl-9,10,9′,10′-tetraon. Gelbe Kristalle; F: 294−295° [aus Eg.] (*Br. et al.*), 244−248°
[aus CHCl₃+Acn.] (*Sh. et al.,* l. c. S. 114). Absorptionsspektrum (CHCl₃; 250−420 nm): *Sh.
et al.,* l. c. S. 114.

Ein Präparat von unbekanntem optischen Drehungsvermögen ist beim Erhitzen von Iridosky=
rin (S. 3769) mit wss. HI, rotem Phosphor und Essigsäure und Erwärmen des Reaktionsprodukts
mit CrO₃ in Essigsäure erhalten worden (*Sh. et al.,* l. c. S. 115).

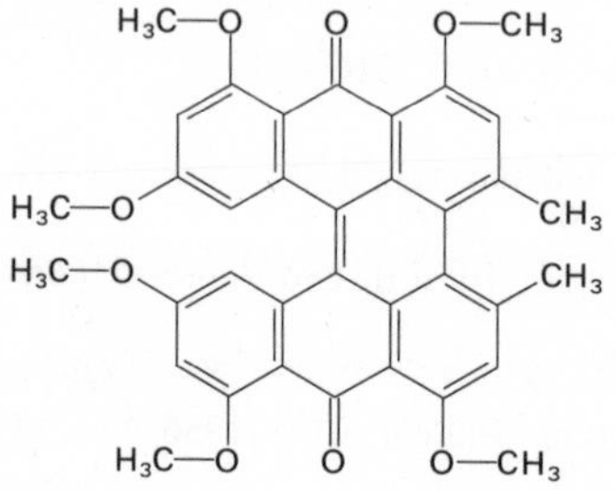

IX 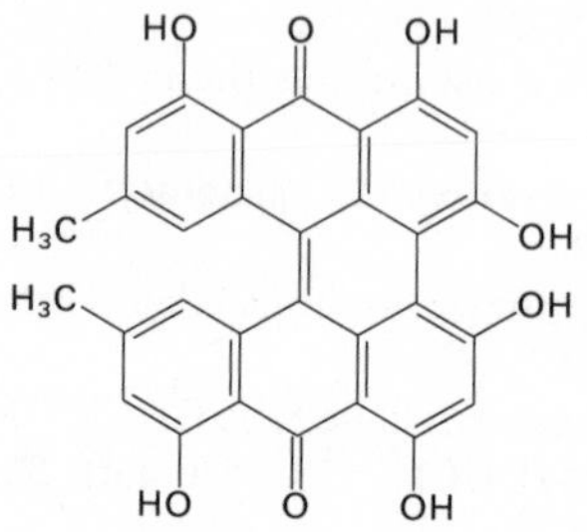 · X

1,6,8,10,13,15-Hexamethoxy-3,4-dimethyl-dibenzo[a,o]perylen-7,16-dion $C_{36}H_{30}O_8$, Formel IX.
B. Aus 4,5,7,4′,5′,7′-Hexamethoxy-2,2′-dimethyl-[1,1′]bianthryl-9,10,9′,10′-tetraon beim Be=
handeln mit Kupfer-Pulver, wss. HCl und Essigsäure und anschliessend mit Luft (*Brockmann
et al.,* B. **90** [1957] 2302, 2316).
Gelbrote Kristalle (aus CHCl₃) mit 1 Mol H_2O; Zers.: >250°.

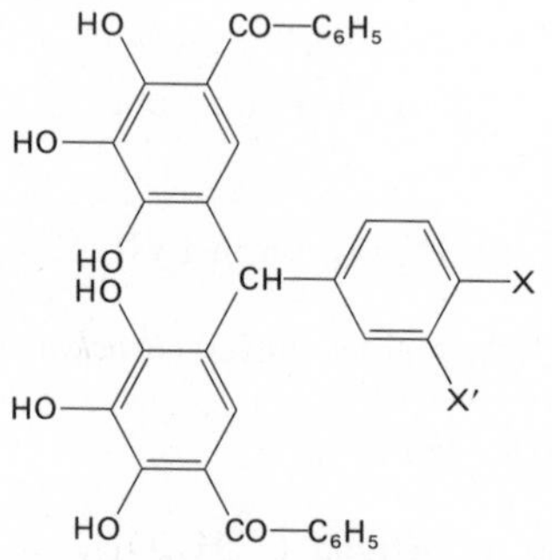

XI 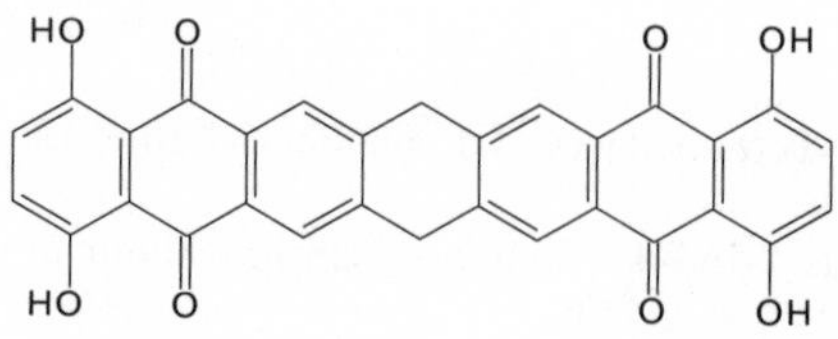 · XII

1,3,4,6,8,15-Hexahydroxy-10,13-dimethyl-dibenzo[a,o]perylen-7,16-dion, Protohypericin
$C_{30}H_{18}O_8$, Formel X (E III 4420).
B. Aus 1,3,8-Trihydroxy-6-methyl-anthron in Pyridin und Piperidin mit Hilfe von Luft
(*Brockmann, Eggers,* B. **91** [1958] 547, 553).

Absorptionsspektrum in Methanol (400−630 nm) sowie in H_2SO_4 (400−700 nm): *Brock=mann, Eggers,* B. **91** [1958] 81, 91.

Bis-[5-benzoyl-2,3,4-trihydroxy-phenyl]-phenyl-methan, 4,5,6,4'',5'',6''-Hexahydroxy-3,3''-benzyliden-di-benzophenon $C_{33}H_{24}O_8$, Formel XI (X = X' = H).

B. Beim Erwärmen von Benzaldehyd mit 2,3,4-Trihydroxy-benzophenon in äthanol. HCl (*Buu-Hoi,* J. org. Chem. **18** [1953] 1723, 1724, 1727).

F: 228°.

Bis-[5-benzoyl-2,3,4-trihydroxy-phenyl]-[4-chlor-phenyl]-methan, 4,5,6,4'',5'',6''-Hexahydroxy-3,3''-[4-chlor-benzyliden]-di-benzophenon $C_{33}H_{23}ClO_8$, Formel XI (X = Cl, X' = H).

B. Analog der vorangehenden Verbindung (*Buu-Hoi,* J. org. Chem. **18** [1953] 1723, 1724, 1727).

F: 255°.

Bis-[5-benzoyl-2,3,4-trihydroxy-phenyl]-[3,4-dichlor-phenyl]-methan, 4,5,6,4'',5'',6''-Hexahydroxy-3,3''-[3,4-dichlor-benzyliden]-di-benzophenon $C_{33}H_{22}Cl_2O_8$, Formel XI (X = X' = Cl).

B. Analog den vorangehenden Verbindungen (*Buu-Hoi,* J. org. Chem. **18** [1953] 1723, 1724, 1727).

F: 249−250°.

Hydroxy-oxo-Verbindungen $C_nH_{2n-44}O_8$

1,4,10,13-Tetrahydroxy-7,16-dihydro-heptacen-5,9,14,18-tetraon $C_{30}H_{16}O_8$, Formel XII und Taut.

B. Beim Erhitzen von 9,10-Dihydro-anthracen-2,3,6,7-tetracarbonsäure-dianhydrid (aus 2,3,6,7-Tetramethyl-anthrachinon hergestellt) mit Hydrochinon, $AlCl_3$ und NaCl (*Marschalk,* Bl. **1950** 311, 314).

Orangerote Kristalle (aus Diphenyläther + Biphenyl).

XIII

XIV

1,3,4,6,8,13-Hexahydroxy-10,11-dimethyl-phenanthro[1,10,9,8-*opqra*]perylen-7,14-dion, Hypericin $C_{30}H_{16}O_8$, Formel XIII (R = H) (E III 4421).

B. Beim Behandeln von 4,5,7,4',5',7'-Hexahydroxy-2,2'-dimethyl-[1,1']bianthryl-9,10,9',10'-tetraon mit Kupfer-Pulver in H_2SO_4 unter Einwirkung von Licht (*Schenley Ind.,* U.S.P. 2707704 [1952]). Aus dem Hexamethyl-Derivat (s. u.) mit Hilfe von KI und H_3PO_4 (*Brockmann et al.,* B. **90** [1957] 2302, 2317).

Absorptionsspektrum in Methanol (400−610 nm) sowie in H_2SO_4 (400−680 nm): *Brock=mann, Eggers,* B. **91** [1958] 81, 91; in Methanol und Pyridin (520−620 nm): *Neuwald, Hagen=ström,* Ar. **288** [1955] 38, 40. λ_{max} in Piperidin sowie in Acetanhydrid unter Zusatz von Pyrobor=acetat: *Brockmann et al.,* B. **83** [1950] 467, 476, **84** [1951] 865, 876; in Butanol, Nitrobenzol sowie Acetanhydrid: *Br. et al.,* B. **84** 885.

Diacetyl-Derivat $C_{34}H_{20}O_{10}$. Rote Kristalle (aus Anisol); Zers.: >300° (*Br. et al.,* B.

84 885). λ_{max} in Benzol, Acetanhydrid, Butanol, Nitrobenzol sowie Pyridin: *Br. et al.,* B. **84** 885.

1,3,4,6,8,13-Hexamethoxy-10,11-dimethyl-phenanthro[1,10,9,8-*opqra*]perylen-7,14-dion $C_{36}H_{28}O_8$, Formel XIII (R = CH_3).

B. Aus 1,6,8,10,13,15-Hexamethoxy-3,4-dimethyl-dibenzo[*a,o*]perylen-7,16-dion in Aceton bei der Einwirkung von Licht (*Brockmann et al.,* B. **90** [1957] 2302, 2316).

Rote Kristalle (aus $CHCl_3$). λ_{max} in Benzol, $CHCl_3$, Pyridin, Methanol, methanol. KOH sowie H_2SO_4: *Br. et al.*

Hydroxy-oxo-Verbindungen $C_nH_{2n-46}O_8$

1,4,10,13-Tetrahydroxy-heptacen-5,9,14,18-tetraon $C_{30}H_{14}O_8$, Formel XIV.

B. Beim Erhitzen von Anthracen-2,3,6,7-tetracarbonsäure-dianhydrid (aus 2,3,6,7-Tetramethyl-anthrachinon hergestellt) mit Hydrochinon, $AlCl_3$ und NaCl (*Marschalk,* Bl. **1950** 311, 315). Beim Erhitzen von 1,4,10,13-Tetrahydroxy-7,16-dihydro-heptacen-5,9,14,18-tetraon mit H_2SO_4 (*Ma.*).

Orangefarbene Kristalle (aus Diphenyläther + Biphenyl).

8. Hydroxy-oxo-Verbindungen mit 9 Sauerstoff-Atomen

Hydroxy-oxo-Verbindungen $C_nH_{2n-18}O_9$

1-[6-Hydroxy-2,3,4-trimethoxy-phenyl]-3-[3,4,5-trimethoxy-phenyl]-propan-1,3-dion $C_{21}H_{24}O_9$, Formel I (R = CH_3, R' = H) und Taut.

B. Beim Behandeln von 3,4,5-Trimethoxy-benzoesäure-[2-acetyl-3,4,5-trimethoxy-phenylester] mit K_2CO_3 in Pyridin (*Balasubramanian et al.,* J. scient. ind. Res. India **14** B [1955] 6, 9).

Gelbe Kristalle (aus A.); F: 119—120°.

1-[2-Hydroxy-3,4,6-trimethoxy-phenyl]-3-[3,4,5-trimethoxy-phenyl]-propan-1,3-dion $C_{21}H_{24}O_9$, Formel I (R = H, R' = CH_3) und Taut.

B. Aus 3,4,5-Trimethoxy-benzoesäure-[2-acetyl-3,5,6-trimethoxy-phenylester] analog der vorangehenden Verbindung (*Balasubramanian et al.,* J. scient. ind. Res. Inida **14** B [1955] 6, 8).

Gelbe Kristalle (aus A.); F: 156—157°.

Hydroxy-oxo-Verbindungen $C_nH_{2n-28}O_9$

1-[3,4-Dimethoxy-phenyl]-3-[2-hydroxy-4-methoxy-phenyl]-2-veratroyl-propan-1,3-dion(?) $C_{27}H_{26}O_9$, vermutlich Formel II und Taut.

B. In kleiner Menge neben 1-[3,4-Dimethoxy-phenyl]-3-[2-hydroxy-4-methoxy-phenyl]-propan-1,3-dion beim Erwärmen von Veratrumsäure-[2-acetyl-5-methoxy-phenylester] mit $NaNH_2$

in Benzol (*Cavill et al.*, Soc. **1954** 4573, 4578).

Hellgelbe Kristalle (aus Me.); F: 150°.

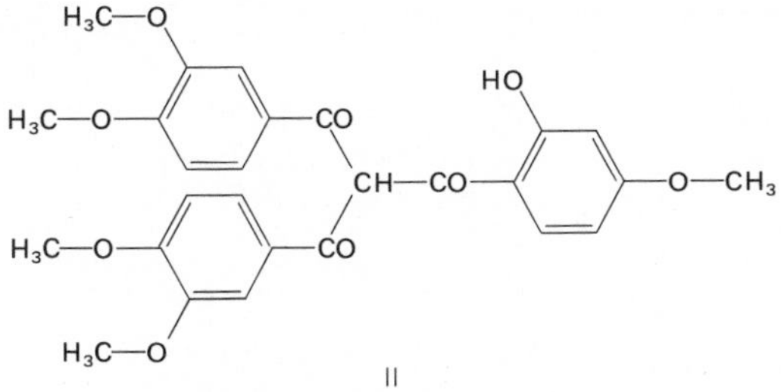

II

Hydroxy-oxo-Verbindungen $C_nH_{2n-34}O_9$

*(±)-1,2,3,4-Tetrakis-[4-hydroxy-3-methoxy-phenyl]-but-3-en-1-on(?) $C_{32}H_{30}O_9$, vermutlich Formel III.

B. Neben anderen Verbindungen beim Erhitzen von 3,3′-Dihydroxy-4,4′-dimethoxy-desoxy‑ benzoin mit Cu(OH)$_2$ in wss. NaOH (*Pearl, Beyer*, Am. Soc. **76** [1954] 2224).

Kristalle (aus Bzl.); F: 250−251° [unkorr.]. UV-Spektrum (A.; 220−390 nm): *Pe., Be.*

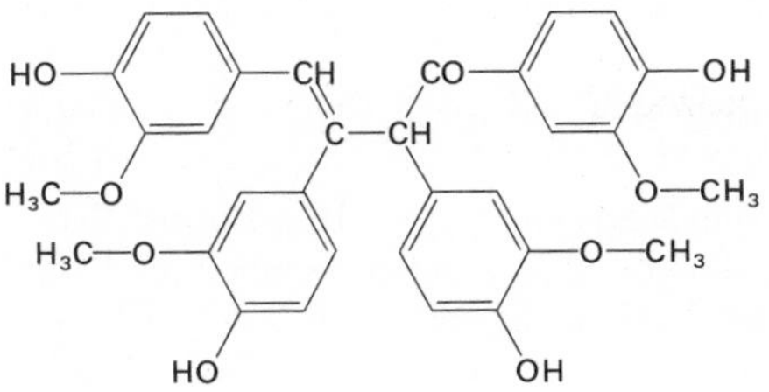

III 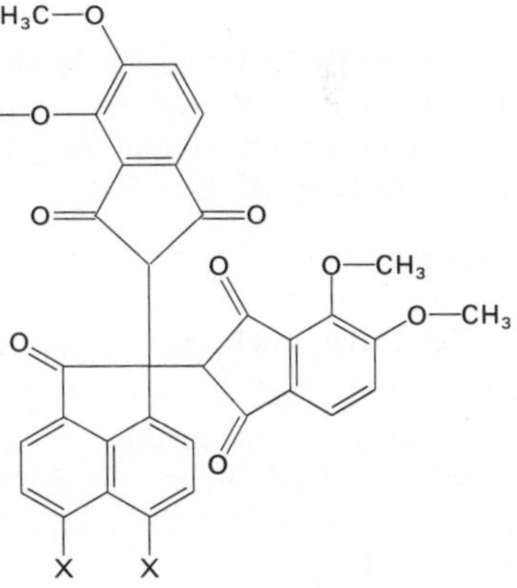   IV

Hydroxy-oxo-Verbindungen $C_nH_{2n-44}O_9$

2,2-Bis-[4,5-dimethoxy-1,3-dioxo-indan-2-yl]-acenaphthen-1-on, 4,5,4′,5′-Tetramethoxy-2,2′-
[2-oxo-acenaphthen-1,1-diyl]-bis-indan-1,3-dion $C_{34}H_{24}O_9$, Formel IV (X = H) und Taut.

B. Aus Acenaphthen-1,2-dion und 4,5-Dimethoxy-indan-1,3-dion in Äthanol oder Essigsäure (*Geïta, Wanag*, Latvijas Akad. Vēstis **1958** Nr. 10, S. 127, 129; C. A. **1959** 11371).

Kristalle (aus CHCl$_3$+A.); F: 220−222°.

2,2-Bis-[4,5-dimethoxy-1,3-dioxo-indan-2-yl]-5,6-dinitro-acenaphthen-1-on, 4,5,4′,5′-Tetra‑
methoxy-2,2′-[5,6-dinitro-2-oxo-acenaphthen-1,1-diyl]-bis-indan-1,3-dion $C_{34}H_{22}N_2O_{13}$,
Formel IV (X = NO$_2$) und Taut.

B. Analog der vorangehenden Verbindung (*Geïta, Wanag*, Latvijas Akad. Vēstis **1958** Nr. 10, S. 127, 131; C. A. **1959** 11371).

Kristalle (aus CHCl$_3$+A.); F: 240−242°.

1,3,4,6,8,13-Hexahydroxy-10-hydroxymethyl-11-methyl-phenanthro[1,10,9,8-*opqra*]perylen-7,14-
dion, Pseudohypericin $C_{30}H_{16}O_9$, Formel V.

Konstitution: *Brockmann et al.*, Tetrahedron Letters **1974** 1991; *Brockmann, Spitzner*, Tetra‑

hedron Letters **1975** 37.

Isolierung aus Hypericum perforatum: *Brockmann, Pampus*, Naturwiss. **41** [1954] 86; *Brock=*
mann, Sanne, B. **90** [1957] 2480, 2490.

Rote Kristalle [aus Formamid] (*Br., Pa.*).   [*G. Tarrach*]

V   VI

9. Hydroxy-oxo-Verbindungen mit 10 Sauerstoff-Atomen

Hydroxy-oxo-Verbindungen $C_nH_{2n-18}O_{10}$

1-[2-Hydroxy-3,4,5,6-tetramethoxy-phenyl]-3-[3,4,5-trimethoxy-phenyl]-propan-1,3-dion
$C_{22}H_{26}O_{10}$, Formel VI und Taut.

Diese Konstitution kommt der früher (E III **8** 4211) als 1-[2-Hydroxy-3,5,6-trimethoxy-
phenyl]-2-methoxy-äthanon formulierten Verbindung zu (*Krishnamurti et al.*, Indian J. Chem.
8 [1970] 575).

Hydroxy-oxo-Verbindungen $C_nH_{2n-26}O_{10}$

2,5-Bis-[3-acetyl-2,4,6-trihydroxy-5-methyl-phenyl]-hydrochinon $C_{24}H_{22}O_{10}$, Formel VII.

B. Aus 1-[2,4,6-Trihydroxy-3-methyl-phenyl]-äthanon und [1,4]Benzochinon in Essigsäure
(*Dean et al.*, Soc. **1955** 11, 17). Aus der folgenden Verbindung mit Hilfe von $NaHSO_3$ (*Dean
et al.*).

Kristalle; F: 270° [Zers.].

VII   VIII

Hydroxy-oxo-Verbindungen $C_nH_{2n-28}O_{10}$

2,5-Bis-[3-acetyl-2,4,6-trihydroxy-5-methyl-phenyl]-[1,4]benzochinon $C_{24}H_{20}O_{10}$, Formel VIII.

B. Aus 1-[2,4,6-Trihydroxy-3-methyl-phenyl]-äthanon und [1,4]Benzochinon in Essigsäure
(*Dean et al.*, Soc. **1955** 11, 17).

Gelbe Kristalle; F: 245° [Zers.; nach Schwarzfärbung ab 180°].

Hydroxy-oxo-Verbindungen $C_nH_{2n-32}O_{10}$

*Opt.-inakt. 3-Hydroxy-1,2,3,4-tetrakis-[4-hydroxy-3-methoxy-phenyl]-butan-1-on $C_{32}H_{32}O_{10}$, Formel IX.

B. Aus 4,4'-Dihydroxy-3,3'-dimethoxy-desoxybenzoin mit Hilfe von Cu(OH)$_2$ in wss. NaOH (*Pearl, Beyer*, Am. Soc. **76** [1954] 2224).

Kristalle (aus Acn.); F: 270–271° [unkorr.]. UV-Spektrum (A.; 220–400 nm): *Pe., Be.*

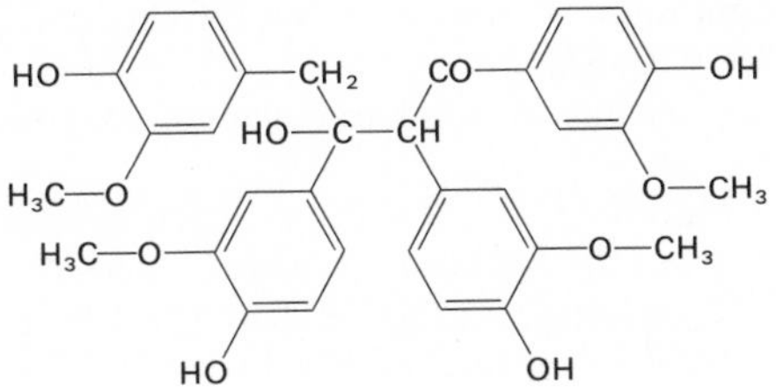

IX

Hydroxy-oxo-Verbindungen $C_nH_{2n-34}O_{10}$

*Opt.-inakt. 2,3-Bis-[2,4-dimethoxy-phenyl]-1,4-bis-[2-hydroxy-4-methoxy-phenyl]-butan-1,4-dion $C_{34}H_{34}O_{10}$, Formel X.

B. Aus 2-Hydroxy-4,2',4'-trimethoxy-desoxybenzoin mit Hilfe von KMnO$_4$ (*Suginome*, J. org. Chem. **23** [1958] 1044).

Kristalle (aus wss. Acn.); F: 226–227° [unkorr.]. UV-Spektrum (A.; 220–350 nm): *Su.*

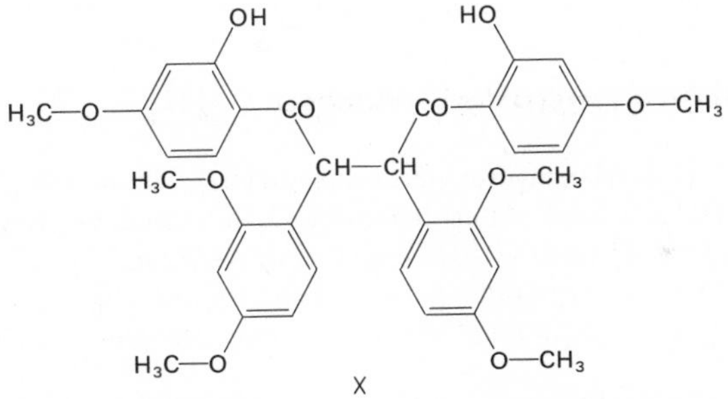

X

Berichtigung zu E III **8** 4432, Zeile 25 v. u. Im Artikel 6,7,6',7'-Tetramethoxy-5,5'-diiso‌propyl-3,3'-dimethyl-1,4,1',4'-tetraoxo-1,4,1',4'-tetrahydro-[2,2']binaphthyl-8,8'-dicarbaldehyd $C_{34}H_{34}O_{10}$ ist anstelle von „5.6-Dimethoxy-4-isopropyl-benzol-tricarbon‌säure-(1.2.3)" zu setzen „5.6-Dimethoxy-4-isopropyl-benzol-tricarbonsäure-(1.2.3)-2.3-an‌hydrid".

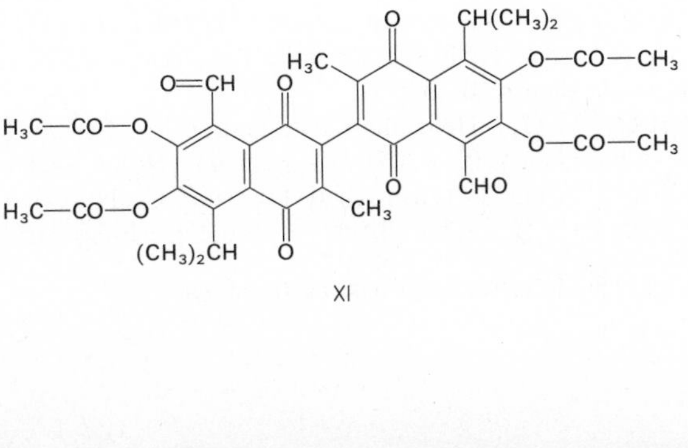

XI

6,7,6′,7′-Tetraacetoxy-5,5′-diisopropyl-3,3′-dimethyl-1,4,1′,4′-tetraoxo-1,4,1′,4′-tetrahydro-[2,2′]binaphthyl-8,8′-dicarbaldehyd $C_{38}H_{34}O_{14}$, Formel XI (E II 611).

Gelbe Kristalle (aus Me.+Acn.); F: 254° [Zers.] (*Haas, Shirley*, J. org. Chem. **30** [1965] 4111).

(5aS,17S,20S)-1,5t,7,9,13t,15,17,20-Octahydroxy-3,11-dimethyl-5H,6H,13H,14H-6c,13ac,5ar,14c-butan-1,2,3,4-tetrayl-cycloocta[1,2-b;5,6-$b′$]dinaphthalin-8,16-dion,
(+)-Tetrahydro-rugulosin $C_{30}H_{26}O_{10}$, Formel XII.

Konstitution und Konfiguration: *Kobayashi et al.*, Tetrahedron Letters **1968** 6135; *Takeda et al.*, Tetrahedron **29** [1973] 3703, 3711.

B. Beim Hydrieren von (+)-Rugulosin (s. u.) an Palladium in Äthanol (*Shibata et al.*, Pharm. Bl. **4** [1956] 303, 308).

Kristalle (aus A.) mit 1 Mol H_2O; F: 295° [Zers.; nach Schwarzfärbung ab 210°]; $[\alpha]_D^{22}$: +172° [Acn.; c = 0,5] (*Sh. et al.*). IR-Spektrum (Nujol; 2−9 μ): *Sh. et al.*, l. c. S. 305.

Octaacetyl-Derivat $C_{46}H_{42}O_{18}$; (5aS,17S,20S)-1,5t,7,9,13t,15,17,20-Octaacetoxy-3,11-dimethyl-5H,6H,13H,14H-6c,13ac,5ar,14c-butan-1,2,3,4-tetrayl-cycloocta[1,2-b;5,6-$b′$]dinaphthalin-8,16-dion. Gelbe, hygroskopische Kristalle (aus A.) mit 1 Mol H_2O; F: 230° [Zers.] (*Sh. et al.*, l. c. S. 308).

XII   XIII

Hydroxy-oxo-Verbindungen $C_nH_{2n-38}O_{10}$

(5aS,17S,20S)-1,7,9,15,17,20-Hexahydroxy-3,11-dimethyl-6H,14H-6c,13ac,5ar,14c-butan-1,2,3,4-tetrayl-cycloocta[1,2-b;5,6-$b′$]dinaphthalin-5,8,13,16-tetraon, (+)-Rugulosin,
Radicalisin $C_{30}H_{22}O_{10}$, Formel XIII (X = H) (E III 4433 [1])).

Isolierung aus dem Mycel von Endothia parasitica und Endothia fluens: *Shibata et al.*, Pharm. Bl. **3** [1955] 274, 276; von Sepedonium ampullosporum: *Shibata et al.*, Pharm. Bl. **5** [1957] 380.

Orthorhombische Kristalle; Dimensionen der Elementarzelle (Röntgen-Diagramm): *Sh. et al.*, Pharm. Bl. **3** 277. Dichte der Kristalle: 1,4 (*Sh. et al.*, Pharm. Bl. **3** 277). $[\alpha]_D^{19}$: +432° [Acn.; c = 0,5], +492° [Dioxan; c = 0,5] (*Sh. et al.*, Pharm. Bl. **3** 277). ^{1}H-NMR-Spektrum (DMSO-d_6): *Takeda et al.*, Tetrahedron **29** [1973] 3703, 3706, 3707. IR-Spektrum (Nujol; 2−14 μ): *Sh. et al.*, Pharm. Bl. **3** 275; s. a. *Shibata et al.*, Pharm. Bl. **4** [1956] 303, 305; *Morooka*, Japan. J. med. Sci. Biol. **9** [1956] 121, 125.

Pentamethyl-Derivat $C_{35}H_{32}O_{10}$. Gelbe Kristalle (aus A.); F: 255−256°; $[\alpha]_{546,1}^{23}$: +1027,5° [Dioxan; c = 0,2] (*Breen et al.*, Biochem. J. **60** [1955] 618, 622).

Hexamethyl-Derivat $C_{36}H_{34}O_{10}$; (5aS,17S,20S)-1,7,9,15,17,20-Hexamethoxy-3,11-dimethyl-6H,14H-6c,13ac,5ar,14c-butan-1,2,3,4-tetrayl-cycloocta[1,2-b;5,6-$b′$]dinaphthalin-5,8,13,16-tetraon. Hellgelbe Kristalle (aus A.); F: 279−280°; $[\alpha]_D^{18}$: +724° [CHCl₃; c = 0,5] (*Sh. et al.*, Pharm. Bl. **3** 277).

Diacetyl-Derivat $C_{34}H_{26}O_{12}$. Hellgelbe Kristalle (aus A.); F: 194° [Zers.]; $[\alpha]_D^{16}$: +200° [CHCl₃; c = 0,5] (*Sh. et al.*, Pharm. Bl. **4** 307). IR-Spektrum (Nujol; 2−9 μ): *Sh. et al.*, Pharm. Bl. **4** 305. − Überführung in ein Tetramethyl-Derivat $C_{38}H_{34}O_{12}$ (gelbe Kristalle [aus E.+PAe.]; F: 262° [Zers.]; $[\alpha]_D^{22}$: +608° [Acn.; c = 0,25]; IR-Spektrum [Nujol; 2−9 μ]):

---

[1]) Berichtigung zu E III **8** 4433. Formel Vc ist zu streichen.

Sh. et al., Pharm. Bl. **4** 305, 307.

Pentaacetyl-Derivat $C_{40}H_{32}O_{15}$. Gelbe Kristalle (aus A.) mit 1 Mol $H_2O(?)$; F: 210° [Zers.] (*Br. et al.*). Kristalle (aus $CHCl_3$ + PAe.); F: ca. 180° [Zers.; nach Erweichung ab 144°]; $[\alpha]_D^{20}$: +210° [$CHCl_3$; c = 0,5] (*Sh. et al.,* Pharm. Bl. **3** 277).

Hexaacetyl-Derivat $C_{42}H_{34}O_{16}$; (5a*S*,17*S*,20*S*)-1,7,9,15,17,20-Hexaacetoxy-3,11-dimethyl-6*H*,14*H*-6*c*,13a*c*,5a*r*,14*c*-butan-1,2,3,4-tetrayl-cycloocta[1,2-*b*;5,6-*b'*]di≈naphthalin-5,8,13,16-tetraon. Kristalle (aus Acn. + Me.); F: 180° [nach Sintern ab 171° und Zers. ab ca. 176°]; $[\alpha]_D^{20}$: +224° [$CHCl_3$; c = 1] (*Sh. et al.,* Pharm. Bl. **3** 277). IR-Spektrum (Nujol; 2−9 μ): *Sh. et al.,* Pharm. Bl. **4** 305.

Hexabenzoyl-Derivat (F: 224−226°): *Sh. et al.,* Pharm. Bl. **3** 277.

Hydroxy-oxo-Verbindungen $C_nH_{2n-42}O_{10}$

4,5,7,4',5',7'-Hexahydroxy-2,2'-dimethyl-[1,1']bianthryl-9,10,9',10'-tetraon $C_{30}H_{18}O_{10}$, Formel XIV (R = H).

B. Aus dem Hexamethyl-Derivat (s. u.) mit Hilfe von Pyridin-hydrochlorid (*Schenley Ind.,* U.S.P. 2707704 [1952]).

Orangerote Kristalle; F: 360° [Zers.].

XIV   XV

4,5,7,4',5',7'-Hexamethoxy-2,2'-dimethyl-[1,1']bianthryl-9,10,9',10'-tetraon $C_{36}H_{30}O_{10}$, Formel XIV (R = CH_3).

B. Aus 1-Chlor-4,5,7-trimethoxy-2-methyl-anthrachinon (*Schenley Ind.,* U.S.P. 2707704 [1952]) oder 1-Brom-4,5,7-trimethoxy-2-methyl-anthrachinon (*Brockmann et al.,* B. **90** [1957] 2302, 2315) mit Hilfe von Kupfer-Pulver.

Gelbe Kristalle; F: 335−338° (*Schenley Ind.*). Gelbe Kristalle (aus $CHCl_3$ + Me.); F: 234−236° [korr.] (*Br. et al.*).

2,4,5,2',4',5'-Hexahydroxy-7,7'-dimethyl-[1,1']bianthryl-9,10,9',10'-tetraon $C_{30}H_{18}O_{10}$ und Taut.

a) **2,4,5,2',4',5'-Hexahydroxy-7,7'-dimethyl-[1,1']bianthryl-9,10,9',10'-tetraon, Skyrin, Endothianin,** Formel XV (R = R' = H).

Isolierung aus dem Mycel von Endothia parasitica und Endothia fluens: *Shibata et al.,* Pharm. Bl. **3** [1955] 274, 276; von Penicillium islandicum: *Howard, Raistrick,* Biochem. J. **56** [1954] 56, 60; *Yamamoto et al.,* J. pharm. Soc. Japan **76** [1956] 192; C. A. **1956** 7940; von Penicillium wortmanni: *Breen et al.,* Biochem. J. **60** [1955] 618, 624.

B. Aus Penicilliopsin (E III **8** 4414) mit Hilfe von SeO_2 (*Shibata et al.,* Pharm. Bl. **5** [1957] 380). Aus dem Octaacetyl-Derivat des Penicilliopsins (E III **6** 7976) bei der aufeinanderfolgenden Umsetzung mit CrO_3 in Essigsäure und mit wss.-methanol. NaOH (*Brockmann, Eggers,* B. **91** [1958] 81, 96).

Orangefarbene Kristalle, die bis 360° (*Sh. et al.,* Pharm. Bl. **3** 276) bzw. bis 380° (*Ho., Ra.;*

Br. et al.) nicht schmelzen. Von *Howard, Raistrick* daneben erhaltene, als dimorphe Form ange≠ sehene gelbe Kristalle sind nach *Shibata et al.* (Pharm. Bl. **3** [1955] 278, 280) wahrscheinlich eine isomere Verbindung gewesen. IR-Spektrum (Nujol; $2-14 \mu$): *Shibata et al.*, Pharm. Bl. **3** 280, **4** [1956] 143. Absorptionsspektrum (A. bzw. $CHCl_3$; $220-520$ nm): *Shibata et al.*, Pharm. Bl. **5** [1957] 573; *Tanaka*, Chem. pharm. Bl. **6** [1958] 203, 205. Nachweis der optischen Aktivität von Skyrin aus Penicillium islandicum (Rotationsdispersion): *Ogihara et al.*, Tetrahedron Let≠ ters **1968** 1881, 1884.

Diacetyl-Derivat $C_{34}H_{22}O_{12}$; 2,2′-Diacetoxy-4,5,4′,5′-tetrahydroxy-7,7′-di≠ methyl-[1,1′]bianthryl-9,10,9′,10′-tetraon. Orangefarbene Kristalle (aus Eg.); Zers.: $>270°$; λ_{max} ($CHCl_3$): 258 nm und 445 nm (*Ta.*, l. c. S. 207). — Tetramethyl-Derivat $C_{38}H_{30}O_{12}$; 2,2′-Diacetoxy-4,5,4′,5′-tetramethoxy-7,7′-dimethyl-[1,1′]bianthryl- 9,10,9′,10′-tetraon. Gelbe Kristalle (aus Eg.) mit 1 Mol H_2O; F: $150-180°$ und (nach Wiedererstarren) F: $260-270°$ [Zers.]; λ_{max} ($CHCl_3$): 264 nm und 394 nm (*Ta.*, l. c. S. 207).

Hexaacetyl-Derivat $C_{42}H_{30}O_{16}$; 2,4,5,2′,4′,5′-Hexaacetoxy-7,7′-dimethyl-[1,1′]bi≠ anthryl-9,10,9′,10′-tetraon. Gelbe Kristalle; F: $295-296°$ [aus $CHCl_3+A.$] (*Ho., Ra.*), $295-296°$ [Zers.; aus Eg. oder Acn.+A.] (*Sh. et al.*, Pharm. Bl. **3** 276), $248-249°$ [aus Eg.] (*Br., Eg.*, l. c. S. 97).

Hexakis-äthoxycarbonyl-Derivat $C_{48}H_{42}O_{22}$; 2,4,5,2′,4′,5′-Hexakis-äthoxycar≠ bonyloxy-7,7′-dimethyl-[1,1′]bianthryl-9,10,9′,10′-tetraon. Gelbe Kristalle (aus Me. oder Butan-1-ol); F: $171-173°$ (*Sh. et al.*, Pharm. Bl. **3** 276).

b) **1,4b,7,9,12b,15-Hexahydroxy-3,11-dimethyl-4b,12b-dihydro-benzo[*h*]benzo[5,6]≠ xantheno[2,1,9,8-*klmna*]xanthen-8,16-dion, Pseudoskyrin,** Formel XVI.

B. Beim Behandeln von Skyrin (s. o.) mit H_2SO_4 (*Tanaka*, Chem. pharm. Bl. **6** [1958] 203, 206).

Grünlichgelbe Kristalle (aus Py.); F: $360°$. Absorptionsspektrum ($CHCl_3$; $220-500$ nm): *Ta.*, l. c. S. 205.

XVI   XVII

4,5,4′,5′-Tetrahydroxy-2,2′-dimethoxy-7,7′-dimethyl-[1,1′]bianthryl-9,10,9′,10′-tetraon $C_{32}H_{22}O_{10}$, Formel XV (R = CH_3, R′ = H).

Die von *Howard, Raistrick* (Biochem. J. **56** [1954] 56, 62) als Dimethylskyrin bezeichnete Verbindung ist als 1,7,9,15-Tetrahydroxy-4b,12b-dimethoxy-3,11-dimethyl-4b,12b-dihydro-ben≠ zo[*h*]benzo[5,6]xantheno[2,1,9,8-*klmna*]xanthen-8,16-dion (E III/IV **19** 3224) zu formulieren (*Shibata et al.*, Pharm. Bl. **3** [1955] 278, 279; *Tanaka*, Chem. pharm. Bl. **6** [1958] 203). Entspre≠ chend ist die von *Howard, Raistrick* als Diäthylskyrin bezeichnete Verbindung als 4b,12b-Di≠ äthoxy-1,7,9,15-tetrahydroxy-3,11-dimethyl-4b,12b-dihydro-benzo[*h*]benzo[5,6]xantheno≠ [2,1,9,8-*klmna*]xanthen-8,16-dion zu formulieren.

a) Präparate aus Skyrin und Penicilliopsin.

B. Aus Skyrin (s. o.) und Diazomethan (*Shibata et al.*, Pharm. Bl. **3** [1955] 278, 283). Aus Di-*O*-methyl-penicilliopsin (E III **8** 4415) mit Hilfe von Luft (*Brockmann, Eggers*, B. **91** [1958] 81, 98).

Orangefarbene Kristalle (aus Nitrobenzol), die bis $360°$ nicht schmelzen [nach Dunkelfärbung ab $325°$] (*Sh. et al.*).

Tetrakis-äthoxycarbonyl-Derivat $C_{44}H_{38}O_{18}$; 4,5,4',5',Tetrakis-äthoxycar=
bonyloxy-2,2'-dimethoxy-7,7'-dimethyl-[1,1']bianthryl-9,10,9',10'-tetraon.   Gelbe
Kristalle (aus Acn. + A.); F: 247 − 249° (*Sh. et al.*).

b) Racemat.
B. Beim Erhitzen von (±)-2,4,5,2',4',5'-Hexamethoxy-7,7'-dimethyl-[1,1']bianthryl-9,10,9',10'-
tetraon mit wss. HBr und Essigsäure (*Tanaka, Kaneko*, Pharm. Bl. **3** [1955] 284).
Orangerote Kristalle (aus Nitrobenzol), die bis 360° nicht schmelzen [nach Dunkelfärbung
ab 321°].
Tetrakis-äthoxycarbonyl-Derivat $C_{44}H_{38}O_{18}$. Gelbe Kristalle; F: 247 − 249°.

2,4,5,2',4',5'-Hexamethoxy-7,7'-dimethyl-[1,1']bianthryl-9,10,9',10'-tetraon, Hexa-*O*-
methyl-skyrin $C_{36}H_{30}O_{10}$, Formel XV (R = R' = CH_3).

a) Präparate aus Skyrin.
B. Aus Skyrin (s. o.) und Dimethylsulfat (*Howard, Raistrick*, Biochem. J. **56** [1954] 56, 62;
Shibata et al., Pharm. Bl. **3** [1955] 274, 276).
Orangefarbene Kristalle; F: 370 − 372° [nach Sublimation unter vermindertem Druck bei
300 − 310°] (*Ho., Ra.*), ca. 350° [Zers.; aus wss. Eg.] (*Sh. et al.*).

b) Racemat.
B. Aus 1-Brom-2,4,5-trimethoxy-7-methyl-anthrachinon mit Hilfe von Kupfer-Pulver (*Ta=
naka, Kaneko*, Pharm. Bl. **3** [1955] 284).
Orangegelbe Kristalle (aus wss. Eg.); F: ca. 350° [Zers.].

4,5,8,4',5',8'-Hexahydroxy-7,7'-dimethyl-[1,1']bianthryl-9,10,9',10'-tetraon, Iridoskyrin
$C_{30}H_{18}O_{10}$, Formel XVII.
Isolierung aus dem Mycel von Penicillium islandicum: *Howard, Raistrick*, Biochem. J. **57**
[1954] 212, 217; *Shibata et al.*, Pharm. Bl. **4** [1956] 111, 115; *Yamamoto et al.*, J. pharm. Soc.
Japan **76** [1956] 192; C. A. **1956** 7940.
Dimorph; Rote, grün glänzende Kristalle (aus Bzl.); F: 358 − 360° [purpurschwarze Schmelze;
nach partieller Zers. ab 350°] (*Ho., Ra.*). Unter vermindertem Druck sublimierbar (*Ho., Ra.*).
IR-Spektrum (Nujol; 2 − 15 μ): *Shibata, Kitagawa*, Pharm. Bl. **4** [1956] 309, 310. Absorptions=
spektrum (A.; 220 − 520 nm): *Sh. et al.*, Pharm. Bl. **4** 115. Nachweis der optischen Aktivität
von Iridoskyrin aus Penicillium islandicum (Rotationsdispersion): *Ogihara et al.*, Tetrahedron
Letters **1968** 1881, 1884.
Hexamethyl-Derivat $C_{36}H_{30}O_{10}$; 4,5,8,4',5',8'-Hexamethoxy-7,7'-dimethyl-
[1,1']bianthryl-9,10,9',10'-tetraon. Orangefarbene Kristalle (aus $CHCl_3$ + A.); F: 343 − 345°
(*Ho., Ra.*; s. a. *Sh. et al.*, Pharm. Bl. **4** 115). Unter vermindertem Druck sublimierbar (*Ho.,
Ra.*).
Hexaacetyl-Derivat $C_{42}H_{30}O_{16}$; 4,5,8,4',5',8'-Hexaacetoxy-7,7'-dimethyl-[1,1']bi=
anthryl-9,10,9',10'-tetraon. Gelbe Kristalle; F: 267 − 268° [aus $CHCl_3$ + A.] (*Ho., Ra.*).

Präparate von unbekanntem optischen Drehungsvermögen sind aus Rubroskyrin [s. u.] (*Ho.,
Ra.*, l. c. S. 218; *Sh., Ki.*, l. c. S. 312) sowie aus Luteoskyrin [s. u.] (*Shibata et al.*, Pharm.
Bl. **5** [1957] 383; *Yamamoto et al.*, J. pharm. Soc. Japan **76** [1956] 670; C. A. **1957** 339) beim
Behandeln mit H_2SO_4 erhalten worden.

10. Hydroxy-oxo-Verbindungen mit 11 Sauerstoff-Atomen

Hydroxy-oxo-Verbindungen $C_nH_{2n-38}O_{11}$

(6*R*)-1,4,7,9,18,19*syn*-Hexahydroxy-2,11-dimethyl-6,16-dihydro-6*r*,13a*c*,16*c*-äthanyyliden-
cyclonona[1,2-*b*;5,6-*b*']dinaphthalin-5,8,13,15,17-pentaon, Purpurogenon $C_{29}H_{20}O_{11}$,
Formel XVIII und Taut.
Konstitution und Konfiguration: *Roberts, Thomson*, Soc. [C] **1971** 3488.

Isolierung aus dem Mycel von Penicillium purpurogenum: *Roberts, Warren*, Soc. **1955** 2992, 2995.

Rote Kristalle (aus Acn. oder Butanon); F: 310° [Zers.] (*Ro., Wa.; Ro., Th.*). Dichte der Kristalle: 1,525 (*Ro., Wa.*). $[\alpha]_D^{22}$: $+254°$ [Dioxan; c = 0,05] (*Ro., Th.*, l. c. S. 3490). ^{1}H-NMR-Absorption (CDCl$_3$): *Ro., Th.*, l. c. S. 3489. Absorptionsspektrum (CHCl$_3$; 240−580 nm): *Ro., Th.*, l. c. S. 3489.

Hexaacetyl-Derivat $C_{41}H_{32}O_{17}$; (6*R*)-1,4,7,9,18,19*syn*-Hexaacetoxy-2,11-di≠ methyl-6,16-dihydro-6*r*,13a*c*,16*c*-äthanylyliden-cyclonona[1,2-*b*;5,6-*b'*]dinaph≠ thalin-5,8,13,15,17-pentaon. Hellgelbe Kristalle (aus A.); F: 226° (*Ro., Wa.; Ro., Th.*, l. c. S. 3490). $[\alpha]_D^{17}$: $+105°$ [CHCl$_3$; c = 0,4] (*Ro., Wa.*); $[\alpha]_D^{24}$: $+106°$ [Dioxan; c = 0,06] (*Ro., Th.*). IR-Banden (KBr; 1800−1600 cm^{-1}): *Ro., Th.* λ_{max} (A.): 243 nm (*Ro., Th.*), 245 nm (*Ro., Wa.*).

XVIII   XIX

Hydroxy-oxo-Verbindungen $C_nH_{2n-42}O_{11}$

2,4,5,2′,4′,5′-Hexahydroxy-7-hydroxymethyl-7′-methyl-[1,1′]bianthryl-9,10,9′,10′-tetraon, Oxyskyrin $C_{30}H_{18}O_{11}$, Formel XIX.

Isolierung aus dem Mycel von Penicillium islandicum sowie Endothia parasitica: *Shibata et al.*, Pharm. Bl. **5** [1957] 573.

Orangerote Kristalle (aus Acn. + PAe.); F: >360° [nach Dunkelfärbung ab 270°] (*Sh. et al.*). Absorptionsspektrum (A.; 210−510 nm): *Sh. et al.* Nachweis der optischen Aktivität von Oxy≠ skyrin: *Ogihara et al.*, Tetrahedron Letters **1968** 1881, 1884.

Heptaacetyl-Derivat $C_{44}H_{32}O_{18}$; 2,4,5,2′,4′,5′-Hexaacetoxy-7-acetoxymethyl-7′-methyl-[1,1′]bianthryl-9,10,9′,10′-tetraon. Gelbe Kristalle (aus Eg.); F: 270−271° [Zers.] (*Sh. et al.*).

Heptabenzoyl-Derivat (F: 259,5−261,5°): *Sh. et al.*

11. Hydroxy-oxo-Verbindungen mit 12 Sauerstoff-Atomen

Hydroxy-oxo-Verbindungen $C_nH_{2n-38}O_{12}$

(9*S*,17a*R*)-1,4,6,8*c*,10,15,19*syn*-Heptahydroxy-2,12-dimethyl-(8a*c*)-7,8,8a,9-tetrahydro-9*r*,17*c*-methano-naphtho[2′,3′;5,6]cyclohepta[1,2-*d*]anthracen-5,11,14,16,18-pentaon, Rubroskyrin $C_{30}H_{22}O_{12}$, Formel XX.

Konstitution und Konfiguration: *Takeda et al.*, Tetrahedron **29** [1973] 3703, 3706, 3708.

Isolierung aus dem Mycel von Penicillium islandicum: *Howard, Raistrick*, Biochem. J. **57** [1954] 212, 217; *Shibata, Kitagawa*, Pharm. Bl. **4** [1956] 309, 312.

Rote Kristalle (aus A.); F: 289−290° [Zers.; nach Sintern und teilweiser Sublimation bei 270°] (*Ho., Ra.*), 273° [Zers.] (*Sh., Ki.*). IR-Spektrum (Nujol; 2−15 μ): *Sh., Ki.*, l. c. S. 310.

Tri-*O*-acetyl-Derivat C$_{36}$H$_{28}$O$_{15}$;   (9*S*,17a*R*)-6,8c,19*syn*-Triacetoxy-1,4,10,15-tetrahydroxy-2,12-dimethyl-(8a*c*)-7,8,8a,9-tetrahydro-9*r*,17*c*-methano-naphtho≠[2′,3′;5,6]cyclohepta[1,2-*d*]anthracen-5,11,14,16,18-pentanon. Orangefarbene Kristalle (aus Acn.+A.); F: 262—263°; [α]$_D^{31}$: −333° [Dioxan] (*Ta. et al.*, l. c. S. 3718). ^{1}H-NMR-Spektrum (CDCl$_3$): *Ta. et al.*, l. c. S. 3707, 3708.

XX

(5a*S*,17*S*,20*S*)-1,4,7,9,12,15,17,20-Octahydroxy-3,11-dimethyl-6*H*,14*H*-6*c*,13a*c*,5a*r*,14*c*-butan-1,2,3,4-tetrayl-cycloocta[1,2-*b*;5,6-*b*′]dinaphthalin-5,8,13,16-tetraon, (−)-Luteoskyrin,
Flavomycelin C$_{30}$H$_{22}$O$_{12}$, Formel XIII (X = OH) auf S. 3766.
Konstitution und Konfiguration: *Takeda et al.*, Tetrahedron **29** [1973] 3703, 3704, 3708.
Isolierung aus dem Mycel von Penicillium islandicum: *Morooka*, Japan. J. med. Sci. Biol. **9** [1956] 121, 122; *Yamamoto et al.*, J. pharm. Soc. Japan **76** [1956] 192, 195; C. A. **1956** 7940; von Mycelia sterilia: *Nishikawa*, Tohoku J. agric. Res. **5** [1955] 285.
B. Als Hauptprodukt beim Erhitzen von Rubroskyrin (s. o.) in Chlorbenzol unter Zusatz von Pyridin (*Shibata, Kitagawa*, Pharm. Bl. **4** [1956] 309, 312).
Dimorph; monokline Kristalle [aus Acn.+PAe.+H$_2$O] sowie orthorhombische Kristalle [aus A.] (*Okuto et al.*, Bl. chem. Soc. Japan **31** [1958] 247; s. a. *Yamamoto et al.*, J. pharm. Soc. Japan **76** [1956] 670, 672; C. A. **1957** 339; *Mo.*; *Ni.*). F: 292—293° [Zers.] bzw. F: 273° [nach Verfärbung ab 260°] (*Ya. et al.*, l. c. S. 672), 278—279° [Zers.; aus Me. sowie aus Acn.+PAe.] (*Mo.*, l. c. S. 123), 277—278° [Zers.; nach Dunkelfärbung ab 260°; aus Acn. oder A.] (*Ni.*), 274° [Zers.; nach Dunkelfärbung ab 260°; aus Acn.+Hexan] (*Shibata et al.*, Pharm. Bl. **5** [1957] 383), 273° [Zers.; aus A.] (*Sh., Ki.*). Dimensionen der Elementarzelle (Röntgen-Dia≠gramm) der monoklinen sowie der orthorhombischen Kristalle: *Ok. et al.*; s. a. *Ya. et al.*, l. c. S. 672. [α]$_D^{10}$: −830° [Dioxan; c = 0,2] (*Ya. et al.*, l. c. S. 672); [α]$_D^{25}$: −880° [Acn.; c = 0,1] (*Sh., Ki.*; *Sh. et al.*). Dichte der monoklinen Kristalle bei 20°: 1,47; der orthorhombischen Kristalle bei 20°: 1,48 (*Ok. et al.*; s. a. *Ya. et al.*, l. c. S. 672). ^{1}H-NMR-Spektrum (DMSO-d$_6$): *Ta. et al.*, l. c. S. 3706, 3707. IR-Spektrum (Nujol; 4000—650 cm^{-1}): *Mo.*, l. c. S. 125. Absorp≠tionsspektrum (A.; 220—550 nm): *Mo.*, l. c. S. 124; *Ya. et al.*, l. c. S. 194.
Octabenzoyl-Derivat (F: 282°): *Ya. et al.*, l. c. S. 672.   [*Appelt*]

Nachträge und Berichtigungen

Viertes Ergänzungswerk, 1. Band

4. Teil

Seite 2594, Zeile 9 v. o.: Anstelle von „(F: 124°)" ist zu setzen „(F: 163,5 – 164°) (s. dazu *Crie=
gee,* A. **615** [1958] 227)."
Seite 2607, Zeile 15 v. o.: Anstelle von „(F: 168°)" ist zu setzen „(F: 186°)".

6. Teil

Seite 4049, Zeile 18 v. o.: Anstelle von „(F: 165 – 166°): *Fe.*" ist zu setzen „(F: 82 – 83°): *Felkin,*
C. r. **231** [1950] 1316, 1317 Anm. 7."

Viertes Ergänzungswerk, 2. Band

1. Teil

Seite 215, Zeile 18 v. u.: Anstelle von „Chim. Promyšl. **1953** 8;" ist zu setzen „Chim. Promyšl.
1953 104;".

Seite 434, Zeile 20 v. o.: Anstelle von „wss. Ammoniak" ist zu setzen „wss. HN_3".

2. Teil

Seite 833, Zeile 7 v. u.: Anstelle von „Acta chem. scand. **9** [1955] 1725, 1727." ist zu setzen
„Acta chem. scand. **9** [1955] 1425, 1427."

Viertes Ergänzungswerk, 3. Band

1. Teil

Seite 246, Zeile 20 v. u.: Anstelle von „+69,91 kcal·mol^{-1}" ist zu setzen „−69,91 kcal·
mol^{-1}".

Seite 253, Zeile 6 v. o.: Anstelle von „+35,10 kcal·mol^{-1}" ist zu setzen „−35,10 kcal·mol^{-1}". –
Zeile 17 v. o.: Anstelle von „+46,28 kcal·mol^{-1}" ist zu setzen „−46,28 kcal·
mol^{-1}".

Viertes Ergänzungswerk, 4. Band

2. Teil

Seite 1536, Zeile 4 v. o.: Anstelle von „(F: 100°)" ist zu setzen „(F: 167°)".

4. Teil

Seite 3192. Die Formeln VII und VIII sind zu vertauschen.

Viertes Ergänzungswerk, 5. Band

1. Teil

Seite 247, Zeile 6 v. u.: Anstelle von „4-Methyl-benzaldehyd" ist zu setzen „4-Methoxy-benz⸗ aldehyd".

Seite 296, Zeile 15 v. o.: Anstelle von „Cyclodec-3c(?)-enol" ist zu setzen „Cyclodec-2c-enol".

3. Teil

Seite 1470. Die Formel I ist durch Formel A zu ersetzen.

Seite 1767, Zeile 2 v. u.: Anstelle von „B. **80** [1957]" ist zu setzen „B. **90** [1957]".

Seite 1939. Die Formel XI ist durch Formel B zu ersetzen.

A B C

Viertes Ergänzungswerk, 6. Band

1. Teil

Seite 282, Zeilen 11 – 13 v. o.: Anstelle von „(F: 131° … C. A. **1958** 322." ist zu setzen „(F: 120°; $[\alpha]_D$: −34,2° [CHCl$_3$]): *Matsubara et al.*, J. chem. Soc. Japan Pure Chem. Sect. **80** [1959] 1366; C. A. **1961** 3644."

Seite 311, Zeile 2 v. u.: Anstelle von „2,4-Dinitro-" ist zu setzen „3,5-Dinitro-".

Seite 312, Zeilen 10 und 22 v. o. sowie Zeile 14 v. u.: Anstelle von „2,4-Dinitro-" ist jeweils zu setzen „3,5-Dinitro-".

3. Teil

Seite 1712, Zeile 2 v. u.: Anstelle von „F: 200 – 201°" ist zu setzen „F: 168 – 170°".

Seite 1713, Zeile 3 v. o.: Anstelle von „F: 168 – 170°" ist zu setzen „F: 200 – 201°".

5. Teil

Seite 3232, Zeilen 20 – 21 v. o.: Der Passus „λ_{max} … 1307)." ist zu streichen. — Zeile 17 v. u.: Der Passus „3,5-Dinitro- … *Bu*.;" ist zu streichen.

Seite 3431, Zeilen 15 – 11 v. u.: In dem als **4-Methyl-3-neopentyl-anisol** C$_{13}$H$_{20}$O beschriebenen Präparat hat vermutlich 4-Methyl-2-neopentyl-anisol C$_{13}$H$_{20}$O vorgelegen (vgl. die Angaben im Artikel 1-[2-Methoxy-5-methyl-phenyl]-2,2-dimethyl-propan-1-on [E IV **8** 567]).

Seite 3530. 2. Artikel v. u.: In dem als **1-Benzyloxy-11-phenyl-undecan** C$_{24}$H$_{34}$O beschriebenen Präparat hat wahrscheinlich ein Gemisch dieser Verbindung mit (±)-1-Benzyloxy-10-phenyl-undecan C$_{24}$H$_{34}$O vorgelegen (s. dazu *O'Rear*, Naval Res. Labor. Rep. 3891 [1951] 11 Anm. e).

6. Teil

Seite 3956, Zeile 18 v. o. und Zeile 14 v. u.: Anstelle von „2,4-Dinitro-" ist jeweils zu setzen „3,5-Dinitro-".

Seite 4022, Zeile 15 v. o.: Anstelle von „2,4-Dinitro-" ist zu setzen „3,5-Dinitro-".

Seite 4067, Zeile 4 v. u.: Anstelle von „acetylchlorid" ist zu setzen „acetylenid".

Seite 4364, Zeile 15 v. o.: Anstelle von „1-Nitromethyl-cyclohexan" ist zu setzen „1-Nitro⸗ methyl-cyclohexen".

7. Teil

Seite 4803, Zeile 8 v. u.: Anstelle von „(F: 84−84,5°; $[\alpha]_D^{24}$: −69,9° [Bzl.])" ist zu setzen „(F: 84−85,5°; $[\alpha]_D^{24}$: −96,9° [Bzl.])".

Seite 4845, Zeile 5 v. o.: Anstelle von „Aus Phenylacetylen und 5-Brom-pent-4-in-1-ol" ist zu setzen „Aus Brom-phenyl-acetylen und Pent-2t-en-4-in-1-ol in Methanol".

Seite 4951, Zeile 11 v. o.: Anstelle von „**2-[2]Anthryl-äthanol** $C_{16}H_{14}O$" ist zu setzen „**2-[1]Anthryl-äthanol** $C_{16}H_{14}O$". − Zeile 12 v. o.: Anstelle von „[2]Anthryl-essig⸗ säure-" ist zu setzen „[1]Anthryl-essigsäure-". − Die Formel VII ist durch Formel C zu ersetzen.

Seite 4969, Zeile 10 v. u.: Anstelle von „1,2,3,4,6,11-Hexahydro-naphthacen" ist zu setzen „1,2,3,4-Tetrahydro-naphthacen".

Seite 5240, Zeile 2 v. u.: Anstelle von „(F: 92−93°)" ist zu setzen „(F: 103−104°)".

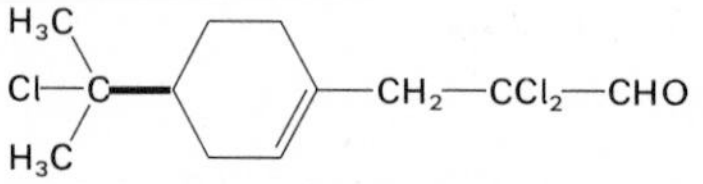

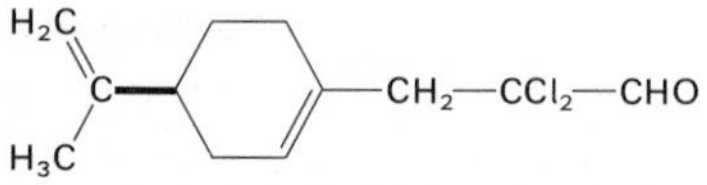

9. Teil

Seite 6337, Zeile 3 v. o.: Anstelle von „2,4-Dinitro-" ist zu setzen „3,5-Dinitro-".

Seite 6446, Zeile 5 v. o.: Anstelle von „*Vurtis*" ist zu setzen „*Curtis*".

Seite 6516, Zeile 3 v. u.: Anstelle von „Isopropylacetat" ist zu setzen „Isopropenylacetat".

Seite 6903, Zeile 1 v. u.: Anstelle von „-[5-Methoxy-phenyl]-" ist zu setzen „-[4-Methoxy-phenyl]-".

10. Teil

Seite 7984, Zeilen 11−12 v. o.: Der Passus „Seite 405, ... -(α-chlor-isopropyl)-". ist zu streichen.

Viertes Ergänzungswerk, 7. Band

1. Teil

Seite 151, Zeile 5 v. o.: Anstelle von „E II 59" ist zu setzen „E II 60".

Seite 245, Zeile 8 v. o.: Anstelle von „-3-[(*R*?)-" ist zu setzen „-3-[(*S*?)-". − Zeile 10 und 14 v. o.: Anstelle von „-3-[(*R*?)-" ist zu setzen „-3-[(*S*?)-". − Zeile 11 v. o.: Die Angabe „,7984" ist zu streichen. − Die Formel XIV ist durch Formel D zu ersetzen.

Seite 348, Zeile 4 v. o.: Anstelle von „3-[(*R*?)-" ist zu setzen „3-[(*S*?)-". − Zeile 6 v. o.: Anstelle von „3-[(*R*?)-" ist zu setzen „3-[(*S*?)-". − Die Formel VI ist durch Formel E zu ersetzen.

3. Teil

Seite 1297. Die Formel I ist durch Formel F zu ersetzen.

Seite 1302, Zeilen 17 und 16 v. u.: Anstelle von „2-Phenyl-" ist jeweils zu setzen „6-Phenyl-" (s. dazu *Parham et al.*, J. org. Chem. **21** [1956] 72).

F

G

5. Teil

Seite 2449. Vor den 2. Artikel v. o. ist der folgende Artikel einzufügen:
*2,6-Dimethyl-8-[2,6,6-trimethyl-4-oxo-cyclohex-2-enyliden]-octa-2,4,6-trienal $C_{19}H_{24}O_2$, Formel G.

B. Aus 2-Methyl-4-[2,6,6-trimethyl-4-oxo-cyclohex-2-enyliden]-crotonaldehyd über mehrere Stufen (*Hoffmann-La Roche*, U.S.P. 2827482 [1956]).

Kristalle (nach Chromatographie); F: 141−144°. λ_{max} (PAe.): 336 nm, 382 nm und 405 nm.

Seite 2499, Zeile 15 v. o.: Anstelle von „(X = N-O-CH$_3$)" ist zu setzen „(X = N(O)-CH$_3$)".

Seite 2499. Nach Zeile 21 v. o. ist der folgende Artikel einzufügen:
*Acenaphthen-1,2-dion-mono-[N-äthyl-oxim] $C_{14}H_{11}NO_2$, Formel I (X = N(O)-C$_2$H$_5$).

Diese Konstitution kommt wahrscheinlich der nachstehend beschriebenen, ursprünglich (*Schönberg, Awad*, Soc. **1950** 72, 75) als 8-Methyl-8,9-dihydro-acenaphth[1,2-d]oxazol-9-ol angesehenen Verbindung zu (vgl. dazu *Eistert et al.*, B. **97** [1964] 2469, 2470).

B. Aus Acenaphthen-1,2-dion-monooxim (F: 208°) und Diazoäthan in Äther (*Sch., Awad*).

Gelbe Kristalle (aus Me.); F: 93° (*Sch., Awad*).

Seite 2538, 1. Artikel v. o.: In dem als **4-Methyl-1,1-diphenyl-pentan-2,3-dion** $C_{18}H_{18}O_2$ beschriebenen Präparat hat 4-Hydroxy-4-methyl-1,1-diphenyl-pent-1-en-3-on (s. E IV **8** 1418) vorgelegen; der Artikel ist zu streichen.

Seite 2668, Anstelle des 1. Artikels v. o. ist der folgende Artikel zu setzen:
*3,3-Diphenyl-indan-1,2-dion-2-[N-methyl-oxim] $C_{22}H_{17}NO_2$, Formel I (X = O, X' = N(O)-CH$_3$).

Diese Konstitution kommt der nachstehend beschriebenen, ursprünglich (*Schönberg, Awad*, Soc. **1950** 72, 74) als 4,4-Diphenyl-2,3-dihydro-4*H*-indeno[2,1-d]oxazol-3-ol angesehenen Verbindung zu (*Eistert, Witzmann*, A. **744** [1971] 105, 107).

B. Beim Behandeln von 3,3-Diphenyl-indan-1,2-dion-2-oxim mit Diazomethan in Äther (*Sch., Awad; Ei., Wi.*) oder mit Dimethylsulfat in wss. NaOH (*Ei., Wi.*).

Hellgelbe Kristalle (aus Me.); F: 178° (*Sch., Awad; Ei., Wi.*).

Seite 2668. Anstelle des 2. Artikels v. o. ist der folgende Artikel zu setzen:
*3,3-Diphenyl-indan-1,2-dion-2-[N-äthyl-oxim] $C_{23}H_{19}NO_2$, Formel I (X = O, X' = N(O)-C$_2$H$_5$).

Diese Konstitution kommt der nachstehend beschriebenen, ursprünglich (*Schönberg, Awad*, Soc. **1950** 72, 75) als 2-Methyl-4,4-diphenyl-2,3-dihydro-4*H*-indeno[2,1-d]oxazol-3-ol angesehenen Verbindung zu (*Eistert, Witzmann*, A. **744** [1971] 105, 107).

B. Aus 3,3-Diphenyl-indan-1,2-dion-2-oxim und Diazoäthan in Äther (*Sch., Awad; Ei., Wi.*).

Gelbe Kristalle (aus Me.); F: 155−156° (*Ei., Wi.*), 152° (*Sch., Awad*).

Seite 2909. Die Formel L ist durch Formel H zu ersetzen.

H

Sachregister

Das folgende Register enthält die Namen der in diesem Band abgehandelten Verbindungen im allgemeinen mit Ausnahme der Namen von Salzen, deren Kat‑ ionen aus Metall-Ionen, Metallkomplex-Ionen oder protonierten Basen bestehen, und von Additionsverbindungen.

Die im Register aufgeführten Namen („Registernamen") unterscheiden sich von den im Text verwendeten Namen im allgemeinen dadurch, dass Substitutionspräfixe und Hydrierungsgradpräfixe hinter den Stammnamen gesetzt („invertiert") sind, und dass alle zur Konfigurationskennzeichnung dienenden genormten Präfixe und Symbole (s. „Stereochemische Bezeichnungsweisen") weggelassen sind.

Der Registername enthält demnach die folgenden Bestandteile in der angegebenen Reihenfolge:

1. den Register-Stammnamen (in Fettdruck); dieser setzt sich, sofern nicht ein Radikofunktionalname (s.u.) vorliegt, zusammen aus
   a) dem Stammvervielfachungsaffix (z.B. Bi in [1,2′]Binaphthyl),
   b) stammabwandelnden Präfixen[1]),
   c) dem Namensstamm (z.B. Hex in Hexan; Pyrr in Pyrrol),
   d) Endungen (z.B. an, en, in zur Kennzeichnung des Sättigungszustandes von Kohlenstoff-Gerüsten; ol, in, olidin zur Kennzeichnung von Ringgrösse und Sättigungszustand bei Heterocyclen; ium, id zur Kennzeichnung der Ladung eines Ions),
   e) dem Funktionssuffix zur Kennzeichnung der Hauptfunktion (z.B. -säure, -carbonsäure, -on, -ol),
   f) Additionssuffixen (z.B. oxid in Äthylenoxid, Pyridin-1-oxid).

2. Substitutionspräfixe*), d.h. Präfixe, die den Ersatz von Wasserstoff-Atomen durch andere Atome oder Gruppen („Substituenten") kennzeichnen (z.B. Äthyl- chlor in 2-Äthyl-1-chlor-naphthalin; Epoxy in 1,4-Epoxy-p-menthan).

3. Hydrierungsgradpräfixe (z.B. Hydro in 1,2,3,4-Tetrahydro-naphthalin; Dehydro in 15,15′-Didehydro-β,β-carotin-4,4′-diol).

4. Funktionsabwandlungssuffixe (z.B. -oxim in Aceton-oxim; -methylester in Bern‑ steinsäure-dimethylester; -anhydrid in Benzoesäure-anhydrid).

---

[1]) Zu den stammabwandelnden Präfixen gehören:

Austauschpräfixe*) (z.B. Oxa in 3,9-Dioxa-undecan; Thio in Thioessigsäure),

Gerüstabwandlungspräfixe (z.B. Cyclo in 2,5-Cyclo-benzocyclohepten; Bicyclo in Bicyclo‑ [2.2.2]octan; Spiro in Spiro[4.5]decan; Seco in 5,6-Seco-cholestan-5-on; Iso in Isopentan),

Brückenpräfixe*) (nur in Namen verwendet, deren Stamm ein Ringgerüst ohne Seitenkette bezeichnet; z.B. Methano in 1,4-Methano-naphthalin; Epoxido in 4,7-Epoxido-inden [zum Stammnamen gehörig im Gegensatz zu dem bedeutungsgleichen Substitutionspräfix Epoxy]),

Anellierungspräfixe (z.B. Benzo in Benzocyclohepten; Cyclopenta in Cyclopenta[a]phen‑ anthren),

Erweiterungspräfixe (z.B. Homo in D-Homo-androst-5-en),

Subtraktionspräfixe (z.B. Nor in A-Nor-cholestan; Desoxy in 2-Desoxy-hexose).

Beispiele:

Dibrom-chlor-methan wird registriert als **Methan**, Dibrom-chlor-;

meso-1,6-Diphenyl-hex-3-in-2,5-diol wird registriert als **Hex-3-in-2,5-diol**, 1,6-Diphenyl-;

4a,8a-Dimethyl-octahydro-naphthalin-2-on-semicarbazon wird registriert als
  Naphthalin-2-on, 4a,8a-Dimethyl-octahydro-, semicarbazon;

5,6-Dihydroxy-hexahydro-4,7-ätheno-isobenzofuran-1,3-dion wird registriert als
  4,7-Ätheno-isobenzofuran-1,3-dion, 5,6-Dihydroxy-hexahydro-;

1-Methyl-chinolinium wird registriert als **Chinolinium**, 1-Methyl-.

Besondere Regelungen gelten für Radikofunktionalnamen, d.h. Namen, die aus
einer oder mehreren Radikalbezeichnungen und der Bezeichnung einer Funktions≠
klasse (z.B. Äther) oder eines Ions (z.B. Chlorid) zusammengesetzt sind:

a) Bei Radikofunktionalnamen von Verbindungen deren (einzige) durch einen
Funktionsklassen-Namen oder Ionen-Namen bezeichnete Funktionsgruppe mit nur
einem (einwertigen) Radikal unmittelbar verknüpft ist, umfasst der Register-
Stammname die Bezeichnung des Radikals und die Funktionsklassenbezeichnung
(oder Ionenbezeichnung) in unveränderter Reihenfolge; ausgenommen von dieser
Regelung sind jedoch Radikofunktionalnamen, die auf die Bezeichnung eines sub≠
stituierbaren (d.h. Wasserstoff-Atome enthaltenden) Anions enden (s. unter c)).
Präfixe, die eine Veränderung des Radikals ausdrücken, werden hinter den Stamm≠
namen gesetzt [2]).

Beispiele:

Äthylbromid, Phenyllithium und Butylamin werden unverändert registriert;

4'-Brom-3-chlor-benzhydrylchlorid wird registriert als **Benzhydrylchlorid**,4'-Brom-3-chlor-;

1-Methyl-butylamin wird registriert als **Butylamin**, 1-Methyl-.

b) Bei Radikofunktionalnamen von Verbindungen mit einem mehrwertigen Radi≠
kal, das unmittelbar mit den durch Funktionsklassen-Namen oder Ionen-Namen
bezeichneten Funktionsgruppen verknüpft ist, umfasst der Register-Stammname
die Bezeichnung dieses Radikals und die (gegebenenfalls mit einem Vervielfa≠
chungsaffix versehene) Funktionsklassenbezeichnung (oder Ionenbezeichnung),
nicht aber weitere im Namen enthaltene Radikalbezeichnungen, auch wenn sie
sich auf unmittelbar mit einer der Funktionsgruppen verknüpfte Radikale beziehen.

Beispiele:

Äthylendiamin und Äthylenchlorid werden unverändert registriert;

N,*N*-Diäthyl-äthylendiamin wird registriert als **Äthylendiamin**, *N*,*N*-Diäthyl-;

6-Methyl-1,2,3,4-tetrahydro-naphthalin-1,4-diyldiamin wird registriert als **Naphthalin-1,4-diyldiamin**, 6-Methyl-1,2,3,4-tetrahydro-.

c) Bei Radikofunktionalnamen, deren (einzige) Funktionsgruppe mit mehreren
Radikalen unmittelbar verknüpft ist oder deren als Anion bezeichnete Funktions≠
gruppe Wasserstoff-Atome enthält, besteht der Register-Stammname nur aus der
Funktionsklassenbezeichnung (oder Ionenbezeichnung); die Radikalbezeichnungen
werden dahinter angeordnet.

Beispiele:

Benzyl-methyl-amin wird registriert als **Amin**, Benzyl-methyl-;

Äthyl-trimethyl-ammonium wird registriert als **Ammonium**, Äthyl-trimethyl-;

---

[2]) Namen mit Präfixen, die eine Veränderung des als Anion bezeichneten Molekülteils
ausdrücken sollen (z.B. Methyl-chloracetat), werden im Handbuch nicht mehr verwendet.

Diphenyläther wird registriert als **Äther,** Diphenyl-;
[2-Äthyl-[1]naphthyl]-phenyl-keton-oxim wird registriert als **Keton,** [2-Äthyl-[1]naphthyl]-phenyl-, oxim.

Nach der sog. Konjunktiv-Nomenklatur gebildete Namen (z.B. Cyclohexan‍methanol, 2,3-Naphthalindiessigsäure) werden im Handbuch nicht mehr verwendet.

Massgebend für die Anordnung von Verbindungsnamen sind in erster Linie die nicht kursiv gesetzten Buchstaben des Register-Stammnamens; in zweiter Linie werden die durch Kursivbuchstaben und/oder Ziffern repräsentierten Differenzie‍rungsmarken des Register-Stammnamens berücksichtigt; erst danach entscheiden die nachgestellten Präfixe und zuletzt die Funktionsabwandlungssuffixe.

Beispiele:
o-**Phenylendiamin,** 3-Brom- erscheint unter dem Buchstaben P nach *m*-**Phenylendiamin,** 2,4,6-Trinitro-;
Cyclopenta[*b*]naphthalin, 1-Brom-1*H*- erscheint nach **Cyclopenta[*a*]naphthalin,** 3-Methyl-1*H*-;
Aceton, 1,3-Dibrom-, hydrazon erscheint nach **Aceton,** Chlor-, oxim.

Mit Ausnahme von deuterierten Verbindungen werden isotopen-markierte Prä‍parate im allgemeinen nicht ins Register aufgenommen. Sie werden im Artikel der nicht markierten Verbindung erwähnt, wenn der Originalliteratur hinreichend bedeutende Bildungsweisen zu entnehmen sind.

Von griechischen Zahlwörtern abgeleitete Namen oder Namensteile sind einheit‍lich mit c (nicht mit k) geschrieben.

Die Buchstaben i und j werden unterschieden. Die Umlaute ä, ö und ü gelten hinsichtlich ihrer alphabetischen Einordnung als ae, oe bzw. ue.

---

*) Verzeichnis der in systematischen Namen verwendeten Substitutionspräfixe, Austausch‍präfixe und Brückenpräfixe s. Gesamtregister, Sachregister für Band 6 S. V–XXXVI.

Subject Index

The following index contains the names of compounds dealt with in this volume, with the exception of salts whose cations are formed by metal ions, complex metal ions or protonated bases; addition compounds are likewise omitted.

The names used in the index (Index Names) are different from the systematic nomenclature used in the text only insofar as Substitution and Degree-of-Unsatura‑ tion Prefices are placed after the name (inverted), and all configurational prefices and symbols (see "Stereochemical Conventions") are omitted.

The Index Names are comprised of the following components in the order given:

1. the Index-Stem-Name (boldface type); this (insofar as a Radicofunctional name is not involved) is in turn made up of:
   a) the Parent-Multiplier (e.g. bi in [1,2′]Binaphthyl),
   b) Parent-Modifying Prefices[1],
   c) the Parent-Stem (e.g. Hex in Hexan, Pyrr in Pyrrol),
   d) endings (e.g. an, en, in defining the degree of unsaturation in the hydrocarbon entity; ol, in, olidin, referring to the ring size and degree of unsaturation of heterocycles; ium, id, indicating the charge of ions),
   e) the Functional-Suffix, indicating the main chemical function (e.g. -säure, -carbonsäure, -on, -ol),
   f) the Additive-Suffix (e.g. oxid in Äthylenoxid, Pyridin-1-oxid).

2. Substitutive Prefices*, i.e., prefices which denote the substitution of Hydrogen atoms with other atoms or groups (substituents) (e.g. äthyl and chlor in 2-Äthyl-1-chlor-naphthalin; epoxy in 1,4-Epoxy-p-menthan).

3. Hydrogenation-Prefices (e.g. hydro in 1,2,3,4-Tetrahydro-naphthalin; dehydro in 15,15′-Didehydro-β,β-carotin-4,4′-diol).

4. Function-Modifying-Suffices (e.g. oxim in Aceton-oxim; methylester in Bern‑ steinsäure-dimethylester; anhydrid in Benzoesäure-anhydrid).

---

[1] Parent-Modifying Prefices include the following:
Replacement Prefices* (e.g. oxa in 3,9-Dioxa-undecan; thio in Thioessigsäure),
Skeleton Prefices (e.g. cyclo in 2,5-Cyclo-benzocyclohepten; bicyclo in Bicyclo[2.2.2]octan; spiro in Spiro[4.5]decan; seco in 5,6-Seco-cholestan-5-on; iso in Isopentan),
Bridge Prefices* (only used for names of which the Parent is a ring system without a side chain), e.g. methano in 1,4-Methano-naphthalin; epoxido in 4,7-Epoxido-inden (used here as part of the Stem-name in preference to the Substitutive Prefix epoxy),
Fusion Prefices (e.g. benzo in Benzocyclohepten, cyclopenta in Cyclopenta[a]phenanthren),
Incremental Prefices (e.g. homo in D-Homo-androst-5-en),
Subtractive Prefices (e.g. nor in A-Nor-cholestan; desoxy in 2-Desoxy-hexose).

Examples:
Dibrom-chlor-methan is indexed under **Methan,** Dibrom-chlor-;
meso-1,6-Diphenyl-hex-3-in-2,5-diol is indexed under **Hex-3-in-2,5-diol,** 1,6-Diphenyl-;
4a,8a-Dimethyl-octahydro-naphthalin-2-on-semicarbazon is indexed under **Naphthalin-2-on,** 4a,8a-Dimethyl-octahydro-, semicarbazon;
5,6-Dihydroxy-hexahydro-4,7-ätheno-isobenzofuran-1,3-dion is indexed under **4,7-Ätheno-isobenzofuran-1,3-dion,** 5,6-Dihydroxy-hexahydro-;
1-Methyl-chinolinium is indexed under **Chinolinium,** 1-Methyl-.

Special rules are used for Radicofunctional Names (i.e. names comprised of one or more Radical Names and the name of either a class of compounds (e.g. Äther) or an ion (e.g. chlorid)):
a) For Radicofunctional names of compounds whose single functional group is described by a class name or ion, and is immediately connected to a single univalent radical, the Index-Stem-Name comprises the radical name followed by the functional name (or ion) in unaltered order; the only exception to this rule is found when the Radicofunctional Name would end with a Hydrogencontaining (i.e. substitutable) anion, (see under c), below). Prefices which modify the radical part of the name are placed after the Stem-Name[2].

Examples:
Äthylbromid, Phenyllithium and Butylamin are indexed unchanged.
4'-Brom-3-chlor-benzhydrylchlorid is indexed under **Benzhydrylchlorid,** 4'-Brom-3-chlor-;
1-Methyl-butylamin is indexed under **Butylamin,** 1-Methyl-.

b) For Radicofunctional names of compounds with a multivalent radical attached directly to a functional group described by a class name (or ion), the Index-Stem-Name is comprised of the name of the radical and the functional group (modified by a multiplier when applicable), but not those of other radicals contained in the molecule, even when they are attached to the functional group in question.

Examples:
Äthylendiamin and Äthylenchlorid are indexed unchanged;
6-Methyl-1,2,3,4-tetrahydro-naphthalin-1,4-diyldiamin is indexed under **Naphthalin-1,4-diyldiamin,** 6-Methyl-1,2,3,4-tetrahydro-;
N,N-Diäthyl-äthylendiamin is indexed under **Äthylendiamin,** *N,N*-Diäthyl-.

c) In the case of Radicofunctional names whose single functional group is directly bound to several different radicals, or whose functional group is an anion containing exchangeable Hydrogen atoms, the Index-Stem-Name is comprised of the functional class name (or ion) alone; the names of the radicals are listed after the Stem-Name.

Examples:
Benzyl-methyl-amin is indexed under **Amin,** Benzyl-methyl-;
Äthyl-trimethyl-ammonium is indexed under **Ammonium,** Äthyl-trimethyl-;
Diphenyläther is indexed under **Äther,** Diphenyl-;
[2-Äthyl-[1]naphthyl]-phenyl-keton-oxim is indexed under **Keton,** [2-Äthyl-[1]naphthyl]-phenyl-, oxim.

---

[2] Names using prefices which imply an alteration of the anionic component (e.g. Methyl-chloracetat) are no longer used in the Handbook.

Conjunctive names (e.g. Cyclohexanmethanol; 2,3-Naphthalindiessigsäure) are no longer in use in the Handbook.

The alphabetical listings follow the non-italic letters of the Stem-Name; the italic letters and/or modifying numbers of the Stem-Name then take precedence over prefices. Function-Modifying Suffices have the lowest priority.

Examples:

o-**Phenylendiamin,** 3-Brom- appears under the letter P, after *m*-**Phenylendiamin,** 2,4,6-Trinitro-;

Cyclopenta[*b*]naphthalin, 1-Brom-1*H*- appears after **Cyclopenta[*a*]naphthalin,** 3-Methyl-1*H*-;

Aceton, 1,3-Dibrom-, hydrazon appears after **Aceton,** Chlor-, oxim.

With the exception of deuterated compounds, isotopically labeled substances are generally not listed in the index. They may be found in the articles describing the corresponding non-labeled compounds provided the original literature contains sufficiently important information on their method of preparation.

Names or parts of names derived from Greek numerals are written throughout with c (not k). The letters i and j are treated separately and the modified vowels ä, ö, and ü are treated as ae, oe and ue respectively for the purposes of alphabetical ordering.

---

* For a list of the Substitutive, Replacement and Bridge Prefices, see: Gesamtregister, Subject Index for Volume 6 pages V–XXXVI.

A

19(10→9)-Abeo-lanostan
s. *Cucurbitan*
1(10→5)-Abeo-pregnan
s. *1,5-Cyclo-1,10-seco-pregnan*
[1,1';3,9'a;9a,3']Bianthracentriyl
s. unter *[1,2,3,4]Butantetrayl-cycloocta=*
[1,2-b;5,6-b]dinaphthalin
Absinthindilactol 3655
Acenaphthen-1,2-dion
– mono-[*N*-äthyl-oxim] 3775
Acenaphthen-1-on
–, 2,2-Bis-[4,5-dimethoxy-1,3-dioxo-indan-
2-yl]- 3763
–, 2,2-Bis-[4,5-dimethoxy-1,3-dioxo-indan-
2-yl]-5,6-dinitro- 3763
–, 2-[4,5-Dimethoxy-1,3-dioxo-indan-2-yl]-
2-[1,3-dioxo-indan-2-yl]- 3738
–, 2-[4,5-Dimethoxy-1,3-dioxo-indan-2-yl]-
2-[1,3-dioxo-indan-2-yl]-5,6-dinitro- 3738
Acetaldehyd
–, 2-[3-Acetyl-2-hydroxy-4,6-dimethoxy-
phenyl]-,
– dimethylacetal 3377
–, {6,8-Dihydroxy-2-[1-(4-hydroxy-
3,3-dimethyl-2-oxo-cyclopentyl)-äthyl]-
6-methyl-bicyclo[3.2.1]oct-1-yl}- 3359
–, [2,6-Dihydroxy-3-methoxyacetyl-
phenyl]- 3377
Aceton
–, 1-Acetoxy-3-[2,4'-dimethoxy-biphenyl-
4-yl]- 3187
–, 1-[4-Acetoxy-3,5-dimethoxy-phenyl]-
1-äthoxy- 3353
–, 1-Äthoxy-1-[4-hydroxy-3,5-dimethoxy-
phenyl]- 3353
–, 1,1-Bis-[3,4-dimethoxy-phenyl]- 3524
– semicarbazon 3524
–, 1-[2,4'-Dimethoxy-biphenyl-4-yl]-
3-hydroxy- 3187
–, 3-Hydroxy-1-[4-hydroxy-3,5-dimethoxy-
phenyl]- 3353
Acetylen
–, Bis-[17-hydroxy-3-oxo-androst-4-en-
17-yl]- 3313
Adhumulinon 3616
Adhumulon 3409
Äthan
–, 1,2-Bis-[3-acetoxy-4-oxo-
4*H*-[1]naphthyliden]- 3321
–, 1,1-Bis-[4,4-dimethyl-2,6-dioxo-
cyclohexyl]-2,2-bis-[2-hydroxy-5-nitro-
phenyl]- 3702
–, 1,1-Bis-[4,4-dimethyl-2,6-dioxo-
cyclohexyl]-2,2-bis-[2-methoxy-5-nitro-
phenyl]- 3703
–, 1,2-Bis-[3-hydroxy-4-oxo-
4*H*-[1]naphthyliden]- 3321

–, 1,2-Bis-[3-methoxy-4-oxo-
4*H*-[1]naphthyliden]- 3321
–, 2-[2,6-Dihydroxy-3-methoxyacetyl-
phenyl]-1,1-bis-[4,4-dimethyl-2,6-dioxo-
cyclohexyl]- 3378
–, 2-[4-Methoxy-phenyl]-1,1-bis-
[4,4-dimethyl-2,6-dioxo-cyclohexyl]- 3566
Äthandion
–, Bis-[4-methoxy-[1]naphthyl]- 3320
3,8-Äthano-cyclopent[*a*]inden-10-on
–, 1,2,3a,3b,4,7a,8a-Heptahydroxy-
2-isopropyl-3,5,8-trimethyl-dodecahydro-
3739
Äthanol
–, 2-[1]Anthryl- 3774
–, 2-[2]Anthryl- 3774
Äthanon
–, 2-Acetoxy-1-[4-acetoxy-2,6-dihydroxy-
phenyl]- 3350
–, 2-Acetoxy-1-[4-acetoxy-2-hydroxy-
6-methoxy-phenyl]- 3350
–, 1-[2-Acetoxy-5-äthyl-3,4,6-trimethoxy-
phenyl]- 3355
–, 1-[4-Acetoxy-2-benzyloxy-
3,6-dimethoxy-phenyl]- 3347
–, 2-Acetoxy-1-[2,4'-diacetoxy-biphenyl-
4-yl]- 3175
–, 2-Acetoxy-1-[9,10-diacetoxy-
[2]phenanthryl]- 3281
–, 2-Acetoxy-1-[9,10-diacetoxy-
[3]phenanthryl]- 3281
–, 2-Acetoxy-1-[2,4'-dimethoxy-biphenyl-
4-yl]- 3175
–, 1-[1-Acetoxy-3,4-dimethoxy-8-methyl-
[2]phenanthryl]- 3282
–, 2-Acetoxy-1-[2,3,5-triacetoxy-phenyl]-
3348
–, 2-Acetoxy-1-[2,4,6-triacetoxy-phenyl]-
3350
–, 2-Acetoxy-1-[2,4,6-trimethoxy-phenyl]-
3350
–, 1-[3-(4-Acetyl-phenoxy)-6-hydroxy-
2,4-dimethoxy-phenyl]- 3346
–, 2-Äthoxy-1-[2,4-diäthoxy-6-hydroxy-
3-methoxy-phenyl]- 3607
–, 2-Äthoxy-1-[2,4-diäthoxy-6-hydroxy-
phenyl]- 3350
–, 1-[3-Äthoxy-6-hydroxy-2,4-dimethoxy-
phenyl]-2-methoxy- 3607
–, 1-[2-Äthoxy-6-hydroxy-4-methoxy-
phenyl]-2-methoxy- 3349
–, 1-[3-Äthyl-6,x-dihydroxy-x,x-dimethoxy-
phenyl]- 3355
–, 1-[3-Äthyl-2-hydroxy-4,5,6-trimethoxy-
phenyl]- 3355
–, 1-[3-Äthyl-6-hydroxy-2,4,5-trimethoxy-
phenyl]- 3355
–, 1-[6-Äthyl-1,2,7,10-tetramethoxy-6,6a-
dihydro-5*H*-benzo[*a*]fluoren-11-yl]- 3587

Äthanon (Fortsetzung)

—, 1-[11a-Äthyl-1,2,7,10-tetramethoxy-11,11a-dihydro-5H-benzo[a]fluoren-11-yl]- 3587

　— oxim 3587

—, 1-[3-Äthyl-2,4,5,6-tetramethoxy-phenyl]- 3355

—, 1-[5-Äthyl-2,3,4-trihydroxy-phenyl]-2-hydroxy- 3356

—, 1-[3-Benzyl-4-benzyloxy-2,6-dihydroxy-phenyl]- 3187

—, 1-[4-Benzyloxy-3,6-dihydroxy-2-methoxy-phenyl]- 3346

—, 1-[2-Benzyloxy-4,6-dimethoxy-phenyl]-2-methoxy- 3350

—, 1-[4-Benzyloxy-2-hydroxy-3,6-dimethoxy-phenyl]- 3346

—, 1-[4-Benzyloxy-2,3,6-trimethoxy-phenyl]- 3346

—, 1-[3-Benzyl-2,4,6-trihydroxy-phenyl]- 3187

—, 1-[2,4-Bis-carboxymethoxy-3,6-dimethoxy-phenyl]- 3347

—, 1-[3-Brom-2,5-dihydroxy-4,6-dimethoxy-phenyl]- 3348

—, 2-Brom-1-[2,4-dihydroxy-3,6-dimethoxy-phenyl]- 3348

—, 1-[3-Brom-2-hydroxy-4,5,6-trimethoxy-phenyl]- 3348

—, 2-Chlor-1-[2,4-dihydroxy-3,6-dimethoxy-phenyl]- 3347

—, 2-Chlor-1-[3,6-dihydroxy-2,4-dimethoxy-phenyl]- 3347

—, 2-Chlor-1-[2-hydroxy-3,4,6-trimethoxy-phenyl]- 3347

—, 2-Chlor-1-[2,3,4,6-tetramethoxy-phenyl]- 3348

—, 1-[2,4-Diacetoxy-3,6-dimethoxy-phenyl]- 3347

—, 1-[2,5-Diacetoxy-3,6-dimethoxy-phenyl]- 3348

—, 1-[9,10-Diacetoxy-[2]phenanthryl]-2-diazo- 3290

—, 1-[9,10-Diacetoxy-[3]phenanthryl]-2-diazo- 3291

—, 1-[9,10-Diacetoxy-[2]phenanthryl]-2-hydroxy- 3281

—, 1-[9,10-Diacetoxy-[3]phenanthryl]-2-hydroxy- 3281

—, 1-[2,3-Diäthoxy-6-hydroxy-4-methoxy-phenyl]-2-methoxy- 3607

—, 2-Diazo-1-[2,3,5-triacetoxy-phenyl]- 3370

—, 2-Diazo-1-[3,4,5-trimethoxy-phenyl]- 3370

—, 1-[3,5-Dibenzyl-2,4,6-trihydroxy-phenyl]- 3303

—, 1-[2,5-Dihydroxy-4,6-dimethoxy-3-methyl-phenyl]- 3354

—, 1-[2,3-Dihydroxy-4,6-dimethoxy-phenyl]- 3345

—, 1-[2,4-Dihydroxy-3,6-dimethoxy-phenyl]- 3345

—, 1-[2,5-Dihydroxy-3,6-dimethoxy-phenyl]- 3348

—, 1-[3,6-Dihydroxy-2,4-dimethoxy-phenyl]- 3345

—, 1-[3,6-Dihydroxy-2,4-dimethoxy-phenyl]-2-methoxy- 3606

—, 1-[3,5-Dihydroxy-2-hydroxymethyl-8,10-dimethoxy-2,3,4a,10b-tetrahydro-5H-[1,4]dioxino[2,3-c]chromen-7-yl]- 3711

—, 1-[4,6-Dihydroxy-2-methoxy-3-methyl-phenyl]-2-methoxy- 3354

—, 1-[3-(2,2-Dimethoxy-äthyl)-2-hydroxy-4,6-dimethoxy-phenyl]- 3377

—, 1-[2-Hydroxy-4,6-bis-methansulfonyloxy-phenyl]-2-methansulfonyloxy- 3351

—, 2-Hydroxy-1,2-bis-[4-methoxy-[1]naphthyl]- 3317

—, 2-Hydroxy-1,2-bis-[3-methoxy-phenyl]-2-[2-oxo-cyclohexyl]- 3583

—, 2-Hydroxy-1,2-bis-[4-methoxy-phenyl]-2-phenyl- 3301

—, 1-[1-Hydroxy-3,4-dimethoxy-8-methyl-[2]phenanthryl]- 3282

—, 1-[2-Hydroxy-4,6-dimethoxy-3-methyl-phenyl]-2-methoxy- 3355

—, 1-[6-Hydroxy-2,4-dimethoxy-3-methyl-phenyl]-2-methoxy- 3355

—, 1-[10-Hydroxy-6,7-dimethoxy-[9]phenanthryl]- 3281

—, 1-[2-Hydroxy-3,6-dimethoxy-phenyl]-2-methoxy- 3348

—, 1-[2-Hydroxy-4,6-dimethoxy-phenyl]-2-methoxy- 3349

　— oxim 3349

—, 1-[6-Hydroxy-2,3-dimethoxy-8,9,10,11-tetrahydro-7H-cyclohepta[a]naphthalin-5-yl]- 3197

—, 1-[10-Hydroxy-6,7-dimethoxy-1,2,3,4-tetrahydro-[9]phenanthryl]- 3195

—, 1-[2-Hydroxy-3,4,5,6-tetramethoxy-phenyl]-2-methoxy- 3710

—, 2-Hydroxy-1-[2,4,6-trihydroxy-phenyl]- 3349

　— imin 3349

—, 1-[2-Hydroxy-3,4,6-trimethoxy-phenyl]- 3346

—, 1-[6-Hydroxy-2,3,4-trimethoxy-phenyl]- 3345

—, 1-[2-Hydroxy-3,5,6-trimethoxy-phenyl]-2-methoxy- 3607

—, 1-[6-Hydroxy-2,3,4-trimethoxy-phenyl]-2-methoxy- 3606

—, 2-Hydroxy-1-[2,4,6-tris-methansulfonyloxy-phenyl]- 3350

—, 2-Hydroxy-1,2,2-tris-[4-methoxy-phenyl]- 3589

—, 2-Methoxy-1-[2,3,4,6-tetramethoxy-phenyl]- 3606

Anthrachinon (Fortsetzung)
—, 2-Äthoxymethyl-1-hydroxy-3-methoxy-
3577
—, 1-Benzolsulfinyl-4-phenylmercapto-
3264
—, 1-Benzylmercapto-4-phenylmethansulfinyl-
3265
—, 2-Benzyloxy-1-hydroxy- 3258
—, 2-Benzyloxy-1-methoxy- 3258
—, 1,4-Bis-äthansulfinyl- 3264
—, 1,4-Bis-äthylmercapto- 3264
—, 1,4-Bis-benzolsulfinyl- 3265
—, 1,4-Bis-benzolsulfonyl- 3265
—, 1,4-Bis-benzylmercapto- 3265
—, 1,4-Bis-benzyloxy- 3262
—, 1,4-Bis-deuteriooxy- 3261
—, 1,5-Bis-deuteriooxy- 3269
—, 1,2-Bis-[2-diäthylamino-äthoxy]- 3258
—, 1,4-Bis-[2-diäthylamino-äthoxy]- 3262
—, 1,5-Bis-[2-diäthylamino-äthoxy]- 3269
—, 1,8-Bis-[2-diäthylamino-äthoxy]- 3271
—, 1,5-Bis-[3-diäthylamino-propoxy]- 3269
—, 1,2-Bis-[2-(diäthyl-methyl-ammonio)-
äthoxy]- 3258
—, 1,4-Bis-[2-(diäthyl-methyl-ammonio)-
äthoxy]- 3262
—, 1,5-Bis-[2-(diäthyl-methyl-ammonio)-
äthoxy]- 3269
—, 1,8-Bis-[2-(diäthyl-methyl-ammonio)-
äthoxy]- 3271
—, 1,4-Bis-[β-dimethylamino-isopropoxy]-
3262
—, 1,5-Bis-[β-dimethylamino-isopropoxy]-
3269
—, 1,8-Bis-[β-dimethylamino-isopropoxy]-
3272
—, 1,4-Bis-[3-dimethylamino-propoxy]-
3262
—, 1,8-Bis-[3-dimethylamino-propoxy]-
3271
—, 1,4-Bis-methansulfinyl- 3264
—, 2,6-Bis-[4-methoxy-phenyl]-1,4,4a,5,8,⇄
8a,9a,10a-octahydro- 3318
—, 2,7-Bis-[4-methoxy-phenyl]-1,4,4a,5,8,⇄
8a,9a,10a-octahydro- 3318
—, 1,4-Bis-methylmercapto- 3263
—, 1,4-Bis-phenylmercapto- 3264
—, 1,4-Bis-phenylmethansulfinyl- 3265
—, 1,4-Bis-phenylmethansulfonyl- 3265
—, 1,4-Bis-selenocyanato- 3268
—, 1,4-Bis-[β-trimethylammonio-
isopropoxy]- 3262
—, 1,8-Bis-[β-trimethylammonio-
isopropoxy]- 3272
—, 1,4-Bis-[3-trimethylammonio-propoxy]-
3262
—, 3-Brom-1-butyryl-2,4-dihydroxy-
5,7-dimethoxy- 3735
—, 2-Brom-1,4-dihydroxy- 3263
—, 3-Brom-1,8-dihydroxy- 3272
—, 4-Brom-1,2-dihydroxy- 3259

—, 1-Brom-2,4-dihydroxy-3-methyl- 3276
—, 1-Brom-2,4-dimethoxy- 3260
—, 1-Brom-4-hydroxy-2-methoxy- 3260
—, 4-Brom-1-hydroxy-2-methoxy- 3259
—, 2-Brommethyl-1,3-dimethoxy- 3276
—, 1-Brom-2,4,5-trimethoxy-7-methyl-
3576
—, 1-Brom-4,5,7-trimethoxy-2-methyl-
3576
—, 2-Butyl-1,4-dihydroxy- 3284
—, 6-*tert*-Butyl-1,4-dihydroxy- 3284
—, 2-Butyl-1,3,4,5-tetrahydroxy- 3693
—, 2-Butyl-1,4,5,8-tetrahydroxy- 3694
—, 3-Butyl-1,2,4,5-tetrahydroxy- 3694
—, 2-Butyl-1,3,4-trihydroxy- 3582
—, 1-Butyryl-2,4-bis-methansulfonyloxy-
5,7-dimethoxy- 3735
—, 1-Butyryl-2,4-dihydroxy-5,7-dimethoxy-
3735
—, 1-Butyryl-4,5-dihydroxy-2,7-dimethoxy-
3735
—, 1-Butyryl-4-hydroxy-2,5,7-trimethoxy-
3735
—, 1-Butyryl-5-hydroxy-2,4,7-trimethoxy-
3735
—, 1-Butyryl-2,4,5,7-tetramethoxy- 3735
—, 1-Butyryl-2,4,5-trihydroxy-7-methoxy-
3734
—, 2-Chlor-1,8-diacetoxy-6-[2-acetoxy-
propyl]-3-methoxy- 3693
—, 3-Chlor-1,2-dihydroxy- 3258
—, 4-Chlor-1,2-dihydroxy- 3258
—, 2-Chlor-1,8-dihydroxy-6-[2-hydroxy-
propyl]-3-methoxy- 3693
—, 2-Chlor-6-[2-hydroxy-propyl]-
1,3,8-trimethoxy- 3693
—, 1,2-Diacetoxy- 3258
—, 1,4-Diacetoxy- 3262
—, 1,5-Diacetoxy- 3269
—, 2,6-Diacetoxy- 3273
—, 1,3-Diacetoxy-2-acetoxymethyl- 3578
—, 1,8-Diacetoxy-3-acetoxymethyl- 3578
—, 1,8-Diacetoxy-3-acetoxymethyl-
6-methoxy- 3691
—, 1,8-Diacetoxy-3-[2-acetoxy-propyl]-
6-methoxy- 3693
—, 1-[2,2-Diacetoxy-äthylselanyl]-4-hydroxy-
3266
—, 1,2-Diacetoxy-4-brom- 3259
—, 1,8-Diacetoxy-3-brom- 3272
—, 1,3-Diacetoxy-2-brommethyl- 3276
—, 2,4-Diacetoxy-1-butyryl-5,7-dimethoxy-
3735
—, 1,2-Diacetoxy-4-chlor- 3259
—, 1,8-Diacetoxy-3-diacetoxymethyl-
6-methoxy- 3696
—, 1,4-Diacetoxy-2,3-dibrom- 3263
—, 1,4-Diacetoxy-5,8-dichlor- 3263
—, 1,3-Diacetoxy-2,5-dimethoxy-6-methyl-
3689

B

Benzil (Fortsetzung)
- —, 4,4'-Dihydroxy- 3216
- — bis-thiosemicarbazon 3217
- —, 2,2'-Dihydroxy-3,3'-dimethoxy- 3656
- —, 2,2'-Dihydroxy-4,4'-dimethoxy- 3656
- —, 4,4'-Dihydroxy-3,3'-dimethoxy- 3657
- —, 4,4'-Dihydroxy-3,3'-dimethoxy-5,5'-dipropenyl- 3698
- —, 4,4'-Dihydroxy-3,3'-dimethoxy-5-propenyl- 3692
- —, 2,2'-Dihydroxy-3,5'-dinitro- 3215
- —, 2,2'-Dihydroxy-4,4'-dinitro- 3215
- —, 2,2'-Dihydroxy-5,5'-dinitro- 3215
- — dihydrazon 3216
- —, 4,4'-Dihydroxy-3,3'-dinitro- 3218
- —, 4,4'-Dihydroxy-3,5,3',5'-tetramethoxy- 3742
- —, 2,2'-Dimethoxy- 3212
- — disemicarbazon 3212
- —, 2,4-Dimethoxy- 3211
- —, 2,5-Dimethoxy- 3212
- —, 4,4'-Dimethoxy- 3217
- — bis-thiosemicarbazon 3217
- — dioxim 3217
- — hydrazon-oxim 3217
- — mono-thiosemicarbazon 3217
- —, 2,2'-Dimethoxy-3,5'-dinitro- 3215
- —, 2,2'-Dimethoxy-4,4'-dinitro- 3215
- —, 2,2'-Dimethoxy-5,5'-dinitro- 3216
- — monohydrazon 3216
- —, 4,4'-Dimethoxy-3,3'-dinitro- 3218
- —, 4,4'-Dimethoxy-3-nitro- 3218
- —, 3,4-Dimethoxy-4'-phenyl- 3307
- —, 4,4'-Dimethoxy-3,5,3',5'-tetranitro- 3218
- —, 3,4,5,3',4',5'-Hexachlor-2,2'-dihydroxy- 3214
- —, 3,4,5,3',4',5'-Hexamethoxy- 3742
- —, 2-Hydroxy-4,6-dimethoxy- 3542
- —, 2-Hydroxy-4-methoxy- 3211
- —, 3-Hydroxy-3'-methoxy- 3216
- —, 4-Hydroxy-4'-methoxy- 3217
- —, 5-Hydroxy-2-methoxy- 3212
- —, 2-Hydroxy-4,6,3',4'-tetramethoxy- 3723
- —, 2-Hydroxy-4,2',4'-trimethoxy- 3657
- —, 2-Hydroxy-4,6,4'-trimethoxy- 3656
- —, 4-[4-Methoxy-phenylglyoxyloyl]-4'-phenylglyoxyloyl- 3738
- —, 2,4,6,3',4'-Pentamethoxy- 3724
- —, 3,5,3',5'-Tetrabrom-4,4'-dichlor-2,2'-dihydroxy- 3215
- —, 3,5,3',5'-Tetrabrom-2,2'-dihydroxy- 3215
- —, 3,5,3',5'-Tetrachlor-2,2'-bis-propionyloxy- 3214
- —, 3,5,3',5'-Tetrachlor-2,2'-dihydroxy- 3213
- —, 2,3,2',3'-Tetrahydroxy- 3656
- —, 2,4,2',4'-Tetrahydroxy- 3656
- —, 3,4,3',4'-Tetrahydroxy- 3657

- —, 2,4,3',4'-Tetramethoxy- 3657
- —, 2,4,6,4'-Tetramethoxy- 3656
- —, 3,4,3',4'-Tetramethoxy- 3657
- — bis-[2,2-diäthoxy-äthylimin] 3658
- —, 2,3',4'-Triäthoxy-6-hydroxy-4-methoxy- 3724
- —, 2,4,4'-Trimethoxy- 3542
- —, 2,4,6-Trimethoxy- 3542

Benz[*b*]inden
- s. *Cyclopenta[a]naphthalin*

Benz[4,5]indeno[2,1-*a*]phenanthren
- —, 4a,6a-Dimethyl- s. unter *Naphth=[1',2':16,17]androst-16-en*

[1,2]Benzochinon
- —, 4-[2,4-Dihydroxy-3,5-dimethyl-phenyl]-3,5-dimethyl- 3194

[1,4]Benzochinon
- —, 5-Acetoxy-2-[2,4-diacetoxy-6-methyl-phenyl]-3-methyl- 3517
- —, 3-Acetoxy-5-methyl-2-[2,3,6-triacetoxy-4-methyl-phenyl]- 3646
- —, 2-[3-Acetoxy-2,4,5-trimethyl-6-oxo-cyclohexa-2,4-dienylidenmethyl]-3,5,6-trimethyl- 3251
- —, 2-Acetyl-3,5-dihydroxy-6-methyl- 3373
- — monosemicarbazon 3373
- —, 3-Acetyl-2,5-dimethoxy- 3371
- —, 2,5-Bis-[3-acetoxy-phenyl]- 3298
- —, 2,5-Bis-[4-acetoxy-phenyl]- 3298
- —, 2,5-Bis-[3-acetyl-2,4,6-trihydroxy-5-methyl-phenyl]- 3764
- —, 2,5-Bis-äthansulfinyl-3,6-bis-äthansulfonyl- 3605
- —, 2,5-Bis-[3-hydroxy-phenyl]- 3297
- —, 2,5-Bis-[4-hydroxy-phenyl]- 3298
- —, 2,5-Bis-[4-hydroxy-phenyl]-3,6-dimethoxy- 3699
- —, 2,5-Bis-[4-methoxy-benzoyl]- 3703
- —, 2,5-Bis-[4-methoxy-benzyl]- 3302
- —, 2,5-Bis-[3-methoxy-phenyl]- 3298
- —, 2,5-Bis-[4-methoxy-phenyl]- 3298
- —, Brom-trimethoxy- 3343
- —, Chlor-trimethoxy- 3343
- —, 2-[3,7,11,15,19,23,27,31,35,39-Decamethyl-tetraconta-2,6,10,14,18,22,26,=30,34,38-decaenyl]-5,6-dimethoxy-3-methyl- 3319
- —, 2,5-Diacetoxy-3,6-bis-[4-acetoxy-phenyl]- 3699
- —, 2,5-Diacetoxy-3,6-dihydroxy- 3605
- —, 2,5-Diacetoxy-3,6-dimethoxy- 3605
- —, 2,5-Diacetoxy-3,6-diphenyl- 3298
- —, 2,3-Diäthoxy-5-[3,7,11,15,19,23,27,31,=35,39-decamethyl-tetraconta-2,6,10,14,18,22,=26,30,34,38-decaenyl]-6-methyl- 3319
- —, 2-[2,5-Dihydroxy-biphenyl-4-yl]-5-phenyl- 3324
- —, 2,5-Dihydroxy-3,6-bis-[4-hydroxy-phenyl]- 3699
- —, 2,5-Dihydroxy-3,6-bis-[4-methoxy-phenyl]- 3699

Benzoin (Fortsetzung)
−, 2,2′-Dimethoxy-,
  − oxim 3172
  − thiosemicarbazon 3172
−, 2,4-Dimethoxy- 3211
−, 4,4′-Dimethoxy- 3173
  − thiosemicarbazon 3173
−, 2-Hydroxy-4′-methoxy- 3172
−, 2-Hydroxy-4,6,3′,4′-tetramethoxy-
3720
−, 2,4,6,3′,4′-Pentamethoxy- 3720
−, 3,5,3′,5′-Tetrachlor-2,2′-dihydroxy-
3172
−, 2,3′,4′-Triäthoxy-6-hydroxy-4-methoxy-
3720

Benzo[*de*]isochromen-1-ol
−, 1,3-Bis-[4-methoxy-phenyl]-1*H*,3*H*-
3321

Benzol
−, 1-Acetoxy-2,4-diacetyl-3,5-dimethoxy-
3377
−, 3-Acetoxy-2,4-diacetyl-1,5-dimethoxy-
3377
−, 1-Acetoxy-2,4-diacetyl-3,5-dimethoxy-
6-methyl- 3380
−, 1-Acetoxy-2,5-dibenzoyl-4-methoxy-
3309
−, 1-[(4-Acetoxy-phenyl)-glyoxyloyl]-
4-phenylglyoxyloyl- 3597
−, 2-Acetyl-1-benzyloxy-4,5-dimethoxy-
3-propionyl- 3379
−, 2-Acetyl-1,4,5-trimethoxy-3-propionyl-
3378
−, 1,2-Bis-[5-chlor-2-hydroxy-benzoyl]-
3307
−, 1,4-Bis-[2,5-dimethoxy-benzoyl]-
2,5-dimethoxy- 3752
−, 1,4-Bis-[2,5-dimethyl-benzoyl]-
2,5-dimethoxy- 3311
−, 1,4-Bis-[2,6-dimethyl-benzoyl]-
2,5-dimethoxy- 3311
−, 1,4-Bis-[1-hydroxy-2,3-dioxo-propyl]-
3626
−, 1,3-Bis-[2-hydroxy-5-methyl-benzoyl]-
3310
−, 1,4-Bis-[2-hydroxy-5-methyl-benzoyl]-
3310
−, 1,4-Bis-[3-(4-methoxy-phenyl)-3-oxo-
propionyl]- 3706
−, 1,4-Diacetoxy-2,5-bis-[1-acetyl-2-oxo-
propyl]- 3627
−, 1,4-Diacetoxy-2,5-bis-[2,5-diacetoxy-
benzoyl]- 3752
−, 1,4-Diacetoxy-2,5-bis-[2,5-dimethyl-
benzoyl]- 3311
−, 1,4-Diacetoxy-2,5-bis-[2,6-dimethyl-
benzoyl]- 3312
−, 1,4-Diacetoxy-2,5-bis-[3,5-dimethyl-
benzoyl]- 3312
−, 1,4-Diacetoxy-2,5-bis-[4-methoxy-
benzoyl]- 3702

−, 1,3-Diacetoxy-4-diacetoxymethyl-
2,5-dimethoxy- 3344
−, 1,5-Diacetoxy-2,4-diacetyl-3-methoxy-
3375
−, 1,3-Diacetoxy-4,6-diacetyl-5-methoxy-
2-methyl- 3380
−, 1,4-Diacetoxy-2,3-dibenzoyl- 3308
−, 1,4-Diacetoxy-2,5-dibenzoyl-3-brom-
3310
−, 2,3-Diacetoxy-1,4-dibenzoyl-5-brom-
3309
−, 1,4-Diacetoxy-2,5-dibenzoyl-3,6-dibrom-
3310
−, 2,4-Diacetoxy-1,5-dibenzoyl-3-nitro-
3308
−, 2,4-Diacetoxy-1,3,5-tribenzoyl- 3600
−, 2,4-Diacetyl-1-äthoxy-3,5-dimethoxy-
3376
−, 2,4-Diacetyl-3-äthoxy-1,5-dimethoxy-
3375
−, 1,3-Diacetyl-4-allyloxy-2,6-dimethoxy-
5-methyl- 3379
−, 2,4-Diacetyl-1-benzyloxy-3,5-dimethoxy-
3376
−, 2,4-Diacetyl-3-benzyloxy-1,5-dimethoxy-
3376
−, 2,4-Diacetyl-1,3-bis-benzyloxy-
5-methoxy- 3377
−, 2,4-Diacetyl-1,5-bis-benzyloxy-
3-methoxy- 3377
−, 2,4-Diacetyl-1,3-diäthoxy-5-methoxy-
3376
−, 2,4-Diacetyl-1,5-diäthoxy-3-methoxy-
3376
−, 1,3-Diacetyl-2,4-dimethoxy-5-methyl-
6-propoxy- 3379
−, 1,3-Diacetyl-2,4,5-trimethoxy- 3374
−, 1,5-Diacetyl-2,3,4-trimethoxy- 3377
−, 2,4-Diacetyl-1,3,5-trimethoxy- 3375
−, 1,3-Diacetyl-2,4,6-trimethoxy-5-methyl-
3379
−, 1,4-Diäthoxy-2,5-dibenzoyl- 3309
−, 1,4-Dibenzoyl-2,5-bis-phosphonooxy-
3309
−, 1,4-Dibenzoyl-2,5-dimethoxy- 3309
−, 2,3-Dibenzoyl-1,4-dimethoxy- 3307
−, 1,4-Dimethoxy-2,5-bis-[4-methoxy-
benzoyl]- 3702
−, 1,4-Dimethoxy-2,5-di-*p*-toluoyl- 3311
−, 3-[(4-Methoxy-phenyl)-glyoxyloyl]-
1-phenylglyoxyloyl- 3597
−, 4-[(4-Methoxy-phenyl)-glyoxyloyl]-
1-phenylglyoxyloyl- 3597
−, 1,3,4-Triacetoxy-2,5-bis-[2,5-dimethyl-
benzoyl]- 3594
−, 1,3,4-Triacetoxy-2,5-bis-[2,6-dimethyl-
benzoyl]- 3594
−, 1,3,4-Triacetoxy-2,5-bis-[4-methoxy-
benzoyl]- 3736
−, 1,3,5-Triacetoxy-2,4-diacetyl- 3374

Benzophenon (Fortsetzung)

−, 2,4,6,2'',4'',6''-Hexamethoxy-
5,5''-dimethyl-3,3''-methandiyl-di- 3757
−, 2-Hydroxy-3,4-dimethoxy- 3160
−, 2-Hydroxy-4,3'-dimethoxy- 3164
−, 2-Hydroxy-4,4'-dimethoxy- 3164
−, 2-Hydroxy-4,5-dimethoxy- 3162
−, 2-Hydroxy-4,6-dimethoxy- 3163
−, 3-Hydroxy-2,4-dimethoxy- 3160
−, 3'-Hydroxy-2,4-dimethoxy- 3164
−, 4-Hydroxy-3,4'-dimethoxy- 3166
−, 4-Hydroxy-3,5-dimethoxy- 3165
−, 3-[α-Hydroxy-4,4'-dimethoxy-
3,3'-dimethyl-benzhydryl]-2',4'-dimethyl-
2-phenyl- 3334
−, 3-[α-Hydroxy-4,4'-dimethoxy-
3,3'-dimethyl-benzhydryl]-4'-methoxy-
3'-methyl-2-phenyl- 3601
−, 2-Hydroxy-4,6-dimethoxy-3-methyl-
3174
−, 3'-Hydroxymethyl-2,4'-dimethoxy-
3174
−, 2-Hydroxy-3,6,2',5'-tetramethoxy-
3639
−, 2-Hydroxy-4,6,2',5'-tetramethoxy-
3640
−, 3-[α-Hydroxy-3,4,3',4'-tetramethoxy-
benzhydryl]-3',4'-dimethoxy-2-phenyl- 3759
−, 2-Hydroxy-3,4,2'-trimethoxy- 3504
−, 2-Hydroxy-4,3',4'-trimethoxy- 3506
−, 2-Hydroxy-4,6,2'-trimethoxy- 3504
−, 4-Hydroxy-2,3',4'-trimethoxy- 3506
−, 4-Hydroxy-3,3',4'-trimethoxy- 3508
−, 5-Isopropyl-4,2',4'-trimethoxy-2-methyl-
3197
−, 2,3,4,2',4'-Pentahydroxy- 3639
−, 2,4,6,2',4'-Pentamethoxy- 3639
−, 3,4,5,3',4'-Pentamethoxy- 3640
−, 2,4,2',4'-Tetraacetoxy- 3506
−, 2,6,2'',6''-Tetraacetoxy-4,4''-dimethoxy-
5,5''-dimethyl-3,3''-methandiyl-di- 3758
−, 2,4,2'',4''-Tetraacetoxy-5,5''-dimethyl-
3,3''-methandiyl-di- 3707
−, 4,6,4'',6''-Tetraacetoxy-5,5''-dimethyl-
3,3''-methandiyl-di- 3707
−, 2,4,2'',4''-Tetraacetoxy-3,3''-sulfandiyl-
di- 3161
−, 4,6,4'',6''-Tetraacetoxy-3,3''-sulfandiyl-
di- 3162
−, 3,4,3',4'-Tetraäthoxy- 3509
 − oxim 3509
−, 4,5,4',5'-Tetraäthoxy-2,2'-dibrom- 3510
−, 4,5,4',5'-Tetraäthoxy-2,2'-dimethyl-
3525
−, 4,5,4',5'-Tetraäthoxy-2,2'-dinitro- 3510
−, 2,4,2',4'-Tetrahydroxy- 3505
−, 3,4,3',4'-Tetrahydroxy- 3508
−, 2,6,2'',6''-Tetrahydroxy-4,4''-dimethoxy-
5,5''-dimethyl-3,3''-methandiyl-di- 3758

−, 2,4,2'',4''-Tetrahydroxy-5,5''-dimethyl-
3,3''-methandiyl-di- 3707
−, 2,4,4'',6''-Tetrahydroxy-5,5''-dimethyl-
3,3''-methandiyl-di- 3707
−, 4,6,4'',6''-Tetrahydroxy-5,5''-dimethyl-
3,3''-methandiyl-di- 3707
−, 2,3,4,2'-Tetrahydroxy-3'-methyl- 3517
−, 2,3,4,2'-Tetrahydroxy-4'-methyl- 3517
−, 2,4,2'',4''-Tetrahydroxy-3,3''-sulfandiyl-
di- 3161
−, 4,6,4'',6''-Tetrahydroxy-3,3''-sulfandiyl-
di- 3162
−, 2,4,2',4'-Tetramethoxy- 3505
−, 2,4,3',4'-Tetramethoxy- 3506
−, 2,4,6,4'-Tetramethoxy- 3505
−, 2,5,2',5'-Tetramethoxy- 3507
−, 2,5,3',4'-Tetramethoxy- 3508
−, 3,4,3',4'-Tetramethoxy- 3508
−, 3,4,5,4'-Tetramethoxy- 3508
−, 4,5,4',5'-Tetramethoxy-2,2'-dimethyl-
3524
 − semicarbazon 3525
−, 4,5,4',5'-Tetramethoxy-2,2'-dipropyl-
3528
−, 4,5,3',4'-Tetramethoxy-2-methyl- 3516
 − oxim 3516
−, 4,5,3',4'-Tetramethoxy-2-propionyl-
3675
−, 4,5,3',4'-Tetramethoxy-2-propyl- 3526
−, 2,4,2'',4''-Tetramethoxy-3,3''-sulfandiyl-
di- 3161
−, 4,6,4'',6''-Tetramethoxy-3,3''-sulfandiyl-
di- 3162
−, 2,4,2'-Triacetoxy- 3163
−, 2,6,2'-Triacetoxy- 3165
−, 2,4,6-Triacetoxy-3-methyl- 3174
−, 5,3',4'-Triäthoxy-4-methoxy-2-methyl-
3517
−, 5,3',4'-Triäthoxy-4-methoxy-2-vinyl- 3557
−, 2,3,4-Trihydroxy- 3160
−, 2,4,2'-Trihydroxy- 3163
−, 2,4,5-Trihydroxy- 3161
−, 2,4,6-Trihydroxy- 3162
 − imin 3163
−, 2,6,2'-Trihydroxy- 3165
−, 2,4,6-Trihydroxy-2',4'-dimethoxy- 3639
−, 4,2',4'-Trihydroxy-5-isopropyl-2-methyl-
3197
−, 2,4,2'-Trihydroxy-4'-methoxy- 3505
−, 2,2',4'-Trihydroxy-3-methyl- 3174
−, 2,4,2'-Trihydroxy-4'-methyl- 3174
−, 2,4,6-Trihydroxy-3-methyl- 3173
−, 2,3,4-Trimethoxy- 3160
 − semicarbazon 3160
−, 2,3',4'-Trimethoxy- 3165
−, 2,4,2'-Trimethoxy- 3164
−, 2,4,4'-Trimethoxy-,
 − oxim 3165
−, 2,4,6-Trimethoxy- 3163
−, 2,5,4'-Trimethoxy- 3165
 − oxim 3165

But-3-en-2-on (Fortsetzung)

−, 1-Diazo-4-[3,4-dimethoxy-phenyl]-
3-phenyl- 3280

−, 4-[3,4-Dimethoxy-phenyl]-1-hydroxy-
3-phenyl- 3242

5a,11a-But-2-eno-naphthacen-5,6,11,12-tetraon

−, 13-Acetoxy- 3597

−, 13-Methoxy- 3597

Buttersäure

−, 4,4′,4″,4‴-[3,6-Dioxo-cyclohexa-
1,4-dien-1,2,4,5-tetrayltetramercapto]-tetra-
3606

Butyraldehyd

−, 3-Methyl-2-[2,4,6-trimethoxy-
3,5-dimethyl-benzoyl]- 3382

C

Capsorubin 3304

−, *O,O′*-Dibutyryl- 3304

−, *O,O′*-Didecanoyl- 3304

−, *O,O′*-Dihexanoyl- 3304

−, *O,O′*-Dimyristoyl- 3304

−, *O,O′*-Dipalmitoyl- 3304

−, *O,O′*-Dipropionyl- 3304

−, *O,O′*-Distearoyl- 3304

−, *O,O′*-Divaleryl- 3304

Carbazidsäure

−, [21-Acetoxy-17-hydroxy-11,20-dioxo-
pregn-4-en-3-yliden]-,
− äthylester 3485

β-Carotin

s. *β,β-Carotin*

β,β-Carotin

Bezifferung s. **5** III 2453

β,β-Carotin-4,4′-dion

−, 3,3′-Dihydroxy- 3318

κ,κ-Carotin-6,6′-dion

−, 3,3′-Bis-butyryloxy- 3304

−, 3,3′-Bis-decanoyloxy- 3304

−, 3,3′-Bis-hexanoyloxy- 3304

−, 3,3′-Bis-myristoyloxy- 3304

−, 3,3′-Bis-palmitoyloxy- 3304

−, 3,3′-Bis-propionyloxy- 3304

−, 3,3′-Bis-stearoyloxy- 3304

−, 3,3′-Bis-valeryloxy- 3304

−, 3,3′-Dihydroxy- 3304

β,κ-Carotin-6′-on

−, 3,3′,8′-Trihydroxy-7,8-didehydro- 3313

Catenarin 3687

Cedriret 3638

Cedron 3650

Ceropten 3246

−, Dihydro- 3196

Chalkon

−, 2′-Acetoxy-4-benzyloxy-3,4′-dimethoxy-
3548

−, 2′-Acetoxy-4-benzyloxy-3-methoxy-
4′-methyl- 3242

−, 2′-Acetoxy-4-benzyloxy-3-methoxy-
5′-methyl- 3241

−, 2′-Acetoxy-3′-brom-4,6′-dimethoxy-
3231

−, 2′-Acetoxy-α-brom-4,6′-dimethoxy-
3231

−, 2′-Acetoxy-3′,5′-dibrom-3,4-dimethoxy-
3226

−, 2′-Acetoxy-3′,5′-dichlor-3,4-dimethoxy-
3226

−, 2′-Acetoxy-2,4-dimethoxy- 3220

−, 2′-Acetoxy-4,6′-dimethoxy- 3231

−, 2-Acetoxy-4,4′-dimethoxy- 3220

−, 4′-Acetoxy-4,2′-dimethoxy- 3228

−, 2′-Acetoxy-4′-hydroxy-2,3-dimethoxy-
3544

−, 4′-Acetoxy-2′-hydroxy-2,3-dimethoxy-
3544

−, 2′-Acetoxy-3,4,3′,4′-tetramethoxy-
3664

−, 2′-Acetoxy-3,4,4′,5′-tetramethoxy-
3665

−, 2-Acetoxy-4,6,3′,4′-tetramethoxy- 3661

−, 2′-Acetoxy-3,4,3′-trimethoxy- 3547

−, 2′-Acetoxy-3′,4′,6′-trimethoxy-
2-methoxymethoxy- 3662

−, 3′-Acetyl-2′-hydroxy-4,4′-dimethoxy-
3580

−, 5′-Acetyl-2′-hydroxy-4,4′-dimethoxy-
3580

−, β-Äthoxy-3-brom-2′-hydroxy-
4-methoxy-5′-methyl-3′-nitro- 3241

−, 5′-Äthoxy-2,2′-dihydroxy- 3224

−, 4-Äthoxy-2′,4′-dihydroxy-3-methoxy-
3548

−, α-Äthoxy-2′-hydroxy-4-methoxy-
5′-nitro- 3235

−, 5′-Äthyl-3′-brom-2′,4′-dihydroxy-
4-methoxy- 3245

−, 5′-Äthyl-2′,4′-dihydroxy-4-methoxy-
3245

−, 5′-Allyl-2′-hydroxy-3,4,3′-trimethoxy-
3582

−, 2-Allyloxy-2′-hydroxy-3′,4′,6′-
trimethoxy- 3661

−, 5′-Benzoyl-3′-chlor-2,2′-dihydroxy-
3316

−, 5′-Benzoyl-3′-chlor-3,2′-dihydroxy-
3316

−, 5′-Benzoyl-3′-chlor-4,2′-dihydroxy-
3316

−, 5′-Benzoyl-3′-chlor-4,2′-dihydroxy-
3-methoxy- 3596

−, 5′-Benzoyl-3′-chlor-2′-hydroxy-
4′-methoxy- 3316

−, 5′-Benzoyl-3-chlor-2′-hydroxy-
4-methoxy- 3316

−, 5′-Benzoyl-3,3′-dichlor-2′-hydroxy-
4-methoxy- 3316

−, 5′-Benzoyl-2,2′-dihydroxy- 3316

−, 5′-Benzoyl-4,2′-dihydroxy- 3316

−, 5′-Benzoyl-4,2′-dihydroxy-3-methoxy- 3595

Chalkon (Fortsetzung)

—, 2',4'-Diacetoxy-5'-äthyl-4-methoxy-
3245
—, 4,4'-Diacetoxy-2,2'-dichlor-
5,5'-dimethoxy- 3552
—, 4,2'-Diacetoxy-3',5'-dichlor-3-methoxy-
3226
—, 2',5'-Diacetoxy-3,4-dimethoxy- 3551
—, 3,2'-Diacetoxy-4,5-dimethoxy- 3551
—, 4,2'-Diacetoxy-3,5-dimethoxy- 3551
—, 4,4'-Diacetoxy-3,3'-dimethoxy- 3552
—, 2',4'-Diacetoxy-6'-hydroxy-4-methoxy-
3553
—, 4,2'-Diacetoxy-3-methoxy- 3225
—, 2',4'-Diacetoxy-2-methoxy-3'-nitro-
3221
—, 2',4'-Diacetoxy-3-methoxy-3'-nitro-
3227
—, 2',4'-Diacetoxy-4-methoxy-3'-nitro-
3229
—, 2',6'-Diacetoxy-4-methoxy-3'-nitro-
3232
—, 4,2'-Diacetoxy-3,5,3',4',6'-pentamethoxy-
3743
—, 2,2'-Diacetoxy-3,3',4',6'-tetramethoxy-
3725
—, 4,2'-Diacetoxy-3,3',4',6'-tetramethoxy-
3726
—, 4,2'-Diacetoxy-3,5,3',4'-tetramethoxy-
3725
—, 4,3'-Diacetoxy-3,5,2',4'-tetramethoxy-
6'-propyl- 3730
—, 2,2'-Diacetoxy-3',4',6'-trimethoxy-
3662
—, 2',4'-Diacetoxy-3,4,5-trimethoxy- 3662
—, 2',4'-Diacetoxy-3,4,6'-trimethoxy- 3666
—, 4,2'-Diacetoxy-3,5,5'-trimethoxy- 3663
—, 2,5'-Diäthoxy-2'-hydroxy- 3224
—, 3,3'-Dibrom-2',4'-dihydroxy-
4,5-dimethoxy-5'-nitro- 3550
—, 3,α-Dibrom-4,2'-dihydroxy-
5,4'-dimethoxy-5'-nitro- 3550
—, 3',5'-Dibrom-4,2'-dihydroxy-3-methoxy-
3226
—, 3,3'-Dibrom-2',4'-dihydroxy-4-methoxy-
5'-nitro- 3230
—, 3,5-Dibrom-2,2'-dihydroxy-4'-methoxy-
5'-nitro- 3222
—, 5,3'-Dibrom-2',4'-dihydroxy-2-methoxy-
5'-nitro- 3223
—, 3',5'-Dibrom-2'-hydroxy-3,4-dimethoxy-
3226
—, 3,α-Dibrom-2'-hydroxy-4,4'-dimethoxy-
5'-nitro- 3231
—, 5,α-Dibrom-2'-hydroxy-2,4'-dimethoxy-
5'-nitro- 3223
—, 3,3'-Dibrom-4,2',4'-trihydroxy-
5-methoxy-5'-nitro- 3550
—, 3,5-Dibrom-2,2',4'-trihydroxy-5'-nitro-
3222
—, 2,2'-Dichlor-4,4'-dihydroxy-
5,5'-dimethoxy- 3552

—, 3',5'-Dichlor-4,2'-dihydroxy-3-methoxy-
3225
—, 3',5'-Dichlor-2'-hydroxy-3,4-dimethoxy-
3226
—, 3',5'-Dichlor-3,4,2'-trimethoxy- 3226
—, 2,2'-Dihydroxy-3',4'-dimethoxy- 3545
—, 2,2'-Dihydroxy-4',6'-dimethoxy- 3545
—, 2',4'-Dihydroxy-2,3-dimethoxy- 3543
—, 2',4'-Dihydroxy-3,4-dimethoxy- 3547
—, 2',5'-Dihydroxy-3,4-dimethoxy- 3551
—, 3,2'-Dihydroxy-4,5'-dimethoxy- 3551
—, 4,2'-Dihydroxy-3,3'-dimethoxy- 3546
—, 4,2'-Dihydroxy-3,5'-dimethoxy- 3551
—, 4,2'-Dihydroxy-4',6'-dimethoxy- 3553
—, 4,4'-Dihydroxy-3,3'-dimethoxy- 3552
—, α,β-Dihydroxy-4,4'-dimethoxy- 3556
—, 2',4'-Dihydroxy-4,6'-dimethoxy-
3'-methyl- 3559
—, 4',6'-Dihydroxy-4,2'-dimethoxy-
3'-methyl- 3559
—, 2',4'-Dihydroxy-3,4-dimethoxy-5'-nitro-
3549
—, 4,2'-Dihydroxy-3,4'-dimethoxy-5'-nitro-
3549
—, 2',4'-Dihydroxy-4-isopropoxy-
3-methoxy- 3548
—, 2,2'-Dihydroxy-4'-methoxy- 3220
—, 2,2'-Dihydroxy-6'-methoxy- 3224
—, 2,4'-Dihydroxy-3'-methoxy- 3224
—, 2',4'-Dihydroxy-4-methoxy- 3228
—, 2',4'-Dihydroxy-6'-methoxy- 3233
—, 2',5'-Dihydroxy-2-methoxy- 3223
—, 2',5'-Dihydroxy-4'-methoxy- 3233
—, 2',6'-Dihydroxy-4'-methoxy- 3233
—, 4,2'-Dihydroxy-3-methoxy- 3225
—, 4,2'-Dihydroxy-4'-methoxy- 3228
—, 4,2'-Dihydroxy-3-methoxy-
4',6'-dimethyl- 3246
—, 2',4'-Dihydroxy-4-methoxy-5'-methyl-
3240
—, 4,2'-Dihydroxy-4'-methoxy-6'-methyl-
3240
—, 2,2'-Dihydroxy-4'-methoxy-5'-nitro-
3221
—, 2',4'-Dihydroxy-2-methoxy-3'-nitro-
3221
—, 2',4'-Dihydroxy-2-methoxy-5'-nitro-
3221
—, 2',4'-Dihydroxy-3-methoxy-3'-nitro-
3227
—, 2',4'-Dihydroxy-4-methoxy-3'-nitro-
3229
—, 2',4'-Dihydroxy-4-methoxy-5'-nitro-
3229
—, 2',6'-Dihydroxy-2-methoxy-3'-nitro-
3224
—, 2',6'-Dihydroxy-3-methoxy-3'-nitro-
3227
—, 2',6'-Dihydroxy-4-methoxy-3'-nitro-
3232
—, 4,2'-Dihydroxy-3,5,3',4',6'-pentamethoxy-
3743

Desoxybenzoin (Fortsetzung)
—, 2,4,4'-Triacetoxy- 3171
—, 2,4,6-Triacetoxy- 3169
—, 2,4,6-Triacetoxy-3-methyl- 3186
—, 2,4,6-Triacetoxy-4'-nitro- 3169
—, 2,α,2'-Triacetoxy-3,5,3',5'-tetrachlor-
3172
—, 2,4,4'-Triäthoxy-6,3'-dimethoxy- 3644
—, 2,4,4'-Triäthoxy-6-hydroxy-3-methoxy-
3642
—, 2,4,4'-Trihydroxy- 3170
—, 2,4,5-Trihydroxy- 3168
—, 2,4,6-Trihydroxy- 3168
—, 2,4,4'-Trihydroxy-3,6-dimethoxy- 3640
—, 2,4,5-Trihydroxy-3',4'-dimethoxy- 3642
—, 2,4,6-Trihydroxy-2',3'-dimethoxy- 3642
—, 2,4,6-Trihydroxy-2',4'-dimethoxy- 3643
—, 2,4,6-Trihydroxy-3',4'-dimethoxy- 3643
—, 2,4,6-Trihydroxy-2',3'-dimethoxy-
3-methyl- 3649
—, 2,4,4'-Trihydroxy-6-methoxy- 3512
—, 2,4,6-Trihydroxy-2'-methoxy- 3511
—, 2,4,6-Trihydroxy-3'-methoxy- 3512
—, 2,4,6-Trihydroxy-4'-methoxy- 3513
    — oxim 3513
—, 2,6,4'-Trihydroxy-4-methoxy- 3513
—, 2,4,4'-Trihydroxy-6-methoxy-3-methyl-
3523
—, 2,4,6-Trihydroxy-2'-methoxy-3-methyl-
3521
—, 2,4,6-Trihydroxy-4'-methoxy-3-methyl-
3523
—, 2,4,6-Trihydroxy-3-methoxy-4'-nitro-
3511
—, 2,4,6-Trihydroxy-3-methyl- 3186
—, 2,4,6-Trihydroxy-3-[3-methyl-but-
2-enyl]- 3250
—, 2,4,6-Trihydroxy-2',4',5'-trimethoxy-
3719
—, 2,4,2'-Trimethoxy- 3170
—, 2,4,4'-Trimethoxy- 3171
    — oxim 3171
—, 2,4,6-Trimethoxy- 3169
arabino-**1-Desoxy-[3]heptulose**
—, 2-Benzyl-1-phenyl- 3650
1-Desoxy-*allo*-inosit
—, 1-Oxo- 3602
1-Desoxy-*cis*-inosit
—, 1-Oxo- 3602
1-Desoxy-*myo*-inosit
—, 1-Oxo- 3602
2-Desoxy-*epi*-inosit
—, 2-Oxo- 3602
2-Desoxy-*myo*-inosit
—, 2-Oxo- 3602
Desoxysyringoin 3719
Desoxyvanilloin 3515
Des-*A*-pregnan-10a-carbaldehyd
—, 21-Acetoxy-17-hydroxy-5,11-dioxo-
3615
Dianhydrorugulosin 3760

Dibenz[*a,h*]anthracen-7,14-dion
—, 3,10-Diacetoxy- 3324
—, 5,12-Diacetoxy- 3324
—, 5,12-Diacetoxy-$\Delta^{4a,11a}$-hexadecahydro-
3206
—, 3,10-Dihydroxy- 3324
—, 2,9-Dimethoxy- 3323
—, 5,12-Dimethoxy- 3324
—, 5,12-Dimethoxy-$\Delta^{4a,11a}$-hexadecahydro-
3206
Dibenz[*a,j*]anthracen-7,14-dion
—, 5,9-Diacetoxy-$\Delta^{4a,9}$-hexadecahydro-
3206
—, 5,9-Dimethoxy-$\Delta^{4a,9}$-hexadecahydro-
3206
**Dibenzo[*d,d'*]benzo[1,2-*b*;4,5-*b'*]difuran-
6,12-dion**
—, 4,10-Dimethoxy- 3703
Dibenzo[*de,g*]chromen
—, 3,8,11a,11c-Tetramethyl-hexadecahydro-
s. *Picrasan*
Dibenzo[*def,mno*]chrysen-6,12-dion
—, 3,9-Diacetoxy- 3326
—, 3,9-Dihydroxy- 3326
—, 4,10-Dihydroxy- 3326
—, 3,9-Dimethoxy- 3326
Dibenzo[*a,d*]cyclohepten-5,10-dion
—, 6,9-Diacetoxy-11*H*- 3275
—, 6,9-Dihydroxy-11*H*- 3274
—, 6,9-Dimethoxy-11*H*- 3275
Dibenzo[*a,c*]cyclohepten-3-on
—, 4a-Hydroxy-9,10,11-trimethoxy-11b-
methyl-1,2,4,4a,5,6,7,11b-octahydro-
3407
Dibenzo[*a,c*]cyclohepten-5-on
—, 7-Hydroxy-1,9,10,11-tetramethoxy-
6,7-dihydro- 3673
—, 4a-Hydroxy-9,10,11-trimethoxy-
1,2,3,4,4a,11b-hexahydro- 3461
—, 11b-Hydroxy-9,10,11-trimethoxy-
1,2,3,4,4a,11b-hexahydro- 3461
—, 1,9,10,11-Tetramethoxy- 3571
—, 3,9,10,11-Tetramethoxy- 3571
—, 1,2,3,9-Tetramethoxy-6,7-dihydro-
3558
    — oxim 3558
—, 3,9,10,11-Tetramethoxy-6,7-dihydro-
3558
    — oxim 3559
    — semicarbazon 3559
Dibenzo[*a,c*]cyclohepten-6-on
—, 2,3,9,10-Tetramethoxy-5,7-dihydro-
3559
    — oxim 3559
Dibenzo[*a,d*]cyclohepten-3-on
—, 4a-Hydroxy-6,7,8-trimethoxy-
1,2,4,4a,5,10,11,11a-octahydro- 3407
Dibenzo[*a,d*]cyclohepten-5-on
—, 2,3,7,8-Tetramethoxy-10,11-dihydro-
3558
—, 1,4,11-Trimethoxy- 3275

L

Isoflupredon 3471
Isohumulon
−, Tetrahydro- 3362
Isohumulon-A 3411
Isohumulon-B 3411
Isolumiprednison
−, O^{21}-Acetyl- 3529
Isookanin 3663
Iso-oosporein 3742
Isophthalaldehyd
−, 2-Brom-4,6-dihydroxy-5-methoxy-
3371
−, 2-Brom-4-hydroxy-5,6-dimethoxy-
3371
−, 4-Hydroxy-5,6-dimethoxy- 3371

Lanceoletin
−, Tetra-O-acetyl- 3664
Lanosta-5,8-dien-7,11,12-trion
−, 3-Acetoxy- 3207
−, 3-Acetoxy-24-methyl- 3209
Lanostan
Bezifferung s. **5** III 1338 Anm. 1
Laserol 3340
Laseron 3341
Laserpitin 3341
−, Tetrahydro- 3340
Lineolon 3386
Lucidin 3576
Lumiprednison
−, O^{21}-Acetyl- 3538
−, O^{21}-Acetyl-dihydro- 3496
Lumitestosteron 3288
Luteoskyrin 3771

J

Javanicin 3646
Juzunal 3695
  − oxim 3696
−, Dimethyl- 3696

M

Macrosporin 3574
Maleinsäure
  − mono-[17-hydroxy-3,11,20-trioxo-
pregn-4-en-21-ylester] 3483
Methan
−, [3-Acetyl-2,4-dihydroxy-6-methoxy-
5-methyl-phenyl]-[3-benzoyl-2,4-dihydroxy-
6-methoxy-5-methyl-phenyl]- 3753
−, [3-Acetyl-2,4-dihydroxy-6-methoxy-
5-methyl-phenyl]-[2,4-dihydroxy-6-methoxy-
5-methyl-3-(3-phenyl-propionyl)-phenyl]-
3754
−, [5-Acetyl-2,4-dihydroxy-3-methyl-
phenyl]-[3-acetyl-2,6-dihydroxy-5-methyl-
phenyl]- 3680
−, [3-Acetyl-2,6-dihydroxy-5-methyl-
phenyl]-[5-benzoyl-2,4-dihydroxy-3-methyl-
phenyl]- 3702
−, [3-Acetyl-2,4,6-trihydroxy-5-methyl-
phenyl]-[3-butyryl-2,4,6-trihydroxy-
5-methyl-phenyl]- 3746
−, [3-Acetyl-2,4,6-trihydroxy-5-methyl-
phenyl]-[2,4,6-trihydroxy-3-methyl-5-
(3-phenyl-propionyl)-phenyl]- 3754
−, [3-Benzoyl-2,6-dihydroxy-5-methyl-
phenyl]-[5-benzoyl-2,4-dihydroxy-3-methyl-
phenyl]- 3707
−, Bis-[1-acetoxy-4-acetyl-[2]naphthyl]-
3322
−, Bis-[4-acetoxy-3-acetyl-[1]naphthyl]-
3322
−, Bis-[3-acetoxyacetyl-phenyl]- 3247
−, Bis-[4-acetoxyacetyl-phenyl]- 3247

K

Kendalls Verbindung F 3422
Keton
−, [9,9-Bis-(3,4-dimethoxy-phenyl)-fluoren-
4-yl]-[3,4-dimethoxy-phenyl]- 3738
−, [9,9-Bis-(4-methoxy-3-methyl-phenyl)-
fluoren-4-yl]-[4-methoxy-3-methyl-phenyl]-
3335
−, [9,9-Bis-(4-methoxy-phenyl)-fluoren-
4-yl]-[4-methoxy-phenyl]- 3335
−, [3,4-Diacetoxy-1-hydroxy-[2]naphthyl]-
phenyl- 3291
−, [5,6-Dihydroxy-2,5,6-triphenyl-
tetrahydro-pyran-2-yl]-phenyl- 3328
−, [8-(α-Hydroxy-4-methoxy-benzyl)-
[1]naphthyl]-[4-methoxy-phenyl]- 3321
Kohlensäure
  − äthylester-[17,21-diacetoxy-
7,20-dioxo-pregn-5-en-3-ylester] 3435
  − äthylester-[3,6-dihydroxy-3-isopropyl-
6,8a-dimethyl-7,8-dioxo-decahydro-
azulen-4-ylester] 3342
  − äthylester-[3,6,8-trihydroxy-
3-isopropyl-6,8a-dimethyl-7-oxo-
decahydro-azulen-4-ylester] 3341
α-**Kosin** 3748
β-**Kosin** 3747
Krokonsäure 3342
Krokonsäurehydrür 3341

Methan (Fortsetzung)

—, Bis-[2-acetoxy-5-formyl-3-methoxy-phenyl]- 3672

—, Bis-[3-acetyl-5-chlor-2-hydroxy-phenyl]- 3246

—, Bis-[4-acetyl-5-chlor-2-hydroxy-phenyl]- 3247

—, Bis-[3-acetyl-2,4-dihydroxy-6-methoxy-5-methyl-phenyl]- 3746

—, Bis-[3-acetyl-2,6-dihydroxy-5-methyl-phenyl]- 3680

—, Bis-[5-acetyl-2,4-dihydroxy-3-methyl-phenyl]- 3680

—, Bis-[3-acetyl-4-hydroxy-[1]naphthyl]- 3322

—, Bis-[4-acetyl-1-hydroxy-[2]naphthyl]- 3322

—, Bis-[3-acetyl-4-hydroxy-[1]naphthyl]-[4-nitro-phenyl]- 3333

—, Bis-[3-acetyl-4-hydroxy-[1]naphthyl]-phenyl- 3333

—, Bis-[5-acetyl-2,3,4-trihydroxy-phenyl]-[4-chlor-phenyl]- 3753

—, Bis-[5-acetyl-2,3,4-trihydroxy-phenyl]-[3,4-dichlor-phenyl]- 3753

—, Bis-[3-benzoyl-5-chlor-2-hydroxy-phenyl]- 3327

—, Bis-[3-benzoyl-2,4-dihydroxy-6-methoxy-5-methyl-phenyl]- 3758

—, Bis-[3-benzoyl-2,6-dihydroxy-5-methyl-phenyl]- 3707

—, Bis-[5-benzoyl-2,4-dihydroxy-3-methyl-phenyl]- 3707

—, Bis-[3-benzoyl-2,4,6-trihydroxy-5-methyl-phenyl]- 3757

—, Bis-[5-benzoyl-2,3,4-trihydroxy-phenyl]- 3757

—, Bis-[5-benzoyl-2,3,4-trihydroxy-phenyl]-[4-chlor-phenyl]- 3761

—, Bis-[5-benzoyl-2,3,4-trihydroxy-phenyl]-[3,4-dichlor-phenyl]- 3761

—, Bis-[5-benzoyl-2,3,4-trihydroxy-phenyl]-phenyl- 3761

—, Bis-[3-benzoyl-2,4,6-trimethoxy-5-methyl-phenyl]- 3757

—, [2,3-Bis-benzyloxy-phenyl]-bis-[4,4-dimethyl-2,6-dioxo-cyclohexyl]- 3681

—, Bis-[3-butyryl-2,4-dihydroxy-6-methoxy-5-methyl-phenyl]- 3747

—, Bis-[3-butyryl-2,6-dihydroxy-4-methoxy-5-methyl-phenyl]- 3747

—, Bis-[3-butyryl-4-hydroxy-[1]naphthyl]- 3322

—, Bis-[3-butyryl-4-hydroxy-[1]naphthyl]-phenyl- 3333

—, Bis-[3-butyryl-2,4,6-trihydroxy-5-methyl-phenyl]- 3747

—, Bis-[3-butyryl-2,4,6-trihydroxy-phenyl]- 3746

—, Bis-[5-butyryl-2,3,4-trihydroxy-phenyl]- 3746

—, Bis-[3-chlormethyl-5-formyl-4-hydroxy-phenyl]- 3247

—, Bis-[5-decanoyl-2,3,4-trihydroxy-phenyl]- 3749

—, Bis-[2,4-diacetoxy-3-acetyl-6-methoxy-5-methyl-phenyl]- 3745

—, Bis-[2,4-diacetoxy-5-acetyl-3-methyl-phenyl]- 3680

—, Bis-[2,6-diacetoxy-3-acetyl-5-methyl-phenyl]- 3680

—, Bis-[2,4-diacetoxy-3-benzoyl-6-methoxy-6-methyl-phenyl]- 3758

—, Bis-[2,4-diacetoxy-5-benzoyl-3-methyl-phenyl]- 3707

—, Bis-[2,6-diacetoxy-3-benzoyl-5-methyl-phenyl]- 3707

—, Bis-[2,4-diacetoxy-6-methoxy-5-methyl-3-(3-phenyl-propionyl)-phenyl]- 3758

—, Bis-[3,6-dibrom-4-hydroxy-5-oxo-cyclohepta-1,3,6-trienyl]- 3219

—, Bis-[2,4-dihydroxy-3-isobutyryl-6-methoxy-5-methyl-phenyl]- 3748

—, Bis-[2,6-dihydroxy-3-isobutyryl-4-methoxy-5-methyl-phenyl]- 3748

—, Bis-[2,4-dihydroxy-6-methoxy-5-methyl-3-(3-phenyl-propionyl)-phenyl]- 3758

—, Bis-[4,4-dimethyl-2,6-dioxo-cyclohexyl]-[3-hydroxy-cyclopentyl]- 3445

—, Bis-[2,6-dioxo-4-methyl-cyclohexyl]-[3,4,5-trimethoxy-phenyl]- 3731

—, Bis-[3-formyl-4-hydroxy-5-methoxy-phenyl]- 3672

—, Bis-[5-formyl-2-hydroxy-3-methoxy-phenyl]- 3672

—, Bis-[3-formyl-4-hydroxy-phenyl]- 3237

—, Bis-[3-formyl-4-methoxy-phenyl]- 3237

—, Bis-[5-hexanoyl-2,3,4-trihydroxy-phenyl]- 3749

—, Bis-[4-hydroxy-3-(1-hydroxyimino-propyl)-[1]naphthyl]- 3322

—, Bis-[4-hydroxy-3-isobutyryl-2,6-dimethoxy-5-methyl-phenyl]- 3748

—, Bis-[4-(4-hydroxy-phenyl)-2,6-dioxo-cyclohexyl]- 3702

—, Bis-[4-hydroxy-3-propionyl-[1]naphthyl]- 3322

—, Bis-[4-hydroxy-3-propionyl-[1]naphthyl]-phenyl- 3333

—, Bis-[2,4,6-triacetoxy-3-benzoyl-5-methyl-phenyl]- 3758

—, Bis-[2,4,6-trihydroxy-3-isovaleryl-5-methyl-phenyl]- 3749

—, Bis-[2,4,6-trihydroxy-3-methyl-5-(4-methyl-valeryl)-phenyl]- 3749

—, Bis-[2,4,6-trihydroxy-3-methyl-5-(3-phenyl-propionyl)-phenyl]- 3758

—, Bis-[2,4,6-trihydroxy-3-(4-methyl-valeryl)-phenyl]- 3749

—, Bis-[2,4,6-trihydroxy-3-phenylacetyl-phenyl]- 3757

Methan (Fortsetzung)
–, Bis-[2,3,4-trihydroxy-5-propionyl-
   phenyl]- 3745
–, Bis-[2,3,4-trihydroxy-5-valeryl-phenyl]-
   3746
–, [3-Butyryl-2,4-dihydroxy-6-methoxy-
   phenyl]-[3-butyryl-2,4,6-trihydroxy-
   5-methyl-phenyl]- 3746
–, [2-Chlor-phenyl]-bis-[4-hydroxy-
   3-propionyl-[1]naphthyl]- 3333
–, [4-Chlor-phenyl]-bis-[2,3,4-trihydroxy-
   5-propionyl-phenyl]- 3753
–, [2,4-Diacetoxy-3-acetyl-6-methoxy-
   5-methyl-phenyl]-[2,4-diacetoxy-3-benzoyl-
   6-methoxy-5-methyl-phenyl]- 3753
–, [2,4-Diacetoxy-5-acetyl-3-methyl-
   phenyl]-[2,6-diacetoxy-3-acetyl-5-methyl-
   phenyl]- 3680
–, [2,4-Diacetoxy-5-benzoyl-3-methyl-
   phenyl]-[2,6-diacetoxy-3-benzoyl-5-methyl-
   phenyl]- 3707
–, [3,4-Dichlor-phenyl]-bis-
   [2,3,4-trihydroxy-5-propionyl-phenyl]- 3754
–, [2-Hydroxy-5-isobutyryl-4,6-dimethoxy-
   3-methyl-phenyl]-[2,4,6-trihydroxy-
   3-isobutyryl-5-methyl-phenyl]- 3747
–, Phenyl-bis-[2,3,4-trihydroxy-
   5-propionyl-phenyl]- 3753
6,10-Methano-benzocyclodecen
–, 4,9,12a,13,13-Pentamethyl-tetradecahydro-
   s. *Taxan*
5,9-Methano-benzocyclohepten-2,8,10-trion
–, 1,9-Dihydroxy-4,4a-dimethyl-
   4a,5-dihydro-9*H*- 3518
**2,5-Methano-benzo[1,2]pentaleno[1,6-*bc*]furan-
2,3,4,4a,5a,9,9b-heptaol**
–, 3-Isopropyl-2a,5,8-trimethyl-hexahydro-
   3739
**9,17-Methano-naphtho[2′,3′;5,6]cyclohepta[1,2-*d*]⁼
anthracen-5,11,14,16,18-pentaon**
–, 1,4,6,8,10,15,19-Heptahydroxy-
   2,12-dimethyl-7,8,8a,9-tetrahydro- 3770
–, 6,8,19-Triacetoxy-1,4,10,15-tetrahydroxy-
   2,12-dimethyl-7,8,8a,9-tetrahydro- 3771
**1,4,6-Methantriyl-cyclopent[*cd*]inden-
2,3,5,7-tetraon**
–, 7b,8-Dihydroxy-1,2a,4,4a,6,7a-
   hexamethyl-hexahydro- 3649
Methylprednisolon 3498
Mollisin 3177
   – [2,4-dinitro-phenylhydrazon] 3177
Morindon 3572
Mytiloxanthin 3313

N

Nalgiolaxin 3693
Nalgiovensin 3692

Namakochrom 3740
Naphthacen-1,6-dion
–, 5,12-Dihydroxy-11-methyl-2,3,4,11-
   tetrahydro- 3293
Naphthacen-5,11-dion
–, 3,9-Dimethoxy-5a,6,11a,12-tetrahydro-
   3292
Naphthacen-5,12-dion
–, 8-Äthyl-1,6,7,8,10,11-hexahydroxy-
   7,8,9,10-tetrahydro- 3751
–, 9-Äthyl-1,4,6-trihydroxy- 3592
–, 9-Äthyl-1,4,6-trihydroxy-7,8-dihydro-
   3589
–, 6,11-Diacetoxy-1,4-dichlor- 3305
–, 7,10-Diacetoxy-6,11-dihydroxy-
   7,10-dihydro- 3699
–, 1,4-Dichlor-6,11-dihydroxy- 3305
–, 6,11-Dihydroxy- 3305
–, 1,11-Dihydroxy-3-methoxy- 3591
–, 11-Hydroxy-1,3-dimethoxy- 3591
–, 1,4,6,11-Tetraacetoxy- 3701
–, 1,4,6,11-Tetrahydroxy- 3701
–, 1,4,6-Triacetoxy- 3591
–, 1,6,11-Triacetoxy- 3591
–, 1,4,6-Triacetoxy-9-äthyl- 3592
–, 1,4,6-Trihydroxy- 3591
–, 1,6,11-Trihydroxy- 3591
Naphthacen-1-on
–, 5,12-Diacetoxy-6-hydroxy-11-methyl-
   3,4-dihydro-2*H*- 3294
–, 5,6,12-Trihydroxy-11-methyl-
   3,4-dihydro-2*H*- 3293
   – oxim 3294
Naphthacen-5-on
–, 12-Hydroxy-2,8-dimethoxy-11-
   [4-methoxy-phenyl]-6,12-diphenyl-12*H*-
   3601
Naphthacen-4,5,11,12-tetraon
–, 1,4-Diacetoxy-1,4,4a,12a-tetrahydro-
   3699
Naphthacen-5,6,11,12-tetraon
–, 5a-Acetoxy-11a-brom-5a,11a-dihydro-
   3591
Naphthacen-1,3,12-trion
–, 7-Chlor-10,11-dimethoxy-6-methyl-
   4a,5-dihydro-4*H*,12a*H*- 3586
[2]Naphthaldehyd
–, 1-[3,4-Dimethoxy-phenyl]-
   6,7-dimethoxy- 3586
   – oxim 3586
Naphthalin
–, 2-Acetoxy-1,4-dibenzoyl-3-methoxy- 3325
–, 2-Acetoxy-1,5-dibenzoyl-6-methoxy-
   3325
–, 1,8-Bis-[4-methoxy-benzoyl]- 3325
–, 2,3-Diacetoxy-1,4-dibenzoyl- 3325
–, 1,5-Diacetyl-4,8-dimethoxy- 3176
–, 1,4-Dibenzoyl-2,3-dimethoxy- 3325
–, 1,5-Dibenzoyl-2,6-dimethoxy- 3325
–, 8-[α-Hydroxy-4-methoxy-benzyl]-1-
   [4-methoxy-benzoyl]- 3321

Pregna-4,9(11)-dien-3,20-dion (Fortsetzung)
−, 16,17,21-Trihydroxy-2-methyl- 3497
Pregna-4,14-dien-3,20-dion
−, 21-Acetoxy-11,17-dihydroxy- 3478
Pregna-1,4-dien-3-on
−, 20,21-Diacetoxy-11,17-dihydroxy- 3413
−, 11,17,20,21-Tetrahydroxy- 3413
Pregna-3,5-dien-20-on
−, 3,16,21-Triacetoxy-17-hydroxy- 3414
Pregna-1,4-dien-3,11,20-trion
−, 21-Acetoxy- 3202
−, 21-Acetoxy-6-brom-7,17-dihydroxy-
3651
−, 21-Acetoxy-4-brom-17-hydroxy- 3534
  − 3-semicarbazon 3534
−, 21-Acetoxy-6-brom-17-hydroxy- 3534
−, 21-Acetoxy-6-chlor-9-fluor-17-hydroxy-
3534
−, 21-Acetoxy-4-chlor-17-hydroxy- 3534
−, 21-Acetoxy-6-chlor-17-hydroxy- 3534
−, 21-Acetoxy-9-chlor-17-hydroxy- 3534
−, 21-Acetoxy-7,17-dihydroxy- 3650
−, 21-Acetoxy-6-fluor-7,17-dihydroxy-
3650
−, 21-Acetoxy-6-fluor-17-hydroxy- 3533
−, 21-Acetoxy-9-fluor-17-hydroxy- 3533
−, 21-Acetoxy-17-hydroxy- 3532
  − 3,20-disemicarbazon 3532
−, 21-Acetoxy-17-hydroxy-16,16-dimethyl-
3540
−, 21-Acetoxy-17-hydroxy-2-methyl- 3538
−, 21-Acetoxy-17-hydroxy-16-methyl-
3539
−, 21-Acetoxy-17-methyl- 3206
−, 21-Acetoxy-6,7,17-trihydroxy- 3721
−, 21-Azido-17-hydroxy- 3202
−, 21-[(4-*tert*-Butyl-phenoxy)-acetoxy]-
17-hydroxy- 3533
−, 21-[(4-Chlor-phenoxy)-acetoxy]-
17-hydroxy- 3533
−, 7,21-Diacetoxy-6-brom-17-hydroxy-
3651
−, 16,21-Diacetoxy-9-chlor-17-hydroxy-
3651
−, 17,21-Diacetoxy-6-fluor- 3533
−, 7,21-Diacetoxy-6-fluor-17-hydroxy-
3651
−, 16,21-Diacetoxy-9-fluor-17-hydroxy-
3651
−, 7,21-Diacetoxy-17-hydroxy- 3650
−, 16,21-Diacetoxy-17-hydroxy- 3651
−, 16,21-Diacetoxy-17-hydroxy-2-methyl-
3652
−, 17,21-Dihydroxy- 3531
  − 3,20-disemicarbazon 3533
−, 17,21-Dihydroxy-6-methyl- 3538
−, 17,21-Dihydroxy-16-methyl- 3539
−, 2,17-Dihydroxy-21-pivaloyloxy- 3652
−, 17-Hydroxy- 3202
−, 21-Hydroxy- 3202
−, 17-Hydroxy-21-dithiocarboxyoxy- 3532

−, 17-Hydroxy-21-methansulfonyloxy-
3533
−, 17-Hydroxy-21-[(4-methoxy-phenoxy)-
acetoxy]- 3533
−, 21-Hydroxy-17-methyl- 3206
−, 17-Hydroxy-21-phenoxyacetoxy- 3533
−, 17-Hydroxy-21-phosphonooxy- 3533
−, 17-Hydroxy-21-pivaloyloxy- 3532
−, 17-Hydroxy-21-propionyloxy- 3532
Pregna-1,5-dien-3,11,20-trion
−, 21-Acetoxy-7,17-dihydroxy- 3652
−, 21-Acetoxy-17-hydroxy- 3535
Pregna-4,6-dien-3,11,20-trion
−, 21-Acetoxy-14,17-dihydroxy- 3652
−, 21-Acetoxy-17-hydroxy- 3536
  − 3,20-disemicarbazon 3536
  − 3-semicarbazon 3536
−, 21-Acetoxy-17-hydroxy-6-methyl- 3539
−, 21-Acetoxy-17-hydroxy-7-methyl- 3539
−, 21-Acetoxy-1,2,17-trihydroxy- 3721
−, 17,21-Dihydroxy- 3535
−, 17,21-Dihydroxy-7-methyl- 3539
Pregna-4,6-dien-3,12,20-trion
−, 17-Hydroxy- 3203
Pregna-4,8-dien-3,11,20-trion
−, 21-Acetoxy- 3203
−, 21-Acetoxy-17-hydroxy- 3536
−, 17,21-Diacetoxy- 3536
−, 17,21-Dihydroxy- 3536
Pregna-4,8(14)-dien-3,11,20-trion
−, 21-Acetoxy-17-hydroxy- 3537
−, 17,21-Diacetoxy- 3537
Pregna-4,14-dien-3,11,20-trion
−, 21-Acetoxy-17-hydroxy- 3537
Pregna-4,16-dien-3,11,20-trion
−, 21-Acetoxy- 3203
−, 21-Acetoxy-12-brom- 3204
  − 3-semicarbazon 3204
−, 21-Hydroxy- 3203
Pregna-5,16-dien-11,15,20-trion
−, 3-Acetoxy- 3204
−, 3-Hydroxy- 3204

Pregnan-21-al
−, 17-Hydroxy-3,11,20-trioxo- 3495
  − hydrat 3495

Pregnan-3,20-dion
−, 21-Acetoxy-2-brom-11,17-dihydroxy-
3391
−, 21-Acetoxy-4-brom-11,17-dihydroxy-
3392
−, 21-Acetoxy-4-brom-12,17-dihydroxy-
3393
−, 21-Acetoxy-4-brom-11,17-dihydroxy-
2-jod- 3393
−, 21-Acetoxy-4-brom-11-formyloxy-
17-hydroxy- 3392
−, 21-Acetoxy-2,2-dibrom-
11,17-dihydroxy- 3392
−, 21-Acetoxy-2,4-dibrom-
11,17-dihydroxy- 3393

Pregnan-3,20-dion　(Fortsetzung)

Pregn-4-en-3,20-dion   (Fortsetzung)

—, 21-Acetoxy-9-fluor-11,17-dihydroxy-
6-methyl- 3448

—, 21-Acetoxy-9-fluor-11,17-dihydroxy-
16-methyl- 3450

—, 21-Acetoxy-9-fluor-6,7,11,17-
tetrahydroxy- 3711

—, 21-Acetoxy-11-formyloxy-17-hydroxy-
3424

—, 21-Acetoxy-16-formyloxy-17-hydroxy-
3434

—, 21-Acetoxy-17-hydroxy-11-methansulfonyloxy-
3425

—, 21-Acetoxy-17-hydroxy-15-methansulfonyloxy-
3433

—, 21-Acetoxy-9,11,17-trihydroxy- 3618

—, 21-Acetoxy-11,14,17-trihydroxy- 3619

—, 21-Acetoxy-11,16,17-trihydroxy- 3620

—, 21-Acetoxy-14,15,17-trihydroxy- 3622

—, 1-Acetylmercapto-11,17,21-trihydroxy-
3617

—, 9-Brom-11,17,21-trihydroxy- 3429

—, 21-[3-Carboxy-propionyloxy]-9-fluor-
11,17-dihydroxy- 3428

—, 9-Chlor-11,16,17,21-tetrahydroxy- 3621

—, 4-Chlor-11,17,21-trihydroxy- 3428

—, 9-Chlor-11,17,21-trihydroxy- 3429

—, 11-Deuterio-11,17,21-trihydroxy- 3423

—, 16,21-Diacetoxy-9-äthoxy-
11,17-dihydroxy- 3712

—, 16,21-Diacetoxy-9-brom-
11,17-dihydroxy- 3622

—, 16,21-Diacetoxy-9-chlor-
11,17-dihydroxy- 3621

—, 2,21-Diacetoxy-11,17-dihydroxy- 3617

—, 6,21-Diacetoxy-11,17-dihydroxy- 3617

—, 7,21-Diacetoxy-14,17-dihydroxy- 3618

—, 16,21-Diacetoxy-11,17-dihydroxy- 3620

—, 16,21-Diacetoxy-11,17-dihydroxy-
9-methoxy- 3712

—, 16,21-Diacetoxy-11,17-dihydroxy-
2-methyl- 3623

—, 1,21-Diacetoxy-9-fluor-11,17-dihydroxy-
3617

—, 16,21-Diacetoxy-9-fluor-
11,17-dihydroxy- 3621

—, 2,21-Diacetoxy-17-hydroxy- 3417

—, 6,21-Diacetoxy-11-hydroxy- 3417

—, 6,21-Diacetoxy-17-hydroxy- 3418

—, 7,21-Diacetoxy-17-hydroxy- 3419

—, 11,21-Diacetoxy-17-hydroxy- 3424

—, 12,15-Diacetoxy-11-hydroxy- 3420

—, 12,21-Diacetoxy-11-hydroxy- 3420

—, 12,21-Diacetoxy-17-hydroxy- 3431

—, 15,21-Diacetoxy-17-hydroxy- 3432

—, 16,21-Diacetoxy-17-hydroxy- 3434

—, 19,21-Diacetoxy-14-hydroxy- 3432

—, 19,21-Diacetoxy-17-hydroxy- 3434

—, 16,21-Diacetoxy-9,11,17-trihydroxy-
3712

—, 6,9-Difluor-11,16,17,21-tetrahydroxy-
3621

—, 6,9-Difluor-11,17,21-trihydroxy- 3428

—, 6,21-Difluor-11,16,17-trihydroxy- 3421

—, 11,17-Dihydroxy-21-methansulfonyloxy-
3425

—, 11,17-Dihydroxy-21-phosphonooxy-
3425

—, 21-Dimethoxyphosphoryloxy-
11,17-dihydroxy- 3425

—, 21-[3,3-Dimethyl-butyryloxy]-
11,17-dihydroxy- 3425

—, 21-[3,3-Dimethyl-butyryloxy]-9-fluor-
11,17-dihydroxy- 3427

—, 21-[3,3-Dimethyl-butyryloxy]-9-fluor-
11,16,17-trihydroxy- 3621

—, 12-[3,4-Dimethyl-pent-2-enoyloxy]-
8,14-dihydroxy- 3419

—, 21-Dithiocarboxyoxy-11,17-dihydroxy-
3425

—, 11,18-Epoxy-18,21-dihydroxy- 3492

—, 6-Fluor-11,17-dihydroxy-
21-methansulfonyloxy- 3427

—, 9-Fluor-11,17-dihydroxy-
21-methansulfonyloxy- 3428

—, 9-Fluor-11,17-dihydroxy-
21-phosphonooxy- 3428

—, 9-Fluor-11,17-dihydroxy-
21-thiocyanato- 3430

—, 9-Fluor-21-heptanoyloxy-
11,17-dihydroxy- 3428

—, 6-Fluor-11,16,17,21-tetrahydroxy- 3620

—, 9-Fluor-1,11,17,21-tetrahydroxy- 3617

—, 9-Fluor-11,16,17,21-tetrahydroxy- 3621

—, 9-Fluor-11.16,17,21-tetrahydroxy-
2-methyl- 3623

—, 2-Fluor-11,17,21-trihydroxy- 3426

—, 6-Fluor-11,16,17-trihydroxy- 3421

—, 6-Fluor-11,17,21-trihydroxy- 3426

—, 6-Fluor-16,17,21-trihydroxy- 3434

—, 9-Fluor-11,16,17-trihydroxy- 3421

—, 9-Fluor-11,17,21-trihydroxy- 3427

—, 6-Fluor-11,17,21-trihydroxy-16-methyl-
3450

—, 9-Fluor-11,17,21-trihydroxy-2-methyl-
3447

—, 9-Fluor-11,17,21-trihydroxy-6-methyl-
3448

—, 11-Formyloxy-17,21-dihydroxy- 3423

—, 21-Formyloxy-11,17-dihydroxy- 3423

—, 17-Hydroxy-11,21-bis-methan≠
sulfonyloxy- 3425

—, 9,11,16,17,21-Pentahydroxy- 3712

—, 2,11,17,21-Tetrahydroxy- 3617

—, 6,11,17,21-Tetrahydroxy- 3617

—, 7,14,17,21-Tetrahydroxy- 3618

—, 9,11,17,21-Tetrahydroxy- 3618

—, 11,14,17,21-Tetrahydroxy- 3619

—, 11,16,17,21-Tetrahydroxy- 3620

—, 11,17,21,21-Tetrahydroxy- 3493

Pregn-4-en-3,11,20-trion (Fortsetzung)
—, 17-Hydroxy-21-phosphonooxy- 3484
—, 17-Hydroxy-21-pivaloyloxy- 3482
　　— 3,20-disemicarbazon 3486
—, 17-Hydroxy-1-propionylmercapto-
　　21-propionyloxy- 3631
—, 17-Hydroxy-21-thiocyanato- 3490
—, 17-Hydroxy-21-trityloxy- 3481
—, 17-Hydroxy-21-undecanoyloxy- 3483
—, 2,17,21-Triacetoxy- 3632
—, 2,17,21-Trihydroxy- 3631
—, 6,17,21-Trihydroxy- 3632
—, 14,17,21-Trihydroxy- 3634
—, 16,17,21-Trihydroxy- 3634
—, 17,21,21-Trihydroxy- 3537
Pregn-4-en-3,12,20-trion
—, 21-Acetoxy-17-hydroxy- 3490
—, 17,21-Dihydroxy- 3490
Pregn-4-en-3,15,20-trion
—, 21-Acetoxy-17-hydroxy- 3491
—, 17,21-Dihydroxy- 3491
Pregn-5-en-3,7,20-trion
—, 17,21-Diacetoxy- 3493
—, 17,21-Dihydroxy- 3493
Pregn-5-en-3,11,20-trion
—, 21-Acetoxy-17-hydroxy- 3493
—, 4,21-Diacetoxy-17-hydroxy- 3635
Pregn-5-en-11,15,20-trion
—, 3-Acetoxy-14-hydroxy- 3494
—, 3,14-Dihydroxy- 3494
Pregn-8-en-3,11,20-trion
—, 21-Acetoxy-17-hydroxy- 3494
Pregn-8(14)-en-3,11,20-trion
—, 21-Acetoxy-17-hydroxy- 3495
Propan
—, 1,1-Bis-[4,4-dimethyl-2,6-dioxo-
　　cyclohexyl]-3-[1-(α-hydroxy-2,4,6-trimethyl-
　　benzyl)-[2]naphthyl]- 3599
—, 1-[2-Formyl-4-methoxy-phenyl]-
　　3-[formyl-3,4,5-trimethoxy-phenyl]- 3677
Propan-1,2-dion
—, 1-[4-Äthoxy-2-(4-äthoxy-3-methoxy-
　　benzoyl)-5-methoxy-phenyl]- 3733
—, 1,3-Bis-[3,4-dimethoxy-phenyl]-,
　　— 2-oxim 3670
—, 1,3-Bis-[4-methoxy-phenyl]-,
　　— 2-oxim 3236
—, 1-[3,5-Dihydroxy-2-methoxy-phenyl]-
　　3371
—, 3-[3,4-Dihydroxy-phenyl]-1-
　　[2,4,6-trihydroxy-phenyl]- 3727
—, 3-[3,4-Dimethoxy-phenyl]-1-[2-hydroxy-
　　4,6-dimethoxy-phenyl]- 3728
—, 1-[3,4-Dimethoxy-phenyl]-3-hydroxy-
　　3-[2-hydroxy-4,6-dimethoxy-phenyl]- 3744
—, 1-[3,4-Dimethoxy-phenyl]-3-phenyl-,
　　— 2-oxim 3236
—, 3-[3,4-Dimethoxy-phenyl]-1-phenyl-,
　　— 2-oxim 3236
—, 3-[3,4-Dimethoxy-phenyl]-1-
　　[2,4,6-trimethoxy-phenyl]- 3728

—, 1-[4-Hydroxy-3,5-dimethoxy-phenyl]-
　　3371
—, 1-[2-Hydroxy-4,6-dimethoxy-phenyl]-
　　3-phenyl- 3555
—, 3-[4-Methoxy-phenyl]-1-
　　[2,4,6-trimethoxy-phenyl]- 3670
—, 3-Phenyl-1-[2,4,6-trimethoxy-phenyl]-
　　3556

Propan-1,3-dion
—, 1-[3-Acetyl-2,6-dihydroxy-phenyl]-
　　3-phenyl- 3581
—, 1-[3-Acetyl-2-hydroxy-4,6-dimethoxy-
　　phenyl]-3-[4-methoxy-phenyl]- 3733
—, 1-[3-Acetyl-6-hydroxy-2,4-dimethoxy-
　　phenyl]-3-[4-methoxy-phenyl]- 3733
—, 1-[3-Acetyl-2-hydroxy-
　　5,6,7,8-tetrahydro-[1]naphthyl]-3-phenyl-
　　3294
—, 1-[4-Acetyl-3-hydroxy-
　　5,6,7,8-tetrahydro-[2]naphthyl]-3-phenyl-
　　3294
—, 2-Benzoyl-1,3-bis-[4-methoxy-phenyl]-
　　3595
—, 2-Benzoyl-1-[2,6-dihydroxy-phenyl]-
　　3-phenyl- 3595
—, 2-Benzyliden-1-[3,4-dimethoxy-phenyl]-
　　3-[2-hydroxy-phenyl]- 3595
—, 2-Benzyliden-1-[2-hydroxy-phenyl]-3-
　　[2-methoxy-phenyl]- 3315
—, 2-Benzyliden-1-[2-hydroxy-phenyl]-3-
　　[4-methoxy-phenyl]- 3315
—, 2-Benzyliden-1-[2-hydroxy-phenyl]-
　　3-[3,4,5-trimethoxy-phenyl]- 3704
—, 1-[2-Benzyloxy-4-methoxy-phenyl]-
　　3-[2,4,6-trimethoxy-phenyl]- 3727
—, 1-[2-Benzyloxy-phenyl]-3-
　　[2,6-dimethoxy-phenyl]- 3555
—, 1-[2-Benzyloxy-phenyl]-3-
　　[2,3,6-trimethoxy-phenyl]- 3668
—, 1-[2-Benzyloxy-phenyl]-3-
　　[2,4,6-trimethoxy-phenyl]- 3669
—, 1,3-Bis-[2,4-dimethoxy-phenyl]- 3669
—, 1,3-Bis-[2-methoxy-phenyl]- 3235
—, 1,3-Bis-[3-methoxy-phenyl]- 3235
—, 1,3-Bis-[4-methoxy-phenyl]- 3235
—, 1-[4-Chlor-phenyl]-3-[2-hydroxy-
　　5-methoxy-phenyl]- 3234
—, 1-[3,4-Dimethoxy-phenyl]-3-[2-hydroxy-
　　4,6-dimethoxy-3-methyl-phenyl]- 3729
—, 1-[2,4-Dimethoxy-phenyl]-3-[2-hydroxy-
　　4,6-dimethoxy-phenyl]- 3726
—, 1-[3,5-Dimethoxy-phenyl]-3-[2-hydroxy-
　　4,6-dimethoxy-phenyl]- 3727
—, 1-[2,4-Dimethoxy-phenyl]-3-[2-hydroxy-
　　4-methoxy-phenyl]- 3669
—, 1-[3,4-Dimethoxy-phenyl]-3-[2-hydroxy-
　　4-methoxy-phenyl]- 3669
—, 1-[3,4-Dimethoxy-phenyl]-3-[2-hydroxy-
　　4-methoxy-phenyl]-2-veratroyl- 3762
—, 1-[2,5-Dimethoxy-phenyl]-3-[2-hydroxy-
　　phenyl]- 3554

Propan-1,3-dion (Fortsetzung)
—, 1-[3,4-Dimethoxy-phenyl]-3-[2-hydroxy-phenyl]- 3555
—, 1-[3,4-Dimethoxy-phenyl]-3-[2-hydroxy-phenyl]-2-[4-methoxy-benzyliden]- 3704
—, 1-[2,4-Dimethoxy-phenyl]-3-[2,4,6-trimethoxy-phenyl]- 3727
—, 2-Hydroxy-1,3-bis-[4-methoxy-phenyl]- 3556
—, 1-[2-Hydroxy-4,6-dimethoxy-3-methyl-phenyl]-3-[4-methoxy-phenyl]- 3674
    — monooxim 3674
—, 1-[6-Hydroxy-2,4-dimethoxy-3-methyl-phenyl]-3-[4-methoxy-phenyl]- 3674
—, 1-[2-Hydroxy-4,6-dimethoxy-3-methyl-phenyl]-3-phenyl- 3561
—, 1-[2-Hydroxy-4,6-dimethoxy-phenyl]-2,3-diphenyl- 3592
—, 1-[2-Hydroxy-3,6-dimethoxy-phenyl]-3-[2-methoxy-phenyl]- 3668
—, 1-[2-Hydroxy-4,6-dimethoxy-phenyl]-3-[2-methoxy-phenyl]- 3668
—, 1-[6-Hydroxy-2,3-dimethoxy-phenyl]-3-[2-methoxy-phenyl]- 3668
—, 1-[2-Hydroxy-4,6-dimethoxy-phenyl]-3-phenyl- 3554
—, 1-[2-Hydroxy-4,6-dimethoxy-phenyl]-3-[3,4,5-trimethoxy-phenyl]- 3743
—, 1-[5-Hydroxy-indan-4-yl]-3-[4-methoxy-phenyl]- 3284
—, 1-[6-Hydroxy-indan-5-yl]-3-[4-methoxy-phenyl]- 3284
—, 1-[2-Hydroxy-5-methoxy-3-nitro-phenyl]-3-phenyl- 3234
—, 1-[2-Hydroxy-4-methoxy-phenyl]-3-mesityl- 3249
—, 1-[2-Hydroxy-4-methoxy-phenyl]-3-[2-methoxy-phenyl]- 3554
—, 1-[2-Hydroxy-4-methoxy-phenyl]-3-[4-methoxy-phenyl]- 3554
—, 1-[2-Hydroxy-5-methoxy-phenyl]-3-[2-methoxy-phenyl]- 3554
—, 1-[2-Hydroxy-5-methoxy-phenyl]-3-[4-methoxy-phenyl]- 3554
—, 1-[2-Hydroxy-6-methoxy-phenyl]-3-[2-methoxy-phenyl]- 3555
—, 1-[2-Hydroxy-6-methoxy-phenyl]-3-[4-methoxy-phenyl]- 3555
—, 1-[2-Hydroxy-4-methoxy-phenyl]-2-methyl-3-phenyl- 3239
—, 1-[2-Hydroxy-4-methoxy-phenyl]-3-[3-nitro-phenyl]- 3234
—, 1-[2-Hydroxy-4-methoxy-phenyl]-3-phenyl- 3234
—, 1-[2-Hydroxy-6-methoxy-phenyl]-3-phenyl- 3235
—, 1-[2-Hydroxy-6-methoxy-phenyl]-3-[3,4,5-trimethoxy-phenyl]- 3727
—, 1-[3-Hydroxy-[2]naphthyl]-3-[3-methoxy-[2]naphthyl]- 3321

—, 1-[1-Hydroxy-[2]naphthyl]-3-[4-methoxy-phenyl]- 3301
—, 1-[2-Hydroxy-phenyl]-2-[2-methoxy-benzyliden]-3-phenyl- 3315
—, 1-[2-Hydroxy-phenyl]-2-[4-methoxy-benzyliden]-3-phenyl- 3315
—, 1-[2-Hydroxy-phenyl]-3-[4-methoxy-phenyl]- 3235
—, 1-[2-Hydroxy-phenyl]-3-phenyl-2-[3,4,5-trimethoxy-benzyliden]- 3704
—, 1-[2-Hydroxy-phenyl]-3-phenyl-2-veratryliden- 3595
—, 1-[2-Hydroxy-phenyl]-3-[3,4,5-trimethoxy-phenyl]- 3669
—, 1-[2-Hydroxy-3,4,5,6-tetramethoxy-phenyl]-3-[4-methoxy-phenyl]- 3743
—, 1-[2-Hydroxy-3,4,5,6-tetramethoxy-phenyl]-3-[3,4,5-trimethoxy-phenyl]- 3764
—, 1-[2-Hydroxy-3,4,6-trimethoxy-phenyl]-3-phenyl- 3668
—, 1-[6-Hydroxy-2,3,4-trimethoxy-phenyl]-3-phenyl- 3668
—, 1-[2-Hydroxy-3,4,6-trimethoxy-phenyl]-3-[3,4,5-trimethoxy-phenyl]- 3762
—, 1-[6-Hydroxy-2,3,4-trimethoxy-phenyl]-3-[3,4,5-trimethoxy-phenyl]- 3762
—, 2-[4-Methoxy-benzoyl]-1,3-diphenyl- 3316

6a,11-Propano-benzo[a]fluoren-5,12-dion
—, 11a-Äthyl-1,2,7,10-tetramethoxy-11,11a-dihydro-6H- 3701
    — dioxim 3701

6a,11-Propano-benzo[a]fluoren-12-on
—, 11a-Äthyl-1,2,7,10-tetramethoxy-5,6,11,11a-tetrahydro- 3588
—, 1,2,7,10-Tetramethoxy-11a-vinyl-11,11a-dihydro- 3593
—, 1,2,7,10-Tetramethoxy-11a-vinyl-5,6,11,11a-tetrahydro- 3590

6a,13-Propano-dibenzo[a,h]fluoren-14-on
—, 13a-Äthyl-1,2,7,12-tetramethoxy-5,6,13,13a-tetrahydro- 3596
    — oxim 3596
—, 1,2,7,12-Tetramethoxy-13a-vinyl-13,13a-dihydro- 3598
—, 1,2,7,12-Tetramethoxy-13a-vinyl-5,6,13,13a-tetrahydro- 3598

Propan-1-on
—, 3-Acetoxy-1-[2-acetoxy-5-benzoyl-phenyl]-2-brom-3-[4-methoxy-phenyl]- 3593
—, 2-Acetoxy-3-[2-acetoxy-4,6-dimethoxy-phenyl]-1-[3,4-dimethoxy-phenyl]- 3721
—, 3-Acetoxy-1-[2-acetoxy-5-methyl-phenyl]-2-brom-3-[4-methoxy-phenyl]- 3192
—, 3-Acetoxy-1-[4-benzyloxy-3-methoxy-phenyl]-2-[2-methoxy-phenoxy]- 3352
—, 3-[2-Acetoxy-4,6-dimethoxy-phenyl]-1-[3,4-dimethoxy-phenyl]- 3648
—, 3-Acetoxy-1-[3,4-dimethoxy-phenyl]-2-[2-methoxy-phenoxy]- 3352

Propan-1-on (Fortsetzung)

—, 3-Acetoxy-2-methoxy-3-[2-methoxy-phenyl]-1-phenyl- 3184

—, 3-[4-Acetoxy-3-methoxy-phenyl]-1-[2-acetoxy-phenyl]-2,3-dibrom- 3182

—, 1-[2-Acetoxy-4-methoxy-phenyl]-3-[4-benzyloxy-3-methoxy-phenyl]-2,3-dibrom-3518

—, 1-[2-Acetoxy-6-methoxy-phenyl]-2,3-dibrom-3-[4-methoxy-phenyl]- 3182

—, 1-[2-Acetoxy-4-methoxy-phenyl]-2-[4-methoxy-phenyl]- 3185

—, 3-[2-Acetoxy-4-methoxy-phenyl]-1-[4-methoxy-phenyl]- 3182

—, 1-[2-Acetoxy-5-methyl-phenyl]-3-äthoxy-2-brom-3-[4-methoxy-phenyl]- 3192

—, 1-[2-Acetoxy-4-methyl-phenyl]-3-[4-benzyloxy-3-methoxy-phenyl]-2,3-dibrom-3193

—, 1-[2-Acetoxy-5-methyl-phenyl]-2-brom-3-hydroxy-3-[4-methoxy-phenyl]- 3192

—, 1-[2-Acetoxy-5-methyl-phenyl]-2-brom-3-methoxy-3-[4-methoxy-phenyl]- 3192

—, 1-[1-Acetoxy-[2]naphthyl]-3-äthoxy-3-[4-benzyloxy-3-methoxy-phenyl]-2-brom-3586

—, 1-[1-Acetoxy-[2]naphthyl]-3-[4-benzyloxy-3-methoxy-phenyl]-2,3-dibrom-3293

—, 1-[1-Acetoxy-[2]naphthyl]-2-brom-3-hydroxy-3-[4-methoxy-phenyl]- 3293

—, 1-[2-Acetoxy-[1]naphthyl]-2-brom-3-hydroxy-3-[4-methoxy-phenyl]- 3293

—, 1-[2-Acetoxy-phenyl]-2,3-dibrom-3-[5-brom-2,4-dimethoxy-phenyl]- 3182

—, 1-[2-Acetoxy-3,4,6-trimethoxy-phenyl]-3352

—, 1-[2-Acetyl-3-benzyloxy-5,6-dimethoxy-phenyl]- 3379

—, 1-[3-(3-Acetyl-2,4-dihydroxy-6-methoxy-5-methyl-benzyl)-2,6-dihydroxy-4-methoxy-5-methyl-phenyl]-3-phenyl- 3754

—, 1-[3-(3-Acetyl-2,4,6-trihydroxy-5-methyl-benzyl)-2,4,6-trihydroxy-5-methyl-phenyl]-3-phenyl- 3754

—, 1-[2-Acetyl-3,5,6-trimethoxy-phenyl]-3378

—, 3-Äthoxy-1-[5-benzoyl-2-hydroxy-phenyl]-2-brom-3-[4-methoxy-phenyl]- 3593

—, 3-Äthoxy-3-[4-benzyloxy-3-methoxy-phenyl]-2-brom-1-[2-hydroxy-5-methyl-phenyl]- 3526

—, 3-Äthoxy-2-brom-1-[3-brom-2-hydroxy-5-methyl-phenyl]-3-[4-methoxy-phenyl]-3193

—, 3-Äthoxy-2-brom-1-[4-chlor-phenyl]-3-[3,4-dimethoxy-phenyl]- 3183

—, 3-Äthoxy-2-brom-1-[2-hydroxy-6-methoxy-phenyl]-3-[4-methoxy-phenyl]-3521

—, 3-Äthoxy-2-brom-1-[2-hydroxy-3-methyl-phenyl]-3-[4-methoxy-phenyl]-3191

—, 3-Äthoxy-2-brom-1-[2-hydroxy-4-methyl-phenyl]-3-[4-methoxy-phenyl]-3193

—, 3-Äthoxy-2-brom-1-[2-hydroxy-5-methyl-phenyl]-3-[4-methoxy-phenyl]-3192.

—, 3-Äthoxy-2-brom-1-[2-hydroxy-phenyl]-3-[4-methoxy-phenyl]- 3183

—, 1-[5-Äthyl-3-brom-2,4-dihydroxy-phenyl]-2,3-dibrom-3-[4-methoxy-phenyl]-3196

—, 1-[5-Benzoyl-2-hydroxy-phenyl]-2-brom-3-hydroxy-3-[4-methoxy-phenyl]- 3593

—, 1-[5-Benzoyl-2-hydroxy-phenyl]-2-brom-3-methoxy-3-[4-methoxy-phenyl]- 3593

—, 1-[5-Benzoyl-2-hydroxy-phenyl]-2,3-dibrom-3-[4-methoxy-phenyl]- 3310

—, 3-Benzylmercapto-1,2-bis-[4-methoxy-phenyl]- 3186

—, 1-[4-Benzyloxy-2-hydroxy-5-nitro-phenyl]-2,3-dibrom-3-[3,4-dimethoxy-phenyl]- 3519

—, 1-[4-Benzyloxy-2-hydroxy-5-nitro-phenyl]-2,3-dibrom-3-[2-methoxy-phenyl]-3179

—, 1-[4-Benzyloxy-2-hydroxy-5-nitro-phenyl]-2,3-dibrom-3-[4-methoxy-phenyl]-3180

—, 3-[4-Benzyloxy-3-methoxy-phenyl]-2,3-dibrom-1-[2-hydroxy-5-methyl-phenyl]-3190

—, 3-[4-Benzyloxy-3-methoxy-phenyl]-2,3-dibrom-1-[1-hydroxy-[2]naphthyl]- 3293

—, 1-[4-Benzyloxy-3-methoxy-phenyl]-2-[4-formyl-2-methoxy-phenoxy]-3-hydroxy-3353

—, 1-[4-Benzyloxy-3-methoxy-phenyl]-3-hydroxy-2-[2-methoxy-phenoxy]- 3352

—, 1,3-Bis-[4-acetoxy-2-chlor-5-methoxy-phenyl]-3-hydroxy- 3648

—, 1,3-Bis-[3,4-dimethoxy-phenyl]- 3520

—, 1,1'-Bis-[3,4-dimethoxy-phenyl]-2,2'-bis-[2-methoxy-phenoxy]-3,3'-sulfandiyl-bis-3353

—, 3-Brom-1-[3-brom-2-hydroxy-6-methoxy-phenyl]-3-[4-methoxy-phenyl]-3181

—, 2-Brom-1-[3-brom-2-hydroxy-5-methyl-phenyl]-3-hydroxy-3-[4-methoxy-phenyl]-3192

—, 2-Brom-1-[4-chlor-phenyl]-3-[3,4-dimethoxy-phenyl]-3-methoxy- 3183

—, 2-Brom-3-hydroxy-1-[2-hydroxy-4-methyl-phenyl]-3-[4-methoxy-phenyl]-3193

—, 2-Brom-3-hydroxy-1-[2-hydroxy-5-methyl-phenyl]-3-[4-methoxy-phenyl]-3191

Formelregister

Im Formelregister sind die Verbindungen entsprechend dem System von *Hill* (Am. Soc. **22** [1900] 478)

1. nach der Anzahl der C-Atome,
2. nach der Anzahl der H-Atome,
3. nach der Anzahl der übrigen Elemente

in alphabetischer Reihenfolge angeordnet. Isomere sind in Form des „Registerna‍mens" (s. diesbezüglich die Erläuterungen zum Sachregister) in alphabetischer Rei‍henfolge aufgeführt. Verbindungen unbekannter Konstitution finden sich am Schluss der jeweiligen Isomeren-Reihe.

Von quartären Ammonium-Salzen, tertiären Sulfonium-Salzen u.s.w., sowie Or‍ganometall-Salzen wird nur das Kation aufgeführt.

Formula Index

Compounds are listed in the Formula Index using the system of *Hill* (Am. Soc. **22** [1900] 478), following:

1. the number of Carbon atoms,
2. the number of Hydrogen atoms,
3. the number of other elements,

in alphabetical order. Isomers are listed in the alphabetical order of their Index Names (see foreword to Subject Index), and isomers of undetermined structure are located at the end of the particular isomer listing.

For quarternary ammonium salts, tertiary sulfonium salts etc. and organometallic salts only the cations are listed.

C_5

$C_5H_2O_5$
Cyclopent-4-en-1,2,3-trion, 4,5-Dihydroxy-
3342

$C_5H_4O_5$
Cyclopentadienon, Tetrahydroxy- 3341

C_6

$C_6H_2O_6$
Cyclohex-5-en-1,2,3,4-tetraon,
5,6-Dihydroxy- 3609

$C_6H_4O_6$
[1,4]Benzochinon, Tetrahydroxy- 3604

$C_6H_8O_5$
Cyclohexan-1,2-dion, 3,4,5-Trihydroxy-
3339

$C_6H_8O_6$
Cyclohexan-1,4-dion, 2,3,5,6-Tetrahydroxy-
3604

$C_6H_{10}O_6$
cis-Inosose 3602
myo-[1]Inosose 3602
allo-[1]Inosose 3602
epi-[2]Inosose 3602
myo-[2]Inosose 3602

C_7

$C_7H_6O_5$
Cyclopent-4-en-1,2,3-trion, 4,5-Dimethoxy-
3343

$C_7H_{12}O_6$
Cyclohexanon, 2,3,4,5,6-Pentahydroxy-
3-methyl- 3604

C$_7$H$_{12}$O$_6$ (Fortsetzung)
Cyclohexanon, 2,3,4,6-Tetrahydroxy-
5-methoxy- 3602
C$_7$H$_{13}$N$_3$O$_5$S
Cyclohexanon, 2,3,4,5,6-Pentahydroxy-,
thiosemicarbazon 3603

C$_8$

C$_8$H$_8$O$_5$
Äthanon, 2-Hydroxy-1-[2,4,6-trihydroxy-
phenyl]- 3349
Benzaldehyd, 2,3,4-Trihydroxy-
6-hydroxymethyl- 3351
−, 2,3,4-Trihydroxy-5-methoxy- 3344
−, 2,4,5-Trihydroxy-3-methoxy- 3344
−, 3,4,6-Trihydroxy-2-methoxy- 3344
C$_8$H$_8$O$_6$
[1,4]Benzochinon, 2,5-Dihydroxy-
3,6-dimethoxy- 3605
C$_8$H$_9$NO$_4$
Äthanon, 2-Hydroxy-1-[2,4,6-trihydroxy-
phenyl]-, imin 3349

C$_9$

C$_9$H$_7$BrO$_5$
Isophthalaldehyd, 2-Brom-4,6-dihydroxy-
5-methoxy- 3371
C$_9$H$_8$O$_5$
Benzaldehyd, 3-Acetyl-2,4,6-trihydroxy-
3372
[1,4]Benzochinon, 2-Acetyl-3,5-dihydroxy-
6-methyl- 3373
Phthalaldehyd, 3,4,5-Trihydroxy-6-methyl-
3373
C$_9$H$_9$BrO$_5$
[1,4]Benzochinon, Brom-trimethoxy- 3343
C$_9$H$_9$ClO$_5$
[1,4]Benzochinon, Chlor-trimethoxy- 3343
C$_9$H$_{10}$O$_5$
Äthanon, 2-Methoxy-1-[2,4,6-trihydroxy-
phenyl]- 3349
−, 1-[2,3,4,6-Tetrahydroxy-5-methyl-
phenyl]- 3354
−, 1-[2,4,6-Trihydroxy-3-methoxy-
phenyl]- 3345
Benzaldehyd, 3,6-Dihydroxy-2,4-dimethoxy-
3344
[1,4]Benzochinon, 2-Hydroxy-3,5-dimethoxy-
6-methyl- 3344
−, 2-Hydroxy-5,6-dimethoxy-3-methyl-
3344
−, Trimethoxy- 3343
C$_9$H$_{12}$N$_4$O$_{13}$
Cyclopentanon, 2,2,5,5-Tetrakis-nitryloxy⁼
methyl- 3339

C$_9$H$_{16}$O$_5$
Cyclopentanon, 2,2,5,5-Tetrakis-
hydroxymethyl- 3339

C$_{10}$

C$_{10}$H$_5$ClO$_5$
[1,4]Naphthochinon, 2-Chlor-
3,5,8-trihydroxy- 3454
C$_{10}$H$_6$O$_5$
[1,4]Naphthochinon, 2,3,5-Trihydroxy- 3454
−, 2,3,6-Trihydroxy- 3455
−, 2,5,7-Trihydroxy- 3453
−, 2,5,8-Trihydroxy- 3454
−, 2,7,8-Trihydroxy- 3453
C$_{10}$H$_6$O$_6$
[1,4]Naphthochinon, 2,3,5,7-Tetrahydroxy-
3623
C$_{10}$H$_6$O$_8$
[4,4']Bicyclopent-1-enyl-3,5,3',5'-tetraon,
1,2,1',2'-Tetrahydroxy- 3739
[1,4]Naphthochinon, Hexahydroxy- 3740
C$_{10}$H$_7$Cl$_3$O$_5$
Benzaldehyd, 2,6-Dihydroxy-4-methoxy-
3-trichloracetyl- 3372
C$_{10}$H$_7$F$_3$O$_5$
Benzaldehyd, 2,6-Dihydroxy-4-methoxy-
3-trifluoracetyl- 3372
C$_{10}$H$_8$O$_8$
[1,4]Benzochinon, 2,5-Diacetoxy-
3,6-dihydroxy- 3605
C$_{10}$H$_9$BrO$_5$
Isophthalaldehyd, 2-Brom-4-hydroxy-
5,6-dimethoxy- 3371
C$_{10}$H$_{10}$O$_5$
Benzaldehyd, 3-Acetyl-2,4,6-trihydroxy-
5-methyl- 3378
Benzen-1,2,4-triol, 3,5-Diacetyl- 3374
[1,4]Benzochinon, 3-Acetyl-2,5-dimethoxy-
3371
Flavipin-monomethyläther 3373
Isophthalaldehyd, 4-Hydroxy-5,6-dimethoxy-
3371
Phloroglucin, 2,4-Diacetyl- 3374
Propan-1,2-dion, 1-[3,5-Dihydroxy-
2-methoxy-phenyl]- 3371
Pyrogallol, 4,6-Diacetyl- 3377
C$_{10}$H$_{11}$BrO$_5$
Äthanon, 1-[3-Brom-2,5-dihydroxy-
4,6-dimethoxy-phenyl]- 3348
−, 2-Brom-1-[2,4-dihydroxy-
3,6-dimethoxy-phenyl]- 3348
C$_{10}$H$_{11}$ClO$_5$
Äthanon, 2-Chlor-1-[2,4-dihydroxy-
3,6-dimethoxy-phenyl]- 3347
−, 2-Chlor-1-[3,6-dihydroxy-
2,4-dimethoxy-phenyl]- 3347
C$_{10}$H$_{11}$N$_3$O$_5$
[1,4]Benzochinon, 2-Acetyl-3,5-dihydroxy-
6-methyl-, monosemicarbazon 3373

$C_{10}H_{12}O_5$
Äthanon, 1-[5-Äthyl-2,3,4-trihydroxy-phenyl]-
    2-hydroxy- 3356
–, 1-[2,3-Dihydroxy-4,6-dimethoxy-
    phenyl]- 3345
–, 1-[2,4-Dihydroxy-3,6-dimethoxy-
    phenyl]- 3345
–, 1-[2,5-Dihydroxy-3,6-dimethoxy-
    phenyl]- 3348
–, 1-[3,6-Dihydroxy-2,4-dimethoxy-
    phenyl]- 3345
–, 2-Methoxy-1-[2,4,6-trihydroxy-
    3-methyl-phenyl]- 3354
Benzaldehyd, 2,5-Dihydroxy-3,4-dimethoxy-
    6-methyl- 3351
Cyclohexan-1,3,5-trion, 4-Acetyl-2-hydroxy-
    2,6-dimethyl- 3356
Tropolon, 3,5,7-Tris-hydroxymethyl- 3355

$C_{10}H_{12}O_6$
[1,4]Benzochinon, Tetramethoxy- 3605

$C_{10}H_{20}O_5S_2$
Cyclohexanon, 2,3,4,5,6-Pentahydroxy-,
    diäthyldithioacetal 3603

$C_{10}H_{20}O_9S_2$
Cyclohexan-1,2,3,4,5-pentaol, 6,6-Bis-
    äthansulfonyl- 3603

C_{11}

$C_{11}H_6Br_2O_5$
Benzocyclohepten-5-on, 1,7-Dibrom-
    2,3,4,6-tetrahydroxy- 3458
–, 7,8-Dibrom-2,3,4,6-tetrahydroxy-
    3458

$C_{11}H_6O_5$
Benzocyclohepten-1,2,9-trion, 3,8-Dihydroxy-
    3504

$C_{11}H_8O_5$
Benzocyclohepten-5-on, 2,3,4,6-Tetrahydroxy-
    3456
[1,4]Naphthochinon, 2,3-Dihydroxy-
    5-methoxy- 3455
–, 2,3-Dihydroxy-6-methoxy- 3455
–, 5,8-Dihydroxy-2-methoxy- 3454

$C_{11}H_8O_8$
[1,4]Naphthochinon, 2,5,6,7,8-Pentahydroxy-
    3-methoxy- 3740

$C_{11}H_9Cl_3O_5$
Resorcin, 2-Acetyl-5-methoxy-4-trichloracetyl-
    3377

$C_{11}H_{12}N_2O_4$
Äthanon, 2-Diazo-1-[3,4,5-trimethoxy-
    phenyl]- 3370

$C_{11}H_{12}O_5$
Acetaldehyd, [2,6-Dihydroxy-3-methoxyacetyl-
    phenyl]- 3377
Benzocyclohepten-5-on, 2,3,4,6-Tetrahydroxy-
    6,7,8,9-tetrahydro- 3381
Phloroglucin, 2,4-Diacetyl-6-methyl- 3379

Propan-1,2-dion, 1-[4-Hydroxy-
    3,5-dimethoxy-phenyl]- 3371
Propionaldehyd, 3-[2-Hydroxy-
    3,4-dimethoxy-phenyl]-3-oxo- 3371
–, 3-[2-Hydroxy-4,6-dimethoxy-phenyl]-
    3-oxo- 3372
Resorcin, 2,4-Diacetyl-5-methoxy- 3375
–, 4,6-Diacetyl-5-methoxy- 3375

$C_{11}H_{12}O_6$
Benzaldehyd, 3-Acetyl-4,6-dihydroxy-
    2,5-dimethoxy- 3610

$C_{11}H_{13}BrO_5$
Äthanon, 1-[3-Brom-2-hydroxy-
    4,5,6-trimethoxy-phenyl]- 3348

$C_{11}H_{13}ClO_5$
Äthanon, 2-Chlor-1-[2-hydroxy-
    3,4,6-trimethoxy-phenyl]- 3347

$C_{11}H_{13}NO_4$
Phenol, 2,6-Diacetyl-3-amino-5-methoxy-
    3375

$C_{11}H_{14}O_5$
Aceton, 3-Hydroxy-1-[4-hydroxy-
    3,5-dimethoxy-phenyl]- 3353
Äthanon, 1-[2,5-Dihydroxy-4,6-dimethoxy-
    3-methyl-phenyl]- 3354
–, 1-[4,6-Dihydroxy-2-methoxy-
    3-methyl-phenyl]-2-methoxy- 3354
–, 1-[2-Hydroxy-3,6-dimethoxy-phenyl]-
    2-methoxy- 3348
–, 1-[2-Hydroxy-4,6-dimethoxy-phenyl]-
    2-methoxy- 3349
–, 1-[2-Hydroxy-3,4,6-trimethoxy-
    phenyl]- 3346
–, 1-[6-Hydroxy-2,3,4-trimethoxy-
    phenyl]- 3345
Benzaldehyd, 2,3,4,5-Tetramethoxy- 3344
Butan-1-on, 3-Methyl-1-[2,3,4,6-tetrahydroxy-
    phenyl]- 3356
Cycloheptatrienon, 3,5,7-Tris-hydroxymethyl-
    2-methoxy- 3355
Cyclohexa-2,5-dienon, 4-Acetonyl-4-hydroxy-
    2,6-dimethoxy- 3353
–, 4-Acetonyl-4-hydroxy-
    3,5-dimethoxy- 3353
Propan-1-on, 1-[2,4-Dihydroxy-
    3,6-dimethoxy-phenyl]- 3351
–, 1-[3,6-Dihydroxy-2,4-dimethoxy-
    phenyl]- 3351
–, 2-Hydroxy-1-[4-hydroxy-
    3,5-dimethoxy-phenyl]- 3352

$C_{11}H_{14}O_6$
Äthanon, 1-[3,6-Dihydroxy-2,4-dimethoxy-
    phenyl]-2-methoxy- 3606

$C_{11}H_{14}O_{11}S_3$
Äthanon, 1-[2-Hydroxy-4,6-bis-methansulfonyl≈
    oxy-phenyl]-2-methansulfonyloxy- 3351
–, 2-Hydroxy-1-[2,4,6-tris-methansulfonyloxy-
    phenyl]- 3350

$C_{11}H_{15}NO_5$
Äthanon, 1-[2-Hydroxy-4,6-dimethoxy-
    phenyl]-2-methoxy-, oxim 3349

C_{12}

$C_{12}H_8O_4$
Naphthalin-1,4-dicarbaldehyd,
  2,3-Dihydroxy- 3159
Naphthalin-1,5-dicarbaldehyd,
  2,6-Dihydroxy- 3159
[1,4]Naphthochinon, 2-Acetyl-3-hydroxy-
  3159

$C_{12}H_8O_5$
Benzocyclohepten-1,2,9-trion, 8-Hydroxy-
  3-methoxy- 3504

$C_{12}H_8O_7$
[1,4]Naphthochinon, 2-Acetyl-
  3,5,6,8-tetrahydroxy- 3717
 —, 6-Acetyl-2,5,7,8-tetrahydroxy- 3717

$C_{12}H_8O_8$
[1,4]Naphthochinon, 2-Acetyl-3,5,6,7,8-
  pentahydroxy- 3740

$C_{12}H_9BrO_5$
Benzocyclohepten-5-on, 7-Brom-
  3,4,6-trihydroxy-2-methoxy- 3458

$C_{12}H_9ClO_5$
[1,4]Naphthochinon, 5-Chlor-2-hydroxy-
  7,8-dimethoxy- 3453

$C_{12}H_{10}O_5$
Benzocyclohepten-5-on, 2,3,4-Trihydroxy-
  6-methoxy- 3456
 —, 3,4,6-Trihydroxy-2-methoxy- 3456
[1,4]Naphthochinon, 5,8-Dihydroxy-
  2-methoxy-3-methyl- 3459
 —, 2-Hydroxy-5,8-dimethoxy- 3454
 —, 2-Hydroxy-6,7-dimethoxy- 3455
 —, 2-Hydroxy-7,8-dimethoxy- 3453

$C_{12}H_{10}O_6$
[1,4]Naphthochinon, 3-Äthyl-
  2,5,6,7-tetrahydroxy- 3626
 —, 2,3-Dihydroxy-5,8-dimethoxy- 3624
 —, 2,3-Dihydroxy-6,7-dimethoxy- 3624
 —, 3,5-Dihydroxy-2,7-dimethoxy- 3623
 —, 5,8-Dihydroxy-2,3-dimethoxy- 3624
 —, 5,8-Dihydroxy-6,7-dimethoxy- 3624
 —, 2,5,8-Trihydroxy-3-methoxy-
  6-methyl- 3625
 —, 3,5,8-Trihydroxy-2-methoxy-
  6-methyl- 3625
Propionaldehyd, 3,3′-Dihydroxy-2,2′-dioxo-
  3,3′-p-phenylen-di- 3626

$C_{12}H_{10}O_7$
[1,4]Naphthochinon, 2-Äthyl-3,5,6,7,8-
  pentahydroxy- 3714
 —, 6-Äthyl-2,3,5,7,8-pentahydroxy-
  3714
 —, 2,3,5,8-Tetrahydroxy-6-[1-hydroxy-
  äthyl]- 3714
 —, 5,6,7,8-Tetrahydroxy-2-[1-hydroxy-
  äthyl]- 3714

$C_{12}H_{12}O_5$
Cyclopent-2-enon, 2-Methoxy-3-
  [2,3,4-trihydroxy-phenyl]- 3404

Resorcin, 2,4,6-Triacetyl- 3405

$C_{12}H_{12}O_6$
Benzen-1,2,4-triol, 3,5,6-Triacetyl- 3614
Butan-1,2,3-trion, 1-[2-Hydroxy-
  4,6-dimethoxy-phenyl]- 3613
Phloroglucin, 2,4,6-Triacetyl- 3614

$C_{12}H_{12}O_7$
Äthanon, 2-Acetoxy-1-[4-acetoxy-
  2,6-dihydroxy-phenyl]- 3350
Essigsäure, [4-Acetyl-2-formyl-3-hydroxy-
  5-methoxy-phenoxy]- 3372

$C_{12}H_{12}O_8$
[1,4]Benzochinon, 2,5-Diacetoxy-
  3,6-dimethoxy- 3605

$C_{12}H_{13}NO_5$
Indan-1,2-dion, 5,6,7-Trimethoxy-, 2-oxim
  3404

$C_{12}H_{14}O_5$
Benzaldehyd, 3-Acetyl-4-äthoxy-6-hydroxy-
  2-methoxy- 3372
Benzocyclohepten-5-on, 2,4,6-Trihydroxy-
  3-methoxy-6,7,8,9-tetrahydro- 3381
Butan-1,3-dion, 1-[2-Hydroxy-3,4-dimethoxy-
  phenyl]- 3373
 —, 1-[2-Hydroxy-3,6-dimethoxy-phenyl]-
  3373
 —, 1-[2-Hydroxy-4,6-dimethoxy-phenyl]-
  3374
Phenol, 2,4-Diacetyl-3,5-dimethoxy- 3375
 —, 2,6-Diacetyl-3,5-dimethoxy- 3375
Resorcin, 2,4-Diacetyl-5-äthoxy- 3375
 —, 2,4-Diacetyl-5-methoxy-6-methyl-
  3379
 —, 4,6-Diacetyl-5-methoxy-2-methyl-
  3379

$C_{12}H_{14}O_6$
arabino-[2]Hexosulose, 1-Phenyl- 3611

$C_{12}H_{15}ClO_5$
Äthanon, 2-Chlor-1-[2,3,4,6-tetramethoxy-
  phenyl]- 3348

$C_{12}H_{15}NO_4$
Phenol, 2,6-Diacetyl-3-amino-5-methoxy-
  4-methyl- 3379

$C_{12}H_{16}O_5$
Äthanon, 1-[2-Äthoxy-6-hydroxy-4-methoxy-
  phenyl]-2-methoxy- 3349
 —, 1-[3-Äthyl-6,x-dihydroxy-x,x-
  dimethoxy-phenyl]- 3355
 —, 1-[2-Hydroxy-4,6-dimethoxy-
  3-methyl-phenyl]-2-methoxy- 3355
 —, 1-[6-Hydroxy-2,4-dimethoxy-
  3-methyl-phenyl]-2-methoxy- 3355
 —, 2-Methoxy-1-[2,4,6-trimethoxy-
  phenyl]- 3349
 —, 1-[2,3,4,6-Tetramethoxy-phenyl]-
  3346
 —, 1-[2,3,5,6-Tetramethoxy-phenyl]-
  3348
Cyclohexan-1,3,5-trion, 4-Butyryl-2-hydroxy-
  2,6-dimethyl- 3356

C₁₂H₁₆O₅ (Fortsetzung)
Propan-1-on, 1-[2-Hydroxy-3,4,6-trimethoxy-
phenyl]- 3352
C₁₂H₁₆O₆
Äthanon, 1-[2-Hydroxy-3,5,6-trimethoxy-
phenyl]-2-methoxy- 3607
—, 1-[6-Hydroxy-2,3,4-trimethoxy-
phenyl]-2-methoxy- 3606
Benzaldehyd, 2-Hydroxymethyl-
3,4,5,6-tetramethoxy- 3607
Fructose, 1-Phenyl- 3608
C₁₂H₁₆O₁₁S₃
Äthanon, 2-Methoxy-1-[2,4,6-tris-
methansulfonyloxy-phenyl]- 3351
C₁₂H₁₇N₃O₅
Cyclohexa-2,5-dienon, 4-Acetonyl-4-hydroxy-
3,5-dimethoxy-, semicarbazon 3354
C₁₂H₂₀O₆
Cyclohexan-1,4-diol, 1,4-Bis-[3-hydroxy-
propionyl]- 3604

C₁₃

C₁₃H₈O₄
Fluoren-9-on, 1,2,4-Trihydroxy- 3210
C₁₃H₉ClO₄
Benzophenon, 5-Chlor-2,3,4-trihydroxy-
3161
C₁₃H₁₀O₄
1,4-Ätheno-naphthalin-2,3,5,8-tetraon,
1-Methyl-1,4,4a,8a-tetrahydro- 3167
Benzophenon, 2,3,4-Trihydroxy- 3160
—, 2,4,2′-Trihydroxy- 3163
—, 2,4,5-Trihydroxy- 3161
—, 2,4,6-Trihydroxy- 3162
—, 2,6,2′-Trihydroxy- 3165
[1,4]Naphthochinon, 2-Acetonyl-3-hydroxy-
3167
C₁₃H₁₀O₅
Benzophenon, 2,4,2′,4′-Tetrahydroxy- 3505
—, 3,4,3′,4′-Tetrahydroxy- 3508
C₁₃H₁₀O₆
Benzocyclohepten-5-on, 2-Acetoxy-
3,4,6-trihydroxy- 3457
Benzophenon, 2,3,4,2′,4′-Pentahydroxy-
3639
C₁₃H₁₀O₇
Benzophenon, 2,3,4,2′,3′,4′-Hexahydroxy-
3718
C₁₃H₁₁NO₃
Benzophenon, 2,4,6-Trihydroxy-, imin 3163
C₁₃H₁₂O₅
Benzocyclohepten-5-on, 2-Äthoxy-
3,4,6-trihydroxy- 3457
—, 2,4-Dihydroxy-3,6-dimethoxy- 3456
—, 4,6-Dihydroxy-2,3-dimethoxy- 3456
—, 2,3,4,6-Tetrahydroxy-1,7-dimethyl-
3460
[1,4]Naphthochinon, 5,6-Dimethoxy-
2-hydroxy-3-methyl- 3459

—, 2-Hydroxy-5,7-dimethoxy-3-methyl-
3459
—, 3-Hydroxy-5,7-dimethoxy-2-methyl-
3459
—, 2,5,7-Trimethoxy- 3453
—, 2,6,8-Trimethoxy- 3454
C₁₃H₁₂O₆
Indan-1,3-dion, 2-Acetyl-7-hydroxy-
4,5-dimethoxy- 3625
[1,4]Naphthochinon, 5,8-Dihydroxy-
2,3-dimethoxy-6-methyl- 3625
—, 5,8-Dihydroxy-6,7-dimethoxy-
2-methyl- 3625
C₁₃H₁₃NO₆
Oxim C₁₃H₁₃NO₆ aus 2-Acetyl-7-hydroxy-
4,5-dimethoxy-indan-1,3-dion 3625
C₁₃H₁₄O₅
Benzocyclohepten-1,4,5-trion,
2,3-Dimethoxy-6,7,8,9-tetrahydro- 3405
C₁₃H₁₄O₆
Resorcin, 2,4,6-Triacetyl-5-methoxy- 3614
C₁₃H₁₄O₇
Äthanon, 2-Acetoxy-1-[4-acetoxy-2-hydroxy-
6-methoxy-phenyl]- 3350
C₁₃H₁₆N₂O₄
Butan-2-on, 1-Diazo-4-[3,4,5-trimethoxy-
phenyl]- 3374
C₁₃H₁₆O₅
Benzocyclohepten-5-on, 1,4-Dihydroxy-
2,3-dimethoxy-6,7,8,9-tetrahydro- 3380
Benzol, 1,3-Diacetyl-2,4,5-trimethoxy- 3374
—, 1,5-Diacetyl-2,3,4-trimethoxy- 3377
—, 2,4-Diacetyl-1,3,5-trimethoxy- 3375
Butan-1,3-dion, 1-[2-Hydroxy-4,6-dimethoxy-
3-methyl-phenyl]- 3378
—, 1-[2,4,6-Trimethoxy-phenyl]- 3374
—, 1-[3,4,5-Trimethoxy-phenyl]- 3374
Phenol, 2,4-Diacetyl-3,5-dimethoxy-6-methyl-
3379
—, 2,6-Diacetyl-3,5-dimethoxy-4-methyl-
3379
C₁₃H₁₆O₆
Äthanon, 2-Acetoxy-1-[2,4,6-trimethoxy-
phenyl]- 3350
Butan-1,3-dion, 1-[2-Hydroxy-
3,4,6-trimethoxy-phenyl]- 3610
—, 1-[6-Hydroxy-2,3,4-trimethoxy-
phenyl]- 3610
Cyclohexa-2,5-dienon, 4-Acetonyl-4-acetoxy-
3,5-dimethoxy- 3354
C₁₃H₁₈O₅
Aceton, 1-Äthoxy-1-[4-hydroxy-
3,5-dimethoxy-phenyl]- 3353
Äthanon, 1-[3-Äthyl-2-hydroxy-
4,5,6-trimethoxy-phenyl]- 3355
—, 1-[3-Äthyl-6-hydroxy-
2,4,5-trimethoxy-phenyl]- 3355
Butan-1-on, 1-[2,4-Dihydroxy-3,6-dimethoxy-
phenyl]-3-methyl- 3356
Tropolon, 3,5,7-Triäthoxy- 3343

$C_{13}H_{18}O_6$
Äthanon, 1-[3-Äthoxy-6-hydroxy-
  2,4-dimethoxy-phenyl]-2-methoxy- 3607
−, 2-Methoxy-1-[2,3,4,6-tetramethoxy-
  phenyl]- 3606
Fructose, O^1-Methyl-1-phenyl- 3608

$C_{13}H_{18}O_7$
Äthanon, 1-[2-Hydroxy-3,4,5,6-tetramethoxy-
  phenyl]-2-methoxy- 3710

$C_{13}H_{20}O$
Anisol, 4-Methyl-2-neopentyl- 3773
−, 4-Methyl-3-neopentyl- 3773

C_{14}

$C_{14}H_4Br_4Cl_2O_4$
Benzil, 3,5,3′,5′-Tetrabrom-4,4′-dichlor-
  2,2′-dihydroxy- 3215

$C_{14}H_4Cl_6O_4$
Benzil, 3,4,5,3′,4′,5′-Hexachlor-
  2,2′-dihydroxy- 3214

$C_{14}H_4D_4O_6$
Anthrachinon, 1,4,5,8-Tetradeuteriooxy-
  3684

$C_{14}H_6Br_2Cl_2O_4$
Benzil, 3,3′-Dibrom-5,5′-dichlor-
  2,2′-dihydroxy- 3214
−, 5,5′-Dibrom-3,3′-dichlor-
  2,2′-dihydroxy- 3214

$C_{14}H_6Br_2N_2O_8$
Benzil, 3,3′-Dibrom-2,2′-dihydroxy-
  5,5′-dinitro- 3216

$C_{14}H_6Br_2O_2S_2$
Anthracen-1,4-disulfenylbromid, 9,10-Dioxo-
  9,10-dihydro- 3266
Anthracen-1,5-disulfenylbromid, 9,10-Dioxo-
  9,10-dihydro- 3270

$C_{14}H_6Br_2O_2Se_2$
Anthracen-1,4-diselenenylbromid,
  9,10-Dioxo-9,10-dihydro- 3268

$C_{14}H_6Br_2O_4$
Anthrachinon, 2,3-Dibrom-1,4-dihydroxy-
  3263

$C_{14}H_6Br_4O_4$
Benzil, 3,5,3′,5′-Tetrabrom-2,2′-dihydroxy-
  3215

$C_{14}H_6Cl_2O_2S_2$
Anthracen-1,4-disulfenylchlorid, 9,10-Dioxo-
  9,10-dihydro- 3266

$C_{14}H_6Cl_2O_4$
Anthrachinon, 1,2-Dichlor-5,8-dihydroxy-
  3262
−, 1,4-Dichlor-5,8-dihydroxy- 3262

$C_{14}H_6Cl_4O_4$
Benzil, 3,5,3′,5′-Tetrachlor-2,2′-dihydroxy-
  3213

$C_{14}H_6D_2O_4$
Anthrachinon, 1,4-Bis-deuteriooxy- 3261
−, 1,5-Bis-deuteriooxy- 3269

$C_{14}H_7BrO_4$
Anthracen-1,10-dion, 2-Brom-4,9-dihydroxy-
  3263
Anthrachinon, 3-Brom-1,8-dihydroxy- 3272
−, 4-Brom-1,2-dihydroxy- 3259

$C_{14}H_7ClO_4$
Anthrachinon, 3-Chlor-1,2-dihydroxy- 3258
−, 4-Chlor-1,2-dihydroxy- 3258

$C_{14}H_7IO_4$
Anthrachinon, 1,2-Dihydroxy-4-jod- 3259

$C_{14}H_7NO_6$
Anthrachinon, 1,2-Dihydroxy-3-nitro- 3259
−, 1,2-Dihydroxy-4-nitro- 3259

$C_{14}H_7NO_7$
Anthrachinon, 1,4,5-Trihydroxy-8-nitro-
  3571

$C_{14}H_8Br_2O_4$
Benzil, 5,5′-Dibrom-2,2′-dihydroxy- 3214

$C_{14}H_8Br_2O_6$
Benzil, 5,5′-Dibrom-2,3,2′,3′-tetrahydroxy-
  3656

$C_{14}H_8Br_2O_{10}S_2$
Benzil, 5,5′-Dibrom-2,2′-bis-sulfooxy- 3214

$C_{14}H_8Cl_2O_4$
Benzil, 3,3′-Dichlor-2,2′-dihydroxy- 3213
−, 4,4′-Dichlor-2,2′-dihydroxy- 3213
−, 5,5′-Dichlor-2,2′-dihydroxy- 3213

$C_{14}H_8Cl_4O_4$
Benzoin, 3,5,3′,5′-Tetrachlor-2,2′-dihydroxy-
  3172

$C_{14}H_8N_2O_8$
Benzil, 2,2′-Dihydroxy-3,5′-dinitro- 3215
−, 2,2′-Dihydroxy-4,4′-dinitro- 3215
−, 2,2′-Dihydroxy-5,5′-dinitro- 3215
−, 4,4′-Dihydroxy-3,3′-dinitro- 3218

$C_{14}H_8O_2S_2$
Anthrachinon, 1,2-Dimercapto- 3259
−, 1,5-Dimercapto- 3270

$C_{14}H_8O_4$
Anthracen-1,4-dion, 2,3-Dihydroxy- 3273
Anthrachinon, 1,2-Dihydroxy- 3256
−, 1,3-Dihydroxy- 3259
−, 1,4-Dihydroxy- 3260
−, 1,5-Dihydroxy- 3268
−, 1,6-Dihydroxy- 3270
−, 1,7-Dihydroxy- 3270
−, 1,8-Dihydroxy- 3271
−, 2,3-Dihydroxy- 3272
−, 2,6-Dihydroxy- 3272
−, 2,7-Dihydroxy- 3273

$C_{14}H_8O_4S_2$
Anthracen-1,4-disulfensäure, 9,10-Dioxo-
  9,10-dihydro- 3265
Anthracen-1,5-disulfensäure, 9,10-Dioxo-
  9,10-dihydro- 3270

$C_{14}H_8O_4Se_2$
Anthracen-1,4-diselenensäure, 9,10-Dioxo-
  9,10-dihydro- 3268

$C_{14}H_8O_5$
Anthracen-1,10-dion, 2,4,9-Trihydroxy-
  3568

$C_{14}H_8O_5$ (Fortsetzung)

Anthracen-1,10-dion, 3,4,9-Trihydroxy-
3568

Anthrachinon, 1,2,3-Trihydroxy- 3567
−, 1,2,4-Trihydroxy- 3568
−, 1,2,5-Trihydroxy- 3568
−, 1,2,6-Trihydroxy- 3568
−, 1,2,7-Trihydroxy- 3569
−, 1,2,8-Trihydroxy- 3569
−, 1,3,5-Trihydroxy- 3569
−, 1,3,7-Trihydroxy- 3570
−, 1,3,8-Trihydroxy- 3570
−, 1,4,5-Trihydroxy- 3570

$C_{14}H_8O_6$

Anthrachinon, 1,2,3,4-Tetrahydroxy- 3682
−, 1,2,4,5-Tetrahydroxy- 3682
−, 1,2,4,8-Tetrahydroxy- 3683
−, 1,2,5,8-Tetrahydroxy- 3683
−, 1,3,5,7-Tetrahydroxy- 3683
−, 1,3,5,8-Tetrahydroxy- 3684
−, 1,4,5,8-Tetrahydroxy- 3684

$C_{14}H_8O_7$

Anthrachinon, 1,2,4,5,8-Pentahydroxy- 3732

$C_{14}H_8O_8$

Anthrachinon, 1,2,3,5,6,7-Hexahydroxy-
3750
−, 1,2,4,5,6,8-Hexahydroxy- 3750
−, 1,2,4,5,7,8-Hexahydroxy- 3750

$C_{14}H_{10}Cl_2O_4$

[1,4]Naphthochinon, 8-Dichloracetyl-
5-hydroxy-2,7-dimethyl- 3177

$C_{14}H_{10}N_2O_2S_2$

Anthracen-1,4-disulfensäure, 9,10-Dioxo-
9,10-dihydro-, diamid 3266

$C_{14}H_{10}O_4$

Anthracen-1,9,10-trion, 8-Hydroxy-
3,4-dihydro-2H- 3219

Anthrachinon, 1,8-Dihydroxy-2,3-dihydro-
3218

Benzil, 2,2'-Dihydroxy- 3212
−, 3,3'-Dihydroxy- 3216
−, 4,4'-Dihydroxy- 3216

[1,3']Bicyclohepta-1,3,5-trienyl-7,7'-dion,
6,6'-Dihydroxy- 3211

Cyclopenta[a]naphthalin-3,4,5-trion,
7-Methoxy-1,2-dihydro- 3210

$C_{14}H_{10}O_5$

[1,1']Bicyclohexa-1,4-dienyl-3,6,3',6'-tetraon,
2-Hydroxy-4,4'-dimethyl- 3542

$C_{14}H_{10}O_6$

Anthracen-1,4,5,8,9,10-hexaol 3660
Anthron, 1,4,5,8,10-Pentahydroxy- 3660
Benzil, 2,3,2',3'-Tetrahydroxy- 3656
−, 2,4,2',4'-Tetrahydroxy- 3656
−, 3,4,3',4'-Tetrahydroxy- 3657

[1,1']Bicyclohexa-1,4-dienyl-3,6,3',6'-tetraon,
2,2'-Dihydroxy-4,4'-dimethyl- 3660
−, 4,4'-Dihydroxy-2,2'-dimethyl- 3659
−, 4,4'-Dimethoxy- 3655

$C_{14}H_{10}O_7$

Phenalen-1-on, 2,3,6,7,8,9-Hexahydroxy-
4-methyl- 3724

$C_{14}H_{10}O_8$

[1,1']Bicyclohexa-1,4-dienyl-3,6,3',6'-tetraon,
2,5,2',5'-Tetrahydroxy-4,4'-dimethyl-
3742

$C_{14}H_{11}BrO_4$

Desoxybenzoin, 5-Brom-2,3,4-trihydroxy-
3168

$C_{14}H_{11}ClO_4$

[1,4]Naphthochinon, 5-Acetyl-3-äthoxy-
2-chlor- 3159

$C_{14}H_{11}ClO_6$

[1,4]Naphthochinon, 2-Acetoxy-5-chlor-
7,8-dimethoxy- 3453

$C_{14}H_{11}NO_2$

Acenaphthen-1,2-dion-mono-[N-äthyl-oxim]
3775

$C_{14}H_{12}Cl_2O_6$

[1,1']Bicyclohexa-1,3-dienyl-5,5'-dion,
6,6'-Dichlor-2,2'-dihydroxy-
4,4'-dimethoxy- 3655

Dibenzofuran-2-on, 3,6-Dichlor-
5a,8-dihydroxy-3,7-dimethoxy-
5a,6-dihydro-3H- 3655

$C_{14}H_{12}N_2O_7$

Äthanon, 2-Diazo-1-[2,3,5-triacetoxy-phenyl]-
3370

$C_{14}H_{12}N_6O_6$

Benzil, 2,2'-Dihydroxy-5,5'-dinitro-,
dihydrazon 3216

$C_{14}H_{12}O_4$

Anthracen-1-on, 8,9,10-Trihydroxy-
3,4-dihydro-2H- 3177

[1,4]Benzochinon, 2-[2,5-Dihydroxy-4-methyl-
phenyl]-5-methyl- 3175
−, [3,4-Dimethoxy-phenyl]- 3159

Benzoin, 2,2'-Dihydroxy- 3171

Benzophenon, 2,2'-Dihydroxy-4-methoxy-
3163
−, 2,4-Dihydroxy-3'-methoxy- 3164
−, 2,4-Dihydroxy-4'-methoxy- 3164
−, 2,4-Dihydroxy-5-methoxy- 3161
−, 2,5-Dihydroxy-4-methoxy- 3161
−, 2,6-Dihydroxy-4-methoxy- 3163
−, 2,2',4'-Trihydroxy-3-methyl- 3174
−, 2,4,2'-Trihydroxy-4'-methyl- 3174
−, 2,4,6-Trihydroxy-3-methyl- 3173

[5,5']Bicyclohexa-1,3-dienyliden-6,6'-dion,
3,3'-Dihydroxy-2,2'-dimethyl- 3175

Desoxybenzoin, 2,4,4'-Trihydroxy- 3170
−, 2,4,5-Trihydroxy- 3168
−, 2,4,6-Trihydroxy- 3168

Naphthalin-1,5-dicarbaldehyd,
2,6-Dimethoxy- 3159
−, 4,8-Dimethoxy- 3160

[1,4]Naphthochinon, 8-Acetyl-5-hydroxy-
2,7-dimethyl- 3177
−, 2-Butyryl-3-hydroxy- 3176
−, 6-Butyryl-5-hydroxy- 3176

$C_{14}H_{12}O_4$ (Fortsetzung)

[1,4]Naphthochinon, 2-Hydroxy-3-[2-oxo-butyl]- 3176

$C_{14}H_{12}O_5$

[1,4]Benzochinon, 2-[2,4-Dihydroxy-6-methyl-phenyl]-5-hydroxy-3-methyl- 3517

—, 2-[2,6-Dihydroxy-4-methyl-phenyl]-3-hydroxy-5-methyl- 3517

Benzophenon, 2,3,4,2'-Tetrahydroxy-3'-methyl- 3517

—, 2,3,4,2'-Tetrahydroxy-4'-methyl-3517

—, 2,4,2'-Trihydroxy-4'-methoxy- 3505

[3,3']Bicyclohexa-1,4-dienyliden-6,6'-dion, 1,4,2'-Trihydroxy-2,4'-dimethyl- 3517

Desoxybenzoin, 2,4,6,4'-Tetrahydroxy- 3512

5,9-Methano-benzocyclohepten-2,8,10-trion, 1,9-Dihydroxy-4,4a-dimethyl-4a,5-dihydro-9H- 3518

[1,4]Naphthochinon, 6-Acetonyl-2,7-dihydroxy-3-methyl- 3518

$C_{14}H_{12}O_6$

1,4-Ätheno-naphthalin-2,3,5,6-tetraon, 4,7-Dimethoxy-1,4,4a,8a-tetrahydro-3638

[1,4]Benzochinon, 2-[2,5-Dihydroxy-4-methoxy-phenyl]-5-methoxy- 3638

$C_{14}H_{12}O_7$

Naphthalin-1,5-dion, 2-Acetyl-4,7,8-trihydroxy-6-methoxy-3-methyl-3718

$C_{14}H_{12}O_{10}$

[1,4]Benzochinon, Tetraacetoxy- 3605

$C_{14}H_{14}O_5$

Benzocyclohepten-5-on, 2-Äthoxy-3,4-dihydroxy-6-methoxy- 3457

—, 2-Äthoxy-4,6-dihydroxy-3-methoxy-3457

—, 7-Äthyl-3,4,6-trihydroxy-2-methoxy-3460

—, 6-Hydroxy-1,2,3-trimethoxy- 3455

—, 3,4,6-Trihydroxy-2-methoxy-7,8-dimethyl- 3460

—, 3,4,6-Trihydroxy-2-methoxy-8,9-dimethyl- 3460

Benzocyclohepten-7-on, 8-Hydroxy-1,2,3-trimethoxy- 3458

Heptan-1,3,4,6-tetraon, 1-[4-Methoxy-phenyl]- 3459

$C_{14}H_{14}O_6$

[1,4]Naphthochinon, 2,3,5,7-Tetramethoxy-3624

$C_{14}H_{14}O_8$

[4,4']Bicyclopent-1-enyl-3,5,3',5'-tetraon, 1,2,1',2'-Tetramethoxy- 3740

$C_{14}H_{15}NO_5$

Benzocyclohepten-7-on, 8-Hydroxy-1,2,3-trimethoxy-, oxim 3459

$C_{14}H_{16}O_5$

Benzocyclohepten-5,6-dion, 1,2,3-Trimethoxy-8,9-dihydro-7H- 3404

—, 2,3,4-Trimethoxy-8,9-dihydro-7H-3405

$C_{14}H_{16}O_6$

Benzol, 1-Acetoxy-2,4-diacetyl-3,5-dimethoxy- 3377

—, 3-Acetoxy-2,4-diacetyl-1,5-dimethoxy- 3377

Hexan-1,3,5-trion, 1-[2-Hydroxy-4,5-dimethoxy-phenyl]- 3613

$C_{14}H_{16}O_7$

Äthanon, 1-[2,4-Diacetoxy-3,6-dimethoxy-phenyl]- 3347

—, 1-[2,5-Diacetoxy-3,6-dimethoxy-phenyl]- 3348

Essigsäure, [4-Acetyl-2-formyl-3-hydroxy-5-methoxy-phenoxy]-, äthylester 3372

$C_{14}H_{16}O_9$

Essigsäure, [4-Acetyl-2,5-dimethoxy-m-phenylendioxy]-di- 3347

$C_{14}H_{17}NO_5$

Benzocyclohepten-5,6-dion, 1,2,3-Trimethoxy-8,9-dihydro-7H-, 6-oxim 3404

—, 2,3,4-Trimethoxy-8,9-dihydro-7H-, 6-oxim 3405

$C_{14}H_{18}O_5$

Benzocyclohepten-5-on, 6-Hydroxy-2,3,4-trimethoxy-6,7,8,9-tetrahydro- 3381

Benzol, 2,4-Diacetyl-1-äthoxy-3,5-dimethoxy-3376

—, 2,4-Diacetyl-3-äthoxy-1,5-dimethoxy-3375

—, 1,3-Diacetyl-2,4,6-trimethoxy-5-methyl- 3379

Butan-1,3-dion, 1-[2,4,6-Trimethoxy-3-methyl-phenyl]- 3378

But-2-en-1-on, 1-[2-Hydroxy-3,4,6-trimethoxy-phenyl]-3-methyl- 3378

Phenol, 2,6-Diacetyl-3,5-diäthoxy- 3376

—, 3,5-Dimethoxy-2,4-dipropionyl-3381

Propan-1-on, 1-[2-Acetyl-3,5,6-trimethoxy-phenyl]- 3378

$C_{14}H_{18}O_6$

Butan-1,3-dion, 1-[2-Hydroxy-3,4,6-trimethoxy-phenyl]-2-methyl- 3610

—, 1-[6-Hydroxy-2,3,4-trimethoxy-phenyl]-2-methyl- 3610

—, 1-[2,3,4,6-Tetramethoxy-phenyl]-3610

Propan-1-on, 1-[2-Acetoxy-3,4,6-trimethoxy-phenyl]- 3352

$C_{14}H_{20}O_5$

Äthanon, 2-Äthoxy-1-[2,4-diäthoxy-6-hydroxy-phenyl]- 3350

—, 1-[3-Äthyl-2,4,5,6-tetramethoxy-phenyl]- 3355

Cyclopentan-1,3-dion, 4,5-Dihydroxy-2-isobutyryl-4-[3-methyl-but-2-enyl]-3356

$C_{14}H_{20}O_6$
Äthanon, 1-[2,3-Diäthoxy-6-hydroxy-
4-methoxy-phenyl]-2-methoxy- 3607
—, 1-[3-(2,2-Dimethoxy-äthyl)-
2-hydroxy-4,6-dimethoxy-phenyl]- 3377
Anthrachinon, 2,3,6,7-Tetrahydroxy-
dodecahydro- 3608

$C_{14}H_{20}O_8S_4$
[1,4]Benzochinon, 2,5-Bis-äthansulfinyl-
3,6-bis-äthansulfonyl- 3605

C_{15}

$C_{15}H_6N_4O_{12}$
Anthrachinon, 4,5-Dihydroxy-2-methyl-
1,3,6,8-tetranitro- 3278

$C_{15}H_7NO_3Se$
Anthrachinon, 1-Hydroxy-4-selenocyanato-
3267

$C_{15}H_8Br_3NO_6$
Chalkon, 3,5,3'-Tribrom-2,2',4'-trihydroxy-
5'-nitro- 3223

$C_{15}H_8Br_4O_4$
Tropolon, 3,7,3',7'-Tetrabrom-
5,5'-methandiyl-di- 3219

$C_{15}H_8Br_5NO_6$
Propan-1-on, 2,3-Dibrom-1-[3-brom-
2,4-dihydroxy-5-nitro-phenyl]-3-
[3,5-dibrom-2-hydroxy-phenyl]- 3180

$C_{15}H_8O_5$
Anthracen-2-carbaldehyd, 1,3-Dihydroxy-
9,10-dioxo-9,10-dihydro- 3583

$C_{15}H_8O_6$
Anthracen-2-carbaldehyd, 1,3,5-Trihydroxy-
9,10-dioxo-9,10-dihydro- 3695
—, 1,3,8-Trihydroxy-9,10-dioxo-
9,10-dihydro- 3696

$C_{15}H_9BrO_3Se$
Anthracen-1-selenenylbromid, 4-Methoxy-
9,10-dioxo-9,10-dihydro- 3268

$C_{15}H_9BrO_4$
Anthrachinon, 1-Brom-2,4-dihydroxy-
3-methyl- 3276
—, 1-Brom-4-hydroxy-2-methoxy- 3260
—, 4-Brom-1-hydroxy-2-methoxy- 3259

$C_{15}H_9Br_2NO_6$
Chalkon, 3,5-Dibrom-2,2',4'-trihydroxy-
5'-nitro- 3222

$C_{15}H_9IO_4$
Anthrachinon, 1-Hydroxy-4-jod-2-methoxy-
3259

$C_{15}H_{10}BrNO_6$
Chalkon, 3'-Brom-2,2',4'-trihydroxy-5'-nitro-
3222

$C_{15}H_{10}Br_3NO_6$
Propan-1-on, 2,3-Dibrom-1-[3-brom-
2,4-dihydroxy-5-nitro-phenyl]-3-
[2-hydroxy-phenyl]- 3179

$C_{15}H_{10}O_4$
Anthrachinon, 1,2-Dihydroxy-3-methyl-
3276
—, 1,3-Dihydroxy-2-methyl- 3275
—, 1,3-Dihydroxy-6-methyl- 3278
—, 1,4-Dihydroxy-2-methyl- 3276
—, 1,8-Dihydroxy-3-methyl- 3277
—, 1-Hydroxy-2-hydroxymethyl- 3278
—, 1-Hydroxy-2-methoxy- 3257
—, 1-Hydroxy-3-methoxy- 3260
—, 1-Hydroxy-4-methoxy- 3261
—, 2-Hydroxy-1-methoxy- 3257
Dibenzo[a,d]cyclohepten-5,10-dion,
6,9-Dihydroxy-11H- 3274

$C_{15}H_{10}O_4Se$
Anthracen-1-selenensäure, 4-Hydroxy-
9,10-dioxo-9,10-dihydro-, methylester
3267
—, 4-Methoxy-9,10-dioxo-9,10-dihydro-
3267

$C_{15}H_{10}O_5$
Anthrachinon, 1,3-Dihydroxy-
2-hydroxymethyl- 3576
—, 1,8-Dihydroxy-3-hydroxymethyl-
3578
—, 1,3-Dihydroxy-2-methoxy- 3567
—, 1,4-Dihydroxy-2-methoxy- 3568
—, 1,5-Dihydroxy-3-methoxy- 3569
—, 2,3-Dihydroxy-1-methoxy- 3567
—, 1,2,5-Trihydroxy-6-methyl- 3572
—, 1,2,8-Trihydroxy-3-methyl- 3573
—, 1,2,8-Trihydroxy-7-methyl- 3572
—, 1,3,8-Trihydroxy-2-methyl- 3571
—, 1,3,8-Trihydroxy-6-methyl- 3575
—, 1,4,5-Trihydroxy-2-methyl- 3572
—, 1,5,8-Trihydroxy-3-methyl- 3576

$C_{15}H_{10}O_6$
Anthrachinon, 1,2,3,5-Tetrahydroxy-
6-methyl- 3688
—, 1,2,3,7-Tetrahydroxy-6-methyl-
3690
—, 1,2,5,8-Tetrahydroxy-3-methyl-
3690
—, 1,2,6,8-Tetrahydroxy-3-methyl-
3689
—, 1,4,5,6-Tetrahydroxy-2-methyl-
3687
—, 1,4,5,7-Tetrahydroxy-2-methyl-
3687
—, 1,4,5,8-Tetrahydroxy-2-methyl-
3688
—, 1,4,7,8-Tetrahydroxy-2-methyl-
3688
—, 1,3,8-Trihydroxy-2-hydroxymethyl-
3690
—, 1,3,8-Trihydroxy-6-hydroxymethyl-
3691

$C_{15}H_{10}O_7$
Anthrachinon, 1,2,4,5,8-Pentahydroxy-
7-methyl- 3732

$C_{15}H_{10}O_7$ (Fortsetzung)

Anthrachinon, 1,4,5,7-Tetrahydroxy-
2-hydroxymethyl- 3733

—, 1,4,6,8-Tetrahydroxy-
2-hydroxymethyl- 3733

$C_{15}H_{10}O_8$

Anthrachinon, 1,2,3,4,5,6-Hexahydroxy-
7-methyl- 3750

—, 1,2,4,5,6-Pentahydroxy-
7-hydroxymethyl- 3751

$C_{15}H_{11}BrO_7$

Xanthoherquein, Brom- 3724

$C_{15}H_{11}NO_6$

Benzophenon, 3-Acetyl-2,6-dihydroxy-
5-nitro- 3237

Chalkon, 2,2',4'-Trihydroxy-5'-nitro- 3221

—, 3,4,2'-Trihydroxy-4'-nitro- 3226

$C_{15}H_{12}Cl_2O_4$

[1,4]Naphthochinon, 8-Dichloracetyl-
5-methoxy-2,7-dimethyl- 3177

$C_{15}H_{12}O_4$

Benzaldehyd, 6,6'-Dihydroxy-3,3'-methandiyl-
di- 3237

Benzil, 2-Hydroxy-4-methoxy- 3211

—, 3-Hydroxy-3'-methoxy- 3216

—, 4-Hydroxy-4'-methoxy- 3217

—, 5-Hydroxy-2-methoxy- 3212

Benzophenon, 3-Acetyl-2,6-dihydroxy-
3236

Chalkon, 2,3',4'-Trihydroxy- 3224

—, 3,4,2'-Trihydroxy- 3225

—, 4,2',4'-Trihydroxy- 3228

Cyclohepta[b]naphthalin-6,10-dion,
5,11-Dihydroxy-8,9-dihydro-7H-
3238

Fluoren-9-on, 1-Hydroxy-2,4-dimethoxy-
3210

$C_{15}H_{12}O_5$

[1,1']Bicyclohexa-1,4-dienyl-3,6,3',6'-tetraon,
2-Methoxy-4,4'-dimethyl- 3543

Chalkon, 3,4,2',4'-Tetrahydroxy- 3547

—, 3,4,3',4'-Tetrahydroxy- 3551

Fluoren-9-on, 1,6-Dihydroxy-4,5-dimethoxy-
3541

$C_{15}H_{12}O_6$

Chalkon, 3,4,2',3',4'-Pentahydroxy- 3663

—, 3,4,2',4',5'-Pentahydroxy- 3665

—, 3,4,5,2',4'-Pentahydroxy- 3662

$C_{15}H_{12}O_7$

Benzocyclohepten-5-on, 2,3-Diacetoxy-
4,6-dihydroxy- 3457

—, 2,6-Diacetoxy-3,4-dihydroxy- 3457

Benzofuran-3-on, 2-[3,4-Dihydroxy-benzyl]-
2,4,6-trihydroxy- 3727

[1,4]Naphthochinon, 2,3-Diacetoxy-
5-methoxy- 3455

—, 2,3-Diacetoxy-6-methoxy- 3455

Phenalen-1-on, 2,3,6,7,9-Pentahydroxy-
8-methoxy-4-methyl- 3724

Propan-1,2-dion, 3-[3,4-Dihydroxy-phenyl]-
1-[2,4,6-trihydroxy-phenyl]- 3727

$C_{15}H_{13}NO_7$

Desoxybenzoin, 2,4,6-Trihydroxy-3-methoxy-
4'-nitro- 3511

$C_{15}H_{14}N_2O_4$

Benzaldehyd, 6,6'-Dihydroxy-3,3'-methandiyl-
di-, oxim 3237

$C_{15}H_{14}O_4$

Äthanon, 1-[3-Benzyl-2,4,6-trihydroxy-
phenyl]- 3187

Benzoin, 2-Hydroxy-4'-methoxy- 3172

Benzophenon, 2,6-Dihydroxy-4-methoxy-
3-methyl- 3174

—, 2-Hydroxy-3,4-dimethoxy- 3160

—, 2-Hydroxy-4,3'-dimethoxy- 3164

—, 2-Hydroxy-4,4'-dimethoxy- 3164

—, 2-Hydroxy-4,5-dimethoxy- 3162

—, 2-Hydroxy-4,6-dimethoxy- 3163

—, 3-Hydroxy-2,4-dimethoxy- 3160

—, 3'-Hydroxy-2,4-dimethoxy- 3164

—, 4-Hydroxy-3,4'-dimethoxy- 3166

—, 4-Hydroxy-3,5-dimethoxy- 3165

Butan-1,3-dion, 1-[1-Hydroxy-4-methoxy-
[2]naphthyl]- 3175

Desoxybenzoin, 2,2'-Dihydroxy-4-methoxy-
3169

—, 2,4-Dihydroxy-2'-methoxy- 3169

—, 2,4-Dihydroxy-4'-methoxy- 3171

—, 2,4-Dihydroxy-6'-methoxy- 3168

—, 2,6-Dihydroxy-4-methoxy- 3168

—, 2,4,6-Trihydroxy-3-methyl- 3186

[1,4]Naphthochinon, 2-Hydroxy-3-[3-methyl-
2-oxo-butyl]- 3188

—, 5-Hydroxy-6-valeryl- 3188

Propan-1-on, 2,3-Dihydroxy-3-[2-hydroxy-
phenyl]-1-phenyl- 3183

—, 1-[2,4-Dihydroxy-phenyl]-2-
[4-hydroxy-phenyl]- 3184

—, 1-[2,4-Dihydroxy-phenyl]-3-
[2-hydroxy-phenyl]- 3178

—, 1-[2,4-Dihydroxy-phenyl]-3-
[4-hydroxy-phenyl]- 3180

—, 1-[3,4-Dihydroxy-phenyl]-3-
[2-hydroxy-phenyl]- 3182

$C_{15}H_{14}O_5$

Benzoin, 2,4'-Dihydroxy-3'-methoxy- 3516

Benzophenon, 2,2'-Dihydroxy-
4,4'-dimethoxy- 3505

—, 2,4-Dihydroxy-3',4'-dimethoxy-
3506

—, 4,4'-Dihydroxy-3,3'-dimethoxy-
3508

Desoxybenzoin, 2,4,6,4'-Tetrahydroxy-
3-methyl- 3523

—, 2,4,4'-Trihydroxy-6-methoxy- 3512

—, 2,4,6-Trihydroxy-2'-methoxy- 3511

—, 2,4,6-Trihydroxy-3'-methoxy- 3512

—, 2,4,6-Trihydroxy-4'-methoxy- 3513

—, 2,6,4'-Trihydroxy-4-methoxy- 3513

Propan-1-on, 3-[4-Hydroxy-phenyl]-1-
[2,4,6-trihydroxy-phenyl]- 3518

C$_{16}$

$C_{16}H_{13}NO_6$ (Fortsetzung)

Propan-1,3-dion, 1-[2-Hydroxy-4-methoxy-phenyl]-3-[3-nitro-phenyl]- 3234

$C_{16}H_{13}NO_7$

Chalkon, 4,2',4'-Trihydroxy-3-methoxy-5'-nitro- 3548

$C_{16}H_{14}Cl_2O_4$

Benzoin, 4,4'-Dichlor-2,2'-dimethoxy- 3172

−, 5,5'-Dichlor-2,2'-dimethoxy- 3172

$C_{16}H_{14}N_4O_7$

Benzil, 2,2'-Dimethoxy-5,5'-dinitro-, monohydrazon 3216

$C_{16}H_{14}N_4O_8$

2,4-Dinitro-phenylhydrazon $C_{16}H_{14}N_4O_8$ aus 3-Acetyl-2,4,6-trihydroxy-5-methyl-benzaldehyd 3378

$C_{16}H_{14}O$

Äthanol, 2-[1]Anthryl- 3774

−, 2-[2]Anthryl- 3774

$C_{16}H_{14}O_4$

Anthrachinon, 5,8-Dihydroxy-2,3-dimethyl-1,4-dihydro- 3243

−, 2,8-Dimethoxy-1,4-dihydro- 3218

Benzil, 4-Äthoxy-2-hydroxy- 3211

−, 2,2'-Dimethoxy- 3212

−, 2,4-Dimethoxy- 3211

−, 2,5-Dimethoxy- 3212

−, 4,4'-Dimethoxy- 3217

[1,3']Bicyclohepta-1,3,5-trienyl-7,7'-dion, 6,6'-Dimethoxy- 3211

[2,3']Bicyclohepta-1,3,5-trienyl-7,7'-dion, 1,6'-Dimethoxy- 3211

Butan-2,3-dion, 1,4-Bis-[4-hydroxy-phenyl]- 3238

Chalkon, 2',4'-Dihydroxy-4-methoxy- 3228

−, 2',4'-Dihydroxy-6'-methoxy- 3233

−, 2',5'-Dihydroxy-2-methoxy- 3223

−, 2',5'-Dihydroxy-4'-methoxy- 3233

−, 2',6'-Dihydroxy-4'-methoxy- 3233

−, 2,2'-Dihydroxy-4'-methoxy- 3220

−, 2,2'-Dihydroxy-6'-methoxy- 3224

−, 2,4'-Dihydroxy-3'-methoxy- 3224

−, 4,2'-Dihydroxy-3-methoxy- 3225

−, 4,2'-Dihydroxy-4'-methoxy- 3228

Chroman-4-on, 2-Hydroxy-7-methoxy-3-phenyl- 3236

Fluoren-9-on, 1,2,4-Trimethoxy- 3210

−, 2,3,4-Trimethoxy- 3210

−, 2,3,6-Trimethoxy- 3210

Propan-1,3-dion, 1-[2-Hydroxy-4-methoxy-phenyl]-3-phenyl- 3234

−, 1-[2-Hydroxy-6-methoxy-phenyl]-3-phenyl- 3235

−, 1-[2-Hydroxy-phenyl]-3-[4-methoxy-phenyl]- 3235

Propionaldehyd, 3-[2-Hydroxy-4-methoxy-phenyl]-3-oxo-2-phenyl- 3236

$C_{16}H_{14}O_5$

Benzil, 2-Hydroxy-4,6-dimethoxy- 3542

Butan-1,3-dion, 1-[2,6-Dihydroxy-phenyl]-4-hydroxy-2-phenyl- 3561

Chalkon, 4,2',4'-Trihydroxy-3-methoxy-3547

−, 4,2',6'-Trihydroxy-4'-methoxy- 3553

$C_{16}H_{14}O_6$

Benzaldehyd, 2-Hydroxy-3-methoxy-5-vanilloyl- 3658

Benzil, 2,2'-Dihydroxy-3,3'-dimethoxy- 3656

−, 2,2'-Dihydroxy-4,4'-dimethoxy-3656

−, 4,4'-Dihydroxy-3,3'-dimethoxy-3657

Biphenyl-3,3'-dicarbaldehyd, 6,6'-Dihydroxy-5,5'-dimethoxy- 3659

Di-O-methyl-Derivat $C_{16}H_{14}O_6$ aus 1,4,5,8,10-Pentahydroxy-anthron und Anthracen-1,4,5,8,9,10-hexaol 3660

$C_{16}H_{14}O_7$

Benzocyclohepten-5-on, 3,6-Diacetoxy-4-hydroxy-2-methoxy- 3457

$C_{16}H_{14}O_8$

[1,4]Naphthochinon, 2,3-Diacetoxy-5,8-dimethoxy- 3624

$C_{16}H_{15}BrO_4$

Cycloheptatrienon, 2-[5-Brom-2,3,4-trimethoxy-phenyl]- 3160

Desoxybenzoin, 4'-Brom-2-hydroxy-3,4-dimethoxy- 3168

$C_{16}H_{15}NO_6$

Benzophenon, 4,5,4'-Trimethoxy-2-nitro-3166

Desoxybenzoin, 2-Hydroxy-4,6-dimethoxy-4'-nitro- 3169

$C_{16}H_{15}NO_7$

Desoxybenzoin, 2,4-Dihydroxy-3,6-dimethoxy-4'-nitro- 3511

$C_{16}H_{16}BrNO_4$

Desoxybenzoin, 4'-Brom-2-hydroxy-3,4-dimethoxy-, oxim 3168

$C_{16}H_{16}N_2O_4$

Benzil, 4,4'-Dimethoxy-, dioxim 3217

$C_{16}H_{16}N_6O_2S_2$

Benzil, 4,4'-Dihydroxy-, bis-thiosemicarbazon 3217

$C_{16}H_{16}O_3S$

Thiobenzophenon, 3,4,4'-Trimethoxy- 3166

$C_{16}H_{16}O_4$

Anthracen-1,4,9,10-tetraol, 6,7-Dimethyl-5,8-dihydro- 3243

Anthrachinon, 5,8-Dihydroxy-2,3-dimethyl-1,4,4a,9a-tetrahydro- 3243

Benzoin, 4-Äthoxy-2-hydroxy- 3211

−, 2,4-Dimethoxy- 3211

−, 4,4'-Dimethoxy- 3173

Benzophenon, 2-Hydroxy-4,6-dimethoxy-3-methyl- 3174

−, 3'-Hydroxymethyl-2,4'-dimethoxy-3174

−, 2,3',4'-Trimethoxy- 3165

−, 2,3,4-Trimethoxy- 3160

−, 2,4,2'-Trimethoxy- 3164

−, 2,4,6-Trimethoxy- 3163

C₁₆H₁₆O₄ (Fortsetzung)

Benzophenon, 2,5,4'-Trimethoxy- 3165
−, 3,4,4'-Trimethoxy- 3166
−, 3,4,5-Trimethoxy- 3166
[3,3']Bicyclohexa-1,4-dienyliden-6,6'-dion,
  1,2'-Dihydroxy-2,4,1',5'-tetramethyl-
  3194
−, 2,2'-Dihydroxy-1,4,1',4'-tetramethyl-
  3194
−, 1,1'-Dimethoxy-5,5'-dimethyl- 3175
Biphenyl-2-carbaldehyd, 4,5,6-Trimethoxy-
  3167
Butan-1,3-dion, 1-[3,4-Dimethoxy-
  [2]naphthyl]- 3176
Desoxybenzoin, 2'-Äthoxy-2,4-dihydroxy-
  3170
−, 2,4-Dihydroxy-4'-methoxy-3-methyl-
  3186
−, 2,4-Dihydroxy-6-methoxy-3-methyl-
  3186
−, 2,6-Dihydroxy-4'-methoxy-3-methyl-
  3187
−, 2-Hydroxy-3,4-dimethoxy- 3167
−, 2-Hydroxy-4,2'-dimethoxy- 3169
−, 2-Hydroxy-4,4'-dimethoxy- 3171
−, 2-Hydroxy-4,5-dimethoxy- 3168
−, 2-Hydroxy-4,6-dimethoxy- 3168
−, 4-Hydroxy-2,6-dimethoxy- 3169
Naphthalin, 1,5-Diacetyl-4,8-dimethoxy-
  3176
[1,4]Naphthochinon, 2-Acetonyl-3-äthyl-
  5-methoxy- 3188
−, 2-Hexanoyl-3-hydroxy- 3195
−, 6-Hexanoyl-5-hydroxy- 3194
−, 2-Methoxy-3-[3-methyl-2-oxo-butyl]-
  3188
Phenanthren-9,10-dion, 6,7-Dimethoxy-
  1,2,3,4-tetrahydro- 3178
Propan-1-on, 1-[2,4-Dihydroxy-6-methoxy-
  phenyl]-3-phenyl- 3178
−, 2,3-Dihydroxy-3-[2-methoxy-phenyl]-
  1-phenyl- 3183
−, 1-[2,4-Dihydroxy-phenyl]-2-
  [4-methoxy-phenyl]- 3184
−, 3-Hydroxy-3-[2-hydroxy-phenyl]-
  2-methoxy-1-phenyl- 3184
−, 3-Phenyl-1-[2,4,6-trihydroxy-
  3-methyl-phenyl]- 3189

C₁₆H₁₆O₅

Äthanon, 1-[4-Benzyloxy-3,6-dihydroxy-
  2-methoxy-phenyl]- 3346
Anthrachinon, 4,5,8-Trihydroxy-
  1,1-dimethyl-1,2,3,4-tetrahydro- 3526
Benzophenon, 2-Hydroxy-3,4,2'-trimethoxy-
  3504
−, 2-Hydroxy-4,3',4'-trimethoxy- 3506
−, 2-Hydroxy-4,6,2'-trimethoxy- 3504
−, 4-Hydroxy-2,3',4'-trimethoxy- 3506
−, 4-Hydroxy-3,3',4'-trimethoxy- 3508
Desoxybenzoin, 4'-Äthoxy-2,4,6-trihydroxy-
  3514

−, 2,2'-Dihydroxy-4,6-dimethoxy-
  3512
−, 2,4'-Dihydroxy-4,6-dimethoxy-
  3513
−, 2,4-Dihydroxy-2',4'-dimethoxy-
  3514
−, 2,4-Dihydroxy-3',4'-dimethoxy-
  3514
−, 2,4-Dihydroxy-3',5'-dimethoxy-
  3515
−, 2,4-Dihydroxy-3,6-dimethoxy- 3511
−, 2,4-Dihydroxy-6,4'-dimethoxy-
  3513
−, 2,6-Dihydroxy-3,4-dimethoxy- 3511
−, 3,6-Dihydroxy-2,4-dimethoxy- 3510
−, 4,4'-Dihydroxy-3,3'-dimethoxy-
  3515
−, 2,4,4'-Trihydroxy-6-methoxy-
  3-methyl- 3523
−, 2,4,6-Trihydroxy-2'-methoxy-
  3-methyl- 3521
−, 2,4,6-Trihydroxy-4'-methoxy-
  3-methyl- 3523
Propan-1-on, 1-[2,6-Dihydroxy-4-methoxy-
  phenyl]-3-[4-hydroxy-phenyl]- 3518

C₁₆H₁₆O₆

Benzoin, 4,4'-Dihydroxy-3,3'-dimethoxy-
  3645
Benzophenon, 2',4'-Dihydroxy-
  2,4,6-trimethoxy- 3639
[3,3']Bicyclohexa-1,4-dienyliden-6,6'-dion,
  1,5,1',5'-Tetramethoxy- 3638
Desoxybenzoin, 2,4,4'-Trihydroxy-
  3,6-dimethoxy- 3640
−, 2,4,5-Trihydroxy-3',4'-dimethoxy-
  3642
−, 2,4,6-Trihydroxy-2',3'-dimethoxy-
  3642
−, 2,4,6-Trihydroxy-2',4'-dimethoxy-
  3643
−, 2,4,6-Trihydroxy-3',4'-dimethoxy-
  3643

C₁₆H₁₆O₈

Benzol, 1,3,5-Triacetoxy-2,4-diacetyl- 3374

C₁₆H₁₆O₉

Äthanon, 2-Acetoxy-1-[2,3,5-triacetoxy-
  phenyl]- 3348
−, 2-Acetoxy-1-[2,4,6-triacetoxy-
  phenyl]- 3350

C₁₆H₁₇NO₄

Benzoin, 2,2'-Dimethoxy-, oxim 3172
Benzophenon, 2,4,4'-Trimethoxy-, oxim
  3165
−, 2,5,4'-Trimethoxy-, oxim 3165
−, 3,4,4'-Trimethoxy-, oxim 3166

C₁₆H₁₇NO₅

Desoxybenzoin, 2,4-Dihydroxy-
  3,6-dimethoxy-, oxim 3511

C₁₆H₁₇N₃O₃

Benzil, 4,4'-Dimethoxy-, hydrazon-oxim
  3217

$C_{16}H_{18}O_5$

Benzocyclohepten-5-on, 2-Äthoxy-
3,4,6-trimethoxy- 3457
—, 7,9-Diäthyl-2-methoxy-
3,4,6-trihydroxy- 3461

$C_{16}H_{18}O_6$

Hydrochinon, 2,5-Bis-[1-acetyl-2-oxo-propyl]-
3627
[1,4]Naphthochinon, 2-Äthyl-
5,6,7,8-tetramethoxy- 3626
—, 3-Äthyl-2,5,6,7-tetramethoxy- 3626

$C_{16}H_{18}O_7$

Benzol, 1,3-Diacetoxy-4,6-diacetyl-
5-methoxy-2-methyl- 3380

$C_{16}H_{18}O_8S_3$

Propionsäure, 3,3′,3″-[5-Methyl-3,6-dioxo-
cyclohexa-1,4-dien-1,2,4-triylmercapto]-tri-
3345

$C_{16}H_{19}O_6P$

Phosphinsäure, [α,α′-Dihydroxy-
3,3′-dimethoxy-bibenzyl-α-yl]- 3172

$C_{16}H_{20}O_5$

Benzocyclohepten-5-on, 2,3,4-Trimethoxy-
6-methoxymethylen-6,7,8,9-tetrahydro-
3406
Benzol, 1,3-Diacetyl-4-allyloxy-
2,6-dimethoxy-5-methyl- 3379

$C_{16}H_{20}O_6$

Benzocyclohepten-5-on, 6-Acetoxy-
1,2,3-trimethoxy-6,7,8,9-tetrahydro- 3381
Resorcin, 5-Methoxy-2,4,6-tripropionyl-
3614

$C_{16}H_{20}O_9$

Äthanon, 1-[3,5-Dihydroxy-2-hydroxymethyl-
8,10-dimethoxy-2,3,4a,10b-tetrahydro-
5H-[1,4]dioxino[2,3-c]chromen-7-yl]-
3711

$C_{16}H_{20}O_{11}$

Cyclohexanon, 2,3,4,5,6-Pentaacetoxy- 3603

$C_{16}H_{22}O_5$

[1,4]Benzochinon, 2,6-Dihydroxy-3-isopentyl-
5-isovaleryl- 3382
Benzol, 1,3-Diacetyl-2,4-dimethoxy-5-methyl-
6-propoxy- 3379
Cycloheptanon, 2-Hydroxy-2-
[2,3,4-trimethoxy-phenyl]- 3382

$C_{16}H_{24}O_5$

Butan-1-on, 3-Methyl-1-[2,3,4,6-tetrahydroxy-
5-isopentyl-phenyl]- 3357

C_{17}

$C_{17}H_{10}Br_2O_5$

Propenon, 3-[3,6-Dibrom-4-hydroxy-5-oxo-
cyclohepta-1,3,6-trienyl]-1-[6-hydroxy-
5-oxo-cyclohepta-1,3,6-trienyl]- 3585

$C_{17}H_{10}O_4$

[1,4]Naphthochinon, 2-Benzoyl-3-hydroxy-
3296

$C_{17}H_{12}Br_2O_4$

Cycloprop[b]anthracen-2,9-dion, 1a,9a-
Dibrom-3,8-dimethoxy-1a,9a-dihydro-
1H- 3279

$C_{17}H_{12}Cl_2O_5$

Benzophenon, 3,3′-Diacetyl-5,5′-dichlor-
2,2′-dihydroxy- 3581

$C_{17}H_{12}O_4$

Anthrachinon, 2-Acetyl-1-methoxy- 3290

$C_{17}H_{12}O_5$

Anthracen-2-carbaldehyd, 1,3-Dimethoxy-
9,10-dioxo-9,10-dihydro- 3584
Anthrachinon, 2-Acetyl-1-hydroxy-
3-methyl- 3277
—, 2-Acetoxymethyl-1-hydroxy- 3279
Monoacetyl-Derivat $C_{17}H_{12}O_5$ aus
1,8-Dihydroxy-3-methyl-anthrachinon
3277

$C_{17}H_{12}O_5Se$

Anhydrid, Essigsäure-[4-methoxy-9,10-dioxo-
9,10-dihydro-anthracen-1-selenensäure]-
3267

$C_{17}H_{13}BrO_4$

Anthrachinon, 2-Brommethyl-1,3-dimethoxy-
3276

$C_{17}H_{13}Br_2NO_6$

Chalkon, 3,α-Dibrom-2′-hydroxy-
4,4′-dimethoxy-5′-nitro- 3231
—, 5,α-Dibrom-2′-hydroxy-
2′,4′-dimethoxy-5′-nitro- 3223

$C_{17}H_{13}Br_2NO_7$

Chalkon, 3,3′-Dibrom-2′,4′-dihydroxy-
4,5-dimethoxy-5′-nitro- 3550
—, 3,α-Dibrom-4,2′-dihydroxy-
5,4′-dimethoxy-5′-nitro- 3550

$C_{17}H_{13}Br_4NO_7$

Propan-1-on, 2,3-Dibrom-1-[3-brom-
2,4-dihydroxy-5-nitro-phenyl]-3-[3-brom-
4,5-dimethoxy-phenyl]- 3520

$C_{17}H_{14}BrNO_6$

Chalkon, α-Brom-2′-hydroxy-2,4′-dimethoxy-
5′-nitro- 3222
—, α-Brom-2′-hydroxy-4,4′-dimethoxy-
5′-nitro- 3230
—, 3-Brom-2′-hydroxy-4,4′-dimethoxy-
5′-nitro- 3230
—, 5-Brom-2′-hydroxy-2,4′-dimethoxy-
5′-nitro- 3222

$C_{17}H_{14}BrNO_7$

Chalkon, 3′-Brom-2′,4′-dihydroxy-
3,4-dimethoxy-5′-nitro- 3550
—, 3-Brom-2′,4′-dihydroxy-
4,5-dimethoxy-5′-nitro- 3549
—, 3-Brom-4,2′-dihydroxy-
5,4′-dimethoxy-5′-nitro- 3549
—, α-Brom-4,2′-dihydroxy-
3,4′-dimethoxy-5′-nitro- 3550

$C_{17}H_{14}Br_2O_4$

Chalkon, 3′,5′-Dibrom-2′-hydroxy-
3,4-dimethoxy- 3226

C₁₇H₁₅ClO₄ (Fortsetzung)

Chalkon, 3-Chlor-2'-hydroxy-
4',6'-dimethoxy- 3233
—, 4-Chlor-2'-hydroxy-4',6'-dimethoxy-
3233

C₁₇H₁₅IO₄

Chalkon, 2'-Hydroxy-3-jod-4',6'-dimethoxy-
3233
—, 2'-Hydroxy-4-jod-4',6'-dimethoxy-
3234

C₁₇H₁₅NO₆

Chalkon, 2'-Hydroxy-2,4'-dimethoxy-5'-nitro-
3221
—, 2'-Hydroxy-4,4'-dimethoxy-3'-nitro-
3229

C₁₇H₁₅NO₇

Chalkon, 2',4'-Dihydroxy-3,4-dimethoxy-
5'-nitro- 3549
—, 4,2'-Dihydroxy-3,4'-dimethoxy-
5'-nitro- 3549

C₁₇H₁₆Br₂O₄

Propan-1-on, 3-Brom-1-[3-brom-2-hydroxy-
6-methoxy-phenyl]-3-[4-methoxy-phenyl]-
3181
—, 2-Brom-1-[3-brom-2-hydroxy-
5-methyl-phenyl]-3-hydroxy-3-[4-methoxy-
phenyl]- 3192
—, 2,3-Dibrom-1-[2-hydroxy-6-methoxy-
phenyl]-3-[4-methoxy-phenyl]- 3181

C₁₇H₁₆Br₂O₅

Benzophenon, 2,2'-Dibrom-4,5,4',5'-
tetramethoxy- 3510

C₁₇H₁₆Cl₂O₄

Desoxybenzoin, 5,5'-Dichlor-2,α,2'-
trimethoxy- 3172

C₁₇H₁₆N₂O₄

Indan-1,3-dion, 2-Vanillyl-, dioxim 3280

C₁₇H₁₆O₄

Benzaldehyd, 6,6'-Dimethoxy-
3,3'-methandiyl-di- 3237
Benzil, 4-Äthoxy-2-methoxy- 3211
Biphenyl-2-carbaldehyd, 2'-Acetyl-
4,5-dimethoxy- 3237
Chalkon, 5'-Äthoxy-2,2'-dihydroxy- 3224
—, 2',4'-Dihydroxy-4-methoxy-
5'-methyl- 3240
—, 4,2'-Dihydroxy-4'-methoxy-
6'-methyl- 3240
—, 2'-Hydroxy-2,3-dimethoxy- 3219
—, 2'-Hydroxy-2,4'-dimethoxy- 3220
—, 2'-Hydroxy-2,5'-dimethoxy- 3224
—, 2'-Hydroxy-2,6'-dimethoxy- 3224
—, 2'-Hydroxy-3',5'-dimethoxy- 3232
—, 2'-Hydroxy-3',6'-dimethoxy- 3232
—, 2'-Hydroxy-4,4'-dimethoxy- 3228
—, 2'-Hydroxy-4,5'-dimethoxy- 3231
—, 2'-Hydroxy-4,6'-dimethoxy- 3231
—, 4-Hydroxy-2',4'-dimethoxy- 3228
—, 4'-Hydroxy-4,2'-dimethoxy- 3228
Cyclohepta[b]naphthalin-6,10-dion,
5,11-Dimethoxy-8,9-dihydro-7H- 3238

Pentan-1,5-dion, 1,5-Bis-[2-hydroxy-phenyl]-
3244
—, 1,5-Bis-[4-hydroxy-phenyl]- 3244
—, 1-[2-Hydroxy-phenyl]-5-[4-hydroxy-
phenyl]- 3244
Propan-1,3-dion, 1,3-Bis-[2-methoxy-phenyl]-
3235
—, 1,3-Bis-[3-methoxy-phenyl]- 3235
—, 1,3-Bis-[4-methoxy-phenyl]- 3235
—, 1-[2-Hydroxy-4-methoxy-phenyl]-
2-methyl-3-phenyl- 3239
Tropolon, 4-[3,4-Dimethoxy-styryl]- 3219

C₁₇H₁₆O₅

Benzil, 2,4,4'-Trimethoxy- 3542
—, 2,4,6-Trimethoxy- 3542
Benzofuran-3-on, 2-Benzyl-2-hydroxy-
4,6-dimethoxy- 3555
Benzophenon, 3'-Acetoxy-2,4-dimethoxy-
3164
—, 4-Acetoxy-3,4-dimethoxy- 3166
—, 4-Acetoxy-3,5-dimethoxy- 3166
Biphenyl-2,2'-dicarbaldehyd,
5,6,5'-Trimethoxy- 3542
Chalkon, 2',4'-Dihydroxy-2,3-dimethoxy-
3543
—, 2',4'-Dihydroxy-3,4-dimethoxy-
3547
—, 2',5'-Dihydroxy-3,4-dimethoxy-
3551
—, 2,2'-Dihydroxy-3',4'-dimethoxy-
3545
—, 2,2'-Dihydroxy-4',6'-dimethoxy-
3545
—, 3,2'-Dihydroxy-4,5'-dimethoxy-
3551
—, 4,2'-Dihydroxy-3,3'-dimethoxy-
3546
—, 4,2'-Dihydroxy-3,5'-dimethoxy-
3551
—, 4,2'-Dihydroxy-4',6'-dimethoxy-
3553
—, 4,4'-Dihydroxy-3,3'-dimethoxy-
3552
Chroman-4-on, 2-Hydroxy-5,7-dimethoxy-
3-phenyl- 3557
—, 2-Hydroxy-7-methoxy-3-[2-methoxy-
phenyl]- 3556
—, 2-Hydroxy-7-methoxy-3-[4-methoxy-
phenyl]- 3557
Cyclopenta[a]naphthalin-3-on, 5-Acetoxy-
7,8-dimethoxy-1,2-dihydro- 3167
Fluoren-9-on, 1,4,5,6-Tetramethoxy- 3541
—, 1,5,6,7-Tetramethoxy- 3541
—, 2,3,4,6-Tetramethoxy- 3541
—, 2,3,6,7-Tetramethoxy- 3542
Indan-1,3-dion, 2-[4,4-Dimethyl-2,6-dioxo-
cyclohexyl]-2-hydroxy- 3563
Propan-1,3-dion, 1-[2,5-Dimethoxy-phenyl]-
3-[2-hydroxy-phenyl]- 3554
—, 1-[3,4-Dimethoxy-phenyl]-3-
[2-hydroxy-phenyl]- 3555

C₁₇H₁₆O₅ (Fortsetzung)

Propan-1,3-dion, 2-Hydroxy-1,3-bis-
[4-methoxy-phenyl]- 3556
−, 1-[2-Hydroxy-4,6-dimethoxy-phenyl]-
3-phenyl- 3554
−, 1-[2-Hydroxy-4-methoxy-phenyl]-
3-[2-methoxy-phenyl]- 3554
−, 1-[2-Hydroxy-4-methoxy-phenyl]-
3-[4-methoxy-phenyl]- 3554
−, 1-[2-Hydroxy-5-methoxy-phenyl]-
3-[2-methoxy-phenyl]- 3554
−, 1-[2-Hydroxy-5-methoxy-phenyl]-
3-[4-methoxy-phenyl]- 3554
−, 1-[2-Hydroxy-6-methoxy-phenyl]-
3-[2-methoxy-phenyl]- 3555
−, 1-[2-Hydroxy-6-methoxy-phenyl]-
3-[4-methoxy-phenyl]- 3555
Resorcin, 2,4-Diacetyl-5-benzyloxy- 3376

C₁₇H₁₆O₆

Benzaldehyd, 4,4′-Dihydroxy-5,5′-dimethoxy-
3,3′-methandiyl-di- 3672
−, 6,6′-Dihydroxy-5,5′-dimethoxy-
3,3′-methandiyl-di- 3672
Benzil, 2-Hydroxy-4,2′,4′-trimethoxy- 3657
−, 2-Hydroxy-4,6,4′-trimethoxy- 3656
Biphenyl-3,3′-dicarbaldehyd, 6-Hydroxy-
5,5′,6′-trimethoxy- 3660
Chalkon, 4,2′,4′-Trihydroxy-3,5-dimethoxy-
3662
−, 4,3′,6′-Trihydroxy-2′,4′-dimethoxy-
3667
Essigsäure, [5-Methoxy-2-(3-methoxy-
benzoyl)-phenoxy]- 3164
−, [5-Methoxy-2-(4-methoxy-benzoyl)-
phenoxy]- 3165

C₁₇H₁₆O₇

Benzocyclohepten-5-on, 4,6-Diacetoxy-
2,3-dimethoxy- 3458

C₁₇H₁₆O₈

[1,4]Naphthochinon, 5,8-Diacetoxy-
2,3-dimethoxy-6-methyl- 3625
−, 5,8-Diacetoxy-6,7-dimethoxy-
2-methyl- 3625
Trimethyl-Derivat C₁₇H₁₆O₈ aus 2,5,2′,5′-
Tetrahydroxy-4,4′-dimethyl-
[1,1′]bicyclohexa-1,4-dienyl-3,6,3′,6′-
tetraon 3742

C₁₇H₁₇BrO₄

Propan-1-on, 2-Brom-3-hydroxy-1-
[2-hydroxy-4-methyl-phenyl]-3-
[4-methoxy-phenyl]- 3193
−, 2-Brom-3-hydroxy-1-[2-hydroxy-
5-methyl-phenyl]-3-[4-methoxy-phenyl]-
3191
−, 2-Brom-1-[2-hydroxy-phenyl]-
3-methoxy-3-[4-methoxy-phenyl]- 3182

C₁₇H₁₇ClO₆

Benzophenon, 3-Chlor-2,4′-dihydroxy-
4,6,2′-trimethoxy-6′-methyl- 3646
Desoxybenzoin, 3′-Chlor-2,4-dihydroxy-
2′,4′,6′-trimethoxy- 3645

C₁₇H₁₇NO₄

Chalkon, 2-Hydroxy-3,4′-dimethoxy-, oxim
3219
Propan-1,2-dion, 1,3-Bis-[4-methoxy-phenyl]-,
2-oxim 3236
−, 1-[3,4-Dimethoxy-phenyl]-3-phenyl-,
2-oxim 3236
−, 3-[3,4-Dimethoxy-phenyl]-1-phenyl-,
2-oxim 3236

C₁₇H₁₇N₃O₃S

Benzil, 4,4′-Dimethoxy-, mono-thiosemi≠
carbazon 3217

C₁₇H₁₈N₂O₄

Benzaldehyd, 6,6′-Dimethoxy-
3,3′-methandiyl-di-, dioxim 3237
Biphenyl-2-carbaldehyd, 2′-[1-Hydroxyimino-
äthyl]-4,5-dimethoxy-, oxim 3237
Pentan-1,5-dion, 1,5-Bis-[4-hydroxy-phenyl]-,
dioxim 3244

C₁₇H₁₈N₄O₈

Cyclohexa-2,5-dienon, 4-Acetonyl-4-hydroxy-
3,5-dimethoxy-, [2,4-dinitro-phenyl≠
hydrazon] 3354

C₁₇H₁₈O₄

Aceton, 1-[2,4′-Dimethoxy-biphenyl-4-yl]-
3-hydroxy- 3187
Benzoin, 4-Äthoxy-2-methoxy- 3211
Benzophenon, 4,2′,4′-Trihydroxy-5-isopropyl-
2-methyl- 3197
Cyclohepta[a]naphthalin-5,6-dion,
2,3-Dimethoxy-8,9,10,11-tetrahydro-7H-
3188
Desoxybenzoin, 2′-Äthoxy-2-hydroxy-
4-methoxy- 3170
−, 2-Hydroxy-4,4′-dimethoxy-3-methyl-
3187
−, 2-Hydroxy-4,6-dimethoxy-3-methyl-
3186
−, 2,4,2′-Trimethoxy- 3170
−, 2,4,4′-Trimethoxy- 3171
−, 2,4,6-Trimethoxy- 3169
[1,4]Naphthochinon, 6-Heptanoyl-5-hydroxy-
3197
Propan-1-on, 1-[2,6-Dihydroxy-4-methoxy-
3-methyl-phenyl]-3-phenyl- 3190
−, 3-Hydroxy-2-methoxy-3-[2-methoxy-
phenyl]-1-phenyl- 3184
−, 1-[2-Hydroxy-4-methoxy-phenyl]-
2-[4-methoxy-phenyl]- 3185

C₁₇H₁₈O₄S

Thiobenzophenon, 2,4,3′,4′-Tetramethoxy-
3507
−, 2,4,6,4′-Tetramethoxy- 3505
−, 2,5,3′,4′-Tetramethoxy- 3508
−, 3,4,3′,4′-Tetramethoxy- 3510

C₁₇H₁₈O₅

Äthanon, 1-[4-Benzyloxy-2-hydroxy-
3,6-dimethoxy-phenyl]- 3346
Benzophenon, 2′-Äthoxy-2-hydroxy-
4,6-dimethoxy- 3505
−, 4,4′-Diäthoxy-2,2′-dihydroxy- 3506

C₁₈H₁₀O₄

Benz[a]anthracen-5,6-dion, 7,12-Dihydroxy-
3306

Chrysen-5,6-dion, 1,4-Dihydroxy- 3306

−, 7,10-Dihydroxy- 3306

Naphthacen-5,12-dion, 6,11-Dihydroxy-
3305

C₁₈H₁₀O₅

Naphthacen-5,12-dion, 1,4,6-Trihydroxy-
3591

−, 1,6,11-Trihydroxy- 3591

C₁₈H₁₀O₆

[2,2′]Biindenyl-1,3,1′,3′-tetraon,
2,2′-Dihydroxy- 3701

Naphthacen-5,12-dion, 1,4,6,11-Tetrahydroxy-
3701

C₁₈H₁₁BrO₆

Anthracen-1,10-dion, 4,9-Diacetoxy-2-brom-
3263

Anthrachinon, 1,2-Diacetoxy-4-brom- 3259

−, 1,8-Diacetoxy-3-brom- 3272

C₁₈H₁₁ClO₆

Anthrachinon, 1,2-Diacetoxy-4-chlor- 3259

C₁₈H₁₂Br₂O₆

Benzil, 2,2′-Diacetoxy-5,5′-dibrom- 3214

C₁₈H₁₂N₂O₁₀

Benzil, 2,2′-Diacetoxy-4,4′-dinitro- 3215

−, 2,2′-Diacetoxy-5,5′-dinitro- 3216

−, 4,4′-Diacetoxy-3,3′-dinitro- 3218

C₁₈H₁₂O₄

[1,4]Benzochinon, 2,5-Bis-[3-hydroxy-phenyl]-
3297

−, 2,5-Bis-[4-hydroxy-phenyl]- 3298

−, 2,5-Dihydroxy-3,6-diphenyl- 3298

[1,4]Naphthochinon, 2-Hydroxy-3-phenacyl-
3299

C₁₈H₁₂O₅

[1,4]Benzochinon, 3-Hydroxy-2,5-bis-
[3-hydroxy-phenyl]- 3588

C₁₈H₁₂O₆

Anthracen-2-carbaldehyd, 3-Acetoxy-
1-methoxy-9,10-dioxo-9,10-dihydro- 3584

Anthrachinon, 1,2-Diacetoxy- 3258

−, 1,4-Diacetoxy- 3262

−, 1,5-Diacetoxy- 3269

−, 2,6-Diacetoxy- 3273

[1,4]Benzochinon, 2,5-Dihydroxy-3,6-bis-
[4-hydroxy-phenyl]- 3699

C₁₈H₁₂O₆Se₂

Anhydrid, [9,10-Dioxo-9,10-dihydro-
anthracen-1,4-diselenensäure]-essigsäure-
3268

C₁₈H₁₂O₈

Anthrachinon, 1,5-Diacetyl-
2,4,6,8-tetrahydroxy- 3752

C₁₈H₁₃BrO₅

Anthrachinon, 1-Acetoxy-2-brommethyl-
3-methoxy- 3276

−, 3-Acetoxy-2-brommethyl-1-methoxy-
3276

C₁₈H₁₃NO₆

Indan-1,3-dion, 4,5-Dimethoxy-2-[2-nitro-
benzyliden]- 3290

−, 4,5-Dimethoxy-2-[3-nitro-
benzyliden]- 3290

−, 4,5-Dimethoxy-2-[4-nitro-
benzyliden]- 3290

C₁₈H₁₄Cl₂O₄

But-2-en-1,4-dion, 1,4-Bis-[4-chlor-
2-methoxy-phenyl]- 3279

C₁₈H₁₄O₄

Äthanon, 2-[1]Naphthyl-1-[2,3,4-trihydroxy-
phenyl]- 3292

Benzocyclohepten-5,9-dion, 6-Benzyliden-
1,4-dihydroxy-7,8-dihydro-6H- 3291

Indan-1,3-dion, 2-Benzyliden-4,5-dimethoxy-
3290

−, 2-Benzyliden-4,7-dimethoxy- 3290

−, 2-Veratryliden- 3290

[1,2]Naphthochinon, 5-Methoxy-4-
[2-methoxy-phenyl]- 3290

−, 6-Methoxy-4-[4-methoxy-phenyl]-
3289

−, 7-Methoxy-4-[4-methoxy-phenyl]-
3289

C₁₈H₁₄O₅

Anthrachinon, 2-Acetoxy-1-methoxy-
3-methyl- 3277

−, 8-Acetoxy-1-methoxy-3-methyl-
3278

−, 2-Acetyl-1,3-dimethoxy- 3585

−, 1-Hydroxy-2-propionyloxymethyl-
3279

Benzocyclohepten-5-on, 3,4,6-Trihydroxy-
2-methoxy-7-phenyl- 3585

[1,4]Naphthochinon, 2-Hydroxy-
6,7-dimethoxy-3-phenyl- 3585

C₁₈H₁₄O₆

Anthracen-2-carbaldehyd, 1,3,5-Trimethoxy-
9,10-dioxo-9,10-dihydro- 3696

−, 4,5,7-Trimethoxy-9,10-dioxo-
9,10-dihydro- 3696

Anthrachinon, 3-Acetonyl-1,8-dihydroxy-
6-methoxy- 3696

−, 7-Acetoxy-1-hydroxy-3-methoxy-
6-methyl- 3574

Benzil, 4,4′-Diacetoxy- 3217

C₁₈H₁₄O₁₂

[4,4′]Bicyclopent-1-enyl-3,5,3′,5′-tetraon,
1,2,1′,2′-Tetraacetoxy- 3740

C₁₈H₁₅BrO₄

Benzocyclohepten-5,9-dion, 6-Benzyl-6-brom-
1,4-dihydroxy-7,8-dihydro-6H- 3283

−, 6-[α-Brom-benzyl]-1,4-dihydroxy-
7,8-dihydro-6H- 3283

C₁₈H₁₅BrO₅

Anthrachinon, 1-Brom-2,4,5-trimethoxy-
7-methyl- 3576

−, 1-Brom-4,5,7-trimethoxy-2-methyl-
3576

C$_{18}$H$_{15}$BrO$_6$
Phenanthren-9,10-dion, 4-Brom-
1,3,6,7-tetramethoxy- 3686

C$_{18}$H$_{15}$ClO$_6$
Anthrachinon, 2-Chlor-1,8-dihydroxy-6-
[2-hydroxy-propyl]-3-methoxy- 3693

C$_{18}$H$_{16}$BrNO$_7$
Chalkon, α-Brom-2'-hydroxy-
3,4,4'-trimethoxy-5'-nitro- 3550

C$_{18}$H$_{16}$Br$_2$O$_4$
Butan-1,4-dion, 2,3-Dibrom-1,4-bis-
[4-methoxy-phenyl]- 3238

C$_{18}$H$_{16}$Cl$_2$O$_4$
Chalkon, 3',5'-Dichlor-3,4,2'-trimethoxy- 3226
Hexan-1,6-dion, 1,6-Bis-[5-chlor-2-hydroxy-
phenyl]- 3248

C$_{18}$H$_{16}$Cl$_2$O$_8$
[1,1']Bicyclohexa-1,3-dienyl-5,5'-dion,
2,2'-Diacetoxy-6,6'-dichlor-
4,4'-dimethoxy- 3655

C$_{18}$H$_{16}$N$_2$O$_3$
But-3-en-2-on, 1-Diazo-3,4-bis-[4-methoxy-
phenyl]- 3280
—, 1-Diazo-4-[3,4-dimethoxy-phenyl]-
3-phenyl- 3280

C$_{18}$H$_{16}$N$_4$O$_8$
Mono-[2,4-dinitro-phenylhydrazon]
C$_{18}$H$_{16}$N$_4$O$_8$ aus 2,4,6-Triacetyl-resorcin
3405

C$_{18}$H$_{16}$O$_2$S$_2$
Anthrachinon, 1,4-Bis-äthylmercapto- 3264

C$_{18}$H$_{16}$O$_4$
Äthanon, 1-[10-Hydroxy-6,7-dimethoxy-
[9]phenanthryl]- 3281
Anthrachinon, 2-Butyl-1,4-dihydroxy- 3284
—, 6-tert-Butyl-1,4-dihydroxy- 3284
—, 1,4-Diäthoxy- 3261
—, 1,8-Diäthoxy- 3271
—, 2,6-Diäthoxy- 3273
Dibenzo[a,d]cyclohepten-5-on,
1,4,11-Trimethoxy- 3275
Indan-1,3-dion, 2-Veratryl- 3280
Pent-4-en-1,3-dion, 5-[4-Hydroxy-3-methoxy-
phenyl]-1-phenyl- 3282

C$_{18}$H$_{16}$O$_4$S$_2$
Anthracen-1,4-disulfensäure, 9,10-Dioxo-
9,10-dihydro-, diäthylester 3265
Anthrachinon, 1,4-Bis-äthansulfinyl- 3264

C$_{18}$H$_{16}$O$_4$Se
Anthracen-1-selenensäure, 4-Methoxy-
9,10-dioxo-9,10-dihydro-, isopropylester
3267

C$_{18}$H$_{16}$O$_4$Se$_2$
Anthracen-1,4-diselenensäure, 9,10-Dioxo-
9,10-dihydro-, diäthylester 3268

C$_{18}$H$_{16}$O$_5$
Anthrachinon, 7-Äthoxy-1-hydroxy-
3-methoxy-6-methyl- 3574
—, 2-Äthoxymethyl-1-hydroxy-
3-methoxy- 3577
—, 2-Butyl-1,3,4-trihydroxy- 3582

—, 1,3-Dimethoxy-2-methoxymethyl-
3577
—, 1,2,6-Trimethoxy-7-methyl- 3575
—, 1,2,8-Trimethoxy-3-methyl- 3573
—, 1,2,8-Trimethoxy-7-methyl- 3573
—, 1,3,7-Trimethoxy-6-methyl- 3574

C$_{18}$H$_{16}$O$_6$
Anthrachinon, 2-Butyl-1,3,4,5-tetrahydroxy-
3693
—, 2-Butyl-1,4,5,8-tetrahydroxy- 3694
—, 3-Butyl-1,2,4,5-tetrahydroxy- 3694
—, 1,8-Dihydroxy-3-[2-hydroxy-propyl]-
6-methoxy- 3692
—, 2-Hydroxymethyl-1,3,8-trimethoxy-
3691
—, 1-Hydroxy-2,3,5-trimethoxy-
6-methyl- 3689
—, 5-Hydroxy-1,2,3-trimethoxy-
6-methyl- 3689
—, 1,2,5,8-Tetramethoxy- 3683
—, 1,3,5,7-Tetramethoxy- 3684
—, 1,3,6,8-Tetramethoxy- 3684
—, 1,4,5,8-Tetramethoxy- 3685
—, 2,3,6,7-Tetramethoxy- 3685
[3,3']Bicyclohexa-1,4-dienyliden-6,6'-dion,
1,1'-Bis-acetoxymethyl- 3175
Phenanthren-9,10-dion, 1,3,6,7-Tetramethoxy-
3685
—, 2,3,4,7-Tetramethoxy- 3686
—, 2,3,6,7-Tetramethoxy- 3687

C$_{18}$H$_{16}$O$_9$
[1,4]Naphthochinon, 2,5,8-Triacetoxy-
3-methoxy-6-methyl- 3625
—, 3,5,8-Triacetoxy-2-methoxy-
6-methyl- 3625

C$_{18}$H$_{17}$BrO$_4$
Chalkon, 5'-Äthyl-3'-brom-2',4'-dihydroxy-
4-methoxy- 3245

C$_{18}$H$_{17}$BrO$_6$
Biphenyl-2,2'-dicarbaldehyd, 6-Brom-
3,5,4',5'-tetramethoxy- 3659

C$_{18}$H$_{17}$Br$_2$NO$_7$
Propan-1-on, 2,3-Dibrom-3-[3,4-dimethoxy-
phenyl]-1-[2-hydroxy-4-methoxy-5-nitro-
phenyl]- 3519

C$_{18}$H$_{17}$Br$_3$O$_4$
Propan-1-on, 1-[5-Äthyl-3-brom-
2,4-dihydroxy-phenyl]-2,3-dibrom-3-
[4-methoxy-phenyl]- 3196

C$_{18}$H$_{17}$ClO$_3$S
Chalkon, 3'-Chlor-3,4-dimethoxy-
4'-methylmercapto- 3227

C$_{18}$H$_{17}$NO$_6$
Chalkon, α-Äthoxy-2'-hydroxy-4-methoxy-
5'-nitro- 3235
—, 2'-Hydroxy-3,4-dimethoxy-5'-methyl-
3'-nitro- 3241
Phenanthren-9,10-dion, 2,3,4,7-Tetramethoxy-,
9-oxim 3686
—, 2,3,4,7-Tetramethoxy-, 10-oxim
3686

C₁₈H₂₂O₅
Cyclohepta[a]naphthalin-5,11-dion,
1,2,3-Trimethoxy-6a,7,8,9,10,11a-
hexahydro-6H- 3461
Cyclohexanon, 2,4-Diacetyl-5-hydroxy-3-
[2-methoxy-phenyl]-5-methyl- 3462
–, 2,4-Diacetyl-5-hydroxy-3-
[4-methoxy-phenyl]-5-methyl- 3462
Dibenzo[a,c]cyclohepten-5-on, 4a-Hydroxy-
9,10,11-trimethoxy-1,2,3,4,4a,11b-
hexahydro- 3461
–, 11b-Hydroxy-9,10,11-trimethoxy-
1,2,3,4,4a,11b-hexahydro- 3461
Heptan-2,6-dion, 3,5-Diacetyl-4-[2-methoxy-
phenyl]- 3462
–, 3,5-Diacetyl-4-[4-methoxy-phenyl]-
3462

C₁₈H₂₄O₅
Benzocyclohepten-5-on, 2,3,4-Trimethoxy-
6-[3-oxo-butyl]-6,7,8,9-tetrahydro- 3406
Benzocyclohepten-6-on, 2,3,4-Trimethoxy-
7-[3-oxo-butyl]-5,7,8,9-tetrahydro- 3407
Dibenzo[a,d]cyclohepten-3-on, 4a-Hydroxy-
6,7,8-trimethoxy-1,2,4,4a,5,10,11,11a-
octahydro- 3407

C₁₈H₂₈O₂S₄
[1,4]Benzochinon, Tetrakis-isopropyl≠
mercapto- 3605

C₁₈H₂₈O₅
[1,4]Benzochinon, 2-Heptyl-3,6-dihydroxy-
5-[3-hydroxy-3-methyl-butyl]- 3357
Butan-1-on, 1-[2,4-Dihydroxy-5-isopentyl-
3,6-dimethoxy-phenyl]-3-methyl- 3357
Cyclohexan-1,3,5-trion, 4-Acetyl-2-hydroxy-
2,6-diisopentyl- 3358

C₁₈H₂₈O₇
Kohlensäure-äthylester-[3,6-dihydroxy-
3-isopropyl-6,8a-dimethyl-7,8-dioxo-
decahydro-azulen-4-ylester] 3342

C₁₈H₃₀O₇
Kohlensäure-äthylester-[3,6,8-trihydroxy-
3-isopropyl-6,8a-dimethyl-7-oxo-
decahydro-azulen-4-ylester] 3341

C₁₉

C₁₉H₉BrO₅
[1,4]Naphthochinon, 2-[2-Brom-1,3-dioxo-
indan-2-yl]-3-hydroxy- 3595

C₁₉H₁₀O₅
[1,4]Naphthochinon, 2-[1,3-Dioxo-indan-
2-yl]-3-hydroxy- 3594

C₁₉H₁₂O₅
Naphthacen-5,12-dion, 1,11-Dihydroxy-
3-methoxy- 3591

C₁₉H₁₃BrO₆
Anthrachinon, 1,3-Diacetoxy-2-brommethyl-
3276

C₁₉H₁₄Br₂O₉
Benzocyclohepten-5-on, 2,3,4,6-Tetraacetoxy-
1,7-dibrom- 3458
–, 2,3,4,6-Tetraacetoxy-7,8-dibrom-
3458

C₁₉H₁₄O₄
Benzo[c]fluoren-7-on, 5-Hydroxy-
3,9-dimethoxy- 3297

C₁₉H₁₄O₅
4a,9a-But-2-eno-anthracen-1,4,9,10-tetraon,
11-Methoxy- 3588

C₁₉H₁₄O₆
1,4-Ätheno-cyclohepta[a]naphthalin-
2,3,7-trion, 5,6,8-Trihydroxy-
9,10-dimethyl-1,4-dihydro- 3700
Anthrachinon, 1-Acetoxy-2-acetoxymethyl-
3279
–, 1,4-Diacetoxy-2-methyl- 3276
–, 1,8-Diacetoxy-3-methyl- 3278
Dibenzo[a,d]cyclohepten-5,10-dion,
6,9-Diacetoxy-11H- 3275

C₁₉H₁₄O₇
Anthrachinon, 3-Acetoxy-2-acetoxymethyl-
1-hydroxy- 3578
–, 1,5-Diacetoxy-3-methoxy- 3569
Fluoren-9-on, 1,2,4-Triacetoxy- 3210

C₁₉H₁₆Br₂O₅
Chalkon, 2'-Acetoxy-3',5'-dibrom-
3,4-dimethoxy- 3226

C₁₉H₁₆Br₂O₉
Benzocyclohepten-5-on, 2,3,4,6-Tetraacetoxy-
6,9-dibrom-6,9-dihydro- 3404

C₁₉H₁₆Cl₂O₅
Chalkon, 2'-Acetoxy-3',5'-dichlor-
3,4-dimethoxy- 3226

C₁₉H₁₆O₄
Naphthacen-1-on, 5,6,12-Trihydroxy-
11-methyl-3,4-dihydro-2H- 3293

C₁₉H₁₆O₅
[1,4]Naphthochinon, 2,6,7-Trimethoxy-
3-phenyl- 3585

C₁₉H₁₆O₆
Anthrachinon, 7-Acetoxy-1,3-dimethoxy-
6-methyl- 3574
–, 1-Acetoxy-3-methoxy-
2-methoxymethyl- 3578
–, 2-Acetoxymethyl-1,3-dimethoxy-
3578

C₁₉H₁₆O₇
Anthrachinon, 1-Butyryl-2,4,5-trihydroxy-
7-methoxy- 3734
Benzophenon, 2,4,2'-Triacetoxy- 3163
–, 2,6,2'-Triacetoxy- 3165

C₁₉H₁₇BrO₅
Chalkon, 2'-Acetoxy-α-brom-4,6'-dimethoxy-
3231
Inden-1-on, x-Brom-3-[3,4-dimethoxy-
phenyl]-5,6-dimethoxy- 3571

C₁₉H₁₉BrO₅ (Fortsetzung)

Indan-1-on, 4-[x-Brom-3-methoxy-phenyl]-5,6,7-trimethoxy- 3557

Propan-1-on, 1-[2-Acetoxy-5-methyl-phenyl]-2-brom-3-hydroxy-3-[4-methoxy-phenyl]- 3192

C₁₉H₁₉ClO₄

Desoxybenzoin, 4'-Chlor-2,4,6-trihydroxy-3-[3-methyl-but-2-enyl]- 3250

C₁₉H₁₉NO₄

Anthrachinon, 1-[β-Dimethylamino-isopropoxy]-4-hydroxy- 3262

C₁₉H₂₀BrClO₄

Propan-1-on, 3-Äthoxy-2-brom-1-[4-chlor-phenyl]-3-[3,4-dimethoxy-phenyl]- 3183

C₁₉H₂₀Br₂O₄

Propan-1-on, 3-Äthoxy-2-brom-1-[3-brom-2-hydroxy-5-methyl-phenyl]-3-[4-methoxy-phenyl]- 3193

C₁₉H₂₀O₄

Biphenyl, 5,5'-Diacetyl-2-äthoxy-2'-methoxy-3243

Butan-1,3-dion, 1-[2,4-Dimethoxy-6-methyl-phenyl]-4-phenyl- 3245

But-2-en-1-on, 3-Phenyl-1-[2,4,6-trimethoxy-phenyl]- 3239

Chalkon, 2,5'-Diäthoxy-2'-hydroxy- 3224

–, 4,2',4'-Trimethoxy-3'-methyl- 3240

Desoxybenzoin, 2,4,6-Trihydroxy-3-[3-methyl-but-2-enyl]- 3250

Hexan-1,6-dion, 1-[2-Hydroxy-phenyl]-6-[4-methoxy-phenyl]- 3248

Naphthalin-1-on, 6,7-Dimethoxy-2-[3-methoxy-phenyl]-3,4-dihydro-2H- 3243

–, 6,7-Dimethoxy-2-[4-methoxy-phenyl]-3,4-dihydro-2H- 3243

[1,4]Naphthochinon, 2-[3-Cyclohexyl-2-oxo-propyl]-3-hydroxy- 3251

Pentan-1,5-dion, 1,5-Bis-[2-hydroxy-5-methyl-phenyl]- 3250

–, 1,5-Bis-[4-methoxy-phenyl]- 3244

Propan-1,3-dion, 1-[2-Hydroxy-4-methoxy-phenyl]-3-mesityl- 3249

C₁₉H₂₀O₅

Aceton, 1-Acetoxy-3-[2,4'-dimethoxy-biphenyl-4-yl]- 3187

Benzo[a]heptalen-9-on, 10-Hydroxy-1,2,3-trimethoxy-6,7-dihydro-5H- 3562

Benzol, 2,4-Diacetyl-1-benzyloxy-3,5-dimethoxy- 3376

–, 2,4-Diacetyl-3-benzyloxy-1,5-dimethoxy- 3376

Chalkon, 2',4'-Dihydroxy-4-isopropoxy-3-methoxy- 3548

–, 2'-Hydroxy-3,4,4'-trimethoxy-3'-methyl- 3560

–, 2'-Hydroxy-4,4',6'-trimethoxy-3'-methyl- 3559

–, 2'-Hydroxy-4',6',α-trimethoxy-3'-methyl- 3560

–, 6'-Hydroxy-4,2',4'-trimethoxy-3'-methyl- 3559

–, α,2',4',6'-Tetramethoxy- 3556

–, 2,2',4',6'-Tetramethoxy- 3546

–, 2,3,2',3'-Tetramethoxy- 3543

–, 2,3,2',5'-Tetramethoxy- 3544

–, 2,4,3',4'-Tetramethoxy- 3545

–, 3,4,5,3'-Tetramethoxy- 3546

–, 4,3',4',5'-Tetramethoxy- 3553

Cyclohexan-1,3,5-trion, 4-[4-Methoxy-cinnamoyl]-2,2,6-trimethyl- 3564

Dibenzo[a,c]cyclohepten-5-on, 1,2,3,9-Tetramethoxy-6,7-dihydro- 3558

–, 3,9,10,11-Tetramethoxy-6,7-dihydro-3558

Dibenzo[a,c]cyclohepten-6-on, 2,3,9,10-Tetramethoxy-5,7-dihydro- 3559

Dibenzo[a,d]cyclohepten-5-on, 2,3,7,8-Tetramethoxy-10,11-dihydro- 3558

Indan-1-on, 3-[3,4-Dimethoxy-phenyl]-5,6-dimethoxy- 3557

–, 5,6,7-Trimethoxy-4-[3-methoxy-phenyl]- 3557

Propan-1-on, 3-Acetoxy-2-methoxy-3-[2-methoxy-phenyl]-1-phenyl- 3184

–, 1-[2-Acetoxy-4-methoxy-phenyl]-2-[4-methoxy-phenyl]- 3185

–, 3-[2-Acetoxy-4-methoxy-phenyl]-1-[4-methoxy-phenyl]- 3182

C₁₉H₂₀O₆

Äthanon, 1-[4-Acetoxy-2-benzyloxy-3,6-dimethoxy-phenyl]- 3347

Biphenyl-2-carbaldehyd, 2'-Acetyl-4,5,6,4'-tetramethoxy- 3672

–, 2'-Acetyl-4,5,6,6'-tetramethoxy- 3672

Biphenyl-2-ol, 3,5'-Diacetyl-4,6,2'-trimethoxy- 3675

Butan-1,3-dion, 1-[4-Benzyloxy-2-hydroxy-3,6-dimethoxy-phenyl]- 3610

Chalkon, 4,5'-Dihydroxy-3,5,4'-trimethoxy-2'-methyl- 3673

–, 2'-Hydroxy-2,3-dimethoxy-4'-methoxymethoxy- 3544

–, 2'-Hydroxy-3,4'-dimethoxy-2-methoxymethoxy- 3544

–, 2'-Hydroxy-3',4'-dimethoxy-2-methoxymethoxy- 3545

–, 2'-Hydroxy-3,4-dimethoxy-4'-methoxymethoxy- 3548

–, 2'-Hydroxy-3,5'-dimethoxy-2-methoxymethoxy- 3545

–, 2'-Hydroxy-3,5'-dimethoxy-4-methoxymethoxy- 3551

–, 2'-Hydroxy-3,6'-dimethoxy-2-methoxymethoxy- 3545

–, 2'-Hydroxy-4,5'-dimethoxy-3-methoxymethoxy- 3551

–, 2'-Hydroxy-4',6'-dimethoxy-2-methoxymethoxy- 3546

–, 2'-Hydroxy-3,4,3',6'-tetramethoxy-3665

–, 2'-Hydroxy-3,4,4',5'-tetramethoxy-3665

$C_{19}H_{21}N_3O_3S$

Chalkon, 4,3',4'-Trimethoxy-, thiosemi=
carbazon 3232

$C_{19}H_{21}N_3O_4$

Monosemicarbazon $C_{19}H_{21}N_3O_4$ aus
3'-Acetonyl-2,4'-dimethoxy-benzophenon
3243

$C_{19}H_{21}N_3O_5$

Benzaldehyd, 3-Acetyl-2-benzyloxy-
4,6-dimethoxy-, semicarbazon
3372

$C_{19}H_{22}N_2O_6$

Biphenyl-2-carbaldehyd, 2'-[1-Hydroxyimino-
äthyl]-4,5,6,4'-tetramethoxy-,
oxim 3672

—, 2'-[1-Hydroxyimino-äthyl]-4,5,6,6'-
tetramethoxy-, oxim 3673

$C_{19}H_{22}O_4$

Äthanon, 1-[6-Hydroxy-2,3-dimethoxy-
8,9,10,11-tetrahydro-7H-cyclohepta=
[a]naphthalin-5-yl]- 3197

Butan-2-on, 4-[3,4-Dimethoxy-phenyl]-4-
[4-hydroxy-3-methyl-phenyl]-
3197

—, 1-[3,5-Dimethoxy-phenyl]-4-
[4-methoxy-phenyl]- 3189

Cyclohexan-1,2-dion, 3-[1-Acetyl-6-methoxy-
1,2,3,4-tetrahydro-[2]naphthyl]-
3198

[1,4]Naphthochinon, 6-[2,4-Dimethyl-hex-
2-enyl]-2,7-dihydroxy-3-methyl- 3199

—, 5-Hydroxy-6-nonanoyl- 3198

—, 2-Hydroxy-3-[8-oxo-nonyl]- 3198

$C_{19}H_{22}O_5$

Aceton, 1,1-Bis-[3,4-dimethoxy-phenyl]-
3524

Benzophenon, 2,4-Diäthoxy-2',4'-dimethoxy-
3506

—, 3,3'-Diäthoxy-4,4'-dimethoxy- 3509

—, 3,4'-Diäthoxy-4,3'-dimethoxy- 3509

—, 4,4'-Diäthoxy-3,3'-dimethoxy- 3509

—, 4,5,4',5'-Tetramethoxy-2,2'-dimethyl-
3524

Biphenyl-2-carbaldehyd, 2'-Äthyl-3,5,4',5'-
tetramethoxy- 3525

Pentan-3-on, 1,5-Bis-[2-hydroxy-3-methoxy-
phenyl]- 3527

—, 1,5-Bis-[2-hydroxy-5-methoxy-
phenyl]- 3527

Propan-1-on, 1,3-Bis-[3,4-dimethoxy-phenyl]-
3520

—, 1-[3-Methoxy-phenyl]-3-
[3,4,5-trimethoxy-phenyl]- 3521

—, 1-[4-Methoxy-phenyl]-3-
[2,4,6-trimethoxy-phenyl]- 3521

$C_{19}H_{22}O_6$

Benzophenon, 2',5'-Diäthoxy-2-hydroxy-
3,6-dimethoxy- 3639

—, 3,6-Diäthoxy-2-hydroxy-
2',5'-dimethoxy- 3639

Chroman-2-ol, 5,7-Dimethoxy-2-
[3,4-dimethoxy-phenyl]- 3647

Desoxybenzoin, 4'-Äthoxy-2-hydroxy-
4,6,3'-trimethoxy- 3644

—, 2-Hydroxy-4,6,2',3'-tetramethoxy-
3-methyl- 3649

—, 2,4,6,2',4'-Pentamethoxy- 3643

—, 3,4,2',4',6'-Pentamethoxy- 3645

Propan-1-on, 1-[3,4-Dimethoxy-phenyl]-3-
[2-hydroxy-4,6-dimethoxy-phenyl]- 3647

—, 1-[3,4-Dimethoxy-phenyl]-
3-methoxy-2-[2-methoxy-phenoxy]- 3352

$C_{19}H_{22}O_7$

Benzoin, 2,4,6,3',4'-Pentamethoxy- 3720

Benzophenon, 2,3,4,2',3',4'-Hexamethoxy-
3718

—, 2,4,5,2',4',5'-Hexamethoxy- 3718

Desoxybenzoin, 2-Hydroxy-4,6,2',4',5'-
pentamethoxy- 3719

—, 6-Hydroxy-2,3,4,2',5'-pentamethoxy-
3719

Propan-1-on, 1-[3,4-Dimethoxy-phenyl]-
2-hydroxy-3-[2-hydroxy-4,6-dimethoxy-
phenyl]- 3720

$C_{19}H_{23}NO_5$

Biphenyl-2-carbaldehyd, 2'-Äthyl-3,5,4',5'-
tetramethoxy-, oxim 3525

$C_{19}H_{23}N_3O_6$

Desoxybenzoin, 6-Hydroxy-2,3,4,4'-
tetramethoxy-, semicarbazon 3641

$C_{19}H_{24}O_2$

Octa-2,4,6-trienal, 2,6-Dimethyl-8-
[2,6,6-trimethyl-4-oxo-cyclohex-
2-enyliden]- 3775

$C_{19}H_{24}O_5$

Androst-4-en-18-al, 11,14-Dihydroxy-
3,16-dioxo- 3463

Cyclohex-2-enon, 6-Äthoxymethylen-
3-methyl-5-[2,3,4-trimethoxy-phenyl]-
3461

$C_{19}H_{24}O_6$

Benzo[a]heptalen-9,10-dion, 7a-Hydroxy-
1,2,3-trimethoxy-5,6,7,7a,8,11,12,12a-
octahydro- 3627

Cyclohexanon, 5-Hydroxy-2,4-bis-
methoxyacetyl-5-methyl-3-phenyl- 3627

Dehydrocrotophorbolon 3463

7a,10-Epoxido-benzo[a]heptalen-9-on,
10-Hydroxy-1,2,3-trimethoxy-
6,7,10,11,12,12a-hexahydro-5H- 3627

Heptan-2,6-dion, 3,5-Diacetyl-1,7-dimethoxy-
4-phenyl- 3627

$C_{19}H_{24}O_7$

Crotonsäure, 4-[2,4-Diacetyl-3,5-dimethoxy-
6-methyl-phenoxy]-, äthylester 3380

Heptan-2,6-dion, 3,5-Diacetyl-4-[4-hydroxy-
phenyl]-1,7-dimethoxy- 3714

$C_{19}H_{26}O_5$

Dibenzo[a,c]cyclohepten-3-on, 4a-Hydroxy-
9,10,11-trimethoxy-11b-methyl-1,2,4,4a,5,=
6,7,11b-octahydro- 3407

C₁₉H₂₆O₆

Benzo[a]heptalen-10-on, 7a,9-Dihydroxy-
1,2,3-trimethoxy-6,7,7a,8,9,11,12,12a-
octahydro-5H- 3615

7a,10-Epoxido-benzo[a]heptalen-9,10-diol,
1,2,3-Trimethoxy-5,6,7,8,9,11,12,12a-
octahydro- 3615

15-Oxa-18-homo-androst-4-en-3-on,
11,18a-Epoxy-14,16,18a-trihydroxy- 3463

C₁₉H₂₇N₃O₅

Monosemicarbazon C₁₉H₂₇N₃O₅ aus
2,3,4-Trimethoxy-6-[3-oxo-butyl]-
6,7,8,9-tetrahydro-benzocyclohepten-5-on
3406

C₁₉H₃₀O₇

Azulen-5-on, 4,8-Diacetoxy-1,6-dihydroxy-
1-isopropyl-3a,6-dimethyl-octahydro-
3340

C₂₀

C₂₀H₆Br₄O₄

Perylen-3,10-dion, x-Tetrabrom-
4,9-dihydroxy- 3320

C₂₀H₁₀O₄

Perylen-3,10-dion, 2,11-Dihydroxy- 3319
–, 4,9-Dihydroxy- 3320

C₂₀H₁₀O₅

[1,2′]Binaphthyl-3,4,1′,4′-tetraon, 3′-Hydroxy-
3596

C₂₀H₁₀O₈

[2,2′]Binaphthyl-1,4,1′,4′-tetraon, 5,8,5′,8′-
Tetrahydroxy- 3754

C₂₀H₁₁BrO₆

Naphthacen-5,6,11,12-tetraon, 5a-Acetoxy-
11a-brom-5a,11a-dihydro- 3591

C₂₀H₁₂Cl₂O₄

Benzol, 1,2-Bis-[5-chlor-2-hydroxy-benzoyl]-
3307

C₂₀H₁₂O₄

[1,1′]Binaphthyl-3,4-dion, 3′,4′-Dihydroxy-
3314

[1,1′]Binaphthyliden-4,4′-dion,
3,3′-Dihydroxy- 3314

C₂₀H₁₂O₆

Dibenzo[d,d′]benzo[1,2-b;4,5-b′]difuran-
6,12-dion, 4,10-Dimethoxy- 3703

Triphenylen-1,4,5,8-tetraon,
10,11-Dimethoxy- 3703

C₂₀H₁₃BrO₄

Brenzcatechin, 3,6-Dibenzoyl-4-brom- 3309
Hydrochinon, 2,3-Dibenzoyl-5-brom- 3308
–, 2,5-Dibenzoyl-3-brom- 3309

C₂₀H₁₃NO₆

Resorcin, 4,6-Dibenzoyl-2-nitro- 3308

C₂₀H₁₄Cl₂N₄O₇

[1,4]Naphthochinon, 8-Dichloracetyl-
5-hydroxy-2,7-dimethyl-, mono-
[2,4-dinitro-phenylhydrazon] 3177

C₂₀H₁₄Cl₄O₆

Benzil, 3,5,3′,5′-Tetrachlor-2,2′-bis-
propionyloxy- 3214

C₂₀H₁₄Cl₄O₇

Desoxybenzoin, 2,α,2′-Triacetoxy-3,5,3′,5′-
tetrachlor- 3172

C₂₀H₁₄N₂O₅

Äthanon, 1-[9,10-Diacetoxy-[2]phenanthryl]-
2-diazo- 3290

–, 1-[9,10-Diacetoxy-[3]phenanthryl]-
2-diazo- 3291

C₂₀H₁₄O₄

Hydrochinon, 2,5-Dibenzoyl- 3309
Phenalen-1-on, 2,6-Dihydroxy-5-methoxy-
9-phenyl- 3306
Resorcin, 2,4-Dibenzoyl- 3308
–, 4,6-Dibenzoyl- 3308

C₂₀H₁₄O₅

Benzen-1,2,4-triol, 3,6-Dibenzoyl- 3591
Naphthacen-5,12-dion, 9-Äthyl-
1,4,6-trihydroxy- 3592
–, 11-Hydroxy-1,3-dimethoxy- 3591

C₂₀H₁₄O₆

Hydrochinon, 2,5-Bis-[4-hydroxy-benzoyl]-
3702

C₂₀H₁₄O₈

Anthrachinon, 1,3,5-Triacetoxy- 3569
–, 1,3,7-Triacetoxy- 3570
–, 1,4,5-Triacetoxy- 3570
Hydrochinon, 2,5-Bis-[2,5-dihydroxy-
benzoyl]- 3752

C₂₀H₁₅BrO₄

Propenon, 1-[4-Brom-1-hydroxy-[2]naphthyl]-
3-[4-hydroxy-3-methoxy-phenyl]- 3300

C₂₀H₁₅Br₃O₄

Propan-1-on, 2,3-Dibrom-1-[4-brom-
1-hydroxy-[2]naphthyl]-3-[4-hydroxy-
3-methoxy-phenyl]- 3293

C₂₀H₁₅N₃O₆

Resorcin, 4,6-Bis-[α-hydroxyimino-benzyl]-
2-nitro- 3308

C₂₀H₁₆Br₂O₆

Benzil, 5,5′-Dibrom-2,2′-bis-propionyloxy-
3214

C₂₀H₁₆Cl₂O₆

Chalkon, 4,2′-Diacetoxy-3′,5′-dichlor-
3-methoxy- 3226

C₂₀H₁₆N₂O₄

Brenzcatechin, 3,6-Bis-[α-hydroxyimino-
benzyl]- 3308
Resorcin, 4,6-Bis-[α-hydroxyimino-benzyl]-
3308

C₂₀H₁₆O₄

[1,4]Benzochinon, 2,5-Bis-[3-methoxy-
phenyl]- 3298
–, 2,5-Bis-[4-methoxy-phenyl]- 3298
–, 2,5-Dihydroxy-3,6-di-o-tolyl- 3302
Benzo[c]fluoren-7-on, 3,5,9-Trimethoxy-
3297
Propan-1,3-dion, 1-[1-Hydroxy-[2]naphthyl]-
3-[4-methoxy-phenyl]- 3301

$C_{20}H_{16}O_5$

Naphthacen-5,12-dion, 9-Äthyl-1,4,6-trihydroxy-7,8-dihydro- 3589

$C_{20}H_{16}O_6$

Äthanon, 1-[9,10-Diacetoxy-[2]phenanthryl]-2-hydroxy- 3281

−, 1-[9,10-Diacetoxy-[3]phenanthryl]-2-hydroxy- 3281

Anthrachinon, 1,4-Diacetoxy-2,3-dimethyl-3281

[1,4]Benzochinon, 2,5-Bis-[4-hydroxy-phenyl]-3,6-dimethoxy- 3699

−, 2,5-Dihydroxy-3,6-bis-[4-methoxy-phenyl]- 3699

[1,4]Naphthochinon, 2-Acetoxy-6,7-dimethoxy-3-phenyl- 3585

$C_{20}H_{16}O_7$

Anthrachinon, 1-Acetoxy-2-acetoxymethyl-3-methoxy- 3578

−, 3-Acetoxy-2-acetoxymethyl-1-methoxy- 3578

−, 1,7-Diacetoxy-3-methoxy-6-methyl-3575

−, 2,8-Diacetoxy-1-methoxy-3-methyl-3573

$C_{20}H_{16}O_7Se$

Anthrachinon, 1-[2,2-Diacetoxy-äthylselanyl]-4-hydroxy- 3266

$C_{20}H_{16}O_{10}P_2$

Benzol, 1,4-Dibenzoyl-2,5-bis-phosphonooxy-3309

$C_{20}H_{17}BrO_7$

Anthrachinon, 3-Brom-1-butyryl-2,4-dihydroxy-5,7-dimethoxy- 3735

$C_{20}H_{17}Br_2NO_8$

Propan-1-on, 2,3-Dibrom-1-[2,4-diacetoxy-3-nitro-phenyl]-3-[2-methoxy-phenyl]-3178

−, 2,3-Dibrom-1-[2,4-diacetoxy-3-nitro-phenyl]-3-[3-methoxy-phenyl]- 3180

−, 2,3-Dibrom-1-[2,4-diacetoxy-3-nitro-phenyl]-3-[4-methoxy-phenyl]- 3180

−, 2,3-Dibrom-1-[2,6-diacetoxy-3-nitro-phenyl]-3-[4-methoxy-phenyl]- 3182

$C_{20}H_{17}NO_8$

Chalkon, 2′,4′-Diacetoxy-2-methoxy-3′-nitro-3221

−, 2′,4′-Diacetoxy-3-methoxy-3′-nitro-3227

−, 2′,4′-Diacetoxy-4-methoxy-3′-nitro-3229

−, 2′,6′-Diacetoxy-4-methoxy-3′-nitro-3232

$C_{20}H_{17}NO_9$

Desoxybenzoin, 2,4,6-Triacetoxy-4′-nitro-3169

$C_{20}H_{18}Br_2O_6$

Propan-1-on, 3-[4-Acetoxy-3-methoxy-phenyl]-1-[2-acetoxy-phenyl]-2,3-dibrom-3182

$C_{20}H_{18}N_4O_2$

Hydrochinon, 2,5-Bis-[α-hydrazono-benzyl]-3309

$C_{20}H_{18}O_4$

Benzil, 2,2′-Bis-allyloxy- 3212

−, 4,4′-Bis-allyloxy- 3218

Benzocyclohepten-5,9-dion, 6-Benzyliden-1,4-dimethoxy-7,8-dihydro-6H- 3292

Hepta-1,6-dien-3,5-dion, 1-[4-Hydroxy-3-methoxy-phenyl]-7-phenyl- 3292

Hexa-1,5-dien-3,4-dion, 1,6-Bis-[2-methoxy-phenyl]- 3291

−, 1,6-Bis-[4-methoxy-phenyl]- 3291

Naphthacen-5,11-dion, 3,9-Dimethoxy-5a,6,11a,12-tetrahydro- 3292

$C_{20}H_{18}O_5$

Cyclopenta[a]phenanthren-11,17-dion, 3-Acetoxy-14-hydroxy-13-methyl-13,14,15,16-tetrahydro-12H- 3284

Hepta-1,6-dien-3,5-dion, 7-[4-Hydroxy-3-methoxy-phenyl]-1-[4-hydroxy-phenyl]-3586

$C_{20}H_{18}O_6$

Benzil, 4,4′-Bis-propionyloxy- 3217

Chalkon, 4,2′-Diacetoxy-3-methoxy- 3225

Hexan-1,3,4,6-tetraon, 1,6-Bis-[4-methoxy-phenyl]- 3697

$C_{20}H_{18}O_7$

Äthanon, 2-Acetoxy-1-[2,4′-diacetoxy-biphenyl-4-yl]- 3175

Anthrachinon, 1-Butyryl-2,4-dihydroxy-5,7-dimethoxy- 3735

−, 1-Butyryl-4,5-dihydroxy-2,7-dimethoxy- 3735

Benzophenon, 2,4,6-Triacetoxy-3-methyl-3174

Chalkon, 2′,4′-Diacetoxy-6′-hydroxy-4-methoxy- 3553

Desoxybenzoin, 2,4,4′-Triacetoxy- 3171

−, 2,4,6-Triacetoxy- 3169

[1,4]Naphthochinon, 2-[3,4-Dimethoxy-phenyl]-3-hydroxy-6,7-dimethoxy- 3734

$C_{20}H_{18}O_8$

Benzaldehyd, 2-Acetoxy-5-[4-acetoxy-3-methoxy-benzoyl]-3-methoxy- 3658

Benzil, 4,4′-Diacetoxy-3,3′-dimethoxy- 3658

[1,4]Benzochinon, 5-Acetoxy-2-[2,4-diacetoxy-6-methyl-phenyl]-3-methyl- 3517

[3,3′]Bicyclohexa-1,4-dienyliden-6,6′-dion, 1,4,2′-Triacetoxy-2,4′-dimethyl- 3517

Naphthacen-5,12-dion, 8-Äthyl-1,6,7,8,10,11-hexahydroxy-7,8,9,10-tetrahydro- 3751

$C_{20}H_{18}O_{10}$

[1,4]Naphthochinon, 2,5,6,7-Tetraacetoxy-3-äthyl- 3626

$C_{20}H_{19}ClO_6$

Anthrachinon, 2-Chlor-6-[2-hydroxy-propyl]-1,3,8-trimethoxy- 3693

$C_{20}H_{19}NO_7$

Monooxim $C_{20}H_{19}NO_7$ aus 1-Butyryl-2,4-dihydroxy-5,7-dimethoxy-anthrachinon 3735

$C_{20}H_{20}N_4O_8$

Benzocyclohepten-5,6-dion, 1,2,3-Trimethoxy-
8,9-dihydro-7H-, mono-[2,4-dinitro-
phenylhydrazon] 3404

–, 2,3,4-Trimethoxy-8,9-dihydro-7H-,
mono-[2,4-dinitro-phenylhydrazon] 3405

$C_{20}H_{20}O_4$

Äthanon, 1-[1,3,4-Trimethoxy-8-methyl-
[2]phenanthryl]- 3282

Chroman-2-ol, 4-[2-Hydroxy-2H-chromen-
2-ylmethyl]-2-methyl- 3285

Cyclohexan-1,3-dion, 5-[3,4-Dimethoxy-
phenyl]-2-phenyl- 3282

$C_{20}H_{20}O_5$

Anthrachinon, 2,8-Diäthoxy-1-methoxy-
3-methyl- 3573

But-2-en-1-on, 1-[2-Acetoxy-4,6-dimethoxy-
phenyl]-3-phenyl- 3239

But-3-en-2-on, 1-Acetoxy-3,4-bis-[4-methoxy-
phenyl]- 3242

Inden-1-on, 3-[3,4-Dimethoxy-phenyl]-
5,6-dimethoxy-2-methyl- 3580

–, 5,6,7-Trimethoxy-3-[4-methoxy-
phenyl]-2-methyl- 3579

$C_{20}H_{20}O_6$

Anthrachinon, 2,6-Diäthoxy-3,7-dimethoxy-
3685

–, 2,7-Diäthoxy-3,6-dimethoxy- 3685

–, 3-[2-Hydroxy-propyl]-
1,6,8-trimethoxy- 3692

[3,3']Bicyclohexa-1,4-dienyliden-6,6'-dion,
1,2'-Diacetoxy-2,4,1',5'-tetramethyl- 3194

–, 2,2'-Diacetoxy-1,4,1',4'-tetramethyl-
3194

Chalkon, 2'-Acetoxy-3,4,3'-trimethoxy- 3547

Cyclohexa-2,4-dienon, 3-Acetoxy-6-
[3-acetoxy-2,6-dimethyl-6-oxo-cyclohexa-
2,5-dienyliden]-2,4-dimethyl- 3194

Propan-1-on, 2,3-Diacetoxy-3-[2-methoxy-
phenyl]-1-phenyl- 3184

–, 1-[2,4-Diacetoxy-phenyl]-2-
[4-methoxy-phenyl]- 3185

$C_{20}H_{20}O_7$

Anthrachinon, 1,3,6,8-Tetrahydroxy-2-
[1-hydroxy-hexyl]- 3734

Desoxybenzoin, 4,4'-Diacetoxy-
3,3'-dimethoxy- 3515

Propan-1,3-dion, 1-[3-Acetyl-2-hydroxy-
4,6-dimethoxy-phenyl]-3-[4-methoxy-
phenyl]- 3733

–, 1-[3-Acetyl-6-hydroxy-
2,4-dimethoxy-phenyl]-3-[4-methoxy-
phenyl]- 3733

$C_{20}H_{20}O_8$

Pentamethyl-Derivat $C_{20}H_{20}O_8$ aus
1,2,4,5,6-Pentahydroxy-7-hydroxymethyl-
anthrachinon 3751

$C_{20}H_{21}BrO_5$

Benzo[a]heptalen-10-on, 7-Brom-
1,2,3,9-tetramethoxy-6,7-dihydro-5H-
3563

Naphthalin-1-on, 2-[2-Brom-4,5-dimethoxy-
phenyl]-6,7-dimethoxy-3,4-dihydro-2H-
3561

Propan-1-on, 1-[2-Acetoxy-5-methyl-phenyl]-
2-brom-3-methoxy-3-[4-methoxy-phenyl]-
3192

$C_{20}H_{21}BrO_6$

Chalkon, 2-Brom-3,4,5,3',4'-pentamethoxy-
3663

$C_{20}H_{21}ClO_8$

Essigsäure, [3'-Chlor-4,2',4',6'-tetramethoxy-
α-oxo-bibenzyl-2-yloxy]- 3645

$C_{20}H_{21}NO_4$

Anthrachinon, 1-[2-Diäthylamino-äthoxy]-
8-hydroxy- 3271

–, 2-[2-Diäthylamino-äthoxy]-
1-hydroxy- 3258

$C_{20}H_{21}N_3O_5$

Benzo[a]heptalen-10-on, 7-Azido-
1,2,3,9-tetramethoxy-6,7-dihydro-5H-
3563

$C_{20}H_{22}BrNO_5$

Naphthalin-1-on, 2-[2-Brom-4,5-dimethoxy-
phenyl]-6,7-dimethoxy-3,4-dihydro-2H-,
oxim 3561

$C_{20}H_{22}N_2O_3$

Hexan-2-on, 1-Diazo-3,4-bis-[4-methoxy-
phenyl]- 3249

$C_{20}H_{22}O_4$

[1,4]Benzochinon, 2-[3-Methoxy-
2,4,5-trimethyl-6-oxo-cyclohexa-
2,4-dienylidenmethyl]-3,5,6-trimethyl-
3251

[1,1']Bicyclohepta-1,3,5-trienyl-7,7'-dion,
6,6'-Dihydroxy-4,4'-diisopropyl- 3251

Butan-1,4-dion, 1,4-Bis-[4-äthoxy-phenyl]-
3238

Hexan-1,6-dion, 1,6-Bis-[2-hydroxy-5-methyl-
phenyl]- 3251

–, 1,6-Bis-[4-methoxy-phenyl]- 3248

Hexan-2,5-dion, 3,4-Bis-[4-methoxy-phenyl]-
3249

Pent-1-en-3-on, 2-[3,4-Dimethoxy-phenyl]-
1-[4-methoxy-phenyl]- 3246

Xanthen-1,4-dion, 7-Methoxy-2,3,4a,5,6,8-
hexamethyl-4aH- 3251

$C_{20}H_{22}O_5$

Benzo[a]heptalen-9-on, 1,2,3,10-Tetramethoxy-
6,7-dihydro-5H- 3562

Benzo[a]heptalen-10-on, 1,2,3,9-Tetramethoxy-
6,7-dihydro-5H- 3562

Chalkon, 3,4,2',4'-Tetramethoxy-3'-methyl-
3560

–, 4,2',4',6'-Tetramethoxy-3'-methyl-
3559

Cyclohexan-1,3,5-trion, 6-[4-Methoxy-
cinnamoyl]-2,2,4,4-tetramethyl- 3564

Indan-1-on, 3-[3,4-Dimethoxy-phenyl]-
5,6-dimethoxy-2-methyl- 3562

$C_{20}H_{22}O_5$ (Fortsetzung)

Naphthalin-1-on, 6,7,8-Trimethoxy-2-
[4-methoxy-phenyl]-3,4-dihydro-2*H*-
3561

Propan-1-on, 1-[2-Acetyl-3-benzyloxy-
5,6-dimethoxy-phenyl]- 3379

$C_{20}H_{22}O_6$

Anthron, 10-Äthyl-10-hydroxy-
2,3,6,7-tetramethoxy- 3676

Benzophenon, 4,5,3',4'-Tetramethoxy-
2-propionyl- 3675

[1,1']Bicyclohexa-1,4-dienyl-3,6,3',6'-tetraon,
4,4'-Dihydroxy-5,5'-diisopropyl-
2,2'-dimethyl- 3680

–, 4,4'-Dimethoxy-2,2'-dipropyl- 3678

Biphenyl, 3,3'-Diacetyl-2,4,2',4'-tetramethoxy-
3676

Butan-1,4-dion, 1,4-Bis-[3,4-dimethoxy-
phenyl]- 3673

Chalkon, 2'-Hydroxy-3,4,4',6'-tetramethoxy-
3'-methyl- 3673

–, 2'-Hydroxy-4,α,4',6'-tetramethoxy-
3'-methyl- 3674

–, 4-Methoxy-2',4'-bis-methoxymethoxy-
3229

–, 2,2',3',4',6'-Pentamethoxy- 3661

–, 3,4,3',4',5'-Pentamethoxy- 3667

Hexan-1,6-dion, 1,6-Bis-[2-hydroxy-
5-methoxy-phenyl]- 3677

$C_{20}H_{22}O_7$

Chalkon, 2'-Hydroxy-5'-methoxy-2,5-bis-
methoxymethoxy- 3545

–, 2'-Hydroxy-2,3,3',4',5'-pentamethoxy-
3725

–, 2'-Hydroxy-2,3,3',4',6'-pentamethoxy-
3725

–, 2'-Hydroxy-3,3',4',5',6'-
pentamethoxy- 3726

–, 2'-Hydroxy-4,3',4',5',6'-
pentamethoxy- 3726

–, α-Hydroxy-3,4,2',4',6'-pentamethoxy-
3728

–, 2'-Hydroxy-3,3',4'-trimethoxy-
2-methoxymethoxy- 3660

–, 2'-Hydroxy-3,4,5-trimethoxy-
4'-methoxymethoxy- 3662

–, 2'-Hydroxy-3',4',6'-trimethoxy-
2-methoxymethoxy- 3661

–, 2'-Hydroxy-3',4',6'-trimethoxy-
3-methoxymethoxy- 3667

–, 2'-Hydroxy-3',4',6'-trimethoxy-
4-methoxymethoxy- 3667

–, 2'-Hydroxy-3,5,5'-trimethoxy-
4-methoxymethoxy- 3663

–, 2'-Hydroxy-4,3',4'-trimethoxy-
3-methoxymethoxy- 3664

Chroman-4-on, 3-[2,3-Dimethoxy-phenyl]-
2-hydroxy-5,7-dimethoxy-8-methyl- 3730

Essigsäure, [5-Methoxy-2-veratroyl-phenoxy]-,
äthylester 3507

Phenalen-1-on, 2,3,6,7,8,9-Hexamethoxy-
4-methyl- 3724

Propan-1,2-dion, 3-[3,4-Dimethoxy-phenyl]-
1-[2,4,6-trimethoxy-phenyl]- 3728

Propan-1,3-dion, 1-[3,4-Dimethoxy-phenyl]-
3-[2-hydroxy-4,6-dimethoxy-3-methyl-
phenyl]- 3729

–, 1-[2,4-Dimethoxy-phenyl]-3-
[2,4,6-trimethoxy-phenyl]- 3727

Propan-1-on, 3-Acetoxy-1-[3,4-dimethoxy-
phenyl]-2-[2-methoxy-phenoxy]- 3352

$C_{20}H_{22}O_8$

Benzil, 3,4,5,3',4',5'-Hexamethoxy- 3742

Benzol, 1,4-Diacetoxy-2,5-bis-[1-acetyl-2-oxo-
propyl]- 3627

Chalkon, 4,2'-Dihydroxy-3,5,3',4',6'-
pentamethoxy- 3743

Essigsäure, [4,2',4',6'-Tetramethoxy-α-oxo-
bibenzyl-2-yloxy]- 3644

–, [4,6,2',3'-Tetramethoxy-α-oxo-
bibenzyl-2-yloxy]- 3642

Propan-1,3-dion, 1-[2-Hydroxy-
4,6-dimethoxy-phenyl]-3-
[3,4,5-trimethoxy-phenyl]- 3743

–, 1-[2-Hydroxy-3,4,5,6-tetramethoxy-
phenyl]-3-[4-methoxy-phenyl]- 3743

$C_{20}H_{23}BrO_6$

Propan-1-on, 3-[2-Brom-3,4,5-trimethoxy-
phenyl]-1-[3,4-dimethoxy-phenyl]- 3648

$C_{20}H_{23}NO_3$

Pent-1-en-3-on, 2-[3,4-Dimethoxy-phenyl]-
1-[4-methoxy-phenyl]-, imin 3246

$C_{20}H_{23}NO_5$

Naphthalin-1-on, 6,7,8-Trimethoxy-2-
[4-methoxy-phenyl]-3,4-dihydro-2*H*-,
oxim 3561

$C_{20}H_{23}N_3O_5$

Dibenzo[*a,c*]cyclohepten-5-on, 3,9,10,11-
Tetramethoxy-6,7-dihydro-, semi≠
carbazon 3559

$C_{20}H_{24}O_4$

Benzoin, 4,4'-Bis-äthoxymethyl- 3194

Benzophenon, 5-Isopropyl-4,2',4'-trimethoxy-
2-methyl- 3197

Hexanal, 3-Hydroxy-2-[2-hydroxy-phenäthyl]-
6-[2-hydroxy-phenyl]- 3199

Hexan-2-on, 1-Hydroxy-3,4-bis-[4-methoxy-
phenyl]- 3197

[1,4]Naphthochinon, 2-Decanoyl-3-hydroxy-
3199

–, 6-Decanoyl-5-hydroxy- 3199

Propan-1-on, 2,2-Dimethyl-1-phenyl-3-
[3,4,5-trimethoxy-phenyl]- 3195

$C_{20}H_{24}O_5$

Äthanon, 1-[4,5,3',4'-Tetramethoxy-bibenzyl-
2-yl]- 3526

Benzaldehyd, 2,3,4-Trimethoxy-6-[3-
(4-methoxy-phenyl)-propyl]- 3525

Benzophenon, 5,4'-Diäthoxy-4,3'-dimethoxy-
2-methyl- 3516

C₂₀H₂₄O₅ (Fortsetzung)

Benzophenon, 4,5,3',4'-Tetramethoxy-
2-propyl- 3526

Desoxybenzoin, 2'-Äthoxy-2,4,6-trimethoxy-
3-methyl- 3523

−, 6-Äthoxy-2,4,2'-trimethoxy-3-methyl-
3522

Hexan-3-on, 4,4-Bis-[4-hydroxy-3-methoxy-
phenyl]- 3528

C₂₀H₂₄O₆

Desoxybenzoin, 3,4'-Diäthoxy-6-hydroxy-
2,4-dimethoxy- 3641

arabino-1-Desoxy-[3]heptulose, 2-Benzyl-
1-phenyl- 3650

Propan-1-on, 1-[3,4-Dimethoxy-phenyl]-
3-[2,4,6-trimethoxy-phenyl]- 3648

−, 1-[3,4-Dimethoxy-phenyl]-3-
[3,4,5-trimethoxy-phenyl]- 3648

C₂₀H₂₄O₇

Desoxybenzoin, 3,4,5,3',4',5'-Hexamethoxy-
3719

C₂₀H₂₅N₃O₅

Aceton, 1,1-Bis-[3,4-dimethoxy-phenyl]-,
semicarbazon 3524

Benzophenon, 4,5,4',5'-Tetramethoxy-
2,2'-dimethyl-, semicarbazon 3525

C₂₀H₂₆O₅

Benz[e]azulen-3,8-dion, 3a,10a-Dihydroxy-
5-hydroxymethyl-7-isopropenyl-
2,10-dimethyl-3a,4,6a,7,9,10,10a,10b-
octahydro- 3463

19-Nor-pregna-1,3,5(10)-trien-20-on,
3,11,17,21-Tetrahydroxy- 3464

A-Nor-pregn-3-en-2,11,20-trion,
17,21-Dihydroxy- 3464

19-Nor-pregn-4-en-3,11,20-trion,
17,21-Dihydroxy- 3464

C₂₀H₂₆O₇

Des-A-pregnan-10a-carbaldehyd, 21-Acetoxy-
17-hydroxy-5,11-dioxo- 3615

Heptan-2,6-dion, 3,5-Diacetyl-1,7-dimethoxy-
4-[4-methoxy-phenyl]- 3714

C₂₀H₂₈O₅

Cyclohexan-1,3,5-trion, 2-Hydroxy-
4-isobutyryl-2,6-bis-[3-methyl-but-2-enyl]-
3408

Cyclopentan-1,3-dion, 4-Hydroxy-
2-isobutyryl-5-[3-methyl-but-2-enyl]-4-
[4-methyl-pent-3-enoyl]- 3408

A-Nor-pregn-3-en-2,20-dion, 11,17,21-
Trihydroxy- 3409

19-Nor-pregn-4-en-3,20-dion, 11,17,21-
Trihydroxy- 3409

C₂₀H₂₈O₆

Cyclohexan-1,3,5-trion, 2,4-Dihydroxy-
6-isobutyryl-2,4-bis-[3-methyl-but-2-enyl]-
3615

Cyclopentan-1,3-dion, 4,5-Dihydroxy-
2-isobutyryl-4-[3-methyl-but-2-enyl]-5-
[4-methyl-pent-3-enoyl]- 3615

C₂₀H₃₀O₁₀S₂

Cyclohexanon, 2,3,4,5,6-Pentaacetoxy-,
diäthyldithioacetal 3604

C₂₀H₃₂O₅

Cyclohexan-1,3,5-trion, 2-Hydroxy-
4-isobutyryl-2,6-diisopentyl- 3358

Cyclopentan-1,3-dion, 4-Hydroxy-
2-isobutyryl-5-isopentyl-4-[4-methyl-
valeryl]- 3358

Cyclopentanon, 5-[1-(2,8-Dihydroxy-
8-methyl-hexahydro-3a,7-äthano-
benzofuran-4-yl)-äthyl]-3-hydroxy-
2,2-dimethyl- 3359

Spiro[cyclopentan-1,2'-(4a,7-methano-
benzocyclohepten)]-2-on, 4,3',6',10'-Tetra≠
hydroxy-3,3,1',6'-tetramethyl-octahydro-
3360

Tax-4(20)-en-13-on, 2,5,9,10-Tetrahydroxy-
3360

C₂₀H₃₂O₆

Azulen-5-on, 4-Angeloyloxy-1,6,8-trihydroxy-
1-isopropyl-3a,6-dimethyl-octahydro-
3341

Cyclopentan-1,3-dion, 4,5-Dihydroxy-
2-isobutyryl-4-isopentyl-5-[4-methyl-
valeryl]- 3608

C₂₀H₃₂O₈

2,5-Methano-benzo[1,2]pentaleno[1,6-bc]≠
furan-2,3,4,4a,5a,9,9b-heptaol,
3-Isopropyl-2a,5,8-trimethyl-hexahydro-
3739

C₂₁

C₂₁H₁₂O₆

Benzo[def]chrysen-6,12-dion,
2,5,10-Trihydroxy-4-methoxy- 3705

C₂₁H₁₃BrO₆

Pyren-1,6-dion, 3,8-Diacetoxy-2-brom-
7-methyl- 3297

C₂₁H₁₄O₄

Anthrachinon, 2-Benzyloxy-1-hydroxy- 3258

C₂₁H₁₅BrO₈

Anthrachinon, 1,3,8-Triacetoxy-
2-brommethyl- 3572

−, 1,3,8-Triacetoxy-6-brommethyl-
3576

C₂₁H₁₆BrNO₆

Propenon, 2-Brom-3-[3,4-dimethoxy-phenyl]-
1-[1-hydroxy-4-nitro-[2]naphthyl]- 3300

C₂₁H₁₆Br₂O₄

Propenon, 3-[2-Brom-4,5-dimethoxy-phenyl]-
1-[4-brom-1-hydroxy-[2]naphthyl]- 3300

−, 3-[3-Brom-4,5-dimethoxy-phenyl]-
1-[4-brom-1-hydroxy-[2]naphthyl]- 3300

C₂₁H₁₆O₄

Phenalen-1-on, 2-Hydroxy-5,6-dimethoxy-
9-phenyl- 3306

−, 5-Hydroxy-2,6-dimethoxy-7-phenyl-
3307

Phenol, 2,5-Dibenzoyl-4-methoxy- 3309

C₂₁H₁₆O₄ (Fortsetzung)

Phenol, 3,6-Dibenzoyl-2-methoxy- 3308

C₂₁H₁₆O₅

Benzo[c]fluoren-7-on, 5-Acetoxy-
3,9-dimethoxy- 3297

C₂₁H₁₆O₆

Keton, [3,4-Diacetoxy-1-hydroxy-[2]naphthyl]-
phenyl- 3291

C₂₁H₁₆O₈

Anthrachinon, 1,3-Diacetoxy-2-acetoxymethyl-
3578
–, 1,8-Diacetoxy-3-acetoxymethyl-
3578
–, 1,2,8-Triacetoxy-3-methyl- 3573
–, 1,3,8-Triacetoxy-2-methyl- 3571

C₂₁H₁₇BrO₄

Cyclohexa-2,5-dienon, 4-[2-Brom-4'-hydroxy-
3'-methoxy-benzhydryliden]-2-methoxy-
3299
–, 4-[3'-Brom-4-hydroxy-3-methoxy-
benzhydryliden]-2-methoxy- 3299
–, 4-[4'-Brom-4-hydroxy-3-methoxy-
benzhydryliden]-2-methoxy- 3299
Propenon, 1-[4-Brom-1-hydroxy-[2]naphthyl]-
3-[3,4-dimethoxy-phenyl]- 3300

C₂₁H₁₇Br₂NO₆

Propan-1-on, 2,3-Dibrom-3-[3,4-dimethoxy-
phenyl]-1-[1-hydroxy-4-nitro-[2]naphthyl]-
3293

C₂₁H₁₇Br₃O₄

Propan-1-on, 2,3-Dibrom-1-[4-brom-
1-hydroxy-[2]naphthyl]-3-[3,4-dimethoxy-
phenyl]- 3293

C₂₁H₁₇ClO₄

Cyclohexa-2,5-dienon, 4-[2-Chlor-4'-hydroxy-
3'-methoxy-benzhydryliden]-2-methoxy-
3299
–, 4-[3'-Chlor-4-hydroxy-3-methoxy-
benzhydryliden]-2-methoxy- 3299
–, 4-[4'-Chlor-4-hydroxy-3-methoxy-
benzhydryliden]-2-methoxy- 3299

C₂₁H₁₇NO₆

Cyclohexa-2,5-dienon, 4-[4-Hydroxy-
3-methoxy-3'-nitro-benzhydryliden]-
2-methoxy- 3299
–, 4-[4-Hydroxy-3-methoxy-4'-nitro-
benzhydryliden]-2-methoxy- 3299
Propenon, 3-[3,4-Dimethoxy-phenyl]-1-
[1-hydroxy-4-nitro-[2]naphthyl]- 3300

C₂₁H₁₈Br₆O₆

Heptan-3,5-dion, 1,2,6,7-Tetrabrom-1,7-bis-
[3-brom-4-hydroxy-5-methoxy-phenyl]-
3679

C₂₁H₁₈Cl₂O₆

Pentan-1,5-dion, 1,5-Bis-[2-acetoxy-5-chlor-
phenyl]- 3244

C₂₁H₁₈Cl₂O₇

Chalkon, 4,4'-Diacetoxy-2,2'-dichlor-
5,5'-dimethoxy- 3552

C₂₁H₁₈O₅

Benzo[a]fluoren-11-on, 1,2,7,10-Tetramethoxy-
3588
4b,10c-[1,3]Dioxapropano-diindeno[1,2-
b;1',2'-d]furan-6-on, 5a-Hydroxy-
10b,11-dimethyl-5a,10b-dihydro-11H-
3302

C₂₁H₁₈O₇

Chalkon, 4,2',4'-Triacetoxy- 3229

C₂₁H₁₈O₈

Anthrachinon, 1,3-Diacetoxy-2,5-dimethoxy-
6-methyl- 3689
–, 1,5-Diacetoxy-2,7-dimethoxy-
4-methyl- 3687
–, 3,5-Diacetoxy-1,2-dimethoxy-
6-methyl- 3689
Chalkon, 4,2',4'-Triacetoxy-6'-hydroxy-
3553

C₂₁H₁₈O₉

Benzophenon, 2,4,2',4'-Tetraacetoxy- 3506

C₂₁H₁₉ClO₅

Naphthacen-1,3,12-trion, 7-Chlor-
10,11-dimethoxy-6-methyl-4a,5-dihydro-
4H,12aH- 3586

C₂₁H₂₀Cl₂O₈

Propan-1-on, 1,3-Bis-[4-acetoxy-2-chlor-
5-methoxy-phenyl]-3-hydroxy- 3648

C₂₁H₂₀O₄

Propan-1,3-dion, 1-[3-Acetyl-2-hydroxy-
5,6,7,8-tetrahydro-[1]naphthyl]-3-phenyl-
3294
–, 1-[4-Acetyl-3-hydroxy-
5,6,7,8-tetrahydro-[2]naphthyl]-3-phenyl-
3294

C₂₁H₂₀O₅

Äthanon, 1-[1-Acetoxy-3,4-dimethoxy-
8-methyl-[2]phenanthryl]- 3282
Benzocyclohepten-7-on, 8-Benzyloxy-
1,2,3-trimethoxy- 3458
[2]Naphthaldehyd, 1-[3,4-Dimethoxy-phenyl]-
6,7-dimethoxy- 3586

C₂₁H₂₀O₆

Hepta-1,6-dien-3,5-dion, 1,7-Bis-[4-hydroxy-
3-methoxy-phenyl]- 3697
Hepta-1,4,6-trien-3-on, 5-Hydroxy-1,7-bis-
[4-hydroxy-3-methoxy-phenyl]- 3697
Hex-5-en-2,4-dion, 6-[4-Hydroxy-3-methoxy-
phenyl]-3-vanillyliden- 3698
Methan, Bis-[3-acetoxyacetyl-phenyl]- 3247
–, Bis-[4-acetoxyacetyl-phenyl]- 3247
Pentan-1,5-dion, 1,5-Bis-[4-acetoxy-phenyl]-
3244
[1,1']Spirobiinden-3,3'-dion, 5,6,5',6'-
Tetramethoxy- 3697

C₂₁H₂₀O₇

Anthrachinon, 1-Butyryl-4-hydroxy-
2,5,7-trimethoxy- 3735
–, 1-Butyryl-5-hydroxy-
2,4,7-trimethoxy- 3735
Benzil, 4-Acetoxy-4'-allyloxy-3,3'-dimethoxy-
3658

$C_{21}H_{20}O_7$ (Fortsetzung)

Chalkon, 2',5'-Diacetoxy-3,4-dimethoxy-
3551

—, 3,2'-Diacetoxy-4,5-dimethoxy- 3551

—, 4,2'-Diacetoxy-3,5'-dimethoxy-
3551

—, 4,4'-Diacetoxy-3,3'-dimethoxy-
3552

Desoxybenzoin, 2,4,6-Triacetoxy-3-methyl-
3186

Propan-1-on, 2,3-Diacetoxy-3-[2-acetoxy-
phenyl]-1-phenyl- 3183

$C_{21}H_{20}O_8$

Benzaldehyd, 4,4'-Diacetoxy-5,5'-dimethoxy-
3,3'-methandiyl-di- 3672

$C_{21}H_{21}BrO_6$

Propan-1-on, 3-Acetoxy-1-[2-acetoxy-
5-methyl-phenyl]-2-brom-3-[4-methoxy-
phenyl]- 3192

$C_{21}H_{21}NO_5$

Benzocyclohepten-7-on, 8-Benzyloxy-
1,2,3-trimethoxy-, oxim 3459

[2]Naphthaldehyd, 1-[3,4-Dimethoxy-phenyl]-
6,7-dimethoxy-, oxim 3586

$C_{21}H_{22}N_4O_8$

Mono-[2,4-dinitro-phenylhydrazon]
$C_{21}H_{22}N_4O_8$ aus 2,3,4-Trimethoxy-5-oxo-
6,7,8,9-tetrahydro-5H-benzocyclohepten-
6-carbaldehyd 3406

$C_{21}H_{22}O_3S$

Naphthalin-1-on, 6-Methyl-7-methyl≠
mercapto-2-veratryliden-3,4-dihydro-2H-
3283

$C_{21}H_{22}O_4$

Cyclohex-2-enon, 5-[3,4-Dimethoxy-phenyl]-
3-methoxy-2-phenyl- 3283

$C_{21}H_{22}O_5$

Anthrachinon, 1,3,8-Triäthoxy-6-methyl-
3576

[1,4]Benzochinon, 2-[3-Acetoxy-
2,4,5-trimethyl-6-oxo-cyclohexa-
2,4-dienylidenmethyl]-3,5,6-trimethyl-
3251

Chalkon, 5'-Allyl-2'-hydroxy-
3,4,3'-trimethoxy- 3582

Cyclopropa[b]naphthalin-2-on,
7-[3,4-Dimethoxy-phenyl]-4,5-dimethoxy-
1,1a,7,7a-tetrahydro- 3581

D-Homo-gona-1,3,5(10),9(11)-tetraen-15,17a-
dion, 12-Acetoxy-3-methoxy- 3250

Xanthen-1,4-dion, 7-Acetoxy-2,3,4a,5,6,8-
hexamethyl-4aH- 3251

$C_{21}H_{22}O_6$

Anthrachinon, 2,3,6-Triäthoxy-7-methoxy-
3685

—, 1,3,8-Trimethoxy-6-[2-methoxy-
propyl]- 3692

Chalkon, 2-Allyloxy-2'-hydroxy-3',4',6'-
trimethoxy- 3661

Desoxybenzoin, 4'-Methoxy-2,4-bis-
propionyloxy- 3171

Propan-1-on, 1-[2,6-Diacetoxy-4-methoxy-
3-methyl-phenyl]-3-phenyl- 3190

$C_{21}H_{22}O_7$

Biphenyl, 2-Acetoxy-3,5'-diacetyl-
4,6,2'-trimethoxy- 3676

Chalkon, 2'-Acetoxy-3,4,3',4'-tetramethoxy-
3664

—, 2'-Acetoxy-3,4,4',5'-tetramethoxy-
3665

—, 2-Acetoxy-4,6,3',4'-tetramethoxy-
3661

$C_{21}H_{22}O_8$

Essigsäure, [4,2',4'-Trimethoxy-α,α'-dioxo-
bibenzyl-2-yloxy]-, äthylester 3657

$C_{21}H_{22}O_9$

Cyclohex-4-en-1,3-dion, 6-[2-Acetoxy-
5-acetyl-4,6-dihydroxy-3-methyl-phenyl]-
2-acetyl-5-methoxy-6-methyl- 3745

$C_{21}H_{23}BrO_5$

Propan-1-on, 1-[2-Acetoxy-5-methyl-phenyl]-
3-äthoxy-2-brom-3-[4-methoxy-phenyl]-
3192

$C_{21}H_{23}N_3O_5$

Inden-1-on, 5,6,7-Trimethoxy-3-[4-methoxy-
phenyl]-2-methyl-, semicarbazon 3580

$C_{21}H_{24}Br_2O_5$

Benzophenon, 4,5,4',5'-Tetraäthoxy-
2,2'-dibrom- 3510

$[C_{21}H_{24}NO_4]^+$

Ammonium, Diäthyl-[2-(1-hydroxy-
9,10-dioxo-9,10-dihydro-[2]anthryloxy)-
äthyl]-methyl- 3258

—, Diäthyl-[2-(8-hydroxy-9,10-dioxo-
9,10-dihydro-[1]anthryloxy)-äthyl]-methyl-
3271

$C_{21}H_{24}N_2O_7$

Biphenyl, 2-Acetoxy-3,5'-bis-[1-hydroxy≠
imino-äthyl]-4,6,2'-trimethoxy- 3676

$C_{21}H_{24}N_2O_9$

Benzophenon, 4,5,4',5'-Tetraäthoxy-
2,2'-dinitro- 3510

$C_{21}H_{24}O_4$

Heptan-1,7-dion, 1,7-Bis-[2-hydroxy-
5-methyl-phenyl]- 3252

Pentan-1,5-dion, 1,5-Bis-[4-äthoxy-phenyl]-
3244

$C_{21}H_{24}O_5$

Chalkon, 4,2',4'-Trihydroxy-3'-isopentyl-
6'-methoxy- 3564

Cyclopentanon, 2,5-Divanillyl- 3564

Pregna-1,4-dien-21-al, 17-Hydroxy-
3,11,20-trioxo- 3566

Pregna-1,4,6-trien-3,11,20-trion,
17,21-Dihydroxy- 3565

Pregna-4,6,8(14)-trien-3,11,20-trion,
17,21-Dihydroxy- 3566

Propan-1-on, 1-[2,4-Dihydroxy-6-methoxy-
3-(3-methyl-but-2-enyl)-phenyl]-3-
[4-hydroxy-phenyl]- 3565

C₂₁H₂₄O₆

$C_{21}H_{24}O_6$

Benzaldehyd, 4,5,6,5'-Tetramethoxy-
2,2'-propandiyl-di- 3677

Chalkon, 4,2'-Dihydroxy-3,5,3'-trimethoxy-
5'-propyl- 3678

Naphthalin-1-on, 4-[3,4-Dimethoxy-phenyl]-
3-hydroxymethyl-6,7-dimethoxy-
3,4-dihydro-2H- 3677

—, 2-[3,4-Dimethoxy-phenyl]-
6,7,8-trimethoxy-3,4-dihydro-2H- 3676

Pentan-1,5-dion, 1,5-Bis-[3,4-dimethoxy-
phenyl]- 3677

$C_{21}H_{24}O_7$

Benzil, 2,3',4'-Triäthoxy-6-hydroxy-
4-methoxy- 3724

Chalkon, 2,3-Dimethoxy-2',4'-bis-
methoxymethoxy- 3544

—, 3,4-Dimethoxy-2',4'-bis-
methoxymethoxy- 3548

—, 2,4,α,2',4',6'-Hexamethoxy- 3727

—, 3,4,α,2',4',6'-Hexamethoxy- 3728

—, 3,4,5,α,2',4'-Hexamethoxy- 3729

—, 4,2',3',4',5',6'-Hexamethoxy- 3726

—, 2'-Hydroxy-3,4,α,4',6'-pentamethoxy-
3'-methyl- 3729

—, 2',3',4',6'-Tetramethoxy-
2-methoxymethoxy- 3662

Propan-1-on, 3-[2-Acetoxy-4,6-dimethoxy-
phenyl]-1-[3,4-dimethoxy-phenyl]- 3648

$C_{21}H_{24}O_8$

Butan-1-on, 1-[3-(3-Acetyl-2,4,6-trihydroxy-
5-methyl-benzyl)-2,4,6-trihydroxy-
5-methyl-phenyl]- 3746

Chalkon, 2'-Hydroxy-3,4,3',4',5',6'-
hexamethoxy- 3743

—, 2'-Hydroxy-3,3',4',6'-tetramethoxy-
2-methoxymethoxy- 3725

—, 2'-Hydroxy-3,3',4',6'-tetramethoxy-
4-methoxymethoxy- 3726

—, 2'-Hydroxy-3,5,3',4'-tetramethoxy-
4-methoxymethoxy- 3726

Methan, Bis-[3-acetyl-2,4-dihydroxy-
6-methoxy-5-methyl-phenyl]- 3745

—, Bis-[3-butyryl-2,4,6-trihydroxy-
phenyl]- 3746

—, Bis-[5-butyryl-2,3,4-trihydroxy-
phenyl]- 3746

Pentan-1,5-dion, 1,5-Bis-[2-hydroxy-
3,4-dimethoxy-phenyl]- 3744

—, 1,5-Bis-[4-hydroxy-3,5-dimethoxy-
phenyl]- 3744

$C_{21}H_{24}O_9$

Propan-1,3-dion, 1-[2-Hydroxy-
3,4,6-trimethoxy-phenyl]-3-
[3,4,5-trimethoxy-phenyl]- 3762

—, 1-[6-Hydroxy-2,3,4-trimethoxy-
phenyl]-3-[3,4,5-trimethoxy-phenyl]- 3762

$C_{21}H_{25}N_3O_4$

Pregna-1,4-dien-3,11,20-trion, 21-Azido-
17-hydroxy- 3202

$C_{21}H_{26}F_2O_5$

Pregna-1,4-dien-3,20-dion, 6,9-Difluor-
11,17,21-trihydroxy- 3471

$C_{21}H_{26}N_2O_4$

Pregna-1,4-dien-3,20-dion, 21-Diazo-
11,17-dihydroxy- 3535

$C_{21}H_{26}N_2O_6$

Pentan-1,5-dion, 1,5-Bis-[3,4-dimethoxy-
phenyl]-, dioxim 3677

$C_{21}H_{26}O_4$

[1,4]Naphthochinon, 6-[2,4-Dimethyl-hex-
2-enyl]-2,7-dimethoxy-3-methyl- 3199

—, 2-Hydroxy-3-[9-oxo-undecyl]- 3200

Pregna-1,4-dien-3,11,20-trion, 17-Hydroxy-
3202

—, 21-Hydroxy- 3202

Pregna-4,6-dien-3,12,20-trion, 17-Hydroxy-
3203

Pregna-4,16-dien-3,11,20-trion, 21-Hydroxy-
3203

Pregna-5,16-dien-11,15,20-trion, 3-Hydroxy-
3204

Pregna-4,7,9(11)-trien-3,20-dion,
17,21-Dihydroxy- 3201

$C_{21}H_{26}O_5$

Benzophenon, 4,5'-Diäthoxy-5,4'-dimethoxy-
2,2'-dimethyl- 3525

—, 5,5'-Diäthoxy-4,4'-dimethoxy-
2,2'-dimethyl- 3525

—, 2,2'-Diäthyl-4,5,4',5'-tetramethoxy-
3527

—, 3,4,3',4'-Tetraäthoxy- 3509

—, 5,3',4'-Triäthoxy-4-methoxy-
2-methyl- 3517

Pentan-3-on, 1,5-Bis-[3,4-dimethoxy-phenyl]-
3527

Prednison 3531

Pregna-1,4-dien-18-al, 11,21-Dihydroxy-
3,20-dioxo- 3535

Pregna-4,6-dien-3,11,20-trion,
17,21-Dihydroxy- 3535

Pregna-4,8-dien-3,11,20-trion,
17,21-Dihydroxy- 3536

Pregna-1,4,6-trien-3,20-dion, 11,17,21-
Trihydroxy- 3530

Pregn-4-en-21-al, 17-Hydroxy-3,11,20-trioxo-
3537

Propan-1-on, 1-[2,4-Dihydroxy-3-isopentyl-
6-methoxy-phenyl]-3-[4-hydroxy-phenyl]-
3529

$C_{21}H_{26}O_6$

Benzaldehyd, 6-[3-(3,4-Dimethoxy-phenyl)-
propyl]-2,3,4-trimethoxy- 3649

Desoxybenzoin, 2,4,4'-Triäthoxy-6-hydroxy-
3-methoxy- 3642

14,15-Seco-androst-4-en-18-al, 11-Acetoxy-
3,14,16-trioxo- 3462

$C_{21}H_{26}O_7$

Benzoin, 2,3',4'-Triäthoxy-6-hydroxy-
4-methoxy- 3720

C$_{21}$H$_{27}$ClO$_5$
Pregna-1,4-dien-3,20-dion, 6-Chlor-11,17,21-
trihydroxy- 3472
−, 9-Chlor-11,16,17-trihydroxy- 3467
Pregn-4-en-3,11,20-trion, 4-Chlor-
17,21-dihydroxy- 3487
−, 9-Chlor-17,21-dihydroxy- 3488
−, 12-Chlor-17,21-dihydroxy- 3488

C$_{21}$H$_{27}$ClO$_6$
Pregna-1,4-dien-3,20-dion, 9-Chlor-
11,16,17,21-tetrahydroxy- 3630

C$_{21}$H$_{27}$FO$_5$
D-Homo-androsta-1,4-dien-3,17a-dion,
9-Fluor-11,16,17-trihydroxy-17-methyl-
3465
Pregna-1,4-dien-3,20-dion, 6-Fluor-11,17,21-
trihydroxy- 3470
−, 9-Fluor-11,16,17-trihydroxy- 3467
−, 9-Fluor-11,17,21-trihydroxy- 3471
Pregna-4,6-dien-3,20-dion, 9-Fluor-11,17,21-
trihydroxy- 3476
Pregn-4-en-3,11,20-trion, 9-Fluor-
17,21-dihydroxy- 3487

C$_{21}$H$_{27}$FO$_6$
Pregna-1,4-dien-3,20-dion, 9-Fluor-
11,16,17,21-tetrahydroxy- 3629

C$_{21}$H$_{27}$NO$_5$
Benzophenon, 3,4,3',4'-Tetraäthoxy-, oxim
3509

C$_{21}$H$_{27}$NO$_7$
Pregn-4-en-3,11,20-trion, 17,21-Dihydroxy-
6-nitro- 3490

C$_{21}$H$_{27}$N$_3$O$_5$
Benzaldehyd, 2,3,4-Trimethoxy-6-[3-
(4-methoxy-phenyl)-propyl]-, semi≠
carbazon 3526

C$_{21}$H$_{27}$O$_8$P
Pregna-1,4-dien-3,11,20-trion, 17-Hydroxy-
21-phosphonooxy- 3533

C$_{21}$H$_{28}$F$_2$O$_5$
Pregn-4-en-3,20-dion, 6,9-Difluor-11,17,21-
trihydroxy- 3428
−, 6,21-Difluor-11,16,17-trihydroxy-
3421

C$_{21}$H$_{28}$F$_2$O$_6$
Pregn-4-en-3,20-dion, 6,9-Difluor-
11,16,17,21-tetrahydroxy- 3621

C$_{21}$H$_{28}$N$_2$O$_4$
Pregna-1,4-dien-3,20-dion, 21-Hydrazono-
11,17-dihydroxy- 3535

C$_{21}$H$_{28}$O$_5$
Cortison 3480
D-Homo-androst-4-en-3,11,17-trion,
17a-Hydroxy-17a-hydroxymethyl- 3465
D-Homo-androst-4-en-3,11,17a-trion,
17-Hydroxy-17-hydroxymethyl- 3465
Prednisolon 3467
Pregna-1,4-dien-3,11-dion, 17,20,21-Trihydroxy-
3466

Pregna-1,4-dien-3,20-dion, 11,17,21-
Trihydroxy- 3467
−, 14,17,21-Trihydroxy- 3474
Pregna-4,6-dien-3,11-dion, 17,20,21-
Trihydroxy- 3475
Pregna-4,6-dien-3,20-dion, 11,17,21-
Trihydroxy- 3475
Pregnan-21-al, 17-Hydroxy-3,11,20-trioxo-
3495
Pregna-4,6,8(14)-trien-20-on, 3,11,17,21-
Tetrahydroxy- 3566
Pregn-4-en-18-al, 11,21-Dihydroxy-
3,20-dioxo- 3491
Pregn-4-en-3,20-dion, 11,18-Epoxy-
18,21-dihydroxy- 3492
Pregn-4-en-3-on, 11,18;18,20-Diepoxy-
20,21-dihydroxy- 3492
Pregn-1-en-3,11,20-trion, 17,21-Dihydroxy-
3478
Pregn-4-en-3,11,20-trion, 6,21-Dihydroxy-
3479
−, 14,17-Dihydroxy- 3480
−, 17,18-Dihydroxy- 3480
Pregn-4-en-3,12,20-trion, 17,21-Dihydroxy-
3490
Pregn-4-en-3,15,20-trion, 17,21-Dihydroxy-
3491
Pregn-5-en-3,7,20-trion, 17,21-Dihydroxy-
3493
Pregn-5-en-11,15,20-trion, 3,14-Dihydroxy-
3494

C$_{21}$H$_{28}$O$_6$
Picrasa-2,12-dien-1,11-dion, 2,16-Dihydroxy-
12-methoxy- 3627
Pregna-1,4-dien-3,20-dion, 11,16,17,21-
Tetrahydroxy- 3629
−, 11,17,21,21-Tetrahydroxy- 3535
Pregn-4-en-3,11,20-trion, 2,17,21-Trihydroxy-
3631
−, 6,17,21-Trihydroxy- 3632
−, 14,17,21-Trihydroxy- 3634
−, 16,17,21-Trihydroxy- 3634
−, 17,21,21-Trihydroxy- 3537
16,17-Seco-picrasa-2,12-dien-16-al,
2-Hydroxy-12-methoxy-1,11-dioxo- 3627

C$_{21}$H$_{28}$O$_8$S
Pregn-4-en-21-sulfonsäure, 17,21-Dihydroxy-
3,11,20-trioxo- 3537

C$_{21}$H$_{29}$BrO$_5$
Pregn-4-en-3,20-dion, 9-Brom-11,17,21-
trihydroxy- 3429

C$_{21}$H$_{29}$ClO$_5$
Pregnan-3,11,20-trion, 4-Chlor-
17,21-dihydroxy- 3440
Pregn-4-en-3,20-dion, 4-Chlor-11,17,21-
trihydroxy- 3428
−, 9-Chlor-11,17,21-trihydroxy- 3429

C$_{21}$H$_{29}$ClO$_6$
Pregn-4-en-3,20-dion, 9-Chlor-11,16,17,21-
tetrahydroxy- 3621

C$_{21}$H$_{32}$N$_2$O$_5$

Pregnan-11,15,20-trion, 3,14-Dihydroxy-,
15,20-dioxim 3444

Pregn-4-en-3,20-dion, 11,17,21-Trihydroxy-,
dioxim 3426

C$_{21}$H$_{32}$O$_5$

Cyclohexan-1,3-dion, 5,5,5′,5′-Tetramethyl-
2,2′-[3-methoxy-butyliden]-bis- 3383

D-Homo-androstan-11,17-dion, 3,17a-
Dihydroxy-17a-hydroxymethyl- 3383

D-Homo-androstan-11,17a-dion,
3,17-Dihydroxy-17-hydroxymethyl- 3384

Pregnan-3,20-dion, 5,6,21-Trihydroxy- 3388

−, 11,17,21-Trihydroxy- 3389

Pregnan-7,20-dion, 3,11,17-Trihydroxy-
3393

Pregnan-11,20-dion, 3,9,17-Trihydroxy-
3394

−, 3,12,17-Trihydroxy- 3394

−, 3,16,17-Trihydroxy- 3395

−, 3,17,21-Trihydroxy- 3395

Pregn-4-en-3-on, 11,17,20,21-Tetrahydroxy-
3384

−, 17,19,20,21-Tetrahydroxy- 3386

Pregn-5-en-20-on, 3,8,12,14-Tetrahydroxy-
3386

C$_{21}$H$_{32}$O$_6$

Picrasan-1,11-dion, 2,16-Dihydroxy-
12-methoxy- 3611

Pregnan-3,20-dion, 5,11,17,21-Tetrahydroxy-
3612

16,17-Seco-picrasan-16-al, 2-Hydroxy-
12-methoxy-1,11-dioxo- 3611

C$_{21}$H$_{34}$O$_5$

Cyclohexan-1,3,5-trion, 2-Hydroxy-
2,4-diisopentyl-6-isovaleryl- 3361

Cyclopentan-1,3-dion, 4-Hydroxy-
5-isopentyl-2-isovaleryl-4-[4-methyl-
valeryl]- 3361

Pregnan-11-on, 3,17,20,21-Tetrahydroxy-
3362

Pregnan-20-on, 3,5,6,17-Tetrahydroxy- 3363

−, 3,11,17,21-Tetrahydroxy- 3364

C$_{21}$H$_{34}$O$_6$

Pregnan-20-on, 3,5,14,19,21-Pentahydroxy-
3609

C$_{22}$

C$_{22}$H$_{10}$O$_4$

Dibenzo[def,mno]chrysen-6,12-dion,
3,9-Dihydroxy- 3326

−, 4,10-Dihydroxy- 3326

C$_{22}$H$_{12}$Cl$_2$O$_4$

Anthrachinon, 1,4-Dichlor-2-[4-methoxy-
benzoyl]- 3320

C$_{22}$H$_{12}$Cl$_2$O$_6$

Naphthacen-5,12-dion, 6,11-Diacetoxy-
1,4-dichlor- 3305

C$_{22}$H$_{12}$O$_4$

Dibenz[a,h]anthracen-7,14-dion,
3,10-Dihydroxy- 3324

C$_{22}$H$_{14}$O$_4$

Naphthalin-2,6-dion, 1-[2-Methoxy-
[1]naphthoyl]- 3320

Naphthalin-1-on, 3,3′-Dihydroxy-
4H,4′H-4,4′-äthandiyliden-bis- 3321

C$_{22}$H$_{14}$O$_6$

Benz[a]anthracen-5,6-dion, 7,12-Diacetoxy-
3306

C$_{22}$H$_{15}$ClO$_4$

Chalkon, 5′-Benzoyl-3′-chlor-2,2′-dihydroxy-
3316

−, 5′-Benzoyl-3′-chlor-3,2′-dihydroxy-
3316

−, 5′-Benzoyl-3′-chlor-4,2′-dihydroxy-
3316

C$_{22}$H$_{16}$O$_4$

Anthrachinon, 2-Benzyloxy-1-methoxy-
3258

[2,2′]Binaphthyl-1,1′-dioxyl, 4,4′-Dimethoxy-
3314

[1,1′]Binaphthyliden-4,4′-dion,
3,3′-Dimethoxy- 3314

[2,2′]Binaphthyliden-1,1′-dion,
4,4′-Dimethoxy- 3314

Chalkon, 5′-Benzoyl-2,2′-dihydroxy- 3316

−, 5′-Benzoyl-4,2′-dihydroxy- 3316

Fluoren-9-on, 4-[2,4-Dimethoxy-benzoyl]-
3315

−, 4-Veratroyl- 3315

C$_{22}$H$_{16}$O$_5$

Propan-1,3-dion, 2-Benzoyl-1-[2,6-dihydroxy-
phenyl]-3-phenyl- 3595

C$_{22}$H$_{16}$O$_6$

[1,4]Benzochinon, 2,5-Bis-[3-acetoxy-phenyl]-
3298

−, 2,5-Bis-[4-acetoxy-phenyl]- 3298

−, 2,5-Bis-[4-methoxy-benzoyl]- 3703

−, 2,5-Diacetoxy-3,6-diphenyl- 3298

Benzo[cd]pyren-2,6-dion, 3,5,7,10-Tetrahydroxy-
1,1,9-trimethyl-1H- 3704

C$_{22}$H$_{16}$O$_8$

Naphthacen-5,12-dion, 7,10-Diacetoxy-
6,11-dihydroxy-7,10-dihydro- 3699

Naphthacen-4,5,11,12-tetraon, 1,4-Diacetoxy-
1,4,4a,12a-tetrahydro- 3699

C$_{22}$H$_{16}$O$_{10}$

Anthrachinon, 1,3,5,7-Tetraacetoxy- 3684

−, 1,4,5,8-Tetraacetoxy- 3685

C$_{22}$H$_{17}$NO$_2$

Indan-1,2-dion, 3,3-Diphenyl-, 2-[N-methyl-
oxim] 3775

C$_{22}$H$_{18}$BrNO$_6$

Propenon, 3-Äthoxy-3-[2-brom-5-methoxy-
phenyl]-1-[1-hydroxy-4-nitro-[2]naphthyl]-
3301

−, 3-Äthoxy-3-[5-brom-2-methoxy-
phenyl]-1-[1-hydroxy-4-nitro-[2]naphthyl]-
3301

$C_{22}H_{18}Br_2O_4$

Propenon, 3-Äthoxy-1-[4-brom-1-hydroxy-[2]naphthyl]-3-[5-brom-2-methoxy-phenyl]- 3300

$C_{22}H_{18}Cl_4O_6$

Benzil, 2,2'-Bis-butyryloxy-3,5,3',5'-tetrachlor- 3214

$C_{22}H_{18}O_4$

Benzil, 3,4-Dimethoxy-4'-phenyl- 3307

Benzol, 1,3-Bis-[2-hydroxy-5-methyl-benzoyl]- 3310

–, 1,4-Bis-[2-hydroxy-5-methyl-benzoyl]- 3310

–, 1,4-Dibenzoyl-2,5-dimethoxy- 3309

–, 2,3-Dibenzoyl-1,4-dimethoxy- 3307

Chalkon, 6'-Benzyloxy-2',3'-dihydroxy- 3233

Phenalen-1-on, 2,5,6-Trimethoxy-7-phenyl- 3307

–, 2,5,6-Trimethoxy-9-phenyl- 3307

$C_{22}H_{18}O_6$

Hydrochinon, 2,5-Bis-[4-methoxy-benzoyl]- 3702

$C_{22}H_{18}O_7$

Äthanon, 2-Acetoxy-1-[9,10-diacetoxy-[2]phenanthryl]- 3281

–, 2-Acetoxy-1-[9,10-diacetoxy-[3]phenanthryl]- 3281

Benzen-1,2,4-triol, 3,6-Bis-[4-methoxy-benzoyl]- 3736

$C_{22}H_{18}O_9$

Anthrachinon, 3-Acetoxy-2-diacetoxymethyl-1-methoxy- 3585

–, 1,8-Diacetoxy-3-acetoxymethyl-6-methoxy- 3691

$C_{22}H_{18}O_{10}$

Tetra-O-acetyl-Derivat $C_{22}H_{18}O_{10}$ aus 1,4,5,8,10-Pentahydroxy-anthron und Anthracen-1,4,5,8,9,10-hexaol 3660

$C_{22}H_{18}O_{12}$

[1,1']Bicyclohexa-1,4-dienyl-3,6,3',6'-tetraon, 2,5,2',5'-Tetraacetoxy-4,4'-dimethyl- 3743

$C_{22}H_{19}BrO_5$

Propan-1-on, 1-[1-Acetoxy-[2]naphthyl]-2-brom-3-hydroxy-3-[4-methoxy-phenyl]- 3293

–, 1-[2-Acetoxy-[1]naphthyl]-2-brom-3-hydroxy-3-[4-methoxy-phenyl]- 3293

$C_{22}H_{20}Br_2O_6$

Benzil, 5,5'-Dibrom-2,2'-bis-butyryloxy- 3214

$C_{22}H_{20}O_4$

Äthanon, 1-[3-Benzyl-4-benzyloxy-2,6-dihydroxy-phenyl]- 3187

–, 1-[3,5-Dibenzyl-2,4,6-trihydroxy-phenyl]- 3303

–, 2-Hydroxy-1,2-bis-[4-methoxy-phenyl]-2-phenyl- 3301

[1,4]Benzochinon, 2,5-Bis-[4-methoxy-benzyl]- 3302

Desoxybenzoin, 2'-Benzyloxy-2-hydroxy-4-methoxy- 3170

Propenon, 1-[4,8-Dimethoxy-[1]naphthyl]-3-[4-methoxy-phenyl]- 3300

$C_{22}H_{20}O_5Se$

Anthrachinon, 1-[2-Acetoxy-cyclohexylselanyl]-4-hydroxy- 3266

$C_{22}H_{20}O_6$

[1,4]Benzochinon, 2,5-Dimethoxy-3,6-bis-[4-methoxy-phenyl]- 3699

Stilben, 4,4'-Bis-acetoxyacetyl- 3282

$C_{22}H_{20}O_7$

Propenon, 2-Methyl-3-phenyl-1-[2,4,6-triacetoxy-phenyl]- 3239

$C_{22}H_{20}O_8$

Butan-1,3-dion, 2-Phenyl-1-[2,4,6-triacetoxy-phenyl]- 3169

Chalkon, 2',4',6'-Triacetoxy-4-methoxy- 3553

–, 4,2',4'-Triacetoxy-3-methoxy- 3547

$C_{22}H_{20}O_{10}$

[1,4]Benzochinon, 3-Acetoxy-5-methyl-2-[2,3,6-triacetoxy-4-methyl-phenyl]- 3646

$C_{22}H_{22}N_4O_2$

Hydrochinon, 2,5-Bis-[α-hydrazono-4-methyl-benzyl]- 3311

–, 2-[α-Hydrazono-2-methyl-benzyl]-5-[α-hydrazono-4-methyl-benzyl]- 3310

$C_{22}H_{22}N_4O_4$

Hydrochinon, 2,5-Bis-[α-hydrazono-4-methoxy-benzyl]- 3702

$C_{22}H_{22}O_4$

Cyclopentanon, 2-[4-Methoxy-benzyliden]-5-veratryliden- 3293

Hexa-1,5-dien-3,4-dion, 1,6-Bis-[2-äthoxy-phenyl]- 3291

$C_{22}H_{22}O_5$

Cyclohexanon, 2,6-Bis-[3-hydroxy-4-methoxy-benzyliden]- 3587

–, 2,6-Divanillyliden- 3586

$C_{22}H_{22}O_6$

Benzil, 4,4'-Bis-allyloxy-3,3'-dimethoxy- 3658

–, 3,3'-Diallyl-4,4'-dihydroxy-5,5'-dimethoxy- 3699

–, 4,4'-Dihydroxy-3,3'-dimethoxy-5,5'-dipropenyl- 3698

Chalkon, 2',4'-Diacetoxy-5'-äthyl-4-methoxy- 3245

Hexan-1,6-dion, 1,6-Bis-[4-acetoxy-phenyl]- 3248

$C_{22}H_{22}O_7$

Anthrachinon, 3-[2-Acetoxy-propyl]-1,6,8-trimethoxy- 3693

–, 1-Butyryl-2,4,5,7-tetramethoxy- 3735

$C_{22}H_{22}O_8$

Chalkon, 2',4'-Diacetoxy-3,4,5-trimethoxy- 3662

C₂₂H₂₂O₈ (Fortsetzung)

Chalkon, 2',4'-Diacetoxy-3,4,6'-trimethoxy-
3666

−, 2,2'-Diacetoxy-3',4',6'-trimethoxy-
3662

−, 4,2'-Diacetoxy-3,5,5'-trimethoxy-
3663

C₂₂H₂₂O₁₀

Benzil, 4,4'-Diacetoxy-3,5,3',5'-tetramethoxy-
3742

C₂₂H₂₂O₁₁S₂

Anthrachinon, 1-Butyryl-2,4-bis-methan=
sulfonyloxy-5,7-dimethoxy- 3735

C₂₂H₂₄Cl₂O₄

Decan-1,10-dion, 1,10-Bis-[5-chlor-2-hydroxy-
phenyl]- 3252

C₂₂H₂₄O₄

Butan-1,3-dion, 1-[3-Cyclohexyl-
2,6-dihydroxy-phenyl]-2-phenyl- 3286

Cyclohexan-1,4-diol, 1,4-Bis-phenylacetyl-
3286

Indan-5-ol, 6-Acetyl-3-[3-acetyl-4-hydroxy-
phenyl]-1-äthyl-2-methyl- 3286

C₂₂H₂₄O₅

Äthanon, 2-Hydroxy-1,2-bis-[3-methoxy-
phenyl]-2-[2-oxo-cyclohexyl]- 3583

Inden-1-on, 5-Äthoxy-3-[4-äthoxy-3-methoxy-
phenyl]-6-methoxy-2-methyl- 3580

C₂₂H₂₄O₆

Anthrachinon, 2,3,6,7-Tetraäthoxy- 3685

Hex-3-en, 3,4-Bis-[x-formyl-4-hydroxy-
3-methoxy-phenyl]- 3694

Tropolon, 6-Isopropyl-3-[3-oxo-3-
(3,4,5-trimethoxy-phenyl)-propenyl]-
3694

C₂₂H₂₄O₇

Propan-1,2-dion, 1-[4-Äthoxy-2-(4-äthoxy-
3-methoxy-benzoyl)-5-methoxy-phenyl]-
3733

C₂₂H₂₄O₈

Chalkon, 2'-Acetoxy-3',4',6'-trimethoxy-
2-methoxymethoxy- 3662

C₂₂H₂₄O₉

Desoxybenzoin, 4,4'-Diacetoxy-3,5,3',5'-
tetramethoxy- 3719

C₂₂H₂₅ClO₈

Essigsäure, [3'-Chlor-4,2',4',6'-tetramethoxy-
α-oxo-bibenzyl-2-yloxy]-, äthylester 3645

C₂₂H₂₆O₄

Butan-1,4-dion, 1,4-Bis-[2-hydroxy-
3,4,5-trimethyl-phenyl]- 3253

−, 1,4-Bis-[2-hydroxy-3,4,6-trimethyl-
phenyl]- 3253

Decan-1,10-dion, 1,10-Bis-[2-hydroxy-
phenyl]- 3252

−, 1,10-Bis-[4-hydroxy-phenyl]- 3253

Octan-1,8-dion, 1,8-Bis-[2-hydroxy-5-methyl-
phenyl]- 3253

−, 1,8-Bis-[4-methoxy-phenyl]- 3251

C₂₂H₂₆O₅

Benzophenon, 5,3',4'-Triäthoxy-4-methoxy-
2-vinyl- 3557

Hexan-2-on, 1-Acetoxy-3,4-bis-[4-methoxy-
phenyl]- 3198

D-Homo-androsta-4,16-dien-3,11,17a-trion,
17-Acetoxy- 3200

Indan-1-on, 5-Äthoxy-3-[4-äthoxy-3-methoxy-
phenyl]-6-methoxy-2-methyl- 3562

Naphthalin-1-on, 4-[3,4-Dimethoxy-phenyl]-
6,7-dimethoxy-2,3-dimethyl-3,4-dihydro-
2*H*- 3564

C₂₂H₂₆O₅S₂

Pregna-1,4-dien-3,11,20-trion, 17-Hydroxy-
21-dithiocarboxyoxy- 3532

C₂₂H₂₆O₆

Benzophenon, 2-[1-Äthyl-2-oxo-propyl]-
4,5,3',4'-tetramethoxy- 3678

Bibenzyl, 2,2'-Diacetyl-4,5,4',5'-tetramethoxy-
3678

Butan-1,4-dion, 1,4-Bis-[4-äthoxy-3-methoxy-
phenyl]- 3673

Desoxybenzoin, 2,4-Dihydroxy-2',4',5'-
trimethoxy-3-[3-methyl-but-2-enyl]- 3679

Hexan-1,6-dion, 1,6-Bis-[2,5-dimethoxy-
phenyl]- 3678

Naphthalin-1-on, 4-[3,4-Dimethoxy-phenyl]-
3-hydroxymethyl-6,7-dimethoxy-2-methyl-
3,4-dihydro-2*H*- 3679

C₂₂H₂₆O₇

Tropolon, 3-[1-Hydroxy-3-oxo-3-
(3,4,5-trimethoxy-phenyl)-propyl]-
6-isopropyl- 3730

C₂₂H₂₆O₈

[1,1']Bicyclohexa-1,4-dienyl-3,6,3',6'-tetraon,
2,5,2',5'-Tetraäthoxy-4,4'-dimethyl- 3743

Essigsäure, [4,2',4',6'-Tetramethoxy-α-oxo-
bibenzyl-2-yloxy]-, äthylester 3644

−, [4,6,2',3'-Tetramethoxy-α-oxo-
bibenzyl-2-yloxy]-, äthylester 3643

Hexan-1,6-dion, 1,6-Bis-[2-hydroxy-
3,4-dimethoxy-phenyl]- 3744

C₂₂H₂₆O₉

Chalkon, 2'-Hydroxy-3,5,3',4',6'-
pentamethoxy-4-methoxymethoxy- 3743

C₂₂H₂₆O₁₀

Propan-1,3-dion, 1-[2-Hydroxy-
3,4,5,6-tetramethoxy-phenyl]-3-
[3,4,5-trimethoxy-phenyl]- 3764

C₂₂H₂₇NO₄S

Pregn-4-en-3,11,20-trion, 17-Hydroxy-
21-thiocyanato- 3490

C₂₂H₂₇NO₅S

Pregn-4-en-3,11,20-trion, 17,21-Dihydroxy-
9-thiocyanato- 3634

C₂₂H₂₈FNO₄S

Pregn-4-en-3,20-dion, 9-Fluor-
11,17-dihydroxy-21-thiocyanato- 3430

$C_{22}H_{28}F_2O_7S$

Pregna-1,4-dien-3,20-dion, 6,9-Difluor-
11,17-dihydroxy-21-methansulfonyloxy-
3472

$C_{22}H_{28}N_2O_4$

Butan-1,4-dion, 1,4-Bis-[2-hydroxy-
3,4,6-trimethyl-phenyl]-, dioxim 3253

Decan-1,10-dion, 1,10-Bis-[2-hydroxy-
phenyl]-, dioxim 3252

$C_{22}H_{28}O_4$

[1,2']Binaphthyl-3,3',4'-trion, 4-Hydroxy-
8a,8'a-dimethyl-1,4,4a,5,8,8a,1',2',4'a,5',8',-
8'a-dodecahydro-2H- 3205

Hexan-2-on, 3-[3,4-Dimethoxy-phenyl]-4-
[4-methoxy-phenyl]-3-methyl- 3198

Hexan-3-on, 4-Hydroxy-2,5-bis-[4-methoxy-
phenyl]-2,5-dimethyl- 3199

[1,4]Naphthochinon, 2-Hydroxy-3-lauroyl-
3205

Pregna-1,4-dien-3,11,20-trion, 21-Hydroxy-
17-methyl- 3206

$C_{22}H_{28}O_5$

Butan-1-on, 1,4-Bis-[3,4-dimethoxy-phenyl]-
2,3-dimethyl- 3528

Pregna-1,4-dien-3,11,20-trion,
17,21-Dihydroxy-6-methyl- 3538

—, 17,21-Dihydroxy-16-methyl- 3539

Pregna-4,6-dien-3,11,20-trion,
17,21-Dihydroxy-7-methyl- 3539

$C_{22}H_{28}O_5S_2$

Pregna-1,4-dien-3,20-dion, 21-Dithiocarboxy-
oxy-11,17-dihydroxy- 3469

Pregn-4-en-3,11,20-trion, 21-Dithiocarboxyoxy-
17-hydroxy- 3483

$C_{22}H_{28}O_6$

Desoxybenzoin, 2,4-Dihydroxy-3-isopentyl-
2',4',5'-trimethoxy- 3650

—, 2,4,4'-Triäthoxy-6,3'-dimethoxy-
3644

Pregna-1,4-dien-3,20-dion, 21-Formyloxy-
11,17-dihydroxy- 3468

Pregn-4-en-3,11,20-trion, 21-Formyloxy-
17-hydroxy- 3481

$C_{22}H_{28}O_7$

Spiro[azulen-4,2'-furan]-1,5'-dion,
5-[1-Acetoxy-2-methyl-allyl]-8a-hydroxy-
7-hydroxymethyl-2,3'-dimethyl-
3a,5,8,8a,3',4'-hexahydro- 3463

$C_{22}H_{28}O_7S$

Pregna-1,4-dien-3,11,20-trion, 17-Hydroxy-
21-methansulfonyloxy- 3533

$C_{22}H_{28}O_{10}S_4$

Buttersäure, 4,4',4'',4'''-[3,6-Dioxo-cyclohexa-
1,4-dien-1,2,4,5-tetrayltetramercapto]-
tetra- 3606

$C_{22}H_{29}FO_5$

Pregna-1,4-dien-3,20-dion, 9-Fluor-11,17,21-
trihydroxy-6-methyl- 3498

—, 9-Fluor-11,17,21-trihydroxy-
16-methyl- 3501

$C_{22}H_{29}FO_6$

Pregna-1,4-dien-3,20-dion, 9-Fluor-
11,16,17,21-tetrahydroxy-2-methyl- 3636

$C_{22}H_{29}FO_7S$

Pregna-1,4-dien-3,20-dion, 6-Fluor-
11,17-dihydroxy-21-methansulfonyloxy-
3470

—, 9-Fluor-11,17-dihydroxy-
21-methansulfonyloxy- 3471

Pregna-4,6-dien-3,20-dion, 9-Fluor-
11,17-dihydroxy-21-methansulfonyloxy-
3476

$C_{22}H_{29}NO_5S$

Pregn-4-en-3,20-dion, 11,17,21-Trihydroxy-
9-thiocyanato- 3619

$C_{22}H_{29}N_3O_5$

Pentan-3-on, 1,5-Bis-[3,4-dimethoxy-phenyl]-,
semicarbazon 3527

$C_{22}H_{29}N_3O_6$

Benzaldehyd, 6-[3-(3,4-Dimethoxy-phenyl)-
propyl]-2,3,4-trimethoxy-, semicarbazon
3649

$C_{22}H_{30}O_5$

Androstan-3,11,12,17-tetraon, 9-Hydroxy-
4,4,14-trimethyl- 3503

Pregna-1,4-dien-3,20-dion, 11,17,21-
Trihydroxy-2-methyl- 3496

—, 11,17,21-Trihydroxy-6-methyl- 3498

—, 11,17,21-Trihydroxy-16-methyl-
3500

Pregna-4,6-dien-3,20-dion, 11,17,21-
Trihydroxy-7-methyl- 3499

Pregna-4,9(11)-dien-3,20-dion, 16,17,21-
Trihydroxy-2-methyl- 3497

Pregn-4-en-3,11,20-trion, 17,21-Dihydroxy-
2-methyl- 3497

—, 17,21-Dihydroxy-4-methyl- 3497

—, 17,21-Dihydroxy-6-methyl- 3499

—, 17,21-Dihydroxy-7-methyl- 3499

—, 17,21-Dihydroxy-16-methyl- 3502

—, 17-Hydroxy-21-methoxy- 3481

$C_{22}H_{30}O_5S_2$

Pregn-4-en-3,20-dion, 21-Dithiocarboxyoxy-
11,17-dihydroxy- 3425

$C_{22}H_{30}O_6$

19-Nor-pregn-4-en-3,20-dion, 21-Acetoxy-
11,17-dihydroxy- 3409

Picrasa-2,12-dien-1,11-dion, 16-Hydroxy-
2,12-dimethoxy- 3628

Pregn-4-en-3,20-dion, 11-Formyloxy-
17,21-dihydroxy- 3423

—, 21-Formyloxy-11,17-dihydroxy-
3423

16,17-Seco-picrasa-2,12-dien-16-al,
2,12-Dimethoxy-1,11-dioxo- 3628

$C_{22}H_{30}O_7S$

Pregna-1,4-dien-3,20-dion, 11,17-Dihydroxy-
21-methansulfonyloxy- 3470

Pregn-4-en-3,11,20-trion, 17-Hydroxy-
21-methansulfonyloxy- 3484

C₂₂H₃₁BrO₅

$C_{22}H_{31}BrO_5$

Pregnan-3,11,20-trion, 4-Brom-17-hydroxy-
21-methoxy- 3442

$C_{22}H_{31}FO_5$

Pregn-4-en-3,20-dion, 6-Fluor-11,17,21-
trihydroxy-16-methyl- 3450
–, 9-Fluor-11,17,21-trihydroxy-
2-methyl- 3447
–, 9-Fluor-11,17,21-trihydroxy-
6-methyl- 3448

$C_{22}H_{31}FO_6$

Pregn-4-en-3,20-dion, 9-Fluor-11.16,17,21-
tetrahydroxy-2-methyl- 3623

$C_{22}H_{31}FO_7S$

Pregn-4-en-3,20-dion, 6-Fluor-
11,17-dihydroxy-21-methansulfonyloxy-
3427
–, 9-Fluor-11,17-dihydroxy-
21-methansulfonyloxy- 3428

$C_{22}H_{32}O_5$

Cyclohexan-1,3-dion, 5,5,5',5'-Tetramethyl-
2,2'-[3-hydroxy-cyclopentylmethylen]-bis-
3445
21,24-Dinor-cholan-23-al, 3,17-Dihydroxy-
11,20-dioxo- 3446
D-Homo-pregnan-3,11,20-trion,
17a,21-Dihydroxy- 3445
Pregnan-3,11,20-trion, 5,17-Dihydroxy-
6-methyl- 3448
–, 17-Hydroxy-21-methoxy- 3438
Pregn-4-en-3,20-dion, 11,17,21-Trihydroxy-
2-methyl- 3446
–, 11,17,21-Trihydroxy-6-methyl-
3447
–, 11,17,21-Trihydroxy-7-methyl-
3448
–, 11,17,21-Trihydroxy-9-methyl-
3449
–, 11,17,21-Trihydroxy-11-methyl-
3449

$C_{22}H_{32}O_6$

Pregnan-11,20-dion, 21-Formyloxy-
3,17-dihydroxy- 3396
Pregn-4-en-3,20-dion, 11,16,17,21-Tetrahydroxy-
2-methyl- 3623

$C_{22}H_{32}O_7S$

Pregn-4-en-3,20-dion, 11,17-Dihydroxy-
21-methansulfonyloxy- 3425

$C_{22}H_{34}O_5$

Androstan-11,12-dion, 3,9,17-Trihydroxy-
4,4,14-trimethyl- 3402
Pregnan-3,20-dion, 5,11,17-Trihydroxy-
6-methyl- 3400
–, 11,17,21-Trihydroxy-16-methyl-
3400

$C_{22}H_{34}O_6$

Pregnan-3,20-dion, 5,11,17,21-Tetrahydroxy-
6-methyl- 3613

$C_{22}H_{36}O_2S_4$

[1,4]Benzochinon, Tetrakis-butylmercapto-
3606

–, Tetrakis-*tert*-butylmercapto- 3606

$C_{22}H_{36}O_7$

Azulen-5-on, 8-Acetoxy-1,6-dihydroxy-
1-isopropyl-3a,6-dimethyl-4-[2-methyl-
butyryloxy]-octahydro- 3340

$C_{22}H_{37}N_3O_5$

Pregnan-20-on, 3,11,17,21-Tetrahydroxy-,
semicarbazon 3365

C₂₃

$$C_{23}$$

$C_{23}H_{16}Cl_2O_4$

Chalkon, 5'-Benzoyl-3,3'-dichlor-2'-hydroxy-
4-methoxy- 3316

$C_{23}H_{16}O_5$

Anthrachinon, 1-Acetoxy-2-benzyloxy- 3258
Benzocyclohepten-5-on, 2,3,4,6-Tetrahydroxy-
1,7-diphenyl- 3598
Benzol, 3-[(4-Methoxy-phenyl)-glyoxyloyl]-
1-phenylglyoxyloyl- 3597
–, 4-[(4-Methoxy-phenyl)-glyoxyloyl]-
1-phenylglyoxyloyl- 3597
5a,11a-But-2-eno-naphthacen-5,6,11,12-
tetraon, 13-Methoxy- 3597

$C_{23}H_{17}BrO_{10}$

Anthrachinon, 1,4,5,7-Tetraacetoxy-
2-brommethyl- 3688

$C_{23}H_{17}ClO_4$

Chalkon, 5'-Benzoyl-3-chlor-2'-hydroxy-
4-methoxy- 3316
–, 5'-Benzoyl-3'-chlor-2'-hydroxy-
4'-methoxy- 3316

$C_{23}H_{17}ClO_5$

Chalkon, 5'-Benzoyl-3'-chlor-4,2'-dihydroxy-
3-methoxy- 3596

$C_{23}H_{18}Br_2O_4$

Benzophenon, 3-[2,3-Dibrom-3-(4-methoxy-
phenyl)-propionyl]-4-hydroxy- 3310

$C_{23}H_{18}Cl_2O_8$

Methan, Bis-[5-acetyl-2,3,4-trihydroxy-
phenyl]-[3,4-dichlor-phenyl]- 3753

$C_{23}H_{18}O_4$

Chalkon, 5'-Benzoyl-2,2'-dihydroxy-
3'-methyl- 3317
–, 5'-Benzoyl-4,2'-dihydroxy-3'-methyl-
3317
–, 5'-Benzoyl-2'-hydroxy-4-methoxy-
3316
Chroman-4-on, 3-Benzoyl-2-[2-methoxy-
phenyl]- 3316
–, 3-Benzoyl-2-[4-methoxy-phenyl]-
3315
–, 3-[2-Methoxy-benzoyl]-2-phenyl-
3316
–, 3-[4-Methoxy-benzoyl]-2-phenyl-
3316

C₂₃H₁₈O₄ (Fortsetzung)

Propan-1,3-dion, 2-Benzyliden-1-[2-hydroxy-phenyl]-3-[2-methoxy-phenyl]- 3315

—, 2-Benzyliden-1-[2-hydroxy-phenyl]-3-[4-methoxy-phenyl]- 3315

—, 1-[2-Hydroxy-phenyl]-2-[2-methoxy-benzyliden]-3-phenyl- 3315

—, 1-[2-Hydroxy-phenyl]-2-[4-methoxy-benzyliden]-3-phenyl- 3315

—, 2-[4-Methoxy-benzoyl]-1,3-diphenyl- 3316

C₂₃H₁₈O₅

Benzol, 1-Acetoxy-2,5-dibenzoyl-4-methoxy- 3309

Chalkon, 5'-Benzoyl-4,2'-dihydroxy-3-methoxy- 3595

Phenalen-1-on, 2-Acetoxy-5,6-dimethoxy-9-phenyl- 3306

C₂₃H₁₈O₁₀

Anthrachinon, 1,2,5,8-Tetraacetoxy-3-methyl- 3690

—, 1,2,6,8-Tetraacetoxy-3-methyl- 3689

—, 1,4,5,6-Tetraacetoxy-2-methyl- 3687

—, 1,4,5,8-Tetraacetoxy-2-methyl- 3688

—, 1,4,7,8-Tetraacetoxy-2-methyl- 3688

—, 1,3,8-Triacetoxy-2-acetoxymethyl- 3691

—, 1,3,8-Triacetoxy-6-acetoxymethyl- 3691

C₂₃H₁₉BrO₅

Benzophenon, 3-[2-Brom-3-hydroxy-3-(4-methoxy-phenyl)-propionyl]-4-hydroxy- 3593

Propenon, 1-[1-Acetoxy-4-brom-[2]naphthyl]-3-[3,4-dimethoxy-phenyl]- 3300

C₂₃H₁₉Br₂NO₆

Propan-1-on, 1-[4-Benzyloxy-2-hydroxy-5-nitro-phenyl]-2,3-dibrom-3-[2-methoxy-phenyl]- 3179

—, 1-[4-Benzyloxy-2-hydroxy-5-nitro-phenyl]-2,3-dibrom-3-[4-methoxy-phenyl]- 3180

C₂₃H₁₉ClO₈

Methan, Bis-[5-acetyl-2,3,4-trihydroxy-phenyl]-[4-chlor-phenyl]- 3753

C₂₃H₁₉NO₂

Indan-1,2-dion, 3,3-Diphenyl-, 2-[N-äthyl-oxim] 3775

C₂₃H₁₉NO₆

Chalkon, 4'-Benzyloxy-2'-hydroxy-2-methoxy-5'-nitro- 3221

—, 4'-Benzyloxy-2'-hydroxy-4-methoxy-5'-nitro- 3230

C₂₃H₂₀Br₂O₉

Propan-1-on, 2,3-Dibrom-1-[2,4-diacetoxy-phenyl]-3-[3,4-diacetoxy-phenyl]- 3519

C₂₃H₂₀O₄

Chalkon, 2-Benzyloxy-2'-hydroxy-4'-methoxy- 3220

—, 3-Benzyloxy-2'-hydroxy-4'-methoxy- 3227

—, 3-Benzyloxy-2'-hydroxy-6'-methoxy- 3227

—, 4'-Benzyloxy-2'-hydroxy-3-methoxy- 3227

—, 4-Benzyloxy-2'-hydroxy-3-methoxy- 3225

—, 4-Benzyloxy-2'-hydroxy-4'-methoxy- 3229

—, 4-Benzyloxy-2'-hydroxy-6'-methoxy- 3231

C₂₃H₂₀O₅

Propan-1,3-dion, 1-[2-Hydroxy-4,6-dimethoxy-phenyl]-2,3-diphenyl- 3592

C₂₃H₂₀O₆

Naphthacen-1-on, 5,12-Diacetoxy-6-hydroxy-11-methyl-3,4-dihydro-2H- 3294

C₂₃H₂₀O₈

Anthrachinon, 1,3,8-Triacetoxy-6-propyl- 3581

C₂₃H₂₀O₉

Chalkon, 3,4,2',4'-Tetraacetoxy- 3547

—, 4,2',4',6'-Tetraacetoxy- 3553

C₂₃H₂₀O₁₀

Chalkon, 3,4,3',4'-Tetraacetoxy-2'-hydroxy- 3664

C₂₃H₂₀O₁₁

Tetraacetyl-Derivat C₂₃H₂₀O₁₁ aus 2,3,6,7,9-Pentahydroxy-8-methoxy-4-methyl-phenalen-1-on 3724

C₂₃H₂₁NO₅

Indan-2-on, 1,3-Dihydroxy-1,3-bis-[4-methoxy-phenyl]-, oxim 3593

C₂₃H₂₂O₄

Äthanon, 1,2,2-Tris-[4-methoxy-phenyl]- 3301

Cycloheptan-1,2-dion, 3,7-Bis-[4-methoxy-benzyliden]- 3303

Desoxybenzoin, 2'-Benzyloxy-2,4-dimethoxy- 3170

Tropolon, 3,7-Bis-[4-methoxy-benzyl]- 3302

C₂₃H₂₂O₅

Äthanon, 2-Hydroxy-1,2,2-tris-[4-methoxy-phenyl]- 3589

—, 1-[1,2,7,10-Tetramethoxy-11H-benzo[a]fluoren-11-yl]- 3589

Desoxybenzoin, 2'-Benzyloxy-2-hydroxy-4,6-dimethoxy- 3512

Propenon, 1-[3,6-Dimethoxy-[2]naphthyl]-3-[3,4-dimethoxy-phenyl]- 3589

C₂₃H₂₂O₅Se

Anthrachinon, 1-[2-Acetoxy-cyclohexylselanyl]-4-methoxy- 3266

C₂₃H₂₂O₈

Benzil, 4,4'-Diacetoxy-3-allyl-5,3'-dimethoxy- 3692

—, 4,4'-Diacetoxy-3,3'-dimethoxy-5-propenyl- 3692

C$_{23}$H$_{30}$BrFO$_6$ (Fortsetzung)

Pregn-4-en-3,20-dion, 21-Acetoxy-9-brom-
6-fluor-11,17-dihydroxy- 3430

C$_{23}$H$_{30}$Br$_2$O$_6$

Pregnan-3,11,20-trion, 21-Acetoxy-
2,2-dibrom-17-hydroxy- 3443

−, 21-Acetoxy-2,4-dibrom-17-hydroxy-
3443

C$_{23}$H$_{30}$ClFO$_6$

Pregn-4-en-3,20-dion, 21-Acetoxy-6-chlor-
9-fluor-11,17-dihydroxy- 3429

C$_{23}$H$_{30}$Cl$_2$O$_6$

Pregnan-3,11,20-trion, 21-Acetoxy-
4,5-dichlor-17-hydroxy- 3441

C$_{23}$H$_{30}$F$_2$O$_6$

Pregn-4-en-3,20-dion, 21-Acetoxy-6,9-difluor-
11,17-dihydroxy- 3428

C$_{23}$H$_{30}$O$_5$

Benzophenon, 4,5,4′,5′-Tetraäthoxy-
2,2′-dimethyl- 3525

−, 4,5,4′,5′-Tetramethoxy-2,2′-dipropyl-
3528

C$_{23}$H$_{30}$O$_5$S

Pregna-1,4-dien-3,20-dion, 21-Acetyl≠
mercapto-11,17-dihydroxy- 3473

Pregn-4-en-3,11,20-trion, 21-Acetylmercapto-
17-hydroxy- 3490

C$_{23}$H$_{30}$O$_6$

1,5-Cyclo-pregnan-2,11,20-trion, 21-Acetoxy-
17-hydroxy- 3496

1,5-Cyclo-1,10-seco-pregn-9-en-2,11,20-trion,
21-Acetoxy-17-hydroxy- 3465

D-Homo-androst-4-en-3,11,17-trion,
17a-Acetoxymethyl-17a-hydroxy- 3465

D-Homo-androst-4-en-3,11,17a-trion,
17-Acetoxymethyl-17-hydroxy- 3465

19-Nor-pregna-1,3,5(10)-trien-20-on,
11-Acetoxy-17,21-dihydroxy-3-methoxy-
3464

Pregna-1,4-dien-3,11-dion, 21-Acetoxy-
17,20-dihydroxy- 3466

Pregna-1,4-dien-3,20-dion, 21-Acetoxy-
11,17-dihydroxy- 3468

−, 21-Acetoxy-14,17-dihydroxy- 3474

Pregna-1,5-dien-3,20-dion, 21-Acetoxy-
11,17-dihydroxy- 3474

Pregna-4,6-dien-3,20-dion, 21-Acetoxy-
11,17-dihydroxy- 3475

Pregna-4,8-dien-3,20-dion, 21-Acetoxy-
11,17-dihydroxy- 3476

Pregna-4,8(14)-dien-3,20-dion, 21-Acetoxy-
11,17-dihydroxy- 3476

Pregna-4,9(11)-dien-3,20-dion, 21-Acetoxy-
16,17-dihydroxy- 3477

Pregna-4,14-dien-3,20-dion, 21-Acetoxy-
11,17-dihydroxy- 3478

Pregn-4-en-18-al, 21-Acetoxy-11-hydroxy-
3,20-dioxo- 3492

Pregn-1-en-3,11,20-trion, 21-Acetoxy-
17-hydroxy- 3478

Pregn-4-en-3,6,20-trion, 21-Acetoxy-
17-hydroxy- 3479

Pregn-4-en-3,11,20-trion, 21-Acetoxy-
9-hydroxy- 3479

−, 21-Acetoxy-16-hydroxy- 3480

−, 21-Acetoxy-17-hydroxy- 3481

Pregn-4-en-3,12,20-trion, 21-Acetoxy-
17-hydroxy- 3490

Pregn-4-en-3,15,20-trion, 21-Acetoxy-
17-hydroxy- 3491

Pregn-5-en-3,11,20-trion, 21-Acetoxy-
17-hydroxy- 3493

Pregn-5-en-11,15,20-trion, 3-Acetoxy-
14-hydroxy- 3494

Pregn-8-en-3,11,20-trion, 21-Acetoxy-
17-hydroxy- 3494

Pregn-8(14)-en-3,11,20-trion, 21-Acetoxy-
17-hydroxy- 3495

C$_{23}$H$_{30}$O$_6$S

Pregn-4-en-3,11,20-trion, 1-Acetylmercapto-
17,21-dihydroxy- 3631

C$_{23}$H$_{30}$O$_7$

1,5-Cyclo-5,10-seco-pregn-4-en-3,11,20-trion,
21-Acetoxy-10,17-dihydroxy-1H,10H-
3628

Pregna-4,6-dien-3,20-dion, 21-Acetoxy-
11,14,17-trihydroxy- 3631

Pregn-4-en-3,11,20-trion, 21-Acetoxy-
6,17-dihydroxy- 3633

−, 21-Acetoxy-7,17-dihydroxy- 3633

−, 21-Acetoxy-9,17-dihydroxy- 3633

−, 21-Acetoxy-14,17-dihydroxy- 3634

−, 21-Acetoxy-16,17-dihydroxy- 3634

C$_{23}$H$_{30}$O$_8$

1,5-Cyclo-pregnan-2,11,20-trion, 21-Acetoxy-
3,4,17-trihydroxy- 3715

Pregn-4-en-3,11,20-trion, 21-Acetoxy-
6,7,17-trihydroxy- 3715

C$_{23}$H$_{31}$BrO$_6$

Pregnan-3,11,20-trion, 21-Acetoxy-2-brom-
17-hydroxy- 3441

−, 21-Acetoxy-4-brom-17-hydroxy-
3442

−, 21-Acetoxy-16-brom-17-hydroxy-
3443

−, 21-Acetoxy-21-brom-17-hydroxy-
3496

Pregnan-3,12,20-trion, 21-Acetoxy-4-brom-
17-hydroxy- 3444

Pregn-4-en-3,20-dion, 16-Acetoxy-9-brom-
11,17-dihydroxy- 3421

−, 21-Acetoxy-9-brom-11,17-dihydroxy-
3430

−, 21-Acetoxy-15-brom-
14,17-dihydroxy- 3431

C$_{23}$H$_{31}$BrO$_7$

Pregn-4-en-3,20-dion, 21-Acetoxy-15-brom-
11,14,17-trihydroxy- 3620

C$_{23}$H$_{31}$ClO$_6$

Pregnan-3,11,20-trion, 21-Acetoxy-4-chlor-
17-hydroxy- 3441

C₂₃H₃₁ClO₆ (Fortsetzung)

Pregnan-3,11,20-trion, 21-Acetoxy-12-chlor-
17-hydroxy- 3441

−, 21-Acetoxy-16-chlor-17-hydroxy-
3441

Pregn-4-en-3,20-dion, 16-Acetoxy-9-chlor-
11,17-dihydroxy- 3421

−, 21-Acetoxy-2-chlor-11,17-dihydroxy-
3428

−, 21-Acetoxy-6-chlor-11,17-dihydroxy-
3429

−, 21-Acetoxy-9-chlor-11,17-dihydroxy-
3429

−, 21-Acetoxy-15-chlor-
14,17-dihydroxy- 3431

C₂₃H₃₁ClO₇

Pregn-4-en-3,20-dion, 21-Acetoxy-15-chlor-
11,14,17-trihydroxy- 3619

C₂₃H₃₁DO₆

Pregn-4-en-3,20-dion, 21-Acetoxy-
11-deuterio-11,17-dihydroxy- 3423

C₂₃H₃₁FO₆

Pregnan-3,11,20-trion, 21-Acetoxy-6-fluor-
5-hydroxy- 3438

Pregn-1-en-3,20-dion, 21-Acetoxy-9-fluor-
11,17-dihydroxy- 3414

Pregn-4-en-3,20-dion, 16-Acetoxy-9-fluor-
11,17-dihydroxy- 3421

−, 21-Acetoxy-2-fluor-11,17-dihydroxy-
3426

−, 21-Acetoxy-6-fluor-11,17-dihydroxy-
3426

−, 21-Acetoxy-9-fluor-11,17-dihydroxy-
3427

C₂₃H₃₁FO₈

Pregn-4-en-3,20-dion, 21-Acetoxy-9-fluor-
6,7,11,17-tetrahydroxy- 3711

C₂₃H₃₁IO₆

Pregnan-3,11,20-trion, 21-Acetoxy-
17-hydroxy-2-jod- 3444

Pregn-4-en-3,20-dion, 21-Acetoxy-
11,17-dihydroxy-9-jod- 3430

−, 21-Acetoxy-14,17-dihydroxy-15-jod-
3432

C₂₃H₃₁NO₆

Pregn-4-en-3,11,20-trion, 21-Acetoxy-
17-hydroxy-, 3-oxim 3485

C₂₃H₃₂BrIO₆

Pregnan-3,20-dion, 21-Acetoxy-4-brom-
11,17-dihydroxy-2-jod- 3393

C₂₃H₃₂Br₂O₆

Pregnan-3,20-dion, 21-Acetoxy-2,2-dibrom-
11,17-dihydroxy- 3392

−, 21-Acetoxy-2,4-dibrom-
11,17-dihydroxy- 3393

C₂₃H₃₂N₂O₆

Pregn-4-en-3,11,20-trion, 21-Acetoxy-
17-hydroxy-, 3,20-dioxim 3485

C₂₃H₃₂N₆O₅

Pregna-1,4-dien-3,11,20-trion,
17,21-Dihydroxy-, 3,20-disemicarbazon
3533

C₂₃H₃₂O₅

Pregna-1,4-dien-3,20-dion, 11-Hydroxy-
21,21-dimethoxy- 3203

C₂₃H₃₂O₆

D-Homo-androstan-3,11,17a-trion,
17-Acetoxymethyl-17-hydroxy- 3413

D-Homo-androst-4-en-3,17-dion,
17a-Acetoxymethyl-11,17a-dihydroxy- 3412

D-Homo-androst-4-en-3,17a-dion,
17-Acetoxymethyl-11,17-dihydroxy- 3412

Pregnan-3,6,11-trion, 21-Acetoxy-17-hydroxy-
3437

Pregnan-3,11,20-trion, 4-Acetoxy-17-hydroxy-
3438

−, 21-Acetoxy-17-hydroxy- 3439

Pregnan-3,12,20-trion, 21-Acetoxy-
17-hydroxy- 3444

Pregnan-11,15,20-trion, 3-Acetoxy-
14-hydroxy- 3444

Pregn-4-en-3,11-dion, 21-Acetoxy-
17,20-dihydroxy- 3415

Pregn-4-en-3,20-dion, 7-Acetoxy-
14,15-dihydroxy- 3418

−, 11-Acetoxy-17,21-dihydroxy- 3423

−, 15-Acetoxy-17,21-dihydroxy- 3432

−, 16-Acetoxy-17,21-dihydroxy- 3433

−, 18-Acetoxy-11,17-dihydroxy- 3422

−, 21-Acetoxy-2,17-dihydroxy- 3416

−, 21-Acetoxy-6,11-dihydroxy- 3417

−, 21-Acetoxy-6,17-dihydroxy- 3418

−, 21-Acetoxy-7,17-dihydroxy- 3419

−, 21-Acetoxy-9,17-dihydroxy- 3420

−, 21-Acetoxy-11,12-dihydroxy- 3420

−, 21-Acetoxy-11,17-dihydroxy- 3424

−, 21-Acetoxy-12,17-dihydroxy- 3430

−, 21-Acetoxy-14,17-dihydroxy- 3431

−, 21-Acetoxy-15,17-dihydroxy- 3432

−, 21-Acetoxy-16,17-dihydroxy- 3433

Pregn-5-en-11,20-dion, 21-Acetoxy-
3,17-dihydroxy- 3435

Pregn-5-en-15,20-dion, 12-Acetoxy-
3,14-dihydroxy- 3436

Pregn-8(14)-en-3,20-dion, 21-Acetoxy-
11,17-dihydroxy- 3436

Pregn-9(11)-en-3,20-dion, 21-Acetoxy-
16,17-dihydroxy- 3437

Pregn-4-en-3,11,20-trion, 17-Hydroxy-
21,21-dimethoxy- 3537

14,15-Seco-androst-4-en-3,11,16-trion,
14-Methoxy-15-propionyloxy- 3407

C₂₃H₃₂O₆S

Pregn-4-en-3,20-dion, 1-Acetylmercapto-
11,17,21-trihydroxy- 3617

C₂₃H₃₂O₇

Pregnan-11,20-dion, 3,21-Bis-formyloxy-
17-hydroxy- 3396

C$_{23}$H$_{32}$O$_7$ (Fortsetzung)

Pregnan-3,11,20-trion, 21-Acetoxy-
5,17-dihydroxy- 3622

−, 21-Acetoxy-17,21-dihydroxy- 3495

Pregn-4-en-3,20-dion, 21-Acetoxy-
9,11,17-trihydroxy- 3618

−, 21-Acetoxy-11,14,17-trihydroxy-
3619

−, 21-Acetoxy-11,16,17-trihydroxy-
3620

−, 21-Acetoxy-14,15,17-trihydroxy-
3622

14,15-Seco-androst-5-en-3,11,16-trion,
17-Hydroxy-14-methoxy-15-propionyloxy-
3615

C$_{23}$H$_{32}$O$_8$

Pregnan-3,11,20-trion, 21-Acetoxy-
4,5,17-trihydroxy- 3712

−, 21-Acetoxy-5,6,17-trihydroxy- 3713

C$_{23}$H$_{33}$BrO$_6$

Pregnan-3,20-dion, 21-Acetoxy-2-brom-
11,17-dihydroxy- 3391

−, 21-Acetoxy-4-brom-11,17-
dihydroxy- 3392

−, 21-Acetoxy-4-brom-12,17-dihydroxy-
3393

C$_{23}$H$_{33}$ClO$_6$

Pregnan-11,20-dion, 21-Acetoxy-12-chlor-
3,17-dihydroxy- 3398

C$_{23}$H$_{33}$FO$_6$

Pregnan-3,20-dion, 21-Acetoxy-9-fluor-
11,17-dihydroxy- 3391

C$_{23}$H$_{33}$FO$_7$

Pregnan-3,20-dion, 21-Acetoxy-6-fluor-
5,11,17-trihydroxy- 3612

C$_{23}$H$_{33}$NO$_6$

Pregnan-3,11,20-trion, 21-Acetoxy-
17-hydroxy-, 3-oxim 3439

C$_{23}$H$_{33}$O$_8$P

Pregna-1,4-dien-3,20-dion, 21-Dimethoxy⸗
phosphoryloxy-11,17-dihydroxy- 3470

Pregn-4-en-3,11,20-trion, 21-Dimethoxy⸗
phosphoryloxy-17-hydroxy- 3484

C$_{23}$H$_{34}$N$_2$O$_6$

Pregnan-3,11,20-trion, 21-Acetoxy-
17-hydroxy-, 3,20-dioxim 3439

C$_{23}$H$_{34}$N$_6$O$_5$

Pregna-1,4-dien-3,20-dion, 11,17,21-
Trihydroxy-, disemicarbazon 3470

C$_{23}$H$_{34}$O$_6$

D-Homo-androstan-11,17-dion, 3-Acetoxy-
16,17a-dihydroxy-17a-methyl- 3383

D-Homo-androstan-11,17a-dion, 3-Acetoxy-
16,17-dihydroxy-17-methyl- 3383

Pregnan-3,20-dion, 6-Acetoxy-
5,17-dihydroxy- 3388

−, 11-Acetoxy-17,21-dihydroxy- 3390

−, 21-Acetoxy-11,17-dihydroxy- 3390

−, 21-Acetoxy-12,17-dihydroxy- 3393

Pregnan-11,20-dion, 3-Acetoxy-
5,17-dihydroxy- 3394

−, 3-Acetoxy-9,17-dihydroxy- 3394

−, 3-Acetoxy-16,17-dihydroxy- 3395

−, 3-Acetoxy-17,21-dihydroxy- 3396

−, 21-Acetoxy-3,17-dihydroxy- 3396

Pregnan-12,20-dion, 21-Acetoxy-
3,17-dihydroxy- 3398

Pregn-4-en-3-on, 21-Acetoxy-11,17,20-
trihydroxy- 3385

Pregn-5-en-20-on, 11-Acetoxy-
3,12,14-trihydroxy- 3387

C$_{23}$H$_{34}$O$_7$

Androstan-7-on, 3,17-Diacetoxy-
9,11-dihydroxy- 3358

Pregnan-3,20-dion, 21-Acetoxy-
5,6,17-trihydroxy- 3611

−, 21-Acetoxy-5,11,17-trihydroxy-
3612

Pregnan-20-on, 3,21-Bis-formyloxy-
11,17-dihydroxy- 3365

C$_{23}$H$_{34}$O$_9$S$_2$

Pregn-4-en-3,20-dion, 17-Hydroxy-11,21-
bis-methansulfonyloxy- 3425

C$_{23}$H$_{35}$O$_8$P

Pregn-4-en-3,20-dion, 21-Dimethoxy⸗
phosphoryloxy-11,17-dihydroxy- 3425

C$_{23}$H$_{36}$N$_2$O$_5$

Pregn-4-en-3,20-dion, 11,17,21-Trihydroxy-,
bis-[*O*-methyl-oxim] 3426

C$_{23}$H$_{36}$N$_6$O$_5$

Pregnan-3,11,20-trion, 17,21-Dihydroxy-,
3,20-disemicarbazon 3438

C$_{23}$H$_{36}$O$_6$

Pregnan-11,20-dion, 17,21-Dihydroxy-
3,3-dimethoxy- 3440

Pregnan-20-on, 3-Acetoxy-5,6,17-trihydroxy-
3363

−, 6-Acetoxy-3,5,17-trihydroxy- 3363

−, 11-Acetoxy-3,17,21-trihydroxy-
3365

−, 17-Acetoxy-3,5,6-trihydroxy- 3363

−, 21-Acetoxy-3,11,17-trihydroxy-
3365

−, 21-Acetoxy-3,12,17-trihydroxy-
3368

C$_{23}$H$_{38}$N$_6$O$_5$

Pregnan-3,20-dion, 11,17,21-Trihydroxy-,
disemicarbazon 3389

C$_{24}$

C$_{24}$H$_{14}$O$_4$

Anthracen-1,2-dion, 4-[3,4-Dihydroxy-
[1]naphthyl]- 3327

Anthracen-1-on, 2-Hydroxy-4-[3-hydroxy-
4-oxo-1,4-dihydro-[1]naphthyliden]-4*H*-
3327

Dibenzo[*def,mno*]chrysen-6,12-dion,
3,9-Dimethoxy- 3326

C₂₄H₂₂O₄ (Fortsetzung)

Propenon, 1,3,3-Tris-[4-methoxy-phenyl]-
3310

C₂₄H₂₂O₅

Benzen-1,2,4-triol, 3,6-Bis-[2,5-dimethyl-
benzoyl]- 3594

–, 3,6-Bis-[2,6-dimethyl-benzoyl]- 3594

[6,6']Bi[1,4-methano-naphthalinyl]-5,8,5',8'-
tetraon, 7-Hydroxy-8a,8'a-dimethyl-
1,4,4a,8a,1',4',4'a,8'a-octahydro- 3594

Chalkon, 6'-Benzyloxy-2',4'-dihydroxy-
4-methoxy-3'-methyl- 3559

–, 3-Benzyloxy-2'-hydroxy-
4',6'-dimethoxy- 3552

–, 4-Benzyloxy-2'-hydroxy-
3,4'-dimethoxy- 3548

Phenol, 2,6-Diacetyl-3,5-bis-benzyloxy- 3376

Propan-1,3-dion, 1-[2-Benzyloxy-phenyl]-
3-[2,6-dimethoxy-phenyl]- 3555

C₂₄H₂₂O₆

Benzol, 1,4-Dimethoxy-2,5-bis-[4-methoxy-
benzoyl]- 3702

Benzophenon, 5-[3-Acetyl-2,6-dihydroxy-
5-methyl-benzyl]-2,4-dihydroxy-3-methyl-
3702

C₂₄H₂₂O₉

Anthrachinon, 1,8-Diacetoxy-3-[2-acetoxy-
propyl]-6-methoxy- 3693

–, 2,4-Diacetoxy-1-butyryl-
5,7-dimethoxy- 3735

C₂₄H₂₂O₁₀

Chalkon, 3,4,2',4'-Tetraacetoxy-3'-methoxy-
3664

Hydrochinon, 2,5-Bis-[3-acetyl-
2,4,6-trihydroxy-5-methyl-phenyl]- 3764

C₂₄H₂₃ClO₄

Propan-1-on, 3-Chlor-1,2,3-tris-[4-methoxy-
phenyl]- 3303

C₂₄H₂₄O₃S

Propan-1-on, 3-Benzylmercapto-1,2-bis-
[4-methoxy-phenyl]- 3186

C₂₄H₂₄O₄

Propan-1-on, 1,2,3-Tris-[4-methoxy-phenyl]-
3303

C₂₄H₂₄O₅

Desoxybenzoin, 4-Benzyloxy-2-hydroxy-
6,4'-dimethoxy-3-methyl- 3524

C₂₄H₂₄O₆

Propan-1-on, 1-[4-Benzyloxy-3-methoxy-
phenyl]-3-hydroxy-2-[2-methoxy-phenoxy]-
3352

C₂₄H₂₄O₇

Benzo[a]fluoren-5-on, 11a-Äthyl-
11-formyloxy-1,2,7,10-tetramethoxy-
11,11a-dihydro- 3698

C₂₄H₂₆N₄O₂

Hydrochinon, 2,5-Bis-[α-hydrazono-
2,5-dimethyl-benzyl]- 3311

–, 2,5-Bis-[α-hydrazono-2,6-dimethyl-
benzyl]- 3311

C₂₄H₂₆O₄

Cycloheptanon, 2-[4-Methoxy-benzyliden]-
7-veratryliden- 3294

C₂₄H₂₆O₅

Cyclohexanon, 2,6-Bis-[3-äthoxy-4-hydroxy-
benzyliden]- 3587

C₂₄H₂₆O₇

[1,2']Biindenyliden-1'-on, 4,5,6,4',5',6'-
Hexamethoxy-2,3-dihydro-3'H- 3736

C₂₄H₂₆O₁₀

Chalkon, 4,2'-Diacetoxy-3,5,3',4',6'-
pentamethoxy- 3743

C₂₄H₂₈N₄O₈

Mono-[2,4-dinitro-phenylhydrazon]
C₂₄H₂₈N₄O₈ aus 2,3,4-Trimethoxy-
6-[3-oxo-butyl]-6,7,8,9-tetrahydro-
benzocyclohepten-5-on 3407

Mono-[2,4-dinitro-phenylhydrazon]
C₂₄H₂₈N₄O₈ aus 2,3,4-Trimethoxy-
7-[3-oxo-butyl]-5,7,8,9-tetrahydro-
benzocyclohepten-6-on 3407

C₂₄H₂₈O₇

Hexan-3-on, 4,4-Bis-[4-acetoxy-3-methoxy-
phenyl]- 3528

C₂₄H₂₉BrO₇

Pregna-1,4-dien-3,20-dion, 21-Acetoxy-
9-brom-11-formyloxy-17-hydroxy- 3473

C₂₄H₂₉ClO₇

Pregna-1,4-dien-3,20-dion, 21-Acetoxy-
9-chlor-11-formyloxy-17-hydroxy- 3472

C₂₄H₂₉NO₆S

Pregn-4-en-3,11,20-trion, 21-Acetoxy-
17-hydroxy-9-thiocyanato- 3634

C₂₄H₃₀BrFO₆

Pregna-1,4-dien-3,20-dion, 21-Acetoxy-
6-brom-9-fluor-11,17-dihydroxy-
16-methyl- 3502

C₂₄H₃₀BrN₃O₅

Pregna-4,16-dien-3,11,20-trion, 21-Acetoxy-
12-brom-, 3-semicarbazon 3204

C₂₄H₃₀BrN₃O₆

Pregna-1,4-dien-3,11,20-trion, 21-Acetoxy-
4-brom-17-hydroxy-, 3-semicarbazon
3534

C₂₄H₃₀F₂O₆

Pregna-1,4-dien-3,20-dion, 21-Acetoxy-
6,9-difluor-11,17-dihydroxy-16-methyl-
3501

C₂₄H₃₀N₂O₄

Anthrachinon, 1,4-Bis-[β-dimethylamino-
isopropoxy]- 3262

–, 1,5-Bis-[β-dimethylamino-
isopropoxy]- 3269

–, 1,8-Bis-[β-dimethylamino-
isopropoxy]- 3272

–, 1,4-Bis-[3-dimethylamino-propoxy]-
3262

–, 1,8-Bis-[3-dimethylamino-propoxy]-
3271

$C_{24}H_{30}O_4$

Butan-1,4-dion, 1,4-Bis-[2-hydroxy-
3-isopropyl-6-methyl-phenyl]- 3254
—, 1,4-Bis-[2-methoxy-3,4,6-trimethyl-
phenyl]- 3253
Decan-1,10-dion, 1,10-Bis-[2-hydroxy-
3-methyl-phenyl]- 3254
—, 1,10-Bis-[2-hydroxy-4-methyl-
phenyl]- 3254
—, 1,10-Bis-[2-hydroxy-5-methyl-
phenyl]- 3254
—, 1,10-Bis-[4-hydroxy-3-methyl-
phenyl]- 3254

$C_{24}H_{30}O_5$

Pregna-1,4-dien-3,11,20-trion, 21-Acetoxy-
17-methyl- 3206
Pregna-1,4,9(11)-trien-3,20-dion, 21-Acetoxy-
17-hydroxy-6-methyl- 3205
—, 21-Acetoxy-17-hydroxy-16-methyl-
3205

$C_{24}H_{30}O_6$

Benzophenon, 5,4′-Diäthoxy-2-[1-äthyl-
2-oxo-propyl]-4,3′-dimethoxy- 3678
Pregna-1,4-dien-3,11,20-trion, 21-Acetoxy-
17-hydroxy-2-methyl- 3538
—, 21-Acetoxy-17-hydroxy-16-methyl-
3539
—, 17-Hydroxy-21-propionyloxy- 3532
Pregna-4,6-dien-3,11,20-trion, 21-Acetoxy-
17-hydroxy-6-methyl- 3539
—, 21-Acetoxy-17-hydroxy-7-methyl-
3539

$C_{24}H_{30}O_7$

Cyclohexan-1,3-dion, 5,5′-Dimethyl-
2,2′-[3,4,5-trimethoxy-benzyliden]-bis-
3731
19-Nor-pregna-1,3,5(10)-trien-20-on,
3,21-Diacetoxy-11,17-dihydroxy- 3464

$C_{24}H_{30}O_8$

Cyclohexa-2,5-dienon, 2-Butyryl-6-[3-butyryl-
2,4-dihydroxy-6-methoxy-benzyl]-
3,5-dihydroxy-4,4-dimethyl- 3747
—, 2-Butyryl-6-[3-butyryl-
2,4,6-trihydroxy-5-methyl-benzyl]-
3,5-dihydroxy-4,4-dimethyl- 3748

$C_{24}H_{30}O_{11}$

Äther, Bis-[3-hydroxy-5,6,7-trimethoxy-
4-methyl-1,3-dihydro-isobenzofuran-1-yl]-
3373

$C_{24}H_{31}BrO_6$

Pregna-1,4-dien-3,20-dion, 21-Acetoxy-
9-brom-11,17-dihydroxy-6-methyl- 3498

$C_{24}H_{31}FO_6$

Pregna-1,4-dien-3,20-dion, 21-Acetoxy-
6-fluor-11,17-dihydroxy-16-methyl- 3501
—, 21-Acetoxy-9-fluor-11,17-dihydroxy-
6-methyl- 3498
—, 21-Acetoxy-9-fluor-11,17-dihydroxy-
16-methyl- 3501
Pregna-1,5-dien-3,20-dion, 21-Acetoxy-
9-fluor-11,17-dihydroxy-16-methyl- 3502

Pregn-4-en-3,11,20-trion, 21-Acetoxy-2-fluor-
17-hydroxy-6-methyl- 3499
—, 21-Acetoxy-9-fluor-17-hydroxy-
2-methyl- 3497

$C_{24}H_{31}NO_6S$

Pregn-4-en-3,20-dion, 21-Acetoxy-
11,17-dihydroxy-9-thiocyanato- 3619

$C_{24}H_{31}N_3O_6$

Pregna-4,6-dien-3,11,20-trion, 21-Acetoxy-
17-hydroxy-, 3-semicarbazon 3536

$C_{24}H_{32}F_2O_6$

Pregn-4-en-3,20-dion, 21-Acetoxy-6,9-difluor-
11,17-dihydroxy-16-methyl- 3450

$C_{24}H_{32}N_2O_4$

Decan-1,10-dion, 1,10-Bis-[2-hydroxy-
3-methyl-phenyl]-, dioxim 3254
—, 1,10-Bis-[2-hydroxy-5-methyl-
phenyl]-, dioxim 3254

$C_{24}H_{32}O_4$

Dibenz[a,h]anthracen-7,14-dion,
5,12-Dimethoxy-$\Delta^{4a,11a}$-hexadecahydro-
3206
Dibenz[a,j]anthracen-7,14-dion,
5,9-Dimethoxy-$\Delta^{4a,9}$-hexadecahydro-
3206

$C_{24}H_{32}O_6$

D-Homo-pregn-4-en-3,11,20-trion,
21-Acetoxy-17a-hydroxy- 3496
Pregna-1,4-dien-3,20-dion, 21-Acetoxy-
11,17-dihydroxy-2-methyl- 3497
—, 21-Acetoxy-11,17-dihydroxy-
6-methyl- 3498
—, 21-Acetoxy-11,17-dihydroxy-
9-methyl- 3500
—, 21-Acetoxy-11,17-dihydroxy-
16-methyl- 3500
Pregn-4-en-3,20-dion, 21-Acetoxy-
11,17-dihydroxy-2-methylen- 3497
Pregn-4-en-3,11,20-trion, 21-Acetoxy-
17-hydroxy-2-methyl- 3497
—, 21-Acetoxy-17-hydroxy-6-methyl-
3499
—, 21-Acetoxy-17-hydroxy-7-methyl-
3500
—, 21-Acetoxy-17-hydroxy-16-methyl-
3502
—, 21-Acetoxy-12-methoxy- 3480

$C_{24}H_{32}O_7$

Pregn-4-en-3,20-dion, 21-Acetoxy-
11-formyloxy-17-hydroxy- 3424
—, 21-Acetoxy-16-formyloxy-
17-hydroxy- 3434
Pregn-5-en-11,20-dion, 21-Acetoxy-
3-formyloxy-17-hydroxy- 3435
Pregn-4-en-3,11,20-trion, 21-Acetoxy-
17-hydroxy-9-methoxy- 3633

$C_{24}H_{32}O_8S$

Pregna-1,4-dien-3,11-dion, 21-Acetoxy-
17-hydroxy-20-methansulfonyloxy- 3467
Pregna-4,8(14)-dien-3,20-dion, 21-Acetoxy-
17-hydroxy-11-methansulfonyloxy- 3477

C₂₄H₃₃BrO₆

D-Homo-pregnan-3,11,20-trion, 21-Acetoxy-
4-brom-17a-hydroxy- 3446

Pregnan-3,11,20-trion, 21-Acetoxy-4-brom-
17-hydroxy-16-methyl- 3451

Pregn-4-en-3,20-dion, 21-Acetoxy-9-brom-
11,17-dihydroxy-2-methyl- 3447

–, 21-Acetoxy-9-brom-11,17-dihydroxy-
6-methyl- 3448

–, 21-Acetoxy-9-brom-11,17-dihydroxy-
16-methyl- 3450

C₂₄H₃₃BrO₇

Pregnan-3,20-dion, 21-Acetoxy-4-brom-
11-formyloxy-17-hydroxy- 3392

C₂₄H₃₃ClO₆

Pregn-4-en-3,20-dion, 21-Acetoxy-9-chlor-
11,17-dihydroxy-16-methyl- 3450

C₂₄H₃₃FO₆

Pregn-4-en-3,20-dion, 21-Acetoxy-6-fluor-
11,17-dihydroxy-2-methyl- 3446

–, 21-Acetoxy-6-fluor-11,17-dihydroxy-
16-methyl- 3450

–, 21-Acetoxy-9-fluor-11,17-dihydroxy-
2-methyl- 3447

–, 21-Acetoxy-9-fluor-11,17-dihydroxy-
6-methyl- 3448

–, 21-Acetoxy-9-fluor-11,17-dihydroxy-
16-methyl- 3450

C₂₄H₃₃NO₆S

Pregnan-20-on, 21-Acetoxy-3,9-epoxy-
3,17-dihydroxy-11-thiocyanato- 3612

C₂₄H₃₃N₃O₃

1,5-Cyclo-1,10-seco-pregn-9-en-2,11,20-trion,
21-Acetoxy-17-hydroxy-, monosemicarbazon
3465

Pregn-4-en-3,11,20-trion, 21-Acetoxy-
17-hydroxy-, 3-semicarbazon 3485

C₂₄H₃₄O

Undecan, 1-Benzyloxy-10-phenyl- 3773

–, 1-Benzyloxy-11-phenyl- 3773

C₂₄H₃₄O₆

D-Homo-pregnan-3,11,20-trion, 21-Acetoxy-
17a-hydroxy- 3445

Pregnan-3,11,20-trion, 21-Acetoxy-
17-hydroxy-16-methyl- 3451

Pregn-3-en-11,20-dion, 21-Acetoxy-
17-hydroxy-3-methoxy- 3414

Pregn-4-en-3,20-dion, 21-Acetoxy-
11,17-dihydroxy-2-methyl- 3446

–, 21-Acetoxy-11,17-dihydroxy-
4-methyl- 3447

–, 21-Acetoxy-11,17-dihydroxy-
6-methyl- 3448

–, 21-Acetoxy-11,17-dihydroxy-
7-methyl- 3449

–, 21-Acetoxy-11,17-dihydroxy-
9-methyl- 3449

–, 21-Acetoxy-11,17-dihydroxy-
11-methyl- 3449

–, 21-Acetoxy-11,17-dihydroxy-
16-methyl- 3449

C₂₄H₃₄O₇

Pregnan-3,20-dion, 21-Acetoxy-11-formyloxy-
17-hydroxy- 3391

Pregn-4-en-3,20-dion, 21-Acetoxy-
11,17-dihydroxy-9-methoxy- 3618

C₂₄H₃₄O₈

Pregnan-3,11,20-trion, 21-Acetoxy-
16-formyloxy-17-hydroxy- 3613

C₂₄H₃₄O₈S

Pregn-4-en-3,20-dion, 21-Acetoxy-
17-hydroxy-11-methansulfonyloxy- 3425

–, 21-Acetoxy-17-hydroxy-
15-methansulfonyloxy- 3433

Pregn-8(14)-en-3,20-dion, 21-Acetoxy-
17-hydroxy-11-methansulfonyloxy- 3437

C₂₄H₃₆O₅

19-Nor-pregn-5-en-11,20-dion,
3,16-Dihydroxy-9-hydroxymethyl-
4,4,14-trimethyl- 3452

C₂₄H₃₆O₆

D-Homo-pregnan-11,20-dion, 21-Acetoxy-
3,17a-dihydroxy- 3399

Pregnan-3,20-dion, 21-Acetoxy-
11,17-dihydroxy-6-methyl- 3400

–, 21-Acetoxy-11,17-dihydroxy-
16-methyl- 3401

Pregnan-11,20-dion, 3-Acetoxy-
9,17-dihydroxy-16-methyl- 3401

–, 21-Acetoxy-3,17-dihydroxy-
16-methyl- 3401

–, 3-Acetoxy-17-hydroxy-21-methoxy-
3397

Pregn-4-en-3-on, 21-Acetoxy-11,17,20-
trihydroxy-2-methyl- 3400

C₂₄H₃₆O₇

Pregnan-20-on, 21-Acetoxy-11-formyloxy-
3,17-dihydroxy- 3366

C₂₄H₃₆O₈S

D-Homo-androstan-11,17a-dion, 3-Acetoxy-
17-hydroxy-16-methansulfonyloxy-
17-methyl- 3384

C₂₄H₃₇N₃O₆

Pregnan-11,20-dion, 21-Acetoxy-
3,17-dihydroxy-, 20-semicarbazon 3397

C₂₄H₃₈N₆O₃S₂

Pregn-4-en-3,20-dion, 11,17,21-Trihydroxy-
6-methyl-, bis-thiosemicarbazon 3447

C₂₄H₃₈O₆

Pregnan-20-on, 21-Acetoxy-
3,11,17-trihydroxy-16-methyl- 3369

C₂₅

C₂₅H₁₂O₄

Benzo[*fg*]pentacen-3,10,15-trion, 8-Hydroxy-
3332

Benzo[*fg*]pentacen-8,10,15-trion, 3-Hydroxy-
3332

$C_{25}H_{18}O_4$

[2]Naphthol, 1,4-Dibenzoyl-3-methoxy- 3325

−, 1,5-Dibenzoyl-6-methoxy- 3325

$C_{25}H_{20}O_4$

Methan, Bis-[3-acetyl-4-hydroxy-[1]naphthyl]- 3322

−, Bis-[4-acetyl-1-hydroxy-[2]naphthyl]- 3322

$C_{25}H_{20}O_{12}$

Anthrachinon, 1,2,4,5,8-Pentaacetoxy- 7-methyl- 3732

−, 1,4,5,7-Tetraacetoxy-2-acetoxymethyl- 3733

$C_{25}H_{22}Cl_2O_8$

Methan, [3,4-Dichlor-phenyl]-bis- [2,3,4-trihydroxy-5-propionyl-phenyl]- 3754

$C_{25}H_{22}O_5$

Chalkon, 5′-Benzoyl-2′-hydroxy- 3,4-dimethoxy-3′-methyl- 3596

$C_{25}H_{22}O_6$

Chroman-4-on, 3-Benzoyl-2- [3,4,5-trimethoxy-phenyl]- 3704

−, 2-[4-Methoxy-phenyl]-3-veratroyl- 3704

−, 2-Phenyl-3-[3,4,5-trimethoxy- benzoyl]- 3704

Propan-1,3-dion, 2-Benzyliden-1-[2-hydroxy- phenyl]-3-[3,4,5-trimethoxy-phenyl]- 3704

−, 1-[3,4-Dimethoxy-phenyl]-3- [2-hydroxy-phenyl]-2-[4-methoxy- benzyliden]- 3704

−, 1-[2-Hydroxy-phenyl]-3-phenyl- 2-[3,4,5-trimethoxy-benzyliden]- 3704

$C_{25}H_{22}O_{10}$

Anthrachinon, 2,4,5-Triacetoxy-1-butyryl- 7-methoxy- 3735

$C_{25}H_{22}O_{11}$

Chalkon, 4,α,2′,4′,6′-Pentaacetoxy- 3670

−, 3,4,2′,3′,4′-Pentaacetoxy- 3664

−, 3,4,2′,4′,5′-Pentaacetoxy- 3665

$C_{25}H_{22}O_{12}$

Tetraacetyl-Derivat $C_{25}H_{22}O_{12}$ aus 1,2,4,5,6-Pentahydroxy-7-hydroxymethyl- anthrachinon 3751

$C_{25}H_{22}O_{13}$

Benzophenon, 2,3,4,2′,3′,4′-Hexaacetoxy- 3718

$C_{25}H_{23}BrO_5$

Benzophenon, 3-[3-Äthoxy-2-brom-3- (4-methoxy-phenyl)-propionyl]-4-hydroxy- 3593

$C_{25}H_{23}ClO_8$

Methan, [4-Chlor-phenyl]-bis- [2,3,4-trihydroxy-5-propionyl-phenyl]- 3753

$C_{25}H_{24}O_5$

Benzol, 2,4-Diacetyl-1,3-bis-benzyloxy- 5-methoxy- 3377

−, 2,4-Diacetyl-1,5-bis-benzyloxy- 3-methoxy- 3377

Chalkon, 4′-Benzyloxy-6′-hydroxy- 4,2′-dimethoxy-3′-methyl- 3560

−, 6′-Benzyloxy-2′-hydroxy- 4,4′-dimethoxy-3′-methyl- 3560

$C_{25}H_{24}O_6$

Chalkon, 3-Benzyloxy-2′-hydroxy- 4,4′,6′-trimethoxy- 3666

−, 4-Benzyloxy-2′-hydroxy- 3,4′,6′-trimethoxy- 3666

Chroman-4-on, 7-Benzyloxy-2-hydroxy- 5-methoxy-3-[4-methoxy-phenyl]-8-methyl- 3675

Cyclohexan-1,3-dion, 5,5′-Bis-[4-hydroxy- phenyl]-2,2′-methandiyl-bis- 3702

Propan-1,3-dion, 1-[2-Benzyloxy-phenyl]- 3-[2,3,6-trimethoxy-phenyl]- 3668

−, 1-[2-Benzyloxy-phenyl]-3- [2,4,6-trimethoxy-phenyl]- 3669

$C_{25}H_{24}O_7$

Benzaldehyd, 4-[2-(4-Benzyloxy-3-methoxy- phenyl)-1-hydroxymethyl-2-oxo-äthoxy]- 3-methoxy- 3353

$C_{25}H_{24}O_8$

Methan, Phenyl-bis-[2,3,4-trihydroxy- 5-propionyl-phenyl]- 3753

$C_{25}H_{24}O_9$

Chalkon, 4,2′,4′,6′-Tetraacetoxy- 3′,5′-dimethyl- 3563

$C_{25}H_{25}ClO_5$

Butan-1-on, 4-[5-Chlor-2-methoxy-phenyl]- 4-hydroxy-1,4-bis-[2-methoxy-phenyl]- 3590

$C_{25}H_{26}O_4$

Butan-1-on, 2-[4,4′-Dimethoxy-biphenyl-2-yl]- 1-[4-methoxy-phenyl]- 3303

$C_{25}H_{26}O_5$

Äthanon, 1-[1,2,7,10-Tetramethoxy-6-vinyl- 6,6a-dihydro-5H-benzo[a]fluoren-11-yl]- 3590

−, 1-[1,2,7,10-Tetramethoxy-11a-vinyl- 11,11a-dihydro-5H-benzo[a]fluoren-11-yl]- 3590

Cycloheptatrienon, 2,7-Diveratryl- 3590

$C_{25}H_{26}O_6$

Benzo[a]fluoren-5-on, 11-Acetyl-11a-äthyl- 1,2,7,10-tetramethoxy-11,11a-dihydro- 3700

Cycloheptan-1,2-dion, 3,7-Diveratryliden- 3700

$C_{25}H_{27}NO_5$

Äthanon, 1-[1,2,7,10-Tetramethoxy-11a-vinyl- 11,11a-dihydro-5H-benzo[a]fluoren-11-yl]-, oxim 3590

$C_{25}H_{28}BrF_3O_7$

Pregna-1,4-dien-3,20-dion, 21-Acetoxy- 9-brom-17-hydroxy-11-trifluoracetoxy- 3473

C$_{25}$H$_{28}$Br$_2$O$_7$
19-Nor-pregna-1,3,5(10)-trien-11,20-dion,
3,21-Diacetoxy-2,4-dibrom-17-hydroxy-
1-methyl- 3530

C$_{25}$H$_{28}$N$_2$O$_6$
Benzo[a]fluoren-5-on, 11a-Äthyl-11-
[1-hydroxyimino-äthyl]-1,2,7,10-
tetramethoxy-11,11a-dihydro-, oxim
3700

C$_{25}$H$_{28}$O$_5$
Äthanon, 1-[6-Äthyl-1,2,7,10-tetramethoxy-
6,6a-dihydro-5H-benzo[a]fluoren-11-yl]-
3587
−, 1-[11a-Äthyl-1,2,7,10-tetramethoxy-
11,11a-dihydro-5H-benzo[a]fluoren-11-yl]-
3587
Cycloheptanon, 2,7-Bis-[2,3-dimethoxy-
benzyliden]- 3587
−, 2,7-Diveratryliden- 3587
Cyclohexanon, 3-Methyl-2,6-diveratryliden-
3587

C$_{25}$H$_{28}$O$_7$
Benzo[a]fluoren-6-on, 11-Acetoxy-11a-äthyl-
1,2,7,10-tetramethoxy-5,6a,11,11a-
tetrahydro- 3694

C$_{25}$H$_{29}$BrO$_8$
Pregna-1,4-dien-3,11,20-trion,
7,21-Diacetoxy-6-brom-17-hydroxy- 3651

C$_{25}$H$_{29}$ClO$_6$
Pregna-1,4,6-trien-3,20-dion,
17,21-Diacetoxy-6-chlor- 3200

C$_{25}$H$_{29}$ClO$_8$
Pregna-1,4-dien-3,11,20-trion,
16,21-Diacetoxy-9-chlor-17-hydroxy-
3651

C$_{25}$H$_{29}$FO$_7$
Pregna-1,4-dien-3,11,20-trion,
17,21-Diacetoxy-6-fluor- 3533

C$_{25}$H$_{29}$FO$_8$
Pregna-1,4-dien-3,11,20-trion,
7,21-Diacetoxy-6-fluor-17-hydroxy- 3651
−, 16,21-Diacetoxy-9-fluor-17-hydroxy-
3651

C$_{25}$H$_{29}$NO$_5$
Äthanon, 1-[11a-Äthyl-1,2,7,10-tetramethoxy-
11,11a-dihydro-5H-benzo[a]fluoren-11-yl]-,
oxim 3587

C$_{25}$H$_{30}$O$_7$
19-Nor-pregna-1,3,5(10)-trien-11,20-dion,
2,21-Diacetoxy-17-hydroxy-1-methyl-
3530
19-Nor-pregna-1(10),3,9(11)-trien-2,20-dion,
11,21-Diacetoxy-17-hydroxy-5-methyl-
3530
Pregna-4,8-dien-3,11,20-trion,
17,21-Diacetoxy- 3536
Pregna-4,8(14)-dien-3,11,20-trion,
17,21-Diacetoxy- 3537
Pregna-1,4,9(11)-trien-3,20-dion,
16,21-Diacetoxy-17-hydroxy- 3531

C$_{25}$H$_{30}$O$_8$
Maleinsäure-mono-[17-hydroxy-
3,11,20-trioxo-pregn-4-en-21-ylester]
3483
Pregna-1,4-dien-3,11,20-trion,
7,21-Diacetoxy-17-hydroxy-
3650
−, 16,21-Diacetoxy-17-hydroxy- 3651

C$_{25}$H$_{31}$BrO$_7$
Pregna-1,4-dien-3,20-dion, 11,21-Diacetoxy-
9-brom-17-hydroxy- 3473

C$_{25}$H$_{31}$BrO$_8$
Bernsteinsäure-mono-[16-brom-17-hydroxy-
3,11,20-trioxo-pregn-4-en-21-ylester]
3489
Pregna-1,4-dien-3,20-dion, 16,21-Diacetoxy-
9-brom-11,17-dihydroxy- 3631
Pregn-4-en-3,11,20-trion, 16,21-Diacetoxy-
12-brom-17-hydroxy- 3635

C$_{25}$H$_{31}$ClO$_7$
Pregna-1,4-dien-3,20-dion, 11,21-Diacetoxy-
9-chlor-17-hydroxy- 3472

C$_{25}$H$_{31}$ClO$_8$
Pregna-1,4-dien-3,20-dion, 16,21-Diacetoxy-
9-chlor-11,17-dihydroxy- 3630
Pregn-4-en-3,11,20-trion, 16,21-Diacetoxy-
9-chlor-17-hydroxy- 3635

C$_{25}$H$_{31}$FO$_7$
Pregn-4-en-3,11,20-trion, 17,21-Diacetoxy-
6-fluor- 3487

C$_{25}$H$_{31}$FO$_8$
Pregna-1,4-dien-3,20-dion, 16,21-Diacetoxy-
9-fluor-11,17-dihydroxy- 3630
Pregn-4-en-3,11,20-trion, 16,21-Diacetoxy-
9-fluor-17-hydroxy- 3635

C$_{25}$H$_{31}$F$_3$O$_7$
Pregnan-3,11,20-trion, 21-Acetoxy-
17-trifluoracetoxy- 3440

C$_{25}$H$_{31}$NO$_6$
Heptan-1,7-dion, 4-Nitro-1,7-bis-[4-propoxy-
phenyl]- 3250

C$_{25}$H$_{31}$NO$_9$
Pregn-4-en-3,11,20-trion, 17,21-Diacetoxy-
6-nitro- 3490

C$_{25}$H$_{32}$Br$_2$O$_7$
Pregnan-3,11,20-trion, 17,21-Diacetoxy-
2,2-dibrom- 3443
−, 17,21-Diacetoxy-2,4-dibrom-
3443

C$_{25}$H$_{32}$O$_4$
Pentan-1,5-dion, 1,5-Bis-[4-butoxy-phenyl]-
3245

C$_{25}$H$_{32}$O$_5$
Cyclohexan-1,3-dion, 5,5,5′,5′-Tetramethyl-
2,2′-[4-methoxy-phenäthyliden]-bis-
3566

C$_{25}$H$_{32}$O$_6$
Nonan-1,9-dion, 1,9-Bis-[3,4-dimethoxy-
phenyl]- 3681
Pregna-1,4-dien-3,11,20-trion, 21-Acetoxy-
17-hydroxy-16,16-dimethyl- 3540

C$_{25}$H$_{34}$O$_7$ (Fortsetzung)

Pregn-4-en-3,20-dion, 15,21-Diacetoxy-17-hydroxy- 3432

—, 16,21-Diacetoxy-17-hydroxy- 3434

—, 19,21-Diacetoxy-14-hydroxy- 3432

—, 19,21-Diacetoxy-17-hydroxy- 3434

Pregn-5-en-11,20-dion, 3,21-Diacetoxy-17-hydroxy- 3435

—, 17,21-Diacetoxy-3-hydroxy- 3435

Pregn-5-en-15,20-dion, 3,21-Diacetoxy-14-hydroxy- 3436

Pregn-9(11)-en-3,20-dion, 16,21-Diacetoxy-17-hydroxy- 3437

C$_{25}$H$_{34}$O$_7$S

Pregn-4-en-3,20-dion, 21-Acetoxy-1-acetylmercapto-11,17-dihydroxy- 3617

—, 21-Acetoxy-7-acetylmercapto-11,17-dihydroxy- 3618

C$_{25}$H$_{34}$O$_8$

Pregnan-3,11,20-trion, 2,21-Diacetoxy-17-hydroxy- 3622

—, 16,21-Diacetoxy-17-hydroxy- 3622

—, 21,21-Diacetoxy-17-hydroxy- 3495

Pregn-4-en-3,20-dion, 2,21-Diacetoxy-11,17-dihydroxy- 3617

—, 6,21-Diacetoxy-11,17-dihydroxy- 3617

—, 7,21-Diacetoxy-14,17-dihydroxy- 3618

—, 16,21-Diacetoxy-11,17-dihydroxy- 3620

C$_{25}$H$_{34}$O$_8$S$_2$

Pregn-5-en-11,20-dion, 3,3-Bis-carboxymethylmercapto-17,21-dihydroxy- 3494

C$_{25}$H$_{34}$O$_9$

Pregnan-3,11,20-trion, 4,21-Diacetoxy-5,17-dihydroxy- 3712

—, 6,21-Diacetoxy-5,17-dihydroxy- 3713

Pregn-4-en-3,20-dion, 16,21-Diacetoxy-9,11,17-trihydroxy- 3712

C$_{25}$H$_{35}$BrO$_7$

Pregnan-3,20-dion, 11,21-Diacetoxy-4-brom-17-hydroxy- 3392

—, 12,21-Diacetoxy-4-brom-17-hydroxy- 3393

Pregnan-11,20-dion, 3,21-Diacetoxy-16-brom-17-hydroxy- 3398

C$_{25}$H$_{35}$FO$_7$

Pregnan-3,20-dion, 17,21-Diacetoxy-6-fluor-5-hydroxy- 3389

C$_{25}$H$_{35}$N$_3$O$_6$

Pregn-4-en-3,11,20-trion, 21-Acetoxy-17-hydroxy-16-methyl-, 3-semicarbazon 3502

C$_{25}$H$_{36}$N$_2$O$_6$

Pregnan-20-on, 3,19-Diacetoxy-21-diazo-5-hydroxy- 3399

Pregn-4-en-3,11,20-trion, 21-Acetoxy-17-hydroxy-, 3,20-bis-[O-methyl-oxim] 3485

C$_{25}$H$_{36}$N$_6$O$_6$

Pregna-1,4-dien-3,20-dion, 21-Acetoxy-11,17-dihydroxy-, disemicarbazon 3470

Pregn-4-en-3,11,20-trion, 21-Acetoxy-17-hydroxy-, 3,20-disemicarbazon 3486

C$_{25}$H$_{36}$O$_6$

Pregnan-3,11,20-trion, 21-Acetoxy-17-hydroxy-16,16-dimethyl- 3451

Pregn-2-en-11,20-dion, 21-Acetoxy-3-äthoxy-17-hydroxy- 3414

Pregn-4-en-3,20-dion, 21-Acetoxy-2-äthyl-11,17-dihydroxy- 3451

Pregn-4-en-3,11,20-trion, 21,21-Diäthoxy-17-hydroxy- 3537

C$_{25}$H$_{36}$O$_7$

D-Homo-androstan-11,17-dion, 3-Acetoxy-17a-acetoxymethyl-17a-hydroxy- 3383

—, 3,16-Diacetoxy-17a-hydroxy-17a-methyl- 3383

D-Homo-androstan-11,17a-dion, 3-Acetoxy-17-acetoxymethyl-17-hydroxy- 3384

—, 3,16-Diacetoxy-17-hydroxy-17-methyl- 3384

Pregnan-3,20-dion, 4,21-Diacetoxy-5-hydroxy- 3388

—, 6,21-Diacetoxy-5-hydroxy- 3388

—, 11,21-Diacetoxy-17-hydroxy- 3391

—, 12,21-Diacetoxy-17-hydroxy- 3393

Pregnan-7,20-dion, 3,11-Diacetoxy-17-hydroxy- 3394

Pregnan-11,20-dion, 3,16-Diacetoxy-17-hydroxy- 3395

—, 3,21-Diacetoxy-14-hydroxy- 3394

—, 3,21-Diacetoxy-17-hydroxy- 3397

Pregnan-12,20-dion, 3,21-Diacetoxy-17-hydroxy- 3398

Pregn-4-en-3,20-dion, 21-Acetoxy-9-äthoxy-11,17-dihydroxy- 3619

Pregn-4-en-3-on, 20,21-Diacetoxy-11,17-dihydroxy- 3385

Pregn-5-en-20-on, 3,12-Diacetoxy-8,14-dihydroxy- 3386

—, 3,21-Diacetoxy-16,17-dihydroxy- 3387

C$_{25}$H$_{36}$O$_8$

Pregnan-3,20-dion, 4,21-Diacetoxy-5,17-dihydroxy- 3611

—, 6,21-Diacetoxy-5,17-dihydroxy- 3611

C$_{25}$H$_{37}$FO$_7$

Pregnan-20-on, 17,21-Diacetoxy-6-fluor-3,5-dihydroxy- 3364

C$_{25}$H$_{37}$NO$_7$

Pregnan-11,20-dion, 3,21-Diacetoxy-17-hydroxy-, 20-oxim 3397

C$_{25}$H$_{38}$N$_6$O$_6$

Pregnan-3,11,20-trion, 21-Acetoxy-17-hydroxy-, 3,20-disemicarbazon 3439

C$_{25}$H$_{38}$O$_6$

Pregnan-11,20-dion, 21-Acetoxy-3,17-dihydroxy-16,16-dimethyl- 3402

$C_{25}H_{38}O_7$

Azulen-5-on, 4,8-Bis-angeloyloxy-
1,6-dihydroxy-1-isopropyl-3a,6-dimethyl-
octahydro- 3341

Pregnan-11,20-dion, 21-Acetoxy-17-hydroxy-
3,3-dimethoxy- 3440

Pregnan-3-on, 20,21-Diacetoxy-
11,17-dihydroxy- 3362

Pregnan-20-on, 3,6-Diacetoxy-
5,17-dihydroxy- 3363

–, 3,12-Diacetoxy-14,21-dihydroxy-
3367

–, 3,19-Diacetoxy-14,21-dihydroxy-
3369

–, 3,21-Diacetoxy-11,17-dihydroxy-
3366

–, 11,21-Diacetoxy-3,17-dihydroxy-
3367

–, 12,21-Diacetoxy-3,17-dihydroxy-
3368

$C_{25}H_{38}O_8$

Pregnan-20-on, 6,21-Diacetoxy-
3,5,17-trihydroxy- 3608

$C_{25}H_{40}N_6O_6$

Pregnan-3,20-dion, 21-Acetoxy-
11,17-dihydroxy-, disemicarbazon 3390

$C_{25}H_{42}O_7$

Azulen-5-on, 1,6-Dihydroxy-1-isopropyl-
3a,6-dimethyl-4,8-bis-[2-methyl-
butyryloxy]-octahydro- 3340

C_{26}

$C_{26}H_{14}O_5$

[2,2']Bi[cyclopenta[a]naphthalinyl]-1,3,1',3'-
tetraon, 2-Hydroxy- 3600

$C_{26}H_{14}O_6$

Dibenzo[def,mno]chrysen-6,12-dion,
3,9-Diacetoxy- 3326

$C_{26}H_{16}Br_2O_6S$

Benzophenon, 5,5''-Dibrom-2,4,2'',4''-
tetrahydroxy-3,3''-sulfandiyl-di- 3161

–, 5,5''-Dibrom-4,6,4'',6''-tetrahydroxy-
3,3''-sulfandiyl-di- 3162

$C_{26}H_{16}O_2S_2$

Anthrachinon, 1,4-Bis-phenylmercapto-
3264

$C_{26}H_{16}O_3S_2$

Anthrachinon, 1-Benzolsulfinyl-
4-phenylmercapto- 3264

$C_{26}H_{16}O_4S_2$

Anthrachinon, 1,4-Bis-benzolsulfinyl- 3265

$C_{26}H_{16}O_6$

Dibenz[a,h]anthracen-7,14-dion,
3,10-Diacetoxy- 3324

–, 5,12-Diacetoxy- 3324

$C_{26}H_{16}O_6S_2$

Anthrachinon, 1,4-Bis-benzolsulfonyl- 3265

$C_{26}H_{18}O_6$

[1,1']Bicyclohexa-1,4-dienyl-3,6,3',6'-tetraon,
4,4'-Bis-benzyloxy- 3655

Naphthalin-1-on, 3,3'-Diacetoxy-4H,4'H-
4,4'-äthandiyliden-bis- 3321

$C_{26}H_{18}O_6S$

Benzophenon, 2,4,2'',4''-Tetrahydroxy-
3,3''-sulfandiyl-di- 3161

–, 4,6,4'',6''-Tetrahydroxy-
3,3''-sulfandiyl-di- 3162

$C_{26}H_{18}O_{10}$

Naphthacen-5,12-dion, 1,4,6,11-Tetraacetoxy-
3701

$C_{26}H_{20}O_4$

Naphthalin, 1,8-Bis-[4-methoxy-benzoyl]-
3325

–, 1,4-Dibenzoyl-2,3-dimethoxy- 3325

–, 1,5-Dibenzoyl-2,6-dimethoxy- 3325

$C_{26}H_{20}O_8$

Benzol, 1,3,4-Triacetoxy-2,5-dibenzoyl- 3592

Naphthacen-5,12-dion, 1,4,6-Triacetoxy-
9-äthyl- 3592

$C_{26}H_{20}O_{10}$

[1,4]Benzochinon, 2,5-Diacetoxy-3,6-bis-
[4-acetoxy-phenyl]- 3699

$C_{26}H_{22}O_4$

Benzo[de]isochromen-1-ol, 1,3-Bis-
[4-methoxy-phenyl]-1H,3H- 3321

$C_{26}H_{22}O_6$

Benzol, 1,4-Bis-[3-(4-methoxy-phenyl)-3-oxo-
propionyl]- 3706

$C_{26}H_{22}O_8$

Benzol, 1,4-Diacetoxy-2,5-bis-[4-methoxy-
benzoyl]- 3702

$C_{26}H_{24}Br_2O_5$

Propan-1-on, 1-[2-Acetoxy-4-methyl-phenyl]-
3-[4-benzyloxy-3-methoxy-phenyl]-
2,3-dibrom- 3193

$C_{26}H_{24}Br_2O_6$

Propan-1-on, 1-[2-Acetoxy-4-methoxy-
phenyl]-3-[4-benzyloxy-3-methoxy-phenyl]-
2,3-dibrom- 3518

$C_{26}H_{24}O_5$

Chalkon, 2'-Acetoxy-4-benzyloxy-3-methoxy-
4'-methyl- 3242

–, 2'-Acetoxy-4-benzyloxy-3-methoxy-
5'-methyl- 3241

6a,11-Propeno-benzo[a]fluoren-12-on,
1,2,7,10-Tetramethoxy-11a-vinyl-11,11a-
dihydro- 3596

$C_{26}H_{24}O_6$

Chalkon, 2'-Acetoxy-4-benzyloxy-
3,4'-dimethoxy- 3548

$C_{26}H_{24}O_8$

Cyclohexa-2,5-dienon, 4-[4,4'-Diacetoxy-
3,3'-dimethoxy-benzhydryliden]-
2-methoxy- 3700

$C_{26}H_{25}ClO_5$

Anthracen-1-on, 3-Benzyloxyacetyl-5-chlor-
8,9-dimethoxy-10-methyl-3,4-dihydro-2H-
3563

C₂₆H₃₄O₇ (Fortsetzung)

Pregna-4,9(11)-dien-3,20-dion,
16,21-Diacetoxy-17-hydroxy-2-methyl-
3497

Pregna-1,4-dien-3,11,20-trion,
2,17-Dihydroxy-21-pivaloyloxy- 3652

C₂₆H₃₄O₈

Decan-1,10-dion, 1,10-Bis-[2-hydroxy-
3,4-dimethoxy-phenyl]- 3746

Pregna-1,4-dien-3,20-dion, 16,21-Diacetoxy-
11,17-dihydroxy-2-methyl- 3636

Pregn-5-en-11,20-dion, 17,21-Diacetoxy-
3-formyloxy- 3435

Pregn-4-en-3,11,20-trion, 16,21-Diacetoxy-
17-hydroxy-2-methyl- 3636

[C₂₆H₃₆N₂O₄]²⁺

Anthrachinon, 1,4-Bis-[β-trimethylammonio-
isopropoxy]- 3262

−, 1,8-Bis-[β-trimethylammonio-
isopropoxy]- 3272

[C₂₆H₃₆N₂O₄]²⁺

Anthrachinon, 1,4-Bis-[3-trimethylammonio-
propoxy]- 3262

C₂₆H₃₆N₂O₇

Carbazidsäure, [21-Acetoxy-17-hydroxy-
11,20-dioxo-pregn-4-en-3-yliden]-,
äthylester 3485

C₂₆H₃₆O₆

Pregna-1,4-dien-3,20-dion, 11,17-Dihydroxy-
21-pivaloyloxy- 3469

Pregn-4-en-3,11,20-trion, 17-Hydroxy-
21-pivaloyloxy- 3482

C₂₆H₃₆O₇

Pregn-4-en-3,11-dion, 20,21-Diacetoxy-
17-hydroxy-2-methyl- 3446

Pregn-5-en-12,20-dion, 2,3-Diacetoxy-
16-methoxy- 3436

Pregn-4-en-3,11,20-trion, 2,17-Dihydroxy-
21-pivaloyloxy- 3632

C₂₆H₃₆O₈

Pregn-4-en-3,20-dion, 16,21-Diacetoxy-
11,17-dihydroxy-2-methyl- 3623

C₂₆H₃₆O₉

Pregn-4-en-3,20-dion, 16,21-Diacetoxy-
11,17-dihydroxy-9-methoxy- 3712

C₂₆H₃₇FO₇

Pregn-4-en-3-on, 20,21-Diacetoxy-9-fluor-
11,17-dihydroxy-2-methyl- 3400

C₂₆H₃₈O₇

Androstan-11,12-dion, 3,17-Diacetoxy-
9-hydroxy-4,4,14-trimethyl- 3402

D-Homo-androstan-11,17a-dion, 3-Acetoxy-
17-acetoxymethyl-17-hydroxy-16-methyl-
3399

D-Homo-pregnan-11,20-dion,
3,21-Diacetoxy-17a-hydroxy- 3399

Pregnan-3,20-dion, 11,21-Diacetoxy-
17-hydroxy-16-methyl- 3401

Pregnan-11,20-dion, 3,12-Diacetoxy-
16-methoxy- 3394

Pregn-4-en-3-on, 20,21-Diacetoxy-
11,17-dihydroxy-2-methyl- 3400

C₂₆H₃₉N₃O₇

Pregnan-11,20-dion, 3,21-Diacetoxy-
17-hydroxy-, 20-semicarbazon 3398

C₂₇

C₂₇H₁₈Cl₂O₄

Benzophenon, 5,5″-Dichlor-2,2″-dihydroxy-
3,3″-methandiyl-di- 3327

C₂₇H₁₈O₅

Resorcin, 2,4,6-Tribenzoyl- 3600

C₂₇H₁₈O₉

Benzo[*def*]chrysen-6,12-dion,
2,5,10-Triacetoxy-4-methoxy- 3705

C₂₇H₂₀O₅

Naphthalin, 2-Acetoxy-1,4-dibenzoyl-
3-methoxy- 3325

−, 2-Acetoxy-1,5-dibenzoyl-6-methoxy-
3325

C₂₇H₂₀O₈

Benzophenon, 4,5,6,4″,5″,6″-Hexahydroxy-
3,3″-methandiyl-di- 3757

C₂₇H₂₁BrO₄

Propenon, 3-[4-Benzyloxy-3-methoxy-phenyl]-
1-[4-brom-1-hydroxy-[2]naphthyl]- 3300

C₂₇H₂₂Br₂O₄

Propan-1-on, 3-[4-Benzyloxy-3-methoxy-
phenyl]-2,3-dibrom-1-[1-hydroxy-
[2]naphthyl]- 3293

C₂₇H₂₂O₄

Propenon, 3-[4-Benzyloxy-3-methoxy-phenyl]-
1-[1-hydroxy-[2]naphthyl]- 3300

C₂₇H₂₂O₁₄

Anthrachinon, 1,2,4,5,6-Pentaacetoxy-
7-acetoxymethyl- 3751

C₂₇H₂₃BrO₇

Benzophenon, 4-Acetoxy-3-[3-acetoxy-
2-brom-3-(4-methoxy-phenyl)-propionyl]-
3593

C₂₇H₂₄N₂O₉

Chalkon, 4-[2,4-Dinitro-phenoxy]-
2′,4′-dihydroxy-6′-methoxy-3′-[3-methyl-
but-2-enyl]- 3583

C₂₇H₂₄O₄

Cyclohexanon, 2,4-Dibenzoyl-5-hydroxy-
5-methyl-3-phenyl- 3322

Methan, Bis-[4-hydroxy-3-propionyl-
[1]naphthyl]- 3322

C₂₇H₂₄O₆

Phenol, 3-Methoxy-2,6-bis-[4-methoxy-
cinnamoyl]- 3705

−, 5-Methoxy-2,4-bis-[4-methoxy-
cinnamoyl]- 3706

C₂₇H₂₆N₂O₄

Methan, Bis-[4-hydroxy-3-(1-hydroxyimino-
propyl)-[1]naphthyl]- 3322

C₂₇H₂₆O₄

Tropolon, 6-Isopropyl-3-[3-oxo-1-phenacyl-3-phenyl-propyl]- 3318

C₂₇H₂₆O₇

Pentan-1-on, 1-Phenyl-5-[1,3,4-triacetoxy-[2]naphthyl]- 3294

C₂₇H₂₆O₉

Propan-1,3-dion, 1-[3,4-Dimethoxy-phenyl]-3-[2-hydroxy-4-methoxy-phenyl]-2-veratroyl- 3762

C₂₇H₂₈O₇

Tribenzo[a,d,g]cyclononen-5-on, 2,3,7,8,12,=13-Hexamethoxy-10,15-dihydro- 3736

C₂₇H₂₈O₁₀

Methan, Bis-[2,4-diacetoxy-5-acetyl-3-methyl-phenyl]- 3680

—, Bis-[2,6-diacetoxy-3-acetyl-5-methyl-phenyl]- 3680

—, [2,4-Diacetoxy-5-acetyl-3-methyl-phenyl]-[2,6-diacetoxy-3-acetyl-5-methyl-phenyl]- 3680

C₂₇H₃₃BrO₈

Pregna-1,4-dien-3,20-dion, 11,17,21-Triacetoxy-9-brom- 3473

C₂₇H₃₃FO₈

Pregna-1,4-dien-3,20-dion, 11,17,21-Triacetoxy-9-fluor- 3471

C₂₇H₃₄O₆

Pregnan-3,11,20-trion, 5,17,21-Trihydroxy-6-phenyl- 3695

C₂₇H₃₄O₈

Äthan, 2-[2,6-Dihydroxy-3-methoxyacetyl-phenyl]-1,1-bis-[4,4-dimethyl-2,6-dioxo-cyclohexyl]- 3378

Pregna-3,5-dien-11,20-dion, 3,17,21-Triacetoxy- 3475

—, 3,21,21-Triacetoxy- 3203

C₂₇H₃₄O₈S₂

Pregn-4-en-3,11,20-trion, 21-Acetoxy-1,7-bis-acetylmercapto-17-hydroxy- 3715

C₂₇H₃₄O₉

Pregn-4-en-3,11,20-trion, 2,17,21-Triacetoxy-3632

Mono-acetyl-Derivat C₂₇H₃₄O₉ aus 2-Butyryl-6-[3-butyryl-2,6-dihydroxy-4-methoxy-5-methyl-benzyl]-3,5-dihydroxy-4,4-dimethyl-cyclohexa-2,5-dienon 3749

C₂₇H₃₅BrO₈

Pregn-16-en-11,20-dion, 3,15,21-Triacetoxy-12-brom- 3437

C₂₇H₃₆O₄

Pentan-1,5-dion, 1,5-Bis-[4-pentyloxy-phenyl]-3245

Pregnan-3,20-dion, 5,17-Dihydroxy-6-phenyl-3255

C₂₇H₃₆O₅

[1,4]Naphthochinon, 2-[9-(4-Acetoxy-cyclohexyl)-nonyl]-3-hydroxy- 3207

C₂₇H₃₆O₆

Phloroglucin, 2,4,6-Tris-cyclohexancarbonyl-3682

C₂₇H₃₆O₇S

Pregn-4-en-3,11,20-trion, 17-Hydroxy-1-propionylmercapto-21-propionyloxy-3631

C₂₇H₃₆O₈

Methan, Bis-[4-hydroxy-3-isobutyryl-2,6-dimethoxy-5-methyl-phenyl]- 3748

—, Bis-[2,4,6-trihydroxy-3-methyl-5-(4-methyl-valeryl)-phenyl]- 3749

Pregna-3,5-dien-20-on, 3,16,21-Triacetoxy-17-hydroxy- 3414

Pregn-2-en-11,20-dion, 3,17,21-Triacetoxy-3414

Pregn-3-en-11,20-dion, 3,17,21-Triacetoxy-3415

Pregn-4-en-3,20-dion, 2,17,21-Triacetoxy-3417

Pregn-5-en-7,20-dion, 3,17,21-Triacetoxy-3435

C₂₇H₃₇BrO₆

Pregna-1,4-dien-3,20-dion, 11-[2-Äthyl-butyryloxy]-9-brom-17,21-dihydroxy-3473

C₂₇H₃₈O₇

Pregn-5-en-12,20-dion, 2,3-Diacetoxy-16-äthoxy- 3436

C₂₇H₃₈O₈

Pregnan-11,20-dion, 3,17,21-Triacetoxy-3398

Pregn-4-en-3-on, 11,20,21-Triacetoxy-17-hydroxy- 3386

Pregn-5-en-20-on, 1,3,21-Triacetoxy-17-hydroxy- 3386

—, 3,16,21-Triacetoxy-17-hydroxy-3387

C₂₇H₃₈O₉

Pregn-4-en-3,20-dion, 16,21-Diacetoxy-9-äthoxy-11,17-dihydroxy- 3712

C₂₇H₃₈O₁₀

erythro-1,2-Didesoxy-pentit, Tri-O-acetyl-1,1-bis-[4,4-dimethyl-2,6-dioxo-cyclohexyl]- 3711

C₂₇H₃₉BrO₈

Pregnan-20-on, 3,12,21-Triacetoxy-16-brom-17-hydroxy- 3368

C₂₇H₃₉FO₆

Pregn-4-en-3,20-dion, 21-[3,3-Dimethyl-butyryloxy]-9-fluor-11,17-dihydroxy-3427

C₂₇H₃₉FO₇

Pregn-4-en-3,20-dion, 21-[3,3-Dimethyl-butyryloxy]-9-fluor-11,16,17-trihydroxy-3621

C₂₇H₃₉NO₈

Pregnan-11,20-dion, 3,21-Diacetoxy-17-hydroxy-, 20-[O-acetyl-oxim] 3397

$C_{27}H_{40}O_6$

Pregn-4-en-3,20-dion, 21-[3,3-Dimethyl-
butyryloxy]-11,17-dihydroxy- 3425

$C_{27}H_{40}O_8$

Pregnan-11-on, 3,20,21-Triacetoxy-
17-hydroxy- 3362

Pregnan-20-on, 3,6,17-Triacetoxy-5-hydroxy-
3363

−, 3,6,21-Triacetoxy-5-hydroxy- 3364

−, 3,11,21-Triacetoxy-14-hydroxy-
3364

−, 3,11,21-Triacetoxy-17-hydroxy-
3367

−, 3,12,21-Triacetoxy-17-hydroxy-
3368

$C_{27}H_{40}O_9$

Pregnan-20-on, 3,6,21-Triacetoxy-
5,17-dihydroxy- 3608

−, 3,19,21-Triacetoxy-5,14-dihydroxy-
3609

$C_{27}H_{44}O_5$

Furost-5-en-3,17,20,26-tetraol 3403

Furost-5-en-3,17,22,26-tetraol 3403

$C_{27}H_{44}O_6$

Cholest-7-en-6-on, 2,3,14,22,25-Pentahydroxy-
3613

$C_{27}H_{46}O_5$

Furostan-3,17,20,26-tetraol 3370

Furostan-3,17,22,26-tetraol 3370

C_{28}

$C_{28}H_{12}O_4$

Phenanthro[1,10,9,8-*opqra*]perylen-7,14-dion,
1,6-Dihydroxy- 3336

−, 3,4-Dihydroxy- 3336

$C_{28}H_{12}O_6$

Phenanthro[1,10,9,8-*opqra*]perylen-7,14-dion,
1,2,5,6-Tetrahydroxy- 3709

−, 1,6,8,13-Tetrahydroxy- 3710

$C_{28}H_{14}O_4$

Dibenzo[*a,o*]perylen-7,16-dion,
1,6-Dihydroxy- 3334

−, 3,4-Dihydroxy- 3334

$C_{28}H_{14}O_6$

[1,1']Bianthryl-9,10,9',10'-tetraon,
2,2'-Dihydroxy- 3707

−, 4,4'-Dihydroxy- 3708

Dibenzo[*a,o*]perylen-7,16-dion, 1,2,5,6-
Tetrahydroxy- 3708

−, 1,6,8,15-Tetrahydroxy- 3708

$C_{28}H_{14}O_8$

[1,1']Bianthryl-9,10,9',10'-tetraon, 4,5,4',5'-
Tetrahydroxy- 3759

$C_{28}H_{18}N_4O_{12}$

Biphenyl, 2,2'-Bis-[4-methoxy-benzoyl]-
4,6,4',6'-tetranitro- 3327

$C_{28}H_{18}O_6$

[1,3']Bicyclohepta-1,3,5-trienyl-7,7'-dion,
6,6'-Bis-benzoyloxy- 3211

[2,3']Bicyclohepta-1,3,5-trienyl-7,7'-dion,
1,6'-Bis-benzoyloxy- 3211

$C_{28}H_{20}B_2O_{12}$

Perylen-3,10-dion, 4,9-Bis-diacetoxyboryloxy-
3320

$C_{28}H_{20}N_2O_8$

Biphenyl, 2,2'-Bis-[4-methoxy-benzoyl]-
6,6'-dinitro- 3327

$C_{28}H_{20}O_2S_2$

Anthrachinon, 1,4-Bis-benzylmercapto-
3265

$C_{28}H_{20}O_3S_2$

Anthrachinon, 1-Benzylmercapto-
4-phenylmethansulfinyl- 3265

$C_{28}H_{20}O_4$

Anthrachinon, 1,4-Bis-benzyloxy- 3262

$C_{28}H_{20}O_4S_2$

Anthrachinon, 1,4-Bis-phenylmethansulfinyl-
3265

$C_{28}H_{20}O_6$

Naphthalin, 2,3-Diacetoxy-1,4-dibenzoyl-
3325

$C_{28}H_{20}O_6S_2$

Anthrachinon, 1,4-Bis-phenylmethansulfonyl-
3265

$C_{28}H_{20}O_8$

Dibenzo[*c,mn*]naphtho[2,3-*g*]xanthen-
6,13,18-trion, 1,7,8,17-Tetrahydroxy-
2,3,3a,3b,4,5-hexahydro- 3219

$C_{28}H_{22}O_6S$

Benzophenon, 2,2''-Dihydroxy-
4,4''-dimethoxy-3,3''-sulfandiyl-di- 3161

−, 6,6''-Dihydroxy-4,4''-dimethoxy-
3,3'''-sulfandiyl-di- 3162

$C_{28}H_{24}O_2S_3$

Tropolon, 3,5,7-Tris-*p*-tolylmercapto- 3343

$C_{28}H_{24}O_{10}$

Benzol, 1,3,4-Triacetoxy-2,5-bis-[4-methoxy-
benzoyl]- 3736

$C_{28}H_{26}O_4$

Cyclopent-3-enon, 2-[4-Methoxy-benzyliden]-
3,4-bis-[4-methoxy-phenyl]-5-methyl-
3322

$C_{28}H_{26}O_6$

Benzol, 1,4-Diacetoxy-2,5-bis-[2,5-dimethyl-
benzoyl]- 3311

−, 1,4-Diacetoxy-2,5-bis-[2,6-dimethyl-
benzoyl]- 3312

−, 1,4-Diacetoxy-2,5-bis-[3,5-dimethyl-
benzoyl]- 3312

$C_{28}H_{28}N_2O_{10}$

3,5-Dinitro-benzoyl-Derivat $C_{28}H_{28}N_2O_{10}$
aus 1-[2,4-Dihydroxy-3-isopentyl-
6-methoxy-phenyl]-3-[4-hydroxy-phenyl]-
propan-1-on 3529

$C_{28}H_{28}O_4$

Anthrachinon, 2,6-Bis-[4-methoxy-phenyl]-
1,4,4a,5,8,8a,9a,10a-octahydro- 3318

$C_{29}H_{24}O_5$
Propenon, 1-[1-Acetoxy-[2]naphthyl]-3-
[4-benzyloxy-3-methoxy-phenyl]- 3300

$C_{29}H_{24}O_6$
Benzophenon, 2,4,2'',4''-Tetrahydroxy-
5,5''-dimethyl-3,3''-methandiyl-di- 3707
−, 2,4,4'',6''-Tetrahydroxy-
5,5''-dimethyl-3,3''-methandiyl-di- 3707
−, 4,6,4'',6''-Tetrahydroxy-
5,5''-dimethyl-3,3''-methandiyl-di- 3707
Methan, Bis-[1-acetoxy-4-acetyl-[2]naphthyl]-
3322
−, Bis-[4-acetoxy-3-acetyl-[1]naphthyl]-
3322

$C_{29}H_{24}O_8$
Benzophenon, 2,4,6,2'',4'',6''-Hexahydroxy-
5,5''-dimethyl-3,3''-methandiyl-di- 3757
Desoxybenzoin, 2,4,6,2'',4'',6''-Hexahydroxy-
3,3''-methandiyl-bis- 3757

$C_{29}H_{26}O_5$
Benzophenon, 4,4'-Bis-benzyloxy-
3,3'-dimethoxy- 3509

$C_{29}H_{26}O_7$
Hepta-1,6-dien-3,5-dion, 1,7-Bis-[4-hydroxy-
3-methoxy-phenyl]-4-[4-methoxy-
benzyliden]- 3738

$C_{29}H_{26}O_8$
Hepta-1,6-dien-3,5-dion, 1,7-Bis-[4-hydroxy-
3-methoxy-phenyl]-4-vanillyliden- 3757

$C_{29}H_{28}O_4$
Methan, Bis-[3-butyryl-4-hydroxy-
[1]naphthyl]- 3322

$C_{29}H_{28}O_5$
Butan-1-on, 4-Hydroxy-4-[2-methoxy-
[1]naphthyl]-1,4-bis-[2-methoxy-phenyl]-
3598

$C_{29}H_{31}ClO_7$
Pregna-1,4-dien-3,11,20-trion, 21-[(4-Chlor-
phenoxy)-acetoxy]-17-hydroxy- 3533

$C_{29}H_{32}O_7$
Pregna-1,4-dien-3,11,20-trion, 17-Hydroxy-
21-phenoxyacetoxy- 3533

$C_{29}H_{32}O_{12}$
Methan, Bis-[2,4-diacetoxy-3-acetyl-
6-methoxy-5-methyl-phenyl]- 3746

$C_{29}H_{33}ClO_7$
Pregna-1,4-dien-3,20-dion, 21-[(4-Chlor-
phenoxy)-acetoxy]-11,17-dihydroxy- 3469

$C_{29}H_{34}O_7$
Pregna-1,4-dien-3,20-dion, 11,17-Dihydroxy-
21-phenoxyacetoxy- 3469
Pregn-4-en-3,11,20-trion, 17-Hydroxy-
21-phenoxyacetoxy- 3483

$C_{29}H_{34}O_8$
Butan-1-on, 1,4,4-Tris-[2,5-dimethoxy-
phenyl]-4-hydroxy-2-methyl- 3752

$C_{29}H_{36}O_7$
Pregnan-3,11,20-trion, 21-Acetoxy-
5,17-dihydroxy-6-phenyl- 3695

$C_{29}H_{39}BrO_7$
Pregna-1,4-dien-3,20-dion, 21-Acetoxy-11-
[2-äthyl-butyryloxy]-9-brom-17-hydroxy-
3473

$C_{29}H_{39}N_3O_6$
Pregn-5-en-20-on, 12-Benzoyloxy-
3,8,14-trihydroxy-, semicarbazon 3387

$C_{29}H_{40}O_4$
Pentan-1,5-dion, 1,5-Bis-[4-hexyloxy-phenyl]-
3245

$C_{29}H_{40}O_7$
Pregn-4-en-3,11,20-trion, 21-Cyclohexyloxy⹁
acetoxy-17-hydroxy- 3483

$C_{29}H_{42}N_4O_8$
Pregn-4-en-3,11,20-trion, 21-Acetoxy-
17-hydroxy-, 3,20-bis-äthoxycarbonyl⹁
hydrazon 3486

$C_{29}H_{42}O_4$
[1,4]Naphthochinon, 2-Hydroxy-3-[11-oxo-
nonadecyl]- 3207

C_{30}

$C_{30}H_{14}O_8$
Heptacen-5,9,14,18-tetraon, 1,4,10,13-
Tetrahydroxy- 3762

$C_{30}H_{16}N_2O_{10}$
Hydrazin, Bis-[1,3,8-trihydroxy-9,10-dioxo-
9,10-dihydro-[2]anthrylmethylen]-
3696

$C_{30}H_{16}O_4$
Phenanthro[1,10,9,8-opqra]perylen-7,14-dion,
1,6-Dihydroxy-2,5-dimethyl- 3336
−, 1,6-Dihydroxy-3,4-dimethyl- 3336

$C_{30}H_{16}O_6$
Phenanthro[1,10,9,8-opqra]perylen-7,14-dion,
1,6,8,13-Tetrahydroxy-3,4-dimethyl- 3710

$C_{30}H_{16}O_8$
Heptacen-5,9,14,18-tetraon, 1,4,10,13-
Tetrahydroxy-7,16-dihydro- 3761
Phenanthro[1,10,9,8-opqra]perylen-7,14-dion,
1,3,4,6,8,13-Hexahydroxy-10,11-dimethyl-
3761

$C_{30}H_{16}O_9$
Phenanthro[1,10,9,8-opqra]perylen-7,14-dion,
1,3,4,6,8,13-Hexahydroxy-
10-hydroxymethyl-11-methyl- 3763

$C_{30}H_{18}O_4$
Dibenzo[a,o]perylen-7,16-dion,
1,6-Dihydroxy-2,5-dimethyl- 3334
−, 1,6-Dihydroxy-3,4-dimethyl- 3335
−, 3,4-Dimethoxy- 3334

$C_{30}H_{18}O_6$
[1,1']Bianthryl-9,10,9',10'-tetraon,
4,4'-Dihydroxy-2,2'-dimethyl- 3708
−, 4,4'-Dihydroxy-3,3'-dimethyl- 3709
Dibenzo[a,o]perylen-7,16-dion,
1,6-Dihydroxy-2,5-dimethoxy- 3708

$C_{30}H_{28}O_8$ (Fortsetzung)

Benzol, 1,3,4-Triacetoxy-2,5-bis-
[2,6-dimethyl-benzoyl]- 3594

$C_{30}H_{28}O_{13}$

Pentaacetyl-Derivat $C_{30}H_{28}O_{13}$ aus
8-Äthyl-1,6,7,8,10,11-hexahydroxy-
7,8,9,10-tetrahydro-naphthacen-5,12-dion
3751

$C_{30}H_{29}Br_3O_5$

Tribrom-Derivat $C_{30}H_{29}Br_3O_5$ aus
13a-Äthyl-1,2,7,12-tetramethoxy-
5,6,13,13a-tetrahydro-6a,13-propano-
dibenzo[a,h]fluoren-14-on 3596

$C_{30}H_{29}NO_5$

Desoxybenzoin, 4,4'-Dibenzyloxy-
3,3'-dimethoxy-, oxim 3516

$C_{30}H_{30}O_4$

Decan-1,10-dion, 1,10-Bis-[1-hydroxy-
[2]naphthyl]- 3323

−, 1,10-Bis-[2-hydroxy-[1]naphthyl]-
3323

−, 1,10-Bis-[4-hydroxy-[1]naphthyl]-
3323

$C_{30}H_{30}O_5$

6a,13-Propano-dibenzo[a,h]fluoren-14-on,
1,2,7,12-Tetramethoxy-13a-vinyl-
5,6,13,13a-tetrahydro- 3598

$C_{30}H_{30}O_8$

[2,2']Binaphthyl-8,8'-dicarbaldehyd,
1,6,7,1',6',7'-Hexahydroxy-
5,5'-diisopropyl-3,3'-dimethyl- 3754

$C_{30}H_{32}N_2O_6$

[2,2']Binaphthyl-8,8'-dicarbaldehyd,
1,6,7,1',6',7'-Hexahydroxy-
5,5'-diisopropyl-3,3'-dimethyl-, diimin
3755

$C_{30}H_{32}N_2O_{10}$

Cyclohexan-1,3-dion, 5,5,5',5'-Tetramethyl-
2,2'-[2,2-bis-(2-hydroxy-5-nitro-phenyl)-
äthyliden]-bis- 3702

$C_{30}H_{32}O_5$

6a,13-Propano-dibenzo[a,h]fluoren-14-on,
13a-Äthyl-1,2,7,12-tetramethoxy-
5,6,13,13a-tetrahydro- 3596

$C_{30}H_{33}NO_5$

6a,13-Propano-dibenzo[a,h]fluoren-14-on,
13a-Äthyl-1,2,7,12-tetramethoxy-
5,6,13,13a-tetrahydro-, oxim 3596

$C_{30}H_{34}O_7$

Tribenzo[a,d,g]cyclononen-5-on,
2,7,12-Triäthoxy-3,8,13-trimethoxy-
10,15-dihydro- 3737

$C_{30}H_{34}O_8$

Pregna-1,4-dien-3,11,20-trion, 17-Hydroxy-
21-[(4-methoxy-phenoxy)-acetoxy]- 3533

$C_{30}H_{36}O_7$

Pregn-4-en-3,11,20-trion, 17-Hydroxy-21-
[3-phenoxy-propionyloxy]- 3483

$C_{30}H_{38}O_5$

D-Homo-androstan-11,17-dion, 3-Acetoxy-
16-benzyliden-17a-hydroxy-17a-methyl-
3287

$C_{30}H_{38}O_7$

Pregn-5-en-20-on, 3-Acetoxy-12-benzoyloxy-
8,14-dihydroxy- 3387

$C_{30}H_{38}O_{10}$

19-Nor-pregn-5-en-3,7,11,20-tetraon,
2,16-Diacetoxy-9-acetoxymethyl-
4,4,14-trimethyl- 3721

$C_{30}H_{40}O_4$

Anthrachinon, 2-Hexadecyl-1,4-dihydroxy-
3287

$C_{30}H_{40}O_9$

19-Nor-pregn-5-en-7,11,20-trion,
3,16-Diacetoxy-9-acetoxymethyl-
4,4,14-trimethyl- 3637

$C_{30}H_{42}O_4$

Octadecan-1,18-dion, 1,18-Bis-[2-hydroxy-
phenyl]- 3255

−, 1,18-Bis-[4-hydroxy-phenyl]- 3256

$C_{30}H_{42}O_6$

Hexan, 3,4-Bis-[3-(3-äthoxy-propionyl)-
4-methoxy-phenyl]- 3682

Octadecan-1,18-dion, 1,18-Bis-[2,4-dihydroxy-
phenyl]- 3682

$C_{30}H_{42}O_7$

Cucurbita-1,5,23-trien-3,11,22-trion,
2,16,20,25-Tetrahydroxy- 3731

$C_{30}H_{42}O_8$

19-Nor-pregn-5-en-11,20-dion,
3,16-Diacetoxy-9-acetoxymethyl-
4,4,14-trimethyl- 3452

$C_{30}H_{42}O_{12}$

arabino-1,2-Didesoxy-hexit, Tetra-O-acetyl-
1,1-bis-[4,4-dimethyl-2,6-dioxo-
cyclohexyl]- 3739

$C_{30}H_{44}N_2O_7$

Cholan-23-on, 3,7,12-Triacetoxy-24-diazo-
3403

$C_{30}H_{44}N_2O_8$

Benzil, 3,4,3',4'-Tetramethoxy-, bis-
[2,2-diäthoxy-äthylimin] 3658

$C_{30}H_{44}O_5$

Oleana-9(11),13(18)-dien-12,19-dion,
3,21,24-Trihydroxy- 3540

$C_{30}H_{44}O_6$

5a,12-Ätheno-dicyclohepta[a,e]pentalen-
1,5,7,11-tetraol, 1,6,11,14-Tetramethyl-
4,8-bis-[oxo-isopropyl]-Δ^6-tetradecahydro-
3655

Cucurbita-5,24-dien-3,11,22-trion, 2,16,20-
Trihydroxy- 3653

1,13-Dioxa-7,13b-ätheno-pentaleno[1,2-
e;5,4-e']diazulen-2,6,8,12-tetraol,
3,6,8,11,14,15-Hexamethyl-
Δ^{14}-octadecahydro- 3655

$C_{30}H_{44}O_7$

Cucurbita-1,5-dien-3,11,22-trion, 2,16,20,25-
Tetrahydroxy- 3722

$C_{30}H_{44}O_7$ (Fortsetzung)
Cucurbita-5,23-dien-3,11,22-trion, 2,16,20,25-
Tetrahydroxy- 3722
$C_{30}H_{44}O_8$
Cucurbita-1,5-dien-3,11,22-trion, 2,16,20,24,⸗
25-Pentahydroxy- 3741
$C_{30}H_{46}O_5$
D-Friedo-oleana-9(11),14-dien-12-on,
3,21,22,24-Tetrahydroxy- 3504
$C_{30}H_{46}O_6$
Cucurbit-5-en-3,11,22-trion, 2,16,20-
Trihydroxy- 3637
$C_{30}H_{46}O_7$
Cucurbita-5,23-dien-11,22-dion, 2,3,16,20,25-
Pentahydroxy- 3715
Cucurbit-5-en-2,11,22-trion, 3,16,20,25-
Tetrahydroxy- 3716
Cucurbit-5-en-3,11,22-trion, 2,16,20,25-
Tetrahydroxy- 3716
$C_{30}H_{48}O_6$
Cholestan-7,15-dion, 3-Acetoxy-
8,14-dihydroxy-4-methyl- 3403
$C_{30}H_{48}O_7$
Cucurbit-5-en-11,22-dion, 2,3,16,20,25-
Pentahydroxy- 3713

C_{31}

$C_{31}H_{20}O_7$
Benzil, 4-[4-Methoxy-phenylglyoxyloyl]-
4'-phenylglyoxyloyl- 3738
$C_{31}H_{22}O_7$
Benzol, 2,4-Diacetoxy-1,3,5-tribenzoyl- 3600
$C_{31}H_{23}NO_6$
Methan, Bis-[3-acetyl-4-hydroxy-[1]naphthyl]-
[4-nitro-phenyl]- 3333
$C_{31}H_{24}O_4$
Methan, Bis-[3-acetyl-4-hydroxy-[1]naphthyl]-
phenyl- 3333
$C_{31}H_{26}O_4$
Desoxybenzoin, 4-[4-Methoxy-phenacyl]-
4'-phenylacetyl- 3331
$C_{31}H_{28}O_4$
Pentan-1,5-dion, 1,5-Bis-[4-methoxy-phenyl]-
2,4-diphenyl- 3328
–, 2,4-Bis-[4-methoxy-phenyl]-
1,5-diphenyl- 3328
$C_{31}H_{28}O_5$
Chalkon, 4',6'-Bis-benzyloxy-2'-hydroxy-
4-methoxy-3'-methyl- 3560
$C_{31}H_{28}O_8$
Benzophenon, 2,6,2'',6'''-Tetrahydroxy-
4,4''-dimethoxy-5,5''-dimethyl-
3,3''-methandiyl-di- 3758
$C_{31}H_{29}BrO_6$
Propan-1-on, 1-[1-Acetoxy-[2]naphthyl]-
3-äthoxy-3-[4-benzyloxy-3-methoxy-
phenyl]-2-brom- 3586

$C_{31}H_{30}O_5$
Desoxybenzoin, 4,6-Bis-benzyloxy-
2,2'-dimethoxy-3-methyl- 3523
–, 4,6-Bis-benzyloxy-2,4'-dimethoxy-
3-methyl- 3524
$C_{31}H_{38}O_6$
Naphth[1',2':16,17]androsta-3,5,16-trien-
5',8'-dion, 3,3'-Diacetoxy-16,4',4'a,6',7',⸗
8'a-hexahydro- 3286
$C_{31}H_{40}O_6$
Naphth[1',2':16,17]androsta-5,16-dien-
5',8'-dion, 3,3'-Diacetoxy-16,4',4'a,6',7',⸗
8'a-hexahydro- 3255
$C_{31}H_{44}O_7$
Monomethyl-Derivat $C_{31}H_{44}O_7$ aus
2,16,20,25-Tetrahydroxy-cucurbita-
1,5,23-trien-3,11,22-trion 3731
$C_{31}H_{46}O_5$
Oleana-9(11),13(18)-dien-12,19-dion,
3,24-Dihydroxy-21-methoxy- 3541
$C_{31}H_{48}O_7$
Furost-5-en-17,20-diol, 3,26-Diacetoxy-
3403
Furost-5-en-17,22-diol, 3,26-Diacetoxy-
3403
$C_{31}H_{50}O_7$
Furostan-17,20-diol, 3,26-Diacetoxy- 3370
Furostan-17,22-diol, 3,26-Diacetoxy- 3370

C_{32}

$C_{32}H_{16}O_6$
Phenanthro[1,10,9,8-opqra]perylen-7,14-dion,
3,4-Diacetoxy- 3336
$C_{32}H_{16}O_8$
Phenanthro[1,10,9,8-opqra]perylen-7,14-dion,
2,5-Diacetoxy-1,6-dihydroxy- 3709
$C_{32}H_{18}N_2O_{11}$
Indan-1,3-dion, 4,5-Dimethoxy-2,2'-
[5,6-dinitro-2-oxo-acenaphthen-1,1-diyl]-
bis- 3738
$C_{32}H_{20}O_4$
[2,2']Binaphthyliden-1,1'-dion,
4,4'-Diphenoxy- 3314
Phenanthro[1,10,9,8-opqra]perylen-7,14-dion,
1,6-Dimethoxy-2,5-dimethyl- 3336
–, 1,6-Dimethoxy-3,4-dimethyl- 3337
$C_{32}H_{20}O_6$
Phenanthro[1,10,9,8-opqra]perylen-7,14-dion,
1,6,8,13-Tetramethoxy- 3710
$C_{32}H_{20}O_7$
Indan-1,3-dion, 4,5-Dimethoxy-2,2'-[2-oxo-
acenaphthen-1,1-diyl]-bis- 3738
$C_{32}H_{22}O_4$
Dibenzo[a,o]perylen-7,16-dion,
1,6-Dimethoxy-2,5-dimethyl- 3335
–, 1,6-Dimethoxy-3,4-dimethyl- 3335
$C_{32}H_{22}O_6$
[1,1']Bianthryl-9,10,9',10'-tetraon,
4,4'-Dimethoxy-2,2'-dimethyl- 3708
–, 4,4'-Dimethoxy-3,3'-dimethyl- 3709

$C_{32}H_{22}O_6$ (Fortsetzung)

Dibenzo[a,o]perylen-7,16-dion, 1,6,8,15-
Tetramethoxy- 3708

$C_{32}H_{22}O_8$

[1,1']Bianthryl-9,10,9',10'-tetraon, 2,4,2',4'-
Tetramethoxy- 3759

−, 4,5,4',5'-Tetramethoxy- 3759

$C_{32}H_{22}O_{10}$

[1,1']Bianthryl-9,10,9',10'-tetraon, 4,5,4',5'-
Tetrahydroxy-2,2'-dimethoxy-
7,7'-dimethyl- 3768

$C_{32}H_{26}O_{14}$

Benzol, 1,4-Diacetoxy-2,5-bis-[2,5-diacetoxy-
benzoyl]- 3752

$C_{32}H_{28}O_4$

Cyclohexan-1,2-diol, 3,6-Dibenzoyl-
1,2-diphenyl- 3331

$C_{32}H_{28}O_{13}$

[1,1']Binaphthyl-8-on, 4,5,6,3',4',5'-
Hexaacetoxy-3',4'-dihydro-5H- 3736

−, 4,5,7,3',4',5'-Hexaacetoxy-
3',4'-dihydro-5H- 3736

$C_{32}H_{30}O_4$

Hexan-1,6-dion, 1,6-Bis-[2-methoxy-phenyl]-
3,4-diphenyl- 3329

$C_{32}H_{30}O_5$

Hexan-1,6-dion, 2-Hydroxy-1,6-bis-
[4-methoxy-phenyl]-2,5-diphenyl- 3599

$C_{32}H_{30}O_6$

Butan-1,4-dion, 1,2,3,4-Tetrakis-[4-methoxy-
phenyl]- 3706

$C_{32}H_{30}O_7$

Desoxybenzoin, 4,4',4'',4'''-Tetramethoxy-
α,α'-oxy-bis- 3173

$C_{32}H_{30}O_9$

But-3-en-1-on, 1,2,3,4-Tetrakis-[4-hydroxy-
3-methoxy-phenyl]- 3763

$C_{32}H_{30}O_{10}$

Benzophenon, 2,4-Diacetoxy-5-
[2,6-diacetoxy-3-acetyl-5-methyl-benzyl]-
3-methyl- 3702

$C_{32}H_{32}N_2O_4$

Hexan-1,6-dion, 1,6-Bis-[2-methoxy-phenyl]-
3,4-diphenyl-, dioxim 3330

$C_{32}H_{32}N_2O_5$

Hexan-1,6-dion, 2-Hydroxy-1,6-bis-
[4-methoxy-phenyl]-2,5-diphenyl-, dioxim
3600

$C_{32}H_{32}O_{10}$

Butan-1-on, 3-Hydroxy-1,2,3,4-tetrakis-
[4-hydroxy-3-methoxy-phenyl]- 3765

$C_{32}H_{34}O_8$

[2,2']Binaphthyl-8,8'-dicarbaldehyd, 1,7,1',7'-
Tetrahydroxy-5,5'-diisopropyl-
6,6'-dimethoxy-3,3'-dimethyl- 3755

$C_{32}H_{36}N_2O_{10}$

Cyclohexan-1,3-dion, 5,5,5',5'-Tetramethyl-
2,2'-[2,2-bis-(2-methoxy-5-nitro-phenyl)-
äthyliden]-bis- 3703

$C_{32}H_{44}O_8$

Cucurbita-1,5,23-trien-3,11,22-trion,
25-Acetoxy-2,16,20-trihydroxy- 3731

$C_{32}H_{46}O_4$

Octadecan-1,18-dion, 1,18-Bis-[2-hydroxy-
3-methyl-phenyl]- 3256

−, 1,18-Bis-[2-hydroxy-4-methyl-
phenyl]- 3256

−, 1,18-Bis-[2-hydroxy-5-methyl-
phenyl]- 3256

−, 1,18-Bis-[4-hydroxy-2-methyl-
phenyl]- 3256

−, 1,18-Bis-[4-hydroxy-3-methyl-
phenyl]- 3256

$C_{32}H_{46}O_5$

Eupha-5,8-dien-7,11,12-trion, 3-Acetoxy-
3208

Lanosta-5,8-dien-7,11,12-trion, 3-Acetoxy-
3207

$C_{32}H_{46}O_7$

26,27-Dinor-lanost-8-en-7,11,24-trion,
3,12-Diacetoxy- 3503

$C_{32}H_{46}O_8$

Cucurbita-5,23-dien-3,11,22-trion,
25-Acetoxy-2,16,20-trihydroxy- 3722

$C_{32}H_{46}O_9$

Cucurbita-5,23-dien-3,11,22-trion,
25-Acetoxy-2,16,19,20-tetrahydroxy-
3742

$C_{32}H_{48}O_6$

Pregn-4-en-3,11,20-trion, 17-Hydroxy-
21-undecanoyloxy- 3483

$C_{32}H_{48}O_7$

Cucurbit-5-en-3,11,22-trion, 16-Acetoxy-
2,20-dihydroxy- 3637

$C_{32}H_{48}O_8$

Cucurbita-5,23-dien-11,22-dion, 25-Acetoxy-
3,16,19,20-tetrahydroxy- 3716

Cucurbit-5-en-3,11,22-trion, 25-Acetoxy-
2,16,20-trihydroxy- 3717

$C_{32}H_{48}O_9$

Cucurbit-5-en-3,11,22-trion, 25-Acetoxy-
2,16,19,20-tetrahydroxy- 3740

$C_{32}H_{52}O_7$

Ergostan-7-on, 3,11-Diacetoxy-5,9-dihydroxy-
3370

C_{33}

$C_{33}H_{22}Cl_2O_8$

Benzophenon, 4,5,6,4'',5'',6''-Hexahydroxy-
3,3''-[3,4-dichlor-benzyliden]-di- 3761

$C_{33}H_{23}ClO_8$

Benzophenon, 4,5,6,4'',5'',6''-Hexahydroxy-
3,3''-[4-chlor-benzyliden]-di- 3761

$C_{33}H_{24}O_8$

Benzophenon, 4,5,6,4'',5'',6''-Hexahydroxy-
3,3''-benzyliden-di- 3761

$C_{34}H_{46}O_7$
Oleana-9(11),13(18)-dien-12,19,21-trion,
3,24-Diacetoxy- 3567

$C_{34}H_{46}O_9$
Cucurbita-1,5,23-trien-3,11,22-trion,
2,16-Diacetoxy-20,25-dihydroxy- 3731

$C_{34}H_{48}O_6$
Oleana-9(11),13(18)-dien-12,19-dion,
3,24-Diacetoxy- 3208
Oleana-9(11),21-dien-12,19-dion,
3,24-Diacetoxy- 3208

$C_{34}H_{48}O_9$
Cucurbita-5,23-dien-3,11,22-trion,
2,16-Diacetoxy-20,25-dihydroxy- 3723
−, 16,25-Diacetoxy-2,20-dihydroxy-
3723

$C_{34}H_{50}O_9$
Cucurbit-5-en-3,11,22-trion, 16,25-Diacetoxy-
2,20-dihydroxy- 3717

C_{35}

$C_{35}H_{18}O_4$
Anthra[9,1,2-cde]benzo[rst]pentaphen-
5,10-dion, 16-Hydroxy-17-methoxy-
3338

$C_{35}H_{28}O_4$
Keton, [9,9-Bis-(4-methoxy-phenyl)-fluoren-
4-yl]-[4-methoxy-phenyl]- 3335

$C_{35}H_{28}O_6$
[1,1']Spirobiinden-3,3'-dion, 2,2'-Dibenzyl=
iden-5,6,5',6'-tetramethoxy- 3709

$C_{35}H_{28}O_8$
Dibenzoyl-Derivat $C_{35}H_{28}O_8$ aus 1,7-Bis-
[4-hydroxy-3-methoxy-phenyl]-hepta-
1,6-dien-3,5-dion 3698

$C_{35}H_{32}O_4$
Methan, Bis-[3-butyryl-4-hydroxy-
[1]naphthyl]-phenyl- 3333

$C_{35}H_{32}O_{10}$
Pentamethyl-Derivat $C_{35}H_{32}O_{10}$ aus
1,7,9,15,17,20-Hexahydroxy-
3,11-dimethyl-6H,14H-6,13a,5a,14-butan-
1,2,3,4-tetrayl-cycloocta[1,2-
b;5,6-b']dinaphthalin-5,8,13,16-tetraon
3766

$C_{35}H_{36}O_8$
Benzophenon, 2,4,6,2'',4'',6''-Hexamethoxy-
5,5''-dimethyl-3,3''-methandiyl-di- 3757
Methan, Bis-[2,4-dihydroxy-6-methoxy-
5-methyl-3-(3-phenyl-propionyl)-phenyl]-
3758

$C_{35}H_{40}O_7$
Pregn-5-en-20-on, 3,12-Bis-benzoyloxy-
8,14-dihydroxy- 3387

$C_{35}H_{41}O_8P$
Pregn-4-en-3,11,20-trion, 21-[Bis-benzyloxy-
phosphoryloxy]-17-hydroxy- 3484

$C_{35}H_{46}O_8$
Benzoyl-Derivat $C_{35}H_{46}O_8$ aus 11-Acetoxy-
3,14-dihydroxy-12-isovaleryloxy-pregn-
5-en-20-on 3387

$C_{35}H_{50}O_7$
Oleana-9(11),13(18)-dien-12,19-dion,
3,24-Diacetoxy-21-methoxy- 3541

$C_{35}H_{56}N_6O_6$
Pregn-4-en-3,11,20-trion, 17-Hydroxy-
21-lauroyloxy-, 3,20-disemicarbazon
3486

C_{36}

$C_{36}H_{20}O_4$
Anthra[9,1,2-cde]benzo[rst]pentaphen-
5,10-dion, 16-Äthoxy-17-hydroxy- 3338
−, 3,12-Dimethoxy- 3338
−, 16,17-Dimethoxy- 3338

$C_{36}H_{20}O_{10}$
Phenanthro[1,10,9,8-opqra]perylen-7,14-dion,
1,2,5,6-Tetraacetoxy- 3710
−, 1,6,8,13-Tetraacetoxy- 3710

$C_{36}H_{28}O_8$
Phenanthro[1,10,9,8-opqra]perylen-7,14-dion,
1,3,4,6,8,13-Hexamethoxy-10,11-dimethyl-
3762

$C_{36}H_{28}O_{15}$
9,17-Methano-naphtho[2',3';5,6]cyclohepta=
[1,2-d]anthracen-5,11,14,16,18-pentaon,
6,8,19-Triacetoxy-1,4,10,15-tetrahydroxy-
2,12-dimethyl-7,8,8a,9-tetrahydro- 3771

$C_{36}H_{30}O_4$
Chalkon, 2',3',6'-Tris-benzyloxy- 3232

$C_{36}H_{30}O_8$
Dibenzo[a,o]perylen-7,16-dion, 1,6,8,10,13,15-
Hexamethoxy-3,4-dimethyl- 3760

$C_{36}H_{30}O_{10}$
[1,1']Bianthryl-9,10,9',10'-tetraon, 2,4,5,2',4',=
5'-Hexamethoxy-7,7'-dimethyl- 3769
−, 4,5,7,4',5',7'-Hexamethoxy-
2,2'-dimethyl- 3767
−, 4,5,8,4',5',8'-Hexamethoxy-
7,7'-dimethyl- 3769

$C_{36}H_{34}O_6$
Benzil, 4,4'-Bis-benzyloxy-3,3'-dimethoxy-
5,5'-dipropenyl- 3698

$C_{36}H_{34}O_{10}$
6,13a,5a,14-Butan-1,2,3,4-tetrayl-cycloocta=
[1,2-b;5,6-b']dinaphthalin-5,8,13,16-tetraon,
1,7,9,15,17,20-Hexamethoxy-
3,11-dimethyl-6H,14H- 608

$C_{36}H_{38}O_{10}S$
Propan-1-on, 1,1'-Bis-[3,4-dimethoxy-phenyl]-
2,2'-bis-[2-methoxy-phenoxy]-
3,3'-sulfandiyl-bis- 3353

$C_{38}H_{54}O_9$
D-Friedo-oleana-9(11),14-dien-12-on,
3,21,22,24-Tetraacetoxy- 3504

$C_{38}H_{54}O_{10}$
Olean-9(11)-en-12,19-dion, 3,21,22,24-
Tetraacetoxy- 3637

$C_{38}H_{56}O_4$
[4,5′;5,4′]Biandrostandiyl-3,3′-dion,
17,17′-Dihydroxy- 3288

$C_{38}H_{56}O_9$
Olean-9(11)-en-12-on, 3,21,22,24-Tetraacetoxy-
3452
Olean-12-en-11-on, 3,21,22,24-Tetraacetoxy-
3452
Olean-12-en-16-on, 3,21,22,28-Tetraacetoxy-
3452

$C_{38}H_{56}O_{11}$
Tetraacetyl-Derivat $C_{38}H_{56}O_{11}$ aus
2,3,16,20,25-Pentahydroxy-cucurbit-5-en-
11,22-dion 3713

$C_{38}H_{58}O_9$
Oleanan-12-on, 3,21,22,24-Tetraacetoxy-
3403

C_{39}

$C_{39}H_{28}O_4$
Indeno[1,2,3-fg]naphthacen-9-on,
3,6,12-Trimethoxy-4b,10-diphenyl-4bH-
3337

$C_{39}H_{30}O_5$
Naphthacen-5-on, 12-Hydroxy-
2,8-dimethoxy-11-[4-methoxy-phenyl]-
6,12-diphenyl-12H- 3601

$C_{39}H_{36}O_{12}$
Benzophenon, 2,6,2″,6″-Tetraacetoxy-
4,4″-dimethoxy-5,5″-dimethyl-
3,3″-methandiyl-di- 3758

$C_{39}H_{46}O_5$
Propan, 1,1-Bis-[4,4-dimethyl-2,6-dioxo-
cyclohexyl]-3-[1-(α-hydroxy-
2,4,6-trimethyl-benzyl)-[2]naphthyl]- 3599

$C_{39}H_{58}O_4$
[1,4]Benzochinon, 2-[3,7,11,15,19,23-Hexamethyl-
tetracosa-2,6,10,14,18,22-hexaenyl]-
5,6-dimethoxy-3-methyl- 3288

C_{40}

$C_{40}H_{32}O_{15}$
Pentaacetyl-Derivat $C_{40}H_{32}O_{15}$ aus
1,7,9,15,17,20-Hexahydroxy-
3,11-dimethyl-6H,14H-6,13a,5a,14-butan-
1,2,3,4-tetrayl-cycloocta[1,2-
b;5,6-b′]dinaphthalin-5,8,13,16-tetraon
3767

$C_{40}H_{34}O_4$
[1,1′]Binaphthyl-4,4′-diol, 2,2′-Bis-
[2,4,6-trimethyl-benzoyl]- 3337

$C_{40}H_{42}O_5$
Pregn-4-en-3,11,20-trion, 17-Hydroxy-
21-trityloxy- 3481

$C_{40}H_{42}O_7$
Cyclohexa-2,5-dienon, 2,6-Dimethyl-4-
[1,1,2-tris-(4-acetoxy-3,5-dimethyl-phenyl)-
äthyliden]- 3326

$C_{40}H_{48}N_2O_8$
Hydrazin, Bis-{2,3,4-trimethoxy-6-[3-
(4-methoxy-phenyl)-propyl]-benzyliden}-
3526

$C_{40}H_{48}O_5$
Butan, 1,1-Bis-[4,4-dimethyl-2,6-dioxo-
cyclohexyl]-4-[1-(α-hydroxy-
2,4,6-trimethyl-benzyl)-[2]naphthyl]- 3599

$C_{40}H_{52}N_2O_6$
[2,2′]Binaphthyl-8,8′-dicarbaldehyd,
1,6,7,1′,6′,7′-Hexahydroxy-
5,5′-diisopropyl-3,3′-dimethyl-, bis-
pentylimin 3755

$C_{40}H_{52}O_4$
β,β-Carotin-4,4′-dion, 3,3′-Dihydroxy- 3318

$C_{40}H_{54}N_4O_6$
[2,2′]Binaphthyl-8,8′-dicarbaldehyd,
1,6,7,1′,6′,7′-Hexahydroxy-
5,5′-diisopropyl-3,3′-dimethyl-,
bis-[3-dimethylamino-propylimin] 3756

$C_{40}H_{54}O_4$
Androst-4-en-3-on, 17,17′-Dihydroxy-
17,17′-äthindiyl-bis- 3313
β,κ-Carotin-6′-on, 3,3′,8′-Trihydroxy-
7,8-didehydro- 3313

$C_{40}H_{56}O_4$
κ,κ-Carotin-6,6′-dion, 3,3′-Dihydroxy- 3304

$C_{40}H_{60}O_4$
[10.10]Paracyclophan-5,21-dion,
6,22-Dihydroxy-3,3,8,8,19,19,24,24-
octamethyl- 3288
[10.10]Paracyclophan-5,22-dion,
6,21-Dihydroxy-3,3,8,8,19,19,24,24-
octamethyl- 3288

C_{41}

$C_{41}H_{32}O_{17}$
6,13a,16-Äthanylyliden-cyclonona[1,2-
b;5,6-b′]dinaphthalin-5,8,13,15,17-
pentaon, 1,4,7,9,18,19-Hexaacetoxy-
2,11-dimethyl-6,16-dihydro- 3770

$C_{41}H_{36}O_{14}$
Benzophenon, 2,4,6,2″,4″,6″-Hexaacetoxy-
5,5″-dimethyl-3,3″-methandiyl-di- 3758

$C_{41}H_{54}O_5$
25,26,27-Trinor-lanostan-7,11-dion,
3-Acetoxy-24-hydroxy-24,24-diphenyl-
3312

C₄₂

C₄₂H₃₀O₁₆
[1,1']Bianthryl-9,10,9',10'-tetraon, 2,4,5,2',4',=
  5'-Hexaacetoxy-7,7'-dimethyl- 3768
—, 4,5,8,4',5',8'-Hexaacetoxy-
  7,7'-dimethyl- 3769

C₄₂H₃₄O₁₆
6,13a,5a,14-Butan-1,2,3,4-tetrayl-cycloocta=
  [1,2-b;5,6-b']dinaphthalin-5,8,13,16-tetraon,
  1,7,9,15,17,20-Hexaacetoxy-
  3,11-dimethyl-6H,14H- 3767

C₄₂H₅₂N₂O₁₀
Hydrazin, Bis-{6-[3-(3,4-dimethoxy-phenyl)-
  propyl]-2,3,4-trimethoxy-benzyliden}-
  3649

C₄₂H₅₂N₈O₁₃
Bis-[2,4-dinitro-phenylhydrazon]
  C₄₂H₅₂N₈O₁₃ aus 2,16,20,25-Tetrahydr=
  oxy-cucurbita-5,23-dien-3,11,22-trion 3722

C₄₂H₅₆N₂O₁₀
[2,2']Binaphthyl-8,8'-dicarbaldehyd,
  1,6,7,1',6',7'-Hexahydroxy-
  5,5'-diisopropyl-3,3'-dimethyl-, bis-
  [2,2-diäthoxy-äthylimin] 3756

C₄₂H₅₈N₄O₆
[2,2']Binaphthyl-8,8'-dicarbaldehyd,
  1,6,7,1',6',7'-Hexahydroxy-
  5,5'-diisopropyl-3,3'-dimethyl-, bis-
  [2-diäthylamino-äthylimin] 3756

C₄₂H₆₂O₄
[3,3']Bipregn-4-enyl-20,20'-dion,
  3,3'-Dihydroxy- 3295
[16,16']Bipregn-5-enyl-20,20'-dion,
  3,3'-Dihydroxy- 3296

C₄₂H₆₂O₆
[4,5';5,4']Biandrostandiyl-3,3'-dion,
  17,17'-Diacetoxy- 3288

C₄₃

C₄₃H₄₄O₁₂
Methan, Bis-[2,4-diacetoxy-6-methoxy-
  5-methyl-3-(3-phenyl-propionyl)-phenyl]-
  3758

C₄₄

C₄₄H₃₂O₁₈
[1,1']Bianthryl-9,10,9',10'-tetraon, 2,4,5,2',4',=
  5'-Hexaacetoxy-7-acetoxymethyl-
  7'-methyl- 3770

C₄₄H₃₈O₁₈
[1,1']Bianthryl-9,10,9',10'-tetraon, 4,5,4',5'-
  Tetrakis-äthoxycarbonyloxy-
  2,2'-dimethoxy-7,7'-dimethyl- 3769

C₄₄H₅₈O₆
Octadeca-2,4,7,11,14,16-hexaen-9-in-
  6,13-dion, 1,18-Bis-[4-acetoxy-
  2,6,6-trimethyl-cyclohex-1-enyl]-3,7,12,16-
  tetramethyl- 3312

C₄₄H₆₆O₄
[1,4]Benzochinon, 2-[3,7,11,15,19,23,27-
  Heptamethyl-octacosa-2,6,10,14,18,22,26-
  heptaenyl]-5,6-dimethoxy-3-methyl- 3295

C₄₆

C₄₆H₄₂O₁₈
6,13a,5a,14-Butan-1,2,3,4-tetrayl-
  cycloocta[1,2-b;5,6-b']dinaphthalin-
  8,16-dion, 1,5,7,9,13,15,17,20-Octaacetoxy-
  3,11-dimethyl-5H,6H,13H,14H- 3766

C₄₆H₅₈O₁₂Se₂
Pregna-1,4-dien-3,20-dion, 21,21'-Diacetoxy-
  11,17,11',17'-tetrahydroxy-2,2'-diselandiyl-
  bis- 3629

C₄₆H₆₄N₂O₆
[2,2']Binaphthyl-8,8'-dicarbaldehyd,
  1,6,7,1',6',7'-Hexahydroxy-
  5,5'-diisopropyl-3,3'-dimethyl-, bis-
  [2-äthyl-hexylimin] 3755

C₄₆H₆₄O₆
κ,κ-Carotin-6,6'-dion, 3,3'-Bis-propionyloxy-
  3304

C₄₆H₆₆O₆
[16,16']Bipregn-5-enyl-20,20'-dion,
  3,3'-Diacetoxy- 3296

C₄₆H₈₄O₂S₄
[1,4]Benzochinon, Tetrakis-decylmercapto-
  3606

C₄₈

C₄₈H₄₂O₂₂
[1,1']Bianthryl-9,10,9',10'-tetraon, 2,4,5,2',4',=
  5'-Hexakis-äthoxycarbonyloxy-
  7,7'-dimethyl- 3768

C₄₈H₆₈O₆
κ,κ-Carotin-6,6'-dion, 3,3'-Bis-butyryloxy-
  3304

C₄₉

C₄₉H₅₈O₄
Olean-12-en-3,16,22-trion, 28-Trityloxy-
  3208

C₄₉H₇₄O₄
[1,4]Benzochinon, 2,3-Dimethoxy-5-methyl-
  6-[3,7,11,15,19,23,27,31-octamethyl-
  dotriaconta-2,6,10,14,18,22,26,30-
  octaenyl]- 3305

C_{50}

$C_{50}H_{72}N_2O_6$
[2,2']Binaphthyl-8,8'-dicarbaldehyd,
1,6,7,1',6',7'-Hexahydroxy-
5,5'-diisopropyl-3,3'-dimethyl-, bis-
decylimin 3756

$C_{50}H_{72}O_6$
κ,κ-Carotin-6,6'-dion, 3,3'-Bis-valeryloxy- 3304

C_{52}

$C_{52}H_{76}O_6$
κ,κ-Carotin-6,6'-dion, 3,3'-Bis-hexanoyloxy-
3304

C_{54}

$C_{54}H_{56}O_{14}$
[1.1.1.1.1.1]Orthocyclophan-1,22-dion,
4,5,11,12,18,19,25,26,32,33,39,40-
Dodecamethoxy- 3736

$C_{54}H_{80}N_2O_6$
[2,2']Binaphthyl-8,8'-dicarbaldehyd,
1,6,7,1',6',7'-Hexahydroxy-
5,5'-diisopropyl-3,3'-dimethyl-,
bis-dodecylimin 3756

$C_{54}H_{82}O_4$
[1,4]Benzochinon, 2,3-Dimethoxy-5-methyl-
6-[3,7,11,15,19,23,27,31,35-nonamethyl-
hexatriaconta-2,6,10,14,18,22,26,30,34-
nonaenyl]- 3313

$C_{54}H_{100}O_2S_4$
[1,4]Benzochinon, Tetrakis-dodecylmercapto-
3606

C_{56}

$C_{56}H_{70}O_6$
[16,16']Bipregn-5-enyl-20,20'-dion, 3,3'-Bis-
benzoyloxy- 3296

C_{58}

$C_{58}H_{88}N_2O_6$
[2,2']Binaphthyl-8,8'-dicarbaldehyd,
1,6,7,1',6',7'-Hexahydroxy-
5,5'-diisopropyl-3,3'-dimethyl-, bis-
tetradecylimin 3756

C_{59}

$C_{59}H_{90}O_4$
[1,4]Benzochinon, 2-[3,7,11,15,19,23,27,31,35,⸗
39-Decamethyl-tetraconta-2,6,10,14,18,22,⸗
26,30,34,38-decaenyl]-5,6-dimethoxy-
3-methyl- 3319

C_{60}

$C_{60}H_{68}O_{14}$
[1.1.1.1.1.1]Orthocyclophan-1,22-dion,
4,11,18,25,32,38-Hexaäthoxy-5,12,19,26,⸗
33,40-hexamethoxy- 3737

$C_{60}H_{92}O_6$
κ,κ-Carotin-6,6'-dion, 3,3'-Bis-decanoyloxy-
3304

C_{61}

$C_{61}H_{94}O_4$
[1,4]Benzochinon, 2,3-Diäthoxy-5-[3,7,11,15,⸗
19,23,27,31,35,39-decamethyl-tetraconta-
2,6,10,14,18,22,26,30,34,38-decaenyl]-
6-methyl- 3319

C_{62}

$C_{62}H_{96}N_2O_6$
[2,2']Binaphthyl-8,8'-dicarbaldehyd,
1,6,7,1',6',7'-Hexahydroxy-
5,5'-diisopropyl-3,3'-dimethyl-,
bis-hexadecylimin 3756

C_{66}

$C_{66}H_{80}O_{14}$
[1.1.1.1.1.1]Orthocyclophan-1,22-dion,
4,5,11,12,18,19,25,26,32,33,39,40-
Dodecaäthoxy- 3737

$C_{66}H_{104}N_2O_6$
[2,2']Binaphthyl-8,8'-dicarbaldehyd,
1,6,7,1',6',7'-Hexahydroxy-
5,5'-diisopropyl-3,3'-dimethyl-,
bis-octadecylimin 3756

C_{68}

$C_{68}H_{44}O_4$
[2,2']Binaphthyliden-1,1'-dion, 4,4'-Bis-
[2,4,6-triphenyl-phenoxy]- 3314

$C_{68}H_{108}O_6$
κ,κ-Carotin-6,6'-dion, 3,3'-Bis-myristoyloxy-
3304

C_{72}

$C_{72}H_{116}O_6$
κ,κ-Carotin-6,6'-dion, 3,3'-Bis-palmitoyloxy-
3304

C_{76}

$C_{76}H_{124}O_6$
κ,κ-Carotin-6,6'-dion, 3,3'-Bis-stearoyloxy-
3304